生命科学名著

表观遗传学

（原书第二版）

Epigenetics

（Second Edition）

主　编　〔美〕C. D. 阿利斯（C. David Allis）
　　　　〔英〕M.-L. 卡帕罗（Marie-Laure Caparros）
　　　　〔德〕T. 叶努温（Thomas Jenuwein）
　　　　〔美〕D. 赖因伯格（Danny Reinberg）
副主编　〔德〕M. 拉赫纳（Monika Lachner）
主　译　方玉达　郑丙莲

科 学 出 版 社
北　京

图字：01-2020-6662号

内 容 简 介

表观遗传作为与基因组序列无关的基因组功能调控重要途径，是后基因组时代生命科学的研究热点。本书内容包括表观遗传学概念的历史演变、组蛋白的进化、DNA和组蛋白修饰的写入器/擦除器/阅读器的种类/功能/结构、组蛋白变体的种类/结构/功能、多梳蛋白和Trithorax家族蛋白的功能、核小体重塑复合体组成和功能、非编码RNA种类/生物合成/功能、三维基因组学的研究方法与功能，以及不同生物体包括哺乳动物、植物、酵母、脉孢菌、纤毛虫、线虫、果蝇的表观遗传学及特殊组织细胞包括多能干细胞、免疫细胞、癌细胞的表观遗传学。

本书既可以作为表观遗传学领域的入门读物，又可以作为遗传学相关专业科研人员的理论基础读物。另外，本书还适合作为本科生和研究生的教学参考书。

Originally published in English as *Epigenetics*, Second Edition
Edited by C. David Allis, Marie-Laure Caparros, Thomas Jenuwein, Danny Reinberg
Associate Editor Monika Lachner
©2015 by Cold Spring Harbor Laboratory Press, Cold Spring Harbor, New York, USA
©2023 by Science Press. Printed in China.
Authorized simplified Chinese translation of the English edition©2015 Cold Spring Harbor Laboratory Press. This translation is published and sold by permission of Cold Spring Harbor Laboratory Press, the owner of all rights and/or legal authority to license, publish and sell the same.

图书在版编目（CIP）数据

表观遗传学：原书第二版/（美）C. D. 阿利斯（C. David Allis）等主编；方玉达，郑丙莲主译. —北京：科学出版社，2023.7
（生命科学名著）
书名原文：Epigenetics (Second Edition)
ISBN 978-7-03-073112-8

Ⅰ. ①表… Ⅱ. ①C… ②方… Ⅲ. ①表观遗传学 Ⅳ. ①Q3

中国版本图书馆CIP数据核字（2022）第166087号

责任编辑：王　静　罗　静　刘　晶/责任校对：郑金红
责任印制：吴兆东/封面设计：刘新新

科学出版社 出版
北京东黄城根北街16号
邮政编码：100717
http://www.sciencep.com
北京建宏印刷有限公司印刷
科学出版社发行　各地新华书店经销

*

2023年7月第 一 版　开本：889×1194 1/16
2024年1月第二次印刷　印张：51 1/4
字数：1 660 000

定价：580.00元
（如有印装质量问题，我社负责调换）

前言

自从冷泉港实验室出版社在2007年出版《表观遗传学》(第1版)以来,世界各地的研究人员在涉及表观遗传学的多个领域取得了重大进展。对于那些进入这个领域的新晋科研人员,我们将在概述一章(第3章)提示他们关注一些基本概念和本领域包含的内容。这些领域里有许多振奋人心的发现,作者团队意识到其中有一些特别值得关注并对其进行扩展的评述,因此在2014年我们考虑将这些评述编入本书。

第一,测序技术有了重大创新,这些技术通常被称为大规模平行或深度测序(如全基因组RNA-Seq或ChIP-Seq方法)。遗传信息通过信使RNA从DNA流向蛋白质的概念在本书中经历了显著的转变。现在人们普遍认识到RNA本身就可以发挥多种不同的功能,基因组中有相当大的一部分被转录,估计高达90%以上。有趣的是,这些转录本中只有约2%属于信使RNA类。约70%的转录本为各种不同类型、或长或短的非编码RNA(见第2章中Rinn等的文章;Darnell,2011;综述见Guttman and Rinn,2012)。这些非编码RNA的功能是当前研究的热点之一。新出现的实验模型表明,这些RNA可能整合或提供染色质重塑和修饰酶复合物的支架,或通过顺式或反式机制导致细胞核结构的关键改变,以及允许招募沉默染色质的因子(如多梳蛋白)或促进转录的因子(如eRNA招募中介因子,见第2章中Kim等的文章)。我们还指出特定组蛋白修饰和信使RNA前体剪接之间有趣的联系(即内含子和外显子的定义),以强调RNA领域正在扩展并与染色质状态密切相关的概念(Huff et al.,2010)。

第二,在"阅读"一个或多个组蛋白修饰的染色质结合模块的结构解释方面取得了显著进展(见本书的新章节,相关作者包括Cheng、Patel、Marmorstein和Zhou、Seto和Yoshida)。如何理解所有这些令人惊讶的翻译后修饰的复杂性呢?Zhong及其同事(Xiao et al.,2012)引入了他们所谓的"比较表观基因组学",将表观基因组学带入全基因组范围。其中在人、小鼠和猪细胞中绘制了令人印象深刻的表观遗传标记综合图谱(组蛋白修饰、胞嘧啶甲基化的基因组分布、组蛋白变体、转录因子等),利用进化论作为依据来强调各种标记的重要功能。重要的是,比较表观基因组学揭示了基因组的调控特征,这些特征单靠基因组序列间的比较是无法确定的。除了已知的共同结合表观遗传标记,如那些与发育调控基因启动子的二价结构域相关部位的标记外(即H3K4me3和H3K27me3),还发现了其他高度保守的协同标记,如H3K27ac+H3K4me1/2和H3K27ac+H3K4me2/3分别标记活跃增强子和启动子元件。这些发现的作者得出的结论为"有太多的表观遗传标记组合,不知道如何区分随机和功能性共定位,这样的一般性问题是否可以通过进化论或保守论来解答。"我们赞赏这些研究,因为它们提供了一种解决表观基因组复杂性的新方法,我们期待继续进行其他相关的研究,这些研究借鉴了以进化论为依托获得的见解。

第三,基本问题仍然是表观遗传标记如何遗传,虽然我们对在DNA复制过程中如何复制DNA的胞嘧啶甲基化标记的问题有了全面的了解。新的文献提出了包括关键组蛋白修饰酶复合物的变构调节在内的新机制,其中一个组蛋白尾部的修饰,如组蛋白H2B泛素化(McGinty et al.,2008)或组蛋白H3K27me3(Margueron et al.,2009),可分别激活[如DOT-IL(KMT4)]或失活(如PRC2)下游组蛋白甲基转移酶(KMT)。因此,这些开创性的研究表明,新的共价修饰可以引入到原始的染色质模板中,在复制和染色质组装过程中提供从未修饰(在某些情况下新合成的组蛋白)到新修饰状态的潜在机制,以传递到下一代。我们期待着今后在这方面的研究,特别是通过体内(即组蛋白和染色质机制的突变体;见Rando,2012a)

和体外（即使用"设计的染色质"模板；见 Fierz and Muir，2012）系统进行研究。这种"语言"的复杂性包括阐述组蛋白标记之间的串扰关系，以及组蛋白（例如，赖氨酸单、双和三甲基化，赖氨酸乙酰化与巴豆酰化，精氨酸对称与不对称二甲基化）和 DNA（例如，胞嘧啶残基上的甲基化与羟甲基化）共价修饰的数量及类型的额外复杂性。毫无疑问，解释组蛋白修饰、DNA 甲基化和非编码 RNA 之间的联系，有望激励下一代科学家进行表观遗传学领域的研究。

第四，组蛋白变体为细胞提供染色质组装的新路径，以便在不同的基因组位置创建不同的染色质状态。我们设想，组蛋白变体的进化为细胞提供了重塑染色质模板的调节性功能，甚至超越了组蛋白合成与 DNA 复制在 S 期耦合的传统概念（即独立于复制的组蛋白加载；见 Henikoff 和 Smith 的第 20 章）。因此，组蛋白变体，特别是与复制无关的类型，需要专门的机器和能量来完成"选择"和"护送"它们的组蛋白在基因组中的加载任务就不足为奇了。最近发表了一系列引人注目的论文，主要是使用外显子组测序的科学家在常见的人类癌症中发现了表观遗传调节因子的突变，如 DAXX、ATRX 和 H3.3 的突变与肿瘤发生有关（胰腺神经内分泌肿瘤，简称 panNET；Jiao et al.，2011），结果强烈提示 DAXX 介导的 H3.3 特异性染色质组装，构成 ATRX-DAXX 复合物的肿瘤抑制功能，可能导致包括端粒功能异常在内的染色体异常。或许最大的意外发现是组蛋白编码基因本身存在致癌突变（综述见 Dawson and Kouzarides，2012；Ybu and Jones，2012；Shen and Laird，2013）。C. David Allis 曾说过："组蛋白中的每一种氨基酸都很重要"，但由于生物体中组蛋白遗传学不易实现，因此这一论点很难得到验证。在不同的儿童胶质母细胞瘤患者中，癌基因突变已经被定位到两个"热点"，即 H3 氨基末端氨基酸 K27 和 G34（有趣的是它们分别对应于脑干和皮质肿瘤）（见第 2 章中 Liu 等的文章）。我们期待这里的进一步研究将有助于诊断一系列致命的儿童癌症（综述见 Rheinbay et al.，2012 和参考文献）。K36 处的 H3 高频突变也与其他儿童癌症（如软骨母细胞瘤；Behjati et al.，2013）有关，说明了组蛋白中赖氨酸共价修饰功能的重要性。在表观遗传机制的其他组成成分中也发现了一些与癌症以外的疾病相关的例子（例如，与神经功能和智力低下相关的途径；见 Schaefer et al.，2011；Lotsch et al.，2013）。癌症和其他疾病之间的联系（见 Baylin 和 Jones 的第 34 章；Audia 和 Campbell 的第 35 章；Zoghbi 和 Beaudet 的第 33 章；也见第 2 章中 Qi、Schaefer 和 Liu 等的文章）预示表观遗传学的重要性，因此将此观点引入本书中。

第五，染色质重塑途径可能提供对治疗有用的靶点，这可能在基因本身没有被突变改变的情况下，导致错误沉默或错误激活被逆转。人们普遍认为，开发针对染色质靶点的药物是临床肿瘤治疗的可行新途径。具体来说，鉴定一系列人类癌症中的 DNA 甲基化和组蛋白乙酰化酶（histone acetylase，HAT）活性的变化，加上在人类癌症治疗中使用组蛋白去乙酰化酶（histone deacetylase，HDAC）和 DNA 甲基化抑制剂，使这成为一个令人信服的论点。与组蛋白赖氨酸甲基转移酶（如 EZH2、KMT6A、MMSET 等）中的已知遗传损伤一样，考虑到与这些关键的表观遗传酶的遗传联系，小分子抑制剂已经被设计并验证为有效的治疗手段。其中一些抑制剂是 FDA 批准的，在临床试验中广泛使用。很明显，染色质修饰所提供的调控信号将彻底改变我们对癌症的看法，因为新的"表观遗传癌变"模型已经提出（另见 Audia 和 Campbell 的第 35 章）。

催化酶并不是唯一一类被证明可作为药物用于治疗的表观遗传调控因子。2010 年末，接连两篇文章（Filippakopoulos et al.，2010；Nicodeme et al.，2010）发现组蛋白乙酰赖氨酸结合域（布罗莫结构域，bromodomain）可被小分子药物靶向，产生有用的临床效果（见第 2 章中 Schaefer、Qi 的文章；Busslinger 和 Tarakhovsky 的第 29 章；Marmorstein 和 Zhou 的第 4 章）。此外，这项工作为一些重要的研究奠定了基础：大规模的人类布罗莫结构域家族的蛋白结构分析表明，不同组蛋白乙酰赖氨酸阅读模块可区分不同的染色质状态（Filippakopoulos et al.，2012）。我们期待着将这些研究扩展到其他染色质阅读"口袋"的项目中，并有望使其成为药物研发的新前沿（Arrowsmith et al.，2012）。

关于潜在的治疗靶点问题，我们强调组蛋白并不是这种共价"语言"在生理上相关的唯一受体。目前已知大量的非组蛋白被组蛋白修饰酶所修饰［例如，p53 分别被 p300（KAT3B）和 Set7/9（KMT7）乙酰化和甲基化（Gu and Roeder，1997；Chuikov et al.，2004）］。组蛋白"类似物"已经被 Tarakhovsky 和其他人提及（Sampath et al.，2007；Marazzi et al.，2012），这表明这些机制远远超出组蛋白范畴（Sims and

Reinberg, 2008)。

第六，正如 Waddington 和其他人阐述的那样，表观遗传学源于发育生物学的问题（见 Felsenfeld 第 1 章）。染色质包装系统已经进化，使某些基因更少或更容易地被转录因子和其他必须与其结合的真正遗传模板机制所利用（见 Pirrotta 的第 36 章）。毫无疑问，我们正进入一个"后基因组"或"表观"时代，转录网络可能是从多能胚胎干细胞重编程为分化细胞的核心。没有什么比 Yamanaka 和他的同事在 2006 年发现的诱导多能干细胞（iPS 细胞或 iPSC）更令人振奋了，其中一组由关键多能干细胞基因编码的转录因子（如 Oct-3/4、Sox2、c-Myc 和 Klf4）被导入非多能细胞中，如小鼠成体成纤维细胞，它们被重编程（或去分化）回到多能或全能状态（Takahashi and Yamanaka，2006）。这些开创性的研究很好地验证了早期 Gurdon 和其他人的开创性研究结果，即证明了体细胞的成年细胞核可以被重新编程，前提是它们要被移植到卵细胞环境中（Gurdon et al.，1958）。尽管转录"主调节因子"的重要性不容置疑，但它们较低的重组效率、诱导态的不稳定性、重新编程的细胞倾向于转向更具肿瘤性的状态，这些都表明染色质基础或重编程过程的"障碍"尚未被完全了解（Soufi et al.，2012；Chen et al.，2013）。我们很高兴看到 Yamanaka（第 2 章）描述了诱导性多能性的发现，而"重新编程"的一般性主题在本书 Hochedlinger 和 Jaenisch 的第 28 章中也有介绍。另外，将表观遗传学与发育生物学问题紧密联系的内容包括 Grossniklaus 和 Paro 的第 17 章、Kingston 和 Tamkun 的第 18 章，以及 Reik 和 Surani 的第 27 章。

这篇前言着重强调了自第一版出版后出现的几个令人兴奋的领域。我们的概述和随后的章节不仅将进一步展现这些领域，还将涉及其他更多领域。此外，本书还收录了一些年轻科学家的短文，他们的重要发现已经为表观遗传学开辟了新的、令人兴奋的领域，这些文章描述了这些研究发现的历史。与本书的第一版相比，第二版突出了在这些表观遗传学领域所取得的显著进展：增加了 12 个新章节，对第一版的所有章节进行了重大更新。例如，第 3 章的图 3-3（也在第一版中）表明，表观遗传改变与经典遗传相比，可能不稳定或不属于真正的生殖细胞遗传。然而，对比先天和后天特征（拉马克理论）之间的不同，这样的争论仍会长期地进行下去，因为新的研究表明环境因素可以通过体细胞和生殖细胞系中的非编码 RNA 产生适应性反应（Ashe et al.，2012；Lee et al.，2012；Rando，2012b）。显然，本书的读者将在第一版基础上体会到这些新知识。发育生物学家看到这些新内容也一定会很高兴。

与第一版一样，本书的目的是教育新人和磨练资深学者，塑造和引入表观遗传学领域的关键概念。本书强调了希望解决的最普遍问题：我们不仅仅是基因的总和（Klar，1998），"你可以继承一些超出 DNA 序列的东西，这才是真正令人兴奋的地方"（Watson，2003）；或者如《时代》杂志 2010 年封面故事的标题"为什么你的 DNA 不是你的命运"（Cloud，2010）。表观遗传学领域的发展似乎并没有放缓。值得注意的是，文献引文索引的数量继续攀升。我们希望本书的读者能分享我们的兴奋，同时能被启发去解决许多尚未解决或理解不清的问题。我们感谢所有将这一版本变成现实的人。

前言参考文献

（方玉达　译）

致谢

就像每一本主要的教科书一样，这本书涵盖了很多内容。在这版《表观遗传学》里，内容明显增加了——章节数量增加了，概述和概念章节的实质内容也增加了。这是为什么？我们只能说一部分原因在于表观遗传学是一门令人兴奋的领域。

我们非常感谢为本书第二版撰稿的所有作者，其中一些也是本书第一版的撰写人员，此外还有许多新加入的作者。特别要感谢那些停止手头工作的年轻科学家们，他们在本书的重点章节中与我们分享了他们和同事们令人兴奋的首创发现背后的故事，帮助我们把这个领域变成了现在的模样，正是这些作者的呕心沥血才完成了这本书的编写，他们的知识和专业水平使这本《表观遗传学》成为令人激动的最新、最详细的教科书。在每一章节中，我们都咨询了外部专家，专家们提出了建设性的意见，使这本书能够更加精准和及时地呈现给大家，为此我们感谢他们。

我们还要感谢 John Inglis 对第二版的支持，感谢冷泉港实验室出版社的所有员工（Inez Sialiano、Kathy Bubbeo、Richard Sever、Jan Argentine 和 Denise Weiss），他们是这一成果的关键人物，正是他们勤奋努力地工作才使出版按时完成。我们也很感谢冷泉港实验室出版社将在 *CSH Perspectives in Biology* 中提供本书的每一章节内容，以使之作为完整的出版物被引用。感谢所有编辑助理［Marisa Cerio（C.D.A.）、Marcela Mare（T.J.）和 Michele Giunta（D.R.）］，他们也表现出了非凡的耐心，安排了无数的电话、会议和日程等。

要特别感谢 Marie-Laure Caparros 和 Monika Lachner，他们和参与第二版的所有人一样，对本书中的每一页、每一句话和每一个单词都了如指掌，成功地把这本书变成了现实：从文稿、参考文献到附图、附录，经历了紧张、抱怨、挫折、焦虑。他们的耐心从何而来？没人知道，但我们想，他们两人身上正是体现了某种非常特殊的遗传学和表观遗传学的特质！相信他们的出色工作、关心和对细节的关注，会使这本《表观遗传学》成为一本好书。

最后，我们三人承认，如果本书存在错误或遗漏，都与我们有关。很多人都想知道为什么第二版花了这么长时间才出版，也许是我们再三考量与斟酌导致的，为此请接受我们的道歉。即便如此，我们仍然乐于把表观遗传学领域的许多进展转化为一本书与大家分享，所有读者都将与我们一起享受着本书带来的兴奋。

本书由冷泉港实验室出版社（纽约）资助，洛克菲勒大学（纽约）、纽约大学医学院（纽约）、马克斯普朗克免疫生物学和表观遗传学研究所（德国弗莱堡）也为本书提供了赞助。

C. David Allis，洛克菲勒大学，美国纽约
Thomas Jenuwein，马克斯普朗克免疫生物学和表观遗传学研究所，德国弗莱堡
Danny Reinberg，纽约大学医学院斯米洛研究中心，美国纽约
2014 年 9 月 15 日

（方玉达　译）

（从左到右）Monika Lachner, Thomas Jenuwein, Danny Reinberg, Marie-Laure Caparros 和 David Allis 在纽约的一次图书编写会上

目录

第 1 章　表观遗传学简史 ⋯⋯⋯⋯⋯⋯⋯⋯⋯⋯⋯⋯⋯⋯⋯⋯⋯⋯⋯⋯⋯⋯⋯⋯⋯⋯⋯⋯⋯ 1
　1.1　引言 ⋯⋯⋯⋯⋯⋯⋯⋯⋯⋯⋯⋯⋯⋯⋯⋯⋯⋯⋯⋯⋯⋯⋯⋯⋯⋯⋯⋯⋯⋯⋯⋯⋯⋯⋯ 1
　1.2　来自遗传学和发育生物学的线索 ⋯⋯⋯⋯⋯⋯⋯⋯⋯⋯⋯⋯⋯⋯⋯⋯⋯⋯⋯⋯⋯⋯⋯ 2
　1.3　DNA 在一个生物体的所有体细胞中都是相同的 ⋯⋯⋯⋯⋯⋯⋯⋯⋯⋯⋯⋯⋯⋯⋯⋯ 3
　1.4　DNA 甲基化的作用 ⋯⋯⋯⋯⋯⋯⋯⋯⋯⋯⋯⋯⋯⋯⋯⋯⋯⋯⋯⋯⋯⋯⋯⋯⋯⋯⋯⋯ 4
　1.5　染色质的作用 ⋯⋯⋯⋯⋯⋯⋯⋯⋯⋯⋯⋯⋯⋯⋯⋯⋯⋯⋯⋯⋯⋯⋯⋯⋯⋯⋯⋯⋯⋯⋯ 4
　1.6　所有机制都是相互关联的 ⋯⋯⋯⋯⋯⋯⋯⋯⋯⋯⋯⋯⋯⋯⋯⋯⋯⋯⋯⋯⋯⋯⋯⋯⋯⋯ 7
　致谢 ⋯⋯⋯⋯⋯⋯⋯⋯⋯⋯⋯⋯⋯⋯⋯⋯⋯⋯⋯⋯⋯⋯⋯⋯⋯⋯⋯⋯⋯⋯⋯⋯⋯⋯⋯⋯⋯ 7

第 2 章　下一代：年轻科学家在表观遗传学研究中令人振奋的新发现 ⋯⋯⋯⋯⋯⋯⋯⋯ 8
　2.1　组蛋白去甲基化酶的发现 ⋯⋯⋯⋯⋯⋯⋯⋯⋯⋯⋯⋯⋯⋯⋯⋯⋯⋯⋯⋯⋯⋯⋯⋯⋯ 10
　2.2　细胞重编程 ⋯⋯⋯⋯⋯⋯⋯⋯⋯⋯⋯⋯⋯⋯⋯⋯⋯⋯⋯⋯⋯⋯⋯⋯⋯⋯⋯⋯⋯⋯⋯ 12
　2.3　lncRNA：将 RNA 与染色质相连接 ⋯⋯⋯⋯⋯⋯⋯⋯⋯⋯⋯⋯⋯⋯⋯⋯⋯⋯⋯⋯⋯ 14
　2.4　增强子 RNA：一类在增强子处合成的长链非编码 RNA ⋯⋯⋯⋯⋯⋯⋯⋯⋯⋯⋯⋯ 16
　致谢 ⋯⋯⋯⋯⋯⋯⋯⋯⋯⋯⋯⋯⋯⋯⋯⋯⋯⋯⋯⋯⋯⋯⋯⋯⋯⋯⋯⋯⋯⋯⋯⋯⋯⋯⋯⋯ 18
　2.5　表观遗传学拓展：基因组 DNA 中胞嘧啶的新修饰 ⋯⋯⋯⋯⋯⋯⋯⋯⋯⋯⋯⋯⋯⋯ 18
　2.6　植物可移动小 RNA ⋯⋯⋯⋯⋯⋯⋯⋯⋯⋯⋯⋯⋯⋯⋯⋯⋯⋯⋯⋯⋯⋯⋯⋯⋯⋯⋯ 21
　2.7　CpG 岛染色质是通过 CxxC 类锌指蛋白的招募而形成的 ⋯⋯⋯⋯⋯⋯⋯⋯⋯⋯⋯⋯ 24
　2.8　用于癌症治疗的布罗莫结构域和超末端结构域抑制剂：染色质结构的化学调节 ⋯⋯ 26
　2.9　含布罗莫结构域蛋白在炎症反应中的药理抑制作用 ⋯⋯⋯⋯⋯⋯⋯⋯⋯⋯⋯⋯⋯⋯ 28
　2.10　儿童脑瘤中的组蛋白 H3 突变 ⋯⋯⋯⋯⋯⋯⋯⋯⋯⋯⋯⋯⋯⋯⋯⋯⋯⋯⋯⋯⋯⋯ 31
　2.11　染色体折叠是表观遗传状态的"驾驶员"还是"乘客"？ ⋯⋯⋯⋯⋯⋯⋯⋯⋯⋯⋯ 33
　致谢 ⋯⋯⋯⋯⋯⋯⋯⋯⋯⋯⋯⋯⋯⋯⋯⋯⋯⋯⋯⋯⋯⋯⋯⋯⋯⋯⋯⋯⋯⋯⋯⋯⋯⋯⋯⋯ 35

第 3 章　概述和概念 ⋯⋯⋯⋯⋯⋯⋯⋯⋯⋯⋯⋯⋯⋯⋯⋯⋯⋯⋯⋯⋯⋯⋯⋯⋯⋯⋯⋯⋯ 36
　3.1　遗传学与表观遗传学 ⋯⋯⋯⋯⋯⋯⋯⋯⋯⋯⋯⋯⋯⋯⋯⋯⋯⋯⋯⋯⋯⋯⋯⋯⋯⋯⋯ 38
　3.2　研究表观遗传学的模型系统 ⋯⋯⋯⋯⋯⋯⋯⋯⋯⋯⋯⋯⋯⋯⋯⋯⋯⋯⋯⋯⋯⋯⋯⋯ 40
　3.3　表观遗传学的定义 ⋯⋯⋯⋯⋯⋯⋯⋯⋯⋯⋯⋯⋯⋯⋯⋯⋯⋯⋯⋯⋯⋯⋯⋯⋯⋯⋯⋯ 42
　3.4　染色质模板 ⋯⋯⋯⋯⋯⋯⋯⋯⋯⋯⋯⋯⋯⋯⋯⋯⋯⋯⋯⋯⋯⋯⋯⋯⋯⋯⋯⋯⋯⋯⋯ 44
　3.5　组蛋白修饰：写入器和擦除器 ⋯⋯⋯⋯⋯⋯⋯⋯⋯⋯⋯⋯⋯⋯⋯⋯⋯⋯⋯⋯⋯⋯⋯ 44
　3.6　组蛋白阅读器和染色质重塑因子 ⋯⋯⋯⋯⋯⋯⋯⋯⋯⋯⋯⋯⋯⋯⋯⋯⋯⋯⋯⋯⋯⋯ 48
　3.7　组蛋白变体 ⋯⋯⋯⋯⋯⋯⋯⋯⋯⋯⋯⋯⋯⋯⋯⋯⋯⋯⋯⋯⋯⋯⋯⋯⋯⋯⋯⋯⋯⋯⋯ 49
　3.8　组蛋白修饰的生物学效应 ⋯⋯⋯⋯⋯⋯⋯⋯⋯⋯⋯⋯⋯⋯⋯⋯⋯⋯⋯⋯⋯⋯⋯⋯⋯ 50
　3.9　染色质的高阶组织 ⋯⋯⋯⋯⋯⋯⋯⋯⋯⋯⋯⋯⋯⋯⋯⋯⋯⋯⋯⋯⋯⋯⋯⋯⋯⋯⋯⋯ 55
　3.10　DNA 甲基化 ⋯⋯⋯⋯⋯⋯⋯⋯⋯⋯⋯⋯⋯⋯⋯⋯⋯⋯⋯⋯⋯⋯⋯⋯⋯⋯⋯⋯⋯⋯ 58

3.11	RNAi 和 RNA 介导的基因沉默	60
3.12	常染色质与异染色质的区别	62
3.13	从单细胞到多细胞系统	65
3.14	表观基因组参考图	66
3.15	扩展的基因概念和非编码 RNA	69
3.16	Polycomb 和 Trithorax	71
3.17	X 染色体失活和兼性异染色质	75
3.18	细胞命运重编程	77
3.19	癌症和表观遗传治疗	79
3.20	人类疾病的表观遗传因素	81
3.21	代谢和环境的表观遗传应答	84
3.22	表观遗传的遗传	87
3.23	表观遗传调控到底有什么功能？	90
3.24	表观遗传研究中涉及的重大问题	91
	网络资源	93

第 4 章　组蛋白乙酰化的写入器和阅读器：结构、机制和抑制　94

4.1	组蛋白的写入器、擦除器和阅读器介绍	95
4.2	组蛋白乙酰转移酶	96
4.3	乙酰赖氨酸阅读器	106
4.4	展望	114
	致谢	114

第 5 章　组蛋白乙酰化擦除器：组蛋白去乙酰化酶　115

5.1	引言	116
5.2	HDAC 家族和分类：2 个家族和 4 个类别	117
5.3	催化机理和结构	120
5.4	HDAC 的底物	124
5.5	HDAC 活性的调节	126
5.6	HDAC 的生物学重要性	129
5.7	抑制剂	132
5.8	总结	137

第 6 章　DNA 和组蛋白甲基化的结构和功能协调　138

6.1	组蛋白甲基化和去甲基化	139
6.2	DNA 甲基化	147
6.3	DNA 甲基化与组蛋白修饰之间的相互作用	150
6.4	总结	155
	致谢	156

第 7 章　组蛋白表观遗传标记和 DNA 甲基化标记读取的结构解析　157

7.1	引言	158
7.2	通过 PHD 指和 BAH 模块读取 Kme 标记	161
7.3	通过单个 Royal 家族模块读取 Kme 标记	165
7.4	通过串联 Royal 家族模块读取 Kme 标记	167
7.5	通过组合和配对模块读取 Kme 标记	171
7.6	通过 Tudor 模块读取甲基化精氨酸标记	173

7.7 未修饰赖氨酸标记的读取······175
7.8 未修饰精氨酸标记的读取······176
7.9 肽水平上通过连锁结合模块的多价读取······178
7.10 核小体水平通过连锁结合模块的多价读取······182
7.11 PHD-bromo 盒的非染色质功能角色······182
7.12 组蛋白标记间的互作······183
7.13 组蛋白类似物······186
7.14 DNA 上全甲基化 5mCpG 位点的读取······187
7.15 DNA 上半甲基化 5mCpG 位点的读取······190
7.16 展望与未来挑战······192
致谢······198

第 8 章 酿酒酵母的表观遗传学······199
8.1 酵母的遗传和分子工具······200
8.2 酵母的生命周期······203
8.3 酵母异染色质存在于沉默的 *HM* 交配位点和端粒之中······205
8.4 Sir 蛋白质结构与进化保守性······206
8.5 沉默染色质是一种在整个结构域中扩散的抑制性结构······208
8.6 异染色质组装的不同步骤······209
8.7 组蛋白 H4K16 乙酰化及其被 Sir2 去乙酰化的关键作用······212
8.8 屏障功能：组蛋白修饰限制 Sir 复合体扩散······213
8.9 H3 氨基末端尾巴在高阶染色质结构中的作用······214
8.10 端粒的反式相互作用和异染色质的核周缘附着······215
8.11 端粒环化······217
8.12 天然亚端粒结构域的可变抑制······217
8.13 表观遗传状态的遗传······218
8.14 Sir 蛋白和沉默染色质的其他功能······219
8.15 总结······222

第 9 章 粟酒裂殖酵母染色质状态的表观调控······223
9.1 粟酒裂殖酵母的生命周期······224
9.2 异染色质组分的筛选······226
9.3 不同类型的异染色质······227
9.4 粟酒裂殖酵母的着丝粒：研究异染色质的范例······228
9.5 粟酒裂殖酵母着丝粒染色质结构域和动粒······234
9.6 其他沉默区的异染色质形成······238
9.7 粟酒裂殖酵母的核小体重塑······240
9.8 粟酒裂殖酵母的细胞核装配······240
9.9 粟酒裂殖酵母的基因组和表观基因组······242
9.10 总结······243
致谢······243

第 10 章 粗糙脉孢菌：一个用于表观遗传学研究的模型系统······244
10.1 粗糙脉孢菌：有机体的历史和特征······245
10.2 脉孢菌 DNA 甲基化······247
10.3 RIP——一个同时具有遗传和表观遗传学方面的基因组防御系统······249

10.4　对 RIP 遗留痕迹的研究为 DNA 甲基化的调控提供了见解 …… 249
10.5　组蛋白 H3K27 甲基化 …… 253
10.6　抑制 …… 253
10.7　减数分裂沉默 …… 255
10.8　RIP、抑制和减数分裂沉默的可能功能和实际用途 …… 258
10.9　总结 …… 259
致谢 …… 259

第 11 章　纤毛虫的表观遗传学 …… 260
11.1　纤毛虫：具有两个不同基因组的单细胞 …… 262
11.2　接合：生殖系和体细胞基因组的分化 …… 263
11.3　大核和微核：活性与沉默染色质的模型 …… 263
11.4　纤毛虫中同源依赖的基因沉默 …… 265
11.5　大核发育过程中的全基因组重排 …… 266
11.6　DNA 消除是由同源依赖机制介导的 …… 269
11.7　DNA 消除是由小 RNA 介导的整个基因组跨核比较引导的 …… 273
11.8　scnRNA 诱导的异染色质形成先于 DNA 消除 …… 275
11.9　DNA 有序化以母体 RNA 为模板 …… 276
11.10　程序化基因组重排的生物学功能 …… 278
11.11　交配型决定的表观遗传调控 …… 279
11.12　总结 …… 280

第 12 章　果蝇的花斑型位置效应、异染色质形成和基因沉默 …… 281
12.1　基因异常地与异染色质靠近显示出花斑表型 …… 282
12.2　筛选 PEV 抑制剂和增强子以鉴定出染色体蛋白质和染色体蛋白质修饰因子 …… 286
12.3　染色体蛋白质的分布和结合模式 …… 289
12.4　组蛋白修饰在异染色质沉默中起关键作用 …… 290
12.5　染色体蛋白质形成相互依赖的复合体来维持和扩展异染色质结构 …… 292
12.6　并非所有异染色质都是相同的：空间组织很重要 …… 296
12.7　果蝇异染色质的形成是如何靶向的？ …… 299
12.8　不同生物体中的 PEV、异染色质形成与基因沉默 …… 300
12.9　总结：关于异染色质，我们还有很多未知 …… 301
致谢 …… 302

第 13 章　植物的表观遗传调控 …… 303
13.1　植物作为表观遗传研究的模型 …… 304
13.2　植物中染色质的分子组成 …… 312
13.3　RNA 介导的基因沉默途径的分子成分 …… 319
13.4　展望 …… 329
致谢 …… 330

第 14 章　利用小鼠模型研究表观遗传学 …… 331
14.1　利用小鼠模型鉴定表观遗传重编程修饰因子 …… 332
14.2　近交小鼠克隆中的表观遗传现象 …… 344
14.3　总结与展望 …… 352

第 15 章　哺乳动物中的 DNA 甲基化 …… 354
15.1　细胞记忆的机制 …… 355

- 15.2 DNA 甲基化模式的建立 ... 357
- 15.3 DNA 去甲基化 ... 361
- 15.4 DNA 甲基化调控基因表达 ... 364
- 15.5 DNA 甲基化与组蛋白修饰的相互作用 ... 367
- 15.6 DNA 甲基化与疾病 ... 368
- 15.7 展望 ... 370
- 致谢 ... 372

第 16 章 RNAi 和异染色质组装 ... 373
- 16.1 RNAi 途径概述 ... 374
- 16.2 表明 RNA 是 TGS 中介的早期证据 ... 377
- 16.3 粟酒裂殖酵母中 RNAi 和异染色质组装 ... 378
- 16.4 拟南芥中 RNAi 介导的染色质和 DNA 修饰 ... 384
- 16.5 动物中 RNAi 介导的染色质修饰的保守性 ... 386
- 16.6 总结 ... 387

第 17 章 多梳蛋白家族介导的转录沉默 ... 389
- 17.1 引言 ... 390
- 17.2 染色质上沉默标记的建立 ... 393
- 17.3 PcG 复合体靶向到沉默的基因 ... 402
- 17.4 发育和疾病中的 PcG 抑制 ... 405
- 17.5 总结与展望 ... 409
- 致谢 ... 410

第 18 章 一组 Trithorax 蛋白质调控基因表达 ... 411
- 18.1 引言 ... 412
- 18.2 trxG 蛋白与染色质的联系 ... 416
- 18.3 trxG 蛋白与一般转录机制的联系 ... 422
- 18.4 trxG 蛋白与黏连蛋白的联系 ... 423
- 18.5 其他 trxG 蛋白的生化功能 ... 423
- 18.6 trxG 蛋白和 PcG 蛋白的功能互作 ... 423
- 18.7 非编码 RNA 和 trxG 蛋白 ... 424
- 18.8 trxG 蛋白和人类疾病 ... 425
- 18.9 总结 ... 425

第 19 章 染色质的远程交互作用 ... 426
- 19.1 引言：体内储存 DNA 的挑战 ... 428
- 19.2 核架构背景下的远程交互作用 ... 429
- 19.3 染色质交互作用和基因调控的分析 ... 435
- 19.4 染色质环交互的不同类型 ... 438
- 19.5 构建染色质环 ... 443
- 19.6 环的交互和基因调控 ... 444
- 19.7 总结 ... 444

第 20 章 组蛋白变体和表观遗传学 ... 446
- 20.1 所有生物中 DNA 被结构性蛋白包装 ... 447
- 20.2 真核生物核心组蛋白从古细菌组蛋白进化而来 ... 449
- 20.3 大量组蛋白在 DNA 复制后加载 ... 451

20.4	组蛋白变体在整个细胞周期中加载	452
20.5	一种特殊的组蛋白 H3 变体标记了着丝粒	452
20.6	组蛋白变体 H3.3 的替换发生在活跃染色质上	456
20.7	H3.3 在生殖系中的功能	457
20.8	H2A.X 的磷酸化在 DNA 双链断裂修复过程中的功能	459
20.9	H2A.Z 在染色质调节中起多种作用	460
20.10	H3.3 和 H2A.Z 占据特定染色质位置	461
20.11	H2A.Z 核小体的占据是动态的并改变染色质的特性	462
20.12	H2A.Z 在表观继承中的功能	463
20.13	其他 H2A 变体区分染色质，但它们的功能尚不清楚	464
20.14	许多组蛋白已经进化，以更紧密地包装 DNA	465
20.15	组蛋白变体与人类疾病	466
20.16	总结与展望	467

第 21 章　核小体重塑与表观遗传学　468

21.1	核小体重塑的发现：历史回顾	470
21.2	核小体重塑的具体细节	473
21.3	核小体重塑复合体的多样性	476
21.4	核小体重塑因子作为转录调控因子	478
21.5	染色质组装与组织过程中的核小体重塑	480
21.6	染色质重塑因子对组蛋白修饰的识别	481
21.7	翻译后修饰对重塑因子的调控	482
21.8	染色质重塑因子与 DNA 甲基化的相互作用	483
21.9	染色质重塑因子和组蛋白变体	483
21.10	发育过程中的核小体重塑	484
21.11	总结	484
	致谢	484

第 22 章　表观遗传信息的维持　486

22.1	DNA 甲基化	487
22.2	混合亲本组蛋白和新的组蛋白	489
22.3	复制时序	499
22.4	总结	503
	致谢	504

第 23 章　秀丽隐杆线虫 X 染色体的调控　505

23.1	秀丽隐杆线虫性染色体的不均衡性	507
23.2	X：A 比值的确定	508
23.3	DCC 类似于致密因子复合物	509
23.4	DCC 的募集和蔓延	511
23.5	DCC 效应：X 连锁基因和常染色体基因 *her-1* 的下调	512
23.6	X 连锁基因的补偿性上调	514
23.7	生殖系发育和 X 染色体的全局性沉默	515
23.8	雄性个体中单一 X 染色体的减数分裂沉默	517
23.9	MES 组蛋白修饰酶对 X 染色体沉默的调控	518
23.10	早期胚胎中父源 X 染色体的失活	520

23.11 总结 ················522
网络资源 ················522

第24章 果蝇中的剂量补偿效应 ················523
24.1 剂量补偿效应在果蝇中的发现 ················524
24.2 剂量补偿效应的调控 ················525
24.3 负责补偿效应的染色质重塑复合物的组装 ················527
24.4 非编码 roX RNA 促进 MSL 复合物在 X 染色体上的组装和靶标 ················529
24.5 MSL 结合 X 染色体的高分辨率分析 ················530
24.6 从起始位点过渡到目标基因 ················532
24.7 与剂量补偿相关的染色质修饰 ················534
24.8 剂量补偿的机制模型 ················535
24.9 剂量补偿与细胞核调控 ················536
24.10 染色质因子对雄性 X 染色体的整体影响 ················537
24.11 剂量补偿效应如何演化 ················537
24.12 展望 ················538
网络资源 ················538

第25章 哺乳动物中的剂量补偿效应 ················539
25.1 引言 ················540
25.2 X 染色体失活概述 ················544
25.3 X 染色体失活的起始 ················546
25.4 失活状态的增殖和维持 ················552
25.5 X 染色体的再激活和重编程 ················558
25.6 总结与展望 ················560

第26章 哺乳动物中基因组印记 ················561
26.1 历史回顾 ················562
26.2 基因组印记——一种表观遗传的基因调控系统 ················565
26.3 基因组印记中的关键发现 ················567
26.4 基因组印记——哺乳动物的一种表观遗传调控模型 ················577
26.5 展望 ················577
致谢 ················578
网络资源 ················578

第27章 生殖细胞系和多能干细胞 ················579
27.1 哺乳动物生命周期中的遗传和表观遗传统一体 ················581
27.2 生殖细胞特化的调节机制 ················583
27.3 从卵母细胞到早期胚胎 ················591
27.4 从多能干细胞到体细胞再回到生殖细胞 ················594
27.5 展望 ················597
致谢 ················597

第28章 诱导多能性和表观遗传重编程 ················598
28.1 细胞重编程的历史 ················599
28.2 iPSC 的产生 ················602
28.3 iPSC 形成的潜在机制 ················605
28.4 疾病研究中 iPSC 技术的应用 ················612

- 28.5 悬而未决的问题：iPSC 是否等效于 ES 细胞？ 616
- 28.6 总结 617
- 致谢 617

第 29 章　免疫的表观遗传调控 618
- 29.1 获得性免疫应答简介 619
- 29.2 淋巴系统中的谱系决定 620
- 29.3 免疫系统中的谱系可塑性 621
- 29.4 V(D)J 重排的表观遗传调控 622
- 29.5 恶性淋巴肿瘤中表观遗传调控的作用 629
- 29.6 染色质介导的炎症反应控制 631
- 29.7 "组蛋白模拟物"及其对炎症反应调控的暗示 637
- 29.8 总结 638

第 30 章　染色质的代谢信号 639
- 30.1 代谢物 640
- 30.2 酶 644
- 30.3 中间代谢的改变调节表观遗传状态 646
- 30.4 生物钟表观基因组 649
- 30.5 老化和衰老的表观基因组以及与新陈代谢的联系 654
- 30.6 总结 658

第 31 章　植物响应环境的表观遗传调控 659
- 31.1 环境记忆中的表观遗传调控 660
- 31.2 案例 1——春化 661
- 31.3 案例 2——病毒介导的基因沉默与表观遗传 666
- 31.4 重置与跨代遗传 672
- 31.5 响应胁迫的瞬时表观遗传调控 673
- 31.6 响应胁迫的跨代表观遗传调控 673
- 31.7 表观遗传对基因组结构的影响 674
- 31.8 被诱导的表观遗传改变的后遗症 674
- 31.9 展望 675

第 32 章　组蛋白和 DNA 修饰是神经元发育和功能的调节因子 676
- 32.1 神经元发生的表观遗传调控 677
- 32.2 Pcdh 启动子选择的表观遗传调控 680
- 32.3 OR 选择的表观遗传调控 686
- 32.4 嗅觉神经元生命跨度的表观遗传调控 693
- 32.5 总结与展望 694

第 33 章　表观遗传学与人类疾病 696
- 33.1 引言 697
- 33.2 人类病例研究揭示表观遗传的生物学作用 699
- 33.3 人类疾病 700
- 33.4 展望 717
- 致谢 717

第 34 章　癌症的表观遗传决定因素 718
- 34.1 癌症的生物学基础 719

34.2 染色质对于癌症的重要意义 ⋯⋯⋯⋯⋯⋯⋯⋯⋯⋯⋯⋯⋯⋯⋯⋯⋯⋯⋯⋯⋯⋯⋯⋯⋯⋯⋯⋯⋯⋯⋯⋯⋯ 721
34.3 DNA 甲基化在癌症中的作用 ⋯⋯⋯⋯⋯⋯⋯⋯⋯⋯⋯⋯⋯⋯⋯⋯⋯⋯⋯⋯⋯⋯⋯⋯⋯⋯⋯⋯⋯⋯⋯ 723
34.4 癌症中高甲基化的基因启动子 ⋯⋯⋯⋯⋯⋯⋯⋯⋯⋯⋯⋯⋯⋯⋯⋯⋯⋯⋯⋯⋯⋯⋯⋯⋯⋯⋯⋯⋯⋯ 727
34.5 早期癌症发生中表观基因沉默的重要性 ⋯⋯⋯⋯⋯⋯⋯⋯⋯⋯⋯⋯⋯⋯⋯⋯⋯⋯⋯⋯⋯⋯⋯⋯⋯ 731
34.6 表观遗传沉默的癌症基因的分子结构 ⋯⋯⋯⋯⋯⋯⋯⋯⋯⋯⋯⋯⋯⋯⋯⋯⋯⋯⋯⋯⋯⋯⋯⋯⋯⋯ 735
34.7 癌症中表观基因沉默的主要研究问题的总结 ⋯⋯⋯⋯⋯⋯⋯⋯⋯⋯⋯⋯⋯⋯⋯⋯⋯⋯⋯⋯⋯⋯⋯ 739
34.8 DNA 甲基化异常作为癌症检测和监测癌症预后的生物标志物 ⋯⋯⋯⋯⋯⋯⋯⋯⋯⋯⋯⋯⋯⋯⋯ 739
34.9 表观遗传疗法 ⋯⋯⋯⋯⋯⋯⋯⋯⋯⋯⋯⋯⋯⋯⋯⋯⋯⋯⋯⋯⋯⋯⋯⋯⋯⋯⋯⋯⋯⋯⋯⋯⋯⋯⋯⋯⋯ 740

第 35 章 组蛋白修饰与癌症 ⋯⋯⋯⋯⋯⋯⋯⋯⋯⋯⋯⋯⋯⋯⋯⋯⋯⋯⋯⋯⋯⋯⋯⋯⋯⋯⋯⋯⋯⋯⋯⋯⋯ 745
35.1 简介 ⋯⋯ 746
35.2 组蛋白修饰 ⋯⋯⋯⋯⋯⋯⋯⋯⋯⋯⋯⋯⋯⋯⋯⋯⋯⋯⋯⋯⋯⋯⋯⋯⋯⋯⋯⋯⋯⋯⋯⋯⋯⋯⋯⋯⋯⋯ 747
35.3 靶向组蛋白修饰的药物发现中的挑战 ⋯⋯⋯⋯⋯⋯⋯⋯⋯⋯⋯⋯⋯⋯⋯⋯⋯⋯⋯⋯⋯⋯⋯⋯⋯⋯ 759
附录 ⋯⋯ 763

第 36 章 染色质的必要性：展望 ⋯⋯⋯⋯⋯⋯⋯⋯⋯⋯⋯⋯⋯⋯⋯⋯⋯⋯⋯⋯⋯⋯⋯⋯⋯⋯⋯⋯⋯⋯⋯ 768
36.1 一些进展的归纳 ⋯⋯⋯⋯⋯⋯⋯⋯⋯⋯⋯⋯⋯⋯⋯⋯⋯⋯⋯⋯⋯⋯⋯⋯⋯⋯⋯⋯⋯⋯⋯⋯⋯⋯⋯ 769
36.2 建立全局染色质可及性的假设 ⋯⋯⋯⋯⋯⋯⋯⋯⋯⋯⋯⋯⋯⋯⋯⋯⋯⋯⋯⋯⋯⋯⋯⋯⋯⋯⋯⋯⋯ 774

附录 1 网络资源 ⋯⋯⋯⋯⋯⋯⋯⋯⋯⋯⋯⋯⋯⋯⋯⋯⋯⋯⋯⋯⋯⋯⋯⋯⋯⋯⋯⋯⋯⋯⋯⋯⋯⋯⋯⋯⋯⋯ 782
附录 2 目前记录的组蛋白修饰的详细目录 ⋯⋯⋯⋯⋯⋯⋯⋯⋯⋯⋯⋯⋯⋯⋯⋯⋯⋯⋯⋯⋯⋯⋯⋯⋯⋯ 785
索引 ⋯⋯ 799

第1章

表观遗传学简史

加里·费尔森菲尔德（Gary Felsenfeld）

National Institute of Diabetes and Digestive and Kidney Diseases, National Institutes of Health, Bethesda, Maryland 20892-0540

通讯地址：garyf@intra.niddk.nih.gov

摘 要

"表观遗传学"一词最初用来指人们知之甚少的受精卵发育为成熟的复杂有机体的过程。随着对生物体内所有细胞都携带相同DNA的理解，以及对基因表达机制的进一步了解，表观遗传的定义发生了变化，重点在与核苷酸序列变化无关的可遗传性状上，它们与DNA或者与之结合的结构或调节蛋白的化学修饰相关。这些机制在早期发育中的功能的最新发现可能使我们回到所期望的表观遗传学的最初定义上。

本章目录

1.1 引言
1.2 来自遗传学和发育生物学的线索
1.3 DNA在一个生物体的所有体细胞中都是相同的
1.4 DNA甲基化的作用
1.5 染色质的作用
1.6 所有机制都是相互关联的

1.1 引 言

表观遗传学的历史与进化和发育的研究相联系。但在过去的50年里，随着我们对真核生物中基因表达调控分子机制的认识不断加深，表观遗传学本身的含义也在不断演变。我们目前对表观遗传学的定义反映了我们对它的理解，即尽管 DNA 在生物体的所有体细胞中基本上是相同的，但不同细胞类型基因的表达模式差异很大，这些表达模式可以遗传与克隆。这导致研究表观遗传学的工作定义为"研究不能用 DNA 序列变化来解释的、在有丝分裂和（或）减数分裂过程中可遗传的基因功能变化"（Riggs et al., 1996; Riggs and Porter, 1996）。最近在这个定义中增加了一个内容，即新的表观遗传状态的启动应该涉及一个与维持它所需的机制不同的瞬时机制（Berger et al., 2009）。然而，直到 20 世纪 50 年代，"表观遗传学"这个词才被更广泛（而不太准确）地用来描述从受精卵到成熟器官的所有发育事件，也就是从遗传物质开始直到形成最终产品的所有调控过程（Waddington, 1953）。这一概念起源于 19 世纪末早期的细胞生物学和胚胎学研究，为我们现在理解基因与发育之间的关系奠定了基础。关于负责执行生物体发育进程的成分的性质和位置，胚胎学家们争论了很久。在试图理解大量巧妙但最终令人困惑的、涉及细胞和胚胎操作的实验时，胚胎学家分成了两个学派：一派认为每个细胞都含有预成形元素，它们在发育过程中膨大（"预成说"，preformationism）。另一派认为这一过程涉及可溶性成分之间的化学反应，它们执行了一个复杂的发育进程（"后成说"，epigenesis）。这些观点关注细胞核和细胞质在发育过程中的相对重要性。尽管表观遗传学的定义随着我们不断增长的知识而改变，但重要的是我们要记住最初的问题：单个受精卵如何产生一个具有不同表型细胞的复杂生物体？

1879 年 Fleming 发现染色体后，包括 Wilson 和 Boveri 在内的许多研究者提供了强有力的证据证明发育程序存在于染色体中。Morgan（1911）最终提供的最有说服力的证据是他对多个果蝇基因与 X 染色体的遗传连锁实验的描述。从那时起，线性染色体图谱的建立取得了快速进展，其中单个基因被定位到果蝇染色体上的特定位置（Sturtevant, 1913）。当然，经典的"后成说"问题仍然存在：染色体中的哪些分子携带遗传信息？它们如何指导发育过程？在细胞分裂过程中信息是如何传递的？核酸和蛋白质都存在于染色体中，但它们的相对贡献并不清楚。当然，没有人相信核酸能单独携带所有的发育信息。此外，早期的问题是关于细胞质对发育事件的可能贡献。来自果蝇遗传学的证据（见 1.2 节）表明，如果没有相应的"基因"变化，也可能会发生可遗传的表型变化。这一争论因 DNA 被证明作为遗传信息的主要载体而发生了巨大的改变。最终，重新定义表观遗传学是必要的，以区分由 DNA 序列变化引起的可遗传变化和与 DNA 序列变化无关的可遗传变化。对定义的进一步细化伴随着对潜在机制的更详细理解，但此时尝试精确地描述非常复杂的调控过程可能是没有用的，因为在这些调控过程中，表观遗传和非表观遗传相互交织。

1.2　来自遗传学和发育生物学的线索

无论表观遗传学定义如何多变，构成当前表观遗传学概念基础的思想和科学理念自 20 世纪初以来一直在逐步积累。1930 年，Muller（1930）描述了一类果蝇突变，他称之为"永久性移位"（eversporting displacement）（"永久性"表示表型变化的高频率）。这些突变体涉及染色体易位（移位，displacement），"即使所有染色质似乎以正确的剂量呈现，但排列异常，表型结果并不总是正常的"。在其中一些情况下，Muller 观察到眼睛有斑驳的果蝇。他认为这可能归因于"不同造眼细胞的遗传多样性"，但进一步的遗传分析使他将这些不寻常的特性与染色体重排联系起来，并得出结论"同时影响多种性状的染色体区域是有联系的，而不是单个基因或者假定的基因元件起作用"。在接下来的 10～20 年里，许多实验室（Hannah, 1951）提供的有力证据证实当染色质重排将白色基因移位到异染色质附近时导致这种眼睛花斑色的出现。

在这一时期，各种染色体重排引起了人们的极大关注。很明显，基因并不是完全独立的实体；它们的功能可能受到其在基因组中位置的影响，这一点可以从许多导致杂色的果蝇突变体，以及其他涉及易位到常染色质区域的突变体中得到充分的证明，在这种情况下，可以观察到更普遍的（非花斑）位置效应。转座因子（transposable element）在植物遗传学中的作用变得很明显，这主要通过 McClintock（1965）的工作被揭开，尽管它们可能不参与正常发育。

第二种推理来自对发育过程的研究。很明显，在发育过程中，不同的已分化细胞和组织之间存在着表型差异，而且这些差异一旦建立，就可能被分裂的细胞克隆遗传。尽管目前人们已经了解到细胞特异性编程的存在，并且它可以被传递到子细胞，但是如何做到这一点还不太清楚。

许多机制可以设想并被加以考虑。对于那些持生化观点的人来说，细胞是由维持其特性的、多重相互依赖的生化反应来定义的。例如，Delbruck（引自 Jablonka and Lamb，1995）在 1949 年提出，一对简单的生化途径，其中每一种途径都作为另一种途径的中间抑制剂，从而建立一个系统，在两种稳态之间切换。在大肠杆菌的 lac 操纵子（Novick and Weiner，1957），以及在溶原状态和溶解状态之间转换的 λ 噬菌体（Ptashne，1992）中发现了此类系统。可以在真核生物中设想存在一种功能等效模型：在 λ 噬菌体中观察到的自我稳定抑制和刺激机制实际上在高等生物中以更复杂的形式存在。以海胆胚胎为例，其发育是通过一系列自我稳定的调控网络的建立和发展而进行的。然而，必须认识到原核和真核系统之间的一个本质区别：在海胆中发现的一个例子，每一个调节"模块"并不处于静止状态，而是从引起变化的其他模块接收并向其发送信号，产生与胚胎发育相关的时间依赖性表型。还应注意的是，尽管染色质结构和生物化学过程都参与该程序的实施（见 1.5 节），但该系统可以通过表达因子与相关基因调控区的特异性结合进行基因表达调控来建模。

在胚胎发育过程中，细胞核和细胞质各自在多大程度上参与了分化状态的传递，这显然是一个引起生物学家强烈关注和争论的问题，一个自我稳定的生化途径可能必须通过细胞分裂来维持。一种表观遗传传递在草履虫（*Paramecia*）和其他纤毛虫中清楚地显示出来，其中纤毛模式可能因个体而异，并且是克隆遗传的（Beisson and Sonneborn，1965）。通过显微外科手术改变大脑皮层的模式导致一种新的模式传递给下一代。有人认为，在后生动物中，细胞组分的构成是由局部细胞质决定因子影响的，这种影响可以在细胞分裂过程中传递（Grimes and Aufderheide，1991）。

1.3　DNA 在一个生物体的所有体细胞中都是相同的

尽管染色体的形态表明所有的体细胞都具有所有的染色体，但是否所有的体细胞都保留了受精卵中存在的所有 DNA 的补充拷贝，这一点还不确定。同样不确定的是，没有蛋白质的 DNA 分子是否可以携带遗传信息，直到 Avery、MacLeod 和 McCarty（Avery et al.，1944），Hershey 和 Chase（1952）的结论出现，以及 1953 年 Watson 和 Crick 对 DNA 结构的解释，使得这一结论得到了进一步有力的支持。Briggs 和 King（1952）关于美洲豹蛙（*Rana pipiens*）以及 Laskey 和 Gurdon（1970）针对爪蟾属（*Xenopus*）的研究表明，将早期胚胎细胞的细胞核引入去核卵母细胞中可以导致胚胎的发育。但早在 1970 年，Laskey 和 Gurdon 就已报道过"尚未证明成年动物的体细胞是否拥有不是它们自身生长和分化所必需的基因"。在这篇文章中，他们第一次发现似乎将体细胞核的 DNA 引入一个去核卵中能够直接导致胚胎的发生。现在已经清楚的是，体细胞的发育程序和表达谱的特异化一定涉及一些信号，这些信号并不是生殖细胞 DNA 序列在传递给体细胞时导致的某些缺失或突变的结果。同时，其他实验表明，这些信号可以让细胞分裂在许多代中呈现表型稳定性。即使未分化的果蝇原发性成虫盘细胞在成虫中被连续移植和培养许多代，当转移到幼虫身上时，它们仍然保持着成虫盘特异的分化特性（Hadorn，1965；McClure and Schubiger，2007）。

当然，体细胞的 DNA 与生殖细胞的 DNA 有所不同，从而导致不同的细胞表型。例如，转座子可以改变体细胞的表达模式，正如 Barbara McClintock 和其他植物遗传学家的工作所证明的那样。同样，抗体多样性的产生涉及体细胞中的 DNA 重排。这种重排（或者更确切地说重排的结果）可以被认为是一种表观遗传事件，与 Muller（1930）所描述的位置花斑效应的早期观察事件相一致。然而，近年来表观遗传学的许多工作都集中在没有 DNA 重排发生的系统上，因此重点放在碱基及与核内 DNA 结合的蛋白质的修饰上。

1.4 DNA 甲基化的作用

小鼠 X 染色体失活提供了一种与 DNA 重排无关的表观遗传机制的模型（Ohno et al., 1959; Lyon, 1961）。失活的 X 染色体是随机选择的，然后在体细胞中克隆遗传，没有证据表明 DNA 序列本身发生了变化。Riggs（1975）及 Holliday 和 Pugh（1975）提出 DNA 甲基化可以作为表观遗传标记，部分解释了这种失活。该模型的关键要素是认为 DNA 甲基化位点是回文状的，不同的酶负责未修饰 DNA 链的甲基化，而另外一条 DNA 链已经被甲基化。假设第一个 DNA 甲基化事件比第二个要困难得多，一旦第一个链被修饰，互补链将很快在同一个回文位点被修饰。复制后，亲本链上的 DNA 甲基化标记将复制到子链上，从而将甲基化状态忠实地传递给下一代。此后不久，Bird 利用动物 DNA 甲基化的主要靶点是 CpG 序列（Doskocil and Sorm, 1962）的优势，引入甲基化敏感的限制性核酸内切酶作为检测 DNA 甲基化状态的方法。随后的研究（Bird and Southern, 1978; Bird, 1978）表明内源性 CpG 位点要么完全未甲基化，要么完全甲基化。模型的预测结果由此得到证实，此项研究建立了甲基化标记的表观遗传传递机制是通过甲基化模式的半保留形式。

之后的几年里，人们的注意力集中于 DNA 甲基化的内部模式、这些模式通过生殖系传递的可能性、DNA 甲基化在基因表达沉默中的作用、在完全非甲基化位点处甲基化的发生或抑制的可能机制，以及鉴定已经甲基化的位点上负责从头甲基化和维持甲基化的酶。人们还对甲基化胞嘧啶残基（或 5mC 本身）的甲基被清除的可能机制产生了浓厚的兴趣，这是在发育早期和生殖系细胞中发生的事件。显然，DNA 甲基化在多大程度上依赖生殖系细胞保存的表观遗传标记取决于哪些位点可以在去甲基化事件中保存下来。尽管脊椎动物体内的 DNA 甲基化大多与重复性和逆转录病毒序列有关，并可能将这些序列保持在永久沉默状态，但毫无疑问，在许多情况下，这种修饰为基因活性状态的表观遗传传递提供了基础。这在印记位点（Cattanach and Kirk, 1985），如小鼠或人类 *Igf2/H19* 位点上得到了最清楚的证明：其中一个等位基因被 DNA 甲基化标记，进而与另一个等位基因一起控制一对基因的表达（Bell and Felsenfeld, 2000; Hark et al., 1985, 2000; Kanduri et al., 2000）。

同时，很明显，这并不是表观遗传信息传递的唯一机制。例如，如 1.2 节所述，多年前在果蝇中观察到位置花斑效应，而果蝇是一种 DNA 甲基化水平极低的生物体。此外，在随后的几年里，果蝇遗传学家已经鉴定出 *Polycomb* 和 *Trithorax* 类基因群，它们似乎在发育过程中分别参与了基因群的永久性"锁定"活性状态，无论是关闭/打开活性状态。这些状态在细胞分裂过程中稳定传递的事实暗示了潜在的表观遗传机制。

1.5 染色质的作用

多年来人们认识到，真核生物细胞核中与 DNA 结合的蛋白质，特别是组蛋白，可能参与了 DNA 性质的改变。早在大多数关于 DNA 甲基化的工作开始之前，Stedman 和 Stedman（1950）就提出组蛋白可以作为基因表达的一般抑制因子。他们认为，因为一个有机体的所有体细胞都有相同数量的染色体，所以它们有相同的遗传补体（尽管这在当时还没有被证明，直到几年后才证实，如 1.3 节所述）。不过，了解组蛋白修饰的微妙之处是后来之事，Stedman 和 Stedman 的假设是，一个生物体内不同类型的细胞必须具有不同类型的组蛋白，才能产生观察到的表型差异。组蛋白确实降低了转录水平，远低于原核生物中常见的不活跃基因。随后的工作涉及染色质作为转录模板的能力，并解答这种能力是否以细胞类型特异的方式受到抑制。其他研究结果表明，只有一小部分包装成染色质的 DNA 能被酶作用（Cedar and Felsenfeld, 1973）。毫无疑问，有一段时间，人们普遍认为组蛋白是抑制基因表达的蛋白质。在这一观点中，激活一个基因只意味着驱逐组蛋白；一旦这样的组蛋白被驱逐，人们认为转录会像在原核生物中那样进行。然而，有证据表明，真核细胞中不存在开放 DNA 的延伸区域（Clark and Felsenfeld, 1971），它们主要集中在启动子和其他特定的调控位点上。此外，即使裸 DNA 模型是正确的，也不清楚如何决定哪些染色质区域的组蛋白应该被驱逐。

对这个问题的解答早在 1964 年就开始了，当时 Allfrey 和 Mirsky（1964）推测组蛋白乙酰化可能与基因激活有关，而"活跃"的染色质不一定去除组蛋白。在接下来的十年里，人们对研究组蛋白修饰与基因表达之间的关系非常感兴趣。除乙酰化外，甲基化和磷酸化修饰也被鉴定出来，但其功能当时尚不清楚。在 Kornberg 和 Thomas（1974）发现 DNA 被包装到核小体这个染色质的基本单位后，回答这个问题变得容易。核小体晶体结构的测定，首先在 7 Å，然后在 2.8 Å 分辨率下，提供了重要的结构信息，特别是组蛋白氨基末端延伸到 DNA-组蛋白八聚体核心之外，使其明显易于被修饰（Richmond et al.，1984；Luger et al.，1997）。从 1980 年开始，Kornberg 和他的合作者（Wallis et al.，1980；Durrin et al.，1991）应用酵母遗传分析证明组蛋白氨基末端尾巴对基因表达的调节是必要的，而且对建立沉默染色质的结构域是重要的。

详细机制的最终解答始于 Allis 和同事的批判性结果（Brownell et al.，1996）：四膜虫（*Tetrahymena*）组蛋白乙酰转移酶与酵母转录调节蛋白 Gcn5 同源，这提供了组蛋白乙酰化与基因表达调控相关的直接证据。补充证据来自另外一项研究，即哺乳动物组蛋白去乙酰酶与酵母抑制性转录调节因子 Rpd3p 有关（Taunton et al.，1996）。从那时起，组蛋白修饰领域出现了很大进展，同时对那些先前已知修饰的功能进行了重新评估。

这仍然没有回答如何在体内选择修饰位点的问题。例如，已经知道（Pazin et al.，1994）Gal4-VP16 能够以 ATP 依赖的方式激活重组染色质模板的转录，激活伴随着核小体的重新定位，有人认为这是使启动子可被接近的关键事件。要更全面地理解这些发现的重要性，就需要鉴定依赖于 ATP 的核小体重塑复合体，如 SWI/SNF 和 NURF（Peterson and Herskowitz，1992；Tsukiyama and Wu，1995），并认识到组蛋白修饰和核小体重塑都参与了用于转录的染色质模板的准备。许多实验室的最新研究结果显示，执行这些步骤的酶的顺序和特性各不相同。然而，应该清楚的是，在正常发育过程中，特定基因活性的最初决定因子涉及识别和结合在增强子、启动子和其他调控位点的特定 DNA 序列。这些因子通常是具有 DNA 序列特异性结合结构域的蛋白质，还有招募辅助因子的结构域，从而直接或间接影响基因表达，在许多情况下还包括组蛋白修饰或核小体重塑复合体。第一个证明 DNA 结合因子存在的直接证据来自 Weintraub 及其合作者（Davis et al.，1987；Tapscott et al.，1988；Weintraub et al.，1989）的工作，他们发现成纤维细胞和其他组织中过表达 MyoD 蛋白诱导了成肌细胞的转化。现在人们了解到，这种 DNA 序列特异性的结合事件建立了调控的初始状态，随后的表观遗传机制维持了这些建立起来的初始状态。当然，改变这些已建立的表观遗传模式就可以改变表型。

修饰或重塑组蛋白的复合体不仅可以通过蛋白质来实现，还可以通过 RNA 来实现靶向特定序列。最近，已经很清楚的是，某些种类的非编码 RNA 也与调控复合体的招募相关（Chu et al.，2011）。例如，HOTAIR（Rinn et al.，2007）和 Kcnqlot1（Pandey et al.，2008；Mohammad et al.，2010），这些 RNA 分子往往结合在其自身合成位点附近的 DNA 上并招募进行组蛋白修饰的多梳蛋白（polycomb）复合体 PRC2（见下文）。Kcnqlot1 也可以招募 DNA 甲基转移酶（Mohammad et al.，2010）。HOTAIR 和非编码 RNA、端粒酶 RNA 组分都被证明能与 DNA 上特异基序直接结合，提供了靶向特异性（Chu et al.，2012）。

基于这些机制，关于活性状态的信息如何通过细胞分裂进行传递尚不清楚；因此，它们在表观遗传信息传递中的作用也不清楚。经修饰的组蛋白可以以特定修饰方式招募蛋白质，进而影响染色质的局部结构和功能状态。例如，组蛋白 H3K9 的甲基化可导致异染色质蛋白 HP1 的募集（Bannister et al.，2001；Lachner et al.，2001；Nakayama et al.，2001）。此外，HP1 可以招募负责甲基化的酶（Suv39 H1）。这形成了沉默的染色质状态通过一个渐进的机制沿着一个区域扩展的模型（图 1-1A）。同样重要的是，它提供了一个合理的解释：这种状态是如何在 DNA 复制周期中保持下来的（图 1-1B）。最近的研究集中在多梳蛋白一类蛋白上（Margueron and Reinberg，2011），特别是含有 Ezh2/E（Z）的 PRC2 的复合体，它甲基化一个与异染色质相关的标记 H3K27。类似于 H3K9 相关机制，PRC2 复合体可以与 H3K27me3 结合（Hansen et al.，2008）。这涉及 PRC2 复合体的另一个成员 Eed/ESC，它包含一个与甲基化 H3K27 相互作用的结构域，并且这种相互作用反过来刺激 Ezh2 的甲基转移酶活性（Margueron et al.，2008，2009）。这种排列表明，H3K27 甲基化的传播机制与图 1-1A 所示的类似。这些机制是否也在有丝分裂过程中沿多核小体链传播过程中起作用尚待确定。

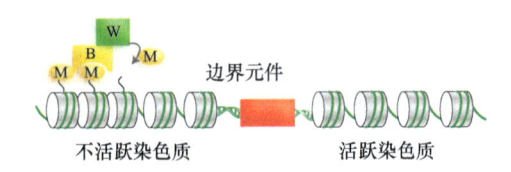

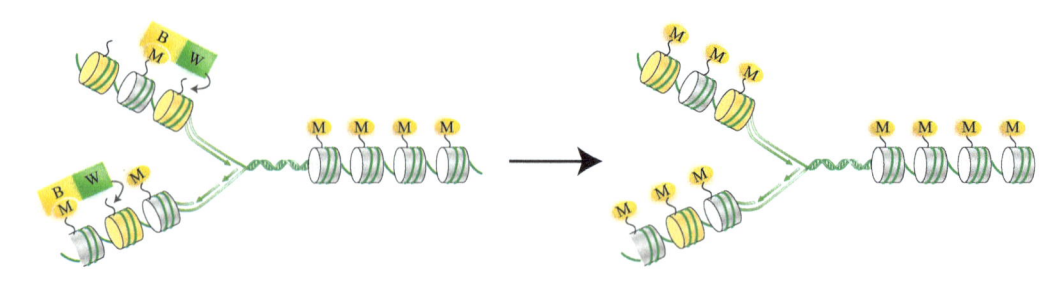

图1-1 表观遗传标记的传递。（A）一种传递组蛋白修饰的一般机制，如H3K9甲基化，通常存在于异染色质区。修饰后的组蛋白尾（M）与结合蛋白质（B）相互作用，后者具有该组蛋白修饰的特异结合位点。B还有一个与"写入器（Writer，W）"酶的特异作用位点，"写入器"对相邻的核小体（灰色圆柱）进行相同的组蛋白修饰。组蛋白标记的扩散将继续，直到修饰机制达到边界元件，它定义异染色质和常染色质之间的边界。（B）在复制过程中维持组蛋白修饰的一般机制。新加载的核小体（黄色）可能包含组蛋白变体，在DNA复制后与亲本核小体（灰色阴影）散布在一起。亲本核小体上的修饰组蛋白尾（M）与结合蛋白质（B）相互作用。与A中一样，B与"写入器"相互作用，催化相邻子核小体中组蛋白尾的修饰。

尽管有这些成果，组蛋白修饰在表观遗传过程中的作用仍然是一个令人困惑的问题。很明显，尽管经常使用"表观遗传修饰"一词，但在基因组中的某一特定位点发生的特定组蛋白修饰不一定是表观遗传机制的一部分，而只是生物化学过程的一部分，如基因表达或DNA链断裂修复。

依赖于组蛋白变体而不是修饰组蛋白提出了不同类型的传播机制（Ahmad and Henikoff，2002；McKittrick et al.，2004）。组蛋白H3仅在DNA复制过程中加载入染色质。与此不同，组蛋白变体H3.3与H3中有四个氨基酸不同，以独立于DNA复制的方式加载入核小体内，并倾向于聚集在活性染色质中，其中富含"活性"组蛋白的修饰（McKittrick et al.，2004）。有人提出，H3.3的存在足以维持活性染色质的状态，复制后，尽管其浓度会被稀释两倍，但仍有足够的H3.3维持活性状态。随后的转录将导致含有H3的核小体被H3.3所取代，从而在下一代中保持活性状态。Ng和Gurdon（2005；2008a；2008b）获得的结果强烈支持这种模型。在核移植实验中，他们发现当表达内胚层基因的细胞核移植到去核非洲爪蟾卵中时，这些基因在胚胎的原极细胞（不应该表达它们）中有相当程度的表达。这种表观遗传缺陷的程度由组蛋白H3.3的丰度控制：H3.3的减少导致表达内胚层基因的细胞比例减少，而H3.3的增加导致表达内胚层基因的动物极细胞比例增加。其他组蛋白变体有助于赋予沉默的表观遗传状态以稳定性。MicroH2A（mH2A）变体与小鼠X染色体的不可逆失活有关。这种变体的加载有助于在核移植实验中增强对非活性X染色体重新编程的抑制（Pasque et al.，2011）。

有人提出，表观遗传机制的定义除了通过细胞分裂维持的特性，还应包括对初始信号的要求。例如一个转录因子的表达，一旦新的状态建立就不需要初始信号了（Berger et al.，2009）。在糖皮质激素反应元件中，糖皮质激素受体（glucocorticoid receptor，GR）与某些位点的短暂结合导致核小体重塑，从而使一个修饰的雌激素受体分子在GR离开后让结合某些位点成为可能（Voss et al.，2011）。应该注意的是，大多数真核转录因子在结合位点的停留时间并不长，而是很快地更新。原则上，某些类型的染色质修饰可整合来自多个转录因子的信号（Struhl，1999）。

1.6 所有机制都是相互关联的

这些模型终于开始完善修饰组蛋白或组蛋白变体、特异基因激活和表观遗传学之间的联系，但仍然有很多工作要做。尽管我们对异染色质如何保持其状态有一些想法，但它们并不能解释沉默的染色质结构是如何建立的。这种机制的许多证据都来自粟酒裂殖酵母交配型位点和着丝粒序列沉默的研究。异染色质的形成涉及 RNA 转录本的产生，特别是从重复序列中产生的转录本，这些转录产物通过诸如 Dicer、Argonaute 和 RNA 依赖的 RNA 聚合酶等蛋白质的作用被加工成小 RNA（Zofall and Grewal，2006）。这些小 RNA 随后作为组蛋白修饰酶复合体的一部分被招募到同源 DNA 位点上，从而启动异染色质的形成。也有证据表明，在植物和脊椎动物中，至少一些异染色质区域的维持需要这种机制。

我们现在知道在生物体内有不同的表观遗传机制。除第 5 节中描述的等位基因特异性和随机 X 染色体失活及许多印记位点的类似等位基因特异性表达外，抗体表达中还涉及一条染色体上免疫球蛋白基因的重排被选择性地抑制。在果蝇中，多梳蛋白基因负责建立一个沉默的染色质结构域，该结构域在随后的所有细胞发育过程中保持不变（第 17 章，Grossniklaus and Paro，2014）。表观遗传变化也与植物中的副突变有关，其中一个等位基因可以引起同源等位基因表达的可遗传变化（Brink，1956；Stam et al.，2002）。这是一个表观遗传状态在减数分裂和有丝分裂中遗传的例子，首先在植物中被发现，最近也在动物中被发现（Rassoulzadegan et al.，2006）。此外，在果蝇和人类等多种生物中，着丝粒的浓缩染色质结构特征已被证明是通过着丝粒相关蛋白而非 DNA 序列传递的。在所有这些情况下，DNA 序列保持完整，但其表达活性受到抑制。可能在所有情况下这种抑制都是由 DNA 甲基化、组蛋白修饰、组蛋白变体的存在或三者共同介导的；在某些情况下，我们已经知道这是真的。也许 X 染色体激发了早期关于 DNA 甲基化在表观遗传信号转导中起作用的想法，并且是所有这些机制相互关联和共同作用来实现表观遗传调控的最好例子。最近的研究显示非活性 X 染色体的沉默涉及 DNA 甲基化（Lee，2011）。所有这些都可能与细胞分裂过程中沉默状态的传递有关。

近年来，表观遗传学的研究主要集中在定义非 DNA 编码信息的传递机制上。也许 70 年前表观遗传学这个术语的最初用法是恰当的，它描述了从受精卵到有机体的过程，这在当时是不清楚的。我们现在对这些过程了解很多，这要归功于最近在胚胎干细胞方面的研究结果，这些结果显示了一些关键因子的表达如何建立一种自我稳定的多能状态。这种状态可以被认为是一种表观遗传机制（根据目前的定义），通过细胞分裂传递。这种状态也可能会被扰动，对应于分化成不同细胞类型的不同途径产生出不同的由表观遗传维持的表达模式。在这些结果和早期核移植研究的描述中，体细胞可以重新编程为多能性细胞（Yamanaka and Blau，2010）。在未来的许多年里，新的发现将会大量涌现，但我们现在认为，我们或多或少知道了这是如何工作的。

虽然这是一个循序渐进的过程，但它应该被更恰当地看作是一系列平行和重叠的尝试，以定义和解释表观遗传现象。虽然表观遗传学一词的定义已经改变，但是早期几代科学家提出的关于发育机制的问题仍是人们关注的焦点。当代表观遗传学仍然在解决这些核心问题。自从 Muller 描述了位置花斑效应已经过去 80 多年了。令人欣慰的是，在分子水平上，特别是在分析从多能干细胞到个体分化状态的过程中，所获得的信息都是令人满意的。随着这些知识的出现，人们认识到表观遗传机制事实上是复杂生物表型中可考虑的一部分。

致　谢

感谢 John Gurdon 博士，他给了我一些启发性的建议。这项工作得到了 National Institutes of Health、National Institute of Diabetes and Digestive and Kidney Diseases 的内部研究计划的支持。

本章参考文献

（方玉达　译）

第 2 章

下一代：年轻科学家在表观遗传学研究中令人振奋的新发现

　　主编团队认识到，在表观遗传学领域取得的许多进步都是由许多年轻科学家通过辛勤工作、奉献精神和创造力，面对实验台和科学问题而取得的。正是他们进行了大量实验才得出本书各章所述的研究结果。为了给这一版增加另一个维度，编辑们选定了一系列具有开创性的重要论文，这些论文很可能会在未来几年里改变这个领域的"游戏规则"，或者已经准备好将这个领域推向新的方向（见下面的详细资料和参考文献）。这些重要的论文集的第一作者（或共同第一作者）的职责是撰写简短的历史回顾，介绍成果的形成过程，有时还包括他们的想法、面临的困难，以及如何克服这些困难的细节。在这里，我们收集了这些年轻科学家的论文，认识到他们中的许多人已经沉浸在表观遗传学研究中，并且在他们自己的独立实验室里进行研究。我们赞扬他们过去的所有发现，并期待他们继续取得成功。我们希望其他年轻的科学家、学生和新进入本领域的科学家们受到启发并跟随他们的脚步走向未来，帮助解答今天仍然存在的关于表观遗传学的许多基本问题。虽然我们不能列举所有持续发表的令人兴奋的工作，但我们的目标是让读者了解其中有多少发现是从那些带头进行实验的人那里获得启发的。

论文目录

组蛋白去甲基化酶
2.1　组蛋白去甲基化酶的发现，Yujiang Geno Shi 和 Yu-ichi Tsukada
原始文献：
Shi et al., *Cell* **119**: 941–953 (2004)
Tsukada et al., *Nature* **439**: 811–816 (2006)

重编程
2.2　细胞重编程，Kazutoshi Takahashi
原始文献：
Takahashi and Yamanaka, *Cell* **126**: 663–676 (2006)

功能性非编码 RNA
2.3　lncRNA：将 RNA 与染色质相连接，John L. Rinn
原始文献：
Rinn et al., *Cell* **129**: 1311–1323 (2007)

2.4 增强子 RNA：一类在增强子处合成的长链非编码 RNA，Tae-Kyung Kim、Martin Hemberg 和 Jesse M. Gray

原始文献：

Kim et al., *Nature* **465**: 182–187 (2010)

DNA 去甲基化

2.5 表观遗传学拓展：基因组 DNA 中胞嘧啶的新修饰，Skirmantas Kriaucionis 和 Mamta Tahiliani

原始文献：

Tahiliani et al., *Science* **324**: 930–935 (2009)

Kriaucionis and Heintz, *Science* **324**: 929–930 (2009)

小的移动 RNA

2.6 植物可移动小 RNA，Patrice Dunoyer, Charles Melnyk、Attila Molnar 和 R. Keith Slotkin

原始文献：

Molnar et al., *Science* **328**: 872–875 (2010)

Dunoyer et al., *Science* **328**: 912–916 (2010)

Slotkin et al., *Cell* **136**: 461–472 (2009)

CpG 岛染色质

2.7 CpG 岛染色质是通过 CxxC 类锌指蛋白的招募而形成的，Neil P. Blackledge、John P. Thomson 和 Peter J. Skene

原始文献：

Thomson et al., *Nature* **464**: 1082–1086 (2010)

Blackledge et al., *Mol Cell* **38**: 179–190 (2010)

BET 组蛋白阅读器作为表观遗传治疗的靶点

2.8 用于癌症治疗的布罗莫结构域和超末端结构域抑制剂：染色质结构的化学调节，Jun Qi

原始文献：

Fiiippakopoulos et al., *Nature* **468**: 1067–1073 (2010)

2.9 含布罗莫结构域蛋白在炎症反应中的药理抑制作用，Uwe Schaefer

原始文献：

Nicodeme et al., *Nature* **468**: 1119–1123 (2010)

癌症的组蛋白突变

2.10 儿童脑瘤中的组蛋白 H3 突变，Xiaoyang Liu, Troy A. McEachron、Jeremy Schwartzentruber 和 Gang Wu

原始文献：

Wu et al., *Nat Genet* **44**: 251–253 (2012)

Schwartzentruber et al., *Nature* **482**: 226–231 (2012)

长程染色体交互

2.11 染色体折叠是表观遗传状态的"驾驶员"还是"乘客"？Tom Sexton 和 Eitan Yaffe

原始文献：

Sexton et al., *Cell* **148**: 458–472 (2012)

Lieberman-Aiden et al., *Science* **326**: 289–293 (2009)

2.1 组蛋白去甲基化酶的发现

石雨江（Yujiang Geno Shi[1]），冢田雄一（Yu-ichi Tsukada[2]）

[1]Harvard Medical School, and Endocrinology Division, Brigham and Women's Hospital, Boston, Massachusetts 02115; [2]Research Center for Infectious Diseases, Medical Institute of Bioregulation, Kyushu University, 3-1-1 Maidashi, Higashi-ku, Fukuoka, Fukuoka 812-8582, Japan
通讯地址：yujiang_shi@hms.harvard.edu; ytsukada@bioreg.kyushu-u.ac.jp

  组蛋白甲基化是真核表观基因组的一个关键要素。自2004年发现第一个组蛋白去甲基化酶（histone demethylase，HDM）以来，已经鉴定和分析了20多个去甲基化酶，它们要么属于LSD家族，要么属于JmjC家族，并且证明了几乎所有的主要组蛋白赖氨酸甲基化状态都是可逆的。这些发现结束了几十年来关于组蛋白甲基化可逆性的争论，这是一个重大突破，改变了我们对表观遗传传递和基因组功能调控的理解。在此，我们总结了HDM的发现，以及HDM研究的最新进展、面临的挑战和对未来的展望。

  组蛋白赖氨酸和精氨酸残基的甲基化是表观遗传调控中重要的共价组蛋白修饰。它们与DNA甲基化一起构成表观遗传的特征。尽管已经知道其他组蛋白修饰如乙酰化和磷酸化是可逆的，但组蛋白甲基化的可逆性在过去一直存在疑问。直到2004年，随着第一个组蛋白去甲基化酶（HDM）的发现，这个问题才得以解决。

  第一个HDM，即LSD1（基因ID: KDM1A），是以一种意想不到的方式被发现的。在研究代谢酶及其同源蛋白和辅助因子如何参与表观遗传基因调控的过程中，Yang Shi和Yujiang Geno Shi对一种称为nPAO的代谢酶同源蛋白（核多胺氧化酶；也称KIAA0601/BHC110）感到好奇，他们之前从CtBP转录复合体中鉴定出的KIAA0601/BHC110可能在表观遗传基因调控中起作用（Shi et al.，2003）。基于nPAO与已知的多胺氧化酶的同源性，以及多胺也是染色质的次要成分，推测nPAO可能通过多胺氧化机制调控染色质结构。尽管进行了数月的尝试，旨在检测假定的nPAO多胺氧化酶活性的实验仍没有成功。虽然在化学上，甲基化赖氨酸的氧化可能通过胺的氧化反应导致赖氨酸的去甲基化，但这种反应机制从未被发现或报道。当底物从多胺转变为组蛋白H3赖氨酸4二甲基化时（histone H3 dimethylated at lysine，4，H3K4me2），Y. G. Shi最终成功检测到nPAO介导的组蛋白去甲基化。Yang Shi博士实验室因此发现了第一个赖氨酸去甲基化酶（lysine demethylase，KDM1）（Shi et al.，2004）。随后，nPAO被重新命名为LSD1（赖氨酸特异性组蛋白去甲基化酶1，lysine-specific histone demethylase，1）。随后，LSD家族的其他组蛋白去甲基化酶也被定义。这一发现结束了几十年来关于组蛋白甲基化可逆性的争论，标志着我们在理解组蛋白甲基化动态方面的重大突破和重大转变。LSD1/KDM1A催化的化学反应是胺氧化反应，即甲基化赖氨酸氧化裂解碳键形成亚胺的中间体，进一步水解形成甲醛，释放一分子过氧化氢和去甲基赖氨酸（图2-1-1）。值得注意的是，因为亚胺中间体的形成需要质子化氮，LSD家族的去甲基化酶只能对一甲基化和二甲基化（me1和me2）的赖氨酸残基进行去甲基化，而不能对三甲基化（me3）的赖氨酸残基进行去甲基化。这就提出了未被发现的其他类别的HDM存在的可能性。

  Yi Zhang博士实验室通过无偏的生化纯化方法来寻找组蛋白去甲基化酶。由于DNA修复去甲基化酶AlkB家族蛋白时从DNA的1-meA或3-meC中去除甲基的化学机制（Falnes et al.，2002；Trewick et al.，2002）与赖氨酸去甲基化具有化学相似性，因此研究者提出了组蛋白去甲基化可能采用类似机制的假设。于是，建立并优化了以α-酮戊二酸（α-ketoglutarate，α-KG）和Fe（Ⅱ）为辅助因子的甲醛释放测定方法，并通过监测柱馏分的酶活性，将其用于组蛋白去甲基化酶的纯化。到2005年，Yu-ichi Tsukada在Yi Zhang的实验室成功地鉴定出第一个含有JmjC结构域的HDM（JHDM1/KDM2），它使组蛋白H3K36去甲基化

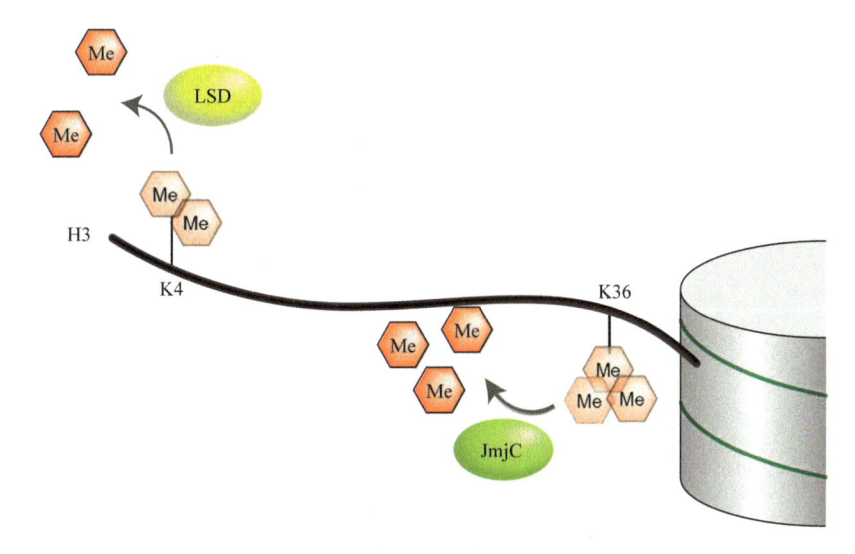

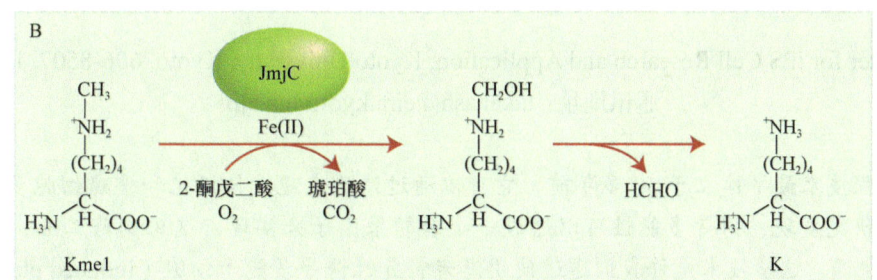

图 2-1-1 组蛋白去甲基化。(A) 一个 LSD 家族去甲基化酶通过依赖于 FAD 的胺氧化酶反应，能使组蛋白赖氨酸残基的一甲基和二甲基化状态去甲基化；(B) 一个 JmjC 结构域家族去甲基化酶通过 2OG-Fe（Ⅱ）依赖性双加氧酶反应进行去甲基化。LSD 去甲基化酶能使组蛋白赖氨酸残基的单和双甲基化状态去甲基化。JmjC 结构域家族去甲基化酶可以对一、二和三甲基组蛋白赖氨酸残基进行去甲基化。为简单起见，仅示出一甲基赖氨酸。

（Tsukada et al., 2006）。哺乳动物的基因组中有 30 种不同的蛋白质含有 JmjC 结构域。含 JmjC 结构域的 HDM 所催化的化学反应是甲基被高活性的氧羰基攻击氧化，形成不稳定的甲醇胺中间体；随后从甲醇胺中释放甲醛，产生去甲基赖氨酸（见图 2-1-1）。与 LSD1 介导的化学反应不同，该反应可作用于三甲基（me3）赖氨酸残基。因此，除 LSD 家族的去甲基化酶（含有 LSD1 和 LSD2）外，含 JmjC 结构域的去甲基化酶家族（含 20 多个 HDM）的发现进一步表明几乎所有主要组蛋白甲基化修饰位点上的所有组蛋白甲基化状态（单、双和三甲基化）都具有可逆性。其他几个实验室也一直在研究含 JmjC 结构域蛋白作为组蛋白去甲基化酶的候选蛋白，并对确定 JmjC 去甲基酶家族作出了贡献。

虽然 LSD1 的发现花了 40 多年，但在第一个 HDM 发现后的不到 4 年里，关于组蛋白去甲基化的认识有了快速进展，现在它已是表观遗传研究的重点之一。现已发现超过 20 个 HDM 能够对几乎所有主要组蛋白赖氨酸甲基化位点和一些精氨酸甲基化位点去甲基化。然而，与酶作用、调节和生物功能有关的以下基本问题仍未得到解决。第一，尚未发现可能存在的第三类HDM，这主要是基于H3K79甲基化没有已知的去甲基化酶发挥作用。H3K79甲基化修饰是独一无二的，因为它是唯一一个由非SET-结构域组蛋白甲基转移酶（Dot1/Dot1L）甲基化修饰的，因此，人们很容易推测H3K79去甲基化可能使用一种新的、不同种类的HDM。此外，新的精氨酸去甲基化酶可能构成一类新的HDM。第二，去甲基化酶的功能特性主要局限于基因转录方面，特别是启动子转录起始方面。这是一个狭窄的关注范围，不能完全解释HDM在生物学和病理过程中的广泛参与。值得关注的是，HDM是如何参与转录调控、共转录信使RNA加工、DNA复制和（或）修复过程的。第三，HDM本身是如何调控的还有待探索。例如，它们是如何被特异靶向到其功能位点的？去甲基化酶如何在含辅助因子的大复合体中发挥其作用？它们的表达和活性是如何调节的？此外，由于这些酶的作用需要代谢辅助因子，因此了解细胞内的细胞代谢如何与HDM的功能和调节相关联十分重要。

发现组蛋白去甲基化酶的影响已经超出了组蛋白甲基化的调节范围，包括启发人们去寻找DNA去甲基化酶（Kriauconis and Tahiliani，2014）。我们希望沿着这条线能够有更多发现，这将极大影响表观遗传学领域。最重要的是，HDM参与了许多正常生理和病理过程，包括基因转录、干细胞自我更新发育和肿瘤发生。既然我们知道组蛋白甲基化是可逆的，那么去甲基化酶未来有望成为表观遗传学药物治疗靶点。对上述基本问题的回答不仅是为了理解组蛋白去甲基化的生物学功能，也是为了对复杂的人类疾病临床转化进行深入研究。

（张　雨　译，方玉达　校）

2.2　细胞重编程

高桥一俊（Kazutoshi Takahashi）

Center for iPS Cell Research and Application, Kyoto University, Kyoto, 606-8507, Japan
通讯地址：takahash@cira.kyoto-u.ac.jp

细胞核重编程技术最早建立于50多年前。它可以通过清除表观遗传记忆和重建细胞多能性使体细胞恢复活力。最近的研究发现，诱导多能性可以通过一小套转录因子来实现，这为制药工业、临床和实验室带来了前所未有的机遇。这项技术允许我们通过使用患者特异性诱导多能干细胞（induced pluripotent stemcell，iPScell）进行病理学研究。此外，iPS细胞也有望成为再生医学的新星，作为移植治疗的来源。

长期以来，人们都认为分化是单向的，在这种单向通道中，细胞可以被描绘成一个球，从一个未分化的干细胞或祖细胞状态通过一个发育斜坡向下滚动到一个生理上的成熟状态，如Conrad Waddington（图2-2-1A）所述（Waddington，1957）。事实上，所有的细胞都沿着这一表观景观滚入更深的、不可回避的山谷，这代表着细胞在发育过程中的命运决定。它们继续滚动，直到在最低点达到最终稳定状态，在功能上等同于它们的最终分化状态。根据这一比喻，不允许从山谷移动到山脊，从而严格避免细胞命运的变化。我们发现了一种体外方法，可以从分化的体细胞中制备多能干细胞，这一发现证明了这一发育过程是可以逆转的。更重要的是，它为研究重编程和表观遗传学提供了一种可行的新技术（Takahashi and Yamanaka，2006）。

过去，遗传信息不能从体细胞传递给下一代，通常被称为Weismann屏障。然而，最近的发现表明，细胞的命运现在似乎比以前想象得更加灵活。基于Waddington景观的"返老还童"是指细胞通过表观遗传路线沿成熟路径折返，成为比较不成熟的细胞，并最终转变为多能状态（图2-2-1B）。

年轻化和细胞重编程的概念最早是由John Gurdon提出的，他进行了具有里程碑意义的实验——从非洲爪蟾（*Xenopus laevis*）的体细胞中产生克隆，这与Waddington学说被提出的时间大致相同（Gurdon et al.，

A　　　　　　　　　　　　B

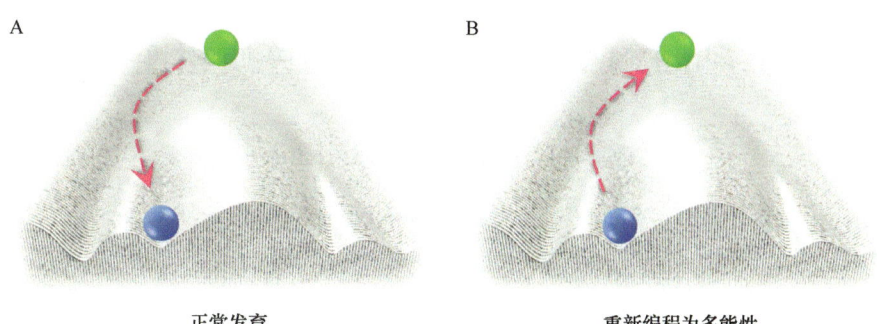

正常发育　　　　　　　　重新编程为多能性
　　　　　　　　　　　　　　（去分化）

图 2-2-1　Waddington 的表观遗传景观中描绘细胞重编程轨迹。(A) 细胞的正常发育轨迹可以描述为从位于山顶的多能干细胞（绿球）开始到其最终分化状态（蓝球），这说明表观遗传学是如何在发育过程中决定细胞命运的。(B) 当一个最终分化的细胞（蓝球）暴露在一组转录因子中时，它可以被重新编程回到多能状态。

1958）。后来，Ian Wilmut 和他的同事报道了绵羊 Dolly 的成功克隆，这表明即使在哺乳动物中，也有可能抹去决定体细胞命运的表观遗传记忆（Wilmut et al., 1997）。体细胞与多能干细胞（如胚胎干细胞）融合也显示了细胞向多能干细胞状态的转变（Tada et al., 2001）。这两种方法表明受精卵和多能干细胞含有隐藏的"能够消除躯体记忆"的重编程因子。

与 Waddington 的单向表观遗传景观模型相反的另一个研究是 Davis 等通过特定因子对细胞命运的转换所做的工作（Davis et al., 1987）。在他们的开创性研究中，Davis 等利用互补 DNA（complementary DNA，cDNA）进行减法实验，发现了肌源性分化 1（myogenic differentiation 1，MYOD1）基因。单独异位表达 MYOD1 足以诱导成纤维细胞向表达肌球蛋白的成肌细胞转化。这项开创性的工作清楚地表明，转录因子不仅对维持细胞特性至关重要，对决定细胞命运也至关重要。

我们从这些研究中得到了鼓励，推测并证明在分化的体细胞中，使用一套特定的转录因子组合而无须转入卵子就可以诱导潜在的多能性（Takahashi and Yamanaka, 2006）。OCT3/4、SOX2、KLF4 和 c-MYC 的组合，足以使分化的体细胞（包括最终分化的细胞，如 T 淋巴细胞）恢复到多潜能的细胞。由此产生的去分化细胞被命名为 iPS 细胞，理论上可以用其来产生体内所有类型的细胞及胚胎干细胞。这一发现证实了转录因子网络在细胞命运决定中的重要性，并最终影响了我们对细胞重编程的理解。

体细胞向 iPS 细胞重编程的效率一般小于 1%。这表明，重编程因子不仅在触发变化时很重要，在后续的随机事件中对继续重编程过程也是重要的。由于未观察到原始细胞和重组 iPS 细胞基因组序列之间的重大差异，因此表观遗传状态的变化似乎是重编程的关键，如 DNA 甲基化和组蛋白修饰。事实上，使用抑制组蛋白去乙酰化酶的小分子化合物，可以提高染色质乙酰化水平，从而提高重编程效率。在重编程过程中，可以观察到体细胞类型的基因沉默和多能干细胞中表达基因的活化。虽然这些变化与表观遗传状态有明显的联系，但其机制和驱动力仍不清楚，iPS 细胞的产生为理解转录因子引起的表观遗传变化提供了一个很好的模型和工具。此外，iPS 细胞技术目前既可以用于治疗用干细胞来源的研究，也可以作为研究病理过程的工具。

在具有里程碑意义的实验表明 MYOD1 是驱动密切相关的成纤维细胞走向肌肉细胞命运的一个主要决定因子之后，寻找其他指导特定细胞命运因子的工作仍在继续。使用特定的转录因子，也观察到其他相对接近的细胞转换，如从淋巴细胞到髓细胞、从胶质细胞到神经元。最近的研究还表明，有可能可以直接将体细胞转化为更为远缘的分化细胞类型，甚至可以超越生殖层（即内胚层、中胚层或外胚层）起源，如成纤维细胞转化为神经元、造血细胞、软骨、心肌细胞、肝细胞。所有这些发现都降低了细胞命运转换的困难。细胞身份显然比以前认为的更灵活，并且在很大程度上是由细胞的表观遗传状态来定义的。

（张　雨　译，方玉达　校）

2.3 lncRNA：将 RNA 与染色质相连接

约翰·L. 林恩（John L. Rinn）

Harvard University, Department of Stem Cell and Regenerative Biology, Cambridge, Massachusetts 02138
通讯地址：john_rinn@harvard.edu

在过去的十年中，很多生物体中的许多研究已经发现了越来越多的长链非编码 RNA（long noncoding RNA，lncRNA）。此后的研究表明，在不同的生物过程和疾病中，lncRNA 构成了基因组调控的重要一层。在这里，我们讨论了 lncRNA 与表观遗传机制相互作用的话题，换言之这又说明在细胞命运特化过程中调节表观遗传机制的活性和位置。

细胞的特征是通过 DNA 调控元件与蛋白质调控复合体相互作用，形成无数独特的表观模式而产生的。利用广泛表达的染色质修饰和重塑复合体建立了大量的表观遗传模式，从而产生了无数特异的翻译后修饰和 DNA 甲基化模式的独特组合。这就提出了一个古老的问题：这些酶复合体如何将这些表观标记放置在不同细胞环境下的特定组合位点上？长期以来，人们一直怀疑非编码 RNA 分子可能提供了一些特异性，以靶向这些复合体的作用位点。事实上，越来越清楚的是，数千个 lncRNA 构成了表观遗传调控的关键层级［参见第 3 章图 3-24（Allis et al., 2014）］。

早在 20 多年前，就已经有一个引人注目的例子表明，RNA 的表观遗传调控在哺乳动物剂量补偿中起作用［第 25 章（Brockdorff and Turner, 2014）］。具体地说，就是一种称为 XIST（X inactive-specific transcript，非活性 X 染色体特异转录本）的基因间 lncRNA 在一条雌性 X 染色体表达，导致 PRC2 等多梳蛋白家族（PcG）复合体被招募到该染色体上，并在横跨 X 染色体的多数区段上发生共转录沉默。换句话说，即一个 lncRNA 基因能以顺式方式导向并沉默染色体上的多数区段。这是 RNA 介导表观遗传调控的有力先例。然而，长期以来，RNA 和 PRC2 募集之间的联系是难以捉摸的。研究一种称为 HOTAIR（Hox transcript antisense intergenic RNA，Hox 转录本反义基因间 RNA；Rinn et al., 2007）的不同 lncRNA 的表观遗传动态为这种联系提供了一个线索。

HOTAIR 是由 4 个 HOX 转录因子簇（clusters of HOX transcription factor，HOXC）之一表达的。HOX 蛋白家族是发育过程中机体规划的关键调控因子。HOTAIR 是由于其在发育过程中的小鼠后部和远端组织及成人成纤维细胞中的独特表达模式而鉴定的（Rinn et al., 2002；2007）。有趣的是，HOTAIR 表达在 HOXC 簇内的常染色质区和异染色质区之间划出了一个明显的表观遗传边界。此外，常染色质-异染色质区域在前、后两种细胞类型之间转换，我们称之为"双"染色质结构域。总体而言，这些数据导致了最初的假设，即 HOTAIR 在 HOXC 簇内作为顺式的表观遗传边界。令我们惊讶的是，当 HOTAIR RNA 功能丧失时，HOXC 染色质边界保持不变；然而，位于另外染色体上的 HOXD 簇变得活跃。因此，与 XIST 相似，HOXC 簇上 HOTAIR 的表达导致表观遗传沉默，然而它所调控的 HOX 簇（HOXD）位于不同的染色体上，即在另一条染色体上被调控，是反式调控的。这提出了一个问题：这是如何调控的？

通过一些关键实验确定了答案，这些实验表明 HOTAIR lncRNA 与 PRC2 相互作用，这是 PRC2 正确定位所必需的。第一个实验利用 PRC2 复合体的免疫沉淀，确定 HOTAIR 与 PRC2 存在物理联系或共沉淀（Rinn et al., 2007）。相互作用实验分离了与 HOTAIR 转录本结合的蛋白质，这也揭示了 HOTAIR 与 PRC2 复合体成分之间的联系，但与其他染色质调节因子无关。最后一个缺失的环节是证明 HOTAIR 和 PRC2 之间的 RNA-蛋白质相互作用对于 PRC2 跨 HOXD 簇的正确定位是必需的。确实，去除 HOTAIR 导致了 HOXD 簇中 PRC2 的错误定位，并伴随反式的 HOXD 基因激活。总之，这些发现表明，为了将染色质调节机制正确地定位到它们的靶点，需要 HOTAIR 和 PRC2 之间的物理联系。因此，一个新的基于 RNA 的表观遗传模式调控层被明确地揭示出来。

自从揭示了 PRC2 与 HOTAIR 或 XIST 在物理上相关从而将复合体定位于特定的基因组区域的事实之后，这一机制就被证明适用于许多在物理上与 PRC2 相关的非编码 RNA。事实上，许多这样的关联是顺式和反式表观遗传调控机制正确定位所必需的（图 2-3-1）。两项独立的研究发现在人类和小鼠细胞中有数百个 lncRNA，它们占转录组的比例达 30%，并与 PRC2 共沉淀。此外，许多已研究的与 PRC2 结合的 lncRNA 对 PRC2 靶点进行适当的表观遗传和转录调控是必需的（Khalil et al., 2009; Zhao et al., 2010）。这些研究进一步指出，一个 RNA 可以与许多不同的染色质调节蛋白结合，这表明它可以作为跨多个复合体的 RNA 桥发挥作用（Khalil et al., 2009）。确实，HOTAIR 的详细生化分析表明，除了结合 PRC2，它还结合了组蛋白去甲基化酶 LSD1 和 NCOR。这表明了一种新的表观遗传调控模型，即单个 lncRNA 可招募多个协同的染色质调节复合体来帮助引导、锚定（NCOR）和促进异染色质的形成（LSD1 和 PRC2）。总的来说，这些研究产生了这样一种观点：RNA 折叠可以连接大量的染色质和额外的调控复合体，从而赋予基因组靶点特异性（图 2-3-1D）。最近的研究发现，HOTAIR 过度表达是转移性乳腺癌的特征（Gupta et al., 2010），这强调了 HOTAIR 在表观遗传调控中的重要作用。事实上，HOTAIR 作为一种"癌症相关非编码 RNA"，通过重塑上皮表观基因组，使之类似于基质细胞而在乳腺癌细胞中过度表达，从而诱导转移。过去五年来，从 HOTAIR 获得的经验表明，在生长发育和致病过程中，lncRNA 在与染色质复合体相互作用和调节染色质复合体方面发挥着关键作用。

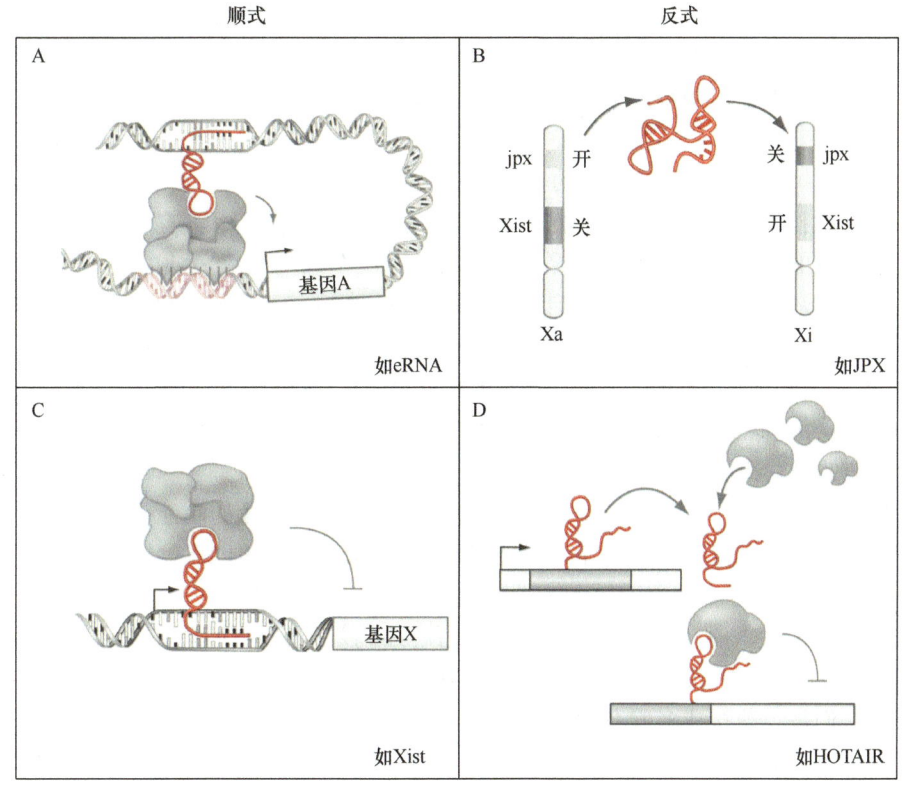

图 2-3-1　lncRNA 如何在基因表达的表观遗传调控中发挥作用的模型，包括顺式、反式激活或者抑制转录。（A）增强子 RNA 在增强子的相互作用中发挥了 RNA 介导的作用，导致 lncRNA 对顺式基因的长程调控。（B）JPX-lncRNA 作为反式作用的 lncRNA，它的激活在这种情况下促进 Xist 的激活。（C）Xist 作为非编码 RNA 促进了 X 染色体大多数顺式区域中基因的抑制。（D）HOTAIR 表达导致 HOX 基因的反式抑制。

自从发现 RNA 是遗传信息流中的一个核心组分以来的 50 年里，人们越来越清楚地认识到，RNA 不仅仅是一个信使，而且发挥着多样的功能（Amaral et al., 2008）。事实上，lncRNA 是表观遗传调控的一个关键层，不同的 lncRNA 与不同的表观遗传状态相关，但它们有一个共同的机制：lncRNA 与染色质修饰和重塑复合体有物理联系，并引导它们找到对细胞正常功能至关重要的特定基因组位点。然而，这只是 lncRNA 生物学的一个方面，Amaral 等（2008）还发现它们在许多生物学过程中扮演着不同的角色。

（张　雨　译，方玉达　校）

2.4　增强子 RNA：一类在增强子处合成的长链非编码 RNA

金泰京（Tae-Kyung Kim），马丁·海姆伯格（Martin Hemberg[2]），杰西·M. 格雷（Jesse M. Gray[3]）

[1]The University of Texas Southwestern Medical Center; Department of Neuroscience, Dallas, Texas 75390-9111;
[2]Boston Children's Hospital, Department of Ophthalmology, Boston, Massachusetts 02215; [3]Genetics Department, Harvard Medical School, Boston, Massachusetts 02115
通讯地址：taekyung.kim@utsouthwestern.edu

最近的研究表明，活跃增强子能被转录产生一类称为增强子 RNA（enhancer RNA，eRNA）的非编码 RNA。eRNA 与长链非编码 RNA（long noncoding RNA，lncRNA）不同，但这两种非编码 RNA 在 mRNA 转录激活中的作用可能相似。新的研究表明 eRNA 在调控 mRNA 转录中的作用，对增强子仅仅是转录因子组装位点的观点提出了挑战。相反，启动子和增强子之间的通信可以与激活增强子转录所需的双向启动子进行。反过来，eRNA 可以促进增强子-启动子相互作用或激活启动子驱动的转录。

在过去的 30 年里，增强子对基因表达的贡献已经得到了很好的证明。然而，增强子影响基因表达的机制仍不清楚。最近的技术进步使得在全基因组范围内观察涉及增强子功能的分子机制成为可能。我们知道增强子招募如 p300/CBP 的一般性辅助激活子，它们显示一个共同的染色质特征。这个特征包括组蛋白 H3K4（H3K4me1）的高水平单甲基化，但启动子特异的 H3K4me3 标记呈低水平（图 2-4-1）。我们利用 CBP 和组蛋白甲基化识别神经元增强子的研究表明，数千个增强子可以招募 RNA 聚合酶Ⅱ（polymeraseⅡ，PolⅡ）并在神经元激活时转录非编码 RNA（Kim et al., 2010）。我们称之为增强子 RNA（eRNA）转录本，这在许多不同的细胞类型和物种中都分别得到了证实，表明 eRNA 的合成并非神经元所独有，更可能是参与了调控增强子功能的普遍细胞机制。

eRNA 与典型的长链非编码 RNA（lncRNA）有着明显的区别，后者的功能已经得到了更好的表征。首先，虽然 lncRNA 的广泛定义是基于它们启动子处存在的 H3K4me3，但 eRNA 可以从检测不到 H3K4me3 的增强子中产生。这种差异可能是由于 eRNA 的表达水平比 lncRNA 低 10～100 倍，因为 H3K4me3 的水平通常与基因表达水平相关。其次，与 lncRNA 和蛋白质编码基因的启动子不同，增强子在转录起始的方向上几乎没有偏倚。最后，虽然 lncRNA 经历了诸如剪接和多腺苷酸化等成熟过程，但 eRNA 较短（＜2kb），几乎没有证据表明它们是经剪接或多腺苷酸化的。多聚腺苷酸缺乏是由以下事实推断出来的：eRNA 首先是通过分析神经元中的细胞总 RNA（使用 total RNA-seq）检测到的，而不是在多腺苷酸 RNA（使用 mRNA-seq）中观察到的。然而，在对其他非神经细胞类型的分析中，已经报道或暗示了多腺苷酸增强子 RNA 的存在。尽管严格意义上的 eRNA 和 lncRNA 之间存在一些差异，但我们和其他人已经观察到相对较少的一些基因组位点，这些位点由于 H3K4me3 和 H3K4me1 标记的同时存在不易归类为增强子或 lncRNA 的启动子。这些位点可能代表一类不同的增强子，或者表明增强子和启动子的定义只对某些位点是恰当的。增强子和启动子之间的区别可能只是一个关于转录本表达水平的定量区别。事实上，已报道过蛋白质编码启动子作为增强子，调节其他附近的启动子。

eRNA 的发现提出的主要问题是，增强子的转录活性是否与增强子的功能有关。一些间接证据表明，eRNA 的合成是一个受调控的过程，而不仅仅是转录噪声。在神经元刺激下，只有一部分增强子产生 eRNA，并且这些增强子倾向于位于高表达的 mRNA 附近（Kim et al., 2010）。基于这一观察结果，我们认为产生 eRNA 的增强子在刺激诱导的信号转导中可促进靶基因的表达。这一假说得到了不同细胞类型 eRNA 相关研究的支持。此外，脂多糖激活的巨噬细胞中 eRNA 的动态分析表明，eRNA 的合成先于相邻蛋白编码基因的转录，表明 eRNA 在靶基因的调控中起着积极的作用。另外，对人类 lncRNA 进行 siRNA 介导的基因敲除研究进一步证实了它们对周围蛋白编码的 mRNA 的激活作用（Lai et al., 2013）。虽然还没有明确的证据表明是否具有类增强子功能的 lncRNA 来源于增强子区，但这些 GENCODE lncRNA 与 eRNA 的不同之处在于它们通常是通过剪接和多腺苷酸化加工的，并且在其启动子处具有高水平的 H3K4me3。然而，这些来自功能性增强子和显示增强子样功能的 lncRNA 的两个独立发现意味着基因组外的非蛋白编码区可能产生具有特定调节功能的转录本，并且其在基因表达中具有比先前预期的更积极的作用。

支持这一观点的最新研究为此提供了更直接的证据，表明至少一些 eRNA 在靶基因表达中具有重要的功能。一些 eRNA 的敲除导致邻近靶基因的表达水平降低（Lam et al., 2013；Li et al., 2013；Melo et al., 2013）。此外，在基于质粒的报告系统中，在最小启动子上游人工栓系 eRNA 增强了报告基因的表达。这些结果与 eRNA 在转录激活中的作用一致。有趣的是，eRNA 的激活功能似乎是序列或链特异性的，尽管这种特异性的关键决定因素尚未确定（Lam et al., 2013）。在人类乳腺癌细胞的其他实验中，雌激素受体 α（estrogen receptor α，ER-α）结合增强子表达的 eRNA 增加了特异性增强子-启动子环的强度，部分是通过与黏连蛋白（cohesin）的相互作用增强的（Li et al., 2013）。上述具有类似增强子功能的 lncRNA 也被证明介导了染色质环化，但要通过与中介因子（mediator）复合体的相互作用（Lai et al., 2013）来实现。

尽管综合这些结果表明，染色质环是这些不同种类的激活 lncRNA 共同作用的一个重要调节步骤（图 2-4-1），但 eRNA 可能还有其他功能。我们的研究集中在神经元 *Arc* 基因和增强子上，研究表明 eRNA 的合成需要完整的 *Arc* 基因启动子（Kim et al., 2010），也就是说，当 *Arc* 基因启动子被删除时，虽然 RNA

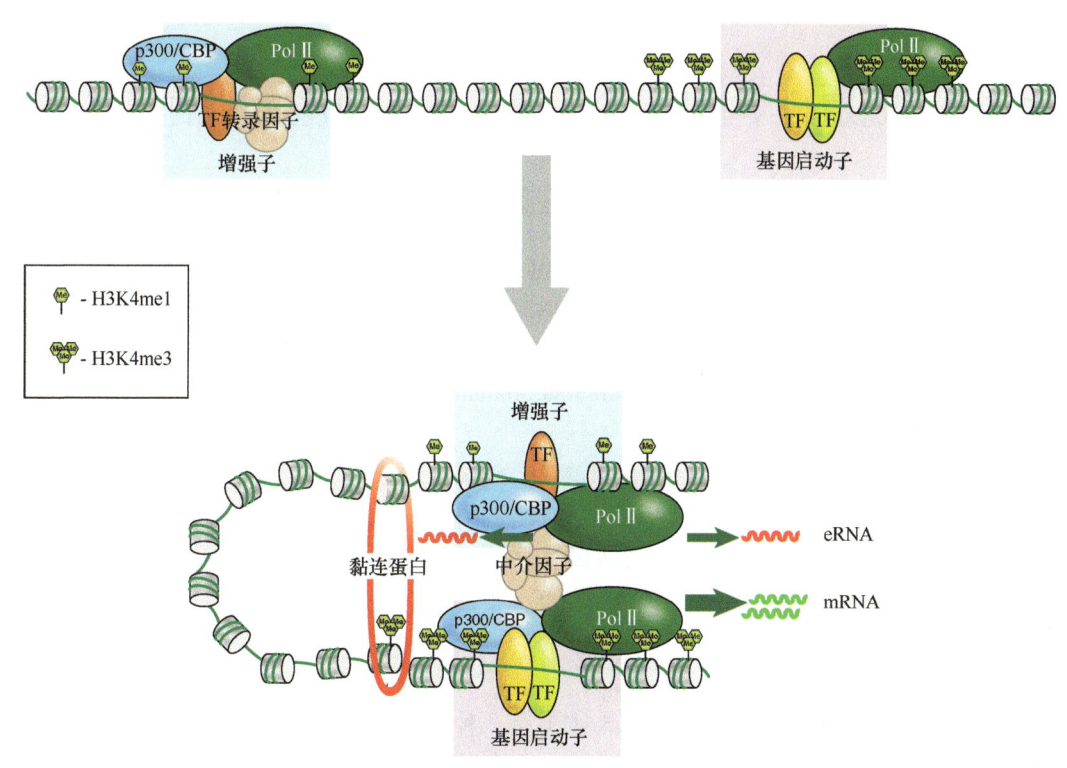

图 2-4-1 **增强子 RNA 合成与功能。**在转录激活过程中，共激活子（如 p300/CBP）和 RNA Pol Ⅱ 与一部分增强子结合并双向转录 eRNA。增强子和启动子之间的染色质环将使 eRNA 靠近目标基因启动子，从而实现协同激活。一些 eRNA（例如，在人乳腺癌细胞中由 ER-α 结合增强子表达的 eRNA）促进和（或）稳定特定的增强子–启动子环，部分通过与黏连蛋白（cohesin）的相互作用实现的。

Pol Ⅱ和转录因子仍然与增强子结合，但不能合成可检测到的 eRNA。一种可能是，如果没有启动子，*Arc* 增强子就失去了自身转录活性所需的未知因子。只有当增强子通过染色质成环机制与启动子接近时，这样一个未知的因子才会出现在启动子处，并使增强子处的 eRNA 合成成为可能。这些结果挑战了增强子作用于启动子的单向增强子–启动子相互作用的标准模型。相反，增强子和启动子的激活可能需要反馈，而蛋白互补体的每一个贡献因子都是激活另一个因子所需要的。在这种情况下，染色质环不太可能完全由 eRNA 促进，因为 eRNA 的合成只有在增强子–启动子成环之后才会发生。染色质环也将使新生的 eRNA 保持在目标启动子附近，这可能提供了一种防止 eRNA 激活非特异性目标基因的方法。一个新生的 eRNA 转录本可能有助于启动子对激活因子的招募，充当激活蛋白组装的支架。由于 eRNA 通常不稳定，因此 eRNA 功能的特异性部分来自其短暂的半衰期，一旦合成完成，就可以防止远离其合成位点的区域的非特异性激活。还需要指出的是，除 eRNA 转录本本身外，eRNA 转录的行为还可能具有特定的生物学功能。例如，转录结合的 RNA 聚合酶Ⅱ可以将染色质重塑因子招募到增强子上，使增强子结构域稳定在活性状态。

eRNA 及其新功能的发现无疑扩大了非编码 RNA 不断增大的调节范围。这些发现不仅说明了顺式调控序列的作用比以前认识到的更为复杂，而且为未来的研究提供了一条令人兴奋的，可以解开与 lncRNA、顺式调控序列、表观遗传修饰以及三维染色质构象交织在一起的复杂基因调控网络的途径。

致　　谢

我们感谢 M.E. Greenberg 和 G. Kreiman 博士的指导和支持。这项工作得到了 Whitehall（T-K.K.）、Welch（T-K.K.）和 Klingenstein 基金（T-K.K.）的支持。

（张　雨　译，方玉达　校）

2.5　表观遗传学拓展：基因组 DNA 中胞嘧啶的新修饰

斯基尔曼塔斯·克里奥松尼斯（Skirmantas Kriaucionis[1]），马姆塔·塔希利亚尼（Mamta Tahiliani[2]）

[1]Ludwig Institute for Cancer Research Ltd., U niversity of Oxford, Nuffield Department of Clinical Medicine, Old Road Campus Research Building, Headington, Oxford 0X3 7DQ, United Kingdom; [2]Skirball Institute/NYU School of Medicine, New York, New York 10016
通讯地址：mamta.tahiliani@med.nyu.edu

DNA 碱基胞嘧啶甲基化是抑制内源性逆转录病毒、调节基因表达、建立细胞特性的关键，长期以来都被认为是不可去除的表观遗传标记。最近发现的 10-11 易位（ten eleven translocation，TET）蛋白可以氧化 5-甲基胞嘧啶（5-methylcytosine，5mC），导致基因组中 5-羟甲基胞嘧啶（5-hydroxymethylcytosine，5hmC）和其他氧化胞嘧啶变体的形成，这激发我们去进一步探索 DNA 甲基化的动态变化如何调节转录和细胞分化，从而影响正常发育和患病。

碱基胞嘧啶甲基化（称为 5-甲基胞嘧啶或 5mC）是一种表观遗传标记，常被称为第五碱基，以强调其遗传力和在发育中的重要性。5mC 行使生物学功能（即转录抑制），而不改变由 4 种传统碱基决定的局部 DNA 序列的蛋白质编码能力，因此被认为是一种表观遗传标记。5mC 对胚胎发生、亲本印记、X 染色体失活、内源逆转录病毒沉默以及基因表达和剪接的调控等过程至关重要。胞嘧啶甲基化通过调节蛋白质与 DNA 的相互作用和形成抑制性异染色质结构而影响这些过程。2009 年，5-羟甲基胞嘧啶（5hmC）被两个研究小组同时鉴定为哺乳动物神经元和胚胎干（embryonic stem，ES）细胞基因组 DNA 的正常成分（Kriaucionis and Heintz，2009；Tahiliani et al.，2009）。这一里程碑式的发现激发了大量的研究，这些研究都集中在了解这种修饰如何影响基因组的调控，以及这种修饰是如何与以前缺乏相应酶作用的 5mC 去甲基化途径联系在一起的。

在 Nathaniel-Heintz 的实验室里，当 Skirmantas Kriaucionis 解释小脑浦肯野（Purkinje）神经元明显的常染色质细胞核中染色质结构时，偶然发现了 5hmC。分离浦肯野细胞核本身就是一项技术成就，需要用带有 eGFP 标记的核仁（bacTRAP）的转基因小鼠和高通量的荧光激活细胞分选技术来获得足够的材料，目的是利用经典的"最近邻"DNA 组成分析技术（可追溯到 1961 年 Kornberg 的经典实验）和 Adrian Bird 的开创性实验（定量分析甲基化 CpG 的总水平）来比较浦肯野细胞和颗粒细胞中的 5mC 丰度。出乎意料的是，这种灵敏、无偏、稳定的方法揭示了一种额外的信号，这种信号可重复地在浦肯野神经元中富集，在其他神经元类型中也可检测到。这些实验中最令人兴奋的阶段是将信号识别为 5hmC，即一种新的基因组 DNA 碱基修饰（Kriaucionis and Heintz，2009）。

同时，5hmC 被 Anjana Raos 实验室的 Mamta Tahiliani 发现，当时她对 DNA 去甲基化酶的鉴定经历了一个意想不到的转折。寻找这种酶的主要动机是证明受精后 DNA 甲基化在父系基因组中被主动清除。这一开创性的发现强烈地表明，重设甲基化模式可能对表观遗传重编程至关重要［如第 15 章图 15-3 所示（Li and Zhang，2014）］。Mamta 的生物信息学合作者 L. Aravind 预测 TET 家族的蛋白质是对核酸有特异性的双加氧酶。最近发现，远源相关的双加氧酶可以从组蛋白和受损的 DNA 碱基中去除甲基。因此，TET 蛋白很可能是 DNA 去甲基化酶的候选蛋白。在最初的实验中，Mamta 通过免疫荧光发现 TET1 的过度表达导致 5mC 水平的降低，这似乎表明 TET1 是一种真正的 DNA 去甲基化酶。然而，当她试图用薄层色谱法证实去甲基化时，结果令人费解，因为 5mC 的减少并没有伴随着胞嘧啶的增加。可是，当她调整扫描图像的对比度时，她注意到，在胞嘧啶下出现的弱拖尾处呈现一个独立的斑点，表明 TET1 可能正在将 5mC 转化为一个新产物。由于许多双加氧酶通过羟基化其底物来启动催化作用，Mamta 假设并且随后证实该核苷酸为 5hmC。研究组还发现 ES 细胞基因组中存在 5hmC，并且 TET1 和 5hmC 水平在 ES 细胞分化时均下降。这表明，5hmC 是哺乳动物 DNA 的正常组成部分，TET 蛋白和 5hmC 在 ES 细胞基因表达及细胞识别中起着重要的调节作用（Tahiliani et al.，2009）。多个实验室随后的研究均证实，TET 家族的多个成员（TET1/TET2/TET3）都能够将 5mC 转化为 5hmC（Wu and Zhang，2011）。在小鼠身上的研究表明，Tet3 是 TET 家族在体内正常发育所需的唯一成员。

TET 酶能氧化 5mC 为 5hmC 的发现导致了一个问题，即从 5hmC 到 C 的 DNA 完全去甲基化是被动的（即通过复制依赖性稀释实现）还是主动催化的。已经证明，TET 酶能将 5hmC 氧化为 5-甲酰胞嘧啶（5-formylcytosine，5fC）和 5-羧基胞嘧啶（5-carboxylcytosine，5caC）（Wu and Zhang，2011）。父系基因组中 5mC 的快速丢失与 TET3 向细胞核的转移以及 5mC 向 5hmC、5fC 和 5caC 的大规模转化相一致（Wu and Zhang，2011）。中期染色质的免疫染色进一步显示，5mC 的三种氧化衍生物大部分保留在 DNA 的原始链上，并在早期分裂周期中通过复制被动稀释，这表明 TET 介导的 5mC 氧化可以通过 DNA 复制刺激 5mC 氧化产物的被动丢失，甚至同时进行胸腺嘧啶 DNA 糖基化（thymine DNA glycosylate，TDG）并通过碱基切除修复（图 2-5-1A）替换为胞嘧啶来去除 5fC 和 5caC［Wu and Zhang，2011；第 15 章图 15-6（Li and Zhang，2014）］。这些机制在基因组中何时何地起作用仍然是一个热门的研究课题。

要了解 5hmC 的生物学功能，需要开发新的工具来检测它，并将其与 5mC 和 C 明确区分开来。现在，亚硫酸氢钠测序无法将 5hmC 和 5mC 区分开来，还将 5fC 和 5caC 误认为是胞嘧啶（Pastor et al.，2013）。因此，需要注意的是，对使用了几十年的亚硫酸氢钠测序数据必须谨慎地解释，因为甲基化可能是 5mC 或 5hmC，而先前被确定为胞嘧啶的位置实际上可能存在 5fC 或 5caC。现在已经开发了许多技术来富集含有 5hmC 的 DNA，并在单核苷酸分辨率下对其进行测序（Pastor et al.，2013）。

多种证据表明，5hmC 不仅仅是一种去甲基化中间体，而且是一种具有自身效应功能的 DNA 新修饰。5hmC 存在于多种成熟细胞中，其含量从某些免疫细胞中所有碱基的 0.05% 到浦肯野细胞中的 0.6% 不等。这就引出了这样一个问题：是否存在这个标记的阅读器以将这种修饰转化为生物学功能，正如含有

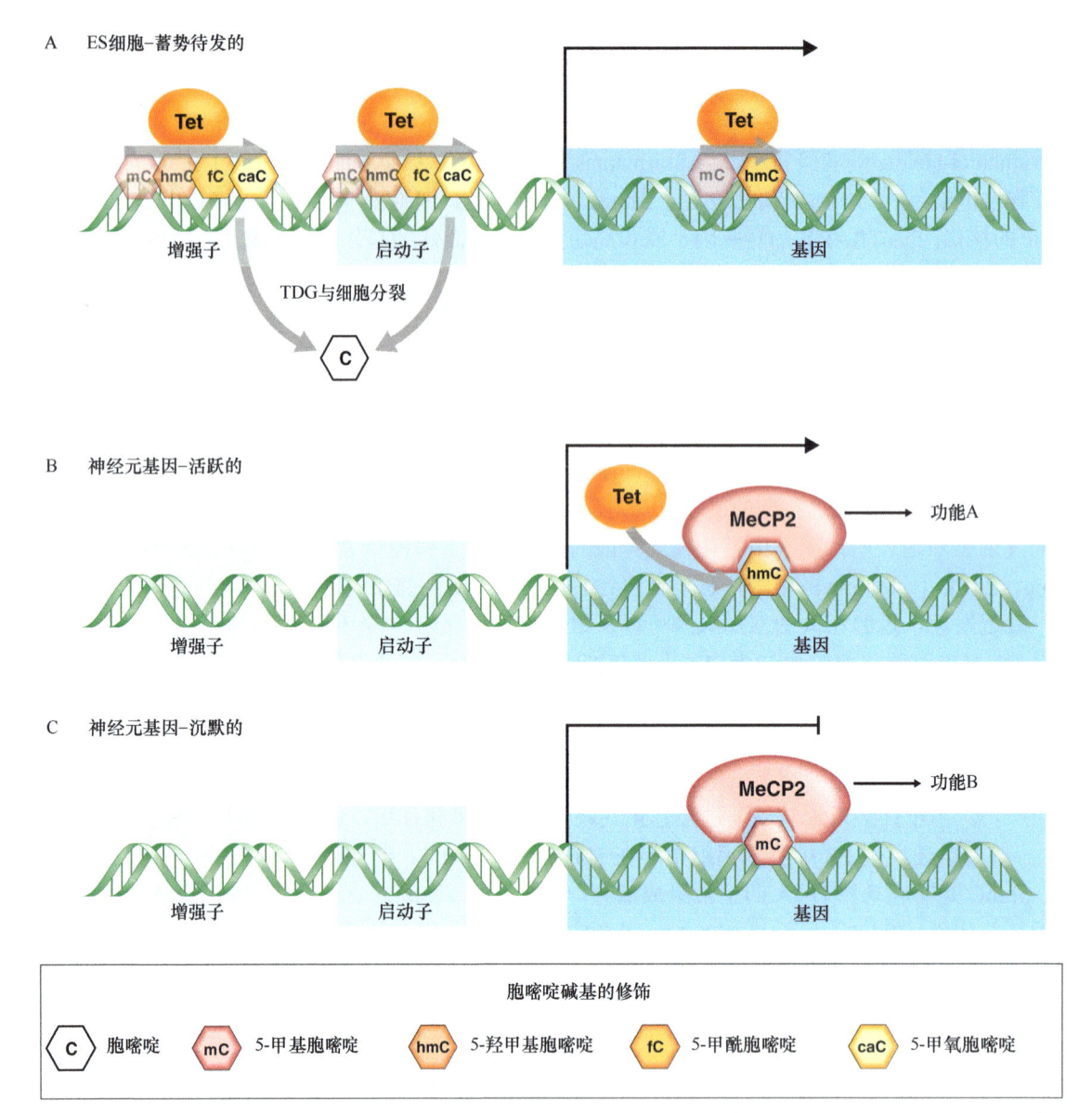

图 2-5-1 胞嘧啶修饰在 ES 细胞和神经元基因中的分布和代谢。（A）通过 TET 介导的 5mC 的氧化，然后通过碱基切除修复（base excision repair, BER）介导的 5caC 的去除，使启动子和增强子在 ES 细胞中不发生甲基化。5mC 的氧化也可能阻断这些区域维持甲基化。MeCP2 结合神经元基因体区中的 5mC（B）和 5hmC（C），其中胞嘧啶修饰状态与表达水平相关。

CXXC 结构域的蛋白质可以读取未甲基化的胞嘧啶，或者甲基化的 CpG 被 MBD 蛋白识别一样 [见第 2 章（Blackledge et al., 2013）]。许多蛋白质已经被证实与 5hmC 结合，包括 MeCP2、MBD3 和 Uhrf2，它们都是已知的调节转录的蛋白质。5fC 和 5caC 结合蛋白包括许多 DNA 修复蛋白，与 5fC 和 5caC 作为去甲基化的中间产物的功能一致。

5hmC 的细胞类型、发育阶段和基因组位点的特异性开始显示出这种 DNA 修饰的特殊功能。富集 5hmC 的技术以及单核苷酸测序技术已经表明，在 ES 细胞中增强子和 CpG 岛（CpG island, CGI）启动子处，5hmC 水平升高，尽管它们的 CpG 含量很高，但没有甲基化（Pastor et al., 2013）。在神经元细胞中，5hmC 在基因体区富集（图 2-5-1B，C）（Mellen et al., 2012；Pastor et al., 2013）。虽然在胚胎干细胞中也发现 5hmC 在基因体区富集，但单核苷酸分析技术尚未证实这一发现。在 ES 细胞中，TET 蛋白和 5hmC 在保持 CpG 岛不被甲基化中起作用，而 5hmC 在神经元细胞中基因体区的作用尚不清楚。

未来的研究需要解决体在早期发育、造血和神经功能中的确切功能。了解一个模型是否能解释所有细胞类型中 5hmC 的功能，或者它的功能是否会因所研究的各种细胞类型而变化，将是一件很有趣的事情。

（张　雨　译，方玉达　校）

2.6　植物可移动小 RNA

帕特里斯·杜诺耶（Patrice Dunoyer[1]），查尔斯·梅尔尼克（Charles Melnyk[2]），
阿提拉·莫尔纳（Attila Molnar[3]），R. 基思·斯洛特金（R. Keith Slotkin[4]）

[1]IBMP-CNRS, 67084 Strasbourg Cedex, France; [2]The Sainsbury Laboratory University of Cambridge, Cambridge CB2 1LR, United Kingdom; [3]Department of Plant Sciences, University of Cambridge, Cambridge CB2 3EA, United Kingdom; [4]Department of Molecular Genetics and Center for RNA Biology, The Ohio State University, Columbus, Ohio 43210

通讯地址：patrice.dunoyer@ibmp-cnrs.unistra.fr

> 在植物中，RNA 沉默是基因表达、异染色质形成、抑制可转座元件和抵御病毒的基本调节机制。这些过程的序列特异性依赖于小的非编码 RNA（small noncoding RNA，sRNA）分子。尽管在植物中 RNA 沉默的扩散很早就已经被认识，但是直到最近 sRNA 才被正式证明是可移动的沉默信号。在这里，我们讨论了各种类型 sRNA 分子的短距离和长距离移动，以及它们在受体细胞中的功能。

RNA 沉默是一种调控机制，它控制内源基因和外源分子"寄生虫"（如病毒、转基因和转座因子）的表达。在植物和无脊椎动物中发现的 RNA 合成最吸引人的一个方面是它的移动性，即它能从最初的细胞扩散到邻近的细胞。这种现象依赖于小的非编码 RNA 分子［sRNA，长度为 21～24 核苷酸（nt）］的运动，这些分子提供沉默效应的序列特异性。在植物中，有两大类 sRNA：小干扰 RNA（short interfering RNA，siRNA）和微 RNA（microRNA，miRNA）。这些 sRNA 是由不同的，有时是相互作用的生化途径产生的，这些途径可能会影响它们的迁移。植物 sRNA 的运动可分为两大类：细胞间（短距离）运动和系统性（长距离）运动（Melnyk et al.，2011）。

2.6.1　小 RNA 的长距离移动

植物中 RNA 沉默可移动性的第一个暗示是通过对烟草的研究提出的，烟草表现出局部的转基因沉默，这种沉默可通过维管运输的方式传递到新的生长组织中（图 2-6-1）。后来，植物嫁接实验证实了 RNA 沉默信号分子的存在（Melnyk et al.，2011）。这些研究表明，沉默的转基因砧木发出的沉默信号在维管系统中长距离传播，并能在植物的远处组织中触发同源转基因的重新沉默。然而，系统性沉默信号的鉴定耗时数年，直到最近才随着高通量测序与拟南芥微嫁接实验的结合而得到最终结论（Dunoyer et al.，2010a；Molnar et al.，2010）。在 Dicer 三突变体（不能合成 siRNA）嫁接组织中检测到转基因和内源性 siRNA，有力地支持了 siRNA 相对于其前体转录本是可移动的远距离沉默信号。这些实验还证明，移动 siRNA 能够通过 RNA 介导的 DNA 甲基化过程，在远距离的靶位点上引导从头甲基化（Dunoyer et al.，2004；2010a；Molnar et al.，2010）。有趣的是，只有 1/3 的内源性拟南芥 siRNA 位点产生可移动的 siRNA，这表明一个复杂的分选过程是移动的基础。

22　表观遗传学

A　通过胞间连丝在细胞与细胞间移动

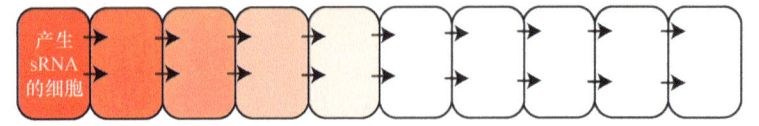

B　通过胞间连丝在细胞与细胞间移动和通过RNAi进行反复加强

C　通过维管进行长距离移动

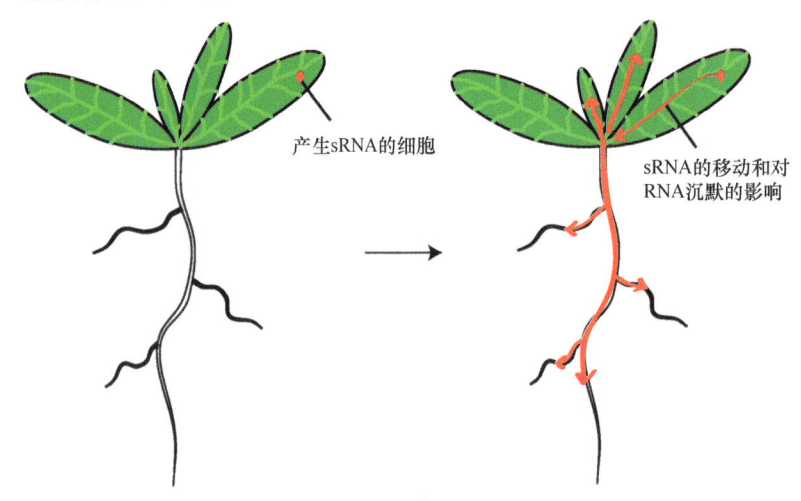

产生sRNA的细胞

sRNA的移动和对RNA沉默的影响

D　确定sRNA长距离移动的关键实验

野生型接穗

产生的siRNA

嫁接连接区

siRNA在维管中的系统性移动

dicer突变体根砧木

RNA切割/DNA甲基化

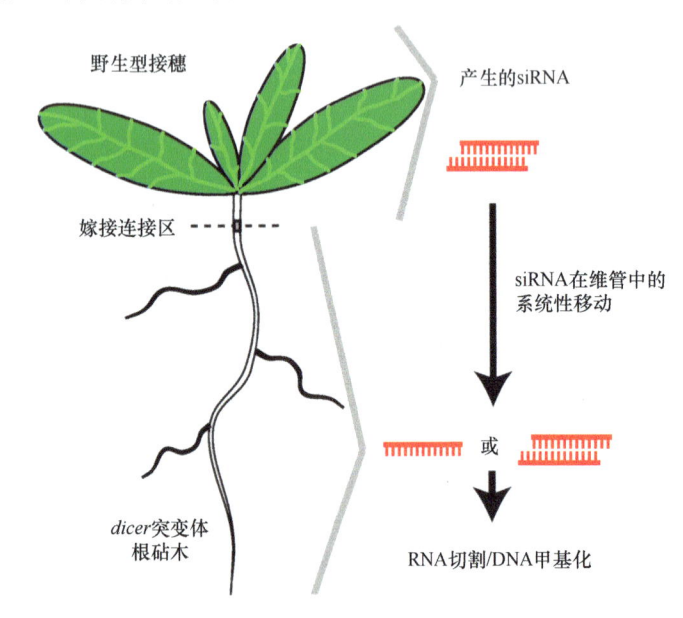

图 2-6-1　植物 sRNA 的移动以及接着发生的 RNA 沉默，可以通过两种不同的机制发生。（A）sRNA 可以通过胞间连丝通道在植物细胞间移动。在红色梯度中可以看到 sRNA 从合成它们的细胞中扩散。（B）细胞间的移动可以超出受体细胞通过胞间连丝扩散的范围，受体细胞利用初级 sRNA 启动连续轮回的 RNAi，并产生次级 sRNA，这种放大过程称为"传递性"。（C）从一个组织到另一个组织的长距离运动是通过向植物维管系统加载 sRNA 来完成的。产生 sRNA 的细胞和 sRNA 的移动用红色趋势线表示。（D）在这个将 sRNA 定义为 RNA 沉默过程中的移动因子的关键实验中，将野生型植物顶端（接穗）嫁接到一个不能产生 siRNA 的 *dicer* 突变体的根砧木上，然后将在接穗中产生的 siRNA 转移到根中，并通过深度测序鉴定它们在 RNA 剪切和 RNA 介导的 DNA 甲基化中的作用。

2.6.2 细胞间短距离移动

在局部诱导下，RNA 沉默从起始点向周围 10～15 个相邻细胞扩散（图 2-6-1）。这种细胞间的运动可能通过胞间连丝（连接植物细胞的孔）发生，因为没有胞间连丝的细胞对移动的沉默信号有抵抗力。有时，RNA 沉默可以通过 RNA 依赖的 RNA 聚合酶 RDR6 将靶 RNA 转化为新的双链 RNA（double-stranded RNA，dsRNA），进一步产生二级 siRNA，从而放大沉默信号（Melnyk et al., 2011）。这种信号放大被称为"传递性"（图 2-6-1），通过重复的短距离信号事件导致细胞间更广泛的沉默扩散。特定的遗传筛选被设计用于识别细胞间沉默信号的生物生成、运动或感知所需的蛋白质（Melnyk et al., 2011）。在这些系统中，Dicer-like4（DCL4）被鉴定为短距离沉默运动所必需的，这提示了 DCL4 在产生 21nt siRNA 中的关键作用。随后这些 21nt siRNA 中有 1% 被直接鉴定为细胞间沉默信号，该鉴定过程采用转基因报告系统，包括能特异性隔离 21nt siRNA 的 RNA 沉默病毒抑制剂，以及带荧光标记的外源 21nt siRNA 的基因枪导入（Dunoyer et al., 2010b）。除 DCL4 外，RNA 介导的 DNA 甲基化途径的一些突变也影响了细胞间的沉默移动，但这一机制仍不清楚。值得注意的是，与 RNA 靶向 DNA 甲基化途径相关的 24nt siRNA 的基因枪实验证明，这些 24nt siRNA 可以与 21nt siRNA 一样进行类似的移动，表明这两类大小不同的 siRNA 都是可移动的（Dunoyer et al., 2010a, 2010b）。

2.6.3 小 RNA 移动的功能

2.6.3.1 发育模式的建立

植物中可移动的小 RNA 是通过内源或外源的多种途径产生的。在野生型发育过程中，sRNA 移动建立了用于特定发育模式的靶 mRNA 浓度梯度。例如，内源性 21nt siRNA 从产生它们的叶片顶部移动到底部细胞层，产生一个梯度，这在形成从上到下的叶型中发挥作用（Melnyk et al., 2011）。某些 miRNA 也是可移动的。例如，miR165/166 在特定的根细胞中产生，并移向邻近的细胞，在那里以编码多种转录因子的 mRNA 为靶点。由此产生的靶 mRNA 梯度决定了维管细胞类型（Melnyk et al., 2011）。有趣的是，一些 miRNA 也被认为可以在植物中长距离移动。在缺磷的情况下，一个 miRNA 从植物的顶端转移到根部，在根部降解它的靶 mRNA，而靶 mRNA 编码一种磷吸收的抑制子（Melnyk et al., 2011）。

2.6.3.2 病毒抗性

病毒是受侵染细胞中 RNA 沉默的诱因，也是大量可移动的小 RNA 来源。这些病毒衍生的 siRNA 可以在细胞间系统性地移动出感染区域前沿，并在尚未感染的原始细胞中启动抗病毒沉默反应。这种效应是通过携带一个内源性基因片段的移动缺陷病毒表现出来的。尽管这种病毒仍然局限于受感染的下部叶片，但它触发了植物远部维管系统内和周围内源性基因的沉默。此外，特异性隔离 siRNA 的 RNA 沉默病毒抑制因子是成功感染邻近细胞所必需的（Dunoyer et al., 2010b；Melnyk et al., 2011）。

2.6.3.3 表观遗传改变

对病毒的研究表明，移动沉默信号可以引导表观遗传变化。一旦感染了 RNA 病毒，就能在一个单独的、稳定转化的、非病毒利益的同源转基因上产生沉默。这种沉默表现为转基因启动子处的 DNA 甲基化，它在没有病毒的情况下遗传给后代，表现为可遗传的表观遗传沉默（Melnyk et al., 2011）。遗传性表观遗传沉默也发生在内源性转座因子（transposable element, TE）上。拟南芥中，TE 在精细胞和与胚相邻的细胞中被激活，成为 siRNA 的来源（Slotkin et al., 2009）。这些细胞中 TE 的激活与精细胞和胚中 DNA 甲基化的相应增加相一致，这表明 TE-siRNA 可能进入邻近的配子和随后的胚中，并加强 RNA 介导的 DNA 甲基化和跨代的 TE 沉默（Slotkin et al.，2009）。然而，还没有研究证实内源性 TE-siRNA 直接进入配子或胚中。

2.6.4　植物小 RNA 向其他生物体迁移

一个有趣的现象是可移动的沉默信号迁移到植物体外。在植物中表达的 RNA 沉默转基因可以沉默以植物为食的真菌和无脊椎动物病原体中的互补基因（Melnyk et al.，2011）。转基因 RNA 沉默信号也可以通过寄生中间植物而在不同植物间移动（Melnyk et al.，2011）。这些例子代表了移动 RNA 沉默的重要生物技术应用，并暗示在自然界中类似的 sRNA 移动可能发生在植物到病原体或共生体的过程中。

（张　雨　译，方玉达　校）

2.7　CpG 岛染色质是通过 CxxC 类锌指蛋白的招募而形成的

尼尔·P. 布莱克利奇（Neil P. Blackledge[1]），约翰·P. 汤姆森（John P. Thomson[2]），
彼得·J. 斯基恩（Peter J. Skene[3]）

[1]Department of Biochemistry, University of Oxford, Oxford 0X1 3QU, United Kingdom; [2]MRC Human Genetics Unit at the Institute of Genetics and Molecular Medicine, University of Edinburgh, Edinburgh EH4 2XU, United Kingdom; [3]Fred Hutchinson Cancer Research Center, Seattle, Washington 98109
通讯地址：neil.blackledge@bioch.ox.ac.uk

大多数哺乳动物基因的启动子嵌入到称为 CpG 岛的基因组区域内，其特征是非甲基化 CpG 二核苷酸水平升高。我们在这里描述的最近研究工作证明了 CpG 岛是锌指 CxxC 结构域蛋白（包含蛋白 CFP1 和 KDM2A）的特定成核位点。重要的是，CFP1 和 KDM2A 有调节特定组蛋白赖氨酸甲基化标记的酶活性。因此，这些锌指 CxxC 结构域蛋白的作用是在 CpG 岛上形成一个明确的染色质结构，从而将这些重要的调控元件与周围的基因组区域分开。我们在这里讨论了这种 CpG 岛介导的染色质环境的功能性结果。

大约 2/3 的哺乳动物基因启动子是在称为 CpG 岛（CpG island，CGI）的基因组区域内发现的。与大多数基因组 DNA 中 CpG 的低丰度和高甲基化相比，CGI 显示 CpG 的高丰度且对 DNA 甲基化不敏感。尽管旨在了解 CGI 的功能的研究已有几十年，但目前尚不清楚它们如何促进基因启动子的活性。然而，在过去的几年中，值得注意的进展是我们证明了 CGI 通过特异性招募能结合非甲基化 DNA 的蛋白质，从而特异性地改变了基因调控元件的局部染色质环境（Blackledge et al.，2010；Thomson et al.，2010）。

我们知道甲基化的 CpG 可作为甲基 CpG 结合域（methyl-CpG binding domain，MBD）蛋白的成核位点，这些蛋白质通常与转录抑制有关。基于 MBD 蛋白的存在，Skalnik 和他的同事们假设可能存在特异性识别非甲基化 CpG 的蛋白质。在随后的工作中，他们确定了 CpG 结合蛋白（CpG binding protein，CGBP）[后来命名为 CxxC-指蛋白 1（CxxC finger protein 1，CFP1）] 就是这样的一个因子（Vbo et al.，2000）。重要的是，在体外发现这种蛋白质通过一个锌指（zinc finger，ZF）-CxxC 结构域与 DNA 结合，该结构域特异性地识别 CpG 二核苷酸。

问题是 CFP1 是否在体内识别非甲基化 CGI，从而影响 CGI 功能？这种可能性特别有趣，因为 CFP1 是 ZF-CxxC 结构域大家族的一部分，其中包含染色质结合因子，如 DNMT1、MLL1 和 MBD1。大规模并行测序技术与染色质免疫沉淀（chromatin immunoprecipitation，ChIP）（ChIP-seq）被用来测试 ZF-CxxC 蛋

白与 CGI 之间的关系。为了证实这个可能性，我们进行了关于 ZF-CxxC 蛋白 CFP1 和组蛋白赖氨酸去甲基化酶 2A（histone lysine demethylase，2A，KDM2A，也称为 JHDM1a、FBXL1 或 CXXC8）的独立研究。这种无偏的方法显示了这两种蛋白质的富集位点和非甲基化 CGI 之间显著的全基因组关联关系（图 2-7-1A）（Blackledge et al., 2010; Thomson et al., 2010）。因此，至少对于 CFP1 和 KDM2A 来说，ZF-CxxC 结构域似乎充当了 CGI 靶向模块。有意义的是，这些研究首次表明，CGI 是通过对非甲基化 DNA 的识别来直接解读的，而且大多数非甲基化 CGI 具有共同的蛋白因子。

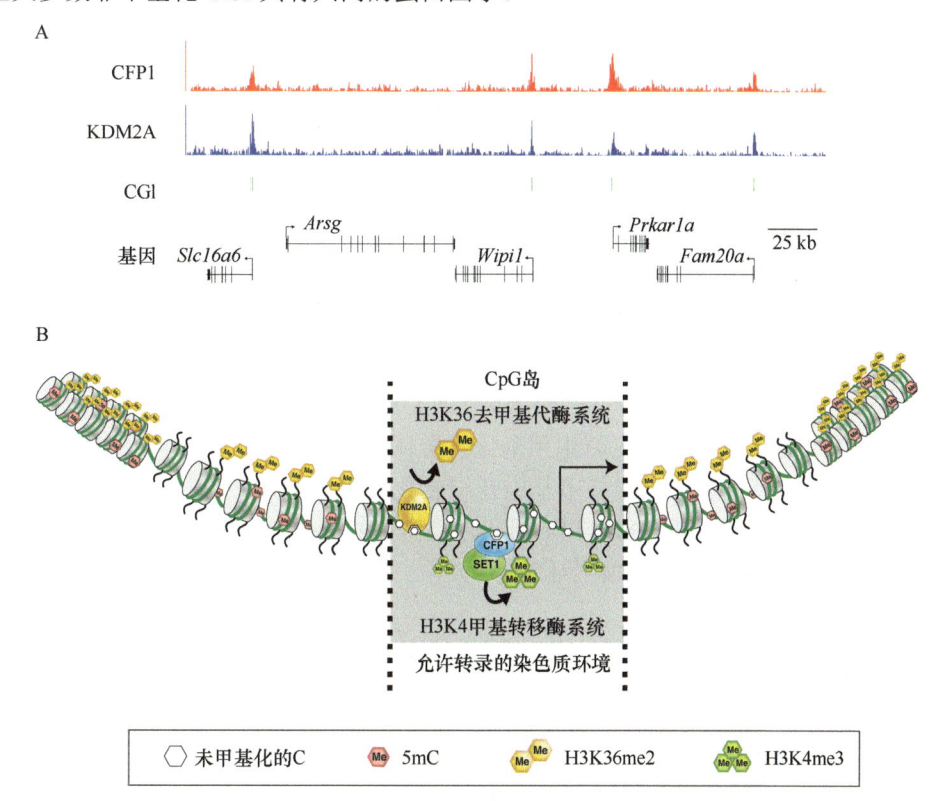

图 2-7-1 CpG 岛上的 ZF-CxxC 蛋白。（A）小鼠 11 号染色体约 300kb 区域的 CFP1（上面，红色）和 KDM2A（下面，蓝色）ChIP 序列分析（数据来自 Blackledge et al., 2010 和 Thomson et al., 2010）。注释的基因和 CGI（绿色条）在序列轨迹的下面显示。（B）CFP1 和 KDM2A 在 CGI 处形成了一种与基因组的其他部分不同的特殊染色质环境。

有趣的是，大多数 ZF-CxxC 蛋白都与染色质修饰活性有关，并且可能与 CGI 功能有关。例如，CFP1 存在于一个含 SETD1 的组蛋白 H3K4 甲基转移酶复合体中，而 KDM2A 是一个含有 JmjC 结构域、靶向 H3K36 的去甲基化酶。在我们的研究中，我们观察到与这些 ZF-CxxC 蛋白相关的组蛋白修饰活性在 CGI 处施加了一个既定的染色质环境。具体地说，CFP1 的作用促进了 H3K4me3 的成核，通常这是一个与基因 5' 端相关的标记，而 KDM2A 去除 H3K36me2 标记，这是一种丰度高且广泛分布的修饰，占总组蛋白 H3 的 30%～50%（Blackledge et al., 2010; Thomson et al., 2010）。

这些研究发现，CFP1 和 KDM2A 在 CGI 处结合，独立于转录活性修饰 CGI 染色质。这个发现的一个显著例证是，一个外源性富含 CpG 的序列足以招募 CFP1 和 H3K4me3，而不会同时招募 RNA 聚合酶 Ⅱ（RNA polymerase Ⅱ，RNA Pol Ⅱ；Thomson et al., 2010）。因此，这些工作已经建立了一个新的范式，即 CGI 处的潜在 DNA 信号（即高密度的非甲基化 CpG）被转化为特定的组蛋白修饰状态（即 H3K4me3 富集和 H3K36me2 去除）。因此，通过 ZF-CxxC 系统，非甲基化 CGI 具有不同于基因组其他部分的"内在"染色质环境（图 2-7-1B）。

上述研究提出了一个问题，在 CGI 元件的背景下，ZF-CxxC 蛋白结合和染色质修饰状态赋予的功能意义是什么？人们认为组蛋白赖氨酸甲基化标记通过 PHD（plant homeodomain）指蛋白或染色质修饰因子（chromatin-modifier，chromo-）结构域招募特定效应蛋白来影响转录。就 H3K4me3 而言，许多研究表明，该标记有可能招募支持转录的 PHD 指蛋白，如核心转录因子 TF Ⅱ D、NuRF 染色质重塑复合体和包含 ING4 的组蛋白乙酰转移酶复合体。相反，对酵母的研究表明，H3K36me2 可能通过招募 chromo-结构域（克罗莫结构域）蛋白 EAF3（RPD3S 组蛋白去乙酰酶复合体的一个组成部分）来抑制转录起始。因此，在 CGI 处，H3K4me3 富集和 H3K36me2 去除的联合作用有可能创造一个有利于转录起始的染色质环境。

CGI 启动子显示出许多独特的特性，这些特性至少部分归因于 ZF-CxxC 蛋白创造的染色质环境。例如，与经典的 TATA 盒启动子不同（它有一个明确的转录起始点），CGI 启动子倾向于在 100bp 或更大范围内启动转录。此外，即使在没有有效转录的情况下，CGI 启动子也富集 RNA Pol Ⅱ，随后出现短的、非大量的、双向的转录本（Core et al.，2008）。最后，具有 CGI 启动子的可诱导"主要应答基因"可通过脂多糖刺激被迅速激活，而无须进行染色质重塑[Ramirez-Carrozzi et al.，2009；如第 29 章图 29-9 所示（Busslinger and Tarakhovsky，2014）]。这与带有非 CGI 启动子的主要应答基因相反，其转录输出需要 SWI/SNF 介导的染色质重塑。还需要进一步的研究来确定 ZF-CxxC 蛋白是否对 CGI 的某些或全部特性有贡献，并最终确定 ZF-CxxC 蛋白在 CGI 功能中的确切作用。

最后，需要强调的是，防止 DNA 甲基化是 CGI 存在和 ZF-CxxC 蛋白在 CGI 区域成核的关键。虽然负责建立和维持这种 DNA 无甲基化状态的机制还不清楚，但一个可能性是 ZF-CxxC 蛋白本身可能起作用。体外研究表明，CFP1 复合体标记的 H3K4me3 可阻断 DNA 从头甲基化，例如，该标记对 DNMT3L 结合的抑制作用，DNMT3L 结合是 DNMT3A/3L 新生甲基化复合体的一部分[见第 6 章（Cheng，2014）]。此外，ZF-CxxC 蛋白 TET1 是一种羟化酶，能够将甲基胞嘧啶转化为羟甲基胞嘧啶，这一反应与 DNA 去甲基化途径有关[见第 15 章（Li and Zhang，2014）]。因此，推测在 CGI 中，ZF-CxxC 蛋白提供了一个非甲基化 CpG 识别和保护 DNA 不被甲基化的自我增强环路。

（张　雨　译，方玉达　校）

2.8　用于癌症治疗的布罗莫结构域和超末端结构域抑制剂：染色质结构的化学调节

齐军（Jun Qi）

Dana-Farber Cancer Institute, Boston, Massachusetts 02115
通讯地址：jun_qi@dfci.harvard.edu

在癌症研究中，表观遗传蛋白是治疗药物开发的重要靶点，显示出巨大的前景。这些蛋白质包括染色质修饰酶[这些酶"写入"和"擦除"组蛋白翻译后修饰（posttranslational modifications，PTM）]，以及那些通过结合模块"读取"这些标记的酶。为了寻找一种能够破坏 PTM 和阅读器之间蛋白质-蛋白质相互作用的化合物，已经证明 JQ1 是布罗莫结构域和超末端结构域表观遗传阅读器（"bromodomain and extraterminal domain" epigenetic reader，BET）的首创类药性抑制剂，可识别组蛋白赖氨酸乙酰化标记。JQ1 促进了这种表观遗传抑制在癌症中的机制研究和治疗应用。利用这一化学探针，我们发现布罗莫结构域抑制剂（BETi）在多发性骨髓瘤和急性髓系白血病的临床前模型中具有令人信服的活性。特别是 BETi 下调 MYC、IL-7R 和 E2F 转录程序。我们不断地将 BETi 的转录影响与癌细胞表观基因组结构的变化结合起来，利用化学和遗传干扰来阐明 BETi 应答的机制。

人们普遍认为，在表观遗传疾病中改变的不仅仅是 DNA 序列，因此表观遗传蛋白质成为癌症研究中药物开发的重要靶点。迄今为止的研究确实显示了治疗前景，例如，DNA 甲基转移酶（DNA methyltransferase，DNMT）和组蛋白去乙酰化酶（histone deacetylase，HDAC）的抑制剂已经显示出巨大的临床疗效，并获得批准用于血液恶性肿瘤治疗。这些成功激发人们开发染色质修饰酶其他抑制剂，即所谓的表观遗传学的"写入器（writer）"和"擦除器（eraser）"抑制剂。也许是因为人们认为很难干扰蛋白质与蛋白质的相互作用，因此染色质结合模块或表观遗传"阅读器（reader）"受到的关注相对较少。在这一挑战的推动下，我们开发了 BET 的抑制剂，使用了一个经过试验的噻吩二氮卓（thienodiazepine）核心，它构成了许多药物的核心。利用已鉴定出的具有潜力的化合物作为化学探针，研究其机理细节及其治疗应用。

"阅读器"通常被视为能识别组蛋白或 DNA 上特定翻译后修饰（如甲基化或乙酰化标记）的功能性效应蛋白，这些修饰由"写入器"作为信号转录途径的一部分而被"写入"（图 2-8-1）。历史上，布罗莫结构域（bromodomain）是第一个具有良好特征的表观遗传学阅读器，它识别组蛋白上的乙酰化赖氨酸侧链。在微米范围内，布罗莫结构域蛋白阅读器与组蛋白尾之间结合的亲和力较低。我们设计并合成了一种以噻吩二氮卓为基础的小分子 JQ1，该分子对 BET 亚家族具有很好的抑制作用，尤其是对 BET 蛋白 BRD4。通常，药物设计为在 0.1～10nmol/L 范围内获得对靶物质的高结合亲和力。通过将小分子文库筛选和晶体学提供的结构信息相结合，筛选出该化合物。JQ1 和第一个布罗莫结构域蛋白 BRD4 的共晶结构显示了小分子与蛋白质之间良好的结构互补性，说明其具有较高的结合亲和力。JQ1 还具有良好的细胞通透性，这使我们能够研究布罗莫结构域抑制在 BRD4 依赖性癌症治疗中的效果。NUT 中线癌（NUT-midline carcinoma）是由 BRD4-NUT 移位引起的。该化合物的作用是在治疗后 24h 内诱导患者来源的癌细胞株分化。这在小鼠异种移植模型中也显示出良好的疗效，且无明显毒性。考虑到合理的药代动力学特性，JQ1 甚至可用于人类患者来源的异种移植模型（Filippakopoulos et al.，2010）。该原型药物进一步优化为 BRD4 依赖性癌症的临床前候选药物（M Mckewon，K Shaw，and J Qi，未发表）。

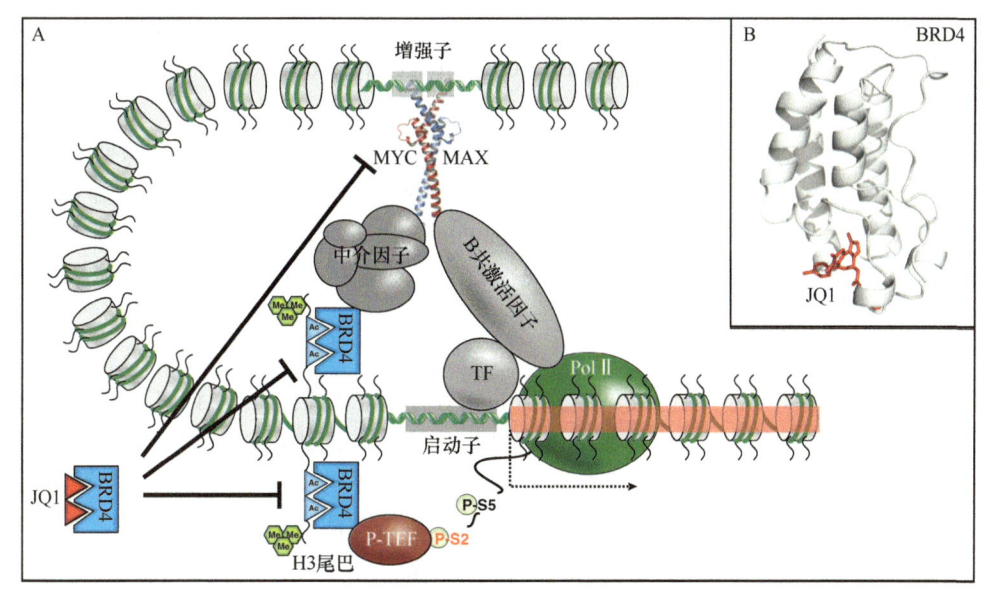

图 2-8-1　JQ1 小分子通过抑制 BRD4 类布罗莫结构域的抑癌模型。（A）MYC 靶基因（染色质的红色阴影区）的异常转录激活是许多癌症的共同特征。转录激活需要 BRD4 的布罗莫结构域的"读取"功能，它识别在启动子近端靶序列处组蛋白 H3 尾端的乙酰化标记（Ac 标记的青色三角形）。与组蛋白乙酰基结合的 BRD4 同时与结合到增强子序列的 MYC-MAX 复合体（通过一个中介因子复合体）以及转录延伸期间释放 RNA 聚合酶Ⅱ（Pol Ⅱ）所需的 PTEFb 磷酸化酶相互作用。JQ1 作为 bromodomain 抑制剂（红色三角形）与 BRD4 的竞争性结合，不仅减少了 MYC 基因（顶部抑制箭头）的转录，而且通过消除增强子复合体和 PTEFb（中间和底部抑制箭头）的募集（可能通过染色质环）减少了其靶基因的转录。活性染色质标记组蛋白 H3K4me3 显示为 3 个绿色六边形。（B）人 BRD4 蛋白与 JQ1（红色）复合体的晶体结构。

有了一个化学探针，就可以用来检验布罗莫结构域类表观遗传阅读器在转录调控中的作用。最近的研究表明，BET 抑制剂（BETi）在多发性骨髓瘤的临床前模型（Delmore et al.，2011）和急性髓性白血病（Zuber et al.，2011；Ott et al.，2012）中具有令人信服的活性。具体来说，BETi 下调典型的致癌 MYC、IL7R 和 E2F 转录程序。这些观察表明，BET-布罗莫结构域抑制为靶向某些恶性肿瘤和其他疾病提供了一种有效的途径，这些疾病的特征是 c-Myc 的病理激活。

JQ1 对睾丸特异性 BRD 成员 BRDT 的抑制作用是精子发生过程中染色质重塑的关键，可导致一种完全可逆的避孕效果。与 BRD4 一样，JQ1 占据 BRDT 乙酰赖氨酸结合口袋，抑制识别乙酰化组蛋白 H4。在小鼠中，这降低了生精小管的面积、睾丸的大小、精子的数量和活动性，而不影响激素水平。经 JQ1 处理的雄性大鼠在精母细胞和圆形精细胞期表现出被 JQ1 的抑制作用。这些数据为开发一种新的避孕药奠定了基础，这种避孕药可以跨越血-睾丸边界，并在精子发生过程中抑制布罗莫结构域的活性，为避孕提供了一种针对雄性生殖细胞的化合物（Matzuk et al.，2012）。

布罗莫结构域的小分子抑制剂 JQ1 的发现，揭示了其表观基因组在转录水平上对 BETi 反应的机制。对涉及 JQ1 的研究提供了一个明确的"基本原则"：随着对每一类布罗莫结构域相关阅读器的晶体结构的认识，今后几年内，布罗莫结构域中 BET 亚家族内外的其他阅读器可能成为有吸引力的药物靶点。

（张　雨　译，方玉达　校）

2.9　含布罗莫结构域蛋白在炎症反应中的药理抑制作用

乌韦·舍费尔（Uwe Schaefer）

Laboratory of Immune Cell Epigenetics and Signaling, The Rockefeller University New York, New York 10065
通讯地址：uschaefer@rockefeller.edu

炎症与激活免疫防御和组织修复的相关基因有关。BET 家族的布罗莫结构域蛋白识别组蛋白赖氨酸乙酰化，这在炎症基因的转录控制中起着关键作用。小分子抑制剂 I-BET 对 BET 蛋白的抑制作用影响炎症基因的一个特定亚群的表达，这些亚群遵循"模拟样（analog-like）"但不是"数字样（digital-like）"的激活模式。I-BET 根据其激活的动态模式来靶向基因的这种能力，可能有助于开发针对个体或特定疾病基因表达模式的抗炎治疗方案。

在人类和其他有机体中，组织损伤或与病原体的相互作用，导致产生与许多生物活性蛋白和代谢物相关的炎症反应（Nathan，2002）。这些炎症反应有助于病原体的清除，以及修复由感染或其他因素引起的组织损伤。病原体和环境压力的持续存在使炎症成为生活中不可避免的一部分，然而产生炎症的范围和时间对个体的健康至关重要。最近的研究表明，染色质通过激活炎症基因群在炎症调节中起着重要作用（Medzhitov and Horng, 2009；Smale, 2010）。Nicodeme 等（2010）的研究描述了一种新的炎症治疗干预方法，即使用一种合成化合物，该化合物以布罗莫结构域和额外终端域（bromodomain and extraterminal domain，BET）家族转录反应的表观遗传调控因子为靶点。BET 蛋白是染色质组蛋白氨基末端乙酰化赖氨酸的阅读器。乙酰化组蛋白通常与转录活性染色质区域相关，BET 蛋白作为效应分子通过募集和与其他激活因子结合在实现转录能力方面发挥作用。因此，BET 蛋白抑制剂可能通过阻断这些表观遗传阅读器识别其乙酰化赖氨酸靶点，从而具有转录抑制作用。

过度的炎症反应与许多急性和慢性疾病相关，如从急性细菌性败血症到持续的慢性炎症状态（如类风湿性关节炎或 Crohn 结肠炎）（Nathan，2002）。慢性炎症也与癌症有关，因为炎症组织的持续修复可能增加分裂细胞发生癌变的可能性。

炎症反应的大小和时间反映了严格控制的、细胞类型特异的基因表达模式。在组织局部定位的巨噬细胞是与病原体或组织源性促炎因子相互作用时炎症反应最直接、可能也是最有效的细胞载体（Medzhitov and Horng，2009）。与炎症相关的基因表达模式的触发可能是特异性的。然而，许多控制炎症的一般原理可以从分析巨噬细胞对革兰氏阴性菌衍生脂多糖（lipopolysaccharide，LPS）的反应而得到解答。LPS 是研究得最清楚的小鼠和人的炎症触发因子之一。巨噬细胞暴露于 LPS 导致 Toll 样受体 4（Toll-like receptor 4）的激活，随后启动触发炎症反应的信号程序（Medzhitov and Homg，2009；Smale，2010）。在基因水平上，这种反应有一个明确的模式。LPS 触发后不久，巨噬细胞上调早期反应基因，这些基因可分为普通基因（如 *c-Fos*）和更多炎症特异性基因（如 *TNF* 和 *Cxcl1/2*）。随着炎症反应的进行，一级反应基因的表达激活二级反应基因，这些基因编码局部和全身炎症反应的各种调节因子。炎症反应中一级和二级反应基因的逐步募集反映了这些基因的一些不同的特征。这些特征包括但不限于基因启动子 AT 含量的差异、对染色质重塑因子的依赖性，以及在 LPS 激活细胞之前在基因启动子处 RNA 聚合酶 II 的丰度 [Smale，2010；第 29 章（Busslinger and Tarakhovsky，2014）]。总之，主要应答基因似乎是采用一个"数字"样的开/关反应模式；而二级反应基因遵循一个"模拟"样的激活模式，该模式要求通过互不相关的激活事件进行，以启动成熟 RNA 的转录和延伸（图 2-9-1）。

炎症基因激活的明显差异表明，炎症的药理学调节可能基于基因对转录反应的共同调节因子的依赖性，而不是蛋白质靶点特异性。事实上，2009 年的研究表明，BRD4 表观遗传转录调节因子（BET 蛋白家族）的缺陷导致关键炎症基因的 LPS 驱动表达大大降低（Hargreaves et al.，2009）。BET 蛋白的天然配体是 H3 和 H4 的氨基末端的乙酰基部分。因此，我们的药理学驱动的研究集中于确定抑制 BET 蛋白家族（BRD2、BRD-3 和 BRD-4）的作用，这些蛋白质与炎症反应过程中基因表达的表观遗传调控有关（Nicodeme et al.，2010）。我们的优势是具有高度选择性的 BET 蛋白特异性配体，这些配体影响 BET 蛋白与其天然配体之间的相互作用。这些研究集中在与 BET 蛋白结合的布罗莫结构域抑制剂 I-BET（最初称为化合物 GSK525762A）上。我们认为 I-BET 会影响 BET 蛋白与其组蛋白配体结合的能力，从而导致基因表达的减少。此外，我们推测 BET 蛋白-组蛋白结合的药理学干预可能是基因特异性的，这反映了单个炎症基因对 BET 蛋白的依赖性。

BET 蛋白在 LPS 激活巨噬细胞之前与初级和次级应答基因以相对较低但又相似的水平相联系。然而，初级应答基因具有相对较高水平的 RNA 聚合酶 II，以及 H3K4me3 和 H3/H4Kac 标记（Nicodeme et al.，2010）。这些特征表明，原发基因准备立即进行"数字"类型的转录激活。因此，它们可能不像次级应答基因那样需要 BET 蛋白，次级应答基因采用类似"模拟"的方式反应（图 2-9-1）。相反，次级应答基因在激活过程中的增量变化需要随后的染色质重塑、转录起始和转录延伸步骤，这使它们更易受 I-BET 的影响。事实上，我们发现用 I-BET 处理体外巨噬细胞会导致二级应答基因表达的强烈和选择性衰减，而一级应答基因的表达基本不受影响。值得注意的是，I-BET 对二级应答基因的选择性作用适用于巨噬细胞和成纤维细胞反应，不仅对 LPS，而且对炎症反应的二级介质如 TNF 或 IFN-β 也是如此。因此我们得出结论，I-BET 似乎"识别"并根据其表观遗传状态来靶向基因。

这种 I-BET 对二级应答基因激活的选择性作用具有潜在的治疗优势。首先，大多数看家基因不依赖 BET 蛋白表达。其次，I-BET 的基因状态特异性效应可以使药物在仅影响一组特定炎症基因的范围内精确给药。因此，结合生物体内的高 I-BET 清除率（Nicodeme et al.，2010），可计算高选择性治疗方案的 I-BET 持续时间和剂量。

通过成功治疗细菌或脂多糖诱导的小鼠脓毒症，验证了 I-BET 对体内炎症的治疗潜力。BET 抑制剂，包括 I-BET 和相关化合物，如 JQ1 [Filippakopoulos et al.，2010；第 2 章（Qi，2014）] 对于炎症性疾病的治疗，将需要单独或与控制炎症反应的其他药物联合使用。I-BET 用于治疗 NUT 中线癌和依赖于 MYC 持续表达的其他癌症的一期临床试验正在进行中，一些问题正在得到解决。

I-BET 干扰特定基因表达模式的能力提供了一个强有力的先例，证实了进一步寻找能够干扰基因表达的表观遗传调控因子与 DNA 基序或组蛋白翻译后修饰结合的可行性。这种合成的组蛋白或 DNA 模拟物可

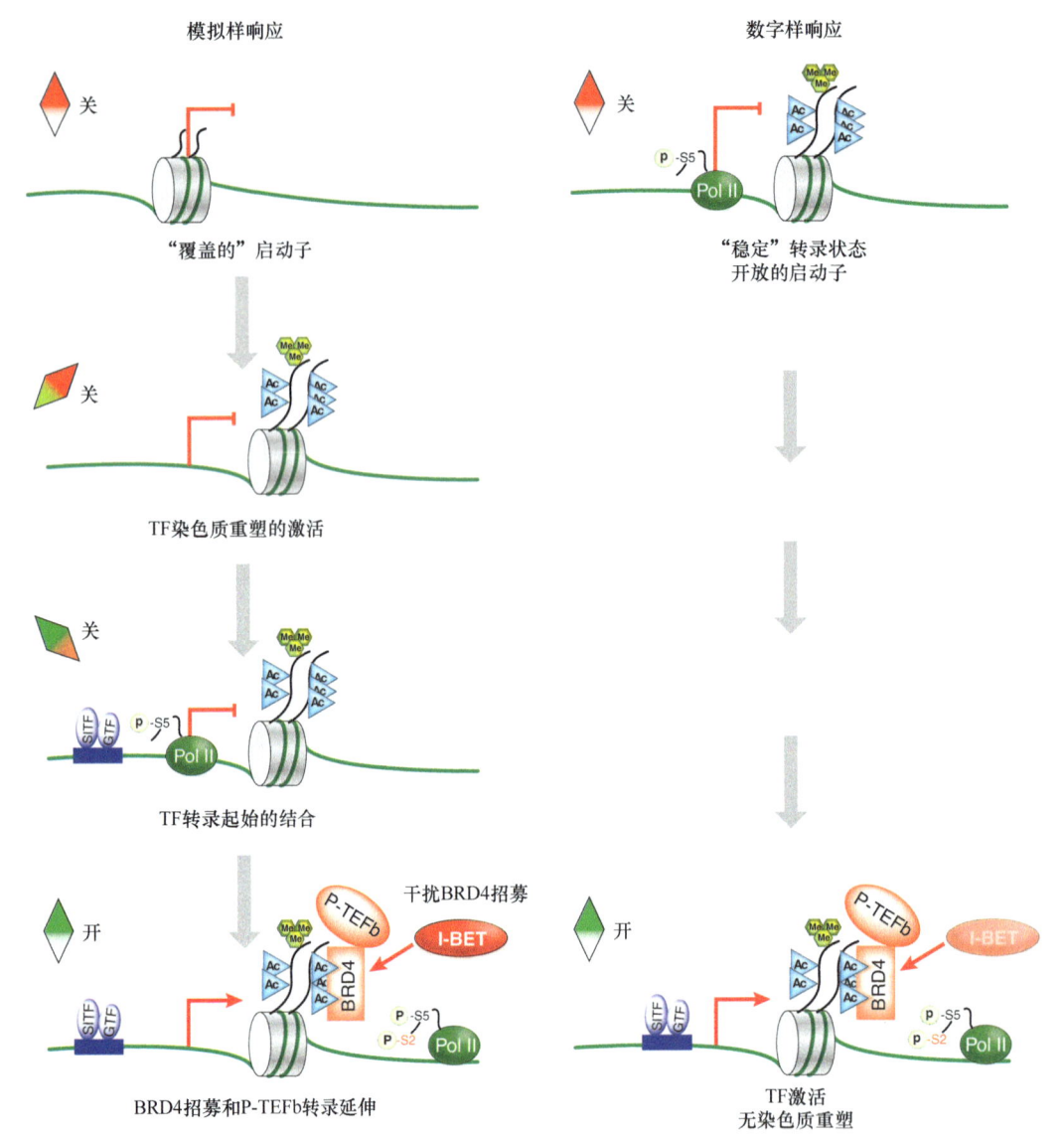

图 2-9-1 I-BET 选择性地抑制遵循"模拟"激活模式的基因，同时不影响"数字"样反应。 作为对炎症刺激的反应，次级应答基因遵循类似于"模拟"的激活模式。这种激活涉及染色质重塑和核小体覆盖的基因启动子的暴露。接下来，转录起始于刺激诱导的转录因子（stimulus-induced transcription factor，SITF）和一般转录因子（general transcription factor，GTF）与可触及的 DNA 的结合。诱导组蛋白 H3 和 H4（H3/H4Kac，以青色三角形表示）乙酰化将 BRD4 和 P-TEFb 招募进染色质中。P-TEFb 磷酸化 RNA 聚合酶Ⅱ（PolⅡ）的丝氨酸 2（S2），并允许 PolⅡ 的停顿，从而导致成熟 RNA 的延长。相反，主要反应基因对刺激的反应遵循"数字"样的激活模式。这些基因在刺激前已经具有相对高水平的 PolⅡ、组蛋白标记 H3K4me3（绿色六边形）和 H3/H4Kac，这表明其处于一种不需要染色质重塑的稳定状态。刺激导致 TF 结合以及 BRD4 和 P-TEFb 的 H3/H4Kac 依赖性募集，允许成熟 RNA 的生产性转录。I-BET 选择性地阻止遵循"模拟"样激活模式的基因转录，而不是"数字"样的激活模式。这种特异性表明，类似"模拟"样的次级应答基因比"数字"样的初级应答基因更依赖于 BET 蛋白的功能。

以代表新一代药物，它们靶向炎症期间和其他疾病（如癌症）的表观遗传决定的基因状态［如第 2 章（Qi, 2014）所述］。

（张 雨 译，方玉达 校）

2.10　儿童脑瘤中的组蛋白 H3 突变

刘晓阳（Xiaoyang Liu[1]），特洛伊·A. 麦凯克龙（Troy A. McEachron[2]），
杰里米·施瓦岑特鲁伯（Jeremy Schwartzentruber[1]），吴刚（Gang Wu[3]）

[1]McGill University, Montreal, Quebec H3A 0G4, Canada; [2]Integrated Cancer Genomics Division, TranslationalGenomics Research Institute, Phoenix, Arizona 85004; [3]St. Jude Children's Research Hospital, Memphis, Tennessee 38105

通讯地址：tmceachron@tgen.org

> 直到最近，组蛋白的突变还没有在任何人类疾病中被描述。然而，对儿童恶性胶质瘤的全基因组测序显示，编码组蛋白 H3.1 和 H3.3 的基因存在体细胞杂合子突变，染色质修饰因子 ATRX 和 DAXX 也存在突变。目前这些突变如何影响肿瘤的功能和机制的细节正在紧张地研究中。从这些研究中获得的信息将为正常的大脑发育提供新的线索，并增加我们对导致儿童恶性胶质瘤的肿瘤发生过程的理解。

组蛋白是真核生物中非常保守的蛋白质之一，从酵母到人类的生物体中，组蛋白的大多数序列是相同的。组蛋白参与了 DNA 的基本包装，使 2m 长的 DNA 可以装入单个细胞的细胞核中。细胞核中有 4 种核心组蛋白：H2A、H2B、H3 和 H4。细胞核中的 DNA 包裹在组蛋白八聚体上，八聚体各由两个核心组蛋白组成，形成核小体。一串核小体进一步被压缩形成染色质。每个核心组蛋白的氨基末端从核小体伸出，受到各种翻译后修饰（posttranslational modification，PTM）。因为人体内的大多数细胞有相同的基因组，但表达的基因却不同，所以组蛋白尾部的 PTM 组合通常被称为组蛋白编码，这在很大程度上决定了染色质的结构，以及基因是否会在细胞中被转录。这种基因表达的表观遗传调控是细胞命运决定和分化的关键，因此也是整个有机体发育的关键因素。

直到最近还没有组蛋白突变导致任何人类疾病的报告。2012 年 1 月，两项研究同时首次报告了儿童脑肿瘤患者中出现的组蛋白突变。两个研究组均报告在诊断为非脑干儿童胶质母细胞瘤（非 BS-PG）和弥漫性桥脑胶质瘤（diffuse intrinsic pontine glioma，DIPG）的患者中，编码组蛋白变体 H3.3 的基因（即 *H3F3A*）出现反复的体细胞杂合子突变（Schwartzentruber et al., 2012; Wu et al., 2012）。其中一个研究组还报告了在相当比例的 DIPG 中编码组蛋白 H3.1 基因（即 *HIST1H3B*）的杂合子突变（Wu et al., 2012）。值得注意的是，这些互斥的 H3 突变导致了蛋白质中两个特定位置的氨基酸替换：H3.1 和 H3.3 中 27 位（K27M）的赖氨酸替换为蛋氨酸，以及 H3.3 中 34 位（G34R，G34V）的甘氨酸替换为精氨酸或缬氨酸。事实上，78% 的 DIPG 样本和 36% 的非 BS-PG 含有这些组蛋白突变（图 2-10-1B，C）。

组蛋白 H3.1 和 H3.3 变体是结构相似的蛋白质，仅在 5 个氨基酸位置不同。H3.1 在细胞周期的 S 期表达并加载到核小体中，因此称之为复制依赖性组蛋白。H3.3 在整个细胞周期中表达，是独立于 DNA 复制的，它取代了基因组中各种位点上现有的核小体中的组蛋白 H3 变体［在第 20 章（Henikoff and Smith, 2014）中讨论］。在这两项研究中进行测序的数百个脑肿瘤样本中，只有组蛋白 H3 的 K27 和 G34 残基受到影响。这就引出了一个问题：为什么对影响这些残基的突变有如此极端的选择性压力？

组蛋白 H3（lysine 27 of histone H3，H3K27）的赖氨酸 27 是一个关键的残基，当三甲基化（trimethylated，me3）时，它通过 Polycomb 复合体 1 和 2 参与转录抑制。H3K27me3 修饰与系谱传承、细胞分化和前后模式相关基因的表达有关［Faria et al., 2011; 第 7 章（Grossniklaus and Paro, 2014）］。因此，H3K27 在正常的大脑发育中起作用。事实上，在发现这些组蛋白突变仅仅一年之后，研究人员对与这些突变的功能相关的一些机制细节有了进一步了解，即 K27M 突变通过竞争性抑制 EZH2 的甲基转移酶活性，从而通过显性失活功能获得起作用，进而解除 Polycomb 介导的对许多基因的抑制（Lewis et al., 2013）。

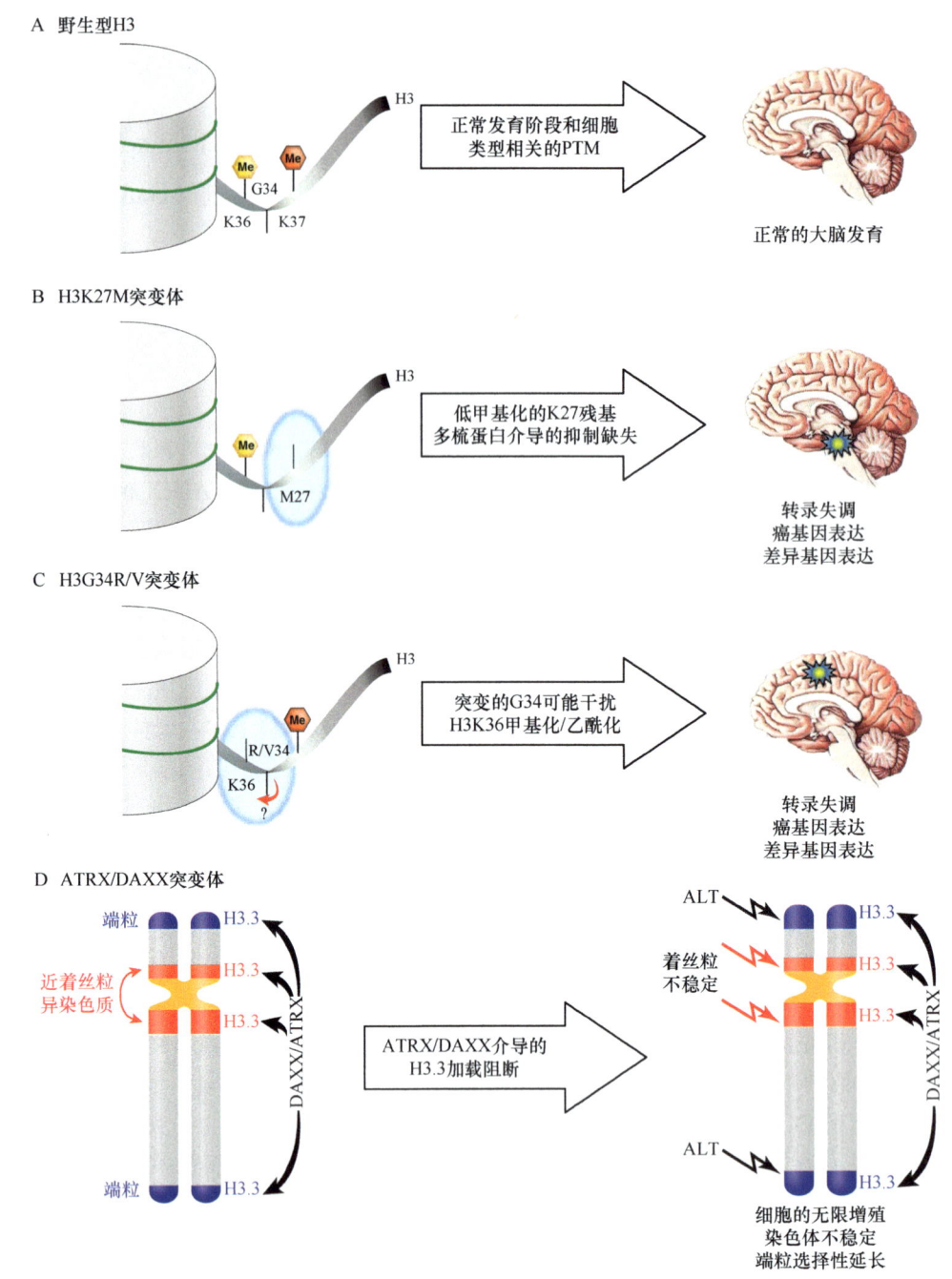

图 2-10-1 组蛋白 H3 和 *ATRX/DAXX* 突变在儿童恶性胶质瘤发生过程中的潜在效应。（A）在没有突变的情况下，组蛋白 H3 的氨基末端接受大量细胞类型和发育阶段特异性翻译后修饰（PTM），这些修饰决定了正常大脑发育所需的基因表达谱。（B）H3K27M 突变产生低甲基化的 K27 残基（红色六边形的缺失），阻止了多梳蛋白介导的靶基因抑制。这可能导致癌基因表达和基因表达谱的改变，这些表达谱的改变会导致恶性的中线结构胶质瘤的产生，最显著的是弥漫性桥脑胶质瘤（蓝色/黄色星形）。（C）H3G34R/V 突变降低 H3K36 甲基化水平（黄色六边形丢失），这可能影响转录延伸，导致非脑干儿童胶质母细胞瘤（蓝色/黄色星）的基因表达谱出现。H3G34R/V 也可能影响 H3K36 的乙酰化（未显示）。（D）*ATRX/DAXX* 突变改变了组蛋白 H3.3 在着丝粒和端粒异染色质位点的适当加载，从而损害染色质结构，导致基因组不稳定和端粒选择性延长（ALT）。H3K27me（红色六边形）；H3K36me（黄色六边形）；恶性胶质瘤（蓝色/黄色星形）；端粒（蓝色染色质阴影）；中心粒周围异染色质（红色染色质阴影）。

G34R/V 突变的功能意义不太容易解释。组蛋白 H3（H3G34）的甘氨酸 34 与调节转录延伸的残基赖氨酸 36（H3K36）空间上非常接近。事实上，H3G34R/V 突变核小体显示 H3K36 甲基化（通过 SETD2 酶催化）

降低，SETD2 是 H3K36 唯一的人类甲基转移酶（Lewis et al., 2013）。这表明 H3G34R/V 突变影响了组蛋白修饰复合体对 H3K36 甲基化的能力，从而改变了几个靶基因的转录。基因表达分析显示，H3K27M 突变样本与 H3G34R/V 突变样本的基因表达模式不同，两者都不同于正常大脑。这些基因表达的变化可能导致具有致癌功能的癌基因或 miRNA 的转录，并阻止抑癌基因的表达，从而促进相关肿瘤的生长。

除组蛋白 H3 基因突变外，在非 BS-PG 中存在 *ATRX* 和 *DAXX* 失活突变（Schwartzentruber et al., 2012）。*ATRX* 和 *DAXX* 编码染色质重塑蛋白，负责在着丝粒周围和端粒异染色质位点上 H3.3 的非复制依赖加载。这些基因的失活突变确实已经在儿童和成人胶质母细胞瘤、神经母细胞瘤和胰腺神经内分泌肿瘤中被发现，并且这些失活突变是在不同癌症中突变的许多表观遗传调控因子之一。*ATRX/DAXX* 突变可能干扰这些异染色质位点的 H3.3 掺入，从而损害染色体的结构完整性（图 2-10-1D）。有趣的是，在 *ATRX* 突变的肿瘤中也经常观察到端粒的选择性延长（alternative lengthening of telomeres，ALT），这是一种与端粒酶无关的端粒维持机制（Lovejoy et al., 2012；Schwartzentruber et al., 2012）。虽然还不完全清楚癌症相关的 ALT 是如何运作的，但 *ATRX/DAXX* 基因突变相关的基因组不稳定性以某种方式导致端粒功能障碍，从而允许 ALT 这种异常的端粒延长机制为肿瘤细胞提供无限增殖的能力（癌细胞的特征之一）。

组蛋白 H3 突变的频率惊人，那么为什么在早期的 DNA 测序研究中没有发现这些突变？这些发现主要是由于采用了新的测序技术，这两项研究没有选择和测序人们认为重要的基因，而是使用无偏的全基因组测序方法，覆盖来自病变组织和正常组织样本中的所有蛋白质编码基因。此外，这两项研究中使用的临床样本来自儿科患者，而不是成人。这些组蛋白突变几乎只在儿科患者中发现。这是非常重要的，因为人类大脑在出生后会继续发育，因此这就提出了一个问题：发育中的大脑有什么独特之处，使这些突变在儿童而不是成人身上致瘤？令人惊讶的是，大多数 H3K27M 突变的肿瘤发现于丘脑或脑干，即大脑中线的结构中。而 H3G34R/V 肿瘤出现在皮质。正常大脑的发育是一个非常动态和复杂的过程，涉及许多细胞外因子，这些因子在特定的时间出现在特定的大脑部位。在发育中的大脑的这些特定区域，不同的微环境因子可能与 H3K27M 和 H3G34R/V 突变引起的转录谱改变相一致。总之，这可能有助于提高转化潜能，从而形成这些特定类型的儿童恶性胶质瘤。

通常，对疾病状况的研究会加深对正常生物学功能的理解。很明显，还需要更深入的研究来辨别这些突变在肿瘤生物学和正常大脑发育中的功能作用。从这些研究中获得的信息和见解将可能为患有这种疾病的儿童提供临床相关的有关诊断、预后和（或）治疗的帮助，并增加我们对表观遗传学的总体认识。

（张　雨　译，方玉达　校）

2.11　染色体折叠是表观遗传状态的"驾驶员"还是"乘客"？

汤姆·塞克斯顿（Tom Sexton[1]），艾坦·亚菲（Eitan Yaffe[2]）

[1]Institute of Human Genetics, Centre National de la Recherche Scientifique, 34396 Montpellier Cedex 5, France; [2]Department of Computer Science and Applied Mathematics and Department of Biological Regulation, Weizmann Institute of Science, Rehovot 76100, Israel
通讯地址：thomas.sexton@igh.cnrs.fr

> 尽管人们越来越了解表观遗传标记（如组蛋白修饰）如何局部地改变与其相关的染色质的活性，但我们对基因组不同部分上的标记区域如何相互沟通以影响基因表达程序的调节知之甚少。最近在系统地绘制成对染色质相互作用的方法方面取得的进展揭示了染色体折叠的重要原理，这些原理与表观遗传标记图谱紧密相关，因此与染色质纤维的功能状态密切相关。

基因并不相互独立地发挥功能，也不独立于它们所处的基因组环境。除免受周围抑制性染色质的影响外，许多基因还需要来自长程调节元件的控制，这些调节元件可能位于以 Mb 计的距离，或者位于毫不相关的基因中或其附近的位置，以实现它们的适当表达。此外，来自不同染色体的协调调控基因可以聚集在细胞核内的特定部位，从而使它们共享在这些部位富集的相同调控因子。尽管我们对组蛋白修饰和 DNA 甲基化等表观遗传学特征如何决定染色质功能状态的理解不断加深，但这种表观基因组的一维视图无法解释基因表达程序的复杂远程控制。因此我们还需要描述染色质纤维的三维折叠，以了解这两个基因上的表观遗传标记及它们的远程调控元件是如何相互沟通的。

最初，染色质相互作用只能在有限的空间分辨率下通过光学显微镜以低通量的方式进行研究，但随着 Kleckner 实验室 Job Dekker 的 3C（chromosome conformation capture，染色体构象捕获）方法的发展，这一领域发生了革命性的变化（Dekker et al., 2002）。这种分子生物学方法需要在染色质的自然状态下进行固定，然后进行限制性消化和重新连接。这会从限制性片段中产生杂交 DNA 分子，这些限制性片段可能位于不同的基因组位置，但固定时在物理上接近［参见第 19 章图 19-5（Dekker and Misteli, 2014）］。3C 允许在单个限制性片段分辨率下评估染色质相互作用，并已被用于显示染色质环。这些染色质环使得基因及其远端调控元件在物理上邻近。重要的是，这些环对远端调控元件有组织特异性，这表明它们是功能性的，而不仅仅是将基因组折叠进一个小体积的细胞核。然而，这些研究仍然很少提供有关染色体折叠和基因表达控制的全局性相互关系的信息。

下一个重大进展来自使用高通量测序同时检测所有染色质相互作用，而单一 3C 实验无法提供相关信息。这种"Hi-C（high-throughput chromosome conformation capture）"方法最初是在 Dekker 实验室开发的（Lieberman-Aiden et al., 2009），随后在更高的测序深度下进行了测序，以非常高的分辨率获得了果蝇（Sexton et al., 2009）以及哺乳动物（Dixon et al., 2012）细胞核中染色质的相互作用图。这些详细的图谱揭示了后生动物染色体折叠的保守特征，这些特征与潜在染色质纤维的表观基因组特征的联系比以前所知道的更紧密。

一个令人惊讶且重要的发现是基因组被保守地组织成明显折叠的模块或拓扑结构域（topological domain）可用相互作用图上的正方形表示（图 2-11-1）。一个拓扑结构域内基因组区域之间的相互作用非常强，但当跨越结构域边界时，相互作用会急剧减弱。值得注意的是，几乎所有染色质活性的表观遗传标记（组蛋白修饰、蛋白质结合谱、转录输出、DNA 酶敏感性、复制时间等）都与拓扑结构域组织密切相关，从一个结构域到另一个结构域的边界伴随着染色质活性标记的急剧增加或减少。在哺乳动物中，这些结构域还与相关基因的协调调节相关，这表明基因组在功能上被组织成不同的单元，这些单元在物理上表现为特征性折叠的染色质模块（图 2-11-1）。这个模型意味着拓扑结构域是物理隔离的，但是这种隔离也阻止了跨结构域边界的功能通信。为了支持这一点，人们发现，作用于 Mb 级距离上的已知特征的调控元件都与它们的目标基因存在于相同的拓扑结构域中。此外，结构域边界富含结合的绝缘子蛋白［如哺乳动物中的 CTCF（CCCTC 结合因子），果蝇中的 CP 190］，已通过遗传学证明这些绝缘子蛋白是用来保护基因免受周围染色质影响的因子。然而，应该指出的是，许多绝缘子结合位点并不定义拓扑域边界；将这些位点与真正的拓扑结构域边界区分开来的遗传和表观遗传特征将是近期内有趣的研究课题。

除了染色质的局部折叠与其潜在的表观遗传状态之间存在紧密联系，染色质的长程、跨拓扑结构域相互作用与染色质活性之间也存在明显的联系。人类细胞的第一项 Hi-C 研究根据其相互作用模式确定了两种基本类型的染色质：A 型染色质，以转录活性染色质为特征，优先与其他 A 型结构域相互作用；B 型染色质，其转录为抑制性的，与其他 B 型结构域的相互作用最强，使得 A 型染色质与 B 型染色质的相互作用大大减少。这种模型与观察到的核内共表达基因在共转录灶中的聚集一致。高分辨率 Hi-C 图也与二态染色质模型一致，拓扑结构域构成了高阶染色质折叠的基本单元，域间接触主要发生在活性域之间或非活性域之间，几乎没有混合。因此，虽然长期以来人们认为是基因活性替代物的局部表观遗传标记反映了染色质纤维的局部拓扑结构，但它们也可能在染色体的整体折叠中发挥重要作用。

由于这些最初的基因组构象图，尽管结构决定功能还是功能决定结构的问题仍然没有解决，但基因组

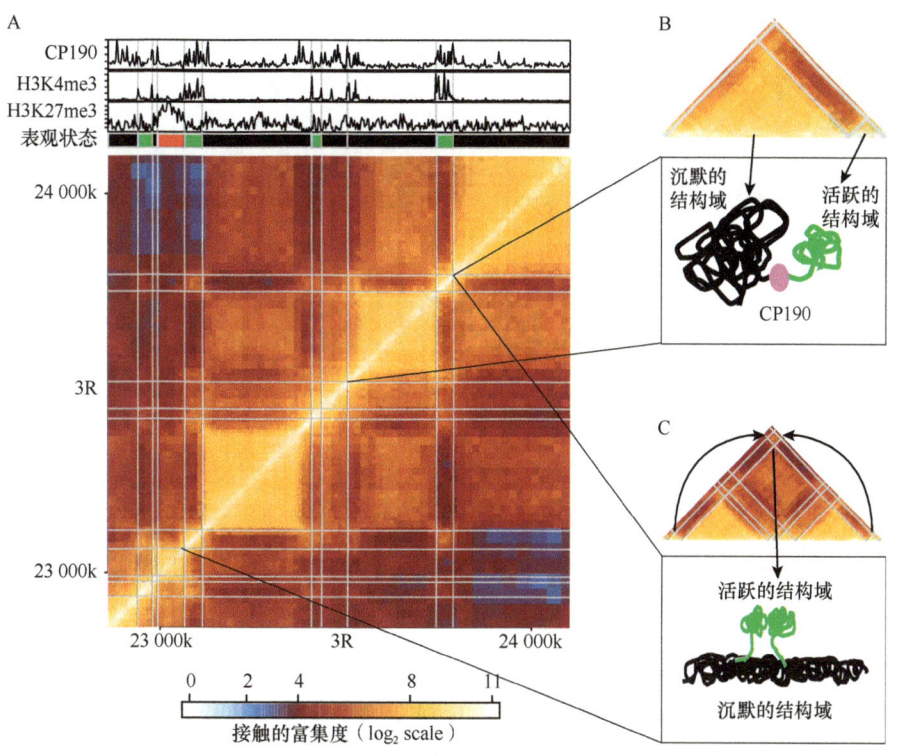

图 2-11-1 表观基因组的空间组织。（A）果蝇胚胎基因组中一个约 1Mb 区域的染色质交互作用图（来自 Giacomo Cavalli 和 Amos Tanay 实验室的数据）。两个特定基因组区域之间的交互作用强度由它们在 x 轴和 y 轴上的坐标对应的热图给出。热图对角线上的正方形图案表明存在明显的拓扑区域，当超过该区域时，交互作用强度急剧下降。拓扑结构域边界用灰线表示。在图上显示出绝缘子蛋白 CP 190 和组蛋白修饰 H3K4me3、H3K27me3 结合的线性轮廓，以及用颜色编码每个拓扑结构域的表观遗传状态（无活性结构域，没有已知的表观遗传标记，用黑色表示；活性结构域，有 H3K4me3 标记，以绿色表示；标记 H3K27me3 抑制的结构域以红色表示）。基因组的关键功能组织原理如图所示。（B）交互作用图的一个子集以旋转 45°显示，突出了基因组的拓扑结构域组织。该图显示了一个大的空域，物理上与一个小的活性域分离，它们之间的边界包含绝缘子蛋白 CP 190 的结合位点（示意图在下方）。（C）在交互作用图的一个子集中突出显示了两个与周围抑制性染色质分离的小活性域之间的相互作用，在图的下面示出。

结构、表观遗传状态和功能输出之间的密切联系现在已经很清楚了。最近的实验为染色质环是作为转录激活的原因而不是结果提供了证据（Deng et al., 2012）。类似的实验也有望评估拓扑结构域在调控基因组功能中的因果作用。随着测序成本的不断降低，我们有理由预测，随着分辨率的提高，在不同细胞类型和实验条件的更大范围内，将产生更多的染色质交互图谱。因此，表观基因组图谱将是三维的。组蛋白修饰的区域在传统的基因组浏览器上可能不再被视为轨迹，而是在生理环境中被视为其邻近细胞核的轨迹。我们预计这将有助于更好地理解整个基因表达程序是如何被调节的，例如，允许更好地预测突变（例如，先前未被描述的疾病相关单核苷酸多态性）或转基因插入（例如，在基因治疗时）如何影响看似不相关基因的转录。

致　　谢

因篇幅限制，许多文章无法引用，在此向相关作者表示歉意。研究者所在实验室的研究由欧洲研究理事会（European Research Council）和欧洲"表观基因系统"先进网络（European Network of Excellence EpiGeneSys）资助。T.S. 是由法国医学研究基金会（Foundation pour la Recherche Médicale）提供的奖学金资助。

（张　雨　译，方玉达　校）

第3章

概述和概念

C. 大卫·阿利斯（C. David Allis[1]），玛丽-劳尔·卡帕罗（Marie-Laure Caparros[2]），
托马斯·叶努温（Thomas Jenuwein[3]），莫妮卡·拉赫纳（Monika Lachner[3]），
丹尼·赖因伯格（Danny Reinberg[4]）

[1]The Rockefeller University, New York, New York 10065; [2]Halford Road, London SW6 1JZ, United Kingdom; [3]Max-Planck Institute of Immunobiology and Epigenetics, Freiburg 79108, Germany; [4]NYU Langone MedicalCenter, NewYork, New York 10016

通讯地址：alliscd@rockefeller.edu; danny.reinberg@nyumc.org; jenuwein@ie-freiburg.mpg.de

摘　要

表观遗传性状被界定为可稳定遗传的表型，是由于染色质的改变而不是由DNA序列的改变而产生的。本章概述了表观遗传学的基本概念和产生表观遗传现象的一般原理，讨论了现代表观遗传学研究的重要方面，包括模型生物、分子模式、表观遗传调控的基本机制、对环境的表观遗传反应、对复杂人类疾病的表观遗传学作用；总结了表观遗传学领域的现状，不仅对当前知识进行了全面总结，还提出许多令人兴奋和紧迫的问题，这些问题在未来都需要被解决。

本章目录

3.1　遗传学与表观遗传学
3.2　研究表观遗传学的模型系统
3.3　表观遗传学的定义
3.4　染色质模板
3.5　组蛋白修饰：写入器和擦除器
3.6　组蛋白阅读器和染色质重塑因子
3.7　组蛋白变体
3.8　组蛋白修饰的生物学效应

3.9 染色质的高阶组织
3.10 DNA 甲基化
3.11 RNAi 和 RNA 介导的基因沉默
3.12 常染色质与异染色质的区别
3.13 从单细胞到多细胞系统
3.14 表观基因组参考图
3.15 扩展的基因概念和非编码 RNA
3.16 Polycomb 和 Trithorax
3.17 X 染色体失活和兼性异染色质
3.18 细胞命运重编程
3.19 癌症和表观遗传治疗
3.20 人类疾病的表观遗传因素
3.21 代谢和环境的表观遗传应答
3.22 表观遗传的遗传
3.23 表观遗传调控到底有什么功能？
3.24 表观遗传研究中涉及的重大问题

概　　述

2001 年，我们的遗传蓝图的第一版草图——人类基因组计划（human genome project，HGP）被发布。在许多方面，HGP 的基本逻辑是对生物医学中几个被人们广为接受的假设的回应：基因决定疾病和衰老，遗传分析可以提供诊断和治疗。我们不禁要问：这就是整个故事吗？为什么仅仅靠基因还不够？

尽管 HGP 为科学界提供了大量有关单个基因和全基因组（基因组学）的关键信息，包括随着 DNA 测序成本的降低而承诺的个性化医疗，但是关键的问题仍然没有从 HGP 中得到解答。为什么只有这么少的基因（人类中有约 21 000 个基因），仅凭基因计数，人类并不显得比蠕虫、苍蝇和鱼类复杂多少？个人差异来自何处？我们过去的经历或环境是否会影响我们自身，或对子孙后代的生活产生什么影响？细胞如何记住应该在一代、几代或多代人中做什么呢？人们广为接受的孟德尔遗传定律的遗传图谱为什么无法解释一些疾病？尽管 DNA 模板中的错误（通常称为突变）可以导致疾病发生，如癌症。但是，是否还有一些看似经典的突变会影响其他的并非仅基于 DNA 序列变化的调节信息？什么导致了人类病理的"遗漏遗传"？

在人类中，遗传信息（DNA）被编入 23 对染色体，约 21 000 个基因。人类基因组的 DNA 序列由大约 $3.2×10^9$ 个碱基组成，被简写成 A、C、G 和 T。如果"遗传学"等于单词，"表观遗传学"则指导如何阅读单词。或者，如果基因组可以视为计算机硬件，表观遗传调控则可以与计算机软件类比。理解这一额外的监管层次是一个巨大的挑战。但是了解这种"语言"的目的是揭示对正常和异常发育过程中细胞和机体事件的协调机制，从而开发针对人类复杂疾病的新疗法。对于这些疾病，仅仅靠突变不足以解释它们。

如果将所有真核的 DNA 分子相加，则高等真核生物中的 DNA 分子的总长约为 2m，因此需要最大程度地浓缩（约 10 000 倍）才能装入细胞核，细胞核是细胞内储存遗传物质的细胞器。DNA 围绕组蛋白进行缠绕，这很好地解决了 DNA 的包装问题，从而产生了一种蛋白质-DNA 组成的重复单元，称为染色质。但是，将 DNA 包装到有限的空间以后就会出现新的问题，就像在图书馆的书架上装满太多书时一样，查找和阅读所选定的书就会变得很困难。因此，需要检索系统。染色质作为基因组组装平台，可提供这种索引。染色质并不是均一的结构，它有着不同的包装设计，从高度浓缩的染色质纤维（称为异染色质）到相对疏松的有利于基因表达的类型（常染色质）。基本的染色质重复单元多聚体可以通过不同的机制引入突变，如引入非常规的组蛋白（称为组蛋白变体）、改变染色质的结构（染色质重塑复合体），以及向组蛋白本身添加化学标签对组蛋白进行修饰（共价修饰）。此外，在DNA模板的胞嘧啶（C）碱基上直接添加甲基（称为DNA甲基化及其细微变体，如羟甲基化）作为可以改变染色质状态的蛋白质的结合位点，或影响相关组蛋白的共价修饰。最近的证据表明，非编码RNA（noncoding RNA，ncRNA）可以引导基因组的特定区域进入更紧密的或更开放的染色质状态。因此，染色质被视为一种动态多聚物，它可以用来索引基因组并响应来自环境的信号，从而确定哪些基因表达，哪些基因不表达。

总而言之，这些不同的调节机制将基因组的组织法则赋予染色质，这个法则称为表观遗传学，也就是本书的主题。表观遗传索引模式在细胞分裂过程中被继承，为细胞提供记忆，以传递DNA的遗传信息。因此，表观遗传学狭义上可以定义为通过染色质的调制产生的可遗传的基因"开"或"关"状态变化，而这种变化不是由DNA序列的变化引起的。

3.1 遗传学与表观遗传学

在本章概述中，我们试图解释染色质和表观遗传学的基本概念，并讨论表观遗传调控如何能帮助我们解决一些长期存在的谜团，如细胞身份、干细胞可塑性、再生、记忆形成、衰老，以及开发更好地治疗各种人类疾病的新疗法。当读者阅读后面各章时，我们鼓励他们注意各种实验模型中发现的广泛的生物学现象（图3-1），这些现象都是具有表观遗传学（不仅仅是DNA）基础的。

确定DNA是"转化"分子和揭示DNA双螺旋结构的细节是所有生物学中的标志性发现。毫无疑问，DNA是主要的可以存储遗传信息的大分子，并能将这种遗传信息从母细胞传递给子细胞，并通过生殖细胞传递给下一代。在这些和其他的一些发现中，体现了现代生物学的中心法则，其中包括基因单元和基因小组（操纵子）调节的清晰模式。这个中心法则概括了遗传模板的维持和翻译过程：①通过半保守复制进行DNA的自我传代；②以DNA为模板进行从5′到3′的单向转录，生成中间体即信使RNA（messenger RNA，mRNA）；③将mRNA翻译为由氨基酸的氨基末端至羧基末端的线性多肽，这些氨基酸序列与DNA的5′到3′的顺序一致。简化一下就是DNA⇌RNA→蛋白质。通过中心法则，RNA可以通过逆转录产生DNA，然后整合到现有的DNA中（如逆转录病毒和逆转录转座子）。但是中心法则否认从蛋白质到DNA的反馈过程。尽管有些稀有蛋白，如众所周知的朊病毒，它能在不存在DNA或RNA模板的情况被遗传。因此，这些特殊的自聚集蛋白具有类似于DNA的某些特性，包括复制和信息存储的机制（Aguzzi and Falsig，2012）。

除此之外，越来越多的证据表明，人类基因组中很大一部分被转录为非编码的RNA，以至于有些人强调RNA作为生命不可或缺的分子起着核心作用（Darnell，2011；Mattick，2011）。这些长或者短的非编码RNA（ncRNA）（即不编码蛋白的RNA）的功能正在被广泛研究，但是RNA干扰（RNA interference，RNAi）或与RNAi相关的途径与许多关键生物过程相关联，包括基因调控、基因组监查和表观遗传"记忆"，这些过程甚至可能导致受到过去事件（如环境条件、病毒免疫力和长寿）影响的跨代效应。RNAi的一般过程是生物学中影响表观遗传调控的主要核心之一。DNA甲基化通常更适合作为表观遗传信息的真正载体，RNA还为靶向表观遗传机制提供了明确的碱基配对机制，继而可以实现稳定且可遗传的沉默，尽管完整细节尚不清楚。

表观遗传学是发育生物学家试图解释看似与孟德尔遗传定律不相符的现象，并且在许多不同遗传模式生物中发展起来的［参见第1章（Felsenfeld，2014）的历史综述；Carey，2012］。经典孟德尔遗传的表型性状（如豌豆颜色、手指数或血红蛋白不足）是由DNA序列突变引起的等位基因差异造成的。总体而言，突变是定义表型特征的基础，这些表型特征有助于界定物种之间的界线。正如达尔文进化理论所解释的那样，自然选择压力造就了这些界线。这些理论将突变和自然选择作为经典遗传学的核心。相比之下，非孟德尔

第 3 章　概述和概念　39

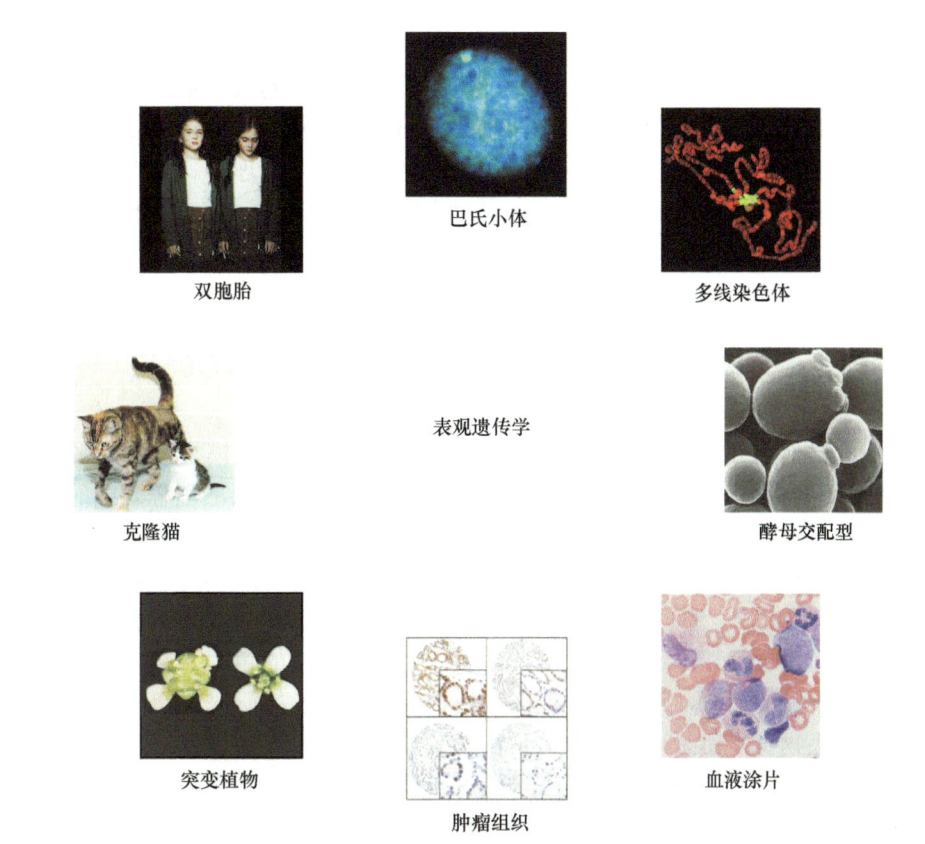

图 3-1　表观遗传表型的生物学实例。一系列生物体和细胞类型的表观遗传表型都归因于非遗传差异。孪生：部分归因于表观遗传学的微小变异。巴氏小体：雌性哺乳动物细胞中因为表观遗传导致一条 X 染色体失活，此染色体在细胞中为浓缩的异染色质形式。多线染色体：果蝇唾液腺中的巨大染色体，非常适合基因表达与表观遗传标记相关性的研究。酵母交配型：性别是由活跃交配型（mating type，*MAT*）基因座决定的，而交配型基因 *MATa* 和 *MATα* 都是表观遗传沉默的。血液涂片：具有相同表型的异源细胞，但其不同的功能是由表观遗传决定的。肿瘤组织：组织中的亚稳态细胞（左图）在组织切片中显示出较高的表观遗传标记水平。植物突变体：拟南芥花具有表观遗传相关的表型，基因相同，表观遗传调控造成突变。克隆猫：遗传基因相同，但被毛颜色表型不同。（双胞胎 ©Randy Harris，New York；多线染色体，经许可转载自 Schotta et al.，2003 ©Springer；酵母交配型，©Alan Wheals，University of Bath；血液涂片，由 Christian Silla 教授提供；肿瘤组织，经许可转载自 Seligson et al.，2005 ©Macmillan；突变植物，经许可转载自 Jackson et al.，2002 ©Macmillan；克隆猫，经许可转载自 Shin et al.，2002 ©Macmillan）。

遗传（如胚胎生长的差异变化、皮肤的嵌合颜色、X 染色体随机失活、植物副突变）（图 3-1）可以作为在相同的核环境下两个等位基因中只有一个被表达的例子。重要的是，在这些情况下，DNA 序列并没有改变。这与线粒体母系遗传所产生的另一种通常所说的非孟德尔遗传模式不同（Wallace and Chalkia，2013）。

　　表观遗传学研究面临的一个重要挑战是对一个细胞核内一对等位基因的选择性调控。如何区分两个相同的等位基因？这种区分机制又是如何建立，并在连续的细胞传代中维持下去的？这些问题会在 X 染色体失活章节［第 25 章（Brockdorff and Turner，2014）］、基因组印记章节［第 26 章（Barlow and Bartolomei，2014）］、淋巴细胞单等位基因表达章节［第 29 章（Busslinger and Tarakhovsky，2014）］和嗅觉受体表达章节［第 32 章（Lomvardas and Maniatis，2014）］中来解答。另外，什么原因造成同一受精卵（同卵双生，遗传背景完全相同）的双胞胎不完全相同？有时表观遗传学被用来解释外在表型差异，因为环境、饮食和可能的其他外部来源的因素都可以通过表观遗传学影响基因组的表达［参见第 34 章（Baylin and Jones，2014）；第 30 章（Berger and Sassone-Corsi，2014）；第 33 章（Zoghbi and Beaudet，2014）］。确定哪些成分在分子水平上受到影响以及这些成分的变化如何影响人类生物学和人类疾病将是未来研究的重大挑战。

　　另一个相关的关键问题是表观遗传信息对正常发育的贡献有多重要？这些正常的途径是如何变得功能

紊乱，导致异常发育和肿瘤发生的（即癌症）？由于同卵双生的双胞胎具有相同的 DNA 序列，因此通常使用他们的表型相同性来强调遗传的决定力量，但是，即使是同卵双生的双胞胎也表现出外部表型差异，这很可能是个体生活中发生的表观遗传修饰所造成的（Fraga et al.，2005；Bell and Saffery，2012）。因此，表观遗传学在决定细胞命运、个体特征和表型方面的重要程度仍有待充分理解。就组织再生和衰老而言，尚不清楚这些过程是由细胞遗传程序决定的，还是由表观遗传修饰决定的。全球范围内的表观遗传学研究表明，这个领域是后基因组时代的一个关键的新前沿。

3.2 研究表观遗传学的模型系统

表观遗传学的研究必然需要合适的模式生物，而且通常情况下，这些模型乍看似乎与人类或哺乳动物细胞相去甚远。历史回顾［第 1 章（Felsenfeld，2014）］中提到了一些重要的里程碑式的发现，这些发现是从早期细胞学、遗传学发展、分子生物学诞生和染色质介导的基因调控研究新进展中而来的。最终，许多不同的模式生物在解答表观遗传研究提出的各种问题方面起重要作用（图 3-2）。确实，在不同模式生物中发现的看似不同的表观遗传机制，通过对高度保守的途径或机制的解释将不同的研究领域融合起来，而这些结果如果用人作为研究对象也许还不能得出。因此，从一个非常真实的角度来看，表观遗传学领域的繁荣很大程度上要归功于其丰富的历史，这些历史深深地植根于那些天才的研究者们所追求的奇特现象中，他们看到了有时"另类"生物身上所呈现出的独特生物学景象。与第一版一样，本节着重介绍其中的一些主要发现，这些发现将在后面各章中对其进行详细讨论。当读者了解这些发现时，他们应该关注使用这些模型系统进行研究时所运用的基本概念。他们的贡献更多在于指出通用的概念，而不是不同的细节上的问题。

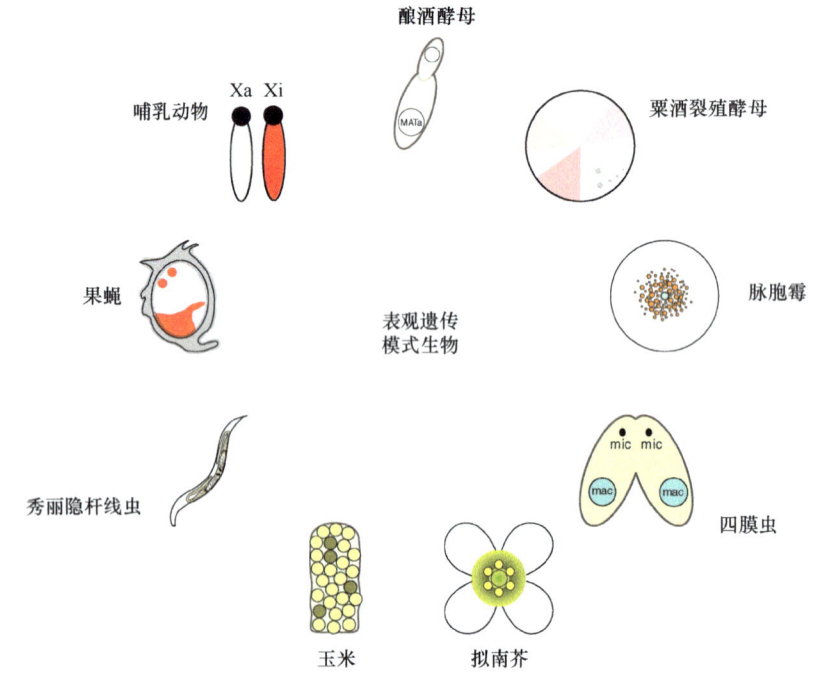

图 3-2 表观遗传学研究中使用的模式生物。酿酒酵母：用于研究表观遗传的染色体调控的接合型转换。粟酒裂殖酵母：花斑基因沉默表现为菌落的扇型区域化。脉孢霉：表观遗传的基因组防御系统包括重复序列诱导的点突变（RIP）、抑制作用（quelling）和未配对 DNA 的减数分裂沉默，揭示了 RNAi 途径、DNA 和组蛋白甲基化之间的相互作用。四膜虫：体细胞核和生殖细胞核中的染色质可用表观遗传调控机制来区分。拟南芥：通过 DNA、组蛋白和 RNA 介导的沉默机制引发的抑制作用模型。玉米：用于研究印记、突变和转座子诱导的基因沉默的模型。秀丽隐杆线虫：用于研究生殖细胞系中的表观遗传调控。果蝇：位置花斑效应（PEV）由白眼基因区块化表达或者基因沉默来体现。哺乳动物：用于研究 X 染色体失活。

单细胞真核生物酿酒酵母（*Saccharomyces cerevisiae*）、粟酒裂殖酵母（*Schizosaccharomyces pombe*）和脉孢霉（*Neurospora crassa*）为遗传提供强有力的分析工具，部分原因是其相对较小的基因组和在生命周期中较短的单倍体阶段。酿酒酵母［第8章（Grunstein and Gasser，2013）］和粟酒裂殖酵母［第9章（Allshire and Ekwall，2014）］中发生的交配型转换为证实染色质介导的基因调控提供重要实例。在酿酒酵母出芽过程中，独特的沉默信息调节因子（silent information regulator，SIR）蛋白被证明与特定的修饰组蛋白有关［见3.12节和第8章（Grunstein and Gasser，2013）］。以前经典的遗传方法证明了组蛋白活跃地参与基因调控（Clark-Adams et al.，1988；Kayne et al.，1988）。在粟酒裂殖酵母中，用作激活和抑制信号的组蛋白修饰模式与后生动物非常相似（请参见本书封面内页的表格）。反过来，这些生物为寻找抑制或增强基因沉默的蛋白质提供了强有力的遗传筛选途径。这些研究发现了大量编码真核通用表观遗传调控因子的基因。例如，在粟酒裂殖酵母中发现了将RNAi机制与诱导抑制基因表达的组蛋白修饰联系起来的机制（Hall et al.，2002；Volpe et al.，2002）。RNAi机制也被发现与拟南芥植物中的基因沉默有关，预示了该调控机制对很多生物都有重要意义［第9章（Allshire and Ekwall，2014）和第16章（Martienssen and Moazed，2014）］。

其他非经典的生物也为阐明表观遗传途径做出了或多或少的贡献，起初人们认为这些途径很特殊。真菌物种脉孢霉（*N. crassa*）揭示了一种不寻常的非孟德尔现象的重复序列诱导的点突变（repeat-induced point mutation，RIP），这也作为研究表观遗传控制的模型之一［第10章（Aramayo and Selker，2013）］。后来，脉孢霉被用来显示组蛋白修饰和DNA甲基化之间的第一个功能性联系（Lamaru and Selker，2001）。这一发现后来扩展到了植物（Jackson et al.，2002）。纤毛原生动物，如四膜虫（*Tetrahymena*）和草履虫（*Paramecium*），通常在生物学实验室中用作显微镜标本，它们具有独特的核二态性，以及明显的程序化DNA剔除事件，这些事件促成了通过RNAi介导的基因沉默，促进了一些重要的表观遗传学发现［第11章（Chalker et al.，2013）］。每个纤毛细胞拥有两个核：一个转录活跃的体细胞大核和一个转录不活跃的生殖细胞微核。利用大核细胞作为活性染色质的丰富起始材料，纯化出首个组蛋白修饰酶，即组蛋白乙酰转移酶（histone acetyltransferase，HAT）（Brownell et al.，1996）。纤毛虫在其有性周期中，存在由小的ncRNA和组蛋白修饰所触发的程序性DNA剔除的特殊现象，这可能被认为是基因沉默的最终形式。因为在这里，生殖系基因组本身的不同部分在有性途径的一个特定窗口期被完全清除［第11章（Chalker et al.，2013）］。

在多细胞生物中，从无脊椎动物（如秀丽隐杆线虫、果蝇）或植物（如拟南芥）到一些更高等生物（如哺乳动物），基因组的大小和器官的复杂性通常都在增加。植物作为表观遗传调控的"大师"，一直以来都为表观遗传学的发现提供了特别丰富的资源［第31章（Baulcombe and Dean，2014）；第13章（Pikaard and Mittelsten Scheid，2014）］，从转座子、副突变（McClintock，1951）到首次报道与转录沉默有关的ncRNA（Ratcliff et al.，1997）。人们发现了以喜剧色彩命名的植物表观等位基因，如SUPERMAN、KRYPTONITE（Jackson et al.，2002）和几个春化相关的基因（Bastow et al.，2004；Sung and Amasino，2004），进一步加深了人们对表观遗传学和细胞记忆在发育上作用的理解。植物分生组织细胞还提供了研究如体细胞再生和干细胞可塑性等重要问题的机会［参见第17章（Grossniklaus and Paro，2014）；第13章（Pikaard and Mittelsten Scheid，2014）］。

关于动物发育的研究，果蝇是从早期一直以来被利用的有力遗传工具。在Muller（1930）的开创性工作中，获得了许多发育突变体，包括同源异型转化和位置花斑效应（PEV）的突变体［第12章（Elgin and Reuter，2013）］。同源异型转化突变体使得人们认为可能存在建立和维持细胞特征性或者记忆的调控机制，这后来被证明是由Polycomb和Trithorax家族基因调控的［见第17章（Grossniklaus and Paro，2014）；第18章（Kingston and Tamkun，2014）］。对于PEV基因来说，基因活性是由周围的染色质结构决定的，而不是由一级的DNA序列决定的。该系统对于挖掘表观遗传调控涉及的因子尤其有用［第12章（Elgin and Reuter，2013）］。有超过100种花斑抑制基因［*Su(var)*］是从PEV中筛选出来的，其中大多数编码异染色质相关成分。在没有这些里程碑式的研究奠定基础的情况下，就不可能发现第一个组蛋白赖氨酸甲基转移酶SUV39H1（KMT1A）（Rea et al.，2000），而且随后的相关研究进展也是不可能的。在粟酒裂殖酵母和植物中进行了对应的筛选，鉴定出果蝇*Su(var)*基因功能保守的沉默突变体［第9章（Allshire and Ekwall，

2014）；第13章（Pikaard and Mittelsten Scheid，2014）]。还发现了相似的哺乳动物基因，并发现它们在发育、细胞特性和突变诱导细胞转化过程中发挥着关键作用［参见第14章（Blewitt and Whitelaw，2013）]。

秀丽隐杆线虫（*C. elegans*）RNAi文库的反向遗传学研究有助于我们理解后生动物发育中的表观遗传调控。在此，全面的细胞命运追踪研究详细地描述了每个细胞的所有发育途径，从而突出强调了一个事实，即Polycomb和Trithorax系统很可能是伴随着多细胞化的出现而产生的。这些表观遗传调控机制尤其对于生殖细胞中的基因调节至关重要［参见第23章（Strome et al.，2014）]。最近，秀丽隐杆线虫已成为分析体细胞和生殖细胞中基因功能的几种相关途径的模型，特别是对于双链RNA（double-stranded RNA，dsRNA）介导的基因沉默（Fire et al.，1998）和表观遗传传递（Johnson and Spence，2011；Buckley et al.，2012）。

尽管许多表观遗传学的研究是在多种人类细胞系和原代培养细胞中展开的，但表观遗传在哺乳类发育过程中的作用大多数是在小鼠实验中阐明的。基因"敲除"和"敲入"技术的出现为关键表观遗传调控因子的功能分析提供了重要工具。例如，Dnmt1 DNA甲基转移酶突变小鼠为DNA甲基化在哺乳动物中的作用提供了功能见解（Li et al.，1992）。这种小鼠胚胎致死并表现出受损的印记形式（imprinting）［参见第15章（Li and Zhang，2014）]。DNA甲基化的破坏也被证明会导致基因组不稳定和转座子活性的活化，尤其是在生殖细胞中（Walsh et al.，1998；Bourchis and Bestor，2004）。超过100多种染色质调节因子（如组蛋白和DNA修饰酶，核小体重塑复合体和RNAi系统的组成成分）已被鉴定，并在小鼠中被敲除。突变体表型影响到体细胞和生殖细胞的增殖、谱系传承、干细胞可塑性、基因组稳定性、DNA修复和染色体分离过程。因此，大多数突变体也与疾病发展和癌症有关，其中许多在第35章的附录中列出（Audia and Campbell，2014）（综述见Fodor et al.，2010；Dawson and Kouzarides，2012；You and Jones，2012；Shen and Laird，2013）。

因此，许多表观遗传调控中关键性进展至少利用了以上提到的很多模式生物的独特的生物学特征。如果没有这些生物学过程和深入研究它们的功能分析（遗传和生物化学），表观遗传调控的许多关键进展将仍然难以实现。最后，新一代测序（NGS）和基因组大规模并行深度测序的新技术［例如，国际人类基因组联合会（IHEC），美国国立卫生研究院（NIH）路线图，ENCODE（DNA电子百科全书）注释和modEncode；请参见附录1]使组蛋白修饰的基因组图谱得以绘制，以便寻找表观遗传上重要的共同参数。有趣的是，当在广泛的模式生物中对高度保守的因子进行比较时，表观遗传调控的内在复杂性变得更加清晰，并指出了功能上重要的特征（Beltrao et al.，2012；Xiao et al.，2012）。因此，进化论似乎是帮助解决表观遗传特征的关键指南。

具有讽刺意味的是，很少有表观遗传途径在人类身上被阐明，这很可能是因为从患病组织中获取和处理人类样本具有局限性。然而最近，高分辨率外显子组测序已在人类癌症和其他病理细胞中发现了出乎意料的、大量的染色质调节因子的突变（Shen and Laird，2013）。来自多个测序联盟的新发现非常令人瞩目，他们发现了组蛋白基因本身（特别是组蛋白H3的成员）中的"热点"突变，这种突变在小儿神经胶质瘤（和其他癌症）中以高频率存在［第2章（Liu et al.，2014）；另见Schwartzentruber et al.，2012；Wu et al.，2012；Behjati et al.，2013]。这些突破性的研究表明，人类也可以成为表观遗传学研究的一个很好的模型，支持在更传统的模型中取得的进展，这些传统模型认为组蛋白中的残基在功能上很重要，这主要是由酵母和果蝇等可遗传追踪的生物中经常进行的组蛋白遗传学的研究所获得的信息（Pengelly et al.，2013）。在这些发现之前，主编团队永远不会想到讨论"致癌组蛋白"（onco-histone）这一主题。这一事实突显了当前表观遗传学研究令人兴奋和快节奏的特质。

3.3 表观遗传学的定义

不同的表观遗传学现象大部分是通过真核生物中的DNA不是"裸露的"这一事实联系在一起的。DNA是以一种含特殊的组蛋白和非组蛋白的复合物形式存在的，这两种蛋白共同构成染色质。DNA最初被认为是通过非共价的方式包装和组织的，后来发现染色质的独特形式是通过携带共价和非共价修饰的核小体阵列产生的。这包括许多翻译后组蛋白修饰（3.5 节）、移动或改变核小体结构的能量依赖染色质重塑步骤（3.6 节）、组蛋白变体动态进出的核小体（3.7 节）以及小的非编码 RNA 的靶向作用（3.11 节）。在许多高等真核生物中，DNA 本身也可以通过胞嘧啶（C）的甲基化，一般是在 CpG 二核苷酸处，但通常不总是如此（3.10 节）。总之，这些机制提供了一系列相互作用的途径，它们都导致了染色质聚合物的变化（图 3-3）。

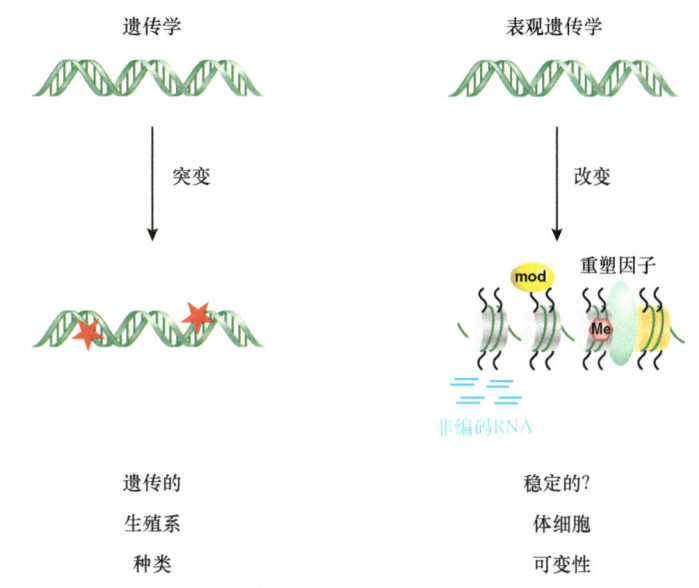

图 3-3 **遗传与表观遗传**。遗传学：DNA 模板（绿色螺旋）的突变（红色星号）可通过体细胞和生殖细胞遗传。表观遗传学：染色质结构的变异（1）组蛋白修饰（mod）、（2）染色质重塑因子（remodeler）、（3）组蛋白变体组成（黄色核小体）、（4）DNA 甲基化（Me）以及（5）非编码 RNA（ncRNA）可以调节基因组的利用。染色质模板上的标记可通过细胞分裂而遗传，并有助于确定细胞表型。

染色质的这些修饰和变化是可逆的，因此不可能通过生殖细胞被继承。然而，这种短暂的组蛋白修饰可以响应体内和体外刺激而使染色质模板产生关键性改变（Badeaux and Shi，2013；Suganuma and Workman，2013），以此来调节转录机器的可及度和读取 DNA 模板的能力（Sims et al.，2004；Petesch and Lis，2012；Smith and Shilatifard，2013）。一些组蛋白修饰（如赖氨酸甲基化）、甲基化的 DNA、ncRNA 和改变的核小体结构可以通过多轮细胞分裂而保持稳定。这种稳定性可能有助于维持表观遗传状态或者细胞记忆，但人们对此知之甚少。尽管缺乏机制上的理解，染色质标签仍可以看作一种高度组织化的信息存储系统，可以将基因组区分为不同区域，以应答环境信号并控制基因的表达程序。某种程度上，这些信号可能是可以继承的。

染色质模板存在的重要意义在于它提供解读 DNA 信息的多个维度和层面，同时保存了真核基因组的大量遗传信息，尤其是对于多细胞生物而言（参见 3.13 节了解更多详情）。在这样的生物体中，单个受精卵在发育过程中不断发育，从一个受表观遗传调控的单基因组发展成存在于 200 多种不同类型细胞中的多表观基因组，这种程序性的变化组成了表观基因组（图 3-4）。

发育生物学家 Waddington（1957）最初将在多细胞生物体发育过程中细胞与细胞之间发生的表型差异描述为一种"表观遗传学景观"。这本质上是一张代表发育潜力的等高线图，在该等高线图中，随着发育的进行，用丘陵和山谷代表不同细胞类型［如第 2 章图 2-1 所示（Takahashi，2014）］。然而，人类中几乎所有 200 多种细胞类型都具有相同的 DNA 序列（除了重新排列其抗原受体基因座的 B 细胞和 T 细胞），但它们实际的基因表达谱却有显著差异。基于这些知识，表观遗传学后来被定义为不依赖于 DNA 序列差异的核继承性（Holliday，1994）。在更加现代的观点中，表观遗传学在分子（或者机制）上被定义为在同一基因组上建立，将不同基因表达（转录）模式和基因沉默传递下去的染色质模板变化的总和。

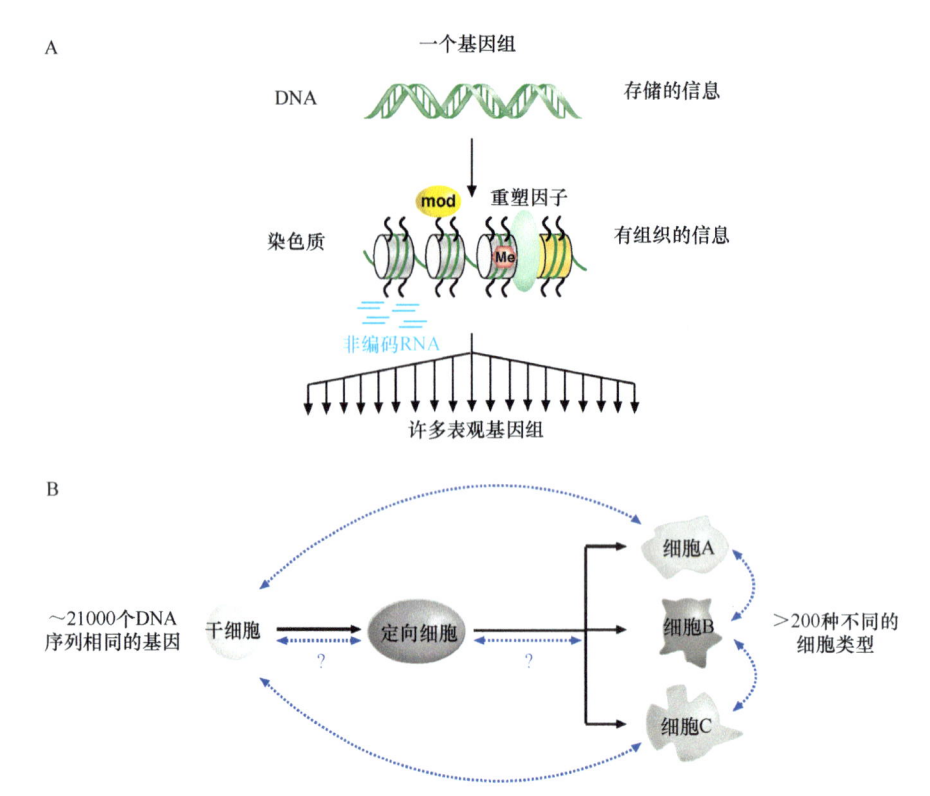

图 3-4 DNA 与染色质。(A) 基因组：一个个体不变的 DNA 序列（绿色双螺旋）。表观基因组：整个染色质组成，可对任何给定细胞中的整个基因组进行索引。它随细胞类型和对内部、外部信号的响应而发生变化。(B) 表观基因组的多样化发生在多细胞生物体的发育过程中，即从单个干细胞（受精卵）发育到许多已分化的细胞。分化的逆转和细胞类型的改变（蓝色虚线）要求对单个细胞的表观基因组重编程。

3.4 染色质模板

染色质多聚体是由重复的核小体单元组成的，每个单元均由一个八聚体蛋白（即核心组蛋白 H2A、H2B、H3 和 H4 各两个）和一段 147 个碱基对（base pair，bp）的 DNA 包裹在其外周构成（Kornberg，1977）。核小体颗粒的重复阵列早在染色体涂片的电子显微镜分析中就可以看到，通常被描述为染色质的念珠模型一级结构，代表一种常染色质。但是，除了染色质的重复和颗粒性质外，核小体组织的细节尚不清楚。研究者通过生化研究（Kornberg，1974）获得了对核小体本身的深刻见解，后来通过 X 射线晶体学研究（Luger et al.，1997）证实了核小体的原子分辨图像（图 3-5）。

这些标志性的结构体现了构建核小体单元的简单性，组蛋白的二聚体组（H2A 与 H2B）和四聚体（H3 与 H4）以"握手"形式相互作用，构成了一个八聚体（Arents et al.，1991）。DNA 分子分布于八聚体外周，从而形成一个二元轴的整体对称粒子。但是，这些晶体结构不能准确地描绘出从核小体核心上由八个组蛋白组成的球状结构上伸出的 N 端无结构的组蛋白尾部。这就提供了一个灵活的平台，可以承载很多（但不是所有）如以下描述的翻译后修饰（posttranslational modification，PTM）。

3.5 组蛋白修饰：写入器和擦除器

构成核小体的核心组蛋白是小分子，而且是强碱性的。它们由球状结构域和从核小体表面突出、灵活的（相对无结构的）组蛋白尾巴组成（图 3-5）。组蛋白氨基酸序列从酵母到人类都是高度保守的，这也支持了一些基本的观点，即这些蛋白，即使是它们的无结构的尾部结构域，都可能起关键作用。尤其是组蛋白 H3 和 H4 的尾巴为核小体以及染色质可变性提供了重要线索，因为许多残基都受到广泛的 PTM 影响，结构化的球形核心结构域中的某些残基也是如此。上面讨论的人类组蛋白遗传学的新研究，其中组蛋白的突变作为致癌组蛋白（onco-histone），强调了组蛋白 H3 氨基末端特定残基的重要性。

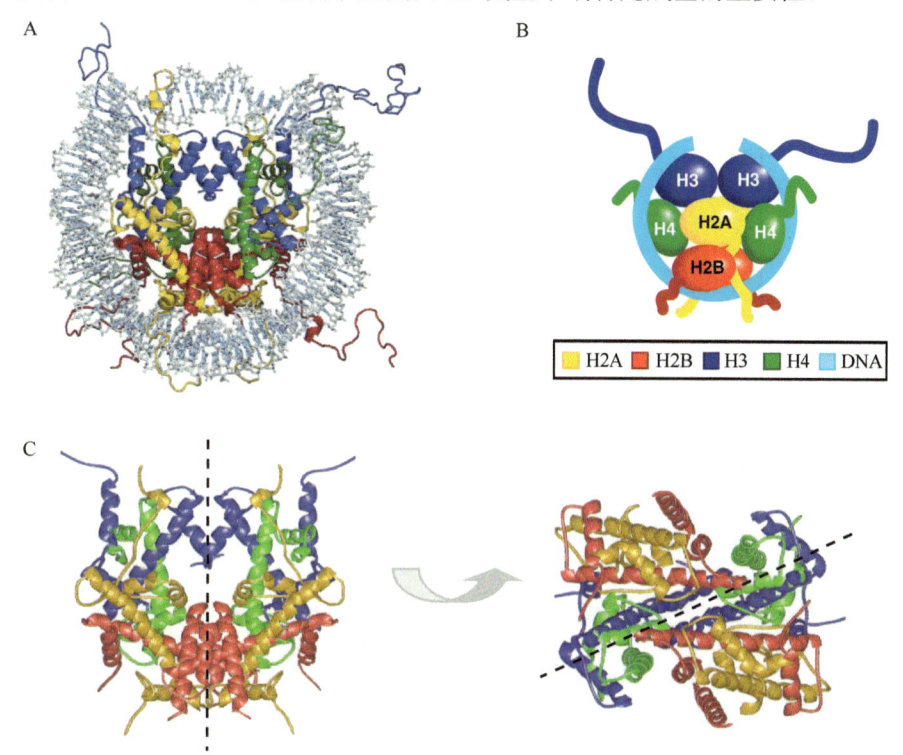

图 3-5　核小体结构。（A）核小体的 2.8Å 结构。（B）组蛋白组织的示意图，该组蛋白核心八聚体被 DNA（蓝线）缠绕，首先将 H3/H4 四聚体加载到 DNA 上，然后加上两个 H2A/H2B 二聚体。非结构化的组蛋白 N 端尾巴从由八个组蛋白的结构化球状结构域组成的核小体核心伸出。（C）八聚体颗粒的俯视图（左）和侧视图（右），显示了其双重对称性以及确定的二元轴（DNA 进出核小体处）。（A，C 为由 Karolin Luger 提供的结构图像，经 Macmillan Publishers Ltd. 许可改编自 Luger et al.，1997）

核心组蛋白的乙酰化和甲基化，尤其是 H3 和 H4，是较早描述的共价修饰之一，并且长期以来被认为与转录活性的正负变化（即 DNA 可及性或转录机制的不可接近性）相关。自 Allfrey et 等（1964）以及 Paik 和 Kim（1971）的开创性研究以来，已鉴定了许多共价组蛋白修饰，包括磷酸化、泛素化、SUMO 化、ADP-核糖基化、生物素化、巴豆酰化、脯氨酸异构化等。随着现代质谱分析的灵敏度增加，其他一些可能的修饰也许将会被描述（Sidoli et al.，2012）。这些修饰大多数发生在特定的位置和残基上，其中一些在图 3-6 和附录 2 中进行了说明（Zhao and Garcia，2014）。某些新修饰的丰度很低，并不是在每个生物体中都能显示其位点，其功能重要性尚不明确［在附录 2 第 2 节中列出（Zhao and Garcia，2014）］。

组蛋白修饰首先是如何建立（"写入"）或移除（"擦除"）的？染色质相关酶系统的催化作用是染色质领域的一项重要工作。然而，这些酶的特性多年来一直困扰着研究人员。在过去的 20 年里，大量的生化和遗传学研究已经从不同生物体中鉴定出大量的染色质修饰酶。这些酶通常存在于大的多亚单位复合体中，能够催化组蛋白和非组蛋白靶点的共价修饰的写入或去除。其中许多酶对靶残基和细胞环境具有明显的特异性（即依赖于外部或内在信号）。为了清楚起见，我们简单地讨论了催化组蛋白修饰的四个主要酶系统，以及它们对应的去除组蛋白修饰的酶系统（图 3-7）。此外，这些拮抗活性调控着每一种修饰的稳态平衡。

HAT 使组蛋白底物中的特定赖氨酸残基乙酰化［在第 4 章中描述（Marmorstein and Zhou，2014）］，这种乙酰化作用能被组蛋白去乙酰化酶（histone deacetylase，HDAC）所逆转（即清除）［第 5 章（Seto and

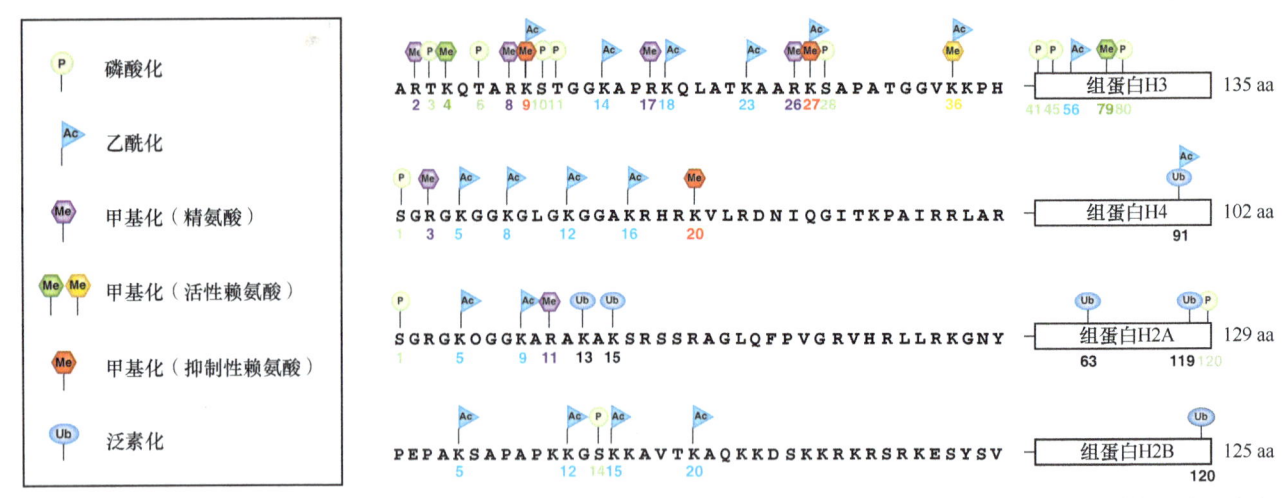

图 3-6 组蛋白尾部修饰位点。 组蛋白的 N 端尾巴占核小体质量的四分之一。它们包含绝大多数已知共价修饰位点。发生在球状结构域（方框）的修饰，有一些已标注。通常，活性标签包括乙酰化（蓝绿色 Ac 标记）、精氨酸甲基化（紫色 Me 六角形）和一些赖氨酸甲基化，如 H3K4（绿色 Me 六角形）和 H3K36（黄色 Me 六角形）。H3K79 位于球状结构域，具有抗沉默功能。抑制性标签包括 H3K9、H3K27 和 H4K20（红色 Me 六角形）处的甲基化。除此处所示的修饰外，还存在许多其他修饰（如瓜氨酸化、ADP 核糖基化、SUMO 化、O-GlcN 乙酰化），其中大多数在附录 2 中列出（Zhao and Garcia，2014）。

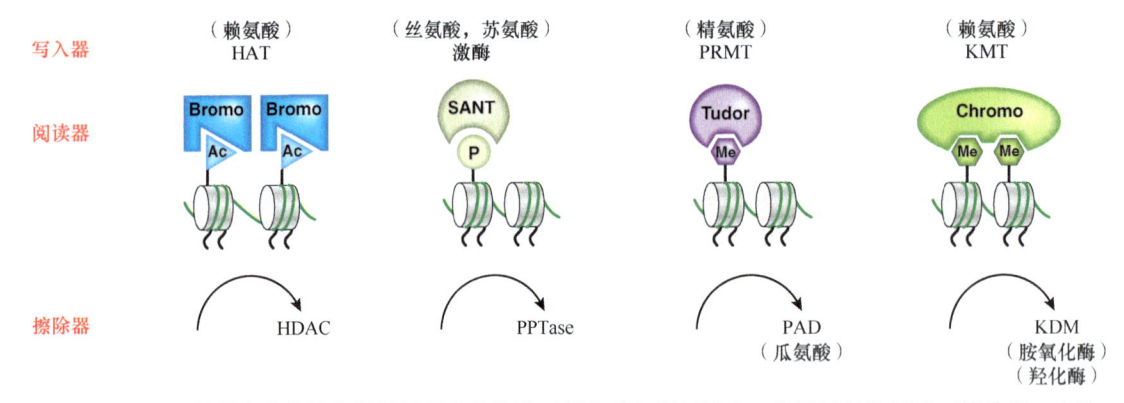

图 3-7 组蛋白修饰酶。 组蛋白共价修饰通过组蛋白修饰酶（写入器）进行催化，并通过拮抗活性（擦除器）去除。根据酶促反应类型（如乙酰化、磷酸化或甲基化）将其分为不同家族。对组蛋白尾部修饰具有特异亲和力的蛋白结构域称为阅读器。HAT：组蛋白乙酰基转移酶。PRMT：蛋白精氨酸甲基转移酶。KMT：赖氨酸甲基转移酶。HDAC：组蛋白去乙酰化酶。PPTase：蛋白磷酸酶。PAD：肽基精氨酸脱亚氨酶。KDM：赖氨酸去甲基酶。Ac：乙酰化。P：磷酸化。Me：甲基化。

Ybshida，2014）]。组蛋白激酶家族的成员能使特定的丝氨酸、苏氨酸或酪氨酸残基磷酸化，而磷酸酶则可以去除这些磷酸基团标记。众所周知的有丝分裂激酶，如细胞周期蛋白依赖性激酶或 aurora 激酶，能催化核心组蛋白（H3）和连接组蛋白（H1）的磷酸化。当细胞脱离有丝分裂时，逆转磷酸化的磷酸酶（phosphatase，PPIase）的作用机制还不清楚。

已经报道的两种通用的甲基化酶：作用于赖氨酸残基的 KMT（histone lysine methyltransferase，组蛋白赖氨酸甲基转移酶）和底物为精氨酸的蛋白质精氨酸甲基转移酶（protein arginine methyltransferase）[第 6 章（Cheng，2014）]。甲基化的赖氨酸残基在化学上似乎更稳定。赖氨酸的甲基化状态以单甲基、二甲基或三甲基化三种状态存在。H3 和 H4 的 N 端的一些三甲基化残基似乎可以在细胞分裂过程中稳定传递（Lachner et al.，2004），类似的有果蝇成虫盘中的 H4K20me1 标记（Karachentsev et al.，2005；Beck et al.，2012）。

精氨酸脱亚胺酶的作用间接地逆转了精氨酸甲基化，将甲基精氨酸（或精氨酸）转化为瓜氨酸残基（Wang and Wang，2013）。从赖氨酸残基去除甲基的酶，即组蛋白赖氨酸去甲基化酶（histone lysine demethylase，KDM）。KDM 有两个家族，第 2 章描述了每个家族中第一个酶的发现（Shi and Tsukada，2013）。第一个家族为以赖氨酸特异性组蛋白去甲基化酶 1（LSD1）（KDM1A）和赖氨酸特异性组蛋白去甲基化酶 2（LSD2）（KDM1B）代表的氨基氧化酶，它们以 FAD 和氧作为去甲基化的辅助因子，并且只作用于单甲基化和二甲基化的 H3K4 和 H3K9（图 3-8）。作为 CoRest 共抑制子复合体的一部分，LSD1 靶向 H3K4me1-2。LSD1 还与雄激素受体相关，在这种情况下，在转录激活过程中靶向 H3K9me1-2（Metzger et al.，2005）。KDM 的另一个家族包括羟化酶，羟化酶均有 JMJC 结构域，这是一个催化活性位点，使用 2-氧戊二酸（2-oxoglutarate）和铁作为辅助因子介导去甲基化过程（Black et al.，2012）。该去甲基化酶作用于组蛋白 H3 尾巴上的不同残基。

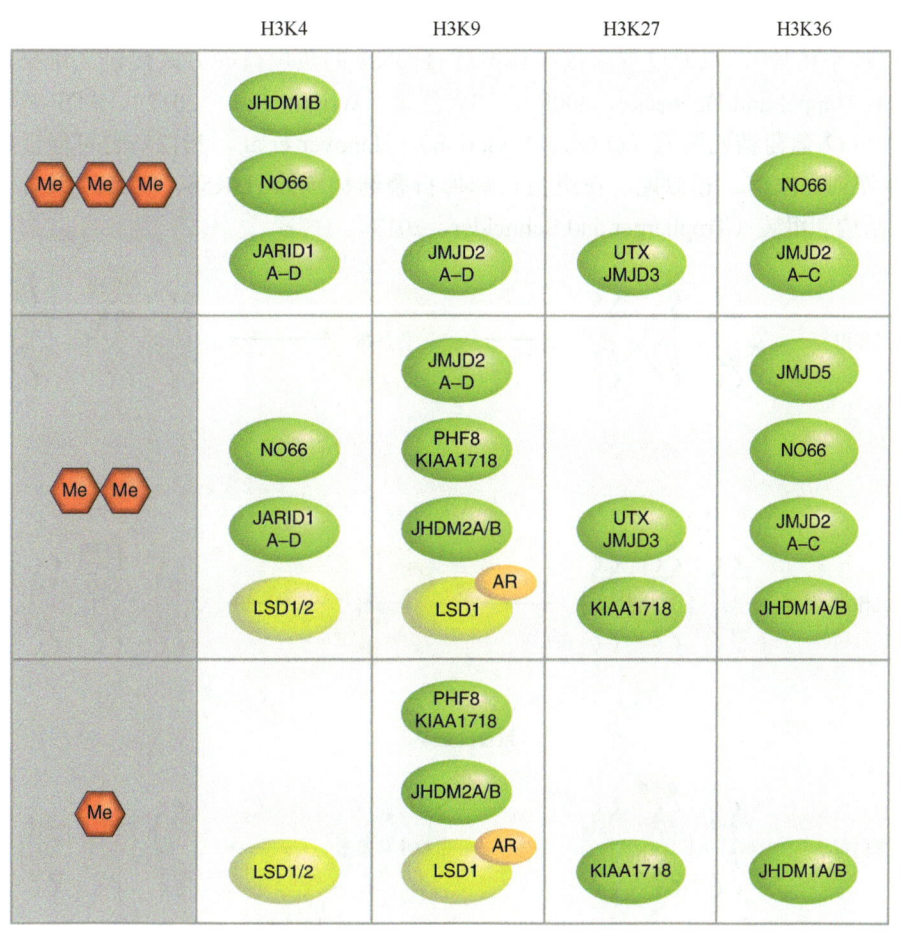

	H3K4	H3K9	H3K27	H3K36
Me Me Me	JHDM1B NO66 JARID1 A–D	JMJD2 A–D	UTX JMJD3	NO66 JMJD2 A–C
Me Me	NO66 JARID1 A–D LSD1/2	JMJD2 A–D PHF8 KIAA1718 JHDM2A/B LSD1 (AR)	UTX JMJD3 KIAA1718	JMJD5 NO66 JMJD2 A–C JHDM1A/B
Me	LSD1/2	PHF8 KIAA1718 JHDM2A/B LSD1 (AR)	KIAA1718	JHDM1A/B

图 3-8　组蛋白赖氨酸去甲基酶（KDM）。 组蛋白赖氨酸甲基化可通过两种不同的酶去除：胺氧化酶（黄色）和羟化酶（绿色）。由于它们独特的催化机制，胺氧化酶仅在单甲基和二甲基上起作用，而羟化酶也可以转换三甲基化。显示 KDM 对组蛋白 H3 内四个突出的赖氨酸位置的特异性。注意图中使用了 KDM 的历史命名法。可以在 Black（2012）等文章中找到有关 KDM 的经典术语和新术语的完整列表和比较。AR：雄激素受体。（数据来自 Hojfeldt et al.，2013。）

在研究调控这些修饰稳态平衡的酶系统方面已经取得了相当大的进展。想要了解酶复合物是如何调节的，以及它们与生理相关的底物和位点是如何定位的对我们来说仍然是一个挑战。同样，人们还不清楚共价机制是如何影响表观遗传现象的。有趣的是，非组蛋白中存在组蛋白序列的短片段，导致产生了组蛋白模拟的一般概念（Sampath et al.，2007；Marazzi et al.，2012）。组蛋白模拟还反映在对组蛋白进行写入、擦除和读取这些修饰的相同因子的参与。因此，影响染色质结构功能的组蛋白修饰概念必须扩大，以便更广泛地包括组蛋白和非组蛋白修饰（Clarke，2013；Friedmann and Marmorstein，2013）。

3.6 组蛋白阅读器和染色质重塑因子

染色质模板可以通过共价修饰的组蛋白尾部的顺式和反式作用来改变（图3-9）。顺式作用是由修饰的组蛋白尾巴的物理性质的变化引起的，如静电荷或对尾巴结构的调节，进而改变了核小体间的接触和间距。长期以来，人们认为组蛋白乙酰化会中和高度碱性的组蛋白尾巴的正电荷，从而产生染色质纤维的局部膨胀，使得转录机器能够更好地接近DNA双螺旋。磷酸化可以通过加入净负电荷产生"充电斑"（Dou and Goravsky，2000），从而通过改变染色质纤维的高维折叠，进而改变核小体的包装或者暴露组蛋白氨基末端（Wei et al.，1999；Rossetto et al.，2012）。同样，连接组蛋白（即组蛋白H1家族）整合入核小体的二元轴（DNA进出核小体处），以通过屏蔽核小体间连接DNA的负电荷的方式促进高维染色质纤维的包装（Izzo et al.，2008；Happel and Doenecke，2009）。加入泛素（Wright et al.，2012）、ADP-核糖（Messner and Hottiger，2012）和O-葡萄糖乙酰胺（O-GlcNAcylation）（Hanover et al.，2012）也可能促进组蛋白尾巴的重排和使核小体阵列去浓缩。相似地，在组蛋白球形折叠结构域如H3K56、H3K64或者H3K122的PTM也会影响染色质结构和组装（Tropherger and Schneider，2013）。

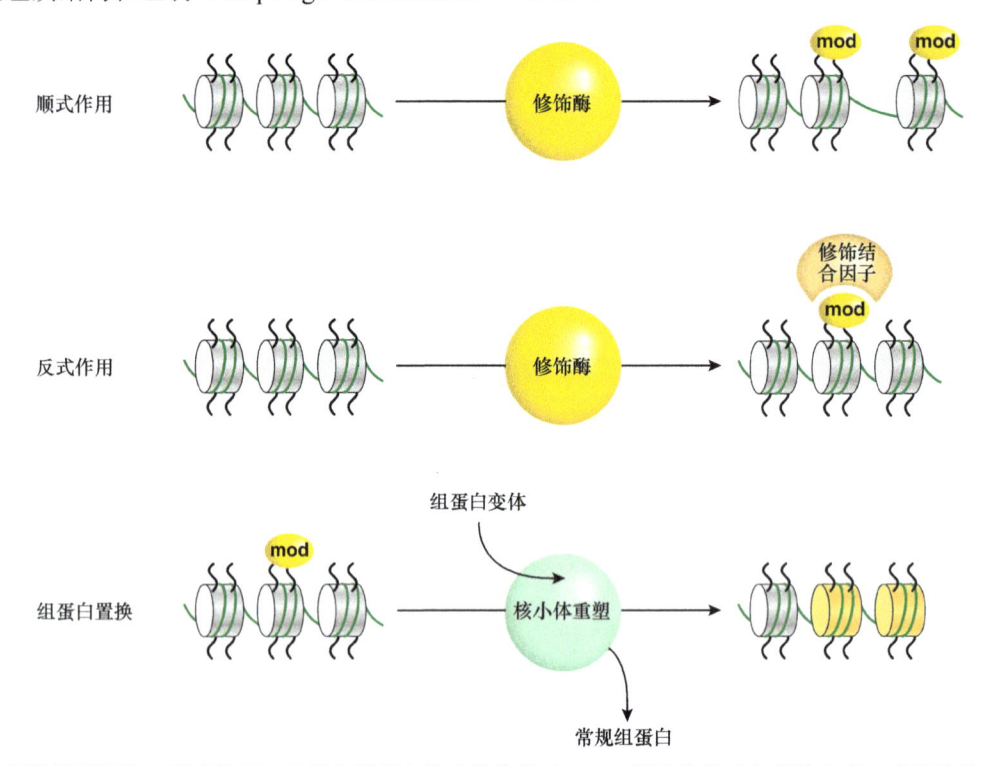

图3-9 染色质模板的转换。 顺式作用：组蛋白尾部上的共价修饰（mod）导致结构或电荷的改变，表现为染色质组织结构的变化。反式作用：组蛋白尾部上的酶促修饰（mod，如H3K9甲基化）导致对染色质结合蛋白（阅读器）（修饰结合蛋白，如异染色质蛋白1，HP1）的亲和性。这可能与蛋白质复合体一起导致染色质结构的进一步改变。组蛋白置换：组蛋白共价修饰（或其他刺激）可通过重组核小体的重塑交换复合体实现组蛋白变体（由黄色核小体指示）对某个核心组蛋白的置换。

组蛋白修饰也可能通过招募结合修饰的伙伴因子到染色质上而引起染色质上的反式作用效应。这可以看作阅读一个特定的共价组蛋白标记与"上下文"联系的方式。某些结合因子［布罗莫结构域（bromodomain）、克罗莫结构域（chromodomain）、Tudor结构域］对特定组蛋白修饰具有特定的亲和力，因此被认为可以锚定到特定组蛋白修饰尾部（参见图3-7）［另请参见第7章（Patel，2014）］。当包含更大的酶复合体时，这些结合伴侣通常充当染色质"纽扣"，使整个复合体与染色质多聚体结合，对染色质产生后续影响（Musselman et al.，2012）。例如，布罗莫结构域［一种识别乙酰化组蛋白残基的基序，在第4章中讨论（Marmorstein and Zhou，2014）] 通常但并非始终是 HAT 的一部分，该酶作为一个较大的染色质重塑复合体的一部分将目标组蛋白乙酰化（Dhalluin et al.，1999；Jacobson et al.，2000）。同样嵌入到组蛋白尾巴中的甲基化赖氨酸残基可以被存在于克罗莫结构域或类似结构域（如 MBT、Tudor）中的"芳香笼"读取，这些结构域存在于一些能促进下游的染色质调节作用的大复合体中 [有关结构问题，参见第 7 章（Patel，2014）]。

诱导染色质模板转换的主要机制是通过信号招募染色质重塑复合体，该复合体利用能量（ATP 水解）以非共价方式改变染色质和核小体的组成。核小体，特别是当与抑制性染色质相关因子结合时，通常会对转录机制产生内在的抑制。因此，只有一些序列特异的转录因子（transcription factor，TF）即所谓的"先锋因子（pioneer factor）"（Zaret and Carroll，2011）和调控因子（尽管不是基础转录机制）才能获得其结合位点。这种可及性的问题 [在第 36 章（Pirrotta，2014）中讨论] 部分要通过移动核小体和（或）改变核小体结构的蛋白复合体来解决。染色质重塑活动通常与激活染色质的修饰酶配合工作，但也已知能稳定抑制而不是活跃的染色质状态 [有关不同家族的详细信息，请参见第 21 章（Becker and Workman，2013）]。

尾部和球状核心区域的组蛋白修饰 [参见附录 2（Zhao and Garcia，2014）] 与 ATP 依赖的重塑复合体一起引发从抑制性染色质状态向活性染色质状态的转变。这可以通过以下方法建立：①核小体移动，可以通过组蛋白八聚体滑动进行；②通过 DNA 环化改变核小体的结构 [第 21 章（Becker and Workman，2013）]；③用组蛋白变体替代特定的核心组蛋白 [第 20 章（Henikoff and Smith，2014）]。ATP 依赖的染色质重塑因子（如 SWI/SNF，一个历史上重要的例子）会水解能量物质使得组蛋白-DNA 之间的接触明显改变，从而导致核小体阵列的环化、扭曲和滑动。这些非共价机制对基因调控至关重要（Narlikar et al.，2013），与涉及共价组蛋白修饰的机制同样重要，有证据表明这两种广泛的机制是相关的。

某些 ATP 的水解活性类似于"交换者"（exchanger）复合体，用专门的组蛋白变体代替常规核心组蛋白（在 3.7 节中进行详细说明）。这种消耗 ATP 的"洗牌"可能实际上是使现有的修饰过的组蛋白被各种未修饰的组蛋白所取代（Schwartz and Ahmad，2005）。或者，还可以通过预先存在的组蛋白修饰来增强染色质重塑复合体（如 SAGA，Spt-Ada-Gcn5-乙酰转移酶）的招募，以确保靶向启动子的转录能力（Grant et al.，1997；Hassan et al.，2002）。

除了转录起始和建立与启动子区域的初步接触，核小体的存在还会阻碍转录延伸过程中 RNA 聚合酶（Pol）Ⅱ（或 RNA Pol I）的延伸。因此，需要不同机制来确保新生转录本（特别是长基因）的完成。一系列组蛋白修饰和对接效应子与染色质重塑复合体 [如 SAGA 和 FACT（促进染色质转录）] 协同作用（Orphanides et al.，1998），以允许 RNA Pol Ⅱ 通过核小体阵列（Reinbergand Sims，2006；Petesch and Lis，2012）。例如，这些联合活动将诱导核小体的迁移性增加，取代 H2A/H2B 二聚体，并促进核心组蛋白与组蛋白变体的交换 [参见第 20 章中的图 20-9（Henikoff and Smith，2014）]。这样，它们使组蛋白修饰、染色质重塑和组蛋白变体交换之间紧密关联以促进转录起始和延伸（Sims et al.，2004）。

3.7 组蛋白变体

组蛋白虽然很保守，但已经通过变体形式进化为特化形式，其方式是允许变异进入表观基因组。这导致了染色质结构、核小体动态和功能性质的差异。除 H4 外，所有其他核心组蛋白均存在变体 [主要列在第 20 章的图 20-1 中（Henikoff and Smith，2014）；Maze et al.，2014]。

以组蛋白 H3 家族为例，存在两种主要的 H3 同型组蛋白，即 H3.1 和 H3.2，通常称为经典的 H3；还存在较不普遍的 H3 变体，包括 H3.3 和着丝粒特异亚型 CENP-A。在某些情况下，组蛋白变体（如 H3.3）与对应的经典组蛋白只有几个氨基酸不同，但是基因组定位和功能研究表明，这些细微差异发挥重要功能。显然，经典组蛋白上的修饰是重要的表观基因组调节因子（见 3.5 节）。组蛋白变体也有其自身的修饰模式 [一些在附录 2 中列出（Zhao and Garcia，2014）]。组蛋白变体（histone variant）及其修饰是如何影响染色质结构和功能的仍然是目前研究的热点（Bernstein and Hake，2006）。

转录活性基因的经典组蛋白 H3（H3.1 和 H3.2）一般被 H3.3 变体以转录偶联（独立于复制）方式替换（Ahmad and Henikoff，2002）。有趣的是，H3.3 还通过独特的组蛋白伴侣复合体加载到受抑制的染色质区域中，如近着丝粒和端粒区域（图 3-10）。H3.3 变体对 H3 的置换是通过 HIRA（组蛋白调节因子 A）交换复合体的作用进行的（Lagami et al.，2004），而将 H3.3 加载到异染色质区则由 DAXX-ATRX 复合体介导（Goldberg et al.，2010）。因此，即使是单个组蛋白变体（如 H3.3）也可以表现出不同的基因组位置和生物学功能（活跃与沉默），从而赋予更加复杂的表观遗传学特征。

	转录的基因		近着丝粒异染色质	
	HIRA		DAXX/ATRX	
	H3.3		H3.3 H3.3	

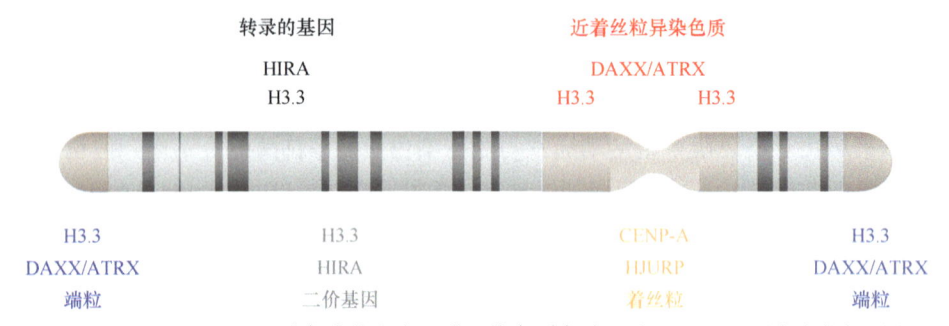

H3.3	H3.3	CENP-A	H3.3
DAXX/ATRX	HIRA	HJURP	DAXX/ATRX
端粒	二价基因	着丝粒	端粒

图 3-10 组蛋白 H3 变体的基因组定位。通过免疫荧光和（或）染色质免疫沉淀（ChIP）测序定位组蛋白 H3 变体的基因组，在有丝分裂的人类染色体上进行了图解说明。着丝粒特异性变体 CENP-A 被 HJURP 分子伴侣加载在着丝粒染色质上。对于变体 H3.3，有两种不同的组蛋白–伴侣复合体：DAXX/ATRX 将 H3.3 加载在近着丝粒异染色质和端粒上，而 HIRA 则调节 H3.3 在转录的或者二价的基因上加载。重要的是，这些组蛋白变体的加载是独立于复制的。相反，经典组蛋白 H3（H3.1 和 H3.2）的加载仅限于 S 期。

组蛋白变体也具有很强的细胞周期特征。通常，H3.1 和 H3.2 像典型的 H4 一样，在 DNA 复制 S 期中，被称为染色质装配因子 1（CAF1）的专用复合体加载在大部分的染色质中［参见第 22 章（Almouzni and Cedar，2014）］。但是，并非所有组蛋白都在 S 期合成和加载。组蛋白变体如 H3.3 和 CENP-A 的合成和置换独立于 DNA 的复制而发生。类似地，H2A 通过 Swi2/Snf2 相关的 ATPase 1 交换复合体的按需活动被 H2A.Z 置换［Mizuguchi et al.，2004；第 20 章中的图 20-9 所示（Henikoff and Smith，2014）］。因此，S 期以外的组蛋白变体主动替换通用组蛋白的过程为细胞提供了大量新的调控选项（如转录活性或细胞分裂过程中的着丝粒张力）或胁迫信号（如 DNA 损伤或营养饥饿），如图 3-10 中 H3 家族所示。用 H2A.Z 变体替换经典 H2A，与转录活性相关，并且可以标记无核小体启动子的 5' 末端。将 H2A.Z 和 H3.3 一起掺入核小体会导致染色质不稳定，这种不稳定通过更开放的染色质纤维与增强子紧密相关（Chen et al.，2013b）。但是，单独的 H2A.Z 也存在于抑制性染色质中（Rangasamy et al.，2003）。CENP-A 是着丝粒特异性的 H3 变体（图 3-10），对着丝粒功能也即染色体分离至关重要。H2A.X 与其他组蛋白标记共同感知 DNA 损伤并引导 DNA 修复复合体富集到 DNA 损伤处［第 35 章在图 35-4 所示的癌症背景下进行了说明（Audia and Campbell，2014）］。MacroH2A 是一种与哺乳动物的失活 X 染色体相关的特异性组蛋白变体。综上所述，这些例子强调了组蛋白变体与不同的生物学特性的复杂性。许多重要的问题和挑战依然存在。组蛋白变体如何知道在染色质上的去向，以及它们如何被识别并加载到需要的位置？最近的具有里程碑意义的发现是：编码组蛋白变体 H3.3 的基因（在较小程度上是经典的 H3.1）在患有各种癌症的人类患者中以非常高的频率突变［如第 2 章（Liu，2014）］，这有望将人们对组蛋白变异的兴趣提升到一个新的高度（Schwartzentruber et al.，2012；Wu et al.，2012）。

3.8　组蛋白修饰的生物学效应

组蛋白的修饰不是单独起作用的，它们的建立通常需要存在或不存在其他修饰，并且它们的潜在信息通过被其他因子的识别来传达（图 3-11）。长期以来，大量组蛋白尾部修饰与染色质的结构具有相关性，特定的表观遗传标记可以提供"开"（即活跃）或"关"（非活跃）特征（总结于本书内封面上的表格中）。值得注意的是，组蛋白乙酰化通常与活性染色质结构域或通常允许转录的区域相关。相反，其他修饰，如某些磷酸化的组蛋白残基与通常不支持转录活性的浓缩染色质相关联。图 3-11 展示了组蛋白修饰的两个示例，它们似乎标定活跃转录染色质，或者相反地标定异染色质区。

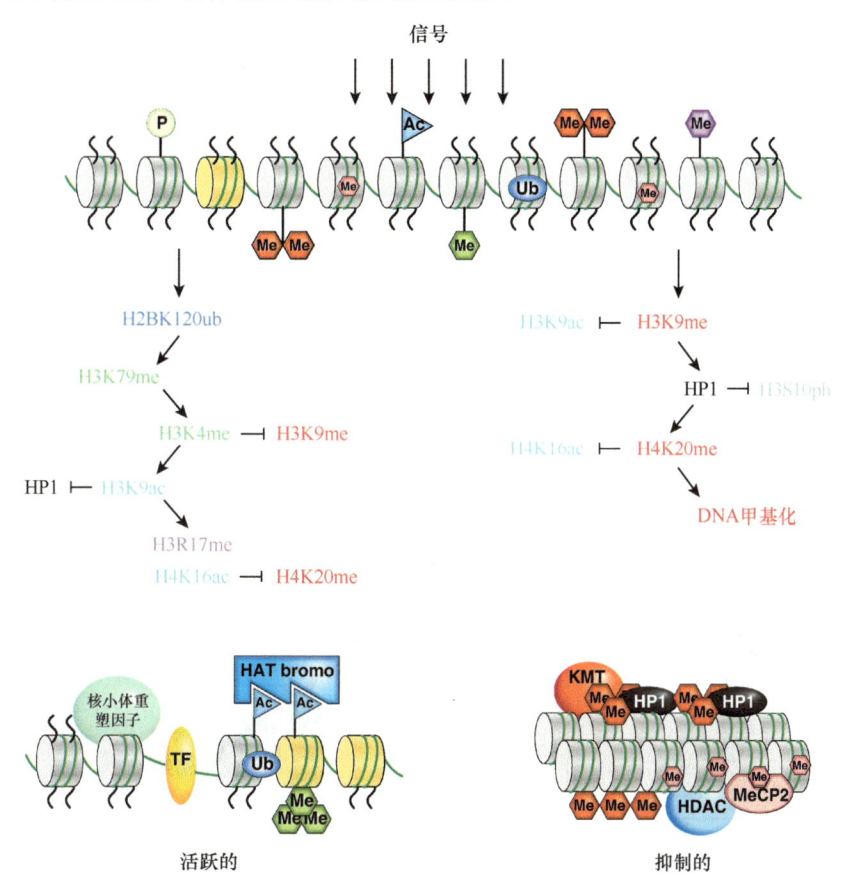

图 3-11 染色质的协同修饰。 非活性染色质向活性染色质的转变（左）或抑制性异染色质的建立（右）涉及一系列协同的染色质修饰。在转录激活的情况下，伴随着核小体重构复合体在启动子上产生用于 TF 结合的核小体去除区（NDR），以及用组蛋白变体（黄色，即 H3.3）替换核心组蛋白。另外，常染色质通常富集组蛋白乙酰化（Ac）标记，招募含有 bromodomain 结构域的阅读器，并在转录起始位点包含泛素化的组蛋白和 H3K4me3（绿色 Me 六边形）。异染色质通常通过 HDAC 复合体去除组蛋白乙酰化作用，并含有甲基化的 DNA（粉红色的 Me 六边形），招募甲基 CpG 结合域（MBD）阅读器，如 MeCP2。此外，KMT 催化组蛋白形成抑制性的组蛋白甲基赖氨酸标记（红色 Me 六边形），可以通过 H3K9 甲基化招募阅读器，如 HP1。

新的研究还表明，活跃染色质标记的多种组合以协同的方式起作用，以对抗抑制性修饰，反之亦然。以 H3 氨基末端尾巴为例（Oliver and Denu，2011），图 3-12 展示了这些复杂交互的一些原理，通常采用写入器、阅读器和擦除器的精心组合和相互作用来实现。这些概念原则上适用于所有经典组蛋白和连接组蛋白尾部结构域，并且可能扩展到组蛋白核心域［请参阅附录 2（Zhao and Garcia，2014）］。

图 3-12A 涉及一个 H3 尾部的一些相互关系，称为组蛋白内不同修饰间的相互作用。植物同源结构域指（plant homodomain finger，PHD finger）蛋白 PHF8（KDM7B）是一个 H3K9 去甲基化酶，可以被 H3K4me3 活性标记招募，其功能是去除抑制性 H3K9 甲基化，部分原因是 PHD 指与其催化结构域之间的结构域是弯曲的，允许其作用于附近的 H3K9（Horton et al.，2010）。而 PHF8 无法在 H3K27 处去甲基，部分原因是 PHF8 无法从其 H3K4me3 的锚定处出来而靠近该残基。有趣的是，H3K27 去甲基酶 KIAA1718（KDM7A）

52 表观遗传学

在其 PHD 指之间有一个延伸的连接区域，该区域也停靠在 H3K4me3 上，从而使该酶以组蛋白内机制穿过 H3 尾部，在 H3K27 处去甲基化（Horton et al.，2010）。

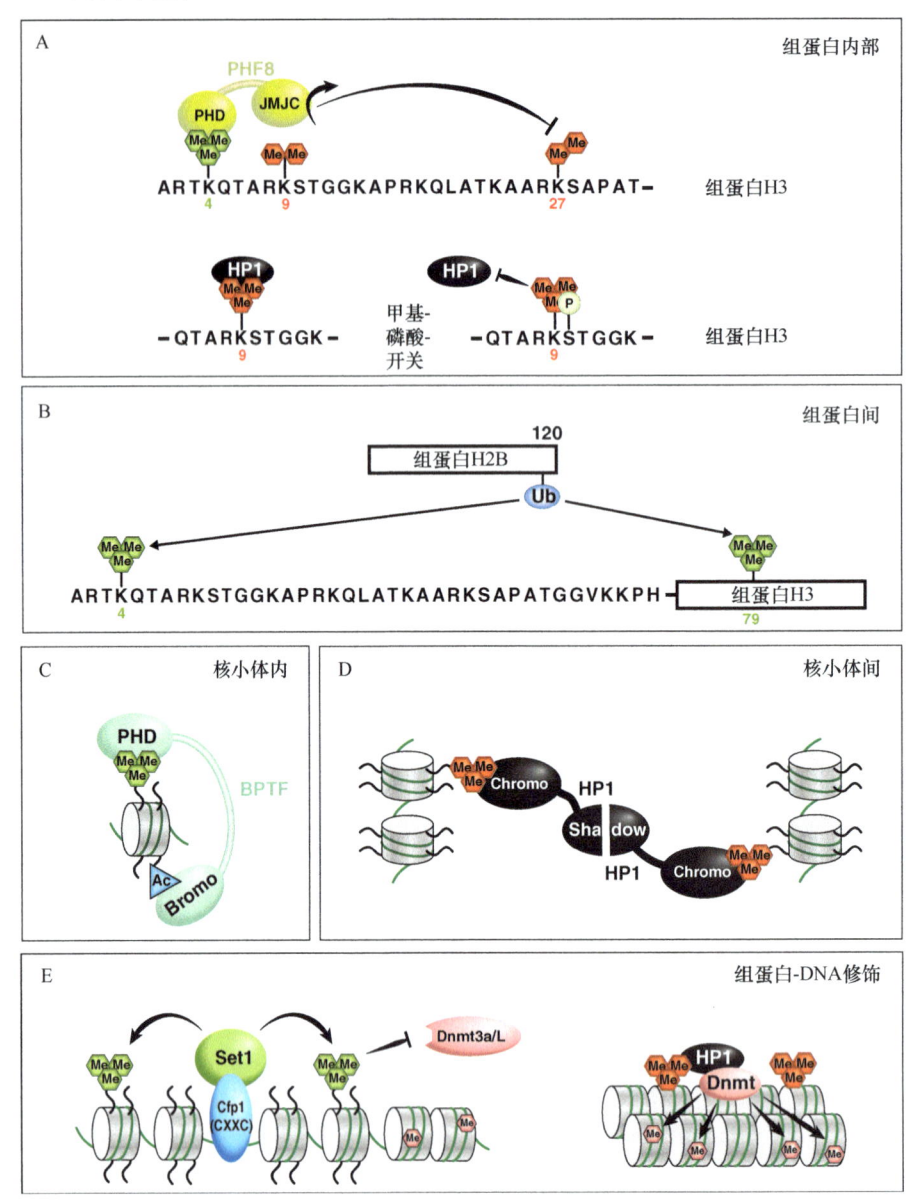

图 3-12 染色质修饰的组合读出。（A）组蛋白内相互联系：一个组蛋白尾部的组蛋白修饰产生一个特定的下游读数。例如，PHF8 KDM 的催化 JMJC 结构域的位置在结构上被限制只能去除 H3K9me2，而不是 H3K27me2，因为它通过 H3K4me3 结合到其 PHD 结构域来锚定到染色质上。KIAA1718 KDM 通过与 H3K4me3 相似的 PHD 结构域锚定机制运行，但由于蛋白质结构不同，只作用于 H3K27 而不是 H3K9 甲基标记。另一个例子是当相邻的 H3S10 磷酸化时，与 H3K9me3 结合的 HP1 被排出体外，这种机制被称为"磷酸-甲基"开关。（B）组蛋白间串扰：两个不同组蛋白的修饰相互影响。例如，H2BK120ub 是 H3K4me3 和 K3K79me3 发生的先决条件。（C）核小体内结合：一个染色质阅读器通过一个核小体内两个不同的修饰被招募。例如，BPTF（布罗莫结构域和 PHD 指转录因子）的 PHD 结构和布罗莫结构域与 H3K4me3 和 H4Kl6ac 结合在一个核小体中。（D）核小体间联系：染色质阅读器与不同核小体上存在的组蛋白修饰相互作用。例如，HP1 二聚体的两个布罗莫结构域连接含有 H3K9me3 的核小体。（E）组蛋白-DNA 修饰串扰：组蛋白修饰和 DNA 修饰相互影响。例如，通过与未修饰的富含 CpG 的 DNA 结合的 Cfp1 来招募 Set1-KMT 导致形成 H3K4me3 染色质，这反过来又抑制 Dnmt3a/L 的结合，从而保护这些区域免于 DNA 甲基化。相反，通过 HP1 向 H3K9me3 染色质募集 Dnmt，随后导致 DNA 甲基化。

图 3-12A 还体现了一个一般性概念，即"组蛋白中的每个氨基酸都很重要"。特别是与修饰的赖氨酸（如 H3K9）相邻或非常接近的残基可能会在称为"磷酸-甲基开关"的串扰途径中自我修饰（Fischle et al., 2003）。在这种情况下，H3K9 甲基阅读器（如 HP1）可以结合其靶赖氨酸，但是当相邻的丝氨酸（H3S10）被磷酸化时无法结合靶赖氨酸（Fischle et al., 2005）。有实验证据支持组蛋白和非组蛋白中的磷酸-甲基转换（Zhang et al., 2005；综述见 Latham and Dent, 2007；Suganuma and Workman, 2011），尽管尚不清楚该机制是否适用于其他标记（如乙酰基-磷酸开关），或者是否存在对此机制不敏感的组蛋白阅读器，其中相邻或附近的磷酸化事件无法破坏其结合作用。

图 3-12B 说明了组蛋白间或跨组蛋白末端间的相互作用，请注意一个众所周知的事实，即位于其羧基末端的组蛋白 H2B 单泛素化（H2BK120ub）可提供下游 H3K4 和 H3K79 甲基化所需的上游信号（Briggs et al., 2002；Dover et al., 2002；Sun and Allis, 2002；Kim et al., 2009）。在体外系统中，均一泛素化的 H2BK120 单核小体颗粒（即"设计染色质"）可以刺激人 DOT1L 介导的核内 H3K79 甲基化（McGinty et al., 2008）。关于 Set1（KMT2）复合体的哪个亚基（酵母中唯一的 H3K4 KMT）负责感知 H2B 泛素化修饰仍然存在争议，部分原因可能是这些串扰关系固有的复杂性。

与相应配体结合的单价组蛋白阅读器的 X 射线结构［如上所述，见第 4 章（Marmorstein and Zhou, 2014）；第 7 章（Patel, 2014）］提供了区分核小体内和核小体间结合反应的结构信息。同样，图 3-12 说明了多价结合模式，其来自一个多肽（图 3-12C）或多亚基效应物复合体的多个多肽（图 3-12D）中具有的多个模块（Ruthenburg et al., 2007）。"设计染色质"（Fierz and Muir, 2012）的工作表明，BPTF（布罗莫结构域和 PHD 指转录因子）染色质重塑因子 PHD 指停靠在 H3K4me3 标记上，而其布罗莫结构域更喜欢 H4K16ac。有趣地是，这是在单个核小体粒子背景下的结果（Ruthenburg et al., 2011）。这种多价相互作用增强了结合亲和力和特异性。相比之下，同一染色质聚合物上的核小体之间或不同聚合物之间也可发生多价相互作用。图 3-12D 显示了一种有充分证据的情况，即异染色质相关蛋白（HP1）中的克罗莫结构域模块通过克罗莫结构域二聚化，从而利用克罗莫结构域结合不同核小体上的 H3K9me3 标记，从本质上交联了核小体之间的染色质链（核小体间结合）。在这种情况下，通过核小体间的结合反应促进了染色质的浓缩，这可以通过磷酸-甲基转换"弹出"克罗莫结构域来逆转（图 3-12A）。

最后，图 3-12E 说明了组蛋白修饰和 DNA 甲基化之间的复杂结合反应。在左侧，Cfp1 通过其 CXXC 指识别未甲基化的 DNA，并招募 H3K4 特异的 KMT Set1［Thomson et al., 2010；见第 2 章（Blackledge et al., 2013）；第 6 章（Cheng, 2014）］。Cfp1 缺乏导致表达的 CpG 岛相关基因的 H3K4me3 显著减少，但在调控元件处出现异位 H3K4me3 峰。这些结果表明 Cfp1 是整合了多种信号的特异性因子，这些信号包括启动子 CpG 含量和基因活性，以调节 H3K4me3 的全基因组模式，该标志与活跃启动子紧密相关（Clouaire et al., 2012）。在这些富含 H3K4me3 的区域中，包含 ADD（ATRX-DNMT3-DNMT3L）结构域的蛋白质（即 DNMT3 家族成员和几个染色质重塑因子）被活性标记（如 H3K4me3）排斥，但与富含 H3K9me3 以及未甲基化 H3K4 的异染色质区域结合（右）（Ooi et al., 2007；Iwase et al., 2011）。总的来说，图 3-12 强调了组蛋白和 DNA 上的共价修饰与结合的蛋白质和复合体之间的复杂相互作用，以产生有意义的生物学效应。

在大多数情况下，涉及抑制性甲基化标记加载的组蛋白修饰酶也与结合这些修饰标记的因子相互作用。这种组蛋白修饰因子/结合因子配对的例子是涉及 H3K9me3 的 Suv39h1 和 HP1、涉及 H3K27me3 的 Ezh2 和 Eed。在后一种情况下，Polycomb 抑制复合体 2（Polycomb repressive complex 2，PRC2）"写入"与抑制性染色质相关的修饰（即组蛋白 H3 在赖氨酸 27（H3K27me2-3）上的二甲基化和三甲基化），通过与结合在 H3K27me3 的胚胎外胚层发育（embryonic ectoderm development，Eed）亚单位结合而变构激活，其中 H3K27me3 是 PRC2 反应的产物（图 3-13）（Margueron et al., 2009）。这一机制可以解释抑制性染色质状态从亲本到原始八聚体的传承［即在复制时从母细胞到子细胞（见第 23 节）］。修饰因子（写入）和结合因子（读取）之间的相互作用也很重要，因为在组成型异染色质的情况下，它可使结构域扩展并通过前馈环得到维持（增强）（图 3-13），这也会导致写入器的变构刺激，从而在复制和（或）有丝分裂过程中对修饰（及其染色质结构域）的传承具有重要的作用。相似地，变构效应在胞嘧啶甲基化传承过程中，在 DNMT1 的催化下起作用，详见 3.10 节。显然，这是建立和传承 PTM 标记的染色质结构域的关键模式（Rando，2012）。

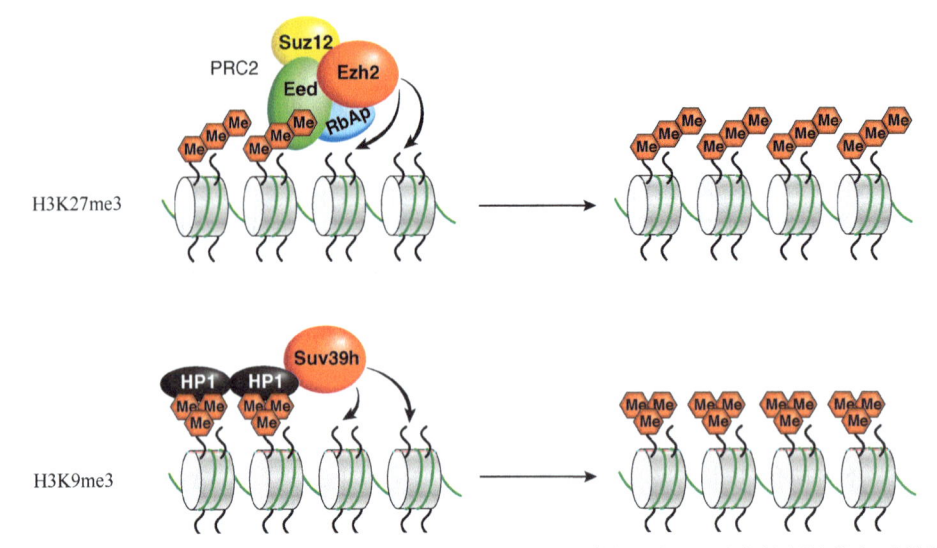

图 3-13　KMT 复合体对染色质结构域的延伸。对于 PRC2 和 Suv39h/HP1 系统，说明了建立抑制性染色质结构域的分子机制。除催化组分（Ezh2；Suv39h）外，两种复合体都包含修饰特异性结合因子（Eed；HP1），该结合因子可识别相应的酶促产物（H3K27me3、H3K9me3），从而使组蛋白标记逐渐延伸至相邻的染色质区域。

转录机制可及的染色质富含乙酰化的赖氨酸残基。转录活跃的染色质也与转录起始位点（transcriptional start site，TSS）附近的 H3K4me3 和基因编码序列内的 H3K36me3 相关。这些修饰是通过转录的起动而建立的，因为 RNA Pol Ⅱ 大亚基的羧基末端（carboxy-terminal domain，CTD）的七肽重复序列（Y-S$_2$-PT-S$_5$-PS）被磷酸化。RNA Pol Ⅱ 因此招募组蛋白在位修饰的因子（图 3-14）（Sims et al.，2004；Smith and Shilatiferd，2013）。

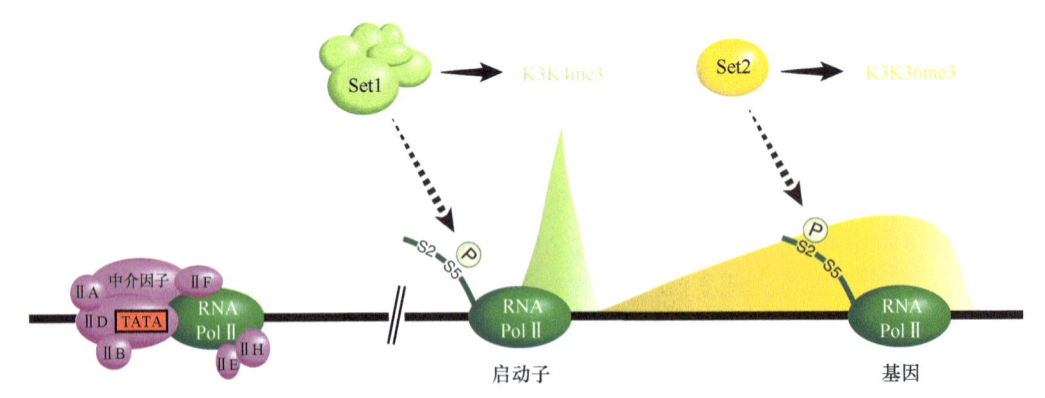

图 3-14　RNA Pol Ⅱ 的羧基末端结构域（CTD）的修饰。通过与一般转录因子（紫色）的相互作用将未修饰的 RNA Pol Ⅱ 招募到启动子上。CTD 的丝氨酸 5（S5）磷酸化启动转录，而丝氨酸 2（S2）磷酸化允许启动子清空并随后转录延伸。重要的是，CTD 的这些不同的磷酸化状态还介导了不同的染色质修饰酶的招募：启动子处的 H3K4me3 特异性 KMT 复合体（如 Set1）和基因体上的 H3K36me3 特异性 KMT（Set2）。

更详细地说，该过程涉及通过称为通用转录因子（general transcription factor，GTF）的一系列因子（以磷酸化依赖性方式）将 RNA Pol Ⅱ 招募至启动子。RNA Pol Ⅱ 被非磷酸化形式的 GTF 招募到启动子，然后招募 TFIIH，其包含使七肽重复序列的丝氨酸 5 磷酸化的 CDK7 激酶，这种磷酸化作用破坏了 RNA Pol Ⅱ 与大多数 GTF 的相互作用。然后，RNA Pol Ⅱ 沿着模板移动。但是，在转录启动后不久，新生的 RNA 离开催化通道，聚合酶停止转录，从而允许一系列调节步骤，包括加帽。这个高度调控的步骤会招募不同的因子，包括识别七肽重复序列中的丝氨酸5磷酸化的CTD的加帽酶。一旦这个步骤完成，一个可以磷酸化CTD中丝氨酸2的激酶可确保RNA Pol Ⅱ离开启动子并参与延伸，这一步骤称为启动子清空。

CTD（丝氨酸2和5）的差异磷酸化招募不同的组蛋白修饰因子，包括作用于H3K4（丝氨酸5磷酸化）的KMT［如酵母中的Set 1、哺乳动物的SET1和MLL1（KMT2）复合体］，作用于H3K36（丝氨酸2磷酸化）的KMT［如酵母Set2（KMT3）和相关哺乳动物同源蛋白（图3-14）］（Sims et al.，2004；Smith and Shilatifard，2013）。这些在转录过程中加载的修饰的功能是什么？这些修饰提供的表面以一种简单的方式，可被转录起始下游调节基因表达的因子的特定结构域所识别。例如，H3K4me3被哺乳动物C HD1的chromodomain识别（Sims et al.，2005），这反过来又会招募影响转录延伸的因子，如FACT、PAF复合体和调节剪接的因子（Sims et al.，2007）。H3K4me3也被BPTF中的PHD指读取（Wysocka et al.，2006），这是NURF（核小体重塑因子，nucleosome-remodeling factor）核小体重塑复合体的一个亚基（Barak et al.，2003），如上文所述并将在第7章中阐述（Patel，2014）。如何通过不同因子读取如H3K4me3之类的修饰目前还不清楚，但它们可能在转录周期的不同阶段或以启动子特异性方式与特定PTM结合。H3K36me3修饰招募了不同的因子，如包含HDAC的Sin3A复合体（Carrozza et al.，2005；Keogh et al.，2005）。有人提出，Sin3A复合体中的去乙酰化酶具有对抗转录所需的乙酰化的功能，去乙酰化促进核小体的重建并抑制开放染色质作为转录的隐匿起始功能。

3.9　染色质的高阶组织

染色质（DNA-核小体聚合物）是一种包含多种构型的动态分子。从历史上看，染色质可分为常染色质和异染色质（在3.12节中有详细介绍）。细胞学家在用DNA染料进行染色时，观察到两种不同的染色质。常染色质是一种去浓缩型染色质，以组蛋白高水平乙酰化（如H4赖氨酸16上的乙酰化，H4K16ac）为特征，并且在大多数情况下具有转录活性。相比之下，异染色质是一种高度致密和沉默的染色质，它既可以是典型的沉默染色质（组成型异染色质），其基因在生物体的任何细胞类型中很少表达，也可以兼性异染色质存在，在特定的细胞周期或发育阶段，其基因可以表达。组成型异染色质存在于基因组的着丝粒周边和亚端粒区域（图3-10），结构更均匀。兼性异染色质的异质性更强（在3.16节和3.17节中进一步阐述）。因此，随着越来越多的分子标记的使用，一系列染色质状态的特征正在全基因组范围内被破解。此外，这些染色质状态是动态变化的，因为生理相关的输入信号不断从上游途径传递到染色质纤维。另一个说明染色质可塑性的例子是由分化细胞在诱导恢复为更具弹性的胚胎干（embryonic stem，ES）细胞状态（称为诱导多能干细胞，即iPS，induced pluripotent stem cell）中进行的广泛重编程来推断的（3.19节）。

显微镜下可见的染色质结构为11nm串珠状聚合物，代表了染色质很大程度上未折叠的构型，其中DNA被包裹在核小体的重复单元周围（图3-15）。然而，染色质纤维并不总是由规则间隔的核小体阵列组成。核小体可能不规则地堆积并折叠成仅在原子分辨率下才能观察到的高阶结构（Luger et al.，2012；Song et al.，2014）。分化的高阶染色质构象沿着基因组的长度方向出现，在细胞命运定向过程中发生更细微地改变，并且在细胞周期的不同阶段（即间期相对于有丝分裂期）发生了显著的变化。

更紧凑和抑制性更高的高阶染色质结构（30nm）部分通过招募不同蛋白获得，这些蛋白包括连接组蛋白H1（Robinson and Rhodes，2006；Li et al.，2010a）和（或）修饰依赖的结构染色质相关因子，如HP1（Canzio et al.，2011）和Polycomb（Pc）（Francis et al.，2004）。通常认为，核小体染色质（11nm）压缩成30nm转录抑制的构象是通过在间期结合连接组蛋白H1来完成的。然而，H1作为第5类型组蛋白对高阶染色质结构的确切贡献很难确定（Fan et al.，2005）。在哺乳动物中，组蛋白H1家族具有多达8种不同的亚型，这使得进行详细的遗传分析具有挑战性。一些H1亚型是冗余的，而另一些则具有组织特定的功能（Izzo et al.，2008；Happel and Doeneke，2009）。H1本身可以被共价修饰［见附录2（Zhao and Garcia，2014），如磷酸化、甲基化、多聚ADP核糖化等］，这意味着目前研究的核心组蛋白上发生的顺式和反式机制有可

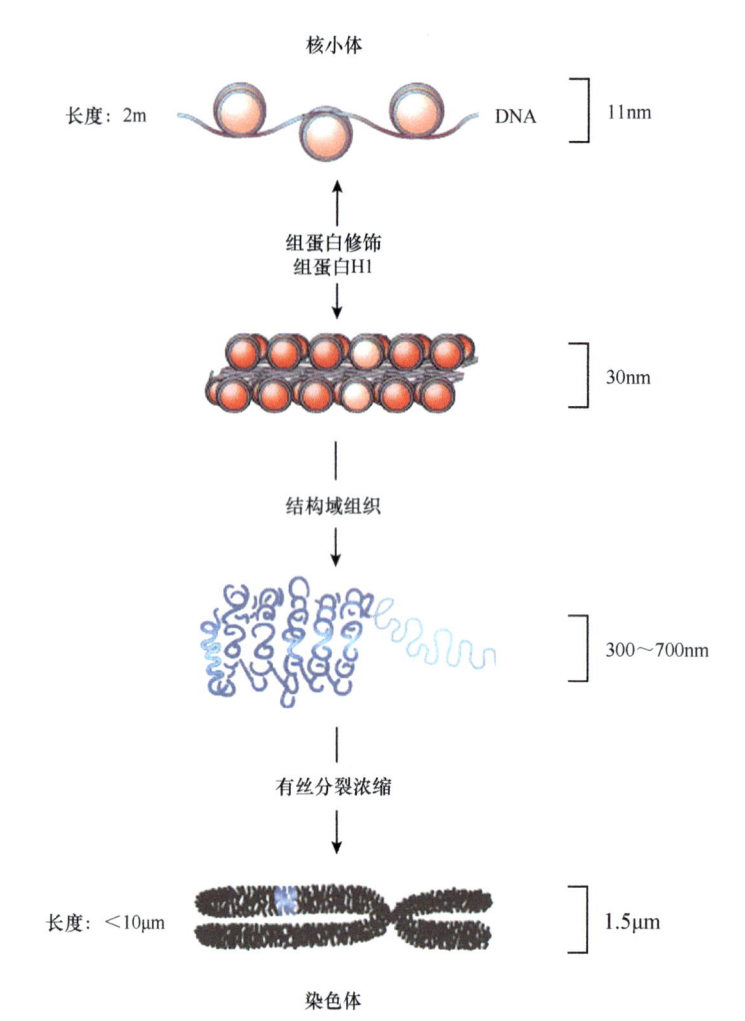

图 3-15 染色质的高阶结构。 11nm 纤维代表 DNA 包裹在核小体周围形成的结构。30nm 的纤维是在连接组蛋白 H1 存在的条件下，进一步包装成的尚未确认的结构（在此图示为螺线管构象）。300～700nm 纤维代表在间期和中期染色质存在的动态的环状高级结构。1.5μm 致密的染色体代表仅在核分裂（有丝分裂或减数分裂）期才出现的、最紧密的染色质结构。尚不清楚有丝分裂染色体带型（即 G 或 R 带）与哪种染色质结构相对应。（改编自 Felsenfeld and Groudine，2003；经许可改绘自 Alberts，1998）

能也作用于连接组蛋白。

关于 30nm 染色质纤维是如何形成和组织的，目前还存在很大的争议。一般来说，已经描述了螺线管（单起始螺旋）模型，其中核小体逐渐绕中心轴盘绕（6～8 个核小体/圈），或更开放的之字形模型，其采用高阶自组装（双起始螺旋）结构。新的证据包括从含 4 个核小体的模型获得的 X 射线结构，更倾向于有双起始的之字形连接的 DNA 将两层核小体相连接（Schalch et al.，2005；Li and Reinberg，2011；Song et al.，2014）。继续进行核小体水平的结构研究，利用我们不断改进的方法来产生"设计者染色质"（Fierz and Muir，2012），将可以更好地理解高阶染色质结构。这项技术还允许系统地评估核小体同质群体中变体或修饰的分布。通过降低内源性染色质的复杂性和异质性，我们将了解关于重塑和组蛋白修饰酶如何在高阶染色质结构中动态变化（Pepenella et al.，2014）。此外，常规用于分析单个核小体的稳定性和动态性的单分子研究，在应用于核小体阵列时，提供了有关高阶结构的新见解（Killian et al.，2012）。组蛋白 H1 通常不存在于当前结构中，因此染色质的致密化程度仍有待进一步了解。

更大的环状染色质域（300～700nm）可能是通过染色质相关蛋白（如核纤层蛋白）将染色质纤维锚定到核周缘或其他核支架上（Amendola and van Steensel，2014）。这些结构是否能产生功能上有意义的"染色体疆域"还不清楚，但新的文献开始提供令人信服的证据表明染色质非随机、生理相关的细胞核定位（Bickmore，2013；Cavalli and Misteli，2013）。例如，已经观察到多个活性染色质位点聚集到 RNA Pol Ⅱ TF，并且这种聚集也与 DNA 复制过程及 DNA 聚合酶的时序有关。沉默的异染色质（尤其在着丝粒周围的区域）以及位于反式区域的基因也有相似的聚集现象 [参见第 8 章（Grunstein and Gasser，2013）；第 29 章（Busslinger and Tarakhovsky，2014）]。这些聚集现象是如何被调控的？染色质域的核定位在多大程度上影响基因组功能调控？目前还不清楚。尽管如此，越来越多的证据表明活跃或沉默的染色质结构与特定的核区域相关 [Cremer and Cremer，2010；请参阅第 19 章（Dekker and Misteli，2014）]。某些技术，包括免疫荧光法和其他显微技术、染色体构象捕获（chromosome conformation capture，3C）及其衍生技术、DNA 腺嘌呤甲基转移酶的鉴定，以及将位点拴系到确定的核区域的实验正在为我们对细胞核组织结构认识带来巨大的进步 [第 19 章（Dekker and Misteli，2014）；第 2 章（Sexton and Yaffe，2014）的主题]。这些技术也开始将特定功能归因于核结构域，如核纤层蛋白相关域（lamin-associated domains，LAD）主要是位于核周缘的异染色质丰富区域（Amendola and van Steensel，2014）。如果研究特定生物过程，如在 B 细胞和 T 细胞中的球蛋白重组或在嗅觉神经元中的嗅觉受体重组，有必要对相关基因位点（分别为免疫球蛋白和嗅觉受体）在细胞核中实现单等位基因表达时进行动态定位 [在第 29 章（Busslinger and Tarakhovsky，2014），第 32 章（Lomvardas and Maniatis，2014）中详细阐述]。

最密集的染色质结构可能是在有丝分裂或减数分裂中期染色体形成过程中被观察到的。这种压缩使得基因组精确地被（每个染色体的一或两个拷贝，取决于不同的分裂）分离到每个子细胞。该浓缩过程可以将完全伸展时约 2m 的 DNA 压缩到若干直径为 1.5μm 的染色体中（图 3-15）。这种大约 10 000 倍的压缩部分是通过连接组蛋白 H1 的过度磷酸化和组蛋白 H3 的氨基末端（如丝氨酸 10 和 28）中的特定位点的磷酸化而实现的。此外，拓扑异构酶Ⅱ、凝缩蛋白（Hirano，2012）和黏连蛋白复合体（Nasmyth and Haering，2009）的 ATP 依赖性对于有丝分裂和减数分裂的高级结构是必需的，因为在 ATP 依赖性功能缺失情况下染色质很少发生浓缩。非组蛋白复合体究竟是如何参与到有丝分裂染色质中的（或 M 期染色质修饰），以及哪些规则决定它们以细胞周期调控的方式从染色质中结合和释放（Bernard et al.，2001；Watanabe et al.，2001）尚不清楚。众所周知的 H3 和 H1 家族成员的有丝分裂磷酸化如何影响上述任何酶或结构复合体的功能还不清楚。

特殊的染色体区域，如端粒和着丝粒具有独特的功能，专门用于对应的染色体动力学。端粒作为染色体的末端，在随后的细胞分裂过程中可防止染色体末端被侵蚀。着丝粒在核分裂过程中为纺锤体微管提供一个附着锚。这两个特殊结构域对于染色体的精准分离发挥重要的作用。有趣的是，端粒和着丝粒的异染色质与常染色质以及其他的异染色质区的区别在于这些染色质独特的染色质结构在很大程度上抑制了基因表达和重组。将表达的基因从常染色质中的正常位置移到着丝粒（或端粒）的异染色质处或附近的新位置可以使这些基因沉默，这为筛选 PEV 的抑制子和增强子提供了强有力的工具 [参见第 12 章（Elgin and Reuter，2013）；第 9 章（Allshire and Ekwall，2014）]。着丝粒和端粒具有低乙酰化组蛋白的分子特征。组蛋白变体 CENP-A 的存在也对着丝粒进行标记，其在染色体分离中起着重要的作用。因此，特异的着丝粒和近着丝粒异染色质的正确组装和维持对于完成有丝分裂或减数分裂是关键的，对维持细胞活力也至关重要。此外，关于着丝粒（和端粒）特征的表观遗传调控机制也取得了进展。一些精妙的实验表明，新着丝粒 [见 20.5 节和图 3-5（Henikoff and Smith，2014）] 可以代替正常的着丝粒起作用，这表明 DNA 序列并非是着丝粒特征的关键决定因素。相反，表观遗传标记，包括着丝粒特异的修饰模式和组蛋白变体，定义了这个特殊的染色体结构域。在染色质的其他编码、非编码和重复区如何对这些表观遗传特征做出贡献方面也取得了相当大的进展。这些机制与染色体带型之间的关系，目前还不清楚，但仍然是一个有趣的话题。大量事实表明，许多癌症都与基因组的不稳定性相关，这种不稳定性是某些疾病恶化和肿瘤形成的标志性特征。因此，对于这些独特的染色体区域的表观遗传调控机理的研究是非常必要的。

3.10 DNA 甲基化

自从 DNA 甲基化被发现（Razin and Riggs，1980）以来，DNA 胞嘧啶残基的甲基化被认为是与基因抑制相关的主要表观遗传机制之一［参见第 34 章（Baylinand Jones，2014）；第 15 章（Li and Zhang，2014）］。这种修饰通过向 DNA 模板中添加甲基来转化胞嘧啶为 5-甲基胞嘧啶（5-methylcytosine，5mC）。这是真正的表观遗传修饰，因为它可以在 DNA 复制过程中通过两条姐妹链从母体细胞遗传给子体细胞，即可以通过细胞分裂遗传。除蠕虫和果蝇（Drosophila）外，DNA 甲基化在大多数多细胞生物中均不同程度地存在（见本书封面内页的表格）。在哺乳动物中，它主要发生在 CpG 二核苷酸上。其沿基因组的分布，显示其富集在非编码区（如着丝粒异染色质）和散布的重复元件上（如反转录转座子）。而在许多基因的 5′ 调控区的 CpG 岛中其丰度很低（Bird，1986）。重要的是要认识到大多数外显子和内含子高度的 DNA 甲基化（70%～80% 的 CpG 位点）。

DNA 甲基转移酶（DNA methyltransferases，DNMT）是 DNA 甲基化的效应剂，它能催化从头甲基化（DNMT3A、DNMT3B）或在 DNA 复制中对半甲基化 DNA 维持甲基化（DNMT1）［参见第 15 章图 15-2（Li and Zhang，2014）］。DNA 复制过程中的维持甲基化受到 DNMT1 固有的自动调节环调节（Song et al.，2011）；当 DNMT1 通过其 CXXC 基序与复制叉上未甲基化的 CpG 结合时，其被抑制；当遇到一个半甲基化位点时，它被变构激活，然后在未甲基化的姐妹链上添加一个甲基［有关详细信息，请参见第 6 章（Cheng，2014）的 6.2.1 节］。重要的是，DNMT1 与 UHRF1 的相互作用增强了 DNMT1 的稳定性，UHRF1 是一种与 H3K9me3 标记的染色质有特异性相互作用的蛋白质，在 DNA 甲基化和抑制性组蛋白甲基化之间提供功能性联系。从头甲基化是由 DNMT3A 酶和 DNMT3B 酶建立的，它们与不具催化活性的 DNMT3L 相关。如图 3-12E 所示，H3K4me3 酶与 DNA 甲基化之间存在一种拮抗作用，该组蛋白标记的存在抑制了 DNMT3L 与从头甲基化酶 DNMT3A 和 DNMT3B 的结合，从而保护了 CpG 岛免受 DNA 甲基化的影响［第 6 章（Cheng，2014）中图 6-10A 有更详细的说明］。哺乳动物细胞中 DNA 甲基化与组蛋白修饰之间的功能相互依赖性已被详细描述过（Cedar and Bergman，2009）。

在脉孢霉（N.crassa）和植物中，基因组内高度重复的串联重复序列（如近着丝粒染色质）依赖于抑制性的 H3K9 甲基化标记来指导从头进行 DNA 甲基化［参见第 10 章（Aramayo and Selker，2013）；第 13 章（Pikaard and Mittelsten Scheid，2014）］。散布的重复序列也可以发出从头 DNA 甲基化的信号，如在脉孢霉中的 RIP（Tamaru and Selker，2001）和哺乳动物的雄性生殖系中的反转录转座子的沉默。已经鉴定出一种小鼠蛋白质 Dnmt3L，它可以通过扫描基因组以鉴定高水平的同源-异源连接来发挥功能，这些同源-异源连接是进行 DNA 甲基化的信号（Bourc'his and Bestor，2004）。在植物中，ncRNA 通过称为 RNA 依赖的 DNA 甲基化的独特机制为从头 DNA 甲基化提供信号［详见第 13 章（Pikaard and Mittelsten Scheid，2014）］。

当 DNA 甲基化被建立后，它通过什么机制导致染色质沉默的方式尚不完全清楚，尽管有证据表明通过提供特定的结合基序或抑制结合来进行反式调节。对甲基化胞嘧啶具有亲和力的因子称为甲基 CpG 结合域蛋白（methyl-CpG-binding domain protein，MBD），可以被认为是等同于修饰的组蛋白的结合因子（或 "阅读器"）（图 3-16），例如，甲基胞嘧啶结合蛋白（MeCP2）结合甲基化的 CpG 并招募 HDAC 来去除激活组蛋白的乙酰化标记［参见第 1 章 5（Li and Zhang，2014）］。另一方面，DNA 甲基化也干扰了转录调节因子（如 CTCF）的识别位点［参见第 2 章 6（Barlow and Bartolomei，2014）］。

甲基化 DNA 中的等位基因差异可能发生在印记位点上以沉默植物和胎盘哺乳动物的母系或父系等位基因，包括沉默的 X 染色体。这表明，在进化过程中，他们利用了这种独特的表观遗传机制来稳定沉默。有趣的是，有袋类动物基因印记区域没有 DNA 甲基化，表明它参与哺乳动物基因印记是一个相对较近的进化事件［在第 26 章（Barlow and Bartolomei，2014）中讨论；第 25 章（Brockdorff and Turner，2014）］。令人惊讶的是，DNA 甲基化以低丰度存在于昆虫（如蜜蜂和蚂蚁）中，并且似乎是稳定表型多态性的印记过程

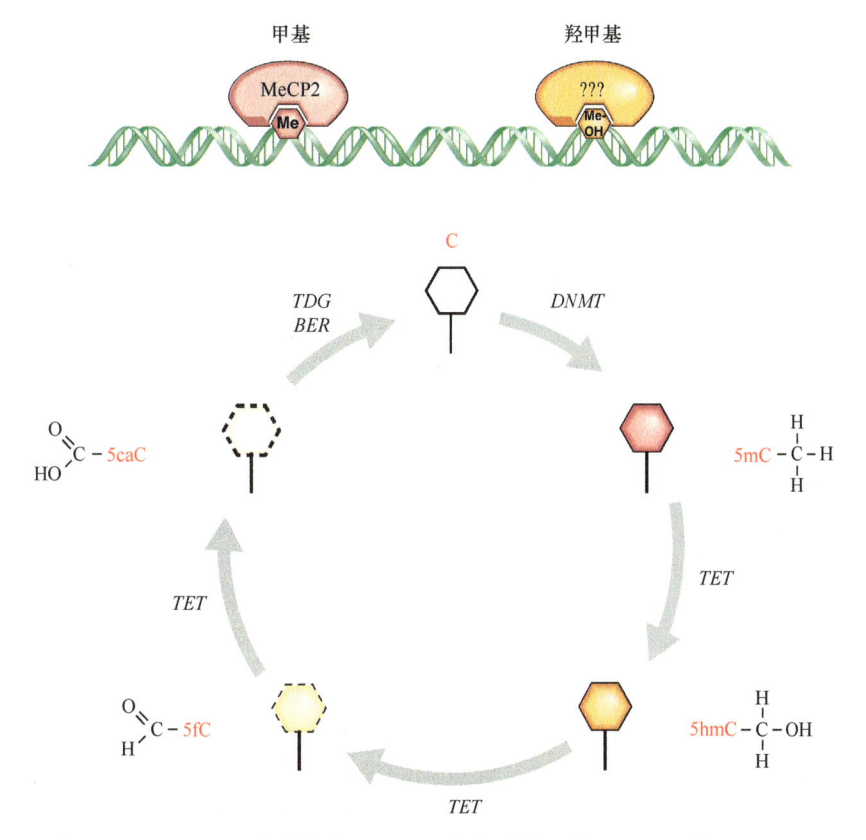

图 3-16 DNA（去）甲基化循环。DNMT 将未修饰的胞嘧啶核苷酸转化为 5mC，可被 TET（ten eleven translocation）酶进一步氧化，生成 5-羟甲基胞嘧啶（5hmC）、5-甲酰胞嘧啶（5fC）和 5-羧胞嘧啶（5caC）。胸腺嘧啶 DNA 糖基化酶（thymine-DNA glycosylase, TDG）和碱基切除修复（base excision repair, BER）机制对 5caC 位点的联合作用产生未修饰的胞嘧啶。尽管有几种 5mC 的阅读器（如 MeCP2、MBD），但 5hmC 的特异性结合蛋白仍然未知。（Y Zhang，个人通讯）

的一部分（Bonasio er al.，2012）。而在二倍体昆虫（如果蝇）中，DNA 甲基化作为一种功能性的表观遗传机制在总体上已基本被丢失（Krauss and Reuter，2011；Lyko and Maleszka，2011）。

通常被 DNA 甲基化所抑制的哺乳动物基因组的高度重复区域在未被甲基化时会逐渐变得具有诱变性，乃至引起基因组不稳定（Chen et al.，1998）。随之而来的是染色体异常，这是许多癌症恶化和疾病的主要原因，如 ICF（immunodeficiency, centromeric instability, and facial abnormalities，免疫缺陷，着丝粒不稳定性和面部异常）[在第 33 章中进行了详细阐述（Zoghbi and Beaudet，2014）]。这强调了 DNA 甲基化在基因组完整性中起到的关键作用。

在单个甲基化胞嘧啶碱基水平上，5mC 具有很高的自发突变倾向。因此，随着时间的流逝，5mC 通过脱氨反应发生 C-T 转换。但是，该特征被认为对于保护宿主基因组是有益的，因为它永久地灭活了寄生 DNA 序列，如转座子。在 B 细胞和 T 细胞的情况下，这种活化诱导脱氨酶（activation-induced deaminase，AID）主动催化的化学反应会引起 B 细胞和 T 细胞抗原受体基因座的体细胞超突变。这是扩展抗原受体库并因此增强哺乳动物免疫力的重要机制（Pavri and Nussenzweig，2011）。在哺乳动物早期发育过程中也观察到 AID 的表达，这可能提供 DNA 去甲基化的另一种途径 [如第 15 章图 15-6 所示（Li and Zhang，2014）]，尽管存在点突变增加的风险。

一个长期存在的大问题是 DNA 甲基化是否可逆，是否可以被不同的酶主动去除，在本书第一版之后进行的研究清楚地表明 DNA 甲基化是可逆的（Kriaucionis and Tahiliani，2014）。5mC 可以先通过 TET 酶的作用，通过氧化攻击转化为 5hmC，然后转化为 5fC，最后转化为 5caC（图 3-16）。然而，严格说来，5caC 需要转化回胞嘧啶；虽然这也可能涉及脱羧作用，但它被认为是通过一种被动的修复机制发生的。基于 DNA BER 的另一种机制也是可能的。事实上，TDG 已经被证明可以去除 5caC（He et al.，2011）。尽管能有效消除 DNA 甲基化的酶的发现在表观遗传学研究中是一个里程碑式的发现，但还需要更多的工作来理解 DNA 甲基标记是如何及何时被去除的，以及中间产物如 5hmC、5fC 和 5caC 本身是否具有功能意义。

3.11 RNAi 和 RNA 介导的基因沉默

RNAi 是一种宿主防御机制，可将 dsRNA 种类分解为小的 RNA 分子（称为短干扰 RNA 或 siRNA）。此过程最终导致 RNA 降解或利用小 RNA 抑制翻译，即转录后基因沉默（posttranscriptional gene silencing, PTGS）。最近发现的转录基因沉默（transcriptional gene silencing, TGS）机制通过 RNAi 机制在新生转录位点以顺式招募表观遗传机制使异染色质形成。将 RNAi 和染色质领域联系在一起的最令人信服的进展来自粟酒裂殖酵母（S. pombe）的研究，其中所有已知 RNAi 因子的突变都会导致染色体分离缺陷（Reinhart and Bartel, 2002；Volpe et al., 2002；Hall et al., 2002）。这是无法稳定着丝粒异染色质引起的。它还强调了着丝粒异染色质在维持基因组完整性以及维持细胞活力方面的重要性。有证据表明，siRNA 在定义功能性异染色质的其他特殊区域（如端粒）时也是必需的。

粟酒裂殖酵母近着丝粒重复序列的两条 DNA 链都进行了转录，并且可以检测到加工的 siRNA，以此开始揭示 TGS 机制，它提供了有力的证据证明 dsRNA 衍生物是将 RITS（RNA 诱导的转录沉默，RNA-induced transcriptional silencing）复合体靶向到着丝粒进行沉默的关键底物（图 3-17）（Reinhart and Bartel, 2002；Volpe et al., 2002）。此外，*clr4* 突变体（粟酒裂殖酵母中哺乳动物 Suv39h KMT 同源蛋白）无法将 dsRNA 加工成 siRNA，这进一步说明了 RNAi 机制与异染色质组装之间功能的联系（Motamedi et al., 2004）。由 RNAi 机制［Dicer、Argonaute、RNA 依赖性 RNA 聚合酶（RdRP）］产生的 siRNA 究竟如何启动异染色质装配或引导 siRNA 进入一个合适的基因组区域，我们尚不清楚。我们知道 RNA 的产生是异染色质结构域成核而不是延伸所必需的（Buscaino et al., 2013）。已经出现的模型提出了 RNAi 机制、RITS 和 SHREC（含 Snf2/HDAC 的阻遏复合体）（Sugiyama et al., 2007）复合体和着丝粒重复序列之间的复杂相互

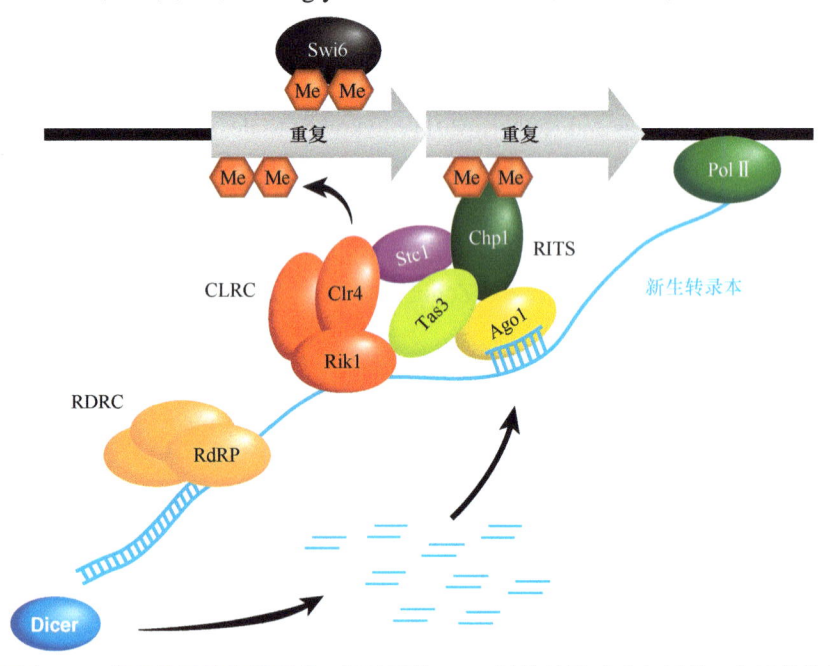

图 3-17 粟酒裂殖酵母中 RNA 指导的异染色质形成。 通过两条 DNA 链的转录或反向折叠，在近着丝粒区域的互补 dsRNA 转录本，通过 Dicer 的作用产生了 siRNA。siRNA 通过与 Argonaute 蛋白（Ago1）结合而整合到 RITS 复合体中，从而激活复合体以识别互补 DNA 或新生 RNA。该复合体招募 Clr4 和 CLRC 复合体，产生组蛋白 H3K9me2。修饰特异性结合因子 Swi6 与这些修饰的组蛋白结合，从而促进了抑制性染色质区域的延伸。RdRP 以现有的 siRNA 作为引物扩增 siRNA，从而增强 RITS 复合体对 DNA 特定区域的靶向能力。

作用，导致异染色质形成的自增强循环路径，涉及 HDAC、Clr4、Swi6（与哺乳动物 HP1 同源）的参与，并可能通过 Argonaute 介导的 RNA∷RNA 杂交与新生转录本配对的方式实现（图 3-17）[在第 16 章中阐述（Martienssen and Moazed，2014）]。本章所述的其他机制表明，异染色质装配也可以通过 RNA 外切体降解途径触发（Halic and Moazed，2010）。

在纤毛原生动物嗜热四膜虫（*Tetrahymena*）中，人们已经认识到类似的 RNA 介导的靶向机制可以直接消除体细胞大核中的 DNA。在这种情况下，在性别途径的适当阶段，嗜热四膜虫沉默的生殖系（微核）基因组中的内部剔除片段都会发生 DNA 双链的转录（Chalker and Yao，2001；Mochizuki et al.，2002）。一个"扫描 RNA"模型被提出来解释亲本大核中的 DNA 序列如何控制新的大核中涉及小 RNA 的基因组改变[更多详细信息，请参见第 11 章（Chalker et al.，2013）]。这些令人兴奋的结果证明了 RNAi 类似进程能直接改变体细胞基因组，由此产生有趣的可能性，即 *V-DJ* 位点产生的基因间 RNA（Bolland et al.，2004）[第 29 页（Busslinger and Tarakhovsky，2014）]有可能在 B 细胞 IgH 基因座和 T 细胞 TCR 基因座的 V-DJ 重排过程中指导 DNA 序列的剔除。

在植物中，许多 RNAi 成分都存在同源蛋白，导致许多 RNA 沉默途径对特定 DNA 序列具有更高的特异性，尽管这些因子中存在冗余现象。对植物中 RNAi 介导的 TGS 的研究表明，一类新型的 RNA 聚合酶（RNAPol Ⅳ）可能仅在异染色质区转录 DNA [Herr et al.，2005；Pontier et al.，2005；请参阅第 31 章（Baulcombe and Dean，2014）]。植物的独特之处还在于 RNAi 途径被证明直接影响了 DNA 甲基化 [Chan et al.，2004；在第 13 章中有详细解释（Pikaard and Mittelsten Scheid，2014）]。

在果蝇和哺乳动物中也发现了类似 RNAi 的染色质效应。在果蝇中，已证实受到 PEV 抑制的 *mini-white* 基因串联阵列的沉默被 *Aubergine* 突变所抑制 [Pal-Bhadra et al.，2004；参见第 12 章（Elgin and Reuter，2013）]，该基因调节了 Piwi 相关小 RNA（Piwi-associated small RNA，piRNA）的加工过程。在哺乳动物中，对透明化的小鼠细胞进行 RNA 酶 A 处理可以快速去除异染色质 H3K9me3 标记，这表明 RNA 组分可能是着丝粒周围异染色质的结构成分（Maison et al.，2002）。尽管已报道包括 Dicer 在内的 siRNA 加工因子的突变使脊椎动物异染色质受损（Fukagawa et al.，2004；Kanellopoulou et al.，2005），但最近的研究表明在着丝粒周边区域主要卫星重复序列的转录本（Casanova et al.，2013）和反转录转座子（long interspersed element，LINE）阻遏相关的其他重复序列相关 ncRNA（De Fazio et al.，2011；Fadloun et al.，2013）的表达甚至可以直接影响异染色质的形成和基因沉默，特别是在早期小鼠胚胎发生期间。

尽管没有明确的证据表明哺乳动物细胞中存在 siRNA 介导的 TGS，但在脊椎动物（如小鼠）和无脊椎动物（如果蝇）中也描述了另一类小 RNA，称为 piRNA（Ghildiyal and Zamore，2009；Guzzardo et al.，2013；Peng and Lin，2013）。果蝇 Piwi（P-element-induced wimpy testis）像 Aubergine 一样，属于精子形成过程中主要表达的第二类 Argonaute 蛋白，它们的调控作用不依赖于 Dicer 和 dsRNA 的 piRNA 的生成。与 siRNA（21～23 个核苷酸）相反，piRNA 的长度在 24～30 个核苷酸之间，起源于重复序列丰富的簇，在沉默雄性生殖细胞的反转录转座子中起主要作用。piRNA 的另一个有趣特征是它们的"乒乓"扩增环，它不需要 RdRP（Ghildiyal and Zamore，2009；Khurana and Theurkauf，2010）。这些引人入胜的联系表明，piRNA 可以提供第二个系统（除了依赖 Ago-siRNA 的 TGS 之外），用于指导反转录转座子沉默，并且 Piwi-piRNA 途径也可以为通过雄性甚至雌性（Ni et al.，2011）生殖细胞传递表观遗传信息提供合理的机制（参见 3.22 节）。

这些研究共同表明，非编码 RNA 在触发表观遗传转变和以可遗传方式维持特定染色质模板状态方面起着至关重要的、甚至可能是最根本性的作用。实际上，这些非编码 RNA 为不同生物中不同的重复序列是如何通过 RNA 介导的机制实现异染色质化提供了解答。为了鉴定更多的 RNAi 靶点，对小 RNA 的测序表明它们主要是从植物到果蝇和哺乳动物等生物体内的内源性转座子和其他重复序列中转录出来的 [参见第 16 章（Martienssen and Moazed，2014）]。因此，尽管 RNA 沉默和 RNA 介导的异染色质形成似乎已经进化成抑制入侵的自私 DNA 序列，从而保持基因组的稳定性，但它们甚至可能在抑制非编码 RNA 转录和作为全基因组 RNA 监测机制中发挥更广泛的作用（Aygün et al.，2010；Reyes-Turcu et al.，2011）。

总体而言，以上实例表明了基因调控的中心法则已有了巨大的改变，表现为：DNA=>非编码 RNA=>染色质=>基因功能。非编码 RNA 会积极参与类似 RNAi 的机制，可以预期这种机制是针对特异位点的染色质重塑和基因沉默的。

3.12 常染色质与异染色质的区别

为了清楚起见，尽管我们知道存在一系列不同的染色质状态，但这里分为常染色质和异染色质进行讨论。常染色质或称活性染色质主要由基因组中的编码和调控（如启动子和增强子）序列组成。如前所述，大量文献表明，常染色质以一种"开放的"（去浓缩的）、对核酸酶敏感的构型存在，使其"准备"用于基因表达，即使其不一定具有转录活性。有些基因的表达是无处不在的（管家基因）；另一些则是在发育过程中受到调控或是受逆境诱导以应对环境信号。在某些情况下，RNA Pol Ⅱ 复合体已经开始转录，但是转录本的延伸却停滞了。这种启动子近端 RNA Pol Ⅱ 暂停复合体似乎广泛分布在受调控的基因中，但是目前尚不清楚其功能（Adelman and Lis，2012；Smith and Shilatifard，2013）。如，在其他基因中，受类固醇激素调节的基因通常是染色质局部压缩的，涉及 TSS 周围的一些核小体，通过核受体介导的 HDAC 复合体的招募（如 NuRD 和 Sin3）而产生。这种类型的染色质通常称为抑制性常染色质。但是，在存在配体的情况下，与 DNA 结合的核受体发生构象变化，释放出 HDAC 复合体，并伴随着 HAT 的招募，如 p300 或 CBP（KAT3A），导致染色质开放（Wiench et al.，2011）。

对转录的表观遗传调控的描述通常涉及修饰和核小体重塑，反式作用因子和顺式作用 DNA 元件（启动子、增强子、基因座控制区、绝缘子等）相互协作，以及与 RNA 聚合酶和相关因子协同作用诱导或抑制基因的转录（Sims et al.，2004；Voss and Hager，2014）。这些调节序列在进化过程中经历严格选择，说明了 DNA 序列在启动和引导转录程序中的支配性功能，然后通过相关的染色质标记使其稳定并传递。这样，染色质提供了一种"索引系统"以记忆转录机器在适当细胞类型中何时和何处访问其靶序列。

在 DNA 水平上，富含 A/T 的启动子部分通常缺少核小体，称为 NDR，并且可能以刚性的非经典 B 型 DNA 构型存在，从而促进 TF 的占据（Sekinger et al.，2005；Brogaard et al.，2012；Struhl and Segal，2013）。但是，TF 占据不足以确保完整级别的转录。通过诱导活性组蛋白修饰（如乙酰化和 H3K4 甲基化）招募核小体重塑机器以促进转录机器的参与［第 21 章（Becker and Workman，2013）］。同样，在转录机器解开并转录通过染色质纤维后，组蛋白与组蛋白变体的交换可确保染色质模板的完整性（Weber and Henikoff，2014）。此外，要实现 mRNA 的完全成熟，还需要经过转录后翻译（Venkatesh et al.，2012）以及剪接、聚腺苷酸化和核输出等转录后过程。因此，"常染色质"很可能代表一个复杂的染色质状态，该状态包含动态的和精细的专用机器，这些专用机器一起与染色质纤维相互作用以实现转录和产生有功能的 RNA。TF 和激活机器与染色质模板的相互作用从严格意义上应归类为转录和染色质动力学，而不是表观遗传控制。但是，一些与染色质相关的组蛋白修饰确实参与了产生功能性 mRNA。一个例子就是发现第一个核 HAT（GCN5），它首先被作为 TF（共激活因子，coactivator）进行研究，后来其被证明是染色质修饰酶，即它具有内在的 HAT 活性（Brownell et al.，1996）。

那么，如何定义异染色质？异染色质在基因组的功能组织中起着至关重要的作用，确保染色体准确分离。绝大多数哺乳动物基因组由非编码序列组成，>50% 的序列富含重复序列和（或）包含异染色质标记的重复元件（如反转录转座子、LINE、卫星重复序列等）。跨重复元件的转录有很大可能性产生 dsRNA，这些重复元体的转录受到体细胞中 RNAi 机制的沉默。此类 dsRNA 的产生可充当"警报信号"，反映了以下事实，即潜在的 DNA 序列无法生成功能性产物，或已被 RNA 反转录转座子或其他病毒入侵。使用各种模型系统［在第 9 章（Allshire and Ekwall，2014）中讨论；在第 16 章（Martienssen and Moazed，2014）中讨论；第 13 章（Pikaard and Mittelsten Scheid，2014）；第 23 章（Strome et al.，2014）］剖析了导致异染色质状态被锁定的高度保守的途径。尽管确切的顺序和细节可能有所不同，但是这种沉默途径通常涉及组蛋白尾巴去乙酰化、特定组蛋白赖氨酸残基的甲基化（尤其是 H3K9）、与异染色质相关的蛋白质（如 HP1）的招募以及维持活跃 DNMT 的生物体中的 DNA 甲基化。此外，异染色质还显示出较低的核小体移动性，这主要是通过 HDAC 介导的组蛋白替换抑制实现的（图 3-18 右）（Aygiin et al., 2013）。酿酒酵母具有独特的异染色质形式，因为缺乏 H3K9 和 DNA 甲基化，这些异染色质组装是通过组蛋白尾巴的低乙酰化而启动的，然后通过结合乙酰化组蛋白的异染色质因子［例如 SIR，第 8 章中阐述的蛋白质（Grunstein and Gasser, 2013）］而锁定。对于所有这些例子，将基因组区域选择性隔离到抑制性核环境（如核纤层）或其他区域可能会促进异染色质的形成［在 3.9 节和第 19 章中讨论（Dekker and Misteli, 2014）］。这对于在果蝇（Pickersgill et al., 2006）、秀丽隐杆线虫（Towbin et al., 2012）和哺乳动物（Zullo et al., 2012）中描述的 LAD 尤为明显。

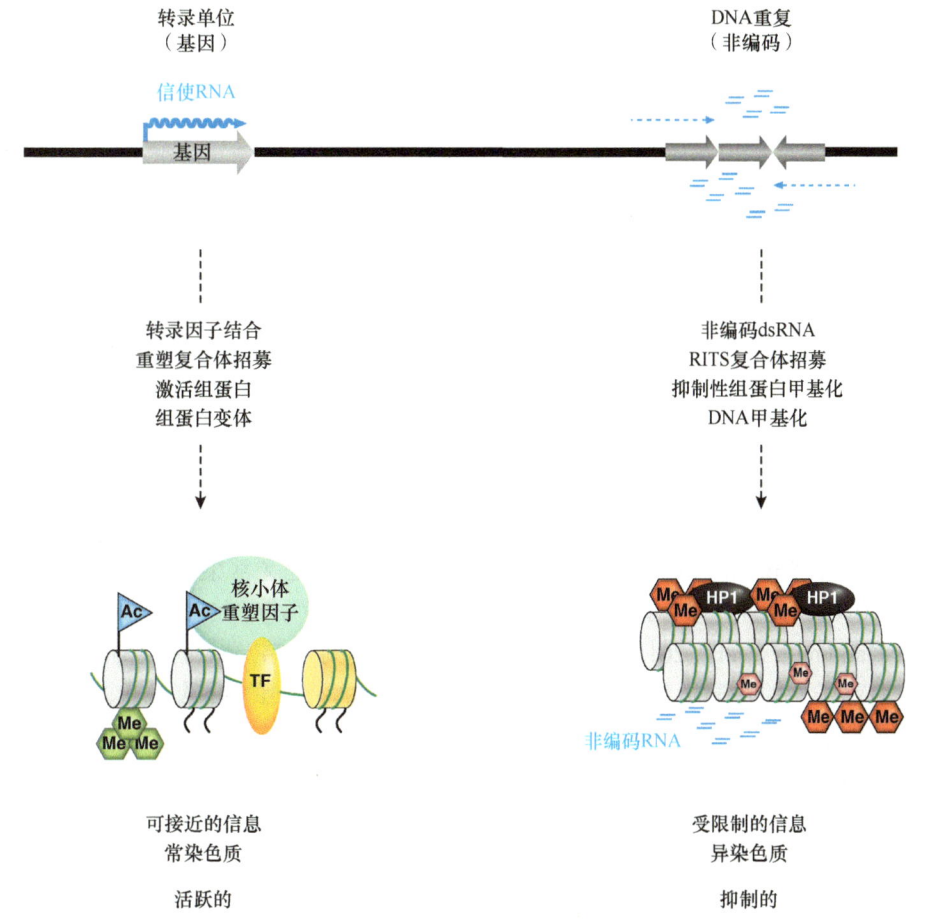

图 3-18 常染色质和异染色质之间的区别。常染色质和组成型异染色质产生途径的概述。不同染色质区域相关 DNA 序列产生的 RNA 转录本不同，这些 RNA 转录本可以作为染色质相关蛋白质和复合体、组蛋白共价修饰、组蛋白变体组成和 DNA 甲基化的信号。

3.12.1 异染色质有什么功能？

着丝粒是一个组成型异染色质的可遗传区域，在有丝分裂和减数分裂过程中起着重要的作用。因此，着丝粒存在着进化的压力，即维持染色体上重复序列和重复元件的大量聚集，从而产生以抑制性表观遗传特征为标志的相对稳定的异染色质结构域。因此，众所周知，着丝粒重复序列和与其相关的染色质标记已被复制并移至染色体臂上，从而形成沉默结构域，如粟酒裂殖酵母的交配型位点［第 9 章（Allshire and Ekwall, 2014）］。异染色质的这个结构域起着抑制基因转录和基因重组的作用，这与单细胞生物中典型的、默认的转录状态相反。端粒（染色体的保护末端）上的组成型异染色质以染色体"帽"的形式来确保基因组的稳定性。最后，异染色质形成是抵御入侵 DNA 的主要机制，尤其是在高等真核生物中。

尽管常染色质和异染色质的广泛功能区别被定义为活性染色质与抑制染色质，但这些状态比以前预期的要动态得多。例如，在哺乳动物中，ES 细胞与分化程度更高的细胞之间的特征标记（如 H3K9me3 和 H3K9me2 的水平）和与异染色质蛋白（如 HP1）结合的稳定性存在差异（Meshorer et al.，2006；Wen et al.，2009）。此外，组成型异染色质的成分可以与其他功能多样的亚细胞核区室交叉，包括端粒、印记区、早幼粒细胞白血病（应激）体、核仁中的核糖体 DNA（rDNA）簇以及与衰老相关的小区室（图 3-19）（在 Fodor et al.，2010 中进行了回顾），这清楚地说明了染色质是高度动态的。

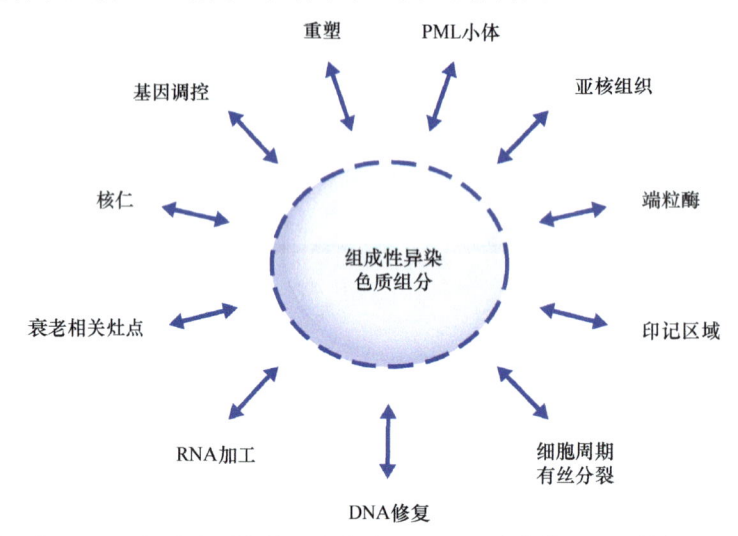

图 3-19 异染色质组分的互换。组成型异染色质的核心成分不限于 DAPI 密集的斑区（蓝色圆圈），而是经常与其他亚核结构互换，并参与许多其他与染色质相关的过程。（改编自 Fodor et al.，2010）

尽管进行了遗传筛选和亚细胞核定位分析，但仍未发现专门定义常染色质或异染色质的"魔力"因子（Fodor et al.，2010）。此外，TF 结合位点可以嵌入许多重复序列，一些 TF 也被证明是异染色质形成的重要因子（Bulut-Karslioglu et al.，2012）。一个模型是，重复序列中 TF 结合位点的随机性和重复性相对于它们在启动子和增强子处的协同组织性显著地调控了涉及 DNA 序列的 RNA 输出，以及随之而来的沉默或激活染色质修饰酶的招募（图 3-20）。产生 RNA 转录本的强启动子或增强子的插入可以无视异染色质（Festenstein et al.，1996；Ahmad and Henikoff，2001）。反之亦然，特别是启动子的功能减弱和初级 RNA 转录本的错误加工，尤其如果存在 dsRNA 积累，则可以在常染色质位置诱导异染色质标记产生（Reyes-Turcu et al.，2011；Zofell et al.，2012）。

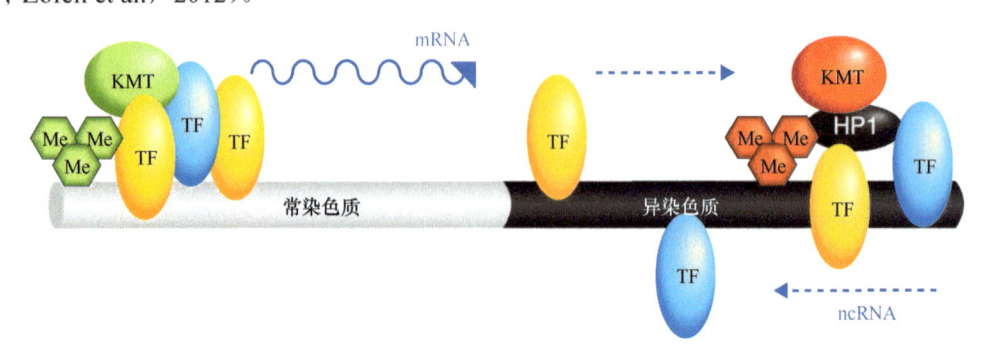

图 3-20 区分常染色质和异染色质的转录因子（TF）模型。该模型表明常染色质和异染色质的区别在于 TF 结合位点的协同而非随机组织。尽管常染色质基因的转录和 mRNA 的产生取决于 TF 在功能完全的启动子上的协同结合，但富含重复序列的异染色质区域显示出 TF 结合位点的不协调和重复排列。这导致异常或错误加工的非编码 RNA 的产生，并导致抑制性 KMT 复合体的招募。（改编自 Bulut-Karslioglu et al.，2012）

有了这些见解，常染色体和异染色质之间的区别可以归纳为三个关键特征。第一，DNA 序列本身的性质很重要。例如，是否在启动子周围有富含 AT 的刚性 DNA，在重复序列中是否存在 TF 结合位点与更多随机 TF 结合位点的协同作用，以及（或）其他结合位点是否预示着染色质酶（因子）的招募。第二，在转录过程中产生的 RNA 的质量决定了它是否被完全加工成可以翻译的 mRNA，或者 RNA 是异常的，并且被 RNAi 机制或其他机制（例如外切体处理）用作为沉默 RNA。第三，细胞核内的空间组织成亚核区室可能在染色质组装、将受抑制的染色质隔离到异染色质小室、或者维持转录热点的活性染色质中发挥作用 [Edelman and Fraser, 2012；Wendt and Grosveld, 2014；第 8 章（Grunstein and Gasser, 2013）；第 19 章（Dekker and Misteli, 2014）]。

3.13 从单细胞到多细胞系统

酿酒酵母和粟酒裂殖酵母基因组中包含的 5000～6000 个基因足以调节基本的代谢、修复和细胞分裂过程。由于这些单细胞生物本质上是无性繁殖的，因此对细胞分化没有要求，仿佛是重复的永生实体。相比之下，哺乳动物要编码超过 25 000 个基因以满足约 200 种不同类型细胞的需要。了解如何从相同的遗传模板中产生和协调多细胞复杂性是表观遗传学研究中的关键问题。

包括酵母、果蝇、植物和哺乳动物在内的真核生物之间基因组大小的比较表明，基因组大小随着各生物的复杂程度而显著增加。酵母和哺乳动物的基因组大小至少有 200 倍或更大的差异，但总基因数量仅适度增加约 4 倍（图 3-21）。乍一看，这个事实似乎违反直觉。但是，实际上，编码序列与非编码序列和重复序列的比例可以更好地指示基因组的复杂性。与多细胞生物的高度重复序列丰富的基因组相比，单细胞真菌的大部分"开放"基因组具有相对较少的非编码 DNA。特别是哺乳动物基因组，已经积累了相当多的重复元件和非编码区，这占了其大部分的 DNA 序列（例如，小鼠基因组中有 54% 的非编码 DNA 和 45% 的重复 DNA）。

图 3-21 生物基因组的饼状图。 在每个饼状图的顶部，给出了表观遗传学研究中使用的主要模型生物的基因组大小。更加复杂的多细胞生物体基因组大小的增加伴随非编码 DNA（即内含子、某些调控元件）、重复序列{即反转录转座子 [LINE、ERV（内源性逆转录病毒）和其他重复序列 SINE（短插入元件和卫星重复序列）]} 的增加。这种扩增伴随着调节基因组的表观遗传机制（特别是抑制性机制）的数量增加（参见本书内页封面中的表格）。除植物外，基因组的扩增还与转录单位的大小和复杂性的增加有关。它们已经进化了对转录单位内的插入或复制不耐受的机制。对于四膜虫，显示了微核基因组的组成，而共同的基因结构（星号）是指大核中的基因排列，因为在大核中发生基因表达。P：启动子 DNA 元件。

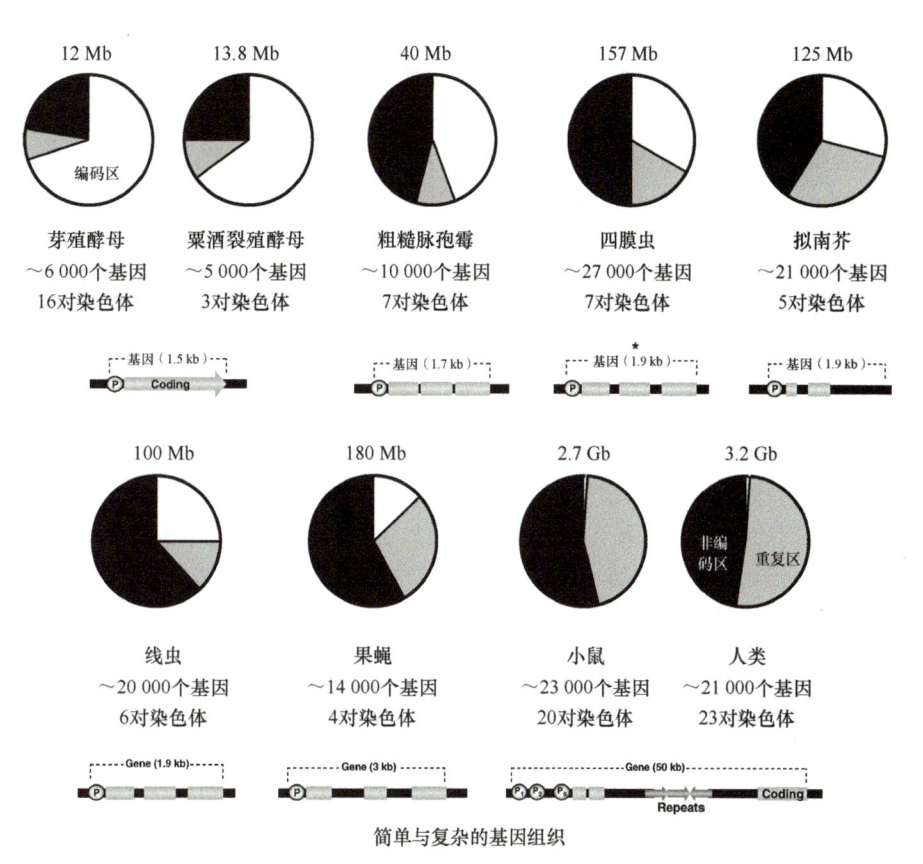

因此，什么使鱼类成为鱼类，不是由基因数量决定的，而是由基因组内基因的调控方式决定的。复杂生物的基因组组织更为复杂，例如，>95%的转录本在哺乳动物中是非编码的（Mattick，2011）。有证据表明重复元件可实现基因组进化和可塑性以及一定程度的随机基因调节。在哺乳动物基因组中，这种随机基因调节部分是由扩展引起了大量重复元件渗入转录单位，这导致转录单位通常变得更大（30～200kb），在未翻译的内含子中包含多重启动子和DNA重复序列。有趣的是，虽然植物也拥有与哺乳动物相似的大基因组，但它们通常拥有更小的转录单元和更短的内含子，因为它们已经进化出防御系统，确保转座子不会插入转录单位内。

尽管物种间许多表观机制的功能保守程度很高，但所使用的表观遗传途径类型存在较大的生物体间差异。这些差异在一定程度上与基因组大小有关，在高等真核生物中，非编码DNA和重复DNA的大量扩展需要更广泛的表观遗传沉默机制。这与哺乳动物和植物使用一系列抑制性组蛋白赖氨酸甲基化、DNA甲基化和RNAi沉默机制有关。伴随多细胞性的另一个挑战是如何协调和维持多种细胞类型（细胞特征性）。这在一定程度上取决于Polycomb（PcG）和Trithorax（TrxG）组蛋白复合体之间的微妙平衡［请参见第3.16节；第17章（Grossniklaus and Paro，2014），第18章（Kingston and Tamkun，2014）］。PcG蛋白尤其与多细胞性的出现有关。

3.14　表观基因组参考图

具有代表性的人类基因组序列于2001年首次发表，其包含大约21000个基因（Lander et al.，2001；Venteret et al.，2001）。诸如1000基因组计划（http://www.1000genomes.org）和HapMap（http://hapmap.ncbi.nlm.nih.gov）等最近的全基因组关联研究（genome-wide association studies，GWAS）均已发现大量的遗传变异，并揭示了众多调控因子和个体之间总体基因组组织的差异，这表明似乎只有人类基因组的15%受到自然选择的约束（Ponting and Hardison，2011）。技术已经从微阵列、ChIP-chip和染色体作图分析发展到NGS或大规模平行测序，使得整个人类基因组测序可以在3天内完成，并且样本可以是从一滴血中仅得到的小于10 ng的DNA。因此，可以检查整个基因组，而不是分析一个或两个靶基因。随着技术的不断完善，人们有望取得进一步的进展，从而可以对单个细胞的基因组进行测序。同样，对染色质标记的详细分析，包括亚硫酸氢盐对DNA甲基化（和羟甲基化）的作图、组蛋白修饰的深度测序、核小体的定位（Segal and Widom，2009）以及从几乎所有基因组序列中产生的RNA转录组测序（Amaral et al.，2008）都将能够揭示特定时间、特定细胞类型的表观遗传调控的特征。等位基因的差异也开始通过长测序读数的聚类得到解释（Xie et al.，2012）。尽管这些新技术在基因组和表观基因组分析方面掀起了一场真正的革命，但它们也要求科学家在数据处理和解释方面具有丰富的生物信息学专业知识（Azuara et al.，2006；Bernstein et al.，2006；Barski et al.，2007）。

早期的表观基因组作图研究专注于表征组蛋白的修饰，描述了"二价染色质"（bivalent chromatin）的新区域（见下文）以及在多种人类细胞类型中活性和沉默组蛋白修饰（Mikkelsen et al.，2007）。后来，通过组蛋白修饰和TF结合的全基因组定位，在果蝇中将染色质进行五种颜色分类（Fuion et al.，2010）。现在，已描述了在多种人类细胞类型（类似于图3-22A）中超过15种不同的染色质模式和超过50种染色质的特征（Ernst et al.，2011；Kharchenko et al.，2011）（可通过IHEC数据端口访问，数据门户网站：http://epigenomesportal.ca/ihec）。

表观基因组需要纳入至少三个方面的内容：①染色质结构的改变，包括DNA甲基化模式、组蛋白修饰、组蛋白变体、核小体定位、TF占用，以及用于编码和非编码RNA转录本的高覆盖转录组分析；②定义和获取细胞类型，最好是原代细胞，以建立关于细胞类型身份的参考表观基因组；③仔细考虑不同的表观遗传状态［通过比较基因相同细胞的表观基因组如何响应来自环境的生理和病理信号（图3-22B）］。建议在时间和空间的背景下标准化这些参考表观基因组的图谱。这在很大程度上是由NIH路线图、ENCODE计划、

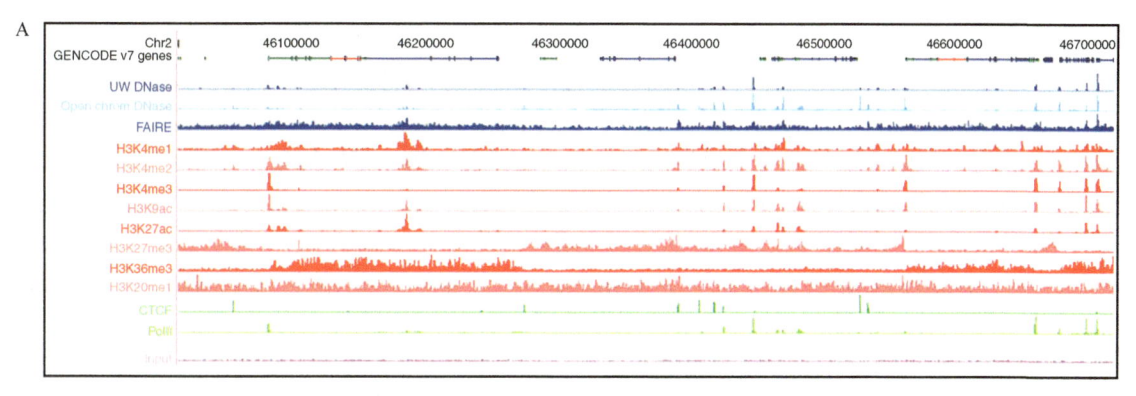

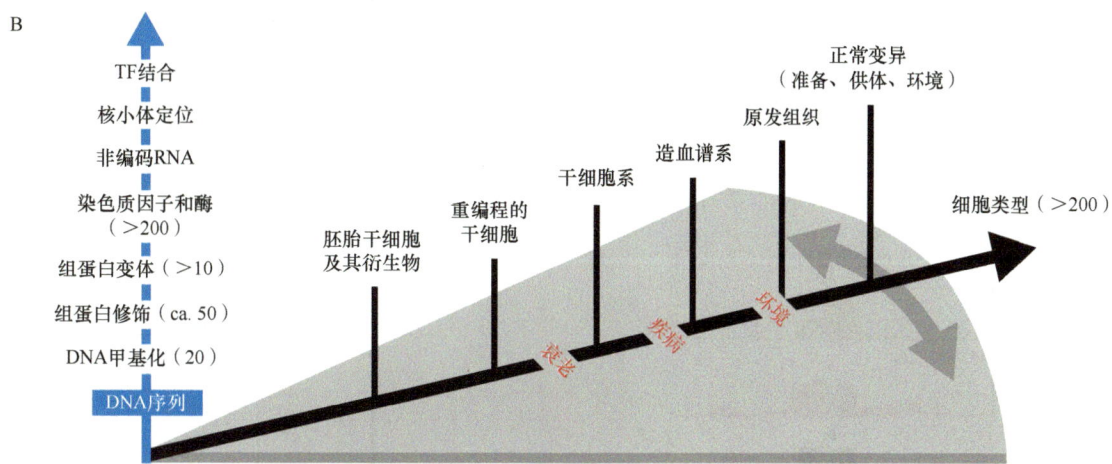

图 3-22 表观基因组的景象广阔。(A) 淋巴母细胞样人细胞系 (GM12878) 中 700kb 染色质区域的表观基因组学特征。带注释的基因显示在顶部，并显示了开放染色质（蓝色）、组蛋白修饰（红色）和 CTCF/RNA Pol II （绿色）的信号轨迹。(B) 除 DNA 序列外，表观基因组的定义还要求在给定的细胞类型（x 轴）和特定的分化条件和环境条件（灰色阴影）下分析染色质结构和产生 RNA 输出（y 轴）的区域。因此，表观基因组的分析比基因组中 DNA 序列的描述要复杂得多。(A，改编自 ENCODE Project Consortium，2012；B，IHEC Steering Committee，私人通讯)

European Blueprint platform 带头的，并且已由一个全球性的联盟（IHEC）集成，它联合了几个国家活动（有关各个组织的 URL，请参见附录 1）。目前的 IHEC 规范已被定义为包括 DNA 甲基化、6 种指导性组蛋白修饰（图 3-23）、核小体定位和全转录组（编码和非编码 RNA）。这些举措描述了大约 60 种人类细胞类型的表观基因组（另见附录 1），其目标是在接下来的 5 年中确定 1000 个表观基因组（IHEC 标准）。

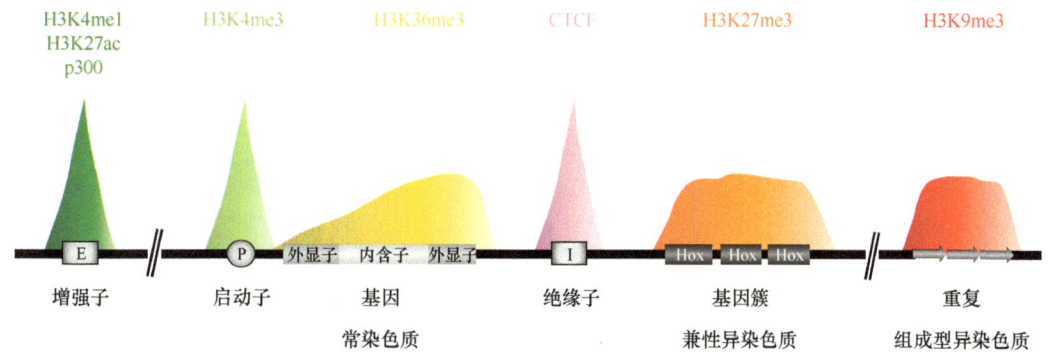

图 3-23 指导性的组蛋白修饰标记了功能基因组元件。表观基因组图谱的研究工作确定了具有指导意义的组蛋白修饰和表观遗传因子，这些因子与不同的基因组元件相关：H3K4me1、H3K27ac 和 p300（HAT）在增强子（E）上达到峰值，而 CTCF（锌指因子）聚集在绝缘子上（I）。对于活性基因，在启动子（P）处有一个 H3K4me3 峰，并且有 H3K36me3 的延伸轨迹，反映了延伸中 RNA Pol II 在基因体中的转录。抑制性染色质区域的特征是 H3K27me3（兼性异染色质，如在 Hox 簇上）和 H3K9me3（组成型异染色质，如在重复序列上）。

考虑到准确定义表观基因组非常复杂，一些方法已被证明是有用的。例如，有机体之间的比较表观基因组学揭示了功能基因组因子，否则这些将无法被发现，如增强子元件的表征（Xiao et al., 2012）。增强子（图 3-23）（以 H3K4me1 和 H3K27ac 标记为代表，Heintzman et al., 2009；Shen et al., 2012）和超级增强子（Whyte et al., 2013）显示不同细胞类型的染色质特征发生显著变化。有趣的是，增强子序列在 GWAS 研究中优先突变（Ernst et al., 3011）。然而，遗传（即突变的 DNA 序列和单核苷酸多态性）与受到干扰的表观遗传调控（染色质结构改变）在多大程度上促进了人类疾病的发展和表现，这一点仍有待观察。

原则上，似乎活性的染色质标记（如 H3K4me3 和组蛋白乙酰化）和抑制的染色质标记（如 H3K27me3）不应该在给定的局部环境中共存。尽管如此，信息丰富的二价染色质结构域特征解释仍是一个难题，因为它们同时富集了 H3K4me3 和 H3K27me3 标记。这种二价染色质结构域存在于发育调控的基因启动子中，主要存在于 ES 细胞但也存在于其他类型的细胞中（Bernstein et al., 2006；Mikkelsen et al., 2007；Fisher and Fisher, 2011）。这种二价染色质在分化过程中可以保留在一些基因上，但大多数情况下可以分解为活性或受抑制的染色质状态，从而诱导或抑制相关基因位点的表达（图 3-24A）。

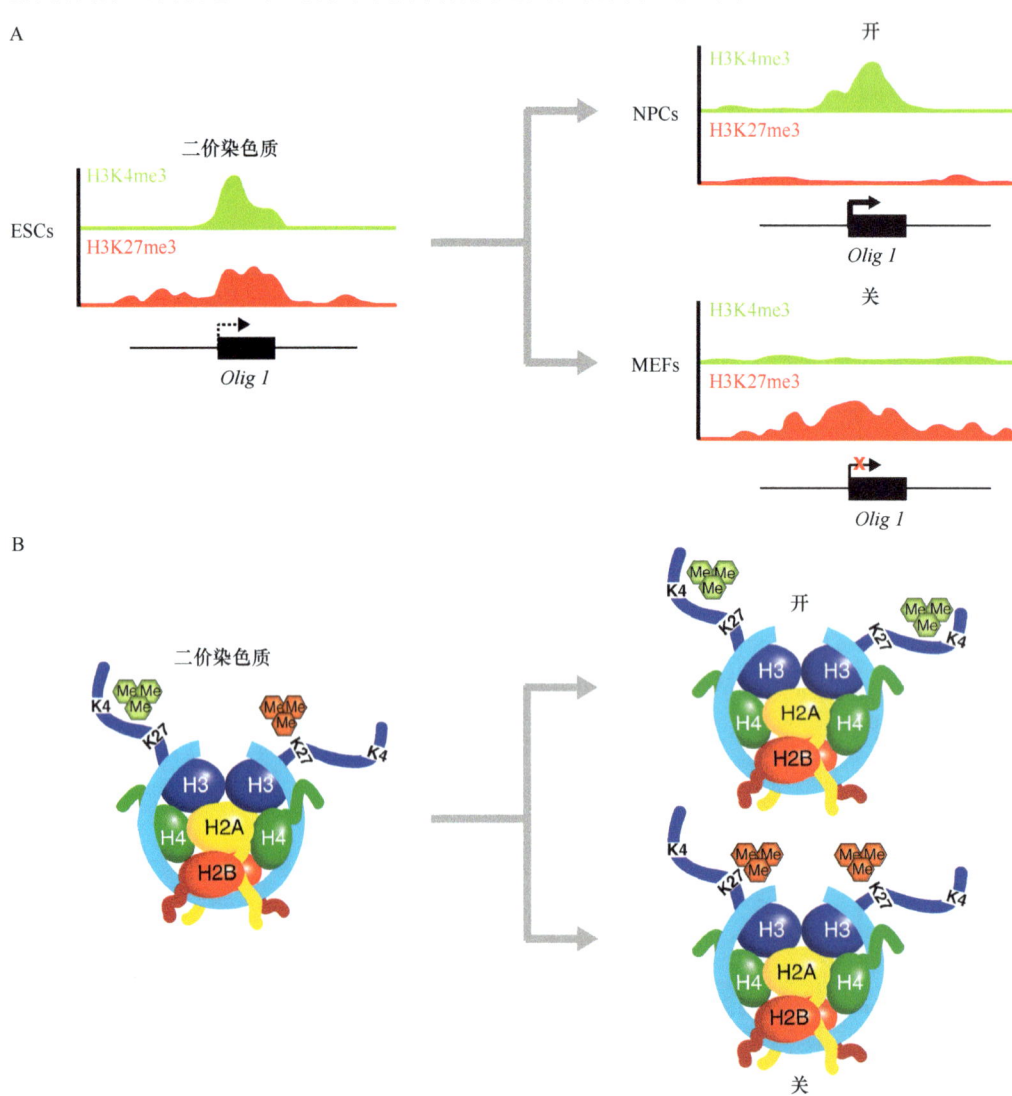

图 3-24 二价染色质。（A）二价染色质域的特征是活性 H3K4me3 和抑制性 H3K27me3 组蛋白标记并存，并且经常在多能细胞中调节发育的基因启动子区域发现。分化后，这种染色质状态被改变，从而导致基因活跃或基因阻抑。这个概念通过二价的 *Olig1* 基因进行图示。（B）在二价核小体中，H3K4me3 和 H3K27me3 不在同一 H3 尾部出现，而是在两个不同的 H3 尾部出现。这种不对称分布需要被解析，以将二价染色质转化为活性（仅包含 H3K4me3）或抑制（仅包含 H3K27me3）染色质状态。（A，改编自 Mikkelsen et al., 2007）

在单核小体水平上二价染色质的特征及其如何建立的问题直到最近才通过高分辨率生化分析被揭开。这些生化分析方法可区分在同一核小体上是否物理共存不同的组蛋白修饰，以及它们是否在单个核小体颗粒内的"姐妹"组蛋白的不同或相同尾巴上同时产生。这种方法不仅需要从异质性细胞群中排除平均染色质富集，还需要区分不同的等位基因和来自相邻核小体的信号。该分析实现了具有修饰特异性组蛋白抗体的单核小体的亲和纯化，并与定量质谱联用。结果表明，ES 细胞、小鼠胚胎成纤维细胞和人类 HeLa 细胞中确实有一部分核小体的染色质标记 H3K4me3 和 H3K27me3 被不对称修饰（图 3-24B）（Vbigt et al., 2012）。这一发现，再加上之前研究中的机制性解析直接暗示二价结构域的存在。H3K4me3（或 H3K36me3）通过顺式作用抑制了催化 H3K27me3 的 PRC2 复合物的活性。因此，如果 H3K4me3（或 H3K36me3）存在于一个 H3 的尾部，则只有缺乏这些修饰的姊妹 H3 尾才可以被 PRC2 修饰，这为建立二价染色质结构域提供了一条新途径。有趣的是，组蛋白变体 H3.3 通过 HIRA 依赖性分子伴侣系统加载在小鼠胚胎干细胞的特定发育位点上，在 PRC2 招募和 H3K27 甲基化（而不是 H3K4 甲基化）中起作用（Banaszynski et al., 2013）。这些发现支持了新的观点，即 H3.3 在不同的基因组位置具有不同的功能，而这些功能并不总是与活跃的染色质状态相关（见 3.7 节）。

3.15 扩展的基因概念和非编码 RNA

关于基因的确切性质是什么以及在我们的基因组中大量非编码 DNA 发挥的作用，长期以来一直存在着争议。详细的表观基因组图谱突出显示在缺乏编码序列的区域或已知的调控区域（如增强子）处发现许多染色质标记。这种观点以及整个基因组都被转录的数据（Carninci et al., 2005; Kapranov et al., 2007; Djebali et al., 2012）均表明（表观）基因组具有比已知的更多的功能。确实，染色质可以看作基因组的组织装备（Ridley, 2003），而基因组可以看作 RNA 机器（Amaral et al., 2008）。但是，要证明非编码 DNA 和 RNA 在基因组管理中起的作用仍然需要严格的测试和独创性证明（Doolittle, 2013; Bird, 2013）。

在哺乳动物基因组印记或 X 染色体失活的情况下，RNA 的产生是区分两个相同等位基因的主要机制。有趣的是，这种等位基因的选择最终取决于正义和反义长非编码 RNA（long noncoding RNA, lncRNA）之间的竞争性转录活性。例如，lncRNA *Air* 干扰并抑制了 Igf2r 印记簇的表达 [Sleutels et al., 2002; 第 26 章（Barlow and Bartolomei, 2014）]，反义的 *Tsix* RNA 阻滞了正义 *Xist* 的转录 [第 25 章（Brockdorff and Turner, 2014）]。转录干扰也可能发生在非印记基因上，特别是如果反义转录物是由隐秘启动子产生的，这些隐秘启动子可以存在于外显子或内含子序列中（Venkatesh et al., 2012; Smolle and Workman, 2013）。

一个基因的有限定义是由其单个 TSS 描述的，但对其具有固定长度（如哺乳动物中 20～50kb）的事实受到了挑战，因为许多哺乳动物的基因在其 5′ 端有几个启动子，这些启动子在不同的细胞类型中被用于产生不同的 mRNA，它们编码多种基因产物亚型。RNA 测序如 Gro-seq（Global nuclear Run-On sequencing）也揭示了许多人类启动子的停滞和多起点（Core et al., 2008; Adelman and Lis, 2012）。此外，增强子 RNA（enhancer RNA, eRNA）可以调节启动子驱动的转录本，尽管 eRNA 可能位于距启动子起始位点 >100kb 的位置 [参见第 2 章（Kim et al., 2014）]。这些新的深度测序技术促进了许多新 RNA 转录本的鉴定，能够获得较高的 RNA 转录本覆盖率，因为与 mRNA 相比，大多数非编码或隐秘 RNA 的丰度明显较低。在很大程度上，正是这种进步扩展了我们对基因经典定义的范围（图 3-25）。因此，划定扩展基因位点的 DNA 区域可以跨越 >300kb，其中包括已观察到的、新近鉴定的 RNA 转录（特别是 lncRNA 和 eRNA）的区域。这样的基因座可能使用复杂的调控机制，其中非编码 RNA 对 mRNA 的产生和加工具有激活或抑制功能。

lncRNA 的最早描述是 HOTAIR（HOX transcript antisense intergenic RNA，HOX 转录反义基因间 RNA），与附近的基因阻遏有关 [Rinn et al., 2007; 第 2 章（Rinn, 2014）]，可能是通过招募 Polycomb 复合体的一些成员，其中一些成员对 RNA 有亲和性（综述见 Margueron and Reinberg, 2011）。其他 ncRNA 通过 mediator 复合体的组装促进增强子-启动子间的交流，mediator 复合体可以被 lncRNA 稳定。

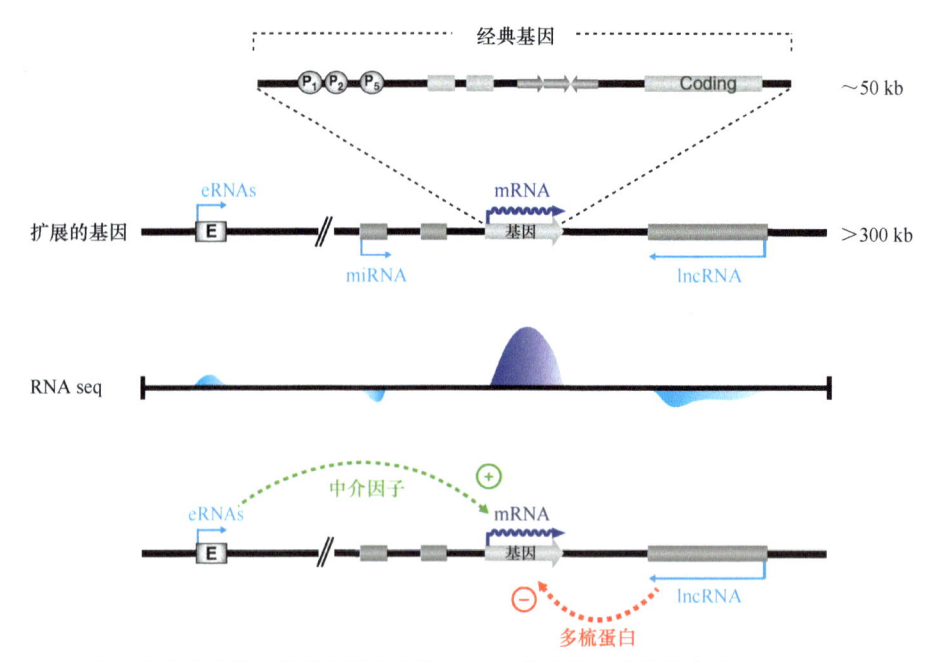

图3-25　扩展的基因概念。哺乳动物的平均基因跨度约为50kb，由几个可选择的启动子（P1、P2、P5），7～8个外显子和6～7个内含子组成。全基因组的RNA测序（RNA-seq）表明许多经典基因被嵌入更大的转录活性区域内。除了产生主要RNA转录本（mRNA）的基因位点，扩展基因的概念还整合了产生非编码RNA（如eRNA、miRNA、lncRNA）的相邻区域（跨度大于300kb）。有的非编码RNA可以通过招募激活性（mediator，中介因子）或抑制性蛋白复合体（polycomb，多梳蛋白）来调节初级RNA转录本的表达。

非编码RNA根据大小（即大于200bp的lncRNA和小于200bp的短ncRNA）和功能进行了分类，总结于图3-26。与完全加工的mRNA相比，许多ncRNA的丰度可能非常低（低至0.1%），但具有多种调节功能。一些ncRNA在细胞核中被小区室隔开，而另一些则输出到细胞质中。在所有源自基因组的ncRNA转录本中，只有约10%被加工并输出到细胞质中。一种特殊情况是piRNA的生殖细胞特异性装配，是在细胞质靠近核孔称为云状物（nauge）的结构中，这对于它们的生物合成和扩增非常重要（Klattenhoff et al., 2009）。ncRNA除在TGS和PTGS中的功能外，还具有许多其他功能（3.11节）[第9章（Allshire and Ekwall, 2014）；第31章（Baulcombe and Dean, 2014）；第16章（Martienssen and Moazed, 2014）；第13章（Pikaard and Mittelsten Scheid, 2014）]，这些功能包括前体加工、通过增强子-启动子通信进行基因调控、

图3-26　非编码RNA（ncRNA）的功能。在过去的几年中，已经确定了越来越多的非编码RNA。它们可以分为短非编码RNA（＜200bp）和长非编码RNA（＞200bp）。长非编码RNA和短非编码RNA的实例和潜在功能将在下文中进一步描述。

RNA-蛋白质支架、RNA 引导、重组、转座子抑制和 RNA 修饰，尤其是对小核仁 RNA 修饰（Lee，2012；Rinn and Chang，2012；Sabin et al.，2013）。ncRNA 领域发展非常迅速，最近发现了一类新的 RNA，即环状 RNA（circular RNA），研究表明其在 PTGS 中发挥作用（Memczaket et al.，2013）。

众所周知，可以通过对 RNA 的糖骨架和核苷酸碱基进行多种多样的化学加成来共价修饰 RNA（Cantara et al.，2011；Machnicka et al.，2013）。尽管对糖骨架的修饰可以保护 RNA 分子免受核酸酶水解攻击，但对核苷酸碱基的化学添加也可以赋予其新的调节功能。这对 N6-甲基腺苷 [m(6)A] 修饰尤为明显，它是编码和非编码 RNA 转录本中最丰富的 RNA 修饰（Meyer et al.，2012）。m(6)A 被 METTL3 RNA 甲基转移酶复合体和 FTO（fat mass and obesity associated）RNA 去甲基酶之间的拮抗活性可逆地修饰，后者属于 AlkB 双加氧酶家族（Jia et al.，2013）。此外，已经确定了 m(6)A 的一个选择性结合蛋白（YTH 家族蛋白之一）（Wang et al.，2014），它将含 m(6)A 的 RNA 靶向 mRNA 降解位点。通过肥胖症危险因子 FTO 的突变或对 METTL3 的实验抑制对 m(6)A 的扰动调节表明 m(6)A RNA 甲基化对于发育（尤其是大脑）、代谢和生育能力（Jia et al.，2013）具有重要作用。另一个例子是 DNMT 同源物 DNMT2（Goll et al.，2006）对转移 RNA（tRNA）的胞嘧啶甲基化作用，其与保护 tRNA 免受逆境诱导的降解有关（Schaefer et al.，2010）。使用高通量测序的最新进展使得检测许多编码和非编码 RNA 中的 RNA 胞嘧啶甲基化成为可能（Squires et al.，2012；Khoddami and Cairns，2013）。总之，这些有趣的发现表明 RNA 甲基化可能代表了基于修饰的表观遗传调控的第三种类型（DNA 和组蛋白甲基化之外）。

RNA 分子采用多种三维结构（如茎环和发夹）并与互补序列碱基配对的生理化学特性将进一步扩展其与染色质的相互作用和（或）改变其染色质以调节转录。除了形成 dsRNA，新生的 RNA 可以与 DNA 模板结合并诱导三链核酸结构，称为 R 环（R-loop）。R 环在转录过程中自然产生，并在基因调控中发挥作用（Skourti-Stathaki and Proudfoot，2014）。除了在 R 环形成过程中，顺式或反式作用的 ncRNA 分子可能与染色质结合并侵入 DNA 模板形成 RNA：DNA 杂交甚至三重螺旋（Felsenfeld and Rich，1957）。值得注意的是，DNA 和（或）RNA 胞嘧啶甲基化将有利于形成 Hoogsteen 键（允许三螺旋），而不是在中性 pH 下的 Watson-Crick 碱基配对（Lee et al.，1984），而且可能诱导非 B 型结构。尽管很难直接在体内染色质上证明这一点，但最近的报告描述了 RNA：DNA 杂交或三螺旋形成在抑制 rDNA 基因（Schmitz et al.，2010）和 LINE 逆转录转座子（Fadloun et al.，2013）以及稳定某些 lncRNA（Wilusz et al.，2012）中的功能。RNA：DNA 杂种的生理作用也已在先天免疫过程中得到鉴定，即通过 Toll 样受体（TLR；如 TLR9）在细胞质中形成病原体相关的新分子模式（Rigby et al.，2014）。

3.16 Polycomb 和 Trithorax

能将信号传递到染色质模板并参与维持细胞特征性（即提供细胞记忆）的主要效应子是 Polycomb（PcG）和 Trithorax（TrxG）基因家组的成员，这是第 17 章（Grossniklaus and Paro，2014）和第 18 章（Kingston and Tamkun，2014）的主题。这些基因是在果蝇中被发现的，因为其在 *Hox* 基因簇的发育调控和同源基因调控中发挥作用。研究表明，这些基因家族维持着基因表达的模式，这种模式最初是由短暂的主调节因子（TF）在早期发育过程中建立的。此后，PcG 和 TrxG 被证明对于细胞增殖、细胞特征性以及多细胞真核生物中原始生殖细胞（primordial germ cell，PGC）[第 27 章（Reik and Surani，2014）] 的确定是至关重要的。此外，这些基因家族还参与了多个信号级联反应，这些信号级联反应对促有丝分裂和形态建成因子做出反应以调节干细胞的身份和增殖、植物春化作用 [第 31 章（Baulcombe and Dean，2014）]、等位基因转化和变异、B 细胞和 T 细胞分化过程中的世系决定 [第 29 章（Busslinger and Tarakhovsky，2014）] 以及后生动物发育的其他许多方面。因此，不足为奇的是，这些基因的突变或失调甚至导致了哺乳动物中某些类型的癌症 [第 35 章（Audia and Campbell，2014）；第 34 章（Baylin and Jones，2014）]。

其功能的广泛性反映在包括 PcG 和 TrxG 的各种复合体上。Polycomb 蛋白和 Trithorax 蛋白在大多数情况下具有拮抗作用。PcG 蛋白家族建立一种沉默的染色质状态，而 TrxG 蛋白家族促进基因活性。这些复合体通过核小体改变、染色质浓缩或 H3K4、H3K36 和 H3K27 甲基化加载以及 H2AK119 的单泛素化来修饰染色质并发挥作用。本节介绍有关 PcG 和 TrxG 复合体的知识，以及它们如何通过染色质结构将发育线索转化为"表观遗传记忆"。

从果蝇中已鉴定出至少 15 个不同的 TrxG 基因。通常，TrxG 蛋白在靶基因上可保持基因表达的活跃状态，并克服（或预防）PcG 介导的沉默。TrxG 基因编码 ATP 依赖的染色质重塑酶（如 Brahma）、KMT（如 Ashl、Trx 或 Trr）和 TF（如 GAGA 或 Zeste）。TrxG ATP 依赖的染色质重塑因子（如 Brahma）的作用对于其他染色质修饰蛋白进入染色质模板是非常重要的［详细信息见第 21 章（Becker and Workman, 2013）；第 18 章（Kingston and lamkun, 2014）］。TrxG 和相关因子可以起 KMT 的作用，催化组蛋白 H3 赖氨酸 4 的甲基化。如上所述（图 3-23），H3K4me1 与增强子相关，而 H3K4me3 标记活跃转录的基因的 5′ 区域。这两种不同的修饰通过不同的 TrxG 复合体完成（图 3-27）。哺乳动物 TrXG 复合体功能的多样化可能与基因组的复杂性有关。然而，如何确定哺乳动物 TrxG 复合体在其基因组上的位置仍然是一个悬而未决的问题。MLL1 很可能像 Set 1/Compass 复合体（图 3-14）一样通过转录机制直接靶向靶区域。

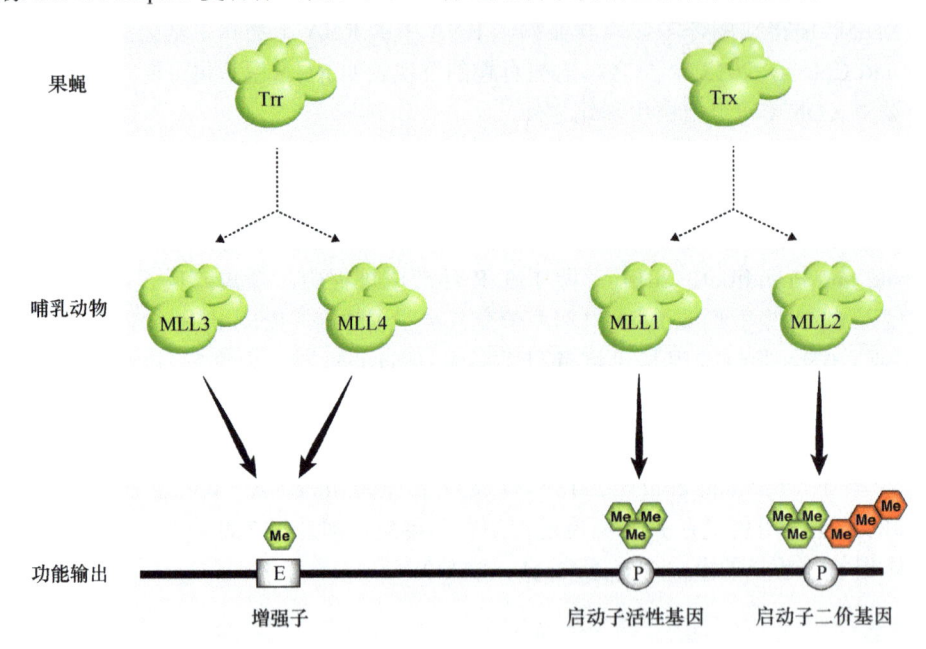

图 3-27 **Trithorax 复合体及其生物学功能**。在果蝇中，有两个具有不同生物学功能的 Trithorax 复合体：Trx 和 Trx-related（Trr）。Trr 及其哺乳动物直系同源蛋白（MLL3 和 MLL4）在增强子上特异性介导 H3K4me1。相反，Trx 及其哺乳动物直系同源蛋白（MLL1 和 MLL2）被招募到启动子上，在启动子中催化产生 H3K4me3。在哺乳动物中，MLL1 的活性与活跃基因有关，而 MLL2 似乎对二价启动子是特异的。

从果蝇中已鉴定出约 20 个 PcG 基因。PcG 蛋白中第一个蛋白质（Pc）的分子鉴定显示其可稳定的基因表达模式跨多个细胞世代，这为细胞或表观记忆的分子机制提供了第一个证据。Pc 与异染色质相关蛋白（HP1）高度相似，都含有克罗莫结构域（Par and Hogness, 1991）。克罗莫结构域形成了一个芳香族笼，这已被很好地证明是一种特异性的、与甲基化组蛋白残基结合的口袋［图 3-7，第 6 章（Cheng, 2014）］。

果蝇的生化分析表明存在两种主要的 PcG 复合体，即 PRC1 和 PRC2。PcG 基因编码的产物包括 DNA 结合蛋白（如 Phol）、组蛋白修饰酶（如 Ring1B and Ezh）以及其他抑制性染色质相关的因子，这些因子含有对 H3K27me3 具有亲和力的克罗莫结构域（如 Pc）。在果蝇中，PcG 蛋白复合体向 DNA 的招募是通过被称为 PRE（polycomb response element，polycomb 反应元件）的元件介导的。迄今为止，哺乳动物中尚未发现对应的 DNA 元件，尽管有一些报告（Sing et al., 2009; Woo et al., 2010）提出了针对特定基因座的 PcG 复合物的 PRE 的存在，然而这些是否是真正的 PRE 元件仍不清楚。目前果蝇中的模型是通过与 DNA 结合蛋白的相互作用以及 Pc 蛋白对 H3K27me3 修饰组蛋白的亲和力来实现 PcG 招募的（Beisel and Paro，2011；Simon and Kingston，2013）。目前尚不清楚 PcG 蛋白复合物是如何以 PRE 依赖的方式引起长程沉默的，因为首先果蝇中的 PRE 通常位于靶基因 TSS 的几千碱基的远处；其次，PRE 元件具有降低核小体密度的功能（Schwartz et al.，2005）。这些发现，加上果蝇 PcG 复合体可以在体外与缺少组蛋白尾巴的核小体结合的事实，看起来似乎矛盾（Francis et al.，2004）。对于这些矛盾现象最合乎逻辑的解释是体内 PcG 的结合最初需要与 DNA 结合因子相互作用，然后通过与核小体和相邻染色质区域中修饰的 H3K27me3 相互作用而进一步稳定，如图 3-13 所示。需要做更多的研究来证明 PcG 复合体如何靶向染色质区域以及它们如何介导抑制。新的证据表明，PcG 复合体之间存在明显的相互作用，这会影响它们的招募（如下所述）。值得注意的是，尽管在某些系统中 PcG 和 TrxG 的招募机制研究取得一定进展，但 PcG 和 TrxG 的招募可能是依赖于生物体的，因为 PcG 和 TrxG 复合体在不同生物体中具有很大的异质性［第 17 章（Grossniklaus and Paro，2014）；第 18 章（Kingston and Tamkun，2014）］。

果蝇 PRC2 的靶向和作用机制如图 3-13 所示。在哺乳动物中，PRC2 更为复杂，而 PRC2 对哺乳动物靶基因的特异性招募仍然难以解释。研究表明，它的三个亚基（即 Ezh2、Suz 12、Jarid2）与 RNA 相互作用，这表明这种相互作用可能参与其靶向特异性基因的过程。一旦被招募，PRC2 与染色质进行一系列低亲和力相互作用（图 3-28）。例如，我们知道 PRC2 复合体与染色质的结合受 RbAp 组蛋白结合蛋白的辅助。在 ES 细胞中，该复合体也与 Jarid2 相互作用。Jarid2 含有促进 PRC2 招募到染色质核小体的结合活性，以及与富含 CG 的 DNA 序列进行低亲和力结合的结构域。由于 JARID2 在分化细胞中不表达，因此与 EZH2 相比，EZH1（KMT6B）表现出补偿效应，显示出固有的核小体结合活性（Son et al.，2013）。编码酶促 H3K27 甲基化的核心 E（z）基因已在哺乳动物中复制，产生 EZH1 和 EZH2，其中 EZH2 的活性明显更高。两者的活性都需要与 EED 和 SUZ12 相关联，但是 EZH2 存在于活跃分裂的细胞中，而 EZH1 存在于所有细胞中。显然，对表征不同哺乳动物细胞类型的各种 PRC2 复合体的功能解释还需要做更多的工作。

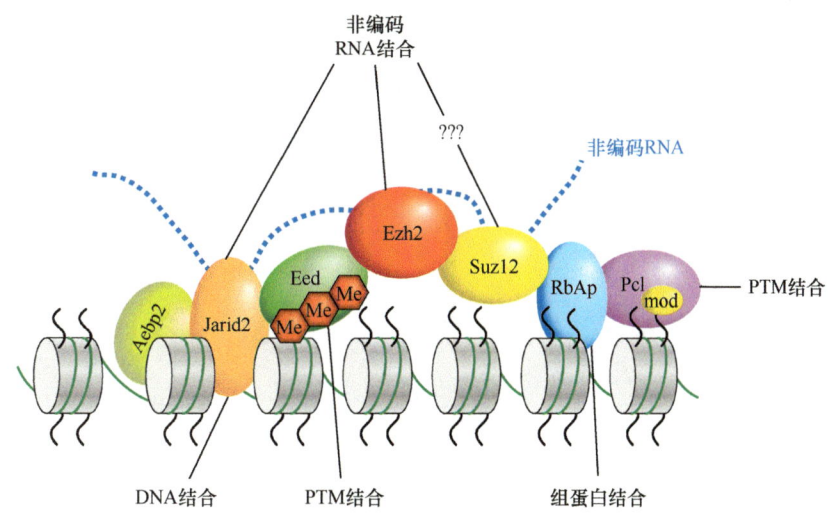

图 3-28 **PRC2 与染色质的低亲和力相互作用**。哺乳动物 PRC2 招募至靶基因的分子机制仍在研究中（详见正文）。但是，一旦被招募，该复合体就会通过其各种亚基与染色质模板的大量低亲和性相互作用而稳定化，包括 DNA 结合（Jarid2）、组蛋白结合（RbAp）、PTM 结合（Pcl、Eed）、非编码 RNA 结合（Jarid2、Ezh2，可能还有 Suz 12）。（改编自 Margueron and Reinberg，2011）

与哺乳动物 PRC2 复合体的多样性一样，与果蝇相比，PRC1 同样复杂。果蝇 PRC1 复合体由四个多肽组成，并且该复合体能压缩染色质、建立 H2AK119ub1，并包括一个 H3K27me3 的阅读器（图 3-29）。在哺乳动物中，该复合体已进化为至少六种不同类型，根据其独特的 PCGF（Polycomb group Ring finger）蛋白进行分类（图 3-29A）（Gil and O'Toghlen，2014）。PCGF 蛋白与催化 H2AK119ub1 的酶和 Ring1B（或 Ring1A）相互作用，而 Ring1 与 CBX 蛋白相互作用，CBX 蛋白包括一个读取 H3K27me3 的克罗莫结构域。

有趣的是，另外两种蛋白质 RYBP 和 YAF2 也与 Ring1 相互作用，但是是以竞争性方式相互作用的，因为这三种蛋白质（包括 CBX 家族）都结合到 Ring1B 的同一表面上。哺乳动物 PRC1 的这种异质性（Gao et al.，2012），取决于它们是否包含 CBX、RYBR 或 YAF2（图 3-29B），这有助于揭示 PRC 1 复合体招募的模式。

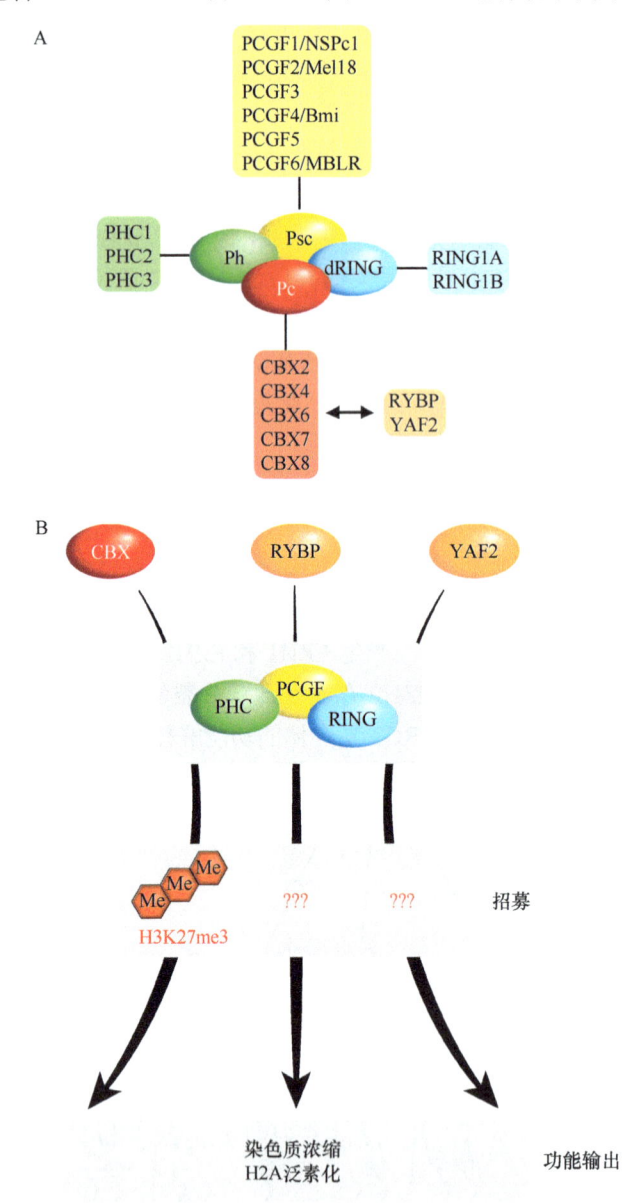

图 3-29 哺乳动物的多种 PRC1 复合体。（A）果蝇 PRC1 复合体由四个核心因子（Ph、Psc、Pc、dRing）组成，它们介导染色质的浓缩和 H2A 泛素化。在哺乳动物中，至少有六种不同的 PRC1 复合体，它们通过整合独特的 Psc 直系同源蛋白（PCGF1-6）而不同。Ph、dRing 和 Pc 的几种哺乳动物直系同源蛋白增加了 PRC1 的复杂性。有趣的是，CBX 蛋白也可以被另外两个因子（RYBP 或 YAF2）取代。（B）CBX、RYBR 或 YAF2 的不同结合会影响可能的招募机制和功能。尽管含 CBX 的复合体与 H3K27me3 结合，但是尚不清楚含 RYPB/YAF2 的 PRC1 的招募机制。此外，含 CBX 的 PRC1 仅显示有限的 H2A 泛素化活性，而 RYBP 被证明可刺激 RING 的酶活性。

由 PCGF1 组成的复合体包括去甲基化酶 JMJD2（KDM2B），它可以通过其 CXXC 结构域与 CpG 岛结合［Blackledge et al., 2010；第 2 章（Blackledge et al., 2013）］。如何将其他复合体招募到其靶基因目前仍然未知，然而，PRC1 复合体包含 CBX 蛋白质为独立于 H3K27me3 识别的招募提供了可能。另外，PRC1 复合体的多样性与 PRC1 并不总是与在靶基因上建立稳定的 H2AK119ub1 相一致。确实，与含 CBX 的蛋白复合体结合的染色质中 H2AK119ub1 含量较低，这一发现不足为奇，因为 RYBP 刺激了 Ring1b 的活性。此外，尽管最初的研究表明 PRC1 复合体在 PRC2 下游起作用，但最近的研究发现 PRC1 的招募有不同的模式，显示 PRC1 催化的 H2AK119ub1 可以招募 PRC2，从而产生 H3K27me2/3 的催化作用（Blackledge et al.，2014；Cooper et al.，2014；Kalb et al.，2014）。这些最新研究表明，PRC1/PRC2 介导的阻遏域可以在新复制的染色质模板上建立，H3K27me2/3 和 H2AK119ubl 分别促进 PRC1 和 PRC2 靶向，以及 PRC2 介导的自身修饰通过 EED 成分进行扩展。但是应当注意，并非所有 H3K27me2/3 修饰的位点都包含 H2AK119ub1，反之亦然。同样，尽管 PRC2 和 PRC1 催化的组蛋白修饰与基因阻遏有关，但要指出，这些修饰单独抑制转录的能力尚未见报道，并且存在争议。这些修饰对于发育和到成年的基因表达谱的正常遗传至关重要。

3.17　X 染色体失活和兼性异染色质

PcG 介导的基因沉默和 X 染色体失活是从活跃染色质状态向非活跃染色质状态的发育调控转变的主要例子（图 3-30），X 染色体通常被称为兼性异染色质。兼性异染色质发生在基因组的编码区，其中基因沉默依赖于特定细胞的发育过程，并且是可逆的染色质状态。这与组成型异染色质（如在近着丝粒区域）相反，后者默认在非编码和高度重复的区域被诱导（图 3-18）。

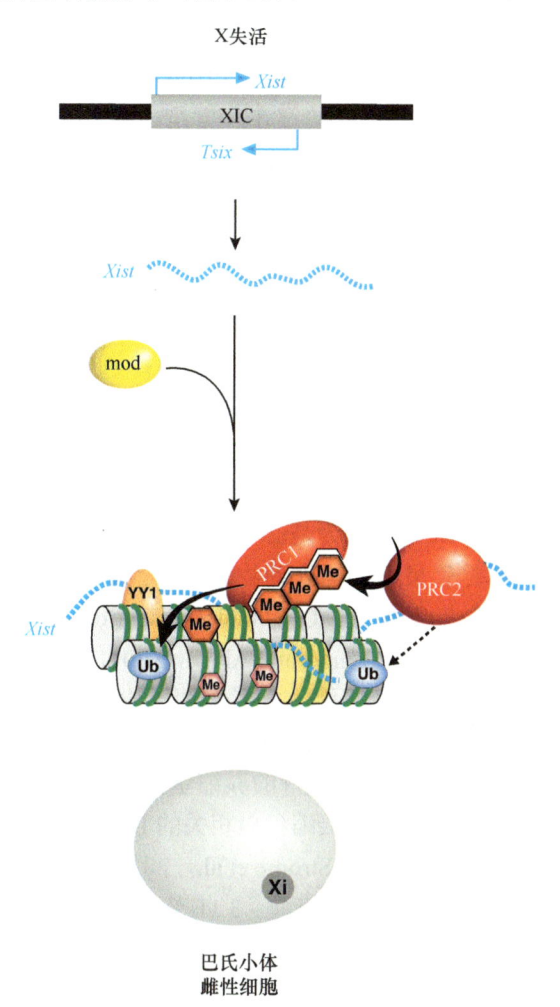

图 3-30　X 染色体失活。 X 染色体失活被触发，然后通过反义 RNA *Tsix* 和 *Xist* 的拮抗表达而稳定。Xist 已显示出可作为骨架（例如，用于招募 PRC2），随后可用于建立染色质变化的集合，包括组蛋白修饰的组合（H3K27me3、H2Aub 和 H4K20mel）、抑制性蛋白复合体（PRC1）的结合、DNA 甲基化和组蛋白变体（macroH2A）的存在。失活的 X 染色体在雌性哺乳动物细胞核中可见为巴氏小体。

兼性异染色质形成最清楚的例证是哺乳动物雌性的 X 染色体失活。两个 X 染色体中只有一个灭活，以使 X 连锁基因表达的剂量与仅具有一个 X（和一个异型 Y）染色体的雄性相等。失活 X 染色体（Xi）在全染色体范围内的基因沉默导致 Xi 高度紧缩，并呈现可见的巴氏小体结构，定位于雌性哺乳动物的细胞核外周（图 3-30）。如何计量哺乳动物 X 染色体的两个等位基因以及如何选择一个特定的 X 染色体灭活是当今表观遗传学研究中面临的挑战性问题，见第 25 章（Brockdorff and Turner, 2014）。

在小鼠中，大的 ncRNA（约 17kb）-*Xist* 似乎是 Xi 染色质重塑的主要触发因子（Brown et al., 1991; Brockdorff et al., 1992）。我们还知道反义转录物 *Tsix*（仅在 X 染色体失活开始之前表达）参与 X 染色体失活的启动，但与 RNAi 依赖性机制无关（Lee and Lu, 1999）。X 染色体失活中心（X inactivation center, XIC）和 DNA "入口"或停靠位点（推测是 X 染色体上富集的特殊重复 DNA 元件）（Chow et al., 2010）是 *Xist* RNA 与 X 染色体相关的位点，*Xist* 作为一个支架分子以顺式方式涂饰 Xi。仔细观察包含 *Xist* 和 *Tsix* 的 XIC 区域，还发现了其他非编码 RNA，它们在 X 染色体失活过程中起着各种激活和抑制作用。实例包括 Rnf12 ncRNA 激活子（Jonkers et al., 2009; Gontan et al., 2012）和 *Jpx* ncRNA（Tian et al., 2010）。

最近的研究表明，YY1（锌指 TF）可能具有双重特性，一方面与 XIC 的不同 DNA 序列结合，另一方面与 *Xist* RNA 中的特定域相互作用（Jeon and Lee, 2011）。尽管这些发现需要进一步证实，但它们可能可以解释通过 YY1 选择性招募 *Xist* 至两条 X 染色体之一，并促进 PRC1 和 PRC2 复合体的招募和发挥功能（图 3-30）。PRC2 的招募似乎是由 Jarid2（da Rocha et al., 2014）介导的，它已被证明与 RNA（Kaneko et al., 2014）以及富含 GC 的 DNA 序列结合（Li et al., 2010b）。Jarid2 在 Xi 上的功能特征在于它不依赖 PRC2。PRC1 招募的机制似乎取决于 H3K27me3 的存在，但是，PRC1 招募到 Xi 的另外机制也是可能的。染色质修饰、PcG 复合体结合、沿 Xi 的组蛋白变体 macroH2A 的随后加载以及广泛的 DNA 甲基化都有助于沿整个灭活的 X 染色体生成兼性异染色质结构。一旦建立了稳定的异染色质结构，就不再需要 *Xist* RNA 来维持（Morey and Avner, 2011; Gendrel and Heard, 2014）。单等位基因沉默的一种类似形式是基因组印记，它也通过使用非编码或反义 RNA，以亲本来源特异性的方式沉默等位基因中的一个拷贝［第 26 章（Barlow and Bartolomei, 2014）］。

作为经典的表观遗传调控机制的通用范例，剂量补偿在其他模型生物，尤其是在线虫（*C. elegans*）［第 23 章（Strome et al., 2014）］和果蝇［第 2 章（Lucchesi and Kuroda, 2014）］中已经被阐述（Ferrari et al., 2014）。然而目前尚不清楚是否在鸟类中发生剂量补偿效应，尽管鸟类是异配子生物。在果蝇中，性别之间的剂量补偿不是通过雌性的 X 染色体失活发生的，而是通过雄性的单个 X 染色体的双倍上调来实现的。有趣的是，两个非编码 RNA（*roX1* 和 *roX2*）被认为是必不可少的成分，它们的表达是雄性特异性的［第 24 章（Lucchesi and Kuroda, 2014）］。尽管果蝇和哺乳动物之间可能存在类似的机制细节，但很明显，激活染色质重塑和组蛋白修饰，尤其是 X 染色体上 MOF（males absent on the first）（KAT8）依赖的 H4K16 乙酰化在果蝇剂量补偿中起关键作用（综述见 Conrad and Akhtar, 2011）。像 MOF HAT 这样的组蛋白修饰活性究竟如何靶向雄性 X 染色体仍然是未来研究面临的一个挑战。此外，ATP 依赖性的染色质重塑活性（如 NURF）被认为可拮抗剂量补偿复合体（dosage compensation complex, DCC）的活性。

线虫体细胞谱系中的剂量补偿使用了一种被劫持的凝缩蛋白（condensin）复合体，这个复合体通常是细胞分裂过程中染色体浓缩和分离所必需的。与凝缩蛋白相关的 DCC 下调了雌雄同体中的两个 X 染色体剂量以使 XX 剂量与 XO 雄性剂量相等［第 23 章（Strome et al., 2014）］。

组成型异染色质上发生的 RNA 介导的染色质修饰（3.11 节）、哺乳动物 Xi，可能还有 PcG 介导的基因沉默机制之间存在着有趣的相似性（3.16 节）。有人可能假设，RNA 或未配对的 DNA 将提供一个有吸引力的初级触发器以稳定 PcG 复合物在 PRE 或受损启动子上的功能，其中它们可以感知到转录进程的质量。转录延伸异常或停滞和（或）剪接错误可能会刺激 PRE 处结合的 PcG 与启动子之间的相互作用，从而导致转录终止。因此，PcG 沉默的启动是在有效转录转为无效转录的过程中被诱导的。TrxG 复合体使用 RNA 质量控制和（或）初级 RNA 转录物加工机制在建立或维持转录"开"状态中的作用程度仍不确定。最近关于

DBE-T lncRNA 能够在面肩肱型肌营养不良症中招募 TrxG 蛋白 ASH 1L（KMT2H）的描述表明非编码 RNA 可能参与 TrxG 的招募和功能 [Cabianca et al., 2012；第 33 章（Zoghbi and Beaudet, 2014）]。

3.18 细胞命运重编程

长期以来，科学家们一直对如何改变或逆转细胞命运的问题感兴趣。细菌和早期胚胎细胞通过其先天全能性而与其他细胞有所区别，称为"终极"干细胞。尽管哺乳动物的细胞命运特异化产生了约 200 种不同的细胞类型，但原则上有两个主要的分化过程，即从干细胞（多能细胞）到完全分化的细胞和由静止细胞（静止或 G_0）到增殖细胞。在哺乳动物发育过程中的各种细胞类型中发现了许多表观基因组"混合搭配"。

从胚胎发生的角度来看，从受精卵母细胞到胚泡，再到植入、原肠胚形成、器官发育和胎儿生长过程中，表观遗传修饰存在动态性增加（第 27 章的图 27-2；Reik and Surani, 2014）。当分化的细胞核移植到去核卵母细胞的细胞质中时，这些修饰或印记中的大多数都可以被清除，这一过程称为体细胞核移植。但是，某些标记可能会持续存在，从而限制了克隆胚胎中某些方面的正常发育，甚至有一些标记可能会作为种系修饰（germline modification, g-mod）被遗传（参见图 3-31A）。

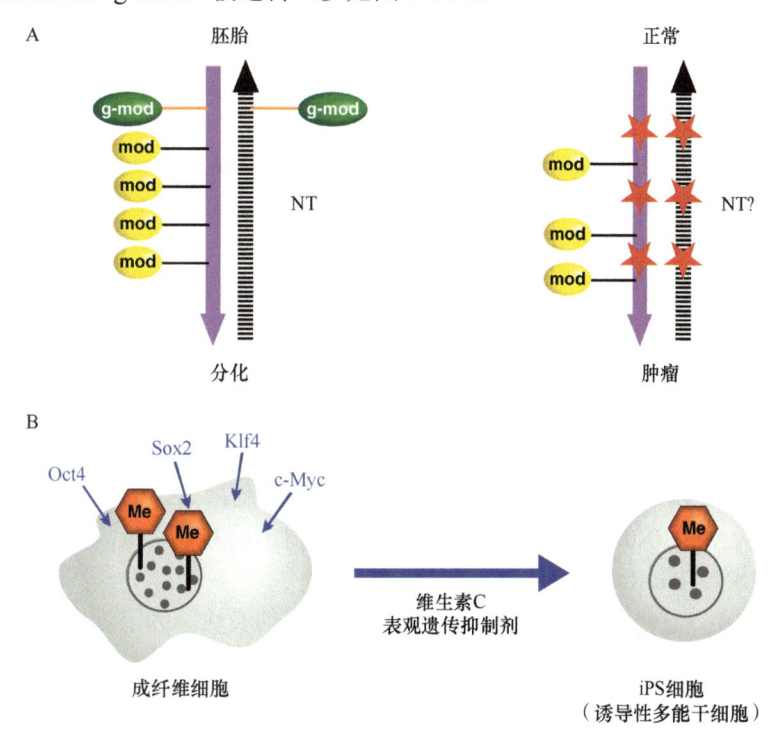

图 3-31 将体细胞重编程为多能干细胞。（A）在个体的生命周期中，在不同的细胞谱系中获得表观遗传修饰（mod）（左）。体细胞的核移植（NT）逆转了终末分化过程，消除了大多数表观遗传标记（mod）；但是，一些在生殖细胞中也存在的修饰（g-mod），无法被移除。（右）在由一系列遗传突变（红星）引起的肿瘤转化过程中（从正常细胞到肿瘤细胞），异常的表观遗传标记（mod）积累。可以通过在 NT 上重新编程来去除这些表观遗传学改变，但不能消除 DNA 突变。（B）通过转导四个多能性因子（Oct4、Sox2、Klf4、c-Myc）（也称为山中因子，Yamanaka 因子）将体细胞（成纤维细胞）重新编程为 iPS 细胞。用表观遗传抑制剂或维生素 C 处理体细胞可提高重编程效率。（A，R Jaenisch，个人通讯）

体细胞的重编程首先在克隆的蛙类（非洲爪蟾，*Xenopus*）中被发现（Gurdon et al., 1958），最近，通过体细胞的重编程产生了第一个克隆的哺乳动物——多莉（Campbell et al., 1996）。有趣的是，肿瘤细胞（小鼠黑色素瘤）的细胞核向去核卵母细胞的核转移（nuclear transfer, NT）改变了源自重编程 ES 细胞的嵌合小鼠的肿瘤谱，但不能预防肿瘤发生（Hochedlinger et al.，2004）。实际上，肿瘤发生变得更普遍，外显率更高、潜伏期更短。这是一个有启发性的例子，表明癌症是一种遗传性疾病，尽管它具有显著的表观遗传作用，从而影响特定肿瘤类型的发生和发展。

近年来，在重编程领域最具影响力的发现之一就是证明在组织培养中可以诱导体细胞（成纤维细胞）成为多能干细胞，而无须 NT，首先在小鼠（Takahashi and Yamanaka，2006），然后是人类［Takahashi et al.，2007；第 2 章（Takahashi，2014）中有描述］中获得成功。这得益于 NT、异质核和四倍体融合分析的开拓性工作以及 ES 和成体干细胞的细胞培养系统的建立（Evans and Kaufman，1981；Martin，1981；Blau et al.，1983；Surani et al.，1986；Spangrude et al.，1988；Terranova et al.，2006）。最终，Yamanaka 及其同事的研究结果表明 Oct4、Sox2、KIR 和 c-Myc［被称为 OSKM 或"山中（Yamanaka）因子"］是在 ES 中而不是成纤维细胞中表达的关键 TF。尽管仅转移一个或两个 TF 并不足以重新编程成纤维细胞，但同时加入四个 TF 可导致成纤维细胞转化为所谓的 iPS 细胞（图 3-31B）。这些 TF 诱导重编程的机制在第 28 章中进行了详细介绍（Hochedlinger and laenisch，2014），并在图 3-7 中进行了说明。通过重新引入或重新激活主要 TF 或"先锋"TF（Zaret and Carroll，2011）来重编程细胞身份的观点也已在其他细胞谱系中得到证实。事实上，这也是 Yamanaka 开创性发现的灵感来源。尤其是关于在多种体细胞类型中启动肌肉特异性转录的主转录因子 myoD 异位表达的研究，说明了这种重编程潜力（Lassaret et al.，1986；Davis et al.，1987）。其他的调节谱系特异性细胞分化和重编程的主 TF 的例子已经被报道，特别是在造血系统中［参见第 29 章图 29-2（Busslinger and Tarakhovsky，2014）］。iPS 重编程和细胞谱系规范的研究仍是热点，有望很快能以可行的干细胞疗法形式转化到临床上。

在培养皿中将体细胞转化为 iPS 细胞已不再需要使用卵母细胞或 NT，这彻底改变了重编程领域。尽管外源性"山中（Yamanaka）因子"进行重编程的效率非常低（＜ 0.1%），但在转化这些因子或改变组织培养条件方面的技术进步极大地提高了 iPS 细胞的生成效率［第 28 章（Hochedlinger and Jaenisch，2014）］。在哺乳动物中有效的体细胞重编程和克隆的三个主要障碍已经被确定，将在下面详述。

有效的体细胞重编程的第一个主要障碍是某些体细胞表观遗传标记（如抑制性 H3K9me3 和 DNA 甲基化）的重编程困难。这些标记通过体细胞分裂稳定地遗传，甚至抵抗卵母细胞中的重编程。改变细胞培养条件以抑制分化，如使用 2i 培养基（Ying et al.，2008）向其补充能增强染色质活化酶活性的营养素（如维生素 C）或通过使用抑制性染色质复合物抑制剂来增加重编程潜力（图 3-31B）。维生素 C 可以刺激去除 H3K9me3 标记的 Jumonji KDM 的活性（Chen et al.，2013a），以及刺激 Tet 酶将 5mC 转换为 5hmC（Blaschke et al.，2013）。例如，从 Mbd3/NuRD 抑制复合体的抑制作用得出的其他结果表明，有可能能够以非常高的效率实现 iPS 细胞的同步转化（Rais et al.，2013）。

体细胞重编程中的第二个密切相关的问题是印记基因位点的表达。为了进行正常的胚胎发育，需要在印记基因座处进行正确的等位基因表达［第 26 章（Barlow and Bartolomei，2014）］。因此，在擦除先前存在的标记后，必须在生殖细胞中建立亲本特异性的印记［第 27 章（Reik and Surani，2014）］。大约有 100 个或更多的基因属于印记基因类别，有的专门为胚胎和胎盘发育提供资源（如 Igf2 生长因子）。有趣的是，有证据表明，在 iPS 细胞的体外培养过程中，印记可能会被打乱（Stadtfeld et al.，2010）。

第三个因素是由于雄性和雌性单倍体基因组遗传的表观遗传标记不同，体细胞核无法重现受精胚胎中发生的重编程不对称［第 26 章（Barlowand Bartolomei，2014）；第 27 章（Reik and Surani，2014）］。虽然体外系统显示出快速但不太广泛的染色质改变，但它们显示出对 DNA 甲基化和组蛋白甲基化模式的干扰。

随着利用几种人体体细胞在诱导性多能干细胞（iPS）方面取得的重大进展，可以克服上述许多障碍。结合新的基因修饰和置换技术，如使用锌指核酸酶或 CRISPR/Cas 系统（Cong et al.，2013），有望生产用于细胞治疗的基因相容材料［第 28 章（Hochedlinger and Jaenisch，2014）］。然而，自体 iPS 细胞的免疫反应性问题仍然存在（Zhao et al.，2011），尽管通过对已重编程的成体干细胞进行治疗性细胞替代来实现个性化医学仍然是治疗许多人类疾病的非常有前景的方法。

3.19 癌症和表观遗传治疗

肿瘤转化或肿瘤发生被认为是细胞经历不受控制的细胞增殖的变化过程。癌症的其他特征包括失去检查点控制，这使得细胞可以耐受染色体畸变和基因组非整倍体的积累、分化失调、逃避细胞死亡（细胞凋亡）和具有组织侵袭性（Hanahan and Weinberg，2011）。通常认为癌症是由几种遗传性损伤引发的，这些遗传性损伤可能包括点突变、缺失或易位、破坏肿瘤抑制基因或激活原癌基因。异常表观遗传修饰的积累也与肿瘤细胞有关。表观遗传的变化包括 DNA 甲基化模式、组蛋白修饰和染色质结构的改变［详见正文和第 34 章图 34-1（Baylin and Jones，2014）］。因此，肿瘤转化是一个复杂的多步骤过程，包括通过遗传和表观遗传事件使肿瘤抑制基因沉默和（或）原癌基因的随机激活（图 3-32A）。即所谓的"Knudson 双重打击"理论，也包括表观遗传"打击"（Feinberg，2004；Feinberg and lycko，2004）。在一个新的模型中，基因相同的细胞群体中的表观遗传异质性被认为是为了促进相变（例如，从正常状态到原癌状态），并且与癌细胞中更高的"表观遗传噪声"相一致，正如 DNA 甲基化模式的变异性增加和染色质特征的改变所反映的那样（Pujadas and Feinberg，2012）。

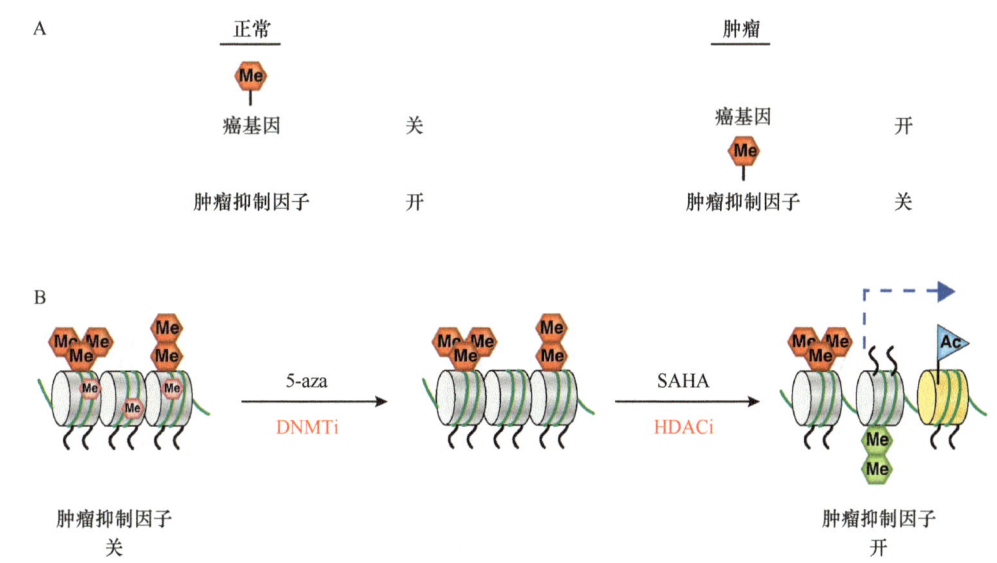

图 3-32 癌症中的表观遗传修饰。（A）在致癌位点的异常表观遗传标记通常涉及致癌基因的去抑制或肿瘤抑制基因的沉默，这些表观遗传学改变通常包括 DNA 甲基化和组蛋白修饰的变化。（B）癌症治疗中表观遗传剂的使用对染色质模板有影响，如图所示为肿瘤抑制基因座的启动子。暴露于 DNMT 抑制剂（DNMTi）会导致 DNA 甲基化的丧失，使用 HDAC 抑制剂（HDACi）处理会增加组蛋白的乙酰化作用，并随后进行下游修饰，包括活性组蛋白甲基化标记、无核小体区域的诱导以及组蛋白变体的加载。这些累积的染色质变化导致基因表达的变化。

DNA 低甲基化是第一种与癌症相关的表观遗传失调（Feinberg and Vbgelstein，1983）。事实证明，这是癌细胞的广为存在的一种表型。在单个基因水平上，DNA 的低甲基化可以通过对原癌基因的激活，使细胞功能异常或印记基因的双等位基因表达（也称为印记缺失）［第 34 章（Baylin and Jones，2014）；第 33 章（Zoghbi and Beaudet，2014）］。在更广的基因组水平上，大量的 DNA 低甲基化，特别是在组成型异染色质区域，使细胞易于发生染色体易位和形成非整倍体，并可能导致转座子的再激活，从而导致癌症的发生。

相反，在许多癌症中，DNA 高甲基化集中在肿瘤抑制基因的启动子区域。通过这种异常的 DNA 过度甲基化来沉默肿瘤抑制基因在癌症进展中尤其关键。最近的研究进一步表明，组蛋白或染色质的变化也可能导致肿瘤或癌症发生（图 3-32B）。实际上，染色质修饰和 DNA 甲基化之间存在相当多的交叉作用，这表明单个肿瘤抑制基因的沉默可能涉及一种以上的表观遗传机制［Dawson and Kouzarides，2012；You and Jones，2012；Shen and Laird，2013；第 34 章（Baylin and Jones，2014）］。

80 表观遗传学

与遗传突变的不可逆性（"硬改变"）相反，表观遗传修饰的可逆性（"软适应"）为癌症治疗开辟了新的起点，为表观遗传治疗提供了一种新的途径。该途径的可行性首先在肿瘤细胞系上使用 DNMT 和 HDAC 抑制剂的实验中被证实［34.9 节，(Baylin and Jones, 2014)；第 5 章（Seto and Yoshida, 2014)］。这两类表观遗传抑制剂现在都是 FDA 批准的临床应用药物（如 5-氮胞苷和 SAHA）（图 3-32B）。事实证明，这些药物对含肿瘤抑制基因呈抑制状态的癌细胞尤为有效（Batty et al., 2009；Marks, 2010）。

DNA 甲基化和组蛋白修饰模式被证明是有价值的肿瘤诊断标志物。高增殖和未分化（干）细胞通常（但并非总是）有更多的激活（如组蛋白乙酰化）标记，而当细胞分化（Wen et al., 2009）、衰老（Narita et al., 2003）或具有受损的核纤层（图 3-33A；Shah et al., 2013）时，失活修饰（抑制组蛋白甲基化和 DNA 甲基化）会逐渐增加。实际上，组蛋白乙酰化和甲基化的总体模式被证明是某些癌症进展的标志（Kurdistani, 2011；Leroy et al., 2013）。

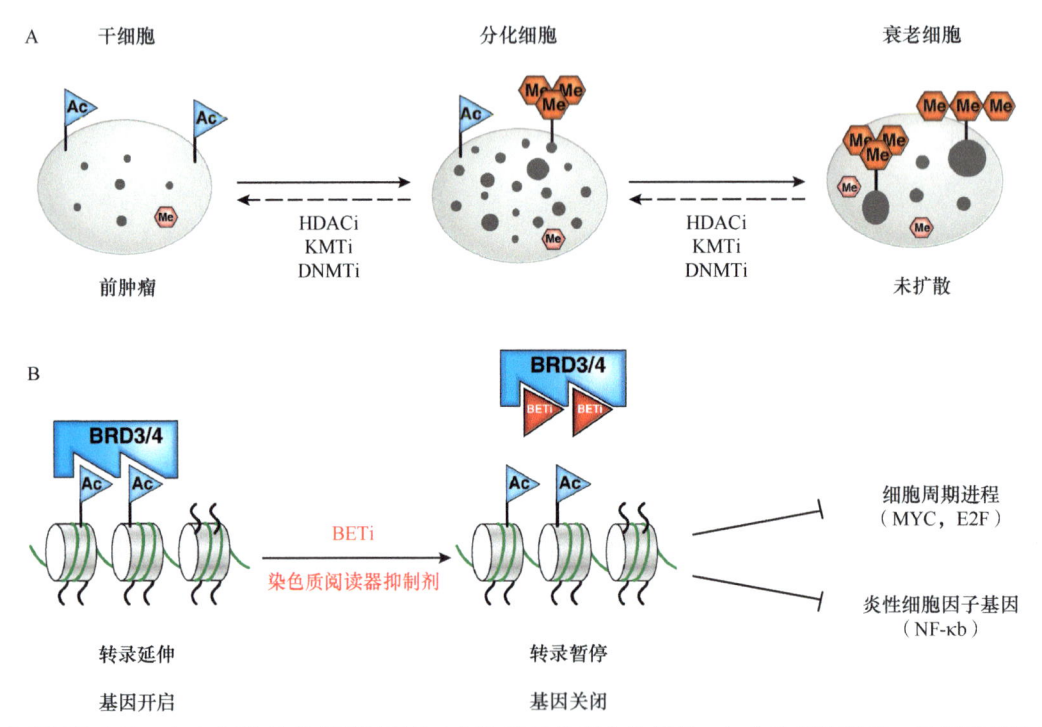

图 3-33 表观遗传疗法。（A）细胞的表观基因组反映细胞特征性和分化状态。与分化细胞相比，干细胞和原癌细胞的特征在于更开放的染色质（高组蛋白乙酰化），而衰老和非增殖性细胞则形成较大的异染色质斑（高组蛋白和 DNA 甲基化）。表观遗传疗法的目的是通过使用表观遗传酶的小分子化学抑制剂（如 HDACi、KMTi、DNMTi）来重置受到扰动的肿瘤细胞的表观基因组图谱。（B）除染色质修饰酶外，表观遗传疗法还可以靶向染色质阅读器。例如，BET（bromodomain and extraterminal）抑制剂（BETi）特异性阻断 BRD3/4 bromodomain 蛋白与启动子附近的组蛋白乙酰化标记的结合，从而阻止关键靶基因（MYC、E2E 和 NF-κB）的转录延伸。

染色质因子的遗传突变或失调在许多形式的癌症中都有表现。这些改变最终会导致表观基因组变化。癌症中发现的染色质因子突变在第 35 章的附录中列出（Audia and Campbell, 2014）。事实上，大多数染色质因子都是酶，这意味着它们非常适合用作表观遗传治疗的药物靶点，尤其是当它们在人类癌症中被扩增或过度表达时。这种情况的例子包括 EZH2 KMT、GASCI（KDM4C）和 JMJD3（KDM6B）等酶。许多新成立的制药和研究公司现在在大力研究表观遗传疗法［35.3 节，(Audia and Campbell, 2014)］。此外，诸如结构基因组学联盟（Structural Genomics Consortium）（Arrowsmith et al., 2012）等国际药物开发联合会（International Drug Discovery Consortia）正在通过开放研究来支持新的表观遗传学药物的研发。HDAC、KMT、DOT1L、LSD1 和 JMJC KDM 的抑制剂筛选已经取得成功，目前正在探索针对其他染色质修饰酶的更多抑制剂化合物［第 35 章图 35-5 和 35-6（Audia and Campbell, 2014）］。

虽然表观遗传抑制剂的特异性和有效性主要是在癌症的治疗中开发和测试的，但是需要非常小心地检测它们可能的副作用。例如，EZH2 抑制剂可能是治疗白血病和前列腺癌的有价值药物，但是 EZH2 在 T 细胞活化方面也有生理功能（Su et al.，2005），它可加强适应性免疫反应［第 29 章（Busslinger and Tarakhovsky，2014）］。而且，几乎所有的组蛋白修饰酶都可在非组蛋白底物上起作用，因此揭示抑制剂作用的精确机理是一个巨大的挑战。迄今为止，有关 HDAC 抑制剂的大量研究表明，它们在许多水平上均可发挥作用（Bose et al.，2014），其作用远超出不同靶基因的转录激活。HDAC 抑制剂对染色质损伤敏感，可抑制有效的 DNA 修复［第 35 章（Audia and Campbell，2014）］，并诱导基因组的不稳定状态，从而触发肿瘤细胞凋亡。在化学疗法中获得疗效的主要障碍是经常出现耐药性，这可能是由对未增殖的、休眠的癌症干细胞无效而造成的耐药性。然而，基于潜在的表观遗传机制，人们逐渐认识到药物耐受状态是可逆的。例如，耐药性［如在阻断过度活跃的 EGF-R（表皮生长因子受体）信号的情况下］已被证明是由 JARID1A（KDM5A）（H3K4me3 去甲基化酶）的上调引起的，但是有趣的是，它对 HDAC 抑制表现出敏感性（Sharma et al.，2010）。因此，HDAC 抑制剂和 JARID1A 基因敲除的结合产生了更脆弱的染色质，可以阻止休眠癌细胞的扩增。从这些结果和其他结果来看，可以想象使用经典干预（例如激酶抑制剂和辐射）以及表观遗传调节剂（如 HDAC、KMT、KDM 或 DNMT 抑制剂）的联合疗法，在杀死原癌细胞（甚至可能包括休眠的癌干细胞）时可能更具选择性，因为它会驱使它们进入染色质降解。攻击染色质结构强调了这样一种观念，即癌细胞可能确实比正常细胞更脆弱（Dawson and Kouzarides，2012）。

通过干扰染色质修饰因子的靶向作用而不是抑制其酶促活性的表观遗传疗法也获得了成功。一种干扰混合谱系白血病（MLL）和染色质结合因子 WDR5 之间相互作用的小分子抑制剂是最近描述的一个例子（Senisterra et al.，2013）。另一种非常有效的方法是开发能够阻止染色质阅读器与修饰的组蛋白结合的抑制剂。这已经成功地应用于一部分 BET 因子，即 BRD3 和 BRD4，它们通过布罗莫结构域读取组蛋白乙酰化标记。第一代抑制剂 I-BET 和 JQ1 有效地阻止 BRD3/BRD4 与启动子附近组蛋白乙酰化标记结合，因此防止了关键细胞周期基因如 *myc* 和 *E2F* 的转录伸长，从而阻止肿瘤的发生。BETi 还可以阻断中枢 NF-κB 启动子，从而减少炎性细胞因子的产生［图 3-33B；第 29 章（Busslinger and larakhovsky，2014）；第 2 章（Qi，2014）；第 2 章（Schaefer，2014）］。因此，BETi 可以用作抗癌和免疫调节表观遗传药物。BETi 说明了表观遗传疗法如何具有更窄的窗口，从而比更广泛的染色质修饰酶的抑制剂具有更高的选择性基因抑制能力。随着含有或者不含有配体的更多 X 衍射结构得到解释，这些令人兴奋的结果为其他拮抗剂和合成组蛋白模拟物的开发提供了很好的先例，这些组蛋白模拟物包括含有甲基结合口袋的染色质阅读器，如克罗莫结构域、PHD 指等［第 4 章（Marmorstein and Zhou，2014）；第 7 章（Patel，2014）］。

3.20 人类疾病的表观遗传因素

在第一次描述一个完整的人类 DNA 序列 10 年后，大约有 1200 个基因可以与人类疾病联系起来（Lander，2011；GWAS 联盟，如 1000 基因组计划或附录 1 中列出的 HapMap）。一些人类疾病是由单个基因缺陷引起的，而实体瘤则可以累积多达 10 个基因损伤，其他更复杂的人类疾病则可能涉及更多基因，并且已经不符合明确的遗传定义。表观遗传机制对基因组的包装和解释的影响以及它们在稳定基因表达模式和控制细胞特性方面的作用，越来越被认为与人类疾病有关。

根据本书的概述，需要一句话来澄清和区分人类疾病的遗传原因和表观遗传因素对其发生、侵染和发展的影响，即一个基因的 DNA 改变（突变），甚至是一个编码表观遗传因子的基因突变，也主要是一种遗传疾病，而不是一种表观遗传疾病。尽管存在如此重要的差异，但是遗传和表观遗传研究的进步共同为更好地抗击人类疾病开辟了新的视野。例如，通过重组锌指核酸酶或 CRISPR/Cas（Cong et al.，2013）进行基因置换和基因组工程的技术得到了极大的发展。随着这些技术进展，早期工作试图纠正的单个基因疾病（如人类 *SCID*，Cavazzana-Calvo et al.，2000）和小鼠 *Rag2*，Rideout et al.，2002；或 *MeCP2*，Guy et al.，

2007）的治疗将得到极大的便利。同样，体细胞重编程为 iPS 细胞的发现及其在治疗性细胞置换中的应用［第 28 章（Hochedlinger and Jaenisch，2014）］，以及在表观遗传学治疗中的前景为人类疾病的治疗提供了前所未有的方法。

具有不同种系基因突变的疾病被归类为遗传性（家族性）疾病。这包括许多表观遗传因子的突变（Fodor et al.，2010；Dawson and Kouzarides，2012），其中突出的例子在图 3-34 中显示。众所周知，*MLL* 基因中的频繁易位会影响髓系/淋巴系白血病以及急性髓细胞白血病中 SET 结构域的催化功能（Muntean and Hess，2012）以及各种形式的人类癌症中 *UTX*（*KDM6A*）（van Haaften et al.，2009）和 *EZH2* 基因（Morin et al.，2010）体细胞突变的反复出现。其他经典案例包括在 ICF 综合征中见到的 *DNMT3* 基因突变，以及在小儿癌症中 *ATRX*（α-thalassemia, mental retardation, X-linked, α-地中海贫血，智力低下，X 连锁）和 *BRG1/SNF5* 的突变。大多数已确定的表观遗传因子编码染色质修饰酶，其中与疾病相关的突变将消除酶促活性。这些因子在染色质调节的所有过程中均会降低，包括组蛋白甲基化（KMT 和 KDM）、组蛋白乙酰化（HAT 和 HDAC）、核小体重塑因子、信号激酶和 DNA 甲基化（DNMT 和 TET 酶）（图 3-34）。有趣的是，甚至组蛋白本身及其伴侣（DAXX/ATRX）也被证明是人类疾病的"驱动器"［第 2 章（Liu et al.，2014）］。组蛋白 H3.3（G34R/V）的体细胞突变已在儿童胶质母细胞瘤中被报道（Schwartzentruber et al.，2012），而 H3.3（K36M）在软骨母细胞瘤中被发现（Behjati et al.，2013）。更令人惊讶的是，体细胞 H3.3（K27M）显性突变可以抑制 PRC2（EZH2）活性并导致人类胶质瘤全基因组 H3K27me3 的水平降低（Lewis et al.，2013）。

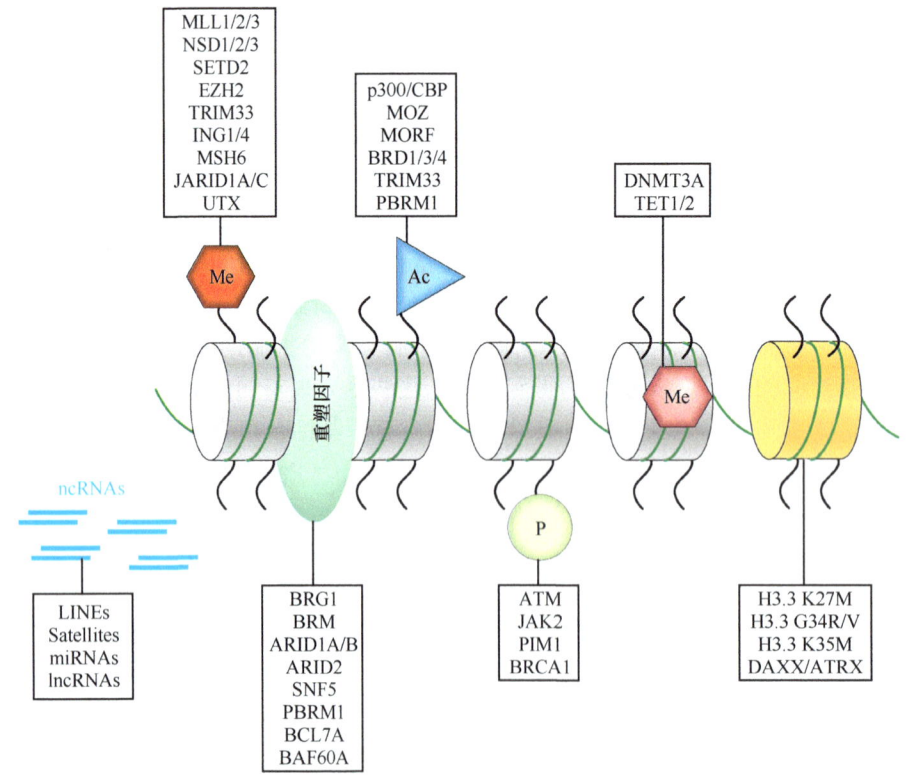

图 3-34　癌症中表观遗传机制的突变。 表观遗传机制中的许多编码因子在癌症中发生了突变并在此图中进行了总结。（Dawson and Kouzarides，2012）

除了蛋白质功能紊乱，非编码 RNA 在人类疾病中的作用也有了新的见解（Croce，2009；Esteller，2011）。例如，已经检测到正常细胞和癌细胞之间以及神经退行性疾病中的 microRNA（miRNA）的不规则分布。有趣的是，即使在血浆/血清（Chen et al.，2008）、肿瘤外切体（Taylor and Gercel-laylor，2008）以及中枢神经系统淋巴瘤患者的脑脊液中也存在癌症特异性的 miRNA（Baraniskin et al.，2011）。miRNA 的更广泛分布意味着它们可以用作潜在的诊断性生物标记物，而不是用于活组织切片分析，但在对血细胞溶血的解释中需要谨慎（Pritchard et al.，2012）。涉及人类疾病的 ncRNA 的其他实例包括 lncRNA HOTAIR［第 2 章（Rinn，2014）］，它在晚期乳腺癌和结直肠癌中异常过表达，并错误地靶向了 Polycomb（PRC2）和 LAD1 复合体（Li et al.，2013），导致 H3K27me3 和 H3K4me3 的染色质结构受到干扰。此外，已经发现人类和小鼠癌细胞（Ting et al.，2011）、*BRCA1* 缺陷型乳腺肿瘤（Zhu et al.，2011）中异染色质卫星和其他重复序列转录本（例如 LINE）的失调（即异常过表达）与疾病进展相关。

复杂人类疾病的病因、诊断和发展中涉及的表观遗传机制不仅限于癌症，还包括糖尿病、心肺疾病、神经精神疾病、印记障碍、炎症、自身免疫性疾病和许多其他疾病［Tollefsbol，2012；第 33 章（Zoghbi and Beaudet，2014）］。这些疾病已出现了几个共同的特点，下面列举一些例子。特别是在新陈代谢（3.21 节）和神经退行性疾病中编码主要表观遗传酶的三类基因存在明显的失调（Fodor et al.，2010）。它们是 HDAC（包括 SIRT，即 sirtuins，第三类 HDAC）、DNMT 基因家族，以及编码涉及 RNA 加工（例如三重重复序列扩增）蛋白的基因。在大多数描述中，染色质调节因子似乎具有异常的表达谱，而在基因座中没有鉴定出 DNA 突变。这种功能失常似乎与疾病有关，因为通过抗 HDAC、SIRT 和 DNMT 活性的小分子抑制剂可以在动物（小鼠和大鼠）模型中改善某些症状，这表明表观遗传的治疗范围远远超出了癌症治疗范围［第 35 章（Audia and Campbell，2014）］。

表观遗传疗法在治疗精神疾病、抑郁症和创伤方面有着广阔的前景（Holsboer，2008；Schmidt et al.，2011）。例如，行为缺陷和习惯性条件反射的表观遗传作用开始被发现，其中 Williams-Beuren 综合征就是一个例子，病人的作为大脑的情感和压力反应中心的杏仁体的活动受到影响。除其他缺陷外，还表现为恐惧加剧、缺乏社会约束力，但移情作用增强（Meyer-Lindenberg et al.，2006）。28 个被删除的基因中有一个编码 Williams 综合症转录因子或 BAZ1B。该蛋白是多功能的，参与转录、DNA 复制、DNA 损伤反应。值得注意的是，它包含一个布罗莫结构域、一个 PHD 结构域和一个锌指，它们作为维持异染色质的染色质重塑复合体的一部分与其他因子相互作用（Barnett and Krebs，2011）。基于一个半合子缺失，并且与染色质区域重复相比，BAZ1B 的转录水平波动更大，并变得对由上游异染色质重复元件引起的转录水平下调具有剂量敏感性（Meria et al.，2010），从而无法完全激活杏仁核活性。研究表明，正常成年人的压力和恐惧取决于他们的生活方式，这可以通过杏仁核的神经成像来监测（Lederbogen et al.，2011），这是与年龄和焦虑相关的遗传和表观遗传效应之间的联系。主要由杏仁核调控的恐惧调节机制开始被揭示。在另一项研究中，儿童期虐待通过表观遗传印记（DNA 甲基化增加）和海马体糖皮质激素受体表达下调而与自杀风险增加相关（McGowan et al.，2009）。

除表观遗传因素在人类疾病中的作用外，在大鼠和小鼠模型中也有证据表明它们增强了习惯性功能，如学习、记忆和其他形式的适应性行为的长期增强（long-term potentiation，LTP）。海马体中 Dnmt1 水平的升高通过沉默 Ppi 记忆抑制基因而促进了对恐惧的适应和学习，而 Dnmtl 的药理学抑制作用阻止了 LTP（Miller and Sweatt，2007；Day and Sweatt，2010）。相反，小分子抑制剂通过减弱 HDAC2 的功能可促进突触的可塑性并促进记忆输出（Fischer et al.，2007；Guan et al.，2009）。G9a/Glp（KMT1C/KMT1D）KMT 还介导了对认知和适应行为的控制（Schaefer et al.，2009）。显然，大脑是未来几年内进行表观遗传研究的前沿领域之一［Sassone-Corsi and Christen，2012；Sweatt et al.，2012；Maze et al.，2013；第 32 章（Lomvardas and Maniatis，2014）］。

与单基因病变相比，尽管进行了 GWAS（Manolio et al.，2009）和早期的 EWAS（表观基因组关联研究）分析，但复杂的、多基因疾病却一直难以剖析。实际上，对于许多复杂的人类疾病，很难区分是纯遗传性（遗传）疾病还是更复杂的非孟德尔（表观遗传）疾病。GWAS 中缺失遗传力的问题（Manolio et al.，2009）已经通过遗传上一致，但有不同的复杂疾病的同卵双胞胎（monozygotic，MZ）进行了研究（Bell and Saffery，2012）。例如，进行了 MZ 双胞胎中遗传、DNA 甲基化和 RNA 表达差异的 NGS（一项 EWAS 研究），该 MZ 双胞胎有不一致的多发性硬化症（Baranzini et al.，2010）。但是，差异很小（＜10%）的 RNA 转录本被用作多发性硬化症的诊断标记。尽管只使用了很小的样本量，但数据说明了基因表达的动态性和随机性，即使在 MZ 双胞胎中也是如此，突显了识别疾病基因表达变化或疾病相关表观遗传因果关系的难度（Bell and Saffery，2012）。但是，应该指出的是，使用 MZ 双胞胎进行分析的结果的解释很复杂，因为它们不能排除体细胞突变或三联体重复序列的扩增的可能性，并且可能是染色体镶嵌的，或者具有线粒体编码突变的异质性以及其他 DNA 序列的改变（Boomsma et al.，2002）。

尽管在解释表观基因组图谱方面遇到了挑战，但表观遗传编程中的错误确实加速了类疾病的发生和发展。但是，重要的是，药物治疗可能会逆转表观基因组的变化。因此，为了最大程度地利用表观遗传疗法进行干预和推进个性化医学的发展，在正常发育、成年细胞更新和疾病发生过程中对表观遗传变化进行更全面的表征是至关重要的。此外，遗传和表观遗传变异及其对健康的影响之间的关系还需要进一步阐明（Birney，2011；另见 IHEC 网站）。NGS 的新进展（如微流体技术）的发展，使单细胞表观基因组分析成为可能（Shapiro et al.，2013），并且可以使用算法更好地区分 EWAS 研究中的细胞类型异质性（Zou et al.，2013），这种基于非 DNA 的新知识预计将对诊断和抗击人类疾病的新途径产生重大影响。

3.21　代谢和环境的表观遗传应答

真核细胞中大约有八种主要的、普遍用于响应外部和内部固有信号的信号通路（Pires-daSilva and Sommer，2003；Alberts et al.，2012）。几乎所有的信号传导途径都通过细胞外配体与膜锚定受体的结合而被激活，然后膜受体通过从细胞质到细胞核的扩增（通常是磷酸化）级联来转导信号，从而启动或重定向独特的转录程序。细胞外信号包括生存因子（如 IGF-1）、死亡因子（如 Fas1）、细胞因子（如干扰素和白介素）、激素（如胰岛素、肾上腺素）、生长因子（例如 TGF-α，EGF）、Wnt/β 联蛋白信号（干细胞发育）和 hedgehog 蛋白（形态建成因子）。信号转导通过染色质结构的改变，使得即使在没有初始信号的情况下也能使转录程序得以稳定和传递。这个"信号传向染色质"过程可能涉及染色质修饰酶的激活或调节、染色质相关因子和（或）组蛋白的修饰（Cheung et al.，2000；Schreiber and Bernstein，2002）。现在人们充分认识到染色质是信号整合平台（Badeaux and Shi，2013），而代谢和染色质调控之间的交叉对于引发适当的表观遗传调控很重要（Gut and Verdin，2013）。

环境信号可以是生理信号（如饮食、能量代谢、昼夜节律等）或病理因素（如紫外线辐射、病原体感染等）（见图 3-35 中的示例）。相关文献已集中描述了已知与信号传导途径相关的染色质因子（Fodor et al.，2010）。LSD1 和 JMJD2C（KDM4C）KDM 可以被招募到响应类固醇激素信号传导的目标启动子，并且在 TGF-β 刺激后，Brgl（Smarca4）染色质重塑因子与 Smad 传感器相互作用。最近发现在 NF-κB 激活后，磷酸-甲基开关消除了 Glp KMT 与 RelA TF 的结合，从而减弱对靶基因的抑制（Levy et al.，2011）。免疫系统代表一个特别丰富的区域，染色质在该区域响应信号传导。例如，TLR 通过建立协调转录程序的基因特异性染色质来转导炎症刺激[Foster et al.，2007；参阅第 29 章（Busslinger and Tarakhovsky，2014）]。

信号通路和染色质调节也与中间代谢和细胞的总体能量状态相关。简单来说，信号传导途径从细胞外到细胞核，代谢酶在细胞质、线粒体和（或）细胞核中起作用，而染色质因子与 DNA 和组蛋白相关。但是，最近研究表明，这种区别不再像以前预期的那样严格。许多染色质因子在细胞核之外和组蛋白以外的底物上都有功能（Huang and Berger，2008）。更令人惊讶的是，代谢酶可以被招募到染色质上（见下文），甚至与 RNA 结合（Hentze and Preiss，2010；Castello et al.，2012）。

染色质修饰酶的其他功能的主要例子之一是 Ezh2 KMT 在 T 细胞信号转导过程中促进细胞质肌动蛋白聚合的作用（Su et al.，2005）。已发现染色质修饰酶的许多非细胞核和非组蛋白底物，其范围远远超出了肿瘤抑制蛋白 p53 的文献记载的修饰范围（Glozak et al.，2005）。此外，甚至组蛋白修饰酶本身也可以成为修饰底物，例如 G9a KMT 会通过自体调节环路甲基化自身以诱导与 HP1 的相互作用（Sampath et al.，2007）。另一个例子是 SUV39H1 KMT 的活性刺激，当 K266Ac 的催化 SET 结构域被 SIRT1（一种 NAD 依赖性 HDAC）去乙酰化时，其活性会受到氧化应激（热量限制）的上调（Vaquero et al.，2007）。

在功能的扩展过程中，代谢酶可富集在细胞核中并与染色质缔合。产生 NAD 的核拯救途径酶

第 3 章 概述和概念 85

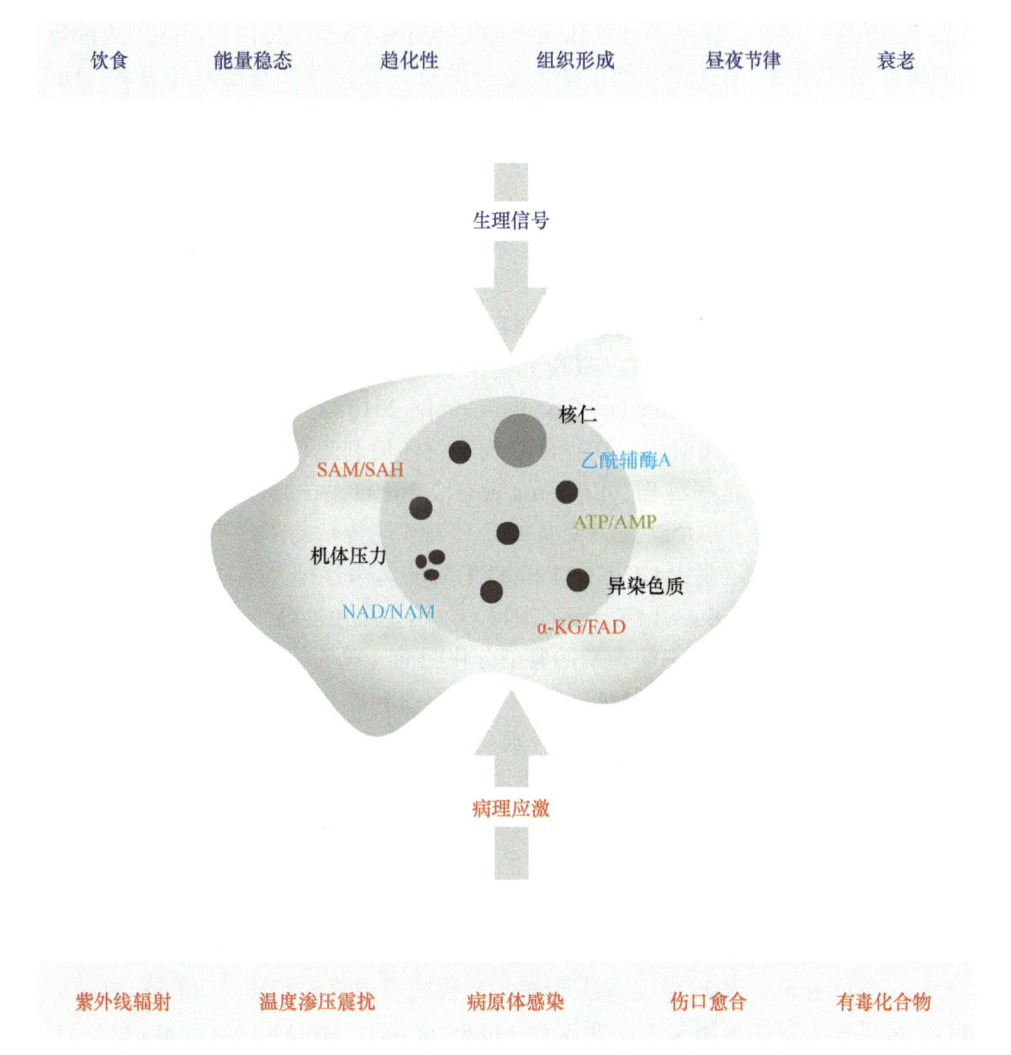

图 3-35 对环境信号和代谢的表观遗传反应。已知诸如生理信号或病理应激的环境条件会影响表观基因组。这在很大程度上是通过染色质修饰酶活性必不可少的辅助因子介导的。图示了相关酶及其辅助因子的不同类别：KMT/DNMT 需要 S-腺苷甲硫氨酸（S-adenosylmethionine，SAM）；HAT 需要乙酰辅酶 A（acetyl-CoA）；sirtuins 需要烟酰胺腺嘌呤二核苷酸（nicotinamide adenine dinucleotide，NAD）；激酶需要 ATP；KDM 需要酮戊二酸（α-KG）或黄素腺嘌呤二核苷酸（Flavin adenine dinucleotide，FAD）。（改编自 Fodor et al.，2010）

NMNAT1（烟酰胺单核苷酸腺苷转移酶，nicotinamide nucleotideadenylyltransferase）被 SIRT1 招募到染色质中，以增加局部 NAD 水平，从而确保 SIRT1 在不同启动子区域的活性（Zhang et al.，2009）。另一个例子是 AMP 激酶（AMP-kinase，AMPK），它可感知 AMP 含量的降低，并作为控制细胞能量稳态的主要酶。为响应逆境（低能量），AMPK 通过直接结合染色质和组蛋白 H2BS36 磷酸化而富集在核中并促进转录（Bungard et al.，2010）。能量依赖性适应和从分解代谢（通过葡萄糖分解释放能量）到合成代谢（储存能量于脂肪中）的转变最近也被认为是维护免疫细胞功能和命运的重要机制（Fox et al.，2005；Pearce and Pearce，2013）。众所周知，肿瘤细胞中新陈代谢的变化是使糖酵解速率升高（有氧），称为 Warburg 效应（Warburg，1956），这种效应可以用作诊断癌症的标志物。

虽然不是代谢酶，但热激因子 Hsp90 在细胞质（作为错误折叠蛋白的分子伴侣）和细胞核的染色质中均具有双重作用。它可以与 Trithorax 相互作用并促进 RNA Pol Ⅱ，从而在许多启动子处暂停（Sawarkar et al.，2012）。在环境刺激（如内毒素 LPS）下，Hsp90 从基因组靶标释放，从而实现快速的转录反应。

大多数表观遗传调节蛋白是需要辅助因子的酶，这些辅助因子包括 ATP、乙酰辅酶 A、NAD、SAM

等（图 3-35）[在第 30 章中进行了详细阐述（Berger and Sasone-Corsi，2014）]。除中央能量传感器 AMPK 外，NAD 依赖的沉默调节蛋白（HDAC）还能监测养分的有效性，并参与延寿和衰老（Houtkooper et al.，2012）。Sirtuin 存在于细胞核、细胞质和线粒体中，直接抑制基因表达，调节葡萄糖和脂肪酸代谢并控制能量稳态（Gut and Verdin，2013）。Sirtuin 是表观遗传调控的最通用的传感器之一，可以去除组蛋白和许多非组蛋白的乙酰化标记。此外，SIRT1 与核心调节因子 CLOCK（一个 HAT）都是昼夜节律调控的关键酶[第 30 章（Berger and Sassone-Corsi，2014）]。在直接转录/辅酶反馈环中，SIRT1 可以结合并抑制烟酰胺磷酸核糖转移酶（NAD 挽救途径中的限速酶）的启动子，从而调节其自身辅因子 NAD 的合成（Nakahata et al.，2009）。这些结果说明了乙酰辅酶 A/NAD（决定 HAT 或 SIRT 的交替活性）或 SAM/α-KG（决定 KMT 或 KDM 的交替活性）的波动如何调控周期性（昼夜）基因表达。据估计，约 15% 的人类基因表达水平会根据不同的细胞固有节律振荡（Aguilar-Arnal and Sassone-Corsi，2013）。

分解代谢产物、肿瘤代谢物和代谢衍生物也可以改变对环境刺激和新陈代谢的正常表观遗传反应。脑肿瘤（Turcan et al.，2012）和白血病肿瘤（Figueroa et al.，2010）中的异柠檬酸脱氢酶（*IDH1* 和 *IDH2*）发生反复体细胞突变的情况说明了一个新生突变是如何对表观遗传功能障碍产生连锁反应的。IDH 突变积累了过量的异常 2-羟基戊二酸，这是 JMJC KDM 和 TET 酶的竞争性抑制剂[综述见 Ward and Thompson，2012；第 30 章图 30-4（Berger and Sassone-Corsi，2014）]。这些染色质修饰酶活性的减弱导致 H3K9me3 标记升高和 DNA 的超甲基化，以及许多癌症类型的典型分化阻滞[第 34 章（Baylin and Jones，2014）]。

SAM 是细胞中大多数甲基转移酶（DNA、RNA、组蛋白和非组蛋白）的主要甲基供体，而 SAM 代谢是显示代谢途径与表观遗传调控如何相关的经典范例[第 30 章的图 30-3（Berger and Sassone-Corsi，2014）]。SAM 代谢与染色质相关的观点可以追溯到 1996 年，当时有报道称 SAM 合成酶基因（*Su(z)5*）是果蝇中的 Su(var) 强修饰因子（Larsson et al.，1996）。线虫的相关研究为此提供了更多证据，表明 SAM 合成酶的突变体会抑制异染色质的并破坏其在核周缘的定位（Towbin et al.，2012）。在人类中，MAT1 同源蛋白使用叶酸和维生素 B$_{12}$ 来合成 SAM[第 30 章图 30-3（Berger and Sassone-Corsi，2014）]。在小鼠模型中，将富含叶酸的饮食喂给母本可以提高甲基供体的利用率，进而增强 DNA 甲基化、沉默重复相关基因（*agouti*）表达（Waterland et al.，2006）。这尤其影响了后代的表观遗传变异（Dolinoy et al.，2006；Dolinoy and Jirtle，2008）。最近在大鼠中使用父本高脂饮食（high-fat diet，HFD）（Ng et al.，2010）或在雄性小鼠中使用低蛋白质饮食（Carone et al.，2010）的研究表明，胰腺和肝脏中许多基因水平升高，这些基因指导着脂质和胆固醇的生物合成。与饮食有关的风险和其他危险因素向下一代的表观遗传传递的内容在 3.22 节中进行了详细说明。

3.21.1 非编码 RNA 在环境刺激应答中的功能

非编码 RNA，尤其是 miRNA 已知参与哺乳动物（McNeill and Van Vactor，2012）和线虫（见下文）的突触功能适应和记忆形成。此外，非编码 RNA 也可能与昆虫（蚂蚁）的适应性行为有关，其中最近检测到种系特异性的 miRNA 表达差异（Bonasio et al.，2010），进一步反映在 DNA 甲基化模式的显著变化（Bonasio et al.，2012；Zhou et al.，2012）。这些有趣的研究表明，信息素和蜕皮甾体（角质层碳氢化合物）可以诱导化学感应神经元中 RNA 转录组的改变，从而指导社会行为。这与遗传上相同的蜜蜂幼虫表型多态性相似，在这种情况下，蜜蜂幼虫发育为蜂王还是工蜂取决于蜂王浆的不同喂养方式，这种喂养方式已被证明能抑制 DNA 甲基化（Kucharski et al.，2008），并且包含 HDAC 抑制剂（Spannhoff et al.，2011）。另一个例子是线虫嗅觉神经元中的气味适应。该生物天生被 *ODR-1* 基因（鸟苷酸环化酶）活性相关的气味所吸引。气味适应涉及内源 siRNA 对 *ODR-1* 的下调，这些内源 siRNA 介导 HP1 类似蛋白（HPL-2）的结合并诱导抑制性染色质的产生（Juang et al.，2013）。这些引人注目的对环境驱动的适应性行为的说明似乎表明了一条依赖于 ncRNA 和连续的染色质变化的表观遗传途径。嗅觉基因的沉默机制允许气味受体的等位基因特异性表达和大脑功能的表观遗传适应在第 32 章中有详细介绍（Lomvardas and Manitatis，2014）。

3.22 表观遗传的遗传

如上所述，环境因素（如饮食或压力）可以改变染色质的表观遗传特征。如果这些改变能够在种系中稳定遗传，那么表观遗传修饰将为后天获得性状的遗传提供分子解释，这是拉马克进化论所提出的。在几个模式生物中，已经有了重要的新见解，这些见解与跨代表观遗传继承是一致的。尽管如此，许多问题仍未解决，特别是后天获得性状削弱了表型，关于其进化优势的争论仍在继续（Bird，2013；Grossniklaus et al.，2013；Heard and Martienssen，2014）。然而，这些进展可以更好地解释在跨代表观遗传中表现出的某些分子机制和染色质的改变。当前的研究指出可以通过种系传递表观遗传信息的三种潜在载体，即染色质状态、DNA 甲基化和 ncRNA（Grossniklaus et al.，2013）。在这里，我们首先讨论对非传统遗传的跨代遗传的观察结果，然后介绍对这些过程可能涉及的机制的新见解。

已有人类的著名流行病学研究记录了父亲（Kakar et al.，2002；Pembrey et al.，2006）或母亲（Hales and Barker，2001）暴露于环境压力因素（如饥荒和营养不良）与下一代代谢和心血管疾病的更高易感性有关。支持这种反应及其传递的表观遗传机制仍不清楚（Gluckman et al.，2009）。使用 NGS 在动物模型中进行了最新研究，以检测染色质修饰（DNA 甲基化和组蛋白标记）和 RNA 转录组谱中可能存在的差异。例如，父本 HFD 大鼠（Ng et al.，2010）或者低脂饮食的雄性小鼠（Carone et al.，2010）的子代胰腺或肝脏中许多基因（超过 1500 个）的适度失调，显示出在推测的增强子 regulon（Pparα）位置 DNA 甲基化轻度增加，该调节因子调控脂质和胆固醇生物合成的关键基因的表达（Carone et al.，2010）。有趣的是，在精子中可以发现饮食引起的 RNA（包括许多非编码 RNA）含量的变化以及核小体和组蛋白的滞留。类似的工作，研究小鼠子宫内营养不足对印记基因表达的影响，从而确定了第二代后代（F_2 后代）精子中 DNA 甲基化的基因位点特异性而非广泛性扰动，这可能与生活后期代谢综合症有关（Radford et al.，2014）。

通过表型衡量基因型的非孟德尔分离清楚地表明，表观遗传突变小鼠可以"记住"野生型（wild type, wt）祖先超过 20 代 [第 14 章（Blewitt and Whitelaw，2013）]。此外，当染色质修饰因子突变时，线虫后代中的一个 wt 等位基因可以被抑制数代。自线虫中发现 dsRNA 介导的基因沉默以来（Fire et al.，1998），这种模式生物就不断地提供不基于 DNA 遗传的启发性见解（例如，如果 RNAi 机制不工作，则可影响多代表观遗传传递），并导致种系失去其永生的特性（Buckley et al.，2012）。植物，有时被称为"表观遗传调控大师"，已有大量文献证明其利用表观遗传来适应不断变化的环境 [Henderson and Jacobsen，2007；第 13 章（Pikaard and Mittelsten Scheid，2014）]。最近的研究表明，同基因拟南芥品系稳定地分离了获得性状，例如改变开花时间和根长，因为以 DNA 甲基化印记形式的表观遗传标记在许多世代中是稳定分离的（Cortijo et al.，2014）。这些非孟德尔式和非基于 DNA 序列的遗传的例子提出了几个老问题：后代怎么能记住它们从未接触过的环境条件？信号如何从体细胞传递到生殖细胞？而且，这种表观遗传信息传递的分子机制可能是什么？

玉米（McClintock，1951）的副突变和果蝇 PEV（Muller，1930）长期以来是后代的基因表达改变的非孟德尔式遗传的范例。在这些经典例子中，等位基因（表观等位基因）的变异与 DNA 重排有关，涉及将反转录转座子插入表观等位基因附近或转位到重复序列富集区，主要是异染色质的附近 [在第 12 章中对果蝇 PEV 进行了解释（Elgin and Reuter，2013）]。在玉米中，bl 位点的副突变（调节种子的色素沉着）取决于几个 IAP（Intracisternal A particle）逆转座子重复序列整合到 bl 基因位点上游约 100kb 处，从而抑制连锁的 bl 基因的活性。这种被抑制的 bl 表观等位基因还可以进行反式交流，并指导新的 bl 等位基因建立可遗传的沉默（Chandler and Alleman，2008）。RNAi 和 RNA 加工过程中的突变，而不是 DNA 甲基化或染色质修饰，可以抵消这种副突变（Artcaga-Vazquezand Chandler，2010）。在小鼠中，表观等位基因的随机变异，如 *agouti*（Avy），也与在连锁基因位点附近插入重复序列有关 [第 14 章（Blewitt and Whitelaw，2013）]。这些研究表明，并非每个基因位点都符合表观等位基因的条件，但是与重复序列元件（主要是 IAP 和 LINE 反转座子）及其相关的异染色质结构域接近可以经常使相邻的基因对表观遗传沉默敏感（图 3-36）。并非难以想象的是，在对该观点的一个有趣的推论中，重复序列丰富的基因组（如哺乳动物基因组）可以在促进表观遗传反应和协助基因表达状态的跨代记忆方面提供适应性优势。实际上，转座子（LINE 和 ERV）除在基因组进化中发挥作用外，还可调控相关基因的表达（Han et al., 2004），并可能有助于生殖细胞或干细胞发育的多样性（Lu et al., 2004），它们在黑猩猩或人类的 iPS 细胞中的不同活性进一步证明了这一点（Marchetto et al., 2013）。

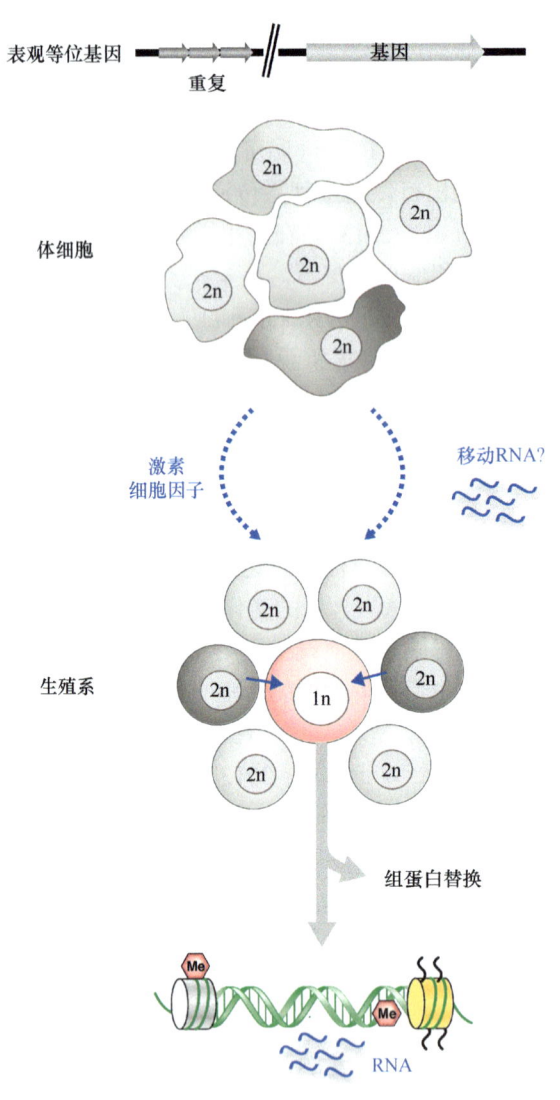

图 3-36　表观遗传。表观等位基因的转录反应（如沉默）可以在遗传上相同的体细胞群体中随机发生，如深灰色阴影中的单个细胞所示。为继承一种改变了的基因表达状态，这种表观遗传信息必须转移至生殖细胞。表观遗传信息的可能的转导器是可移动的 RNA 和激素或细胞因子。然后可以在生殖细胞表观基因组内建立表观遗传印记（如 RNA 关联、组蛋白修饰、核小体定位和 DNA 甲基化），并确保将它们传播给下一代［参阅第 2 章（Dunoyer et al., 2013）；第 31 章（Baulcome and Dean, 2014）］。

哺乳动物卵母细胞基因组被含常规核小体的染色质和生殖细胞特异性组蛋白变体包装，这些组蛋白变体在受精后激活了父本基因组（Ooi and Henikoff, 2007；Shinagawa et al., 2014）。相比之下，精子基因组主要由鱼精蛋白组成，尽管存在大量（2%～10%）常规组蛋白及其变体（Hammoud et al., 2009；Erkek et al., 2013）。这些残留的核小体保留在一些不同的基因位点和大的基因贫乏区域（Carone et al., 2014），从而使染色质印记也存在于精子中。因此，跨代表观遗传可以在雌性和雄性种系中采用核小体定位、组蛋白修饰和 DNA 甲基化形式。在大多数多细胞真核生物中，因为并非所有模型生物都存在 DNA 甲基化，所以 RNA 分子可能是跨代表观遗传信息的主要载体。玉米和线虫的突变体分析（见上文）表明它们对有缺陷的 RNAi

和 RNA 加工特别敏感，只有 RNA 分子才能赋予靶 DNA 区域序列的互补性。

实际上，在许多模式生物中，有证据表明 RNA 分子是可移动的表观遗传信息载体（图 3-36）。在植物中，病原体感染的叶子可以发送 RNA 信号以警告未感染的叶子并启动防御程序。这些可移动 RNA 可以是短距离的（通过细胞-细胞间接触）或长距离的（通过维管系统）[第 2 章（Dunoyer et al., 2013）；第 31 章（Baulcome and Dean, 2014）]。拟南芥营养核可将非编码 RNA 转导至生殖细胞以保护其免受逆转座子激活，类似于四膜虫中新发育的大核中重复元件的 RNA 扫描 [第 11 章（Chalker et al., 2013）；第 16 章（Martienssen and Moazed, 2014）]。在果蝇中，当 piRNA 上调时，一个新的转基因位点可以转化为强的反式沉默元件。这种沉默能力是由 Piwi 结合的 piRNA 在母体细胞质中诱导和传递的，并可以传递 50 代以上（de Vanssaye, 2012）。此外，dsRNA 是线虫中基因沉默的扩散效应子（Alcazar et al., 2008），微量注射与 *fem-1* 基因互补的小 RNA，在它进入生殖细胞后可连续数代调节线虫的雌性化作用（Johnson and Spence, 2011）。

已在人类（Krawetz et al., 2011）和小鼠精子中检测到非编码 RNA，它们响应于多种环境风险指标 [例如吸烟（Marczylo et al., 2012）或肥胖症（Fullston et al., 2013）] 而显示出丰度的变化。最有启发性的实验是通过将不同的 RNA 寡核苷酸显微注射到受精的卵母细胞中，将 RNA 转移到小鼠早期胚胎中的实验。通过序列相同的靶基因的转录调节，源自这些初生卵母细胞的小鼠表现出肤色、心脏发育或个体大小的改变（Rassoulzadegan et al., 2006；Grandjean et al., 2007；Norman et al., 2006；Wagner et al., 2008）。这些 RNA 介导的副突变可以回交多达四代，然后才能回复到 wt 表型（Grandjean et al., 2007）。探索小鼠创伤状况的最新研究表明受创伤雄性精子中某些 miRNA 和其他非编码 RNA 的水平升高。令人惊讶的是，将这些受过创伤的雄性的精子 RNA 显微注射到受精卵中，细胞会将行为（创伤）和代谢表型传递给子一代和子二代（Gapp et al., 2014）。这提供了令人惊喜的结果，即精子不仅可以提供 DNA 基因组，还可以提供更多的信息。

在体内许多细胞（包括生殖细胞）中迅速分布的其他信号是激素、细胞因子和气味物。细胞因子浓度对环境刺激特别敏感，因为其在创伤或感染时可表现出大于 1000 倍的增加。激素和嗅觉受体也可以在精子中表达（Goto et al., 2001），因此可以直接响应血液和淋巴管中激素/细胞因子水平的升高。一项新的研究使用苯乙酮（气味）作为小鼠的恐惧调节剂，结果降低了精子中 *Olfr151*（气味受体）基因的 DNA 甲基化。这种精子的印记甚至可以在体外受精中传播，即使它们从未暴露于这种刺激下，它们的后代在嗅觉神经元中表现出 *Olfr151* 表达水平的增加和对苯乙酮的敏感性增强（Dias and Ressler, 2014）。

这些例子展示了令人兴奋的新发现，但仍需谨慎对待哺乳动物生殖细胞是否确实是这样可塑的并且能够整合非 DNA 序列的信息，然后将其传递给下一代。仍然需要做更多的工作来加强分子机制，以解释表观遗传信号可以通过生殖细胞传递给合子，甚至通过发生在发育胚中的重大表观遗传重编程传递到新形成的 PGC [第 27 章（Reik and Surani, 2014）]，并且还能够介导成年体细胞中不同的基因表达谱。

非经典遗传的跨世代遗传的最合理机制是通过 RNA 将表观遗传信息从生殖细胞传递到早期胚胎。这很可能通过 RNA 与其互补的 DNA 序列结合起作用，然后可以导致染色质改变（组蛋白修饰和（或）DNA 甲基化）。即使在没有初始信号的情况下（在以下部分中描述），该标记的染色质也可以通过前馈环（3.8 节中的图 3-13）在正在发育的体细胞中进一步稳定和传递。然而，为了传递给后代，新形成的 PGC 必须继承初级 RNA 触发器。这需要 RNA 的稳定性和保护及其反复扩增。在植物和线虫中 RdRP（如 RDR6）来支持该观点，该 RdRP 功能性扩增初始 RNA 信号 [第 2 章（Dunoyer et al., 2013）] 或反复生成 siRNA，但尚未在哺乳动物中观察到。然而，已经确定了小鼠和果蝇生殖细胞中 piRNA 的自适应扩增环（Aravin et al., 2007；Peng and Lin, 2013），这与 RdRP 无关。piRNA 是发育中的生殖细胞甚至是精子中非编码 RNA 的主要成分（Marczylo et al., 2012；Fullston et al., 2013），最近有人对它们在哺乳动物配子的跨代表观遗传中的作用进行了综述（Daxinger and Whitelaw, 2012）。此外，PGC 的特异化受不同途径的调控 [第 27 章（Reik and Surani, 2014）]，其中一些途径直接将 RNA 信号与染色质改变联系起来。例如，对种系分化重要的母本成分 Stella 可以与 RNA 相互作用，也可以与 H3K9me2 结合以避免 5mC 转化为 5hmeC（Nakamura et al., 2012）。

在结束本节时，我们会问，表观遗传调控是否与经典的基本遗传原理有根本的不同？尽管我们可能希望将 Waddington 的表观遗传学景观视为沿染色质聚合物划分的激活域与抑制域，但这一概念很容易被过度解释。仅在最近几年，我们才了解了主要的酶促系统和非编码 RNA 的功能，通过它们可以传递表观遗传调控。这已经形成了我们当前对某些表观遗传标记稳定性以及继承的思考。表观遗传修饰可能反映对外部环境变化的轻微和短暂响应，或显著地影响表型变异，然后可以在许多但不是无限的体细胞分裂中维持这种变异，并偶尔影响种系。鉴于我们今天对表观遗传机制的了解越来越深入，因此在拉马克进化论的意义上传递某些获得性性状并不是不可想象的。甚至达尔文也没有否认可塑性系统的进化优势，因为这些可塑性个体不是最强壮的，也不是最聪明的，而是最能存活的适应性生物。

3.23 表观遗传调控到底有什么功能？

哺乳动物基因组编码的蛋白质大约有 10% 在转录或染色质调控中起作用（UniProt 数据库；www.uniprot.org）。考虑到哺乳动物基因组由 3×10^9 bp 组成，它必须容纳约 1×10^7 bp 核小体。这提供了大量的潜在的调控信息，包括 DNA 结合作用、组蛋白修饰、组蛋白变体、核小体重塑、DNA 甲基化和非编码 RNA。单独的转录调节过程非常复杂，通常需要组装大型的多蛋白复合体（少于 100 个蛋白），以确保某一选定启动子的启动、延伸和正确加工 mRNA。如果对 DNA 序列的特异性调控如此精细，那么人们可以预见与动态 DNA-组蛋白聚合物的低亲和力结合甚至会更复杂。基于这些考虑，很少会只有一种修饰与一种表观遗传状态相对应。更有可能的是，正如实验证据所表明的，是在扩展的染色质区域上有几个（可能很多）信号的组合或累积效应共同稳定并传递了表观遗传状态。

在大多数情况下，TF 结合是短暂的，TF 在连续的细胞分裂中会丢失。但是也有例外，DNAseI 高敏位点或某些"先驱"TF 可以保留在有丝分裂染色体上（Martinez-Balbas et al., 1995; Caravaca et al., 2013）。为了基因表达的持久性，每个后续细胞分裂都需要这些 TF。尽管局部染色质改变可以增强初级触发（如 TF 结合和启动子刺激），但是更大的染色质结构域（如基因位点调控区、基因沉默、着丝粒定界等）的建立是即使在没有初始启动信号下也可以向后代细胞传递并有助于维持关键基因表达状态的（图 3-37）。这种"细胞记忆"的经典范例是 PcG 和 TrxG 系统［第 17 章（Grossniklaus and Paro, 2014）；第 18 章（Kingston and Tamkun, 2014）；3.16 节］。通过单个 TF 脉冲刺激 PRE 元件足以将沉默的染色质区域转变为活化的染色质区域，然后可以在多次细胞分裂中传递组蛋白 H4 超乙酰化甚至传递到雌性种系细胞中（Cavalli and Paro, 1999）。同样，在单细胞生物中，例如粟酒裂殖酵母通过 Swi6 脉冲可以抑制许多细胞世代中 Swi6 依赖的表观遗传变异（Grewal and Klar, 1996）。这些发现最近扩展到哺乳动物细胞，显示一个瞬时 HP1（Swi6 直系同源物）的增加可以导致稳定传递的大范围 H3K9me3 染色质域的诱导（Hathaway et al., 2012）（3.8 节中的图 3-13）。

如果组蛋白修饰共同作用，则可能会在染色质模板上留下印记，这将有助于标记核小体，尤其这一信号能随 DNA 复制而复制。为了获得更稳定的遗传，组蛋白修饰、组蛋白变体加载和染色质重塑之间的协作会将扩展的染色质区域转换为持久的结构，并在多次细胞分裂中得以传递。图 3-37 中解释了转录"开"状态的遗传，但在抑制性表观遗传机制中的类似协同作用将更稳定地锁定沉默的染色质区域，这种沉默状态被额外的 DNA 甲基化进一步加强。

可以将 DNA 双螺旋视为一种自组织多聚体，通过将其排列成染色质，可以响应表观遗传调控并将主要信号放大为更长期的"记忆"。了解这种记忆如何转化为生物学上相关的表观遗传特征，以及如何读取、翻译和继承它们是当前表观遗传学研究的核心。但是必须强调的是，表观遗传调控需要许多因子之间的功能性相互作用的复杂平衡，并不总是每次细胞分裂后都能忠实地重建。这与涉及 DNA 序列改变的经典遗传学功能形成对比，经典遗传中如果突变发生在生殖细胞，它们通常通过有丝分裂和减数分裂稳定地遗传。

由以上考虑引出的一个重要问题是染色质模板中的信息如何从母细胞传递到子细胞。在 DNA 甲基

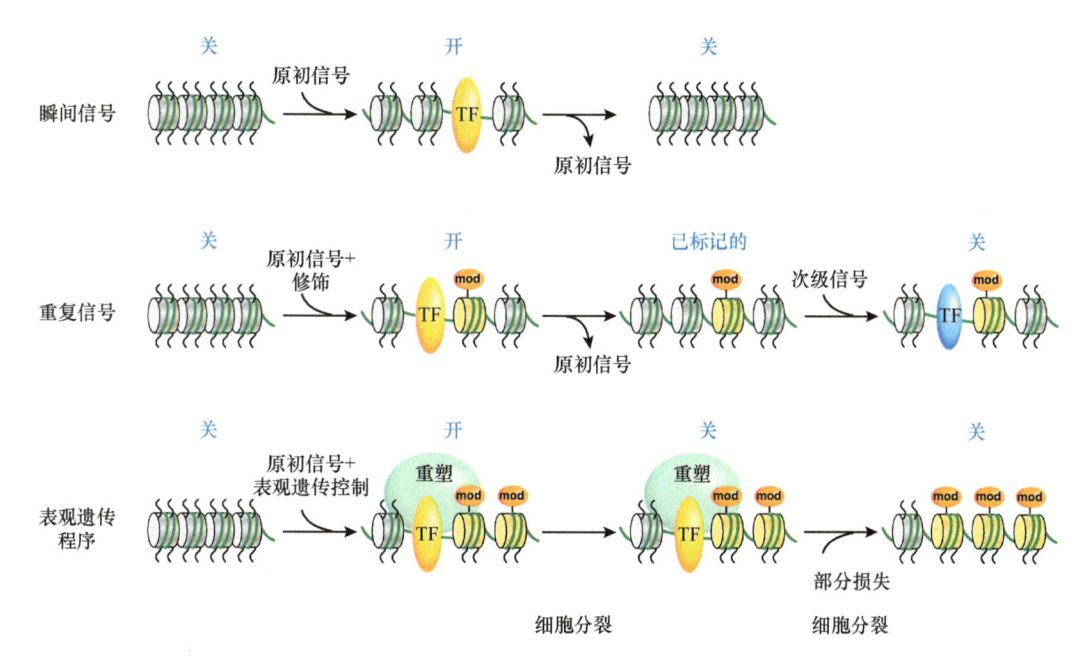

图 3-37 原初信号的表观遗传传递。 经典遗传学预测基因表达取决于适当的 TF 组的可用性和结合。去除这些因子（即原初信号）会导致基因表达的丧失，从而构成瞬时激活信号（顶部）。染色质结构有助于基因表达，其中某些构象是抑制性的，而其他构象则是活跃的。因此，基因位点的激活可通过原初信号发生，并导致染色质结构的下游变化，包括激活组蛋白标记（mod）和用变体（如 H3.3）替换核心组蛋白。通过细胞分裂，该染色质结构只能在存在激活信号（表示为"再发生信号"）的情况下重建。表观遗传记忆可通过细胞分裂维持染色质状态，即使不存在原初信号或再发生信号。这种记忆系统不是绝对的，而是涉及多个水平的表观遗传调控以重塑染色质结构。染色质的动态特性意味着尽管染色质状态在有丝分裂过程中可能是稳定的，但仍然容易发生变化，从而影响表观遗传记忆的持续时间。

化的情况下，有趣的机制揭示了如何通过 DNA 半甲基转移酶将表观遗传标记拷贝到复制的子链［第 6 章（Cheng，2014）；第 15 章（Li and Zhang，2014）］。是否存在类似的用于组蛋白修饰的机制？是否存在可以将预先存在的组蛋白标记复制到同一核小体的另一个组蛋白尾巴或另一个核小体上的酶系统？要回答这个问题，我们首先必须考虑如何将亲本八聚体传递到新复制的 DNA 模板中［第 22 章（Almouzni and Cedar，2014）］。有两个突出的模型可以回答复制过程中的八聚体分离问题。第一个模型提出 H3/H4 四聚体分裂，使得每个亲本 H3/H4 二聚体与在 S 期合成和组装的天然 H3/H4 二聚体混合；这些新排列的 H3/H4 四聚体中的每一个都将与前导 DNA 链和滞后 DNA 链缔合。但是，与其他可能的机制相比，这个模型的支持性数据较少。第二个模型提出，整个八聚体以随机的方式分离并结合到复制叉后面的亲本链或子链上，并与在 S 期合成和组装的新天然八聚体交错。然后，表观遗传机制会将存在于父母八聚体中的信息复制到相邻的新八聚体中。这些模型还需要更多的证据进一步证实，以使新合成的子染色质保留关键表观遗传信息。

染色质具有许多独特的特征，它们既可以反映转录记忆、促进或抑制基因表达程序，又可以影响染色质区域是早期复制还是后期复制。如何将这些转录活性和复制时间上的差异整合到核小体分离/传递模型中，以及如何从一个细胞世代到下一个细胞世代，或通过减数分裂和生殖细胞形成，如何忠实地将染色质状态在不同细胞世代间传递是热门的研究领域。当前的模型和假设在第 22 章中有详细介绍［第 22 章（Almouzni and Cedar，2014）；第 20 章（Henikoff and Smith，2014）；第 36 章（Pirrotta，2014）］。

3.24 表观遗传研究中涉及的重大问题

本书讨论了表观遗传学的基本概念和一般原理，这些表观遗传现象可能令人困惑。我们的最终目标是从丰富的生物学背景中，提取出对指导和塑造这些概念的机制的最新理解，并将其呈现给读者。自本书第一版以来，已经取得了许多令人瞩目的观点和突破性的进展，包括对可有效去除组蛋白赖氨酸甲基化（KDM）和DNA甲基化（TET酶）的酶的描述、将体细胞重新编程为iPS细胞、非编码RNA意想不到的功能、组蛋白突变引起的癌症以及表观遗传疗法的新型抑制剂（如BETi）的开发（参见本书前言和第2章）。在该领域，还出现了NGS令人难以置信的技术进步，如更先进的生物信息学算法、单细胞表观基因组分析、基因组工程（TALEN和CRISPR/Cas）、染色质域相互作用的高分辨率定位，以及可公开获得的全基因组数据集。尽管取得了这些重大进步，而且我们对基本分子机理的理解日益加深，表观遗传学研究中的重大问题（图3-38）（在本书的第一版中也有介绍）将继续指导我们的创造和研究，希望通过严格的实验解决这些问题。

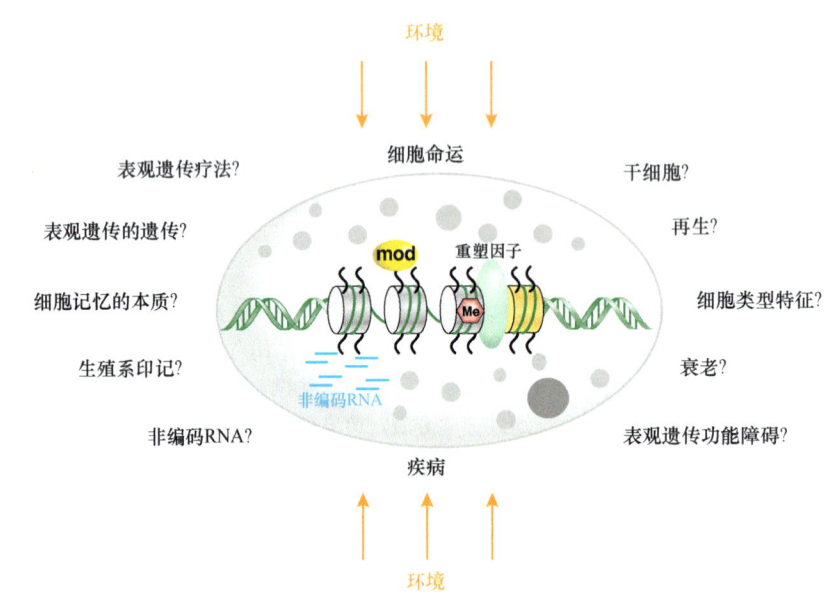

图3-38　表观遗传学研究中的重大问题。 表观遗传学研究中使用的许多实验系统为表观遗传调控机制提供了许多途径和新颖的见解。如图所示，许多问题仍然存在，需要在新的或者现有的模型系统和方法中进一步阐明或证实。

我们有足够的理由将大量的精力投入研究表观遗传现象的分子机制中。精心设计的生物化学和遗传学研究已经在这些通路的许多功能性研究中取得空前的成功。因此，可以预见到，仔细分析不同细胞类型（例如，干细胞与分化细胞、静息细胞与增殖细胞、再编程的iPS细胞）中的表观遗传转变将揭示更多关于细胞多能性的标志性特征。通过将正常分化过程与疾病状态和肿瘤发生相比，诊断哪些染色质改变是显著的且具有重要的意义。例如，随着NGS方法的革新以及单细胞测序的新进展（Shapiro et al., 2013），可以用正常细胞、肿瘤细胞或ES细胞来分析基因组的表观遗传景观，以及将产生的相关知识用于新的治疗干预方法（见附录1；例如，NIH路线图、ENCODE、Blueprint、IHEC网站）。可以想象到，相比于有更多的限制性发育程序的后生动物系统，单细胞生物中组蛋白修饰、DNA甲基化和RNAi机制的丰度差异（在本书的内封面）可能反映了它们强大的增殖和再生潜力。同样，RNA干扰机制、piRNA、组蛋白与DNA甲基化之间的功能联系将继续为发育过程中细胞命运决定和表观遗传传代的复杂机制带来令人惊喜的发现。同样，对核小体重塑体系的动力学和特异性的深入理解也将有助于实现这一目标。我们预测，除巴豆酰化、丁酰化、瓜氨酸化等之外，还会发现更多的外来酶活性，通过组蛋白和非组蛋白底物的修饰来催化表观遗传转化（目前已知的组蛋白修饰见附录2）（Zhao and Garcia, 2014）。上述机制诱导的染色质改变在很大程度上是在扮演着一个环境信号过滤器的角色。因此，人们希望这些知识能够最终应用于强化治疗策略，以重新设置一些导致衰老、疾病和癌症的个性化表观遗传反馈，这包括组织再生、治疗性克隆（使用EPS细胞及其衍生物）和成人干细胞治疗策略。相信这样的策略将延长细胞寿命、调节对外部刺激的应激反应、逆转疾病进展并改善组织工程和个性化医学。我们预言，了解多能性和全能性的染色质基础将是理解干细胞生物学及其治疗干预潜力的核心。

其他基本的表观遗传问题包括：如何区别存在于相同的细胞核环境中、包含相同的 DNA 序列的一条染色质链与另一个等位基因？什么决定了表观遗传信息的继承和遗传的机制？细胞记忆的分子性质是什么？生殖细胞中是否有表观遗传印记可以使该基因组保持全能状态？如果是这样，在发育过程中如何消除这些印记？或者，是否在发育过程中添加了新的印记以锁定分化状态？我们期待下一代的研究人员（和学生）能够大胆地用前几代遗传和表观遗传研究人员的信息和热情来解决这些问题。

总之，孟德尔描述的遗传原理很可能主导了绝大多数的发育和外在表型。然而这些法则存在例外，有时会揭示一些过去被忽视或者不为人知的指导遗传的新原理和新机制。本书希望将对与 DNA 突变无关的表型变化的最新的理解呈现给读者。我们希望在本书中描述的系统和概念将为下一代的学生和研究人员提供有用的资源，以及对表观遗传现象感到好奇的人们提供帮助。

（尹春梅 译，方玉达 校）

网络资源

http://www.1000genomes.org　1000 基因组项目
http://epigenomesportal.ca/ihec　IHEC 数据端口
http://hapmap.ncbi.nlm.nih.gov HapMap

第4章

组蛋白乙酰化的写入器和阅读器：结构、机制和抑制

罗南·马莫斯坦（Ronen Marmorstein[1]），周明明（Ming-Ming Zhou[2]）

[1]Program in Gene Expression and Regulation, Wistar Institute, and Department of Chemistry, University of Pennsylvania, Philadelphia, Pennsylvania 19104; [2]Department of Structural and Chemical Biology, Icahn School of Medicine at Mount Sinai, New York, New York 10065

通讯地址：marmor@wistar.org

摘 要

组蛋白乙酰化标记由组蛋白乙酰转移酶（histone acetyltransferase，HAT）写入、由布罗莫结构域（BrD）读取，而其他类型的写入和读取模块对于组蛋白乙酰化标记则不太常见。这些蛋白调节许多由转录介导的生物学过程，并且其异常活动与多种人类疾病相关。因此，研究人员开发了一些具有治疗潜力的小分子HAT和BrD抑制剂。对HAT和BrD的结构和生化研究表明，HAT有不同的亚家族，其包含一个与结构相关的辅助因子结合核心，但底物的特异性结合、催化及自我调节的侧翼区域不同。BrD采用一个保守的左旋四螺旋束识别乙酰赖氨酸，不同的环残基有助于底物特异乙酰赖氨酸的识别。

本章目录

4.1 组蛋白的写入器、擦除器和阅读器介绍
4.2 组蛋白乙酰转移酶
4.3 乙酰赖氨酸阅读器
4.4 展望

概 述

组蛋白乙酰转移酶（histone acetyltransferase，HAT），有时也称为赖氨酸乙酰转移酶（lycine acetyltransferase）或 KAT。它们形成一个酶的超家族，乙酰化组蛋白上赖氨酸残基的侧链氨基，在某些情况下也乙酰化其他蛋白质。这些酶调控转录介导的生物学过程，包括细胞周期进程、剂量补偿以及激素信号传导。异常的 HAT 与多种人类疾病相关，包括白血病易位、实体瘤和代谢紊乱。此外，最近的蛋白质组学研究发现，蛋白质乙酰化已经超出组蛋白和转录相关的生物学过程，扩展到其他细胞过程。

赖氨酸残基上的乙酰化标记由布罗莫结构域（BrD）的小蛋白模块（有时称为"阅读器"）读取。BrD 在许多染色质相关蛋白中很保守，包括一些 HAT，以及其他翻译后修饰酶（有时称为"写入器"）和 ATP 依赖性重塑蛋白。最近的研究证明，结合甲基化赖氨酸残基的 PHD 指结构域也可以与乙酰赖氨酸（Kac）结合，从而增加了由其他类型的结构域读取乙酰赖氨酸标记的可能性。虽然已知有些含有 BrD 的蛋白质与炎症、病毒感染、实体瘤和白血病等疾病相关，但目前仍未很好地研究许多含有 BrD 蛋白质的功能。

通过对 HAT 和 BrD 的结构和生化研究，解释了组蛋白乙酰化写入器和阅读器的一些重要机制。经过充分研究的 5 个 HAT 家族包括 Hat1（或 KAT1，根据 2007 年 Allis 等的命名法）、Ccn5/PCAF（KAT2A/KAT2B）、MYST（KAT5）、p300/CBP（KAT3B/KAT3A）及 Rtt109（KAT11）。这些 HAT 酶亚家族写入器具有相似的化学性质，并含有与结构相关的核心区域，这些核心区域以类似的方式作用于底物模板。然而，它们属于有很少同源序列或者没有同源序列的亚家族，这使它们包含结构上不同的核心侧翼区域。因此，其介导催化的机制不同，底物识别和调控模式也可能不同。许多 HAT 通过自体乙酰化来调节。小分子化合物对 HAT 酶的抑制作用作为药物的开发尚处于早期阶段，但 HAT 用作治疗靶标却有很好的前景。

BrD 阅读器采用保守的左手四螺旋束，并在识别乙酰赖氨酸的螺旋间环中具有保守残基。乙酰赖氨酸两侧的其他残基有助于特异性结合。有趣的是，许多 BrD 以多重复形式存在，并且具有不同的功能。如同时结合两个或多个乙酰赖氨酸残基，或者在某些情况下，可能具有不同于乙酰赖氨酸识别的其他功能。由于含有 BrD 的蛋白质与疾病紧密相关，因此 BrD 抑制剂的开发已经引起了广泛关注。值得注意的是，现已开发出几种有效和具有选择性的抑制剂，这些抑制剂在疾病治疗上具有很好的应用前景。

4.1 组蛋白的写入器、擦除器和阅读器介绍

真核生物内的 DNA 被压缩成含有组蛋白 H1、H2A、H2B、H3、H4 的染色质。通过对染色质的适当调控，可以协调所有以 DNA 为模板的反应，如 DNA 转录、复制、修复、有丝分裂以及凋亡（Williamson and Pinto，2012）。调节染色质的大分子分为不同的类型，包括 ATP 依赖性可移动核小体的染色质重塑蛋白［第 21 章（Becker and Workman，2013）］、在染色质中插入和移除普通或组蛋白变体的组蛋白伴侣［第 22 章（Almouzni and Cedar，2014）］、在染色质的 DNA 或者组蛋白组分中添加和移除化学基团的翻译后修饰酶（Bannister and Kouzarides，2011）、特异识别 DNA 和组蛋白或修饰过的组蛋白和 DNA 的染色质识别蛋白（Yap and Zhou，2010；Glatt et al.，2011）以及结合和修饰染色质调节蛋白的非编码 RNA 分子（Mattick and Makunin，2006；Kurth and Mochizuki，2009）。这些大分子以高度协调的方式来调节不同的染色质模板活性。

翻译后修饰（posttranslational modification，PTM）酶包括添加和移除化学基团的蛋白质。介导组蛋白修饰的酶（写入器）包括乙酰转移酶、甲基转移酶、激酶及泛素化酶。去除这些修饰的酶（擦除器）包括去乙酰化酶、去甲基化酶、磷酸酶及去泛素化酶（Bannister and Kouzarides，2011）。现已证实，蛋白质结构域可以识别特定组蛋白修饰（阅读器），其比产生修饰的酶更具灵活性（Yap and Zhou，2010；Glatt et al.，

2011)。例如，布罗莫结构域选择性地结合乙酰赖氨酸残基，许多克罗莫结构域结合甲基化的赖氨酸，而 tudor 结构域结合甲基化的精氨酸。甲基化的赖氨酸也被 PHD 指、WD40 结构域和锚蛋白重复序列（ankyrin repeat）识别（Brent and Marmorstein，2008），同时这些蛋白也识别未修饰的组蛋白。

在组蛋白翻译后修饰酶中，首先鉴定出介导赖氨酸乙酰化和去乙酰化的酶。1996 年，Allis 及同事从四膜虫（*Tetrahymena*）中纯化了组蛋白乙酰转移酶（HAT），该酶与之前鉴定的，来自酵母的 Gcn5 转录衔接子直系同源，并且从酵母到人类保守（Brownell et al.，1996）。同时，Sternglanz 及同事（Kleff et al.，1995）以及 Gottschling 和同事（Parthun et al.，1996）鉴定出一种称为 HAT1 的组蛋白乙酰基转移酶，它最初被认为是细胞质特异性乙酰转移酶，后来被证明也具有细胞核内功能（Ruiz-Garcia et al.，1998；Ai and Parthun，2004；Poveda et al.，2004）。同年，Schreiber 及同事分离出一种哺乳动物组蛋白去乙酰化酶（histone deacetylase，HDAC），该酶与之前表征的转录抑制因子 Rpd3［第 5 章（Seto and Yoshida，2014）］高度同源，其在酵母到人类中保守（Taunton et al.，1996）。在这些突破性的研究之后，其他的 HAT 和 HDAC 连同其他类型的组蛋白修饰酶一起被鉴定出来（Hodawadekar and Marmorstein，2007；Marmorstein and Trievel，2009）。许多组蛋白翻译后修饰与 DNA 模板的活性相关。然而，HAT 和 HDAC 活性通常分别与基因激活和抑制（沉默）相关。异常的 HAT 和 HDAC 活动也与癌症和代谢紊乱等疾病相关（Keppler and Archer，2008a；Keppler and Archer，2008b）。迄今为止，从生物化学和结构上来说，HAT 和 HDAC 是组蛋白 PTM 酶中特征最明显的。本章将介绍目前已知的关于 HAT 酶的结构、作用机制和抑制作用。读者可参阅本书关于 HDAC 的章节，该章节涉及组蛋白赖氨酸去乙酰化的主题［第 5 章（Seto and Yoshida，2014），以及本书中的其他优秀综述文章］。

Zhou、Aggarwal 及其同事在使用核磁共振波谱确定 PCAF 布罗莫结构域的三维溶液结构时确定了布罗莫结构域作为第一个组蛋白修饰阅读器。在对它进行的相关生化研究中，揭示了其能够结合组蛋白 H3 和 H4 衍生肽中的赖氨酸乙酰化修饰（Dhalluin et al.，1999）。后来的研究不仅证实了来自其他蛋白质的布罗莫结构域的乙酰赖氨酸结合特性，还鉴定出特异性识别其他组蛋白修饰的其他类型的蛋白质结构域（Yap and Zhou，2010）。有趣的是，在许多不同类型的染色质调节因子以及在人类健康和疾病生物学中起重要作用的蛋白质复合体中，都发现了布罗莫结构域。因此，近年来它们已成为重要的治疗靶标，如第 2 章中描述的 JQ1 和 I-BET（Qi，2014；Schaefer，2014）［也在第 29 章（Busslinger and Tarakhovsky，2014）中进行了讨论］。除描述 HAT 的结构和功能外，本章还将介绍迄今为止已知的关于布罗莫结构域的结构、作用机理和抑制作用的知识。

4.2 组蛋白乙酰转移酶

4.2.1 HAT 分类

自从 Allis 及同事将 Gcn5 HAT 从四膜虫中分离（Brownell et al.，1996），Sternglanz 及同事（Kleff et al.，1995）以及 Gottschling 及同事（Parthun et al.，1996）对 HAT1 进行了鉴定。在此之后，从酵母到人类中的许多其他 HAT 被鉴定出来。其中一些 HAT（如 PCAF 和 HAT1）在催化结构域与 Gcn5 序列保守，从而将其分类为 Gcn5 相关的组蛋白 N-乙酰转移酶（GNAT；Neuwald and Landsman，1997）。许多其他的 HAT，如 CBP/p300、Rtt109 及 MYST 蛋白，都有非常有限的序列保守性。基于 HAT 结构域内的序列不同，HAT 至少可以分为五个不同的亚家族（表 4-1）。其中包括 HAT1（根据 Allis 等 2007 年的命名法，命名为组蛋白乙酰转移酶 1 作为超家族的创始成员或 KAT1）、GCN5/PCAF（根据其首个成员酵母 Gcn5 及其人类直系同源蛋白 PCAF 或 KAT2a/KAT2B 命名）、MYST（根据其基础成员 MOZ、Ybf2/Sas3、Sas2 和 TIP60 或 KAT5 命名）、p300/CBP（以两个人类同源蛋白 p300 和 CBP 或 KAT3B/KAT3A 命名）和 Rtt109（根据其最初鉴定为 Ty1 的转位基因产物 109（regulator of Ty1 transposition gene product 109）命名（也称作 KAT11）。虽然在酵母和人类中 Gcn5/PCAF、HAT1 和 MYST 亚家族具有同源性，但 p300/CBP 是后生动物特有的，Rtt109 是真菌特有的。尽管已鉴定出其他细胞核 HAT 亚家族，如类固醇受体辅助活化因子（ACTR/AIB1、SRC1）（Spencer et al., 1997）、TAF250（Mizzen et al., 1996）、ATF-2（Kawasaki et al., 2000）和 CLOCK（Doi et al., 2006），但它们的 HAT 活性尚未如五个主要的 HAT 亚家族一样得到广泛的研究，因此这里不再赘述。

表 4-1 五个主要的 HAT 家族

主要的 HAT 亚家族	代表成员	关键结构和生物化学特性
HAT1	yHat 1	GNAT 家族的成员
		氨基和羧基末端片段用于组蛋白底物结合
		需要 yHat2 调节亚基以实现最大的催化活性
Gcn5/PCAF	yGcn5	GNAT 家族的成员
	hGCN5	使用三元复合催化机制
	hPCAF	氨基和羧基末端片段用于组蛋白底物结合
MYST	yEsal	使用乒乓催化机制
	ySas2	需要在活性位点对特定赖氨酸进行自动乙酰化，以使相关组蛋白乙酰化
	ySas3	
	hMOZ	
	dMof	
	hMOF	
	hTIP60	
	hHBOl	
	hTIP60	
	hHBO1	
p300/CB	Php300	后生动物特异性，但与 yRtt109 具有结构同源性
	hCBP	使用三元 Theorell-Chance（即碰即跑）催化机制
		包含参与 AcCoA 和赖氨酸结合的底物结合环
		包含一个自体乙酰化环，需要赖氨酸自体乙酰化以实现最大的催化活性
Rtt109	yR11109	真菌特异性，但与 p300 具有结构同源性
		包含一个参与 AcCoA 的底物结合环，还可能与赖氨酸结合
		需要在活性位点附近的赖氨酸残基自体乙酰化，以实现最大催化活性
		需要两个组蛋白伴侣因子（Asf1 或 Vps75）之一，以实现最大催化活性和组蛋白底物特异性

y，酵母；h，人类；GNAT，Gcn5 相关 N-乙酰转移酶。

4.2.2 HAT 的基本结构

用 X 射线晶体衍射法测定了 HAT 蛋白五个亚家族的代表性结构，揭示了酶结构域的分子特征以及催化底物乙酰化的分子机理。

酵母组蛋白乙酰转移酶 HAT1（yHAT1）是首个报道的具有 HAT 结构的蛋白质（Dutnall et al., 1998），这为这种酶超家族的结构分析奠定了基础。HAT1 与乙酰辅酶 A（Acetyl-CoA，AcCoA）辅因子结合的结构由一个细长的 α-β 结构组成（图 4-1A），这种结构包含一个保守的核心区，该核心区由一个三股 β 折叠和一个平行的、跨折叠一侧的长螺旋组成（Neuwald and Landsman, 1997）。AcCoA 辅助因子沿该核心区的一个边缘包装并交互。核心区的一侧有一个 β-α 环片段（参见图 4-1A 的顶部），另一侧富含 α 片段（参见图 4-1A 的底部），这两个片段一起在中心核心区上面形成裂缝，从而与组蛋白底物结合并发生催化反应。

目前，已经报道了几种不同配体形式的 Gcn5 晶体结构（Rojas et al., 1999; Trievel et al., 1999; Poux et al., 2002; Clements et al., 2003; Poux and Marmorstein, 2003）、Gcn5/CoA 溶液结构（Lin et al., 1999）及人类 PCAF/AcCoA 结构（Clements et al., 1999），每个 HAT 结构域都高度叠加。四膜虫 Gcn5/CoA/组蛋

A　　　　　　　　　　　B　　　　　　　　　　C

yHat1 + AcCoA　　　　tGcn5 + CoA/H3K14　　yEsa1 + H4K16CoA

D　　　　　　　　　　　E

hp300 + LysCoA　　　　yRtt109 + AcCoA

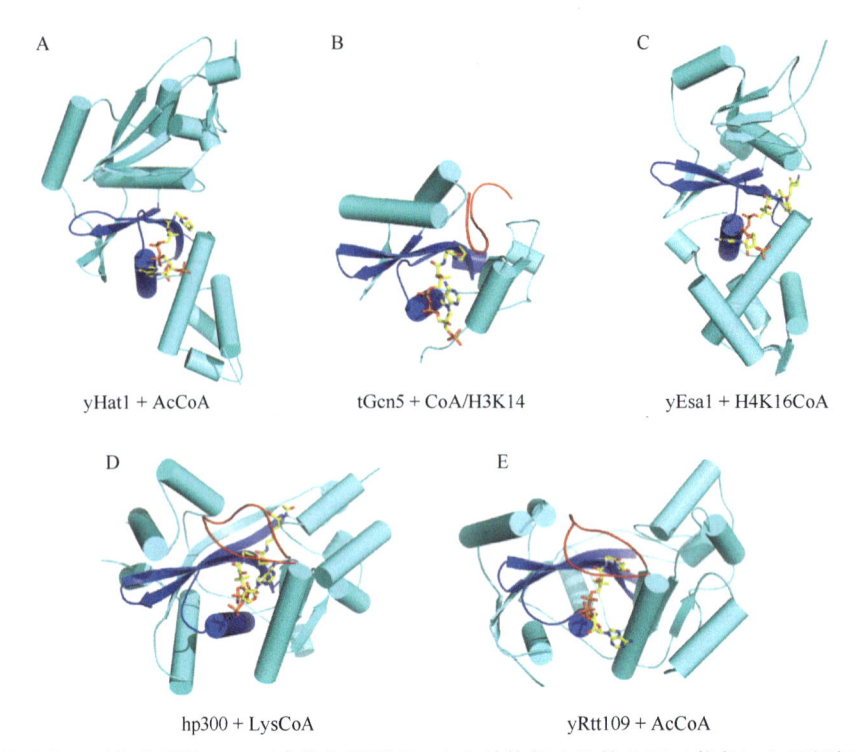

图4-1　HAT的总体结构。五个典型的HAT亚家族如图所示，突出结构保守的核心区（蓝色）和两侧氨基和羧基末端区（湖绿色）。辅因子以CPK染色（碳，黄；氧，红；氮，蓝；磷，橙；硫，棕）的线图显示：（A）酵母HAT1/AcCoA（PDB代码：1BOB）；（B）四膜虫Gcn5/CoA/组蛋白H3（PDB代码：1PUA），组蛋白H3肽以红色显示；（C）酵母Esa1/H4K16-CoA（PDB代码：3TO6）；（D）人类p300/Lys-CoA（PDB代码：3BIY），底物结合环以红色显示；（E）酵母Rtt109/CoA（PDB代码：3D35），底物结合环以红色显示。

白H3复合物三元结构揭示了一个与yHat1具有结构保守的核心区域，该核心区域产生与AcCoA辅因子类似的相互作用，但在核心区域的侧面存在着不同结构的氨基和羧基末端（图4-1B）。核心区域上的裂口比yHat1深，能容纳结合的组蛋白H3肽（图4-1B中的红色环），该肽主要与氨基和羧基末端片段的残基接触。

现已报道了从酵母到人类中的MYST亚家族的几种HAT结构，包括与AcCoA结合的果蝇MOF（Akhtar and Becker，2001）、非配体形式的hMOF（Yuan et al.，2012）、与AcCoA结合的hMOZ（Holbert et al.，2007）以及各种配体形式的yEsa1（Yan et al.，2000；Yan et al.，2002；Yuan et al.，2012）。各个结构叠加良好，并显示出一个与HAT1和Gcn5/PCAF结构保守的核心区，但氨基和羧基末端不同。与赖氨酸-CoA偶联物结合的酵母Esa1结构中，组蛋白H4残基的11-22位氨基酸通过赖氨酸16与CoA相连（H4K16-CoA），揭示了α/β氨基和羧基末端结构域，即含有TFⅢA锌指折叠的氨基末端结构域和含有螺旋-转-螺旋结构域的羧基末端结构域，后者通常存在于DNA结合蛋白中并与核小体定位有关（图4-1C）（Holbert et al.，2007）。结合的H4K16-CoA双底物抑制剂提供了有关两种共底物如何结合yEsa1的重要细节。与Gcn5和HAT复合物类似，CoA部分与核心结构域紧密结合，并且抑制剂的赖氨酸部分位于由侧边氨基端和羧基端片段形成的中央裂缝中。H4肽的其余部分在晶体结构中是无序的。

已报道了人类p300（hp300）结合Lys-CoA双底物抑制剂（Liu et al.，2008）、酵母Rtt109（yRtt109）与CoA或AcCoA辅因子结合（Lin and Yuan，2008；Stavropoulos et al.，2008；Tang et al.，2008），或与辅因子和Vps75组蛋白伴侣结合（Kolonko et al.，2010；Su et al.，2011；Tang et al.，2011）的结构。值得注意的是，尽管没有明显的序列同源性，hp300和yRtt109的结构仍显示出高度的重叠性（图4-1D、E）。这些结构显示了一个细长的球状结构域，包含由9个α螺旋和几个环包围的7个β折叠片中心。大约在该结构域中心有一个结构保守核心区域，它与辅因子的相互作用有关，而位于该核心侧面的区域则与其他HAT不同。这些HAT相对于其他HAT有一个独特之处，即含有一个约25个残基长的环（在图4-1D、E中以红色显示），称其为底物结合环，将辅因子封装在 yRtt109 或将 Lys-CoA 双底物抑制剂 hp300 中。

总之，5 个 HAT 亚家族中的所有成员共享一个保守的中心核心区域，这有助于与 AcCoA 辅因子结合，位于核心区域侧面的不同的氨基和羧基末端也有助于与组蛋白底物结合。p300 和 Rtt109 HAT 亚家族（图 4-1D、E）的整个 HAT 结构域是保守的，并且包含一个独特的、大约 25 个残基组成的底物结合环，似乎参与 AcCoA 和组蛋白底物的结合。

4.2.3 催化机理

HAT 将乙酰基从乙酰辅酶 A 转移到组蛋白赖氨酸侧链的 Nζ 氮上。使用结构、生化、突变和酶促分析等方法有助于揭示这些酶的催化机理。这些研究结果表明，每个 HAT 亚家族对乙酰基转移反应均使用了不同的催化策略。这对于催化同一化学反应的酶超家族而言是不寻常的，但对于这些酶而言并不奇怪，因为从硫酯到胺的乙酰基转移并不是一个要求很高的化学反应，因此允许不同的 HAT 亚家族使用不同的化学策略来介导乙酰基转移。

HAT 的 Gcn5/PCAF 亚家族成员是超家族中第一个酶学性质在晶体结构中得到了详细描述的蛋白。Gcn5 和 PCAF 的晶体结构表明，在活性位点（yGcn5 中的 Glu173 和 hPCAF 中的 Glu570）中存在严格保守的谷氨酸，该位点可以通过晶体结构中非常有序的水分子进行催化（图 4-2A）。谷氨酸处于疏水口袋中，这可能是为了质子提取提高其酸解离常数（pKa）。Denu 及其同事通过突变分析发现谷氨酸残基具有重要作用（Tanner et al., 1999; Trievel et al., 1999），其中 yGcn5 的一个 E173Q 突变酶，其酶促转化率（k_{cat}）降低了 360 倍；(Tanner et al., 1999)。他们还发现，Gcn5 通过三元复杂机制起作用，其中两种底物（即赖氨酸和

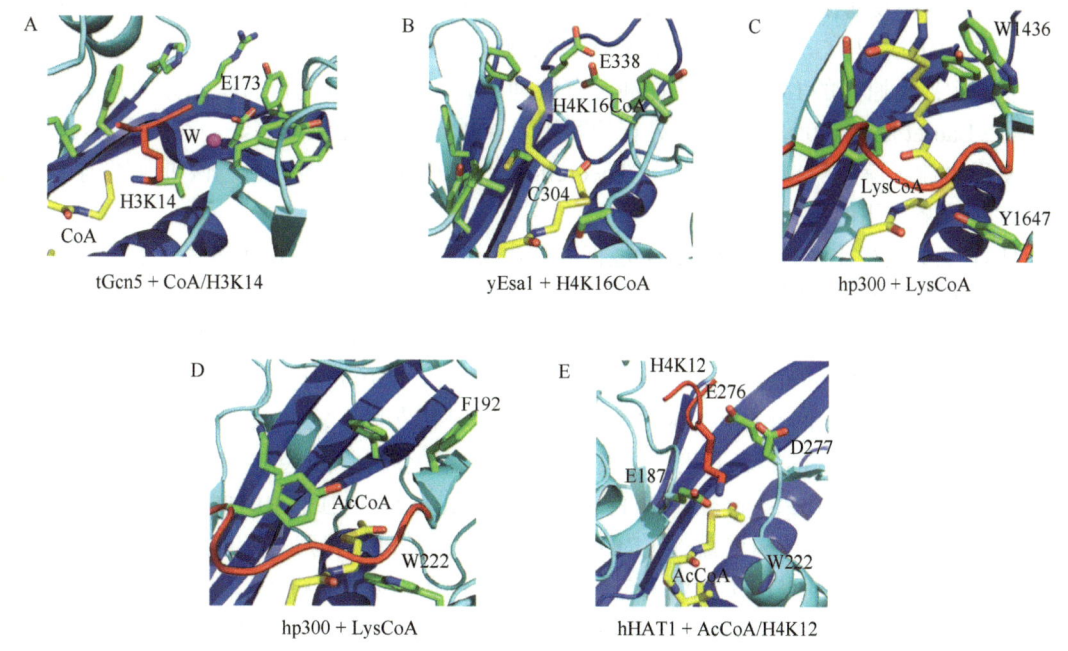

图 4-2 HAT 蛋白的催化机理。 图示为 HAT 亚家族的代表性成员的活性位点，突出显示了该活性位点的骨架相关侧链。（A）四膜虫 Gcn5/CoA/组蛋白 H3。标记了关键的催化残基，可能使 Glu 173 的 pKa 值升高的活性位点的疏水残基以线图显示，在 CPK 配色中碳以绿色显示。组蛋白 H3 肽的片段以红色显示。W 表示参与催化作用的有序水分子。该编号用于酵母 Gcn5。（B）酵母 Esa1 与 H4K16CoA 双底物抑制剂结合（线图，CPK 配色，碳以黄色显示）。标记了关键的催化残基，并显示了可能增加 Glu 338 pKa 值的活性位点疏水残基。肽中 K16 侧翼的残基在结构上无序。（C）与 Lys-CoA 双底物抑制剂结合的人类 p300（线图，CPK 配色，碳显示为黄色）。显示起催化作用的残基并标记其他潜在的催化残基，如线图所示。底物结合环以红色显示。（D）酵母 Rtt109/CoA。显示了与 hp300 相应位置的潜在催化残基。CoA 分子以 CPK 配色和线图显示，碳显示为黄色。底物结合环显示为红色。（E）hHAT1/AcCoA/组蛋白 H4。三个通用碱性候选残基显示为绿色线图，组蛋白 H4 肽的一段显示为红色。

AcCoA）都必须与酶结合才能发生催化作用。这涉及通过 Glu173 使赖氨酸底物去质子化，促进乙酰基从乙酰 CoA 上直接转移到赖氨酸侧链上（Tanner et al., 1999）。Denu 和他的同事发现 PCAF 呈现出相似的结果（Tanner et al., 2000），但是，尚未发现可以质子化 CoA 离去基团（CoA leaving group）的酸性残基（如果有的话）。

　　HAT 的 MYST 子家族 yEsa1 成员的晶体结构揭示了在 MYST HAT 内存在严格保守的谷氨酸残基（Glu338）。它与 Gcn5/PCAE 的催化性谷氨酸残基重叠，yEsa1 E338Q 突变体仅以背景水平催化乙酰化反应（Yan et al., 2000）。有趣的是，随后的结构分析和酶促反应显示，在 MYST HAT 亚家族中保守的活性位点半胱氨酸残基（Cys304）也起着重要的催化作用，C304S 和 C304A 突变体存在高度缺陷（图 4-2B）（Yan et al., 2002）。对两种底物进行的动力学分析发现 MYST HAT 与乒乓催化机制一致，即酶在形成乙酰化的组蛋白产物之前首先形成涉及 Cys304 乙酰化的中间体。在这种机制中，Glu338 作为一般性的碱，可以使 Cys304 和组蛋白赖氨酸侧链去质子化，进而使得两者之间进行乙酰基转移（Yan et al., 2002）。但矛盾的是，最近的一项研究显示，在生理相关的 Piccolo NuA4 复合体中组装的 Esa1 并未显示出对 Cys304 催化的强烈依赖性，以至于研究者认为 Piccolo NuA4 复合体中 yEsa1 催化作用是通过类似于 Gcn5/PCAF 的三元催化机制进行的（Berndsen et al., 2007）。这表明相同的 HAT 酶在不同的细胞环境中的催化机制不同。

　　p300 晶体结构显示，没有类似于 Gcn5/PCAF 和 MYST HAT 亚家族中用于催化的关键谷氨酸残基（Liu et al., 2008）。活性位点中潜在催化残基的诱变和动力学分析仅发现了两个残基（Tyr1467 和 Trp1436），当它们突变时对催化有显著影响（图 4-2C）（Liu et al., 2008）。Y1467F 取代显示催化效率降低为原来的 1/400 左右（k_{cat}/K_M）；W1436A 取代显示催化效率降低为原来的 1/50；而 W1436F 取代对催化有轻度的影响。基于这些残基在结构中的位置，提出了 Tyr1467 在催化中起一般酸的作用，而 Trp1436 有助于将靶赖氨酸定向到活性位点。这些残基在 p300/CBP HAT 亚家族中严格保守，这与 Tyr1467 和 Trp1436 对催化发挥重要作用的观点一致。因此，与 Gcn5/PCAF 和 MYST HAT 亚家族相比，p300/CBP 似乎不使用一般的碱进行催化。结合以下事实：更原始的 Lys-CoA 抑制剂可有效抑制 hp300，而更长的肽部分的双底物抑制剂的可抑制效果很差（Lau et al., 2000），并且以更长的肽作为 p300 的底物比赖氨酸好。有人提出，HAT 的 p300/CBP 亚家族使用"碰了就跑"或"西-钱氏（Theorell-Chance）"乙酰转移机制，该机制不同于 Gcn5/PCAF 和 MYST HAT 亚家族使用的催化机制。

　　与其他 HAT 亚家族相比，Rtt109 和 Hat1 进行乙酰化反应的动力学机制尚不清楚。我们知道这两种酶都需要结合其他蛋白调节亚基，才能发挥其全部活性。Rtt109 具有非常低的乙酰基转移酶活性（Driscoll et al., 2007; Tsubota et al., 2007），并且其活性受 Asf1 或 Vps75 组蛋白伴侣的影响（Han et al., 2007a; Han et al., 2007b; Tsubota et al., 2007; Berndsen et al., 2008; Albaugh et al., 2010）。尽管尚不了解这些组蛋白伴侣是如何增强 Rtt109 的催化活性的，但 Rtt109/Vps75 复合体的晶体结构（以 2:2 和 2:1 的化学计量比）均未显示 Rtt109 活性位点随 Vps75 结合的显著变化，这表明组蛋白伴侣仅起到将组蛋白底物传递至 Rtt109 进行乙酰化的作用（Kolonko et al., 2010; Su et al., 2011; Tang et al., 2011）。单独的 Rtt109 的晶体结构显示，尽管其与 hp300 的 HAT 结构域的整体结构重叠，但 Rtt109 中 hp300 的关键催化残基（Tyr1467 和 Trp1436）不保守（图 4-2D）。而动力学分析表明，Rtt109/Vps75 复合体采用了顺序动力学机制，其中 Rtt109-Vps75、AcCoA 和组蛋白 H3 底物在化学催化之前形成了复合体（Albaugh et al., 2010）。Rtt109 的结构、突变和动力学分析指出了 Asp89 和 Trp222 对于催化非常重要。D89N 和 W222F 突变导致催化速率降低为原来的 1/25，然而，这主要是由于 AcCoA 结合的 K_M 效应（Tang et al., 2011），而 D288N 突变导致催化效率降低了 1000 倍（Albaugh et al., 2010; Kolonko et al., 2010）。尚未在 Rtt109 中鉴定出涉及催化反应的如通用碱或酸的关键残基，因此在这种情况下可能不存在关键碱基。

　　尽管尚未报道有关 yHat1 的详细的酶学研究，但在最近的研究中有了新的发现（Wu et al., 2012）。应该特别指出的是，对人类 HAT1（hHAT1）结合 AcCoA 和以 K12 为中心的组蛋白 H4 肽的结构测定表明，三个残基 Glu187、Glu276 和 Asp277 靠近 H4K12 的 Nζ 氮，因此可能作为用于催化的一般碱性残基（图 4-2E）（Wu et al., 2012）。hHAT1 活性位点与 yGcn5 和 yEsa1（MYST 亚家族）的叠加表明，这些酶中充当一般催化基础的残基（分别为 Glu 173 和 Glu 338）与 hHAT1 的 Glu276（在 yHat1 中的 Glu255，Yan et al., 2000; Wu et al., 2012）重叠，这些氨基酸在 Hat1 同源蛋白中严格保守。在 hHAT1 中，将 Glu276 突变为 Gln 导致催化常数 k_{cat} 减少为原来的 1/28.5。然而，E187Q 和 D277N 突变分别只引起 k_{cat} 降低到原来的 1/15.3 和 1/8.1。E276Q 和 E187Q 分别将解离常数 pKa 从 8.15 提高到 8.74 和 9.15，而 D277N 仅将 pKa 稍微提高到 8.35（Wu et al., 2012）。但是，与 MYST HAT 不同的是，Hat1 在该酶的活性位点不含半胱氨酸残基。综上所述，这些观察结果表明，hHAT1 的 Glu276 以及可能的 Glu187 通过类似于 Gcn5/PCAF HAT 亚家族的三元复合机制起着一般碱的催化的作用。

对不同的 HAT 亚家族催化机理的比较揭示了不同亚家族介导乙酰基转移方式的多样性。这可能反映了将乙酰基从硫酯转移到胺所需的相对较低的化学"成本"，与此相比，一些化学反应（如磷酸化）要求较高，因此，HAT 不得不进化相对较长的时间。

4.2.4 组蛋白底物结合

迄今为止，关于 HAT 与组蛋白结合的唯一分子机制的解释来自对两种 HAT 蛋白结构的研究。一项研究提供了与 AcCoA 结合的 hHAT1 的 HAT 结构域和以 Lys12 为中心的组蛋白 H4 肽的结构信息（Wu et al., 2012），而另外一项研究则侧重于与 CoA 结合的四膜虫 Gcn5（tGcn5）HAT 结构域和几种同源底物肽，包括组蛋白 H3（以 Lys14 为中心；Rojas et al., 1999; Clements et al., 2003; Poux and Marmorstein, 2003）、组蛋白 H4（以 Lys8 为中心）及 p53（以 Lys320 为中心；Poux and Marmorstein, 2003）。这些结构表明，组蛋白肽的底物结合位置是在由位于底部的中央核心区域以及侧翼两侧介导的大部分底物肽相互作用的氨基和羧基末端区域形成的凹槽上（图 4-3A、B）。比较与不同肽结合的 tGcn5 的结构发现，H3 的 19 个残基中有 15 个在结构上是有序的，而 H4 和 p53 肽有少于 10 个残基，这与 Gcn5 对 H3 比对 H4 和 p53 大 1000 倍的催化效率一致（Trievel et al., 2000）。这些结构还揭示了在羧基末端到反应性赖氨酸的残基中更有序和广泛的蛋白质–肽相互作用，因此认为底物与靶标羧基末端的相互作用对于 Gcn5/PCAF HAT 亚家族结合底物更为重要（图 4-3A）。这些相互作用主要涉及与骨架残基的氢键以及与侧链的范德华相互作用。很明显的是，与肽底物接触的 tGcn5 残基在 Gcn5/PCAF 亚家族中是高度保守的。

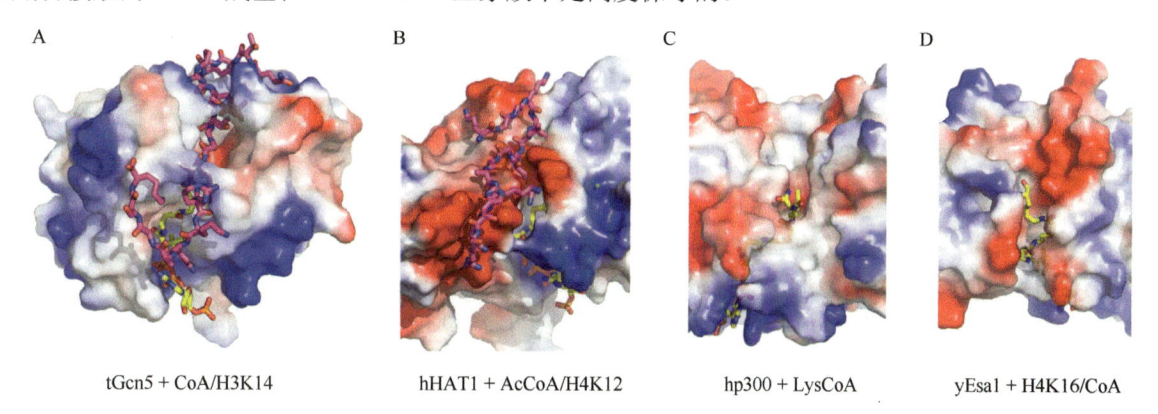

A	B	C	D
tGcn5 + CoA/H3K14	hHAT1 + AcCoA/H4K12	hp300 + LysCoA	yEsa1 + H4K16/CoA

图 4-3 组蛋白底物与 HAT 蛋白的结合。HAT 结构域与组蛋白肽底物、CoA 肽双底物抑制剂结构的近视野静电图示。蛋白质表面根据静电势着色为红色、蓝色和白色，分别代表电负性、电正性和电中性。（A）与 CoA（CPK 配色，碳原子显示为黄色）和 19 个残基的组蛋白 H3 肽（CPK 配色，碳原子显示为紫色）结合的 tGcn5 结构。（B）与 AcCoA（碳原子显示为黄色的 CPK 配色）和以 K12 为中心的 20 个残基组蛋白 H4 肽（碳原子显示为紫色的 CPK 配色）结合的 hHAT1 结构。（C）hp300/LysCoA 复合体的结构。LysCoA 双底物抑制剂以 CPK 配色，碳原子显示为黄色。（D）yEsa 1/H4K16CoA 复合体的结构（仅双底物抑制剂的 H4K16 肽片段的赖氨酸侧链在晶体结构中有序分布并以 CPK 配色显示，碳原子显示为黄色）。

当与 hHAT1 结合时，H4 肽采用明确定义的构象，即在其氨基末端带有 β 转角，而在游离 H4 中呈伸展形式（图 4-3B）（Wu et al., 2012）。hHAT1 中两个保守的疏水残基（Trpl99 和 Tyr225）分别与 H4 肽 β

转角处的Gly9和Lys8相互作用，以增强底物在凹槽入口处的方向性（Wu et al.，2012）。H4肽的羧基末端包含两个带正电的残基（Arg17和Arg19），它们与hHAT1的不变残基（Glu64和Asp62）发生广泛的氢键和电荷–电荷相互作用。hHAT1的凹槽在H4Lys12处变窄，只能容下Gly11和Lys12。hHAT1严格保守的Glu276也能以氢键结合的方式与H4 Gly11和Lys12相互作用。这些特定的相互作用共同解释了H4的Lys12作为hHAT1的乙酰化靶标的偏好（Wu et al.，2012）。

研究双底物抑制剂与hp300（Liu et al.，2008）和MYST HAT结构域蛋白yEsa1（Yuan et al.，2012）共结晶的结构，得到了一些有关组蛋白底物结合的信息。hp300与Lys-CoA双底物抑制剂已被共结晶，该抑制剂的IC_{50}约400 nM，是一种比肽-CoA抑制剂更有效的抑制剂，与Theorell-Chance催化机理一致。hp300/Lys-CoA复合体的结构表明，双底物抑制剂的赖氨酸部分位于疏水通道中，赖氨酸残基的骨架在一侧靠近电负性凹槽（图4-3C）。hp300的负电性凹槽还包含两个口袋，这些口袋的距离对应3~4个氨基酸残基。与该观察结果相关的是，所有已知的p300/CBP底物的比对揭示了它们均包含碱性氨基酸，其位于靶赖氨酸上游或下游的3个或4个残基处。形成这些口袋的残基的突变提高了组蛋白H3底物的K_M，突出了该位点对于p300结合蛋白底物的重要性（Liu et al.，2008）。综上所述，相对于Hat1、Gcn5/PCAE和MYST HAT，p300/CBP HAT亚家族具有更复杂的底物结合特性。

据报道，yEsa1 HAT结构域已用H4K16CoA双底物抑制剂结晶（Yuan et al.，2012）。尽管双底物抑制剂的yEsa1 HAT结构域和CoA、连接子和赖氨酸部分被很好地分解，但双底物抑制剂的其余肽部分并没有被认为是无序的（图4-3C）。与hp300/Lys-CoA结构相似，yEsa1/H4K16CoA复合体在靠近双底物抑制剂底物的赖氨酸部分有一个肽结合槽，该赖氨酸部分用于结合组蛋白肽底物。然而，该沟比hp300 HAT结构域的沟更无极性。这可能反映出MYST蛋白相对于p300/CBP HAT亚家族具有更高的底物选择性。

综上所述，尽管尚不清楚底物特异性结合的分子细节，但HAT结构域的已有结构与肽底物或CoA肽双底物抑制剂结合的模式，为肽结合的一般模式提供了重要的见解。

4.2.5 通过自体乙酰化和蛋白质辅因子进行调节

乙酰基转移酶的活性至少有两种调节方式，即通过调节蛋白亚基的相互作用和通过自体乙酰化。许多乙酰基转移酶在调节其催化活性和（或）底物特异性的多蛋白复合体中发挥功能（Carrozza et al.，2003；Lee and Workman，2007）。例如，重组Gcn5和PCAF蛋白对游离组蛋白（乙酰化H3K14，并在较小程度上使H4K8/K16乙酰化）或组蛋白肽具有活性，但对完整核小体的活性则低得多。但是，Gcn5/PCAF在细胞中只作为多蛋白复合体发挥作用，它们组装成复合体有利于核小体乙酰化并调节乙酰化活性和乙酰底物特异性（Carrozza et al.，2003；Lee and Workman，2007）。含Gcn5/PCAF的复合体，如酵母中的SAGA/SLIK和人类中的TFTC/SIAGA（Nagy and Tora，2007），乙酰化染色质组蛋白H3、H4和H2B中的赖氨酸。MYST HAT也在细胞中组装成多蛋白复合体以调节染色质组蛋白的乙酰化（Sapountzi and Cote，2011）。例如，Esa1作为NuA4和piccolo/NuA4复合体的一部分，进行染色质乙酰化。但尚不清楚HAT复合体中的相关蛋白如何调节HAT活性以及对各自催化亚基的特异性的分子基础。

一些HAT需要结合辅因子以产生催化活性。例如，MYST HAT的Sas2成员需要结合Sas4和Sas5才具有乙酰转移酶活性（Sutton et al.，2003；Shia et al.，2005）。当组装到NuB4复合体中时，Hat2和Hif1将yHat1乙酰转移酶活性提高约10倍（Parthun et al.，1996）。就其本身而言，Rtt109活性很低。组蛋白伴侣Vps75或Asf1将Rtt109乙酰化酶活性和底物特异性提高数百倍（Kolonko et al.，2010）。Rtt109/Vps75复合体选择性地乙酰化H3K9和H3K27，而Rtt109/Asf1复合物优先使H3核心区域附近的H3K56乙酰化（Driscoll et al.，2007；Han et al.，2007a；Han et al.，2007b；Tsubota et al.，2007；Tang et al.，2011）。Hat1（Ruiz-Garcia et al.，1998）和Rtt109（Tang et al.，2008；Kolonko et al.，2010；Tang et al.，2011）的相关亚基可能至少通过部分地与相应的同源组蛋白底物结合以促进催化作用。上述结果基于动力学数据得出，但还需要通过做更多的实验来证实。

最近出现的另一种调节 HAT 活性的模式是 HAT 蛋白的自体乙酰化。现已揭示了三个 HAT 亚家族受自体乙酰化作用的调节，分别是 Rtt109、p300/CBR 和 MYST。

p300 在其 HAT 结构域的中心包含一个约 40 个残基的高度碱性环，该环通过分子间机制（Karanam et al., 2007）进行多种自体乙酰化，从而调节该蛋白的催化活性。高乙酰化形式与高酶活性相关，而低乙酰化形式与低酶活性相关（Thompson et al., 2004）。另外，切除了自体乙酰化环的重组 p300 蛋白具有组成性酶活性（Thompson et al., 2004），但尚不清楚自体乙酰化调节 p300 活性的分子基础，因为 p300/Lys-CoA 晶体结构没有包括完整的自体乙酰化环结构。Cole 和同事提出了一种调节模型，其中高度碱性的自体乙酰化环位于电负性底物结合位点，直接与底物竞争结合，然后释放该环（图 4-4A）（Liu et al., 2008）。

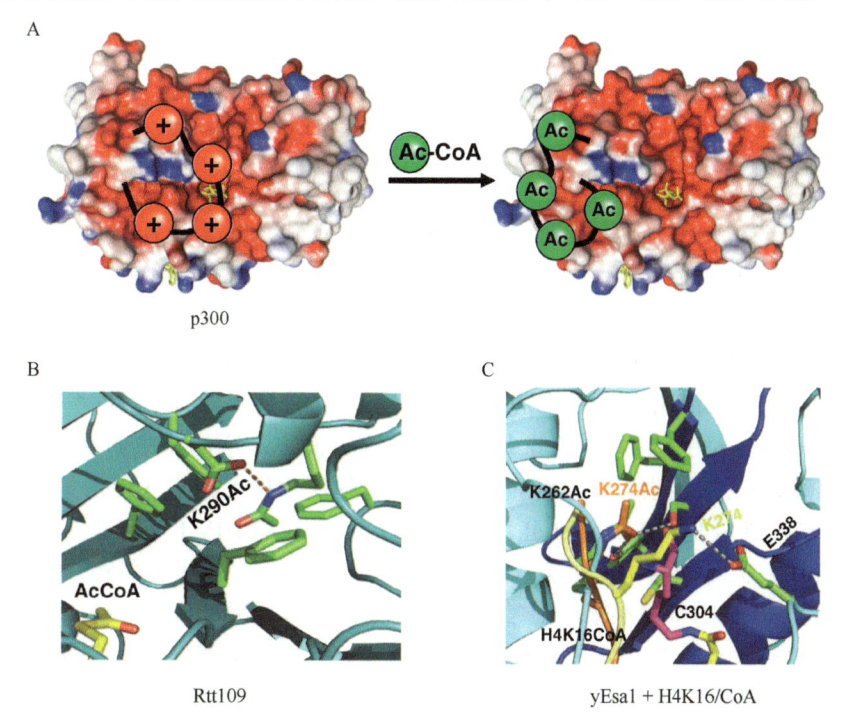

图 4-4 HAT 蛋白的自体乙酰化调节。 HAT 蛋白自体乙酰化位点近视图。（A）通过自体乙酰化激活 p300 的模型。黑色环和绿色乙酰化赖氨酸球在 p300/Lys-CoA 晶体结构中的模式化显示。（B）Rtt109 的 K290 自体乙酰化位点的结构，突出了乙酰化 K290 周围的环境。CPK 配色的线图中显示了乙酰化赖氨酸和与乙酰化赖氨酸相互作用的其他侧链，碳显示为绿色，氢键显示为橙色虚线。AcCoA 分子以 CPK 配色显示为线图，碳原子显示为黄色。（C）yEsa1/H4K16CoA 复合体的结构，突出了乙酰化 K262（绿色）周围的环境。hMOF 的相应 K274 叠加在未乙酰化（黄色）和乙酰化（橙色）的构象中，显示未乙酰化的构象会与同源底物赖氨酸的结合发生冲突（如以紫色所示的 H4K16CoA 双底物抑制剂的赖氨酸为代表）。

已知 R1109 是自体乙酰化的，但是直到报道 Rtt109 的结构揭示了隐藏的乙酰赖氨酸残基（Lys290；图 4-4B）后才知道其分子基础（Lin and Yuan, 2008; Stavropoulos et al., 2008; Tang et al., 2008）。Lys290 的乙酰化对于充分的乙酰化活性是必需的（Albaugh et al., 2011）。该乙酰赖氨酸在 290 处与突变敏感的 Rtt109 残基 Asp288 形成氢键。质谱分析表明，在体外以及在酵母细胞中均存在该乙酰化作用（Tang et al., 2008）。在体内对遗传毒性剂敏感性方面的研究的结果，与关于 Lys290 修饰的功能重要性的报道矛盾（Lin and Yuan, 2008; Stavropoulos et al., 2008; Tang et al., 2008）。Denu 及其同事的最新研究表明，Lys290 自体乙酰化可提高整体 k_{cat}，并降低 AcCoA 结合的 K_M（Albaugh et al., 2011），但其分子机制尚不清楚。

最近的一些报道显示，hMOF MYST 蛋白在活性位点赖氨酸（Lys274）上被自体乙酰化，而这种自体乙酰化对于体内和体外的乙酰转移酶活性都是必需的（Lu et al., 2011; Sun et al., 2011; Yuan et al., 2012）。hMOF 中自体乙酰化的赖氨酸在 MYST 蛋白中严格保守（Yuan et al., 2012）。该研究还表明，赖氨酸残基的乙酰化作用发生在酵母 Esa1 和 Sas2 中，乙酰化作用是这些蛋白质在体外及细胞中发挥功能所必需的（Yuan et al., 2012）。yEsa1/H4K16CoA 复合体（其活性位点赖氨酸为乙酰化形式的 Lys262Ac）的结构表明，该乙酰化 Lys 位于活性位点的口袋中，乙酰基 CO 基团与 Tyr289 和 Ser291 形成氢键，而甲基基团与苯丙氨酸 271 和 273 的相互作用形成范德华力，Lys262Ac 的脂族区与 H4K16CoA 双底物抑制剂的赖氨酸发生范德华相互作用（图 4-4C）（Yuan et al.，2012）。与乙酰化赖氨酸接触的每个残基在整个 MYST 蛋白亚家族中都是严格或高度保守的，这进一步证明了乙酰化赖氨酸在 MYST 功能中的重要性。hMOF HAT 结构域的无配体结构也已确定（Yuan et al.，2012），该结构表明 Lys274 以两种状态存在。在第一种状态下，其被乙酰化并与 yEsal 的 Lys262Ac 具有相同的构型，从而产生类似的原子内相互作用；在第二种状态下，Lys274 未被乙酰化，并脱出活性位点约 90°，这使得赖氨酸与 Glu350（起催化作用的一般性碱基）形成长氢键。该位置将阻止同源赖氨酸结合（图 4-4C）。这一结果与生化研究结果一致，后者表明 hMOF 中赖氨酸的 K 到 R 突变体在同源底物结合方面存在缺陷（Yuan et al.，2012）。总之，这些结构、生化和功能研究表明，MYST 蛋白活性位点的自体乙酰化对于同源底物乙酰化是必需的。

4.2.6　乙酰转移酶抑制剂及其对药物开发的启示

HAT 介导许多不同的生物学过程，包括细胞周期、剂量补偿、DNA 损伤修复和激素信号传导。异常的 HAT 与一些疾病有关，包括实体瘤、白血病、肺炎、病毒感染、糖尿病、真菌感染、药物成瘾（Heery and Fischer，2007；Renthal and Nestler，2009）。p300/CBP HAT 既有致癌蛋白又有抑癌蛋白特性。作为致癌蛋白，CBP/HAT 与 MLL［（mixed lineage leukemia，混合性白血病）和 MOZ（monocytic leukemia zinc-finger protein，单核细胞白血病锌指蛋白］形成了易位产物，MOZ 是部分急性髓样白血病中的另一种 HAT。作为抑癌蛋白，其突变后，p300 HAT 在部分大肠癌和胃癌中发现，这使其成为真正的肿瘤抑制物。HAT 和 HDAC 的活性在哮喘患者中也会发生变化，慢性阻塞性肺疾病患者的支气管活检和肺泡巨噬细胞显示出 HAT 增加和 HDAC 活性降低（Barnes et al.，2005）。p300 介导的 HIV-1 病毒蛋白整合酶的乙酰化，增加了 HIV-1 病毒整合到人类基因组中的机会（Cereseto et al.，2005）。糖尿病药物二甲双胍通过 p300/CBP 抑制发挥作用，杂合 CBP 基因敲除小鼠明显瘦弱，胰岛素敏感性增强（He et al.，2009）。据报道，Rt109 HAT 也是白色念珠菌致病所必需的，白色念珠菌是医院获得性真菌感染的最普遍原因（Lopes da Rosa et al.，2010）。使用动物模型进行的关于药物成瘾和抑郁症相关疾病的研究还发现，药物成瘾阶段存在药物和组蛋白的乙酰化状态的相关性（Renthal and Nestler，2009）。

由于几种人类疾病与组蛋白乙酰化平衡之间的相关性，介导组蛋白乙酰化的蛋白质已成为有潜力的药物靶标。尽管可以使用亚纳摩尔型 HDAC 抑制剂，但它们在 I、II 和 IV 类 HDAC 中显示出较差的选择性（Marsoni et al.，2008）。据报道，有效的 sirtuin 活化剂和抑制剂显示出适度的选择性（Sanders et al.，2009）。因此，人们正在积极寻求 HDAC 特异性抑制剂，但这非常具有挑战性，因为 I、II、IV 和 III 类 HDAC 具有高度同源的活性位点和催化机制（Marsoni et al.，2008）。

高效 HAT 抑制剂的开发的进展几乎赶不上 HDAC 抑制剂。最有效和特异性最强的抑制剂来自肽的双底物抑制剂的开发，其中辅酶 A 直接与组蛋白肽内靶赖氨酸的 Nζ 氮连接（Lau et al.，2000）。使用这项技术，Cole 及其同事研发了亚微摩尔抑制剂，该抑制剂在 Gcn5/PCAF 和 p300/CBP HAT 之间表现出选择性（Lau et al.，2000）。原则上，这些双底物抑制剂可以制备选择性 HAT 抑制剂。尽管基于肽的抑制剂通常没有良好的药代动力学特性（Heery and Fischer，2007），但是，已经确定了此类双底物抑制剂与 Gcn5（Poux et al.，2002）和 p300（图 4-1D 和 3B）（Liu et al.，2008）结合的结构。这为我们提供了分子支架的知识，可以从中筛选出药理特性改善的小分子化合物（Hodawadekar and Marmorstein，2007；Wang et al.，2008）。

现已报道了几种 HAT 抑制剂的天然产物，包括 PCAF、p300 抑制剂、漆树酸（anacardic acid）（图 4-5A）（Sung et al.，2008）及藤黄醇（garcinol）（图 4-5B）（Balasubramanyam et al.，2004a）。抑制 p300 的天然产物包括姜黄素（curcumin）（图 4-5C）（Balasubramanyam et al.，2004b）、表没食子儿茶素-3-没食子酸酯（epigallocatechin-3-gallate）（图 4-5D）（Choi et al.，2009）及白花丹素（plumbagin）（图 4-5E）（Ravindra et al.，2009）。这些抑制剂中的每一种均显示出低微摩尔范围的 IC_{50} 值。已经制备了这些抑制剂的几种衍生物，并

第 4 章　组蛋白乙酰化的写入器和阅读器：结构、机制和抑制　105

在细胞中进行了评估（Heery and Fischer，2007；Furdas et al.，2012），但尚未在体外对其进行严格的生化评估，并且尚未确定它们与 HAT 蛋白结合的结构。因此它们的作用方式仍不清楚。

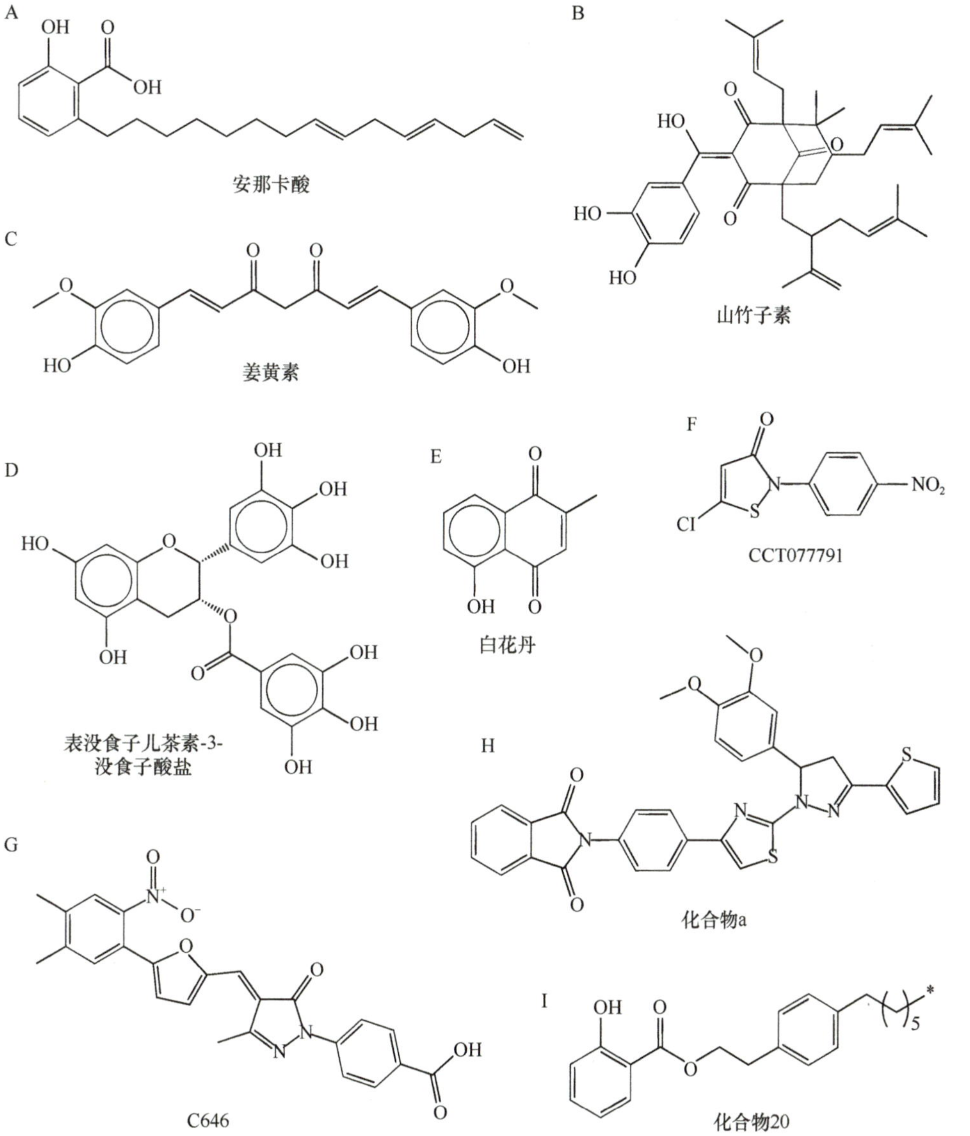

图 4-5　HAT 抑制剂。已报道的抑制剂的特异性表示如下：（A，B，F）对 p300 和 PCAF 特异；（C-E）对 p300 特异；（G）对 p300 特异；（H，I）对 MYST 特异。

在已经报道的一些高通量筛选中，Cole 和同事鉴定出与上述讨论的化合物具有类似中等效力的 HAT 抑制剂。高通量筛选了 70 000 个化合物库，得到了异噻唑酮（isothiazolone）家族（CCT077791 和 CCT077792）作为 PCAF 抑制剂，随后衍生为低微摩尔 PCAF 和 p300 抑制剂（图 4-5F）（Gorsuch et al.，2009）。他们还对约 50 000 种化合物进行了虚拟配位筛选，以鉴定含吡唑啉酮的小分子 p300 HAT 抑制剂（K_i 约 400nM）以及其对 Gcn5/PCAE MYST 和 Rtt109 HAT 的选择性（图 4-5G）（Bowers et al.，2010）。最近，Zheng 及同事报道 MYST 蛋白的小分子抑制剂，首先对 yEsa1 的 Ac-CoA 结合位点抑制剂进行了计算机辅助筛选，然后分析了对 yEsa1 和 hTIP60 MYST 蛋白以及对 hp300 和 yGcn5 的结合效率（Wu et al.，2011）。鉴定出四种对于 hTIP60 的 IC_{50} 值范围为 149～400μmol/L 的抑制剂，其中最有效的化合物（化合物 a，图 4-5H）显示出与 AcCoA 竞争结合，并且对 Gcn5 有一定选择性，但对 p300 没有。Zheng 和同事（Ghizzoni et al.，2012）制备了 HAT 的天然产物抑制剂（漆树酸的类似物）。他们鉴定了一系列 6-烷基水杨酸酯（6-alkylsalicylate），发现它们对 MYST 蛋白的选择性比 GST5 和 p300 好，并且是与 AcCoA 竞争结合最有效的化合物（20），对 hTIP60 和 hMOR 的 IC$_{50}$ 分别为 74μmol/L 和 47μmol/L（图 4-5I）。总之，迄今为止已经开发的 HAT 抑制剂仅具有中等效力和特异性，因此开发更有效和更具选择性的 HAT 抑制剂迫在眉睫。

4.2.7 结论和悬而未决的问题

已经确定了几种 HAT 结构并鉴定了它们的催化机理。这些研究表明，HAT 有不同的亚家族，在氨基酸序列中具有显著的多样性，但仍然保留了介导 AcCoA 辅因子与底物赖氨酸结合的结构保守的核心区域。结构上不同的侧翼区域介导不同的 HAT 相关功能，如组蛋白底物结合和核小体靶向。值得注意的是，不同的 HAT 亚家族使用不同的化学策略对其底物进行乙酰化。

关于 HAT，我们仍有很多尚未解决的问题，这些问题是未来研究的对象。这些问题包括：①自体乙酰化调控 HAT 功能的分子机制是什么，并且自体乙酰化确实具有调控作用吗？显然，包括 p300/CBB MYST 和 Rtt109 亚家族在内的许多 HAT，都是自体乙酰化的。目前，我们仅了解分子水平上的 MYST 的自体乙酰化模式。②多蛋白复合体中的相关 HAT 亚基如何刺激、调节或协调 HAT 活性？对相关的 HAT 复合体的结构的解释可以回答这个问题。③HAT 底物特异性的分子基础是什么？不同的 HAT 似乎具有不同的底物偏好。例如，Gcn5/PCAF 和 Rtt109 HAT 具有相对受限的底物偏好，而 p300/CBP 却更加复杂。p300/CBP 的高酸性底物结合位点对该 HAT 亚家族的底物多样性提供了一些见解，但对其他 HAT 底物选择性的分子基础知之甚少。④迄今为止，已确定的 HAT 抑制剂具有相对适度的效能和选择性。开发更有效和高选择性的小分子 HAT 抑制剂显然引起了人们的极大兴趣，但可能需要确定 HAT/抑制剂复合体的结构，以开发更有效和高选择性的抑制剂应用于治疗。⑤目前尚不知道有多少非组蛋白乙酰转移酶与 HAT 相似或不同，但这一领域是值得关注的。最近对原核细胞和真核细胞的蛋白质组学研究表明，蛋白质的乙酰化作用超出了组蛋白和与转录相关的生物学范畴（Choudhary et al.，2009；Zhang et al.，2009）。在真核生物和原核生物中，已经鉴定出数千个乙酰化位点，并且蛋白质乙酰化发生在细胞核外的细胞区室中，与活生物体的大多数细胞过程有关，这包括蛋白质翻译、蛋白质折叠、DNA 包装和线粒体代谢（Smith and Workman，2009；Spange et al.，2009）。一些介导非细胞核活性的蛋白质刚刚被鉴定出来（Ivanov et al.，2002；Akella et al.，2010），但很可能还有许多其他乙酰基转移酶尚未确定，其序列与目前已知的组蛋白乙酰基转移有所不同。⑥Zhao 及其同事报道了在细胞中可以发生赖氨酸丙酰化和丁酰化，而且这些反应能够被 p300 HAT 催化（Chen et al.，2007）。已知的 HAT 还是其他乙酰基转移酶能否使用丙酰辅酶 A 和丁酰辅酶 A 催化此类反应？还是被细胞中其他酶催化以调节独特的生物学过程？这些仍然是悬而未决的问题。

4.3 乙酰赖氨酸阅读器

4.3.1 布罗莫结构域和乙酰赖氨酸的识别

布罗莫结构域（BrD）被认为是第一个组蛋白结合模块，其功能是识别或"读取"乙酰化的赖氨酸（Dhalluin et al.，1999；Sanchez and Zhou，2009）。BrD 采用独特的结构折叠，包括左手四螺旋束（$α_Z$、$α_A$、$α_B$ 和 $α_C$)，称为"BrD 折叠"。螺旋间 $α_Z$-$α_A$（ZA）和 $α_B$-$α_C$（BC）环构成一个可识别乙酰化赖氨酸的疏水袋（图 4-6A）。在大多数 BrD 中发现了螺旋间环中两个保守的酪氨酸残基（一个在 ZA 环中，另一个在 $α_B$ 的羧基末端），它们有助于疏水口袋的形成（Sanchez and Zhou，2009）。然而，它们不一定是乙酰赖氨酸识别的决定因素（Charlop-Powers et al.，2010），在 BC 环开始位置，一个高度保守的天冬酰胺残基（紧随第二个保守的酪氨酸之后）与乙酰赖氨酸羧基氧通过其侧链酰胺氮形成氢键（图 4-6B）。这些特性对于乙酰赖氨酸的识别至关重要。BrD 单独并特异地与乙酰赖氨酸结合，但亲和力一般，其解离常数（K_d）通常在数十至

第 4 章 组蛋白乙酰化的写入器和阅读器：结构、机制和抑制 107

数百微摩尔范围内（Vandemark et al., 2007; Zhang et al., 2010）。

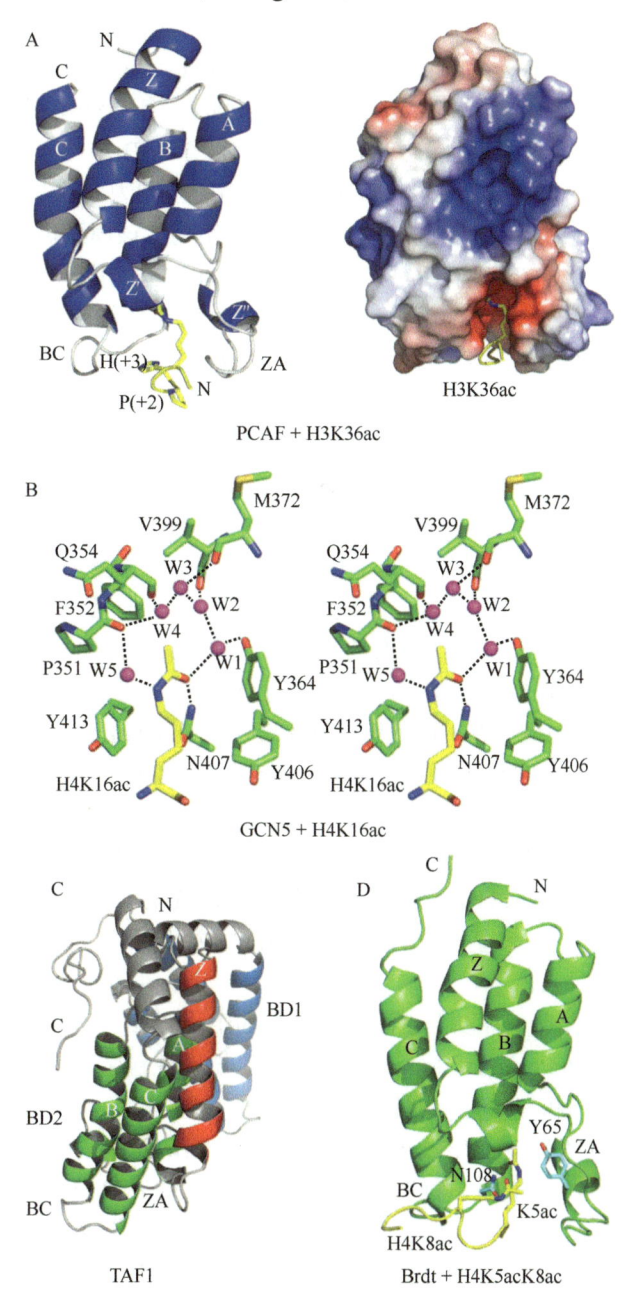

图 4-6 布罗莫结构域作为乙酰赖氨酸结合结构域。在所有结构中，组蛋白肽为黄色，蛋白质残基的主链和侧链按原子类型进行颜色编码。（A）结合到 H3K36ac 肽（PDB 代码：2RNX）的 PCAF 布罗莫结构域的三维溶液结构以带状图（左）和蛋白的表面静电（右）表示，红色和蓝色分别表示带负电荷和带正电荷的氨基酸残基。（B）从 GCN5 布罗莫结构域（绿色）的晶体结构与 H4K16ac 肽（PDB 代码：1E6I）复合描绘出乙酰赖氨酸结合口袋。该棒形图显示了有助于乙酰赖氨酸识别的关键残基和结合的水分子（洋红色球）。氢键相互作用用虚线表示。（C）未复合的人类 TAF1（PDB 代码：1EQF）的串联布罗莫结构域的晶体结构。（D）Brdt 的第一个布罗莫结构域与 H4K5acK8ac 肽（PDB 代码：2WP2）结合的晶体结构。

BrD 的整体三维结构非常保守（Dhalluin et al., 1999; Sanchez and Zhou, 2009, 以及本书的相关参考文献），而且与乙酰赖氨酸肽结合的变化很少，但 ZA 的 BC 环构象调整除外。BrD 的特异性取决于这些环中与乙酰化赖氨酸相互作用的序列以及乙酰化赖氨酸两侧的三个或更多的残基（图 4-6A）（Zeng et al., 2008a; Zhang et al., 2010）。不同的 BrD 结构都显示，无论含乙酰化赖氨酸的配体是衍生自组蛋白尾巴、

HIV-1 Tat 还是 p53，乙酰化赖氨酸配体都以相似的方式插入口袋（Mujtaba et al.，2002；Mujtaba et al.，2004）。

像其他组蛋白识别模块一样，BrD 以多重复形式出现。TAF1 串联 BrD（TAF$_{II}$250）的结构显示，两个 BrD 堆积在一起形成"U"形（图 4-6C）（Jacobson et al.，2000）。各个结构域独立折叠，它们的乙酰赖氨酸结合口袋相距~25Å，相当于一个肽段上 7~8 个残基。TAF1 双 BrD 与 K5/K12、K8/K16、K5/K8/K12/K16 被二乙酰化或四乙酰化的肽比被单乙酰化 H4 肽具有更高的亲和力。这与每个 BrD 结合同一肽上的一个乙酰化赖氨酸的观点相一致。然而，鉴于其难以捉摸的复杂结构，该模型仍有待进一步证实。

对酵母 Rsc4 中串联 BrD 的结构研究表明，只有第二个 BrD 与乙酰化的 H3K14 肽相互作用，且这种相互作用被 H3S10 处的磷酸化破坏（Vandemark et al.，2007）。两个 BrD 像一个自治单元一样折叠，它们之间广泛接触，并且比 TAF1 结构更紧凑，两个乙酰赖氨酸结合位点分开 20Å。此外，当融合的 H3 肽-Rsc4 双 BrD 蛋白被 Gcn5 乙酰化时，发现 Rsc4 的氨基末端在 Gcn5-靶标保守序列上被乙酰化。Rsc4 氨基末端序列的乙酰化导致其与第一个 BrD 结合，从而排除了融合的组蛋白肽与第二个 BrD 的结合。这表明，Gcn5 通过调节活化（即 H3 赖氨酸乙酰化）和抑制修饰（如 Rsc4 的氨基末端区域）作用来控制 Rsc4 的活性，从而提供了一种自体调节机制。

多 BrD（Polybromo，PB1）蛋白在其氨基末端串联了六个 BrD，并参与了染色质重塑。多个布罗莫结构域的存在可能使其能够识别特定的核小体乙酰化模式，从而将 PB1 及其母体 PBAF 复合体靶向染色质（Thompson，2009）。除第四个 BrD 外，其他所有的结构都证实了其二级结构和三级结构在 BrD 之间相当保守。除第六个 BrD 外，其他所有 BrD 都在 ZA 环中包含两个额外的小螺旋。但是，序列分析表明，这些结构域属于不同类，这表明每个结构域都有不同的配体和亲和力（Sanchez and Zhou，2009）。的确，尽管第五个和第六个 BrD 可以当作通过其他四个 BrD 稳定 PB1 结合特异性乙酰组蛋白序列的非特异性模块，但每个 BrD 似乎对 H2A、H2B、H3 或 H4 上不同的乙酰化赖氨酸有偏好（Thompson，2009；Charlop-Powers et al.，2010）。值得注意的是，在唯一已被解析的 PB1BrD 复合体结构中，H3K14ac 肽不与有助于疏水口袋的保守 Tyr 残基相互作用，而是与分别来自 ZA 环中第一个附加螺旋的 Leu 和 α$_c$ 氨基端的 Val 残基相互作用（Charlop-Powers et al.，2010）。这些残基在 PB1 的其他 BrD 中并不保守，因此 PB1 可能使用多种方式识别其生物配体。

据报道，一些 BrD 可以与含有一种以上乙酰化赖氨酸的组蛋白相互作用。例如，Brdt 是一种睾丸特异性的 BET（bromodomain and extraterminal domain）蛋白，可识别并包装高度乙酰化的染色质。Brdt 包含两个串联的 BrD，它们的总体结构相似，并且它们的配体结合口袋也相当大。然而有趣的是，第一个 BrD 在其口袋中识别两个乙酰化的赖氨酸（H4K5ac/K8ac），而第二个 BrD 识别单个乙酰化的赖氨酸（H3K18ac；图 4-6D）（Moriniere et al.，2009）。值得注意的是，H4K5ac 的识别代表 BrD 结合乙酰赖氨酸的典型模式（即与 Brdt 中保守的 Asn108 和 Tyr65 相互作用），而 H4K8ac 的乙酰化侧链主要结合在由四个氨基酸（Trp49、Pro50、Leu60 和 Ile114）侧链组成的蛋白质表面的疏水腔中。尽管 Brdt 中两个 BrD 在结构上相似，但 ZA 和 BC 环中的序列不同，只有第一个 BrD 才能与 H4K5ac/K8ac 肽相互作用。基于序列保守性，BET 蛋白中两个 BrD 的配体结合特异性对于其他 BET 蛋白而言可能是保守的。确实，最近报道过在 BRD4 中存在这种由一个结构域在单个结合口袋中结合两个乙酰化修饰的模式（Filippakopoulos et al.，2012）；另外，BRD3 也采用相同的模式，BRD3 是第一个被报道与非组蛋白的双重乙酰化赖氨酸相互作用的 BrD，非组蛋白如造血转录因子 GATA1 对类红细胞靶基因激活非常重要（Gamsjaeger et al.，2011；Lamonica et al.，2011）。

4.3.2 人类布罗莫结构域蛋白

人类基因组编码了 42 个含布罗莫结构域的蛋白质，这些蛋白质总共含有 56 个独特的布罗莫结构域（Schultz et al.，2000；Sanchez and Zhou，2009）。人类布罗莫结构域家族的多样性可以将 56 个布罗莫结构域序列聚类为 8 个组来说明，每个组具有的相似序列长度，至少有 30% 的序列具有同一性（图 4-7）（Sanchez et al., 2000）。布罗莫结构域蛋白在染色质生物学和基因转录中具有多种功能。最重要的布罗莫结构域蛋白是 4.2 节中讨论的 HAT，包括 PCAF、GCN5 和 p300/CBP，它们起着转录共激活因子的作用。有人认为，这些细胞核 HAT 中的布罗莫结构域有助于底物招募和涉及组蛋白和非组蛋白的特异性，从而在染色质介导的基因转录中提供赖氨酸乙酰化与乙酰化介导的蛋白质–蛋白质相互作用之间的功能性联系（Sanchez and Zhou，2009）。在某些组蛋白赖氨酸甲基转移酶（如 ASH1L 和 MLL）中也发现了布罗莫结构域，但是，其详细功能仍然不清楚。

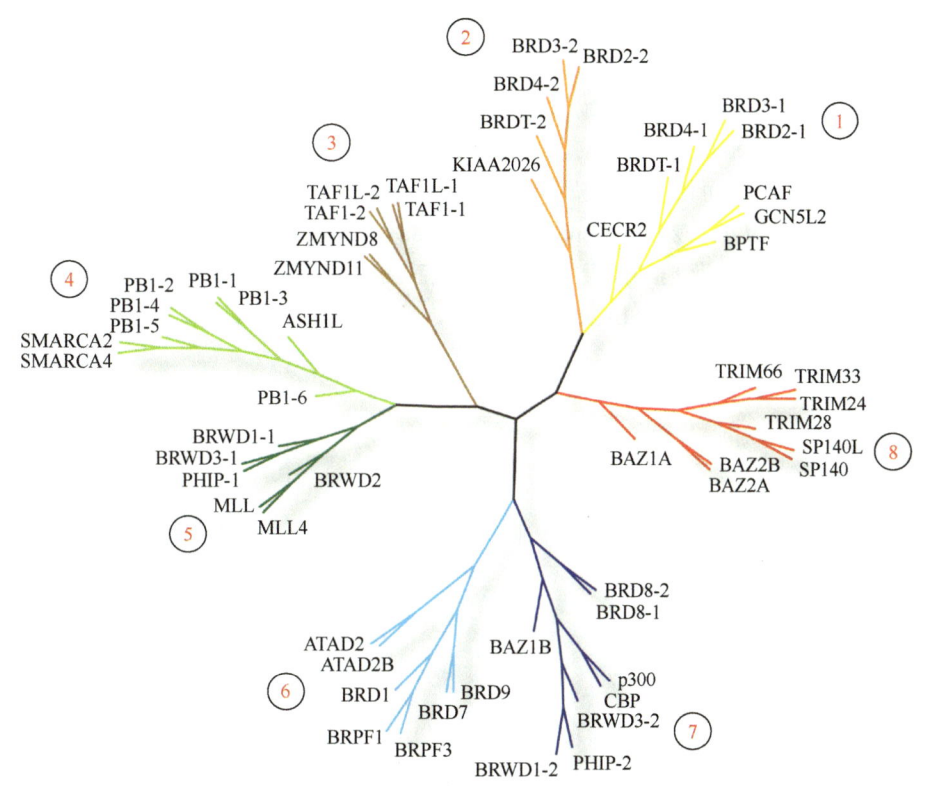

图 4-7　人类布罗莫结构域的系统树。利用 MEGA（Kumar et al.，2004）的邻域连接方法，生成了基于序列相似性的人类布罗莫结构域树状图。人类布罗莫结构域的序列从 SMART 数据库获得（Letunic et al.，2004），使用 Hmmalign（Sonnhammer et al.，1997）对 SMART 布罗莫结构域的隐藏 Markov 模型进行比对。（由 Zhang et al.，2010 修改）

布罗莫结构域蛋白还参与染色质重塑，这是第 21 章的主题（Becker and Workman，2013）。含布罗莫结构域的重塑因子包括 SMARC2（也称为 BRM、SNF2/SWI2）、SMARC4（BRG1）以及一些具有 ATP 依赖性解旋酶活性的蛋白，包括 ATAD2（ATPase 家族含 AAA 域的蛋白质 2；ANCCA）和 ATAD2B。此外，在许多蛋白质中都发现了双布罗莫结构域，包括 TAF1/TAF1L，它是转录起始复合体的 TFIID 250kDa 亚基，还有 BET 蛋白，包括 BRD2、BRD3、BRD4 和睾丸特异性蛋白 BRDT。BET 蛋白在将 p-TEFb 复合体（CDK9 和 cyclin T1）招募到 RNA 聚合酶 II 以组装有效的转录激活复合体中起重要作用，p-TEFb 是转录延伸所必需的（Chiang，2009）。

4.3.3　布罗莫结构域与其他染色质模块的关联

布罗莫结构域通常与同一蛋白质中具有不同功能的多种其他保守蛋白质模块一起存在（Basu et al.，2008；Basu et al.，2009）。例如，PCAF、GCN5、p300/CBP 是组蛋白赖氨酸乙酰基转移酶，而 HRX/ALL-1 是组蛋白赖氨酸 N-甲基转移酶，SNF2L2 是 ATP 依赖性解旋酶。现已鉴定出在含布罗莫结构域的蛋白质中存在超过 15 种不同的结构域类型，包括 PHD、PWWP、B-box 类锌指、环指（ring finger）、SAND、FY

Rich、SET、TAZ 锌指、解旋酶、ATPase、BAH（bromo-adjacent homolog）域、WD40 重复序列和 MBD（甲基 CpG-结合域）等（Schultz et al.，2000）。

与布罗莫结构域最常关联的模块结构域是植物同源结构域（plant homeodomain，PHD）指，它是细胞核蛋白中的 C4HC3 锌指样基序（Sanchez and Zhou，2011）。在 42 种含有布罗莫结构域的人类蛋白质中，有 19 种已被鉴定出含有 PHD。其中 12 种蛋白质的 PHD 和布罗莫结构域被一个短的氨基酸序列（少于 30 个残基）隔开。根据连接序列的长度和组成以及可能形成相互作用的表面的结构域残基的不同，串联结构域的相对排列发生变化。KAP1 的 PHD-布罗莫结构域片段（也称为 TIF1β 或 TRIM28），是 KRAB 锌指蛋白的转录抑制因子（Zeng et al.，2008a），在其布罗莫结构域内缺少几个保守残基，因此被认为缺乏直接结合乙酰化赖氨酸的能力。串联结构域作为单个单元协同起作用，α_z 螺旋在两个折叠之间形成疏水核心（图 4-8A）（Zeng et al.，2008b）。结构域之间的紧密联系使作为分子内 E3 SUMO 化连接酶的 PHD 指能够 SUMO 化布罗莫结构域，从而使 KAP1 招募 SETDB1（组蛋白 H3 赖氨酸 9 特异性甲基转移酶）到染色质上导致基因沉默（Ivanov et al.，2007；Zeng et al.，2008a）。相反，BPTF 的 PHD-布罗莫结构域串联模块是核小体重塑因子复合体的一个亚基，代表了两个被螺旋连接序列隔开的折叠结构域，彼此之间没有接触。一些转录蛋白，如 BPTF（图 4-8B）（Li et al.，2006）、MLL1（Wang et al.，2010）、TRIM24（Tsai et al.，

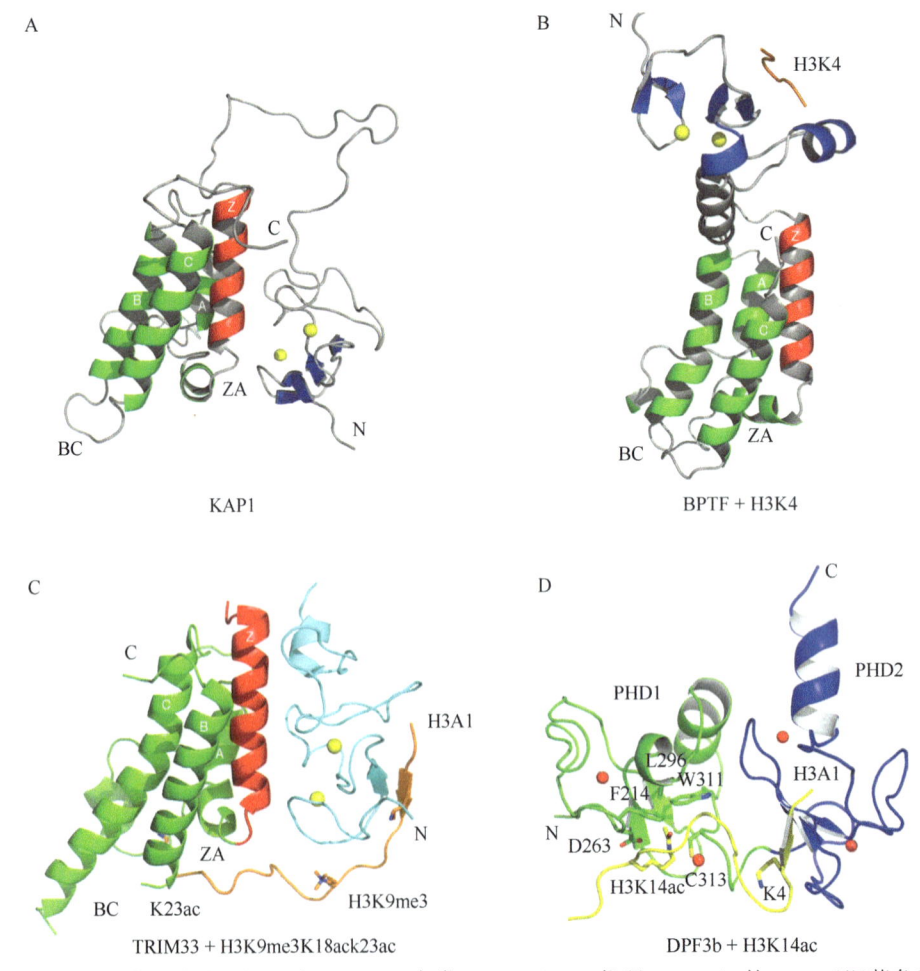

图 4-8 串联组蛋白结合模块中的域间相互作用。（A）人类 KAP1（PDB 代码：2RO1）的 PHD（深蓝色）-布罗莫结构域（红色和绿色）模块的溶液结构。（B）与 H3K4 肽复合的人类 BPTF 的 PHD-布罗莫结构域模块（PDB 代码：3QZV）。（C）人类 TRIM33 的 PHD-布罗莫结构域模块与 H3K9me3K18acK23ac 肽（PDB 代码：3U5P）复合的晶体结构。请注意，上述每个串联模块中的第二个布罗莫结构域都显示为绿色，并且每个结构都相对于该布罗莫结构域的 α_z 螺旋（红色）取向。（D）人类 DPF3b 的串联 PHD 指模块与 H3K14ac 肽（PDB 代码：2KWJ）结合的溶液结构。锌原子突出显示为红色球，参与 H3K14ac 结合的蛋白质残基的主链和侧链按原子类型进行颜色编码，碳、氧和氮分别为绿色、红色和蓝色。

2010）或 TRIM33（图 4-8C）（Xi et al., 2011）具有串联的 PHD 模块。最近的一些研究表明，它们能够以乙酰化依赖性和甲基化敏感性的方式与组蛋白 H3 发生正向或反向相互作用，从而突出了这两个重要的组蛋白修饰在基因转录调控中的功能协调。

与布罗莫结构域相关的第二个最常见的结构域是另外一个布罗莫结构域，42 种含 BrD 的蛋白质中有 11 种含有两个布罗莫结构域。但 Polybromo 是一个例外，它包含六个布罗莫结构域。在转录起始因子 TAF1 和 TFⅡD 210kDa 亚基以及某些 Polybromo 对中，两个布罗莫结构域之间被短氨基酸序列（少于 20 个残基）隔开。TAF1 布罗莫结构域的结构表明它们形成了串联排列，可选择性地结合多个乙酰化组蛋白 H4 肽（Jacobson et al., 2000）。

4.3.4 人类布罗莫结构域蛋白在基因表达中的功能

人类布罗莫结构域蛋白中结构域组成的复杂性和可变性以及相邻结构域（如 PHD 指）对布罗莫结构域自身功能的影响，使得仅凭序列相似性很难预测布罗莫结构域蛋白的功能。的确，越来越多的证据表明，除组蛋白外，含布罗莫结构域的蛋白质还结合了非组蛋白中的乙酰化赖氨酸残基，它们在染色质的基因转录调控中起着重要作用。尽管似乎某些布罗莫结构域蛋白质参与了一些疾病过程，但另外一些还没有明确的功能。

BET 蛋白 BRD4 通过两个布罗莫结构域在各种生物学过程中起重要作用，其中许多与染色质无关。BRD4 通过与组蛋白和非组蛋白靶标的相互作用而在炎症反应中起作用。它作为 NF-κB 转录激活的共激活因子，通过布罗莫结构域与 NF-κB 的 RelA 亚基上乙酰化的 Lys310 结合（Huang et al., 2009）。BRD4 还通过刺激 G_1 基因转录并促进细胞周期进入 S 期而发挥作用（Mochizuki et al., 2008）。关于其在染色质相关过程中的作用，最近的一项研究报道称，BRD4 的布罗莫结构域与 H4K5ac 结合，通过染色质去凝集促进转录活化以加快 mRNA 合成（Zhao et al., 2011）。

BRD4 可以控制病毒基因的转录。例如，已证明该蛋白可以调节 HIV-1 的转录，其途径是通过诱导 HIV 转录起始复合体中 CDK9（细胞周期蛋白依赖性激酶 9）的 Thr29 磷酸化，从而抑制 CDK9 激酶活性并抑制 HIV 转录（Zhou et al., 2009）。BRD4 还参与了乳头瘤病毒 E2 蛋白的蛋白酶体降解（Gagnon et al., 2009）。此外，BRD4 通过其羧基末端区域（Ottinger et al., 2006）和末端外域（Lin et al., 2008）的分子相互作用，与卡波济氏肉瘤（Kaposi's sarcoma）相关的疱疹病毒编码的 LANA-1（latency-associated nuclear antigen，潜伏期相关的核抗原）结合。另外，BRD4 和 BRD2 蛋白都与小鼠 γ-疱疹病毒 68 蛋白 orf73 相互作用，而 orf73 是体内病毒潜伏期建立所必需的（Ottinger et al., 2009）。

BRD4 在癌症中也起作用，它的激活可以预测乳腺癌患者的生存时间（LeRoy et al., 2008）。有人提出，BRD4 的激活会影响体内对肿瘤微环境的反应，从而导致小鼠肿瘤生长减缓和肺转移的减少（Crawford et al., 2008）。对多种人类乳腺肿瘤细胞系的微阵列分析表明，BRD4 的激活预示着癌症扩散速度降低和/或癌症病人存活率提高。这些结果表明，BRD4 相关通路的失调可能在乳腺癌进展中起关键作用。

通过体内 BRD2 和 BRD3 可使组蛋白乙酰化与转录偶联。在人类 293 细胞中，这些蛋白质优先与基因上的特定 H4 修饰相结合，从而使 RNA 聚合酶Ⅱ转录通过核小体（LeRoy et al., 2008）。此外，BRD2 还显示了组蛋白伴侣活性（LeRoy et al., 2008）。BRD2 对于小鼠胚胎发育至关重要（Shang et al., 2009），并与人类的青少年肌阵挛性癫痫相关（Pal et al., 2003）。

在小鼠中，正常的精子发生和卵母细胞到胚胎过渡需要布罗莫结构域和含 WD 重复的蛋白 BRWD1（Philipps et al., 2008）。BRWD1 的突变会导致小鼠表型正常但不育。HAT 转录共激活因子 p300 的布罗莫结构域通过介导 STAT3 酰胺末端结构域与 p300 的相互作用，从而在 IL-6 信号通路中发挥作用，进而稳定了增强子体（enhanceosome）的组装（Hou et al., 2008）。

ATAD2 是另一种含布罗莫结构域的蛋白，在雌激素受体 α 和雄激素受体信号通路中起雌激素调节的 ATPase 共激活子功能。该蛋白是染色质基因表达中转录共调节因子复合体形成所必需的（Zou et al.,

2007）。Chen 和其同事认为 ATAD2 在前列腺癌细胞生存和增殖过程中介导特定的雄激素受体功能，从而在前列腺癌的发展中起着重要作用（Zou et al., 2009）。

4.3.5 基因转录中布罗莫结构域的药理抑制

由于布罗莫结构域蛋白功能在人类生物学中的重要性，涉及染色质介导基因转录的布罗莫结构域/乙酰赖氨酸结合的化学调节为许多人类疾病治疗提供了新策略（Mujtaba et al., 2006；Prinjha et al., 2012）。最初提出这种策略是为了控制受感染宿主细胞中的 HIV-1 的转录激活和复制（Zeng et al., 2005）。整合的 HIV 原病毒的转录激活需要在第 50 位赖氨酸处乙酰化的 HIV-1 Tat 反式激活子与宿主转录共激活子 PCAF 中布罗莫结构域发生分子相互作用（Dorr et al., 2002；Mujtaba et al., 2002），这表明阻止这种宿主–病毒间相互作用可能导致 Tat 介导的病毒转录减少。的确，已证明小分子布罗莫结构域抑制剂（如 N1-芳基丙烷-1,3-二胺化合物）（图 4-9A）能够阻断 PCAF 布罗莫结构域与细胞中 K50-乙酰化的 HIV-1 Tat 结合并有效减弱 Tat 介导的 HIV 转录激活（Zeng et al., 2005；Pan et al., 2007）。这些发现表明，干预 HIV-1 复制是一种新的抗病毒策略，靶向病毒繁殖所必需的宿主细胞蛋白而不是病毒蛋白可以最大程度地减少由类似病毒突变引起的耐药性问题，如蛋白酶抑制剂所得到的研究结果（Ott et al., 2004）。

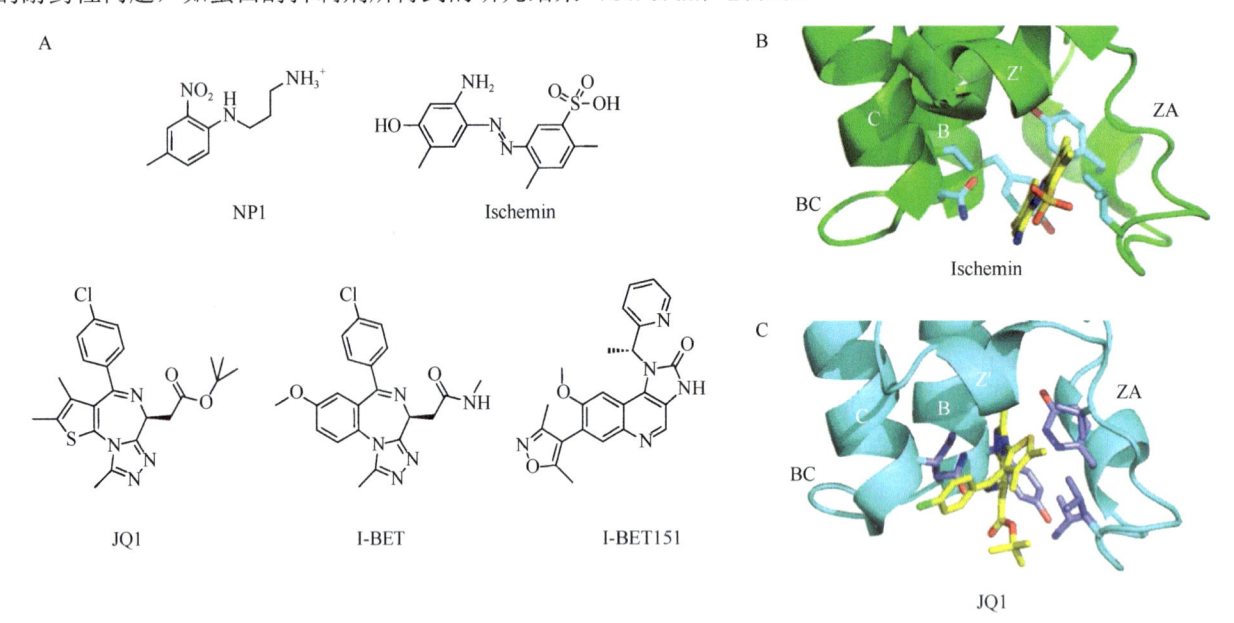

图 4-9 布罗莫结构域的小分子抑制剂。（A）代表性小分子布罗莫结构域抑制剂的化学结构，包括 NP1（对于 PCAF 布罗莫结构域）、ischemin、JQ1、I-BET 及 I-BET151。（B）Ischemin，一种为 CBP 布罗莫结构域开发的小分子抑制剂，以与蛋白质结合的复合体 3D 结构描绘（PDB 代码：2L84）。（C）JQ1，一种 BET 布罗莫结构域特异性抑制剂，在晶体结构中与 BRD4 的第一个布罗莫结构域结合时显示（PDB 代码：3MXF）。

越来越多的证据表明，许多转录因子会进行特异性位点的赖氨酸乙酰化，然后乙酰化的赖氨酸就会募集转录或染色质效应蛋白，以促进它们在染色质环境中的靶基因活化。人类肿瘤抑制物 p53 就是这样一类转录因子，其在基因转录中的功能取决于 HAT 辅助激活子（如 CBP）对几个羧基末端赖氨酸残基的乙酰化作用。结果表明，p53 的赖氨酸乙酰化对于 p53 通过 CBP 布罗莫结构域与 K382 乙酰化的 p53 结合从而招募 CBP，并实现 p53 靶基因表达是重要的（Mujtaba et al., 2004）。Zhou 实验室研究表明，选择性靶向 CBP 布罗莫结构域的化学小分子或肽抑制剂可通过阻断 p53-K382ac 与 CBP 布罗莫结构域的结合来抑制细胞中的 p53 转录活性，从而通过改变 CBP 翻译后修饰状态来促进 p53 的不稳定性（Mujtaba et al., 2006；Sachchidanand et al., 2006；Gerona-Navarro et al., 2011）。过高的 p53 活性会引发很多疾病。例如，在心肌缺血期间，p53 活性升高会导致不可逆的细胞损伤和心肌细胞死亡。一种名为 ischemin 的小分子（图 4-9A，B）在逆转心肌缺血的病理方面显示出积极作用。该分子被用来抑制 CBP 布罗莫结构域的乙酰赖氨酸结合活性。这项研究进一步表明，用 Ischemin 处理的细胞改变了 p53 和组蛋白的翻译后修饰，抑制了 p53 和 CBR 之间的相互作用，并降低了 p53 介导的细胞转录活性。总体而言，这可以预防缺血性心肌细胞凋亡（Borah et al., 2011）。这些研究表明，基因转录中乙酰化介导的相互作用的小分子调节为治疗心肌缺血等人类疾病提供了新方法。

最近，已经开发了几种针对 BET 家族布罗莫结构域蛋白的高选择性的有效小分子抑制剂（图 4-9A，C）（Prinjha et al., 2012）。例如，Bradner 及其同事首先报道了 BET 布罗莫结构域特异性抑制剂 JQ1，它能阻断 BRD4 布罗莫结构域与赖氨酸乙酰化组蛋白 H4 的结合（Filippakopoulos et al., 2010）。在侵袭性人类鳞癌中，BRD4 是具有 NUT 蛋白的复发性染色体易位产物的已知成分。JQ1 的竞争性结合取代了染色质上的 BRD4-NUT 融合癌蛋白，在 BRD4 依赖性细胞系和患者衍生的异体移植模型中均促进了鳞状细胞分化和特异性抗增殖作用（Filippakopoulos et al., 2010）。在另一项研究中，Vakoc 及其同事研究了急性骨髓性白血病，这是一种侵袭性造血恶性肿瘤，具有表观遗传景观改变的特征（Zuber et al., 2011）。用 shRNA 抑制 brd4 或用 JQ1 抑制 BRD4 会导致体内和体外明显的抗白血病活性，还会导致髓系分化和白血病干细胞耗竭。用小分子布罗莫结构域抑制剂（包括 I-BET 和 I-BET151）抑制 BET 蛋白募集到染色质（图 4-9A）也被证明是一种有效的治疗 MLL-融合白血病的方法（Dawson et al., 2011）。在对多发性骨髓瘤的研究中，Delmore 等发现 BET 特异抑制剂 JQ1 产生有效的抗增殖效应并伴随着细胞周期阻滞与细胞衰老（Delmore et al., 2011）。这些研究表明，BET 布罗莫结构域抑制剂代表了以 c-Myc 的病理激活为特征的恶性肿瘤治疗新策略（Delmore et al., 2011; Mertz et al., 2011）。最后，BET 布罗莫结构域抑制作用可以减少促炎性细胞因子的转录激活。例如，I-BET 已被证明是下调活化巨噬细胞中炎性基因表达的有效手段，对脂多糖诱导的内毒素性休克和细菌引起的败血症具有保护作用（Nicodeme et al., 2010）。此外，MS417 是一种改进的基于噻吩二氮卓的 BET 特异性布罗莫结构域抑制剂（比 JQ1 的效价高 5～9 倍），可以减弱小鼠肾脏细胞促炎基因激活时由 HIV 感染引发的 NF-$_κ$B 转录活性。用 MS417 处理的 HIV 转基因小鼠，其由 HIV 引起的肾脏损伤得到改善（Zhang et al., 2012）。

4.3.6　其他乙酰赖氨酸阅读器

自 1999 年发现布罗莫结构域后，乙酰赖氨酸结合被认为是布罗莫结构域所独有的一种分子功能（Dhalluin et al., 1999）。在 2008 年，Lange 及其同事报道称，人类 DPF3b 的串联 PHD 指是 BAF 染色质重塑复合体的组成部分，它通过对赖氨酸乙酰化和甲基化敏感的方式与组蛋白 H3 相互作用（Lange et al., 2008）。PHD 指是一种高度保守的蛋白质模块，可通过对修饰敏感的方式与组蛋白 H3 序列相互作用（Sanchez and Zhou, 2011）。对人类 DPF3b 的串联 PHD 指（PHD12）结构分析为这一想法提供了详细的分子基础，即其与组蛋白 H3 的结合被赖氨酸乙酰化正调控，而被赖氨酸甲基化负调控（Zeng et al., 2010）。具体而言，串联的 PHD 指状折叠为一个功能上的协作单元，并以 K_d 约 2μmol/L 的亲和力与未修饰的 H3 肽相互作用。K14 处的乙酰化可将与 H3 结合的 K_d 值提高 0.5μmol/L，而 H3K4 处的甲基化几乎消除了它们的相互作用。H3 肽跨两个结构域共享一个表面，该表面具有来自 H3 的 R2-K4 的 β 链，该链有助于第二个 PHD 指状结构（PHD2）的 β-折叠，第一个 PHD 指（PHD1）与 K9 和结合了由 PHD1 形成的疏水性口袋的 K14ac 相互作用（图 4-8D），结果在肽的中间形成一个尖锐的扭结。另外，H3K14ac 酰基链与 PHD1 的 Arg289 和 Phe264 相互作用，并且乙酰基酰胺基团与 PHD1 的 Asp263 的侧链形成氢键。与氨基末端乙酰化的 H4 肽结合的 DPF3b PHD 12 的复杂结构证实，PHD1 与具有相同残基的乙酰基相互作用。然而，DPF3b PHD1 对乙酰赖氨酸的识别在结构上与布罗莫结构域所使用的模式不同，并且与 PHD 指识别甲基赖氨酸的机制完全不同，后者是利用折叠的另外一边的表面识别的。

4.3.7 结论和悬而未决的问题

作为识别涉及基因转录的蛋白的主要蛋白结构域，乙酰赖氨酸残基布罗莫结构域的功能要比预想的更加复杂（Dhalluin et al., 1999; Jacobson et al., 2000; Sanchez and Zhou, 2009）。布罗莫结构域家族规模虽然庞大，但乙酰赖氨酸的识别机制似乎是严格保守的。然而，我们目前对单个布罗莫结构域的序列依赖性识别的认识还很有限，这在一定程度上是因为布罗莫结构域对赖氨酸乙酰化组蛋白或非组蛋白的亲和力是适度的（在几十微摩尔到几百微摩尔范围内）。此外，由乙酰赖氨酸结合口袋组成的布罗莫结构域主链 ZA 和 BC 环具有高度的序列变异性和构象灵活性，这强烈表明，需要对布罗莫结构域与其真正的生物配体进行更多的结构表征。对单个布罗莫结构域的研究已经确定了不同配体结合的特异性，这些特异性不仅取决于布罗莫结构域本身，还取决于同一蛋白质中存在的其他蛋白质结构域。对含有布罗莫结构域的蛋白质的研究强调了这些结构域在许多重要的生物学过程中的作用及其与疾病的关系。因此，对布罗莫结构域介导的分子相互作用的多样性进行表征，对于阐明单个结构域和蛋白质在染色质依赖性基因转录中的作用至关重要。这项具有挑战性的任务可能会由于人类布罗莫结构域家族的高的结构解析比率而得以实现，这为合理设计选择性小分子提供了一个独特的机会，这种小分子可作为人类生物学中基因表达调控的工具。最近观察表明，PHD 指也能结合乙酰化赖氨酸残基，因此其他类型的结构域也可能被用于乙酰基赖氨酸的识别。

4.4 展　　望

在过去的十年中，我们了解到赖氨酸乙酰化的写入器和阅读器具有许多令人着迷和无法预料的特性。产生修饰的 HAT 酶有许多不同的特性，它们可以通过自身乙酰化来调节，并与其他蛋白质亚基相互作用。它们也乙酰化许多不同的底物（组蛋白和非组蛋白）以介导多种生物过程，并且因为与诸如癌症和代谢紊乱等疾病相关而成为有希望的药物靶标。乙酰化标记也可以通过专用的蛋白质模块（如布罗莫结构域、PHD 指以及可能的其他类型的结构域）识别（"读取"），以介导下游生物信号。有趣的是，赖氨酸乙酰基转移酶的许多特性常见于激酶超家族，包括蛋白质片段（如 SH2、PTB 及 FHA 结构域）对磷酸标记的识别（Taylor and Kornev, 2011）。但是，由于激酶的研究范围更广，而且可以追溯到更早，因此对它们的了解自然更加深入。的确，有人可能会说，信号转导和基因表达的乙酰化途径与几十年前的磷酸化作用在同一位置。这就提出了一个问题：在介导生物学的关键信号转导事件中，乙酰化是否能与磷酸化相抗衡？相信时间会告诉我们一切。

致　　谢

本项工作部分受到 NIH 基金 GM060293、GM098910 和 AG031862（授予 R.M.）以及 CA87658 和 HG00408（授予 M.-M.Z.）的资助。

本章参考文献

（尹春梅　译，方玉达　校）

第5章

组蛋白乙酰化擦除器：组蛋白去乙酰化酶

爱德华·塞托（Edward Seto[1]），吉田稔（Minoru Yoshida[2]）

[1]Department of Molecular Oncology, Moffitt Cancer Center and Research Institute, Tampa, Florida 33612;
[2]Chemical Genetics Laboratory, RIKEN, Wako, Saitama 351-0198, Japan
通讯地址：ed.seto@moffitt.org

摘 要

组蛋白去乙酰化酶（histone deacetylase，HDAC）是一种通过催化方式去除组蛋白和非组蛋白的赖氨酸残基中的乙酰官能团的酶。在人类中，有18种HDAC酶以锌或NAD$^+$依赖性机制来进行乙酰赖氨酸底物的去乙酰化。尽管HDAC去除组蛋白乙酰化修饰可调节染色质结构和转录，但非组蛋白的去乙酰化可调控不同的细胞过程。HDAC抑制剂是已知的潜在抗癌药物，在许多疾病的治疗中显示出良好的应用前景。

本章目录

5.1 引言
5.2 HDAC家族和分类：2个家族和4个类别
5.3 催化机理和结构
5.4 HDAC的底物
5.5 HDAC活性的调节
5.6 HDAC的生物学重要性
5.7 抑制剂
5.8 总结

概　述

组蛋白的翻译后修饰（posttranslational modification, PTM）可以引起基因表达或染色质结构的改变，许多表观遗传学现象已经证实了这一点。乙酰化是一种常见的组蛋白修饰形式，事实上也是最早发现的 PTM 之一，它发生在赖氨酸的 ε-氨基上，主要在组蛋白的氨基末端。许多早期研究结果表明，组蛋白乙酰化调节基因转录。在细胞中自我复制延续和遗传的乙酰化赖氨酸残基在组蛋白中的确切数目和组合还未知的。然而很明显的是，组蛋白乙酰化是潜在表观遗传信息的丰富来源。

组蛋白赖氨酸乙酰化是高度可逆的。赖氨酸残基在组蛋白/赖氨酸乙酰转移酶（histone/lysine acetyltransferase enzyme, HAT/KAT）的作用下乙酰化，并被组蛋白去乙酰化酶（HDAC）去除。人类中的 18 种 HDAC 酶可被分为四类：Ⅰ类 Rpd3 样蛋白（HDAC1、HDAC2Z、HDAC3 和 HDAC8），Ⅱ类 Hdal 样蛋白（HDAC4、HDAC5、HDAC6、HDAC7、HDAC9 和 HDAC10），Ⅲ类 Sir2 类蛋白质（SIRT1、SIRT2、SIRT3、SIRT4、SIRT5、SIRT6 和 SIRT7），以及Ⅳ类蛋白质（HDAC11）。与 HAT 一样，一些 HDAC 具有底物特异性。越来越多的证据表明，HDAC 也可以去除非组蛋白的乙酰基。因此，在确定 HDAC 的功能时，必须考虑这一事实。

通过对不同的Ⅰ、Ⅱ类 HDAC，以及与人类经典 HDAC 具有显著同源性的不同物种的 HDAC 同源蛋白的结构比较，发现了一组保守的活性位点残基，揭示了乙酰化底物金属依赖性水解的共同机制。Ⅲ类 HDAC 使用 NAD^+ 作为反应物来对蛋白底物的乙酰赖氨酸进行去乙酰化形成烟酰胺、去乙酰化产物和 2'-O-乙酰-ADP-核糖代谢物。

通过从蛋白质的赖氨酸 ε-氨基中去除乙酰基，HDAC 不仅可改变转录，还选择性促进翻译后赖氨酸修饰的建立或消除，这些赖氨酸修饰包括甲基化、泛素化和 SUMO 化。此外，它们可能会改变组蛋白修饰"串扰"的动力学。与许多重要的细胞酶一样，HDAC 受多种调控机制的影响，包括蛋白质–蛋白质相互作用和翻译后修饰。异常的 HDAC 在许多人类疾病中起着关键作用。深入了解 HDAC 的功能和作用机制是进一步了解这类酶对人类健康和疾病影响的先决条件。

HDAC 抑制剂的功效研究促进了我们对 HDAC 功能和作用机制的认识。现已开发和鉴定了一些抑制 HDAC 活性的化合物。据报道，它们会导致细胞生长停滞、分化和（或）凋亡，并使动物体内的肿瘤重新生长。与此同时，有研究显示表观遗传异常与大量人类疾病密切相关，这为使用 HDAC 抑制剂等表观遗传疗法提供了理论依据。

5.1　引　言

1969 年，在小牛胸腺提取物中首次发现了一种酶（Inoue and Fujimoto, 1969），它能催化去除组蛋白中的乙酰官能团。与组蛋白中氨基酸末端的 α-氨基乙酰基团相比，去乙酰化酶更倾向作用于赖氨酸残基的 ε-乙酰基团。去乙酰化反应中用蛋白酶处理会破坏大部分酶的去乙酰化活性。20 世纪 70 年代早期进行的一系列研究进一步发现了组蛋白去乙酰化酶在不同组织中的生化特性。许多去乙酰化酶的不同特性是从早期的色谱研究中获得的，包括在多种酶中发现其活性。然而，最初试图用传统色谱法将 HDAC 纯化的尝试没有成功。直到 1996 年，第一个真正的组蛋白去乙酰化酶 HDACl 被分离和克隆（Taunton et al., 1996），组蛋白去乙酰化领域才快速发展。从那时起，已经发表了 15 000 多篇关于这个主题的论文（到那时为止，发表的论文还不到 100 篇）。现在有压倒性的证据表明 HDAC 在基因转录中起着重要作用，并且很可能在涉及染色质的所有真核生物过程中起着关键作用。不可否认，最近关于真核生物转录的抑制涉及去乙酰化的一些方面。本章将重点介绍自第一个 HDAC 克隆近 20 年以来 HDAC 领域的重要发现。而且将特别强调 HDAC 的结构、功能、作用机制和调节，这将有利于对组蛋白修饰、染色质或表观遗传学感兴趣的读者，以及目前不在这一领域的科学家。

5.2 HDAC 家族和分类：2 个家族和 4 个类别

每个 HDAC 要么属于组蛋白去乙酰化酶家族，要么属于 Sir2 调节因子家族。在人类中，HDAC 通常根据序列相似性分为不同的类型（表 5-1；图 5-1）。Ⅰ类蛋白（HDAC1、HDAC2、HDAC3 和 HDAC8）与酵母 Rpd3 蛋白具有序列相似性。Ⅱ类蛋白（HDAC4、HDAC5、HDAC6、HDAC7、HDAC9 和 HDAC 10）与酵母 Hdal 蛋白具有序列相似性。然而，酿酒酵母中的三种蛋白质 Hos1、Hos2 和 Hos3 与 Rpd3 的同源性为 35%～49%，与 Hdal 的同源性为 21%～28%。因此，哺乳动物的Ⅰ类和Ⅱ类 HDAC 也与酵母 Hos 蛋白

表 5-1　HDAC 分类

超家族	家族	类	蛋白质（酿酒酵母）	子类	蛋白质（人类）
精氨酸酶/去乙酰化酶超家族	组蛋白去乙酰化酶家族	Ⅰ	Rpd3, Hosl, Hos2, Hos3		HDAC1, HDAC2, HDAC3, HDAC8
		Ⅱ	Hdal	Ⅱa	HDAC4, HDAC5, HDAC7, HDAC9
				Ⅱb	HDAC6, HDAC10
		Ⅳ			HDAC11
脱氧核糖核酸合酶类似 NAD/FAD 结构域超家族	Sir2 调节因子家族	Ⅲ	Sir2, Hstl, Hst2, Hst3, Hst4	Ⅰ	SIRT1, SIRT2, SIRT3
				Ⅱ	SIRT4
				Ⅲ	SIRT5
				Ⅳ	SIRT6, SIRT7

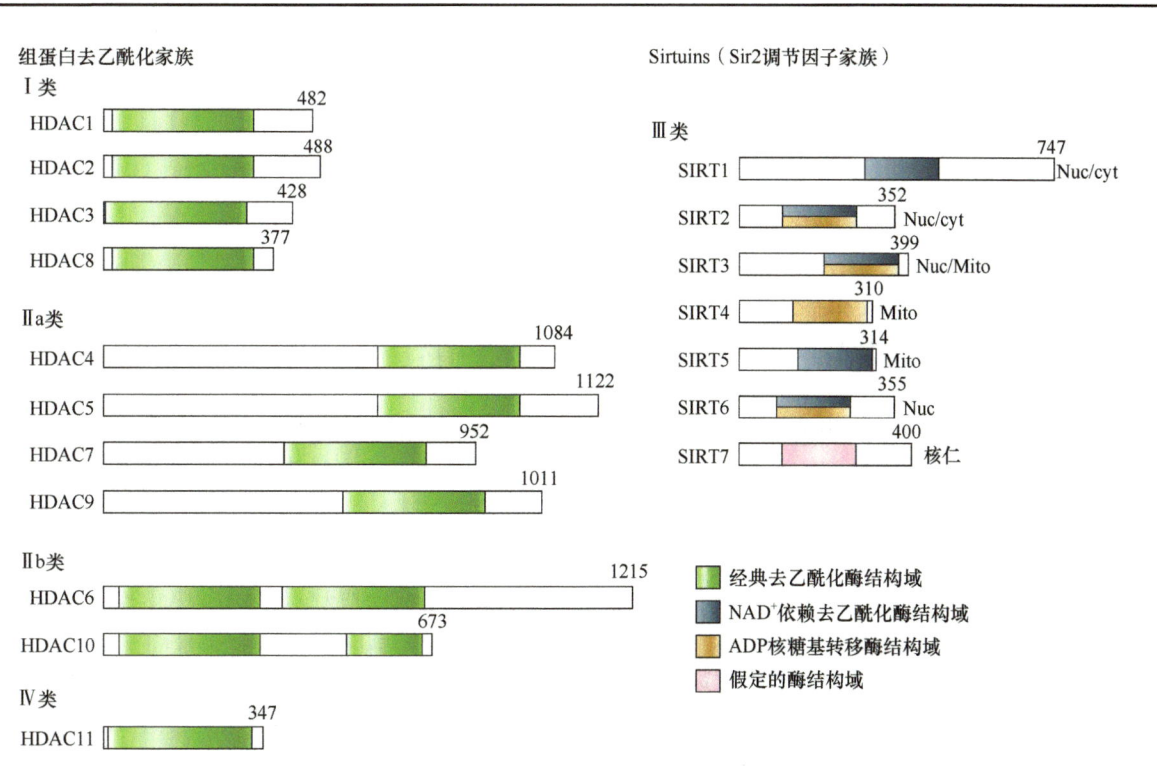

图 5-1　**人类 HDAC 的结构域组成。**每个 HDAC 中氨基酸残基的总数显示在每个蛋白质的右侧。许多 HDAC 有多个亚型，为简单起见，仅显示最长的亚型。酶结构域（或假定的酶结构域）以颜色显示。Sirtuin 定位：Nuc, 细胞核；cyt, 细胞质；Mito, 线粒体。

有关。Ⅲ类蛋白（SIRT1、SIRT2、S1RT3、SIRT4、SIRT5、SIRT6 和 S1RT7）与酵母 Sir2 蛋白有序列相似性。Ⅳ类蛋白（HDAC11）与Ⅰ类蛋白和Ⅱ类蛋白都具有序列相似性。需要注意的是，HDAC 的不同类别不应与分类学中的"类"混淆，也不应与蛋白质层次结构分类混淆，在结构分类中，所有 HDAC 都属于 α 和 β 蛋白质类。

Ⅰ类、Ⅱ类和Ⅳ类 HDAC 根据其发现的时间顺序进行编号。例如，HDAC1 在 HDAC2 之前几个月首次被报道，但都是在 1996 年（Taunton et al.，1996；Yang et al.，1996）。在下一年发现了 HDAC3（Eng et al.，1997）。1999 年，HDAC4、HDAC5 和 HDAC6 首次被描述（Grozinger et al.，1999）。2000 年初，发现了 HDAC7（Kao et al.，2000）。澄清文献中常用的 HDAC 亚型（或同功酶）一词是很重要的。因为可能会出现许多不同形式的 HDAC，例如通过单核苷酸多态性或选择性剪接方式。例如，HDAC9 转录本可选择性地剪接以产生具有不同生物活性的多种蛋白质亚型。因此，HDAC9 异构体（同一 HDAC9 蛋白的几种不同形式）显然存在。然而，HDAC4、HDAC5、HDAC7 和 HDAC9 各自起源于不同的基因，因此，虽然功能上相关，但严格来说它们不是彼此的亚型。

5.2.1　精氨酸酶/去乙酰化酶超家族和组蛋白去乙酰化酶家族

Ⅰ类、Ⅱ类和Ⅳ类 HDAC 属于蛋白质的精氨酸酶/去乙酰化酶超家族（表 5-1）。这个超家族含精氨酸酶类似的酰胺水解酶和组蛋白去乙酰化酶。有人提出真核 HDAC 起源于一种类似于乙酰多胺酰胺水解酶的原核酶。原核酶通过靶向 DNA 结合分子的氨基烷基进行可逆乙酰化和去乙酰化，以实现基因调控效应（Leipe and Landsman，1997）。

HDAC 的组蛋白去乙酰化酶家族（有时被称为经典 HDAC 家族）由三类蛋白质组成：Ⅰ类、Ⅱ类和Ⅳ类 HDAC。每一类蛋白质都来自同一祖先，具有相似的三维结构、功能和显著的序列同源性。对所有组蛋白去乙酰化酶家族蛋白质和与该家族相关的所有蛋白质的系统发育分析，以及基因复制事件的分析结果表明后生动物的共同祖先包含两个Ⅰ类、两个Ⅱ类和一个Ⅳ类 HDAC（Gregoretti et al.，2004）。功能预测显示，在这一类 HDAC 中，自我结合是常见的。有趣的是，所有Ⅰ类、Ⅱ类和Ⅳ类 HDAC 都先于组蛋白的进化，这表明 HDAC 家族的主要底物可能是非组蛋白。

5.2.1.1　Ⅰ类（HDAC1、HDAC2、HDAC3、HDAC8）

在酿酒酵母中，组蛋白去乙酰化酶 A 1（histone deacetylase-A 1，Hda1）蛋白质与少钾依赖转录调节因子 3（reduced potassium dependency 3，Rpd3）具有序列相似性，是一个大的组蛋白去乙酰化酶复合体 Hda 的亚单位。Hda1 还与三种酵母蛋白 Hos1、Hos2 和 Hos3 相似。另一种酵母组蛋白去乙酰化酶复合体 Hdb 含有 Rpd3 来作为相关因子。利用 trapoxin（组蛋白去乙酰化酶抑制剂）亲和矩阵，Stuart Schreiber 纯化并克隆了一个与酵母蛋白 Rpd3 相关的人 55kDa 蛋白质（Taunton et al.，1996）。免疫沉淀显示这种 55kDa 蛋白（HDAC1，最初称为 HD1）具有去乙酰化酶活性。另一种与酵母 Rpd3 高度同源的人类组蛋白去乙酰化酶蛋白质 HDAC2（最初称为 mRPD3）被独立鉴定为转录因子（Yang et al.，1996）。HDAC2 作为共抑制子被招募到 DNA 上实现负调控转录。在 GenBank 数据库中搜索与 HDAC1 和 HDAC2 同源的 DNA 和蛋白质序列，发现了第三种人 Rpd3 相关蛋白 HDAC3（Yang et al.，1997）。与 HDAC1 和 HDAC2 一样，HDAC3 抑制转录，与转录因子结合并被转录因子招募，在许多不同的细胞类型中表达。与 HDAC3 的鉴定过程类似，在 GenBank 数据库中搜索与 HDAC1、HDAC2 和 HDAC3 相似的蛋白质序列，发现了 HDAC8（Hu et al.，2000）。Ⅰ类 HDAC 的高度保守的去乙酰化酶结构域具有广泛的同源性，氨基酸序列同源性为 45%～94%。

文献指出，Ⅰ类 HDAC 位于细胞核内并广泛表达。之后更深入的研究结果表明，HDAC3 的表达具有某些组织特异性，HDAC1、HDAC2、HDAC3 和 HDAC8 可定位于细胞质或特定细胞器。关于Ⅰ类 HDAC

在核内定位和广泛表达的结论可能过于简单化，可以预测Ⅰ类 HDAC 可能具有尚未发现的核外定位或组织特异性表达。

5.2.1.2　Ⅱ类（HDAC4、HDAC5、HDAC6、HDAC7、HDAC9、HDAC10）

HDAC4、HDAC5 和 HDAC6 是在 GenBank 数据库搜索与酵母 Hda1 序列相似的人类 HDAC 时被发现的（Grozinger et al., 1999）。这些蛋白质具有人类 HDAC Ⅰ类保守催化结构域的某些特征，但也包含与Ⅰ类酶不相似的额外序列结构域。第Ⅰ类和第Ⅱ类 HDAC 的分化似乎发生在进化的相对早期。与Ⅰ类 HDAC 一样，免疫纯化的重组 HDAC4、HDAC5 和 HDAC6 具有体外 HDAC 活性，尽管水平较低。令人感兴趣的是，HDAC6 包含两个去乙酰化酶催化结构域的内部重复单位，这两个催化结构域似乎相互独立地发挥作用。

HDAC7 最初是作为一个与转录共抑制沉默中介因子维甲酸或甲状腺激素受体（silencing mediator forretinoid or thyroid-hormone receptors, SMRT）相互作用（Kao et al., 2000）的蛋白质被分离出来的。HDAC7 具有三个抑制结构域，其中两个包含独立于第三个抑制结构域的去乙酰化酶阻遏活性的自主抑制功能。在发现 HDAC7 后不久，Paul Marks 报道了另外一种蛋白质，即 HDAC 相关蛋白（HDAC-related protein, HDRP），该蛋白质的氨基酸序列与 HDAC4 和 HDAC5 的非催化氨基酸末端结构域具有 50% 的同源性（Zhou et al., 2000）。随后，使用人类 HDAC4 氨基酸序列，通过同源数据库搜索鉴定出 HDAC9。HDAC9 具有多个选择性剪接的亚型，其中一种是氨基末端剪接变体，是与 HDRP 或心肌细胞增强子结合因子 2 相互作用的转录抑制因子（myocyte enhancer-binding factor 2-interacting transcriptional repressor, MITR）。与所有Ⅰ类和Ⅱ类 HDAC 一样，HDAC9 具有保守的去乙酰化酶结构域，当通过组蛋白去乙酰化酶被招募到启动子时，该结构域抑制基因活性。HDAC4、HDAC5、HDAC7 和 HDAC9 构成了Ⅱa 类 HDAC，有 48%～57% 的总同源性。

HDAC10 是由四个不同的研究组独立发现的（Kao et al., 2002）。同源性比较表明，HDAC10 与 HDAC6 最为相似（同源性为 55%），并且两者都含有一个在其他 HDAC 中未发现的、独特的、假定第二催化结构域。因此，HDAC6 和 HDAC10 被分类为Ⅱb 类。Ⅱa 和Ⅱb 类 HDAC 的一个有趣的特征是它们的亚细胞定位：这两类中的每个成员都至少会显示一些细胞质定位，表明Ⅱ类 HDAC 具有细胞质内的功能。Ⅱ类 HDAC 保守的去乙酰化酶结构域具有 23%～81% 的氨基酸序列同源性。

5.2.1.3　Ⅳ类（HDAC11）

HDAC11 是Ⅳ类 HDAC 的唯一成员。它与Ⅰ类和Ⅱ类 HDAC 的催化结构域有序列同源性。它是用酵母 Hos3 蛋白质序列在 GenBank 数据库中通过 Basic Local Alignment Search Tool 搜索发现的（Gao et al., 2002）。HDAC 11 调节 DNA 复制因子 CDT1（Glozak and Seto, 2009）的稳定性和白细胞介素 10 的表达。HDAC11 和 HDAC10 可能是经典 HDAC 家族中研究最少的 HDAC。

5.2.2　脱氧核糖核酸合成酶样 NAD/FAD 结合域超家族及 Sir2 调节因子家族

脱氧核糖核酸合成酶（deoxyhypusine synthase, DHS）样 NAD/FAD 结合域蛋白质超家族包括沉默信息调节因子 2（silent information regulator 2, Sir2）蛋白、脱氧核糖核酸酶、电子转移黄素蛋白 α 亚单位羧基末端结构域、丙酮酸氧化酶和脱羧酶中间结构域、转氢酶结构域Ⅲ和 ACDE2 类似家族。酿酒酵母 Sir2 是 Sir2 调节蛋白家族的创始成员，它是在筛选调控沉默的交配型基因座表达的基因过程中被鉴定出来。在酵母中，Sir2 是转录沉默所必需的［第 8 章（Grunstein and Gasser, 2013）］。Sir2 调节因子家族只有一类（即Ⅲ类）烟酰胺腺嘌呤二核苷酸（nicotinamide adenine dinucleotide, NAD$^+$）依赖的组蛋白去乙酰化酶。在人类中有七种 Sir2 样蛋白（SIRT1、SIRT2、SIRT3、SIRT4、SIRT5、SIRT6、SIRT7）。Sir2 样蛋白（sirtuins）

在真核生物、原核生物和古细菌中都是保守的，根据它们之间的亲缘关系，可以分为十几个类和亚类。第一层分类可分为五大类：Ⅰ类（SIRT1、SIRT2、SIRT3）、Ⅱ类（SIRT4）、Ⅲ类（SIRT5）、Ⅳ类（SIRT6、SIRT7）、Ⅴ类（细菌中的cobB，无人类同源蛋白质）[第8章图8-4（Grunstein and Gasser，2013）]。所有的sirtuins都有包含多个基序的一个保守核心结构域。

5.2.2.1　Ⅲ类（SIRT1、SIRT2、SIRT3、SIRT4、SIRT5、SIRT6、SIRT7）

Lorraine Pillus和Jef Boeke首先报道酿酒酵母Sir2（Hsts）以及该家族从细菌到人的保守性（Brachmann et al.，1995）。随后，以酿酒酵母Sir2氨基酸序列为探针，在GenBank数据库中鉴定出5种人sirtuins（SIRT1、SIRT2、SIRT3、SIRT4、SIRT5）（Frye，1999）。另外两种人sirtuins（SIRT6和SIRT7）也以人SIRT4为探针而鉴定出来。七种sirtuins共有22%～50%的氨基酸序列同源性，保守催化域中有27%～88%的同源性。在七种人sirtuins中，SIRT1与酵母Sir2蛋白最为相似，具有最强的组蛋白去乙酰化酶活性，并且已被广泛研究。

sirtuins的一个显著特点是具有两种酶活性，即单ADP核糖基转移酶和组蛋白去乙酰化酶活性。SIRT5在体外另有蛋白质赖氨酸琥珀酰酶和去甲醛酸酶活性（Du et al.，2011）。sirtuins的另一个有趣特征是它们的定位（图5-1），SIRT1和SIRT2定位于细胞核和细胞质中，SIRT3定位于细胞核和线粒体中，SIRT4和SIRT5仅定位于线粒体中，SIRT6定位于细胞核中，SIRT7定位于核仁中。与Ⅰ类、Ⅱ类和Ⅳ类HDAC一样，sirtuins也具有非组蛋白底物，至少在真核生物中是这样的。

5.3　催化机理和结构

5.3.1　经典HDAC（Ⅰ类、Ⅱ类）的催化机理和结构

典型的HDAC酶家族（Ⅰ类、Ⅱ类、Ⅳ类）有共同的催化机制，即需要锌离子（图5-2）。通过结构、生化和突变分析，已经深入了解乙酰化赖氨酸中乙酰胺键金属依赖性水解酶的催化机制。

从嗜热细菌 *Aquifex aeolicus*（图5-3A）中测定了典型HDAC家族蛋白的第一个X射线晶体结构，这种结构涉及组蛋白去乙酰化酶样蛋白（histone deacetylase-like protein，HDLP）。HDLP具有与精氨酸酶相同的拓扑结构，包含α/β折叠和一个8-链平行β-片（Finnin et al.，1999）。这种结构类似于精氨酸酶（图5-3B），精氨酸酶是一种催化精氨酸水解为鸟氨酸的金属酶，这表明它们是从一个共同的金属蛋白祖先进化而来的。

HDLP催化中心的结构研究揭示了图5-2A所示的催化反应模型。哺乳动物HDAC的X射线晶体结构表明其催化结构域的结构与HDLP基本相同，其中构成活性位点和接触抑制剂的残基在HDAC家族中是保守的。然而，对HDAC8及其突变体的结构分析（图5-3D）发现了一个不同的模型。该模型提出其中一个组氨酸残基作为一般性碱基（H143），而另一个组氨酸残基（H142）作为一般性静电催化剂（图5-2B）。HDAC8的H143A突变体的活性几乎完全丧失，H142A突变体的残留活性符合所提出的作用模型（Gantt et al.，2010）。此外，量子力学/分子力学的分子动力学模拟表明，在初始限速亲核攻击步骤中，中性H143作为一般性碱从锌结合水分子中接收质子，然后将其传递到酰胺氮原子以促进酰胺键的裂解（Wu et al.，2011）。这个模型似乎是一个更可信的HDAC相关酶催化机制，这种机制类似于传统的金属酶溶血素和羧肽酶A。

图5-2B所示的所有催化残基都与除Ⅱa类酶以外的其他HDAC保守，Ⅱa类酶中酪氨酸残基被组氨酸残基取代。该酪氨酸残基位于锌的旁边，与组氨酸-天冬氨酸残基相对，对于稳定四面体样中间体很重要。锌和酪氨酸残基都参与了亚羰基（C=O）的极化以进行亲核攻击。因此，在HDAC4和其他哺乳动物Ⅱa类HDAC中缺乏酪氨酸残基可能是催化活性较低的原因。事实上，HDAC4的催化活性是通过一个组氨酸到酪氨酸的代换而恢复的，达到了与Ⅰ类酶相当的水平（Lahm et al.，2007）。

第 5 章 组蛋白乙酰化擦除器：组蛋白去乙酰化酶 121

图 5-2 HDAC 的催化机理。 依赖锌的 HDAC 反应催化机理的两种模型。(A) 从 HDLP 结构提出的模型。HDLP 催化核心由一个管状的囊袋、一个锌结合位点、一个酪氨酸 (Y297) 和两个组氨酸 (H131 和 H132) 的活性位点残基 (粗体) 组成，它们与两个天冬氨酸 (D166 和 D173) 形成氢键。其中一个催化组氨酸 (红色) 通过激活与锌离子配位的一个水分子，促进对底物羧基的亲核攻击。最初提出两个串联组氨酸残基 (H131 和 H132) 作为 Asp-His 电荷接力系统，这是典型的丝氨酸蛋白酶 (如糜蛋白酶和糜蛋白酶原) 在酶反应中的作用。活性中心锌离子由三个残基 (两个天冬氨酸和一个组氨酸) 配位。(B) 根据 HDAC8 结构提出的一个模型，其中其他组氨酸残基 (红色) 在电子转移中起着重要作用。氢键相互作用用虚线画出。

最近，已确定了 HDAC3 与人类 SMRT (NCoR) 共抑制子的去乙酰化酶活化区的复合体的 X 射线晶体结构 (图 5-3C)。令人惊讶的是，肌醇 (1, 4, 5, 6)-四磷酸作为一种最小"分子胶"存在于 HDAC3 和 SMRT 之间的界面上。这种肌醇磷酸酯分子对于两种蛋白质之间的相互作用以及 HDAC3 的催化活性是非常重要的 (Watson et al., 2012)。

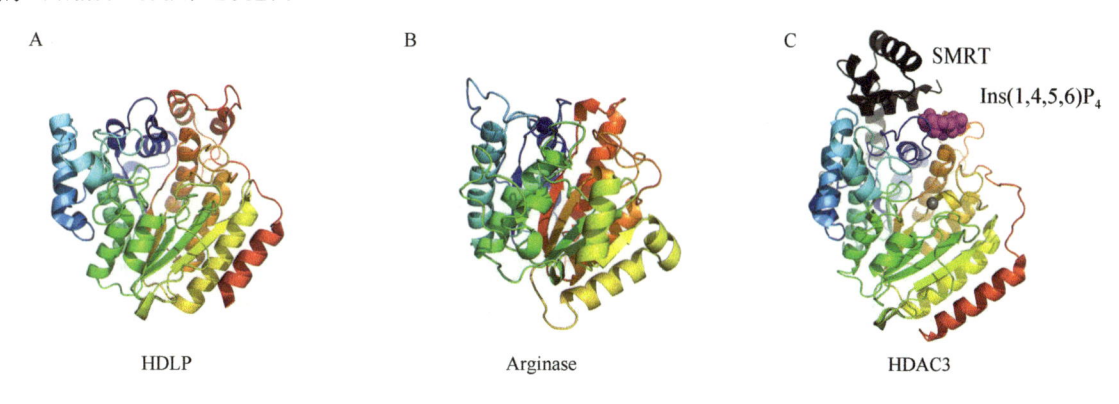

122　表观遗传学

HDAC8　　　　　　　　　　HDAC4　　　　　　　　　　HDAC7

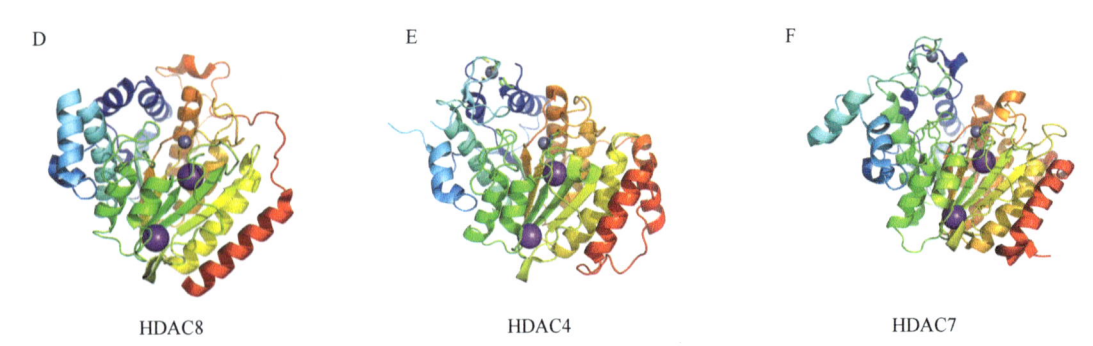

图 5-3　第 I 类和 II 类 HDAC 的结构。显示蛋白质精氨酸酶/去乙酰化酶超家族的晶体结构。充满颜色的球体表示金属离子：红色球体、灰色球体和紫色球体分别表示 Mn、Zn 和 K 原子。（A）嗜热菌（*Aquifex aeolicus*）HDLP（1C3P）；（B）大鼠精氨酸酶（PDB ID：1RLA）；（C）人第 I 类 HDAC3（4A69）与肌醇（1，4，5，6）-四磷酸（以洋红色填充球体突出显示）的复合体，以及人 SMRT 共抑制子（用黑色带状模型描绘）的去乙酰化酶激活结构域；（D）人第 I 类 HDAC8（3F07）；（E）人第 IIa 类 HDAC4（2VQW）和（F）人第 IIa 类 HDAC7（3C0Y）。

5.3.2　Sirtuins（III类）的催化机理和结构

与 I 类、II 类和 IV 类酶的锌依赖性催化相比，III 类 HDAC 需要 NAD$^+$ 作为酶活性的辅因子（Imai et al.，2000）。对古细菌、酵母和人类 Sir2 同源蛋白的结构研究表明，sirtuins 的催化结构域位于一个含单个罗斯曼（Rossmann）折叠的大结构域和一个小的锌结合结构域（图 5-4）之间的裂缝中（Finnin et al.，2001）。裂缝中的氨基酸残基在 sirtuin 家族中是保守的，形成一个蛋白质通道，在这个通道中，底物与 NAD$^+$ 相互作用。最近，SIRT5 的晶体结构得到了解释，揭示了一个更大的底物结合位点，它可能在赖氨酸残基上接受一个更大的酰基（Schuetz et al.，2007）。这与 SIRT5 作为蛋白质赖氨酸去琥珀酰酶和去甲醛酸酶而不是去乙酰化酶的作用一致（Du et al.，2011）。

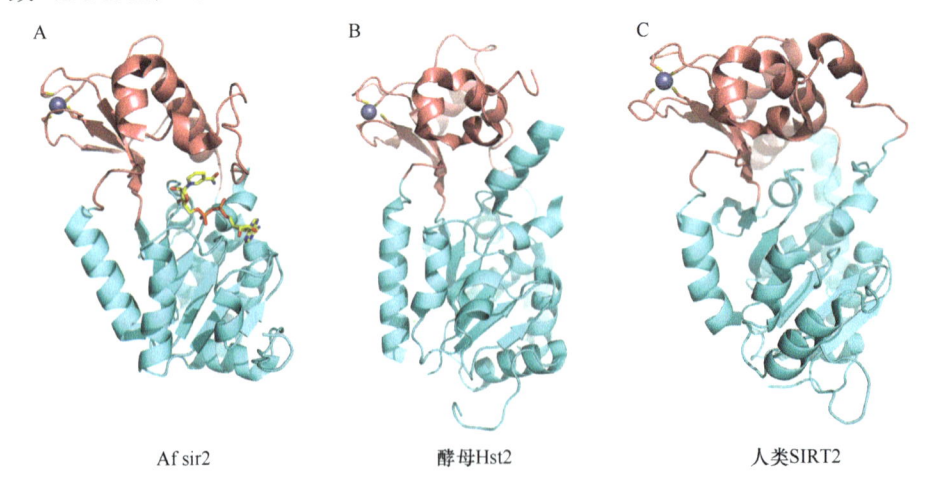

Af sir2　　　　　　　　　　酵母Hst2　　　　　　　　　　人类SIRT2

图 5-4　Sirtuins 的总体结构（III类）。Sirtuin 家族蛋白质的晶体结构如卡通画所示，突出了大的罗斯曼（Rossmann）折叠结构域（青色）和小的锌结合结构域（棕色）。（A）黄球古菌（*Archaeoglobus fulgidus*）sir2（PDB ID：1ICI）。NAD$^+$ 以棒状模型的形式绘制，其中黄色、蓝色、红色和橙色分别表示 C、N、O 和 P 原子。（B）酵母 Hst2（1Q14）。（C）人类 SIRT2（1J8F），锌离子以灰色填充球表示。

图 5-5 展示了烟酰胺从 NAD$^+$ 和 ADP 核糖转移到乙酰化赖氨酸的化学机制。这是基于底物和（或）辅因子类似物与 Sir2 同系物复合体的详细结构分析（Avalos et al.，2004）。反应的第一步是将乙酰胺氧亲核加成到烟酰胺核糖的 C1′ 位置，形成 C1′-O-烷基酰胺中间产物和游离烟酰胺。然后，C1′-O-烷基酰胺中间体

转化为 1',2'-环中间体，赖氨酸和 2'-O-乙酰-ADP 核糖最终从中释放。烟酰胺是此反应的副产物之一，也是 sirtuins 的抑制剂。

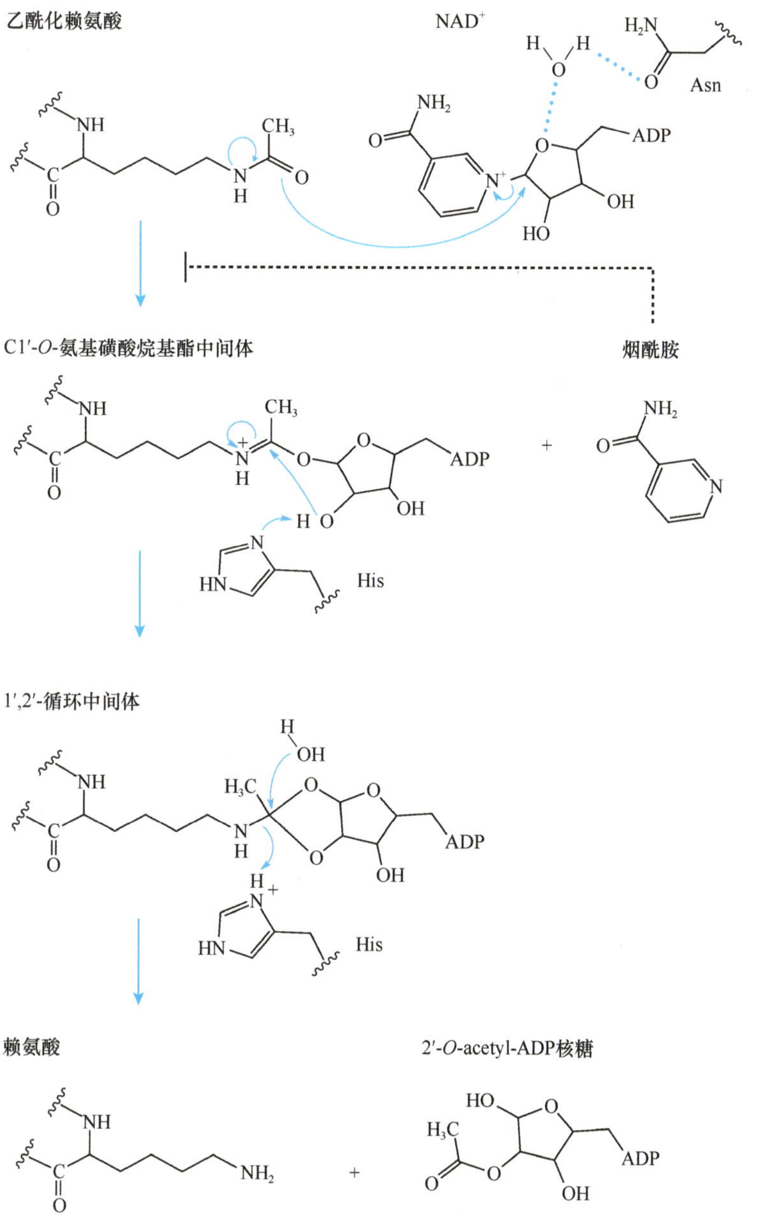

图 5-5 Sirtuins（Ⅲ类）的催化机理。NAD⁺依赖性去乙酰化酶反应的机理。反应的第一步是将乙酰胺氧亲核加成到烟酰胺核糖的 C1' 位置，形成 C1'-O-烷基酰胺中间体和游离烟酰胺。接下来，NAD⁺核糖的 2'-羟基被一个活性位点组氨酸残基激活，该活性位点组氨酸残基反过来攻击 C1'-O-烷基酰胺形成 1',2'-环中间体。然后，1',2'-环中间体被活化水分子攻击，从而形成去乙酰化赖氨酸和 2'-O-乙酰-ADP 核糖。2'-O-乙酰-ADP 核糖在水溶液中可以通过非酶催化的分子内酯交换反应转化为 3'-O-乙酰-ADP 核糖。这样，就形成烟酰胺、去乙酰化肽和 2' 和 3'-O-乙酰-ADP 核糖的混合物作为最终的反应产物。

一些 sirtuin 家族成员也可能具有内在的单 ADP 核糖基转移酶活性。sirtuin 的 ADP-核糖转移酶活性被认为是一种低效的副反应，是由内在的去乙酰化作用与乙酸转移到 ADP-核糖的部分解偶引起的。然而，最近发现单 ADP 核糖转移酶活性是 IRT4 的主要酶活性，而 SIRT2 和 SIRT6 同时显示去乙酰化和 ADP-核糖转移酶活性（Frye，1999；Liszt et al.，2005）。目前尚不清楚蛋白质的 NAD⁺依赖性去乙酰化和单 ADP-核糖基化能否同时发生。

5.4　HDAC 的底物

5.4.1　组蛋白底物

在发现 HAT 后不久，我们就知道每一种 HAT 都具有特定组蛋白底物特异性［在第 4 章（Marmorstein and Zhou，2014）中讨论过］。然而，寻找 I 类、II 类和 IV 类 HDAC 组蛋白底物特异性比寻找 HAT 要困难得多。鉴定 HDAC 底物特异性的一个障碍是该家族中的大多数 HDAC 在纯化后只具有非常低的组蛋白去乙酰化酶活性。许多 HDAC 的功能冗余也导致了难以破解底物特异性。例如，一个经典 HDAC 的敲除可以通过同一类甚至另一类中的另一个 HDAC 的活性来补偿。另外，一些 I 类 HDAC 还存在于几个不同的复合体中，每个复合体可能具有不同的底物偏好。例如，HDAC1 至少存在于三种不同的稳定蛋白质复合体中，每个复合体可能针对不同的底物（图 5-6A）。最后，可能因底物的来源而导致底物特异性不同，如核小体组蛋白与游离组蛋白。

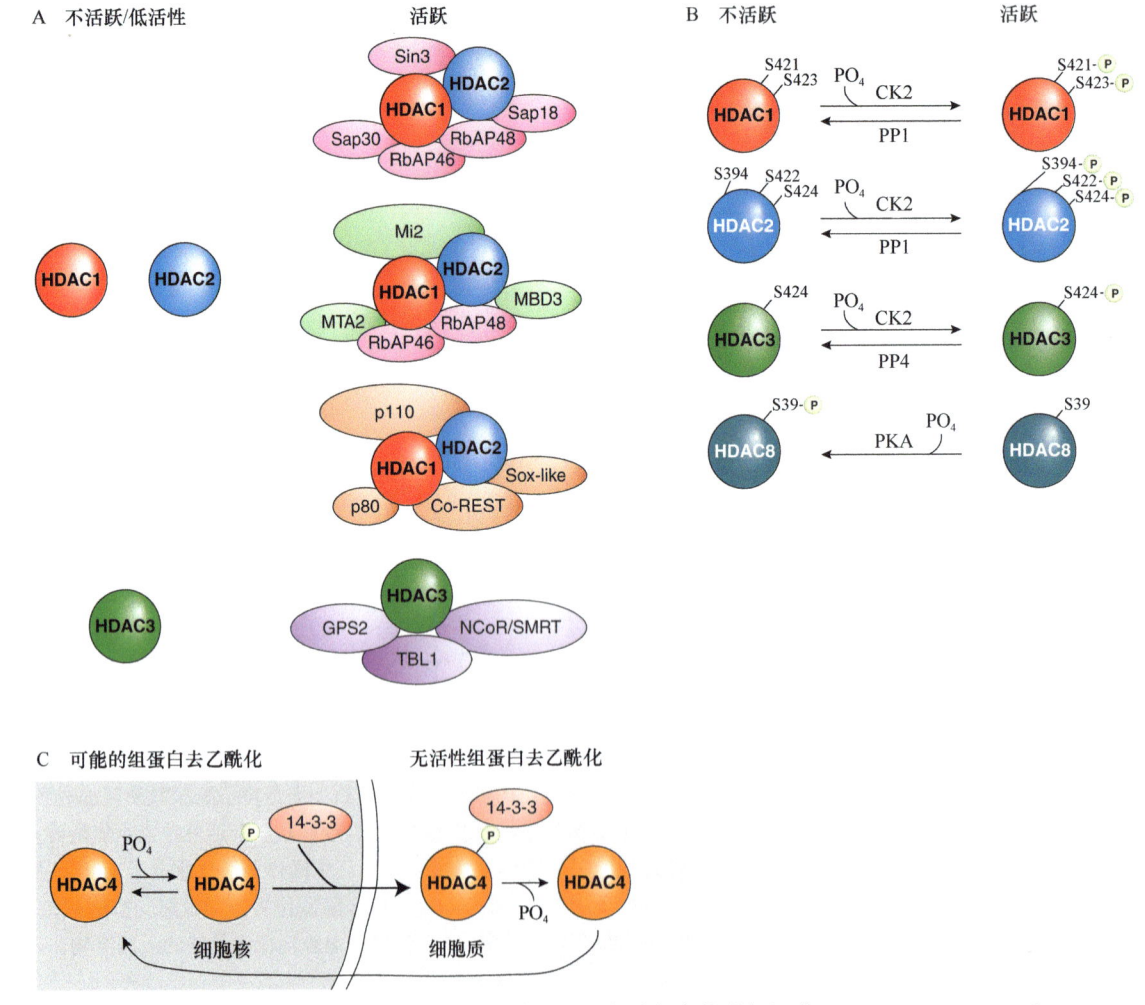

图 5-6　HDAC 调控示例。（A）第 I 类 HDAC 通常通过形成蛋白质复合体进行调节。HDAC1、HDAC2 和 HDAC3 在分离时具有较低的酶活性，在全酶复合体中的酶活性显著提高。（B）第 I 类 HDAC 的活性受磷酸化和去磷酸化的调节。一般来说，磷酸化激活 HDAC1、HDAC2 和 HDAC3 的活性，而抑制 HDAC8 的活性。（C）磷酸化的第 II 类 HDAC、HDAC4，促进其与 14-3-3 蛋白的相互作用，随后，改变其细胞定位。多个残基（HDAC4 上的 S246、S467 和 S632，以及 HDAC5、HDAC7 和 HDAC9 上相应的保守位点）参与 HDAC 和 14-3-3 蛋白间的相互作用。

早期研究表明，纯化的 HDAC1 或 HDAC1/2 复合体可使所有四个核心组蛋白去乙酰化。HDAC4、HDAC5 和 HDAC6 的相同结果表明它们缺乏特异性（Grozinger et al., 1999）。然而，后来的一项研究表明，HDAC1 可以从所有四个核心组蛋白的测定的赖氨酸上去乙酰化，但效率不同（Johnson et al., 2002）。另一项研究表明，HDAC8 优先对组蛋白 H3 和 H4 去乙酰化（Hu et al., 2000），而 HDAC11 可能特异性地去乙酰化 H3K9 和 H3K14。

Ⅰ类、Ⅱ类和Ⅳ类 HDAC 组蛋白底物特异性的复杂性可以通过识别 HDAC3 底物来说明。用一种免疫沉淀获得的 HDAC3 复合体和纯化的核小体进行实验，可以表明 HDAC3 比 HDAC1 去除组蛋白 H4 的乙酰化更有效率。然而，使用类似的方法表明，尽管 HDAC3 免疫复合体将 H2A、H4K5 和 H4K12 完全去乙酰化，但它仅能将 H3、H2B、H4K8 和 H4K16 部分乙酰化去除（Johnson et al., 2002）。有趣的是，基于染色质免疫沉淀（chromatin immunoprecipitation，ChIP）实验，HDAC3 与 HDAC1 相比，在 HeLa 细胞中优先去除 H4K5、H4K12 和 H2AK5 的乙酰化。尽管这些研究表明 HDAC3（也许所有的Ⅰ类 HDAC）具有明显的底物特异性，但必须注意的是，免疫纯化的 HDAC3 复合体含有自身具有 HDAC 活性的其他蛋白质，从而使这些结果的解释复杂化。事实上，在一项使用纯合 HDAC3 缺陷 DT40 细胞的研究中，H4K8 和 H4K12 的乙酰化水平与野生型细胞中检测到的水平相似，表明组蛋白 H4 可能不是体内 HDAC3 的主要靶点。在体外重组染色质系统中，HDAC1/2 复合体去除组蛋白 H3 和 H4 的乙酰化，而含有 HDAC3 的蛋白复合体只选择性地将组蛋白 H3 去乙酰化（Vermeulen et al., 2004）。在缺乏 HDAC3 的 HeLa 细胞中，组蛋白 H3 或 H4 的总体乙酰化状态没有改变，H4K8 或 H4K12 的乙酰化状态也没有改变（Zhang et al., 2004）。通过表达 HDAC3 特异性 siRNA 敲低 HDAC3 时，H3K9 和 H3K18 的乙酰化程度增加。这种敲低增加 H3K9 乙酰化程度比 HDAC 1 特异性 siRNA 效果明显，而 H3K18 则相反。尽管这些不一致的结果相当令人费解，但它们确实支持Ⅰ类、Ⅱ类、Ⅳ类 HDAC 可能具有不同组蛋白底物特异性的一般结论。然而，经典家族中的每一种 HDAC 都可能以某些组蛋白中的特定赖氨酸为靶点这一观点仍然需要更全面的研究。

Sirtuin 组蛋白底物特异性的情况不那么模棱两可（表 5-2）。酵母 Sir2 将 H3K9、H3K14 和 H4K16 去乙酰化（Imai et al., 2000）。生化研究表明，SIRT1 将 H4K16 和 H3K9 去乙酰化，并与组蛋白 H1K26 相互作用和进行去乙酰化，介导异染色质的形成（Vaquero, 2004）。尽管有报道称 SIRT1 可以在体外去乙酰化所有四个核心组蛋白，但 SIRT1 在组蛋白上的主要靶点是 H4K16（Vaquero et al., 2004）。此外，SIRT1 与赖氨酸特异性组蛋白去甲基化酶 1（lysine-specific histone demethylase 1，LSD 1）相关，它们同时在组蛋白 H4K16 去乙酰化和在 H3K4 去甲基化上发挥协同作用以抑制基因表达（Mulligan et al., 2011）。

表 5-2 Sirtuin 组蛋白底物

Sirtuin	组蛋白底物	生物学相关性
SIRT1	H3K9	染色质组织、DNA
	H3K14	修复/基因组稳定性、癌症
	H3K56	
	H4K16	
	H1K26	
SIRT2	H4K16	染色质浓缩
	H3K56	有丝分裂、DNA 修复、癌症
SIRT3	H4K16	染色质沉默、DNA 修复、细胞应激
SIRT4	无	
SIRT5	无	
SIRT6	H3K9	端粒染色质/衰老
	H3K56	DNA 修复/基因组稳定性
SIRT7	H3K18	细胞转化

与 SIRT1 一样，SIRT2 及其酵母同源蛋白 Hst2 对组蛋白 H4K16 也有强烈的偏好（Vaquero et al.，2006）。虽然 SIRT2 主要位于细胞质中，但是也在哺乳动物细胞周期的 G2/M 转换期定位于染色质并去除 H4K16 的乙酰化。此外，SIRT3 是一种主要的线粒体蛋白，但在一定条件下，它与 SIRT2 一样也会转运到细胞将 H4K16 的乙酰化去除。

SIRT4 和 SIRT5 都只定位于线粒体中，因此不去除组蛋白的乙酰化。最初，SIRT6 被确定为单 ADP 核糖基转移酶，而不是组蛋白去乙酰化酶（Liszt et al.，2005）。然而，尽管生化和结构分析表明 SIRT6 与其他 sirtuins 相比具有非常低的去乙酰化酶活性，但后来的研究表明，SIRT6 能够去乙酰化 H3K9 和 H3K56（Michishita et al.，2008）。SIRT6 对 H3K9 的去乙酰化可调节端粒染色质。SIRT7 是一种高度选择性的 H3K18 去乙酰化酶，在细胞转化过程中起着关键作用（Barber et al.，2012）。

5.4.2 非组蛋白底物

作为非组蛋白，高迁移率族蛋白 1 和 2（high-mobility group proteins 1 and 2，HMG-1 和 HMG-2；Sterner et al.，1979）中赖氨酸 ε-氨基的乙酰化和去乙酰化已被报道。去乙酰化组蛋白 H4 的酶也能去乙酰化 HMG-1 和 HMG-2。在过去的 10 多年中，人们发现了大量乙酰化的非组蛋白，并发现 HDAC 能将它们去乙酰化。它们的功能性效应一直是研究的热点。也许 HDAC 的非组蛋白底物的最佳例子是肿瘤抑制蛋白 p53。HDAC1 与 p53 相互作用并使它去乙酰化，促进 p53 泛素化和降解（Luo et al.，2000）。此外，SIRT1 也结合并去乙酰化 p53（Vaziri et al.，2001）。S1RT1 对 p53 的去乙酰化降低了 p53 转录激活细胞周期抑制因子 p21 的能力，从而导致细胞在 DNA 修复后重新进入细胞周期。另一种被很好表征的 HDAC 非组蛋白底物是细胞骨架蛋白 α-微管蛋白。HDAC6 去乙酰化 α-微管蛋白的赖氨酸 40 并调节微管依赖的细胞运动（Hubbert et al.，2002）。这些例子说明了 HDAC 在不改变组蛋白的情况下调节重要生物过程的能力。

最近，利用高分辨率质谱法，在 1750 种蛋白质中鉴定出 3600 多个乙酰化位点（Choudhary et al.，2009）。乙酰化位点存在于涉及许多不同细胞过程的细胞核、细胞质和线粒体蛋白质上。使用两种广谱 I 类、II 类、IV 类 HDAC 抑制剂亚氨基二苯胺羟肟酸（suberoylanilide hydroxamic acid，SAHA）和 MS-275，至少将大约 10% 的乙酰化位点上调 2 倍，这表明许多乙酰化是由经典 HDAC 调节的。在一项类似的研究中，使用蛋白质组学方法，在没有 Sirt1 的情况下将 213 个核蛋白明确鉴定为高乙酰化蛋白（Peng et al.，2012）。同样，这些蛋白质具有一系列不同的功能，包括 DNA 损伤修复、凋亡和存活、细胞周期调控、转录、RNA 加工、翻译、代谢和染色质结构调控。此外，高通量的遗传互作分析表明，HDAC 在功能上调节着控制广泛生物过程的非组蛋白底物（Lin et al.，2012）。同样，细菌（不具有组蛋白）中蛋白质乙酰化的分析也表明，HDAC 在低等生物中可以去乙酰化大量的蛋白质，这显示出 HDAC 的高度保守性（Wang et al.，2010）。

利用计算机预测工具，人们预计在各种蛋白质上还有更多的赖氨酸 ε-氨基乙酰化位点有待发现。因此，非组蛋白赖氨酸乙酰化是普遍存在的，并且与其他主要翻译后修饰同时存在。因此，确定这些乙酰化蛋白中哪些是由 HDAC 调节的，是今后研究的一个重要方向。考虑到大量潜在的非组蛋白 HDAC 底物，加上 HDAC 存在于缺乏组蛋白的细胞中，推测 HDAC 的主要功能是调节非表观遗传现象。然而，有趣的是，DNA 甲基化的关键酶 DNMT1 和许多组蛋白修饰酶（HAT、HDAC、HMT）的活性受 HDAC 调节（Choudhary et al.，2009；Peng et al.，2012）。因此，尽管非组蛋白的去乙酰化本身可能不直接起到去除表观遗传修饰或帮助建立表观遗传"关"的染色质状态的作用，但它可以通过对其他表观遗传修饰酶的去乙酰化间接地改变染色质状态。

5.5　HDAC 活性的调节

与几乎所有参与关键细胞功能的酶一样，HDAC 的活性也受到严格调节。这种调节是通过转录、转录后、翻译和翻译后不同水平的各种不同机制实现的。最明确的 HDAC 调节机制是蛋白质-蛋白质相互作用和翻译后修饰（posttranslational modification，PTM）。对于通过调控表达、选择性 RNA 剪接、辅助因子、亚细胞定位和蛋白质水解加工来调节一些 HDAC 活性的研究较少，但可能同样重要。

5.5.1 蛋白质复合体

细胞中许多重要的分子过程是由大的多亚单位蛋白质复合体完成的。一种蛋白质可能与另一种蛋白质相互作用，有时是短暂的相互作用，以激活或抑制其他蛋白质的功能。这确实是一种用于调节许多 HDAC 活性的常见机制（图 5-6A）。早期的研究表明，单独分离 HDAC1 或 HDAC2，而不分离与其结合的蛋白质，通常产生的酶活性非常低。随后的生化分析表明，人 HDAC1 和 HDAC2 至少存在于三种不同的多蛋白复合体中，即 Sin3、NuRD 和 CoREST 复合体（Ayer，1999）。Sin3 和 NuRD 复合体有一个共同的核心，该核心由四种蛋白质组成：HDAC1、HDAC2、RbAp46 和 RbAp48。此外，每个复合体包含独特的多肽（Sin3 复合体中的 Sin3、SAP18 和 SAP30；NuRD 复合体中的 Mi2、MIA-2 和 MBD3）。用纯化的亚单位进行 NuRD 复合体重组实验发现，与天然 NuRD 完整复合体相比，核心复合体的 HDAC 活性受到严重影响。在核心复合体中添加某些辅助因子足以引导酶活性复合物的形成。在另一项研究中，发现 Sin3 共抑制复合体中的一种蛋白质可增强体内 HDAC1 的酶活性。同样，在 CoREST 复合体中，HDAC1/2 与 CoREST 的结合对 HDAC 酶活性至关重要。

另一个通过蛋白质相互作用调节 HDAC 的例子来自对 HDAC3 的研究。早期研究表明，SMRT 和核受体共抑制因子（nuclear receptor corepressor，NCoR）是 HDAC 招募的基础平台。随后的研究发现 HDAC3 与 SMRT/NCoR 之间的相互作用导致 HDAC3 酶活性的提高（Wen et al.，2000）。相反，没有结合 HDAC3 的 SMRT/NCoR 突变体不能激活 HDAC3。用 SMRT/NCoR 激活这种去乙酰化酶的活性是 HDAC3 特有的。

对于Ⅲ类 HDAC，已经报道了其中几种与 SIRT1 相互作用并调节 SIRT1 的蛋白质。其中，研究得最清楚的是 SIRT1 与乳腺癌 1 缺失（deleted in breast cancer 1，DBC1；Zhao et al.，2008）的关联。DBC1 负调控 SIRT1 去乙酰化酶活性，导致 p53 乙酰化增加和 p53 介导的功能上调。DBC1 的缺失或下调反过来刺激 SIRT1 介导的 p53 去乙酰化并抑制 p53 依赖性凋亡。SIRT1 也可以通过蛋白质羧基末端的一个小区域进行自我调节，该区域与 DBC1 结合竞争（Kang et al.，2011）。另一种被称为 SIRT1 活性调节因子（active regulator of SIRT1，AROS）的核蛋白，一旦结合，可以增强 SIRT1 介导的 p53 去乙酰化，并抑制 p53 介导的转录活性（Kim et al.，2007）。AROS 的表达增强 p21 的表达，增加 G_0/G_1 的细胞量和细胞凋亡以应对 DNA 损伤，而 AROS 的过表达改善了细胞的存活率。通过与 AROS 蛋白质相互作用以激活 SIRT1 使人联想到酿酒酵母中 Sir2 通过与 Sir4 的相互作用以激活其去乙酰化酶的活性 [在第 8 章（Grunstein and Gasser，2013）中讨论]。

5.5.2 翻译后修饰

HDAC 受到多种翻译后修饰，包括乙酰化、糖基化、S-硝基化、SUMO 化、泛素化和磷酸化。研究得最广泛的磷酸化修饰可以影响 HDAC 的功能（图 5-6B，C）。HDAC1 通过 cAMP 依赖性激酶 PKA 和蛋白激酶 CK2 被磷酸化（Pflum et al.，2001）。HDAC1 羧基末端的两个磷酸受体位点（S421 和 S423）对酶活性至关重要，当它们突变为丙氨酸时，酶活性显著降低。这些突变也破坏了 HDAC1 与 RbAp48、MIA2、Sin3 和 CoREST 形成蛋白复合体的能力。HDAC2 在残基 S394、S422 和 S424 处也有类似的磷酸化（对应于 HDAC1 的 S393、S421 和 S423；Tsai and Seto，2002）。它的磷酸化也促进酶的活性，并影响与 Sin3 和 Mi2 形成蛋白复合体。有趣的是，在癌细胞中，HDAC1 在 Y221 处磷酸化（与 HDAC2 的 Y222 相对应；Rush et al.，2005）。因为 HDAC1-Y221（HDAC2-Y222）在人类、小鼠、非洲爪蟾和秀丽隐杆线虫中是保守的，所以酪氨酸磷酸化也可能在调节 HDAC1 和 HDAC2 活性中起重要作用。

HDAC1 和 HDAC2 的磷酸化由蛋白质磷酸酶 PP1 反向调节（Galasinski et al.，2002）。有趣的是，细胞有丝分裂停止而不是 G_1/S 期的停止导致 HDAC2 的高度磷酸化（HDAC1 没有任何变化），这表明纺锤体检查点的激活是导致 HDAC2 高度磷酸化的生理刺激因素。

CK2 和 DNA-PKcs 对 HDAC3 的磷酸化显著增强了 HDAC3 的活性（Zhang et al.，2005）。HDAC3 也可以被 GSK-3β 磷酸化，GSK-3β 的抑制可以防止 HDAC3 诱导的神经毒性（Bardai and D'Mello，2011）。HDAC3 的磷酸受体位点 S424 是 I 类 HDAC 中的一个非保守残基，当其突变为丙氨酸时，严重损害了酶活性，这使人想起 HDAC1 和 HDAC2。然而，与 HDAC1 和 HDAC2 不同，HDAC3 与蛋白质丝氨酸/苏氨酸磷酸酶 4 复合体的催化和调节亚基（catalytic and regulatory subunits of protein serine/threonine phosphatase 4 complex，$PP4_C$/$PP4_{R1}$）相关联，PP4 对 HDAC3 的去磷酸化降低了 HDAC3 的酶活性（Zhang et al.，2005）。

HDAC8 的调节与其他 I 类去乙酰化酶有很大不同。首先，磷酸化是抑制而不是增强其酶活性（Lee et al.，2004）。S39 突变为丙氨酸增强了 HDAC8 的酶活性，而 HDAC8 磷酸化的激活因子导致 HDAC8 的活性降低。此外，HDAC8 对蛋白激酶 CK2 的磷酸化不敏感，而是被 PKA 磷酸化。HDAC8 的晶体结构显示 S39 位于 HDAC8 的表面，从开口到 HDAC8 活性位点大约 20Å（Somoza et al.，2004）。S39 的磷酸化被预测可导致该表面区域的主要结构破坏，最终降低 HDAC8 的活性。

对 IIa 类 HDAC 的磷酸化状态和修饰酶进行了广泛的研究，发现细胞定位部分地影响酶的活性。亚细胞定位由 14-3-3 蛋白与磷酸化 HDAC4 的结合来调节（图 5-6C）。一个模型是，残基 S245、S467 和 S632 处 HDAC4 的磷酸化诱导 14-3-3 与 HDAC 结合，阻止了输入蛋白（importin）与 HDAC4 核定位信号的接触。这导致 HDAC 被隔离在细胞质中。至少有六组激酶对 14-3-3 结合位点进行磷酸化（综述见 Seto and Yang，2010）：钙/钙调素依赖性激酶、蛋白激酶 D、微管亲和调节激酶、盐诱导激酶、检查点激酶 1 和 AMP 激活蛋白激酶（AMP-activated protein kinase，AMPK）。除了核 IIa 类 HDAC 的核输出和细胞质滞留，磷酸化可能导致其被泛素化和蛋白酶降解。

有两种磷酸酶参与了 IIa 类 HDAC 活性和功能的调节，它们是蛋白磷酸酶 1β（protein phosphatase 1β，PP1β），包括肌球蛋白磷酸酶靶向亚基 1（myosin phosphatase targeting subunit 1，MYPT1，PP1 的一个调节亚基）和蛋白磷酸酶 2A（protein phosphatase 2A，PP2A）。除了 14-3-3 结合位点外，PP2A 还对 HDAC4 核输入所需的 H298 进行去磷酸化。

对于 IIb 类 HDAC，磷酸肽的蛋白质组学分析显示，HDAC6 在 S22 和 T30 处呈磷酸化（Beausoleil et al.，2004）。然而，这两个位点磷酸化的功能尚不清楚。Aurora A（AurA）磷酸化 HDAC6 以激活其对微管蛋白的去乙酰化酶活性（Pugacheva et al.，2007）。在纤毛的基体中，HDAC6 的磷酸化和活化促进了纤毛的解体，这一途径对于纤毛的吸收是必要和充分的。这与 AurA 和 HDAC6 的小分子抑制剂可以选择性地稳定纤毛的结果一致。其他 HDAC6 激酶包括 GSK3β、G 蛋白偶联受体激酶 2、蛋白激酶 CK2 和表皮生长因子受体。

对于 III 类 HDAC，SIRT1 是已知的磷酸化蛋白（Beausoleil et al.，2004），质谱数据表明其含有 13 个可被磷酸化的残基（Sasaki et al.，2008）。SIRT1 去磷酸化导致 SIRT1 去乙酰化酶活性降低，因此 SIRT1 的活性受磷酸化调节。细胞周期依赖性激酶 cyclin B/Cdk1 使 SIRT1 磷酸化，两个 Cdk1 靶点 T530 和 S540 的突变破坏了正常的细胞周期进程，不能修复 SIRT1 突变细胞的细胞增殖缺陷。然而，Cdk1 磷酸化位点的突变并没有导致去乙酰化酶活性的降低，这表明其他磷酸化位点可能对去乙酰化酶活性更为重要。SIRT1 的蛋白质水平可通过 S27 的磷酸化来调节（Ford et al.，2008）。细胞缺乏 c-JUN 氨基末端激酶 2（c-JUN aminoterminal kinase 2，JNK2），而不是 JNK1，导致 SIRT1 蛋白半衰期缩短，并且在 S27 处缺乏磷酸化。然而，在这项研究中，蛋白质水平的降低是否与这些细胞中 SIRT1 去乙酰化酶活性的降低相对应尚不明确。相反，另外一项研究表明，JNK1 在 S27、S47 和 T530 处磷酸化 SIRT1，并且这种 SIRT1 磷酸化增加了其核定位和酶活性（Nasrin et al.，2009）。与许多 I 类和 II 类 HDAC 一样，SIRT1 被 CK2 磷酸化，其靶位点是 S154、S649、S651 和 S683（Kang et al.，2009）。在这种情况下，SIRT1 的磷酸化增加了其去乙酰化速率和底物结合亲和度。此外，CK2 介导的磷酸化增强 SIRT1 去乙酰化 p53 的能力并保护细胞免受 DNA 损伤后的凋亡。

AMPK 已被证明能提高细胞内 NAD⁺水平，进而增强 SIRT1 去乙酰化活性（Canto et al., 2009）。然而，后来的一项研究发现 cAMP 信号通路的激活可以诱导 SIRT1 底物的快速去乙酰化，该过程与 NAD⁺水平的变化无关（Gerhart-Hines et al., 2011）。PKA 可以磷酸化 S434，S434 是一种位于 SIRT1 催化结构域的 NAD⁺结合囊中的残基，其在所有 Sir2 或同源蛋白中保守。PKA 下游的其他激酶也可能参与 SIRT1 的磷酸化。

总之，HDAC 的活性是由多种机制调节的。蛋白质–蛋白质相互作用和翻译后修饰（尤其是磷酸化）都能微调 HDAC 的活性。多亚单位复合体决定了许多 HDAC 去乙酰化酶的活性及其底物专一性。同样，多种激酶和磷酸酶通过多种信号途径，可以上调或下调 HDAC 的活性。深入了解 HDAC 的调控机制，不仅可以深入了解组蛋白和蛋白质的去乙酰化，还可以为治疗异常乙酰化或者去乙酰化引起的疾病提供潜在的诊断和治疗方法。

5.6 HDAC 的生物学重要性

在分子水平上，HDAC 最明显的生物学意义是对抗 HAT 的功能。HDAC 是维持蛋白质乙酰化修饰动态平衡的关键。HDAC 对其他蛋白质的翻译后修饰也有深远的影响。组蛋白和非组蛋白的去乙酰化可能改变染色质构象或改变转录因子的活性，从而导致基因表达的改变。值得注意的是，HDAC 引起的分子变化对人类健康和疾病有影响。已发现异常的 HDAC 在许多人类疾病中起着关键作用，包括（但不限于）癌症、神经系统疾病、代谢紊乱、炎症性疾病、心脏病和肺部疾病。

5.6.1 HDAC 间接调节许多翻译后修饰

赖氨酸 ε-氨基容易发生许多不同的 PTM，包括乙酰化、甲基化、泛素化、SUMO 化、类泛素化（neddylation）、生物素化、丙酰化、丁酸化和巴豆酰化（Tan et al., 2011）。此外，乙酰基可排除蛋白质内相同赖氨酸残基上的另外的修饰（图 5-7）。赖氨酸乙酰化如何干扰其他赖氨酸修饰的一个例子是它经常与泛素化修饰竞争。乙酰化抑制泛素依赖的蛋白酶体介导的蛋白质降解（Caron et al., 2005）。赖氨酸位点竞争性阻止泛素化，导致乙酰化的一些蛋白质的稳定性增加。相反，乙酰基的去除促进了赖氨酸泛素化。因此，HDAC 的生物学功能之一是通过暴露 ε-氨基赖氨酸，促进泛素化来加速蛋白质降解。

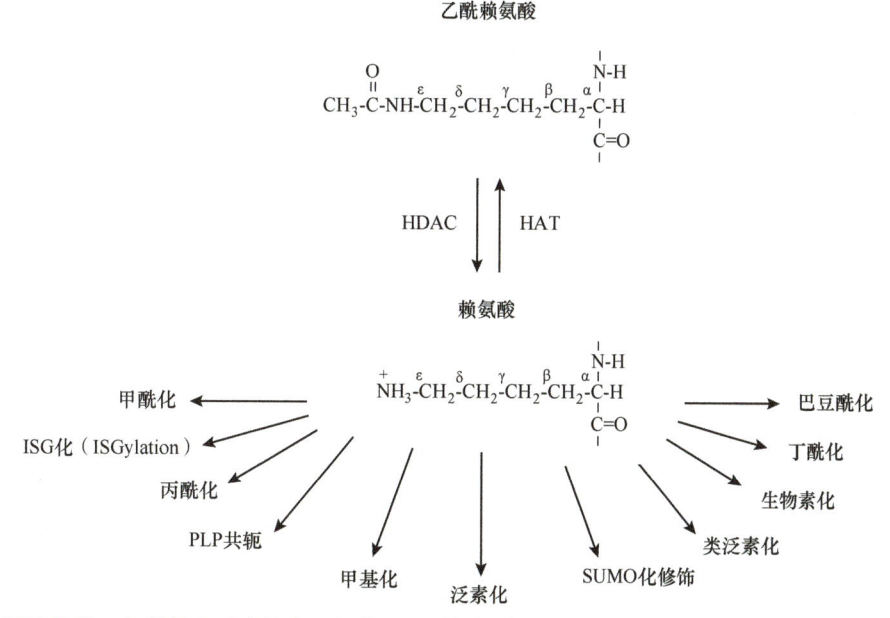

图 5-7 HDAC 去乙酰化后 ε-氨基赖氨酸上许多不同的翻译后修饰的例子。

HDAC 在调节组蛋白（即核小体内）和染色质（即核小体间较大尺度上）间的串扰中也起着关键的生物学作用。研究阐明许多 PTM 在多个层次上相互交流和相互作用［见第 3 章图 3-10（Allis et al., 2014）］。组蛋白修饰间相互影响的最佳实例之一是乙酰化和甲基化之间的串扰（Fischle et al., 2003）。组蛋白 H3K9 的乙酰化不仅抑制同一残基的甲基化，而且促进 H3K4 甲基化，从而导致染色质开放和转录激活。从逻辑上讲，HDAC 去乙酰化 H3K9 将抑制 H3K4 甲基化并最终抑制转录。因此，HDAC 不仅为先前乙酰化的赖氨酸的另一种修饰提供了便利途径，还促进了组蛋白和染色质的相互作用。有趣的是，有几种组蛋白修饰酶与 HDAC 一起被纯化。例如，HDAC1、HDAC2 和 G9a（赖氨酸甲基转移酶）协调同一蛋白质复合体引起的组蛋白修饰（Shi et al., 2003）。由于组蛋白修饰可能有数千种组合，因此 HDAC 具有丰富的调节潜能。乙酰化/去乙酰化和其他翻译后修饰之间的交叉调节事件甚至延伸到非组蛋白（综述见 Yang and Seto, 2008）。此外，一些 HDAC 蛋白除了去乙酰化酶活性，还可能具有其他蛋白质修饰酶活性，这表明 HDAC 对蛋白质修饰的影响可能不只是简单地从赖氨酸中去除乙酰基。

5.6.2 HDAC 改变基因转录

早期的研究表明，相对较少的组蛋白修饰，特别是乙酰化，可以影响转录速率（Allfrey et al., 1964）。产生这种想法是由于转录活性在某种程度上是由核小体组蛋白的乙酰化决定的。根据传统的观点，这可以推断 HDAC 的生物学功能是在不同的时间和不同的染色体位点提供一种可逆的关闭 RNA 合成的方法。从机理上讲，人们认为核心组蛋白的乙酰化减弱了其与 DNA 的相互作用，这一发现在热变性实验中得到了证实，乙酰化显著地降低了 H4 尾巴与 DNA 的结合常数（Hong et al., 1993）。相反，HDAC 对组蛋白的去乙酰化增加了组蛋白的正电荷，从而可能加强组蛋白与 DNA 的相互作用，抑制转录。越来越多的证据显示，乙酰化/去乙酰化可以产生蛋白质的特定锚点面。这反过来又调节了转录，而对组蛋白的整体静电电荷没有显著的改变。换言之，尽管高乙酰化组蛋白与转录激活因子相互作用，但 HDAC 可为转录抑制因子提供去乙酰化的相互作用位点。

直接将 HDAC 与转录抑制联系起来的最初证据之一是发现对酵母中靶基因转录的完全抑制和完全激活都需要 Rpd3（Vidal and Gaber, 1991）。随后，发现 Gal4 DNA 结合域-HDAC2（mRPD3）融合蛋白强烈地抑制含有 Gal4 结合位点的启动子的转录（Yang et al., 1996）。使用 Gal4-HDAC1（Yang et al., 1997）、Gal4-HDAC3（Yang et al., 1997）、Gal4-HDAC7（Kao et al., 2000）、Gal4-HDAC9（Zhou et al., 2000）和 Gal4-HDAC10（Kao et al., 2002）也获得了类似结果。基于这些启动子靶向报告基因的研究，有人认为 HDAC 酶的招募是一种常见的机制，通过抑制因子和共抑制因子改变转录，尽管可能不是广泛适用的。然而，这些 HDAC 的去乙酰化酶活性本身对这种抑制是否是必要的尚不清楚。在一项研究中，HDAC5 和 HDAC7 具有独立于其去乙酰化酶活性的自身阻遏功能（Kao et al., 2000）。因此，HDAC 通过组蛋白去乙酰化介导转录抑制的模型可能并不总是正确的。Kevin Struhl 利用缺乏组蛋白去乙酰化酶活性的酵母 Rpd3 突变体，确认了 Rpd3 的组蛋白去乙酰化酶活性对于体内转录抑制是重要的，但不是必要的（Kadosh and Struhl, 1998）。

在酵母全基因组定位研究中，Richard Young 使用免疫共沉淀，然后在芯片上分析沉淀 DNA（ChIP-chip）的方法表明组蛋白乙酰化与转录活性相关，并且这种修饰主要发生在基因的起始位置（Pokolok et al., 2005）。在一组互补实验中，发现在组蛋白 H4 中，K16 的单突变改变了特异性转录，而 K5、K8 和 K12 的突变以累积的方式非特异性地改变了转录（Dion et al., 2005）。与这一发现一致的是，H4K16 的乙酰化这种单一组蛋白修饰，可调节高阶染色质结构和非组蛋白与染色质纤维之间的相互作用（Shogren-Knaak et al., 2006）。这些结果表明，至少对组蛋白 H4 而言，乙酰化是由两种不同的机制所控制的：一种是 H4K16 调控的特异性机制；另一种是 H4K5、H4K8、H4K12 调控的非特异性机制。因此，HDAC 可能会根据特定的赖氨酸和乙酰化对转录发挥抑制作用。也就是说，H4K16 的去乙酰化可能导致显著的全局性转录抑制，而 H4K5、H4K8 或 H4K12 的去乙酰化单独作用几乎没有影响，但共同作用对转录产生累积效应。

一般认为，HDAC 与被抑制的基因结合，并在基因激活时被 HAT 取代。然而，另一项全基因组定位研究发现 HDAC 与活性基因而非与沉默基因上的染色质结合（Wang et al.，2009）。HDAC1 和 HDAC3 主要在启动子中检测到，而 HDAC2 和 HDAC6 同时定位于活性基因的启动子和基因体区域。人类基因组中的大多数 HDAC 通过在活性基因上去除乙酰化作用来重置染色质。与这一观察结果相关的是，HDAC 并不总是抑制转录。例如，尽管 HDAC3 作为一种共抑制因子在其靶向启动子时抑制转录（Yang et al.，1997），但矛盾的是，至少一类视黄酸反应元件的转录激活也需要 HDAC3（Jepsen et al.，1997；2000）。在来自 HDAC3 基因敲除小鼠的细胞中，检测到基因表达的上调和下调（Bhaskara et al.，2008）。此外，在比较用 HDAC 抑制剂处理和未处理的细胞的基因表达谱研究中，下调的基因数量与上调的基因数量相当（LaBonte et al.，2009）。一种可能是 HDAC 可能下调转录抑制因子的转录，从而导致基因表达的去抑制。或者，HDAC 可以去乙酰化，从而激活转录激活因子或转录抑制因子的功能，而不依赖于组蛋白修饰。总之，有大量证据表明 HDAC 的一个关键生物学功能是调节转录，特别是在抑制转录过程中。然而，HDAC 是否能直接激活转录以及其更为精细的调控机制至今还不清楚。

5.6.3　HDAC 对人类健康和疾病的影响

研究 HDAC 的一个主要动机是期望对去乙酰化酶的理解能够增加我们对组蛋白修饰、染色质生物学、转录调控，还有表观遗传学的理解。然而，同样重要的是需要了解去乙酰化酶在健康和疾病中的相关功能。鉴于大量基因的表达受 HDAC 调控，再加上 HDAC 通过非组蛋白去乙酰化调节许多蛋白质的功能，HDAC 几乎可能与健康和疾病的每一个方面相关联。许多报告记载了 HDAC 与癌症、神经退行性疾病、代谢紊乱、炎症疾病、免疫紊乱、心脏病和肺部疾病的关系。因为在这里全面讨论人类疾病中的 HDAC 有点不切实际，所以仅举了几个例子。

HDAC 基因敲除小鼠研究表明 HDAC 在正常发育中起重要作用，异常 HDAC 将导致疾病。例如，*HDAC2*、*HDAC5* 或 *HDAC9* 缺失的动物有心脏缺陷（综述见 Haberland et al.，2009）。*HDAC3* 的条件性敲除显示 HDAC3 在肝内稳态和心脏功能中起重要作用。*HDAC4* 基因敲除小鼠显示了 HDAC4 在骨骼形成中的重要性，*Sirt1* 基因缺陷小鼠有视网膜、骨骼和心脏缺陷（McBurney et al.，2003）。

HDAC 在人类疾病中扮演着许多角色，最常被讨论的是癌症。许多相关研究表明，癌症与表观遗传异常有关。DNA 和组蛋白修饰酶的体细胞突变会导致人类恶性肿瘤的发生（Dawson and Kouzarides，2012），HDAC 也不例外。例如，在具有微卫星不稳定性的散发性癌和遗传性非息肉性结直肠癌患者的肿瘤中发现了 HDAC2 的移码突变（Ropero et al.，2006）。这种突变导致 HDAC2 蛋白表达和酶活性丧失，使这些细胞对 HDAC 抑制剂具有的抗增殖和促凋亡作用更具抵抗力。功能丧失 HDAC2 突变可能解除多种细胞转化途径中的关键基因的抑制。HDAC 被招募到形成抑制性复合体的特定位点，也可能与癌症有关。这是一些由染色体易位产生的致癌蛋白的突变情况，如 PML-RARα 和 AML1-ETO 融合蛋白招募 HDAC（综述见 Cress and Seto，2000）。

许多研究表明，与正常组织相比，各种肿瘤中的 HDAC 水平会升高或降低。尽管这些研究大多集中于 HDAC 信使 RNA 或蛋白质的定量，而不是 HDAC 酶活性，但可以想象，HDAC 的任何变化都会导致组蛋白乙酰化状态的变化，进而可能导致癌基因或生长促进因子的转录增加，以及肿瘤抑制因子或抗增殖因子的转录减少。众所周知，HDAC 可以改变许多细胞周期调节因子的表达。例如，早期研究表明细胞周期蛋白依赖性激酶抑制剂 p21 是一个 HDAC 响应基因，随后的研究表明 p21 的表达水平与结肠、直肠癌细胞中的 HDAC2 呈负相关（Huang et al.，2005）。HDAC 在癌症发展过程中所起的一些作用也可能通过非组蛋白的去乙酰化激活，这些非组蛋白包括许多癌基因、肿瘤抑制因子和调节肿瘤细胞侵袭和转移的蛋白质（综述见 Glozak et al.，2005）。

像癌症一样，突触可塑性和认知障碍可能是表观遗传失调的表现。因此，人们现在正积极地研究 HDAC 抑制剂作为神经退行性疾病的潜在治疗方法。例如，SIRT2 将 α-微管蛋白去乙酰化，可能促进帕金森病的α-突触核蛋白（α-synuclein）毒性和改变包涵体形态（Outeiro et al.，2007）。其他 HDAC 可能与这些疾病的病因有关，因为两种 HDAC 抑制剂丁酸钠和 SAHA（不明显影响 SIRT2 的活性）的使用在帕金森病转基因果蝇模型中可防止 α-突触核蛋白依赖神经毒性。在阿尔茨海默病的研究中，HDAC2 过表达的小鼠会导致突触可塑性、突触数量和记忆形成的降低，而 SAHA 则可以挽救 HDAC2 过表达小鼠的突触数量和学习障碍。相反，HDAC2 缺乏导致突触数量增加和记忆加强，这类似于用 HDAC 抑制剂对小鼠进行慢性治疗（Graff et al.，2012）。阿尔茨海默病患者大脑中 HDAC6 蛋白水平显著升高，并与 tau 相互作用，tau 是一种微管相关蛋白，在阿尔茨海默病中形成神经纤维缠结（Ding et al.，2008）。此外，阿尔茨海默病患者的顶叶皮质中 SIRT1 显著降低，这些患者 Aβ 和 tau 的积聚可能与 SIRT1 的丢失有关（Gao et al.，2010）。HDAC 可能与其他神经系统疾病有关，特别是包括抑郁症、焦虑症和精神分裂症在内的精神疾病，HDAC 抑制剂在这些疾病的治疗中显示出一些潜在的希望。

有很多证据支持心脏病与异常的 HDAC 表达或活性改变有关（综述见 Haberland et al.，2009）。例如，HDAC9 在心肌中高表达，它的靶点之一是与心肌肥大有关的转录因子 MEF2。在一系列研究中，Eric Olson 发现一些强效的肥大诱导剂对心肌细胞胎儿基因程序的激活可以通过表达突变的 HDAC9/MITR 来阻断。此外，缺乏 HDAC9 的突变小鼠对肥大信号敏感，并表现出应激依赖性心脏肥大。缺乏 HDAC5 的小鼠表现出相似的心脏表型，并且在压力超负荷下发育会表现出严重的心脏增大，这表明 HDAC5 和 HDAC9 在控制心脏发育方面具有冗余的功能（Chang et al.，2004）。此外，两项独立研究的结果表明，HDAC2 在心脏生物学中具有重要作用（Trivedi et al.，2007）。

HDAC 在炎症和肺部疾病中也起着重要作用。慢性阻塞性肺疾病（chronic obstructive pulmonary disease，COPD）和哮喘（Ito et al.，2005）患者的肺巨噬细胞、活检组织和血细胞中 HDAC2 的表达和活性降低可以很好地说明这一点。这种表达和活性的降低与疾病的严重程度和炎症反应的强度有关。在非常严重的 COPD 患者中，HDAC 活性的降低伴随着 *IL-8* 启动子 H4 乙酰化的增加。这些结果一起表明，HDAC2 是炎症性肺疾病中 *IL-8* 基因转录的关键调控因子。最近的一项研究结果表明，HDAC3 可能在脂多糖刺激下激活巨噬细胞内近一半的炎症基因表达，这再次表明 HDAC 在炎症中的重要性［第 29 章（Busslinger and larakhovsky，2014）］，关于炎症反应表观遗传学的更多讨论见 Chen 等（2012）。

5.7 抑 制 剂

5.7.1 发现 HDAC 抑制剂

在 20 世纪 70 年代对细胞核中 HDAC 活性的生化分析中，发现微摩尔浓度的丁酸会诱导细胞中乙酰化组蛋白的积累（Riggs et al.，1977）。之后不久，有报道称丁酸盐能够抑制去乙酰化（Candido et al.，1978）。然而，丁酸盐对其他酶和膜的非特异性作用，使表型结果（如细胞周期抑制）与组蛋白高乙酰化之间的因果关系受到怀疑。1990 年，天然产物曲古抑菌素 A（trichostatin A，TSA）对 HDAC 的有效抑制作用被发现。TSA 是从链霉菌株中分离出来的，最初被鉴定为抗真菌抗生素和小鼠红白血病细胞分化的强大诱导剂（Yoshida et al.，1987）。TSA 以较低的纳摩尔抑制常数抑制部分纯化的 HDAC 的活性。重要的是，抗 TSA 突变体细胞含有抗 TSA 的 HDAC 酶，这为 HDAC 是 TSA 抑制细胞周期的主要靶点提供了遗传证据（Yoshida et al.，1990）。TSA 有一个异羟肟酸基团，它能螯合金属离子。Trapaxin 是一种真菌环肽，现已鉴定它为转化细胞形态变化的诱导剂，也发现它能强烈抑制 HDAC（Kijima et al.，1993）。与 TSA 不同，trapoxin 依赖其环氧酮部分不可逆地抑制 HDAC 活性。Trapoxin 与 HDAC 结合的强大能力被用于通过 trapoxin 亲和分离第一个 HDAC 蛋白（HDAC1）（Taunton et al.，1996）。

1998 年报告了两种临床上重要的 HDAC 抑制剂：SAHA 和 FK228（romidepsin）。SAHA 被设计并合成一种混合极性化合物，能强烈诱导红细胞发育系的分化（Richon et al.，1998）；FK228 是一种从紫罗兰色杆菌中分离的抗肿瘤环酯肽（Nakajima et al., 1998）。一方面，与 TSA 一样，SAHA 的锌相互作用基团是它的羟肟酸。另一方面，FK228 中没有明显的锌相互作用基团。FK228 有一个分子内二硫键，在细胞内很容易被细胞还原活性所还原，生成一个与活性位点锌相协调的巯基侧链（Furumai et al., 2002）。尽管 FK228 的体外抑制作用是可逆的，但组蛋白乙酰化的荧光活体成像显示，去除 FK228 后其在细胞中的作用仍然持续了数小时，这表明 FK228 的还原态从细胞中流出是低效的（Ito et al., 2011）。美国国家癌症研究所的 Susan Bates 进行的 I 期临床试验表明，FK228 治疗皮肤和外周 T 细胞淋巴瘤是有效的。这一发现加速了 HDAC 抑制剂作为一种抗癌药物的发展。SAHA（Vbrinostat）是 2006 年批准用于癌症化疗的第一个 HDAC 抑制剂（Bolden et al., 2006）。继 SAHA 之后，FK228（Istodax）也于 2009 年获得批准。另一类临床上重要的 HDAC 抑制剂是苯甲酰胺，包括 CI-994 和 MS-275（Entinostat）。MS-275 是一种具有 HDAC 抑制活性的合成苯甲酰胺衍生物（Saito et al., 1999），显示出中等的体外抑制活性。由于苯甲酰胺类抑制剂的缓慢结合和时间依赖性抑制作用，它在细胞内的活性相对较强（Bressi et al., 2010）。

图 5-8 显示了一些结构多样的 HDAC 抑制剂。这些是从天然或人工合成化合物中发现的，许多正在用于临床研究。

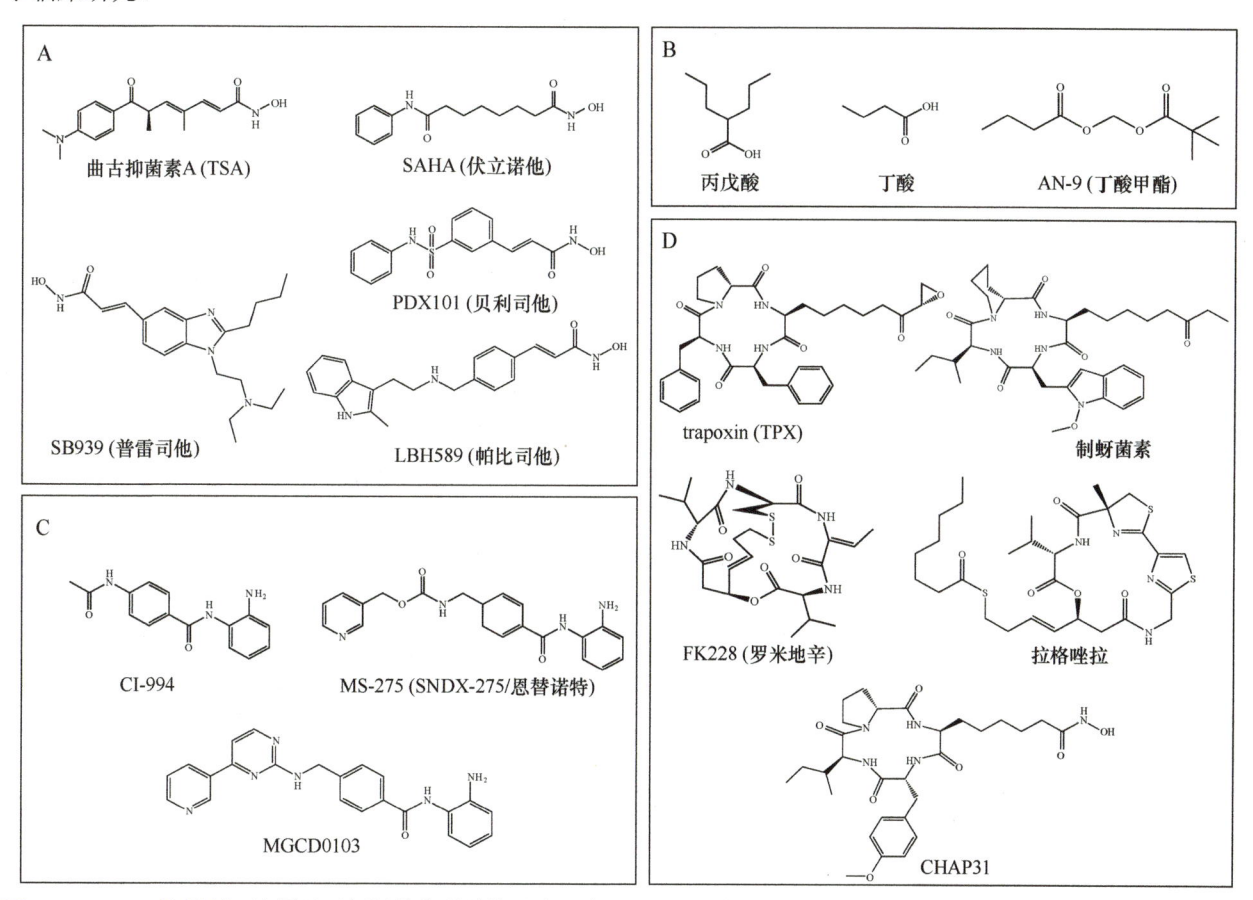

图 5-8 **HDAC 抑制剂**。该图显示根据其化学结构分为四类 HDAC 抑制剂。（A）羟肟酸；（B）短链脂肪酸；（C）苯甲酰胺；（D）环肽。

5.7.2 HDAC 抑制剂的作用机制

HDAC 抑制剂根据其化学结构可分为四类：羟肟酯、短链脂肪酸（羧酸盐）、苯甲酰胺和环肽（图 5-8）。其中研究最多的是羟肟酯抑制剂。对 TSA 或 SAHA（羟肟酸类抑制剂）与 HDLP HDAC 共结晶的结构研究表明，抑制剂通过将其长脂肪链插入 HDLP 囊中与多个管腔接触而结合。此外，羟肟酸通过其羰基和羟基以双齿的方式协调锌离子（图 5-9A）。异羟肟酸还与锌周围的组氨酸和酪氨酸形成氢键，从而用它的羟基取代锌结合的水分子。另一方面，芳香环基团在口袋边缘接触残基，将抑制剂锁定在口袋中。

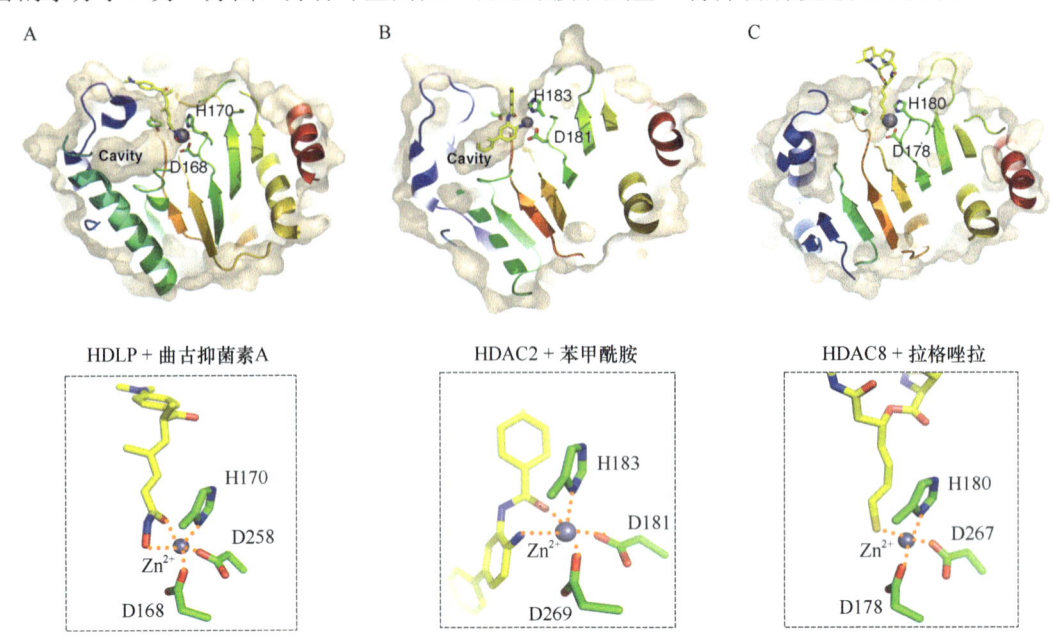

图 5-9　HDAC 蛋白与抑制剂复合体的晶体结构。 该图显示在空腔水平的抑制剂-HDLP/HDAC 结合的分子切面。（A）含 TSA 的 HDLP（PDB ID：1C3R）；（B）含苯甲酰胺的 HDAC2（3MAX）；（C）含拉格唑拉的 HDAC8（3RQD）。外表面用浅棕色表示，锌原子用灰色球体表示；活性位点的近距离视图显示在下图中。抑制剂以棒状模型描述，其中黄色、蓝色、红色和金色分别代表 C 原子、N 原子、O 原子和 S 原子；三个锌配位残基（两个天冬氨酸和一个组氨酸残基）显示在棒状模型中。氢键相互作用用虚线画出。

与苯甲酰胺抑制剂复合的 HDAC2 的晶体结构表明，抑制剂通过羧基和氨基与催化锌离子配位（即结合）形成螯合物（图 5-9B）。模拟实验表明，随着时间的推移，瞬时结合形式可以转化为紧密结合的伪不可逆形式，这为此类抑制剂的时间依赖性抑制提供了基础（Bressi et al.，2010）。去除 MS-275 后对细胞组蛋白乙酰化水平的长期影响也表明与其酶紧密结合（Ito et al.，2011）。

环肽类包含不同的锌结合基团，如亲电酮和硫醇。尽管 HDAC-FK228（一种抑制物中的环肽）复合体的晶体结构尚不清楚，但计算机模拟研究表明，还原生成的巯基之一可以与活性部位锌离子配位（Furumai et al.，2002）。最近，通过水解的拉格唑拉（largazole）和 HDAC8 晶体结构证明了类似的抑制机制（Cole et al.，2011）。拉格唑拉有一个硫酯部分，可以在细胞中水解得到一个活性的硫醇侧链（图 5-8D）。与水解的拉格唑拉复合的 HDAC8 结构表明硫醇侧链与催化锌离子协调以抑制 HDAC 活性（图 5-9C）。

5.7.3　目标酶的选择性

TSA 和 SAHA 是典型的羟肟酯类抑制剂，也是一种泛 HDAC 抑制剂，能阻断所有 Ⅰ 类、Ⅱ 类、Ⅳ 类酶。不同的 HDAC 对这些抑制剂的敏感性差别很大，某些 HDAC 活性的抑制仅在药物相关以上浓度起作用（Bradner et al.，2010）。另一方面，丁酸盐、trapoxin、FK228 和 MS-275 不能抑制 HDAC6（一种 Ⅱb 类酶），这表明 Ⅱb 类酶和其他酶之间的催化囊结构存在差异（Matsuyama et al.，2002）。事实上，HDAC6 对 TSA 和 trapoxin 的不同敏感性确定了 α-微管蛋白是一种重要的 HDAC6 底物（Hubbert et al.，2002；Matsuyama et al.，2002）。苯甲酰胺类抑制剂如 MS-275 和 MGCD0103 优先抑制除 HDAC8 以外的 Ⅰ 类酶。非羟肟酯抑制剂的酶类选择性抑制作用可能是由于 HDAC 酶催化口袋或内腔结构的细微差异。重要的是，苯甲酰胺抑制剂可以与内腔的残基相互作用（图 5-9B）。尽管 Ⅱa 类酶（如 HDAC4）对含有乙酰赖氨酸的典型 HDAC 底物表现出弱的内源性去乙酰化酶活性，但在体外，三氟甲基赖氨酸被发现是 Ⅱa 类酶的特异性底物（Lahm et al.，

2007）。基于这一发现，2-三氟乙酰噻吩衍生物被设计为Ⅱa类HDAC的选择性抑制剂。

由于每类酶的HDAC活性中心结构与其催化机理的高度相关性，选择性抑制剂的开发具有很大的挑战性。第一个选择性的HDAC抑制剂是tubacin，它来自一个高通量的HDAC6抑制剂筛选，该抑制剂可增加微管蛋白乙酰化，但不增加组蛋白乙酰化（Haggarty et al.，2003）。比较HDAC8与不同抑制剂复合的策略为特定HDAC8抑制剂的设计提供了思路（Somoza et al.，2004）。基于活性部位周围表面的柔性结构，合成了一种HDAC8特异性抑制剂PCI-34051，它在不增加组蛋白和α-微管蛋白乙酰化的情况下诱导T细胞淋巴瘤细胞凋亡（Balasubramanian et al.，2008）。另外，基于HDAC1和HDAC3的同源性模型设计的新型双芳基苯甲酰胺抑制剂（SHI-1:2）显示了对HDAC1或者HDAC2选择性抑制的活性。SHI-1:2抑制剂进入HDAC1和HDAC3内腔的形状不同（Methot et al.，2008）。

第一代临床HDAC抑制剂主要是非选择性的。考虑到Ⅰ类、Ⅱ类和Ⅳ类HDAC的不同功能，开发不同酶类和HDAC选择性抑制剂作为下一代治疗性HDAC抑制剂显然是很重要的。

5.7.4　HDAC抑制剂的生物活性

用抗肿瘤HDAC抑制剂治疗肿瘤细胞可改变约10%的基因表达，包括控制细胞周期和凋亡的重要调控基因。其中最显著的一个现象是CDK抑制蛋白p21与DNA修复和衰老调节因子GADD45的p53非依赖性增加。p21的诱导可能与HDAC抑制剂诱导的G_1细胞周期阻滞和pRb的低磷酸化有关。此外，在一系列的肿瘤细胞治疗中，通过对细胞周期蛋白D和A基因抑制的观察，发现部分原因可能是细胞周期的抑制。HDAC抑制剂的治疗潜力主要来自其选择性诱导癌细胞凋亡的能力。HDAC抑制剂激活特定肿瘤细胞中死亡受体及其配体的表达。此外，已检测到Bim或Bmf等促凋亡BCL2家族蛋白的表达。因此，尽管体外凋亡途径的激活对体内治疗效果的重要性仍不明确，但HDAC抑制剂介导的细胞凋亡可能涉及外源性和内源性凋亡途径以及活性氧的产生（Bolden et al.，2006）。

HDAC抑制剂也影响肿瘤血管生成和癌细胞转移/侵袭。血管生成是肿瘤生长和生存的重要组成部分。HDAC抑制剂的抗血管生成活性与血管内皮生长因子、低氧诱导因子1α（hypoxia-inducible factor-1α，HIFα）和趋化因子受体4等促血管生成基因的表达降低有关。基质金属蛋白酶（matrix metalloprotease，MMP）在肿瘤转移/侵袭中也起着重要作用。HDAC抑制剂可以通过上调肿瘤抑制因子RECK抑制MMP-2的活化来抑制癌细胞的侵袭。

乙酰化作用的增加和非组蛋白底物的功能改变可能与HDAC抑制剂的生物活性有关。例如，p53肿瘤抑制蛋白乙酰化的增加提高了其稳定性和DNA结合能力，导致p53靶基因表达增强或凋亡。HIF的乙酰化通过降低蛋白质水平或减少反式激活作用来抑制HIF的功能（Chen and Sang，2011）。皮层肌动蛋白（cortactin）是一种F-肌动蛋白结合蛋白，它通过重塑细胞皮质肌动蛋白丝来控制细胞的运动和侵袭。乙酰化发生在F-肌动蛋白结合重复结构域，可减弱肌动蛋白结合和细胞迁移活动。HDAC6负责这种去乙酰化，从而影响癌细胞肌动蛋白依赖的运动（Zhang et al.，2007）。可以想象，HDAC6抑制剂可能通过这个途径影响癌细胞迁移。

与传统的抗癌药物相比，临床上可用的HDAC抑制剂的不良反应较小。剂量限制性毒性包括心律失常、血小板减少、恶心和疲劳，这些症状在临床上是可以控制的。在*HDAC5*或*HDAC9*缺失小鼠中观察到心脏异常（Chang et al.，2004），似乎用HDAC抑制剂治疗患者的心律失常与这些Ⅱ类HDAC的心脏功能有关。

由于HDAC蛋白自身具有多种功能，因此揭示HDAC抑制剂对某些人类疾病的选择性改善的机制和靶点是非常复杂的。

5.7.5　sirtuin抑制剂

sirtuin是Ⅲ类HDAC，参与包括胰岛素分泌、细胞周期和凋亡在内的许多细胞过程。sirtuin抑制剂作为一种潜在的治疗药物已经得到了广泛的研究。尽管烟酰胺在细胞培养中要发挥抑制性活性需要高浓度，但它被广泛用作 sirtuin 的抑制剂。事实上，烟酰胺分子是 sirtuin 酶反应的副产物，因此作为一种生理抑制剂，它可以降低基因沉默、增加 rDNA 重组、加速酵母衰老。在寻找 sirtuin 抑制剂过程中，SIRT1 受到了极大的关注，因为 SIRT1 对线粒体的生成和代谢途径、细胞氧化还原、血管生成和 notch 信号传导有重要的调节作用。SIRT1 异常可能导致糖尿病、肥胖、癌症代谢异常、癌症严重和神经系统疾病。这些疾病给我们的社会健康和保健系统带来了巨大的负担，因此对这些疾病来说，sirtuin 抑制剂是有希望的治疗药物。

第一个合成的 sirtuin 抑制剂〔sirtinol 和斯普利特麻一辛（splitomicin）〕是通过一个基于酵母中端粒沉默的筛选（Bedalov et al., 2001）鉴定出来的。随后，包括 cambinol、salermide、tenovin、EX-527、AGK2 等在内的一些化合物被报道为 sirtuin 抑制剂（图 5-10）。这些化合物调节 sirtuin 活性的详细机制大部分还没有确定，因为目前关于它们结合位点的结构信息是有限的。Sirtuin 抑制剂大致可分为两组，一组与 NAD$^+$（烟酰胺和 ADP-核糖）结合位点相互作用，另一组与乙酰赖氨酸结合位点相互作用。例如，研究证明 suramin 抑制 sirtuins 的 NAD$^+$ 依赖性去乙酰化酶活性（图 5-10）（Schuetz et al., 2007）。suramin 与 SIRT5 复合晶体结构表明，对称的 suramin 结构通过与 NAD$^+$ 和乙酰化肽结合位点的相互作用诱导 SIRT5 的二聚化。

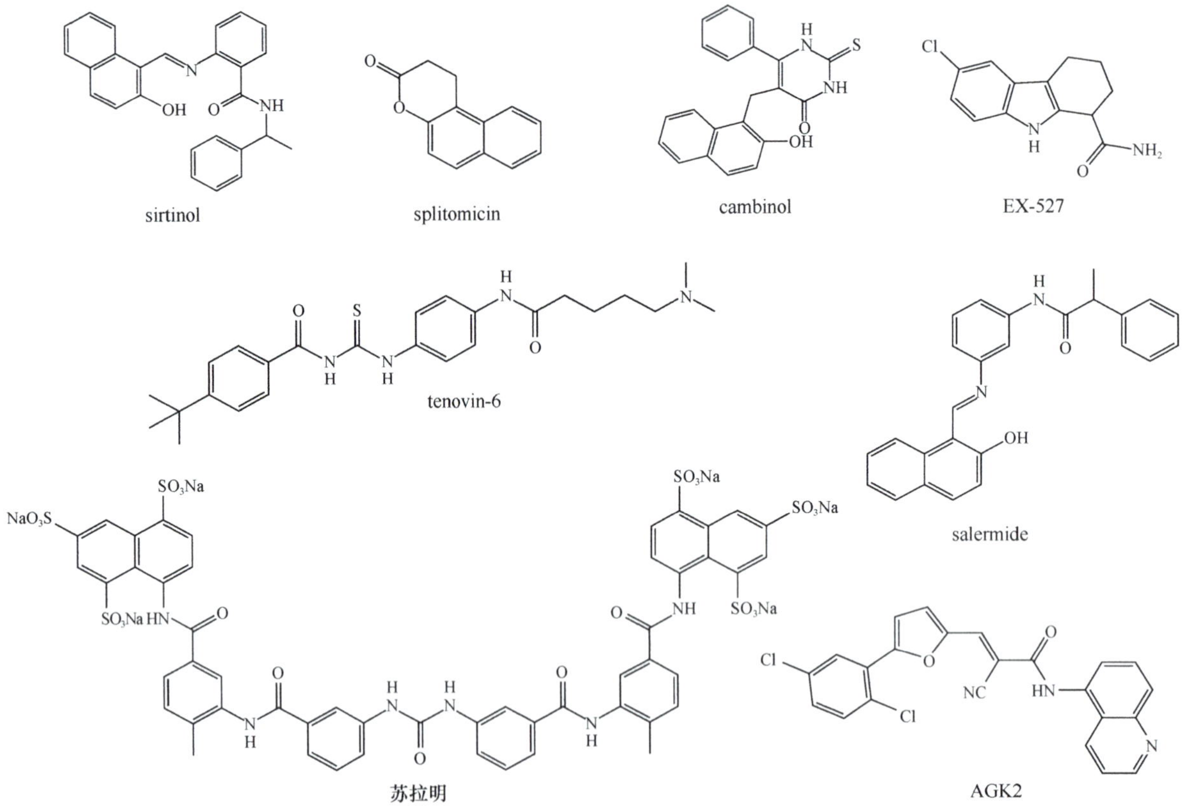

图 5-10 sirtuin 抑制剂。sirtinol 和 splitomicin 是最先鉴定出的影响酵母端粒沉默的小分子 sirtuin 抑制剂。cambinol 是一种与 splitomicin 相关的 β-对萘酚，比 splitomicin 更稳定，并增加 p53 乙酰化，在表达 BCL6 的 Burkitt 淋巴瘤中具有抗肿瘤活性。salermide 是根据 sirtinol 的结构通过分子模拟设计的，它比 sirtinol 更有效地抑制 SIRT1 和 SIRT2。tenovin-1 及其水溶性类似物 tenovin-6 诱导 p53 乙酰化，其细胞靶点为 SIRT1 和 SIRT2。高通量筛选显示了包括 EX-527 在内的许多吲哚化合物，它们选择性地抑制 SIRT1 而非 SIRT2。动力学分析表明 EX-527 与烟酰胺结合位点结合。AGK2 是 SIRT2 的选择性抑制剂，相对于 SIRT1 和 SIRT3，它表现出超过 10 倍的选择性抑制。苏拉明（suramin）最初用于治疗锥虫病和盘尾丝虫病，通过诱导 sirtuin 二聚作用抑制 sirtuin 的 NAD$^+$ 依赖性去乙酰化酶活性。

一些乙酰赖氨酸类似物已被证明作为一种机制性抑制剂来抑制 sirtuin。例如，硫代乙酰肽作为一种紧密结合抑制剂，通过形成 1'-S-烷基酰胺来阻止 ADP 核糖肽酶中间体发生的反应（Smith and Denu, 2007）。此外，乙基丙二酰赖氨酸的小分子被证明能抑制 SIRT1 并产生共价结合物，该共价结合物可能占据 NAD$^+$ 和乙酰赖氨酸结合位点（Asaba et al.，2009）。各种乙酰赖氨酸类似物已成为研究 NAD⁺ 依赖性蛋白去乙酰化酶催化机理的有效探针。

与 sirtuins 的多种功能相一致，这些抑制剂具有多种生物学活性。tenovin-6 诱导 p53 乙酰化，抑制肿瘤生长，与 Imatinib、BCR-ABL 酪氨激酶抑制剂（Li et al.，2012）一起去除慢性粒细胞白血病中的肿瘤干细胞（chronic myelogenous leukemia，CML）。重要的是，AGK2 对 SIRT2 的抑制作用解除了帕金森氏病等共核蛋白病中由 α-突触核蛋白（α-Syn）不溶性纤维聚集引起的毒性，这个过程主要通过增加帕金森病细胞模型中聚集物的大小从而减少聚集物数量来实现。因此，开发具有 sirtuin 活性的小分子调节剂已成为药物研究中最活跃的领域之一。

5.8 总　　结

现在我们知道至少有 18 种人类 HDAC 蛋白。它们有助于擦除表观遗传修饰，帮助建立表观遗传染色质状态，并调节基因表达的可遗传变化。HDAC 如何实现这些目标是这个领域许多研究人员感兴趣的问题。HDAC 作为转录抑制子和共抑制子的发现引起了人们对这一课题的极大兴趣，有关 HDAC 调控基因的研究也在不断地展开。根据全局表达谱结果，估计有 10% 基因的转录受 HDAC 调控。然而，关于每个 HDAC 如何特异地调控一组特定的基因表达的问题仍然没有得到充分的研究。同样，尽管我们知道有可能超过 1000 种 HDAC 底物，但这些底物的去乙酰化的生物学作用需要深入研究。组蛋白去乙酰化如何促进修饰间相互作用的机制细节，以及其他组蛋白和表观修饰酶去乙酰化的后果都需进一步研究。

HDAC 抑制剂在癌症、炎症和神经系统疾病的治疗中显示出潜力。许多实验室正在积极开发更有效、副作用更小的 HDAC 抑制剂。谁会想到对小牛胸腺中纯化酶的生物化学好奇心作为起点，会导致对表观遗传学有更好的理解，并有如此大的潜力影响人类健康的改善呢？

（孙镇菲　译，方玉达　校）

第 6 章

DNA 和组蛋白甲基化的结构和功能协调

程晓东（Xiaodong Cheng）

Department of Biochemistry, Emory University School of Medicine, Atlanta, Georgia 30322
通讯地址：xcheng@emory.edu

摘 要

哺乳动物基因表达调控中最基本的问题之一是如何建立、擦除与识别 DNA 和组蛋白的表观甲基化模式。控制基因表达的核心过程包括 DNA 及其相关组蛋白的协同共价修饰。本章重点讨论组蛋白（精氨酸和赖氨酸）甲基化和去甲基化酶的结构以及 DNA 和组蛋白甲基化状态之间的功能联系。甲基转移酶、去甲基化酶及其辅助蛋白相互联系的网络共同负责改变或维持染色质特定区域的修饰状态。

本章目录

6.1 组蛋白甲基化和去甲基化
6.2 DNA 甲基化
6.3 DNA 甲基化与组蛋白修饰之间的相互作用
6.4 总结

概 述

所有细胞都面临着调控其各种基因表达量和表达时间的问题。在某些情况下，这种调控涉及对染色质的相对长期和可遗传的修饰，这些修饰并非是永久性的。这种不改变 DNA 序列的修饰被称为"表观遗传"。由此产生的表观遗传效应维持了不同类型细胞基因表达的不同模式。表观遗传修饰包括 DNA 甲基化和组蛋白翻译后修饰（posttranslational modification，PTM）。

核小体由约 1.8 圈包裹在组蛋白八聚体上的约 146bp DNA 组成，在所有真核生物的进化上是保守的。DNA 和组蛋白修饰的组合构成了一个表观遗传密码，赋予转录模式和基因组稳定性。DNA 和组蛋白修饰由序列和位点特异性酶"写入"，由介导高阶染色质结构组装的效应分子（或阅读器）"解释"或"读取"，这个过程涉及重塑复合体、组蛋白变体和非编码 RNA［见第 21 章（Becker and Workman, 2013）；第 3 章（Allis et al., 2014）；第 20 章（Henikoff and Smith, 2014）］。本章讨论了负责组蛋白甲基化（SET 结构域蛋白、Dot1 和蛋白精氨酸甲基转移酶）、组蛋白赖氨酸去甲基化（LSD1 和 Jumonji 蛋白）和 DNA 甲基化（Dnmt1 和 Dnmt3）的代表性酶。DNA 甲基化是一种表观遗传修饰，长期以来都认为是它抑制转录的。组蛋白甲基化，取决于组蛋白本身和被修饰的残基，既有激活也有抑制的染色质构型。本章还讨论了哺乳动物细胞中联系组蛋白修饰和 DNA 修饰的酶的结构及其功能意义。本章及后续章节的部分内容讨论阅读 DNA 和组蛋白甲基化的蛋白质的结构和功能［第 7 章（Patel, 2014）］，以及之前章节讨论组蛋白乙酰化"写入器"（histone acetylation writer, HAT）、组蛋白去乙酰化（histone deacetylation, HDAC）"擦除器"（eraser）酶，还有这些表观遗传标记的"阅读器"（reader）［第 4 章（Marmorstein and Zhou, 2014）；第 5 章（Seto and Bshida, 2014）］。

6.1 组蛋白甲基化和去甲基化

6.1.1 组蛋白赖氨酸（K）甲基转移酶

所有已知的甲基转移酶（histone lysine methyltransferase，HKMT）（在一些文献中称为 PKMT 或 KMT，因为许多底物是非组蛋白）都包含一个进化上保守的 SET 结构域，它由 130 个氨基酸组成（综述见 Cheng et al., 2005），一个例外是 Dot1（见 6.1.2 节）。在果蝇的三种蛋白质中，SET 结构域首先被鉴定为一个共享的基序，包括杂色抑制蛋白［suppressor of variegation, Su(var)3-9］、zeste 增强因子［enhancer of zeste，E(2)］和 homebox 基因调节因子 Trithorax（Trx; Jenuwein et al., 1998）。果蝇 Su(var)3-9 蛋白的哺乳动物同源物（人类 SUV39H1 和小鼠 Suv39hl）涉及 H3K9 甲基化，是最先被表征的 HKMT（图 6-1A）（Rea et al., 2000）。从那时起，在人类中已经鉴定出 50 多种含有 SET 结构域的蛋白质，这些蛋白质在组蛋白尾部赖氨酸甲基化过程中具有已被证实的或预测的酶功能（综述见 Vblkel and Angrand, 2007）。

大多数 HKMT 蛋白质至少含有一个额外的蛋白质模块（例如 SUV39H1 含有克罗莫结构域；图 6-1A）。根据 HKMT 的催化 SET 结构域内部和周围序列的同源性，以及与其他蛋白质模块的同源性及其结构，可以将含有 SET 结构域的 HKMT 分为六个不同的亚家族。这六个亚家族包括 SET1、SET2、SUV39、EZH、SMYD 和 PRDM（Vblkel and Angrand, 2007）。然而，许多包含 SET 结构域的 HKMT 由于其 SET 结构域周围缺乏相关序列或保守性而不属于上述六个亚家族，如 Set8（也称为 PR-Set7; Couture et al., 2005; Xiao et al., 2005），它可以单甲基化 H4K20（H4K20me1）；还有 SUV4-20H1 和 SUV4-20H2，它们可以二甲基化和三甲基化 H4K20（H4K20me2 和 me3）。Set7/9 可以单甲基化 H3K4（H3K4me1; Xiao et al., 2003）和其他许多非组蛋白底物，而 SetD6 只单甲基化非组蛋白底物，如 RelA，它是 NF-κB 的一个亚单位（Levy et al., 2011）。

来自不同亚家族的许多 SET 结构域的结构已通过各种复合体得到解释，复合体包括结合的肽底物、甲基供体（S-腺苷-L-蛋氨酸，也称为 S-腺苷甲硫氨酸或 SAM）或反应产物（S-腺苷-L-同型半胱氨酸，也称为 S 腺苷同型半胱氨酸或 SAH）。SET 结构域采用一种独特的结构，该结构是由一系列 β 链折叠成三片围绕成一个节结状结构（图 6-1B）。所述节结状结构（或假结）由 SET 结构域的羧基末端片段形成，所述羧基末端片段穿过由所述序列的延伸形成的环。这种假结的形成使两个保守的 SET 结构域基序（Ⅲ 和 Ⅳ，图 6-1C）紧邻 S-腺苷甲硫氨酸结合区和肽结合通道（图 6-1D）。

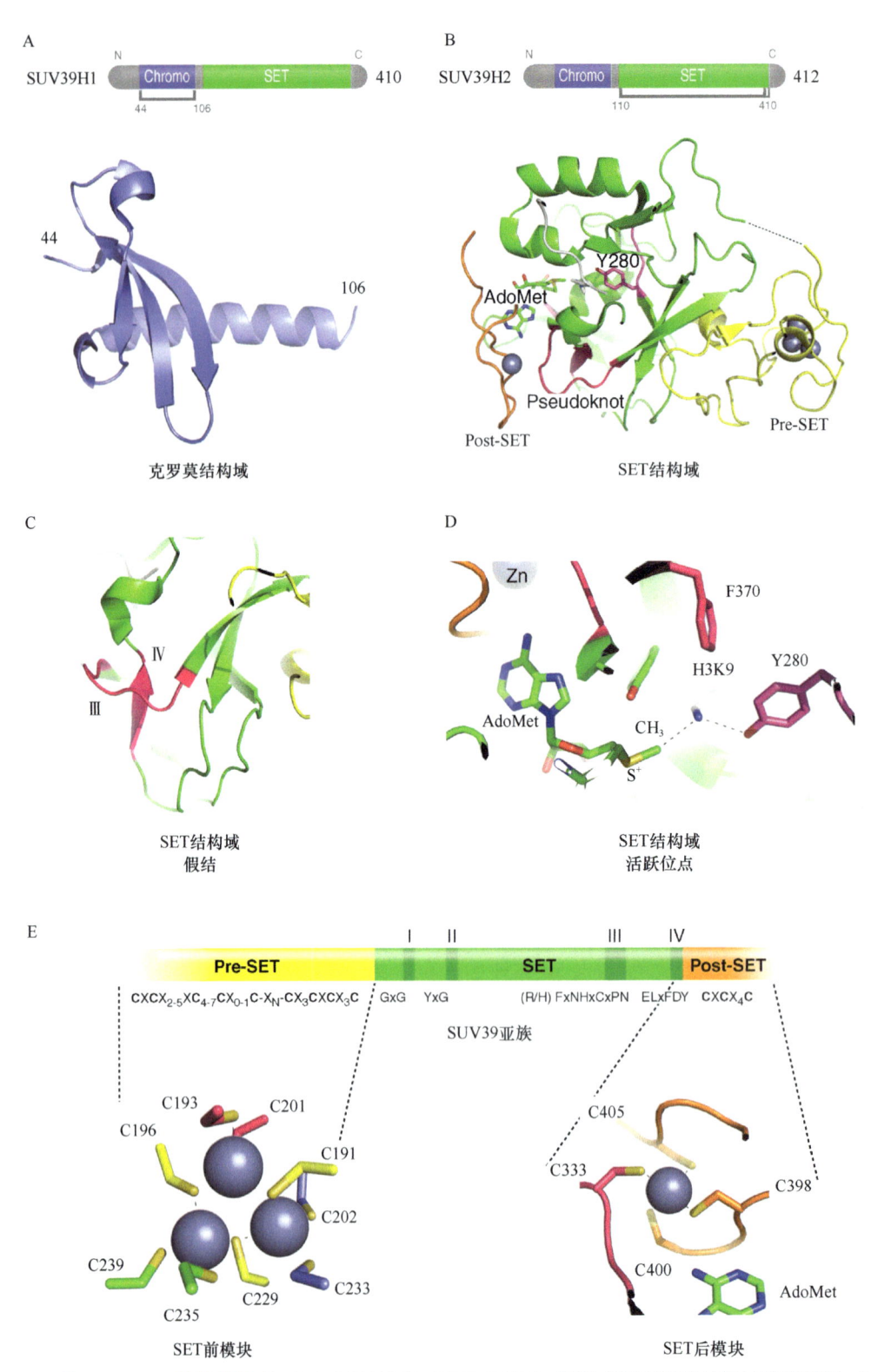

图 6-1 **SUV39H1 和 SUV39H2 的结构特点**。(A) SUV39H1 (PDB 3MTS) 氨基末端克罗莫结构域的带状图。(B) SUV39H2 (PDB 2R3A) 的羧基末端 SET 结构域的结构。(C) 通过基序 Ⅲ 和 Ⅳ 形成假结。(D) 活性位点的形成，显示甲基供体 [S-腺苷-L-蛋氨酸 (S-腺苷甲硫氨酸)]、靶标 H3K9 赖氨酸、催化 Y280 残基和 F370 Phe/Tyr 开关 (Collins et al., 2005)。S-腺苷甲硫氨酸依赖性甲基转移酶（包括 HKMT）具有亲核受体 (NH_2) 在 S_N2 置换反应中攻击 S-腺苷甲硫氨酸亲电碳的反应机理。(E) SUV39H1 和 H2 有一个包含九个不变半胱氨酸的前 SET 片段、包含四个特征基序的 SET 区域和包含三个不变半胱氨酸的后 SET 区域。左下角为前 $SETZn_3Cys_9$ 三角锌集合结构的放大图，右下角为后 SET 锌中心。

SUV39 HKMT 亚家族（DIM-5、Clr4、GLP/EHMT1、G9a/EHMT2 和 SUV39H2）甲基化 H3K9，它们的晶体结构显示在前 SET 与后 SET（SET 前后）域都存在两个富含半胱氨酸的紧密包装模块（图 6-1E）。这两个模块对于保持结构稳定性（前 SET）和形成活性位点赖氨酸通道（后 SET）非常重要（Zhang et al.，2002；Zhang et al.，2003）。前 SET 模块包含九个保守的半胱氨酸，它们以三角几何形式配位三个锌原子。后 SET 模块包含三个半胱氨酸，它们与来自保守的Ⅲ基序（(R/H) F (I/V) NHxCxPN）的半胱氨酸一起，以四面体形式配位活性位点附近的第四个 Zn^{2+}。第四个 Zn^{2+} 结合在活性位点对于 SUV39 亚家族的活性是必不可少的（Zhang et al.，2003）。

6.1.2 Dot1p：没有 SET 结构域的 HKMT

组蛋白 H3Lys79（H3K79）通过 Dot1p 甲基化（综述见 Frederiks et al.，2011），最初认为 Dot1p 是酿酒酵母端粒沉默的干扰因子（Singer et al.，1998）。酿酒酵母中 H3K79 的甲基化对于沉默信息调节复合体的正确定位和 DNA 损伤信号传导具有重要意义［第 8 章（Grunstein and Gasser，2013）］。

Dot1p 是一种Ⅰ类甲基转移酶，存在于 *S*-腺苷甲硫氨酸结合序列基序（Dlakic，2001；Schubert et al.，2003），与精氨酸甲基转移酶和 DNA 甲基转移酶相似（6.1.3 小节和 6.2 节）。Ⅰ类甲基转移酶如 Dot1p 与大多数其他 HKMT 不同，因为它们不含 SET 结构域。因此，它们具有完全不同的结构支架和局部活性位点空间排列，它们通过依赖于 S-腺苷甲硫氨酸的甲基转移功能将甲基加载到蛋白质赖氨酸侧链。

酵母 Dot1p 包含一个在人类、秀丽隐杆线虫（*Caenorhabditis elegans*）、果蝇和蚊子（*Anopheles gambiae*）中保守的核心区域（图 6-2A）。这些 Dot1p 蛋白的长度从酵母中的 582 个氨基酸到果蝇中的 2237 个氨基酸不等。在酵母中，保守的 Dot1p 核心位于羧基端，而在人类、线虫、果蝇和蚊子的 Dot1p 同源蛋白中，保守的 Dot1p 核心位于氨基末端。Dot1p 保守核心包含一个氨基末端螺旋结构域和一个 7 链催化结构域，其中包含甲基供体的结合位点和带有保守疏水残基的活性位点口袋（图 6-2B）。

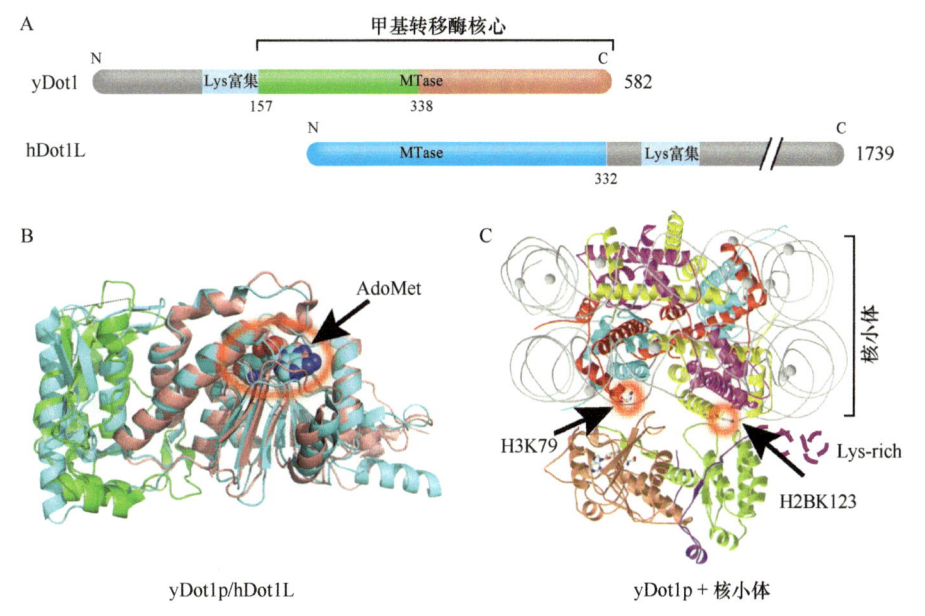

图 6-2 Dot1p 家族（非 SET HKMT）。（A）酵母和人 Dot1 同源物的示意图，显示甲基转移酶的保守核心区域。（B）酵母 Dot1p 保守核心区（残基 176-567；PDB 1U2Z）的重叠，呈绿色和棕色，人类 Dot1L（残基 5-332；PDB 1NW3）呈青色。氨基末端螺旋结构域显示在左侧，yDot1p 为绿色，hDot1L 为青色。羧基末端催化结构域显示在右侧，其结合的甲基供体 S-腺苷甲硫氨酸为球形（用箭头圈成红色）。（C）yDot1p 锚定于核小体的模型，来自 Sawada et al.，2004。核小体核心颗粒的结构显示为带状（红色，H3；绿色，H4；洋红，H2A；黄色，H2B；灰色线，DNA）。将位于核小体盘表面的靶 H3K79 与 Dot1p 的活性位点口袋对准排列，从而建立了该模型。

Dot1p 有几个独特的生化特性。酵母 Dot1p 及其人类同源蛋白 Dot1L 只甲基化核小体底物，而不甲基化游离组蛋白 H3（综述见 Frederiks et al.，2011）。人 Dot1L 的核心羧基末端或酵母 Dot1p 的核心氨基末端的一段带正电荷的残基（富含赖氨酸）对核小体结合（图 6-2C）和酶活性（Min et al.，2003；Sawada et al.，2004；Oh et al.，2010）都非常重要。对于酿酒酵母 H3K79，甲基化要求 H2B K123 在体内泛素化（Briggs et al.，2002），两个组蛋白残基都位于同一个核小体圆盘表面约 30Å 间隔，Dot1p 可与含有泛素化 H2B 的核小体特异性相互作用（图 6-2C）（Oh et al.，2010）。这种相互作用在体内可能是显著的，因为 Dot1p 可以被招募到特定的高阶染色质中，其中泛素化组蛋白 H2B 可以作为相邻核小体圆盘表面之间的间隔（Sun and Allis，2002），允许 Dot1p 访问其靶点 H3K79 赖氨酸［另见第 3 章图 3-10（Allis et al.，2014）］。

hDOT1L 的错误靶向与 MLL-AF10 融合蛋白引起的混合系白血病发生有关（Okada et al.，2005）。它通过与 AF10 蛋白质相互作用和调节 Hox9a 等基因上调来实现。最近的研究表明，体内抑制 hDot1L 导致具有混合系白血病异种移植模型的小鼠存活率增加（Daigle et al.，2011）。值得注意的是，这是选择性抑制 HKMT 在癌症模型中有效治疗的第一个例子。

6.1.3　蛋白质精氨酸甲基化

精氨酸甲基化是真核生物中常见的翻译后修饰。有两种主要的蛋白质精氨酸（arginine，R）甲基转移酶（protein arginine methyltransferase，PRMT），它们将甲基从 S-腺苷甲硫氨酸转移到蛋白质底物中精氨酸的胍基（Lee et al.，1997），称为 I 型和 II 型 PRMT（图 6-3A）。两者都催化一甲基精氨酸（monomethylarginine，Rme1）中间产物的形成，但 I 型 PRMT 也形成不对称二甲基精氨酸（asymmetric dimethylarginine，Rme2a），而 II 型 PRMT 形成对称二甲基精氨酸（symmetric dimethylarginine，Rme2s）。在 PRMT 家族的九个典型成员中（Herrmann et al.，2009；表 6-1），仅 PRMT5（也被称为 Jak 结合蛋白 1 的 JBP1；Branscombe et al.，2001）、PRMT7 和 PRMT9 是 II 型 PRMT（Lee et al.，2005；Cook et al.，2006）；

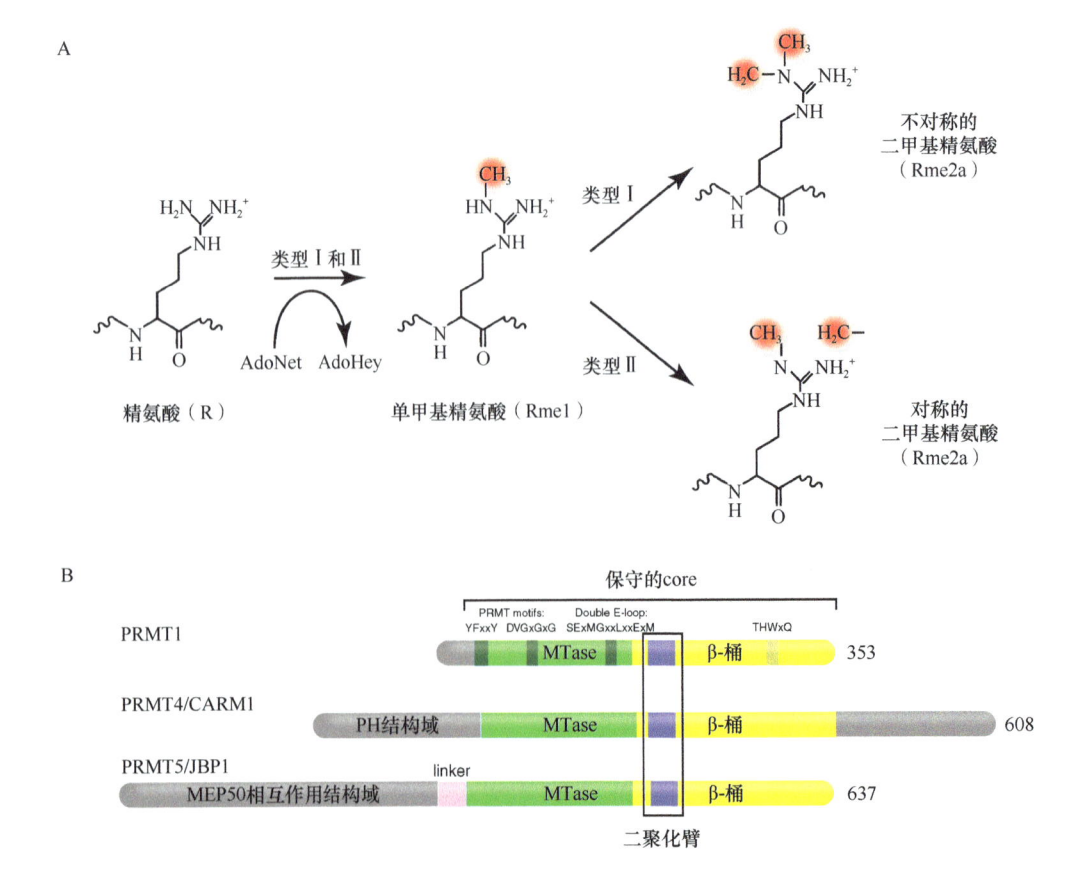

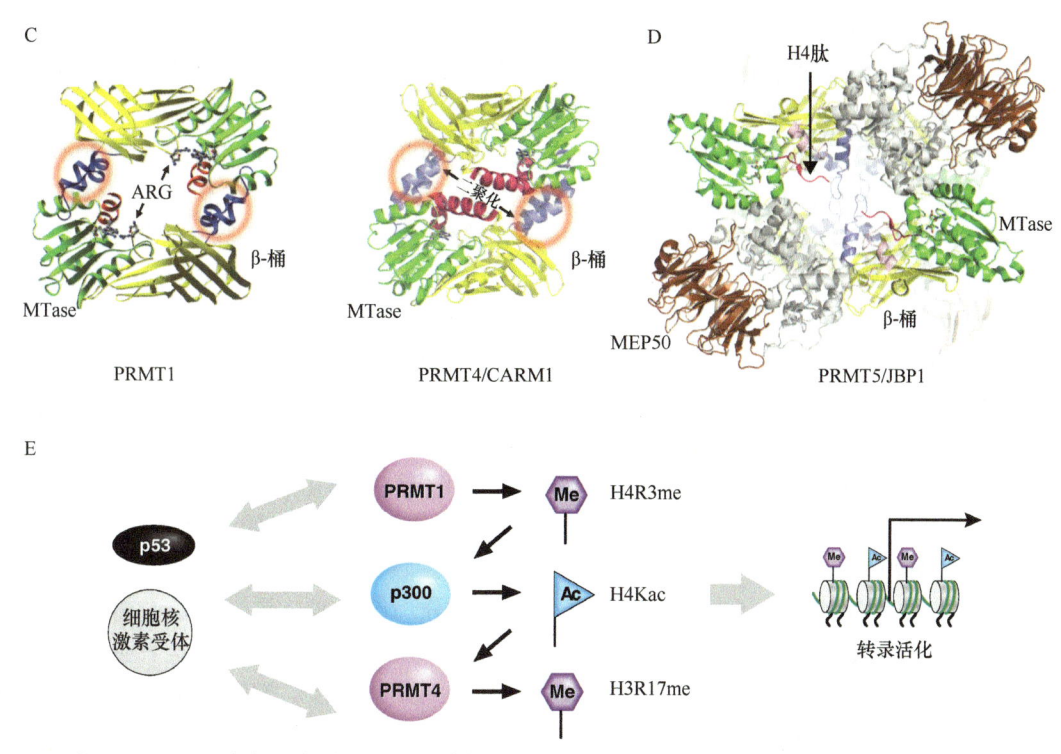

图 6-3 PRMT 家族。(A) 两种主要类型的蛋白质精氨酸甲基化催化的反应。(B) PRMT 的代表成员 (Ⅰ型: PRMT1 和 PRMT4; Ⅱ型: PRMT5)。保守的甲基转移酶 (MTase) 结构域为绿色,唯一的 β-桶结构域为黄色。(C) PRMT1 (PDB 1OR8) 和 PRMT4 (PDB 3B3F) 的二聚体结构。二聚化臂用红圈表示。(D) Ⅱ型 PRMT5-MEP50 四聚复合体 (DPB 4GQB),由两个二聚体堆积产生。第二个二聚体在背景中弱化。MEP50 (棕色) 与 PRMT5 的氨基末端结构域 (灰色) 相互作用。结合的 H4 肽呈红色。(E) 三个共激活因子协同作用于 p53 介导的转录的例子。

它们在组蛋白上对称地二甲基化精氨酸,也在髓鞘碱性蛋白、剪接体 Sm 蛋白 (Friesen et al., 2001) 和 Piwi 蛋白 (Vagin et al., 2009) 等其他蛋白质上对称地二甲基化精氨酸 (Kim et al., 1997)。与本章的重点高度相关的是,PRMT5 介导的 H4R3 甲基化可以招募 DNMT3A (从头 DNA 甲基转移酶),在基因沉默中偶联组蛋白精氨酸和 DNA 甲基化 (Zhao et al., 2009)。

表 6-1 人 PRMT 家族成员

酶	类型	活性	染色体	EST	编码外显子	基因组大小 (kb)	蛋白序列号	蛋白大小 (残基)
PRMT1	Ⅰ	+++	19q13	+++	9-10	10	CAA71764	361
PRMT2	Ⅰ	−	21q22	++	10	30	P55345	433
PRMT3	Ⅰ	+	11p15	+	13	50	AAH64831	531
PRMT4 (CARM1)	Ⅰ	+	19p13	++	16	50	NP_954592	608
PRMT5 (JBP1)	Ⅱ	+	14q11	++	17	8.5	AAF04502	637
PRMT6	Ⅰ	+	1p13	+/−	1	2.5	AAK85733	375
PRMT7	Ⅱ?	+	16q22	++	17	41	Q9NVM4	692
PRMT8	Ⅰ	?	12p13	+	9	52	AAF91390	334
PRMT9	Ⅱ?	?	4q31	+	10	40	AAH64403	845

PRMT 蛋白质的长度从 PRMT1 的 353 个氨基酸到 PRMT5/JBP1 的 637 个氨基酸不等,但它们都包含约 310 个氨基酸的保守核心区 (图 6-3B)。保守的 PRMT 核心区以外的序列都是氨基末端添加序列,然而,PRMT4 也有羧基末端添加序列。氨基末端的大小各不相同,从 PRMT1 中约 30 个氨基酸到 PRMT5

中约 300 个氨基酸。氨基末端的变化允许每个 PRMT 有不同的调节模式。一个有趣的特征是，PRMT7 和 PRMT9 似乎是由一个基因复制事件引起，包含两个保守的核心区域，每个核心区域都有一个 S-腺苷甲硫氨酸结合基序（Miranda et al.，2004；Cook et al.，2006）。

目前已获得了几种 I 型 PRMT 晶体结构（Cheng et al.，2005；Troffer Charlier et al.，2007；Yue et al.，2007）。这些结构显示了 PRMT 催化核心显著的结构保守性（图 6-3B）。PRMT 核心的整体单体结构可分为三部分：甲基转移酶结构域、β-桶和二聚化臂。甲基转移酶结构域在 I 类 S-腺苷甲硫氨酸依赖性甲基转移酶（如 Dot1p）中有一个保守的共有折叠，该折叠含有一个 S-腺苷甲硫氨酸结合位点（Schubert et al.，2003）。β-桶结构域是 PRMT 家族独有的（Zhang et al.，2000）。二聚化臂是 I 型 PRMT 家族的一个保守特征，如图 6-3C 所示的晶体结构证实了这一点（Cheng et al.，2005）。可能需要二聚化来正确接合 S-腺苷甲硫氨酸结合位点处的残基，以便它们逐步结合 S-腺苷甲硫氨酸和（或）生成二甲基化（Rme2）产物，这类似于 DIM-5 对 H3K9 三甲基化的扩展功能（Zhang et al.，2003）。事实上，在二聚体界面上保守的丝氨酸残基处磷酸化会导致无效的 S-腺苷甲硫氨酸结合，从而降低组蛋白甲基化活性（Higashimoto et al.，2007）。类似的是，结合在 PRMT3 二聚体界面上的变构抑制剂会导致 S-腺苷甲硫氨酸结合能力和甲基化活性降低（Siarheyeva et al.，2012）。

II 型酶 PRMT5 作为各种高分子量蛋白质复合体的一部分，包含 WD 重复蛋白 MEP50（甲基体蛋白 50，methylosome protein 50）（Friesen et al.，2002）。人 PRMT5-MEP50 复合体的结构表明，PRMT5 是通过两个一级二聚体的堆积和两个次级二聚体堆积形成的四聚体，并与结合了 MEP50 的含七叶 β 型螺旋桨的 PRMT5 氨基末端结构域结合（图 6-3D）（Antonysamy et al.，2012）。

PRMT1 和 PRMT4 是两个得到广泛研究的酶，它们甲基化组蛋白 H2B、H3、H4（综述见 Bedford and Clarke，2009）以及许多非组蛋白底物，这些非组蛋白底物包括 RNA 聚合酶 II 的羧基末端结构域（Sims et al.，2011）。组蛋白精氨酸甲基化是"组蛋白密码"的一个组成部分，它指导了涉及染色质的许多过程。例如，PRMT1 介导的 H4R3 甲基化促进 H4 乙酰化，从而增强细胞核激素受体的转录激活。PRMT1 与 PRMT4 协同作用，PRMT4 优先乙酰化组蛋白尾巴从而产生甲基化的 H3R17（Wang et al.，2006；Daujat et al.，2002）。类似的是，当 PRMT1、PRMT4 和 p300 这三种共激活因子都存在时，无论是顺序添加还是同时添加（图 6-3E），它们在 p53 介导的转录中体外协同作用最大（An et al.，2004）。即使是用 p53 和 PRMT1 预孵育染色质模板也能显著地刺激 p300 的组蛋白乙酰转移酶活性，就如用 p53 和 p300 预孵育染色质模板可刺激 PRMT4 的 H3 精氨酸甲基化一样。事实上，最初发现 PRMT4 是一种与转录辅激活因子相关的精氨酸（R）甲基转移酶 1（CARM1；Chen et al.，1999）。PRMT4/CARM1 还与 p160 共激活因子协同作用，通过细胞核受体刺激基因激活（Chen et al.，1999；Lee et al.，2002）。这些结果提供了令人信服的证据，证明组蛋白是 PRMT4/CARM1、PRMT1 和 p300 的相关靶蛋白，并且由此产生的组蛋白修饰对转录产生了直接的重要影响。

6.1.4　赖氨酸通过氧化去甲基：LSD1

出乎人们的意料，在 2004 年，证明了蛋白质赖氨酸甲基化是一种可逆的翻译后修饰［第 2 章（Shi and Tsukada，2013）］。在此之前，Bannister 等假设来自赖氨酸和精氨酸侧链的甲基使用 FAD（黄素腺嘌呤二核苷酸）辅助因子作为电子受体而被氧化去除（Bannister et al.，2002）。随后发现了赖氨酸特异性去甲基化酶 1（lysine-specific demethylase 1，LSDl）蛋白（图 6-4A）（Shi et al.，2004）。LSD1 是一种黄素依赖的胺氧化酶，它能将 H3K4me2/me1 会雄激素受体介导途径中的 H3K9me2/me1 去甲基化（Shi et al.，2004）和雄激素受体介导途径中的 H3K9me2/me1（Metzger et al.，2005），甚至将非组蛋白 p53 去甲基化（Huang et al.，2007）。密切相关的 LSD2 可以将 H3K4me2/me1 去甲基化（Karytinos et al.，2009）。LSD1 和 LSD2 均通过形成亚胺中间体来去除赖氨酸甲基，该中间体在水缓冲液中经历水解以完成去甲基过程（图 6-4B）。然而，因为这种去甲基化途径中对质子化胺的机制要求，LSD1 和 LSD2 不能去除三甲基化赖氨酸中的甲基。

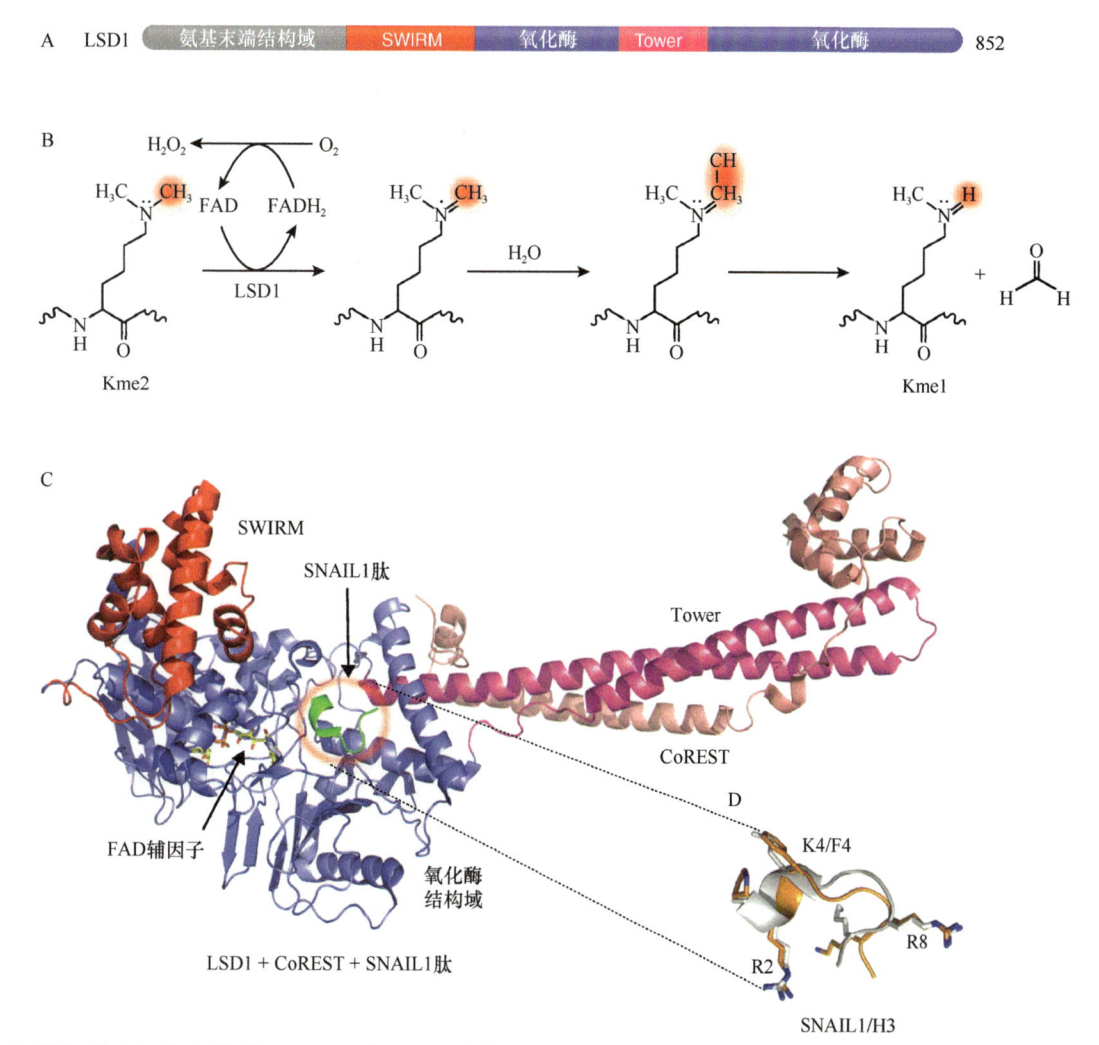

第 6 章　DNA 和组蛋白甲基化的结构和功能协调　145

图 6-4　组蛋白通过氧化去甲基。（A）人类 LSD1 结构域的示意图：氨基末端的核定位信号，然后是 SWIRM（Swi3p、Rsc8p 和 Moira）结构域和氧化酶结构域。氧化酶结构域包含一个非典型的插入 Tower 结构域，该结构域在其他氧化酶中没有发现。（B）LSD1 催化的去甲基反应流程。（C）LSD1-CoREST 与 SNAIL1 肽复合物的晶体结构（PDB 2Y48）。LSD1 包括残基 171-836，呈红色、蓝色和洋红色。CoREST 显示残基 308-440 为橙色。SNAIL1 肽呈绿色，FAD 辅因子呈黄色圆球和棒状。（D）SNAIL1（橙色）和组蛋白 H3（灰色）肽之间的重叠。（改编自 Baron et al., 2011）

目前已确定了各种构象中 LSD1 的晶体结构（图 6-4C）（综述见 Hou and Yu 2010）。在一项研究中，观察到组蛋白 H3 的前 16 个残基与 LSD 1-CoREST 呈复杂结构（Forneris et al., 2007），这与生物化学数据完全一致，即当 LSD1 肽底物超过 16 个氨基酸时才有活性（Forneris et al., 2005）。有趣的是，转录因子 SNAIL 1 的氨基末端与组蛋白 H3 的氨基末端具有序列相似性（Lin et al., 2010），它与 LSD1 催化位点结合的方式和组蛋白 H3 相同（图 6-4D）（Baron et al., 2011）。具体来说，结合 SNAIL1 肽的氨基末端结合位点 Arg2、Phe4 和 Arg7 对应于 H3 的氨基末端 Arg2、Lys4 和 Arg8 残基。因此 Snail1-LSD 1-CoREST 复合体有效抑制 LSD1 酶活性（Baron et al., 2011），这种抑制作用在某些癌细胞中也被发现。LSD1 识别氨基末端的第一个氨基（一个保守的正电荷），第四个氨基酸侧链（即 H3K4me2/me1）指向并直接接触辅因子的黄素环，这提出了 LSD1 如何以雄激素受体依赖的方式进一步对远离氨基末端的甲基赖氨酸（如 H3K9me2/me1）去甲基化（Metzger et al., 2005）。

6.1.5 赖氨酸通过羟化去甲基：含 Jumonji 结构域的去甲基化酶

为了寻找能够逆转赖氨酸甲基化的酶，Trewick 等假设含有 Fe（Ⅱ）和 α-酮戊二酸依赖性二噁英酶的 Jumonji 结构域可以通过与细菌 AlkB 家族 DNA 修复酶类似的机制逆转赖氨酸甲基化（图 6-5A）（Trewick et al.，2005）。这一假设在一种基于甲醛（预测的反应产物）检测的生化方法 [Tsukada et al.，2006；第 2 章（Shi and Tsukada，2013）] 中很快得到证实，JHDM1 是一种含有 Jumonji 结构域的组蛋白去甲基化酶 1。含 Jumonji 的蛋白质是铜蛋白超家族（Clissold and Ponting，2001）的成员，包括参与 5-甲基胞嘧啶转化为 5-羟甲基胞嘧啶的 Tet 蛋白 [第 2 章（Kriauconis and Tahiliani，2014）；第 15 章（Li and Zhang，2014）]。Jumonji 酶催化的去甲基化反应遵循涉及反应性 Fe（Ⅳ）中间体的羟化途径。由于它们不需要在目标氮原子上有一对单独的电子，因此它们可以对单甲基、二甲基和三甲基赖氨酸去甲基化（图 6-5A）（Hoffart et al.，2006；Ozer and Bruick，2007）。

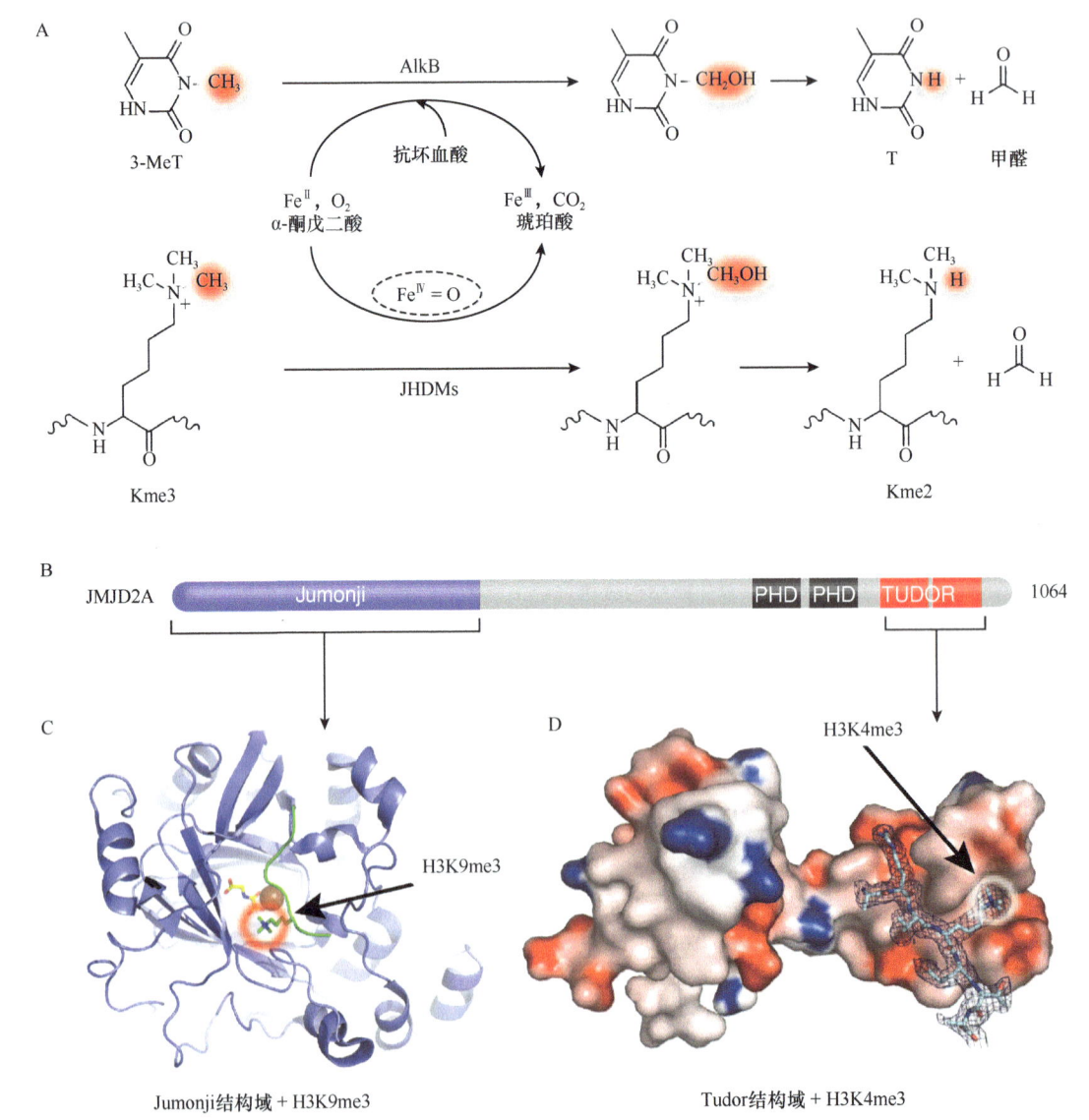

图 6-5 通过羟化去甲基。（A）AlkB 对 3-甲基胸腺嘧啶的去甲基作用机理（上）和 Jumonji 结构域蛋白对甲基赖氨酸的去甲基作用机理（下）。（B）JMJD2A 结构域组织的示意图。（C）H3K9me3（PDB 2OX0）配合物中氨基末端 Jumonji（带）的结构。（D）与 H3K4me3 复合的羧基末端双 Tudor 结构域（表面特征）的结构（PDB 2GFA）。（经许可改编自 Huang et al.，2006）

除氨基末端的 Jumonji 结构域（图 6-5B）外，JMJD2A 还包含羧基末端的 PHD 和 Tudor 结构域，这些结构域通常充当甲基结合蛋白（称为阅读器，reader）。仅 JMJD2A 的 Jumonji 结构域就能够去甲基 H3K9me3/me2 和 H3K36me3/me2。结构研究表明，JMJD2A 的 Jumonji 结构域主要识别组蛋白肽的主链（序列特异性酶不常见），这使得该酶能够使 H3K9（图 6-5C）和 H3K36 同时去甲基（Hou and Yu 2010；McDonough et al.，2010）。Tudor 结构域能够结合 H3K4me3（图 6-5D）和 H4K20me3（Huang et al.，2006；Lee et al.，2008）。然而，目前还不清楚 JMJD2A 中甲基的阅读器和擦除器之间的功能是否相关。

6.2 DNA 甲基化

在哺乳动物和其他脊椎动物中，DNA 甲基化发生在胞嘧啶的 C5 位置，主要在 CpG 二核苷酸内产生 5-甲基胞嘧啶（5-methylcytosine，5mC）。这种甲基化，加上组蛋白修饰，在调节染色质结构，从而调控基因表达和许多其他染色质依赖的过程中起着重要作用［Cheng and Blumenthal，2010；第 15 章（Li and Zhang，2014）］。由此产生的表观遗传效应维持了不同类型细胞中基因表达的不同模式（综述见 De Carvalho et al.，2010）。在哺乳动物中，DNA 甲基转移酶（DNA methyltransferase，Dnmt）包括三种蛋白质，分别属于结构和功能上不同的两个家族。Dnmt3a 和 Dnmt3b 从头建立了最初的 CpG 甲基化模式，而 Dnmt1 在染色体复制和修复过程中维持了这一 DNA 甲基化模式［第 15 章图 15-2（Li and Zhang，2014）］。

6.2.1 维持甲基转移酶 Dnmt1

所谓的"维持"甲基转移酶 Dnmt1 包含多个功能结构域（图 6-6A）（Yoder et al.，1996）。目前已得到小鼠 Dnmt1 的三种氨基端缺失的晶体结构，例如，一个氨基端 350 个残基（Δ350）缺失片段与 S-腺苷甲硫氨酸或其产物 S 腺苷同型半胱氨酸（AdoHcy）（Takeshita et al.，2011）形成的复合物的晶体结构；一个较大的缺失片段（Δ600）与含未甲基化 CpG 位点的 DNA 结合产物的晶体结构（Song et al.，2011）；一个更大的缺失片段（Δ730）结合到半甲基化的 CpG 位点的晶体结构（Song et al.，2012）。当 Dnmt1 不与 DNA 结合时，氨末端的复制叉靶向序列（replication focus targeting sequence，RFTS）的 Δ350 主要插入羧基末端 MTase 结构域（图 6-6B）的 DNA 结合表面裂缝中，这表明必须移除该结构域才能发生甲基化。靶向 Dnmt1 到复制叉需要 RFTS 结构域，在复制叉中，半甲基化的 DNA 被瞬时生成。当分离的 RFTS 结构域被反式加入缺乏 RFTS 的 Dnmt1 中时，RFTS 结构域主要充当 Dnmt1 的 DNA 竞争性抑制剂（Syeda et al.，2011）。在缺少 RFTS 结构域的 Δ600 片段的结构中，结合 DNA 的 CXXC 结构域（专门结合非甲基化 DNA）将自身定位在催化结构域中防止 CpG 序列的异常从头甲基化（图 6-6C）。只有在物理去除 RFTS 和 CXXC 结构域之后，Dnmt1（Δ730）的羧基端一半部分才能将目标胞嘧啶从双链 DNA 螺旋翻转到活性位点而与半甲基化 CpG DNA 结合（图 6-6D）。因此，在将全长 Dnmt1 靶向复制叉的过程中，必须经历一个伴随着结构变化的多步骤过程，这一过程经历了半甲基化 CpG DNA 的维持甲基化。这涉及从催化中心去除 RFTS 和 CXXC 结构域。

然而，单用 Dnmt1 不足以维持正常的甲基化。在体内，Dnmt1 在 DNA 复制叉处维持半甲基化 CpG 二核苷酸的甲基化需要一种称为 UHRF1（泛素样，含 PHD 和 RING 指结构域 1；ubiquitin like, containing PHD and RING finger domain 1）的辅助蛋白（Bostick et al.，2007；Sharif et al.，2007）。UHRF1 是一种多结构域蛋白质（图 6-6E），它结合半甲基化的 CpG（图 6-6F）（Dnmt1 的底物）和组蛋白 H3（综述见 Hashimoto，2009）。不知道为什么，Dnmt1 必须以某种方式将 UHRF1 从该位点上置换出来才允许甲基化。在未来的几年里，了解这些多重结合事件是如何协调的，以及它们是否有助于基因组甲基化模式的有丝分裂遗传，将是非常重要的。

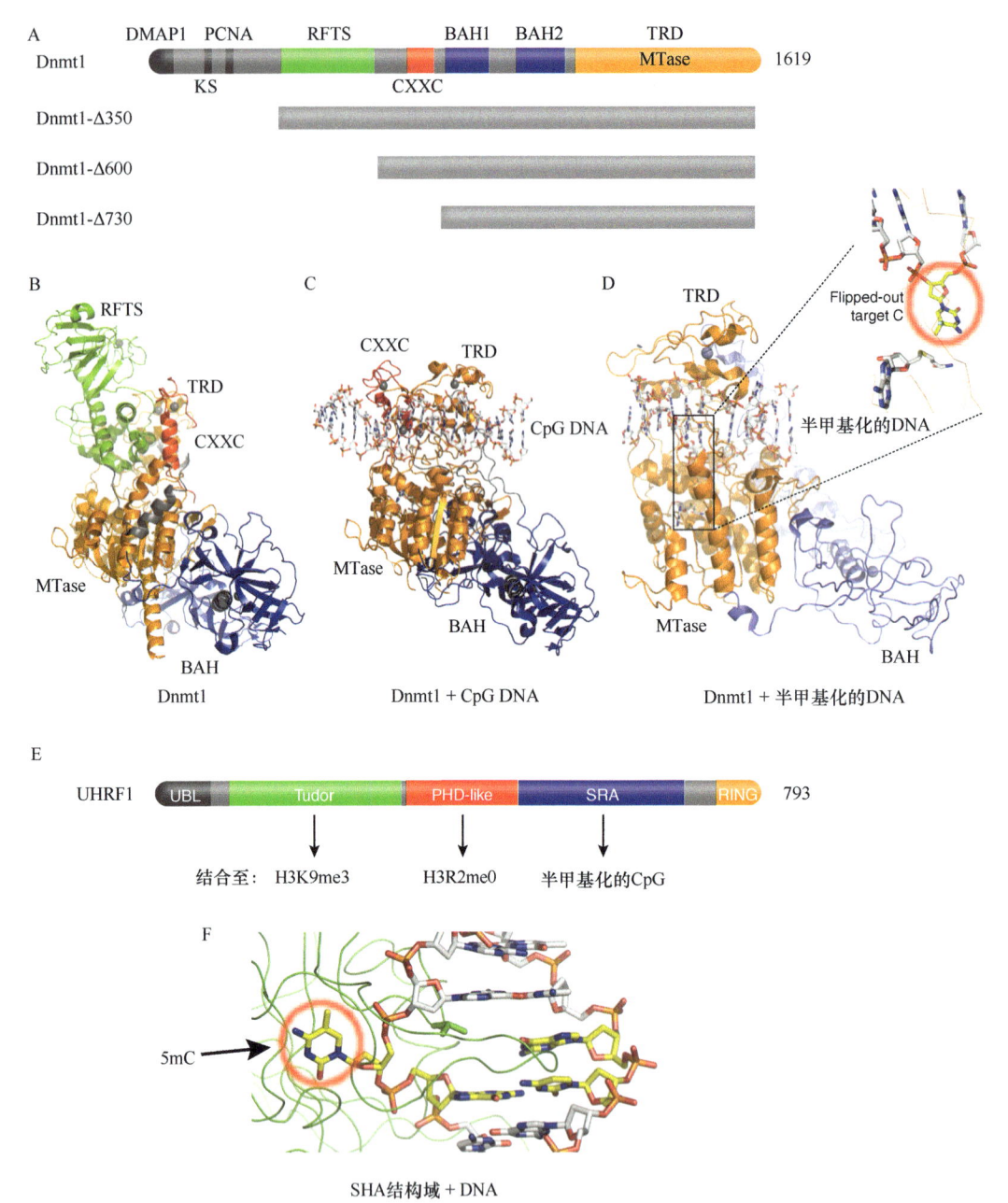

图 6-6 维持性 Dnmt1 和 UHRF1 的结构。（A）小鼠 Dnmt1 结构域组成和 Dnmt1 氨基末端缺失突变体的示意图。氨基末端区域与 Dnmt1 相关蛋白（DMAP1；Rountree et al., 2000）相互作用。相邻的赖氨酸和丝氨酸受到甲基化和磷酸化开关的影响，该开关决定 Dnmt1 的稳定性（Esteve et al., 2011），PCNA（增殖细胞核抗原）相互作用序列（Chuang et al., 1997）和 RFTS（Leonhardt et al., 1992），它与 UHRF1 的 SET 和 RING 相关（SRA）结构域相互作用（Achour et al., 2008）。接下来是一个与 CpG 相互作用的 CXXC 域（Song et al., 2011），一个串联 BAH（bromo-adjacent homology）结构域（Callebaut et al., 1999）以及包括羧基末端目标识别结构域的 DNA 甲基转移酶结构域（Lauster et al., 1989）。（B）缺乏 DNA 情况下的 DMTL 结构（PDB 3AV4）。（C）非甲基化 CpG 存在下的 Dnmt1 结构（PDB 3PT6）。（D）含半甲基化 CpG DNA 寡核苷酸的 Dnmt1 结构（PDB 4DA4）。（E）UHRF1 至少含有五个可识别的功能域：氨基末端的泛素样结构域、识别 H3K9me3 的串联 tudor 结构域（Rothbart et al., 2012）、识别 H3R2me0 的植物同源域（plant homeodomain，PHD）（Rajakumara et al., 2011）、识别半甲基化 CpG 的 SRA 结构域、可能在羧基末端赋予 UHRF1 组蛋白 E3 泛素连接酶活性的 RING（really interesting new gene）结构域（Citterio et al., 2004）。（F）SRA-DNA 复合体的结构说明了从 DNA 螺旋上翻转出来的 5mC，结合在一个笼状的口袋里（红色圆圈；PDB 2ZO1）。（改编自 Hashimoto et al., 2009）

6.2.2 从头甲基转移酶 Dnmt3 家族

Dnmt3 家族包括两种活性从头 Dnmt，包括 Dnmt3a 和 Dnmt3b，以及一种调节因子，它是一种 Dnmt3 样蛋白（Dnmt3L；图 6-7A）（Goll and Bestor, 2005）。Dnmt3a 和 Dnmt3b 具有相似的结构域排列，在氨基末端有一个可变区，然后是 PWWP（Pro-Trp-Trp-Pro）结构域，该结构域与 Dnmt3b 的非特异性 DNA 结合有关（Qiu et al., 2002），或通过 Dnmt3a（Dhayalan et al., 2010）、富含 Cys 的 3-Zn 结合 ADD（ATRX-DNMT3-DNMT3L）结构域和羧基末端催化结构域与组蛋白 H3K36me3 结合。Dnmt3L 的氨基酸序列与 Dnmt3a 和 Dnmt3b 中的 ADD 结构域非常相似，但它缺乏羧基末端结构域中 DNA 甲基转移酶活性所需的保守残基。Dnmt3a 和 Dnmt3L 的羧基末端结构域之间的复合体（Jia et al., 2007），以及完整的 Dnmt3L 蛋白与组蛋白 H3 氨基端尾肽复合体（图 6-7B）（Ooi et al., 2007）的结构已经被解释。此外，还有从 Dnmt3a 中分离的 ADD 结构域和 PWWP 结构域（图 6-7C）（Otani et al., 2009）以及 Dnmt3b（Qiu et al., 2002）的结构域数据。

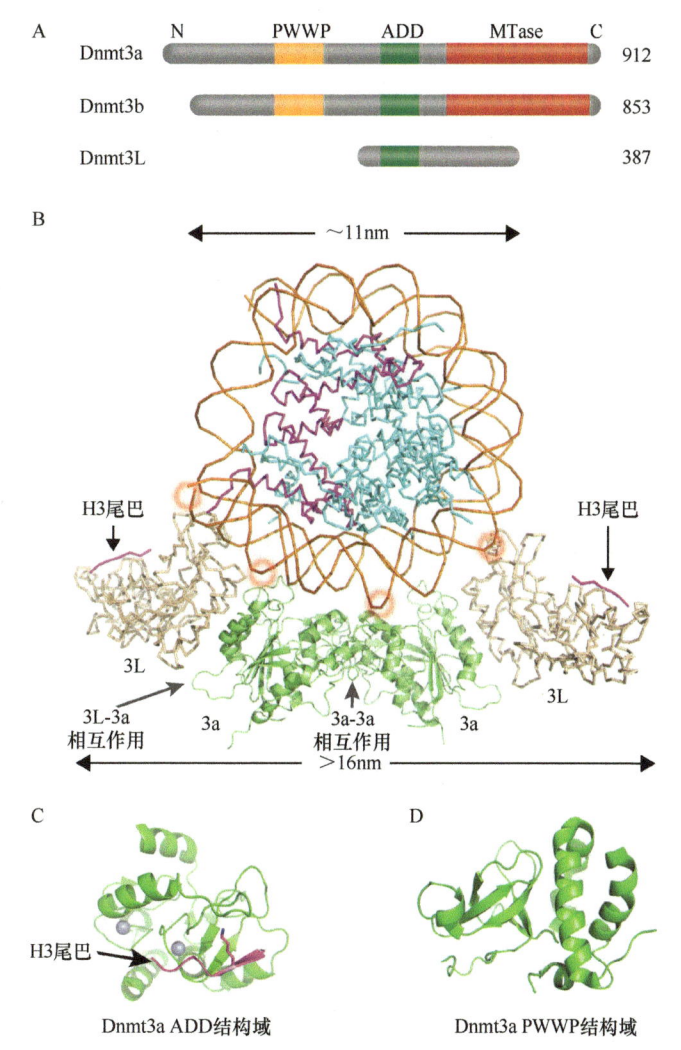

图 6-7 从头开始 Dnmt3a-Dnmt3L 复合体的结构。（A）Dnmt3a、3b 和 3L 的结构域组成。（B）核小体与 Dnmt3L-3a-3a-3L 四聚体对接（Dnmt3a 呈绿色，Dnmt3L 呈灰色；PDB 2QRV）。（改编自 Cheng and Blumenthal, 2008）。图中显示了结合在 Dnmt3L 上的组蛋白 H3 氨基末端尾部（紫色）的位置，该尾部取自共晶体结构（PDB 2PVC）。通过在核小体周围包裹 Dnmt3a/3L 四聚体，使得两个 Dnmt3L 分子能够结合来自一个核小体的两个组蛋白尾。与 DNA 大沟周期性结合的约 10bp 用红色圆圈表示。（C）Dnmt3a ADD 结构域（PDB 3A1B），可能与邻近核小体的组蛋白尾相互作用。（D）Dnmt3a PWWP 结构域的结构（PDB 3L1R）。

Dnmt3L 敲除小鼠的表型与 Dnmt3a 生殖细胞特异性敲除小鼠的表型类似，两种小鼠通常在亲本特异印记位点上都有分散的逆转录转座子和含有异常生殖细胞模式的从头 DNA 甲基化（Bourc'his et al.，2001；Bourc'his and Bestor，2004；Kaneda et al.，2004；Webster et al.，2005）。Dnmt3L 和 Dnmt3a 之间的相互作用发生在两种蛋白质的羧基末端的一个小区域，这个区域是催化活性所必需的（Chedin et al.，2002；Suetake et al.，2004）。Dnmt3a/Dnmt3L 羧基末端复合体的总尺寸约为 16nm，大于 11nm 的核小体直径（图 6-7B）。该复合体包含两个 Dnmt3a 单体和两个 Dnmt3L，形成一个具有两个 3L-3a 界面和一个 3a-3a 界面（3L-3a-3a-3L）的四聚体。Dnmt3a-3L 或 Dnmt3a-3a 界面上的非催化残基可以消除酶活性，这表明两个界面对催化是必不可少的（Jia et al.，2007）。

3a-3a 二聚体界面的结构表明，这两个活性位点位于相邻的 DNA 主沟中，Dnmt3a 通过一个结合事件可以对由一个螺旋分隔的两个 CpG 进行甲基化（图 6-7B）。DNA 长底物上的 CpG 位点被 Dnmt3a 甲基化，两个 GpG 间间隔约 10bp，这表明 Dnmt3a 形成了一个寡聚体与 DNA 对接的结构模型（Jia et al.，2007）。这种周期性也在母系小鼠印记基因上观察到（Jia et al.，2007）。人类 21 号染色体上的 CpG 甲基化模式也与约 10bp 甲基化 CpG 周期性相关（Zhang et al.，2009）。有趣的是，胚胎干细胞中约 10bp 的甲基化周期是明显的，然而，这通常出现在非 CpG 位点（也是 Dnmt3a 的底物），这些位点主要出现在基因体中，而不是调控区（Lister et al.，2009）。非 CG 甲基化是胚胎干细胞阶段特有的，因为它在诱导分化时消失，而在诱导多能干细胞中恢复。在植物中，可以观察到拟南芥通过 DRM2（与哺乳动物 Dnmt3a 相关）的 10bp 周期性非 CpG DNA 甲基化（Cokus et al.，2008）。

6.3 DNA 甲基化与组蛋白修饰之间的相互作用

6.3.1 Dnmt3L 联系未甲基化的 H3K4 和从头 DNA 甲基化

全基因组 DNA 甲基化图谱表明，DNA 甲基化与组蛋白甲基化关联（Meissner et al.，2008）。具体来说，DNA 甲基化与 H3K4 甲基化缺失和 H3K9 甲基化存在关联。在考虑到 H3K4 甲基化与 DNA 甲基化之间的反向关系时，需要注意的是，对于哺乳动物 LSD 组蛋白去甲基化酶（其底物包括 H3K4me2/me1），LSD1 在维持全局 DNA 甲基化方面是绝对必要的（Wang et al.，2009a），而 LSD2 在建立母体 DNA 基因组印记方面是必需的（Ciccone et al.，2009）。事实上，LSD1 的破坏比 Dnmt 本身的破坏更能导致早期胚胎致死和更严重的低 DNA 甲基化缺陷（Wang et al.，2009a）。

哺乳动物的 Dnmt3L-Dnmt3a 从头 DNA 甲基化机制可以将 H3K4 甲基化转化为转录沉默的 DNA 甲基化的可遗传模式（Ooi et al.，2007）。肽相互作用分析表明，Dnmt3L 与 H3 的氨基顶端特异性相互作用能被 H3K4 甲基化强烈地抑制，但对 H3 的其他位置修饰不敏感（Ooi et al.，2007）。Dnmt3L 与 H3 的氨基末端共结晶表明，该末端与 Dnmt3 结合（图 6-7B），并且结合位点关键残基的替代消除了 H3-Dnmt3L 的相互作用。标签标记的 Dnmt3L 在体内的主要相互作用对象是 Dnmt3a2（Dnmt3a 的一个较短的异构体）（Chen et al.，2002）、Dnmt3b 及四个核心组蛋白（Ooi et al.，2007）。假定 Dnmt3a 和 Dnmt3b 结合核小体 DNA（Sharma et al.，2011），文献数据显示 Dnmt3L 是 H3K4 甲基化的一个探针，如果 H3K4 没有甲基化，那么 Dnmt3L 将通过激活的 Dnmt3a 与核小体对接，从而诱导 DNA 从头甲基化。

在酿酒酵母中研究了组蛋白-Dnmt3L-Dnmt3a-DNA 的相互作用（Hu et al.，2009），没有检测到 DNA 甲基化（Proffitt et al.，1984），并且缺乏 DNMT 同源蛋白。如果引入小鼠甲基转移酶 Dnmt1 或 Dnmt3a，将导致可检测但极低水平的 DNA 甲基化（Bulkowska et al.，2007）。相反，通过共表达小鼠 Dnmt3a 和 Dnmt3L，可以在酵母中实现更高水平的从头 DNA 甲基化（Hu et al.，2009）。在 H3K4 甲基化罕见的异染色质区，首先发现这种诱导的 DNA 甲基化。当 H3K4 甲基化复合体组分的基因在 Dnmt3a/3L 的过度表达情况下被破坏时，可以观察到更高水平的基因组甲基化。Dnmt3L 的 ADD 结构域的缺失或靶向突变能够抑制基因组 DNA

甲基化水平以及 Dnmt3L 与 H3K4me0 肽的结合能力。当在 Dnmt3L$^{-/-}$ 小鼠的胚胎干细胞中引入这些相同的 Dnmt3L 突变体时，未能恢复特定启动子的正常 DNA 甲基化水平（Hu et al., 2009）。

上述数据已经建立了 Dnmt3L 与 H3K4me0（通过其 ADD 结构域）结合并将 Dnmt3a 招募到 H3K4 未甲基化的染色质区域的模型。这种模型可以部分解释在胚胎和生殖细胞发育过程中，DNA 甲基化模式是如何从头建立的，这两种蛋白质表达的时间窗口是在胚胎和生殖细胞发育过程中（Kato et al., 2007）。然而，尽管 Dnmt3a 和 Dnmt3b 在体细胞中仍有表达，但 Dnmt3L 在分化的细胞类型中的表达水平很低。这就提出了一个问题，即如何在体细胞中限制从头 DNA 甲基化，Dnmt3a 和 Dnmt3b 是否能够单独识别 H3K4 的甲基化状态，以及（如果有的话）这种识别的结构基础是什么。关键可能在于，Dnmt3a 或 Dnmt3b 的 ADD 结构域在体外具有与 Dnmt3L 相同的 H3 尾部结合特异性（Zhang et al., 2010），组蛋白 H3 的氨基末端肽与 Dnmt3a 的 ADD 结构域复合体的晶体结构表明 ADD 结构域足以识别 H3K4me0（图 6-7C）（Otani et al., 2009）。此外，Jeong 等结果表明，在 HCT116 人结肠癌细胞（不表达 Dnmt3L）的细胞核中，几乎所有的细胞 Dnmt3a 和 Dnmt3b（不是 Dnmt1）都与核小体相联系（Jeong et al., 2009）。尽管不存在其他染色质因子，但 Dnmt3a 和 Dnmt3b 与染色质结合需要完整的核小体结构，这表明 Dnmt3a 和 Dnmt3b 能够与染色质组分（H3K4me0）和 DNA 直接相互作用（通过 ADD 结构域）。

6.3.2　MLL1 连接 H3K4 甲基化到未甲基化的 CpG

人类至少有八种 HKMT 对 H3K4 有特异性。其中包括混合血统白血病（mixed lineage leukemia，MLL）基因、MLL1-MLL5、hSET1a、hSET1b 和 ASH1。MLL1/SET1 相关甲基转移酶活性似乎仅在多蛋白复合体的情况下才起作用，这些多蛋白复合体的表征表示了它们具有多个共享组分（见 Cosgrove and Patel, 2010）。MLL 家族在胚胎发育中起着重要作用，这个家族对于人类和小鼠基因组中的一部分基因，特别是 HOX 基因簇的 H3K4 甲基化是必要的（Ansari and Mandal, 2010）。MLL 基因的易位与髓系和淋巴系白血病有关。考虑到 H3K4 甲基化和 DNA 甲基化之间的反向关系，要注意的是，小鼠 MLL1 基因被破坏导致了 H3K4 甲基化的丢失和一些 HOX 基因启动子处的从头 DNA 甲基化（Milne et al., 2002；Terranova et al., 2006），这表明 MLL 直接或间接（通过 H3K4 甲基化）阻止 DNA 甲基化或稳定未甲基化的 DNA。事实上，MLL 蛋白包含一个 CXXC 结构域，这是一个进化上保守的结构域，介导了对非甲基化 CpG 的选择性结合（图 6-8A）。CXXC 与未甲基化的 CpG 相互作用的过程通过 MLL1-CXXC 结构域与未甲基化 DNA 的溶液结构（Cierpicki et al., 2010）（图 6-8B），以及 DNMT1 与未甲基化 DNA 复合体的 X 射线结构（图 6-6C）（Song et al., 2011）得到证实。在结构上，CXXC 结构域具有以细长形状排列的结构（图 6-8B）。CXXC 结构域以钳状方式与 DNA 结合，该结构的长轴连接两个几乎垂直于 DNA 轴的锌离子（图 6-8B）（Cierpicki et al., 2010）。

Set1 H3K4 甲基转移酶似乎也与未甲基化的 DNA 相互作用，这是通过包含一个 CXXC 结构域的 Cfp1 辅助蛋白来完成的（图 6-8A）（Lee and Skalnik, 2005；Lee et al., 2007）。结合 Cfp1 的染色质的高通量测序发现，在小鼠大脑中未甲基化 CpG 岛、H3K4me3 和 Cfp1 之间存在显著的重叠（Thomson et al., 2010）。此外，Cfp1 还特异性地与 DNA 甲基化特异等位基因位点（如印记位点、Xist 基因）的无甲基化等位基因结合。Cfp1 的缺失导致全基因组 H3K4me3 的显著减少。Cfp1 靶向 CpG 岛与启动子活性无关，因为在胚胎干细胞基因组中插入一个不转录、未甲基化的富含 CpG 的片段足以使 Cfp1 募集和 H3K4me3 成核。这表明，未甲基化的 CpG 招募 Cfp1，然后相关的甲基转移酶 Set1 在局部染色质上产生新的 H3K4me3 标记［第 2 章图 2-7-1（Blackledge et al., 2013）］。

CXXC 结构域也见于 Dnmt1（图 6-6）、甲基 CpG 结合蛋白 MBD1（Jorgensen et al., 2004）和 Tet1（一种类似的 Jumonji 酶，催化 5-甲基胞嘧啶转化为 5-羟甲基胞嘧啶）（图 6-8A）（Tahiliani et al., 2009）。有趣的是，频发性易位 t（10；11）(q22；q23) 在急性同源性白血病中被报道，导致产生融合转录本，将 MLL1

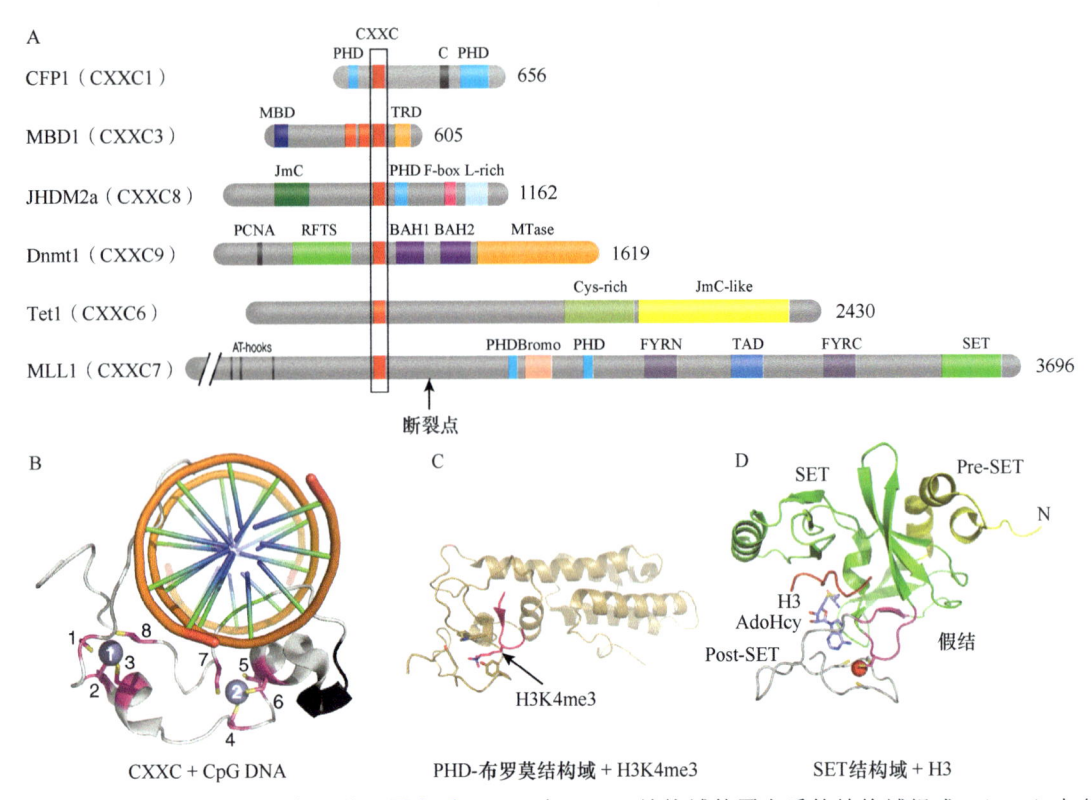

图 6-8 包括 MLL1 结构域的 CpG 相互作用蛋白质。（A）含 CXXC 结构域的蛋白质的结构域组成。（B-D）与组蛋白或 DNA 复合的三个分离的 MLL1 结构域结构。（B）与 CpG DNA 复合的氨基末端 CXXC 结构域（PDB 2KKF；Cierpicki et al.，2010）。（C）与 H3K4me3 肽复合的中心 PHD-布罗莫结构域（PDB 3LQJ；Wang et al.，2010）。（D）羧基末端 SET 结构域（PDB 2W5Z；Southall et al.，2009）。

的前六个外显子（包括 AT-hook 和 CXXC）合并到 TET1 靠羧基末端的 1/3 处，从而将 TET1 CXXC "替换" 为 MLL1 CXXC（标记为 MLL1 中的断裂点；图 6-8A）（Ono et al.，2002；Lorsbach et al.，2003）。这是否会导致甲基羟基化的靶向性发生改变还有待确定。

6.3.3 JHDM1 结合 CpG DNA 和去甲基化 H3K36me2

与 MLL/SET1 家族的组蛋白 H3K4 甲基转移酶类似，包含 Jumonji 结构域的组蛋白去甲基化酶，包括 JHDM1A（也称为 CXXC8 或 KDM2A；图 6-8A）和 JHDM1B（CXXC2 或 KDM2B），都具有 DNA 结合结构域 CXXC（Tsukada et al.，2006）。与 Set1-Cfp1 复合体一样，在全基因组范围内，JHDM1A 通过其 CXXC 结构域被招募到未甲基化的 CpG 岛（Blackledge et al.，2010）。与 Cfp1 类似，它定位到 CpG 岛与启动子活性和基因表达水平无关，与 CpG 岛周围区域或基因体也无关，只与 CpG 岛内 H3K36me2/me1 的选择性缺失有关［第 2 章图 2-7-1（Blackledge et al.，2002）］。JHDM1A/KDM2A 被敲低导致 H3K36me2 在这些区域选择性积累。与 DNA 甲基化限制 CXXC 蛋白定位的观点一致，在 DNA 甲基转移酶 Dnmt1$^{-/-}$ 小鼠中，JHDM1A/KDM2A 被错误定位到 DNA 低甲基化的着丝粒异染色质区。尽管体外研究表明 CXXC 结构域能够以微摩尔亲和力与 CpG 位点结合，但对 Set1-Cfp1 和 JHDM1A/KDM2A 的研究均表明 CXXC 蛋白在体内的靶向性取决于 CpG 密度及其甲基化状态。这些蛋白质可能以类似于 DNA 甲基转移酶 Dnmt3a-3L 复合体的方式寡聚，并在 CpG 密集的 DNA 上形成核蛋白纤丝（Jurkowska et al.，2008）。为增强 DNA 甲基化与 H3K36 甲基化之间的相关性，Dnmt3a 的 PWWP 结构域能够与 H3K36me3 结合（dhaylan et al.，2004）。2010）并指导 DNA 甲基化（Chen et al.，2004）。

6.3.4 H3K9 甲基化与 DNA 甲基化之间的联系

H3K9 的甲基化与 DNA 甲基化呈正相关关系，而与 H3K4 甲基化呈负相关关系。体内证据表明 H3K9 连锁的 DNA 甲基化代表了一种保守的沉默途径。对链孢菌（Neurospora）和拟南芥（Arabidopsis）的研究表明，DNA 甲基化严格依赖于 H3K9 甲基转移酶 Dim-5 和 KRYPTONITE（KYP；lamaru and Selker，2001；Jackson et al.，2002；Tamaru et al.，2003）。KYP 的 SRA 结构域（也称为 SUVH4）直接与甲基化的 CHG 寡核苷酸结合（Johnson et al.，2007），而一种负责 CHG 甲基化的植物特异性 DNA 甲基化酶 3（CHROMO-METHYLASE3，CMT3）通过其在同一多肽内的相关 BAH 和 chromodomain 结构域结合含有 H3K9me2 的核小体（Du et al.，2012），导致植物中 H3K9me2 和 CHG 甲基化之间的自增强循环。

对于哺乳动物，两种常染色质相关的 H3K9 甲基转移酶 G9a 和 GLR 形成异源二聚体，这与不同位点的 DNA 甲基化有关，包括印记中心、反转录转座子和卫星重复序列、G9a/GLP 靶启动子、Oct4 启动子及一组胚胎基因（Collins and Cheng，2010；Shinkai and Tachibana，2011）。此外，在小鼠胚胎干细胞中，G9a 对 DNA 的从头甲基化和新整合的前病毒的沉默是重要的（Leung et al.，2011）。G9a/GLP 异源二聚体与 chromodomain 蛋白 MPP8 相互作用，然后又与 DNA 甲基转移酶 Dnmt3a 和（或）甲基化 H3K9 相互作用（Kokura et al.，2010；Chang et al.，2011）。总之，这些发现至少部分地为染色质中 DNA 甲基化和 H3K9 甲基化的同时发生提供了分子解释。

哺乳动物的 DNA 甲基化与另外两种 H3K9 甲基转移酶之间的功能关系是复杂的，并且取决于环境，如 Suv39hl/h2（Lehnertz et al.，2003）或 SETDB1（Matsui et al.，2010）的缺失分别对组成性异染色质或内源性反转录转座元件的 DNA 甲基化仅有轻微影响。一个特别有趣的现象是，甲基 CpG 结合域蛋白 MBD1（图 6-8A）与 SETDB1（Sarraf and Stancheva，2004；Lyst et al.，2006）以及 Suv39hl/HPl 复合体（Fujita et al.，2003）形成稳定的复合体，构成异染色质特异性 H3K9me3 的写入器和阅读器。甲基 CpG 结合结构域（methyl-CpG-binding domain，MBD）存在于真核生物谱系保守的蛋白家族中。在某些情况下，这个结构域赋予了结合完全甲基化的 CpG 的能力。哺乳动物有五个已鉴定的 MBD 家族成员，每个成员都有独特的生物学特征 [Dhasarathy and Wade，2008；第 15 章（Li and Zhang，2014）]。SETDB1 还包含一个内在的假定 MBD 域，其中有两个保守的与 DNA 相互作用的精氨酸残基，它们是 MBD 结构域中与 DNA 直接接触的残基（综述见 Hashimoto et al.，2010）。SETDB1 的 MBD 结构域是否同样能够选择性地结合甲基化 DNA 还有待观察。DNA 甲基化"阅读器"（MBD）与 H3K9me3"写入器"（SETDB1）的耦合意味着这些标记的传播或维持的相互依赖机制。

最后，UHRF1 在调节 Dnmt1 对半甲基化 CpG 位点的特异性以及与组蛋白结合的潜在能力为确保 DNA 复制过程中表观遗传信息的精确传递提供了另一层机制。考虑到 UHRF1 有潜力与半甲基化 CpG（通过 SRA 结构域）和 H3K9me3（通过 Tudor 结构域）相互作用，并且已知与包括 Dnmt1、H3K9 甲基转移酶 G9a 和组蛋白乙酰转移酶 Tip60 在内的多种表观遗传调控因子相互作用。在有丝分裂过程中，UHRF1 和这个大复合体中的蛋白在 DNA 和组蛋白甲基化（特别是 H3K9）的耦合传递中可能起着更重要的作用。我们感兴趣的是，与植物 CMT3 一样，哺乳动物 Dnmt1（及其同系物，包括链孢菌 DIM2 和植物 MET1）在同一多肽内含有一个 BAH 结构域（图 6-6A）。目前还不清楚的是：Dnmt1 的 BAH 结构域是否同样能够结合甲基化的组蛋白，如 CMT3 的 BAH 结构域所识别的甲基化 H3K9，或如人类 ORC1（origin of replication complex，复制起始复合物）的 BAH 结构域所识别的甲基化 H4K20（Kuo et al.，2012）。

6.3.5 PHF8 结合 H3K4me3 并去除 H3K9me2

前面所讨论的例子部分解释了 DNA 甲基化和 H3K4 甲基化的负相关，以及 DNA 甲基化和 H3K9 甲基化在染色质中的同时发生机制。研究发现一种 DNA 去甲基化药物 5-氮杂-2'-脱氧胞苷（5-氮杂，5-aza-2'-deoxycytidine）（Yoo et al.，2007）可以导致 DNA 甲基化和 H3K9 甲基化的去除，而 H3K4 甲基化相应增加

（Nguyen et al., 2002），这进一步说明 DNA 甲基化、H3K4 甲基化和 H3K9 甲基化之间的功能联系。那么 H3K4 甲基化和 H3K9 甲基化的负相关是如何维持的呢？

　　PHF8 属于 Jumonji 蛋白的一个小家族，在小鼠和人类中有三个成员，即 PHF2、PHF8 和 KIAA1718（Klose et al., 2006）。PHF8 基因突变导致 X 连锁精神发育迟滞（Loenarz et al., 2010），斑马鱼中 KIAA1718（也被称为 JHDM1D）和 PHF8 同源蛋白的敲低导致大脑缺陷（Qi et al., 2010；Tsukada et al., 2010）。这些蛋白质在氨基末端的一部分含有两个结构域（图 6-9A），包括结合 H3K4me3 的 PHD 结构域和去甲基 H3K9me2、H3K27me2 或 H4K20me1 的 Jumonji 结构域。然而，H3K4me3 与 H3K9me2 在同一肽上使得双甲基化肽成为 PHF8 的一种更好的底物（Feng et al., 2010；Fortschegger et al., 2010；Horton et al., 2010；Kleine Kohlbrecher et al., 2010）。相比之下，H3K4me3 的存在有相反的效应，即它降低 KIAA1718 的 H3K9me2 去甲基化酶活性，而对其 H3K27me2 活性没有不利影响（Horton et al., 2010）。这两种酶之间底物特异性的差异可以通过 PHF8 的弯曲构象（图 6-9B）来解释。PHF8 允许其每一个结构域与各自的靶点结合，也可以通过 KIAA1718 的延伸构象来解释，当其 PHD 结构域与 H3K4me3 结合时，KIAA1718 阻止其 Jumonji 结构域接近 H3K9me2（图 6-9C）。因此，与 H3K4me3 结合的 PHD 结构域和起催化作用的 Jumonji 结构域与活性表观遗传标记相关的位置之间的结构联系决定了这些去甲基化酶移除哪些抑制标记（H3K9me2 或 H3K27me2）。因此，已有数据表明拥有 Jumonji 结构域的 PHF8 和 KIAA1718 本身是混杂酶；PHD 结构域和连接子（两个结构域相对位置的决定因子）决定了底物特异性。

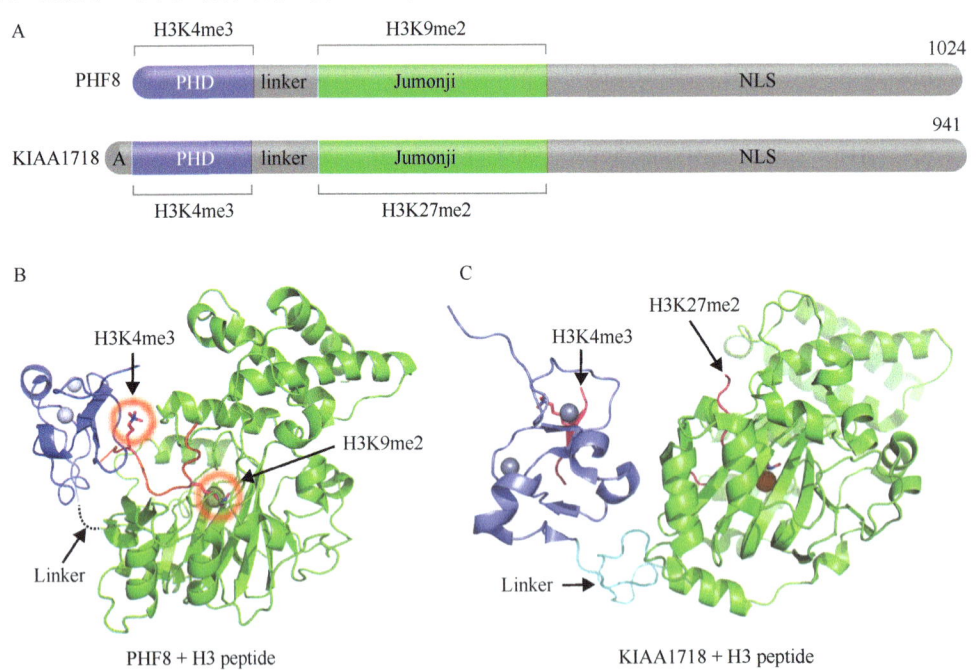

图 6-9　**Jumonji 和 PHD 之间的甲基赖氨酸协同擦除**。（A）PHF8 和 KIAA1718 域结构示意图。（B）与组蛋白 H3 肽（红色）结合的 PHF8 弯曲构象，包含 K4me3 和 K9me2（红色圆圈；PDB 3KV4）。（C）KIAA1718（PDB 3KV6）的扩展构象。组蛋白 H3 肽的位置取自线虫 KIAA1718（PDB 3N9P）的共晶结构。

　　对线虫 KIAA1718 的结构研究表明，PHD 和 Jumonji 结构域可能行使了反式组蛋白肽结合功能，其中与 PHD 结构域结合的肽以及与 Jumonji 结构域结合的肽可能来自同一核小体或两个相邻核小体的两个独立组蛋白分子（Yang et al., 2010）。反式结合机制对于 PHF8 是一个吸引人的模型，可以解释 PHF8 在体内也作为 H4K20me1 去甲基化酶发挥作用，而其 PHD 结构域在核小体背景下与 H3K4me3 相互作用（Liu et al., 2010；Qi et al., 2010）。但还有一件必须解释的事是为什么 PHF8 只对单甲基化 H4K20（H4K20me1）有效，而对二甲基化 H3K9 和 H3K27 无效。一种可能是在体内只有 H4K20me1 与 H3K4me3 共存。

6.4 总　　结

多个共价染色质修饰（包括 DNA 甲基化）的组合读出是"组蛋白密码"假说的预测（Strahl and Allis，2000；Jenuwein and Allis，2001；Turner，2007）。尽管人们普遍认为，DNA 甲基化模式在细胞分裂过程中通过依赖于 DNMT1 的机制以半保守的方式复制[第 15 章（Li and Zhang，2014）]，但一个根本性的未解决的问题是，是否组蛋白修饰也是类似地"遗传"的，若是的话，那么它如何进行类似的"遗传"。考虑到研究得很清楚的赖氨酸甲基化事件存在于组蛋白 H3（K4、K9、K27、K36 和 K79）或 H4（K20）上，这得出了一个模型，即其中"旧的"组蛋白甲基化模式可能保留（可能由 UHRF1）并复制到邻近亲本核小体的新加载四聚体上。事实上，许多 SET 域组蛋白甲基转移酶包含识别它们，并产生的相同标记的阅读器结构域，从而允许将这些标记从旧核小体复制到新核小体。例如，G9a/GLP 催化 H3K9me1/2 并含有结合 H3K9me1/2 的锚蛋白重复结构域（Collins et al.，2008）。同样，H3K9me3 写入器 SUV39H1/2 与 H3K9me3 阅读器 HP1 互作（综述见 Grewal and Jia，2007）。类似地，酵母 Clr4 甲基化 H3K9，并含有结合 H3K9me3 的克罗莫结构域（Zhang et al.，2008）。这种结构域间串扰提供了传播甲基标记的可能机制。因此，高等生物已经进化出一种协调的机制，即将抑制性染色质标记写入并传递至 DNA 和组蛋白。有更复杂串扰关系的酶包括 PHF8，它在同一多肽中包含用于识别（PHD）和去除（Jumonji 结构域）甲基标记的模块。该串扰提供了一种识别现有活性甲基标记（H3K4me3）并移除抑制性甲基标记（H3K9me2 或 H4K20me1）的可能机制。更复杂的情况是 JARID1A，它包含多个 PHD 结构域，分别用于识别底物（H3K4me3）和 Jumonji 结构域的催化产物（H3K4me0）（Wang et al.，2009b）。

我们还讨论了在 DNA 甲基化（或无甲基化）和可能在同一核小体上的组蛋白标记之间进行交叉对话的酶复合体。其中包括 Dnmt3a-Dnmt3L 复合体，其包含与 DNA 甲基转移酶活性偶联的 H3K4me0 的阅读器结构域，而 MLL1（或 Set1-Cfp1 复合体）包含用于 DNA 的 CpG 阅读器和用于甲基化 H3K4 的 SET 结构域（图 6-10A）。哺乳动物 Dnmt1-UHRF1 复合体（Rothbart et al.，2012）以及植物特异的 CMT3（Du et al.，2012），包含 H3K9me3/2 和 DNA 甲基转移酶活性的阅读器（图 6-10B）。Jumonji H3K36me3 特异性去甲基化酶 JHDM1 的功能与 CXXC 结构域相关，CXXC 结构域与未甲基化的 CpG DNA 结合（图 6-10C）（Blackledge et al.，2010）。

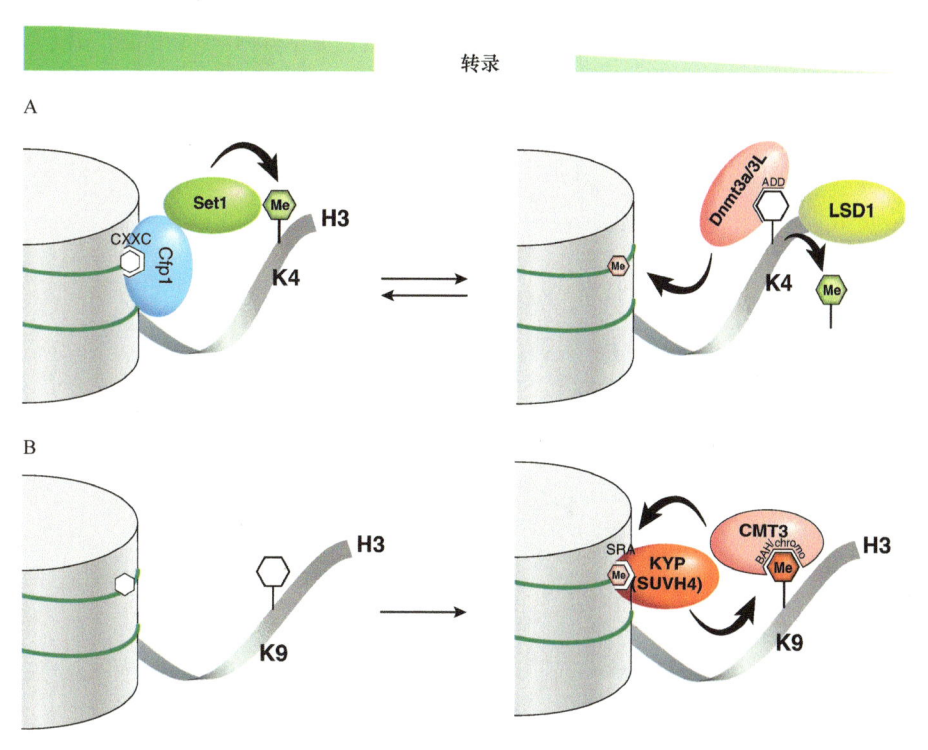

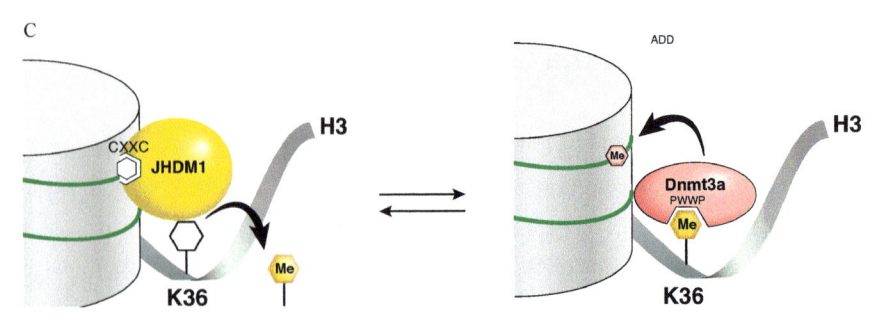

图 6-10 调控 DNA 甲基化及其相关的组蛋白 H3 修饰的相互作用示意图。组蛋白和 DNA 甲基化之间有三个 PTM 串扰的例子。左边的染色质代表转录活跃状态，而右边的染色质代表转录抑制状态。"Me"标记的填充六边形表示 DNA（粉红色）或蛋白质赖氨酸残基（K）中的一个或多个甲基。甲基化写入器和擦除器的催化作用用弯曲的黑色箭头表示。甲基化阅读器通过特定的标记相互作用，这些标记以锁–钥方式与甲基化（填充六边形）或非甲基化 CpG 或赖氨酸（未填充六边形）相匹配。（A）Dnmt3a-Dnmt3L 复合物和 SET1/CFP1 复合物的酶促反应调节 DNA 甲基化和 H3K4 甲基化的反向相关性。（B）在植物中，CMT3 和 KYP 的酶促反应增强了 DNA 中 CHG 甲基化和 H3K9 甲基化之间的相关性。（C）Dnmt3a 和 JHDM1 的酶促反应正调节 DNA 甲基化与 H3K36 甲基化的关联。

涉及 DNA 甲基化的另一个有趣的现象是其与组蛋白变体 H2A.Z 的相互拮抗关系（Zilberman et al.，2008；Conerly et al.，2010）。这种拮抗是如何确立的还不清楚。一种可能机制是组蛋白变体 H2A.Z 通过 ATP 酶复合体的重塑优先加载到缺乏 DNA 甲基化的区域。另一种情况是含有组蛋白变体 H2A.Z 的核小体不再是 DNA 甲基转移酶的底物。未来的实验需要揭开开正确组装的机制，以准确修饰染色质。虽然该领域仍面临一些关键问题，但结构分析仍然将继续发挥主要或协同作用，与生化和遗传研究一起解决这些问题。

致　　谢

作者感谢实验室以前的和现有的成员，Xing Zhang 编制了表 6-1，并感谢美国国立卫生研究院（GM049245）的支持。

（孙镇菲　译，方玉达　校）

第7章

组蛋白表观遗传标记和 DNA 甲基化标记读取的结构解析

丁肖·J. 帕特尔（Dinshaw J. Patel）

Structural Biology Department, Memorial Sloan-Kettering Cancer Center, New York, New York 10065
通讯地址：pateld@mskcc.org

摘 要

本章概述了以组蛋白赖氨酸甲基化（Kme）标记和 5mC-DNA 标记为靶标的蛋白质模块及其识别的分子机制。重点讨论了单个阅读器分子读取单一标记的结构基础，以及组蛋白尾巴和在核小体水平上通过连接的多阅读器读取多价标记的结构基础。本章所讨论的其他主题包括组蛋白类似物的作用、组蛋白标记之间的互作、全基因组水平上的技术发展、化学生物学方法的进展、组蛋白与 DNA 甲基化之间的联系、调节性 lncRNA 的功能以及基于染色质的治疗方法的前景。

本章目录

7.1 引言
7.2 通过 PHD 指和 BAH 模块读取 Kme 标记
7.3 通过单个 Royal 家族模块读取 Kme 标记
7.4 通过串联 Royal 家族模块读取 Kme 标记
7.5 通过组合和配对模块读取 Kme 标记
7.6 通过 Tudor 模块读取甲基化精氨酸标记
7.7 未修饰赖氨酸标记的读取
7.8 未修饰精氨酸标记的读取
7.9 肽水平上通过连锁结合模块的多价读取
7.10 核小体水平通过连锁结合模块的多价读取

7.11 PHD-BROMO 盒的非染色质功能角色
7.12 组蛋白标记间的互作
7.13 组蛋白类似物
7.14 DNA 上全甲基化 5mCpG 位点的读取
7.15 DNA 上半甲基化 5mCpG 位点的读取
7.16 展望与未来挑战

概　述

本章重点讨论组蛋白和 DNA 甲基化翻译后修饰（posttranslational modification, PTM）的读取及其对染色质结构和功能的影响。PTM 通常作为读取器模块的锚定位点，读取器模块含有结合的染色质修饰因子和重塑活性。染色质修饰因子的表观活性可以改变核小体内部和核小体之间的非共价接触，从而影响功能。在特定的基因组位点，甲基化和其他 PTM 可以有不同的组合。这些 PTM 的多价（不止一个标记）读取影响许多以 DNA 为模板的过程，包括从基因转录到 DNA 复制、重组和修复。由阅读器的突变而导致的阅读器的失调会导致基因表达模式和（或）基因组改变，从而促进疾病的发生。针对这些功能障碍的新一代表观遗传药物正在开发，为一种新的治疗方法。

本章首先介绍组蛋白和 DNA 甲基化标记的概况，然后对使用芳香笼（aromatic cage）捕获机制读取甲基赖氨酸（Kme）和甲基精氨酸（Rme）标记的各种单个和串联阅读器模块家族进行分类。接下来，重点介绍了最新的读取器模块，这些模块识别未经修饰的赖氨酸和精氨酸标记，以及作为调节功能输出的调节平台的阅读器盒（reader cassette）。本章还概述了 PTM 之间互作的可能性，即阅读器模块与特定标记的结合要么在空间上阻断了相邻的修饰位点，要么有助于招募额外的模块来修饰附近的残基。此外，组蛋白类似物作为一组不同的非组蛋白，我们也将进行讨论，它们也是甲基化的靶点，将可用的 Kme 识别原理扩展到染色质调节的范围之外。接下来讨论 DNA 胞嘧啶甲基化（5mC）标记及其 5mC 结合结构域（5mC-binding domain, MBD）和含锌指的模块的读取，这些模块具有序列特异地识别含 5mC 的完全甲基化 CpG DNA 位点的能力。本章还强调了哺乳动物和植物中半甲基化 CpG DNA 位点上 DNA 甲基化标记的建立和（或）维持所需的、结合 5mC 的 SRA（SET and RING-associated）结构域。

本章最后提出了新的倡议和进展，以及有望增进我们目前对组蛋白和 DNA 甲基化标记读取的机制进一步理解的未来方向。未来挑战包括全基因组水平的技术发展、设计核小体的化学生物学方法、核小体水平上的组蛋白标记读取的结构方法。本章还概述了关于氧化性 5mC DNA 加合物的读取，调控性非编码 RNA 在表观遗传调控中的作用以及组蛋白与 DNA 甲基化之间联系的新进展。本章还讨论了 Kme 阅读器模块和长的基因间非编码 RNA 在表观遗传途径上的失调导致的疾病，并概述了小分子鉴定和功能表征方面的挑战，这些小分子被位点特异靶向到能够读取 Kme 的芳香族囊中。

7.1 引　言

核小体核心颗粒由两圈约 147bp 的 DNA 超螺旋组成，包裹在一个紧密的组蛋白八聚体核心上，该核心包含 H2A、H2B、H3 和 H4 四个亚单位（Luger et al., 1997）。核小体经逐步折叠被组装成高阶结构，最终形成染色体。从这四个组蛋白核心伸出的氨基尾巴被翻译后共价修饰（PTM）（Allfery et al., 1964），加载的标记如甲基化、乙酰化、磷酸化和泛素化，同时 DNA 上还存在胞嘧啶甲基化修饰。近来由于先进的质谱和抗体技术发展，组蛋白羧基尾巴和甚至球状核心折叠区都发现修饰。另外，新的 PTM 修饰如 SUMO 化、ADP 核糖化、脯氨酸异构化、瓜氨酸化和糖基化也被鉴定出来［见附录 2（Zhao and Garcia，2014）］。

PTM 标记是动态的，在以分钟为单位的时间内被写入和擦除。作为多结构域蛋白质复合体的阅读器模块识别 PTM 标记后有助于将其他亚单位固有的酶活性招募和连接到染色质。因此，组蛋白和 DNA 共价 PTM 为在核小体水平上的位置（如 H3 的赖氨酸 4）和状态（如单、二或三甲基化）特异性读取的活性组装提供了支架。它们还具有调节高阶染色质结构和（或）非组蛋白及对 DNA 重塑活动至关重要酶的有序招募的能力。因此，PTM 充当表观遗传信息载体，将信息扩展到 DNA 序列之外。这种染色质以 PTM 的形式储存和传递有用信息的能力导致了组蛋白-DNA 相互作用的改变。PTM 导致染色质模板相关过程的动态变化，包括反映特定 DNA 片段可及性的转录效率的改变。

组蛋白标记特异性 ChIP 芯片（chromatin immunoprecipitation with DNA microarray analysis，染色质免疫沉淀与 DNA 微阵列分析）和 ChIP-seq（chromatin immunoprecipitation with next generation sequence technology，染色质免疫沉淀结合下一代测序技术）的出现，使组蛋白标记在全基因组水平上得以注释，为研究 PTM 标记在基因组不同片段上的分布提供了独特的视角，还确定了特定标记与下游功能结果的全局关联。此外，由 modENCODE 协会进行的全基因组染色质组织研究还发现了在模式生物中的特定发育阶段的 PTM 与调节通路之间的联系。

一些组蛋白残基和 DNA 胞嘧啶的甲基化是已被广泛研究的 PTM。本章重点讨论甲基化标记阅读器如何识别甲基化标记的结构基础，以及这些识别和相互作用的功能性后果，还有它们如何与其他组蛋白 PTM 发生联系。

7.1.1 组蛋白尾巴的赖氨酸和精氨酸甲基化

赖氨酸甲基化在已知的 PTM 中是独一无二的，这是因为它的相对稳定性、多价性（即存在单价、二价和三价状态）以及它与其他修饰关联的潜力。赖氨酸的疏水性在甲基化后增加，而净电荷没有变化。这与赖氨酸乙酰化或丝氨酸磷酸化修饰的电荷变化形成对比。

组蛋白 H3 上的赖氨酸（K）甲基化主要位点位于 K4、K9、K27、K36 和 K79 位置（图 7-1A），同时在 H4 的 K20 上和 H1 的 K26 上也各有一个位点。其中，H3K4、H3K36 和 H3K79 甲基化标记与转录激活有关，而 H3K9、H3K27 和 H4K20 甲基化标记与转录抑制有关（图 7-1A）。一些位点如 H3K9 和 H3K27 位于一个共有的 A-R-K-S 序列中（图 7-1B）。每个位点的特异性标记由一种被归类为组蛋白赖氨酸甲基转移酶（histone lysinemethyltransferase，KTM）的特异酶写入，而被组蛋白赖氨酸去甲基化酶（histone lysine demethylase，KDM）擦除。每个写入器和擦除器的酶催化活性是底物特异性的，即对单个或一组甲基化状态有效，如单甲基化、二甲基化、三甲基化赖氨酸（Black et al.，2012；Greer and Shi，2012）。特异性赖氨酸标记的富集可在基因组的特定区域被发现。

精氨酸（R）主要的甲基化位点位于组蛋白 H3 上的 R2、R8、R17 和 R26（图 7-1A），H4 上的 R3 以及 H2A 的 R11 和 R29 处。这些标记由蛋白质精氨酸甲基转移酶（arginine methyltransferase，PRMT）写入，并由脱氨基酶擦除，这些酶根据甲基化状态（单甲基化、对称二甲基化和不对称二甲基化精氨酸）行使功能。

有人提出，阅读器对甲基化和其他标记（如乙酰化、磷酸化、泛素化）的多价读取可调节转录过程。这是依赖细胞的发育阶段和生理状态的精确调控方式，根据染色质重塑复合体的活性来发挥功能［第 21 章（Becker and Workman，2013）］，转录速率的改变也对外界刺激敏感（Strahl and Allis，2000；Jenuwein and Allis，2001；Gardner et al.，2011）。染色质多聚物的有意义变化也可能是由组蛋白变体替换（如 H2A.Z 代替 H2A 或 H3.3 代替 H3.1/2）引起的［第 20 章（Henikoff and Smith，2014）］。

阅读器模块的结合囊以特定序列和状态方式识别组蛋白甲基化标记。这些结合囊的结构和分子识别的原理对我们理解染色质的功能具有重要意义。一个显而易见的问题是，识别是否能以 Kme 侧链的芳香笼式

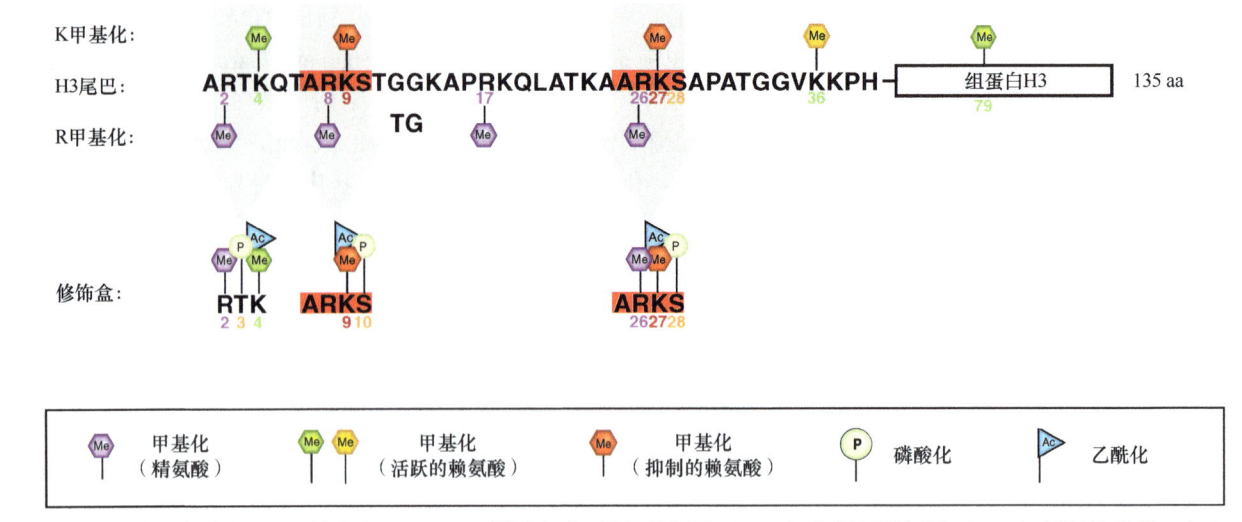

图 7-1 H3 尾巴序列和 PTM 的分布。（A）H3 尾巴序列、甲基赖氨酸（Kme）和甲基精氨酸（Rme）标记的位置。（B）H3 尾巴内 R2-T3-K4、A7-R8-K9-S10 和 A25-R26-K27-S28 片段相邻标记的定位。Kme 标记被划分为活跃标记和抑制标记。

捕获识别模式以外的过程进行（2.1 节；Taverna et al.，2007）。同时，是否可以设计已知的 Kme 结合囊来识别和区分不同的（单、二和三）Kme 状态，也是一个有趣的研究方向。

越来越多的人类疾病，从自身免疫性疾病到癌症，都与组蛋白甲基化标记写入器、阅读器和擦除器的异常有关（Chi et al.，2010；Dawson and Kouzarides，2012）。研究表明，这些分子中的许多突变影响这些表观遗传调控因子的功能，并且常常影响到整个染色质重塑复合体。为此，研究者开展了寻找可行的表观遗传疗法的研究，包括选择性靶向阅读器模块上 Kme 结合囊的小分子。

关于组蛋白标记读取的早期结构与功能研究有几篇优秀的综述（Kouzarides，2007；Kouzaridesand Berger，2007；Ruthenburg et al.，2007a，b；Taverna et al.，2007；另见 Yap and Zhou，2010；Bannister and Kouzarides，2011；Khorasanizadeh，2011；Musselman et al.，2012b）。在这一章中，我们提供了一个关于组蛋白甲基化标记读取的全面的、最新的（直到 2012 年 12 月底）结构概述。在相关章节中，我们对组蛋白 Kme 标记的写入器和擦除器［第 6 章（Cheng，2014）］以及组蛋白赖氨酸乙酰化标记的写入器、阅读器和擦除器［第 4 章（Marmorstein and Zhou，2014）；第 5 章（Seto and Yoshida，2014）］给出了结构与功能。

7.1.2　DNA 中的胞嘧啶甲基化

哺乳动物基因组中 CpG 位点的胞嘧啶甲基化是一个进化上古老的表观遗传标记。虽然脉孢菌和果蝇在有限的程度上也含有这种标记，但 DNA 胞嘧啶甲基化主要在哺乳动物和植物中作为表观遗传调控标记发挥作用［后者在第 13 章（Pikaard and Mittelsten Scheid，2014）中讨论］。哺乳动物的这种表观遗传改变与基因沉默有关，同时有助于染色质结构和基因组的稳定（Li and Bird，2007；Jones and Liang，2009；Law and Jacobsen，2010）。甲基标记在胚胎发育过程中，通过从头 DNA 甲基转移酶（DNMT3A 和 DNMT3B）及其调节因子 DNMT3L，在 CpG 中加载在胞嘧啶（5mC）的第 5 位上。DNA 甲基转移酶（DNMT1）在多轮细胞分裂过程中严格地维持了该标记，从而通过基因组的表观遗传标记建立了一种细胞记忆形式［如第 15 章图 15-2 所示（Li and Zhang，2014）］。DNA 甲基转移酶的靶向突变能致死的事实表明了 DNA 甲基化的重要性。在机制上，DNA 甲基化影响转录因子结合亲和度从而影响基因表达，或者 5mC 结合蛋白向甲基化启动子片段招募阻遏复合体引起转录沉默。因此，DNA 甲基化在不同发育阶段的组织特异性基因表达模式的建立和维持中起着至关重要的作用。关键的发育过程，如 X 染色体失活、印记基因的单等位基因表达、转座子和前病毒基因组的沉默，都使用 DNA 甲基化作为复杂调控网络的组成部分［进一步阐述见第 26 章

（Barlow and Bartolomei，2014）；第 25 章（Brockdorff and Turner，2014）；第 13 章（Pikaard and Mittelsten Scheid，2014）]。

超过 70% 的 CpG 位点在体细胞组织的 DNA 中甲基化，但它们在富含 CpG 和贫 CpG 的区域内沿着基因组不对称分布。例如，着丝粒周围异染色质是高甲基化的，但总的 CpG 很少。这些不易接近的异染色区域的 DNA 全局甲基化需要 SWI/SNF 样的染色质重塑蛋白的参与，以允许 DNA 甲基转移酶的进入。相反，CpG 岛是低甲基化的，对全局 DNA 甲基化免疫。CpG 岛是短的富含 CpG 的序列，长度约 1kb，在基因组 DNA 中的占比＜1%，标记启动子和基因的 5′ 末端。最新的基因组图谱提供了对转录起始位点、基因体、调控元件和重复序列的 DNA 甲基化分布模式的更详细见解，在 DNA 甲基化和转录抑制之间建立了联系 [第 15 章（Li and Zhang，2014）；Jones，2012]。DNA 甲基化是一种动态标记，主要在哺乳动物早期发育过程中加载、去除和重建。

越来越多的人类疾病，从印记疾病（如 Beckwith-Wiedemann、Prader-Willi 和 Angelman 综合征）到重复序列不稳定性疾病（如脆性 X 综合征和面肩肱型肌营养不良）和癌症都与异常 DNA 甲基化有关 [Robertson，2005；Baylin and Jones，2011；第 33 章（Zoghbi and Beaudet，2014）；第 34 章（Baylin and Jones，2014）]。这些疾病可能涉及甲基化的不当建立或维持，导致染色质状态和（或）核小体定位的改变（Baylin and Jones，2011）。DNA 甲基化模式的另一个可能偶尔导致疾病的特征是 5mC 对胸腺嘧啶的自发脱氨敏感性。CpG 位点的这种不稳定性反映在三分之一的点突变是 CpG 序列的 C-T 转换这一事实上，也解释了随着进化的推移，哺乳动物基因组中 CpG 呈现为降低到五分之一的水平。DNA 甲基化机制组分的突变也可能导致疾病，如 DNMT3B 的突变导致免疫缺陷和血癌，而 MeCP2（一种 5mCpG 结合蛋白）的突变导致 Rett 综合征，它是一种严重的神经系统疾病。

第 15 章（Li and Zhang，2014）以及一些优秀的综述回顾了基因组 DNA 甲基化及其建立和维持的各种主题（Klose and Bird，2006；Jones and Liang，2009；Law and Jacobsen，2010）。在本章中，我们提供了关于 5mCpG 标记读取的全面最新（直到 2012 年 12 月底）结构概述，并将这些结果置于功能环境中考虑。

7.2 通过 PHD 指和 BAH 模块读取 Kme 标记

首先，本节将重点放在 PHD（plant homeodomain）指和 BAH（bromo-adjacent homology）结构域上，描述 Kme 标记的阅读器模块。PHD 指是染色质重塑因子中非常常见的一个模块，通常紧邻其他阅读器模块。尽管最初被认为参与了蛋白质–蛋白质和蛋白质–脂质的相互作用，但在 2006 年，结构和功能研究表明 PHD 指是组蛋白尾部 Kme 标记的阅读器，这一发现促进了表观遗传调控领域基于结构的研究。如 7.9.1 和 7.10.1 节所述，PHD 指阅读器经常参与核小体水平上的多价读取（与其他阅读器模块组合共同对组蛋白 PTM 读取）。BAH 结构域最初也被认为是蛋白质–蛋白质相互作用模块，直到 2012 年它也被证明是组蛋白尾部 Kme 标记的阅读器。PHD 指和 BAH 结构域都非常有趣，因为它们的功能障碍会导致疾病的发生，如 ORC1（origin of replication 1 protein）蛋白的 BAH 结构域中的特定突变造成 Meier-Gorlin 初生矮小综合征（Meier-Gorlin primordial dwarfism syndrome）。

7.2.1 PHD 指结构域

组蛋白尾部的 Kme 构成表观遗传索引系统的关键组成部分，与染色质的转录活性密切相关。特别是 H3K4me3 标记，与启动子附近的核小体和高转录基因的 5′ 端有关（Santos-Rosa et al.，2002；Bernstein et al.，2006）。BPTF（bromodomain and PHD domain transcription factor，bromodomain 和 PHD 结构域转录因子）是一种以两种阅读器模块命名的蛋白质。PHD 指的功能研究确定了其在核小体重塑因子（nucleosome remodeling factor，NURF）复合体介导的 ATP 依赖性染色质重塑中的作用。NURF 复合体直接与 H3K4me3

相关，在发育过程中维持 HOX 基因表达模式（Wysocka et al.，2006）。

PHD 指（50～80 个残基）（Bienz，2006）具有有限的二级结构（双链 β-片和短 α-螺旋），其中交叉支撑拓扑由两个锌离子与一个含 Cys4-His-Cys3-的片段配位稳定（Pascual et al.，2000）。与 H3K4 的高 Kme 状态结合的 BPTF 蛋白质中 PHD 指（Li et al.，2006；Wysocka et al.，2006）、ING2（inhibitor of growth 2，生长抑制剂 2）（Pena et al.，2006；Shi et al.，2006）和 YNG1（Tavema et al.，2006）的结构与功能研究揭示了它们以特定序列和甲基化状态发生的分子识别原理（Ruthenburg，2007a；Taverna et al.，2007）。下面我们将重点放在 BPTF 系统上，因为这个 PHD 指是 PHD 指-布罗莫结构域盒（7.9 节和 7.10 节中详细讨论）的一部分，并且因为结构和功能研究都是在肽（Ruthenburg et al.，2007a）和核小体（Ruthenburg et al.，2011）水平上进行的。

使用细胞核提取物的无偏 pull-down 分析初步已确定 BPTF 的第二个 PHD 指是 H3K4me3 标记的特异阅读器（Wysocka et al.，2006）。该 PHD 指与转录激活相关联的 H3K4 的高甲基化状态相结合，对 H3K4me3 的解离常数（K_d）为 2.7μmol/L，而对含 H3K4me2 肽的解离常数（K_d）为 5.0μmol/L，同时区分单甲基化（me1）和未修饰（me0）对应物。观察到的解离常数的中间水平（即 μmol/L 水平；高水平，nmol/L；低水平，mmol/L）反映了在表观遗传调控过程中通过阅读器和擦除器模块与这些标记结合和解离之间所需的平衡。通过 X 射线（图 7-2A）和核磁共振（nuclear magnetic resonance，NMR）解析结合了 H3（1-15）K4me3 肽的 BPTF PHD 指的结构，结果表明组蛋白肽采用 β-构象与 PHD 指的 β-片配对，形成三链反向平行，并由复合体形成过程中 PHD 指表面的骨架分子间氢键所稳定（图 7-2B）（Li et al.，2006）。H3K4me3 的序列特异性涉及复合体中氨基末端、R2 侧链和 K4me3 标记的识别。这将 H3 的 A1-R2-T3-K4me3 序列片段与嵌入在 A-R-Kme3-S 序列（图 7-1B）中的其他 Kme 标记（如 H3K9 和 H3K27）以及 H3K36 和 H4K20 区别开来。K4me3 位于由四个芳香残基组成的口袋中，称为"芳香笼"，并通过静电阳离子-π（Ma and Dougherty，1997）和疏水相互作用（图 7-2A、C）稳定。R2 和 K4me3 的长侧链位于相邻的预成形"表面凹槽"识别囊

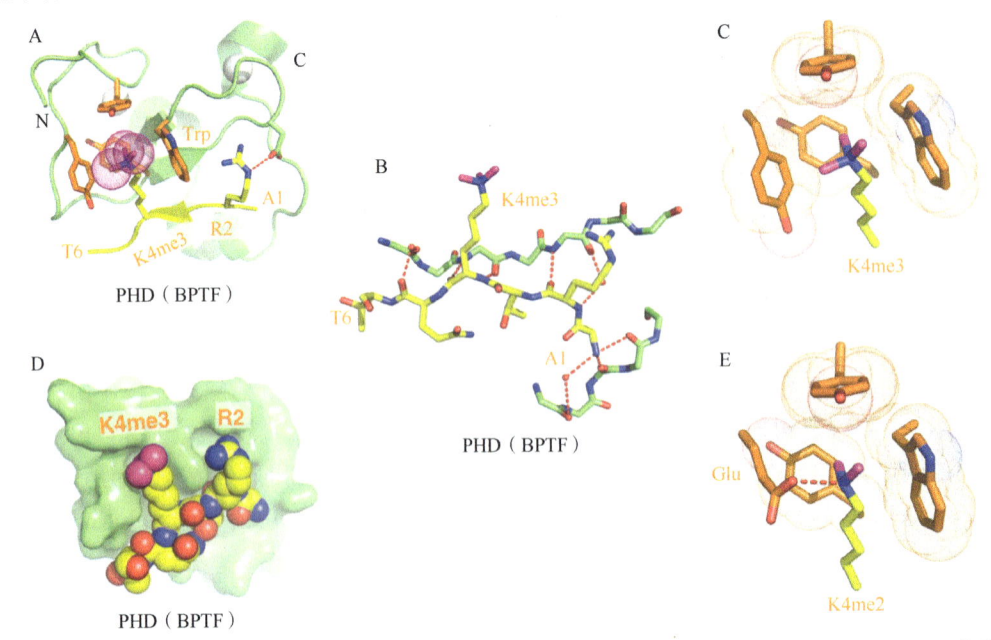

图 7-2　**BPTF PHD 指与 H3K4me3 多肽结合的结构。**（A）与 H3（1～15）K4me3 肽结合的 BPTF PHD 指的 2.0Å 晶体结构（PDB：2F6J）。条带表示 PHD 指（作为 PHD 指-bromo 盒的一部分）为绿色，两个稳定结合的锌离子以银色小球表示。从 A1 到 T6 的结合肽以黄色展示，Kme3 的三甲基以洋红色的点球展示。形成芳香笼的残基以橙色表示。（B）含 H3K4me3 的结合肽和 PHD 指的 β-链的反平行排列的细节，导致在复合体形成时产生反平行的 β-折叠片。注意，带正电的氨基末端固定在自己的囊中。（C）K4me3 基团定位在复合体的芳香笼内。（D）R2 和 K4me3 侧链在相邻开放表面囊中的定位（表面凹槽模式），由复合物中不变 Trp 的吲哚环分离。PHD 指和肽分别以表面和空间填充展示。（E）K4me2 组放入一个改造的囊中，其中含有取代 Tyr（见 C）的 Glu 残基（PDB：2RIJ）。

中，与不变 Trp 残基的吲哚基分离（图 7-2D），这种接合作用有助于 H3K4me3 识别的特异性。Arg2 的胍基受到主链羰基和酸性侧链之间形成的分子间氢键的限制，而氨基末端识别（通过与主链羰基的氢键）对于复合体的形成也很重要（图 7-2B），反映在对氨基末端延伸肽的分离上。芳香族残基突变时，结合亲和力显著降低，尤其是分离 R2 和 K4me3 的 Trp 残基，这与该突变相关的发育缺陷一致（Wysocka et al.，2006）。观察到的 H3K4me3（K_d 为 2.7μmol/L）相对于 H3K4me2（K_d 为 5μmol/L）的适度偏好可用谷氨酸替换笼衬芳香氨基酸之一后逆转，从而促进 Kme2 的二甲基铵质子与谷氨酸侧链的羧酸盐之间形成氢键（图 7-2E）（Li et al.，2007a）。上述结构结果解释了为什么 H3K4me3 的整体丢失会导致 BPTF 染色质结合的缺失（Wysocka et al.，2006）。

对其他 PHD 指的结构功能研究突出了其在识别组蛋白尾部 Kme 标记方面的可塑性（即芳香和非芳香氨基酸形成的笼状结构）（Musselman and Kutateladeze，2011；Sanchez and Zhou，2011）。因此，ING2 的 PHD 指上的平行结构与功能研究解释了为什么 ING2 的 PHD 指对 H3K4me3 的识别会稳定增加基因启动子处的 mSin3a HDAC1 复合体，以对 DNA 损伤做出反应，其中 ING2 的 PHD 指是抑制性 mSin3a HDAC1 组蛋白去乙酰化复合体的天然亚基（Pena et al.，2006；Shi et al.，2006）。在 ING2 复合体中，芳香笼由一个 Trp 和一个 Tyr 组成，还有 Met 侧链有助于形成囊。H3K4me3 与 ING2 PHD 复合体之间结合能力的破坏会削弱 ING2 在体内诱导细胞凋亡的能力（Pena et al.，2006）。

在另一项重要的结构与功能研究中，RAG2 的 PHD 指，作为 RAG1/2 V(D)J 重组酶的一个重要组成部分，介导抗原-受体基因组装 [解释见 29.4 节（Busslinger and Tarakhovsky，2014）]，通过 H3K4me3 读取耦合 V(D)J 重组（Matthews et al.，2007；Ramon-Maiques et al.，2007）。研究人员解析了与 H3K4me3 结合的 RAG2 PHD 指的结构，评估了 Arg2 甲基化的影响，揭示了阻碍分子间识别的突变严重影响了体内 V(D)J 重组，如同 H3K4me3 标记的缺失一样。有趣的是，RAG2 PHD 指-H3K4me3 肽复合体中由 Arg2 和 K4me3 侧链包围的 Trp 残基突变在免疫缺陷综合征患者中被发现，表明 Kme 标记读取被破坏可能是导致遗传性人类疾病的原因（Matthews et al.，2007）。

PHD 阅读器模块对组蛋白标记的阅读失调可以影响人类癌症，如 ING（生长抑制因子）中 PHD 指的体细胞突变对实体瘤的影响所显现的情形（Chi et al.，2010）。

7.2.2 BAH 结构域

BAH 结构域是与表观遗传传递和基因调控过程相关的蛋白质折叠，已在哺乳动物 ORC1、MTA1（NuRD 的一个亚单位，NuRD，即 nucleosome remodeling and deacetylase，核小体重塑复合体和去乙酰酶）、Ash1（包含 SET 结构域的 H3K36 甲基转移酶）以及酿酒酵母 Sir3 蛋白（酵母交配型位点处沉默所需的 Sir2-Sir3-Sir4 复合体的一部分）中鉴定到。在 DNMT1（哺乳动物维持 DNA 甲基转移酶）和酿酒酵母 RSC（染色质重塑复合体）中发现了串联 BAH 结构域对（Callebaut et al.，1999；Goodwin and Nicolas，2001；Vang and Xu 2012）。

BAH 结构域采用保守的 β-片层核心，从中伸出环和短螺旋片段，如酵母 ORC1p 的结构（图 7-3A）所示（Zhang et al.，2002）。BAH 结构域（大约 130 个残基）最初被认为只是一种功能未知的蛋白质-蛋白质相互作用模块。最新结果发现 BAH 结构域作为哺乳动物 ORC1（Kuo et al.，2012）和拟南芥 CMT3（玉米 ZMET2）（Du et al.，2012）的组成成分在肽水平上识别 Kme，以及作为酵母 Sir3（Arm et al.，2011）的组成成分识别非修饰单核小体，现在这个阅读器模块受到很大关注。BAH 结构域通常夹在其他组蛋白标记读取模块之间，如布罗莫结构域和 PHD 结构域，提示可能参与组合读取（Ruthenburg et al.，2007b）。

BAH 结构域的结构与功能研究表明哺乳动物 ORC1 是 H4K20me2 标记的阅读器，许多后生动物共同具有该特征，但酵母 ORC1 蛋白不具有该特征（Kuo et al.，2012）。哺乳动物 ORC1 是 ORC（origin of replication complex）复合体中最大的亚基，它是六亚基复合体中唯一含 BAH 结构域的亚基。ORC1 检查 DNA 复制的可行性（Duncker et al.，2009），有利于 ORC 复合体的结合和复制起始活性调控。与 H4K20me2

肽结合的 ORC1-BAH 结构域（图 7-3A）的结构表明，K20me2 的侧链插入 ORC1 的 BAH 结构域内的芳香笼（表面-沟槽识别）中，二甲基铵基团与 Glu 侧链形成氢键，通过疏水和阳离子 π 相互作用而稳定（图 7-3B）。形成囊的残基 Trp 和 Glu 侧链发生构象变化，从而在复合物形成时产生完整的芳香族笼。ORC1-BAH 结构域芳香族笼残基的突变破坏了 ORC1 在复制起始、ORC 染色质加载和细胞周期中的作用（Kuo et al., 2012）。Meier-Gorlin 综合征是一种初始侏儒综合症（Klingseisen and Jackson, 2011），与 ORC1-BAH 结构域的突变有关（Bicknell et al., 2011）。事实上，利用野生型而非 H4K20m2 结合突变蛋白质能够互补 orc1 缺失斑马鱼的生长迟缓表型，证实了 ORC1-BAH 结构域在该综合征中的核心作用（Kuo et al., 2012）。因此，上述研究确定了组蛋白甲基化与后生动物 DNA 复制机制之间的直接联系，并将 ORC1 识别的典型组蛋白 H4K20me2 标记与初始侏儒综合征联系起来。

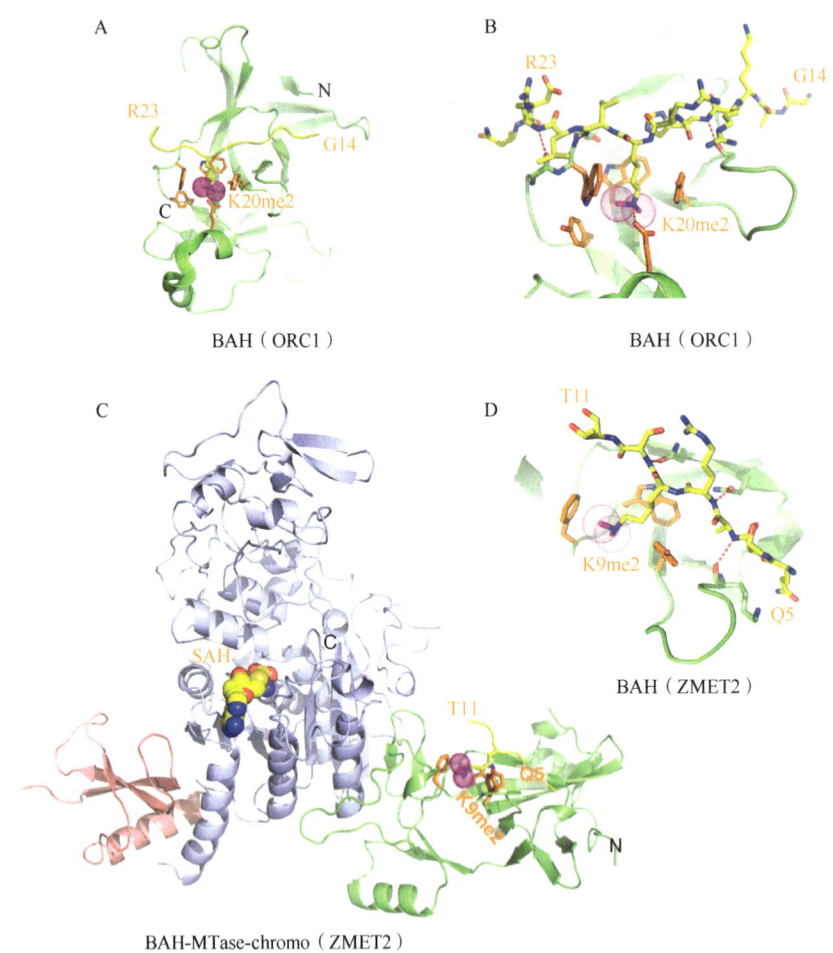

图 7-3 与 Kme 组蛋白肽结合的哺乳动物 ORC1 和植物 ZMET2 中 BAH 结构域的结构。（A）小鼠 ORC1 BAH 结构域与 H4（14～25）K20me2 肽（PDB: 4DOW）结合的 1.95Å 晶体结构。含 K20me2 的 H4 肽可从 G14 追踪到 R23。（B）A 的放大图展示了小鼠 ORC1 BAH 结构域上含 K20me2 的 H4 肽 G14 到 R23 的排列细节。H4K20 的二甲基铵基团插入 BAH 结构域的芳香族笼中。（C）玉米 ZMET2 BAH 结构域与 H3（1～32）K9me2 肽（PDB: 4FT4）结合的 2.7Å 晶体结构。克罗莫结构域、甲基转移酶和 BAH 结构域分别呈粉红色、蓝色和绿色；含有 K9me2 的 H3 结合肽呈黄色，可从 Q5 追踪到 T11。（D）放大图展示了含 K9me2 的 H3 肽从 Q5 到 T11 在玉米 ZMET2 BAH 结构域上的排列细节。H3K9me2 的二甲基铵基团插入 BAH 结构域中的一个芳香族笼中。

最近，研究表明哺乳动物 ORC1-BAH 结构域有几个蛋白质-蛋白质相互作用的界面。因此，除了参与 H4K20me2 相互作用的芳香笼片段，BAH 结构域还与蛋白激酶 cyclin E-CDK2 相互作用，以抑制参与中心体复制的激酶活性（Hossain and Stillman, 2012）。Meier-Gorlin 综合征在 ORC1 的 BAH 结构域内的突变缓解了这种抑制活性。在确定相互作用分子之间的复合体结构之后，后续研究可能会出现对激酶活性抑制特性的机制性理解。

酵母 ORC1-BAH 结构域参与了酿酒酵母中 *HM* 交配型基因座的转录沉默，这是一个表观遗传调控过程[第 8 章图 8-5（Grunstein and Gasser，2013）]。结合了 Orc1 中 BAH 结构域的 Sir 1（silencing information regulator 1，沉默信息调节因子 1）的结构研究表明，ORC1 BAH 结构域使用的结合表面与 Sir1 靶向的芳香笼结合面不同（Hou et al.，2005；Hsu et al.，2005），这与高等真核生物 ORC1 蛋白的结合方式形成对比。

在一项突破性的研究中，与核小体核心颗粒（nucleosome core particle，NCP）结合酵母 Sir3-BAH 结构域（包含 D205N 突变）的复合结构细节已被解析（Armache et al.，2011）。Sir3 是酵母中 Sir2-3-4 产生沉默染色质结构的一部分，而高等真核生物中广泛使用富含 H3K9me-HP1 的异染色质。在此简要讨论 Sir3-NCP 的结构以突出识别过程的主要特点。两个 Sir3 分子结合在不对称 NCP 表面的一侧，在复合体形成时接触所有四个核心组蛋白[示意图见第 8 章图 8-5（Grunstein and Gasser，2013）]。复合体是通过 NCP 表面和 Sir3 BAH 结构域上的互补表面之间的广泛连续相互作用形成的，这对转录沉默至关重要。复合体的形成导致 BAH 结构域和核小体上无序片段的结构重排。这种特殊的分子间接触很容易解释先前发现的众多基因突变，以及通过 H3K79 和 H4K16 修饰来调节的沉默复合体。

DNMT1 结构中的串联 BAH 结构域被一个 α-螺旋隔开，从而确保结构域之间的固定分离和相对定向（Song et al.，2011）。DNMT1-BAH1 结构域包含一个芳香笼，其表面与哺乳动物 ORC1 相同。然而，BAH2 结构域缺少这样一个芳香笼，而是含有一个很长的环，它在末端与甲基转移酶结构域的 TRD（目标识别结构域，target recognition domain）相互作用，从而使 TRD 维持在远离与其复合的未甲基化 DNA 的内缩位置[第 6 章（Cheng，2014）图 6-6 所示]，有助于形成自抑制构象。重要的是，DNMT1 中的 BAH1 和 BAH2 结构域都展示出可供进一步识别的大的可接近结构，表明它们可能是核小体的组蛋白尾巴和（或）其他相互作用的蛋白质。

植物 CMT3 蛋白（chromomethylase 3；玉米中的 ZMET2）的结构与功能研究也是一个组蛋白 Kme 标记识别的新例子（Du et al.，2012）。CMT3 是一种植物特异性 DNA 甲基转移酶，它以 H3K9me2 依赖的方式甲基化 CpHpG（H 代表 A、T 或 C）位点[第 13 章 13.2.1 节（Pikaard and Mittelsten Scheid，2014）]。CMT3 由一个氨基末端 BAH 结构域和一个 DNA 甲基转移酶结构域组成，后者包含一个 chromodomain（用于染色质组织修饰）。ZMET2 的结构表明，克罗莫结构域和 BAH 结构域位于三角形结构的拐角处，两者通过芳香笼捕获 K9me2 侧链从而结合含 H3K9me2 的肽链。图 7-3C 展示了定向结合了 H3K9me2 肽的 ZMET2 蛋白质的 BAH 结构域的晶体结构，图 7-3D 展示了分子间相互作用的细节。功能研究表明了 H3K9 甲基化和 CMT3 之间沿基因组的完美相关性，并解释了 CMT3 与含 H3K9me2 的核小体的稳定结合。来自 BAH 结构域或克罗莫结构域的芳香笼残基的三突变破坏了 CMT3 与核小体的结合，并在体内展示出 CMT3 活性的完全丧失（Du et al.，2012）。这些研究表明，植物中的 DNA 甲基化是由 CMT3 中 BAH 结构域和克罗莫结构域与含有 H3K9me2 的核小体的双重结合所决定的。

7.3 通过单个 Royal 家族模块读取 Kme 标记

阅读器模块的 Royal 家族包括 chromo、Tudor、PWWP（以保守的 Pro-Trp-Trp-Pro 基序命名）和 MBT（恶性脑肿瘤）重复结构域（Maurer Stroh et al.，2003）。对这些阅读器的结构研究最先阐明了 Kme 识别的分子原理。在本节中，我们概述了单个结构域识别 Kme 标记的结构机理。在 7.4 节中，我们将研究 Royal 家族的串联结构域。

7.3.1 克罗莫结构域

对 HP1（异染色质相关蛋白 1）和多梳蛋白（polycomb）的克罗莫结构域的研究首次揭示了芳香族笼

（图 7-4A 中以橙色棒状表示）如何形成 Kme 识别的结构框架（Yap and Zhou，2011）。这些蛋白是已知的作用于表观遗传沉默的抑制子。更加特殊的是，HP1 最初是在果蝇中发现的染色质相关蛋白，在浓缩和高度重复的异染色质上积累［第 12 章（Elgin and Reuter，2013）］。多梳蛋白是另一种首先在果蝇中被鉴定的蛋白质，它可以直接地、可遗传地改变果蝇的染色质组装。

A　　　　　　　　　B　　　　　　　　　C　　　　　　　　　D

Chromo（HP1）　　Chromo（MSL3）　　Tudor（PHF1）　　PWWP（Brf1）

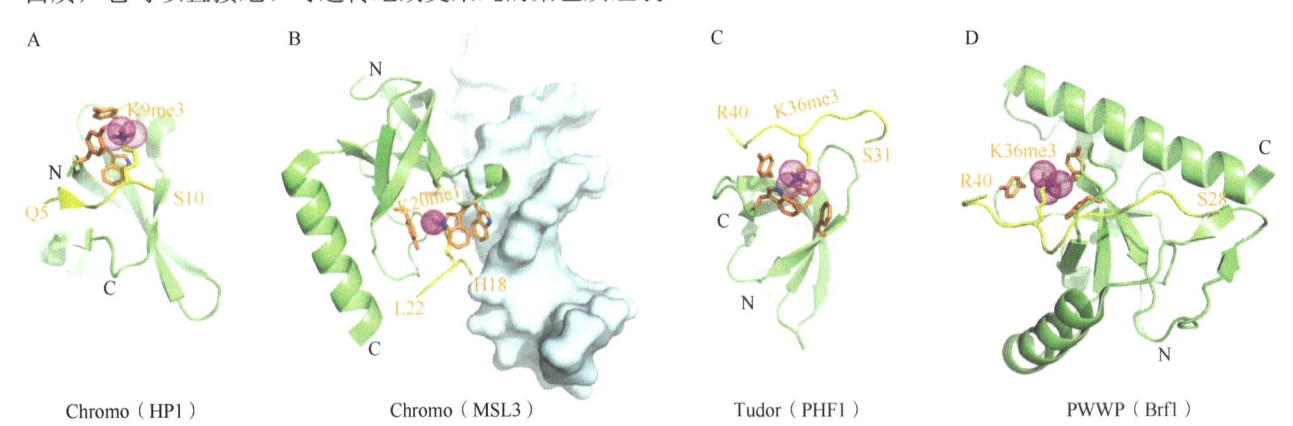

图 7-4　与 Kme 组蛋白多肽结合的单个 Royal 家族模块的结构。（A）与 H3（1～15）K9me3 肽结合的 HP1 蛋白质的克罗莫结构域复合体的 2.4Å 晶体结构（PDB：1KNE）。含 K9me3 的 H3 结合多肽可从 Q5 延伸到 S10。橙色的 HP1 残基说明了捕获 K9me3 的芳香笼。（B）结合（9～31）K20me1 肽的 MSL3 克罗莫结构域在双链 DNA 存在下的复合体 2.35Å 晶体结构（以表面展示）（PDB：3OA6）。含 K20me1 的 H4 结合肽可从 H18 追踪到 L22。（C）与 H3（31～40）K36me3 多肽结合的 PHF1（一种多梳蛋白）Tudor 结构域的复合体的 1.85Å 晶体结构（PDB：4HCZ）。含 K36me3 的 H3 多肽可从 S31 追踪到 R40。（D）结合 H3（22～42）K36me3 肽的 Brf1-PWWP 结构域的复合体 1.5Å 晶体结构（PDB：2X4W）。含 K36me3 的 H3 结合多肽可从 S28 追踪到 R40。

在结构研究之前，原位免疫荧光展示 H3K9me 标记和 HP1 与果蝇多线染色体的异染色质区域共定位［第 12 章的图 12-3 和图 12-4（Elgin and Reuter，2013）；也见 Jacobs et al.，2001］。接下来的 X 射线和核磁共振研究（Jacobs and Khorasanizadeh，2002；Nielsen et al.，2002）独立地证实了 H3K9me3 标记被 HP1 的克罗莫结构域识别。下面我们将重点放在复合体（图 7-4A）的 X 射线结构研究上，其 K_d=2.5μmol/L 这说明了一种中间亲和力相互作用。H3 尾巴呈延伸的 β-链构象（残基 5～10），与不完整的 β-桶结构的一面结合。在该结构中，H3 尾巴通过反向平行对齐诱导产生的 β-夹心对齐，进一步排在 HP1 的 β-链之间。K9me3 侧链插入一个由三种保守的芳香族氨基酸（即所谓的芳香族笼形囊）排列的囊中，在那里它通过阳离子-π 相互作用稳定下来。该复合体通过涉及 ARKS（Ala-Arg-Lys-Ser）基序的分子间接触而稳定（图 7-1），与 K9me3 标记前后的两个氨基结合，为 H3K9me3 标记的读取提供序列上下文。排列在 HP1 笼中的保守芳香氨基酸突变会导致结合亲和力的实质性丧失（约为原来的 1/20）。H3 多肽上的 Ala7 和 Arg8 突变也导致结合亲和力的实质性丧失（为原来的 1/3），在 Ser10 突变中同样观察到较小的丧失（Jacobs and Khorasamzadeh，2002）。

随后的结构研究表明，在其他的克罗莫结构域中也观察到更高的甲基化基团（即 Kme3/2）的笼捕获。值得注意的是，Polycomb 的克罗莫结构域与 H3K27me3 多肽结合（Min et al.，2003）、CHD1 与 H3K4me2/3 多肽结合（Sims et al.，2005）、MGR15 与 H3K36me2 多肽结合（Zhang et al.，2006）、Eaf3 与 H3K36me3 多肽结合（Sun et al.，2008；Xu et al.，2008）、Chpl 与 H3K9me3 多肽结合（Schalch et al.，2009）均呈现一致的结合模式。这些结果说明了一个原则，即 Kme3/2 标记两侧的序列与克罗莫结构域识别的特异性有关（Brehm et al.，2004；Yap and Zhou，2010）。

最近的一项结构研究使我们对克罗莫结构域的理解达到了一个新的水平。MSL3 的克罗莫结构域只有在 DNA 存在的情况下才能靶向低水平 Kme 标记 H4K20mel（Kim et al.，2010）。这种出乎意料的共识别对富含 GA 的 DNA 具有特异性，其结合强度比 RNA 大两个数量级。MSL3 是雄性特异致死复合体（male-specific lethal，MSL）的一个亚单位，是果蝇雄性 X 染色体剂量补偿所必需的［第 24 章（Lucchesi and Kuroda，2014）］。一个预组装的复合体包含 MSL3 的克罗莫结构域和与 H4K20me1 多肽结合的 DNA（K_d=15μmol/L），可区别 H4K20 上的未修饰态和三甲基化状态。这种三元配合物的晶体结构如图 7-4B 所示，克罗莫结构域以 DNA 小沟为靶点，K20me1 插入由四个芳香氨基酸排成的相邻位置的笼中。有趣的是，活性 H4K16ac 标记拮抗 MSL3 介导的 DNA 对 H4k20me1 的识别，这表明 MSL 复合体的调节可能由附近位置标记的读取调控。研究人员推测，对 H4K20me1 标记和两个相邻核小体的 DNA 的共同识别可能有助于 MSL 复合体的体内靶向（Kim et al.，2010）。

7.3.2　Tudor 结构域

多梳家族蛋白是后生动物发育、细胞分化和细胞命运维持所必需的抑制性染色质修饰因子。多梳蛋白中的 Tudor 折叠含一个 β-片核心，其被一个或多个螺旋片段包裹（Selenko et al.，2001）。最近，至少有四个研究组对人类多梳样蛋白 PHF1 和 PHF19 进行了功能研究，包括其氨基末端 Tudor 结构域和含 H3K36me3 的多肽之间形成的复合体的结构鉴定（Ballare et al.，2012；Brien et al.，2012；Musselman et al.，2012a；Cai et al.，2013）。复合体的 X 射线和 NMR 研究表明，伸展构象中的 H3K36me3 多肽靶向 Tudor 结构域的五链 β-桶（图 7-4C）。K36me3 的三甲基铵基团插入芳香族囊，而两边的多肽侧链与疏水性结构（由 Pro38-His39 段结合）结合和弱酸性凹槽（由 Thr32-Gly33-Gly34 段结合）相互作用。在功能上，多梳样蛋白对 H3K36me3 标记的识别促进多梳抑制复合体 2（PRC2）进入染色质活性区，进而促进基因沉默，从而在发育过程中影响染色质的特征。

7.3.3　PWWP 结构域

PWWP 结构域（包含一个高度保守的 Pro-Trp-Trp-Pro 序列）以及克罗莫结构域、MBT 和 Tudor 结构域都属于具有利用芳香笼捕获机制识别 Kme 标记的 Royal 蛋白质家族。这在许多染色质相关蛋白中都被观察到，经常与其他结构域（如已知的 Kme 标记写入器 SET 模块）结合。含 PWWP 结构域的蛋白质有多种功能，包括转录调控、DNA 修复和 DNA 甲基化（Slater et al.，2003）。PWWP 折叠，首先由甲基转移酶 DNMT3B 的结构研究确定，含有一个五链 β-筒和一个 α-螺旋束，其中一个 α-螺旋堆积在 β-筒体上形成一个单一的结构基序（Qiu et al.，2002）。

与 H3K36me3 多肽（弱亲和力，K_d=2.7mmol/L）结合的 Brf1（bromodomain and plant homeodomain finger 1，布罗莫结构域和 PHD 指 1）蛋白的 PWWP 结构域的结构已证实 PWWP 结构域是 Kme 标记的阅读器（图 7-4D）（Vezzoli et al.，2010）。多肽以特定取向定位在狭窄的表面凹槽上，K36me3 侧链定位在芳香笼中。三种保守的芳香残基中的任何一种发生突变时，结合会被抑制。Brf1 蛋白与 H3K36me3 标记特异性相关联，与 H3 和 H4 上的其他 Kme3 标记相区别，部分原因是 Brf1 蛋白能够在 33 和 34 氨基酸位置特异性地容纳 Gly 残基。体内功能研究表明，Brf1 定位于活跃转录 *HOX* 基因，其富集程度与 H3K36me3 标记正相关（Vezzoli et al.，2010）。值得注意的是，Kme 多肽与克罗莫结构域和 PWWP 结构域的结合可使用 β-桶的不同表面进行识别。

7.4　通过串联 Royal 家族模块读取 Kme 标记

在这一节中，我们概述了 Royal 家族串联阅读器模块如何参与识别 Kme 标记。这些例子强调串联克罗莫结构域、串联 Tudor 和 MBT 重复之间以及串联 Tudor 家族内部识别过程的多样性。

7.4.1 串联克罗莫结构域

已有一些蛋白质被发现含有串联的克罗莫结构域。CHD（chromo-ATPase/helicase-DNA-binding）是一种在转录活性位点参与调节 ATP 依赖性核小体组装和移动的蛋白质。它包含以 H3K4me3 标记为靶点（K_d=5μmol/L）的氨基末端串联克罗莫结构域。人类 CHD1 串联克罗莫结构域的晶体结构已在自由状态下以及与含 H3K4m3 的多肽结合状态下被解释（Flanagan et al., 2005）。两个克罗莫结构域（1 和 2）都采用典型的克罗莫结构域折叠，其刚性螺旋-翻转-螺旋模块将它们连接起来，使得串联的克罗莫结构域并置在一起形成一个连续的表面。每个 CHD1 蛋白质与一个 H3K4me3 多肽结合，其中 H3 多肽主链位于克罗莫结构域 1 和 2 之间的一个酸性表面内（图 7-5A）。K4me3 侧链位于由两个 Trp 环组成的囊中，相邻的 Arg2 也与其中一个 Trp 残基形成阳离子-π 相互作用，从而有助于识别的特异性。事实上，任何一个 Trp 的突变都会导致结合亲和力的显著降低。此外，CHD1 与 H3K4me3R2me2a 形成复合体的结合亲和力下降到原来的 1/4，其中含有 Arg2 有不对称二甲基化；与 H3T3phK4me3 形成复合体的结合亲和力下降到原来的 1/25，其中 H3T3phK4me3 含有邻近 Thr3 的磷酸化（Flanagan et al., 2005）。需要注意的是，CHD1 的克罗莫结构域 1 和 2 不使用其经典的 Kme 结合面进行肽识别，部分原因是 CHD1 中的插入序列阻断了类似于 HP1 和多梳蛋白的克罗莫结构域使用的经典结合位点。

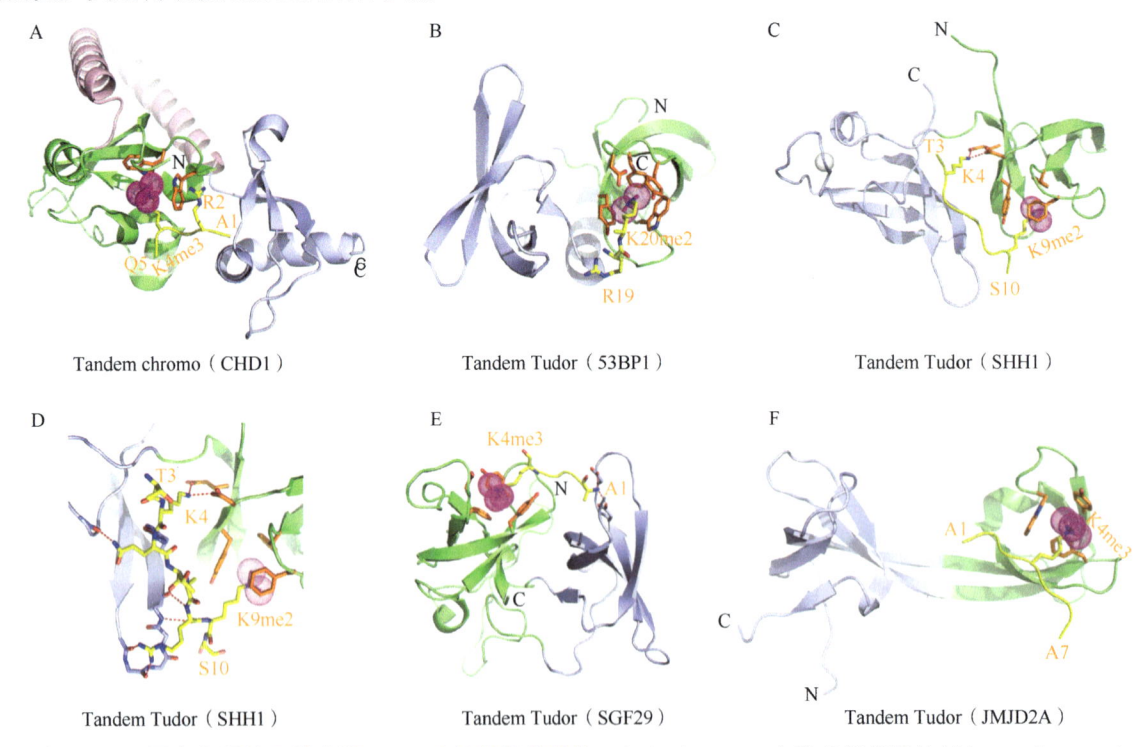

图 7-5 与 Kme 组蛋白多肽结合的串联 Royal 家族模块的结构。（A）人 CDH1 串联克罗莫结构域与 H3（1～19）K4me3 多肽结合的复合体的 2.4Å 晶体结构（PDB:2B2W）。克罗莫结构域 1 和克罗莫结构域 2 分别呈绿色和蓝色，连接螺旋-转角-螺旋连接体呈粉红色。结合的含 K4me3 的 H3 多肽可从 A1 追踪到 Q5。（B）与 H4（15～24）K20me2 多肽结合的 53BP1 串联 Tudor 结构域复合体的 1.7Å 晶体结构（PDB:2IG0）。Tudor 结构域 1 和结构域 2 分别用绿色和蓝色表示。含 K20me2 的 H4 多肽可从 R19 追踪到 K20me2。（C）与 H3（1～15）K9me2 多肽结合的拟南芥 SHH1 串联 Tudor 结构域复合体的 2.7Å 晶体结构（PDB: 4IUT）。结合的锌离子以银球表示。Tudor 结构域 1 和结构域 2 分别用绿色和蓝色表示。含 K9me2 的 H3 多肽可从 T3 追踪到 S10。（D）放大图展示了含 K9me2 的 H3 多肽从 T3 到 S10 定位于拟南芥 SHH1 结构域上的排列细节，在与两个 Tudor 结构域一起形成分子间相互作用的复合体中。（E）与 H3（1～11）K4me3 多肽结合的 SGF29 串联 Tudor 结构域复合体的 1.26Å 晶体结构（PDB:3MEA）。Tudor 结构域 1 和结构域 2 分别用蓝色和绿色表示。结合的 K4me3 多肽可从 A1 追踪到 K4me3。（F）与 H3（1～10）K4me3 多肽结合的 JMJD2A 串联 Tudor 结构域复合体的 2.1Å 晶体结构（PDB:2GFA）。单独的 Tudor 结构域分别用绿色和蓝色表示。结合的 K4me3 多肽可从 A1 追踪到 A7。

7.4.2 串联 Tudor 结构域

串联 Tudor 结构域已被证实为 Kme 标记的阅读器,并可使用两种不同的识别模式。一对 Tudor 结构域的相对位置决定了它们的基本结合模式。一类含有一条连接不同的单个折叠 Tudor 结构域的连接片段(如 53BP1、UHRF1 和 SHH1),另一类涉及由一个 β-片层连接的不同 Tudor 结构域的交换和交叉,其中 β-片层中的 β-链在不同 Tudor 域之间共享(如 JMJD2A)。

随着 53BP1(p53 结合蛋白)的研究,串联 Tudor 结构域已成为一个重要的研究领域。这项研究表明,组蛋白 Kme 标记促进了 53BP1 的招募,并使其定位于 DNA 损伤因子引起的双链断裂处。53BP1 中的招募元件被确定为串联 Tudor 结构域(Huyen et al.,2004),其与 H4K20me2 肽的复合体(K_d=19.7μmol/L)的结构解析揭示了其作用模式(Botuyan et al.,2006)。复合体的结构如图 7-5B 所示,多肽位于 Tudor 结构域之间,但主要与 Tudor 1 相互作用(绿色)。K20me2 侧链插入位于 Tudor1 内的芳香族笼中,该芳香族笼由四个芳香族残基和一个与二甲基铵质子形成氢键的 Asp 构成,该囊的尺寸因空间排斥可防止插入 K20me3 基团(K_d=1μmol/L)。复合体也被 Arg19 侧链和该蛋白质的酪氨酸环之间形成的阳离子-π 结合所稳定。囊中的芳香残基发生的突变显示它们对 H4K20me2 识别的重要性,突变造成体外结合丧失,并影响体内 53BP1 对 DNA 双链断裂点的靶向性(Botuyan et al.,2006)。最近的一项结构研究也报道了选择性的 H3K4me3 识别是由包含三串联 Tudor 结构域的蛋白质 Spindlin l 中 Tudor 结构域 2 实现的,其中的三个 Tudor 结构域排列成三角形结构(Yang et al.,2012)。

科学家已经解析了 UHRF1(ubiquitin-like PHD and Ring finger 1)的串联 Tudor 结构域(Nady et al.,2011)以及 SHH1(Sawadee homeodomain homolog 1)(Law et al.,2013)与 H3K9me2/3 肽结合时的结构。一方面,如 53BP1 一样,它们包括一个连接单独折叠 Tudor 结构域的单连接片段;但也有与 53BP1 不同的另一方面,结合的 H3 肽通过在结构域之间的通道定向与两个 Tudor 结构域相互作用。重要的是,UHRF1 和 SHH1 蛋白中的串联 Tudor 结构域作为双赖氨酸阅读器,识别组蛋白尾部的未甲基化 K4(K4me0)和甲基化 K9。对 UHRF1 的功能研究表明,不能结合 H3K4me0K9me3 的 Tudor 结构域突变体减少了其在异染色质染色中心的定位,并使 *p16INK4A* 基因表达沉默失败(Nady et al.,2011)。

图 7-5C 展示了结合了 H3(1-15)K9me2 多肽与 SHH1 串联 Tudor 结构域(K_d=1.9μmol/L)的结构,图 7-5D 的展开图中展示了识别未经修饰的 K4me0 和 K9me2 所涉及的元件。与 H3K9me2 多肽结合时,串联 Tudor 折叠中未观察到构象变化(Law et al.,2013)。对植物 SHH1 的功能研究表明,该蛋白作用于 RNA 依赖性 DNA 甲基化(RdDM)途径的上游[第 13 章 13.3.5 节(Pikaard and Mittelsten-Scheid,2014)],从最活跃的 RdDM 部分靶标中产生小干扰 RNA。SHH1 是 RNA 聚合酶Ⅳ(pol Ⅳ)在这些相同位点上积累所必需的(Law et al.,2013)。此外,SHH1 的两个赖氨酸结合囊内的关键残基是在体内维持 DNA 甲基化中所需要的,从而为 SHH1 结构在植物中向 RdDM 靶点招募 RNA pol Ⅳ的机制解释上提供了初步的见解。

SGF29 是 SAGA(Spt-Ada-Gcn5 乙酰转移酶)复合体的一个组成部分,包含一对与 H3K4me2/3 多肽结合的串联 Tudor 结构域。结合发生在紧密堆积的面对面二聚体排列的一个表面上(图 7-5E)(Bian et al.,2011)。Ala1 侧链插入 Tudor 结构域 1 的一个囊中(蓝色)。而 K4me2/3 插入 Tudor 2 结构域的芳香笼中(绿色)。在功能上,SGF29 通过 H3K4me2/3 靶向活性染色质,从而招募 SAGA 复合体来介导 H3 尾部的乙酰化。

JMJD2A(一种 jumonji 组蛋白 KDM)通过其 jumonji 结构域将 H3K9me2 去甲基化[第 6 章 6.1.5 节(Cheng,2014)]。它的串联 Tudor 结构域采用了一种结构域交换交叉拓扑结构,其中一个双链 β-片用作分开的不同结构域之间的连接器(Huang et al.,2006;Lee et al.,2008)。与 H3K4me3 多肽结合的交叉串联 Tudor 结构域的结构如图 7-5F 所示。K4me3 的侧链位于主要与 Tudor 2(绿色)相关联的三个芳香残基笼内,然而,结合亲和力也来源于在交叉 Tudor 支架内 Tudor 1(蓝色)侧链的分子间接触。从游离态到 H3K4me3 结合态,在交错的 Tudor 基序中没有观察到构象变化。在一项相关的结构研究中(Lee et al.,2008),结果表明 JMJD2A 相互交叉的 Tudor 结构域与 H3(1~10)K4me3(K_d=0.50μmol/L)和 H4(16~25)K2me3

（K_d=0.40μmol/L）多肽具有相似的亲和力，尽管这两个多肽除三甲基化赖氨酸之外没有氨基酸序列相似性。值得注意的是，尽管两个多肽的 Kme3 侧链插入 Tudor2 的同一芳香囊中，但两个多肽的方向是相反的。分子间接触的细节导致 Lee 等（2008）发现抑制 H4K20me3 识别但不抑制 H3K4me3 识别的一些点突变，反之亦然。

7.4.3 串联 MBT 重复

MBT 重复序列大约有 70 个残基，并且是串联排列的。MBT 作为一种转录抑制因子，其重复序列在造血系统肿瘤中经常发生变异（Koga et al., 1999）。在功能水平上，MBT 蛋白影响不同的生命过程，从有丝分裂和肿瘤抑制的调节到发育过程中细胞特性和机体形态的维持（Bonasio et al., 2010）。

科学家对人类 L3MBTL1 的三个 MBT 重复（Wang et al., 2003）和含有 2 个 MBT 重复序列的果蝇 SCML2（sex comb on midleg-like 2）蛋白质（Sathyamurthy et al., 2003）进行了结构解析，鉴定出 MBT 折叠结构。MBT 单位由一个四链 β-桶核心和一个延伸的螺旋臂组成。相互交叉出现在相邻 MBT 亚单位的延伸螺旋臂和核心之间。在 L3MBTL1 蛋白质中形成了一个三叶螺旋桨状结构，每个 MBT 亚单位包含位于三角形结构的同一面上的芳香囊的单元（图 7-6A）（Wang et al., 2003）。与组蛋白多肽的结合研究表明，L3MBTL1 表现出对低（单甲基化和二甲基化）Kme 状态结合的偏好。然而，与特定组蛋白 Kme1/2 标记

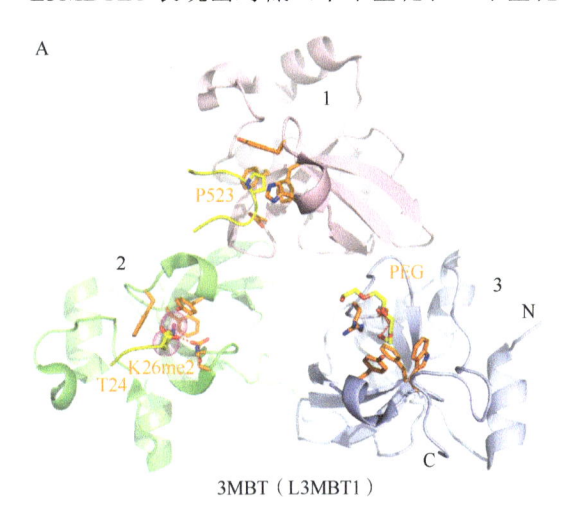

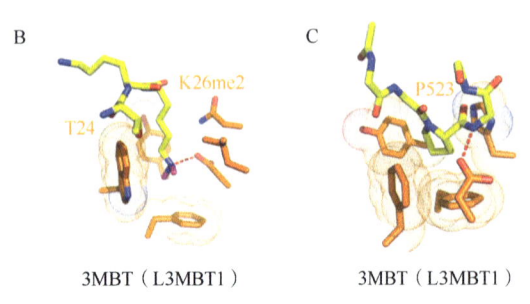

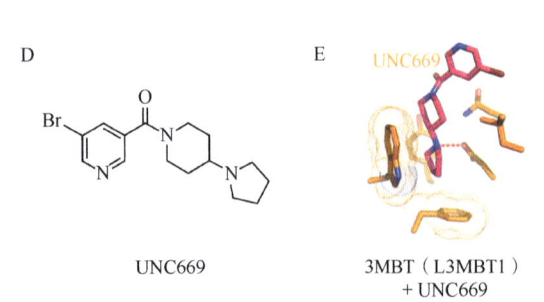

图 7-6　与 Kme 组蛋白多肽和一个抑制剂结合的 L3MBTL1 的结构。(A) 与 H1（22～26）K26me2 多肽结合的 L3MBTL1 复合物的 1.66Å 晶体结构（PDB：2RHI）。来自晶格中相邻 L3MBTL1 的羧基末端多肽将 Pro523 插入 MBT 结构域 1（粉红色）的芳香囊中。结合的 K26me2 的二甲基铵基团插入 MBT 结构域 2（绿色）的芳香囊中，含有 K26me2 的 H1 多肽可从 T24 追踪到 K26me2。聚乙二醇（polyethylene glycol，PEG）分子插入 MBT 结构域 3 的芳香族囊中（蓝色）。(B) H1K26me2 二甲基铵基团插入 MBT 结构域 2 的芳香囊中的细节。(C) 结构细节展示了如何将来自晶格中相邻 L3MBTL1 的脯氨酸插入 MBT 结构域 1 的芳香族袋中。这个囊比 B 中展示的浅。(D) UNC669 的化学分子式。(E) 基于结合了 UNC669 的 L3MBTL1 的 2.55Å 晶体结构（PDB：3P8H），展示 UNC669 如何插入 BMT 结构域 2 的芳香囊中的细节。

结合有多样性，亲和力相对较低或中等（在 K_d=5～40μmol/L 范围内）。在多肽水平通过基于荧光偏振的结合分析发现，L3MBTL1 结合的 Kme1/2 标记包括 H1.4K26me、H3K4me、H3K9me、H3K27me、H3K36me 和 H4K20me（Li et al.，2007a）。结构研究表明，Kme1 和 Kme2 的侧链深入 L3MBTL1 的第二个 MBT 重复的芳香笼中（图 7-6B）。同时，晶格中相邻的 L3MBTL1 聚合体将其 Pro 环从羧基末端的 Pro-Ser 片段插入第一个 MBT 重复的浅芳香笼中（图 7-5C）。囊 2 既深又窄，是一种尺寸选择过滤器，其侧链从入口和笼环中伸出，限制更大的 Kme3 进入（Li et al.，2007a）。这种 Kme 识别的"穴插入"模式（图 7-6B）不同于观察到的其他 Royal 成员、PHD 指和 BAH 结构域阅读器复合体的 Kme 识别的表面沟槽模式（图 7-2D）。一项研究 H4K20me2 多肽与 L3MBTL1 结合的平行结构研究还发现囊 2 是低 Kme 标记的阅读器（Min et al.，2007）。此外，它还提出了一种预料外的多肽介导的二聚反应模式，从而建立了 L3MBTL1 的染色质压缩模型。最近的结合研究表明，一些 MBT 蛋白展示出序列特异性，而另一些在低 Kme 标记的靶向性方面是非特异的（Nady et al.，2012）。

电子显微镜分析 L3MBTL1 组蛋白复合体表明，L3MBTL1 确实可以压缩含有较低 Kme 标记 H1K26 和 H4K20 的核小体序列。因此，L3MBTL1 对甲基化 H1K26 和 H4K20 以及 HP1γ 对甲基化 H3K9 的组合读取导致受到 Rb 调控的基因的染色质浓缩（Trojer et al.，2007；Trojer and Reinberg，2008）。出乎意料的是，最近的功能研究表明，相关蛋白质 L3MBTL2 可以与 PcG 蛋白介导的 H2A 泛素化协同作用，建立抑制性染色质结构，而不需要组蛋白 Kme 标记的参与（Trojer et al.，2011）。

科学家还对人类 L3MBTL2 中的四个 MBT 重复体（Guo et al.，2009）及与 H4K20me1 多肽结合的果蝇同源蛋白 dSfmbt（Grimm et al.，2009）进行了结构研究。其中的四个 MBT 重复体采用非对称菱形支架排列，MBT 重复 2、3、4 形成三角形结构，重复 1 伸出。K20me1 侧链插入芳香囊 4（对应于 L3MBTL1 的芳香囊 2），优先识别低甲基化状态。有人提出，通过 MBT 重复观察到的结合组蛋白肽之间缺乏序列特异性可以表明 Kme 结合囊周围缺乏明显的表面轮廓（Guo et al.，2009）。功能实验表明，dSfmbt 与相关的 MBT 重复蛋白 Scm 相互作用，这两种蛋白协同作用抑制对 Polycomb 沉默至关重要的靶基因（Grimm et al.，2009）。

7.5 通过组合和配对模块读取 Kme 标记

我们在下面概述两个例子，其中 Kme 标记的读取在一种情况下需要组合的 PHD 指模块，在另一种情况下需要辅助因子对 PHD 指结合的调节。组合的 PHD 指模块例子最具说服力，因为结构研究已经确定了识别 Kme 标记的新原理，该原理不同于表面凹槽（如图 7-2D 所示的 PHD 指部分）和"插入穴（insertion cavity）"（如图 7-6B；7.2.1 节和 7.4.3 节概述的识别模式）。此外，我们还概述用 ankyrin 重复识别 Kme 标记。

7.5.1 ADD 结构域的 GATA-1 和 PHD 指

ADD（ATRX-DNMT3A-DNMT3L）结构域既存在于 ATRX 蛋白中，也存在于哺乳动物 DNA 从头甲基化所需的 DNMT3A-DNMT3L 中。ATRX 蛋白质的突变形式与 X 染色体连锁精神发育迟滞（ATR-X）综合征有关。ATRX 是一种由相邻位置的锌配位 GATA 和 PHD 指组成的大蛋白，称为扩展的 PHD 指模块。ATRX 中一半的错义突变与疾病有关，其中许多与胰腺内分泌肿瘤有关。此外，约一半聚集在富含 Cys 的 ADD 结构域内的氨基末端（Jiao et al.，2011），另一半在螺旋酶/ATPase 结构域内。自由态下 ATRX 的 ADD 结构域的 NMR 溶液结构表明，GATA 指、PHD 指和长羧基末端的 α-螺旋形成一个单一的球状结构域（Argentaro et al.，2007）。致病突变位于锌配位残基、参与包装的残基和分布在外表面的其他残基之间的 ADD 结构域内。

DNMT3A 的 ADD 结构域结合到含 H3K4me0 多肽的结构已被解析［7.3 节；第 6 章图 6-10（Cheng，2014；Otani et al.，2009］。最近，有两个课题组已经解析了结合到含 H3K9me3 多肽的 ATRX-ADD 结

域的结构（Eustermann et al., 2011; Iwase et al., 2011）。结果表明，H3K9me3 促进结合，H3K4me3 抑制结合。在 1.0Å 分辨率下解析的复合物晶体结构提供了最高分辨率下分子间接触和水分子桥接的详细信息（图 7-7A，B）（Iwase et al., 2011）。该结构解释了对未修饰 H3K4 的要求，该侧链胺基团与 ADD 结构域的 PHD 组分内的酸性氨基酸的羧基通过氢键结合，没有空间容纳甲基化标记（图 7-7B）。值得注意的是，K9me3 标记位于一个由 GATA-1 和 PHD 指残基组成的"面间复合囊"内，囊的尺寸精确，完美地容纳了庞大的三甲基基团（图 7-7C）。经典的 Kme3 阅读器通常由一个芳香族笼组成，以用于更高的甲基化状态特异性读取（Taverna et al., 2007）。与此不同，结合 K9me3 的 ADD 结构域的界面复合囊涉及与高度互补相关的良好范德华接触（图 7-7D），并辅以一组与 K9me3 基团的碳-氧氢键（图 7-7C）（Iwase et al., 2011）。K4 和 K9me3 结合囊采用刚性相互定向（图 7-7B），因此有助于双标记的组合读取，组合读取与单独的标记相比，亲和力大幅度增加（H3K4me0K9me3，K_d=0.5μmol/L，与 H3K9me0K9me0 相差大约 7 倍，K_d=3.6μmol/L）和焓的不同（H3K4me0K9me3，ΔH=–12.2Kcal·mol^{-1}，与 H3K9 me0K9me0 相差 2 倍，ΔH=–6.1 Kcal·mol^{-1}）（Eustermann et al., 2011; Iwase et al., 2011）。含有结合到 ATRX-ADD 结构域的 H3K9me3 多肽的复合体结构展示出组合模块和额外的复合读取器囊在 Kme 识别中的作用。从功能上讲，当 H3K9me3 结合囊氨基酸发生突变以及 ATRX 综合征患者中发现的突变出现时，近着丝粒异染色质的 ATRX 定位丢失（Iwase et al., 2011）。此外，Eustermann 等（2011）的体内研究展示，通过 ATRX 的 ADD 结构域对未经修饰的 K4 和 K9me3 的 H3 的读取由独立识别 H3K9me3 的 HP1 的招募而促进。这种三重识别有可能跨越相邻的核小体。

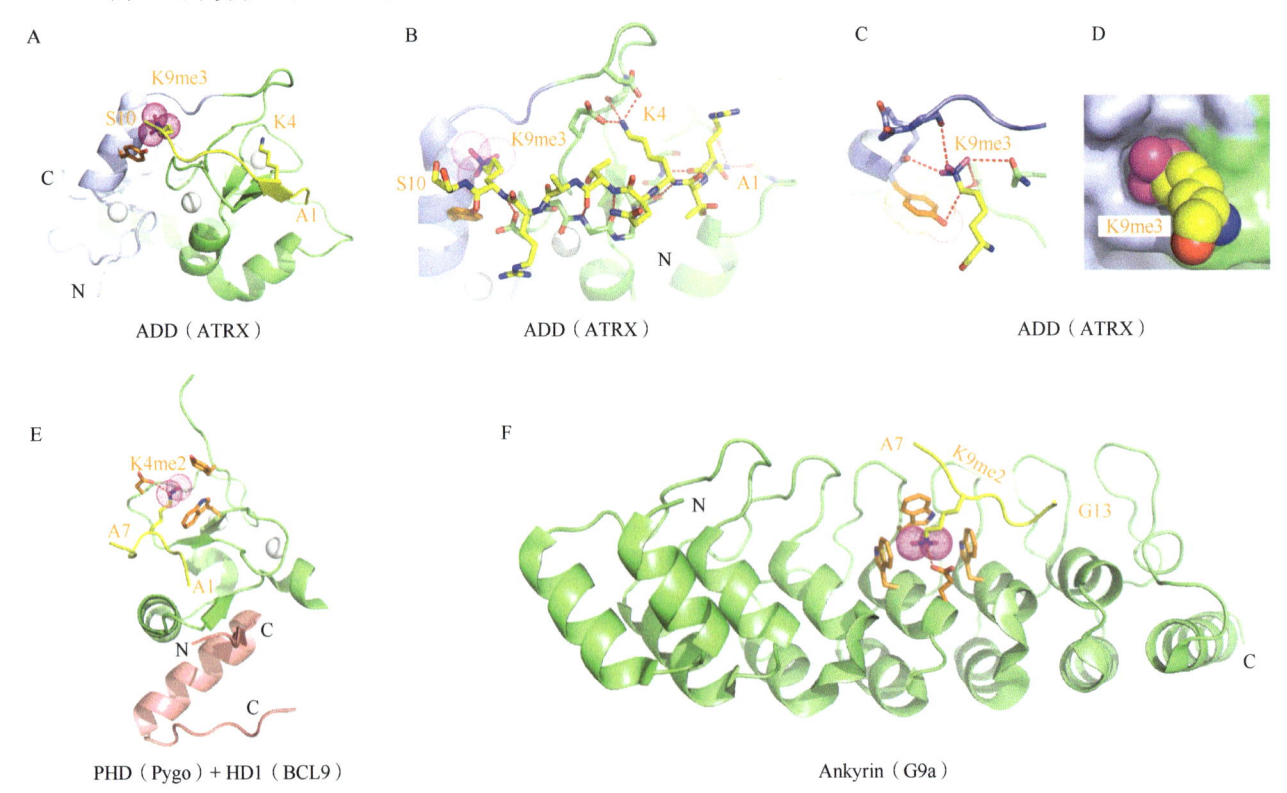

图 7-7 与 **Kme** 组蛋白标记结合的组合和成对模块的结构。（A）结合 H3（1~15）K9me3 多肽的 ATRX 的 ADD 结构域复合体的 1.6Å 晶体结构（PDB：3QLA）。ADD GAIA-1 和 PHD 指分别用蓝色和绿色表示。结合态锌离子展示为银色小球。含有 K9me3 的 H3 多肽可从 A1 追踪到 S10。（B）A 的放大图，展示含 K9me3 的 H3 多肽与 ADD 结构域之间的分子作用，H3 多肽可从 A1 追踪到 S10。me3 展示为洋红色球体。（C）K9me3 被定位在复合体中与 GAIA-1 和 PHD 指结构域相互作用，以带状和棒状表示。（D）表面和空间填充展示复合体中 K9me3 与由 GAIA-1 和 PHD 指状结构域的囊壁之间的表面互补性。（E）存在 BCL9 的 HD1 结构域（粉红色）的情况下，Pygo PHD 指（绿色）与 H3（1~7）K4me2 多肽（黄色）结合的三元复合物的 1.7Å 晶体结构（PDB：2VPE）。（F）与 H3（1~15）K9me2 多肽结合的 G9a-ankyrin 重复（绿色）的复合物 2.99Å 晶体结构（PDB：3B95），H3 肽可从 A7 追踪到 G13（黄色）。K9me2 芳香结合袋位于 G9a 的第 4 和第 5 个 ankyrin 重复之间。

7.5.2 Pygo PHD 指及其辅因子 BCL9

Pygopus（Pygo）蛋白包含一个 PHD 结构域，该结构域及其辅因子 BCL9 在发育过程中通过 Wnt 信号途径与甲基化 H3K4 标记的相互作用调节 β-联蛋白介导的转录而起作用。这种调节功能依赖于 Pygo 的羧基末端 PHD 结构域和 BCL9 的同源结构域 1（HD1）之间的相互作用。Pygo PHD 指（Nakamura et al., 2007），及其与 BCL9 HD1 的二元复合体（Fiedler et al., 2008），以及与 H3K4me2 的三元复合体（图 7-7E）（Fiedler et al., 2008；Miller et al., 2010）的结构研究确定了 K4me2 标记识别的基本原理。H3K4me2 标记和 HD1 位于 Pygo PHD 指的相对面上，有效的标记识别要求 Pygo PHD 指与 HD1 相关联。事实上，HD1 与 PHD 指的结合会触发变构，从而促进 H3K4me2 标记的最佳识别。K4me2 结合囊由四个芳香残基和一个对 Kme2 比 Kme3 有 2 倍偏好的 Asp 组成。

7.5.3 Ankyrin 重复

G9a 和 GLP（G9a-like）是常染色质相关的 KMT，由氨基末端的 ankyrin 重复和羧基末端的甲基转移酶 SET 结构域组成。这些酶在 SET 结构域写入 H3K9me1 和 H3K9me2 标记后抑制转录。在鉴定了 H3K9me 的写入活性之后，G9a 和 GLP 也被证明是 H3K9me 标记的阅读器，其功能依赖于蛋白质内的 ankyrin 重复（Collins et al., 2008）。Ankyrin 重复涉及螺旋-转角-螺旋-β-转角模块，通过螺旋堆叠对齐，β-转角以直角向外突出。H3K9me1 和 H3K9me2 多肽与 G9a 的 ankyrin 重复结合亲和力中等（K_d 分别为 14μmol/L 和 6μmol/L），ankyrin 重复与 H3K9me2 肽的复合体的晶体结构已被解析。结合的 H3 肽夹在第 4 和第 5 个 ankyrin 重复的 β-转角和螺旋之间，K9me2 的二甲基铵基团插入由 3 个 Trp 残基和 1 个 Glu 构成的芳香囊中（图 7-7F）。分子间识别涉及肽残基 9～11，其中包括 K9me2，这些肽或芳香笼残基的突变对复合体的形成产生不利影响（Collins et al., 2008）。但是，ankyrin 重复对 Kme 识别的突变没有 G9a 的 SET 结构域介导的甲基转移酶活性影响，表明读取和写入结构域独立工作。

7.6 通过 Tudor 模块读取甲基化精氨酸标记

Tudor 模块除了识别 Kme 标记，还可识别甲基化精氨酸（Rme）标记，后者可细分为两类：典型的和组合的 Tudor 阅读器模块。Tudor 蛋白在一系列细胞进程中发挥着关键作用，从生殖细胞发育到 RNA 代谢、加工和沉默，以及 DNA 损伤反应和染色质重塑（Bedford and Clarke, 2009；Siomi et al., 2010；Chen et al., 2011）。本节所述的结构研究与染色质生物学相关，与其说是直接读取组蛋白上的 Rme 标记，还不如说是蛋白质（如 PIWI）上的 Rme 标记，PIWI 是染色质模板化过程（如 RNA 沉默）的一部分。虽然我们描述了 Tudor 结构域与非染色质靶点结合的结构细节，但这些细节与表观遗传调控有关，因为它们影响了 PIWI，而 PIWI 是 RNA 干扰（RNA interference，RNAi）途径的一个组成部分。

7.6.1 经典 Tudor 结构域

对经典 Tudor 结构域折叠的第一个解析来自对运动神经元存活蛋白（survival of motor neuron, SMN）的结构研究。当发生突变时，SMN 引起脊髓性肌萎缩，一种退行性运动神经元疾病。SMN 蛋白包含一个高度保守的经典 Tudor 结构域，它是富含尿苷的小核糖核蛋白复合体组装所必需的。Tudor 结构域有助于与七元杂寡聚环状 Sm 蛋白结合。SMN Tudor 结构域形成一个强烈弯曲的五链反平行 β-片筒状褶皱（Selenko et al., 2001），一簇芳香氨基酸在 Tudor 结构域一个面上形成一个笼（Sprangers et al., 2003）。其靶标是位于 Sm

蛋白质的羧基末端富含精氨酸的末端 Rme（Brahms et al., 2001）。含有 Tudor 的蛋白质 TDRD3 也是组蛋白尾部 Rme 标记（H3R17me2a 和 H4R3me2a）的阅读器，充当转录激活辅助因子（Vang et al., 2010）。

SMN 和 SFP30 的 Tudor 结构域与短对称的二甲基精氨酸肽结合（对应于 Sm 蛋白的羧基末端富含 Arg-Gly 的尾部）的复合体的核磁共振溶液结构已经被解析（Tripsianes et al., 2011）。结合特异性依次为对称二甲基化精氨酸（Rme2s）＞不对称二甲基化精氨酸（Rme2a）＞单甲基化精氨酸（Rme1）。Rme2s 标记结合的特异性与该标记两侧的残基都无关。Rme2s 标记的二甲基胍部分，通过反向–反向对齐（两个 N-CH3 键相对于侧链 C-CNε 键都以反向取向），插入由四个芳香残基和一个 Asn 残基形成的笼中（图 7-8A），通过阳离子-π 相互作用稳定。与脊髓性肌萎缩症相关的 E134K 突变损害了芳香笼中 Glu134 侧链和 Tyr 羟基之间的氢键，表明了芳香氨基酸排列成笼对 Rme2s 的二甲基胍基最佳定向识别的关键作用。

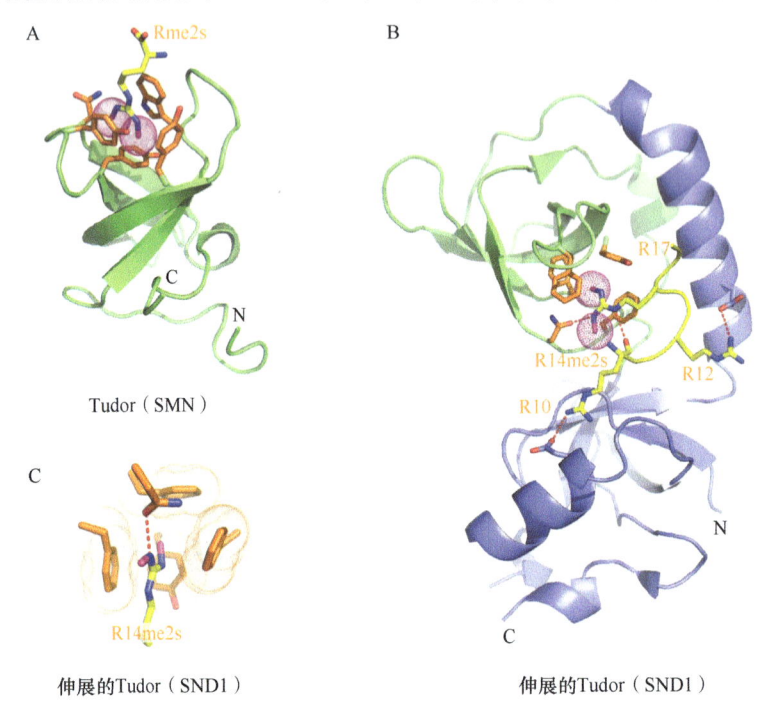

图 7-8 与甲酰化精氨酸组蛋白标记结合的组合和成对模块的结构。（A）SMN Tudor 结构域（绿丝带表示）与对称 Rme2 的肽（黄色）结合的复合体 NMR 溶液结构（PDB：4A4E）。甲基用洋红色球体表示，芳香笼用橙色来表示。（B）结合氨基末端 PIWI 肽的 SND1 伸展 Tudor 模块的复合体 2.8Å 晶体结构，从 R10 追踪到 R17，多肽经 R14me2s 修饰（PDB：3NTI）。Tudor 结构域的核心折叠展示为绿色，而延伸部分展示为蓝色。（C）B 图放大展示了 R14me2s 在复合体的 SND1 Tudor 结构域芳香笼中的定位。

7.6.2 扩展的 Tudor 结构域

某些蛋白质包含扩展的多个串联重复，形成一个 180 个残基的模块，这个模块本身由一个 60 个残基的典型 Tudor 核心结构域和两侧的氨基、羧基末端保守元件组成。许多 Tudor 蛋白是生殖系特异性的，通过识别 PIWI 家族蛋白氨基末端的 Rme 来发挥其调节作用。PIWI 蛋白质本身通过 RNA 沉默途径用作生殖过程的重要调节因子。这种通路在早期发育中主要起到抑制转座子的作用（Siomi et al., 2010；Chen et al., 2011）。

科学家对 PIWI 家族蛋白富含 Arg-Gly/Arg-Ala 的氨基末端的 Rme 肽与扩展 Tudor 结构域结合形成的复合体进行了一些结构功能研究。这些研究揭示了对称性 Rme2s 识别的基本原理（Liu et al., 2010a；Liu et al., 2010b；Mathioudakis et al., 2012）。对含有其他 Tudor 族蛋白质的复合体的结构研究发现了 Rme 与组合 Tudor 结构域相互作用的类似结果（Liu et al., 2010a；Liu et al., 2010b；Mathioudakis et al., 2012）。本节讨论了 SND1（staphylococcal nuclease domain-containing 1，含葡萄球菌核酸酶结构域 1）的扩展 Tudor 模块与含 R14me2s 的 PIWI 氨基末端肽之间的复合体结构（Liu et al., 2010b）。

SND1 蛋白的 SN 样结构域被典型的 Tudor 结构域分成两段（图 7-8B），通过 α 螺旋连接 Tudor 结构域（绿色）和 SN 样结构域（蓝色）。这个所谓的扩展 Tudor 模块形成了 OB（oligonucleotide and oligosaccharide-binding，寡核苷酸和寡糖结合）折叠。含有 R14me2s 的氨基末端 PIWI 肽在 SND1-Tudor 结构域（图 7-8B）的宽且带负电的凹槽内结合，在此过程中，以顺反方向将 R14me2s 的平面二甲胍基插入由四种芳香族氨基酸和 Asn 残基组成的芳香笼中（图 7-8C）。SND1 也可以与含有 PIWI R4me2s 的多肽形成复合体，其结构已被报道（Liu et al., 2010a）。

与典型的 Tudor 结构域不同，复合体形成的结合亲和力受 Rme2s 标记两旁的附近残基的影响。结合同样需要典型的 Tudor 结构域与两侧的氨基末端和羧基末端延伸，因为任何延伸残基的缺失都会导致结合的丧失。形成芳香族囊的任何单个芳香族氨基酸或者 Asn（参与二甲胍基的氢键作用）导致结合亲和力损失 11～22 倍。SND1 扩展的 Tudor 模块对 R4me2s 标记（K_d=10μmol/L）有特异性，对 R4me2a 标记的结合减少到原来的 1/4，对 R4me1 标记的结合减少了一半，而对未修饰的 R4 标记的结合减少到原来的 1/9。单甲基化有可能减少与芳香囊的疏水相互作用，不对称的二甲基化可能破坏与 Asn 的分子间氢键，导致结合亲和力的适度降低。有趣的是，含有 R4me2s 的 PIWI 氨基末端肽与 SND1 延伸的 Tudor 结构域以与 R14me2s 肽相反的取向结合，但保留了 R4me2s 插入芳香笼的功能，因此识别过程具有可塑性。功能研究已经确定了 Rme2s 标记的写入器和阅读器与标记本身之间以及在调节转座子沉默和生殖细胞发育方面的复杂相互作用（Chen et al., 2011）。该领域的另一个挑战将是鉴定 Rme2a 和 Rme1 标记的阅读器，以及不同甲基化状态选择性的基本原理。

7.7　未修饰赖氨酸标记的读取

尽管本章的重点是 Kme 标记的读取模块，但应当注意的是，如 7.4.2 节和 7.5.1 节所述，某些读取模块针对组蛋白尾部中未经修饰的赖氨酸。这样的识别可以被甲基化阻断或减弱，从而产生功能性结果。

7.7.1　PHD 指

未修饰赖氨酸标记的分子识别的第一个证据来自与组蛋白 H3（1～10）肽（K_d=30μmol/L）结合的 BHC80 PHD 指（PHD finger）的结构（Lan et al., 2007）。高分辨率（1.4Å）晶体结构研究很容易揭示分子间接触的细节，K4 的铵基通过氢键与酸性侧链和骨架羧基结合（图 7-9A）。这个复合体中没有空间容纳甲基化的 K4，从而解释了未修饰赖氨酸识别的特异性。分子间的相互作用通过 H3 肽（R2 和 K4）的侧链与 PHD 指（Met 和 Asp）的交叉而稳定（Met 和 Asp 残基突变时失去结合）（Lan et al., 2007）。RNAi 敲除 BHC80 导致 LSD1 靶基因的去抑制，而 ChIP 研究展示 BHC80 和 LSD1 相互依赖地与染色质结合。这些结果表明 BHC80 的功能与 LSD1 的功能耦合，这与 BHC80 通过识别未修饰的 H3K4 在 LSD 1 介导的基因抑制中起作用是一致的（Lan et al., 2007）。

H3K4 未修饰赖氨酸识别的阅读器模块的其他例子包括 DNMT3l（Ooi et al., 2007）、DNMT3A 和 ATRX 的 ADD 结构域（在 7.5.1 节讨论）、TRIM24 和 TRIM33 的 PHD 指结构域（将在 7.9 节讨论），以及 UHRF1 和 SSH1 的串联 Tudor 域（在 7.4.2 节讨论）。未修饰的 H3K4 的识别以及该位点甲基化的区分是通过赖氨酸氨基和酸性侧链或者主链羧基之间的氢键或二者同时作用而实现的。

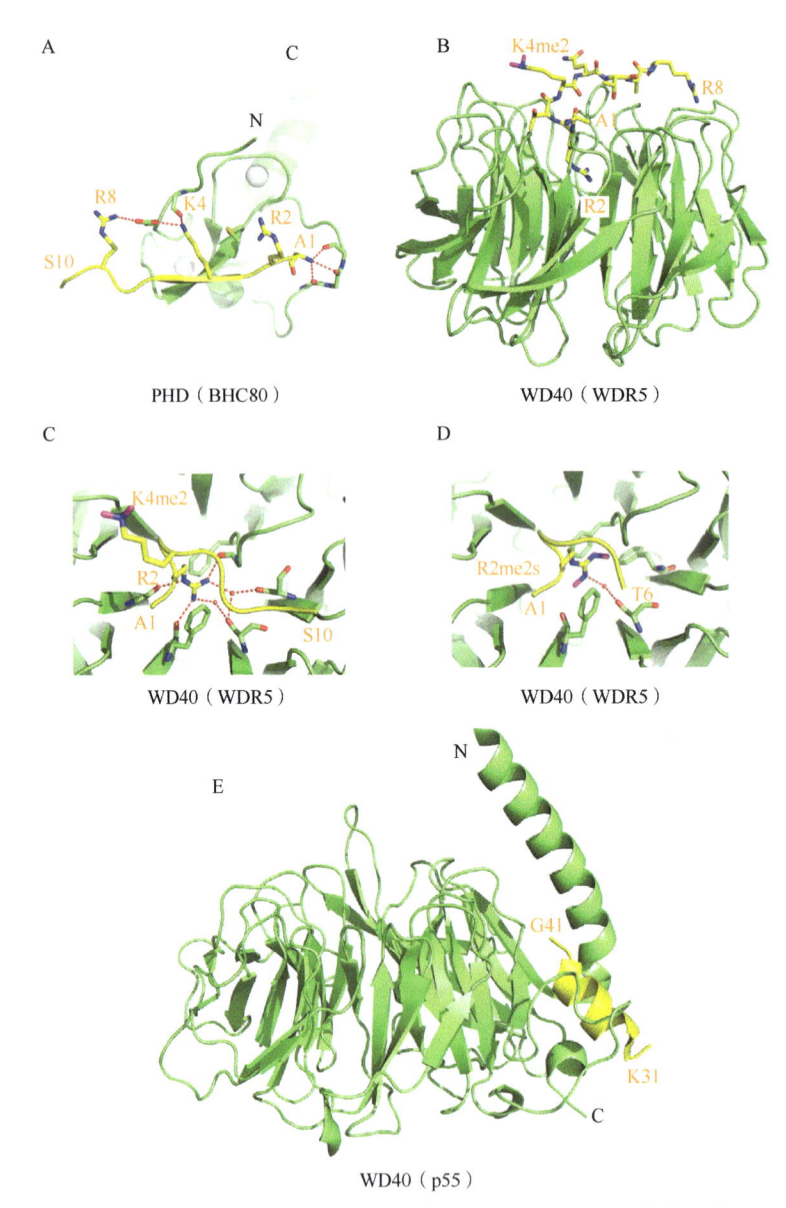

图 7-9 与赖氨酸和精氨酸结合的阅读器模块的结构。（A）结合 H3（1～10）肽（黄色）的 BHC80 PHD 指的 1.43Å 晶体结构（PDB：2PUY）。结合的 H3 肽可从 A1 追踪到 S10。锌离子展示为银球。（B）与 H3（1～9）K4me2 肽结合的 WDR5 的 WD40 基序复合体的 1.5Å 晶体结构，结合的含 K9me2 的肽可从 A1 追踪到 R8（PDB：2H6N）。（C）将 R2 插入 H3（1～9）K9me2-WDR5 复合体中 WD40 基序的中央通道。（D）将 R2me2s 插入 H3（1～15）R2me2sK9me2-WDR5 复合体中 WD40 基序的中心通道中，以 1.9Å 分辨率解析（PDB：4A7J）。（E）与 H4（15～41）肽结合的 p55 的 WD40 基序复合体的 3.2Å 晶体结构（PDB：3C9C）。结合的 H4 肽可从 K31 追踪到 G41。

7.8 未修饰精氨酸标记的读取

如 7.7 节所述，未修饰的赖氨酸的读取只能通过 PHD 指来实现。相比之下，未修饰的精氨酸可以被几个不同的模块读取，包括 WD40 基序、PHD 指和克罗莫结构域。下面我们将概述这些阅读器模块与未修饰的精氨酸之间不同的识别原理。

7.8.1 WD40 基序

　　WDR5 是 WD-40（代表 40 个氨基酸）重复序列家族的成员。单个 WD40 重复形成一个环形的 β-螺旋桨折叠，很像螺旋桨的叶片。WDR5 是 KMT 复合体 SET1 家族的一个共同组成部分，在 *Hox* 基因激活和脊椎动物发育中起着重要作用。几个研究组同时解析了 H3K4me2 肽-WDR5 复合体的结构（Couture et al., 2006; Han et al., 2006; Ruthenburg et al., 2006; Schuetz et al., 2006），由于 WDR5 对 H3K4 甲基化和脊椎动物发育至关重要，该结构阐释了 H3K4me2 识别的基本原理（Wysocka et al., 2005）。H3K4me2 肽结合在 WDR5 折叠中心上方的表面上（图 7-9B），通过 H3 肽和 WDR5 之间的一组广泛的分子间接触使其稳定。出乎意料的是，正是未经修饰的 Arg2 而不是 K4me2 的侧链插入环形 β-螺旋（空腔插入模式）的狭窄中心通道中，在该通道中，它通过交错的 Phe 侧链堆叠而稳定，并通过直接和水介导的氢键定向（图 7-9C）。

　　令人惊讶的是，最近的一项结构与功能研究表明，WDR5 WD40 折叠的中央通道也容纳对称的二甲基化 H3R2me2s 标记（图 7-9D），但不容纳其不对称的二甲基化 H3R2me2a（Migliori et al., 2012）。对 H3R2 和 H3R2me2s 复合体的比较表明，胍基直接和水形成氢键，涉及 H3R2 复合体中的两个锚定水分子（图 7-9C），其中一个水分子在 H3R2me2s 复合体中移位，加上二甲基化侧链向苯环突出（图 7-9D），形成增强的疏水相互作用。在功能上，H3R2me2s 标记保持常染色质基因处于稳定状态，在细胞周期和分化后处于待转录激活状态。

　　另一项研究解析了 RD5 与来自 KMT 写入器 MLL1（mixed lineage leukemia 1，混合系白血病 1）的肽的复合体结构（Patel et al., 2008; Song and Kingston, 2008）。出乎意料的是，类似组蛋白 H3 的 MLL1 肽以几乎与 H3 肽相同的方向结合，此外，MLL1 类似地将 Arg 侧链插入 WD40 骨架的中央通道。研究还表明，H3K4me 肽与 MLL1 肽竞争结合 WDR5，因为 H3K4me1/me2 肽对 WDR5-MLL1 结合的破坏比 H3K4me0/me3 肽更有效。对这些观察结果的一种解释是，MLL1 复合体的组成部分，即 WDR5（阅读器）、MLL 的 SET 结构域（写入器）和组蛋白 H3 尾巴（底物）之间存在微妙的相互作用（Song and Kingston, 2008）。

　　在另一项结构研究中，p55 的 WD40 基序是几个染色质修饰复合体的共同成分，它将 H4 的第一个 A-螺旋（A-helix）结合在位于 β-螺旋桨支架侧面的表面结合通道中（图 7-9E）（Song et al., 2008）。由于 H4 的第一个螺旋被掩埋在核小体的典型折叠中，在与 p55 形成复合体的过程中观察到 H4 片段构象的实质性变化。此外，组蛋白 H4 结合囊对参与染色质组装（CAF1）、重塑（NURF）和去乙酰化（NuRD）的含 p55 的复合体的活性具有重要作用（Song et al., 2008）。

7.8.2 PHD 指

　　PHD 指是一个可以识别未修饰精氨酸的阅读器模块。最近的一个研究表明，UHRF1 的 PHD 指在 H3 尾部识别未经修饰的 R2，UHRF1 是 CpG 甲基化的一个重要调节因子（第 6 章 6.2 节，Cheng, 2014; Rajakumara et al., 2011b；另见 Hu et al., 2011; Wang et al., 2011; Xie et al., 2012）。在这个复合体中，R2 的胍基参与了广泛的分子间氢键网络（图 7-10A），而 H3R2 的甲基化（而不是 H3K4 或 H3K9）破坏了复合体的形成。从功能上讲，UHRF1 抑制目标基因表达的能力取决于 UHRF1 的 PHD 指与未修饰的 H3R2 结合，从而将涉及 UHRF1 的识别过程与常染色质基因表达的调节联系起来（Rajakumara et al., 2011b）。

　　识别 Rme0 标记的 PHD 指的另一个例子是 MOZ（单核细胞白血病锌指蛋白）的 PHD 串联盒，详见 7.9.3 节。

7.8.3 克罗莫结构域

　　最近的研究报道了 cpSRP43（由克罗莫结构域和 Ankyrin 重复组成）和一个含有来源于 cpSRP54

的 RRKR 基序的肽在细胞质中的一种不寻常的相互作用。后者与拟南芥中的叶绿体信号识别颗粒有关（Holdermann et al., 2012）。cpSRP54 中含 RRKR 的肽结合 cpSRP43ΔCD3 的结构如图 7-10B 所示，肽结合在第 4 个 Ankyrin 重复和第 2 个克罗莫结构域（CD2）之间的界面处（K_d=6.4μmol/L）。在该复合体中，含 RRKR 的肽除其氨基末端呈现 II 型 β-转角外都采用伸展构象，通过 β-完成模式（β-completion mode）的分子识别发生在 CD2 的疏水结合槽内。分子识别的特异性取决于多肽中的 2 个相邻精氨酸（Arg536 和 Arg537），这 2 个精氨酸位于 cpSRP43 的相邻囊，其中一个囊由一个 3 芳香残基的笼子（Arg536；图 7-10C）组成，而另一个囊由 1 个芳香氨基酸和 2 个酸性残基（Arg537；图 7-10D）组成，替换掉了肽上的 Arg 或者排列在囊袋内的 Tyr 和 Trp 残基，如此会消除复合体的形成及其功能读取（靶向 Ankyrin 重复到光捕获叶绿素 a、b 结合蛋白）。研究人员还提出，cpSRP43 和膜插入酶（membrane insertase）Alb3 的羧基末端之间的相互作用可能存在一种类似的识别机制，Alb3 参与将 cpSRP 招募到类囊体膜上（Falk et al., 2010）。这引入了一个新的概念，即通过一对芳香笼读取相邻未经修饰的精氨酸（Holdermann et al., 2012）生成 cpSRP 复合体（Goforth et al., 2004），并界定了克罗莫结构域在翻译后靶向识别方面的、意想不到的非细胞核功能。

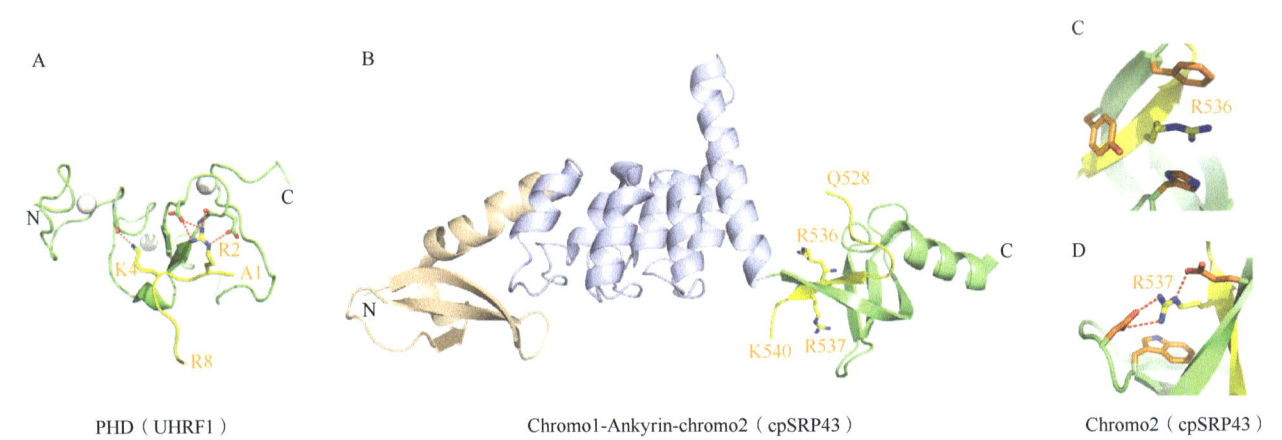

图 7-10 **与非修饰精氨酸结合的 PHD 指和克罗莫结构域。**（A）UHRF1 的 PHD 指结合到 H3（1～9）的 1.8Å 晶体结构（PDB：3SOU）。结合的 H3 残基从 A1 追踪到 R8。银球表示锌离子。（B）拟南芥叶绿体信号识别颗粒（cpSRP）43 的 Ankyrin 重复和克罗莫结构域结合 RRKR 多肽的 3.18 Å 晶体结构（黄色）（PDB：3U12）。复合体中结合肽 RRKR 的 R536 和 R537 的侧链定位于第 4 个 Ankyrin 重复（紫色）和第 2 个克罗莫结构域（绿色）之间表面的附近结合囊中。（C）RRKR 肽的 Arg537 定位于复合体的芳香笼中。（D）RRKR 的 Arg537 定位于复合体中 1 个 Trp 和 2 个酸性残基侧链组成的囊中。

7.9 肽水平上通过连锁结合模块的多价读取

由于阅读器模块读取单个标记的亲和力较低，因此通过相互连接的组合模块读取两个或多个标记可以增加结合亲和力（Ruthenburg et al., 2007b；Wang and Patel, 2011）。在本节中，我们将概述在肽水平上组蛋白的组合 PTM 读取的最新研究结果。在下一节中，将讨论在核小体水平上的研究结果。

7.9.1 PHD 指-bromo 盒

将 PHD 指和布罗莫结构域（bromodomain）相邻排布以形成 PHD 指-布罗莫结构域（PHD-bromo）盒是最常观察到的影响表观遗传调控的双阅读器模块组合（Ruthenburg et al., 2007b）。PHD 指和布罗莫结构域分别读取 Kme 和 Kac 标记，不同蛋白质用 PHD-bromo 盒展示出读取这两个标记的不同组合的潜力。至今，已对 BPTF（Li et al., 2006；Ruthenburg et al., 2011；Wysocka et al., 2006）、MLL1（Wang et al., 2010b）、TRIM24（Tsai et al., 2010b）、TRIM33（Xi et al., 2011）以及 KAP1（Ivanov et al., 2007；Zeng et al., 2008）的 PHD-bromo 盒进行了结构功能研究。在肽水平上，与这些 PHD 指-bromo 盒相关的结构与功

能方面存在类似性和差异性。我们在下面概述了它们在表观遗传调控中的不同作用。

7.2.1 节介绍的 NURF 染色质重塑器 BPTF 组分的 PHD-bromo 盒是对其结构与功能的初步了解。BPTF PHD-bromo 盒的结构表明，这两个结构域被一个 α 螺旋分开（图 7-11A），导致两个结构域之间有固定的距离，其组蛋白标记结合囊由固定的相对方向定义（Li et al.，2006）。PHD 指结合 H3K4me3 标记（Li et al.，2006；Wysoka et al.，2006），而布罗莫结构域结合一系列 Kac 标记但对 H4K16ac 有偏好（Ruthenburg et al.，2011）。因此，BPTF PHD-bromo 盒展示出在不同的组蛋白尾巴上靶向不同标记的能力（Ruthenburg et al.，2011）。

PHD-bromo（BPTF）

PHD-bromo（MLL1）

PHD-bromo（TRIM33）

PHD-bromo（TRIM24）

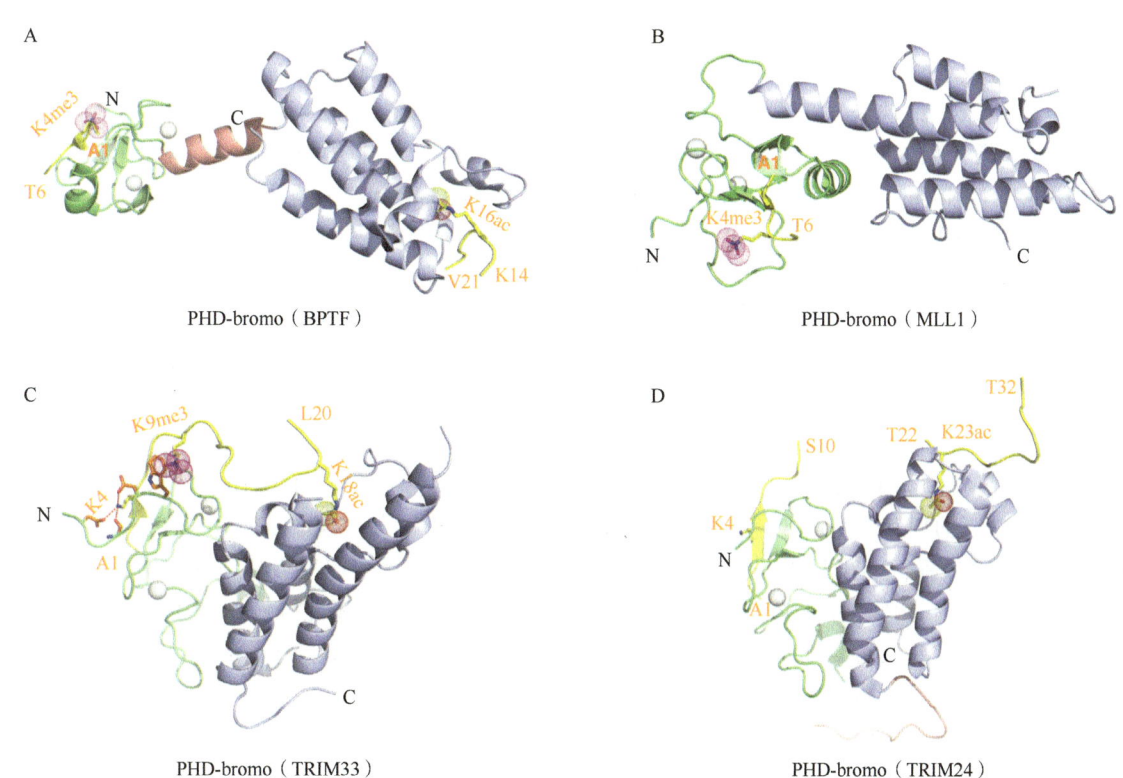

图 7-11　与多价读取相关的 PHD-bromo 盒的结构。（A）结合 H3（1～15）K4me3 肽的 PHD-bromo 盒的 2.0Å 晶体结构（PDB：2F6Z）。另外还解析了与 H4（12～21）K16ac 肽结合的 BPTF 布罗莫结构域的 1.8Å 晶体结构（PDB：3QZS），并将该信息叠加在本图所示的结构上。结合的 H3（1～15）K4me3 肽可从 A1 追踪到 T6，而结合的 H4（12～21）K16ac 肽可从 K14 追踪到 V21。（B）与 H3（1～9）K4me3 肽结合的 MLL1 PHD-bromo 盒的 1.9Å 晶体结构（PDB：3LQJ）。结合的 H3（1～9）K4me3 多肽在复合物中可从 A1 追踪到 T6。（C）与 H3（1～22）K9me3K18ac 肽结合的 TRIM33 PHD-bromo 盒的 2.7Å 晶体结构（PDB：3U5O）。该复合物中结合的 H3（1～22）K9me3K18ac 肽可从 A1 追踪到 L20。（D）与 H3（1～10）肽（2.0Å）（PDB：3O37）结合并与 H3（13-32）K23ac 肽（1.9Å）（PDB：3O37）结合的 TR1M24 PHD-bromo 盒的晶体结构。将这些结构进行叠加以生成本版书中所示的复合结构。该复合物中结合的 H3（13～32）K23ac 肽只能从 T22 追踪到 T32。

白血病诱导的 MLL1 蛋白在造血过程中以其 SET 结构域甲基转移酶活性靶向 *HOX* 基因启动子（Milne et al.，2002）。该蛋白质包含相邻的 PHD 指（PHD3）和布罗莫结构域，各自含有特征性的独立折叠，之间的连接片段有一个转向，该转向片段通向布罗莫结构域的延伸 αZ 螺旋（图 7-11B）（Wang et al.，2010b）。这种排列导致 PHD 和布罗莫结构域之间的相互作用，表现为 PHD 指识别 H3K4me3 标记的亲和力增加（与孤立的 PHD 指相比）。K4me3 侧链位于芳香族囊中（图 7-11B），在复合体形成时发生构象变化使得芳香族笼子的另一面闭合。盒的布罗莫结构域部分已经失去了对含 Kac 组蛋白肽的靶向能力。ChIP 分析发现在 *HOX* 基因上 MLL1 和 H3K4me3 标记的共定位，表明 MLL1 PHD3 与 H3K4me3 标记的结合有助于靶基因上的 MLL1 定位（Milne et al.，2010；Wang et al.，2010b）。

TRIM24（Tsai et al., 2010b）和 TRIM33（Xi et al., 2011）的羧基末端 PHD-bromo 盒的结构与功能研究进一步深入地解释了双标记的组合识别。对于 TRIM24 和 TRIM33，相邻位置的 PHD 指和布罗莫结构域折叠存在广泛的相互作用以产生单个折叠单元（图 7-11C、D）。对 TRIM33 的组蛋白肽结合的研究表明，PHD 指在同一 H3 尾上识别未修饰 K4（me0）和 K9me3 的组合，而布罗莫结构域识别 K18ac。进一步，H3（1～28）K9me3 K18ac（K_d=0.06µmol/L）双标记的结合亲和力大于两个单独的 H3（1～28）K9me3（K_d=0.20µmol/L）和 H3（1～28）K18ac（K_d=0.2µmol/L）标记的结合亲和力之和，与组合识别的情况一致，即使在肽水平上也是如此。

与 H3（1～22）K9me3K18ac 肽结合的 TRIM33 PHD 指-bromo 盒的晶体结构已被解析（图 7-11C），为结合实验结果提供了分子解释。有助于识别特异性的关键分子间接触包括 TRIM33 氨基末端和 H3 肽主链之间的相互作用、未修饰的 K4 和三个酸性侧链之间的相互作用以及 K9me3 和 Trp 侧链之间的堆积，所有这些都涉及 PHD 指。额外的特异性与 K18ac 在布罗莫结构域上的一个非典型结合囊的定位有关（Xi et al., 2011）。在功能上，Nodal 信号诱导的 TRIM33-Smad2/3 和 Smad4-Smad2/3 复合体的形成触发了 TRIM33-Smad2/3 和 H3K9me3 标记之间的相互作用，从而取代了染色质压缩因子 HP1γ，使 Nodal 反应元件可被 Smad4-Smad2/3 结合以招募 RNA 聚合酶 II。实质上，Nodal TGF-β 信号使用抑制性 H3K9me3 标记作为一个平台，将干细胞分化的主调节器从抑制状态切换到激活状态（Xi et al., 2011）。

TRIM24 布罗莫结构域是 PHD-bromo 盒的一部分，它的靶标是 H3K23ac 标记（Tsai et al., 2010b）。TRIM24（识别 H3K23ac）和 TRIM33（识别 H3K18ac）在乙酰赖氨酸残基 Kac 识别上的差异反映了 Kac 标记两侧序列的不同可以转化为 2 个复合体不同的分子间识别能力。2 个 TRIM24 PHD-bromo 盒，一个与 H3K9me3 结合，另一个与 H3K18ac 肽结合的晶体结构重叠在一起，如图 7-11D 所示。成对读取结构域之间的空间识别和广泛的相互作用产生连续的结合面，增强组合读取能力（Tsai et al., 2010b）。TRIM24 结合 H3K4me0 和 H3K23ac 标记的染色质，也结合雌激素受体蛋白。当雌激素信号激活与细胞增殖和肿瘤发展相关的雌激素依赖基因时，雌激素受体蛋白结合雌激素反应元件。因此，在乳腺癌患者中经常观察到与低生存率相关的 TRIM24 过度表达。雌激素反应元件和独特的双标记 H3 染色质共存，因此，提供了一个有利于调节雌激素依赖性靶基因表达的独特系统（Tsai et al., 2010b）。

7.9.2　串联 Tudor-PHD 指盒

研究表明，H3 尾巴通过串联 Tudor-PHD 指盒（UHRF1 的结合模块）实现多价读取（Arita et al., 2012; Cheng et al., 2013）。Arita 等人（2012）的 X 射线、核磁共振、小角 X 射线散射和结合实验研究展示了 UHRF1 与 H3 肽以 1∶1 的化学计量和 K_d=0.37µmol/L 的亲和力形成复合体，这种强结合亲和力表明其识别为组合识别，因为串联 Tudor 结构域和 PHD 指分别以 K_d=1.75µmol/L 和 K_d=1.47µmol/L 的亲和力结合。复合物的晶体结构如图 7-12A 所示，其中串联 Tudor（青色和蓝色）和 PHD 指（绿色）结构域之间的 17 个残基连接片段基本上位于 Tudor 结构域之间，在 Tudor 结构域和 PHD 指之间形成最小接触。蛋白质支架的整体结构中有一个中心孔，它容纳复合体中紧密折叠的 H3K9me3 肽（图 7-12B 中的展开图）。在含 H3K9me3 的肽一侧，残基 1～4 参与分子间 β-折叠片的形成，未修饰的 Arg2 的胍基参与分子间氢键网络形成，使得该位置甲基化，导致结合亲和力降低（见 7.8.2 节）。肽残基 5～8 意外地采用了一种由 N-端氢键稳定的 α-螺旋构象，但在复合体中不形成特定的分子间接触。9～10 肽段与第 1 个 Tudor 结构域（蓝色）形成接触，从而将 K9me3 的三甲基铵基团定位在芳香笼中。结合肽的邻近 Ser 10（及 Thr3）残基的磷酸化状态显著影响结合亲和力。对于 UHRF1，连接片段内相邻 Arg 到 Ala 的突变使其不能结合，表明了串联 Tudor 和 PHD 指之间的连接元件的重要性。此外，连接片段内的一个 Ser（蛋白激酶 A 的靶点）的磷酸化导致结合亲和力降低到原来的 1/30。可以想象，在 UHRF1 维持 DNA 甲基化和转录抑制的作用过程中，连接片段内的修饰（如磷酸化）可以在 UHRF1 介导的调节途径中起到开关作用（详见 7.12.1 节；Arita et al., 2012）。

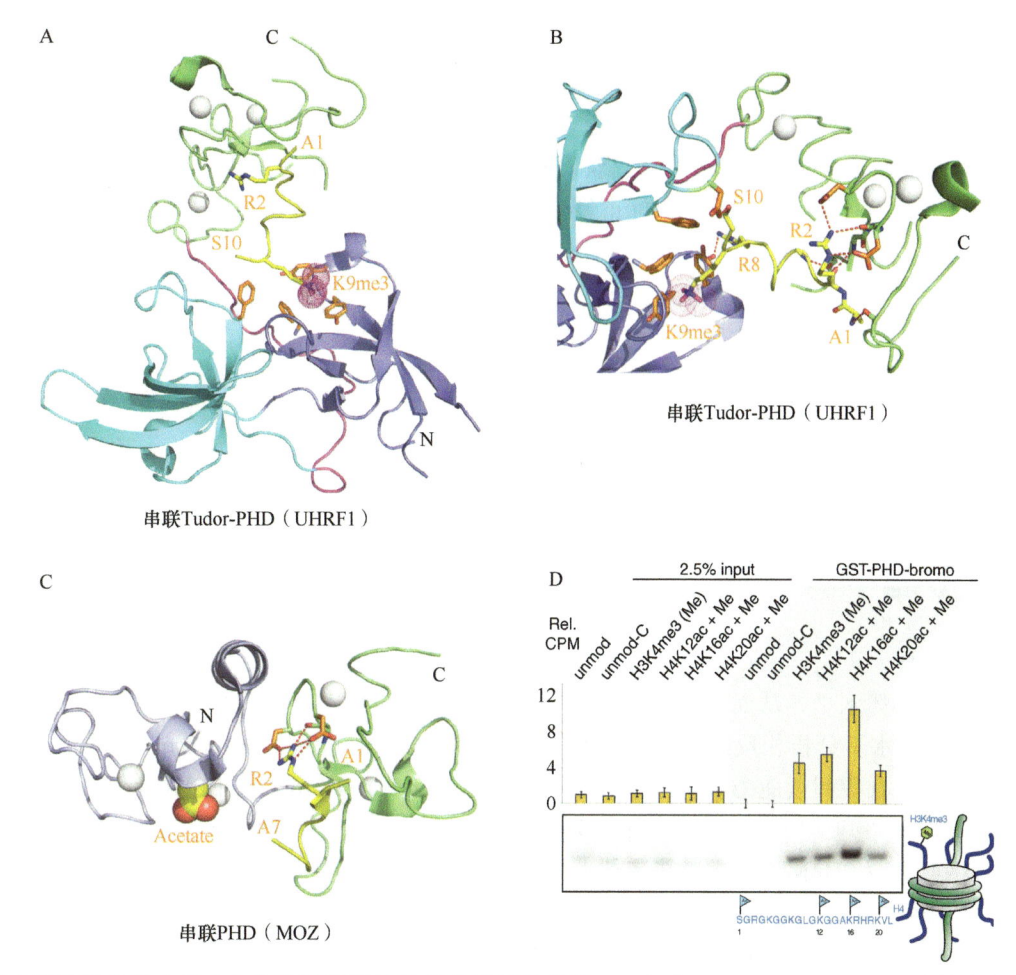

图 7-12 在多肽和核小体水平参与多价读取的连接结合模块的结构。（A）与 H3（1～13）K9me3 肽结合的 UHRF1 串联 Tudor-PHD 指盒的 2.9Å 晶体结构（PDB：3ASK）。串联 Tudor 结构域展示为青色和紫色，而 PHD 指展示为绿色。锌离子展示为银球。结合的 H3（1～13）K9me3 多肽可从 A1 追踪到 S10。（B）A 的放大图，展示含 K9me3 的 H3（1～13）肽（A1 到 S10）和 UHRF 1 的串联 Tudor-PHD 指盒之间分子间接触的细节。（C）与 H3（1～18）K14ac 肽结合的 MOZ 串联 PHD 指盒复合体的 1.47Å 晶体结构（PDB：3V43）。在氨基末端 PHD 指（蓝色）的一个囊中有一个来源于缓冲液的乙酸盐（以空间填充表示）。结合的 H3（1～18）K14ac 肽可从 A1 追踪到结合于羧基末端的 PHD 指（绿色）的 A7。（D）通过表达蛋白连接产生的半合成组蛋白修饰核小体的谷胱甘肽 S-转移酶（GST）下拉（pull-down）制备。含有 H4K12ac、H4K16ac 或 H4K20ac 与 H3K4me3 结合的双重标记的核小体用树脂结合的 GST-BPTF PHD-bromo 盒通过亲和下拉，在非变性凝胶电泳后用放射自显影法检测（autoradiography after native gel electrophoresis）。(D 转载自 Ruthenburg et al.，2011)

7.9.3 串联 PHD 指盒

组蛋白乙酰转移酶（histone acetyltransferase，HAT）MOZ 包含一对串联的 PHD 指，对 *HOX* 基因的表达和胚胎发育至关重要。两个研究组的研究表明，MOZ 的串联 PHD 指靶向含有未经修饰的 R2 和 K14ac 标记的 H3 肽（Ali et al.，2012；Qiu et al.，2012）。在与 H3（1～18）K14ac 肽结合的复合物的晶体结构中（图 7-12C），R2 侧链与第 2 个 PHD 指（绿色）上的 Asp 残基的侧链形成氢键网络，而 K14ac 在第 1 个 PHD 指上的结合位点（蓝色）（通过与结合在 H3K14ac 肽上的 DPF3b 串联 PHD 指的相关结构比对结果；Zeng et al.，2010）被缓冲液的乙酸盐和晶体堆积的相互作用所阻隔（Qiu et al.，2012）。两组的 NMR 结合研究表明，R2 或 K4 的甲基化对复合体的形成有显著影响。荧光显微镜研究表明，两个 PHD 指在体内与 H3K14ac 结合并定位于染色质（Ali et al.，2012）。此外，ChIP 研究表明，串联的 PHD 指促进 MOZ 定位到

HOXA9 基因的启动子位点，通过促进 H3 乙酰化上调 *HOXA9* 信使 RNA（mRNA）水平（Qiu et al.，2012）。

最近有研究表明，CHD4 的串联 PHD 指是 NuRD（核小体重塑和去乙酰酶，nucleosome remodeling and deacetylase）复合体的催化亚单位，对 NuRD 复合体的转录抑制是必需的。串联的 PHD 指同时结合在同一核小体内的两个 H3 尾部，从着丝粒周围位置取代 HP1γ（Musselman et al.，2012c）。这种相互作用是由 H3 尾部的 PTM 调节的，H3K9me 和 H3K9ac 标记增强了这种结合，而 H3K4me 标记削弱了这种结合。

7.10 核小体水平通过连锁结合模块的多价读取

虽然结构功能研究的重点是在多肽水平上研究 Kme 标记的读取，但主要的挑战是如何在核小体水平研究这些组合。该领域的最新进展是在 7.9.1 节中描述的 H3 肽水平的 BPTF PHD-bromo 盒的识别，而在核小体水平上的概述如下。

7.10.1 PHD 指-bromo 盒

作为一个开创性的贡献，Ruthenburg 等（2011）将 BPTF PHD-bromo 盒读取双组蛋白标记的研究从肽水平组合扩展到核小体水平，从而通过实验验证了连锁的结合模块对染色质标记的多价结合（Ruthenburg et al.，2007b）。与肽水平分析相反，他们表明 BPTF 的布罗莫结构域在 H4（K12ac、K16ac、K20ac）上展示出对不同乙酰化赖氨酸阅读能力的区别，在单核小体水平上对 H4K16ac 与 H3K4me3 组合具有显著的选择性（图 7-12D）。观察到体内的大量核小体被 H4K16ac 与 H3K4me3 双重修饰，以及 BPTF PHD-bromo 盒与基因组中 H3K4me3 和 H4K16ac 标记共定位的数据证实了这一点（Ruthenburg et al.，2011）。有趣的是，这些标记的写入器（写入 H3K4me3 的 MLL1 和写入 H4K16ac 的 MOF）之间是相互作用的（Dou et al.，2005）。基于结构的建模表明，BPTF PHD-bromo 盒可能紧密地固定在单核小体上，结合的 PHD 指和布罗莫结构域同时识别相邻位置的 H3 和 H4 尾（Ruthenburg et al.，2007b）。

7.11 PHD-bromo 盒的非染色质功能角色

除作为多肽水平（7.9.1 节；Li et al.，2006）及核小体水平（7.10.1 小节；Ruthenburg et al.，2011）上 Kme 和 Kac 标记的多价阅读器的角色之外，最近的结构与功能研究已确定了 PHD-bromo 盒的非染色质相关功能。这里描述两个例子以说明 PHD-bromo 盒中 PHD 指和布罗莫结构域之间功能协同的另类机制。

7.11.1 PHD 指作为相邻布罗莫结构域的 E3 SUMO 连接酶

KAP1（KRAB-associated protein 1，KRAB 相关蛋白 1）共抑制子的 PHD-bromo 盒在两个阅读器结构域广泛相互作用条件下，既不结合预期的 Kme，也不结合 Kac 标记（Ivanov et al.，2007；Zeng et al.，2008）。相反，PHD 指意外地作为一个分子内 E3 小泛素相关修饰因子（small ubiquitin-related modifier，SUMO）连接酶，通过与 E2 酶的相互作用促进连接的布罗莫结构域的 SUMO 化。这样，通过 SUMO 相互作用的序列来招募 NuRD 复合体以促进沉默染色质的建立和稳定。NuRD 可以催化核小体去乙酰化，从而刺激 SETDB1（H3K9 KMT）甲基化 H3K9，然后，甲基化 H3K9 被 HP1γ 靶向以诱导沉默状态（Peng and Wysocka，2008）。值得注意的是，位于 KAP1 布罗莫结构域附近的 Ser 位点的特异性磷酸化似乎抑制了 KAP1 的 SUMO 化（Li et al.，2007b），这表明 PTM 介导的交互作用在 KAP1 功能调节中的作用。

7.11.2 作为调控平台的 PHD-bromo 盒

MLL1 基因是胚胎发育和造血所必需的，也是经常发生染色体易位的靶点，导致造血前体细胞转化为白血病干细胞。MLL1 在干细胞和祖细胞中维持 *Hoxa9* 的表达，但在血细胞成熟过程中对 *Hoxa9* 的沉默也起作用。如果 *Hoxa9* 未能沉默会导致自我更新祖细胞的扩张和白血病的发生（Grow and Wysocka，2010）。实际上，造血过程中表观遗传调控开关的诱导依赖于 MLL1 的 PHD 指 3（Xia et al.，2003），因为其丢失导致造血干细胞永生化（Chen et al.，2008）。MLL1 PHD3-bromo 盒被亲环素（cyclophilin）CyP33 靶向，CyP33 由 PPIase（peptidyl prolyl Isomerase，肽基脯氨酰异构酶）和 RRM（RNA recognition motif，RNA 识别基序）结构域组成。功能研究证实在体内血细胞成熟过程中，组蛋白去乙酰化酶介导的 *HOX* 靶基因抑制需要 MLL1-CyP33 相互作用（Fair et al.，2001；Xia et al.，2003）。结构和生化研究表明，CyP33 的 PPIase 结构域调节 MLL1 PHD-bromo 盒的构象（图 7-13A）。它通过连接物脯氨酸的顺反异构化来实现这一点，从而破坏 PHD3-bromo 接触面，并促进盒中被阻塞的 MLL1-PHD3 指进入 Cyp33 的 RRM 结构域（图 7-13B）（Wang et al.，2010b）。Cyp33-RRM 结构域结合的 MLL1-PHD 指片段的核磁共振结构（图 7-13C）也支持这一观点，这意味着 H3K4me3 标记和 RRM 结构域靶向 PHD3 的不同表面，并且，进一步可以通过作为一个三元复合体共存来整合不同的调控输入。总体而言，这些结果表明了 MLL1 PHD3-bromo 盒作为调控平台和开关的作用，连接片段的顺反式脯氨酸异构化连接 H3K4me3 的读取（图 7-11B）到 CyP33 和 HDAC 介导的抑制（Wang et al.，2010b）。鉴于细胞 RNA 可以竞争 CyP33 中的 RRM 基序，关于 RNA 在靶向、稳定和（或）从 MLL1 中释放的潜在作用，仍然是未解决的问题。这一系统的其他两项研究仅集中在 CyP33 与 MLL1 PHD3 指的结合上，旨在为 CyP33 对 MLL1 介导的激活和抑制的调节提供解释（Hom et al.，2010；Park et al.，2010）。

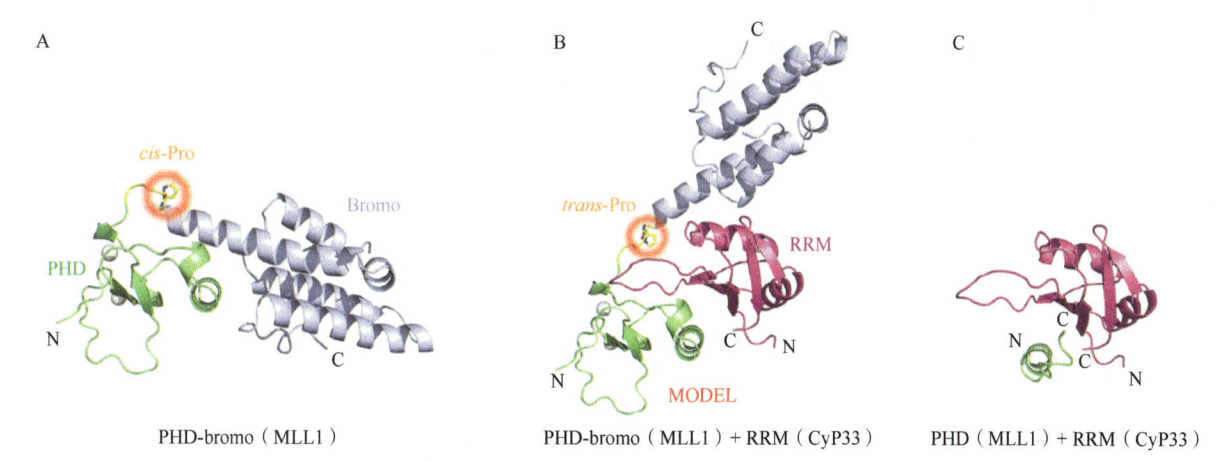

图 7-13 含顺反连接脯氨酸的 BPTF PHD-bromo 盒的结构。（A）自由状态下带有顺式连接脯氨酸（红色圆圈）的 MLL1 PHD-bromo 盒的 1.72-Å 晶体结构（PDB：3LQH）。PHD 指和布罗莫结构域分别用绿色和蓝色表示。（B）MLL1 PHD-bromo 盒的模型，带有反式连接脯氨酸（红色圆圈），该排列由结合的 CyP33（洋红）RRM 结构域稳定。（C）含有 MLL1 PHD3 片段（位点 1603～1619，绿色）和 CyP33 的 RRM 结构域（位点 2～82，洋红色）（PDB：2KU7）的复合物的核磁共振溶液结构。

7.12 组蛋白标记间的互作

组蛋白尾部的一个显著特征是其极端致密（紧邻或间隔很短）以及存在多种标记 [第 3 章图 3-6（Allis et al.，2014）]。在某些情况下，单一氨基酸（如赖氨酸）可被多种标记修饰，包括甲基化、乙酰化或泛素化（如 H3K9）。这些特征导致了动态 "二元开关" 的概念，其中 1 个标记的读取由相邻或者附近的第 2 个标记调节，从而影响从基因转录、DNA复制、修复到重组等过程（Fischle et al., 2003a, b; Latham and Dent, 2007; Garske et al., 2010; Oliver and Denu, 2011）。在这方面，提出了"修饰组盒（modification cassette）"的概念（Fischle et al., 2003a），其中组蛋白尾巴由受到不同修饰的相邻位点组成，如H3上的R2（me）-T3（ph）-K4（me）和R26（me）-K27（me/ac）-S28（ph）（图7-1B）。因此，Kme标记的读取可能受到附近的丝氨酸/苏氨酸磷酸化酶、Rme、赖氨酸乙酰化和赖氨酸泛素化标记的影响。它们可以顺式发生在同一组蛋白（组蛋白内），或者反式发生在组蛋白对之间（组蛋白间，如H3和H4之间），甚至反式发生在同一核小体内（核小体内）或跨核小体间（核小体间）[第3章图3-10（Allis et al., 2014）]。阅读器模块与标记的结合具有空间阻断相邻修饰位置的潜力，或者相反，可以招募额外模块来修饰相邻的残基。下文概述了此类关联的几个例子（Latham and Dent, 2007; Oliver and Denu, 2011），其中列出了组蛋白标记的组合调控。

全基因组定位分析揭示了人类细胞基因组中组蛋白标记和染色质调节因子的组合模式（Ram et al., 2011）。这些研究证实了染色质标记和调节因子的特定组合在不同基因组区域和特征模式的染色质环境中共定位。有趣的是，染色质调节因子作为细胞特异功能，即使被重新分配到不同的基因组位点，仍然保持着模块化和组合的关联。

7.12.1　Kme-Sph之间的关联

对组蛋白尾部序列的检测表明赖氨酸和丝氨酸/苏氨酸通常在序列中的位置接近。H3上的例子包括Thr3-Lys4、Lys9-Ser10、Thr22-Lys23、Lys27-Ser28和Lys79-Thr80（图7-1A）。例如，Lys9和Ser10在组蛋白H3的尾部占据着非常重要的位置，Kme比丝氨酸磷酸化更为稳定。H3K9me3标记（由Suv39h KMT写入）作为HP1的招募位点，参与异染色质的形成，有丝分裂过程中有丝分裂激酶Aurora B写入相邻Ser10的磷酸化，导致HP1从相邻的H3K9me3标记中逐出（Fischle et al., 2005; Hirota et al., 2005）。在有丝分裂结束时Ser10的去磷酸化重建了HP1与H3K9me3标记的联系。因此，这些研究显示了一种动态调控H3K9me3-HP1相互作用的"甲基/磷酸开关"，其调控异常将影响染色体排列和分离、纺锤体组装和胞质分裂。

甲基/磷酸化开关也在BPTF和RAG2的PHD指结构域（7.2.1节）以及CHD1的串联克罗莫结构域（7.4.1节）识别H3K4me3标记中发挥作用。通过使用含有组合修饰的组蛋白肽库的肽微阵列发现，当Thr3或Thr6被磷酸化时，阅读器模块对H3K4me3的识别被阻断或减弱（Fuchs et al., 2011）。一项平行研究也得出了同样的结论，该研究还表明，当Thr6被磷酸化，从而不再能够进入靶向Thr6侧链羟基的浅囊中时，ING2 PHD指与H3K4me3的结合亲和力降低到原来的1/20（Garske et al., 2010）。

UHRF1通过串联Tudor结构域与H3K9me3标记的结合对邻近S10位点的磷酸化反应不敏感（Rothbart et al., 2012），与细胞周期限制HP1与H3K9me3结合不同。似乎是H3K9me3阅读器模块上的侧链与S10ph之间的相互作用决定了结合到H3K9me3的阅读器模块是否在S10磷酸化时被保留或释放。因此，用Glu/Asp替换UHRF1串联Tudor结构域中的Asn使对Ser10的磷酸化读取敏感。所以，鉴于UHRF1串联Tudor结构域是唯一对K9me-S10p开关不敏感的H3K9me3阅读器，其功能可能在有丝分裂时在异染色质区域将DNMT1连接到染色质中是重要的，该异染色质区域需要维持相当大的DNA甲基化水平。

在另一项杰出的研究中，发现非受体酪氨酸激酶JAK2被证明在造血细胞的细胞核中磷酸化了组蛋白H3上的Tyr41，从而排除了HP1α利用其chromoshadow靶向邻近的Kme位点（Dawson et al., 2009）。非组蛋白如酿酒酵母Dam1蛋白中也存在甲基/磷酸开关（Zhang et al., 2005）。

7.12.2　Kme-Kac之间的关联

一些组蛋白标记组合被证明是协同或拮抗的。以下是几个例子。

ING4 与染色质的结合提供了一个 Kme3-Kac 协同关联的例子。生长抑制因子 4（inhibitor of growth 4，ING4）的 PHD 指靶向 H3K4me3 标记。ING4 是 HBO1 HAT 复合体的一个亚单位，乙酰化活性增强了对顺式 H3 尾部 H3k4me3 的识别。这有效地激活了 ING4 靶标启动子，并通过其抑癌活性扭转了细胞的转化。H4K20me3 和 H4 的氨基末端赖氨酸乙酰化之间存在一种拮抗性的关系。H4 的高乙酰化拮抗 H4K20me3，反之亦然，其中 H4K20 甲基化似乎抑制 H4 的乙酰化（Sarg et al.，2004）。

另一个协同关联的例子发生在人类细胞的组蛋白反式构象（组蛋白间）中。甲基化 H3K4 的 MLL1 与乙酰化 H4K16 的 MOF 相关联，从而在转录过程中有可能将这两个标记关联（Dou et al.，2005）。

7.12.3　Kme-Rme 之间的关联

组蛋白 H3 的氨基末端 A1-R2-T3-K4 序列在 R2 和 K4 上都有甲基化位点（图 7-1A，B）。精氨酸甲基转移酶 PRMT6 在 H3 上加载不对称的 R2me2a 标记，该标记分布在人类基因的 body 区和 3′ 末端（Guccione et al.，2007；Hyllus et al.，2007；Kirmizis et al.，2007）。R2me2a 和 H3K4me3 标记之间似乎存在拮抗关系，即 R2me2a 标记被 H3K4me3 标记阻止，相反，H3R3me2a 标记阻止 MLL1 KMT 及其相关因子（ASH2 和 WDR5）对 H3K4 的三甲基化。可以想象，这种相互拮抗反映了 WDR5 无法识别 H3R2me2a 标记，因此，无法招募 H3K4 三甲基化所必需的 MLL1（Guccione et al.，2007）。在酿酒酵母（S. cerevisiae）中，H3R2me2a 标记似乎通过 Spp1 亚单位的 PHD 指（对 H3K4 三甲基化是必要的）阻断了 Set1 KMT 的结合（Kirmizis et al.，2007）。

在另一个例子中，体外结合研究表明，H3R2me2 可以消除 AIRE（autoimmune regulator，自体免疫调节因子）PHD 指对未修饰 H3K4（me0）的识别；这导致 AIRE 靶基因激活减少（Chignola et al.，2009）。

7.2.1 节介绍了 RAG2 PHD 指能够在体外与 H3R2me2sK4me3 双标记结合。在后续研究中，在准备重排的抗原受体基因片段中发现了高水平的 H3R2me2sK4me3 双重标记（Yuan et al.，2012）。值得注意的是，这种双标记在整个基因组的活性启动子上是共定位的，这意味着 H3 上 K4me3 标记的读取可以被 R2me2s 标记调节。

7.12.4　Kme-Kub 之间的关联

早期研究证实，组蛋白 H2B 的泛素化（ubiquitination，Ub）调节 H3 甲基化和基因沉默（Ng et al.，2002；Sun and Allis，2002；Lee et al.，2007；Shilatifard，2006）。科学家利用 H2B Lys120 有特异泛素化标记的单核小体和双核小体进行了很好的研究（McGinty et al.，2008）。生化研究证实，组蛋白 H2BK120 单泛素化（H2BK120ub1）刺激核小体内 H3K79 的甲基化 [第 3 章图 3-12 所示（Allis et al.，2014）]。这种关联是由 hDot1 的催化结构域介导的，可能是通过变构机制实现的（McGinty et al.，2008）。

这些 Kme-Kub 关联的研究最近扩展到果蝇 MSL 复合体系统，该系统调节剂量补偿 [第 24 章（Lucchesi and Kuroda，2014）]。在体内和体外，MSL1/2 对 H2B 的泛素化通过核小体内尾巴的反式关联，直接调节 H3K4 和 H3K79 的甲基化（Wu et al.，2011b）。鉴于 MSL1/2 活性与 *HOXA1* 和 *MEIS1* 基因座的转录激活有关，MSL 复合体展示出两种不同的染色质修饰活性，包括 MSL1/2 介导的 H2BK34 泛素化和 MOF 介导的 H4K16 乙酰化 [第 24 章图 24-3（Lucchesi and Kuroda，2014）]。这些研究为深入了解染色质修饰酶协同作用激活基因的复杂相互作用网络提供了线索。

7.13 组蛋白类似物

在 7.12 节中，我们概述了由阅读器模块读取的组蛋白尾部甲基化标记的结构与功能。下面的问题是染色质非组蛋白是否也使用类似的修饰识别系统。在这方面，最新的进展突出了这种组蛋白类似物的鉴定，它是一组独特的非组蛋白，能够以与组蛋白类似的方式写入和读取 PTM（Kme、Kac、Yph）。在这一章中，我们将重点放在对甲基化的组蛋白类似物的研究上，从而扩展我们对 Kme 识别原理的理解。下面我们概述 4 个组蛋白类似物的例子，这些类似物涉及非组蛋白上的甲基化赖氨酸标记，这些非组蛋白与染色质的功能有关，包括 KMT、肿瘤抑制因子、RNA 聚合酶和流感病毒蛋白。

7.13.1 G9a 甲基转移酶

我们对组蛋白类似物的第一个认识来自对 Suvar（3-9）家族中一个成员，即 SET 结构域赖氨酸甲基转移酶 G9a 的结构与功能研究。这个 KMT 在 H3K9 上写入甲基化标记。在一项杰出的研究中，G9a 被证明是一个自体甲基化的 KMT，如在 K165 上自体三甲基化以及在 K94 上的二甲基化和三甲基化（Sampath et al., 2007）。G9a 中的这些 Kme 位点与 H3K9 位点具有明显的序列相似性，是 chromodomain 蛋白 HP1 的体内结合靶点。HP1 对 G9aK165me3 标记的识别可通过相邻 Thr166 的磷酸化逆转。因此，G9a 包含一个具有组蛋白类似物相关序列的赖氨酸甲基化盒、阅读器模块识别和被磷酸化调节的特征（Sampath et al., 2007），这些都是组蛋白赖氨酸甲基化的特征。

7.13.2 p53 肿瘤抑制因子

抑癌基因 p53 的转录活性受多种 PTM 调控。在其调节性羧基末端结构域（carboxy-terminal domain, CTD）中的三个赖氨酸残基 Lys370、Lys372 和 Lys382 能通过 KMT 进行甲基化。DNA 修复因子 53BP1（p53 结合蛋白 1）利用其串联 Tudor 结构域在 DNA 损伤时通过 K382me2 标记识别 p53。复合体的结构研究证实，p53K382me2 标记以类似于 H4K20me2 的方式插入 53BP1 串联 Tudor 结构域的芳香囊中（Roy et al., 2010）。在 HKKme2 序列背景下，相邻的 His380 和 Lys381 有助于形成分子识别的序列特异性（K_d=0.9μmol/L）。ChIP 和 DNA 修复实验表明，p53BP1 的串联 Tudor 结构域对 p53K382me2 的识别有助于 p53 的在 DNA 损伤位点的积累并促进修复。

p53K382me1 是由 SET8 KMT 写入并通过 L3MBTL1 的 MBT 重复识别的（与含有 Kme2 的组蛋白肽结合的 L3MBTL1 复合结构在图 7-6 中展示）（West et al., 2010）。在功能上，p53 被 DNA 损伤的激活与 p53K382me1 水平的降低相偶联，因此，p53-L3MBTL1 相互作用的消除可以导致 L3MBTL1 与 p53 靶启动子的分离。这项研究提出了一个机制，即通过 L3MBTL1 中 MBT 重复与 SET8 介导 Lys382 的 p53 甲基化相关，从而调节 p53 活性（West et al., 2010）。

7.13.3 RNA 聚合酶 II 的羧基末端

RNA 聚合酶 II-CTD 可以发生 Arg1810 的特异性甲基化修饰。这种修饰，连同 Ser2 和 Ser5 磷酸化，对于转录起始和延伸是必不可少的（Sims, III et al., 2011）。鉴于 RNA 聚合酶 II 参与染色质模板形成过程，CTD 内的 R1810me 标记模拟组蛋白尾部观察到的 Arg 甲基化。

有趣的是，含 Tudor 结构域的 TDRD3，而不是 SMN 和 SPF30，与包含 R1810 me2a 的 CTD 肽结合，但不与其单甲基化或对称的二甲基化对应物结合。这是 7.6.1 节讨论的与组蛋白尾部位点结合的补充。TDRD3 阅读器芳香笼残基的突变导致与包含 R1810me2a 的 CTD 肽的结合丧失。

7.13.4 流感病毒 NS1 蛋白羧基末端

在一项里程碑式的研究中，Marazzi 等（2012）描述了在病毒 NS1（nonstructural protein 1，非结构蛋白 1）蛋白质羧基末端的组蛋白类似物可以抑制抗病毒反应。H3N2 流感病毒亚型的 NS1 蛋白含有一个 ARSK（Ala-Arg-Ser Lys）序列，该序列类似于组蛋白 H3 的氨基末端 ARKS 序列（图 7-1A）。SET1 KMT 可以写入 H3K4 甲基化标记，也使 NS1 的 ARSK 序列中的赖氨酸甲基化，这一结果支持 NS1 模拟组蛋白的概念。正常情况下，当与 H3K4 甲基化尾巴结合时，hPAF1C（PAF1 transcription elongation complex，PAF1 转录延伸复合体）的功能增强，促进可诱导的抗病毒基因簇的转录延伸。甲基化 NS1 类似物与 hPAFIC 的结合使其分离，Set1 甲基化酶不能作用于宿主的正常基因组靶点，从而干扰宿主细胞的基因转录程序。因此，组蛋白类似物通过诱导对宿主抗病毒基因转录的特异性抑制，为病毒提供了一种选择性的优势［也在 7.7 节讨论；第 29 章图 29-12（Busslinger and Tarakhovsky，2014）］。

7.14 DNA 上全甲基化 5mCpG 位点的读取

DNA 甲基化可以抑制转录，因为 5mC 标记可以作为 5mC 结合蛋白的锚定位点，招募可以修饰染色质的共抑制子。在这一节，我们讨论涉及 5mCpG 结合（MBD）蛋白质和对应的锌指蛋白质的结构，包括结合在 DNA 双螺旋 5mC 位点上的 Kaiso。

7.14.1 甲基胞嘧啶结合蛋白

已有两个 MBD 蛋白复合体结构被解析，分别是 MBD1 和 MeCP2，它们结合在对称的 5mCpG/5mCpG 位点上。这些结构阐明了在双链 DNA 上识别 5mC 标记的不同原理。

MBD1 是一种转录调节因子，包含氨基末端的 5mCpG 结合结构域和羧基末端转录抑制结构域［第 15 章图 15-8（Li and Zhang，2014）］。MBD 结构域靶向抑癌基因和印记基因的甲基化 CpG 岛，从而与转录抑制结构域协同作用抑制其启动子活性。基于核磁共振的 MBD1 与 DNA 双链的复合体溶液结构已经被解析，它包含一个完全甲基化的 5mCpG/5mCpG（每个 DNA 双链结合 1 个蛋白质）。在这种结构中，环从蛋白质核心（由四个 β 链和一个 α 螺旋组成的 α/β 夹心结构）投射出来，并与 DNA 双螺旋的大沟相互作用（图 7-14A）（Ohki et al.，2001）。环 L1 在复杂的形态上采用了一种明确的发夹状结构，并与大沟中的一条 DNA 链相互作用。环 L2 以及朝向氨基末端的 α-螺旋片段与大沟中的其他 DNA 链相互作用，其中的环形成碱基特异性接触，而螺旋段与 DNA 核糖磷酸骨架形成接触（图 7-14B）。5 个蛋白质残基形成一个连续的疏水性斑块，与 5mC 残基的甲基相互作用（图 7-13B 中的洋红箭头所示），可以观察到伴随链上 5mC 残基的相互作用。此外，1 对精氨酸和 1 个酪氨酸与 5mCpG 位点的鸟嘌呤相互作用（蓝色箭头所示），在 Arg 残基突变后失去其结合亲和力。观察到的蛋白质-DNA 的微小界面基本上局限于 5mCpG/5mCpG 结合位点，这表明 MBD1 在不遇到空间干扰的情况下应该能够进入核小体主沟中的这些位点。

第二种 5mC 结合蛋白 MeCP2 因其在维持神经元功能中的作用而备受关注。MeCP2 基因突变是 Rett 综合征（一种自闭谱系疾病）的主要原因［第 15 章（Li and Zhang，2014）；第 33 章（Zoghbi and Beaudet，2014）；Amir et al.，1999］。结合到含有 DNA 双链中 5mCpG/5mCpG 的 MeCP2 的晶体结构（图 7-14C）表明 5mC 的甲基主要与沿着大沟的亲水表面接触，包括与紧密结合的水分子的 C-H··O 氢键（图 7-14D）（Ho et al.，2008）。此外，精氨酸残基参与了 5mC-Arg-G 相互作用，其中精氨酸位于鸟嘌呤碱的平面上，并通过盐桥把 Asp 的羧酸盐锁定在适当的位置，精氨酸的胍基直接位于 5mC 的甲基上面。Rett 综合征中最常见的突变残基涉及 Thr 残基，这表明 Thr 在维持 MeCP2 折叠内的结构基序方面起着重要作用（Ho et al.，2008）。

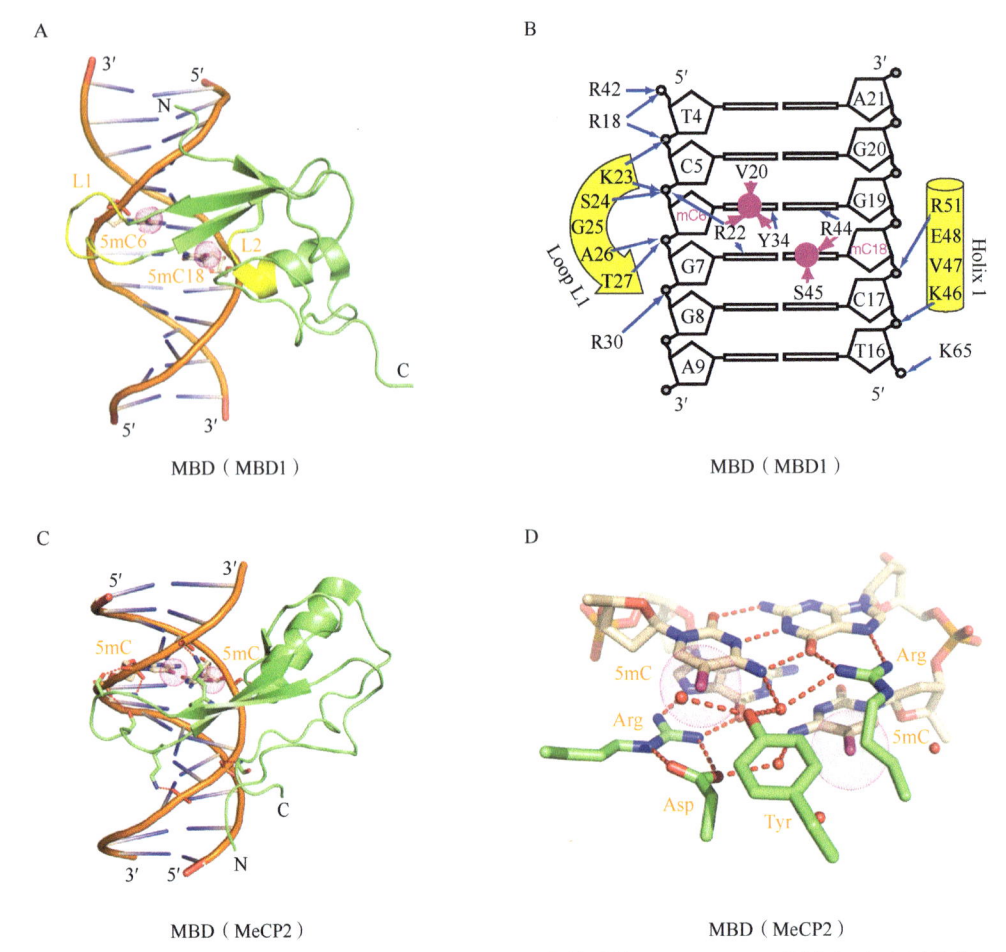

图 7-14 **甲基胞嘧啶结合蛋白与完全甲基化的 5mCpG-DNA 结合的结构**。（A）MBD1 蛋白与含全甲基化 5mCpG 的 DNA 双链结合的 NMR 溶液结构（PDB：1IG4）。两个环 L1 和 L2 用黄色表示。5mC 的甲基群用洋红点圆圈标记。（B）以 5mCpG/5mCpG 位点为中心的分子间接触示意图，涉及环 L1 和 L2，以及邻近 L2 的氨基末端 α-螺旋。5mC 的甲基用洋红点圆圈表示。5mC 残基与 MBD1 侧链之间的疏水相互作用用洋红色箭头表示。（C）与完全甲基化 5mCpG DNA 双链结合的 MeCP2 蛋白 2.5Å 晶体结构（PDB：3C2I），5mC 的甲基用洋红点圆圈标记。（D）MeCP2 亲水性氨基酸（绿色棒状代表）与双螺旋大沟中的 5mC 基团（洋红点圆圈）之间的分子间接触，包括与紧密结合的水分子的 C-H··O 氢键。

7.14.2 甲基胞嘧啶结合锌指蛋白

人类中一类锌指蛋白质具有特异识别含 5mC DNA 的能力（Sasai et al.，2010）。我们在这里概述了 Kaiso 和 Zpf57 锌指蛋白与双链 DNA 上对称的 5mCpG/5mCpG 位点结合的结构的研究结果。

Kaiso 是一种甲基化 DNA 结合因子，参与非经典 Wnt 信号传导。它包含一个参与蛋白质–蛋白质相互作用的氨基末端 BTB/POZ（BR-C，ttk and bab/Pox virus and Zn finger，BR-C、ttk 和 bab/Pox 病毒和锌指）结构域和三个结合 mCG DNA 的羧基末端锌指结构域（Cys2His2 配位），这些锌指结构域通过招募染色质重塑因子到靶基因来抑制转录（Clouaire and Stancheva，2008）。最近，对 Kaiso 的锌指结构域与 E-钙黏着蛋白启动子区的一对对称甲基化的 5mCpG/5mCpG DNA 位点结合的结构研究阐明了识别过程的细节。在识别过程中，每个 DNA 双螺旋结合一个 Kaiso 分子（Buck-Koehntop et al.，2012）。前 2 个锌指的侧链通过典型的和 C-H··O 氢键以及磷酸骨架接触介导的碱基特异性识别靶向大沟。第 3 个锌指（游离结构是紊乱的）后的羧基末端以小沟为靶标延伸，有助于高亲和力结合（图 7-15A）。前 2 个锌指的氨基末端区域提供疏水环境，以容纳络合物中 5mC 的甲基（图 7-15B）。出乎意料的是，Kaiso 的 3 个锌指共跨越 4～5 个碱基对，同时接触大沟和小沟，而大多数其他 3 锌指蛋白质仅针对大沟，跨越 9～10 个碱基对（Wolfe et al.，

2000）。在功能上，Kaiso-DNA 结合位点仅限于 Wnt 信号通路调控的靶基因，在肿瘤早期发展和进展中起关键作用。Kaiso 靶向和沉默异常甲基化 DNA 修复和肿瘤抑制基因，起致癌作用，促进肿瘤的发展（Lopes et al.，2008）。

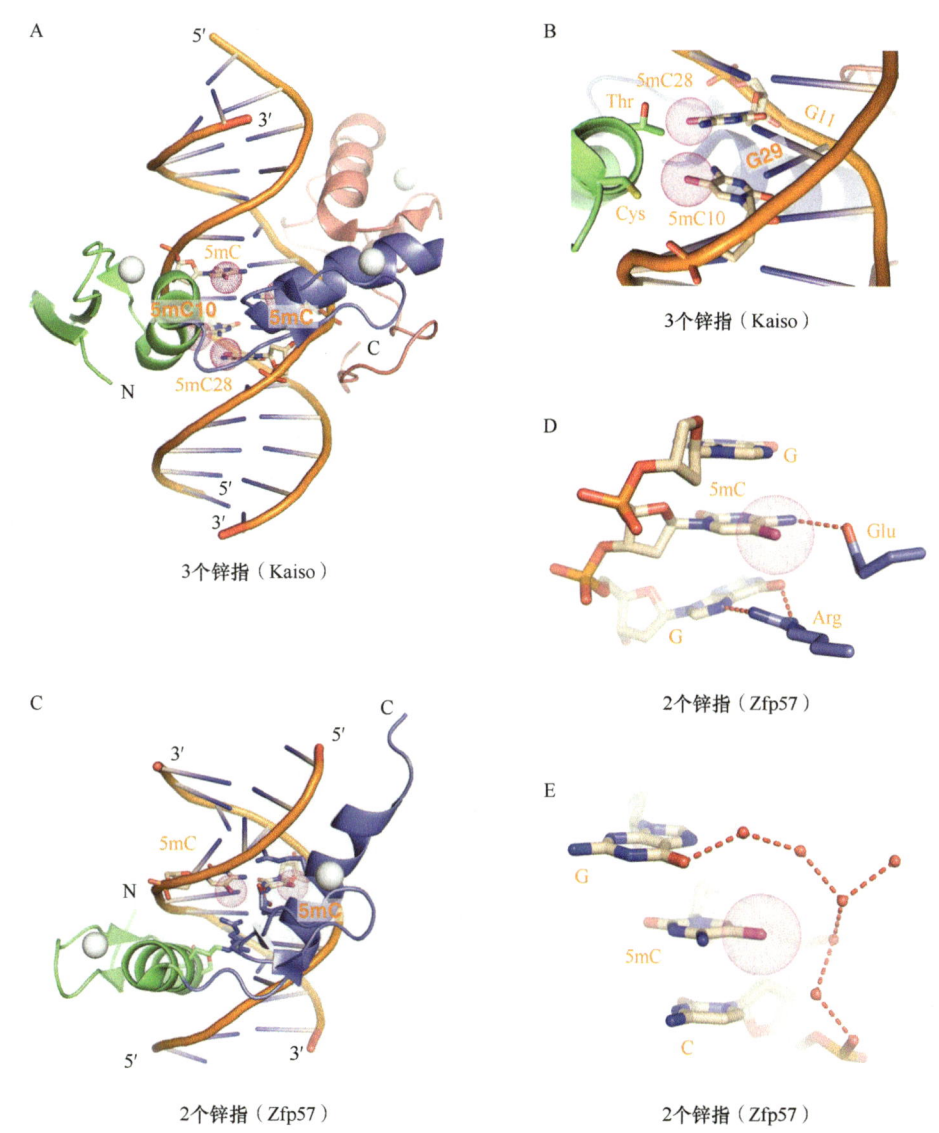

图 7-15　甲基胞嘧啶结合锌指蛋白与完全甲基化的 **5mCpG DNA 结合的结构**。（A）Kaiso 蛋白 3 个锌指与 1 对含完全甲基化的 5mCpG 的 DNA 双链结合的 2.8Å 晶体结构（PDB：4F6N）。第 1、第 2 和第 3 个锌指分别用绿色、蓝色和粉色表示。请注意，虽然大多数分子间接触都与大沟接触，涉及锌指 1（绿色）和 2（蓝色），但也有与小沟接触的，涉及锌指 3 和 Kaiso 的羧基末端延伸。锌离子展示为银球。5mC 的甲基用洋红点圆圈标记。（B）Kasio 第 1 锌指（绿色）氨基酸与双螺旋大沟中 5mC 基团的分子间接触。（C）Zfp57 蛋白的 2 个锌指与 1 个完全甲基化的 5mCpG DNA 双链结合的 0.99Å 晶体结构（PDB：4GZN）。锌离子展示为银球。5mC 的甲基用洋红点圆圈标记。（D）Zfp57-DNA 复合体中的 1 个 5mC 基团通过在精氨酸侧链和邻近鸟嘌呤之间定位参与疏水相互作用。（2）Zfp57-DNA 复合体中的第 2 个 5mC 与一层有序水分子（红圈）相互作用。

　　Zfp57 转录因子的串联锌指结构域（C_2H_2 协调）和 T-G-C-5mC-G-C 序列元件（每个 DNA 双链结合 1 个 Zfp57）与完全甲基化 5mCpG/5mCpG-step 的 DNA 双链复合的结构已在高分辨率下得到解析（Liu et al.，2012）。Zfp57 在胚胎发育早期表达，负责维持父系和母系印记位点［第 26 章（Barlow and Bartolomei，2014）］。2 个锌指结构域在复合体形成时都靶向 DNA 大沟，在不干扰 B-DNA 构象前提下共同横跨 6 碱基对（图7-15C）。第1个锌指（图中绿色部分）接触5′-T-G-C片段，而第2个锌指（蓝色部分）接触5mC-G-C片段。5mC碱基是不对称识别的：一种情况涉及与Arg侧链（其突变导致结合亲和力丧失）和邻接的3′-鸟嘌呤（所谓的5mC-Arg-G相互作用）的疏水作用（图7-15D），而另一种情况是由一层有序水分子定义的（图7-15E）。Zpf57对其DNA靶点的结合亲和力在形成由10-11易位（Tet）催化的5mC氧化产物（如5-羟甲基胞嘧啶，5hmC）时降低（见7.16.4节）。有趣的是，在短暂性新生儿糖尿病患者中，有两个点突变的Zfp57蛋白质的DNA结合活性丧失。

未来的研究必须阐明下游蛋白–蛋白相互作用的复杂网络，通过这种相互作用，5mC结合蛋白质调节基因表达，影响发育和癌变。

7.15 DNA上半甲基化5mCpG位点的读取

在哺乳动物和植物中，需要含有SRA 5mC结合域的蛋白质来建立和（或）维持DNA甲基化。正如我们所展示的，哺乳动物和植物的SRA结构域使用共同而又不同的识别原理来定位它们的DNA双链位点。含有SRA的哺乳动物UHRF1蛋白在5mCpG环境中对5mC标记的表观遗传抑制起着关键作用。植物中的SUVH（Su(var)3-9 homolog 5，Su(var)3-9同源蛋白质5）蛋白质家族含有5mC结合的SRA结构域，在哺乳动物中没有明显的同源蛋白，而且由于它们以5mCpG、5mCpHpG和5mCpHpH位点为靶点，因此其功能更加广泛。

7.15.1 哺乳动物SRA结构域

功能实验初步表明，UHRF1蛋白通过在复制叉处将DNMT1招募到半甲基化DNA位点，介导表观遗传模式的建立，在维持哺乳动物细胞DNA甲基化方面发挥关键作用（Bostick et al.，2007；Sharif et al.，2007；Cedar and Bergman，2009；Hashimoto et al.，2009）。UHRF1由串联的Tudor、PHD指和SRA结构域组成，其中SRA结构域参与双链DNA上半甲基化的5mCpG/CpG位点的特异性识别［第6章图6-6（Cheng，2014）］。科学家面临的挑战在于了解哺乳动物SRA结构域靶向半甲基化5mCpG/CpG的分子基础，以及如何区分含完全甲基化5mCpG/5mCpG-和未甲基化CpG/CpG-的DNA。

三个研究组同时解析了哺乳动物（人或小鼠）UHRF1的SRA结构域在自由状态下和与中间含有半甲基化5mCpG/CpG位点的12个碱基对DNA结合时的结构（Arita et al.，2008；Avvakumov et al.，2008；Hashimoto et al.，2008）。SRA结构域使用两个环［命名为含NKR（Asn-Lys-Arg)-的环和拇指（thumb）环］，从其高度保守的凹面突出，穿过围绕半甲基化的5mCpG/CpG位点（图7-16A）的大沟和小沟，从而产生1∶1的UHRF1 SRA∶DNA双螺旋复合体。复合体的形成导致了5mC的翻转，从而将其定位在SRA结构域内的保守结合囊中。在这个结合囊中，它通过沿着Watson-Crick边缘氢键以及范德华力和平面堆垛相互作用被锚定（图7-16B）。分子间接触的性质决定了翻转后的5meC不可能被胸腺嘧啶取代，而5mC上C的特异性由甲基赋予，甲基正好适配于可用的半球状空间。单独的鸟嘌呤仍然堆积在螺旋结构中，DNA是直的并且采用B-DNA构象，尽管在复合体形成时5mC处翻转出来。一条来自NKR环的精氨酸侧链从大沟侧插入，进入翻转5mC产生的空腔。在空腔中，它与未修饰的互补链上的鸟嘌呤及其相邻的CpG中的胞嘧啶形成氢键。一条Asn侧链与这个插入的Arg相互作用并支撑它，其Asn的主链和侧链原子都被定位，从而与CG的mC发生碰撞。这些结果很好地解释了哺乳动物的SRA结构域只与5mCpG/CpG结合的原因，即其识别亲本链上的翻转出来的5mC和互补链上相反的CpG（Arita et al.，2008；Avvakumov et al.，2008；Hashimoto et al.，2008）。涉及蛋白质和DNA的直接接触仅限于5mCpG/CpG片段，这表明结合和识别仅限于该位点，与侧翼序列无关。

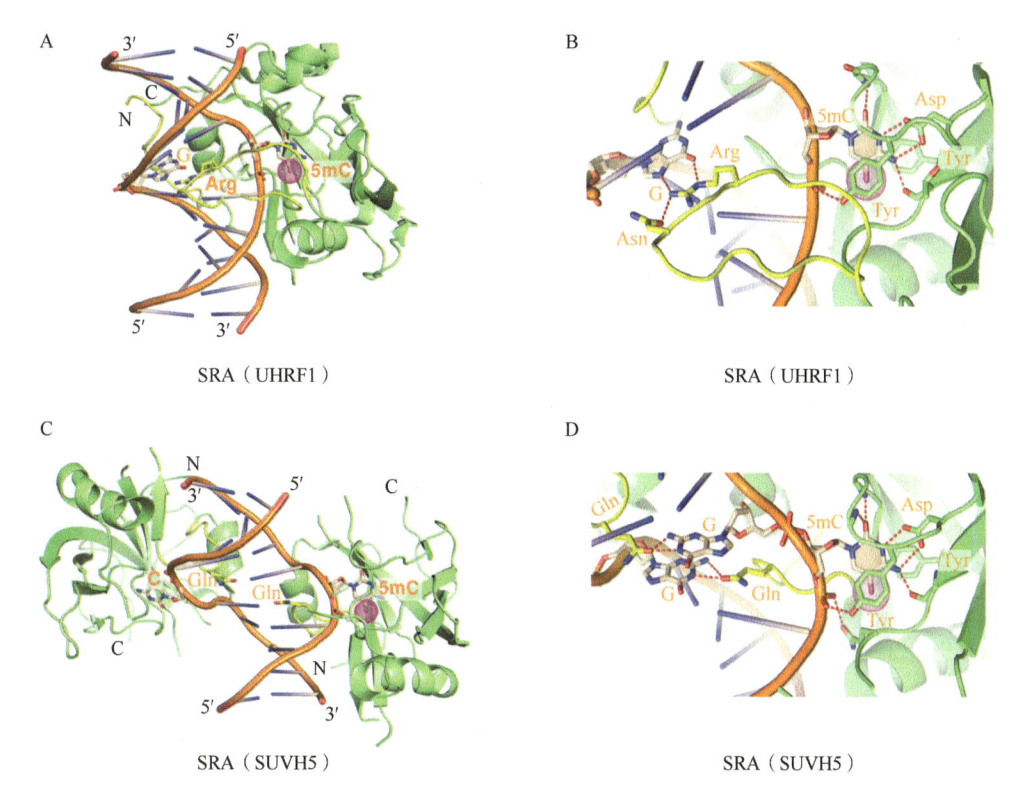

图 7-16 与半甲基化 5mCpG DNA 结合的含 SRA 结构域蛋白质的结构。(A) 与半甲基化 5mCpG-DNA 双链结合的 UHRFI 的 SRA 结构域 1.6Å 晶体结构 (PDB: 2ZKD)。复合物的化学计量为每个 DNA 双链对应 1 个 SRA 结构域。5mC 的甲基基团用洋红色的虚线标出。(B) 在 UHRFI 的 SRA 结构域内，翻转的 5mC（为清楚起见，圈被阴影化）在囊中的排列。(C) 与含有半甲基化 5mCpG 的 DNA 双链结合的植物 SUVH5 的 SRA 结构域的 2.37Å 晶体结构（PDB: 3Q0D），复合物的化学计量是每个 DNA 有 2 个 SRA 结构域。5mC 的甲基基团用洋红点圆圈表示。(D) 在植物 SUVH5 的 SRA 域内的一个囊里，翻转出来的 5mC（为清楚起见，圈被阴影化）对齐。

7.15.2 植物 SRA 结构域

一些植物 SRA 结构域结合 5mC 的能力已经被阐明，并且每个结构域对不同的 DNA 甲基化基序有偏好（Johnson et al., 2007）。研究证实，SUVH5 的 SRA 结构域不同于其他 SRA 结构域，它以类似的亲和力结合所有 DNA 甲基化基序。

出乎意料的是，SUVH5 SRA 结构域结合无论是半甲基化或完全甲基化的 5mCpG，或甲基化的 5mCpHpH，SUVH5 SRA 结构域的结构展示 SUVH5 SRA: 双链 DNA 的化学计量比都为 2:1。这些复合体揭示了一种双重翻转机制，其中来自亲本链的 5mC 和来自伙伴链的一个碱基（5mCpG/5mCpG 中的 5mC、5mCpG/CpG 中的 C 或 5mCpHpH/HpHpG 中的 G）同时从 DNA 双链中挤出，并定位在 SRA 结构域的单个结合囊中（Rajakumara et al., 2011a）。与半甲基化的 5mCpG/CpG 双链 DNA 结合的 SUVH5 SRA 结构域的结构如图 7-16C 所示。在与对称性相关的 SRA 结构域上，互补链上的 5mC 和 C 碱基同时被翻转并定位在保守的囊中，由此产生的间隙由 Gln 侧链填充并从拇指（thumb）环投射到小沟（图 7-16D）。有趣的是，最近报道了第 2 个涉及 5mC 的双翻转的例子，由大肠杆菌甲基特异性 McrBC（modified cytosine restriction BC）核酸内切酶（Sukackaite et al., 2012）对该标记进行识别。因此，哺乳动物和植物的 SRA 使用来自不同环的不同氨基酸，同时从 DNA 的不同沟插入双链中（比较图 7-16B 和图 7-16D）。完整的功能研究证实，在体内，H3K9me2 修饰的积累和 DNA 甲基化都需要 SUVH5 SRA 结构域，显示了 SRA 结构域在 SUVH5 向基因组位点招募中的作用（Rajakumara et al., 2011a）。

7.16 展望与未来挑战

在这一节中，我们概述了新的倡议和进展，以及未来的挑战，以期加强我们对组蛋白和 DNA 甲基化标记读取的机制理解。在技术方面，未来可以利用高通量和质谱方法在全基因组水平上鉴定 PTM 及其分布。化学生物学方法已经发展到能生产设计核小体，这些核小体含特定位点的组蛋白赖氨酸标记类似物、非天然和修饰氨基酸及 PTM。设计的核小体允许在核小体水平上解析多价 PTM 读取的结构特征。

通过鉴定 5mC 的氧化加成物［第 2 章（Kriocionis and Tahiliani，2014）］，DNA 甲基化在表观遗传调控中的作用得到了极大的扩展，目前的研究旨在揭示这些新的 PTM 作为新的表观遗传状态和（或）DNA 去甲基化的中间产物的作用。长的非编码 RNA（lncRNA）在介导表观遗传调控事件中的潜在作用已受到越来越多的关注，但从功能研究中获得的信息尚未在结构层面得到证实，这就需要理解非编码 RNA 促进识别的分子基础。鉴于组蛋白和 DNA PTM 的广泛信息，人们的注意力转向这些标记之间的相互作用以及研究结构和功能的新方法，这些方法可以阐明这些标记之间在核小体水平上的相互作用。

最后，染色质的失调与自身免疫、神经和年龄相关疾病以及癌症有关。我们考虑了 Kme 阅读器模块在表观遗传途径上失调所造成的后果，并概述了涉及 Kme 读出的芳香族囊的小分子鉴定方面的进展。下文对每一个专题都做了一些详细说明，以便概述目前的挑战和今后在这一领域取得进一步进展的前景。

7.16.1 全基因组水平的技术发展

科学家在微阵列和下一代测序技术方面已经取得了一些进展，这些进展使得在全基因组基础上精确和全面地检测 PTM 新模式成为可能。这类方法包括经 PTM 修饰的多肽微阵列平台（PTM-modified peptide microarray platform）以用于全蛋白质组水平鉴定组蛋白标记的阅读器（特异的或组合的；7.12.1 节），使用基于 SILAC（stable isotope labeling by amino acids in cell culture，细胞培养中氨基酸的稳定同位素标记）的方法结合质谱技术来鉴定读取设计的核小体中含一个或多个 PTM 的核小体的相互作用蛋白。

修饰的组蛋白肽微阵列平台已开发用于高通量识别染色质阅读器模块，以及评估抗体的表位特异性（Bua et al.，2009）。例如，研究者设计了由 20 个氨基酸的 H3 肽构建的肽阵列，这些肽未经修饰或具有一种或多种 PTM。这种方法发现了哺乳动物 ORC1 蛋白质中的 BAH 结构域是 H4K20m2 标记的阅读器，随后研究了这种相互作用的结构和功能特征，以及推测对侏儒综合征的影响（Kuo et al.，2012）。在另一项研究中，研究者开发了一个仅含氨基末端 H3 肽的经 PTM 修饰的随机组合肽库，以研究读取 H3K4me3 标记的染色质结合模块的特异性如何受到其他 PTM 的影响（Garske et al.，2010）。这一方法表明，K4me3 的识别受 Arg2 甲基化以及 H3 尾段 Thr3 和 Thr6 磷酸化的调节（在 7.12.1 节和 7.12.3 节中讨论过）。

检测 Kme3 标记的另外一个技术涉及组蛋白肽 pull-down，结合定量 SILAC 蛋白质组学技术，在全基因组范围内对该标记进行分析，以鉴定 Kme3 标记的阅读器（Vermeulen et al.，2010）。在这种方法中，基于标记有特定修饰状态的设计核小体的 SILAC 核小体亲和纯化技术被用于鉴定受 DNA 和组蛋白甲基化调节的核小体相互作用蛋白（Bartke et al.，2010）。这项研究通过组蛋白和 DNA 甲基化的协同招募，确定了 ORC 的成分是一种甲基化敏感的核小体相互作用因子。在另一个例子中，含有 jumonji 的赖氨酸去甲基化酶 KDM2A 在核小体水平上被组蛋白尾部 Kme 招募的过程被 DNA 甲基化所破坏。

最近，物种间比较表观基因组方法（使用人、小鼠和猪的多能干细胞）作为一种注释调节性基因组的方法被用来研究 DNA 和组蛋白修饰（Xiao et al.，2012）。该方法鉴定了在胚胎干细胞分化为中胚层细胞过程中具有不同调控功能的不同表观遗传标记的共定位。

这些高通量技术的进步有助于绘制组蛋白 PTM 修饰图和哺乳动物基因组的功能性组织形式图（Zhou et al.，2011），最终帮助研究者开发了一个名为"组蛋白尾部识别的结构基因组学（structural genomics of histone tail recognition）"的网站（Wang et al.，2010a）。进一步的进展可能涉及分析的细微化和灵敏化，以便在未来针对单个细胞进行分析。从长远来看，结构生物学与这些技术手段在 PTM 检测和分布方面的进展将为 PTM 在核小体水平上的多价读取提供一个更好的分子视角。

7.16.2 设计核小体的化学生物学方法

一个新出现的多学科挑战是如何利用化学生物学的工具来解决染色质生物学中的特定结构与功能问题，这可以通过化学上定义的染色质的制备和操作来实现（Allis and Muir, 2011; Voigt and Reinberg, 2011; Fierz and Muir, 2012）。这类研究可以使我们更好地理解决定染色质折叠和遗传的基本机制、染色体水平上染色质标记的多价读取以及 PTM 在染色质细化区域内组合的基本原理。

现有的一种化学生物学方法是使用重组组蛋白，其赖氨酸位点被半胱氨酸特异取代。然后，这些位点可以引入半胱氨酸的位点特异性修饰，该修饰在组蛋白尾部甚至在核小体水平上起到模拟甲基化赖氨酸的作用。因此，通过生成 N-甲基化氨基乙基半胱氨酸残基，S-烷基化引入了甲基化赖氨酸的类似物（Simon et al., 2007），并且这种基于半胱氨酸的化学手段也被应用于引入泛素修饰（Chatterjee et al., 2010）以及乙酰化修饰赖氨酸类似物（Huang et al., 2010）。但是这类方法也受到了限制，因为这些类似物无法完全替代其天然模拟对象。然而，半胱氨酸结合方法的简单性使得非化学家能够方便地使用它，并且可以用于模拟额外的 PTM，以及在多标记环境中的引入。

在另一种方法中，已开发出一种遗传密码组合方法，将赖氨酸上的甲基化、乙酰化和泛素化标记以及 Ser/Tyr 上的磷酸化标记引入重组蛋白（Davis and Chin, 2012）。该方法用正交氨基酰转移 RNA（tRNA）合成酶-tRNA 对，将非天然和修饰的氨基酸定点引入重组蛋白中，该合成酶-tRNA 对目的基因中引入的琥珀终止密码子作出反应并引入非天然和修饰的氨基酸（Liu and Schultz, 2010; Davis and Chin, 2012）。对该方法的改进导致了多种非天然氨基酸的加入（Neumann et al., 2010），并应当可以组合产生多个 PTM 的对应物。

在核小体水平上位点特异加入 PTM 的最有希望的方法是使用化学连接策略，产生含有感兴趣标记的所谓 "设计核小体"。它基于天然的化学连接，其中含羧基末端 α-硫酯的肽与含氨基末端半胱氨酸的肽反应生成正常的肽链（Dawson and Kent, 2000）。相应的表达蛋白连接（expressed protein ligation, EPL）可使用具有 α-硫酯构建块的重组组蛋白氨基末端肽，其经化学修饰以模拟特定的 PTM（如 Kme1），并连接至未经修饰的核心组蛋白的其余部分。这种方法，当与尚未确定的 DNA 模板一起使用时，允许在 DNA 上更均匀地定位核心组蛋白，有可能将位于组蛋白尾部多个位置的标准 PTM 合并到单个核小体中并获得良好的产量，从而产生用于结构和功能研究的设计染色质（Allis and Muir, 2011; Frederiks et al., 2011; Voigt and Reinberg, 2011; Fierz and Muir, 2012）。通过连接预成型核小体的 DNA，有可能将这种 EPL 技术组合到 PTM 探针上，将位点特异性地整合到双核小体和核小体阵列中。这种方法有可能提供更有用的、生物学相关的生物化学探针或者生物物理探针。用化学方法试图解决的另一个挑战是产生不对称核小体，例如，核小体包含一个典型的 H3.1 及 H3.3 变体。这种方法有助于理解核小体不对称的结构。设计核小体也有助于阐明 PTM 是否对核小体定位、占位和动态有影响。如果有影响，DNA 损伤对这些过程有什么作用呢？

展望未来，我们可以预见高通量生物化学方法的出现，这种方法将 PTM 设计染色质阵列与微加工方法相结合，这些微加工方法通过微流控设备促进的芯片上实验室（lab-on-a-chip）在纳米尺度上筛选阅读器模块（Fierz and Muir, 2012）。这类研究可以在核小体水平上确定用于 PTM 结构研究的新系统。

7.16.3 核小体水平上的组蛋白标记读取

该领域正朝着在核小体和染色质纤维水平上理解组蛋白 PTM 读取这个方向发展。组蛋白修饰很可能在不同的水平上改变核小体结构，它不仅可能影响单个核小体的稳定性和动力学，还可能影响包含 10nm（一级染色质结构）和 30nm（二级染色质结构）纤维形成的核小体阵列的组织和致密性。此外，它可能会影响纤维间的交互，导致浓缩染色质中观察到的高维致密性（三级染色质结构）（Luger et al., 2012）。也就是说，组蛋白 PTM 可能在单核细胞水平上影响组蛋白-DNA 的相互作用，也可能影响短距离和长距离的核小体间接触，以及以这些标记为靶标的阅读器稳定特定染色质构象的能力。综合核小体定位、转录因子结合和非编码 RNA 的作用等信息，组蛋白 PTM 模式与染色质可及性之间的潜在联系将使我们对染色质的结构和功能有更全面的了解。

目前，已有一些蛋白质与未修饰的核小体核心颗粒结合的例子，如 Kaposi 肉瘤疱疹病毒肽 LANA（Barbera et al.，2006）、染色体因子 RCC1（Mak et al.，2010）和 Sir3 的 BAH 域（Armache et al.，2011）。这些例子说明了与蛋白质–核小体识别相关的相互作用和一般原理（即所有蛋白质都靶向 H2A/H2B 上的酸性斑）（Tan and Davey，2011）。一个新出现的重要挑战是在核小体和核小体阵列水平上描述阅读器模块与其 PTM 靶点之间的复合体的结构特征。潜在的候选阅读器模块包括单独的结构域（PHD 指和 BAH 结构域）和结构盒（PHD-bromo 二结构域）。此外，前一节中所述的化学生物学方法能够产生所需的含有适当 PTM 的设计核小体，将为此类结构研究提供理想的底物。在分子水平上，也可以通过对双核小体复合体的结构特征的研究来深入了解组蛋白标记的扩展。在双核小体复合体中，双阅读器/写入器蛋白质位点的阅读器成分专门读取一个核小体上的组蛋白标记，并在相邻的一个核小体上定位并写入并相同的位点特异标记。这类研究可以确定是否存在定向扩散成分及其分子基础，以及拮抗性 PTM 在组合中的作用，有可能为边界元件的作用提供分子机制。

一个更长远的挑战是对 PTM 修饰的设计核小体进行结构鉴定，这些设计核小体与依赖于 ATP 的染色质重塑复合体（包含阅读器模块）结合，这些复合体或促进核小体移动到 DNA 上的不同位置（SNF2H 家族），或瞬时解开核小体［SWI/SNF 家族（Clapier and Cairns，2009）；第 21 章（Becker and Workman，2013）］。在实现这一目标方面已取得了有希望的初步进展。用 X 射线研究与 DNA 结合的染色质重塑因子 ISW1a（尽管该结构缺乏 ATPase 结构域），用冷冻电子显微镜（Yamada et al.，2011）研究这个系统中含有核小体的复合体。然而，需要对整个系统的结构特征进行更多的研究，包括使用经 PTM 修饰的核小体。

目前，对于 30nm 致密纤维的结构存在一个尚未解决的争议，它是由单起始螺线管还是双起始"之"字形模型组成（van Holde and Zlatanova，2007；Luger et al.，2012）？ 30nm 的结构和动力学可能取决于几个因素，包括 PTM 的类型和分布、连接片段长度、连接组蛋白的存在与否以及二价阳离子的浓度。已有研究证明，为 H4K16ac 标记加载相关的电荷变化破坏了 30nm 纤维和高阶染色质结构的形成（Shogren-Knaak et al.，2006），这很可能表明了核小体间相互作用的中断，这种相互作用通过 H4K16 与相邻核小体 H2A 上的酸性斑块的相互作用促进染色质折叠。特定位置嵌入了荧光共振能量转移探针（Allis and Muir，2011）的设计核小体可以为研究 30nm 纤维的结构和动力学提供解决方案。

关于染色质的高阶三级折叠状态，以及核纤层蛋白和基质蛋白在将环凸出的染色质域锚定到核周缘中的功能，人们还知之甚少。然而，研究者已经做了很多工作来确定相互作用的可能基因组区域［第 19 章（Dekker and Misteli，2014）］。研究者应该有可能在早期的实验基础上进行组合，通过加入含位点特异化学关联的设计核小体，包括加入反式关联剂来探测高阶三级染色质结构（Kan et al.，2009；Allis and Muir，2011）。考虑到 H3 尾已经被证明有助于核小体阵列间的相互作用，下一步将探索 PTM 对染色质高阶三级折叠态的影响，这可能通过使用小型光学探针和基于荧光显微镜的生物物理方法来阐明。

7.16.4　氧化 5mC DNA 加合物的读取

随着 5hmC 的发现，DNA 甲基化领域得到了意想不到的发展，5hmC 是一种已在生物学背景下得到验证的新型胞嘧啶 PTM［第 2 章（Kriacoisi and Tahiliani，2014）］。其中一个研究组专注于研究 Tet 蛋白的酶活性，这是急性白血病中 MLL1 基因的一个常见融合伴侣。研究者发现，Tet1 是一种 2-氧葡萄糖酸盐和 Fe^{2+} 依赖的羟化酶，在体外和培养细胞中都能催化 5mC 到 5hmC 的转化（Tahiliani et al.，2009）。另一研究组在神经元和大脑中鉴定出 5hmC，其占 Purkinje 细胞总核苷酸的 0.6% 和颗粒细胞的 0.2%（Kriauconis and Heintz，2009）。两个研究组都预测了 5hmC 在表观遗传调控中的作用，有可能影响染色质结构和局部转录活性。Tet1 在胚胎干细胞（embryonic stem，ES）自我更新和内部细胞特异化中发挥作用，进一步显示了这些结果的意义［Ito et al.，2011；第 27 章（Reik and Surani，2014）］。

鉴定出 5hmC 之后，在体外和细胞培养条件下，研究者发现 5hmC 被 Tet 转化为 5-甲酰胞嘧啶（5-formylcytosine，5fC）（Ito et al.，2011）和 5-羧胞嘧啶（5-carboxylcytosine，5caC）（He et al.，2011；Ito et al.，2011），这个转化过程依赖酶活性。此外，在小鼠胚胎干细胞和器官的基因组 DNA 中可以检测到 5hmC、5fC 和 5caC，其相对水平受 Tet 蛋白活性的调控。重要的是，5caC 可以被 TDG 酶（thymine-DNA glycosylase，胸腺嘧啶-DNA 糖基化酶）特异识别和切除，这解释了 Tet 将 5mC 转化为 5caC，然后由 TDG 将 5caC 转化为 C。这个过程作为碱基切除修复途径的一部分，构成了 DNA 去甲基化途径（He et al.，2011）。

5mC 氧化加合物的鉴定导致了 5mC 和 5hmC 定量检测方法的发展。已开发出一种氧化亚硫酸氢盐测序方法（5hmC 氧化转化为 5fC，然后亚硫酸氢盐转化为尿嘧啶），用于在单碱基分辨率下测量这些加合物（Booth et al.，2012）。这项研究在与转录调控因子相关的 CpG 岛上和长间隔散布的核元件中发现了高 5hmC 水平，提示这些区域可能在 ES 细胞的表观遗传重编程中发挥作用。5hmC 和 Tet1 的全基因组研究已经证实，Tet1 通过与富含 CpG 区域结合来调控小鼠 ES 细胞中的 5mC 和 5hmC 水平，从而防止不必要的 DNA 甲基转移酶活性（Xu et al.，2011）。

功能研究还发现了 Tet1 在小鼠胚胎干细胞转录调控中的双重作用，其中 Tet1 促进多能因子的转录，并参与抑制 Polycomb 靶向的发育调节因子（Wu et al.，2011a）。组蛋白 PTM 和 Tet 之间的联系最近已经建立。含有 H3K9me2 标记的母系染色质结合母系因子 PGC7（也称为 STELLA）可以保护 5mC 免受由 Tet3 介导的将其转化为 5hmC 的过程［Nakamura et al.，2012；第 27 章 27.3.2 节（Reik and Surani，2014）］。

上述研究表明，5hmC、5fC 和 5caC 可能代表基因组 DNA 中的新表观遗传状态和（或）由 Tet 和糖基化酶/脱氨酶介导的 DNA 去甲基途径中的关键中间产物（Bhutani et al.，2011；Wu and Zhang，2011；Branco et al.，2012）。此外，鉴于 Tet2 蛋白质经常在造血肿瘤中发生突变，Tet 蛋白似乎是细胞特性的重要调节因子。它可能通过在 DNA 甲基化保真度调控中扮演关键角色来做到这一点，Tet 水平的扰动导致了与某些癌症相关的 DNA 高甲基化表型［Williams et al.，2012；第 34 章（Baylin and Jones，2014）］。

在分子水平上，研究者已解析了一个 5caC 加合物的结构，该加合物包含与人类胸腺嘧啶 DNA 糖苷酶（human thymine DNA glycosylase，hTDG）结合的 DNA 双链（Zhang et al.，2012）。在这个复合体中，5 个碳链通过从双链中分离出来并重新定位在酶的催化囊中而被特别识别，在催化囊中，翻转出来的碱基通过与囊中的极性残基相互作用而被锁定。这一结果支持了 hTDG（与 Tet 一起）在哺乳动物 5-甲基胞嘧啶去甲基化中起关键作用的观点。一项相关的研究报道了 MBD4（methyl-binding domain 4，甲基结合结构域 4）的羧基末端糖基化酶结构域与 5-羟甲基尿苷（5-hydroxylmethyl uridine）（5-hmc 的脱氨基产物）结合（Hashimoto et al.，2012）。从分子角度来看，未来的挑战应该集中在鉴定和结构表征氧化 5mC 标记的阅读器，以及这些阅读器是否能够选择性地识别和区分 5mC、5hmC、5fC 和 5caC 加合物，以及这个过程是否需要一个碱基翻转机制来识别加合物［第 6 章图 6-6D（Cheng，2014）］。

7.16.5　非编码调节性 RNA 的功能角色

人类基因组的绝大多数是转录的，这意味着除蛋白质编码的 mRNA 外，还有更多的 RNA 序列［第 3 章图 3-6（Allis et al.，2014）］。lncRNA 的长度通常大于 200 个核苷酸，在许多情况下，是染色质的一个组成部分。它们通过与染色质重塑和修饰因子相互作用，进而改变靶基因的表观遗传状态来发挥调控作用（Guil and Esteller，2012；Guttman and Rinn，2012；Kugel and Goodrich，2012）。人们认为 lncRNA 在组蛋白修饰酶复合体和基因组之间起作用，从而调节染色质状态和表观遗传。这种调控可以顺式或反式发生，前者调控其转录位点或者附近位点的转录，后者控制远离其转录位点的基因组位点的转录。从另一个角度看，20～30 个核苷酸范围内的小 RNA 也在引导效应复合体靶向 lncRNA 结合的染色质中发挥作用，从而影响染色质修饰复合体向特定染色体区域的招募［Moazed，2009；第 16 章（Martienssen and Moazed，2014）］。

长基因间非编码 RNA（Long intergenic noncoding RNA，lincRNA）在印记、剂量补偿和同源基因表达中发挥着重要作用。最早确定在顺式中起作用的 lincRNA 之一是 XIST，它仅从 X 染色体表达，并在哺乳动物 X 染色体失活过程中是必需的 [Brown et al.，1991；Penny et al.，1996；第 25 章（Brockdorff and Turner，2014）]。XIST RNA 直接与 Polycomb 复合体相作用，促进染色质的浓缩，并启动整个 X 染色体的转录抑制 [Lee，2012；第 25 章（Brockdorff and Turner，2014）]。从本章的角度来看，已知约 30% 的 lincRNA 与染色质调节复合体有关，包括组蛋白标记的写入器、阅读器和擦除器。有研究者提出，lincRNA 通过将染色质调控复合体定位到目标基因组 DNA 来促进调控特异性。通过调节染色质结构变化来控制基因转录的反式作用 lincRNA，包括 HOTAIR（HOX antisense intergenic RNA，HOX 反义基因间 RNA）、ANRIL（antisense noncoding RNA in the INK4 locus，INK4 位点的反义非编码 RNA）和 HOTTIP（HOXA transcript at the distal tip，HOXA 远端转录本）。下面我们重点介绍一个这样的 lincRNA，即 HOTAIR，其发现在第 2 章（Rinn，2014）中有描述。

HOTAIR 是最早也是研究得最透彻的 lincRNA 之一，长 2.2kb，在人类远端成纤维细胞（Rinn et al.，2007）和转移性乳腺肿瘤（Gupta et al.，2010）第 12 号染色体的 HOXC 位点被表达。HOTAIR 的 5′ 末端结构域与 PRC2 相互作用，而其 3′ 末端与 LSD 1/CoREST/REST 复合体相互作用，从而协调将 PRC2 和 LSD1 靶向染色质，以耦合 H3K27 甲基化和 H3K4me 去甲基化。基于这些观察，有人提出 HOTAIR 和相关 lincRNA 可以作为支架，为选择性组蛋白修饰酶的组装提供结合面，这些酶可以特化目标基因的组蛋白修饰模式（Tsai et al.，2010a）。

在结构层面上，lincRNA 的三维结构以及蛋白质-RNA 界面的分子间接触信息完全缺乏，这也说明了识别过程的特殊性。很可能是 lincRNAs 固有的灵活性阻碍了在自由状态下解析其结构。然而，如果 lincRNA 在有结合靶蛋白的情况下采用紧凑的支架，在复合体水平上应该是一个可解答的问题，这种成功的结构研究已经在与小同源代谢物结合的核糖开关传感域上进行（Serganov and Patel，2012）。可以想象，lincRNA 可能含有高度保守的参与蛋白质（以及 RNA 和 DNA）识别的表面区域，因此，一个简单的方法是将 RNA 结构修剪到能行使功能的最低大小，最好是在 200 个核苷酸范围内（在大小上类似于较大的核糖开关传感结构域）以及使用最小的蛋白质模块，以促进复合体的成功结晶和结构测定。这项工作以 lincRNA 的功能模块化为前提，如果成功的话，可以理解对参与识别过程的 RNA 二级结构元件和这种分子间相互作用的多样性。

7.16.6 连接组蛋白和 DNA 甲基化

在哺乳动物中，组蛋白和 DNA 甲基化之间的潜在关联以及这些标记之间的关系已经引起了研究者相当大的兴趣（Cedar and Bergman，2009），鉴于 DNA 甲基化在多能性干细胞和分化细胞基因组 DNA 甲基化图谱中呈现与组蛋白甲基化模式相关（Meissner et al.，2008）。在这方面，DNA 甲基化与 H3K4 甲基化呈负相关关系，而与 H3K9 甲基化呈正相关关系。相关问题包括组蛋白甲基化是否作为指导 DNA 甲基化和（或）相反，以及如何从结构和功能的角度在机制上解释这种关系。

UHRF1 与 H3K9me3 的结合，指导 DNA 甲基化的维持，这是二者关联的一个重要例子（Rothbart et al.，2012）。UHRF1 是由 Ubl、Tudor、PHD 指、SRA 和环结构域组成的多结构域蛋白质 [第 6 章图 6-6（Cheng，2014）]。DNMT1 也是一种多结构域蛋白，由 RFD、CXXC、BAH 1/2 和甲基转移酶结构域组成。结构来源于与 H3K9me2/3 结合的 UHRF1 串联 Tudor 结构域（Nady et al.，2011）、结合了未修饰的 H3K4 的 UHRF1 PHD 指（Rajakumara et al.，2011b）、与半甲基化 CpG DNA 结合的 UHRF1 SRA 结构域（Arita et al.，2008；Avvakumov et al.，2008；Hashimoto et al.，2008），以及结合到未修饰 CpG（Song et al.，2011）和半甲基化 5mCpG（Song et al.，2012）DNA 位点上的 DNMT1 截短体。最近的功能研究表明，UHRF1 通过串联 Tudor 结构域与 H3K9me2/3 组蛋白标记结合是维持 DNA 甲基化所必需的，并且这种结合对邻近 Ser10 的磷酸化不敏感（Rothbart et al.，2012）。进一步研究证实，UHRF1 与含 H3K9 甲基化的染色质的有丝分裂结合

稳定了 DNMT1，并有助于维持 DNA 甲基化跨过细胞周期。目前尚不清楚 UHRF1 和 DNMT1 是否能同时结合在半甲基化的 5mCpG DNA 上，因为 UHRF1 靶向未修饰的 H3K4（通过其 PHD 指）、H3K9me2/3（串联 Tudor 结构域）和 5mCpG（SRA 结构域），而 DNMT1 靶向 5mCpG（通过其甲基转移酶结构域）和潜在的其他组蛋白 PTM（通过其 BAH1 和（或）BAH2 域）。未来的挑战将是在含有 H3K9me2/3 标记的设计核小体上制备 UHRF1 和 DNMT1 复合体，如果结构可以解析，则可定义复合体各成分之间的相对排列和相互作用。

另一个组蛋白和 DNA 甲基化之间的相互作用的例子是植物中 CpHpG DNA 甲基化的维持 [Law and Jacobsen，2010；第 13 章 （Pikaard and Mittelsten Scheid，2014）]。在这方面，KYP 是一种植物组蛋白 KMT，有助于在 H3 尾核体上加载 K9me2 标记（Jackson et al.，2002），而染色质甲基化酶 CMT3 是一种植物 DNA 甲基转移酶，有助于在核小体 DNA 的 CpHpG 位点加载 5mC 甲基化标记（Du et al.，2012）。DNA 和 H3K9 甲基化的图谱分析表明，H3K9me2 和 CpHpG 甲基化之间存在高度相关性。此外，CMT3 或 KYP 的丢失导致 DNA 甲基化水平显著降低。有人提出，这两种酶建立了一个反馈环，即甲基化的 CpHpG-DNA 在 H3K9 处招募 KYP 以维持甲基化，而 H3K9me2 标记招募 CMT3 使 DNA 甲基化。ZMET2（玉米中拟南芥 CMT3 的同源蛋白）通过其克罗莫结构域和 BAH 结构域与 H3K9me2 结合的复合体结构已经被解析（图 7-2C；Du et al.，2012）。KYP（也称为 SUVH4）的结构信息尚不明确，KYP 包含 SRA、pre-SET 和 SET 结构域，无论是在自由状态下，还是在与含 H3K9me2 的肽和（或）含甲基化 CpHpG 的 DNA 结合时 [第 6 章图 6-10B（Cheng，2014）]。另外还有一个额外的挑战是要阐明组蛋白（KYP）和 DNA（CMT3）甲基转移酶之间是否存在直接的相互作用，如果有的话，还要阐明它们识别的基本原理。

值得注意的是，如以上两个例子所示，组合结构与功能研究应该能进一步阐明关联组蛋白和 DNA 甲基化的机制，这种关联可以在不同生物系统中介导表观遗传调控 [第 6 章（Cheng，2014）]。

7.16.7 基于染色质的治疗方案

有相当多的研究者试图明确染色质调节蛋白质的异常表达和基因组改变的后果及其对促进病态发生的影响。被研究的疾病类型包括从自身免疫到神经紊乱以及从发育异常到癌症。这类研究必然涉及对染色质疗法开发的研究，考虑到表观遗传突变的可逆性，染色质疗法具有潜在的应用前景（Chi et al.，2010；Dawson and Kouzarides，2012）。

例如，结构与功能研究表明，与染色质结合的 PHD 指的失调可导致血液系统恶性肿瘤（Wing et al.，2009）。该研究检测了将结合了 H3K4me3 的 jumonji 结构域赖氨酸去甲基化酶 JARID1A 的羧基末端 PHD 指与核孔蛋白 98（NUP98）融合的结果，这是一种常见的融合伴侣，从而产生有效的致癌蛋白，在小鼠模型中阻止血液的分化并诱导急性髓样白血病。融合的 PHD 指-NUP98 盒控制了 Polycomb 介导的基因沉默，以将发育关键位点锁定为永久活跃的染色质状态，对白血病的发生是关键的。有趣的是，JARID1A PHD 指中的芳香笼与 H3K4me3 肽结合，由两个正交排列的 Trp 残基组成。两种 Trp 的突变均使 H3K4me3 结合消失，从而使白血病转化停止。

相关研究已经评估了 ING PHD 指的体细胞突变对实体瘤的影响（Chi et al.，2010）。此外，INK4/ARF 通路失调对衰老和癌症的影响也已进行了研究（Kim and Sharpless，2006）。

与 Kac 结合囊相比，有关靶向阅读器模块的 Kme 结合囊的抑制剂的文献非常有限 [第 29 章第 6.3 节（Busslinger and Tarakhovsky，2014）；第 4 章 4.3.5 节（Marmorstein and Zhou，2014）；第 2 章（Qi，2014；Schaefer，2014）；Arrowsmith et al.，2012]。在前面的几节中，我们概述了读取模块分子识别 Kme 标记的三种通用模式。

首先，高甲基化状态的 Kme3/2 标记主要在具有表面沟槽识别模式的芳香族笼型袋中识别（图 7-2D）（Tavema et al.，2007）。这些都是开放的和浅的囊，因此很难靶向，而且迄今为止针对这种囊还没有有效的抑制剂被鉴定出来。

其次，低甲基化状态 Kme1/2 标记可以定位在 L3MBTL1 的 MBT 囊 2 的芳香笼中（Li et al., 2007a; Min et al., 2007），涉及空腔插入识别模式（图 7-6B）(Tavema et al., 2007)。这种囊袋既窄又深，因此是一种很有前途的抑制剂靶点。事实上，通过一种配体和结构导向设计方法（Kireev et al., 2010）已经鉴定出了 UNC669（图 7-6D）。它是一种含有吡咯烷的小分子，靶向 L3MBTL1（K_d=5μmol/L），与同源肽（H4K20me1）结合相比，结合亲和力增加了五倍，并对相似的同源物有选择性（L3MBTL3 和 L3MBTL4）（Herold et al., 2011b）。与 UNC669 结合的 L3MBTL1 的 X 射线结构证实，配体将其吡咯烷环系统插入 MBT 结构域 2 的芳香囊中，插入的配体和囊壁之间具有良好的形状互补性（Herold et al., 2011b）（图 7-6E）。

再次，Kme 标记可以通过界面复合袋识别，界面复合袋由相邻位置的阅读器结构域的残基组成，其识别涉及良好范德华接触以及高度的表面互补性，并辅以一组碳氧氢键（图 7-7C，D）（Iwase et al., 2011）。是否能设计出针对这种囊腔的抑制剂还有待观察。

另一种方法是设计可针对紧密定位的囊的小分子抑制剂，例如，针对同一组蛋白尾部的未修饰 K4 和 K9me3。针对 Kme 阅读器模块的小分子抑制剂的研究仍处于起步阶段（Herold et al., 2011a），新的方法将需要进一步的开发。在这方面，目前的药物特异性一般，要求下一代表观遗传药物针对失调的过程有更高的特异性。

最近，有研究表明，*HOTAIR* lincRNA 可以重新编程染色质状态以促进癌症转移（Gupta et al., 2010）。原发性乳腺肿瘤中 *HOTAIR* 的表达水平增加，其表达水平是最终转移和死亡的诊断指标。在这方面，上皮性癌细胞中 *HOTAIR* 的表达加强可引起 PRC2 复合体的全基因组重新定位，导致 H3K27 甲基化改变，同时增加了癌症的侵袭和转移风险。这些结果暗示了 *HOTAIR* 在调节癌症表观基因组中的活跃作用，这意味着 lincRNA 可以作为癌症诊断和治疗的潜在靶点。

几种蛋白质-lincRNA 复合体涉及几种疾病状态，分子间接触的详细结构信息可能产生有针对性的功能研究，以确定和实施基于染色质的治疗模式。

致　　谢

我很感谢 Zhanxin Wang 博士在本章准备工作中给予的帮助。

（孙爱清　译，方玉达　校）

第 8 章

酿酒酵母的表观遗传学

迈克尔·格伦斯坦（Michael Grunstein[1]），苏珊·M. 加瑟（Susan M. Gasser[2]）

[1]University of California, Los Angeles, Los Angeles, California 90095; [2]Friedrich Miescher Institute for Biomedical Research, 4058 Basel, Switzerland

通讯地址：susan.gasser@fmi.ch; mg@mbi.ucla.edu

摘　要

酿酒酵母（*Saccharomyces cerevisiae*）是研究可遗传的沉默染色质的一个良好模型系统，其中非组蛋白复合体（SIR 复合体）通过与序列无关的扩散方式抑制基因，就像高等真核生物中的异染色质一样。研究组蛋白突变并在全基因组范围内筛选影响沉默的突变，产生了关于这个系统的详细信息。近年来，在 SIR-染色质复合体的生物化学和结构生物学方面的研究进展，使我们更好地理解了 Sir3 如何选择性地识别去乙酰化组蛋白 H4 尾巴和去甲基化组蛋白 H3 核心的分子机制。酵母突变体的存在也显示了沉默机制的组分如何影响转录抑制之外的生理过程。

本章目录

8.1　酵母的遗传和分子工具
8.2　酵母的生命周期
8.3　酵母异染色质存在于沉默的 *HM* 交配位点和端粒之中
8.4　Sir 蛋白质结构与进化保守性
8.5　沉默染色质是一种在整个结构域中扩散的抑制性结构
8.6　异染色质组装的不同步骤
8.7　组蛋白 H4K16 乙酰化及其被 Sir 2 去乙酰化的关键作用
8.8　屏障功能：组蛋白修饰限制 Sir 复合体扩散
8.9　H3 氨基末端尾巴在高阶染色质结构中的作用
8.10　端粒的反式相互作用和异染色质的核周缘附着

8.11 端粒环化
8.12 天然亚端粒结构域的可变抑制
8.13 表观遗传状态的遗传
8.14 Sir 蛋白和沉默染色质的其他功能
8.15 总结

概　　述

含有活性基因的真核细胞核中一部分的染色质称为常染色质。这种染色质在有丝分裂中浓缩以便染色体分离，并在细胞周期的间期解聚，从而允许转录发生。然而，根据细胞学方法观察到一些染色体区域在间期内保持浓缩状态，这种致密的染色质被称为异染色质。随着新技术的发展，研究者用分子特征而不是细胞学特征来定义基因组的这一部分，高等真核生物中常位于着丝粒和端粒的异染色质被证明含数以千计的简单重复序列。富含重复序列的基因组 DNA 往往在细胞周期的 S 期后期复制，在核周缘或核仁附近聚集，对核酸酶攻击具有抵抗力。重要的是，在重复 DNA 上形成的特征性染色质结构倾向于扩散并抑制附近的基因。果蝇 white 基因座是决定眼颜色的基因，通过花斑型位置效应（position effect variegation，PEV），由表观遗传抑制而产生红白眼杂色。在机制上，果蝇 PEV 反映了异染色质蛋白 1（heterochromatin protein 1，HP1）对甲基化组蛋白 H3K9 的识别过程，该识别可沿染色体臂传播。在酿酒酵母中，进化出了一个独特的异染色质形成机制，但它达到了与果蝇非常相似的结果。

酿酒酵母（*Saccharomyces cerevisiae*）是一种通常用于酿造啤酒和烘焙面包的微生物，然而与细菌不同，它是真核生物。酿酒酵母的染色体和真核生物的染色体一样，是由组蛋白结合在一起的，被包围在细胞核内，在 S 期从多个复制起始点复制而来。尽管如此，酵母基因组还是很小，16 条染色体中只有 14Mb 基因组 DNA，其中一些染色体不比噬菌体基因组大多少。酵母基因组中大约有 6000 个基因，紧密排列在染色体臂上，它们之间的间隔通常小于 2kb。绝大多数酵母基因处于开放的染色质状态，这意味着它们要么活跃地转录，要么被迅速诱导。这一点，再加上非常有限的简单重复 DNA，使得用细胞学技术检测酵母异染色质非常困难。

尽管如此，酿酒酵母仍有明显的异染色质样区域，分子工具显示它们与所有 32 个端粒相邻以及位于染色体Ⅲ（Chr Ⅲ）上的两个沉默交配位点。端粒和沉默交配位点的转录抑制状态可以扩散到邻近的 DNA 中，对于维持交配能力的单倍体状态至关重要。近端粒区域和沉默交配型位点均以位置依赖的表观遗传方式抑制整合进入的报告基因，它们在 S 期晚期复制，并存在于核周缘。因此，这些位点具有异染色质的大部分功能特性，在间期没有明显的细胞学浓缩。利用酵母基因组小的优势及其强大的遗传和生化工具，人们发现了许多与复杂生物体中异染色质相关的、染色质介导的转录抑制的基本原理。尽管如此，酿酒酵母中的沉默染色质依赖于一组独特的非组蛋白，它们不加载也不识别组蛋白 H3K9 甲基化。

8.1　酵母的遗传和分子工具

酵母为研究细胞活动提供了一个灵活、快速的遗传系统。酵母的继代时间大约为 90 分钟，生长 2 天后可产生包含数百万个细胞的菌落。此外，酵母能以单倍体和二倍体两种形式繁殖，极大地增进了遗传分析的便利。与细菌一样，单倍体酵母细胞也可以通过发生突变，以产生特定的营养需求或营养缺陷的遗传表型，而隐性致死突变可以作为条件致死等位基因（如温度敏感突变体）在单倍体中保持，也可以作为携带野生型和突变等位基因的杂合子在二倍体中保持。

非常有用的是酿酒酵母的高效同源重组系统，它允许随意改变任何选择的染色体序列。此外，由于短序列提供着丝粒和复制起始功能，染色体的一部分可以通过细胞分裂稳定维持在质粒上从而进行操作和重新导入。携带端粒重复序列使得封闭末端的大型线性质粒或小染色体也能在酵母中稳定繁殖。

酵母在组蛋白的遗传分析及其在基因调控中的作用的研究方面也有着独特的优势。与具有 60～70 个核心组蛋白编码基因（H2A、H2B、H3 和 H4）拷贝的哺乳动物细胞不同，酵母只含有这些基因的 2 个拷贝。因为这 2 个拷贝在功能上是冗余的，所以能够产生含有单一组蛋白基因拷贝的细胞。这些基因中特定组蛋白氨基酸的缺失或突变分析揭示了组蛋白残基在异染色质和其他细胞功能中的特殊作用。通过寻找这些突变表型的抑制因子，也有可能鉴定出与相关组蛋白位点相互作用的异染色质蛋白。在酵母中容易产生组蛋白突变体也产生了每个核心组蛋白中大多数氨基酸残基的系统突变研究（http://www.ncbi.nlm.nih.gov/pmc/articles/PMC2666297/）以及它们对基因组功能的影响分析（Huang et al., 2009）。

酿酒酵母也为表观遗传基因调控提供了强大的细胞可视化标记，概念上类似于果蝇中的 PEV，其中 white 基因为杂色基因表达提供了一个可见的筛选标记 [第 12 章（Elgin and Reuter, 2013）]。在酵母端粒附近出现了一种类似的现象，称为末端位置效应（telomere position effect，TPE），利用 URA3 和 ADE2 报告基因类似地推进了 TPE 的研究（图 8-1）。URA3 基因产物是合成尿嘧啶必需的，不表达 Ura3 蛋白质的细胞不能在缺乏尿嘧啶的合成培养基上生长。此外，URA3 允许在 5-氟硼酸（5-FOA）存在的情况下对表达的反向选择，因为 Ura3 基因产物能将 5-FOA 转化为 5-氟尿嘧啶，它是导致细胞死亡的 DNA 合成抑制剂。因此，研究者将 URA3 在异染色质附近整合，发现该基因在一些细胞中被抑制，但不是所有细胞，只有沉默 URA3 的细胞能够在 5-FOA 的存在下生长。相反，如果菌株缺乏强的 URA3 激活因子（Ppr1），这使得阳性选择是可能的，只有表达 URA3 的细胞才可以在尿嘧啶缺乏的平板上生长。因此，在含有 5-FOA 或不含尿嘧啶的培养皿上进行连续稀释分析（在 1～10^6 倍范围内）可以准确地评估 URA3 抑制/表达的效率（图 8-1A）。由于 5-FOA 具有致突变性，加上会对细胞施加强大的压力来抑制报告基因，在一些条件或酵母背景下可以使用尿嘧啶缺失平板而不是对 5-FOA 进行反向选择。

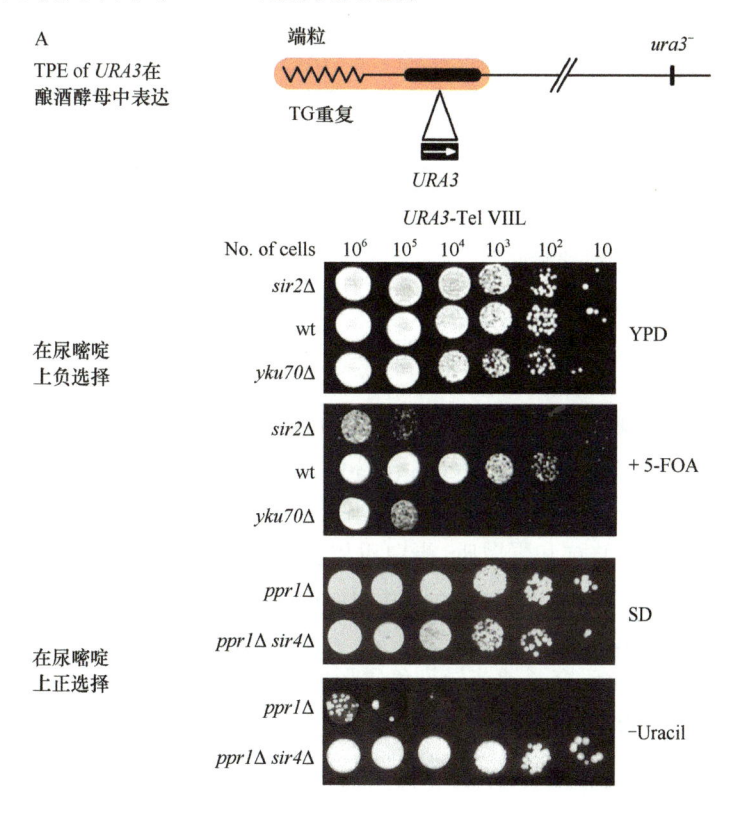

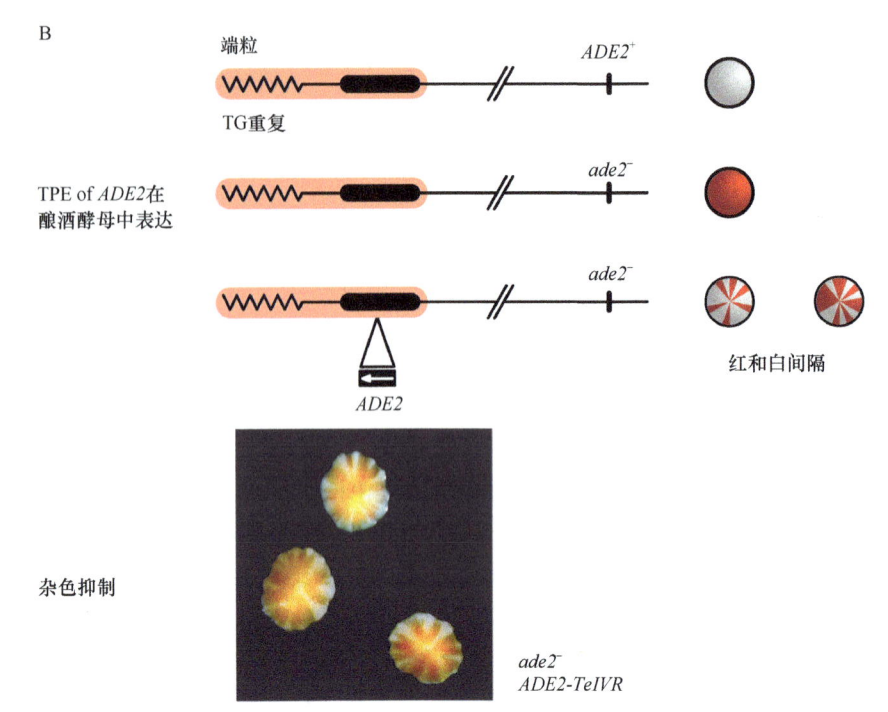

图 8-1 酵母中的沉默和 TPE。（A）在该酵母株中，端粒异染色质沉默了 URA3 基因，该基因被插入在 Chr VII 左臂靠近端粒富含简单 TG 重复序列附近。在正常的富营养培养基（YPD）中，抑制近端粒 URA3 基因的野生型（wt）细胞和缺失端粒异染色质并表达 URA3 的沉默突变体之间没有生长差异。此外，在含有 5-FOA 的培养基（中间图版）中，抑制 URA3 的细胞（如 wt 细胞）可以生长，而表达 URA3 的细胞（sir2Δ 和 yku70Δ）不能生长，因为 URA3 基因产物将 5-FOA 转化为有毒的中间产物 5-氟尿嘧啶。连续稀释/滴加试验允许在 10^6 个细胞中检测到 1 个细胞的沉默。在 URA3 激活因子 Ppr1 缺失（ppr1Δ）的细胞中，可以通过在缺乏尿嘧啶的合成右旋葡萄糖（synthetic dextrose，SD）培养基上筛选抑制。在这种情况下，基因沉默会抑制菌落生长。（B）含有野生型 ADE2 基因的细胞产生白色的菌落，而含有突变型 ade2 的细胞则呈现红色，这是因为腺嘌呤生物合成过程中积累了一种微红色的中间产物。当 ADE2 基因插入 Chr V 右臂端粒附近时，它以表观遗传学的方式被沉默。在基因相同的细胞中，沉默的 ADE2 状态和活跃的 ADE2 状态都是可遗传的，这使得在群体中产生红白区混杂。

表观遗传抑制的另一个有用的检测方法是在异染色质附近插入报告基因 ADE2。当 ADE2 被抑制时，腺嘌呤生物合成的前体积累，使细胞变红。当 ADE2 表达时，细胞呈白色（图 8-1B）。在基因相同的细胞群体中，可以看到近端粒 ADE2 基因抑制的表观遗传特性，因为 ADE2 的杂色表达在红色群体背景中产生白色区域，这归因于 ADE2 抑制（图 8-1B）。这个报告基因避免了对不能抑制 ADE2 的细胞施加选择压力，因此混杂的表型说明了表观遗传状态的转换比率和通过有丝分裂的遗传率，这与果蝇的区块斑驳 white 表型非常相似。

结合这些遗传途径，用生物化学技术定位表观遗传修饰因子很容易被应用于酵母。大酵母培养物可以同步或异步生长。包括转录组分析和染色质免疫沉淀（chromatin immunoprecipitation，ChIP）在内的一系列分子工具可以与高效的下一代测序结合，有效地覆盖全基因组。结合蛋白质组学方法绘制蛋白质网络图，可以对基因表达、转录因子结合、组蛋白修饰和蛋白质–蛋白质相互作用进行全面和定量的比较。最后，在酵母中开发的一种称为染色体构象捕获（chromosome conformation capture）的技术，用来评估蛋白质介导的不连锁染色体域的接触以监测染色质的长程相互作用［第 19 章（Dekker and Misteli, 2014）］。利用这一应用广泛的工具，30 多年来科学家们已经研究了调节异染色质形成及其在酿酒酵母中生理功能的机制。在介绍这些发现之前，我们先来看看酵母的生命周期。

8.2 酵母的生命周期

酿酒酵母通过有丝分裂在单倍体或二倍体状态下增殖，产生一个芽，芽增大并最终与母细胞分离（图 8-2A），这也是为什么它被称为酿酒酵母。单倍体酵母细胞可以相互交配（即结合）。它们以两种交配型存在，称为 a 或 α，类似哺乳动物中的两性。每种交配型的酵母细胞产生一种独特的信息素，吸引相反交配型的细胞。一种细胞产生一种由 12 个氨基酸（aa）组成的肽，称为 a 因子（a-factor），它与 α 细胞表面的跨膜 a 因子受体结合。相反，α 细胞产生一种 13 个氨基酸组成的肽，称为 α 因子（α-factor），它与 a 细胞表面的 α 因子受体结合。这些相互作用导致这两种细胞类型在细胞周期的中期到晚 G_1 期之间停滞。停滞的细胞呈 "shmoo" 类似形状（以梨形 Al Capp 卡通人物命名；图 8-2B）。相反接合型的 shmoo 细胞在它们顶端融合产生 a/α 二倍体细胞。

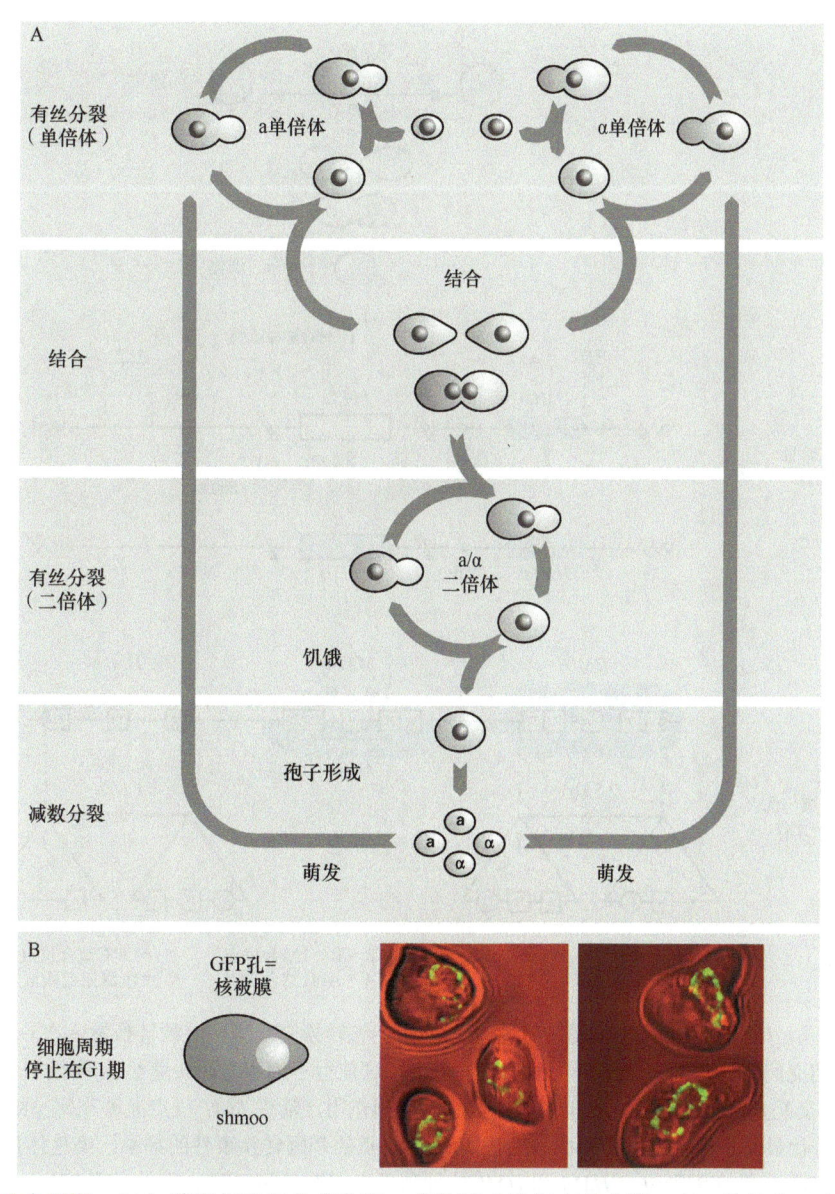

图 8-2 酿酒酵母的生命周期。（A）酵母细胞以单倍体和二倍体形式进行有丝分裂。在二倍体中，由于饥饿而产生孢子，而当相反交配型的单倍体彼此相邻时，交配是自发发生的。这是由信息素分泌引起的，它阻滞了另一种交配型细胞在细胞周期的 G_1 期，在充分接触信息素后，交配途径被诱导。二倍体状态抑制交配途径。（B）作为对信息素的反应，单倍体细胞向相反交配型的细胞扭曲。这些被称为 shmoo。核被膜呈绿色荧光，显示细胞核扭曲。

204　表观遗传学

　　在二倍体细胞中，交配反应受到抑制，除非细胞暴露在饥饿条件下，否则细胞以营养繁殖方式分裂（即通过有丝分裂）。氮饥饿诱导二倍体减数分裂，形成包含四个孢子（每种交配型两个）的子囊。当营养水平恢复时，这些单倍体孢子生长成单倍体细胞，这些细胞能够再次交配形成二倍体，重新开始生命周期。

　　尽管实验室中的单倍体酵母细胞通常在基因上被构建成稳定的 a 或者 α 细胞，但野生的酵母几乎在每个细胞周期中都会改变它们的交配型（图 8-3A）。交配型转换是由内源性的、调节细胞周期的核酸内切酶活

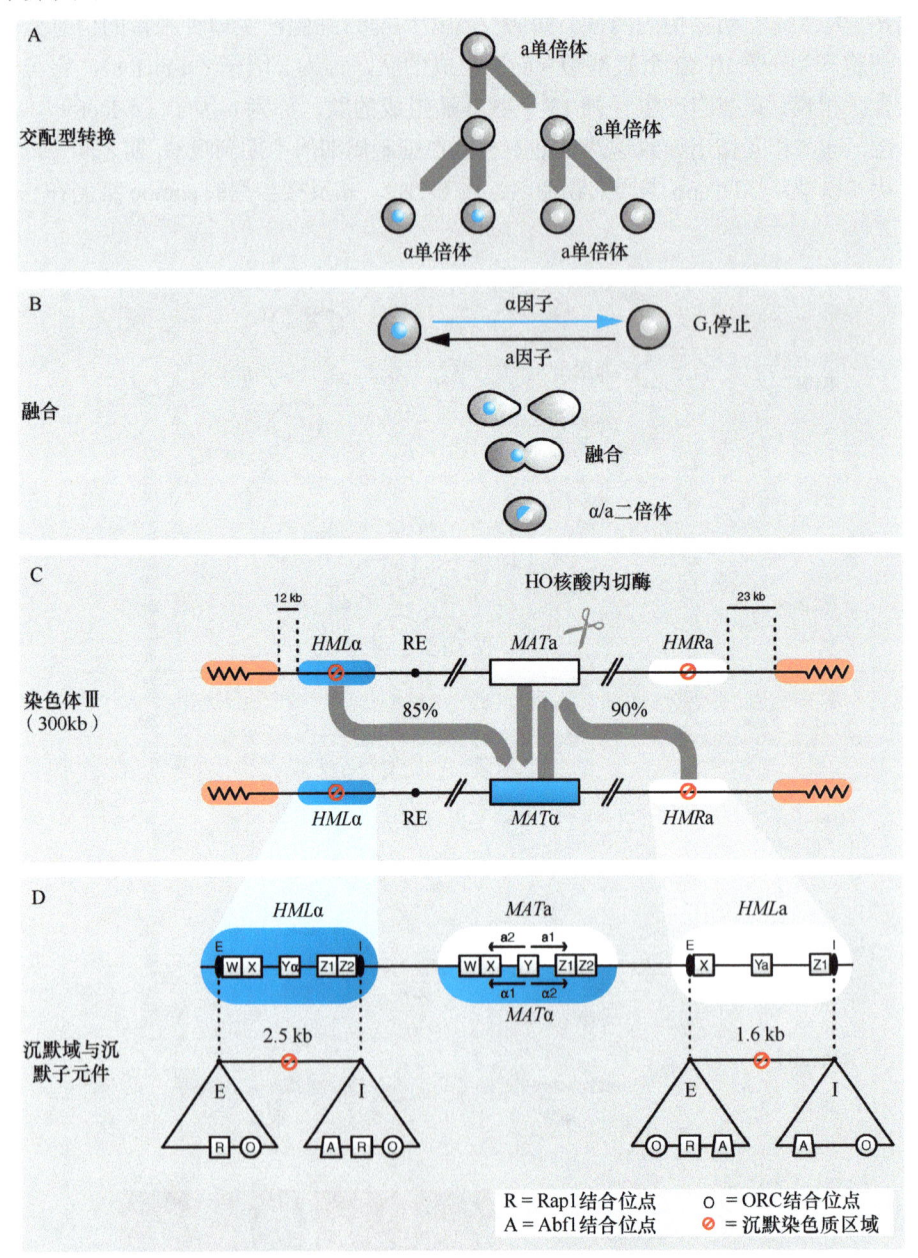

图 8-3　**酵母交配型转换**。(A) 同宗酵母菌株在一个分裂周期后能够转换交配型。这种转换发生在 DNA 复制之前，这样母子细胞都会呈现出新的交配型。(B) 在一个野生型酵母种群中，这使得子细胞之间快速结合形成二倍体。(C) 这里显示了 chr Ⅲ 上沉默和表达的交配型位点的位置。由于 HO 内切酶的切割作用，活性 *MAT* 位点能够在每个细胞周期中通过基因转换大约一次。所示百分比显示了用相反的交配型信息替换 *MAT* 位点的基因转换事件的频率。染色体Ⅲ的左臂重组增强子保证了转换的方向性。(D) 沉默交配型位点 *HMR* 和 *HML* 的抑制是由沉默基因两侧的两个沉默 DNA 元件介导的。这些沉默子被称为 E (essential) 或 I (important) (Brand et al., 1987)，并提供 Rap1 (R)、Abf1 (A) 和复制起始识别复合体 (O) 的结合位点。但可以使用各种冗余结合位点的组合来制造人工沉默子，虽然这些人工沉默子的效率比原沉默子低。*HML*α 和 *HMR* a 分别位于 chr Ⅲ 上离端粒 12kb 和 23kb 的位置。chr Ⅲ 的端粒异染色质结构域独立于 *HM* 位点沉默，这个过程在端粒处通过 Rap1 结合位点而启动。

性（HO）引起的，该酶的活性可诱导 *MAT* 位点特异的双链 DNA 断裂。基因转换事件（其中供体 DNA 序列保持不变，但受体 DNA 序列发生改变）将相反的交配型信息从两个组成性沉默的供体基因位点（*HML*α 或 *HMR*a）中的一个转移到 *MAT* 基因座。在 *MAT* 基因座，交配型决定基因 a1 和 a2 或 α1 和 α2 被表达。能够进行交配型转换的菌株被称为同宗（homothallic）。这个名称反映了这样一个事实，即一个营养的 *MAT* a 细胞可以产生 *MAT*α 子代，反之亦然，产生可以彼此交配的后代。

在实验室中，有稳定交配型的菌株是很有用的，因此实验室酵母通常含有一个突变的 HO 内切酶基因（*ho*⁻）。这些细胞不能在 *MAT* 位点诱导双链断裂，因此不能改变交配型。这些异宗细胞是 a 或 α 交配型的稳定单倍体株，除非放在另一个交配型的细胞附近，在这种情况下，两个单倍体细胞类型将交配形成一个二倍体。

重要的是，这两种稳定的单倍体细胞类型不需要为了生存而基因沉默，但它们必须抑制同宗交配型基因座（*HML* 和 *HMR*）的基因，以保持它们的交配能力。如果抑制失败，细胞同时表达两组交配型基因，那么单倍体将表现为二倍体，抑制交配的发生并产生不育的单倍体菌株（图 8-3B）。抑制 *HML* 和 *HMR* 这两个同宗交配型基因座的机制已经成为研究异染色质介导的抑制作用的经典系统。

8.3 酵母异染色质存在于沉默的 *HM* 交配位点和端粒之中

这三个交配型基因位点 *HML*α，*MAT* 和 *HMR* a，位于一个小染色体 Chr Ⅲ 上，包含决定酵母 α 或者 a 交配型的信息。沉默位点 *HML*α（距左端粒约 12kb）和 *HMR* a（距右端粒约 23kb）位于称为 E 和 I 沉默子（silencer）的短 DNA 元件之间（图 8-3B、C）。在野生型细胞中，沉默盒只有在复制并整合到缺少沉默子元件的 *MAT* 位点时才会激活。将 *HML*α 信息转移到 *HAT* a 中会产生 α 交配型（*MAT*α）细胞，而将 *HMR* a 信息转移到 *MAT* 中会产生 a 交配型（*MAT* a）细胞（图 8-3B）。这表明，在 *HM* 位点的启动子和基因是完全完整的，并且由于它们在 E 和 I 沉默子之间的位置而保持抑制。删除侧翼沉默子序列则允许表达沉默信息，从而产生不接合细胞。

通过对单倍体不育性进行统计，可以分离出破坏 *HM* 位点沉默的突变体（Rine et al., 1979）。通过分析突变体鉴定出了沉默信息调节蛋白 Sir1、Sir2、Sir3 和 Sir4，它们是完全抑制 *HM* 基因位点所必需的（Rine and Herskowitz, 1987）。*sir2*、*sir3* 或 *sir4* 突变导致交配完全丧失，这归因于 *HM* 抑制的丧失。在 *sir1* 突变体中，只有一部分 *MAT* a 细胞无法交配。利用 *sir1* 缺陷细胞的部分表型，可以证明两种不同状态（可交配和不可交配）是通过遗传同质细胞的连续分裂而遗传的（Pillus and Ring, 1989）。交配型抑制显示出表观遗传调控抑制的特征。后来的遗传学研究表明，组蛋白 H3 和 H4 的氨基末端、阻遏激活蛋白 1（repressor activator protein 1，Rap1）和复制起始点识别复合体（origin recognition complex，ORC）也是沉默的交配型位点异染色质的组分（Rusche et al., 2003）。后两种 DNA 结合因子在细胞核中具有其他重要功能，即调节核糖体蛋白基因表达或启动 DNA 复制，因此，只有"月光（moonlight）"作为共抑制子。尽管研究较少，但 Abf1（第 3 种沉默子结合因子）的情况似乎也是如此。

在所有酵母染色体末端都发现了在酵母端粒重复序列 DNA（$C_{1-3}A/TG_{1-3}$）附近出现的、类似的位置依赖性抑制。如前所述，近端粒报告基因如 *URA3* 和 *ADE2* 的杂色但可遗传的抑制被称为 TPE（Gottschling et al., 1990）。TPE 与 *HM* 一样对 Rap1、Sir2、Sir3、Sir4 和组蛋白氨基末端有共同的要求（Aparicio et al., 1991；Thompson et al., 1994a），而抑制机制被证明是密切相关的。然而，与 *HM* 基因位点不同的是，近端粒报告基因可以在沉默状态和表达状态之间以可检测的速率切换，近端粒基因抑制似乎更类似于果蝇 PEV [第 12 章（Elgin and Reuter, 2013）]。

8.4 Sir 蛋白质结构与进化保守性

已知的 Sir 介导的沉默所必需的染色质结合因子是 Sir2、Sir3 和 Sir4，而 Sir1 提高了 *HM* 位点的抑制效率，但在端粒中没有发现。Sir2-3-4 蛋白质以三聚体的形式和 1：1：1 的化学计量比例发挥功能（Cubizolles et al.，2006）。Sir3 和 Sir4 都能独立地结合核小体和 DNA，但是 Sir-全复合体在结合核小体时仍然是三聚体。此外，Sir3 和 Sir4 在其羧基末端均具有同二聚和异二聚基序。它们相互作用区域的突变或缺失会破坏体内的沉默（Murphy et al.，2003；Rudner et al.，2005；Ehrentraut et al.，2011；Oppikofer et al.，2013）。

Sir 蛋白质的表达水平受到严格调控，*SIR4* 基因的一个额外拷贝会影响抑制作用，*SIR2* 的强诱导也是如此（Cockell et al.，1998）。另一方面，单独增加 Sir3 蛋白水平会延长 Sir3 沿核小体的扩散，并伴随着转录抑制（Renauld et al.，1993；Hecht et al.，1996）。这三种蛋白的平衡过表达大大提高了端粒的沉默效率，并允许位于常染色质区域、两侧有沉默子元件的报告基因受到抑制，而在正常的 Sir 蛋白水平下，这些报告基因不会被抑制（Maillet et al.，1996）。

尽管 Sir2、Sir3 和 Sir4 对于 Sir 复合体的结构完整性同样重要，但是对于沉默染色质的建立和维持，每个蛋白质有不同的功能。Sir2 提供烟酰胺二核苷酸（nicotinamidedinucleotide，NAD）依赖的组蛋白去乙酰化酶活性，在野生型背景下对基因抑制至关重要（Imai et al.，2000），而 Sir3 和 Sir4 提供结构功能，没有酶活性。Sir3 是 AAA⁺ATPase 家族的一员，缺乏 ATPase 活性。Sir 复合体与核小体结合的特异性在很大程度上取决于它们对核小体与非乙酰化组蛋白 H4 赖氨酸 16（H4K16）和未甲基化组蛋白 H3 赖氨酸 79（H3K79）的选择性亲和力（Johnson et al.，1990；Altaf et al.，2007；Oppikofer et al.，2011）。Sir3 对这些组蛋白修饰的敏感性有助于限定 Sir 复合体与适当位点的结合。

Sir4 是 Sir 蛋白中最大的（152kDa）和保守性最低的蛋白质，但它与 Sir2 形成一个稳定的异二聚体（Moazed et al.，1997；Strahl-Bolsinger et al.，1997）以增强 Sir2 的去乙酰化酶活性（Tanny et al.，1999；Cubizolles et al.，2006）。Sir4 界面上的结构信息表明 Sir4（aa 737-839）的 Sir2 互作结构域大部分埋藏在 Sir2 保守的氨基末端和羧基末端催化结构域形成的囊中（Hsu et al.，2013）。Sir4 中的 Sir3 结合域包含在 Sir4 末端羧基处的平行卷曲螺旋结构中，该结构也作为其他蛋白质的结合位点（Chang et al.，2003；Rudner et al.，2005）。

8.4.1 Sir4 的"脚手架"作用

Sir4 对 Sir2 和 Sir3 的亲和力表明它可能作为沉默复合体组装的支架。大部分这种支架作用是通过 Sir4 的羧基末端实现的，其功能足以抑制 *HM* 位点（Kueng et al.，2012）。研究得最好的是 Sir4 的末端羧基 coiled-coil 结构域（aa 1257-1358），它形成连续平行的二聚体，在其外表面具有两个 Sir3 结合位点（Chang et al.，2003），二聚基序内的突变破坏 Sir3 的结合和沉默（Murphy et al.，2003）。然而，同样的羧基末端 coiled-coil 结构域也与 yKu70 和 Rap1 结合，它们将 Sir4 招募到端粒重复或 *HM* 沉默子上（Moretti et al.，1994；Tsukamoto et al.，1997；Mishra and Shore，1999；Luo et al.，2002）。最后，Sir4 通过 yKu80 的氨基末端和羧基末端结合第二个 yKu 亚单位，称为 yKu80，并通过其分配和锚定结构域（partitioning and anchoring domain，PAD；Sir4 aa 950-1262；Ansari and Gartenberg，1997；Andrulis et al.，2002）与 Esc1（establishes silent chromatin 1）相互作用。yKu80 和 Esc1 的相互作用将 Sir4 和它所结合的沉默染色质连接到核周缘（Gartenberg et al.，2004；Taddei et al.，2004）。Sir4 PAD 结构域还与泛素结合蛋白 10（Ubp10）结合，后者是一种组蛋白 H2B 去泛素化酶，可降低端粒的 H2B K123ub 水平（Gardner et al.，2005）。H2B K123ub 的丢失反过来降低了组蛋白 H3K79 的甲基化，而组蛋白 H3K79 的甲基化又直接干扰 Sir3 与核小体的结合（Armache et al.，2011；Oppikofer et al.，2011）。

Sir4 氨基末端是亚端粒沉默所需要的，而不是 *HM* 位点。它似乎通过结合 yKu80 来调节招募的效率，并在结合到重构核小体上时提供连接 DNA 片段保护（Kueng et al.，2012）。氨基末端在体内也以细胞周期依赖的方式大量磷酸化，允许通过细胞周期依赖性激酶 Cdc28 调节抑制（Kueng et al.，2012）。这些观察突出了 Sir4 作为一种多功能支架的作用，它可以招募、结合和调节各种因子的结合，这些因子影响 Sir 介导的抑制作用。

8.4.2　Sir2 和 Sir3 的进化保守性

如前所述，Sir2 去乙酰化酶是非常保守的，从真细菌和古细菌到人类都有同源蛋白（图 8-4）。许多物种有多个 Sir2 家族成员，尽管有些成员是在细胞质中的，主要用于非组蛋白的去乙酰化［第 5 章（Seto and Yoshida，2014）］。酿酒酵母有五种与 Sir2 相关的去乙酰化酶（*Sir2* 和 *HST1-4*），但在沉默染色质上只有 Sir2 与 Sir3 和 Sir4 一起发挥作用。在沉默染色质中，Sir2 以组蛋白 H3 和 H4 的氨基末端为靶点。

图 8-4　Sir 蛋白质谱系。Sir2 是一大类 NAD 依赖性去乙酰化酶家族的基础成员。Sir2 蛋白家族是高度保守的，有多种亚型存在于从细菌到人类的有机体中。在后者中，既有细胞核亚型，也有细胞质亚型。从 UniProt 中收集了来自贝酵母（*Saccharomyces bayanus*）、乳酸克鲁维酵母（*Kluyveromyces lactis*）、粟酒裂殖酵母（*Schizosaccharomyces pombe*）、果蝇和人的 Sir2、Sir3 和 Sir4 同源物，并使用 ClustalW2 软件进行了比对。系统发育树是通过相邻连接（neighbor joining）建立的。Sir2 的分类依据 Frye（2000）。乳克鲁维酵母有 4 个 SIR2 同源基因（与酿酒酵母 SIR2、Hst2、Hst3 和 Hst4 同源），但为了清晰起见，系统发育树中省略了 HST 的同源蛋白。对于贝酵母，迄今为止仅注释了 Sir2 同源蛋白。酿酒酵母同源蛋白以红色表示。Sir3 是通过编码古 *Orc1* 基因复制产生的，Sir4 是一种快速进化的蛋白质，只在相关的酿酒酵母中发现。所示的相关蛋白质并非详尽无遗，特别是对于 Sir2。

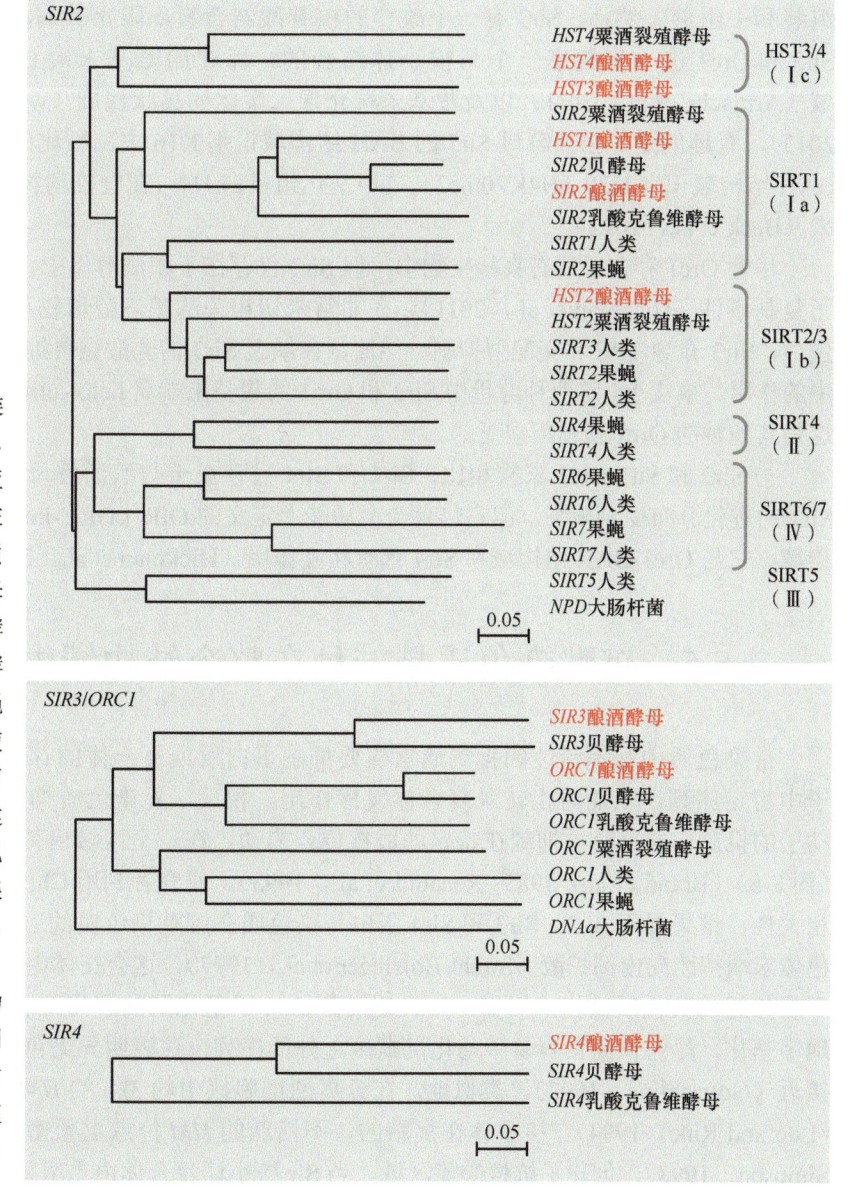

Sir2 家族的特征是一个保守的催化结构域，其中去乙酰化与 NAD⁺的分解相耦合。NAD 水解与去乙酰化的耦合产生 O-乙酰-ADP-核糖，这是一种可能具有自身功能的中间体（Tanner et al., 2000）。Sir2 类似性 NAD 依赖性组蛋白去乙酰化酶（histone deacetylase，HDAC），在许多不同物种（如粟酒裂殖酵母和果蝇）中可能有转录抑制功能，尽管它们缺乏其他 Sir 蛋白（Chopra and Mishra, 2005）。因此，有人认为，一种古老的 Sir2 去乙酰化酶通过进化在酿酒酵母中获得了特异因子 Sir4。

　　酿酒酵母 Sir2 在 TPE 和 *HM* 基因沉默之外也发挥着重要作用，它抑制了高度重复 rDNA 基因位点的非互易重组（Gottlieb and Esposito, 1989）。在这种情况下，Sir2 不作为 Sir2-3-4 复合体的一部分发挥作用，而是与一组调节有丝分裂退出的因子（核仁沉默和终末期退出的调节因子、含有磷酸酶 Cdc14 的 RENT 复合体、Net1/Cfi1、有丝分裂 monopolin 蛋白 Lrs4 和 Csm1；Mekhail et al., 2008；Chan et al., 2011）相互作用。这些蛋白质也参与了 rDNA 重复序列稳定性的维持。

　　Sir3 包含几个保守的结构域，因为该基因本身起源于 *ORC1* 的一个古老版本，它是在所有真核生物中发现的 ORC 复合体的一个亚基。Sir3 羧基端的一半含有一个大的 AAA⁺ATPase 结构域，很像所有 ORC 亚基及其加载蛋白 Cdc6（Norris and Boeke, 2010）。AAA⁺结构域蛋白通常水解 ATP 来驱动大分子复合体的组装和去组装。然而，Sir3 有一个改变的核苷酸结合囊，阻止其与核苷的结合（Ehrentraut et al., 2011）。Sir3 和 Orc1 进一步共享一个与核小体结合的、保守的氨基末端 BAH（bromo-adjacent homology）结构域（Armache et al., 2011）以及羧基末端介导二聚化的翼状螺旋（winged helix）结构域（Oppikofer et al., 2013）。有趣的是，虽然酵母 Sir3 的 BAH 结构域识别 K16 去乙酰化的组蛋白 H4，但进化相关 *Hs*ORC1 的 BAH 结构域识别 K20（H4K20me2）二甲基化组蛋白 H4，在脊椎动物中将异染色质与复制起始功能联系起来（Beck et al., 2012）。

　　尽管 Orc1 存在于所有真核生物中，但 Sir3 仅存在于酿酒酵母中，酿酒酵母全基因组在约 1 亿年前经历了复制事件（Hickman et al., 2011）。在非常密切相关的酿酒酵母物种中，同时含有 Sir3 和 Orc1 直系同源蛋白，Sir3 介导 TPE 和交配型抑制。然而，在缺乏 Sir3 的乳酸克鲁维酵母中，Orc1 似乎承担了 Sir3 在抑制中的作用。事实上，这两种酵母中 Sir3 和 Orc1 的羧基末端翼 helix-turn-helix 结构域具有相似的二聚化作用，这是其他种的 Orc1 蛋白所缺乏的。

　　与 Sir2 和 Sir3/Orc1 家族相比，Sir1 和 Sir4 只存在于与酿酒酵母密切相关的物种中。有趣的是，尽管 Sir1 的进化分布受到限制，但它包含一个功能上定义的 OIR（ORC-interacting region，ORC 相互作用区）结构域，它与 Orc1-BAH 结构域和 Sir4 都有相互作用（Hickman et al., 2011）。

8.5　沉默染色质是一种在整个结构域中扩散的抑制性结构

　　常染色质中基因活性的抑制通常需要抑制蛋白质或复合体的存在，该蛋白质或复合体识别基因启动子中特定序列，从而阻止转录复合体发挥作用。相反，异染色质抑制发生通过一种不同的、不局限于启动子的机制。异染色质抑制在特定的成核位点启动，在一个区域内持续扩散，使该区域内所有启动子沉默（图 8-5）（Brand et al., 1985；Renauld et al., 1993）。研究者利用 ChIP 证实了转录抑制与 Sir 蛋白质结合的相关性，结果显示 Sir2、Sir3 和 Sir4 蛋白与染色质在沉默染色质的近端粒区域发生物理相互作用，并从染色体末端持续向内部扩散（Strahl-Bolsinger et al., 1997）。这会在体内诱导由其他途径产生的一种抑制性的、不易接近的染色质结构。例如，在表达细菌 *dam* 甲基化酶的酵母细胞中，沉默染色质的 DNA 没有被有效地甲基化，尽管该酶很容易甲基化沉默区之外的序列，这表明异染色质限制了 *dam* 甲基转移酶等大分子的接近（Gottschling, 1992）。类似地，在分离的细胞核中约 3kb 的 *HMR* 位点倾向于抵抗某些限制性内切酶（Loo and Rine, 1994）。核小体在沉默的、不活跃的 *HM* 位点上紧密地位于两个沉默元件之间（Weiss and Simpson, 1998），创建了抗核酸酶区域。当 Sir 核小体复合体由重组蛋白重新形成时，在体外也观察到酵母沉默染色质对核酸酶消化的降低（Martino et al., 2009）。

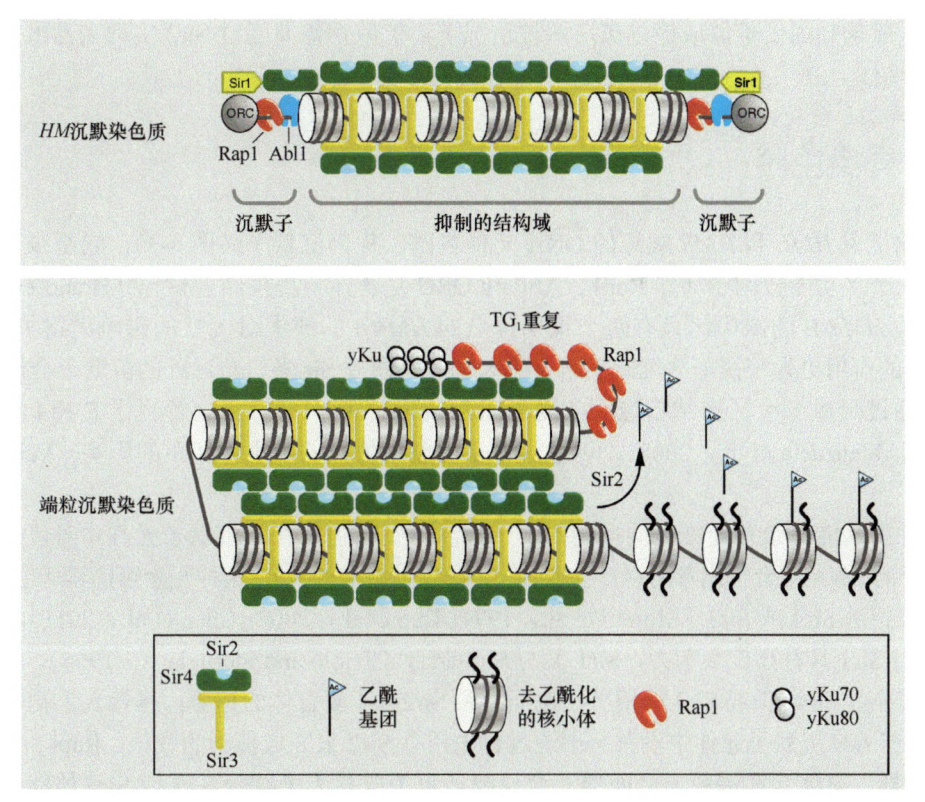

图 8-5 酵母端粒和 *HM* 位点异染色质模型。 端粒和 *HM* 沉默子机制：Sir 复合体成核和扩散都使用 Rap1、Sir2、Sir3 和 Sir4。端粒不同之处在于也依赖于 yKu，而 *HM* 沉默元件则使用 ORC、Abf1 和 Sir1 因子。端粒异染色质被认为可以自我折叠，形成一个保护端粒不被降解的帽状结构，它的浓缩和折叠使基因沉默。在 *HM* 异染色质的情况下，沉默元件之间的抑制区由紧密间隔的核小体组成，形成一个凝聚结构。端粒和 *HM* 沉默区对许多转录因子和降解酶都是不可及的。

  酵母或后生动物异染色质的高度凝集对转录因子空间上接近的阻碍程度尚不太确定。令人惊讶的是，由 Sir 蛋白和组蛋白相互作用形成的抑制复合体似乎是动态的，但细胞周期被阻滞，此时通常不发生异染色质组装，Sir 蛋白也可以结合到 *HM* 沉默染色质上（Cheng and Gartenberg, 2000）。这可能解释了为什么 Sir 结合的异染色质即使在其被抑制的状态下也可以作为某些转录因子（如热激转录激活因子，HSF1）的结合位点（Sekinger and Gross, 1999）。尽管这类研究认为异染色质并不是简单地阻碍所有非组蛋白的接近，但是没有明显的转录发生，并且不能实验性地检测到 RNA 聚合酶的结合。Chen 和 Widom（2005）的实验认为，酵母异染色质产生特别阻碍的步骤是针对 RNA 聚合酶 II（RNA Pol II）复合体的形成的，该复合体具有结合启动子的转录因子 TFIIB 和 TFIIE。一直以来，在 Sir3 的表达受到调控而导致沉默的系统中，RNA Pol II 结合减少。因此，沉默的酵母染色质可能允许 Sir 因子和一些转录因子的切换，但它选择性地阻碍了基础转录复合体中特定因子的结合，从而阻止 mRNA 的产生。

8.6 异染色质组装的不同步骤

  异染色质在酿酒酵母中的组装涉及一系列步骤，首先是一个特定位点的成核步骤。这需要通过序列特异性 DNA 结合因子进行 DNA 识别。接下来，异染色质从起始点扩散，这个步骤受到特定边界机制的限制。然后，受抑制染色质的高级结构发生变化，这与 Sir 因子的简单结合不同。最后，沉默染色质被隔离在核膜附近，产生一个亚细胞核小室，这有利于通过促进其复制介导异染色质的抑制。虽然异染色质在端粒上的组装在某些方面与其在 *HM* 位点上的组装不同，但两者都体现了一个非常相似的原则，即特定的 DNA 结合因子的出现使一般抑制因子扩散成核。在这两种情况下，扩散都需要通过 Sir2 主动去乙酰化。这些机制将在以下段落中介绍。

8.6.1 *HM* 异染色质

沉默的交配位点 *HML* 和 *HMR* 被短的 DNA 元件包围，称为沉默子（图 8-3），它至少为两个，但在大多数情况下为三个多功能核因子（即 Rap1、Abf1 和 ORC 复合体）提供结合位点（Brand et al., 1987）。有三个识别位点的 *HMR*-E 的缺失比只有两个识别位点的 *HMR*-I 的缺失对沉默的影响大得多，而在 *HML* 位点，两个沉默子的作用更为平衡。与沉默子结合的因子能够通过 Sir 蛋白与远处的沉默子合作，以促进抑制，其机制可能是通过形成一个环形结构域而实现（Hofmann et al., 1989）。这解释了 E 和 I 沉默子对起始抑制的协同作用（Valenzuela et al., 2008），以及沉默子对整个位点的核小体间距的影响（Veiss and Simpson, 1998）。

沉默子元件的功能冗余是异染色质抑制的一个标志，冗余也存在于沉默子元件本身，三种沉默子结合因子中任何两个的 DNA 结合位点都可以产生抑制（Brand et al., 1987）。这种冗余可能源于它们招募的因子。例如，Rap1 可以招募 Sir4 或 Sir3（Moretti et al., 1994；Luo et al., 2002；Chen et al., 2011），Abf1 与 Sir3 相互作用，ORC 对 Sir1 具有高度亲和力，Sir1 又与 Sir4 结合（Triolo and Sternglanz, 1996）。因此，每一个沉默子结合因子都导致 Sir4 和/或 Sir3 的招募，进而导致 Sir2-3-4 复合体的招募。尽管人工靶向 Sir2 也可以产生抑制的成核，但 *HM* 沉默子元件中没有一个通过首先招募 Sir2 来完成抑制的成核。Rap1、Abf1 和 ORC（在沉默子）或 Ku 异二聚体（在端粒）之间的冗余反映了每个成核因子结合 Sir3 或 Sir4 的能力，进而将整个 Sir 复合体招募到沉默子或端粒重复元件中。因此，序列特异性识别是位置依赖性抑制的核心。

Sir1 是连接 ORC 和 Sir4 的桥梁，在 Sir 因子中是独一无二的。与其他 Sir 蛋白不同的是，Sir1 不会随着 Sir 复合体扩散到沉默子之外（图 8-5）（Rusche et al., 2002）。此外，一旦 Sir1 帮助建立沉默，就不再需要 Sir1 来稳定地维持抑制状态（Pillus and Rine, 1989）。这说明 Sir1 主要在抑制的起始步骤中起作用，它很可能通过结合 DNA 结合蛋白 ORC 和 Sir4 实现（Triolo and Sternglanz, 1996）。它在成核过程中的作用被以下实验证实：人工将 Sir1 蛋白质通过 Gal4-DNA 结合域连接到 Gal4 结合位点，可以取代 *HMR*-E 沉默子。在这种情况下，GBD-Sir1 可以有效地进行抑制的成核，使沉默子及其结合因子变得不必要（Chien et al., 1993），尽管其他 Sir 蛋白和完整的组蛋白尾巴对转录抑制仍然是需要的。

8.6.2 端粒异染色质

在端粒处，端粒酶（基于 RNA 的酶）维持着 300～350bp 的简单但不规则的富含 TG 的重复序列，它提供了 16～20 个相同的 Rap1 结合位点。Rap 1 结合位点阵列在染色体末端形成一个非核小体帽，它在端粒长度维持中起着关键作用（Kyrion et al., 1992；Marcand et al., 1997）。沿着端粒重复序列，Rap1 通过核心 DNA 结合结构域与保守 DNA 结合，以及通过羧基末端结构域结合 Sir4，甚至可以没有其他 Sir 蛋白或者 H4 氨基末端参与。破坏 Rap1-Sir4 相互作用的点突变会扰乱 TPE，虽然对 HM 抑制的影响很小（Buck and Shore, 1995）。Rap1 还通过其羧基末端结构域与 Sir3 结合，并且这种结合界面的突变对沉默也有类似的影响（Chen et al., 2011）。由于 Sir4 的丢失阻止了其他 Sir 蛋白与端粒染色质的结合（Luo et al., 2002），Sir4 显然是成核因子和随后的沉默染色质结构形成的关键联系蛋白质（图 8-6）。

DNA 末端结合复合体 yKu70/yKu80 对末端抑制的成核同样有效。yKu 异源二聚体也招募了 Sir4，而 yKu 的丢失可强烈地解除对 TPE 的抑制。相反，靶向的 GBD-yKu 融合蛋白能有效地成核抑制沉默子受损的报告基因。通过去除 Ra11 相互作用因子 Rif1，可以绕过端粒处对 yKu 的需求。Rif1 通过 Rap1 羧基末端结构域与 Sir4 竞争结合（图 8-6）（Mishra and Shore, 1999）。对 Sir4 的亲和力说明了两种端粒成核因子 yKu 和 Rap1 之间的功能冗余。

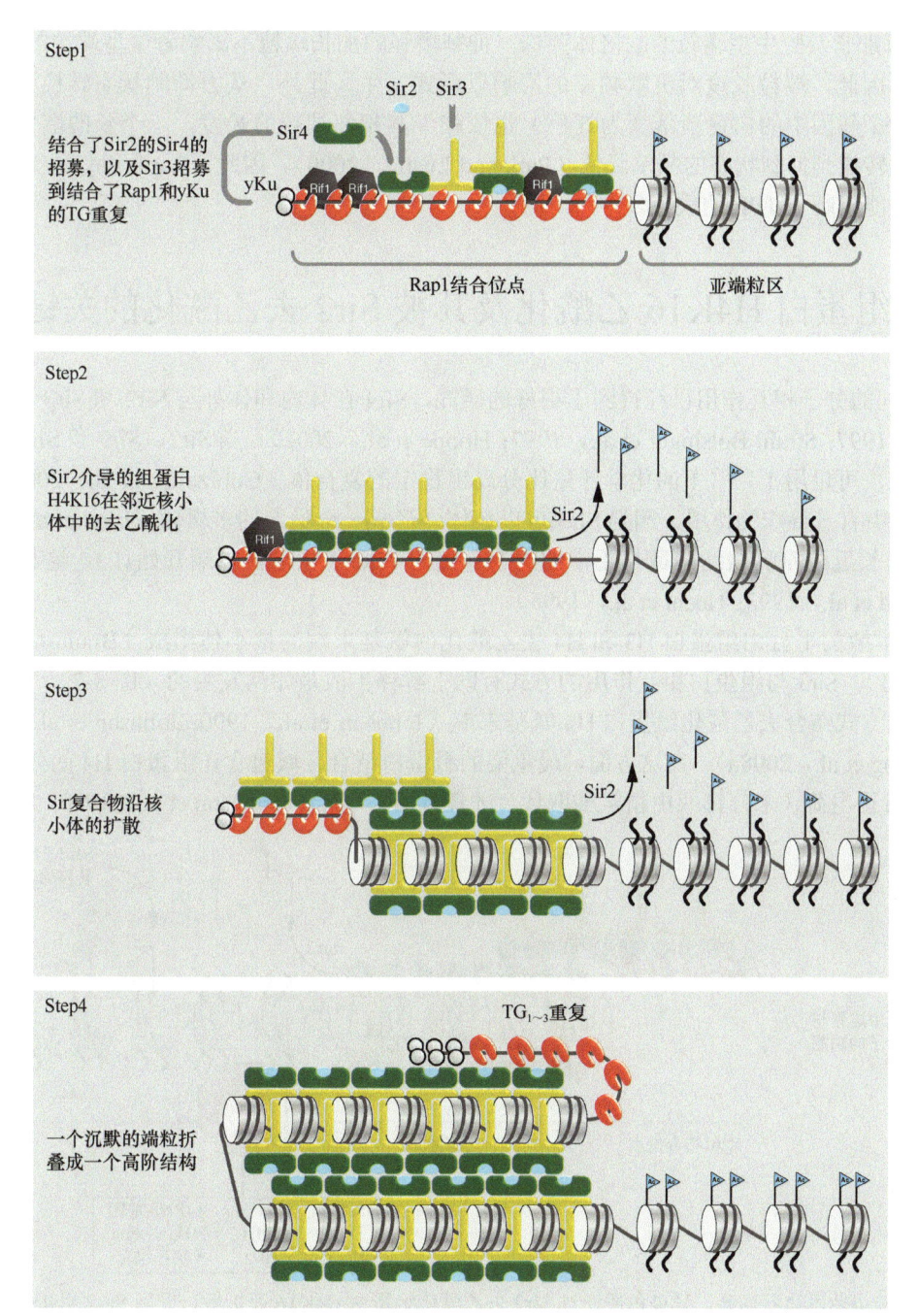

图 8-6 酵母异染色质分步组装模型。（步骤 1）在端粒处，即使没有 Sir2 或 Sir3，Rap1 和 yKu 也招募 Sir4。只有 Sir4 可以在没有其他 Sir 蛋白的情况下被招募，其结合被 Rif1 和 Rif2 拮抗（Mishra and Shore，1999）。（步骤 2）Sir4-Sir2 和 Sir4-Sir3 沿着 TG 重复序列强烈地相互作用产生 Sir 复合体。Sir2 的 NAD 依赖组蛋白去乙酰化酶活性受复合体形成的刺激，Sir2 使附近核小体中乙酰化的组蛋白 H4K16 残基去乙酰化。（步骤 3）Sir 复合体沿着核小体扩散，可能利用 NAD 水解产生的 O-乙酰-ADP-核糖中间体（Liou et al.，2005）。Sir3 和 Sir4 结合去乙酰化组蛋白 H4 的尾部。尽管去乙酰化组蛋白 H3 的氨基末端尾部也与 Sir3 和 Sir4 蛋白结合，但这里没有显示。（步骤 4）沉默的染色质在 M 期结束时"成熟"，形成一个不可及的结构。这可能需要进行高阶折叠和在核膜处隔离。

无 Rif1 的端粒上 Rap1 结合量与沉默效率之间存在明显的相关性。*RIF1* 基因缺失或者可阻止 Rif1 结合的 Rap1 突变都导致端粒长度相对稳定地增加。这些较长端粒的野生型细胞后代显示出对报告基因（如整合在 Chr-VIIL 或 Chr-VR 端粒上的 *URA3* 或 *ADE2*）的抑制频率增加（Kyrion et al.，1993）。此外，在 Chr-

VIIL 上同时含有加长及野生型端粒的二倍体菌株，抑制增强的加长端粒不影响野生型端粒的抑制（Park and Lustig，2000）。因此，端粒长度对沉默频率的影响以顺式发生。此外，从去抑制状态转换到抑制状态的频率（亚端粒 ADE2 基因中的白色菌落变为红色）也依赖于其相邻端粒的长度，一个长的端粒重复序列可导致从去抑制状态转换到抑制状态的频率降低（Park and Lustig，2000）。因此，Rap1 和 yKu 为 Sir3 和 Sir4 提供招募位点，可能限制了 TPE 的成核。

8.7 组蛋白 H4K16 乙酰化及其被 Sir2 去乙酰化的关键作用

Sir 蛋白之间的分子相互作用已经得到了很好的研究，Sir4 在体内和体外与 Sir2 和 Sir3 都有强相互作用（Moazed et al.，1997；Strahl Bolsinger et al.，1997；Hoppe et al.，2002）。当 Sir2、Sir3 和 Sir4 蛋白在昆虫细胞中协同表达时，可以用 1∶1∶1 的化学计量比分离出稳定的复合体（Cubizolles et al.，2006）。尽管如此，Sir3 在这一过程中有着特殊的作用，因为 Sir3 可以在体外形成一个稳定的多聚体（Liou et al.，2005），而且它的过度表达延长近端粒沉默结构域从正常的约 3kb 到约 15kb（从端粒末端开始计），这与 Sir3 的结合模式一致（Renauld et al.，1993；Hecht et al.，1996）。

Sir 复合体扩散的平台由组蛋白 H3 和 H4 去乙酰化的氨基末端的核小体组成（Braunstein et al.，1996；Suka et al.，2001），Sir3 与组蛋白相互作用的方式有助于解释扩散是如何发生的（图 8-7）。Sir3 在体外和体内以高选择性的方式结合去乙酰化组蛋白 H4 氨基末端（Johnson et al.，1990；Johnson et al.，1992；Carmen et al.，2002；Yang et al.，2008a）。在这方面，最重要的组蛋白结合区域包含在组蛋白 H4 的残基 16～29 中，其中 K16 必须带正电荷（未修饰或由精氨酸取代）才能让 Sir3 结合（Johnson et al.，1990；1992）。

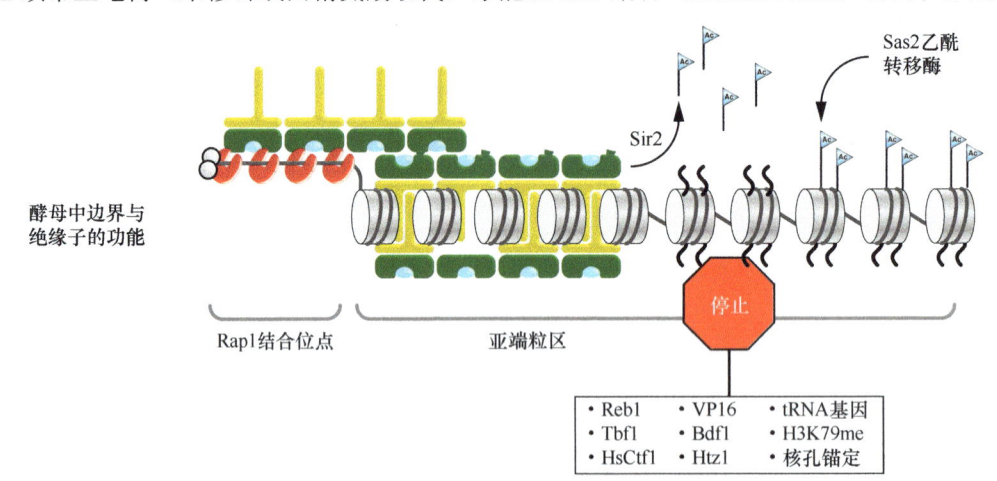

图 8-7 酿酒酵母异染色质边界功能。 异染色质通过 Sir2 去乙酰化组蛋白 H4K16 而扩散，受到 Sas2 组蛋白乙酰转移酶竞争活性的限制，Sas2 组蛋白乙酰转移酶在相邻的常染色质中乙酰化 H4K16，从而阻止 Sir3 结合。相邻常染色质组蛋白 H3 中 K79 的甲基化也影响异染色质的扩散。此外，诸如 Reb1、Tbf1、哺乳动物或病毒因子 Ctf1 或 VP 16、核孔锚定和 tRNA 基因的存在也可能介导边界功能。可以想象，其中一些因子通过组蛋白乙酰转移酶（如 Sas2）的招募发挥作用。

Sir3 氨基末端 BAH 结构域的晶体结构很好地解释了这种特异性（Armache et al.，2011）。Sir3-BAH 结构域中的 16 个残基与 H4 末端 13～23 残基相互作用，后者主要通过与氨基酸侧链的静电相互作用保持刚性构象。BAH Sir3 带负电荷的结合囊容纳未修饰的 H4K16 和 H4H18 的侧链。事实上，H4K16 的乙酰化可能会破坏这个囊里的大部分静电接触。相比之下，Sir2-Sir4 亚复合体与乙酰化 H4K16 残基的核小体结合的特异性较小，至少在不含 NAD$^+$ 情况下如此（Oppikofer et al.，2011）。这与乙酰化组蛋白 H4K16 是 Sir2 酶的首选和关键靶点一致（Imai et al.，2000；Suka et al.，2002；Cubizolles et al.，2006）。Sir3 的 AAA$^+$ 结构域在体外也与未修饰的核小体结合（Ehrentraut et al.，2011），并要求所有四个 H4 乙酰化位点（K5、K8、K12

和 K16）都去乙酰化以实现最佳结合（Carmen et al.，2002）和产生端粒沉默（Thompson et al.，1994a）。因为整个端粒异染色质是去乙酰化的，Sir3 的羧基末端通过与完全去乙酰化的组蛋白尾巴相互作用以稳定 Sir3 复合体。

添加 NAD⁺后，Sir2 催化的 H4K16ac 去乙酰化生成一种称为 O-乙酰-ADP-核糖的副产物，以及去乙酰化的组蛋白 H4 尾部［第 5 章图 5-5（Seto and Yoshida，2014）］。有趣的是，反应不仅生成对 Sir3 有高亲和力结合的位点，还产生中间代谢物 O-乙酰-ADP-核糖，结果是增强了 Sir2-3-4 复合体对染色质的亲和力（Johnson et al.，2009；Martinoetal et al.，2009）。O-乙酰-ADP-核糖的产生增强了 Sir3 与 Sir4-Sir2 在体外的相互作用（Liou et al.，2005），有利于核小体阵列上 Sir 蛋白的寡聚化（Onishi et al.，2007），并保护连接 DNA 免受微球菌核酸酶的消化（Oppikofer et al.，2011）。这与遗传学研究一致，即组蛋白 H4K16 的任何突变都会破坏端粒抑制，甚至用带类似电荷的精氨酸或谷氨酰胺取代赖氨酸，谷氨酰胺模拟乙酰化赖氨酸的不带电性质也导致类似结果。

有趣的是，在体外，H4 氨基末端的 16～24 氨基酸碱性区域也促进了核小体阵列的致密化，这表明 H4K16 的乙酰化状态可能调节核小体纤维的高阶折叠（Shogren-Knaak et al.，2006），因此，Sir2 对 H4K16 的去乙酰化可以通过以下几种方式促进沉默染色质的形成：第一，副产物 O-乙酰-ADP-核糖可能会触发 Sir 复合物的构象变化；第二，Sir 复合体对染色质的亲和力由于产生高亲和力 Sir3 位点而增加；第三，即使 Sir 复合体不结合，由于 H4 尾部与相邻核小体表面接触，核小体阵列可能会结合。由此可以清楚地看出，Sir 介导的沉默调控在于组蛋白 H4 的乙酰化/去乙酰化循环。

我们在此总结了在高水平乙酰化组蛋白 H4 的环境中异染色质的起始和扩展的不同步骤（图 8-6）。在端粒处，Rap1 和 yKu 招募 Sir4，Sir4 与 Sir2 形成二聚体以使附近核小体的组蛋白 H4 和 H3 氨基末端去乙酰化。Sir3 被招募是通过对 Sir4 的亲和力，以及 Abf1 和 Rap1 实现的。组蛋白 H4 尾部的去乙酰化在核小体上产生一个高亲和力的 Sir3 结合位点，有利于 Sir2-3-4 复合物的组装。Sir3 与 Sir4、Sir3 与 H4 尾巴和核小体核心颗粒的相互作用，以及 Sir4 与连接 DNA 的非特异性相互作用，似乎都有助于 Sir 复合体与核小体纤维的稳定结合。Sir2 作用于相邻的去乙酰化核小体，似乎触发了复合体沿相邻组蛋白尾的扩散。最后，染色质纤维的长程折叠可以稳定染色质抑制的状态。这些事件中的大多数很可能与 *HM* 位点非常相似，尽管最初招募 Sir4 需要 Rap1、Abf1 或者 ORC 和 Sir1。于是出现了以下问题：是什么原因导致 Sir 复合体的扩散停止呢？

8.8 屏障功能：组蛋白修饰限制 Sir 复合体扩散

由于乙酰化组蛋白 H4K16 与 Sir2-4 紧密结合，而 Sir2 对其去乙酰化是异染色质扩散的关键，因此干扰 H4K16 乙酰化/去乙酰化的循环可阻碍异染色质的产生过程并不奇怪（Kimura et al.，2002；Suka et al.，2002）。酵母组蛋白乙酰转移酶（histone acetyltransferase，HAT）Sas2 是高度保守的 MYST 类 HAT 中的一员，它修饰了大量的常染色质中的 H4K16。因此，在沉默染色质的边界，人们期望找到乙酰化组蛋白 H4K16。因此，如果 *SAS2* 基因被删除，或者 H4K16 被突变为精氨酸以模拟去乙酰化状态，Sir3、Sir4 和 Sir2 就会以低水平从端粒重复序列向内扩散，大约是野生型细胞的 5 倍。这表明，近端粒异染色质的扩散至少部分是由 Sir2 和 Sas2 在 H4 的赖氨酸 16 上的相反活性控制的（图 8-7）。限制 Sir2（或 Sir2-Sir4 复合体）的总量自然地通过限制去乙酰化限制其扩散。

在 *HM* 基因座，限制沉默染色质的扩散可能比在端粒上更为关键，因为 Chr Ⅲ 上发现了对生长重要的基因，而且众所周知，沉默可以双向地从沉默子扩散到侧翼 DNA 序列中。阻止 *HMR* 沉默进一步扩散的一个边限是 tRNA 基因（Donze and Kamakaka，2001）。这种边界功能可能需要与该位点的转录或转录潜能相关的 HAT 活性。其中一个重要的 HAT 是 Sas2。虽然 H3 HAT Gcn5 也能影响 tRNA 基因的边界功能，但 Sas2 意义更加重大。这表明，转录激活因子通常可以通过招募 HAT 来限制 Sir 复合体的扩散。一直以来，在近端粒常染色质区域，边界活性被归因于一般转录因子 Reb1、Tbf1 和 VP16 的酸性反式激活结构域（Fourel et al.，1999；2001）。这些因子可能会促进组蛋白的高乙酰化（图 8-7）。

另一种对抗端粒异染色质扩散的修饰是组蛋白 H3K79 甲基化，它由赖氨酸甲基转移酶 Dot1 加载（Van Leeuwen et al.，2002；Ng et al.，2002）。这个组蛋白赖氨酸甲基转移酶（histonelysine methyltransferase，KMT）是在筛选过表达导致端粒沉默丢失的因子的过程中发现的（Singer et al.，1998）。然而，Dot1 并不是在异染色质中甲基化 H3K79，而是在邻近的常染色质和活性基因中甲基化 H3K79。事实上，将 Dot1 人工靶向端粒异染色质可解除 Sir 蛋白的抑制作用（Stulemeijer et al.，2011），这一结果最有可能是通过降低 Sir3 对核小体的亲和力实现的。

令人惊讶的是，H4 尾巴对 Dot1 介导的 H3K79 大量甲基化是需要的。一系列实验（Altaf，2007；Fingerman et al.，2007）已经建立了一个模型来解释异染色质中 H4 尾和 H3K79 去甲基状态之间的相互联系。也就是说，当 H4K16 被 Sir2 去乙酰化时，H4 尾部（K16、R17、H18、R19、K20）的一个带电荷斑块产生对 Sir3 的高亲和力结合位点。有趣的是，Dot1 和 Sir3 竞争这个带电荷斑块，虽然 Sir3 对 H4K16 乙酰化敏感，而 Dot1 不敏感。因此，在去乙酰化异染色质中，Sir3 是 Dot1 结合的有效抑制剂。然而，在 K16 乙酰化的相邻常染色质中，Dot1 优先结合电荷斑块并甲基化组蛋白 H3K79。Sir3N-核小体晶体结构证实了遗传结果，表明 Sir3 与 H3K79 相互作用，并且 Sir3 与 H4K16 非常接近（Armache et al.，2011）。Sir3 以及完整 SIR 复合体的结合又被组蛋白 H3K79 甲基化所削弱。同样，在体外 Sir3 和含有 H4K16ac 或 H3K79me 的重建核小体之间的结合试验中，也得到了同样的结论（Oppikofer et al.，2011）。因此，在常染色质中 Sir3 与 H4K16ac 的弱结合有利于 Dot1 与 H4 尾巴的结合以及随后的 H3K79 甲基化，进而削弱了与 Sir3 的相互作用。这是组蛋白间相互作用的一个很好的例子，如第 3 章图 3-12（Allis et al.，2014）所述。

除近边界处调节 H3K79 甲基化和 H4K16 乙酰化的机制外，还发现常染色质中存在组蛋白变体 H2A.Z 和 RNA 聚合酶相关因子 Bdf1（Meneghini et al.，2003），以及 DNA 被拉向核孔（Ishii et al.，2002），产生限制异染色质扩散的边界。尽管这些因素影响异染色质扩散的机制尚不清楚，但值得注意的是，一些含有 H2A.Z 启动子的诱导基因在激活时与核孔相关联，并以有利于再诱导的方式保持在那里（Ishii et al.，2002；Brickner and Walter，2004）。因此，边界的功能可能反映一种染色质状态，允许转录激活因子的快速招募，包括 HAT、Dot1 类似的 KMT 或直接或间接地破坏组蛋白与异染色质蛋白相互作用的核小体重塑因子（图 8-7）。

8.9　H3 氨基末端尾巴在高阶染色质结构中的作用

越来越多的证据表明，异染色质的形成涉及一系列步骤，包括但不限于 Sir 蛋白的结合。当 Sir 蛋白在 G_1 期人工诱导表达时，Sir 蛋白通过与去乙酰化的 H4 氨基末端相互作用而从起始位点扩散时，沉默仍然是有缺陷的（Kircaier and Rine，2006）。此外，当组蛋白 H3K56 乙酰化位点发生突变时，Sir 蛋白发生扩散，但沉默被破坏。类似地，H3K56 乙酰化的存在导致 Sir 在体外结合核小体更容易接触微球菌核酸酶，而不影响 Sir 蛋白的结合（Oppikofer et al.，2011）。因此，建立沉默环境不仅需要 Sir 蛋白的扩散，还需要 H3K56 的去乙酰化，这一事件使核小体更紧密地结合 DNA，形成一种抗细菌 *dam* 甲基化酶的结构（Maas et al.，2006；Xu et al.，2007；Celic et al.，2008；Wang et al.，2008b）。

抑制还包括用未甲基化的组蛋白 H3 替换 K4 和 K79 处甲基化的组蛋白 H3（Katan-Khayakovich and Struhl，2005；Osborne et al.，2009）。而 Hst3 和 Hst4（Sir2 的两个同源蛋白）对 H3K56 的去乙酰化在每个 S 期发生一次，H3K79 的去甲基化需要复制稀释，可以进行四次细胞分裂。这些变化可能与紧凑的高阶染色质结构并行发生。

首先，H3 氨基末端在沉默中的作用似乎与 H4 氨基末端相似，因为在体内参与沉默的组蛋白尾部的结构域都在体外结合 Sir3 和 Sir4（Hecht et al.，1995）。然而，尽管 H4 氨基末端残基是 Sir3 和剩余 Sir 复合体的招募和扩散所必需的，但 H3 尾巴对 Sir 的招募和扩散都不需要。H3 氨基末端的缺失或关键残基 11～15（T-G-G-K-A）的突变都会改变拓扑结构，增加酵母中表达的细菌 *dam* 甲基化酶的可及性，减少染色质的紧密折叠（Sperling and Grunstein，2009；Yu et al.，2011）。因此，虽然 Sir 蛋白明显被 H4 尾巴招募，但它们可能与 H3 氨基末端有序地相互作用，形成致密的染色质。

8.10 端粒的反式相互作用和异染色质的核周缘附着

在酿酒酵母中，与许多低等真核生物一样，端粒在间期聚集在一起，与核膜紧密联系。这种聚集最初被观察为 Rapl 和 Sir 蛋白聚集的区域，可以通过免疫染色在弥散的核背景上检测到（图 8-8）。组蛋白 H4K16 突变，或 Rapl 或 yKu 功能受到干扰会导致 Sir 蛋白在这些区域中分散（Hecht et al.，1995；Laroche et al.，1998）。后来发现不仅端粒，而且沉默的 *HML* 和 *HMR* 位点也与在核膜上的端粒密切相关。与核膜的结合是通过依赖于端粒结合的 yKu 因子或异染色质自身成分的冗余途径介导的。有趣的是，导致端粒聚集的相互作用成分可以从锚定到核膜的端粒在遗传上分离出来，尽管这两种途径都涉及 Sir 蛋白（Ruault et al.，2011）。

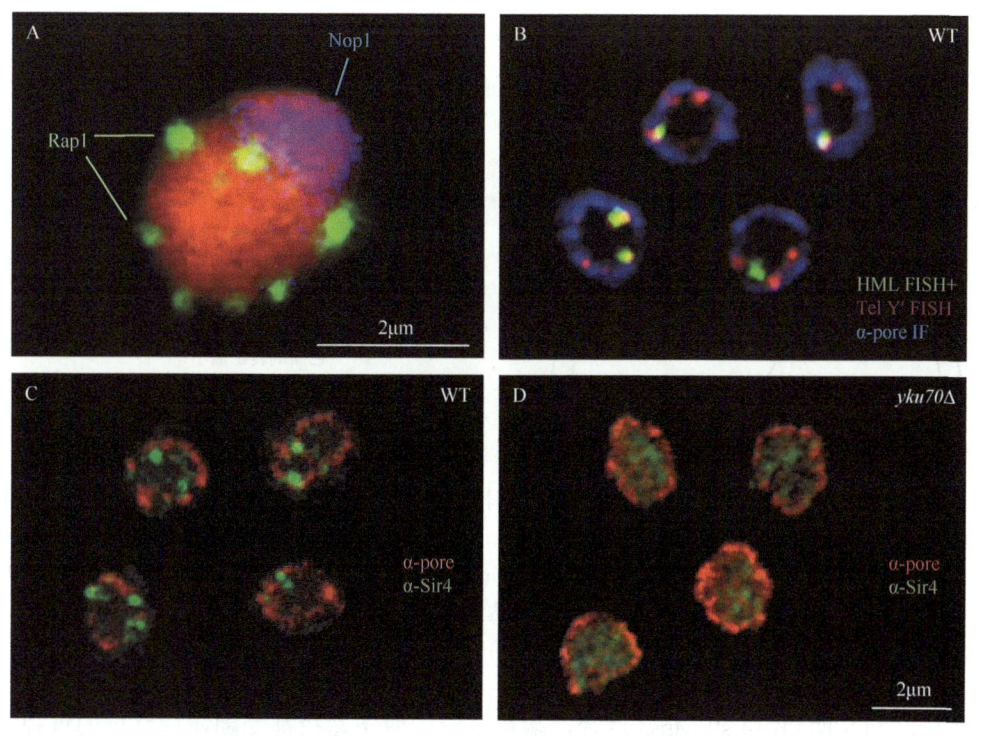

图 8-8 **Sir 蛋白和 Rap1 在核周缘呈区域状**。（A）在这个二倍体酵母细胞核中，Rap1（抗 Rap1，绿色）呈现 7 个聚集体，代表所有 64 个端粒。DNA 染成红色；端粒在核周缘或者靠近核仁（蓝色，抗 Nop1 染色）处。（B）端粒重复序列 DNA（红色）和 *HML*（绿色）通过荧光原位杂交鉴定。二者约 70% 共定位，并且都靠近核膜（抗核孔染色，蓝色）。（C）靠近核膜（Mab414，红色）的 Sir4（绿色）的聚集分布。（D）这种模式在 yKu70 缺失株中丢失，与端粒沉默丢失一致（Laroche et al.，1998）。

在沉默染色质中，Sir4 的 PAD（950～1262 个氨基酸）区域及其与核膜相关蛋白 Escl（Andrulis et al.，2002；Taddei et al.，2004）的相互作用被赋予锚定功能。Sir4-Escl 相互作用将 Sir 抑制的染色质结构域捆绑在不同于核孔的核周缘部位。即使在缺乏 yKu 锚定途径的情况下，只要沉默的染色质形成，Sir4-Escl 相互作用就可以实现端粒与核周缘的联系（Hediger et al.，2002）。因此，通过重组和消除 TG 重复序列，从染色体上切除的沉默染色质环仍然以 Sir 依赖的方式与核周区域相连（Gartenberg et al.，2004）。

最初端粒被 yKu 招募到核膜上，因为即使在没有沉默的情况下，yKu 依赖的栓系也会发生。这种与核膜的相互作用，再加上端粒之间的反式相互作用，产生了一个核小室，似乎将 Sir 蛋白从其他核质中分离出来（图 8-9）。yKu 介导的锚定要么通过 yKu-Sir4 相互作用实现，要么通过 yKu 与端粒酶的相互作用实现（Schober et al., 2009）。端粒酶的 Est1 亚单位与一种跨核内膜蛋白质 Mps3 特异性结合，Mps3 是保守的核内膜蛋白 SUN 结构域家族的成员。有趣的是，这种相互作用是细胞周期特异性的，仅在 S 期介导 yKu 与核膜之间的联系，可能在近端粒染色质被复制叉破坏时维持锚定。在 G_1 期，似乎有一个次级 yKu 锚定通路，Sir4 可能通过一个中介物结合 Mps3，以辅助锚定端粒（Bupp et al., 2007）。

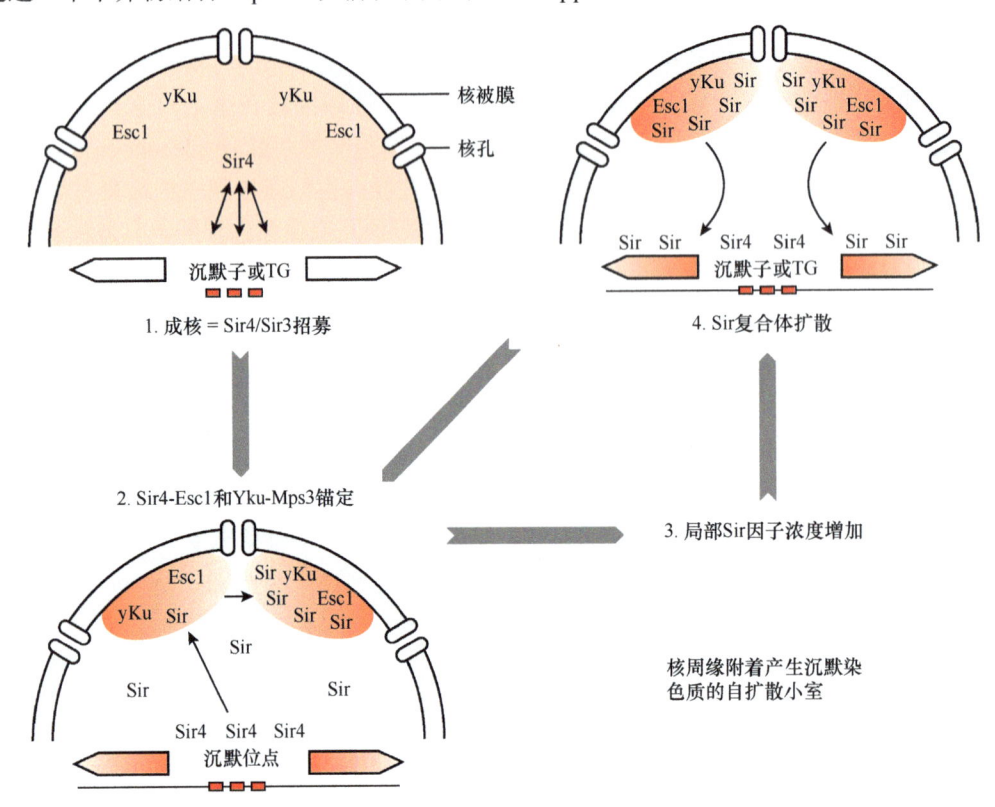

图 8-9 自发形成的沉默小室。 给出了一个形成亚细胞核结构小室的简单模型。1. Sir4 首先在成核中心被能结合 Sir4 的 DNA 结合蛋白招募。这些结合代表包括 Rap1、ORC、Abf1 和 yKu。2. Sir4 在该位点的存在将通过两个 Sir4 锚定途径之一（yKu 或 Esc1）将其带到核周缘。3. 在核被膜处，高浓度的 Sir 蛋白将有助于沉默复合体的组装和扩散。4. 沉默位点附着在核周缘的能力增加了 Sir 蛋白的局部浓度，并加强了该区域内其他位点的沉默。重要的是，端粒结合的 yKu 可以独立地将端粒招募到核被膜上，就像 Sir4 招募沉默子序列一样。

通过 Sir4-Esc1 和 S 期 yKu-Est1-Mps3 途径，端粒锚定的两条途径都受翻译后修饰的调控。Sir4 和 yKu 的两个亚单位都被 SUMO（small ubiquitin-related modifier）修饰，SUMO 是一种泛素样修饰，由 E3 SUMO 连接酶 Siz2 专门产生。值得注意的是，Siz2 的丢失导致端粒从核膜上移位（Ferreira et al., 2011）。*Siz2* 突变体的沉默仅轻微减少，可能是因为端粒酶的异常调节导致端粒变得异常长（见第 12 节）。因此，端粒锚定和沉默染色质所产生的核周成分似乎可调节端粒的功能而不仅仅是沉默。

核周缘聚集产生有利于沉默的亚核小室（图 8-9）。支持这一结论的证据包括这样一个事实，即当两侧有沉默子的 *HM* 插入片段与端粒相距较远时，端粒对 *HM* 的抑制效率较低（Thompson et al., 1994b；Maillet et al., 1996），这可以通过跨膜靶向因子在核膜处人工锚定该结构域来逆转（Andrulis et al., 1998）。重要的是，当 Sir3 和 Sir4 不再被隔离于该区域时，通过核周缘锚定（或被放置在端粒附近）改善抑制的能力就丧失了（Taddei et al., 2009）。同样，Sir3 和 Sir4 蛋白的协同过表达也会消除锚定的积极作用。因此，Sir 蛋白的不均匀分布是端粒被隔离在核膜以便产生染色质介导的抑制作用的相关特征。如果异位的 Sir 蛋白也可以产生抑制（Taddei et al., 2009），那么 Sir 区域的隔离也会增强活性基因的表达。有人提出，当 DNA 在富含沉默子的区域复制时，新复制的 DNA 倾向组装成异染色质。

即使在没有沉默的情况下，介导端粒末端聚集作用的关键似乎是 Sir3。这是 Sir3 本身还是 Sir3 的配体介导的尚待确定，然而，即使在没有 Sir2 和 Sir4 的情况下，也可能出现某种形式的聚集（Ruault et al., 2011）。其他因子也影响端粒–端粒相互作用，如其他 Sir 蛋白、Ku 异二聚体、Asf1、Rttl09、Esc2、cohibin 复合体，以及参与核糖体生成的两个因子 Ebp2 和 Rrs1。然而，由于这些因子也影响异染色质的形成，不能排除它们通过促进 Sir3 招募于端粒而促进自身聚集。

8.11 端粒环化

端粒进一步的长距离相互作用可能源于单个端粒自身的折叠，这可能允许沉默的染色质绕过近端粒边界元件并稳定近端粒基因处受抑制的染色质（图 8-5 和图 8-6）。尽管 Rap1 结合位点仅在端粒末端 TG 重复 DNA 之前约 300bp 内发现，但 ChIP 显示 Rap1 与距 TG 重复序列约 3kb 的核小体有关联（Strahl-Bolsinger et al., 1997）。类似地，yKu 从其结合的染色体末端约 3kb 处被发现（Martin et al., 1999）。当 *SIR* 基因突变破坏沉默时，Rap1 和 yKu 只从更内部的近端粒序列而不是从 TG 末端重复序列中丢失（Hecht et al., 1996；Martin et al., 1999）。这被解释为被截短的端粒向后折叠，使 TG 结合的 Rap1 和 yKu 通过反式结合 Sir 蛋白（图 8-5 和图 8-6）。

端粒环化的证据来自 de Bruin 等（2001）的工作，他们发现酵母转录激活因子（如 Gal4）无法在靶基因下游的一个位点发挥作用，然后构建了酵母菌株，其中 Gal4 上游激活序列（upstream activating sequence, UAS）元件被置于报告基因的 3′ 末端之外，并将其插入染色体内部或末端附近。在一个内部位点，这个构件不能通过激活 Gal4 来诱导，但是在近端粒环境中，Gal4-UAS 可以从离启动子下游 1.9kb 位点处激活启动子。这个过程是依赖 Sir3 的，认为端粒末端可以在 Sir3 存在的情况下折叠，但在 Sir3 不存在的情况下不会折叠，从而允许 Gal4-UAS 将自身定位在转录起始位点附近。这样，沉默的染色质似乎促进了该染色体末端的短暂折叠。

8.12 天然亚端粒结构域的可变抑制

我们在这里对端粒 Rap1 结合位点产生的连续沉默染色质提出了一个简单的观点，然而，天然端粒的情况明显更加复杂，这主要是因为在亚端粒重复序列中发现了天然边界元件。一般来说，当整合了端粒抑制的报告基因构件时，称为 X 和 Y′ 的近端粒重复元件在端粒被删除，将报告基因和独特序列放在紧邻 TG 重复序列的位置。另一方面，所有天然端粒都含有一个核心的近端粒重复元件 X，这个重复元件 X 位于 TG 重复序列和最接近端粒的基因之间。50%～70% 的天然端粒还含有单拷贝更大的近端粒元件 Y′（图 8-10）。X 和 Y′ 元件都含有转录调控因子 Tbf1 和 Reb1 的结合位点，它们已被证明可以减少沉默染色质的扩散（Fourel et al., 1999）。然而，X 元件也包含自主复制序列（autonomously replicating sequence, ARS）类似序列，以及 Abf1 和其他转录因子的结合位点，它们具有相反的作用，它们重新启动或促进了靠近着丝粒的这些元件一侧的报告基因的抑制，其结果是许多天然端粒沉默的不连续。这给图 8-6 中显示的连续扩散模型增加了复杂性。Pryde 和 Louis（1999）提出，当发现未抑制的 Y′ 元件在两个受抑制的域之间时，它会向外出环，导致沉默域的不连续性，而不消除从 TG 重复序列处的成核和扩散。

在酿酒酵母中，TPE 在不同的天然端粒上的效率有很大的差异。如果在端粒附近插入一个报告基因而不删除近端粒重复序列，那么只有大约一半的端粒可能有 TPE 效应（Pryde and Louis, 1999）。经验性研究表明，当端粒中只含有 X 近端粒元件（而不是 X Y′ 端粒），更有可能出现沉默，这可能是因为 Y′ 长末端

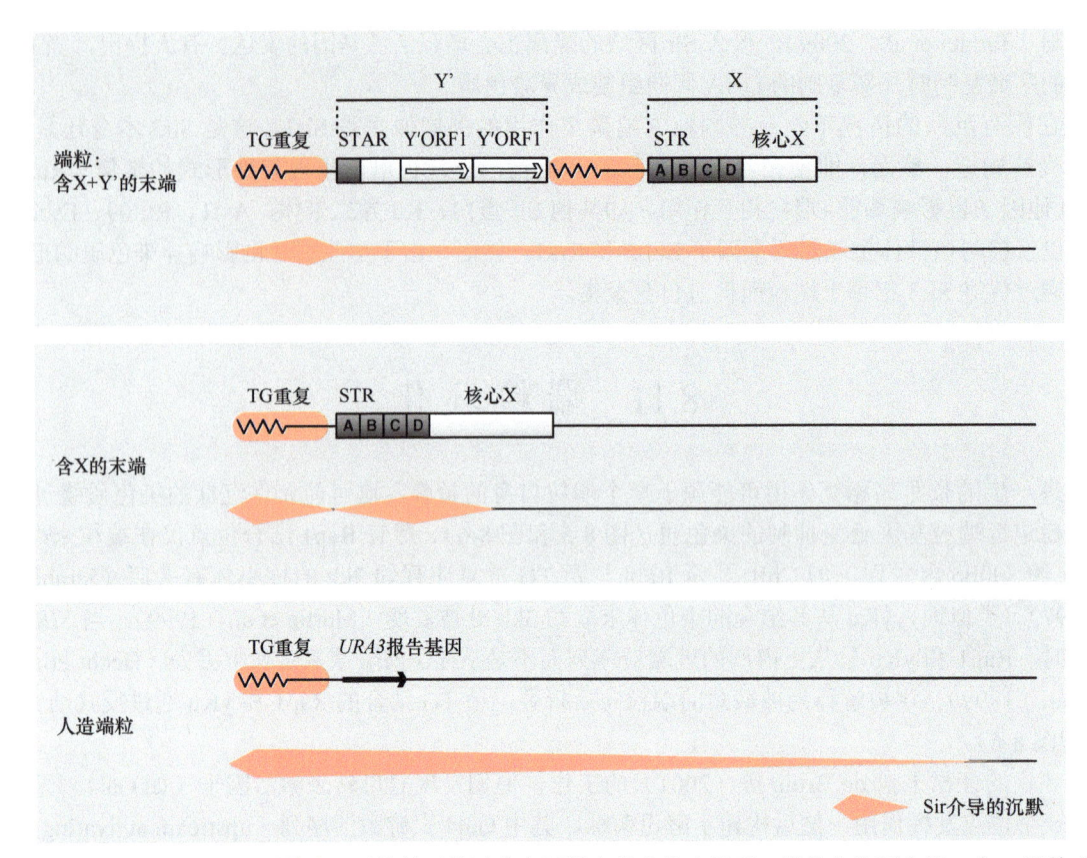

图 8-10 天然端粒的组织及其沉默模式。 近端粒元件以其主要蛋白结合位点显示。端粒分为两大类：含 X 端粒或含 X+Y' 端粒。STAR 和 STR 元件阻止抑制的扩散，并在 Y' 或 X 元件内留下一个抑制减弱的区域。人工截断的端粒不是这种情况，在离 TG 重复序列 3～4kb 范围内有一个抑制梯度。与图 8-5 和图 8-6 类似的环是针对天然端粒提出的，这样抑制的区域相互接触，在接触区域之间留下未抑制染色质。（改编自 Pryde and Louis, 1999）

重复结合了阻止 Sir 扩散的因子，而 X 元件中的各种转录因子（如 Reb1、Tbf1 和 Abf1）有助于 Sir 因子成核（Mak et al., 2009）。这些近端粒元件特别富集了胁迫相关基因，它们对 TPE 的影响与对非端粒处的转录影响不同。例如，Reb1 在端粒处有边界活性（Fourel et al., 1999），但在内部是一种基因激活因子。这些因子的结合可以解释 Sir 介导的天然端粒抑制的不连续性，但它们似乎并不影响对 TPE 经典报告基因的抑制，这些报告基因是无 X 或 Y' 元件整合的（Renauld et al., 1993）。

有趣的是，在近端粒结构域中发现的许多基因被 HDAC Hda1 和阻遏因子 Tup1 抑制（Robyr et al., 2002），而且仅在逆境条件下被诱导（Ai et al., 2002）。一般来说，267 个位于酿酒酵母端粒 20kb 范围内的基因产生的 mRNA 分子（平均 0.5 个/细胞）大约是非端粒基因的 5 倍。重要的是，这些基因中只有 20 个在 Sir3 缺失时解除了抑制。这就产生了一种基因组组织的原则，即很少或有条件诱导的基因被发现在端粒附近，它们被一种非 Sir 机制抑制，但与 Sir 蛋白质抑制的域相邻，因此也被锚定在核膜附近。

8.13 表观遗传状态的遗传

异染色质的一个普遍特征是其沉默状态代代相传。这就需要在 DNA 模板复制后不久在子链上重组抑制性染色质结构。关于细胞周期在沉默状态的建立或遗传中的作用的开创性工作是由 Miller 和 Nasmith 完成的，他们用一种对温度敏感的 $sir3^{ts}$ 突变体研究了沉默的起始和消失（Miller and Nasmith, 1984）。从非许可温度到许可温度的变化导致沉默立即消失，这表明抑制状态的维持需要 SIR。然而，在反向实验中，从许可温度转变到非许可温度（SIR3⁺）并没有导致抑制的立即恢复，而是需要通过细胞周期来实现。他们的结论是，S 期事件是建立遗传抑制染色质所必需的，这后来被证明是涉及 S 和 G_2/M 阶段的事件（Lau et al., 2002）。

最初，人们认为，与 ARS 元件连接的沉默子引发的复制起始可能是建立或遗传沉默染色质的一个关键事件，但由于在 *HML* 位点两侧的复制起始点位置没有检测到起始，这似乎不太可能被解释。事实上，一项实验表明，ORC 可以被一种靶向的 GDB-Sir1 融合蛋白有效地取代，导致复制起始启动对沉默染色质的遗传至关重要这一观点受到质疑。此外，最近的实验表明，抑制的建立可能发生在不复制的 DNA 上（Kirchamaier and Rine, 2001; Li et al., 2001）。尽管如此，无论有无沉默子，在从基因组中切除的沉默染色质环上，Sir 复合体的结合都在不断变化，研究者认为在 *HM* 基因座上沉默子元件提供的成核和/或稳定是抑制快速衰变所必需的（Cheng and Gartenberg, 2000）。

在 S 期发生了什么使沉默染色质遗传？一个可能的事件是 H4K16ac 或 H3K56ac 的去乙酰化，或者对加载这些修饰的酶的抑制（Xu et al., 2007; Neumann et al., 2009）。或者，复制后产生抑制染色质可能需要组蛋白加载所需的分子伴侣（CAF1）。组蛋白 H3K56 的去乙酰化可以通过 Sir2 家族成员在体外实现（Xu et al., 2007; Oppikofer et al., 2011）以及 Hst3 和 Hst4 在晚 S 期于体内产生（Maas et al., 2006; Celic et al., 2008; Wang et al., 2008b）。这两个 Sir2 旁系同源蛋白是核酶，当新合成的 DNA 必须组装成受抑制的染色质时，Sir2 同源蛋白核酶活性在 S 期是必需的，但它们不是异染色质的结构成分。重要的是，这两个基因的去除会减弱但不会消除 Sir 介导的沉默（Yang et al., 2008b）。

其他的研究表明，染色质沉默与核小体组装的 S 期不在一个窗口，直到末期才达到稳定沉默。这似乎可以防止黏连蛋白亚单位 Scc1 在中期的降解，使其保持稳定的抑制作用（Lau et al., 2002）。因此，抑制的扩散既依赖于一个关键的 S 相成分，也依赖于一个需要不断招募和加载 Sir 蛋白的事件。

有趣的是，当端粒异染色质的蛋白质在转录的"开"和"关"的状态下被 ChIP 检测时，发现它们之间的主要差异是端粒染色质在"开"的状态下 H3K79 甲基化的存在（Kitada et al., 2012）。因为 Dot1 是在转录过程中招募的（Shahbazian et al., 2005），这表明了一个正反馈的存在，其中的"开"的状态被触发，可能是由于端粒长度减少，从而启动转录和 K79 甲基化，Dot1 于是负责通过促进 K79 甲基化来维持"开"的状态。

8.14　Sir 蛋白和沉默染色质的其他功能

尽管异染色质的标准功能是沉默相邻基因，但通过对沉默因子的仔细研究发现，有大量新功能与沉默相关，或需要沉默因子。特别是在着丝粒重复 DNA 对着丝粒功能非常关键的生物体中，异染色质对着丝粒和动粒功能的贡献是显而易见的。此外，酿酒酵母的着丝粒功能并不依赖于沉默染色质。尽管如此，沉默染色质或沉默染色质因子的许多其他作用已经被确定，这些在本节中将加以描述。

8.14.1　抑制重组

在果蝇中，高活性的 rDNA 重复序列与着丝粒异染色质相邻。在许多高等真核物种中，核仁和浓缩异染色质在空间上并列。因此，重要的是，酵母 Sir2 独立于其他 Sir 蛋白与 rDNA 重复序列有遗传上的和物理上的相关性（Gotta et al., 1997）。同时，酿酒酵母中 Sir2 的丢失导致 rDNA 重组的显著增加和相接的整合阵列的减少（Gottlieb and Esposito, 1989）。rDNA 的不稳定性还与染色体外 rDNA 环的积累有关，这些环是由姐妹染色单体之间的不等交叉引起的（Kobayashi et al., 2004）。这些事件通常由一种称为 Cohibin 的复合体所抑制，这种 cohibin 复合体是由两种 Lrs4 蛋白质和两种 Csml 同二聚体组成的 V 形复合体（Mekhail et al., 2008; Chan et al., 2011），它还介导 rDNA 重复序列与两种核被膜蛋白 Heh1（人类 Man1 旁系同源蛋白）和 Nur1 的相互作用。Sir2 或 cohibin-Heh1 锚定途径的缺失导致 rDNA 重复序列不稳定，随后出现细胞周期停滞或早衰（图 8-11A）（Sinclair and Guarente，1997；Kaeberlein et al.，1999）。尽管 Sir2 也能使整合在 rDNA 中的 RNA Pol Ⅱ 基因沉默（Smith and Boeke，1997），但最近的证据表明，Sir2 对转录的影响与阻止 rDNA 重组的作用是分开的。

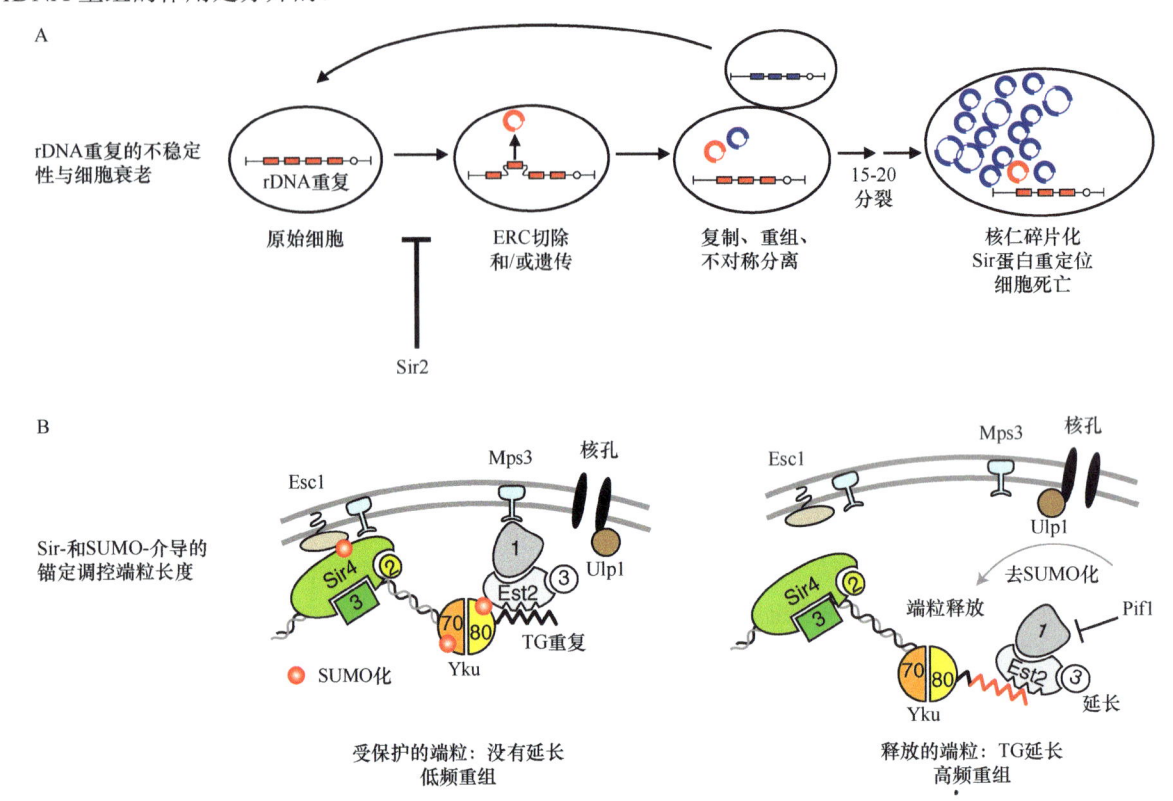

图 8-11 Sir 蛋白和沉默染色质的次级功能。(A) rDNA 重组导致酵母细胞衰老。rDNA 是一个由 140～200bp 直接重复阵列组成的 9.1kb 单位（红色块）。它们编码 18S、5.8S、25S 和 5S rRNA，在 5S 基因下游和 18S 基因内的两个 Sir2 应答元件。rDNA 重复序列倾向于在老化的酵母细胞中被切除，环在母细胞中积聚（Kaeberlein et al.，1999）。这与早衰有关，可被 Sir2 拮抗，Sir2 有助于抑制不等重组和环切除。(B) 端粒锚定和沉默染色质有助于端粒内环境的稳定。将酵母端粒连接到核膜的冗余途径包括 SUMO 靶向、Sir4、yKu70 和 yKu80（Ferreira et al.，2011）。相关的 SUMO E3 连接酶是 Siz2。Siz2 的丢失、Mps3 氨基末端的消融或 Sir4 的缺失都会导致端粒从核被膜释放出来，并延长端粒的稳态长度。失去 Mps3 氨基末端或 yKu 也会促进端粒重组。这表明在核被膜处的隔离可能限制了重组和端粒酶激活机制，而锚定的丢失增加了这两种途径。Ulp1 调控的去 SUMO 作用可能在从核周缘释放端粒从而在 S 期晚期有效延长中发挥作用。Siz2 介导的 SUMO 化由红色圆圈表示。

rDNA 重复与核膜的连接究竟如何减少重组还不清楚。最简单的解释可能是，它对酵母中同源交换所必需的蛋白质 Rad52 的结合施加了空间位阻。事实上，Rad52 被排除在核仁外。当 rDNA 需要通过重组修复时，损伤部位将从核仁中被挤出。有趣的是，其他降低 rDNA 切除效率的突变，如去除复制叉屏障蛋白（replication fork barrier protein）Fob1，延长了酵母细胞的复制寿命，证实 rDNA 不稳定确实是限制细胞寿命的关键因素。

由于 Sir2 是一种依赖于 NAD 的去乙酰化酶，并且由于 NAD 水平起着代谢调节器的作用，因此有人提出酵母 Sir2 对寿命的影响可能与通过限制热量而延长寿命（一种在许多物种中起作用的保守途径）有关。然而，Sir2 和热量限制通过独立的途径延长寿命（Kaeberlein et al.，2004）。还需要注意的是，染色体外 rDNA 环的积聚在任何其他物种老化过程中都没有检测到。这可能是因为酵母分裂的独特出芽机制，酵母有丝分裂的快速动力学导致母细胞中非着丝粒 DNA 元件不可避免地保留。

8.14.2 防止 ChrⅢ上的同源重组

转变交配型涉及在 *MAT* 位点由 HO 内切酶诱导的双链断裂的产生，然后通过异染色质沉默 *HM* 基因位点重组产生的同源序列修复。体外研究表明，涉及沉默的 Sir 全复合体和组蛋白序列阻止了 *HM* 位点的 HO 内切酶的酶切，并通过 *MAT* 处的断裂阻碍了链侵入的早期步骤。核小体重塑 SWI/SNF 复合体（它将 Sir3 从核小体中置换出来（Sinha et al., 2009））需要对抗沉默染色质链侵袭的抑制。这使得通过合适的 *HM* 供体对 *MAT* 进行重组修复成为可能。

SIR3 的缺失提高了整个基因组的整体重组率（Palladino et al., 1993）。更具体地说，端粒锚定的破坏与端粒序列和内部序列之间重组率的增加有关（Marvin et al., 2009）。后者涉及 yKu 的完整性，但可能并不仅仅反映锚定的丧失。

8.14.3 染色体结合

姐妹染色单体的结合是由一种称为黏连蛋白的复合蛋白实现的。酵母异染色质，像更复杂的真核生物一样，富含黏连蛋白，它将姐妹染色单体的沉默区域结合在一起。当 Sir 蛋白与染色体位点结合，在荧光显微镜下可见姐妹染色单体配对，Sir2 单独介导了结合。尽管这需要黏连蛋白复合体，但它不需要 Sir2 的去乙酰化酶活性，这表明了 Sir2 在染色动力学中的另一个功能（Wu et al., 2011）。这是否涉及 cohibin 复合体（Chan et al., 2011）的成分还有待观察。

8.14.4 端粒长度调节

在酵母中，组蛋白 H2A 丝氨酸 129 通过磷酸化修饰产生 H2A 的修饰形式，称为 γH2A。在其他物种中，该丝氨酸受体位点仅存在于称为 H2AX 的 H2A 变体中。组蛋白 H2A 磷酸化是由检查点激酶、Tel1 或 Mec1 介导的，当这些中心检查点激酶被复制蛋白 A 与 ssDNA 组成的复合体或 Mre11 复合体招募到 DNA 损伤时发生。有趣的是，即使没有外源性损伤，通过 ChIP 发现 γH2A 与沉默的亚端粒染色质共同延伸并依赖于染色质（Szilard et al., 2010; Kitada et al., 2011）。末期 H2A 的磷酸化主要由 Tel1 激酶介导，Mec1 激酶也有弱贡献。这表明，近端粒结构域可能在端粒复制过程中触发低水平的检查点反应。γH2A 在沉默区的持续存在可能是由组蛋白周转率降低所致，因为去磷酸化 γH2A 的酶仅作用于非核小体 H2A（Keogh et al., 2006）。去除 H2A 磷酸受体残基的点突变使得端粒在某些遗传背景下稍微短一些，再次将端粒染色质结构与端粒酶调控的各个方面联系起来（Kitada et al., 2011）。

如上所述，由于缺乏 Sir4 或 SUMO 连接酶 Siz2，当端粒从核膜释放时，端粒酶活性增加（Palladino et al., 1993; Ferreira et al., 2011）。这进一步将端粒长度稳定与近端粒染色质状态联系起来，涉及 Sir 蛋白和 yKu 复合体与 Mps3 的结合（图 8-11）。有趣的是，通过双链断裂激活 Mec1 激酶可导致 Sir 蛋白的部分释放和端粒的移位（Martin et al., 1999），但目前尚不清楚 Sir 蛋白在这种情况下释放的后果。

8.14.5 与复制因子的联系

虽然 S 早期和 G_2/M 之间经历的事件对沉默是必要的，但这一关键事件不是复制本身。然而，许多复制因子与沉默有关，最有可能是通过与复制无关的结构作用实现的。在每个沉默子 E 和 I 元件上都发现了 ORC 结合位点，ORC 在没有复制的情况下直接招募 Sir1。此外，ORC 不仅在沉默元件处结合，而且在 *HMR* 的 E 和 I 之间的区域以依赖于 Sir 蛋白的方式结合。

与 ORC 一样，解旋酶复合体 Mcm2-7 是复制前复合体（prereplicative complex，pre-RC）的一部分，在

S 期复制开始前，在复制起始点处聚集。然而，MCM 蛋白在酵母细胞中大量存在，可能具有 DNA 复制以外的功能，如染色质沉默。确实，Sir2 通过另一种 pre-RC 组分 Mcm10 中的羧基末端蛋白桥（53aa）与 S 期外 Mcm2-7 复合体的蛋白质间接相互作用。这种桥的突变破坏了 Mcm2-7 与 Sir2 的结合，降低了沉默效率，但它们不会破坏复制，也不会破坏 Sir2 与染色质的关联（Liachko and Tye, 2009）。在推测模型中，Mcm10 本身形成一个环状六聚体，它与 Sir2 结合并从染色质上带出来，确保 Sir2 经过修饰更具沉默功能。在没有 Mcm10 和 MCM 复合体的情况下，一个竞争性稍弱的 Sir2 将被结合到染色质中，减少了抑制作用。这种修饰可能仍然是未知的，但值得注意的是，在果蝇中，Mcm10 也与 Hp1 相互作用，而在酵母中，Mcm10 的沉默功能可以在遗传上从其复制功能中区分出来。

ORC 复合体和 Sir3 的最大亚单位 Orc1 的系统发育分析显示，沉默与某些复制因子之间存在着很强的进化关系，这与 Mcm10 无关。如上所述，乳酸克鲁维酵母（*K. lactis*）含有 Sir3 的旁系同源蛋白 Orc1，但不含 Sir3。然而，Orc1 的 BAH 结构域与去乙酰化的 H4K16 相互作用，类似于酿酒酵母 Sir3，允许 Orc1 以依赖于 Sir2 和 Sir4 的方式沿着端粒和 *HMLα* 染色质扩散（Hickman and Rusche, 2010）。然而，令人惊讶的是，乳酸克鲁维酵母中的 *HMR* 被一种既不涉及 Orc1 也不涉及 Sir4 的不同机制沉默。

8.14.6　调节复制起始点的选择

复制起始点是在细胞周期的 G_1 期通过形成一个识别 DNA 复制起始的 pre-RC 而启动的。有趣的是，Sir2 在某些复制起始点抑制 pre-RC 组装，包括在 *HMR-E* 中发现的一种。这个复制起始点对 Sir2 和 Sir3 的存在敏感，说明沉默机制本身影响复制起始点的选择。相反，某些不在异染色质中的复制起始点只对 Sir2 的存在敏感，暗示 Sir2 在复制起始点功能中具有独立于转录沉默的功能。这种功能可能发生在靠近起始点的核小体位置，阻止了 pre-RC 的组装，并由 Sir2 对组蛋白 H4K16 的去乙酰化作用进行调控（Fox and Weinreich, 2008）。这只是染色质结构影响复制起始点功能的众多方面之一，特别是在高等真核生物中。

8.15　总　　结

结合遗传、生化和细胞学技术，已在酿酒酵母中阐明了异染色质介导的基因沉默的基本原理。这些原理包括①异染色质的起始、扩散和扩散的阻滞；②异染色质因子的平衡及其在亚细胞核环境中的分布；③异染色质的高阶折叠；④细胞周期对异染色质形成的影响。迄今为止的体内和体外研究为我们了解所有真核生物染色质纤维中异染色质的组装奠定了坚实的基础。目前正在开发的酵母异染色质体外重组系统有望重建一种结合在染色质上的 Sir 复合体的结构，使人们第一次看到高阶染色质折叠。

（孙爱清　译，方玉达　校）

第9章

粟酒裂殖酵母染色质状态的表观调控

罗宾·C. 奥尔希尔（Robin C. Allshire[1]），卡尔·埃克沃尔（Karl Ekwall[2]）

[1]Wellcome Trust Centre for Cell Biology, The University of Edinburgh, Edinburgh EH9 3JR, Scotland, United Kingdom; [2]Department of Biosciences and Nutrition, Karolinska Institutet, Center for Biosciences, NOVUM, S-141 83, Huddinge, Sweden

通讯地址：karl.ekwall@ki.se

摘　要

本章讨论了利用模式生物粟酒裂殖酵母（Schizosaccharomyces pombe）进行的表观遗传学研究的进展。自从发现花斑型位置效应（position effect variegation，PEV）以来，粟酒裂殖酵母就被用于表观遗传学研究。PEV是一种插入在异染色质内的转基因的表达变化，但可以在后续细胞世代中稳定遗传的现象。PEV发生在着丝粒、端粒、核糖体DNA（ribosomal DNA，rDNA）位点和粟酒裂殖酵母染色体的交配型区域。异染色质在这些区域的组装需要组蛋白修饰酶和RNA干扰（RNA interference，RNAi）机器。其中一个关键的组蛋白修饰酶即赖氨酸甲基转移酶Clr4，负责组蛋白H3第9位赖氨酸的甲基化（H3K9），这是异染色质的典型标志。着丝粒被组装在组蛋白H3被其变体CENP-A取代的异染色质区域。对粟酒裂殖酵母的研究有助于我们理解CENP-A染色质的建立和维持以及着丝粒的表观遗传激活和失活。

本章目录

9.1　粟酒裂殖酵母的生命周期
9.2　异染色质组分的筛选
9.3　不同类型的异染色质
9.4　粟酒裂殖酵母的着丝粒：研究异染色质的范例
9.5　粟酒裂殖酵母着丝粒染色质结构域和动粒
9.6　其他沉默区的异染色质形成
9.7　粟酒裂殖酵母的核小体重塑

9.8 粟酒裂殖酵母的细胞核装配
9.9 粟酒裂殖酵母的基因组和表观基因组
9.10 总结

概　述

本章讨论了以粟酒裂殖酵母为模式生物的表观遗传调控研究进展。自从在果蝇中最初观察到了花斑型位置效应（PEV）以来，粟酒裂殖酵母就被用于表观遗传调控过程的研究。PEV 是一种转基因表达变化，但通常其表达模式稳定地遗传到后续的细胞世代。而这种可变的基因表达，只有当转基因整合在基因组的异质区域或附近时才会发生。粟酒裂殖酵母中 PEV 或基因沉默的大量研究不仅在阐明异染色质组装和维持的机制，而且在理解异染色质如何创造一个抑制的环境方面取得了巨大的进展。因为许多用来创造抑制的染色质环境的机制在包括人类在内的高等真核生物中是通用的，所以粟酒裂殖酵母是表观遗传学研究的一个良好的模式生物。

粟酒裂殖酵母异染色质主要存在于染色体的着丝粒、端粒、核糖体 DNA（rDNA）位点和交配型区域。异染色质组装需要 RNA 干扰（RNAi）机器和组蛋白修饰酶。其中一个关键的修饰酶，组蛋白赖氨酸（K）甲基转移酶（HKMT 或 KMT）Clr4，它负责组蛋白 H3 第 9 位赖氨酸的甲基化（H3K9），H3K9 甲基化现在被认为是异染色质的典型标记。

着丝粒包括两种类型的染色质：近着丝粒异染色质区和含有 CENP-A 的染色质（CENP-A 在粟酒裂殖酵母中也称为 CenH3 或 Cnp1）。近着丝粒异染色质在细胞有丝分裂和减数分裂中起着至关重要的作用，还维持基因组的稳定性和姐妹染色单体的联会，协助邻近含 CENP-A 的染色质的建立。CENP-A 染色质是形成被称为动粒的蛋白质结构所必需的，在有丝分裂和减数分裂中，动粒与纺锤体微管相互作用来实现染色体的分离。CENP-A 是一种着丝粒特异性组蛋白 H3 变体，取代着丝粒核小体中的常规的 H3 组蛋白，并通过伴侣蛋白和加载因子的联合作用靶向着丝粒。交配型区域的异染色质在调控基因表达中起关键作用，它决定粟酒裂殖酵母的有性生活世代，提供了一种沉默机制来防止单倍体细胞中不适当的交配型信息的表达，同时允许适当的时间切换交配型。端粒上的异染色质在维持线性染色体的完整性方面起着重要的作用。rDNA 重复位点的异染色质可能会抑制重组，从而保持基因组的完整性。

除了异染色质研究，粟酒裂殖酵母还用于研究表观遗传控制的其他几个方面，如染色质重塑和细胞核的组织。相对较小的基因组使得对其可方便地进行基因组分析，其次又是单细胞生物，同时具有单倍体和二倍体的生命阶段，操作简单。粟酒裂殖酵母已是了解表观遗传机制如何在全基因组范围内发挥作用，即表观基因组学的重要模式生物。

9.1 粟酒裂殖酵母的生命周期

粟酒裂殖酵母在亚热带地区的啤酒生产发酵中被发现，"粟酒裂殖酵母"是斯瓦希里语（Swahili）中啤酒的意思。粟酒裂殖酵母主要是一种单细胞单倍体（1N）生物。在营养丰富的培养基中，野生型细胞大约每 2 小时进行一次有丝分裂。但许多条件或突变体可用于将细胞阻断在细胞周期的不同阶段，或在 G_1/S、G_2 或中期同步化培养细胞。这一点特别有应用价值，因为在正常生长的培养物中 G_1 期非常短，细胞分裂后几乎立即进入 S 期，细胞周期的主要部分在 G_2 期（图 9-1）（Egel，2004）。

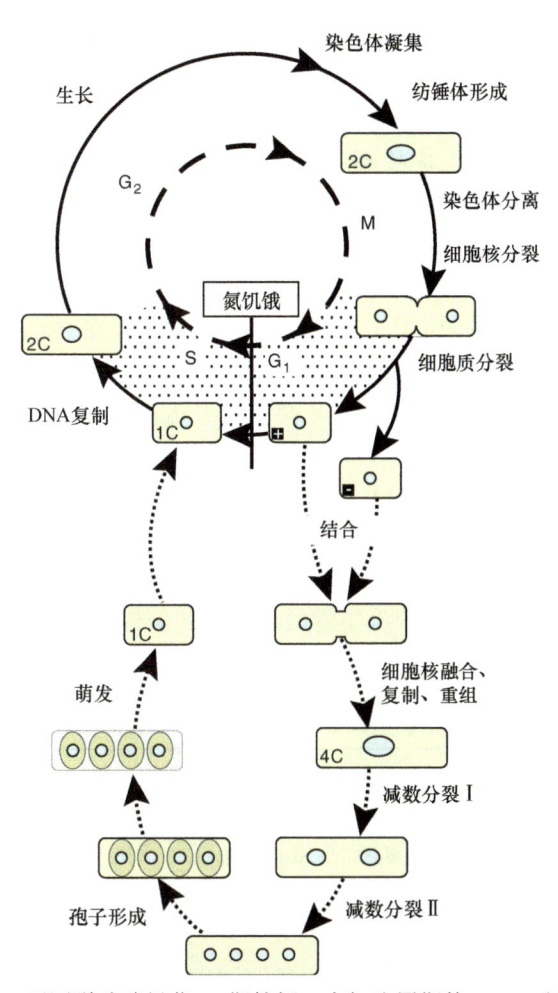

第 9 章 粟酒裂殖酵母染色质状态的表观调控 225

图 9-1 粟酒裂殖酵母的生命周期。 粟酒裂殖酵母菌 G_1 期较短，占细胞周期的 10%（斑点区被扩大以更好地展示）。在营养丰富培养基中，G_1 细胞进入 S 期，随后是一个长的 G_2 期（占细胞周期的 70%）、有丝分裂和胞质分裂。当缺乏氮时，相反交配型（+和−）的细胞结合，之后核融合，称为核配。减数分裂前的复制和重组使得减数分裂Ⅰ和Ⅱ得以进行，产生四个单倍体核，在一个子囊中分离成四个孢子。提供营养丰富的培养基可以使孢子萌发，恢复营养细胞周期。

粟酒裂殖酵母有两种交配类型，分别命名为加（+）和减（−），并且，如酿酒酵母一样，可以在相反的交配型之间切换。交配型相当于高等真核生物中的两性性别，尽管它们是单倍体。两种交配型的信息都作为表观遗传调控的沉默盒（silent cassette）存在于基因组中。（+）信息盒位于 *mat2*-P 位点，（−）信息盒位于 *mat3*-M 位点。这些沉默的位点提供了交配型特征的遗传模板，但是交配型本身是由活跃 *mat1* 位点的信息（+或−）决定的。活性 *mat1* 位点上的信息交换是通过沉默位点之一（*mat2*-P 或 *mat3*-M）与 *mat1* 位点之间发生严格的重组来实现的（Egel, 2004）。当缺乏氮时，细胞停止分裂并停止在 G_1 期，这改变了生命周期，通过配对的"+"和"−"细胞的结合而形成二倍体合子（图 9-1）。交配和核融合后，减数分裂前复制开始发生（将 DNA 含量从 2N 增加到 4N）。紧接着是同源染色体的配对和重组，最后是 DNA 减半的减数分裂Ⅰ和均分的减数分裂Ⅱ。产生的四个单独的单倍体核（1N）被包裹在子囊的孢子中。丰富的营养源将促进其萌发，恢复营养生长和有丝分裂。

不进行交配型转换的菌株已被分离或构建，其中所有细胞均为"+"或"−"交配型。这有助于不同基因型菌株之间的受控交配。虽然粟酒裂殖酵母通常是单倍体，但有可能选择成为二倍体菌株。这样的二倍体细胞可以通过营养型有丝分裂生长进行增殖。缺氮时，它们也会进行减数分裂，形成"非合子型子囊（azygotic asci）"。

9.2 异染色质组分的筛选

基因周围的染色质类型会强烈影响基因的表达，这最初是在果蝇中发现的。在果蝇（*Drosophila melanogaster*）中，染色体重排使 *white* 基因靠近着丝粒异染色质，导致其在复眼小眼面的可变表达，导致眼睛颜色的多样性[12章图12-1（Elgin and Reuter，2013）]。在粟酒裂殖酵母中的研究也表明了这一点，将报告基因插入不同的着丝粒区域导致可变沉默。随后，科学家们利用PEV报告基因或易位基因研究了沉默的染色质（如异染色质）以及活性染色质（常染色质）。事实上，在粟酒裂殖酵母中，这种方法已经成为确定着丝粒和基因组其他区域异染色质结构的许多分子组分的基本手段。

第一个鉴定PEV修饰因子的遗传筛选是通过选择能够表达 *mat2-P* 和 *mat3-M* 沉默基因盒的突变体实现的。异常交配模式或插入在沉默交配型区域的 *ura4*⁺ 转基因表达的突变体被鉴定出来（Thon and Klar，1992；Ekwall and Ruusala，1994；Thon et al.，1994）。这些筛选确定了一系列被称为隐蔽基因位点调节因子的基因（如 *clr1*⁺、*clr2*⁺、*clr3*⁺、*clr4*⁺），以及 *rik1*⁺ 和 *swi6*⁺ 基因（基因产物参见表9-1）。这些蛋白质是酿酒酵母的沉默信息调节子蛋白（silent information regulator，Sir）的功能类似蛋白[第13章（Grunstein and Gasser，2013）]。几个Clr蛋白被证明是粟酒裂殖酵母中着丝粒和交配型位点沉默必需的，这使得发生在着丝粒和 *mat2-mat3* 区域的异染色质形成之间的联系变得清晰起来（Allshire et al.，1995）。

表9-1 粟酒裂殖酵母中PEV筛选鉴定到的基因产物

基因产物	分子功能	参考文献
Clr1（隐秘位点调节因子1）	锌离子结合蛋白；SHREC复合体的一部分	Thon and Klar，1992
Clr2（隐秘位点调节因子2）	转录沉默蛋白Clr2；SHREC复合体的一部分	Ekwall and Ruusala，1994；Thon et al.，1994
Clr3（隐秘位点调节因子3）	II类组蛋白去乙酰基酶（H3K14特异）；SHREC复合体的一部分	Ekwall and Ruusala 1994；Thon et al.，1994；Grewal et al.，1998
Clr4（隐秘位点调节因子4）	组蛋白甲基转移酶KMT活性（H3K9特异）	Ekwall and Ruusala，1994；Thon et al.，1994
Rik1	DNA结合蛋白；CLRC泛素连接酶复合体的一部分	Egel et al.，1989；Ekwall and Ruusala，1994
Swi6	克罗莫结构域/shadow蛋白，异染色质蛋白1同源物	Ekwall and Ruusala，1994；Lorentz et al.，1994
Clr6（隐秘位点调节因子6）	组蛋白脱乙酰基酶I类	Grewal et al.，1998
Ago1被确定为Csp9（着丝粒：位置效应抑制子9）	Argonaute蛋白，RITS复合体的一部分	Ekwall et al.，1999；Volpe et al.，2003
Rpb7被确定为Csp3（着丝粒：位置效应抑制子3）	DNA指导的RNA聚合酶II亚基	Ekwall et al.，1999；Djupedal et al.，2005
Rpb2	DNA指导的RNA聚合酶II亚基	Kato et al.，2005
Epe1（增强位置效应1）	jmjC结构域蛋白	Ayoub et al.，2003
Cwf10被确定为Csp4	剪接因子	Bayne et al.，2008；Ekwall et al.，1999
Prp39被鉴定为Csp5	剪接因子	Bayne et al.，2008；Ekwall et al.，1999

了解着丝粒DNA序列的性质可以促使我们理解PEV筛选如何能帮助鉴定涉及着丝粒异染色质的成分。在DNA水平上，粟酒裂殖酵母的着丝粒区域由外围重复序列（被细分为 *dg* 和 *dh* 元件）组成，位于中心域的两侧。中心域包括最内部的重复（*imr*）和中央核心（*cnt*，图9-2A）。三个着丝粒 *cen1*、*cen2* 和 *cen3* 分别占据I、II和III号染色体上40kb、60kb、120kb（图9-2B；Egel，2004；Pidoux and Allshire，2004）。粟酒裂殖酵母着丝粒DNA的重复特性类似于许多后生动物着丝粒相关的更大、更复杂的重复结构，但它们更易于操纵。因为在其他真核生物中，重复的DNA经常与异染色质的存在相关[第16章（Martienssen and

Moazed，2014)]，这表明粟酒裂殖酵母着丝粒可能也具有异染色质特性，如阻碍基因表达的能力。通过类似于在酿酒酵母中使用的那些表型分析，在粟酒裂殖酵母中也监测到了报告基因沉默。例如，当 $ura4^+$ 报告基因被沉默时，菌落可以在含有 5-氟乳清酸的反选择性培养基（counterselective media）上形成。另一种检测方法检测了 $ade6^+$ 报告基因的沉默，导致红色（被抑制）而不是白色（表达）的菌落（图 9-2A）。因此，将正常表达的基因（如 $ura4^+$ 或 $ade6^+$）放置在着丝粒（根据外围重复区和中心域而确定）内会导致转录沉默。与外围重复序列相比，中央域内 $ade6^+$ 沉默相对不稳定，导致形成多样性的菌落（即红色、白色或红白均有）。此外，只要远离外围重复 1kb 就不发生沉默（Allshire et al., 1994；1995），表明转录抑制仅限于着丝粒。

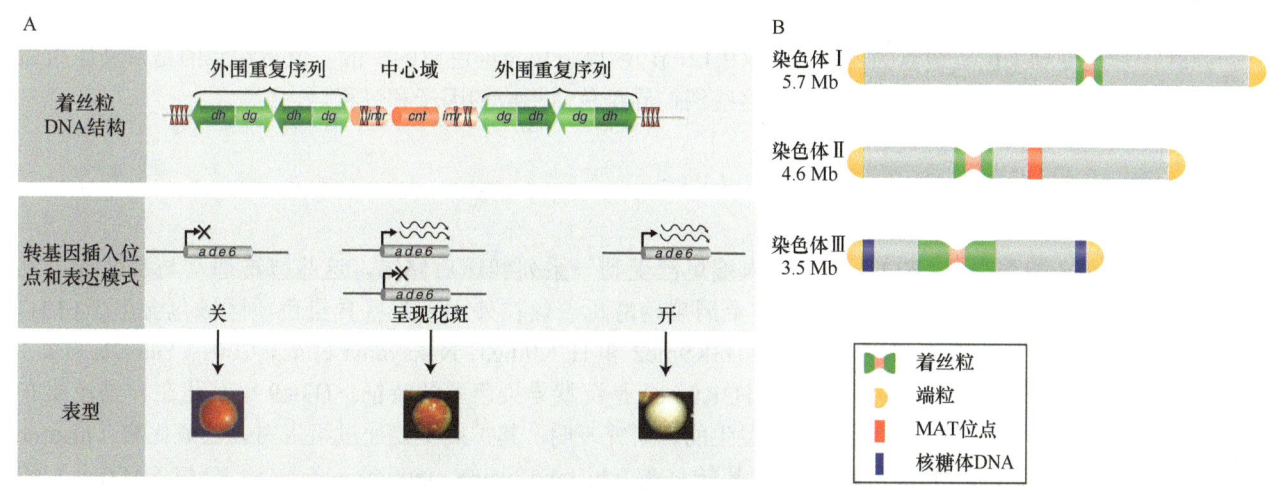

图 9-2 粟酒裂殖酵母着丝粒清晰的异染色质外围重复区和中心动粒区域。(A, 上) 粟酒裂殖酵母着丝粒示意图。中心区域（粉色，动粒）由 imr 和 cnt 元件组成，外部重复包含转录的 dg 和 dh 重复（绿色，异染色质）。所有三个着丝粒的总体布局都相似，然而，外部重复的数量有所不同：cen1（40kb）有两个，cen2（65kb）有三个，cen3（110kb）大约有 13 个。转移 RNA（transfer RNA，tRNA）基因簇（双箭头）出现在 imr 区和所有三个着丝粒的末端近邻位置。(A, 中) 该示意图显示在外围重复区、中心域或着丝粒外的标记基因的转录模式。(A, 下) 示意图显示了粟酒裂殖酵母在着丝粒不同区域插入 $ade6^+$ 转基因的菌落表型。在着丝粒以外插入表达的 $ade6^+$ 基因的细胞形成白色菌落。当 $ade6^+$ 插入外围重复区位点时，表达沉默，形成红色菌落。中央域 $ade6^+$ 的表达通常是杂色的，产生红色、白色和混合的菌落。(B) 粟酒裂殖酵母染色体示意图。这三条染色体显示了异染色质的四个主要区域：着丝粒、端粒、mat2/3 和 rDNA 区域。

9.3 不同类型的异染色质

除着丝粒外，基因组的其他抑制区域也可以沉默转基因的表达，特别是交配型基因位点（mat2-mat3）、rDNA 区域和端粒（Egel，2004）。在粟酒裂殖酵母中，这些区域一起组成了四个异染色质区（图 9-2B）。除了 rDNA 区，沉默染色质的每个区域都有重要功能。在着丝粒，异染色质保证了正常的染色体分离（Allshire et al., 1995；Ekwall et al., 1995），而在交配型位点，它促进和调节交配型转换（Egel，2004）。端粒附近形成的沉默染色质（Nimmo et al., 1994；Kanoh et al., 2005）在减数分裂染色体的分离中起作用（Nimmo et al., 1998），而粟酒裂殖酵母中 rDNA 区域的异染色质的功能尚未确定（Thon and Verhein-Hansen, 2000；Cam et al., 2005）。可能与酿酒酵母中类似，通过防止 rDNA 重复序列之间的重组来维持 rDNA 的稳定性 [第 8 章（Grunstein and Gasser, 2013）]。

粟酒裂殖酵母产生异染色质沉默的机制使它区别于酿酒酵母，与脉孢菌（*Neurospora crassa*）、植物和后生动物更类似。所以，虽然粟酒裂殖酵母和酿酒酵母在端粒、交配型位点和 rDNA 区域都有沉默染色质，但只有粟酒裂殖酵母在着丝粒处有沉默染色质。沉默是通过不同的组蛋白修饰活性（特别是组蛋白 H3K9 甲基化）、RNAi 蛋白、RNA 聚合酶（RNA polymerase，RNA Pol）Ⅱ 和异染色质蛋白 1（HP1；见表 9-1）的同源蛋白介导。这些机制在高等真核生物中是保守的。有趣的是，与脉孢菌及许多其他真核生物不同，粟酒裂殖酵母似乎没有任何可检测到的 DNA 甲基化（Wilkinson et al.，1995）。DNA 甲基化是一种在高等真核生物中沉默染色质的普遍机制［第 15 章（Li and zhang 2014）；第 13 章（Pikaard and Mittelsten Sheid，2014）］。因此，在粟酒裂殖酵母的沉默主要是由染色质修饰和 RNAi 机器介导的。

9.4 粟酒裂殖酵母的着丝粒：研究异染色质的范例

着丝粒上异染色质的形成是一个复杂的过程，涉及染色质因子、非编码 RNA、RNA Pol Ⅱ 及其相关蛋白。同时，它也受到染色质边界的严格调控（9.4.5 节），以阻止异染色质的扩散。值得注意的是，染色质边界需要在整个细胞周期中保持。本节将讨论这些调控异染色质形成的因子和过程。

9.4.1 染色质因子

在染色质中，组蛋白 H3 和 H4 的氨基末端尾巴受到一系列翻译后修饰，这些修饰通常与活性或抑制状态相关［第 3 章（Allis et al.，2014）］。在粟酒裂殖酵母着丝粒外围重复区异染色质区域包含组蛋白 H3 第 9 位赖氨酸处的二甲基化和三甲基化（H3K9me2 和 H3K9me3；Nakayama et al.，2001；Yamada et al.，2005）。在大多数真核生物中，H3K9me2 和 H3K9me3 是沉默异染色质的特征。H3K9 甲基化在异染色质有长距离的扩展，那么异染色质化过程是如何发生的？研究表明，其扩展主要通过组蛋白去乙酰化酶（histone deacetylase，HDAC）、Clr4 组蛋白赖氨酸甲基转移酶（histone lysine methyltransferase，KMT/HMTase）和 HP1 同源物 Swi6 的协同作用。

HDAC，如 Clr3、Clr6 和 Sir2，在组蛋白 H3 不同赖氨酸残基上去乙酰化，这有助于产生抑制的异染色质［Shankaranarayana，2003；Wiren et al.，2005；第 5 章（Seto and Yoshida，2014）］。最近的研究分析了不同酶发挥功能的位置、时间和机制，发现 Clr3 作为一个被称为 SHREC 的复合体的一部分发挥作用，它有助于染色质去乙酰化（图 9-3）（Sugiyama et al.，2007）。Clr4 是关键的 KMT/HKMT，在着丝粒外围重复位点甲基化 H3K9。Clr4 作为 CLRC 复合体的一部分发挥作用，CLRC 通过 H3K9 的甲基化作用，产生可被包含染色质域（chromodomain，克罗莫结构域）基序的因子识别的特异结合位点。有趣的是，Clr4 也包含一个克罗莫结构域，因此，它不仅甲基化 H3K9，也结合 H3K9me2/3，可能连续地通过其催化结构域影响邻近的 H3K9 甲基化（Zhang et al.，2008）。

Swi6 是一个含克罗莫结构域的 HP1 同源蛋白，已知其与甲基化的 H3K9 结合，有助于外围重复区域沉默染色质的形成（图 9-3）（Bannister et al.，2001；Nakayama et al.，2001）。除了克罗莫结构域，Swi6 还有另一个功能域称为 chromoshadow domain，能够引起自身二聚化（Cowieson et al.，2000）。这表明核小体的桥接在异染色质组装中发挥重要作用（Canzio et al.，2011），与常染色质相比，可能改变了异染色质中核小体重复的长度（Lantermann et al.，2010）。报告基因（如 $ura4^+$ 基因）插入到外围重复序列中，出现 H3K9me2 和 Swi6 蛋白的显著富集，这表明了 Clr4 介导的 H3K9 甲基化和 Swi6 异染色质扩展不仅在着丝粒外围重复区，而且存在于邻近的插入序列中（Cowieson et al.，2000；Nakayama et al.，2001）。

Chp1，另一个克罗莫结构域蛋白，与 Swi6 一样，也通过甲基化 H3K9 结合在着丝粒外围重复染色质上。Chp1 是 RNA 诱导的转录沉默（RITS）复合体成员，是异质染色质形成过程中又一个参与者。RITS 复合物是 RNAi 机器的一部分，它也是外围重复序列及其插入的报告基因组蛋白 H3K9 完全甲基化所必需的（Partridge et al.，2002；Motamedi et al.，2004；Sadaie et al.，2004）。RNAi 对异染色质形成的贡献在 9.4.2 节及第 16 章（Martienssen and Moazed，2014）中有进一步的阐释。

在粟酒裂殖酵母中总共有 4 个克罗莫结构域蛋白（Chp1、Chp2、Swi6 和 Clr4）。当 H3K4 被组蛋白赖氨酸乙酰转移酶（histone lysineacetyltransferase，HAT，有时缩写为 KAT）Mst1 乙酰化时，其中的 Clr4 和 Chp1，对甲基化的 H3K9 的亲和力降低。这说明 H3K4 甲基化的作用类似于一个开关，当 DNA 复制后，

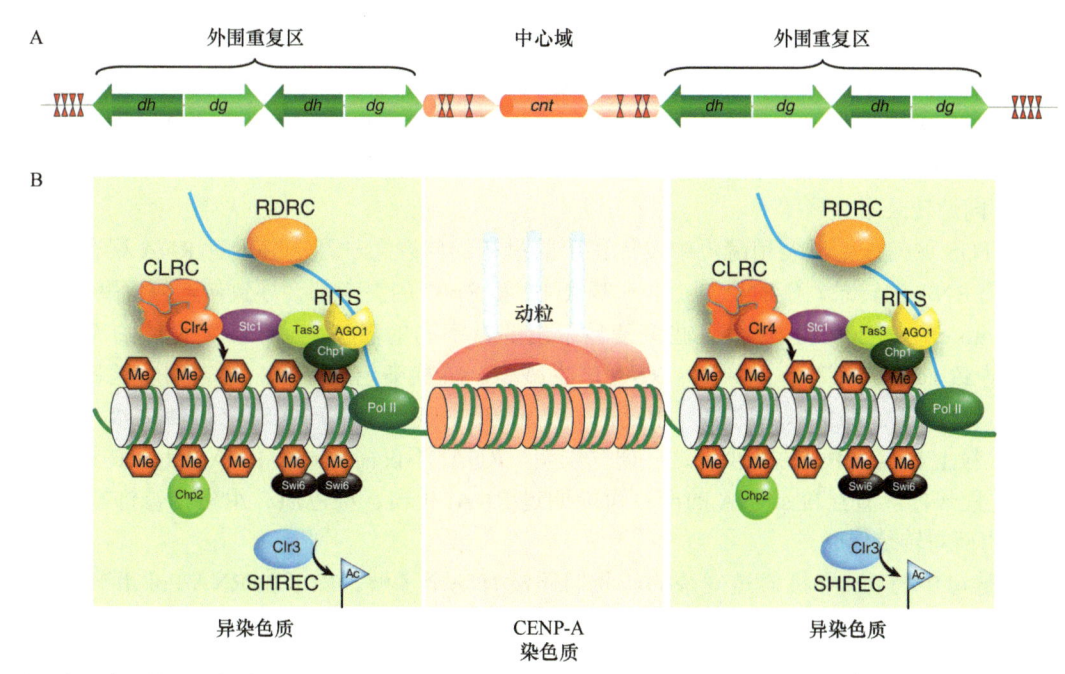

图 9-3 粟酒裂殖酵母的着丝粒染色质域。（A）粟酒裂殖酵母着丝粒对称的 DNA 排列示意图。（B）异染色质：外围重复序列包装在核小体中，核小体被 Clr4（作为 CLRC 复合体的一部分）在组蛋白 H3 第 9 位赖氨酸上甲基化（H3K9me）。这使得克罗莫结构域蛋白 Chp1（RNAi RITS 复合物的一个组成部分）、Chp2 和 Swi6 能够结合。综合来说，这些因子和其他因子，包括含有 Clr3 组蛋白去乙酰化酶活性的 SHREC 复合体和 RDRC 复合体，起着组装和延伸异染色质的作用。中心"动粒"染色质包括含 CENP-A 的中心区域，它可能取代大部分组蛋白 H3 形成特异的核小体（珊瑚色）。除 CENP-A 之外，几个蛋白质在染色质的中心区域组装，形成内外动粒多蛋白结构（珊瑚弧形）。见图 9-6 动粒的描述。

新加载的组蛋白上的 H3K4 未乙酰化，就促进 Clr4/Chp1 在 H3K9me2/3 处占位。当 H3K4 被 Mst1 乙酰化后，随着细胞周期的进行和 DNA 复制后异染色质完全重新组装，染色质因子的占位转变为偏向 Chp2/Swi6（Xhemalce and Kouzarides，2010）。在整个细胞周期中异染色质维持的概念将在 9.4.4 节中扩展。

然而，克罗莫结构域并不是这些 HP1 类似蛋白与染色体之间唯一的相互作用面。有趣的是，最近发现 Swi6 蛋白中的一个铰链区域具有很强的 RNA 结合活性，而这个 RNA 结合结构域具有破坏源自异染色质区域的转录本的特定功能（9.4.2 节）。铰链结构域的突变导致这些转录本的沉默情况减少，但异染色质的完整性没有受到影响，表明 Swi6 在甲基化 H3K9 的下游作为效应子发挥功能（Keller et al.，2012）。因此，包括组蛋白修饰因子和 HP1 类似蛋白在内的染色质因子在粟酒裂殖酵母中协同特化异染色质。

9.4.2 异染色质组装中的 RNAi 和 RNA Pol Ⅱ 机制

RNAi 是导致粟酒裂殖酵母中异染色质形成的重要机制。RNAi 现象最早在线虫中发现，其中双链 RNA（double-stranded RNA，dsRNA）的表达消除了同源基因的表达。很快发现，这种形式的 RNAi 与植物中描述的转录基因沉默（transcriptional gene silencing，TGS）过程［第 13 章（Pikaard and Mittelsten Scheid，2014）］及脉孢菌中的抑制［第 10 章（Aramayo and Selker，2013）］有关。这些都是沉默的过程，当一个区域转录活跃时，产生 dsRNA 的转录本（例如，通过反向重复的自退火）可以被加工成小 RNA 片段（称为小 RNA 合成，small RNA biogenesis）。这些小 RNA 被效应复合体结合，并通过靶向功能启动染色质沉默，引起 DNA 甲基化和组蛋白修饰［第 16 章（Martienssen and Moazed，2014）的图 16-1 和 16-2］。这种沉默的过程从粟酒裂殖酵母到植物和后生动物（包括哺乳动物）中都在进行。

对粟酒裂殖酵母中 RNAi 机器组成部分的研究使我们对 RNAi 介导的染色质修饰和沉默的理解取得了重大进展。粟酒裂殖酵母中 RNAi 机器相关的突变体导致 H3K9me2 的减少和中心粒外围重复区沉默的丧失（Volpe et al.，2002）。令人惊讶的是，这些 RNAi 突变体在着丝粒外围重复区产生了相互重叠的非编码 RNA（noncoding RNA，ncRNA）转录本。这些 ncRNA 与从粟酒裂殖酵母中分离并测序的自然产生的小双链 RNA，即小干扰 RNA（small interfering RNA，siRNA；21nt）同源（Reinhart and Bartel，2002）。我们现在知道这些长链的非编码双链着丝粒重复转录本被 Dicer（Dcr1）酶剪切产生 siRNA。然后这些 siRNA 引导 RNAi 机器找到同源转录本。

试图阐明 TGS 如何在粟酒裂殖酵母中发挥作用的最初的问题之一是"哪一种 RNA 聚合酶负责着丝粒重复区的非编码 RNA 的转录？" RNA Pol Ⅱ 亚基 Rpb2 和 Rpb7 的突变都会导致着丝粒沉默缺陷（Djupedal et al.，2005；Kato et al.，2005），尽管这些突变显示出非常不同的表型。*rpb7-1* 突变体的着丝粒重复的转录水平降低，导致 ncRNA 减少，结果是 siRNA 产生减少，沉默染色质减少。这表明着丝粒重复的转录需要 RNA Pol Ⅱ，为 RNAi 提供原始底物。相反，*rpb2-m203* 突变体能够产生着丝粒转录本，但不能加工成 siRNA，且着丝粒上 H3K9 甲基化减少。这些研究表明，RNAi 不仅需要一个 RNA Pol Ⅱ 转录本，而且像其他 RNA 加工过程一样，着丝粒 siRNA 的产生可能通过 RNAi 机器、染色质、组蛋白修饰酶和 RNA Pol Ⅱ 之间的相互作用而与转录偶联。

粟酒裂殖酵母中的 RNAi 机器是复杂的，我们还没有完全了解。除了由 RNA Pol Ⅱ 转录非编码着丝粒外围重复序列，由 Dcr1 将转录产物加工成 siRNA 外，RNAi 机器的关键活动依赖两个复合体：RITS 和 RDRC［RNA-directed RNA polymerase complex，RNA 指导的 RNA 聚合酶复合体；第 16 章图 16-4（Martienssen and Moazed，2014）］。RITS 复合体结合 siRNA，通过序列识别和 H3K9me2/3 识别以及 Chp1 的克罗莫结构域将其导向着丝粒外围重复序列（9.4.3 节）。RDRC 被招募用来放大 TGS 过程，该过程通过 Rdp1（RNA-directed RNA polymerase 1）的作用生成更多的长双链 ncRNA。Rdp1 转录是从由 RITS 复合物所提供的 siRNA 为引物的转录本开始的。执行染色质变化的染色质修饰机制包括 CLRC（Clr4-Rik1-Cul4 复合物）和 SHREC 复合物。CLRC 通过 Stc1 蛋白被 RITS 复合物招募（Bayne et al.，2010；9.4.4 节）。一旦被招募，Clr4 甲基化外重复序列中的 H3K9，可以通过其克罗莫结构域直接与 H3K9me2/3 结合。HP1 同源物 Swi6 和 Chp2 在建立和维持异染色质方面发挥进一步作用。

转录的起始、延长和转录本加工对于异染色质组装和常染色质基因表达同样重要。在 RNA Pol Ⅱ 转录的这些不同步骤中，除了 RNA Pol Ⅱ 本身，有几个相关因子和事件是非常重要的。FACT，一个 RNA Pol Ⅱ 相关的染色质组装因子，和另一个 RNA Pol Ⅱ 相关蛋白 Spt6 都共定位在近着丝粒重复序列。Spt6 对于促进 H3K9 的三甲基化、Swi6 结合、siRNA 产生和 HDAC 酶 Clr3 的招募是特别需要的（Kiely et al.，2011）。FACT 的组分 Pob3 的突变与 *spt6* 具有相似的表型，暗示了 FACT 参与同一过程（Lejeune et al.，2007）。

有趣的是，染色质修饰活性或 RNA 加工因子的突变已被证明削弱对 Dcr1 的需求。例如，H3K14 特异性乙酰转移酶 Mst2 活性的丧失完全抑制了 *dcr1* 突变，它消除了 RNAi 机器在异染色质维持中的需求，而非建立新的异染色质时的需求（Reddy et al.，2011）。这表明 RNAi 介导的异染色质过程的一个重要功能是阻止 Mst2 活性，这可能会干扰 CLRC 的招募。

绕过 RNAi 通路的另一个例子是敲除编码 Mlo3 的基因，Mlo3 参与 mRNP 生成和 RNA 质量控制。这也抑制了对 Dcr1 的需求（Reyes-Turcu et al.，2011）。研究表明，在 *mlo3 ago1* 敲除细胞中，着丝粒转录本异常积累，导致通过 Rik1 招募 CLRC 复合体（Hong et al.，2005；Horn et al.，2005）。在野生型细胞中，CLRC 作用于 RNAi 通路的下游，通过招募和促进 Clr4 酶的活性来沉默异染色质。因此，CLRC 这种不依赖 RNAi 的招募机制可以诱导 *mlo3 ago1* 敲除细胞的重复序列上的异染色质组装（Reyes-Turcu et al.，2011）。

另一个与 RNA Pol Ⅱ 连接的事件是剪接体对 pre-mRNA 的剪接。虽然 siRNA 的产生需要一些特定的剪接因子，但在异染色质的形成中对剪接体或剪接过程并没有普遍的要求（Bayne et al.，2008；Bernard et al.，2010）。这些剪接因子如何对 RNAi 产生影响仍有待确定，但它们与 RDRC 的物理相互作用表明它们在 RNAi 中起直接作用。秀丽隐杆线虫（*C. elegans*）和新生隐球菌（*Cryptococcus neoformans*）中的发现证实了剪接可能与 RNAi 有关的观点。显然，异染色质的形成是一个复杂的过程，涉及 RNA Pol Ⅱ 机制、RNAi、剪接因子和染色质修饰机制。

9.4.3 异染色质的建立

对异染色质最初建立和随后维持的遗传需求的详细分析表明这些步骤是不同的。有两种模型被提出来解释异染色质是如何在重复序列上建立的。

第一个模型认为 RITS 相关的 siRNA 可能来自新生转录本，因为这些新生转录本来自 RNA Pol Ⅱ 参与的同源位点。与这个概念一致的是，人为地将 RITS 亚基 Tas3 绑定到正常活跃的 $ura4^+$ 位点的 mRNA，可以启动 $ura4^+$ 基因的异染色质形成（Buhler et al.，2006）。但是触发异染色质形成的最初 siRNA 从哪里来的呢？RNA 降解产生的小"原始"RNA 被认为起始了异染色质建立过程（Halic and Moazed, 2010）。或者，RNA Pol Ⅱ 转录本可以自我折叠成双链 RNA，由 Dcr1 剪切以启动异染色质形成 [Djupedal et al., 2009；第 16 章图 16-2（Martienssen and Moazed, 2014）]。一旦识别发生，RITS-siRNA 复合体可能就被稳定在这些转录本上，来招募染色质修饰因子，比如作为 CLRC 复合体部分的 Clr4 [第 16 章图 16-4（Martienssen and Moazed，2014）]。与此观点一致的是，人为地将 Clr4 聚集可以完全绕过在异染色质组装过程中对 RNAi 的需求（Kagansky et al.，2009）。

令人惊讶的结果是，在缺失 Clr4 活性的细胞中丢失了大量的着丝粒 siRNA（Noma et al., 2004；Hong et al., 2005）。Clr4 的缺失可能通过削弱转录、RNAi 和染色质修饰界面上不同成分之间稳定的联系，从而影响 siRNA 的合成（Motamedi et al., 2004）。在某些重复区域，Clr4 可以独立于 H3K9 甲基化而触发 RNAi（Gerace et al., 2010），这使得 Clr4 除组蛋白 H3 外，可能还有针对其 HKMT 酶活性的其他靶点，这可能对重复序列的 siRNA 扩增至关重要。

第二个模型认为 H3K9 甲基化可能影响着丝粒初始转录本上各种 RNA 加工活动（如 Rdp1），因此是以顺式产生的 siRNA 所必需的（Noma et al., 2004；Sugiyama et al., 2005）。RITS 组分 Tas3 突变实验表明 H3K9me 在产生小 RNA 之前是必需的，Tas3 的突变使 Tas3 与复合体解离（所以 Tas3 还能与 Chp1 互作结合 H3K9me，但不能结合 Ago1）（Partridge et al., 2007）。然而，实验表明具有 H3K9 替代的细胞仍然产生小 RNA，这与该模型存在矛盾（Djupedal et al., 2009；Gerace et al., 2010）。显然，还需要更多的研究来确定形成异染色质需要哪些必要的起始步骤或者加强步骤。

9.4.4 异染色质的维持

一旦异染色质建立，就必然需要在细胞分裂中维持。异染色质蛋白 Swi6 在有丝分裂中由于其邻近的 H3S10 残基的磷酸化，从染色质上解离下来（图 9-4A）（Chen et al., 2008）。因此，在 S 期复制染色质时，Swi6 顺利结合和异染色质状态的重新建立至关重要。非编码重复序列的转录在这一维持机制中起着与在建立阶段同样至关重要的作用。RNA Pol Ⅱ 在异染色质组装中的作用最初被认为是一个悖论，因为浓缩异染色质被认为对 RNA 聚合酶活性不敏感。然而，RNA Pol Ⅱ 似乎主要在细胞周期的 S 期与重复序列相关（Chen et al., 2008；Kloc et al., 2008）。在 DNA 复制过程中产生新的异染色质之前这段短的窗口时间内，异染色质的松弛会导致 RNA Pol Ⅱ 活性的短暂爆发。这种转录的爆发被认为导致 siRNA 合成的剧增，进而导致异染色质组装因子的招募（图 9-4A）。如 9.4.1 节所述，其他染色质因子（如 HDAC）也在此时被招募来促进异染色质的重新组装。一个流行的模型是，siRNA 通过最初的非编码 RNA 引导 RITS 和 RDRC 复合体（如 RNAi 机器）到染色体，为 RNAi 机器提供一个发挥作用的平台（Motamedi et al., 2004）。有趣的是，LIM 结构域蛋白 Stc1 与 RITS Ago1 蛋白以及 CLRC 都有相互作用，Stc1 的栓系足以导致异染色质组装（Bayne et al., 2010）。因此，Stc1 似乎构成了染色质修饰和 RNAi 通路之间缺失的链接，这就解释了为什么需要 RNAi 来靶向 H3K9 甲基化。

在另一种并非相互排斥的模型中，RNAi 在转录终止过程中发挥作用，避免了 DNA 聚合酶与 RNA Pol Ⅱ 的冲突（图 9-4B）（Zaratiegui et al., 2011）。在没有 RNAi 的情况下，实验表明，这种冲突导致 DNA 复制叉停止，通过同源重组被修复（Zaratiegui et al., 2011）。在这个模型中，HKMT 活性是通过与 CLRC 复合物相互作用的 DNA 聚合酶 ε 的结合来招募的，将异染色质组装过程与 DNA 后随链的合成联系起来（Li et al., 2011）。因此，有证据表明粟酒裂殖酵母中有两种不同方式将 CLRC 招募到染色体。显然，需要进一步的实验来确定它们在异染色质维持中的相对重要性。

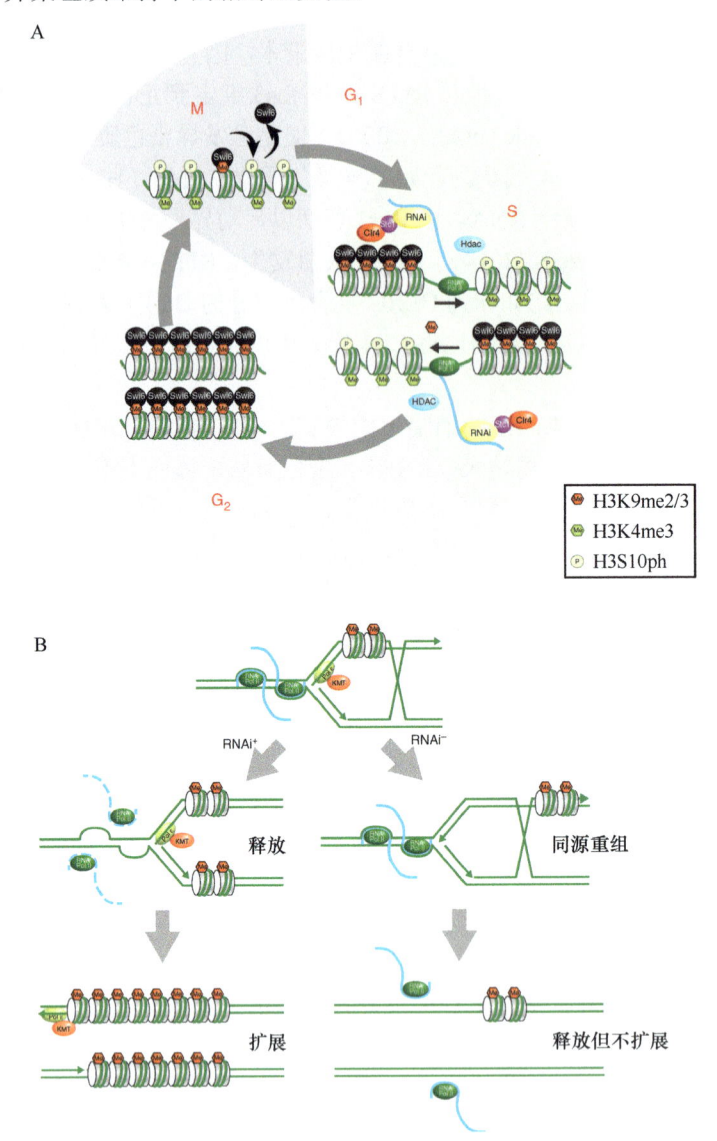

图 9-4 着丝粒异染色质组装的细胞周期调控。（A）如图所示，位于染色体着丝粒异染色质的组蛋白在整个细胞周期中发生不同的甲基化和磷酸化。这些修饰调控异染色质蛋白 Swi6 的结合。在有丝分裂期间，Swi6 被 H3S10 磷酸化取代。Swi6 结合在随后的 DNA 复制（S 期）中重新建立，这时一个更容易被接近的染色质结构允许 RNA Pol Ⅱ 转录着丝粒 DNA。这反过来又招募 RNAi 机器来指导 H3K9me 甲基化。（B）复制耦合的 RNAi 模型（Li et al., 2011）。这张图显示了 RNAi 如何在着丝粒发挥作用的另一个模型。这里，RNAi 从染色质释放 RNA Pol Ⅱ，以避免在 S 期与 DNA 复制机制发生冲突。更多有关详细信息，请参阅正文。（A，改编自 Djupedal and Ekwall, 2008）

9.4.5 染色质边界：Epe1 和 Cullin 连接酶的抗沉默活性

一个关键问题是如何在异染色质和常染色质之间设置和维持明显的边界。粟酒裂殖酵母中有几种类型的异染色质边界元件：扩散边界、RNA Pol Ⅱ 反向重复（inverted repeat, IR）屏障、B-box 屏障、RNA Pol Ⅲ 依赖的 tRNA 屏障和不依赖于 RNA Pol Ⅲ 的反转座子长末端重复序列（long terminal repeat sequences derived from retrotransposons，LTR）元件屏障（图 9-5A）（Scott et al.，2007；Stralfors et al.，2011）。几个 tRNA 基因位于外围重复序列和中心着丝点区域之间（图 9-2A 中的双箭头）。这些 tRNA 基因被证明是一种屏障，以阻止异染色质向中心区域扩展（Scott et al.，2006）。

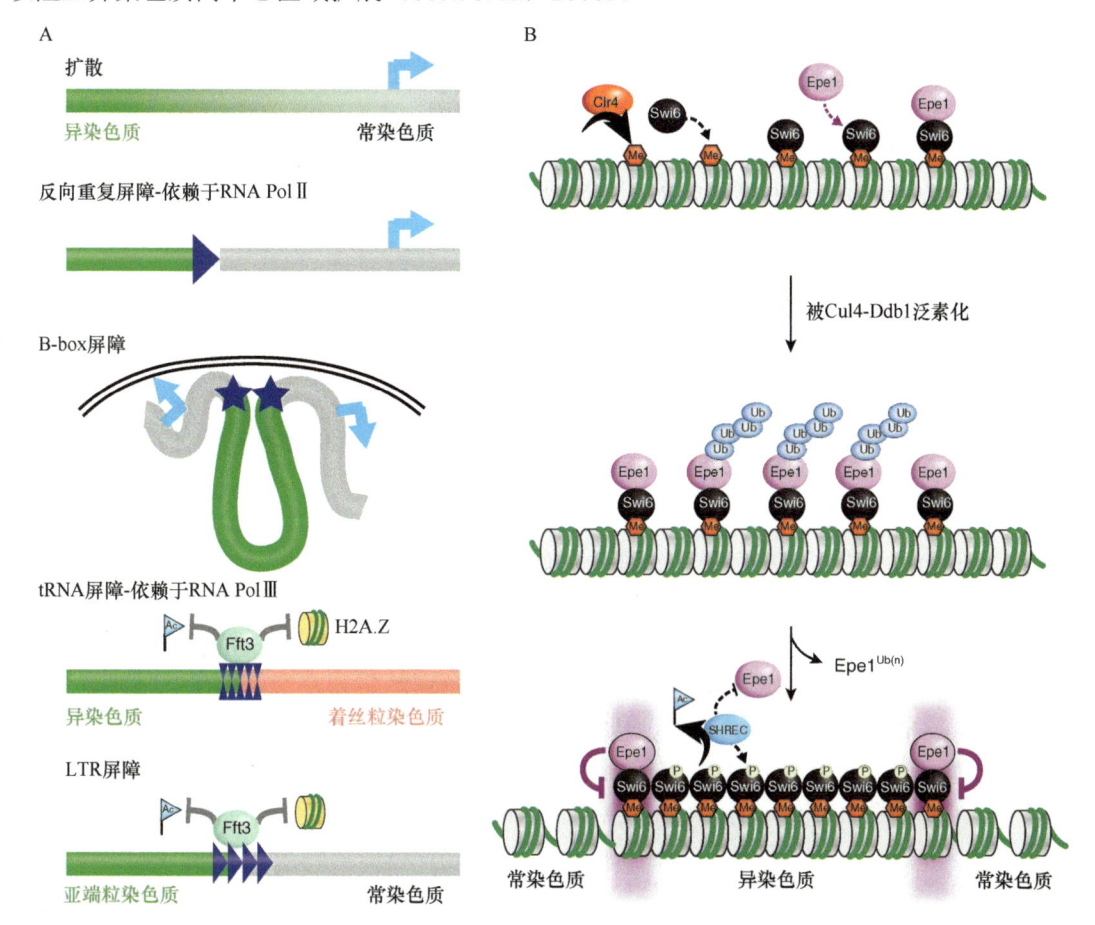

图 9-5　粟酒裂殖酵母中染色质边界和涉及 Epe1（enhancement of position effect 1）的边界机制。（A）粟酒裂殖酵母中不同类型边界元件的示意图。（B）依赖 Epe1 的边界功能机制。当抗沉默因子被 Cul4-Ddb1 连接酶泛素化并在异染色质区降解以允许异染色质组装时，Epe1 与 Swi6 相联系。然而，在边界处，Epe1 受到某种程度的保护，不被降解，从而限制了异染色质的扩散。Swi6 的磷酸化有助于 Epe1 在异染色质处的解离，同时促进与 HDAC 复合物 SHREC 的结合以维持组蛋白的低乙酰化。（A，改编自 Scott et al.，2007）

Epe1 是被研究最多的边界因子之一，最初是通过促进异染色质形成的突变被鉴定的（Ayoub et al.，2003）。Epe1 与 Swi6 相互作用，以某种方式将 H3K9 甲基化限制在异染色质区域内。它还能诱导 siRNA 的产生，促进 RNA Pol Ⅱ 在异染色质中的占位（Zofall and Grewal，2006；Isaac et al.，2007；Trewick et al.，2007），从而限制 1 号和 3 号染色体的 *mat2-mat3* 区域和近着丝粒区域的异染色质装配超出（IR）边界（Trewick et al.，2007；Braun et al.，2011）。基于其限制异染色质区域向常染色质扩散的功能，Epe1 被称为一种抗沉默因子。那么，Epe1 的功能是如何限制在染色质边界区域的呢？它被认为通过与 Swi6 的结合从而与异染色质一致地分布。然而，cullin 依赖的连接酶 Cul4-Ddb1 的泛素化作用使 Epe1 在异染色质中降解，使其局限于异染色质/常染色质边界区域（图 9-5B）（Braun et al.，2011）。什么阻止泛素连接酶在边界区域作用于 Epe1 目前是一个悬而未决的问题。

确立和维持一个特定的染色质结构显然是一个动态过程，涉及许多因子的相互作用和竞争关系。Epe1 与许多其他染色质因子共同发挥作用，有研究揭示它与这些其他蛋白质和复合体之间如何相互作用或竞争。Epe1 通过与 SHREC 复合体（包含 Clr3 HDAC、SNF2 重塑因子、Mit1 和端粒末端保护蛋白 Ccq1）竞争结合异染色质来抑制 HDAC 活性（Sugiyama et al., 2007）。有趣的是，Swi6 被酪蛋白激酶 2（CK2）磷酸化促进 SHREC 的结合和异染色质的扩散，从而导致 Epe1 的水平降低（Shimada et al., 2009）。Swi6 磷酸化水平的降低导致相反的情况，即 SHREC 较少，Epe1 较多，因此减少异染色质扩散。为什么 SHREC 需要依赖 CK2 的 Swi6 磷酸化来定位于异染色质区域还不清楚。

Fun30 重塑因子 Fft3 是 SNF2 家族的一种 ATP 酶解旋酶，也在边界处发挥作用［关于 SNF2 酶如何工作的细节，参阅第 21 章（Becker and Workman, 2013）］。Fft3 定位于着丝粒 tRNA 和近端粒 LTR 边界区域，在那里它阻止了着丝粒中心区和近端粒区域的常染色质形成（Stralfors et al., 2011）。因此，Fft3 在 tRNA 处行使了一个新的边界功能，它不限制异染色质的扩散，但阻止常染色质标记，如 H3/H4 的乙酰化或组蛋白变体 H2A.Z 侵入隔离区域。Fft3 在近端粒 LTR 边界发挥类似的作用，阻止常染色质在这些区域形成（Buchanan et al., 2009）。目前还不清楚染色质重塑如何在这些边界导致这种类型的绝缘功能，但一种可能性是这个功能涉及染色质高级结构和细胞核组织（有关粟酒裂殖酵母中细胞核组织的讨论见 9.8 节）。

9.5 粟酒裂殖酵母着丝粒染色质结构域和动粒

着丝粒中央区域是动粒组装的场所，其染色质与两侧的重复序列异染色质非常不同。动粒是在着丝粒处形成的蛋白质结构，在 M 期有利于姐妹染色单体沿着纺锤体纤维分离。在 *cen1* 约 10kb 中央结构域内报告基因呈现不同的沉默，表明不同的染色质结构，基本上不依赖于 Clr4，因此不涉及 H3K9 的甲基化（图 9-3）。最初的微球菌核酸酶分析显示了不同的染色质组成［第 12 章（Elgin and Reuter, 2013）关于 MNase 消化的解释］，与外侧重复染色质出现的规则 150bp 阶梯特征相反，出现了弥散特征（Polizzi and Clarke, 1991; Takahashi et al., 1992）。这种独特的模式将中央区域染色质与异染色质和常染色质区分开来，反映了其组装成独特染色质以及在此部位动粒的组装。后续对各种真核生物的研究表明，所有被检测的活性着丝粒染色质都含有组蛋白 H3 变体，称为 CENP-A（或 CenH3），它对动粒组装位点特异化至关重要（图 9-6）。

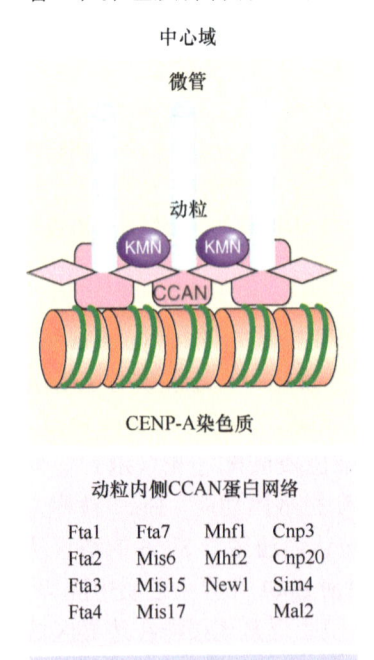

中心域

微管

动粒

KMN　KMN

CCAN

CENP-A 染色质

动粒内侧 CCAN 蛋白网络

Fta1	Fta7	Mhf1	Cnp3
Fta2	Mis6	Mhf2	Cnp20
Fta3	Mis15	New1	Sim4
Fta4	Mis17		Mal2

动粒外侧 KMN 蛋白网络

Ndc80	Mis12	Spc7
Nuf2	Nsl1	
Spc24	Dsn1	
Spc25	Nnf1	

图 9-6 粟酒裂殖酵母的着丝粒染色质和动粒。 粟酒裂殖酵母着丝粒的中心域由含有 CENP-A 的染色质和组成动粒的多蛋白网络组成。内部构成的着丝粒相关网络（constitutive centromere-associated network，CCAN）和外部 KMN 动粒蛋白网络被图示，不同的蛋白质成分列在下面。在中心域内的动粒组装介导纺锤体形成和染色体分离过程中微管的附着。

9.5.1　着丝粒中心域包含 CENP-A

在粟酒裂殖酵母着丝粒的中央核心区域，大部分组蛋白 H3 被称为 Cnp1 的 CENP-A 直系同源蛋白质取代（Takahashi et al., 2000）。如果 CENP-A^{Cnp1} 染色质结构被破坏（在动粒突变的情况下），则特异的微球菌核酸酶消化弥散模式恢复到更典型的大染色质模式（比如核小体阶梯），同时不影响邻近异染色质或外围重复的基因沉默（Pidoux et al., 2003; Hayashi et al., 2004）。此外，CENP-A^{Cnp1} 和其他动粒蛋白仅与中心域相关的事实表明中心动粒域结构复杂，在功能上与外侧重复沉默异染色质不同（图 9-6）。

根据 Cnp1-GFP 强度估计，粟酒裂殖酵母中每个细胞有 680 个 CENP-A^{Cnp1} 分子（Coffman et al., 2011）。然而，单分子显微镜定量分析得出结论：在 G$_2$ 细胞中，每个着丝粒群（包含所有三个着丝粒）中有 72～82 个 CENP-A^{Cnp1} 分子。基于染色质免疫沉淀法结合 DNA 测序（chromatin immunoprecipitation coupled to DNA sequencing，ChIP-seq）测量的估计结果为每个着丝粒有 19～24 个 CENP-A 核小体；因此，每个单倍体细胞共有 64 个分子（Lando et al., 2012）。这些结果表明，每个着丝粒处有 10～20 个 CENP-A^{Cnp1} 颗粒，CENP-A 在细胞周期 G$_2$ 期中晚期进行加载。

虽然并不是所有已知的动粒结构域蛋白都经过测试，但到目前为止，中心结构域内的沉默似乎是由完整的动粒组装引起的空间位阻的结果。内部的动粒由总共 15 个蛋白质的 CCAN 组成。这包括几个 CENP 蛋白粟酒裂殖酵母直系同源蛋白（图 9-6）（Perpelescu and Fukagawa, 2011）。在 CCAN 之外发现了"外动粒" KMN 复合体，它由另一个保守的蛋白质网络组成，包括 Ndc80 和 MIS12 蛋白质亚复合体以及 Spc7（Buttrick and Millar, 2011）。这些蛋白质网络结合着丝粒 CENP-A 染色质，帮助形成稳定的动粒−微管连接。这种庞大的蛋白质复合物可能限制了 RNA Pol Ⅱ 接入该区域内的报告基因，从而阻碍了它们的转录。在条件温度敏感的动粒突变体中，动粒完整性显然只在生长许可温度下发挥部分功能，这使得报告基因的转录增加。这样做的一个优点是，一个正常情况下沉默的报告基因可被用来检测中央核心染色质中的缺陷，从而识别新的动粒蛋白（Pidoux et al., 2003）。

9.5.2　功能着丝粒状态的表观遗传

许多生物体的证据支持 CENP-A 是表征着丝粒的表观遗传标记的假设。最近对果蝇的观察表明，CENP-A 染色质能够自我增殖。对粟酒裂殖酵母的研究有助于我们理解 CENP-A 的维持以及这种独特染色质状态的建立。此外，新着丝粒产生和双着丝粒染色体的失活说明了粟酒裂殖酵母在表观遗传研究中的重要性。

一个有趣的表观遗传现象是利用含有最小着丝粒功能区的质粒在粟酒裂殖酵母中组装功能性中心粒。只保留部分外侧重复序列和大部分中心结构域的质粒可以组装功能性着丝粒，尽管效率低下；然而，一旦这种功能着丝粒状态被建立，它就可以通过许多次分裂甚至减数分裂进行传递（Steiner and Clarke, 1994; Ngan and Clarke, 1997）。一种解释是，外侧重复序列提供了一个有利于动粒组装的环境（Pidoux and Allshire, 2005），一旦组装，CENP-A^{Cnp1} 染色质和动粒在这个位置通过与复制相耦合的模板机制传递。异染色质可能以某种方式诱导或帮助 CENP-A^{Cnp1} 在中央结构域的加载（图 9-7A），因此只有一块异染色质就足以协助动粒组装。事实上，异染色质和 RNAi 对于在引入细胞的裸 DNA 上重头组装 CENP-A 染色质是必要的（Folco et al., 2008）。关于粟酒裂殖酵母着丝粒染色质表观遗传性质的进一步证据来自对新着丝粒的研究（Ishii et al., 2008）。一旦着丝粒被诱导消除，新的着丝粒在近端粒处形成，尽管此处缺乏任何着丝粒 DNA 序列。这表明，近端粒异染色质附近新着丝粒的形成可能反映了异染色质在着丝粒形成中的关键作用（Castillo et al., 2013）。细胞处理双着丝粒染色体的方式提供了另一个关于粟酒裂殖酵母表观调控的例子。双着丝粒染色体中的一个着丝粒可能会因动粒和 CENP-A 染色质的解体以及在中心结构域上组装异染色质而失活（Sato et al., 2012）。即使在没有异染色质组分的情况下，着丝粒的失活也可以通过低乙酰化染色质

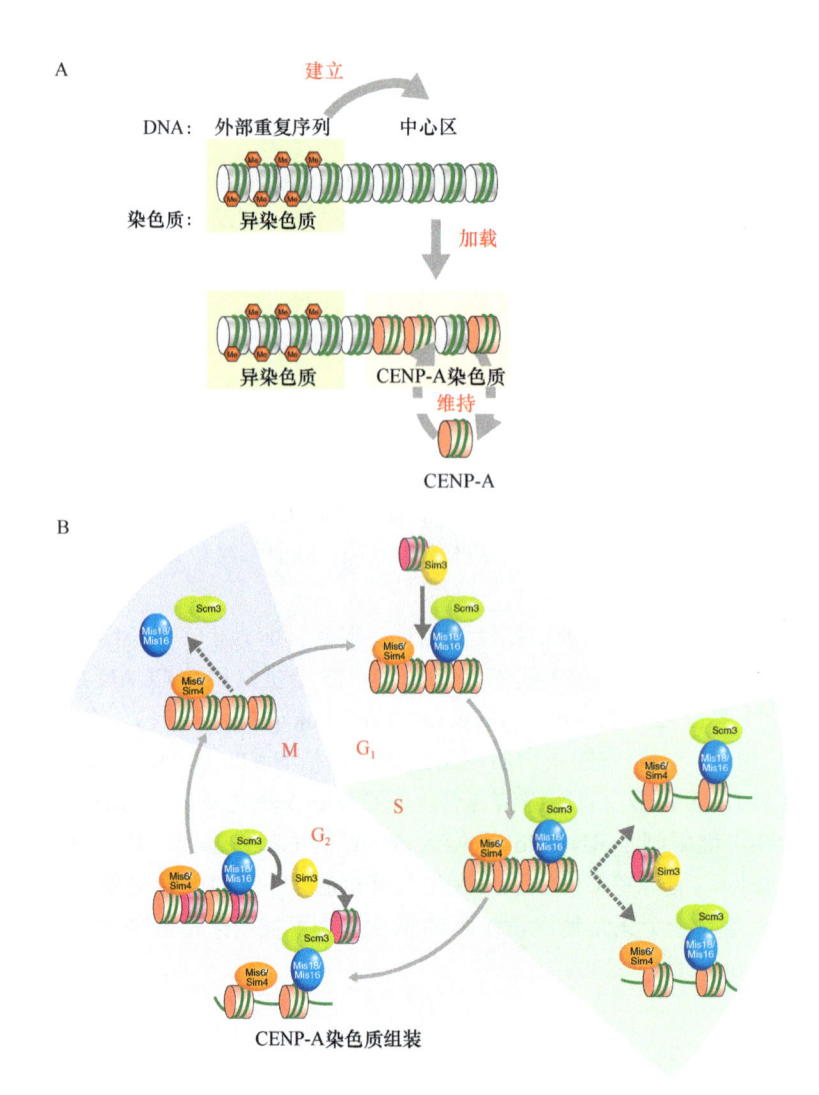

图 9-7 CENP-A 染色质在细胞周期中的建立和传递。（A）仅中央结构域 DNA 不能建立功能着丝粒，需要外部重复。着丝粒异染色质的丢失不影响中央域的 CENP-A^{Cnp1} 或动粒的维持。这表明异染色质可能在某种程度上最初直接作用于 CENP-A^{Cnp1} 染色质的位置，从而导致动粒组装；（B）粟酒裂殖酵母中 CENP-A^{Cnp1} 招募的细胞周期依赖性。在 S 期，着丝粒 DNA 被复制，而现有的 CENP-A^{Cnp1} 在 S 期被核小体分离稀释到姐妹染色单体。新 CENP-A 的招募发生在 G$_2$ 期，以粉红色的核小体表示。Sim3 组蛋白伴侣蛋白与新的 CENP-A^{Cnp1} 相互作用并加载到着丝粒，在着丝粒被 Scm3 接收，通过未知的因子和机制组装成核小体。核小体间隙可被填补或 H3 核小体被取代。Scm3 显示为直接与 Mis18 相互作用的二聚体。着丝粒的 Scm3 招募需要 Sim4/Mis6 和 Mis16/Mis18 复合体。Mis16/Mis18 和 Scm3 在有丝分裂过程中从着丝粒中被移除，并在 G$_1$ 期重新结合。（B，改编自 Mellone et al.，2009）

状态的组装而发生。此外，失活的着丝粒在某些情况下会再激活。这些观察结果显示着丝粒染色质的可塑性和表观遗传性质。相同的 DNA 可以组装成各种不同的染色质状态，具有不同的功能。

　　一旦 CENP-A^{Cnp1} 染色质建立，在随后的细胞分裂中便不需要异染色质来传递它。CENP-A 通过细胞周期传递的机制是什么？果蝇和哺乳动物的 CENP-A 在 G$_1$ 期加载，而粟酒裂殖酵母 CENP-A^{Cnp1} 的加载主要发生在细胞周期的 G$_2$ 期（图 9-7B）（Lando et al.，2012）。动粒蛋白本身控制着 CENP-A^{Cnp1} 的定位和组装，特别是在中心结构域内（Goshima et al.，1999；Takahashi et al.，2000；Pidoux et al.，2003）。CENP-A^{Cnp1} 的几个加载因子和伴侣已被确定。Mis16（一种 RpAp46/RpAp48-like 蛋白质）以及 Mis18/KNL（一种保守的着丝粒蛋白）在着丝粒中央核心区的 CENP-A 加载和组蛋白去乙酰化过程中是必需的（Hayashi et al.，2004）。从有丝分裂早期（前期）到中后期，它们与着丝粒分离，但在细胞周期的其余时期仍然与着丝粒结合（Fujita et al.，2007）。Sim3 是一种 NASP 样蛋白，与 CENP-A^{Cnp1} 结合，并作为伴侣将 CENP-A^{Cnp1} 加载到着丝粒上（Dunleavy et al.，2007）。Scm3（HJURP 的直系同源蛋白）是 CENP-A 染色质组装所需的 CENP-A^{Cnp1} 的伴侣蛋白。与 Mis16 和 Mis18 类似，Scm3 在有丝分裂中与着丝粒分离（Pidoux et al.，2009；Williams et al.，2009）。目前尚不清楚是什么将 CENP-A^{Cnp1} 的加载限制在粟酒裂殖酵母细胞周期的 G_2 期。

除伴侣和加载因子外，染色质重塑因子中的 SNF2 家族成员也是 CENP-A^{Cnp1} 的加载所需的。SNF2 重塑因子 Hrp1（一个 Chd1 直系同源蛋白）定位于着丝粒染色质，在此处维持较高的 CENP-A^{Cnp1} 水平（Walfridsson et al.，2005）。源于着丝粒中心染色质的不稳定非编码转录本在粟酒裂殖酵母中已被报道（Choi et al.，2011）。在这个区域的非编码转录过程中，核小体的去组装和重组装是必需的，并且可以想象，Hrp1 参与这些转录耦合的染色质重塑和组装活动，以驱除 H3 并维持着丝粒处的 CENP-A^{Cnp1}。与此一致，在 RNA Pol Ⅱ 后面进行 H3 核小体重组和稳定所需因子（如 FACT 和 Clr6 复合物Ⅱ）的丢失，促进了在基因组中新着丝粒区域中 CENP-A 代替组蛋白 H3 的组装（Choi et al.，2012）。此外，CENP-A^{Cnp1} 定位需要 Mediator 复合体的一些亚单位，并且 Mediator 突变体中 CENP-A^{Cnp1} 水平的降低可以被 RNA Pol Ⅱ 抑制剂抑制（Carlsten et al.，2012）。这些发现表明，适当水平的着丝粒转录对于确保着丝粒功能性状态的遗传至关重要。

因此，粟酒裂殖酵母 CENP-A^{Cnp1} 染色质的起始建立需要两侧的异染色质。CENP-A 染色质的维持与异染色质无关，但依赖于多个加载因子和伴侣，以促进 CENP-A 染色质在 G_2 期特异性组装。染色质重塑因子 Hrp1 和适当水平的非编码转录有助于维持着丝粒处 CENP-A^{Cnp1} 的高水平。

9.5.3 姐妹着丝粒联会、浓缩和正常染色体分离所需的其他染色质修饰

外侧重复序列异染色质和 CENP-A^{Cnp1} 动粒染色质如何影响染色体分离的整体功能？裸质粒 DNA 载体的实验表明，外侧重复序列有助于功能着丝粒的组装（通过未知机制），这使得这些质粒能够在有丝分裂和减数分裂纺锤体上分离。然而，如前所述，无论是外侧重复序列还是中心结构域都不足以组装功能性着丝粒（Clarke and Baum，1990；Takahashi et al.，1992；Baum et al.，1994；Ngan and Clarke，1997；Pidoux and Allshire，2004）。

导致外侧重复序列沉默缺失的突变体（如 Clr4、RNAi 组分或 Swi6 有缺陷的突变体）在有丝分裂时染色体丢失率升高，后期纺锤体上落后染色体的发生率很高（图 9-8A）（Allshire et al.，1995；Ekwall et al.，1996；Berünard et al.，2001；Nonaka et al.，2002；Hall et al.，2003；Volpe et al.，2003）。此外，缺乏 Swi6 的细胞在着丝粒处的联会有缺陷，但会沿染色体臂保持着联会（Bernard et al.，2001；Nonaka et al.，2002）。Swi6 的一个功能是在外侧重复染色质中招募 cohesin，以介导姐妹着丝粒之间的紧密联会。这确保了在形成一个适当的双定向纺锤体的过程中姐妹动粒紧密地联会在一起，在纺锤体中，姐妹动粒附着在来自相反方向的纺锤体微管纤维上（图 9-8B）。因此，着丝粒上异染色质的一个功能就是介导联会。

黏连蛋白也与端粒和 mat2-mat3 区域密切相关（Bernard et al.，2001；Nonaka et al.，2002），它参与了近端粒异染色质的形成（Dheur et al.，2011）。此外，为了响应相邻的异位着丝粒重复，黏连蛋白被招募到 $ura4^+$ 基因上形成的异染色质中，显示了异染色质和联会之间的联系（Partridge et al.，2002）。因此，黏连蛋白的增加似乎是 Swi6 相关异染色质的一个普遍属性。Swi6 染色质是如何引起黏连蛋白的招募尚不清楚，但 Swi6 确实与黏连蛋白亚单位 Psc3 相互作用（Nonaka et al.，2002）。此外，Dfp1 是保守激酶 Hsk1（Cdc7）的调节亚单位，与 Swi6 相互作用，是黏连蛋白向着丝粒募集所需要的（Bailis et al.，2003）。从前期到后期，脊椎动物着丝粒的联会也依赖于一种称为 Shugoshin 的蛋白质。在粟酒裂殖酵母中，Shugoshin 与组蛋白 H2A 在 S121 位被 Bub1 磷酸化的着丝粒结合，以确保在有丝分裂和减数分裂过程中适当的染色体分离（Kawashima et al.，2010）。因此，黏连蛋白和相关因子在着丝粒处和沿染色体全长上都十分必要，它们在 M 期介导染色体的凝聚和分离。

组蛋白 H2A 变体 H2A.Z 最初是被鉴定为一个突变时导致染色体分离有缺陷的因子（Carr et al.，1994）。组蛋白 H2A 及其变体 H2A.Z 在染色体分离中起着重要作用，在细胞分裂过程中，组蛋白 H2A 和 H2A.Z 作

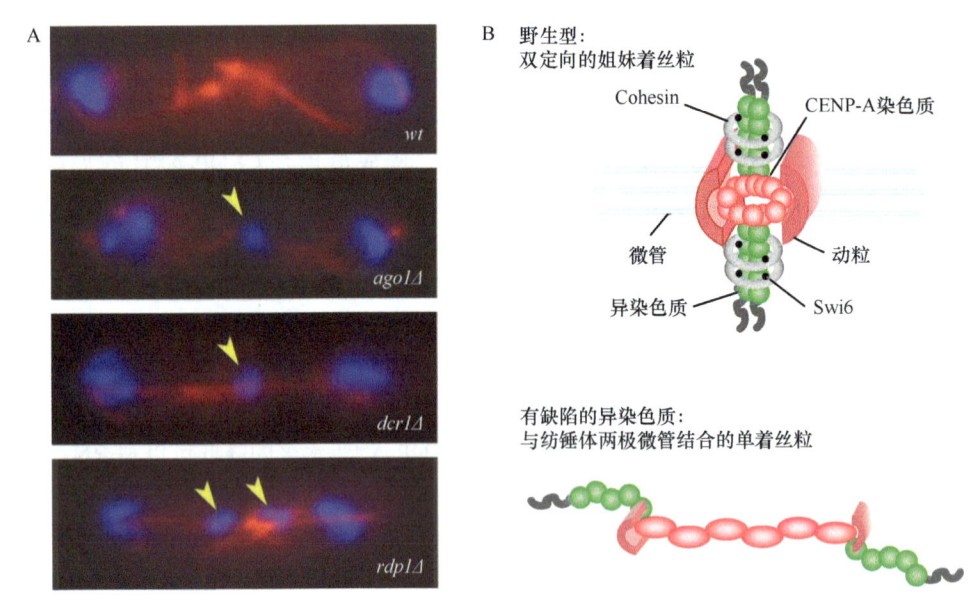

图 9-8　有缺陷的异染色质导致着丝粒结构异常。（A）缺乏 RNAi 或异染色质组分的细胞在后期纺锤体上显示染色体丢失率和落后染色体（用黄色箭头表示）的比率升高。染色体 DNA 用 DAPI（蓝色）染色，有丝分裂纺锤体微管被标记为免疫荧光（IF）（红色）。（B）一个正常着丝粒的三维示意图显示了用 Swi6（黑色圆圈）装饰的外部异染色质区域（绿色圆圈），Swi6 招募 cohesin 以确保姐妹染色单体的联会。中央域由含 CENP-A 的染色质（红圈）组成，与每个姐妹染色单体上相对立的动粒有关。在有缺陷异染色质的细胞中，落后的染色体可能由于动粒的无序排列导致一个着丝粒从相反的两极附着在微管上。这种单定向可以持续到后期，其中一个或另一个极的连接断裂会导致随机分离，并导致染色体丢失/增加事件。

为染色质受体在着丝粒和整条染色体上招募黏连蛋白以在细胞分裂过程中形成有丝分裂染色体。通过 H2A 和 H2A.Z 向染色质募集黏连蛋白仅在其磷酸化状态下发生，是一个细胞周期调节过程（Tada et al.，2011）。HAT 酶 Mst1 对 H2A.Z 的乙酰化对后期染色体的恰当结构和分离也是重要的（Kim et al.，2009）。H2A.Z 本身通常不存在于着丝粒，但对于着丝粒蛋白 CENP-A^{Cnp3} 的表达是必要的（图 9-6），并且在突变条件下错定位到着丝粒时会干扰着丝粒的功能（Ahmed et al.，2007；Buchanan et al.，2009；Hou et al.，2010）。组蛋白 H2B 也可能通过泛素化与着丝粒功能产生联系，因为泛素化位点附近的突变导致细胞分裂后期缺陷和着丝粒染色质结构的变化（Maruyama et al.，2006）。因此，所有核心组蛋白，连同 CENP-A^{Cnp1}（组蛋白 H3 变体）和 H2A.Z，都参与协调粟酒裂殖酵母中正确的着丝粒和全染色体范围的染色质结构，这些结构对于姐妹着丝粒联会、凝聚和正常染色体分离是重要的。

9.6　其他沉默区的异染色质形成

许多控制着丝粒异染色质形成的分子机制也作用于其他异染色质区域，如交配型位点、端粒和 rDNA（图 9-2A）。但是，也有一些特异于这些不同区域的附加路径。下面将对这些路径进行讨论。

9.6.1　沉默染色质在 *cenH* 区域的组装

在 DNA 序列水平上，大多数异染色质区域包含着丝粒同源（centromere homologous，*cenH*）DNA 区域，这些区域能够组装 Clr4 依赖的异染色质。*cenH* 序列最初定义在着丝粒的外侧重复区，但 *cenH* DNA 序列也可以定位在沉默交配型位点（*mat2-mat3*；Noma et al.，2001）以及与由端粒酶合成的端粒末端重复序列（保守的 TTACAGG）相邻的一个亚端粒区域上（Nimmo et al.，1994；Allshire et al.，1995；Nimmo et al.，1998；Kanoh et al.，2005）。位于 *mat2* 和 *mat3* 之间的 20kb 长的 *cenH* 区域中有 7 个与着丝粒外侧重复序列具有高度相似性（Grewal and Klar，1997）。此外，位于端粒相关序列（telomere-associated sequence，TAS）内的一个 0.5kb DNA 序列与 cenH 的同源性大于 84%（Kanoh et al.，2005），TAS 占据了 I 号和 II 号染色体近端粒 40kb 的 DNA 序列。这表明 cenH 重复序列可能通过顺式作用影响沉默异染色质的组装。

事实上，异位的着丝粒外侧重复序列（dg）或相关的 cenH DNA 序列以 Clr4 依赖的方式足以使相邻标记基因沉默（Ayoub et al.，2000；Partridge et al.，2002；Volpe et al.，2003）。如前所述，着丝粒外侧重复序列（和 cenH 序列）的转录以及 Dcr1 和 RNAi 机器对产生的 dsRNA 的加工提供了一种机制，通过这种机制 Clr4 被招募来触发沉默染色质的组装（Volpe et al.，2002）。

9.6.2 交配型位点异染色质形成机制

在交配型位点上，异染色质的建立和维持有两种不同的机制。通过使用曲古抑素 A（一种 HDAC 抑制剂）处理细胞的实验揭示了这一点，在这种情况下，沉默的解除只能在 RNAi 突变背景下实现（Hall et al.，2002）。除 RNAi 外，一种基于 DNA 结合蛋白质 Atf1、Per1（在 cenH 附近结合）和 HDAC Clr6 的非 RNAi 依赖沉默机制在交配型位点起作用以维持异染色质（Hall et al.，2002；Jia et al.，2004）。RNAi 用于建立沉默染色质，然而，其维持由基于 Atf1 和 Per1 的沉默系统实现，该沉默系统即使在没有 RNAi 的情况下也可以维持异染色质（Jia et al.，2004；Kim et al.，2004）。与这一概念一致，缺乏 RNAi 机器和 Atf1/Per1 成分的细胞在 mat2-mat3 区域完全丧失沉默染色质。

9.6.3 端粒异染色质形成机制

沉默机制也在端粒发挥作用。端粒重复序列与端粒重复结合蛋白 Taz1 结合，Taz1 反过来招募 Clr4 HKMT，于是通过 Swi6 形成异染色质。然而，RNAi 也通过 TAS 元件内的 cenH 区域在端粒形成一个沉默染色质的延伸区域（Nimmo et al.，1994；Allshire et al.，1995；Kanoh et al.，2005）。有趣的是，即使在没有端粒酶（通常起着维持端粒长度的作用）的情况下，异染色质的形成同样有助于保护染色体末端。在最近的一项研究中，发现在端粒酶消失后存活的细胞亚群通过持续扩增和重排异染色质序列，进而诱导端粒末端保护因子 Pot1 和 Ccq1（SHREC 的一个组成部分）的招募机制维持染色体末端的完整性。这些菌株因此被命名为 HAATI 突变体（heterochromatin amplification-mediated and telomerase-independent，异染色质扩增介导和端粒酶非依赖的；Jain et al.，2010）。Swi6-GFP 在 HAATI 细胞中的定位和 Clr4 对 HAATI 的需求表明扩增区域确实是异染色质。此外，HAATI 细胞中线性染色体的维持依赖于 SHREC 复合体的 Ccq1 成分，该复合体包含 HDAC 活性，在异染色质扩展中起作用（9.4.1 节）。因此，Ccq1 提供了端粒末端保护蛋白质复合体和异染色质组装中组蛋白修饰活性之间的分子联系。

9.6.4 兼性异染色质

除在着丝粒、交配型区域、rDNA 和端粒处发现的较大的组成型异染色质区域外，在粟酒裂殖酵母中也存在所谓的兼性异染色质区域（Zofall et al.，2012）。这些异染色质"岛"存在于营养细胞中，包含能表达的基因簇，因此是常染色质性质的。Epe1 和 RNA 降解因子在这些岛中，在减数分裂诱导的基因调控中起重要作用。RNA 降解因子在营养生长期间维持岛的沉默，但 Epe1 需要在减数分裂期间解聚异染色质岛，以允许减数分裂基因表达，从而对营养信号做出反应。一些减数分裂诱导的基因也聚集在近端粒区域（Mata et al.，2002）。其中一个这样的减数分裂簇位于 tel1L（1 号染色体的左近端粒）区域。这个基因簇在有丝分裂细胞中是低乙酰化的，基因的抑制需要 HDAC Clr3，这表明了它的兼性异染色质结构（Wiren et al.，2005）。

另一种暂时性异染色质存在于粟酒裂殖酵母的一些聚合基因对之间的区域（Gullerova and Proudfoot，2008）。这种异染色质明显依赖于细胞周期 G_1 期的聚合转录，导致局部 RNAi 依赖的 H3K9 甲基化，这会招募 Swi6 和黏连蛋白。到目前为止，与这些基因同源的 siRNA 无法被检测到。在这些区域，通过与 Swi6 相互作用而积累的黏连蛋白有助于 G_2 期的转录终止，转录终止位点位于 G_1 中使用的终止位点的上游，因此产生了不同的 3′mRNA 末端。有趣的是，许多编码 RNAi 机器成分的基因本身都是通过这个过程自动调节的（Gullerova et al.，2011）。

9.7 粟酒裂殖酵母的核小体重塑

染色质的结构和功能并不仅仅取决于组蛋白修饰和相关机制。染色质重塑也是染色质结构和功能调控的重要组成部分。虽然我们已经在讨论粟酒裂殖酵母异染色质形成和传递的过程中提到了一些染色质重塑蛋白，但本节将阐述这一领域的研究现状。后面 9.8 节的主题是控制染色质结构的另一个重要方面，即细胞核组成结构。

SNF2 核小体重塑酶在表观遗传过程中起着关键作用，如转录调控和组蛋白的加载或交换，因为它们能够改变核小体在基因组中的位置［第 21 章（Becker and Workman，2013）］。人类有 53 种 SNF2 酶，而粟酒裂殖酵母只有 20 种 SNF2 酶（Flaus et al.，2006）。CHD 型 SNF2 酶 Mit1 是 9.4.5 节中讨论的 SHREC 复合体的一部分，在第 16 章中有更详细地讨论（Martienssen and Moazed，2014）。它是在粟酒裂殖酵母的交配型区域、端粒和近着丝粒的异染色质沉默所必需的，但在基因的 5′ 端则不需要（Sugiyama et al.，2007；Pointner et al.，2012）。

Chd1 类似的 SNF2 重塑因子包括 Hrp1 和 Hrp3，它们参与近着丝粒和交配型区域异染色质沉默。在着丝粒处 CENP-A 加载过程中 Hrp1 的作用与 Nap1 伴侣蛋白在许多基因启动子处驱除 H3 的能力及其在核小体组装中的作用有关（Walfridsson et al.，2007；Pointner et al.，2012）。最近，Hrp1 和 Hrp3 被发现可能参与了全基因组基因编码区隐秘转录的抑制（Hennig et al.，2012；Pointner et al.，2012；Shim et al.，2012）。*hrp1* 和 *hrp3* 突变体显示编码区核小体排列减少，这使得 RNA Pol Ⅱ 能够非正常启动转录。这一现象的一个机制解释是体外 Hrp1 和 Hrp3 显著地影响了核小体间距（Pointner et al.，2012）。因此，Hrp1 和 Hrp3 重塑因子似乎具有不同的活性，在基因间有利于解聚，而在编码区有利于核小体的组装和间隔。Hrp1 在基因间区域的作用与拓扑异构酶Ⅰ和Ⅱ密切相关（Durand-Dubief et al.，2010）。拓扑异构酶Ⅰ和Ⅱ通常需要在基因启动子和 3′ 基因间区域保持无小体区域，最有可能通过去除稳定核小体的负超螺旋来实现（Durand-Dubief et al.，2007；2011）。拓扑异构酶的这种功能很可能刺激包括 Hrp1 在内的 SNF2 重构酶的核小体卸载功能。编码区 Top Ⅰ 和Ⅱ的缺失可能改变了重塑过程的结果以利于区域活动。另一个与基因沉默有关的 SNF2 染色质重塑因子的例子是用 H2A.Z 取代 H2A 的 Swr1 复合体［Buchanan et al.，2009；第 20 章图 20-9（Henikoff and Smith，2014）］。因此，虽然目前对粟酒裂殖酵母 SNF2 酶的研究还处于萌芽阶段，但已经清楚地表明，这些酶在表观遗传调控染色质结构中起着关键作用。

9.8 粟酒裂殖酵母的细胞核装配

尽管在哺乳动物系统中，核结构在表观遗传控制中的作用已经得到了很好的证实［第 19 章（Dekker and Misteli，2014）］，但我们对粟酒裂殖酵母的了解目前主要是描述性的。粟酒裂殖酵母间期的核是球形的，由富含染色质和富含 RNA 的部分组成，后者包含核仁（图 9-9A）。所有的异染色质都在细胞核周缘。事实上，在整个间期三个着丝粒都附着在细胞核周缘，与纺锤体极体（spindle pole body，SPB）相邻，但通过免疫荧光显微镜可从细胞学上区分近着丝粒异染色质和着丝粒染色质；动粒和着丝粒 CENP-A[Cnp1] 染色质可被观察到被一层近着丝粒异染色质层包围（图 9-9B，C）(Kniola et al.，2001)。交配型区域也可被发现位于核被膜附近，与 SPB 非常接近(Alfredsson-Timmins et al.，2007)。然而，尽管端粒位于细胞核周缘，但与着丝粒或交配型区域不同，端粒位置并不是固定的。

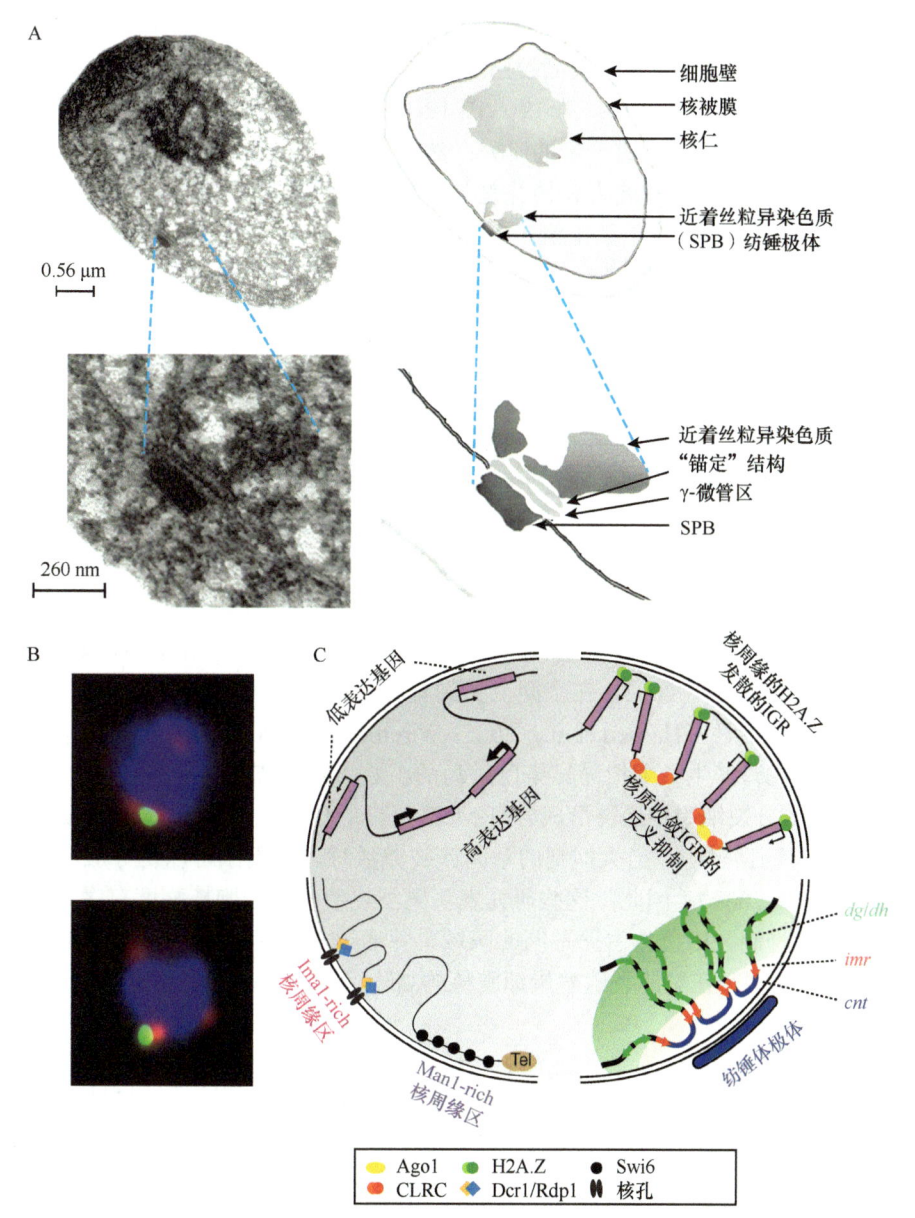

图 9-9　粟酒裂殖酵母的细胞核组织。（A）粟酒裂殖酵母细胞核的电子显微镜分析。（上）通过高压固定和低温树脂包埋的间期粟酒裂殖酵母细胞的横截面显微照片。细胞结构显示：细胞壁、核被膜、核仁、异染色质区和 SPB。（下）同一细胞核的高倍放大。核结构为 SPB、γ-微管区、锚定结构和着丝粒异染色质。（B）两个间期核的异染色质（着丝粒、端粒和沉默的 mat2-mat3 位点）被 Swi6 的红色免疫荧光定位所显示，动粒染色质（仅着丝粒）被 CENP-A^{Cnpl} 的绿色免疫荧光定位所显示。红色信号（不靠近绿色）代表端粒或 mat2-mat3 位点。所有着丝粒聚集在 SPB 附近的核边缘。（C）粟酒裂殖酵母核周缘染色质组织的模型。（上）低表达水平的基因倾向于与核外围相联系，而高表达的基因则倾向于驻留在细胞核内部。（上）不同的基因间区和 H2A.Z 的核膜定位可能提供了一种锚定聚合基因启动子在核外围的机制。（左下）Ima1、核孔和 Man1 的差异定位。内膜蛋白 Ima1 和 Man1 并不均匀分布于细胞核边缘，而是占据与不同染色体区域相互作用的不同区域。亚端粒染色质与富含 Man1 的外周区域有关，Swi6 也位于该区域。Ima1 在核孔处与 Dcr1 和 Rdp1 共定位。（右下）着丝粒 DNA 在 SPB 的组织。中央 cnt 和 imr 区域比异染色质 dg 和 dh 重复区更靠近 SPB。两个着丝粒结构域用不同的颜色表示 Swi6（dg-dh 重复）和 CENP-A^{Cnpl}（imr/cnt 区域）的不同免疫荧光定位。(A，转载自 Kniola et al.，2001；C，右下角，改编自 Takahashi et al.，1992)

有趣的是，特定的转录活性区域，如由 RNA Pol Ⅲ 转录的 tRNA 和 5SrRNA 基因聚集于此并与着丝粒共定位（Iwasaki et al.，2010）。一个假设是这种与着丝粒的结合是通过黏连蛋白复合体与 RNA Pol Ⅲ 转录机制的相互作用而介导的。核组织的另一个有趣的特征是逆转录转座子元件的分布，如已知的被 HDAC 沉默的 Tf2，这些转座子元件以 CENP-B 依赖的方式聚集在核周缘，被认为是宿主基因组监视和防御的一种机制（Cam et al.，2008）。也有证据表明，粟酒裂殖酵母中存在染色体区域（chromosome territory）[Molnar and Kleckner，2008；Tanizawa et al.，2010；第 19 章图 19-1 所示（Dekker and Misteli，2014）]。这些观察结果是如何相互联系并与核功能相关需要进一步的研究；然而，其他方法学的应用已经开始解决这些问题。

使用 DamID 方法的研究显示了核被膜和核孔是如何参与染色体组织的（图 9-9C）。在 DamID 中，一种核定位已知的蛋白质与 DNA 腺嘌呤甲基化酶（DNA adeninemethylase，Dam）融合。当染色质或 DNA 与 Dam-融合蛋白在活体结合时，可以根据 Dam 融合蛋白所增加的腺嘌呤甲基化的存在来绘制基因组的结合区域。因此，DamID 允许瞬时结合被检测。使用核被膜蛋白 Man1 和 Ima1 作为 DamID 融合伴侣，经常发现被抑制的基因定位在核周缘（Steglich et al.，2012）。这验证了表明 Ima1 与异染色质区域特异结合的免疫荧光数据。然而，Ima1 对于着丝粒 DNA 与核周缘的 SPB 区域的栓系不是必要的（King et al.，2008；Hiraoka et al.，2011）。相反，Ima1 相互作用的位点富含 RNAi 成分 Dcr1 和 Rdp1。Ima1 蛋白主要定位在核孔周围（图 9-9C），此处 Dcr1 参与 RNA 降解机制，有助于抑制应激诱导的基因（Wbolcock et al.，2012）。Man1 靶向位点大多位于近端粒区域并与异染色质蛋白 Swi6 结合（Steglich et al.，2012）。与 Ima1 相反，Man1 的异常表达导致了端粒从核周缘的解离（Gonzalez et al.，2012）。这意味着 Man1 具有将染色体区域锚定到核内膜的功能。

关于粟酒裂殖酵母基因激活过程中发生的核组织变化知之甚少。一组诱导基因，如在近端粒 *1L* 区发现的减数分裂诱导基因（Mata et al.，2002）在空间上受到有丝分裂细胞中 HDAC 酶 Clr3 的抑制，也就是说，它们的外周定位需要 Clr3 的活性（Hansen et al.，2005；Wiren et al.，2005）。其他减数基因在转录后被 RNA 消除机制抑制，该机制也在营养生长期指导异染色质岛的组装（9.6.4 节）。为了允许减数分裂基因的表达，一些 RNA 降解因子在减数分裂细胞中通过形成含有 Mei2 蛋白的核斑点结构而失活（Harigaya et al.，2006；Zofall et al.，2012）。还有证据表明，当氮抑制的基因簇被激活时，氮饥饿可以诱导应激诱导基因离开核膜（Alfredsson-Timmins et al.，2009）。因此，这些研究表明粟酒裂殖酵母细胞核高度有序，核组构的剧烈变化似乎适应了基因的激活和抑制。染色体占据不同的区域，并通过与内膜蛋白、核孔和 SPB 的特殊相互作用而被锚定。染色质修饰活动似乎在粟酒裂殖酵母细胞核的高阶组织动态中起着关键作用。

9.9 粟酒裂殖酵母的基因组和表观基因组

历史上，染色质和表观遗传的研究一直使用诸如染色质免疫共沉淀（chromatin immunoprecipitation，ChIP）和免疫荧光的方法，主要专注于基因组上特殊区域或位点（ChIP），或者提供低分辨的结果（IP）。由于粟酒裂殖酵母是一个值得研究的可追踪模型系统，用这种方法来表征异染色质区域的研究已经取得了很大的进展。整个 DNA 序列本身在研究异染色质区域周围的 DNA 序列的进化中十分有用，并为广泛的表观遗传研究提供了基础，同时有助于揭示与特定基因组区域相关的组蛋白修饰和蛋白质的精确图谱。最近的表观基因组作图和特征研究将我们对粟酒裂殖酵母完整测序的知识与高通量技术相结合，大大加快了其发展。

粟酒裂殖酵母 DNA 序列呈现为一个紧凑的基因组，13.8Mb 大小，只有 4824 个蛋白质编码基因（Wood et al.，2002）。粟酒裂殖酵母的小基因组使其成为基因组学和表观基因组学研究的一种方便、廉价的模式生物 [第 3 章图 3-19（Allis et al.，2014）]。利用斑点微阵列（spotted microarray）生成了第一个在粟酒裂殖酵母中产生的表观基因组图谱。技术的发展，包括高分辨率贴片微阵列（high-resolution tiling microarray）和平行测序，使得大、小 RNA 和核小体的定位更加全面。在粟酒裂殖酵母的全基因组核小体作图揭示了一个与酿酒酵母不同的令人惊讶的短 DNA 片段长度和核小体定位机制（Lantermann et al.，2010）。在粟酒裂殖酵母中进行表观基因组分析涉及的酶功能分析的例子包括 HDAC、KAT 和 SNF2 重塑酶，以及 RNAi 机器（Wiren et al.，2005；Durand-Dubief et al.，2007；Nicolas et al.，2007；Walfridsson et al.，2007；Johnsson et al.，2009；Garcia et al.，2010；Halic and Moazed，2010；Hogan et al.，2010；Woolcock et al.，2011）。

通过比较粟酒裂殖酵母基因组与相关的八孢粟酒裂殖酵母（*Schizosaccharomyces octosporus*）和日本粟酒裂殖酵母（*Schizosaccharomyces japonicus*）的基因组，我们对着丝粒、转座因子和 RNAi 的进化产生了有趣的见解（Rhind et al.，2011）。三种粟酒裂殖酵母的着丝粒 DNA 区域由重复序列和转座子或转座子类似序列的对称排列组成。在日本粟酒裂殖酵母中，小 RNA 是由转座子序列产生的，而在粟酒裂殖酵母中，大部分的小 RNA 是由着丝粒重复产生的，这表明 RNAi 机器已经从最初的转座子沉默角色进化到其在粟酒裂殖酵母异染色质组装中的作用。最近还开发了全基因组范围的研究方法，通过将染色体构象捕获与平行测序相结合来研究核组织（Tanizawa et al.，2010），以及与内膜蛋白（Steglich et al.，2012）和核孔蛋白（Woolcock et al.，2012）相关的 DamID。这些方法显然为在分子水平上全面了解粟酒裂殖酵母的表观遗传学和细胞生物学铺平了道路。

9.10 总　　结

真菌粟酒裂殖酵母已经成为发现和阐明表观遗传现象的一个非常强大的系统。粟酒裂殖酵母表观遗传学研究始于交配型和着丝粒沉默（即 PEV 现象）的研究。这使得表观遗传学研究者们关注异染色质组装和着丝粒特征。目前，新的表观遗传学工具使我们能够探索粟酒裂殖酵母中表观遗传学的其他方面，包括核小体重塑和细胞核组构。随着我们努力详细地了解潜在的机制，与表观遗传调控相关的激动人心的发现将继续在这一优良的模型生物体中出现。

致　　谢

我们感谢 Monika Lachner 在图和手稿评论方面的帮助。R.C.A 感谢 Alison L. Pidoux、Lakxmi Subramanian 和 Sharon A.White 的评论。Allshire 实验室的研究得到了 Wellcome Trust（095021）、（065061）和 EC FP7 "EpiGeneSys" 卓越网络（HEALTH-F4-2010-257082）的支持，以及 Wellcome Trust 给 Wellcome Trust Cell Biology 中心的资金（092076）。R.C.A. 是 Wellcome Trust 的首席研究员。K.E. 感谢 Babett Steglich 的校对和图 9-9C，以及 Jenna Persson 对手稿的评论。Ekwall 实验室的研究得到瑞典癌症协会和瑞典研究理事会（VR）的资助。

（郭彤彤　译，方玉达　校）

第10章

粗糙脉孢菌：一个用于表观遗传学研究的模型系统

鲁道夫·阿拉马约（Rodolfo Aramayo[1]），埃里克·U. 塞尔克（Eric U. Selker[2]）

[1]Department of Biology, Texas A&M University, College Station, Texas 77843-3258; [2]Department of Biology, and Institute of Molecular Biology, University of Oregon, Eugene, Oregon 97403-1229

通讯地址：selker@uoregon.edu

摘 要

丝状真菌粗糙脉孢菌（*Neurospora crassa*）为表观遗传现象提供了丰富的、很难或不可能从其他系统获得的知识来源。脉孢菌的许多特性可以在高等真核生物中发现，但在酿酒酵母和粟酒裂殖酵母中不存在，包括DNA甲基化酶和H3K27甲基化，以及以RNA干扰（RNA interference, RNAi）为基础的沉默机制，它们在有丝分裂和减数分裂细胞中发挥功能。这为基因沉默系统提供了意想不到的、丰富的信息。一种称为重复诱导的点突变（repeat-induced point mutation, RIP）的沉默机制同时具有表观遗传学和遗传学特征，提供了第一个基于同源性的基因组防御的例子。第二种沉默机制，称为抑制（quelling），是一种基于RNAi的机制，其结果是导致转基因及其内源同源基因的沉默。第三种称为减数分裂沉默（meiotic silencing），也是基于RNAi的但在作用时间、目标和目的上与抑制明显不同。

本章目录

10.1 粗糙脉孢菌：有机体的历史和特征
10.2 脉孢菌DNA甲基化
10.3 RIP——一个同时具有遗传和表观遗传学方面的基因组防御系统
10.4 对RIP遗留痕迹的研究为DNA甲基化的调控提供了见解
10.5 组蛋白H3K27甲基化
10.6 抑制

10.7 减数分裂沉默
10.8 RIP、抑制和减数分裂沉默的可能功能和实际用途
10.9 总结

概　　述

真菌为理解染色质在转录活跃区（常染色质，euchromatin）和转录沉默区（异染色质，heterochromatin）的结构和功能提供了极好的模型。酿酒酵母（*Saccharomyces cerevisiae*）是研究与常染色质区域转录相关的染色质结构和提供沉默染色质范例的宝贵真核生物模型[第8章（Grunstein and Gasser, 2013）]。粟酒裂殖酵母（*Schizosaccharomyces pombe*）具有一些在酿酒酵母中不存在，但在高等生物体中常见的表观遗传机制，其中最显著的是RNA干扰（RNAi）和组蛋白H3的第9位赖氨酸甲基化（H3K9me）。如第9章（Allshire and Ekwall, 2014）所述，利用粟酒裂殖酵母的研究提供了关于异染色质结构和功能的宝贵信息，主要体现在着丝粒、端粒和沉默交配型位点的染色质区域。本章重点研究第三个模型系统，即丝状真菌粗糙脉孢菌。尽管不像酵母那样被广泛研究，但脉孢菌已被证明是一种非常丰富的知识来源，而这些知识很难或不可能从其他系统中获得。例如，高等真核生物中发现的脉孢菌特征，包括DNA甲基化和H3K27甲基化（Polycomb系统，酿酒酵母和粟酒裂殖酵母都缺乏），以及酵母中发现的RNAi和其他表观遗传过程。这为基因沉默系统提供了意想不到的丰富信息，其中一些沉默系统在其生命周期的不同阶段运行。第一种这样的机制被称为重复诱导的点突变（repeat-induced point variation, RIP），它同时具有表观遗传学和遗传学两方面的特点，为基于同源性的基因组进化系统提供了第一个范例。第二种机制称为抑制（quelling），是一种基于RNAi的机制，它导致转基因及其同源基因的沉默。第三种称为减数分裂沉默（或未配对DNA的减数分裂沉默），也是基于RNAi的，但在其作用时间、目标和目的上与抑制不同。尽管我们对所有生物的表观遗传学研究还处于早期阶段，但已经很清楚的是，酵母和粗糙脉孢菌将继续为真核生物表观遗传机制的研究提供广泛和丰富的信息来源。

10.1 粗糙脉孢菌：有机体的历史和特征

粗糙脉孢菌（图10-1和图10-2）在20世纪20年代末由Dodge首先发展成为一种实验生物，大约10年后，Beadle和Tatum因其著名的"一个基因一个蛋白质"研究将生物化学和遗传学联系在一起（Davis and de Serres, 1970）。Beadle和Tatum选择了脉孢菌，部分原因是这种生物生长速度快，易于在指定的生长培养基上繁殖，而且遗传操作如诱变、互补试验和定位都很简单。虽然不如其他真核模型系统被广泛研究，但粗糙脉孢菌由于不太复杂，非常适合用于遗传学、生物化学、发育学和亚细胞研究（Borkovich et al., 2004），所以研究人员对它一直很感兴趣。这种丝状真菌对光生物学、昼夜节律、种群生物学、形态发生、线粒体导入、DNA修复和重组、DNA甲基化和其他表观遗传过程的研究十分有用（Borkovich et al., 2004）。

人们通常会在森林火灾后，在燃烧过的木材上看到粗糙脉孢菌（图10-1A）。它有两种交配类型（*A*和*a*），在形态上彼此无法区分（图10-1B）。当有性孢子（子囊孢子，ascospore）或无性孢子（分生孢子，conidium）萌发时，营养期开始，形成分枝细丝状的多核细胞（菌丝；图10-1C）。在野外，火高温激活了子囊孢子的萌发（图10-1D和图10-2）。与此相反，分生孢子细胞能自发萌发。菌丝系统迅速扩展（37℃下线性生长速率＞5mm/h）形成菌丝体（mycelium）。菌丝体形成后，气生菌丝体（分生孢子）发育，从而产

246　表观遗传学

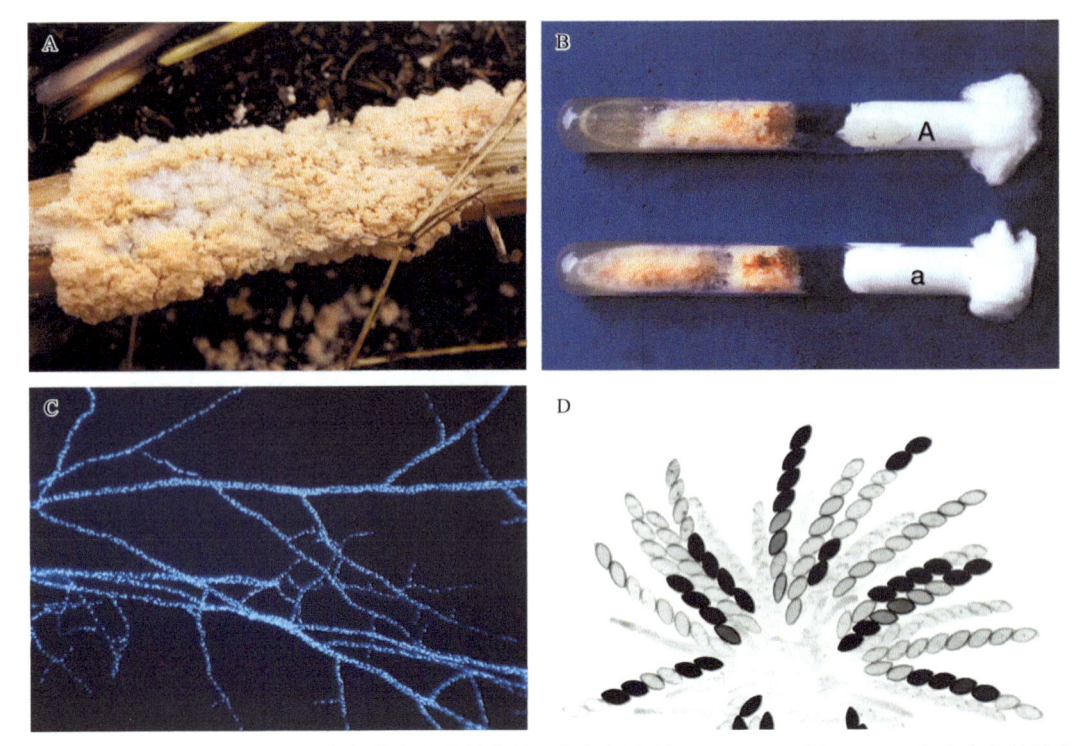

图10-1　粗糙脉孢菌图片。（A）野生型在甘蔗上的营养生长（斯坦福大学 D. Jacobson 摄）。（B）实验室中的脉孢菌营养培养物的斜面（由斯坦福大学 N. B. Raju 摄）。（C）脉孢菌菌丝用 4'6-二氨基-2-苯基吲哚（DAPI）染色显示大量的细胞核（斯坦福大学 M. Springer 摄）。（D）显示子囊孢子图案的成熟子囊花环。（照片由 N. B. Raju 拍摄；经许可转载自 Raju, 1980 ©Elsevier）

生大量的橙色分生孢子，这些橙色分生孢子是这种生物体的特征（图 10-1A、B 和图 10-2）。分生孢子每个含有一到几个核，既可以形成新的营养菌丝体，也可以使另一种交配型的菌株受精。如果营养物质受到限制，丝状真菌通过产生初生子实体（原子囊，protoperithecia）来激活其有性阶段。当一个特殊的菌丝体（受精丝，trichogyne）从原子囊壳中射出，与另一种交配类型的组织接触时，就会形成异核体（heterokaryon），并将获得的雄性细胞核运回原子囊壳。任何一种交配型的菌株都可以扮演雌性或雄性的角色。在受精过程中将原子囊壳变为幼小的子囊壳（perithecium）。脉孢菌和其他丝状子囊菌的有性阶段不同于酵母菌，丝状真菌在受精和核融合（karyogamy）之间有一个较长的异核期。受精所产生的异核细胞在发育中的子囊壳中增殖，其中含有产子囊的（异核体的，heterokaryotic）和母体的（同核体的，homokaryotic）组织混合物。产子囊的组织发育涉及向双核细胞的过渡过程，这些细胞包含两种交配型的不同核，这些细胞经历同步的核分裂，最终形成称为产囊丝钩（crozier）的钩状细胞（图 10-2）。产囊丝钩发育成三个细胞。核融合、减数分裂和减数后分裂发生在中间细胞，也称为子囊母细胞（ascus mother cell）。值得注意的是，由核融合形成的二倍体核会立即进入减数分裂。因此，生命周期的二倍体阶段很短（约 24h），并且仅限于单个发育细胞。第一次减数分裂后进行有丝分裂产生的八个细胞核被分隔开，形成一个包含八个单倍体孢子（子囊孢子，ascospore）的子囊细胞，按照其谱系的顺序排列（Raju, 1980, 1992）。子囊孢子从子囊壳的喙部喷出，在高温下能萌发产生营养菌丝体，完成有性周期。一个子囊壳可能含有多达 200 个正在发育的子囊。通过分析单个的子囊（四分体）或大量从子囊喷出的随机孢子，可以研究脉孢菌减数分裂和重组（Perkins，1966，1988；Davis and de Serres, 1970）。遗传分析表明，一般来说，一个子囊壳的所有子囊来源于一个母核和一个父核。

大约 40Mb 脉孢菌基因组由 7 条染色体组成，预测的蛋白质编码基因约为 10 000 个（Galagan et al., 2003），以及大约 1000 作图单位（map unit）的总长度（Perkins et al., 2001）。只有约 9% 的基因组由重复 DNA 组成，除了编码 3 条大核糖体 RNA 分子、约 10kb 重组 DNA（rDNA）序列（它们由大约 170 个拷贝

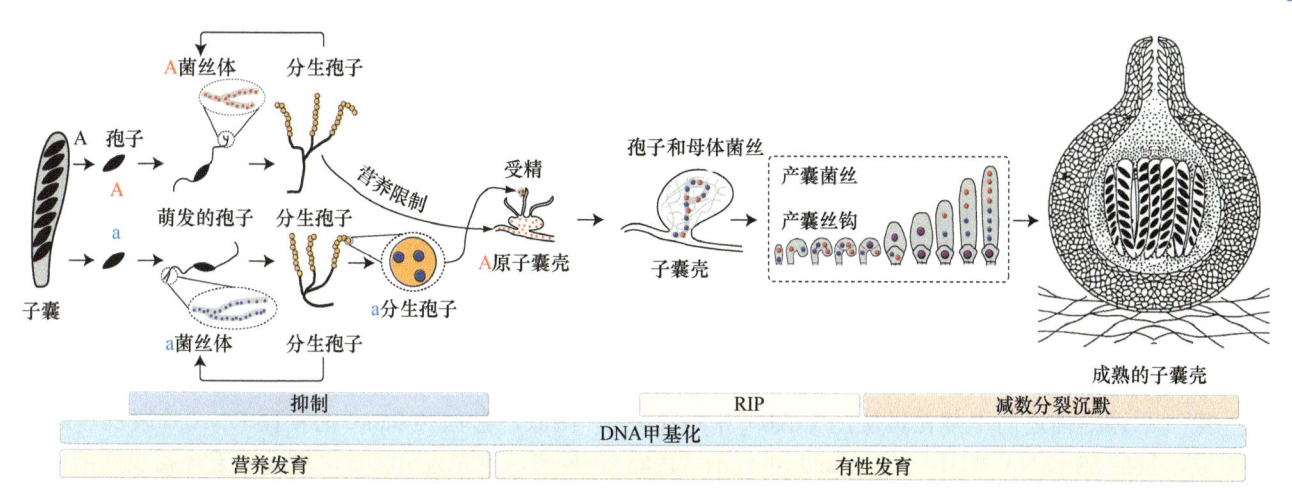

图10-2 **脉孢菌的生活史**。一半的有性孢子（ascospore，子囊孢子）是交配型 A（红色），一半的有性孢子是交配型 a（蓝色）。有性孢子（子囊孢子）和营养孢子（conidia，分生孢子）萌发并形成菌丝体（mycelia），由此产生无性子实体（conidiophore，顶端芽孢）。顶端芽孢形成分生孢子，通常是多核的。作为对氮缺乏的反应，任何一种交配型的菌丝体都会形成一种称为原膜鞘（protoperithecia）的雌性结构。相反交配型的营养组织（如分生孢子）作为"雄性"来受精并启动子实体的发育（perithecia，子囊）。受精后，雄性和雌性来源的细胞核共存于同一个细胞质中，在那里它们经历有丝分裂，最终形成一个双核组织，其中每个细胞都有一个交配型的细胞核。然后，细胞核配对并经历一系列同步的有丝分裂，直到它们所在的菌丝细胞顶端弯曲形成一个钩状细胞，称为产囊丝钩（crozier）。单倍体细胞核融合后立即进行减数分裂和有丝分裂，一个产囊丝钩产生一个含有八个子囊孢子的子囊（ascus）。正文中描述的表观遗传过程的大致阶段被标出在图中。

串联阵列构成）外，大多数重复DNA由失活转座元件组成。大多数 *N. crassa* 菌株缺乏活跃的转座子及极少的、相近的旁系同源蛋白（close paralog），这几乎可以肯定地反映RIP的存在。RIP是在真核生物中发现的第一个同源依赖的基因组防御系统（Selker, 1990a; b）。我们现在知道，脉孢菌至少有三种基因沉默过程来保护基因组的结构，即RIP、抑制和减数分裂沉默（Borkovich et al., 2004）。所有这些过程都涉及表观遗传学，并与DNA甲基化有直接或间接的联系，这是一种在脉孢菌和许多其他真核生物中发现的基本表观遗传机制。下面我们将讨论DNA甲基化，然后讨论RIP、抑制和减数分裂沉默。

10.2 脉孢菌DNA甲基化

自几十年前发现以来，真核生物中的DNA甲基化一直是个谜。基本问题仍然存在争议，例如，是什么决定了哪些染色体区域甲基化？DNA甲基化的功能是什么？脉孢菌证明了自己是一个极好的系统，可以被用来研究DNA甲基化的调控和功能。一些模式真核生物，包括秀丽隐杆线虫（*Caenorhabditis elegans*）、酿酒酵母（*S. cerevisiae*）和粟酒裂殖酵母（*S. pombe*），缺乏可检测到的DNA甲基化，并且在模式生物果蝇中DNA甲基化的零星报道仍然存在争议。在其他一些生物如哺乳动物中，DNA甲基化是存活所必需的，这使得某些分析变得困难。

在粗糙脉孢菌DNA中，约1.5%的胞嘧啶被甲基化，但这种甲基化不是必需的，这有助于遗传研究。尽管在从一个系统转移到另一个系统时必须谨慎，但至少DNA甲基化的某些方面似乎是保守的。例如，所有已知的来自原核生物和真核生物的DNA甲基转移酶（DNA methyltransferase，DMT，使胞嘧啶残基甲基化的酶）的催化结构域显示出惊人的同源性（Goll and Bestor, 2005）。来自脉孢菌、拟南芥、小鼠和其他系统的发现揭示了DNA甲基化调控和功能的重要相似性和有趣差异，证明了在多个模型系统中进行研究的必要性。

在脉孢菌中发现的DNA甲基化最初引起人们的兴趣，是因为它不局限于对称位点，如CpG二核苷酸或CpNpG三核苷酸[第15章（Li and Zhang, 2014）；第13章（Pikaard and Mittelsten Scheid, 2014）]。基于在动物中观察到的甲基化位点对称性，Riggs、Holliday 和 Pugh 提出关于甲基化模式"遗传"和"维持"的有趣模型［第 15 章图 15-2（Li and Zhang，2014）］。尽管各种体外和体内的研究结果支持"维持性甲基化酶"模型，但不依赖于对称位点的忠实复制的维持甲基化机制是可能的，并且可以在多种生物体中起作用（Selker，1990b；Selker et al.，2002）。被观察到的以"从头甲基化"为代表的不对称位点甲基化的可能性是令人兴奋的，因为严格传递甲基化模式的机制会使确定哪些序列首先被甲基化变得复杂。事实上，对 DNA 介导的转化和脉孢菌甲基化抑制剂研究的结果显示了可重复的从头甲基化（Singer et al.，1995）。最近，对甲基化突变体的基因组实验显示，在与缺陷基因相对应的野生型等位基因重新引入后，发生广泛而迅速的从头甲基化（Lewis et al.，2009）。其他研究部分地定义了从头甲基化的潜在信号（Tamaru and Selker，2003）。

　　第一个详细描述的甲基化斑块是 1.6kb ζ-η（zeta-eta）区域，它由各 0.8kb 的不同 DNA 片段的串联拷贝组成，包括 5S rRNA 基因（Selker and Stevens，1985）。最初，研究人员将该区域与缺乏该拷贝的菌株对应的染色体区域进行比较，产生了重复序列能以某种方式诱导 DNA 甲基化的想法，并最终发现了名为 RIP 的转基因防御系统（图 10-3）（Selker，1990b）。RIP 的解释揭示了至少在脉孢菌中重复序列不会直接触发 DNA 甲基化，相反，重复序列触发了与 DNA 甲基化密切相关的 RIP，具体如下所述。该 ζ-η 区域和 ψ63（psi-63）区域，即在脉孢菌中发现的第二个甲基化区域，都是 RIP 的产物。此外，随后对 DNA 甲基化进行的全基因组分析表明，几乎所有的脉孢菌甲基化区域都是被 RIP 灭活的转座子的遗存物（Selker et al.，2003；Galagan and Selker，2004）。事实上，脉孢菌中唯一可能不是 RIP 引起的 DNA 甲基化出现在串联排列的 rDNA 基因中（Perkins et al.，1986）。

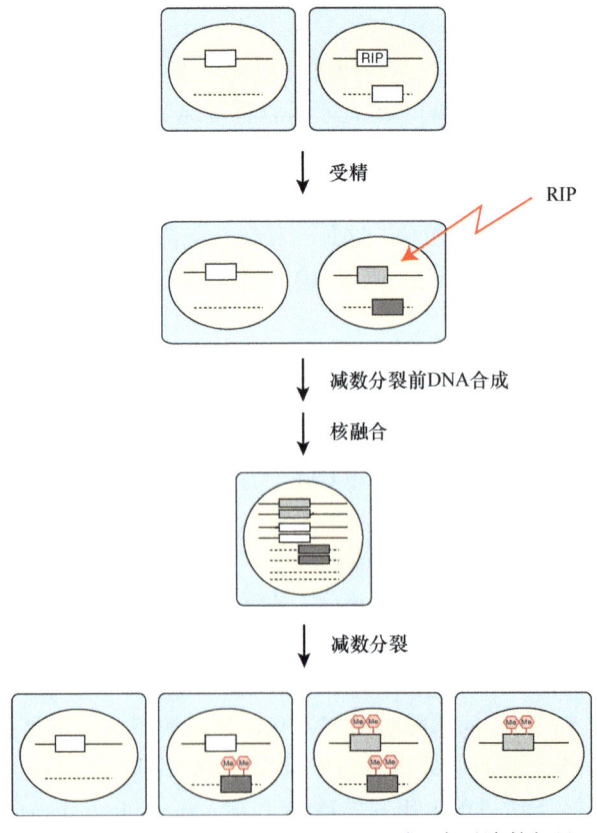

图 10-3　重复序列诱发的点突变（RIP，repeat-induced point mutation）。为了清楚起见，只画了两条染色体。开放的方框代表一个基因或染色体片段，在一个菌系中有重复（上，右）。复制会受到受精和核融合之间的 RIP（以闪电为标志）影响。遗传实验的结果显示，在大约 10 次有丝分裂期间，复制可以反复地经历 C 到 T 的转换（用填充的盒子表示），直到最后的减数分裂前的 DNA 合成（Selker et al.，1987；Watters et al.，1999）。图中最后一排显示后代染色体的四种可能组合。粉红色的 Me 代表 DNA 甲基化，它通常（尽管不是总是）与 RIP 产物相关。

10.3 RIP——一个同时具有遗传和表观遗传学方面的基因组防御系统

RIP 是通过对脉孢菌转化子杂交子代的详细分析发现的（Selker，1990b）。人们注意到重复序列无论是本体的还是外来的、遗传连锁的还是非连锁的，由于受精作用，在特殊异核细胞的单倍体基因组中都会发生大量的极转换突变（polarized transition mutation）（G∶C 到 A∶T）。当一个基因在基因组中是唯一的或者与一个未连锁的同源基因结合时，分析这个基因的稳定性时发现 RIP 并不是简单地与重复相关的，而是由重复诱导的。在性周期的一次传代中，重复序列中多达 30% 的 G∶C 对可以发生突变。通常（但并非一成不变），RIP 改变的序列会从头甲基化。RIP 引起的突变很可能是由 5-甲基胞嘧啶（5-methylcytosine，5mC）酶催脱氨基或 C 脱氨后继而发生 DNA 复制引起的（Selker，1990b）。产生这一假设部分是因为胞嘧啶甲基化涉及一个易于发生自发脱氨基反应的中间体，表明 RIP 的脱氨基步骤可能由 DMT 或类似 DMT 的酶催化。与这种可能性一致，从脉孢菌基因组序列预测的两个 DMT 同源基因中有一个，即 RID（RIP defective，RIP 缺陷），与 RIP 有关（Freitag et al.，2002）。*Rid* 突变体的纯合杂交后代显示没有新的 RIP。*Rid* 突变体在 DNA 甲基化、育性、生长或发育方面没有明显缺陷。相比之下，第二个脉孢菌 DMT 同源基因（DIM-2）对所有已知的 DNA 甲基化都是必需的，但对 RIP 则不是必需的（Kouzminova and Selker，2001）。

所有迹象表明，每一个大的重复序列（串联重复序列＞约 400bp 或非连锁重复序列大于约 1000bp）都会在一部分特殊的异核产子囊的细胞中发生 RIP。然而，通常＜1% 的串联重复序列和约 50% 的未连锁重复序列能逃脱 RIP，即使含有大量基因的染色体片段的重复也对 RIP 敏感（Perkins et al.，1997；Bhat and Kasbekar，2001）。尽管 RIP 仅限于生命周期的有性阶段，但这个过程的存在提出了一个问题：脉孢菌是否可以利用基因复制来进化。基因组序列显示了基因家族，值得注意的是，所有的旁系同源基因都被发现有足够的分歧，它们不至于触发 RIP（Galagan and Selker，2004）。因此，RIP 可能确实通过基因重复限制了脉孢菌的进化。有趣的是，一些真菌，如粪盘菌（*Ascobolus immerusy*），显示出类似于 RIP 并且似乎更温和的基因组防御系统。最显著的例子是 MIP（methylation induced premeiotically），这是一个在受精和核融合之间检测连锁和非连锁序列重复的过程，与 RIP 一样，但完全依赖于 DNA 甲基化失活。在 MIP 失活的序列中没有发现突变的证据（Rossignol and Faugeron，1994）。

10.4 对 RIP 遗留痕迹的研究为 DNA 甲基化的调控提供了见解

10.4.1 非经典的维持性甲基化

一个 DMT（DIM-2）负责所有检测到的 DNA 甲基化，这一发现令人惊讶。以前没有发现能够在不同序列背景下使胞嘧啶甲基化的 DMT。一个明显但重要的问题是：非对称位点的甲基化是否一定反映了相应序列诱导从头甲基化的潜力？早期的转化实验与这种可能性是一致的。甲基化序列被去除了甲基化（如通过克隆），在重新导入营养细胞时又恢复了正常的甲基化。令人惊讶的是，RIP 产生的 8 个 *am* 基因的等位基因被检测到有诱导甲基化的能力（Singer et al.，1995）。通过两种方法进行的实验得到了一致的结果：①用去甲基化试剂（5-氮胞苷）处理去除甲基化后，对序列进行重新甲基化评估；②对通过转化引入的非甲基化序列进行从头甲基化评估。一些突变相对较少的 RIP 产物（图 10-4；am^{RIP3} 和 am^{RIP4}）即使在它们的正常位点也没有再甲基化，这表明观察到的甲基化代表了先前建立的甲基化的传递。重要的是，它们的甲基化，像其他观察到的脉孢菌甲基化一样，不局限于对称位点，不随时间明显扩展，而且是"异质性"的，即甲基化残基的模式在克隆细胞群体中不是不变的。因此，尽管这种甲基化依赖于在有性阶段建立的预先存在的甲基化（也许是 RIP），但不能反映甲基化模式遗传的原始设想模型中的"维持性甲基化酶"的作用。

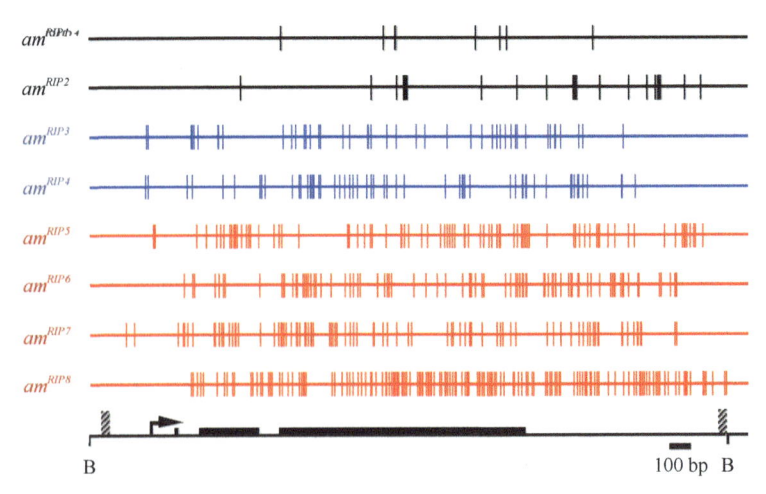

图 10-4 八个不同 am 等位基因的 RIP 突变和甲基化状态（改编自 Singer et al., 1995）。竖线框表示突变。以黑色显示的等位基因没有甲基化。蓝色的等位基因最初是甲基化的，但经 5-氮胞苷诱导的去甲基化后，或通过克隆和基因置换，并没有再甲基化。红色显示的等位基因不仅最初被甲基化，还引发了从头甲基化。

通过实验证实了脉孢菌执行"维持甲基化"的能力（Selker et al., 2002）。有趣的是，甲基化的传播被发现是序列特异的（也就是说，它不适用于所有的序列），为维持甲基化概念增加了一个新的维度。值得注意的是，粪盘菌中的 MIP 也为 DNA 甲基化在真菌中传递提供了证据（Rossignol and Faugeron, 1994）。虽然可以想象出许多可能导致 DNA 甲基化传递的方案，但脉孢菌的实际作用机制仍不清楚。原则上，非对称位点甲基化的维持可能依赖于邻近对称位点的甲基化，但观察到的异质甲基化，包括 CpG 位点的甲基化，使得这种可能性不大。与甲基化 DNA 相关的蛋白质的反馈机制可能导致依赖于预先存在的甲基化（即维持甲基化）的甲基化。如下所述，来自脉孢菌（和其他生物体）的发现表明组蛋白修饰在 DNA 甲基化调控中起作用，增加了组蛋白在 DNA 甲基化维持中发挥作用的可能性。

10.4.2 组蛋白参与 DNA 甲基化

组蛋白在 DNA 甲基化中起作用的第一个迹象来自在脉孢菌中观察到的阻断组蛋白去乙酰化降低了一些染色体区域的 DNA 甲基化（Selker, 1998）。这种现象是通过组蛋白去乙酰化酶抑制剂曲古抑菌素 A（TSA）处理而产生的。TSA 去甲基化的选择性可以反映对组蛋白乙酰化酶的不同有效性（Smith et al., 2010），但对此尚未进行彻底分析。对脉孢菌 dim-5 基因的研究明确地将染色质与 DNA 甲基化调控联系在一起。与 dim-2 菌株一样，dim-5 突变体表现出 DNA 甲基化的完全丧失，但它是一种 SET 结构域蛋白，充当组蛋白 H3 赖氨酸甲基转移酶（histone H3 lysine methyltransferase, HKMT），特别是三甲基化赖氨酸 9（Tamaru and Selker, 2001; Tamaru et al., 2003）。证实组蛋白 H3 是 DIM-5 的生理相关底物的证据来自两个方面：①用其他氨基酸取代 H3 中的赖氨酸 9 导致 DNA 甲基化的丧失。②在 DNA 甲基化的染色体区域特异性地发现了三甲基赖氨酸 9（H3K9me3）。

组蛋白甲基化调控 DNA 甲基化，至少在脉孢菌中是这样的，这一发现引出了两个重要的问题：①是什么指导 DIM-5 甲基化哪些核小体？②什么读取三甲基标记并将此信息传送给 DMT（DIM-2）？第二个问题比第一个问题容易回答，部分原因是有来自其他系统的信息。首先是果蝇中发现的 HP1 在体外与 H3K9me3 结合［第 12 章（Elgin and Reuter, 2013）］，激发了在脉孢霉中寻找 HP1 同系物的动机。研究人员发现了一个可能的同系物并通过基因敲除测试了其与 DNA 甲基化的关系（Freitag et al., 2004a）。这个名为 hpo（HP one）的基因确实是 DNA 甲基化所必需的。作为检测脉孢菌 HP1 是否能读取 DIM-5 产生的标记的另一种试验，对其在野生型和 dim-5 菌株中的亚细胞定位进行了检测。在野生型中，HP1-GFP 定位于异染色质斑块，但在 dim-5 中失去了这种定位，这证实了脉孢菌 HP1 是由 DIM-5 产生的 H3K9me3 标记招募的。酵母双杂交筛选和随后的免疫共沉淀实验表明，HP1 的 chromoshadow 结构域通过其氨基末端区域的 PXVXL 相关基序直接与 DIM-2 相互作用（Honda and Selker，2008）。

事实证明，DIM-5 如何调控的问题研究起来更为困难，目前尚未完全得到答案。然而，通过将基因、生物化学和蛋白质组学方法结合已经产生了新的见解。这类研究的结果表明，DIM-5 的定位和作用依赖于一种多蛋白复合体，即 DCDC（DIM-5/-7/-9，CUL4/DDB1 复合体；如图 10-5 所示），其类似于 E3 泛素连接酶（Lewis et al.，2010a；Lewis et al.，2010b）。尽管 DCDC 的所有五个核心成员对 H3K9 和 DNA 的甲基化都是必不可少的，但只有 DIM-7 可以将 DIM-5 带到异染色质区。有趣的是，负责异染色质形成的酵母 H3K9 甲基转移酶（Clr4）位于一个类似的复合物中，即 CLRC，它由 Clr4、Cul4、Rik1、Raf1、Raf2 和 Rad24 组成（Jia et al.，2005；Li et al.，2005；Thon et al.，2005），虽然 CLRC 和 DCDC 在结构和功能上存在显著差异。尽管许多实验室努力地寻找，但 CLRC 和 DCDC 的泛素化底物还没有发现，这提出一种可能性，即这些 H3K9 甲基转移酶复合体在体内不发挥泛素连接酶的功能。

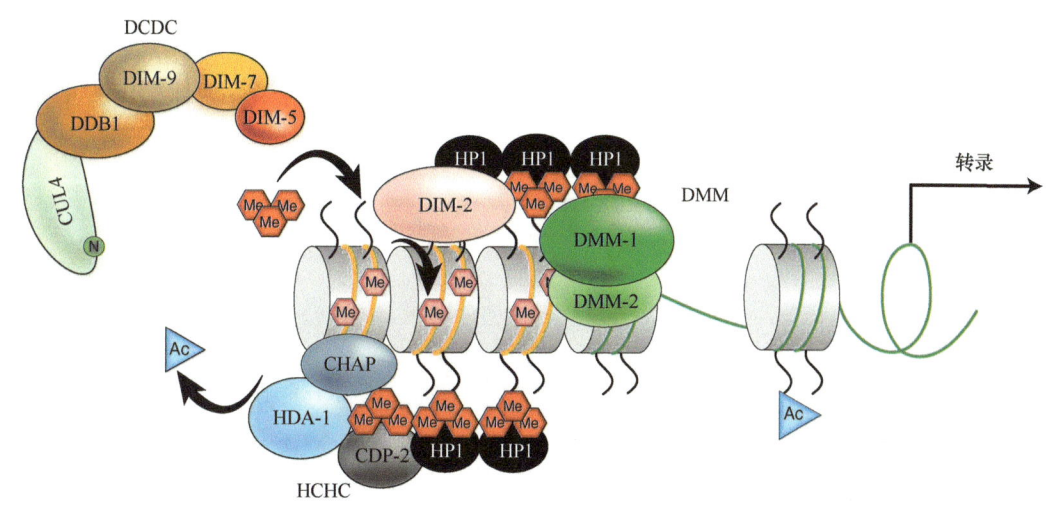

图 10-5 脉孢菌 DNA 甲基化机制的基本成分。与 RIP（橙色螺旋饰有粉红色 mC 半甲基化）突变 DNA 相关的染色质通过组蛋白甲基转移酶 DIM-5 进行甲基化，其定位和作用取决于多蛋白复合体 DCDC（DIM-5/-7/-9、CUL4/DDB1 复合体；Lewis et al.，2010a，b）。DCDC 复合体的 CUL4 亚单位与小蛋白 Nedd（N）相联系，后者类似于 E3 泛素连接酶复合体。三甲基化 H3K9（K9me3）被 HP1 识别，它至少涉及三种异染色质相关复合体：（1）它招募 DNA 甲基转移酶 DIM-2（Honda and Selker，2008）；（2）它是 HCHC 沉默复合体的定位和功能所必需的，HCHC 复合体包含 HP1、克罗莫结构域蛋白 CDP-2、组蛋白去乙酰化酶 HDA-1 和一个 CDP-2/HDA-1 相关蛋白 CHAP（Honda et al.，2012）；（3）它是引导 DMM 复合体所需要的，其作用是阻止异染色质向邻近转录区域的扩展（Honda et al.，2010）。

DCDC 可能由一个或多个识别 RIP 产物的蛋白质调控。值得注意的是，脉孢菌基因组中的大多数甲基化序列都是 RIP 的遗迹。RIP 的大部分遗迹都是甲基化的（Selker et al.，2003），而且与 RIP 产物相似的序列是 DNA 甲基化的有力触发因素（Tamaru and Selker，2003）。确实，对 5mC、组蛋白 H3K9me3、HP1 的基因组分布和显示 RIP（高 A+T 含量伴随意外高密度 TpA 二核苷酸）的序列分析表明，这些都是紧密相关的（图 10-6）。对触发 DNA 甲基化的人工合成和天然序列进行了广泛的测试，结果表明，一种未经鉴定的 A：T-hook 型蛋白可能介导了脉孢菌的 DNA 甲基化。与这一观点一致的是，一种类似于 A：T-hook 基序的偏端霉素（distamycin）A 干扰了脉孢菌的从头甲基化（Tamaru and Selker，2003）。

通过组蛋白调控 DNA 甲基化的可能含义是很有趣的。首先，DNA 甲基化模式相对稳定（即它们通常不会扩展或发生明显飘移），这意味着组蛋白和 H3K9me3 标记同样稳定。然后，它增加了其他组蛋白修饰可能起调节作用的可能性。事实上，体外研究表明，DIM-5 受到 H3S10 磷酸化和 H3K4 甲基化的抑制（Adhvaryu et al.，2011）。因此，DIM-5 可以整合特定区域的 DNA 是否应该甲基化相关的信息。这为观察到 TSA 在某些区域抑制 DNA 甲基化提供了一个可能的解释（Selker，1998）。

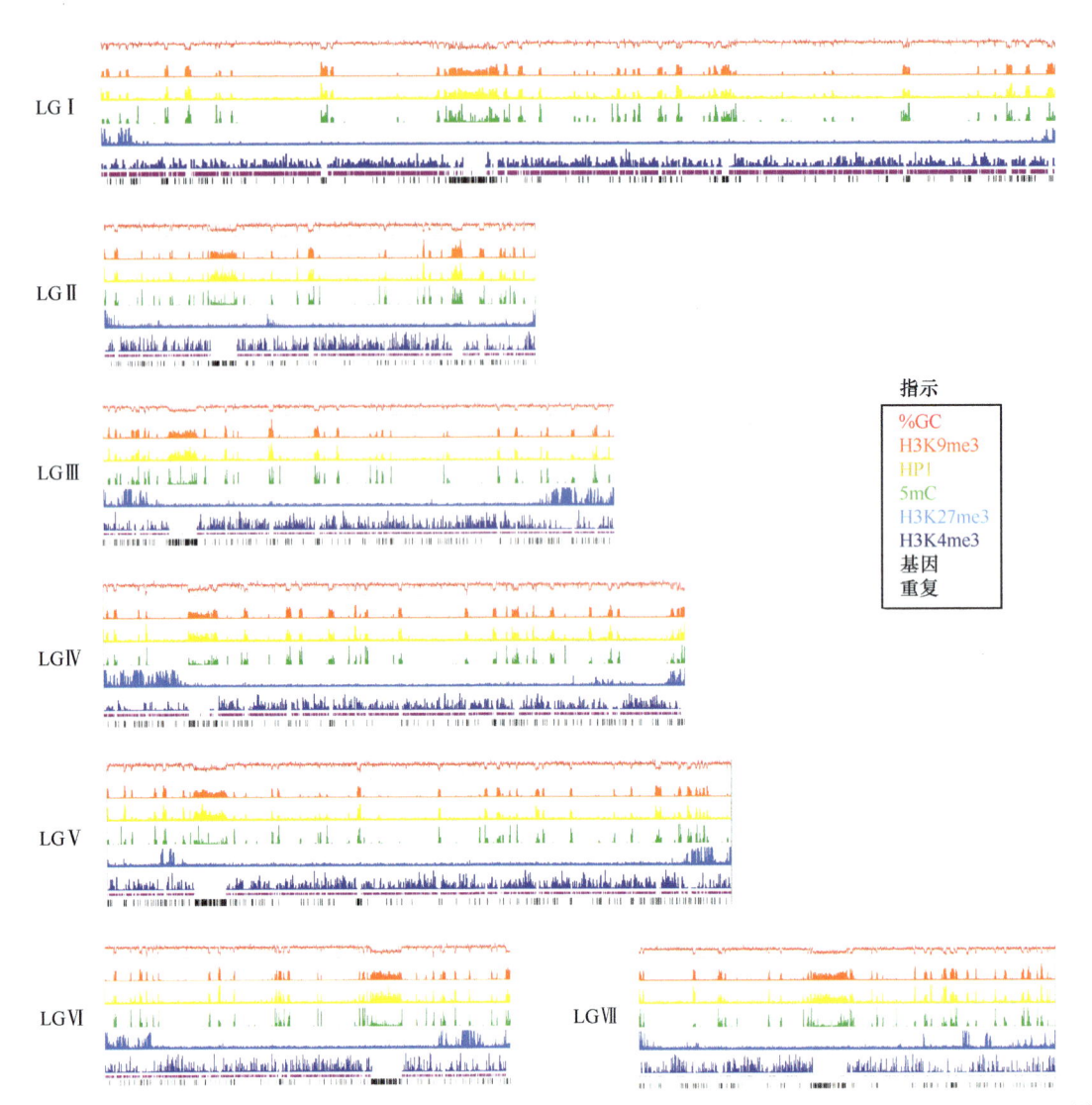

图 10-6　脉孢菌基因组的表观遗传学特征。 使用 Integrative Genomics Viewer（http://www.broadinstitute.org/igv）展示了脉孢菌的 7 个连锁群中每个连锁群的 HP1（黄色）、5-甲基胞嘧啶（绿色）、H3K27me3（中蓝色）和 H3K4me3（深蓝）的基因组分布（OR74A NC10 序列整合，http://www.broadinstitute.org/annotation/genome/neurospora/MultiHome.html），（Jamieson et al.，2013；Rountree 和 EU Selker，未发表）。碱基组成显示在每个连锁群的顶部，为 100bp 步进 500bp 窗口计算的 %GC 含量（红色）移动平均值，而预测基因（紫色）和重复序列（黑色）的位置在每个连锁群下面所示。预测的基因文件是从 The Broad Institute 所下载的（http://www.broadinstitute.org/annotation/genome/neurospora），使用 RepeatMasker 程序确定重复序列（http://www.repeatmasker.org）。

有证据表明，RNAi 对粟酒裂殖酵母异染色质的形成和维持很重要，这就提出了一个问题：脉孢菌的 RNAi 机制是否参与 HP1 定位和/或 DNA 甲基化。脉孢菌具有与 RNAi 相关的多种基因的同源基因（Galagan et al.，2003；Borkovich et al.，2004）。对所有三个 RNA 依赖性 RNA 聚合酶（RNA-dependent RNA polymerase，RdRP）基因、两个 Dicer 基因或其他假定的 RNAi 基因的完全突变体的研究表明，脉孢菌 RNAi 与 H3K9 甲基化、异染色质形成或 DNA 甲基化有关（Chicas et al.，2004；Freitag et al.，2004a；Lewis et al.，2009）。然而，正如 10.6 节和 10.7 节所讨论的，脉孢菌 RNAi 基因至少涉及两种表观遗传沉默机制，即抑制和减数分裂沉默。

10.4.3 DNA 甲基化的调节因子

一种预测是 DNA 甲基化会受到调控。如前所述，已经有来自脉孢菌的证据表明，与 DNA 甲基化相关的 HKMT（DIM-5）对组蛋白修饰敏感。甲基化机制的其他因子，如 HP1 和 DMT（DIM-2）也对组蛋白修饰敏感，并且 DNA 甲基化会以其他方式受到监管，这并不奇怪。确实，我们知道 DNA 甲基化程度依赖于环境的变化，如温度和生长培养基的成分（Roberts and Selker，1995）。正向和反向遗传学研究也发现了一些调节 DNA 甲基化模式的蛋白质。一个值得注意的例子是 DNA 甲基化调节因子 1（DNA methylation modulator-1，DMM-1）及其伙伴蛋白 DMM-2（Honda et al.，2010）。缺乏这些蛋白任何一个的突变表现出 DNA 甲基化和 H3K9 的异常，这两个表观遗传标记经常扩展到靠近转座子的基因中。*Dmm-1* 突变体生长很差，但是可以通过使用药物 5-氮杂胞嘧啶（5-azacytosine）来减少或去除 DNA 甲基化或对 DNA 甲基转移酶基因 *dim-2* 的突变来恢复生长。观察 *dmm-1*，*dim-2* 双突变体显示正常的 H3K9me3 模式意味着 H3K9me3 的扩展涉及 DNA 甲基化。DMM 复合体以 HP1 依赖的方式优先定位到甲基化区域的边缘（图 10-5）。DMM-1 的 JmjC 结构域中的一个保守残基对其功能是必不可少的，这增加了复合体作为组蛋白去甲基化酶发挥作用的可能性。

其他蛋白质也会影响脉孢菌中 DNA 甲基化的分布。例如，编码另一个 HP1 蛋白复合体 HCHC（HP1、CDP-2、HDA-1 和 CHAP）成分的任何基因的突变都会导致着丝粒组蛋白的过度乙酰化、着丝点沉默的丢失、DIM-2 对着丝粒区域可及性的增加以及相关 DNA 的超高甲基化。有趣的是，HCHC 的丢失也会导致 DIM-5（H3K9 甲基转移酶）在一部分甲基化间区的错误定位，从而导致选择性的 DNA 低甲基化（Honda et al.，2012）。图 10-5 说明了我们目前对脉孢菌 DNA 甲基化/异染色质机制已知关键因子的理解。

10.5 组蛋白 H3K27 甲基化

组蛋白 H3 赖氨酸 27 的三甲基化（H3K27me3）在拟南芥、果蝇和哺乳动物等后生动物中都存在，已知它与基因抑制有关。H3K27me3 在已被检测的酵母中不存在，但存在于脉孢菌中（Smith et al.，2008），使其成为研究组蛋白修饰基本过程的一个有吸引力的模式生物。H3K27me3 约占脉孢菌基因组的 7%，被分布到大约 230 个结构域中，这些结构域在端粒附近特别富集，但也分散在基因组中（图 10-5）。大约 700 个预测基因被 H3K27me3 覆盖，所有这些基因通常是沉默的。脉孢菌具有多梳蛋白抑制复合体 2（PRC2）四个核心成分的同源蛋白，但缺乏果蝇、哺乳动物和植物中发现的 PRC1 复合体成员的明确成分。H3K27 甲基化需要三个 PRC2 核心成分，其中第四个成分 NPF（果蝇 P55 和哺乳动物 RbApP46/RbApP48 的脉孢菌同源蛋白）对 H3K27me3 不是绝对需要的。然而，NPF 在一些区域上对 H3K27me3 是至关重要的，特别是在端粒和亚端粒结构域（Jamieson et al.，2013）。由 *PRC2* 基因缺失引起的 H3K27me3 缺失导致 H3K27me3 和非 H3K27me3 区域的小部分基因上调。脉孢菌作为一个模型系统被用以探索 H3K27me3 的调控和功能，有助于深入了解这一新的、但在很大程度上仍然是神秘的表观遗传机制。重要的未解答问题包括：什么调控 H3K27me3 的分布？果蝇中类似于 PRE（polycomb response element，polycomb 响应元件）的序列元件是否调节脉孢菌和其他系统中的表观遗传标记？RNA 在 H3K27me3 调控中的作用有多大？观察到的 H3K27me3 在多大程度上反映了表观"遗传"，这个过程的实际机制是什么？H3K27me3 在基因沉默中的具体作用是什么？

10.6 抑 制

在脉孢菌转化技术建立后不久，几个实验室的研究人员注意到，相当一部分（约 30%）的脉孢菌转化体表现出转化 DNA 的沉默。更令人惊讶的是，与转化 DNA 同源的天然序列也沉默了。后一种形式的营养生长期沉默被 Macino 实验室命名为"抑制（quelling）"，该实验室对这一现象进行了大部分的开创性研究（Pickford et al.，2002）。抑制作用可以通过可见标记如 *albino* 基因而显现，*albino* 基因编码类胡萝卜素生物合成所需的酶类（图 10-7）。抑制作用与植物中的"共抑制"或 PTGS（转录后基因沉默，post-transcriptional gene silencing）相似［第 13 章（Pikaard and Mittelsten-Scheid，2014）］。有趣的是，基因对抑制的敏感性似乎各不相同。对抑制敏感的基因似乎常见于携带多个紧密排列的转化 DNA 拷贝的转化体。核在脉孢菌菌丝中自由流动，允许"异核性"，即遗传上不同的细胞核共享一个共同的细胞质。因此，很容易证明抑制是"显性"的，也就是说，一个转化的核可以使邻近核中的同源序列沉默（Cogoni et al.，1996）。

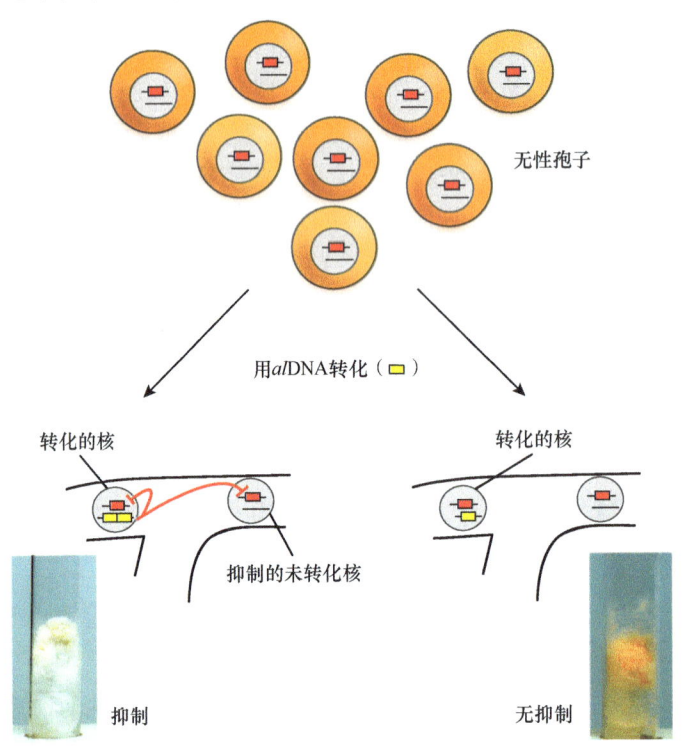

图 10-7 抑制。为了简单起见，7 个染色体中只有 2 个被绘制（灰色圆圈中的直线段代表细胞核）。天然 *albino* 基因（*al*）由顶部染色体上的深橙色矩形表示。下部染色体上的矩形（深橙色或黄色）表示通过转化引入的异位 *al* 序列。因为转化细胞通常是多核的，所以转化体通常是异核的，如图所示。无论转化 DNA 是否包含整个编码区，在一些转化体中，它通过一个未定义的反式作用分子使转化和非转化细胞核中的天然 *al*⁺ 基因沉默（quell）（红色线条来自黄色矩形表示的转化 DNA）。如图所示，这导致一些转化体中色素弱沉着或白化（albino；Al⁻）组织。

使邻近细胞核沉默的能力意味着一种细胞质沉默因子，我们现在知道的是 RNA，或者更准确地说是小 RNA。小 RNA 在基因调控、生殖细胞维持和转座子沉默中的作用是广泛的，也是研究的热点。在脉孢菌中，*qde-1*、*qde-2* 和 *qde-3* 基因的产物分别编码 RNA/DNA 依赖的 RNA 聚合酶、"Argonaute"样蛋白和 RecQ 样 DNA 解旋酶。它们共同产生了一类称为 Qde-2 相关 RNA（Qde-2-associated RNA，qiRNA）的小 RNA（Lee et al.，2009）。与其他长度约为 25 个核苷酸的 siRNA 不同，qiRNA 的长度为 20～21 个核苷酸，并且在 5' 末端对尿苷有强烈的偏好。此外，据报道，它们主要来源于核糖体 DNA 位点，以应对 DNA 损伤（Lee et al.，2009）。研究人员假设，观察到的 rDNA 相关的 qiRNA 抑制了蛋白质翻译，作为对 DNA 损伤的反应。microRNA 类似的 RNA（microRNA-like RNA，milRNA）和 Dicer 不依赖的小干扰 RNA（Dicer-independent siRNA，disiRNA）也有报道（Lee et al.，2010b）。milRNA 至少由四种不同的机制产生，这些机制使用不同的因子组合，包括 Dicer、QDE-2、核酸外切酶 QIR 和含 RNase Ⅲ 类似结构域的蛋白 MRPL3。相反，disiRNA 不需要已知的 RNAi 成分，因为它们来自产生重叠的正义和反义转录本位点（Lee et al.，2010b）。值得注意的是，*qde-1* 的产物 QDE-1 具有依赖于 DNA 和 RNA 的生物化学活性（Lee et al.，2010a）。QDE-1

似乎在产生 RNAi 所需的异常 RNA 方面起着重要作用。在体外，QDE-1 从 ssDNA 中产生 dsRNA，这一过程受到复制蛋白 A（replication protein A，RPA）的强力推进。在体内，这种相互作用可能发生在 DNA 复制过程中，正如观察到的 QDE-1 与 RPA 和 DNA 解旋酶的相互作用（Lee et al.，2010a）。重要的是，尽管 DNA 甲基化通常与转化 DNA 相关，但抑制并不需要 DNA 甲基转移酶 DIM-2 和 H3K9 甲基转移酶 DIM-5（Cogoni et al.，1996；Chicas et al.，2005）。

脉孢菌是研究小 RNA 产生过程中多种途径起源和特征的重要系统，为研究真核生物小 RNA 的多样性和进化起源提供了新的思路。

10.7 减数分裂沉默

最新的已知沉默机制是减数分裂沉默，它最初被称为减数分裂转移，后来被称为通过未配对 DNA 的减数分裂沉默（meiotic silencing by unpaired DNA，MSUD）（Aramayo and Metzenberg，1996；Aramayo et al.，1996；Shiu et al.，2001；Kelly and Aramayo，2007）。正如它的名称所暗示的，减数分裂沉默（meiotic silencing）只在减数分裂中起作用。在减数分裂中，它评估同源染色体在两个阶段的特征。首先，位于同源染色体上同等位置的区域通过一种称为反式感应（trans-sensing）的过程进行比较。第二，与 RNAi 相关的机制使被识别的非同源区域沉默。

对通过基因置换产生的 *Asm-1*（*Ascospore maturation-1*，脉孢菌子囊孢子成熟-1）缺失突变体进行鉴定发现了减数分裂反式感应和沉默（Aramayo et al.，1996）。ASM-1 具推测有一个 DNA 结合域，与此一致，它是子囊孢子成熟相关基因表达所需的一个转录因子。缺失突变体不能形成气生菌丝和原子囊壳（图 10-2）。携带该基因异位整合 DNA 拷贝的缺失突变体是正常的。异位拷贝可以补充营养缺陷。有趣的是，它不能弥补有性阶段的缺陷。相反，携带该基因移码等位基因（*asm-1*^{fs}）的菌株在营养培养中与携带 *Asm-1*$^{\triangle}$ 缺失的菌株具有相同的突变表型，但在性发育方面表现出不同的特性（图 10-8）。携带功能（*asm-1*$^+$）和非功能（*asm-1*^{fs}）等位基因的菌株之间的杂交导致成熟和未成熟孢子的 4∶4 分离（图 10-8；比较 A 组 *asm-1*$^+$×*asm-1*$^+$，与 B 组 *asm-1*$^+$×*asm-1*^{fs}），提示 *asm-1*$^+$ 产物在子囊孢子发育/成熟中起关键作用，并表明 *asm-1*^{fs} 等位基因是隐性的。令人惊讶的是，*Asm-1* 缺失等位基因的杂合杂交（图 10-8C；*asm-1*$^+$×*asm-1*$^{\triangle}$），只产生白色（不可存活）孢子，即子囊内的所有孢子都无法发育，包括携带 *asm-1*$^+$ 等位基因的孢子。*Asm-1*$^{\triangle}$ 缺失等位基因的子囊显性与其在营养组织中的隐性行为形成对照。

对缺失等位基因显性化的一种解释是该基因的单一功能等位基因不足以在二倍体和/或减数分裂细胞中产生足够的产物。通过将携带该基因异位功能拷贝的缺失株与野生型菌株杂交，即 *asm-1*$^+$×*Asm-1*$^{\triangle}$，*asm-1*$^+$（图 10-8D），来检验这种"单倍体不够"的可能性。具完全功能的异位基因不能纠正孢子成熟缺陷（Aramayo and Metzenberg，1996）。可以推测，异位 *asm-1*$^+$ 未能挽救缺陷是因为同源染色体位点上的等位基因之间的相互作用需要未知因子，这让人想起果蝇中描述的基因转应现象（transvection phenomenon）（Wu and Morris，1999）。这一假设通过在 *Asm-1*$^{\triangle}$ 背景的异位位置都携带基因拷贝的菌株进行杂交验证，即 *Asm-1*$^{\triangle}$，*asm-1*$^+$（异位）× *Asm-1*$^{\triangle}$，*asm-1*$^+$（异位）（图 10-8E）。事实上，这两个异位等位基因拯救了 *Asm-1* 缺失等位基因的子囊显性缺陷，支持了某种形式的反式感应正在发生的观点，包括配对。

为区分减数分裂沉默是由缺乏配对还是由不成对等位基因引起的，分析了减数分裂细胞核有三个基因拷贝的杂交，其中有两个野生型等位基因（应该配对）和一个异位（ectopic）拷贝（应该不配对）。观察到的沉默意味着减数分裂沉默是由不配对等位基因的存在而非配对等位基因的缺失造成的（图 10-8F；*asm-1*$^+$× *asm-1*$^+$，*asm-1*$^{+(\text{ectopic})}$）（Shui et al.，2001；Kutil et al.，2003；Lee et al.，2003；Lee et al.，2004）。

寻找减数分裂沉默缺陷的突变体的过程中鉴定出一个令人信服的沉默机制成员。编码 RdRP 的 *Sad-1* 基因通过筛选突变体鉴定出来，这些突变体能够跨过 *Asm-1* 不成对的杂交（图 10-8G；*Sad-1*$^+$ *asm-1*$^+$×*Sad-1*$^+$，*Asm-1*$^{\triangle}$）。这表明，减数分裂沉默与脉孢菌中抑制和通常的 RNA 干扰有关。对减数分裂沉默因子的进一

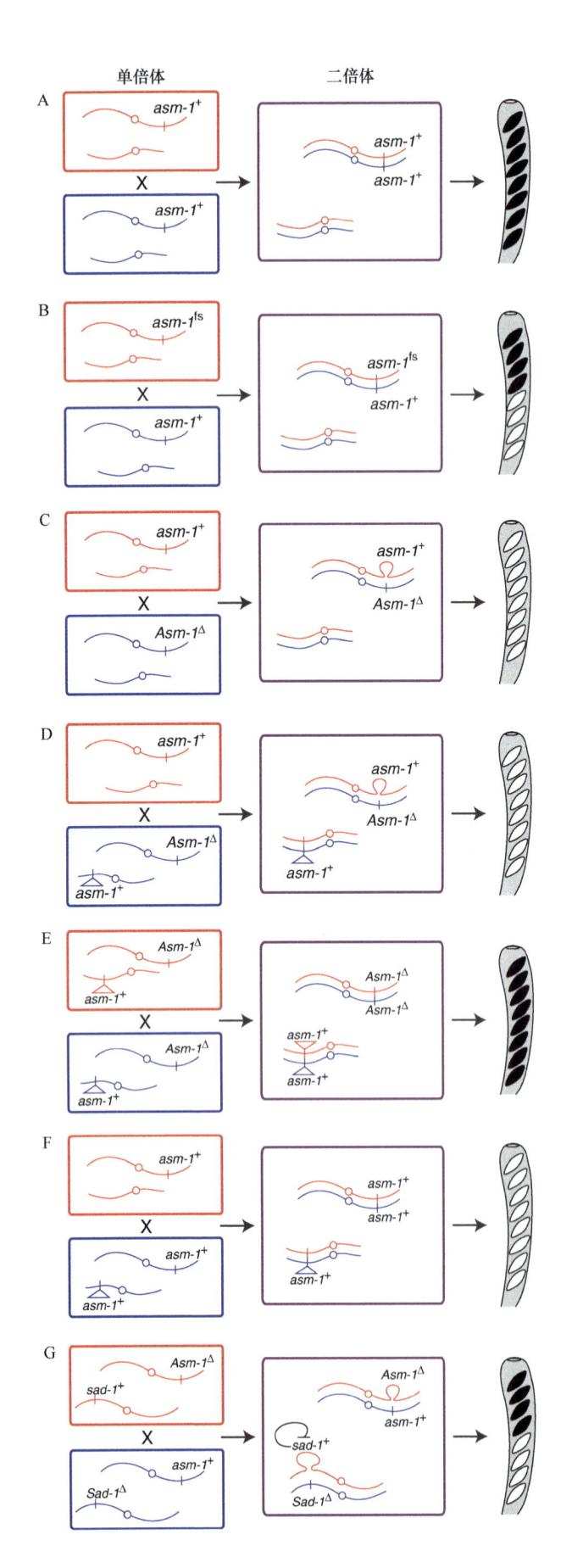

图 10-8 减数分裂沉默的发现与表征。 以 *Ascospore maturation-1*（*Asm-1*）为报告基因，对关键的遗传学实验进行了说明。对于每一个杂交，交配型 *A*（红色框）或交配型 *a*（蓝色框）的单倍体亲本的相关基因型显示在左侧，而在右侧显示的是二倍体细胞（紫色框）中预测染色体配对的示意图。最右边是产生的子囊的表型。黑色代表成熟（通常是有活力的）子囊孢子，白色代表不成熟（无活力的）子囊孢子。（A）野生型杂交。（B）子囊孢子从野生型和移码突变体杂合杂交中 4∶4 分离，其中等位基因可以配对，没有减数分裂沉默发生。（C）野生型和缺失等位基因的菌株杂交触发减数分裂沉默。（D）异位野生型等位基因不能挽救减数分裂沉默，说明发育缺陷不是由单倍剂量不足引起的。（E）等位基因（可配对）异位拷贝 *asm-1⁺* 在杂交伴侣中拯救 *asm-1⁻* 缺陷。（F）在减数分裂中，一个不成对等位基因的存在会触发所有 *asm-1⁺* 等位基因（配对和不配对）的沉默。（G）子囊孢子显性抑制因子（*Sad-1*）的沉默，由于一个亲本中的 *Sad-1* 缺失，抑制了减数分裂沉默。

步筛选确定了 *Sad-1*（一种 Argonaute 类似蛋白）之外的两个 RNAi 相关基因，即减数分裂沉默抑制因子-2（*suppressor of meiotic silencing-2*，*Sms-2*; Lee et al., 2003）和一种 Dicer 样蛋白（减数分裂沉默的抑制因子-3，*suppressor of meiotic silencing-3*，*Dcl-1/Sms-3*; Alexander et al., 2008）。此外，一种可能的解旋酶 *Sad-3* 也参与其中（Hammond et al., 2011）。另外几个 *Sms* 突变体也被鉴定出来（DW Lee and R Aramayo，个人通信）。尽管在脉孢菌中，减数分裂沉默所需的所有基因也是生殖所必需的，但减数分裂沉默途径中携带功能缺失突变的菌株没有明显的营养生长表型，因此，不影响异染色质的形成和 DNA 甲基化。这与粟酒裂殖酵母的情况相反，其中 *Sad-1*、*Sms-2* 和 *Dcl-1/Sms-3*（分别为 Rdpl、Agol 和 Dcrl）的同源基因对正常染色体生物功能，包括异染色质形成（如组蛋白 H3K9 甲基化）以及正常的着丝粒和端粒功能是关键的（Martienssen et al., 2005）。

减数分裂沉默的 PTGS 特征是通过转报告基因得到证实的。只有与报告基因转录本同源的区域在未配对时才会导致沉默（Lee et al., 2004）。有趣的是，迄今为止所发现的减数分裂沉默机制的所有成分都定位在核周缘（图 10-9）（Shiu et al., 2006）。我们的减数分裂沉默机制的工作模型（图 10-9）假设了两个步骤：①感知，通过同源染色体配对显示出未配对的 DNA，然后产生异常 RNA（aberrant RNA，aRNA）；②处理，通过核周缘 RNAi 机制（SAD-1、SAD-2、SMS-2、DCL-1/SMS-3 等）对异常 RNA 进行加工。沉默可能由 siRNA 靶向的正常 RNA 的降解所致，siRNA 是从异常 RNA 启动的级联反应中产生的。

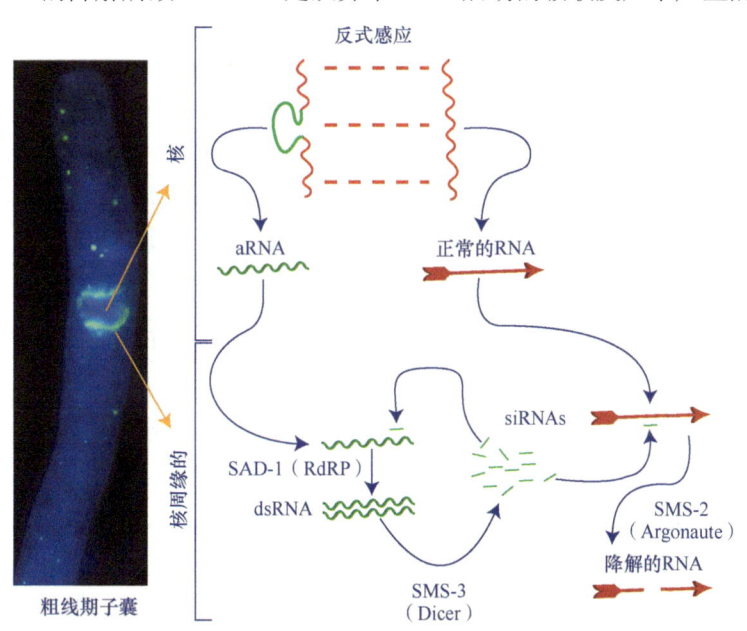

图 10-9　减数分裂沉默模型。在减数分裂 I 粗线期融合了报告基因 *gfp*⁺ 的 *sad-1*⁺（即 *sad-1*⁺::*gfp*⁺）成对拷贝的双亲杂交产生的发育中子囊图（左；DW Lee and R Aramayo，未发表）。在这个细胞内，减数分裂的细胞核被核膜所包围，周围有一个支持减数分裂沉默装置组成部分附着的核周结构。在减数分裂沉默中预测的核和核周步骤如图所示（右图）。据推测，反式感应是沉默之前的一种机制，可以识别相互作用染色体的杂交区域。杂合程度决定了诱导步骤的强度，这可能涉及 aRNA 的合成及其通过 SAD-1 RdRP 的核周事件转化为双链 RNA（double-stranded RNA，dsRNA）。dsRNA 的存在触发了沉默过程的启动，该过程包括通过 DCL-1/SMS-3 Dicer 将 dsRNA 触发器转换为 siRNA（起始步骤），并使用这些 siRNA 为引物和正常 RNA 作为模板，通过 SAD-1 RdRP 生成 dsRNA（扩增循环）。在 RNA 诱导沉默复合体（RNA-inducing silencing complex，RISC）中加入由起始步骤和扩增循环产生的 siRNA，指导 mRNA 或 ssRNA（single-stranded RNA，单链 RNA）的内切裂解。

究竟是什么构成了"未配对"的 DNA 是一个研究的热门领域。感知阈值的一些定量和定性方面的问题已经得到了解决（Lee et al., 2004）。研究结果可以总结如下：①给定一个小的和一个大的未配对 DNA 环，它们都携带相同长度的、与一组成对的报告基因同源的 DNA，大环将比较小的环更有效地沉默；②给定两个大小相同的环，但其中一个环携带的同源 DNA 是一组成对报告基因的两倍，那么携带更多同源 DNA 的环将比携带较少同源 DNA 的环更有效地沉默；③非成对环产生的沉默信号被限定在未配对区域，不会传播到相邻区域（例如，成对的报告基因可以位于相邻一个未配对的 DNA 区域，而这个未配对的 DNA 区域没有受到明显的干扰）；④基因的典型启动子不需要出现在未配对 DNA 的环中，这个基因就会被沉默；⑤减数分裂沉默不影响启动子在后续发育时期直接转录的能力（Kutil et al., 2003；Lee et al., 2003, 2004；Pratt et al., 2004）。

总的来说，我们对同源感应机制的理解，即使是那些引起同源重组（异位和标准）和 RIP 以及减数分裂沉默背后的机制都是不完整的。尽管在减数分裂沉默中研究未配对 DNA 的机制仍有待进一步深入，但这种传应机制的有趣特性已经被揭示出来。例如，人们发现类似于 RIP 产生的准同源序列（即同源序列）可以诱导减数分裂沉默。通过将携带 *Rsp*（Round spore，圆形孢子）野生型等位基因的菌株与携带不同突变密度的、由 RIP 产生的各种等位基因的菌株杂交，评估逃脱减数分裂沉默所需的同一性程度（Pratt et al., 2004）。一些等位基因（如 *Rsp*RIP93）具有显性表型，与 *Rsp* 缺失所显示的表型相似。只有 6% 的序列差异（94% 的一致性）可以触发沉默；3% 的差异（97% 的一致性）没有触发沉默。有趣的是，RIP-突变等位基因的甲基化状态改变了序列识别阈值，也就是说，甲基化的等位基因比 DNA 甲基转移酶基因 *dim-2* 突变阻止甲基化更为有效地触发沉默（Pratt et al., 2004）。这一观察结果提供了第一个证据，证明 DIM-2 在脉孢菌的有性阶段起作用，并表明 5mC 或者作为"第五个碱基"参与了异质性，和/或 DNA 甲基化的间接效应（例如，甲基化 DNA 结合蛋白的招募或染色质结构的未知影响）影响同源性识别。

回顾过去，在多年的脉孢菌遗传学研究中，减数分裂沉默没有被发现并不奇怪。报告基因必须满足一系列严格的要求，减数分裂沉默才会被检出。大多数未配对的基因（即产物参与营养过程的基因）可能不会影响减数分裂和/或孢子发育。因此，配对的缺失可能只对那些完成减数分裂、有丝分裂重建、细胞化或子囊孢子成熟所需的，和/或产物是子囊壳的基本结构成分的基因而言是明显的。

10.8 RIP、抑制和减数分裂沉默的可能功能和实际用途

RIP 似乎是为限制"自私的 DNA"的表达而定制的，比如导致在基因组中产生自身拷贝的转座子。与这种可能性相一致的是，绝大多数 RIP 遗留痕迹明显地与其他生物体中已知的转座子相似，且大多数脉孢菌菌株缺乏活性转座子（Galagan et al., 2003；Selker et al., 2003；Galagan and Selker, 2004）。然而，由于 RIP 仅限于减数分裂前的双核细胞，这一过程既不能阻止在营养细胞中传播一个新的转座子，也不能阻止减数分裂细胞中单个拷贝转座子的复制。然而，抑制和减数分裂沉默应该处理这种偶然性。尽管抑制并不能完全抑制转座子在营养细胞中的扩散，如一个引入的长散布元件（long interspersed element，LINE）类转座子（Tad）的增殖所证明的那样，它似乎部分地抑制了这种转座子（Nolan et al., 2005）。有关减数分裂沉默作用的信息表明，这一过程将使减数分裂细胞中的任何转座序列沉默，即使它只是基因组中的一个拷贝（Shiu et al., 2001；Kelly and Aramayo, 2007）。除在减数分裂中处理错误的转座子外，一些参与减数分裂沉默的基因似乎在物种形成过程中也起着重要作用，例如观察到的减数分裂沉默中的突变体降低了具有大量重复染色体片段的菌株的不育性，并允许紧密相关物种与脉孢菌交配（Shiu et al., 2001）。

尽管 RIP、抑制和减数分裂沉默对一些遗传实验来说都是一件麻烦事，但它们都被用作研究系统。RIP 提供了第一个简单的方法来敲除脉孢菌中的基因，并且仍然是产生部分功能突变体的首选方法。抑制也被用于减少（如果不是消除）基因功能，就像在各种器官中利用 RNAi 一样。减数分裂沉默提供了一种简单的方法来检测特定基因是否在减数分裂中（或在减数分裂后立即发挥作用）必需；如果发现一个基因在复制时或在异位位置时导致不育，并且通过阻断减数分裂沉默的突变来挽救不育，可以肯定的是，它在减数分裂中起着重要作用。

除假定的 RIP、抑制和减数分裂沉默的进化作用，以及它们在实验室中的效用之外，这些过程的其他

作用方式同样值得考虑。例如，*Sad-1* 功能是完全可育所必需的，这一事实表明减数分裂沉默是减数分裂直接或间接所需的（Shiu et al., 2001）。然而，令人惊讶的是，并不是所有的脉孢菌减数分裂沉默所需的基因都是生育所必需的（R Pratt, DW Lee, and R Aramayo, 未发表），这表明尽管它们在时间和空间上存在共定位，但减数分裂沉默途径与减数分裂之间的联系和/或相互依赖性仍不清楚。对于 RIP，尽管它并不是必需的，但 RIP 产物集中分布于脉孢菌着丝粒（图 10-5）表明，废弃的转座子可以作为生物体动粒形成的底物，就如在粟酒裂殖酵母和其他物种中重复序列的功能一样。事实上，脉孢菌着丝粒序列主要由 RIP 引起的大量突变的转座子遗留痕迹组成，动粒蛋白的正常分布依赖于 DIM-5 和 HP1（Smith et al., 2011）。RIP 的遗留痕迹也在脉孢菌端粒序列附近被发现（Smith et al., 2008）。有趣的是，转座子和其遗留痕迹也普遍存在于其他有机体的异染色质序列中，如果蝇、哺乳动物、植物和其他真菌。

10.9 总　　结

真菌脉孢菌已经成为发现和阐明表观遗传现象的强大系统。由于表观遗传学仍然是一个年轻的领域，表观遗传过程大部分来自各种不同项目的研究。因此，我们对脉孢菌、酵母和其他系统中表观遗传过程的理解的广度和深度有很大的差异也就不足为奇了。现在要知道各种表观遗传机制有多普遍还为时过早。然而，各种模式真核生物既有重要的区别，又有惊人的相似之处。例如，脉孢菌具有 DNA 甲基化和 H3K27 甲基化，而粟酒裂殖酵母没有，但这两种真菌都被报道有组蛋白 H3K9 甲基化和 RNAi 过程，而这两种过程在酿酒酵母中都没有被发现。同样值得注意的是，一个特定的过程在不同的有机体中可能具有不同的功能。例如，在脉孢菌中，RNAi 成分与抑制和减数分裂沉默有关，而在粟酒裂殖酵母中，RNAi 成分与异染色质的形成有关。最后值得注意的是，即使是共同的特征，如异染色质与粟酒裂殖酵母和脉孢菌着丝粒有关，但也可能有重要的区别。未来的一个重要目标是发现从一个有机体收集的信息在多大程度上适用于其他有机体。继续开发各种模型生物体，包括脉孢菌，既能提供这种信息，又能揭示目前尚不清楚的表观遗传过程特征。我们预计，各种各样的真菌将成为表观遗传学研究的有用系统。

致　　谢

我们感谢 N.B.Raju、MichaelRountree 和 Shinji Honda 分别为图 10-2、图 10-5 和图 10-6 的生成提供了重要帮助。Selker 实验室的研究得到了 U.S. Public Health Service 基金 GM03569、GM093061 和 S090064 的支持。Aramayo 实验室的研究得到了 U.S. Public Health Service 基金 GM58770 的支持。

（郭彤彤　译，方玉达　校）

第 11 章

纤毛虫的表观遗传学

道格拉斯·L. 查克（Douglas L. Chalker[1]），埃里克·迈耶（Eric Meyer[2]），
望月和文（Kazufumi Mochizuki[3]）

[1]Department of Biology, Washington University, St. Louis, Missouri 63130; [2]Institut de Biologie de I'Ecole Normale Supneure, CNRS UMR8197-INSERM U1024, 75005 Paris, France; [3]Institute of Molecular Biotechnology of the Austrian Academy of Sciences (IMBA), A-1030 Vienna, Austria

通讯地址：dchalker@biology2.wustl.edu

摘 要

对纤毛虫的研究揭示了早期的表观遗传现象，并将继续提供新的发现。这些原生动物维持着独立的生殖系和体细胞核，分别携带转录沉默和活跃的基因组。通过检测四膜虫（*Tetrahymena*）不同核内染色质的差异，鉴定出组蛋白变体，并确定了转录调节因子通过组蛋白修饰起作用。体细胞核的形成需要沉默染色质的转录激活和大规模的 DNA 消除。这种体细胞基因组重构是由同源 RNA 调控的，通过 RNA 干扰（RNA interference, RNAi）相关的机器起作用。此外，亲代体细胞基因组提供了一个同源模板来指导这种基因组重组。调节纤毛虫 DNA 重排的机制揭示了同源 RNA 重塑基因组和跨代传递信息的惊人能力。

本章目录

11.1 纤毛虫：具有两个不同基因组的单细胞
11.2 接合：生殖系和体细胞基因组的分化
11.3 大核和微核：活性与沉默染色质的模型
11.4 纤毛虫中同源依赖的基因沉默
11.5 大核发育过程中的全基因组重排
11.6 DNA 消除是由同源依赖机制介导的
11.7 DNA 消除是由小 RNA 介导的整个基因组跨核比较引导的
11.8 scnRNA 诱导的异染色质形成先于 DNA 切除

11.9　DNA 有序化以母体 RNA 为模板
11.10　程序化基因组重排的生物学功能
11.11　交配型决定的表观遗传调控
11.12　总结

概　述

任何在显微镜下观察纤毛虫的人都会对这些复杂的小动物着迷，这些小动物利用它们毛发一样的纤毛游泳、进食和寻找接合体。生长中的细胞通过简单的二元分裂进行复制，然而，纤毛虫会周期性地与伴侣交配，或者在某些物种中，经历自我受精，从而产生具有不同基因型的有性后代。这些单细胞真核生物的独特之处在于它们在一个共同的细胞质内保持着两个功能不同的基因组，这两个基因组分别位于不同的细胞核中。其中较小的微核含有生殖系基因组。在生长过程中，它在转录上是沉默的，但它储存着遗传信息，在每一个有性世代中被传递给后代。较大的大核细胞执行体细胞功能，负责所有基因的表达，从而调控细胞的表型。当一个新的大核从生殖系分化出来时，旧的大核在每一个有性世代结束时被丢弃。

纤毛虫基因表达的区域化意味着存在着差异调节不同细胞核内同源序列的机制。早期的研究试图阐明生殖系保持沉默和体细胞基因组保持转录活跃的方式。研究人员可以很容易地将特定组蛋白及其修饰与转录活性或细胞周期的阶段联系起来。例如，通过比较来自嗜热四膜虫（*Tetrahymena thermophila*）生殖系和体细胞核的染色质蛋白，最早确定了一些组蛋白变体。此外，还发现了新的染色质调节因子，如第一个细胞核组蛋白乙酰转移酶（histone acetyltransferase，HAT），因为只在纤毛虫大核中发现了乙酰化组蛋白。

生殖系和体细胞核不仅具有不同的转录活性，而且在物理上也具有不同的基因组结构。在体细胞核发育过程中，大量的 DNA 重排产生了基因组的一个简化版本。许多生殖系衍生的 DNA，包括大多数重复序列，在大核中都被消除，而生物体在整个生命周期中生存所需的所有基因都被扩增，以达到高倍水平。此外，在一些纤毛虫物种中，微核中被"打乱的"蛋白质编码序列在大核中以适当的顺序（井井有条的）组装。

许多实验表明，DNA 重排模式并不是严格的遗传程序，而是受表观遗传控制的，至少在一定程度上受亲代体细胞基因组中预先存在的重排控制。这意味着在核分化过程中，生殖系和体细胞基因组间进行相互比较，这种比较很可能是通过生殖系和体细胞的 RNA 之间的同源依赖相互作用进行的。最近的研究表明，由 RNA 干扰（RNAi）相关机制产生的短 RNA 可用于草履虫（*Paramecium*）和四膜虫（*Tetrahymena*）中重复 DNA 的清除，而长 RNA 在尖毛虫（*Oxytricha*）DNA 的解码中起着重要作用。

草履虫和四膜虫在减数分裂过程中都会从生殖系基因组中产生短的 RNA。这些小 RNA 的发现，以及这些纤毛虫 DNA 重排所需的 Argonaute 和 Dicer 同源蛋白的证据，使人们认识到 DNA 重排与 RNAi 类似的机制有关。小 RNA 被认为靶向同源序列以便组蛋白 H3 在赖氨酸 9（H3K9me）和赖氨酸 27（H3K27me）甲基化，使它们建立消除标记。因此，纤毛虫 DNA 重排在机制上类似于更广泛使用的 RNA 引导的异染色质建立。利用 RNAi 消除转座因子进一步强调了该途径作为基因组防御机制的重要性。

相比之下，另一种非编码 RNA，长的大核 RNA，被用来引导尖毛虫的 DNA 有序化事件，尖毛虫是一种与草履虫和四膜虫有着远亲关系的纤毛虫。双亲大核基因组的转录发生在尖毛虫的早期结合过程中，特定亲本中长的大核 RNA 的 RNAi 敲低抑制了新大核中相应位点的有序化。此外，人工 RNA 的注入重新编程了 DNA 排序过程。因此，长的大核 RNA 在表观遗传中调控了 DNA 的有序化，可能是通过作为模板来引导大核 DNA 重排的。

完全了解这两个奇特的 DNA 重排过程——草履虫和四膜虫中的小 RNA 定向 DNA 消除和尖毛虫中的长 RNA 定向 DNA 有序化，无疑将为了解 RNA 在基因组表观遗传编程过程中的作用提供新的见解。

11.1 纤毛虫：具有两个不同基因组的单细胞

纤毛虫属于单元发生的谱系，估计比酵母存在早10亿年（Philippe et al., 2000），是第一批被用作遗传模型的单细胞真核生物之一。在20世纪30年代末，当T.M. Sonneborn（1937）发现金黄色草履虫（*Paramecium aurelia*）的交配型时，研究人员特别是胚胎学家对T.H. Morgen的染色体遗传理论仍然不满意[历史细节见第1章（Felsenfeld, 2014）]。他们无法想象像基因这样的静态实体是遗传的唯一基础，他们认为只有细胞质参与才能协调基因的作用（Harwood, 1985）。尽管主流遗传学家主要关注基因的作用，但Sonneborn早期的遗传分析表明，许多可遗传特征的传递并不能完全用孟德尔定律来解释。纤毛虫的研究提供了细胞质遗传的一些最早的例子，并继续为表观遗传机制提供新的见解。

纤毛虫为表观遗传提供新见解的一个重要生物学特性是细胞核的二态性，即每个细胞包含两种结构和功能不同的细胞核。二倍体微核在营养生长期处于转录沉默状态，但其包含生殖系基因组。这些细胞核经过减数分裂产生配子核，将生殖系基因组传递给下一个有性世代（图11-1）。相比之下，高度多倍化的大细胞核负责营养生长期的基因表达，从而调控细胞的表型，但它们在性发育过程中丢失，因此可以认为是虫体的一部分（图11-1）。每种类型的细胞核数目因物种而异。例如，草履虫有两个微核和一个大核，而嗜热四膜虫（*T. thermophila*）只有一个微核。

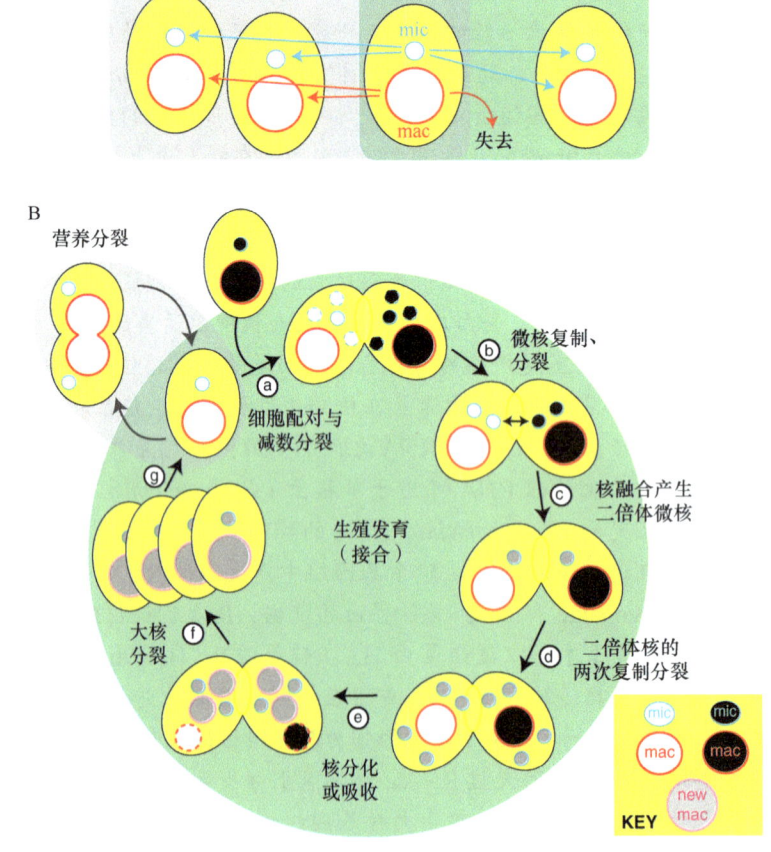

图11-1　纤毛虫的生命周期及其细胞核的命运。（A）营养细胞通过二元分裂繁殖，复制微核和大核。有性生殖导致亲本体细胞大核的丢失和新核的分化。（B）结合：（a）诱导微核减数分裂的细胞对，最终选择其中一个单倍体产物作为配子核，并使其余的核（虚线核）退化；（b）所选定的细胞核经过另外一次复制分裂，产生遗传上相同的单倍体细胞核，每个接合体中的一个核被转移到它的对应接合体中；（c）在每一个接合体中，核融合产生一个二倍体合子（灰色阴影）；（d）每个接合体中这些合子核的两次复制分裂产生未分化的微核和大核；（e）核分化：两个核变成新的微核，而两个开始分化形成新的大核，亲本大核被吸收；（f）成对分离和大核分裂；（g）营养生长恢复。有虚线轮廓的核是被破坏的目标。

在营养生长期，大核和微核通过单独的机制分裂（图 11-1A）。微核分裂通过传统的闭合有丝分裂实现。相反，大核通过一种不太了解的无丝分裂机制分裂，这种机制不涉及纺锤体的形成或无着丝粒体细胞染色体的可见凝集。DNA 合成后，大核简单地分裂成两个大致相等的核。没有涉及确保大核染色体均等分配到两个子细胞的任何机制。高水平的倍性（草履虫中约 800C，嗜热四膜虫中约 45C）能阻止在多次营养分裂过程中致死的基因丢失。大多数物种的营养寿命是有限的，克隆细胞系如果在衰老之前不进行有性生殖最终会死亡。

11.2　接合：生殖系和体细胞基因组的分化

成熟的、适龄的纤毛虫细胞在轻度饥饿时会发生性反应，并与相容交配型的细胞配对以启动接合，这是一个有性过程（图 11-1B）。如果没有合适的伴侣，一些物种将经历一个称为"自交"的自我受精过程。在这两种情况下，都会发生核重组，从微核（即含有生殖系基因组）的减数分裂开始。核事件的顺序在所有物种中相似，但有一些变化，如四膜虫（图 11-1B）（Ray，1956；Sonneborn，1975；Martindale et al.，1982）。

减数分裂后的发育始于在每个细胞中选择一个单倍体细胞核来传递基因组。所选的细胞核经过一轮额外的复制分裂，产生两个遗传上完全相同的配子核（图 11-1B，步骤 b）。在接合的情况下，两个配子交换它们的两个单倍体细胞核中的一个，随后核融合（即两个单倍体核的融合），因此在每个接合体中产生遗传上相同的合子核（图 11-1B，步骤 c、d）。在进行自交的纤毛虫中，一个细胞内的两个配子核融合形成完全纯合的二倍体基因组。在上述任何一种情况下，产生的二倍体合子核（图 11-1B，步骤 d）再分裂两次产生 4 个核，4 个核分化，其中 2 个形成新的微核，2 个形成新的大核（图 11-1B，步骤 e）。在核发育完成后，细胞恢复营养生长，进行特殊的第一次核分裂（图 11-1B，步骤 f），将新的微核和大核分配给每个接合体的两个子细胞，而亲代的大核则被丢弃（Davis et al.，1992）。

11.3　大核和微核：活性与沉默染色质的模型

表观遗传学的基本概念是一个 DNA 序列的单个拷贝可以具有不同的活性，并且这种差异状态可以稳定地维持。纤毛虫的核二型性是同源序列的一个天然例子，这些序列保持在一个共同的细胞质中，但具有相反的活动状态。大核呈现转录活性状态，而微核呈现抑制或沉默状态（图 11-2）。早期主要是在四膜虫中进

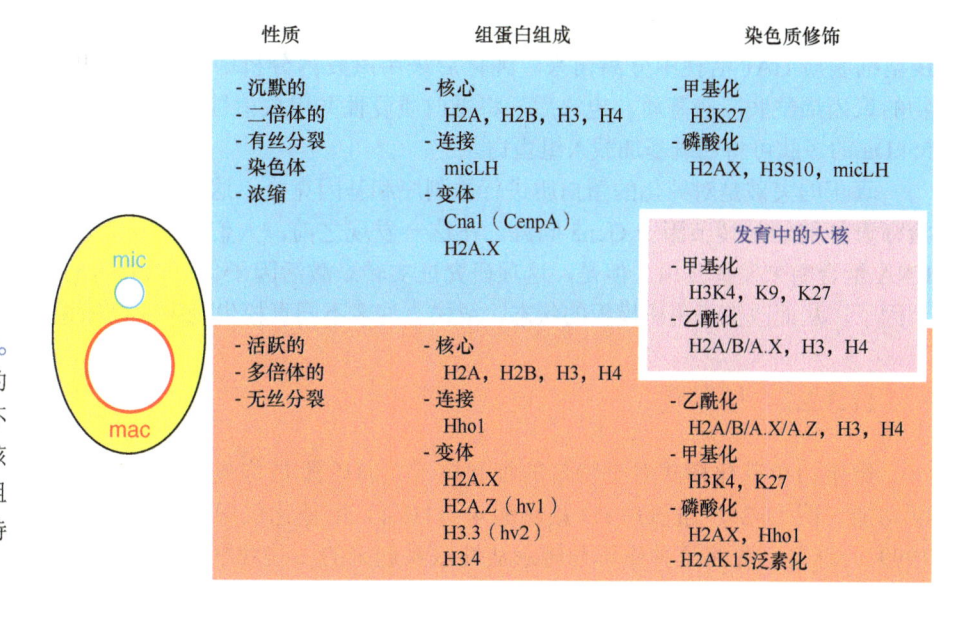

性质	组蛋白组成	染色质修饰
- 沉默的 - 二倍体的 - 有丝分裂 - 染色体 - 浓缩	- 核心 　H2A, H2B, H3, H4 - 连接 　micLH - 变体 　Cna1（CenpA） 　H2A.X	- 甲基化 　H3K27 - 磷酸化 　H2AX, H3S10, micLH
		发育中的大核 - 甲基化 　H3K4, K9, K27 - 乙酰化 　H2A/B/A.X, H3, H4
- 活跃的 - 多倍体的 - 无丝分裂	- 核心 　H2A, H2B, H3, H4 - 连接 　Hho1 - 变体 　H2A.X 　H2A.Z（hv1） 　H3.3（hv2） 　H3.4	- 乙酰化 　H2A/B/A.X/A.Z, H3, H4 - 甲基化 　H3K4, K27 - 磷酸化 　H2AX, Hho1 - H2AK15泛素化

图 11-2　纤毛虫的核二态性。生殖系微核（mic）、发育中的大核（mac）和体细胞核含有不同的组蛋白变体和修饰。微核和大核、发育中体细胞基因组特异的组蛋白变体和修饰被特别列出。

行生化和免疫组化研究，比较了这些不同核的性质。组蛋白变体和染色质修饰都与这些不同的活动状态相关，揭示了染色质结构在表观遗传学调控中的重要性。

11.3.1 大核和微核含有不同的组蛋白变体

从四膜虫的大核和微核中分离的组蛋白中第一次鉴定出组蛋白变体。组蛋白变体（hv）1 和 hv2 分别对应于常见的组蛋白变体 H2A.Z 和 H3.3［第 20 章（Henikoff and Smith，2014）］，仅在大核内检测到，而主要的经典组蛋白在大核和微核中都存在（图 11-2）。由于组蛋白变体的大核特异性定位，这些变体被认为对维持转录活性很重要（Allis et al.，1980；Hayashi et al.，1984）。hv2（H3.3）变体和最近确定的组蛋白 H3 变体 H3.4 被证明是组成性表达的，这是其不依赖于 DNA 复制而加载到染色质中的关键特性，实际上，这些组蛋白 H3 变体在转录相关的核小体丢失后充当替代组蛋白（Yu and Gorovsky，1997；Cui et al.，2006）。与此一致，多细胞真核生物的研究也表明 H3.3 加载与转录相关（Ahmad and Henikoff，2002）。与许多真核生物一样，四膜虫具有 CenpA 同源蛋白 Cnp1p，即着丝粒特异组蛋白 H3 变体。Cnp1p 只定位于微核，是微核染色体分离必不可少的。与大核的无丝分裂相一致，大核不含 Cnp1p（Cervantes et al.，2006；Cui and Gorovsky，2006）。

除核心组蛋白的不同变体外，大核和微核还含有不同的连接组蛋白，即大核连接组蛋白 H1（macronuclear linker histone H1，Hho 1p）和微核连接组蛋白（micronuclear linker histone，micLH；Allis et al.，1984；Wu et al.，1986；Hayashi et al.，1987）。这两种连接蛋白基因都不是细胞生存所必需的，但单个基因敲除会导致相应细胞的细胞核体积增大。因此，二者都是染色质完全浓缩的关键，可能是通过稳定高阶染色质结构实现（Shen et al.，1995）。Hho1p 的丢失也会导致特定基因的表达发生变化，表明连接组蛋白参与维持正确的转录调控（Shen and Gorovsky，1996）。

11.3.2 染色质修饰与活性状态及生物过程相关

11.3.2.1 乙酰化

大核中组蛋白的高乙酰化和微核中缺乏这种修饰为证明这种翻译后修饰与基因激活相关提供了早期证据（Vavra et al.，1982）。负责染色质乙酰化的酶一直未知，直到 20 世纪 90 年代中期，C. David Allis 和他的同事从四膜虫中纯化出第一个 A 型（细胞核的）组蛋白乙酰转移酶（histone acetyltransferase，HAT）（Brownell and Allis，1995；Brownell et al.，1996）。研究人员从高纯度的大核开始，将这种细胞核活性酶从 B 型细胞质 HAT 活性中分离出来。纯化后采用凝胶内分析即将纯化的组蛋白聚合到用于分离蛋白质提取物的聚丙烯酰胺凝胶基质。电泳后，将蛋白质复性并用放射性标记的乙酰辅酶 A 孵育，发现一个分子量为 55kDa 的多肽可将乙酰基加载入组蛋白。

真正的突破是对纯化的蛋白质进行微测序和基因克隆。这种四膜虫 HAT 被发现与面包酵母中一种已被清晰表征的转录调节因子 Gcn5 同源。在这一发现之前，人们通常认为转录激活因子通过向启动子中招募 RNA 聚合酶来发挥作用。但是，这项研究证实转录激活因子也可以具有酶活性，修饰染色质或其他转录调节因子，从而改变染色质模板的状态。很快，许多不同真核生物中的已知调控因子被证明是 HAT。

11.3.2.2 甲基化

组蛋白甲基化模式对于特定的细胞核或发育阶段是特异的，这表明不同的修饰状态具有不同的生物学功能（图 11-2）。组蛋白 H3 赖氨酸 4（H3K4）甲基化仅限于生长中的四膜虫细胞的大核（Strahl et al.，1999），这是首先将这种修饰与转录活性联系起来的一些观察结果之一。此外，还发现 H3K4（H3K4me3）

的三甲基化与多个乙酰化标记位于同一个尾部，揭示了与活性染色质相关的不同修饰之间的耦合（Taverna et al.，2007）。有趣的是，H3K4（H3K4mel/2）的单甲基化和二甲基化与同一组蛋白尾上的乙酰化反应没有明显的联系。这表明，添加到相同赖氨酸残基中的甲基数量导致功能的分化[第 6 章（Cheng，2014）]。

H3K9me2/3 主要与其他真核生物的异染色质沉默有关，H3K27me3 与多梳蛋白的抑制相关[第 17 章（Grossniklaus and Paro，2014）]，它们在发育中的大核中含量丰富。特别是，它们富含在生殖系相关的序列中，这些序列随后从体细胞核基因组中剔除（Taverna et al.，2002；Liu et al.，2007）。这些生殖系特异序列包括大多数重复序列，这些序列在其他真核生物中以异染色质包装。这些异染色质修饰的发育调控的建立过程为阐明其针对特定序列的靶向性提供了一个有用的模型（11.8 节）。H3K27me3 也存在于营养生长细胞的大核和微核中（Liu et al.，2007；Laverna et al.，2007），但它是否以及如何影响营养细胞中染色质的非活性状态还没有被研究。

11.3.2.3 磷酸化

从大核和微核中纯化 ^{32}P 放射性标记的组蛋白表明，连接组蛋白和核心组蛋白 H2A 和 H3 在四膜虫中被高度磷酸化（Allis and Gorovsky，1981）。Hho1 的多个位点被磷酸化，这种修饰参与了特定基因转录的调节（Mizzen et al.，1999）。利用突变分析，Dou 和 Gorovsky（1999）发现这种磷酸化可以通过在 Hho1 中添加带负电的氨基酸来模拟。然而，带电荷的残基不需要存在于磷酸化氨基酸的相应位置，但互补效应的产生需要一簇带电荷位点（Dou and Gorovsky，2000；2002）。这些研究表明虽然磷酸化本身对转录并不需要，但关键的电荷密度促进了正确的转录。

组蛋白 H3 中的一个单一位置丝氨酸 10 可被磷酸化（H3S10ph；Wei et al.，1998）。这种修饰依赖于细胞周期，在许多真核生物中与有丝分裂有关。在四膜虫中，它仅限于有丝分裂和减数分裂期的微核。将正常组蛋白 H3 基因替换为用丙氨酸替代丝氨酸 10（S10A）的突变组蛋白，会导致微核分裂缺陷，产生落后染色体和非整倍体（Wei et al.，1999）。然而，H3S10ph 修饰不发生在大核中，因此 S10A 突变不影响大核无丝分裂。这些结果表明 H3 磷酸化在有丝分裂过程中对染色体的浓缩和分离起重要作用。纤毛虫独特的核二态性再次揭示了染色质修饰的关键功能。

11.4 纤毛虫中同源依赖的基因沉默

同源依赖、RNA 介导的沉默机制在真核生物中广泛用于表观遗传调控[第 16 章（Martienssen and Moaed，2014）]。纤毛虫利用这些机制导致了基因沉默、DNA 消除（11.6 节）。同源 RNA 在这些基因组重排中的作用将在 11.8 节中介绍。在草履虫中发现了更传统的沉默机制，当不表达的转基因导入营养大核中时，其表型类似于发生在与转基因同源的内源基因的孟德尔突变。导入细菌表达的、与内源基因同源的双链 RNA 导致其沉默，这暗示了 RNAi 相关机制介导了同源依赖性沉默（Galvani and Sperling，2002）。

11.4.1 转基因诱导的沉默

草履虫大核很容易通过微注射进行转化，因为任何引入的 DNA 片段都将被保留，无需特定的复制起始点即可自主复制。高拷贝、不表达的转基因的转化会触发具有足够序列相似性的内源基因的转录后沉默（Ruiz et al.，1998；Galvani and Sperling，2001）。如果转基因包含基因的 3'UTR，则沉默是低效的，这表明不恰当终止的转录本会被认为是异常的 RNA，并被引导到 RNAi 机制中（Galini and Sperling，2001）。沉默与长度约为 23nt 的同源短 RNA 的积累相关（Garnier et al.，2004），表明 RNAi 途径参与其中。约 23nt 的短 RNA 以同源 mRNA 为靶点进行降解，因此可以认为是小干扰 RNA。在生长中的四膜虫细胞中已经鉴定出 23～24nt 的内源性 siRNA（small interfering RNA），这些产生 siRNA 的位点可能是假基因（Lee and Collins，2006）。

纤毛虫的这种内源性沉默途径需要 RNA 依赖的 RNA 聚合酶（由草履虫中的 RDR3 和四膜虫中的 RDR1 编码）才能有效地产生 siRNA。在四膜虫中，Rdr1p 与 Dicer 核糖核酸酶 Dcr2p 相关联，这表明 siRNA 的产生与双链 RNA（dsRNA）的生成有关（Lee and Collins，2007）。草履虫的内源性 siRNA 的积累需要 RDR3，其中一些 siRNA 来自重叠基因间区域。在粟酒裂殖酵母中，相邻基因座之间的重叠转录区域也受到 RNA 沉默机制的调控。在基因密集的基因组中，如酵母和纤毛虫大核基因组，通读转录的终止也许是至关重要的。这些内源性沉默途径是检查异常 RNA 表达的关键手段。

11.4.2 沉默是由 dsRNA 诱导

dsRNA 可能是草履虫转基因诱导沉默的主要原因。转基因的沉默效率与异常 RNA 分子的产生有关，这些 RNA 分子既对应于注射进入的序列的正义链，也对应于反义链。当一个克隆基因的双链通过大肠杆菌转录后产生的 dsRNA 导入草履虫时，dsRNA 也可以促进基因沉默（Galvani and Sperling，2002），这种方法是在线虫（*Caenorhabditis elegans*）中开发的（Timmons and Fire，1998；Timmons et al.，2001）。导入这种 dsRNA 导致约 23nt siRNA 的积累，与转基因诱导沉默中观察到的大小相同（Nowacki et al.，2005），这表明这两种现象都依赖于一个共同的 RNAi 途径。螺旋藻物种通常以藻类为食，螺旋藻喂养加热杀死的大肠杆菌也能促使基因沉默（Paschka et al.，2003），表明这一机制在整个纤毛虫谱系中都是保守的。

通过在培养基中用正常的食物细菌代替大肠杆菌，可以逆转草履虫所诱导的沉默。同样，直接将微量 dsRNA 注射到细胞质中只会诱导同源基因的短暂沉默，大概是因为注入的 dsRNA 在营养生长过程中被迅速稀释了（Galvani and Sperling，2002）。因此，尽管草履虫营养细胞中有 RNA 依赖性 RNA 聚合酶的活性，dsRNA 分子也不能充分或持续地扩增以建立可遗传的沉默状态，这与线虫中 dsRNA 的命运明显不同。此外，可遗传的沉默可能需要 H3K9 甲基化介导的转录基因沉默，这在营养大核中显然是不存在的，至少在嗜热四膜虫中如此。

11.5 大核发育过程中的全基因组重排

大核和微核的染色体不仅如 11.3 节（图 11-2）所述的那样在转录活性和染色质修饰上有所不同，而且在大小和倍性方面显示出几个基本差异：①大核基因组的大小和复杂性与微核相比要少；②大核染色体数目（每个单倍基因组）更大；③大核染色体明显短于微核染色体；④微核中某些基因片段的排列与大核中发现的"正确"的、有利于基因表达的基因排序相比显得无序。前三种差异在纤毛虫物种中很常见，而第四种差异到目前为止只在螺旋状纤毛虫中有记录，包括棘尾虫（*Stylonychia*）和尖毛虫（*Oxytricha*）。

这些细胞核之间的结构差异源于程序化的基因组重排事件，在大核发育过程中，将生殖系微核基因组转化为体细胞基因组。相对于微核，大核基因组的减小主要是由于 DNA 的消除（11.6.1 节），而染色体数目的增加和染色体的缩短是染色体片段化的结果（11.6.2 节）。微核中基因片段的混乱顺序在大核中通过 DNA 消除事件得到纠正，这表明一些纤毛虫中发生了极大程度上的基因组重新组织（11.6.3 节）。如下所述的这些 DNA 重排事件为讨论这些细胞核分化过程中的表观遗传机制提供了背景知识。

11.5.1 DNA 消除

程序化 DNA 消除（图 11-3）在大核中产生一个基因密集的体细胞基因组，相对于生殖系微核中发现的基因组，它的大小和序列复杂性显著降低。例如，四膜虫的大核基因组只有约 100Mb，而其微核基因组约为 150Mb（Eisen et al., 2006; Coyne et al., 2008）。不同纤毛虫的 DNA 清除量差异很大。在少膜壳纤毛虫（oligohymenophorean ciliate）草履虫和四膜虫中，超过 20%～30% 的微核 DNA 被去除，而超过 95% 的生殖系基因组则从螺旋状纤毛虫的大核中被去除，如游仆虫（*Euplotes*）、棘尾虫（*Stylonychia*）和尖毛虫（*Oytricha*）（Jahn and Klobutcher, 2002）。消除的序列在转座子相关的重复序列中非常普遍，但也包括许多单拷贝、非基因序列。因此，大核基因组的基因丰度高。例如，四膜虫大概每 4kb 有 1 个基因，草履虫中为 2kb，尖毛虫为 2.5kb。这种流线型的组织与为基因高效表达而优化基因组的概念是一致的。

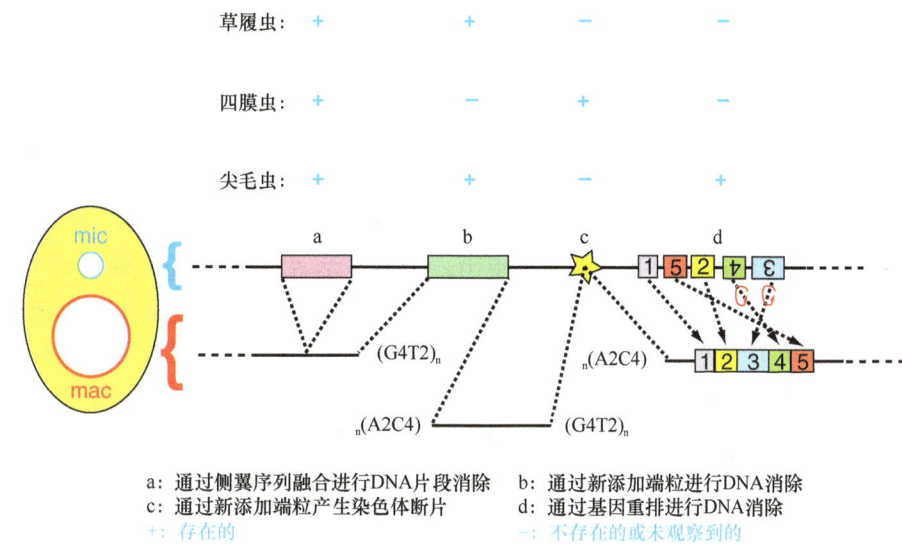

a：通过侧翼序列融合进行DNA片段消除　　b：通过新添加端粒进行DNA消除
c：通过新添加端粒产生染色体断片　　　　d：通过基因重排进行DNA消除
+：存在的　　　　　　　　　　　　　　　－：不存在的或未观察到的

图 11-3　纤毛虫 DNA 重排。 发生在一个发育中新的大核中的四类（a～d）DNA 重排在图中被列出。在纤毛虫不同种类（草履虫、四膜虫和尖尾虫）中的不同类型 DNA 重排的存在或不存在被列出。彩色条是通过精确或不精确的删除或通过片段化结合端粒添加（G4T2）而去除的内部消除序列（IES）。保守的 15bp 染色体片段化序列用星号表示。DNA 有序化重排了微核中排列错误的外显子（数字编号框）。

根据每个消除事件的精确性和结果，DNA 消除可分为三种不同类型，包括内部 DNA 片段的不精确缺失，通过侧翼序列重新连接愈合（图 11-3，a 类）；DNA 片段的不精确删除，然后重新形成端粒（图 11-3，b 类）；精确的 DNA 删除，然后是侧翼序列的重新连接（图 11-3，a 类）。在一般研究的纤毛虫中观察到一种或多种类型。第一种类型在四膜虫中占优势，而三种类型都可在草履虫中观察到。第一种和第二种类型可能是纤毛虫不精确切除连接的结果。虽然精确的缺失事件在四膜虫中并不常见，但它们是许多纤毛虫的主要重排事件。

从发育中的大核基因组中移除的 DNA 片段通常称为内部消除序列（internal eliminated sequence，IES）。双链 DNA 断裂发生在每个 IES 和大核目标序列（macronuclear-destined sequence，MDS）的两侧边界处。然后这些序列通过连接愈合（图 11-3，a 类）或者重新形成端粒（图 11-3，b 类）。在四膜虫中，有大约 6000 IES（每个单倍体基因组）的删除主要导致不精确的缺失。换言之，由独立的切除事件所形成的大核连接体可以在不同个体中有数十个碱基对位置的变化，甚至在同一个大核中的不同染色体拷贝中也可能不同。IES/MDS 边界通常包含可变序列的短（1～8bp）直接重复，其中一个在大核序列中保留。虽然这些重复对切除来说不是必要的，但它们可能有助于提高连接过程的精确度（Godiska et al., 1993）。

IES 的精确缺失发生在大核染色体所有拷贝的相同核苷酸位置。这类 IES 是短的（25～900bp，草履虫）、单拷贝的、非编码 DNA 片段。草履虫的单倍体基因组中有超过 45 000 个这样的 IES，它们在编码序列中很丰富，但也分布在生殖系染色体的基因间或内含子区域（Jahn and Klobutcher, 2002; Arnaiz et al., 2012）。这些被精确切除的 IES，即所谓的"TA" IES，被发现在每个边界有不变的 5′-TA-3′ 重复，其中一个拷贝在切除后仍保留在大核位点内（Betermier, 2004）。在草履虫中，TA 二核苷酸以内的少数核苷酸位点形成了一个松散保守的序列（5′-TAGYNR-3′）（Klobutcher and Herrick, 1995）。

精确和不精确切除都可以重复发生。同样的DNA片段会在不同个体中一代一代地被消除，然而，可变的边界选择在两种类型的一些IES中都可观察到。除短的、可变的直接重复序列外，在消除的DNA片段中或周围没有发现共同的序列。那么，四膜虫如何识别约6000个IES？草履虫细胞如何精确切除约60 000个IES？这些问题将在11.8节和11.9节中讨论。

11.5.2　染色体片段化

染色体片段化（chromosome fragmentation）发生在大核发育过程中，导致大核的染色体数目多于微核。以四膜虫为例，每个二倍体微核有5对染色体，而每个大核有近200个不同的染色体（单倍体基因组）。片段化之后重新添加端粒重复序列以稳定缩短的染色体。在许多螺旋纤毛虫中（如游仆虫、棘尾虫和尖毛虫），染色体碎片非常广泛，以至于大多数大核染色体都是基因大小的纳米染色体，具有单一开放阅读框。相比之下，四膜虫和草履虫的大核染色体大小在20kb到1Mb之间，并且包含许多基因。

染色体片段化位点的识别尚不清楚。在四膜虫中，一个保守的15bp染色体断裂点序列（chromosome breakage sequence，CBS；Yao et al.，1987）被发现位于微核染色体约200位点上（Cassidy-Hanley et al.，2005；Hamilton et al.，2005），这个序列对于指导碎片化和新端粒的添加都是必要且充分的（图11-3，c类）（Fan and Yao，1996）。同样，在游仆虫的染色体碎片位点附近发现了一个弱保守序列（Klobutcher，1999）。CBS和CBS类似序列的存在可能表明这些纤毛虫的染色体片段化位点是经过基因编程的。相反，在草履虫中，所有的染色体碎片可能是由不精确的DNA消除和端粒添加引起的，而不是由dsDNA断裂和连接产生的（图11-3，b类）（Le Mouël et al.，2003）。这一过程是表观遗传调控的，将在11.7.1节中讨论。

11.5.3　DNA有序化

在一些螺旋纤毛虫中观察到一种惊人的精确DNA消除变异，其中IES的去除与DNA的有序化同时进行（图11-3，d类）（Prescott，1999）。在微核的被扰乱的基因中，编码区域不仅被IES断开，而且相对于重新组织的大核序列中发现的线性排列，被断开的编码区域片段也被打乱。两个将被连接起来形成一个表达基因的MDS可以位于很远的位置，有时可以在彼此相反的方向被发现，甚至可以在不同的染色体位点发现。据估计，高达20%～30%的基因顺序在棘尾虫和尖毛虫微核中被扰乱。

重新排序的精确性似乎受到指导，至少部分是由相对较长的（平均11bp）同源重复序列引导的，这些重复序列由同源MDS末端共享，这些长重复出现在所有被研究和扰乱的位点上，因此可能对准确有序化至关重要。然而，这些序列并不是MDS/IES连接所独有的，由此产生了一个假设，即可能需要一个模板来指定正确的顺序（Precott et al.，2003）。事实上，已经有研究表明，来自亲本大核的长RNA模板直接在尖毛虫中指导DNA有序化（Nowacki et al.，2008）。11.11节解释了RNA模板指导的DNA有序化过程的可能机制。

11.5.4　DNA消除需要转座酶

许多从新的大核中删除的DNA片段与转座子相似（Herrick et al.，1985；Baird et al.，1989；Wuitschick et al.，2002；Fillingham et al.，2004），草履虫和游仆虫中的"TA" IES的边界类似于几乎所有真核生物中发现的Tcl/mariner转座子的末端（Klobutcher and Herrick，1997）。这促成了一种假说，即DNA消除是由转座子切除产生的。事实上，已经有研究表明，转座子酶已被招募以介导尖毛虫、草履虫和四膜虫的DNA消除（Baudry et al.，2009；Nowacki et al.，2009；Cheng et al.，2010）。

在草履虫和四膜虫中，DNA消除的DNA切除步骤是由DNA双链断裂（DNA double-strand break，DSB）启动的，产生一个4碱基的5′突出端（Saveliev and Cox，1995；Saveliev and Cox，1996；Gratias and Betermier

2003）。草履虫的突出端位于 5′-TA-3′ 的中心，这通常可在 IES 的两端观察到。这种结构类似于 piggyBac 转座酶产生的 DSB，即 4 碱基的 5′ 突出端和带重复的 5′-TTAA-3′（Mitra et al., 2008）。草履虫和四膜虫都有分别编码 piggyBac 转座酶相关蛋白 Pgm 和 Tpb2p 的基因。RNAi 敲除这些基因表明它们对 DNA 消除是必需的（Baudry et al., 2009；Cheng et al., 2010）。与 piggyBac 转座酶一样，重组的 Tpb2p 表现出内切酶活性，产生具有 4 碱基 5′ 突出端的 DNA DSB（Cheng et al., 2010）。虽然 Pgm 和 Tpb2p 在结构上类似于 piggyBac 转座酶，但编码这些蛋白的基因保留在大核中。相反，大多数转座子相关序列仅限于微核基因组。因此，在纤毛虫进化过程中，编码这些转座酶相关蛋白的基因已经在纤毛虫宿主基因组中被驯化。

在尖毛虫中，端粒承载元件（telomere-bearing element，TBE）家族的转座酶对于 DNA 消除是必要的（Nowacki et al., 2009）。与草履虫和四膜虫中的 piggyBac 转座酶相关蛋白质不同，尖毛虫 TBE 转座酶基因由转座子中微核限制序列编码。因此，虽然草履虫和四膜虫利用驯化转座酶进行 DNA 消除，但尖毛虫利用（潜在）活性转座子中的转座酶来实现 DNA 消除。TBE 转座酶和 piggyBac 转座酶在进化上没有直接的联系。因此，不同种类的纤毛虫可能已经独立地获得了利用转座子衍生的酶进行 DNA 消除的能力。这一假说表明，寡膜纲纤毛虫（包括草履虫和四膜虫）和螺旋纤毛虫（包括尖毛虫）的 DNA 消除机制可能在进化上不相关。

11.6　DNA 消除是由同源依赖机制介导的

序列特异性信息可以在不同世代的大核基因组之间传递，从而影响发育。大量的实验证据表明，从新的大核中去除 DNA 的模式是由亲本大核的先前存在的、已经重排的基因组 DNA 序列在表观遗传学上进行调控的。在本节中，我们将介绍这种调控的经典例子，在 11.8 节将解释这些表观遗传现象是如何通过 RNAi 相关机制介导的。

11.6.1　选择性重排的表观遗传

在草履虫中第一个表明 DNA 重排受表观遗传调控的证据是，前一代有性生殖中出现的异常 DNA 消除模式在新的大核中遗传（图 11-4）。在野生型大核中，A 表面抗原基因位于染色体末端附近，这是因为该基因下游通常发生染色体片段化（图 11-4A）。一种叫做 d48 的变异细胞系被发现不能表达 A 基因，因为它缺乏该基因以及大核中所有下游序列，而这是由于染色体片段化将端粒置于基因的 5′ 端（图 11-4B，左图）（Forney and Blackburn, 1988）。这种突变仅限于体细胞大核，因为 d48 株微核移植到野生型细胞后，可以通过自交（autogamy）产生含有完整 A 基因的新大核（Harumoto, 1986；Kobayashi and Koizumi, 1990）。当 d48 菌株与野生型系交配或允许进行自交时，下一代大核的 A 基因被删除（图 11-4B，右图）（Epstein and Forney, 1984；Forney and Blackburn, 1988）。将 A 基因重新导入 d48 大核挽救了发育过程中 A 基因传递的缺陷（图 11-4C）。这种恢复正常的消除模式在随后的有性世代中得以维持（Koizumi and Kobayashi, 1989；Jessop Murray et al., 1991；Xou et al., 1991）。这些结果表明，仅仅从双亲大核中缺失 A 基因就足以指导其将来从新的大核中消除。类似的实验集中在另一个靠近端粒的表面抗原基因（B 基因）上，显示这种表观遗传效应可以在其他基因组区域被观察到（Scott et al., 1994）。

母体大核基因组对 DNA 重排的影响具有明显的序列特异性。A 和 B 基因编码序列总体上有 74% 的相同。然而，将 A 基因序列注射到两个基因在大核中都缺失的细胞系的大核中时只能防止新大核中 A 基因的丢失，同样，注射 B 基因只能防止其自身的丢失（Scott et al., 1994）。此外，d48 菌株中 A 基因在大核中缺失不能通过导入 G 基因而逆转，G 基因来源于另一物种初级草履虫（*Paramecium primaurelia*），与 A 基因同源性达 78%。另一方面，A 基因在大核中缺失可以通过导入一个具有 97% 同源性的不同等位基因来挽救（Forney et al., 1996）。因此，母体大核缺失的拯救是一个同源依赖的过程，需要最低水平的序列一致性。

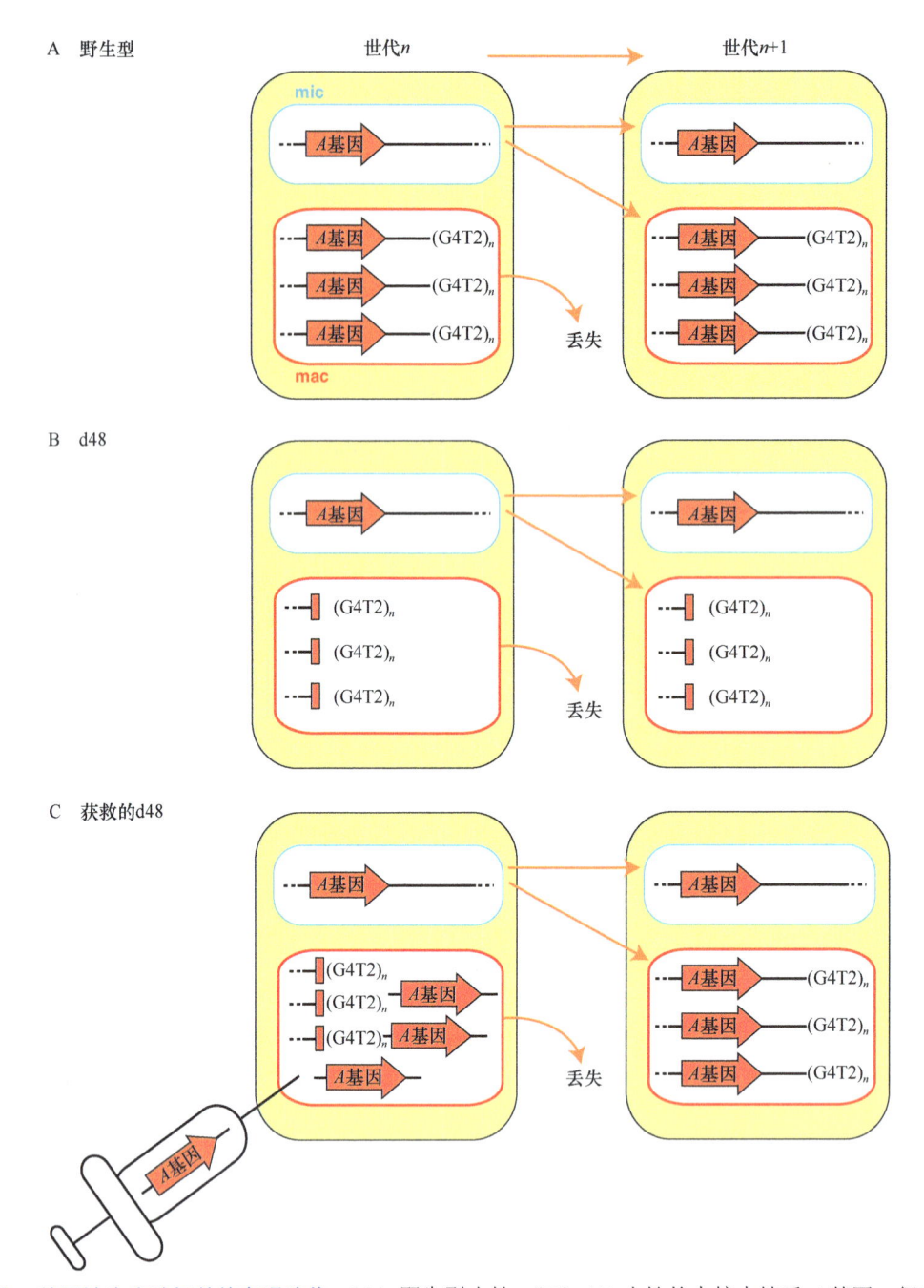

图 11-4 大核 *A* 基因缺失实验拯救的表观遗传。（A）野生型虫株。（B）d48 虫株的大核中缺乏 *A* 基因，但有野生型微核。在每一代的大核发育过程中，*A* 基因被重复地删除。（C）用 *A* 基因序列转化 d48 品系，在有性后代的、发育大核中的生殖系 *A* 基因获得拯救性扩增。

对草履虫表面抗原基因遗传的研究表明，新形成的大核中重新排列的、由生殖系衍生的基因组与先前有性生殖中重排的、已经存在的亲本大核基因组进行了对校。这种对校的结果是，任何从亲本大核中缺失的序列都靶向下一代，从而进行消除。从这些结论可以得出两个进一步的预测：①如果在亲本大核中引入一个 IES 拷贝，下一代将干扰 IES 的切除；②任何只引入微核的 DNA 序列都可能是从新的大核中被消除的目标。这两个预测确实是发生了（11.7.2 和 11.7.3 节）。

11.6.2 IES 消除的同源依赖性抑制

如图 11-5 所示，当野生型草履虫细胞通过显微注射一个含有 IES 的 G 基因编码 DNA 片段时，转化的克隆株产生的后代在其新形成的大核染色体中保留了 IES（比较图 11-5 中 A 和 B）。相比之下，转化没有 IES 的 G 基因编码序列的细胞的后代有效地从新的大核中消除了 IES（Duharcourt et al., 1995）。转化只含有 IES 的 DNA 而没有任何侧翼序列也导致了 IES 的保留，表明亲本大核中的 IES 拷贝抑制其从合子大核中切除（图 11-5D）（Duharcourt et al., 1995）。然而，在草履虫中，并非所有 IES 都受到类似的母系效应的控制。13 个在 G 或者 A 基因中的 IES，只切除其中 5 个 IES 的过程也被导入到亲本大核中的相应 IES 所抑制（Duharcourt et al., 1998）。因此，IES 有两种类型：一种是母体调控的消除，另一种是不受亲本大核基因组含量影响的。

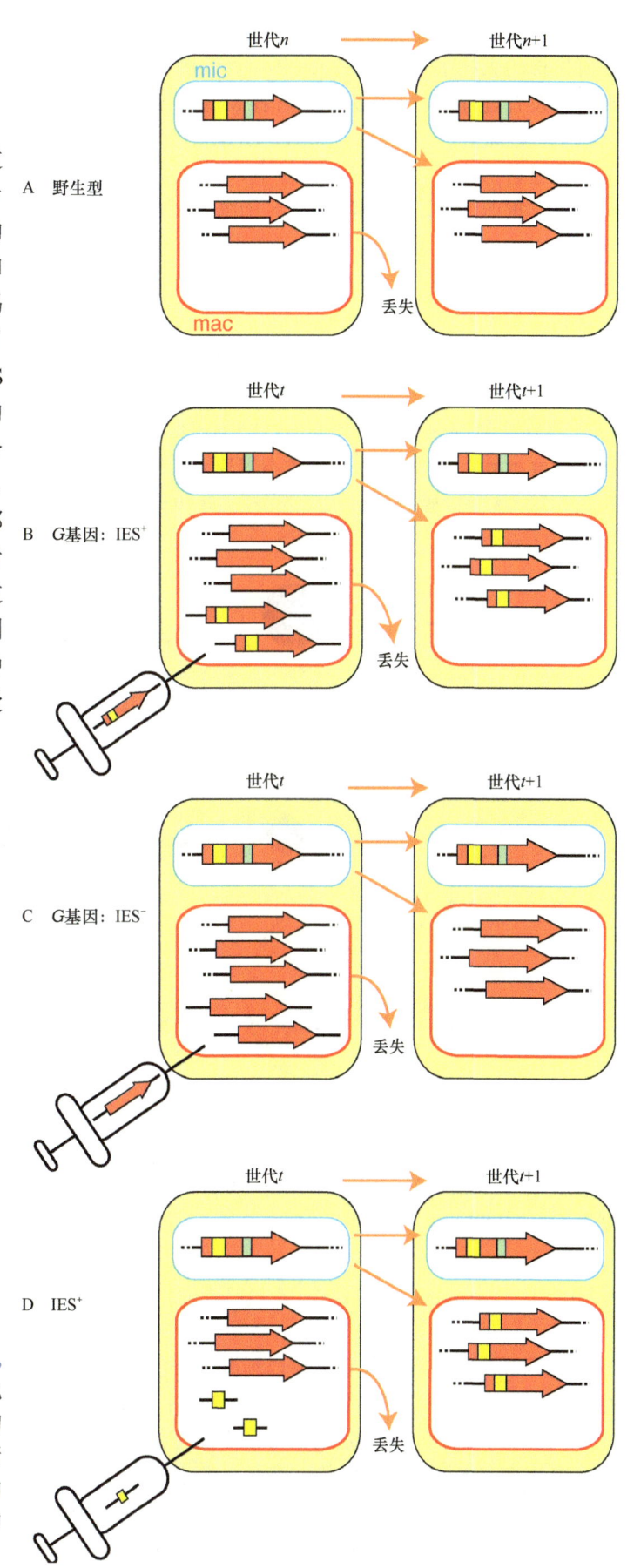

图 11-5 母体大核对 IES 切除的同源依赖性抑制。（A）在野生型发育过程中，IES（黄绿条）被有效地切除。（B）用高拷贝数的一个 IES 转化母体大核（初始转化子=t 代）可抑制随后世代（$t+1$ 代和未来）新大核分化过程的同源 IES 消除。（C）与 IES⁻型类似的基因转化不会改变野生型重排。（D）缺少侧翼序列的 IES 转化会抑制 IES 的切除。

A 野生型

B G 基因：IES⁺

C G 基因：IES⁻

D IES⁺

与上述相似的实验表明，四膜虫亲本大核内的 DNA 可以调控子代发育中大核基因组同源序列的消除。在野生株的大核中引入 M 和 R IES。如同图 11-5D 描述的草履虫的结果，当这些四膜虫细胞被诱导接合时，在大核发育过程中，亲本大核中含有 M 或者 R IES 拷贝的细胞后代不能分别有效地消除 M 或 R IES 的染色体拷贝（Chacker and Yao，1996）。DNA 消除的抑制作用是序列特异性的，因为没有观察到对非同源性 IES 切除的显著抑制。在草履虫中观察到，与 IES 同源的序列足以产生这种抑制作用，而紧邻的侧翼 DNA 则没有效果。重要的是，这种导致 DNA 消除的失败是可遗传的，因为后代的大核中也保留了 IES 的基因组拷贝。目前尚不清楚四膜虫是否具有与草履虫类似的非母系调控的 IES。

因为大核和微核染色体不直接相互作用，所以在亲本大核中引入 IES 的抑制作用的信号必须通过细胞质传递给新的大核。一对接合的四膜虫会广泛交流细胞质。即使当一个在其亲本大核中拥有 IES 的细胞株与野生型伴侣杂交时，所有新大核中的 IES（包括在野生型伴侣细胞质内分化的 IES）的消除都被阻断（比较图 11-6A 和 6B）（Chacker et al.，2005）。生殖系的基因组交换（图 11-1B）对抑制信号从一个接合体传递到另一个接合体是不需要的，因为阻断接合体间微核的交换并没有阻断抑制信号的传递（图 11-6C）（Chacker et al.，2005）。因此，亲本大核基因组的影响是通过能够在细胞质中自由移动的因子来传递的。

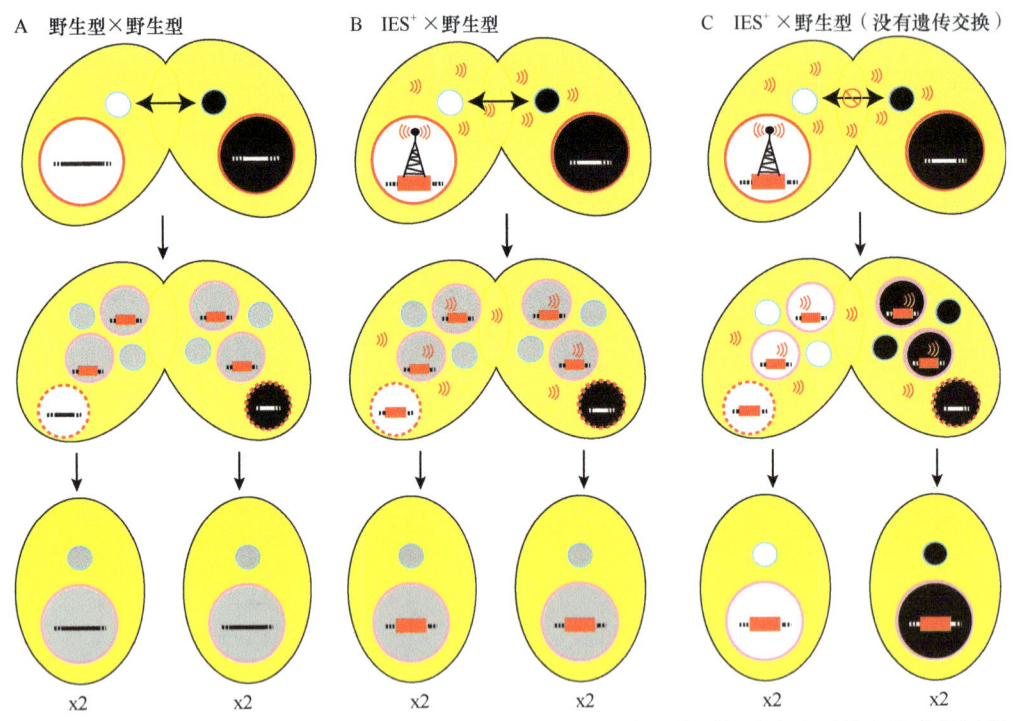

图 11-6 通过细胞质传递的因子介导通过亲本大核抑制 IES 切除。（A）在野生型细胞交配后的大核分化过程中，IES（如红色条）被有效地切除。（B）母体大核中存在的一个 IES（IES⁺）可以向两个伴侣内发育中的大核发出信号（用无线电发射塔来描绘），从而抑制了四个后代中同源性 IES 的切除。（C）即使在遗传交换被阻断的情况下，IES⁺母核也能抑制其野生型接合体的 IES 切除。

11.6.3 "自发"消除引入微核基因组的外源序列

在四膜虫中，当 *neo* 基因整合到微核染色体中时，它可能会在连续几轮接合过程中从新的大核基因组中被删除（Yao et al.，2003；Liu et al.，2005；Howard-Till and Yao，2007）。*neo* 基因来源于细菌转座子 Tn5，不太可能偶然包含一些特定的信号，而这些信号能够自发诱导其自身的消除。因此，这一结果表明，任何外来序列被引入四膜虫微核基因组中，都可能被认为是一种 IES。

相对于自然发生的 IES 的近 100% 的消除，*neo* 基因的删除通常是低效的。此外，不同微核位点的 *neo* 基因消除效率差异显著（Liu et al.，2005；Howard-Till and Yao，2007）。*neo* 基因周围的基因组环境不仅影响了该转基因的消除，而且多次将 *neo* 插入微核基因组可增强其 DNA 去除率（Liu et al., 2005；Howard-Till and Yao, 2007）。因此，微核中的外源序列的存在及其在基因组中的重复性都会影响 DNA 消除。这些位置和拷贝数对转基因消除的影响将在 11.8 节中根据小 RNA 介导的 DNA 消除调控机制进行讨论。更普遍地说，*neo* 基因的消除提示 IES 不仅仅是通过序列来识别的。

11.7 DNA 消除是由小 RNA 介导的整个基因组跨核比较引导的

11.6 节所述的同源依赖效应表明，在细胞核分化过程中，亲本大核和新大核的基因组之间会发生串扰，从而深刻地改变 DNA 消除模式和细胞表型。只有高度同源的序列才被影响，这强烈提示这种串扰是由核酸介导的。正如 11.7.2 节和 11.7.3 节中所讨论的，亲本大核转录本和减数分裂微核来源的小 RNA 之间的相互作用最终决定 DNA 消除。

11.7.1 短 RNA 与 DNA 消除之间的联系

DNA 消除使用同源 RNA 分子的一个初步证据，是观察到在接合早期，四膜虫的 IES 是双向转录的（Chacker and Yao, 2001）。这种双向转录机制也暗示了 RNAi 机制可能在 DNA 消除中发挥作用。事实上，有研究表明，由 *TWI1* 编码的 Argonaute 家族蛋白在接合过程中是表达的，并且是 DNA 重排所必需的（Mochizuki et al., 2002）。Argonaute 蛋白质通过与小 RNA（20～30nt）相互作用，在 RNAi 相关过程中发挥关键作用，这些小 RNA 将 Argonaute 靶向到它们的互补 RNA 以实现基因沉默（Ghildiyal and Zamore, 2009）。Twi1p 与一类小的（约 29nt）RNA 相互作用，这类小 RNA 只在四膜虫的接合过程中表达（Mochizuki et al., 2002；Mochizuki and Gorovsky, 2004）。*TWI1* 基因的破坏会影响这些小 RNA 的稳定性，并使发育中的大核的 DNA 不能消除（Mochizuki et al., 2002），这表明这些小 RNA 发挥着关键作用。29nt 小 RNA 被称为扫描（scn）RNA，因为正如 11.9.2 所解释的，它们"扫描"基因组的互补序列以指导 DNA 消除。

一个编码 Dicer 类的核糖核酸酶的基因 *DCL1* 的特性进一步揭示了这些小 RNA 在 DNA 消除中的重要性（Malone et al., 2005；Mochizuki and Gorovsky, 2005）。Dcl1p 在接合早期高水平表达并定位于前减数分裂微核，这表明 scnRNA 的产生在时间和空间上是分区的。*DCL1* 的去除会导致 scnRNA 产生能力的丧失，微核转录本的积累，最终导致 DNA 消除的失败。这些观察结果有力地支持 scnRNA 是由 Dcl1p 从双向微核转录本中产生，并参与 DNA 消除的。

在草履虫中，两种 Argonaute 蛋白，即 Ptiwi01 和 Ptiwi09，以及两种 Dicer 蛋白，即 Dcl2 和 Dcl3，分别被认为是四膜虫 Twi1p 和 Dcl1p 的功能对应蛋白质（Lepere et al., 2009；Bouhouche et al., 2011）。编码这些 Argonaute 或 Dicer 蛋白的基因被双重敲除会导致 25nt 左右的小 RNA 的丢失和 DNA 消除的缺陷。因此，尽管这些纤毛虫在 IES 大小和结构上存在明显差异，但 25nt 左右的小 RNA 是草履虫 scnRNA，草履虫和四膜虫都使用 RNAi 相关的 DNA 消除机制。

11.7.2 通过小 RNA 进行全基因组的跨核比较

scnRNA 在 DNA 消除中的假定作用以及它们如何参与介导表观遗传现象已在多个模型中进行了描述（Mochizuki et al., 2002；Mochizuki and Gorovsky, 2004；Aronica et al., 2008；Lepere et al., 2009）。在图 11-7 所示的简化模型中，在接合早期阶段，微核基因组是双向、随机且均匀转录的（图 11-7，步骤 a）。产生的转录本形成 dsRNA，然后被加工成 scnRNA（图 11-7，步骤 b）。这些 scnRNA 在结合的早、中期被引导到亲本大核（图 11-7，步骤 c）。在那里它们"扫描"现有的重组基因组以寻找同源性。将与亲本大核序列配对的 scnRNA 从活跃的 scnRNA 池中移除（图 11-7，步骤 d）。这个过程称为"扫描"或者 scnRNA

选择。在接合的后期，剩下的与微核特异序列同源的 scnRNA 被运送到发育中的大核（图 11-7，步骤 e），在大核中它们被导向互补序列以进行 DNA 消除（图 11-7，步骤 g 和 h）。

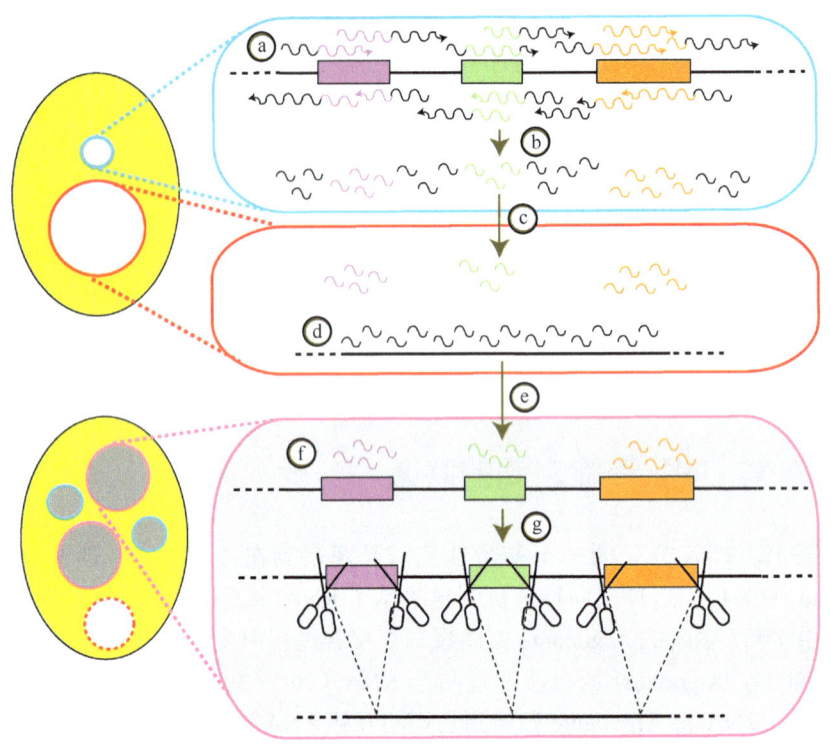

图 11-7　调控 DNA 缺失的模板模型。生殖系基因组中很大一部分的双向转录（a）发生在发育早期，并导致 scnRNA 的产生（b）。然后它们被输送到母体大核（c），在那里任何一个同源序列（d）都会触发它们从活动池中移除。剩下的微核特异性 RNA 被重新定向到发育中的大核（e），在那里它们标记同源序列（f），发出使它们从基因组中移除（g）的信号。

该模型得到以下观察结果的支持：①在四膜虫中，虽然在接合早期产生了与 MDS 和微核特异序列（主要是 IES）互补的 scnRNA，但只有后者在接合中期逐渐富集（Mochizuki and Gorovsky, 2004; Aronica et al., 2008）；②在接合中期，大量 scnRNA 产生后，Argonaute 蛋白质（草履虫中的 Ptiwi01 和 Ptiwi09，四膜虫的 Twi1p）最初定位在亲本大核中，然后转移到新的大核（Mochizuki et al., 2002; Bouhouche et al., 2011）；③在草履虫中，RNA 结合蛋白 Nowa1/2（为消除母体调控 IES 所必需）也从亲本转移到新的大核中（Nowacki et al., 2005）。

该模型解释了 11.8 节中描述的大多数表观遗传效应，但没有解释与转基因消除相关的位置和拷贝数缺陷（11.7.3 节）。如果产生 scnRNA 前体的转录在减数分裂微核基因组中均匀发生，则无论在该细胞核中其基因组位置或拷贝数如何，都应有效地消除转基因。但是，如果这种微核转录不均匀地发生，转基因的基因组位点将影响被消除的可能性。在四膜虫中，scnRNA 优先产生自 IES（Schoeberl et al., 2012）。未来应该去了解为什么 scnRNA 产生有基因组位点偏好性，这将有可能阐明为什么有些转基因被消除而另一些则没有。在草履虫中，尽管母控和非母控 IES 的切除都需要 Ptiwi01 和 Ptiwi09，但 Dcl2 和 Dcl3 只对去除前一类 IES 是必需的（Bouhouche et al., 2011）。因此，除表观遗传调控外，scnRNA 在 DNA 消除中可能有一些基本作用，至少在草履虫中如此。

11.7.3　亲代大核转录本参与 DNA 消除

为将序列特异的表观遗传信息从亲本传递到新的大核基因组，scnRNA 必须通过碱基配对与这些基因组相互作用。在粟酒裂殖酵母和植物中，小 RNA 通过与位点中出现的顺式转录本相互作用来靶向基因组位点。草履虫和四膜虫的研究表明，scnRNA 通过长的非编码 RNA（noncoding RNA，ncRNA）与亲本和发育中的基因组相互作用（Aronica et al.，2008；Lepere et al.，2008）。在四膜虫中，与 Twi1p 相互作用的 RNA 解旋酶（称为 Ema1p）的研究表明，新生的非编码转录本介导了亲本大核中染色质与 scnRNA-Twi1p 复合体之间的相互作用，并且这种相互作用依赖于 Ema1p（Aronica et al.，2008）。此外，缺失 Ema1p 的株系在 scnRNA 选择和 DNA 消除方面显示出缺陷（Aronica et al.，2008）。在草履虫中，亲代大核转录本对于消除 IES 的重要性更为直接（Lepere et al.，2008），RNAi 下调对来自亲本大核的非编码转录本阻断了靶区的 scnRNA 选择并诱导异位 DNA 消除。

scnRNA 的选择是如何实现的仍然只是猜测。我们可以假设 scnRNA 与亲本大核转录本之间的相互作用可以通过导致互补 scnRNA 的隔离或降解而将互补 scnRNA 从库中移除。或者，不与亲代大核转录本碱基配对的 scnRNA 可以选择性扩增。在四膜虫中，scnRNA 的 Northern 杂交研究显示，与 IES 互补的 scnRNA 在接合早期到晚期以恒定的水平存在，而与 MDS 互补的 scnRNA 只在早期阶段被检测到（Aronica et al.，2008）。这些结果表明，至少在四膜虫中，scnRNA 的选择过程可能促进了 scnRNA 的降解。

尽管 scnRNA 与亲本大核内的长非编码 RNA 之间的相互作用导致 scnRNA 的选择，但在发育的大核中类似的相互作用可能导致 DNA 的消除。正如我们在 11.10 节中解释的，这些相互作用有效地靶向 IES 上异染色质的形成，这似乎标志着它们的 DNA 消除作用。与 Twi1p 相关的 RNA 解旋酶 Ema1p 是 Twi1p 与新大核中新生的非编码 RNA 相互作用以及由此导致的异染色质形成所必需的（Aronica et al.，2008）。目前尚不清楚看似相似的 scnRNA-ncRNA 相互作用如何在不同的细胞核中产生两种截然不同的结果。这些不同相互作用的时间（早期/晚期）和空间（亲本/新的大核）的分离可能基于 scnRNA-Argonaute 复合体在位点上招募不同的下游效应器而触发不同结果。

11.8 scnRNA 诱导的异染色质形成先于 DNA 消除

在大多数真核生物中，二甲基化和三甲基化组蛋白 H3 赖氨酸 9（H3K9me2/3）与转录抑制的 DNA 广泛相关，它们在细胞核中以异染色质的形式被特异呈现［3.10 节（Allis et al.，2014）］。在四膜虫中，H3K9me2/3 并不像人们想象的那样存在于转录沉默的微核中，而是仅在发育中的大核中发现，在 DNA 消除前立即建立，特别是在与 IES 相关的组蛋白上富集（Taverna et al.，2002；Liu et al.，2007）。

特定的"写入器"在染色质上建立了不同的组蛋白修饰，并与不同的蛋白质"阅读器"相互作用，以实施调控功能［第 6 章（Cheng，2014）；第 7 章（Patel，2014）］。在四膜虫中，H3K9me2/3 的写入器似乎是多梳蛋白（Ezl1p，enhancer-of-zeste-like），一种组蛋白甲基转移酶（Taverna et al.，2002；Liu et al.，2007）。Ezl1p 被证明是在新的大核中积累 H3K27me3 和 H3K9me2/3 所必需的（Liu et al.，2007）。这些修饰的已知阅读器是含有克罗莫结构域的蛋白质 Pdd1p 和 Pdd3p。Pdd1p 与 H3K9me2/3 和 H3K27me3 结合，而 Pdd3p 只与 H3K9me2/3 结合（Liu et al.，2007）。

除 11.7.1 节所述的 RNAi 相关蛋白外，DNA 消除还需要 Ezl1p 和 Pdd1p 的功能（Coyne et al.，1996；Liu et al.，2007）。这说明异染色质的形成是 DNA 消除的先决条件。此外，表达组蛋白 H3 突变体（赖氨酸 9 被谷氨酰胺取代，H3K9Q）的四膜虫株系会出现 DNA 消除缺陷（Liu et al.，2004）。虽然不能通过 K27Q、K27R 和 K27A 突变直接评估对 H3K27me3 的需要，因为减数分裂严重缺陷和发育停滞发生在新的大核出现之前。将 H3S28 替换为谷氨酸（H3S28E），破坏了 H3K27me3-Pdd1P 相互作用，从而抑制了 DNA 的消除（Liu et al.，2007）。此外，该突变体消除了 H3K9me3 的积累（Liu et al.，2007），相反，H3K27me3 在 H3K9Q 突变体中正常积累（Liu et al.，2004），提示 H3K27 甲基化可能在 H3K9 甲基化的上游。可能不是 Ezl1p，而是一个未知的甲基转移酶指导 H3K9me 甲基化。使用 LexA-LexA 操纵子系统将 Pdd1p 放在异位染色质位点足以触发该部位的 DNA 消除（Tavema et al.，2002），这表明 Pdd1p 定位到染色质足以招募 DNA 消除所需的所有下游因子。因此，异染色质的结构是 DNA 消除的直接触发因子，而不是 RNAi 相关机制或 H3K9/

K27me。在四膜虫中发现的转座酶 Tpb2p 定位于异染色质位点（Cheng et al.，2010），该处被认为发生了 DNA 消除，这表明它可能直接与异染色质的某些成分结合。因此，Tpb2p 可直接识别异染色质结构，从而催化 DNA 切除。

  与 RNAi 相关的途径在异染色质修饰建立的上游起作用，因为 Dcl1p 和 Twi1p 对于 H3K9me2/3 和 H3K27me3 的积累和/或靶向是必需的，而 scnRNA 的积累则不需要写入器 Ezl1p（Liu et al.，2004；Liu et al.，2007）。这可能是 Ezl1p 被招募到染色质中，其中 Twl1p-scnRNA 复合体与正在发育的新大核中的新生长 ncRNA 相互作用。由于与微核特异序列互补的 scnRNA 是通过 scnRNA 选择被亲本大核选择的（11.8.2 节），因此 scnRNA-ncRNA 相互作用预计将专门招募 Ezl1p，只在 IES 处诱导组蛋白修饰。由于 Twi1p 和 Ezl1p 之间没有直接的相互作用，因此这种招募的分子机制尚不清楚。尽管如此，我们知道 scnRNA 是在正确基因组位点上进行异染色质修饰的特异性因子。异染色质在其他纤毛虫 DNA 消除中的重要性尚待证实。有趣的是，草履虫中的许多 IES 比包裹在核小体上的 DNA 的长度短，因此不依赖异染色质的机制可能参与了如此短的 IES 的消除。

11.9　DNA 有序化以母体 RNA 为模板

  RNA 在卵膜纤毛虫和螺旋纤毛虫的 DNA 重排中都有作用。然而，目前的证据表明，这两类纤毛虫的 RNA 介导的 DNA 重排机制可能根本不同。虽然小的、微核 RNA 介导清除草履虫和四膜虫的 DNA，但尖毛虫的 DNA 消除和 DNA 有序化（图 11-2D）受长的、大核 RNA 的调控。长 RNA 介导的 DNA 有序化作为一个理论模型被提出（图 11-8）（Prescott et al.，2003），并在实验中被证明（图 11-9）（Nowacki et al.，2008）。双亲大核基因组的转录发生在尖毛虫的早期结合过程中（Nowacki et al.，2008）。这种转录产生大核长 RNA，可能跨越基因大小的大核纳米染色体的端粒到端粒。注入互补 dsRNA，从大核纳米染色体上产生的特定大核长 RNA 的 RNAi 下调抑制了子代细胞新大核中靶位点的 DNA 消除和 DNA 有序化（图 11-9B）。更引人注目的是，注入突变的人工单链 RNA 足以重新编程这些非杂乱性顺序（图 11-9C）。因此，单链长大核 RNA 可以作为尖毛虫 DNA 重排的模板。

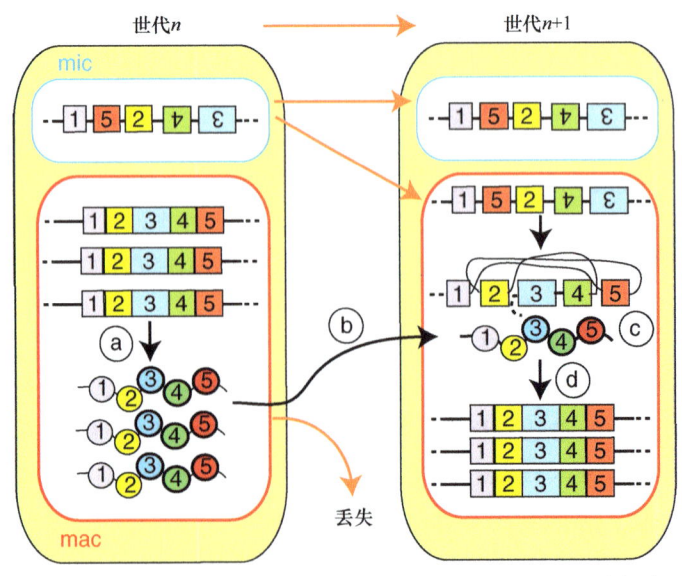

图 11-8　DNA 有序化（重排）的模板模型。微核（mic）中被打乱的基因的外显子（数字编号框）在核分化过程中被忠实地重新排序。从母体大核（a）产生的转录本被转运到发育中的大核（b），在那里遇到同源生殖系衍生的紊乱基因（c）和（d）以模板指导子代（n+1 代）体细胞基因组中 DNA 的正确重新排序。

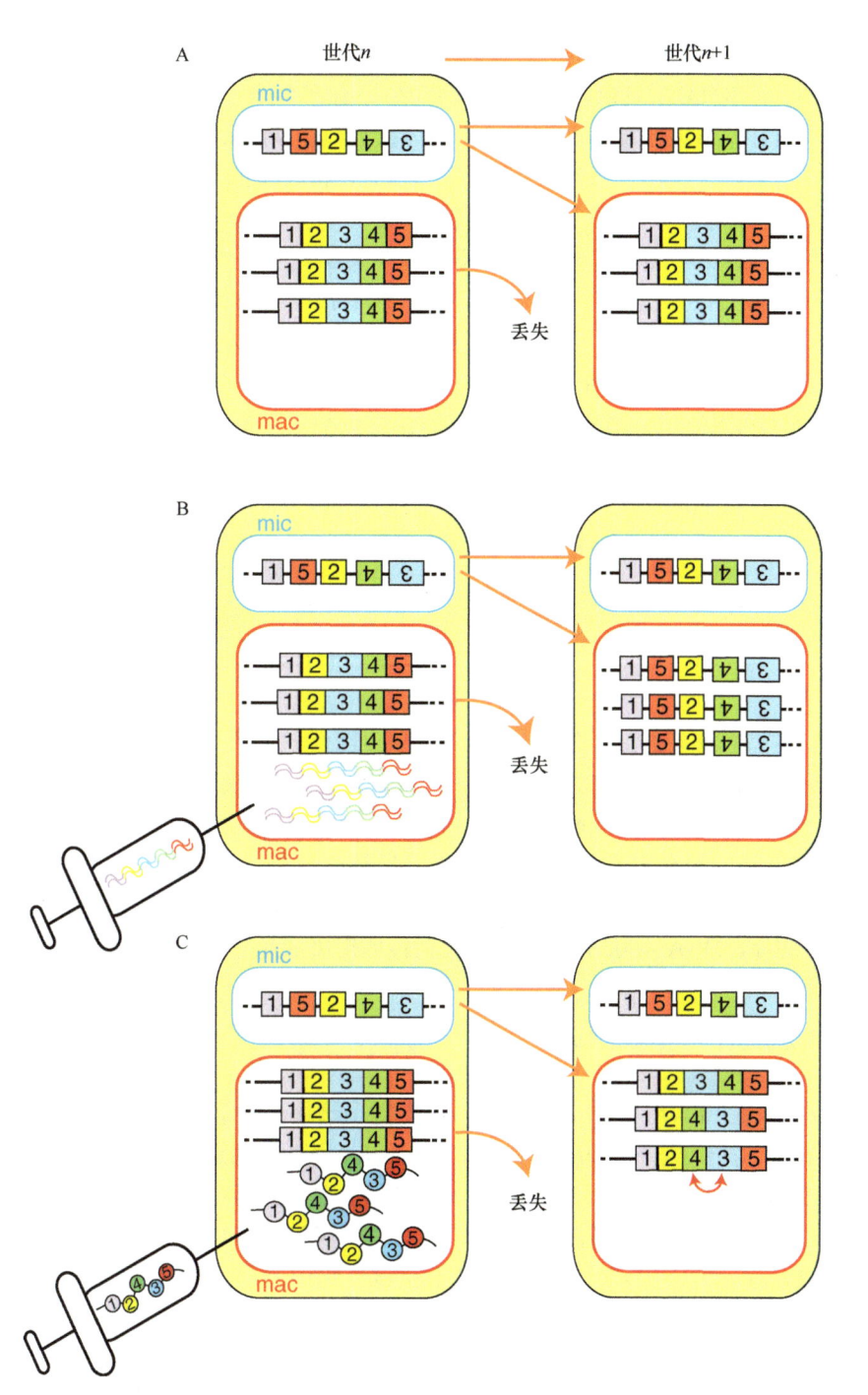

图 11-9 以母体 RNA 为模板进行有序化（重排）。（A）微核（mic）中的被打乱的基因必须在核分化过程中进行外显子（数字编号框）的重新排列。（B）注入与母体大核产生的转录本同源的 dsRNA（RNAi）干扰子代大核（n+1）中的有序化和 DNA 重排。（C）次序紊乱的 RNA 模板的注入导致亲本大核指导后代同源纳米染色体的排列错误。

最近，有报道称在尖毛虫结合过程中有 27nt 小 RNA 累积（Fang et al., 2012; Zahler et al., 2012），并与 Argonaute 蛋白 Otiwi1 相互作用（Fang et al., 2012）。有趣的是，这些与 Otiwi1 结合的小 RNA 是从亲本大核中产生的，而不是像四膜虫和草履虫中的与 scnRNA 那样从微核中产生。此外，注射与 IES 互补的小 RNA 导致 IES 的保留，这表明尖毛虫中与 Otiwi1 结合的小 RNA 与四膜虫和草履虫中的 scnRNA 具有相反的作用，即对 DNA 消除起保护作用（Fang et al., 2012）。虽然目前还不清楚长的大核 RNA 和与 Otiwi1 结合的小 RNA 在 DNA 重排中的分工，但尖毛虫显然使用了与四膜虫和草履虫完全不同的策略，尽管这些纤毛虫执行基本相似的 DNA 重排过程。

尖毛虫中的长的大核 RNA 在表观遗传基因组调控中还有一个令人惊讶的额外功能，即这些 RNA 不仅调节基因组的重排，而且调节大核发育过程中的染色体拷贝数（Nowacki et al., 2010）。在大核中，二倍体合子核的染色体通过内复制来扩增。虽然草履虫（约 800C）和四膜虫（约 45C）的几乎所有个体中大核染色体的拷贝数相同，但尖毛虫不同大核染色体的拷贝数差异很大，从一百个到数万个不等。由于尖毛虫在每个单倍体基因组中有超过 20 000 个不同的大核染色体（大多数包含一个基因），所以理解拷贝数的调控是一个挑战。研究表明，新大核染色体的拷贝数受亲本大核中相应染色体拷贝数的影响。这种拷贝数信息是由长的大核 RNA 传递的，即亲本大核染色体的拷贝数越多，产生的大核 RNA 越多，它们与新的大核中该染色体的最终拷贝数相关（Nowacki et al., 2010）。

长的大核 RNA 指导 DNA 有序化和拷贝数调控的作用机制仍有待进一步研究。它们与发育中的体细胞基因组的相互作用可能有助于招募 TBE 转座酶来介导 DNA 消除/有序化。反过来，DNA 重排效率的提高可能导致最终染色体拷贝数的增加。不管实际的分子机制如何，"RNA 储存（RNA caches）"参与基因组重组的发现无疑拓宽了我们对 RNA 改变染色质活性状态甚至改变染色体物理结构的潜力的认识。

11.10　程序化基因组重排的生物学功能

迄今为止，所有研究的纤毛虫都存在 DNA 消除现象。因此，它决不会像最初发现时那样看起来是一个无用的过程，而很可能提供重要的适应性优势。由于许多被消除的序列与转座子有关，因此有人认为 DNA 消除是对转座子的一种防御机制（Yao et al., 2003；Fillingham et al., 2004）。在这个角色中，DNA 消除的表观遗传调控可以充当基因组免疫系统，如 11.10.1 节所述。此外，在进化过程中，DNA 消除和 DNA 有序化可能加速新基因的出现，甚至允许通过可变"DNA 剪接（DNA splicing）"增加特定基因座的编码潜力（Fass et al., 2011）。此外，DNA 消除/有序化的表观遗传调控可能允许将获得性特征遗传给后代。

11.10.1　DNA 消除作为基因组防御机制

对许多不同真核生物的 RNAi 和相关机制的研究支持了这样一个假设，即该途径进化为一种细胞防御机制，通过降解 mRNA、抑制翻译、和/或用于靶向基因组入侵者们的异染色质的形成来控制病毒和转座子的增殖（Matzke and Birchler，2005）。纤毛虫在发育过程中，其转座因子大量从体细胞核中被清除，这将有效地限制其影响。在四膜虫中发现组蛋白 H3K9 和 H3K27 甲基化是小 RNA 依赖性的，并标记了 DNA 程序性消除的基因组区域，这一发现揭示了 RNAi 在纤毛虫核分化中的作用与它在其他真核生物中建立异染色质的作用基本相似。纤毛虫甚至更进一步，因为它们从体细胞基因组中消除异染色质。

通过对母体生殖系和体细胞基因组的全面比较，筛选出小 RNA 靶向的异染色质形成和 DNA 消除的特异序列。这一机制将有效地防止生殖系中转座的有害影响。在有性生殖过程中，任何新的转座子整合到生殖系中，与体细胞基因组相比，都会被认为是外来的，导致其从后代转录的体细胞基因组中移除，从而限制其未来的传播。

有人认为 RNAi 是一种原始的免疫系统，可以抵抗病毒和转座子等寄生元件（Waterhouse et al., 2001）。通过 RNAi 相关机制介导的 DNA 消除，在概念上更类似于脊椎动物的细胞免疫系统，两者都知道自身和非自身的区别。最初产生了表达不同抗体的大量淋巴细胞，但在早期发育过程中，所有能识别现有抗原（可能是自身抗原）的淋巴细胞将从未来的库中消除[第 29 章（Busslinger and Tarakhovsky, 2014）]。一旦跨过了这个阶段，对抗原的识别（很可能是外来的）就会导致相应淋巴细胞的克隆性扩增。通过类比，DNA 消除机制可以被认为是一个基因组免疫系统。

11.10.2　DNA 消除和 DNA 有序化作为"DNA 剪接"的机制

DNA 消除广泛发生在编码区域。在这种形式下，可以设想 DNA 消除通过 DNA 剪接事件从基因组中移除 DNA 内含子（=IES）以组装 DNA 外显子（=MDS）。因此，与 RNA 剪接一样，在编码区中的 IES 部分以核苷酸水平的精确度被去除。由于尖毛虫中的 DNA 有序化总是伴随着 DNA 的消除，这个过程是 DNA 剪接与 DNA 外显子的易位和反转相结合的过程。DNA 消除和 DNA 有序化的生物学后果与 RNA 剪接有明显的相似之处。RNA 剪接为细胞提供了两个重要的优势。首先，在进化的时间尺度上，DNA 中内含子的存在将允许基因重组，将不同基因的外显子结合起来，并促进新的有用蛋白质的出现。第二，对于单个生物体，基因的外显子–内含子组织允许同一基因通过选择性剪接产生多种不同的蛋白质。因此，与 RNA 剪接类似，DNA 消除/有序化有可能在进化过程中加速有用基因的出现，并允许独立基因位点在选择性 DNA 消除/重新连接后表达多种蛋白质异构体。

DNA 有序化的能力，甚至包括易位和反转都是可能的，这些将极大地促进进化过程和替代基因的表达。虽然在纤毛虫中还没有检测到产生不同蛋白质产物的替代性 DNA 消除/有序化，但外显子中的 IES 在发育过程中可以导致选择性的多聚腺苷化和剪接（Fass et al., 2011）。未来大规模的基因组序列分析将阐明这些结果的影响程度。

本章所述的 DNA 消除和 DNA 有序化的表观遗传调控也可能使纤毛性状固定，而不改变生殖系基因组。如上所述，DNA 消除/有序化可以从单个微核基因组产生可遗传的大核染色体变体。由于大核是多倍体的，其染色体在营养生长过程中是无丝分裂的，大核染色体的变异可以根据积极或消极的影响进行选择性分类。因此，如果一个特定的变异体，或变异体的组合，有利于细胞的生长和/或存活，那么在营养生长期，它将在大核中占主导地位。一旦一个特定的变异被固定在大核上，下一个有性世代 DNA 重排模式将偏向于这种通过表观特异化产生的变体形式。如果营养生长期间大核染色体的意外重排对细胞有益，这个系统也可以工作。这样，获得性体细胞核性状可以遗传给下一个有性生殖世代，因此纤毛虫似乎自然地采用了拉马克遗传的形式。由于微核保留了原始基因组，当变异因某些环境变化而丧失其生存优势时，细胞有机会恢复到原来的特性。

11.11　交配型决定的表观遗传调控

在这一章结束时，我们将介绍纤毛虫表观遗传的另一个有趣例子，即草履虫交配型的确定，这是被 T.M. Sonneborn 广泛研究过的。因为这种表观遗传背后的分子机制还没有完全解释，我们将让你想象它是如何工作的。

草履虫（*P. tetraurelia*）的两种互补交配型，称为 O 型和 E 型，显示出细胞质遗传模式（图 11-10）。O 型和 E 型性状是终末分化表型，这个终末分化表型是由来自全能生殖系的体细胞核的发育过程决定的。接合后，来自 O 亲本的营养无性系几乎总是交配型 O 型，而来自 E 亲本的无性系几乎总是 E 型（图 11-10B）。尽管两个接合后个体都从相同的合子基因组发育而来（图 11-10A），然而，如果交配细胞之间发生了显著的细胞质交换，则所有的后代都会发育成 E 型（Sonneborn, 1977）。因此，必须存在一种细胞质因子来指导 E 型的发育。一个影响交配型确立的孟德尔突变已经被证明干扰了其他基因座的 IES 切除（Meyer and Keller, 1996）。这支持了不同的基因组重排可能决定了交配型的假说。如果是这样的话，那么重排的表观遗传调控可能决定了这种性状的细胞质遗传。决定 E 型的细胞质因子有能力介导交配型基因的不同重排，从而产生决定 E 交配型的基因的一个大核形式。

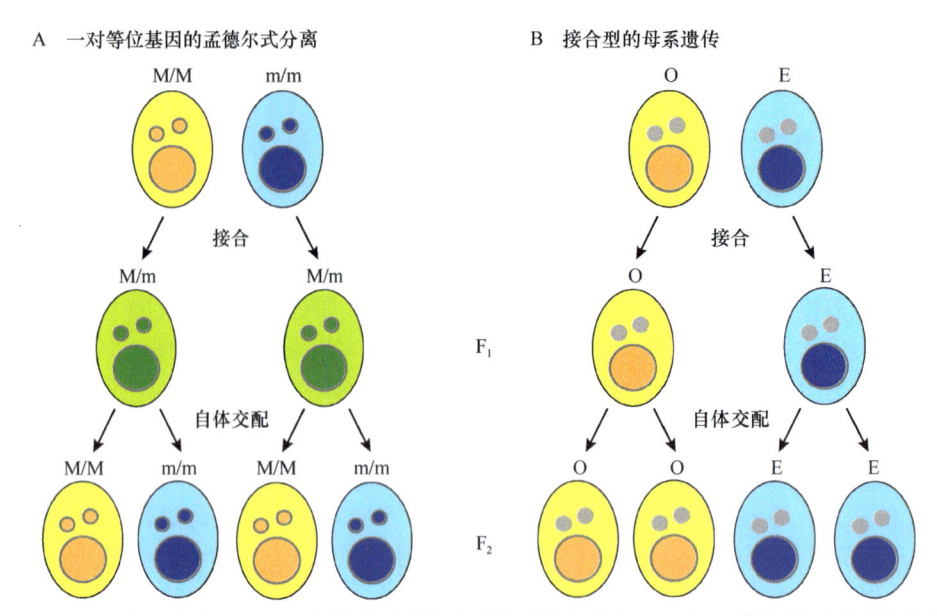

图 11-10　草履虫交配型的表观遗传。(A) 预期的基因型和表型的孟德尔分离。M 和 m 等位基因分别表达黄色和蓝色表型。M/m F$_1$ 杂合子结合后代表现为绿色（中间）表型。自交 F$_2$ 纯合子代表现为黄色或蓝色表型。(B) 交配型（O 或 E 型）是在体细胞大核（大圆）从全能性生殖系微核（小圆）发育过程中不可逆转地决定的。然而，亲本大核引导每个外接合子的分化以维持现有的交配型。

11.12　总　　结

未来，随着越来越多的研究，将阐明纤毛虫中介导许多非孟德尔现象的因子（RNA 和蛋白质），这些因子与已知表观遗传机制的联系将变得更明显。显然，对 DNA 重排的进一步研究将为基于 RNA 的遗传提供新的见解。RNAi 和其他表观遗传机制的发现很大程度上来自许多模型生物体研究者的共同努力，这些模型旨在解释意外表型或遗传模式。人们对许多同源依赖的功能，包括真菌减数分裂沉默和植物中的副突变［第 9 章（Allshire and Ekwall，2014）；第 10 章（Aramayo and Selker，2013）；第 13 章（Pikaard and Mittelsten Scheid，2014）］仍然不完全了解。未来，这需要在所有真核生物（包括纤毛虫）上进行实验，以期得出综合解答，这些答案将揭示整个表观遗传过程。

（方玉达　译）

第12章

果蝇的花斑型位置效应、异染色质形成和基因沉默

莎拉·C. R. 埃尔金（Sarah C. R. Elgin[1]），冈特·罗伊特（Gunter Reuter[2]）

[1] Department of Biology, CB-1137, Washington University, St. Louis, Missouri 63130; [2] Institute of Biology, Developmental Genetics, Martin Luther University Halle, D-06120 Halle, Germany

通讯地址：selgin@biology.wustl.edu

摘　要

常染色体中的一个基因通过重排或转位而与异染色质接近时会产生花斑型位置效应（position-effect variegation，PEV）。当组装中的异染色质跨过异染色质/常染色质边界时，它以随机模式引起转录沉默。在果蝇中，利用white基因对PEV进行了深入的研究。通过对抑制或增强white花斑的显性突变的筛选，已经鉴定出许多保守的表观遗传因子，包括组蛋白H3赖氨酸9甲基转移酶SU(VAR)3-9。异染色质蛋白HP1a结合H3K9me2/3，并与SU(VAR)3-9相互作用，形成一个核心的表观遗传记忆系统。通过对果蝇PEV的遗传、分子和生化分析，研究人员在异染色质建立和维持以及与之伴随的基因沉默方面有许多重要发现。

本章目录

12.1　基因异常地与异染色质靠近显示出花斑表型
12.2　筛选PEV抑制剂和增强子以鉴定出染色体蛋白质和染色体蛋白质修饰因子
12.3　染色体蛋白质的分布和结合模式
12.4　组蛋白修饰在异染色质沉默中起关键作用
12.5　染色体蛋白质形成相互依赖的复合体来维持和扩展异染色质结构
12.6　并非所有异染色质都是相同的：空间组织很重要
12.7　果蝇异染色质的形成是如何靶向的？
12.8　不同生物体中的PEV、异染色质形成与基因沉默

12.9 总结：关于异染色质，我们还有很多未知

概 述

通过重排或转位而与异染色质异常接近的基因表现出多样性表型。这是基因在一些细胞中被沉默的结果，而这个基因在正常情况下是活跃的。因为这种变化是该基因在基因组中的位置变化，而不是基因本身的变化引起的，所以这种现象被称为花斑型位置效应（PEV）。PEV中发生的沉默可归因于报告基因以异染色质形式包装，这表明内源性异染色质的形成一旦启动，就可以扩散到附近的基因。对果蝇（*Drosophila melanogaster*）进行遗传、细胞学和生化分析都是可行的。在本章中，我们将展示这些不同的方法是如何融合在一起的，以确定PEV系统所涉及的许多因子，从而表征一些在建立和维持异染色质中起关键作用的结构蛋白质和修饰酶。

异染色质的形成主要依赖于组蛋白H3在赖氨酸9（H3K9me2/3）的甲基化，同时伴有异染色质蛋白1（heterochromatin protein 1a，HP1a）和其他包括H3K9甲基转移酶（H3K9 methyltransferase，HKMT）在内的相互作用蛋白质。这些蛋白质的多重相互作用是异染色质扩散和维持所必需的。将异染色质形成过程靶向在基因组的特定区域似乎涉及多种机制，包括从卫星DNA特异性结合蛋白质到采用RNA干扰（RNA interference，RNAi）的机制。尽管异染色质区（近着丝粒区、端粒、Y染色体和小4号染色体）具有相同的生物化学性质，但每一个异染色质区都是不同的，并且每一个都以不同的方式体现它的复杂性。果蝇的异染色质区基因稀少，但并非没有基因，与直觉相反，这些存在于异染色质中的基因往往依赖于这种环境才能充分表达。全面了解异染色质的形成和维持（包括靶向和扩散）需要解释不同基因对这种染色质环境的不同反应。

12.1 基因异常地与异染色质靠近显示出花斑表型

真核生物基因组的很大一部分被包装在一种永久不活跃的染色质中，称为组成型异染色质。这种染色质组分最初被鉴定为基因组在间期仍保持浓缩和深染色（heteropycnotic，异染色）的部分。这种染色质通常与染色体的末端和近着丝粒区有关。异染色质区往往复制较晚，很少或没有减数分裂重组。这些结构域主要由重复的DNA序列（30%～80%）、短基序的串联重复（称为卫星DNA）和转座子（transposable element，TE）的残余物，包括DNA转座子和逆转录病毒（retrovirus）所组成。虽然这些区域基因贫乏，但并不缺乏基因，有趣的是，那些经常出现的基因都依赖于这种环境来获得最佳表达。大约三分之一的果蝇基因组被认为是异染色质的，包括整个Y染色体、大部分小4号染色体、占X染色体40%的近着丝粒区和占大的常染色体（autosome）20%的近着丝粒区（Smith et al.，2007）。在过去的几十年里，我们对异染色质的生物化学有了大量的了解，而这些了解大多来自我们对果蝇的研究（Schotta et al.，2003；Schulze and Wallrath，2007；Girton and Johansen，2008；Eisenberg and Reuter，2009）。

在果蝇中发现的第一个突变是 *white*，这种突变导致苍蝇的眼睛变白，而不是典型的红色。利用X射线作为诱变剂，Muller（1930）观察到一种不寻常的表型，其中眼睛呈杂色，即有一些红色和白色斑块（图12-1A）。这种表型表明，*white* 基因本身并没有受到破坏，毕竟一部分仍然是红色的。再次使用X射线作为诱变剂，完全红眼的果蝇又可以作为恢复体而恢复。然而，*white* 基因在正常表达的一些细胞中显然已经被沉默了。随后对多线染色体的检查表明，这些表型是由一个倒位或顺序重排引起的，涉及倒位的一个断点在近着丝粒区异染色质中，而另一个断点在 *white* 基因附近（图12-1A）。因为杂色表型是由染色

体内基因位置的改变引起的，所以这种现象被称为PEV。在果蝇中，实际上，被检测的每个基因在适当的重排中都显示出多样性，任何染色体的近着丝粒区异染色质的重排都可能导致PEV（Girton and Johansen，2008）。随后在多种生物体中也观察到PEV，包括酵母［第9章（Allshire and Ekwall，2014）］和哺乳动物［第14章（Blewitt and Whitelaw，2013）；第25章（Brockdorf and Turner，2014）］，但果蝇已被用作研究异染色质形成的主要工具。

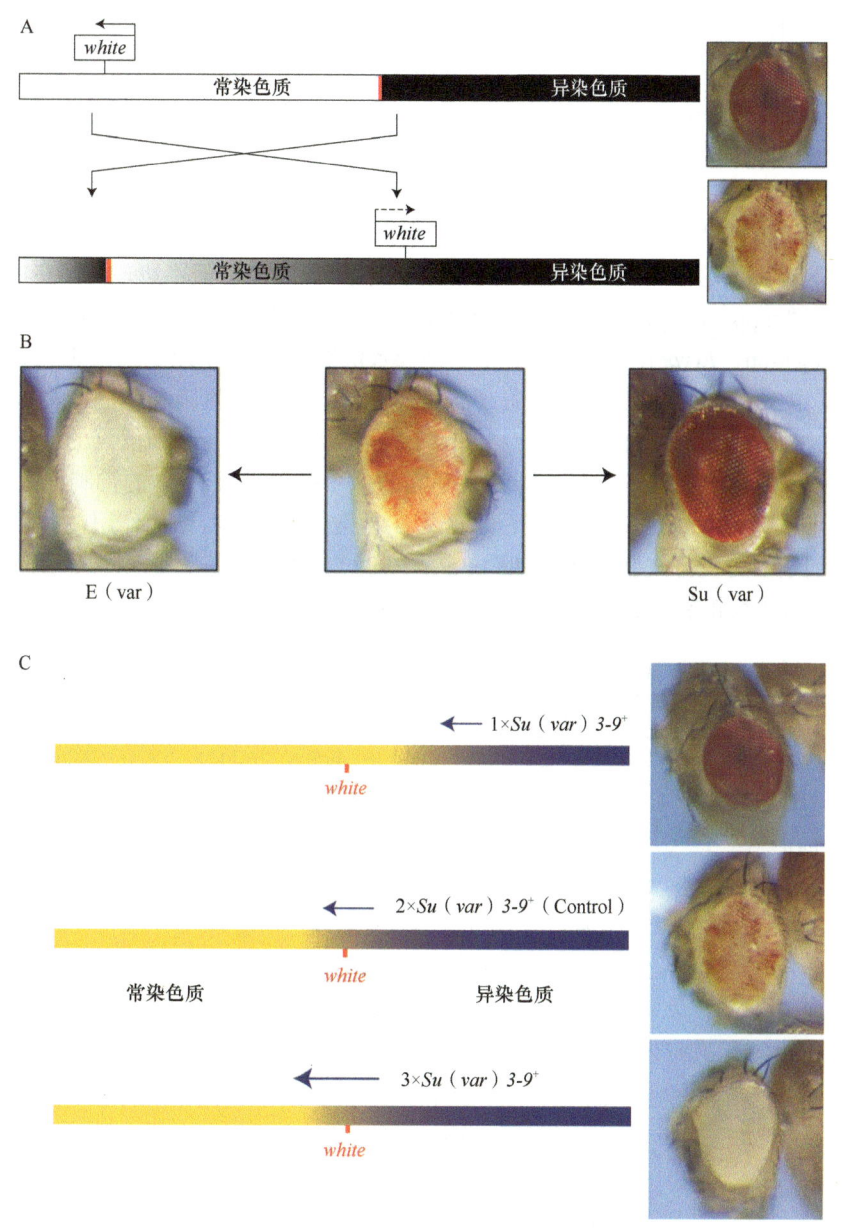

图 12-1 X染色体倒位 *In(1)w^{m4}* 中 *white* 花斑的示意图。（A）归因于X射线诱导的倒位重排，将 *white* 位点置于［通常位于远端常染色质（白色条）中，见顶行］X染色体距着丝粒异染色质（黑色条，底部重排线）断点约25kb处。将异染色质包装扩展到常染色体区会导致沉默（在本例中会导致白眼）。在分化过程中，一些细胞失去沉默会导致杂色表型（底行，右侧）。（B）给定一个花斑表型，筛选第二位点突变可以恢复抑制子［*Su(var)*］和增强子［*E(var)*］，如文中所述。（C）一些 *Su(var)* 基因位点［如这里所示的 *Su(var)3-9*］表现出相反剂量依赖效应，因此被认为是异染色质的结构蛋白。只有一个拷贝修饰基因的存在导致异染色质的形成减少，报告基因的表达增加（抑制PEV，顶部果蝇眼）；相反，这种修饰基因三个拷贝的存在将导致更广泛的异染色质形成，使报告基因沉默增强（PEV增强，底部果蝇眼）。

PEV表明，这种重排可以将新定位的基因包装成异染色质构象，并表明这是异染色质从相邻的组成型异染色质区沿染色体"扩散"的结果。显然，这种重组已经移除了一个通常存在的屏障或缓冲区。其结果是改变染色质的包装，伴随着通常以常染色体形式包装的基因的沉默。对携带这种重排的幼虫的多线染色体的目视检查表明，携带报告基因的区域被包裹在一个密集的异染色质块中，这些异染色质块通常仅在此报告基因不活跃的细胞中（Zhimulev et al.，1986）。在观察到的两种不同细胞类型中，由 white 的重新排列而产生的杂色表达模式在色素细胞的数量、色素斑块的大小和色素水平上有所不同，这两种细胞类型，一种是高水平表达，另一种是低水平或无表达（图 12-1A）。在一个使用可诱导的 lacZ 作为报告基因的系统中，研究人员观察到沉默发生在胚胎发育早期，紧跟在细胞学上首次能观察到异染色质之后，并且沉默在体细胞和种系中通过表观遗传传递；镶嵌表型是在三龄幼虫阶段、在分化过程中通过不同的沉默产生的（Lu et al.，1996）。然而，并不是所有的杂色基因在分化后都保持沉默，其中导致基因开或者关的因子的平衡对于不同的基因无疑是不同的（Ashburner et al.，2005；在第 28 章有更详细的讨论）。

  显示 PEV 表型程度的果蝇系可用于筛选 PEV 受到抑制或增强的显性第 2 个突变位点。这些第 2 位点突变可由化学诱变剂诱导，这些突变可以是点突变或小的插入/缺失，但不影响导致 PEV 表型的染色体重排。抑制子［表示为"suppressor of variegation，Su(var)；花斑抑制子"］导致沉默的丧失，而增强子［表示为"enhancer of variegation，E(var)；花斑增强子"］则导致沉默增强（图 12-1B）。从这些筛选中已鉴定出约 150 个位点，并对其中 30 个 PEV 修饰因子进行了详细研究。在基因被克隆和基因产物被表征后，人们通常会发现一个染色体蛋白质或一个染色体蛋白的修饰因子（表 12-1）。这些基因位点的一小部分既引起单倍体异常表型，也引起相反的三倍体异常表型［即如果基因的一个拷贝导致 PEV 的抑制，三个拷贝则导致 PEV 的增强（图 12-1C）］。这表明，这些基因的蛋白质产物在异染色质中起着结构作用，并且异染色质包装的扩散由这些蛋白质的剂量以随机方式驱动（Locke et al.，1988）。然而，扩散是一个复杂的过程，而不是一个简单的线性连续体，除依赖相邻的异染色质区外，可能还依赖于被沉默区域的组织结构（12.5 节）。

表 12-1　遗传定义的 Su(var) 和 E(var) 基因及其分子功能

Su(var)/E(var) 基因	细胞学位置	分子功能、蛋白质分布和表型效应
Suv4-20[Su(var)]	X；1B13-14	组蛋白赖氨酸甲基转移酶（HKMT），组蛋白 H4K20 三甲基化
Su(z)5[Su(var)]	2L；21B2	S-腺苷甲硫氨酸合成酶
chm(chameau)[Su(var)]	2L；27F3-4	Myst 域组蛋白乙酰化酶；抑制 PEV，但增强 Polycomb 突变
Su(var)2-5(HP1a)	2L；28F2-3	异染色质蛋白 1（HP1a），与二甲基和三甲基 H3K9 结合；与 Su(var)3-9 结合
Su(var)2-HP2	2R；51B6	异染色质相关蛋白，结合 HP1a
Su(var)2-10	2R；45A8-9	PIAS 蛋白，JAK/SIAT 途径的负调控因子
Su(var)3-64B[HDAC1=RPD3]	3L；64B12	组蛋白去乙酰酶 HDAC1，H3K9 去乙酰化
SuUR[Su(var)]	3L；68A4	抑制异染色质复制不足；异染色质相关蛋白
Su(var)3-1(JIL1)	3L；68A5-6	反效等位基因的 JIL1 突变，羧基末端蛋白截短，阻止异染色质扩散
Su(var)3-3	3L；77A3	dLSD1，H3K4me3 去甲基酶
Dom(Domino) [Su(var)]	3R；86B1-2	叉头翼状螺旋蛋白；异染色质相关
Su(var)3-6	3R；87B9-10	PP1 蛋白丝氨酸/苏氨酸磷酸酶
Su(var)3-7	3R；87E3	锌指蛋白，异染色质相关；与 HP1a 和 Su(var)3-9 相互作用
Su(var)3-9	3R；89E6-8	HKMT，组蛋白 H3-K9 甲基化，异染色质相关，与 HP1a 互作
mod (modulo) [Su(var)]	3R；100E3	DNA 和 RNA 结合蛋白，磷酸化的 Mod 结合 rRNA
E(var)3-64E/Ubp64[Evar1]	3L；64E5-6	假定的泛素特异性蛋白酶（Ubp46）
Trl(trithorax-like) [E(var)]	3L；70F4	GAGA 因子，重复 DNA 序列的结合，高丰度转录因子
Mod(m dg4)/E(var)3-93D	3R；93D7	转录调节因子，通过反式剪接产生 20 多种异型蛋白质
E(var)3-93E	3R；93E9-F1	E2F 转录因子，haplo 增强子，triplo 抑制子

第 12 章 果蝇的花斑型位置效应、异染色质形成和基因沉默　285

对染色体重排的观察结果表明，常染色体基因通过转位插入异染色质结构域中也会表现出多样性表型。事实证明确实是这样的。P 元件是一种 DNA 转座子，在野生果蝇的许多品系中都能找到，可以为染色体重排进行工程设计。一个天然的 P 元件在每一端都有独特的反向重复序列，并且只编码一种酶，即 P-特异性 DNA 转座酶。缺乏 DNA 转座子酶但含有其他感兴趣的基因的载体，如果将转座子酶共注入果蝇胚胎，就可以把感兴趣的基因插入果蝇基因组。如图 12-2A 所示，基于 P 的 TE 携带 hsp70 驱动的 white 拷贝，可在

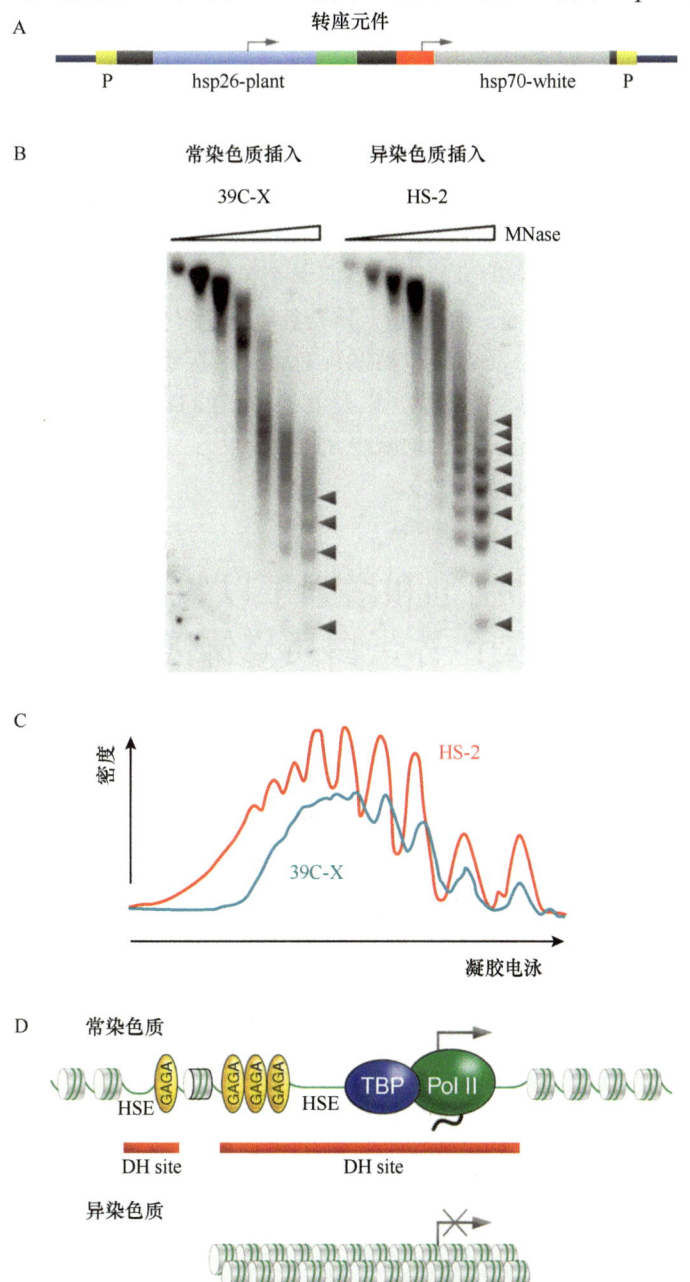

图 12-2　异染色质被包装成规则的核小体阵列。如图（A）所示，携带热休克基因的标记拷贝和 hsp70 驱动的 white 拷贝作为可视标记，用来研究在不同的染色质域的同一基因。(B) 携带一个常染色体结构域 (39C-X；红眼) 和一个异染色质结构域 (HS-2；杂色眼) 中报告基因的果蝇细胞核被不断增加的微球菌核酸酶 (MNase) 消化，纯化 DNA 并在琼脂糖凝胶上按大小进行分离，得到的 Southern 印记用独特的探针杂交转基因。MNase 切割的连接片段位点用箭头标记。(C) 比较每个样本从最后一条泳道的密度扫描 (上到下代表左到右)。在异染色质 (红线) 中可以检测到 9~10 个核小体阵列，而常染色质 (蓝线) 中检测到 5~6 个核小体，这表明前一种情况下核小体的间距更加均匀。(D) 结果的示意图。DH 位点，脱氧核糖核酸酶 (deoxyribonuclease, DNase) 敏感位点；HSE，热休克元件。(B, C, 经许可改编自 Sun et al., 2001©American Society for Microbiology)

没有内源性 white 拷贝的果蝇中被使用以鉴定异染色质结构域。当 P 元件插入常染色质中时，果蝇会出现红眼。当 P 元件被转座（通过杂交引入编码转座子酶的基因），大约有 1% 的恢复系表现出杂色眼。在这些情况下，原位杂交显示 P 元件已经跳跃到近着丝粒异染色质、端粒、Y 染色体或 4 号小染色体（Wallrath and Elgin, 1995）。这种异染色质结构域的鉴定结果与早期的细胞学研究结果一致。

使用这种 P 元件可以对同一报告基因在异染色质和常染色质环境中的包装进行比较。无论是非特异性（如 DNase I）还是特异性（限制性酶）的核酸酶，异染色质对这些酶的裂解都具有相对的抵抗力，并且对其他外源性探针（如 dam 甲基转移酶）的可及性较差。使用微球菌核酸酶（micrococcal nuclease，MNase）分析常染色质和近着丝粒异染色质中的 hsp26 转基因（用植物独特的 DNA 片段标记；图 12-2A）表明，异染色质核小体阵列向更有序的形式漂移，显示异染色质中核小体的间距更规则（图 12-2B，C）。MNase 裂解片段清晰可见，表明在连接区有一个比通常更小的 MNase 靶区。有序核小体阵列延伸到基因的 5′ 调节区，这一变化无疑导致观察到的 5′ 超敏位点（hypersensitive site，HS 位点）的丢失（Sun et al., 2001）。事实上，虽然沉默的机制还不完全清楚，但是有大量的证据表明强杂色基因呈现转录抑制，包括对 TFⅡD 和其他转录因子结合能力的丧失（Cryderman et al., 1999a）。异染色质结构显然最大限度地减少或减缓促进转录、复制和重组等的核复合体的加载。异染色质包装也被发现对维持基因组完整性至关重要，Su(var) 突变可导致核仁紊乱，染色体外环形重复 DNA 的大量增加，以及其他形式的 DNA 损伤，可能和复制错误有关（Peng and Karpen, 2009）。这种包装似乎在最大程度地减少 TE 的转录方面也很重要，有助于保持 TE 不转座，从而保护基因组的完整性（Wang and Elgin, 2011）。

12.2 筛选 PEV 抑制剂和增强子以鉴定出染色体蛋白质和染色体蛋白质修饰因子

PEV 可以被多种因素改变。发育的温度和基因组中异染色质的数量是首先被发现的影响花斑程度的因素。通常，发育温度的升高（从 25℃增加到 29℃）会抑制花斑（沉默失去），而较低的温度（如 18℃）则会导致花斑增强（沉默增强）。加速或减缓发育速度的培养条件的其他变化也可以产生类似的效果。在携带额外 Y 染色体的果蝇（XXY 雌性和 XYY 雄性）中被发现有强的抑制，而没有 Y 染色体（XO）的雄性果蝇则表现出明显的增强。一般来说，异染色质的复制抑制了花斑，而异染色质的缺失则增强了花斑。这些观察结果引导研究人员对异染色质包装所需的关键蛋白质进行了定量分析。一个结果是，Y 染色体的多态性，它改变基因组上异染色质 DNA 的数量，可以影响成千上万个基因的表达，这可能是因为有限数量的关键染色体蛋白质的重新分配。有趣的是，这些 Y 染色体的多态性已经被证明对一些基因表达有着不成比例的影响，这些基因编码染色质相关蛋白（Lemos et al., 2010）。

Schultz（1950）和 Spofford（1967）鉴定出作为 PEV 抑制子或者增强子的第一批突变。目前，大约有 150 个这样的基因被鉴定为与 PEV 中的异染色质基因沉默的发生和/或维持有因果关系。在大多数情况下它们的效应是显性的，并且 Su(var)/+或 E(var)/+杂合子显示出抑制的或增强的 PEV 表型（图 12-1B）。不出所料，这些突变通常是纯合致死的。Su(var) 和 E(var) 突变的有效分离和遗传分析依赖于实验上有合适的 PEV 重排。在所描述的许多 PEV 重排中（FlyBase, 2012），这类实验工作中最有用的品系之一是 $In(1)w^{m4}$（Muller, 1930）。这种重排使 white 变花斑，这种表型在成体果蝇的眼睛中很容易识别，如图 12-1 所示。在适当的 w^{m4} 系中，white 花斑的外显率为 100%，因此起始系中的每只果蝇都有一只白色花斑表型的眼睛，尽管花斑的程度因个体而异。white 基因的失活不会影响生活能力或生育能力，因此可以无限量地研究 w^{m4} 纯合子果蝇。因此，white 也被用作 P 元件载体（如图 12-2A 所示）中的报告基因，用于检查不同异染色质结构域对不同修饰因子的敏感性。

在 w^{m4} 重排中，反转（inversion）导致 white 基因与 X 染色体上的异染色质（位于核仁组织区的远端边缘）接近（Cooper，1959）。该区域包含 R1 型转座元件的串联阵列，$In(1)w^{m4}$ 的异染色质断点被认为位于 R1 重复单元内（Tartof et al.，1984）。在 X 射线或 EMS（ethane methyl sulfonate，化学诱变剂乙烷-甲基磺酸盐）处理后，分离出 w^{m4} 的表型恢复子。对一系列 50 多个 w^+ 恢复子染色体的分析表明，所有这些染色体都显示出 white 基因的再反转或转移到常染色体附近，这表明断裂点旁边的异染色质导致了 w^{m4} 中 white 基因的失活。如果引入强 E(var) 突变，大多数恢复体再次呈现 white 花斑，这表明重新定位后，一些异染色质序列仍然与 white 基因相关联（Reuter et al.，1985），这并不奇怪，因为侧翼 DNA 的断点是随机引入的。这些研究表明有重复 DNA（这里是 R1，a retrotransposon，一个逆转录转座子）作为异染色质形成的靶点。在第 4 号染色体中，1360，一个 DNA 转座子的残余物，被认为也是一个靶点（12.7 节）。现有数据表明，许多（但不是全部）TE 可以作为异染色质形成的靶点（Riddle et al.，2008；Wang and Elgin，2011）。

大多数已知的 PEV 修饰因子突变是用 $In(1)w^{m4}$ 或在敏感程度变化的遗传背景下另外一个报告基因分离出来的。为了分离显性抑制子突变，试验品系需含有显性 PEV 增强子。因此，试验品系几乎完全是白眼，而期望的突变［Su(var)］导致花斑或红眼。对于 E(var) 筛查也类似，在花斑品系中筛选产生红眼的 Su(var) 突变，人们筛选出导致花斑或白眼的突变。使用这种方法，在不同的筛选中检测了超过 1 百万只果蝇，有多于 140 个 Su(var) 和 230 个 E(var) 突变被鉴定出来（Schotta et al.，2003）。突变是由 EMS、X 射线处理或 P 元件再转座引起的。另一组 Su(var) 突变已在 w^{m4} 的直接筛选（无上述类型的敏感程度变化）中被分离出来（Sinclair et al.，1983）。使用 Df(1;f) 染色体进行的筛选，显示 yellow 基因（一种体色标记）的强花斑，结果分离出 70 个 PEV 修饰因子突变（Donaldson et al.，2002）。此外，对转座子报告基因表达的显性修饰因子的筛选已经确定了几个具有 Su(var) 效应的突变（Birchler et al.，1994）。随着现代技术的发展，现在也可以系统地筛查蛋白质过度表达的影响，而且通过这一策略已经确定了许多 PEV 的增强子和抑制子（Schneiderman et al.，2010）。

通过这些筛选总共鉴定出大约 500 个显性 Su(var) 和 E(var) 突变。如上所述，根据迄今为止已进行的遗传分析，Su(var) 和 E(var) 基因的总数估计约为 150 个。在命名这些基因时，Su(var) 和 E(var) 符号通常与数字结合在一起，表示突变所在的染色体、基因数量和等位基因的数量。因此 $Su(var)3\text{-}9^{17}$ 代表第 3 号染色体上第 9 个 Su(var) 基因的第 17 个等位基因。目前，只有大约 30 个相应的基因被精确地定位并确定了等位基因（表 12-1）。通过使用重叠缺陷和复制（Schotta et al.，2003）或者通过使用转基因（Eissenberg et al.，2003），在 150 个位点中有 15~20 个被发现存在剂量效应，表明这些基因产物在异染色质形成中的结构作用。随着我们逐渐认识到 PEV 的修饰可以作为一种鉴定编码染色体蛋白质基因的方法，反向筛选越来越多地被用于检测 Su(var) 或 E(var) 活性的候选基因（Pal-Bhadra et al.，2004）。当然，基因测试本身并不能告诉人们突变的影响是直接的还是间接的，这需要进一步的鉴定。

迄今为止，对已鉴定基因的分析表明异染色质形成和伴随的基因沉默（显示 Su(var) 突变的位点）需要一组特异的蛋白质，而参与基因激活的蛋白质更多。例如，常染色体臂中发现的一些关键调控基因被一组多梳蛋白（Pc）基因维持在沉默状态，而一组 Trithorax（trxG）基因则上调这些关键调控基因的表达［第 17 章（Grossniklaus and Paro，2014）；第 18 章（Kingston and Tamkun，2014）］。在直接筛选中，发现了相对较少的 Pc 基因突变可导致 PEV 的抑制（Sinclair et al.，1998），而 trxG 基因的许多突变是 PEV 的增强子（Dorn et al.，1993；Farkas et al.，1994）。这表明 Pc 和异染色质的沉默机制是不同的，尽管基因激活过程经常有共同的成分。

Su(var)2-5、Su(var)3-7 和 Su(var)3-9 三个基因位点可用于描述研究 PEV 抑制子的不同方法。Su(var)2-5 通过识别异染色质的单克隆抗体筛选 DNA 表达文库而被克隆（图 12-3A）（James and Elgin，1986）。编码的异染色质相关蛋白因此被命名为异染色质蛋白 1（heterochromatin protein 1，HP1，现在称为 HP1a）。利用分离的克隆 DNA 进行原位杂交分析，在多线染色体的 28~29 区域鉴定出一个基因，Sinclair 等（1983）在该区域已经定位了 Su(var)2-5。突变体等位基因的 DNA 序列分析证实，染色体位置 28F1-2 的 Su(var)2-5 位点编码 HP1a（Eissenberg et al.，1990；1992）。HP1a 包含两个保守结构域，一个氨基末端克罗莫结构域和一个羧基末端 chromo-shadow 结构域［第 7 章（Patel，2014）进一步讨论克罗莫结构域］，它们与许多其他

288 表观遗传学

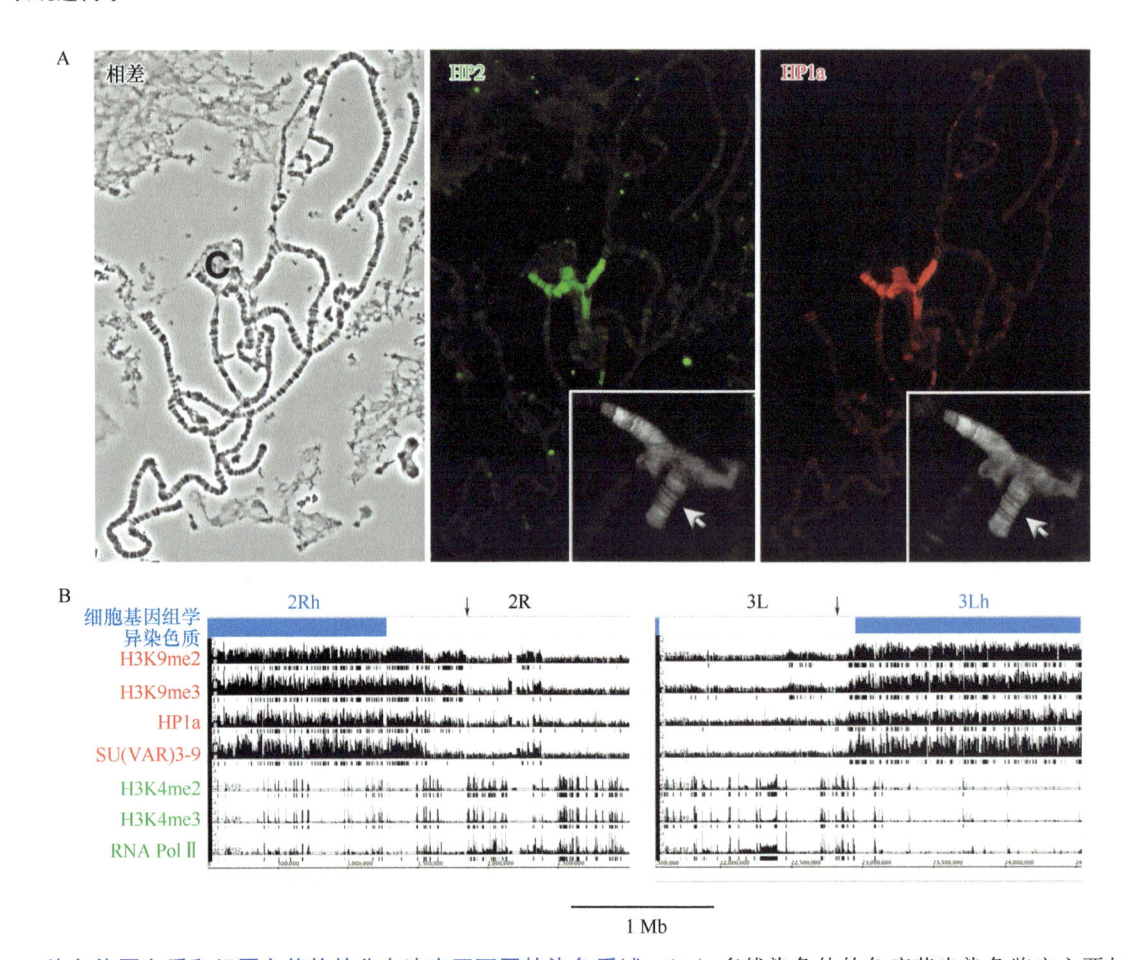

图 12-3 染色体蛋白质和组蛋白修饰的分布决定了不同的染色质域。（A）多线染色体的免疫荧光染色鉴定主要与异染色质相关的蛋白质。通过固定和压扁幼虫唾液腺制备多线染色体（左边的相差显微镜显示；C=染色中心），首先用抗体特异性孵育给定的染色体蛋白，然后用与荧光标记耦合的二抗进行染色。HP1a（右）和HP2（中）的分布模式相似，显示出与近着丝粒异染色质（在浓缩的染色中心）、小的第 4 号染色体（插图，箭头所示）和长常染色质臂中的一小部分位点有显著的联系。（改编自 Shaffer et al., 2003）。注意，任何抗体的效力都会受到固定方案选择的影响（Stephens et al., 2003）。（B）染色质标记定义了异染色质和常染色质之间的表观遗传学边界（用箭头表示）。根据染色质免疫沉淀（chromatin immunoprecipitation，ChIP）阵列数据，使用已知与异染色质（HP1a）或常染色质［RNA 聚合酶 II（RNA Pol II）］相关的蛋白质抗体和关键组蛋白修饰来划定边界。染色体臂 2R 和 3L 的着丝粒近端 3Mb 处显示的富集值（在 BG3 细胞中）。条形图下方的方框表示显著富集（$p < 0.001$）。蓝条显示细胞学确定的异染色质。这里用黑色箭头表示边界，由沉默标志的一致性很好地被定义。（B，经许可改编自 Riddle et al., 2011©Cold Spring Harbor Laboratory Press）

染色体蛋白质相互作用。

Su(var)3-7 首次通过一系列重叠缺失和重复从细胞遗传学上定位到第 3 号染色体的 87E1-4 区。根据它对花斑报告基因的三重增强子效应，进一步将其定位到 7.8kb 的 DNA 片段中（Reuter et al., 1990）。*Su(var)3-7* 编码一种具有 7 个规则间隔的锌指蛋白，这些结构域已经被证明能够结合 DNA（Cleard and Spierer，2001）。

Su(var)3-9 通过 P 元件转座子标签克隆（Tschiersch et al., 1994）。果蝇 *Su(var)3-9* 基因与编码 eIF2γ 的基因形成双顺反子单元，这会使遗传分析复杂化。*Su(var)3-9* 蛋白与 *Su(var)2-5* 一样，在其氨基末端区域包含一个克罗莫结构域，但在其羧基端有一个 SET 结构域［在 *Su(var)3-9*、ENHENCER OF ZESTE[E(Z)] 和 TRITHORAX 蛋白质中被鉴定出来］。SET 结构域允许这种蛋白质作为组蛋白赖氨酸甲基转移酶（histone lysinemethyltransferase，HKMT）发挥作用，特别是在赖氨酸 9（H3K9）处使组蛋白 H3 甲基化。

使用特异性抗体或转基因表达的融合蛋白质进行的免疫细胞学分析表明，3 个蛋白质包括 HP1a（由

Su(var)2-5 编码）、SU(VAR)3-7 和 SU(VAR)3-9 都优先与近着丝粒异染色质相关联（图 12-3A；James et al., 1989；Cleard et al., 1997；Schotta et al., 2002）。HP1a 和 *Su(var)*3-9 的共定位尤为明显。这些蛋白质彼此之间的关联也通过免疫共沉淀被显示（Delattre et al., 2000；Schotta et al., 2002）。因此，这些蛋白质可能形成核心异染色质复合体。令人惊讶的是，HP1a 也存在于许多常染色体位点，并且参与了一小部分常染色体基因的正调控（Cryderman et al., 2005；Piacentini et al., 2009）。编码组蛋白变体、染色质修饰酶、染色质结合因子或核小体重塑因子的基因突变通常会导致显性 PEV 修饰效应（Fodor et al., 2010）。然而，在大多数情况下，尚缺乏对 PEV 基因沉默突变效应的分析，因此可能是间接效应引起的。尽管对 PEV 修饰因子进行了大量的研究，但我们仍然没有一个清晰的模型来描述着丝粒异染色质中的大分子组装。

携带 w^+ 报告基因的 *P* 元件插入其他异染色质域，如端粒区、Y 染色体或第 4 号染色体，也显示出 *white* 杂色（Wallrath and Elgin, 1995；Phalke et al., 2009）。对这些报告基因的遗传分析表明，尽管不同的异染色质域有一些共同的特征，但它们也依赖于不同的染色质因子。例如，类似异染色质的包装可以在 TAS（telomere associated satellite，端粒相关卫星）序列中被观察到，TAS 序列是一组重复的 DNA 元件，它们与构成果蝇端粒的 HeT-A 和 TART 逆转录病毒成分相似（Cryderman et al., 1999b）。令人惊讶的是，尽管 HP1a 对端粒完整性很重要，但 HP1a 突变并没有对端粒产生影响（Fanti et al., 1998）。端粒的特征非常明显，这里的杂色被称为端粒位置效应（telomere position effect，TPE）。在另一个例子中，几个小组观察到第 4 号染色体上的报告基因沉默通常对 dSETDB1 基因的突变敏感，而对 *Su(var)*3-9 的突变不敏感，尽管两者都编码 H3K9 HKMT（Seum et al., 2007；Tzeng et al., 2007；Brower-Toland et al., 2009）。使用一系列修饰基因位点来观察不同异染色质结构域中的 PEV 的研究表明，每个结构域需要一些独特的蛋白质来维持在体细胞中的沉默（Donaldson et al., 2002；Phalke et al., 2009）。

12.3 染色体蛋白质的分布和结合模式

对果蝇进行操作的优势之一是能够检查多线染色体，这提供了一个可视化的基因组路线图。多线现象发生在幼虫期，许多终末分化细胞中的染色体被复制，但没有经过有丝分裂。染色质链保持成对排列，形成完美的同源染色体联会，所有的拷贝都对齐。最极端的情况出现在唾液腺，染色体的常染色质臂经历了 10 轮复制，产生了约 1000 个拷贝。然而，这些复制并不一致；许多重复序列复制不足，卫星 DNA 序列根本不复制。所有染色体臂融合在一个共同的染色中心（chromocenter）（图 12-3A）（Ashburner et al., 2005）。

多线染色体为通过免疫荧光染色确定染色体蛋白质的分布模式提供了可能，比使用中期铺板获得的分辨率要高得多（Silver and Elgin, 1976）。该方法已被用于发现异染色质相关蛋白（HP1a；James and Elgin, 1986），和确定由遗传鉴定［通过 *Su(var)* 表型］或与已知异染色质蛋白质的相互作用而鉴定出来的候选蛋白质，因为它们显示出这种定位（图 12-3A）（例如 HP2，通过与 HP1a 的相互作用鉴定；Shaffer et al., 2006）。尽管下文所述的全基因组水平的 ChIP 技术具有更高的分辨率，但多线染色体染色仍然是一种快速且廉价的显示分布模式的方法（如果有特定抗体）。利用多线染色体染色已经鉴定出大约 10 种异染色质特异蛋白。如果编码这些蛋白质的基因存在突变，人们通常会观察到 PEV 的显性抑制（Greil et al., 2007；Ashbumer et al., 2005，第 28 章）。因此，这些蛋白质是异染色质的候选结构成分。

随着寡核苷酸阵列和高通量测序的出现，通过 ChIP 在已测序的基因组中绘制染色体蛋白质和组蛋白修饰图谱成为可能。最常见的方法是使用甲醛交联染色质，从而获得 500～1000bp 的片段，用固定在珠子上的抗体把所需的片段拉下来。回收的基因组 DNA 片段可通过 qPCR（定量聚合酶链反应，只有少数几个位点需要查询时使用）、杂交到基因阵列（ChIP-chip）或深度测序（ChIP-seq）来表征。结果的有效性取决于所用抗体的特异性。由于生产商质量控制不稳定，实验人员必须自己进行对照（Egelhofer et al., 2011）。这项技术依赖于将回收的 DNA 片段映射到组装好的基因组的能力。对于果蝇而言，只有约 25% 的异染色质区已被测序和组装（不包括卫星 DNA；Hoskins et al., 2007；Smith et al., 2007），因此解释结果时必须注意这一限制。

由美国国立卫生研究院赞助的 modENCODE 项目报告了果蝇全基因组染色质的 25 种组蛋白修饰及更多的染色体蛋白质和转录因子的全基因组范围染色质图谱，并在几个培养细胞系和不同发育阶段进行了观察。这些数据以及转录模式图、DNA 酶 Ⅰ 超敏感（HS）位点和其他染色质特征可通过 FlyBase（2012）或 modMine（2011）网站访问。例如，观察 BG3 细胞染色体臂的基部，我们可以发现富含 HP1a 和 SU(VAR)3-9 的区域（近着丝粒异染色质），也可以发现几乎不含 HP1a 和 SU(VAR)3-9 的区域（常染色质）（Riddle et al., 2011）（图 12-3B）。这些结果与细胞遗传学定义的常染色质和异染色质之间的界限一致，但提供了更高的分辨率。基因的密度和重复密度的增加清楚地反映了基因组在这个点附近的组织变化。然而，在 S2 细胞中，边界可以移动数百 kb 碱基，这表明它不是由特定的 DNA 序列固定的，而是反映了细胞类型特异的染色体蛋白质或其他因子的平衡。

12.4 组蛋白修饰在异染色质沉默中起关键作用

对 SU(VAR)3-9 的分析确定了 H3K9 甲基化在异染色质基因沉默中的关键作用（Tschiersch et al., 1994）。该蛋白包含一个酶促组蛋白 H3K9 甲基化的 SET 结构域。这种蛋白是一种以 H3K9 为靶点的组蛋白甲基转移酶（histone lysine methyltransferase，HKMT），它是通过对人类 SUV39H1 同源蛋白质的鉴定被首次发现的（Rea et al., 2000）。在果蝇中，SU(VAR)3-9 是主要的，但不是唯一的 H3K9 HKMT（Schotta et al., 2002；Ebert et al., 2004）。SU(VAR)3-9 在着丝粒周围异染色质中促进了 H3K9（H3K9me2/me3）的二甲基化和三甲基化，但在第 4 号染色体大部分、端粒或常染色质位点上不起作用。后面这些区域的大部分二甲基化反应与 SU(VAR)3-9 无关，H3K9 在着丝粒周围异染色质中的单甲基化也不受 SU(VAR)3-9 影响（Ebert et al., 2004）。dSETDB1（"eggless"）在第 4 号染色体 H3K9 甲基化中起主要作用（Seum et al., 2007；Tzeng et al., 2007；Brower-Toland et al., 2009；Riddle et al., 2012），G9a 和其他潜在的 HKMT 也可以发挥作用，但特异性细节仍不得而知。H3K9 二甲基化在异染色质基因沉默中的重要性体现在 SU(VAR)3-9 对 PEV 表型的强烈剂量依赖性，以及 *Su(var)3-9* 突变抑制的基因沉默与 HKMT 活性相关。酶促反应超活性 *Su(var)3-9^{ptm}* 突变是 PEV 的一种强增强子，可导致染色中心的 H3K9 二甲基化和三甲基化（H3K9me2 和 H3K9me3）升高，并在许多常染色体部位（异位异染色质）产生显著的 H3K9me2 和 me3 信号（Ebert et al., 2004）。S-腺苷甲硫氨酸作为甲基供体对所有这些甲基化反应起作用；因此，编码 S-腺苷甲硫氨酸合酶 *Su(z)5* 的基因的突变是 PEV 的显性抑制子（Larsson et al., 1996）。

利用 SU(VAR) 基因突变的研究已经开始揭示建立异染色质结构域所需的分子反应过程。SU(VAR)3-9 在异染色质序列上的结合依赖于其克罗莫结构域和 SET 结构域［第 7 章（Patel, 2014）了解蛋白质结构的详细信息；Schotta et al., 2002］。SU(VAR)3-9 的结合是如何调控的现在还不清楚。SU(VAR)3-9 使 H3K9 甲基化建立了 HP1a 的结合位点。HP1a 的克罗莫结构域特异性地结合 H3K9me2 和 H3K9me3（Jacobs et al., 2001）。SU(VAR)3-9 也能结合 HP1a，这已经通过酵母双杂交和免疫共沉淀（Schotta et al., 2002）证明。事实上，SU(VAR)3-9 氨基末端到其克罗莫结构域的区域与 HP1a 的 chromoshadow 结构域相互作用，并且这种相互作用稳定了 HP1a 与 H3K9me2/3 的结合（图 12-4A）（Eskeland et al., 2007）。SU(VAR)3-9 的这个区域也与 SU(VAR)3-7 的羧基末端结构域相互作用。SU(VAR)3-7 蛋白在三个不同的位点与 HP1a 的 chromoshadow 结构域相互作用（Delattre et al., 2000）。这种相互作用模式表明，HP1a、SU(VAR)3-7 和 SU(VAR)3-9 三种蛋白质在多聚异染色质蛋白复合体中物理结合。

SU(VAR)3-9 和 HP1a 与近着丝粒异染色质的关联是相互依赖的（Schotta et al., 2002）。SU(VAR)3-9 引起 H3K9 的二甲基化和三甲基化，它们被 HP1a 的克罗莫结构域特异识别（Jacobs et al., 2011）。因此，在 *Su(var)3-9* 突变幼虫中，HP1a 与近着丝粒异染色质的结合受损。在染色中心内部、第 4 号染色体、端粒和常染色体位点，H3K9 二甲基化不完全依赖于 SU(VAR)3-9，HP1a 在突变株系的所有这些位点上都继续存在。

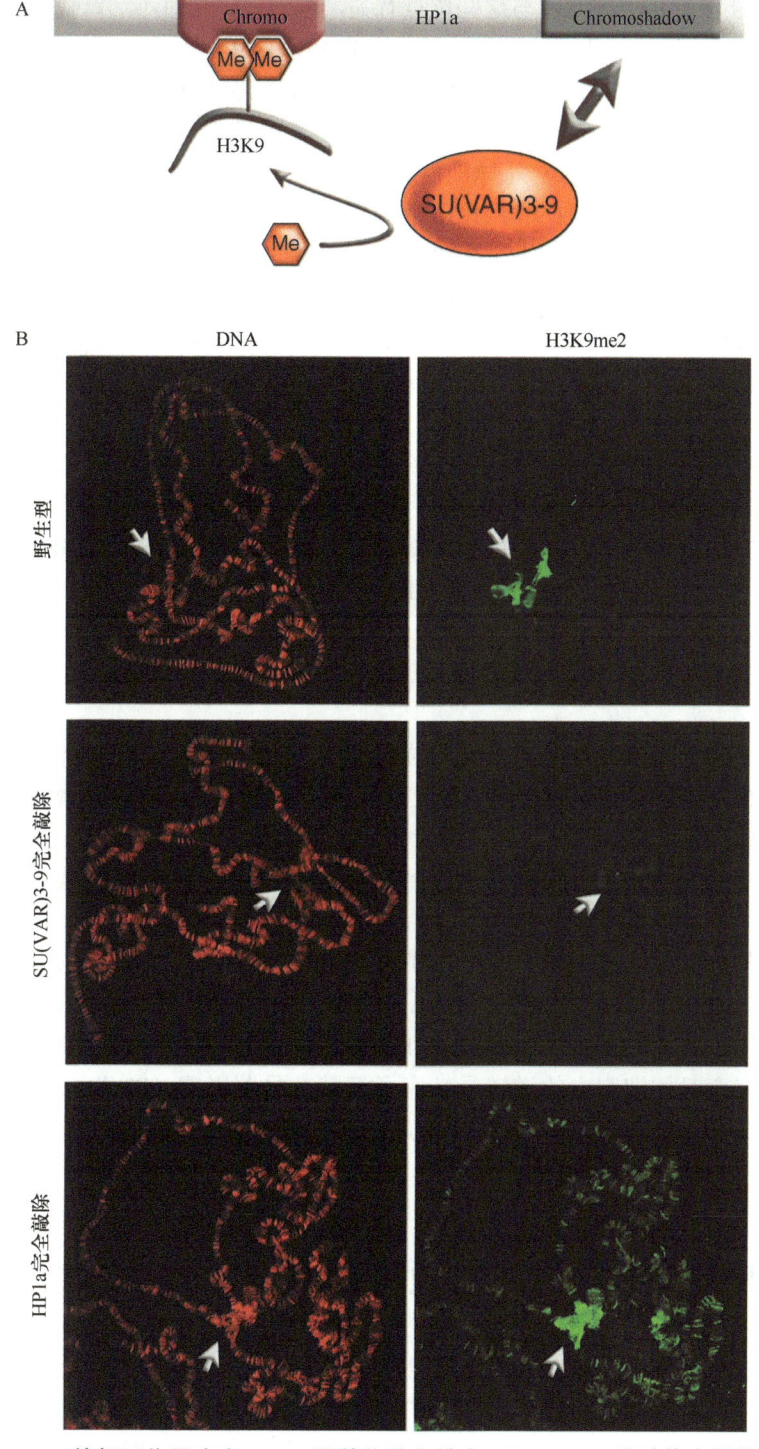

图 12-4 **SU(VAR)3-9 和 HP1a 的相互作用决定 H3K9 甲基化分布模式。**（A）HP1a 通过其克罗莫结构域与 H3K9me2/3 相互作用，通过其 chromoshadow 结构域与 SU(VAR)3-9 相互作用。通过识别组蛋白修饰和负责修饰的酶，HP1a 解释了异染色质扩散和表观遗传产生的机制。（B）SU(VAR)3-9 负责 H3K9（H3K9me2）的大部分二甲基化反应。酶的丧失导致了近着丝粒异染色质中这种修饰的丢失，如多线染色体的抗体染色的丢失所示（比较中间图版和顶部图版）。HP1a 的丧失导致 SU(VAR)3-9 靶向性的丧失，由此可见整个染色体臂（下图）中高水平的 H3K9me 标记。

因此，尽管 SU(VAR)3-9 在野生型细胞中与这些位点有关，但它似乎相对不活跃。

相反地，如果 HP1a 不存在（已经被突变去除），SU(VAR)3-9 就不再与近着丝粒异染色质强结合，而是沿着常染色体臂被发现，几乎在所有的谱带上都可以看到，它会导致 H3K9me1 和 H3K9me2 异位单甲基化和二甲基化（图 12-4B）。因此，HP1a 对 Su(var)3-9 与着丝粒异染色质的限制性结合至关重要。这些数据表明，一系列反应开始于 SU(VAR)3-9 与异染色质结构域的结合，然后生成 H3K9me2/3。H3K9me2/3 被 HP1a 的克罗莫结构域识别，SU(VAR)3-9 与 HP1a 的 chromoshadow 结构域的结合确保了其与异染色质的结合（图 12-4A）。有趣的是，构建了一种嵌合的 HP1a-Pc 蛋白质，其中 HP1a 的克罗莫结构域被 Pc 蛋白的克罗莫结构域取代（Platero et al., 1996）。Pc 的克罗莫结构域与 H3K27me3 强烈结合（Fischle et al., 2003），HP1a-Pc 嵌合蛋白质结合在常染色质臂上的这些 H3K27me3 位点。在这种嵌合的 HP1a-Pc 蛋白质的存在下，SU(VAR)3-9 蛋白质也在 Pc 结合位点被发现，证明 Su(var)3-9 与 HP1a 的克罗莫结构域有很强的关联（Schotta et al., 2002）。

在 SU(VAR)3-9 完全突变的细胞中，另一种异染色质特异性甲基化标记 H4K20 三甲基化（H4K20me3）显著降低。异染色质中 H3K9 二甲基化和 H4K20 三甲基化之间的相互依赖关系被证明，反映了 SU(VAR)3-9、HP1a 和 SUV4-20 蛋白质之间的相互作用关系。SUV4-20 是一种组蛋白赖氨酸甲基转移酶（HKMT），控制异染色质中 H4K20 甲基化。这种异染色质特异性甲基化标记在 HP1a 阴性细胞中也受到严重损害，表明 SU(VAR)3-9、HP-1a 和 SUV4-20 之间存在一个相互依赖的蛋白质复合体，尽管这种复合体尚未从果蝇中分离出来。Suv4-20 基因突变导致 PEV 诱导的基因沉默受到抑制，表明这一过程需要 H4K20me3 标记（Schotta et al., 2004）。

综上所述，HP1a 蛋白在近着丝粒异染色质形成和相关基因沉默中具有核心作用，它结合 H3K9me2 和 H3K9me3，并直接与 SU(VAR)3-9（H3K9 HKMT 之一）以及其他几个关键染色体蛋白相互作用。由此产生的复合体可能包括一些额外的异染色质特异性蛋白质。这个模型的变化也适用于其他的异染色质域，比如第 4 号染色体（Riddle et al., 2012）。然而，考虑到已鉴定的 Su(var) 位点的数量，这个模型肯定会变得更加复杂。

在哺乳动物和植物中，组蛋白 H3K9 甲基化和 DNA 甲基化代表了抑制性染色质的相关标志（Martienssen and Colot, 2001; Bird, 2002）。果蝇是否发生 DNA 甲基化一直是多年来争论的焦点。最近的报告显示，果蝇早期胚胎中 DNA 甲基化水平较低（Krauss and Reuter, 2011）。果蝇中唯一可识别的 DNA 甲基转移酶是 Dnmt2，该基因的突变对体细胞中的逆转录转座子沉默有显著影响（Phalke et al., 2009）。然而，许多实验室近交系只显示出非常低水平的 Dnmt2 表达，这种变异可以解释关于果蝇 DNA 甲基化的矛盾结果（O Nickel, C Nickel, G Reuter, 未发表）。

12.5 染色体蛋白质形成相互依赖的复合体来维持和扩展异染色质结构

PEV 反映了基因表达的变化，特别是报告基因在其正常活跃的一些细胞中表达的缺失，这是遗传重排或转座的结果。有几种不同又相互关联的模型来解释 PEV。第一种模型最初考虑的可能性是基因的随机丢失，可能是由于复制滞后（Karpen and Spradling, 1990）。定量 Southern 印记分析表明，这种解释并不普遍适用，因为花斑基因通常在二倍体组织中完全复制（Wallrath et al., 1996）。第二个测试可以使用两边都带有 FRT 位点的花斑报告转基因（white）进行。通过诱导 FLP 重组酶，基因从染色体上切除，形成一个独立的闭合环。受 PEV 影响的报告基因可以通过从细胞中染色体上切除而消除沉默，否则它将处于非活跃状态（Ahmad and Golic, 1996）。这表明虽然基因持续存在，但是一旦报告基因离开异染色质环境，异染色质状态可以逆转。

其他的模型则集中在花斑基因与细胞核内的异染色质小室的关联上（12.6 节）和/或异染色质结构从新的异染色质附近扩散。扩散模型基于广泛的遗传和细胞学数据，解释了基因沉默是由于异染色质包装跨越断点扩散到常染色体区域。在正常染色体中，常染色区和异染色质区似乎是通过异染色质中高密度的重复序列来区分的，并且可能通过特定的序列或缓冲区相互隔离。由于这些绝缘序列（在果蝇中从未明确定义）在 PEV 重排的常染色体和异染色质连接处不存在（图 12-1A），常染色体序列的异染色质化会被不同程度地诱导。这种异染色质化在多线染色体的细胞学上是可见的，可以看到从染色体臂基部的带状结构向无定形结构的转变（图 12-5A）（Hartmann-Goldstein，1967），这种变化的程度可以通过 *Su(var)* 和 *E(var)* 突变进行修饰（Reuter et al.，1982）。

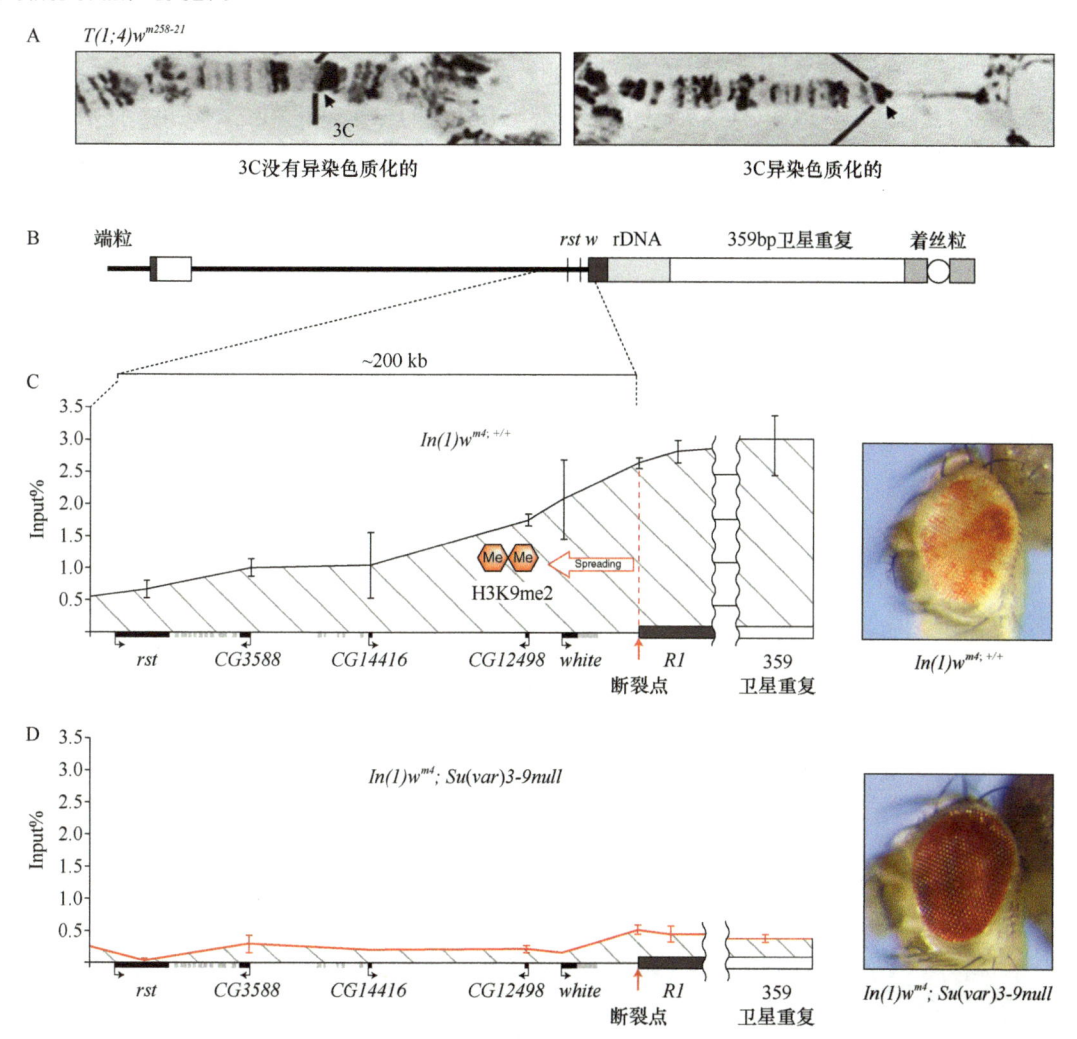

图 12-5 组蛋白 H3K9me2 的扩散和 PEV 重排中 *white* 位点的细胞学异染色质化。（A）对于 $T(1;4)w^{m258-21}$ 易位（在 4 号染色体的异染色质上有一个断点），在多线幼虫唾液腺染色体中，由于带的缺失，异染色质化成为细胞学上可见的现象，这是浓缩和低复制的明显后果（右图右侧）。（经 Springer Science+Business Media 允许转载自 Reuter et al.，1982）（B）在 $In(1)w^{m4}$ 染色体中，异染色质状态在相邻常染色质区域的约 200kb 范围内的扩散是由位于 rDNA 簇（深灰色框）远端的异染色质片段启动的。（C）H3K9me2 特异性抗体的 ChIP 检测到这种异染色质组蛋白标记沿着 *roughest(rst)* 基因和 w^{m4} 断点之间的常染色质区域扩散。（D）果蝇 *Su(var)3-9* 基因的完全突变纯合子中，近着丝粒异染色质和 *white* 基因区域丢失 H3K9me2，恢复了 $In(1)w^{m4}$ 果蝇中 *white* 基因的野生型活性。（改编自 Rudolph et al.，2007）

沿染色体一段距离内常染色质基因的失活可以从遗传学上表现出来（Demerec and Slizynska，1937）。受影响区域结合了 HP1a（Belyaeva et al.，1993；Vbgel et al.，2009），并且组蛋白 H3 在赖氨酸 9 处二甲基化（H3K9me2）（Ebert et al.，2004；Rudolph et al.，2007）。扩散模型假设包装成常染色质与包装成异染色质之间存在竞争，如上所述，剂量依赖性修饰因子的恢复支持这样一个模型（Locke et al.，1988；Henikoff，1996）。然而，扩散似乎不是一个简单的质量作用问题，其中最接近异染色质的区域表现出最大的沉默。我们可以识别在重排过程中靠近着丝粒异染色质的报告基因是活跃的，而另一个更远的报告基因是沉默的（Talbert and Henikoff，2000）。使用 ChIP-qPCR 进行的研究表明，H3K9me2 异染色质标记的梯度随着距着丝粒周围异染色质的距离而下降（图 12-5C）（Rudolph et al.，2007）。具有讽刺意味的是，*white* 基因的调控区域似乎特别容易受到沉默标记累积的影响，特别是在 DamID 图谱研究中显示为 HP1a 的积累（方法如下所述；Vogel et al.，2007）。这个调控区域存在于用 *mini-white* 标记的报告转基因中，但不存在于如图 12-2 所示的那些转基因中，这些转基因使用 hsp70 启动子来驱动 *white* 表达。在使用转报告基因评估研究时，应该注意这些差异。

异染色质的扩展效应显然取决于常染色区域内的一系列分子反应。目前已知几种组蛋白修饰在定义不同染色质状态时相互排斥。H3K9（H3K9ac）的乙酰化、H3K4 的二甲基化和三甲基化（H3K4me2/3）以及 H3S10 的磷酸化（H3S10ph）是活性常染色质的典型标志，而 H3K9me2/3 和 H4K20me3 则是沉默区域的特定标记。因此，常染色区域的异染色质化需要在常染色质内进行特定的去乙酰化、去甲基化和去磷酸化反应，如图 12-6A 所示。这种转变最初取决于 H3K9 通过 HDAC1 去乙酰化。编码组蛋白 H3K9 特异性去乙酰化酶 HDAC1 的 *rpd3* 基因突变是 PEV 的强抑制子（Mottus et al.，2000），它拮抗 Su(var)3-9 在基因沉默中的作用（Czermin et al.，2001）。HDAC1 在体内与 SU(VAR)3-9/HP1a 复合体有关，这两种酶协同作用使先前乙酰化的组蛋白甲基化。

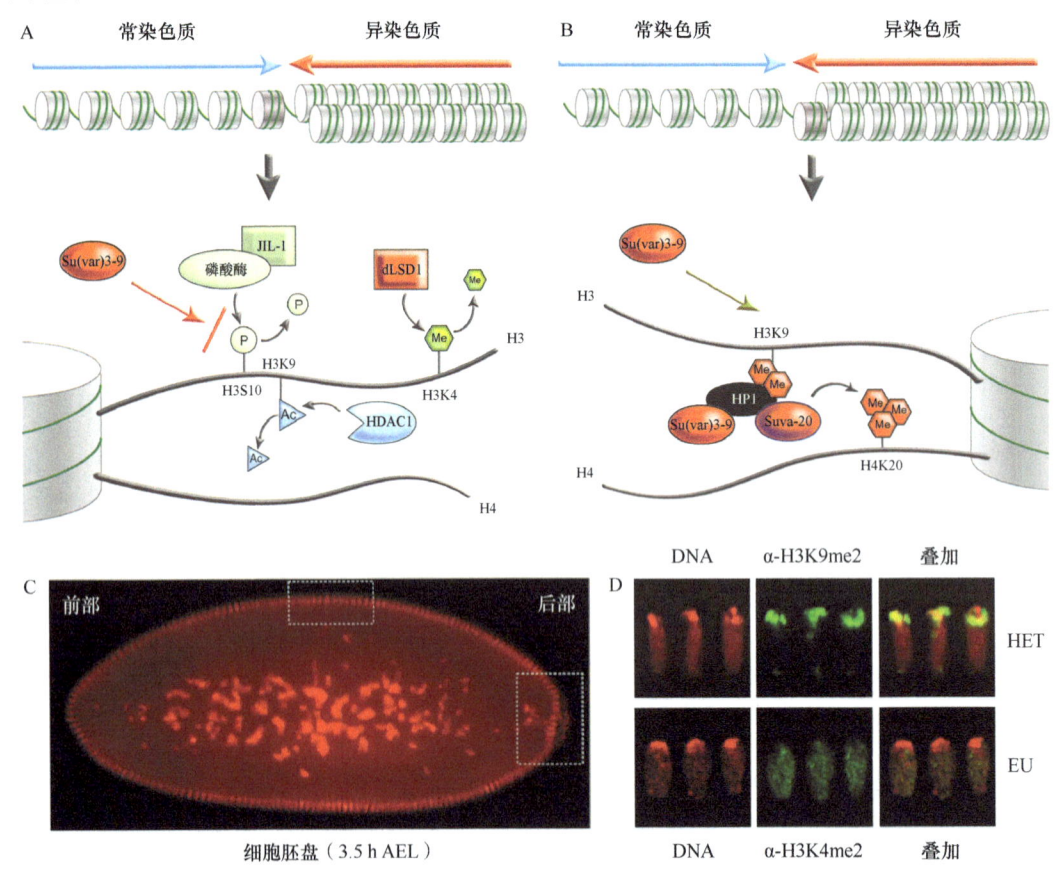

图 12-6　从常染色质到异染色质状态的转变需要组蛋白修饰的一系列变化。（A）活性基因由 H3K4me2/3 标记，如果存在，则需用 LSD1 去除该标记。H3K9 在常染色质中通常被乙酰化，这个标记必须用组蛋白去乙酰化酶 HDAC1 去除。H3S10 的磷酸化可以干扰 H3K9 的甲基化，去磷酸化似乎涉及一种磷酸酶，它通过与 JIL1 激酶的羧基末端相互作用来靶向。这些转变为获得与沉默相关的修饰奠定了基础，如 B 所示，包括 H3K9 被 *Su(var)*3-9 甲基化、HP1a 结合以及随后的 H4K20 被 SUV4-20 甲基化，SUV4-20 可能是被 HP1a 招募的酶。（C）常染色质和异染色质的区别始于早期胚胎发生过程中细胞周期 10，并在细胞胚盘（顶框）和原始生殖系细胞（右框）形成时完成。（D）胚盘细胞核呈现顶端极性（Rabl 构象）。异染色质（H3K9me2 染色）在尖部，而常染色质（H3K4me2 染色）则在基底部。（免疫荧光图像由 Sandy Mietzsch 提供）

在 Su(var)3-1 突变中，异染色质向常染色质的扩散被完全阻断（Ebert et al.，2004）。Su(var)3-1 突变是编码 JIL1 激酶的基因中的移码突变，导致缺失羧基末端区域的截短 JIL1 蛋白表达。JIL1 蛋白包含两个激酶结构域，并催化常染色质中的 H3S10 磷酸化。$JIL1^{Su(var)3-1}$ 突变不影响 H3S10 磷酸化，但可能损害 H3S10 的去磷酸化，有效抑制 H3K9 的甲基化。这表明有磷酸酶的参与。PPI 酶［通过 Su(var)3-6 突变被鉴定出来（Baksa et al.，1993）］是否直接参与这一反应尚不清楚。

H3K4 去甲基化似乎是常染色质区域异染色质化的另一个先决条件（图 12-6A）。在哺乳动物中的研究表明，LSD1 胺氧化酶作为 H3K4 去甲基化酶发挥作用（Shi et al.，2005）。果蝇 LSD1 同源基因的突变在所有已测试的 PEV 重排中都能拮抗异染色质向常染色体区域的扩散。在缺乏 LSD1 的 SU(VAR)3-3 突变细胞中，虽然组成型异染色质区不受影响，但在断裂点两侧常染色质中 H3K9 甲基化不能获得（Rudolph et al.，2007）。在合胞胚盘中，dLSD1 集中在细胞核异染色质区和常染色区交界处（图 12-6D）。这些发现表明，在常染色质向异染色质包装转变之前，需要几种酶的协同作用来去除常染色质特异性组蛋白修饰标记（图 12-6A）。很可能会发现所需的酶与 SU(VAR)3-9/HP1a 形成复合体，正如 HDAC1 那样。

上述组蛋白标记和染色体蛋白质之间的结合模式表明，染色质状态可以用这些共同结合的模式来描述，事实证明确实如此。有两种不同的方法用于绘制染色体蛋白质的全基因组分布模式，即 ChIP（如上所述）和 DamID。对于 DamID，首先是将 DNA 腺嘌呤甲基转移酶（DNA adenine methyltransferase，Dam，一种细菌特异性蛋白）融合到感兴趣的染色质蛋白上，在染色质蛋白质结合的部位沉积了一个稳定的腺嘌呤甲基化"足迹"。修改后的 DNA 片段被回收，并使用寡核苷酸微阵列评估关联模式。一项对果蝇 Kc 细胞中 53 种染色体蛋白质进行的研究确定了五种主要的染色质类型，包括异染色质（富集 HP1a 和 H3K9me2）、Pc 沉默域（PC 和 H3K27me3 富集）、另外的非活性区和两种类型的活性结构域，两类活性结构域都与高水平的 RNA 聚合酶有关，但以分子组织和 H3K36 甲基化水平为区别。主成分分析表明，使用五种蛋白质包括组蛋白 H1、HP1a、PC、MRG15 和 BRM（后两种与核小体重塑相关）可以在很大程度上进行这种分类（85.5% 的一致性）（Filion et al.，2010）。

在 modENCODE 研究中，其中的模型使用了 18 种不同组蛋白修饰的富集模式和 30 种不同染色质状态产生了一个模型，与上述 Filion 等（2010）提出的五类染色质分类模型不同。分布模式由 ChIP-chip（评估寡核苷酸阵列上捕获的 DNA）实验确定。这种方法虽然需要固定，但提供了更高的分辨率。总体上染色质集中在 9 种组合模式（状态）中，如图 12-7A 所示（Kharchenko et al.，2011）。分析表明存在与不同状态相关联的特征，包括转录起始位点（状态 1）、转录基因体（状态 2）和调控区域（状态 3 和状态 4）。与大结构域相关的独特状态包括在雄性 X 染色体上发现的状态［可能与剂量补偿有关，第 24 章（Lucchesi and Kuroda，2014）］（状态 5），与 Pc 沉默复合体相关［状态 6；第 17 章（Grossniklaus and Paro，2014）］，以及两种与异染色质标记相关的状态，一种常见于近着丝粒异染色质（状态 7），另一种（H3K9me2/3 浓度较低）见于常染色体臂（状态 8）。［状态 8 结构域的模式是细胞类型特异性的，表明是兼性异染色质（Kharchenko et al.，2011）］。那些没有明显特征的区域被分组到状态 9 中（图 12-7A）。

尽管这种 9 态模型的产生完全是基于组蛋白修饰标记的图谱，但人们观察到染色体蛋白质的富集和消除的独特模式。例如，HP1a 和 SU(VAR)3-9 在状态 7 中大量富集，而在状态 8 中适度富集，这些状态与基因表达相关蛋白的消除有关。将这些状态映射回整个基因组提供了染色质组织的概述（图 12-7B）和单个基因的详细特征。后者可以在 FlyBase（2012）上通过选择 GBrowse 选项查看。9 态模型允许我们在染色体或大区域水平上看到一般模式，而使用更复杂的模型（如 30 态模型）可以在基因水平上解释更多细节。

根据组蛋白标记或染色体蛋白质进行分类，这两种方法的结果在识别不同沉默域（H3K9me2/HP1a 或者 H3K27me3/Pc）上是一致的。然而，活性基因的分类是不同的，基于组蛋白修饰的分类识别不同的基因区域（1-转录起始位点，2-转录区域 body，3/4-调节区域），而基于染色体蛋白质的分类识别出两组在重塑策略上不同的基因（Filion et al.，2010；Kharchenko et al.，2011）。对每项研究确定的关键因子进行分析，将为未来提供一种有效的方法。

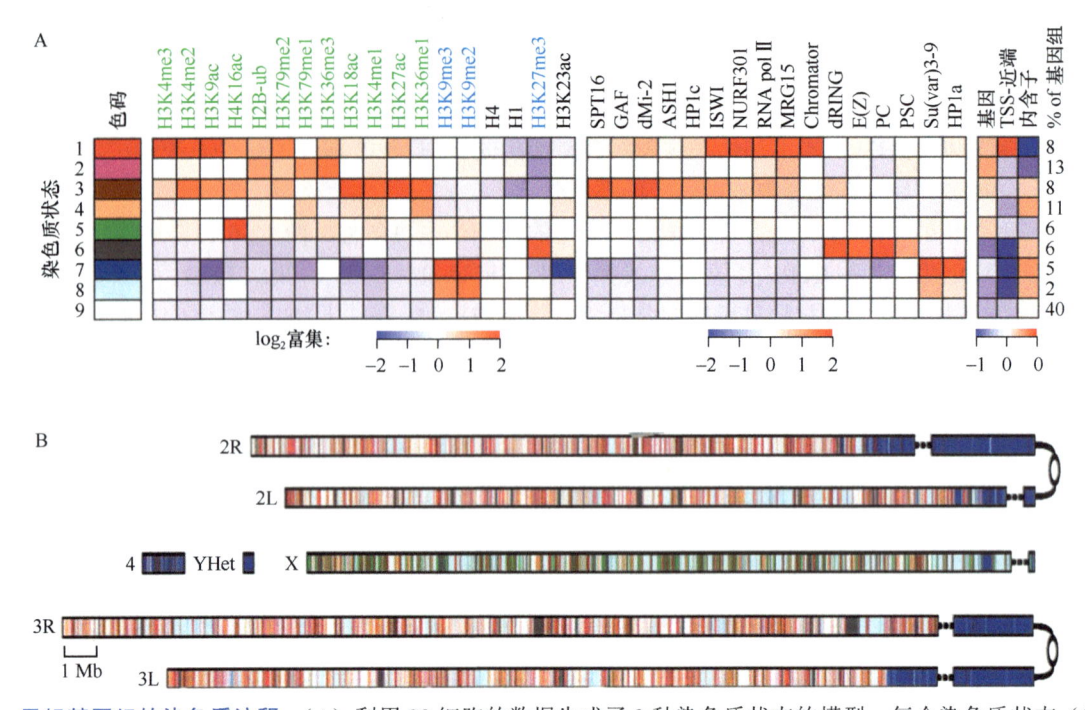

图12-7 果蝇基因组的染色质注释。（A）利用S2细胞的数据生成了9种染色质状态的模型。每个染色质状态（行）由特定组蛋白修饰标记的富集（红色）或消除（蓝色）的组合模式定义。第1个（左）图版，色码图。第2个图版，组蛋白修饰标记（绿色标记为活性标记，蓝色为抑制标记，黑色标记为一般标记）。第3个图版，在该状态下发现的染色体蛋白质的富集或消除。第4个（右）图版，基因和转录起始位点（transcription start site，TSS）近端（上下约1kb）区域，相对于整个平铺基因组。（B）S2细胞中由9态模型定义的结构域的全基因组核型视图。着丝粒显示为开放的圆圈，虚线跨基因组装配的间隙。注意近着丝粒异染色质和第4号染色体远端臂与状态7的关联，状态5与雄性X染色体的关联。（经许可改编自Macmillian Publishers Ltd: NATURE, Kharchenko et al., 2011）

12.6 并非所有异染色质都是相同的：空间组织很重要

在果蝇中，组成型异染色质排列在着丝粒两侧的大区块、与端粒相关的较小区块、整个Y染色体以及大部分小4号染色体。着丝粒区域由大的（0.2～1Mb）卫星DNA块组成，中间散布着复杂序列的"岛"，主要是TE（Le et al., 1995）。尽管基因贫乏，但这些区域并非没有基因，至少有230个蛋白质编码基因（在其他果蝇中保守），以及32个假基因和13个非编码RNA存在于着丝粒周围的异染色质中（Smith et al., 2007）。果蝇的端粒没有其他真核生物中典型的富含G的重复序列，而是由Het-A和TART反转座子拷贝组成。由10^2～10^3个核苷酸重复序列组成的TAS位于附近，插入这些区域的转white报告基因显示TPE花斑表型。虽然Y染色体确实携带了许多雄性生育因子的基因，但染色体的大部分是由卫星DNA组成的，并且它在雄性生殖系以外的细胞中呈现浓缩状态。因此，尽管所有这些结构域都具有高密度的重复序列，但是重复序列的类型（以及不同类型的分布）是不同的。研究人员观察了不同的着丝粒周围异染色质区域对报告基因表达的影响，结果表明，表型的严重程度不仅取决于顺式异染色质的量，还取决于局部异染色质环境（Howe et al., 1995）。异染色质相关蛋白可能在特定的亚结构域中起作用，包括AT hook蛋白D1，D1优先与1.688g/cm³卫星Ⅲ（satellite Ⅲ）相关（Aulner et al., 1995），以及与vigilin同源的多KH结构域蛋白DDP1，vigilin结合dodeca卫星的富含嘧啶的C链（Cortes and Azorin, 2000）。

小4号染色体可能是最复杂的异染色质结构域。它的大小约为4.3Mb，其中约3Mb由卫星DNA组成。远端1.2MB可以被认为是常染色体，因为它在唾液腺中是多线的（图12-3A），但由于其复制期晚，完全缺乏减数分裂交换，并与HP1a、HP2和H3K9me2/3结合，因此表现为异染色质（图12-3A、4B和7B）。这个区域的转座子片段密度比常染色体臂高 6～7 倍，类似于在其他染色体上的近着丝粒异染色质和常染色质接合处的区域（Kaminker et al.，2002）。尽管如此，大约有 80 个基因存在，其密度与长染色体臂相似。使用上面讨论的 *white* 报告基因 *P* 元件（图 12-2）对第 4 号染色体进行的研究发现主要是异染色质结构域（产生了花斑表型），中间夹杂着一些自由的区域（导致红眼表型）（Sun et al.，2004）。使用 modENCODE 数据进行的分析表明，自由的区域受 Pc 调节（Riddle et al.，2012）。

上述 DNA 序列组织的差异反映在染色质生物化学和/或用于实现它的酶的差异上。分析 70 种不同修饰因子的突变对不同花斑基因（包括着丝粒周围异染色质或 TAS 阵列中的 w^{m4}、bw^D 或 *P* 元件报告基因）的影响的研究表明，修饰因子的靶点存在大量重复，但也存在令人惊讶的复杂性。根据其在特定区域中影响沉默的能力，将修饰因子分为 7 个不同的组（Donaldson et al.，2002）。唯一影响 TAS 阵列沉默的是 *Su(var)3-9* 的一个新的等位基因。TAS 沉默也对两个 Pc 组基因 *Psc* 和 *Su(z)2* 的等位基因很敏感（Cryderman et al.，1999b）。使用类似的方法，Phalke 等（2009）鉴定出了区分近着丝粒异染色质、第 4 号染色体、逆转录转座子和 TAS 序列的修饰因子。

异染色质区多见于核周缘和核仁周围。在果蝇中，这种趋势更为明显。果蝇的早期发育过程中，在核分裂周期 14 之前都是呈多核（syncytial）状态，此时细胞核之间形成细胞壁，形成典型的囊胚（blastula），即细胞球。异染色质首先在胚胎发育的早期被观察到，因为此时细胞核移到卵子的外围。异染色质（着丝粒、第 4 号染色体）集中在细胞核的一侧，朝向卵子的外表面（Foe and Alberts，1985）（图 12-6C，D）。在发育过程中，细胞核的这种空间分区持续存在，导致了细胞核内异染色质"隔室"的概念［关于核组织的更多讨论，见第 19 章（Dekker and Misteli，2014）］。这些小室可能维持异染色质形成所需因子的高浓度状态（如 HP1a 和 H3K9 HKMT），而常染色质组装和基因表达所需的因子（如 HAT 和 RNA Pol Ⅱ）被排除。事实上，无论是沿染色体还是在三维空间位置上，接近异染色质都被证明是 PEV 的一个因素。

染色体上靠近着丝粒周围异染色质已被证明对常染色质基因（以 *white* 为例）和异染色质基因的花斑都有影响，对于后者最好的例子是 *light* 和 *rolled* 基因。通常存在于异染色质结构域中的基因在重排时与常染色质并列时会出现花斑。一般来说，它们表现出相反的依赖性，需要正常水平的 HP1a 才能充分表达，而当 HP1a 被去除时，杂色效应增强。*light* 的杂色不仅取决于其与常染色质接近的位置，而且还取决于断点的位置，与其沿染色体与异染色质的距离有关（Wakimoto and Hearn，1990）。对于 *rolled* 基因，也有类似的报道。bw^D 是一个常染色体基因，通过插入重复的 DNA 而变为杂色，bw^D 与着丝粒周围异染色质距离的改变可以导致沉默的增强（如果距离更近），或者沉默的抑制（如果距离更远）（Henikoff et al.，1995）。类似地，一个将携带 *white* 报告基因的第 4 号染色体臂移位到 2L 或 2R 染色体臂远端的相互易位导致沉默的显著丧失。沉默的丧失与细胞核中第 4 号染色体片段（现在在改变位置到第 2 号染色体臂的顶端）位置的改变有关，这个 *white* 报告基因现在经常占据唾液腺核中远离染色中心的位置（Cryderman et al.，1999b）。这些结果表明，接近异染色质是有效沉默的必要条件。

最近，使用高分辨率显微镜研究了基因在正常表达时间段内，在同一细胞中的基因活性（使用针对基因产物的抗体）和报告基因的核定位（使用 FISH、荧光原位杂交）。在分化眼盘和成体眼中，对一个 *white* 花斑倒位、bw^D 和一个花斑 lacZ 转基因进行了研究。这项研究发现，报告基因在细胞中相对于着丝粒异染色质的位置与表达水平之间存在着强烈的负相关，这支持了异染色质"区室"存在的观点，而基因在这个区室内的定位与基因沉默相关（Harmon and Sedat，2005）。然而，这种相关性并不是绝对的。考虑到 PEV 的随机性，这并不奇怪，*hsp70-white* 报告基因的研究表明，在小 4 号染色体上同时存在可表达域和沉默域（它总是在位置上接近野生型细胞中的近着丝粒异染色质），表明局部决定因素也有助于决定以一种或另一种形式包装染色质（Sun et al.，2004）。

通常存在于异染色质中的基因（*light* 和 *rolled*）在该异染色质域中功能最强，在 HP1a 缺失时则表达受损。这与我们在 PEV 中看到的相反，在 PEV 中，报告基因（通常在常染色质中发挥功能）显示 HP1a 依赖性沉默。在这种可能是"敌对"的环境中，近着丝粒异染色质或位于第 4 号染色体上的基因是如何发挥作用的？使用 ChIP 对 *light* 检测表明，尽管该区域普遍富集 H3K9me2，但该标记在基因的 5′ 端特异性缺失（Yasuhara and Wikimoto，2008）。modENCODE 项目使我们能够系统地分析大多数近着丝粒和第 4 号染色体基因的染色质包装。尽管通常的异染色质标记（包括 H3K9me2）仍然存在于基因的上游和整个基因体，但在活跃基因的 TSS 处确实存在明显的沉默标记丢失（图 12-8）。正如预期的那样，TSS 被 RNA Pol Ⅱ 占据，下游被带有 H3K4me2/3 的核小体包围。因此，这些基因的 5′ 端（TSS 周围）有"状态 1"染色质，而状态 7 染色质位于整个基因体（图 12-8）。H3K9me3 和 HP1a 在一个活跃基因体的存在似乎是矛盾的，但这些标记在这里实际上比第 4 号染色体上的其他位点（包括基因间隔区）更丰富。第 4 号染色体的大多数基因在 HP1a 缺失时表现出表达缺失，显示出对这种染色质结构的依赖性（Riddle et al.，2012）。那么基因是如何表达的呢？POF（painting of fourth；Larson et al.，2001）是在第 4 号染色体上发现的一种蛋白质，能够与新生的 RNA 结合，可能在转录延伸中起作用（Johansson et al.，2007a；Johansson et al.，2012）。HP1a 本身也参与了一些常染色体位点的转录延伸（Piacentini et al.，2012）。尽管 HP1a 似乎与在其他位置的异染色质（利用 Su(var)3-9 产生 H3K9me2/3）一样，与 4 号染色体上的一组重复序列相结合，但它与第 4 号染色体基因的相互作用依赖于 POF（Johansson et al.，2007b；Riddle et al.，2012）。这种相互作用可能在促进第 4 号染色体基因转录中起关键作用。

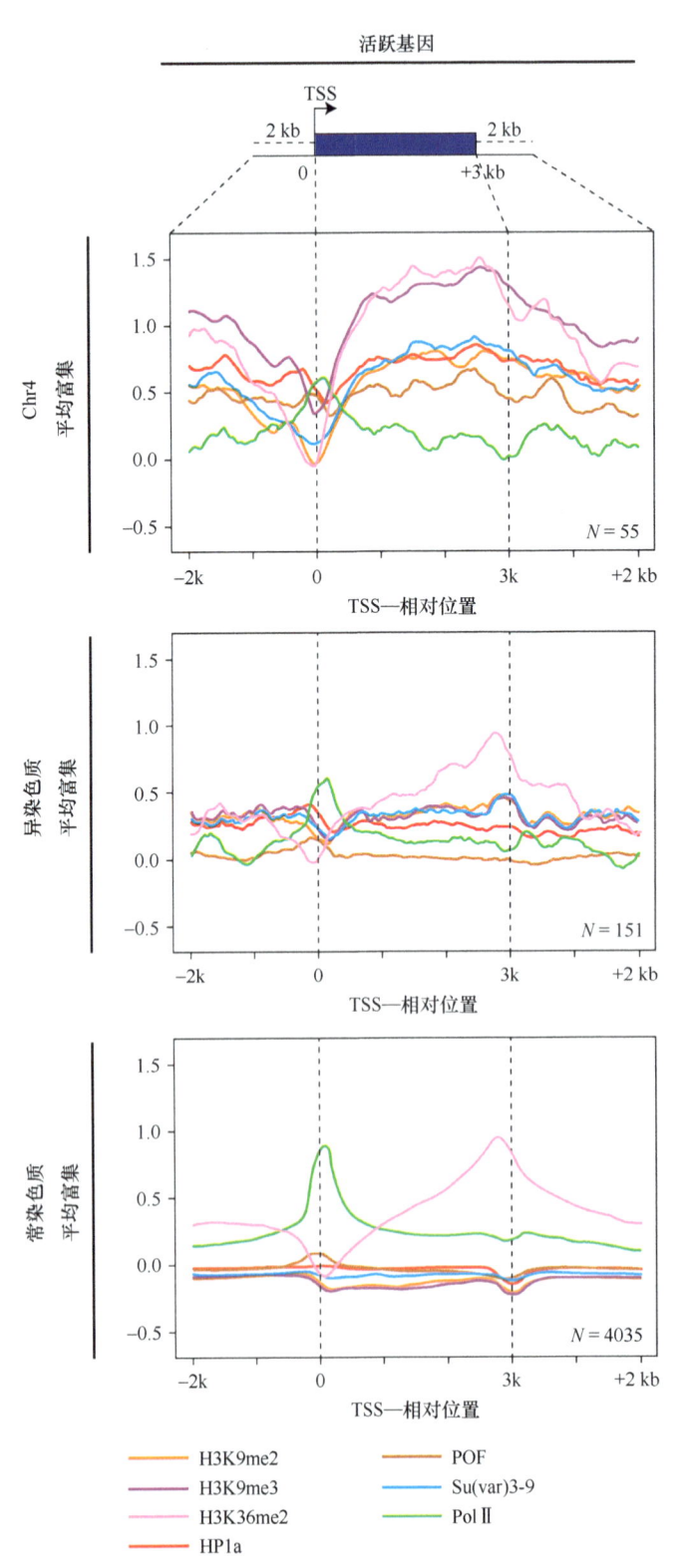

图 12-8 第 4 号染色体中活性基因的包装，近着丝粒异染色质和常染色质。 图中显示了 RNA Pol Ⅱ（绿色）、H3K36me3（粉红色）、H3K9me2（黄色）、H3K9me3（紫色）、SU(VAR)3-9（蓝色）、POF（棕色）和 HP1a（红色）的 log2 富集（y 轴），该区域通过对给定区室中所有活跃基因的数据进行平均而产生缩放后的基因集和 2kb 侧翼区域。第 4 号染色体（顶部）和近着丝粒（中间）基因在 TSS 处显示出相似的沉默标记缺失，这些标记只在第 4 号染色体中重新出现在基因体上。正如预期的那样，常染色质基因不显示与任何沉默标记的关联（底部）。（改编自 Riddle et al.，2012）

12.7 果蝇异染色质的形成是如何靶向的？

尽管我们对异染色质结构在生物化学方面有了大量的了解，但这就留下了一个问题，即异染色质的形成是如何靶向基因组正常构象中特异区域的？对第 4 号染色体的分析表明，DNA 局部元件的存在可以作为异染色质形成稳定的信号。表型转换（从红色到花斑或相反）的基因筛选表明，第 4 号染色体转座子侧翼 5～80kb DNA 的局部缺失或重复可导致花斑的丢失或获得，这表明在该区域短距离顺式因子是起作用的决定因素。核酸酶可及性分析表明这种沉默依赖于 HP1a，并与核小体阵列变化引起的染色质结构变化相关（Sun et al., 2001）。第 4 号染色体一个区域的定位数据表明 1360 转座子（和其他 TE）是异染色质形成的靶点，并暗示一旦异染色质在分散的重复元件处开始形成，它就可以沿着第 4 号染色体扩散约 10kb，或者直到它遇到常染色质决定因子的竞争（Sun et al., 2004; Riddle et al., 2008）。与拷贝数相关的短程顺式作用因子也与此有关，因为观察到 P 元件报告基因的串联或倒置重复可以导致异染色质形成和基因沉默（Dorer and Henikoff, 1994）。

DNA 中的这种顺式作用元件可能通过一种能触发异染色质形成的蛋白质序列特异性结合来发挥作用。已经鉴定出与某些卫星 DNA 特异结合的蛋白质，包括 D1，它与 1.672- 和 1.688-g/cm³ 富含 AT 的卫星重复序列相关（Aulner et al., 2002）。它们的重要性已被卫星特异 DNA 结合药物显示。例如，P9 聚酰胺与 X 染色体 1.688-g/cm³ 卫星 III 结合，取代相关的 D1 和 HP1a 蛋白质，这导致 w^{m4h} 中 PEV 的抑制，表明了这些蛋白质与 PEV 间存在机制性联系（Blattes et al., 2006）。其他这种类型的特异 DNA 结合蛋白质很可能是着丝粒周围异染色质中卫星 DNA 形成异染色质的原因。

酵母和植物的研究结果［第 9 章（Allshire and Ekwall, 2014）；第 16 章（Martienssen and Moayed, 2014）；第 13 章（Pikaard and Mittelsten Scheid, 2014）］提出了通过异染色质化应对 TE 及其残留物的另一个模型，即基于 RNAi 系统的模型，能够识别多种元件。许多实验室的研究表明，果蝇体内存在 RNAi 系统，并通过转录后基因沉默发挥多方面重要作用。例如，有一个依赖 Dicer-1 的 miRNA 系统通过信使 RNA 降解或翻译抑制影响发育调控，以及一个 Dicer-2 依赖的小干扰 RNA（small interfering RNA, siRNA）系统活跃于病毒防御过程（Kavi et al., 2008; Huisinga and Elgin, 2009）。

存在独立于 Dicer 的 piRNA 通路，通过 Piwi、Argonaute 3（Ago3）和 Aubergine（Aub）的切割活性产生小的 piRNA（24～30nt），单独或以"乒乓"机制作用来获取信号。该途径产生的 rasiRNA（repeat associated small interfering RNA）已从 40% 的已知 TE（包括 1360）和其他重复序列（Aravin et al., 2003）中被鉴定出来。为测试靶向沉默过程，将携带一个 1360 拷贝的 P 元件与 hsp70 驱动的 white 报告基因相邻，插入基因组的许多不同位置。这种 TE 的单一拷贝不足以在真核细胞染色体臂的大多数位点诱导沉默，但当 P 元件插入染色体臂 2L 基部的一个富含重复序列的区域时，观察到了花斑表型。因此，稳定的异染色质的形成似乎依赖于细胞核位置以及特定的靶点，也许与空间要求以及大量异染色质蛋白质库的需要有关。沉默程度取决于 1360 拷贝的存在。这种靶向沉默既依赖于 HP1a 和 SU(VAR)3-9，也依赖于 rasiRNA 通路的组成部分（Haynes et al., 2006）。通过进一步的筛选，发现了更多 1360 敏感的位点，其中一些位于常染色质区，靠近异染色质区（2L 染色体的基部）。在这种类型的插入位点中，1360 可以在正常的常染色质位置驱动异染色质的形成（HP1a 的积累）。使用"升降台（landing pad）"载体可以用一个修改过的拷贝替换 1360 元件，从而得出结论，不是重复的末端序列或假定的 TSS，而是 piRNA 热点，对于 1360 依赖的沉默至关重要（Sentmanat and Elgin, 2012）。这表明识别事件依赖于 piRNA 系统。

rasiRNA（包括 piRNA）在雌性生殖系中大量存在，它们明显在沉默 TE 中起着作用（Senti and Brennecke, 2010）。这种作用是否发生在转录沉默和转录后沉默是我们感兴趣的问题。在遗传测试中，Pal-Bhadra 等（2004）发现 piwi（PAZ 结构域家族的一员）和 homeless（一种 DEAD 解螺旋酶）的突变抑制了与 white 基因串联阵列相关的 PEV。piwi、aubergine 和 homeless（又名 spn-e）的突变抑制着丝粒异染色质或第 4 号染色体中 white 转基因 P(hsp70-w) 的沉默。携带 spn-E 突变的果蝇卵巢中，从多种逆转座子产生的

rasiRNA 数量显著减少，同时伴随着这些 TE 中 HP1a 的去除（Klenov et al.，2007）。在果蝇雌性种系，在 Argonaute 蛋白家族（结合 rasiRNA）中，只有 Piwi 被发现是一种主要的核蛋白，并且据报道它与 HP1a 相互作用（Brower-Toland et al.，2007）。雌性生殖系中 HP1a 的特异性缺失导致一些（但不是全部）TE 的过度表达，表明异染色质在沉默这些元件中的作用（图 12-9A）。雌性生殖系的 Piwi 缺失也会导致一些 TE（不是全部）的沉默丧失，同时结合的 HP1a 和 H3K9me2 也会丧失。Piwi 似乎在 Aub 的下游发挥作用，这表明它正是利用"乒乓"rasiRNA 系统的产物（Wang and Elgin，2011）。去除 Piwi 的核定位信号的突变同样导致 TE 过度表达，并且染色质结构发生变化，证明 Piwi 必须位于细胞核中才能发挥这些功能（Klenov et al.，2011）。这些结果支持了一个模型，在这个模型中，雌性生殖系中产生的 piRNA 通过 Piwi 运输到细胞核，可以促进 HP1a 在靶 TE 处的加载（图 12-9B）。然而，尽管 HeT-A、Blood、Bari 和许多其他的 TE 被报道受到了严重的影响，但是另外的 TE 却没有，包括 Jockey 和 Roo。很明显，有多种冗余的方法可以让 TE 沉默。现在还不清楚是什么决定了给定 TE 对给定机制的敏感性。

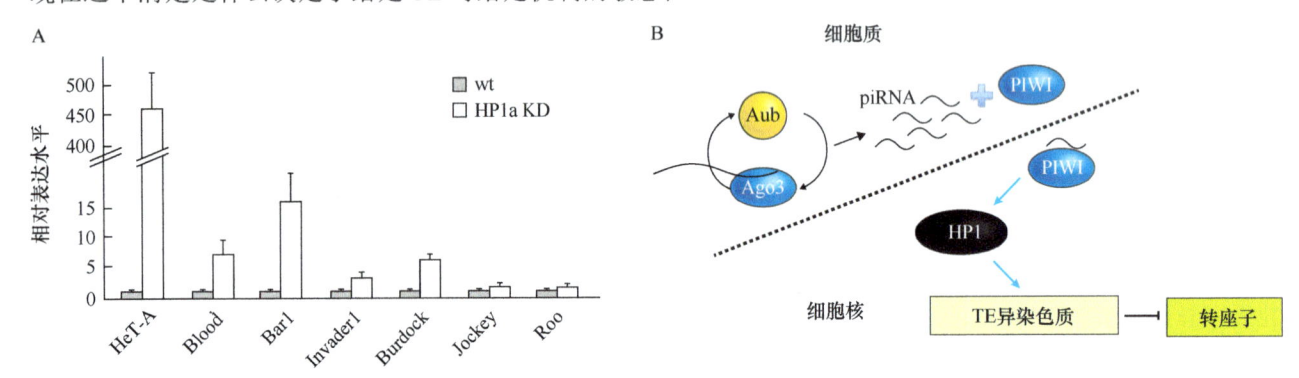

图 12-9　piRNA 系统可能通过异染色质的形成来介导一些 TE 的沉默。（A）HP1a（如图所示）或 Piwi 的缺失导致雌性生殖系中 TE 亚群的过度表达。（B）推测是通过 piRNA 识别作用，使 HP1a 靶向 TE 并在 TE 上加载，这表明 Piwi 可以直接或间接地促进基因转录的沉默。（改编自 Wang and Elgin，2011）

虽然一个使用生殖系 Piwi 和相关 rasiRNA 在 TE 位点上通过异染色质形成来介导沉默的模型是有吸引力的，但证据仍然是间接的。任何扰乱 TE 沉默的突变（无论是在转录水平还是在转录后水平）都会导致 TE 转座并引发 DNA 损伤反应，这可能导致基因组的进一步不稳定（Khurana et al.，2011）。以上实验着眼于生殖系，那里最需要 TE 沉默，而且 Piwi 最丰富。在成年个体体细胞中没有类似的效应（Klenov et al.，2007）。然而，看护细胞将 RNA 和蛋白质加载到卵母细胞中，并为这种依赖于 Piwi 的、靶向囊胚层处的异染色质的形成提供所需的材料。另外，病毒抑制子蛋白质的表达可以导致 PEV 的抑制以及染色质结构的改变，因此 siRNA 通路被认为在体细胞中也起作用（Fagegaltier et al.，2009）。

12.8　不同生物体中的 PEV、异染色质形成与基因沉默

花斑型位置效应最初是在果蝇中发现的，原因很简单，因为果蝇是第一批用 X 射线诱发突变的生物体之一。X 射线照射比其他常用的诱变剂更可能诱发染色体重排，从而导致 PEV。类似的突变已经从小鼠身上分离出来，其中斑驳的皮毛颜色表现出 PEV［第 14 章（Blewitt and Whitelaw，2013）］。例如，将携带毛发颜色基因的常染色体片段插入 X 染色体会导致该等位基因的不同程度沉默（Russel and Bangham，1961；Cattanach，1961）。然而，杂色只在携带这种片段插入和原始毛色基因纯合子突变的雌性中观察到，这是因为转位的野生型等位基因由于异染色质化 X 染色体失活而失活［第 25 章（Brockdorff and Turner，2014）］。在植物中，唯一明确描述的 PEV 现象是在月见草（*Oenothera blandina*；Catcheside，1939）中报道的。在这些情况下，就像果蝇一样，常染色体基因的 PEV 沉默与将这些基因置于一个新的异染色质附近有关。

基因的转录沉默也被观察到与重复序列相关（重复诱导的基因沉默），尤其是在植物中［第 31 章（Baulcombe and Dean，2014）］。对受影响序列的分析表明，在异染色质和 PEV 沉默区中，出现了类似的表观遗传标记（组蛋白修饰和 DNA 甲基化）。例如，如果将含有串联排列的荧光素酶基因的 DNA 片段引入拟南芥，则可以观察到完全沉默或杂色荧光素酶表达。在杂色系中，拟南芥 SU(VAR)3-9 同源蛋白 SUVH2 表现出剂量依赖性的沉默效应，这表明异染色质的形成是所观察到的基因沉默的原因，其潜在的分子机制与其他高等真核生物相似（Naumann et al.，2005）。

果蝇近着丝粒异染色质基因沉默的一个主要特征是 HP1a 与 H3K9me2/me，以及作为组蛋白 H3K9 HKMT 的 SU(VAR)3-9 之间的相互作用。这三种异染色质组分高度保守，存在于大多数真核生物类群中。HP1a 是从粟酒裂殖酵母到人类的一种保守蛋白，它始终与着丝粒异染色质有关。人类 HP1a 基因甚至可以用来挽救果蝇同源蛋白质的缺陷（Ma et al.，2001）。然而，与 H3K9me2/me3 结合的蛋白质，如 HP1a，在植物中还没有被鉴定出来，而且在一些后生动物中也缺乏明确的同源蛋白，如线虫。SU(VAR)3-9 的存在更为广泛，已在粟酒裂殖酵母（clr4p）、脉孢霉（DIM5）、拟南芥和哺乳动物（SUV39h）中鉴定出来。所有这些 SU(VAR)3-9 同系蛋白都催化 H3K9 甲基化并在异染色质形成中发挥作用。同样，与 HP1a 一样，人类 SUV39H1 转基因可以完全补偿突变系中内源性果蝇 SU(VAR)3-9 蛋白质的缺失（Schotta et al.，2002）。在高等植物（水稻、拟南芥和玉米）中，实际上有几个 SU(VAR)3-9 同源蛋白（SUVH）（Baumbsch et al.，2001）。高拷贝的 HKMT 可能反映了植物发育的可塑性，或对环境因素做出反应的需要［第 13 章（Pikaard and Mittelsten Scheid，2014）］。

通过果蝇 *Su(var)* 突变鉴定出的其他一些基因，它们编码具有保守功能的蛋白质。例如，在进化上保守的许多控制组蛋白修饰的关键酶，支持组蛋白密码的概念（Jenuwein and Allis，2001）。然而，在果蝇、哺乳动物和植物（拟南芥）中观察到的异染色质特异性组蛋白修饰标记也确定了一些种属特异性特征（Ebert et al.，2006），认为组蛋白密码并不完全是通用的，而是存在不同的特征。

12.9　总结：关于异染色质，我们还有很多未知

尽管 PEV 为我们提供了研究异染色质形成和基因沉默的难得的机会，但表型本身的产生仍然令人费解。用 *hsp70* 驱动的 *lacZ* 报告基因（可以在发育的任何一点和大多数组织中定量）的研究表明，沉默开始于早期胚胎，并且在细胞胚层中最为广泛，之后出现可诱导的细胞群（Lu et al.，1996）。胚胎发生过程中发生的事件会影响成体表型（Hartmann Goldstein，1967）。这种持续性当然是由表观遗传状态的概念所暗示的，即一旦在一个特定的位点形成，异染色质将经过多次有丝分裂通过染色质组装在该位点上维持。然而，这种"记忆"还没有在果蝇中得到直接验证。

许多问题仍然存在。为什么我们会观察到各种各样的花斑模式？是什么打破了平衡，导致从沉默状态切换到活动状态？什么时候会这样？是什么设定了克隆遗传的模式，但不容易与发育过程相关联？有缺陷的异染色质能恢复吗？PEV 通常被认为是报告基因"开"或"关"的问题，但在许多情况下（尤其是使用基于 *P* 元件的报告基因时），人们观察到黄色或淡橙色背景上的红色表面，这表明基因表达已均匀降低，但在某些细胞中这种下调作用已经丧失。对这些果蝇品系的仔细分析可能会识别出基因表达呈中间态的染色质状态。虽然数据支持基于群体作用的沉默丧失或维持的粗略模型，但最终的模型将是复杂的，涉及大量相互作用的蛋白质（Henikoff，1996）。人们倾向于将核小体视为一个总和装置，收集修饰并显示染色体结构域内的结果，包括特定的蛋白质结合模式和重塑的装置。染色质状态可能会反映出实现不同修饰的竞争结果。这样一个模型可能有助于理清上述影响。这也与观察结果一致，如 GAL4 依赖性报告基因的沉默频率对 GAL4 水平敏感（Ahmad and Henikoff，2001）。

正如一个依赖于大约 150 个修饰因子位点的系统所预期的那样，在不同的实验室自交系中，PEV 表型在花斑的外显率和表达上经常不同。例如，一些遗传稳定的 *In(1)w^{m4}* 系已经被鉴定出在 *white* 花斑表达上有

显著差异。在某些情况下，这种差异与异染色质断裂点有关，这表明失活的异染色质序列的自发改变也参与其中（Reuter et al.，1985）。不同系之间重复序列拷贝数的变化也可能对因异染色质包装所需的固定数量的关键蛋白质引起的花斑程度产生显著影响。这种变化可能在携带 Su(var) 突变的系中更为频繁，在这些品系中，异染色质结构不太稳定（Peng and Karpen，2009）。

在筛选或评估潜在的 Su(var) 基因位点时，使用具有强花斑的自交系是标准的技术。然而，果蝇的遗传学并不是通过纯合系操作的，遗传背景必须加以严格的控制。不同的实验室会选择不同的报告基因进行检测，从而呈现不同的染色体。似乎由此导致的遗传背景的差异可能是最近该领域产生一些争议的根本原因。在沉默系中观察到的冗余，加上实验室库存中没有最新转座子的挑战，这似乎使得沉默系统组分的变化比我们预期的要多。这为我们提供了一套非常丰富的研究外显率和表现力差异的起始材料，这对理解这种突变对人类健康的影响十分关键。我们注意到，异染色质沉默系统的许多基本特征，首先在果蝇中展示，已经被证明在不同生物体中是普遍适用的。

RNAi 系统为靶向异染色质形成以沉默生殖系中的 TE 提供了一种可能的机制，可能是通过靶向 HP1a 或者 H3K9-HKMT 或两者兼而有之的复合体。RNAi 系统反复被发现在基因组监测和修饰中发挥作用 [第 11 章（Chacker et al.，2013）]。然而，对果蝇来说仍有许多疑问。双链 RNA（double-stranded RNA，dsRNA）的来源是什么？它必须通过顺式产生吗（如粟酒裂殖酵母的结果所暗示的），还是能以反式发挥作用（如植物结果所示）（即从一个 1360 位点产生 dsRNA 是否会导致所有 1360 位点的靶向性）？目标位点必须被转录吗？所有重复的元件都是潜在的目标吗？从上述第 4 号染色体分析来看，后者似乎不太可能。如果一部分重复元件起关键作用，是什么决定了这种选择性？在第 4 号染色体上获得的结果表明，关键重复元件的密度和分布会影响附近基因的表达。因此，在研究一种新的生物体时，可能需要对整个基因组进行测序，而不仅仅是蛋白质编码区。

异染色质的扩散是如何完成的？扩散的普通障碍是什么？注意，没有证据表明存在最初在植物和果蝇中发现的扩散性 RNAi [即沉默扩散到产生 dsRNA 的、导入序列上游的靶基因（Celotto and Gravely，2002）]。这与在这个系统中缺乏任何 RNA 依赖性 RNA 聚合酶的证据是一致的。基于 HP1a、H3K9me2/3 和 HKMT 相互作用的组装系统可能很好地解释了异染色质蛋白在第 4 号染色体上的扩散。如在第 4 号染色体上观察到的那样，这种扩散可能受到组蛋白乙酰化位点的限制。但是，在重排过程中，扩散了数百 kb，如图 12-5C 所示，这个扩散过程又是如何发生的？这种形式的扩散不是连续的，但似乎又严重依赖于染色质蛋白，尤其是 JIL-1，其作用并不依赖于其激酶活性。

这些问题以及更多其他问题仍然没有答案。要了解果蝇的异染色质系统还有很多工作要做。

致　　谢

我们感谢 Gabriella Farkas 创作了几幅这里用到的原始图。感谢我们研究小组的成员对本章进行了批判性的回顾。我们的工作得到了 Deutsche Forschungsgemeinschaft（DFG）和 National Institute of Health（S.C.R.E.）的资助。

（方玉达　译校）

第13章

植物的表观遗传调控

克雷格·S. 皮卡尔德（Craig S. Pikaard[1]），奥特伦·米特尔斯滕·沙伊德（Ortrun Mittelsten Scheid[2]）

[1]Department of Biology; Department of Molecular and Cellular Biochemistry, and Howard Hughes Medical Institute, Indiana University Bloomington, Indiana 47405; [2]Gregor Mendel-Institute of Molecular Plant Biology, AustrianAcademy of Sciences, 1030 Vienna, Austria
通讯地址：ortrun.mittelsten_scheid@gmi.oeaw.ac.at

摘 要

植物表观遗传学的研究有悠久而丰富的历史，从最初对非孟德尔基因行为的描述到在大多数真核生物（包括人类）中介导基因沉默的染色质修饰蛋白和RNA的开创性发现。模式植物拟南芥的遗传筛选特别有成效，迄今已鉴定出130多个表观遗传调控因子。植物表观遗传途径具有显著的多样性，这一特征可能有助于植物胚后发育的表型可塑性建立以及在不可预测的环境中生存和繁殖能力的增强。

本章目录

13.1 植物作为表观遗传研究的模型
13.2 植物中染色质的分子组成
13.3 RNA介导的基因沉默途径的分子成分
13.4 展望

概 述

植物是表观遗传调控的大师。所有已知的发生在真核生物中的主要表观遗传机制都被植物所利用，其包含的表观遗传途径在某种程度上是其他类群所无法比拟的。DNA甲基化在植物基因组的CG、CHG和

CHH 序列中发生，反映了写入、维持或去除甲基化的酶活性之间的平衡。与其他真核生物一样，组蛋白修饰酶影响植物的表观遗传状态，这些酶由相对较大的基因家族编码，具有不同又重叠的功能。RNA 介导的基因沉默是通过多种不同的途径来实现的，通过这些途径可以对抗病毒、驯化转座子、协调发育，并帮助组织基因组。DNA 甲基化、组蛋白修饰和非编码 RNA 之间的相互作用为植物提供了一个多层次且强大的表观遗传环路。

植物表观遗传调控反映了它们的发育模式、生活方式和进化史。与哺乳动物的生长不同，哺乳动物的器官和组织的形成主要是在胚胎发育过程中完成的，植物从不断自我维持的干细胞群（称为分生组织）中产生新的器官来生长。因此，植物的胚后发育是一个受环境影响而产生的连续过程，其结果是具有高度的表型可塑性。由于植物无法逃离周围环境，它们不得不应付多变的、通常是不利的生长条件。表观遗传调控机制可以促进基因活性的亚稳态变化和基因表达模式的微调，从而使植物能够在不可预测的环境中成功地生存和繁殖。多倍体化，即染色体组数的增加，在植物中也很常见，它可以扩增基因家族，促进重复基因的功能特化，包括那些参与表观遗传调控的基因。

对植物的表观遗传调控机制的理解在很大程度上来自遗传筛选，最著名的植物是拟南芥（*Arabidopsis thaliana*），它是芥菜家族植物中非常容易进行遗传分析的一员，也是第一个进行基因组测序的植物物种。农作物，特别是玉米，也为表观遗传现象和表观遗传调控机制的发现做出了重大贡献。植物表观遗传学和表观基因组学的研究有着悠久而丰富的历史，与动物和真菌系统的平行研究相结合，对表观遗传调控的基本机制理解做出了重大贡献。

13.1 植物作为表观遗传研究的模型

13.1.1 概况

植物研究为表观遗传学领域提供了许多开创性的贡献，其中包括基于细胞学分析的常染色质和异染色质的区别（Heitz，1929）。在玉米和番茄中观察到的基因表达模式，在存在替代状态的等位基因时的可遗传变化，这种现象称为副突变，是非孟德尔表观遗传的早期证据（Arteaga-Vazquez and Chandler，2010），这一现象在哺乳动物、果蝇和植物中均有发现。在玉米（Alleman and Doctor，2000）中首次观察到单个基因的亲本印记，即只有母本或父本的单个等位基因的表达，这一过程的失调也是多种人类遗传疾病的原因［第 33 章（Zoghbi and Beaudet，2014）］。花对称性改变的个体［在 18 世纪被 Carl von Linné 首次描述为"peloria"（怪兽）个体］反复出现，现在已知是由沉默的表观等位基因（epiallele）引起的，该沉默的等位基因的 DNA 序列与其表达的等位基因序列相同（Cubas et al.，1999）。表观等位基因可以影响发育转换，拟南芥中的 *FWA* 基因就是一个例子：它在某些自然生态型（株）中的沉默会导致开花延迟（Soppe et al.，2000）。1930 年代植物杂种中期染色体的细胞遗传学分析表明，在某些杂种组合中，次缢痕和其他细胞遗传学特征可重复性地改变。后来表明，次缢痕的这种差异产生是由于一个亲本核糖体 RNA（ribosomal RNA，rRNA）基因的可复制性沉默，以及另一亲本在这些基因座上的选择性表达引起的，这种现象在真核生物中广泛存在，被称为核仁显性（nucleolar dominance）（Preuss and Pikaard，2007）。只有活化的 rRNA 基因才会引起次缢痕，由于整个细胞周期中 RNA 聚合酶 I 转录因子的持续结合，因此其凝集程度比周边区域小。Barbara McClintock 等在 1940 年代对玉米转座因子的开创性工作揭示了遗传行为与表观遗传调控之间的诸多联系（Lisch，2009）。事实上，尚存的转座子和退化的转座子遗留痕迹提供了一种在真核生物基因组中建立新的调控元件和表观遗传修饰的途径。

在 1980 年代后期，随着烟草、矮牵牛（petunia）和拟南芥等植物的转基因技术趋于成熟，转基因表达的不可预测性变得显而易见（Wasseneggcr，2002；Matzke and Matike，2004）。这使人们认识到，当携带与基因组中已经存在的基因相同序列的转基因被引入时，同源性依赖的基因沉默可能发生，而信使 RNA（messenger RNA，mRNA）的降解增强（post-transcriptional gene silencing，PTGS；转录后基因沉默）或转录抑制（transcriptional gene silencing，TGS；转录基因沉默）是沉默的分子基础。PTGS 的一个著名的例子是，在矮牵牛花中过度表达编码查尔酮合成酶（chalcone synthase，CHS）的基因时（CHS 是花色素沉着的调节因子），出现了一个被称为"共抑制"的 PTGS，这意外地导致了花的杂色或完全白色，而不是深紫色。白色部分缺乏色素沉着是由 CHS 转基因和内源性 CHS 基因的协同沉默导致（Jorgensen et al.，2006）。PTGS 是 RNA 干扰（RNA interference，RNAi）的一种形式，后来在秀丽隐杆线虫（*Caenorhabditis elegans*）和其他生物体中被发现（13.3 节）。

到 20 世纪 90 年代中期，PTGS 与病毒抗性之间的联系已经形成。涉及 RNA 分子的表观遗传机制可以阻止植物病毒不受控制的复制，病毒既可以是 PTGS 的诱导因子，也可以是靶点。人们很快意识到，通过构建包含植物基因序列的病毒载体，可以利用病毒诱导的基因沉默途径下调基因表达水平 [virus-inducing gene silencing，VIGS，第 31 章（Baulcombe and Dean，2014）；Senthil-Kumar and Mysore，2011]。在类病毒感染植物中发现的另一个机制是 RNA 介导的 DNA 甲基化（RNA-directed DNA methylation，RdDM）和其他同源 DNA 区域的异染色质标记（Wassenegger et al.，1994）。转基因诱导的 RdDM 现在被广泛应用于启动子甲基化和转录沉默，通过专门生成双链 RNA（double-stranded RNA，dsRNA）启动子匹配序列来实现，这种策略也适用于动物（Verdel et al.，2009）。

植物表观遗传学研究的另一个开创性贡献是应用深度测序进行全基因组分析（Zhang et al.，2006），包括第一次单碱基分辨率的基因组甲基化分析（Cokus et al.，2008；Lister et al.，2008）。这些研究要求开发生物信息学工具，这些工具已广泛应用于生物医学研究。

13.1.2　植物和哺乳动物具有相似的表观基因组

尽管动物和植物有着明显的形态差异和长期的分离进化，但它们之间的基本相似性是显著的。这些相似性包括基因组和表观基因组组织的许多方面，特别是在植物和哺乳动物之间。例如，种子植物的基因组大小、基因组复杂度，以及异染色质和常染色质的比例与哺乳动物大体相当。此外，植物和哺乳动物也同样利用 DNA 甲基化和组蛋白翻译后修饰（posttranslational modifications，PTM）进行基因调控。总的来说，通过比较不同模式系统中的基因组组织和表观遗传调控，发现植物和哺乳动物之间的共同特征要比动物界内本身的共同特征多 [附录 2（Zhao and Garcia，2014）]。因此，在植物或哺乳动物中发现的表观遗传机制通常与这两个系统都相关。

13.1.3　与表观遗传调控有关的植物发育的独特方面

在考虑植物与哺乳动物之间的异同时，重要的是要考虑植物的特殊生活史。在哺乳动物中，受精是通过融合两个单倍体细胞实现的，这两个单倍体细胞是先前减数分裂的直接产物。相反，植物的单倍体（配子体）生长阶段在减数分裂之后而在受精之前（图 13-1）。雄配子体和雌配子体分别是花粉和胚囊，每一个都由多个细胞组成，这些细胞是由最初的单倍体减数分裂产物的有丝分裂产生的。在遗传和代谢活跃的单倍体配子体中，遗传或表观遗传信息的丢失不能通过同源染色体上的信息来补偿。因此，必须选择避免必需基因中的有害突变。与哺乳动物不同，没有证据表明在植物配子发生过程中大量消除了表观遗传标记。取而代之的是，植物精子和卵细胞中的抑制性表观遗传标记似乎被邻近细胞核中产生的特定的反式沉默 RNA 所加强。这可能解释了表观遗传变化在植物中通常是跨减数分裂传递的。

与动物相比，植物的另一个显著特征是在胚胎发育早期没有明确定义的生殖系。相反，生殖细胞在植物发育的后期产生，是在茎尖干细胞从产生营养器官的祖细胞过渡到产生花器官的子细胞的过程中发生了

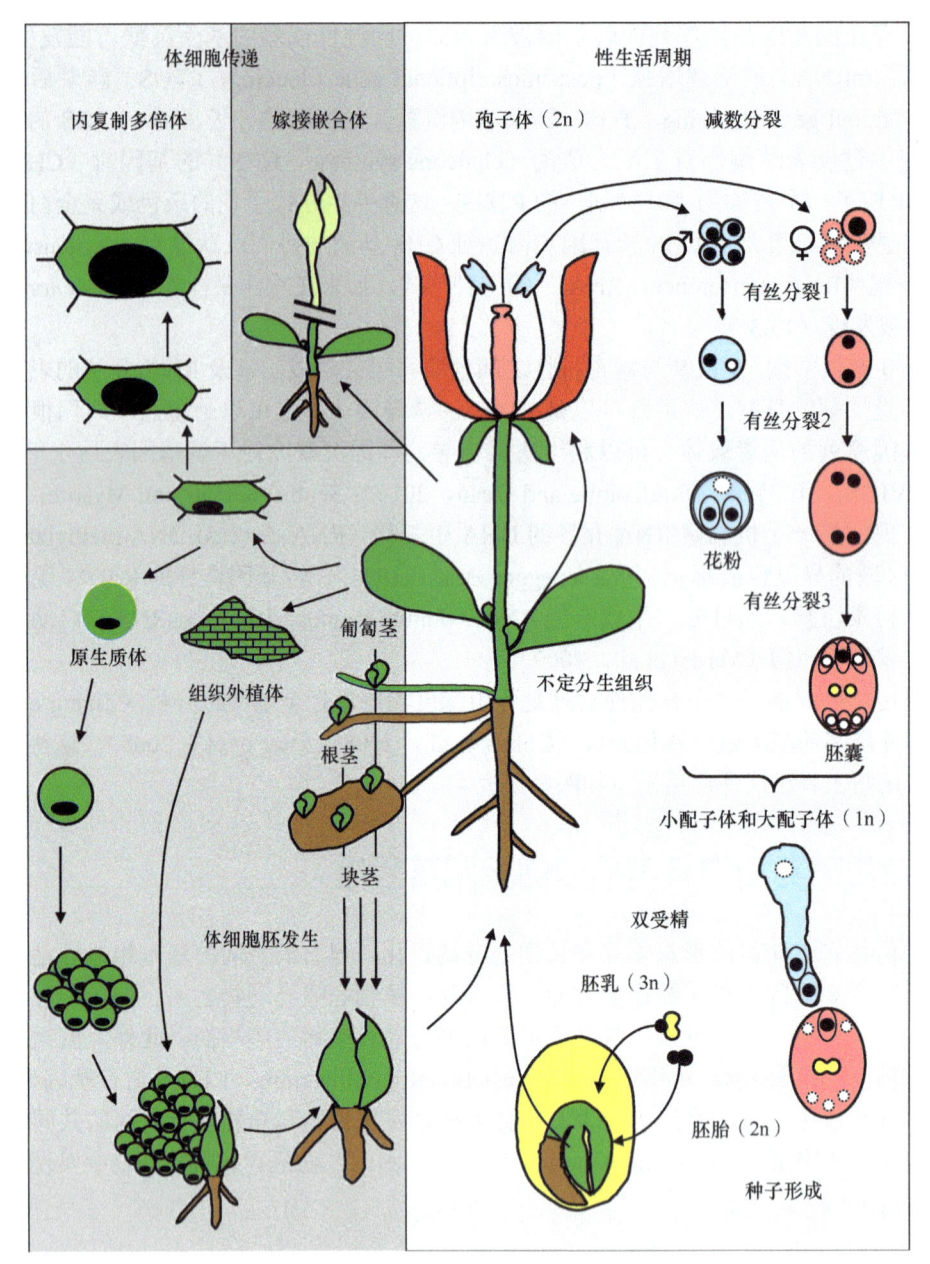

图 13-1 植物生命周期的独特方面。 植物既可以通过有性繁殖（配子发生、受精和种子形成；右），也可以通过体细胞繁殖（营养外植体、细胞去分化和再分化或体细胞胚发生；左）。具有根、茎、叶和花的高等植物植株是二倍体孢子体。在减数分裂期间，染色体数目减半。在动物中，减数分裂产物无须进一步分裂即可变成配子，并直接融合产生二倍体胚胎，而植物则通过 2 轮或 3 轮有丝分裂形成单倍体雄配子或雌配子，分别形成花粉或胚囊。花粉粒最终包含一个营养核（白色）和两个生殖核（黑色）。两个生殖核使卵细胞（黑色）和中央细胞受精，中央细胞是两个极性核（黄色）融合的二倍体核。这种双重受精产生了二倍体胚和三倍体胚乳，后者为发育中的胚提供了营养来源。种子发芽后，胚胎将长成新的孢子体。大多数植物还通过侧生分生组织的激活、特定器官的生长（块茎、根茎或茎）、组织培养中的扩增或去除细胞壁后从单个体细胞（原生质体）再生而进行营养繁殖。内复制在植物中很常见，会产生多倍体细胞或组织。植物可以嫁接产生嵌合体。

减数分裂和配子的形成（图 13-1）。因此，分生组织细胞在响应植物与环境的相互作用时获得的表观遗传修饰有可能被传递给生殖细胞。

除了茎和根顶端的干细胞簇，即顶端分生组织，植物还有侧生分生组织。这些侧生分生组织含有干细胞，它们每年在多年生植物中产生新的木质部和韧皮部，从而形成树干的特征性生长环，以及位于每片叶子基部的芽，从而发芽形成营养器官或花器官。许多植物还具有专门的器官，如地下根茎、块茎或鳞茎，它们的干细胞能够产生可以形成独立的新植物的芽。营养生长或无性繁殖的机制在植物中很常见，并且通常比种子传播更成功，这是定居在有利位置的一种策略。重要的是，可通过有丝分裂传递的表观遗传状态可以在无性繁殖产生的克隆中持久存在。

在组织培养中，一些分化的植物体细胞可以重新编程以形成体细胞胚，无须受精即可发育成植株。因此，通过体细胞胚发生进行克隆是许多植物物种繁殖的常规做法。然而，在应该是基因上一致的克隆中，观察到了大量的表型变异。这种所谓的"体细胞克隆变异"具有很强的表观遗传基础，可能对植物育种和适应性性状的选择有用（Miguel and Marum, 2011）。

另一个植物特有的特征是植物细胞具有胞间连丝，它是允许代谢物、蛋白质、RNA，甚至病毒通过的细胞间的细胞质通道。植物的嫩芽可以作为接穗被切割和嫁接到不同基因的根茎上（图13-1）。这将产生嵌合体，它的根和芽在遗传上是不同的。可扩散的表观遗传信号通过胞间连丝和微管系统传播，并可在嫁接植物的根与芽之间传播 [13.3.6.2节和第2章（Dunoyer et al., 2013）]。这样，干细胞和配子的表观遗传状态可能会被植物远处器官发出的信号所修饰。

与哺乳动物相比，植物对多倍体（全染色体额外的多重复制）具有很高的耐受性。事实上，大多数开花植物在进化史上至少经历过一次多倍体化。多倍体作物包括小麦、棉花、马铃薯、花生、甘蔗、咖啡、油菜和烟草。多倍体在植物中的普遍存在表明它具有一定的适应性优势，如杂种优势或对有害突变的抵抗力，从而使重复的基因有可能获得有益的突变。多倍体的形成通常与基因组和表观遗传变异关联（Jackson and Chen, 2010）。其中一些变异发生在一代或几代之内，有助于植物的快速适应和进化。即使是二倍体植物也含有多倍体细胞，这是内复制的结果。多倍体在叶、种子和其他植物器官的细胞中普遍存在。相反，在哺乳动物细胞中，同源多倍体并不常见，但也确实存在，如在肌肉和肝细胞中。

13.1.4 植物作为表观遗传学模型系统的遗传属性

通过化学或物理（如辐射）处理、转基因的随机插入或转座子的移动，植物可以被有效地诱变。此外，在自花授粉的植物中，如拟南芥，纯合突变体可以很容易地从单一诱变植物的数千个后代中被识别出来，而不需要费力的杂交或回交程序。表观遗传调控因子突变的筛选通常基于沉默标记基因表达的恢复，该基因通常是工程改造的转基因。容易产生转基因植物对表观遗传学研究十分有利。除这种正向遗传方法外，也可以采用破坏基因功能的反向遗传方法。由插入突变体或利用转基因诱导的RNAi来敲除或敲低候选基因的表达，这些候选基因可以是在其他生物体中发现的表观遗传调控因子的同源基因（表13-1）。

表 13-1 模型植物种拟南芥中的表观遗传调控成分

基因或突变体的缩写[a]	基因或突变体的名称	确认或推定的蛋白质功能
DNA 修饰		
CMT3	Chromo 甲基转移酶	DNA 甲基转移酶（主要是 CHG 和 CHH）
DME	Demeter	DNA 糖基化酶结构域蛋白，胞嘧啶去甲基
DML2, 3	Demeter 类似蛋白	DNA 糖基化酶结构域蛋白，胞嘧啶去甲基
DNMT2	DNA 甲基转移酶	与 HD2 互作
DRM1	域重排的甲基转移酶	DNA 甲基转移酶（CG、CHG 和 CHH）
DRM2	域重排的甲基转移酶	主要的从头 DNA 甲基转移酶（CG、CHG 和 CHH）
HOG1	同源依赖基因沉默	S-腺苷-同型半胱氨酸水解酶
MBD10	甲基胞嘧啶结合域蛋白	甲基胞嘧啶结合蛋白
MBD6	甲基胞嘧啶结合域蛋白	甲基胞嘧啶结合蛋白
MET1, DDM2	甲基转移酶，减少 DNA 甲基化	DNA 甲基转移酶（主要是 CG）

续表

基因或突变体的缩写[a]	基因或突变体的名称	确认或推定的蛋白质功能
ROS1	沉默抑制物	DNA 糖基化酶结构域蛋白，胞嘧啶去甲基
ROS3	沉默抑制物	DNA 糖基化酶结构域蛋白，胞嘧啶去甲基
VIM 1, -2, -3	甲基化变异	甲基胞嘧啶结合蛋白
ZDP	锌指 DNA 3'-磷酸酯酶	3'-磷酸酶
组蛋白修饰		
ATX1	拟南芥的 trithorax 同源蛋白	组蛋白甲基转移酶
ATXR3/SDG2	拟南芥 trithorax 同源物，SET 结构域组	组蛋白甲基转移酶
ATXR5, -6, -7	拟南芥 trithorax 相关蛋白	组蛋白甲基转移酶（ATXR5,-6: H3K27me1）
EFX、SDG8/ASHH2	短日照早花，SET 域组，ASH1 同源蛋白	组蛋白甲基转移酶
ELF6	早花	组蛋白去甲基酶（H3K4me1,-2,-3）
FLD、LDL1, -2	开花位点 D，类似 LDS1	组蛋白去甲基酶
HAC1, -5, -12	组蛋白乙酰转移酶，类似 CBP	组蛋白乙酰转移酶
HAG1-2	组蛋白乙酰转移酶，类似 GCN5	组蛋白乙酰转移酶（H3K14ac）
HAM1-2	组蛋白乙酰转移酶，类似 Myst	组蛋白乙酰转移酶
HD2a-d; HDT1, -2, -3, 4	组蛋白去乙酰酶	非典型组蛋白去乙酰酶
HDA1	组蛋白去乙酰酶	组蛋白去乙酰酶
HDA6. SIL I, AXE1 RTS1	组蛋白去乙酰酶，沉默调节因子，生长素基因抑制，RNA 介导的转录沉默	组蛋白去乙酰酶
HUBL-2	E3 泛素连接酶	H2B 单泛素化
IBM1	bonsai 甲基化增加	组蛋白去甲基酶
JMJ14	拟南芥 jumonji	组蛋白去甲基酶（H3K4me1,-2,-3）
MEE27	母体效应胚胎停滞	组蛋白去甲基酶
OTLD1	Otubain 样去泛素化酶	H2B 去泛素化
REF6	相对早开花	组蛋白去甲基酶
SUP32/UBP26	Ros 抑制子，泛素蛋白酶	H2B 去泛素化
SUVH2	Su(var)3-9 同源	H3K9 甲基转移酶
SUVH4, KYP1	Su(var)3-9 同源物，kryptonite	H3K9 甲基转移酶
SUVH5,-6	Su(var)3-9 同源	识别 DNA 甲基化（SUVH5）
UBC1, -2	E2 泛素结合酶	H2B 单泛素化
ULT1	超大花瓣	组蛋白甲基化调节因子，ATX1 互作因子
Polycomb 蛋白和 Polycomb 相互作用成分		
AtBMIIa.-by-c	B 细胞特异的 Mo-MLV 整合位点 1	PRC1 亚基
AtCYP71	Cyclophilin	LHP1 和 H3 相互作用
AtRING1a, -b	RING 指蛋白	PRC1 亚基
CLF	卷曲的叶子	Polycomb 蛋白 [E(z)]
CUL4	Cullin 蛋白	E3 连接酶复合体亚基，MSI1 互作因子
DDB1	DNA 损伤结合	E3 连接酶复合体亚基，MSI1 互作因子
EMF2	胚状花	Polycomb 蛋白 [Su(z)12]
FIE, FIS3	非受精胚乳，非受精种子	Polycomb 蛋白（Esc）
FIS2	非受精的种子	Polycomb 组蛋白 [Su(z)12]

续表

基因或突变体的缩写[a]	基因或突变体的名称	确认或推定的蛋白质功能
LHP1/TFL2	异染色质蛋白类似蛋白，顶生花	PRC1 亚基，形成抑制性染色质
LIF2	LHP1-互作因子	RNA 加工，LHP1 相互作用
MEA, FIS I	Medea，不依赖受精的种子	Polycomb 蛋白 [E(z)]
MSI1	IRA 同源物的多拷贝抑制因子	Polycomb 蛋白（p55）
MSI4/FVE	IRA 同源物的多拷贝抑制因子	Polycomb 蛋白（p55），Cul4-DDB1 和 PRC2 互作因子
MSI5	IRA 同源物的多拷贝抑制因子	Polycomb 蛋白（p55），HDA6 互作蛋白，FLC 沉默
RBR	视网膜母细胞瘤相关蛋白	发育期间的 PRC2 调节因子
SWN	Swinger	Polycomb 蛋白 [E(z)]
VEL1	类似春化	Homedomain 蛋白
VIL2	类似于 Vin3	Homedomain 蛋白
VIN3	春化不敏感	Homedomain 蛋白
VRN2	春化	Polycomb 蛋白 [E(z)12]
VRN5	春化	Homedomain 蛋白
染色质形成或者重塑		
ARP4, 5	肌动类似蛋白	INO80 复合体的亚基
AtASF1a, -b	拟南芥抗沉默因子	组蛋白伴侣 H3/H4
AtCHR12	拟南芥染色质重塑	SNF2/Brahma 类蛋白
AtNAP1 1-4	拟南芥核小体装配蛋白	组蛋白伴侣 H2A/H2B
AtSWB A-D	SWI3 的拟南芥同源物	SWI/SNF 重塑复合体亚基
AtSWP73 A, B	SWP73 的拟南芥同源	SWI/SNF 重塑复合体亚基
BRM	Brahma	SWI2/SNF2 家族 ATPase
BRU1/MGO3/TSK	Brushy，Mgoun，Tbnsoku	没有表征的蛋白
BSH	Bushy	SWI/SNF 重塑复合体亚基
CHR11	染色质重塑蛋白	ISWI 样染色质重塑蛋白
CLSY1	Classy	SWI2/SNF2 家族 ATPase
DDM1, SOM	DNA 甲基化程度降低，somniferous	SWI2/SNF2 家族 ATPase
DMS3/IDN1	分生组织沉默缺陷，涉及从头开始	SMC 蛋白；RNA Pol V 转录需要
DMS11	分生组织沉默缺陷	GHKL ATPase，与 DMS3 互作
DRD1	RNA 介导的 DNA 甲基化缺陷	SWI2/SNF2 ATPase；RNA Pol V 转录所需
FAS1	Fasciated	染色质组装因子亚基 H3/H4
FAS2	Fasciated	染色质组装因子亚基 H3/H4
HIRA	组蛋白调节因子 A	组蛋白伴侣 H3/H4
INO80	需要肌醇	INO80 复合物的亚基
MGO1	Mgoun	DNA 拓扑异构酶
MOM1	Morpheus 分子	与 RNA Pol V 遗传互作
MSI1	IRA 同源物的多拷贝抑制剂	染色质组装因子亚基，H3/H4
NRP1, -2	NAP（核小体组装蛋白）相关蛋白	组蛋白伴侣 H2A/H2B
PIE	不依赖光周期的早花	SWR1 的 ATPase 亚基
PKL	Pickle	CHD3 染色质重塑因子
RPA2	复制蛋白 A	单链 DNA 结合蛋白

续表

基因或突变体的缩写 [a]	基因或突变体的名称	确认或推定的蛋白质功能
SEF/SWC6	锯齿和早花，SWR1 复合体	SWR1 的亚基
SPD	Splayed	SWI2/SNF2 家族 ATPase
SPT16	Ty 插入类似的抑制子	组蛋白伴侣 H2A/H2B
SSRP1	结构特异识别蛋白	高迁移率族（HMG）蛋白，组蛋白伴侣亚基
SUF3/ESD1/ARP6	Frigida 抑制子，短日照早花，actin 相关蛋白	SWR2 亚基，H2A.Z 加载
TSL	Tousled	ASF1 磷酸化
RNA 沉默		
ABH1/CBP80	ABA 敏感，帽结合复合体	microRNA（miRNA）加工
AGO1	Argronaute	PAZ-PIWI 结构域蛋白，翻译抑制
AGO 10, PNH/ZLL	Argronaute，Pinhead，Zwille	PAZ-PIWI 结构域蛋白，翻译抑制
AGO4	Argronaute	PAZ-PIWI 结构域蛋白，siRNA 结合
AGO6	Argronaute	PAZ-PIWI 结构域蛋白，siRNA 结合
AGO7, ZIP	Argronaute，Zippy	PAZ-PIWI 结构域蛋白
ACO9	Argronaute	PAZ-PIWI 结构域蛋白，雌配子体形成，siRNA 结合
AtNUC-11	Nucleolin 类似	rRNA 基因调控
DCL1, CAF1, SIN1, EMB76, SUSI	Dicer 类核糖核酸酶，心皮工厂，短珠被，胚缺陷，suspensor	RNase III（dsRNase），miRNA 和 siRNA 产生
DCL2	Dicer 类核糖核酸酶	RNase III（dsRNase），siRNA 产生
DCL3	Dicer 类核糖核酸酶	RNase III（dsRNase），siRNA 产生
DCL4, SMD	Dicer 类核糖核酸酶	RNase III（dsRNase），siRNA 产生
DDL	Dawdle	FHA 结构域蛋白，miRNA 加工
DRB1	双链 RNA 结合蛋白	Dicer 1 结合蛋白，miRNA 链选择
DRB2, -3, -4	双链 RNA 结合蛋白	Dicer 1 结合蛋白，siRNA 加工
ESD7	短日照早花	DNA 多聚酶 epsilon 亚基
FCA	开花时间	RRM 结构域蛋白
FDM1-5	DNA 甲基化因子	dsRNA 结合蛋白（FDMl）
FPA	开花时间	RRM 结构域蛋白
FRY1	Fiery	核苷酸酶
HEN1	HUA 增强因子	dsRNA 结合，RNA 甲基转移酶
HST	Hasty	miRNA 出核受体
HYL1	Hyponastic 叶	核 dsRNA 结合蛋白
IDN2: RDM12	参与从头进行的，RNA 介导 DNA 甲基化	dsRNA 结合蛋白
KTF1/RDM3/SPT5-l	含有 KOW 结构域的转录因子，Ty 插入样抑制子	RdDM 效应子复合体的一部分
NRP(A/B/C/D)5	核 RNA 聚合酶 I，II，III，IV	Pols I～IV的第 5 个亚单位
XRP(B/D/E)3a,-3b	核 RNA 聚合酶 II，IV 和 V	Pols II，IV或 V 的第 3 个亚基
XRPI(B/D/E)9a,-9b	核 RNA 聚合酶 II，IV 和 V	Pols II，IV和 V 的第 9 个亚基
NRP(D/E)2, DRD2	核 RNA 聚合酶IV 和 V；RNA 介导的 DNA 甲基化缺陷2	Pol IV和 Pol V的第 2 个亚基
NRP(D/E)4	核 RNA 聚合酶IV和 V	RNA Pol IV和 Pol V的第 4 个亚基
NRP(D/E)5b	核 RNA Pol IV和 V	RNA Pol IV（可能 Pol V）第 5 亚基
NRPDI. SDE4	核 RNA 聚合酶IV，沉默缺陷 4	Pol IV最大的亚基

续表

基因或突变体的缩写 a	基因或突变体的名称	确认或推定的蛋白质功能
NRPD7a	核 RNA Pol Ⅳ	RNA Pol Ⅳ的第 7 个主要亚基
NRPE1, DRD3	核 RNA Pol Ⅴ，RNA 介导的 DNA 甲基化缺陷	RNA Pol Ⅴ最大的亚基
NRPE5	核 RNA Pol Ⅴ	RNA Pol Ⅴ的第 5 个亚基
NRPE7/NRPD7b	核 RNA Pol Ⅴ	RNA Pol Ⅴ（Ⅳ）第 7 个主要（替代）亚基
RDM1	RNA 介导的 DNA 甲基化	RNA Pol Ⅴ转录所需的 DDR 复合体成分
RDM 12	RNA 介导的 DNA 甲基化	Coiled-coil 蛋白
RDM4/DMS4	RNA 介导的 DNA 甲基化，分生组织沉默缺陷	多亚基 RNA 聚合酶组装的 IWR1 样调节因子
RDR1	RNA 依赖性 RNA 聚合酶	RNA 依赖性 RNA 聚合酶
RDR2	RNA 依赖性 RNA 聚合酶	RNA 依赖性 RNA 聚合酶
R.DR6, SDE1, SGS2	RNA 依赖性 RNA 聚合酶，沉默缺陷，基因沉默的抑制子	RNA 依赖性 RNA 聚合酶
SDE3.-5	沉默缺陷	RNA 解旋酶
SE	锯齿叶	锌指蛋白，miRNA 加工
SGS3	基因沉默抑制因子	Coiled-coil 蛋白
SHH1/DTF1	Sawadee homedomin 同源物，DNA 结合转录因子	同源结构域蛋白
SR45	富含精氨酸/丝氨酸	剪接因子
WEX	Werner 综合征样核酸外切酶	RNase D 核酸外切酶
XRN2, -3	XRN 同源物	核酸外切酶
XRN4/EIN5	XRN 同源物，乙烯不敏感	核酸外切酶，小 RNA 加工

a 同一行的不同缩写代表同一基因。

编码表观遗传修饰因子的基因家族在植物和哺乳动物之间的家族成员数量上可以有很大的不同。在许多情况下，拥有大量植物染色质修饰活性的家族会导致部分功能冗余，因此单个家族成员的突变不如哺乳动物严重。这很有用，因为如果完全丧失功能是致命的，那么突变体就无法用于研究。

植物组织颜色产生途径中的非必需基因可以用来鉴定影响其表观遗传调控的突变体（图 13-2A-E）。其他表观遗传修饰突变体会导致形态缺陷，而这些缺陷在植物中通常是可以耐受的，不会造成致命后果

图 13-2　植物表观遗传调控的测定。 确定植物组织颜色的基因可以在体内方便快捷地读出基因表达。（A）深紫色矮牵牛花朵需要表达二氢黄酮醇还原酶（*DFR*）基因，而 DFR 启动子的沉默会导致杂色、浅色。（B）表达拟南芥查尔酮合酶（*CHS*）基因的拟南芥的种子具有深色种皮，而当同源转基因表达时，*CHS* 的沉默导致黄色种子。（C）具有 B-I 基因的玉米植株具有紫色色素沉着，而具有副突变、无活性 B' 等位基因的植株呈绿色，2 个基因的 DNA 序列一致。（D）玉米穗，在花色苷色素所需的 B-Peru 基因中有转座子插入（Spm）。紫色的玉米粒代表从种系中的基因中切除了 Spm 元件的回复子。斑点严重的玉米粒包含活跃的 Spm 元件，其在玉米粒发育过程中会导致频繁的体细胞切除区域产生。具有稀小紫色小扇区的玉米粒代表其中 Spm 元件在表观遗传上已被沉默的玉米粒。（E）由于 *CHS* 基因的天然转录后沉默，栽培品种中的大豆（中部）被抑制（左），这是由 *CHS* 基因的天然转录后沉默所致，可以通过用具有 PTGS 抑制蛋白的病毒感染亲本植物而部分逆转，产生斑驳的图案（右）。（F）表观遗传调控也可以在植物形态上表现出来。染色质装配因子亚基功能的降低导致拟南芥茎的"fasciated，簇生的"。（G）可以通过在选择性培养基上生长来对拟南芥中转基因抗性报告基因的沉默解除进行评价。（A，由 Jan Kooter 提供；B，由 Ian Furner 提供；C，转载自 Chandler et al.，2000，经 Springer Science and Business Media 许可；D，由 Vicki Chandler 提供；E，经许可转载自 Senda et al.，2004©American Society of Plant Biologists）

（图 13-2F）。数以千计的个体植物可以被筛选，以确定内源或转基因性状表达的变化（图 13-2G）。一旦鉴定了特定的表观遗传突变体，抑制子筛选通常可以成功地鉴定出相互作用的成分或替代途径，这种策略在果蝇［第 12 章（Elgin and Reuter, 2013）］和小鼠［第 14 章（Blewitt and Whitelaw, 2013）］中也已被采用。

　　拟南芥已经成为植物表观遗传学研究的主要模式系统，这是因为几乎每个基因的插入突变都能被全面收集，且易于诱变，并具有广泛的自然变异，拥有众多种质的完整基因组序列信息以及大量基因组范围的表达数据和染色质修饰数据。因此，拟南芥是本章的重点，表 13-1 总结了有功能的表观遗传修饰因子。该表中的信息是通过将正向和反向遗传筛选、生化分析或与其他系统中已知表观遗传修饰因子的同源性相结合而获得的。有关拟南芥中单个基因的更多详细信息，请参阅拟南芥信息资源 TAIR（http://www.arabidopsis.org）。

13.2　植物中染色质的分子组成

　　已经鉴定出 130 多种编码植物中表观遗传调控蛋白质的基因（表 13-1）。到目前为止，已知的表观遗传修饰因子可以根据其公认的或推定的功能大致分为五类，如 13.2.1～13.2.4 节和 13.3 节中所述。由于正在进行的研究不断有新的发现，因此该清单显然是不够完整的，但它提供了一个了解植物表观遗传学的框架。

13.2.1　DNA 甲基化调控因子

　　5-甲基胞嘧啶（5-Methylcytosine，5mC）是植物和哺乳动物表观遗传基因沉默和异染色质的标志［后者在第 15 章讨论（Li and Zhang, 2014）；也见附录 2（Zhao and Garcia, 2014）；Furner and Matzke, 2011；Meyer, 2011］。在分化的哺乳动物细胞的细胞核中几乎仅在 CG 位点（通常称为 CpG 位点）发现 5mC，但在植物中 CG、CHG 或 CHH 基序（其中 H 为 A、T 或 C）内均发现了胞嘧啶的甲基化。哺乳动物启动子通常存在于无甲基化的富含 CG 的区域，称为 CpG 岛，但是 CpG 岛在植物中不易区分。然而，胞嘧啶甲基化在植物中是非随机分布的，主要发生在基因组的重复区域中，该区域富含转座子、着丝粒重复序列或沉默的 5S 或 45S rRNA 基因重复序列。胞嘧啶甲基化也发生在一些差异调节的启动子和高表达基因的蛋白质编码区域内（Zilberman et al.，2007）。后者的基因体甲基化在进化上是保守的，发生在包括人类和蜜蜂等多种动物物种中（Feng et al.，2010）。基因体内 CG 甲基化的重要性尚不明确，但是其在外显子中的富集表明了其在 mRNA 前体剪接中的潜在功能。

13.2.1.1 DNA 甲基转移酶

DNA 甲基转移酶在未甲基化的胞嘧啶上从头催化胞嘧啶甲基化或维持先前存在的胞嘧啶甲基化模式［第 15 章图 15-2（Li and Zhang，2014）］。在植物中，从头甲基化由小干扰 RNA（small interfering RNA，siRNA）指导，并发生在 CG、CHG 或 CHH 基序的胞嘧啶上（13.3.5 节）。维持甲基化使先前存在的甲基化模式持续存在，特别是在 CG 或 CHG 基序处，这被称为对称位点，因为每个 DNA 链均在 5′ 至 3′ 方向上读取 CG 或 CHG。这种对称性为在每一轮 DNA 复制后将母链上的胞嘧啶甲基化模式传递给子链提供了基础。DNA 修复后也会发生维持甲基化，使新合成的 DNA 基于非修复链的甲基化模式被甲基化。

DNA 甲基转移酶的三个家族在真核生物中是保守的，在植物中是哺乳动物 Dnmt1、Dnmt2 和 Dnmt3 的同源基因［第 15 章图 15-4（Li and Zhang，2014）］。DNA 甲基转移酶 1（MET1）是哺乳动物 Dnmt1 的植物同源基因，主要介导维持 CG 甲基化，也可能参与 CG 的从头甲基化。DNMT2 同系物也存在于植物中，具有转移 RNA（transfer RNA，tRNA）甲基化酶活性，与哺乳动物 DNMT2 类似（Goll et al.，2006）。然而，至今没有观察到这些酶对 DNA 催化活性。植物 DRM（DOMAINSREARRANGED METHYL-TRANSFERASE）及其哺乳动物同源物 Dnmt3 家族是主要的从头甲基转移酶。与 Dnmt3 相比，DRM 蛋白的氨基和羧基端呈反向排列（结构域Ⅵ-X 后接 I-V）。DRM2 在所有序列环境中催化胞嘧啶甲基化，是 RNA 介导 DNA 甲基化途径中主要的胞嘧啶甲基转移酶（13.3.5.2 节）。

与哺乳动物不同，植物有一个独特的胞嘧啶甲基转移酶家族，其决定性的特征是存在与甲基化组蛋白结合的克罗莫结构域。CHROMOMETHYLASE 3（CMT3）是维持 CHG 甲基化的主要酶。CMT3 的克罗莫结构域结合组蛋白 H3 二甲基化赖氨酸 9（H3K9me2）。CHG 甲基化反过来为 H3K9 甲基转移酶 SUVH4 中的 SRA（SET-AND RING-ASSOCIATED）结构域提供一个结合位点，导致 H3K9 二甲基化。CMT3 和 SUVH4 构成了一个自我强化的环，其中抑制性 DNA 甲基化和组蛋白修饰标记彼此特异识别以维持表观遗传状态（Law and Jacobsen，2010）。CHROMOMETHYLASE 2（CMT2）在特定基因组环境下（如大转座元件的中心区域）起着维持 CHH 甲基化的作用，这可能是通过组蛋白修饰的串扰（如与其同源蛋白 CMT3）来实现的（Zemach et al.，2013）。

与哺乳动物 dnmt1 和 dnmt3 突变体在胚胎发育期间或出生后不久死亡不同，met1、cmt2、cmt3 和 drm 突变体以及它们相互组合的突变是可以存活的。因此，可以在植物中研究 DNA 甲基化在许多过程中的功能，包括营养发育和生殖发育、配子发生、受精以及 DNA 甲基化和组蛋白修饰之间的相互作用（如前一段中所述的 CMT3；Furner and Matzke 2011；Meyer，2011）。

13.2.1.2 胞嘧啶去甲基化和 DNA 糖基化酶

尽管存在维持 DNA 甲基化的机制，但胞嘧啶甲基化可能会丢失。当甲基化在复制或 DNA 修复过程中不能维持时，就会发生被动丢失。主动去甲基也可以通过酶促活性发生。动物的主动去甲基化在几十年前就已经被证明了，但是具体的作用因子和机制仍然存在争议（Gehring et al.，2009；Niehrs，2009）。在拟南芥中，主动去甲基化是由沉默抑制因子 1（ROS1）、DEMETER（DME）或 DEMETER-LIKE 蛋白（DML2,-3）催化的。这些是含有 DNA 糖基化酶结构域的大分子蛋白。ROS1 在甲基化 DNA 上具有切刻活性，从而导致通过与碱基切除修复相关的途径去除和置换甲基化胞嘧啶（Agius et al.，2006）。去甲基过程需要 ZDP（ZINC FINGER DNA 3′PHOSPHOESTERASE），该酶被认为可以去除缺口位点的 3′ 磷酸，从而产生 3′ 羟基，使 DNA 连接酶能够连接缺刻（Martinez-Macias et al.，2012）。

ROS1 组成型表达，可能在发育的所有阶段均导致不分裂细胞 DNA 甲基化的丧失。人们认为 ROS1 通过与 ROS3（一种 RNA 结合蛋白）的结合而被引导至其作用部位，这表明 RNA 介导了 DNA 的从头甲基化，也参与了 DNA 去甲基化（Zheng et al.，2008）。DNA 糖基化酶 DME 在配子体中特别重要，它可以去除 5mC 模式，否则它将会沉默一部分特定基因 Choi et al.，2002；Schoft et al.，2011）。CG 甲基转移酶 MET1 的突变抑制了 *dme* 突变表型，这表明 DME 主要是 CG 二核苷酸去甲基化所必需的（Xiao et al.，2003）。DME 旁系同源物 DML2 和 DML3 在特定基因组位点影响 CG、CHG 和 CHH 环境中的胞嘧啶甲基化（Ortega-Galisteo et al.，2008）。

综合来说，拟南芥中多种去甲基化酶的功能表明，DNA 甲基化的可逆性对于发育过程中特定基因的调控至关重要。越来越多的证据表明，胞嘧啶甲基化也可以其他方式迅速消失（Reinders and Paszkowski，2009）。胞嘧啶甲基化的自发变化可在等位基因群体中偶尔发生（Becker et al.，2011；Schmitz et al.，2011），从而产生或去除可能影响适应性和自然选择的表观等位基因的抑制（Roux et al.，2011）。

13.2.1.3　甲基胞嘧啶结合蛋白

甲基胞嘧啶结合蛋白（METHYL-C-BINDING DOMAIN，MBD）与哺乳动物蛋白质如 MeCP2 具有序列相似性，是表观遗传的"阅读器"模块，被认为有助于将 DNA 甲基化模式转化为改变的转录活性［第 15 章图 15-8 和 15-9（Li and Zhang，2014）］。植物比哺乳动物含有更多的 MBD 基因（拟南芥中有 13 个）。然而，它们在保守的 MBD 结构域之外与哺乳动物 MBD 几乎没有同源性（Springer and Kaeppler，2005）。已知拟南芥家族中只有三个成员与甲基化 DNA 特异结合，而在单子叶植物如玉米、小麦和水稻中缺失这些基因（Graft et al.，2007）。其他蛋白质结构域也能与 5mC 结合。例如，SUVH4 的 SRA 结构域（H3K9 甲基转移酶）与甲基化的 CHG 位点结合，在 13.2.1.1 节中提到的抑制性组蛋白和 DNA 修饰之间提供了一种机制性联系。同样，VIM 蛋白的 SRA 结构域（哺乳动物中 UHRF1 的同源基因）与半甲基化 DNA 结合并在复制过程中招募 MET1/DNMT1 来修饰新的 DNA 子链（Woo et al.，2007，2008）。

13.2.1.4　甲基供体合成所需的蛋白质

大多数甲基化酶需要辅因子 *S*-腺苷-甲硫氨酸（SAM 或 AdoMet）作为甲基供体。SAM 生物合成的关键酶 *S*-腺苷-L-同型半胱氨酸水解酶（sadenosyl-L-homocysteine hydrolase）通过去除底物抑制来调节 SAM 水平。拟南芥中编码这种酶的基因突变导致 DNA 甲基化减少和转录沉默的释放，尤其是来自着丝粒周围的异染色质基因（Rocha et al.，2005；Jordan et al.，2007）。此外，突变也影响组蛋白甲基化，进一步影响表观遗传调控（Baubec et al.，2010）。

13.2.2　组蛋白修饰酶和组蛋白变体

与其他生物体一样，植物含有一些组蛋白变体和在翻译后修饰组蛋白的酶，影响基因调控［第 3 章介绍（Allis et al.，2014）］。染色质免疫沉淀和深度测序的应用使我们深入了解了组蛋白变体和具有不同翻译后修饰的组蛋白的全基因组分布（Roudier et al.，2009），包括特定染色质标记的共存或互斥（Roudier et al.，2011）。组蛋白修饰酶通常由植物中的大的基因家族编码（Berr et al.，2011；Deal and Henikoff，2011；Lauria and Rossi，2011）。

13.2.2.1 组蛋白去乙酰化酶和乙酰转移酶

组蛋白乙酰化是一种表观遗传标记，通常与活性染色质和转录相关，而转录非活性序列通常缺乏乙酰化。组蛋白乙酰转移酶（histone acetyltransferase，HAT）的"写入器"功能可以被组蛋白去乙酰酶（histone deacetyltransferase，HDAC）的"擦除器"酶功能逆转，这种酶允许乙酰化作为可逆转的表观遗传标记。这些基因的结构和功能在第 4 章（Marmorstein and Zhou，2014）和第 5 章（Seto and Ybshida，2014）中有详细讨论。植物中 HAT 和 HDAC 都有多个基因家族成员（Pandey et al.，2002；Chen and Tian，2007）。根据其结构和不同的底物特异性，HAT 家族的成员可分为 5 个不同的亚家族（Earley et al.，2007）。GCN5 同源蛋白 HAG1 在酵母和哺乳动物中特异地甲基化 H3K14，在拟南芥中调节几个发育过程（Servet et al.，2010）。我们现在知道 5 个 HAT 亚家族中 3 个有植物同源基因（表 13-1）。植物也有组蛋白去乙酰化酶的同源蛋白，这些酶在所有真核生物中高度保守，催化组蛋白乙酰化的去除，产生更多抑制性染色质。有一个植物特异性组蛋白去乙酰化酶家族，称为 HD2 或 HDT 家族，它们与基因沉默有关，但重组 HDT 蛋白的 HDAC 活性尚未被发现。到目前为止，遗传筛选仅鉴定出两个可作为表观遗传调节因子的 HDAC，即 HDA1 和 HDA6（表 13-1）。HDA6 在维持 CG 和 CHG 甲基化，与 DNA 甲基转移酶 MET1 相互作用中起作用，并参与转基因和转座子沉默、rRNA 基因抑制和核仁显性。尽管 HDA6 突变体仅具有细微的形态缺陷，但 HDA6 参与种子成熟、开花时间调节和逆境响应（Aufsatz et al.，2007；Kim et al.，2012）。HDA1 和 HD2A/HDT1 的表达减少和/或过表达可引起多种形态学改变，但其功能尚不清楚。HAT 和 HDAC 功能的解析由于其冗余性和存在于多蛋白复合体中的潜在功能而变得复杂。

13.2.2.2 组蛋白甲基转移酶和去甲基化酶

像乙酰化一样，组蛋白甲基化是可逆标记。负责此修饰的组蛋白赖氨酸甲基转移酶（HKMT）通常具有 SET 结构域（SU(R)/E(Z)/TRX [第 6 章（Cheng，2014）]。根据特定组蛋白赖氨酸的甲基化，HKMT 可以促进或抑制转录。一些 SET 结构域蛋白质是 Polycomb 族（PcG）或 trithorax 族（TrxG）的成员，在植物和动物发育过程中分别维持特定基因的转录抑制状态或活化状态 [13.2.3 节和第 17 章（Grossniklaus and Paro，2014）]。*Su(var)*3-9 家族的其他 SET 域蛋白参与维持异染色质的浓缩、转座子沉默或 DNA 复制调控。

拟南芥基因组编码 49 个 SET 结构域蛋白，分为 4 个保守家族：E（Z）、ASH1、TRX 和 *Su(var)*3-9 相关蛋白（Pontvianne et al.，2010）。后者是成员最多的组，但不是唯一地负责 H3K9 甲基化的酶。*KYP/SUVH4* 和 SUVH2、SUVH5 和 SUVH6 催化 H3K9me1 和 me2 甲基化。如以上所述的 SUVH4，它的 SRA 结构域结合 5mC 有助于它们与 CMT3 协作以在沉默的基因位点上维持 CHG 甲基化和 H3K9me2。H3K9me3 可能是由更远距离相关的 SUVR 蛋白质完成的。动物中 H3K9me3 是明确的异染色质标记，而在植物中 H3K9me3 位于表达的常染色质基因。TRX 家族成员 ARABIDOPSIS TRITHORAX1（ATX1）可能通过其催化组蛋白 H3 赖氨酸 4（H3K4）甲基化的能力激活花同源异形基因（floral homeotic gene）。ATXR5 和 ATXR6 可以单甲基化 H3K27，它是抑制异染色质标记。在 *atxr5 atxr6* 双重突变体中会发生异染色质的过度复制，表明这两个基因在复制调控中的功能（Jacob et al.，2010）。缺乏 ATXR3 的突变体 H3K4me2/3 水平降低，并存在严重的发育缺陷，部分原因是细胞变小。ASH1 家族成员 ASH1 HOMOLOG2（ASHH2）催化 H3K36me2/3，从而增强目标基因位点上的活性染色质标记，其中包括几个病原体抗性基因。E（z）家族的基因与 Polycomb 调控有关（13.2.3 节）。

有两类蛋白质可以在不同的位置去除组蛋白尾部甲基化。赖氨酸特异性的组蛋白去甲基酶类似（lysine-specific histone demethylase-LIKE，LDL）蛋白质通过胺氧化发挥作用，而 JUMONJI-C-DOMAIN（JmjC）蛋白则通过羟基化起作用 [第 6 章（Cheng，2014）；第 2 章（Shi and Tsukada，2013）]。拟南芥具有四个 LDL 和 21 个 JmjC 基因，分成几个亚组（Chen and Tian，2007；Liu et al.，2010）。LDL 蛋白和一些 JmjC 蛋白参与开花时间控制，具有特定的靶基因，并可以与转录因子协同作用。JmjC 蛋白 INCREASE IN BONSAI

METHYLATION（IBM1）可以抵消 H3K9 甲基化和 CHG-DNA 甲基化。因此，在 *suvh4* 和 *cmt3* 的双突变中，由失去 IBM1 引起的发育缺陷会被抑制。一些可能改变组蛋白甲基化标记的酶仍然没有被解析，这些酶之间的对抗性或协同性以及靶点特异性很可能使这些标记的写入和阅读复杂化。

13.2.2.3 负责其他类型组蛋白修饰的酶

除乙酰化和甲基化外，另一个重要的组蛋白 PTM 是磷酸化（Houben et al.，2007）。组蛋白磷酸化参与 DNA 修复（γH2AX）、染色体分离和细胞分裂（Aurora 激酶）调控。组蛋白磷酸化可以被其他表观遗传组蛋白标记影响，如 H3S10 磷酸化被旁边赖氨酸 H3K9 修饰影响。组蛋白的 ADP 核糖化可在植物中发生，但没有被广泛研究。组蛋白 H2A 和/或 H2B 的泛素化在动植物中也具有重要的调节功能（Berr et al.，2011；Bycroft，2011），并且可以招募或排除其他修饰酶。已经确定了写入或去除泛素化的蛋白质影响细胞周期、发育和病原体抗性。

13.2.2.4 组蛋白变体、连接组蛋白和非组蛋白

组蛋白是真核生物分类中最保守的蛋白之一，由高度冗余的基因家族编码。如动物一样，植物在结构和功能上也进化出不同的 H2A 和 H3 组蛋白变体类别［第 20 章（Henikoff and Smith，2014）］。变体的物理特性在它们与 DNA 的动态关联中起着重要作用（Ingouff and Berger，2010；Deal and Henikoff，2011）。

H2AX 变体的磷酸化标记了 DNA 损伤的位点，并被认为招募了 DNA 修复蛋白。H2A.Z 是主要在基因的转录起始位点附近发现的变体，可能调节转录，并且与 DNA 甲基化互斥（Zilberman et al.，2008）。它的加载需要 SWR1 染色质重塑复合体的活性。在热胁迫下，含 H2A.Z 的核小体从 DNA 上解离，伴随着基因表达的变化（Kumar and Wigge，2010）。组蛋白 H3 的 CenH3 变体靶向着丝粒区域的核小体，是动粒组装、微管附着和细胞分裂过程中染色体分离所必需的。组蛋白变体 H3.3 主要在调节区和表达的基因中被发现，它与典型的 H3 亚基只有几个氨基酸不同。它以不依赖复制的方式被加载入染色质，涉及特殊的分子伴侣和重塑复合体。然而，在植物中，负责复制之外的组蛋白变体替换的机制尚不清楚。

除形成核小体核心颗粒的四个组蛋白外，DNA 的浓缩及其与相互作用蛋白的可及性还取决于连接组蛋白，特别是组蛋白 H1。连接组蛋白显示出多样性，H1 应激诱导型变体的表达暗示了它们有功能专一性类型。下调特定的连接组蛋白有时可以通过其他变体的上调来补偿，但也会导致 DNA 甲基化不足和多态性表型缺陷（Jerzmanowski，2007）。

与其他真核生物一样，植物具有非组蛋白的染色体蛋白质，这些蛋白质可能有助于表观遗传调控，包括 HMG 蛋白。HMGB 家族是植物蛋白中最具特征和最具多样性的亚组，其成员在表达水平、模式、定位以及与 DNA 和其他蛋白的相互作用上均不同。家族中个别成员的突变和异位表达表明其功能部分特异化以及在发育和应激反应中的作用（Pedersen and Grasser，2010）。一种 HMG 蛋白，即结构特异性识别蛋白（STRUCTURE-SPECIFIC RECOGNITION PROTEIN，SSRP1），间接参与雌配子体中央细胞中印记基因的 DNA 去甲基化（Ikeda et al.，2011）。

黏连蛋白复合体在有丝分裂和减数分裂后期分离前确保姐妹染色单体排列，还参与 DNA 修复、纺锤体连接、染色体凝聚和 DNA 可及性调节。黏连蛋白的结构、组装和去除似乎是高度保守的，但植物中的一些家族成员可能具有特殊的功能（Yuan et al.，2011）。例如，DMS3/IDN（DEFECTIVE IN MERISTEM SILENCING3/INVOLVED IN DE NOVO）是一种与 cohesin 和 condesin 的铰链结构域区域相关的蛋白质，它是建立 RdDM 过程中依赖 DNA 的 RNA 聚合酶 V（RNA Pol V）转录所必需的（13.3.5.2 节）。

复制蛋白 A2（REPLICATION PROTEIN2，RPA2）或复制因子 C1（REPLICATION FACTOR C1）等蛋白质已在表观遗传调控因子的突变筛选中得到鉴定（Elmayan et al.，2005；Kapoor et al.，2005）。当与拓扑异构酶同系物 MGOUN（MGO）的功能缺失相结合，染色质突变体的表型增强表明了这种蛋白质的功能，

尤其是与干细胞和分生组织维持的功能（Graf et al.，2010）。可以预期，许多其他与 DNA 相互作用的非组蛋白也将成为直接或间接的表观遗传调控因子。

13.2.3　Polycomb 蛋白和互作因子

Polycomb（PcG）蛋白最初被鉴定为果蝇同源异形基因的调节子和抑制子。与激活的 TrxG 蛋白质相平衡，PcG 决定细胞增殖和细胞特征［PcG 蛋白见第 17 章（Grossniklaus and Paro，2014）；TrxG 蛋白见第 18 章（Kingston and Tamkun，2014）］。

植物中的 POLYCOMB 抑制复合体 2（PRC2）是两种不同类型的 PcG 复合体中较为保守的一种，与动物一样，负责组蛋白 H3 赖氨酸 27（H3K27me3）处三甲基化。果蝇 PRC2 复合体中的每一个亚单位在拟南芥中都有几个类似的同源蛋白质［第 17 章图 17-3（Grossniklaus and Paro，2014）］。果蝇蛋白 E(Z) 对应 MEDEA（MEA）、CURLY LEAF（CLF）和 SWINGER（SWN）；Su(Z)12 对应 FERTILIZATION-INDEPENDENT SEEDS2（FIS2）、VERNALIZATION（VRN2）和 EMBRYONIC FLOWER2（EMF2）；Esc 对应 FERTILIZATION-INDEPENDENT ENDOSPERM（FIE）；p55 对应 MULTICOPY SUPPRESSOR OF IRA HOMOLOG 1～5（Koehler and Hennig，2010）。PRC2 组分蛋白的这种多样性被认为与陆地植物的进化扩张有关（Butenko and Ohad，2011）。植物 PRC2 成分在不同的发育阶段是必需的，在特定的但有时是重叠的基因亚群中起作用。对于许多功能，如开花时间控制，植物 PRC2 与其他蛋白质或特定 RNA 转录本相互作用共同发挥作用（Baulcombe and Dean，2014）。PcG 蛋白本身受到严格的调控，部分是通过 DNA 去甲基化实现的。至少有两个 PcG 基因（*MEA* 和 *FIS2*）是印记基因，这意味着它们的差异表达取决于它们的遗传亲本（Raissig et al.，2011）。尽管印记在植物和哺乳动物中独立进化（表 13-1），但 DNA 甲基化和 PcG 蛋白都是这两种情况下的关键组成部分。

PRC1 是另一种 PcG 蛋白复合体，拟南芥中的与动物中的相比差异较大，但具有功能相关性。与果蝇 POLYCOMB 蛋白质一样，拟南芥 LIKE HETEROCHROMATIN PROTEIN1（LHP1）与 H3K27me3 结合，可能通过与 H2A 泛素化酶、AtRING 1、AtRING 2 和 AtBMI1 等 PRC 1 组分的同源蛋白质的相互作用，将 H3K27me3 这种修饰"解读"和"翻译"为更具抑制性的染色质结构。

两个 PRC 核心复合体的亚单位与其他可以特异性调节的蛋白质相互作用，但 PcG 复合体被招募到植物中特定靶基因的方式仍不清楚。重要的是，动物体内已知的 Polycomb 或 Trithorax 响应元件的类似序列尚未在植物中被鉴定出来。

13.2.4　核小体组织蛋白

复制、转录、重组和修复要求核小体的定位及其与 DNA 的关联发生短暂或持久的变化。因此，染色质水平上的动态过程并不局限于可逆的 DNA 或蛋白质修饰，还包括核小体丰度、核小体组成和 DNA 对其他蛋白质可及性的变化。

13.2.4.1　染色质重塑复合体

核小体的重定位或解离可通过染色质重塑 ATP 酶（chromatin remodeling ATPase）来实现，如 SWI/SNF 复合体，这个复合体首先在酵母中被发现并根据突变体中受影响的过程命名［第 21 章（Becker and Workman，2013）］。植物中有几个 SWI/SNF 复合体。遗传筛选只为少数几个潜在的染色质重塑因子提供了功能信息，第 1 个因子是 DECREASE IN DNAMETHYLATION 1（DDM1）。

DDM 1 功能的丧失导致全基因组 DNA 甲基化和 H3K9me2 的减少、重复元件的转录激活以及许多基因的失调。结果，*ddm1* 突变体表现出严重的发育和形态缺陷，并且随着世代的增加而加重。*ddm1* 突变体适应度的逐渐降低是由表观突变和转座子激活引起的插入突变的累积引起的。部分表观遗传信息，以 DNA 甲基化的形式，在 *ddm1* 突变体中不可逆转地丢失，然而与野生型植物的回交可以恢复在某些位点的修饰模式，这是由从头 DNA 甲基化产生的（Teixeira et al.，2009）。与 SWI2/SNF2 ATP 酶蛋白一样，DDM1 在体外也具有 ATP 依赖的核小体重新定位活性（Brzeski and Jerzmanowski，2003）。*ddm1* 突变体中的胞嘧啶甲基化缺失并不发生在同时缺乏 DDM1 和连接蛋白组蛋白 H1 的突变体中（Zemach et al.，2003）。这表明维持甲基化机制需要 DDM1 才能接近高度浓缩包装的核小体 DNA，这个过程同时涉及核心和连接组蛋白。哺乳动物中的 DDM1 同源基因，LYMPHOID-SPECIFIC HELICASE（HELLS），对全基因组 CpG 甲基化和发育同样重要。

拟南芥 SWI2/SNF2 家族的两个成员 DEFECTIVE IN RNA-DIRECTED DNA METHYLATION 1（DRD1）和 CLASSY 1（CLSY1）是植物界特有的，在 RNA 介导的 DNA 甲基化中具有特殊的作用（13.3.5.2 节）。另外四种 SWI2/SNF2 蛋白 BRAHMA（BRM）、SPLAYED（SPD）和 MINUSCULE 1 和 MINUSCULE 2 参与了激素反应和干细胞维持（Sang et al.，2012）。

除 ATP 酶外，SWI/SNF 重塑因子的其他核心亚基在植物中也有表达，包括几个 SWI3 家族成员（AtSWI3 A～D）、一个 SNF5 同源蛋白质（BSH）和两个 SWP73 同源蛋白质（Jerzmanowski，2007）。它们在植物中的作用尚未被广泛研究，但 SWI3 已被证明与 RNA 介导的 DNA 甲基化过程中的 RNA 结合蛋白相互作用，以及在沉默位点影响核小体的分布（Zhu et al.，2012）。

其他重塑复合体的亚单位包括 CHROMATIN-REMODELING PROTEIN 11（CHR11；一个 ISWI 复合体蛋白质）、PICKLE（PKL；一个 CHD3 复合体蛋白）、INO80、ARP4 和 ARP5。它们的活性缺陷突变体的特征是发育异常和 DNA 修复受损。

MORPHEUS' MOLECULE 2（MOM1）是一种植物特有的表观遗传调控因子，与 SWI2/SNF2 有关，但其 ATPase 结构域不完全同源，与 CHD3 有一定相关性。与 *ddm1* 或 *pkl* 不同，*mom1* 的缺失不会导致形态学缺陷。其确切的作用方式尚不清楚，但 *mom1* 突变体的特征是在一些靶基因处具有染色质中间态，这些靶基因与 RdDM 途径的靶基因部分重叠（Habu，2010）。

SWR1 复合体 C 在转录起始位点 H2A.Z 的加载以及 DNA 甲基化的拮抗排斥中起着重要的表观遗传学作用。拟南芥 SWR1 复合体包括 PHOTOPERIOD-INDEPENDENT EARLY FLOWERING（PIE）、SWR1 COMPLEX 6（SWC6）和 ACTIN-RELATED PROTEIN 6（ARP6）。这种复合体是如何作用于特定的靶基因尚不清楚，但它的功能对于发育程序决定和应激反应是至关重要的。

13.2.4.2 染色质组装因子

虽然 SWI/SNF 和其他重塑复合体作用于已经与 DNA 关联的核小体，但复制后将核心组蛋白组装成新的核小体则需要其他活动。在修复或重组相关 DNA 合成后需要重建染色质，或与转录过程有关的组蛋白交换。这些功能是由组蛋白伴侣发挥作用的，它们大多是相互作用的酸性蛋白质，也与特定的经典组蛋白或组蛋白变体相互作用［第 22 章（Almouzni and Cedar，2014）］。

植物有 3 种用于加载 H3/H4 四聚体的伴侣和 3 种用于加载 H2A/H2B 二聚体的伴侣（Zhu et al.，2011b）。染色质组装因子 1（CAF-1）复合体有助于将 H3/H4 四聚体带到复制叉中。编码拟南芥中 2 个较大 CAF-1 亚基的基因突变（*fas1*，*fas2*）导致形态学异常（fasciation，簇生）（图 13-2F）、DNA 修复缺陷、rRNA 基因拷贝数减少和重复元件的去抑制，表明正确的组蛋白加载对发育、基因组稳定性和表观遗传调控至关重要。正如预期的那样，CAF-1 亚单位的缺失并不影响 DNA 甲基化的维持，但它可以导致其他与组蛋白相关的表观遗传标记的消失。第 3 种 CAF-1 成分 MSI1 的水平降低不会引起簇生，但会导致种子发育和一些形态学变化，可能是由其多重作用引起的，包括在 PRC2 复合体中的作用。另外两种 H3/H4 伴侣，其功能独立于复制，但也与 CAF-1 合作，包括 HISTONE REGULATOR A（HIRA，拟南芥中有一种同源蛋白质）和 ANTI-SILENCING FUNCTION 1（ASF1，拟南芥中有两种同源蛋白质）。

组蛋白 H2A 和 H2B 被认为由 NUCLEOSOME ASSEMBLY PROTEIN 1（NAP1）、NAP1 RELATED PROTEIN（NRP）和 FACILITATES CHROMATIN TRANSCRIPTION（FACT）蛋白质组装。在拟南芥中，这些蛋白质有许多同源蛋白质，包括 4 个 NAP1、2 个 NRR 和 2 个 FACT 同源蛋白质，它们都显示出与酵母或动物同源蛋白质的相似性（Zhu et al.，2011b）。

一些伴侣分子亚单位可以被翻译后修饰调节，如缺乏 ASF1 激酶的 TOUSLED（TSL）突变体的表型所示。拟南芥突变体 BRUSHY（BRU）与植物 CAF-1 的 *fas* 突变体具有相似的表型，即对 DNA 损伤、TGS 干扰和发育缺陷的敏感性。尽管 BRU 与任何已知的组蛋白伴侣没有同源性，但 PcG 调控基因在特定基因组片段上的额外失调，表明 BRU 可能对于维持不同的表观遗传状态十分重要（Ohno et al.，2011）。

值得注意的是，组蛋白伴侣基因的大多数突变都会影响分生组织的组织、干细胞的维持或分生组织内干细胞龛附近组织的分化。这可能反映了正确的组蛋白和核小体加载对保持植物干细胞特性是必要的。

13.3　RNA 介导的基因沉默途径的分子成分

如前几节所述，胞嘧啶甲基化和组蛋白翻译后修饰是植物表观遗传基因调控的重要方面，有助于在转录水平上建立或维持基因的"开启"或"关闭"状态。表观遗传也通过靶向 mRNA 的降解或翻译抑制在转录后水平发挥作用。该 PTGS 可以调控发育过程中重要的 mRNA 的时间和空间分布，对诸如病毒、微生物病原菌和转基因这些入侵者起保卫作用。

植物中转录和转录后沉默机制的共同特征是涉及小 RNA，特别是 miRNA 或 siRNA。这些小 RNA 在植物中的生物合成与它们在其他真核生物中的生物合成有相似之处，这表明涉及 miRNA 和 siRNA 的沉默机制具有共同的古老起源（Chapman and Carrington，2007；Shabalina and Koonin，2008）。但是，植物中参与 miRNA 或 siRNA 介导过程的基因复制和功能特化导致了有特异功能的多种途径的进化（Herr，2005；Baulcombe，2006；Xie and Qi 2008；Chen，2009；Vazquez et al.，2010）。这些途径包括：①与靶序列互补的 miRNA 的生物合成途径，导致单个转录 mRNA 的下调（13.3.2 节）；② miRNA 启动次级的反式作用 siRNA（*trans*-acting siRNA）的合成，这些 siRNA 下调多个靶标，但它们与起始的 miRNA 没有互补性；③由 siRNA 介导的对入侵病毒 RNA 或转基因 RNA 降解的途径（13.3.4 节）；④由 siRNA 介导的 DNA 甲基化和转座子、病毒和特定基因的转录沉默途径（13.3.5 节）。这些途径共同为植物提供了 RNA 介导的沉默能力，这是其他真核生物无法比拟的。

13.3.1　miRNA 和 siRNA 的生物合成和沉默的共同特征

与其他真核生物相比，miRNA 和 siRNA 在植物中也具有许多共同的特征（Bartel，2004；Vbinnet，2009；Axtell et al.，2011）。两者都通过 RNase III 相关 Dicer（DCL）核酸内切酶的作用从 dsRNA 前体产生。产生的小 RNA 整合到一个多蛋白组成的 RISC 复合体（RNA-induced silencing complex，RISC；RNA 诱导的沉默复合体）中，该复合体的核心是 Argonaute（AGO）蛋白质家族的成员（Czech and Hannon，2011）。AGO 蛋白通过其 PAZ 结构域结合到小 RNA 的 3′ 末端，利用小 RNA 与互补的目标 RNA 进行碱基配对（Joshua-Tor，2006）。结果是目标 RNA 可以被 AGO 蛋白的 PIWI 结构域切割，或者翻译被阻断（在不切割目标 RNA 情况下），又或者是通过招募染色质修饰机制使基因位点转录被沉默。不同的结局取决于所涉及的小 RNA 的类别以及特定的相关 AGO 蛋白质［第 16 章（Martienssen and Moazed，2014）］。

miRNA 或 siRNA 的双链前体以几种方式生成。对于 miRNA，DNA 依赖性 RNA 聚合酶 II（RNA Pol II）产生具有自我互补性的、折叠的转录本，形成茎环结构，其中茎是不完美互补的双链茎，可以被 DCL1 切割（图 13-3）。就 siRNA 而言，双链前体可通过依赖 DNA 的 RNA 聚合酶（如 RNA Pol II）通过重叠双向转录生成，从而生成重叠和碱基配对的转录本。或者，RNA 转录本被用作 RNA 依赖性 RNA 聚合酶（RNA-dependent RNA polymerase，RdRP）的模板，扩增产生互补 RNA 链。

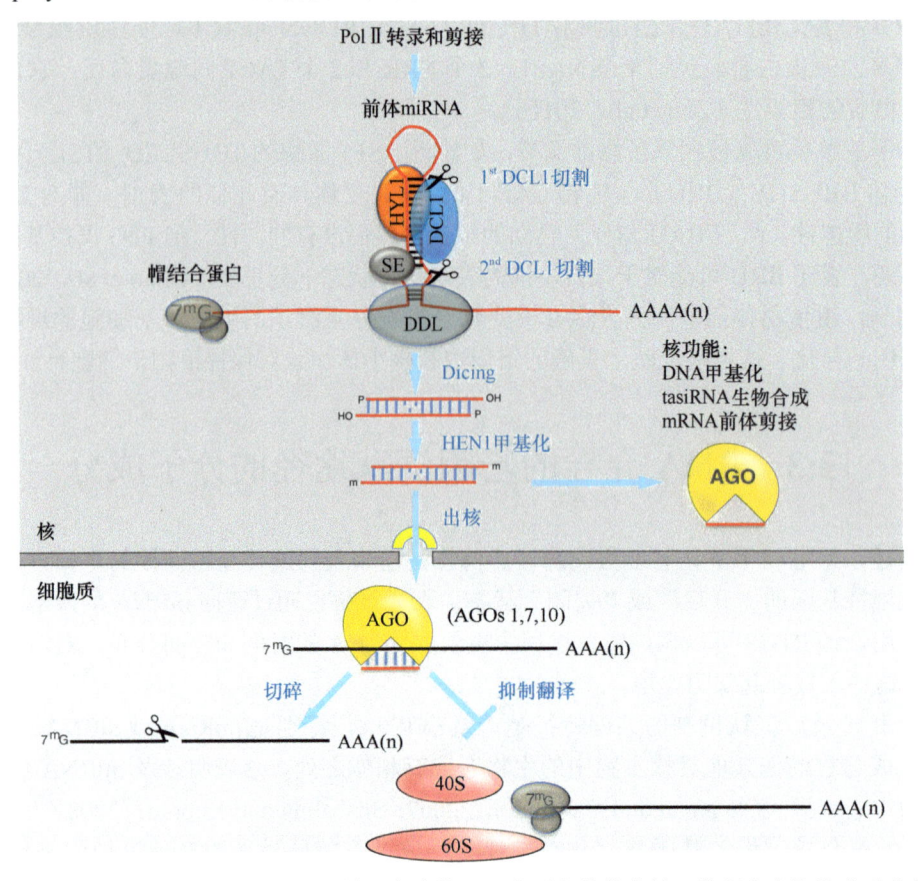

图 13-3 miRNA 生物合成和作用方式。 由 Pol Ⅱ 转录产生的、形成不完善发夹的、带帽和多聚腺苷酸化的核 RNA 转录本可作为 miRNA 的前体。DCL1 在 HYL1、DDL1 和 SE 核酸结合蛋白质的帮助下切割这些前体。被切后的产物被 HEN1 末端甲基化，并在涉及 exportin 5 同源蛋白质 HST 的帮助下输出到细胞质。miRNA 与 AGO1 或相关的 AGO 蛋白（如 AGO 10）结合，指导互补 mRNA 的切割或翻译抑制。涉及 miRNA 的核功能包括胞嘧啶甲基化、反式作用 siRNA（tasiRNA）的产生或 mRNA 前体降解。

负责 siRNA 生物合成和功能的核心机制的多样化是植物中不同小 RNA 沉默途径进化的基础（Vazquez et al., 2010; Xie and Qi, 2008）。如同粟酒裂殖酵母（*S. pombe*）和秀丽隐杆线虫（*C. elegans*）一样，但与哺乳动物或果蝇不同，植物利用 RdRP 生产 dsRNA。拟南芥基因组编码 6 个不同的 RdRP（Vazquez et al., 2010; Xie and Qi, 2008）。类似地，拟南芥具有 4 种不同的 DICER 核酸内切酶，DICER-LIKE（DCL）1～4，而哺乳动物、粟酒裂殖酵母和线虫仅具有 1 种 DICER，果蝇有 2 种。植物 DICER 产生不同大小的小 RNA，包括 21nt（大多数）（DCL1）的 miRNA、21nt（DCL4）的 siRNA、22nt（DCL2）或 23～24nt（DCL3）的 siRNA。不同大小的 siRNA 具有独特但部分重叠的功能，这是由于它们与拟南芥中分化的 10 个 AGO 蛋白特异关联（Vaucheret, 2008）。不同的 RdRP、Dicer 和 AGO 蛋白组成不同组合的功能，以此完成各种由 RNA 介导的沉默现象。

13.3.2 miRNA 生物合成和功能

miRNA 对动植物的发育至关重要，它通过在邻近细胞中引起转录后降解或翻译抑制，将互补 mRNA 的功能限制在特定的细胞亚群中（Carrington and Ambros, 2003; Ambros, 2004; Bartel, 2009; Cuperus et al., 2011）。miRNA 通过在多蛋白 RISC 复合体中与目标 mRNA 碱基配对促进 mRNA 切割（称为"slicing, 切碎"）

或抑制mRNA翻译（图13-3）。最初通过在遗传筛选中鉴定出影响发育的突变体，初步确定了miRNA在植物发育中的重要性。需要miRNA的发育过程包括干细胞维持和分化、器官极性、微管束发育、花排列、激素信号传导以及对环境逆境的响应（Rubio-Somoza and Weigel，2011；Khraiwesh et al.，2012）。

在植物中，如在线虫中一样，最初发现编码miRNA的基因位点是不编码蛋白质的基因，但它们对发育上重要的mRNA的负调控是必需的（Ambros，2004；Chen，2005）。现在我们知道，这些非编码RNA基因位点的转录本被加工成小（微小）RNA，这些小（微小）RNA与被下调的mRNA具有完美或接近完美的互补性。与目标mRNA错配的miRNA倾向于通过稳定地与mRNA结合来抑制其被翻译。相比之下，与目标mRNA具有完美互补性的miRNA倾向于通过相关AGO蛋白的PIWI结构域来切割目标mRNA。在动物中，miRNA很少与目标mRNA有完美互补性，翻译抑制是动物miRNA作用的最普遍形式（Ambros，2004；Bartel，2004）。在植物中，miRNA与目标mRNA的完美或接近完美的互补性是常态，因此倾向于mRNA切割而非抑制（Jones-Rhoades et al.，2006；Axtell et al.，2011；Cuperus et al.，2011）。但是，这是趋势，而不是规则，某些植物miRNA和siRNA会阻止翻译，而某些哺乳动物miRNA也会指导mRNA切割。

miRNA由依赖DNA的RNA Pol II转录，有时作为独立的miRNA基因，有时作为长的非编码RNA内序列或蛋白质编码基因中的内含子被转录。就像在动物中一样，植物miRNA起源于长70~600bp的前体RNA（primary-miRNA，pri-miRNA），它们会折回，形成不完善的发夹或茎环结构（Bartel，2004；Jones-Rhoades et al.，2006；Cuperus et al.，2011）。在哺乳动物中，在dsRNA结合蛋白Pasha帮助下，RNase III相关的内切核酸酶Drosha在茎的环近侧切割。对于内含子编码的miRNA "mirtron"，通过剪接和脱支酶（splicing and lariat debranching enzymes）产生最初的miRNA前体（pre-miRNA）（Okamura et al.，2007；Westholm and Lai，2011）。得到的部分加工的pre-miRNA通过Exportin 5介导的途径运输到细胞质中进行进一步加工。在细胞质中，Dicer在离Drosha切割点22nt处切割茎干，从而产生一个双联体（duplex），它包含成熟的miRNA或miR链以及与其互补的"乘客，passenger"链miR*（Du and Zamore，2005；Carthew and Sontheimer，2009）。然而，植物缺乏Drosha和Pasha同源基因，被认为只在细胞核内产生miRNA，DCL1负责前体miRNA茎环的两次切割，产生长度通常为21nt的miR/miR*双联体（图13-3）。DCL1的加工由RNA结合蛋白HYPONASTIC LEAVES 1（HYL1；也称为DRB1）、DAWDLE（DDL）以及锌指蛋白SERRATE（SE）辅助。miR/miR*双联体随后被HUA ENHENCER 1（HEN1）在每个RNA链的3′端核糖处进行甲基化，从而保护小RNA免受尿苷化并提高其稳定性。大多数甲基化miR/miR*双联体被认为是在一个涉及HASTY（HST）的过程中从细胞核输出到细胞质的，HST是哺乳动物Exportin 5的同源蛋白质。然而，在*hst*突变体中，不同miRNA的丰度受到不同程度的影响，这表明不同miRNA的转运存在差异。miR链被加载到AGO1或相关的AGO家族成员上，包括AGO10或AGO7，由此产生的AGO-RISC复合物对miRNA互补的mRNA进行切割或翻译抑制（Chen，2009；Poethig，2009；Axtell et al.，2011；Cuperus et al.，2011）。

对被子植物（开花植物）、裸子植物和更原始的植物（如蕨类和苔藓植物）的比较分析发现了一些高度保守的miRNA，它们对分生组织的功能和发育至关重要（Axtell et al.，2007；Axtell and Bowman，2008）。尽管这些miRNA的靶mRNA编码序列在进化过程中发生了变化，但这些mRNA中的miRNA结合位点几乎是不变的，这表明这种互补性的需求限制了所匹配的miRNA和mRNA序列进化至少4亿年。

AGO1是AGO蛋白家族的基础成员，是拟南芥中DCL1、DCL2和DCL4生成的小RNA的主要mRNA切割器（Baumberger and Baulcombe，2005）。在miRNA发现之前，AGO1已被鉴定为一个叶片发育缺陷的拟南芥突变体。"Argonaute"这个名字源于*ago1*突变体的表型，其狭窄的丝状叶子使植物看起来像船蛸属（*Argonauta*）的小章鱼。与*ago10*突变体一样，许多*ago1*亚型突变体表现出严重的茎尖分生组织缺陷。后者也被称为针头（pinhead，*pnh*）突变体（表13-1），因为在茎尖没有侧生器官形成。这些引人注目的顶端分生组织表型源于干细胞维持和细胞谱系特化方面的缺陷（Kidner and Martienssen，2005；Vaucheret，2008）。

在拟南芥中，大约50%的miRNA靶点是转录因子，其中许多转录因子调节分生组织的形成和分化。

其他 miRNA 靶向编码 F-box 蛋白质的 mRNA，这些蛋白质在对发育重要的信号通路中参与泛素介导的蛋白质降解。一些 miRNA 的生物合成是由特定的环境压力诱导的，导致适应性应激反应期间与其互补的 mRNA 下调（Axtell and Bowman，2008；Poethig，2009；Cuperus et al.，2011）。

植物中一个有趣的调控策略是使用诱饵把关键靶标与特定的 miRNA 隔离。例如，AGO10 的一个功能是隔离 miR166/165，从而使 AGO1 接触不到 miRNA（Zhu et al.，2011a）。在其他情况下，与 miRNA 互补性不好的 mRNA 被充当诱饵或靶 mRNA 模拟物，将 miRNA-AGO-RISC 复合体捆绑起来，使其他的靶 mRNA 避免失活（Franco-Zorrilla et al.，2007）。有趣的是，AGO1 和 DCL1 本身就是 miRNA 的靶标，使 miRNA 生物合成受到负反馈调控。

成熟的 miRNA 在细胞核和细胞质中都被检测到，这表明 miRNA 可能在两个细胞区室都有功能。miRNA 可以介导 DNA 胞嘧啶甲基化的证据是证明 miRNA 能够调节细胞核活动的最早线索之一（Bao et al.，2004）。也有证据表明，转录后沉默可以通过小 RNA 导向的内含子序列切割来介导（Hoffer et al.，2011）。总之，这些观察结果表明，在 mRNA 成熟或输出到细胞质之前，mRNA 前体有可能被 miRNA 或 siRNA RISC 靶向。RISC 从细胞质到细胞核的运输是否有专门的机制，或者 RISC 的组装是否可以在两个区室中进行还不清楚。

13.3.3 反式作用 siRNA（trans-acting siRNA，tasiRNA）

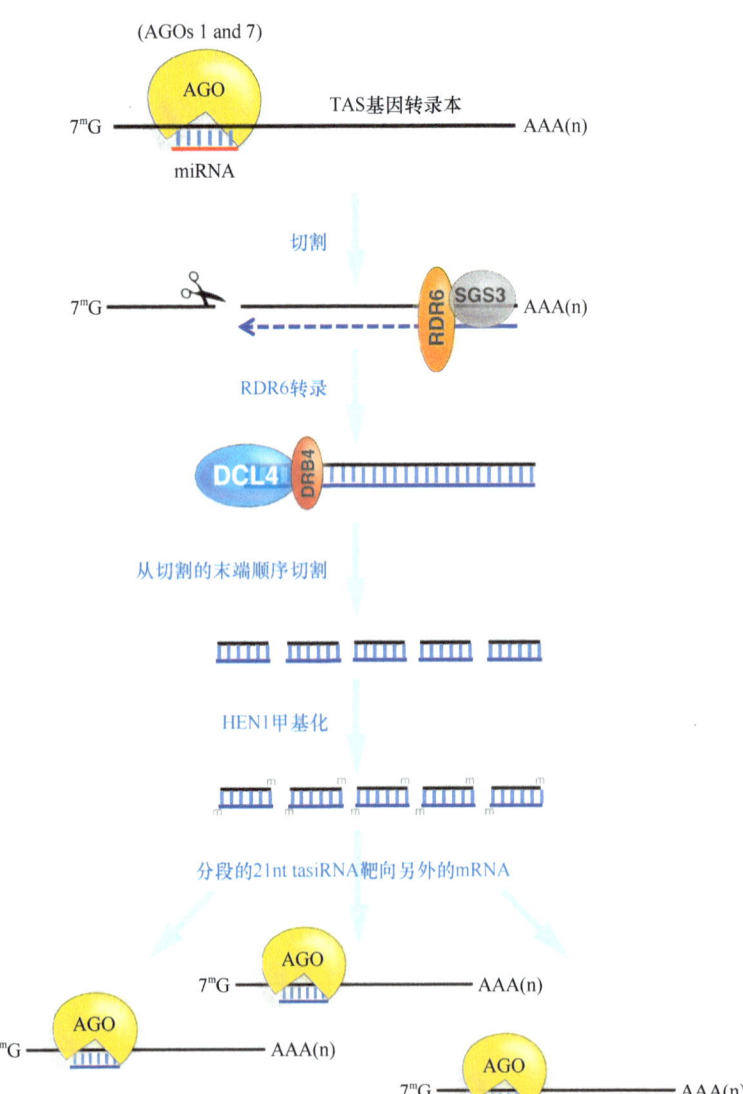

大多数 miRNA 直接调控特异性 mRNA。然而，植物已经进化出另一种途径，在这个途径中，miRNA 启动次级 siRNA 的产生，然后这些次级 siRNA 靶向 mRNA（图 13-4）。这种所谓的 tasiRNA 途径之所以得名，是因为次级 siRNA 作用位点不同于 tasiRNA 的产生位点（Chen，2009；Chuck et al.，2009；Allen and Howell，2010）。

图 13-4 tasiRNA 的生物合成和功能。与 AGO1 或 AGO7 结合的特定 miRNA 靶向并切割 TAS 基因位点的转录本，最终产生 tasiRNA。对于 AGO1，起始长度为 22nt 的 miRNA 会诱导 RNA 依赖性 RNA 聚合酶 RDR6（及其伴侣 SGS3）招募到 3′ 裂解的片段，导致互补链转录产生 dsRNA。通过 dsRNA 结合蛋白 DRB4 辅助的 DCL4 切割产生 21nt tasiRNA。相对于 miRNA 切割的末端，该 tasiRNA 是分阶段的。这些 tasiRNA 与 AGO1 结合，依次靶向特定的互补 RNA，从而表现出与 miRNA 相似的靶标特异性行为。

拟南芥有 4 个 TAS 基因家族，产生 tasiRNA 的基因位点是 TAS 1～4。TAS1 和 TAS2 都是 miR173 与 AGO1 联合作用的靶标，TAS4 是 miR828-AGO1 的靶标，TAS3 是 miR390-AGO7 的靶标（Montgomery et al., 2008）。TAS 基因位点产生长的非编码 RNA，这些非编码 RNA 被 miRNA-AGO-RISC 复合体切割，通过 RNA-DEPENDENT RNAPOLYMERASE 6（RDR6）及其伴侣蛋白 SUPRESSOR OF GENE SILENCING 3（SGS3）的作用，触发 3′ 切割产物转化为 dsRNA。然后，由 DCL4 将 dsRNA 切成 21nt 的 tasiRNA，这些 tasiRNA 相对于原始 miRNA 切割位点是逐步分段的，因此 tasiRNA 具有确定的序列。tasiRNA 的功能和 miRNA 类似，可以介导下游的互补的靶 mRNA 的切割（图 13-4）。TAS3 基因位点产生的 tasiRNA 靶向几种生长素响应因子的 mRNA，从而影响受植物激素生长素调节的发育过程。通过调节生长素响应，tasiRNA 有助于分生组织从幼年期（仅具有营养器官）过渡到能够响应促开花信号的成年期（Poethig et al., 2006）。

13.3.4　作为基因组防御策略的 siRNA 介导的沉默

多功能 siRNA-AGO 复合体和/或 Dicer 核酸内切酶已进化成为防御病毒和微生物病原体攻击的有用成分［第 16 章（Martienssen and Moazed, 2014）］。大多数植物病毒都是 RNA 病毒，这些病毒的 dsRNA 受到 DCL 的切割和降解。对于双生病毒（geminiviruse）或花椰菜花叶病毒（Cauliflower Mosaic Virus）等 DNA 病毒，它们的基因组可成为 siRNA 介导的 DNA 甲基化的靶标，或者病毒的转录本通过 siRNA 介导的途径被降解或失活，从而导致转录沉默和病毒 RNA 合成减少。因此，针对外来或入侵性核酸的防御，为真核生物中小 RNA 介导的 RNAi 途径的进化，以及植物 RNA 沉默能力的多样化提供了最可能的解释（Ding, 2010）。这些沉默基因的能力包括在转录和/或转录后水平，以及将防御性小 RNA 扩散到远离初始感染位点细胞的能力，从而使植物抵御正在传播的病毒，使植物具有一个系统性防御的装置［第 2 章图 2-6-1（Dunoyer et al., 2013）］。

大多数植物病毒都是单链 RNA 病毒，其复制过程通过内源性或病毒编码的 RNA 依赖性 RNA 聚合酶转录产生 dsRNA 中间产物（Wassenegger and Krczal, 2006），这些中间产物主要通过 DCL 2、DCL 3 和 DCL 4 被切割为 21～24nt siRNA（图 13-5）（Vazquez et al., 2010）。其他植物病毒的 dsRNA 基因组可以是 Dicer 切割的直接底物。单链 DNA 病毒，如双生病毒，通过双链 DNA 中间产物进行复制，并从两条 DNA 链上产生 RNA 转录本。这些 RNA 转录本可以重叠和碱基配对，从而产生可以被切割的 dsRNA。或者，长的病毒 RNA 转录本在一些片段区域可以折叠成 dsRNA 结构，从而被切割。因此，病毒自身产生的 dsRNA 可以激活植物抗病毒 RNAi 反应。

如图 13-5 所示，导入植物基因组的转基因可能成为沉默途径的受害者，这种沉默途径可能是为抗病毒而进化的，这是因为转基因通常以多拷贝整合，并且彼此方向相反。因此，从一个转基因到另一个转基因的通读转录本可以产生能自身互补或反向重复的 RNA，从而形成可被剪切的 dsRNA。转基因也可能整合到与强启动子相邻的染色体中，该强启动子的指向与转基因启动子的方向相反，导致相反的双向转录和 dsRNA 的形成。

转基因的 PTGS 和 VIGS 涉及由 DCL 2、DCL 3 和 DCL 4 产生的 21～24nt siRNA（图 13-5）。通常认为由 DCL4 产生的 21nt 和 22nt siRNA 可以与 AGO1 结合来指导 mRNA 的切割。在通过 21nt siRNA-AGO 1 复合体进行核酸内切酶切割后，由此产生的在 5′ 端缺失的 7-甲基鸟苷帽的 mRNA 的 3′ 片段，被外切酶 AtXRN4 从 5′ 到 3′ 方向降解（Rymarquis et al., 2011）。而 5′ 片段可能被外切体（exosome）由 3′ 至 5′ 方向降解。22nt 小 RNA 的量比 21nt siRNA 少。22nt 小 RNA 一个有趣的特性是，它们与 AGO1 的结合导致了 mRNA 被切割，这个过程与 RDR6 的招募相偶联，类似于 22nt miRNA 指导产生 tasiRNA 的过程。结果，AGO 裂解的 3′ 片段被转化为 dsRNA，然后被 DCL4 切成碎片，产生 21nt 的次级 siRNA（Chen et al., 2010；Cuperus et al., 2010；Manavella et al., 2012）。

由 DCL3 产生的 siRNA 主要与 AGO4 或相关的 AGO6 或者 AGO9 蛋白质结合（Havecker et al., 2010），并能直接切割病毒或转基因产生的 RNA。然而，24nt-siRNA-AGO-RISC 复合体具有引导同源 DNA 序列

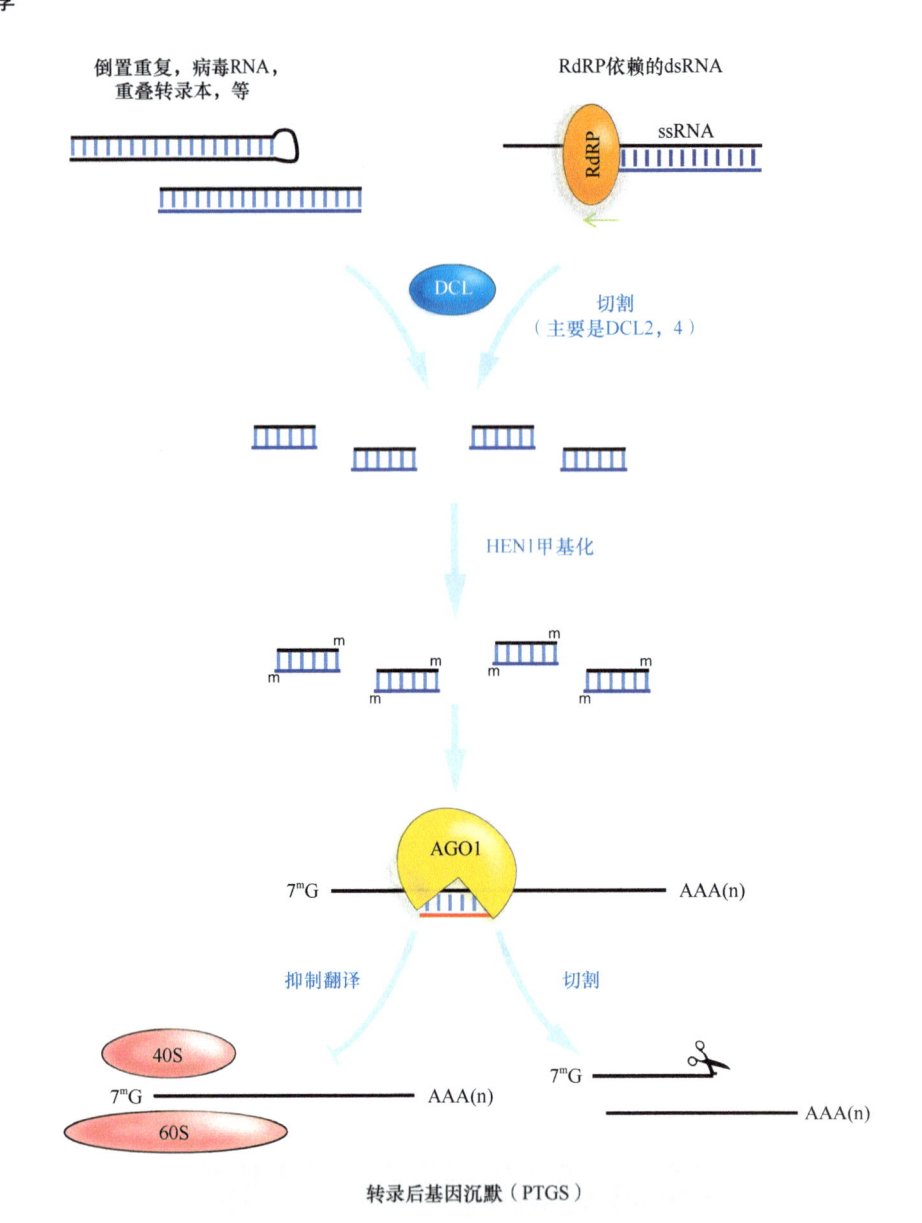

图 13-5　由病毒或转基因诱导的 PTGS。导致 PTGS 的 siRNA 的双链前体可以是 dsRNA 病毒基因组或复制中间体，可以是来自相邻转录单位的转录本通过重叠形成的 dsRNA，也可以是由相反方向整合的串联转基因产生。或者，可以通过依赖 RNA 的 RNA 聚合酶（如 RDR6 或 RDR1）的作用将单链 RNA 转变成双链 RNA。然后，双链 RNA 会被 DCL 2、DCL 3 或 DCL 4 切割，其中 22nt DCL2 产物和 21nt DCL4 产物主要与 PTGS 相关。它们与 AGO1 结合后，siRNA 靶向互补 RNA 进行降解或翻译抑制。

表观遗传修饰的特性（13.3.5.1 节）。mRNA 降解、次级 siRNA 的产生和转录沉默的结合构成了对入侵核酸的有效反应。然而，在病原体与宿主之间的进化竞争中（Ding and Vbinnet，2007；Bivalkar-Mehla et al.，2011），病毒已经进化出编码抑制 RNA 沉默蛋白质的对策也不足为奇了［第 31 章（Baulcombe and Dean，2014）］。

13.3.5　RNA 介导的 DNA 甲基化和异染色质的形成

　　RNA 介导的转座子、逆转录病毒和其他基因组重复序列的转录沉默已在不同真核生物，包括植物、哺乳动物、粟酒裂殖酵母和果蝇中得到了充分证明。在不使用 DNA 甲基化作为其基因沉默方式的粟酒裂殖酵母和果蝇中，小 RNA 介导组蛋白修饰的变化，从而实现转录沉默［第 12 章（Elgin and Reuter，2013）和第 9 章（Allshire and Ekwall，2014）］。然而，在具有 DNA 甲基化模式的植物和哺乳动物中，胞嘧啶甲基化和抑制性组蛋白修饰是重复元件沉默和异染色质的联合标记。在植物中，兼性异染色质包括逆转录转座子和其他表达的重复序列，如过量的 rRNA 基因，这些兼性异染色质的沉默机制涉及 24nt siRNA，它们指导了相应基因组序列的从头胞嘧啶甲基化（Matzke et al.，2009；Law and Jacobsen，2010；Haag and Pikaard，2011；Zhang and Zhu，2011）。在哺乳动物雄性生殖系中，小 RNA（piRNA）与 AGO 蛋白质的 PIWI 亚家族结合，参与指导转座子的组蛋白修饰和从头胞嘧啶甲基化（Klattenhoff and Theurkauf，2008；He et al.，2011；Pillai and Chuma，2012）。

13.3.5.1 RdDM

首先在感染了类病毒（viroid）的烟草植物中观察到 RdDM（Wasseneggcr et al.，1994）。类病毒是由长度仅数百个核苷酸的环状非编码 RNA 组成的植物病原体。研究人员发现，复制类病毒可触发已作为转基因整合到烟草基因组中的类病毒 cDNA 的从头甲基化。与此相似地，人们发现了 RNA 病毒可以引起核基因组中同源 DNA 序列的甲基化。此外，通过表达与启动子序列同源的 dsRNA 转基因，胞嘧啶甲基化被证明靶向启动子，从而导致相应基因的同源依赖性转录沉默（Mette et al.，2000）。

RdDM 的特征主要是在 RNA-DNA 相同序列区域内的胞嘧啶甲基化，尽管 RNA 介导的甲基化扩散到其他序列也可能发生（13.3.6 节）。RdDM 可以在所有序列中建立甲基化（13.2.1 节），但 CHH 甲基化是 RdDM 所特有的。这是因为对称的 CG 和 CHG 甲基化可以通过维持甲基化在每一轮复制中维持，但在许多沉默位点上 CHH 甲基化的存在需要在每个细胞周期中持续地由 RNA 介导从头甲基化（Law and Jacobsen，2010）。

正向和反向基因筛选的结果发现了许多 RNA 介导的 DNA 甲基化和 TGS 所需的许多关键因子（13.2.1 和 13.2.2 节）。这些基因筛选依赖于转报告基因或沉默时具有可见表型的内源基因，使得产生（或阻止）沉默的突变体易于识别。

13.3.5.2 RNA 介导的 DNA 甲基化的植物特异性机制

如前所述（13.2.1.1 节），RdDM 的从头甲基化是由 DRM 类 DNA 甲基转移酶催化的。尚不清楚将 DRM2 招募到 DNA 的全部细节。但是，已经确定了许多关键步骤，揭示了非编码 RNA 和 siRNA 使 DNA 甲基化机制能够在其靶位上发挥功能的关键作用（图 13-6）。

所有已知的真核生物均具有三种对生存至关重要的、高度保守的细胞核多亚基 DNA 依赖性 RNA 聚合酶，包括 RNA Pol Ⅰ、RNA Pol Ⅱ 和 RNA Pol Ⅲ。有趣的是，植物已进化出另外两种与核 DNA 依赖的 RNA 聚合酶，即 RNA Pol Ⅳ（在早期文献中称为 RNA Pol Ⅳa）和 RNA Pol Ⅴ（先前称为 RNA Pol Ⅳb），它们在拟南芥的 RdDM 中发挥了重要作用（Haag and Pikaard，2011）。显然，RNA Pol Ⅳ 和 RNA Pol Ⅴ 是作为 RNA Pol Ⅱ 的特殊形式进化的，这一过程始于陆地植物出现之前的绿藻（Luo and Hall，2007；Tucker et al.，2010）。拟南芥 RNA Pol Ⅱ、RNA Pol Ⅳ 和 RNA Pol Ⅴ 每个都有 12 个核心亚基，其中大约一半是三种聚合酶共有的，并由相同的基因编码（Ream et al.，2009）。RNA Pol Ⅳ 或 RNA Pol Ⅴ 特有的亚基由 RNA Pol Ⅱ 亚基基因，然后进行功能特化产生。对于某些亚基，有两个或多个变体（Ream et al.，2009；Law et al.，2011）。这些替代的亚基可以赋予酶不同的功能，表明 RNA Pol Ⅱ、RNA Pol Ⅳ 和 RNA Pol Ⅴ 是具有不同功能的亚型（Tan et al.，2012）。

RNA Pol Ⅳ 和 RNA Pol Ⅴ 在 RdDM 途径中具有不同的作用（Matzke et al.，2009；Lahmy et al.，2010；Law and Jacobsen，2010；Haag and Pikaard，2011；Zhang and Zhu，2011）。RNA Pol Ⅳ 被认为在该途径的早期起作用，因为它与产生大量的 24nt siRNA 的遗传位点共定位，并且是这些 siRNA 生物合成所必需的。此外，

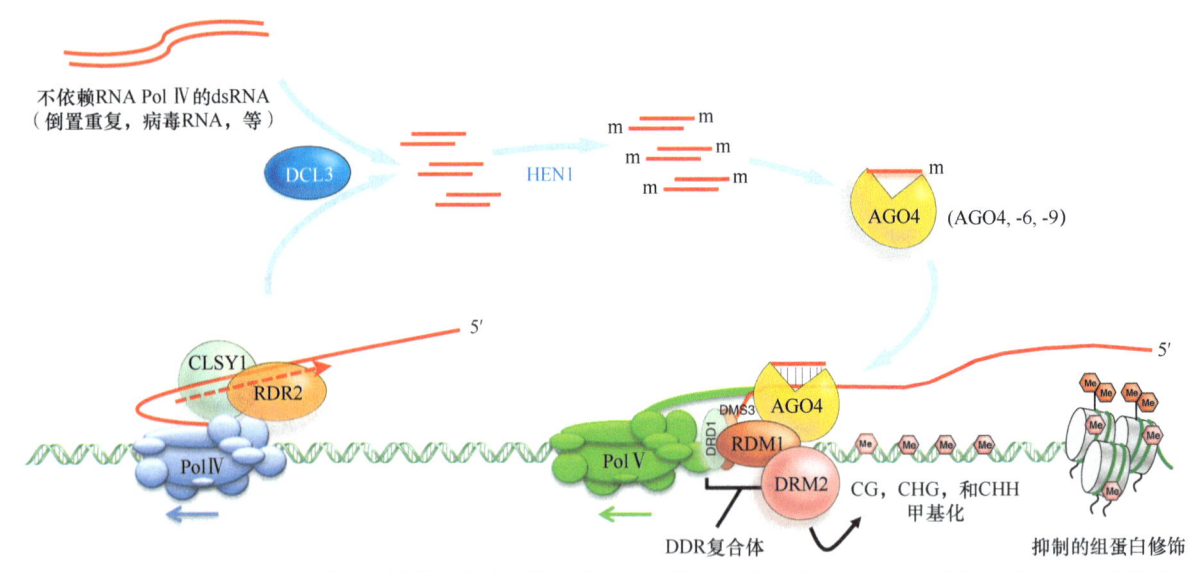

图 13-6　RdRP。逆转录转座子、病毒、转基因或重复基因受 RdDM 影响导致沉默。RNA Pol Ⅳ 被认为可以生成单链 RNA（左下图），用作 RNA 依赖性 RNA 聚合酶 RDR2 的模板。DCL3 将所得的 dsRNA 切成 24nt siRNA 双链，然后被 HEN1 甲基化并加载到 AGO4 或其紧密相关的家族成员 AGO6 或 AGO9 上。源自反向重复转基因或病毒的 dsRNA（左上方）可以绕过对 RNA Pol Ⅳ 和 RDR2 的需求。通过结合 RNA Pol Ⅴ 产生的转录本以及与 RNA Pol Ⅴ 最大亚基的羧基末端结构域的物理相互作用，将 AGO-siRNA 复合体招募到其作用位点。在某些位点上，RNA Pol Ⅱ 被认为可以代替 RNA Pol Ⅴ 来产生与 AGO-siRNA 复合体结合的支架转录本。DDR 复合体（DRD1、DMS3 和 RDM1）使 RNA Pol Ⅴ 转录成为可能。DDR 复合体的 RDM1 亚基也与 AGO4 和从头胞嘧啶甲基转移酶 DRM2 相互作用，因此有可能充当将 DRM2 招募到 RNA Pol Ⅴ 转录位点的桥梁。

RNA Pol Ⅳ 活性的丧失导致 RdDM 途径的其他蛋白质发生错误定位。遗传和生化证据表明，RNA Pol Ⅳ 转录本可作为 RNA-DEPENDENT RNA POLYMERASE 2（RDR2）的模板，从而产生 dsRNA。RNA Pol Ⅳ 和 RDR2 在体内发生物理相互作用，有证据表明它们的活性是耦合的，由此产生从前体 RNA（precursor RNA）生成 24nt siRNA 的通道（Haag et al., 2012）。CLSY1 是 SWI2/SNF2 解旋酶结构域蛋白家族中一个依赖于 ATP 的染色质重塑因子，被认为可以辅助 RNA Pol Ⅳ-RDR2 转录复合体。在 clsy1 突变体中，RNA Pol Ⅳ 和 RDR2 的核定位模式发生了改变。

RNA Pol Ⅳ 与 RDR2 的合作产生的 dsRNA 被 DICER-LIKE3（DCL3）切割为 24nt 双联体，接着，HEN 1 使 siRNA 末端的 2′ 羟基甲基化，从而以与 miRNA 相同的方式来稳定 siRNA（13.3.2 节）。然后其中一条链被加载到 AGO4，或者与之密切相关的 24nt siRNA 结合蛋白 AGO6 或 AGO9 中。RNA Pol Ⅴ 的功能是招募由此产生的 siRNA-AGO 复合体，其 RNA 转录本已在许多 RdDM 位点被检测到。这些 RNA 转录本依赖于 RNA Pol Ⅴ 活性位点，可以与 RNA Pol Ⅴ 化学交联，提示它们是 RNA Pol Ⅴ 的直接转录本。RNA Pol Ⅴ 转录不需要 siRNA 的生物合成，但依赖于一些染色质重塑因子如 DRD1、DMS3（一种与染色质结构维持蛋白如黏连蛋白和凝缩蛋白的铰链结构域同源的蛋白质；Wierzbicki et al., 2008；Wierzbicki et al., 2009）和 REQUIRED FOR DNA METHYLATION1（RDM1，一种在体外结合甲基化 DNA 的单链 DNA 结合蛋白）。DRD1、DMS3 和 RDM1 在物理上结合形成与 RNA Pol Ⅴ 共纯化的多功能复合体（DDR）（Law and Jacobsen, 2010；Zhang and Zhu, 2011）。DDR 复合体的功能是招募 RNA Pol Ⅴ 到靶向位点，还是介导 RNA Pol Ⅴ 转录延伸尚不清楚。

基于化学交联和免疫沉淀研究，当前模型表明，通过与 RNA Pol Ⅴ 转录本进行 siRNA 碱基配对，可以招募 AGO4-RISC 复合体到靶位点（Wierzbicki et al., 2008；Wierzbicki et al., 2009）。因此，可以认为 RNA Pol Ⅴ 转录本充当支架，用于将染色质修饰机器招募到要修饰的染色质附近。在 RNA Pol Ⅴ 最大亚基的羧基末端结构域内有 GW 重复，AGO4 结合 GW 重复中的色氨酸（W）和甘氨酸（G），进一步促进了在 Pol Ⅴ 转录位点处的 RISC 组装（Lahmy et al., 2010）。

两个与 AGO4 相互作用的蛋白质对 RdDM 很重要，包括 INVOLVED IN DE NOVO 2（IDN2/RDM12，一种结合具有 5' 凸出的 dsRNA 的蛋白质，这些 dsRNA 可能是与 RNA Pol V 转录本配对的 siRNA 碱基）以及 KOW DOMAIN-CONTAINING TRANSCRIPTION FACTOR（KTF1，也叫 RDM3 或者 SPT5-LIKE，与酵母 RNA Pol II 转录因子 SPT5 具有相似性）（Lahmy et al., 2010; Law and Jacobsen, 2010; Zhang and Zhu, 2011）。在体外，KTF1 结合 RNA，并具有一个富含 WG/GW 的结构域，可促进与 AGO4 的相互作用。因此，KTF1 可能在 AGO4 招募到 RNA Pol V 转录本、促进 AGO4 切割 RNA Pol V 转录本，以及下游沉默因子的招募中发挥功能。

目前，尚不清楚 DNA 甲基转移酶 DRM2 是如何被招募到 RNA Pol V 转录位点的，但 DDR 复合体的 RDM1 蛋白可能是 AGO4 和 DRM2 之间的桥梁（Zhang and Zhu, 2011）。RDM1 能与 RNA Pol II 相互作用，从而替代 RNA Pol V 在某些位点的支架转录本的产生，也可能与 RNA Pol IV 和 RNA Pol V 的招募有关（Zheng et al., 2009）。因此，在 RNA Pol V 和 RNA Pol II 依赖性途径中，RDM1 可能是 DRM2 招募的关键蛋白。

首先在玉米中发现的经典表观遗传现象是副突变，即当某些活跃和沉默的等位基因在同一细胞核中聚集在一起时，基因活性产生可遗传变化。需要副突变的玉米基因包括 MAINTENANCE OF PARAMUTATION（MOP 1）（拟南芥 RDR2 的直系同源蛋白质）、REQUIRED TO MAINTAIN REPRESSION 6（RMR6）（拟南芥 RNA Pol IV 最大亚基 NRPD1 的直系同源蛋白质）、RMR1（一种与 CLSY1 和 DRD1 有关的已知的染色质重塑 ATP 酶）、MOP2/RMR7（是拟南芥 RNA Pol IV 和 Pol V 第二大亚基的三个同源蛋白质之一）（Arteaga-Vazquez and Chandler, 2010; Erhard and Hollick, 2011）。这些发现暗示了 RdDM 途径的蛋白质参与副突变，但尚不清楚在副突变和致副突变位点是否发生了 RNA 定向的胞嘧啶甲基化。

13.3.5.3 与转录基因沉默相关的抑制性组蛋白修饰

在 RdDM 位点上，甲基化的 DNA 被组蛋白包裹，这些组蛋白具有典型异染色质特征的翻译后修饰。这种浓缩的染色质状态可抵抗 RNA Pol I、RNA Pol II 或 RNA Pol III 的转录，但能通过 RNA Pol IV 和 RNA Pol V 转录。针对干扰 RdDM 的功能进行突变体遗传筛选已经鉴定出几种涉及建立或维持异染色质的染色质修饰酶（13.2.2 节）。其中包括组蛋白 H3K9 和 H3K27 甲基转移酶、广谱的组蛋白去乙酰化酶 HDA6、将组蛋白 H2B 去泛素化所必需的泛素蛋白酶 26（UBP26 或 SUP32）和 JMJ14（一种含 JumonjiC 结构域的蛋白，可将活跃转录标记 H3K4me3 去甲基化）。总的来说，沉默过程包括建立染色质沉默标记（Matzke et al., 2009; Lahmy et al., 2010; Law and Jacobsen, 2010; Haag and Pikaard, 2011; Zhang and Zhu, 2011）。

13.3.5.4 RNA 介导的内源基因沉默

大多数 RNA 介导的 DNA 甲基化和 TGS 都集中在转座子和重复的遗传元件上，这些重复序列是残余的转座子，可能是转座子驯化的一种手段，以控制它们的增殖（Zaratiegui et al., 2007）。一个结果是，许多调节基因因为与转座子或重复元件距离近而受到影响。例如，RdDM 靶向的拟南芥花期基因 FWA 启动子中的转座子衍生的重复序列使该基因沉默。因为许多植物基因在启动子附近或内含子中都有转座子插入，所以这种调节方式可能在植物界很普遍。确实，在多个案例中已经证实了 Barbara McClintock 的假说，即转座子充当调节相邻宿主基因的控制元件。

并非所有 RdDM 靶向的重复序列或者是基因组防御的靶点，都与转座子有关联。值得注意的例子是 RNA Pol III 转录的重复 5S rRNA 基因和 RNA Pol I 转录的 45S 核糖体 RNA 基因（Layat et al., 2012）。这些基因对于核糖体合成必不可少，并在多个位点上以长串联阵列的形式聚集，每个基因座都有数百个基因拷贝。RdDM 似乎有助于关闭多余的 rRNA 基因，从而可以根据细胞对核糖体和蛋白质合成的需求来调节其有效剂量（Preuss et al., 2008）。

13.3.6　siRNA 介导的沉默的扩增和扩散

siRNA 介导的沉默在植物中的一个重要方面是，最初的 siRNA 产生会触发额外的次级 siRNA。而且，siRNA 可以在细胞之间移动或被转运到其他器官，从而放大在转录或转录后水平上进行的、siRNA 介导的沉默［第 2 章（Dunoyer et al., 2013）；第 31 章（Baulcombe and Dean, 2014）］。

13.3.6.1　可传递性

可传递性（transitivity）是一个术语，用来描述次级 siRNA 的产生被一个初级 siRNA 触发器诱导。例如，两个相互指向的相邻基因可以产生在其 3′ 区域重叠的转录本，并且可以碱基配对。从重叠区产生的 dsRNA 被切割可以产生初级 siRNA，然后与一个互补的长 mRNA（或其他长 RNA）序列碱基配对，并通过 RNA 依赖性 RNA 聚合酶（特别是 RDR6）进行转录。最终，一个 dsRNA 从 siRNA 引物延伸到 RNA 模板的 5′ 端。这些 dsRNA 的后续切割产生对应于上游（5′）区域的次级 RNA（图 13-7 的左边）。

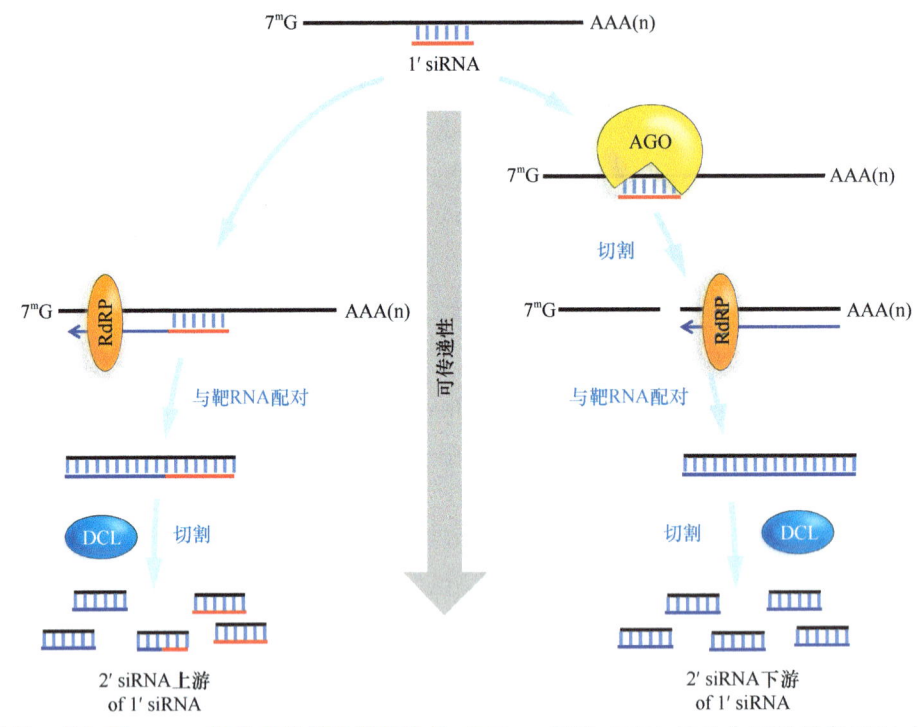

图 13-7　可传递性：从初级 siRNA 靶位点扩增和扩散次级 siRNA。 初级 siRNA 被认为可以引发 RNA 依赖性的 RNA 聚合酶活性，从而导致 dsRNA 延伸至靶 RNA 的 5′ 端（左图）。随后的切割在起始的初级 siRNA 上游区域产生次级 siRNA。22nt siRNA 也有招募 RDR6 到 AGO 切割位点 3′ 端的功能，导致在起始初级 siRNA 的下游区域产生 dsRNA 和次级 siRNA。

次级 siRNA 也可以在初级 siRNA（或 miRNA）触发器的 3′ 区域生成，如反式作用 siRNA，其生物合成是由 miRNA 触发的。在这种情况下，siRNA 或 miRNA 介导的 RNA 转录本的切割有助于将未加帽 3′ 片段用作非引物依赖的 RDR6 转录的模板（图 13-7 右边）。目前尚不清楚其发生机制的细节，但 RDR6 必须从远离 siRNA 或 miRNA 切割位点的 RNA 片段的 3′ 端开始转录。此过程特异性是由与 AGO1 结合的 22nt siRNA 或 22nt miRNA 触发的（Chen et al., 2010; Cuperus et al., 2010; Manavella et al., 2012），而不是 21nt siRNA-AGO1 触发的。尽管 22nt miRNA 不常见，但它们可通过 DCL1 剪切 dsRNA 发夹前体产生，该 dsRNA 发夹前体在 21nt miR 链比 miR* 链具有一个额外的核苷酸，形成不抑制切割的凸起。据推测，在结合 22nt siRNA 时，AGO1 构象或其与其他必需蛋白质的结合发生变化，导致 RDR6 的招募，然后在 dsRNA

结合蛋白 DRB4 的帮助下，通过 DCL4 将 dsRNA 切割，生成 21nt 的次级 siRNA，它们对应于初级 siRNA 或 miRNA 触发器的下游区域。

总的来说，在与原 siRNA 互补的区域的上游和下游产生二级 siRNA 的能力放大了 RNA 沉默反应，从而增强了植物对入侵病毒或核酸的抵抗力（Brodersen and Vbinnet，2006）。

13.3.6.2 非细胞自主性沉默

小 RNA 可导致邻近细胞甚至远处器官细胞的转录后沉默或转录沉默。对于短程运动，RNA 从其起源细胞通过胞间连丝进入邻近细胞。这一结论得到了这样一个事实的支持，即保卫细胞形成了叶子上气体交换的开口（气孔），缺乏胞间连丝，从而被排除在从相邻细胞接收沉默信号的范围之外（Vbinnet et al.，1998）。长距离运输是 RNA 进入韧皮细胞的结果，使其可以通过维管系统转运，然后卸载，在受体组织细胞间扩散。这在涉及转基因、突变体和小 RNA 深度测序的嫁接实验中得到了证明［第 2 章（Dunoyer et al.，2013）］。

移动 RNA 是植物细胞间重要信息传递途径的证据已经延伸到雄配子体和雌配子体。在花粉中，有证据表明营养细胞产生的小 RNA 可以直接使两个精子细胞沉默。该假说认为，营养细胞中转座因子的去抑制允许 siRNA 的产生，然后转移到精子细胞，以加强相应转座子的沉默。这样，通过营养细胞的活性保证了精子细胞的表观遗传程序设计。营养细胞中的转座将导致频繁的有害突变，但营养细胞不会通过受精为下一代提供基因组信息（Slotkin et al.，2009）。同样，大量的 RNA Pol IV 依赖性 siRNA 在胚胎和种子发育过程中积累，可能在父系染色体的表观遗传重编程中发挥作用（Mosher et al.，2009）。

13.4 展　　望

在过去的十年中，我们见证了有关表观遗传调控的蛋白质、RNA 和化学修饰的信息激增。但是，关于表观遗传的性质以及表观遗传作为有助于适应性和自然选择的变异来源的作用，还有很多需要研究。到目前为止，我们所知道的知识大部分来自突变体的分析，这些突变体由强的诱变处理产生。突变体的发现主要是在实验室条件下将这些突变体与未突变的参考植物（称为"野生型"）进行比较。育种者早就知道，从不同地理起源收集的野生型植物本身就是遗传多样性的丰富来源。生态型之间的自然变异（特定物种的株系或种系）反映了自然发生的核苷酸序列变化、重组或转座事件、DNA 序列的得失或杂交事件。在高度近交的植物中，如拟南芥，单个生态型表现出高度的遗传同质性。然而，将可得到的生态型的基因组进行比较，揭示了物种内部的遗传多样性是显著的（http://1001genomes.org；Ossowski et al.，2010）。可以预期，生态型之间的表观遗传变异的程度也很大，从而有机会探索表观遗传适应是否有助于植物在不同条件下的形态保持、存活和表现（Becker et al.，2011；Richards，2011；Schmitz et al.，2011）。重要的农业挑战和问题，例如了解环境互作或杂种优势基因型的分子基础，可能会从表观遗传调控机制中获得答案。

理解什么是遗传和什么是表观遗传并不是一件简单的事情。例如，有明显的证据表明，遗传变化会导致表观遗传状态的改变（Durand et al.，2012），比如允许通读转录本导致邻近基因沉默的突变，包括人类的肿瘤抑制基因。相反，表观遗传调控的 DNA 可及性可能会影响由重组或转座子移动引起的基因重排的概率（Magori and Citovsky，2011；Mirouze and Paszkowski，2011）。了解结合 DNA 的转录因子的遗传程序化表达与增强子或启动子特异性，以及 RNA 聚合酶效能或剪接位点选择的表观遗传机制是未来的重大挑战。

我们对环境条件（如光周期或温度）如何引起基于 RNA 或染色质的转录调控变化的理解仍处于初级阶段。这些变化中的大多数只在触发的环境因子存在时持续，因此不被认为是表观遗传的。然而，一些环境条件会导致染色质和基因表达状态的改变，这种改变甚至在恢复到原始环境条件后仍然存在，例如春化［第 31 章（Baul-combe and Dean，2014）］，在春化过程中，植物会记住它们在冬季的经历，以便在次年春天开花。如果分生组织发生变化，则可以通过减数分裂来维持，环境或病原体诱导的表观遗传状态也有可能传递给后代。到目前为止，只有初步证据表明适应性表观遗传状态的传递和遗传，而不是基于 DNA 序列的遗传（Paszkowski and Grossniklaus，2011；Pecinka and Mittelsten Scheid，2012）。然而，随着我们对表观遗传调控和影响染色质状态的移动小 RNA 的转运的研究日益深入，这种新拉马克主义的论点的可能性值得仔细考虑。

致　谢

我们感谢 Marjori Matzke 对第一版的贡献。O.M.S. 致谢 Austrian Acadmy of Sciences and Austrian Science Fund（FWF）的资助。Pikaard 实验室研究得到了 National Institutes of Health 项目 GM077590 和 GM60380 的资助。C.S.P 得到 Investigator of the Howard Hughes Medical Institute 和 Gordon & Betty Moore Foundation 的资助。

本章参考文献

（李　敏　译，方玉达　校）

第14章

利用小鼠模型研究表观遗传学

玛妮·布莱维特（Marnie Blewitt[1]），艾玛·怀特洛（Emma Whitelaw[2]）

[1]Walter and Eliza Hall Institute, Melbourne, 3052 Victoria, Australia; [2]Queensland Institute of Medical Research, Brisbane, 4006 Queensland, Australia

通讯地址：blewitt@wehi.edu.au

摘 要

我们所知道的关于表观遗传学在决定表型中的作用大部分来自对近交系小鼠的研究。一些由内源性和转基因小鼠等位基因引起的异常表达模式，如 *Agouti* 毛色等位基因，已经被用于研究杂色、可变表达性、跨代表观遗传、亲本效应和位置效应。这些现象帮助我们更好地理解很多关于基因沉默和表观遗传过程的概率性质。在这些等位基因的基础上，通过大规模的突变体筛选和鉴定来表征参与这些过程的新基因，拓宽了我们对表观遗传调控的理解。

本章目录

14.1 利用小鼠模型鉴定表观遗传重编程修饰因子
14.2 近交小鼠克隆中的表观遗传现象
14.3 总结与展望

概 述

通过对近交系小鼠的研究，表观遗传学在决定表型中的作用已取得进展。在实验室条件下，对小鼠的基因组和环境进行严格控制，在不改变DNA序列的情况下，表型变化或者基因表达模式的改变被定义为表观遗传。有趣的是，小鼠中的转基因似乎对表观遗传沉默特别敏感，从而为研究表观遗传调控的分子机制提供了难得的模型。实际上，我们已经意识到，由于转座子插入而产生了一些内源性等位基因，它们对表观遗传沉默同样敏感。这些等位基因，称为亚稳态表观等位基因（metastable epiallele），它们显示出不同寻常的表达和遗传模式，如单一细胞类型中的杂化表达，个体之间的可变表达以及跨代表观遗传。这些现象的研究揭示了表观遗传调控的基本特征。在某些情况下，概括了在其他复杂生物中发现的现象，如果蝇中的花斑型位置效应（position-effect variegation, PEV）[第 12 章（Elgin and Reuter, 2013）] 和植物的副诱变 [第 13 章（Pikaard and Mittelsten, 2014）]，但在其他情况下，这种现象是哺乳动物所特有的。

除证明表观遗传调控的许多一般特征外，亚稳态表观等位基因和其他等位报告基因还使随机突变筛选得以实现，以期发现在这些位点有关设置和重置表观遗传标记的重要基因。使用多种表型，如果蝇的眼色和玉米的色素，类似的表观遗传调控因子筛选已经在低等生物中进行。哺乳动物筛选非常重要，因为有些表观遗传行为特异地发生在高等动物中，如雌性中 X 染色体的失活 [第 25 章（Brockdorff and Turner, 2014）] 和基因组印记 [第 26 章（Barlow and Bartolomei, 2014）]。此外，通过在小鼠中进行筛选，人们可以迅速获得突变小鼠品系，以研究表观遗传过程的破坏对与人类有关的表型的影响。已经专门设计了两个小鼠诱变筛选系统来鉴定参与表观遗传控制的基因，即 Momme（modifers of murine metastable epialle, 小鼠亚稳态表观等位基因修饰因子）和 X 失活选择（X inactivation-choice）筛选。Momme 突变筛选使用了绿色荧光蛋白（green fluorescent protein, GFP）转基因系，该转基因系显示与果蝇 PEV 类似的杂化表达。到目前为止，这个筛选已经发现了超过 30 种表观遗传调控的修饰因子，这些因子有些是已知的，有些是未知的。重要的是，这些新发现的分子似乎参与了哺乳动物特有的过程，拓展了我们对哺乳动物系统表观遗传调控的理解。

有趣的是，据报道，通过 Momme 筛选鉴定的一个新基因突变是一种人类罕见病的潜在原因。通过 Momme 筛选小鼠模型的研究有助于我们理解这种疾病的分子机制。我们推测在其他情况下也是如此。

14.1　利用小鼠模型鉴定表观遗传重编程修饰因子

本节描述了在小鼠模型中进行的随机突变筛选，这些小鼠具有表观遗传调控因子的分离突变。首先，我们详细介绍了专门为识别表观调控因子而设计的筛选，即 Momme 和 X 失活选择筛选（14.1.1 节和 14.1.3 节）。接下来，我们简要地解释了其他以期寻找与胚胎发育、造血或免疫功能有关的基因的筛选（14.1.4 节），这些筛选同样在表观遗传调控因子中产生了新的突变。

14.1.1　小鼠亚稳态表观等位基因修饰因子的筛选（Momme）

在酵母、植物和果蝇中进行的诱变筛选使用花斑或表观遗传调控的表型作为表观遗传状态的显示，例如，酵母中的交配型转换 [第 9 章（Allshire and Ekwall, 2014）]、果蝇中的 PEV [第 12 章（Elgin and Reuter, 2013）] 以及植物中的副突变、RNAi 和 RNA 指导的 DNA 甲基化 [第 13 章（Pikaard and Mittelsten Scheid, 2014）]。这些筛选已鉴定出对所筛选的表型至关重要的表观遗传修饰子，在揭示这些异常表观遗传过程的关键分子特征方面也非常有用。研究人员已经使用杂化亚稳态表观等位基因在小鼠中进行了类似的筛选。亚稳态的表观等位基因具有比预期不稳定的转录活性，并且其不稳定性与表观遗传状态的改变有关（Rakyan et al., 2002）。因此，筛选的目标是寻找新的表观遗传修饰子，发现已知修饰因子的新等位基因，并帮助我们更多地了解亚稳态表观等位基因的特征。简而言之，亚稳态表观等位基因的活性状态在同一环境中长大、遗传上相同的个体之间也会有所不同，这称之为可变表达性，它们对基因位点的表观遗传状态特别敏感。它们还显示出杂化状态（即在一类组织内的不同表达状态）。这些现象将在 14.1.2 节中详细讨论。

第 14 章　利用小鼠模型研究表观遗传学　333

多项研究表明，在诱变筛选中使用杂化的亚稳态表观等位基因是一种很好的方法。首先，转基因和内源亚稳态表观等位基因在杂化或可变表达的程度上都显示出品系特异性差异，这与改变这些等位基因表达的反式作用遗传变体（*trans*-acting genetic variant）一致（Wolff，1978；Belyaev et al.，1981；Allen et al.，1990；Weichman and Chaillet，1997；Sutherland et al.，2000；Chong et al.，2007）。其次，通过改变已知参与表观遗传重编程的某些蛋白质如 Dnmt1（Gaudet et al.，2004）、HP1-P（Festenstein et al.，1999）和 polycomb 蛋白 Mel 18（Blewitt et al.，2006）的剂量，可以改变亚稳态表观等位基因处的杂化程度。总之，这些发现表明，亚稳态的表观等位基因对遗传组成的改变特别敏感，这是诱变筛选的理想选择。

带有在红细胞中表达的花斑绿色荧光蛋白（GFP）转基因的小鼠品系已被选出（图 14-1）（Preis et al.，2003）。使用这种转基因品系的优点很多。第一，在纯合动物中，转基因在约 55% 的红细胞中可再现表达，同窝幼鼠之间等位基因表达的再现性使得筛选的纯净表型几乎没有假阳性。第二，在近交（FVB/N）遗传背景下建立和维持转基因系统，这简化了后期乙硝基脲（ethylnitrosourea，ENU）诱导突变的作图定位。第三，GFP 在红细胞中的表达意味着通过流式细胞术可以在单个细胞水平上高效、灵敏地检测转基因的表达。第四，通过导向红细胞表达，可以相对简单地（不杀死动物）使用断奶时从老鼠尾巴上取下的血滴进行分析。最后，转基因表达的改变本身并不会改变后代的生存能力。

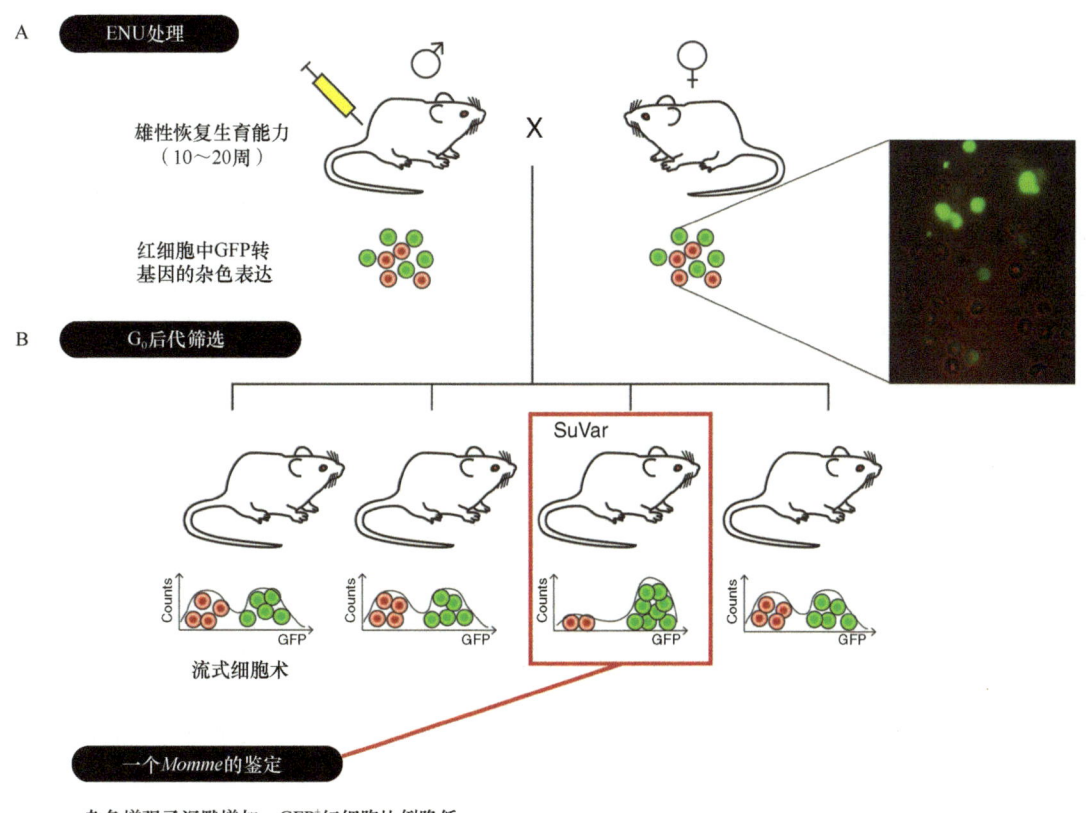

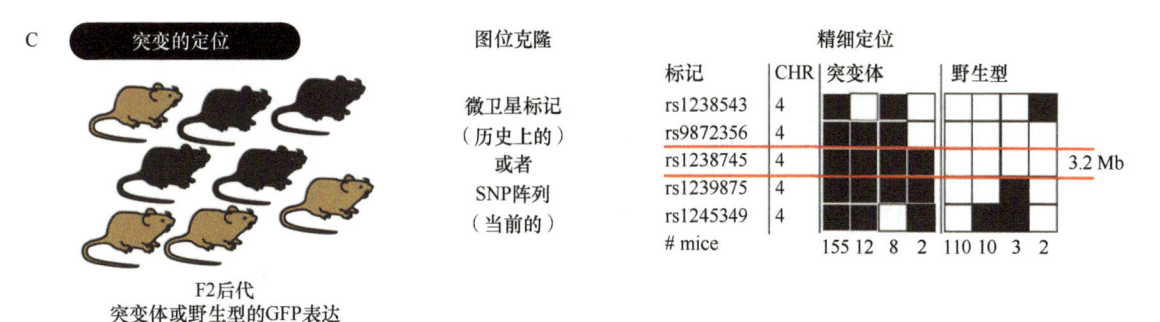

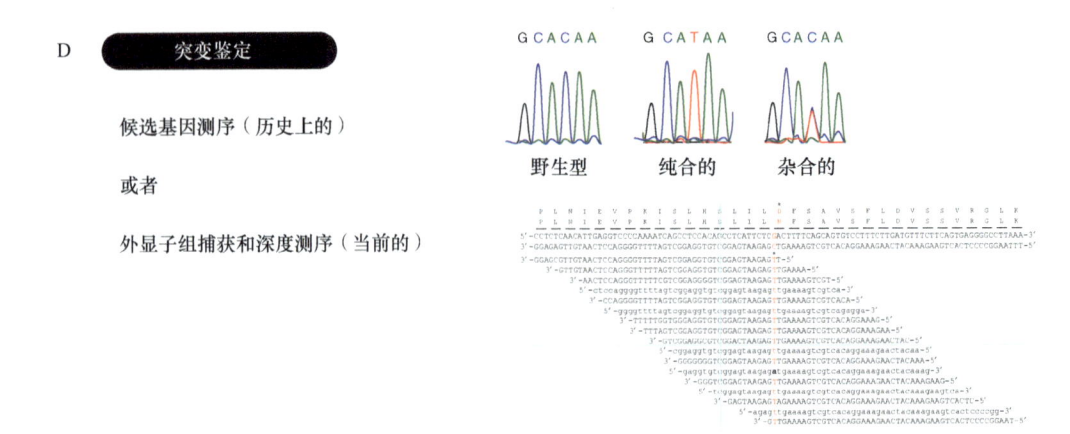

图 14-1　表观遗传重编程修饰因子的 *Momme* 筛选。（A）GFP 转基因雄性用 ENU（现在的 G_0 世代）处理，让它们恢复生育能力，然后与 GFP 转基因雌性杂交繁殖 G_0 后代。（B）断奶时取所有 G_0 子代个体一滴血，用流式细胞仪检测红细胞 GFP 的表达。对其进行分析以寻找转基因表达杂色度的变化。在本例中，在被分析的第三只小鼠中显示具有杂色表型增强子的特征。（C）转基因杂色改变的动物回交两代，以便对相关突变进行定位。利用微卫星标记或单核苷酸多态性（single-nucleotide polymorphism，SNP）阵列进行定位，并利用额外的 SNP 或微卫星标记对大量表型突变或野生型动物进行精细定位。（D）然后通过外显子组捕获（即使用小鼠外显子探针选择的基因组 DNA 输入）以及深度测序或候选基因测序来鉴定连锁点突变。

14.1.1.1　显性筛选

用化学诱变剂 ENU 处理雄性转基因纯合子，在整个基因组中产生点突变（Rinchik，1991）。这种处理杀死了成熟的生殖细胞，但在精原干细胞中产生了点突变，因此，经过处理的雄性动物恢复生育能力后，就可以繁殖它们，并筛选其 G_1 后代的显性突变。本质上，假设任何此类突变都是对建立表观遗传标记很重要的基因突变所致，这个过程就是对小鼠的转基因沉默进行筛选（图 14-1）。

已经筛选了超过 4000 个 G_1 代后代，并且已经分离出 40 个品系，其转基因表达与无突变转基因后代的平均值相差 2 个标准差以上（E. Whitelaw，私人通讯）。这些品系均具有可遗传的显性作用突变。这表示显性功能突变率为 1/100。这些突变被称为 *Momme*（Blewitt et al.，2005）。显性突变称为 *Momme D1* ~ 40，一些突变的详细信息见表 14-1。在 30 个品系中，有 20 个品系分离的突变鉴定结果已有报道（Chong et al.，2007；Ashe et al.，2008；Blewitt et al.，2008；Daxinger et al.，2012；Youngson et al.，2013；L. Daxinger and E. Whitelaw 私人通讯）。我们将在 14.1.1.2 ~ 14.1.1.5 节和 14.1.2 节讨论这些发现以及品系的表征。鉴定的突变包括在表观遗传中起作用的蛋白，包括 DNA 甲基转移酶 Dnmt1 和 Dnmt3b、组蛋白去乙酰化酶 Hdac1、染色质重塑因子 Smarca5（Snf2h）、Smarcc1、Pbrm1 和 Baz1b（WSTF）、组蛋白甲基转移酶 Setdb1 和 Suvar39h1、基础转录机器 Trim28（KAP1）、转录因子 Klf1，以及以前不知道在表观遗传沉默中起作用的基因，如 Smchd1 和 Rlf（图 14-2；Daxinger et al.，2013）。

表 14-1　在表观遗传重编程修饰因子的显性筛选中产生的 *Momme* 突变体的概要

名称	对杂色的影响	纯合致死	基因	突变体	染色体	参考文献	人类同源
MommeD1	抑制子	雌性 E10，一些成年雄性可育	*Smchd1*	C → T 终止	Chr 17	Blewitt et al.，2005，2008	SMCHD1，FSHD2 中突变
MommeD2	抑制子	E8-E9	*Dnmt1*	25 号外显子中的 C → A，Thr → Lys	Chr 9	Chong et al.，2007	DNMT1
MommeD4	增强子	E17-E18	*Smarca5*	12 号外显子中的 T → A，Trp → Arg	Chr 8	Blewitt et al.，2005；Chong et al.，2007	SMARCA5
MommeD5	增强子	E8-E9	*Hdac1*	13 号外显子中 7bp 删除，移码	Chr 4	Blewitt et al.，2005；Ashe et al.，2008	HDAC1

续表

名称	对杂色的影响	纯合致死	基因	突变体	染色体	参考文献	人类同源
MommeD6	抑制子	E6-E8	D14Abble	外显子 T → C, Leu → His	Chr 14	Blewitt et al., 2005; Ashe et al., 2008; L Daxinger and E Whitelaw, 个人通讯	FAM208A
MommeD7	增强子	E18.5	Hbb	Poly（A）信号中的 T → C	Chr 7	Brown et al., 2013	HBB β-thalassaemia thalassaemia
MommeD8	增强子	一些成年可育	Rlf	8 号外显子中 G → T, 在锌指中 Cys → Phe	Chr 4	Ashe et al., 2008; L Daxinger and E Whitelaw, 个人通讯	RLF
MommeD9	增强子	E6-E7	Trim28	13 号内含子剪切位点 T → C	Chr 7	Whitelaw et al., 2010a, b	TRIM28
MommeD10	增强子	一些成年可育	Baz1b	7 号外显子中 T → G, Leu → Arg	Chr 5	Ashe et al., 2008	BAZ1B Williams 综合征
MommeD11	抑制子	E14	Klf1	3 号外显子 T → A, Cys → 终止子	Chr 8	E Whitelaw, 个人通讯	KLF1 贫血症
MommeD12	增强子	E5-E7	eIF3h	5 号外显子前 10bp 的剪接位点 T → A	Chr 15	Daxinger et al., 2012	EIF3H
MommeD13	抑制子	E5-E8	Setdb1	20 号外显子中 A → G; 剪接缺陷	Chr 3	L Daxinger and E Whitelaw, 个人通讯	SETDB1 黑色素瘤 GWAS[a]
MommeD14	抑制子	一些成年可育	Dnmt3b	13 号内含子的 3′ 端剪接位点 T → C; 13 号外显子跳跃	Chr 2	Youngson et al., 2013	DNMT3B ICF 综合征
MommeD16	增强子	一些成年可育	Baz1b	2 号外显子 C → T, Leu → Pro	Chr 5	L Daxinger and E Whitelaw, 个人通讯	BAZ1B Williams 综合征
MommeD17	抑制子	一些成年可育	Setdb1	21 号外显子 T → C, Val → Ala	Chr3	L Daxinger and E Whitelaw, 个人通讯	SETDB1 黑色素瘤 GWAS
MommeD19	抑制子	E5-E7	Smarcc1	10 号内含子中的 T → A, 11 号外显子剪接位点	Chr 9	L Daxinger and E Whitelaw, 个人通讯	SMA.RCC1 与结肠癌联系
MorntneD20	抑制子	E6-E8	D14Abble	1 号内含子 5′ 端剪接位点 T → G	Chr 14	L Daxinger and E Whitelaw, 个人通讯	FAM208A
MommeD21	抑制子		Morc3	1 号外显子 T → A, Met（起始密码子）→ Lys	Chr 16	L Daxinger and E Whitelaw, 个人通讯	MORC3
MommeD23	抑制子	一些成年可育	Smchd1	12 号外显子 A → T, Arg → 终止子	Chr 17	L Daxinger and E Whitelaw, 个人通讯	SMCHD1, FSHD2 中突变
MommeD27	抑制子		Pbrm1	17 号外显子 A → G, Tyr → Cys	Chr 14	L Daxinger and E Whitelaw, 个人通讯	PBRM1
MommeD28	增强子	一些成年可育	Rlf	4 号内含子 A → G, 剪接缺陷	Chr 4	L Daxinger and E Whitelaw, 个人通讯	RLF
MommeD30	增强子	E10-E12	Wiz	5 号外显子单碱基缺失, 移码	Chr 17	L Daxinger and E Whitelaw, 个人通讯	WIZ
MommeD31	增强子	E6-E8	Trim 28	3 号外显子 T → A, 锌指中 Cys → Ser	Chr 7	L Daxinger and E Whitelaw, 个人通讯	TRIM28
MommeD 32	抑制子	E8-E9	Dnmt1	在 29 号外显子中 T → C, 在 BAH 结构域中 Leu → Pro	Chr 9	L Daxinger and E Whitelaw, 个人通讯	DNMT1

续表

名称	对杂色的影响	纯合致死	基因	突变体	染色体	参考文献	人类同源
MommeD 33	抑制子	雄性半合子存活	*Suvar39hl*	1号外显子→1号内含子剪接位点 A → G	ChrX	L Daxinger and E Whitelaw，个人通讯	SUVAR39h1
MommeD34	增强子	一些成年可育	*Rlf*	7号外显 C → A，Cys → 终止子，无效等位基因	Chr 4	L Daxinger and E Whitelaw，个人通讯	RLF
MommeD35	增强子		*Smarca5*	9号外显子 A → G，Asn → Ser	Chr 8	L Daxinger and E Whitelaw，个人通讯	SMARCA5
MommeD36	抑制子		*Smchd1*	42号外显 G → A，Glu →终止子	Chr 17	L Daxinger and E Whitelaw，个人通讯	SMCHD1，FSHD2中突变
MommeD 37	增强子		*Smarca5*	13号外显子 T → C，Leu → Pro	Chr 8	L Daxinger and E Whitelaw，个人通讯	SMARCA5
MommeD38	增强子	在第三周没有纯合子	*eIF3h*	7号外显子 G → A，Arg →终止子	Chr 15	Daxinger et al.，2012	EIF3H

a GWAS，全基因组关联分析。

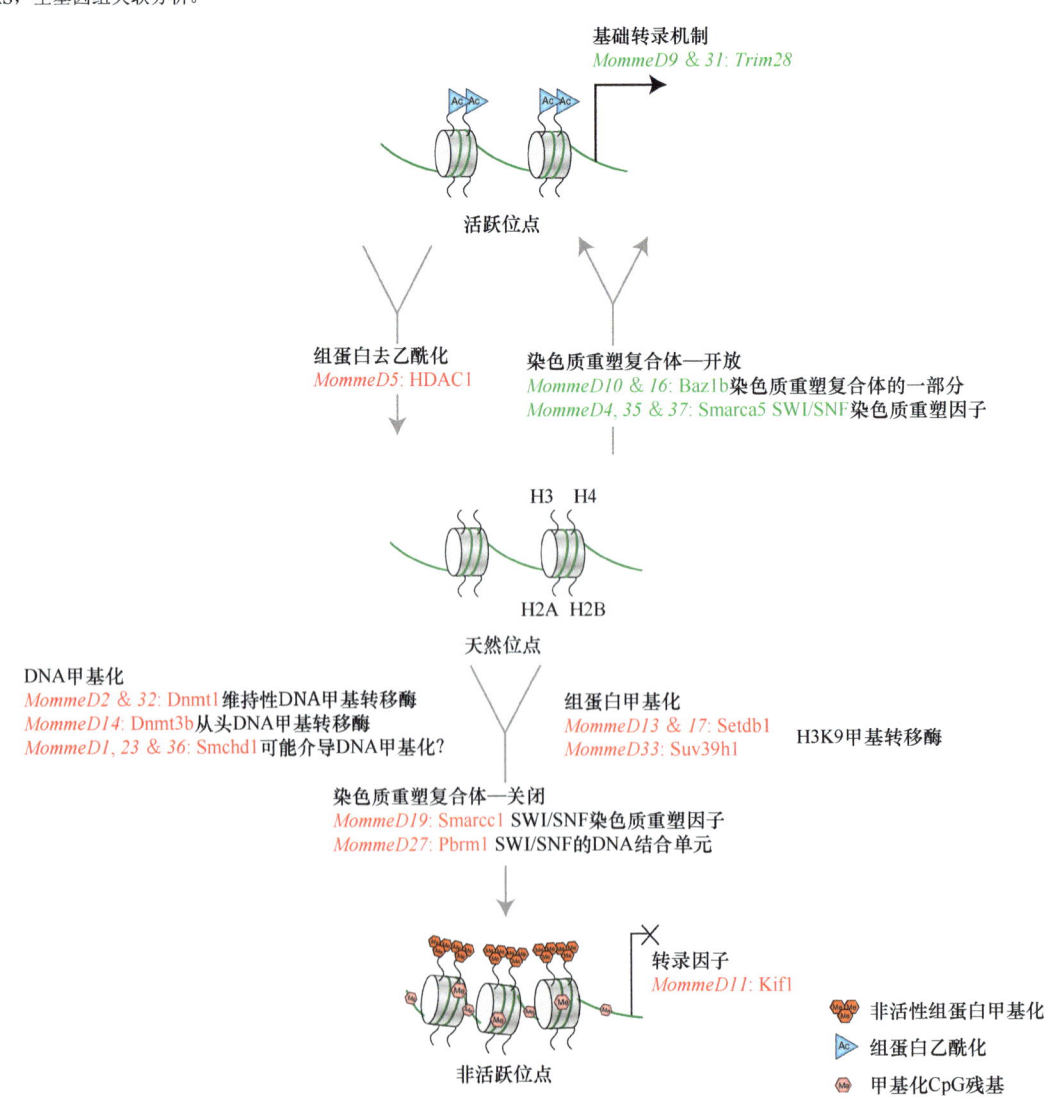

图 14-2 *MommeD* 突变体作用点概述。显示了一个活跃的、原始的、不活跃的染色质模板，表 14-2 中显示所有的 *MommeD*；红色表示它们是抑制突变，因此野生型蛋白质抑制表达，而绿色表示它们是增强突变，因此野生型蛋白质激活表达。

14.1.1.2 *Momme* 在发育中的重要性

对于每个 *MommeD* 品系，杂合子间杂交用于寻找半显性表型和潜在的纯合胚胎致死突变。在所有情况下，因为在断奶时观察到第 3 个表型类别的转基因表达（*MommeD1*、*MommeD8*、*MommeD10*、*MommeD14*、*MommedD16*、*MommeD17* 和 *MommeD23*），或者突变体与野生型后代的比例与纯合突变体的胚胎致死率一致，所以发现突变对于转基因表达是半显性的（Blewitt et al., 2005; Ashe et al., 2008）。观察到的表型的半显性性质与表观遗传过程是剂量依赖的，就像它们在低等生物中一样（Schotta et al., 2003）。

对于每一个 *MommeD* 品系，纯合胚胎致死的时间点已被确定。在所有 *MommeD* 家系中，在某种程度上都观察到纯合子致死（表 14-1）。对于 *MommeD1*、*MommeD8*、*MommeD10*、*MommeD14*、*MommeD16*、*MommeD17*、*MommeD23*、*MommeD28*、*MommeD33* 和 *MommeD45*，一些纯合子存活到断奶，而对于大多数其他品系，似乎所有纯合子都死于子宫内或刚出生时。大多数小鼠 *MommeD* 突变的纯合子致死表明了所编码蛋白质对正常发育的重要性。特别是，*MommeD1* 和 *Momme10* 的研究对理解哺乳动物的发育过程很重要，将在 1.1.2.1 节和 1.1.2.2 小节中进行讨论。

14.1.1.2.1 *MommeD1*

MommeD1 在 *MommeD* 中是独一无二的，因为它显示了雌性特有的胚胎致死率。纯合子雄性出生时数量正常，但只有一半存活到成年，而纯合子雌性由于 X 染色体失活的失败导致在 E（胚胎日）10.5 左右死亡（Blewitt et al., 2008）。一个新基因的无义突变与转基因沉默改变有关，这个基因是 *Smchd1*（strucrural maintenance of chromosome hinge domain-containing 1）。这种无义突变导致 *Smchd1* 转录本的无义介导的 mRNA 降解（nonsense-mediated mRNA decay）。通过研究 *Smchd1* 的一个完全无效等位基因，表明 *Smchd1* 的突变既引起转基因沉默的改变，又引起雌性特异性致死率的改变。*Smchd1* 中的突变已在另外两个具有相似属性的 *MommeD* 谱系中鉴定出来（表 14-1）。$Smchd1^{MommeD1/MommeD1}$ 突变的雌性胚胎正常启动 X 失活，如正常 *Xist* 表达和 H3K27me3 积累所示，但是，它们在 CpG 岛上未获得失活 X 染色体上基因的 DNA 甲基化，这些基因的特征受到 X 染色体失活的调控。此外，胚胎和胚胎外组织都显示出一些基因的上调，这些基因受到 X 失活作用的影响（Blewitt et al., 2008）。正常的胚胎通常会经历随机的 X 失活，而胚外组织会经历父系印记的 X 失活 [第 25 章（Brockdorff and burner 2014）]。因此，这些结果表明 Smchd1 对于这两个 X 灭活过程都是至关重要的。尽管 X 失活的机制已经研究了数十年，但对沉默的发生过程仍未完全了解，因此加入该领域的新科学家将为关于 X 染色体失活的许多新功能研究打开大门。

Smchd1 因为存在 C 末端 SMC 铰链结构域而得名，SMC 铰链结构域通常在经典 SMC 蛋白 SMC 1～6 中发现。这些蛋白质形成异二聚体，构成了黏连蛋白和凝缩蛋白复合体的一部分，它们对于细胞分裂过程中的染色体构象十分重要，而 SMC5/6 复合体则参与 DNA 修复。有趣的问题是，在 X 失活过程中 Smchd1 如何在分子水平上起作用？它可能属于建立表观遗传控制与染色体结构之间联系的一类新蛋白质。诱变筛选的无偏方法能够鉴定出参与表观遗传基因沉默并且对 X 失活至关重要的新蛋白质。由于 X 失活是高等生物所独有的表观遗传机制，因此可以验证筛选系统在哺乳动物系统中的有效性。最近，有研究描述了 Smchd1 作为肿瘤抑制因子的作用（Leong et al., 2013），并且在人类 II 型面肩胛肌营养不良中发生了突变（Lemmers et al., 2012）。这些结果表明，筛选出的新型表观遗传因子与人类健康有着广泛的联系。

14.1.1.2.2 *MommeD10*

Momme 筛选阐明了已知表观遗传修饰子 Baz1b 的新功能。Baz1b 是一种含哺乳动物 bromodomain 的蛋白质，是结合在启动子和复制位点上的两种不同染色质重塑复合体（WINAC SWI/SNF 和 WICH ISWI）的一部分（Bozhenok et al., 2002; Kitagawa et al., 2003）。Baz1b 在小鼠的 *MommeD10* 品系中发生突变，在杂合子中显示出细微的颅面异常，在少数存活的纯合子中显示出更严重的缺陷（Ashe et al., 2008）。这些异常现象使人联想到在 Williams-Beuren 综合征（Williams-Beuren syndrome，WBS）或 WILLIAMS 综合征患

者中所见的异常，并且 Baz1b 是 28 个连锁基因群中的一员，在 WBS 患者中通常杂合缺失。*MommeD10* 点突变导致 Baz1b 高度保守的区域发生氨基酸替代，这可能会使蛋白质产物不稳定。*Raz1b*^{MommeD10} 等位基因是 *Raz1b* 获得的第一个突变等位基因。对这个品系的研究表明，*Raz1b* 在颅面发育中具有迄今未曾表征的功能，并表明 Raz1b 蛋白的减少导致 WBS 患者的小面部特征（Ashe et al.，2008）。WBS 患者还表现出过度社交、焦虑的人格，这些人格与人脑的许多部位结构改变有关（Jabbi et al.，2012）。BAZ1B 的单倍剂量不足是否参与此表型尚不清楚。在 WBS 中通常删除的 28 个基因中的每个基因的贡献都存在争议，因此 Raz1b 小鼠模型提供了研究此综合征某些特征的工具。这项研究还表明，至少某些 WBS 的特征与表观遗传成分有关。

14.1.1.3 *Momme* 影响 *Agouti Viable Yellow* 等位基因的表达

Momme 筛查的主要目的之一是利用突变体来了解亚稳态表观等位基因的不寻常特征。由于在最初的筛选中使用了杂色转基因，一些 *MommeD* 品系（*MommeD1* ~ 5）与携带 *Agouti viable yellow*（A^{vy}）等位基因（一个单拷贝内源亚稳态表观等位基因）的品系杂交（Blewitt et al.，2005；Chong et al.，2007）。

A^{vy} 等位基因是由上游的反转录转座子驱动的，表现出可变的表达、微妙的亲本效应和跨代的表观遗传。更具体地说，在整合的 IAP 中的 LTR 内的隐匿性启动子驱动着 *Agouti* 基因的不适当表达（图 14-3A）（Michaud et al.，1994；Perry et al.，1994）。通常只在毛发生长周期的短时间内表达 *Agouti*，导致色素表达从棕色或黑色变为黄色。正常的 *Agouti* 表达会在黑发上导致毛尖下的黄色条带，这会导致动物被毛层呈褐色，称为 agouti。当 *Agouti* 在整个毛发生长周期中表达时，会产生完全发黄的毛发。携带 A^{vy}、A^{hvy} 或 A^{iapy} 等位基因的小鼠均产生了一些小鼠，这些小鼠的杂色外衣由灰色和黄色斑块组成，其表型称为斑驳（mottled）（图 14-3B，C）。由于有时 IAP LTR 在表观遗传上被沉默，转录调控恢复为由正常启动子调控，因此出现了灰色的斑块。就像 X 灭活一样，沉默状态在数百个细胞分裂中是稳定且可遗传的，因此，IAP LTR 在发育早期的一次随机沉默事件可能会导致产生子代细胞斑块，其中所有子细胞均显示正常的 *Agouti* 表达。

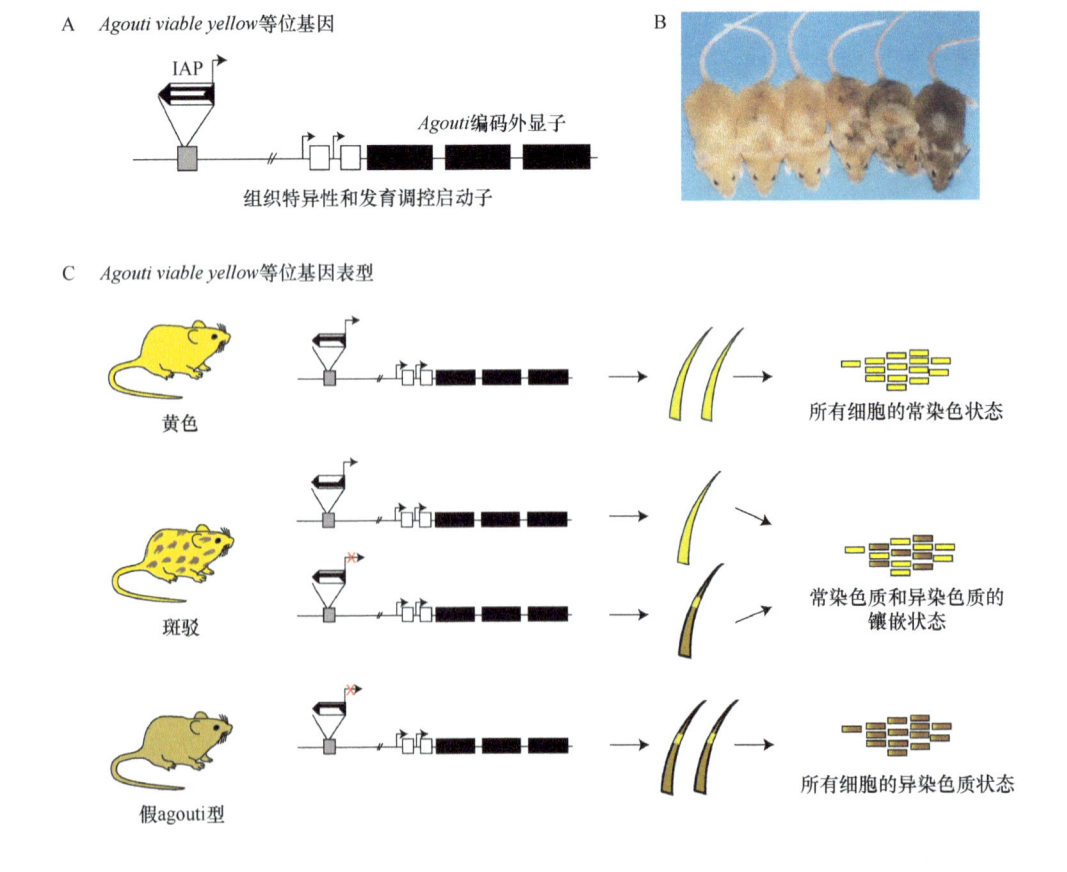

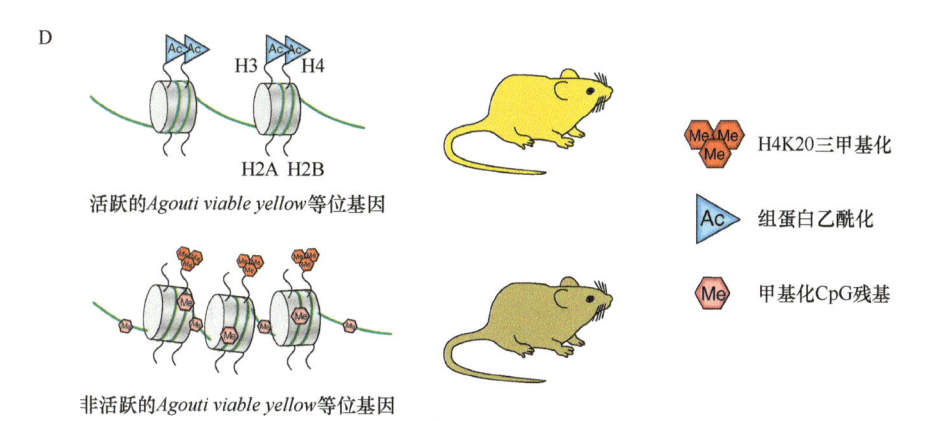

图14-3 *Agouti viable yellow* 等位基因的特征。(A) *Agouti viable yellow* 等位基因（非比例）在伪外显子 1a（灰色盒子）中有一个 IAP（intracisternal A particle）插入（条纹盒），在 Agouti 编码外显子（黑色）上游约 100kb 处。IAP 长末端重复（long terminal repeat, LTR）以箭头表示，转录起始位点以箭头表示。(B) 一个 Agouti 野生型小鼠，带一个 A^+ 等位基因，有一个棕色的皮毛颜色表型与双色毛干，它们的基部为黑色，接近顶端显示黄色 (C)。这种表型因为 *Agouti* 基因产生，产生黄色皮毛的颜色，只是暂时性的毛囊微环境中表达。如果 A^{vy} 等位基因从 IAP 启动子无所不在地表达，则产生一种具有完全黄色毛干的表型。观察到皮毛颜色谱变化表型。然而，由于 A^{vy} 等位基因从完全黄色（IAP LTR 在所有细胞活跃时）到斑驳（由于活跃和不活跃的细胞相间），直到最后动物灰色的外套，称为假 agouti，与野生 agouti 动物没有区别，因为在所有细胞中 IAP LTR 沉默（转载自 Morgan et al., 1999）。(C) 在所有细胞中具有常染色质状态的 *Agouti viable yellow* 等位基因的小鼠都呈现黄色，而在所有细胞中具有异染色质等位基因的小鼠都呈现 agouti 色，称为 pseudoagouti。常染色质和异染色质等位基因嵌合体的小鼠呈现斑驳的。(D) 在活性或非活性 *Agouti viable yellow* 等位基因上发现的表观遗传标记总结。失活的等位基因被高甲基化，并富集 H4K20 三甲基化。活性等位基因被低甲基化并富集组蛋白 H3 和 H4 尾巴的乙酰化残基。

对后代进行毛色评价，并对 GFP 转基因的表达进行表型分析（用于在尚未鉴定出突变的情况下，从所研究的 *MommeD* 推断出突变或野生型状态）。在许多情况下，与野生型后代相比，在突变体中观察到的 A^{vy} 毛色表型谱发生了变化。通常，可变表达的偏移与 GFP 转基因表达的变化一致。例如，如果观察到 GFP 表达增加，那么与野生型动物相比，突变动物更频繁地显示出活性的 A^{vy} 等位基因。这些变化有时但并非总是伴随 ITR 的 DNA 甲基化变化，其中 ITR 控制了 A^{vy} 位点的表达（Blewitt et al., 2005）。这些结果表明，突变蛋白（Smchd1、Dnmt1、Snf2h、Hdac1 和其他未发表的蛋白质）不仅对于转基因沉默很重要，而且对于逆转录转座子驱动的内源性亚稳的表观等位基因的沉默也很重要。这使人想起了反转录转座子插入过程中的许多显性修饰因子也是 PEV 的显性修饰因子（Fodor et al., 2010）。

一些 *MommeD*（*MommeD1*～4）显示 A^{vy} 外显率的复杂变化，包括性别特异性效应。例如，有研究报道了 *MommeD1* 和 *MommeD2* 的雌性特异性功能。在这两种情况下，突变雌性显示出外显率的变化，这种变化反映出与它们的幼年野生型雌性相比，更可能有一个活跃的 A^{vy} 等位基因（与 *MommeD1* 和 *MommeD2* 作为杂色抑制因子的作用一致），但这在雄性中没有被发现（Blewitt et al., 2005）。这些雌性特异性效应可能是由突变蛋白质引起的，这些蛋白在 X 失活过程中随后分别被鉴定为 Smchd1 和 Dnmt1（Sado et al., 2000；Blewitt et al., 2008）。有人提出 MommeD1 和 MommeD2 蛋白与无活性的 X 染色体结合，而无活性的 X 作为这种阻遏蛋白的池，与 XY 雄性细胞相比，剩下较少的阻遏分子可自由进行常染色体沉默（Blewitt et al., 2005）。支持这一论点的是，在 A^{vy} 野生型群体中，黄色雌性明显多于黄色雄性（Morgan, 1999；Blewitt et al., 2005）。多年来，人们都知道，即使在性分化之前，雌性哺乳动物的胚胎也比雄性哺乳动物的胚胎小（Burgoyne et al., 1995；Ray et al., 1995）。总之，这些发现表明，由不活跃的 X 染色体的存在与否所驱动的表观遗传差异可能是导致两性间某些表型差异的原因。这一想法最近被扩展到使用不同的亚稳态表观等位基因上，如 hCD2 杂色转基因（表 14-2）和具有不同性染色体剂量的小鼠样品中，包括 XX、XY、XO、XXY（Wijchers et al., 2010）。他们发现几百个常染色体基因对 X 染色体剂量敏感。研究人类性染色体非整倍体的基因表达将很有意义。

表 14-2 亚稳等位基因和报告等位基因表

等位基因	类型	表型	杂色	表达可变性	亲本影响	跨代表观遗传	参考文献
A^{vy}	内生的；IAP 插入	毛色、肥胖、糖尿病	是	是	是	是	Morgan et al., 1999; Wolff, 1978
A^{iapy}	内生的；IAP 插入	毛色、肥胖、糖尿病	是	是	是	?	Michaud et al., 1994
A^{hvy}	内生的；IAP 插入	毛色、肥胖、糖尿病	是	是	是	?	Argeson et al., 1996
$Axin^{fu}$	内生的；IAP 插入	尾巴蜷缩	是	是	是	是	Rakyan et al., 2003; Reed, 1937; Belyaev et al., 1981
Axial defects	内生的；未知来源的 Grhl2 上调	脊柱裂	?	是	是	是?	Essien et al., 1990; Brouns et al., 2011
Disorganization	内生的；潜在 Gata4 破坏	骨骼异常	?	是	不	?	Hummel et al., 1959; White et al., 1995
$MCabp^{IAP}$	内生的；IAP 插入	mCabp 表达	?	是	?	?	Druker et al., 2004
c^m	内生的；IAP 插入	酪氨酸表达缺陷；毛色斑驳	是	?	?	?	Porter et al., 1991
C^{mlOR}	内生的；IAP 插入	酪氨酸表达缺陷；毛色斑驳	是				Wu et al., 1997
239B	转基因	LacZ 表达血红细胞	是	是	是	不	Kearns et al., 2000
MTα#7	转基因；插入 L1 元素	LacZ 表达血红细胞	是	是	不	是	Sutherland et al., 2000
TKZ751	转基因	LacZ 表达体细胞	?	是	是	不	Allen et al., 1990
RSVIgmyc	转基因	肌细胞中的转基因表达	?	是	是	不	Weichinan and Chaillet, 1997
BLG 转基因系 7 和 45	转基因；着丝粒的	β-乳球蛋白表达	是	是	?	?	Dobie et al., 1996
Tyr-SV40E	转基因	SV40 在黑色素细胞中表达	是	是	?	?	Bradl et al., 1991
hCD2-1.3b	转基因；着丝粒的	T 细胞中人类 CD2 的表达	是	不	不	不	Festenstein et al., 1996
GFP1	转基因	血红细胞 GFP 表达	是	不	不	不	Preis et al., 2003
GFP3	转基因	血红细胞 GFP 表达	是	不	是	不	Preis et al., 2003

14.1.1.4 父本效应基因

在研究 MommeD 品系的小鼠的皮毛颜色时，发现了一种新的异常现象，可能是由世代之间表观遗传标记未完全消除导致的。对于 $Dnmt1^{MommeD2}$ 和 $Smarca5^{MommeD4}$ 而言，杂合突变体父本的野生型后代与野生型亲本的野生型后代相比，具有不同的 A^{vy} 被毛颜色表型谱（Chong et al., 2007）。这在图 14-4 中有所显示。这些后代在遗传上是相同的，仅在雄性亲本的未传承的基因型上有所不同。这些父本效应可归因于遗传上是野生型的精子中染色质包装或 RNA 群的变化，这个精子是从遗传上继承雄性亲本中产生的，进而对从母本继承的 A^{vy} 等位基因产生反式作用。Smarca5 和 Dnmt1 在睾丸和Ⅶ粗线期精子细胞中表达，这是在分离同源染色体以产生单倍体精子细胞之前（La Salle et al., 2004; Chong et al., 2007）。因此，在 Smarca5 或 Dnmt1 缺失的环境中发育精子可能会导致野生型染色体表观遗传改变。此外，每个精子的后代仍然由细胞质桥（连接相邻细胞的细胞质的通道）连接，这使得转录本可以共享，为野生型单倍体精子消除 Smarca5 或 Dnmt1

的水平提供了另一个机会。尽管以前已经在哺乳动物和其他生物体中报道了母体效应基因（Zheng and Liu, 2012），但这是哺乳动物中父本效应基因的首次报道。有趣的是，在果蝇 PEV 筛查中发现的杂色抑制子和增强子也表现出了父本效应（Fitch et al., 1998）。这些结果改变了我们对表型性状从父母本传递给子代的思考方式。实验室小鼠为观察这些有趣的效应提供了机会。

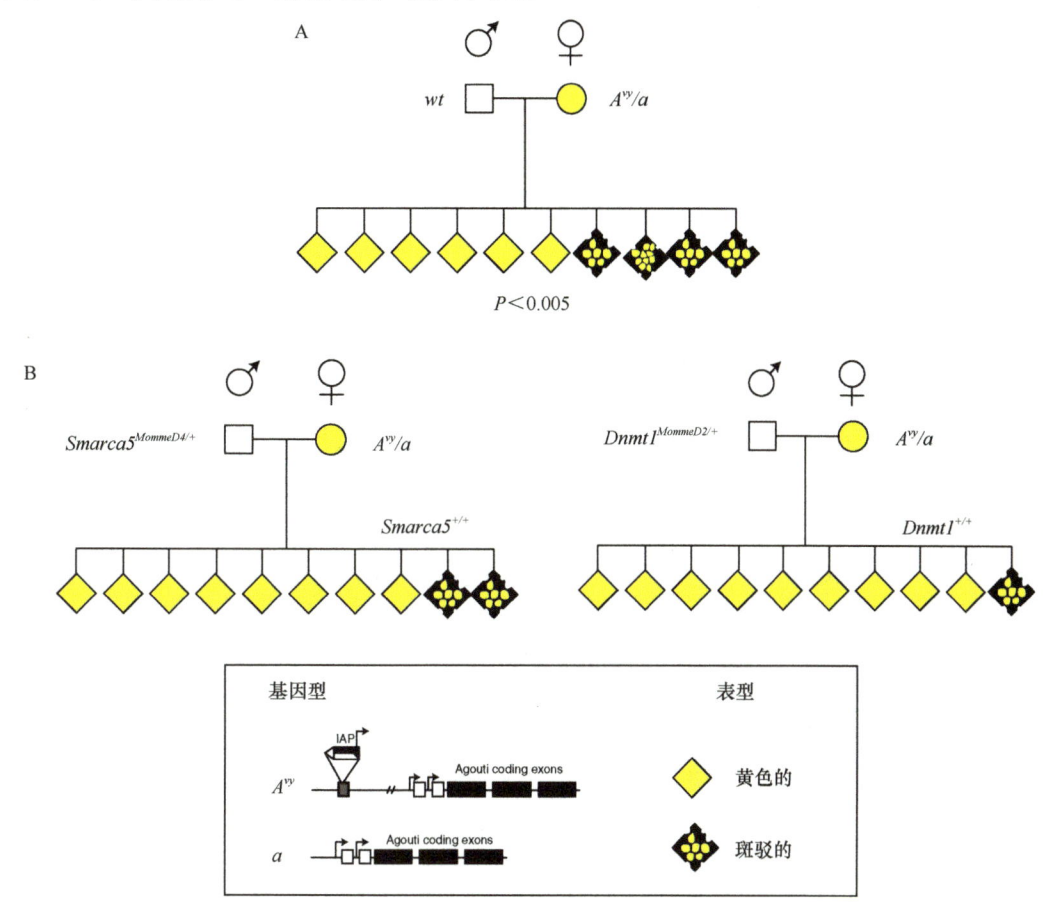

图 14-4　*Smarca5*^{MommeD4} 和 *Dnmt1*^{MommeD2} 对 A^{vy} 等位基因的父系效应。（A）对于来自与父系野生型小鼠杂交的 A^{vy} 后代，黄色与斑驳小鼠的预期比率为 6∶4。（B）*Smarca5*（左）和 *Dnmt1*（右）的 *Momme* 突变体的杂合子雄性与雌性黄色 A^{vy} 杂合子杂交。后代的毛色统计，*MommeD* 突变和 A^{vy} 等位基因基因型分析。为简单化，只显示那些携带 A^{vy} 等位基因和野生型 *Smarca5* 或 *Dnmt1* 等位基因的后代。将表型谱与野生型 FVB/N 雄性与黄色雌性杂种进行比较（A）。突变雄性的野生型后代的毛色表型谱与野生型雄性的后代明显不同，称为父系效应。*Smarca5* 和 *Dnmt1* 野生型的后代都是由一个 *MommeD* 杂合子父本产生的，显示出一种倾向于较少斑驳的小鼠，这表明这些基因在精原细胞（二倍体精子祖细胞）中的单倍体不足以影响下一代 A^{vy} 位点的表观基因组编程，从而影响表型。（引自 Chong et al., 2007）

14.1.1.5　隐性筛选

作为 *Momme* 突变筛查的一部分，对 160 个转基因表达无明显变化的 G_1 雄性后代进行了突变筛查。通过将起始个体与 4 个它的下一代雌性个体回交产生至少 32 个后代，每个起始个体的雄性都会产生一个血统。利用这种方法，理论上可以检测到大于 84% 的杂色隐性修饰因子。160 个家系中有 7 个显示出隐性突变，包括杂色的增强子和抑制子（Blewitt, 2004; Vickaryous, 2005）。这些隐性突变一般表现出比显性突变更加微妙的表型，并且多是不育的。只有一个隐性突变被详细研究（*MommeR1*）。

MommeR1 被认为是一种杂色抑制子（即突变体增加了 GFP 转基因的表达）。*MommeR1* 在所有雌性纯合子中都有有趣的卵巢早衰表型，在这些动物中有六分之一的卵巢畸胎瘤。在 *Foxo3a*（*Forkhead box protein 3a*）中发现了一个错义突变，通过与 *Foxo3a* 的一个无效等位基因的互补试验，该突变被证明是致病

突变（Youngson et al., 2011）。Foxo3a 是一种叉头状转录因子（forkhead transcription factor），因此传统上不被视为表观遗传修饰因子，尽管它确实在造血中有作用。一种可能是，改变的血细胞小室，特别是表现出较高 GFP 转基因表达的网织红细胞水平的增加，可以解释转基因表达的升高。事实上，任何已鉴定的突变株都有可能是由于造血缺陷而不是表观遗传破坏本身而被检测到的。这对于 MommeR1 是排除在外的，因为 Foxo3a$^{MommeR1/MommeR1}$ 动物的网织红细胞水平正常，这使它们与 Foxo3a$^{-/-}$ 动物分开。尚不清楚 Foxo3a 是否对转基因杂色有直接或间接影响，但这一新的小鼠系将卵巢早衰与卵巢畸胎瘤联系在一起（Youngson et al., 2011），在此之前仅仅认为其与晚期卵巢衰竭有关，未来的研究应阐明该蛋白质在基因沉默中的作用。

14.1.2 ENU 诱变产生亚效等位基因

ENU 诱变的优点之一是它主要产生点突变。与标准敲除方法相比，这些点突变更可能产生亚效等位基因，并且可以提供有关蛋白质结构内关键残基的信息。这也提供了创建等位基因系列的机会，这在研究完全敲除对早期胚胎致死的基因时可能有用。Momme 筛选已在 9 种已知的表位遗传修饰因子中产生了新突变，这些修饰因子已经有了无效等位基因（Dnmt1、Dnmt3b、Hdac1、Trim28、Smarca5、Setdb1、Smarcc1、Pbrm1 和 Suvar39h1；Chong et al., 2007；Ashe et al., 2008；Whitelaw et al., 2010a；Youngson et al., 2013；L Daxinger and E Whitelaw 个人通讯）。Dnmt1、Trim28 和 Smarcc1 中的错义突变似乎使蛋白质不稳定，而 Hdac1 具有少量缺失和随后的移码突变，从而改变了蛋白质的羧基末端。Smarca5 错义突变、Dnmt3b 剪接位点突变和 Setdb1 错义突变似乎表现为亚效等位基因（hypomorphic allele）。

有研究进行了独立的 ENU 筛选以创建 Brg1（brahma related gene 1）的亚效等位基因（Bultman et al., 2005）。Brg1 无效小鼠无法植入（Bultman et al., 2000），这排除了对后期发育阶段的研究。在这种情况下，研究人员利用了隐性表型标记，该标记与 Brg1-curly whiskers（cw）（卷曲胡须）紧密连锁。将 cw/cw 雄性用 ENU 处理，与野生型雌性进行繁殖，G$_1$ 后代与含 Brg1 无效等位基因的顺式 cw 标记的动物一起繁殖（图 14-5）。对 525 个家系进行评价，以了解带有卷曲胡须的小鼠。发现一个系谱，其在断奶时未发现此类

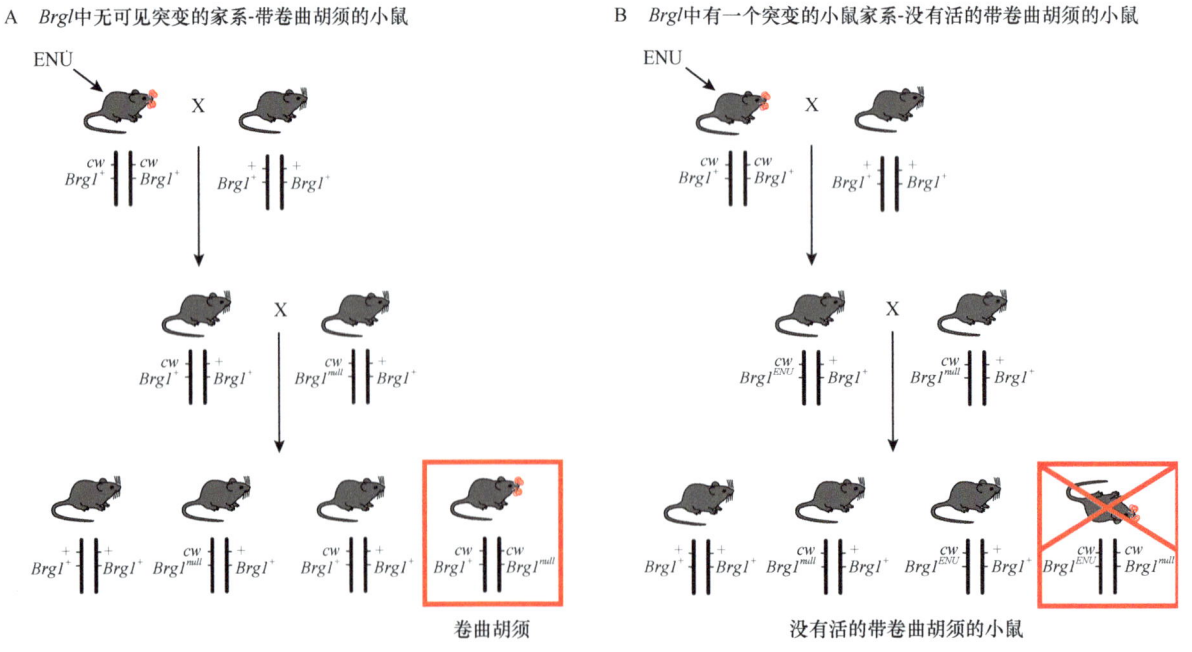

图 14-5 Brg1 亚型 ENU 筛选的育种策略。仅显示小鼠 9 号染色体，显示 cw 位点和 Brg1 位点，它们相距 1cM，cw/cw 雄性用 ENU 处理，与野生型雌性交配。后代与 Brg1^{null} 杂合子交配，Brg1^{null} 杂合子携带顺式 cw 等位基因与失活突变。后代被筛选出有卷曲胡须的幼崽（红色）。（A）幼仔被观察到卷曲的胡须表明 Brg1 没有功能突变。（B）在一个家系中，没有幼仔有卷曲的胡须，这表明发生了无法补充的 Brg1^{null} 等位基因的突变。后来发现了一种由 ENU 引起的 Brg1 亚型突变。（引自 Bultman et al., 2005）

带有卷曲胡须小鼠，这表明发生了未能补充 *Brg1* 无效等位基因的突变。研究人员继续鉴定了 Brg1 ATP 酶结构域中的突变，该突变使 ATP 酶活性与 Brg1 的染色质重塑活性脱钩。尽管 ATP 酶活性本身未改变，但突变的 Brg1 蛋白无法重塑染色质，而 Brg1 仍然定位于染色质并组装成其通常的 SWI/SNF 复合体。纯合的 Brg1 亚型存活至妊娠中期，与含无效等位基因的小鼠进行的研究相比，可以进行更多的研究。在 Brg1 中有功能突变的 1/525 家系的观察结果与在特定目的基因中具有功能突变（显性或隐性）的 1/700 只动物的估计大致相符（Hitotsumachi et al., 1985）。这种途径可以被用来产生等位基因系列，而不需知道蛋白质的结构域，与同源重组产生的无效小鼠相比，ENU 诱导的点突变显示了其效力。

14.1.3　X 失活选择相关基因的筛选

另一个用于表观遗传修饰因子的 ENU 突变筛选是专门为识别 X 失活选择中重要的常染色体因子而建立的（Percec et al., 2002；Percec et al., 2003）。第 25 章详细讨论了 X 失活选择（Brockdorff and Turner, 2014）。简言之，选择哪个 X 染色体失活发生在胚胎着床后不久。多年来，人们已经知道，选择是由 X 染色体上的 Xce 位点决定的。在小鼠身上发现了 4 种不同的 Xce 等位基因，携带该等位基因的 X 染色体成为不活跃的 X 染色体有不同可能性。Xce^c 和 Xce^d 存在于各种近交小鼠如 *Mus castaneus* 中。Xce^d 是最强的等位基因，最不可能失活，而 Xce^c、Xce^b 和 Xce^a 则强度下降。Xce^b 和 Xce^a 存在于各种近交系小鼠中。Xce 杂合子显示出一种可预测的 X 失活模式，偏离了纯合子中 1∶1 的比例，并预期是一个随机过程。偏斜的模式，虽然可以预测，但显示出明显的差异，例如，$Xce^{c/a}$ 雌性平均 25% 的细胞带有活跃 Xce^a 染色体，但范围在 5% ～ 45% 之间。

目前，我们对于与 Xce 或 X 染色体上其他元件相互作用的反式作用因子知之甚少。显然，只需要激活两条 X 染色体中的一条 X 染色体上的 *Xist* 表达，并且认为在 X 失活开始之前，两条 X 染色体的配对可能在减少串扰和随后两条 X 染色体间反式作用因子的不均匀分布中起到一定作用。染色质绝缘子 CTCF 和多能性因子 Oct4 都在这一过程中起作用。活细胞成像实验表明，X 染色体配对后，*Xist* 的负调控因子经常上调。然而，目前尚不清楚不同的 *Xce* 等位基因如何影响这一过程［第 25 章（Brockdorff and Turner, 2014）］。

Percec 及其同事进行的 ENU 筛选（Percec et al., 2002；Percec et al., 2003）利用了 $Xce^{a/c}$ 和 $Xce^{b/c}$ 雌性小鼠 X 失活的可预测差异。他们通过 RT-PCR 实验、限制片段长度多态性来分析断奶雌性样本中的 X-连锁基因 *Pctk*，筛选出与对照群中平均值相差超过 2 个标准差的偏离比例（Plenge et al., 2000）。通过等位基因特异性 qRT-PCR 分析 *Pctk*、*Pgk1* 和 *Xist*，进一步研究异常偏离的雌性。已鉴定出 3 株品系，并对其中 2 个品系进行了更详细的追踪。它们分别有 1 个和 2 个突变。通过研究表明，在每种情况下，E6.5 和 E7.5 都存在偏离现象，并且在所有组织中都是相似的。这些结果表明，引起突变的结果是初级选择的改变，而不是由次级非随机 X 失活（当细胞死亡是因为选择哪个 X 失活）而导致的。此外，突变改变了胚胎中的随机 X 失活，但没有改变胚胎外组织中的印记 X 失活，这表明这些因子（至少在杂合子中）对随机 X 失活具有一定的特异性。每个突变都与特定的大常染色体区域有关。这些突变体被称为 X 失活常染色体因子（X inactivation autosomal factor）1、2 和 3（Xiaf1、2 和 3）。预计很快就会发现相关的突变。

14.1.4　在表观修饰因子中鉴定出突变的其他筛选

两个 ENU 突变筛选，用于一个特定染色体区域内的所有基因，已鉴定出表观修饰因子的纯合胚胎致死突变。在每一个例子中，涉及一个长的染色体缺失或倒置覆盖了感兴趣的区域，并另外覆盖了一个可见的标记（albino 或 Rump White 位点；Rinchik et al., 1990；Wilson et al., 2005），允许简单标记删除或突变的染色体，类似于上述 14.1.2 节中描述的 *curly whiskers* 等位基因。

第一个筛选分离出 *Embryonic ectoderm development*（*Eed*）的点突变（Schumacher et al., 1996）。我们现在知道它是哺乳动物多梳蛋白抑制复合体 2（PRC2）的一个核心成分。在该筛选中产生的 *Eed* 的无效或者亚效等位基因不仅有助于克隆该基因，而且是多年来唯一可用的 *Eed* 突变体或敲除等位基因。对这些动物的研究使我们了解到 PRC2 在胚胎发育、X 失活、基因组印记、胚胎干细胞多能性、分化和造血中的作用 [第 17 章（Grossniklaus and Paro, 2014）]。

第二个筛选中（Wilson et al., 2005），在促髓细胞锌指基因 *Plzf* 中发现了一个突变（Ching et al., 2010）。PLZF 是含有 BTB/POZ 域的锌指蛋白，与转录抑制有关。尽管这是 *Plzf* 的第 3 个突变等位基因，但 ENU 诱导的突变体将 PLZF 的功能需求显示在不同的生化途径中，而错义突变可能会为 BTB 结构域功能提供信息。

在澳大利亚 Walter and Eliza Hall Institute of Medical Research 研究所的一次 ENU 诱变筛选中，鉴定了表观遗传修饰因子中的两个突变。该筛选被设计为抑制敏感筛选，其中对患有血小板减少症和造血干细胞 (hematopoietic stem cell，HSC) 缺陷的小鼠进行 ENU 诱变，并进行筛选以鉴定突变后能抑制这些表型的基因。该筛选已得到在组蛋白乙酰基转移酶 *Ep300* 中产生的点突变（Carpinelli et al., 2004），以及在 PRC2 成员 *Suz12* 中产生的一个点突变（Majewski et al., 2008）。对 *Suz12* 突变品系的研究确定了 PRC2 在限制 HSC 功能中的新作用（Majewski et al., 2008）。

最后，大规模的澳大利亚 ENU 筛选旨在鉴定对免疫功能重要的基因，而在 *Eed* 中产生了另一个突变。该筛选使用基于流式细胞术的外周血细胞类型和数量筛选（Jun et al., 2003），并鉴定出称为 Leukskywalker 的 *Eed* 突变体，其白细胞数量升高。尽管尚未公开，但该突变体可供可能对此感兴趣的研究人员使用。

如果不了解表观遗传过程中涉及的大多数基因的身份，将很难充分理解表观遗传控制的分子基础。因此，诸如 14.1 节前面所述的筛选方法在将来仍将是表观遗传学研究的重要组成部分。

14.2　近交小鼠克隆中的表观遗传现象

一些内源性的小鼠等位基因，如 *Agouti* 毛色等位基因，可以显示不寻常的表达模式，这些被称为亚稳态等位基因（Rakyan et al., 2002）。这些等位基因的转录活性低于预期，这与表观遗传状态的变化有关。本节总结了 *Agouti viable yellow*（A^{vy}）、*Axin* 等位基因（*Axin fused*; $Axin^{fu}$）和一些转基因报告基因（表 14-2）的异常表达模式的关键特征。这些等位基因的行为将被用来定义和描述杂色、可变表达性、跨代表观遗传、亲本效应和位置效应。总之，这些现象有助于我们理解很多关于基因转录沉默和表观遗传过程的概率本质。

14.2.1　杂色

杂色化是基因在相同类型细胞之间的差异表达。我们每天观察到的一些很好的例子是一些植物的叶子杂色外观，以及许多狗和猫的不同颜色皮毛。在某些情况下，此杂色具有遗传起源（例如，镶嵌遗传状态改变了玉米粒的颜色），但是在许多情况下，这不是可靠的解释。由于色素沉着模式很容易观察到，因此毛色基因突变已成为研究哺乳动物镶嵌性的极好模型。自 1970 年代以来，小鼠遗传学家，特别是 Beatrice Mintz 就对这种现象着迷（Mintz, 1970）。在讨论斑驳的老鼠时，她和她的同事写道（Bradl et al., 1991）："它们的模式显然归因于表型克隆（phenoclone），即表型不同但遗传上相同的克隆，其中相同的基因在同一细胞类型的有丝分裂谱系中产生一种以上或多种产物。推测该现象不限于色素细胞。"在基因表达的层面上，这些现象的存在暗示着基因表达是否存在一些随机因素，而基因表达的表观遗传控制是内在的随机过程。

14.2.1.1　小鼠内源性等位基因的杂色

历史上，首次在杂合子雌性小鼠中研究了斑驳位点的 X 连锁突变，后来被鉴定为 *Atp7a*。由于杂合子雄性小鼠从未表现出斑驳杂色，却会频繁地导致胚胎致死，这种现象被描述为性连锁斑驳杂色。在 *Atp7a* 突变的情况下，变异的毛色斑是由野生型或变异的 X 染色体在这些特定细胞中是否受到 X 失活决定的。对这些动物的表型分析以及其他关键研究，使得 Mary Lyon 提出了关于 X 失活的 Lyon 假设，特别是，这一过程对于任何特定细胞中的两条 X 染色体中的哪一条失活是随机的［进一步讨论见第 25 章（Brockdorff and Turner，2014）］。对这些动物的研究告诉我们 X 失活在发育过程中的时间，以及这种转录沉默的稳定和可传承性质。

小鼠中的一些常染色体突变也会导致杂合表达，例如 *Agouti* 基因的等位基因，包括 *Agouti viable yellow*（A^{vy}；Perry et al.，1994）、*Agouti intracisternal A particle yellow*（A^{iapy}；Michaud et al.，1994）、*Agouti hypervariable yellow*（A^{hvy}；Argeson et al.，1996）。每个等位基因都有稳定的逆转录转座子插入。类似地，白化位点的一些等位基因，如 c^m 和 c^{m10R}，显示出皮毛颜色的变化，这是顺式稳定的逆转录转座子插入的结果（Porter et al.，1991；Wu et al.，1997）。重要的是，这些显示杂色组合的常染色体等位基因表明，整个基因组中的位点可以显示这种有趣的随机转录沉默特征，以前认为这种随机转录沉默仅限于 X 染色体上的基因。

14.2.1.2 小鼠转基因的杂色

异常高比例的转基因也显示出表达的变异（Allen et al.，1990；Festenstein et al.，1996；Garrick et al.，1996；Weichman and Chaillet，1997；Kearns et al.，2000；Sutherland et al.，2000）。转基因趋向于多样化的原因尚不完全清楚。有几种可能的解释，包括转基因阵列中的高拷贝数，转基因在异质染色质旁边整合（14.2.6 和 14.2.7 节），在某些情况下，还包括转基因序列中所用序列的外来性质（Martin and Whitelaw，1996）。与具有哺乳动物密码子偏好的序列相比，由具有细菌密码子偏好的序列（如 LacZ）组成的转基因倾向于表现出更大程度的沉默（Kearns et al.，2000；Sutherland et al.，2000；Preis et al.，2003）。一种可能性是这些细菌密码子偏好的序列被识别为外源的 DNA 序列，通过通常是针对整合病毒和其他侵入性转座因子的机制被沉默（Yoder et al.，1997），因此，有趣的是，所有常染色体内源性等位基因杂色显示与反转录转座子插入有关（如 14.2.1.1 节提到的 *Agouti* 和 *Albino* 等位基因）。

转基因也已经显示出额外的独特表型，如年龄依赖性沉默（Robertson et al.，1996）（即转基因表达水平随年龄降低）。由于肿瘤抑制基因的启动子经常被沉默并显示出癌症中 DNA 甲基化的增加，并且癌症的最大危险因素是年龄的增长，因此转基因的年龄依赖性沉默引发了以下问题，即正常的衰老过程是否导致易患癌症？现已发现正常人前列腺组织（Kwabi-Addo et al.，2007）和正常小鼠组织（Maegawa et al.，2010）显示出广泛的年龄依赖性 DNA 甲基化变化。此外，两个研究组（Rakyan et al.，2010；Teschendorff et al.，2010）的研究显示，在衰老过程中，polycomb 蛋白靶基因中发生了特定的 DNA 甲基化变化，这可能表明了肿瘤形成前的状态。表观遗传失调似乎是衰老的普遍特征，这是通过小鼠转基因变异研究首次提出的。

与杂色等位基因在技术上可能的情况相比，杂色转基因的分析允许对导致杂色的表观遗传机制进行更详细的研究。携带直接在血细胞中表达的转基因系的一个主要优点是能够在单个细胞水平上而不是在细胞群体中观察杂色基因的表达（Robertson et al.，1995；Festenstein et al.，1996；Sutherland et al.，1997；Kearns et al.，2000；Sutherland et al.，2000；Preis et al.，2003）。这些研究允许考虑基因表达调控的不同模式（如不同的增强子作用模式）。重要的是，他们已经证明，基因表达可以由概率事件而不是外部因子来调控（Sutherland et al.，1997）。随着单细胞转录组研究技术的改进，基因组上的许多位点有可能显示出类似的杂色表达模式，这也许会影响细胞的行为。

14.2.1.3 潜在的分子机制

转基因沉默或内源性亚稳态等位基因（如 *Agouti viable yellow*）沉默的分子机制尚不完全清楚。然而，它们显示出与异染色质的许多共同特征，包括 DNA 甲基化、染色质包装改变（包括组蛋白甲基化和乙酰化的改变）（图 14-3D）（Elliott et al.，1995；Garrick et al.，1996；Morgan et al.，1999；Sutherland et al.，2000；Blewitt et al.，2005；Blewitt et al.，2006；Dolinoy et al.，2010）。由于这些等位基因表现出与全基因组其他位点沉默过程相同的许多特征，因此转基因和外源等位基因可以用作报告等位基因，以测试遗传或环境变化对表观遗传沉默的影响。这类研究是利用转基因系（Festenstein et al., 1999; Gaudet et al., 2004; Blewitt et al., 2005; Chong et al., 2007; Ashe et al., 2008; Whitelaw et al., 2010a; Youngson et al., 2011），以及 *Agouti viable yellow* 进行的（Wolff, 1978; Waterland and Jirtle, 2003; Gaudet et al., 2004; Blewitt et al., 2005; Dolinoy et al., 2006; Chong et al., 2007; Kaminen-Ahola et al., 2010）。其中一些研究在14.1节中进行了讨论。

14.2.2 可变表达能力

除杂色外，许多转基因品系和内源亚稳态表位等位基因（endogenous metastable epiallele）还表现出可变的表达能力（表14-2），这可以定义为个体之间基因的差异表达。该术语最初用于描述一种在人类中经常观察到的情况，其中具有相同遗传变异的患者显示出不同的疾病严重程度。在这些情况下，未连锁的修饰位点［或数量性状位点（quantitative trait loci, QTL）］的遗传异质性被认为（已被发现在许多情况下）是表型多样性的原因。亚稳态等位基因的可变表达即使在生物体是近交（表面上是相同基因的）并在受控环境中饲养的情况下也会发生，这表明其与遗传异质性和环境因素有关。

携带 *Agouti viable yellow* 等位基因的小鼠显示了一系列的皮毛颜色，从正常的灰色到不同程度的斑点，再到完全黄色（图14-3B、C）。表型谱与一系列 *Agouti* 的表达有关。在鼠灰色（agouti）小鼠中，IAP-LTR 在所有细胞中均被沉默，使得正常的 *Agouti* 启动子和增强子仅在毛发生长周期的短时期内驱动 *Agouti* 的表达。在黄色小鼠中，活跃的 IAP-LTR 驱动着 *Agouti* 的组成型表达。因为 *Agouti* 是其他途径的信号分子，这些黄色老鼠还表现出其他多效性作用，如糖尿病和肥胖。IAP-LTR 在一些小鼠（而不在其他小鼠）中的随机表观遗传沉默导致了从肥胖和糖尿病的极端表型（黄色皮毛）到与野生型不可区分的表型（图14-3B）。

同样由 IAP 插入驱动的其他亚稳态等位基因也出现类似的情况，如 *Axin fused*（*Axin^{fu}*）（Vasicek et al., 1997）和 *marine CDK5 activator binding protein IAP*（*mCABP^{IAP}*; Druker et al., 2004）。IAP 插入到 *Axin* 的内含子6中。当 IAP-LTR 活跃时，它产生一个截短的转录本和蛋白质，与扭结的躯干相关（Rakyan et al., 2003）。携带 *Axin^{fu}* 等位基因的动物在表型上的范围为从有严重扭结的背部骨骼（最容易在尾部观察到）到野生型。至于 A^{vy}，这与融合的 IAP-LTR 的表观遗传状态和活性有关（Rakyan et al., 2003）。*mCABP^{IAP}* 处的 IAP 插入也见于基因的内含子6。在这种情况下，没有与该等位基因相关的可见表型报告。事实上，该等位基因在所有 C57BL/6 动物中都被发现。与 *Axin^{fu}* 类似，*mCABP^{IAP}* 除产生野生型转录本外，还产生一个异常截断的转录本，起始于内含子6中的 IAP-LTR。截短的转录本的表达在遗传上相同的幼崽之间变化，并且与 IAP LTR 的高甲基化或低甲基化有关（Druker et al., 2004）。在上述情况下，这些转录差异被认为是在转座元件上发现的不同表观遗传标记的直接结果。

这些发现提出了一个有趣的可能性，即在人类身上观察到的变异外显率的某些部分是由于随机表观遗传沉默而不是 QTL 的影响。已经采取了几种方法来鉴定人类表观亚稳态的位点。这些研究主要集中在研究基因相同的同卵双胞胎上（Bell and Spector, 2011）。同卵双胞胎在许多性状上表现出高度的不一致性。在一个病例中，一对双胞胎发现是尾侧重复异常。考虑到轴心蛋白 Axin 在轴心形成中的作用（Zeng et al., 1997），对 AXIN1 进行了测序，但未发现突变（Kroes et al., 2002）。相反，与未受影响的双胞胎相比，受影响的双胞胎显示 AXIN1 启动子的 DNA 高甲基化（Oates et al., 2006）。这表明，至少在这种情况下，发生在遗传背景一致下的随机表观遗传事件可以影响人类疾病（Oates et al., 2006）。进一步的研究已经在全基因组范围内展开，以期寻找同卵双胞胎的 DNA 甲基化的差异。有证据表明，在同卵双胞胎之间的 DNA 甲基化存在轻微的亚稳态（Fraga et al., 2005; Mill et al., 2006; Kaminsky et al., 2009），一些证据表明它会随着年龄的增长而增加（(Fraga et al., 2005）。这些类型的研究表明表观遗传沉默与在人类中发现的基因表达可变性有关，甚至是与复杂疾病的发生有关。除全研究组关联研究外，表观基因组关联分析也开始鉴定出与人类基因表达可变性相关的位点，并且这些位点与 DNA 甲基化状态有关。

14.2.3 缘自亲本的效应

亚稳态的表观等位基因还经常表现出微妙的亲本效应（subtle parent-of-origin effect）(Rakyan et al., 2002)。这些与传统的父母印记不同，因为它们并非严格地单等位表达。相反，等位基因在从一个亲本比从另一个亲本传承时更加倾向于活跃状态。在转基因显示出杂色的情况下，杂色的程度在从母本比从父本传承降低了一些（Reik et al., 1987; Sapienza et al., 1987; Preis et al., 2003; Williams et al., 2008）。在等位基因显示可变表达性的情况下，表型谱会根据亲本不同而略有变化。已经观察了几种转基因（Allen et al., 1990; Weichman and Chaillet, 1997; Kearns et al., 2000），以及所有 *Agouti* 被毛颜色等位基因（Wolff, 1978; Duhl et al., 1994; Argeson et al., 1996; Morgan et al., 1999）和 *Axin^{fu}* 等位基因（Reed, 1937; Belyaev et al., 1981; Rakyan et al., 2003）。对于 *Axin fused* 等位基因，与母本传承相比，等位基因在父本传承后更有可能活跃（产生弯曲的尾巴）30%。相反，对于 *Agouti viable yellow* 等位基因，它显示出细微的父系印记。与父亲相比，从母亲那里传承的等位基因表达的可能性要高 15%（图 14-6）。

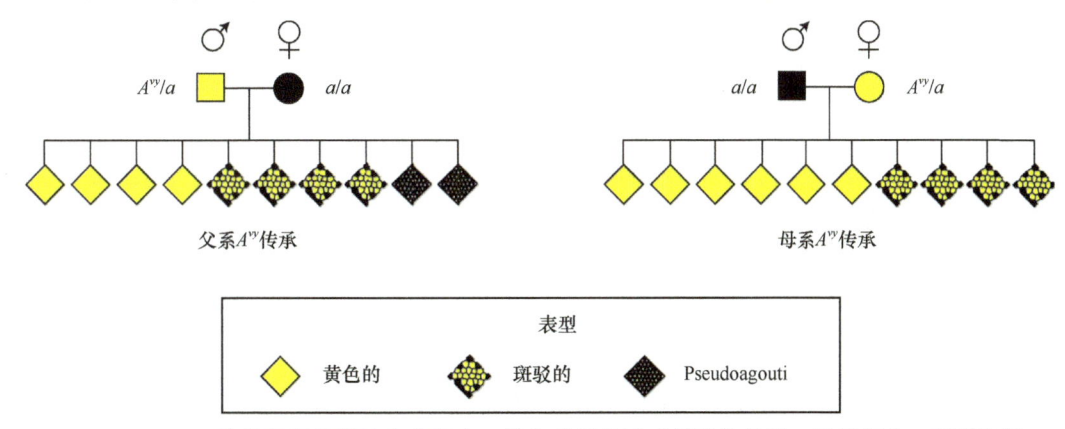

图 14-6 *Agouti viable yellow* 等位基因的微妙亲本效应。等位基因父系或母系传承后，显示黄色、斑驳和假 agouti 动物比例的系谱。为了简单起见，*a/a* 后代被排除在这些谱系之外。在母系等位基因传承后，观察到更多的黄色后代，表明 IAP-LTR 沉默的比例较低。这说明了在 A^{vy} 等位基因的雄性传承过程中，IAP-LTR 异染色质环境似乎发生了不完全擦除，这就是所谓的微妙的亲本效应。

由于用于测定转基因表达的方法的敏感性，或内源性亚稳态表观等位基因对表型的显著影响，这些依赖于亲本的微小表达变化是可以检测到的。在小鼠中，对这种类型的父母本效应的观察表明，与仅受传统父母本印记的那些基因组相比，母本和父本基因组可能在更多的基因位点上具有差异性标记（Pardo-Manuel de Villena et al., 2000; Ashe, 2006）。最近在胚胎和成年小鼠大脑中的 RNA-seq 的数据表明，大于 1300 个基因表现出了亲本缘性等位基因效应（Gregg et al., 2010）。尽管尚不清楚这种作用在人类中的分布程度，但这些结果再次表明，表观遗传现象，虽然最初是由使用小鼠报告基因品系的研究提出的，但在整个基因组中可能更为真实。

14.2.4 通过配子的跨代表观遗传

在亚稳表观等位基因中观察到的最有争议的效应可能是通过配子的跨代表观遗传。这个术语描述了父母本的表观遗传状态影响后代表观遗传状态的任何情况，但不能归因于顺式或反式作用的遗传变异或突变。这是一个迷人的现象，几十年来一直吸引着生物学家。

在转基因的母系传承之后，已经报道了转基因的跨代表观遗传（Allen et aL 1990; Kearns et al., 2000; Sutherland et al., 2000），如母系传承 A^{vy} 等位基因（Wblff, 1978; Morgan et al., 1999），以及母系和父系跨代遗传 *Axin^{fu}* 等位基因（Reed, 1937; Belyaev et al., 1981; Rakyan et al., 2003）。因此，通过任何一种生殖

系的传承都能产生跨代表观遗传。

A^{vy} 等位基因是最常被研究的跨代表观遗传案例。黄色的雌性小鼠,有一个活跃的 A^{vy} 等位基因,产生 60% 的黄皮毛子代和 40% 的杂色子代。基因相同的 Agouti 雌性小鼠,具有一个沉默的 A^{vy} 等位基因,产生 40% 黄色、40% 斑驳色、20% Agouti 后代。A^{vy} LAP-LTR 母本的表观基因型改变了其后代的表观基因型谱(图 14-7)(Morgan et al.,1999)。

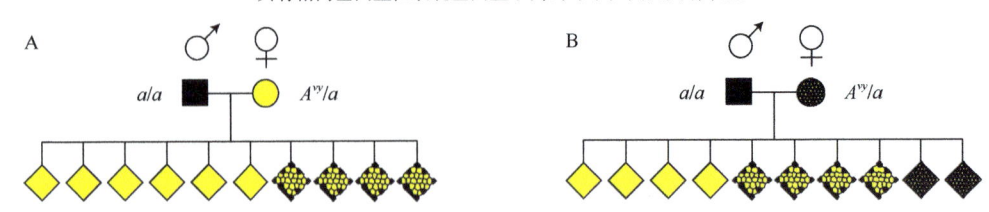

图 14-7 *Agouti viable yellow* **等位基因的跨代表观遗传。** 从具有黄色(A)或假 agouti(B)表型的 A^{vy} 杂合子母本传承等位基因后,显示黄色、斑驳和假 agouti 动物比例的系谱。为简单化,a/a 后代被排除在这些家系之外。黄色母本具有开放染色质结构的 IAP 启动子,使该位点在所有细胞中组成型活跃,产生比假 agouti 母本(40%)更多的黄色后代(60%),假 agouti 母本中 IAP 启动子处于抑制性染色质结构,始终处于关闭状态。这种差异是跨代表观遗传的视觉结果,其中 Agouti IAP-LTR 的表观遗传结构以某种方式影响下一代表型比例。

以小鼠为模型,可以排除混杂效应(confounding effect),如子宫内环境,或者影响表观遗传状态的远缘遗传改变等。即使在近交 C57BL/6 背景下,A^{vy} 等位基因也表现出跨代表观遗传,这大大降低了遗传对这一效应贡献的可能性(Morgan et al.,1999)。Morgan 和同事们也表明,黄种雌性小鼠的宫内环境不是原因。由于组成性表达 Agouti 的小鼠(即黄色小鼠)表现出多种效应,包括肥胖和糖尿病,因此,这种小鼠子宫内的发育可能会改变其表观基因型,从而改变其后代的表型。为排除这种可能性,合子从黄色母鼠转移至不携带 A^{vy} 等位基因的同源雌性小鼠。移植胚胎的毛色(60% 的黄色毛、40% 的杂色毛)与那些留在原始黄色母鼠子宫中的幼崽相同。这项研究表明子宫环境并不是导致 A^{vy} 等位基因这种不寻常的跨代表观遗传的原因。

表观遗传重编程[第 28 章(Hochedlinger and Jaenisch,2014)]发生在原始生殖细胞发育和植入前发育期间的世代之间。上述转基因表观遗传的实例表明,有时可能会发生基因之间表观遗传标记的不完全擦除。利用小鼠模型,可以研究表观遗传标记通过生殖细胞发育和胚胎发育的传递,如在 A^{vy} 等位基因处进行的 DNA 甲基化(Blewitt et al.,2006)。从精子 DNA 中去除绝大多数组蛋白,使 DNA 甲基化成为代际遗传表观标记的理想候选研究对象。

A^{vy}(Blewitt et al.,2006)以及 *Axin*^{fu} 等位基因(Rakyan et al.,2003)显示出与体细胞组织相似的成熟配子 DNA 甲基化水平,表明控制 IAP LTR 的 DNA 甲基化在原始生殖细胞发育过程中逃脱擦除的命运,就像大部分 IAP 在整个基因组中一样(Lane et al.,2003)。然而,在植入前发育过程中,发现在 A^{vy} 等位基因处 DNA 甲基化完全被清除(Blewitt et al.,2006)。这些研究表明,DNA 甲基化不是 A^{vy} 等位基因的可遗传的标记,尽管它们并不排除 DNA 甲基化可能将遗传标记传递给其他尚待分析的表观遗传修饰的可能性。

这项研究还发现,Mel 18[一种 polycomb 抑制性复合体 1(PRC1)成分]的单倍剂量不足(haploinsufficiency),通常在不被观察到的情况下发生表观传承(Blewitt et al.,2006),这提出了一种可能性,即 PRC 1 的组成改变,可能降低早期发育过程中表观遗传重编程的效率,并在这一过程中涉及组蛋白修饰。

通过配子进行转基因表观传承的分子过程仍然不清楚。关于这方面的综述较多，最近发表的是 Daxinger 和 Whitelaw（2012）。我们在图 14-8A 中总结了不完整的擦除模型。

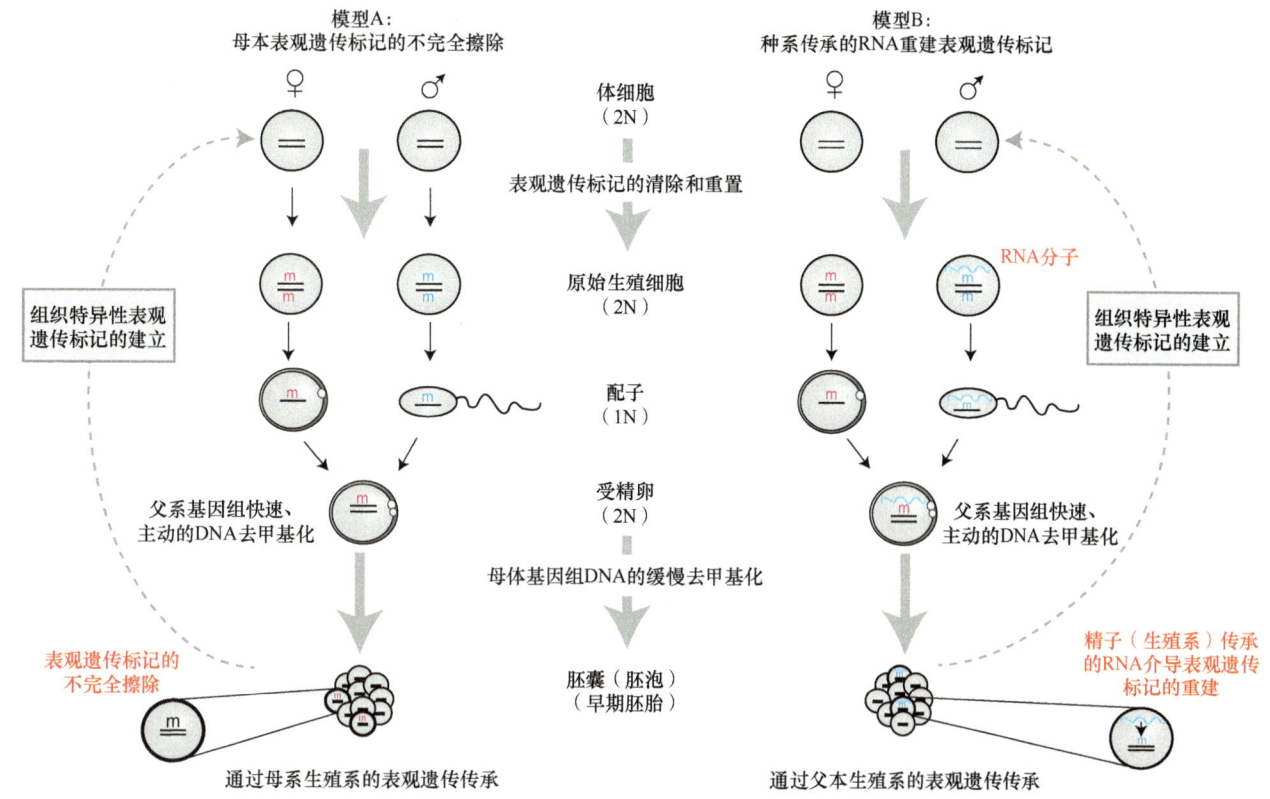

图 14-8　跨代表观遗传模型。为了简单起见，只显示跨代表观遗传的基因。"m"表示表观遗传标记，其中粉色表示母系标记，蓝色表示父系标记。表观遗传重编程分为两个阶段（用灰色箭头表示）：第一阶段是原始生殖细胞发育阶段；第二阶段是着床前发育阶段。模型 A：DNA 甲基化标记或组蛋白标记不完全擦除。在母系传承（左，配子）后观察到跨代表观遗传的情况下，与同一胚泡中的其他细胞相比，一些细胞没有表现出表观遗传标记的完全去除，并且保留了可传承的表观遗传标记。在另外一种情况下，一个位点的表观遗传标记完全消失，并且没有发生代际表观遗传，囊胚的所有细胞都将没有标记（未显示）。模型 B：生殖系 RNA 引起表观遗传标记的重建。在父系传递后观察到跨代表观遗传的情况下，RNA 分子从原始生殖细胞传递到成熟精子。然后，这种 RNA 被传送到受精卵，并在一些带有这种 RNA 分子的细胞中引起父系表观遗传标记的重建。

14.2.5　小鼠中的类副突变效应

在一个相关的现象中，小鼠精子中的 RNA 分子与可跨多代遗传的表观遗传事件有关（Rassoulzadegan et al.，2006），这被描述为类副突变（paramutation-like）［第 13 章（Pikaard and Mittelsten Scheid，2014）关于植物的副突变］。最初的研究涉及 *Kit* 位点的一个突变等位基因。Kit 是一种受体酪氨酸激酶，它是多种类型干细胞所必需的。Kit 水平降低与包括小鼠在内的许多哺乳动物的白斑形成有关，特别是在四肢，这是由发育过程中黑素细胞前体数量减少所致。*Kit^{tm1Alf}* 等位基因杂合度与白尾相关。研究人员发现，在 Kit 基因位点 *Kit^{tm1Alf}* 的这种无效等位基因杂合子小鼠与同源野生型产仔鼠杂交后，一些遗传上野生型后代有白色的尾巴。精子中检测到 *Kit* mRNA 转录本异常。研究人员将已知的靶向 *Kit* mRNA 的 microRNA 注射到合子中，在随后的后代中发现了白色的尾巴。这暗示了 RNA 的一些长寿效应，可能是由于基因表达的表观遗传改变。在小鼠的其他一些位点也发现了类副突变现象（Wagner et al.，2008；Grandjean et al.，2009）。考虑到这种效应的遗传力，这些结果表明精子的 RNA 含量可能在跨代表观遗传中起到一定的中介作用。我们总结了在图 14-8 模型 B 中通过 RNA 分子发生的跨代表观遗传模型。

在人类群体中，曾报告过类似于跨代表观遗传的表型事件（Lumey，1992；Pembrey et al., 2006）。但是，在这些案例中，没有证据表明这些是通过配子进行的跨代表观遗传的真实案例。在人类中，不可能在母性效应中充分控制遗传组成或混杂程度，也不可能直接观察在生殖细胞发育和植入前发育中未能清除表观遗传标记。因此，跨代表观遗传是否真的存在于人类中还有待确定。这种效应在人类中的存在对于人类表型和疾病的遗传力的研究有着深远的意义，因此，我们对这一领域有相当大的研究兴趣。也许只有通过对老鼠的研究，我们才能阐明这些现象的机制基础。

14.2.6　位置效应

术语"花斑型位置效应"（position-effect variegation，PEV）是针对果蝇［第 12 章（Elgin md Reuter, 2013）］和酵母［第 8 章（Grunstein and Gasser, 2013）；第 9 章（Allshire and Ekwall, 2014）］中观察到的现象而提出的。PEV 的研究主要是利用果蝇中 *white* 基因的易位进行的。有研究发现 *white* 基因的表达取决于其相对于着丝粒周围异染色质的位置。如果 *white* 基因（在眼睛中产生红色色素）与异染色质相邻，那么 *white* 基因的表达大多是变化的，产生一个红白镶嵌的眼睛。这是由于邻近异染色质的不完全扩散到 *white* 基因（Henikoff, 1990）。这种有趣的表型已经在经典的突变筛选中进行了研究，以确定与异染色质沉默和扩散有关的关键成分（Schotta et al., 2003）。小鼠中的转基因特别容易受到 PEV 的影响，如 14.2.1 节所述，杂色转基因定位在（Sutherland et al., 2000）近着丝粒重复序列中（Dobie et al., 1996），以及近端粒（Zhuma et al., 1999；Pedram et al., 2006；Gao et al., 2007），所有这些都是异染色质区域。这种与异染色质并置的重要性尚不清楚。然而，这些研究表明异染色质能够在哺乳动物中传承，就像在果蝇中一样。

如果制造转基因小鼠的目的是在特定启动子的控制下实现基因的可预测表达，那么基因表达的整合位点依赖性显然是一个问题。有几个研究小组利用转基因技术来鉴定不依赖于整合位点的转基因表达所需的序列元件（如 β-珠蛋白基因）。在这种情况下，有兴趣找到基因治疗的调控元件。所发现的保护转基因免受 PEV 影响的序列元件称为位点控制区（LCR）。LCR 通过某种方式确保转基因以细胞系依赖的开放染色质结构来实现这一功能（Kioussis and Festenstein, 1997）。关于 LCR 的功能有两种主要的理论：第一，LCR 与启动子直接接触。第二，LCR 在该区域产生一个通用的染色质开放结构。随着新的染色体捕获技术的发展（Carter et al., 2002），目前达成的共识是染色质环使 β-珠蛋白基因 LCR 与启动子相互作用。最近的一项研究发现，这种长距离的 DNA 相互作用并非在每个细胞中都能检测到，因此至少在 β-珠蛋白位点上，仅在部分细胞中发生的长距离相互作用可能是杂色的原因（Noordermeer et al., 2011）。

14.2.7　重复序列诱导的基因沉默

在一个基因整合位点，整合为一个串联重复的转基因拷贝数也会影响基因表达。尽管整合位点和表达的转基因拷贝数之间似乎存在一些相互作用（Williams et al., 2008），总的来说，非常高拷贝数的转基因在每个转基因拷贝中表现出低表达或无表达。Garrick 和同事（Garrick et al., 1998）利用 Cre 介导的缺失研究了这种效应，Cre 介导过程导致缺失了两个表达极低、拷贝数较高的（> 100）α-珠蛋白驱动的 *LacZ* 基因。当这些转基因分别减少 5 个拷贝和 1 个拷贝时，表达红细胞的比例从 < 1% 跃升到 > 50%，同时伴随 DNA 甲基化的减少和染色质结构在转基因处的开放。这一发现首次证明了在植物和果蝇中（Henikoff, 1998）报道的重复诱导的基因沉默也存在于哺乳动物中。

重复诱导的基因沉默是否影响内源性基因的表达？哺乳动物中有许多重复基因（如 rRNA 基因、组蛋白基因）。尽管通常排列成串联重复序列，类似于在转基因阵列中看到的序列，但这些序列似乎不受重复诱导的基因沉默的影响。相反，这些家族中存在表观遗传调控的特有形式（Keverne, 2009）。有趣的是，免疫球蛋白重链基因的 D 段基因也被排列成串联重复序列，并且显示了在低等生物和着丝粒异染色质中发现的重复诱导基因沉默区域的许多特征，如反义转录和 H3K9me2（Chakraborty et al., 2007）。研究者提出，D

段可能会受到重复诱导沉默的影响。

转基因沉默和在着丝粒及端粒处沉默的重复序列是簇状的。在其他情况下，例如对于内源性逆转录病毒或逆转录转座子，这些重复序列以单个拷贝的形式散布在基因组中的数千个不同位置。这些分散的重复序列在整个发育过程中经常被沉默，这可能是为了保护基因组免受活性移动元件的诱变效应，此外，也是为了保护邻近区域免受这些逆转录元件中的强启动子的影响。在这种情况下，沉默必须通过物理接触（如环化）或可扩散因子诸如 RNA 来实现。当这种沉默低效时，有可能发生类似于在所讨论的内源性亚稳态表观等位基因（例如 A^{vy}、$Axin^{fu}$ 和 $mCabp^{IAP}$）上的通读转录。在这些亚稳态等位基因上发现的 IAP，从进化的角度来说都是一个年轻的类群，这可能解释了它们与其他分散重复序列的行为不同的原因。大多数古老的逆转录病毒重复序列已经积累了使它们失去功能的突变。

14.2.8　环境对亚稳态表观等位基因的影响

亚稳态等位基因的表达受环境影响的发现激发了许多学者展开相关研究。就 A^{vy} 而言，关于基因位点是"开"还是"关"的决定是在早期植入后的胚胎中做出的（Blewitt et al., 2006），而且由于母本暴露于富含甲基（叶酸、甜菜碱、维生素 B12；Wolff et al., 1998；Cooney et al., 2002；Waterland and Jirtle, 2003）、金雀异黄素（Dolinoy et al., 2006）或乙醇（Kaminen-Ahola et al., 2010）的饮食下，使得一窝黄毛幼崽的百分比减少。将这些发现与几十年前在果蝇的杂色 $W^{mottled}$ 位点上的发现进行比较是很有趣的。研究表明，在发育过程中提高温度可抑制该位点的杂色（减少沉默）[第 12 章（Elgin and Reuter, 2013）]。另一种亚稳态等位基因 $Axin^{fu}$ 也被证明对母亲的饮食很敏感（Waterland et al., 2006）。这些发现强调了表观基因组在早期发育过程中的可塑性，为环境永久影响个体表型提供了机会。因此，详细记录个体特定组织中的表观基因组，可以提供我们推断个体过去某些事实的线索，并更好地预测个体的疾病风险（图 14-9）。然而，尚不清楚在任何特定组织中有多少表观基因组既易受环境事件的影响，又能在生命中维持稳定，这两点都是表观基因组具有预测价值所必需的。

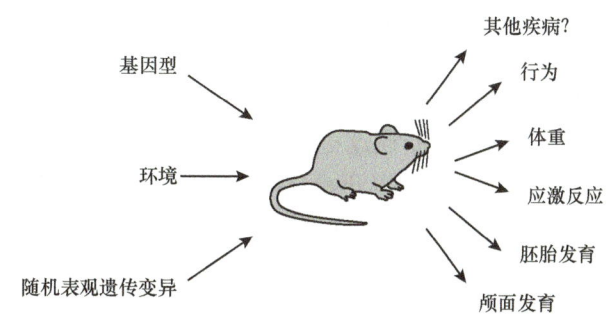

图 14-9　随机表观遗传变异、基因型和环境对表型的影响。 基因型、环境（有时通过改变表观基因型）和随机表观遗传变异可以改变小鼠的表型。已知和可测量的差异是表观遗传调控改变的结果，包括体重、行为、应激反应、颅面发育和胚胎发育。

14.2.9　无形变异

无形变异（intangible variation），或发育噪声，被定义为不能用基因型和环境本身的贡献来解释的表型变异（Falconer, 1989）。当基因型和环境都不变［例如，在标准条件下的小鼠近交系（或其他实验室器官）中］时，最容易观察到这种变异。显然，可变表达能力可以被认为是一种无形的变化。

无形变异比少数已知的亚稳态等位基因更为广泛。在近交系小鼠中，尽管环境和遗传背景固定，但许多数量性状符合钟形曲线。事实上，80% 的近交系小鼠体重的变异是由于无形的变异，而不是遗传或环境的差异（Gartner, 1990）。Gartner 称之为"第三组分"，第一和第二组分分别是遗传和环境。其他例子包括近交系小鼠中与特定基因型相关的表型的不完全外显（Biben et al.，2000），以及在近交小鼠中，由某些但不是所有特定基因型动物的致死而导致的传承率失真（Carpinelli et al.，2004；Blewitt et al.，2005）。此外，在小鼠等基因系中观察到退化胚胎的频率远远高于预期，这是由于新的致命突变，且与子宫位置无关。所有这些都是组织或有机体水平上无形变化的例子。通过对近交系小鼠的研究，出现了无形变异的概念。

这种无形变异或表型噪声的分子基础是什么？鉴于基因表达的随机性是导致在许多转基因和内源性亚稳态等位基因中观察到的细胞水平上可变表达的原因，一个合理的解释是，在随后由表观遗传机制维持的早期发育中基因表达的类似随机模式是导致许多发育性噪声的原因（Blewitt et al.，2004）。除已知的亚稳态等位基因表达外，目前从哺乳动物细胞基因表达的单细胞分析中有充分证据表明，基因表达具有随机因素和固有噪声（Raj et al.，2006）。此外，当表观遗传修饰因子被去除后，在基因表达的细胞水平（Chi and Bernstein，2009）和整个生物体的数量性状水平上的变化增加（Whitelaw et al.，2010b）。这暗示了表观遗传机制在缓冲转录噪声和随后的表型噪声中的作用（图 14-10）。

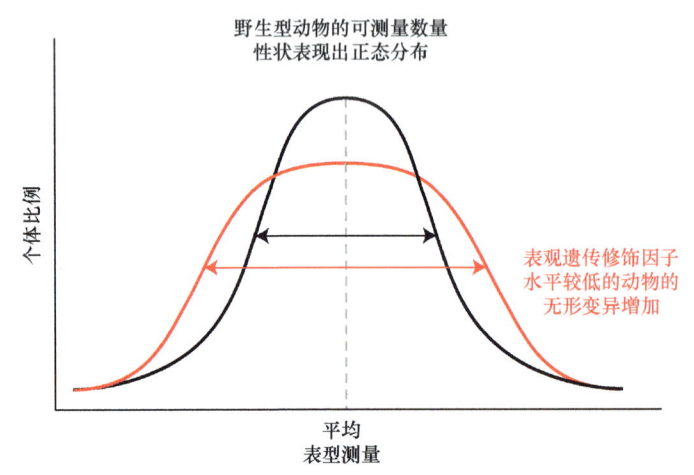

图 14-10 **在表观遗传修饰因子水平降低的动物中，无形变异增加。**野生型动物的可测量表型符合平均测量值（黑线）周围的正态分布（钟形曲线）。表观遗传修饰因子水平较低的动物在这种可测量的表型（红线）中显示出变异的增加。

随机基因表达和发育噪声的结果可能是正面的，也可能是负面的。噪声会导致细胞死亡或胚胎致死，但是随机基因表达所产生的自然变异也可能通过提供可塑性而受益（Eldar and Elowitz，2010）。在发育中，通常认为外部提示会向同质群体发出信号以开始分化。但是，概率事件也可能导致基因表达差异，从而导致被认为是同质细胞群的表型差异（Pujadas and Feinberg，2012）。在造血系统中，已经证明克隆干细胞群体中存在异质性。重要的是，这种异质性不仅是为了表达单个基因，还代表了整个基因组中存在的差异。在这种情况下，基因表达中的噪声似乎有助于确定谱系选择（Chang et al.，2008））。类似的噪声依赖性细胞命运或发育模式决定似乎在几种情况下都存在，如神经嵴细胞命运（Shah et al.，1996）和内部细胞群谱系选择（Morris et al.，2010；Smanaka et al.，2010）。我们从杂色转基因和亚稳态表观等位基因的研究中学到的基因表达的随机机制似乎在基因组的其他地方都适用，并且可能在发育和分化中起着重要的作用（Pujadas and Feinberg，2012）。

14.3 总结与展望

在过去的 20 年中，我们已经了解了许多与哺乳动物发育和分化有关的表观遗传过程的知识，其中许多是从实验室小鼠的研究中得出的。这可能有很多原因：小鼠在控制的环境中相对容易饲养，它们作为繁殖品系维持了几十年，Jackson 实验室保持了数千种不同的近亲繁殖品系以供分发给研究群体，C57BL/6 小鼠的全注释的基因组序列对所有人都可以使用。也许最重要的是，它们的基因组可以通过转基因、同源重组和 ENU 突变来操纵。

直到 20 世纪 90 年代，遗传学家利用小鼠来了解和模拟人类的健康和疾病，我们才完全融入表观遗传学领域。尽管在此之前，基因沉默在 X 染色体失活和亲代印记的特殊情况下被研究过，常染色体基因的表观遗传过程甚至在发育生物学家中也没有被普遍考虑。文献报道了一些常染色体的异常行为（如 *Agouti viable yellow* 和 *Axin fused*），也就是说，它们在近交系中表现出不同的表型，但这些被认为是奇怪的。我们现在意识到，表观遗传过程在哺乳动物的发育过程中起着不可或缺的作用，而这其中的大部分是通过研究小鼠的基因突变而产生的，这些基因突变与这些标记的形成和重编程有关。ENU 突变筛选已经鉴定了这些基因，而且，可能更重要的是，这些突变体筛选为研究这些过程对表型的影响提供了模型。

对小鼠的研究激励了那些研究人类健康和疾病的人去拥抱表观遗传学领域，并将这些知识应用到他们感兴趣的特定领域。一些人类疾病现在被认为至少部分是表观遗传重编程修饰因子突变的结果（如 Williams 综合征和 ICF 综合征）。利用小鼠研究表观遗传调控的好处之一是可以研究人类的类似表型，如行为、记忆和学习。动物群体提供了研究生殖健康、生殖系表观遗传重编程以及表观基因组在基因–环境互作中的作用的机会，我们期待在不久的将来在这一领域取得更多进展。

（李　敏　译，方玉达　校）

第 15 章

哺乳动物中的 DNA 甲基化

李恩（En Li[1]），张毅（Yi Zhang[2]）

[1]China Novartis Institutes for BioMedical Research, Pudong New Area, Shanghai 201203, China; [2]Boston Children's Hospital, Harvard Medical School, Boston, Massachusetts 02115

通讯地址：en.li@novartis.com

摘　要

　　DNA 甲基化是被表征得最清楚的表观遗传修饰之一。它在哺乳动物中参与包括转座子沉默、基因表达调控、基因组印记和 X 染色体失活在内的多种生物学过程。本章描述了 DNA 甲基化是如何作为一个细胞记忆系统，以及它是如何通过 DNA 甲基转移酶（DNA methyltransferase，DNMT）和 10-11 易位（ten eleven translocation，TET）酶作用进行动态调节的。本章还描述了 DNA 甲基化通过与组蛋白修饰相互作用调控基因表达及其在人类疾病中的意义。总结中概述了未来几年可能成为重点且令人兴奋的研究领域。

本章目录

15.1　细胞记忆的机制
15.2　DNA 甲基化模式的建立
15.3　DNA 去甲基化
15.4　DNA 甲基化调控基因表达
15.5　DNA 甲基化与组蛋白修饰的相互作用
15.6　DNA 甲基化与疾病
15.7　展望

概 述

脊椎动物的 DNA 可以通过二核苷酸序列 5'CpG3' 中胞嘧啶碱基的甲基化被共价修饰。CpG 是胞嘧啶和鸟嘌呤的缩写，由磷酸将 DNA 中的两个核苷酸连接在一起。哺乳动物中的 DNA 甲基化模式在胚胎发育过程中由从头甲基化酶 Dnmt3a 和 Dnmt3b 建立，在细胞分裂时由 Dnmt1 介导的复制机制维持。DNA 甲基化模式的可遗传性为基因组提供了在多次细胞分裂中稳定存在的表观遗传标记，从而构成细胞记忆的一种形式。在表观遗传的发展历史上，由于这个原因，DNA 甲基化代表了表观遗传的典型机制。

DNA 甲基化在一些较低等的真核生物中被发现，如脉孢菌和无脊椎动物［在第 10 章（Araèmayo and Selker, 2013）和第 12 章（Elgin and Reuter, 2013）中讨论］。植物中也有涉及许多酶和特定结合蛋白的相当复杂的 DNA 甲基化系统，在第 13 章（Pikaard and Mittelsten Scheid, 2014）中有详细介绍。

哺乳动物的分子和遗传学研究表明，DNA 胞嘧啶甲基化（5-methylcytosine，5-甲基胞嘧啶，缩写为 5mC）与基因沉默有关。它在 X 染色体失活和基因组印记等发育过程中也起着重要作用。甲基胞嘧啶的甲基部分位于 DNA 螺旋的大沟中，此处有许多 DNA 结合蛋白与 DNA 接触。因此，甲基化可能通过吸引或排斥各种 DNA 结合蛋白来发挥作用。一个称为甲基化 CpG 结合域蛋白（methyl-CpG binding domain protein，MBD）的家族被甲基化 CpG 二核苷酸吸引并结合 DNA，同时被证明其在甲基化启动子区域招募阻遏复合体，从而促进转录沉默。而 CpG 甲基化区域则通过阻止某些转录因子的结合从而阻止转录。

基因组上某些包含 CpG 簇的序列被称为 CpG 岛，大多数 CpG 岛紧邻基因启动子的上游。一般来说，CpG 岛不存在 DNA 甲基化。某些转录因子通过 CXXC 结合域基序与含有非甲基化 CpG 岛的 DNA 序列结合，且这种结合有助于建立一个转录能力强的染色质结构，防止 DNA 甲基化在这些区域发生。

虽然 DNA 甲基化模式可以在细胞间传承，但它们不是永久性的。事实上，DNA 甲基化模式的改变可以发生在个体的一生中。一些 DNA 甲基化的变化可能是对环境变化的生理反应，而另一些变化可能与病理过程有关，如致癌转化或细胞老化。DNA 甲基化标记可以通过一种主动去甲基化机制（涉及一个被称为 Tet 蛋白的 DNA 羟化酶家族）或通过在细胞分裂过程中抑制维持甲基转移酶 Dnmt1 活性而被动去甲基化。DNA 甲基化模式直接符合表观遗传框架，同时也能通过它间接与其他表观遗传机制（如组蛋白赖氨酸甲基化和乙酰化）产生密切联系。

DNA 甲基化的临床相关性最初在癌症中发现。在基因操作或 DNA 甲基转移酶抑制剂处理的小鼠癌症模型中，DNA 甲基化水平的降低会抑制某些形式的肿瘤形成。相反，低水平的 DNA 甲基化（称为 DNA 低甲基化）也能促进某些肿瘤类型的形成。其他一些人类疾病的发生与编码 DNA 甲基化机制关键组成部分的基因突变有关。DNA 甲基转移酶 Dnmt3b 的突变导致免疫缺陷，而甲基化 CpG 结合蛋白 MeCP2 的突变则导致一种严重的神经系统疾病，称为 Rett 综合征。显然，DNA 甲基化系统的完整性对哺乳动物的健康至关重要，因此，对人类疾病中的 DNA 甲基化的研究是医学研究的一个重要前沿，将有助于我们理解表观遗传修饰对人类生活的影响。

15.1 细胞记忆的机制

15.1.1 假说

哺乳动物细胞中的胞嘧啶甲基化主要发生在 CpG 二核苷酸中（图 15-1）。1975 年，两个实验室独立提出了动物 DNA 甲基化可以代表细胞记忆机制的观点（Holliday and Pugh, 1975；Riggs, 1975）。这两个研究组都认识到 CpG 二核苷酸是自互补的，并且都认为当细胞分裂时，甲基化和非甲基化 CpG 的模式可以被复制。DNA 复制后，亲本 DNA 链会立即保持其修饰的胞嘧啶模式，但新合成的链不会被修饰。为了确保将亲本模式复制到子代链上，他们假设了一种"维持甲基转移酶"，该转移酶仅甲基化与甲基化了的亲本 CpG 配对的 CpG 序列，而非甲基化的 CpG 不会成为维持甲基转移酶的底物（图 15-2）。这个简单机制的结果是 DNA 甲基化的模式会像 DNA 碱基序列本身一样被半保留复制。

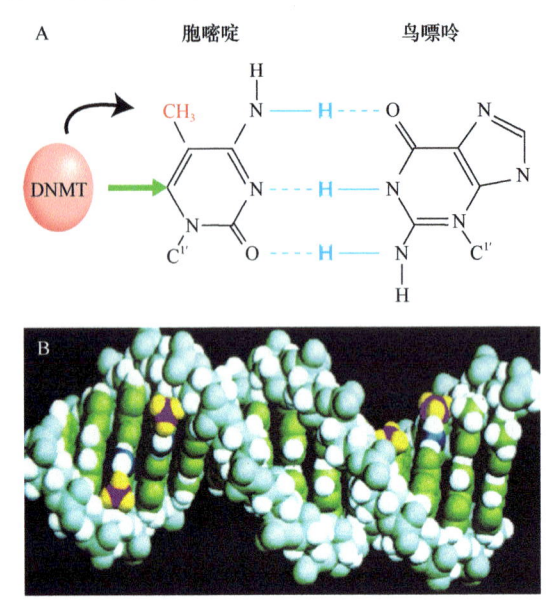

图 15-1　**DNA 中的胞嘧啶甲基化**。（A）在胞嘧啶嘧啶环（黑箭头）碳 5 位置添加甲基 CH3（红色）不会对 GC 碱基配对（蓝线）产生空间干扰。在甲基转移过程中，DNA 甲基转移酶与碳 6（直绿色箭头）共价结合。（B）两个自互补 CpG 序列的胞嘧啶甲基化的 B 型 DNA 模型。成对的甲基（洋红色和黄色）位于双螺旋的大沟中。

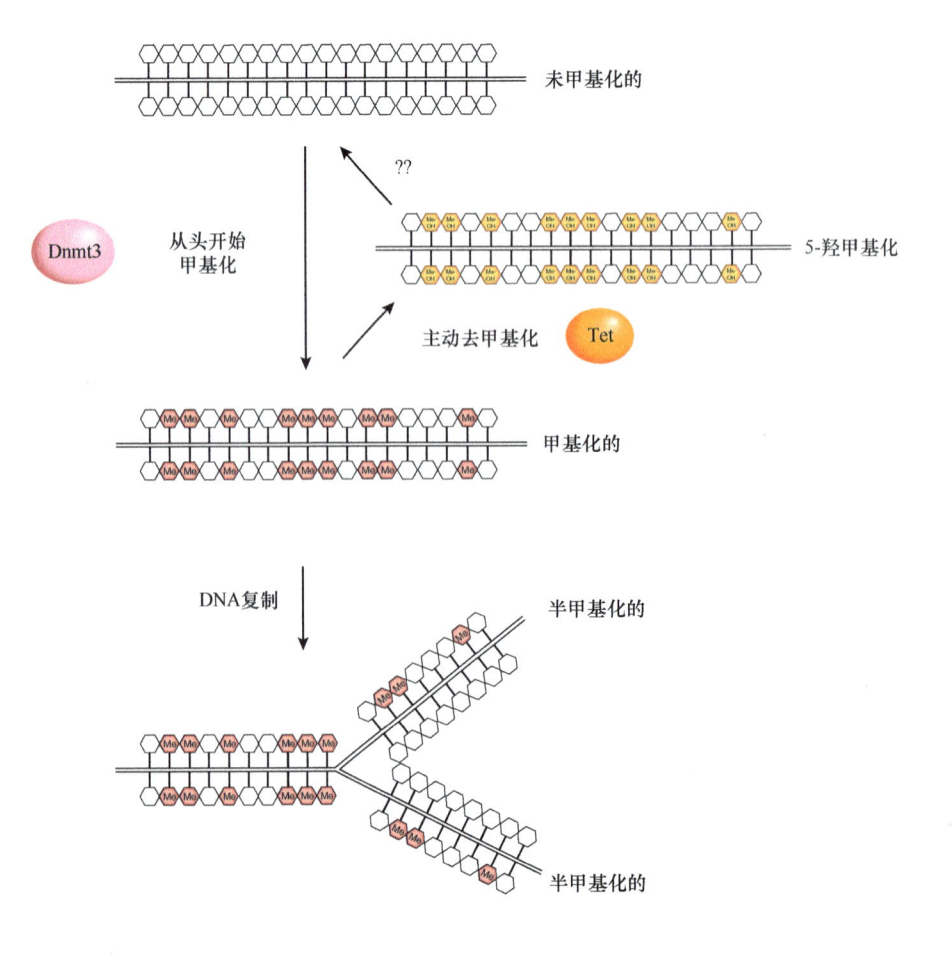

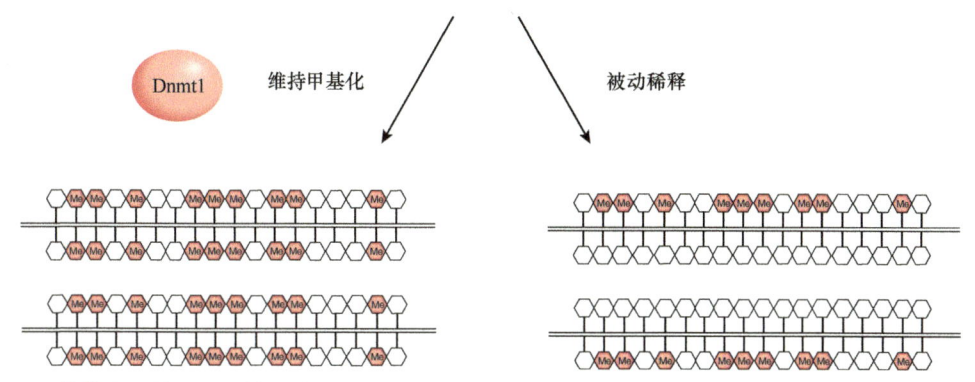

图 15-2　DNA 的从头甲基化和维持甲基化。本图展示了一段自互补的 CpG 碱基对序列的基因组 DNA。未甲基化的 DNA（顶部）被 Dnmt3a 和 Dnmt3b 从头甲基化，在某些 CpG 碱基对上产生对称的甲基化。在半保守 DNA 复制中，一条新的 DNA 链与一个甲基化的亲本链碱基配对（另一个复制产物未显示）。对称性由维持 DNA 甲基转移酶 Dnmt1 恢复，Dnmt1 完成半甲基化位点的甲基化，但不会甲基化未经修饰的 CpG。

15.1.2　DNA 甲基化模式的维持

哺乳动物 DNA 甲基转移酶半保守复制 DNA 甲基化模式的机制早期在细胞粗提物中被发现。粗提物最终纯化结果显示为一个 200kDa 蛋白质（Bestor and Ingram，1983）。这个蛋白质被称为 DNA 甲基转移酶 1（Dnmt1），是 CpG 特异性酶，在生化分析中对非甲基 DNA 具有显著的活性。然而，它的首选底物是两条链中一条在 CpG 处甲基化的 DNA（所谓的半甲基化 DNA；图 15-2）。随后的遗传学研究表明，小鼠胚胎干细胞中 Dnmt1 失活（表 15-1）导致了全基因组 CpG 甲基化丢失（Li et al.，1992）。这一证据与 Riggs（1975）、Holliday 和 Pugh（1975）推测的 Dnmt1 通过半甲基化 DNA 的甲基化从而维持 CpG 甲基化的观点相吻合（图 15-2）。

表 15-1　哺乳动物 DNA 甲基转移酶的功能

DNA 甲基转移酶	物种	主要活动	功能丧失的主要表型
Dnmt1	小鼠	CpG 甲基化的维持	全基因组范围内的 DNA 甲基化丧失，在胚胎第 9.5 天（E9.5）致死，印记基因的异常表达，异位 X 染色体失活，沉默反转录转座子的激活。在癌细胞系中，它导致细胞周期停滞和有丝分裂缺陷
Dnmt3a	小鼠	CpG 的从头甲基化	产后 4～8 周致死，雄性不育以及雄性和雌性生殖细胞均未建立甲基化印记
Dnmt3b	小鼠	CpG 的从头甲基化	小卫星 DNA 去甲基化，E14.5 天左右的胚胎致死，伴随血管和肝脏缺陷（同时缺乏 Dnmt3a 和 Dnmt3b 的胚胎在植入后无法引发从头甲基化，并于 E9.5 死亡）
DNMT3B	人	CpG 的从头甲基化	ICF 综合征：免疫缺陷，着丝粒不稳定和面部异常。重复元件和近着丝粒异染色质中甲基化的丢失

15.2　DNA 甲基化模式的建立

维持性 DNA 甲基转移酶 Dnmt 1 的发现为在细胞分裂中维持 DNA 甲基化模式提供了一种机制。不过这就留下了一个问题，即在个体发育过程中何时建立新的 DNA 甲基化模式，以及如何发生从头甲基化。本节将对此进行阐述，并描述哺乳动物基因组中 CpG 序列的分布和甲基化模式及其功能重要性。

15.2.1 早期胚胎中 DNA 的从头甲基化

在个体生命周期中，基因组在早期发育过程中经历 DNA 甲基化的动态变化。受精后，发生全基因组去甲基化。而 DNA 从头甲基化是在胚胎着床前后，此时内细胞团细胞（inner cell mass cell）开始分化形成胚胎外胚层（embryonic ectoderm）（图 15-3）。

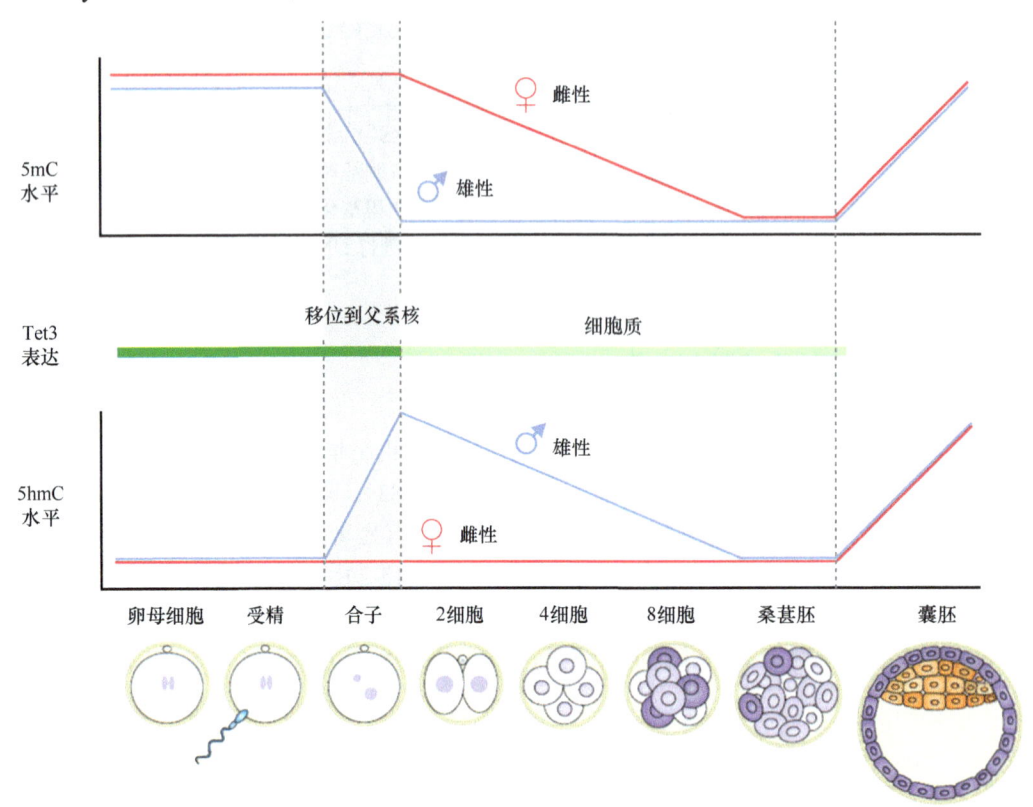

图 15-3 **胚胎着床前发育过程中母源和父源基因组中 5mC、5hmC、5fC 和 5caC 的动态变化。** 通过测量 5mC 水平揭示了受精卵的 DNA 去甲基化是通过雌性生殖核中的一种被动机制发生的，随着每个细胞周期推移，这些标记会被稀释。雄性生殖核基因组在 Tet 酶的作用下主动去甲基化，Tet3 在卵母细胞和合子中表达。受精后，Tet3 从细胞质转移到父本核，将 5mC 转化为 5hmC、5fC 或者 5caC。随后，父本和母本基因组进行复制依赖性稀释，父本中 5hmC、5fC 或者 5caC 被稀释，母本中 5mC 被稀释。与复制无关的主动 DNA 去甲基化可能以位点特异的方式发生在合子中，但确切的机制目前尚不清楚。ICM 中的 DNA 甲基化模式是在囊胚期通过 DNA 甲基转移酶 Dnmt3a 和 Dnmt3b 重新建立的。

当非甲基化状态的外源 DNA 引入着床前的胚胎后，DNA 出现了甲基化，这是首次发现 DNA 从头甲基化。从受感染的小鼠着床前胚胎中提取的逆转录病毒 DNA 和注入小鼠合子中的 DNA 的研究结果都表明，DNA 在动物细胞中呈稳定的甲基化（Jahner et al., 1982）。然而，如果感染发生在原肠胚发育后期的胚胎中，逆转录病毒 DNA 则不会被甲基化。这表明 DNA 的从头甲基化过程仅限于早期胚胎的多能干细胞。利用小鼠胚胎癌细胞和胚胎干细胞进一步验证了这一推测。当这些细胞被逆转录病毒感染时，逆转录病毒 DNA 被完全甲基化，病毒基因因此被沉默（Stewart et al., 1982）。

即便维持性 Dnmt1 基因被删除，胚胎干细胞中逆转录病毒 DNA 仍然发生了从头甲基化，证明一定有其他 DNA 甲基转移酶在起作用（Lei et al., 1996）。然而，感染病毒 DNA 的体细胞并没有甲基化，再次表明 DNA 从头甲基化发生在早期发育过程中（Stewart et al., 1982）。

15.2.2 从头甲基化转移酶的发现

从头甲基化转移酶是通过利用表达序列标签数据库搜索原核生物胞嘧啶 DNA 甲基转移酶的同源序列发现的。原核胞嘧啶 DNA 甲基化转移酶共享一套保守的蛋白质基序（Posfai et al., 1989），这个基序在哺乳动物维持性 DNA 甲基转移酶 Dnmt1 中也被发现。同源性搜索确定了三个可能编码新的 DNA 甲基转移酶的基因（图 15-4）。其中一个蛋白 Dnmt2 在体外具有微弱的 DNA 甲基转移酶活性，其缺失对 DNA 从头甲基化或维持甲基化没有明显影响（Okano et al., 1998b）。与 Dnmt1 不同，另外两个基因 Dnmt3a 和 Dnmt3b 编码相关的催化活性多肽在体外对半甲基化 DNA 的甲基化没有偏好性（Okano et al., 1998a）。胚胎干细胞中 Dnmt3a 和 Dnmt3b 基因靶向失活证实，这些靶向基因造成从头 DNA 甲基转移酶的缺失（表 15-1）。缺乏这两种蛋白质的胚胎干细胞和胚胎，无法从头甲基化前病毒基因组和重复元件（Okano et al., 1999）。此外，Dnmt3a 和相关的调节因子 Dnmt3L 被证明是在印记基因上建立不同 DNA 甲基化模式所必需的 [Hata et al., 2002; Kaneda et al., 2004 中表 15-1; 第 26 章（Barlow and Bartolomei, 2014）]。

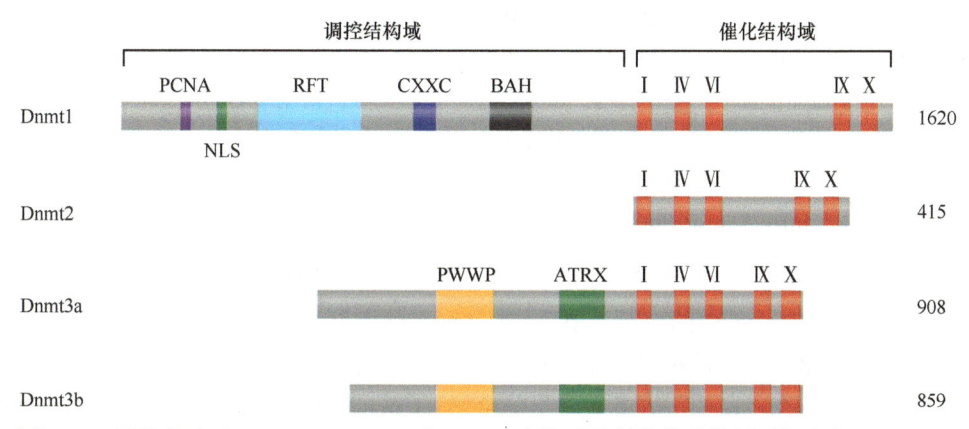

图 15-4 **哺乳动物 DNA 甲基转移酶**。Dnmt1、Dnmt2 和 Dnmt3 家族成员的催化结构域是保守的（胞嘧啶甲基转移酶的特征基序 I、Ⅳ～Ⅵ、Ⅸ和 X 是最保守的），但它们的氨基末端调控结构域之间几乎没有相似性。结构域缩写：PCNA，PCNA 相互作用结构域；NLS，核定位信号；RFT，复制灶靶向结构域；CXXC，富含半胱氨酸的结构域，能与含有 CpG 二核苷酸的 DNA 序列结合；BAH（bromo-adjacent homology），与蛋白质相互作用有关的结构域；PWWR，包含高度保守的"脯氨酸–色氨酸–色氨酸–脯氨酸"基序，涉及与异染色质结合基序的结构域；ATRX，一个与 ATRX 相关的富含半胱氨酸的区域，包含一个 C2-C2 锌指和一个与蛋白质–蛋白质相互作用有关的非典型 PHD 结构域。

15.2.3 全基因组的 CpG 岛和 DNA 甲基化模式

哺乳动物体细胞组织的基因组中，有 70%～80% 的 CpG 位点发生甲基化。随着技术不断进步，我们可以在任何特定细胞类型中以单个 CpG 位点分辨率测定 DNA 的甲基化。甲基化定位图谱研究（框 1）表明，高度甲基化的序列包括卫星 DNA、重复元件（包括转座子及其惰性遗物）、基因间非重复 DNA 和基因外显子。大多数序列根据其 CpG 二核苷酸的频率被甲基化。但 CpG 岛（CGI）是哺乳动物基因组整体甲基化的重要例外。

框 1　DNA 甲基化的图示

为了理解 DNA 甲基化的功能，首先需要绘制甲基化 CpG 在基因组中的分布及其在细胞增殖、分化、发育和疾病过程中的动态变化。在基因组水平以及特异性的基因位点水平上，已经开发了几种定量分析 DNA 甲基化的方法。

> **亚硫酸氢盐测序**（Frommer et al., 1992）：这是检测基因组某一区域内所有胞嘧啶最可靠的方法。它涉及单链 DNA 的"亚硫酸氢盐修饰"，导致未经修饰的胞嘧啶脱氨基，而 5-甲基胞嘧啶受到保护。结果，亚硫酸氢钠处理后保留的胞嘧啶被认为甲基化。由于其高分辨率和对甲基化胞嘧啶的鉴定作用，因此是分析 DNA 甲基化模式的首选方法。该方法结合下一代测序技术广泛应用于全基因组范围内的甲基化分析。一些基于聚合酶链式反应（polymerase chain reaction，PCR）的方法依赖于亚硫酸氢钠处理 DNA，也被开发用于快速分析感兴趣基因的甲基化（Herman et al., 1996）。
>
> **甲基化 DNA 免疫沉淀**（Weber et al., 2005）：甲基化 DNA 免疫沉淀法（methylated DNA immunoprecipitation，MeDIP）是一种无偏检测甲基化 DNA 的通用方法，可用于在全基因组范围内生成 DNA 甲基化的图谱。该方法使用特异性识别 5-甲基胞苷的单克隆抗体，通过免疫沉淀富集甲基化基因组 DNA 片段。甲基化状态则由特定区域的 PCR 或整个基因组的 DNA 微阵列来确定。
>
> **焦磷酸测序**（Tost and Gut, 2007）：通过焦磷酸测序分析 DNA 甲基化模式，可获得可重复的、准确的、高分辨率的几种 CpG 甲基化程度测量值。该方法灵敏度高、定量准确，常用于特定区域的甲基化分析。
>
> **CHARM-DNA 甲基化分析**（Irizarry et al., 2009）：高通量阵列依赖的相对甲基化（comprehensive high-throughput array-based relative methylation，CHARM）分析是一种基于微阵列的方法。它可以应用于设计覆盖整个基因组（通常是非竞争性序列）或特定区域（例如，所有 CGI）的微阵列。CHARM 是一种定量和数据分析的直接方法，在比较大量样本的 DNA 甲基化模式方面比其他方法更有优势。
>
> **一些商业化的技术**
>
> Illumina 甲基化芯片 http://www.illumina.com/products/methylation_450_beadchipkits.ilmn
>
> Sequenom EpiTYPER，http://www.sequenom.com/Sites/Genetic-Analysis/Applications/DNA-Methylation

CpG 岛是长约 1kb 的富含 GC 的序列，在生殖细胞、早期胚胎和大多数体细胞组织中未被甲基化（图 15-5）（Bird et al., 1985）。正是在对单个基因启动子的早期定位研究中鉴定出了这些富含 GC 的区域（McKeon et al., 1982）。现在已证明，大多数（不是全部）CpG 岛标记了基因的启动子和 5′ 区域。实际上，约 60% 的人类基因的启动子含有 CpG 岛。

具有 CGI 启动子的基因以组织特异性的方式表达，通常先在早期胚胎中表达，然后在体细胞中表达。与正常情况相反的是，雌性 X 染色体失活后 DNA 甲基化产生一种明显不同的模式，即 CGI 在雌性哺乳动物的胚胎 X 染色体失活过程中被大量从头甲基化（Wolf et al., 1984）。由于缺乏 DNA 甲基化的小鼠或细胞显示 X-连锁基因的频繁转录激活，因此这一过程对于剂量补偿所必需的失活 X 染色体上基因的沉默至关重要，这种沉默是防漏性质的[第 25 章（Brockdorff and Turner, 2014）]。

DNA 甲基化模式的研究主要集中在 DNA 甲基化如何调控基因表达的问题上。CGI 通常保持非甲基化状态，多种机制参与保护 CGI 免受 Dnmt3a 和 Dnmt3b 的从头甲基化。有研究发现两个含有 CXXC 结构域的 DNA 结合蛋白质 Cfp1 和 Kdm2a（图 15-5C）能够与 CGI 内未甲基化的 CpG 特异性结合[Blackledge et al., 2010, 2013（第 2 章）; Thomson et al., 2010]，这一发现可以更好地解释非甲基化 DNA 如何有助于创造一个可转录的染色质环境，从而保护 CGI 免受从头 DNA 甲基化 [15.5.3 节和 Deaton and Bird, 2011; 第 6 章（Cheng, 2014）]。

随着分析特定细胞类型甲基化谱的分辨率的提高，人们开始揭示正常发育过程的 DNA 甲基化模式与癌症和衰老等疾病状态的联系。这些细节导致了对不同 CGI 进行分类，即有的 CGI 包含一个转录起始位点，而另一些孤立 CGI 可能位于基因内或基因间。研究还揭示了其他差异化的甲基化区域，分别称为海岸（shore）（距 CGI 达 2kb 远）和大陆架（shelve）（位于 CGI 2~4kb 范围内；图 15-5A）（Irizarry et al., 2009）。一项研究表明，基因的第一个外显子 DNA 甲基化状态比其 CGI 能更好地指示转录抑制状态（Brenet et al., 2011）。这些包含 CpG 的基因组区域与染色质环境、转录调控和抑制、疾病发展的相关性需要进一步分析。

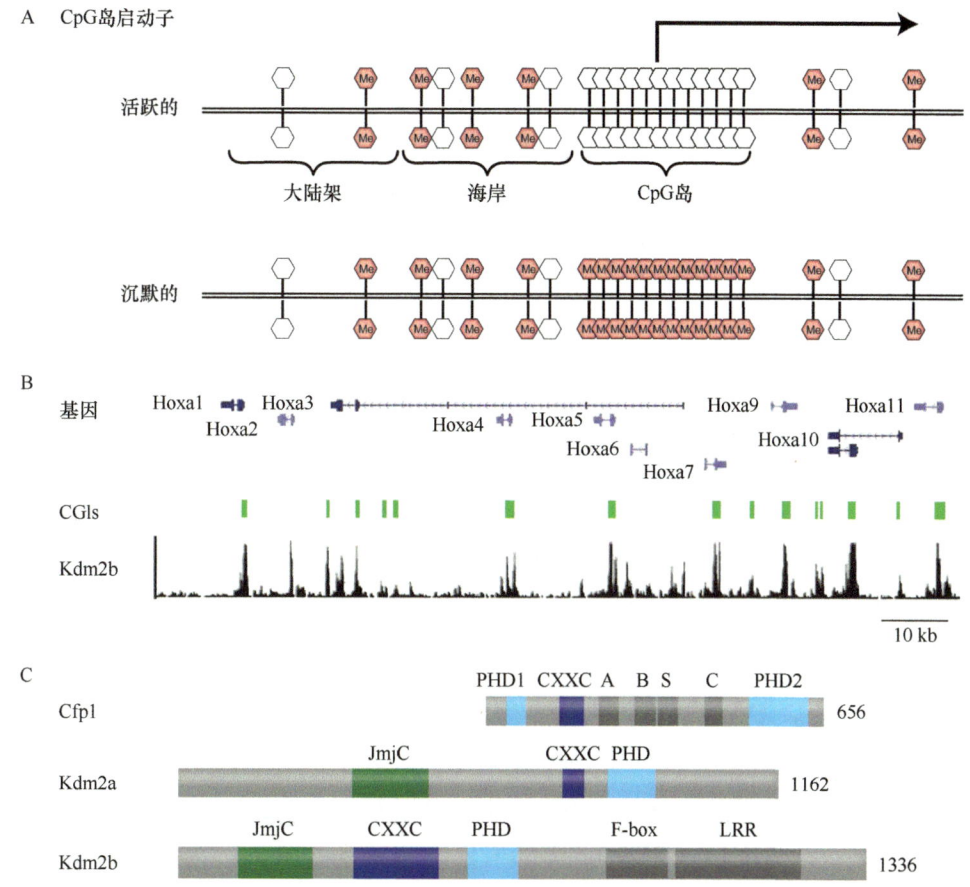

图 15-5 CpG 岛。(A) CpG 岛是高 CpG 密度（> 50%）的区域，通常为 200bp ~ 2kb 长，缺乏 CpG 甲基化，在大多数人类基因的启动子中很常见。CpG 岛的甲基化可以确保基因长期沉默。例如，失活的 X 染色体上的基因和某些印记基因就以这种方式被沉默。此外，在癌细胞中，某些基因由于 CpG 岛甲基化而异常沉默。"海岸"是基因组中距离 CpG 岛达 2kb 的区域，而大陆架距离 CpG 岛 2 ~ 4kb。(B) 对 Kdm2b 结合位点的染色质免疫沉淀（IP）分析表明，Kdm2b 在非甲基化 CpG 岛（绿色条）所在的 Hox 位点的 CpG 处富集。(C) Cfp1、Kdm2a 和 Kdm2b 蛋白共享一个 CXXC 结构域，该结构域与未甲基化的 CpG 位点特异性结合。每个蛋白质的右边显示其长度。其他结构域的缩写包括：PHD，植物同源结构域；A，酸性结构域；B，碱性结构域；S，Set1 相互作用结构域；C，螺旋卷曲结构域；LRR，富含亮氨酸重复结构域。

15.3 DNA 去甲基化

发育生物学家已经揭示了发生在生殖系和早期胚胎中的全基因组 DNA 去甲基化"波浪"（图 15-3）。然而，清除 DNA 甲基化的过程很神秘。通过对 15.3.2 节和 15.3.3 节最新发现的描述，将促进我们对 DNA 去甲基化过程的理解。

15.3.1 发育过程中的主动和被动去甲基

哺乳动物基因组在早期发育过程中通过主动和被动 DNA 去甲基化过程被重编辑（Wu and Zhang, 2010）。主动 DNA 去甲基化是一种酶促过程，能从 5mC 中去除甲基。相反，被动 DNA 去甲基化是指在 DNA 连续复制过程中，在没有 Dnmt1 或者甲基化过程被抑制的情况下，DNA 甲基化被稀释（图 15-2）。使用抗-5mC 抗体进行免疫染色，最初显示在植入前发育的过程中，母源基因组的 5mC 水平经历了一个依赖于复制的稀释过程（即被动去甲基化）（Rougier et al., 1998）。相反，父源基因组的 5mC 水平在受精后几小时显著下降（图 15-3）（Mayer et al.，2000）。亚硫酸氢盐测序证实，父源基因组的一些重复序列（但不是印记基因）确实被去甲基化了（Oswald et al.，2000）。鉴于在此期间没有 DNA 复制发生，父源基因组中 5mC 的丢失被认为是"主动的"。

另一个可以观察到 5mC 整体丢失的部位是原始生殖细胞（primordial germ cells，PGC）。在胚胎期 E7.5，一些后外胚层细胞（posterior epiblast cell）特化成 PGC。在特化开始以及向生殖嵴迁移的过程中，PGC 被认为具有与其他外胚层细胞相同的表观遗传标记。然而，当它们到达生殖嵴 E11.5 时，包括 DNA 甲基化在内的许多表观遗传标记已经被擦除（Hajkova et al.，2002；Yamazaki et al.，2003）。由于 PGC 在 Dnmt1 存在下经历了几个细胞周期，因此 DNA 甲基化的丢失可能是主动的。另外，由于印记基因的 DNA 甲基化在这段时间内也被清除，因此人们相信 DNA 甲基化模式在生殖细胞发育过程中会被重置（Sasaki and Matsui，2008）。

现已报道，在体细胞中以位点特异的方式主动 DNA 去甲基化。例如，激活的 T 淋巴细胞在刺激后 20 分钟内，在没有 DNA 复制的情况下能在白细胞介素-2 启动子增强子区域进行主动去甲基化（Bruniquel and Schwartz，2003）。在去极化神经元中的脑源性神经营养因子（*Bdnf*）的启动子处发生了位点特异性去甲基化（Martinowich et al.，2003）。在核激素调节基因激活期间的其他位点上也发生了去甲基化（Kangaspeska et al.，2008；Metivier et al.，2008）。此外，当小鼠胚胎干细胞与人成纤维细胞融合时，Oct4 和 Nanog 启动子处发生位点特异性 DNA 去甲基化（Bhutani et al.，2010）。由于在上述过程中没有 DNA 复制发生，主动 DNA 去甲基化被认为是 DNA 甲基化丢失的原因。

15.3.2　Tet 介导的 5mC 氧化

上述观察结果促使人们去寻找 DNA 去甲基酶，但在早期大多数鉴定 DNA 去甲基化酶或阐明去甲基化机制方面的研究中，是否存在 DNA 去甲基化酶还没有定论（Ooi and Bestor，2008；Wu and Zhang，2010）。随着 5-羟甲基胞嘧啶（5-hydroxymethylcytosine，5hmC）被鉴定为哺乳动物基因组 DNA 确认无疑的碱基，并在此基础上证明 Tet 蛋白负责将 5mC 转化为 5hmC 后（图 15-6）（Tahiliani et al.，2009；Ito et al.，

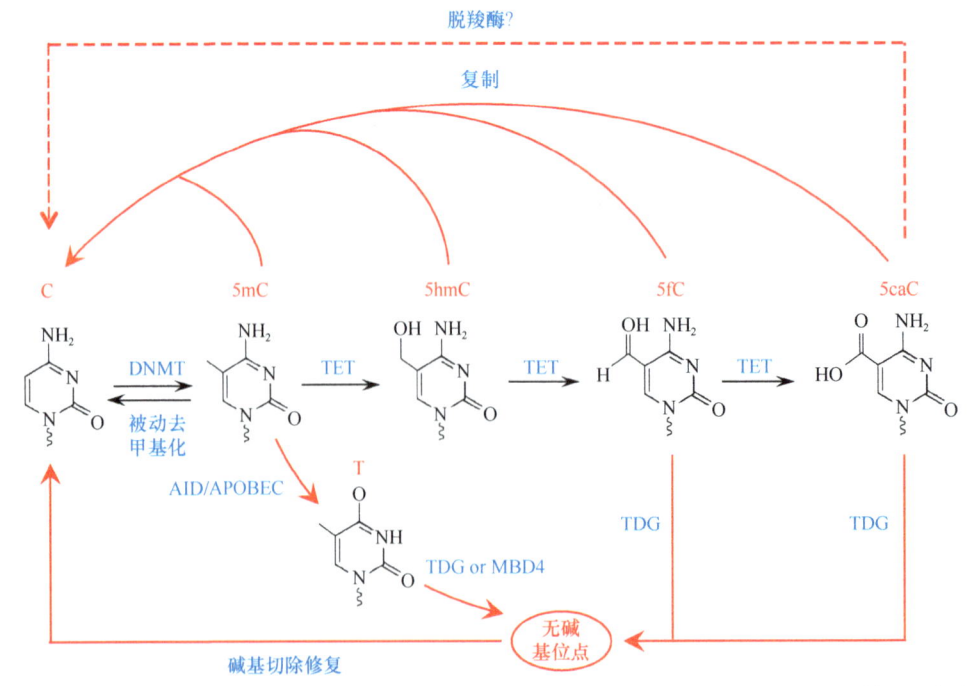

图 15-6　Tet 起始 DNA 去甲基化途径模型。DNA 甲基化（5mC）由 DNMT 建立和维持。5mC 可被 Tet 家族的双加氧酶氧化生成 5hmC、5fC 和 5caC。由于氧化的 5mC 衍生物不能作为 DNMT1 的底物，因此它们可能通过复制依赖的、被动去甲基化而丢失。5hmC 可被 AID/APOBEC 脱氨基形成 5hmU，并与 5fC 和 5caC 一起被 TDG 等糖基化酶切除，然后被 DNA 修复生成 C。或者，可能存在脱羧酶将 5caC 转化为 C。

2010），这种情况才发生了改变（Kriaucionis and Heintz，2009；Tahiliani et al.，2009）。这一最初的发现已由 Kriaucionis 和 Tahiliani 在第 2 章中描述（Kriaucionis and Tahiliani，2014）。

利用薄层色谱和质谱分析，人们发现 5hmC 在浦肯野神经元和小鼠胚胎干细胞中较为丰富（Kriaucionis and Heintz，2009；Tahiliani et al.，2009）。重要的是，人类 TET1 蛋白能够以依赖铁和 2-氧代谷氨酸的方式将 5mC 转化为 5hmC（Tahiliani et al.，2009）。这种酶活性在所有三种 Tet 家族蛋白中都是保守的（图 15-7）（Ito et al.，2010）。基于 Tet 催化的 5mC 氧化与胸腺嘧啶羟化酶催化的胸腺嘧啶氧化之间的相似化学性质，人们提出 Tet 介导的 5mC 氧化应能进一步生成 5-甲酰胞嘧啶（5-formylcytosine，5fC）和 5-羧基胞嘧啶（5-carboxylcytosine，5caC）（图 15-6）（Wu and Zhang，2010）。这种推测的活性在体外和体内都得到了证实（He et al.，2011；Ito et al.，2011）。质谱分析表明，5hmC 和 5fC 广泛存在于各种组织和细胞类型的基因组 DNA 中（Ito et al.，2011；Pfaffeneder et al.，2011），而 5caC 的存在似乎更加局限（He et al.，2011；Ito et al.，2011）。总的来说，Tet 蛋白不仅能将 5mC 氧化为 5hmC，还能将其氧化为 5fC 和 5caC。

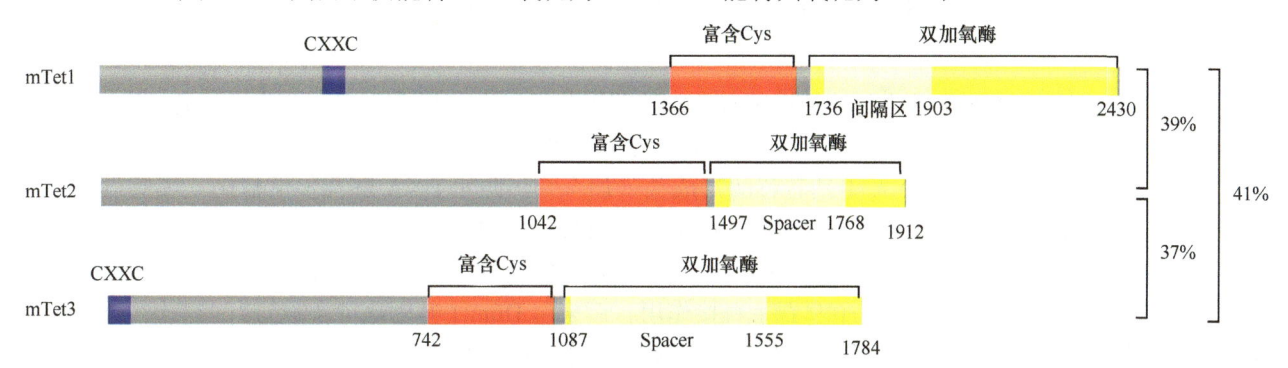

图 15-7 小鼠 Tet 家族蛋白的结构域。3 个小鼠 Tet 蛋白保守结构域的预测示意图。保守结构域存在于双加氧酶超家族蛋白中，包括 CXXC-锌结合结构域、富含半胱氨酸结构域和双链 β-螺旋结构域（double-stranded β-helix，DSBH）。富含 Cys 的结构域和 DSBH 结构域对酶的活性都是至关重要的。数字表示氨基酸的数目。

15.3.3 Tet 介导的 DNA 去甲基化

本章 15.3.2 节（图 15-6）描述的 Tet 介导的 5mC 迭代氧化，可能有助于分析基因组或特定位点水平上 5mC 的动态变化（Wu and Zhang，2011）。鉴于 DNA 复制过程中 Dnmt1 不能识别 5hmC（Valinluck and Sowers，2007），5mC 转化为 5hmC 将阻止现有 DNA 甲基化模式的维持，从而导致细胞分裂过程中的被动 DNA 去甲基化。此外，5mC 氧化产物 5fC 和 5caC 作为主动 DNA 去甲基化的中间产物可被胸腺嘧啶 DNA 糖基化酶（thymine-DNA glycosylase，TDG）裂解（He et al.，2011；Maiti and Drohat，2011）。这些研究提示 Tet 介导的 5mC 氧化、TDG 介导的 5fC/5caC 切除和碱基切除修复（base excision repair，BER）可能是主动 DNA 去甲基化的途径之一（图 15-6）。与此相同的是，小鼠 Tdg 基因的破坏将导致某些基因组位点的 DNA 甲基化增加（Cortazar et al.，2011；Cortellino et al.，2011）。在植物中，存在类似的由糖基化酶所引发的 BER 机制，通过沉默抑制因子 1（ROS1）或者 Demeter 家族 5mC 糖基化酶，将 DNA 去甲基化（Zhu，2009）。若要明确体内不同的基因位点和基因组区域、不同细胞类型和不同发育阶段的主动或被动 DNA 去甲基化的机制则需要更多的研究。如 15.4.4 节所述，人们已经开始探究早期胚胎 DNA 去甲基化过程的参与者了。

15.3.4 Tet 介导的合子及着床前胚胎的 DNA 去甲基化

随着 Tet 蛋白在生化上能够氧化 5mC 的发现，我们有可能检测出哪个蛋白可能介导合子父源基因组中 5mC 的特异性丢失。免疫染色显示，合子中父源生殖核中 5mC 染色的减弱与 5hmC/5fC/5caC 的出现一致（Gu et al.，2011；Inoue et al.，2011；Iqbal et al.，2011；Wossidlo et al.，2011）。同时有研究表明，Tet3 在合子中高度表达，且 siRNA 介导的表达抑制或靶向敲除 Tet3 基因能终止 5mC 氧化，支持 Tet3 负责合子中 5mC 氧化的观点（Gu et al.，2011；Wdssidlo et al.，2011）。

精子染色体中 5hmC 的不对称现象持续存在于二细胞期胚胎中，并且这种不对称逐渐减少直至桑葚胚期（Inoue and Zhang，2011）。这表明 5hmC 并没有在全基因组范围内被迅速清除，而是通过"被动"的复制依赖性的稀释而丢失。因此，着床前 5mC 的动态变化似乎涉及"被动"和"主动"两个过程，即母源基因组中的 DNA 甲基化通过复制被"被动"稀释，以及父源基因组中的 5mC 首先在合子中经历 Tet3 介导的氧化过程，然后经历"被动"的复制依赖性的稀释过程（图 15-3）。Tet3 在合子中催化氧化的生物学意义目前还不清楚，单个基因位点是否是普遍趋势还有待观察。

15.4 DNA 甲基化调控基因表达

基因启动子区的 DNA 甲基化与转录抑制有关。随着核苷类似物 5-氮杂胞嘧啶核苷抑制活细胞 DNA 甲基化的发现，使哺乳动物细胞 DNA 甲基化的功能研究成为可能（Jones and Taylor，1980）。5-氮杂胞嘧啶核苷取代胞苷混入 DNA，与 DNA 甲基转移酶形成共价加合物，防止 DNA 进一步甲基化。包括病毒基因组（Harbers et al.，1981）和失活 X 染色体上的基因（Wolf et al.，1984）在内的一些基因的沉默已被证明与它们的甲基化有关。通过 5-氮杂胞嘧啶核苷处理使基因表达能力得以恢复（Mohandas et al.，1981）证明 DNA 甲基化在其抑制基因表达过程中起到了直接作用。后来用 Dnmt1 基因敲除小鼠进行的基因分析证实，Dnmt1 失活导致全基因组 DNA 甲基化丢失，失活 X 染色体、病毒和印记基因如 H19 和 IGF2 的激活（Li et al.，1993）。

15.4.1 干扰转录因子结合

DNA 甲基化如何影响基因表达？一个明显的可能性是 DNA 大沟中甲基的存在（图 15-1）干扰了激活特定基因转录的转录因子的结合。许多转录因子识别 CpG 序列中富含 GC 的基序，其中一些在 CpG 序列甲基化时不能结合 DNA（Watt and Molloy，1988）。这一机制在基因调控中起作用的证据来自对 CTCF 蛋白在小鼠 H19/Igf2 位点印记中作用的研究（Bell and Felsenfeld，2000）。CTCF 与转录域边界相关（（Bell et al.，1999），并能使启动子免受远程增强子的影响。母源性 Igf2 基因拷贝是沉默的，因为 CTCF 在其启动子和下游增强子之间的结合。然而，在父源位点上富含 CpG 的 CTCF 结合位点被甲基化，从而阻止 CTCF 结合，因而允许下游增强子激活 Igf2 的表达。尽管有证据表明 H19/Igf2 印记涉及其他过程，但 CTCF 的作用代表了 DNA 甲基化对转录调控的一个典型例子［第 26 章（Barlow and Bartolomei，2014）］。

最近的一项研究表明，DNA 结合因子也可以影响 DNA 甲基化模式。对胚胎干细胞和神经前体细胞的全基因组亚硫酸氢盐测序分析显示，在含 CpG 较少的远端调控区存在低甲基化区域（low-methylated region，LMR）（Stadler et al.，2011）。有趣的是，LMR 被转录因子占据，而它们的结合是产生 LMR 的充要条件，这表明转录因子可以影响局部 DNA 甲基化。

15.4.2 甲基化 CpG 结合蛋白和抑制复合体的招募

第二种抑制模式与第一种相反，它涉及被甲基化 CpG 吸引而不是被其排斥的蛋白质（图 15-8）。这种机制的证据最初来自甲基化 CpG 结合蛋白复合体 MeCP1 的鉴定，以及随后 MeCP2 的纯化和克隆（Meehan et al.，1989）。人们利用数据库检索鉴定了具有与 MeCP2 相关的 DNA 结合基序的蛋白质，并命名了包含 MeCP2、MBD1、MBD2、MBD3 和 MBD4 在内的甲基化 CpG 结合域（methyl-CpG binding domain，MBD）

家族（Bird and Wolffe，1999）。MBD1、MBD2 和 MeCP2 三种 MBD 蛋白与依赖 DNA 甲基化的转录抑制有关（表 15-2）（Bird and Wolffe，1999）。另一种不相关的蛋白质 Kaiso，也被证明能与甲基化 DNA 结合并在模型系统中引起依赖 DNA 甲基化的转录抑制（表 15-2）（Prokhortchouk et al.，2001；Yoon et al.，2003）。

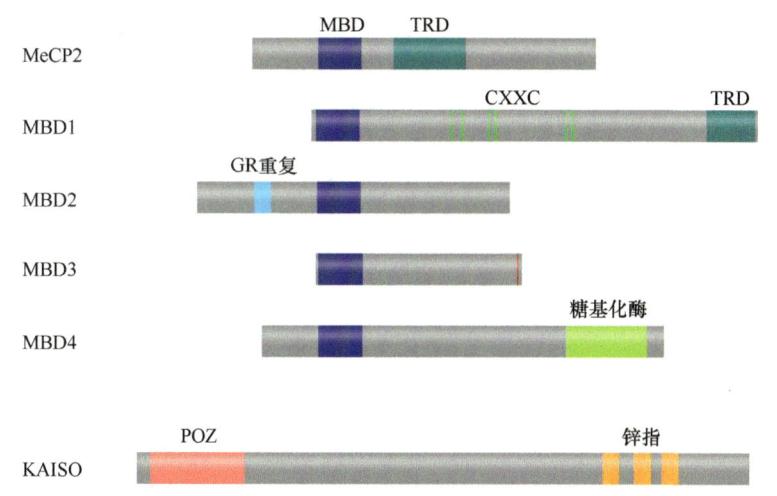

图 15-8 **甲基化 CpG 结合蛋白质**。MBD 蛋白家族的五个成员按 MBD 结构域（紫色）排列。其他标记的结构域包括 TRD、CXXC 结构域（锌指结构域，其中一些与非甲基化 CpG 结合有关）；可能具有结合功能的 GR 重复结构域；一个 T：G 错配的糖基化酶结构域（参与修复 5mC 脱氨基过程）。Kaiso 缺乏 MBD 结构域，但通过锌指（橙色）结合甲基化的 DNA，并拥有与其他转录抑制因子共同的 POB/BTB 结构域。结构域缩写：MBD，甲基化 CpG 结合结构域；TRD，转录抑制结构域；POZ（poxvirus and zinc finger），天花病毒和锌指，是一个蛋白质-蛋白质相互作用结构域。

表 15-2 甲基-CpG 结合蛋白的功能

MBP	主要活性	物种	功能丧失突变的主要表型
MeCP2	将 mCpG 与相邻的富含 AT 的序列结合；转录抑制子	小鼠	迟发性神经系统缺陷，包括缺乏活力、后肢扣紧、呼吸不律和步态异常。产后生存期约 10 周
MECP2	将 mCpG 与相邻的 AT 序列结合；转录抑制子	人	杂合子患有 Rett 综合征，这是一种严重的神经系统疾病，其特征是失用症、丧失有目的地动手、呼吸不规则和小头畸形
Mbdl	通过 MBD 结合 mCpG；主要剪接形式也能够通过 CxxC 结构域结合 CpG	小鼠	没有明显的表型，但在神经发生中发现了细微的缺陷
Mbd2	结合 mCpG；转录抑制子	小鼠	可发育和生育，但表现出降低的孕育行为。T 辅助细胞分化中的基因调节缺陷，导致对感染的反应发生改变。对肠道肿瘤产生高度抵抗
Mbd3	NuRD 共抑制复合体的核心成分；未显示与 mCpG 的强结合	小鼠	早期胚胎致死
Mbd4	结合 mCpG 和 T：G 错配的 DNA 修复蛋白	小鼠	可发育和生育。CpG 位点的突变增加了 3～4 倍。对肠癌的敏感性增加与 Ape 基因内的 C 到 T 转变有关。Mbd4 的作用是减小 5-甲基胞嘧啶的变异
Kaiso	结合 mCGmCG 和 CTGCNA；转录抑制子	小鼠	无明显表型。在 Min 背景下，肿瘤发生少且显著延迟

MeCP2 与 mSin3a 共抑制蛋白复合体相关，其作用依赖于组蛋白去乙酰化（Jones et al., 1998；Nan et al., 1998）。这一发现表明 MeCP2 可以读取 DNA 甲基化信息，并提供改变染色质结构的信号（图 15-9）。四种甲基化 CpG 结合蛋白中的每一种都被证明与共抑制蛋白复合体有关。特别令人感兴趣的是 MBD1，它只在 DNA 复制过程中与组蛋白赖氨酸甲基转移酶 SETDB1 相关（Sarraf and Stancheva，2004）。这可能确保在染色体 MBD1 靶序列上，进行持续的组蛋白 H3K9 甲基化，以稳定地沉默相关基因。

MBD2 是 MeCP1 复合体中的 DNA 结合成分，最初被认为是细胞提取物中的转录抑制因子（Meehan et al., 1989；Boyes and Bird, 1991）。MeCP1 是一个大的多蛋白复合体，包括 NuRD（或 Mi-2）共抑制复

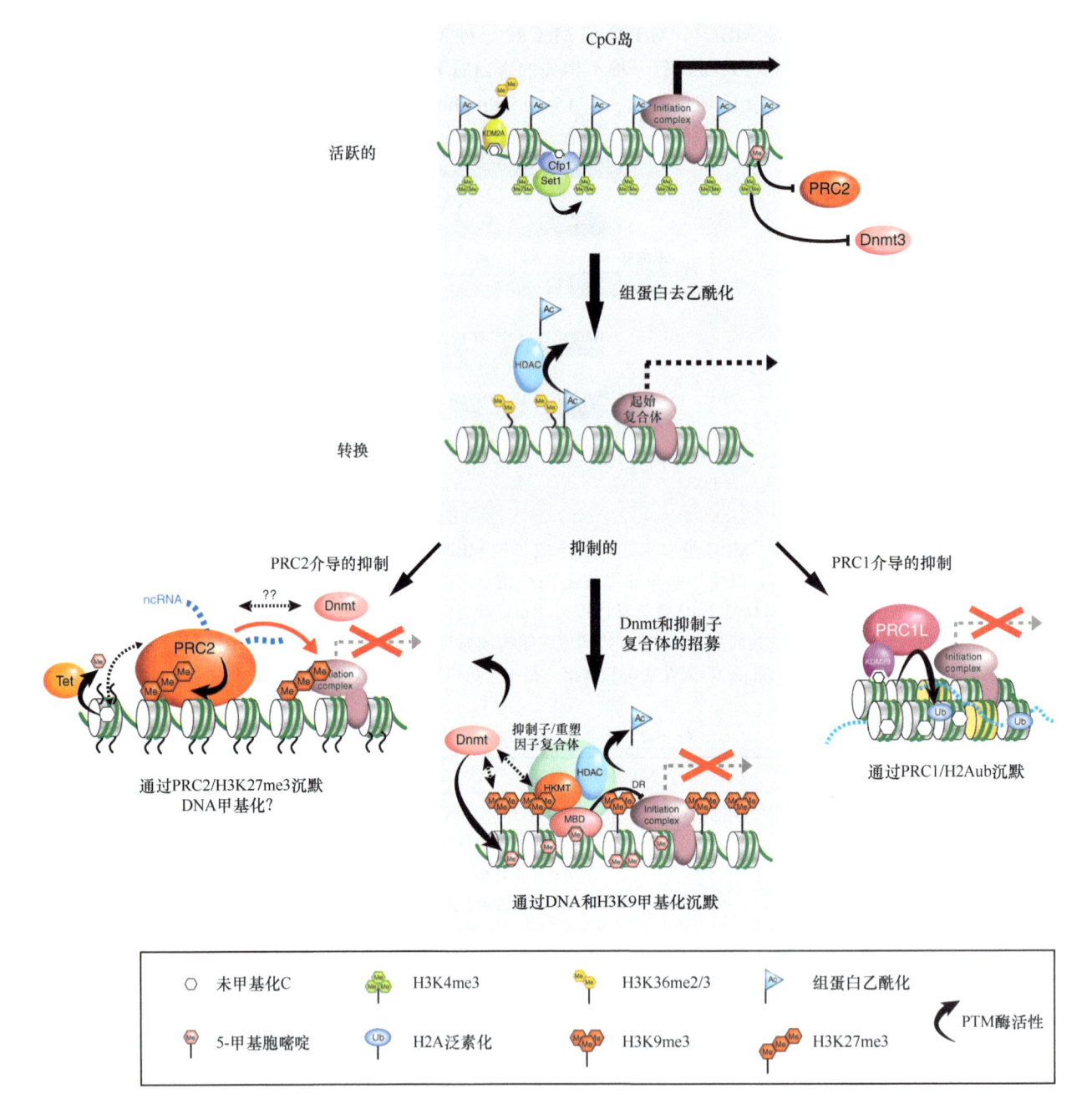

图 15-9　甲基化 CpG 结合蛋白招募共抑制子。 一种由含有 MBD 蛋白（如 MeCP2，灰色阴影）的复合体介导的、在活跃的非甲基化的基因启动子和由 DNA 甲基化介导的受抑制启动子之间的假设性转换。转换是转录沉默和 DNA 甲基化发生的中间步骤。设想 MeCP2 将 NCoR 组蛋白去乙酰酶（HDAC）复合体和组蛋白赖氨酸甲基转移酶（histone lysinemethyl-transferase，HKMT）招募到甲基化位点。此外，有证据表明 MeCP2 可以通过与转录起始复合体的接触直接抑制（directly repress，DR）转录。其他甲基化 CpG 结合蛋白也可能与包含 HKMT 和/或 HDAC 活性的不同共抑制复合体相互作用而招募它们。PRC1 和 PRC2 也会通过 PRC2 催化（左边的结果）的组蛋白 H3K27 甲基化参与基因沉默。它们共同作用调节同一组靶基因的机制是通过 PRC1 复合体中的克罗莫结构域蛋白识别 H3K27me3 标记。PRC1 也可以被含 CxxC 结构域的蛋白 Kdm2b 招募而影响基因沉默（右边的结果）。含组蛋白翻译后修饰（posttranslational modifying，PTM）活性的蛋白质被显示。

合体和 MBD2（Wade et al.，1999；Feng and Zhang，2001）。NuRD 包括组蛋白去乙酰化酶（histone deace-tylase，HDAC）和一个大的染色质重塑蛋白（Mi-2）（Zhang et al.，1998）。除 MBD2 之外，NuRD 还可以被其他几种 DNA 结合蛋白招募到 DNA 上。尽管还存在其他甲基化 CpG 结合蛋白，但缺乏 MBD2 的细胞无法有效地抑制甲基化的报告质粒，因此认为 MBD2 是抑制系统的重要组成部分（Hendrich et al.，2001）。

MBD2 缺陷小鼠是可存活也是可育的，但它们在母性行为上有缺陷（Hendrich et al.，2001），仔细检查会发现组织特异性基因的表达异常。例如，在 T 辅助细胞分化过程中，白细胞介素-4 和干扰素-γ 基因的表达明显被破坏（Hutchins et al.，2002）。

15.5　DNA 甲基化与组蛋白修饰的相互作用

该领域的一个重要问题是 DNA 甲基化如何与染色质中的其他修饰相协调以调节基因表达和其他染色质过程。正如 15.4 节所介绍的，DNA 和组蛋白是染色质的组成部分，DNA 甲基化与组蛋白修饰的相互作用并不奇怪。最近的研究表明，DNA 甲基化和组蛋白修饰之间的相互作用在调节染色质动态变化和各种生物过程中发挥着重要作用（Cedar and Bergman，2009）。从酵母到哺乳动物的演化过程中，组蛋白修饰高度保守，而 DNA 甲基化则不保守，因此组蛋白修饰、染色质结合因子和 DNA 甲基化之间的相互作用可能揭示出脊椎动物或哺乳动物特有的、新的表观遗传机制。

15.5.1　DNA 甲基化与组蛋白去乙酰化

先前的研究已经证实，启动子 DNA 甲基化通常与转录抑制有关，而组蛋白乙酰化通常与转录激活有关。因此，DNA 甲基化与组蛋白乙酰化呈负相关关系。与这一总体趋势一致，识别并结合甲基化 DNA 序列的 MBD 蛋白主要与 HDAC 相关（图 15-9）（Bird and Wolffe，1999）。例如，第一个被鉴定出的 MBD 蛋白 MeCP2 与 Sin3A-HDAC 复合体相关，人们认为它们通过 DNA 甲基化介导转录沉默（Jones et al.，1998；Nan et al.，1998）。此外，MBD 蛋白 MBD2 与核小体重塑和组蛋白去乙酰化酶（NuRD）共抑制复合体（Feng and Zhang，2001）相关，它最早从细胞提取物中鉴别出，并被认为是 MeCP1 转录抑制因子（Meehan et al.，2001）。另一项研究表明，MBD1 和 HDAC3 之间的相互作用介导了由嵌合的 PML-RARa 基因介导的沉默染色质状态的建立和维持，PML-RARa 基因在癌症中起着组成型转录抑制的作用（Villa et al.，2006）。

15.5.2　DNA 甲基化与组蛋白 H3K9 甲基化

DNA 甲基化和 H3K9 甲基化都与稳定的基因沉默有关，这种沉默主要发生在异染色质中。异染色质包含转录惰性的基因组区域，这些区域富含重复序列和逆转录转座子。人们认为 DNA 甲基化的主要功能之一是沉默逆转录转座子以保持基因组的完整性（Bestor and Bourchis，2004）。鉴于 H3K9 甲基化和 DNA 甲基化都是异染色质的特征，因此一些研究集中在探究 DNA 甲基化和 H3K9 甲基化之间的关系上。将 DNA 甲基化与 H3K9 甲基化联系在一起的第一个证据来自真菌粗糙脉孢菌（*Neurospora crassa*）的遗传研究，其中 H3K9 甲基转移酶 Dim5 的缺失导致 DNA 甲基化的完全丢失 [Tamaru and Selker，2001；第 10 章（Aramayo and Selker，2013）]。然而，哺乳动物 DNA 甲基化与 H3K9 甲基化的关系更为复杂。缺乏 H3K9me3 甲基转移酶 Suv39h1/Suv39h2 不会导致 DNA 甲基化的完全丢失，但会导致异染色质重复序列中 DNA 甲基化减少（Lehnertz et al.，2003）。其他研究表明 H3K9me2 特异性甲基转移酶 G9a/GLP 与 Dnmt1 直接相互作用（Esteve et al.，2006），这种作用是胚胎干细胞中逆转录转座子 DNA 从头甲基化所必需的（Dong et al.，2008）。UHRF1（ubiquitin-like PHD and RING finger domain-containing 1）蛋白通过直接与甲基化的 H3K9 结合，进一步将 DNA 甲基化与 H3K9 甲基化联系起来，以保持 DNMT1 的稳定性（Rothbart et al.，2012）。此外，H3K9me 的结合蛋白 MPP8 可以介导 G9a/GLP 和 Dnmt3a 之间的相互作用（Chang et al.，2011）。最后，已有报道显示，第 3 个 H3K9 甲基转移酶 SETDB1 与 Dnmt3a 之间存在相互作用（Li et al.，2006）。因此，多种 H3K9 甲基转移酶可以直接或间接地与 DNA 甲基转移酶结合，以协调 H3K9 甲基化与 DNA 甲基化。

15.5.3 H3K4 甲基化抑制启动子 CpG 岛的甲基化

DNA 甲基化领域的一个关键问题是，当大多数 CpG 甲基化时，如何保护 CpG 岛免受 DNA 甲基化的影响。CXXC 结构域（图 15-5）与非甲基化 CpG 特异性结合的两种蛋白质 Cfp1 和 Kdm2a 的发现使我们更加理解其机理。活跃基因启动子的一个特点是其丰富的 H3K4me3 标记（Guenther et al., 2007）。一种写下这个标记的酶 Setd1 是 H3K4 甲基转移酶 MLL 家族的成员。已证明 Setd1 通过与 CpG 结合蛋白 Cfp1 的相互作用被招募到神经前体细胞的 CpG 岛中（Thomson et al., 2010）。Cfp1 仅能通过 CXXC 结构域结合 CpG 岛中未甲基化的 CpG 序列。H3K4me3 通过 Setd1 的作用在 CpG 岛上富集，这可能是阻止 CpG 岛被甲基化的原因之一。相反，未甲基化的 H3K4 增强了从头 DNA 甲基化酶 Dnmt3a/Dnmt3b 进入 CpG 岛的能力（图 15-9）。有趣的是，由于 Dnmt3a 和 Dnmt3b 在 Dnmt3L 的复合体中起作用（Ooi et al., 2007），Dnmt3L 选择性地识别缺乏 H3K4 甲基化的核小体［第 6 章（Cheng, 2014）］。另一个有助于保护 CpG 岛免受 DNA 甲基化的因素是 Tet1 的富集（Williams et al., 2011；Wu et al., 2011）。鉴于 Tet1 具有将 5mC 氧化为 5hmC 和 5fC/5caC 的能力，而后者可经 TDG 处理后进行碱基切除修复（图 15-6），因此 CpG 岛中任何"意外"的甲基化都可被潜在地去除。

15.5.4 DNA 甲基化与 H3K27 甲基化

DNA 甲基化和 H3K27 甲基化之间的联系，是通过证明 EZH2 在体外可以与 3 种 DNMT 蛋白相互作用而提出的（Vire et al., 2006）。然而，随后在癌细胞中的研究表明，H3K27me3 介导的基因沉默与启动子 DNA 甲基化无关（Kondo et al., 2008）。胚胎干细胞的全基因组定位研究表明，富含 CpG 的序列确实富集着 H3K27 甲基转移酶 PRC2（Mendenhall et al., 2010），这表明富含 H3K27me3 的启动子通常缺乏 DNA 甲基化。然而，胚胎干细胞中许多以 H3K27me3 标记的启动子在分化过程中变得沉默且被 DNA 甲基化修饰，这表明 H3K27 甲基化和 DNA 甲基化之间存在细胞类型依赖性的交互作用（图 15-9）（Mohn et al., 2008）。除细胞类型外，H3K27 甲基化和 DNA 甲基化之间的关系也会受到修饰位置的影响（Wu et al., 2010）。

15.5.5 DNA 甲基化与 ATP 依赖的染色质重塑

除组蛋白修饰外，ATP 依赖的核小体重塑也与 DNA 甲基化有关。在对植物的研究中已证实需要 ATP 依赖性重塑因子来确保 DNA 甲基化，其中 SNF2 样蛋白 DDM1 被证明是拟南芥基因组 DNA 完全甲基化的必要条件（Jeddeloh et al., 1999）。类似的依赖性在动物中也被发现，人类 SNF2 染色质重塑蛋白 *ATRX* 基因（Gibbons et al., 2000）和小鼠 SNF2 染色质重塑蛋白 *Lsh2* 基因（Dennis et al., 2001）的突变对基因组整体 DNA 甲基化模式有显著影响。小鼠 LSH2 蛋白丢失与拟南芥 *DDM1* 突变的表型尤其相近，在这种突变中，尽管一些 DNA 甲基化还在基因组的一些地方保留，但高度重复的 DNA 序列的甲基化丢失。也许基因组有效的 DNA 甲基化需要这些染色质重塑因子改变染色质的构象，这样 DNMT 才能靠近 DNA。DNMT 和染色质重塑因子的协作使得其能够进入作用区域，这对"异染色质"和不可接近的区域可能具有特别的重要性（图 15-9）。

15.6 DNA 甲基化与疾病

DNA 甲基化在调节组织特异性基因表达和抑制病毒基因表达中起着重要作用。它还参与了基因组印记和 X 染色体失活的建立和维持，以及调节染色体的稳定性。现已证明 DNA 甲基化的改变与癌症和其他一些疾病有关。

15.6.1 甲基化 CpG 作为突变热点

DNA 甲基化作为细胞记忆的表观遗传系统，其缺点在于 5mC 容易突变。胞嘧啶（C）自发地去氨，产生尿嘧啶（U），然后与鸟嘌呤错配。这种潜在的突变能被尿嘧啶 DNA 糖基化酶所识别，从而有效地去除错配的碱基，并启动修复以将 U 恢复为 C。而当 5mC 脱氨时，则形成胸腺嘧啶（T），这也会导致失配。但与 U 不同的是，T 是一个天然的 DNA 碱基，会干扰突变的有效修复。最终，突变的胸腺嘧啶碱基可以通过 DNA 复制而持续存在，并作为 C-T 转换突变传递给后代细胞。由于大约三分之一的点突变都是 CpG 序列的 C-T 转换（Cooper and Youssoufian，1988），因此这类突变似乎是人类遗传疾病最常见的原因之一。CpG 在哺乳动物基因组中以 4～5 倍的低频率形式存在，进一步证明了 CpG 在演化过程中的不稳定性（Bird，1980）。但唯一的例外是 CpG 岛，由于 CpG 岛中的 CpG 是非甲基化的，因此是稳定的。

MBD4 在甲基化 CpG 结合蛋白中具有独特的酶活性。MBD4 羧基末端结构域是一种胸腺嘧啶 DNA 糖苷酶，可以在体外选择性地从 T-G 错配中去除 T（Hendrich et al.，1999）。这种活性可能是一种纠正 5mC 脱氨作用的 DNA 修复系统。缺乏 MBD4 的小鼠在一个染色体报告序列中表现出甲基化胞嘧啶残基的突变性增强（Millar et al.，2002）的现象证实了这一假设。此外，*Mbd4* 基因缺失的小鼠，在腺瘤性息肉病（adenomatous polyposis coli）基因中发生 C-T 转换突变，因而肠肿瘤发生的频率增加（表 15-2）。值得注意的是，尽管存在一个专门的修复系统，胞嘧啶甲基化位点仍然是突变的热点。

15.6.2 CGI 启动子的甲基化

CGI 启动子异常甲基化可导致基因表达沉默和疾病。促生长因子 CGI 甲基化使生长抑制基因（和途径）失活是导致癌症最常见的表观遗传机制。CGI 启动子异常甲基化的触发因子在很大程度上仍然是未知的［第 34 章（Baylin and Jones，2014）］。

FMR1 基因 5′ 区 CGI 甲基化是脆性 X 综合征（fragile X syndrome，FXS）的原因。FXS 与 FMR1 基因 5′ 区的 CGG 重复（triplet repeat）扩增有关。正常人的 CGG 重复次数少于 50 次，而 FXS 患者的 CGG 重复次数超过 200 次。重复扩增到超过 200 个拷贝所引起的遗传变化导致 CGI 的从头甲基化和 FMR1 的沉默（Peprah，2012）。在极少数情况下，个体有超过 200 个 CGG 重复，但 CGI 没有甲基化的状态是完全正常的。这表明由 CGG 重复扩增诱导的启动子 CGI 甲基化能导致疾病，并且可以稳定地遗传（Peprah，2012）。

15.6.3 DNA 低甲基化与染色体不稳定性

虽然 DNA 甲基化具有明显的突变性，但有证据表明，它的存在对染色体稳定性是有益的。由 Dnmt1 亚型突变引起的、DNA 甲基化水平约为正常水平 10% 的小鼠，患有侵袭性 T 细胞淋巴瘤，通常表现为 15 号染色体的三体性（trisomy）（Gaud et al.，2003）。ICF 综合征患者的 DNMT3B 突变或小鼠 Dnmt3b 失活导致各种染色体畸变，包括染色体融合、断裂和非整倍体（Ehrlich，2003；Dodge et al.，2005）。这些结果是有趣的，因为癌症通常显示出 DNA 甲基化水平降低，这可能有助于肿瘤的产生或发展［第 34 章（Baylin and Jones，2014）］。对此结果的一个可能的解释是，DNA 甲基化有助于精确的染色体分离。如果没有甲基化，染色体则更容易产生不分离现象，进而导致染色体畸变。或者 DNA 甲基化可以抑制哺乳动物基因组中逆转录转座子的表达和重组，从而保护染色体免受有害重组的影响。事实上，已经证明在胚胎发育和精子发生过程中，DNA 甲基化对逆转录转座子的转录起着关键的抑制作用（Bestor and Bourc'his 2004）。

15.6.4　Rett 综合征

多个具有抑制性质的甲基化 CpG 结合蛋白的存在表明，这些蛋白可能是甲基化信号的重要介质。人类 *MECP2* 基因突变导致了一种严重的神经系统疾病，称为 Rett 综合征（Rett syndrome，RTT）。这种疾病的发现最显著地说明了甲基化 CpG 结合蛋白的重要性。RTT 影响女性，因为她们带有杂合的 X 连锁 *MECP2* 基因突变（表 15-2）（Amir et al.，1999）。由于 X 染色体随机失活，患者均为镶嵌表达突变型或野生型基因。受影响的女孩能够正常发育 6～18 个月，在此之后她们将进入一个危机，她们的运动技能严重受损、重复性手部运动、呼吸异常、小头畸形和表现其他症状（表 15-2）。具有类似突变的杂合子男性不能存活。有趣的是，*MECP2* 基因的重复也会导致严重的自闭症样综合征，这表明过多的这种蛋白质也是有害的（Lubs et al.，1999；Meins et al.，2005）。*Mecp2* 基因缺失的小鼠在出生和发育的几周内正常，但它们在第 6 周左右就会出现神经症状，并在 12 周左右死亡。这种表型的一些特征类似于 Rett 综合征，这使小鼠成为一个令人信服的疾病模型（Guy et al.，2001）。没有证据表明 MeCP2 缺陷的人类患者或小鼠的脑细胞死亡增加，这提高了恢复功能性 *MeCP2* 基因以挽救表型的可能性。事实上，在严重感染的雄性或雌性小鼠中激活该基因可显著地逆转神经系统症状，提高人类 Rett 综合征治愈的可能性（Guy et al.，2007）。

生化和免疫细胞化学研究已经证实，MeCP2 在大脑中极其丰富，特别是在神经元中，每个核内有近 2000 万个分子（Skene et al.，2010）。因此，染色质免疫沉淀显示 MeCP2 不是针对特定基因，而是以 DNA 甲基化依赖的方式覆盖在基因组上。有趣的是，神经元放电时，MeCP2 在特定丝氨酸残基处磷酸化，这可能在调节 MeCP2 功能中发挥作用（Zhou et al.，2006）。然而，MeCP2 的作用并不局限于神经元，因为它也存在于胶质细胞中（Lioy et al.，2011）。

鉴于 MeCP2 作为转录抑制因子的潜在作用，形成了一个解释 Rett 综合征的有吸引力的假设，即大脑中需要沉默的基因在 *MeCP2* 缺失的情况下可以逃避转录抑制。尽管有证据表明在 MeCP2 缺失的情况下，逆转录转座子和重复元件的转录抑制被解除（Muotri et al.，2005；Skene et al.，2010），但全基因组转录分析的结果却是复杂的。在 *MeCP2* 基因缺陷小鼠大脑中有许多基因呈现适度的过表达和低表达。例如，*Bdnf* 基因在 *MeCP2* 基因缺失的大脑中的表达持续下调（Chen et al.，2003；Martinowich et al.，2003）。有趣的是，*MeCP2* 基因过表达导致许多基因的表达增加，这些基因在 MeCP2 缺失的大脑中表达则下调，反之亦然。这种相反的现象可以解释为 MeCP2 既能激活也能抑制转录（Chahrour et al.，2008）。显然，关于 MeCP2 在大脑中的确切作用还需要进一步的研究。

15.7　展　　望

我们对哺乳动物 DNA 甲基化的生物学功能的认识一直在逐渐加深，但还远未完全认识。例如，与遗传突变不同的是，我们对哺乳动物 CpG 甲基化的突变率缺乏了解，对导致 DNA 甲基化模式变化的内在和环境因子知之甚少。越来越多的证据表明，DNA 甲基化和组蛋白修饰的变化与癌症、糖尿病、自身免疫性疾病、神经系统疾病及衰老过程等多种疾病的发病机制有关。因此，调控基因组或基因表达的表观遗传状态成为治疗这些疾病的新方法。以下领域的进展将对我们理解疾病的表观遗传机制和新药的开发产生重大影响。

15.7.1　疾病的表观基因组分析

许多复杂的疾病，如 2 型糖尿病、精神分裂症、自身免疫性疾病和某些癌症往往不能用简单的基因改变来解释。表观遗传调控的动态特性越来越多地为复杂疾病的一些特征提供了另一种解释，这些特征包括迟发、性别效应、亲源效应（parent-of-origin effect）、同卵双胞胎的不一致性和症状波动（Gasser and Li 2011）。尽管越来越多的证据表明异常的 DNA 甲基化和组蛋白修饰与癌症有关，但表观遗传机制在许多其他复杂疾病中的作用仍不清楚。对正常人群和患病人群之间全基因组 DNA 甲基化模式的比较研究可能为各种复杂疾病的表观遗传学基础提供深入了解的可能［第 33 章（Beaudet and Zoghbi，2014）］。

由于下一代测序技术的最新进展，人们在技术和资金上能够使用亚硫酸氢盐测序或甲基化 DNA 免疫共沉淀测序方法对正常和患病组织中的 DNA 甲基化模式（即甲基组）进行全基因组分析（Bibikova and Fan，2010）（框 1）。这些方法已经被用来分析 DNA 甲基化的变化，例如，在干细胞分化为神经元的过程中的比较分析，以及正常组织和癌组织之间的比较分析（Cortese et al.，2011；Hon et al.，2012）。这些研究开始揭示 DNA 甲基化如何被调控，以及它在细胞分化和疾病中的作用。最近还介绍了两种在单碱基分辨率下绘制全基因组 5hmC 模式的方法（Booth et al.，2012；Yu et al.，2012）。这些技术突破标志着一个理解 DNA 甲基化和去甲基化在正常发育和疾病中的作用的新时代的到来。

15.7.2 引发表观遗传改变的遗传和环境因子

哺乳动物基因组中的 DNA 甲基化模式在发育过程中受到高度调控。遗传改变（如 *FMR1* 基因中 CGG 三核苷酸重复扩增）证明遗传变异可导致启动子 CpG 岛的甲基化和转录抑制的改变。编码关键表观遗传调控因子（如 MeCP2 和 DNMT3B）的基因突变也可以改变表观基因组和基因表达模式，从而导致疾病。其他表观遗传途径中越来越多关键的酶或染色质相关蛋白在癌症或其他疾病中发生突变时，会导致表观基因组发生显著变化（You and Jones，2012）。

最近一些研究开始揭示环境因子如何引起表观遗传变化并产生长期的生物学效应，但环境因子如何影响 DNA 甲基化和基因表达还不太清楚。其中一个例子是人们观察到大鼠的母性行为，对后代的 DNA 甲基化产生稳定的改变。Weaver 和同事报告说，接受不同程度母性护理的幼鼠在糖皮质激素受体（glucocorticoid receptor，GR）基因启动子区的 DNA 甲基化方面存在差异，这些差异与 *GR* 的表达呈负相关关系，并且这些差异会一直持续到成年（Weaver et al.，2004）。膳食补充、药物和吸烟等其他因素也会影响表观基因组，从而导致生理或病理变化。

15.7.3 Tet 介导的 5mC 氧化对表观遗传状态和重编程的调控

DNA 甲基化领域最令人兴奋的进展之一是证明了 Tet 蛋白可以氧化 5mC 生成 5hmC、5fC 或者 5caC，然后由 DNA 修复机制酶 TDG 处理（Wu and Zhang，2011）。尽管有明确证据表明，父源基因组 DNA 甲基化的整体缺失是由 Tet 介导的氧化所致（Wu and Zhang，2011），但 Tet 蛋白是否在 PGC 重编程中发挥类似作用尚待确定［第 27 章（Surani and Reik，2014）］。鉴于 5hmC 在某些组织和细胞类型中积累，它也被认为是一种可能介导特定功能的表观遗传标记。在这方面，已证明 NuRD 复合体的一个成分能识别并结合 5hmC（Yildirim et al.，2011）。今后的研究应该致力于揭示 5hmC 信号是一个新的表观遗传标记还是仅仅作为 DNA 去甲基化的中间产物。激活多能基因（如 Oct4 和 Nanog）需要它们的启动子去甲基化，因此有报道显示与 DNA 去甲基化有关的因子可以促进体细胞重编程也就不足为奇了（Bhutani et al.，2010）。Tet 蛋白在重编程过程中是否参与 Oct4 和 Nanog 的激活有待于将来的研究进行解释。

15.7.4 可逆表观遗传状态的调控

大多数表观遗传修饰是可逆的，这使得表观遗传状态的调节成为治疗癌症和其他疾病的一个新选择。许多改变 DNA 甲基化模式或抑制组蛋白乙酰化的药物正在临床上用于癌症的治疗（Baylin and Jones，

2011)。例如，去甲基化试剂 5-氮胞苷已被美国食品和药物管理局批准用于治疗一种以造血细胞形态异常增生为特征的异质性疾病，即骨髓增生异常综合征。然而，5-氮胞苷和其他核苷类似物的临床应用受到其毒性的限制，部分原因是这些化合物能被掺入 DNA 中。这鼓励人们寻找能直接抑制 DNA 甲基转移酶或靶向其他表观遗传调控因子的药物，这些调控因子可以调节 DNA 甲基转移酶活性或 CGI 的甲基化。由于 DNA 甲基化只是复杂表观遗传调控网络的一个组成部分，最大限度地提高治疗效果和最小化毒副作用的一种方法是使用 DNA 甲基转移酶或 HDAC 抑制剂与其他抗癌疗法相结合的联合治疗［第 34 章（Jones and Baylin, 2014）］。

致　　谢

本章参考文献

我们要感谢 Adrian Bird 在第一版中对本章所作的贡献，以及在本版编写过程中给予的专业评论。

（姚祖亮　译，方玉达　校）

第 16 章

RNAi 和异染色质组装

罗伯特·马丁森（Robert Martienssen[1]），达内什·莫阿兹德（Danesh Moazed[2]）

[1]Cold Spring Harbor Laboratory, Cold Spring Harbor, New York 11724; [2]Department of Cell Biology, Harvard Medical School, Boston, Massachusetts 02115-5730
通讯地址：danesh@hms.harvard.edu

摘 要

通过对粟酒裂殖酵母（*Schizosaccharomyces pombe*）和拟南芥（*Arabidopsis thaliana*）等植物的研究，RNA 干扰（RNA interference, RNAi）参与异染色质形成已变得很明确。本章讨论异染色质小干扰 RNA 如何产生，以及 RNAi 机制如何参与异染色质的形成和功能。

本章目录

16.1 RNAi 途径概述
16.2 表明 RNA 是 TGS 中介的早期证据
16.3 粟酒裂殖酵母中 RNAi 和异染色质组装
16.4 拟南芥中 RNAi 介导的染色质和 DNA 修饰
16.5 动物中 RNAi 介导的染色质修饰的保守性
16.6 总结

概 述

RNA 干扰和异染色质形成之间的交叉汇集了基因调控的两个领域，这些领域以前被认为是通过不同甚至是不相关的机制来完成的。异染色质最初在大约 80 年前由细胞学染色方法定义，即那些在整个细胞周期中都保持浓缩外观的染色体区域。早期研究染色体结构与基因表达之间关系的研究人员注意到，某些染色体重排导致异染色质扩散到相邻基因中，然后导致沉默。但是，看似随机的扩散方式导致了遗传上相同的细胞群具有不同的表型。这种现象最初在果蝇中被描述为位置花斑效应，为表观遗传调控提供了一个明确的例子。RNAi 首先被用来解释基因沉默，该基因沉默是通过将同源反义或双链 RNA（double-stranded RNA, dsRNA）导入线虫而引起的。但是，人们很快就认识到，涉及 RNA 的相关机制解释了早先在矮牵牛和烟草中描述的转录后基因沉默（post-transcriptional gene silencing, PTGS）。相反，异染色质也可以通过称为转录基因沉默（transcriptional gene silencing, TGS）的机制直接在染色质水平上起作用以引起转录抑制。本章重点介绍 RNAi 途径与特定染色体区域上异染色质形成之间的关系，并借鉴了最近关于粟酒裂殖酵母和植物拟南芥的例子以表明这种关系。

粟酒裂殖酵母核基因组由 3 个染色体组成，3.5 ~ 5.7Mb 不等。每个染色体都包含片段的重复 DNA 序列，特别是在着丝粒处，这些大片段被包装成异染色质。交配型基因位点（控制细胞类型）和亚端粒 DNA 区域也包含包装成异染色质的重复序列。现在我们知道将 DNA 组装成异染色质既起调节作用，又起结构作用。在酵母交配型基因位点上，异染色质对基因转录的调节是决定细胞类型的关键。在端粒和着丝粒位点处，异染色质起着结构性作用，这在细胞分裂过程中对染色体的正确分离很重要。而且，重复的 DNA 序列和转座元件占许多真核细胞基因组的很大一部分，在某些情况下甚至超过一半。异染色质及其相关机制在调节重复序列的活性来维持基因组稳定性方面起着至关重要的作用。

最近的研究发现，粟酒裂殖酵母异染色质形成过程对 RNAi 通路成分有着惊人的需求，并提出了这两种途径如何在染色质水平上协同作用的观点。简而言之，siRNA（small interfering RNA）分子及其 Argonaute 结合蛋白组装成 RNA 诱导的转录沉默（RNA-induced transcriptional silencing, RITS）复合体，并指导表观遗传染色质修饰和异染色质在互补染色体区域的形成。RITS 使用 siRNA 依赖的碱基配对方式来结合靶位点处新生的 RNA 序列，导致该位点沉默，这种结合再通过直接与甲基化的 H3K9（H3K9me）结合而得以稳定。RITS 中这两种活性（即 siRNA 碱基配对和通过甲基化的 H3K9 与染色质结合）与已知的异染色质相关因子协同作用，启动异染色质形成。RNA Pol Ⅱ 则直接将 RNA 沉默与异染色质修饰和沉默联系起来。

在拟南芥和许多其他真核生物中，重复序列（如反转录元件和其他转座子）在染色质水平上通过将小 RNA 介导的靶向作用与组蛋白 H3K9 甲基化以及 DNA 甲基化偶联的机制，在染色质水平上被靶向沉默。尽管 RITS 复合物的存在并不总是清楚的，但是 RNAi 的组分和相关途径是与 RNA Pol Ⅱ 和相关聚合酶一起启动和维持这些阻抑性甲基化事件所必需的。在本章中，我们将讨论异染色质 siRNA 如何产生，以及它们如何介导粟酒裂殖酵母和拟南芥中 DNA 和/或染色质的修饰。

16.1　RNAi 途径概述

尽管 RNA 干扰最初用于描述由秀丽隐杆线虫（*Caenorhabditis elegans*）中的外源双链 RNA（double-strand RNA, dsRNA）介导的沉默（Fire et al., 1998），但现在它泛指由小 RNA 介导的、由 Argonaute 家族蛋白参与的基因沉默（图 16-1）。在大多数情况下，小 RNA 是由 dsRNA 产生的。但是在最近发现的、新的 RNA 沉默途径中，小 RNA 是由长的单链 RNA（single-stranded RNA, ssRNA）前体产生的。尽管存在小 RNA 生物合成途径的多样性（以下简要讨论），但下游步骤仍使用类似的效应蛋白和机制。在迄今为止描述的所有情况中，与 Argonaute 相关的小 RNA 都靶向转录后的信使 RNA（messenger RNA, mRNA）（即转录后基因沉默，PTGS）或染色质区域（即转录基因沉默，TGS）来实现沉默。因此，在介绍 TGS 特异的 RNAi 机制的组成部分（本章的主题）之前，将讨论使 RNAi 机制发挥作用的小 RNA 的来源。

第 16 章　RNAi 和异染色质组装　375

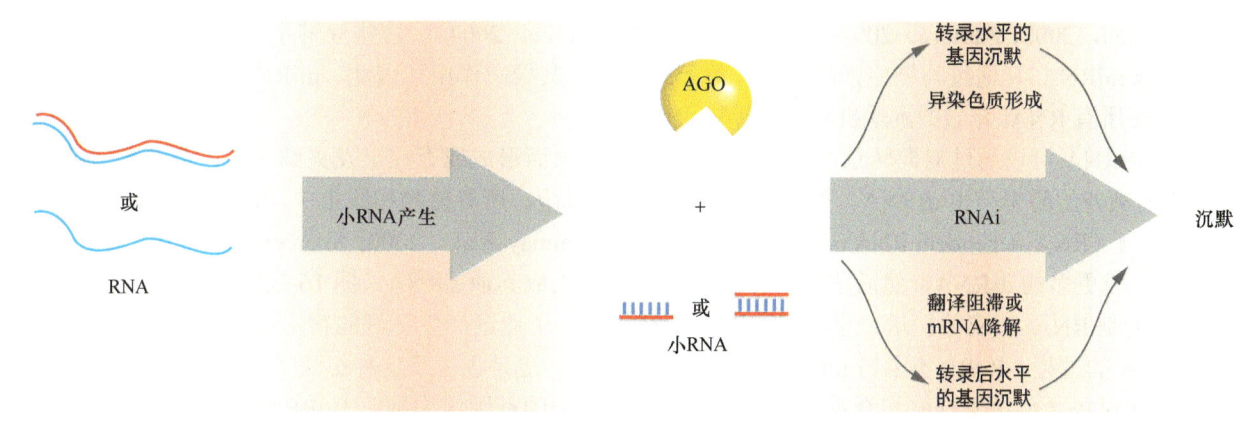

图 16-1　小 RNA 沉默途径概述。沉默过程需要由长 ssRNA 或者 dsRNA 所产生的小 RNA 参与。产生的小 RNA 加载到含有 Argonaute/Piwi（AGO）家族蛋白的效应复合体上，这些 Argonaute/Piwi（AGO）家族蛋白通过其保守的中间结构域（conserved middle，MID）和 PIWI-Argonaute-Zwille（PAZ）结构域来结合这些长 22～28nt 的小 RNA。RNAi 介导的基因沉默由多种机制发生。在细胞核中，RNAi 促进 DNA 和染色质的修饰，从而诱导异染色质的形成和 TGS。此外，它通过共转录基因沉默（cotranscriptional gene silencing，CTGS）过程来共转录降解这些从异染色质区转录而来的 RNA。在细胞质中，RNAi 介导靶标 mRNA 的降解或者翻译抑制（PTGS）。

16.1.1　小 RNA 的生物合成

小 RNA 包括小干扰 RNA（small interference RNA，siRNA）和 microRNA（miRNA）两种类型，它们均从较长的 dsRNA 前体加工出来。dsRNA 可能源自重复性 DNA 元件的双向转录或 RNA 分子的转录，后者可以在 RNA 分子内部进行碱基配对以形成 dsRNA 片段（分别参见图 16-2A，B）。例如，通过反向重复区域进行转录会产生能自身折叠形成发夹结构的 RNA 分子。然后，dsRNA 被 Dicer（一种 RNase Ⅲ 类核糖核酸酶）切割，生成 siRNA，或通过一系列相关步骤加工成 miRNA（Bartel，2004；Filipowicz et al.，2005）。miRNA 的生物合成途径是与众不同的，因为 miRNA 是从内源编码基因的内含子或内源非编码转录本产生的。Dicer 切割的产物是互补的双链 RNA，大小为 21～24nt，在双链的每个 3′ 末端均具有特征性的 2nt 突出端（Hamilton and Baulcombe，1999；Zamore et al.，2000；Bernstein et al.，2001；Elbashir et al.，

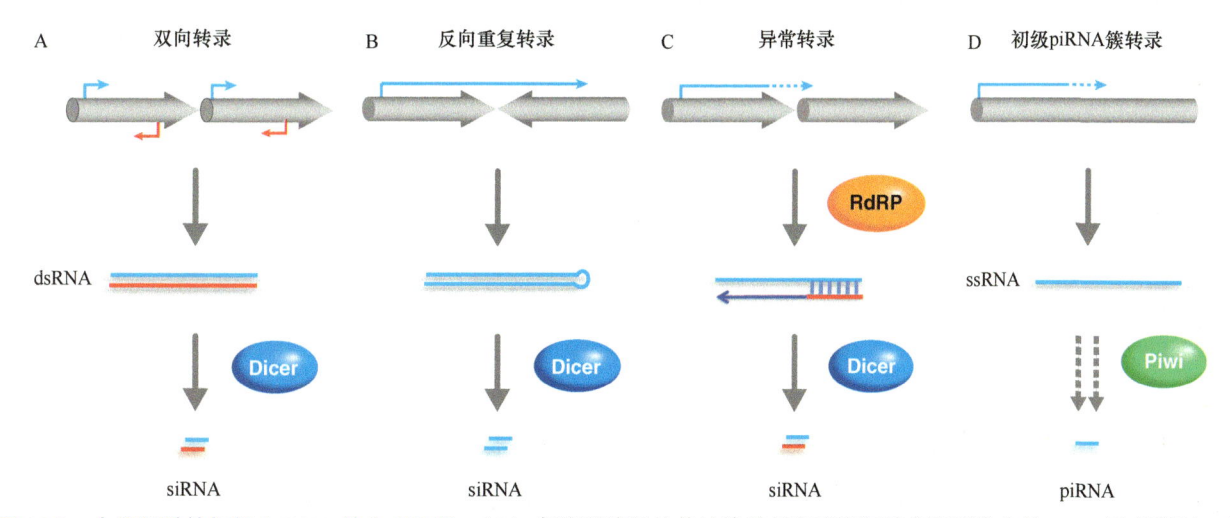

图 16-2　介导沉默的初级小 RNA 的生成途径。（A）在酿酒酵母的着丝粒重复序列和沉默交配型位点的 *cenH* 区观察到双向转录，其转录产物为 Dicer 核糖核酸酶提供 dsRNA 底物。（B）在许多动植物细胞中发现了反向重复序列进行转录，这可能会产生 dsRNA。（C）缺乏适当加工信号的异常转录 RNA 可能会通过 RNA 依赖性 RNA 聚合酶（RdRP）合成 dsRNA。（D）几个驱动位点的转录产生了与 Piwi 相关的小 RNA（Piwi-associated small RNA，piRNA），这种 piRNA 能够沉默散在的转座子。Piwi 蛋白和其他未完全定义的核糖核酸酶（用灰色虚线表示）参与初级 piRNA 的产生过程。

2001；Hannon，2002；Zamore，2002；Bartel，2004；Baulcombe，2004）。这些双链小 RNA 被解链成为单链 siRNA（或 miRNA），通过与靶序列的碱基互补配对来发挥其导向作用。因此，miRNA 和 siRNA 是特异性因子，并在所有 RNAi 介导的沉默机制中发挥核心作用。

尽管 dsRNA 可以通过双向转录产生的正反向 RNA 退火而形成或存在于发夹结构中，但在某些细胞中 RNAi 需要额外的酶来产生 dsRNA。如在某些病毒、许多真菌、所有植物和线虫中，这个酶是依赖 RNA 的 RNA 聚合酶（RNA-dependent RNA polymerase，RdRP）（Dalmay et al.，2000；Sijen et al.，2001）。siRNA 介导 RdRP 生成更多的 dsRNA，然后这些 dsRNA 被 Dicer 加工成其他 siRNA（图 16-2C）。因此 RdRP 的主要功能被认为是 RNAi 效应的扩增。事实上，它似乎参与了一个通过产生更好的宿主防御反应以应答引入的外源 dsRNA 的过程。RdRP 不参与 miRNA 介导的沉默过程，更是佐证了这种想法（Sijen et al.，2001）。有趣的是，在昆虫（包括果蝇）和脊椎动物（包括哺乳动物）的基因组中缺乏 RdRP 同源基因，但是不能排除这些生物体中存在其他聚合酶进行 dsRNA 合成。

在一些后生动物的生殖细胞中，有一类由长单链 RNA 转录本加工而成的小 RNA 称为 piRNA，这种小 RNA 负责转座子沉默（图 16-2D）（Aravin et al.，2007）。piRNA 产生于几种长 RNA 聚合酶Ⅱ（Pol Ⅱ）转录本，并与散在的转座子具有广泛的序列互补性。与 RdRP 酶或 Dicer 酶不同的是，从 piRNA 的位点产生和扩增的 piRNA 转录本涉及与 Argonaute 蛋白质的进化分枝 Piwi 蛋白质亚群，并依赖于这些蛋白质的切割活性（果蝇中的 Aubergine 和 AGO3 蛋白质；表 16-1）。在粟酒裂殖酵母中，Argonaute、Dicer、RdRP 都是基因沉默所必需的（Volpe et al.，2002），它们也都参与了着丝粒重复序列的非编码转录本的 siRNA 产生过

表 16-1　RNAi 和异染色质保守蛋白

粟酒裂殖酵母	拟南芥	秀丽隐杆线虫	果蝇	人类
Dcrl	DCL1～4	Dcr-1	Dcrl and 2	Dcr-1
Agol	AGO1～10	Rde-1，Alg-1	Ago1～3，Piwi	Ago1～Ago4
—	—	Prg-1，Prg-2 和 Prg-19 等	Aubergine/Sting	Piwi1～Piwi4
Chpl[a]	CMT3	—	—	—
Tas3[b]	—	AIN-1	GW182	TNRC6
Rdpl	RDR1～6	Ego-1，Rrf-1～-3	—	—
Hrrl	SGS2/SDE3[c]	ZK1067.2	GH20028p	KIAA1404
Cidl2		Rde-3，Trf-4[c]	CG11265[c]	POLS[c]
Swi6	LHP1（TFL2）	Hpl-1，Hpl-2，F32E10.6[d]	HPla，b	HPlα，β，γ
Clr4	SUVH2～6		Su(var)3-9	Suv39h1 和 2
Rikl[e]	DDB1	M18.5	Ddbl	Ddbl
Cul4	CUL4	Cul4	Cul4	Cul4
Sir2	SIR2	Sir2-1	Sir2	SirTl
Clr3				
Clr6	HDA6	Hda-1	Rpd3	HDAC1
—	DDM1			
Eril	ERI1	Eri-1	CG6393	THEX1

[a] 在此处列出的模式生物以外的生物体中，尚未鉴定出布罗莫结构域蛋白 Chp1 的直系同源蛋白，但大多数真核细胞均包含多种布罗莫结构域蛋白。拟南芥中的 CMT3 是一种布罗莫结构域 DNA 甲基转移酶，其作用与 AGO4 相同，且可能类似于 Chp1。

[b] Tas3 是含有 GW 基序的蛋白质，该保守家族的成员与 Argonaute 家族成员有关。

[c] Cid12 属于一个保守的大家族蛋白，该家族蛋白与经典的 polyA 聚合酶以及 2'-5'-寡腺苷酸酶具有相似的序列。

[d] 秀丽隐杆线虫中存在 20 个 SET 结构域蛋白，但是 H3K9 特异性的甲基转移酶（KMT）尚未鉴定出来。

[e] 粟酒裂殖酵母中存在另外一个 Rik1 类似蛋白 Ddb1，该蛋白参与 DNA 损伤修复过程。在后生动物和植物中，似乎仅包含一个称为 Ddb1 的 Rik1 类似基因，也参与 DNA 损伤修复。但是，尚不清楚它是否也参与异染色质的形成。

程（Motamedi et al.，2004；Verdel et al.，2004）。现已报道起源于单链着丝粒重复序列的、涉及几乎整个转录组的、不依赖 Dicer 的小 RNA，称为原始 RNA（primal RNA）或 priRNA（Halic and Moazed，2010）。人们推测这些 priRNA 能够通过靶向长的非编码着丝粒转录本来启动 RdRP 依赖性 siRNA 的扩增，现在尚未完全了解 priRNA 的产生途径。但是，siRNA 和 priRNA 加工到成熟大小均需要一个被称为 Triman 的保守的 3′-5′ 核糖核酸外切酶，这个酶对于有效的异染色质建立是必需的（Marasovic et al.，2013）。

16.1.2　RNA 沉默途径

目前为止，有 RISC 和 RITS（RNA-induced transcriptional silencing）这两个复合体参与 siRNA 的结合。在 RISC 中，siRNA 或 miRNA 识别靶 mRNA，通过核酸内切酶切割与 siRNA 碱基配对的 mRNA 区域来降解核酸，从而启动 PTGS（Hannon，2002；Bartel，2004）。Argonaute/PIWI 家族蛋白（RISC 的一个组成成分）的 RNaseH 结构域负责启动 mRNA 剪切过程（Song et al.，2004）。在细胞核中的 RITS 复合体中，siRNA 和其他蛋白质成分将复合体靶向染色体区域以进行染色质修饰和沉默［例如 TGS（Verdel et al.，2004；Buhler et al.，2006）］，且切割着丝粒转录本（Irvine et al.，2006）。RNAi 介导的 TGS 沉默途径是本章的重点。

Argonaute 和 Dicer 蛋白实际上是几乎所有 RNA 沉默机制的主要组成部分，包括那些涉及 siRNA 和 miRNA 的沉默机制，但是 piRNA 途径除外［12.7 节（Elgin and Reuter，2013）］。类似于 siRNA，miRNA 的长度为 21～24nt，并通过与 Argonaute 蛋白结合来组成 RISC 复合体，靶向特定的 mRNA 区域。这个靶向过程能够介由 PIWI/RNase H 结构域引起的 mRNA 切割和翻译抑制。这可能与将 mRNA 螯合到细胞质中的 RNA 加工器 P bodies（processing bodies）中有关。因此，尽管至少两种不同的 dsRNA 加工途径导致了 siRNA 或 miRNA 的产生（即小 RNA 产生），这些小 RNA 使用类似的机制来使同源 mRNA 失活。miRNA 途径之所以与众不同，是因为其起始转录本在很大程度上受发育调控，反过来，miRNA 因而靶向并在发育上调控同源基因的沉默。

综上所述（概述和这一节），细胞核小 RNA 沉默机制广泛存在，并在调控基因表达和基因组稳定性上（通过稳定的异染色质形成）发挥重要作用。细胞核和细胞质途径不是分开的，而有共同的组成部分。这些途径交集的一个令人惊讶的例子，即线虫中的经典 RNAi 起先被认为是纯 PTGS 机制，最近发现其与组蛋白 H3K9 甲基化和 TGS 偶联，并可以在后续世代中遗传（Guang et al.，2010；Gu et al.，2012）。类似的 piRNA，通过与 Piwi 蛋白结合，在细胞质中降解转座子 RNA，也能参与细胞核中 H3K9 甲基化和 DNA 甲基化。在线虫中的最新证据发现，小 RNA 和 Argonaute 蛋白形成复杂的自我识别机制（Ashe et al.，2012；Lee et al.，2012；Shirayama et al.，2012）。从外源 DNA 上产生的小 RNA 加载到特定的 Piwi 蛋白（PRG-1）上，而使它们的转录沉默。这种加载似乎涉及一种通用的扫描机制，以致所有转录本的小 RNA 都可以加载到 PRG-1 上。但是，另一种 Argonaute 蛋白（CSR-1）的作用可防止自身转录本的沉默，该蛋白质可作为所有自身转录本的小 RNA 的储存库，并阻止通过 PGR-1 的沉默。这揭示了 RNA 沉默机制是如何将外源 DNA 转录本与自身转录本区分开的。果蝇中存在相关机制，通过 piRNA 途径识别转座子，从而产生发育不全的杂种［Aravin et al.，2007；Brennecke et al.，2007；第 12 章（Elgin and Reuter，2013）］。RNA 沉默通过 PTGS 和 TGS 两种水平在防御转座子和 RNA 病毒方面发挥着核心作用（Plasterk，2002；Li and Ding，2005；Ghildiyal and Zamore，2009）。

16.2　表明 RNA 是 TGS 中介的早期证据

在讨论酵母和拟南芥中基于 RNAi 的染色质修饰过程之前，我们先简要讨论早期的实验，这些实验提示 RNA 在染色质修饰和 DNA 修饰中发挥的作用。对植物类病毒的研究最早证实了 RNA 是 TGS 中间产物。马铃薯纺锤块茎类病毒（potato spindle tuber viroid，PSTV）由 359nt RNA 基因组组成，通过 RNA-RNA 途径复制。人工将 PSTV 转入烟草基因组会导致 DNA 甲基化（Wassenegger et al., 1994），但仅限于可以支持类病毒 RNA 复制的植物。因此，这些实验表明 RNA 中间体参与其同源序列的 DNA 甲基化（Wassenegger et al., 1994）。拟南芥中异常转录本的产生进一步证明这一观点，该异常转录本导致与异常转录本启动子同源的启动子区域的 DNA 甲基化，从而引起 TGS（Mette et al., 1999）。更重要的是，植物中病毒基因组的沉默导致产生大小为 22nt 的小 RNA，这是最早发现的小 RNA（Hamilton and Baulcombe, 1999）。这些发现和在矮牵牛和烟草中首次发现的转基因同源依赖性沉默现象［第 13 章（Pikaard and Mittelsten Scheid, 2014）］现已被广泛认为是一些 RNA 沉默的最早例子（Napoli et al., 1990）。玉米中的经典基因沉默现象，如副突变和转座子控制，是依赖 RNAi 的转录沉默的早期例子（Slotkin and Martienssen, 2007; Chandler, 2010）。

对果蝇中重复序列诱导基因沉默的研究进一步证实 RNAi 和 TGS 之间存在联系。多个串联拷贝转基因导致该转基因和内源同源拷贝均被沉默（Pal-Bhadra et al., 1999）。这种沉默需要含克罗莫结构域的多梳蛋白，同时它参与将同源异型调节基因（homeotic regulatory gene）包装成异染色质样结构的过程中（Francis and Kingston, 2001）。另外，这种重复序列诱导的基因沉默需要 Piwi 的参与，Piwi 与细胞核中的 piRNA 缔合（Pal-Bhadra et al., 2002; Aravin et al., 2007）。但是，Piwi 和 piRNA 扩增机制似乎仅存在于生殖细胞中。在上述研究中，它们如何影响体细胞中报告基因的沉默尚待确定。在四膜虫中，另外一个 Piwi 家族蛋白 Twi1 是小 RNA 积累和原生动物大细胞核中 DNA 消除过程所必需的［第 11 章（Chalker et al., 2013）］。在 16.4 节中将讨论这些实验和最近的研究结果，这些结果表明 RNAi 途径与果蝇生殖细胞以及可能的体细胞中抑制性的染色质结构的组装有关。

重复序列诱导的沉默机制还存在于丝状真菌中［第 10 章（Aramayo and Selker, 2013）］，包括脉孢菌中的重复序列诱导的点突变（repeat-induced point mutation, RIP）和粪盘菌（*Ascobolus immersus*）中的减数分裂前诱导的甲基化（methylation-induced premeiotically, MIP），由于独立于基因位点的转录状态而发生，因此似乎不涉及 RNA 中间体（Galagan and Selker, 2004）。事实上，RIP 和 MIP 涉及成对的基因位点，例如，其中三个基因拷贝中的两个被沉默了，这表明某种涉及同源基因位点的 DNA-DNA 相互作用机制可以诱导沉默。相反，发生在脉孢菌中的未配对 DNA 减数分裂沉默（meiotic silencing of unpaired DNA, MSUD）则需要 RNAi 途径（Shiu et al., 2001），这种途径可能与包含线虫在内的其他生物类似（Maine et al., 2005）。

16.3 粟酒裂殖酵母中 RNAi 和异染色质组装

粟酒裂殖酵母染色体上有很多的异染色质区域，这些区域与着丝粒和沉默交配型基因位点的重复 DNA 元件相关（*mat2/3*; Grewal, 2000; Pidouxand Allshire, 2004）。粟酒裂殖酵母着丝粒的 DNA 序列结构包含一个独特的中央核心区域（*cnt*），其侧翼是两种类型的重复序列，分别称为最内层重复序列（*imr*, innermost）和最外层重复序列（*otr*, outermost）（图 16-3）。*Otr* 区域本身由 *dh* 和 *dg* 重复序列组成。

粟酒裂殖酵母中异染色质的形成涉及许多反式作用因子的协同作用。其中包括组蛋白去乙酰化酶（histone deacetylase, HDAC）、称为 Clr4 的 H3K9 甲基转移酶（HKMT 或 KMT）、以及三个特异性结合 H3K9me2 或 H3K9me3 的克罗莫结构域蛋白质 Swi6、Chp2（这两个都是 HP1 同源蛋白）和 Chp1。当这些蛋白质被招募到一起后，Swi6 和 Clr4 通过 Clr4 相继循环地催化 H3K9 甲基化，协同介导染色体结构域扩散到相邻核小体，从而促进 H3K9 甲基化和异染色质的形成（Grewaland Moazed, 2003）。

粟酒裂殖酵母只有一个拷贝的 RNAi 相关蛋白基因，包括 Dicer、Argonaute 和 RdRP（分别为 *dcr1*[+]、*ago1*[+] 和 *rdp1*[+]）。RNAi 途径组分的突变令人惊人地导致着丝粒异染色质的丢失，以及每个 *dg* 和 *dh* 重复序列双向启动子驱动的双向非编码转录物的积累（Volpe et al., 2002）。敲除这些基因的任何一个都会导致 H3K9 甲基化的丢失，这些突变体还会出现染色体分离缺陷的现象，这些缺陷也会关系到异染色质组装缺陷问题（Volpe et al., 2002, 2003）。此外，对酵母进行测序后，小 RNA 文库中鉴定出长约 22nt 的 RNA，它们仅匹配到着丝粒重复区域和核糖体 DNA 重复序列，这表明 *cen* RNA 可以产生 dsRNA，从而被加工成 siRNA

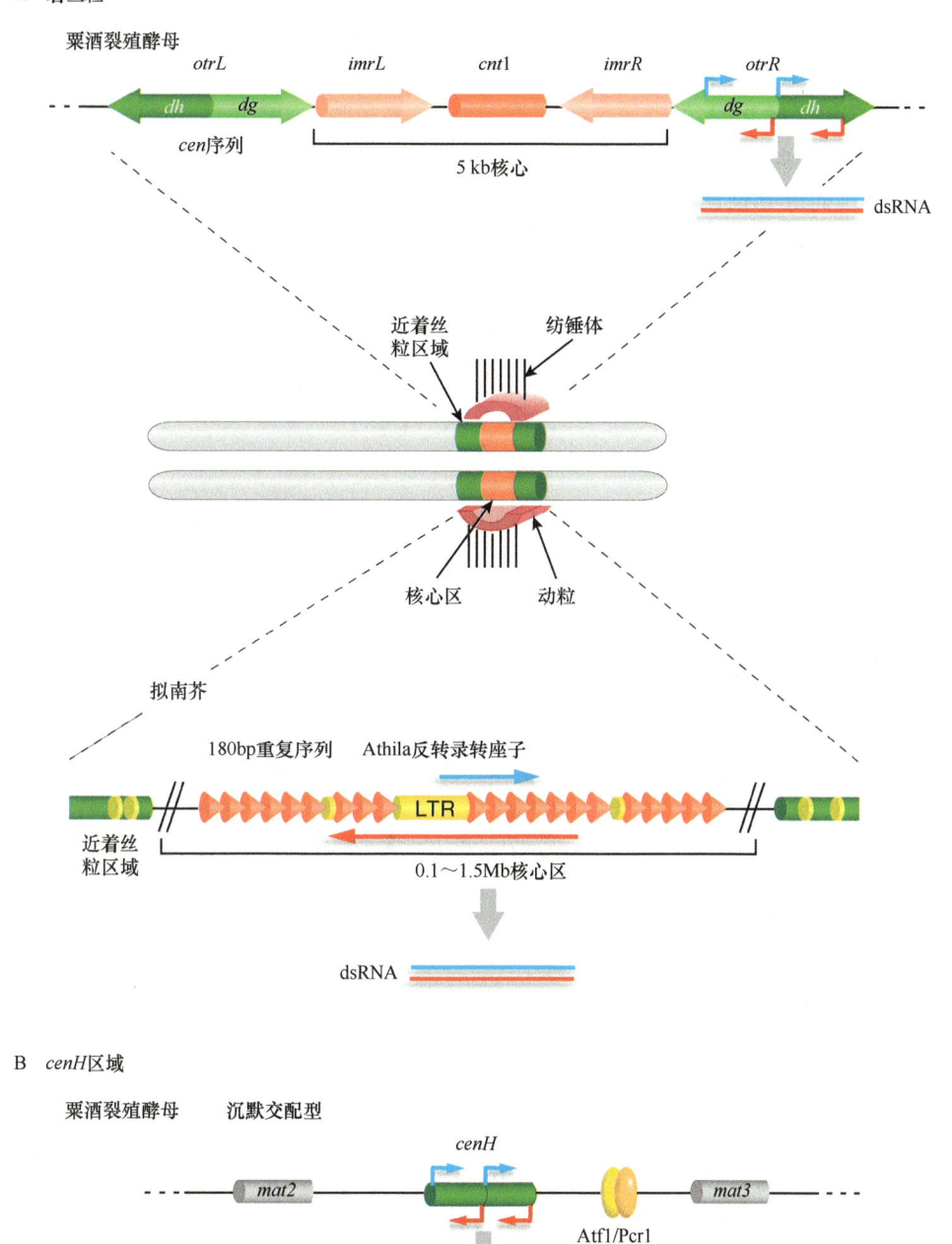

图 16-3　粟酒裂殖酵母和拟南芥异染色质区的组织。（A）粟酒裂殖酵母染色体 1 的着丝粒在整个染色体中显示的一个例子（顶部线）。着丝粒核心（橙色）由独特的中央核（*cnt1*）区域组成，两侧是最内侧（*imrL* 和 *imrR*）和最外层（*otrL* 和 *otrR*）重复。近着丝粒 *otr* 区（绿色）双向转录，产生正向（蓝色）和反向（红色）转录本。下面所示的拟南芥着丝粒由 180bp 的重复序列（橙色）和穿插的反转录转座因子（黄色）组成。起始于逆转录因子长末端重复（LTR）的正向转录本和在 180bp 重复序列中启动的反向转录物被显示。(B) *mat2* 和 *mat3* 基因之间的区域包含一个与着丝粒重复序列（*cenH*）同源的结构域，并且是双向转录的。Atf1 和 Pcr1 是 DNA 结合蛋白，在交配型沉默中与 RNAi 平行起作用。

(Reinhart and Bartel, 2002)。因此，首次提出 RNAi 途径可以将 Swi6 和 Clr4 招募到染色质上，以启动和/或维持着丝粒和核糖体 DNA 重复位点上的异染色质形成（Hall et al., 2002; Volpe et al., 2002）。

有趣的是，TGS 和 PTGS 机制似乎都有助于 *cen* RNA 的下调。如 RNAi 突变体所示，*cen* RNA 正向转录本主要在转录水平被沉默（Volpe et al., 2002）；相反，Swi6 突变并不会影响 *cen* RNA 反向转录本（Volpe et al., 2002)，并且 *cen* 反向转录本的沉默主要发生在转录后水平。此外，另一个含有 Cid14 Poly(A) 聚合酶和其他蛋白质的 TRAMP 复合体对于 *dg*、*dh* 和着丝粒区域转基因的沉默是必需的（Buhler et al., 2007）。TRAMP 通过称为外切体（Exosome）的 3′-5′ 核酸外切酶复合体靶向 RNA，并将其降解（Houseley et al., 2006）。因此，异染色质区域 RNA 的有效沉默需要 RNAi 依赖的和 RNAi 不依赖的降解机制，这些机制似乎以顺式作用于染色体，因此被称为 cis-PTGS 或 CTGS（co-TGS）机制（图 16-4A，B）。结合甲基化 H3K9 的 Swi6 蛋白质，通过促进异染色质区域转录本与 RNAi 和外切体途径的相互作用，在联系异染色质区域转录与 RNA 降解两条途径方面起着重要作用（图 16-4，虚线；Motamedi et al., 2008; Reyes-Tiircu et al., 2011; Hayashi et al., 2012; Keller et al., 2012; Rougemaille et al., 2012）。

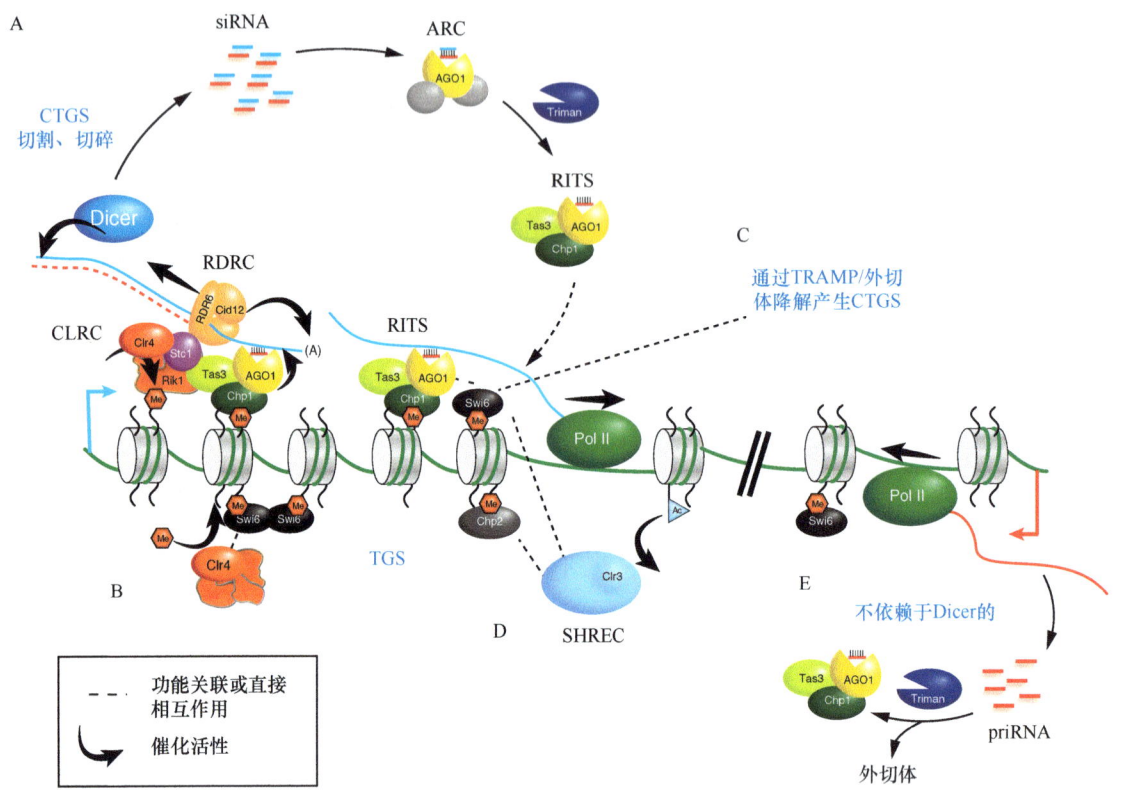

图 16-4 粟酒裂殖酵母中 **RNAi 介导的与转录协同的异染色质组装**。近着丝粒重复序列转录产生长的非编码 RNA，进一步通过 Dicer 依赖的和 Dicer 不依赖的途径加工成初级小 RNA。（A）加载到 RITS 复合体上的小 RNA 通过碱基配对相互作用靶向新生的非编码 RNA。这导致 RDRC 的招募和靶标 RNA 向 dsRNA 的转化，dsRNA 再由 Dicer 切割成 siRNA。产生的双链 siRNA 被加载到 ARC 复合体上，在 RITS 复合体中切割并释放互补链后转化为单链 siRNA。包含单链 siRNA 的成熟 RITS 复合体可以靶向其他非编码 RNA，从而形成一个正向反馈循环。RITS 复合体还通过与 CLRC 的 Rik1 亚基和衔接蛋白 Stc1 相互作用，将 CLRC H3K9 甲基转移酶复合体招募到染色质上。（B）H3K9 甲基化可稳定 RITS 与染色质的结合，并提供 HP1 蛋白（Swi6 和 Chp2）的结合位点。Swi6 促进 RDRC 的招募和外切体的降解（C），Chp2 招募包含 Clr3 HDAC 的 SHREC 复合体，通过尚待确定的机制促进 TGS（D）。除 TGS 外，有效的基因沉默还需要通过 RNAi 依赖性（A，切割和切片）和 RNAi 非依赖性（C，TRAMP/外切体降解）机制进行共转录 RNA 降解（CTGS）。不依赖 Dicer 的 priRNA 导致低水平的 H3K9 甲基化（E），并可能触发 siRNA 的扩增（A）。priRNA 和 siRNA 的 3′ 末端被 Triman 核酸外切酶（A，E）修剪。黑色的锥形箭头表示酶的活性。

RNAi 在交配型位点（*mat2/3*）的沉默中也起着作用，但与其他机制冗余（Hall et al., 2002）。*mat2/3* 被与着丝粒重复序列高度同源的 DNA 片段打断（称为 *cenHomology*，简称 *cenH*；图 16-3）。与 *cen* 重复序列一样，*cenH* 区域也通过正反转录产生正向和反向 RNA（Noma et al., 2004）。在 Per1 和 Atf1 突变的 RNAi 突变体中，*cenH* 转录本积累到高水平，其中 Per1 和 Atf1 是位点特异性 DNA 结合蛋白，可以独立于 RNAi 途径招募异染色质机制（Jia et al., 2004）。

16.3.1 小 RNA 协同 RNAi 效应复合体起始异染色质组装

RNAi 通路参与粟酒裂殖酵母异染色质形成和其他系统中的 TGS，那么 RNAi 是如何直接调节染色质结构的呢？通过对 Chp1 的纯化，我们鉴定了 RITS 复合体。Chp1 是一种克罗莫结构域蛋白，为异染色质的结构成分（Verdel et al., 2004）。除 Chp1 外，RITS 复合体还包含粟酒裂殖酵母 Ago1 蛋白和 Tas3 GW 结构域蛋白，以及由 Dicer 切割产生的着丝粒 siRNA。重要的是，RITS 还与依赖 siRNA 的着丝粒重复区域结合。因此，当前认为 RITS 通过着丝粒 siRNA 来靶向特定染色体区域以使其失活，这为 RNAi 和异染色质组装提供了直接联系（图 16-4A）。粟酒裂殖酵母 Ago1 蛋白也存在于另一个称为 Argonaute 分子伴侣（Argonaute chaperone，ARC）的复合体中，该复合体可能在双链 siRNA 交换进入 RITS 复合体之前，特异性地将双链 siRNA 传递至 Ago1（图 16-4A）（Buker et al., 2007）。

RITS 使用 siRNA 进行靶标识别，但与 RISC 不同，RISC 通过 mRNA 失活介导 PTGS，而 RITS 与染色质结合并启动异染色质形成。siRNA 如何靶向特定的染色体区域？目前已经提出了两种可能的模型。在第一个模型中，RITS 复合体中，结合在 Ago1 上的 siRNA 以某种方式与未解绕的 DNA 双螺旋进行碱基配对。在第二种模型中，与 RITS 相关的 siRNA 与靶点处的非编码 RNA 转录本进行碱基配对（图 16-4A）。如下所述（16.3.3 节），当前证据强有力地支持第二种模型。

根据这两种模型，RITS 复合体经由 siRNA 结合到染色质上，招募 Clr4 HMT 到组蛋白 H3K9 进行甲基化。此外，RITS 与染色质的结合还需要 Clr4，这表明 Clr4 提供了 RITS 复合体能够结合的甲基化 H3K9，从而稳定了其与染色质的缔合（图 16-4A）。已知 Chp1 的克罗莫结构域能够特异性地结合甲基化的 H3K9（Partridge et al., 2002），Clr4 突变或 Chp1 克罗莫结构域的突变导致 RITS 不能与染色质结合（Partridge et al., 2002; Noma et al., 2004）。此外，在不存在 siRNA 的情况下，在 *mat2/3* 和端粒区域处，RITS 还可以通过 Chp1 的克罗莫结构域与包被了甲基化 H3K9 的染色质结合（Noma et al., 2004; Petrie et al., 2005）。总而言之，RITS 复合体通过 Chp1 与甲基化 H3K9 结合，以及通过 siRNA 与 DNA 或 RNA 转录本的碱基配对，显示出对染色质的亲和力。这种 RITS 招募的双重模式可能为异染色质的表观继承提供了解释，即促进在染色质复制过程中继承 H3K9 甲基化的区域优先建立异染色质。（Moazed, 2011）。

组装完全沉默的异染色质的下一步涉及招募 HP1 蛋白、Swi6 和 Chp2，它们都能够结合甲基化 H3K9。Swi6 似乎主要通过稳定染色体上 RNAi 和外切体的结合，从而顺式地促进 RNA 有效的降解（图 16-4A，B）（Motamedi et al., 2008）。具体而言，Swi6 与名为 Ers1 的辅助因子相互作用，而 Ers1 又与 RDRP 复合体相互作用以促进 dsRNA 合成和 RNA 降解（Hayashi et al., 2012; Rougemaille et al., 2012）。此外，Swi6 对 RNA 具有非特异性亲和力，可能有助于将异染色质转录的 RNA 保留在染色体上，直到它们被外切体降解为止（Keller et al., 2012）。另一方面，Chp2 在招募 SHREC 组蛋白去乙酰化酶复合体中起关键作用（Motamedi et al., 2008; Fischer et al., 2009）。SHREC 的 Clr3 亚基催化 H3K14 去乙酰化对于关闭重复序列的转录至关重要。RNAi 介导的基因沉默与 Clr3 共同发挥作用，在 S 期从着丝粒重复序列中释放 RNA Pol II，防止其与复制的 DNA 聚合酶发生冲突，引起着丝粒重复序列中的复制叉停滞（Li et al., 2011; Zaratiegui et al., 2011）。如下所述，RNAi 突变体中需要 DNA 修复，以将异染色质修饰沿复制叉扩散。

最近的证据表明，RITS 和 siRNA 可以启动异染色质从头组装。Buhler 等用位点特异性的 RNA 结合蛋白人为地将 RITS 复合体绑定到正常活跃的 *ura4*[+] 基因的 RNA 转录本上（Buhler et al., 2006）。这种人为绑定诱导 *ura4*[+] 基因位点 siRNA 的产生和 *ura4*[+] 基因沉默，这种沉默需要 RNAi 和异染色质成分的参与。此外，该系统可以直接评估新生成的 siRNA 启动 H3K9 甲基化和结合 Swi6 的能力，这是异染色质形成的分子标记。有趣的是，发现新产生的 *ura4*[+] siRNA 很大程度上局限在产生它们的位点（顺式限制）。但是，当敲除编码 Eri1（保守的 siRNA 核糖核酸酶）的基因时，*ura4*[+] siRNA 可以通过反式作用来沉默 *uni4*[+] 基因的第 2 个拷贝，该拷贝插入在同一细胞中的不同染色体上。该实验表明将 RNAi 招募到新生的转录本可以介导异染色质的形成。此外，这表明 siRNA 可以作为特异性因子，将 RITS 和异染色质组装引导至基因组先前的活性区域。

还有另一种方法用于粟酒裂殖酵母中 siRNA 的沉默能力检测，该方法依赖于发夹 RNA 的表达来产生与 *ura4*⁺ 或 GFP 转基因同源的 siRNA（Sigova et al.，2004；Iida et al.，2008；Simmer et al.，2010）。发夹 siRNA 可以促进 PTGS 沉默，或者促进 PTGS 和 TGS 两种水平的沉默，具体沉默类型取决于位点，这表明靶点的特性会影响 siRNA 诱导异染色质形成的能力。对于 *ura4*⁺ 基因位点，已存在的 H3K9 甲基化和反义转录均会导致 siRNA 介导的沉默（Iida et al.，2008）。因此，尽管 siRNA 可以启动异位异染色质的形成，但它们的能力却受到靶点特性的强烈影响，该特性尚未完全确定。

16.3.2 dsRNA 的合成和 siRNA 产生

在粟酒裂殖酵母中，着丝粒 DNA 重复序列的双向转录原则上可以为 dsRNA 提供最初的来源（Volpe et al.，2002）。正向和反向转录本退火产生的 dsRNA 能成为 Dicer 核糖核酸酶的底物。然而，Dicer 加工产生 siRNA 时也需要 RNA 介导的 RNA 聚合酶（RNA-directed RNA polymerase，Rdp1）及其相关辅因子和 Clr4 KMT（Hong et al.，2005；Li et al.，2005；Buhler et al.，2006）。这些观察结果表明，由 Dicer 加工产生的异染色质 siRNA 与染色质和 Rdp1 依赖性事件相关（图 16-4A）。此外，最近的高通量测序实验比早期实验中使用的 Northern 杂交更敏感，已经在粟酒裂殖酵母中检测到一类不依赖 Dicer 的小 RNA，称为 primal RNA 或 priRNA（Halic and Moazed，2010）。这些小 RNA 与 Dicer 加工产生的 siRNA 具有相同的大小和相同的 5′ 核苷酸优先特征，同样，也能导致着丝粒周围重复序列中，较低水平的、不依赖于 Dicer 的 H3K9 甲基化。

Rdp1 酶所在的复合体中还包含 Hrr1 和 Cid12。Hrr1 是一个 RNA 解旋酶，而 Cid12 是 DNA 聚合酶 β 家族的成员。poly（A）聚合酶也是该家族成员之一（Motamedi et al.，2004）。该复合体被称为 RDRC，其所有亚基都是着丝粒 DNA 区域异染色质形成所必需的（Motamedi et al.，2004）。因为有 Rdp1 的存在，所以 RDRC 在体外具有 RNA 介导的 RNA 聚合酶活性，而缺失这种活性会损害体内依赖 RNAi 的基因沉默（Motamedi et al.，2004；Sugiyama et al.，2005）。RDRC 在体外合成 RNA 时并不需要 siRNA 引物（Motamedi et al.，2004）。因此，在体内，RITS siRNA 可能只是特异性地负责将 RDRC 募集到特定 RNA 模板上。与此假设相符的是，siRNA 的扩增需要 RDRC 复合体的亚基，从缺少 RDRC 复合体任一亚基的细胞中纯化得到的 RITS 复合体仅包含很微量的小 RNA（Motamedi et al.，2004；Li et al.，2005；Sugiyama et al.，2005；Buhler et al.，2006；Halic and Moazed，2010）。

RDRC 复合体中 Cid12 的存在引起了人们的兴趣，这增加了另一种聚合酶活性参与染色体相关 RNA 沉默的可能性。由于该家族的某些成员具有 poly（A）聚合酶活性，一种可能性是腺苷酸化对依赖于 Rdp1 的 dsRNA 合成或者 Rdp1 所产生的 dsRNA 的进一步加工具有重要作用。粟酒裂殖酵母 Cid12 具有单腺苷酸化活性，可以对 Rdp1 靶向的模板 RNA 进行腺苷酸化，表明它在 dsRNA 合成的上游发挥作用（Halic and Moazed，2010）。有趣的是，Cid12 类似蛋白质在整个真核生物中都是保守的，并且似乎靶向小 RNA 用于外切体介导的 RNA 降解（表 16-1；图 16-4A，B）。在秀丽隐杆线虫（*C. elegans*）中，该家族成员 rde-3 中的突变会导致 RNAi 缺陷（Chen et al.，2005），从而证实了这些酶在 RNAi 途径中的保守作用。

有证据表明，dsRNA 的合成、加工与在染色体上非编码着丝粒 RNA 转录位点处异染色质 siRNA 的产生有关（图 16-4）。首先，Rdp1 可以与着丝粒 DNA 重复序列交联（Volpe et al.，2002；Sugiyama et al.，2005），也能与 cen 区域起源的正向和反向 RNA 转录本交联（Motamedi et al.，2004）。与着丝粒 RNA 的交联需要 Dicer 和 Clr4，因此是 siRNA 和染色质依赖性的。其次，siRNA 的产生需要染色质成分，包括 Clr4、Swi6 和 HDAC Sir2（Hong et al.，2005；Li et al.，2005；Buhler et al.，2006）。最后，RDRC 与 RITS 的结合依赖于 siRNA 和 Clr4，这表明它在染色质上发生（Motamedi et al.，2004）。尽管 Clr4 还具有除组蛋白 H3 以外的靶标，它们对于有效生成 siRNA 至关重要（Gerace et al.，2010）。因此，dsRNA 和异染色质 siRNA 的产生可能需要将 RDRC 募集到染色质上新生 mRNA 前体转录本上（Martienssen et al.，2005；Verdel and Moazed，2005；Moazed，2011）。转录和 siRNA 生成可能同时发生，这更加证明了 PTGS 与 RNA 沉默所介

导的染色质修饰之间的不同。但是，这种区别不太可能是绝对的。例如，在线虫或粟酒裂殖酵母中，某些染色质组分的突变会导致 RNAi 和转座子诱导的 RNA 沉默的缺陷（Sijen and Plasterk，2003；Grishok et al., 2005；Kim et al.，2005；表 16-1），这增加了如下的可能性，即在某些情况下，无论是发生 TGS 基因沉默还是 PTGS 基因沉默，染色体上都会发生 dsRNA 合成和加工。

16.3.3 RNA-RNA 识别机制与 RNA-DNA 识别机制

正如我们之前讨论的那样，RITS 和其他核内 Argonaute 复合体都通过 siRNA 介导的碱基配对方式靶向特定的染色体区域。粟酒裂殖酵母中的研究支持 siRNA 和新生 RNA 转录本之间碱基配对的观点。这一观点引起了人们的普遍共识，即核内 Argonaute 复合体通过 siRNA 介导的碱基配对方式与新生转录本结合，从而与染色体缔合。将 RNAi 机制的组分与 RNA 转录本结合在一起，可以启动顺式限制的 RNAi 和异染色质依赖性基因沉默，这个结果清楚地表明，该过程可以通过与新生 RNA 转录本的初始相互作用而启动（Bühler et al., 2006）。重要的是，这种顺式限制排除了 dsRNA 合成和 siRNA 产生的初始事件发生在成熟 mRNA 转录本上的可能性，在这种情况下无法区分来自不同等位基因的 mRNA 产物。此外，对 RNA-RNA 相互作用模型的一个预测是，目标基因位点处的转录对于 RNAi 介导的异染色质组装是必需的。尽管尚未直接测试对转录的需求，但将 RNA Pol Ⅱ 的两个不同亚基（Rpb2 和 Rpb7）进行突变，这些突变不会影响常规转录，但是会破坏 siRNA 生成和异染色质组装（Djupedal et al., 2005；Kato et al., 2005）。这使人联想到 Rbp1 突变体，该突变会导致某些活性组蛋白修饰缺陷（即 H3K4 甲基化和 H2B 泛素化），使其与转录延伸过程偶联（Hampsey and Reinberg, 2003）。Rbp1 的例子让我们不禁有以下推测，即 RNAi 介导的 H3K9 甲基化和异染色质组装可以与转录延伸相耦合，这种耦合是通过 RNAi 复合体与 RNA Pol Ⅱ 的结合来联系的。一个有力的证据是，着丝粒重复区域的转录与 siRNA 的产生大都发生在细胞周期的 S 期（Chen et al., 2008；Kloc et al., 2008）。因此，当需要重建异染色质时，在染色体复制过程中会同时出现新生转录本和大量 siRNA，从而确保异染色质的维持（图 16-4）。

在体内交联实验中，RITS 和 RDRC 复合体的组分能够定位在着丝粒非编码 RNA 上，这个实验结果也支持这种 RNA-RNA 互作模型（Motamedi et al., 2004）。这种定位是 siRNA 依赖性的，这表明它涉及与非编码 RNA 的碱基配对。此外，这种定位也需要 Clr4 KMT 的参与，表明这种定位与 RITS 和甲基化 H3K9 结合是相耦合的，并在染色质上发生。但是，不能排除 siRNA 也可以直接通过碱基配对方式识别 DNA。例如在植物中，与（可能）未转录的启动子区域互补的 siRNA 仍然直接诱导 DNA 甲基化，DNA 甲基化是在这些区域内异染色质形成过程中发生的另一种修饰［第 13 章（Pikaardand Mittelsten Scheid, 2014）］。

16.3.4 RNAi 如何招募染色质修饰酶？

招募 Clr4 是起始 H3K9 甲基化和异染色质组装的关键步骤。但是，由于 RITS 与染色质的结合、Clr4 催化 H3K9 甲基化是相互依赖的过程，因此很难确定什么事件引起了 RNAi 依赖的异染色质组装。此外，在 RNAi 突变细胞中，着丝粒中心重复序列中存在低水平的 H3K9 甲基化，这表明有其他机制参与 Clr4 募集。但是，如上所述，将 RITS 结合到 RNA 上或者将转录本折叠成长的发夹结构的 RNA 都能促进活跃表达的 $ura4^+$ 发生基因沉默，并伴随着 H3K9 甲基化、RITS 和 Swi6 招募到染色质（Bühler et al., 2006；Iida et al., 2008；Simmer et al., 2010）。这些观察结果清楚地表明，siRNA 能够招募 Clr4。但是，这种能力对目标基因位点特性的敏感性表明，未知因子可能与 siRNA 结合的 RITS 一起启动 H3K9 甲基化。

Clr4 是 CLRC 复合体的一个组分，这个复合体还包含异染色质蛋白 Rik1、E3 泛素连接酶 Cul4、两个不同命名的编码 β 螺旋桨蛋白质的相关蛋白 Raf1/Clr7 和 Raf2/Clr8（Hong et al., 2005；Horn et al., 2005；Jia et al., 2005；Li et al., 2005）。与 RNAi 在 Clr4 招募中的直接作用一致，RITS 和 RDRC 复合体的亚基与 Clr4 复合体相结合（Bayne et al., 2010；Gerace et al., 2010）。有趣的是，RITS/RDRC 与 Clr4 的有效相互作

用需要一种名为 Stc1 的辅助蛋白，这种相互作用在丧失 Dicer 酶催化活性的细胞中会减少，从而导致 siRNA 的缺失（Bayne et al.，2010；Gerace et al.，2010）。这些观察结果表明，这些复合体的相互作用可以通过辅助蛋白和 siRNA 介导的机制来稳定。就这一点而言，CLRC 的 Rik1 亚基是 β 螺旋桨 WD 重复蛋白大家族中的一员，这些蛋白与 RNA 或 DNA 结合有关。该蛋白家族的成员包括参与 mRNA 前体剪接的切割多腺苷酸特异性因子 A（cleavage polyadenylation specificity factor A，CPSF-A），以及参与结合 UV 损伤的 DNA 的 DNA 损伤结合蛋白 1（Ddb1）。CPSF-A 引起了人们的兴趣，因为 Rik1 与 CPSF-A 的 RNA 结合结构域具有序列相似性，而这个结构域与 mRNA poly（A）识别有关（Barabino et al.，2000）。Ddb1 蛋白与 Rik1 蛋白一样，是 Cul4 E3 泛素连接酶复合体的一个组分，参与了 UV 损伤的 DNA 的识别和修复（Higa et al.，2003；Zhong et al.，2003）。一个可能性是 Rik1 以类似于 CPSF-A 和 Ddb1 的方式起作用，在异染色质组装过程中与 RNAi 生成的产物结合。一旦被招募，Rik1 复合体与前导链 DNA 聚合酶相结合，这提供了一种组蛋白修饰沿着复制叉扩散的机制。因为重复序列是在 S 期转录的，所以复制叉的前进需要 RNA Pol Ⅱ 的释放，释放过程需要 RNAi 机制（Li et al.，2011；Zaratiegui et al.，2011）。无法释放的 RNA Pol Ⅱ 会导致同源重组（homologous recombination，HR）修复。

粟酒裂殖酵母的研究为我们对 RNAi 介导的异染色质形成的理解做出了巨大贡献，但一些重要的问题仍未得到解答。尽管我们在 Dicer 依赖的和 Dicer 不依赖的小 RNA 产生方面已取得进展，但对区分来源于着丝粒的非编码 RNA 与来源于其他基因组转录本的 siRNA 的决定因子还未知。参与 siRNA 介导的异染色质形成过程中所需的染色体结合支架蛋白还有待确定。此外，关于 RNAi 如何通过对着丝粒 DNA 重复序列内的转录、复制和 DNA 修复的协调，来维持基因组稳定性尚待研究。

16.4 拟南芥中 RNAi 介导的染色质和 DNA 修饰

植物中 RNAi 介导的异染色质修饰机制与粟酒裂殖酵母中的机制相似，但也有许多差异。最重要的区别是植物在大多数异染色质区域具有甲基化的 DNA，在这方面类似于脊椎动物，但不同于粟酒裂殖酵母、蠕虫和果蝇（图 16-5）。在遗传筛选 RNA 介导的 TGS 减弱的突变体过程中，发现了 H3K9 特异性 KMT 和 RNAi 途径的组分，但也发现了对 DNA 甲基转移酶，SWI/SNF 重塑复合体以及异染色质形成中的两种新型 RNA 聚合酶的需求。这些基因列于第 13 章的表 16-1 中（Pikaard and Mittelsten Scheid，2014）。在 13 章中也对这些基因的筛选做了更详细的描述，在这里我们将简要比较粟酒裂殖酵母和植物机制的异同。

拟南芥中的许多基因沉默突变体的筛选都使用了反式导入的反向重复序列，以诱导内源性或转报告基因的沉默，该反向重复序列由组织特异性启动子或对表观遗传信号做出响应的启动子驱动。在每种情况下，启动子都被靶向沉默，具体是通过启动子上局部染色质变化的 TGS 途径沉默的。拟南芥中 RNAi 和 TGS 途径中的重要基因（图 16-5）包括 DNA 甲基转移酶，特别是由 *DRM1* 和 *DRM2* 编码的与哺乳动物 DNMT3 相关的基因。此外，RNAi 途径中还存在负责合成和使用 24 nt siRNA 的组分，如 DICER-LIKE 3（*DCL3*）和 ARGONAUTE 4（*AGO4*）。其他突变体包括 H3K9 甲基转移酶基因 *KYP/SUVH4*，*SUVH5* 和 *SUVH6*，以及含克罗莫结构域的 DNA 甲基转移酶基因 *CMT3*。除 DNA 甲基转移酶基因外，与粟酒裂殖酵母的相似之处也引起了人们的注意，粟酒裂殖酵母中 RITS 复合体既包含 Argonaute 蛋白又包含克罗莫结构域蛋白 Chp1，它依赖于 H3K9 甲基化来与染色体结合。但是，与粟酒裂殖酵母不同的是，介导 TGS 的异染色质相关蛋白的缺失（如 CMT3）或 H3K9me2 标记的缺失不会导致拟南芥中 siRNA 的缺失（Lippman et al.，2003），目前尚不清楚这些 DNA 修饰蛋白和染色质修饰蛋白是否与 AGO4 形成复合体。

事实证明，拟南芥中 RNAi 途径和 TGS 途径有关的蛋白质存在大量冗余，因此更难剖析其详细的机制。此外，异染色质的形成途径到底是 RNAi 沉默机制依赖还是 RNAi 沉默机制不依赖的，这取决于其基因序列是转座子、逆转座子还是串联重复序列。在已知的相关蛋白中，如 SUVH4、SUVH5 和 SUVH6 全部包含一个可以结合甲基化 DNA 的 SRA 结构域，而 DNA 甲基转移酶 CMT3 具有一个克罗莫结构域和一个能够识

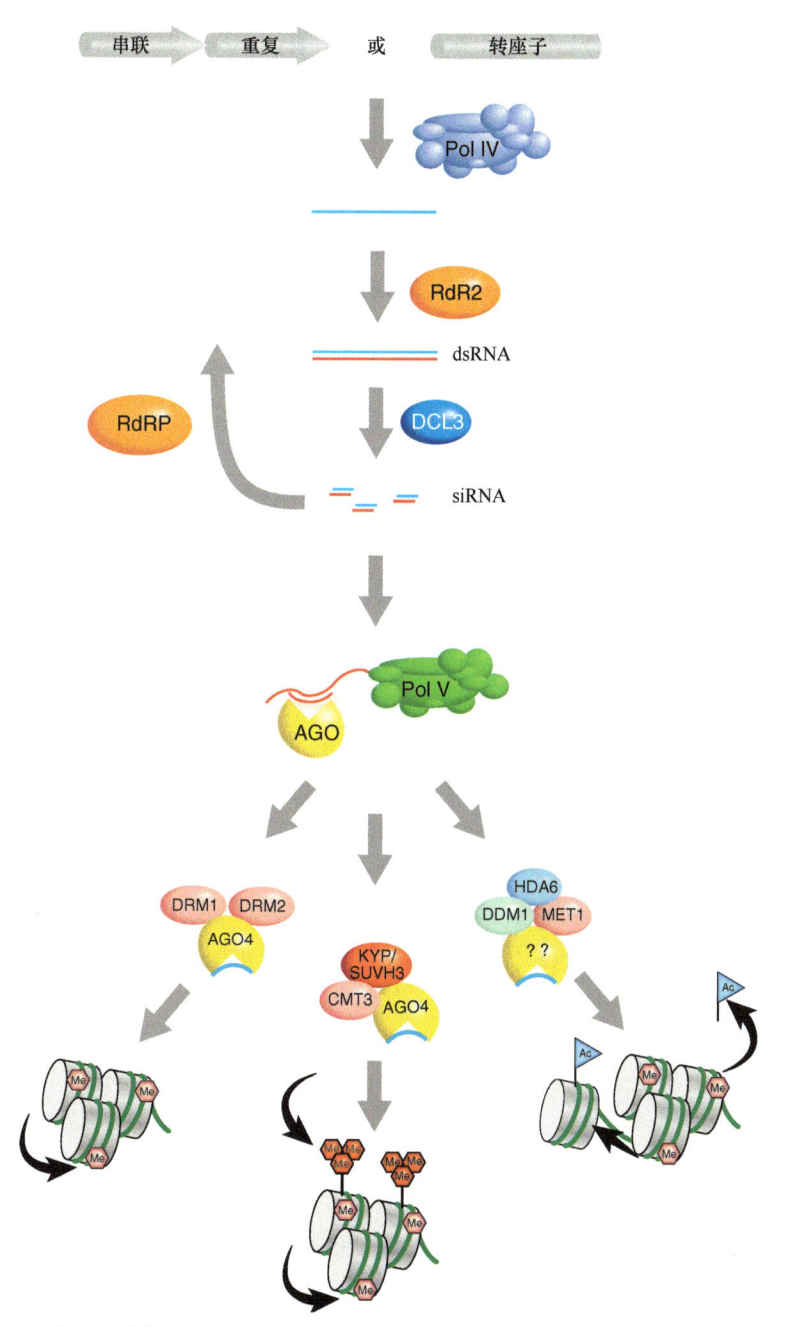

图 16-5　拟南芥中 RNAi 介导的组蛋白和 DNA 甲基化。拟南芥中 RNAi 介导的 DNA 和组蛋白甲基化所需的 RNAi 和染色质蛋白被显示。由重复的 DNA 元件所合成的 dsRNA 是 Dicer 切割和 siRNA 生成的底物（DCL3 和其他 Dicer）。RNA 介导的 RNA 聚合酶（RdRP，RdR2）和 RNA Pol Ⅳ可能直接参与 dsRNA 的合成或扩增。然后将 siRNA 加载到 Argonaute 蛋白（例如 AGO4）上，这可能有助于靶向同源重复序列进行 DNA 甲基化（粉色六边形，通过粉红色 DNA 甲基转移酶催化）和 H3K9 甲基化（红色六边形，通过红色 HKMT 酶催化），这个过程由其他因子参与，如染色质重塑蛋白（浅绿色）和 HDAC 酶（蓝绿色）。更多细节参见第 13 章（Pikaard and Mittelsten Scheid，2014）。

别 K9me2 的 BAH 结构域［第 13 章（Pikaard and Mittelsten Scheid，2014）］。我们知道，在某些情况下，异染色质中的 DNA 甲基化和 H3K9me2 相互加强，从而绕过了 RNAi 在异染色质维持中的作用。有趣的是，与粟酒裂殖酵母中含有 Clr4 的 CLRC 复合体相关的 DNA 聚合酶 epsilon 和 cullin 4 的突变减轻了拟南芥中某些对 RNAi 敏感的转基因的沉默，从而提示它在植物中也是细胞周期受限的过程（Yin et al.，2009；del Olmo et al.，2010；Dumbliauskas et al.，2011；Pazhouhandeh et al.，2011）。此外，这些突变体中的一些突变体具有较高的 HR 修复水平，而 Ago2 本身也参与了双链断裂的 HR 修复（Wei et al.，2012），这令人联想到 DNA 复制和修复在粟酒裂殖酵母异染色质沉默和扩散中的作用（Li et al.，2011；Zaratiegui et al.，2011）。因此，在粟酒裂殖酵母和拟南芥之间，至少在某些方面负责 Rik1/CLRC 复合体扩散的机制是保守的。

不同于粟酒裂殖酵母，拟南芥中转座子是 24nt siRNA 的主要来源。然而，与粟酒裂殖酵母一样，在拟南芥中 RNAi 也转录并加工拟南芥着丝粒 180bp 卫星重复序列，该序列以成千上万的串联拷贝排列在 Athila LTR 反转录元件的两侧（图 16-3）。这种加工过程依赖 SWI2/SNF2 ATP 酶 DDM1 对染色质的重塑，RDR2 对 RNA Pol Ⅳ 转录本加工产生 dsRNA 以及 DCL3 的切割（图 16-5）。基因沉默还依赖 H3K9me2 和相关的 DNA 甲基转移酶 CMT3。但是，在拟南芥中，基因沉默比在粟酒裂殖酵母中更为复杂，因为反转座子插入重复序列可以使相邻的重复序列沉默，这取决于包括 MET1、DDM1 和组蛋白去乙酰化酶 HDA6 在内的其他机制（May et al.，2005）。有趣的是，裂殖酵母的着丝粒也有多个反转座子插入，在这方面会产生类似于植物近着丝粒区域的 siRNA（Rhind et al.，2011）。DDM1 对转座子和重复序列具有明显的特异性，尽管其机理尚不清楚，但必须以某种方式识别它们与其他基因的不同。在与野生型植物杂交中，*met1* 和 *ddm1* 突变体中 DNA 甲基化的缺失以表观遗传的方式继承，只有那些保留 siRNA 的转座子才能被重新甲基化（Teixeira et al.，2009）。因此，就像在粟酒裂殖酵母中一样，在拟南芥中，RNAi 在基因沉默的启动中起着至关重要的作用。

如前所述，在粟酒裂殖酵母中，基因沉默和 siRNA 的产生都需要 RNA Pol Ⅱ 的亚基，这支持了 RNAi 和染色质修饰组分被新生的转录本招募到染色体的猜想（图 16-4）。在拟南芥中，用上述某些筛选方法筛到两种新型 RNA 聚合酶（RNA Pol Ⅳ 和 RNA Pol Ⅴ）。虽然尚不知道 RNA Pol Ⅳ 使用什么模板，但 RNA Pol Ⅴ 负责重复序列的基因间转录，并通过 C 端结构域和辅助延伸因子中的 GW 重复序列来招募 AGO4。在 RNA Pol Ⅳ 和 RNA Pol Ⅴ 中，只有最大的亚基是它们所特有的，而其他许多小亚基与 RNA Pol Ⅱ 相同。在这些筛选中还筛到另外一个 SWI2/SNF2 染色质重塑因子 CLSY2，它们可能会改变局部染色质结构，从而促进 RNA 聚合酶结合。因此，它们可能促进 RNA Pol Ⅳ 的转录［第 13 章（Pikaardand Mittelsten Scheid，2014）］。尽管在转座子沉默中对染色质重塑因子 DDM1 的需求远比对 RNA Pol Ⅳ 或其他 SWI2/SNF2 蛋白的需求更为严格，但可以推测 DDM1 也有类似于 CLSY2 的功能。

RNAi 介导的异染色质沉默在植物中的作用已有很多文献报道，但因为 DNA 甲基化，植物中异染色质沉默比在粟酒裂殖酵母中更为复杂。在 *ddm1*（Leixeira et al.，2009）突变体或生殖系这些已经失去不依赖于 RNAi 的 DNA 甲基化的突变体中，与粟酒裂殖酵母类似的现象可能变得更加清晰。例如，在花粉粒中，24nt siRNA 独立于 DDM1 指导的 RNA 依赖的 DNA 甲基化（Calarco et al.，2012），而 21nt siRNA 负责精子细胞中的转座子沉默（Slotkin et al.，2009）。植物不具有在动物生殖系中发现的 piRNA 途径（在 16.1 节和 16.5 节中讨论过），因此与粟酒裂殖酵母的平行性可能会更加突出。

16.5 动物中 RNAi 介导的染色质修饰的保守性

表观遗传沉默的研究最广泛的例子可能是在动物中发现的，包括果蝇和线虫及小鼠。RNA 和 RNA 干扰在转录沉默和异染色质修饰中的作用，在某些模型动物及原生生物和植物中似乎是保守的。在果蝇中，PIWI 和 PIWI 类 Argonaute 同源蛋白（Sting）均参与表观遗传和异染色质沉默［Kawamura et al.，2008；Khurana et al.，2010；第 12 章（Elgin and Reuter，2013）］。*Gypsy* 逆转座子是 PIWI 及其相关 piRNA 沉默卵巢卵泡细胞和雌性腺的靶标（Sarot et al.，2004）。这类 piRNA 是由 Flamenco 编码的异染色质非编码 RNA 介导的，它通过靶向互补沉默对应的转座子。"剪切和粘贴"类型的 DNA 转座子也受 RNAi 的影响。例如，某些端粒 P 元件通过雌性生殖系继承时，可以抑制基因组其他地方的 P 元件活性，从而导致强烈的抑制性"细胞型（cytotype）"。这种抑制完全依赖于 PIWI 同源蛋白质 aubergine，以及 HP1 同源蛋白 Swi6（Reiss et al.，2004）。但是，并非所有的 P 元件抑制性细胞型（如由其他非端粒 P 元件介导的那些）都依赖于 aubergine 或 HP1。

果蝇中未连锁的转基因以许多拷贝存在时，转录后会沉默（Pal-Bhadra et al.，1997，2002）。沉默不仅与大量 21nt siRNA 相关，还取决于 PIWI。融合转基因还可以在转录水平上以需要 Polycomb 染色质抑制复合体的方式彼此沉默。这种沉默与转基因转录本中 siRNA 的水平升高无关，但（主要）取决于 PIWI。本例中多梳蛋白的参与和其他 PIWI 依赖性沉默的例子中 HP-1 的参与暗示了沉默过程中的 RNAi 途径和组蛋白甲基化。串联转基因阵列在果蝇中也显示出位置花斑效应，并且该变异被 HP1 及 piwi、aubergine 和推测的 RNA 解旋酶 spindle-E 中的突变强烈抑制（Pal-Bhadra et al.，2004）。插入着丝粒异染色质中的转基因也受到影响，spindle-E 突变细胞中异染色质的 H3K9me2 水平降低。这些观察结果支持染色质蛋白和 RNAi 途径的组分在果蝇异染色质内基因沉默中的功能。

在果蝇雄性生殖系中，位于 Y 染色体上的星状重复（stellate repeat）序列 [Su(ste)] 的异染色质抑制子首先在反义链上转录，然后在精母细胞发育期间在两条链上转录，这些转录可能是在附近插入了一个转座子之后发生的（Aravin et al.，2001）。这些细胞核转录本与 X 染色体连锁的 *Stellate* 基因的正义转录本沉默密切相关，*Stellate* 的过表达会导致精子发生缺陷。尽管涉及异染色质序列，但这种情况下的沉默似乎是转录后的，同时与 25～27nt piRNA 相关，并且取决于 *aubergine* 和 spindle-E。

在线虫中，已经报道了体细胞中 TGS 的实例。这取决于 RNAi 途径基因 *rde-1*、*dcr-1*、*rde-4* 和 *rrf-1*，一个核 Argonaute 蛋白及其相关因子，HP1 同源蛋白和组蛋白修饰蛋白（Grishok et al.，2005；Guang et al.，2010；Buckley et al.，2012）。生殖系中还描述了天然存在的依赖 RNAi 的异染色质沉默的例子（Sijen and Plasterk，2003）。在减数分裂过程中，未配对的序列（如雄性 X 染色体）通过 H3K9me2 沉默，这种沉默取决于 RNA 依赖性 RNA 聚合酶 [Maine et al.，2005；第 23 章（Strome et al.，2014）]，这种沉默让人想起脉孢菌中未配对 DNA 的减数分裂沉默 [meiotic silencing of unpaired DNA，MSUD；Shiu et al.，2001；第 10 章（Aramayo and Selker，2013）]。因此，在粟酒裂殖酵母中发现的依赖 RNAi 的异染色质沉默途径有可能在高等生物的减数分裂中得以保留。

最后，像果蝇一样，哺乳动物细胞也缺乏植物、蠕虫和真菌中发现的依赖 RNA 的 RNA 聚合酶相关的基因。然而，反义 RNA 参与了所有被广泛研究的表观遗传现象、印记和 X 染色体失活 [第 26 章（Barlowand Bartolomei，2014）和第 25 章（Brockdorffand Turner，2014）]。在 X 染色体失活的例子中，需要一个称为 Xist 的 17kb 剪接的和多聚腺苷酸化的非编码 RNA 来沉默失活的 X 染色体。相反，*Xist* 本身在活跃的 X 染色体上是沉默的，这一过程部分取决于反义 RNA *Tsix*。基因沉默伴随着与上游染色质区域相关组蛋白的修饰，上游染色质区域标记有 H3K9me2 和 H3K27me3（Heard et al.，2001），并且取决于 H3K27 甲基转移酶多梳蛋白相关的 *Eed* 基因。小鼠中其他印记基因位点（包括 Igf2r 和 Dlk1-Gtl2 区）的沉默也分别通过来自父本和母本等位基因的反义转录本来维持。在 Dlk1-Gtl2 的例子中，此非编码 RNA 被专门加工成 miRNA，该 miRNA 靶向来自父本等位基因的反义转录本，该等位基因编码 sushi（gypsy）类逆转录转座子（Davis et al.，2005）。在哺乳动物印记中，RNAi 依赖的 DNA 甲基化的最好例子可能在 *Rasgrf1* 位点上（Watanabe et al.，2011）。在这个位点上，长的非编码 RNA 被 piRNA 靶向，该 piRNA 与嵌入的反转录转座子 LTR 相匹配。不同甲基化水平的染色质区域的沉默需要 piRNA 介导，因此精子细胞中的印记受 RNAi 的控制（Watanabe et al.，2011）。在这种情况下，其与粟酒裂殖酵母中一染色质沉默非常相似，取决于 Ago1 剪切和靶向活性（Irvine et al.，2006；Buker et al.，2007），而在植物中，RNA 依赖的 DNA 甲基化与 AGO4 催化活性有关（Qi et al.，2006）。

16.6 总　　结

60 年前，有人提出基因可能受小 RNA 分子调控（Jacob and Monod，1961）。另一个同样重要的假设是调节性 RNA 可能与重复序列有关（Britten and Davidson，1969）。自从在大肠杆菌或其感染性噬菌体 λ 中鉴定到位点特异性 DNA 结合蛋白 λ 和 lac 抑制子以来（Gilbert and Muller-Hill，1966；Ptashne，1967），基因调控的研究几乎完全集中在核酸结合蛋白，并将其作为特异性因子。小 RNA 分子是多种 RNA 沉默机制中的特异性因子，该发现现在明确确立了 RNA 作为基因及其 RNA 产物的序列特异性调节因子的作用。在粟酒裂殖酵母、拟南芥和其他模式生物中的研究表明，小 RNA 在介导基因组的表观遗传修饰中具有直接作用。该修饰指导基因沉默，并有助于基因组稳定性和细胞核分裂所必需的异染色质结构的维持。现在许多重要的机制问题仍然未知，未来的研究可能会为 RNA 如何调控基因表达提供更多的解释。

本章参考文献

（周　瑛　译，方玉达　校）

第17章

多梳蛋白家族介导的转录沉默

乌利·格罗斯尼克劳斯（Ueli Grossniklaus[1]），雷纳托·帕罗（Renato Paro[2]）

[1]Institute of Mant Biology and Zurich-Basel Plant Science Center, University of Zurich, CH-8008 Zurich, Switzerland; [2]Department of Biosystems Science and Engineering, ETH Zurich, 4058 Basel, Switzerland
通讯地址：grossnik@botinst.uzh.ch

摘　要

Polycomb-group（PcG）基因编码的染色质蛋白涉及稳定和可遗传的转录沉默。PcG 蛋白参与不同的多聚复合体，这些复合体加载或结合到特定的组蛋白修饰位点（如 H3K27me3 和 H2AK119ub1），以阻止基因被激活和维持染色质被抑制的状态。PcG 蛋白在进化上是保守的，并在植物春化和种子发育、哺乳动物的 X 染色体失活以及在干细胞状态维持等过程中发挥作用。PcG 介导的基因沉默经常在癌症和组织再生等人类疾病中观察到，这涉及 PcG 参与调控靶基因重编程过程，在医学研究上具有重要意义。

本章目录

17.1　引言
17.2　染色质上沉默标记的建立
17.3　PcG 复合体靶向到沉默的基因
17.4　发育和疾病中的 PcG 抑制
17.5　总结与展望

概　述

人类、动物和植物的器官是由大量不同类型的细胞组成的，每一种细胞都有特定的生理或结构功能。

除极少数例外，所有细胞类型的 DNA 中都含有相同的遗传信息，特定细胞类型的特殊性是通过特定基因的程序性表达来体现的，因此细胞系需要在生长和细胞分裂期间维持这些程序。这意味着存在一种记忆系统（如哪些基因是活跃的，哪些基因是被抑制的），可以确保信息从母体细胞到子细胞准确传递。这种记忆系统的存在说明了培养的植物和动物组织即使在体外环境中生长，通常也能保持它们已分化的特性。例如，常青藤在组织培养后再生，产生的叶片类型与原始组织的生长阶段相对应（即幼叶或成叶）。

本章和第 18 章（Kingston and Tamkun，2014）要解决的主要问题是，对参与"细胞记忆"或"转录记忆"分子生物学机制的探究，这种机制在许多细胞分裂中维持一种确定的状态。对黑腹果蝇（*Drosophila melanogaster*）的遗传分析已经确定了一些调控因子，这些调控因子在维持由 HOX 基因决定的个体身体部分的形态方面起着至关重要的作用。雄性果蝇的第 1 节胸段的腿上有性梳（sex comb），而第 2 和第 3 节胸段的腿没有这样的结构。在 20 世纪 40 年代，科学家发现了一类特殊果蝇突变体（*Polycomb* 和 *extra sexual combs*），这类突变体雄性果蝇的腿上均有性梳，这些形态改变反映了从第 2 节腿和第 3 节腿到第 1 节腿的同源性转变。随后的分子生物学研究表明，这些突变并不影响 HOX 基因本身的产物，而是影响了 HOX 基因空间的表达方式。多年来，科学家们发现了大量相似的调控基因，并将其分为两个拮抗组，即 *Polycomb*（*PcG*）和 *Trithorax*（*TrxG*）组，其中 PcG 蛋白维持发育调控因子（如 HOX 基因）的沉默状态，而 TrxG 蛋白通常用于维持基因活跃表达的状态。因此 PcG 和 TrxG 蛋白都是细胞记忆的分子组成部分。

这两类蛋白质都能形成大的多聚蛋白质复合体，这些复合体能通过调节蛋白质结构作用于靶基因。在本章中，我们将重点讨论两种主要的 Polycomb 抑制复合体（Polycomb repressive complex）（PRC1 和 PRC2）的分子生物学性质和功能。TrxG 复合体的分子生物学性质将在第 18 章中描述（Kingston and Tamkun，2014）。果蝇中的研究表明，转录因子将 PcG 复合体招募到 DNA 序列上，这些特定 DNA 序列称为 PcG 反应元件（PcG response element，PRE）。PcG 复合体一旦被招募，将会建立起一种沉默的染色质状态，这种状态可以在数代细胞分裂中继承。PRC2 复合体的成员在植物和动物之间高度保守，而 PRC1 却没有那么保守。这意味着在细胞记忆系统的基本构造模块中，既存在着保守性，也存在着多样性。除维持细胞类型的功能外，PcG 复合体还可能在干细胞的可塑性和再生方面发挥重要作用。此外，PcG 复合体的调控异常可能会导致肿瘤和癌症。因此，PcG 复合体在多细胞真核生物的正常发育和疾病等许多基本过程中起着至关重要的作用。

17.1 引　　言

所有的多细胞生物均发育自一个单细胞，即受精卵。在整个发育过程中，受精卵会产生多种不同类型的细胞并均有特殊功能。因此在生长发育过程中便存在一个问题，即当细胞完成分化以后，如何在多次细胞分裂过程中维持细胞类型。

17.1.1 细胞记忆

在成年的动物体内，存在着 200～300 种不同结构类型的细胞，而在植物中则是 30～40 种细胞。某一特定类型细胞的特性及其功能是由该细胞中特异的基因表达所决定的。在细胞分裂以后，维持分裂前的状态对于个体生长发育以及机体功能的维持中起到非常重要的作用。特别是在有丝分裂期遗传物质复制（S 期）和染色体的分离过程（M 期）中，维持特定细胞类型及其功能显得尤其重要［第 22 章（Almouzni and Cedar，2014）］。上述分裂过程会打断细胞内正常基因的表达，因此，图 17-1 展示了如何维持不同代次之间基因表达的稳定。

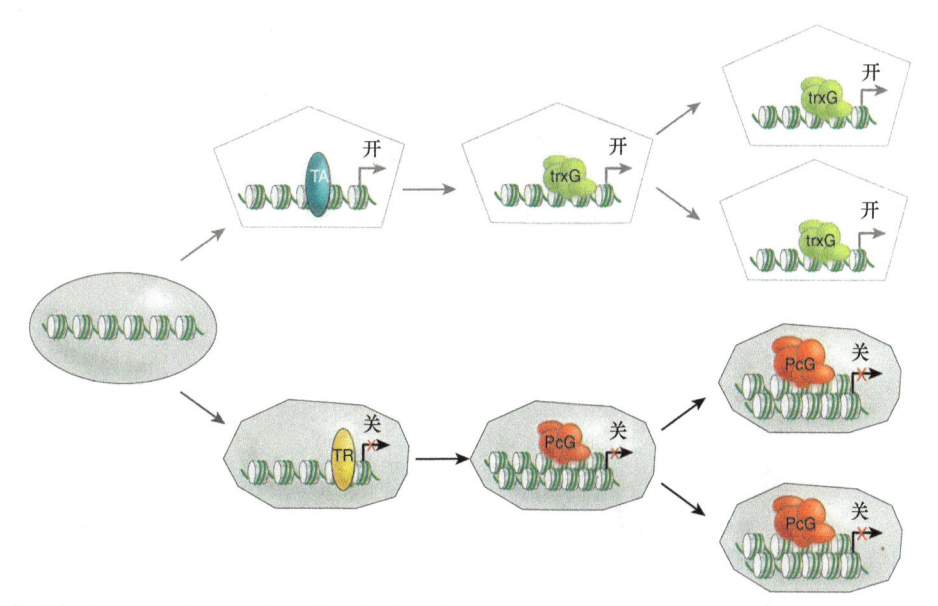

图 17-1 细胞记忆的概念。PcG 和 TrxG 复合体参与决定基因表达的抑制与激活，从而决定细胞分化，而且细胞分化特征可以在许多细胞分裂过程中维持。TA：转录激活子；TR：转录抑制子。

20 世纪六七十年代的实验表明，即使在长时间的培养过程中，植物和动物的组织也能记住某种已确定的状态（Hadorn，1968；Hackett et al.，1987）。Hadorn 和他的同事们发现，在果蝇幼虫体内的成虫盘（imaginal discs）细胞有一种固有的记忆，可以让它们记住胚胎发育早期固有的状态。成虫盘是果蝇胚胎发育过程中的一簇上皮细胞，是变态发育过程中形成特殊外部结构和附属物的前体。例如，在第 2 胸段的两对成虫盘，一对形成中腿，另一对形成翅膀［第 18 章图 18-2（Kington and Lamkun，2014）］。成虫盘可以通过移植到雌性果蝇的血腔中继续增殖，但不分化。即使成虫盘在成年雌性体内经过连续的传代，当在变态发育前被移植回幼虫体内时，成虫盘也会分化成预期的成虫结构。最近的报道表明，PcG 蛋白和 TrxG 蛋白对于维持成虫盘细胞稳定的分化状态是必须的。此外有报道表明，在极少的情况下成虫盘会改变其分化命运，称为转决定（transdetermination），这是因为在转决定细胞中 JNK 信号通路降低了 PcG 的表达。在 PcG 的突变体中，成虫盘细胞命运改变的发生频率也有所上升，这表明 PcG 蛋白对成虫盘细胞命运的维持起重要作用（Katsuyama and Paro，2011）。因此，PcG 蛋白在个体正常发育和再生过程中对细胞命运的维持和重编程发挥了关键作用。

17.1.2 Polycomb Group 的遗传鉴定

在多细胞生物中，前后轴（anterior-posterior axis）是通过 *HOX* 基因的表达模式来确定的［第 18 章图 18-2（Kington and Lamkun，2014）］。在果蝇胚胎发生过程中，表达的转录因子会激活某种特定的 *HOX* 基因表达模式，而这种表达模式决定了每个体段的形态。即使早期的转录因子消失了很长一段时间后，果蝇在整个发育过程中依然维持着这种体段特异性的 *HOX* 基因表达模式。通过对 *HOX* 基因功能的遗传学研究，分离得到了大量的反式调节因子。其中最先被鉴定到的是 Polycomb（Pc）（Lewis，1978）。Pc 突变的杂合雄性果蝇在第 2 和第 3 条腿上有更多的性梳，而纯合突变体是胚胎致死的，并且表现出所有表皮节段向最后腹部节段的转变（图 17-2C，D）。上述这些经典的 PcG 蛋白相关表型均由 *HOX* 基因异位表达引起。因此 Pc 和其他具有类似表型的基因均被定义为 *HOX* 活性的抑制子。进一步的详细研究表明，PcG 蛋白仅仅维持抑制 *HOX* 的表达，而不建立位点特异的 *HOX* 表达模式。随后在早期体节基因的作用下激活相关转录因子的表达，从而调控发育。基于对 *HOX* 表达的抑制或者激活作用，可以将这些反式调控因子分为两个相反的大类，即 PcG 和 TrxG（Kennison，1995）。

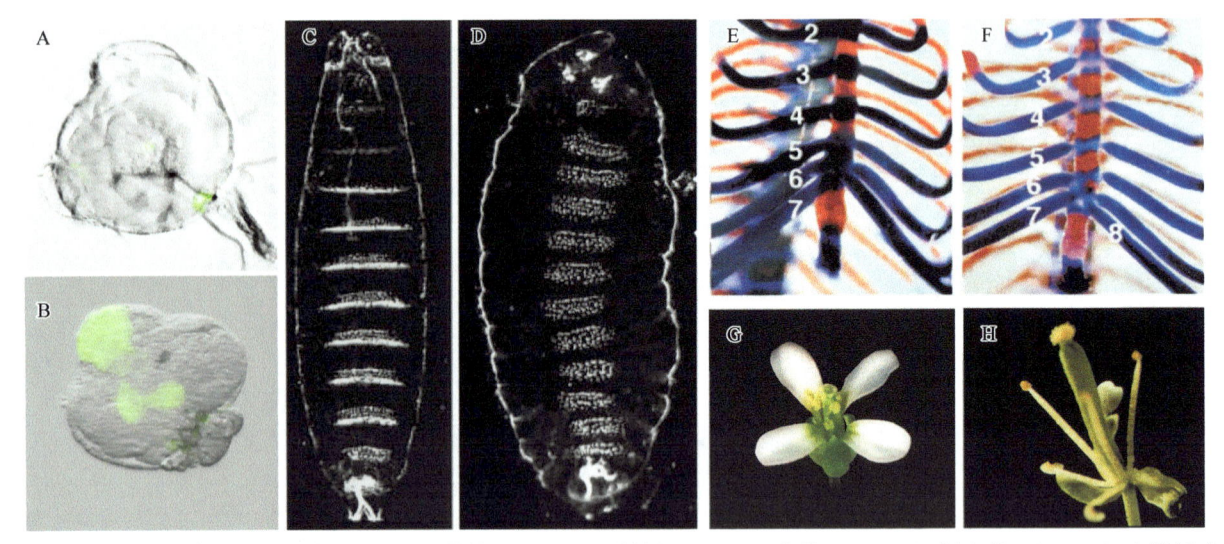

图 17-2 不同物种中 PcG 突变体的同源异型转换。（A～D）果蝇、(E, F) 小鼠、(G, H) 拟南芥。(A, B) 由腿部成虫盘展现的转决定事件，由绿色荧光蛋白 (GFP) 标记的翅膀特异性基因 *vestigial* 展示。(C, D) 野生型 (C) 和 *Su(z)12* 突变体 (D) 胚胎的角质层。在 *Su(z)12* 突变体胚胎中，因 *Abd-B* 基因在所有节段的表达异常，全部的腹部、胸部和部分头部节段（在该焦平面上未能全部展示）均转变为第 8 节腹段。(E, F) 新生野生型 (E) 和 *Ring1A*$^{-/-}$ 小鼠 (F) 的中轴骨。胸部区域的骨（红色）和软骨（蓝色）。突变体小鼠表现出第 1～8 节胸椎骨前变形，而不是野生型中的第 1～7 节。(G, H) 野生型 (G) 和 *clf-2* 突变体 (H) 的花。野生型的花展现了正常排布的萼片、花瓣、雄蕊、心皮。在 *clf-2* 突变体中，花缺失或缺少了花瓣。(A, B, 由 N. Lee 和 R. Paro 提供；C, D, 经许可引自 Birve et al., 2001©Company of Biologists Ltd; E, F, 经许可引自 Lorente et al., 2000©Company of Biologists Ltd; G, H, 由 J. Goodrich 提供)

对于果蝇中 PcG 基因的遗传定位以及功能研究，使得在小鼠等脊椎动物中研究其同源基因成为可能，而随后的研究证明了在小鼠体内 PcG 同样是 *HOX* 基因表达调控的关键因子（van der Lugt et al., 1994; Core et al., 1997）。在哺乳动物体内，PcG 基因的突变会导致脊椎的同源异型转化（homeotic transformation）（图 17-2E, F）。除此之外，PcG 基因在调控细胞增生、干细胞维持和癌症中均起到重要作用（17.4.2 和 17.4.3 节）。

在秀丽隐杆线虫（*Caenorhabditis elegans*）和开花植物拟南芥（*Arabidopsis thaliana*）这两种模式生物中，通过对突变体的遗传学分析，均发现存在编码 PcG 蛋白的同源基因。在线虫中通过筛选母性效应不育（maternal effect sterile）*mes* 突变体鉴定到 PcG 家族成员，且在两性生殖系中与 X 染色体的沉默相关〔第 23 章（Strome et al., 2014）〕。

在拟南芥中，PcG 基因则在多个研究发育过程的突变体中被鉴定到（Hsieh et al., 2003）。在植物中第 1 个鉴定到的 PcG 基因是 *CURIY LEAF*（*CLF*），它是在花器官形成过程相关的突变体中被鉴定到的（Goodrich et al., 1997）。*FERTILIZATION-INDEPENDENT SEED*（*FIS*）家族基因的功能则在筛选因母体效应而败育（Grossniklaus et al., 1998）和未受精而发育的种子的突变体中被发现（Luo et al., 1999; Ohad et al., 1998）。最后，PcG 基因在筛选植物开花突变体中被鉴定到，如发芽后直接开花的突变体（Ybshida et al., 2001）和春化效应失效的突变体（Gendall et al., 2001）。春化效应是指植物必须经受持续的寒冷刺激后才能开花的现象〔第 31 章（Baulcombe and Dean, 2014）〕。

受 PcG 蛋白调控的不同通路广泛存在于不同生命体中，这表明了抑制关键调控因子对于生物体发育的重要意义。一方面从植物到动物，PcG 蛋白的生物学功能存在惊人的保守性（例如，对于发育中关键调控因子的调控和对细胞增殖的调控）；另一方面，PcG 复合体又因其复杂而多变的组成，调控着多种多样的发育与细胞的生物学过程。

17.2 染色质上沉默标记的建立

根据 PcG 蛋白的生物化学特征，将其分为两个大类：多梳蛋白抑制复合体 1 和 2（PRC1 和 PRC2；表 17-1），两种复合体作用于抑制基因表达的不同阶段。PRC2 具有组蛋白修饰酶的活性，即甲基化 H3K27，进而沉默基因表达。PRC1 的组分能够识别并结合到 H3K27 甲基化修饰位点，进而诱导染色质结构变化。除此之外，PRC1 还能够对特定位置的 H2AK118/119 位点进行单泛素化修饰。这些复合体在多细胞动物（Whitcomb et al., 2007）和植物（Kohler and Henning, 2010）中均高度保守。

表 17-1 模式系统中核心 PcG 蛋白

果蝇			小鼠	拟南芥	线虫
PcG DNA 结合蛋白					
PHO	Pleiohomeotic	锌指	YY1		
PHOL	Pleiohomeotic-like	锌指			
PSQ	Pipsqueak	BTB-POZ 结构域			
DSP1	Dorsal switch protein1	HMG 结构域蛋白	HMGB2		
PRC2 核心蛋白					
ESC	Extra sex combs	WD 40 重复	EED	FIE	MES-6
E(Z)	Enhancer of zeste	SET 结构域	EZH 1/ ENX2	CLF	MES-2
			EZH2/ ENX1	MEA	
				SWN	
SU(Z)12	Suppressor of zeste 12	锌指	SU(Z)12	FIS2	
		VEFS 盒		VRN2	
				EMF2	
p55	p55	组蛋白结合结构域	RBAP48	MSI1	
			RBAP46	（MSI2/3/4/5）	
PRC1 核心蛋白					
PC	Polycomb	克罗莫结构域	CBX2/M33		
			CBX4/MPC2		
			CBX6		
			CBX7		
			CBX8/ MPC3		
PH	Polyhomeotic	锌指	EDR1/MPH1/RAE28		SOP-2
		SAM/SPM 结构域	EDR2/ MPH2		
			（EDR3）		
PSC	Posterior sex combs	锌指	BMI1	AtBMIlA	MIG-32
		HTH 结构域	MHL18/RNF110/ZFP144	AtBMIlB	
				AtBMIlC	
SCE/dRING	Sex combs extra/dRing	RING 锌指	RING1/RING1A	AtRINGlA	SPAT-3
			RNF2/RING1B	AtRING IB	

17.2.1 PRC2 的组分及进化的保守性

在果蝇胚胎中纯化出几种 PRC2 的变型，但是所有的变型均含有 4 种核心蛋白，包括具有 SET 结构域的组蛋白赖氨酸甲基转移酶 Enhancer of zeste [E(z)]、WD40 蛋白 ESC、组蛋白结合蛋白 p55 和 zeste12 抑制子 SU(Z)12（表 17-1 和图 17-3）。

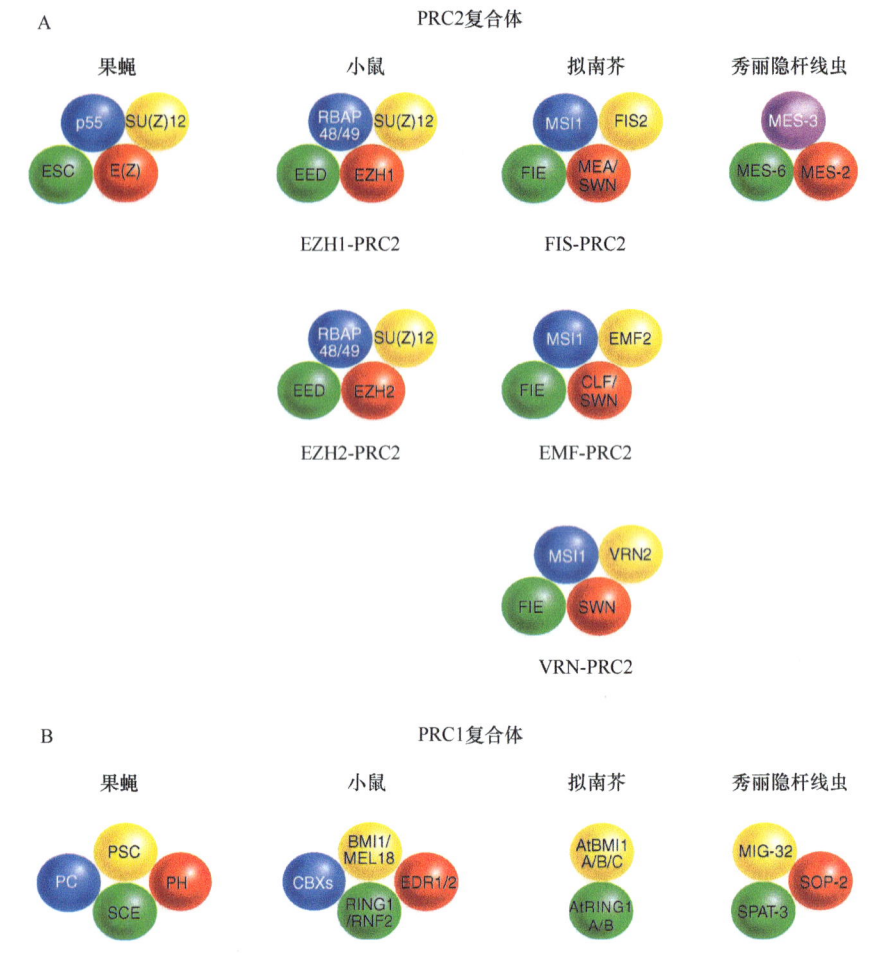

图17-3 保守的PRC2的核心复合体。果蝇、小鼠、拟南芥和秀丽隐杆线虫中PRC2（A）和PRC1（B）的保守核心蛋白。（A）在小鼠中含有EZH1或EZH2的PRC2变体具有不同的功能，而在拟南芥中PRC2复合体在发育过程中分化为至少3个功能不同的变体。在线虫中，PRC2核心复合体仅含有3种蛋白质，而MES-3与其他已知的PRC2蛋白没有同源性。除这些核心蛋白质外，还有其他一些蛋白质（这里没有显示）与PRC2相互作用。例如，哺乳动物PRC2复合体包含组蛋白赖氨酸去甲基化酶JARID2、锌指蛋白AEBP2和果蝇PCL蛋白的各种同源蛋白质（PCL1/2/3）。与PCL共同具有植物同源结构域（plant homeodomain，PHD）的蛋白质，在其他方面并不密切相关，而在拟南芥中与VRN-PRC2复合体相关。同源蛋白质用相同的颜色表示。（B）在4个物种中，PRC1的核心蛋白的保守性低于PRC2。在哺乳动物中，编码PRC1核心亚基的所有基因都已经被发现（表17-1），它们可以形成各种不同亚型的复合体。除核心成分之外，在PRC1复合体中还发现了一些其他的蛋白质，但它们的特征不太清楚，所以也没有显示出来。在植物中，只有果蝇PSC和SCE同源蛋白质被鉴定到，这些蛋白质是由小基因家族编码的。同源蛋白质用相同的颜色表示（Reyes and Grossniklaus 2003；Chanvivattana et al.，2004；Margueron and Reinberg，2011）。

    E(z) 基因编码一个760个氨基酸的蛋白质，该蛋白有一个SET结构域，具有组蛋白赖氨酸甲基转移酶活性。在SET结构的前端存在着一个CXC和一个前SET结构域（pre-SET domain）（Tschiersch et al.，1994），这些结构域含有9个保守的半胱氨酸残基，能够结合3个锌离子，被认为具有稳定的SET结构域功能［第6章图6-1（Cheng，2014）］。这些半胱氨酸维持蛋白质结构稳定性的功能得到了以下事实的证明，即几个热敏感性等位基因 *E(z)* 被发现可以影响其中的一个半胱氨酸（Carrington and Jones，1996）。此外，E(Z)包含一个具有组蛋白结合能力的SANT结构域和一个与SU(Z)12相互作用的C5结构域。ESC是一个具有425个氨基酸的短蛋白质，含有的5个WD40结构域形成了一个β螺旋结构，这样一种特殊的结构为其提供了蛋白与蛋白相互作用的基础，使得ESC能够在所有已知的模型中，与PRC2复合体中的E(z)和p55相互作用。SU(Z)12则是一个具有900个氨基酸的蛋白质，其拥有一个C_2H_2类型的锌指结构域和一个VEFS结构域的

C端。在不同的SU(Z)12中，VEFS结构域具有高度的保守性。SU(Z)12在植物中有3个同源蛋白质，包括VERNALIZA-TION2（VRN2）、EMBRYONIC FLOWER2（EMF2）和FIS2（图17-3）。在数个*Su(z)12*突变体中，VEFS均发生了突变，表明其在与E(Z)的C5结构域相互作用过程中不可或缺（Chanvivattana et al.，2004；Yamamoto et al.，2004）。

PcG复合体中的p55蛋白并不是通过遗传筛选的方法鉴定出来的，这也许是因为p55蛋白还是许多染色质其他蛋白复合体的组分（Henning et al.，2005）。p55被鉴定为PRC2复合体的组分是通过生物化学的方法。p55具有430个氨基酸和6个WD40结构域，无论是在动物还是植物中，这些WD40结构域都是p55与ESC相互作用的基础（Tie et al.，2001；Kohler et al.，2003a）。

除这些PRC2复合体的核心组分蛋白质以外，在某些复合体中还含有RPD3组蛋白去乙酰化酶（histone deacetylase，HDAC）和多梳蛋白样蛋白（polycomb-like，PCL）。由于组蛋白的去乙酰化与基因表达抑制相关，因此PRC2与RPD3的相互作用显得尤其重要［第5章（Seto and Yoshida，2014）］。PRC2复合体不同类型间组分的多样性，正是发育或组织间特异性调控的动态变化结果。PRC2在无脊椎动物、脊椎动物和植物中高度保守（图17-3）。在线虫中，E(Z)和ESC的同源蛋白质仅存在MES-2和MES-6，它们与不保守的蛋白质MES-3共同构成了一个约230kDa的小复合体，该复合体具有在雌雄同体中抑制X染色体和部分体细胞活跃基因表达的功能［第23章（Strome et al.，2014）］。在哺乳动物和植物中，PRC2复合体的4个核心组分均存在。与果蝇中类似，哺乳动物的PRC2复合体约600kDa，其不仅仅能够调控同源异型基因的表达，还是细胞增殖、X染色体失活和印记基因表达调控的关键因素［更多细节见17.4节，第26章（Barlow and Bartolomei，2014）］。

在植物中由于有多个重复基因能够编码PRC2组分，因此构成了小型基因家族。在拟南芥中，ESC仅有一个同源蛋白质，即FERTILIZATION-INDEPENDENT ENDOSPERM（FIE），但E(Z)和SU(Z)12均有3个同源蛋白质，而p55有5个同源蛋白质（命名为MSI1～5，表17-1）。这些蛋白质多样化的组合至少直接形成了3种不同复合体，即FIS-PRC2、EMF-PRC2和VRN-PRC2复合体，它们参与调控特殊的发育过程（图17-3）。

在这些不同的复合体中，首先被详细研究的是*FIS*基因家族编码的蛋白质，该家族是种子中细胞增殖的重要调控因子（Grossniklaus et al.，2001）。FIS-PRC2复合体包含MEDEA（MEA）、FIE1、FIS2和MSI1等组分。利用上述单一组分的染色质免疫共沉淀技术（chromatin immunoprecipitation，ChIP），前人发现FIS-PRC2能够直接调控*MEA*基因，并且同样能够调控具有MADS结构域的转录因子*PHERES1*（*PHE1*）和具有B3结构域的*FUSCA3*（*FUS3*）（Kohler et al.，2003b；Baroux et al.，2006；Makarevich et al.，2006）。有趣的是，*PHE1*父本等位基因的表达水平远高于母本，这是因为FIS-PRC2能够特异性地抑制母本基因表达的基因组印记效应（Kohler et al.，2005）。正如在17.4.1节中讨论的，FIS-PRC2在哺乳动物中具有类似的功能，即调控细胞增殖和印记基因表达。

EMF复合体则含有CLF和EMF2蛋白质（Chanviyattana et al.，2004），二者中任意一个的突变体均具有弱的同源异型转换（homeotic transformation）和早花表型。EMF-PRC2能够抑制同源异型基因的表达，而这些基因的共同作用决定了花器官的特征（Goodrich et al.，1997）。与果蝇和脊椎动物中的功能相比，植物EMF-PCR2在抑制同源异型基因方面具有相同的作用（图17-2）。植物中的同源异型基因并不编码同源异型蛋白质，而是编码含MADS结构域或植物特异的AP2结构域的转录因子家族。但是*emf2*的强突变体具有更为显著的表型，如萌发后直接跳过营养生长阶段就开花（Yoshida et al.，2001）。因此EMF-PRC2在发育的早期阶段抑制过早开花和调控花器官形成时期的过程中起到重要作用（Chanvivattana et al.，2004）。*FLOWERING LOCUS T*（*FT*）、*SHOOTMERISTEMLESS*（*STM*）和含有MADS-盒结构域的*AGAMOUS*（*AG*）基因是植物开花所必需的，其中*FT*和*STM*都能够促进成花转变，*AG*能与*STM*一起调控花器官发育，而EMF-PRC2复合体则能够直接抑制上述基因的表达（图17-4）（Schubert et al.，2006；Jiang et al.，2008）。FIS家族蛋白质FIE和MSI1同样涉及同源异型基因的表达调控（图17-3和图17-4）。由于FIE和MSI1双突变会因为母体效应导致胚胎发育致死，因此相关基因的功能研究仅仅局限于发育后期的部分功能缺失的等位基因（Kinoshita et al.，2001；Henning et al.，2003）。

396 表观遗传学

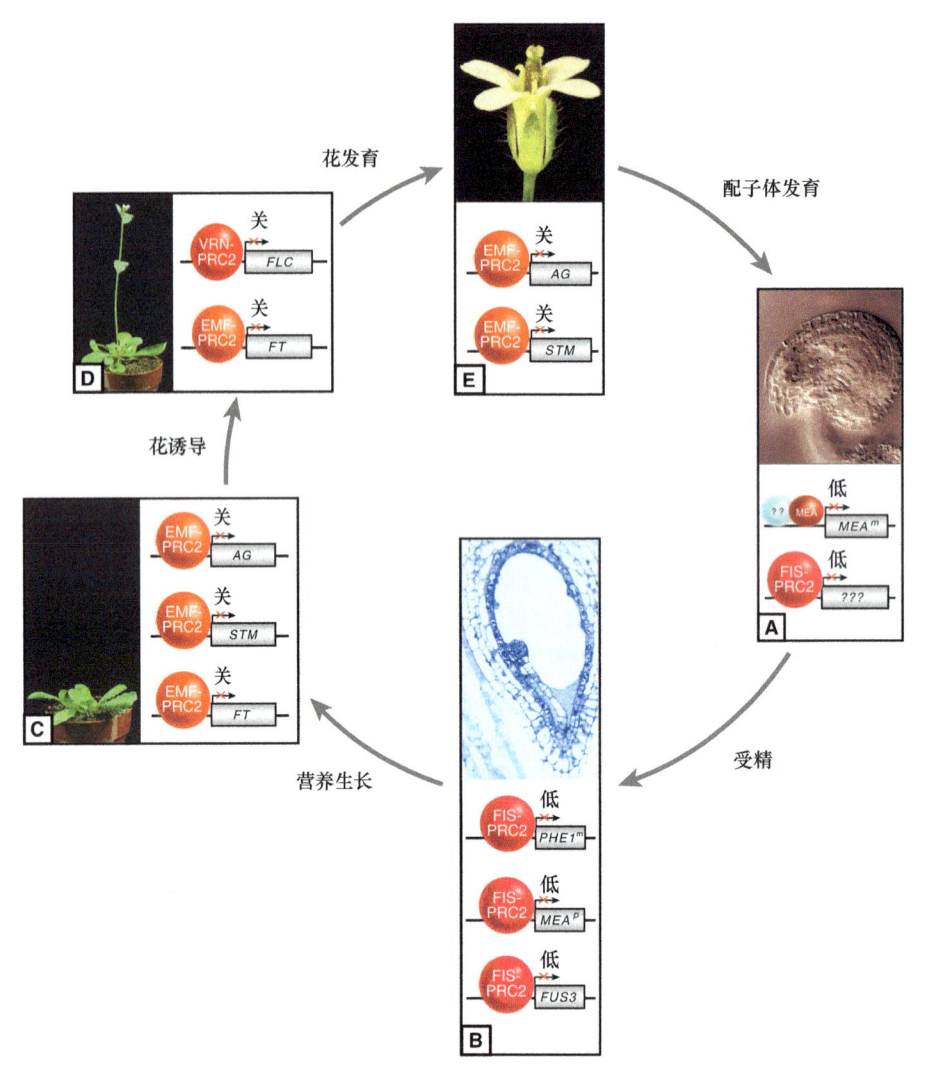

图 17-4 不同 PRC2 复合体在植物发育不同阶段的功能。 在植物生活史中，PRC2 的不同变体（图3）调控着发育进程。（A）透明化的野生型胚珠，其中心的雌配子体被显示。FIS-PRC2 复合体能够抑制控制中央细胞增殖的未知靶基因。在所有的 *fis* 家族突变体中，这种细胞在没有受精的情况下增殖。在受精过程前后，也需要 MEA 来维持母体 *MEA* 等位基因（*MEA^m*）的低水平表达，但这一活性独立于其他 FIS-PRC2 复合体组分。（B）被种皮包裹的含有胚和胚乳的野生型种子的切片。受精后，FIS-PRC2 复合体参与胚和胚乳中细胞增殖的调控。尽管 FIS-PRC2 对其抑制作用很小，但它维持了母系 *PHE1^m* 等位基因的低表达水平，并参与了父系 *MEA^p* 等位基因的沉默。*FUS3* 基因两个亲本等位基因的表达都被 FIS-PRC2 复合体抑制。（C）开花前野生型植物。EMF-PRC2 复合体通过抑制 *FT* 来阻止开花，并直接抑制花基因 *AG* 和 *STM*。（D）抽薹后的野生型植物，通过适当的光周期和/或春化诱导成花。前者是由于 EMF-PRC2 复合体减轻了对成花基因 *FT* 的抑制，而后者是由于 EMF-PRC2 复合体对成花抑制基因 *FLC* 的抑制，从而诱导开花。*FLC* 抑制的维持依赖于 VRN-PRC2。（E）野生型拟南芥花器官。在花器官形成过程中，EMF 复合体调节成花的同源基因，如 *AG*（决定花器官的身份）和 *STM*（参与花器官的发育）。（A，由 J.M. Moore 和 U. Grossniklaus 提供；B，由 J.-R Vielle-Calzada 和 U. Grossniklaus 提供；C，D，由 D. Weigel 提供；E，经许可引自 Page and Grossniklaus，2002©Macmillian）

VRN-PRC 复合体在春化过程中起到重要作用。这种表观遗传学调控决定着每年冬季植物的开花时间，但这种效应必须经过许多次细胞分裂才能观察到［图 17-4D；第 31 章图 31-1（Baulcombe and Dean，2014）］。植物的细胞能够记住低温周期后的春化效应长达数月，甚至数年。这种细胞的记忆甚至还能够通过组织培养过程来维持，但是不能传代（Sung and Amasino，2004）。*VRN* 基因介导了这种春化效应。植物中的 *VRN2* 基因编码一个 SU(Z)12 同源蛋白质（Gendall et al.，2001），酵母双杂交实验证明了其能够与 E(Z) 的同源蛋白 CLF 和 SWINGER（SWN）相互作用（Chanvivattana et al.，2004）。开花调节不仅仅由春化效应调控，还涉及内在因素（发育时期和年龄）和外在因素（光照周期、光照条件和温度）的综合作用。在 4 条开花调控通路中，通过遗传学分析已经鉴定到其中 2 条通路涉及 PcG 蛋白（第 31 章图 31-1B，Baulcombe and Dean，2014）。4 条开花调控通路包括：①自主调控途径，其通过 PcG 介导的 H3K27 甲基化修饰持续抑制开花；②春化途径，植物经过低温诱导后开花；③光周期途径，由长日照条件介导开花；④赤霉素途径，通过激素调控开花。开花基因 *FLOWERING LOCUS C*（*FLC*）能够编码含有 MADS 结构域的转录因子，这是关键的抑制开花的整合因子。尽管春化效应中对 *FLC* 基因的抑制作用最初并不是由 VRN-PRC2 复合体介导的，而是由该复合体维持 *FLC* 的低表达。在春化和自主途径中，均需要整合不同的信号通路，抑制 *FLC* 的表达（Gendall et al.，2001；DeLucia et al.，2008；Jiang et al.，2008）。VRN-PRC2 复合体含有的核心组分包括 VRN2、SWN、FIE、MSI1（图 17-3），以及 3 个 PHD 指相关的蛋白质（Wood et al.，2006；DeLucia et al.，2008）。有趣的是 VRN2 与 *FLC* 基因位点的相互作用并不依赖低温，而 *FLC* 基因的沉默则由 VRN2-PRC2 和 VRN5 的相互作用而起始，其中 VRN5 是一个具有 PHD 指结构域的、被冷诱导的、与 PCL 类似的蛋白质［17.2.2 节和第 31 章图 31-2（Baulcombe and Dean，2014）］。综上所述，植物开花是 VRN-PRC2 复合体调控 *FLC* 基因的表达，以及 EMF-PRC2 调控 FT 蛋白共同作用的结果（图 17-4）。

17.2.2　PRC2 的染色质修饰活性

PRC2 复合体到底是如何介导抑制效应的？在果蝇、哺乳动物和植物中，PRC2 能够介导组蛋白 H3K27me3 的修饰（Cao et al.，2002；Czermin et al.，2002）。全基因 PcG 组分的 ChIP 分析表明，其结合位点与 H3K27me3 的修饰位点具有高度重叠性，因此认为这种甲基化修饰与 PcG 复合体的沉默效应有关（Schuettengruber et al.，2009；Kharchenko et al.，2010）。PRC2 的核心组分 E(Z) 可以通过其 SET 结构域催化组蛋白 H3K27 位点的三甲基化（图 17-5A）。但是，仅仅依靠 E(Z) 蛋白质是没有催化活性的，还需要 PRC2 复合体其他组分 ESC 和 SU(Z)12 的协助（Cao and Zhang，2004；Pasini et al.，2004；Nekrasov et al.，2005）。尽管这种维持染色质基因沉默的作用机制极为复杂，但是在哺乳动物中这种机制却相当保守，这是因为与 PRC2 相关的数种蛋白和复合体组分均已经被发现。例如，ECS 类似基因能够编码与 ECS 相似的蛋白质，并且能够完全替代 ECS 的功能（Wang et al.，2006；Kurzhals et al.，2008）。同样，含有 PCL 的一个 PRC2 复合体变型能够特异地增强 H3K27me3 的甲基化（Nekrasov et al.，2007），当缺少 PCL 时，在胚胎和幼虫的组织中的 H3K27me3 修饰减少，导致数个基因的抑制效应减弱。有趣的是，在哺乳动物中，也存在着功能和结构相似的、含 PHD 指的蛋白质 PHF1（Cao et al.，2008；Sarma et al.，2008）。

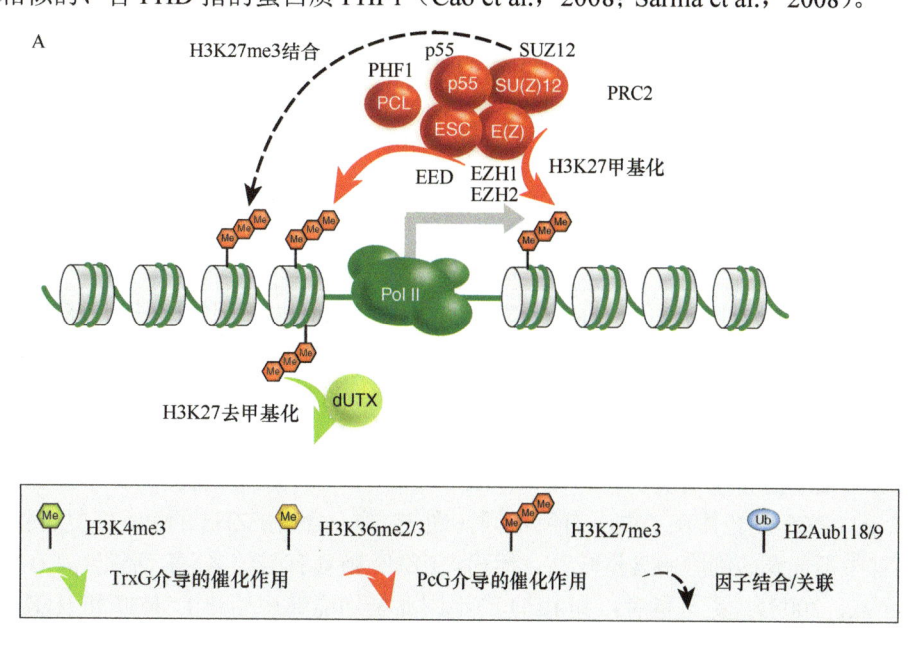

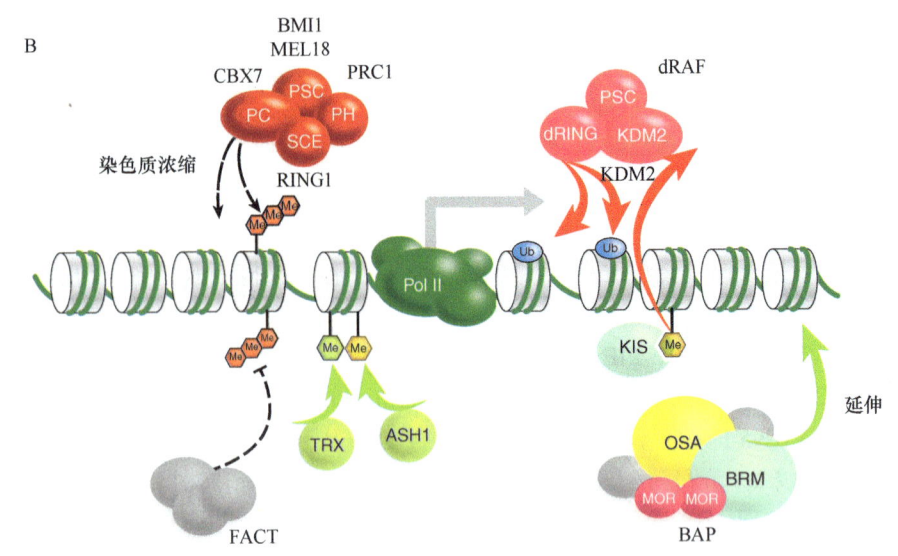

图 17-5　PcG 和 TrxG 复合体核心蛋白质及其在启动子上的功能示意图。果蝇 PcG 蛋白显示为红色椭圆形，其中哺乳动物同源蛋白质用灰色表示。(A) PRC2 的组成、功能及与 TrxG 蛋白的拮抗活性（浅绿色）。(B) PRC1 和 dRING 相关因子（dRAF）的成分和功能以及 BAP SWI/SNF 的拮抗活性，FACT（facilitates chromatin transcription）染色质重塑复合体，以及具有 SET 结构域组蛋白 KMT（TRX 和 ASH1）。TrxG 蛋白 Kismet-L 是染色质重塑因子 CHD（chromatin-helicase-DNA-binding）亚家族的成员，可促进 RNA Pol Ⅱ 的延伸。(修改自 Enderle，2011)

　　哺乳动物的 PRC2 同样被报道与转录激活相关的 H3K4 甲基化负相关。PRC2 通过招募 H3K4me3 去甲基化酶 RETINOBLASTOMA BINDING PROTEIN 2（RBP2）（Pasini et al.，2008）至目标基因，并通过 JARID2 控制转录延伸来调控基因表达（Landeira et al.，2010）。然而目前还没能完全理解这些变化及活性的生物学意义，甚至 H3K27me3 的分子生物学功能还存在着不少争议。另外，没有证据显示 H3K27 甲基化能够直接改变核小体结构以抑制靶基因。H3K27 甲基化似乎为其他 PcG 蛋白提供了结合平台，如 PRC1 复合体可以通过它的 PC 亚基的克罗莫结构域弱结合到 H3K27me3 上。哺乳动物 PRC2 本身也被证明通过胚胎外胚层发育蛋白（embryonic ectoderm development protein，EED）与 H3K27me3 结合（Fischle et al.，2003；Margueron et al.，2009）。有趣的是，这种相互结合似乎能够启动 E(Z) 的赖氨酸甲基转移酶活性，从而提供一个自我强化的正反馈循环［第 3 章图 3-13（Allis et al.，2014）］，为 PcG/TrxG 系统的遗传稳定性提供潜在的帮助（Margueron et al.，2009）。哺乳动物中 TrxG 的相反作用同样被报道，如 UTX/KDM6A 是哺乳动物中与果蝇 dUTX 同源的蛋白质，显示出 TrxG 组分的一些遗传特征（Smith et al.，2008），无论在体内还是体外均表现出对 H3K27me3 的去甲基化活性（Agger et al.，2007；Lee et al.，2007）。上述这些现象表明 PcG 和 TrxG 蛋白在染色质修饰过程中存在的直接拮抗关系（图 17-5A）。

17.2.3　发育过程中 PRC2 的动态功能

　　正如 17.2.1 节和 17.2.4 节中指出的，PRC1 和 PRC2 核心复合体与不同的因子相关联，这些因子可能在招募 PcG 复合体到组织特异性靶位点或调节靶基因表达方面发挥作用。PcG 复合体甚至可能在同一细胞的靶基因之间存在差异，这表明在不同发育阶段 PcG 复合体具有高度动态的行为。在哺乳动物和植物中进行的研究清楚地表明，PcG 复合体在特定组织中有不同的组成，并且在细胞分化过程中其组成成分不断发生变化。与 17.2.1 节中描述的植物情况类似，编码 PRC2 亚基的一些基因在哺乳动物中被复制。例如，包含 EZH1 或者 EZH2 的 PRC2 复合体在功能上有所不同（图 17-3），含有 EZH1 的 PRC2 复合体具有弱的 KMT 活性，在成体器官中不分裂的细胞中含量较高。然而，EZH2 则具有强的 KMT 活性，并在增殖细胞中高表达（Margueron et al.，2008）。更有甚者，如 EED 的不同亚型均能够甲基化 H3K27 和 H1K26，而这些亚型具有同样的 mRNA，只是转录起始位点不同（Kuzmichev et al., 2005）。

果蝇中，在胚胎发生早期，PcG 蛋白建立起维持同源基因的受抑制状态，从而确定发育决定。一旦这种沉默状态被建立，它通常会在个体的剩余寿命中保持这种状态。在植物中类似的状态由 VRN-PRC2 建立，一旦完成春化，靶基因将永久失活，直到在下一代中被重置［第 31 章（Baulcombe and Dean, 2014）］。然而，其他植物 PRC2 变体似乎对发育和环境刺激反应更为迅速，例如，FIS-PRC2 的功能之一就是在没有受精的情况下抑制细胞增殖。然而，在受精后，细胞增殖被迅速诱导，这可能是通过 PcG 靶基因的去抑制实现的。这表明 PcG 抑制是默认状态，必须被某些未知的机制所克服，从而允许发育进程发生。事实上，各种植物 PRC2 变体的主要功能似乎是调节发育阶段的转变，这些转变发生在受精、种子发育、萌发后植物从幼体发育到成体和最后的生殖等阶段（Holec and Berger, 2012）。

17.2.4　PRC1 复合体的组分

从果蝇胚胎中纯化的 PRC1 核心复合体含有 PC（polycomb）、多同源异型（Polyhomeotic，PH）、后部性梳（posterior sex comb，PSC）和额外性梳（sex comb extra，SCE/dRing1）（Shao et al., 1999）。在哺乳动物中 PRC1 复合体也具有相应的组分，只是编码的基因存在扩增情况（表 17-1）。正如前文所提及的，在体外 PC 组分具有特异结合 H3K27me3 的能力。这并不一定意味着 H3K27me3 是 PRC1 的主要招募者（图 17-5B），因为在实验技术上，很难区分招募本身与接着发生的与该位点染色质稳定结合之间的区别。但是，在人源细胞中，体内实验清楚地证明了增加 H3K27me3 修饰的水平能够增强 PRC1 的结合，表明 PC 组分作为 PRC1 复合体结合染色质的媒介起着重要作用（图 17-5B，Lee et al., 2007）。此外，H3K27 突变的果蝇不能抑制 PcG 靶基因的转录，其表型与 *Polycomb* 突变体相似（Pengelly et al., 2013）。重组后的哺乳动物 PRC1 核心成分在体外核小体组装实验中，发现其能抑制 SWI/SNF 介导的染色质重塑，并限制 RNA 聚合酶 Ⅱ（RNA Pol Ⅱ）的进入（Shao et al., 1999；King et al., 2002）。PRC1 亚基 PSC 和 SU(Z)2 对于染色质结合都是至关重要的，这解释了为什么 PSC 和 SU(Z)2 完全的功能冗余（Lo et al., 2009）。PRC1 的另一项保守功能是具备泛素化修饰 H2A-K118/K119（H2AK118/119ub1）的功能，该功能是通过 E3 泛素连接酶 SCE/dRingl 完成的（图 17-5B）（Wang et al., 2004b；Gutierrez et al., 2012）。这种泛素化修饰呈现出严密而动态的调控，因为 PR-DUB（另一种 PcG 复合体，含有 Calypso 和额外的 sex comb）具有去泛素化的功能（Scheuermann et al., 2010）。此外，该泛素化修饰与组蛋白 H2B 的泛素化修饰之间存在协同作用，这进一步扩大了调控的可能性（Weake and Workman, 2008）。

目前关于 H2AK118/119ubl 的功能尚不清楚，但它在一定程度上能够抑制对染色质 FACT 重塑复合体的招募（Zhou et al., 2008）。最近的研究表明，PRC1 介导的 H2A 泛素化活性对于 PRC1 与目标基因结合和对 *HOX* 位点染色质的紧密包装是不可缺少的，但对于有效抑制靶基因并维持胚胎干细胞状态并不是不可缺少的（Endoh et al., 2012）。果蝇的 H2AK118/119ubl 标记也是由独特而保守的 dRAF 复合体修饰的（图 17-5B）（Lagarou et al., 2008；Scheuermann et al., 2010）。有趣的是，dRAF 能够通过其 dKDM2 亚基将 H3K36 去甲基化，将通过去除激活标记引起的转录延伸的抑制，与通过 H2A 泛素化的抑制直接联系起来。

由于 PRC1 核心亚基大部分在植物中不保守，因此 PRC1 是否具有普遍保守性一直存在争议。虽然在植物中没有明确的 PC 同源物，但是拟南芥中 LIKE HETEROCHROMATIN PROTEIN 1/TERMINAL FLOWER2（LHP1/TFL2）蛋白作为果蝇 PC 的功能类似蛋白质而存在。与 PC 蛋白类似，LHP1/TFL2 也能够在体外结合到 H3K27me3 位点，并且在全基因组上与其共定位（Turck et al., 2007；Zhang et al., 2007）。同样，*lhp1/tfl2* 突变体也表现出与经典 PcG 突变体一些相同的表型。此外，PSC 和 SCE/dRing 存在多个同源蛋白质（表 17-1），*Atbmi1a/1b* 或 *Atring1a/1b* 双突变体的表型与 PRC2 突变体相似。事实上 AtBMI1 同源蛋白已经被证明在体内能够介导 H2A 的单泛素化修饰（Bratzel et al., 2010）。拟南芥中 PSC/BMI1 和 SCE/dRING 同源蛋白与克罗莫结构域蛋白 LHP1 和植物特异核蛋白 EMF1 相互作用。因此，植物有一个类似 PRC1 的复合体，其中既包含一些 PRC1 组分同源蛋白质，也存在植物特有的蛋白质。然而，这种 PRC1 类似复合体仅具有调控一部分 PRC2 靶点的活性，在果蝇中对其也有同样的报道（Gutierrez et al.，2012）。例如，在 *Atbmi1a/1b* 或者 *Atring1a/1b* 双突变体中，PRC2 的靶基因 *AG* 的表达并没有上调（Xu and Shen，2008；Bratzel et al.，2010）。

尽管已发现 PcG 复合体的功能多得令人眼花缭乱，但对于复合体（除核心亚基之外）所发挥的作用，仍有值得探索的内容。在 PRC1 复合体中存在大量的松散结合亚基，如 TBP 相关因子。这种相互作用可能具有抑制 RNA Pol Ⅱ 复合体过早组装的功能（Dellino et al.，2004）。其他几种催化功能似乎也与 PcG 沉默有关，如 PRC1 组分与 HDAC1 相关联（Huang et al.，2002），这表明组蛋白去乙酰化也许在 PcG 介导的染色质沉默过程中发挥着重要作用。此外，PcG 基因 *super sex combs*（*sxc*）编码一种酶，该酶可以对 PH 蛋白和 RNA Pol Ⅱ 进行 β-*O*-连接的 *N*-乙酰氨基葡萄糖残基的翻译后修饰，而这种修饰对于抑制多个 *HOX* 基因是必需的（Gambetta et al.，2009；Sinclair et al.，2009）。另一个有趣的关联是，通过乙酰转移酶 cAMP 反应元件结合蛋白的结合蛋白（acetyltransferase cAMP response element binding protein-binding protein，CBP）对 H3K27 的乙酰化。可能存在一种类似开关的机制，拮抗其甲基化修饰（Tie et al.，2009）。最有趣的是，在哺乳动物干细胞细胞分化过程中，基于 PcG 的、以 H3K27me3 为标记的启动子经常发生 DNA 甲基化修饰，这表明 *Polycomb* 的抑制效应和从头开始的 DNA 甲基化是相连的（Mohn et al.，2008）。最近在植物中也发现了 PRC2 组分和 MET1 DNA 甲基转移酶的直接物理相互作用，表明这些主要表观遗传途径之间的相互作用在进化上是古老的（Schmidt et al.，2013）。

17.2.5　PcG 与 RNA Pol Ⅱ 暂停的启动子的连接

近年来，对于 PcG 复合体通过与特定顺式调控基因元件（PRE，详见 17.3.1 节）结合，进而与启动子相互作用以阻止果蝇转录的机制已研究得更加清楚。利用报告基因质粒研究发现，由于 PRE-PRC1 之间的相互作用，在启动子上暂停的 RNA Pol Ⅱ 复合体得以锚定，从而阻止转录启动（Dellino et al.，2004）。在小鼠的干细胞中，Ring1 介导的 H2A 泛素化可以在 PcG 靶基因上限制暂停的 RNA Pol Ⅱ（图 17-6A）（Stock et al.，2007）。果蝇培养细胞全基因组 ChIP-Seq 分析发现，PRC1 结合位点和 RNA Pol Ⅱ 暂停启动子之间存在强烈重叠（Enderle et al.，2011）。事实上也发现许多 PRC1 靶向非编码 RNA（noncoding RNA，ncRNA）的启动子。其中许多 micro RNA 的初级转录本的启动子最为突出，这表明这类重要的 RNA 调控因子也受 PcG 复合体的调控。启动子上 RNA Pol Ⅱ 的暂停是 PcG 靶基因的主要标志，这一发现表明由 PcG 介导的基因沉默和转录延伸机制之间存在着某种联系。此外，PRC1 被证明可以在体外参与核小体的重塑，并介导产生致密的染色质结构。因此，PRC1 可能阻碍转录因子和转录所需的其他复合体与 DNA 接近，从而调控基因表达（Grau et al.，2011）。

通过甲基化组蛋白尾部的锚定，产生稳定的沉默复合体，是 PcG 蛋白长期抑制功能的一个主要特性。然而在分析细胞水平上的体内实验时，PcG 复合体组分的动态变化显得尤为突出。在不同细胞中，组成 PcG 复合体的组分不同（Bantignies and Cavalli，2011）。对绿色荧光蛋白（green fluorescent protein，GFP）标记的 PC 和 PH 蛋白质的荧光漂白后恢复（fluorescence recovery after photobleaching，FRAP）研究表明，未结合蛋白和它们在沉默靶基因上的复合体之间有很高的交换率（Fonseca et al.，2012）。这些结果表明，长期抑制主要基于结合蛋白和非结合蛋白之间的化学平衡，而不是通过对 DNA 结合位点的高亲和力保护。此外，一种测量核小体周转率的新方法发现在果蝇细胞中活跃基因体、表观遗传调控元件和复制起始点处核小体快速交换（Deal et al.，2010）。令人惊讶的是，在许多 PcG 和 TrxG 调控的区段上都有核小体的快速交换。这一发现对与 PcG 相关的组蛋白标记是否有助于表观遗传稳定性提出了质疑。事实上，最近的研究表明，与 TrxG 相关的活性基因表达标记 H3K4 甲基化并不是必需的，完全缺乏这种组蛋白标记的果蝇细胞在响应发育信号通路时表现出正常的转录激活（Hodl and Basler，2012）。

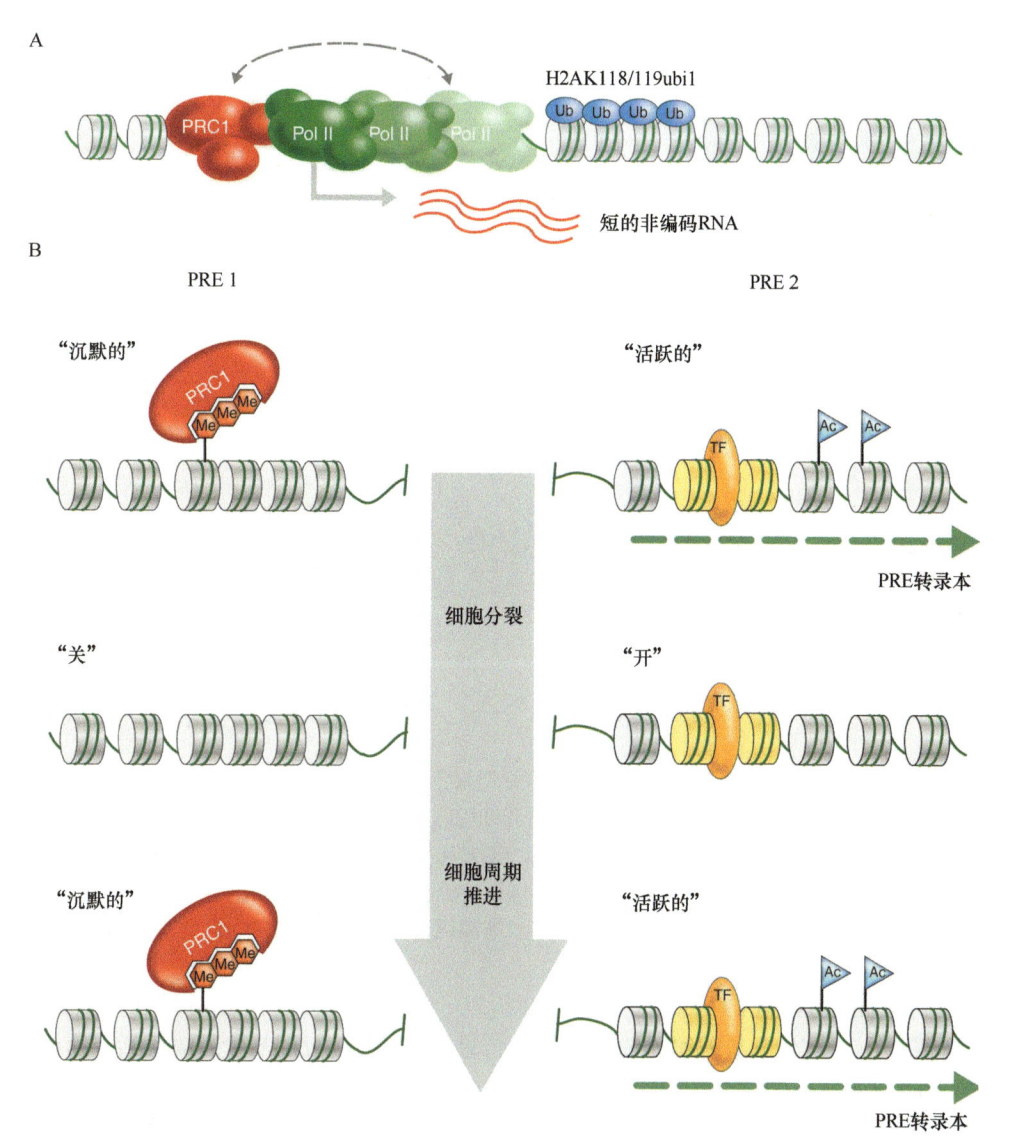

图 17-6 在暂停的启动子上和细胞分裂期间的 PRC1 复合体。（A）PRC1 复合体可能通过阻止 RNA Pol Ⅱ 的延伸来抑制靶基因表达。这可能通过亚基 SCE/dRING 对组蛋白 H2A 进行泛素化修饰，从而压缩启动子近端染色质，或通过直接与转录机器进行相互作用（包括由暂停的 RNA Pol Ⅱ 产生的短 RNA）来实现。（B）阐述差异基因表达状态如何遗传的模式图。基因间转录过程将活性的表观遗传标记（如乙酰化修饰组蛋白、组蛋白变体）放置在控制活性基因的 PRE 上（PRE2）。所有其他 PRE 默认沉默（PRE1）。在 DNA 复制和有丝分裂期间，只有活性的表观遗传信号需要传递到子细胞，以确保在下一个细胞间期，在所有其他 PRE 重新建立默认的沉默之前，它们的基因间转录在 PRE2 位点重新启动。

17.2.6 通过抗沉默来防止可遗传抑制

PRC1 复合体与 PRE 的结合似乎是一种默认状态，因为许多锚定的 PcG 成分和 DNA 结合蛋白在所有细胞中表达，并且含 PRE 调控的报告基因的转基因载体在全基因组被沉默。事实上，TrxG 的拮抗蛋白并不作为激活因子，而是作为抗阻遏因子［Klymenko and Muller，2004；第 18 章（Kingstonh and Tamkun，2014）和图 17-7］。PcG 和 TrxG 蛋白的拮抗作用似乎在动物和植物之间是保守的。例如，植物 PRC2 的数个类似于 *AG* 和 *FLC* 位点的靶基因位点同样通过果蝇 TRX 的同源蛋白质 ATX1 维持在活跃状态。ATX1 作为 H3K4 特异性的 KMT 存在（Alvarez-Venegas et al.，2003；Pien et al.，2008）。

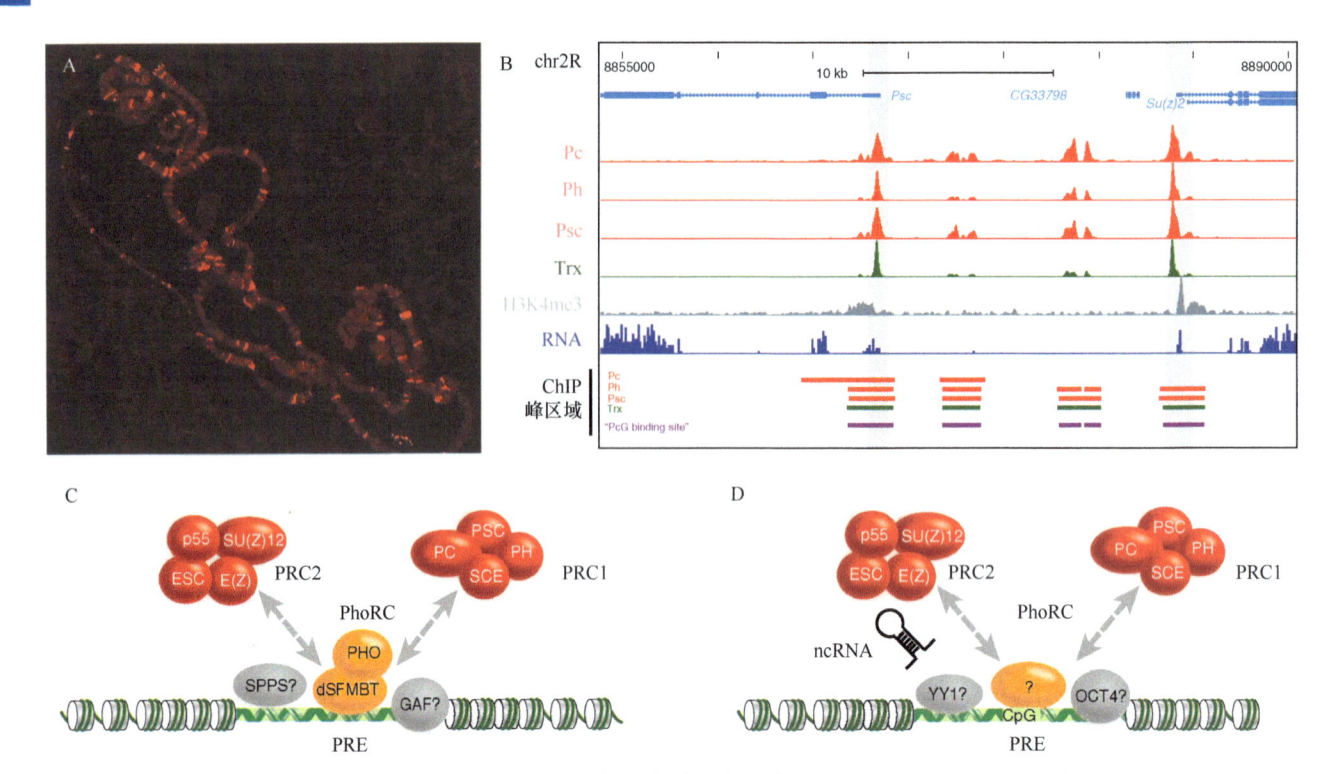

图 17-7 PRC1 的染色体靶向。（A）通过果蝇多线染色体免疫染色观察 PC 蛋白的分布。（B）包含果蝇 PcG 基因 *Psc* 和 *Su(z)2* 的基因组区域。基因组浏览器部分表明果蝇 S2 组织培养细胞的 ChIP-Seq 和 RNA-Seq 分析结果，显示了 PRC1 成分（红色）和 TRX 蛋白质（绿色）的分布（Enderle et al., 2011）。（C）在果蝇中，PhoRC 是 PRC1 和 PRC2 靶向染色质区域的关键因子，但许多其他转录因子也有助于靶向基因的特异性。（D）在小鼠和人类中，提出了几种不同的辅助结合因子，其中包括 Pho 的同源蛋白质 YY1、Jarid 2 和 Oct4 等转录因子、长非编码 RNA 和靶序列的 CpG 含量。（修改自 Enderle, 2011）

因此，在维持 PRE 调控基因的活跃转录时，必须以一种组织和发育阶段特异性的方式来阻止 PRE 的沉默。例如，在果蝇中，由分节基因编码的早期级联转录因子控制着 *HOX* 基因的激活。有趣的是，这些因子不仅可以诱导 *HOX* 基因的转录，还可以诱导基因间 ncRNA 的转录，这些 ncRNA 通过相关的 PRE 在上游或下游被转录。有研究表明，通过 PRE 调控的转录在阻止基因沉默和维持转基因个体中报告基因的活跃状态等方面是必需的（Schmitt et al., 2005）。转录过程很可能需要重塑 PRE 染色质以产生一种活跃的状态，如缺乏抑制性的组蛋白甲基化和活跃性的组蛋白乙酰化。因此，尽管 DNA 结合蛋白会吸引 PRC1 到这个特别激活的 PRE，但组蛋白环境不会允许 PC 通过 H3K27me3 进行锚定，而且不会产生稳定的沉默。由于沉默是 PcG 系统默认诱导的，差异基因表达模式的表观继承只需要在 DNA 复制和有丝分裂期间传递活跃的 PRE 状态（图 17-6B）。这是如何在分子水平上实现的，以及哪些表观遗传标记如何维持一个活跃的 PRE 状态仍然是悬而未决的问题。有研究认为，特定的 TrxG 因子可能在表观遗传瓶颈阶段（如 DNA 复制和有丝分裂）扮演"书签"的角色，以标记需继续表达的基因（Blobel et al., 2009）。因此，解释在 DNA 复制过程中自我模板化并向子细胞传递活性信号的染色质成分的分子结构，可能是推动对表观遗传学理解的关键。

17.3 PcG 复合体靶向到沉默的基因

17.3.1 PcG 响应元件

PRC1 和 PRC2 核心复合体的一个显著特征是，它们不含任何明显的 DNA 序列结合活性，那么它们是如何靶向结合 DNA 调控序列的呢？尽管 PRC1 通过与 H3K27me3 的亲和性而与染色质结合，并且在果蝇的 *bxd*

基因组区域显示了一致的分级招募（Wang et al., 2004a）。但是，仅 H3K27me3 不足以解释该复合体的靶向性。首先，PcG 结合位点通常缺乏组蛋白，并且这些位点的核小体快速周转（Mito et al., 2007; Deal et al., 2010）。此外，H3K27me3 的广泛分布与 PRC1 的局部结合并不匹配（图 17-7B）（Schuettengruber et al., 2009; Enderle et al., 2011），同时 H3K27me3 的移除不会直接导致 PRC1 的替换。有证据表明 PRC1 结合位点没有任何明显的 H3K27 甲基化（Schoeftner et al., 2006; Tavares et al., 2012）。总的来说，H3K27me3 可能参与了招募过程中几个不同的低亲和力步骤，或者更有趣的是，允许 PRC1 到达并修饰距离其初始结合位点很远的组蛋白。

PRC1 和 PRC2 蛋白的结合位点最初是在 bithorax 复合体中确定的，随后这些结合位点被称为 PRE（Simon et al., 1993）。PRE 被认为是基因间顺式调控元件，通过成环（loop）到其靶 HOX 基因的启动子区域来控制基因表达。但最重要的是，PRE 的特点是其赋予靶基因 PcG 沉默的能力。PRE 通常带有与含锌指结构域的蛋白质多效同源蛋白（PHO）和 PHO 样（PHO-like，PHOL）蛋白的结合位点，这些位点对外源转基因和内源基因的沉默至关重要（图 17-7C）。PHO 蛋白与一个包含 4 个 mbt 结构域的 Scm 相关基因的蛋白质（Scm-related gene containing four mbt domain，SFMBT）一起形成异源二聚体，称为 Pho 抑制复合体（Pho repressive complex，PhoRC）（Klymenko et al., 2006）。PhoRC 的全基因组分布证实了其在 PcG 蛋白招募中的核心作用。在幼虫和胚胎组织中，45% 的 PHO 结合位点与 PRC1 和 PRC2 共定位。与此同时，胚胎细胞中大部分的 PHO 结合位点富集了 PHO（Schuettengruber et al., 2009）。另一方面，这些数据也表明 PhoRC 结合并不是靶向 PRC1 的唯一因素，因为许多位点结合了 PcG 蛋白而不存在 PhoRC。这也反映 PHO 结合位点对于 PRC1 和 PRC2 的招募是必要的，但不是充分的。其他几个具有 DNA 结合能力的蛋白质已被发现与 PcG 蛋白通过物理或遗传相互作用，其中包括作为 CHRASCH 复合体亚单位的 Pipsqueak（PSQ）、背侧开关蛋白 1（DSP1）、Grainyhead（GRH）、GAGA 因子（GAF）和配对敏感沉默相关 Sp1 样因子（SPSS）（Sp1/Klf 蛋白家族成员）（图 17-7C）。尽管存在这种多样性，但许多 PcG 结合位点并不包含上述转录因子的结合位点。与此一致，基于保守结合位点的预测算法只能预测单个细胞类型中发现的许多 PRC1 和 PRC2 结合位点中的一小部分（Ringrose et al., 2003; Schwartz et al., 2006）。

与果蝇相比，PRE 在植物和哺乳动物基因组中定义不明确，并且仅描述了至少部分满足 PRE 功能标准的少数序列。基于 Schwartz 和 Pirrotta 的研究（2008），PRE 的最低标准包括：① PRE 能够吸引 H3K27me3；②当插入基因组的一个新的位置时，它们应该能形成一个新的 PcG 蛋白结合位点；③它们能给予报告基因基于 PcG 的抑制。在植物中尽管没有发现完全符合全部 3 个标准的 PRE，但是一些被深入研究的 PcG 的靶向序列在功能上具备 PRE 的特征。例如，含有部分启动子和 AG 基因编码区的转基因序列是 EMF-PRC2 的靶标，使得报告基因响应 CLF，导致 H3K27me3 的沉积（Schubert et al., 2006）。由 EMF-PRC2 调控的 LEAFY COTYLEDON2（LEC2）启动子中含有抑制 LEC2 元件（RLE），在幼苗中足以触发 H3K27me3 累积和沉默一个报告基因（Berger et al., 2011）。RLE 与果蝇 PRE GAGA-box 相似的顺式调节元件很接近，它们都富含 CT。但是，结合这些富含 CT 序列的 BASIC PENTACYSTEINE（BCP）蛋白，在招募 PRC2 中的功能尚未被揭示。

FLC 和 MEA 基因位点的 DNA 序列同样可以对报告基因进行 PcG 依赖的沉默，尽管在 MEA 这个例子中，FIS-PRC2 只对父系等位基因的抑制起到很小的作用（Sheldon et al., 2002; Wohrmann et al., 2012）。对于 AG、FIG 或 MEA，目前还不知道招募 PRC2 变体到这些位点的 DNA 结合因子。因此，特定的染色质结构或长的非编码 RNA（long ncRNA，lncRNA）等其他因子可能参与了 PRC2 的招募。然而最近的研究表明，DNA 结合蛋白确实在 WUSCHEL（WUS）位点的 PRC2 招募中发挥作用，而 WUS 位点的抑制对花分生组织的正确终止是至关重要的。WUS 是 EMF-PRC2 复合体的靶点，与 ag、elf 和 swn 突变体相似，在 WUS 位点的 H3K27me3 水平同样是降低的，这是因为它们作用于同一遗传通路。经实验诱导表达 AG 后，WUS 位点的 H3K27me3 水平迅速升高，MADS 结构域蛋白 AG 可能参与了 PcG 蛋白的招募。

在小鼠和人类基因组中，PcG 蛋白主要占据基因启动子附近的区域（Boyer et al., 2006; Lee et al., 2006; Ku et al., 2008）。然而，在哺乳动物基因组中发现了两种基因间 PRE（Sing et al., 2009; Woo et al.,

2010)。一个 1.8kb 的基因间区域被称为 D11.12，与人类 *HOX-D* 复合体中的 PcG 蛋白结合。另一个基因间 PRE，是位于小鼠 *MafB/Kreisler* 位点的 3kb "PRE-kr"，也具有招募 PcG 蛋白的能力并调节其表达。对 PcG 蛋白的招募是其发挥基因沉默功能所必需的。重要的是，在细胞分化过程中，D11.12 元件能够维持对荧光素酶转基因的抑制，这是哺乳动物中第一个 PRE 元件的例子。有趣的是，这两个元件都含有果蝇 PhoRC 的哺乳动物同源蛋白（包括 SFMBT 和 YY1）的结合位点（图 17-7D）。然而 YY1 的结合仅占 ES 细胞中全基因组 PRC2 结合位点的一小部分（Squazzo et al.，2006）。虽然与多能性因子 NANOG、OCT4 和 SOX2 有大量重叠，但在纯化的 PcG 复合体中并未发现这 3 个蛋白（Boyer et al.，2006；Lee et al.，2006）。此外，最近对哺乳动物 GAF 同源蛋白的鉴定可能为今后研究通过转录因子招募 PcG 的过程提供新的思路（Matharu et al.，2010）。

在 ES 细胞中发现了一个令人惊讶的现象，即几乎所有的 PRC2 结合位点都位于 CpG 岛或其他 GC 富集序列上（Ku et al.，2008）。事实上，细菌基因组中富含 GC 的 DNA 能够启动 PRC2 的招募（Mendenhall et al.，2010），特别有趣的是，哺乳动物 TRX 的同源蛋白质混合系白血病（MML）也偏爱 CpG 二核苷酸，这揭示了 PRC2 共同的靶向性。其他有趣的招募因子是特异性 lncRNA，我们将在 17.3.2 节中讨论。

17.3.2 PcG 蛋白与非编码 RNA 的结合

一些 ncRNA 被认为可以在哺乳动物中招募 PcG 蛋白。最突出的例子可能是 *HOTAIR*，它是一个来自人类 *HOX-C* 簇 2.2kb 长的 ncRNA，通过顺式作用介导基因抑制［第 2 章（Rinn，2014）；Rinn et al.，2007］。*HOTAIR* 是在人类 *HOX* 簇基因间区被鉴定出的许多转录本之一，其缺失会导致 *HOX-D* 的一个基因组大片段中 H3K27me3 的丢失。*HOTAIR* 在体外与 PRC2 成分相互作用，这表明它可能也将 KMT 招募到 *HOX-D* 复合体中（Rinn et al.，2007）。另一个 PRC2 成分和 lncRNA 之间相互作用的现象是在小鼠父系印迹 *Kcnq1* 位点观察到的（图 17-8）（Wu and Bernstein，2008）。与 *HOTAIR* 相似，91kb 长的 *Kcnq1 overlapping transcript 1*（*Kcnq1ot1*）能够与 EZH2 和 SUZ12 以及 H3K9 特异性的 KMT G9a 免疫共沉淀（Kanduri et al.，2006；Pandey et al.，2008）。父本转录的 ncRNA 可能通过招募顺式作用元件的甲基转移酶来促进沉默，导致该位点的基因失活和浓缩（Terranova et al.，2008）。

另一种顺式作用 ncRNA 是雌性哺乳动物中一个 X 染色体失活的关键成分，它是 17kb 长的失活 X 染色体特异性转录本（*X inactive-specific transcript*；*Xist*）。它含有一个 28bp 的重复元件，可以在体内和体外与 EZH2 相互作用（Zhao et al.，2010）。该元件折叠成双茎环结构，是 X 染色体失活所必需的［第 25 章（Brockdorff and Turner，2014）］。最近在一类短的启动子近端 ncRNA 中也发现了类似的茎环结构，这些 ncRNA 从 H3k27me3 标记的基因转录而来（Kanhere et al.，2010）。这些小的 ncRNA 在体外通过二级结构与 PRC2 相互作用，揭示了结合了 PRC2 和折叠的 ncRNA 在哺乳动物细胞中起到重要调控作用，然而 ncRNA 招募机制的细节及通用 RNA 基序仍需要详细探究。此外，与 RNA 相互作用的 PcG 蛋白并不局限于 PRC2 复合体的成员。最近的一个例子是 *ANRIL*，它是一种位于小鼠 *Ink4b/Arf/Ink4a* 位点的 ncRNA。该转录本已被证明通过 CBX7 的克罗莫结构域与 PRC1 成员特异关联（Yap et al.，2010），因此 *ANRIL* 和 H3K27me3 竞争结合 CBX7 可能会使 PRC1 从染色质中移除，导致 *Ink4b/Arf/Ink4a* 位点染色质的解压缩。

lncRNA 之间的相互作用似乎也在拟南芥 *FLC* 位点的调控中发挥作用［第 31 章（Baulcombe and Dean，2014）］。冷诱导了正链的 ncRNA *COLDAIR* 和反向互补的 ncRNA *COOLAIR* 的表达，并且发现 *COLDAIR* 与 CLF 之间存在物理相互作用，这可能在 VRN-PRC2 的招募过程中发挥作用（Swiezewski et al.，2009）。然而，没有 *COLDAIR* 启动子的 FLC 转基因有冷响应，反义 *COOLAIR* 对春化诱导的 FLC 抑制是不需要的，因此这些 ncRNA 的功能尚不清楚（Sheldon et al.，2002；Helliwell et al.，2011）。然而，由于 *COOLAIR* ncRNA 的表达和加工受到不同基因型和环境的影响，并且这些影响与染色质标记的变化相关（Ietswaart et al.，2012）。因此，ncRNA 也可能像在哺乳动物中一样，将 PRC2 成分招募到靶位点。

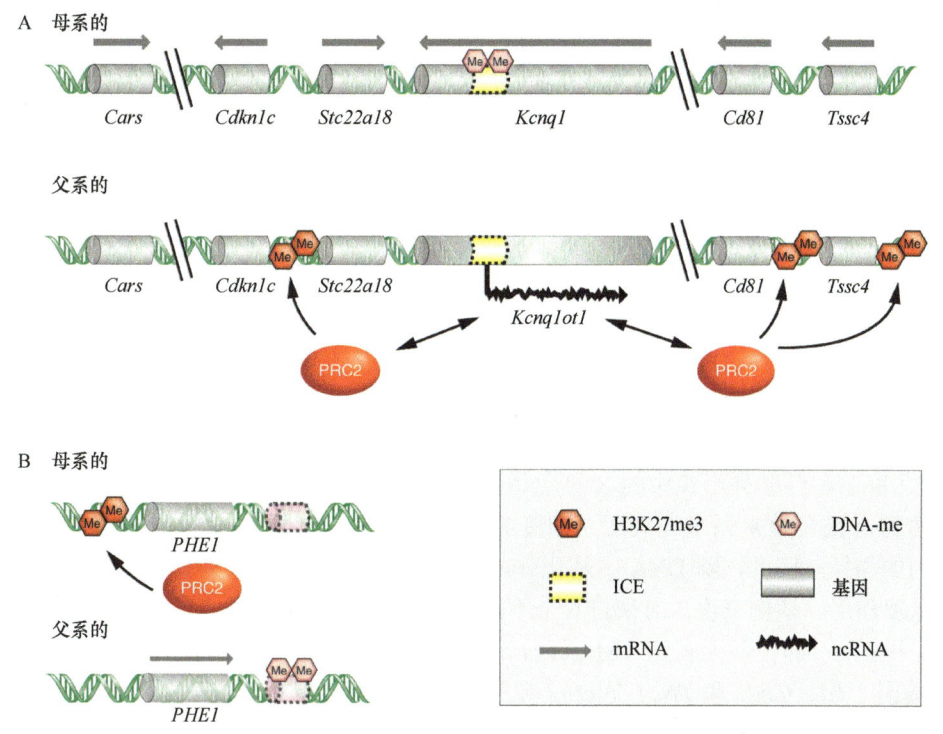

图 17-8 PcG 介导的抑制和 DNA 甲基化共同调节植物和哺乳动物的基因组印记。(A) 7 号染色体远端 *Kcnq1* 区域基因组印记的调控。印迹调控元件 (imprinting control element, ICE) 是母本甲基化的，阻止了 lncRNA *Kcnq1ot1* 从母本染色体的转录。父本表达的 *Kcnq1ot1* 与染色质关联并招募染色质修饰复合体，如 PRC2，来介导和维持几个父本编码蛋白等位基因的沉默。(B) 在拟南芥种子中，亲本表达的 *PHE1* 基因在母本中被 PRC2 的作用所抑制。*PHE1* 基因下游的顺式调节元件（阴影粉红色）必须被甲基化以便父本基因表达，而必须被去甲基化以便母本基因抑制。

17.4 发育和疾病中的 PcG 抑制

17.4.1 从基因到染色体的抑制

小鼠 PRC1 复合体成员的突变显示中轴骨骼的同源异型转变，这是由 *HOX* 基因被解除抑制，导致的额外椎骨的出现（图 17-2E，F）(Core et al., 1997)。此外突变小鼠表现出严重的联合免疫缺陷，这是缺乏造血细胞增殖引起的 (Raaphorst, 2005)。PcG 蛋白在血细胞中的作用已经得到了特别深入的研究，这与大多数血细胞谱系以其被很好描述的细胞类型特异性转录程序为特征的事实一致，谱系的维持需要细胞分裂的严格执行。在 PcG 敲除小鼠中，B 细胞和 T 细胞的前体细胞群能够正常产生，说明建立细胞谱系特异性基因表达模式并不依赖于 PcG 蛋白。然而，这些蛋白质确实促进了细胞株系选择的不可逆性，而不是决定遵循一个特殊的发育途径。

PcG 蛋白在控制细胞增殖和控制 *HOX* 基因表达过程中发挥重要作用，*HOX* 基因的表达模式决定着不同的血细胞谱系。*Bmi1* 是果蝇 PRC1 复合体基因 *Psc* 的同源基因，最初被认定为是与 *myCy* 共同诱导小鼠淋巴细胞发育的癌基因 (van Lohuizen et al., 1991)。Bmi1 蛋白调控着细胞周期调节因子 p16^{INK4a} 和 p19^{ARF} (Jacobs et al., 1999)。Bmi1 和相关蛋白 Mel-18 都是正常淋巴细胞增殖控制所需的 *Ink4a-arf* 基因位点的负调控因子。这个重要的细胞周期检查点的错误调控会导致小鼠的细胞凋亡和衰老。

如 17.3.2 节中所述，哺乳动物 PcG 蛋白也与 X 染色体失活有关 [第 25 章 (Brockdorff and Turner, 2014)]。在 XX 雌性细胞中，一条 X 染色体的失活伴随着一系列涉及 PcG 蛋白的染色质修饰。特别是 PRC2 复合体的组分，如 ESC 同源蛋白 EED，或 E(Z) 同源蛋白 ENX1（表 17-1），它们在与转录沉默相关的组蛋白标记的建立中发挥重要作用。PRC2 与 X 染色体的瞬时关联，被 *Xist* RNA 包裹，同时伴有 H3K27 甲基化。相比之下，*eed* 突变小鼠胚胎未显示 ENX1 KMT 的招募，因此未观察到 H3K27me3。然而这些 PRC2 成分的缺失并不会导致整个非活性 X 染色体的完全解压缩。相反，一些细胞显示出 X 连锁基因的零星的重新表达和与活跃状态相关的表观遗传标记的增加（H3K9ac 和 H3K4me3）。这可能是因为其他的、部分冗余的表观遗传机制已经就位，以确保维持一条不活跃的 X 染色体。

将 PRC2 招募至失活的 X 染色体依赖于 *Xist* RNA。PRC2 与不活跃的 X 染色体的关联只是短暂的，该复合体似乎仅需要介导建立表观遗传标记（即 H3K27me3）用以维持 X 染色体沉默。目前尚不清楚 PRC1 复合体是否能直接识别这些标记。PRC1 参与失活 X 染色体的永久沉默。PRC1 组分 MPH1 和 MPH2 的招募需要 PRC2 组分 EED。然而，RING1b 可以泛素化 H2A，它是不依赖于 EED 而招募的（Schoeftner et al., 2006）。因此，*Xist* RNA 可以通过依赖和不依赖 PRC2 的方式招募 PRC1 组分。在 PRC2 缺失的情况下，*Xist* 依赖的 PRC1 招募足以产生基于 PcG 的 X 染色体失活，并通过 DNA 甲基化进一步巩固和维持。

PRC2 参与了胚胎和胚胎外组织中的 X 染色体失活，在胚胎中 X 染色体被随机选择失活。在胚胎外组织中，父系遗传的 X 染色体被系统地失活（印迹 X 染色体失活）。此外，我们还发现 PRC2 参与了一些常染色体印记基因的调控。因此，除 DNA 甲基化外，PRC2 介导的抑制是一种基因沉默机制，在调控印记基因表达中起到重要作用。举例来说，对来自 6 个不同印记簇的 14 个印记位点的分析表明，其中 4 个位点在 *eed* 小鼠突变体中呈现双等位基因表达（Mager et al., 2003）。例如，在 *Kcnq1* 印记簇（图 17-8）中，主要在母系表达的基因 *Cdkl*、*Cd81* 和 *Tssc4* 在 *ezh2* 突变小鼠中成为双等位基因表达（Terranova et al., 2008）。在 Ring1b 突变体中也观察到类似的结果，PRC1 和 PRC2 都涉及调控一些印记基因的单等位基因的表达。另外，EZH2 对于 lncRNA *Kcnq1ot1* 与 *Kcnq1* 印记簇位点的结合是必需的，这证实了 PRC2 和 ncRNA 在印记基因调控中的联系（图 17-8）。有趣的是，当父系遗传时，所有丢失印记表达的基因位点通常都受到抑制，而母系抑制基因位点则没有受到影响。由于基于 PcG 的抑制和 DNA 甲基化导致的基因沉默之间似乎存在着协同作用，因此 PRC2 复合体可能通过 DNA 甲基化调控这些印记基因 [第 15 章（Li and Zhang, 2014）]。

在拟南芥中，PRC2 参与了印记基因表达的调控，其中 *PHE1* 位点在父系等位基因中表达水平更高（Kohler et al., 2005）。在影响 *E(z)* 同源基因 *MEA* 表达的突变体中，母系 *PHE1* 等位基因被特异性地抑制。*MEA* 还调节其自身的印记表达，这一点从 *mea* 突变背景中生殖发育早期对母体 *MEA* 的强烈抑制可以看出。然而，这种效应与 FIS-PRC2 的其他成分无关（图 17-4）（Baroux et al., 2006）。与此相反，在发育后期，FIS-PRC2 有助于稳定抑制父系的 *MEA* 等位基因（Baroux et al., 2006；Gehring et al., 2006；Jullien et al., 2006）。在后一种情况下，FIS-PRC2 参与了父系抑制印记等位基因的沉默，这类似于在哺乳动物中的情况。但 *MEA* 在保持母系 *PHE1* 和 *MEA* 等位基因低水平表达方面也发挥了作用。与哺乳动物的情况相似，*PHE1* 和 *MEA* 位点的印记表达调控涉及 PRC2 复合体和 DNA 甲基化（图 17-8）。尽管该位点的 DNA 甲基化被认为可以调节高阶染色质结构，而不是直接区分母系和父系等位基因（Wohrmann et al., 2012），但这两种表观遗传途径似乎在 *PHE1* 位点共同工作（Makarevich et al., 2008）。母系 *PHE1* 等位基因的沉默依赖于一个顺式调控区域，该区域的甲基化程度不同。*PHE1* 下游的调控元件在表达的父系等位基因上被甲基化，但不能通过甲基化来介导母系等位基因的 PRC2 依赖性抑制（图 17-8）。

PRC2 成分广泛存在于植物、无脊椎动物和哺乳动物中，而且早在多细胞进化之前，PRC2 成分就已经存在于动植物的单细胞祖先中。因而，PRC2 代表了一种适合基因抑制的古老分子调控模块。最近的研究表明，在 *mea* 突变体中，*MEA* 和 *PHE1* 位点的 DNA 甲基化都受到影响，而在哺乳动物中发现 PRC2 组分直接与 DNA 甲基转移酶 MET1 相互作用（Schmidt et al., 2012）。因此，尽管这两种调控基因表达的主要表观遗传途径的相互作用可能具有古老的进化起源，但它们被独立地用于调控植物和哺乳动物的印记基因，而这两种谱系涉及基因组印记进化（Raissig et al., 2011）。

17.4.2 异常转录激活的影响

Bmi1 基因的错误调控会导致小鼠患上恶性淋巴瘤，这一发现提出了一个问题，即人类 BMI1（一种 PRC1 成分）本身是否以类似方式参与了癌症的发展。目前有越来越多的证据表明，PcG 基因表达水平变化在人类恶性淋巴瘤中广泛存在（Shih et al.，2012）。例如，B 细胞淋巴瘤中 BMI1 过表达水平与恶性程度相关，说明 PRC1 成分确实在人类癌症的发生发展中发挥作用。然而，人类细胞中 BMI1 的靶基因似乎与小鼠淋巴细胞不同，因为并没有观察到 p16^{INK4a} 的明显下调与癌基因过表达的相关性。

PcG 基因的过表达不仅在血液恶性肿瘤中被发现，而且在实体肿瘤中也被发现，包括髓母细胞瘤，以及来源于肝脏、结肠、乳腺、肺、阴茎和前列腺的肿瘤（图 17-9）。PRC2 标记物 EZH2 的高表达常出现在高增殖性肺癌的早期，这表明 PRC2 起始的级联反应和 PRC1 维持可能也伴随着肿瘤细胞系的发生与发展（Sauvageau and Sauvageau，2010）。

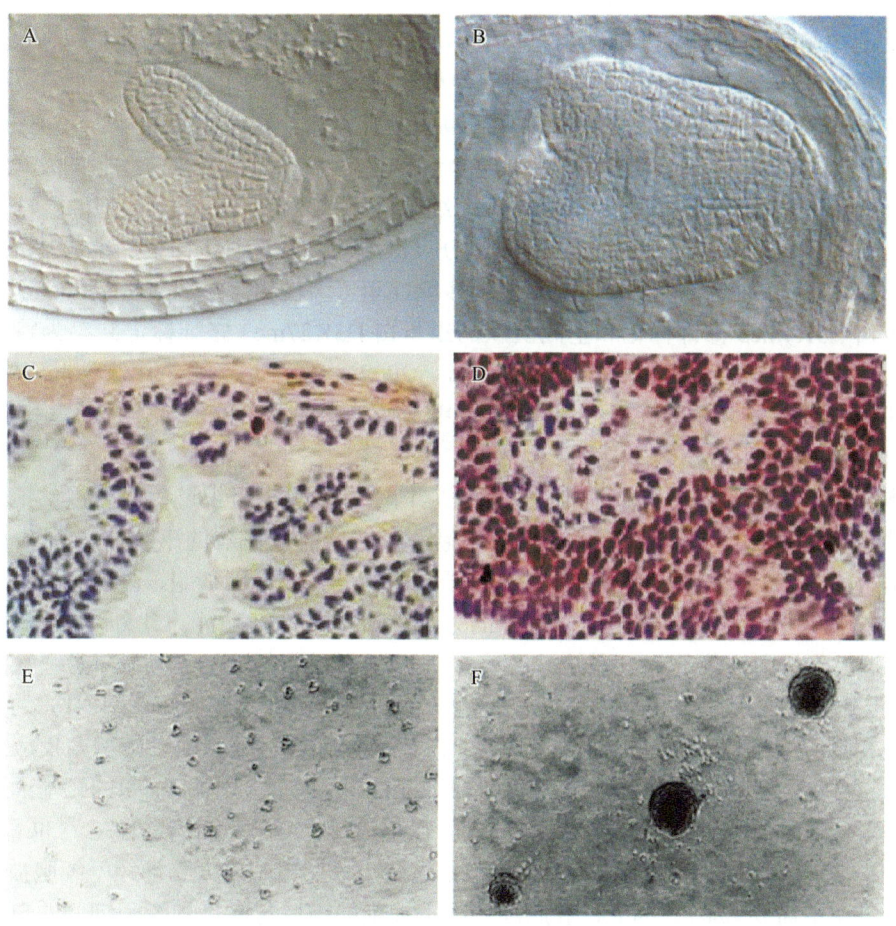

图 17-9 PRC2 调节哺乳动物和植物的细胞增殖。（A，B）野生型植物的胚胎和 *mea* 突变体的卵细胞。*MEA* 编码一个 FIS-PRC2 复合体的蛋白，从而调节细胞增殖。*mea* 突变体胚胎（B）比同一发育阶段（心型胚后期）对应的野生型胚胎（A）大得多。突变体胚胎发育较慢，细胞层数约为野生型两倍多。(C，D）正常和癌变的小鼠前列腺上皮。在癌变上皮中，Ezh2 的表达显著增加（用抗 Ezh2 抗体标记）。因此植物中 E（Z）功能缺失和小鼠中 E（Z）功能过表达均可导致细胞增殖缺陷。(E，F）对照组和 RING1 过表达的大鼠 1a 成纤维细胞。RING1 的过表达导致细胞在软琼脂中不依赖锚定点的生长，这是典型的肿瘤转化细胞。(A，B，由 J.R Vielle Calzada 和 U. Grossniklaus 提供；C，D，经许可引自 Kuzmichev et al.，2005©National Academy of Sciences；E，F，经许可引自 Satijn and Otte，1999©American Society for Microbiology）

有趣的是，PRC2 成分在调控拟南芥细胞增殖方面也发挥着重要作用。虽然植物的异常生长不会导致癌症和死亡，但严格控制细胞增殖是正常发育的必要条件。在 *fis* 家族突变体中，开花植物的两种受精产物（胚和胚乳）过度增殖，会导致种子败育（Grossniklaus et al., 2001; Hsieh et al., 2003）。在 *elf* 和 *swn* 的双突变体（3 个植物 *E(z)* 同源基因中的 2 个）中也观察到了对细胞增殖的影响，这种植物经历正常的种子发育，但在萌发后产生大量增殖的未分化组织（愈伤组织），而不是分化的芽（Chanvivattana et al., 2004）。

虽然目前尚不清楚 PRC2 是如何控制植物细胞增殖的，但它可能与 RBR［视网膜母细胞瘤蛋白（retinoblastoma, Rb）的植物同源蛋白］的相互作用有关（Ebel et al., 2004; Mosquna et al., 2004）。*fis* 家族突变体不仅在受精后种子发育过程中表现出增殖缺陷，而且在没有受精的情况下还需要 *FIS* 基因来防止胚乳的增殖。后一种表型与 *rbr* 突变体的表型相同，可以解释为 RBR 调控编码 PRC2 组分和 *MET1* 基因的表达（Johnston et al., 2008）。值得注意的是，Rb 通路还可以调控编码哺乳动物 PRC2 亚基 *Ezh2* 和 *Eed* 基因的表达（Bracken et al., 2003），这说明了植物和动物之间的调控网络具有保守性。

17.4.3 维持干细胞的命运

PcG 参与了调控早期小鼠卵细胞的形成过程，从而在子代中形成细胞全能性（Posfai et al., 2012）。PRC1 组分 RING1 和 RNF2 的缺失会导致卵母细胞中染色质结合 PRC1 的缺失，进而导致卵母细胞在生长过程中大量的转录错误，以及在胚胎发生时的双细胞期发育停滞。这些结果表明，在卵细胞发生过程中，PRC1 发挥着特化母体在细胞质和母体染色体上的功能，这两者都有助于着床前胚胎的发育。事实上，培养的小鼠胚胎干细胞被非常有效地用于研究 PcG 蛋白在细胞增殖和分化等多方面的作用。

ChIP-Seq 等新技术的引入，使得 PRC1/PRC2 组分可以与许多表观遗传标记、小鼠基因组的遗传调控元件进行关联分析，并鉴定胚胎发育过程中 ES 细胞的多能性和可塑性相关功能（Boyer et al., 2006）。以基因活跃表达的组蛋白 H3K4me3 修饰标记和基因沉默的组蛋白 H3K27me3 修饰标记共存为特征的染色质区域可以在细胞分化过程中被详细地解读（Mikkelsen et al., 2007）。细胞记忆系统在这一过程中起着主导作用，永久性抑制的基因被 PcG 复合体所标记，并与 DNA 甲基化一起建立稳定的沉默标记。相反，TrxG 复合体保留 H3K4me3 标记以保持相应分化基因的表达活性。

目前干细胞在医学中扮演着越来越重要的角色。它们在修复受损组织过程中有提供干细胞的潜力，使得它们成为再生医学的有力工具。毫无疑问，血细胞是我们目前最了解的干细胞，造血干细胞（hematopoietic stem cell, HSC）通过不断地自我更新和产生子细胞并分化成淋巴细胞、骨髓细胞和红细胞来维持血细胞库。成体骨髓中的干细胞龛为细胞提供特殊的外部信号以维持其功能。此外，维持干细胞的"干性"状态的细胞内在调控信号则依赖于 PcG 系统。

影响 *PRC1* 基因的小鼠突变体（例如，*bmi1*、*mel18*、*mph1/rae28* 和 *m33*；表 17-1）的造血系统存在各种缺陷，如脾脏和胸腺增生、B 细胞和 T 细胞减少、淋巴前体细胞对细胞因子的增殖反应受损。在发育的不同阶段，干细胞自我更新对 *Bmi1* 和 *Mel18* 的要求表明胚胎干细胞和成体干细胞的靶基因库的不同。

从 *bmi1* 小鼠突变体中观察到的神经元缺陷可以看出，神经干细胞（NSC）也需要 PcG 复合体（Bruggeman et al., 2005; Zencak et al., 2005）。特别是这些小鼠在出生后大脑神经干细胞被耗尽，表明在神经干细胞的更新过程中需要 *Bmi1*。因此，胚胎期神经干细胞的维持与成年神经干细胞的自我更新需要不同的 PcG 网络调控，这种网络调控类似于造血系统的调节。

外部信号如 *Sonic hedgehog*（Shh）级联信号，可以调节神经干细胞中的 *Bmi1* 反应，并确保其增殖/自我更新能力（Leung et al., 2004）。通过对小脑颗粒神经元祖细胞（cerebellar granule neuron progenitors, CGNP）发育的分析显示了这些控制 PcG 抑制的外部线索。出生后的增殖是由 Purkinje 细胞分泌的信号因子 Shh 诱导的，Shh 信号分支控制 N-Myc 和 Bmi1 水平（图 17-10）。因此，*Bmi1* 缺陷的 CGNP 在 Shh 刺激时会有增殖反应的缺失。Shh 信号通过调控下游 Rb 通路（通过 N-myc 和 Bmi1/pl6^{INK4a}）和 p53 通路（通过 Bmi1/pl9^{ARF}），最终控制这些干细胞的增殖，这解释了 Shh 信号过度激活导致髓母细胞瘤（medulloblastoma）的发生机制。造血干细胞受到类似于 *Indian hedgehog* 信号通路的调控。在神经干细胞中，*Hoxd8*、*Hoxd9* 和 *Hoxc9* 位点的表达受 Bmi1 的调控。适当的 *HOX* 基因表达对干细胞命运的维持起到了重要作用。

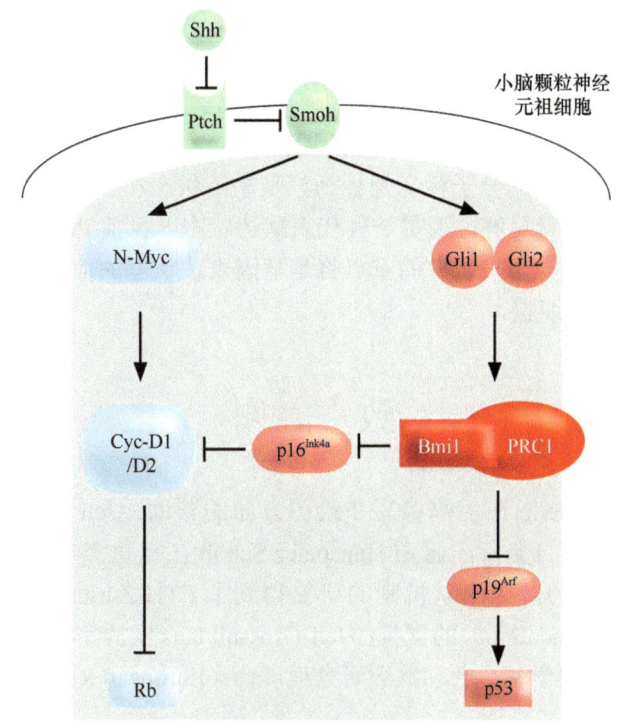

图 17-10 Sonic Hedgehog 信号维持小脑祖细胞的增殖与自我更新。Shh 级联信号通过 Bmi1 调控 p16/p19 增殖检查点，从而调控 Rb 通路（可被 PRC2 复合体 RbAp48 蛋白质结合）和 p53 通路。通过 Shh 受体 Patched（Ptch）抑制 Smoothened（Smoh）过程，导致细胞核内下游信号的转导。信号的一部分诱导 N-Myc、细胞周期蛋白 D1 和 Cyclin D2，而另一部分通过 Gli 效应因子激活 Bmi1。（经许可引自 Valk-Lingbeek et al.，2004©Elsvier）

　　事实上，由于干细胞代表了一种明确的细胞状态，PcG 系统以有丝分裂遗传的方式维持这种特殊的命运也就不足为奇了。在未来，在不同的成体干细胞群体中，确定 PcG 复合体的靶标池，并探究如何影响 PcG 维持系统以允许控制干细胞命运的重编程将是很有意义的事情。目前，我们对 PcG 基因在植物干细胞维护中的作用知之甚少。植物细胞具备全能性，在适当的条件下可以形成一个完整的新生物体，植物细胞的重编程同样涉及 PcG 的调控。事实上，缺乏 *E(z)* 同源基因 *CLF* 和 *SWN* 的植物在萌发后会产生大量未分化的细胞，这表明 PcG 基因是维持分化状态所必需的（Chanvivattana et al.，2004）。有趣的是，分化的叶片细胞体外重编程为全能愈伤组织细胞也需要相同的 PcG 基因，这可能是因为在这个重编程过程中需要 PRC2 抑制叶片分化基因（He et al.，2012）。在有花分生组织中，PRC2 发挥抑制 *WUS* 的作用（17.3.1 节），而 *WUS* 本身是干细胞维持所必需的（Liu et al.，2011）。因此尽管分子机制在动物和植物之间有很大差异，但 PRC2 被招募来调控两种细胞系的细胞分化。

17.5　总结与展望

　　随着我们对 PcG 复合体介导的表观遗传调控的理解，从鉴定导致果蝇突变体第 2 和第 3 条腿上有额外性梳的基因开始，到最终发现了一类新的调控因子，后续的研究表明这些调控因子是基本表观遗传过程所必需的，比如植物的春化和哺乳动物 X 染色体的沉默。遗传信息的调控受到了染色质结构和组蛋白各种变体及其翻译后修饰的高度影响。PcG 蛋白作为发育决定因子直接参与表观遗传标记的产生，如 H3K27me3 和 H2AK118/119ubl。同一组复合体通过 PRC1 蛋白的作用"读取"（即呈现高度亲和力）这些表观遗传标记，将其转换为稳定的转录抑制状态。在模型生物果蝇中，我们相对清晰地了解了针对一组特定的靶基因，PcG

复合体是如何被锚定在 PRE 上，并使靶基因的表达长期处于被抑制状态。然而迄今为止，在其他生物体中发现的 PRE 非常少。虽然 PcG 蛋白的基本功能保持不变，但目前尚不清楚它们是如何定位于作用位点的。此外，我们需要更好地理解一组明显的动态蛋白质如何通过化学平衡达到一种稳定的转录抑制状态。

PcG 研究的另一个主要问题集中在受抑制状态的遗传上，这是表观遗传学的核心问题。通过 DNA 复制和有丝分裂传递基因表达状态所需的分子标记是什么？是激活状态和抑制状态都需要相应的表观遗传标记来传递到子细胞，还是只有一种就足够，而另一种代表默认状态？目前 PcG 复合体在细胞周期的间期抑制转录的作用机制已经越来越清楚。未来研究的重点将是基因表达状态的信息如何在 DNA 复制过程中持续，并在有丝分裂后稳定地传递给子细胞。

致　　谢

Renato Paro 感谢 Daniel Enderle 在手稿撰写和绘图方面的帮助；Ueli Grossniklaus 感谢 Michael Raissig 和 Heike Wöhrmann 在绘图方面的支持，感谢 Hanspeter Schöb 在提供参考书目方面的帮助。Renato Paro 团队关于 PcG 介导的基因沉默机制的研究得到了 ETH Zürich 和瑞士国家科学基金会（Swiss National Science Foundation）的支持；Ueli Grossniklaus 实验室得到了苏黎世大学（University of Zürich），瑞士国家科学基金会和欧洲研究理事会（European Research Council）的支持。

（林　广　译，方玉达　校）

第18章

一组 Trithorax 蛋白质调控基因表达

罗伯特·E. 金斯顿（Robert E. Kingston[1]），约翰·W. 塔姆昆（John W. Tamkun[2]）

[1]Department of Molecular Biology Massachusetts General Hospital, Boston, Massachusetts 02114; [2]Department ofMolecular, Cell and Developmental Biology, University of California, Santa Cruz, Santa Cruz, California 95064
通讯地址：kingston@molbio.mgh.harvard.edu

摘 要

一组 trxG 基因（Trithorax group of gene）是在发育表型和 *Polycomb* 突变表型抑制子的突变体筛选中被发现的。尽管这些基因的蛋白质产物中有些具有抑制作用，但它们主要还是参与基因激活。这些蛋白质没有固定的中心功能，其中一些以 ATP 依赖的方式在基因组上移动核小体；一些共价修饰组蛋白，如组蛋白 H3 的赖氨酸 4 的甲基化；一些直接与转录机制相互作用或是转录机制的一部分。值得思考的是，为什么这些功能相关蛋白的大家族的特定成员具有很强的发育表型？

本章目录

18.1 引言
18.2 trxG 蛋白与染色质的联系
18.3 trxG 蛋白与一般转录机制的联系
18.4 trxG 蛋白与黏连蛋白的联系
18.5 其他 trxG 蛋白的生化功能
18.6 trxG 蛋白和 PcG 蛋白的功能互作
18.7 非编码 RNA 和 trxG 蛋白
18.8 trxG 蛋白和人类疾病
18.9 总结

概 述

有机体中的所有细胞必须能够"记住"它们应该是什么类型的细胞。这个过程被称为"细胞记忆"或"转录记忆",这需要两类基本的机制。第一类机制在第 17 章(Grossniklaus and Faro,2014)中讨论过,其功能是保持基因的"关闭"状态,如果打开该状态,将特化一个不恰当的细胞类型。polycomb-group(PcG)蛋白在细胞记忆中的主要功能是抑制。第二类机制由那些保持关键基因处于"开启"状态所必需的机制组成。任何细胞类型都需要表达主要调控蛋白,这些蛋白质指导该细胞类型所需要的特定功能。编码这些主要调控蛋白的基因必须在生物体的整个生命周期中保持"开启"状态,以维持生物体中适当的细胞类型。

为纪念这组调节蛋白的创始成员 trithorax 基因,参与维持"开启'状态的这一组蛋白质被称为 trxG(trithorax-group)蛋白质组。trxG 由具有不同功能的一大群蛋白质组成。与 PcG 蛋白在抑制中的作用相比,这些蛋白在维持基因"开启"状态的表观遗传机制中的作用机制显得更为复杂。第一个复杂性是需要大量的蛋白质和机制来活跃地转录来自任何基因的 RNA。对于抑制,可以通过相对简单的机制阻断所有蛋白质的通路而实现。相反,基因的激活则需要许多步骤,其中任何一个步骤都可能在维持"开启"状态中发挥作用。因此,有许多阶段需要 trxG 蛋白发挥功能。

trxG 蛋白质的第二个复杂性是,在不同的情况下,在激活中发挥作用的蛋白质也可以在抑制中发挥作用。这看起来可能违反直觉,但这取决于基因的精确结构,同样的蛋白质在一种情况下可能帮助激活基因,在另一种情况下可能帮助抑制基因。目前看来,trxG 蛋白并不专门用于维持基因表达,这些蛋白也可以在细胞中发挥多种作用。这些复杂性导致了几个有趣而未解的问题。为什么一些激活转录所需的蛋白质对维持转录也很重要?这些蛋白质是否具有特别适合维持活性状态的功能?还是仅仅因为一次偶然的进化事件,使这些蛋白质成为对发育特别重要的基因调控因子,然后它们才得以维持?

我们将在讨论作用机制时看到,一些 trxG 蛋白参与调控染色质结构,这与 PcG 蛋白采用的机制相反。trxG 蛋白可以在染色质上行使翻译后共价修饰(posttranslational modification,PTM)功能,也可以通过改变构成染色质的核小体的结构和位置来改变染色质。其他 trxG 蛋白作为转录机制的一部分行使功能。因此,与 PcG 蛋白相比,这些蛋白在更广泛的复合体中被发现,并且可能在表观遗传机制中发挥更复杂的作用。

18.1 引 言

在早期胚胎中,包括细胞命运决定在内的许多发育决定,都是对短暂的位置信息做出的反应。这些决定取决于基因表达的变化。这使得拥有相同基因蓝图的细胞获得独特的身份,并遵循不同的分化路径。决定细胞命运的基因表达的变化是可继承的。一个细胞的命运一旦被确定,即使经过多次细胞分裂和长时间的发育也很少会改变(图 18-1)。维持已确定的细胞状态的分子机制的解释一直是发育生物学家和分子生物学家的目标。

许多参与维持基因表达可遗传状态的调控蛋白在果蝇同源性(Hox)基因的研究中被鉴定出来。Hox 基因编码同源域(homeodomain)转录因子,这些转录因子调控下游靶基因的转录,进而指定了体节的身份(Gellon and McGinnis,1998)。果蝇的 Hox 基因有两种基因复合体,包括触角足复合物(antennapedia complex,ANT-C),其中含有 Hox 基因 *labial*(*lab*)、*deformed*、*Sex combs reduced*(*Scr*)和 *Antennapedia*(*Antp*),以及 bithorax 复合体,其中包含 Hox 基因 *Ultrabithorax*(*Ubx*)、*abdominalA*(*abdA*)和 *AbdominalB*(*AmdB*)(Duncan,1987;Kaufman et al.,1990)。每个 Hox 基因都指定特定节段或节段组的特征,这些节段沿果蝇发育的前后轴分布。例如,*Antp* 指定了第 2 个胸段的身份,包括第 2 对腿。而 *Ubx* 指定了第 3 个胸段的身份,包括位于翅膀后面的平衡器官。因此,Hox 基因所编码的转录因子起着主调控开关的作用,

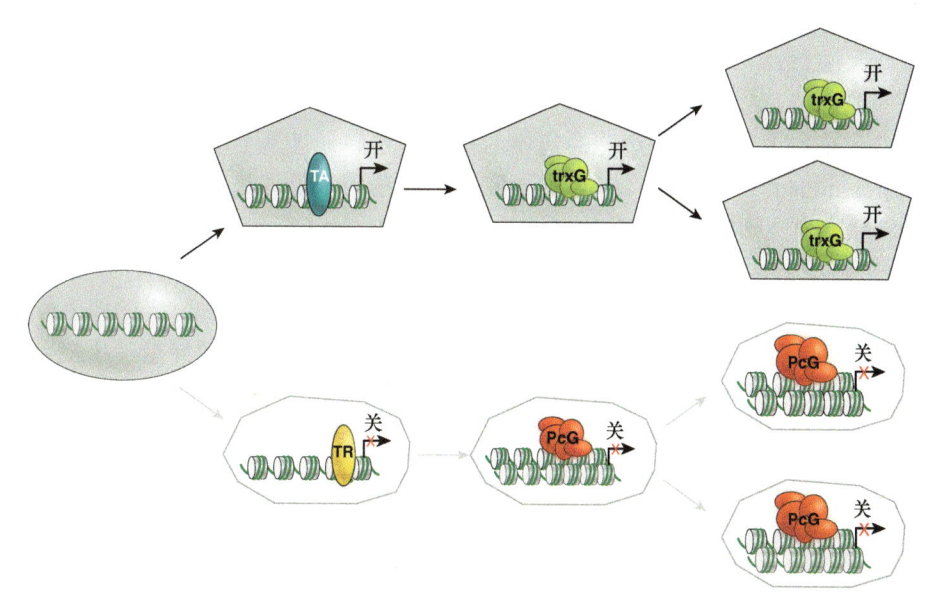

图 18-1 细胞记忆的概念。 该示意图强调了 trxG 复合体在维持基因活跃表达的可继承状态方面的功能，与 PcG 复合体的可遗传沉默形成对照，这最初来自对果蝇同源异型（Hox）基因簇的定义。

引导着不同发育途径之间的选择。

因为 HOX 基因不适当的表达可以引起细胞命运的剧烈变化，所以 Hox 基因的转录必须精确地加以调控（Simon，1995；Simon and Tamkun，2002）。例如，头部节段的 *Antp* 去抑制会使触角变成腿，而胸部节段的 *Ubx* 失活会使平衡器变成翅膀。在果蝇中，Hox 基因转录的起始模式是在胚胎发生早期由分节基因编码的转录因子建立的。分节基因编码的蛋白质（包括间隙、配对规则和节段极性基因）将早期胚胎细分为 14 个一致的节段。这些蛋白质也建立 Hox 基因转录的初始模式，这是朝着具有不同特征和形态的体节段发展的第一步。然而，大多数的分节基因在早期发育过程中只是短暂的表达。一旦建立，Hox 转录的节段限制模式必须在随后的胚胎、幼虫和蛹阶段保持，以保持个体节段的特征。这一功能由另外两组调节蛋白完成，即 polycomb 组抑制子（PcG）和 trithorax 组转录调节因子（trxG）。因此，Hox 转录的调控至少包括两个不同的阶段，包括建立（通过分节基因）和维持（通过 PcG 和 trxG 基因；图 18-2）。

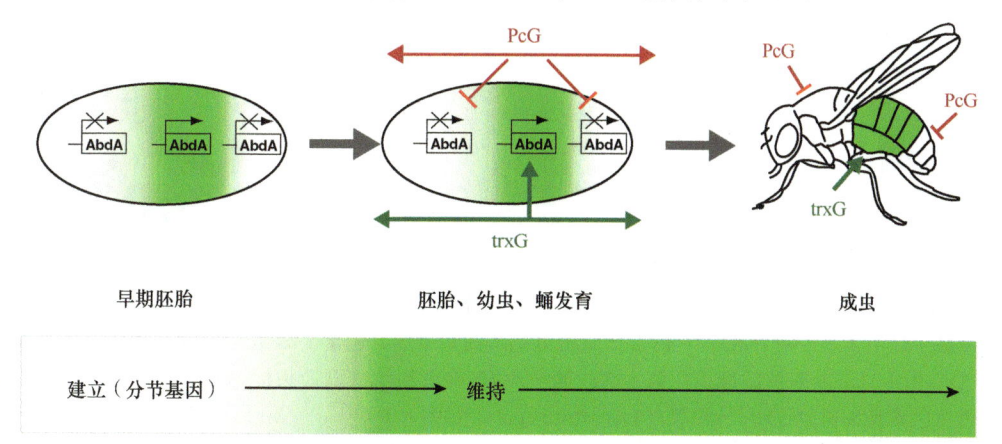

图 18-2 Hox 基因的转录调节。 *abd-A* 转录和其他 Hox 基因的边界是由分节蛋白建立的。包括间隙基因和配对基因的产物，它们将胚胎细分为 14 个相同的节段。在随后的发育过程中，Hox 转录的"关"或"开"状态由激活子 trxG 和抑制子 PcG 中广泛表达的成员维持，其机制至今仍不清楚。

18.1.1 鉴定参与维持已确立状态的基因

由于果蝇 PcG 和 trxG 基因在维持细胞命运中的作用，它们一直是十多年来研究的热点。正如在第 17 章中所讨论的（Grossniklaus and Paro, 2014），大多数 PcG 基因都是通过突变被鉴定出来的，这些突变导致 Hox 转录的抑制状态未能维持，从而导致同源异型转化。PcG 突变表型的一个经典例子是果蝇第 2 和第 3 条腿向第 1 条腿的转变。这种同源异型转化来自 ANT-C 基因（*Scr*）的去抑制，表现为在成年果蝇的第 2 和第 3 条腿上，出现通常长在第 1 条腿上、被称为"性梳齿（sex comb teeth）"的腿毛。这种多梳形或额外性别梳形的表型，连同其他由于未能维持对 Hox 基因的抑制而引起的同源异型转化，导致果蝇中十多个 PcG 基因被鉴定出来。大多数 PcG 基因编码两个涉及转录抑制复合体的亚基，这两个复合体包括 polycomb 抑制复合体（polycomb repressive complex, PRC）1 和 2（PRC1 和 PRC2）（Levine et al., 2004）。PRC1 和 PRC2 通过果蝇基因组中称为 polycomb 响应元件（polycomb-response element, PRE）的顺式调控元件靶向 Hox（和其他）启动子附近［第 17 章（Grossniklaus and Paro, 2014）］。大量证据表明，PcG 复合体通过调节染色质结构来抑制转录（Francis and Kingston, 2001; Ringrose and Paro, 2004）。

trxG 的成员最初是通过果蝇中缺失 Hox 功能的模拟突变来鉴定的（图 18-3）(Kennison, 1995）。用该表型鉴定的基因包括 *trithorax*（*trx*）; *absent*、*small*; *homeotic 1*（*ashl*）、*absent*、*small*; *homeotic2*（*ash2*）和 *female-sterile homeotic*（*fsh*）。例如，trxG 创始成员 *trx* 的突变造成部分平衡器形成翅膀（因为 *Ubx* 转录下降）、第 1 条腿转变成第 2 条腿（因为 *Scr* 转录下降）和后腹部腹节呈现出更多前腹的形态（因为 *abdA* 和 *AbdB* 转录下降）。在筛选 Pc［Su(Pc)］突变体的抑制子过程中，鉴定出许多其他 trxG 成员（Kennison and Tamkun, 1988）。这些遗传筛选背后的基本原理，即减少维持一个活跃状态的蛋白质的水平应该可以弥补 PcG 抑制子减少的水平（图 18-4）。使用这种方法确定了 *brahma*（*brm*）和许多其他 *Su(Pc)* 位点，使 trxG 成员总数超过 16（表 18-1）。基于其他不是很严格的标准，许多其他蛋白质也被列为 trxG 的成员，包括与已知 trxG 蛋白的同源性、与 trxG 蛋白有物理关联性、生化活性或体内外对 Hox 转录的影响。

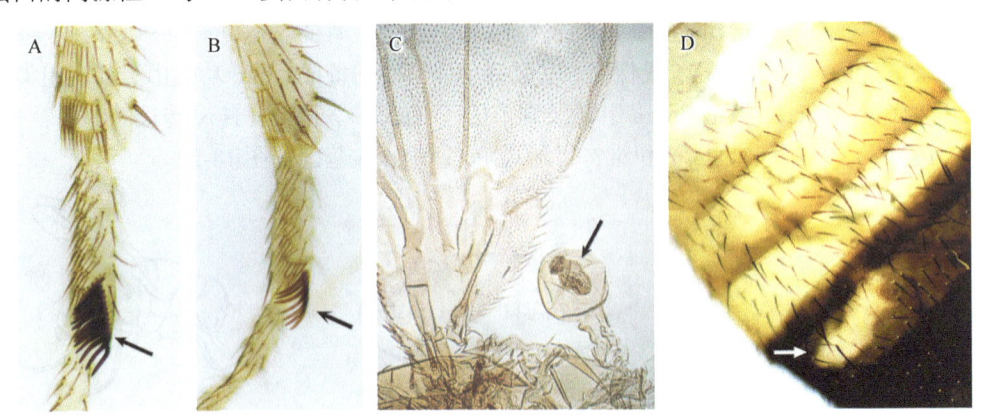

图 18-3 与果蝇 trxG 基因突变相关的细胞发育命运转变的例子。（A）野生型第 1 条腿。第 1 条腿特异的性梳由一个箭头标记。（B）一块 *kis* 突变组织（用箭头标记），由于 *Scr* 转录水平降低而部分地从第 1 条腿转化到第 2 条腿。尽管不完全，但性梳齿的数量减少证明了这一点。（C）一块 *mor* 突变组织（箭头所示）由于 *Ubx* 表达降低，呈现出从平衡器官向翅膀的部分转化。（D）由于 *Abd-B* 表达的减少，第 5 腹段的一片 *kis* 突变组织（以箭头标记）部分转化为更前部的结构，这可以从该节段的黑色色素丧失得到证明。(转载自 Daubresse et al., 1999）

trxG 成员之间的功能关系是复杂的。trxG 功能与细胞命运维持之间的机制联系也是复杂的。有许多机制可以使蛋白质保持同源异型基因（trxG 蛋白的遗传定义）的适当高水平表达，而不是专门的转录激活因子，或者专门用于表观遗传调控的蛋白质。trxG 功能的形式（除直接激活转录的能力之外）包括增强直接激活因子的作用、阻断 PcG 抑制因子的功能以及创造一个"允许的"染色质状态以促进许多其他调节复合体接近的能力。此外，正如 18.2 节所讨论的，一些 trxG 蛋白发挥着复杂的机制作用。在一些基因上促进激活，

Scr在腿部成虫盘中的表达　　　　　　　　　成体表型

野生型

PcG突变体

PcG/trxG双突变体

第1条腿　　第2条腿　　第3条腿　　　　　第1条腿　　第2条腿　　第3条腿

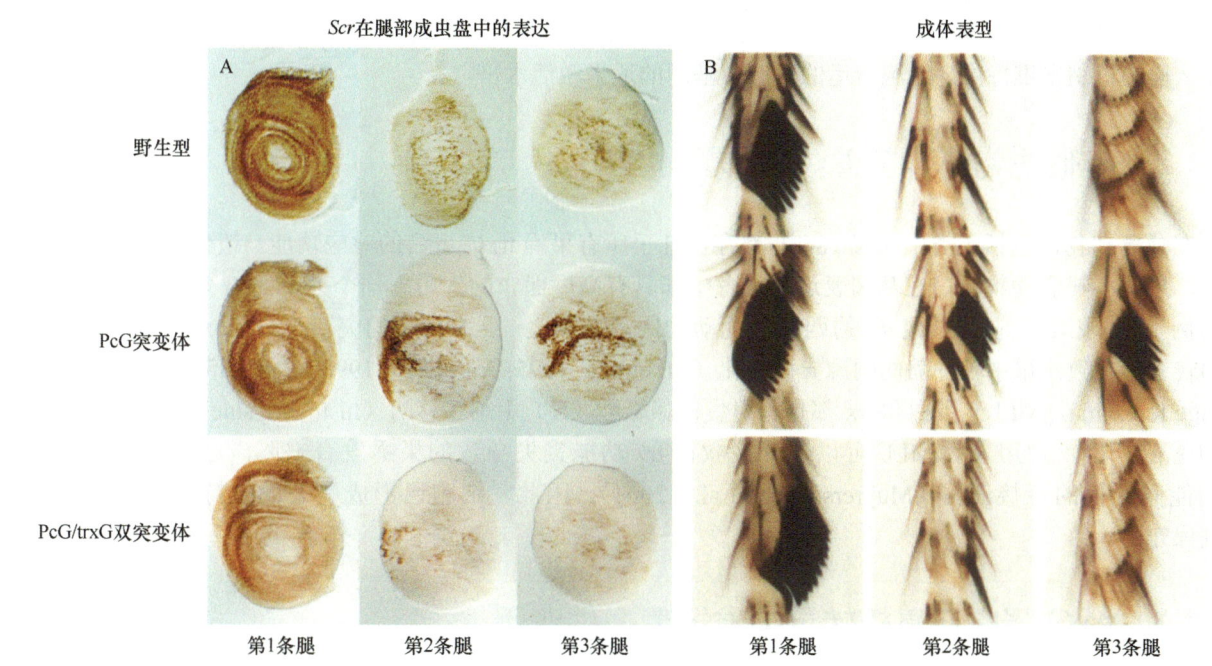

图 18-4　trxG 突变阻断 PcG 突变体中 Hox 基因的去抑制。（A）对 Hox 基因（*Scr*）编码的蛋白质进行抗体染色的腿部成虫盘，该基因标定了唇节和第 1 节胸段，包括第 1 节腿的身份。（B）野生型和突变型成虫的足跖节段。值得注意的是，野生型成虫的第 1 条腿上有梳状齿，但第 2 和第 3 条腿上没有。*Scr* 基因在第 2 和第 3 腿盘中部分去抑制，在正常情况下它们是沉默的，在杂合的 PcG 突变个体中，导致第 2 和第 3 条腿出现异位性梳齿。这些表型被 *brm* 和许多其他 trxG 基因的突变所抑制。（A，经许可转载自 Tamkun et al., 1992©Elsevier；B，经许可部分修改自 Kennison, 2003©Elsevier）

表 18-1　trxG 蛋白的生物化学功能

已知功能	生物体 果蝇	生物体 人类	生物体 酵母	是否与非 trxG 蛋白复合？
ATP 依赖的染色质重塑	BRM	BRG 1/HBRM	Swi2/Snf2, Sthl	是（5～10）[a]
	OSA	BAF250	Swil/Adr6	是（5～10）
	MOR	BAF155, BAF170	Swi3, Rsc8	是（5～10）
	SNR1	hSNF5/INII	Snf5, Sfhl	是（5～10）
	Kismet（KIS）	CHD7	—	未知
组蛋白甲基转移酶	Trithorax（TRX）	MLL1, MLL2, MLL3	Setl	是（5～20）
	Absent, small 或 homeotic 1（ASH 1）	M1LL4, hSET1, hASHl	—	未知
中介因子亚基	Kohtalo（KTO）	TRAP230	Srb8	是（13～24）
	Skuld（SKD）	TRAP240	Srb9	是（13～24）
黏连蛋白亚基	Verthandi（VTD）	Rad21	Sccl/Rad21	是（>3）
转录因子	Trithorax-1ike（TRL）	BTBD14B	—	否
生长因子受体	Breathless（BTL）	FGFR3	—	未知
其他	Sallimus（SLS）	Titin	—	未知
	ASH2	hASH2L[b]	Bre2	是（5～20）

a BRM、OSA、MOR 和 SNRI 都可以在单个复合物中彼此稳定关联。
b 与 ASH2 的序列相似性相对较低。

而在另一些基因上则有助于抑制。这个家族的进化保守性和该家族蛋白质的功能保守性，使得我们思考需要什么样的机制来维持决定细胞命运的主调节基因的适当激活水平。

18.1.2 其他生物体中的 trxG 成员

在哺乳动物，包括人类中（表 18-1）都存在几乎所有果蝇 trxG 蛋白的对应功能。遗传和生物化学研究表明，果蝇和哺乳动物蛋白在基因表达和发育中都具有高度保守的作用。一个关于 trxG 蛋白功能保守的很好的例子是 MLL1，它是果蝇 *trx* 的四个哺乳动物同源基因之一。MLL1 的突变造成 Hox 基因无法维持活跃的转录，导致小鼠中轴骨骼的同源异型转化（Yu et al., 1995; Yu et al., 1998）。混合谱系白血病（mixed lineage leukemia, MLL）蛋白和 trx 都具有组蛋白赖氨酸（K）甲基转移酶（histone lysine methyltransferase, KMT）的功能，使用人类 MLL 可以部分挽救由 trx 功能丧失导致的果蝇发育缺陷，这提供了这两种蛋白功能同源性的直接证据（Muyrers-Chen et al., 2004）。因此，细胞已形成状态的维持机制在进化中是高度保守的。

18.1.3 trxG 蛋白在真核转录中发挥着多种作用

作为激活因子的 trxG 是一组功能多样的调控蛋白。这可能反映了真核生物转录的复杂性，涉及基因特异性转录激活因子、通用转录机制的众多组成成分与被转录的 DNA 模板之间受到高度调控的相互作用。转录激活包括序列特异性激活蛋白质的结合、通用转录机制的招募、帮助 RNA 聚合酶 II 结合到启动子以利于转录起始复合体的形成，启动子附近的 DNA 螺旋的打开，RNA 聚合酶从启动子有效地离开，然后沿整个基因延伸。

维持活跃转录状态的能力可能涉及维持活性所需的众多步骤中的任何一个，对任何给定的基因，不同的步骤可能对转录活性起限速作用。真核生物的 DNA 组装成染色质同样为 trxG 蛋白提供了调控转录的另一个水平。核小体和染色质的其他组分往往抑制通用的和基因特异性的转录因子与 DNA 的结合，并抑制 RNA 聚合酶的延伸。染色质结构的改变，包括核小体结构或位置的改变，几乎可以影响转录过程中的每一步。

任何需要转录的蛋白质都需要维持活性状态。事实上，一些 trxG 蛋白在转录中发挥着相对普遍的作用，而不仅仅是维持已确定的状态。然而，其他 trxG 蛋白可能通过直接抵消 PcG 抑制或通过 DNA 复制和有丝分裂来维持基因活性的遗传状态，从而在这一过程中发挥特殊作用。后一类 trxG 蛋白是发育生物学家特别感兴趣的。

18.2 trxG 蛋白与染色质的联系

遗传研究表明，trxG 基因在转录和发育中起着关键作用，这使更多的研究工作投入理解其产物的生化功能中。许多这些实验的概念基础是假设染色质是 trxG 蛋白的生物学相关底物。所有的基因都被包装成染色质，这种包装可以产生一种紧密的、不可接近的状态，或者可以是开放的、许可的状态。许可状态和不可接近状态都是可继承的。这让人们产生了一个简单的假设，即 trxG 蛋白可能通过调节染色质结构来影响其调控。此外，随着 trxG 基因克隆和测序，发现他们产物中一些蛋白质参与 ATP 依赖的染色质重塑［第 21 章（Becker and Workman, 2013）］或包括粟酒裂殖酵母在内的其他有机体中核小体组蛋白的共价修饰。因此，尽管酵母缺少 Hox 基因或 PcG 抑制因子，但这种生物已经为探究 trxG 蛋白在真核转录中的潜在功能提供了有价值的线索。

trxG 蛋白和染色质之间最早的联系之一是发现果蝇 trxG 基因 *brahma*（*brm*）与酵母 SWI2/SNF2 高度相关（Tamkun et al., 1992）。SWI2/SNF2 在交配型转换［switch(*swi*)］和蔗糖发酵［*sucrose nonfermenting* (*snf*)]相关基因的筛选中被鉴定出来。随后证明，它是激活许多酵母诱导基因所必须的（Holstege et al.，1998；Sudarsanam et al.，2000）。在 *swi2/snf2* 突变体中观察到的转录缺陷可以被核小体组蛋白的突变所抑制，这一早期观察首次表明 SWI2/snf2 通过抵消染色质抑制状态来激活转录（Kruger et al.，1995）。20 世纪 90 年代初进行的生化研究证实了这一假设，即 *swi/snf* 筛选中鉴定的 SWI2/SNF2 和许多其他蛋白质都是一种称为 SWI/SNF 的大型蛋白质复合体的亚基，该复合体利用 ATP 水解的能量来增加蛋白质与核小体 DNA 结合的能力（Cote et al.，1994；Imbalzano et al.，1994；Kwon et al.，1994）。SWI2/SNF2 具有 ATP 酶活性，是这一台染色质重塑机类似的"发动机"。SWI/SNF 复合体的其他亚基介导与调节蛋白质或其染色质底物的相互作用（Phelan et al.，1999）。

另一个 trxG 和染色质之间的联系是因为 trxG 蛋白、TRX 和 ASH1 中存在 SET 结构域。SET 结构域最初根据 Su(var)3-9、Zeste 的增强子和 TRX 之间的一段同源氨基酸序列定义，其中 Zeste 和 TRX 两种蛋白质分别是 PcG 和 trxG 成员。在 20 世纪 90 年代末，SET 家族蛋白被证明具有赖氨酸甲基转移酶（KMT）活性。Su(var)3-9 甲基化组蛋白 H3K9（H3K9me），而 Zeste 的增强子甲基化 H3K27（H3K27me；Rea et al.，2000；Levine et al.，2004；Ringrose and Paro，2004）。正如其他地方所讨论的，H3K9 甲基化促进异染色质组装，而 H3K27 甲基化是 PcG 抑制所必需的〔第 12 章（Elgin and Reuter，2013）和第 17 章（Grossniklaus and Paro，2014）〕。trxG 蛋白中 SET 结构域的存在表明，组蛋白尾部的甲基化可能对维持活跃转录状态也很重要。

这些发现再加上越来越多的人认识到，染色质重塑和修饰酶在转录激活中发挥关键作用，这促使生物化学家鉴定到含有 trxG 蛋白的复合体，并研究这些复合体在体外对染色质结构的影响。其他实验验证了 trxG 蛋白可直接与转录机制相互作用的假设，这是另一种影响转录调控的方法。如下所述，这些研究表明，一些 trxG 蛋白通过改变染色质结构来影响调控，而另一些则通过与转录机制成分的直接相互作用来发挥作用。

18.2.1 trxG 蛋白参与 ATP 依赖性染色质重塑

染色质重塑复合体在许多生物过程中都有涉及，包括转录抑制和激活、染色质组装、调节染色质高阶结构和细胞分化〔第 21 章（Becker and Workman，2013）〕。两个 trxG 成员（BRM 和 KIS）具有 ATPase 结构域，是进化保守的、具有染色质重塑活性的、蛋白家族的成员（表 18-1）。BRM 是 SWI2/SNF2 重塑亚家族的一部分，而 KIS 是 CHD7 亚家族的成员。这两个亚家族都可以移动核小体〔第 21 章（Becker and Workman，2013）〕。但它们的作用方式不同，CHD7 需要靠近核糖体的裸露 DNA，因此需要间隔较松的核小体。而 SWI/SNF 复合体不需要相邻的裸露 DNA，能够在紧密排列的核小体上发挥作用（Bouazoune and Kingston，2012）。

参与染色质重塑的 trxG 蛋白中，研究最广泛的是 BRM 及其人类对应组分 BRG1 和 HBRM。正如预测的那样，这些蛋白质作为复合体中 ATP 酶亚基发挥作用且与酵母 SWI/SNF 高度相关（Kwon et al.，1994；Wang et al.，1996）。SWI/SNF 复合体包含 8～15 个亚基，且在进化过程中高度保守（图 18-5）。在 Pc 突变体的抑制子的筛选中发现了第 2 个果蝇 trxG 基因，即 *moira*（*mor*），这个 trxG 基因编码了 ATP 依赖的重塑复合体的另一个关键成员。在人类中，BRM 与 MOR 的同源蛋白直接相互作用，形成了 SWI/SNF 的功能核心（Phelan et al.，1999）。SWI/SNF 复合体在高等真核生物中大量存在。例如，每个哺乳动物的细胞核含有大约 25 000 个 SWI/SNF 亚家族复合体的拷贝。它们能够有效地进入单个核小体的中心位置，因此它们是强力的重塑因子，这在能量上是困难的，因为核小体的中心位置两边都有大约 70bp 受约束的核小体 DNA。

每个被研究的物种至少有两个不同的 SWI/SNF 复合体，它们都包含 BRM 或与染色质重塑高度相关的 ATP 酶。另一种 trxG 蛋白 OSA 显示复合体之间的区别，其中一类复合体（Brahma associate proteins complex，BAP）含有 OSA，另一类进化保守复合体（polybromo-containing BAP complex，PBAP）含有一个 Polybromo 结构域蛋白（图 18-5）（Mohrmann and Verrijzer，2005）。纯化研究进一步证明了这些复合体的区别，该研究表明，包括 SAYP 和 BAP170 在内的其他几种蛋白质都是 PBAP 特异性亚基（Chalkley et al.，2008）。SAYP 具有 trxG 性质，说明 PBAP 复合体直接参与了 trxG 功能。在果蝇和哺乳动物中，有许

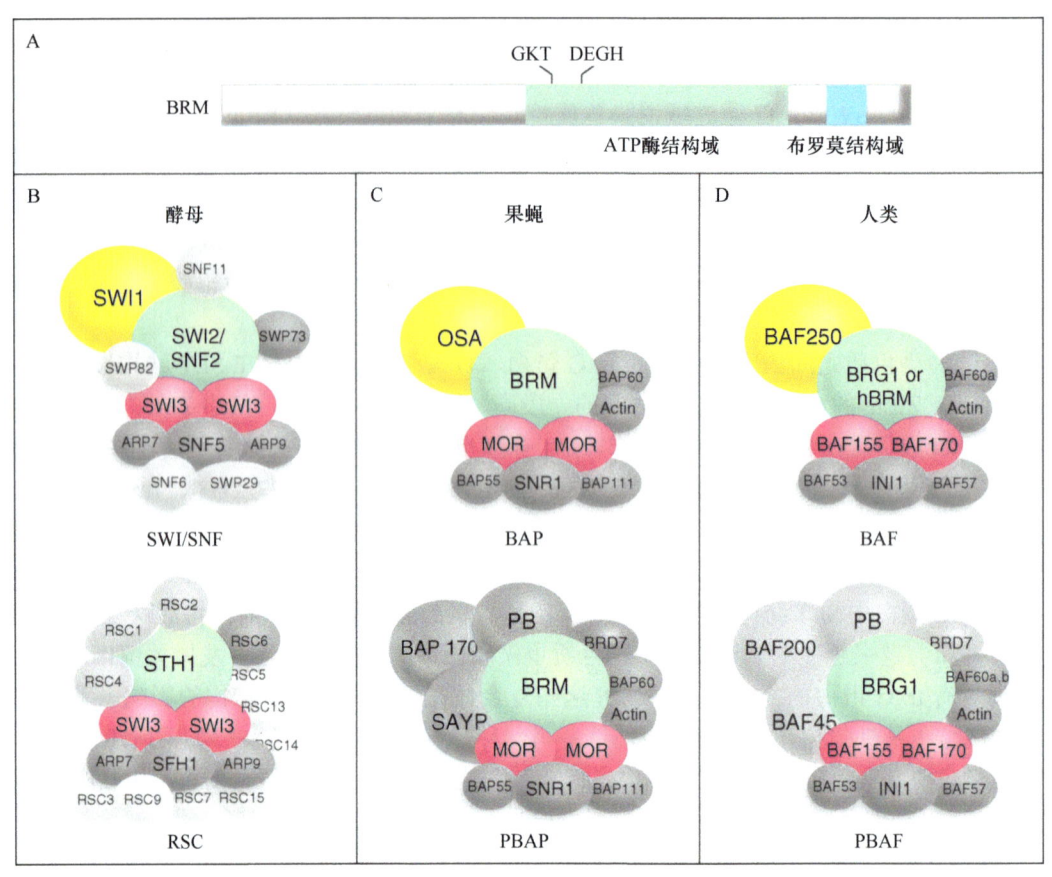

图 18-5 SWI/SNF 家族重塑复合体。 每个复合体包含一个 SNF2/SWI2 家族成员的 ATP 酶和至少八个其他亚基。（A）BRM 蛋白的示意图，显示了所有 SNF2/SWI2 家族成员保守的 ATP 酶结构域和羧基端的布罗莫结构域（显示与组蛋白尾部乙酰化赖氨酸残基的亲和力）的位置，在所有 SNF2/SWI2 家族成员中都很保守。酵母（B）、果蝇（C）和人类（D）中的 SWI/SNF 复合体。果蝇 trxG 蛋白（BRM、MOR 和 OSA）及其在其他生物体中的对应蛋白以彩色显示。关于这些复合体及其亚基的详细信息可以在 Mohrmann 和 Verrijzer（2005）文章中找到。

多相关的 SWI/SNF 家族亚群，但这些亚群如何有助于分化和 trxG 功能这个问题尚未完全解决。

在 trxG 筛选中鉴定出的 SWI/SNF 亚家族的三个不同成员显示了这个大复合体的不同家族在发育过程中的重要性。这主要反映了该复合体在激活转录中的作用，尽管该复合体家族也可能参与抑制机制［第 21 章（Becker and Workman, 2013）］，在每个被研究的物种中，都暗示 SWI/SNF 复合体参与了转录激活。它们可以通过与转录激活因子的相互作用而靶向基因和重塑核小体，以协助一般转录因子和 RNA 聚合酶 II（RNA Pol II）的初始结合，并在随后的激活过程中成为靶标以协助转录延伸。因此，SWI/SNF 复合体似乎在转录激活过程的每一步都发挥作用，尽管它们可能在介导 RNA Pol II 加载的早期步骤中具有更重要的功能。

trxG 基因 *kis*，如 *brm*、*mor* 和 *osa*，是在筛选 *Pc* 基因外的抑制子时被发现的。这表明它们在维持 Hox 转录的活性状态时与 PcG 蛋白拮抗（Kennison and Tamkun, 1988）。遗传学研究表明，Hox 转录维持和果蝇的分节都需要 *kis*（Daubresse et al., 1999）。*kis* 的分子分析显示，它编码了几种大型蛋白质，包括一个约 575kDa 亚型（KIS-L），该亚型包含一种具有染色质重塑因子特征的 ATP 酶结构域（Daubresse et al., 1999; Therrien et al., 2000）。ATPase 域外的其他保守结构域（如布罗莫结构域和克罗莫结构域）通过介导与核小体或其他蛋白质的相互作用，促进了染色质重塑因子的功能特异化。BRM 和 SWI/SNF 亚家族的所有 ATPase 亚基都包含一个单独的布罗莫结构域，它是一个与特定的乙酰化组蛋白结合的蛋白基序（图 18-5A）。KIS-L 包含两个克罗莫结构域，它是结合特定甲基化组蛋白的蛋白质基序，这些在第 6 章（Cheng, 2014）和第 7 章（Patel, 2014）中都有描述。因此，它们更类似于 Mi2 和染色质重塑因子 CHD 家族的其他成员。KIS-L（约 575kDa）因为尺寸过大使其难以进行生化分析。它的序列表明它是一种 ATP 依赖的核小体重塑蛋白质，如下文所述，它的人类同源蛋白已被证明具有重塑活性。

KIS-L 与 BRM 没有物理上的直接互作，可能作为单体或在不同的蛋白复合体中发挥作用（Srinivasan et al.，2005）。然而，这两种蛋白质和 RNA Pol II 在多线染色体上广泛相互重叠，这提示它们在转录中发挥相对全面的作用（图 18-6）（Armstrong et al.，2002；Srinivasan et al.，2005）。在幼虫唾液腺中，BRM 功能的缺失阻碍了一个相对较早的转录步骤（Armstrong et al.，2002），而 KIS-L 功能的缺失导致转录延伸水平的下降，而不影响 RNA Pol II 的启动（Srinivasan et al.，2005，2008）。这些发现表明，BRM 和 KIS-L 通过催化 ATP 依赖的核小体结构或间隔的改变促进了 RNA Pol II 转录过程的不同步骤。

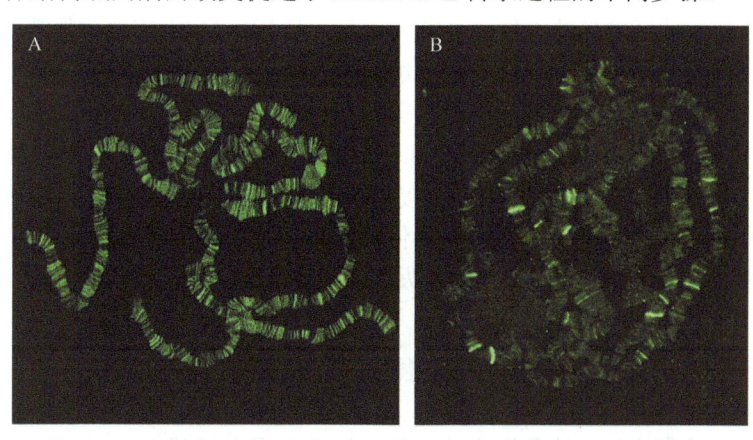

图 18-6　trxG 蛋白的染色体分布。trxG 蛋白的基因组分布，通过用 BRM 抗体（A）或硫氧还蛋白（B）染色检查果蝇唾液腺多线染色体。与其整体转录激活作用相对一致，BRM 与 RNA 聚合酶 II 的分布在数以百计的位点广泛重叠。相比之下，在多线染色体上的少量位点上检测到强烈的 TRX 信号。

最近对哺乳动物中 *kis* 同源基因 CHD7 的研究突显出了这种蛋白在发育过程中的重要性，并表明其产物与 BRM 家族的重塑蛋白的作用方式不同。人类 CHD7 突变可导致 CHARGE 综合征和其他发育相关综合征，这些综合征影响大约万分之一的新生婴儿（Vissers et al.，2004）。有 CHARGE 综合征的婴儿在多个组织和器官中表现出严重缺陷，包括中枢神经系统、眼睛、耳朵、鼻子、心脏和生殖器（Jongmans et al.，2006）。这些表型出现是由于神经嵴细胞的基因表达改变，其中 CHD7 和其他人类 trxG 蛋白协同调节对发育至关重要的基因表达程序（Bajpai et al.，2010）。CHD7 突变还会导致其他多种人类发育缺陷，在人类患者中已经发现了超过 500 种不同的 CHD7 突变，这表明这种 trxG 蛋白对人类发育和病理十分重要（Janssen et al.，2012）。

这些对发育的显著影响可能与 CHD7 重塑核小体能力缺陷有关。CHD7 蛋白是一种高效的 ATP 依赖的重塑因子，不需要其他蛋白就可以在体外发挥作用。该蛋白与 *brm* 相关蛋白在结构域上存在差异，且对基因表达有显著影响。因此，该蛋白在重塑行为上与 SWI/SNF 亚家族的重塑行为存在一些功能性差异（Bouazoune and Kingston，2012）。CHD7 重建核小体需要多余的 DNA，而 BRM 家族蛋白则不需要。CHD7 在打开核小体内部的位点和"滑动"核小体方面与 BRM 家族蛋白方式不同。在患有 CHARGE 综合征的人类患者中发现的许多突变会截短人体内的 CHD7 蛋白，而这种突变预计会削弱或消除重塑活性。患者 CHD7 的错义突变会影响重塑活性，这表明它是人类正常发育所必需的。CHD7 和 SWI/SNF 功能的比较表明，trxG 表型可能是由突变引起的，这些突变通过不同的机制影响两类不同的重塑机器，这意味着这两种重塑功能都是正确发育调控所需要的。

未来研究的一个重要目标是阐明 ATP 依赖的重塑在激活状态维持中的作用。有趣的是，已知有 4 个 trxG 成员（BRM、MOR、OSA 和 KIS），它们是两种不同的 ATP 依赖的染色质重塑复合体的组成部分，但在果蝇 trxG 基因筛选中还没有发现其他众多的 ATP 依赖的重塑复合体。有两种普遍的假说可以解释这一现象，但这两种假说并不相互排斥，因为① BRM 和 KIS 染色质重塑复合体以对发育进程重要的基因为靶点；② 它们具有维持所必需的特殊重塑特征。与第 2 种可能性一致，重塑复合体的 BRM 家族与其他家族具有不同的机制，即 CHD7 和 KIS 的功能类似于 ISWI 家族中的重塑蛋白。但当与 ISWI 产生突变时，会产生不同的表型，这并不影响维持。因此，可能所有活跃的状态都需要通用的 ATP 依赖重塑。而且对发育重要的基因的活性状态的维持也需要这些 trxG 的成员，因为它们是这些基因的靶点。

重塑因子可以用来促进激活状态的表观遗传调控。至少可以设想有 3 种可能的机制。首先，重塑功能可能以某种间接的方式被需要，以促进维持活性转录所需的基因特异性活性蛋白的结合（或复制后的重新结合）。在这种情况下，重塑因子将不再是表观遗传机制的"大脑"，而是一种必要的工具，让所需的蛋白质有效地发挥作用。其次，重塑因子可以单独或与组蛋白伴侣作用，将核小体从一个区域逐出，核小体占用的缺失可能会导致复制后该区域保持无核小体状态。如上所述，复制/核小体加载机制准确地执行核小体修饰或位置的能力在表观遗传学中是一个重要的未解问题［第 22 章（Almouzni and Cedar, 2014）］。最后，重塑因子可以重定位核小体，创造一个激活状态的染色质结构。白蛋白（albumin）基因的研究为后一种机制提供了实验支持（Chaya et al., 2001; Cirillo et al., 2002）。实验表明需要几个 DNA 结合因子来维持这一关键基因在肝脏中的活性。其中一个因子 FoxA 直接与核小体结合，其特异性的核小体-FoxA 结构是维持白蛋白基因活性状态的关键。虽然目前还不清楚 ATP 依赖的重塑是否是在肝脏中定位特定的核小体所需要的，这个例子显示了特定的核小体定位在表观遗传学中发挥关键作用的潜力。

18.2.2　trxG 蛋白共价修饰核小体组蛋白

第二种常用的调控基因表达的方法是组成核小体的核心组蛋白氨基末端的共价 PTM。这些从核小体表面伸出的尾巴可以介导与其他核小体的相互作用，以及与各种结构和调控蛋白质的相互作用［第 3 章（Allis et al., 2014）中的图 3-12］。通过乙酰化、甲基化或磷酸化对组蛋白尾部进行共价修饰，可以帮助调控复合体靶向染色质，也可以通过改变尾部电荷，直接改变核小体包装形成抑制结构的能力。共价修饰也可能提供一个标记来帮助维持特定的调控状态，因为共价修饰的组蛋白有可能分裂成两个子链，从而在复制后将包含在共价标记中的信息传递给母细胞和子细胞。共价修饰参与染色质状态维持仍存在争议，体内组蛋白更新的时间框架正在探究中，这个时间可能太快不足以满足这类机制行使功能。另外，调节组蛋白传递到子链的机制也未知［第 22 章（Almouzni and Cedar, 2014）］。

一些 trxG 蛋白能够共价修饰组蛋白尾巴，这些蛋白质经常出现在能够进行不止一种修饰反应的复合体中。例如，果蝇 TRX 和其他生物体中它的类似物可以甲基化组蛋白 H3 第 4 位的赖氨酸（H3K4）。这种共价标记与包括酵母、果蝇和人类在内的各种生物的活性基因密切相关（图 18-7A）。果蝇 TRX 的酵母菌同源蛋白 Set 1 是甲基化 H3K4 的大型复合体的亚基（COMPASS 或 SetIC）。COMPASS 还含有 6 个其他亚基，包括酵母的另一种 trxG 蛋白 ASH2（Miller et al., 2001; Roguev et al., 2001）。人体内存在 6 种与果蝇 TRX 相关的 KMT，包括 hSET1A、hSET1B 和 MLL1-4 蛋白。hSET1A 和 hSET1B 是人类 COMPASS 组蛋白 KMT 的亚单位，而 MLL1-4 是相关复合体的亚单位（Shilatifard, 2012）。COMPASS 通过促进启动子附近 H3K4 三甲基化（H3K4me3），被认为可以促进 RNA Pol II 向主动延伸的过渡（Ardehali et al., 2011）。基于 H3K4 在活性基因上出现和去除的时间，提示 H3K4 甲基化可能涉及酵母活性基因表达的维持（Santos-Rosa et al., 2002; Pokholok et al., 2005）。

基于上述观察，人们普遍认为 TRX 通过在启动子附近甲基化 H3K4 来维持转录的活性状态。dSet1 KMT（果蝇 COMPASS 的一个亚基）负责果蝇中大部分的 H3K4me3 甲基化，然而，TRX 功能的丧失并没有显著改变 H3K4me3（Ardehali et al., 2011; Hallson et al., 2012）。这些结果表明，TRX 的组蛋白 KMT 活性并不像最初所认为的那样对维持活性状态很重要。

TRX 蛋白水解产生两种蛋白质，包括 TRX-C 和 TRX-N。保留 SET 结构域的 TRX-C 与 PRE 元件和启动子结合（Schuettengruber et al., 2009; Schwartz et al., 2010）。TRX-N 缺乏组蛋白的 KMT 活性，与活跃基因的广泛区域相结合（Schuettengruber et al., 2009; Schwartz et al., 2010），这表明它通过组蛋白甲基化以外的机制激活转录。有证据显示 TRX/MLL 复合体在组蛋白乙酰化中也起作用。在果蝇中，TRX 与 dCBP

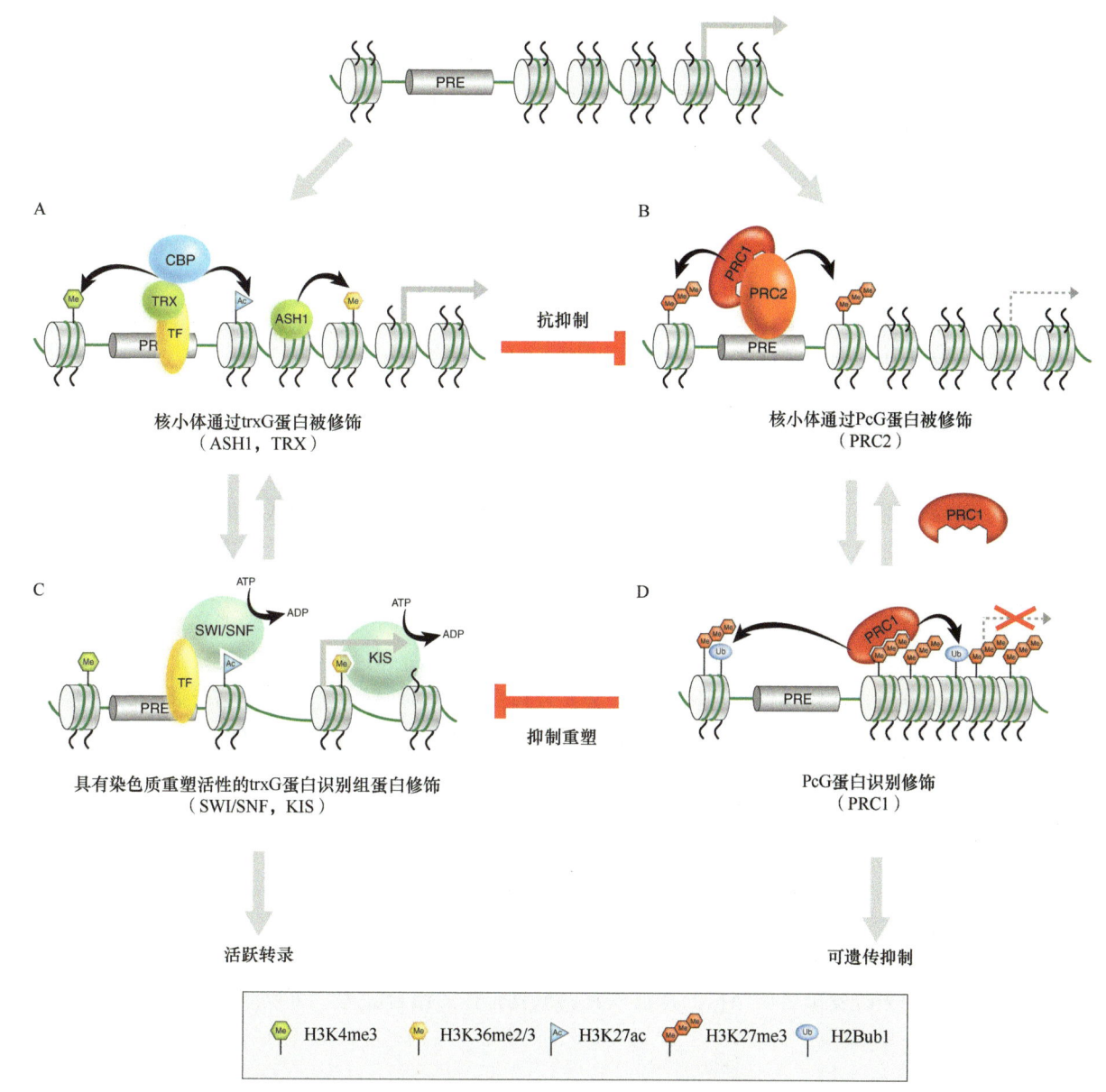

图 18-7 trxG 和 PcG 的功能和相互作用。 trxG 和 PcG 家族都包括组蛋白共价修饰和染色质非共价修饰的蛋白质。组蛋白上的共价修饰可以促进或阻断 trxG 复合体（如 SWI/SNF 和 KIS）、PcG 复合体（如 PRC1 和 PRC2），以及其他参与维持活性或抑制状态的因子的结合或活性。这些复合体的结合有可能引入进一步的共价修饰，从而导致共价修饰的迭代循环和共价标记的识别。

（一种组蛋白赖氨酸（K）乙酰转移酶，通常缩写为 HAT 或者 KAT）协同作用。dCBP 具有广泛的特异性，参与激活（Petruk et al.，2001；Tie et al.，2009）。乙酰化也被认为可以防止残基的甲基化，如介导模板抑制的 H3K9 甲基化和 H3K27 甲基化，提供了另一种机制来维持活性状态（图 18-7A，B）。

trxG 蛋白 ASH1 也具有组蛋白的 KMT 活性。在体外，ASH1 甲基化 H3K4、H3K9、H4K20 和 H3K36（Beisel et al.，2002；Byrd and Shearn，2003；Tanaka et al.，2007），但其 H3K36 甲基转移酶活性对维持活性尤为重要（Yuan et al.，2011；Dorighi and Tamkun，2013）。ASH1 与 TRX-N 在去抑制的 PcG 靶点上大范围共定位（Schwartz et al.，2010），但目前尚不清楚 ASH1 和 TRX 的活性是如何协同作用的。ASH1 已被发现与乙酰转移酶的 CBP 家族共定位和相互作用（Bantignies et al.，2000），这再次表明甲基化和乙酰化是密切相关的。

单泛素化（monoubiquitination）是一种独特的修饰类型，通常见于组蛋白 H2A 和 H2B 的羧基末端。与上面讨论的共价修饰相反，泛素（ubiquitin）是一种不仅影响电荷而且具有显著空间效应的多肽。PBAP 家族复合体的 OSA 亚基参与促进组蛋白 H2B 赖氨酸 120 上的泛素化（Li et al., 2010），这是一种与激活转录相关的修饰。H2B 泛素化在转录激活过程中发挥作用的机制尚不清楚，但它似乎是一种古老的功能，这种功能从粟酒裂殖酵母到人类中都是保守的。

关于组蛋白的共价修饰是如何促进 trxG 功能的问题仍然有很多。比如标记起什么功能？共价修饰可以通过广泛的机制促进表观遗传调控。甲基化和乙酰化标记可能直接改变染色质组装［有时称为顺式效应，如第 3 章中的图 3-14 所示（Allis et al., 2014）］。组蛋白尾部电荷分布影响染色质进入凝集状态的能力，凝集状态常被认为抑制转录。发生在赖氨酸的修饰（如酰基化）可以消除该残基中发现的正电荷。因此，这可能会直接降低核小体形成致密结构的能力，从而增加模板被转录的能力［18.4 节讨论（Marmorstein and Zhou, 2014）］。

组蛋白翻译后修饰被认为可以为介导转录激活的复合体创造强的结合位点。这些共价修饰能够在核小体的表面形成特殊的"疙瘩"，这些"疙瘩"可以装入配体的口袋中，促进激活，从而增加这些配体的结合能力和功能。例如，组蛋白尾部的乙酰化增加了 BRM 蛋白同源蛋白的结合，从而促进乙酰化模板的 ATP 依赖性重塑（图 18-7C）（Hassan et al., 2001）。这种类型的机制，通常被称为"组蛋白密码"或共价组蛋白修饰的反式效应，并有可能发挥表观遗传核心功能。在今后的研究中需要进一步确定 trxG 蛋白产生哪些标记，增强哪些复合体的结合，并确定单个修饰残基结合产生的能量可以影响其功能和靶向性的程度。还需要更多的研究来确定标记添加的时间顺序，以及它们是否在有丝分裂过程中保持不变。

这种机制的另一面是，这些标记可以阻止抑制复合体的结合。抑制复合体最佳结合所需的关键残基上的共价标记可以有效阻止抑制复合体的结合。例如，抑制复合体的结合可以通过组蛋白 H3 在 K9 和 K27 位点的甲基化而增加（Khorasanizadeh, 2004）。这些残基的乙酰化会阻止甲基化，并在组蛋白上形成一个畸形的疙瘩，削弱抑制复合体结合的能力。正如 18.6 节所讨论的，修饰影响其他复合体功能的能力是双向的，这可以增加表观遗传调控的潜在模式的效力。

这些翻译后修饰起作用的机制并不相互排斥，事实上，它们很可能协同工作以帮助维持活性状态。化学上增加形成凝聚态能力（顺式效应）的标记，也可能增加复合体的结合能力（反式效应），从而进一步促进形成凝集态。相反，化学上减弱凝聚态的标记可能会增加复合体的结合，而复合体也会使核小体去凝集。使用共价标记来改变染色质结构的特征以及调节复合体的结合能力，可以产生一种保持活性状态的有效方法。

18.3　trxG 蛋白与一般转录机制的联系

trxG 蛋白经常在同一复合体中被发现，这一情况与 *skuld*（*skd*）和 *kohtalo*（*kto*）蛋白一致。这两个果蝇蛋白是哺乳动物蛋白的同源蛋白，这两个哺乳动物蛋白质通过生物化学被鉴定为 TRAP240（Skuld）和 TRAP230（Kohtalo），它们都是中介因子复合体的成员（Janody et al., 2003）。Mediator 复合体是一种大型复合体，在基因特异性激活因子蛋白质和含 RNA Pol Ⅱ 的起始前复合体的形成中发挥作用（Lewis and Reinberg, 2003）。因此，这些蛋白质参与一般的活化过程，就像 SWI/SNF 家族重塑因子参与一般的活化过程一样。SKD 和 KTO 可能在维持中有一些特殊的功能，因为 trxG 基因的筛选中没有发现 Mediator 复合体的其他成分。当观察到 SKD 和 KTO 相互作用，以及 *skdkto* 双突变体与任一单一突变体具有相同的表型时产生了一种假设，即这两种蛋白质一起形成了一个功能模块，以某种方式改变 Mediator 的功能（Janody et al., 2003）。

18.4 trxG 蛋白与黏连蛋白的联系

果蝇黏连蛋白（cohesin）的 Rad21 亚基由果蝇 trxG 基因 *verthandi*（*vtd*）编码，研究表明 trxG 蛋白可以影响核小体水平以上的染色质组织（Hallson et al.，2008）。黏连蛋白的 4 个核心亚基，包括 Rad21（Sccl/Mcdl）、Smcl、Smc3 和 stromalin（SA/Scc3/Stag2），形成了一个环绕 DNA 的环。黏连蛋白对于姐妹染色单体在有丝分裂和减数分裂期间的黏连至关重要（Haering et al.，2008；Nasmyth and Haering，2009）。黏连蛋白还通过促进绝缘子、增强子和启动子之间的相互作用形成 DNA 环，这在间期细胞的转录激活和抑制中发挥重要作用 [第 2 章的图 2-4-1（Kim et al.，2014）；Wood et al.，2010；Dorsett，2011；Fay et al.，2011；Seitan and Merkenschlager，2012]。这些发现和其他的发现提供了一种可能性，即由黏连蛋白稳定的远程染色质交互作用有助于维持活性状态（Cunningham et al.，2012；Schaaf et al.，2013）。

18.5 其他 trxG 蛋白的生化功能

大多数其他 trxG 蛋白的生化活性仍然相对神秘。Brd2/Ring3 是果蝇 trxG 基因 *fsh* 的对应基因，编码一个具有两个布罗莫结构域的核蛋白激酶，这提示了它在细胞周期进展和白血病发生中的功能。但是，该激酶的底物目前尚不清楚（Denis and Green，1996）。trxG 基因 *Tonalli*（*Tnd*）编码一种与 SP-RING 指蛋白（参与 SUMO 化）相关的蛋白，表明它可能通过除组蛋白以外的蛋白质的共价修饰来调节转录（Gutierrez et al.，2003；Monribert-Villanueva et al.，2013）。在 Pc 的抑制子筛选中，鉴定出 trxG 基因 *sallimus*（*sls*），随后又发现编码果蝇的 Titin 蛋白（Machado and Andrew，2000）。与脊椎动物同源蛋白一样，果蝇的 Titin 有助于维持肌肉的完整性和弹性。此外，Titin 是染色体凝集和分离所必需的染色体蛋白质（Machado and Andrew，2000）。这些发现为 trxG 蛋白在高阶染色质结构调控中的潜在作用提供了额外的证据。

18.6 trxG 蛋白和 PcG 蛋白的功能互作

随着许多 trxG 和 PcG 成员的基本生化活性被确定，人们的注意力已经转移到它们的活性在调节转录和维持基因活性状态方面是如何协调的研究上。尽管缺乏研究维持已确定状态的体外系统，但在解决这一问题方面已取得良好进展。一种流行的假设是，trxG 和 PcG 成员促进一系列相互依赖的事件以维持活性或抑制状态。

对 PcG 复合体 PRC1 和 PRC2 的研究支持这一观点。通过 PRC2 的组蛋白（KMT）亚基 E(z)，产生了 H3K27 的甲基化共价标记，该标记可被 PRC1 的 Pc 亚基的克罗莫结构域直接识别（Jacobs and Khorasanizadeh，2002；Min et al.，2003）。因此，一个 PcG 复合体似乎可以直接促进另一个 PcG 复合体与染色质的结合。最近的研究表明这个模型是复杂的，PRC1 家族中并非所有的复合体都含有 Pc，H3K27 的甲基化虽然与 PRC1 靶向相关，但对靶向来说既不是必要的，也不是充分的（Margueron and Reinberg，2011；Tavares et al.，2012）。尽管如此，一个复合体可以帮助另一个复合体靶向的这一基本概念仍然是一个重要的模型。

通过类比前段所述的 PcG 的复杂模式，发现有可能是组蛋白 KMT 的成员或者 KAT 的活性（如 TRX 或 ASH1）调节的、trxG-介导的核小体共价修饰直接调节 trxG 成员参与 ATP 依赖的染色质重塑活性（如 BRM 或 KIS 蛋白）（图 18-7）。与这种可能性一致的是，BRM 和 SWI/SNF 复合体的其他亚基包含布罗莫结构域，可以直接与乙酰化的组蛋白尾部相互作用。KIS 及其人类同源蛋白 CHD7 含有可能直接与甲基化的组蛋白尾巴相互作用的克罗莫结构域。的确，全基因组 ChIP 分析已经检测到 CHD7 与甲基化的 H3K4 的共定位，揭示 CHD7 与该标记之间可能存在直接相互作用（Schnetz et al., 2009, 2010）。关于 CHD7 与 H3K4 相互作用的模型得到了酵母和哺乳动物染色质重塑因子研究的支持（Agalioti et al., 2000; Hassan et al., 2001）。它尤其具有吸引力是因为它提供了一种机制，通过这种机制，可继承的组蛋白修饰可以使组成型的"开放"染色质构象永久存在，而且这种状态允许活跃转录。

另一个重要的问题是 PcG 抑制因子和 trxG 激活因子之间的功能关系。这些调节蛋白在激活和抑制中有独立的作用吗？还是它们在维持遗传状态的过程中直接起相反的作用？PcG 蛋白的一个有趣的特性是，当它们与 RNA Pol Ⅱ 转录的任何基因相连时都能够抑制转录。在转录中扮演广泛角色的 trxG 成员，包括 BRM、KIS 和参与染色质重塑的其他 trxG 成员，都是 PcG 抑制因子直接靶标的候选者（图 18-7）。PRC1 显然屏蔽 SWI/SNF 家族复合体接近染色质模板（Francis et al., 2001）。这与实现 PcG 抑制的机制是防止 trxG 成员的 ATP 依赖性重塑的概念是一致的。Brahma 复合体和 PRC1 都与 Zeste 蛋白直接相互作用，这一事实进一步证实了它们之间的联系。Zeste 蛋白在果蝇基因表达的调控中通过某种方式在引导两个复合体之间的交流中发挥着复杂的作用。

连接 PcG 蛋白和 trxG 蛋白的第 2 个蛋白是 GAGA 因子，它是由 *Trithorax-like*（*Trl*）基因编码的 trxG 成员（Farkas et al., 1994）。该蛋白在某些启动子上可作为序列特异性激活蛋白发挥作用，并且也是与 PRE 结合的蛋白质的重要成员。PRE 序列介导 PcG 功能，当把这些序列加到一个报告载体上时，至少有一个 PRE 可以作为一个记忆模块，这表明这些序列的重要性。PRE 序列结合 GAGA 因子，并在 PRE 功能中发挥重要作用。它们将 GAGA 蛋白锚定在 DNA 上，这些 DNA 被认为可以增强 PRC1 复合体的结合和功能（Mahmoudi and Verrijzer, 2001）。因此，GAGA 因子可能在维持活化（通过其转录激活特性）和抑制（通过与 PcG 蛋白的相互作用）中发挥关键作用。GAGA 和 Zeste 等蛋白质为何与维持活化和抑制的机制都有相互作用是未来研究的一个重要问题。

遗传研究表明，删除 PcG 复合体将激活基因，甚至在没有 TRX 和 ASH1 的情况下也能激活（Klymenko and Muller, 2004）。提示一些 trxG 蛋白质可能作为 PcG 的抗抑制子，而不是直接的活化因子（图 18-7）。那么 TRX 和 ASH1 怎么抵消 PcG 抑制呢？人们认为 trxG 蛋白可能通过与结合 H3K27 甲基化核小体的 PRC2 结合，直接拮抗 PcG 的抑制作用，抑制其组蛋白 KMT 活性，直接阻断 H3K27 的甲基化作用或清除这一抑制标志。最近的研究表明，trxG 蛋白利用这些机制中的每一种来拮抗 PcG 的抑制。例如，含有 TRX 和组蛋白乙酰转移酶 CBP 的复合体乙酰化 H3K27，可以阻止 PRC2 对 H3K27 的甲基化（图 18-7）（Tie et al., 2009）。H3K4me3 是另一种由 trxG 蛋白催化的组蛋白修饰，它阻断了 PRC2 与其核小体底物的相互作用（Schmitges et al., 2011）。最后，trxG 蛋白质 ASH1 催化 H3K36 的甲基化，抑制了 PRC2 的 H3K27 甲基转移酶活性（Tanaka et al., 2007; Schmitges et al., 2011; Yuan et al., 2011）。这些发现解释了为什么抑制性的 H3K27 甲基化没有扩散到活跃转录的基因上，并为 PcG 和 trxG 蛋白之间的功能拮抗提供了一个令人满意的分子解释，几十年以来一直受到遗传学家的广泛关注。

18.7 非编码 RNA 和 trxG 蛋白

最近的研究表明，长链非编码 RNA（long noncoding RNA，lncRNA）可能参与了 trxG 靶向和功能的调控。除使用共价修饰组蛋白的靶向机制，以及 trxG 家族不同成员的序列特异性 DNA 结合因子（如中介因子和 SWI/SNF）的靶向机制外，使用 lncRNA 作为维持靶向因子是有吸引力的，因为这些 RNA 有望通过分裂进入子细胞，从而帮助维持调控状态。

对 trxG 功能进行调控的 lncRNA 例子包括 HOTTIP 和 DBE-T。HOTTIP 从 HOXA 族表达，并和几个 MLL 复合体的组分（WDR5）相互作用调控 H3K4 的甲基化（Wang et al., 2011）。DBE-T 直接靶向 Ash1L 到 FSHD（facioscapulohumeral dystrophy）位点来介导 H3K36 的甲基化，从而促进在肌肉萎缩症（muscular dystrophy）中该位点的去抑制（Cabianca et al., 2012）。这些和其他候选 lncRNA 未来研究的有趣领域，包

括识别和表征它们在 trxG 复合体中结合的结构域，它们如何调节 trxG 复合体的活性，以及它们是否能够通过与 DNA 中靶向序列的直接相互作用以反式靶向复合体。

18.8　trxG 蛋白和人类疾病

癌症和其他人类疾病可能是无法维持基因表达的遗传状态造成的。许多人类 PcG 和 trxG 基因起着原癌基因或抑癌基因的作用，这一点不足为奇。例如，人类 trxG 基因 *MLL* 最初是由与急性淋巴细胞白血病或髓系白血病相关的 11q23 染色体易位而被发现的。其他哺乳动物 trxG 基因的突变也与各种癌症有关［Roberts and Orkin，2004；第 33 章（Zoghbi and Beaudet，2014）］。例如，BRG1 是人类中果蝇 *brm* 的同源基因，与视网膜母细胞瘤肿瘤抑制蛋白发生物理相互作用，这种相互作用的中断导致某些人类肿瘤细胞系的细胞分裂和恶性转化的增加（Dunaief et al.，1994；Strober et al.，1996）。与 BRG1 在肿瘤抑制中的作用一致，小鼠中该基因的杂合子突变容易发生多种肿瘤（Bultman et al.，2000）。果蝇 trxG 基因 *SNR1*（*snf5-related gene 1*）的人类同源基因 INI1 的突变也使个体易患癌症，这已在大部分儿童侵袭性癌症（恶性类横纹样肿瘤，malignant rhabdoid tumor）中被发现（Versteege et al.，1998；Wilson et al.，2010）。因此，改变 trxG 蛋白表达或功能的药物已被证明可能是治疗人类癌症的有效药物。

18.9　总　　结

围绕 trxG 蛋白功能的主要问题仍有待推测。首先，为什么转录激活所需的一小部分蛋白质对于维持活性状态很重要？这是因为这些蛋白质在转录中起着广泛的作用，但它们的表达量是有限的吗？还是因为进化的机缘巧合，这些蛋白质对各种重要的基因特别重要？其次，如何在复制和有丝分裂过程中维持活性状态？复制将产生两条子链，对这两条子链的调控必须完全相同，有丝分裂需要浓缩，从而抑制细胞中大多数基因的转录。什么机制产生表观遗传标记，确保有丝分裂后两个子链上的基因重新激活？

大多数 trxG 蛋白质是广泛参与基因表达的复合体中的组分，但是大部分这些复合体也包含许多其他不是 trxG 的蛋白质（表 18-1）。这就提出了一个重要的问题，即 trxG 是否有特殊功能用于维持活跃的基因表达。SWI/SNF 重塑因子可能具有特殊的重塑功能，H3K4 甲基化作用于特殊复合体和/或染色质构象，Skuld/Kohtalo 以一种对维持染色质状态重要的特定方式改变中介因子的功能。或者，这些蛋白质可能参与一个反应，这个反应通常用于所有类型基因的活化，并且这些复合体对维持染色质状态具有重要作用（例如，即使是果蝇 Hox 基因表达相对微妙的变化也会导致同源异型转换）。为解决这些问题，还需要更多关于这些蛋白质在激活过程中作用的精确机制的信息。例如，SWI/SNF 复合体利用 ATP 水解产生能量的方式与其他依赖 ATP 的重塑复合体利用 ATP 的方式是否相同，还是它们在利用这种能量改变核小体结构方面有不同？包括晶体结构在内的结构技术、单分子分析和荧光共振能量转移等生物物理技术以及在体内的活细胞成像，可能有助于阐明是否存在专门为表观遗传维持激活而设计的机制。使用 trxG 复合体对简单模型进行的初步功能研究只是回答这些重要问题的开始。

现在，对表观遗传机制维持活跃状态的了解甚至更少。分布共价标记是否有助于创建活性标记？复制后核小体的位置是否保持以产生染色质的开放状态，或特异定位的核小体，从而增加激活因子的结合？trxG 功能是否会导致活跃基因在细胞核内分区形成有利于活跃转录的区域？这些都是可行的假设，还存在更多的假设，有一些甚至还没有被想到。转录 DNA 体系具有令人难以置信的复杂性，这为转录调控和机制的发展提供了无数的可能性，使活跃转录得到表观遗传上的维持。转录激活和表观遗传机制交叉的丰富历史，将为实验人员提供肥沃土壤。

（毛学高　译，方玉达　校）

第19章

染色质的远程交互作用

乔布·戴克（Job Dekker[1]），汤姆·米斯特利（Tom Misteli[2]）

University of Massachusetts Medical School Worcester, Massachusetts 01605; National Cancer Institute, National Institutes of Health, Bethesda, Maryland 20892

通讯地址：mistelit@mail.nih.gov

摘　要

为了在细胞核的有限空间中容纳基因组并确保正确执行基因表达程序，基因组以复杂的方式包装在三维细胞核中。由于染色体的高阶组织广泛存在，位于相同或不同染色体上的遥远基因组区域会发生远程交互作用。本章讨论了远程交互作用的性质、形成机理，以及它们在基因调控和基因组维持中的功能。

本章目录

19.1　引言：体内储存DNA的挑战
19.2　核架构背景下的远程交互作用
19.3　染色质交互作用和基因调控的分析
19.4　染色质环交互的不同类型
19.5　构建染色质环
19.6　环的交互和基因调控
19.7　总结

概 述

DNA 在细胞核中的高阶包装既受到基因组区域之间的物理交互作用的驱动，又促进基因组区域之间的物理交互作用。在基因位点之间，甚至是距离较远的基因位点之间，物理交互作用的形成并不奇怪。这些交互作用在功能上是否有意义，或者仅仅是在有限的空间内 DNA 紧密包装的副产品，这是需要破译的问题。尽管某些交互作用可能纯粹是由于细胞核中基因组区域的随机接近，但有两个事实非常强烈地反对纯粹的偶然性，并支持存在周期性的和功能相关的交互作用。首先，如果交互作用在功能上无关紧要，那么人们将预测它们在群体中在很大程度上随机发生。基于无偏图谱研究，情况并非如此——特定的高频交互作用在多种生物中都能被绘制（Splinter and de Laat, 2011）。第二个论点源于染色体内和染色体间远程交互作用的众多例子，这些例子已被从分子上拆解，并显示出显著的功能一致性。已被表征的最佳案例是球蛋白基因、Hox 基因、印记基因和 X 失活所涉及的交互作用（请参见下面的讨论）。

远程交互作用可发生在同一染色体内不同区域之间或不同染色体的区域之间（Deng and Blobel, 2010; Dean, 2011）。据报道，染色体内交互作用的启动子和终止子之间可以有超过几千个碱基的距离，交互作用的启动子和增强子之间也可以有数千至数百万碱基距离（Deng and Blobel, 2010; Dean, 2011）。染色体内交互作用的另一种类型是绝缘子介导的接触，通过将不同调控区域彼此分开，似乎有助于将基因组组织为功能不同的区域（Phillips and Corces, 2009）。

与染色体内交互作用相比，人们对于染色体间的交互作用知之甚少。染色体间的交互作用主要涉及促进染色质结构域的形成，如着丝粒簇。有一些有趣的例子指出这种类型的交互作用也可以涉及基因调控，如调控嗅觉受体、干扰素响应基因，以及更加全局性的 X 染色体失活［下面讨论；第 25 章（Brockdoff and Tumer, 2014）；第 29 章（Busslinger and Tarakhovsky, 2014）；第 32 章（Lomvardas and Maniatis, 2014）］。除了基因调控，染色体间的交互也在染色体易位中起关键作用，因为断裂染色体的重连需要它们的物理接触（Misteli and Soutoglou, 2009）。

传统上，使用荧光原位杂交（fluorescence *in situ* hybridization，FISH）检测基因组交互作用。在这种方法中，对细胞进行化学固定、染色质变性，并用荧光标记的探针与其靶标杂交。这样可以通过荧光显微镜观察特定基因、基因组区域或整个染色体。在这些方法中，将基因组区域显示为明亮的荧光信号，并且使用多色标记同时检测几个基因位点。可以测量荧光点之间的距离，以提供所研究区域附近的信息。例如，该方法用于研究 VDJ 重组过程中免疫 *IgH* 基因的组织［第 29 章（Busslinger and Tarakhovsky, 2014）］。FISH 的优势是能够在单个细胞水平上观察交互作用，从而可以确定具有特定交互作用的群体中的细胞比例。然而，FISH 方法在确定基因组区域的空间接近性方面的分辨率有限，并且不能提供有关两个基因位点的实际物理关联的信息。此外，FISH 仅可作为候选方法，并且不容易无偏地发现新的基因组交互作用。

最近，有研究开发了绘制基因组物理交互作用图的生物化学方法（Sanyal et al., 2011; Splinter and de Laat, 2011）。这些所谓的"C"技术（3C、4C、5C 和 Hi-C）涉及基因组的化学交联、染色质片段化（如通过限制性酶消化）、重新连接交联区域以及通过聚合酶链反应（polymerase chain reaction，PCR）或 DNA 测序确定交互作用的区域（Sanyal et al., 2011; Splinterand de Laat, 2011; Hakim and Misteli, 2012）。这些方法中的大多数可以在交互对象未知的情况下进行无偏的全基因组交互作用作图，进而发现新的交互作用。它们的缺点是，这些是基于群体的方法，只能生成平均数据，无法确定单个细胞或亚群的行为。两种方法的组合是解决基因组如何进行空间组织的有效方法。

19.1 引言：体内储存 DNA 的挑战

基因组以复杂的方式包装在细胞核的 3D 空间中（Misteli，2007；Rajapakse and Groudine，2011；Cavalli and Misteli，2013）。一个典型的高等真核生物细胞含有约 2m 的 DNA，而这些 DNA 必须包装到直径约 10μm 的核中。假设人体中约有 5 万亿个细胞，一个人的 DNA 总量约为 10 万亿 m，相当于从地球到太阳的距离的 100 倍！显然，细胞面临巨大的挑战，即如何确保复制和细胞分裂过程中 DNA 的安全保存和准确传递，同时允许调节因子在正确的时间和正确的位置访问基因。为了在细胞核中容纳巨大长度的 DNA，并且确保其功能，遗传物质被包裹在高阶染色质纤维中，最终将染色质组织到染色体疆域（chromosome territory，CT）中（图 19-1A，C）。CT 是细胞分裂间期时给定染色体占据的一个物理空间（Cremer et al.，1982；Lanctot et al.，2007）。尽管一个细胞中 DNA 的长度非常长，但值得注意的是，含 DNA 的染色质仅占据了核体积的 15%。显然，要实现必要的 DNA 压缩，染色质纤维必须成环并浓缩。在体内如何精确地成环并浓缩是现代细胞和分子生物学的谜团之一。传统观点认为，DNA 被分层级折叠成 10nm、30nm、100nm，甚至更高的高阶纤维（Felsenfeld and Groudine，2003；Li and Reinberg，2011）。尽管有令人信服的 10nm 纤维的证据，但最近的一些研究对生理条件下 30nm 纤维以上规则结构的存在提出了质疑（Fussner et al.，2010）。高阶组织的定义甚至还不够明确，而且高阶染色质的物理性质目前尚不清楚。这种不确定性的原因

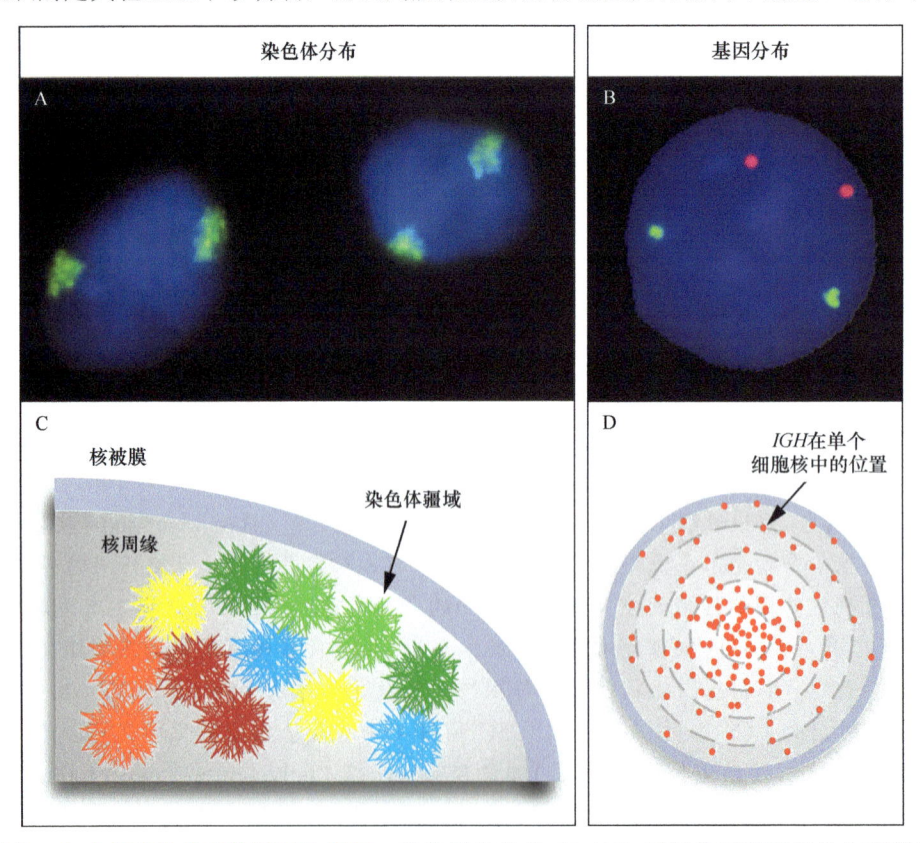

图 19-1 **在三维（3D）空间中的染色体疆域和基因。** 荧光原位杂交（FISH）可视化了基因组的空间组织。（A）染色体以染色体疆域的形式存在于细胞分裂间期的细胞核。每个染色体的 DNA 占据了核体积中明确定义的空间，直径通常为 1～2μm。显示了 MCF10A 乳腺癌细胞核（蓝色）中的 11 号染色体（绿色）。（B）单个基因显示为不同的斑点。显示了 MCF10A 细胞中的 *MYC*（红色）和 *TGFBR2*（绿色）。（C）染色体或基因的位置可以表示为距细胞核中心或相对于其他基因的距离。染色体和基因的分布是非随机的，某些染色体（红色）优先占据内部位置，而另一些（绿色）占据核周缘位置。非随机径向定位也引起非随机基因组邻域。（D）基因的分布是概率性的。人淋巴细胞中 *IGH* 基因在数百个个体细胞中的位置作图表明，其分布不同于随机分布。但是，*IGH* 基因位点可以在单个细胞的可变位置找到。每个红点代表一个 *IGH* 等位基因在单个细胞中的位置。（C，修改自 Meaburn and Misteli，2007）

是无法以所需的分辨率准确地可视化高阶染色质纤维,从而限制了我们确定其结构的能力。尽管难以评估染色质纤维在单个细胞中的路径,但通过改进的成像方法和基于 3C 的技术,已获得了对染色质更高阶空间组织的重要见解。

19.2 核架构背景下的远程交互作用

19.2.1 基因组是非随机地组织在细胞核中的

高等真核生物中基因组的基本特征是它们在 3D 空间中的非随机空间组织(图 19-1)(Misteli and Soutoglou, 2009; Rajapakse and Groudine, 2011; Cavalli and Misteli, 2013)。通过确定染色体或基因相对于细胞核中心的位置,可以很容易地在 FISH 实验中显示基因组空间排列的非随机性(图 19-1C,D),这被称为其径向位置。这些实验表明,每个染色体,以及许多基因,在细胞核内都有特征性的定位分布。径向染色体定位的典型示例是人类第 18 号和第 19 号染色体,它们优先定位于人类淋巴细胞核的中心(第 19 号染色体)或者周缘(第 18 号染色体)(Croft et al., 1999)。对于人类基因组中的所有染色体,已经记录了相似的优先定位模式(Boyle et al., 2001)。基因和染色体的径向位置是细胞类型和组织特异性的。例如,与肾脏细胞相比,X 染色体在肝细胞中的定位更偏向于周缘(Parada et al., 2004)。同样,疾病细胞的染色体位置通常也不同。例如,在胰腺癌中,第 8 号染色体被转移到更靠近细胞核周缘的位置(Wiech et al., 2005)。同样,在几种癌症包括宫颈癌和结肠癌中,它们的第 18 号和第 19 号染色体会改变核位置(Cremer et al., 2003)。

重要的是,染色体或基因的空间位置是统计性质的,而不是其位置的绝对指标(Parada et al., 2003; Rajapakse and Groudine, 2011)。在单个细胞之间,基因的位置可能高度可变(图 19-1D)。换句话说,尽管基因可以优先地定位于细胞核的中心,但是任何给定的等位基因都可以在细胞亚群的核周缘处发现。因此,基因的位置可以通过其在细胞群中的位置通过统计分布被准确地反映出来。

核空间中染色体和基因的径向排列有一个重要的结果,即不同的基因组邻域是由于基因组区域偏爱位于核中心或周缘而产生的(图 19-1C)(Meaburn and Misteli, 2007)。例如,更多的内部染色体或基因与在核周缘富集的基因组区域相关联的可能性较低,从而在物理上隔离了核空间内的基因组区域。非随机空间基因组邻域的突出例子是核仁,其具有位于人类第 13、14、15、21 和 22 号染色体上的核糖体 RNA 基因簇或第 12、14、15 号染色体的聚集体,它们在小鼠淋巴细胞中高频率地相互关联,并参与淋巴瘤中的染色体易位(Parada et al., 2002)。

对于许多基因来说,精确的径向定位通常不足以确定基因的活性,也不能预测基因的活性。例如,在对乳腺癌模型中 20 个基因的系统研究中,未发现基因活性与径向位置之间存在一致的相关性(Meaburn and Misteli, 2008)。在内部和外部都发现了活性基因,以及不活跃基因。同样,细胞核中活性转录位点的可视化揭示了活性基因的相对均匀分布,没有任何偏好性积累。可以得出结论,仅基因的径向位置不足以确定其活性。

19.2.2 与核周缘的物理相互作用作为调节机制

尽管基因在细胞核内的精确定位可能不是决定其活性的关键因素,但其相对于核膜的定位可能具有调节功能(Kind and van Steensel, 2010; Egecioglu and Brickner, 2011)。在大多数高等真核生物中,核周缘富含通常与转录抑制有关的浓缩异染色质。此外,在酿酒酵母(*Saccharomyces cerevisiae*)中,沉默的端粒区域优先在核周缘被发现(Egecioglu and Brickner, 2011)。

大规模作图 [例如,使用靶向 DNA 甲基化方法(DamID)和抗体结合(染色质免疫沉淀,ChIP)] 已鉴定出优先与核纤层关联的基因组区域（Pickersgill et al.，2006；Guelen et al.，2008；McCord et al.，2013）。核纤层是由核纤层蛋白（lamin）A、B 和 C 以及相关蛋白质组成的网格（Dechat et al.，2010）。在人类中，有超过 1000 个核纤层相关结构域（lamina-associated domain，LAD），这些区域的大小通常为 0.1～1Mb，并且通常是基因贫乏的，所包含的基因是沉默的或低水平表达的（Pickersgill et al.，2006；Guelen et al.，2008；Kind and van Steensel，2010）。LAD 可能被组织成高阶结构，因为它们的边界是绝缘子蛋白 CTCF 的频繁结合位点，这一点毫不奇怪，因为它们富含不活跃基因，与活性基因相关的组蛋白标记（如 H3K4me3）在 LAD 中被排除（Kind and van Steensel，2010）。

异染色质和失活基因的存在表明核周缘是转录抑制环境（Egecioglu and Brickner，2011）。但是与核周缘的交互作用是一种基因调节机制吗？通过观察缺少核纤层蛋白主要成分（如核纤层蛋白 A 或核纤层蛋白 C）的细胞中普遍存在的基因失调现象，表明了其功能性作用（Dechat et al.，2010）。核纤层蛋白 A 的显性突变体或者过表达有类似的调控效果，其中许多与人类疾病有关（Scaffidi and Misteli，2008）。此外，通过人工拴系基因到核纤层的一个成分上，实验性地将活性基因重新定位到核周缘，导致至少一些基因沉默，这表明基因与核纤层的交互作用足以改变基因活性（图 19-2A）（Finlan et al.，2008；Kumaran and Spector，2008；Reddy et al.，2008）。

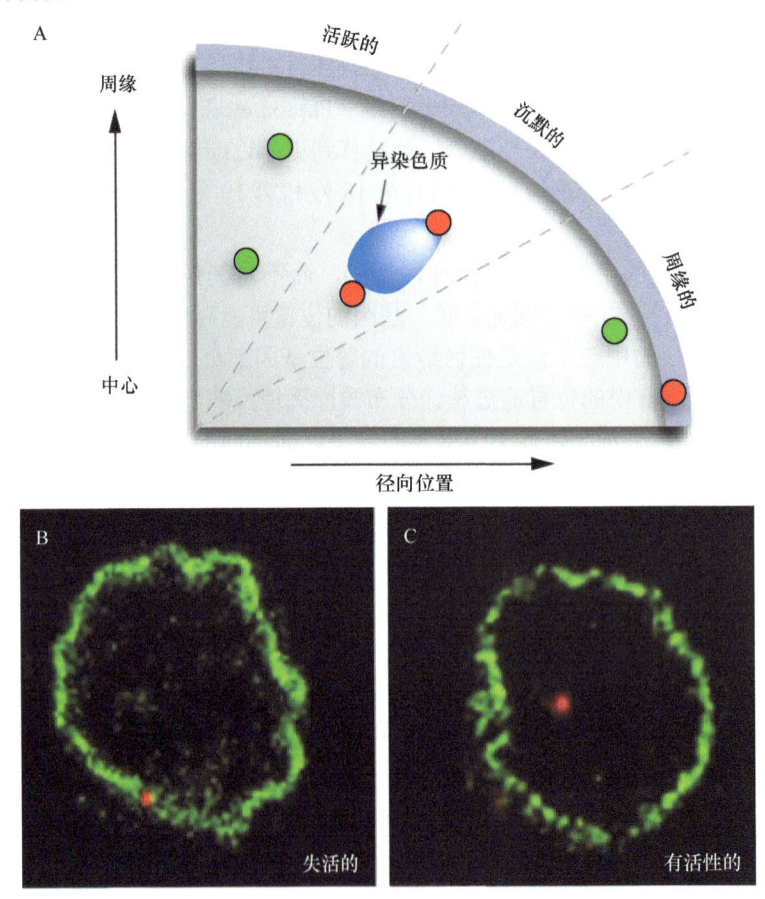

图 19-2　核周缘在基因调控中的作用。（A）活性基因（绿色）显示出很大范围的径向位置；轨迹的精确径向位置与其活跃水平无关。失活的基因（红色）可能与不同径向位置的异染色质区块相关。相反，与核周缘的物理联系通常与沉默有关。紧密靠近核被膜但不与其发生物理交互作用的基因可能是有活性的。（B）基因位点与核边缘的关联通常与活性相关。当 IgH 基因位点（红色）在造血祖细胞中失活时，它与核纤层相关联，但在活化的前 B 细胞中被激活时从核纤层解离。

相对于核被膜的基因重定位很可能是生理学相关的调节机制，因为分化过程中一些基因激活事件涉及远离核被膜的物理重定位。例如，IgH 和 IgK 基因位点从它们在造血祖细胞的核周缘位置解离，并在刺激产生前 B 细胞（pro-B-cell）后呈现更倾向细胞核内部的位置（图 19-2B）（Kossak et al.，2002）。同样，CFTR

基因在激活后会从核被膜上解离（Zink et al., 2004）。这些与活性变化相关的迁移事件似乎普遍存在，并且也发现存在于多种生物中，如秀丽隐杆线虫（*Caenorhabditis elegans*）（Meister et al., 2010）。

目前对于通过与核周缘的交互作用来调控哺乳动物基因的机制了解甚少，但这可能涉及特定的组蛋白修饰（Egecioglu and Brickner, 2011）。关于核周缘基因沉默分子机制的提示来自其组蛋白修饰模式的分析。核被膜相关基因通常被低乙酰化，用组蛋白去乙酰化酶抑制剂处理可逆转拴系在核周缘的基因沉默（Finlan et al., 2008; Guelen et al., 2008）。另外，位于核周缘的基因富含 H3K9me2（Yokochi et al., 2009）。有趣的是，H3K9 的二甲基化（H3K9me2）是由 G9A 组蛋白甲基转移酶介导的，而 G9A 组蛋白甲基转移酶与 BAE 相互作用。BAE 是一个与核纤层相互作用的蛋白质（Montes de Oca et al., 2011）。去除 G9A 导致与异染色质相关、主要是晚期复制的基因的去抑制（Yokochi et al., 2009）。因此，人们提出了一个模型，其中可以通过特定的组蛋白修饰将基因标记为沉默，并通过这些修饰将其拴系在核周缘。

尽管核周缘，特别是在高等真核生物中，主要对基因活性具有抑制作用，但在酿酒酵母中，它通常是活性基因的位点（Brickner and Walter, 2004; Egecioglu and Brickner, 2011）。酵母核周缘的基因激活的典型例子是半乳糖诱导的 GAL 基因（Brickner and Walter, 2004; Casolari et al., 2004）。这些基因在被抑制时定位于核内部，但在刺激后迅速与核孔复合体（nuclear pore complex, NPC）结合。核孔交互作用可能是激活它们的关键步骤，因为激活这些基因需要几个 NPC 成分和与 NPC 相关的因子。这些基因靶向 NPC 需要其启动子区域，但不依赖于基因体或 3′ 非翻译区域的序列（Ahmed et al., 2010）。重要的是，对 INO1 的启动子区域进行突变分析，INO1 是一个靶向 NPC 的基因，它的转录被抑制，这表明对核孔的靶向可以与转录分离（Light et al., 2010）。该基因靶向核孔的 INO1 启动子区域也与调控基因活性区不同。这些所谓的基因招募序列也足以将邻近的报告基因重新定位到核孔（Ahmed et al., 2010; Light et al., 2010）。在高等真核生物中，活性基因在多大程度上也存在于核周缘，这一点还有待观察。果蝇的全基因组作图研究已鉴定出数百个含有活性基因的基因组位点，它们与核孔复合体发生物理交互作用（Kalverda et al., 2010）。

19.2.3 基因的空间聚集

基因在核中的非随机定位增加了功能相关基因在 3D 空间中聚集的可能性。基因聚集可能是由共享相同的激活或阻遏蛋白复合体引起的，并且可以提供一种机制，使它们与富含特定调节蛋白的亚核区结合，从而提高转录和 RNA 加工效率以下为几个基因聚集的例子。

19.2.3.1 核仁

核仁（nucleolus）是核糖体 RNA（ribosomal RNA，rRNA）合成和加工的场地（Pederson, 2010）。该结构包含三个形态上不同的区域，即包含 rRNA 基因的纤维中心（fibrillar center）、处于加工早期的新合成 rDNA 转录本的致密原纤维组分（dense fibrillar component），以及成熟 rRNA 和早期核糖体组装中间体的颗粒组分（granular component）。真核细胞含有 rDNA 基因的许多拷贝，通常有几百个，位于多个染色体上成串联重复存在。基因组上 rDNA 重复区被称为核仁组成区（nucleolar organizer region，NOR）。人类有 5 条染色体（染色体 13、14、15、21、22）含有 NOR，每个约 3Mb，含大约 80 个拷贝长为 43kb 的 rDNA 重复序列。与 5 个 NOR 簇相比，在人类细胞中，通常只观察到 2～3 个核仁。FISH 分析表明，NOR 和核仁之间数量有差异的原因是来自多个染色体的 rDNA 区域聚集形成一个单独的核仁。一个典型的核仁通常占细胞核体积的 25%，代表了基因聚集的最显著例子（Pederson, 2010）。

核仁的形成和维持受核糖体基因转录活性的驱动（Dundr and Misteli, 2010）。随着 rDNA 基因转录的恢复，核仁形成于 M 期晚期/G_1 早期。重要的是，核仁只在活性 NOR 而不在无活性 NOR 周围形成。最初，小前核仁小体（small prenucleolar body，PNB）形成于 M 期晚期，是成熟核仁的前体。PNB 可能含有部分加工过的 rRNA 分子，在 rDNA 转录完全恢复后，成熟为核仁（McStay and Grummt, 2008）。转录作为核仁形成的驱动力的证据是观察到 rDNA 转录的抑制会导致核仁结构的解体（Karpen et al.，1988）。另一方面，通过质粒向果蝇细胞中引入小 NOR 足以使核仁结构成核，并且根据形态学标准，这些结构与内源性核仁是无法区分的（Karpen et al.，1988）。

虽然核仁本身的形成严格地依赖于转录活性，但是 rDNA 基因的转录活性与 NOR 的关联却不是。这一点在精巧的杂交实验中得到了证实，这些杂交实验基于物种特异性的 rDNA 转录。当含有 NOR 的人类染色体被引入小鼠细胞时，人类 rDNA 基因不会被转录（Sullivan et al.，2001）。然而，人类染色体在物理上仍然与先前存在的小鼠核仁联系在一起，这表明 rDNA 基因簇的物理相互作用独立于它们的转录（Sullivan et al.，2001）。

为什么 rDNA 基因聚集？它们的不同寻常之处在于它们的表达水平极高。尽管大多数 RNA Pol Ⅱ 转录的基因在任何时候都含有一些聚合酶，但通常有数百个 RNA Pol Ⅰ 复合体与一个 rDNA 基因结合。活细胞成像实验估计出单个聚合酶之间的间隔小于 100nt，每隔几秒钟就会发生一个新的起始事件（Beyer et al.，1980；Dundr et al.，2002）。结果，每分钟从数百个 rDNA 基因产生了数千个 rRNA 转录本，所有这些转录本都需要进行广泛的加工。rDNA 基因的空间聚集形成专用的亚核结构，核亚结构中含有丰富的、所有必要的加工因子，可能有助于促进这一聚集过程。

19.2.3.2　tRNA 基因聚集

转运 RNA（transfer RNA，tRNA）在翻译过程中起衔接分子的作用，由多个 tRNA 基因编码。人类含有约 500 个、酿酒酵母含有 274 个和线虫含有 620 个 tRNA 基因，分布在多个染色体上（Phizicky and Hopper，2010）。酿酒酵母 tRNA 基因的分析为基因聚集提供了令人信服的例子。通过 FISH 分析发现，位于所有 16 个酿酒酵母染色体上的 tRNA 基因定位在核仁附近的大的空间基因簇中（Thompson et al.，2003）。tRNA 簇与核仁的接近可能与功能相关，因为 tRNA 和 rRNA 通常响应环境条件而被调节。tRNA 基因的聚集在细胞周期的所有时相都存在，包括转录停止的细胞分裂过程，这进一步支持了基因聚集可以独立于转录活性的观点（Thompson et al.，2003）。迄今为止，仅在酿酒酵母中观察到 tRNA 基因的聚集。高等真核生物是否以类似方式组织其 tRNA 基因还有待观察。

tRNA 簇在核仁附近的形成明显是一个两步过程（Haeusler et al.，2008）。单个 tRNA 基因的聚集需要凝缩蛋白亚基。在温度敏感凝缩蛋白亚基突变体中，*smc2-8y*、*smc4-1*、*ycg1-2*、*ycs4-ly* 和 *brnl-9* tRNA 基因失去簇状外观，分散在整个细胞核中。凝缩蛋白的作用可能反映了这个复合体在高阶基因组组织上的整体作用。但有趣的是，凝缩蛋白通过 TFⅢB/TFⅢC 复合体与 tRNA 基因特异性交互作用，不需要转录 tRNA 的 RNA Pol Ⅲ 复合体。这一事实表明，凝缩蛋白在 tRNA 基因的空间聚集中具有直接作用。聚集过程的第二步是聚集在核仁附近的位置。该步骤取决于微管，这一事实表明微管的破坏会导致 tRNA 簇从核仁的移位（Haeusler et al.，2008）。

19.2.3.3　转录工厂

正如在 rRNA 和 tRNA 基因等特殊基因类别中观察到的，基因聚集的概念已经在转录工厂的概念中得到了概括（图 19-3）（Jackson et al.，1993；Eskiwet et al.，2011）。转录工厂（transcription factory）被定义为包含多个活性基因和多个 RNA Pol Ⅱ 转录复合体的核结构。特别地，它们的特征在于存在高磷酸化的 RNA Pol Ⅱ，其代表聚合酶的活跃延伸形式。转录位点的定量分析表明存在多个基因共享的转录热点。尽管表达谱分析表明，通常在给定的细胞类型中能表达数千个基因，但使用成像方法对转录进行可视化显示，发现细胞核转录位点的数量与表达谱分析要少得多。HeLa 细胞中的定量分析表明，一个转录工厂中平均大约有八个聚合酶和八个活性基因的簇集（Jackson et al.，1993；Schoenfelder et al.，2010）。

与转录机制被招募到基因的传统观点相反，在转录工厂模型中，基因被招募到这些集中的转录热点。

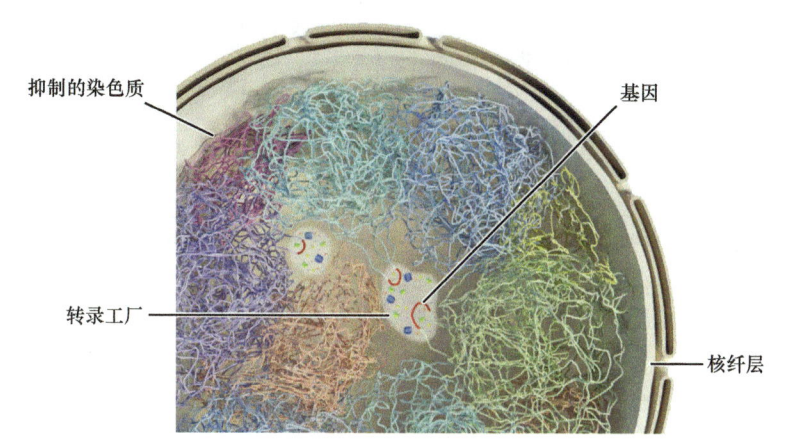

第 19 章 染色质的远程交互作用　433

图 19-3　进入核内部的视图。 基因组在体内存在于染色体疆域中，折叠成仍然鲜为人知的高阶染色质纤维（多色区域）。染色质纤维占据整个核空间。尽管哺乳动物核中存在长达 2 m 的 DNA，但仍有相当多的核质空间（阴影区域），其中包含适当的转录因子（蓝绿色）。已经有人提出，共调控基因在共享的转录位点上聚集。（摘自 Misteli，2011；通过 Anatomy Blue 图示）

基因的关联并不是彼此之间的物理交互作用，而是它们与转录工厂中的蛋白质成分或与相邻剪接因子区室的关联（Brown et al.，2006）。然后，一个关键问题是转录工厂是否专门化，即它们所包含的基因是否被协同调控，或者基因之间的关联是否在很大程度上是随机的。一些观察结果提出了优先聚集、共同调控基因的可能性。例如，在红细胞中，细胞类型特异性的 Hba、Hbb 和 Xpo7 基因可以在转录工厂的三联体簇中以高于基于随机关联的预期频率被发现（Schoenfelder et al.，2010）。这些基因受转录因子 Krüppel 样因子 1（Klf1）的调控，它们与转录工厂的关联似乎是由 Klf1 介导的，因为 Klf1 丢失会干扰聚集（Schoenfelder et al.，2010）。将协调调控的基因整合到一起，从而共享转录工厂的另一个例子是 TNF 响应基因（Papantonis et al.，2011）。受到刺激后，位于相同和不同染色体上的 TNF 响应基因紧随其时间表达模式以协调的方式在空间上相互关联，这表明它们的物理聚集与它们的活性直接相关（Papantonis and Cook，2010）。进一步的检查包括雌激素反应性基因的并置（Fullwood et al.，2009）和雄激素响应基因的物理关联（Lin et al.，2009）。但是，这些研究还表明，表达的基因并非仅与协调调控的基因成簇。例如，HBB 基因位点不仅与许多 Klf4 调控的基因交互作用，还与数百个看似无关但共同表达的基因交互作用（Schoenfelder et al.，2010）。显然，从一般转录状态到与特定转录因子集的结合，许多参数都有助于确定活性基因簇的组成。

这些观察表明，基因的空间聚集不仅限于高拷贝数基因，如 rRNA 和 tRNA 基因，在 RNA Pol Ⅱ 转录的基因中也发挥作用。一个尚未解决的问题是基因的功能性集群的通用性。即使在最突出的例子中，如类红细胞特异性基因的聚集，也只能在群体的 5%～10% 细胞中观察到多个基因的结合，这表明聚集并不是正确表达基因的先决条件。另一个相关的问题是一个核包含多少个不同的转录工厂。当前，没有强有力的证据表明，转录工厂专门针对特定的基因簇，而且似乎大多数转录工厂都包含多种不同机制调控的基因。

19.2.4　染色体易位形成中的邻近性

易位是癌细胞的共同特征。这些基因组重排是由不同或相同染色体上 DNA 末端的非特异结合形成的。由于癌细胞中基因组不稳定性和 DNA 修复缺陷更加严重，易位可能代表下游旁系效应。易位可能是致癌作用的原因，如在慢性粒细胞性白血病中的 BCR-ABL 基因或早幼粒细胞性白血病中的 PML-RAR 基因之间的融合。基因组在 3D 空间中的非随机排列以及位于不同染色体上的基因组区域的物理交互作用，可能会对染色体易位的形成频率产生重要影响（图 19-4）（Misteli and Soutoglou，2009）。

形成染色体易位的先决条件是核空间中两个易位染色体的物理关联。活细胞成像表明，在哺乳动物细胞中，由 DNA 双链断裂产生的游离染色体断裂端在细胞核中基本上是不动的（Soutoglou et al.，2007）。结

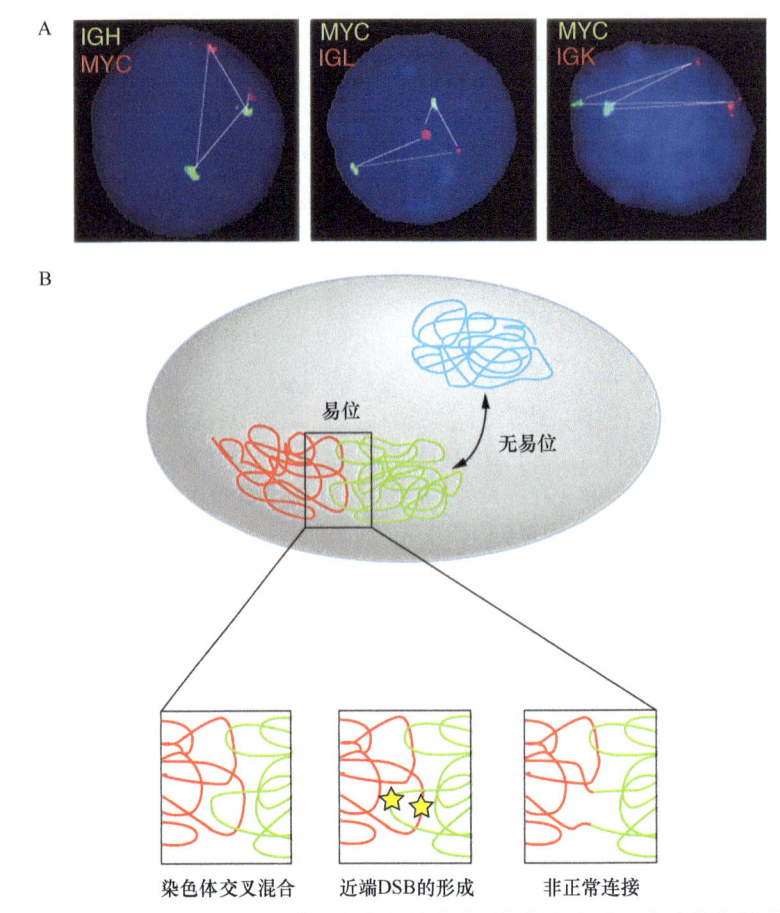

图 19-4 基因组组织在确定染色体易位中的作用。基因和染色体的非随机组织有助于癌症易位的形成。(A) MYC 与其易位伙伴 IGH、IGL 和 IGK 的物理距离与其易位频率相关 (MYC-IGH > MYC-IGL > MYC-IGK)。(B) 易位优先发生在位于近端的染色体之间 (红色，绿色)，很少发生于位于远端的染色体之间 (蓝色)。在染色体之间的界面上紧密并列的 DNA 双链断裂 (黄色星状) 产生了自由的染色体末端，这些末端可能通过随机结合而重组形成染色体易位。(A，摘自 Roix et al.，2003；B，经许可引自 Misteli，2010©Cold Spring Harbor Laboratory Press)

果，由于间期细胞核中基因组的非随机排列，易位优先发生于在空间上多为紧密靠近的基因组区域之间。为了证明这一点，利用 FISH 实验以及最近的易位伴侣的生化作图方法揭示了完整细胞核中易位区域的并行定位 (Neves et al.，1999；Roix et al.，2003；Osborne et al.，2007；Kind and van Steensel，2010；Chiarle et al.，2011)。例如，对于 MYC 和 IGH 基因，它们的易位引起 Burkitt 氏淋巴瘤 (Burkitt's lymphoma)，在 B 细胞中经常观察到 MYC 和 IGH 基因间的交互作用或紧密相邻 (Roix et al.，2003；Osborne et al.，2007)。对于小鼠和人类细胞中的许多易位伙伴，已经发现了易位频率与物理邻近性之间的相似相关性 (Mani et al.，2009；Mathas et al.，2009)。关于前列腺癌易位的观察也支持了易位区域之间的空间交互作用是易位形成的关键决定因素。在前列腺癌中，TMPRSS2 基因与 ETV1 或 ERG 之间经常发生易位 (Lin et al.，2009；Mani et al.，2009)。在正常的前列腺细胞中，这些基因没有物理联系，但是雄激素的刺激会导致它们的物理联系更加紧密，并且在受到紫外线照射的情况下会快速易位。空间定位在染色体易位形成中的重要性已通过无偏估计方法得以进一步证明，该方法能够在全基因组范围内绘制染色质纤维的物理交互作用 (参见下文)。显然，对自然发生的和实验诱导的随机易位的分析表明，易位频率与空间邻近度之间有很强的相关性 (Chiarle et al.，2011；Klein et al.，2011；Hakim et al.，2012；Zhang et al.，2012)。

相邻染色体将其 DNA 交集在一起的发现，进一步支持了染色体的非随机空间邻近性是确定易位频率的关键 (Branco and Pombo，2006)。细致的可视化和作图表明，染色体侵入相邻染色体，从而形成了染色质混合区。当该区域中发生 DNA 损伤而使 DNA 双链断裂时，该双链断裂是固定的，并且容易与近端断裂发生结合，优先发生易位。这一观点得到了以下发现的支持：易位频率与染色体重合度密切相关（Branco and Pombo，2006）（图 19-4）。

易位优先发生在近端区域之间的发现，意味着基因组的非随机空间组织是确定易位伴侣的关键因素（Misteli and Soutoglou，2009）。染色体的组织特异性排列是造成组织特异易位的重要原因，因为我们知道基因组在不同细胞类型和组织中的排列方式不同。与这个观点相一致，在小鼠肝癌中经常发生易位的 5 号和 6 号染色体通常在正常肝细胞中是相邻的，而在小鼠淋巴细胞中，易位伴侣 12 号和 15 号染色体是经常相邻（Parada et al.，2004）。这些观察结果支持非随机空间基因组交互作用在染色体易位形成中的作用。

19.3 染色质交互作用和基因调控的分析

19.3.1 简介：基因元件和方法

染色质远程交互作用和空间染色质组织的最直接和最具体的作用可能是控制基因表达。在后生动物的大基因组中，只有一小部分基因组是编码蛋白质的。基因组的巨大非编码部分，包括基因内和基因间 DNA，被认为代表着大量的基因调控元件。全基因组研究方法正在用于识别人类基因组中的全部功能元件，初步估计在整个基因组中散布着成千上万个调节元件（ENCODE Project Consortium，2011，2012）。基因调控元件包括增强子、抑制子、绝缘子以及其他可能尚未发现的元件。这些元件可能位于距最近基因相当远的基因组距离处，这表明它们能够在线性基因组中以相当长的距离进行通信。相应地，使用转基因和报告基因载体的研究表明，需要大量的侧翼 DNA（如数百 kb）来实现基因的正常调控。

可以实现远距离基因控制的一种显而易见的机制是通过调节元件与基因启动子之间的直接物理关联（如通过染色质纤维的 3D 折叠和环化）。技术的创新促进了染色质环的检测，并表明它们确实通过大间隔的基因和调控元件之间的直接物理接触，在基因调控中起着关键作用。

显微技术可用于分析单个细胞核内基因位点的相对空间位置，如前所述，它们通常分辨率和全面性低。另一方面，晶体结构研究可用于确定单个核小体水平的染色质结构。然而，这些技术不能确定染色质纤维的折叠和结构。长期以来，这种低分辨率一直是研究染色质结构在介导远程基因调控（通常位于其靶基因数十到数百 kb 远）中的作用的障碍。

在过去的几年中，已经开发了一套基于染色体构象捕获（chromosome conformation capture，3C）技术的扩展分子方法，以增加定量分析染色质的交互作用的分辨率（kb）和规模（整个基因组；Dekker et al.，2002；van Steensel and Dekker，2011；Hakim and Misteli，2012）。这些基于 3C 的方法对于鉴定交互作用中的染色质环十分有用，并且越来越多地被用于以几千个碱基的分辨率来确定全染色体和全基因组折叠。

19.3.2 3C 技术

3C 方法的基本概念是，空间紧密相邻的基因位点（例如，它们直接交互作用形成染色质环或两个染色体之间的接触）可以进行化学交联（图 19-5）。使用频率最高的交联剂是甲醛。它容易渗透进细胞并诱导蛋白质之间以及蛋白质与 DNA 之间的交联。因此，整个基因组中染色质纤维在物理上交互作用，与其结合的蛋白质复合物一起被交联。接下来，使用限制酶将染色质片段化。然后在稀释条件下连接已交联的染色质片段，以强烈地支持分子内连接，而不是随机的分子间连接事件。最后，只需将染色质加热至 95℃，即可断开交联，并纯化 DNA，以获得 3C 连接产物的文库。3C 将空间上相近的基因位点对，转换为独特的杂交 DNA 分子。然后，可以使用多种有效的 DNA 检测方法对这些杂交 DNA 分子进行检测和定量（图 19-5）。

在经典的 3C 实验中，生成了一个全基因组的 3C 文库，该文库可以用作 PCR 检测中的 DNA 模板。PCR 反应使用特定于基因组位点的引物，来确定感兴趣的特定基因组位点间连接产物的存在及其相对丰度

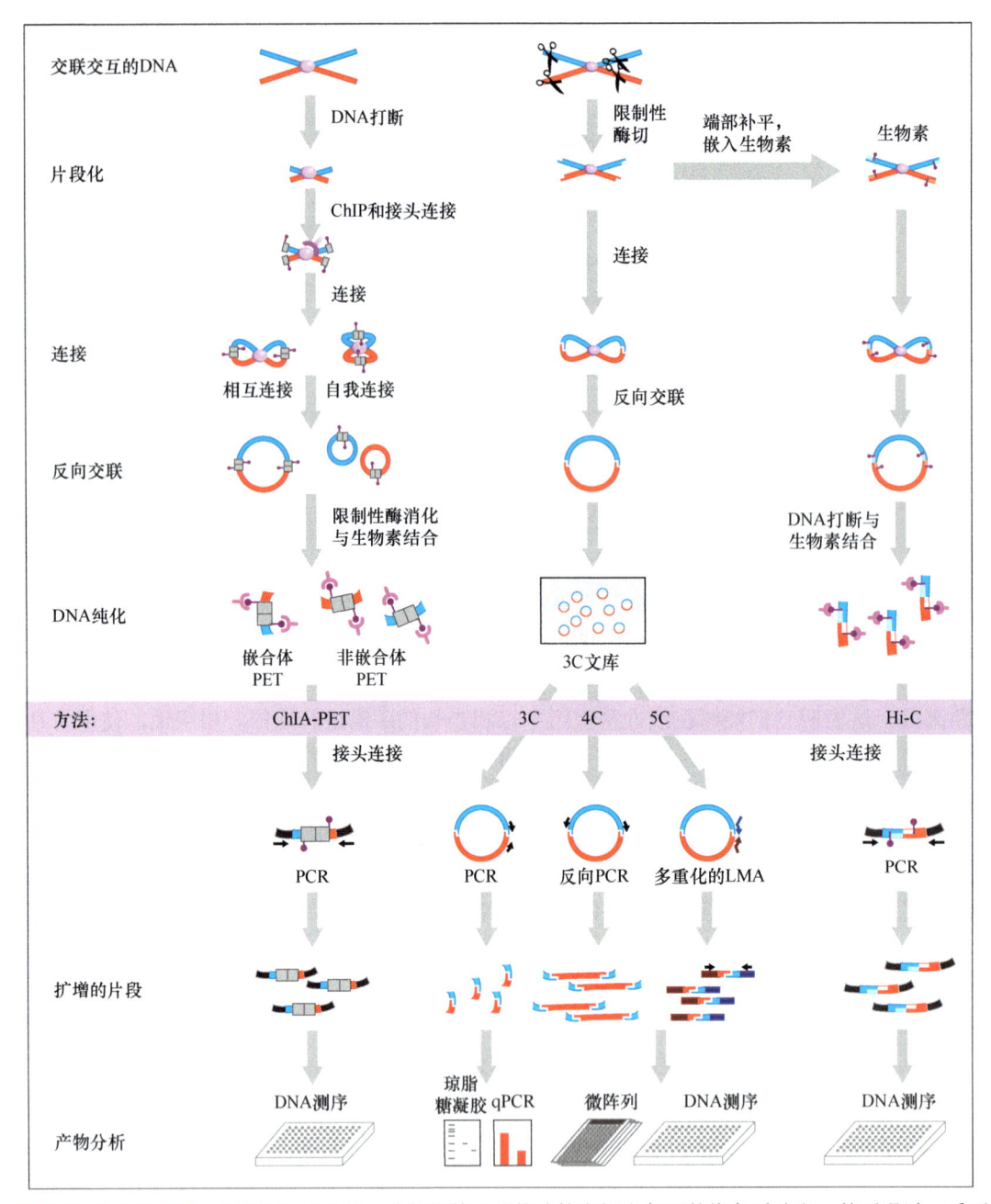

图 19-5　基于 3C 的方法概述。所有基于 3C 的方法都依赖于共价连接空间上邻近的染色质片段。然后通过一系列步骤将染色质片段化并重新连接，然后使用 PCR、微阵列或深度测序检测连接产物。在 ChIA-PET（染色质交互作用分析，采用带有配对末端的标签测序）中，染色质片段化通过剪切产生，而连接物被含 I 类内切酶识别位点的接头标记，连接产物用这种酶重新酶切可产生小的连接物，含连接物的分子可以通过深度测序进行分析。3C、4C 和 5C 使用限制酶消化片段化交联的染色质。然后，DNA 连接产生连接物，可通过 PCR（3C）、反向 PCR（4C）或连接介导的扩增（LMA；5C）直接分析。Hi-C 与 3C 相同，但包括在重新连接之前掺入生物素化核苷酸的步骤。这有助于纯化连接产物，然后通过深度测序对其进行分析。（改编自 Sanyal et al.，2011）

（Dekker et al.，2002）。因此，使用候选方法一次确定一个交互的频率，这样对于可以合理测试的交互次数设置了实际的限制。经典 3C 通常用于确定多达几十个单独的基因组限制性片段之间的交互作用频率（例如，可以测试给定的目标基因启动子是否经常与特定调控元件间存在交互作用）。3C 的第一个应用是检测球蛋白基因位点上活性球蛋白基因和上游控制区之间（locus control region，LCR；Tolhuis et al.，2002）的染色质环化。从那时起，许多其他研究已使用 3C 来识别其他基因位点中类似的环状交互作用。

3C 技术彻底改变了染色质折叠的研究，特别是它催生了许多基于 3C 的技术的发展。这些技术具有更高的分辨率、灵敏度，最重要的是高通量。它通过改变 3C 连接产物文库的查询方式实现这一目标（van Steensel and Dekker, 2011）。在 19.3.3 节和 19.3.4 节中，我们将更详细地概述这些检测方法，然后描述它们的应用如何揭示确定单个基因位点、染色体和整个基因组的空间组织的原理，以及这些不同层级的基因组组织如何影响基因表达。

19.3.3 完整的 3C 文库的全局分析

高通量 DNA 测序平台的最新发展极大地促进了染色质交互作用的综合分析。3C 技术的改进最终导致了 Hi-C 技术的发展。Hi-C 技术是第一个全基因组范围的 3C 方法，该方法包括在 DNA 连接之前用生物素标记核苷酸限制性片段末端的步骤，从而用生物素标记连接结点（图 19-5）（Lieberman-Aiden et al., 2009）。这有助于仅包含连接点的 DNA 分子的纯化和测序，大大提高了信息性 DNA 序列读出的数量。而且，直接选择 3C 文库以获得无偏倚的全基因组染色质交互作用图已变得可行且不再有成本限制。实际上，对果蝇胚胎的 3C 文库进行直接测序已获得了以几 kb 级为分辨率的远距离交互作用的全基因组图谱（Sexton et al., 2012）。

全基因组的交互作用图提供了基因组空间组织的全局视图。正如我们将在 19.4 节中详细讨论的那样，这些图谱揭示了高阶染色体结构和细胞核组织的一些新特征（Cavalli and Misteli, 2013）。

19.3.4 3C 文库各部分的综合分析

当分析相对较小的基因组（如酵母基因组）时，全面的交互作用检测方法（如 Hi-C）可以以几 kb 的分辨率提供结构信息。但是，对于大的后生动物基因组，这些全局方法的分辨率通常低得多，一般为 0.1～1Mb。其原因是，从大的基因组获得的 3C 文库的复杂性是巨大的。例如，对于人类基因组，用 Hind III 酶生成的 3C 文库包含多达 10^{12} 个独特的连接产物，这些产物的丰度变化可能是几个数量级的。因此，为了以单个限制片段的分辨率获得可靠的染色质交互数据集，我们需要测序的分子数量远远超过目前可行的数量。

为突破无偏全局检测方法的分辨率极限，已经开发了几种靶向检测方法。这些方法使用不同的策略对 3C 文库的子集进行全面的测序和分析（图 19-5）。通过仅针对 3C 文库的选定部分，可以增加对每次交互的测序覆盖率，从而提高分辨率，以识别和量化那些远程交互作用。这对于涉及通常小于 1kb 的特定功能性元件的远程基因调控分析尤为重要。

19.3.4.1 4C 技术

在许多研究中，人们感兴趣的是鉴定与特定基因或元件有交互作用的所有基因组位点（例如，寻找调控一个感兴趣目的基因的所有远程调控元件）。因此，与其以无偏的方式探究整个 3C 文库，不如以高分辨率分析它的一个子集。为了全面鉴定与单个目标限制性片段（"诱饵"或"锚定"片段）连接的所有片段，4C 技术将 3C 与 3C 连接产物的反向 PCR 检测相结合（图 19-5）（Simonis et al., 2006; Zhao et al., 2006）。简而言之，许多 3C 连接产物是环形的，或者可以通过重新酶切和重新连接 3C 连接产物而环化，因此反向 PCR 的引物指向诱饵片段外，可以扩增与诱饵片段交互的所有 DNA 片段。然后，可以通过与全基因组 DNA 切片阵列杂交或直接 DNA 测序来检测和定量 4C PCR 产物。4C 实验提供了全基因组范围与诱饵基因位点的交互作用谱，以揭示在同一染色体上或其他染色体上，以 kb 级分辨率与诱饵基因位点经常交互的其他基因位点的位置和身份。

19.3.4.2　5C 技术

5C（3C-carbon copy）技术专门用于确定两组选定位点之间的交互作用频率（例如，一组启动子和一组增强子之间的交互作用频率（图 19-5）（Dostie et al.，2006）。5C 与 3C 的区别仅在于检测连接产物的方式。在 5C 中，LMA 与位点特异性正向和反向引物对一起使用，称为 5C 引物，旨在直接在预测的 3C 连接结点上退火。仅在 3C 文库中存在连接产物时，两个引物才能退火，并被切口特异性 DNA 连接酶连接。随后使用识别其通用尾巴的引物对连接的 5C 引物对进行 PCR 扩增。5C 的优势在于，与 PCR 相比，LMA 可以在高水平的复杂混合物中进行。例如，可以为数千种基因设计 5C 反向引物，为数千种推定的远侧调控元件设计 5C 正向引物，并在单个反应中询问数百万对的基因–元件交互作用。5C 文库的结果代表了 3C 文库中选定部分的"碳拷贝（carbon copy）"，可以通过直接 DNA 测序进行分析。在许多方面，5C 与其他富集方法（如杂交捕获方法）相似，例如在靶向测序之前，选择性地纯化部分基因组（如所有外显子）（Mamanova et al.，2010）。

19.3.4.3　ChIP-Loop 和 ChIA-PET 技术

选择性富集特定交互作用的另一种方法是将 3C 与 ChIP 结合以分离出含有目标蛋白的交联复合物（图 19-5）。例如，通过免疫沉淀染色质复合物，人们可以富集涉及特定目的蛋白的交互。ChIP-loop 和 ChIA-PET 分析分别使用 PCR 和深度测序来分析纯化的连接物（Cai et al.，2006；Fullwood et al.，2009；Liet et al.，2010）。

19.3.5　基于 3C 的数据揭示了基因组折叠中的细胞异质性

19.3.3 节和 19.3.4 节中描述的 3C 程序及其所有高通量变异体会生成高度复杂的杂交 DNA 分子混合物，其中每个 DNA 分子均代表单个细胞中的单个染色质交互作用事件。至关重要的是，3C 程序捕获了大量细胞之间的交互作用，因此文库中单个连接产物的丰度代表了其中两个相应基因位点足够近且可以交联的细胞部分。当研究了足够数量的细胞时，可以发现给定的基因组位点几乎接触了基因组中的所有其他基因位点，但是接触概率有几个数量级的区别。因此，只能基于染色体折叠和核组织中巨大的细胞间变异性来理解 3C 数据（Kalhor et al.，2011）。当然，正是通过直接成像，才揭示了亚核定位中的偏好，但没有确定的和可重复的位置。因此，3C 文库反映了基因位点的接触概率，揭示了大细胞群体中基因组空间组织的趋势。必须仔细分析这些数据集以确定位点集的接触概率模式，从而表明存在环交互作用和其他染色质结构特征（Bulger and Groudine，1999，2011；Dekker，2006；Cavalli and Misteli，2013）。同样，任何表明高阶染色质结构在基因调控中发挥作用的模型都必须考虑到染色质折叠中存在的显著的细胞间差异。

19.4　染色质环交互的不同类型

对染色质组织的局部和整体模式的研究表明，环和远程交互作用通常反映了不同水平的染色质组织在基因调控中具有不同的作用。在最精细的规模上，我们可以辨别基因启动子及其远端调控元件之间频繁、精确和特异的环交互作用。在更加全局的范围内，可以使位于不同染色体上的特定位点集彼此关联。最后，Mb 级的染色体区域之间和内部的交互区表明存在不同的高阶结构域，通常反映了核组织和功能区室。最后一类涉及不频繁、广泛且不特异的交互。对这些不同类别的染色质关联，在 19.4.1～19.4.6 节中详细介绍它们对基因调控的影响（Cavalli and Misteli，2013）。

19.4.1 基因及其调控元件之间的环化

增强子是可以在很长的基因组距离上控制表达的元件。研究最深入的增强子之一是β-珠蛋白基因位点中的LCR，它位于其靶基因簇上游40～80kb处（图19-6）。一个更引人注目的例子是由距离超过1Mb的增强子调控的 sonic hedgehog 基因。许多遗传实验表明，基因表达的远程调控是许多复杂基因组中的普遍现象。多年来，已经提出了几种机制，通过这些机制，这些增强子元件可以激活其靶基因。大多数的模型都认为在元件和靶启动子之间形成直接的物理接触，但是在建立这些接触的机制上有所不同（Bulger and Groudine，1999，2011）。

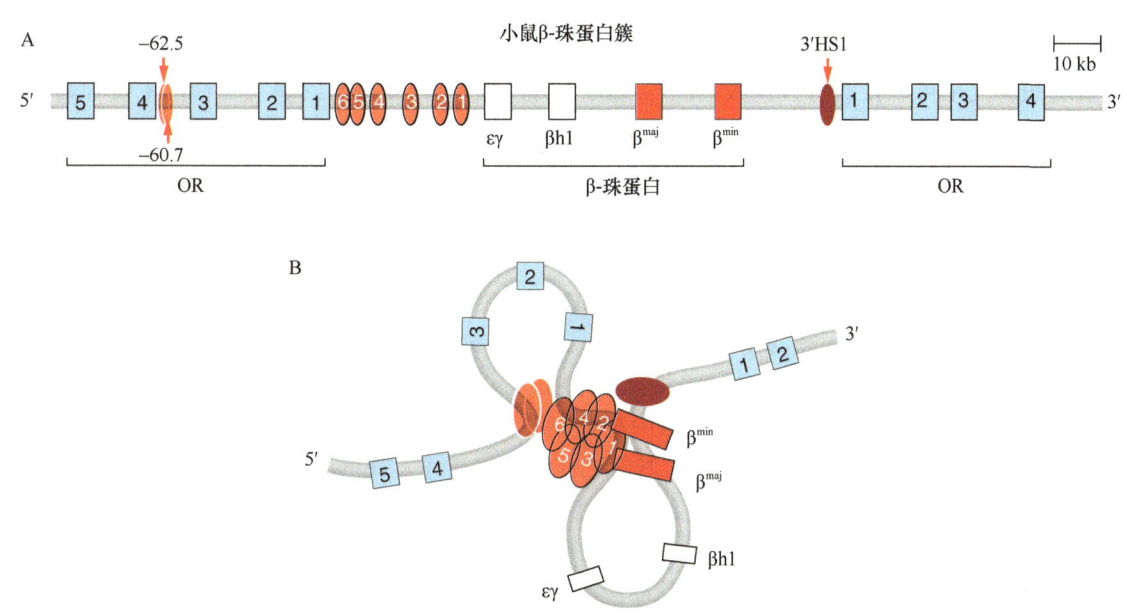

图 19-6 小鼠β-珠蛋白基因位点。（A）β-珠蛋白基因位点的示意图。（B）LCR、珠蛋白基因与CTCF结合的上下游元件之间的环化在表达珠蛋白的类红细胞中被观察到（HS-62.5/-60.7和3′HS1）。（绘自 De Laat and Grosveld，2003，经 Springer Science 和 Business Media 许可）

基于3C的检测方法的应用促进了调控元件与基因之间的远程交互作用的鉴定。这证实了染色质环在基因调节中起主要作用的猜想。我们将描述一些研究得最清楚的远程环交互的例子。

19.4.2 α-和β-珠蛋白基因位点

α-和β-珠蛋白基因位点表达高水平的α-和β-型珠蛋白，它们可以结合形成血红蛋白。对这些基因位点的表达已经进行了非常详细的研究，它们为通过环化进行远程基因调控提供了范例（图19-6）。

两个基因位点均由发育受调控的相关基因簇组成。簇中基因的顺序对应于它们在发育过程中的表达顺序。β-珠蛋白基因簇被异常强的复合元件LCR激活。α-珠蛋白基因被位于基因簇上游40～60kb的强增强子激活。对β-珠蛋白基因位点的3C研究首次显示LCR直接接触珠蛋白基因，从而形成了大小为40～80kb的染色质环（Tolhuis et al.，2002）。这种染色质环交互与基因表达密切相关。在不表达基因位点的细胞中未观察到染色质环，但是在表达的细胞中出现了染色质环。进一步，在发育过程中，LCR与簇中适当的基因按顺序交互，该基因在相应的阶段表达出来（Palstra et al.，2003）。类似地，对α-珠蛋白基因位点的3C研究表明，α-珠蛋白基因与位于该基因上游40kb处的增强子直接交互，并且这种交互作用仅在表达该基因的细胞中观察到（Vernimmen et al.，2007；Bau et al.，2010）。自从得到这些研究结果之后，已经发现了许多其他的基因与增强子之间环化的例子，包括其他复杂的基因位点，如HoxD基因位点

（Montavon et al., 2011）、免疫球蛋白重链基因位点（Guo et al., 2011）和 Th2 白介素簇位点（Spilianakis et al., 2005）。

环交互作用不仅限于非常高表达的基因簇或发育受控的基因，而且在编码参与多种生物过程的蛋白质的单个基因位点也可以观察到。例如，CFTR（Ott et al., 2009；Gheldof et al., 2010）、c-MYC（Wright et al., 2010）、FoxL2（D'Haene et al., 2009）以及许多其他基因中已经观察到与远端增强子的环状交互作用。最近对人类基因组中 600 多个基因启动子的全面分析发现，每个基因与离启动子数百 kb 的元件，如增强子、启动子和绝缘子（由 CTCF 蛋白结合；19.5.1 节）之间存在多次环状交互作用（Sanyal et al., 2012）。

远程交互作用不仅参与基因激活，还可能导致基因沉默。尤其是多梳蛋白复合物通过浓缩染色质［第 17 章（Grossniklaus and Paro, 2014）］并介导沉默元件和基因之间的环化，从而抑制基因。例如，在果蝇中，已经确定了多梳蛋白反应元件与沉默的 hox 基因之间的 bithorax 复合体环状交互作用（Lanzuolo et al., 2007）。从这些研究中可以推断出大多数基因与启动子周围数百个 kb 距离的调节元件发生特异远程交互作用，从而导致基因激活或抑制。

19.4.3　调控元件之间的环化

许多基因受一种以上的增强子调控。例如，HoxD 基因位点受到散布在多个基因中的众多元件的调控，这些元件共同作用以确保对基因簇的精确控制（Montavon et al., 2011）。3C 和 4C 研究表明，hoxD 基因不仅在发育过程中的适当时间和位置与这些元件交互作用，而且这些元件之间也相互关联。一种解释是形成了高度复杂的多环结构。在 β-珠蛋白基因位点中有类似的观察结果，其中珠蛋白基因与 LCR 交互作用，但两者也与位于基因位点上游和下游、与 CTCF 蛋白结合的元件交互（Tblhuis et al., 2002）。这些观察结果导致建立了以下模型，其中形成了复杂的高阶结构，这些结构可以充当单个单元来整合来自多个元件的调控输入。尽管具有吸引力，但目前尚无确凿证据表明使用基于 3C 的方法检测到的所有成对交互作用都在细胞中同时发生，以形成稳定且可重现的结构，从而产生不确定的可能性，即这些交互作用和多环结构的组装具有动态性和/或在群体细胞之间变化。

19.4.4　特定基因位点之间的染色体间交互作用

长期以来，从果蝇的遗传研究中已经知道，一条染色体上的调控元件会影响同源染色体上的基因表达。这种现象被称为基因转应作用（transvection），即通过同源染色体的紧密配对（例如在多线染色体中）导致位于两个染色体上的同源区域在空间上紧密靠近。在这种情况下，调节元件可以激活或抑制顺式连锁的靶基因，以及反式作用于附近同源染色体中的靶基因。一个经过充分研究的例子是 yellow 基因位点，其中一个同源染色体上的增强子的存在可以激活缺乏增强子的另一个同源染色体上的 yellow 靶基因，这一过程取决于同源物之间的紧密交互程度（Morris et al., 1999；Ou et al., 2009）。因此，基因转应作用的机制可能与其他远程基因调控现象有关，也涉及直接的物理交互作用。

在哺乳动物细胞中已经描述了几个令人兴奋的案例，表明一条染色体上的调控元件的染色体间交互作用可以影响其他染色体上的基因活性，包括非同源染色体在内。最典型的案例涉及在 X 染色体失活过程开始时雌性小鼠细胞中的一对 X 染色体，这是第 25 章的主题（Brockdorff and Turner, 2014）（图 19-7）。在早期胚胎发育中，选择两个 X 染色体之一使其失活。此过程由称为 X 失活中心（X inactivation center, Xic）的大的复杂位点所控制。此基因位点编码非编码 RNA Xist，该 RNA 被激活并从 X 染色体的转录位点沿着 X 染色体顺式扩散，而该转录位置变成非活性的。Xist RNA 招募沉默因子，如 Polycomb 复合体，然后沉默整个 X 染色体上大多数基因的表达。X 失活的过程可确保两个 X 染色体中只有一个染色体表达 Xist 并被沉默。DNA FISH 和 3C 研究均表明，在 X 失活过程中，两条 X 染色体上的两个 Xic 基因位点短暂配对并直接交互（Bacher et al., 2006；Xu et al., 2006）。Xic 配对过程需要 Xist 基因周围有特定的 CTCF 结合位点，以及距 Xic 几百 kb 的较大区域（Augui et al., 2007; Donohoe et al., 2009）。有研究提出，这种相遇以某种方式确定了两个 X 染色体之一将激活 Xist 基因，而另一个则不会。最近，有研究通过标记的 Xic 基因位点的活细胞成像，然后进行 RNA FISH 分析，表明了配对之后是 Tsix 的不对称转录，Tsix 是 Xist 反义转录本和调节因子，最终导致单等位基因 Xist 上调（Masui et al., 2011）。因此，Xic 之间的物理关联可以直接协调 X 染色体上相反表观遗传状态的建立。实际上，影响 Xic 配对的突变体会影响 X 染色体失活的调节。

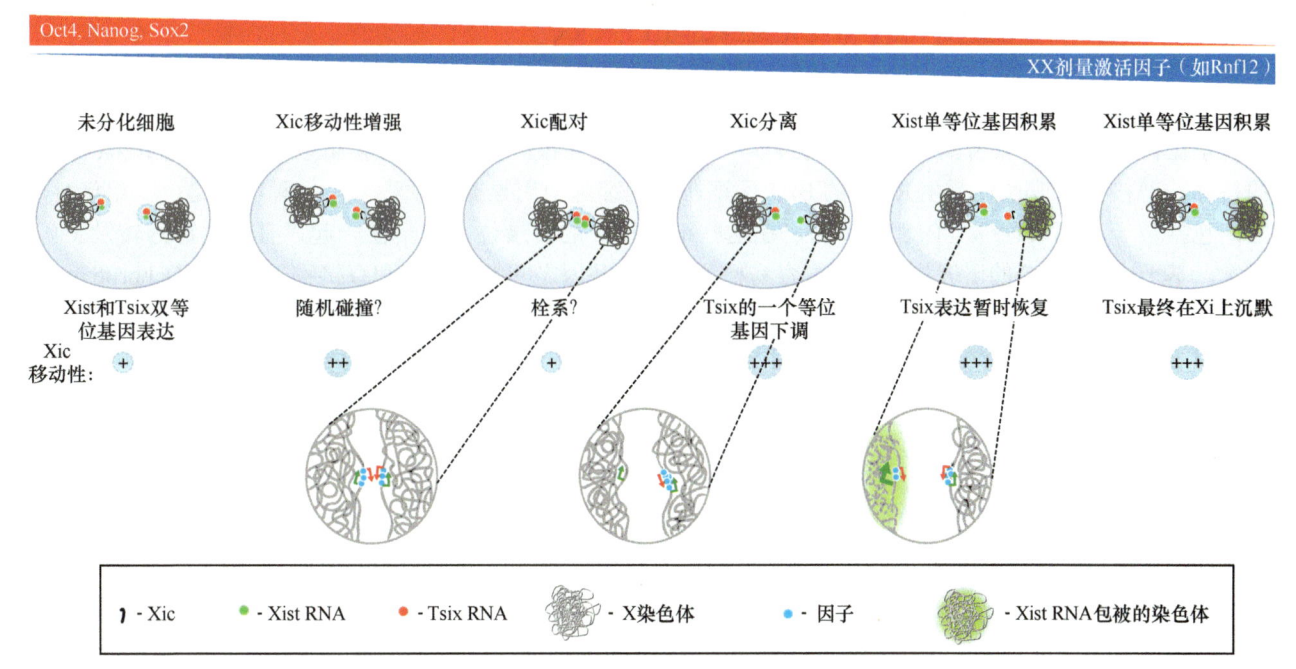

图 19-7 在早期胚胎发育过程中，染色体间发生 Xic 之间交互作用。在胚胎干细胞（ES）分化的早期阶段，两个 X 染色体具有很高的移动性，可能允许两个 Xic 配对。在这个配对阶段，通过仍然未知的过程，两个 X 染色体之一下调 Tsix（Xist RNA 基因的负调控子）的表达。在该染色体上，Xist 将被表达，Xist RNA 积累，从而导致 X 失活。另一个 X 染色体将继续表达 Tsix，并且该染色体将保持活跃状态。（经许可转载自 Masui et al., 2011©Elsevier）

相关研究已经描述了染色体间交互作用的其他例子，这些例子可能涉及相似的协调事件，但是它们的相关性却备受争议。在嗅觉神经元中，数百种嗅觉受体基因仅表达一种。3C 研究和影像显示，小鼠基因组中包含单个增强子（H 增强子），该增强子与单个嗅觉基因在给定细胞中顺式或反式结合，导致该基因激活，而其他基因拷贝则保持沉默（Lomvardas et al., 2006）。尽管这确实是一个非常有趣的发现，但随后的研究表明 H 增强子的缺失对位于其他不具有 H 增强子的染色体上的嗅觉基因没有影响，这使我们对染色体间交互作用的功能相关性产生了疑问（Fuss et al., 2007）。染色体间交互作用的另一个例子是小鼠幼稚 T 细胞的 11 号染色体上的 Th2 白介素簇和 10 号染色体上的干扰素 γ 基因位点（Spilianakis et al., 2005; Noordermeer et al., 2011）。当细胞分化成分别表达白介素簇或干扰素-γ 基因的 Th1 或 Th2 细胞时，这种交互作用丧失。基因位点之间的交互作用可使基因位点保持平衡状态，随时准备在后续分化过程中协调基因位点的激活和抑制。但是，这些交互是导致平衡状态还是简单地反映状态，仍然是一个悬而未决的问题。

通过分析异位插入的 LCR 对内源性 β-珠蛋白基因表达的影响，对染色体间交互作用的发生和相关性进行了直接测试（Noordermeer et al., 2011）。4C 分析表明，异位 LCR 可以直接与内源 β-珠蛋白基因位点相关，但仅在极少数细胞中。有趣的是，RNA 和 DNA FISH 结合实验表明，在极少数情况下，异位 LCR 珠蛋白基因位点发生交互作用，此时珠蛋白基因被上调。这项重要的研究表明，即使对于非常强的增强子，染色体间的交互作用也鲜有发生。但是，这些罕见的事件可能会对发生交互作用的少数细胞中的交互基因产生功能性影响。

尽管存在这些在特定基因位点和调控元件之间潜在的功能性染色体间交互作用的例子，但是，目前还没有建立这种交互作用与基因调控的相关性。事实上，许多此类染色体间交互作用的性质可能与通常通过真正的基因元件进行染色体内环化以进行基因调控的交互作用的性质不同。染色体间的关联可能与基因表达的整体核组织有关，在该组织中，发现基因组聚集在富含转录机制或沉默因子的亚核位点。这些特异性较低且通常为低频的关联可能是基因活性的结果，而不是原因，下面将进行讨论。

19.4.5　活跃和非活跃基因位点组之间的关联

尽管可以在整个基因组中找到活性基因，但在细胞核内转录是高度非均质的，并且转录显著地发生在富含正在转录的 RNA 聚合酶和剪接机制的多个亚核位点或亚核区室。这些位点可以使用抗活性 RNA Pol Ⅱ 的抗体、剪接蛋白或通过新生 RNA 的 BrU 标记在固定细胞中用显微镜观察到。一种解释是，一组活性基因，包括位于不同染色体上的那些基因，在这些细胞核中的转录位点聚集在一起，有时被称为转录工厂。确实，基于成像和 3C 的研究均表明，很容易检测到活性基因之间的共定位和直接物理接触（Osborne et al.，2004；Simonis et al.，2006；Lieberman-Aiden et al.，2009）。通常，这些交互作用的特异性似乎有限。在类红细胞中进行的 4C 实验检测了 β-珠蛋白基因位点与整个基因组中许多其他活性基因之间的交互作用（Simonis et al.，2006）。与 19.4.1～19.4.3 节中描述的驱动基因调控的染色质环交互作用相比，这些交互作用在较大的染色质片段中形成（例如，完整的基因而不是精确的基因调控元件），并且在细胞群体中的发生频率明显偏低。

Hi-C 分析表明，活跃的染色体结构域，大小通常是几百 kb 到数 Mb，通常与整个基因组中的任何其他活跃的染色体结构域相关联（Lieberman-Aiden et al.，2009）。同样，非活性域也与任何其他非活性域相关联。尽管有一些例外，但这些交互作用的特异性似乎有限。在果蝇中，发现由多梳蛋白复合体抑制的基因位点聚集在有限数量的多梳蛋白体（polycomb body）上。在一个案例中，发现破坏一个基因位点与其他受多梳蛋白抑制的基因位点的关联可以影响该基因位点的基因调控，尽管这种影响很弱并且仅在几代之后才出现，仍然表明该基因位点的聚簇直接影响基因表达（Bantignies et al.，2011）。

这些实验突出了这些类型的染色体交互作用的重复主题。如直接成像所示，活跃的基因与其他活跃的基因被发现在一起，并且在其他亚核位点发现失活或沉默的基因（Cavalli and Misteli，2013）。尽管特异交互作用是高度可变且非特异性的，也就是即使在其他均一的细胞群体中，交互的基因和基因位点子集在细胞之间也不同。这并不排除由重叠的转录调节因子调节的基因位点优先发生聚集，以超过共定位的一般趋势。

19.4.6　拓扑相关结构域：染色体的构建基块

对 X 染色体失活中心进行高分辨率的全基因组 Hi-C 分析和靶向 5C 分析，使人们发现染色体由一系列染色体结构域组成，这些结构域大小为数十 kb（果蝇中）或几百 kb（小鼠和人）（Dixon et al.，2012；Nora et al.，2012；Sexton et al.，2012；Cavalli and Misteli，2013）。这些结构域的特征在于位于一个域内的基因位点之间的交互作用频率较高，但是位于不同域内的基因位点之间的交互作用频率较低。因此，这些结构域被称为拓扑相关结构域（topologically associating domain，TAD；Nora et al.，2012）或拓扑结构域（Dixon et al.，2012）。TAD 被遗传定义的边界元件分开（Nora et al.，2012），但目前尚不清楚其形成的确切机制。上述描述的、分别与全基因组范围内其他较大的活性和非活性结构域交互作用的、更加大的活性和非活性染色质结构域通常由多个较小的 TAD 组成。

初步分析表明，位于同一 TAD 内的、不同组别的基因，在分化过程中与它们的表达相关（Nora et al.，2012），但这在整个基因组中是否有普遍性仍是一个悬而未决的问题。基因及其调控元件之间的染色质环交互作用主要发生在 TAD 中，鉴于 TAD 之间的染色质交互作用通常频率较低，这也许不足为奇（Sanyal et al., 2012; Shen et al., 2012)。因此，TAD 不仅可以代表染色体的结构构件，而且可以代表基因调控的功能单元。有人提出 TAD 代表高阶染色体折叠层次中的关键结构和功能水平（Gibcus and Dekker，2013），但是关于这种水平的染色体组织仍然未知（Cavalli and Misteli，2013）。

19.5 构建染色质环

到目前为止，我们已经描述了可以在细胞中观察到的各种类型的染色质交互作用。但是，是什么介导了这些交互作用呢？我们将关注基因启动子和远程基因调控元件之间的精确和特异性环交互作用的类别，因为已对这些特征进行了很详细的描述，尽管驱动这些现象的许多细节仍有待发现。

增强子和启动子元件被包含各种不同类型蛋白质的大蛋白质复合体结合，这些蛋白质复合体的范围从特异性 DNA 结合转录因子到具有多种酶活性（如组蛋白乙酰化和甲基化以及非编码 RNA）的辅因子。基因调控元件和启动子之间的远程交互作用可能涉及直接的蛋白质-蛋白质交互作用，并且可能还需要特定的桥接复合物。在几种情况下，已经证实了特定蛋白质在介导环化中的作用。例如，LCR 和 β-珠蛋白基因之间的环化需要 GAIA1 和 EKLF1 转录因子与增强子和靶基因结合（Drissen et al.，2004；Vakoc et al.，2005）。除直接结合 DNA 的转录因子外，其他复合体也参与了染色质环的形成。例如，染色质重塑酶 Brgl 参与 α-珠蛋白和 β-珠蛋白基因位点的环化（Kim et al.，2009a；2009b）。Brgl 直接结合 GALM 和 EKLF 复合体，可能需要重塑染色质以促进其他因子的结合。

蛋白质特定组合对交互元件配对的影响，至少可以部分地解释启动子及其调节元件之间环状交互作用的特异性。有趣的是，还有一些常规因子可能会导致远程交互。中介因子复合体是一种转录调节因子，可与启动子上的基础转录机制和转录激活因子相互作用，从而使其成为结合在启动子和远端调控元件之间的理想桥接因子。实际上，小鼠 ES 细胞中的 3C 分析确定了多能性基因启动子及其增强子之间的 Mediator 依赖性环（图 19-8）。这些交互作用还要求在这些位点存在黏连蛋白复合体（Kagey et al.，2010）。黏连蛋白复合体介导姐妹染色单体之间的交互作用，但是越来越多地参与介导其他类型的远程交互作用，包括基因调控元件之间的环化（Hadjur et al.，2009），并且经常与 CTCF 蛋白协同作用。

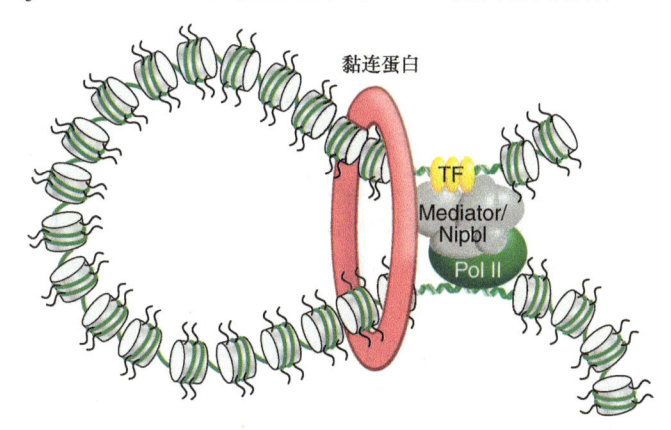

图 19-8 黏连蛋白和 Mediator 复合体介导启动子和增强子之间的远程交互作用。 黏连蛋白和 Mediator 已被证明可以共同发挥作用，形成并稳定基因启动子和远端增强子之间的染色质环交互作用（Kagey et al.，2010）。尽管目前尚不清楚分子细节，显示的模型说明这些复合体如何介导染色质环化。（经许可重绘自 Young，2011©Elsevier）

19.5.1 CTCF 蛋白在环化和染色体组织中的一般性功能

CTCF 蛋白在整个小鼠和人类基因组中结合了数万个位点。该蛋白质在基因附近特别富集（Kim et al.，2007）。初步研究发现，该蛋白质至少在报告基因载体中起着绝缘子或边界复合体的作用，阻止了增强子对基因的长期调控。最近，已经清楚的是，该蛋白质通过促进染色体内和染色体间的环化交互作用，在构建高阶染色质结构中起着特别重要的作用（Phillips and Corces，2009）。

如 19.4.2～19.4.4 节所述，活性基因启动子通常与结合了 CTCF 蛋白的远端位点发生交互作用（例如，在 α-珠蛋白和 β-珠蛋白基因位点中），但在许多其他情况下也是如此。与 CTCF 结合的元件也彼此交互，从而产生一个模型，其中这些基因位点在组构染色体中起一般作用（Phillips and Corces，2009）。与 CTCF 结合的位点似乎在细胞核中聚集，这将极大地限制染色体的折叠（Yusufzai et al.，2004）。这些高阶染色质结构的组装如何在调控基因中发挥作用尚不清楚。CTCF 蛋白绑定到 H19 印记控制区域，会影响在印记 Igf2 基因位点上形成环的模式，详见第 26 章（Barlow and Bartolomei，2014），与在染色体基因位点中控制其他环交互的作用一致。但是，其他研究与这种与绝缘子有关的作用并不一致。β-珠蛋白基因位点中单个 CTCF 结合元件的删除不会影响珠蛋白基因的调控或启动子–增强子环，可能是因为它们是冗余的（Bender et al.，2006；Splinter et al.，2006）。该观察结果与简单的增强子阻断模型不一致，在该模型中，CTCF 结合位点决定了可能发生哪些增强子–启动子环交互作用。然而，另一个复杂因素是 CTCF 结合位点可能包含多种不同类型的元件，这取决于招募到这些位点的其他蛋白质和 RNA 因子（Yao et al.，2010）。

19.6　环的交互和基因调控

尽管现在已经很好地确定了启动子和调节元件之间的环状交互作用，但这些交互作用如何有助于调节靶基因的表达水平尚不清楚。多项观察结果表明，启动子和远端增强子之间的直接交互作用促进了该基因招募关键转录调节子。例如，已证明 α-珠蛋白增强子首先招募 RNA Pol II，然后可通过环化将其转移至靶启动子（Vernimmen et al.，2007）。类似地，其他蛋白质复合体也可以被招募。同样，LCR 影响 RNA 聚合酶从其起始阶段到转录延伸阶段的过渡（Sawado et al.，2003），这表明 LCR-启动子交互作用可以帮助将延伸因子招募到启动子上。

19.7　总　　结

"基因组在空间和时间上存在于细胞核中"这一说法是微不足道的，但是，在我们对基因功能的研究中，长期以来人们一直忽略这一说法。在几十年的开拓性工作中，人们对转录的分子理解有了详尽的了解，基因组组织在时空方面的后果被很大程度上忽略了。这对于降低复杂性并使该问题适合实验性询问是必要的。然而，在最近十年中，人们意识到基因表达不仅仅由 DNA 序列中包含的信息控制，较高阶的染色质结构特征，如核小体定位、染色质纤维形成、染色体内和染色体间的染色质交互作用，甚至染色体和基因定位也有助于基因组功能。我们不仅意识到基因组组织的这些方面至关重要，而且我们也很幸运地有了实验方法来测试它们的贡献。尽管基于成像的方法长期用于这些研究，但是生化方法能够检测基因组物理交互作用，再加上价格合理的下一代测序技术的出现，彻底改变了我们现在测试其功能相关性的能力。利用这些方法，我们现在可以相当常规地生成基因组交互作用的完整图谱。

基因组交互作用图谱只是了解空间和时间基因组组织功能相关性的第一步。我们需要做什么呢？关键步骤是针对各种细胞类型、组织、发育阶段和疾病生成大量的全基因组交互作用图。几个国际组织，如 ENCODE 和 IHEC，旨在生成此类数据。一旦收集到该信息，就必须将物理交互作用图谱与基因表达谱、组蛋白修饰和 DNA 甲基化模式进行比较。这些相关研究应为基因组组织和功能之间的功能关系提供一些提示。为了真正测试它们的相关性，将需要通过实验来操纵基因组的组织模式。这可以通过敲低和过表达的方法来实现。一方面，这应揭示基因组的组织如何影响功能，另一方面，应揭示哪些细胞因子决定了基因组的组织。

绘制和理解基因组组织对疾病具有重要意义。例如，我们知道非随机基因组组织在确定癌症易位中起着关键作用，并且基于 3C 的方法正用于检测易位。我们推测将来能够利用基因组组织来进行诊断和预后，这是令人向往的，而不仅仅是乌托邦式的幻想。染色质异常组织日益被人们认为是各种疾病的标记，从普通癌症到罕见疾病。令人特别感兴趣的是，基于染色质和基因组组织的变化通常先于遗传变化这一事实，有可能利用基因组组织作为疾病早期检测的标记。

事后看来，考虑基因组的时空组织将是表观遗传和遗传功能不可或缺的一部分，这是我们在试图揭示基因组的奥秘时需要考虑到的一点。现在，我们首次可以通过实验探索基因组功能这一关键问题。毫无疑问地，我们即将发现的内容将会丰富我们对基因组功能的复杂性和精细性的理解和认识。

（王　盼　译，方玉达　校）

第20章

组蛋白变体和表观遗传学

史蒂文·海尼科夫（Steven Henikoff[1]），M. 米切尔·史密斯（M. Mitchell Smith[2]）

[1]Howard Hughes Medical Institute, Fred Hutchinson Cancer Research Center, Seattle, Washington 98109-1024;
[2]Department of Microbiology, University of Virginia, Charlottesville, Virginia 22908
通讯地址：steveh@fhcrc.org

摘 要

组蛋白通过组装成核小体核心颗粒来包裹和压缩 DNA。大多数组蛋白在 S 期合成，在复制叉后快速加载。此外，独立于复制而加载的组蛋白变体，用来替换 S 期加载的组蛋白，为染色质的差异性奠定了基础。不同组蛋白变体的不同加载机制为建立和维持表观遗传状态提供了潜在可能。组蛋白变体在染色体分离、转录调节、DNA 修复和其他过程中也发挥了重要的作用。组蛋白变体的进化、结构和代谢的研究，为理解染色质在重要细胞过程和表观遗传记忆中的作用奠定了基础。

本章目录

20.1 所有生物中 DNA 被结构性蛋白包装
20.2 真核生物核心组蛋白从古细菌组蛋白进化而来
20.3 大量组蛋白在 DNA 复制后加载
20.4 组蛋白变体在整个细胞周期中加载
20.5 一种特殊的组蛋白 H3 变体标记了着丝粒
20.6 组蛋白变体 H3.3 的替换发生在活跃染色质上
20.7 H3.3 在生殖系中的功能
20.8 H2A.X 的磷酸化在 DNA 双链断裂修复过程中的功能
20.9 H2A.Z 在染色质调节中起多种作用
20.10 H3.3 和 H2A.Z 占据特定染色质位置
20.11 H2A.Z 核小体的占据是动态的并改变染色质的特性

20.12　H2A.Z 在表观继承中的功能
20.13　其他 H2A 变体区分染色质，但它们的功能尚不清楚
20.14　许多组蛋白已经进化，以更紧密地包装 DNA
20.15　组蛋白变体与人类疾病
20.16　总结与展望

概　述

组蛋白通过组装成核小体核心颗粒包裹 DNA，而双螺旋 DNA 环绕在核心颗粒周围。在进化的过程中，含组蛋白结构域的蛋白质已经相对于古细菌祖先变得多样化，形成四个不同的亚型，进而组成了真核生物核小体的常规八聚体。组蛋白进一步多样化为变体，引起染色质的差异，产生表观遗传效应。对组蛋白变体的进化、结构和代谢的探究，为了解染色质在重要细胞过程和表观遗传记忆中的作用提供了基础。

大多数组蛋白在 S 期合成，在复制叉后快速加载以填补先前存在的组蛋白所造成的分布空缺。此外，用独立于 DNA 复制的组蛋白变体代替经典的 S 期组蛋白可以潜在地异质化染色质。非常规组蛋白变体替代常规组蛋白是一个动态过程，会改变染色质的构成。

组蛋白变体对染色质的异质化尤其体现在着丝粒处，其中 H3 变体（CENP-A）组装成专门的核小体，为动粒组装提供基础。在所有真核生物中都发现了着丝粒 H3（cenH3）CENP-A 对应的组蛋白。在动植物中，着丝粒处含 cenH3 的核小体组装似乎不需要着丝粒 DNA 序列，这是一个表观继承的特别例子。一些 cenH3 在其与 DNA 接触的某些区域发生适应性进化，这表明着丝粒相互竞争，而 cenH3 和其他着丝粒特异性 DNA 结合蛋白也已经适应了。这一过程可以解释植物和动物中着丝粒的巨大尺寸和复杂性。

染色质也可通过在着丝粒以外加载组成性表达的 H3（即 H3.3）而特异化，H3.3 是与复制无关的核小体组装底物。用 H3.3 进行替换发生在活跃的基因上，这是一个动态过程，具有潜在的表观遗传结果。H3 和 H3.3 在共价修饰上的区别可能是活化的转录基因位点上染色质发生变化的基础。

几种 H2A 变体也可以区分或调节染色质。H2A.X 含四个氨基酸羧基末端基序，其丝氨酸残基是在 DNA 双链断裂处发生磷酸化的位点。H2A.X 的磷酸化是双链断裂修复的早期事件，修复机器将会在此聚集。H2A.X 磷酸化也是哺乳动物精子发生过程中 XY 二价体失活的标记，是浓缩、配对和繁殖所必需的。

H2A.Z 是结构不同的变体，在很长时间里都是个谜。酵母的研究表明，H2A.Z 在建立转录能力以及对抗异染色质沉默中发挥了作用。在核小体中将 H2A 替换为 H2A.Z 的生化复合体是一种 ATP 依赖的核小体重塑因子，这个重塑因子为多样化染色质相关机器的成员提供了第一个特定功能的例子。

两个脊椎动物特异的变体 macroH2A 和 H2A.B（也称为 H2A.Bbd），当在体外包装为核小体时表现出明显相反的特点。macroH2A 阻碍转录而 H2A.B 促进转录。这些功能与它们在表观遗传上失活的哺乳动物 X 染色体上的定位模式相一致，即 macroH2A 表现为富集，而 H2A.B 表现为消失。

这些研究的新观点是，组蛋白变体及其加载到核小体的过程提供了染色质的异质化，这些异质化可能是表观继承的基础。

20.1　所有生物中 DNA 被结构性蛋白包装

相对于包含它的染色体大小，DNA 双螺旋的巨大长度需要紧密的包装，结构蛋白由此而产生。第 1 层包装缩短了双螺旋并保护其不被损坏，同时仍允许 DNA 聚合酶在每个细胞周期完全接触每个碱基。此外，

这些结构蛋白还有助于高阶折叠，以进一步减少染色体的长度。也许是因为包装 DNA 的严谨需要，在所有细胞生命形式中只发现了两类结构蛋白（Talbert and Henikoff，2010），即包装细菌 DNA 的 HU 蛋白和包裹真核 DNA 的组蛋白。古细菌 DNA 由 HU 蛋白或组蛋白包装。

组蛋白将 DNA 包装成核小体颗粒，这种结构可以解释组蛋白为何占真核生物染色体质量的一半。组蛋白在真核生物基因表达、染色体分离、DNA 修复和其他基本染色体过程中也发挥了不同的作用。这些染色体过程的特定要求导致了不同的组蛋白变体的进化。将组蛋白变体整合到核小体中体现了染色质的潜在深度变化。确实，某些组蛋白变体通过特异的核小体组装复合体进行加载，表明染色质是多样化的，至少部分是通过组蛋白变体的加载和置换实现了染色质多元化。

H2A、H2B、H3 和 H4 这四个核心组蛋白的特点不同，产生的变体也有差异。例如，人类只有一种 H4 亚型，但有几种具有不同属性和功能的 H2A 旁系同源蛋白质。显然核小体颗粒中核心组蛋白的不同位置使它们受到不同的进化推动力，导致 H2A 和 H3 呈现重要的多元化，但 H2B 和 H4 没有（图 20-1）。来自多种真核生物的可获得的基因组序列可以使我们得出结论，即这些多样化发生在真核生物进化过程中的不同时间。然而，一个祖先的组蛋白折叠蛋白产生多样化，变成熟悉的四个核心组蛋白，一定发生在真核生物细胞核进化的早期或更早。通过研究这些古老事件，我们将深入地了解这些导致相应的多元化，从而产生如今的组蛋白变体的原因。

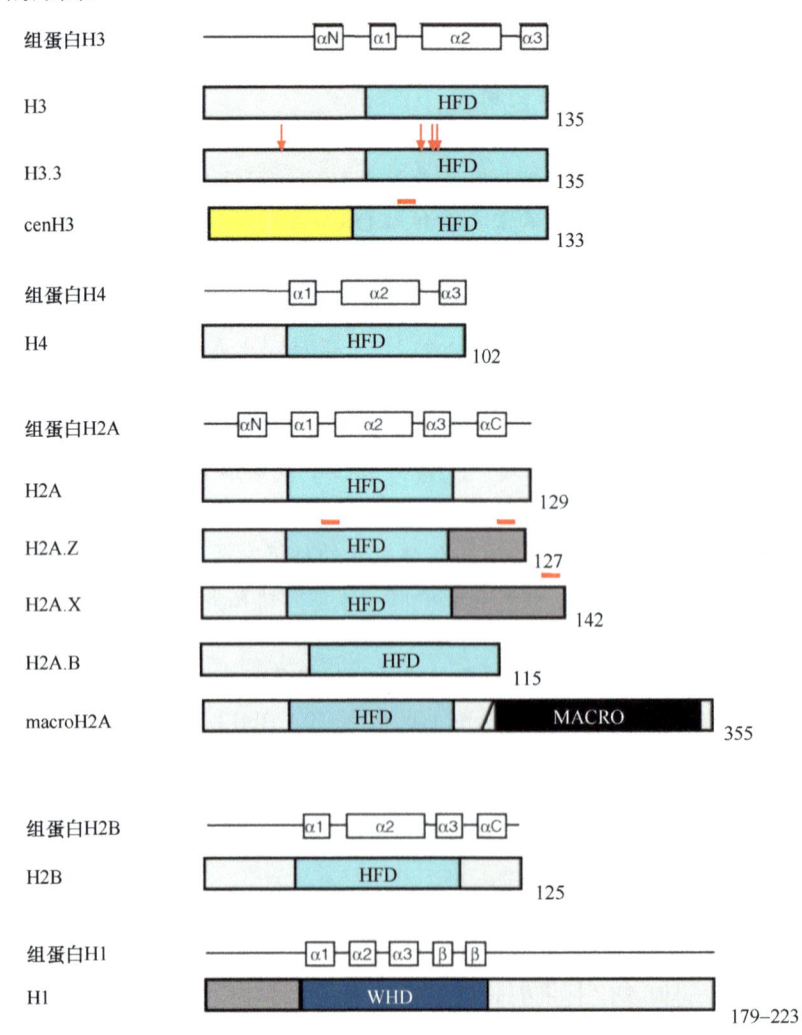

图 20-1　组蛋白变体。 核心组蛋白（H3、H4、H2A 和 H2B）、连接组蛋白 H1 和组蛋白 H3、H2A 的变体的蛋白质结构域的结构。组蛋白折叠域（HFD）是组蛋白二聚化发生的地方。组蛋白变体中序列变异区域用红色表示。WHD，翼螺旋域。

20.2 真核生物核心组蛋白从古细菌组蛋白进化而来

真核生物核小体是一个复杂的结构，DNA 两次缠绕，包裹着四个核心组蛋白的八聚体，组蛋白尾巴和连接组蛋白在核心颗粒外介导各种包装交互作用（Arents et al., 1991；Wolffe, 1992；Luger et al., 1997）。古细菌核小体要简单得多，它们组装成为原始颗粒，从而进化出真核核小体（Malik and Henikoff, 2003）。古细菌核小体由组蛋白折叠结构域蛋白组成，古细菌组蛋白没有尾巴，它们形成四聚体颗粒，DNA 在这个颗粒上缠绕一次。所有古代的古细菌谱系基因组都编码组蛋白（图 20-2），这意味着真核核小体是从现在还未知的古细菌祖先进化而来的。古细菌和真核核小体之间的亲属关系通过比较其结构可看出，例如，古细菌的四聚体骨架几乎与 (H3-H4) 四聚体重叠。当古细菌核小体重构形成染色质后，所产生的纤维行为类似于 (H3-H4)$_2$ 的四聚核小体。在体内定位时，它们从转录起始点开始到下游显示出相位变化，类似于真核核小体中所见的那样（Ammar et al., 2012）。因此，认为真核生物核小体由古细菌祖先进化而来，将亚单位的数量加倍以允许第二次 DNA 包裹，并获得了组蛋白尾巴。此外，DNA 在古细菌核心颗粒周围形成右手超螺旋包裹，但在真核生物核心颗粒周围变成左手超螺旋包裹。

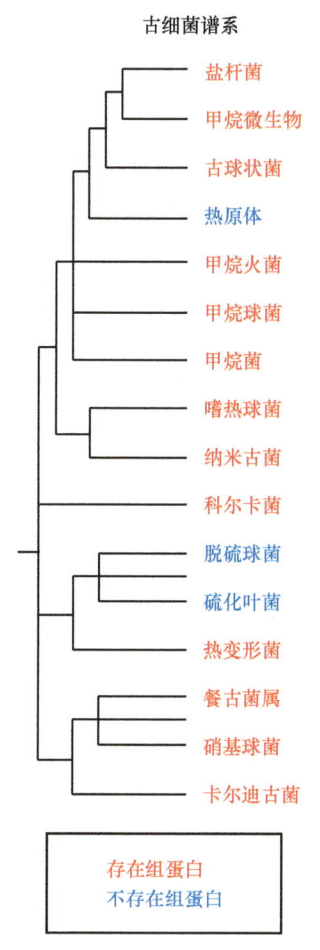

图 20-2 古细菌进化分枝图表明组蛋白在所有祖先分支中存在。组蛋白丢失归因于 HU 蛋白从细菌的水平转移。（经许可改编自 Brochier-Armanet et al., 2011©Elsevier）

进一步了解真核生物核小体起源过程是对古细菌核小体亚基结构的分析。大多数古细菌组蛋白是未分化的单体或者是由结构上已分化为可互换的变体组成的四聚体，一些四聚体是头尾融合二聚体的二聚体。当这些融合二聚体组装成核小体颗粒时，融合对的每个成员呈现在结构上明显可区分的位点。通过在颗粒中占据不同的位置，古细菌融合二聚体的每个成员独立进化，使其适应在核小体颗粒中的独立位置。相反，占据互换位置的单体不能随意适应到其他位置。确实，古细菌二聚体在两个相互独立谱系中区分开来。该过程为祖先组蛋白折叠域蛋白区分为四个不同的亚单位，同时在真核核小体中占据不同的位置提供了依据。就像其假定的古细菌祖先一样，真核生物组蛋白也形成二聚体，其中 H2A 与 H2B 二聚，H3 与 H4 二聚（在溶液中也可形成稳定四聚体）。古细菌组蛋白二聚体结构的骨架与 H2A-H2B 和 H3-H4 在 2Å 分辨率上重叠。二聚体重复的第 1 个成员与 H2A 或 H3 重叠，第 2 个成员与 H2B 或 H4 叠加。因此，尽管所有 4 个真核生物组蛋白彼此缺乏明显的序列相似性，与古细菌组蛋白也缺乏相似性，但二聚体单位叠加表明真核生物组蛋白从简单的古细菌祖先进化而来，同时又有分化。

H2A-H2B 和 H3-H4 二聚体的不对称性，似乎起源于古细菌串联二聚体，可能会导致真核生物组蛋白变体随后的多元化。H2A 和 H3 均响应古细菌串联组蛋白二聚体的第 1 个成员，后来在真核生物进化中多次发生差异化。相反，H2B 和 H4 对应第 2 个成员，几乎显示出很少（H2B）或没有（H4）功能多样化。H3 和 H2A 在八聚体中接触以形成同源二聚体（图 20-3），而 H4 和 H2B 只与其他组蛋白相接触。所以，H2A 或 H3 同源二聚化涉及的残基发生变化可能会阻止形成混合八聚体，允许含有 H2A 或 H3 变体的核小体独立于亲本核小体而进化。一般而言，有助于亚基独立进化的结构特征可能是核小体颗粒多样化的先决条件。

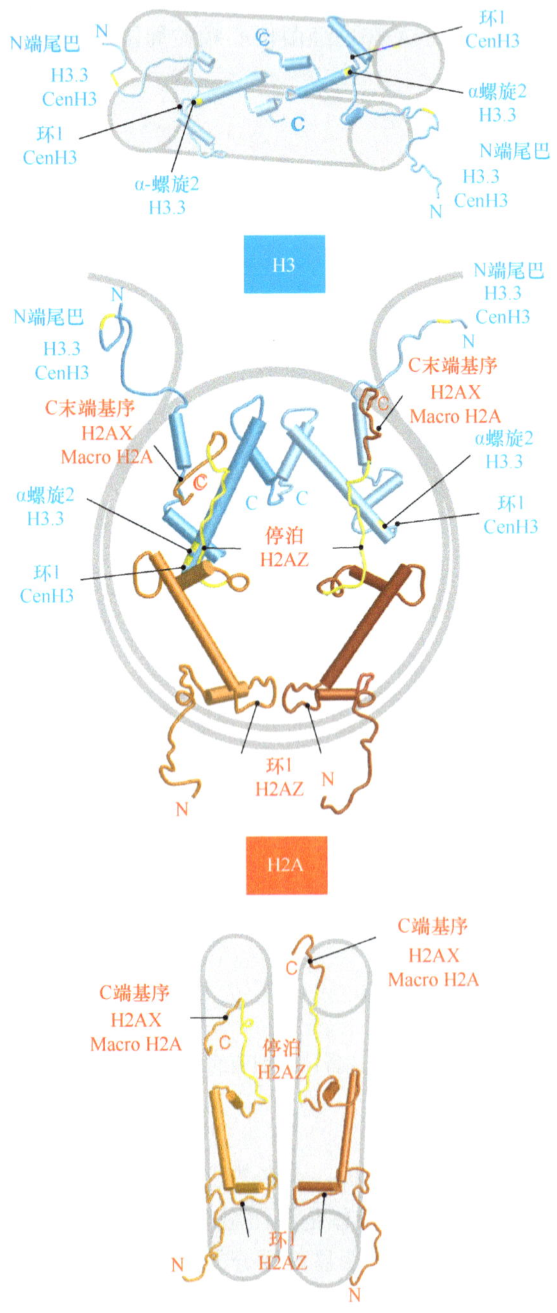

图 20-3 组蛋白 H3（蓝色）和 H2A（棕色）在核小体核心颗粒中的位置。变体之间的差异重点标为黄色。（经许可转载自 Henikoff and Ahmad，2005）

尽管我们可以合理地认为真核生物核心组蛋白来自古细菌串联二聚体，其他问题仍然存在。组蛋白尾巴从哪里来？(H3-H4)$_2$ 四聚体在获得侧翼 H2A-H2B 二聚体之前进化了吗？或这四个核心组蛋白首先进化为（H2A-H2B-H4-H3）"半核小体（hemisome）"结构，然后加倍形成八聚体，或者还有其他的从四聚体到八聚体的进化过程？这些事件是在真核生物细胞核进化之前、之中或之后发生的？伴随两次 DNA 缠绕的八聚核小体可以紧密包装有丝分裂染色体就是真核生物的特异发明吗？也许更多古细菌或原始真核生物的序列将揭示进化的中间过程，并可以回答这些问题。

20.3 大量组蛋白在 DNA 复制后加载

将真核细胞中基本上所有 DNA 包装到核小体，要求染色质在 DNA 复制过程中加倍。因此，常规组蛋白在细胞周期中的 DNA 合成（S）期合成。S 期将组蛋白合成与 DNA 合成偶联，使其处于严格的细胞周期管控中（Marzluff and Duronio，2002）。这个在动物身上特别明显。U7 小核糖核蛋白复合体介导的组蛋白转录本的加工及茎环结合蛋白（stem-loop-binding protein，SLBP）介导的信使 RNA（messenger RNA，mRNA）的稳定，有助于组蛋白合成与 DNA 复制的紧密协调。S 期需要快速大量地合成组蛋白很可能与动物中与复制偶联（replication-coupled，RC）的组蛋白以基因簇形式编码有关。基因簇包含许多组蛋白基因。例如，人类基因组中有 14 个 H4 基因，其中大多数位于两个主要的基因簇中。H4 基因也散布在其他 RC 组蛋白基因中（Marzluff et al.，2002）。在动物中，当转录为组蛋白信使 RNA 时，RC 组蛋白通过其 26bp 3′序列形成一个茎环结构被 SLBP 识别。常规的植物组蛋白也被多个基因编码，并在 S 期加载，尽管植物组蛋白转录本是多聚腺苷酸化的，并且似乎也没有 SLBP 的同源蛋白。

在某种程度上，表观遗传来自染色质"状态"的继承，而 RC 核小体加载过程备受关注。体外系统的建立阐明了该过程中的生化问题，核小体可组装到复制的 DNA 上。这些研究表明，一个三亚基复合体（chromatin assembly factor 1，CAF-1，染色质组装因子 1），首先可作为促进 H3-H4 进行核小体组装的组蛋白伴侣（Loyol and Almouzni，2004）。研究证明，CAF-1 与复制钳 PCNA 相互作用，这意味着 DNA 复制和 RC 组装在附近紧密发生（图 20-4）。酿酒酵母研究表明，参与体外 RC 组装的复合体中没有一个亚基对于生长至关重要，这表明在体内存在负责 RC 组装的冗余机制。大部分酵母染色质的组装不依赖复制（replication-independent，RI）（Altheim and Schultz，1999）的事实也为这种冗余性提供了证据。正如我们所见，组蛋白变体通常是由 RI 核小体组装加载的。

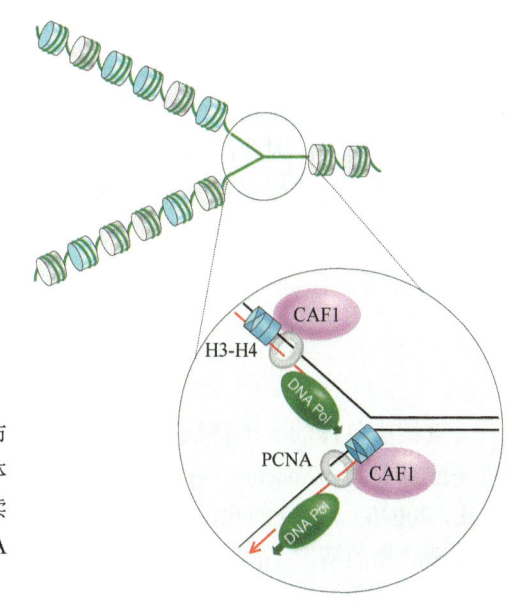

图 20-4　在复制叉处新旧核小体的分布。旧的核小体（灰色盘）随机分布在复制叉后面，新的核小体（青色盘）加载在间隙。CAF-1 介导的核小体在先导链和滞后链的装配在放大处展示。DNA 聚合酶（绿色）；复制连续性钳，PCNA（灰色环）；组蛋白 H3-H4 四聚体（青色）；新合成的 DNA（红线）。

在酿酒酵母中 RC 的组装并非完全冗余。一个有趣的发现是，缺失 CAF-1 的大亚基会导致端粒上的表观沉默丢失（Loyola and Almouzni，2004）。在人类细胞中，CAF-1 的消除会导致 H3.3 在 DNA 复制位点的加载（Ray-Gallet et al.，2011）。RC 组装与表观遗传沉默之间的联系已扩展到拟南芥中，其中 CAF-1 亚基的缺失导致各种缺陷，归因于表观遗传记忆的丢失（Kaya et al.，2001）。虽然这些现象的理论基础尚未可知，但在复制叉之后的新核小体的正确加载对于维持表观遗传的沉默状态非常重要。复制偶联的组装在维持发育状态中是重要的，例如，在线虫中突变 H3-H3 二聚化表面或 CAF-1 时，线虫的两个姊妹神经元中的一个会被破坏（Nakano et al.，2011）。

核小体状态表观继承的先决条件是预先存在的核小体必须在复制后分布至子代染色单体中。确实如此，经典研究表明，旧的核小体是完整遗传的，并随机分配到子代染色单体中（Annunziato，2005）。但是，一些特定细胞类型和特定基因位点的最新研究对这个观点提出了挑战。果蝇雄性早期胚胎中的生殖干细胞显示出 RC H3 而不是 RI（replication independent）H3.3 的不对称遗传，即旧的核小体在干细胞中维持，新的核小体分离到分化的子细胞中（Tran et al.，2012）。此外，尽管在复制时未发现 RC H3 分裂（Xu et al.，2010），但显示少量的拆分的 RI H3.3 在活化的人类基因和细胞类型特异性增强子中富集（Huang et al.，2013）。综上，这两个研究表明 RC 核小体的装配深度参与了发育起始的决定和表观继承中的 RI 组装。重新唤起了在这些途径被阐明之前早就提出的想法（Weintraub et al.，1976）。检测这些令人兴奋的可能性，以及探索在建立和维持表观状态中的核小体加载信号通路的重要性，还需要更多的研究工作（Jenuwein，2001；Henikoff and Ahmad，2005）。

20.4 组蛋白变体在整个细胞周期中加载

如我们所见，核心组蛋白可以基于它们的祖先序列和在核小体中的位置进行分类。连接组蛋白的特征是有翼螺旋结构域，而不是组蛋白折叠结构域，并与隔离核小体的连接 DNA 结合（Wolffe，1992）。虽然存在这些典型组蛋白的小量变体，但它们似乎可以与主要的组蛋白互换。例如，哺乳动物的 H3.1 和 H3.2 相差一个氨基酸，但并不清楚这个氨基酸是否会给两个异物体带来不同的功能特性。大量典型的组蛋白基因呈现多拷贝形式，这些经典组蛋白在 S 期加载是真核基因组的典型特征。几乎无处不在的、并且大量地在 S 期产生的经典组蛋白使得组蛋白变体到最近一直受到较少的关注。

对组蛋白变体兴趣增加的部分原因是，认识到它们不同于经典 S 期组蛋白的方式可能会导致染色质的明显差异化。它们加载入染色质的方式是与众不同的。RC 组装中将新核小体插入全基因组中旧核小体之间的间隙，而 RI 组装涉及替换现有的核小体或亚基（Marzluff et al.，2002）。RI 组装因此具有通过组蛋白变体来替换经典的组蛋白以改变染色质状态的能力。用一个组蛋白替换另一个组蛋白也可能会擦除或改变翻译后的修饰模式。因此，RI 组装可能会重置由组蛋白和组蛋白修饰介导的表观遗传状态。研究组蛋白变体及其加载过程的最新进展为表观遗传的继承和重塑提供了新的见解。下面我们将逐个讨论有助于染色质的特化，以及可能作用于表观信息传递的组蛋白变体。

20.5 一种特殊的组蛋白 H3 变体标记了着丝粒

真核染色体的一个特征是着丝粒，它是有丝分裂过程中纺锤体附着的部位。第一个被详细描述的着丝粒是酿酒酵母（*Saccharomyces cerevisiae*）的着丝粒，其上 125bp 是着丝粒形成的必要和充分条件（Amor et al.，2004b）。尽管如此，动物和植物的着丝粒是非常不同的，通常是含有数百万个碱基的短串联重复阵列。与酿酒酵母的情况不同，DNA 序列在这些复杂的着丝粒中的功能是不确定的，因为功能健全的人类的新着丝粒（neocentromere）在完全缺乏类似于着丝粒重复的序列的异位处也能自发形成（图 20-5A）。这些和其

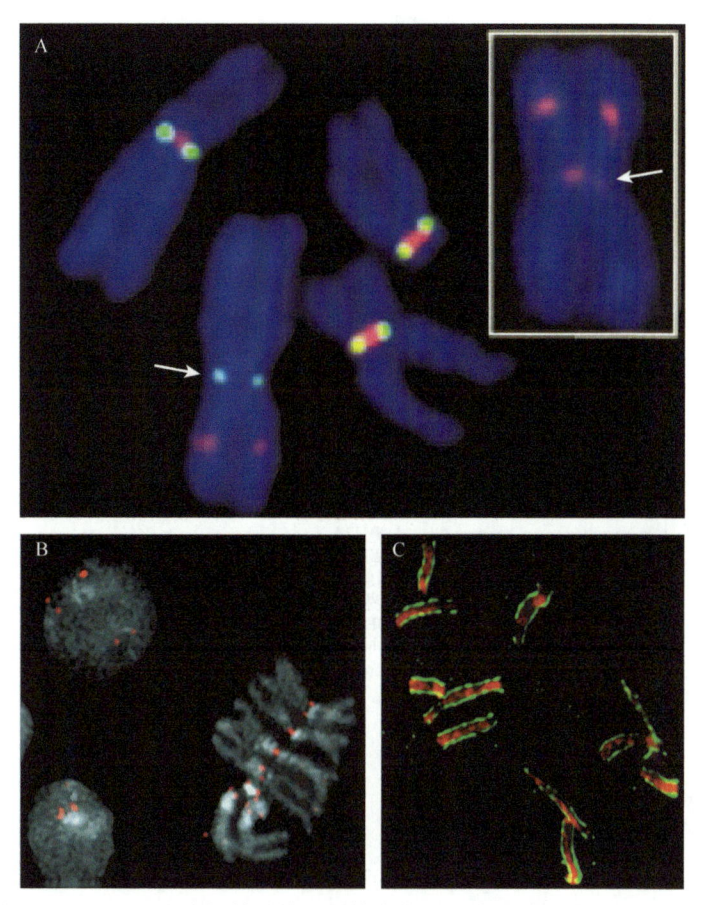

第 20 章 组蛋白变体和表观遗传学 453

图 20-5 真核生物着丝粒的 cenH3。(A) 人类新着丝粒 (用箭头指示) 缺乏着丝粒 α-卫星 DNA, 但有 CENP-A 和异染色质。抗 CENP-A 染色呈绿色, 抗 CENP-B 呈红色 (标记 α-卫星 DNA), 识别缺少 α-卫星 DNA 的 4 号染色体新着丝粒 (主图版)。这个 4 号染色体相对是正常的, 在正常情况下至少传递了 3 个减数分裂世代。插图显示抗 HP1 染色, 表明尽管缺乏卫星 DNA, 但活性新着丝粒周围仍形成异染色质 (箭头所示)。(经许可转载自 Amor et al., 2004a ©National Academy of Sciences)(B) 果蝇 cenH3 抗体 (红色) 染中期染色体和整个间期染色体着丝粒。(C) 秀丽隐杆线虫 cenH3 抗体 (绿色) 染色前期染色体的端到端全着丝粒 (红色)。(图片由 Landon Moore 提供)

他观点反驳了 DNA 序列在确定着丝粒位置中有直接作用 [第 9 章 (Allshire and Ekwall, 2014)]。

对着丝粒特性和继承性的主要见解来自组蛋白 H3 变体 CENP-A 的鉴定, CENP-A 特异性定位于着丝粒, 并被加载入核小体颗粒, 从而取代 H3 (Palmer et al., 1991)。值得注意的是, 当精子由组蛋白转变为鱼精蛋白时, 基本上所有其他组蛋白都丢失了, 但 CENP-A 仍与着丝粒相结合 (Palmer et al., 1990)。CENP-A 研究的这一早期发现提示 CENP-A 有助于在雄性基因组中着丝粒身份的确立。这种观点的普遍性没有得到重视, 直到发现 CENP-A 是比着丝粒 DNA 序列更好的着丝粒标记 (图 20-5) (Amor et al., 2004b), 并且 CENP-A 的类似蛋白 (cenH3) 可以在所有真核生物的基因组中找到 (Talbert and Henikoff, 2010)。酿酒酵母着丝粒由 125bp 的保守序列决定, 这也是一个含 cenH3 变体的着丝粒核小体的位点。在酿酒酵母中, 一系列含有 cenH3 的核小体占据着着丝粒的中心核心区域, 两侧显示出异染色质特征的、含 H3 的核小体 [第 9 章图 9-3 (Allshire and Ekwall, 2014); Amor et al., 2004b]。在果蝇和脊椎动物中, cenH3 存在于含 H3 的核小体交替的阵列中, 它们显示出独特的组蛋白修饰模式 (Sullivan and Karpen, 2004)。交替可以说明这种事实, 即着丝粒只占据了中期染色体主缢痕的外缘。这是与线虫中"全动粒 (holokinetic)"的染色体观察结果相一致的, 微管结合在后期染色体的沿染色体的全部位置上, cenH3 沿染色体整个长度占据着前缘 (图 20-5C) (Malik and Henikoff, 2003)。实际上, 这个独特的 cenH3 变体几乎在所有真核生物中都清晰地标记了着丝粒 (图 20-6A)。这种明显的普遍现象, 以及在所有真核生物中执行有丝分裂的着丝粒的存在产生了一种可能性, 即第一个经典的 H3 是从一个 cenH3 演化而来的。

454 表观遗传学

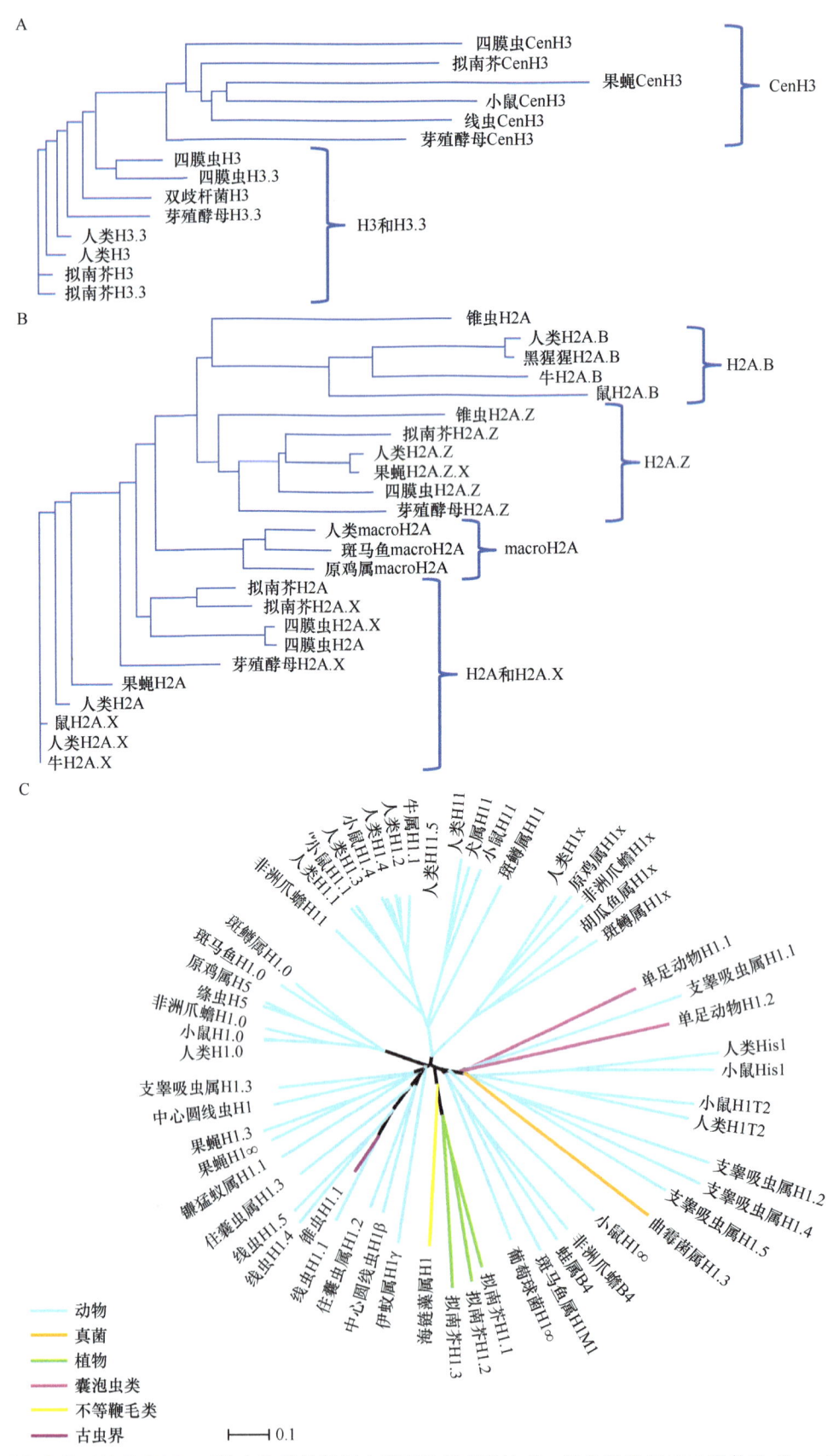

图 20-6 组蛋白变体系统发育树。对选定物种的组蛋白序列进行多重比对，进化树使用 EBI 服务器（http://www.ebi.ac.uk/Tools/phylogeny）生成。（A）组蛋白 H3。（B）组蛋白 H2A。注意：RC H3 和 RI H3.3 之间以及 RCH2A 和 RI H2A.X 之间没有明确的系统发育区别。（C）来自各种真核生物的 H1 变体显示出"星状"系统发育树，这表明它们在功能上可以互换。（C，修改自 Talbert et al.，2012）

多种真核生物的遗传实验证明，cenH3 在对于动粒和染色体分离中起着关键的作用（Amor et al., 2004b）。因为它们在整个细胞周期中都保留在原位，包含 cenH3 的核小体是有丝分裂和减数分裂中其他动粒蛋白组装的基础［第 9 章（Allshire and Ekwall，2014）］。染色体研究中一个突出问题是这些蛋白质如何相互作用以提供着丝粒和纺锤体微管之间的连接，并可以承受后期施加在动粒上的强大拉力。在酵母中已鉴定了几十个动粒特异性蛋白［有关更多详细信息见第 9 章（Allshire and Ekwall，2014）］，它们与含 cenH3 的核小体和其他基础蛋白如 CENP-C 相互作用的具体机制还不清楚。

cenH3 的进化不同于其他任何组蛋白种类。组蛋白 H3 序列几乎不变，反映出在每个残基上的超强的纯化选择，而 cenH3 正在迅速进化，特别是在动植物谱系中（Talbert and Henikoff，2010）。这在氨基末端尾巴上最明显，其长度和序列上有如此巨大的差异以致它们在不同类群的 cenH3 之间不能对齐。甚至 cenH3 的组蛋白折叠域进化比 H3 快几个数量级。在着丝粒起作用的 H3 和其他位点起作用的 H3 之间惊人的进化差异的原因是什么？

果蝇和拟南芥 cenH3 基因迅速进化的区域显示出超过同义替换率预期的核苷酸替换结果（Malik and Henikoff，2009）。这种过量替换是适应性进化的标志。动植物强适应性的进化也可以在主要基础着丝粒蛋白 CENP-C 中看到（Malik and Henikoff，2009）。尽管适应性进化对于涉及遗传冲突（如宿主和寄生生物之间的反复博弈）的基因有明确的文献记录，但这些着丝粒 cenH3 和 CENP-C 是已知的唯一在任何有机体中进行适应性进化的关键单拷贝基因。对于 cenH3 和 CENP-C，适应性进化的区域对应于与 DNA 结合的靶向区域。这表明主要的着丝粒结合蛋白正在适应不断进化的着丝粒 DNA，从而使着丝粒染色质与保守的动粒相互作用，其中动粒连接着丝粒和纺锤体微管。有人提出着丝粒在雌性减数分裂期中竞争性地被包含在卵核中而不是在极体中丢失（Malik and Henikoff，2009）。竞争将导致着丝粒扩展，可能是由于姐妹染色单体不均等交换。这种减数分裂驱动过程被宿主 cenH3 和 CENP-C 抑制，将导致与 DNA 相互作用的蛋白域发生过量置换。没有机会进行着丝粒竞争的有机体，如酿酒酵母，不会进行着丝粒进化，这可能解释了一个事实，即它们的着丝粒很小，并且其 cenH3 和 CENP-C 蛋白处于强的纯化选择中。

因此，我们看到了基因组中一个特殊区域即着丝粒，以单个组蛋白变体类群为特征，其序列揭示了竞争的结果，这可能导致着丝粒异常复杂。新的含 cenH3 的核小体的 RI 在每个细胞周期靶向着丝粒的过程，通过阐明相关的 Scm3（酵母）和 HJURP（哺乳动物）（cenH3 特异性伴侣蛋白）而被解释（Stoler et al., 2007；Dunleavy et al.，2009；Foltz et al.，2009）。Scm3/HJURP 复合体详细的生化和结构特征（Shuaib et al., 2010；Cho and Harrison，2011；Hu et al.，2011）表明其在 CenH3 核小体组装中的作用［第 22 章（Almouzni and Cedar，2014）］。着丝粒核小体明显缺乏 DNA 序列特异性，它们不仅可以忠实地定位到新着丝粒（图 20-5A），这些新着丝粒与天然着丝粒在完全不同的区域，而且酵母同源蛋白 Cse4 可以在功能上替代人类 CENP-A（Wieland et al.，2004）。着丝粒数千万年来一直保持在相同的位置，没有任何明显的序列决定因素的参与维持它们的过程，这一点非常令人惊奇。在某种程度上，表观遗传学指的是不依赖于 DNA 序列的遗传，着丝粒在地质时间尺度上的遗传是可以想象的最极端的形式。但是，我们仍在寻找一种机制来解释它们是如何在一个细胞周期内保持自我的。

目前在着丝粒领域已达成普遍共识，即 cenH3 核小体是理解着丝粒表观遗传的关键（Black and Cleveland，2011；Henikoff and Furuyama，2012）。cenH3 不仅是招募其他着丝粒结构性组分所必要的，在一些实验系统中也是起充分作用的。(Guse et al.，2011；Mendiburo et al.，2011)。但是，它的分子结构多年来一直是人们争议的话题。来自果蝇、人类和酵母的体内证据与右手半核小体（right-handed hemisome）一致（Henikoff and Furuyama，2012），而几个研究组的结果表明含 cenH3 的颗粒重建通常会导致部分解开的左手八聚核小体（Black and Cleveland，2011）。确实，自 2007 年以来，笔者合作发表了 cenH3 颗粒为非八聚体的首个证据（Dalal et al.，2007；Mizuguchi et al.，2007），但提出的这些颗粒的组成和结构完全不同！鉴于持续的争论，我们把这个重要问题保留下来，将最终解决方案留给未来。

20.6 组蛋白变体 H3.3 的替换发生在活跃染色质上

像着丝粒一样，转录活性染色质被认为是可以通过表观遗传维持的，而且富含 H3 变体 H3.3，它是 RI 加载的（Filipescu et al.，2013）。H3.3 与经典 H3 的序列非常相似，仅相差 4 个氨基酸。如此小的差异，可以假定这两种形式是可互换的。然而，H3.3 仅通过 RI 核小体组装进行加载，而 H3 仅以 RC 方式加载到复制叉上。两种变体之间的差异在蛋白质本身，其中在 H3 和 H3.3 之间的 4 个不同氨基酸中，有三个显然涉及避免 H3 被 RI 途径加载（图 20-3 显示 α-螺旋 2）。可溶性核小体组装复合体纯化证实了这两种形式参与了不同的组装过程，即 H3.1 与 CAF-1 一起纯化用于 RC 组装，以及 H3.3 与其他组分一起纯化，包括 HirA 和 Daxx 组蛋白分子伴侣，参与 RI 组装。

尽管看起来四个氨基酸的差异不重要，但人类、果蝇和蛤具有完全相同的 H3.3 序列，这些差异与 H3 的区别就突显出来。系统发育分析显示，在真核生物进化过程中，H3/H3.3 对至少在植物、动物/真菌、纤毛虫和拟态动物中分别进化了 4 次（图 20-6A）（Talbert and Henikoff，2010）。尽管植物与动物和真菌有不同的来源，动物 H3/H3.3 对和植物对［称为 H3.1（RC）和 H3.2（RI），为避免混淆，我们将所有 RC 同工型称为 H3，所有 RI 同工型称为 H3.3］非常相似。在果蝇中阻止 H3 的 RI 沉积的同一氨基酸集群（第 87～90 位）在植物中也被发现有差异，并且与动物的其余差异（H3 第 31 位为 Ala，H3.3 为的 Ser 或 Thr）在植物中也有发现。真菌特别有趣，它们含 H3 和 H3.3。但是，包括酵母和霉菌在内的子囊菌，已经失去了 H3 形式。因此，在动物中特有的、最受关注的 RC 组蛋白 3 形式在酵母中甚至不存在。

大量染色质中 H3.3 的研究表明，它在转录活性染色质组分中富集（Filipescu et al.，2013）。然而，各种因素掩盖了其作为活性染色质的潜在"标记"。在染色质领域令人兴奋的时期，人们意识到组蛋白修饰可以区分沉默和活跃染色质。一方面，没有抗体可以有效区分染色质中的 H3 和 H3.3（位置 87～90 被核小体中的 DNA 回旋屏蔽），而有许多有效的、对不同的翻译后修饰的抗体易于得到。而且，看似 H3 和 H3.3 之间的轻微序列差异不代表染色质的任何基本区别，而组蛋白修饰主要发生在尾巴赖氨酸上，会影响染色质相互作用或结合染色质相关蛋白。两种 H3 形式应可互换的推测在四膜虫和果蝇中得到证实，发现 S 相形式通常可以代替其替换类型。最后，很有影响力的"组蛋白密码"假设认为在染色质分化过程中核小体作为修饰酶的固定靶标（Jenuwein and Allis，2001）。但是，变得越来越明显的是，染色质是高度动态的，甚至异染色质相关蛋白的结合驻留时间是一分钟或更少（Phair et al.，2004）。看来活跃转录基因的染色质不断变化，其特征是连续的组蛋白替代（Dion et al.，2007）。区分 H3 和 H3.3 的 3 个核心氨基酸差异使 H3.3-H4 二聚体作为 RI 组装的底物，RI 组装本身会深刻改变染色质。这一过程的结果是，活跃转录的区域被 H3.3 标记（图 20-7），此过程的证据来自 RNA 聚合酶 Ⅰ 和 Ⅱ（RNA Pol Ⅰ 和 Ⅱ）转录的基因位点，带标签的 H3.3 以 RI 替代形式替换了赖氨酸 9 甲基化的 H3（H3K9me）（Schwartz and Ahmad，2005）。

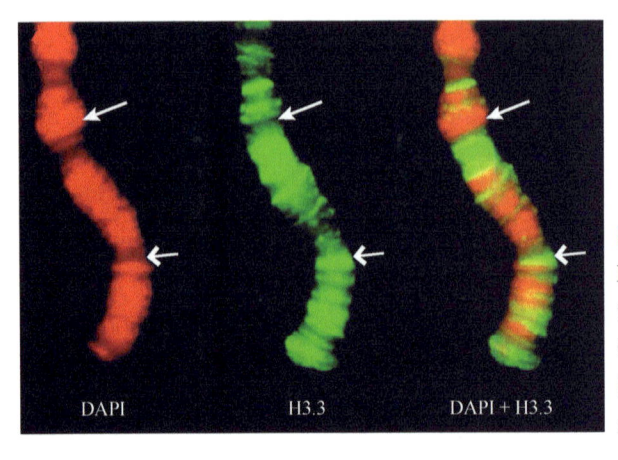

图 20-7 果蝇多线染色体中，H3.3 优先定位到活跃转录的区域。DAPI 染色（红色）显示 DNA 条带模式（左）和 H3.3-GFP（绿色）定位于相间带（中间），是 RNA Pol Ⅱ 定位的位点。合并图（Schwartz and Ahmad，2005）显示在右侧。每一个图像，较短的箭头指向已解压缩的富含 H3.3 的带，较长的箭头指向一个缺少 H3.3 的压缩带。

染色质在活跃位点的动态性质导致已存在的组蛋白修饰的去除,然而,组蛋白修饰状态可以在多轮细胞分裂中维持。因此,负责修饰组蛋白的酶必须靶向其作用位点。对于通常与转录活跃染色质关联的组蛋白修饰,是通过与 RNA Pol Ⅱ 羧基末端的结构域(carboxy-terminal domain,CTD)关联而获得的,CTD 是一个 YSPTSPS 序列的串联阵列。例如,当 CTD 的丝氨酸-5 在转录起始过程高度磷酸化时,Set1 H3K4 甲基转移酶与其结合,因此它主要在转录起始位点附近遇到其底物。通常,当 CTD 的丝氨酸-2 在转录延伸过程高度磷酸化时,Set2 H3K36 甲基转移酶与其结合,因此它主要在基因体内遇到其底物。在转录延伸过程中,核小体被卸载并被未修饰的组蛋白所取代时,新加载的 H3.3 可以进行适当修饰。

看起来类似的过程维持了沉默染色质相关的组蛋白修饰。在短的串联重复区丢失的核小体(例如发生在哺乳动物端粒和近着丝粒区域)是由 Daxx H3.3 特异的组蛋白伴侣复合体和 ATRX ATP 依赖核小体重塑蛋白介导所替代的(图 20-8)(Drane et al.,2010; Goldberg et al.,2010)。ATRX 具有双功能组蛋白尾巴识别结构域,对 K4 未修饰和 K9 三甲基化的 H3 尾巴具有高亲和力(Eustermann et al.,2011),因此,很可能被招募到端粒位点,端粒位点富含 H3K9me 而缺乏 H3K4me。端粒还富含异染色质相关蛋白 1(HP1),它招募 Su(var)3-9 H3K9 甲基转移酶,并结合其 H3K9 甲基化的产物(Hines et al.,2009)。因此,一种可以在端粒处甲基化替换型 H3.3 尾巴的酶,在新的 H3.3 被加载的位点呈现局部高浓度。这意味着维护 H3K9 甲基化所需的主要成分存在于端粒处,包括进行修饰的酶,在替换过程中使用 ATP 提供能量来替换甲基化特异结合模块,新的未经修饰的 H3.3 被加载入新的核小体中(图 20-8)。似乎有可能在短的重复阵列的其他位点也发生了类似的过程。在这些短的重复阵列处核小体经常更新,因为在哺乳动物中富含 CG 的位点 ATRX 也丰富(Law et al.,2010)。CG 序列多见于启动子,并且 ATRX 的果蝇直系同源蛋白 XNP 大量存在于(GATA)n 重复序列处,在这些重复序列处 H3.3 被活跃地加载(Schneiderman et al.,2009)。H3.3 核小体加载入端粒异染色质掩盖了以下普遍观念,即 H3.3 是活性染色质的"标记"。作为核小体丢失而进行替换的一般底物,H3.3 主要在活跃基因处加载暗示这些是核小体更新最强烈的位点。H3.3 的这个通用的替换功能与人类疾病有重要的关联,如在第 15 章所描述。

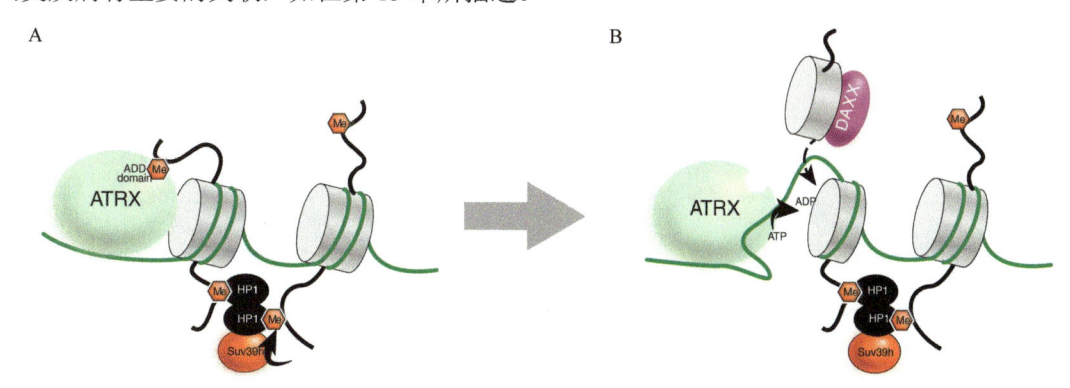

图 20-8 通过多个染色质调节因子的协同作用和将 RI 替换为 H3.3,从而维持组蛋白修饰的模型。我们所回答的问题是,当核小体丢失并被替换时,组蛋白修饰如何被继承。(A)Suv39h H3K9 甲基转移酶(果蝇 Su(var)3-9 的直系同源蛋白)是由 HP-1 蛋白招募的,该蛋白与甲基化的 H3K9 特异性结合。当核小体更新时,为了使该标记永久存在,我们推测 ATRX ATPase 通过其 ATRX-DNMT3-DNMT3L(ADD)结构域被招募到该位点,与缺乏 H3K4 甲基化而有 H3K9 甲基化的尾巴高特异性结合(因为在该基因组区域中没有 H3K4 甲基转移酶)。(B)ATRX 提供 ATP 能量并与 H3.3 特异性 DAXX 组蛋白伴侣复合体一起作用,以加载新的核小体(Goldberg et al.,2010),或在部分卸载情况下是半核小体(Xu et al.,2010)。高的局部 Suv39h 浓度导致新的核小体与丢失的核小体具有相同的 H3K9 甲基化修饰。

20.7　H3.3 在生殖系中的功能

当细胞退出细胞周期并分化时,它们不再产生或加载 S 期组蛋白,结果是 H3.3 的累积。例如,大鼠出生 400 天时，H3.3 累积在大鼠大脑中，其含量达到组蛋白 H3 的 87%（Pina and Suau，1987）。这个经典发现表明用 H3.3 代替没有什么功能意义，只是可防止核小体阵列的漏洞。与此观点一致，H3.3 被发现对果蝇的发育无关紧要，因为缺乏这两个 H3.3 基因的果蝇能正常发育到成蛹期，偶有成虫羽化后逃生者不久死亡，但没有表现出特定的形态缺陷（Hodl and Basler，2009；Sakai et al.，2009）。而且，H3.3 可以在功能上替代 H3，并允许果蝇胚胎的发育决定，进一步表明 RC 和 RI 底物在很大程度上可互换（Hodl and Basler，2012）。看起来缺失 H3.3 的增殖细胞中的组蛋白置换，可以通过 RI 途径加载 H3 核小体来完成。但是，缺乏关键的 RI 途径成分（例如 HirA）的果蝇没有生殖系的发育（例如图 20-9）。缺乏 ChD1 ATP 依赖性核小体重构蛋白的雌性是不育的，因为在合子中，精子核需要 ChD1 去浓缩和鱼精蛋白被母系编码的 RI 组蛋白替代（Orsi et al.，2009）。这个关键的 RI 途径在生殖系中的功能，在哺乳动物中是保守的，其中 H3.3 是母本和父本配子的重塑所必需的（Santenard et al.，2010；Akiyama et al.，2011）。类似的 RI 过程在线虫和拟南芥中都有报道，其中母系 H3.3 被加载到合子中的父本基因组中（Ooi et al.，2006；Ingouff et al.，2007）。因此，通过 H3.3 的 RI 组装进行生殖系核小体重塑是一个普遍的过程，包括动物和植物，最有可能"重置"染色质状态为全能状态。

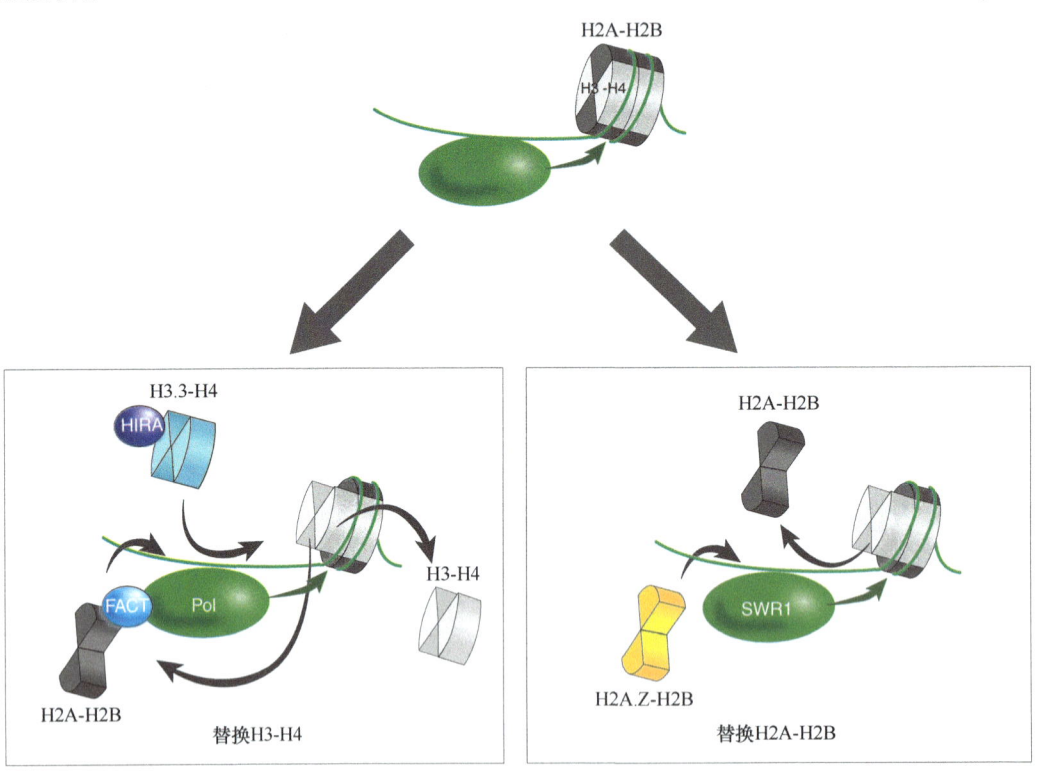

图 20-9　RI 替换或交换的模型。 大分子机器（SWR1 复合体或 RNA 聚合酶）移动过程中部分或完全解开核小体，结果是保留了异质二聚体亚基，例如 FACT 促进 H2A-H2B 从 RNA 聚合酶的前面转移到后面（Formosa et al.，2002；Belotserkovskaya et al.，2003），或异二聚体的丧失。在后一种情况下，染色质修复用 H3.3-H4（左）或 H2A.Z-H2B（右）替换丢失的异二聚体。

在合子中的重塑事件中，H3.3 核小体的 RI 组装起关键作用，类似于核重新编程，可以在非洲爪蟾卵、小鼠胚胎干细胞和诱导多能细胞中进行人工诱导。在非洲爪蟾（*Xenopus*）中，胚胎核转移到去核卵，可导致产生大部分正常的胚胎，不过，有时会错误表达已分化的供体核中的活跃基因（Ng and Gurdon，2008）。12 个胚胎分裂期间，缺乏可观察到的基因表达，这意味着表观遗传标记的持续存在维持了先前基因活性的记忆。在发育的胚胎中过表达 H3.3 改善了表观遗传，H3.3 K4 突变为谷氨酰胺可消除活跃状态的记忆，而使用一般的 DNA 甲基转移酶抑制剂对活性状态的记忆清除则没有影响。进一步证明 H3.3 在核编程中的重要性的证据是从体细胞到卵母细胞的转录过程的转变不需要复制，但需要转录和 H3.3 特异分子伴侣 HirA（Jullien et al.，2012）。H3.3 及其组蛋白分子伴侣可能作为合子和核重编程中全能性的通用中介体。组蛋白在核小体组装过程中容易被组蛋白尾巴翻译后修饰酶接近（例如图 20-8）。

20.8 H2A.X 的磷酸化在 DNA 双链断裂修复过程中的功能

H2A 组蛋白包含真核生物中广泛存在的特异变体家族（图 20-6B）。H2A.X 变体的羧基末端存在 SQ（E 或 D）Ø 氨基酸基序，其中 Ø 表示疏水性氨基酸。在这个基序中丝氨酸是磷酸化的位点，产生修饰的组蛋白称为 "γH2A.X"。动态的染色质和 H2A.X 磷酸化在双链 DNA 断裂（double-strand breaks，DSB）时特别明显（Morrison and Shen，2005）。即使是单一双链（double-strand，ds）DNA 断裂也是致命的，需要立即修复，以恢复 DNA 双螺旋的连续性。一个双链 DNA 断裂通常在发生一分钟左右时就可以被识别，依次触发断裂点附近 H2A.X 的快速磷酸化。这种磷酸化由磷酸肌醇-3-激酶样激酶家族介导。在此事件之后，H2A.X 的磷酸化迅速沿着染色体扩散，在断裂点附近标记大的染色质域。最后是双链 DNA 断裂通过同源重组（homologous recombination）或非同源末端连接（nonhomologous endjoining）进行修复和磷酸化标记的删除。

H2A.X 的磷酸化对于识别或修复 DSB（double-strand break）不是必需的，因为该基因缺失或目标丝氨酸残基的突变不会消除修复，但突变体的修复效率降低。H2A.X 不仅是损伤的标志，而且对辐射损伤和遗传毒剂超敏感。现在，H2A.X 被认为在 DSB 修复中起着至少两方面的作用。首先，它可能有助于招募或保留在断裂点修复所需的蛋白质（Morrison and Shen，2005）。其次，它可以招募 cohesin 稳定断裂点周围的染色体，cohesin 负责维持姐妹染色单体在一起（Lowndes and Toh，2005）。

H2A.X 的进化与其他组蛋白变体不同。尽管在几乎所有的真核生物中都发现了 H2A.X 基因，它有多个相对较新的分支来自 H2A（图 20-6B）（Malik and Henikoff，2003；Talbert and Henikoff，2010）。例如，果蝇中 H2A.X 版本不同于在另一种昆虫按蚊（*Anopheles*）中发现的 H2AX。一些生物，例如酵母，含有 H2A.X 但缺少 H2A。与这种可能性一致，当今大多数经典 H2A 进化自祖先的 H2A.X（Talbert and Henikoff，2010）。也许，从 H2A.X 演化出经典 H2A，或相反，是由于 SQE 基序比较简单。根据进化选择限制规律，这种简单的基序在蛋白质羧基端的丢失或获得可能会在进化过程中反复出现。已发现 H2A.X 新形成的类型的偶尔丢失，可能是由于 H2A.X 需要非常均匀地分布，因为 DSB 可以发生在基因组的任何地方。如果突变发生在现有的一个 H2A.X 基因上，其与经典 H2A 的相似度降低，其组装效率或均一性较低，那么将会有很强的选择性，用更类似于经典 H2A 的版本替换它。这种理由可以帮助解释果蝇 H2A.X 的特殊情况，即它与其他真核生物不同，不是源自其经典的 H2A，而是源自较远的 H2A.Z 变体谱系（Baldi and Becker，2013）。如果需要 H2A.X 出现在核小体中 H2A 处，并具有羧基末端磷酸化的基序，那么 H2A.Z 可以进化出这种能力。

DSB 修复显然是 H2A.X 磷酸化的通用功能，似乎在此过程中没有稳定的表观遗传特征。但是，H2A.X 完全突变的小鼠是不育的，对哺乳动物精子生成过程的细胞学检查，发现其显示出惊人的表观遗传特征，其中 H2A.X 在 XY 二价体上被特异地磷酸化（图 20-10）（Fernandez-Capetillo et al.，2003）。这对染色体在减数分裂前期呈现特异的"性体（sex body）"，意味着在雄性减数分裂过程中性连锁的沉默。H2A.X 磷酸化对于正常的性体产生至关重要，并且 H2A.X 缺失的精母细胞无法配对或浓缩，在减数分裂期间不能使 X 和 Y 基因失活。XY 二价体的 H2A.X 磷酸化与发生在 DSB 处的磷酸化不同。XY 二价体在性体中磷酸化不需要 DNA 断裂，而最明显的是发生在染色体的未配对区域。H2A.X 磷酸化靶向未配对的染色体，但对该反应导致浓缩、配对和沉默的机制仍然未知。但是，有趣的推测是，可能与其结合及招募 cohesin 的能力有关。

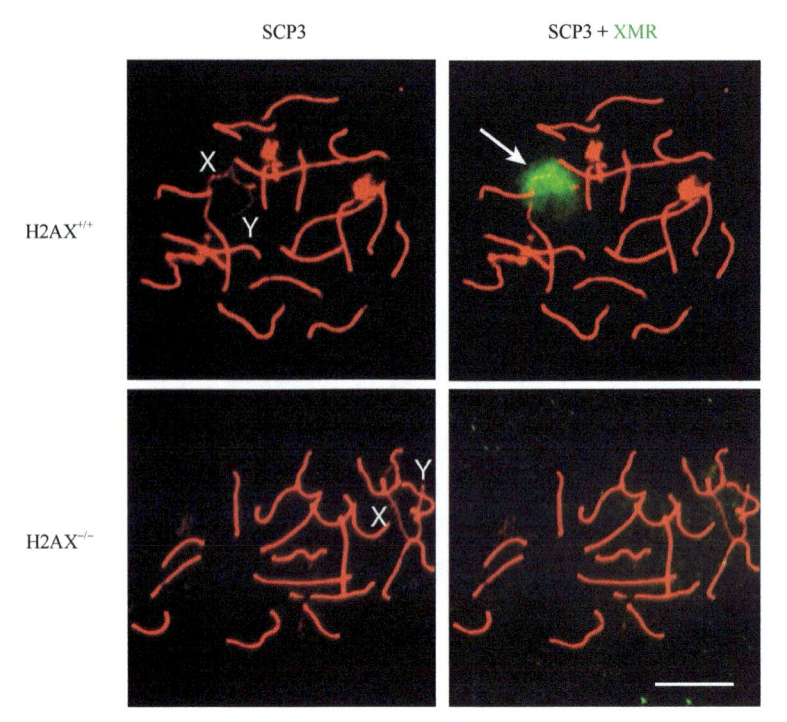

图 20-10 精子发生的粗线期显示出依赖 H2A 的性体（sex body）形成。 在正常哺乳动物的精母细胞的核结构，性体（箭头，绿色，右侧图版）被视为包含未配对的 XY 二价体（标记在左侧图版中）。联会复合体，与成对的染色体对齐，被染成红色。H2A.X 通常在性体内富集（H2A.X$^{+/+}$）。在 H2A.X$^{-/-}$ 精母细胞中，性体没有形成，性体标记被分散（右下）。标尺，10μm。（图片由 ShanthaMahadevaiah 和 Paul Burgoyne 提供；Fernandez-Capetillo et al., 2003）

20.9 H2A.Z 在染色质调节中起多种作用

在大多数真核生物中发现了组蛋白变体 H2A.Z，并且对其在染色质生物学中的结构与功能进行了深入研究（Zlatanova and Thakar, 2008; Draker and Cheung, 2009; Marques et al., 2010; Talbert et al., 2012）。H2A.Z 从早期 H2A 进化而来，与组蛋白 H2A 仅具有 60% 的相似性。酵母、植物、果蝇和哺乳动物的遗传实验显示，组蛋白 H2A 和 H2A.Z 已经可以行使单独的、不重叠的功能。H2A.Z 在大多数生物体中是必不可少的组蛋白，从有纤毛的原生动物到哺乳动物。但是，在芽殖酵母和裂殖酵母中，单拷贝的 H2A.Z 基因缺失是可以存活的，尽管完全突变体显示出各种条件致死表型。植物，例如拟南芥，有三个密切相关 H2A.Z 基因，HTA8、HTA9 和 HTA11，它们大约有 90% 的一致性，还有一个更远源的相关基因 HTA4（Talbert and Henikoff, 2010）。这些基因之间的功能似乎是冗余的，单个 HTA8、HTA9 或 HTA11 的缺失是正常的，而 *hta9 hta11* 双重突变体显示发育异常。脊椎动物进化出两个紧密相关的 H2A.Z 变体 H2A.Z.1 和 H2A.Z.2，有 3 个氨基酸残基的差异（Dryhurst et al., 2009; Matsuda et al., 2010; Mehta et al., 2010）。这两个变体显示染色质分布的不同模式（Dryhurst et al., 2009），显然不是冗余的，因为小鼠中 H2A.Z.1 的单缺失是致死的（Faast et al., 2001）。

H2A.Z 功能多样化的证据来自发现 H2A.Z.2 的 mRNA 可变剪接形式，其产生的蛋白质具有缩小的 CTD。这种较短的 H2A.Z 会破坏核小体的稳定性，并且在大脑中含量最丰富（Bonisch et al., 2012），其中 H2A.Z 与 H3.3 类似，是高丰度的（Pina and Suau, 1987）。虽然这个特别的亚型似乎仅限于灵长类动物，但更长的、能使核小体失稳的选择性剪接同工型在鲤鱼脑中也有报道（Simonet et al., 2013）。随着 RNA 测序的日益普及，鉴定可变剪接体成为可能，我们期望潜在的 H2A.Z 功能多元化的其他例子被发现。

含 H2A.Z 核小体的高分辨率结构揭示了该变体的几个独特性（Suto et al., 2000）。与 H2A 核小体相比，

H2A.Z 核小体表面提供了一个扩展的酸性补丁域，突变研究表明，这个酸性补丁域具有功能上的意义。酸性补丁是更大的"对接域"的一部分，"对接域"是与核小体中 H3 相互作用的必不可少的部分。与其他组蛋白一样，H2A.Z 受到多种翻译后修饰，包括乙酰化、泛素化和 SUMO 化。遗传和生化证据表明，这些修饰影响 H2A.Z 核小体的定位、动态和功能（Talbert and Henikoff，2010）。

H2A.Z 与各种各样有时是相互矛盾的核功能有关，包括转录激活、转录抑制、RNA Pol Ⅱ 延伸、异染色质、抗沉默、细胞周期控制、DNA 复制、DNA 损伤修复、染色体分离和基因组完整性等（Zlatanova and Thakar，2008；Altaf et al.，2009；Marques et al.，2010；Talbert and Henikoff，2010；Xu et al.，2012；Adkins et al.，2013）。它可能在转录起始、延伸、抗沉默和 DNA 损伤修复机制中具有直接的作用。在其他一些情况下，证据表明 H2A.Z 在转录中起间接作用。例如，在 H2A.Z 缺失的酿酒酵母中，观察到 G_1-S 转换的延迟，可能是由于细胞周期蛋白基因表达的失调，而不是 DNA 复制起始时的缺陷（Dhillon et al.，2006）。在粟酒裂殖酵母以及其他生物中，H2A.Z 与异染色质沉默因子（Clr4/SUV39H）协同作用以增强 RNA 加工的保真度和抑制有害的反义转录（Zofall et al.，2009）。这种能力的丧失可能导致在 H2A.Z 缺失突变体中基因组的不稳定和染色体分离缺陷的问题。确实，至少在一部分粟酒裂殖酵母 H2A.Z 缺失突变体中，染色体分离缺陷可能是由着丝粒蛋白 CENP-C 转录降低引起的（Hou et al.，2010）。然而，这种间接功能的例子比较少见。确实，排除任何染色质调节因子的间接作用都是一种挑战，尤其 H2A.Z 对生物体是必不可少的。

20.10　H3.3 和 H2A.Z 占据特定染色质位置

我们对组蛋白变体功能的大部分了解来自它在基因组染色质上的分布模式。迄今为止检查的大多数生物中，H3.3 占 H3 总蛋白的 15%～25%，而 H2A.Z 占 H2A 的 5%～10%。当细胞退出细胞周期而不进行 DNA 合成时，例如在发育过程中，组蛋白变体的丰度增加（Pina and Suau，1987）。这些变体广泛但并非均匀地分布在整个基因组中。许多生物模型的高分辨率染色质免疫沉淀实验都发现 H3.3 和 H2A.Z 优先占据基因启动子侧翼核小体，两者都特别富集在与转录起始位点（transcriptional start sites，TSS）接壤的+1 核小体上。它们通常在−1 或−2 核小体上也富集一些，因此分布在没有核小体的 TSS 的两侧（Talbert and Henikoff，2010）。在动物中，基因体上的 H3.3 与转录水平相关，表明它取代了在转录过程中偶然丢失的核小体（如图 20-9 左面版所示）。这种解释的直接证据来自通过代谢标记测定核小体更新频率，显示核小体更新模式紧密匹配全基因组范围的 H3.3 分布模式（Deal et al.，2010）。

H2A.Z 分布已在许多真核生物全基因组范围图示。在酿酒酵母、线虫和植物中，启动子周围的 H2A.Z 分布与还没有转录的"准备激活"的基因有关（Zhang et al.，2005；Mavrich et al.，2008；Whittle et al.，2008；Kumar and Wigge，2010）。但是，在果蝇和哺乳动物中，启动子上 H2A.Z 的分布似乎与活跃转录基因相关（Barski et al.，2007；Mavrich et al.，2008；Hardy et al.，2009；Hardy and Robert，2010；Kelly et al.，2010），类似于 H3.3 的情况。虽然被优先发现在启动子和调控位点，但 H2A.Z 核小体也以较低的频率分布在基因体和其他地方（Hardy et al.，2009；Weber et al.，2010；Santisteban et al.，2011）。H2A.Z 在基因体上的富集与低盐提取的染色质密切相关，表明 H2A.Z 可改变核小体的物理特性（Weber et al.，2010）。

H2A.Z 也专门加载在异染色质内部或附近。在酿酒酵母中，H2A.Z 作为抗沉默因子在端粒附近富集。去除 H2A.Z 基因会导致沉默染色质从端粒向染色质内扩展，该缺陷可以通过额外缺失编码沉默因子的基因所抑制［第 8 章（Grunstein and Gasser，2013）］。确实，此功能可能与 Set1 组蛋白 H3 甲基转移酶的平行作用有关，进而防止大规模的沉默因子异常分布（Venkatasubrahmanyam et al.，2007）。在后生动物中，H2A.Z 也定位于兼性和组成型异染色质、无活性的 X 染色体、转座子和近着丝粒异染色质中（Greaves et al.，2007；Draker and Cheung，2009；Boyarchuk et al.，2011；Zhang and Pugh，2011）。

与 H2A.Z 有关的相应染色体的特征相反，组蛋白 H2A.Z 核小体丰度与 DNA 甲基化之间存在明显的拮抗性［Zilberman et al.，2008；Kobor and Lorincz，2009；March-Diaz and Conerly et al.，2010；Edwards et al.，2010；Zemach et al.，2010；第15章（Li and Zhang，2014）］。有力的证据表明，这种相互拮抗是有因果关系的，而不仅仅是相关。在拟南芥DNA甲基化降低的突变体中，H2A.Z丰度在通常不含H2A的位点上增加，而且独立于转录活性。相反，在加载H2A.Z有缺陷的突变体中，在基因体处DNA甲基化增加，这些位点通常被H2A.Z核小体占据。尽管对这种相互排斥问题的精确分子途径还有待阐明，这种功能关系对发育和致癌作用有重要提示。例如，随机或因环境原因造成的H2A.Z从抑癌基因启动子上丢失，很可能有助于局部DNA甲基化的增加和可遗传的表观遗传抑制。

20.11　H2A.Z核小体的占据是动态的并改变染色质的特性

H2A.Z核小体在染色质中的动态交换似乎是其功能的重要组成部分［第21章（Becker and Workman，2013）］。与主要核心组蛋白不同，H2A.Z的表达不限于S相，它可以不依赖于DNA复制而加载入染色质。将H2A.Z加载到核小体中是通过一个多亚基蛋白复合体实现的，它在真核生物界保守（Lu et al.，2009；March-Diaz and Reyes，2009；Morrison and Shen，2009）。SWR1复合体首先在酿酒酵母中鉴定出来，它的催化亚基是Swr1蛋白的同源蛋白质，而Swr1是属于SWI/SNF家族的ATP依赖染色质重塑因子。SWR1的底物是H2A.Z-H2B二聚体，在核小体中用H2A.Z-H2B二聚体以ATP依赖形式替换核小体中现有的H2A-H2B二聚体（图20-9）。在体外，这个反应是逐步的、单向的，导致体外H2A.Z-H2B二聚体替代H2A-H2B二聚体（Luk et al.，2010）。在体内，通过H2A.Z借助SWR1对H2A的单向置换受到H3K56乙酰化作用的加强，结果是允许发生可逆反应，可以减少H2A.Z的掺入量，从而改变转录（Watanabe et al.，2013）。SWR1可能致力于用H2A.Z替换H2A，因为消除SWR1功能的效果类似于删除编码H2A.Z本身基因的效果。实际上在没有H2A.Z-H2B底物的情况下，SWR1复合体的活性对细胞是有害的（Halley et al.，2010；Morillo-Huesca et al.，2010）。

从染色质中去除H2A.Z至少通过两个途径。核小体交换和卸载，它们在许多情况下都可发生，如重塑和卸载启动子上的整个核小体。因此，作为这些核小体一部分的H2A.Z将被移除。但是，也有证据表明H2A.Z-H2B二聚体可被与SWR1近源的INO80复合体特异移除（Morrison and Shen，2009；Papamichos-Chronakis et al.，2011）。在酿酒酵母中，去除INO80导致H2A.Z的全局错误定位以及H2A.Z交换频率明显下降。其他突变体分析结果与此解释一致。据报道，体外纯化的INO80可催化核小体H2A.Z-H2B二聚体被经典的H2A-H2B二聚体替代，这是SWR1反应的逆过程（Luk et al.，2010；Papamichos-Chronakis et al.，2011），而且此反应也可能被H3K56乙酰化调节（Watanabe et al.，2013）。

我们对确定H2A.Z加载位置的因子完全不了解。目前，几乎没有证据显示在表观遗传上，H2A.Z决定其本身加载的位置（Viens et al.，2006）。在酿酒酵母中，与转录因子Reb1的结合位点相关的DNA序列能够靶向异位加载的H2A.Z，该过程独立于Reb1（Raisner et al.，2005）。在其他情况下，转录因子本身也与靶向H2A.Z加载有关（Updike and Mango，2006；Zacharioudakis et al.，2007；Gevry et al.，2009）。这些因子的潜在功能的统一主题似乎是创建无核小体区用于H2A.Z的加载，关于如何招募H2A.Z，目前仍未可知（Hartley and Madhani，2009）。有趣的是，SWR1复合体通常含有酵母Brd1的同源蛋白，Brd1是一种含有双bromodomain基序的蛋白质，能结合乙酰化的赖氨酸。因此，SWR1可能被招募到或稳定在富含乙酰化组蛋白的染色质邻域。H2A.Z加载也可能是在特定位点处被阻止。粟酒裂殖酵母SWR1复合体含有一个调节亚基Msc1，它在启动子核小体上加载H2A.Z不是必需的，但对防止H2A.Z加载到内着丝粒和亚端粒区域是必需的（Buchanan et al.，2009；Zofall et al.，2009）。也有人提出了另一条指导H2A.Z局部加载的途径，该途径涉及其随机加载然后特异卸载，可能是由于转录（Hardy and Robert，2010）。

在任何情况下，H2A.Z加载和替换的结果可能很复杂。由于交换反应，细胞染色质中的核小体可能是"ZZ""ZA"或"AA"二聚体，分别包含2个、1个或0个H2A.Z-H2B二聚体（Luk et al.，2010；Weber et al.，2010）。在果蝇中，ZZ 和 ZA 核小体的分布模式不同，同型 H2A.Z 核小体在活跃基因体上富集，也许是转录延伸的结果。小鼠滋养层细胞在 G_1、S 和 M 期，ZZ 和 ZA 核小体的启动子含量有明显变化，与实际的转录活性无关，提示有依赖于细胞分裂周期的重塑途径（Nekrasov et al.，2012）。翻译后修饰的差异进一步丰富了这种情况，因为 H2A.Z 乙酰化与 SWR1 和 INO80 的功能都有关（Millar et al.，2006；Papamichos-Chronakis et al.，2011）。

酵母中+1 核小体的定量评估显示，在稳态下，ZZ、ZA 和 AA 核小体的相对丰度分别大约为 32%、24% 和 44%（Luk et al.，2010）。H2A.Z 在这种异质性水平下如何驱动染色质功能呢？一种解释是 H2A.Z 核小体在这些位点的动态交换。在酿酒酵母中，通过动力学掺入新合成的组蛋白 H3，能检测出快速更新的核小体。这些"热"核小体优先定位于启动子区域，包括 TSS 处的核小体，其富含 H2A.Z 组蛋白（Dion et al.，2007）。明显地，在酿酒酵母中，H2A.Z 似乎增加了核小体的全局更新频率，而不仅仅是那些加载最丰富的核小体（Dion et al.，2007；Santisteban et al.，2011）。这种影响的机理目前未知。

含 H2A.Z 的核小体的体外稳定性在许多研究中得出了矛盾的结果（Zlatanova and Thakar，2008；Talbert and Henikoff，2010）。在体内，显然并非所有的 H2A.Z 核小体都同等产生，并且 H2A.Z 核小体的不稳定性被翻译后修饰或者受其他组蛋白变体存在的影响。同时含有 H2A.Z 和 H3.3 的核小体，极其不稳定，含两个变体的核小体，可能被错误地计为完全不含核小体，具体取决于染色质如何被分离出来（Jin et al.，2009；Nekrasov et al.，2012）。在体外，H2A.Z 乙酰化通常会破坏核小体的稳定性；在体内与基因激活有关（Tanabe et al.，2008；Wan et al.，2009；Halley et al.，2010）。

H2A.Z 核小体存在差异特性的一个特别典型的例子是细胞对温度的转录响应。植物具有感应环境温度并调节基因表达的信号传递的能力［第 31 章（Baulcombe and Dean，2014），植物对环境因素的反应］。例如，高温促进开花的发育进程。为找出调节此反应的因子，筛选拟南芥具有组成型高温表达模式的突变体，结果发现这些突变是在 ARP6 中，而 ARP6 是编码 SWR1 复合体的保守亚基之一（Kumar and Wigge，2010）。确实，H2A.Z 被发现在热响应基因的启动子中随温度升高而减少，并且减少是独立于转录活性本身的。这些发现在全球变暖环境下对全球农业具有潜在的广泛影响。到目前，在一种模式谷物中对 H2A.Z 进行去除，其表型可以模拟环境温度响应，并会影响谷物产量（Boden et al.，2013）。

20.12　H2A.Z 在表观继承中的功能

越来越多的证据表明 H2A.Z 参与了染色质功能可继承的特异化。在每个有丝分裂世代，染色体经历了广泛的重塑。沉默和活性染色质结构域跨分裂周期特异化对于正常的发育至关重要。在酿酒酵母中，染色质免疫沉淀表明 H2A.Z 在细胞分裂末期从一些基因上瞬时丢失，这种置换在一个可诱导模型中对于建立异染色质是必需的（Martins-Taylor et al.，2011）。在哺乳动物细胞，有丝分裂期间最活跃的转录被抑制，且必须在下一个细胞周期中被重新激活。含 H2A.Z 的+1 核小体是介导这个调控过程的主要候选者，其在 TSS 位置的定位已在 G_0/G_1 期、S 期和 M 期中进行了研究（Kelly et al.，2010；Nekrasov et al.，2012）。确实，这些核小体的位置在有丝分裂过程中发生了位移，改变了无核小体区的大小和 TSS 位点的染色质重塑。这些特征可能有助于在有丝分裂中建立表观遗传记忆以及细胞分裂后基因的快速激活。调节 H2A.Z 的这些细胞周期行为的途径目前仍然未知。

基因在细胞核内的位置可能对它的表达很重要。定位在核周缘通常与基因失活有关，但定位在核孔是例外（Akhtar and Gasser，2007）。一些酿酒酵母中的基因，例如 GAL1 和 INO1，已被发现在激活时移动到核周缘，并且甚至是在抑制情况下还在那里滞留多个分裂细胞周期。有人认为，这种定位有助于"转录记忆（transcriptional memory）"，即观察到最近表达的基因比经历长期抑制的基因被更快地重新激活（Brickner，2009）。负责转录记忆的分子机制目前仍然存在争议（Zacharioudakis et al.，2007；Halley et al.，2010；Kundu and Peterson，2010）。不过，H2A.Z 似乎有一个维持最近被抑制的基因在核周缘定位的功能，而且可以经历多个有丝分裂周期。就 INO1 而言，此途径需要 INO1 启动子的顺式作用 DNA 元件与核孔蛋白 NUP100 相互作用，指导加载 H2A.Z（Light et al.，2010）。如果删除 H2A.Z 基因，最近被抑制的 INO1 未能留在核周缘而变成核质（Brickner，2009）。

H2A.Z 在哺乳动物干细胞中与表观遗传相关的细胞命运决定有关［Creyghton et al.，2008；第 29 章（Reik and Surani，2014）］。小鼠胚胎干细胞中的全基因组图谱研究显示，H2A.Z 优先占据激活时可引导发育和分化的基因启动子（Ku et al.，2012；Li et al.，2012；Hu et al.，2013）。实际上，H2A.Z 的分布与 Polycomb 复合体成分 Suz12 的分布是一致的，其在发育中起主要作用［第 17 章（Grossniklaus and Paro，2014）］。抑制 H2A.Z 表达可导致在调控区核小体丰度增加并更稳定，H3K4 和 H3K27 在启动子和增强子处甲基化程度增加，抑制发育相关基因和异常分化胚状体。这些结果与以下模型一致，即 H2A.Z 变体核小体赋予染色质结构的不稳定性，增加了可接近的染色质修饰因子，例如混合谱系白血病和 Polycomb 抑制复合体 2（PRC2）及谱系特异因子，例如用于内胚层/肝细胞分化的转录因子 FoxA2（Li et al.，2012）或用于神经元发育的 RARα（Hu et al.，2013）。

从理论上讲，干细胞发生突变的风险更高，因为它们在有机体生命中持续增殖。Cairns 首先提出干细胞可能通过确保"最古老的"DNA 链，只遗传给干细胞子细胞而不是分化的子细胞（Cairns，1975）。这个"永生链模型（immortal-strand model）"在许多系统中得到实验支持，其中不对称的自我更新可以通过实验来操纵。有趣的是，组蛋白 H2A.Z 是这个永生链遗传的生物标记（Huh 和 Sherley，2011）。首先，H2A.Z mRNA 在不对称细胞分裂过程中在分化的姐妹细胞中下调。这个发现与以下事实一致，即 H2A.Z 基因是 Oct4 调控的靶标，并在小鼠和人类干细胞的分化之后下调（Du et al.，2001；Shaw et al.，2009；Huh and Sherley，2011）。然而，当分离到姐妹干细胞时，更为明显的是免疫荧光显示 H2A.Z 不对称分布到永生的 DNA 链（Huh and Sherley，2011）。因为 H2A.Z 组蛋白掩盖了永生链姐妹染色单体，这些姐妹染色单体从分化的姐妹细胞传承。也就是说，H2A.Z 实际上存在于两套染色体中，当分配到姐妹干细胞时，只有一个可通过 H2A.Z 抗体检测到。有趣的是，免疫染色前温和的酸处理可去除阻碍检测的物质，在两组染色体上同时显示 H2A.Z。目前尚不清楚这种掩盖机制，但是这些发现将 H2A.Z 与永生链遗传机制相联系。

20.13　其他 H2A 变体区分染色质，但它们的功能尚不清楚

H2A 的进一步多样化已在脊椎动物中发生。在哺乳动物中，macroH2A 和 H2A.B 代表独特的、似乎在表观遗传现象剂量补偿中起作用的独特谱系［第 25 章（Brockdorff and Turner，2014）］。之所以称为 macroH2A，是因为除组蛋白折叠结构域和氨基及羧基末端的尾巴外，它还包含 200 多个氨基酸性羧基末端球状结构域（Ladurner，2003）。人类女性的不活跃的 X 染色体上，macroH2A 离散分布在兼性的异染色质区，与组成型异染色质区交替（图 20-11A）（Chadwick and Willard，2004）。但是，macroH2A 的作用可能更加多元化，就 macroH2A 直系同源基因存在于许多非哺乳动物的进化枝而言，它似乎在动物界是古老的（Talbert and Henikoff，2010）。在体外，macroH2A 会减少转录因子进入并排除组蛋白 H1。macro 域本身结合 PolyADP 核糖聚合酶 1 并在体外抑制其活性（Nusinow et al.，2007），究竟在体内如何介导基因抑制尚不清楚。

与 macroH2A 相比，H2A.B 似乎在巴氏小体中未被检测到，但在细胞核内无处不在（图 20-11B）（Chadwick and Willard，2001）。H2A.B 核小体周围被短的 DNA 包裹（Bao et al.，2004），其在 TSS 的富集（Soboleva et al.，2004，2012）与它在促进转录中的功能一致。H2A.B 及其近亲 H2A.L（Govin et al.，2007），相对于其他 H2A 变体，处于快速进化中，可能与它们都是睾丸特异性变体有关（Talbert and Henikoff，2010）。H2A.B 和 H2A.L 在哺乳动物雄性生殖细胞发育中的作用仍有待阐明。

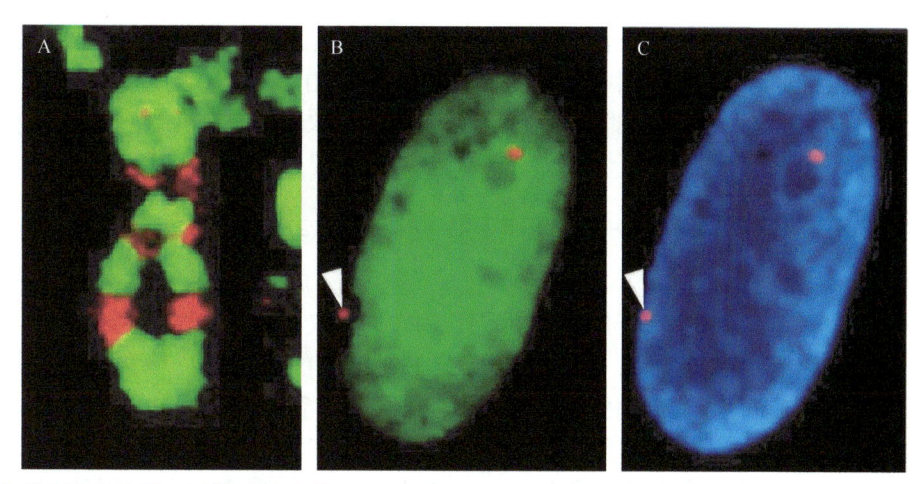

图 20-11　H2A 变体和人类女性无活性 X 染色体。（A）macroH2A（红色）染色了无活性 X 的离散区域，与异染色质（组蛋白 H3K9me3）交替。（B）H2A.B（绿色）从无活性 X 染色体中排除（红色圆点，箭头指向它）。（C）与 B 一样的细胞核，但用 DAPI 染色以显示染色质。（经许可转载自 Chadwick and Willard, 2004©National Academy of Sciences；B，C，经许可转载自 Chadwick 和 Willard, 2001©The Rockefeller University Press. 最初发表于 Journal of Cell Biology 152：375–384。doi：10.1083/jcb.152.2.375）

20.14　许多组蛋白已经进化，以更紧密地包装 DNA

　　当不再需要接近 DNA 用于复制和转录时，染色质通常会进一步浓缩，这一般会涉及更换经典组蛋白。精子显然就是这种情况，在某些谱系中，组蛋白旁系同源蛋白已经进化为特殊包装角色。例如，海胆精子含 H1 和 H2B 变体，它们能结合到 DNA 小沟的重复尾部基序（Talbert and Henikoff, 2010），以适应染色体紧密包装在精子头中。在开花植物的花粉特异 H2A 变体中，发现了类似的进化。在脊椎动物中，精子特异的 H2B 变体在哺乳动物的睾丸中发现，包括一个睾丸特异 H3 变体和一个 H2B 旁系同源蛋白（subH2Bv），其定位于顶体（Witt et al., 1996）。

　　精子成熟过程中组蛋白由鱼精蛋白和其他蛋白质的置换提供了潜在的擦除雄性生殖细胞表观遗传信息的途径。但是，有关跨代遗传的证据［Rakyan and Whitelaw, 2003；第 14 章（Blewitt and Whitelaw, 2013）］，尤其是在缺乏 DNA 甲基化的动物中，增加了以下可能性，即一组核小体组蛋白在跨代过程中保留并传递表观遗传信息。正如已经指出的，这恰恰是 CENP-A 在着丝粒上发生的事（Palmer et al., 1990），而其他变体的一小部分诸如 H3.3 之类，仍然与精子一起作用于基因表达信息的表观继承。虽然我们清楚地了解精子发育中组蛋白的替换过程，但我们也期望通过了解 CENP-A 如何在这一转变中存活下来。

　　染色质压缩也发生在完成分裂并经历分化的体细胞中。在一些情况下，压缩涉及连接组蛋白的定量和定性变化。组蛋白 H1 相对于核小体的化学计量，决定体内核小体阵列的平均间距（Fan et al., 2003）。另外，H1 在染色质中的存在会促进通常抑制转录的染色质的高阶结构的形成（Wolffe, 1992）。在体内，连接组蛋白比核心组蛋白更易移动。H2A 和 H2B 的驻留时间为几小时，H3 和 H4 甚至无法测量，而 H1 的停留时间为几分钟（Phair et al., 2004）。结果，连接组蛋白变体的加载不太可能以可继承的方式区分染色质。相反，H1 变体的作用被认为是改变了染色质的整体性质，影响整体压缩（Wolffe, 1992）。

　　H1 变体与核心组蛋白一样具有 RC 和 RI 形式的区别（Marzluff et al., 2002）。H1 的 RC 变体形式似乎可以与另一个相互替换，因为删除小鼠五个 RC H1 变体中的 1 到 2 个，其表型正常（Fan et al., 2003）。组蛋白变体的功能互换性隐含在 H1 家族的"星"形系统发育分类中，在进化树中几乎没有 H1 分支是保守的（图 20-6C）。而且 H1 相对于核心组蛋白变体的差异更大，可能反映出较弱的结构约束，并且许多谱系中可能存在多个 H1 基因，代表一种对调节连接体组蛋白水平的适应。例如，在鸟类中，H1.0 连接组蛋白变体（以前称为 H5）在红细胞成熟过程中加载，伴随着细胞核的极度压缩。哺乳动物 H1.0 直系同源蛋白（以前称为 H1°）以高水平加载在非分裂的细胞中。与经典组蛋白过表达相比，H1.0 的过表达使染色质减少了与核酸酶的接触机会。H1.0 在非分裂细胞中的自然积累可能是染色质浓缩的一般机制，会使细胞变得静止。

20.15 组蛋白变体与人类疾病

组蛋白变体在基本表观遗传中的不同作用使人们预测它们的缺失或者错误表达可能会导致疾病。确实，最近有这么几个例子。例如 ATRX，它是 ATRX-Daxx-H3.3 途径的 DNA 转位酶（DNA translocase）成分（图 20-8），最初被鉴定出它可引起 X 染色体相关 α 型地中海贫血智力障碍（α-thalassemia mental retardation on the X，ATRX）综合征。在这种综合征中，ATRX 丢失会导致在 α-珠蛋白基因启动子的 CpG 岛缺陷，现在被认为是由于在 CpG 岛上频繁的核小体丢失（Law et al.，2010）。重要的是，引起 ATRX 综合征的突变部位最常出现在 ADD 组蛋白尾部结合域（Eustermann et al.，2011），这强烈暗示 H3/H3.3 尾巴相互作用是综合征的关键原因。对 ATRX 综合征的研究也使人们认识到另一个组蛋白变体 macroH2A 也在特定地点被去除，包括 α 珠蛋白 CpG 岛（Ratnakumar et al.，2012）。

最近报道了关于 ATRX-Daxx-H3.3 核小体装配过程和癌症的关系，为这个过程本身和致癌作用提供了见解。人类胰腺神经内分泌肿瘤（pancreatic neuroendocrine tumor，PanNET）基因组测序显示 40% 的人可能在 Daxx 或 ATRX 中有功能丧失性突变（Jiao et al.，2011）。值得注意的是，所有这种肿瘤独特的表型，称为 ALT（端粒的可变延长，alternative lengthening of telomeres），其中端粒在没有端粒酶诱导情况下表现出大量延长 [第 15 章图 15-1（Liu et al.，2014）；Heaphy et al.，2011a]。基于检查了 6000 多种人类肿瘤，显示 3.73%ALT 发生在所有不同类型的癌症中（Heaphy et al.，2011b）。ATRX 或 Daxx 的突变在绝大多数 ALT 病例中都是通过测序发现的。尽管 ALT 端粒延长的精确分子机制尚不清楚，延长可能是由端粒之间的重组链入侵引发的，仅仅意味着在简单序列阵列处无法替换核小体会导致 DNA 断裂和链入侵。对于 PanNET，ALT 预示了比端粒酶诱导更有利的结果，因为在防止由端粒酶失活引起的衰老中，ALT 途径的效率不如端粒酶途径（Jiao et al.，2011）。

肿瘤测序也揭示了在一大部分胶质母细胞瘤（pediatric glioblastomas）中，H3.3 本身存在惊人的特定突变 [第 15 章（Liu et al.，2014）；Schwartzentruber et al.，2012；Wu et al.，2012]。发现这些肿瘤中的两个 H3.3 基因之一编码 K27M 或 G34R/V，最有可能是功能获得性突变，可加速肿瘤的发生 [第 15 章（Liu et al.，2014）图 15-1]。G34R/V 已与 ATRX 丧失关联，并可能增强 ALT，而 K27M 也会发生在 H3 上，所以看起来似乎是独立于 ATRX-Daxx-H3.3 的途径。相反，K27 是参与甲基化和乙酰化的关键底物，涉及 Polycomb 沉默，在 H3/H3.3 尾部第 27 位存在不可修饰的残基会导致甲基化抑制的功能增强，这里甲基化是由 PRC2 复合体中 EZH2 亚基介导的（Lewis et al.，2013）。这样看来，H3K27 三甲基化总体降低是这种侵袭性儿科肿瘤的原因。

组蛋白变体表达的失调也与癌症有关。在恶性黑色素瘤（malignant melanoma）细胞中，macroH2A 水平急剧降低，而恢复 macroH2A 水平可抑制肿瘤转移（Kapoor et al.，2010）。macroH2A 水平降低导致许多基因上调，包括 CDK8 癌基因。macroH2A 在迅速扩散的肺癌细胞中也减少了，并且在经历衰老的细胞中升高，这表明肿瘤细胞衰老的减少是 macroH2A 丢失导致肿瘤发生的机制之一（Sporn et al.，2009）。可能还有其他缺陷组蛋白变体的表达以及加载途径的异常会导致癌症和其他人类疾病，但是尚无足够的因果关系证据。例如，过高的 H2A.Z 水平与患有雌激素阳性乳腺癌（estrogen positive breast cancer）不良后果相关（Hua et al.，2008）。另外，在许多癌症中 CENP-A 被发现过表达或者异位定位，这表明短暂或永久性新着丝粒形成导致的可能是癌细胞的标记一些非整倍性的形成（Dalal，2009）。我们期望随着基因组技术的不断进步，组蛋白变体加载途径在人类疾病中的作用会被揭示。

20.16 总结与展望

组蛋白变体提供了染色质最基本的异质化水平，加载不同变体的机制可能会建立并保持表观遗传状态。在真核生物的共同祖先开始进化之前就导致了组蛋白 H2A、H2B、H3 和 H4 在核心颗粒中占据不同的位置。关键的进化结果仍然不确定，包括从祖先的四聚体进化出八聚体。我们期待着测序更多的原始真核生物的基因组，有可能填补空白。4 个核心组蛋白进化为不同的变体为发育和染色体分离中的表观遗传过程提供了基础。为完全了解表观遗传，我们需要更好地了解组蛋白变体替换经典组蛋白的过程。最近的一个重要进展是针对特定变体进行 RI 组装途径的特征分析。

着丝粒是由于组蛋白变体的特殊性质而产生的染色质差异最明显的例子。虽然很明显含有 cenH3 的核小体构成了着丝粒基础，只是它们每一代细胞如何在没有任何序列提示其特异性的情况下加载在同一个装置，而这是未来研究的主要挑战。

越来越明显的是，组蛋白变体也参与活性基因的表观遗传特性。H3.3 和 H2A.Z 都在转录活性位点上富集，了解导致其富集的组装过程是当前令人激动的研究领域。染色质的动态行为使人们认识到转录、染色质重塑及组蛋白修饰都可能与核小体组装和去组装偶联。动态过程加上组蛋白更新研究还处于早期阶段，我们期待分子生物学、细胞遗传学、生物化学和结构生物学的技术进步可以更好地解释染色质的动态性质。

除上述这些通用过程外，组蛋白也参与特定的表观遗传现象。就哺乳动物 X 染色体而言，3 个不同的 H2A 变体——磷酸化 H2A.X、macroH2A 和 H2A.B 被招募以参与沉默或激活涉及生殖系失活或剂量补偿的基因。了解这些变体在表观遗传过程中的功能仍然是未来一个重大挑战。

第一个高分辨率核小体核心颗粒结构的获得（Luger et al., 1997）是阐明染色质特性方面的最新进展。通过以生物学意义方式阐述这个基本结构的影响，组蛋白变体加深了我们对这些引人入胜的结构蛋白的理解，它们已经进化到在表观遗传过程中起各种各样的作用。

（刘　音　译，方玉达　校）

第 21 章

核小体重塑与表观遗传学

彼得·B. 贝克尔（Peter B. Becker[1]），杰瑞·L. 沃克曼（Jerry L. Workman[2]）

[1]BioMedical Center, Ludwig-Maximilians-University, D-80336 Munich, Germany; [2]Stowers Institute for Medical Research, Kansas City, Missouri 64110

通讯地址：pbecker@med.uni-muenchen.de; jlw@stowers.org

摘 要

真核染色质通过一系列所谓的核小体重塑 ATP 酶的作用来保持其灵活性和动态性，以响应环境、代谢和发育信号。与它们的解旋酶祖先一致，这些酶结合并水解 ATP 时经历构象变化。与此同时，它们与 DNA 和组蛋白相互作用，从而改变目标核小体（nucleosome）中的组蛋白-DNA 相互作用。它们的作用可能导致核小体的完全或部分解体、组蛋白与变体的交换、核小体的组装或组蛋白八聚体在 DNA 上的移动。"重塑（remodeling）"可能使相互作用的蛋白质能够接触到 DNA 序列，或者相反，促进包装成紧密折叠的结构。重塑过程涉及基因组功能的各个方面。重塑活动通常与其他机制相结合，如组蛋白修饰或 RNA 代谢，以形成稳定的表观遗传状态。

本章目录

21.1 核小体重塑的发现：历史回顾
21.2 核小体重塑的具体细节
21.3 核小体重塑复合体的多样性
21.4 核小体重塑因子作为转录调控因子
21.5 染色质组装与组织过程中的核小体重塑
21.6 染色质重塑因子对组蛋白修饰的识别
21.7 翻译后修饰对重塑因子的调控
21.8 染色质重塑因子与 DNA 甲基化的相互作用
21.9 染色质重塑因子和组蛋白变体

21.10 发育过程中的核小体重塑
21.11 总结

概　　述

将真核生物基因组组织成染色质的一个不可避免的副作用是组蛋白和非组蛋白染色质组分隔离了 DNA 序列。利用遗传信息，无论是作为一个发育程序的一部分，还是作为对环境信号的反应，在复制或损伤修复过程中，为了染色质的忠实传承，需要调节因子和复杂的机制来接近 DNA 序列。因此，尽管染色质组织紧凑且具有保护性，染色质生物学最基本的问题是如何确保 DNA 的可及性。就其本质而言，这个基因组组织产生了一种不可接近的默认状态，因此，受其支配的 DNA 处于不活动状态。这有几个原因，首先，蛋白质不能轻易地与触及核小体组蛋白表面的 DNA 序列联系；其次，核小体 DNA 在其围绕组蛋白八聚体时中强烈弯曲，许多 DNA 结合蛋白由于其目标序列扭曲且无法识别；最后，非组蛋白染色质组分可能与具有化学修饰（即组蛋白翻译后修饰）的核小体相关联，并将核小体纤维折叠成"更高阶"结构，这可能使 DNA 更不易接近。

DNA 在染色质中不可避免的不可及性乍一看可能是一个问题，但进化过程通过创造了能够"重塑"核小体的酶，已经把它变成了一个巨大的资产。这使得 DNA 的可及性可以根据需要进行局部和差异性的调节。核小体重塑涉及以解聚、组装或移动核小体的方式改变组蛋白-DNA 相互作用。核小体重塑酶可通过核小体的完全或部分解离释放 DNA 片段，可改变核小体相对于组蛋白变体的组成。或者更间接地，还可影响核小体纤维的折叠（Workman and Kingston，1998；Kingston and Narlikar，1999；Becker and Horz，2002；Clapier and Cairns，2009；Hargreaves and Crabtree，2011）。

核小体是相当稳定的实体，这归因于许多弱组蛋白-DNA 相互作用的累积效应（Luger and Richmond，1998）。因此，毫不奇怪的是，核小体重塑反应需要在生物化学上偶联到 ATP 水解。它们就像所有的生化反应一样，从理论上说是可逆的，并且重塑反应的结果（组蛋白-DNA 相互作用的破坏或产生，组蛋白八聚体在特定 DNA 序列上的滑动，又或是核小体组蛋白变体组成的改变）在很大程度上取决于重塑酶的特异性和辅助因子的参与。

核小体重塑 ATP 酶涉及基因组利用的每一个方面，无论是发育基因表达程序的调控执行（Chioda and Becker，2010；Ho and Crabtree，2010），还是对环境信号的快速转录响应（Vicent et al.，2010），还包括它们参与既定的基因组复制（Falbo and Shen，2006；Neves-Costa and Varga-Weisz，2006；Morettini et al.，2008），或者通过一系列策略（包括染色体片段重组）监测基因组 DNA 损伤及其修复（Altaf et al.，2007；Bao and Shen，2007；Downs et al.，2007）。编码核小体重塑酶的基因缺陷可能产生微小或严重的后果，这取决于受影响的过程和系统的功能冗余。在发育过程中核小体重塑的失败可能会损害生存能力或导致形态缺陷（Chioda and Becker，2010；Ho and Crabtree，2010）。在其他情况下，重塑的失败可能会使细胞无法应对 DNA 损伤，导致基因组不稳定和癌症发生（Cairns，2001；Weissman and Knudsen，2009；Hargreaves and Crabtree，2011）。

在这一章中，我们通过将遗传学和生物化学结合来描述核小体重塑因子的发现、作用机制，以及重塑事件的结果。我们概述了重塑酶的不同家族，区分它们的蛋白质结构域，以及它们涉及的复杂机制的多样性。我们描述了重塑因子在染色质组装、转录调控和发育中的作用。最后，我们讨论了核小体重塑与组蛋白变体的功能交叉，以及组蛋白和重塑因子自身的翻译后修饰。

21.1 核小体重塑的发现：历史回顾

监测真核细胞核中复杂基因组的差异可及性是了解其功能的第一步。针对此问题，采用小的、非特异性脱氧核糖核酸酶（DNase）探索完整细胞核中序列的可及性已经非常成功，如 DNase I［Elgin，1981；Becker and Horz，2002；第 12 章（Elgin and Reuter，2013）］。在这些实验中，对完整的细胞核用核酸酶进行温和的处理，这些核酸酶可以消化它们在反应期间能够接触到的任何 DNA。在这些实验中，含有活性基因位点的染色质结构域比非活性结构域对消化更敏感。活性调节因子，如启动子、增强子和复制起始点被发现具有更开放的染色质结构，其特征是对 DNase 敏感。DNase I 超敏位点（DNase I-hypersensitive site，DHS）是典型核小体相对缺失的区域，通常被调控性 DNA 结合蛋白所占据。在几分钟内，激素诱导转录的调节元件上迅速出现 DHS，这突显了染色质的动态特性，使快速和非常局部的结构转换成为可能，并使 DNA 变得可及（图 21-1）。相反，诱导剂的去除导致因子解离时染色质快速闭合（Reik et al.，1991）。这些发现激发了研究人员对这些结构转变背后的活性分子和过程的探索，从而鉴定出了 ATP 依赖的核小体重塑因子。这些重塑因子以多种方式调节核小体组织（图 21-2），这将在本章讨论。

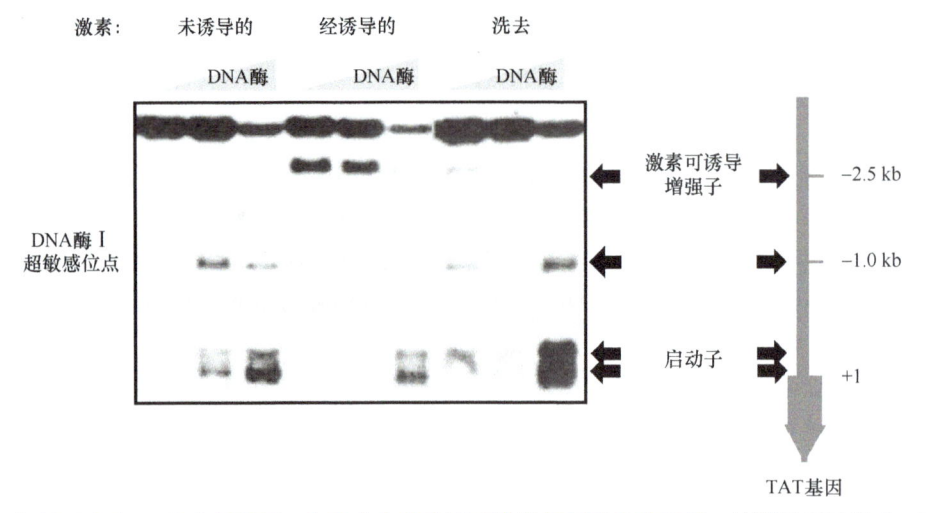

图 21-1　DNase I 超敏反应（DH）分析显示，在体内存在快速可逆的局部核小体重塑。 该图显示了经典 DH 分析的最初数据（Reik et al.，1991）。在大鼠肝细胞中，检测了酪氨酸转氨酶基因启动子上游 2.5kb 糖皮质激素反应增强子处的染色质组织。分离的细胞核随着 DNase I 量的增加而被消化。消化后的基因组 DNA 被纯化、用限制性内切酶切割、用琼脂糖凝胶电泳进行解析并进行 Southern 杂交。DH 位点由一个小的放射性探针杂交限制性片段的间接末端标记显示，将它们用箭头标记。在沉默、未诱导状态下，在启动子处有两个 DH 位点，在上游 1kb 处有一个 DH 位点。当用皮质酮诱导激素激活该基因时，核小体在 15 分钟内在增强子处被重塑。一个新的 DH 位点出现在转录起始位点上游 2.5kb 处，由染色质重塑引起（见"诱导"列）。这与糖皮质激素受体的结合和一组复杂的重塑因子有关。在去除激素（"洗去"）后，15 分钟内因子解离和经典核小体重组，2.5kb 增强子 DH 消失。启动子处的增强切割反映了基因的转录状态。

最早在酵母中通过遗传鉴定得到的 Swi/Snf 复合体是了解得最清楚的重塑复合体。其亚基由表达 SUC2 蔗糖酶基因和 HO 核酸内切酶基因所需的几个基因编码。蔗糖发酵需要 SUC2，而交配型转换需要 SNF（sucrose nonfermenting，蔗糖非发酵）和 HO 的表达，故命名为 SWI（switch，开关；Winston and Carlson，1992）。SWI/SNF 基因后来被证明参与了酵母中一系列基因的调控（Hargreaves and Crabtree，2011）。Swi/Snf 复合体的一个亚基 Swi2/Snf2 与解旋酶相似，具有 DNA 刺激的 ATP 酶活性。进一步的遗传学研究表明，SWI/SNF 基因在基因表达的正调控中起着相互依赖的作用，从而表明它们所编码的蛋白质可能在多蛋白复合体中发挥作用。当 swi/snf 的几个抑制子突变表型（称为 switch independent，SIN）被定位到编码组蛋白或其他染色质组分的基因时，SWI/SNF 与染色质之间的功能联系就被建立了（Vignali et al.，2000；Fry and Peterson，2001）。当从酵母和哺乳动物细胞中纯化该复合体时，这种联系变得更加清晰。从功能上讲，纯

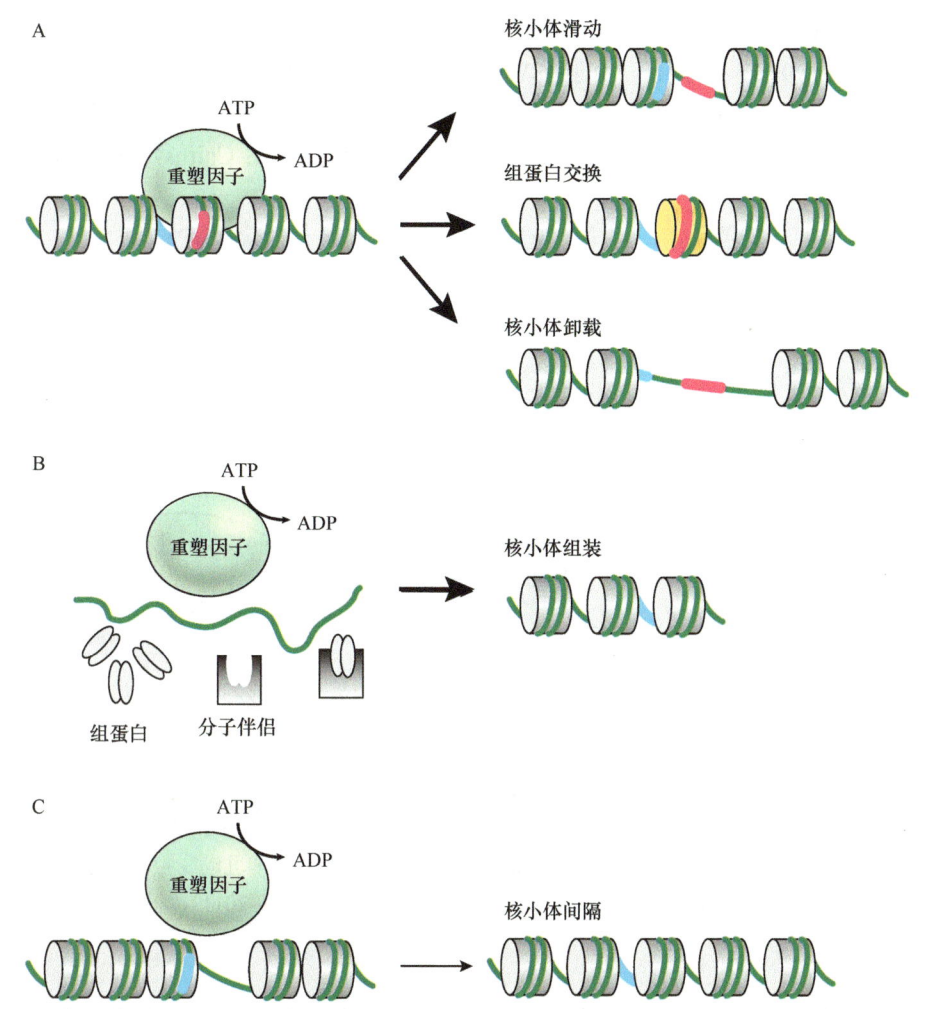

图 21-2 ATP 依赖的核小体重塑的后果。（A）核小体重塑的模型通过显示核小体相对于其周围 DNA 的位置或核小体成分的变化来说明。左图版显示了一个起始染色质区，其 DNA 参考点分别位于连接体 DNA 或核小体的蓝色和粉色区域。右图版显示重塑反应的可能结果（从上到下）：核小体的平移运动（滑动）暴露先前被封闭的区域；标准组蛋白与组蛋白变体的交换；卸载一个核小体，从而暴露相关的 DNA。（B）一些核小体重塑因子也能与组蛋白伴侣协作，将 DNA 包裹在组蛋白八聚体上，产生核小体。（C）核小体重塑因子可以在称为核小体"间隔"的过程中平衡不规则排列的核小体之间的距离。

化的 Swi/Snf 复合体能够以 ATP 依赖的方式解聚核小体结构，并在体外刺激转录因子与核小体 DNA 的结合（图 21-2）。此外，这些活性在核小体阵列内的转录因子结合位点产生了 DNase 超敏位点（Vignali et al., 2000；Fry and Peterson, 2001）。在真核细胞中发现了几种 Swi/Snf 型重塑复合体。例如，酵母中的第 2 个必需的且更丰富的 RSC（remodels the structure of chromatin，重塑染色质的结构）复合体包含许多 Swi/Snf 亚基的同源基因（Clapier and Cairns, 2009）。在果蝇中，Swi2/Snf2 同源蛋白 Brahma（brm）在遗传筛选中被鉴定为转录抑制子多梳蛋白的抑制因子［第 18 章（Kingston and Tamkun, 2014）］。Brm 也是哺乳动物细胞中 Swi/Snf 型复合体的多个版本的一部分，在发育和细胞内稳态中发挥重要作用（Hargreaves and Crabtree, 2011，21.10 节）。

采用另一种生化策略从果蝇中鉴定出了 ISWI 型（imitation switch，模拟开关）重塑因子。前胚层果蝇胚胎提取物含有丰富的组蛋白伴侣和重塑因子，为果蝇胚胎提供了一个强大的体外染色质组装系统。试管中染色质的重组，具有生理包装和抑制特性，为寻找能够以 ATP 依赖方式增加 DNA 可及性的因子提供了机会（Becker and Wu 1992；Pazin et al., 1994；Tsukiyama et al., 1994；Varga-Weisz et al., 1995）。利用这些策略发现的活性是含 ATP 酶 ISWI 的蛋白复合体，包括核小体重塑因子（nucleosome remodeling factor，NURF）、ATP 依赖的核小体组装和重塑因子（ATP-dependent nucleosome assembly and remodeling factor，ACF）和染色质可及性复合体（chromatin accessibility complex，CHRAC）（图 21-3）（Tsukiyama et al.，1995；Varga-Weisz et al.，1997；Ito et al.，1999）。事实上，由于 ISWI 与酵母和果蝇 SWI2/SNF2 蛋白的序列相似，ISWI 较早被鉴定出来（Elfring et al.，1994）。遗传和生化发现策略的融合揭示了一个新的酶家族的存在，即核小体重塑 ATP 酶，它专门用于调节染色质中 DNA 的可及性（Flaus et al.，2006；Cairns，2009）。

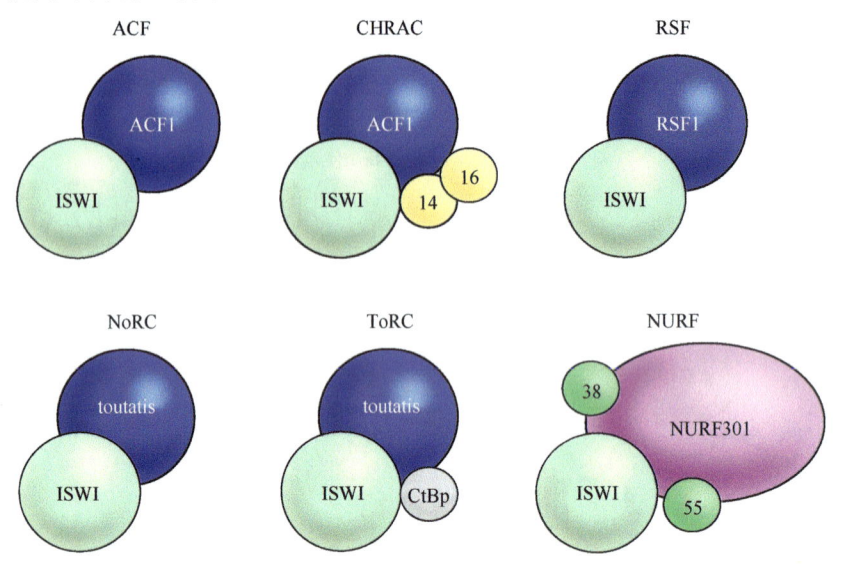

图 21-3 ISWI-ATP 酶存在于多种重塑因子中。图中显示了果蝇中已知的含 ISWI 的重塑复合体。ACF、CHRAC、RSF 和 NURF 的功能已经在正文中介绍了。在哺乳动物中，NoRC 重塑因子参与调节核糖体 RNA 基因的活性（Li et al.，2006）。NoRC 由特征因子 Tip5 定义。果蝇中的同源蛋白 toutatis 也与 ISWI 相互作用（Vanolst et al.，2005）。NoRC 与 CtBP 相互作用形成 ToRC，参与核仁外的转录调控和核小体组装（Emelyanov et al.，2012）。在哺乳动物中，已发现存在其他复合体（Bao and Shen，2011；Kasten et al.，2011；Sims and Wade，2011；Yadon and Isukiyama，2011），很可能在果蝇中也会发现更多的复合体。

与 Swi2/Snf2（SNF2 家族；图 21-4）相关的核小体重塑 ATP 酶在从酵母到人类的所有真核生物中都有

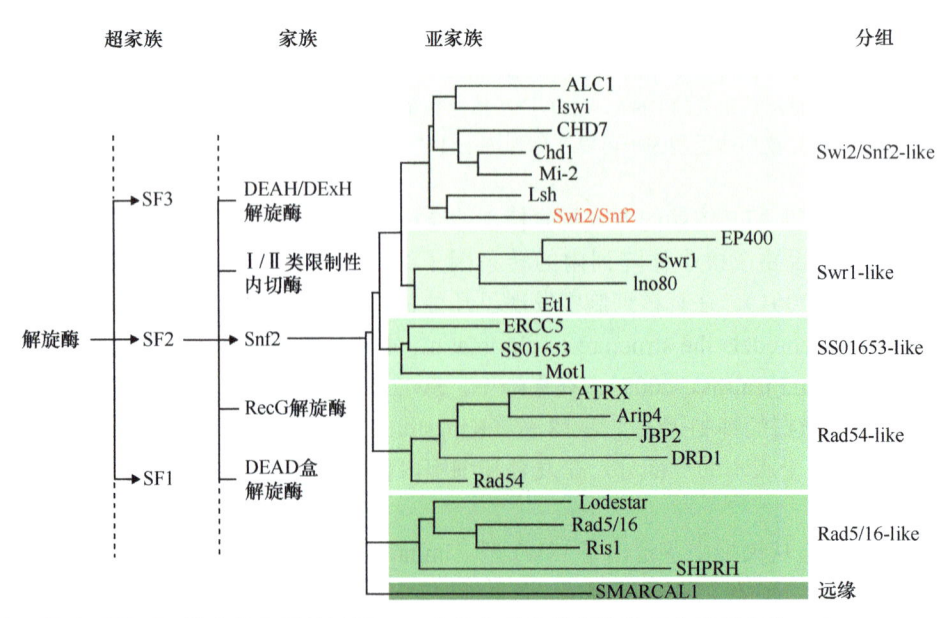

图 21-4 Snf2 家族的序列关系。进化分支图显示了 Snf2 家族与其他类螺旋酶蛋白的超家族 2（superfamily 2，SF2）的关系（Fairman-Williams et al.，2010）。根据 1306 个成员类螺旋酶区序列的比对，Snf2 家族中的亚家族关系被显示出来（Flaus et al.，2006）。分支长度没按比例绘制。Swi2/Snf2 是 Snf2 重塑因子家系的基本成员。（改编自 Flaus et al.，2006，经 Oxford University Press 许可）

发现。就像基本的染色质组织本身一样，它们在进化过程中得到了改进，由于它们的序列相似性而被鉴别出来。对所有已知的和潜在的核小体重塑 ATP 酶的全面调查，列出了约 1300 个 SNF2 家族成员（仅人类中就有约 30 个），根据其结构域组织可分为不少于 23 个亚家族（图 21-4）（Durr et al., 2006; Flaus et al., 2006; Ryan and Owen-Hughes, 2011）。

21.2 核小体重塑的具体细节

所有已知的核小体重塑因子的 ATPase 结构域都具有许多短序列基序（Ⅰ-Ⅵ），揭示了它们与更大的核酸解旋酶超家族的关系，并据此分成了 6 组 Snf2 亚家族蛋白（图 21-4）（Flaus et al., 2006; Flaus and Owen-Hughes, 2011）。Snf2 家族解旋酶通常结合一个双链核酸并沿着一条链在一个确定的方向移动，从而分离两条链。对少量选定的酶详细机制的研究表明，核小体重塑因子也是 DNA 转位酶，即它们沿着一条染色体 DNA 链移动，但不分离两条链（Saha et al., 2006; Gangaraju and Bartholomew, 2007）。重塑因子与组蛋白和连接 DNA 参与其他确定的接触，同时将 ATP 酶结构域定位在核小体 DNA 中的一个关键位置，大约 2 个螺旋关闭二重对称轴。根据目前主流的模型，这种锚定结合 ATPase 结构域在核小体 DNA 上的移位，导致 DNA 片段从组蛋白八聚体表面分离（Saha et al., 2006; Gangaraju and Bartholomew, 2007; Racki and Narlikar, 2008; Flaus and Owen-Hughes, 2011）。ATP 结合、水解和产物释放的循环决定了酶的一系列构象变化，从而推动酶在 DNA 上的运动。这会自动改变 DNA 相对于组蛋白表面的位置（图 21-5）。一旦一段 DNA 被分离，在核小体表面产生的 DNA "突起" 或 "环" 的错位可能不需要太多额外的能量输入。另一种解释基本重塑反应的方法是想象一种重塑酶 "推动" 或 "拉动" 一段连接 DNA 进入核小体结构域，这会自动导致某种 DNA 突起的形成，因为组蛋白八聚体表面只能容纳 147bp 的 DNA。然后，这种突起将通过组蛋白八聚体表面上的转位酶活性传播。核小体上 ATPase 结构域的这种 DNA 移位导致 DNA 扭曲，从而诱导局部超螺旋张力进入 DNA（Lia et al., 2006; Cairns, 2007）。因此，核小体重塑可能涉及 DNA 的平移和旋转位移的结合。目前还缺乏对重塑作用机制的更详细的理解，但很有可能每个重塑 ATP 酶的确切机制不同，这取决于酶的一级结构和几何结构、组蛋白和 DNA 相互作用域的排列、亲和力和选择性，也包括移位酶结构域本身。不幸的是，到目前为止，很难确定重塑酶中的 ATPase/移位酶结构域。已获得的极少数重要结构为进一步的机理研究提供了重要的框架（Hauk and Bowman, 2011）。电子显微镜研究阐明了 Swi/Snf 复合体和相关 RSC 复合体的结构。酵母 RSC 在亚基组成和整体结构上类似于 Swi/Snf 复合体。它不含 ATPase Swi2/Snf2，而是含有属于同一亚家族的 Sth1ATPase（Clapier and Cairns, 2009）。与核小体结合的 RSC 复合体的结构对我们尤其具有启发性（图 21-5C）（Chaban et al., 2008）。这种结构揭示了 RSC 将核小体包围在一个中心空腔中。重要的是，RSC 与核小体不依赖 ATP 的结合改变了组蛋白与 DNA 的相互作用，可能有助于依赖 ATP 的重塑。相对而言，该结构内的核小体 DNA 似乎不受复合体的约束，并且可能能够产生上述类型的运动（Chaban et al., 2008）。RSC 核小体复合体在体内已被发现，在酵母 UASg 位点，RSC 定位于一个明显部分解开的核小体，以促进转录因子与邻近位点的结合（Floer et al., 2010）。

目前，许多 SNF2 型 ATP 酶的亚家族的分类依赖于 ATP 酶结构域内的序列特征（Flaus and Owen-Hughes, 2011），但更紧密相关的 ATP 酶也共享 ATP 酶结构域外的特定结构和序列特征。Ino80 或 SWR1 亚家族成员的一个显著特征是在解旋酶基序Ⅳ前插入一个约 300 个氨基酸的大片段（图 21-6）。研究得最透

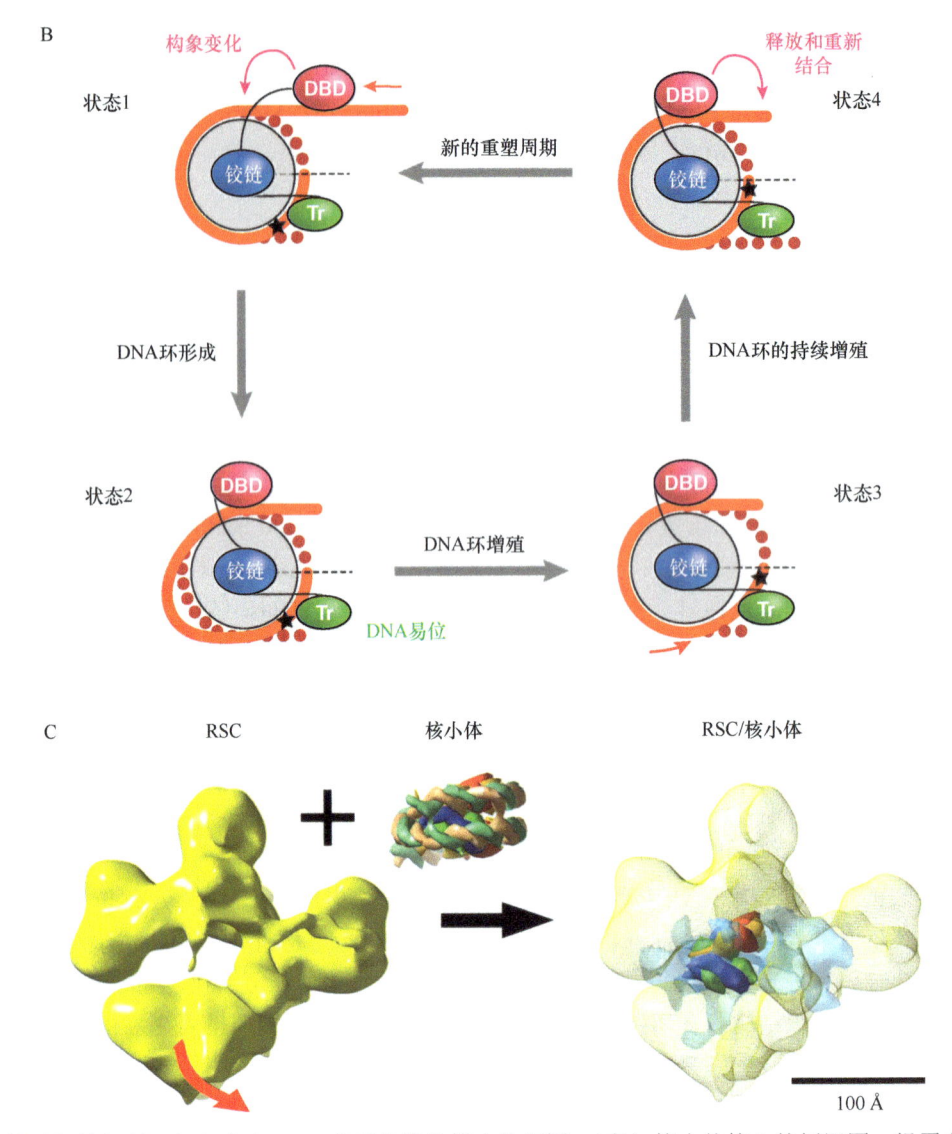

图 21-5 核小体重塑的机制。(A) 突出 DNA 左手包绕的核小体视图。(左) 核小体核心的侧视图，组蛋白八聚体表示为灰色透明圆柱体，DNA 为橙色（在二重对称轴之前）和红色（在二重对称轴之后）。(右) 核小体（旋转 90°）的顶视图，其中二重对称轴后的 DNA 用红点表示。星代表 DNA 序列上的一个参考点。(B) ISWI 型酶在重塑过程中穿过组蛋白八聚体的 DNA 运动模型。重塑事件中的连续步骤由状态Ⅰ~Ⅳ表示。在状态Ⅰ中，DNA 结合域（DNA binding domain, DBD）与连接 DNA 结合，转位酶（translocase, Tr）结构域与核小体二元体结合。一个假想的"铰链"介导构象的变化。在状态Ⅱ中，DBD 和 Tr 之间的构象变化"拉入" DNA，使得组蛋白八聚体表面上形成一个突起。Tr 的活性将这种突起传送到组蛋白八聚体的表面，超出二重对称轴（状态Ⅲ）。DNA 环继续在八聚体表面扩散，并释放到远端连接体 DNA 中（状态Ⅳ）。因此，DNA 环扩散有效地重新定位了组蛋白八聚体相对于 DNA 序列的位置（即星标记已经靠近二重对称轴）。由 ATP 酶循环的某些方面变化触发的进一步构象变化导致重塑因子相对于组蛋白八聚体的重置（在状态Ⅳ和Ⅰ中比较）。重塑因子现在与另一段连接 DNA 结合，开始另一个重塑周期。(A, B, 经许可改编自 Clapier and Cairns, 2009, ©Annual Reviews)。(C) 冷冻电子显微镜（Cryo-electron microscopy, EM）分析 RSC 结构和核小体的相互作用。酵母 RSC 在亚基组成和整体结构上类似 Swi/Snf 复合体。它不含 ATPase Swi2/Snf2，而含有 Sth1ATPase，属于同一亚家族（Clapier and Cairns, 2009）。一张 25Å 的 RSC 冷冻电镜图（左）显示了一个与核小体核心颗粒的形状和尺寸非常匹配的中心空腔。底部 RSC 域的移动（由红色箭头指示）似乎控制了对中心空腔的访问。RSC 与核小体核心颗粒（nucleosome core particle, NCP）的孵育导致 RSC-NCP 复合体（右面板）的形成，其中 NCP 在 RSC 中心空腔中是透明的。有趣的是，在没有任何 ATP 水解的情况下与 RSC 的相互作用似乎导致了 NCP 组织的广泛变化。虽然组蛋白可以鉴别，但核小体 DNA 呈现无序化（半透明蓝色）。这种 DNA 的松动可能促进 DNA 在重塑过程中的移位。（图片和图注由 Francisco Asturias, Scripps Research Institute, La Jolla 提供）

彻的重塑 ATPase 如 Swi2/Snf2、ISWI、Chd1、Mi-2、Ino80 和 Swr1 是代表各个亚家族酶的原型酶（图 21-4）（Bao and Shen，2011；Flaus and Owen-Hughes，2011；Kasten et al.，2011；Sims and Wade，2011；Yadon and Tsukiyama，2011）。SWI2 型 ATP 酶（SWI2/SNF2 的同义词）的特征之一是 bromo 结构域（bromodomain）。该结构域"读取"组蛋白和非组蛋白的乙酰化赖氨酸标记［第 6 章（Cheng，2014）；第 7 章（Patel，2014）］。ISWI 型酶具有羧基末端的 SANT-SLIDE 结构域，CHD 型酶具有氨基末端的 chromo 结构域（chromodomain），它们识别和结合组蛋白 H3 的甲基化赖氨酸残基（图 21-6）。这种分类可能会减弱我们对重塑因子之间更基本相似性的认识。例如，对 CHD1 羧基末端结构的解析显示，它包含一个类似于 SLIDE 的结构域，一个迄今为止被认为属于 ISWI 亚家族的酶的特征的 DNA 结合结构域。然而，通过简单的序列比较并没有发现这种常见的结构基序（Ryan et al.，2011）。此外，一些相关的结构域可能参与 ATP 酶的自动调节，因此可能使 ATP 酶活性以底物有效性为条件呈现。在机制上，这可能通过底物结合时的空间异构构象变化，或者通过调节结构域和底物之间直接竞争进入活性位点来实现（Hauk et al.，2010；Flaus and Owen-Hughes，2011；Hauk and Bowman，2011）。

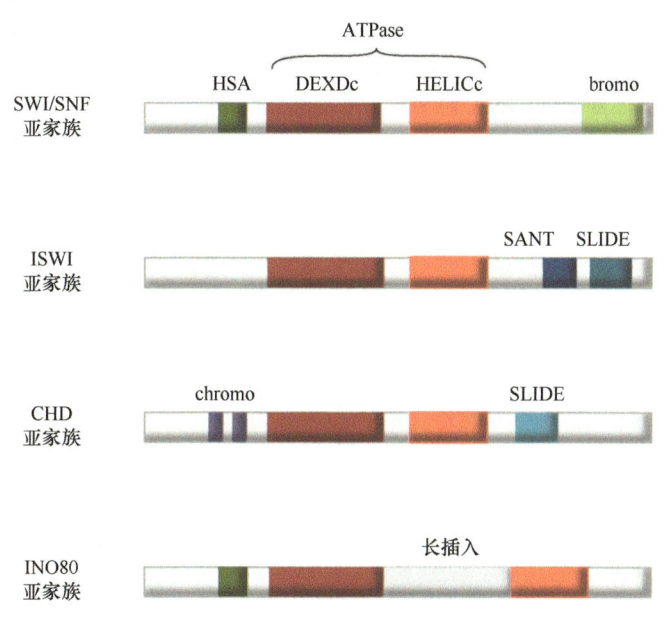

图 21-6 四个 ATP 酶亚家族：SNF2、ISWI、CHD 和 INO80 的特征。 Snf2 家族重塑 ATPase 的分组是由 ATP 酶结构域内的特征基序确定的，而附加结构域决定了亚家族的分组。ATP 酶的 INO80（和 Swr1）亚家族成员在两个 ATP 酶亚结构域之间有一个比其他重塑因子更深的插入（图 5）。这些亚家族还包含一个 HSA（helicase-SANT）结构域。ATP 酶的 SWI/SNF 家族含有 HSA 结构域，但可由羧基末端的布罗莫结构域（bromodomain）（能够结合乙酰化赖氨酸残基）进一步确定。ISWI 和 CHD 家族的每个 ATP 酶都有 SANT-SLIDE 模块（蓝色），而只有 CHD 家族具有串联的克罗莫结构域（chromodomain）。（经许可改编自 Clapier and Cairns2009©Annual Reviews）

除图 21-6 展示的具有鲜明特色的结构域外，还可以描述在不同亚家族的 ATP 酶中发现的其他结构。例如，结合肌动蛋白相关蛋白（ARP）的 HSA（helicase-SANT-associated）结构域存在于 SWI/SNF 复合体、相关 RSC 复合体、SWR1 复合体和 INO80 复合体的 ATP 酶中（图 21-6）（Dion et al.，2010）。

可以想象，基本重塑反应的具体结果不仅取决于 ATP 酶本身的几何结构和酶学参数，还取决于相关结合蛋白。如果分离出的 DNA 片段在八聚体周围传播并在另一侧排出，则从组蛋白表面分离的 DNA 片段可能导致核小体的离位（它们的"滑动"）。然而，也可以想象，一个非常相似的重塑反应可能导致组蛋白的移除或替换，或导致核小体的完全卸载（图 21-2）。关于这个主题，有人提出了一个有趣的变化，即核小体被用作"楔子"来破坏相邻颗粒的稳定性。如果核小体运动到一起发生相互碰撞，DNA 可能从其中一个或两个核小体上剥离，产生非传统的重塑中间产物（Chaban et al.，2008；Engeholm et al.，2009；Dechassa et al.，2010）。这种可能性与 RSC 吞噬其所结合的核小体（图 21-5C）的事实相一致。因为在这种情况下，重塑因子可能难以取代组蛋白八聚体（Chaban et al.，2008）。组蛋白八聚体是否完整移动或是发生部分分解，在很大程度上取决于重塑 ATP 酶与相关组蛋白伴侣的协作。这些 ATP 酶既可以在组蛋白从环状超螺旋 DNA 中释放时清除它们，也可以传递不同组蛋白变体作为交换。

21.3　核小体重塑复合体的多样性

尽管在体外分离的重塑 ATP 酶可以改变组蛋白-DNA 的相互作用，但它们通常与其他蛋白质结合形成特定的多亚基复合体。这些复合体通常被称为"重塑因子"。一些重塑因子仅由少数亚基构成，例如那些组织在 ISWI 型 ATP 酶周围的亚基，通常只由 2～4 个亚基构成（图 21-3）。大的 INO80 和 SWI2 型复合体，包含十几个亚基，标志着亚基数目的另一极端（例子见图 21-7 和图 21-8）。互相关联的亚基经常贡献额外的结构域［例如，植物同源结构域（plant homeodomain，PHD）指（finger）、布罗莫结构域］来结合组蛋白和非组蛋白上的修饰氨基酸。然而，在大多数情况下，ATP 酶相关亚基的确切作用尚不清楚，但很可能将 ATP 酶的重塑靶向特定的作用部位，调节其活性和重塑反应的确切结果，以及将重塑反应整合到细胞核过程的生理环境中，如转录、复制或 DNA 修复。

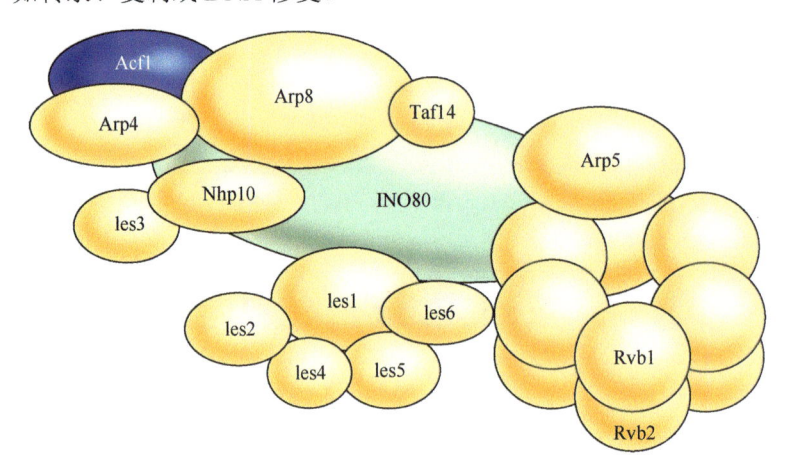

图 21-7　一个复杂的重塑机器的例子：Ino80。酿酒酵母 INO80 复合体提供了复杂核小体重塑机器的亚基组成的一个例子。INO80 亚基包括核心 ATP 酶、INO80（INOsitol requiring，需要肌醇）、Rvb1（类 RuVB）、Rvb2、Act1（actin，肌动蛋白）、Arp4（actin-related protein，肌动蛋白相关蛋白）、Arp5、Arp8、Nhp10（non-histone protein，非组蛋白）、Taf14（TATA 结合蛋白相关因子）、Ies1（INO80 亚单位）、Ies2、Ies3、Ies4、Ies5 和 Ies6。（经 Elsevier 许可，改编自 Bao and Shen，2011）

一些 ATP 酶相关亚基作为进化保守的"重复主题"出现，因为它们在多个重塑因子中被发现。例如，大的 SWI/SNF、RSC、Ino80 和 SWR1 复合体包含肌动蛋白相关蛋白（actin-related proteins，ARP），甚至细胞核肌动蛋白本身（图 21-7 和 21-8）。不同的 ARP 以不同的方式参与复杂的组装和重塑活动。在某些情况下，ARP 和核肌动蛋白可能结合特别修饰的组蛋白或变体，从而介导重塑复合体与染色质的结合。在其他情况下，它们可能提供与转录机器或核孔的接口（Dion et al.，2010）。重复主题的另一个例子是 AAA 家族 RVB1 和 RVB2 ATP 酶的六聚环，它们是 SWR1 和 Ino80 复合体亚家族的重要功能组分（图 21-7）。这些酶类似于细菌 RuvB 解旋酶，参与同源重组过程中的 holiday 交叉（holiday junction）的分解（Jha and Dutta，2009）。在没有 RVB 六聚体的情况下，SWR1 和 Ino80 复合体的组装受到损害，这表明它们具有支架功能。尽管如此，这些环本身具有 ATPase 活性这一事实表明，它们具有更有趣、更动态的活动。

染色质重塑研究中的一个重要概念是，一种特定的 ATP 酶可能与另一套蛋白质结合，形成不同类型的重塑复合体。例如，果蝇体内的 ATP 酶 ISWI 可作为至少五种不同的重塑因子的"引擎"，其核功能从转录调控到 DNA 修复和染色体组织（图 21-3）（Yadon and Tsukiyama，2011）。

在后生动物进化过程中，重塑因子的复杂性急剧增加，哺乳动物复合体中出现了多种"主题变异"，包括亚基异构、变体和翻译后修饰。这在 11 亚基酵母 SWI/SNF 复合体中得到最佳体现。SWI/SNF 主要参与调控转录起始，通过与序列特异性 DNA 结合因子的直接相互作用靶向启动子（21.4 节）。由于历史原因，SWI2/SNF2 ATP 酶的果蝇同源蛋白被称为 Brm（brahma）[第 18 章（Kingston and Tamkun, 2014）]。Brm 与 7～8 个 brahma 相关蛋白（BAP）结合形成类似于酵母 SWI/SNF 复合体的复合体。有趣的是，两个相关的复合体（BAP 和 PBAB）共享六个亚基，但在特征亚基上有所不同。对于 BAP，有 Osa、dD4 和 TTH 亚基；对于 PBAP，有 PB、BAP170、SAYb 和 dBRD7 亚基（图 21-8A）（Moshkin et al., 2007; Moshkin et al., 2012）。在缺乏这些特征亚基的情况下，"核心复合体"在体内不起作用。同时，它们对不同靶基因集的优先招募进行特化。BRM 是果蝇转录的一个全局调节因子，因为大多数转录活性基因在多线染色体上与 BRM 结合，其活性需要 ATP 酶（Hargreaves and Crabtree, 2011）。BAP 亚基作为 trithorax 基因产物发挥作用，并在许多发育途径中对抗 polycomb 蛋白的功能 [第 18 章（Kingston and Tamkun, 2014）]。

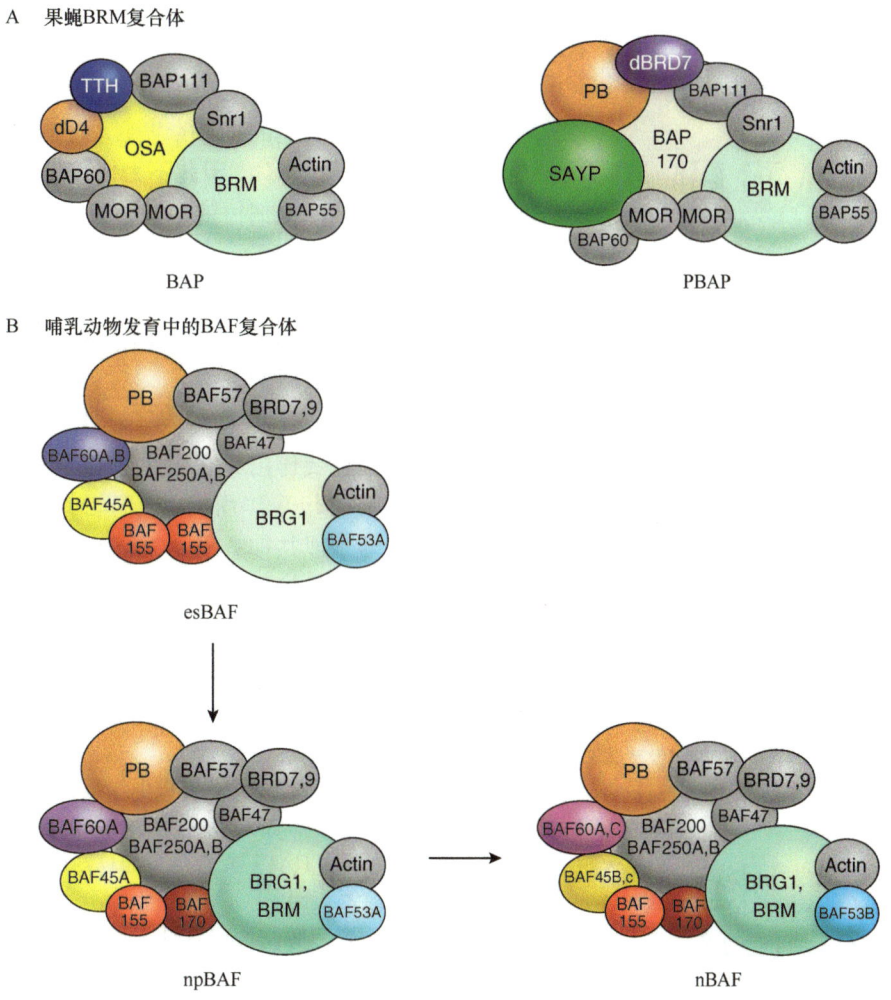

图 21-8 后生动物 Swi/Snf 复合体的多样性。（A）果蝇中的 BAP 和 PBAP 复合体。果蝇有两种不同的 Swi/Snf 型复合体，包括 BRM 相关蛋白复合体（BRM-associated protein complex, BAP）和含 polybromo（PB）的 BAP 复合体（polybromo-containing BAP complex, PBAP）。尽管这些复合体共享包括 ATP 酶 BRM 在内的多个亚基，但它们各自有不同的亚基。OSA、dD4 和 TTH 亚基只存在于 BAP 复合体中，而不存在于 PBAP 复合体中。相反，polybromo（PB）、BAF170、dBRD7 和 SAYP 亚基只存在于 PBAP 复合体中，而不存在于 BAP 复合体中。（改编自 Ho and Crabtree, 2010，更新自 Moshkin et al., 2012。）（B）哺乳动物 BAF 复合体的细胞和组织特异性版本。这些复合体含有 BRG1 或 BRM-ATP 酶。它们也可能含有 polybromo（PB）和 BAF200（PBAF 复合体）或 BAF250A/B（BAF 复合体）。这里显示的是这些变体的复合表示方式。此图用于说明 BAF 复合体的组织特异性组合，它们在特定细胞类型中具有不同的功能。每个组织的 BAF 复合体中存在的亚基被标示出（例如 BAF60A 或 C）。PB 的颜色与 A 图相同，其他着色亚基是那些在不同组织中存在变化的亚基，这些亚基决定了复合体的组织特异性。（改编自 Ho and Crabtree, 2010）

Brahma 的哺乳动物直系同源蛋白是高度相关的 ATP 酶 BRM 和 BRG1。与之紧密相联的蛋白质称为"BRG/BRM 相关因子"（BRG/BRM-associated factors，BAF），形成了一个相关重塑机制家族（Hargreaves and Crabtree，2011）。哺乳动物 BAF 复合体与酵母 SWI/SNF 复合体相似，两种复合体的 8 个亚基在进化上是明显相关的，但酵母和哺乳动物复合体也包含几个物种特异亚基（Ho and Crabtree，2010）。这些复合体的一个特点是它们的多样性，因为几个亚基具有细胞类型特异的亚型，它们以相互排斥和组合的方式与 BAF 复合体相关联（图 21-8B）。这就解释了为什么 BAF 复合体参与调节不同组织中非常不同的基因的表达程序，从维持胚胎干细胞的多能状态到有丝分裂后神经元的高度分化（21.10 节）。

21.4 核小体重塑因子作为转录调控因子

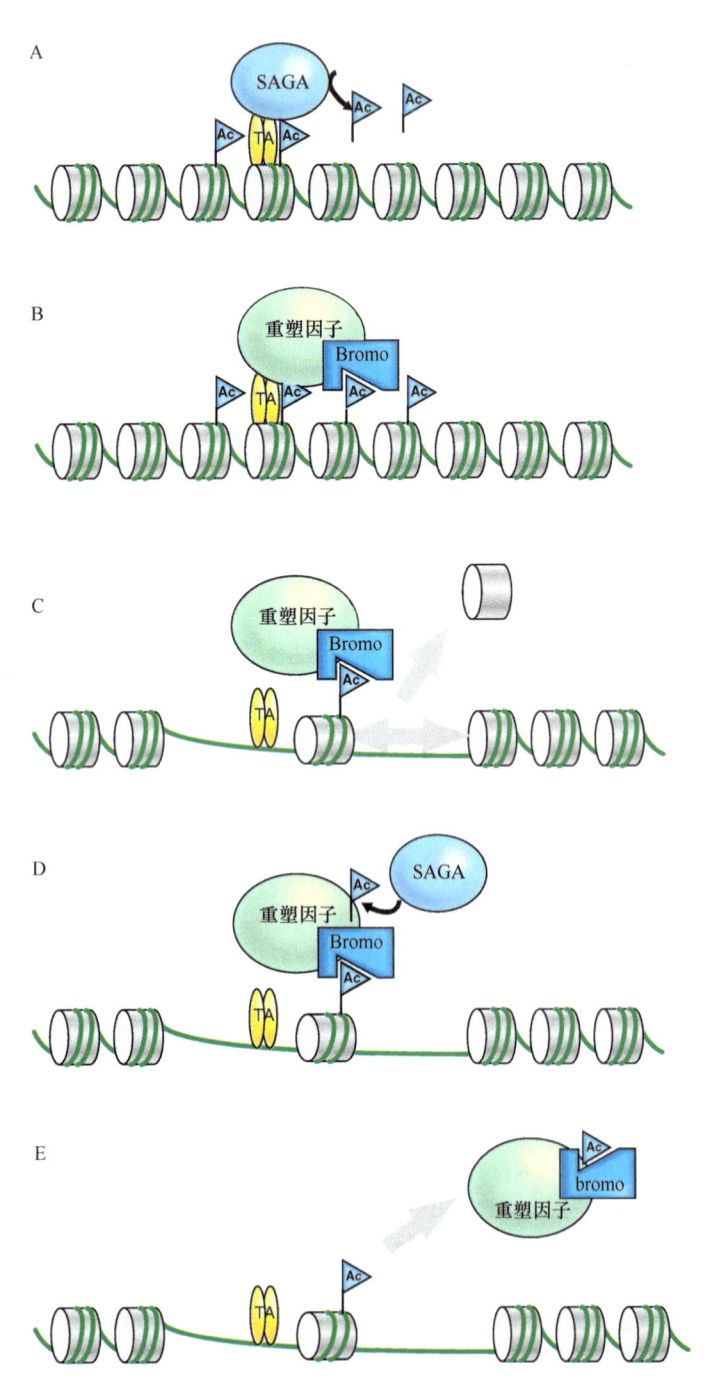

根据启动子的染色质结构和结合位点的排列，可以将启动子初步分为不同的种类。许多组成性表达的"管家"启动子的转录起始位点往往缺失核小体，因此不太依赖于核小体重塑。相反，受到严格调控的基因依赖重塑因子来清除抑制性核小体的启动子以便表达（Cairns，2009；Rach et al.，2011）。启动子的结构仍比这更复杂和多样，核小体重塑因子同样参与启动子组织的建立及其随后的重塑。

核小体重塑因子在调控转录起始和延长中起重要作用。它们通常通过与序列特异性转录因子的相互作用而被招募到靶基因，以充当共激活子或共抑制子（Clapier and Cairns，2009）。例如，在酵母中，许多转录因子能够通过直接相互作用招募 Swi/Snf 复合体来靶向基因（图 21-9）（Vignali et al.，2000；Fry and Peterson，2001）。yISW2 复合体也通过 Ume6 靶向减数分裂基因，

图 21-9 Swi/Snf 型核小体重塑因子在启动子上的作用模型及其乙酰化调控。（A）SAGA 或其他组蛋白乙酰转移酶（HAT）复合体可通过与序列特异性 DNA 结合转录激活因子（TA）相互作用而被招募到基因启动子中。一旦招募，这些 HAT 乙酰化（蓝色 Ac 旗）在激活因子识别位点附近的核小体。（B）Swi/Snf 或 RSC 核小体重塑复合体（remodeler）可以通过与转录激活因子的相互作用被招募到启动子中。在这些复合体的亚基内的布罗莫结构域（bromo）与启动子处的乙酰化（Ac）核小体相互作用。（C）ATP 依赖性重塑和/或替代（灰色箭头）优先指向重塑复合体中与布罗莫结构域结合的乙酰化核小体。（D）SAGA 或其他含 Gcn5 的复合体乙酰化重塑复合体亚基内的特异性赖氨酸。这些乙酰化赖氨酸与布罗莫结构域竞争结合，导致重塑因子与乙酰化核小体分离（灰色箭头）。（改编自 Suganuma and Workman，2011）

参与抑制（Clapier and Cairns，2009）。在这个主题的一个有趣的变化中，Hir1 和 Hir2 共抑制子招募 Swi/Snf 到组蛋白基因位点，在那里它是随后转录激活所需的（Dimova et al.，1999）。

在哺乳动物中，Swi/Snf 与许多转录因子相互作用，包括类固醇受体、肿瘤抑制因子，以及 RB、BRCA-1、c-Myc 和 MLL 等癌基因（Hargreaves and Crabtree，2011）。果蝇的 NURF 复合体通过 NURF301 亚基与多种转录因子相互作用，包括 GAGA 因子、热休克因子、蜕皮激素受体和 dKen 阻遏因子（Alkhatib and Landry，2011）。

一旦被招募到靶基因启动子，染色质重塑因子通过核小体移动或移位改变局部染色质组织，这将有利于基因的激活（Li et al.，2007）或者抑制。与组蛋白伴侣结合，Swi/Snf 和 RSC 等复合体能够通过迫使组蛋白八聚体进入另一个 DNA 片段或通过将组蛋白移动到分子伴侣上来反式地移动核小体（Workman，2006）。组蛋白乙酰化以及复合体与转录因子的相互作用促进了 Swi/Snf 置换核小体（图 21-9 和 21.7 节）（Gutierrez et al.，2007）。

核小体重塑复合体参与了基因表达的激活和抑制。它们在酵母中的亚基突变通常会导致基因表达的增加，这些基因与那些表达减少的基因一样多（Hargreaves and Crabtree，2011）。尽管其中一些效应是间接的，但不难想象染色质重塑因子通过同样的机制激活或抑制基因（例如，核小体在启动子上移动或从启动子上离开）。尽管如此，大多数染色质重塑因子的特征是基于它们在激活或抑制基因表达方面的活性。

在酵母中，Swi/Snf 和相关 RSC 复合体都是表达非重叠的基因子集所必需的（Hargreaves and Crabtree，2011）。尽管 Swi/Snf 调控许多可诱导基因，RSC 更多地参与控制必需的、组成性表达的基因，例如编码核糖体蛋白亚基的基因（Hargreaves and Crabtree，2011）。重要的是，尽管只有少数酵母基因的表达绝对需要 Swi/Snf 或 RSC，这并不能否定 Swi/Snf 或 RSC 在许多其他基因上仍然起作用。事实上，RSC 被发现与酵母基因组中的 700 多个靶基因相结合，包括组蛋白基因、应激调节基因和 RNA 聚合酶Ⅲ转录的多个基因（Hargreaves and Crabtree，2011）。此外，在葡萄糖中生长的酵母中，20% 的基因需要 Snf2 来保持它们启动子的核小体缺失（Tolkunov et al.，2011）。这些数据表明，Swi/Snf 和 RSC 的功能比最初单纯通过基因表达分析发现的功能更广泛。

其他核小体重塑因子也在基因激活中发挥作用（Clapierr and Cairns，2009）。酵母 INO80 复合体激活由肌醇/胆碱反应元件调节的基因，也是激活 PHO84 基因所必需的。在没有 INO80 的情况下，150 个基因的表达水平发生了变化（增加或减少大约各一半；Morrison and Shen，2009）。哺乳动物的 INO80 复合体被 YY1 转录因子招募到靶基因上（Cai et al.，2007）。

如前所述，无论是直接还是间接，一些核小体重塑复合体似乎主要在转录抑制中发挥作用。染色质免疫沉淀研究表明，Swi/Snf 在物理空间上占据了一些基因的位置，在那里它起着抑制作用（Martens and Winston，2003；Hargreaves and Crabtree，2011）。类似地，ES 细胞中大多数 Brgl 结合发生在增强子和基因内调节元件处，在那里它作为一种抑制因子发挥作用（Hargreaves and Crabtree，2011）。Swi/Snf 对酵母 SER3 基因的作用提供了一个间接抑制效应的典型例子。Swi/Snf 激活上游 SRG1 启动子，导致非编码 RNA 的转录。转录延伸通过下游 SER3 基因启动子，并干扰其转录起始（Martens et al.，2005）。

酵母 Ume6 抑制子将 ISW2 复合体招募到减数分裂启动子上，在那里组织抑制性的染色质。Isw2 与 Rpd3 去乙酰化酶复合体协同抑制许多 Ume6 依赖的和独立的基因（Fazzio et al.，2001）。一项广泛的分析证实了这一点，在该分析中，果蝇 3 龄幼虫的 ISWI 功能丧失，导致 500 个表达谱发生改变的基因中，75% 的基因表达增加（在测试的 15 000 个基因中；Hargreaves and Crabtree，2011）。高等真核生物的 Mi2 ATP 酶作为抑制核小体重塑/去乙酰化酶复合体（nucleosome remodeler/deacetylase complex，NuRD）的一部分起作用。NuRD 代表一组具有可变的、细胞特异性亚基组成的异质因子（Bowen et al.，2004），也是连接染色质重塑、组蛋白去乙酰化和 DNA 甲基化的 MeCP1 复合体的一部分。最近，Mi2 还被发现是一种独特的 dMec 复合体的一部分，dMec 起着 SUMO 依赖的共抑制子的作用（Kunert and Brehm，2009）。

除了通过激活或抑制来调节转录起始，染色质重塑因子还影响转录延伸的过程。延伸中的 RNA 聚合酶Ⅱ必须对抗整个基因体的核小体，许多延伸因子、组蛋白伴侣、组蛋白修饰和染色质重塑因子起到促进其进程的作用（Li et al.，2007；Selth et al.，2010）。一般来说，组蛋白在转录延伸过程中被乙酰化和甲基化，八聚体中的全部或部分组蛋白在延伸聚合酶周围被伴侣化，在聚合酶后被重组装和去乙酰化（Li et al.，2007；Clapier and Cairns，2009）。然后，重塑因子可能会在聚合酶前解聚核小体，并在聚合酶轨迹中重组装和间隔核小体。这种作用的例子来自重塑因子的所有亚家族和几个物种。人类Swi/Snf早期在体外被证明有助于RNA聚合酶跃过核小体诱导的转录暂停（Vignali et al.，2000）。酵母Swi/Snf与体内多聚酶延伸过程中的组蛋白卸载有关（Schwabish and Struhl，2007）。酵母RSC复合体可与RNA聚合酶Ⅱ在体外结合（Soutourina et al.，2006），并以组蛋白乙酰化增强的方式刺激转录通过一个核小体（Li et al.，2007）。酵母Chd1与RNA聚合酶Ⅱ共定位，并与许多与延伸有关的因子相互作用，如PAF复合体、Spt4/5延伸因子和FACT组蛋白伴侣复合体（Simic et al.，2003）。果蝇CHD家族重组因子Kismet与多线染色体上的活跃转录区域相联系，在转录起始或延伸的早期阶段起到明显的作用（Srinivasan et al.，2005；Murawska et al.，2008）。Kismet的突变导致多线染色体上起延伸作用的RNA聚合酶Ⅱ和组蛋白伴侣Spt6的水平降低（Srinivasan et al.，2005）。

综上所述，染色质重组因子参与了从促进或阻断转录起始到活性转录延伸的整个转录过程。它们被DNA结合转录因子、RNA聚合酶和延伸因子招募到靶基因。它们在解聚核小体以促进转录的起始和延伸，并在RNA聚合酶轨迹上重组装和重排列核小体中发挥作用。它们是阻止RNA聚合酶接近基因（抑制）和帮助RNA聚合酶对抗核小体（激活）的引擎。

21.5 染色质组装与组织过程中的核小体重塑

前文强调了核小体重塑因子在核小体解体过程中作为接近遗传信息的手段的作用。虽然不太直观，但同样重要的是核小体重塑参与了染色质的组装和组织，具有抑制性以及结构的多样化特性，统称为"表观基因组"。核小体重塑在染色质组织的各个层次都是有效的，包括染色质核小体的重头开始组装（图21-2B）、相对于涉及的DNA的定位，以及核小体之间具有确定距离的纤维的生成（"核小体间隔，nucleosome spacing"）（图21-2C），这些都深刻地影响着染色质的折叠。最后，核小体重塑也影响连接组蛋白的结合，甚至可能影响非组蛋白与核小体纤维的相互作用。

重塑因子从组蛋白表面剥离DNA片段以及相反地在核小体组装期间将DNA包裹在组蛋白周围的双重能力，最好由组蛋白变体的交换过程来说明。例如，SWR1家族的核小体重塑因子从核小体中移除一个"经典的"H2A/H2B二聚体，然后用一个含有H2A.Z变体的二聚体取代它［21.6节和第20章（Henikoff and Smith，2014）］。

尽管核小体可以在高盐溶液中混合DNA和组蛋白并逐渐除去盐而自发形成，但在生理条件下，核小体的组装需要组蛋白伴侣和重塑活动的配合（图21-2B）。组蛋白伴侣保持高电荷的组蛋白的可溶性，并确保其有序地沉积到DNA上［第22章（Almouzni and Cedar，2014）］，但ACF的例子表明，重塑因子可以催化围绕组蛋白八聚体的DNA的超螺旋（Torigoe et al.，2011）。确实，ISWI家族的核小体重塑因子似乎特别地参与了核小体的重新组装。在体外，ACF和RSF能够促进核小体的形成，但是ACF需要组蛋白伴侣的帮助，RSF从"内置"伴侣活动中获益（Loyola et al.，2003；Lusser et al.，2005）。在果蝇中，对这些重塑因子［即ACF1和RSF1（图21-3）］的各自特征亚基的遗传分析证实了它们在体内染色质组装中的作用。这些在ACF1缺乏下存活下来的动物具有"凌乱"的不规则染色质、异染色质特征以及染色质介导的基因沉默的缺陷（Chioda and Becker，2010）。相反，RSF1缺陷并不影响基础染色质组织，但会导致组蛋白变体H2A.V的加载出现更为特殊的缺陷，并导致依赖于该变体的染色质结构的选择性损伤，如异染色质（Hanai et al.，2008）。

核小体的大部分组装发生在S期，因此相应地许多重塑因子靶向DNA复制位点（Morettini et al.，2008；Rowbotham et al.，2011）。它们的生理作用很难评估，因为它们在打开染色质以促进DNA合成，以及在随后的核小体组装中重建核小体纤维的完整性方面具有双重潜力。核小体的组装也发生在 DNA 损伤修复期间，许多不同的重塑因子被招募到 DNA 损伤修复的位点（Altaf et al.，2007；Bao and Shen，2007；Downs et al.，2007；Lan et al.，2010）。

在最简单的情况下，抑制性染色质的产生可能涉及核小体在调控 DNA 序列上的定位。ATP 水解的能量输入允许重塑因子将核小体移动到 DNA 序列上，而这些 DNA 序列本质上是不利于核小体移动的。例如，酵母 ISWI 型重塑因子 isw2 可以将核小体滑动到启动子上以抑制其活性（Whitehouse and Tsukiyama，2006）。ISW2 在近启动子和编码区的全基因组染色质重塑增加了核小体密度并增强了转录的准确性（Yadon et al.，2010）。更具体地说，isw2 和 isw1 复合体有助于核小体在基因间或基因中的定位，它们分别抑制隐蔽的、反义的转录，否则可能会对正义转录造成干扰（Whitehouse et al.，2007；Tirosh et al.，2010）。酵母转录起始位点周围核小体的位置定位和间隔相位化（通常以组蛋白变体和特定修饰的形式携带信息），在酿酒酵母中是由 RSC 复合体引起的（Wippo et al.，2011；Zhang et al.，2011）。在粟酒裂殖酵母中，CHD 型重塑因子 Mit1 被证明参与了启动子边界的核小体阵列排布，这一过程被称为核小体"相位化（phasing）"（Lantermann et al.，2010）。

重塑因子的核小体组装活性表现在通过填补一连串核小体中的空隙来提高染色质纤维的完整性。核小体的滑动使重塑因子能够通过平衡核小体间距离（即它们的"间距"）来改善核小体纤维的规则性（图 21-2C）（Becker and Horz，2002）。核小体排列越规则，就越容易折叠成各种直径约为 30nm 的"下一级"染色质纤维。连接组蛋白的结合进一步促进了染色体阵列向纤维的折叠。连接组蛋白的存在对重塑因子的活性有不同的影响。一些酶不能重塑被 H1 结合所"锁定"的核小体，但其他酶，特别是含有 ISWI 的 ACF 即使与 H1 结合也能移动核小体。ACF 还可以促进 H1 在体外与染色质的结合（Lusser et al.，2005；Torigoe et al.，2011）。这些生化发现可能具有生理意义，因为含有 ISWI 的重塑因子被认为调节 H1 与染色体的稳态关联（Chioda and Becker，2010）。总之，核小体重塑因子可能通过调节核小体阵列的完整性、规则性和间隔距离来调节染色质的折叠，从而为高阶染色质结构奠定基础（Korber and Becker，2010）。这一假设得到了酵母和果蝇的观察结果的支持。在粟酒裂殖酵母中，沉默异染色质的形成与核小体定位的规则性相关，在 SHREC 复合体的背景下，ATP 酶 Mit1 促进核小体定位的规则性（Sugiyama et al.，2007）。缺乏核小体组装和间隔因子 ACF 的果蝇，在异染色质形成和依赖多梳蛋白的沉默方面存在缺陷（Chioda and Becker，2010）。这些例子表明，核小体重塑因子不仅可以催化核小体组织的快速、局部和可逆变化，还可能促进稳定和表观遗传学沉默的染色质结构域的组装。

21.6 染色质重塑因子对组蛋白修饰的识别

除与序列特异性 DNA 结合转录因子的相互作用外，大多数重塑复合体包含介导其与修饰的组蛋白特异关联的结构域。例如，CHD 家族成员通常包含两个串联的克罗莫结构域（图 21-6）（Brehm et al.，2004）。人类 CHD1 的串联克罗莫结构域允许它特异识别组蛋白 H3 尾部的甲基化赖氨酸残基 4（H3K4me）（Hargreaves and Crabtree，2011）。由于其固有的弱点，与修饰组蛋白的相互作用不太可能是主要的靶向性决定因素，但一旦被其他途径招募，可能会调节酶的活性。由于 H3K4 甲基化是基因 5′ 端的一个活性标记，因此人们认为 CHD1 在启动子处通过克罗莫结构域组蛋白相互作用可以调节 CHD1 的活性。与此一致，酵母和果蝇 CHD1 的克罗莫结构域对其 ATP 酶和核小体重塑活性似乎很重要，但对其染色体定位没有显著影响（Hauk et al.，2010；Morettini et al.，2011）。因此，CHD1 的克罗莫结构域与 H3K4 甲基化的相互作用可能除招募到活性基因功能之外，还发挥着重塑活性的调节作用。

植物克罗莫结构域（PHD 结构域）是一个多功能的锌指结构域，它沿着组蛋白 H3 的氨基末端读取组蛋白修饰信息（Sanchez and Zhou，2011）。NURF 复合体 BPTF 亚基中的一个 PHD 结构域识别 H3K4me3，并将这种修饰与核小体重塑相偶联（Hargreaves and Crabtree，2011）。NuRD 复合体的 CHD4 亚基包含 2

个 PHD 结构域，其中第 2 个 PHD 结构域识别 H3K9me3，第 1 个 PHD 结构域在 K4 处未修饰时优先与 H3 的氨基末端相互作用（Mansfield et al.，2011）。值得注意的是，一种与人 BAR 相关的因子 DPF3b，通过串联的 PHD 锌指识别 H3K14 乙酰化（Zeng et al.，2010）。以前，对乙酰化组蛋白的识别主要归因于克罗莫结构域。

克罗莫结构域有可能促进乙酰化核小体上染色质重塑因子的招募、保留和/或活性。在一些重塑 ATP 酶和相关亚基中存在与乙酰赖氨酸结合的克罗莫结构域，这表明一些重塑因子对靶核小体的乙酰化状态敏感（Horn and Peterson，2001；Workman，2006）。所有类似 Snf2 的 ATP 酶至少含有一个克罗莫结构域（图 21-6），其他的克罗莫结构域可能存在于 Swi/Snf 型复合体的其他亚基上（Clapier and Cairns，2009）。

21.7　翻译后修饰对重塑因子的调控

越来越多的证据表明，染色质重塑因子本身也被以修饰组蛋白而闻名的酶修饰和调节。Gcn5 是 SAGA 复合体的乙酰转移酶亚基，长期以来一直与染色质重塑因子（如 Swi/Snf）的功能相关，因此，SAGA 间接通过乙酰化组蛋白和直接通过重塑因子乙酰化影响重塑活性（图 21-9）（Clapier and Cairns，2009）。SWI/SNF 型重塑因子 RSC 的 Rsc4 亚基含有串联的克罗莫结构域，其中一个与 H3K14ac 结合。值得注意的是，相邻的克罗莫结构域能够与 Rsc4 自身的乙酰化赖氨酸 25 结合（VanDemark et al.，2007）。该克罗莫结构域与 Rsc4 的 K25ac 结合抑制另一个克罗莫结构域与 H3K14ac 的相互作用，从而阻碍 RSC 与乙酰化核小体的相互作用。Gcn5 同时负责 H3K14 和 Rsc4K25 的乙酰化，因此具有通过 H3 乙酰化促进 RSC 与核小体的结合或通过 Rsc4 乙酰化抑制 RSC 与核小体的结合的能力（VanDemark et al.，2007）。这些相反的反应可能有助于精细调控重塑酶的局部活性。Swi/Snf 复合体的类似而又不同的作用机制已经被描述了。含有克罗莫结构域的 Snf2 ATP 酶被 Gcn5 乙酰化（Kim et al.，2010）。ATP 酶自身的乙酰化位点与组蛋白底物上的类似位点竞争，这一事实表明存在复杂的调控相互作用（图 21-9）（Kim et al.，2010）。哺乳动物 Swi/Snf ATP 酶亚基 Brm 也通过乙酰转移酶 PCAF（后生动物 Gcn5）的乙酰化来调节（Bourachot et al.，2003）。此外，蛋白质组筛选确定了其他哺乳动物 Snf2 样 ATP 酶 Brgl（SMARCA4）上的 3 个乙酰化位点（Choudhary et al.，2009）。通过乙酰化对染色质重塑因子的调节并不局限于 Swi/Snf 型复合体。果蝇 ISWI-ATP 酶可以通过 Gcn5 和 p300 乙酰转移酶在赖氨酸 753 上被乙酰化，赖氨酸 753 是蛋白质中与 H3 尾部相似的区域（Ferreira et al.，2007）。这些例子表明乙酰化可以调节核小体重塑反应的两个组分，即核小体底物和重塑酶。

PARP-1 [poly (adenosine diphosphate ribose) polymerase-1，（二磷酸腺苷核糖）多聚酶-1] 已成为调节基因组功能的一个主要因子。PARP-1 还修饰组蛋白以及染色质修饰、转录和 DNA 修复中涉及的蛋白质（Krishnakumar and Kraus，2010），最显著的是 ISWI-ATP 酶。ISWI 的二磷酸腺苷核糖多聚化抑制其 ATP 酶活性以及和核小体结合的能力。在果蝇中，PARP-1 抵消 ISWI 的功能（Krishnakumar and Kraus，2010）证实了这一点。

磷酸化是一种广泛应用于协调细胞周期进程和 DNA 损伤响应的修饰。在这种情况下，Swi/Snf 型重塑复合体也以多种方式被磷酸化调节，这一点不足为奇，以下所选的例子说明了这一点（Vignali et al.，2000）。酵母 RSC 复合体的 Sfh1 亚基在细胞周期的 G_1 期磷酸化，Sfh1 的温度敏感等位基因停止在 G_2/M 期。在人类中，hbrm 和 Brg1 蛋白（Snf2 同源蛋白质）在有丝分裂过程中被磷酸化，导致它们与有丝分裂染色质分离。果蝇 NuRD 复合体的 Mi-2 亚基被 CK2 激酶组成性磷酸化，增加了其对核小体的亲和力和核小体重塑活性（Bouazoune and Brehm，2005）。在酵母中 INO80 复合体的 Ies4 亚基被 Mec1/Tel1 激酶 [共济失调毛细血管扩张突变（ataxia telangiectasia mutated，ATM）/ATM 和 Rad3 相关的（Rad3-related，ATR）同源蛋白] 磷酸化，从而对 DNA 损伤做出响应。Ies4 的磷酸化似乎不是 DNA 修复所必需的，而是 DNA 损伤检查点反应所必需的（Morrison and Shen，2009）。由于多个染色质重塑因子参与了 DNA 双链断裂修复（Polo and Jackson，2011），如果在 DNA 修复过程中发现更多的复合体被磷酸化调控，这也不足为奇。

总之，已知的调控染色质重塑复合体的修饰包括乙酰化、ADP-核糖多聚化和磷酸化。重塑亚基的修饰可以激活或抑制复合体的活性及其与核小体的相互作用。这些修饰似乎"微调"了重塑复合体的功能。

21.8 染色质重塑因子与 DNA 甲基化的相互作用

长期以来，DNA 甲基化被认为与基因沉默有关，并且由于它具有通过细胞分裂传承的明显潜力，它也被认为是表观遗传调控的主要组成部分[Clouaire and Stancheva, 2008；第 15 章（Li and Zhang, 2014）]。在真核生物中，DNA 甲基化主要发生在 CG 二核苷酸上，其对基因沉默的影响通过 meCG 结合蛋白（methyl-CpG-binding domain, MBD）表现出来。MBD 蛋白与包括组蛋白甲基化酶、组蛋白去乙酰化酶和染色质重塑因子在内的许多转录共阻遏蛋白复合体相关（Clouaire and Stancheva, 2008）。与 DNA 甲基化研究和联系最多的染色质重塑复合体是 Mi-2/NuRD 复合体。NuRD 以 MBD2 或 MBD3 为核心亚基，优先重塑和去乙酰化含有甲基化 DNA 的核小体。MBD2 和 MBD3 是 NuRD 复合体的不同形式，由于 MBD3 实际上并不结合甲基化的 DNA，推测只有 MBD2 形式的 NuRD 参与 DNA 甲基化介导的抑制（Clouaire and Stancheva, 2008）。

21.9 染色质重塑因子和组蛋白变体

核小体重塑因子通常参与将组蛋白变体加载到染色质的过程中。反过来，核小体重塑活性也会受到核小体中组蛋白变体的影响。最突出的例子是 SWR1 复合体在将组蛋白变体 Htz1（酵母 H2A.Z）加载入染色质的过程中起作用。H2A.Z 是一个高度保守的变体，其功能与基因激活、阻滞异染色质扩散和染色体分离有关（Altaf et al., 2009；Morrison and Shen, 2009）。Htz1 通过酵母中的 SWR1 复合体和人的 SRCAP 或 p400/Tip60 复合体加载入染色质（Billon and Cote, 2011）。Swr1、SRCAP 和 p400 是各自复合体的 ATP 酶亚基，催化依赖 ATP 的 H2A 与 H2A.Z 的替换。Htz1 插入沉默基因的启动子处，但有助于基因随后的激活（Workman, 2006）。SWR 复合体含有一种布罗莫结构域蛋白 Bdf1，它可能在启动子处将 SWR 带到乙酰化核小体上以插入 Htz1。在哺乳动物中，在一些启动子处结合 H2A.Z 需要 SRCAP，而其他启动子则需要 p400。p400 是果蝇 TIP60 复合体的一部分，它可以直接与启动子处的转录因子相互作用。

组蛋白变体 H2A.X 被认为可以赋予染色质在 DNA 断裂部位的重塑（Talbert and Henikoff, 2010）。H2A.X 通过 ATM 激酶在蛋白质的羧基末端的特定丝氨酸上的磷酸化以响应 DNA 断裂。磷酸化的 H2A.X（γ-H2AX）对于在双链断裂处招募或保留大量染色质修饰和修复蛋白质非常重要（Talbert and Henikoff, 2010）。γ-H2AX 与 Arp4 结合，Arp4 是 NuA4-HAT 复合体的一个亚基，也是 SWR1 和 INO80 染色质重塑复合体的一部分，并被认为在这 3 种复合体向 DNA 断裂处的招募中起作用。在 DNA 断裂处，这 3 种复合体参与修复过程（Altaf et al., 2009）。

其他 H2A 变体也影响核小体重塑复合体的功能。其中最大的组蛋白变体 macroH2A 含有一个 30kDa 的羧基末端球状尾巴，称为"超大结构域（macrodomain）"（Gamble and Kraus, 2010）。超大结构域结合由 PARP 或 Sirtuin 型去乙酰化酶产生的 NAD 代谢产物。MacroH2A 参与了兼性异染色质和非活性 X 染色体的转录抑制。最近，它在核小体中的存在被证明能抑制 Swi/Snf 复合体的招募或重塑（Gamble and Kraus, 2010）。与 macroH2A 相比，组蛋白 H2A.Bbd（Barr 小体缺陷）似乎与活性乙酰化染色质有关，并被排除在非活性 X 染色体之外（Gonzalez Romero et al., 2008）。这种哺乳动物特有的、短的组蛋白变体形成的核小体比含有典型 H2A 的核小体稳定性差（Gonzalez Romero et al., 2008）。令人惊讶的是，在核小体中存在 H2A.Bbd 降低了它们在体外被 Swi/Snf 和 ACF 复合体重塑/移动的能力。同时，含有 H2A.Bbd 的核小体阵列是 p300 激活的转录中更为活跃的模板（Gonzalez Romero et al., 2008）。因此，H2A.Bbd 对基因表达的贡献很可能是由于固有的不稳定核小体，而不是使核小体对核小体重塑更敏感。

21.10 发育过程中的核小体重塑

  由于核小体重塑因子的多功能性，它们影响着基因组功能的各个方面，甚至是那些受到表观遗传稳定性影响的因子。核小体重塑可能通过奠定高阶染色质组织的基础或如21.9节所述的通过组蛋白变体室间布局，直接影响这种稳定状态的组装。或者，它们可以作为转录机制的重要调控因子，帮助建立和维持稳定的细胞系特异性基因表达程序。一个典型的例子是多功能BAF复合体，它参与了多种多样的基因表达程序，范围从胚胎干细胞到后有丝分裂神经元等（Ybo and Crabtree，2009；Ho and Crabtree，2010；Hargreaves and Crabtree，2011）。

  BAF复合体的多功能性解释在于其亚基组成的多样性。不同细胞的BAF重塑因子都有一个相同亚基的核心复合体，它是驱动基本的BAF特异性重塑反应的引擎。除了这些核心亚基，从不同细胞纯化的BAF复合体还有额外的细胞特异亚基（图21-8B）。例如，从ES细胞（esBAF）纯化的BAF复合体不包含ATP酶亚型BRM或相关的BAF170亚基，但具有BAF53a和BAF45a亚基。相反，从后有丝分裂神经元（nBAF）分离出的BAF复合体可能以BRM代替BRG1，含有BAF170而不是BAF 155，其特征是存在BAF53b和BAF45b/c变体。密切相关的BAF45变体在其氨基末端Krüppel类似的结构域显示出不同。值得注意的是，增殖和自我更新的神经前体细胞含有由中间亚基组成的BAF复合体（npBAF）（图21-8B）（Yoo and Crabtree，2009；Ho and Crabtree，2010；Hargreaves and Crabtree，2011）。最有可能的情况是，特异性亚基介导与细胞类型特异性转录因子的相互作用，这些转录因子将重塑共激活子招募到另一组基因中。不同BAF复合体之间的转换是通过microRNA抑制BAF53a实现的，microRNA在后有丝分裂神经元中被特异激活，而在前体细胞中在转录抑制因子REST的作用下被抑制。祖细胞特征亚基BAF45a和BAF53a的持续表达可防止神经元分化（Yoo and Crabtree，2009；Ho and Crabtree，2010；Hargreaves and Crabtree，2011）。与它们作为分化程序调节器的作用一致，许多BAF蛋白作为肿瘤抑制因子发挥作用，它们的表达在几种癌症中丢失或减少（Hargreaves and Crabtree，2011）。总之，BAF复合体是一个在发育过程中调控基因表达新机制的显著例子。基因表达的发育模式不仅取决于染色质上是否存在组织特异性转录因子和表观遗传标记，还取决于核小体重塑复合体的亚基组成。

21.11 总　　结

  核小体重塑酶，尽管它们所催化的染色质转变是动态的，但参与稳定和持久的"表观遗传"染色质状态的组装和传承。核小体重塑因子的典型作用包括调控元件中局部核小体的重塑，以影响特定的基因表达程序，以及通过核小体组装和间隔确保染色质纤维的完整性，还有它们在组蛋白变体交换中的作用。重塑因子也可能有其他未被探索的功能。我们知道一些单个的例子，其中重塑因子利用其ATP依赖的DNA转位酶活性来调节非组蛋白底物与染色质的结合（Kia et al.，2008；Wbllmann et al.，2011）。考虑到大量与染色质相关的重塑机器，我们还考虑了与它们的酶促重塑反应无关的、对染色质组织的影响（Wrga-Weisz and Becker，2006）。很多功能还有待发现。

致　　谢

  我们感谢Joanne Chatfield在准备本章时提供的帮助。J.L.W实验室的工作由National Institute of

General Medical Sciences（NIGMS）的基金 GM047867、GM99945 和 Stower Institute for Medical Research 资助。P.B. 实验室的关于核小体重塑因子的工作由 Deutsche Forschungsgemeninschaft SFB594、SPP1356 和欧盟通过 Network of Excellence 的"表观基因组"项目（FP6-503433）资助。

（黄雪清 译，方玉达 校）

第22章

表观遗传信息的维持

吉纳维耶夫·阿尔穆兹尼（Geneviève Almouzni[1]），霍华德·雪松（Howard Cedar[2]）

[1]Department of Nuclear Dynamics and Genome Plasticity Institut Curie, Section de recherche, 75231 Paris Cedex 05, France; [2]Department of Developmental Biology and Cancer Research, Institute for Medical Research Israel-Canada, Hebrew University Medical School, Ein Kerem, Jerusalem, Israel 91120

通讯地址：genevie.almouzni@curie.fr

摘　要

基因组受到从 DNA 甲基化到组蛋白翻译后变化的一系列表观遗传修饰。这些标记中的许多在体细胞中进行细胞分裂时是稳定的。本章重点关注当 DNA 和染色质模板在 S 期复制时，控制表观标记，特别是抑制性标记的继承机制。这涉及组蛋白伴侣、核小体重塑酶、组蛋白和 DNA 甲基化结合蛋白及染色质修饰酶的作用。最后，讨论了 DNA 复制的时间，包括是否构成有助于表观遗传标记传递的问题。

本章目录

22.1　DNA 甲基化
22.2　混合亲本组蛋白和新的组蛋白
22.3　复制时序
22.4　总结

概　述

每个生物都有能力调节其基因信息的使用。这一过程最基本和最常见的机制是利用局部调控序列结合转录因子，从而影响 RNA 聚合酶对附近基因的启动和延伸。蛋白质或蛋白质复合体可以促进 RNA 合成或引起抑制。这种机制的作用在细胞分裂时是短暂的，因为DNA复制叉的前进通常会破坏这些蛋白质与DNA的相互作用，然后需要在产生的子细胞中重建这些相互作用。因为这个系统基于对DNA中特定序列元件的识别，然而，在分裂之后，将重建完全相同的表达模式。

使用基于序列识别的方法来控制表达状态，这永远依赖于子代细胞中结合因子的动态浓度。因此，它代表了一种非自控的机制，可能不完全适合基因表达模式的长期维持和稳定。此外，超过50%的动物基因组在任何单个细胞中都受到抑制。这些结果强烈地表明，高等生物利用不同的基因调控策略，利用更多的整体性机制，经过细胞分裂甚至发育时保证基因表达的连续稳定性。在本章中，我们讨论了三种可能有助于长期表观遗传编程的机制，包括DNA甲基化、通过DNA复制的染色质结构继承和DNA复制时序。

22.1 DNA 甲基化

DNA甲基化代表着一种稳定基因抑制的主要机制。DNA甲基化是指哺乳动物CpG二核苷酸序列中，在胞嘧啶残基的5′位置加上一个甲基。一般来说，甲基化在基因组中具有双峰分布模式，即大多数区域高度甲基化（85%～100%），而CpG岛未甲基化（0%～5%）（Straussman et al.，2009；Laurent et al.，2010）。许多基因，包括那些只在特定组织中表达的基因，都位于甲基化部分，而带有CpG岛启动子的基因（大多具有持家基因功能）是组成型未经修饰的。

关于DNA甲基化模式在体内是如何维持的，我们已经知道了很多。最早的研究表明，当体外甲基化的DNA模板被导入培养的体细胞中时，无论其序列如何，甚至在许多次细胞分裂之后，它们都保留了原始底物的精确甲基化模式（Pollack et al.，1980；Wigler et al.，1981）。这说明在复制过程中，一定有一种机制可以复制甲基化的位置。其基础在于CpG二核苷酸的对称性，即一条链上的每一个CpG在另一条链上都有一个与之互补的CpG，甲基化位点几乎总是修饰在DNA的两条链上。然而，在复制过程中，新链的合成产生一个半甲基化位点。这是由Dnmt1（DNA methyltransferase 1，DNA甲基转移酶1）酶特异识别的（Li et al.，1992）。Dnmt1然后甲基化新合成的CpG，从而以半保留的方式从原始链复制甲基［第15章图15-2（Li and Zhang，2014）］。由于Dnmt1酶对半甲基化位点有很高的偏好性，因此亲本链上未甲基化的CpG位点不能作为其良好的底物，从而在新合成的DNA上保持其未经修饰的状态（Gruenbaum et al.，1982）。现在已经知道，这个重要反应的特异性不仅依赖于Dnmt1本身的特性，还依赖于与复制叉相关的额外蛋白质的帮助［第6章（Cheng，2014）］。如预期的那样，Dnmt1或复合体中其他蛋白质的敲除将导致分裂细胞中的整体非特异性去甲基化（Gruenbaum，1981；Lande-Diner et al.，2007）。

如果利用Dnmt1催化的过程来维持DNA甲基化模式如此稳定，那么在发育或个体发育过程中如何改变模式的问题是很有趣的。我们知道，在早期的桑葚胚中，大多数DNA甲基化被清除，但双峰模式在植入时又重新产生（Monk et al.，1987）。这一过程是通过普遍的从头甲基化发生的，而CpG岛受到固有的顺式作用序列的保护，这可能与转录有关（Brandeis et al.，1994；Straussman et al.，2009）。在这一发育的关键阶段之后，细胞基本上丧失了执行从头开始DNA甲基化的能力，但原始的双峰模式通过自主的Dnmt1介导的维持机制在每一次细胞分裂过程中得以保留（Siegfried et al.，1999）。因此，在整个有机体的单个组织中看到的全局甲基化模式实际上反映了植入时发生的事件（图22-1）（Straussman et al.，2009；Laurent et al.，2010）。

DNA合成后拷贝DNA的甲基化和组蛋白翻译后修饰（posttranslational modification，PTM）模式的机制可能在基因调控中起重要作用。复制过程中DNA聚合酶复合体的通过会破坏核小体的放置。然后，必须在新合成的子链DNA分子上重建原始染色质结构（Lucchini and Sogo，1995）。因为DNA甲基化参与创造不可接近的染色质构象和设置组蛋白修饰模式（Eden et al.，1998；Jones et al.，1998；Nan et al.，1998；Hashimshony et al.，2003），一种保存DNA甲基化模式的自主共价机制的存在极大地帮助了这一重建过程。

488 表观遗传学

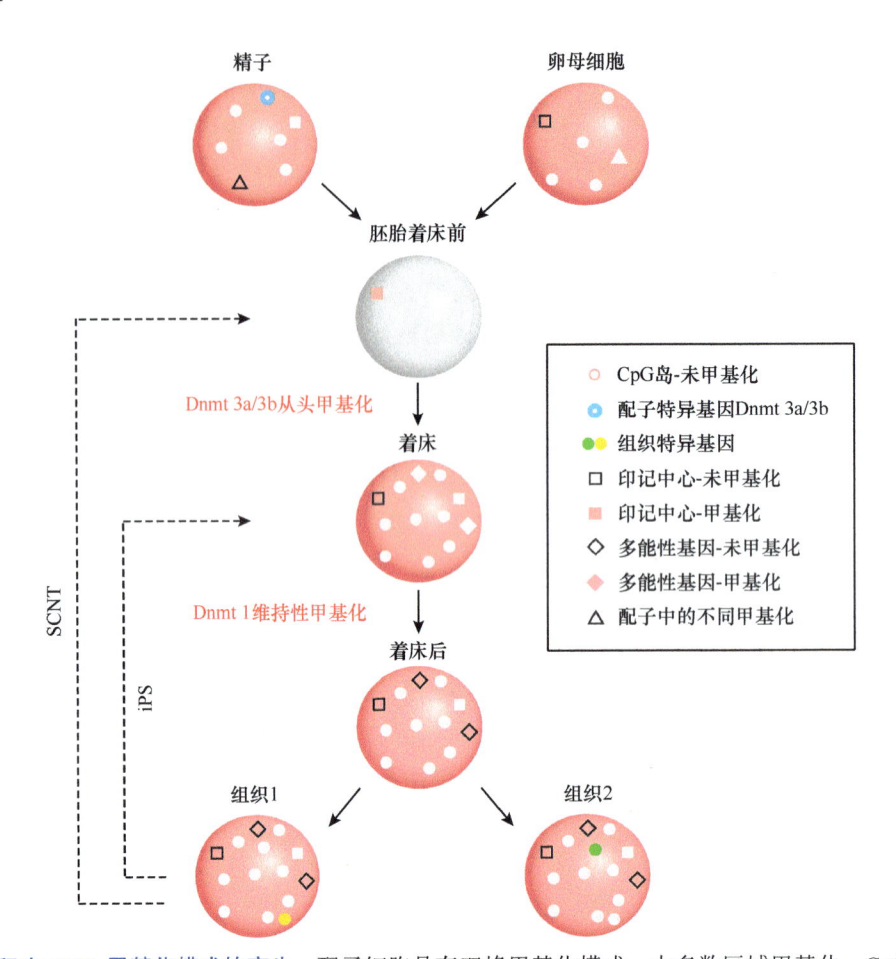

图 22-1 发育过程中 DNA 甲基化模式的产生。 配子细胞具有双峰甲基化模式，大多数区域甲基化，CpG 岛未甲基化（灰色圆圈）。印记中心在一个配子中甲基化（粉红色方块），而在另一个配子中未甲基化（白色方块）。配子特异性基因（蓝环）未被甲基化。特别地，一些基因（三角形）在一个配子中是未甲基化的（灰色）。在着床前胚胎中，配子中几乎所有的甲基化标记都被抹去（灰色），但在印记中心的一个等位基因上保留甲基化（粉色正方形）。着床时，整个基因组被甲基化（粉红色），CpG 岛被保护（灰色圆圈）。着床后，多能基因重新甲基化（粉红菱形）。组织特异性基因在其表达的细胞类型中经历去甲基化（组织 1 为黄色，组织 2 为绿色）。在整个发育过程中，印记中心仍然存在差异甲基化。体细胞通过 iPS 或融合重编程将甲基化模式重置到着床阶段，而体细胞核移植（somatic cell nuclear transplantation，SCNT）则重置到着床前状态。

总体上看，这个系统是一个整体的、长期的抑制途径。在这个方案中，大部分的 DNA 区域，主要是在 CpG 甲基化的区域，会自动形成一个相对封闭的构象，而 CpG 岛是保持开放的。因此，在不需要识别每个基因的特定序列元件的情况下，就可以实现全局抑制。值得注意的是，尽管这种整体的抑制状态确实在减少转录方面起到了一定的作用，但这只代表了基因调控的多层次过程中的一个环节（Lande-Diner et al.，2007）。

一个最重要的发现证实了甲基化维持基于链对称性的观点来自对植物 DNA 的研究。尽管动物 DNA 的甲基化仅限于 CpG 残基，但最邻近分析显示，植物来源的 DNA 可以在所有 4 种含 C 的二核苷酸上甲基化。然而，通过进一步分析序列背景，发现几乎所有这些甲基化的 C 部分实际上都包含在三核苷酸一致序列 CpXpG 中（Gruenbaum et al.，1981）。这表明，除对称的二核苷酸 CpG 残基甲基化外，植物 DNA 还能够在三核苷酸序列中保持甲基化模式，这些序列中的对称 C 残基位于两个核苷酸以外的另一条链上。进一步的研究证实了这类修饰位点特有的维持酶的存在［在 13.2.1 节中详细阐述（Pikaard and Mittelsten Scheid，2014）］。

通过转基因小鼠的反向表观遗传学实验，证明了 DNA 甲基化在体内的维持模型。与报告基因上游的非 CpG 岛序列并列的 loxP 侧翼 CpG 岛元件能保护报告序列在着床时免受从头甲基化，随后在小鼠的所有组织中也是如此（Siegfried et al.，1999；Goren et al.，2006）。相反，如果 CpG 岛元件由于早期 Cre 表达被移除，这个报告基因将在整个动物中甲基化。有趣的是，当这种元件在成体内通过 Cre 诱导被移除时，报告基因仍然保持其未被甲基化的状态。这证实了甲基化的模式是在早期胚胎中建立的，并维持了许多细胞世代，即使导致这种模式的原顺式作用元件随后被移除。

尽管生物体的基本双峰 DNA 甲基化模式是在不需要识别特定序列的情况下形成的，但所有甲基化着床后的改变都是以基因或组织特异的方式发生的（图 22-1）。这些事件主要是由高特异性蛋白因子和 DNA 上顺式作用识别信号之间的相互作用驱动的。这些表观遗传改变通常伴随着基因表达的改变，并涉及去甲基化或从头甲基化。以此方式，举例来说，多能性基因 Oct-3/4 在着床后经历从头甲基化伴随其抑制，而许多组织特异性基因在发育过程中经历去甲基化而伴随其激活。在许多情况下，甲基化的这种变化可能实际上是转录激活或抑制的次级效应（Feldman et al., 2006）。尽管如此，这些表观遗传改变发挥了重要作用，至少带来一种新的稳定状态，这种状态可以保持很长一段时间，即使是在不断分裂的细胞中。癌症的破坏性影响常常伴随着关键基因的异常获取或 DNA 甲基化丢失，这说明了这种抑制性维持机制在控制适当的基因表达程序中的重要性[第 34 章（Baylin and Jones, 2014）]。一般来说，一旦甲基化发生程序性改变，就不太可能恢复到以前的状态，因为体细胞大多缺乏重新编程 DNA 甲基化的能力。

DNA 甲基化怎样作为顺式作用的自主标记去抑制基因表达的最显著例子可以在印记基因区域看到。在这些区域中的每一个印记区域，总有一个中央印记中心以等位基因特定的方式指导差异表达模式[第 26 章（Barlow and Bartolomei, 2014）]。这些中心在配子发生过程中获得一个等位基因的 DNA 甲基化，而另一个采用非甲基化的形式。这种差异状态在早期胚胎产生[如第 26 章图 26-7 所示（Barlow and Bartolomei, 2014）]中维持并在有机体发育中保持，正是这种模式最终决定了印记表达。事实上，如果 DNA 甲基化在早期胚胎中被清除，印记就会丢失（Li et al., 1993）。同样，影响印记中心甲基化的遗传缺陷也会破坏等位基因特异性表达谱。在雌性细胞的 X 染色体上也发现了等位位点的甲基化[第 25 章（Brockdorff and Turner, 2014）]，在这一过程中，它在维持 X 染色体失活中起作用。

尽管 DNA 甲基化在正常发育过程中具有长期稳定性，但我们现在知道，作为分化过程的一部分而发生的变化实际上可以通过将体细胞暴露在胚胎环境中来逆转。例如，当分化的细胞类型在培养中与胚胎干细胞融合或引入全能性因子时可以发生逆转[第 28 章（Hochedlinger and Jaenisch, 2014）]。在后一种情况下，这些外源基因似乎有助于激活内源性干细胞主基因，然后启动建立新的基础甲基化模式所需的专门甲基化机制。这在很大程度上与植入时体内的情况相同。

22.2　混合亲本组蛋白和新的组蛋白

DNA 组织成染色质不仅可以保证其致密性，而且可以作为一种多功能结构，为调节基因组功能提供一系列可能性。真核细胞 DNA 复制过程中的染色质动力学使得复制机器能够在保证染色质组织维持的同时接触到致密的结构。因此，由于在复制过程中染色质结构发生了全基因组的改变，S 期被认为是一个独特的机会之窗，使细胞有可能改变染色质结构，从而影响基因表达模式和细胞命运。因此，复制过程中的染色质动态必须应对给定谱系中的双重挑战，即在维持基因组表观遗传结构的同时还要协调染色质结构的变化，这些变化可以促进细胞分化和发育过程中的转换（图 22-2A 的 G_2 版图）。

在 DNA 复制过程中，在核小体水平上，两个不同的基本过程并行进行：①位于复制叉前面的预先存在的核小体的组蛋白-DNA 相互作用的短暂中断，与组蛋白转移/再循环到新生 DNA 相耦合，这种反应称为亲本组蛋白分离（parental histone segregation）；②通过复制依赖的从头核小体加载途径加载新合成的组蛋白（Groth et al., 2007b）。亲本组蛋白的分离和复制叉后的从头染色质组装在每个经历 S 期的过程中都会影响整个基因组，很可能在细胞周期的其他阶段进行活性转录和 DNA 修复。因此，这两个过程如果不受控制，可能会对增殖细胞传承或改变依赖于特定染色质结构的表观遗传状态的能力产生广泛而深远的影响。

迄今为止，在染色质复制过程中考虑了 3 类主要因子（图 22-2B）：①染色质重塑因子（chromatin rem-

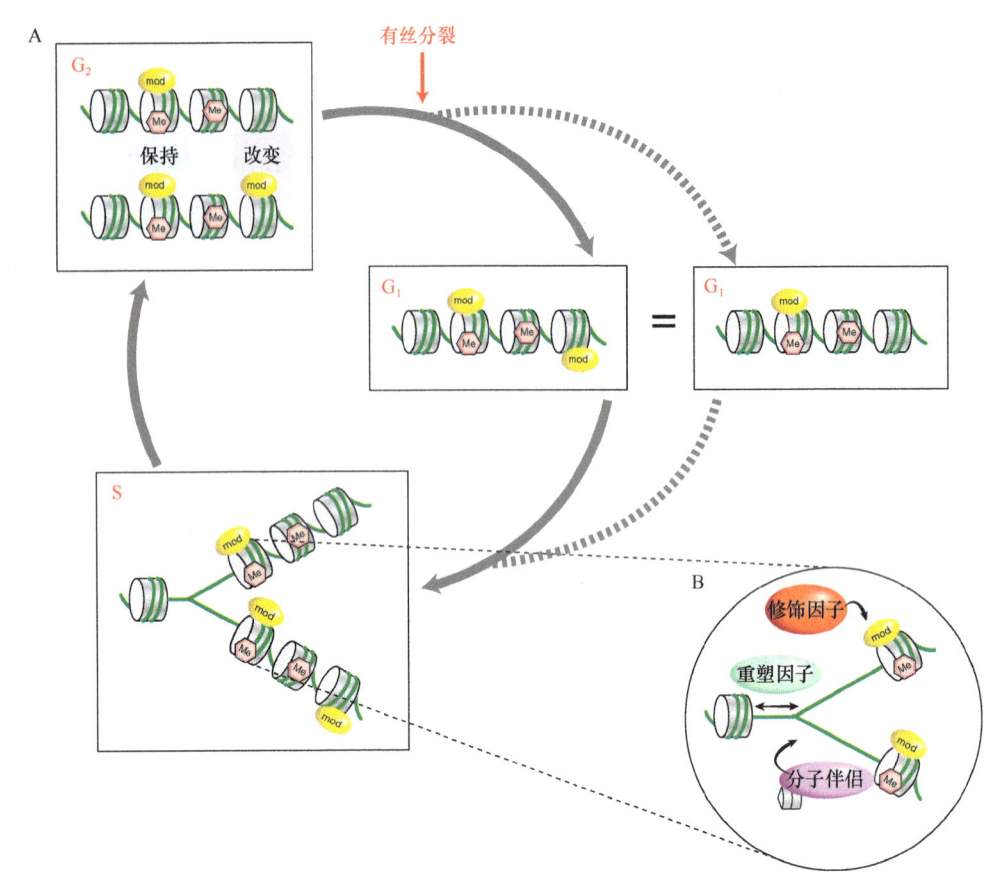

图 22-2 以细胞周期调控的方式复制染色质。（A）在 G_2 阶段，在 S 期复制 DNA 后，复制染色质在很大程度上保持其表观遗传标记（蓝色阴影），尽管改变的机会可能发生在 S 期，表现为在某个位点或区域复制染色质之间的标记差异（紫色阴影）。（B）在复制叉处，被认为与确保表观遗传标记传承有关的三种因子是染色质修饰酶（修饰因子）、核小体重塑因子和组蛋白伴侣。

odeler），定义为利用 ATP 水解来滑动核小体或从 DNA 中移除组蛋白的大型多蛋白复合体［第 21 章（Becker and Workman，2013）］；②组蛋白伴侣（histone chaperone），它们是与组蛋白结合的护航因子，刺激涉及组蛋白转移的反应，而不一定是最终产物的一部分（Gurard-Levin et al.，2014）；③染色质修饰因子（chromatin modifier），涉及在组蛋白上建立或移除 PTM 标记，或者对于 DNA，涉及胞嘧啶甲基化［第 3 章（Allis et al.，2014）］。这些参与者，当作用于复制叉附近时，将 DNA 复制与其重新包装成染色质联系起来。我们将讨论组蛋白伴侣和染色质修饰如何可能有助于维持特定的表观遗传标记，从而可能有助于维持细胞记忆。

22.2.1 组蛋白的提供

22.2.1.1 受细胞周期调控的组蛋白合成

在哺乳动物中，如果仅考虑组蛋白 H3，就有四个主要的变体：典型复制变体 H3.1 和 H3.2、替换变体 H3.3 和一个特异存在于着丝粒的变体 CENP-A（着丝粒蛋白 A，centromeric protein A）［Loyola and Almouzni，2007；第 20 章（Henikoff and Smith，2014）］。复制组蛋白 H3.1 和 H3.2 在 S 期产生（图 22-3），并确保提供新的组蛋白，以满足复制叉后两个子链上核小体组装的要求（Marzluff et al.，2008）。存在一个通过转录和转录后机制控制组蛋白水平的调节系统（Gunjan et al.，2005；Marzluff et al.，2008）。这对于在 S 期内匹配组蛋白的需求是至关重要的，这样所有新的 DNA 都能有效地包装成核小体，同时避免过量组蛋白的有害影响，导致复制受损或染色体丢失（Meeks-Wagner and Hartwell，1986；Gunjan and Verreault，2003；Groth et al.，2007a）。

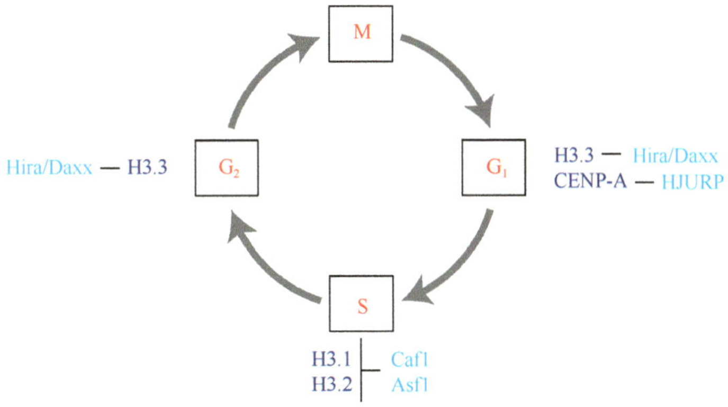

图 22-3　细胞周期调节的组蛋白 H3 变体的供给。经典组蛋白 H3.1 和 H3.2 主要在 S 期表达，以确保 DNA 复制过程中参与的、从头染色质组装的、新的组蛋白亚基的供应。组蛋白变体在细胞周期的不同阶段显示出不同的加载模式。已知的专一与特定类型的组蛋白（深蓝色）起作用的分子伴侣（青色）被标出。

与典型组蛋白观察到的细胞周期严格调节相反，替换（也称为非复制依赖的）组蛋白变体在细胞周期中不显示 S 期调节。例如，H3.3 在静止 G_1 和 G_2 阶段占主导地位（图 22-3）（Wu et al., 1982）。CENP-A 是在着丝粒区发现的最具差异的 H3 变体，在核分裂前的 G_2 期出现了一个表达高峰（Shelby et al., 2000）。因此，在考虑为核小体形成提供组蛋白时，必须同时考虑经典型组蛋白的 S 期依赖性组装和替代型组蛋白变体的独立于复制的加载，如 H3.3 和 CENP-A［第 20 章（Henikoff and Smith, 2014）］。

22.2.1.2　预组装组蛋白的修饰

了解复制叉处染色质组装的一个重要问题是，新合成的组蛋白在组装成染色质之前是否已经添加了预先存在的修饰。如果是这样，一个后续的问题是：这些 PTM 是被移除了还是没有被染色质组装？预先存在的组蛋白修饰可能会影响最终的修饰状态，因为给定的组蛋白修饰酶可能起作用，也可能不起作用，这取决于组蛋白底物（Loyola and Almouzni, 2007）。另一个重要的问题是了解 PTM 的写入和擦除时间及方式，以及它们是否能解释组蛋白变体在特定染色质位置的选择性结合。

乙酰化是在组蛋白加载在染色质上之前发现的一种主要修饰。在氨基末端第 5 位赖氨酸和第 12 位赖氨酸发现的组蛋白 H4 乙酰化是大多数真核生物 S 期新合成组蛋白的特征标记（Sobel et al., 1995; Loyola et al., 2006）。组蛋白伴侣 CAF-1（染色质组装因子 1，CHROMATIN ASSEMBLY FACTOR 1）和 Asf1（抗沉默功能 1，antisilencing function 1；在 22.2.2.1 节中进一步讨论）以及 K5-、K12-特异性组蛋白乙酰转移酶 HAT1（KAT1，K5-, K12-specific histone acetyltransferase），在它们加载在染色质上之前形成一个复合体，在 K5 和 K12 处的组蛋白 H4 二乙酰化被发现存在于这个复合体中（图 22-4）（Tagami et al., 2004; Loyola et al., 2006; Parthun, 2007）。然而，有趣的是，在 SV40 的 DNA 复制研究中，缺乏氨基端尾部的组蛋白 H3-H4 仍然可以被 CAF-1 有效地加载在染色质上（Shibahara et al., 2000）。这表明组蛋白的乙酰化还是去乙酰化不是组蛋白加载的限制步骤。

组蛋白 H3 乙酰化在生物体间表现出变异性，酿酒酵母 S 期在 K9 和 K56 处观察到乙酰化峰，在 G_2/M 期较低。在哺乳动物中，鉴于迄今为止在人类细胞中报告的 H3K56ac 数量有限（Garcia et al., 2007; Das et al., 2009; Xie et al., 2009），这个标记不太可能出现在大部分新合成的组蛋白上，除非它在加载后很快被去除。因此，H3K56 乙酰化和染色质组装在哺乳动物中的作用有待进一步研究。

新合成的组蛋白 H3 和 H4 的瞬时乙酰化甚至可以在异染色质中观察到，那里很大程度上是低乙酰化的。实际上，在异染色质区组蛋白去乙酰化对于维持异染色质的沉默状态（图 22-4）（Agalioti et al., 2002）、正确的染色体分离和 HP1（异染色质蛋白 1，heterochromatin protein 1）的结合（Ekwall et al., 1997; Taddei et al., 2001）是重要的。如 HDAC3（组蛋白去乙酰化酶 3，histonedeacetylase 3）失活所示，未能去除乙酰基可能

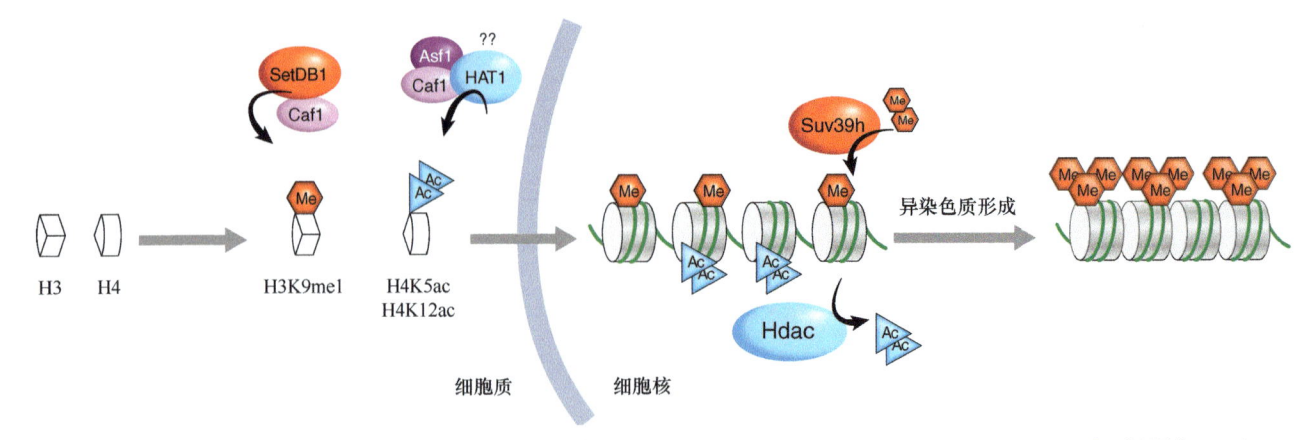

图 22-4 新合成的组蛋白在染色质组装前的翻译后修饰（histone posttranslational modification，PTM）。组蛋白 H3 和 H4 可以在染色质组装之前添加表观遗传标记，而染色质组装发生在复制叉之后。据认为，H3K9 单甲基化和 H4K5 及 H4K12 乙酰化通常分别通过修饰酶 SetDB1 和 HAT1 分别添加；与组蛋白伴侣（如 Caf1 或 Asf1）组成复合体。一旦染色质被组装，如异染色质形成的情况所示，可以发生进一步的修饰。

会产生有害后果，从而导致 S 期进程受阻（Bhaskara et al.，2008）。此外，DNA 子链上的染色质不当成熟可导致 DNA 损伤。

Loyola 等（2006）讨论了组蛋白甲基化否是在加载前进行的问题。除第 9 位赖氨酸外，待加载的 H3.1 和 H3.3 组蛋白普遍缺乏甲基化标记（Loyola et al.，2006）。H3.1 主要表现为 H3K9 单甲基化（36%），而 H3.3 可单甲基化（17%）或二甲基化（4%），说明 K9 甲基化标记可在加载到染色质上之前施加（图 22-4）。组蛋白甲基化被认为是 H3K9 的一个相对稳定的抑制标记，主要在异染色质中发现，尽管最近发现了一些组蛋白赖氨酸去甲基化酶（Cloos et al.，2008）。非核小体 H3K9me1 在很大程度上依赖于组蛋白甲基转移酶 SetDB1（Set 结构域分叉 1，Set domain bifurcated 1，ESET/KMT1E）与 CAF-1 的复合体（图 22-4）（Loyola et al.，2009）。有趣的是，Suv39h 是一种 H3K9me2/3 组蛋白甲基转移酶，对单甲基化的 H3K9 有效，但对二甲基化 H3K9 无效（Loyola et al.，2006）。由此可见，预添加 PTM（即 H3K9me1）可增强酶（例如 Suv39h 催化 H3K9me1 转化为 me3）的进一步修饰，以影响最终染色质状态（图 22-4）。因此，组蛋白修饰酶在加载前的联合作用以及另一种酶在加载于染色质时的局部作用将决定组蛋白在染色质上的最终特征。修饰发生的地点和时间，以及是否如酵母中的 H3K56 和 CAF-1 相互作用那样，某些修饰可以促进与组蛋白伴侣的特定相互作用都将是重要的决定。这也可能有助于理解这些修饰是否有助于组蛋白伴侣和下一节讨论的特定组蛋白变体之间相互作用的特异性。

22.2.2 DNA 复制过程中组蛋白的动态性

研究表观遗传标记如何复制的一个关键问题是组蛋白八聚体如何在复制的 DNA 子链上被分解、转移和重组。此外，如何在新合成的组蛋白加载的同时进行这项工作呢？这需要理解复制叉处染色质组装的动态，了解涉及的因子，并阐明它们与组蛋白 PTM 的传递或变化是如何协调的。到目前为止，我们已经讨论了细胞周期调节的组蛋白提供和组蛋白 PTM 预组装的存在。我们现在将更深入地看一看复制叉所涉及的因子和动态。

22.2.2.1 组蛋白伴侣

我们现在知道染色质的组装依赖于组蛋白伴侣的活性，而组蛋白伴侣是组蛋白的结合蛋白。事实上，伴侣参与多种功能，如组蛋白储存、运输、加载和卸载。我们对组蛋白加载机制和相关因子的理解始于由非洲爪蟾（*Xenopus laevis*）卵提取物组成的开创性无细胞系统的开发，该系统使研究染色质组装成为可能（Laskey et al.，1977）。Stillman（1986）通过生化方法鉴定了人类 CAF-1，在组蛋白伴侣和将组蛋白 H3-H4 加载到复制 DNA 上的能力之间提供了第一个联系（Smith and Stillman，1989）。CAF-1 复合体包括三个亚基（哺乳动物中的 p150、p60 和 RbAp48）（Kaufman et al.，1995；Verreault et al.，1996）。它通过与增殖细胞核抗原（proliferating cell nuclear antigen，PCNA）的相互作用以磷酸化依赖的方式靶向复制叉。PCNA 是一种环状三同聚体蛋白，用作 DNA 聚合酶的推进因子（图 22-5A）（Shibahara and Stillman，1999；Moggs et al.，2000；Gerard et al.，2006）。CAF-1 的功能可能是确保组蛋白加载和 DNA 复制之间的紧密协调。CAF-1 在

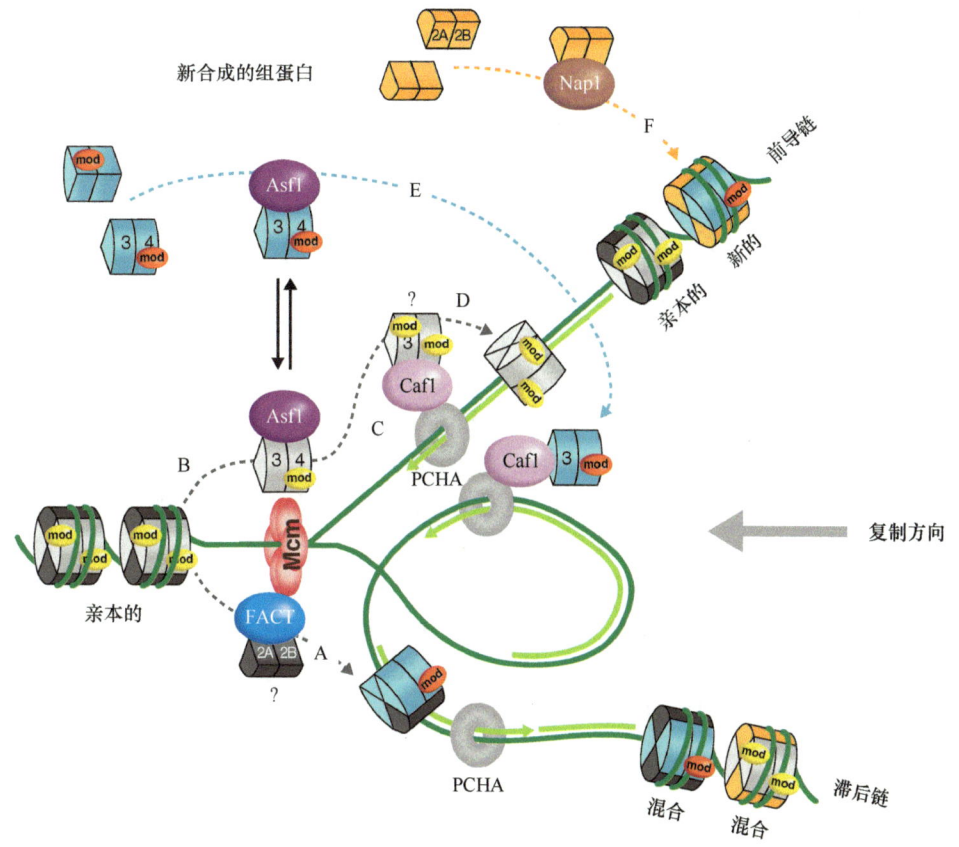

图 22-5 真核细胞复制叉处的伴侣和组蛋白动力学。DNA 复制是以不对称的方式进行的，在前导链上连续合成，在滞后链上不连续合成。空间上两股链的折叠确保了两股链之间复制的耦合。两个基本过程影响复制过程中染色质的基本单位，即复制叉前的核小体去除和复制叉后的两个子链上的核小体加载。将亲本核小体分裂成两个 H2A-H2B 二聚体和一个 (H3-H4)$_2$ 四聚体（或两个 H3-H4 二聚体？），它们在新合成的子链上的转移/循环提供了组蛋白的第一个来源（A-D 阶段）。新组蛋白的从头组装（H3-H4 作为二聚体与组蛋白伴侣复合）对于恢复已复制材料（E 和 F 阶段）上的核小体密度是必要的。在 S 期，哺乳动物中的复制组蛋白 H3.1 变体的合成提供了这个池。尽管新组蛋白携带组蛋白 H4 典型的二乙酰化 K5、K12 修饰（红色 mod），但在转移过程中可能保留的亲本组蛋白 PTM（黄色 mod）可作为在新结合组蛋白上复制标记的蓝图，这可能是表观遗传的一种手段。这些事件如何与复制叉的进程协调工作仍然是一个悬而未决的问题。MCM（mini-chromosome maintenance）2-7 被认为介导了 DNA 在复制叉前的解旋。Mcm2 的组蛋白结合活性可能与染色质重塑因子和/或组蛋白修饰因子结合，有助于核小体解聚。与 MCM2-7 复合体的相互作用有利于组蛋白伴侣 Asf1 和 FACT（促进染色质转录）的靶向，两者分别处理亲本 H3-H4（B）和 H2A-H2B（A）。此外，Asf1 可以将亲本组蛋白传递到 CAF-1（C）上。由于 Asf1 以二聚体的形式与 H3-H4 相互作用，亲本四聚体（带有自己的标记）可能以半保留的方式分裂并重新作为二聚体分配到子链上。新生 DNA 的组装将通过 CAF-1 到 PCNA 的募集步骤进行，Asf1 作为组蛋白供体（E）提供 H3-H4 二聚体，由 CAF-1 和 PCNA 加载。Asf1 同时处理新组蛋白和亲本组蛋白（C 和 E），将提供一种协调组蛋白供应和复制叉推进的方法。由于 H2A-H2B 的动力学在整个细胞周期中相对重要，这些组蛋白的组装可能只需使用 H2A-H2B 的 NAP 1 组蛋白伴侣，而无须与复制叉有直接联系。NAP1 将带来新的组蛋白 H2A-H2B，也可能是旧的组蛋白 H2A-H2B，可从转录交换（C）中获得。（经许可改编自 MacAlpine and Almouzni，2013©Cold Spring Harbor Laboratory Press）

体内的重要性通过其缺失研究得到强调。在缺失研究中，CAF-1 的丧失导致小鼠（Houlard et al.，2006）、爪蟾（Quivy et al.，2001）和果蝇（Song et al.，2007；Klapholz et al.，2009）在发育过程中丧失生存能力，以及人类细胞 S 期进展受阻（Hoek and Stillman，2003）。下一节将详细介绍它的确切功能。

Asf1 是另一种 H3-H4 组蛋白伴侣，最初在酵母中通过筛选过表达沉默的缺陷而鉴定出来（Le et al.，1997）。与 CAF-1 一样，它在体外有助于染色质组装与 DNA 合成的偶联（图 22-5）（Tyler et al.，1999；Mello et al.，2002）。然而，在人类细胞提取物中，或在 HIRA（组蛋白细胞周期调节因子同源物 A，histone cell cycle regulator homolog A）和 Asf1 去除的非洲爪蟾卵子提取物中单独添加 Asf1，不足以促进染色质组装或组蛋白加载。这表明 Asf1 不太可能在复制偶联或复制无关的染色质组装途径中起直接作用（Mello et al.，2002；Ray-Gallet et al.，2007）。相反，它可能在 DNA 复制或修复过程中作为组蛋白伴侣 CAF-1 的组蛋白供体（图 22-5A，B），这是一种在各种生物体中保守存在的合作。Asf1 通过保守的疏水沟与 CAF-1 的 p60 亚基的 B-结构域在与 H3-H4 相互作用相反的区域（English et al.，2006；Natsume et al.，2007）相互作用的事实证实了这一点（Tyler et al.，2001；Mello et al.，2002；Sanematsu et al.，2006；Tang et al.，2006；Malay et al.，2008）。由此看来，三元复合体（CAF-1-Asf1-H3-H4）可能是一种中间产物，使组蛋白能够从一个伴侣传递到下一个伴侣。因此，这种组蛋白从 Asf1 转移到 CAF-1，作为"装配线"的一部分，将确保有效的组蛋白加载与 DNA 复制耦合（图 22-5A 或 5B）。其他组蛋白伴侣也被认为是组蛋白动力学的参与者。例如，NASP（nuclear autoantigenic sperm protein，核自身抗原性精子蛋白）作为多分子伴侣复合体的一部分（Tagami et al.，2004；Groth et al.，2005），是连接组蛋白 H1（Finn et al.，2008）、H3-H4（Osakabe et al.，2010）的伴侣。也发现 H2A-B-特异性伴侣，如 Nap1 和 FACT，这里没有详细说明，如图 22-5D，E 所示。

组蛋白（H3-H4）$_2$ 四聚体在不含 DNA 的溶液中的稳定性（Baxevanis et al.，1991）导致了一个长期的假设，即这些组蛋白是作为四聚体直接加载的。最近的数据对这一观点提出了挑战。在人类细胞中，组蛋白 H3-H4 与组蛋白伴侣一起被发现作为二聚体存在于待加载复合体中（图 22-5）（Tagami et al.，2004）。此外，对 CenH3（着丝粒特异性 H3）核小体特性的研究发现，半核小体中各含有一个 CenH3、H2A、H2B 和 H4 的拷贝（Dalal et al.，2007）。这些数据表明，组蛋白 H3-H4 或 CenH3-H4 首先可以作为二聚体提供。两个 H3-H4 二聚体再加载到复制 DNA 上形成四聚体（图 22-5C）。Asf1 与组蛋白 H3-H4 二聚体相互作用的晶体结构显示 Asf1 在物理上阻止了 (H3-H4)$_2$ 四聚体的形成（English et al.，2006；Natsume et al.，2007）。然而，是否两个新的组蛋白 H3-H4 二聚体都是由 Asf1 提供的，然后由 CAF-1 加载到 DNA 上，或者涉及其他的伴侣仍然未知。

NAP-1 伴侣在将两个 H3-H4 二聚体传递到新合成的 DNA 上之后添加组蛋白 H2A-H2B（Zlatanova et al.，2007），形成完整的核小体核心颗粒（图 22-5D）。然而，新的 H2A-H2B 的加入并不一定与 DNA 复制紧密相关，因为重要的 H2A-H2B 交换也发生在复制之外（Kimura and Cook，2001）。FACT 复合体在转录和 DNA 修复以及 DNA 复制中也充当 H2A-H2B 伴侣（图 22-5E）。FACT 和 NAP-1 伴侣的底物和作用部位的明显相似性引发了一个问题，即它们的确切功能是什么，它们之间是否存在交流（Krogan et al.，2006）。

22.2.2.2.2 复制叉处的组蛋白动态

亲本组蛋白的性质，就变体组成和 PTM 集合而言，代表了可以调节基因组功能的信息。在复制机器前阐明核小体/组蛋白的动态，并结合亲本组蛋白的处理，对于理解控制复制过程中这些信息的维持或丢失的参数至关重要。

早期的电子显微镜研究表明，在培养细胞的复制叉前大约 1 到 2 个核小体处不稳定（Sogo et al.，1986；Gasser et al.，1996）。然而，确定失稳是否涉及组蛋白核心八聚体的逐步分解，或者更确切地说，八聚体在子链上的协调转移尚不清楚。带有交联核小体的 SV40 小染色体（mini-chromosome）的复制可以在人类细胞提取物中发生，尽管速度降低，这一事实表明组蛋白八聚体的解离不是通过复制叉和亲本核小体转移所必需的（Vestner et al.，2000）。然而，体内代谢标记研究表明，核心组蛋白八聚体被分解为两个 H2A-H2B

二聚体和一个组蛋白（H3-H4）₂四聚体（图22-6A）（Annunziato，2005）。最近，同位素标记结合组蛋白含量的质谱分析，已经揭示了组蛋白（H3-H4）₂四聚体在转移过程中是否保持完整（Xu et al.，2010）。绝大多数H3.1-H4四聚体没有分裂，但研究人员确实观察到H3.3四聚体有大量分裂事件（图22-6B），同时提供新合成的组蛋白作为二聚体（图22-6C）（Tagami et al.，2004）。最终，可以考虑在复制叉处核小体组装期间H3-H4分配的三种模式：将亲本组蛋白转移到复制的DNA上；加载新旧混合的组蛋白；仅组装新合成的组蛋白（图22-6）。重要的是，要确定混合事件是否是组蛋白变体特异的，或者它们是否反映了与特定染色质区域相关的特定组蛋白动态。

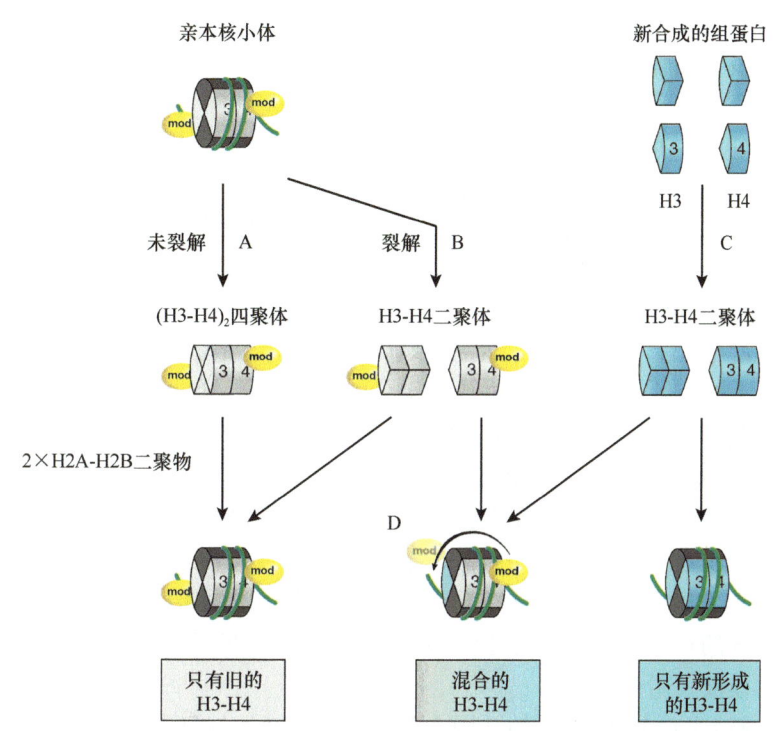

图 22-6　核小体组装过程中 H3-H4 的分配。在复制过程中核小体裂解时，亲本 (H3-H4)₂ 四聚体可以保持完整（不分裂）或分裂成两个 H3-H4 二聚体（分裂）。旧核小体可以通过稳定的 (H3-H4)₂ 四聚体（A）的传承或通过两个旧的、回收的 H3-H4 二聚体（B）的自结合形成。另一方面，新的核小体是由两个新合成的 H3-H4 二聚体（C）从头组装而成。混合颗粒可以通过混合一个旧的 H3-H4 二聚体和一个新的 H3-H4 二聚体（D）在子链上形成。在所有情况下，必须结合两个 H2A-H2B 二聚体才能完成核小体。在亲本核小体上对 H4 进行了修饰，以表明亲本与新组蛋白（D）之间标记的核小体颗粒内传播的概念。（经许可改编自 Nakatani et al.，2004；MacAlpine and Almouzni，2013©Cold Spring Harbor Laboratory Press）

DNA 复制过程中核小体的破坏可能是由移动叉的驱动力实现的，例如，通过复制解旋酶的推进（Ramsperger and Stahl，1995）。有趣的是，大 T 抗原病毒解旋酶和 MCM2-7 解旋酶结合组蛋白 H3（Ramsperger and Stahl，1995；Ishimi et al.，1998），并且，作为 ATP 驱动的机器，这些解旋酶可以为裂解过程提供能量。有趣的是，缺乏 Asf1 的人类细胞在 DNA 解旋过程中显示出缺陷，这意味着 Asf1 的丢失会阻碍核小体的移除，从而为复制叉的前进制造了障碍（Groth et al.，2007a）。这一事实得到了证实，携带典型 PTM 的亲本组蛋白可在受到复制胁迫时与 Asf1 被联合检测到，这表明 Asf1 可作为再生亲本二聚体的受体起作用（图 22-5F），也可以在前面提到的从头合成 H3-H4 二聚体中起伴侣蛋白作用（22.2.2.1 节）（Groth et al.，2007a；Jasencakova et al.，2010）。总的来说，这些结果表明核小体的解聚与 DNA 在复制叉附近的解螺旋密切相关。然而，在组蛋白水平上起作用的其他因子也可能促进这一过程（22.2.2.3 节）。由于核小体解聚，一致的看法是双亲组蛋白在复制叉的两边随机分离（即双亲、混合或新的），如图 22-5 所示（Annunziato，2005）。然而，我们可以想象，替代机制可能在特定的位点和特定的细胞类型（如干细胞）中起作用，干细胞可能具有特定的特性。因此，随机分离的一般原则是否适用于全基因组和发育的所有阶段，需要进一步研究。

总之，在 DNA 复制过程中，染色质组织的复制必须经历三个关键步骤（解聚、转移和从头加载）。这些事件不应单独考虑，而应视为解聚、转移和从头加载之间的协调连续体，围绕复制叉推进（图 22-5），这对保持遗传稳定性和染色质组织至关重要。

22.2.2.3 组蛋白修饰的传递

DNA 甲基化、组蛋白 PTM 甚至组蛋白变体加入核小体提供了额外的信息层，如果在整个细胞世代中稳定遗传的话，这些信息层可以被称为"表观遗传"。不依赖于 DNA 复制，它们是在 DNA 和染色质复制过程中永久存在，还是在多个细胞分裂过程中稳定继承的问题，仍有待评估。我们目前对这些标记在 DNA 复制过程中传递的模型和机制的理解在这里进行了讨论。DNA 甲基化的传承方式要求借助 Dnmt1（22.1 节），在 DNA 复制后，将 CpG 上原有的甲基化模式复制到新的 DNA 链上。我们可以预见，组蛋白 PTM 也可以在 DNA 复制过程中永久保存，以保持细胞的身份。

为了维持组蛋白 PTM，亲本组蛋白可以作为新组蛋白修饰的模板。目前描述双亲组蛋白和新合成的组蛋白在子链上随机分布的模型表明，相邻的双亲组蛋白作为模板将给定的修饰扩散到从头组装的核小体（Nakatani et al., 2004; Probst et al., 2009）。因此，亲本核小体将保持完整，不需要分裂 H3-H4 四聚体（图 22-6A）（Annunziato, 2005）。这种机制在长阵列核小体上带有相同标记的重复区域有效，例如在 H3K9me3 与 HP1 蛋白结合的着丝粒周围异染色质中（Bannister et al., 2001; Lachner et al., 2001）。然而，它不适用于特定标记仅限于一个或两个核小体的区域。在这些区域，最近观察到含 H3.3 变体的四聚体分裂（如图 22-6B）（Xu et al., 2010），可能通过核小体颗粒内的机制导致组蛋白标记的传递（图 22-6D）。

以着丝粒周围异染色质为例，在这种异染色质中，不仅需要复制 DNA，还需要复制组蛋白标记和空间组织等表观遗传信息，因此传递信息是一个挑战。事实上，DNA 复制后 DNA 和组蛋白甲基化模式的维持对基因组和细胞分裂的稳定性至关重要。HP1 蛋白的局部浓度、DNA 甲基化和 H3K9me3 都促进了着丝粒旁这些组成型异染色质区的形成，该过程通过一种扩散机制完成，扩散可能部分依赖于 DNA 复制后随机分布的标记的亲本核小体模板（图 22-7A）。

DNA 甲基化模式或组蛋白 PTM 传递的共同主题是修饰酶活性与复制过程的耦合。这可能是通过与表观遗传标记复制有关的几个因子与 PCNA 的相互作用来促进的，PCNA 是复制叉机制的主要组成部分。已知的相互作用蛋白包括 Dnmt1（图 22-7B），它是负责传递胞嘧啶甲基化遗传的主要酶，因为它对半甲基化的 CpG 基序具有优先亲和力（Pradhan et al., 1999）。CAF-1，在前文中作为组蛋白伴侣被介绍，以下将介绍 Pr-Set7。

小鼠 CAF-1 p150 是着丝粒周围异染色质区复制所必需的（Quivy et al., 2008）。CAF-1 的最大亚基 p150 与 HP1 结合（Murzina et al., 1999），这种相互作用对于促进 HP1 在复制过程中的再分配至关重要（图 22-7C）（Quivy et al., 2004）。一个有吸引力的假设是，小鼠 CAF-1 p150 通过处理 HP1 蛋白，减轻阻碍富含 HP1 的着丝粒周围异染色质区中复制叉进展的物理限制，并确保 HP1 分子在复制叉后有效地重新定位在回收的、带 H3K9me3 标记的亲本组蛋白上（Quivy et al., 2008; Loyola et al., 2009）。由 HP1 招募的组蛋白 H3K9 甲基转移酶 Suv39h 的自增强环路（Aagaard et al., 1999）为 HP1 创造额外的结合位点（图 22-7A）。这将解释 HP1 结合在着丝粒周围异染色质的继承。由 H3K9 组蛋白甲基转移酶 Suv39h1、G9a、GLR 和 SetDB1 组成的多聚物的鉴定与这一观点一致，涉及异染色质形成过程中的所有 KMT（赖氨酸甲基转移酶，lysine methyltransferase）（图 22-7）（Fritsch et al., 2010）。

CAF-1 还被发现与 MBD1（甲基 CpG 结合蛋白 1，一种结合甲基化 CpG 基序的蛋白）和组蛋白 H3K9 甲基化酶 SetDB1 一起形成复合体（Reese et al., 2003; Sarraf and Stancheva, 2004）。目前的假设是，复制叉的推进可能取代 MBD1，促进其与 CAF-1 p150 亚基的相互作用（Reese et al., 2003），形成 SetDB1-MBD1-CAF1 在 S 期的专一复合体（图 22-7D）（Sarraf and Stancheva, 2004）。这种表观遗传记忆将确保 DNA 的复制后继承和 H3K9 甲基化与核小体组装相耦合。此外，MBD1 可以与组蛋白甲基转移酶 Suv39h1 和 HP1 相

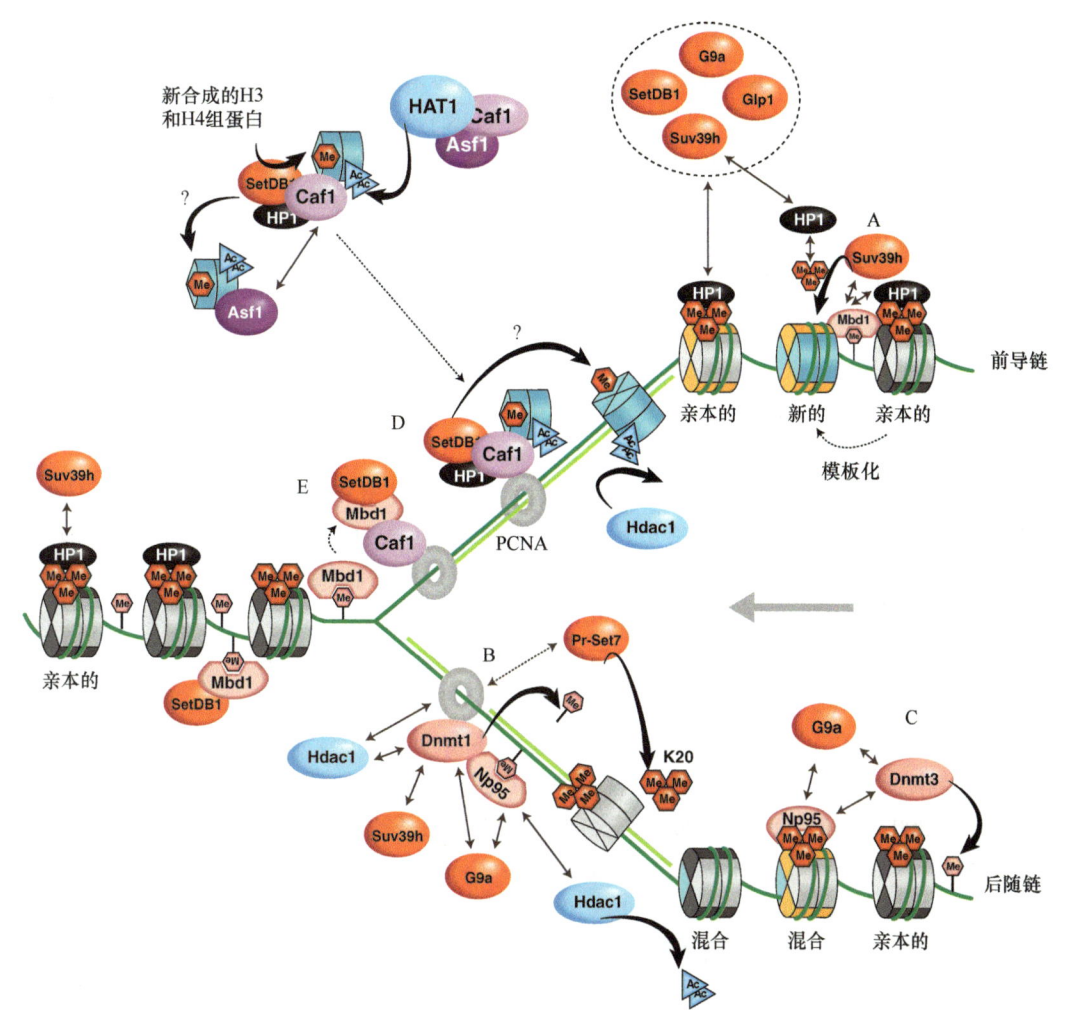

图 22-7 哺乳动物染色质复制过程中组成型着丝粒周围异染色质维持模型。（A）组蛋白 PTM 的维持可根据以下机制来设想：亲本标记由染色质结合蛋白或阅读蛋白（HP1）识别，而阅读器又招募染色质修饰因子或写入器（Suv39h）。然后，该写入器对邻近的新组蛋白进行亲本修饰（关于 H3-H4 组蛋白，仅以蓝绿色表示）。该模型被认为是在着丝粒周围异染色质或抑制标记 H3K27me3 处维持 HP1 的反馈环。HP1 通过其克罗莫结构域与 H3K9me3（红色六边形三角区域）结合，进而招募更多的 H3K9 甲基转移酶 Suv39h（KMT1A）。Suv39h 可以进一步甲基化从头组装的 H3K9Me1 标记，进入 H3K9me3 核小体。后者将为 HP1a 在着丝粒周围异染色质中提供额外的结合位点。对于 H3K27me3 的维持，阅读器和写入器模块是同一蛋白质的一部分，即 PRC2（polycomb repressive complex 2）。这些修饰是在复制后立即施加在新组蛋白上，还是在后期发生，仍有待研究。（B）DNA 甲基化（粉红色六边形）、组蛋白低乙酰化、H3K9me3 和 H4K20me3 甲基化以及 HP1 的富集，通过利用组蛋白伴侣和修饰因子的复杂网络在着丝粒周围异染色质的复制过程中传播仍然在研究，其中 PCNA 起中心枢纽作用。如文中所述，Dnmt1 通过与 PCNA 和 Np95 的相互作用，靶向复制位点的半甲基化或者 H3K9me3 位点，以确保 DNA 甲基化的维持。组蛋白修饰酶 G9a 和 Suv39h 可通过与 Dnmt1 的相互作用而被招募。（C）此外，最近的数据表明，Dnmt3A/3B 也可能参与高甲基化区域 DNA 甲基化的维持。这些酶可以通过与核小体的相互作用或通过 Np95 或 G9a 间接靶向，从而协调 DNA 和组蛋白甲基化的维持。在四种组蛋白 H3K9 甲基转移酶 G9a、Suv39h、GLP（G9a 样蛋白 1）和 SetDB1 之间形成多聚复合体，可进一步维持 H3K9 甲基化状态。（D）CAF-1 可与 H3.1 或 HP1α 形成不同的复合体，也可通过 PCNA 靶向复制叉。这种双重相互作用确保了组蛋白和 HP1 蛋白的连续处理。这可能有利于促进 HP1 蛋白在着丝粒周围异染色质的重新分布。（E）此外，CAF-1 与 MBD1-SetDBl 和 HP1α-SetDB1 复合体的连接可以促进 H3K9 甲基化。Asf1 可以在 H3K9 单甲基化的条件下，通过与 CAF-1 的对接参与到这条装配线上。作为目前的工作假设，这个模型应该有助于完善精确的机制和蛋白质相互作用。锥形箭头表示催化作用。直箭头表示相互作用（当可能交互时用虚线表示）。（改编自 Corpet and Almouzni，2009，经 Elsevier 许可）

互作用（Fujita et al.，2003），这可能提供了另一种途径来维持 H3K9 甲基化状态和染色质压缩（图 22-7A）。

在哺乳动物中，负责 H4K5、K12 去乙酰化的 HDAC 仍然未知，但是在染色质组装后 20～60 分钟内可以观察到去乙酰化（Taddei et al.，1999）。在果蝇中，H4K5 和 K12 的去乙酰化依赖于 H4K20 的单甲基化（Scharf et al.，2009b）。在小鼠细胞中，组蛋白去乙酰化和 DNA 甲基化之间的相互影响也被提出，这基于 Np95 缺失后观察到的 H4K5 和 K12 的高度乙酰化。Np95 是一个 SRA 结构域蛋白（也称为 UHRF1 和 ICPB90），包含结合甲基化 DNA 的结构域（Papait et al.，2007）。在某种程度上，Np95 可能在连接 DNA 甲基化的维持和组蛋白 H4 在异染色质区的适当去乙酰化方面发挥作用。除了 Np95 本身，其他 HDAC 交互因子还包括 Suv39hl（KMT1A）、Dnmt1 和 PCNA（图 22-7B）（Fuks et al.，2000；Robertson et al.，2000；Milutinovic et al.，2002；Vaute et al.，2002；Unoki et al.，2004）。因此，HDAC 将确保在高组蛋白甲基化的异染色质区域的复制叉处保持染色质的去乙酰化和 H3K9me3 状态。另一方面，在 HDAC 靶向性不强的区域，随着复制叉的通过，维持乙酰化状态可能更容易。

关于兼性异染色质区域，通过细胞分裂维持 H3K27me3 组蛋白修饰的过程类似于 H3K9me3 的过程（Hansen and Helin，2009；Margueron et al.，2009）。在这里，PRC2，就是催化这种修饰的酶，直接与 H3K27me3 结合。因此，它可以将这个甲基化标记复制到邻近的新结合的组蛋白上（Hansen and Helin，2009；Margueron et al.，2009）。PRC1（polycomb-repressive complex 1）复合体，在体外复制过程中仍与 DNA 相关，也可能通过细胞分裂参与维持转录沉默状态（Francis et al.，2009）。然而，PRC1 在 DNA 复制过程中是否与 DNA 保持直接接触，或其转移是否涉及复制机制尚待阐明。

相关研究已对 H4K20 单甲基化在 DNA 复制过程中如何维持有了了解。Pr-Set7（也称为 Set8 或 KMT5A）是一种 H4K20 组蛋白单甲基转移酶，在复制位点被发现，在 S 期进展中是必需的（Jorgensen et al.，2007；Tardat et al.，2007；Huen et al.，2008）。靶向复制叉可能是通过其氨基末端的"PIP-box"（PCNA 相互作用蛋白盒）与 PCNA 直接相互作用的（Jorgensen et al.，2007；Huen et al.，2008）。然而，在 S 期报告的低水平的 Pr-Set7 挑战了这一观点（Oda et al.，2009）。因此，需要进一步研究通过 Pr-Set7 催化的 H4K20 与 PCNA 的相互作用在子链上再现其单甲基化模式。尽管如此，Pr-Set7 在小鼠发育中有重要作用（Huen et al.，2008；Oda et al.，2009）以及它在细胞分裂和基因组稳定性中有相关功能（Jorgensen et al.，2007；Tardat et al.，2007）。

22.2.2.4 组蛋白变体

鉴于组蛋白变体可以标记特定的染色质状态，一个具有挑战性的问题是理解它们的加载是如何通过复制继承的。而且，如果在整个细胞周期内能够维持，这是如何实现的？在这里，我们将使用 H3 变体来说明如何导出一般原则，并可能应用于其他染色质标记。

典型复制组蛋白变体 H3.1 或 H3.2 被认为在全基因组分布，主要在复制过程中加载。然而，H3.1 的加载也发生在紫外线损伤位点的 S 期之外（Polo et al.，2006）。因此，标记一个曾经遭受过损伤的部位，就像受损皮肤的疤痕标记一样。这可能提供一种损伤记忆，基于新合成的组蛋白携带不同于原始组蛋白的 PTM。此外，含有 H3.1 的寡核小体与 HP1α 和 MBD1 的关联更为显著，表明 H3.1 在组成型着丝粒周围异染色质中富集（Loyola et al.，2006）。如果没有其他变体在 S 期之外被加载，这些聚集区域可以反映出默认状态。与此一致的事实是，替换型变体 H3.3 在活跃转录的染色质区域加载，如果蝇中首次显示的那样（Ahmad and Henikoff，2002），并且也在富含"活跃"标记的染色质中加载（McKittrick et al.，2004；Hake et al.，2006；Loyola et al.，2006）。组蛋白 H3.3 在活性基因启动子或调控元件处的累积可能利用涉及组蛋白伴侣 HIRA 的独立于复制的机制［第 20 章（Henikoff and Smith，2014）］。尽管在复制过程中，亲本组蛋白上的活性标记被稀释，但所提供的量可能足以维持转录允许状态，这反过来又会增加更多的活性标记。因此，一些 H3.3 和活性标记的存在将作为种子事件。根据这一观点，活性转录状态的记忆可能涉及 H3.3 变体与活性标记的选择，如 H3K4 甲基化（Ng and Gurdon，2008；Muramoto et al.，2010）。然而，H3.3 不仅局限于活性转录位点，还可以根据发育环境在其他基因组区域富集。受精时，精子衍生的 DNA 上出现大量的 H3.3 的整体聚集（Loppin et al.，2005）。在胚胎干细胞中，H3.3 在端粒处聚集［第 3 章图 3-10（Allis et al.，2014）］（Goldberg et al.，2010；Wong et al.，2010）。这些事件是如何被控制的，涉及哪些因素，开始被阐明（Maze et al.，2014）。然而，令人惊奇的是，H3.1、H3.2 和 H3.3 的序列差异很小。因此，它们加载的特异性如何实现仍然是一个引人入胜但尚未解决的问题。

与 H3.3 相比，CENP-A 的差异很大（Wolffe and Pruss，1996）。它提供了组蛋白 H3 变体的最佳例子，该变体指定了一个功能位点，即着丝粒位点（Warburton et al.，1997），作为动粒组装的平台［第 9 章（Aushire and Ekwau，2014）］。在着丝粒染色质复制过程中，CENP-A 核小体被稀释到子染色质初始浓度的一半（Shelby et al.，2000；Jansen et al.，2007）。直到下一个 G_1 阶段，新的 CENP-A 才再次加载（图 22-3）（Jansen et al.，2007；Schuh et al.，2007）。本例说明了复制期间的核小体解聚与 S 期之外的重新组装事件明显分离的情况。HJURP（Holliday junction recognition protein）被发现是一种 CENP-A 伴侣，它精确定位于从晚期到 G1 早期的着丝粒，促进了 CENP-A 在着丝粒的特异性靶向/结合和维持（图 22-3）（Dunleavy et al.，2009；Foltz et al.，2009）。

细胞周期调控的 CENP-A 染色质组装的另一种观点是，CENP-A 在 G_1 中加载的程序可能是在复制过程中解聚事件的预期反应，而不是恢复一半的 CENP-A 池。不管人们如何看待这个问题，它为染色质标记在细胞周期中的处理机制提供了一个通用的概念框架。因此，考虑到亲本核小体经历了复制叉通过所引起的解聚，考虑如何以及何时组蛋白 PTM 或组蛋白变体实际写入特定区域是有益的。

染色质状态恢复的后期步骤可能是为了等待子链上转录的重新启动，正如最近在粟酒裂殖酵母中对异染色质重复处 H3K9me2 的研究所建议的那样（Chen et al.，2008；Kloc and Martienssen，2008）。类似地，在人类细胞中，H3K27 和 H4K20 的二甲基化或三甲基化在下一个 G_1 期被检测到（Scharf et al.，2009a）。这表明，这些组蛋白修饰的整体水平的恢复将主要发生在下一个 S 期之前，这可以再次被视为复制过程中发生的稀释事件。因此，我们对与组蛋白 H3 变体和特异性 PTM 相关的、以复制独立方式传递染色质信息的理解，代表了一个通用主题，也可能有助于理解其他标记的命运，如核 RNA、Polycomb 蛋白或其他染色质蛋白。

22.2.3 小结

因此，在真核细胞中，染色质复制涉及一系列复杂而协调的事件。其中包括核小体解聚、组蛋白转移和加载，以及动态组蛋白修饰，以保持特定染色质区域的特殊标记。染色质重塑因子、组蛋白修饰因子和伴侣蛋白对染色质复制至关重要，无论是在组蛋白动态水平上，还是在重新建立定义不同染色质状态的标记的背景下。值得注意的是，复制也被认为是诱导染色质状态变化的重要机会窗口（Weintraub，1974）。此外，非复制性染色质的动态性也可以促进特定标记的维持，例如组蛋白变体 H3.3 和 CENP-A。为了在发育过程中微调维持和可塑性之间的平衡，这些过程受到严格控制。更好地了解这个系统及其合作伙伴网络的微调，不仅将提高我们对染色质复制的基本认识，而且将为物种之间的功能保守性方面提供信息，并有助于深入了解发育性疾病及癌症。

22.3 复制时序

22.3.1 复制时序的模式

最鲜为人知的染色体表观遗传标记之一是 DNA 复制时序。整个基因组是按照预定的程序复制的，即一些区域在 S 期早期复制，另一些在 S 期中期复制，其他确定的位点只在 S 期晚期复制。这种模式可以在细胞分裂时观察到，用溴脱氧尿苷（bromodeoxyuridine，BrdU）以固定时间间隔标记细胞，然后用 BrdU 的特异性抗体观察中期染色体中掺入的核苷酸（Hand，1978）。每个中期染色体上清晰的带状图案，很好地表明了这种特性在区域水平上受到调控。此外，比较研究表明，这些复制区实际上几乎与 Giemsa 染色模式一一对应，其中暗 G 带代表晚期复制区（Holmquist，1988）。因此，染色体似乎被组织成不同的亚单位，每一个单位都有自己的结构和复制时间特性。

通过使用这种相同的标记方法，可以测量单个基因的复制时间。在 S 期不同阶段分离细胞后，用 PCR 检测 BrdU 标记的 DNA 中的特异基因是可能的。这些研究表明，基因抑制和晚期复制之间存在着明显的相关性。活性基因在 S 期早期复制，而非活性基因复制较晚。此外，许多发育调控和组织特异性基因在表达组织中早复制，但在所有其他细胞类型中晚复制（Holmquist，1987）。尽管这些实验最初是在少数单个基因区域上进行的，但最近的全基因组技术已经证实，这确实是一种普遍现象（Farkash-Amar and Simon，2010）。

尽管目前还没有直接的证据证明复制时机本身会影响基因表达，但这个标记从发育的最早阶段就存在，以及它的区域性，都表明它是独立于转录而建立的，并可以稳定维持。为了深入了解控制复制时间的机制，有必要了解这个时间表观遗传装置的总体方案。复制是在被称为复制起始点的小 DNA 区域开始的，一般来说，DNA 合成是以从这些位点辐射的双向方式进行的。在 S 期，每个复制起始点的发射时间似乎受到附近顺式作用序列的控制（Raghuraman et al.，1997；Ferguson et al.，1991；Ofir et al.，1999）。在具有大基因组的动物细胞中，复制的起始点常以区域性的方式发生，多个复制起始点组成一个簇，该簇被编程以协调的方式同时启动（Huberman and Riggs，1966；1968），从而产生一个大的复制时区（或带）。

22.3.2 复制时机的调控

复制时序过程的调控必须涉及多个分子因素。在酵母和动物细胞中的实验表明，每个区域的复制时间都是在核重建后不久的 G_1 期早期建立的（Raghuraman et al.，1997；Dimitrova and Gilbert，1999），这显然是通过对顺式作用元件的识别来实现的，然后这些元件通知每个复制起始点在 S 期何时应该开始。人类的 β-珠蛋白基因位点为它如何工作提供了一个很好的例子。β-珠蛋白基因及其邻近的发育旁系同源基因嵌入在一个约 100kb 的基因区域中，该区域在几乎所有细胞类型中复制较晚，但在幼红细胞系的细胞中复制较早（Dhar et al.，1988）。早期和晚期复制都是由位于 β-珠蛋白基因启动子附近的单一双向复制起始点启动的（Kitsberg et al.，1993b；Aladjem et al.，1998）。

利用一个含有完整人类 β-珠蛋白结构域的细菌人工染色体（bacterial artificial chromosome，BAC）转基因，已经证明位于球蛋白基因阵列上游的位点控制区（locus control region，LCR）在介导复制时间方面起着顺式作用（Simon et al.，2001）。当完整的 LCR 存在时，无论其在基因组中的整合位置如何，整个基因域在大多数组织中复制较晚，但在红细胞系组织中复制较早。然而，调控单元的突变会严重影响这种模式（Forrester et al.，1990），导致转基因失去其优势，从而受到周围内源序列复制时间的控制。这些研究表明，这个多功能顺式作用域影响了控制该区域的单复制起始点序列的早期和晚期设置。一般来说，时区很可能是由这种远距离的顺式作用序列建立的，这些序列充当细胞类型特异性反式作用因子的识别位点。

尽管人们对参与这一过程的蛋白质因子知之甚少，但许多不同的研究都强调了它们的存在。例如，淋巴组织与红细胞的融合，导致非红细胞细胞核中的球蛋白域从晚期复制到早期复制发生了戏剧性的转变，这可能是因为它暴露在一组新的因子中，这些因子重置了复制时间决定机制（Forrester et al.，1990）。反式作用因子起作用的另一个显著例子是在体细胞核移植（SCNT，somatic cell nuclear transfer）过程中发生的复制时间的重新编程。一些特定的基因区域已经被证明在早期胚胎中是早复制的，但在着床后在所有体细胞中都是晚复制的（Hiratani et al.，2004；Perry et al.，2004）。有趣的是，当体细胞核被移植到受精卵母细胞中时，这些相同的区域迅速恢复到早期的复制模式，而这几乎在第一个分裂周期中立即发生。其他基因区域在核移植后发生从 S 期早期到晚期的复制转换（Shufaro et al.，2010）。这些实验清楚地表明，复制时间依赖于局部反式作用因子的存在，这些因子在每一个细胞周期传递过程中显然都在为 DNA 合成建立适当的时间窗口。

这些顺式作用的控制中心是通过什么机制影响本地复制起始点的复制起始呢？在酵母中进行的非常简明的研究首次表明，复制起始时间可能受复制起始点序列组蛋白乙酰化的影响（图 22-8A）（Vbgelauer et al.，2002）。当位于晚期复制起始点的组蛋白被强制乙酰化时，就改变复制起始时间从晚期到早期。以类似的方式，在一个复制起始点上乙酰化的去除导致它复制延迟。最近的研究表明，同样的机制也可能在控制动物细胞的复制时间方面发挥作用（Goren et al.，2008）。例如，人类珠蛋白结构域的复制起始点在红细胞样细胞（erythroid cell）中被乙酰化组蛋白包装，其在红细胞中是早期复制的，而完全相同的复制起始点在非红细胞中去乙酰化。这一模式在一个含有完整人类 β-珠蛋白基因位点的转基因上得到了重复。值得注意的是，将组蛋白乙酰化酶固定到复制起始点区域，导致该结构域在小鼠非红细胞中从晚期复制切换到早期复制，并且，以平行的方式，在体内强制去乙酰化导致珠蛋白域在红细胞中的复制变得异常晚（图 22-8B）。

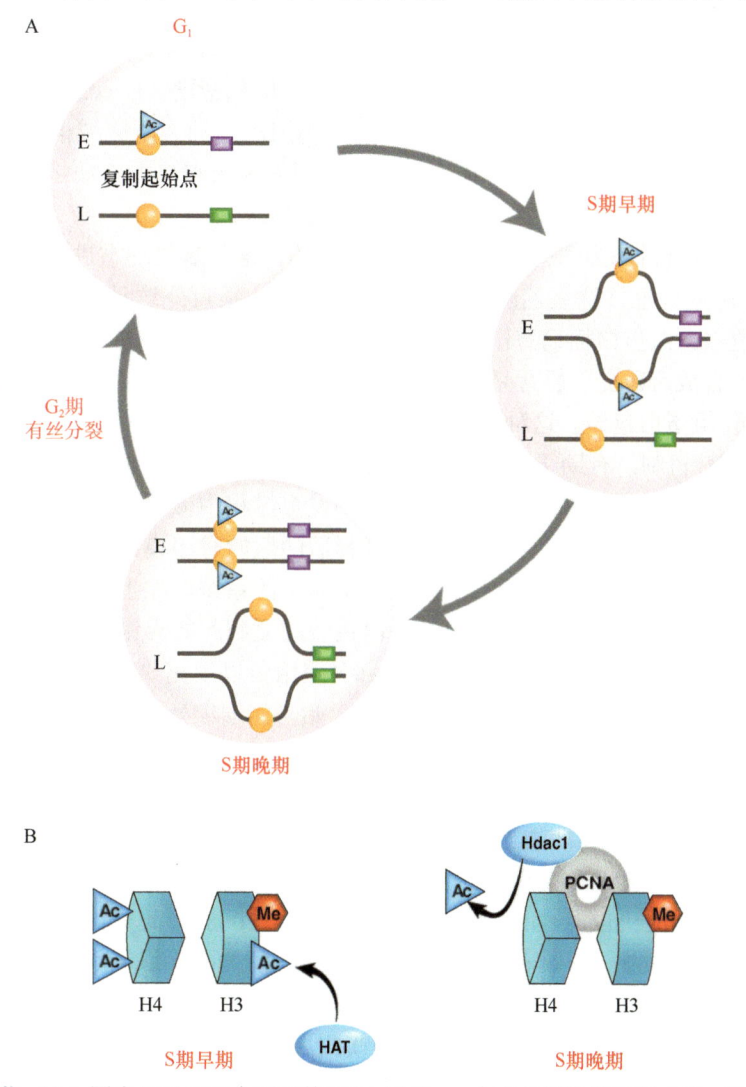

图 22-8　复制时间的调节。（A）图中显示了两个不同的 DNA 区域，一个在 S 期早期复制（E），另一个在 S 期晚期复制（L）。在 G_1 期，包装早期复制起始点（橙色圆圈）的组蛋白变得乙酰化，因为细胞中的反式作用因子识别特定的"早期"顺式作用序列（紫色矩形）。相反，由于不同的顺式作用基序（绿色），包装晚期复制起始点的核小体不被乙酰化。在 S 期早期，这一细胞周期阶段特有的蛋白质因子识别乙酰化复制起始点并启动复制过程。未乙酰化的复制起始点仍然没有复制。最后，S 期晚期特异性因子识别并启动非乙酰化复制起始点，导致晚期 DNA 区域的复制。（B）以乙酰化组蛋白 H3 和 H4 为标记的复制起始点在 S 期早期复制，而复制起始区域的去乙酰化使它们在 S 期晚期复制。

22.3.3 因还是果？

尽管早期复制时间和基因表达之间存在着明确的相关性，但对这两个参数之间的关联机制却知之甚少。复制时序似乎不是本地表达模式的直接结果，因为表达模式的更改不会自动导致复制时序偏移（Cimbora et al., 2000；Simon et al., 2001；Farkash-Amar et al., 2008）。鉴于复制时区非常大，通常包含许多基因序列，因此复制时间不太可能由基因表达决定。相反，似乎有一些证据表明，复制时间本身可能影响组蛋白修饰和基因表达模式。

一项研究复制时间对组蛋白标记和基因表达的影响的实验将报告质粒直接注入 S 期早期的细胞核。注入 S 期早期细胞核的质粒被包装成乙酰化组蛋白结构，而这些相同的模板在 S 期晚期被导入细胞时与去乙酰化组蛋白组装（Zhang et al., 2002）。此外，已经处于去乙酰化染色质结构中的 DNA 在 S 期早期进行后续复制时变为乙酰化，而携带乙酰化组蛋白的模板在 S 期晚期复制后切换到去乙酰化状态（Rountree et al., 2000；Lande-Diner et al., 2009）。在体内正常的 DNA 复制周期中，原始模板 DNA 上的已有组蛋白随机分离为两个姐妹分子，然后添加新组蛋白以再生原始核小体增加堆积密度（Lucchini and Sogo, 1995）。这些新核小体能以乙酰化或去乙酰化的形式组装。上述实验表明，DNA 的不同区域根据复制时间而重新包装。早期复制的 DNA 似乎加载乙酰化形式的核小体，而晚期复制的区域则被去乙酰化核小体重新包装，因此，瞬时产生具有相对均匀组蛋白修饰模式的大染色体区域（图 22-8A）。

由于这些事件是通过组蛋白修饰和去修饰酶的作用发生的，这些酶与动态进行的复制叉机器密切相关，因此这并不构成在整个周期内维持这些乙酰化状态的可靠机制，很可能这种整体模式会通过局部作用的、招募到 DNA 上的特定位点的组蛋白标记酶作用而进一步调整。因此，区域复制时序控制似乎提供了一个粗略的系统，用于在 DNA 合成后建立一般背景结构，从而使活性染色体带与乙酰化组蛋白组装，而更多的非活性区域最初与去乙酰化组蛋白包装。这种机制将有助于使复制后重组装的工作更加高效。根据这个方案，复制时间代表一种基态维持机制，有助于在 DNA 合成后重建原始染色质结构。

由于在有丝分裂染色体上观察到的复制带模式在整个发育过程中似乎是非常稳定的，因此这种表观遗传标记系统可能有一个自主的维持系统，确保每一轮复制后的原始时序模式得到恢复。核小体在复制起始点序列的组蛋白乙酰化模式可以为这种维持方案提供一个简单的系统。如上所述，组蛋白乙酰化标记的复制起始点在 S 期早期开始工作，而那些与去乙酰组蛋白包装的复制起始点则被指示跳过早期，仅在 S 期晚期发生（图 22-8）。复制起始点激活后，同一区域进行部分重组装以填充缺失的核小体。由于复制叉在早期（而不是晚期）存在的包装机制的差异，意味着早期复制起始点将继续处于乙酰化构象，而晚期的复制起始点则将再次获得去乙酰化的组蛋白。这清楚地表示了一种简练的维护机制，用于自动地保存从一个细胞到下一个细胞的复制定时模式（图 22-8A）。

复制时间间隙被认为是在每个周期的 G_1 阶段设置的（Raghuraman et al., 1997；Dimitrova and Gilbert, 1999），可能通过反式作用因子与顺式作用的调控序列的相互作用，最终导致在其控制下的相邻复制起始点上建立适当的乙酰化模式（Vbgelauer et al., 2002；Goren et al., 2008）。此外，这些因子的变化似乎可以非常迅速地重新设置时序模式（Forrester et al., 1990；Shufaro et al., 2010）。考虑到这一点，最好将复制时间维护视为由两个独立的参数控制，即一个自主的顺式作用乙酰化系统和一个反式作用系统，后者是前者的备份，该系统可以在必要时将定时开关重置为其适当的模式。

22.3.4 异步复制时序

尽管大多数染色体区域的双亲等位基因同时复制，但超过 10% 的基因组似乎进行异步复制，即一个等位基因在早期进行 DNA 合成，而另一个等位基因在 S 期后期复制（Farkash-Amar and Simon, 2010）。这一点可以通过荧光原位杂交在 S 期中期固定的细胞中观察到，其中两个点代表复制的等位基因，一个点代表未复制的等位基因。这种行为似乎有两种不同的模式，它们都与单等位基因表达模式有关。印记基因是异步复制的一个范例；这种基因簇的等位基因在每个体细胞中异步复制，尽管它们都嵌入大的染色体结构域中（Kitsberg et al., 1993a）。例如，一个父系等位基因可以在精子发生的后期进行早期复制，并在早期胚胎和整个发育过程中保持这种方式（Simon et al., 1999）。以一种互补的方式，母系的、通常是被抑制的等位基因被设置为在卵子发生的最后阶段进行后期复制。无论两个等位基因上的印记基因表达模式如何，这种模式在所有细胞中都保持不变。通常认为，体细胞中等位基因特异性甲基化模式分别负责保持每个等位基因的特征。然而，在没有任何 DNA 甲基化标记的情况下，无论是在配子发生的晚期（Perk et al., 2002; Reik and Walter, 2001）还是在胚胎的早期（Birger et al., 1999），亲本特征都可以保持。异步复制时序可能在这个过程中发挥作用，特别是在发育的这些阶段。

异步复制的另一个范例发生在大量没有印记的染色体区域上。在这些情况下，每个细胞中的一个亲本等位基因复制是早期的，而另一个复制是晚期的。在 50% 的细胞中，母系等位基因在 S 期早期复制，而在其他细胞中，父系等位基因在 S 期首先复制（Goren and Cedar, 2003）。这些位点最初似乎在着床前胚胎中同步复制，但大约在着床、胚胎开始分化时变得不同步（Mostoslavsky et al., 2001）。一旦决定了哪个等位基因是早期的，这个模式就以克隆的方式维持（Singh et al., 2003）。这种形式的异步复制通常与等位选择相关联。例如，抗原受体阵列，如 κ、μ 或 T 细胞受体（T-cell receptor，TCR）β 位点上的抗原受体阵列，都位于异步复制域内（Mostoslavsky et al., 2001）。在抗原受体的选择过程中，最初的重排事件总是优先发生在早期复制的等位基因上，这显然是等位基因排斥的最重要的基础，确保每个细胞中只选择一个受体［第 29 章（Busslinger and Tarakhovsky, 2014）］。尽管没有证据表明复制时间本身直接参与了选择过程，但毫无疑问，它代表了预测等位基因选择的早期标记。

嗅觉受体也以类似的方式组织，基因组中的每个簇都经历异步复制，这里也有一种等位基因排斥机制，它将受体的选择限制在每个嗅觉神经元中的单个等位基因上［第 32 章（Lomvardas and Maniatis, 2014）］。因为在这两个系统中，每个簇内单个基因片段的激活是随机的，正是等位基因排斥才真正促进了每个细胞中单个基因的选择。从这个意义上说，异步复制似乎是促进生物体与环境相互作用中基因多样性的调控机制的一部分。异步复制和等位基因排斥的其他例子包括重组 DNA 位点，它们只从每个细胞中的一个等位基因表达（Schlesinger et al., 2009）。当然，女性的 X 染色体，其中一条完整染色体的失活与复制时间晚有关［第 25 章（Brockdorff and Turner, 2014）］。

基因组中某些位点的异步复制时间可以以克隆方式遗传的发现充分地表明，必须有一种自主的机制来维持复制时间模式。每个等位基因能够独立地维持其在许多细胞世代中的差异时序，这一点特别令人印象深刻。值得注意的是，许多异步复制域位于每个染色体上，它们分散在含同步复制两个等位基因的大的区域中间。值得注意的是，在任何个体染色体上，所有这些基因位点似乎都以协调的方式复制（Singh et al., 2003; Ensminger and Chess, 2004）。例如，在小鼠的 6 号染色体上，在一个等位基因上 κ 位点早期复制的细胞中，同一染色体上的 TCRβ 位点也是早期复制的，其他顺式异步标记也是如此。这表明，异步复制时间实际上是由操控全染色体范围的中央调控单元控制的。因此，任何维持机制都必须集中在这些主调控序列上，而且这种机制很有可能基于其他表观遗传标记，例如 DNA 甲基化，众所周知，它有自主维持机制。

22.4 总　　结

揭示表观遗传标记是如何从一代遗传到下一代的，几十年来一直是表观遗传研究中的一项关键工作。我们现在知道了参与这个过程的许多分子。然而，标记的继承是如何在细胞周期中被协调整合的，有关细节仍然有许多未回答的问题。本章首先探讨 DNA 甲基化如何为一个很大程度上参与基因抑制的标记的传递提供一种自主机制。随着进一步深入研究染色质环境中加载在组蛋白上的标记是如何遗传的，我们发现组蛋白伴侣、阅读器、核小体重塑因子和染色质修饰酶的参与，它们与 DNA 复制机制密不可分。我们已经了解了组蛋白合成是如何在细胞周期中调节的，这取决于组蛋白的类型，以满足染色质组装所需的新组蛋白的需求。它们在染色质组装前的 PTM 可能有助于组装合适的染色质。关于染色质复制的动态，我们提出了与现有的组蛋白循环、在核小体解聚中新的加载、在复制叉处转移和加载过程中的数据相一致的模型。同样，在细胞周期的其他阶段，组蛋白标记在染色质模板上的传递机制也被讨论。最后，我们对 S 期复制时序的了解似乎在表观遗传学中呈现了另一层机制，用于区分甚至指定和确保染色质状态在大基因组结构域水平上的传递。还需要进一步的研究来揭示在细胞周期中，表观遗传规范的维持或改变是如何与其他表观遗传标记交叉的。

致　　谢

这个工作受到 la Ligue Nationale contre le Cancer（G.A.），the European Commission Network of Excellence，the European Research Council（H.C. 和 G.A.），the Agence Nationalc de la Recherche（ANR）（G.A.），the Israel Science Foundation（H.C.），Lew Sanders（H.C.），和 Norton Herrick（H.C.）的资助。

（黄雪清　译，方玉达　校）

第23章

秀丽隐杆线虫X染色体的调控

苏珊·斯特罗姆（Susan Strome[1]），威廉·G.凯利（William G. Kelly[2]），塞文克·埃尔坎（Sevinc Ercan[3]），杰森·D.利布（Jason D. Lieb[4]）

[1]Department of Molecular Cell and Developmental Biology, University of California-Santa Cruz, California 95064; [2]Department of Biology, Emory University, Atlanta, Georgia 30322; [3]Department of Biology and Center for Genomics and Systems Biology, New York University, New York, 10003; [4]Department of Biology and Carolina Center for Genome Sciences, University of North Carolina- Chapel Hill, Chapel Hill, North Carolina 27599

通讯地址：sstrome@ucsc.edu

摘　要

剂量补偿效应可以调节性染色体上基因的表达，为基于染色质的基因表达调节机制提供了很好的解释。秀丽隐杆线虫能够采取各种策略来下调X染色体上的基因表达甚至使X染色体沉默。本章讨论了在体细胞组织和生殖系中所采用的调控线虫X染色体基因表达的、基于染色质的不同策略，并将线虫使用的策略与其他物种解决类似X染色体剂量差异所采用的策略进行比较。

本章目录

23.1　秀丽隐杆线虫性染色体的不均衡性
23.2　X：A比值的确定
23.3　DCC类似于致密因子复合物
23.4　DCC的募集和蔓延
23.5　DCC效应：X连锁基因和常染色体基因 *her-1* 的下调
23.6　X连锁基因的补偿性上调
23.7　生殖系发育和X染色体的全局性沉默
23.8　雄性个体中单一X染色体的减数分裂沉默
23.9　MES组蛋白修饰酶对X染色体沉默的调控

23.10　早期胚胎中父源 X 染色体的失活
23.11　总结

概　　述

　　剂量补偿效应可以调节性染色体上基因的表达，为基于染色质的基因表达调节机制提供了很好的解释。秀丽隐杆线虫能够采取各种策略来下调 X 染色体上的基因表达甚至使 X 染色体沉默。本章讨论了在体细胞组织和生殖系中所采用的调控线虫 X 染色体基因表达的、基于染色质的不同策略，并将线虫使用的策略与其他物种解决类似 X 染色体剂量差异所采用的策略进行比较。

　　为什么需要剂量补偿效应呢？土壤线虫——秀丽隐杆线虫的性别决定机制取决于 X 染色体与常染色体的比值（X：A 比值），有两条 X 染色体（X：A 比值为 1）的二倍体线虫发育成雌雄同体，而那些只有一条 X 染色体（X：A 比值为 0.5）的线虫发育成雄虫。如果不被调节的话，不同性别中 X 染色体剂量的不同会导致 X 连锁基因表达水平的不同，进而导致一种性别的死亡。因此，不同性别中 X 连锁基因表达水平的平衡是剂量补偿效应的重要功能之一。

　　在线虫的体细胞中，剂量补偿效应是通过对 XX 个体中两条 X 染色体的基因表达都下调一半来实现的。这种下调是通过剂量补偿复合物（dosage compensation complex，DCC）来完成的，DCC 是专门组装在 XX 动物的 X 染色体上的一组蛋白质。DCC 的蛋白质成分与致密因子复合物的成员同源，也是有丝分裂和减数分裂过程中染色体浓缩及分离所必需的。DCC 和致密因子复合物之间的相似性使得人们提出了这样一个假设，即 DCC 通过部分浓缩 X 染色体来抑制 X 连锁基因。线虫剂量补偿效应的关键问题在于 X：A 比值如何被确定、DCC 如何在 XX 线虫中被特异性组装、DCC 如何被定位到 X 染色体上，以及 DCC 如何精确地将 X 连锁基因的表达水平下调一半。本章总结了目前在回答这些关键问题方面已取得的实质性进展。

　　线虫所使用的剂量补偿效应机制有别于哺乳动物和果蝇。哺乳动物通过完全沉默 XX 个体中的一条 X 染色体来实现剂量补偿。而果蝇是通过 XY 个体中单一 X 染色体上基因表达的上调来实现的。这种机制的多样性可能反映了具有不同数量 X 染色体的动物为平衡 X 连锁基因表达这一特殊使命，衍生出来物种特异性的调控机制。

　　除了这个均衡性别之间基因剂量的机制以外，还有强有力的证据表明这些生物体还能纠正细胞内染色体剂量的不平衡，这是由单剂量的 X 连锁基因表达与双等位基因常染色体的表达引起的。在秀丽隐杆线虫和哺乳动物中，这是通过在两个性别中上调 X 连锁基因的表达来实现的。因此，在秀丽隐杆线虫雌雄同体和哺乳动物雌性中，通过剂量补偿效应将 X 染色体基因下调是与这种普遍的上调机制相叠加的。

　　在线虫的生殖系组织（如生殖细胞）中存在着一种更为极端的 X 连锁基因表达调节模式：在增殖和减数分裂的生殖细胞中，雄性个体中单一 X 染色体和雌雄同体中的两个 X 染色体的转录均被显著地抑制。在两种性别的生殖系细胞中，X 染色体上均缺少存在活跃表达染色质的组蛋白修饰，这至少部分地由 MES 蛋白调节——缺少 MES 蛋白会导致不育。此外，在雄性个体中，每个生殖核中单一 X 染色体上都获得了与异染色质沉默相关的组蛋白修饰。这种沉默依赖于雄性个体中 X 染色体在减数分裂时的非配对状态。表达于生殖系的基因中，分布于 X 染色体上的数量惊人的低。普遍的观点认为，在雄性个体减数分裂的生殖细胞中，未配对 X 染色体的异染色质化导致了 X 染色体上罕有在生殖系表达的基因。此外，生殖细胞中也可能需要两性之间的 X 连锁基因均等表达，而实现这一目标最直接的方法可能是沉默 XX 性别中的两条 X 染色体。因此，秀丽隐杆线虫生殖系始终是一个探索两性染色体的不平衡如何导致染色体状态和基因表达被表观遗传调控的关键体系。

23.1 秀丽隐杆线虫性染色体的不均衡性

秀丽隐杆线虫以两种性别存在，它们在遗传上通过 X 染色体数量的不同而被区分开，XX 线虫是雌雄同体，而 XO 线虫是雄虫，在线虫中不存在性别特异的染色体，如 Y 染色体。雌雄同体和雄虫表现出多种性别特异的解剖学特征，并且有不同的生殖系发育程序（图 23-1）。这些性别间的显著差异始于胚胎早期，这些差异是对 X 染色体相对于常染色体组的数量进行计数后作出适当响应而产生的结果（Nigon，1951；综述见 Meyer，2000）。如此简单的性染色体数量或倍数差异如何导致发育程序的这种显著差异呢？一个重要的观点是：每一个线虫细胞不仅需要确定自己的 X 染色体数量，还要确定其常染色体组的数量。事实上是 X∶A 比值决定了线虫的性别。有两条 X 染色体（X∶A 比值为 1）的二倍体线虫发育成雌雄同体，而那些只有一条 X 染色体（X∶A 比值为 0.5）的线虫发育成雄虫（图 23-2）。人们对于正确应答 X∶A 比值的机制进行了精细的剖析，详细描述见下文。

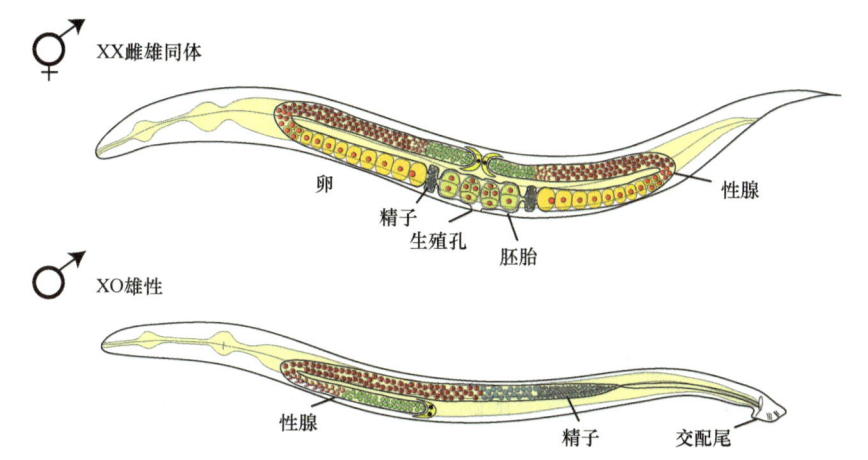

图 23-1　线虫雌雄同体以及雄性的解剖图。自然界中的秀丽隐杆线虫以两种性别存在：XX 雌雄同体和 XO 雄性。雌雄同体线虫和雄虫表现出许多性别特有的解剖学特征，最特别的是雄虫有一条用于交配的尾，而雌雄同体线虫的腹部表面存在一个生殖孔用于接受雄虫精子和产卵。它们的生殖系发育也不相同。雌雄同体线虫中双臂型的性腺最初能产生精子，而后在成体时期产生卵母细胞。雄虫中单臂型的性腺能持续产生精子。（经许改编自 Hansen et al., 2004©Elsevier）

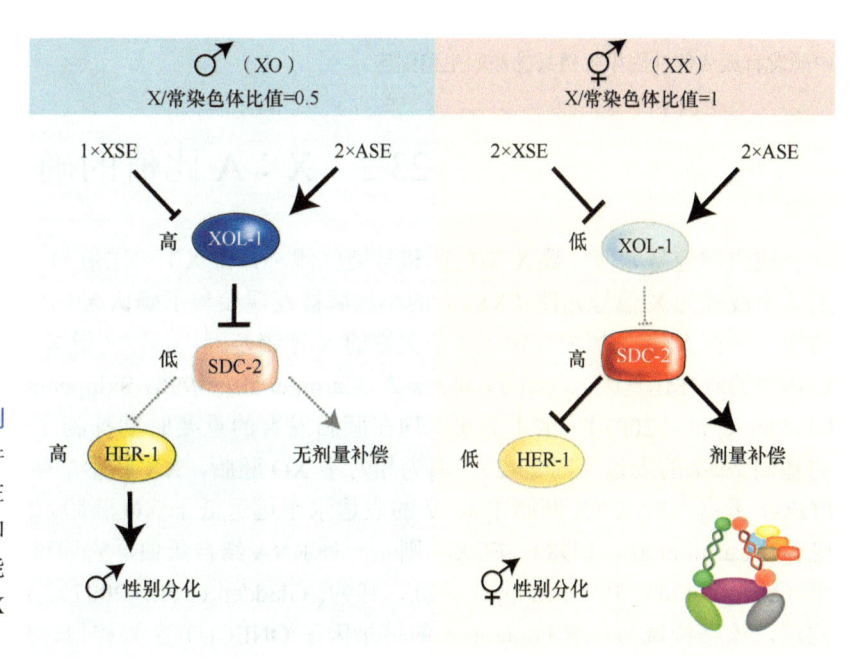

图 23-2　秀丽隐杆线虫的性别测定和剂量补偿途径。本图强调了 X 信号元件（XSE）和常染色体信号元件（ASE）在调节 XOL-1 水平以及随后的性别分化和剂量补偿复合物（DCC）的组装时可能发挥的作用，后者在 XX 雌雄同体中使 X 连锁基因的表达水平下调一半。

性别间 X 染色体剂量的差异如果不被调节的话,可能会导致 X 连锁基因表达水平的不同。的确,如果不纠正雌雄同体中 X 染色体剂量,双倍剂量的 X 基因会致死。有趣的是,体细胞和生殖细胞进化出了应对 X 剂量问题的不同机制(图 23-3)。生殖和体细胞谱系在胚胎发育的 24 细胞时期就已相互分离。大约在 30 细胞时期,体细胞谱系开启了一个被称为"剂量补偿效应"的程序,从而建立起了一个在 XX 线虫中的两条 X 染色体同时被下调一半的模式。与之相反,正如第 24 章(Lucchesi and Kuroda,2014)和第 25 章(Brockdorff and Turner,2014)讨论的那样,哺乳动物通过全面沉默 XX 性别中的一条 X 染色体而实现剂量补偿,而果蝇则通过上调 XY 个体中单一 X 染色体基因的表达来完成剂量补偿。在秀丽隐杆线虫生殖系组织中存在着一种更为极端的 X 连锁基因表达调节方式:雄虫中单一 X 染色体和雌雄同体中的两条 X 染色体都被全局性抑制。本章的主题就是探讨在体细胞组织中实现剂量补偿效应和在生殖系中实现 X 染色体沉默的表观遗传学机制。

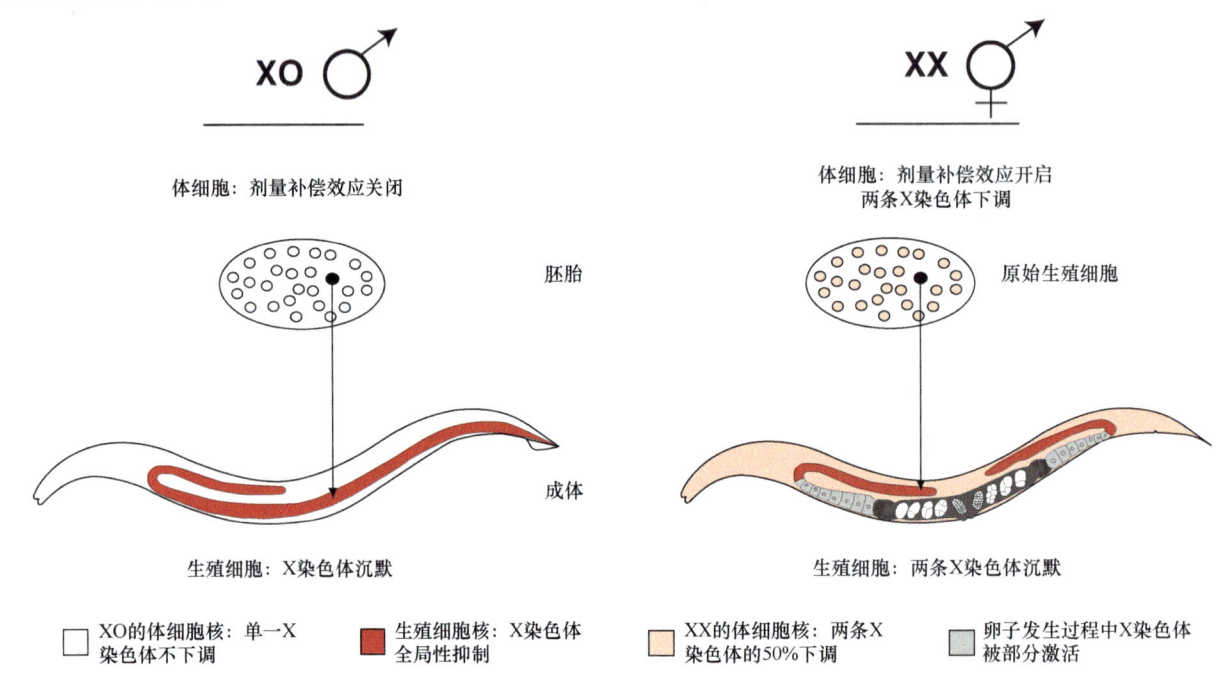

图 23-3 **X 染色体调节的概述**。剂量补偿效应只发生在 XX 雌雄同体线虫的体细胞中。生殖系中 X 染色体的沉默发生在 XO 雄虫和 XX 雌雄同体线虫中。在卵子发育的晚粗线期,雌雄同体仅有部分 X 连锁基因激活且发生较迟。箭头指示胚胎中能发育成成体性腺中生殖系的原始生殖细胞。

23.2　X∶A 比值的确定

线虫细胞是如何计数 X 染色体和常染色体,并在 X∶A 比值为 1 时使用效量补偿效应的呢？X 染色体上 4 个被称为 X 信号元件(XSE)的小区域被发现参与了确认 X∶A 比值中的分子部分(即被除数)。通过诱变,已在 XSE 区域内确定了 4 个关键的 X 连锁基因:*sex-1*(指 X 染色体上的信号元件)、*fox-1*(指 X 染色体上的雌性化基因)、*ceh-39* 和 *sex-2*(Carmi et al.,1998；Skipper et al.,1999；Gladden and Meyer,2007；Gladden et al.,2007)。这 4 个基因均在胚胎发育的重要时期抑制了性别决定和剂量补偿效应通路最上游的基因 *xol-1* 的表达(图 23-2)。因为相对于 XO 胚胎,XX 胚胎产生约两倍的 SEX-1、SEX-2、CEH-39 和 FOX-1 蛋白,所以 XX 胚胎中 *xol-1* 的表达水平远远低于 XO 胚胎。SEX-1 是一个抑制 *xol-1* 转录的核激素受体(Carmi et al.,1998)。FOX-1 则是一种 RNA 结合蛋白,它通过某种转录后机制降低 XOL-1 的蛋白水平(Nicoll et al.,1997；Skipper et al.,1999；Gladden et al.,2007)。CEH-39 具有一个预测的 DNA 结合结构域,该结构域与包含 homeobox 的转录因子 ONECUT 家族相似。但 CEH-39 在 DNA 结合结构域之外与

ONECUT 蛋白不具有序列相似性（Gladden and Meyer，2007）。降低单个 XSE 的水平对性别决定的影响很小，而组合性的减少影响更大，这表明 XSE 以协同合作的方式工作（Gladden and Meyer，2007）。因此，X 染色体剂量等同于 XSE 表达的 X 连锁因子的剂量，这些因子可抑制 xol-1 的表达。迄今为止，只有一个常染色体信号元件（ASE）被确定参与了确认 X：A 比值的分母部分（即除数）（Powell et al.，2005）。该基因（sea-1）编码一个能激活 xol-1 转录的 T-盒转录因子。

因此，常染色体剂量（ASE 剂量）通过对重要开关基因 xol-1 的拮抗作用来平衡 X 剂量（XSE 剂量）效应（图 23-2）。关于这种现象在两种性别中如何发挥作用的假设如下：二倍体 XX 胚胎产生双倍剂量的 xol-1 XSE 抑制子，从而抑制了 ASE 的激活作用。这样就能使 XOL-1 保持较低水平，并导致雌雄同体的发育和剂量补偿效应的发生。相反的，二倍体 XO 胚胎产生单倍剂量的 XSE 抑制因子，不足以抵消 ASE 的激活作用。高水平的 XOL-1 导致雄虫的发育，不激活剂量补偿效应。通过这种方式，XSE 和 ASE 将 X：A 比值从 0.5 到 1 的转换翻译成性别转变的开关，并决定是否发生剂量补偿效应。

23.3 DCC 类似于致密因子复合物

要想了解剂量补偿复合物（DCC）的装配和组成，就需要先简单了解一下调节性别决定和剂量补偿通路中的一些重要基因（图 23-2；综述见 Meyer，1997）。xol-1（xol 指 XO 致死）被认为是这个通路中的主要控制基因，因为它的活性是由 X：A 比值决定的，并进而决定这一通路是导致雄性还是雌雄同体发育。XOL-1 是 sdc-2（指 sex determination and dosage compensation defective）基因的负调节因子。sdc 基因（sdc-1、sdc-2 和 sdc-3）编码 DCC 的组分并调节 her-1（her 指 XO 线虫的雌雄同体化，hermaphroditization）性别决定基因。在 XO 胚胎中，X：A 比值为 0.5，导致 XOL-1 蛋白的高水平和 SDC 蛋白的低水平；DCC 不组装，剂量补偿就不能发生，性别决定基因 her-1 表达则导致雄性性别发育。在 XX 胚胎中，X：A 比值为 1，导致 XOL-1 蛋白的低水平和 SDC 的高水平；DCC 得以组装，发生剂量补偿效应，继而抑制 her-1 的表达，导致雌雄同体性别发育。

除 SDC 蛋白（SDC-1、SDC-2 和 SDC-3）以外，DCC 还包括一系列 DPY 蛋白（DPY-21、DPY-26、DPY-27、DPY-28 和 DPY-30）和 MIX-1（mitosis and X-associated）蛋白，还有最近才鉴定到的 CAPG-1 蛋白（Csankovszki et al.，2009）（表 23-1；综述见 Meyer，2005）。对线虫剂量补偿机制的重要理解来自秀丽隐杆线虫 DCC 的一部分类似于 13S 致密因子复合物 I 的发现（表 23-1 和图 23-4）。致密因子复合物在真核生物间保守，对于在有丝分裂和减数分裂过程中正确进行染色体致密化及分离至关重要（综述见 Hirano，2002）。DCC 的核心组分包括 DPY-26、DPY-27、DPY-28、MIX-1 和 CAPG-1，它们与致密因子复合物必需组分同源。实际上，除 DPY-27 以外的所有核心蛋白，除了在 DCC 中发挥功能外，也都在与 SMC-4 形成的致密因子复合物中发挥作用，形成了在有丝分裂和减数分裂中起作用的典型五亚基致密因子 I。但是，SDC 蛋白 DPY-21 和 DPY-30 与已知的致密蛋白亚基不同。当前的观点是，DCC 复合物起源于某种致密因子复合物，特异性地下调 X 染色体基因，并可能通过一定程度的染色质致密化来实现其效应。

表 23-1 调控 X 染色体基因表达的组分

蛋白质	复合物	同源物和（或）保守功能域
SDC-1	DCC	C_2H_2 锌指功能域
SDC-2	DCC	新蛋白
SDC-3	DCC	C_2H_2 锌指功能域和类似于肌浆球蛋白的 ATP 结合功能域
DPY-21	DCC	保守蛋白；无明显功能域
DPY-27	DCC	致密因子亚基 SMC-4/XCAP-C
DPY-30	DCC	MLL/COMPASS 复合物亚基

续表

蛋白质	复合物	同源物和（或）保守功能域
DPY-26	DCC，致密因子 I	致密因子亚基 XCAP-H
DPY-28	DCC，致密因子 I	致密因子亚基 XCAP-D2/Cnd1/Ycs4p
GAPG-1	DCC，致密因子 I	致密因子亚基 XCAP-G
MIX-1	DCC，致密因子 I，II	致密因子亚基 SMC-2/XCAP-E
MES-2	MES-2/3/6	PRC2 亚基 E(Z)/EZH2；SET 功能域
MESr3	MES-2/3/6	新蛋白
MES-6	MES-2/3/6	PRC2 亚基 ESC/EED；WD40 功能域
MES-4	未知	NSD1；PHD 结构域和 SET 功能域

为什么 DCC 只在 XX 胚胎中组装呢？奇怪的是，大部分的 DCC 组分在 XX 和 XO 胚胎中都是通过卵细胞由母源提供的。SDC-2 是 DCC 组装的关键调节因子（Dawes et al., 1999）。SDC-2 不由母源提供而只在 XX 胚胎中生成（图 23-2），在 XX 胚胎中，SDC-2 与 SDC-3 和 DPY-30 一起将其余的 DCC 亚基招募到 X 染色体上。事实上，诱导 XO 胚胎中 SDC-2 的表达足以导致单一 X 染色体上 DCC 的组装并进而引发能杀死胚胎的剂量补偿效应。因此，SDC-2 指导了具有其他细胞学功能的 DCC 组分在 X 染色体的特异性地招募，共同发挥其剂量补偿和性别决定的活性。

脊椎动物

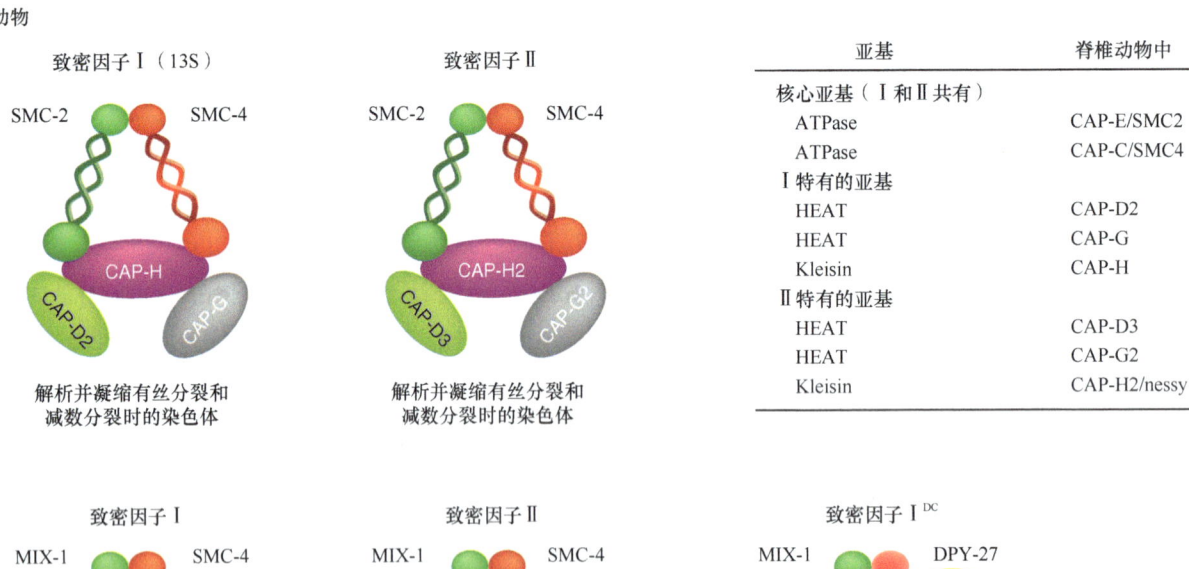

亚基	脊椎动物中
核心亚基（I 和 II 共有）	
ATPase	CAP-E/SMC2
ATPase	CAP-C/SMC4
I 特有的亚基	
HEAT	CAP-D2
HEAT	CAP-G
Kleisin	CAP-H
II 特有的亚基	
HEAT	CAP-D3
HEAT	CAP-G2
Kleisin	CAP-H2/nessy

致密因子 I（13S）：SMC-2, SMC-4, CAP-H, CAP-D2, CAP-G —— 解析并凝缩有丝分裂和减数分裂时的染色体

致密因子 II：SMC-2, SMC-4, CAP-H2, CAP-D3, CAP-G2 —— 解析并凝缩有丝分裂和减数分裂时的染色体

线虫

致密因子 I：MIX-1, SMC-4, DPY-26, DPY-28, CAPG-1 —— 解析并凝缩有丝分裂和减数分裂时的染色体

致密因子 II：MIX-1, SMC-4, KLE-2, HCP-6, CAPG-2 —— 解析并凝缩有丝分裂和减数分裂时的染色体

致密因子 I^{DC}：MIX-1, DPY-27, DPY-26, DPY-28, CAPG-1, DPY-30, DPY-21, SDC-1, SDC-2, SDC-3 —— 下调 X 染色体连锁基因的表达

图 23-4 DCC 和致密因子复合物。 线虫 DCC 类似于致密因子复合物，在核分裂过程中发挥凝聚染色体的作用。特别地，DCC 包含了几个亚基，这些亚基与最初在非洲爪蟾中发现的 13S 致密因子复合物 I 的 XCAP（非洲爪蟾 XCAP 染色体相关多肽）亚基同源。大多数后生动物有两个致密因子复合物，而秀丽隐杆线虫有三个致密因子复合物。MIX-1 存在于所有三种秀丽隐杆线虫致密因子复合物中。三个额外的 DCC 亚基（DPY-26、DPY-28 和 CAPG-1）同时存在于致密因子复合物 I 和致密因子复合物 I^{DC} 中。SDC 蛋白——DP21 和 DP30，与已知的凝聚亚基不相似；相反，它们的功能是将致密因子复合物 I^{DC} 定位到 X 染色体上。（改编自 Meyer, 2005 和 Csankovszki et al., 2009）

23.4 DCC 的募集和蔓延

一些研究已经将重点放在了确定参与招募 DCC 的 X 染色体特征性元件的鉴定。为了判断线虫 DCC 是分别被募集到多个位点上，还是仅有一个或几个位点先被招募再蔓延至邻近的染色体区域，研究人员使用了一个设计巧妙的实验。该实验是对具有携带不同重复区域的 X 染色体的线虫品系进行 DCC 组分的染色（Lieb et al., 2000; Csankovszki et al., 2004; Meyer, 2005）。DCC 与重复区域的关联被解释为重复区域包含 DCC 招募位点。DCC 与重复缺乏关联，但 DCC 与完整 X 染色体的相应区域关联，被解释为重复的 X 区域缺少 DCC 招募位点，而通过邻近区域蔓延在其内源性位点获得 DCC。这些实验确定了至少 13 个区域可以独立招募 DCC，并为 DCC 沿 X 染色体蔓延提供了证据（图 23-5A）（Csankovszki et al., 2004）。一些区域募集能力强而另一些较弱，表明在 X 染色体上募集位点存在数量不同，或是不同位点募集和（或）促进 DCC 沿 X 染色体蔓延的能力不同（Csankovszki et al., 2004）。

能够招募 DCC 的 X 染色体区域的精细定位确定了一个较小的区域，称为 rex 位点（rex 表示 X 上的招募元件）（McDonel et al., 2006）。为了测试 rex 募集位点是否具有相同的 DNA 序列，有必要确定 DCC 募集到 X 染色体的许多其他位点。这些实验的关键技术是染色质免疫沉淀（ChIP），使用两个 DCC 亚基（DPY-27 和 SDC-3）耦合微阵列分析（ChIP-chip）。这提供了 DCC 在 X 染色体上结合位点的图谱，并鉴定了一个在 DCC 结合位点高度富集的 10bp DNA 序列基序（Ercan et al., 2007）。通过 ChIP-chip 结合染色体外的募集实验分析，10bp 的基序被更精准地扩展到 12bp（Jans et al., 2007）。12bp 的 DNA 序列基序（图 23-5B）是将 DCC 招募到 rex 位点所必需的。据估计，在约 17Mb 的 X 染色体上分布有 100～300 个 rex 位点（Jans et al., 2009）。尽管 12bp DNA 基序更多地成簇并富集在 X 染色体上（Jans et al., 2009），常染色体上也存在很多 12bp DNA 基序的拷贝，但是这些基序并不招募 DCC。由此可见，基序非常重要，但对于 DCC 的招募还不够。基序的 DNA 或染色质背景可能有助于 DCC 的募集，而成簇聚集可能对增加招募的亲和力很重要。SDC-2 是第一个定位于 X 染色体上的蛋白质，它将其他 DCC 成员招募到 X 染色体上，但究竟是 SDC-2 还是其他直接识别 rex 位点 DNA 序列基序的因子尚不清楚。无论如何，很清楚的是，在 XX 雌雄同体的胚胎中，DCC 在 X 染色体上的初始募集至少包含两个成分：rex 位点的 DNA 序列基序和 SDC-2 蛋白。有趣的是，在哺乳动物和果蝇中，剂量补偿机制是通过 X 染色体特异性非编码 RNA 和 X 染色体序列元件的组合来靶标 X 染色体的［见第 24 章（Lucchesi and Kuroda, 2014）；第 25 章（Brockdorff and Turner, 2014）］。然而，目前还没有证据表明非编码 RNA 在线虫剂量补偿中起作用。

一个关键的未解之谜是，DCC 是如何从最初的招募地点蔓延开来的（图 23-5）。X 染色体上的大多数被测位点本身不能招募 DCC，但 DCC 在自然染色体的背景下与它们结合。DCC 通过蔓延机制积累，特别是在活跃转录基因的启动子处（Ercan et al., 2007）。将 X 染色体与常染色体端对端融合后进行实验，发现 DCC 也能从 X 染色体蔓延到并列的常染色体序列上。这表明与募集不同，DCC 蔓延不依赖于 X 连锁 DNA 序列的任何特定性质（Ercan et al., 2009）。此外，蔓延到并列的常染色体 DNA 上的 DCC 集中在主动转录基因的启动子区域，就像它在天然 X 染色体上一样。

综上所述，DCC 在活性启动子上的蔓延受一种机制控制，该机制并不针对 X 染色体，但 DCC 的蔓延主要通过将 DCC 招募到 rex 位点而限制在 X 染色体上（图 23-5）。DCC 能识别活跃启动子的哪些特性呢？一个候选因子是组蛋白变体 H2A.Z，因为 H2A.Z 缺失时，DCC 免疫染色不再像野生型那样严格限制在 X 染色体上（Petty et al., 2009）。蔓延也可能通过 DCC 复合物之间的相互作用、与转录机器的物理相互作用或染色质的局部修饰来介导，这使更多的 DCC 结合在一个自我加强的循环中，如粟酒裂殖酵母异染色质蔓延所示［见第 16 章（Martienssen and Moazed, 2014）］。

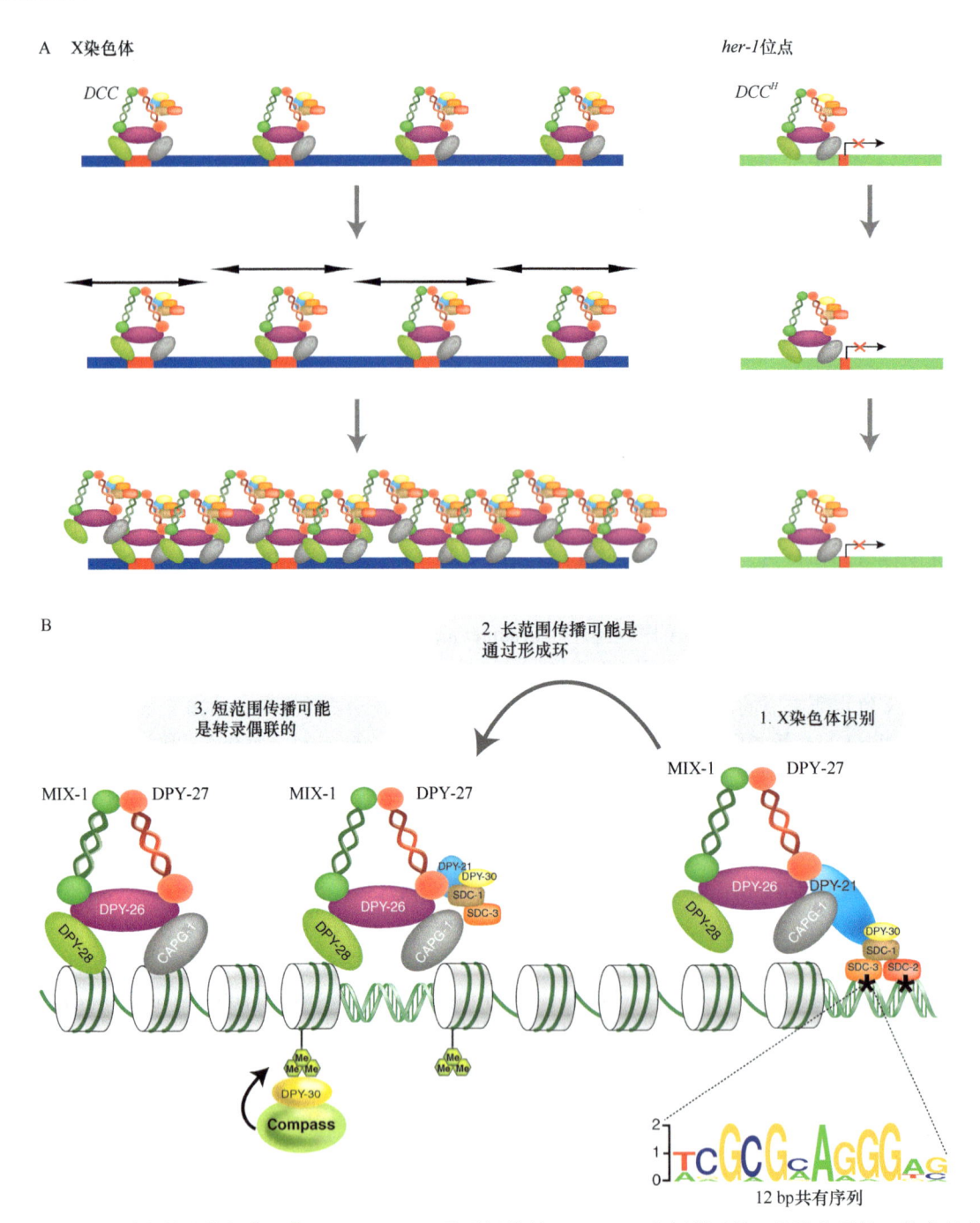

图 23-5　DCC 在 X 染色体上的招募和蔓延。（A）DCC 需要招募到 100～300 个招募元件，并沿着两条 X 染色体蔓延。它还能与常染色体基因 *her-1* 的上游区域结合，并使其表达降低到原来的 1/20，即用 DCC^H 表示，以此说明与 *her-1* 结合的复合物是缺乏 DPY-21 蛋白的（改编自 Aleksevenko and Kuroda, 2004）。（B）在初始招募位点，DCC 通过一种未知的机制在启动子上优先蔓延和积累。星号表示 X 染色体上的招募位点，包含多个 12bp 的 DNA 序列基序（如下所示的 DNA），这些基序对招募很重要。DCC 结合在发育过程中是动态的，并根据单个基因的转录活性进行调节。在高表达基因的体内，DCC 积累量高。（改编自 Ercan and Lieb, 2009）

23.5　DCC 效应：X 连锁基因和常染色体基因 *her-1* 的下调

哺乳动物、果蝇和线虫似乎已经选择了不同的、已存在的染色质复合物发挥调节 X 染色体基因表达的特殊作用。哺乳动物使用基于异染色质的沉默机制来沉默 XX 性别中的两条 X 染色体中的一条。果蝇利用染色质修饰机制改变 XY 动物中单个 X 染色体的状态，导致基因表达上调。秀丽隐杆线虫已经适应了通常用于有丝分裂和减数分裂的染色体浓缩机制，以下调 XX 性别中的两条 X 染色体。像在线虫和果蝇中发生的那样，通过调控染色质结构以实现对 X 连锁基因的表达产生刚好两倍的影响似乎在机制上更具挑战性。线虫中下调的精确机制以及如何将下调限制在大约一半的水平是关键问题。

通过对 XX 野生型、XX DCC 突变体和 XO 表型雌雄异体胚胎中 RNA 水平的微阵列分析，我们了解了秀丽隐杆线虫的 X 染色体的剂量补偿效应（Jans et al., 2009）。在 XX 个体的 DCC 突变胚胎中，约 40% 表达的 X 染色体连锁基因转录水平升高，而只有 2.5% 的基因转录水平降低。这与 DCC 抑制 X 染色体的预期一致。然而，并没有一个统一的两倍效应。变化范围从 1.5 倍（允许"显著变化"的最低比率）到 10 倍。然而，DCC 突变体中表达显著增加的 X 染色体连锁基因的平均效应约为野生型的 2 倍。

DCC 的表达水平平均下降为原来的 1/2，这一调控机制仍然未知。微阵列实验分析发现 DCC 的结合与 DCC 功能缺失导致的转录响应之间并无关联。在基因水平上，与 DCC 结合的基因同样可能得到剂量补偿或不补偿。这被解释为 DCC 并不直接调节它所结合的基因，而是"在远处"进行调节（图 23-6A）（Jans et al., 2009）。在基因组水平上，虽然 DCC 主要与 X 染色体结合，但 DCC 功能的缺失会导致一些常染色体基因的错误表达：约 25% 的抑制和 7% 的激活。Jans 等人假设，DCC 可能排斥 X 染色体的一个限速的通用转录因子，而在没有 DCC 的情况下，该因子将在所有染色体上重新分布（图 23-6B）（Jans et al., 2009）。对于 DCC 的结合和转录响应之间的不相关还有另外一种基于基因水平和全基因组水平的解释，即 DCC 确实直接调控其结合位点的基因，但是在 DCC 突变的 XX 个体中，mRNA 的稳态水平是由间接效果主导，而不是对剂量补偿缺陷的直接转录响应。即便是在转录因子与其调控的基因结合非常近的酵母中，被转录因子结合的基因与在该转录因子缺失时失调基因之间的重叠往往也很小（Gao et al., 2004; Chua et al., 2006; Hu et al., 2007）。因此，DCC 是否是在局部和（或）远距离发挥作用的问题尚未解决。首先要确定的是，DCC 的作用机制是局部的，只影响靠近它的基因，还是在一定距离上作用从而影响整个 X 染

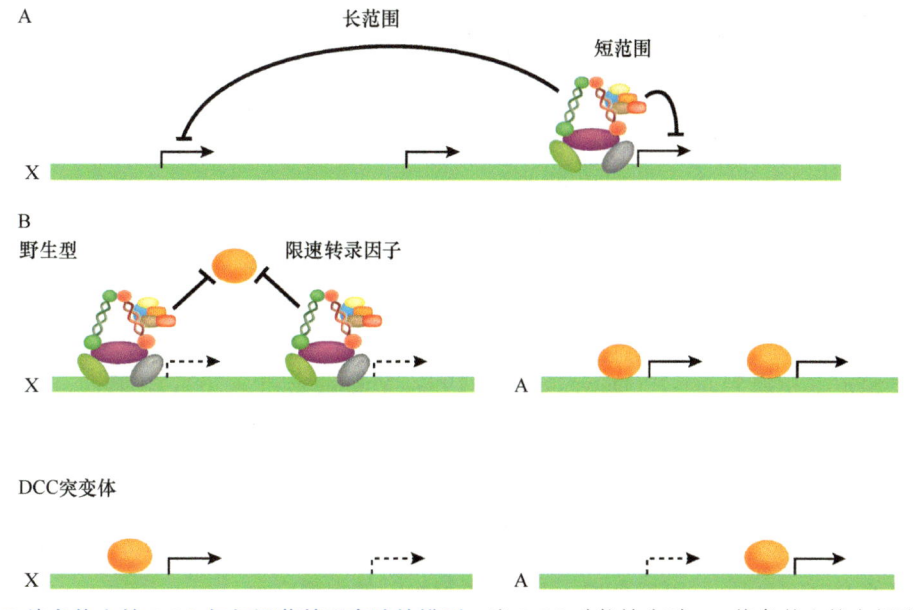

图 23-6 集中在 X 染色体上的 DCC 如何调节基因表达的模型。 当 DCC 功能缺失时，X 染色体上的大部分基因表达变化是转录增加，这与 DCC 抑制 X 染色体转录是一致的。然而，只有大约一半的 DCC 结合基因表达增加，许多表达增加的基因并没有与 DCC 结合。（A）DCC 可能在局部抑制基因或引起影响远处基因座的结构变化。（B）在常染色体上，DCC 功能缺失导致的表达变化主要是转录下降。这可以用一个模型来解释，在这个模型中，DCC 排斥 X 染色体上的一个激活因子。在没有 DCC 的情况下，激活因子更均匀地分布在 X 染色体和常染色体之间，导致 X 染色体基因表达增加，常染色体基因表达减少。另一种模型（未显示）是，DCC 可能在局部抑制基因，如果没有 DCC，则 X 染色体和常染色体上的额外影响是由 X 染色体编码的数百个基因的转录增加引起的。上述讨论的可能性并不相互排斥。

色体的基因。

组蛋白修饰通常参与建立更"活跃"或更"受抑制"的染色质区域。在果蝇中，雄性的 X 基因表达上调与 H4K16 乙酰化（H4K16ac）和 X 染色体上的连接组蛋白丢失有关［见第 24 章（Lucchesi and Kuroda，2014）］。H4K16ac 通过 MOF 乙酰转移酶（果蝇 DCC 的亚基）的作用在 X 染色体上富集，减少了核小体的紧密度。它对转录的影响已被证明是对转录起始（Conrad et al., 2012）和转录延伸的影响（Larschan et al., 2011）。到目前为止，尚无组蛋白修饰活性归因于秀丽隐杆线虫的 DCC。DCC 的一个组分——DPY-30 是 H3K4 甲基化 MLL/COMPASS 复合物的非催化结构组分（图 23-5B）（Pferdehirt et al., 2011），但是，DPY-30 是否特异性调控 X 染色体上的 H3K4 甲基化尚未被检测。

虽然 DCC 没有已知的直接组蛋白修饰活性，但最近发现组蛋白 H4K20 单甲基化修饰（H4K20me1）参与剂量补偿。H4K20me1 与其他物种的基因抑制有关（Karachentsev et al., 2005；Yang and Mizzen，2009），在线虫 XX 雌雄同体的 X 染色体上富集（Liu et al., 2011）。H4K20me1 的富集依赖于功能性 DCC，H4K20me1 的积累是在剂量补偿建立后发生的（Vielle et al., 2012）。对野生型成虫体细胞核中 H4K20me1 和 H4K16ac 的免疫荧光分析显示，与常染色体相比，X 染色体中 H4K20me1 水平较高，H4K16ac 水平较低（Wells et al., 2012）。减少 SET-1 酶（使 H4K20 单甲基化）导致 X 染色体上 H4K16ac 的水平升高。减少负责 X 染色体上 H4K16ac 擦除的 SIR-2.1 酶，却不影响 X 染色体上 H4K20me1 的富集（Wells et al., 2012）。因此，X 染色体上 H4K20me1 的富集导致 X 染色体上 H4K16ac 水平的降低（Vielle et al., 2012；Wells et al., 2012）。目前尚不清楚 H4K20me1 对转录的作用是否全部通过 H4K16ac 来发挥。在线虫和其他生物中，有丝分裂过程中染色体上的 H4K20me1 大量增加，而人类致密因子 II 与染色体的结合部分是由 H4K20me1 介导的（Liu et al., 2010）。H4K20me1 在秀丽隐杆线虫 X 染色体上的富集可能与浓缩的染色体结构存在机制上的联系。

DCC 的作用可能是限制 RNA 聚合酶或转录因子进入启动子区域，阻碍 RNA 聚合酶沿转录单元的行进，或减慢每个基因的转录重新起始速度。这些可能性与 DCC 功能缺失导致 X 染色体上 RNA 聚合酶 II 增加的发现相一致（Pferdehirt et al., 2011）。考虑到 DCC 与 13S 致密因子 I 复合物的相似性，基因表达下调的一个可能机制是 DCC 介导的染色质浓缩。然而，与常染色体相比，X 染色体是否更紧密尚不清楚。X 染色体启动子比常染色体启动子有更高的核小体占有率，但这种较高的核小体占有率并不依赖于 DCC，可能是由于 X 染色体连锁启动子的 GC 含量较高（Ercan et al., 2011）。进一步的研究需要剖析 DCC、H4K20 甲基化、X 染色体浓缩、核小体组织和转录之间的功能联系。

抑制机制的线索也可能在 *her-1* 中发现，这是唯一已知的位于常染色体的 DCC 靶点，并且它表现出受 DCC 介导的约 20 倍的基因表达下调效应（Dawes et al., 1999；Chu et al., 2002）。*her-1* 的抑制促进了雌雄同体的性别发育（图 23-2）。一个有趣的问题是，DCC 如何对 *her-1* 基因实现比在 X 染色体上高 10 倍的抑制效应？X 染色体相关的 DCC 和 *her-1* 相关的 DCC 之间存在一些差异。首先，DCC 被 SDC-2 招募到 X 染色体上，但它被 SDC-3 招募到 *her-1*（Dawes et al., 1999；Yonker et al., 2003）。其次，一个不同的序列基序负责将 DCC 招募到 *her-1* 而不是 X 染色体（Chu et al., 2002）。最后，DPY-21 存在于 X 染色体上，但不在 *her-1* 基因座上（Yonker and Meyer, 2003）。DPY-21 是一种氨基末端富含脯氨酸的保守蛋白，但与其他蛋白相比，其功能并不明显。可能是 DPY-21 调控了 DCC 的功能，使其对 X 染色体上许多基因的转录有微弱的抑制，而不带 DPY-21 的 DCC 对 *her-1* 基因座的转录有强烈的抑制。剖析 *her-1* 约 20 倍的 DCC 与定位于 X 染色体位点的 DCC 有何不同可能是揭示 DCC 作用机制的重要方面。

23.6　X 连锁基因的补偿性上调

DCC 对 X 染色体的体细胞下调弥补了男性和女性 X 染色体剂量的差异。第二种剂量补偿机制被认为平衡了 X 染色体和常染色体之间的整体转录水平。在有 X 染色体的动物中，雄性细胞只有一个 X 染色体，而每个常染色体则有两个拷贝（例如，XY 或者 XO，AA）。这导致了雄性中 X 染色体连锁基因的单倍剂量不足，而这与性别间 X 染色体剂量的不平衡无关。Susumu Ohno 首先提出假设，在 X 染色体的进化过程中，来源于单个 X 染色体的 X 连锁基因的转录水平加倍，以匹配来自两条常染色体的转录剂量；雌性动物的剂量补偿进化为抑制 XX 个体中 X 染色体转录的不适当增加（Ohno，1967）。这种上调和下调的组合有效地在两性中产生了二倍体剂量的 X 染色体转录本（图 23-7）。虽然有一项研究声称 X 连锁基因的代偿性上调在线虫中没有发生（Xiong et al.，2010），但后续的研究考虑到生殖细胞在发育过程中的增殖，结果表明 X 连锁基因上调确实发生在体细胞中（Deng et al.，2011；Kharchenko et al.，2011b）。这一现象最明显的证明是通过微阵列实验，在 XO 动物中 X∶A 的平均表达率和中位表达率为 0.98，非常接近 XX 动物中出现的约为 1 的比值，说明 X 连锁基因在 XO 动物中上调（Deng et al.，2011）。因此，雄性和雌性的 X 连锁基因的上调需要一种补偿机制，在有两条 X 染色体的动物中特异性下调 X 连锁基因。转录上调发生在 X 染色体上的分子机制以及它是如何在两性中被限制在 X 染色体上尚不清楚，这是未来研究的重要领域。

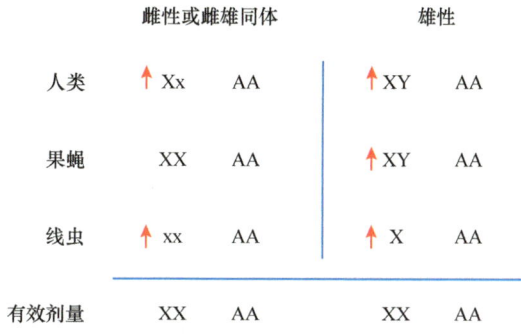

图 23-7　协同上调和 DCC 介导的 X 连锁基因表达下调。 在三种经过充分研究的系统中，两性之间的剂量补偿是不同的。在哺乳动物中，一个 X 染色体的女性是失活的（小 x）；在果蝇中，转录从单一 X 染色体男性增加了 2 倍（大 X）；在线虫中，来自两个 X 染色体的转录在雌雄同体中下降了 2 倍（小 X）。在所有三个系统中，雌性/雌雄同体和雄性的 X 染色体及常染色体的转录水平是相似的，这表明有一种机制可以使 X 染色体的转录在两性中增加大约两倍（红色箭头）。

23.7　生殖系发育和 X 染色体的全局性沉默

在秀丽隐杆线虫中，DCC 控制 X 染色体的体细胞模式在生殖细胞中不起作用。早期的证据是观察到一些 DCC 成分在生殖细胞中不表达（如 SDC-2、DPY-27），其他 DCC 成分在生殖细胞中表达，但定位于所有染色体（如 MIX-1、DPY-26 和 DPY-28）。事实上，MIX-1、DPY-26 和 DPY-28 是秀丽隐杆线虫中典型致密因子 I 的组成部分（图 23-4）。在生殖细胞系中，这些 DCC 蛋白在有丝分裂和减数分裂染色体的生殖细胞系及分离中起着更为普遍的作用。

在生殖细胞系中没有 DCC 成员，这就提出了在该组织中是否存在剂量补偿的问题。回想一下，剂量补偿的一个功能是在两性之间实现 X 连锁基因的等价表达，以促进生存能力和正常发育。目前的证据表明，相对于 XX 体细胞中两个 X 染色体的两次下调，X 染色体在 XX 和 XO 动物的生殖细胞系发育的大多数阶段都受到了全局性抑制（图 23-3）。生殖细胞中调节 X 染色体的特殊机制，在形式或功能上与本章已经描述的体细胞机制大相径庭。

在秀丽隐杆线虫中，两性的成年性腺都包含着一个有序进行的生殖细胞发育阶段。生殖细胞在远端区域增殖，在中间区域进入减数分裂，在近端区域完成配子形成（图 23-1 和图 23-8）（Schedl，1997）。在 XO 雄性中，这种进展发生在连续产生精子的单管睾丸中。在 XX 雌雄同体中，两个管状的性腺臂最初在幼虫后期产生精子，在成年后转为产生卵母细胞。成熟的卵母细胞被推入精囊，并在进一步挤压到子宫前与驻留在那里的精子受精。在发育过程中，XX 线虫在有限的时间内产生一些精子，因此，在成体中允许"雌雄同体"的繁殖模式。然而，XX 成年动物的卵巢和某些其他体细胞组织在身份及功能上可以被认为是雌性。

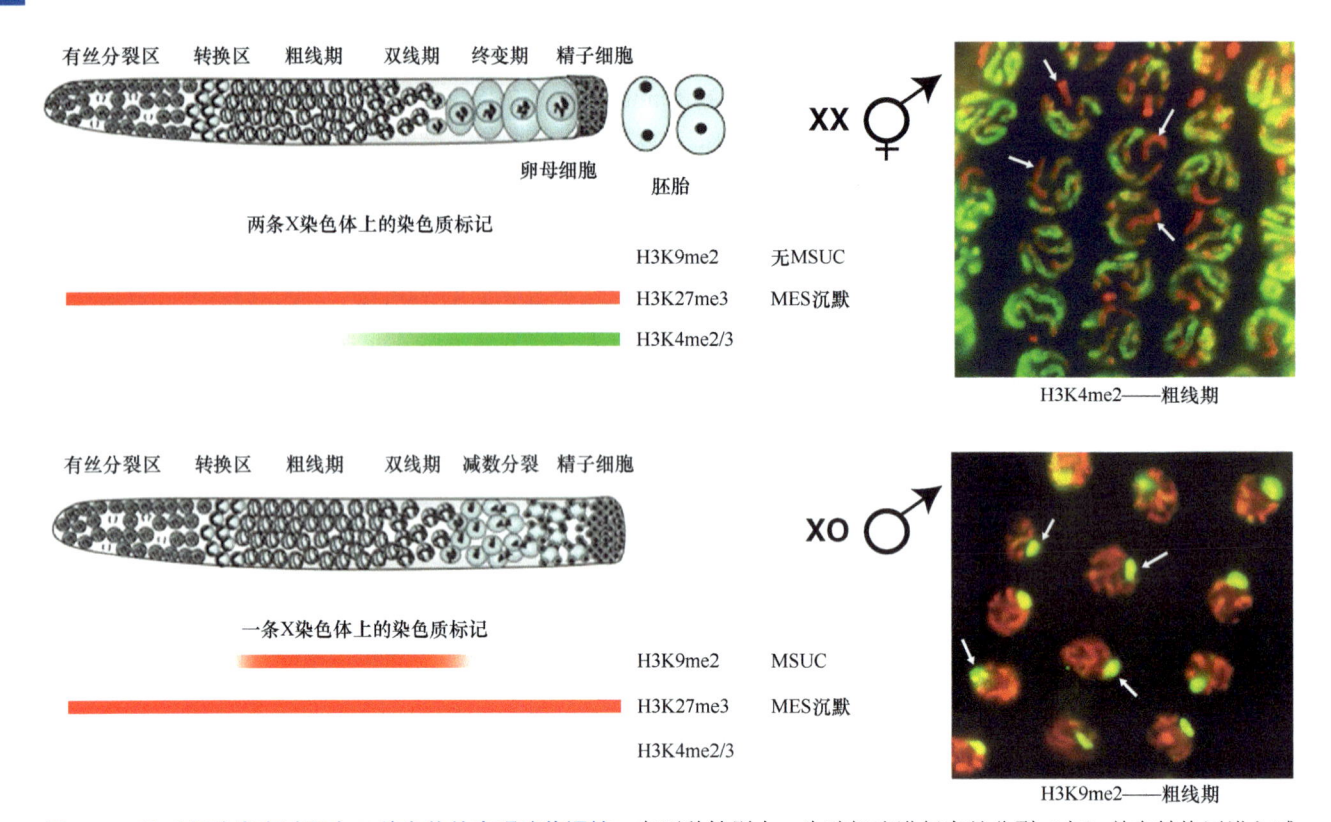

图 23-8 生殖细胞发育过程中 X 染色体的表观遗传调控。 在两种性别中，生殖细胞进行有丝分裂（左）并在转换区进入减数分裂，然后发育至减数分裂 I 早期；即将形成精子的细胞都在性腺中完成减数分裂。在雌雄同体线虫中，将形成卵母细胞的细胞在性腺中发育至减数分裂前期，然后在排卵和受精之后完成减数分裂。存在于生殖细胞 X 染色体上的各种组蛋白修饰以红色（表示抑制型修饰）和绿色（表示激活型修饰）横条表示。如右图所示，特定的组蛋白修饰抗体显示，在生殖核中 X 染色体的标记与常染色体不同且被沉默。当常染色质标记表达时，H3K4me2（绿色）被排除于 XX 粗线期核 X 染色体之外。当异染色质标记表达时，H3K9me2（绿色）在 XO 粗线期核的 X 染色体上富集，是 MSUC（未配对染色体的减数分裂沉默）的一部分。DNA 被染为红色，箭头指出图像中有代表性的 X 染色体。

生殖细胞系的 X 染色体最初在 XX 雌雄同体和 XO 雄性中都被转录抑制。X 染色体抑制的证据来自免疫荧光分析和全基因组转录谱分析。生殖细胞系免疫染色显示 X 染色体比常染色体具有更高水平的抑制型组蛋白修饰（H3K27 甲基化和 H3K9 甲基化）（图 23-8）（Kelly et al., 2002; Bender et al., 2004）。X 染色体也缺乏激活型染色质修饰标记：K8、K12 和 K16 上的 H4 乙酰化，H3K4 甲基化，H3 变体 H3.3（Kelly et al., 2002; Ooi et al., 2006; Arico et al., 2011）。在 XO 雄性生殖系发育的所有阶段中，X 染色体上都没有活跃的染色质标记。在 XX 雌雄同体中，这种标记在增殖和减数分裂早期生殖细胞的 X 染色体上不存在，但在卵子发生时出现在 X 染色体上（Kelly et al., 2002）。这些发现表明，X 染色体在除了卵细胞发生的生殖细胞发育的所有阶段中转录沉默。

在含有或缺乏生殖细胞的线虫中进行的全基因组转录谱分析显示，在具有生殖细胞系富集表达的基因位置上存在显著的不对称：在雄性和两性生殖细胞系中表达的基因，包括那些在精子形成过程中表达丰富的基因，在 X 染色体上的表达严重不足（Reinke et al., 2000; Reinke et al., 2004）。在卵母细胞生殖细胞系中具有丰富表达的基因在 X 染色体上也表达不足，但程度不同。因此，生殖细胞生存和发挥功能所需要的大部分基因都位于常染色体上。大多数位于 X 染色体上的卵子发生相关蛋白相关基因在减数分裂后期表达，这与在卵子发生中 X 染色体上活跃的组蛋白修饰的积累有关（图 23-8）。对于两性共有的基因，以及在生殖细胞成熟早期起作用的基因，X 连锁基因的偏差是最严格的。与此相一致的是，从胚胎中分离出来的原始生殖细胞在同一发育阶段比体细胞的 X 染色体表达更少的基因，类似于在成人中观察到的偏差（Spencer et al., 2011）。因此，常染色体基因的优先表达是生殖细胞在各个阶段的一个特征。

最近，解剖的成年雌雄同体生殖细胞系的转录谱分析揭示了 X 染色体不像以前认为的那样"沉默"（Wang et al., 2009; Tabuchi et al., 2011; Gaydos et al., 2012）。有趣的是，在体细胞和生殖细胞系中转录的基因被观察到，相对于体细胞组织，在生殖细胞系中转录水平显著降低（Wang et al., 2009）。据推测，在解剖的全长生殖细胞系中检测到的 X 连锁转录物来自卵源生殖细胞，其中 X 染色体获得了常染色质的标记，如前所述。然而，有两个观察结果表明，在所有阶段的生殖细胞中都有一些 X 染色体的转录，不支持卵母生殖细胞是 X 染色体转录的唯一来源。第一，分离出的原始生殖细胞表达一些 X 染色体连锁基因（Spencer et al., 2011）；第二，包括增殖和早期减数分裂生殖细胞，但不包括卵源生殖细胞的成年生殖细胞系转录了 X 染色体上约 15% 的基因（Tabuchi et al., 2011）。

综上所述，在秀丽隐杆线虫生殖细胞系中，X 染色体的转录受到了广泛和显著的抑制。因此，生殖细胞系的发育主要依赖位于常染色体上的基因表达。X 染色体确实享有同等机会表达那些在所有细胞中都表达的"管家基因"，但它们在生殖细胞中表达的水平低于体细胞。秀丽隐杆线虫的生殖细胞主要依赖于常染色体基因，这就提出了一个问题：生殖细胞系表达的基因是如何优先定位于常染色体上的。有趣的是，已经发现了许多 X 染色体/常染色体同源的基因拷贝，其中常染色体拷贝是生殖细胞功能唯一需要的，而 X 连锁拷贝则在体细胞谱系中发挥功能（Maciejowski et al., 2005）。生殖细胞系依赖于常染色体拷贝提供了一种潜在的机制，将生殖细胞系必要的基因排除在具有不适宜环境的 X 染色体之外。只在卵子发生晚期需要的基因（即仅在晚期雌性生殖细胞中需要）可能不会受到像早期生殖细胞系需要的基因那样被排除在 X 染色体外的选择压力。这种选择压力可能包括雄性减数分裂中 X 染色体配对伴侣的进化缺失，如 23.8 节所述。类似的影响似乎也作用于其他物种，包括果蝇和哺乳动物（Wu and Xu, 2003）。

23.8 雄性个体中单一 X 染色体的减数分裂沉默

关于在生殖细胞系中 X 染色体与常染色体不同的最早的迹象来自细胞学观察。在减数分裂前期的粗线期，雄性线虫的单个 X 染色体高度浓缩，形成球状结构，使人联想到哺乳动物雄性减数分裂期间所见的 XY "性体"（图 23-8）（Goldstein and Slaton, 1982; Handel, 2004）。常染色体的浓缩发生在减数分裂前期之后，接近于精子发生的起始时期。在 XX 雌雄同体的精子减数分裂时期及雄性性别转换时期中也能观察到 X 染色体的提早浓缩，推测 X 染色体的提早浓缩是对生殖细胞性别的反应，而不是对 X 染色体倍性或配对状态的反应。因此在 XX 雌雄同体中，用于卵子发生的生殖细胞不会出现提早的 X 染色体浓缩。

除了提早的 X 染色体浓缩外，依赖于减数分裂中未配对 DNA 的另一种机制会导致 XO 雄性中的单个 X 染色体短暂积累大量 H3K9me2，这些 H3K9me2 在粗线期出现，并在终变期消失。H3K9me2 在 X 染色体上的富集并不在 XX 雌雄同体精子发生或 XX 雄性性别转换的过程中发生，但确实在性别转换的 XO 雌雄同体粗线期和 X 染色体不配对的 XX 动物中发生（例如，him-8 突变体；Bean et al., 2004; Bessler et al., 2010）。因此，XO 减数分裂中 X 染色体上异染色质标记的特异性获得似乎是其未配对状态的结果，而不取决于它经历的生殖系性别。H3K9me2 定位于未配对 DNA 并不局限于 X 染色体序列，它也发生在未配对的常染色体片段和易位片段上（Bean et al., 2004）。未配对 X 染色体上的 H3K9me2 由 SETDB1 同源物 MET-2 产生，其模式受染色质蛋白 HIM-17 调控（Reddy and Villeneuve, 2004; Bessler et al., 2010）。met-2 突变体雄性在减数分裂期间没有表现出 X 染色体传递缺陷，这一发现表明，将 H3K9me2 集中在 X 染色体上并不是减数分裂染色体正确分离的必要条件。然而，H3K9me2 的缺失是否会影响雄性的 X 染色体沉默尚无定论。

在减数分裂中靶向抑制非配对 DNA 并不是线虫独有的。在减数分裂过程中，其他生物体也有类似的对未配对 DNA 的识别和抑制，包括链孢霉和小鼠。这被称为 MSUC（非联会染色质减数分裂沉默；也称为 MSUD，指未配对 DNA 的减数分裂沉默；Shiu et al., 2001; Baarends et al., 2005; Turner, 2005; Kelly and Aramayo, 2007）。例如，雄性小鼠减数分裂时联会很差的 XY "性体"也因其非配对状态而富集 H3K9me2（Cowell et al., 2002; Turner et al., 2005）。链孢霉中发生的减数分裂沉默需要在 RNA 干扰（RNAi）过程中具有保守功能的一些蛋白质的活性［见第 10 章（Aramayo and Selker，2013）］。其中包括一个 RNA 介导的 RNA 聚合酶（RdRP）、一个 Argonaute 相关蛋白（RNA 诱导沉默复合物，RISC 的保守成分）和 Dicer 核酸酶［Kelly and Aramayo，2007；见第 16 章（Martienssen and Moazed，2014）］。秀丽隐杆线虫中未配对 DNA 上 H3K9me2 的富集需要一个生殖系特有的 RdRP（EGO-1），但不需要 Dicer（Maine et al.，2005；She et al.，2009）。这表明尽管减数分裂沉默（对未配对 DNA 的抑制）是保守的，但实现这一沉默的机制可能在不同的生物体中进化不同。

与 XO 雄虫减数分裂时所发生的现象不同的是，在 XX 精子发生或 XX 卵子发生过程中，X 染色体并不发生 H3K9me2 的富集。这个差异可能是由于雌雄同体线虫中发生了 X 染色体的完全联会。那么为什么未配对 DNA 的沉默会是有性生殖的保守特征呢？在许多生物中，同源配对是减数分裂的特征，而在联会过程中一条同源 DNA 独有的新的插入可能会被视作未配对的 DNA 区域。因此人们猜想减数分裂过程中未配对序列的识别和沉默为双倍体基因组的自我扫描提供了一个机制，并且能够保护机体免受转座子元件的入侵（或扩散）。这种保护只在生殖细胞系中需要，因为体细胞转座子的插入或扩展不会传递给下一代。因此，在减数分裂过程中所需的基因会经历强烈的选择压力，以避免位于一个未配对的染色体上（如雄性 X 染色体）。这种选择可能导致了在秀丽隐杆线虫中观察到的独特的 X 染色体基因图谱，如 23.7 节所讨论的。有趣的推测是，转座子和宿主之间的"基因组战"，以及在这场"战斗"中进化成"武器"的沉默机制，塑造了基因组，并导致了 23.7 节讨论的一些 X 染色体和常染色体的差异。

23.9　MES 组蛋白修饰酶对 X 染色体沉默的调控

23.8 节描述了异染色质形成的抑制作用，该染色质形成对 XO 雄性中的单个 X 染色体特异，并且由于 MSUC 而限于减数分裂的粗线期。在雄性生殖系发育的其他阶段和 XX 两性生殖系中，X 染色体是如何保持在染色质被抑制的状态的？ 对母系效应不育（*mes*）突变体的遗传筛选发现了一组 4 个 *mes* 基因，它们参与 XX 动物和 XO 动物的 X 染色体抑制。遗传和分子分析的结合表明，编码的 MES 蛋白通过调控生殖细胞中 X 染色体上组蛋白修饰谱的一部分来发挥抑制作用。其功能对生殖细胞的存活和发育至关重要。

MES 蛋白在组蛋白 H3 的尾部产生两种相反的修饰：与基因抑制相关的 H3K27 的甲基化；与基因激活相关的 H3K36 的甲基化。H3K27 的甲基化由 MES-2 与 MES-3 和 MES-6 共同催化（图 23-9A）。这种三聚体复合物类似于果蝇和脊椎动物中的多梳抑制复合物 PRC2［Xu et al.，2001；Bender et al.，2004；Ketel et al.，2005；见第 17 章（Grossniklaus and Paro，2014）］。MES-2 和 MES-6 是两个 PRC2 亚基，是 E(Z)（enhancer of zeste）和 ESC（额外的性梳）在线虫中的同源物（表 23-1）；MES-3 是一种新型蛋白质。MES-2 的 SET 结构域负责其组蛋白赖氨酸甲基转移酶（HKMT）活性，而 MES-6 和 MES-3 似乎需要底物结合或促进催化活性（Ketel et al.，2005）。

在生殖细胞系和早期胚胎中所有可检测到的 H3K27me2 和 H3K27me3 都与 MES-2、MES-3 和 MES-6 有关，但另一种尚未发现的 HKMT 参与了原始生殖细胞、幼虫和成体组织中 H3K27 的甲基化。重要的是，在生殖系中，H3K27me3 这种完全抑制性的标记富集于 X 染色体上（图 23-8）（Bender et al.，2004）。因此，消除生殖细胞系中 H3K27 甲基化的一个后果是激活 X 染色体上的基因。在 *mes-2*、*mes-3* 或 *mes-6* 突变母本的后代中，生殖细胞系中的 X 染色体缺少 H3K27me2/3，获得了激活型染色质标记（如 H3K4me 和 H4K12ac），并被 RNA 聚合酶Ⅱ的转录活性形式修饰（Fong et al.，2002；Bender et al.，2004）。这些发现表明，MES-2/3/6 复合体可能直接参与了抑制线虫生殖细胞系中的 X 染色体。确实，两个 X 染色体的抑制被认为是在 *mes* 突变体母本的 XX 后代中观察到的生殖细胞系退化的原因，因为这些母本的 XO 后代可以繁殖，也许是因为在生殖细胞系发育过程中可以容忍单个 X 染色体的抑制，或者更多可能是因为另一种机制，例如，通过 MSUC 对单个 X 染色体进行异染色质化，可以维持 XO 生殖细胞系的抑制（Garvin et al.，1998）。值得注意的是，与线虫中 MES-2 和 MES-6 参与生殖细胞 X 染色体抑制类似，脊椎动物中的 MES-2

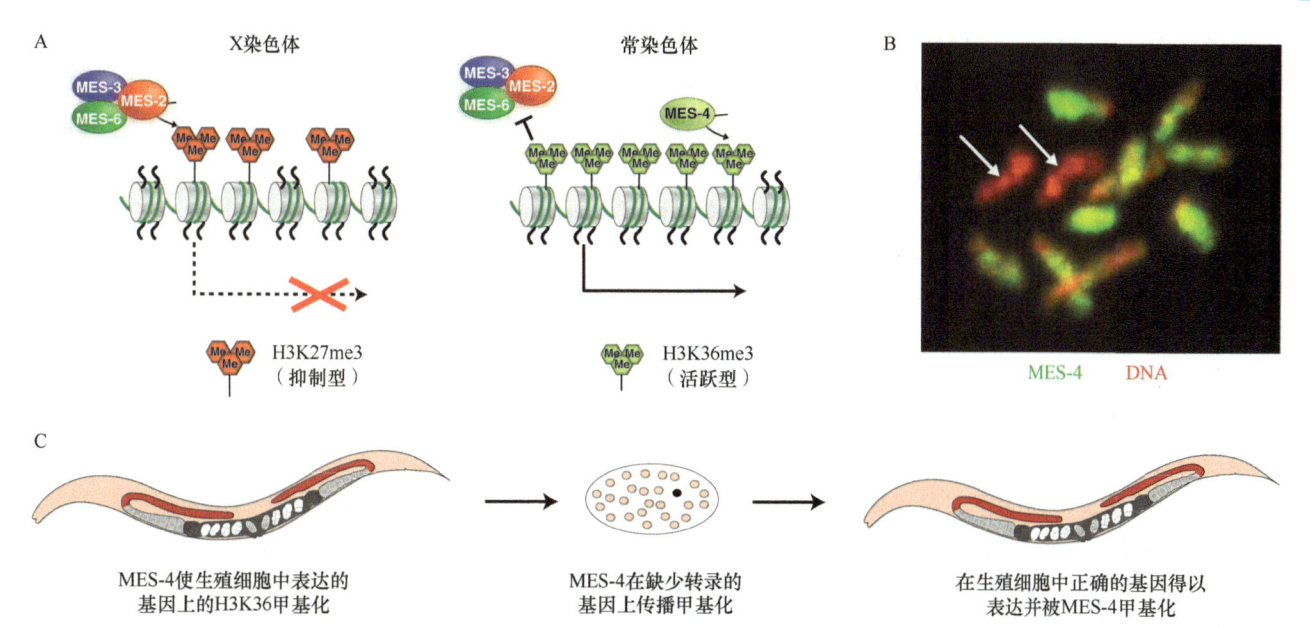

图 23-9　MES-4 的跨代作用模型，以及 MES-4 和 MES-2/3/6 如何参与生殖细胞系中的 X 染色体抑制。（A）MES-2/3/6 生成的抑制性组蛋白修饰 H3K27me3 集中在 X 染色体上。常染色体基因上的 MES-4 和 H3K36 甲基化排斥 MES-2/3/6 复合物，有助于集中其对 X 染色体的抑制作用。（B）MES-4 集中在常染色体上。MES-4 免疫染色为绿色。DNA 被染成红色。箭头标记两个 X 染色体，它们没有 MES-4 染色。（C）MES-4 与母系中表达的基因关联，被标记为 H3K36me2/3。无转录时，MES-4 在 H3K36me 标记上的传播使其能够将生殖细胞系基因表达的记忆传递给后代。

和 MES-6 也参与了 XX 哺乳动物的体细胞 X 染色体失活［见第 25 章（Brockdorff and Turner, 2014）；第 17 章（Grossniklaus and Paro, 2014）］。

在生殖细胞系中参与 X 染色体抑制的第四个 MES 蛋白是 MES-4。作为一种染色体结合蛋白，它有着全新的分布模式，且与预期完全相反。与其他 MES 蛋白不同的是，MES4 以一种带状形式存在于 5 条常染色体，明显远离 X 染色体的大部分区域（图 23-9B）（Fong et al., 2002）。与 MES-2 一样，MES-4 包含一个 SET 结构域，也具有 HKMT 活性（Bender et al., 2006）。其负责 H3K36me2，在生殖细胞系和胚胎中对 H3K36me3 有贡献。正如 MES-4 与常染色体结合所预测的，H3K36 的甲基化也显著地集中在常染色体上。最近通过染色质免疫沉淀对胚胎中的 MES-4、H3K36 甲基标记和 RNA 聚合酶 II 的分布进行了分析，从而深入了解了 MES-4 如何靶向常染色体及在其中的作用（Furuhashi et al., 2010；Rechtsteiner et al., 2010）。在胚胎中，MES-4 和 H3K36me2/3 位于基因主体上，这些基因具有在母本生殖系中表达的共同特性。这些基因包括普遍表达的基因，以及在母本生殖系中表达，但在胚胎发生过程中不表达的种系特异性基因，因此在胚胎中缺乏 RNA 聚合酶 II。后者表明 MES-4 可以独立于 RNA 聚合酶 II 与基因缔合，这使其区别于其他 H3K36 HKMT。现已逐渐被大家公认的情形是，MES-4 是一种维持性 HKMT，其功能是将生殖细胞系基因表达的记忆从亲本生殖细胞系传递到子代的生殖细胞系中（图 23-9C）。因此，通过将染色质标记（H3K36me）传递给下一代，MES-4 起到了真正的表观遗传作用。此功能对于生殖细胞存活至关重要。MES-4 在常染色体上的浓度很可能由 MES-4 与生殖细胞系表达基因的关联来解释，这些基因集中在常染色体上，而 X 染色体几乎不存在，如 23.7 节所述。

从可育的 mes-4 突变母本的生殖系转录谱分析中，可以看出 MES-4 参与抑制 X 染色体（Bender et al., 2006；Gaydos et al., 2012）。基因表达的主要变化是 X 染色体上基因的上调。集中在常染色体上的 MES-4 如何参与抑制 X 染色体上的基因？当前的模型是，常染色体上由 MES-4 介导的生殖细胞系表达基因的 H3K36 甲基化从这些基因中排斥 MES-2/3/6，并有助于将其抑制活性集中在基因组的其他区域，包括 X 染色体（图 23-9A）。该模型的主要证据是发现生殖系基因中 MES-4 缺失导致 H3K27me3 向生殖系基因传播，从而导致 X 染色体上 H3K27me3 减少（Gaydos et al., 2012）。事实上，在不同物种的全基因组染色质免疫沉淀研究中，H3K36me3 和 H3K27me3 通常占据基因组中不重叠的区域，这些标记相互排斥，并定义了不同的基因组区域（Kharchenko et al., 2011a; Liu et al., 2011; Gaydos et al., 2012）。此外，H3K36 甲基化拮抗 H3K27 甲基化的观点得到了支持，这一发现表明，在体外实验中，H3K36 之前的甲基化可以阻止 K27 在同一组蛋白尾上的甲基化（Schmitges et al., 2011; Yuan et al., 2011）。线虫中 MES-4 参与 X 抑制的模型（图 23-9A）与酿酒酵母中 Dot1 参与端粒沉默的模型相似（van Leeuwen and Gottschling, 2002）。Dot1 介导 H3K79 沿染色体的甲基化被认为可以排斥 Sir 抑制因子，并帮助它们将作用集中在端粒上。Dot1 的缺失使得 Sir 从端粒中扩散，并导致端粒的去沉默。MES-4 和 Dot1 说明了组蛋白修饰因子如何通过拮抗混杂的抑制因子结合来促进抑制因子的合理分布（van Leeuwen and Gottschling, 2002）。

MES 蛋白在表观遗传学上以两种相互交织但在概念上截然不同的方式发挥作用：如前几段所述的组蛋白修饰和染色质状态的调控，以及母系效应调控。母系效应突变的定义是，其突变表型在第一代纯合突变体中没有显现，而在其后代中显现。在第一代 *mes/mes* 突变体中，*mes/+* 母源产生的并被装入卵母细胞中的一些野生型 MES 产物的存在足以使两个原始生殖细胞正确地扩增为一千多个具有功能的生殖细胞。但是，这些可繁殖的 *mes/mes* 线虫中的生殖细胞无法为其后代生产功能性 MES 产物。结果，在这些后代中，原始生殖细胞几乎没有增殖和退化。由 *MES-2* 和 *MES-4* 编码的 HKMT 活性必须建立一种可遗传的染色质状态，这种状态在这两个最初的原始生殖细胞的许多后代中得到适当的维持。MES-2、MES-3 和 MES-6 在一个复合物中起作用，将抑制染色质修饰（H3K27me3）集中在生殖细胞系的 X 染色体上，并可能直接参与 X 染色体抑制。MES-4 通过将常染色体上的生殖细胞系表达基因上的 H3K36 甲基化，远距离参与 X 染色体抑制，从而排斥并帮助集中 MES-2/3/6 复合物和 H3K27me3 在 X 染色体上的活性。MES 系统被认为在母系生殖系和早期胚胎中表现出表观遗传学作用，以建立染色质区域，这些染色质区域被恰当地标记为幼虫生殖系发育过程中随后的表达（常染色体区域）或抑制（X 染色体）（图 23-9A，C）。MES 系统的缺失导致生殖细胞系死亡和不育，可能至少部分是由于 X 染色体的去抑制。

到目前为止，讨论的重点是在生殖细胞系中参与抑制 X 染色体连锁基因表达的因素和机制。有趣的是，秀丽隐杆线虫的 DRM 复合体的几个成员似乎参与了促进在生殖细胞系中 X 染色体连锁基因的少量表达。DRM 复合体包括视网膜母细胞瘤、E2F、DR 和 LIN-54/Mipl20 的线虫同源物。这个复合体被命名为 "DR 视网膜母细胞瘤" 和 "Myb-MuvB"，它与哺乳动物的 DREAM 复合体有关。线虫的任何 DRM 蛋白的缺失都会导致生殖细胞系 X 染色体上的基因下调（Tabuchi et al., 2011）。像 MES-4 一样，DRM 成分通过免疫染色似乎集中在生殖细胞的常染色体上，从而导致该模型像 MES-4 一样，DRM 间接调节 X 染色体上的基因转录。一种有趣的可能性是，MES-4 和 DRM 拮抗常染色体上生殖细胞系表达基因的转录，结果对 X 染色体上基因的转录产生相反的影响（Tabuchi et al., 2011）。

23.10　早期胚胎中父源 X 染色体的失活

不同配子所贡献的基因组在进入合子时具有截然不同的表观遗传历史（图 23-8 和图 23-10）。虽然 X 染色体在生殖细胞的早期阶段不活跃（例如，图 23-10——新生生殖细胞系和有丝分裂阶段），但 X 染色体在卵子发生的粗线期后期转录活跃（例如，图 23-8 和图 23-10——卵细胞发生）（Fong et al., 2002; Kelly et al., 2002）。相反，在雌雄同体和雄性的精子发生过程中，X 染色体从未被激活（例如，图 23-8 和图 23-10——精子发生），经历提早浓缩，在 XO 减数分裂中，H3K9me2 富集（图 23-8）（Kelly et al., 2002; Bean et al., 2004）。在精子形成过程中，尽管某些典型的组蛋白被专门精子特异组蛋白变体和鱼精蛋白样碱性蛋白所取代（Chu et al., 2006），但精子基因组具有易于检测到的组蛋白 H3 水平和常染色体上的几种组蛋白修饰，包括 H3K4me2，这些修饰被携带进入卵细胞（Arico et al., 2011）。卵母细胞染色质甚至在染色体凝缩的终变期仍显示出显著水平的大多数激活组蛋白修饰（图 23-8）。与 DNA 相关的 RNA 聚合酶 II 水平在终变期卵母细胞中急剧下降，这表明染色质保留的组蛋白修饰反映了最近的转录历史，而不是正在进行的转录活性（Kelly et al., 2002）。因此，受精卵遗传了两个表观遗传上不同的基因组，特别是两个转录历史非常不同的 X 染色体——一个是最近活跃的、由卵母细胞衍生的 Xm 染色体，另一个是最近很少或没有转录活性的、由精子衍生的 Xp 染色体。

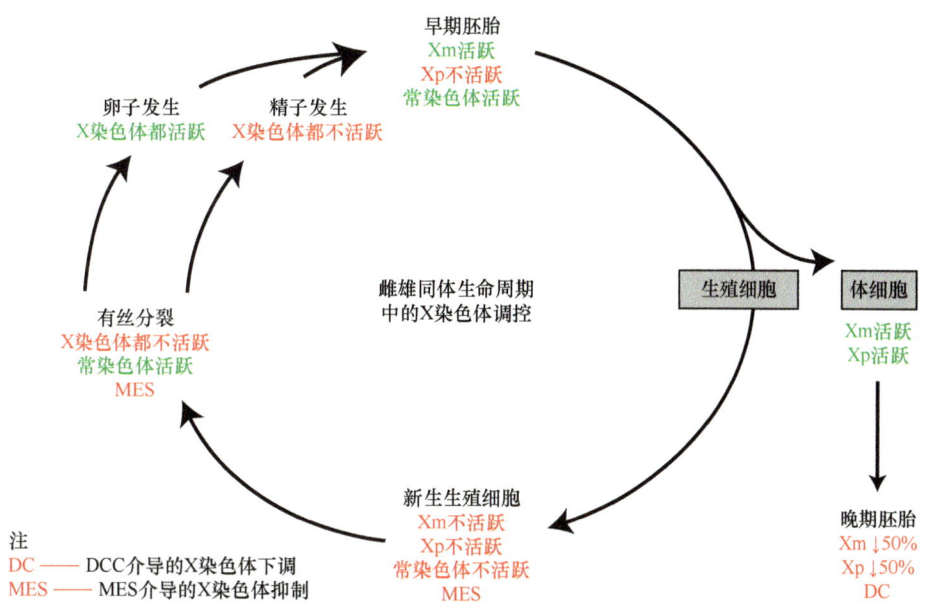

图 23-10 **XX 雌雄同体生命周期中 X 染色体的调控**。X 染色体在不同阶段和不同组织中受到不同机制的调控：早期胚胎的父系 X 染色体失活，30 细胞期、晚期胚胎和线虫的体细胞组织中的剂量补偿（DC），种系中的 MES 介导的抑制。在 XO 雄性减数分裂中（未描述），非配对的 X 染色体的减数沉默也发生在生殖系中。

进入卵母细胞后，精子 DNA 显示出如 H3K4me2 的组蛋白修饰（Arico et al., 2011），因为它开始去浓缩形成精子原核。与常染色体形成鲜明对比的是，去浓缩的 Xp 缺乏 H3K4me2 和组蛋白 H3 乙酰化（Bean et al., 2004）。然而，在 Xp 和常染色体之间的组蛋白 H4 修饰没有区别。在卵母细胞原核中，包括 Xm 在内的所有染色体都经过类似的修饰，并在整个胚胎发生过程中保持不变。有趣的是，Xp 特异性缺失 H3 修饰在 DNA 复制后仍然存在，并且在多次 DNA 复制和细胞分裂后仍然存在，因此被称为"表观遗传印记"。然而，印记逐渐消失；也就是说，在 Xp 上 H3 特异性的修饰变得越来越明显，直到 Xp 和其他染色体之间的 H3K4me2 水平没有明显的差异。一个吸引人的假设是，早期胚胎中 Xp 没有 H3K4me2 和其他活跃染色质的标记，反映了 Xp 在精子形成过程中的转录沉默状态（图 23-8 和图 23-10），当合子基因组的转录被激活时，Xp 获得了活跃的染色质标记。值得注意的是，母本提供的 H3.3（与活跃基因表达相关的 H3 变体）在受精后交换到 Xp、Xm 和常染色体上，但是它未能获得专门针对 Xp 的活跃组蛋白修饰（Ooi et al., 2006；Arico et al., 2011）。

在杂交子代（来自 XO 的精子）和自身子代（来自 XX 的精子）中都检测到 XX 胚胎中的 Xp 印记。因此，精子形成过程中 X 染色体的配对状态，以及 H3K9me2 在 X 染色体上的靶向和富集，对 Xp 印记的建立没有明显作用。然而，印记的稳定性，即在此之后仍然可以很容易观察到的细胞分裂次数，在 XO 来源精子的后代中相对于 XX 来源精子显著增加（Bean et al., 2004）。因此，在减数分裂期间，非配对 DNA 上的异染色质组装的影响可以持续到胚胎早期阶段。重要的是，基于配对的减数分裂沉默和印记 Xp 失活也在哺乳动物中观察到，如第 25 章所讨论的（Brockdorff and Turner, 2014）。

遗传印记［详见第 26 章（Barlow and Bartolomei, 2014）］一直被认为在秀丽隐杆线虫中是不存在的，因为任何单染色体遗传的动物都是可存活和可育的（Hodgkin et al., 1979；Haack and Hodgkin, 1991）。特别是，没有关于 X 染色体（即 XpXp 动物）父系遗传的有害后果的报道。然而，X 染色体的独特遗传结构可能有助于解释为什么单亲遗传对秀丽隐杆线虫是无害的。除了在 X 染色体上很少有生殖细胞系表达的基因座，编码早期合子转录的基因和那些需要早期胚胎发育的基因在 X 染色体上的表达也明显不足（Piano et al., 2000; Baugh et al., 2003）。因此，其产物对 Xp 不活跃的早期阶段至关重要的大多数基因不太可能存在于 X 染色体上，使得 X 染色体特异性单亲遗传在遗传测试中不重要。

然而，Xp 失活确实表明体细胞剂量补偿在早期胚胎中没有完全活跃的原因。DCC 组件在 XX 胚胎的 X 染色体上的组装，直到大约 30 细胞期才被抗体染色检测出来。这是在 Xp 被 H3 完全修饰后不久，因此可能是完全激活的。如 23.2 节所述，体细胞剂量补偿效应的激活应答于 X 连锁基因产物的水平，这种被称为 X 信号元件（XSE）的产物组成了 X：A 比值的 X 部分。对 Xp 完全或部分抑制这些元件会使早期胚胎在功能上变成 XO（即 X：A 比值为 0.5）。随着细胞分裂次数的增加，Xp 重新激活，X 转录水平最终可能达到感知两个 X 染色体剂量和 X：A 等于 1 的临界阈值，触发剂量补偿级联。有人可能会认为这是从母本/父本控制剂量补偿到合子控制的转变。

23.11 总　　结

秀丽隐杆线虫是利用基于染色体的性别决定机制的动物之一，在这种机制中，两性的 X 染色体数量不同。有趣的是，线虫的生殖细胞系和体细胞已经进化出不同的机制来处理 X 染色体倍性的这种差异。在体细胞组织中，一个在有丝分裂和减数分裂期间通常用于染色质浓缩和分离的保守复合体似乎已经被选择和适应，从而在 XX 动物中实现对两个 X 染色体的双重抑制。这种复合物部分被特定的 DNA 序列招募到 X 染色体上，并通过一种与序列无关的机制沿 X 染色体扩散。尽管设想一个"低效的"致密因子复合体可能会降低转录效率在概念上很有吸引力，但是这个复合体是在个别基因水平上局部作用，还是在整个 X 染色体上远距离作用，以及抑制是如何限制在 2 倍的，目前还不清楚。这种体细胞剂量补偿机制似乎是叠加在一个单独的全基因组剂量平衡过程中的，该过程通过上调两性中所有表达的 X 连锁基因至 2 倍来补偿 X 染色体非整倍性。第二个过程的调控机制尚不清楚。

在生殖细胞系中，X 染色体在 XX 动物生殖细胞发育的早期阶段和 XO 动物生殖细胞发育的所有阶段都受到全面抑制。雄性中单个 X 染色体的沉默，是保护未配对的染色体片段完整性的一种机制，可能产生了强大的进化压力，使生殖细胞成熟所需的基因离开 X 染色体上，同时也抑制了雌雄同体中的两个 X 染色体。XO 和 XX 动物生殖系中 X 染色体的整体抑制，实际上也是一种补偿性别间 X 染色体剂量差异的机制。如果一些在两性中起作用的 X 连锁基因逃脱了抑制，那么问题就出现了：在 XX 和 XO 动物中，生殖细胞系是否能使它们的表达相等。这个问题的答案是未知的。生殖细胞系中的均衡涉及一种不同于 DCC 的机制，它在体细胞组织中起作用。

生殖细胞系和体细胞在许多基本方面存在差异。本章重点介绍了 X 染色体调控在生殖细胞系和体细胞中的不同机制。出现的一个有趣的现象是多种不同的既有机制的共存选择，包括利用与染色体相关的复合物来巧妙地下调人体中 X 染色体的表达，以及利用与 PRC2 相关的复合物来抑制生殖细胞系中的 X 染色体。男性中单个 X 染色体的异染色质化被认为极大地改变了 X 染色体上基因的表达，例如，一般生殖细胞系功能和早期胚胎发育所需要的基因在这条染色体上的表达明显不足。秀丽隐杆线虫的 X 染色体及其调控为了解染色体范围的基因调控机制和基因组进化提供了一个窗口。

网　络　资　源

http://www.wormbook.org/chapters/www_dosagecomp/dosagecomp.html Meyer BJ. 2005. X-chromosome dosage compensation. In *WormBook*.

（杨怀昊　王泰云　译，郑丙莲　校）

第24章

果蝇中的剂量补偿效应

约翰·C. 卢切西（John C. Lucchesi[1]），黑田东彦（Mitzi I. Kuroda[2]）

[1]Departmentof Biology, O. W. Rollins Research Center, Emory University, Atlanta, Georgia 30322; [2]Department of Genetics, Harvard Medical School, Boston, Massachusetts 02115

通讯地址：jclucch@emory.edu

摘 要

果蝇中的剂量补偿使雄性单条X染色体上的基因转录增加，使其与雌性中的两条X染色体的基因转录相等。雄性特异性致死（MSL）复合物介导的位点特异性组蛋白乙酰化被认为在雄性X染色体的转录增加中起主要作用。该复合物的成核现象及不依赖序列的复合物向活性基因的扩散，可以作为理解表观遗传染色质修饰复合物的靶向和功能模型。有趣的是，有两个非编码RNA是MSL组装并沿X染色体长度扩散到活性基因的关键。

本章目录

24.1 剂量补偿效应在果蝇中的发现
24.2 剂量补偿效应的调控
24.3 负责补偿效应的染色质重塑复合物的组装
24.4 非编码roX RNA促进MSL复合物在X染色体上的组装和靶标
24.5 MSL结合X染色体的高分辨率分析
24.6 从起始位点过渡到目标基因
24.7 与剂量补偿相关的染色质修饰
24.8 剂量补偿的机制模型
24.9 剂量补偿与细胞核调控
24.10 染色质因子对雄性X染色体的整体影响
24.11 剂量补偿效应如何演化

24.12 展望

概　　述

近年来，细胞分化和发育需要不同基因在时间和空间上的协同调控的定律，使得人们开始寻求影响功能相关基因活性的调控信号。早在这些研究开始之前，在果蝇中已经描述了一个协同调控的例子。这涉及一组基因，它们的活性能被统一地调控，但这一调控并非与功能相关，而是因为与遗传物质——X染色体有相同的定位。这种调控是为了确保具有两条X染色体的雌性和仅有一条X染色体的雄性具有相同水平的基因产物，换句话说，就是为了补偿性别之间与X染色体连锁的基因量的差异，我们通常称之为"剂量补偿效应"。在研究这种调控水平时，问题已由"不相关的基因组是如何协同调控的？"变为"调控整条染色体活性的机制是什么？"。

对果蝇剂量补偿效应，即一种增强雄性单条X染色体上的大多数基因转录机制的研究，揭示了包括位点特异性的组蛋白乙酰化、X染色体特异的非编码RNA（称为roX1和roX2）和进化保守的染色质修饰复合物（称为MSL复合物，即雄性特异性致死复合物）在染色体范围内的靶点。

24.1　剂量补偿效应在果蝇中的发现

许多生物的核型（即全部染色体）都有一对性染色体。在果蝇中，雌性有两条被称为X染色体的性染色体。这两条染色体的形状和遗传信息都一样，它们在所有体细胞中被激活。雄蝇有一条X染色体和一条Y染色体，Y染色体在形态学和遗传信息上都与X染色体不同。在性染色体上，有一些负责性别决定和性别分化的基因。Y染色体是雄性特有的，但X染色体携带了许多参与基本的细胞功能或发育通路的基因，因此含有两条X染色体的雌性具有两份这样的基因，而含有一条X染色体的雄性只有一份。但在两性中，大多数这些基因的表达水平是相同的。20世纪30年代初期，H.J. Muller在研究X连锁基因部分缺失突变个体眼睛色素水平时就在果蝇中首次发现了这种矛盾（Muller，1932）。Muller认为一定存在一种调控机制来补偿果蝇中X染色体连锁基因在雄性和雌性中的差异，使X染色体连锁基因在两性中的水平相同。他把这种假定的调控机制称为"剂量补偿效应"（dosage compensation）（图24-1）。

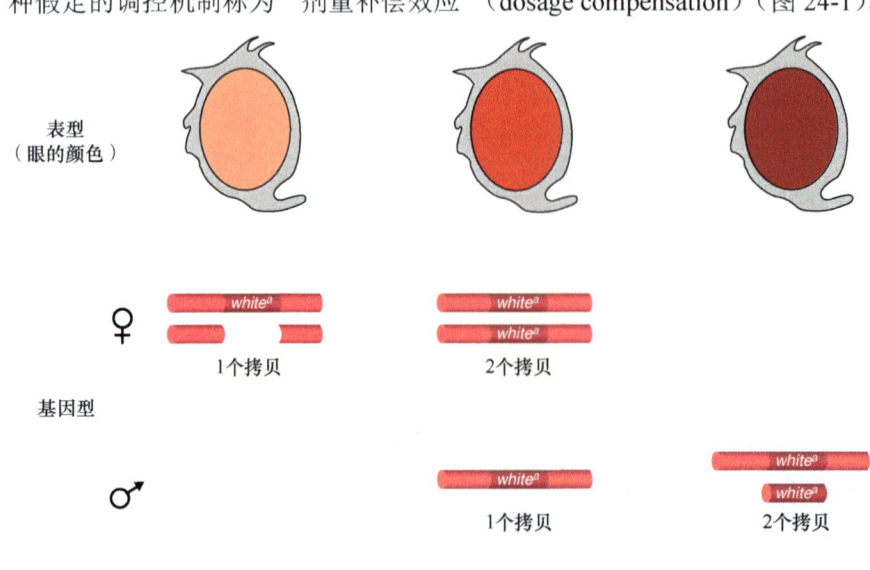

图24-1　示意图为导致H. J. Muller推测出剂量补偿效应假设的实验结果。 X染色体连锁基因white的突变等位基因（w^a）是一个亚效等位基因，负责眼睛局部色素的合成，它出现在X染色体上用深色的框表示。色素形成的水平与每种性别中w^a的剂量成正比，但由于剂量补偿效应，有一份w^a剂量的雄性和两份w^a剂量的雌性中色素的数量相当。

在果蝇中发现该现象之后，在其他物种中也观察到剂量补偿效应。现在我们知道在远缘生物（从蛔虫到哺乳动物）群体中，可以有不同的转录调控方式导致雄性和雌性 X 染色体连锁基因产生等量的产物：通过降低雌雄同体中相对于雄性两倍剂量的 X 染色体连锁基因的转录水平（秀丽隐杆线虫）；或者通过同时在雄性和雌性中过转录 X 染色体，然后在雌性的体细胞中封锁两条 X 染色体中一条上的大部分基因（哺乳动物）。关于这些形式的剂量补偿基本机制可见第 23 章（Strome et al., 2014）和第 25 章（Brockdorff and Turner, 2014）。

在 Muller 开创性的发现之后 30 多年，A.S. Mukherjee 和 W. Beermann（1965）通过调控 X 染色体连锁基因的转录首次证明了剂量补偿效应。幼虫唾液腺巨型多线染色体转录的放射自显影（autoradiography）技术是一种能呈现转录实时情况的分子技术，利用这种技术可观察到掺入雄蝇单条 X 染色体中的 [^{3}H] 尿嘧啶与掺入雌蝇两条 X 染色体的数量是相同的。因此，看起来，在雄蝇单条 X 染色体上 RNA，合成量大约是雌蝇每条 X 染色体合成量的两倍。另一个突破性的实验是 J. Belote 和 J. Lucchesi（1980a, b）鉴定出了 4 种基因: *msl1*、*msl2*、*msl3* 和 *mle*，这几种基因在雌性中的缺失不受影响，但在雄性中的缺失却是致死的，值得注意的是，雄性突变体中 X 染色体上出现大约正常水平一半的 [^{3}H] 尿嘧啶掺入量。另外，X 染色体失去它正常的界限，并呈现松散的形态，这被解释为是雌性各条 X 染色体转录水平增加的象征。这些结果表明，X 连锁基因产物的均衡是通过将雄性 X 染色体的转录活性平均加倍，而不是将雌性 X 染色体的转录活性减半来实现的。

还有另一个根据"反向剂量效应"提出的假设，即所有染色体的活性均由通用的转录调控因子决定（综述见 Birchler et al., 2011）。在雄蝇中，由于缺少一条 X 染色体，这些调控因子的浓度将比雌蝇更高，从而将所有染色体的活性提高到更高的水平。为了进行适当的补偿，*msl* 基因座的产物会将一些调控因子与雄蝇的常染色体隔离，从而仅让 X 染色体增强表达。在该模型中，*msl* 基因突变应导致常染色体基因表达升高，而不是 X 连锁基因表达降低，但是，许多实验结果与该反向假设不符（Arkhipova et al., 1997; Hamada et al., 2005; Straub et al., 2005; Deng et al., 2011）。最近还有个特别引人瞩目的发现，即常染色体上异位表达的 MSL 复合物会导致该区域内基因转录水平上升，并且能抑制由单倍型突变体引起的表型（Park et al., 2010）。

在上述介绍的四种基因中，两种是新发现的（雄性特异性致死基因 1，male-specific lethal, *msl1*; 雄性特异性致死基因 2，*msl2*），另两种基因（无雄基因, maleless, *mle*; 雄性特异性致死基因 3, *msl3*）是之前在对自然群体的其他研究中发现的（在 1987 年 Lucchesi 和 Manning 的研究中可以找到早期研究剂量补偿效应的专门文献）。为便于参考，迄今为止发现的可引起雄性特异性致死表型的所有缺失突变基因产物都叫做 MSL。剂量补偿研究的下一阶段始于克隆 *mle* 和三个 *msl* 基因，以及发现和克隆组蛋白乙酰转移酶基因 *mof*。通过细胞免疫荧光发现，这五种基因产物在沿着雄性多线 X 染色体的很多位点上共定位（Gelbart and Kuroda, 2009）。该观察结果及不同基因产物对 X 染色体结合的相互依赖说明它们形成一个复合物，该复合物只存在于雄性（XY）中而不存在于雌性（XX）中，它对生存能力至关重要。因此，剂量补偿效应的第一步就是建立这种性别特异性。

24.2　剂量补偿效应的调控

24.2.1　剂量补偿效应的调控始于计数 X 染色体的数量

每个胚胎都需要计数其 X 染色体的数量以便做一个重要的决定：是否需要剂量补偿效应。如没有上调雄性单条 X 染色体，或异常上调雌性两条 X 染色体，这类不正确的决定可能致死。在果蝇中，计数 X 染色体的过程与性别决定的过程是相配合的（Cline and Meyer, 1996）。性别由每个细胞核中 X 染色体数量决定，如 XX 胚胎是雌性、XY 胚胎是雄性。雄性 Y 染色体是雄性生殖所需要的，不像在哺乳动物中，它对性别

526　表观遗传学

的表型没有作用。形式上，是 X 染色体和常染色体的比例控制着性别和剂量补偿效应，因为计数 X 染色体的机制对常染色体组的数量很敏感。这种情况在 2X∶3A 三倍体中更加明显，如 X∶A 比值在雄性 XY∶2A 和雌性 XX∶2A 之间。2X∶3A 三倍体分化为一种由雌雄细胞混合的雌雄间体。

X 与 A 的比例通过调控二元开关基因——性别致死基因（sex lethal，Sxl），控制性别决定和剂量补偿效应。Sxl 编码一个雌性特异性的 RNA 结合蛋白，在性别决定和剂量补偿通路中分别调控着关键 mRNA 的剪接和翻译过程（图 24-2）。Sxl 位于 X 染色体上，受 X 染色体编码的一些转录因子正调控，因此，有两条 X 染色体的胚胎可通过早期受调控的启动子 P_e 起始表达 Sxl，但每个核只有一条 X 染色体的胚胎就不能从 P_e 上起始表达。在早期胚胎 Sxl 激活过程中这个最初瞬间的不同，可以通过自我反馈来稳定，在这个循环中，SXL 蛋白正调控它自身 mRNA 的剪切，而其启动子是组成型表达的。雌性模型中，SXL 通过性别特异性地调节转换基因（transformer，tra）的剪接来启动分化。反过来，这些基因产物与其他基因产物，如转换基因 2（tra2）一起出现在两性中，指导双重性别基因（doublesex，dsx）初级转录本的剪接，以产生一种调节蛋白，抑制雄性特异性基因的表达，实现雌性性别的分化。在雄性胚胎中，则是通过 dsx 错误转录剪接成为抑制雌性特异性基因表达的产物，从而实现向雄性的分化。

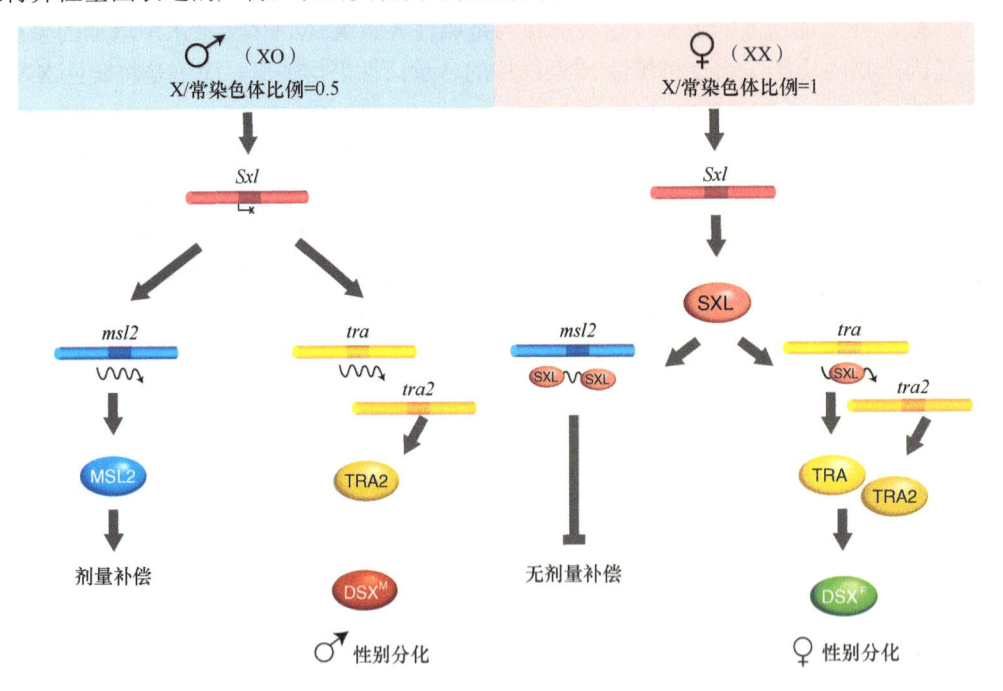

图 24-2　性别分化和剂量补偿的调控示意图。如果 X∶A 比值等于 1，级联调节作用使雌性性别发育。在雌性中，Sxl 基因产物的出现抑制 msl2 的翻译和 MSL 复合物的组装。如果 X∶A 比值仅为 0.5，级联调节作用缺乏，MSL 复合物形成雄性性别发育。

24.2.2　SXL 蛋白可防止雌性果蝇形成 MSL 复合物

在剂量补偿通路中，SXL 的一个关键靶标是 msl2 mRNA（Bashaw and Baker，1997；Kelley et al.，1997）。SXL 的结合位点在 msl2 mRNA 的 5′UTR 和 3′UTR 上。SXL 通常仅在雌性中出现，通过与 msl2 mRNA 5′UTR 的作用，抑制 msl2 mRNA 的翻译（图 24-2）。如果 SXL 在雌性中缺失，剂量补偿效应异常开启，雌性将死亡；相反，如果在雄性中异位表达 SXL，就会关闭剂量补偿效应，导致雄性死亡。雌性中异位表达 MSL2 足以使 MSL 复合物在两条雌性染色体上组装，这表明所有其他 MSL 成分都是通过 MSL2 的表达开启或稳定的。

总之，剂量补偿效应必须是对核中 X 染色体数量的反映。在胚胎发育的早期，X 染色体的计数工作已经完成。雌性抑制 MSL2 的翻译，以防止两条 X 染色体出现不适当的剂量，但雄性表达 MSL2 蛋白、缺乏

MSL 复合物；在没有 SXL 介导的抑制的情况下，雄性表达 MSL2 蛋白并导致功能性 MSL 复合物的组装。那么该复合物的成分是什么？它们如何共同作用以调节剂量补偿效应？

24.3 负责补偿效应的染色质重塑复合物的组装

MSL 复合物对雄性的生存能力至关重要，它由 5 个已知的蛋白质亚基和 2 个非编码 RNA（ncRNA）组成。MSL 复合物各个组分的统一功能似乎是将组蛋白 H4K16 乙酰化和其他的染色质修饰活性靶向活跃的 X 染色体基因（图 24-3）。MSL1 和 MSL2 的联系对于 MSL 复合物与染色质的结合至关重要，因为在没有其他 MSL 亚基的情况下，这些是唯一与 X 染色体互作的亚基（Copps et al.，1998；Gu et al.，1998）。至于这些蛋白质是否与 DNA 有直接的相互作用还不知道，因为这些蛋白质都不包含已知的 DNA 结合结构域。两个 MSL2 亚基可与一个 MSL1 二聚体相互作用，从而可能起始 MSL 复合物的组装（Hallacli et al.，2012）。MSL2 与 MSL1 的直接相互作用位于 MSL2 的 RING 指状结构域（一个 C_3HC_4 锌结合域）附近，以及 MSL1 氨基末端的螺旋-螺旋结构域（Scott et al.，2000）。RING 指状结构域还与许多蛋白质中的 E3 泛素连接酶活性有关，人类和果蝇的 MSL2 均在体外表现出针对组蛋白 H2B 的泛素连接酶活性，该活性依赖于与 MSL1 的相互作用（Wu et al.，2011）。MSL2 还可以在体外对自身及其他 MSL 复合物组分（包括 MSL1、MSL3 和 MOE 但不包括 MLE）进行泛素化修饰（Villa et al.，2012）。当下的实验旨在了解该活性在体内的生理学功能。

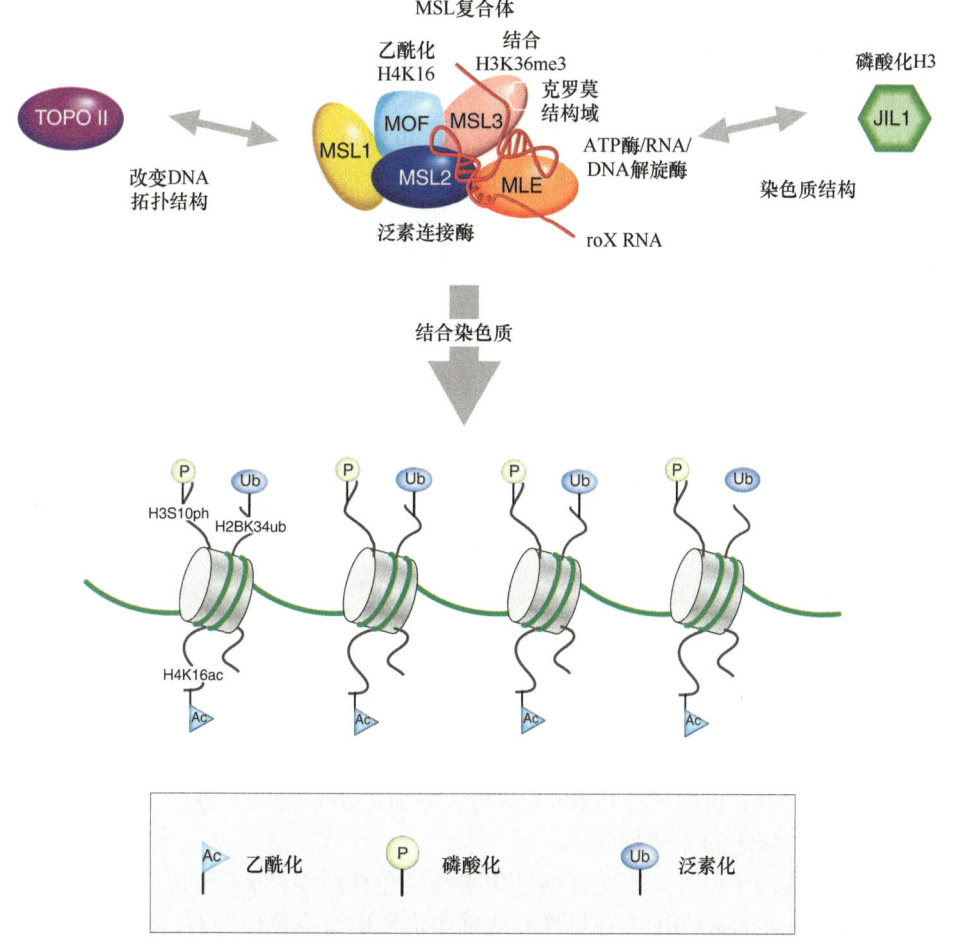

图 24-3 MSL 复合物的各种元件。 MSL 元件已知的或假设的功能包括：MOF 乙酰化组蛋白 H4K16、MSL2 泛素化 H2BK34；MLE 有 ATP 酶和 RNA/DNA 解旋酶活性；JIL-1 磷酸化组蛋白 H3。雄性特异复合物促进通用因子 JIL-1 和拓扑异构酶 II 在雄性 X 染色体上的富集。

除了在染色质结合中发挥重要作用，MSL1 还会形成一个支架，可通过靠近 C 端的保守结构域与 MSL3 和 MOF 相互作用（Morales et al.，2004；Kadlec et al.，2011）。在没有与 MSL2 互作的情况下，MSL1 不稳定，从而导致 MSL 复合物无法形成（Chang and Kuroda，1998）。

MSL3 属于一类可能与含克罗莫结构域的组蛋白乙酰转移酶共进化的蛋白质［HAT；Pannuti and Lucchesi，2000；有关 HAT 结构和功能的更多信息请参见第 4 章（Marmorstein and Zhou，2014）］。酵母中的 Eaf3 是 MRG15/MSL3 蛋白家族的一员，它能通过克罗莫结构域与甲基化的 H3K36 相互作用，并招募组蛋白去乙酰化酶复合物 Rpd3S 以保护活性基因，避免在编码区域内起始错误转录（Carrozza et al.，2005；Joshi and Struhl，2005；Keogh et al.，2005）。MSL3 的克罗莫结构域与活性染色质标记（如 H3K36me3）之间的类似互作可能有助于 MSL 复合体定位到靶基因上（图 24-3）（Larschan et al.，2007；Bell et al.，2008；Sural et al.，2008）。最令人感兴趣的是人类中存在一个与 MSL 复合物有关的复合物，其中包含人类中与 MOF、MSL1、MSL2 和 MSL3 同源的蛋白质（Smith et al.，2005；Taipale et al.，2005）。该复合物可以包含由两个不同基因编码的三个版本的果蝇 MSL3 同源蛋白中的一个，在人类细胞中负责特异性乙酰化组蛋白 H4 及其大部分变体的第 16 个赖氨酸（Lys）（Smith et al.，2005）。

果蝇中的剂量补偿效应为位点特异性组蛋白修饰与基因表达调控之间的联系提供了一个初期的且令人信服的论据。1992 年，Turner 及其同事进行了具有开创性的发现，即识别组蛋白 H4 的位点特异性乙酰化的抗体在果蝇多线染色体上表现出不同的模式——在雄性 X 染色体上组蛋白 H4 第 16 位 Lys 处的乙酰化（H4K16ac）显示出明显的富集（Turner et al.，1992）。这种富集需要 *msl* 基因的功能（Bone et al.，1994），而剂量补偿效应和染色质修饰之间的因果关系是由于发现 *mof*（*males absent on the first*）编码一个新的 HAT 家族的基因而确立的（Hilfiker et al.，1997）。

MOF 是 HAT 的一类 MYST 亚家族成员，这个亚家族都具有克罗莫结构域，可进一步细分为：在体内特异性乙酰化第 16 位赖氨酸的酶（MOF 和人类 MOF，Smith et al.，1998）；像酵母中 Esa1（与 SAS 相关的关键乙酰转移酶）那样能乙酰化 H4 末端 4 个赖氨酸的酶。另一种 MYST 家族的成员是 SAS2，在酵母中可特异性乙酰化 H4K16，但无克罗莫结构域。由于 *mof* 基因位于 X 染色体上，因此需要特殊的遗传手段来寻找和鉴定这个雄性特异性致死的基因突变体，以确定该 X 连锁突变在雄性致死，但是在雌性纯合条件下是可存活的（Hilfiker et al.，1997）。

mof 编码与基因调控最相关的 MSL 活性，因此，复合物其余部分的主要作用之一可能是将 MOF 定位于 X 染色体上的靶标。由于 MOF 在两性中都参与了非特异性致死性（NSL）或 MBD-R2 复合物的形成，因此 MOF 的招募尤其重要（Raja et al.，2010；Feller et al.，2012；Lam et al.，2012）。NSL 复合物位于大多数活性基因的 5′ 端，与不依赖 MSL 复合物的 H4K16 乙酰化相吻合，并且对于雌雄两性的生存能力都是必不可少的。由于雌性在没有 MOF 的情况下仍能生存（尽管生育力较低），目前尚不清楚 MOF 对 NSL 的功能的重要程度（Hilfiker et al.，1997；Gelbart et al.，2009）。

MLE 在体外显示出具有 RNA/DNA 解旋酶、腺苷三磷酸酶（ATPase）和单链 RNA/单链 DNA 结合活性（Lee et al.，1997），预示了 RNA 在 MSL 功能中的潜在作用。保留 ATPase 功能但缺乏解旋酶活性的突变体仍可增强转录，但不能支持复合物沿 X 染色体的扩散（Morra et al.，2008）。MLE 的直系同源物中，包括属于 DEXH RNA 解旋酶亚家族的人类 RNA 解旋酶 A（RHA），鉴定到另一个与双链 RNA 结合相关的结构域（Pannuti and Lucchesi，2000）。RHA 是哺乳动物中一种丰富的必需蛋白质，它参与许多生物学过程（Lee et al.，1998）。因此，MLE 可能通过与 RNA 结构（特别是 roX RNA）进行相互作用，或改变 RNA 结构来发挥其剂量补偿功能（参见 24.4 节）。

除了具有雄性特异性的因子以外，一些在两性中参与染色体组织和转录的一般因子也可能参与剂量补偿效应。串联激酶（tandem kinase）JIL-1 在雄性和雌性中沿着所有染色体分布，但它在雄性 X 染色体上分布更集中。这种富集依靠 MSL 复合物。JIL-1 介导组蛋白 H3 第 10 位丝氨酸的磷酸化，并在基因组的转录激活区域维持染色体结构的打开状态（Wang et al.，2001）。然而，尽管定位在活性基因上，对于它在转录中是否起直接作用仍然未知（Ivaldi et al.，2007；Cai et al.，2008；Regnard et al.，2011）。

总之，MSL 蛋白和 JIL1 激酶都具有修饰雄性 X 染色体上特异性核小体的能力，但一个核心问题是，这些染色质修饰活性如何变成只针对单个染色体的。ncRNA、DNA 序列和活性染色质标记都被证明与这种靶向过程有关。

24.4 非编码 roX RNA 促进 MSL 复合物在 X 染色体上的组装和靶标

在哺乳动物和果蝇中，剂量补偿效应最吸引人和最神秘的方面之一是非编码 RNA 能将补偿定位到正确的染色体上［综述见 Gelbart and Kuroda，2009；也可参见第 25 章（Brockdorff and Turner，2014）］。两种称为 roX（RNA on X）的非编码 RNA，虽然长度和序列不同，却具有功能上的冗余性，即在果蝇中都能把 MSL 复合物引导到雄性 X 染色体上（Meller and Rattner，2002）。传统的突变筛选通常无法揭示编码具有冗余功能产物（如 roX RNA）的基因的存在。但在成熟脑中 roX RNA 是作为一种雄性特异性的 RNA 被偶然发现的（Amrein and Axel，1997；Meller et al.，1997）。进一步研究发现，这两种 RNA 没有明显的 ORF，也不能与 MSL 复合物沿着整条 X 染色体共定位。直到分离到 X 染色体上 *roX1* 和 *roX2* 双突变时，roX RNA 的功能才被揭示。*roX* 双突变中大部分雄性致死，并伴有 MSL 复合物的严重异位，但单个突变却没有这种表型（Meller and Rattner，2002）。令人惊讶的是这两种 roX RNA 大小不同（3.7kb 和 0.5～1.4kb），且几乎没有相似的序列。对 roX RNA 的显著灵活性和序列差异的一种可能解释来源于一个简并序列的发现，称为 roX 盒，该序列在各种 RNA 的多个拷贝中均被发现，并且可以参与保守的二级结构（图 24-4）（Park et al.，2007；Kelley et al.，2008）。一条主要由这种二级结构串联组成的 RNA 能够在体内刺激 MSL 复合物的 H4K16 乙酰化活性（Park et al.，2007）。

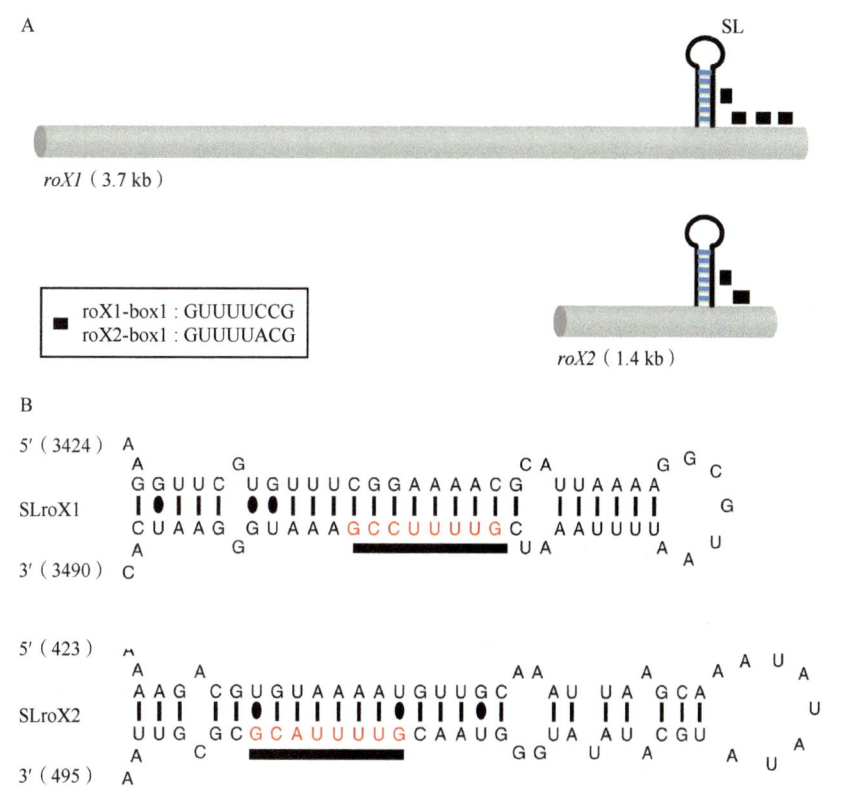

图 24-4 *roX* RNA 结构域在进化上保守。（A）*roX1* 和 *roX2* 的基因结构显示出茎环结构域（SL）和 GUUNUACG roX 盒的位置。（B）RNA 的茎环结构。（修改自 Maenner et al.，2013） roX RNA 可通过与 MSL 蛋白免疫共沉淀获得，这说明两者在物理上相关联（Meller et al.，2000；Smith et al.，2000）。纯化到该复合物的部分组分的研究结果表明，体内存在一个由 MSL1、MSL2、MSL3 和 MOF 蛋白组成的紧密核心复合体，但除了在极低的盐浓度下，该紧密核心复合体一般不包含 roX RNA 和 MLE 解旋酶（Smith et al.，2000）。在体外缺失 roX RNA 的最小蛋白核心复合物仍可特异性地乙酰化核小体中的 H4K16（Morales et al.，2004），MSL 蛋白的过表达可以部分恢复 roX RNA 缺乏的表型，这表明该蛋白质具有剂量补偿效应的所有基本功能，但它需要 RNA 来促进组装和扩散（Oh et al.，2003）。当 roX RNA 的二级结构被修饰时，复合物的组装就会开始，从而允许 MSL2 结合并为完全募集其他 MSL 亚基提供基础（Ilik et al.，2013；Maenner et al.，2013）。

24.5　MSL 结合 X 染色体的高分辨率分析

对于 MSL 结合位点的基因组分析可为了解 MSL 复合物的靶向原理和作用机制提供有价值的参考。富集 MSL 相关 DNA 片段的染色质免疫沉淀（ChIP）已与微阵列或高通量 DNA 测序（ChIP 芯片或 ChIP-seq 技术）结合。结果显示 MSL 复合物在 X 染色体上有很明显的富集，这与先前的细胞学分析结果一致。随着 ChIP 分辨率的大大提高，人们发现 MSL 复合物富集于活性 X 连锁基因的基因主体区域，而不是像预想的典型转录因子那样主要结合在启动子或上游基因间隔区域（图 24-5A，B）（Alekseyenko et al.，2006；Gilfillan et al.，2006）。实际上，MSL 的结合偏向于活性基因的 3′ 端，这表明它可能在转录起始的下游起作用：可能在转录延伸水平或 RNA 聚合酶 II 被循环利用到启动子处以重启转录的水平（Smith et al.，2001）。

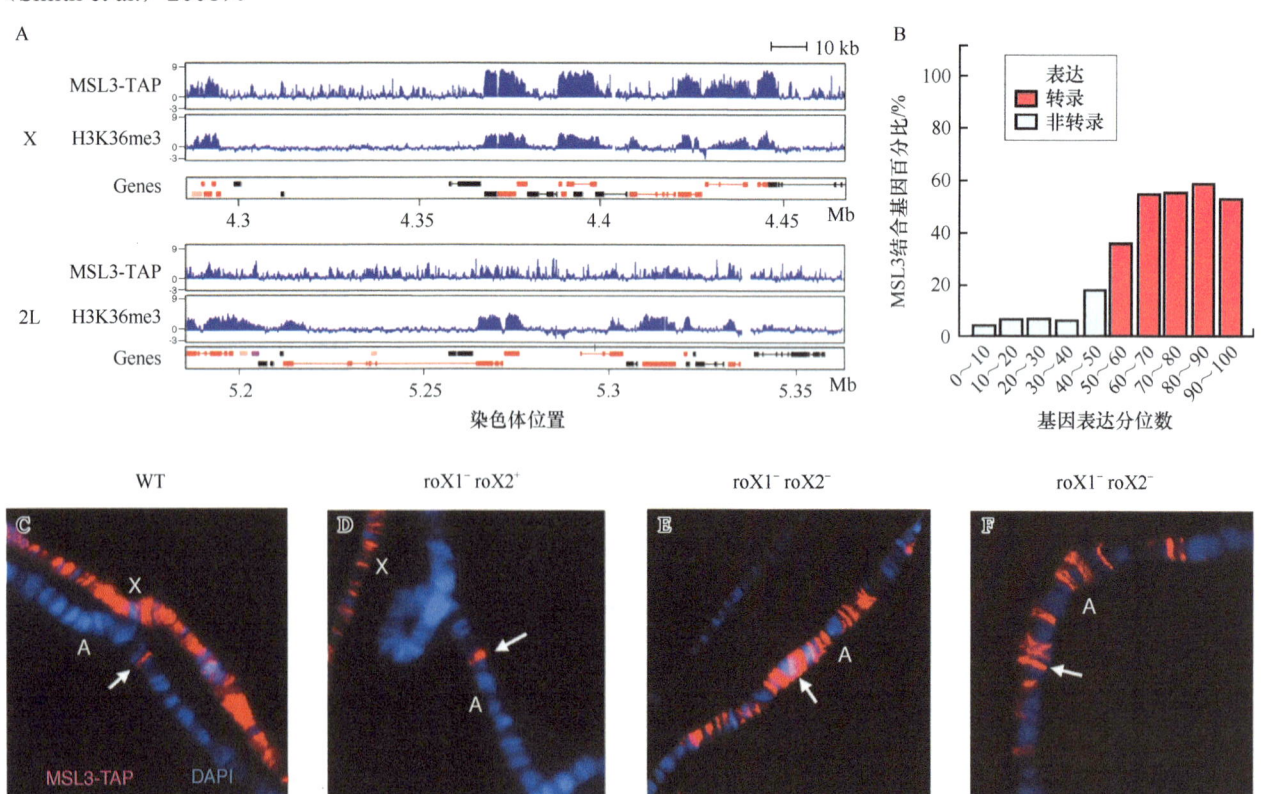

图 24-5　MSL 复合物的定位。（A）高分辨率的 ChIP 芯片分析了雄性果蝇 X 染色体和 2L 染色体中 180kb 长的片段上 MSL3 的结合位点及 H3K36me3 位点，刻度以对数形式表示。在 ChIP 分析过程中，利用串联亲和纯化（TAP）技术可以纯化带标签的 MSL3（MSL-TAP）。相应的 H3K36me3 ChIP 芯片分析显示 MSL 复合物与 H3K36me3 在 SL2 细胞中转录基因的中段及 3′ 端共定位。位于顶部的基因代表从左至右表达的基因，位于下方的基因是从右至左表达的基因。矩形代表外显

子，由代表内含子的线相连接。红色为表达基因，黑色为不表达基因。(B)基因表达状态和 MSL 结合的比较。通过增加 Affymetrix 表达值将基因分为分位数，并作图显示 ChIP 芯片分析中，每个分位数中被 MSL 复合物清楚结合的基因百分比。(C~F) 当 roX 转基因是 roX RNA 在细胞中的唯一来源时，可导致最大的常染色体延伸。(C) 来自具有野生型（WT）X 染色体的雄性染色体，箭头指示常染色体 roX 转基因的位置，是一条较窄的 MSL 条带（红色）。X，X 染色体；A，常染色体。(D) 仅具有一个活性 X 染色体连锁的 roX 基因的雄性。与野生型相比，MSL 复合物从常染色体 roX 转基因中蔓延的程度略高，但在 X 染色体上的结合减少。(E, F) MSL 复合体在两个 roX 转基因雄性品系中广泛蔓延，在 X 染色体上，两个 roX 基因均被敲除。（A 图修改自 Alekseyenko et al., 2006；经 Larschan et al., 2007 许可；B 图修改自 Alekseyenko et al., 2006；C~F 图修改自 Park et al., 2002）。

这种完整的结合模式并不是一个简单的解决靶标问题的方案。为什么这种模式只单纯地在 X 染色体上出现？我们可以设想两个非常基本的模型来调控整条染色体。①单个或是很少的位点可能顺式调控这条染色体，就像是哺乳动物中的 X 染色体失活过程一样［请参阅第 25 章（Brockdorff and Turner, 2014）］。这种机制需要这个复合物在空间上被限制到核内一个特定的区域，或者通过一些因子从中心控制区延伸到染色体的其他区域进行远距离调控。②在另一种相反的模型中，染色体可以识别分散在它的全长中的独特序列。这样，染色体的任何部分都可以被自主调控。MSL 复合物的靶向模型似乎同时具有这两种模型的元件，包含一整套可能遍布整个复合物的转录起始位点，这些起始位点能够顺式结合整条染色体上的一整套靶标序列。

roX RNA 通常是 X 染色体编码的：roX1 基因在 X 染色体的末端附近，roX2 基因在 X 染色体上常染色质部分的中间区附近。像是哺乳动物中的 Xist 基因一样，位于 X 染色体上的 roX 基因可能是为了引导 MSL 复合物装配到该染色体上，当通过转基因把 roX 基因转移到常染色体上后，它也能吸引 MSL 蛋白到它的主要插入位点（图 24-5C~F），在这里，这个复合物可顺式延伸至两侧的序列中（Kelley et al., 1999; Kageyama et al., 2001）。在特定的遗传条件下，如 X 染色体上没有竞争的内源 roX 基因，时常可以看到 roX 转基因在常染色体上的广泛延伸（图 24-5E, F）（Park et al., 2002）。MSL1 和 MSL2（关键的限制性 MSL 蛋白）的过表达增强了这种广泛的延伸，而竞争性转基因 roX RNA 的过表达则抑制了这种广泛的延伸，这说明 MSL 复合物成功的共转录装配可以促进局部的延伸（Oh et al., 2003）。roX 基因将 MSL 复合物引导至错误染色体的能力是剂量补偿机制中最吸引人的一个特点。但是，在所有 roX 基因顺式指导常染色体上扩散的情况下，roX 基因也能提供 roX RNA 来反式作用并覆盖 X 染色体（Meller and Rattner, 2002）。因此，很明显，X 染色体除了两个已知的 roX 基因外，还具有其他靶标信号。

在没有 MSL1 或 MSL2 的情况下，其余所有的 MSL 蛋白或 roX RNA 似乎都没有保留特异性识别 X 染色体的能力。但是，在没有 MLE、MSL3 或 MOE 的情况下，部分 MSL 复合物通过细胞学定位（包括两个 roX 基因）结合大约 35~70 个位点（图 24-6A）。这些可能使 MSL 复合物进入 X 染色体的核内位点被称为高亲和力位点（HAS）或染色质进入位点（CES）。另外，基因组学方法为靶定位点的发生提供了关键证据：在 msl3 突变体胚胎中 MSL2 的 ChIP 结果或交联条件欠佳的 MSL1 或 MSL2 的 ChIP 结果中，通过其高亲和力鉴定到一组 130~150 个候选进入位点（Alekseyenko et al., 2008; Straub et al., 2008）。这些位点包括已知的 roX1 和 roX2 基因中的进入位点（Park et al., 2003）。基序搜索结果发现了一个 21bp 的富含 GA（或富含 TC）的通用序列基序，称为 MSL 识别元件或 MRE（图 24-6B）。在功能测定中，CES 序列移至常染色体时会吸引 MSL 复合物；相反，MRE 突变会阻断对 MSL 的招募，而打乱周围序列则无影响（Alekseyenko et al., 2008）。因此，沿着 X 染色体长度分布的 MRE 可能在 X 染色体的 MSL 识别中起关键作用。最近发现锌指蛋白 CLAMP（MSL 蛋白的染色质连接适配体）能直接与 MRE 结合，对 CES 位点中存在的 MRE 具有特别的亲和力。在没有 CLAMP 的情况下，MSL 复合物在整个 X 染色体上都消失了，这表明它负责将复合物招募到其初始结合位点（Larschan et al., 2012; Soruco et al., 2013）。

鉴定功能性 DNA 序列元件是迈向理解 MSL 复合物如何开始与 X 染色体结合的重要一步。但是，MRE 在 X 染色体上的富集不足两倍，并且像大多数序列特异性结合因子一样含有过多未使用的、能与基序匹配的位点。尽管 CLAMP 在 X 染色体上富集，但它存在于雌雄两性中所有染色体上活性基因的 5' 端。因此，

532 表观遗传学

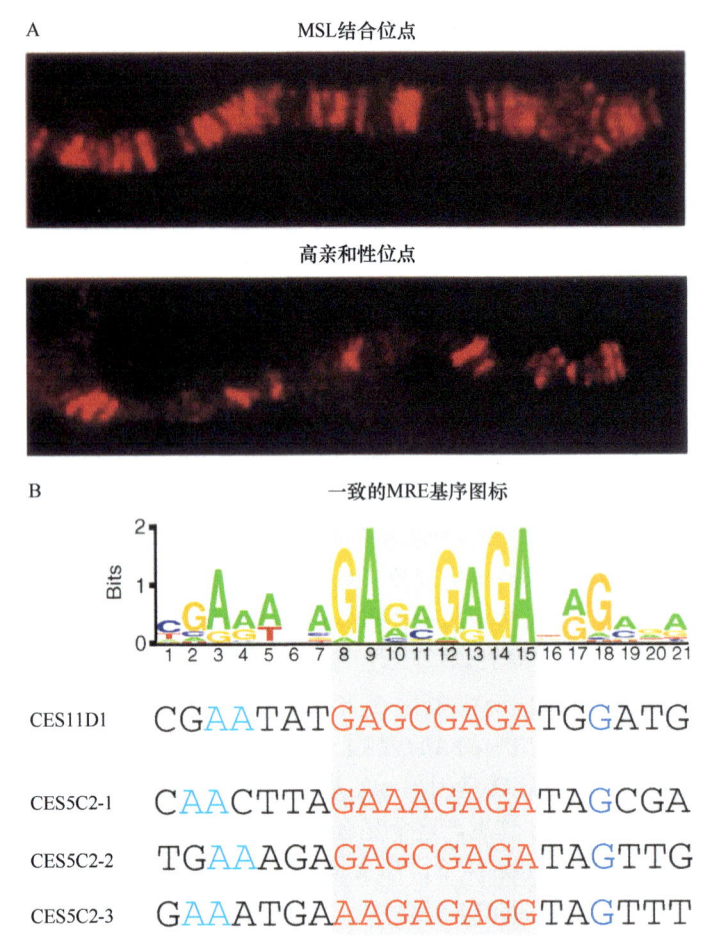

A MSL 结合位点

高亲和性位点

B 一致的MRE基序图标

```
        GAAA    AGA GAGA  AG
       ga GGT  AG A  C  G  A GG ea
    C       TA       C        sA
  1 2 3 4 5 6 7 8 9 10 11 12 13 14 15 16 17 18 19 20 21
```

CES11D1   CGAATATGAGCGAGATGGATG

CES5C2-1   CAACTTAGAAAGAGATAGCGA

CES5C2-2   TGAAAGAGAGCGAGATAGTTG

CES5C2-3   GAAATGAAAGAGAGGTAGTTT

图 24-6 MSL 复合物的靶标。（A）MSL 复合物在雄性 X 染色体上有大量结合位点（上图）；在较少的、称为 CES 或 HAS 的位点处，发现了至少包含 MSL1 + MSL2 的突变体或不完全的复合物。（B）一个富含 GA 的基序是 MSL CES 的常见特征。图中显示了该基序的标识，以及下方两个 CES 的例子。该基序在 CES11D1 中出现了一次，在 CES5C2 中出现了三次。富含 GA 的核心区域用红色字体标出。（A 图修改自 Gu et al., 2000；B 图经许可重印自 Alekseyenko et al., 2008）

MRE 必须有其他功能——如所在染色质的序列背景（Alekseyenko et al., 2012）——来帮助区分体内 X 染色体上能够利用的 MRE。

24.6 从起始位点过渡到目标基因

如果进入位点允许 MSL 复合物与 X 染色体进行序列特异性结合，那么复合物如何到达其大多数靶位点（即 X 染色体上的转录活性基因）？目前的实验结果支持这样一种模型，其中，向 CES 初始招募 MSL 复合物会产生高局部浓度，从而驱使其扩散到附近亲和力较低的部位。最近一个基于高效 ChIP-seq 的证据表明，MSL2 和 MLE 可与 HAS 直接接触，并为该部位与其他亚基和 roX RNA 的间接结合提供平台（Straub et al., 2013）。MOF 和 MLE 的活性促进了复合物向活性基因的移动（Gu et al., 2000；Morra et al., 2008），并通过 MSL3 与 H3K36me3 的结合而稳定（Larschan et al., 2007）。

尚不清楚复合物的扩散是否是线性的过程，即复合物是沿着染色质线性扫描并仅稳定在活性基因上，还是在三维空间中随机选取染色质进行不连续地扩散呢？在这两种情况下，大多数 MSL 复合物都靶定于 CES 的 10kb 范围内（Sural et al., 2008）。有趣的是，与 MSL 结合的染色体位点相比，MSL 依赖的 H4K16ac 标记在 X 染色体上的分布更广泛，这表明该复合物与 X 染色体发生瞬时相互作用的位点比观察到的具有稳定结合的位点更多（图 24-7）（Gelbart et al.，2009；Conrad et al.，2012；Straub et al.，2013）。

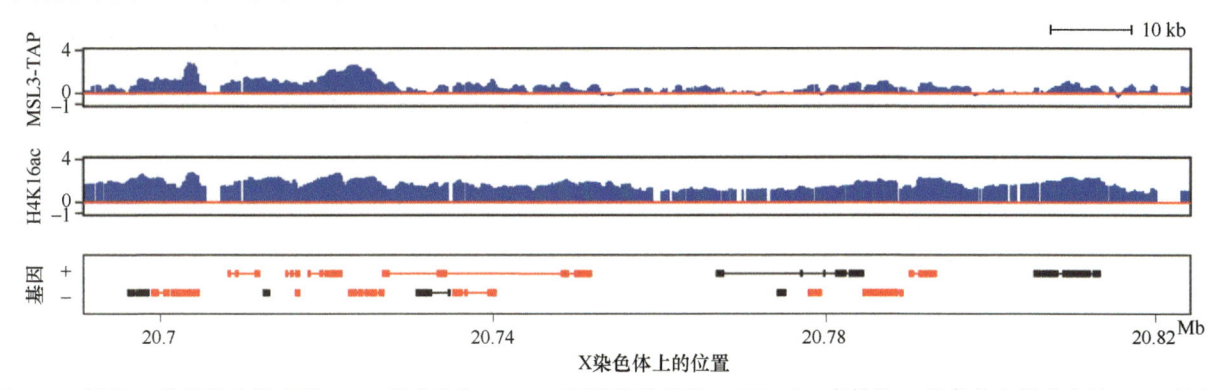

图 24-7　雄性 X 染色体上结合的 MSL 复合物与 H4K16 乙酰化的关系。 H4K16ac 在雄性 X 染色体上的分布比 MSL 复合物更广泛；但是缺少稳定 MSL 结合的活性基因与 H4K16ac 无关。有关基因表示的解释请参见图 24-5。（修改自 Gelbart et al.，2009）

识别活跃基因的机制可能涉及其他序列元件或转录特征，或两者兼而有之。插入 X 染色体上的调控转基因仅诱导表达时才出现 MSL 的异位结合（图 24-8）（Sass et al.，2003）。当被一个 roX 转基因异位招募时，MSL 复合体在常染色体上定位于活性基因，这表明关键的靶向特征并不只有 X 连锁基因才具有（Kelley et al.，1999）。有一条能证明这些特征之一的线索来自以下这个观察：MSL 复合物沿基因的分布与 H3K36me3 的模式高度一致，而 H3K36me3 是与所有染色体上的活性基因相关的组蛋白修饰（图 24-5A）。这种相互作用是编码区的标志，而在长内含子序列中 H3K36me3 含量较低，这种相互作用不太明显（Straub et al.，2013）。SET2 是负责 H3K36 三甲基化的酶，可被延伸形式的 RNA 聚合酶 Ⅱ 吸引到基因内部上。在没有 SET2 活性的情况下，MSL 复合物表现出与 X 染色体上靶基因的结合变弱，这表明 H3K36me3 在传播互作中发挥了作用（Larschan et al.，2007）。在 *set2* 突变体中，MSL 复合物与靶基因的结合变弱但没有完全消除，这暗示转录激活的基因可能会被其他部分冗余的机制所识别，例如，roX RNA 就能通过一种未知机制参与传播。

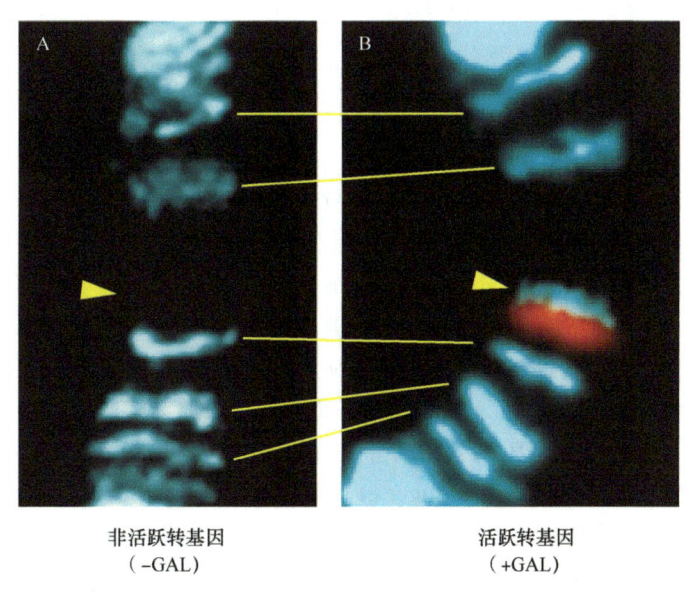

图 24-8　MSL 复合物靶向活化的基因。（A）一个反式激活蛋白 GAL4 控制下的启动子结构已经插入到黄色箭头指出的幼虫唾液腺 X 染色体位点。该区域通常缺乏 MSL 复合物。（B）当引入 GAL4 基因时，反式激活蛋白会结合到这个结构（红色）上，激活基因表达并招募 MSL 复合物（蓝色）。（经许可修改自 Sass et al.，2003）

插在 X 染色体上的一个 80kb 的常染色体 DNA 片段能够将 MSL 招募到其活跃基因上，但没有证据表明它帮助 MSL 进行延伸，这表明活跃基因内对 X 染色体特异性序列没有特定要求（Gorchakov et al., 2009）。但是，插入常染色体上的 X 染色体连锁基因的缺失图谱揭示了有特定的基因片段可与转录相结合进而吸引 MSL 复合体（Kind and Akhtar, 2007）。然而，这些已知的例子不足以推断出能用诱变实验验证的共同序列特征。在稳定的易位果蝇品系中，还没有证据证明 MSL 复合物可从 X 染色体上延伸至邻近的常染色体序列中（Fagegaltier and Baker, 2004；Oh et al., 2004）。因此，即使 MSL 复合物延伸是掩盖 X 染色体的主要机制，X 染色体也很有可能具有其他的特征来导致 MSL 复合物更倾向于结合 X 染色体而非常染色体。这些特征中可能包括一种独特的整体序列组成，其包括可以通过主成分分析检测到的简单重复序列的富集（Stenberg and Larsson, 2011），以及每条染色体在细胞核内的各自"区域"中形成的独特三维组织（参见 24.9 节）。

怎样把这些不同的观察结果形成一个模型来解释 MSL 复合物靶向到 X 染色体上的机制？图 24-9 描述的 X 染色体识别模型是与已有数据最吻合的模型。在这个模型中，MSL 复合物在 CES 位点组装，特别是 roX RNA 转录的位点，随后根据 MSL 复合物的 X 染色体连锁和转录活动到达 X 染色体两侧或更远的位点。

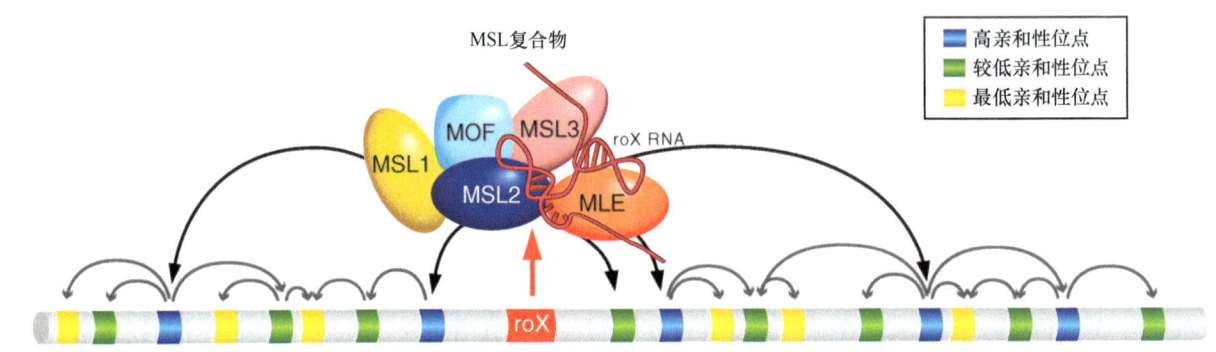

图 24-9　MSL 复合物靶向到 X 染色体上的模型。 果蝇中剂量补偿复合物的采用至少需要三个靶向原则：①与非编码 roX RNA 合成位点互作；②结合具有不同亲和力的简并 DNA 序列，且该结合依赖于染色质的前后序列；③从起始位点到染色质标志信号基因表达的移动，该移动依赖 DNA 序列（Gelbart and Kuroda, 2009）。基于其对染色体的起源具有明显的顺式限制作用，该移动又被定义为"延伸"，但是其背后的分子机制仍有待了解。

24.7　与剂量补偿相关的染色质修饰

与雄性 MSL 复合物结合 X 染色体相关的一个关键修饰是组蛋白 H4 具有较高的 Lys16 乙酰化水平（Turner et al., 1992；Bone et al., 1994）。该染色质标记遍布整个活性转录单位，并偏向位于中间和 3′ 端（图 24-7）（Kind et al., 2008；Gelbart et al., 2009）。酵母中，组蛋白 H4 的这种特殊共价修饰在维持沉默染色质和活跃染色质之间的界限方面起着关键作用。负责 H4K16ac 的组蛋白乙酰化酶（histone acetyltransferase, HAT）Sas2 功能的丧失，会导致端粒异染色质延伸到邻近亚端粒染色质上［Suka et al., 2002；更多细节请参见第 8 章（Grunstein and Gasser, 2013）］。最近结构研究已经表明，核小体间相互作用可发生在一个核小体上组蛋白 H2A-H2B-二聚体的酸性片段上，以及从邻近的核小体延伸而来的、带正电的组蛋白 H4 尾巴片段（16～26 个残基）上（Luger et al., 1997；Schalch et al., 2005）。当 Lys16 被特异地乙酰化后，所带正电荷被中和，这就减弱了核小体间结构的抑制，从而影响剂量补偿效应。这一论点得到了以下证据的支持：在体外重组的组蛋白 H4 的 Lys16 乙酰化的核小体阵列无法达到被盐诱导的非乙酰化阵列的浓缩状态（Shogren-Knaak et al., 2006；Robinson et al., 2008），并且这种乙酰化也弱化了重构的单个核小体颗粒的自我结合，反映了 H4K16 在核小体-核小体堆叠中具有的特定作用（Liu et al., 2011）。使用分子力光谱法可以观察到 H4K16 的乙酰化作用削弱了重组染色质纤维中的核小体堆叠，并导致更加无序的结构（Dunlap et al., 2012）。在体内，30nm 纤维（分子内部压缩）或是更高阶的 100～400nm 纤维（分子间压缩）

的形成是否受 H4K16ac 影响尚不清楚（Shogren-Knaak et al.，2006）。在这两种情况下，H4K16ac 的存在都会使剂量补偿效应基因的染色质更易接近一些因子或复合物。在剂量补偿的雄性果蝇中，X 染色体明显更容易接近外来 DNA 结合蛋白（如细菌 DNA 甲基转移酶）就可以证明这一点。接近该蛋白质的可能性提高遵循 H4K16ac 沿 X 染色体的分布（Bell et al.，2010）。鉴于很早就观察到染色质活跃与早期 DNA 复制之间的相关性（Hiratani and Gilbert，2009；Schubeler et al.，2002），剂量补偿的 X 染色体具有比基因组其余基因更早地在 S 期开始复制的这一特征也就不足为奇了（Lakhotia and Mukherjee，1970；Bell et al.，2010）。

另一个发现是，在雄性和雌性果蝇中 X 染色体均比常染色体更容易受到机械切割，这表明它具有更开放的染色质结构。实际上，雄性中那些与活跃基因转录相关的组蛋白标记（H3K4me2 和 H3S10ph），以及在剂量补偿 X 染色体上特异性富集的组蛋白标记（H4K16ac），其实在雌性 X 染色体上也略有富集。这些发现表明，雄性中负责剂量补偿的独特染色质结构的演变会影响雌性的 X 染色体（Zhang and Oliver，2010）。

除了 H4K16 乙酰化的作用外，越来越多的证据表明剂量补偿效应涉及 X 染色体连锁基因的扭转应力的变化。降低超螺旋因子的水平（一种结合在活性基因的 5′ 端的蛋白质）（Ogasawara et al.，2007）会首先影响雄性果蝇的生存能力，因为 X 染色体连锁基因的转录水平发生性别特异性降低（Furuhashi et al.，2006）。补偿染色质在拓扑结构上与未补偿染色质不同。这种差异需要拓扑异构酶 II 的功能，该拓扑异构酶与 MSL 复合物相关，并被招募到补偿的基因中，其数量超过具有相似转录水平的常染色体基因的数量（Cugusi et al.，2013）。

相对于常染色体，组蛋白变体 H3.3 掺入雄性细胞的 X 染色体的比率有所升高（Mito et al.，2005）。这是可以预料的，因为 H3.3 是不依赖于复制的核小体沉积，它发生在染色质的转录活性区域，并且涉及用变体 H3.3 替换组蛋白 H3 ［参见第 20 章（Henikoff and Smith，2014）］。然而，与预想的 X 染色体上 H3.3 水平增加可能有助于剂量补偿的机制相反，观察到编码 H3.3 的两个基因的缺失虽然导致两性不育，但对突变果蝇的生存能力没有影响（Hodl and Basler，2009）。

24.8　剂量补偿的机制模型

基因表达可以被多条途径调节，尤其是在转录起始、暂停后释放或延伸过程中。许多因素表明，负责剂量补偿的 X 染色体连锁基因的转录增强发生在转录的延伸步骤而不是起始时。最重要的原因来自以下观察：由 MSL 复合物介导的高水平 H4K16 乙酰化发生在转录单位的整个长度上，并偏向于其 3′ 端而不是启动子区域（Smith et al.，2001）。而且，具有"弱"启动子的基因和具有"强"启动子的基因共存于 X 染色体上。在雄性果蝇中，这两种类型的基因的活性被剂量补偿效应增强了约两倍。

最近，利用 GRO-seq（global run-on sequencing；Core et al.，2008）获得了有关 MSL 复合物在延伸过程中增强转录的假说的证据。实验测量了雄性果蝇细胞核中 RNA 聚合酶的相对密度，发现与常染色体基因相比，X 染色体连锁基因内部的聚合酶密度特异性增加了，而通过 RNAi 技术导致 MSL 复合体功能缺失后这种现象不再明显（Larschan et al.，2011）。对于这个实验观察结果背后的机制尚未完全了解。尤其是，尚不清楚基因内部的 RNA 聚合酶密度的增加是反映出相应在 GRO-seq 测定中不够明显的转录起始增加，还是促进了加工（即减少提前终止），或两者兼而有之。但是，MSL 复合物的定位和 H4K16 乙酰化的增加与转录延伸直接相关。例如，在体外建立的模型中，沿剂量补偿的转录单位广泛分布的核小体的 H4K16 乙酰化作用可能会减少体内细胞核间的相互作用，从而促进核小体的排出和 RNA 聚合酶 II 的进程。MSL2 是 E3 泛素连接酶，可在体外泛素化组蛋白 H2B。它的人类同源蛋白是 E3 泛素连接酶，可泛素化组蛋白 H2B 并促 H3K4 和 H3K79 的甲基化（Wu et al.，2011）。泛素化的 H2B 和甲基化的 H3K79 代表了对转录延伸非常重要的组蛋白修饰（Minsky et al.，2008）。果蝇中 MSL2 的类似功能会增强 MSL 复合物在促进转录延伸中的作用。

536　表观遗传学

　　显然，仅仅提高 RNA 聚合酶 II 的延伸速率不足以导致剂量补偿效应所必需的 X 染色体连锁基因稳定的转录本水平的增加。一种可能性是沿基因长度的转录并不总是成功的，并且可以通过提高 RNA 聚合酶 II 的持续合成能力来促进最终 RNA 的产生。如果剂量补偿效应机制实际上是基于提高转录延伸的速率，那么很明显，要实现 X 染色体连锁基因转录本稳态水平的提高，必须同时增加聚合酶募集或转录暂停后释放的频率。考虑到这两个转录阶段之间的紧密关系，辨别上调的首要机制可能还需要额外的实验，但目前还没有实现技术上的进步。

24.9　剂量补偿与细胞核调控

　　在细胞分裂间期，可以看到染色体占据了各个区域，而不是以松散的染色质链混杂在一起 [Cremer and Cremer，2010；请参阅第 19 章（Dekker and Misteli，2014）]。这种组织方式在果蝇雄性细胞中尤其明显，其中的 X 染色体可以通过 MSL 复合物的存在来鉴定（Strukov et al.，2011）。在该区室中，构成剂量补偿机制基础的染色质修饰似乎诱导了特定的高阶 X 染色体拓扑结构。在整个发育过程中，雄性比雌性的细胞核更靠近 X 染色体连锁位点（大约 10 兆个碱基）（图 24-10）（Grimaud and Becker，2009）。这种差异取决于复合物的 MSL1-MSL2 识别染色质成分的存在与否，并且不受其他三种 MSL 蛋白缺失的影响。因为在没有后者的情况下，仅在 HAS 处发现了包含 MSL1-MSL2 的部分复合物，因此雄性细胞中 X 染色体连锁基因座的相邻性必须通过它们的聚集来介导（Grimaud and Becker，2009）。

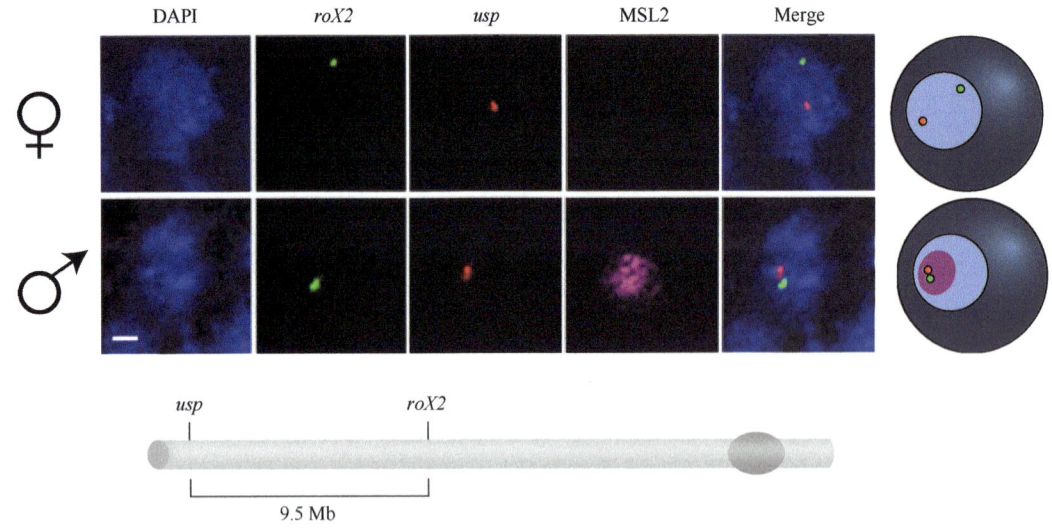

图 24-10　雄性特异的剂量补偿后的 X 染色体构象。在雌性或雄性胚胎中，用双色 FISH（荧光原位杂交）可看见一对高亲和的染色体位点（*roX2* 和 *usp*）。DNA 被 DAPI 染色体（蓝色），X 染色体区域（品红色）用针对雄性细胞核 MSL2 的抗体染色（雌性细胞核内没有 MSL2）。将荧光通道合并后揭示了 HAS 及其在雄性细胞核中相对于 MSL2 区域的相近性，在右侧的卡通图中对此有清楚的概括。下方的部分 X 染色体示意图暗示了不同 HAS 之间隔开的距离。（经许可修改自 Grimaud and Becker，2009）

　　值得注意的是，MSL 蛋白能够与核孔复合体蛋白 Nup153 和 Megator（Mtor）共纯化。靠近核孔复合体的核周基因组区域包含多组活跃基因，这表明该区室可能对转录有调节作用（Vaquerizas et al.，2010）。而敲除 Nup153 和 Mtor 核孔蛋白则会导致剂量补偿效应消失（Mendjan et al.，2006），尽管该分析可能会因经常碰到的存活率问题而变得复杂（Grimaud and Becker，2009）。

24.10 染色质因子对雄性 X 染色体的整体影响

雄性多线 X 染色体对一些通用的非染色体特异性的染色质调控因子的剂量或活性的改变特别敏感。例如，在雄性唾液腺标本中，*Iswi*（imitation switch，模拟开关基因）的缺失突变导致了雄性 X 染色体上整个结构的改变，揭示了 ISWI 复合物和 MSL 复合物功能性相互作用（Deuring et al., 2000）。ISWI 是一种 ATP 酶，存在于果蝇 4 种染色质重塑复合物中：NURF（核小体重塑因子），ACF（ATP 依赖性染色质组装和重塑因子），CHRAC（染色质可及性复合体；Hargreaves and Crabtree, 2011），RSF（重塑和间隔因子；Hanai et al., 2008）。在体内，ACF 和 CHRAC 可作为染色质组装因子启动染色质的形成，尤其能抑制染色质状态。然而，雄性和雌性的 *Iswi* 突变体中核小体的高分辨率图谱表明它们的 X 染色体发生浓缩缺陷，这在雄性的 X 染色体中尤为明显，而且该浓缩缺陷与 ISWI 依赖的核小体整体的间距变化无关（Sala et al., 2011）。对此更具说服力的观察是 ISWI 能促进组蛋白连接蛋白 H1 的结合，而 H1 水平的降低会导致一种与上述 ISWI 功能丧失的表型相似的染色体表型（Siriaco et al., 2009）。有点令人惊讶的是，RSF 复合物的功能缺失似乎不会改变染色体结构（Hanai et al., 2008）。

早期关于 NURF 复合物的功能研究表明，它可能在某些情况下增强转录而在其他情况下抑制转录（Badenhorst et al., 2002）。*nurf301* 突变体也显示出与 *Iswi* 突变体中一样的、异常浓缩的雄性 X 染色体（Badenhorst et al., 2002）。NURF 也对 *roX1* 和 *roX2* 的转录具有特异性作用。野生型 NURF 负调控这些雌性中产生的基因，并使雄性中 roX2 的转录水平降低约一半（Bai et al., 2007）。

当 MSL 复合物处于非活性状态（即在没有 H4K16ac 的情况下），在 *Iswi* 和 *nurf* 突变体的雄性唾液腺中不会发生 X 染色体缺陷。相反，任何一个 *roX* 基因的缺失都会降低 X 染色体在 roX 突变位点区域的异常膨胀。这一观察结果高度体现了那些负责正常染色质组织活性不同的局部性质。

当异染色质的某些结构成分下调时，例如，*Su(var)3-7*（变体 3-7 的抑制子）和 HP1（异染色质蛋白 1），会导致 X 染色体出现多线表型，而这与 ISWI 蛋白被敲除后导致的表型一致（Delattre et al., 2004; Spierer et al., 2005）。同样，在这些情况下，肿胀的 X 染色体表型需要具有活性的 MSL 复合物存在。

在野生型的雄性果蝇中，异染色质因子沿 X 染色体的分布可能受组蛋白 H3 丝氨酸 10 激酶 JIL-1 的作用调节。JIL-1 定位在活性基因主体中并具有 3′ 端偏好性，在 X 染色体上的丰度约为雄性常染色体的两倍（Jin et al., 1999, 2000），并且是对眼睛色素进行适当剂量补偿的必要蛋白（Lerach et al., 2005）。但 JIL-1 功能缺失的等位基因突变体会导致雄性和雌性的多线染色体的形态发生全局性变化，雄性 X 染色体会再次变短、变胖，且无任何形成带状的迹象（Deng et al., 2005）。JIL-1 功能缺失的等位基因突变体允许 H3 上的 H3K9me2 进行扩散，该修饰可将 HP1 吸引到非活性染色质上，这表明 JIL-1 通常负责标记和保留常染色质结构域的范围（Ebert et al., 2004; Zhang et al., 2006）。

24.11 剂量补偿效应如何演化

在果蝇中，剂量补偿效应的调节机制的进化与异质的性染色体进化相关，这种异质的性染色体由一个 X 染色体（这类染色体每单位长度上的转录基因密度与主要的常染色体接近）和一个 Y 染色体（这类染色体大部分为异染色质）代表。人们认为性染色体起源于一个常染色体上突变的发生，该突变决定了两种交配类型中的一种。在果蝇中，这种交配型变成了异配子性的雄性。随着时间的流逝，带有初始突变的常染色体通过基因重组的减少和有害突变（如果它们与偶然的有益突变相关则会被保留）的随机出现而退化。在许多生物中，由同配子性别中具有两份剂量的基因表达水平和在异配子性别中只有一份剂量的表达水平带来的差异似乎是可以忍受的，并且特定的调控手段来调控这两种性别中关键个体基因的转录。然而，在蝇类、哺乳动物和线虫中，初始 Y 染色体的遗传成分的退化为全局性染色体补偿机制的发展提供了必要的选择性压力，该补偿机制增加了其同系物 X 染色体上等位基因的表达（Charlesworth，1978；Lucchesi，1978）。发生这种进化现象的证据可以在几种果蝇品系中找到，这些果蝇物种经历了整个染色体臂的融合（综述见 Charlesworth，1978）。大量的经典细胞学信息以及众多果蝇物种的完整基因组测序，都为了解性染色体的进化以及剂量补偿效应的伴随机制提供了宝贵的途径。

24.12 展　　望

剂量补偿效应是一种表观遗传调控机制，它具有几种独特的特征：它是在染色体整体水平上控制单个基因表达的最典型的例子；它由一个多蛋白复合物（MSL）介导，该复合物不仅包括具有已知染色质修饰功能的酶亚基，而且包括两条组装必需的长 ncRNA。在过去的几年中，阐明由 MSL 复合物实现的染色质修饰的各个方面，以及鉴定一些调节其靶向性的因子方面的研究已经取得了非常大的进步。通过对具有完整测序基因组的不同果蝇物种中进化的性染色体进行分子水平分析，将有助于进一步了解靶向过程（参见 www.FlyBase.org）。了解 roX RNA 在 MSL 复合物扩散中的功能将利用新的、基于 RNA 而不是基于蛋白质的 ChIP 定位技术，组蛋白修饰的作用（即 H4K16 乙酰化和 H2B 泛素化）将通过用多拷贝的修饰后组蛋白转基因来替换普通组蛋白进行评估（Gunesdogan et al.，2010）。剂量补偿的染色质单位的拓扑结构特征将通过生物物理实验确定（Kruithof et al.，2009；Allahverdi et al.，2011）。对 MSL 复合物功能研究的一个重要方面将是确定其在细胞周期中的状态，以及如何通过 DNA 复制和有丝分裂来生存（Lavender et al.，1994；Strukov et al.，2011）。总而言之，对所有这些调节机制的全面理解将为研究染色质在转录结构域中的定位，以及染色体组织和细胞核拓扑结构在基因调节中发挥的作用提供关键信息［参见第 19 章（Dekker and Misteli，2014）］；同时它还将为研究在精确范围内精细调控基因遗传表达的分子机制提供重要见解。

本章参考文献

网　络　资　源

www.FlyBase.org A database of Drosophila genes and genomes.

（杨怀昊　王泰云　译，郑丙莲　校）

第25章

哺乳动物中的剂量补偿效应

尼尔·布罗克多夫（Neil Brockdorff[1]），布莱恩·M. 特纳（Bryan M. Turner[2]）

[1]Department of Biochemistry, University of Oxford, Oxford OX13QU, United Kingdom; [2]School of Cancer Sciences, Institute of Biomedical Research, University of Birmingham Medical School, Birmingham B152TT, United Kingdom

通讯地址：turnerbm@adf.bham.ac.uk

摘 要

许多生物显示出两性之间存在主要的染色体差异。在哺乳动物中，雌性有两个大的、富含基因的染色体拷贝，也就是X染色体；而雄性则只有一个X染色体和一个小的、基因贫乏的Y染色体。如果不通过剂量补偿效应来解决，数百个基因的表达失衡将是致命的。这种雌雄差异是通过在发育早期的雌性中的一条X染色体上沉默基因表达来解决的。但是，现在雄性和雌性中都只有一个活跃的X染色体，这是通过在那条活性X染色体上上调两倍基因表达来补偿的。这个复杂的系统将始终为表观遗传调控的机制研究提供重要见解。

本章目录

25.1 引言
25.2 X染色体失活概述
25.3 X染色体失活的起始
25.4 失活状态的增殖和维持
25.5 X染色体的再激活和重编程
25.6 总结与展望

概　　述

与许多其他生物一样，在哺乳动物中，性别之间存在重大的染色体差异。例如，人类有22对染色体称为常染色体，它们在男性和女性中都存在。每对染色体中的一条遗传自父亲，另一条则来自母亲。但是还有另外两个染色体，即性染色体，分别命名为X染色体和Y染色体，它们因性别差异而不同。女性有两条X染色体，而男性则有一条X染色体和一条Y染色体。这种差别非常重要，因为尽管X染色体是含有1000个以上基因的中型染色体，但Y染色体却很小且基因很少。其他哺乳动物中也存在类似情况，包括啮齿动物和有袋动物。这种染色体差异与决定性别的机制有关，并且似乎已经进化了几百万年。

性染色体失衡给生物体带来了一个问题：两性所携带的X连锁基因的拷贝数不同，导致基因产物（RNA和蛋白质）数量上的不平衡，这反过来又需要在代谢控制和其他细胞过程中保持差异。为了避免这一情况的发生，剂量补偿机制进化到用来平衡两性间X连锁基因产物。有三种通用的方法可以采用：第一，使雄性X连锁基因的表达上调两倍；第二，使雌性的两个X染色体上每个基因的表达均下调一半；第三，使雌性的两个X染色体之一完全失活。果蝇采用了第一种策略 [见第24章 (Lucchesi and Kuroda, 2014)]，线虫采用的是第二种策略 [见第23章 (Strome et al., 2014)]，目前看来哺乳动物采用的是第一种和最后一种策略。

近年来，对哺乳动物剂量补偿的研究为基本表观遗传机制，以及如何通过发育调控基因表达模式提供了重要的线索。我们可以肯定地预见到这一研究将会不断发展。

25.1 引　　言

25.1.1 性别决定产生了剂量补偿的需求

有性生殖在真核生物中普遍存在，即便可以通过生芽或匍匐枝进行完美无性繁殖的植物也常具有可供选择的有性生殖模式。一个可能的解释是有性生殖引发了大量的遗传变异，在此基础上发生自然选择，从而进化。每次有性生殖都伴随着等位基因的重组，这种方式产生的个体较无性繁殖产生的个体，能够更有效地应对环境的改变。但是，高等真核生物的性别是复杂的，它需要能够产生雄性和雌性生殖器官的发育途径、进行减数分裂需要的生理学和生物学结构、生殖细胞的成熟、配偶的吸引和交配（这些问题的进一步讨论请参考 Marshall Graves and Shetty, 2001 及其中的参考文献）。

生物体间决定不同性别的遗传机制差异很大。最简单的系统只涉及一个单基因位点，该位点在一种性别中是纯合子（同配性别）而在另一种性别中是杂合子（异配性别；图25-1）。这一简单系统以不同的方式进化，来满足不同生物体中不同复杂程度的要求。在一些生物体中，抑制异配性别中决定性别等位基因的减数分裂重组（染色体交叉，crossover）的机制已经成立（图25-1）。这一步有助于防止子代出现等位基因混淆而导致的雌雄间性现象。在许多情况下，一条染色体的部分或全部无法重组，并伴随着遗传信息的丢失。在进化上促使这条染色体退化的压力仍不清楚。但在许多物种中，最终的结果是两性的差别不仅仅在等位基因的一个或几个位点，而是整条染色体的差别。在哺乳动物中是雄性携带退化的染色体，但在鸟类中却是雌性携带退化的染色体（Marshall Graves and Shetty, 2001）。

在发育过程中，性别分化通常是由一个或少数关键基因表达或不表达引起的。这些基因的产物引起一系列基因调控过程的发生，下调了性别决定的一条或另一条通路 [线虫的详情参考第23章 (Strome et al., 2014)；果蝇的详情参考第24章 (Lucchesi and Kuroda, 2014)]。在人类中，Y染色体上 *SRY* 基因的蛋白产物能够使胚胎进入男性的性别发育通路（Quinn and Koopman, 2012）。这种机制的顺利进行并不需要大量染色体的差别，那为什么这种差别在这么多物种中（包括哺乳动物、鸟类和果蝇）如此常见？这可能是抑制染色体交换的副产物，可防止雌雄间性的产生（图25-1）。对影响种群中等位基因扩展的因素的数学分析表明，抑制交换必然导致有害突变的积累（突变甚至可能引起交换染色体的进一步抑制）。主要是因为这样的突变很少变成纯合的，如果要针对它们进行选择性抑制，这是必需的。基因突变（包括缺失和易位）逐渐蔓延到原始抑制区域之外，导致两条原始同源染色体中的一条逐渐退化。这个不可逆的退化过程被称为"Muller 棘轮"，以纪念第一个提出它并对其进行数学建模的遗传学家。这个过程没有选择，它只是由于局部染色体重组被抑制而发生的，而这种抑制又是采用两性生殖策略所必需的（进一步讨论请参考 Charlesworth, 1996; Charlesworth and Charlesworth, 2005）。不管染色体退化背后的进化驱动力是什么，染色体退化的事实（推测可能继续发生）需要协同的进化机制来应对同种物种成员间主要染色体差异：首先，同一物种的成员之间存在显著的染色体差异；其次，异配性别对于大染色体而言是单性的，因此对于大量基因而言是单等位的。这两个问题必须通过剂量补偿机制解决。

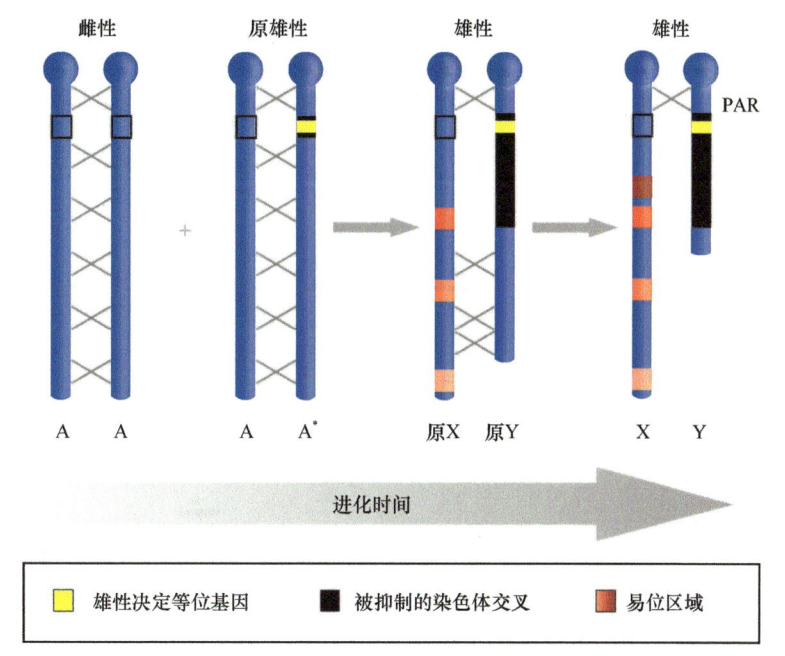

图 25-1 Y 染色体的进化。 在进化的早期，两性间的差别可能只体现在单个常染色体基因座上（由黑色方框标出）；一种性别在这个基因座上是纯合的（雌性），另一种性别（雄性）则是杂合的（称为原始雄性）。"雄性决定基因等位"用黄色表示。如果交配需要每个性别的一条染色体，那么个体就不会产生个体雄性等位基因的纯合子。在这个早期阶段，与酵母中两种交配的差异相比，两性间生理的差异将非常微小。为了防止雌雄间性的情况发生，染色体交换将在雄性决定基因座中或其周围被抑制（用深色标出）。由于交换抑制将减弱种群扩展的能力，基因突变（包括删除和倒位）将在这个区域内积累并导致该区域退化（"Muller 棘轮"学说），直到这条染色体丢失它大部分的活性和功能基因（突变的积累是因为抑制交叉降低了它们以纯合子形式发生的可能性，因此降低了针对它们的选择压力）。为了在有丝分裂期间进行染色体配对和交换（由灰色的×表示），Y 染色体上必须保留一小段活性区域和 X 染色体同源，这就是伪常染色体区（pseudoautosomal region, PAR）。这个原本与将来 X 染色体（图中的 A）同源的常染色体，有时自己会通过与其他染色体易位来进化（由红色阴影表示），最终会形成一条完全不同的 X 染色体。和其他染色体一样，X 染色体是通过进化把不同阶段的 DNA 片段镶嵌到合适的位置，它们中一些是古代的，一些是相对近代的。人类的 X 染色体则富集了逃脱 X 染色体失活的相对近代的基因。

25.1.2 解决雄性问题：X 连锁基因的上调

在哺乳动物和果蝇中，雄性有每个性染色体的一个拷贝，即一条 X 染色体和一条 Y 染色体；而雌性有两条 X 染色体。在这两个种群中，Y 染色体上的基因很少，且大部分是异染色质，它仅包含一些雄性发育或生育所必需的基因。相反，X 染色体个体较大，并携带大量的基因。在所有生物中，基因产物（RNA 和蛋白质）与每个细胞的基因拷贝数成正比。因此，一条或两条 X 染色体的存在将导致两性之间许多基因产物的细胞内浓度出现两倍的差异。此外，XY 雄性的绝大多数 X 连锁基因是单等位基因（只有少数基因在 Y 染色体或常染色体上具有同源基因）。令人惊讶的是，考虑到高等真核生物通常甚至不能容忍丢失一部分染色体（小片段染色体的缺失通常会导致严重畸形，而常染色体单体性总是致死的），那么，雄性如何仅靠一个 X 染色体生存呢？

在尝试回答这个问题时，重要的是要认识到细胞和生物体能相当好地容忍单个基因的单等位性。例如，携带一个编码无活性酶的等位基因的杂合个体（即仅具有正常水平一半的活性酶）通常是完全健康的，尽管这种缺陷的等位基因如果纯合了可能会致命。但是，某些基因显然比其他基因更具剂量敏感性。最近的研究表明，编码大型多蛋白复合物成分的基因的两倍剂量变化产生表型效应的可能性更大（Pessia et al., 2012）。同样，含有"多种"基因产物正常水平的一半则会产生叠加效应。例如，如果新陈代谢或信号转导途径的几个组分都减少了一半，则该途径的终产物可能减少了几倍，并产生表型效应（图 25-2）（Oliver, 2007）。因此，随着原始 Y 染色体在进化过程中的退化，在异配性别中会不可避免地出现越来越多的问题，这既是由于对剂量敏感的 X 连锁基因个体的缺失，又是由于逐渐失去了个体剂量耐受性好的基因，但总体上较少如此（图 25-2）。

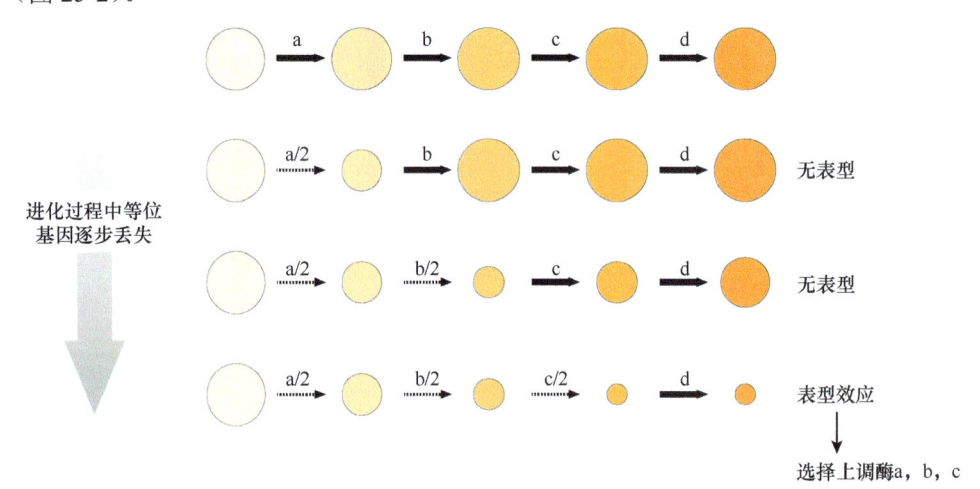

图 25-2 X 染色体连锁等位基因的逐步丢失对一条假设的信号通路的影响。该图用有色圆盘表示该路径上的连续组件，每个圆盘都是通过酶 a、b、c 和 d 的作用放置的。圆盘的大小与每个组件的数量成正比（级别 1）。该模型提出，酶 a、b 和 c 均由 X 染色体上的基因编码，而在进化的早期则由两个原 X 染色体上的基因编码。随着原 X 染色体逐渐退化，等位基因丢失，最终形成了基因欠缺的 Y 染色体（图 25-1）。酶量减少一半可能会导致其产物减少，尽管不一定是一半。细胞的正常体内平衡机制可能会纠正一些小干扰，并且可能对该途径的后续步骤几乎没有影响（级别 2）；甚至损失两种酶也可以得到纠正，而不产生任何生理影响（级别 3）。但是，当酶（基因）消耗的累积效应导致关键成分降低到临界水平以下并触发对表型的影响时，最终将达到一个阶段（此处显示为级别 4）。通过上调酶 a、b 或 c 的一个或多个剩余的单个等位基因的表达，可以最容易地施加选择压力来纠正表型效应。

40 多年前，遗传学家 Susumu Ohno 就认识到了这种雄性所面临的问题，他推测可以通过将一条 X 染色体上的雄性基因表达水平上调 2 倍来解决该问题（Ohno, 1967）。他还指出，这可能在进化过程中的各个基因上逐个发生。当然，剂量敏感性基因（或已经丢失掉某些蛋白质的通路中的基因）的缺失会导致强烈的选择压力，这将有利于上调（即补偿）剩余基因拷贝的表达。但是，如果雄性（异配性别，XY）采取这种策略，则会给该物种的雌性（同型配子，XX）成员带来问题，这些成员随后将不得不面对数量越来越多的上调了两倍水平的基因。因此，对雌性哺乳动物两条 X 染色体中的一条进行沉默可能是对这种过表达的响应，这也是本章大部分内容的主题。

Ohno 所提出的推测的可行性是建立在果蝇中的剂量补偿研究之上的，在果蝇中，遗传、生化和最新的高通量基因表达研究已证实剂量补偿效应是由于 XY 雄性中 X 连锁基因的上调而发生的［进一步讨论请参考第 24 章（Lucchesi and Kuroda, 2014）]。至关重要的是，果蝇进化出的机制是仅在雄性中发生基因上调，从而避免了 XX 雌性出现过表达的问题。针对 Ohno 关于哺乳动物的假说的详细研究不得不依赖能准确测定大量基因表达的方法学的出现。原因是测定单个基因的转录水平，无论准确度如何，都无法确定该基因是否被上调。基因在表达水平上存在巨大差异，彼此之间的差异也很大，甚至同一基因也常常根据其所在的组织或细胞类型、发育阶段，甚至是同一个细胞的不同时期而改变表达。那么，如何判断某个特定基因是否被上调了 2 倍？我们的标准又是多少？

最近的技术（首先是微阵列，然后现在是高通量 RNA 测序）可以分析大量基因的表达，从而使我们能够检验以下假设：在任何特定组织或细胞类型中，雄性 X 连锁基因的"整体"表达（即在整个范围内广泛的表达水平）要高于常染色体基因。如果 X 连锁基因与常染色体基因在男性中的表达比值为 0.5（即一条 X 染色体对应各常染色体的两个拷贝），那么基因没有上调——表达水平反映了基因拷贝数；另一方面，如果比值为 1.0，则表明存在完整的基因双倍上调，也就验证了 Ohnos 的假设（图 25-3）。

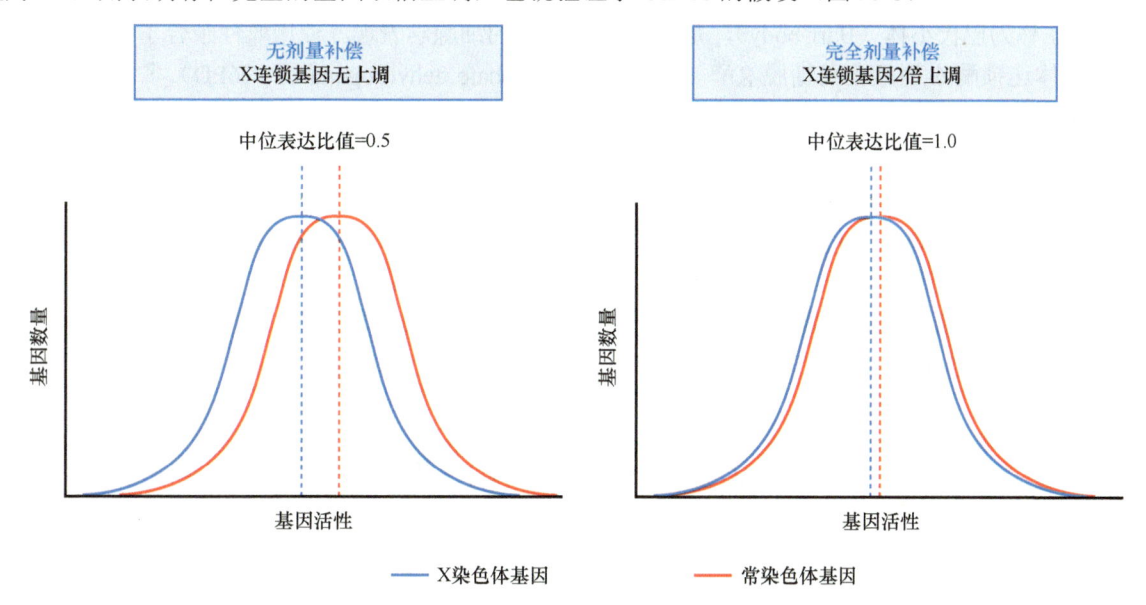

图 25-3 X 连锁基因的选择性上调引起中位表达的变化。 通过微阵列或 RNA 测序对 X 染色体（蓝色）或常染色体（红色）上大量基因表达的测量表明，转录水平呈正态分布，表达水平分布在几个数量级上。如果单个雄性 X 染色体（或雌性中单个活性 X 染色体）上的基因表达未得到补偿，则中位表达水平的 X 染色体：常染色体比值应为 0.5，以反映（活性）拷贝的差异（左图）；或者，如果 X 染色体连锁基因的表达上调两倍以补偿剂量差异，那么中位数的比值应接近 1.0（右图）。

在过去 5 年左右的时间里，一些使用了微阵列数据（Nguyen and Disteche, 2006; Lin et al., 2007）或最近的 RNA 测序（Deng et al., 2011）的研究已经解决了这个问题，为进一步研究 X 连锁基因在哺乳动物中的调控提供了有力的证据。但是，这些数据需要仔细解读。由于 X 染色体比常染色体包含更高比例的组织特异性基因（通常参与性发育），情况会变得复杂，其结果是在任何特定的组织或细胞类型中，X 连锁基因被关闭（沉默）的比例在雌雄两性中都高于常染色体（Ellegren and Parsch, 2007; Meisel et al., 2012），这一点必须考虑进去。尽管有充分的证据有力地支持了雄性和雌性细胞中 X 连锁基因的表达上调，但剂量补偿效应的情况经常是复杂的。尽管 X 染色体：常染色体的表达比值始终 > 0.5，但仍未达到 1.0（Deng et al., 2011; Lin et al., 2011）。造成这种情况的原因可能是并非所有 X 连锁基因都发生表达上调，也许只有对剂量敏感性更高的基因才被上调（Pessia et al., 2012），这与进化模型相吻合——表达上调是针对逐个基因决定的（图 25-1）。

关于 X 连锁基因的表达还有许多问题尚待解答，它们引发的问题与本章其余部分将进一步研究的 X 染色体失活问题有关。也许最紧迫的是需要确定基因是否通过一种共同的、全染色体范围的机制上调，或者不同的基因是否采用了不同的机制，还是两种因素都起作用。在尝试揭示黑腹果蝇的剂量补偿机制时已经解决了类似的问题，尽管在果蝇中采用的雄性特异性过程不太适用于哺乳动物，但毫无疑问，我们可以从这种经过广泛研究的模式生物中学到重要的经验。

25.1.3　雌性哺乳动物中失活的 X 染色体的识别

1949 年，Barr 和 Bertram 描述的性染色质体是存在于不同哺乳动物中的雌性细胞核内的一种光镜下可见的结构。这个结构有益于性发育异常的研究。但是直到 1959 年，Ohno 和他的同事才证明这个结构来自雌性两条 X 染色体中的一条（Ohno，1967）。此后不久，在 1961 年，Mary Lyon 描述了雌性小鼠中 X 染色体连锁的毛色基因表达的遗传实验。为了解释个别雌性小鼠中可变混合毛色（嵌合体）的遗传形式，Lyon 假设在每个雌性细胞中，两条雌性 X 染色体的一条在发育的早期稳定地失活（Lyon，1961）。因此，性染色质体，现在称为巴氏小体（Barr body），是失活 X 染色体的细胞学表现。使用雌性杂合子皮肤成纤维细胞进行 X 染色体连锁酶 6-磷酸葡萄糖脱氢酶（glucose-6-phosphate dehydrogenase，G6PD）多态性实验，结果显示两个等位基因中仅有一个在单细胞（克隆）生长出的菌落中表达。因此，该结果表明了从一代细胞到下一代的失活状态的可遗传性（Davidson et al.，1963），也证实了人类女性中 X 染色体失活的发生（Beutler et al.，1962）。通过用多重拷贝 X 染色体（如 47XXX 或 48XXXX 染色体组型）对女性中 X 染色体失活的进一步研究表明，所有的 X 染色体中，除一条以外，其余所有的均失活。这被总结为"$n–1$ 规则"，即如果一个个体有 n 条 X 染色体，那么就有 $n–1$ 条将要被失活（Ohno，1967）。这个规则解释了 X 染色体非整倍体非常轻微的临床症状。X 染色体失活的假说继续解释雌性细胞中 X 染色体连锁基因表达的特性，从首次提出以来一直没有得到根本上的改变。过去的约 50 年里，人们一直试图找到这一现象发生的分子机制。

25.2　X 染色体失活概述

25.2.1　X 染色体失活受发育调控

在哺乳动物中，雌性 X 染色体失活受发育的调控。早期受精卵（zygote）中两条 X 染色体都是活化的（Epstein et al.，1978），它们是在细胞分化过程中失活的。通常，细胞中来源于母本或父本的 X 染色体（分别为 Xm 或 Xp）失活的概率是相等的。有一种例外情况，只有印记的 X 染色体失活，它发生于有袋类动物的一生和小鼠早期着床前胚胎，通常是 Xp 失活。在后一种情况中，印记的 Xp 染色体失活维持在分化的第一谱系，称为胚外滋养外胚层（extraembryonic trophectoderm，TE）细胞和原始内胚层（primitive endoderm，PE）细胞，但在产生胚胎内细胞团细胞时，失活的 X 染色体可以被再激活。失活 X 染色体再激活的现象也发生在原生殖细胞（primordial germ cell，PGC）中，这就确保了在配子中 X 染色体的再激活。图 25-4 展示了雌鼠中 X 染色体失活和再激活的周期。

25.2.2　染色体沉默包括多层次的表观遗传修饰

X 染色体的沉默是在染色体结构水平上通过组蛋白尾部修饰完成的，结合或去除不同的组蛋白、某些 CpG 岛 DNA 甲基化以及高阶染色质折叠的重组均有助于形成稳定的异染色质结构。由于生物系统内置了冗余功能，所以并非所有元素都是染色体沉默所必需的（Sado et al.，2004）。在个体发育的过程中，各层次表观遗传修饰是逐步建立的，这将在 25.4.4 节详述。整体而言，多层次的表观遗传修饰确保失活的 X 染色体在多次细胞分裂过程中稳定繁殖。

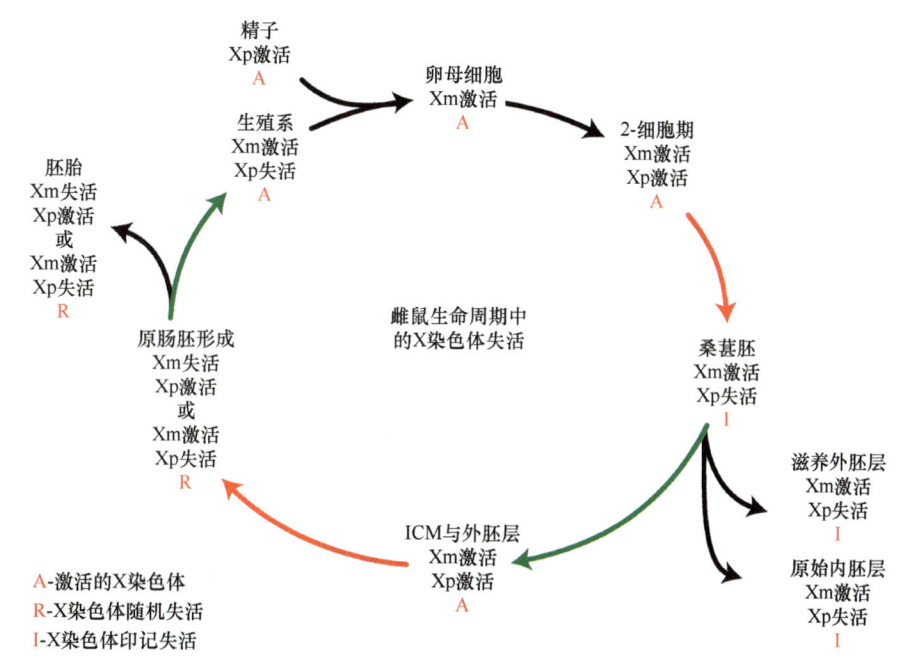

图 25-4 **染色体失活和再激活的循环**。在发育过程中 X 染色体经历失活和再激活的循环。红色箭头表示 X 染色体失活的阶段，绿色箭头表示 X 染色体再激活的阶段。失活首先发生在早期植入前胚胎（X 染色体的印记失活），然后在原肠胚形成时发生于外胚层的细胞内（X 染色体的随机失活）。失活的 X 染色体在内细胞团（ICM）囊胚期第一次被定位时，或是在发育的生殖细胞里被重新激活。

25.2.3 一些基因逃避 X 染色体失活

X 染色体失活会影响 X 染色体上的大部分基因，但某些基因会逃避沉默（Berletch et al., 2011）。其中包括在雄性减数分裂中与 Y 染色体配对的 X 染色体上一小部分区域，这部分区域称为拟常染色体区域（pseudoautosomal region，PAR）或 XY 配对区域（图 25-1）。因为雄性和雌性中均有这些基因的双拷贝，所以这部分区域里的基因不需要剂量补偿效应。

其他逃避沉默的基因还包括具有和没有 Y 染色体连锁同系物的基因。人类 X 染色体上大约有 15% 的基因逃避 X 染色体失活（Carrel and Willard, 2005）。有趣的是，其中许多基因位于 X 染色体的短臂上（也被称为 p 臂），从进化时期来看，这是 X 染色体最近获得的片段。小鼠的研究表明，在个体发育早期，这些基因起初失活，它们是在发育过程中逐渐被激活的（25.4.6 节）。袋类动物的研究表明，大多数研究的基因都被发现在一定程度上逃避 X 染色体失活。它反映出整个个体发育过程中沉默维持的失败，这可能与一些物种 Xi 缺少 CpG 岛甲基化有关。

25.2.4 X 染色体的失活受一个重要开关部位的调控：X 染色体失活中心（Xic）

传统的遗传学研究表明，X 染色体失活受单一的顺式作用总开关位点的控制，即 X 染色体失活中心（X inactive center, Xic）。Xic 既能沉默顺式染色体中的 X 染色体，又能确保正确和适当地启动随机 X 染色体的失活。最近，有更多在分子水平上对 Xic 特征的研究。这个基因座产生一个大的非编码 RNA——*Xist*（X 染色体失活特异性转录，X inactive specific transcript），它具有顺式结合的特点，并从转录位点开始沿着整条染色体积累（图 25-5）（Brown et al., 1991; Brockdorff et al., 1992; Brown et al., 1992）。覆盖有 *Xist* RNA 的染色体为 X 染色体沉默的启动提供了准备（Lee et al., 1996; Penny et al., 1996; Wutz and Jaenisch, 2000）。目前的研究表明，这一过程至少部分是通过 *Xist* 介导的染色体修饰复合物的募集发生的（图 25-5A）。

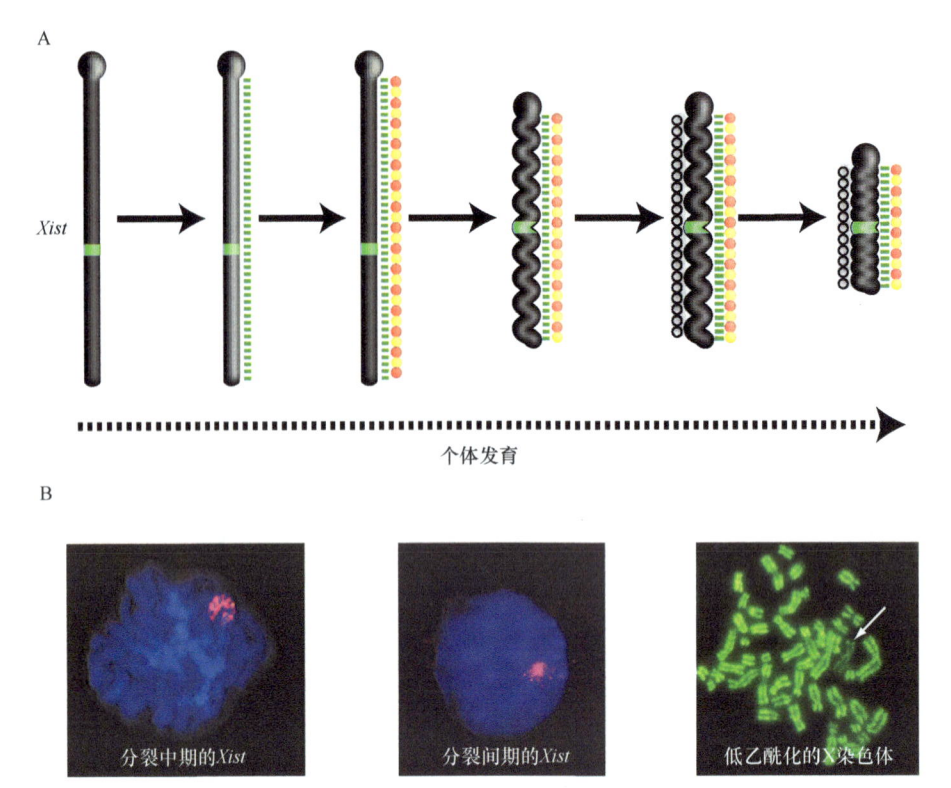

图 25-5 *Xist* RNA 诱导染色体全局性的逐步异染色质化。（A）当 *Xist* RNA 表达时，其 RNA 从它的转录位点（绿色虚线）开始结合并包围 X 染色体。*Xist* RNA 通过招募染色体修饰活性开启染色体沉默（红色和黄色的圆球）。最初沉默的波动可招募其他层次表观遗传修饰（白色的圆球），进一步稳定异染色质的结构。通过发育和个体发生逐步建立不同水平的表观遗传沉默。（B）间期和中期，沿着 X 染色体上 *Xist* RNA 的原位杂交定位。

另一个非编码 RNA——*Tsix*，也定位在 Xic 区域（Lee et al.，1999），在 *Xist* 表达调控中起到关键作用。*Tsix* 与 *Xsit* 基因重叠，但却反向转录。因此，它的名字 *Tsix* 是 *Xist* 的反向拼写。

系统发育学研究表明，非编码 *Xist* RNA 从编码蛋白质的转录本 *Lnx3* 进化而来（Duret et al.，2006）。*Lnx3* 基因在其他脊椎动物和有袋类哺乳动物中仍具有蛋白质编码能力。后一个发现出乎意料，因为有袋类动物也具有非常类似的 X 染色体失活的现象，这一点导致人们推测有袋类动物中的 X 染色体沉默是由 Xist 的直系同源物介导的。经过多年的寻找，最近的一项研究表明，有袋类动物独立地进化了一个顺式作用的非编码 RNA 基因座 *Rsx*（沉默的 X 染色体上的 RNA），它在有袋类动物中与 *Xist* 具有相同的功能（Grant et al.，2012）。像 *Xist* RNA 一样，*Rsx* RNA 特异地由 Xi 转录而来，并以顺式作用方式覆盖 X 染色体的长度。

25.3　X 染色体失活的起始

25.3.1　X 染色体的印记失活和随机失活

使 X 染色体失活的决定需要被严格调控。雄性细胞必须避免其唯一的 X 染色体沉默，雌性细胞也需要避免两条 X 染色体都失活或都活化。已经证明，有两种不同的调控模式。染色体失活印记模式沉默来源于父本的 X 染色体。而在染色体失活随机模式中，来源于父本和母本的 X 染色体失活概率是相同的。后兽亚纲的哺乳动物（metatherian mammal），即有袋类动物（marsupials）仅有印记失活模式。某些真哺乳亚纲（Eutherian）的哺乳动物（如小鼠），在胚胎外细胞系中使用印记失活模式，而在胚胎内使用随机模式（图 25-2）。其他物种，尤其是兔子和人类，仅表现出随机的 X 染色体失活（Okamoto et al.，2011）。这种变化可能与胚胎基因组激活时机的差异部分相关：与人类的 4 细胞到 8 细胞阶段相比，小鼠中胚胎基因组激活的时间相对较早，发生在 2 细胞阶段。

研究 X 染色体失活的重要模式系统是小鼠的早期胚胎和源自这些胚胎 ICM 的胚胎干细胞（ES）。XX 胚胎干细胞非常有用，因为当细胞被诱导分化时，它们能在体外重塑随机 X 染色体失活的起始。目前还没有体内的模型能重塑 X 染色体印记失活的起始。

25.3.2　X 染色体印记失活的调控

父本 X 染色体的印记失活首先是在有袋类动物中发现的（Sharman，1971）。后来，Takagi 和 Sasaki（1975）证明 X 染色体的印记失活在小鼠胚外滋养外胚层（TE）和原始内胚层（PE）细胞系中存在。在 X 染色体印记失活发生过程中，是 X 染色体的亲本来源决定了它们的状态，也就是说，只有父本 X 染色体而不是母本 X 染色体被失活，这一点和存在多少 X 染色体或者染色体组无关。当然，在有 XY 两条染色体的雄性中，一条 X 染色体总是来源于母本，因此它在发生印记的组织中是不失活的。

那么印记的本质是什么呢？有关 *Xist* 基因的研究表明，在小鼠的桑葚胚时期存在抑制 Xm 等位基因的印记。这个印记阻止 *Xist* 的表达，保持 X 染色体的活性（见图 25-4）。核移植实验证明，抑制性 Xist 印记是卵母细胞成熟过程中建立的（Tada et al.，2000）。该印记的分子基础还不清楚，不过与许多其他的印记基因不同，*Xist* 印记不需要 DNA 甲基化［详见第 26 章（Barlow and Bartolomei，2014）］。

受精卵中 Xp 优先失活的一种理论是 XY 二价体的逐渐沉默在雄性减数分裂的粗线期已经完成（减数分裂的性染色体失活，meiotic sex chromosome inactivation，MSCI）（Huynh and Lee，2003）。最近的研究反对这种观点：第一，已经证明 MSCI 有一个独立于 *Xist* 的机制，它通过粗线期性染色体和常染色体上不配对染色体区域而开启（Turner et al.，2006 及其参考文献）；第二，早期受精卵中一些 X 染色体连锁基因表达分析显示，在受精卵 Xp 中有 *Xist* 的表达时，Xp 的沉默重新发生（Okamoto et al.，2005 及其参考文献）。

父本 *Xist* 的表达（以及由此产生的 Xp 沉默）起始于合子的基因激活（在 2 细胞 4 细胞时期），这表明 Xp *Xist* 等位基因已准备好表达（图 25-6）。与此一致的是，在精子发生过程中的 *Xist* 启动子有一个 CpG 位点的区域特异性去甲基化（Norris et al.，1994）。

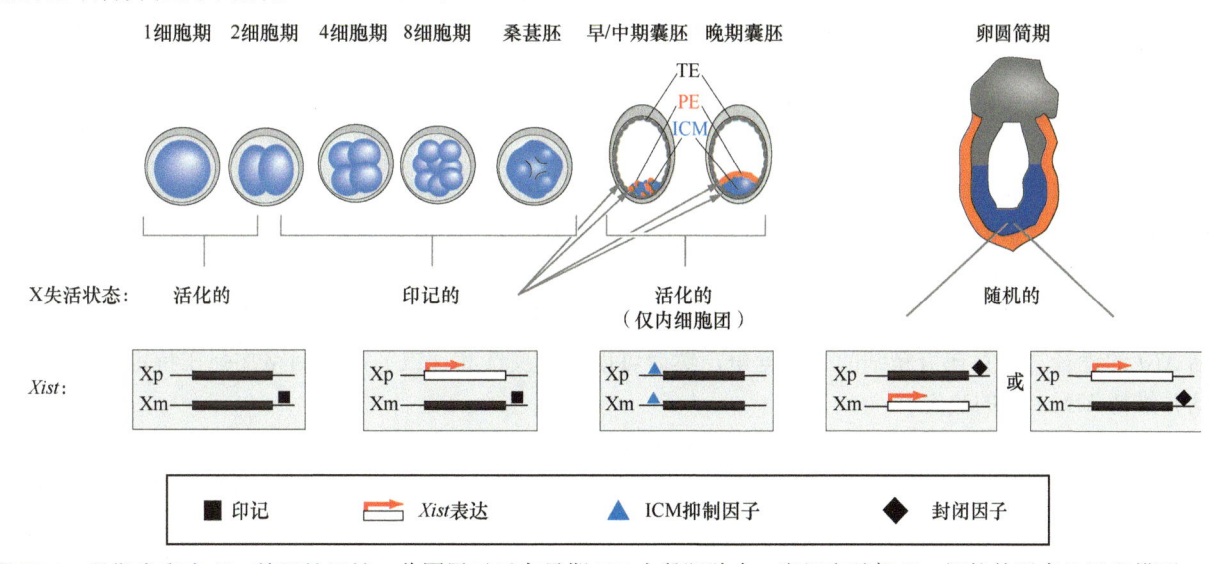

图 25-6　早期发育中 *Xist* 基因的调控。此图展示了在早期 XX 小鼠胚胎中，印记和随机 *Xist* 调控的现有认识和模型。Xm *Xist* 等位基因随受精卵带来一个抑制的标记，可能通过反义的 *Tsix* 基因座介导（黑框）。在 2 细胞阶段胚胎基因活化时，Xp *Xist* 等位基因准备活化和表达。从 2 细胞形成到 4 细胞再到桑葚胚期，Xp *Xist* 在所有细胞中表达（白色矩形和 5′ 端的箭头），这种表达模式维持在早期胚泡期和后来的 TE、PE 细胞中，以及它们完全分化衍生的组织。在胚泡期后期的 ICM 中，*Xist* 的表达消失，可能有 ICM 特异的抑制因子（蓝色的三角形）。然后，在原肠胚形成后 *Xist* 开始表达。屏蔽因子（黑色的菱形）确保 *Xist* 的表达不在两个等位基因中的一条发生（计数）。

Tsix 基因是 *Xist* 基因的反义调控子，它是 X 染色体印记失活所必需的。当父本或母本信息传递时，敲除 *Tsix* 的主要启动子可导致胚胎早期致死（Lee，2000）。致死是由于 Xm 中 *Xist* 基因的不适当表达，即未能在 XmY 和 XmXp 胚胎中保留活性的 X 染色体导致的。现在，对于 *Xist* RNA 的表达是最初的印记或是后来维持印记的功能仍不清楚。

25.3.3　X 染色体的随机失活的调控——计数

在 X 染色体随机失活的模型中，细胞利用 25.1.3 节中描述的 *n*–1 规则，使每个二倍染色体组中除一条 X 染色体外的所有 X 染色体都失活。X 染色体失活的随机模式需要细胞有一种检测出现的 X 染色体数量的方法，这通常被称为"计数"。当有超过一条 X 染色体存在时，选择哪条染色体沉默或保持活性（称为"选择"）基本上是随机的。但是，有些因素可能会使此选择产生偏差，从而导致非随机或有偏向的 X 染色体失活。虽然"选择"的过程将在 25.3.4 节中单独讨论，但是这两种概念的划分只是便于表述，因为很明显，"计数"和"选择"必须紧密地联系在一起。

目前已经提出了许多关于"计数"和"选择"的不同模型（图 25-7）。在发现 *Xist* 基因之前建立的模型认为，一个以自身数量编码的封闭因子，其有限的数量足以结合和抑制单个 X 染色体失活中心（Rastan，1983）。在该模型中，X 染色体失活是二倍体细胞在单个 X 染色体（活性 X 染色体）上受到抑制的默认途径。在具有超过一条 X 染色体的细胞中，"选择"取决于封闭因子与特定 X 染色体失活中心等位基因结合的概率。

还有另一个相关的模型引入了两个因子：一个常染色体编码的封闭因子和一个 X 染色体编码的响应因子（X-encoded competence factor）（Gartler and Riggs，1983）。封闭因子可能足以抑制单个 X 染色体失活中心上的响应因子。其他 X 染色体失活中心则可以被响应因子结合进而启动 X 染色体失活。尽管该模型最初是在发现 *Xist* 基因之前发表的，但它可以帮助解释在缺失了 *Xist* 的反义调节因子 *Tsix* 基因后所产生的实验观察结果（Lee and Lu，1999）。

第三个或更现代的模型引入了一个"随机过程"的概念，例如，常染色体因子通过诱导 *Tsix* 来促进 *Xist* 的抑制，但是 X 染色体能产生与抑制子竞争的 *Xist* 基因激活子。由此产生的竞争可能会为 *Xist* 基因激活创造可能，也就是随着细胞开始分化，*Xist* 基因被激活。该模型预测了所有情况下维持单个 X 染色体活性的随机概率，但也引入了检查点（checkpoint）和反馈机制来确保错误的 X 染色体失活模式（尤其是 XX 细胞中的 X 染色体全被失活或都没被失活）可以在早期进行重置。这要部分归功于一旦沉默蔓延到两个 X 染色体之中任一条上编码 X 连锁基因激活子的基因座，则连锁基因激活子的水平就会受到限制（Nora and Heard，2009）。

这些模型不一定相互排斥，而且，它们会不断引入新的实验发现来持续发展。就目前情况而言，不能说所有模型都能完美解释所有得到的数据，但是它们仍然提供了一个有用的框架——既能集成目前的数据，又能确定新的实验方向。

尽管尚未找到随机 X 染色体失活中 *Xist* 调控的完美模型，但越来越多的共识认为，抑制 *Xist* 的途径与激活 *Xist* 的途径之间存在着精细的平衡竞争，然后可以通过反馈和（或）前馈回路加强在特定等位基因上启动并维持 *Xist* 上调的决定。

遗传研究表明，反义基因 *Tsix* 是重要的 *Xist* 反义调控子。*Tsix* 在随机 X 染色体失活之前和 *Xist* 表达的开始共同转录在 X 染色体上。*Tsix* 启动子位于 *Xist* 基因座的下游（图 25-8）。反义转录本跨越整个 *Xist* 基因座，并在 *Xist* 主要启动子的上游立即终止。*Tsix* 介导的抑制作用需要跨 *Xist* 启动子区域的反义转录（Ohhata et al.，2008）。详细的分子机制尚不完全了解，但被认为涉及 *Xist* 启动子的组蛋白修饰状态的转换（Sado et al.，2005；Navarro and Avner，2010），以及从头 DNA 甲基转移酶 Dnmt3a 的募集（Sun et al.，2006）。

Tsix 被认为在计数中起作用，这是因为观察到在经历分化的 *Tsix* 缺失的 XY ES 细胞中，*Xist* 显著上调。然而，并非所有 *Tsix* 缺失的胚胎干细胞系都显示出这种效果（差异的原因尚不清楚），而且，*Tsix* 缺失导致未分化 XY 胚胎干细胞中 *Xist* 基因出现明显上调。这些观察结果表明其他途径也有助于抑制 *Xist*。最近的研

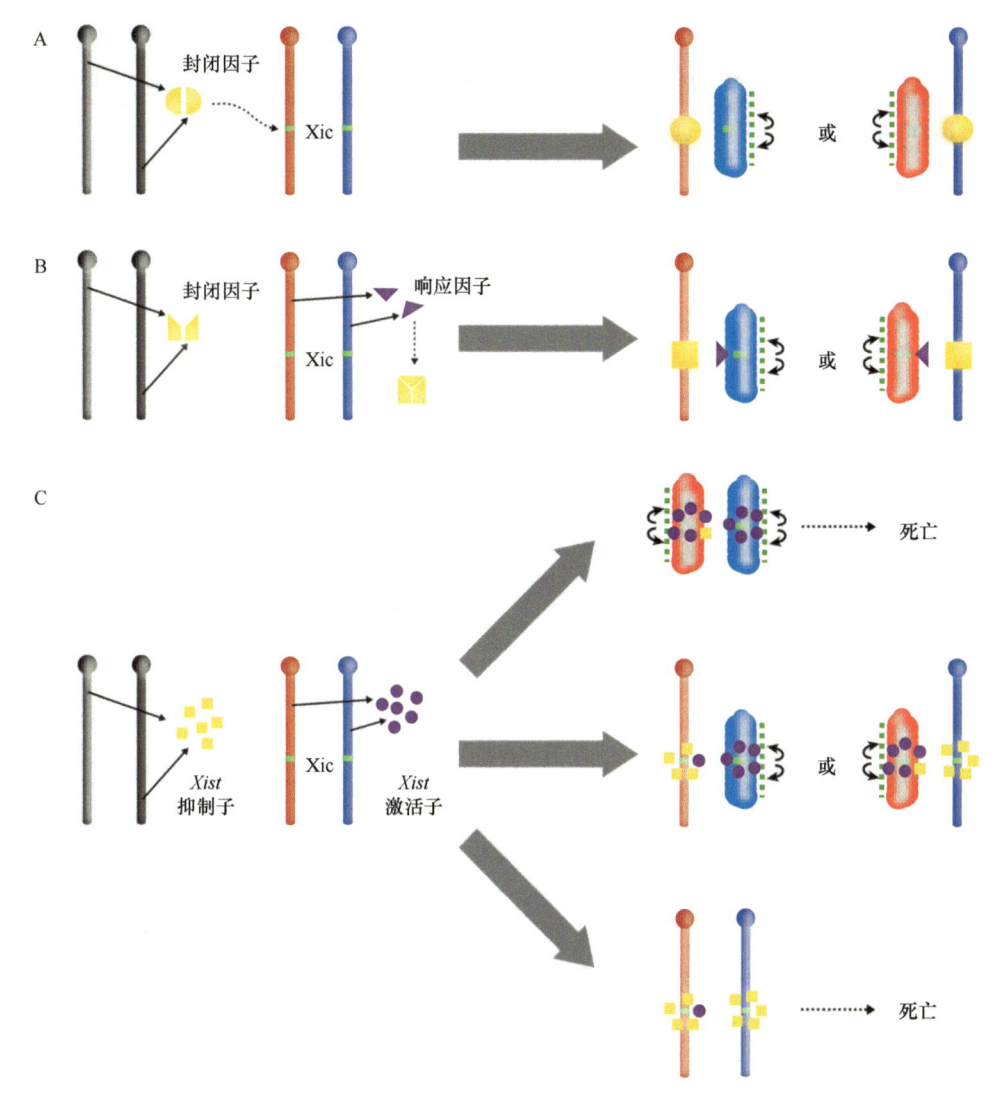

图 25-7 随机 X 染色体失活的调控模型。（A）常染色体编码的封闭因子（黄色图形）被大量产生，足以占据单个 Xic 位点。Xic 与屏蔽因子的结合抑制了 *Xist* 的转录，进而产生了一条活性 X 染色体。*Xist* 转录发生在导致 X 染色体失活的任何额外的 X 染色体上（深绿色的点）。封闭因子以相等的概率并以细胞自主方式与母源（Xm）或父源（Xp）X 染色体结合。（B）两因素模型引入 X 染色体编码的响应因子（紫色三角形）和常染色体编码的封闭因子（黄色图形）。封闭因子使响应因子（紫色三角形）逐渐消失。在具有单个 X 染色体的细胞中，没有足够可用的响应因子来激活 *Xist*，但是在具有额外 X 染色体的细胞中，响应因子可以激活除受封闭因子约束的那个 X 染色体以外的所有 X 染色体。（C）随机模型引入常染色体编码的抑制子（黄色圆圈）和 X 染色体编码的激活子（紫色圆圈）相互竞争。所有 *Xist* 等位基因均具有相同的激活概率，并且在具有一个以上 X 染色体的细胞中（*Xist* 增强子水平较高），被激活的可能性会增加。偶尔，具有两个 X 染色体的某些细胞将启动两个 X 染色体的失活，或者也可能两条 X 染色体都不失活。这个问题可以通过检查点机制或细胞死亡来解决。

究工作强调了转录因子在多能细胞回路中的重要作用，尤其是 Oct4、Nanog、Sox2 和 Rexl（Donohoe et al.，2009；Navarro et al.，2010）。这些抑制作用是通过促进 *Tsix* 表达来直接抑制 *Xist* 或抑制 *Xist* 激活子 Rnfl2 的水平来介导的（见下文）。由于多能性因子的水平在细胞分化开始时迅速下降，因此 *Xist* 基因座的调节平衡将趋于激活，从而为 *Xist* 表达起始与细胞分化之间的联系提供了合理的解释。

基于在影响 *Tsix* 和 PRC2 多梳蛋白（Polycomb）途径的突变体细胞中观察到的协同效应，多梳蛋白家族抑制子（在 25.4.4 节和 25.4.5 节中有详细介绍）也与 *Xist* 抑制有关（Shibata et al.，2008）。尚不清楚这是否与多能性因子途径有关，还是代表了第三条独立的 *Xist* 抑制途径。

我们可以通过分析多倍体胚胎干细胞以及敲除 XX 胚胎干细胞中单条 X 染色体上已知的 *Xist* 调控元件

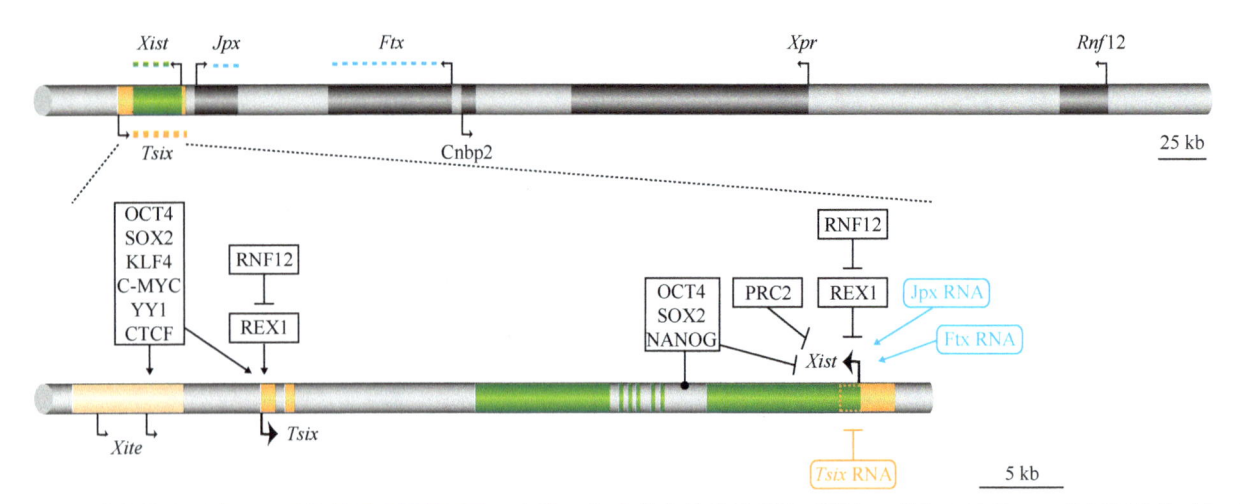

图 25-8 染色体失活中心区域的基因和调控元件。 小鼠 X 染色体上的关键区域已画出，其包含涉及 *Xist* 基因调控的已知元件，以及非编码 RNA（ncRNA）基因和蛋白质编码基因。*Xpr* 区域（位于 *Xist* 上游数百 kb）与 Xic 等位基因在 XX 细胞中的反式相互作用有关，因此对于启动 X 染色体失活很重要。展开的视图说明了 *Xist* 和 *Tsix* 基因座的内含子/外显子结构，包括充当 *Tsix* 增强子的 Xite 元件。涉及 *Xist* 基因调控的蛋白质因子（方框）和 ncRNA（椭圆形）网络分别用箭头和长条表示，分别指示抑制子和激活子的功能。请注意，RNF12 介导了 REX1 的降解，REX1 既充当 *Xist* 的抑制子，又充当 *Tsix* 的激活子。

来预测 X 染色体编码的 *Xist* 激活因子的存在和位置（Monkhorst et al., 2008）。这项研究直接导致了首个已知的 Xist 增强子——E3 泛素连接酶 *Rnf12* 的鉴定（Jonkers et al., 2009）。*Rnf12* 的过表达促进 XY 胚胎干细胞中 *Xist* 的表达，而 *Rnf12* 的缺失则推迟了分化的 XX 胚胎干细胞中 *Xist* 的上调。*Rnf12* 基因位于紧靠 *Xist* 上游的位置，为这种反馈环的猜想提供了支持——其中一个 X 染色体上的 X 染色体失活的蔓延抑制 *Rnf12* 转录，降低 Rnf12 蛋白的水平，从而降低剩余 X 染色体被不恰当失活的可能性。Rnfl2 在泛素介导的多能因子 Rex1 降解中充当 E3 连接酶，Rex1 在 *Xist* 和 *Tsix* 基因的启动子区域均被发现。因此，Rnf12 介导的 Rex1 的降解可以同时激活 *Xist* 并抑制 *Tsix*（Gontan et al., 2012）。

尽管很明显 Rnf12 在 *Xist* 基因激活中起着重要作用，但 *Rnf12* 无义突变后的 XX 胚胎干细胞仍然能够上调 *Xist*（尽管有一些延迟），这就表明还存在其他激活子，并且也可能在 X 染色体上编码。这种作用归因于位于 *Xist* 基因座上游的 ncRNA——*Jpx*（Tian et al., 2010）。尽管最近有证据表明 Jpx RNA 功能的机制是将沉默蛋白 CTCF 从 *Xist* 基因座中驱除，但尚未完全了解 Jpx RNA 功能的机制（Sun et al., 2013）。同样，紧挨着 *Jpx* 上游的 *Ftx* 基因座所产生的另一个 ncRNA 与 *Xist* 基因激活有关（Chureau et al., 2011）。图 25-8 总结了已知的参与 *Xist* 抑制和激活的基因位点及途径。

25.3.4　X 染色体的随机失活调控——选择

在 XX 细胞中，对特定细胞中的 X 染色体进行失活的选择通常是随机的。但是，对于某些 Xic 等位基因是杂合的动物中的 X 染色体失活可能会偏向一个或另一个等位基因。在讨论这些之前，重要的是要先会区分初期和继发的非随机 X 染色体失活。初期的非随机 X 染色体失活与选择步骤中的偏差有关，该偏差发生在随机 X 染色体失活开始时。另一方面，继发的非随机 X 染色体失活发生在已经被指定为失活的 X 染色体上。这一过程并非与选择紧密相关，但假如 X 染色体上包含了不利于野生型等位基因细胞选择的突变，就会经常发生继发性非随机 X 染色体失活。例如，在严重遗传疾病（如杜氏肌营养不良症）携带者中会发现继发性非随机 X 染色体失活。观察到的细胞选择效应可能发生在整个发育中的胚胎水平、特定组织或细胞类型中，具体取决于突变蛋白的功能。

最早被记录的关于 X 染色体非随机失活的案例来自经典遗传学研究，该研究鉴定了不同小鼠品系中 X

染色体控制元件（*Xce*）的变体（Cattanach，1974 及其中的参考文献）。*Xce* 可通过图位克隆比对到小鼠 X 染色体上 Xic 的大概位置，表明这两个基因位点可能是同义的。这一点在更多当前的研究中得到了证实——*Xce* 紧靠在 *Xist* 的下游区域。然而，非随机 X 染色体失活背后的变异的分子基础仍有待确定。

在针对各种 Xic 等位基因杂合的动物中也观察到了初期非随机 X 染色体失活，这是在针对 *Xist* 和 *Tsix* 功能解析的基因靶向实验中发现的。这些研究中出现的一个共同主题是，增加被选择为 X 染色体失活概率的等位基因与那些降低反义的 *Tsix* 转录水平或增加正义的 *Xist* 转录水平的等位基因突变相关（Lee and Lu，1999；Nesterova et al.，2003）。最近也有证据表明 X 染色体失活的选择与 *Xist* RNA 的剪接开关有关（Royce-Tolland et al.，2010）。在随机 X 染色体失活调节模型的背景下，有偏向的选择可以看成是打破特定等位基因上 *Xist* 抑制子和 *Xist* 增强子之间平衡的方式。

那么当两个等位基因均具有相同的访问权限时，是什么打破了对称性导致计数/选择机制仅与单个等位基因有关呢？已有的一个想法是，这可能涉及 X 染色体失活开始时 Xic 等位基因之间的反式相互作用。具体而言，三维（3D）荧光原位杂交（FISH；Xu et al.，2006；Augui et al.，2007）和基因座标记实验（Masui et al.，2011）已证明 Xic 等位基因之间的频繁联系是由与 *Tsix* 启动子的接触和一个位于 *Xist* 上游数百 kb 的区域——*Xpr* 来介导的。当前的模型推测初始的反式相互作用需要 *Xpr* 来建立，从而促进与 *Tsix* 区域的接触。这些反式相互作用被猜测用来介导一个等位基因之间的因子交换，从而提供了打破对称性的机会［参见第 19 章的图 19-7（Dekker and Misteli，2014）］。

25.3.5　早期胚胎基因 X 染色体失活的转换模式

小鼠早期胚胎是如何实现从印记调控模式到随机调控模式的转换过程的（图 25-4）？直到最近才认为这两种模式中 X 染色体失活的起始与细胞分化相关（Monk and Harper，1979）。因此，人们认为滋养外胚层和原始内胚层细胞系中 Xp 的失活是为了响应胚泡期第一次分化时 *Xist* 上父本的印记。在原肠胚形成期分化成三种生殖细胞系时会首先擦除 *Xist* 印记，然后进行随机 X 染色体失活（图 25-6）。然而最近的数据显示，Xp 失活发生在卵裂期胚胎的细胞分化开始之前，并且发生在所有细胞中，包括 ICM 的前体（图 25-6）（Mak et al.，2004；Okamoto et al.，2004）。因此滋养外胚层和原始内胚层细胞系中 X 染色体的印记失活是胚胎卵裂早期发生的 X 染色体失活模式的残留。ICM 细胞必须启动一个程序来逆转 Xp 印记失活开始的波动，也为随后 X 染色体的随机失活提供条件。失活的 Xp 再激活的基础仍不清楚，但这个过程可能涉及 ICM 特异性地抑制 Xp 中 *Xist* 的表达程序（见 25.5.1 节）。

25.3.6　X 染色体失活调控机制的进化变异

迄今为止，实验室小鼠已经成为研究 X 染色体失活的主要模式系统。然而，最近的研究表明此类系统中所得结论可能不如想象中那样广泛适用（Okamoto et al.，2011）。关于人类植入前胚胎的分析表明，在植入前的早期发育过程中，*XIST* 在雄性胚胎的 X 染色体和雌性胚胎的两个 X 染色体中均上调。这种模式在晚期囊胚中得以解除——雄性清除了 *XIST* 表达，雌性仅在一个 X 染色体中表达。人类胚胎中的早期 *XIST* 表达与染色体沉默无关，这与表达 X 染色体连锁基因的需求一致。通过利用兔子的实验发现了进一步的变异，其中雌性植入前胚胎在约 25% 的细胞中于两个等位基因上表达 *Xist*。在这种情况下，*Xist* 表达与染色体沉默相关联，表明要么存在可以逆转并纠正不适当的双等位基因 *Xist* 表达的检查点机制，要么存在导致两个 X 染色体均被沉默进而失去 XX 染色体的细胞选择事件（Okamoto et al.，2011）。未来研究的一个重要目标是确定这些看似不同的系统中是否存在保守的特征，因为这些特征很可能指向其背后的潜在机制。

25.4 失活状态的增殖和维持

25.4.1 *Xist* RNA、基因沉默和异染色质组装

有力的证据证明 *Xist* 基因和其 RNA 产物是顺式启动 X 染色体失活的开关，也是沉默沿着染色体延伸的手段。这些来自实验结果的证据表明：① *Xist* 只从 Xi 中表达；②在植入前胚胎 X 染色体失活时，*Xist* 的 RNA 水平迅速增加；③ *Xist* 的表达水平在 X 染色体失活前上调，可能是其发生必需的；④ *Xist* 的 RNA 与 Xi 共定位在间期核内，并沿着中期的两条染色体中的一条分布（图 25-5B）；⑤插入常染色体中含有 *Xist* 的转基因致使常染色体顺式包装成异染色质样的转录沉默染色体结构。这些发现说明 *Xist* 的 RNA 对启动异染色质的形成和转录沉默是必要而充分的。然而，X 染色体失活状态的维持不需要持续表达。例如，在人类和啮齿类（rodent）体细胞杂合物中维持着 X 染色体连锁基因的沉默，但 *Xist* 在人类 Xi 染色体上丢失而只在啮齿类中保留（Brown and Willard, 1994）。这个问题将在 25.5 节中进一步讨论。

Xist 的 RNA 顺式与 Xi 结合并沿 Xi 蔓延的机制，以及引起染色质结构改变和基因沉默的详细机制现在仍不清楚。我们知道 Xist RNA 分子的不同区域负责基因沉默和沿着 X 染色体的传播。在小鼠胚胎干细胞诱导 *Xist* 表达的实验中，可以检测特定缺失后 *Xist* 分子所具有的功能，实验表明，沉默是由位于分子 5′ 端的保守重复序列，即 A 重复序列引起的，而 X 染色体的包裹则是由分散在这个分子其余部分的序列介导的（Wutz et al., 2002）。这些观察结果表明，*Xist* RNA 的蔓延和染色体沉默功能是分离的。

25.4.2 *Xist* RNA 的蔓延和染色质沉默

Xist RNA 与 Xi 的互作是具有选择性的。在 PAR 上并没有发现这种互作，该 PAR 仍然保持活跃的、常染色体性质的，或是组成型（位于着丝粒中心的）异染色质。此外，对中期染色体的分析显示出带状定位，这似乎与富含基因的鸟嘌呤（G）带区有关（Duthie et al., 1999）。在分裂细胞中，当细胞进入后期时，*Xist* RNA 与 Xi 的结合会丢失。然后在 G_1 期开始时，*Xist* RNA 会在子细胞中快速重新合成。*Xist* RNA 与间期核中的核基质紧密结合，并且在利用微球菌核酸酶去除染色质后仍能保留其定位，这表明 *Xist* RNA 不会直接接触 DNA 序列（Clemson et al., 1996）。

雌性体细胞中大约有 2×10^3 个 *Xist* RNA 分子（Buzin et al., 1994）。它的转录本相对稳定，在分裂细胞中的半衰期为 6～8h，该数值与主要通过有丝分裂解离造成的 RNA 代谢速度相一致。然而 *Xist* RNA 的代谢可能在有转录抑制因子存在时被抑制，因为最近一个在活细胞中使用带有 GFP 标签的 *Xist* 转录本的研究确定了 *Xist* RNA 的代谢速率相对较快（Ng et al., 2011）。

那么，有哪些已知的调控 *Xist* RNA 定位的因素呢？一个有趣的联系来自对蛋白质 SAF-A/hnRNPU 的分析。SAF-A/hnRNPU 最初被鉴定为 hnRNP 蛋白和不溶性核骨架的主要成分，它首先通过细胞成像研究与 X 染色体失活联系在一起，研究表明该蛋白质在 XX 体细胞中的细胞间期的 Xi 区域富集（Pullirsch et al., 2010）。该观察结果与 *Xist* RNA 和核基质的结合相一致。最近的数据表明，SAF-A/hnRNPU 的基因破坏导致 *Xist* RNA 通过核质蔓延，这表明在 *Xist* RNA 定位中起作用（Hasegawa and Nakagawa, 2011）。此外，生化分析表明，hnRNPU/SAFA 的 RNA 结合结构域与 *Xist* RNA 直接相互作用（图 25-9A）。

与 *Xist* RNA 定位有关的第二个因素是转录因子 YY1，它被认为是一种能够结合 Xic 和 *Xist* RNA 上面的两个 DNA 元件的双功能蛋白（图 25-9A）（Jeon and Lee, 2011; Thorvaldsen et al., 2011）。*Xist* 基因上的结合元件也被猜测能作为介导 *Xist* RNA 与 Xi 对接的成核位点。

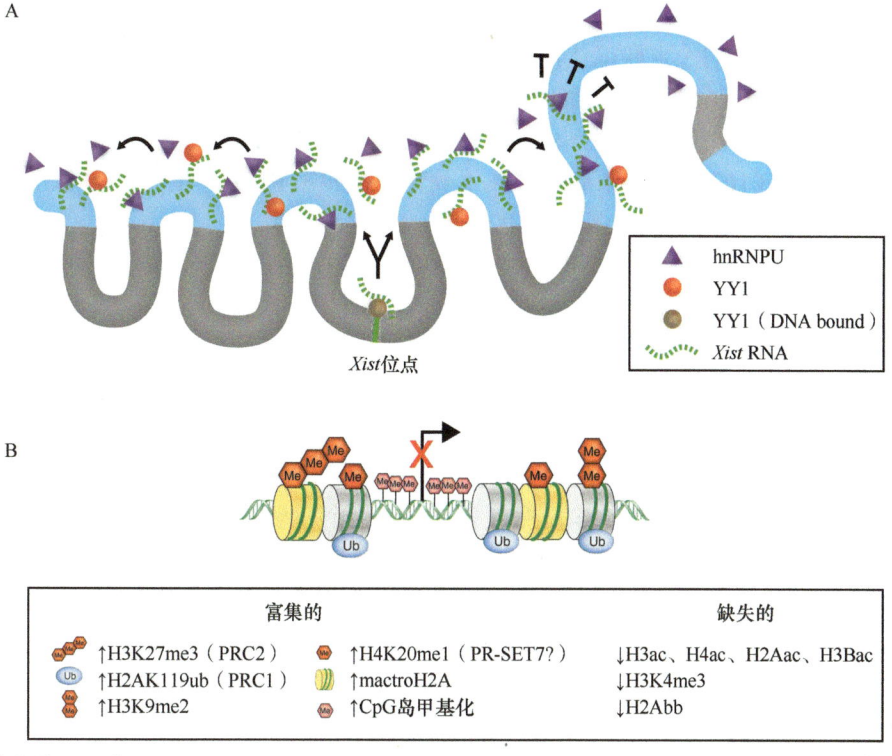

图 25-9 涉及 X 染色体失活蔓延的因子。（A）富含 LINE-1（灰色阴影）和富含基因（蓝色阴影）结构域的组织对于定义 *Xist* RNA 蔓延的程度非常重要，正如观察到的那样，大型富含基因的结构域会减弱 *Xist* RNA 的蔓延（禁止箭头）。YY1 参与在合成位点（棕色圆圈）约束 *Xist* RNA（绿色波浪线），并与 *Xist* RNA 相互作用以促进蔓延（红色圆圈）。hnRNPU/SAFA 在 *Xist* RNA 顺式定位中也起着直接与 *Xist* RNA 结合的作用。（B）关于 Xi 沉默基因上特征性 DNA 甲基化、组蛋白修饰和组蛋白变化的概述。

25.4.3　辅助 X 染色体失活蔓延的增强元件

尽管 *Xist* RNA 转基因能在常染色体上发挥作用，但常染色体的沉默效率不及 X 染色体沉默的效率。经典的遗传研究首次报道了常染色体对 *Xist* 介导的沉默相对不敏感，该研究分析了 X 染色体：常染色体易位的基因沉默。具体而言，发现沉默染色质沿常染色体臂的蔓延在易位之间是可变的，且程度有限。至少在某些情况下，这归因于常染色体可以抵抗 *Xist* RNA 的初始蔓延和相关基因沉默（Popova et al.，2006）。在其他情况下，有限的沉默似乎是由于在 X 染色体失活进行有效传播后常染色体上长期保持不正常的沉默而导致的（Cattanach，1974）。

常染色体的沉默效率低下引发了以下猜想，即 X 染色体上有一些序列，最初被称为"站点"（way station）或"增强元件"（booster element）（Gartler and Riggs，1983 中有详细描述），可用于放大或增强 X 染色体失活的蔓延/维持。最近还有人提出，有一个通常弥散分布的重复序列家族——长散在重复序列（long interspersed repeat，LINE）是这些"站点"元件的良好候选者（Lyon，2003），这些重复序列在人类和小鼠基因组中是共同的，尤其沿 X 染色体频繁分布。LINE-1 元件在人类和小鼠基因组中聚集浓缩，基因较少的 G 带区中更加常见，这说明它们可能在某种程度上青睐转录沉默相关的染色体构象。为了支持这一想法，对 *Xist* 转基因介导的常染色体和 X 常染色体易位的基因沉默进行分析，结果表明缺少富含基因的 LINE-1 元件的染色体结构域不利于 X 染色体失活的蔓延（Popova et al.，2006；Chow et al.，2010；Tang et al.，2010）。

一个常见的看法是"站点"元件与 *Xist* RNA 结合位点一致。但对于 L1 LINE 元件，这似乎不太可能，因为 *Xist* RNA 集中在富含基因的染色体结构域中，与 L1 LINE 的分布相反。有趣的是，X 染色体上高密度的 L1 LINE 具有片段化的、富含基因的结构域，因此它们平均比常染色体小得多。一个猜测是 L1 LINE

域以一种有助于富含基因的结构域 Xist RNA 顺式蔓延的方式来影响染色体的高阶拓扑折叠（Popova et al., 2006; Tang et al., 2010）。我们一定要记住，Xist RNA 从其合成位点（即 Xist 基因座）通过 X 染色体区域蔓延的效率取决于该区域在三个维度上的整体构型及 Xist 基因座的位置。

RNA FISH 分析表明，在首次建立 X 染色体失活时，在非活性 X 染色体上维持了一个重要的 L1 LINE 转录爆发（Chow et al., 2010）。L1 转录通过涉及重叠转录物和短 RNA 产生的机制与沉默直接关联，但在顺式促进 X 染色体失活的传播中也可能发挥作用。

目前尚缺乏细胞学分析所提供的 Xist RNA 结合位点的知识，并且未来的重要目标是开发一种达到近核苷酸分辨率的、绘制结合位点的方法。

25.4.4　失活 X 染色体的异染色质结构：与染色质修饰的联系

从最早使用光学显微镜研究开始，人们已经认识到 X 染色体失活和异染色质有些共同的性质。例如，组成型异染色质在着丝粒及其周围时，Xi 仍然可见，它在整个分裂间期明显凝聚（如巴氏小体），并且其 DNA 在 S 期后复制，因此认为 Xi 包括"兼性"异染色质。

通过间接的免疫荧光显微镜对组蛋白修饰的分布以及中期染色体和间期核差别的研究，进一步对比了 Xi 和组成型异染色质。在人类和小鼠细胞中，失活 X 染色体的兼性异染色质缺失蛋白 H4 的乙酰化（Jeppesen and Turner, 1993），就这一点来看，它是类似于组成型的着丝粒异染色质。这是首次证明失活的 X 染色体有被标记的特异组蛋白修饰。接下来的实验是证明许多实验室观察到的现象，即在间期和中期细胞中，组成型异染色质和兼性异染色质中所有四种核心组蛋白（H2A、H2B、H3 和 H4）的乙酰化异构体均缺失（图 25-5B）。特别是，着丝粒异染色质和 Xi 在 H3K4 上的双甲基化和三甲基化缺失（H3K4me2 和 H3K4me3；O'Neulle et al., 2008）。与乙酰化一样，H3K4me2/me3 通常被认为是转录激活或潜在激活型染色质的标记。

在 Xi 上富集的其他染色质修饰包括组蛋白 H3 在 27 位赖氨酸的三甲基化修饰（H3K27me3）和组蛋白 H2A 在 119 位赖氨酸的单泛素化修饰（H2AK119ub1；图 25-9B）。这些修饰是由多梳抑制复合物催化的［请参见第 17 章（Grossniklaus and Paro, 2014）］。在人类和其他一些物种中，通常与组成型臂间异染色质相关的 H3K9me3 也有富集。在小鼠中，能观察到 H3K9me2 而不是 H3K9me3 出现富集。因为不同的组蛋白赖氨酸甲基转移酶（KMT）与这些修饰相关，这似乎代表了不同物种间 Xi 上的异染色质的一个有趣的差异。在 Xi 上也观察到 H4K20me1 升高，这是与染色体浓缩相关的组蛋白修饰（Kohlmaier et al., 2004）。最后，除了特定的组蛋白修饰外，在 Xi 异染色质中还富集了一个变异的组蛋白 macro-H2A（Costanzi and Pehrson, 1998）；相反，在 Xi 上则特异缺少了另一种变体 H2A.bbd（Chadwick and Willard, 2001）。

在培养的人类细胞中，可以通过仔细分析沿着 Xi 组蛋白修饰的分布，进一步观察这个系统的复杂性（Chadwick and Willard, 2003）。H3K9me3 和 H3K27me3/H2AK119ub1 均在特定的、不重叠的 Xi 区域上富集。因此，不像失去组蛋白的乙酰化，这些修饰的富集是 Xi 的区域性特征而不是整体性特征。有趣的是，在发现 H3K27me3 富集的区域，同样发现 Xist RNA 和不同 macroH2A1.2 的富集。相反，Xi 中 H3K9me3 富集的这些区域异染色质蛋白 HP1（已知与甲基化的 H3K9 相结合）和 H4K20me3（与着丝粒异染色质相关联的一个标志）的表达水平升高。重要的是，间期细胞巴氏小体的免疫染色显示相同的共染模式，这说明不同的区域是通过细胞周期来维持的。

组成型着丝粒异染色质富含甲基化 DNA，主要是 CpG 双核苷酸的 5′-甲基胞嘧啶［参见第 15 章（Li and Zhang, 2014）］。这与其低水平的转录活性是一致的。令人惊讶的是，总体而言，Xi 上 CpG 甲基化的水平并未显著高于其余基因组。但是，与沉默基因相关的 CpG 岛高度甲基化，实验证据表明 DNA 甲基化在非活性状态的稳定中起着重要作用。Xi 上 CpG 甲基化的总体减少显然归因于在内含子、基因间区域或常见重复元件处的甲基化减少。

在大多数情况下，通过对中期染色体或间期细胞中的巴氏小体进行免疫荧光分析，可以确定失活 X 染色体的染色质特征。但是组蛋白修饰位置的改变可能也在 X 染色体失活不同阶段起着重要作用。这种变化可以通过高分辨率的显微镜识别，也可以通过染色体免疫共沉淀（ChIP）的方法来识别。在未分化的胚胎干细胞中，针对 Xist 位点周围染色质的 ChIP 分析鉴定到 Xist 基因 5′ 端延伸的一大段超过 340kb 的区域具有 H3K9 和 H3K27 高甲基化的性质（Rougeulle et al., 2004）。这个高甲基化的状态在细胞分化和 X 染色体失活过程中消失，并且在这些区域内 H3 和 H4 位点的乙酰化水平也很高（O'Neill et al., 1999）。下一步研究将揭示 Xic 区域中这些局部的组蛋白修饰在多大程度上是驱动 X 失活过程的早期起因事件，或是正在进行的染色质重塑过程的下游事件（可能是必不可少的）。

最近一项重要的创新技术——将高通量测序应用于通过 ChIP 获得的染色质片段（ChIP-seq），已经与种间小鼠杂交中使用的单核苷酸多态性（SNP）相耦联来共同确定高分辨率的失活 X 染色体（Xi）相对于激活 X 染色体（Xa）上的特异性修饰/因子。使用这种方法后发现，Xi 上的 H3K27me3 发生在广泛分布于启动子、基因体和基因间区域上的大块区域（Marks et al., 2009）。

25.4.5　X 染色体失活的组蛋白修饰酶学

到目前为止，还不清楚在 X 染色体失活（Xi）过程中负责核心组蛋白去乙酰化的酶（HDAC）和负责 H3K4 去甲基化的酶。我们对负责组蛋白修饰的酶了解更多。H2AK119u1 和 H3K27me3 分别通过多梳抑制复合物 PRC1 和 PRC2 沉积在 Xi 上 [Silva et al., 2003; de Napoles et al., 2004; 在第 17 章中详细介绍（Grossniklaus and Paro, 2014）]。PRC2 对 Xi 的招募是依赖 Xist 的，已经表明这是由 PRC2 组分与 Xist RNA 的 A 重复元件直接相互作用介导的（Zhao et al., 2008）。然而，PRC2 与 A 重复元件的直接相互作用不太可能解释我们看到的全部，因为在早期的小鼠胚胎着床前的发育过程中，PcG 不会被招募到 Xi 上（Okamoto et al., 2004），而且在清除了转基因 Xist RNA（A 重复元件的来源）的情况下，即使沉默效率很低仍能招募 PRC2（Kohlmaier et al., 2004）。

Xi 招募 PRC1 复合物要部分归因于核心蛋白 CBX2/4/7 的 chromo 结构域与 PRC2 复合物上的组蛋白修饰 H3K27me3 的相互作用 [参见第 17 章图 17-5（Grossniklaus and Paro, 2014）]。此外还有一条不依赖 PRC2 的途径，该途径招募 RYBP-PRC1 变体，其中 RYBP 亚基取代了 CBX 蛋白（Tavares et al., 2012）。

尽管已经了解了基因组其他位点建立组蛋白修饰的酶系统，目前仍未正式鉴定出人或小鼠的 Xi 上催化 H3K9me3 和 H3K9me2 的特异性组蛋白赖氨酸甲基转移酶 [第 6 章（Cheng, 2014）]。Xi 上 CpG 岛的 DNA 甲基化需要从头甲基转移酶 Dnmt3b，而 Dnmt3a 和辅助蛋白 Dnmt3L 是可有可无的（Gendrel et al., 2012）。在许多 Xi 的 CpG 岛上，DNA 甲基化所需的另一个因素是 Smchd1 蛋白，它是 SMC（染色体结构维持）超家族的非典型成员，包括致密因子和黏连蛋白复合物的成分，在染色体的组织和动力学中起作用（Blewitt et al., 2008）。Smchd1 蛋白能在 Xi 上富集，其纯合突变体的小鼠表现出由于 X 染色体连锁基因的不完全沉默而导致的雌性特异性胚胎致死。但是，Smchd1 影响 CpG 岛甲基化和沉默的机制仍有待确定。

25.4.6　失活 X 染色体的高阶染色质结构

尽管通常将 Xi 染色质形容为"浓缩的"状态，但用显微镜仔细地观察，以及利用 3D 重构用 X 染色体特异探针标记 Xa 和 Xi 染色体表明，它们之间的差异更多是形状问题，而不是每单位体积染色质的数量差异（Eils et al., 1996; Splinter et al., 2011）。Xi 相对于其他核结构的位置也可能很重要，例如，经常观察到巴氏小体位于核外围和（或）核仁的外围。

对间期细胞核中 Xist RNA 区域的 Xi 染色体上的基因进行 3D 组织分析，我们获得了更多的结果（Chaumeil et al., 2006）。人们发现 Xist RNA 会形成一个区域，该区域包括 X 染色体上的常见重复序列，并且其中的 RNA 聚合酶Ⅱ（Pol Ⅱ）是缺失的。与基因沉默相一致，X 染色体失活的建立过程中，X 染色体连锁的基因被招募至 Xist RNA 区域内部或者其周边区域。在沉默效应减少的 Xist RNA 转基因中，由于 A 重复区缺失，Xist RNA 可以形成特定的区域，但无法招募基因。鉴于在中期染色体上 Xist RNA 相对于 LINE-1 元件具有相反的定位，这与已发现的 Xist RNA 区域同 X 染色体上常见重复元件的位置相关自相矛盾（25.4.3 节），所以需要进一步的研究来解决这一问题。

鉴定潜在参与染色体结构的蛋白质，特别是 Smchd1（25.4.5 节）和 hnRNPU/SAFA（25.4.2 节），暗示了高阶染色体组织结构在 X 染色体失活中的重要作用。尽管核骨架因子 SATB1 也被认为能够赋予 Xist 介导沉默的能力（Agrelo et al.，2009），但最近在 SATB1 基因敲除的小鼠中发现并不缺少 X 染色体失活，因此上述猜想受到了质疑（Nechanitzky et al.，2012）。

分析 3D 染色体拓扑的新方法正在进一步揭示 Xi 的高阶染色体组织。第 19 章中描述的 4C 方法（Dekker and Misteli，2014）在其图 19-5 中进行了说明，该图量化了染色体上确定位置之间的接触频率，已与 SNP 结合使用来区分 XX 体细胞中的 Xi 和 Xa 等位基因，表明了在 Xa 上偏向选择的大范围接触在 Xi 上均丢失（Splinter et al.，2011）。尽管清除 Xist 基因不会导致 X 染色体连锁基因的重新激活，但通过清除 Xist 基因座可以部分恢复这些相互作用（25.4.1 节）。同样，目前已采用 5C 方法研究 X 染色体失活开始时 Xic 的调控态势，表明 Xist 和 Tsix 位于不同的拓扑结构域中（Nora et al.，2012；请参见第 19 章图 19-7；Dekker and Misteli，2014）。这些新方法的应用将促进我们对 Xi 结构的理解取得重要进展，特别是当与先进的显微镜方法（如 3D 结构照明显微镜）结合使用时，这些方法扩展了传统荧光显微镜的分辨率极限（Schermelleh et al.，2008）。

25.4.7　导致 X 染色体失活的有序过程

携带 XX 染色体的小鼠 ES 细胞的分化为研究 X 染色体失活的动力学提供了宝贵的模式系统。在未分化的细胞中，两个 X 染色体都是活跃的，而 Xist 和 Tsix 则表达很低。分化 1～2 天后的大部分细胞中首先可监测到增加的 Xist 的 RNA 水平和其中一条 X 染色体被 Xist RNA 覆盖，接着是在 Xist RNA 区域内快速清除 RNA Pol Ⅱ，然后清除 H3K4me3（O'Neill et al.，2008）。与 H3K27 的甲基化和 H2A 的单泛素化相关的 PcG 蛋白的招募以及 H3K9 的脱乙酰化和 H3K4 的甲基化减少在相似的时间段内发生（Silva et al.，2003；de Napoles et al.，2004；Rougeulle et al.，2004；O'Neill et al.，2008）。全局组蛋白脱乙酰化和 H3K9me2 在 Xi 上的建立会有些延迟，大多数细胞在分化后的 3～5 天发生（图 25-10）（Keohane et al.，1996）。某些修饰的延迟出现意味着它们很可能涉及非活动状态的维护/稳定性，而不是从头建立。该解释假设，经历失活的单个基因的启动子处的乙酰化和甲基化模式是对整个染色体或大范围结构域进行免疫荧光分析后确定的模

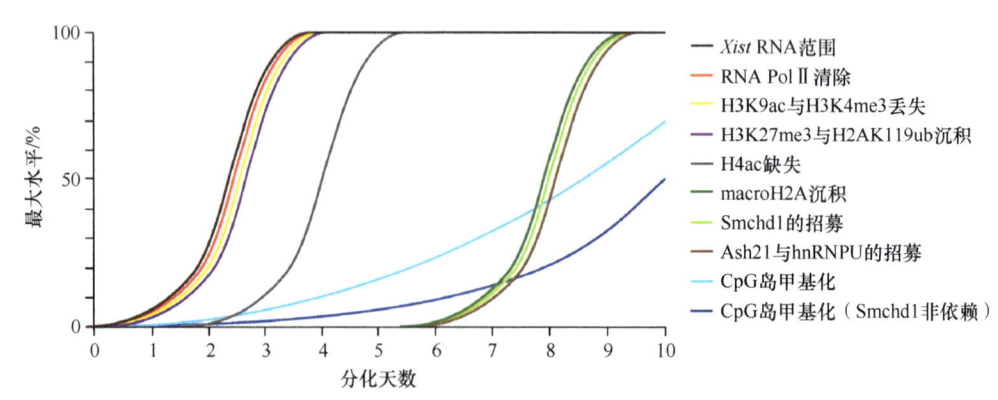

图 25-10　XX ES 细胞分化过程中事件发生的顺序。 该图总结了在分化的 XX ES 细胞中 X 染色体失活建立期间整合不同沉默途径的顺序。早期事件，RNA Pol Ⅱ 的清除、H3K4me3/H3K9Ac 的丢失，以及与多梳复合物相关的修饰的累积同 Xist RNA 表达的发生相吻合。H4 低乙酰化和在 S 期过渡到后期复制的过程均发生得较晚。macroH2A、Smchd1 Ash21 和 hnRNPU/SAF-A 的富集发生在分化时间过程中定义为相对较晚的时间窗口中。在招募 Smchd1 之后，CpG 岛上 DNA 甲基化的积累缓慢发生，尽管 CpG 岛的一个子集可以不依赖 Smchd1 的方式更快获得 DNA 甲基化。

式的反映。初步的 ChIP 实验研究表明确实是这种情况（O'Neill et al., 2008），但是需要使用 ChIP-seq 等手段进行进一步的实验。

变体组蛋白 macroH2A1.2 在 Xi 的积累发生在 XX ES 细胞分化的较晚期（Mermoud et al., 1999）。这种变体组蛋白整个分子在 C 端尾巴上有超过 200 个多余的氨基酸和一些被置换的氨基酸。有趣的是，体细胞中 *Xist* RNA 的表达需要 macroH2A 保留在 Xi 上，但在早期分化阶段 Xi 并不足以招募 macroH2A（Mermoud et al., 1999; Wutz et al., 2002）。

现在已经报道了 Xi 后期会招募另外三个因子：hnRNPU/SAFA、Ash2l（Pullirsch et al., 2010）和 Smchd1（Gendrel et al., 2012）。这些观察结果表明，Xi 上沉默染色质的建立会按步骤顺序发生，因为至少有两个明显分离的阶段（图 25-10）。

ES 细胞中 Xi CpG 岛的选择性 DNA 甲基化会在分化过程中缓慢积累（Gendrel et al., 2012），这与早期的研究相一致，早期的研究表明 Xi 上 *Hprt* 启动子的甲基化在发育的胚胎中发生较晚（Lock et al., 1987），这一发现导致人们认为 DNA 甲基化负责稳定或锁定处于非活动状态 DNA，而不是处于启动和蔓延状态的 DNA。在分化的 XX ES 细胞中，很大一部分 CpG 岛在分化的第 7 天之前有很少量或没有 DNA 甲基化，这是由于在此之前 Xi 上没有 Smchd1（25.4.5 节）。一部分 CpG 岛更早且更快地获得甲基化，在这种情况下，甲基化与 Smchd1 无关（Gendrel et al., 2012）。因此，在发育过程中，具有协同和精细调控功能的序列的出现可使 Xi 上染色体改变（在图 25-10 中进行了总结）。值得注意的是，一些这样的改变，如组蛋白去乙酰化和 DNA 甲基化是在细胞起始下游分化为各种不同途径后发生的。看起来，这个负责 X 染色体失活的过程独立于其他细胞分化的过程外完成。但是需要注意到，X 染色体随机失活的一些方面只有在细胞分化开始后才能进行。例如，在"未分化"的 ES 细胞中开启 Xist 转基因的表达，会触发与异染色质相关的各种组蛋白修饰，以及在 S 期晚期向复制的过渡（Wutz and Jaenisch, 2000），但没有检测到掺入的 macroH2A。只有细胞诱导分化后，macroH2A 和 *Xist* RNA 才能在含有 *Xist* 转基因的染色体上共定位（Rasmussen et al., 2001）。macroH2A 与 Xist 包被染色质的关联依赖于 Xist RNA 的持续存在（Csankovszki et al., 1999），而不需要转录沉默。因为在沉默所需区域突变的 *Xist* RNA 上，仍然发现 *Xist* RNA 包裹染色体（Wutz et al., 2002）。因此，X 染色体失活过程可以看成是一系列平行过程的结果，仅有一部分是相互依赖的。

还应注意的是，在着床前胚胎中 X 染色体失活印记建立的过程中，事件发生的顺序可能会有所不同。主要是 H3K27me3 富集的甲基化状态只有到了 16 细胞期才能被检测到，远远迟于 *Xist* 开始表达时（2～4 细胞期）（Mak et al., 2004; Okamoto et al., 2004）。这表明需要特异的发育调控辅助因子来招募 PRC2 PcG 复合物到 Xi 上。

雌性 ES 细胞失活的 X 染色体上发生的各种全染色体修饰与基因沉默之间的关系目前还不清楚。最近使用微阵列（Lin et al., 2007）或 RNA 测序（Deng et al., 2011）测量 X 连锁基因表达的数据表明，单个特定的基因会在 ES 细胞分化过程中的各个不同时间失活，而另一些基因则完全逃避了失活。这似乎说明对于大多数 X 染色体连锁基因，沉默是由 ES 细胞分化不同阶段发生的条件触发的。

25.4.8 *Xist* 基因介导的沉默："纽带机制"

越来越多的证据表明，多种途径有助于在 Xi 上建立基因沉默。在核小体水平上，特定的翻译后修饰、不同组蛋白变体的掺入以及 CpG 岛上的 DNA 甲基化都会增加或减少（图 25-9B）。在更高级的水平上，染色质环的结构以及核中染色体结构域和染色体位置的重组发生了变化，这可能是由诸如 Smchd1、SATB1 和 SAFA/hnRNPU 等染色体蛋白介导的（图 25-11）。因此，Xi 可以看成是一个"纽带机制"系统，其中不同的途径扮演着重叠或冗余的角色，在这个框架内，不同途径在发育特定时间的重要性或多或少。这一点通过实验观察得到证实——与体细胞不同，早期胚胎细胞中的染色体沉默取决于正在进行的 *Xist* 表达。最后，很明显，不同途径对 Xi 上特定基因或基因子集的沉默贡献不同。例如，导致妊娠中期失败的雌性 Smchd1 无义突变的胚胎，其 Xi 上出现小比例基因的上调（Blewitt et al., 2008），在这一点上，值得注意的是每个个体 Xi 在 *Xist* 表达起始后的基因沉默时间存在显著差异，因此，在某种程度上，可能有必要考虑不同 X 染色体失活途径在逐个基因基础上的贡献。

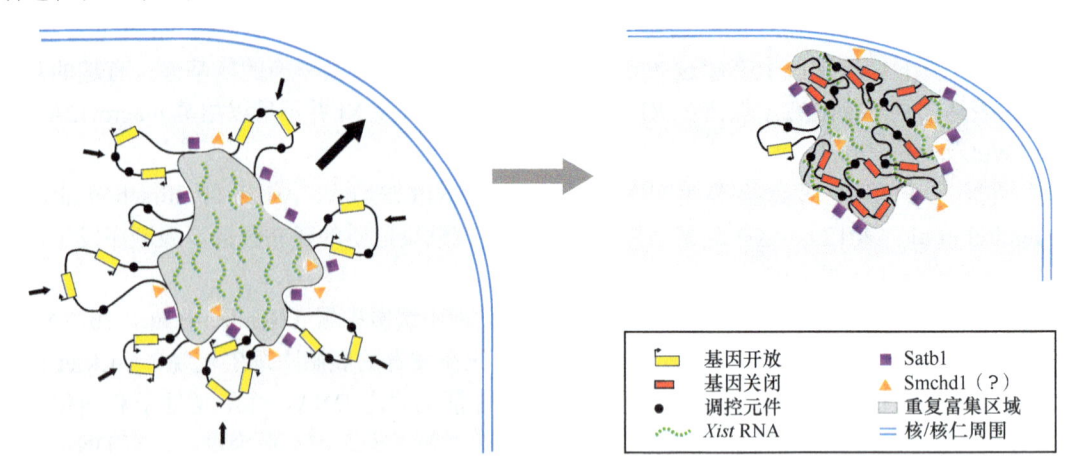

图 25-11　*Xist* 介导的沉默所涉及的因素。描述了 X 染色体失活的建立过程中高阶染色体结构变化。*Xist* RNA 最初覆盖大量重复的染色体结构域；而基因和其他调控元件占据外部位置。随着 X 染色体失活的进行，基因在 *Xist* 区域内被内在化，从而限制了染色体环的活动。X 染色体失活的建立也与染色体在核和（或）核仁外围的定位有关。核骨架因子（STAB1）和染色体结构因子（Smchd1）可能在 Xi 染色体结构的重组中起作用。

尽管在识别 *Xist* 介导的沉默途径研究中已取得重大进展，但仍可能有关键因子等待发现。值得注意的是，我们尚不知道与 *Xist* RNA 的 A 重复区相互作用以启动沉默过程的关键因子。因此，目前已知的 Xi 上的修饰及相关途径很可能是次要因素，其响应于尚未表征的、由主要机制建立的沉默。

25.5　X 染色体的再激活和重编程

25.5.1　正常发育中 X 染色体的再激活

多层次的表观遗传修饰使 X 染色体失活沉默，因此通常抑制状态是很稳定的，想要通过实验手段去逆转该过程向来是无法成功的。但是，在正常发育过程的一些情况下可使整条染色体被再激活。最好的例子是在发育中的原生殖细胞（primordial germ cell，PGC）内，失活的 X 染色体可以被再激活。在小鼠中，PGC 细胞特化发生在发育的 7～8 天，即原肠胚刚刚形成后。在这个时期，胚胎的细胞已经经过了 X 染色体的随机失活过程。后来，发育中的 PGC 沿着胚胎的后肠区延伸，到达生殖脊——产生性腺的结构。也就是在这个时候，XX PGC 再激活它的 Xi（Monk and McLaren，1981）。这个过程与一个很普遍的表观遗传重编程过程一致，其中包括去除父本的印记和基因组范围的甲基化［详见第 5 章的图 5-5（Barlow and Bartolomei，2014）；以及第 27 章（Reik and Surani，2014）］。

PGC 中 X 染色体再激活显示了一个多层异染色质结构逆转的特定机制。已经发现 *Xist* RNA 表达的衰减与 X 染色体再激活过程是一致的，但考察发现 XX 体细胞中沉默是不依赖 *Xist* 的，这就不一定是成因了。PGC 可能没有建立所有与沉默相关的标记，因此更容易被再激活。在小鼠中，发育的 PGC 的 Xi 上，CpG 岛并没有发生甲基化，这与前述也是一致的（Grant et al.，1992）。

X 染色体再激活过程的第二个例子是在 25.3.5 节讨论过的，在胚胎囊泡期 ICM 定位过程中印记失活的 Xp 再激活，与更广泛的基因组内重编程过程有关。这个再激活的过程与 *Xist* RNA 表达的降低和一些沉默相关的表观遗传修饰标记的丢失有关。同样，ICM 之前的细胞可能无法建立与沉默相关的所有标记，因此更容易受到 X 染色体激活的影响。

25.5.2 重编程实验中 X 染色体的再激活

在特定的实验条件下可以观察到 X 染色体的再激活。把体细胞的核转移至未受精的卵母细胞中，或是把体细胞和全能细胞，如 ES、胚胎生殖细胞（embryonic germ，EG）、胚胎癌性细胞（embryonal carcinoma，EC）融合后也可以发生这种情况（更多例子请参考 Tada et al.，2000）。最后，当 XX 个体细胞转化为诱导性多能干（iPS）细胞时，X 染色体会重新激活（Maherali et al.，2007）。

核转移胚胎有些特别有趣的例子。小鼠的实验研究说明在分裂期的核转移胚胎中，Xi 上的标记基因被迅速地再激活（Eggan et al.，2000）。尽管如此，克隆胚胎在胎儿阶段细胞核保留了一些关于哪条 X 染色体是失活的记忆，因为供体细胞 Xi 就是在胎盘滋养外胚层细胞的 Xi。相反，胚胎固有的细胞表现出 X 染色体的随机失活（图 25-12）。发育中 ICM 发生的 X 染色体再激活和重编程过程可能给胚胎第二次机会来重新设定来自供体细胞核的表观遗传信息（Mekhoubad et al.，2012）。

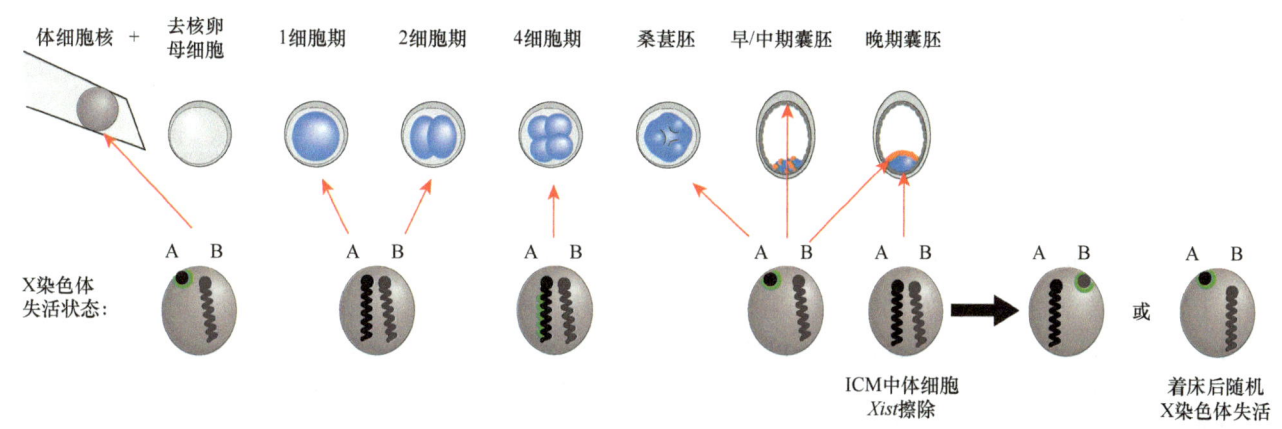

图 25-12 克隆的小鼠胚胎 X 染色体失活的调控。这个图展示了一个含有被 *Xist* RNA（绿色线条）包被的失活的 X 染色体的 XX 供体细胞（A）。在该模型中，供体核基因的转录（包括 *Xist* RNA 在内）在 2 细胞期之前都被卵母细胞因子所抑制，导致 X 染色体失活。在 2 细胞期，供体细胞的 *Xist* 表达重新开始，而供体细胞失活 X 染色体上的 *Xist* 也再次表达。这可能归因于 *Xist* 启动子上保留了 DNA 甲基化等标记。这种模式在来源于 TE 和 PE 谱系的细胞中得以维持，但在多能性上胚层中则不存在，在多能性上胚层中，*Xist* 表达再次消失，导致第二次再激活事件的发生。在内细胞团（ICM）中，表观遗传标记控制供体 *Xist* 的表达，使胚胎中接下来的 X 染色体随机失活过程正确进行。

最近的研究表明，异位激活 *Xist* 导致小鼠生殖克隆效率出现明显降低（Inoue et al.，2010）。使用 XY 供体体细胞核，在克隆的胚胎中有一个 *Xist* 等位基因被激活。同样，使用 XX 供体体细胞核，两个 *Xist* 等位基因均被激活。使用缺失了 *Xist* 的供体细胞可以大大提高克隆效率。据推测，宿主卵母细胞清除了存在于 XY 和 XX 体细胞中活跃 X 染色体上的 *Xist* 基因抑制。由此可见，如果使用体细胞中抑制 *Xist* 的重编程失败，则使用供体核和完整的 *Xist* 基因座克隆的胚胎只能在着床前的早期发育中存活。这可以解释为什么在从正常 XX 体细胞克隆的存活胚胎中，供体细胞 Xi 在胚外谱系中仍保持失活，而胚外谱系通常在 2～4 细胞阶段确定 X 染色体失活模式（图 25-6）。

尽管 X 染色体激活发生在小鼠体细胞的 iPS 重编程过程中，但人类 iPS 细胞中的情况似乎更为复杂。早期的 iPS 培养物保留了 Xi，但随后 X 染色体的重新激活可能会根据确切的培养条件而发生。这可能与细胞多能性水平的不同有关，这与在比较小鼠 ES 细胞和上胚层干细胞（EpiSC）时观察到的结果一致（Bao et al.，2009）。人类胚胎干细胞（hESC）与小鼠 ES 细胞相比，更类似于 EpiSC。与此相一致，XX 染色体的 hESC 保留了 X 染色体的失活性（Tchieu et al.，2010）。

25.5.3 诱导 Xist 转基因表达的启示

在 ES 细胞中，一系列诱导 *Xist* 转基因表达的实验已经增加了我们对 X 染色体失活的稳定性和逆转性的理解。首先，已经证明在未分化的 ES 细胞中和细胞分化的早期，*Xist* RNA 可以建立 X 染色体的失活，后来的细胞却失去此功能，这被称为"机遇窗口"（window of opportunity）（Wutz and Jaenisch，2000）。核骨架/基质蛋白 SATB1 的异位表达赋予了对胸腺淋巴瘤和成纤维细胞中的 *Xist* RNA 响应的能力（Agrelo et al.，2009），表明这至少是对发育能力至关重要的一个成分（另请参见 Nechanitzky et al.，2012）。细胞对 Xist RNA 的反应能力与 X 染色体失活的可逆性广泛相关。因此，在 ES 细胞或在早期分化阶段，转基因被关闭时可以逆转沉默状态，但在分化后期和体细胞中却不存在这种情况。

回到 X 染色体的重新激活和重新编程，可诱导的转基因数据表明，在限定的细胞环境（即未分化的 ES 细胞）中，当 *Xist* RNA 的表达消失时将发生 X 染色体重新激活。如果我们考虑到那些已经发生 X 染色体再激活的细胞（如 PGC、ICM、EG 和 EC 细胞）在潜能性和可塑性方面都类似于 ES 细胞，那么在所有情况中，*Xist* 表达的减少可能是 X 染色体再激活的基础。

25.6 总结与展望

在最近几年里，人们对 X 染色体失活分子机制的了解已经有了很大进步。到目前为止，这些进步主要是由于表观遗传学相关领域以及其他受影响领域的进步。后一种情况的例子是，一些印记基因簇受顺式作用的非编码 RNA 的调控，如 *Xist* 对 X 染色体的调控［见第 26 章（Barlow and Bartolomei，2014）］。同样，有袋类动物中调控 X 染色体失活的非编码 RNA 的独立进化进一步说明了非编码 RNA 在顺式沉默中的潜在普遍性。相反，其他研究指出了在基因沉默中具有反式功能的不同类型的非编码 RNA［例如，HOTAIR，Rinn et al.，2007；第 2 章（Rinn，2014）］。在未来的研究中是否会出现 Xist 与有袋类动物 Rxs 非编码 RNA 的机制联系是一件有趣的事情。

但是，现在仍有一些没有解决的问题。尽管在定义调节"计数"和"选择"的顺式作用元件和反式作用因子方面已取得进展，但想要对它们进一步阐明却仍是一个新的挑战。同样，尽管我们现在知道一些与维持 X 染色体失活有关的染色质修饰复合物，例如多梳（Polycomb-group）复合物，但由 *Xist* RNA 触发的建立全染色体沉默的信号仍然未知。同样，Xi 染色质的全染色体变化与单个基因沉默之间的机制联系仍然难以捉摸。其他关键的问题在于要了解基因沉默是如何在整个染色体上蔓延的，以及"站点"（也许是 LINE 元件）在此过程和沉默状态的稳定/维持中起什么作用。这可能与另一个有趣的问题相关，即在某些细胞类型和发育阶段，X 染色体失活如何被逆转，而在另一些细胞类型和发育阶段却是不可逆的。后一个问题涉及更广泛且至关重要的问题，即了解基因组可塑性和通过发育进行的重编程。最后，最近对一个古老假设（即在雄性和雌性中的单个活性 X 染色体上的基因表达上调）进行了验证，为我们提供了有关 X 染色体失活作用的新观点，并帮助我们更好地理解了哺乳动物中剂量补偿效应的复杂性。

本章参考文献

（杨怀昊　王泰云　译，郑丙莲　校）

第26章

哺乳动物中基因组印记

丹尼斯·P. 巴洛（Denise P. Barlow[1]），玛丽莎·S. 巴尔托洛梅（Marisa S. Bartolomei[2]）

[1]CeMM Research Center for Molecular Medicine of the Austrian Academy of Sciences, CeMM, 1090 Vienna, Austria; [2]Department of Cell and Developmental Biology, University of Pennsylvania, Perelman School of Medicine, Philadelphia, Pennsylvania 19104-6148

通讯地址：dbarlow@cemm.oeaw.ac.at; bartolom@mail.med.upenn.edu

摘 要

基因组印记影响一部分哺乳动物基因，并导致出现单等位基因、亲本特异性表达的模式。这些基因大多数位于受绝缘子或长链非编码RNA（lncRNA）调控的基因簇上。为了辨别出亲本等位基因，配子中的印记基因会被印记调控元件打上表观遗传学标记——至少是DNA甲基化。印记基因的表达随后通过lncRNA、组蛋白修饰、绝缘子和高级染色质结构调控。尽管哺乳动物基因组进行了广泛的重编程，但通过这些机制产生的印记在受精后仍能保持。基因组印记是了解哺乳动物中表观遗传调控的绝佳模型。

本章目录

26.1　历史回顾
26.2　基因组印记——一种表观遗传的基因调控系统
26.3　基因组印记中的关键发现
26.4　基因组印记——哺乳动物的一种表观遗传调控模型
26.5　展望

概　　述

哺乳动物是二倍体生物，其细胞有着分别从父本和母本继承而来的两套相配对的染色体。因此，哺乳动物的每个基因都有两个拷贝。一般来说，每个基因的母本和父本的拷贝在所有细胞中都有着相同的被激活潜力。基因组印记是一种表观遗传的机制，它通过限制某个基因只能在两条来自父母本染色体中的一条表达，改变了这种潜力。在我们整个基因组的 25 000 个基因中，只有几百个基因会产生这个现象，此外的大部分基因都在两条染色体中有相同的表达方式。雄性和雌性后代都受基因组印记的影响，因此这是亲本继承的结果，无关性别。例如，一个印记基因如果在母源染色体中是活跃表达的，那么它能在所有雄性和雌性的母源染色体上激活，而在所有雄性和雌性的父源染色体上沉默。

在这里，基因组印记的定义被限定于"二倍体细胞中的父母本特异的基因表达"，因此，二倍体细胞含有所有基因的两个父母本拷贝，但只表达某个印记基因的一个拷贝，而另一个拷贝被沉默。与此相反，二倍体细胞中，非印记基因的父源和母源拷贝都会表达。在理解基因组印记的概念时，很重要的一点是区分印记基因和某些其他有明显父母源特异性表达的基因，这些特异性表达是由父母本对胚胎不等的遗传物质贡献而造成的。不等的父母本遗传物质贡献的例子包括：Y 染色体连锁基因只在雄性中出现，雌性个体中具有逃脱了 X 染色体失活的基因（与雄性相比，它产生两倍剂量的 X 染色体连锁基因产物），线粒体基因主要由母本贡献，一些 mRNA 和蛋白质只存在于精子或卵子基质中。

哺乳动物的许多基因组印记特征都使其成为后基因组学时代的一个神秘的生物学问题。最有趣的事实在于基因组印记系统中的这些基因大多数编码的是调控胚胎及新生儿生长的因子。因此，进化的基因组印记很有可能在哺乳动物生殖中是起特定作用的。印记为亲本冲突理论中的一个可能的进化给出了相应线索，为母本对内部生殖系统的适应提供了依据，但也可能仅仅是哺乳动物基因组抵御外来 DNA 序列入侵的一种方式。基因组印记可以被认为是一个挑战智力的现象，主要是由于它提出了这样一个问题——为何二倍体生物会进化出一套沉默系统去放弃二倍体状态的优势。

在我们理解的层次上，基因组印记似乎没有在原生动物、真菌、植物和动物这四界真核生物中广泛存在。然而它确实以一种很可能的形式存在于两类无脊椎节肢动物——球虫（Coccidae）和眼蕈蚊（Sciaridae），以及一些种子植物如玉米和拟南芥的胚乳中。这种分布暗示了基因组印记在生命进化中至少三次独立产生。令人惊奇的是，尽管这暗示了基因组印记有独立的进化，但这些印记机制间却表现出一些相似之处。这可能反映了基因组印记和正常基因调控都依赖的基础表观遗传调节机制具有保守性。

26.1　历史回顾

哺乳动物的基因组印记在医学、社会学及知识层面都有着极大的意义：①临床上对遗传特征和疾病的控制；②使用辅助生育技术控制人类和动物繁育的能力；③生物技术和后基因组医疗研究的进步。如今讨论任何遗传问题，不管是研究还是医疗，都必须考虑基因是否显示双亲（即二倍体）的表达模式，或受基因组印记的影响显示亲本特异性（即单倍体）表达。令人惊讶的是，尽管基因组印记对人类健康有如此重要的作用，但直到 20 世纪 90 年代初，三个基因在小鼠中明确显示出亲本特异性表达，人们才广泛接受其存在和意义。

整个染色体的亲本特异性行为早在 20 世纪 30 年代就在节肢动物染色体的细胞遗传学研究中得以观察（Chandra and Nanjundiah, 1990）。有趣的是，"染色体印记"这一词语是在描述一些节肢动物种属性别决定中起重要作用的父源特异性染色体消除现象中被首次用到（Crouse et al., 1971）。值得注意的是，哺乳动物 X 染色体的染色体印记可导致雌性有袋类动物所有细胞及小鼠胚外组织中的任意一条 X 染色体发生父源特异性的染色体失活（Cooper et al., 1971）。与此同时，经典遗传学家们正在构建带有染色体易位突变小鼠，这为观察到印记基因表达提供了条件。一些本来被用作定位染色体上基因的"易位"小鼠显示出亲本特异性的表型。在缺少另一亲本染色体的情况下，剩下的亲本染色体往往发生复制，这时候特定的染色体区域就会重复继承这同一亲本染色体的遗传信息，这时候它们就显示出亲本特异性的表型，这个现象被称为单亲源二体（uniparental disomy，UPD）（图 26-1）。这些结果暗示了"特定的父源或母源基因的单倍表达对于小鼠正常发育很重要"这一可能性（Searle and Beechey, 1978）。同时，另一些遗传学家用一种特殊的小鼠突变体，即在 17 号染色体上有大段缺失的"发夹–尾"（hairpin-tail）小鼠，明确推翻了遗传学的一个基本命题，即"在给定位点杂合的生物体表型相同，不管是哪个配子贡献了哪个等位基因给这个基因型"（Johnson, 1974）。相反，从母本得到"发夹–尾"缺失的小鼠体积增大，而且在胚胎发育的中途就会死亡；而从父本传递得来遗传学上相同的染色体小鼠则可以存活并且可育（图 26-1）。事后注意到，对于这些遗传易位和缺失的实验，尽管在哺乳动物中有印记 X 染色体失活的现象，但更被认同的解释是这些常染色体上的基因主要在单倍体的卵子或精子中起作用，并修饰后来胚胎发育过程中用到的蛋白质，而不是这些区域包含印记基因。尽管如此，父源和母源基因组差异化功能的概念渐渐得以站稳脚跟，并有"母源基因组的'发夹–尾'染色体区域在正常情况下可能是活跃的，而父源的相同部分却被特异地失活了"这种说法（McLaren, 1979）。

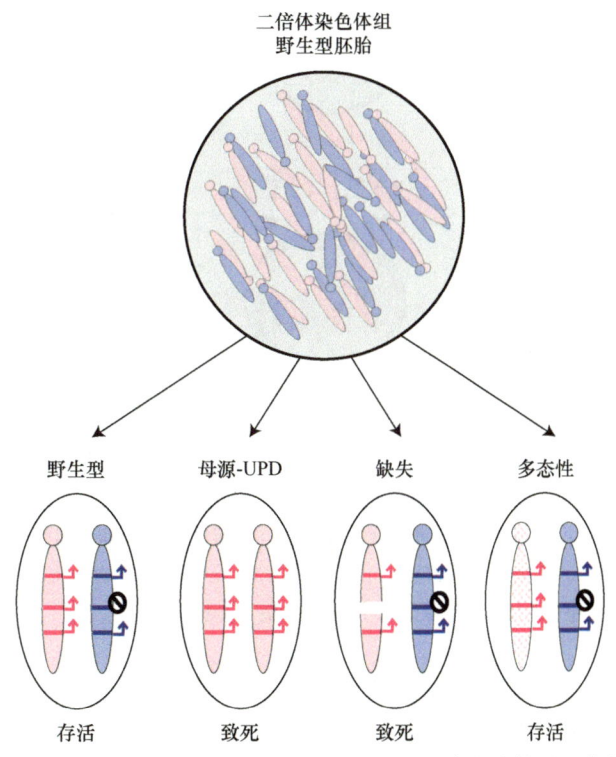

图 26-1　用于区分父本或母本来源的染色体基因组印记研究的小鼠模型。哺乳动物是二倍体，从双亲中各继承一套完整的染色体，然而小鼠可以产生：①一对染色体的两个拷贝都来自亲本一方，从另一方没有得到任何拷贝；②从亲本一方得到一个部分缺失的染色体，而从另一方得到野生型染色体；③从一方得到有单核苷酸多态性的染色体而从另一方得到野生型染色体。UPD 或缺失染色体的小鼠很可能有致死的表型，而 SNP 能产生可存活的子代。

在证明哺乳动物基因组印记存在的过程中，一个重要的进步是几年后使用核移植技术来试验能否只用小鼠卵子细胞核产生二倍体单亲胚胎。核移植技术是指从一个刚刚受精的受精卵中取出一个供体雌原核或者雄原核，并用精密的微注射管将其置于受体受精卵（已经相应地去除了雄原核或雌原核）中，产生新的二倍体胚胎，不同的是，该胚胎含有两套母源或父源基因组（分别被叫做孤雌和孤雄胚胎，gynogenetic and androgenetic embryos）（图 26-2）。这项技术首先被用来证明受精的"发夹–尾"突变鼠胚胎中取得的细胞核转移到野生型受体卵子中并不能存活。这证明不是卵子的细胞质而是胚胎基因组带有"发夹-尾"的缺陷；还确定了这样的设想——在胚胎发育中 17 号染色体上基因的父源和母源拷贝存在功能差异（McGrath and Solter，1984b）。后来，人们又用核移植来表明由两个雌原核重建的胚胎（孤雌胚胎）不能存活；只有由一个雌原核和一个雄原核重建的胚胎才能产生可存活、可育的子代（McGrath and Solter，1984a；Surani et al.，1984）。这项研究推翻了之前关于单亲小鼠可以活到成年（Hoppe and Illmensee，1982）的结论。孤雌生殖胚胎在死亡时是缺少贡献胎盘的胚胎外组织，而孤雄胚胎则是胚胎组织有缺陷。由此产生了一种假说：胚胎发育需要母源基因组中印记基因的表达，而父源基因组表达了胚胎外发育相关的印记基因（Barton et al.，1984）。此后，小鼠中并没有发现印记基因必须有以上的特点，所以孤雌和孤雄胚胎中观察到的差异可能由某一个或某一些印记基因的主导效应来解释。

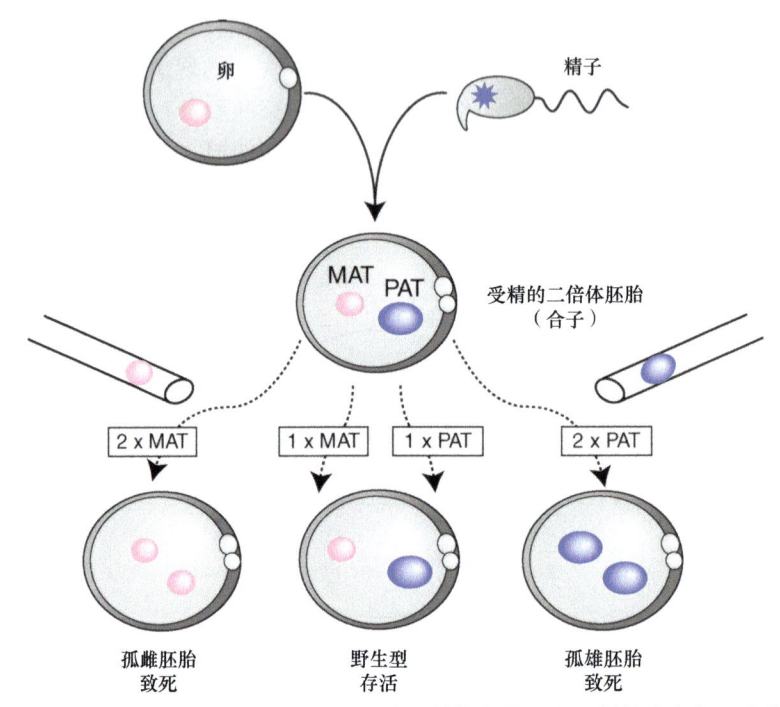

图 26-2 哺乳动物繁殖中需要一套父源和一套母源基因组。 核移植技术使用微注射管和高倍显微镜从刚受精的卵子中取出雌（或雄）原核并将其以不同组合方式植入另一个已经被去核的"宿主"受精卵，产生新的二倍体胚胎，它们具有两套母源（孤雌）或父源（孤雄）基因组，或有双亲基因组（野生型）。孤雌和孤雄胚胎在胚胎发育早期就死亡，只有含一个雌核和一个雄核的重建胚胎（野生型）可以存活并繁殖后代。这些实验表明在哺乳动物生殖中母源和父源基因组都是必需的，而且暗示两套亲本基因组表达了完整胚胎发育所需的不同的一整套基因。

核移植实验和小鼠遗传学中支持性数据的结合，令人信服地证明了双亲的基因组在小鼠胚胎发育中都是必需的，也为证明哺乳动物基因组印记的存在奠定了坚实的基础（图 26-2）。一项研究使用了"易位"小鼠产生 UPD 染色体（图 26-1），进而深入探究亲本染色体对胚胎发育的贡献，该实验发现，小鼠 2 号、11 号染色体上两个区域使两个母源拷贝或两个父源拷贝时会产生相反的表型。这进一步增强了哺乳动物有亲本特异性基因表达的论断（Cattanach and Kirk，1985）。另外，人类中的数据强有力地表明某些遗传现象可以完美地用亲本特异基因表达来解释，其中最值得注意的例子有 Prader-Willi 症（似乎完全由父源遗传引起）（Reik，1989）。新技术（将特定基因序列显微注射到小鼠受精卵中）产生的转基因小鼠也可以提供进一步的依据，但这个技术经常被 DNA 甲基化的问题所困扰，因为这种甲基化常常出人意料地引起体细胞组织中转基因的沉默。一些转基因甚至在获得 DNA 甲基化的能力上表现出亲本特异性差异，这为亲本染色体行为不同的论点增添了筹码。这种特异性常常表现为母源遗传的转基因得到甲基化而父源的没有，尽管在一小部分情况下 DNA 甲基化差异与父源特异性表达相对应。虽然之后发现了许多"转基因"甲基化印记与小鼠内源基因组印记之间的相似之处，但它们之间有一些可以区分的特征（Reik et al.，1990）。这包括对品系特异性背景效应的高度敏感性，即在很多情况下，印记行为需要一种混合背景才显露，不能在不同染色体整合位点维持印记的表达，以及产生表现印记效应时对外源 DNA 序列的需要（Chaillet et al., 1995）。

尽管有很多支持性的数据，哺乳动物存在基因组印记的最终证据需要发现显示亲本特异性表达的印记基因。1991 年，三个小鼠印记基因终于发现。其中第一个，类胰岛素生长因子 2 型受体（insulin-like growth factor receptor-2，Igf2r，是生长激素基因 *Igf2* 的"清道夫"受体）是母源表达的印记基因。后来发现这个基因可以解释"发夹–尾"小鼠突变体过度生长的表型（Barlow et al., 1991）。几个月后，已知具有生长激素功能的基因类胰岛素生长因子 2 型 *Igf2* 被发现是父源表达的印记基因（DeChiara et al., 1991；Ferguson-Smith et al., 1991）。最后一个不常见的长链非编码 RNA *H19* 基因（从胎儿肝细胞文库中 19 号 cDNA 克隆得到），也显示为母源表达的印记基因（Bartolomei et al., 1991）。确定这三种印记基因时使用了不同的方法，这些方法都用到了小鼠遗传学中新兴的实验技术。对于 *Igf2r*，使用位置克隆（positional cloning）确定了位于 17 号染色体上"发夹–尾"缺失区域上的基因，带有单亲本遗传缺失的小鼠用于发现母源特异表达的基因（图 26-1）。对于 *Igf2*，人们通过基因敲除技术发现了其在胚胎发育中生长因子的生理作用。奇怪的是，带有突变非功能等位基因的小鼠，如果基因来源于父源才会出现相应表型，来源于母源就不会出现。*H19* 非编码 RNA 定位于 7 号染色体上 *Igf2* 基因位点附近，在检测印记基因可以成簇存在的假说时，发现它也是印记基因。尽管所有这些策略在后续发现印记基因的尝试中都是有用的，但理解哺乳动物基因组印记机制里程碑式的发现却是印记基因紧密成簇存在的事实。

26.2 基因组印记——一种表观遗传的基因调控系统

顺式作用是基因组印记的决定性特征（见信息栏 1）。因此，印记机制只在一条染色体上起作用。如果是远交种群，两条亲本染色体一般只含有许多单碱基对差异，这被称为单核苷酸多态性（single nucleotide polymorphism，SNP），但如果使用近交系小鼠，它们应该在遗传背景上是相同的。因为在含有相同亲本染色体的近交系小鼠中有基因组印记的存在，此过程必定使用了一种表观遗传学机制来修饰 DNA 序列所带有的信息，并且制造出两个亲本基因拷贝的差异。这些发现也暗示存在一种只限于一条染色体的顺式沉默机制，因此沉默因子不能在核中自由散布到达活跃的基因拷贝。尽管印记基因在一个亲本染色体上相对于另一个亲本染色体受到抑制，但是基因组印记不一定是沉默机制，它有可能在任意水平（即在启动子、增强子、剪接点或聚腺苷酸化位点）调控基因表达，进而导致亲本特异的表达差异。

> **信息栏 1　哺乳动物基因组印记的关键特征**
>
> - 顺式作用机制
> - 是继承而非性别的结果
> - 印记是一个亲本配子得到的表观遗传修饰
> - 印记可以修饰作用于多种基因的远距离调控元件
> - 印记基因对哺乳动物的发育有作用

因此基因组印记的起点必须依赖一种修饰或"印记"一条亲本染色体的表观遗传系统（图 26-3）。我们可以推测，这个印记随后就可以吸引或排斥转录因子，或 mRNA 加工因子，然后改变一条亲本染色体上基因的表达。已知遗传学上染色体相同的近交系也显示有基因组印记，可以推测亲本印记不可能在胚胎形成二倍体之后获得，因为细胞的表观遗传系统无法区分两个完全相同的亲本基因拷贝。因此，亲本印记必须是在两套亲本染色体分开的时候发生的，而这只有在配子形成过程和受精后约 12h 之内发生（图 26-3）。最有可能的情况是配子印记在精子发生时产生于父源印记基因上而在卵子发生时产生于母源印记基因上。关于"印记"DNA 序列的另一个关键性特征是，它只可能在两个亲本配子中的一个被修饰，因此需要有两种类型的识别系统，即一个精子特异的、一个卵子特异的，二者都靶向一段不同的 DNA 序列。其他几个特征也是印记所需要的：第一，印记一旦建立就必须在相同亲本染色体上维持下去，即使到了受精后形成胚胎二倍体的时候也是如此；第二，印记必须在胚胎及成体动物的每次有丝分裂中稳定继承；第三，印记必须是可以擦除的；最后一点很重要，因为胚胎会按照一种（或者雌性或者雄性）的途径发育，它们的性腺需要只产生一种类型的印记单倍体亲本配子。由于生殖细胞是从胚胎二倍体细胞发育而来的（图 26-3），它们必须在得到配子的印记之前首先擦除其父源和母源印记。

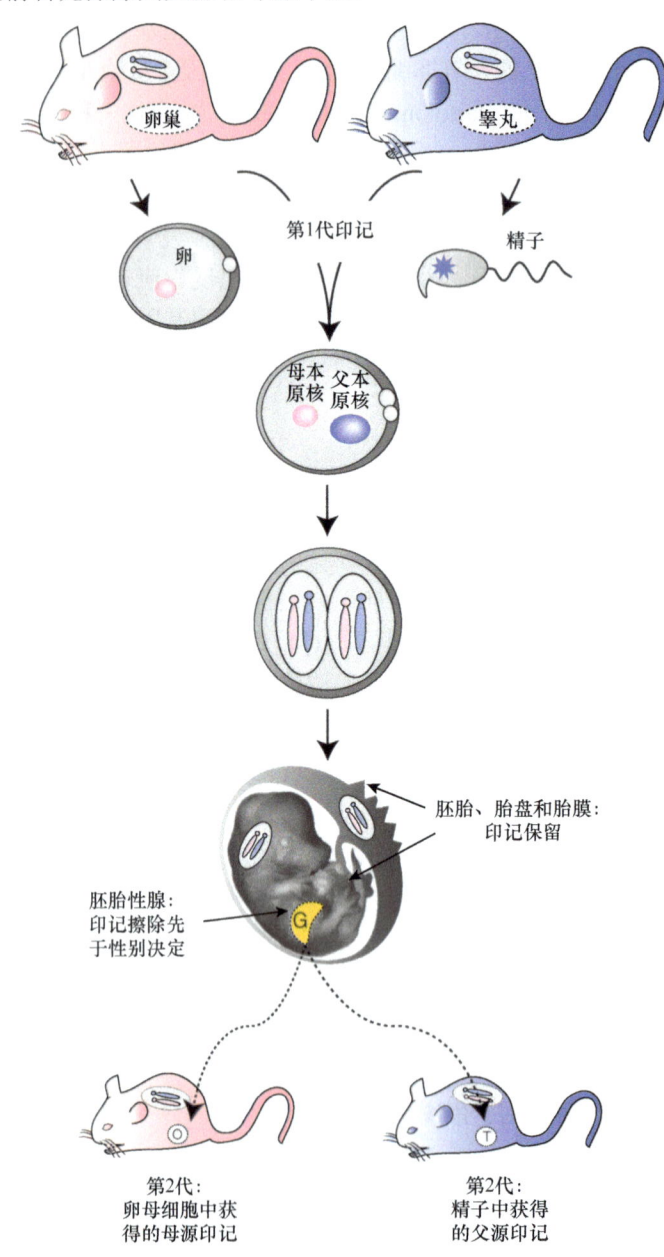

图 26-3　哺乳动物发育中的印记获得和擦除。印记是在配子中建立的，因此卵子和精子已经携带了有印记的染色体（第 1 代印记）。受精后胚胎成为二倍体，胚胎、卵黄囊、胎盘和成体中细胞不断分裂，印记依然保持在相同的亲本染色体上。生殖细胞是在胚胎性腺中形成的，仅在这些细胞中，印记会在性别决定之前被擦除。当胚胎发育成雄性，性腺分化成睾丸，产生单倍体精子，它们在染色体上获得了父源印记。类似的，在雌性发育时，卵巢中染色体得到母源印记（第 2 代印记）。

　　配子印记是怎么定义的呢？印记可被定义为将母源基因拷贝从父源基因拷贝区分开的一种表观遗传修饰。印记一旦形成，必须能使转录机器在同一个核内区别对待母源和父源基因拷贝。配子印记预计在所有发育阶段持续存在（图 26-3），因此可以通过比较胚胎或成体组织的母源和父源染色体上的表观遗传学修饰（使用图 26-1 中概括的方法）在发育中追溯到它的来源而找到印记。配子印记的候选者可能是 DNA 修饰或组蛋白（将 DNA 包装成染色体）修饰。目前在哺乳动物中有两种类型的 DNA 表观遗传修饰：5-甲基胞嘧啶和 5-羟甲基胞嘧啶［见第 15 章（Li and Zhang，2014）］。组蛋白有多种修饰类型，包括甲基化、乙酰化、磷酸化、SUMO 化及泛素化［见第 3 章（Allis et al.，2014）］，它们还可能被有特异性功能的组蛋白变体所替代［第 20 章（Henikoff and Smith，2014）］。理论上任何这些表观遗传修饰都可以成为印记。可以推论：负责这些表观遗传修饰的酶类会在两个配子之一专门表达，而且特异地与一条亲本染色体相结合以便在细胞分裂时复制这些修饰。然而，如 26.3 节"基因组印记中的关键发现"中所说，目前只有 DNA 的 5-甲基胞嘧啶和 5-羟甲基胞嘧啶被清楚地证明在哺乳动物中起到了配子印记的作用，同时也是唯一已知的可遗传修饰。

配子印记是如何控制印记基因的表达呢？要理解印记是如何运作的，我们需要三个方面的信息：哪条亲本染色体携带有印记；哪条亲本染色体带有这个印记基因的可表达等位基因；印记序列相对此印记基因表达的或沉默的等位基因的位置。用这种方法我们知道配子印记可以同时在整个基因簇上都起作用。这些印记基因簇含有 3～12 个印记基因，基因簇长度为 100～3700kb 不等（详细信息请登录 http://www.mousebook.org/catalog.php?catalog=imprinting）。印记基因簇中大多数都是编码蛋白 mRNA 的印记基因，但其中至少有一个长链非编码 RNA（long non-coding RNA，lncRNA）印记基因。

由于印记基因在基因簇中的排列形式是让一些基因从一条亲本染色体上得到表达而另一些基因从另一条染色体上表达，所以要弄清楚印记如何运作并不是一件小事。研究印记对基因簇中某一单个基因的作用是可能的，但研究它在整个基因簇的效应会进一步拓宽人们的认识，这将在 26.3 节更详细地阐述。有一件事情却是清楚的：大自然没有选取最简单的模式，即印记靶向启动子从而优先在一个配子中沉默印记基因。相反，印记似乎通常靶向影响多个基因表达的长距离顺式作用的调控元件，并且位于同一染色体上很远的地方。

26.3 基因组印记中的关键发现

26.3.1 印记基因对胚胎和新生儿生长的控制作用

哺乳动物的基因组印记有什么功能？回答这个问题的方法之一是确定已知印记基因在体内的作用。现代技术使得小鼠基因功能可以通过将基因序列突变功能缺失来确定。运用这种"同源重组"技术，许多已知的印记基因的功能被确定了（原始参考文献见 http://www.mousebook.org/catalog.php?catalog=imprinting）。其中最具代表性的印记基因的功能包括影响胚胎、胎盘和新生儿生长。这一类基因是生长促进因子的父源表达印记基因（即 *Igf2*、*Peg1*、*Peg3*、*Rasgrf1* 和 *Dlk1*），胚胎中此类基因缺陷表现为生长迟滞。此外还有生长抑制因子作用的母源表达印记基因（即 *Igf2r*、*Gnas*、*Gdkn1c*、*H19* 和 *Grb10*），胚胎中此类基因缺陷表现为生长亢进。另一类具有代表性的印记基因与行为或神经缺陷有关（即 *Nesp*、*Ube3a* 和 *Kcnq1*）。从某种层面上来说，这些结果没有指出所有印记基因的统一功能。但是，这些结果确实告诉我们大多数印记基因起到胚胎或新生儿生长调控因子的作用。更有趣的是，调节生长的能力似乎恰好被一分为二，母源表达的生长调控基因会抑制子代生长，而相同分类中父源表达基因却促进生长。此外，无数个被研究的印记基因活跃于神经过程中，其中一些通过改变母源行为而影响新生儿生长速率。

26.3.2 哺乳动物中基因组印记的功能

基因功能分析能帮助我们理解为何哺乳动物存在基因印记吗？对不同种类哺乳动物的基因组印记的研究给出了一些思路。胎生哺乳动物（如小鼠和人类）以及有袋类动物（如负鼠和小袋鼠）都有基因组印记。

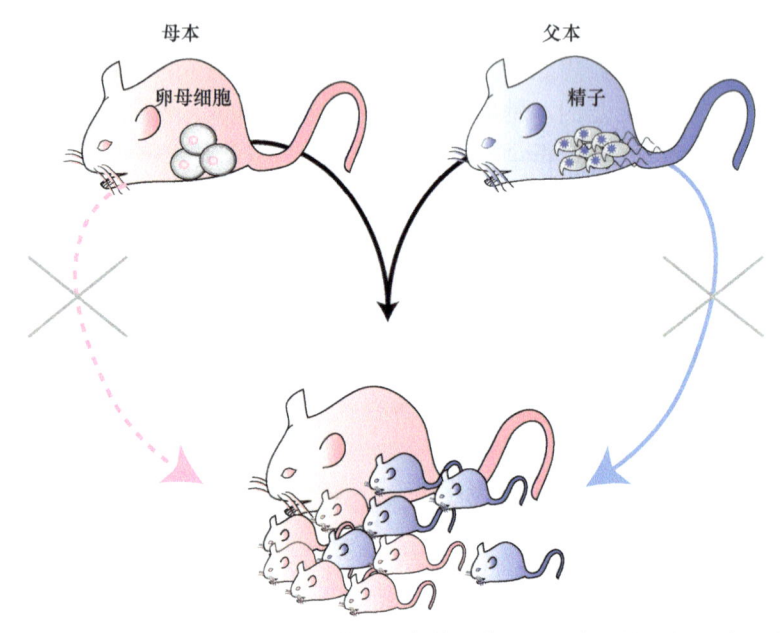

卵生哺乳动物（如鸭嘴兽和针鼹鼠）看上去缺少印记基因（尽管深入的研究还没有进行）（Renfree et al., 2009）。胎生哺乳动物和有袋类动物通过一种生殖策略与卵生哺乳动物区分开，这种生殖策略允许胚胎直接影响用于自身生长的母源物质。相反，在卵中发育的胚胎不能直接影响到母源物质。大多数脊椎和非脊椎类动物都采取卵生，值得注意的是，它们还可以进行孤雌生殖——一种雌性配子不经过雄性配子的受精而直接发育成一个新的二倍体个体的生殖方式（注意：孤雌胚胎由相同母源基因组复制产生，而图 26-2 中描述的双雌胚胎则由两套不同的母源基因组产生）。生物体进行孤雌生殖的能力很可能暗示了它们完全没有基因组印记，因为这显示了其父源基因组是可以缺少的。然而在哺乳动物中，印记基因表达控制胎儿发育的直接后果是不能进行孤雌生殖，母源和父源亲本对产生可存活的后代都是必需的，所以哺乳动物完全依靠有性生殖产生可存活子代（图 26-4）。孤雌生殖迄今没有在哺乳动物中发现，尽管有一些相反的说法——有报道指出通过操纵 *Igf2* 和 *Dlk1* 印记基因簇，可以产生一些具有二倍体母源基因组的稀有小鼠（Kawahara et al., 2007）。

图 26-4　**印记基因在哺乳动物生殖中起到作用**。哺乳动物是二倍体，单倍体的卵子被单倍体精子结合之后才能产生二倍体胚胎。只有雌性在结构上被赋予了生殖的能力，但是它们不能以孤雌生殖的方式来繁殖（其可能性由粉红色虚线表示），因为胎儿生长所需的重要基因是有印记的，而且在母源染色体上被沉默了，这些基因只在父源染色体上表达。因此两套亲本基因组都是哺乳动物生殖所必需的。孤雌生殖是由相同母源基因组的两份拷贝产生二倍体子代。

为何通常基因组印记仅存在于一些哺乳动物中而不从脊椎动物中进化出来呢？这与基因组印记的三大特征有关：多数印记基因有生长调节功能；印记基因的存在局限于胎生和有袋类动物；父源基因对胎儿发育的必需性。此结论支持了下述两个同样吸引人的假说。

第一个假说提出基因组印记是由对"亲本冲突"产生的应答而进化来的（Moor and Haig, 1991），这种冲突是由于母源、父源基因组有相反的利益所引起：胚胎生长依赖一个亲本但是受含有两个亲本基因组的胚胎的影响。父源表达的印记基因被认为促进胚胎生长，从而使含有特定父源基因组的子代个体竞争力最大化。母源表达的印记基因被认为抑制胚胎生长，这使得母源物质能更公平地分给所有子代，并且增加了母源基因组向多个子代传递的机会，但它们却可能含有不同的父源基因组。

第二个假说叫做"滋养层防御"（trophoblast defense）（Varmuza and Mann, 1994），认为母源基因组由于结构上能进行内部繁殖，如果卵子自发激活会引起全面胚胎发育，母体就会受到威胁；而雄性缺乏这种内部繁殖必需的解剖学结构，所以即便精原细胞自然被激活，它也没有威胁。因此认为印记要么沉默了母源染色体上促进胎盘发育的基因，要么激活了限制这一进程的基因。所以胎盘侵入母体子宫血管系统必需的基因只能在受精后从父源基因组中得到表达。

如果可能，那么二者之中哪个假说能够正确解释哺乳动物基因组印记的进化呢？两个假说都提出了印记基因在调控胎盘发育和功能方面的作用，然而亲本冲突和滋养层防御模型都没有完全解释所有的现象（Wilkins and Haig，2003）。人们注意到一个有趣的现象，就是在植物胚乳中也发现了印记基因。胚乳被比作哺乳动物的胎盘，因为它将营养物质从亲本植物传递到胚胎［见第17章（Grossniklaus and Paro，2014）］。这个发现增强了以下论点的说服力：基因组印记进化成调节亲本和子代间营养传递的一种方式，但并没有告诉我们为什么。

对哺乳动物基因组印记功能更全面或替代性的解释可能有两种。第一，在整个基因簇检查"印记"的功能，而不是仅仅使小鼠某单个印记基因缺失观察表型，这需要具有逆转印记并在整个印记基因簇中形成双亲基因表达的能力；第二，准确了解基因是如何被印记的。有可能一个簇中不是所有基因都是印记机制的特定目标，一些基因可能只是该进程"无辜的旁观者"，所以它们的功能对于基因组印记的作用来说没有提供太多信息。被印记机制影响的"无辜的旁观者"基因的存在令人满意地解释了为何在发育中没有明显生物学功能的印记基因会如此之多。

26.3.3　印记基因成簇存在并受印记控制元件的调控

迄今为止，已经将大约150个印记基因（包括X染色体在内）定位到小鼠的17条染色体上。超过80%的已识别印记基因被聚集成16个包含两个或多个基因的基因簇区域（Wan and Bartolomei，2008）。印记基因簇的发现强烈暗示了某一共同的DNA元件可能顺式调节多个印记基因的表达。迄今为止，16个印记基因簇中有7个比较了解，表26-1列出了按该簇分类的主要印记基因的名称及其与疾病的关联［例如，Prader-Willi综合征的Pws簇；第33章（Zoghbi and Beaudet，2014）］。这七个基因簇包含3～12个（或更多）的印记基因，分别为80～3700kb的DNA片段。

表 26-1　小鼠基因组印记基因簇特征

基因簇名	染色体编号（小鼠/人类）	ICE（配子甲基化印记）	簇大小/kb	簇中基因数量	亲本表达（母源/父源）	lncRNA 及其表达
Igf2r	17/6	Region 2(M)	490	4	3 M(pc) 1 P(nc)	*Airn*(P)
Kcnq1	7/11	KvDMR1(M)	780	12	11 M(pc) 1 P(pc)	*Kcnq1ot1*(P)
Pws	7/15	Snrpn-CGI(M)	3700	>8	2 M(pc)/ >7 P(nc 和 pc)	*Ube3aas*(P)[a] *Ipw*(P)[a] *Zfp127as*(P)[a] *PEC2*(P)[a] *PEC3*(P)[a] *Pwcr1*(P)[a]
Gnas	2/20	Nespas DMR(M)	80	7	2 M(pc) 5 P(4 nc 和 1 pc)	*Nespas*(P)[b] *Exon1A*(P) *miR-296*(P)[b] *miR-298*(P)[b]
Grb10	11/7	Meg1/Grb10 DMR(M)	780	4	2 M(pc)/2P(pc)	NI
Igf2	7/11	H19-DMD(P)	80	3	1 M(nc)/2 P(pc)	*H19*(M)

续表

基因簇名	染色体编号（小鼠/人类）	ICE（配子甲基化印记）	簇大小/kb	簇中基因数量	亲本表达（母源/父源）	lncRNA 及其表达
Dlk1	9/14	IG-DMR(P)	830	>5	>1 M(nc)/ 4 P(pc)	*Gtl2*(M)c *Rian*(M)c *Rtl1as*(M)c *Mirg*(M)c miRNAs(M)c snoRNAs(M)c

注：基因簇的大小和基因数量是暂时的，还需等待全基因组分析印记表达。Pws 和 Dlk1 基因簇包含重叠的转录物，而两者间非重叠的基因数量还未知。更多细节会在文中给出。

M，母源；P，父源；DMR，差异甲基化区域；pc，蛋白质编码；nc，非编码 RNA；NI，未鉴定；miRNA，微小 RNA；snoRNA，小核仁 RNA。

a 可能是一条长非编码 RNA。

b *Nespas* 转录物的一部分。

c 可能是一条或多条长非编码 RNA。

这七个簇的共同特征是它们都有一个带配子甲基化印记的 DNA 区域，叫做配子差异性 DNA 甲基化区域（differentially DNA-methylated region，DMR）。如果甲基化印记在一个配子中建立而且只在胚胎二倍体细胞的一条亲本染色体上维持，就叫做配子甲基化印记（gametic methylation imprint）。在 5 个基因簇中（*Igf2r*、*Kcnq1*、*Gnas*、*Grb10* 和 *Pws*），配子 DMR 有着在卵子发生中得到的母源甲基化印记，而在 *Igf2* 和 *Dlk1* 两个簇中有精子发生中获得的父源甲基化印记。在这些例子中，配子 DMR 控制着整个或部分基因簇的表达，因此被定义为簇的印记控制元件（imprinting control element，ICE）（Barlow，2011）。

表 26-1 显示出每个印记基因簇都对应多个 mRNA（除了 *Grb10* 以外）和至少一个 lncRNA。还出现了两种趋势：第一，每个簇中的蛋白编码的印记基因大部分是从同一亲本染色体表达的，但 lncRNA 是从相反的亲本染色体表达的（如图 26-5 所示为母源配子 DMR）；第二，只有从亲本等位基因中删除 lncRNA 时，ICE 的缺失才能导致印记基因表达的丧失。表 26-1 显示了在三个基因簇（*Igf2r*、*Kcnq1* 和 *Gnas*）中，lncRNA 启动子是位于印记 mRNA 的一个内含子之中的，而在剩下的簇中，lncRNA 启动子被分开但是与印记 mRNA 基因靠得很近。在一个印记基因簇中，紧密混合着活跃和沉默的基因，这暗示着影响印记基因的沉默和激活机制不会扩散，而可能限制在被影响基因的附近。尤其是沉默 lncRNA 的启动子位于活跃转录基因的内含子中，这一点暗示沉默机制甚至可能仅在调节元件周围，而不会在整个基因长度上扩散。

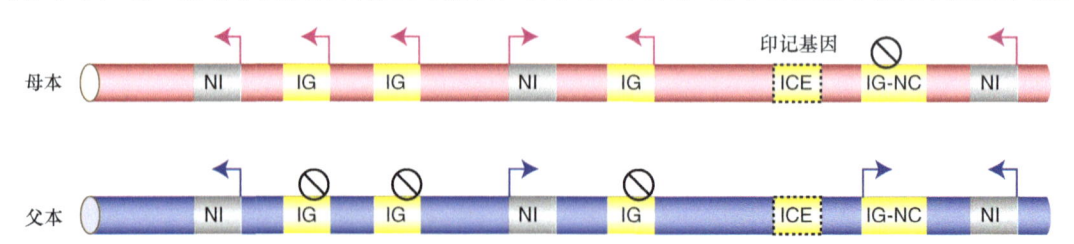

图 26-5　**印记基因只在一个亲本等位基因中表达，而且常常聚集成簇存在。** 多数印记基因（黄色）在基因簇中发现，其中含有多种编码蛋白的 mRNA（IG）和至少一个非编码 RNA（IG-NC）。非印记基因也可能在其中存在（灰色的 NI）。印记机制是顺式作用的，印记表达由一个亲本配子带来的印记控制元件（ICE）所调控。一对二倍体染色体以粉红色（母源表达的印记基因）和蓝色（父源表达的印记基因）表示。箭头，表达的基因；停止符号，被抑制的基因。

配子 DMR 有什么样的作用呢？尽管配子 DMR 可能被母源或父源甲基化，但删除这些元件之后，除了个别例外，大部分情况下都产生了大致相似的结果，但其中也有一些有趣的例外（图 26-6）。在三个簇中（*Igf2r*、*Kcnq1*、*Dlk1*），实验性地删除甲基化配子 DMR 没有影响，然而删除其非甲基化的 DMR 则完全逆转了亲本特异性的表达形式，并导致顺式作用的 lncRNA 的表达缺失，以及双等位基因的表达（Lin et al.，1995；Zwart et al.，2001；Fitzpatrick et al.，2002）。有两个簇（*Gnas* 和 *Pws*）所含配子 DMR 似乎不止一个，并且显示出更复杂的行为，但这些行为与图 26-6 所示的模式还是有一些相似之处的（Williamson et al., 2006）。*Igf2* 簇则不然，甲基化和非甲基化的 DMR 删除都会引起 mRNA 和 lncRNA 的表达发生顺式变化（Thorvaldsen et al., 1998）。

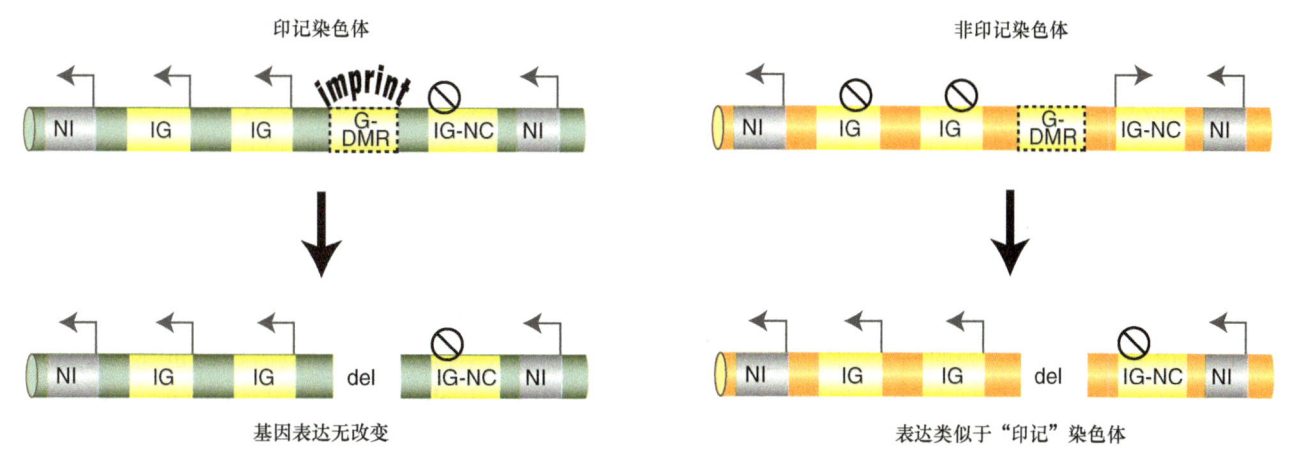

图 26-6　**印记表达受配子 DMR（G-DMR）调控**。左边为从印记染色体（绿色）删除配子 DMR 的效应。右边为从非印记染色体（黄色）删除了 G-DMR 的效应。在许多印记基因簇中（如 *Igf2r*、*Kcnq1* 和 *Dlk1*），实验性删除 G-DMR 只影响带有非印记 G-DMR 的染色体。这导致编码蛋白 mRNA 的印记基因（IG）去抑制而 lncRNA 印记基因（IG-NC）被抑制。注意在此处未标明的一些印记基因簇中（*Igf2* 和 *Pws*），甲基化的 G-DMR 似乎也为顺式表达一些印记 mRNA 所需要。del，被删除的 DNA；G-DMR，配子差异甲基化区域；NG，非印记基因；箭头，表达的等位基因；停止符号，被抑制的等位基因；imprint，导致基因表达顺式改变的表观遗传修饰。

以上配子 DMR 删除实验一开始没有暗示配子 DMR 的共同作用，而要知道其准确功能需要明确 DMR 在每个基因簇中相对于印记基因的位置。在三个有着最简单表达方式的基因簇中（*Igf2r*、*Kcnq1*、*Dlk1*），配子 DMR 可能含有或者可能控制了 lncRNA 的表达，因此缺失此元件会明显导致 lncRNA 表达丢失。然而 *Igf2* 基因簇中的配子 DMR 却不是直接促进 *H19* 转录的，而是改变了 *Igf2* 和 *H19* 之间的相互作用以及二者共有的增强子，通过这种方式调控它们的表达。尽管有这些不同，一般来说，非甲基化的配子 DMR 在所有 6 个基因簇中都隐含有 lncRNA 表达正调控因子的作用，而 DNA 甲基化印记的存在也与 lncRNA 的抑制有关。配子 DMR 删除的实验数据清楚地分辨出这些区域是 ICE，其活性被 DNA 甲基化调控。

26.3.4　印记基因簇中至少含有一个长链非编码 RNA

大多数印记簇含有 lncRNA，目前 lncRNA 被定义为 > 200 个核苷酸长度的非编码转录本（Guttman and Rinn, 2012）。除了那些参与 RNA 加工和翻译的基因外，lncRNA 以前在哺乳动物基因组中很少见。现在，由于已知小鼠和人类的基因组全序列并可以进行转录组学分析，进而可知一个给定细胞群中的所有 RNA 转录本。通过这种分析可知，哺乳动物转录组的很大一部分是由 lncRNA 组成。哺乳动物中有几种类型的非编码 RNA（ncRNA）具有基因调控功能，其中包括参与沉默途径的 "短" ncRNA［第 16 章（Martienssen and Moazed, 2014）］、"较长" 的经过加工的 lncRNA（如 *Xist*），它们参与 X 染色体激活或失活［第 25 章（Brockdorff and Turner, 2014）；第 24 章（Lucchesi and Kuroda, 2014）］，以及与顺式/反式激活或沉默蛋白质编码基因相关的 lncRNA［第 3 章（Allis et al., 2014）；第 2 章（Rinn, 2014）］。

哪些 ncRNA 与印记基因簇相关呢？对表 26-1 中特征鲜明的印记基因簇相关的 lncRNA 进行的分析虽然还不完全，但得到了一些相似点和差异处。有三个印记 lncRNA 为异常长的成熟 RNA：*Airn* 为 108kb（Lyle et al., 2000），*Kcnq1ot1* 约为 100kb（Pauler et al., 2012），*Ube3aas* 可能大于 1000kb（Landers et al., 2004）。相比之下，*H19* lncRNA 仅为 2.3kb（Brannan et al., 1990）。*Gtl2* lncRNA 有多个可变剪接转录产物；而人们也注意到了下游基因间转录，所以还可能有更长的转录单位（Tierling et al., 2005）。*Nespas* lncRNA

大于RNA印迹所能分辨的大小，全长超过27kb（Robson et al.，2012）。这些后面的lncRNA似乎缺乏内含子，即内含子/外显子比率很低，或者未被切割为成熟转录本（Seidl et al.，2006；Pandey et al.，2008）。三个印记lncRNA（*H19*、*Ube3aas*和*Gtl2*下游转录本）表现出另一个特征，它们可充当核仁小RNA（small nucleolar RNA, snoRNA；它们可能对mRNA进行修饰，是转录后调节因子）和miRNA（microRNA）的前体转录本。snoRNA不直接作用于簇中的印记mRNA基因，目前尚不清楚它们是否在印记机制本身中起作用（Seitz et al.，2004）。类似地，*H19*和*Gtl2* lncRNA中的miRNA与簇中一个mRNA基因的转录后抑制有关，但它们在调控簇的印记表达上没有直接作用（Davis et al.，2005；Keniry et al.，2012）。

印记lncRNA的两个特征暗示其对沉默簇中印记mRNA（即编码蛋白质）基因有作用。第一，与印记mRNA基因相比，lncRNA通常表现出相反的亲本特异性表达（表26-1）；第二，携带配子甲基化印记的DMR控制了整个基因簇的印记表达，多个例子（*Airn*区域2、*KvDMR1*、*Snrpn-CGI*和*Nespas-DMR*）中，它们与lncRNA启动子发生重叠。这可能暗示印记是为调节每个印记簇中lncRNA进化而来的，删除携带配子DMR的非甲基化序列的实验印证了这个说法：这导致了lncRNA表达缺失，同时印记mRNA基因表达增加（*Igf2r*、*Kcnq1*、*Gnas*、*Pws*和*Dlk1*簇）（Wutz et al.，1997；Bielinska et al.，2000；Fitzpatrick et al.，2002；Lin et al.，2003；Williamson et al.，2006）（图26-6）。

目前已对许多基因座（*Airn*，*Nespas*，*Kcnq1ot1*和*H19* lncRNA）进行了直接测试lncRNA本身作用的实验。这些lncRNA通过对其内源性基因开展遗传操作进行分析。前三个位点是通过插入一个多腺苷酸化［poly(A)］信号来截短lncRNA。将108kb的*Air* lncRNA截短到3kb后发现lncRNA自身对于沉默*Igf2r*簇中所有三个基因是必要的，所以这个lncRNA有着调节作用（Sleutels et al.，2002）。另外，将约100kb的*Kcnq1ot1* lncRNA截短到1.5kb后也发现这个lncRNA直接参与沉默更大的*Kcnq1*簇中所有的10个基因（Mancini-DiNardo，2006）。最后，对大约27kb的*Nespas* lncRNA进行截短后表明沉默*Gnas*印记簇中重叠的*Nesp*基因是很有必要的（Williamson et al.，2011）。相比之下，精确删除*H19* ncRNA及其启动子并没有对内胚层组织中*Igf2*簇的印记产生影响，尽管中胚层组织中有一些印记的丢失（Schmidt et al.，1999）。因此，三个母本印记基因簇（*Igf2r*、*Kcnq*和*Gnas*）有共同lncRNA依赖的沉默机制，而迄今为止研究的唯一一个父本印记基因簇（*Igf2*）则采用了一种不同的绝缘子依赖模型（请参见26.3.6节）。

26.3.5　DNA甲基化在基因组印记中的作用

1991年最早发现的三个内源印记基因，使研究者知道了细胞的表观遗传系统如何将一个基因加上亲本印记。最初也是最容易检测的标记为DNA甲基化——哺乳动物中共价地给CpG中胞嘧啶加上甲基的一种修饰。DNA甲基化是通过从头甲基转移酶的作用得到的，之后在体内随着细胞分裂，由维持性甲基化转移酶来维持［见第15章（Li and Zhang，2014）］。因此，这种修饰满足图26-3中所概括的亲本身份标记或"印记"的标准，因为：①它可以在精子或卵子中由只作用于一个配子的从头合成的甲基转移酶建立；②它可以在每次细胞分裂时通过维持甲基转移酶被稳定继承；③它可以在生殖系中被擦除而在下一代中重建，这可以由被动的去甲基化（DNA复制后无法进行维持甲基化的作用）或通过去甲基化活性的作用（可能是通过10/11易位家族的酶）或是通过DNA修复机制切除5-甲基胞嘧啶将5-甲基胞嘧啶转化为5-羟甲基胞嘧啶；[Tan and Shi，2012；参见第15章图15-6（Li and Zhang，2014）]。

DNA甲基化在基因组印记过程中，可能存在两种不同的基因组印记功能。它既可以作为仅存在于一个配子染色体上的从头获得的印记标记，同时由于DNA甲基化一般与基因抑制有关，它也能使一个亲本的等位基因沉默［见第15章（Li and Zhang，2014）］。为了确定它确切的作用，首先必须要指明DNA甲基化只在一条亲本染色体上存在（也就是一个DMR）。其次，有必要确定基因簇中哪个印记基因以及哪些调控序列被DNA甲基化标记。启动子或长距离正负调控元件上甲基化标记的位置对基因表达有不同的作用。最后，有必要明确DMR是在哪个发育阶段形成的。如果是在配子发生时期，而且在体细胞的相应位置维持下来（配子DMR），它可能就是印记。如果它是在胚胎形成二倍体后加到基因上（体细胞DMR），这时两条亲本染色体就在同一个细胞当中了，不可能是身份标记，却可能对维持亲本特异性沉默有作用。

亲本等位基因特异性DNA甲基化在多数印记簇中都有发现。例如，*Igf2*基因簇有一个位于*H19* lncRNA上游2kb处的配子DMR，它只在父源配子中甲基化，之后在所有体细胞组织中都维持着这种状态（Bartolomei et al.，1993）。类似的配子DMR也覆盖*Airn* lncRNA的启动子，后者只在沉默的母源基因拷贝中存在，是在雌性配子中获得的（Stoger et al.，1993）。令人惊讶的是，配子DMR不是在这些簇（*Igf2*和*Igf2r*）中主要的印记基因启动子区域发现的。相反，沉默的*Igf2*启动子没有被甲基化而沉默的*Igf2r*启动子处于一个体细胞DMR中（Sasaki et al.，1992；Stoger et al.，1993）。在携带印记lncRNA沉默拷贝的染色体上，甲基化的配子DMR（如图26-6所示）也在其他几个深入研究过的印记基因簇中被发现，包括*Pws*、*Kcnq1*、*Gnas*、*Dlk1*和*Grb10*（Shemer et al.，1997；Liu et al.，2000；Takada et al.，2002；Yatsuki et al.，2002；Shiura et al.，2009）。

体细胞DMR的情况不多，只在每个簇中少数蛋白编码的印记基因上出现，暗示DNA甲基化可能在维持印记基因表达中的作用有限（Stoger et al.，1993；Moore et al.，1997；Yatsuki et al.，2002；John and Lefebvre，2011）。删除小鼠的配子DMR导致多个基因的印记完全丢失，证明这类DMR也是整个簇的主要ICE（图26-6）（Wutz，1997；Thorvaldsen et al.，1998；Bielinska et al.，2000；Fitzpatrick et al.，2002；Lin et al.，2003；Williamson et al.，2006）。相反，体细胞DMR缺失影响了相关印记基因，但印记表达被簇中其他基因维持（Constancia et al.，2000；Sleutels et al.，2003）。

*Dnmt*基因家族突变能引起基因组范围的DNA甲基化缺失，突显了其调控印记基因表达的重要作用。从头甲基化酶Dnmt3a、甲基化酶激活因子Dmnt3L或是维持性甲基化转移酶Dnmt1的突变会产生DNA甲基化缺陷型胚胎，它们的印记基因表达发生改变。四个印记基因簇（*Igf2*、*Igf2r*、*Kcnq1*和*Dlk1*）受此干扰产生的结果，暗示了DNA甲基化一般抑制了表达成簇基因的同一亲本染色体上配子DMR的作用。因此，如果没有DNA甲基化，配子DMR也无法正常工作（即导致不能沉默lncRNA）。最终导致的结果就是，lncRNA的异常表达，以及几个被印记的蛋白质编码基因（包括*Igf2*、*Igf2r*、*Kcnq1*和*Dlk1*）在两条亲本染色体上都被抑制了。这表明这些基因需要顺式调控元件被表观遗传修饰。值得注意的是，*H19* lncRNA正常情况下只在带有非甲基化配子DMR的染色体上表达，此处却在两条亲本染色体上都有表达。而在胎盘中报道的印记表达基因存在一些例外（Lewis et al.，2004）。

是否还存在其他类型的表观遗传修饰作为配子的印记呢？鉴于丰富的表观遗传机制足以改变哺乳动物基因组中的遗传信息，DNA甲基化不太可能是唯一的印记机制。影响染色质活性状态的组蛋白修饰也可能产生亲本印记，它们也能满足图26-3中的多个前提条件。第一个例子是Polycomb复合体的成分蛋白EED（PRC2复合物的一部分，负责催化组蛋白H3K27甲基化）影响了一些父源抑制的基因。*Eed*突变对于基因组印记的影响相对于DNA甲基化来说小得多（Mager et al.，2003）。在另一个例子中，特异作用于H3K9的EHMT2组蛋白甲基转移酶可以抑制一些印记基因，但也只能抑制胎盘中的基因（Nagano et al.，2008）。因此，目前的证据表明，组蛋白修饰和修饰酶在基因组印记中起次要作用。

尽管我们对配子DMR的身份特征和表观遗传修饰了解较多，但对于配子中这些序列如何被选择进行甲基化还知之甚少。目前已发现母源的甲基化配子DMR要比父源多得多（Bartolomei and Ferguson-Smith，2011）。母源甲基化的DMR在卵母细胞生长过程中被甲基化，而父源甲基化的DMRs在前体精原细胞中发生甲基化（图26-7）（Lucifero et al.，2002）。对于母源配子DMR，尽管有些配子包含一系列直接的重复序列，可能会产生吸引DNA甲基化的二级结构，但通过序列比对已知配子DMR的序列并未发现明显的序列保守性（Neumann et al.，1995）。例如，已证明*Igf2r*基因簇配子DMR中的串联直接重复序列对于卵母细胞特异性DNA甲基化必不可少（Koerner et al.，2012）。但是，*Kcnq1*基因簇配子DMR中的那些重复序列并不是必需的（Mancini-DiNardo et al.，2006）。母源DMR的另一个特征是，与其余的基因组相比，它们的CpG含量明显较高。关于如何识别这些区域的想法来自对DNMT3A和DNMT3L的羧基末端复合结构域的结构分析，该结构分析是通过X射线晶体学得到的（Jia et al.，2007）。由这两种酶组成的四聚体复合物优先甲基化一对相距8～10个碱基对的CpG［第6章（Cheng，2014）］。这种间隔在母源甲基化的印记基因座中存在，但是在父源甲基化印记基因中未发现。然而，由于这种 CpG 间隔在基因组中广泛存在，所以该机制的特异性受到了质疑，或许表明还需要其他特征来证明这一点（Ferguson-Smith and Greally，2007）。更多的特异性证据来自如果 H3K4 残基未甲基化，则 DNMT3L 会与组蛋白 H3 的氨基末端相互作用，并促进局部 DNA 甲基化［更多信息请参见 Ooi et al.，2007；第 6 章（Cheng，2014）］。促成卵母细胞中 DMR 的 DNA 从头甲基化特异性的另一个因素是跨差异甲基化区域的转录（Chotalia et al.，2009）。重要的是，只有跨种系 ICE 的蛋白质编码转录本被认为与 DNA 甲基化的建立有关。尽管目前尚不清楚该转录如何吸引 DNA 甲基化机制，但有人提出可能需要通过 ICE 的转录来建立或维持允许建立 DNA 甲基化的开放染色质结构域。为了进一步研究和定义这个机制，有必要更详细地了解转录和 DNA 从头甲基化之间的时间关系，尽管如此，CpG 的间距、翻译后的组蛋白修饰和卵母细胞的转录已经可以为母源特异性 DNA 甲基化印记的获取提供研究基础。

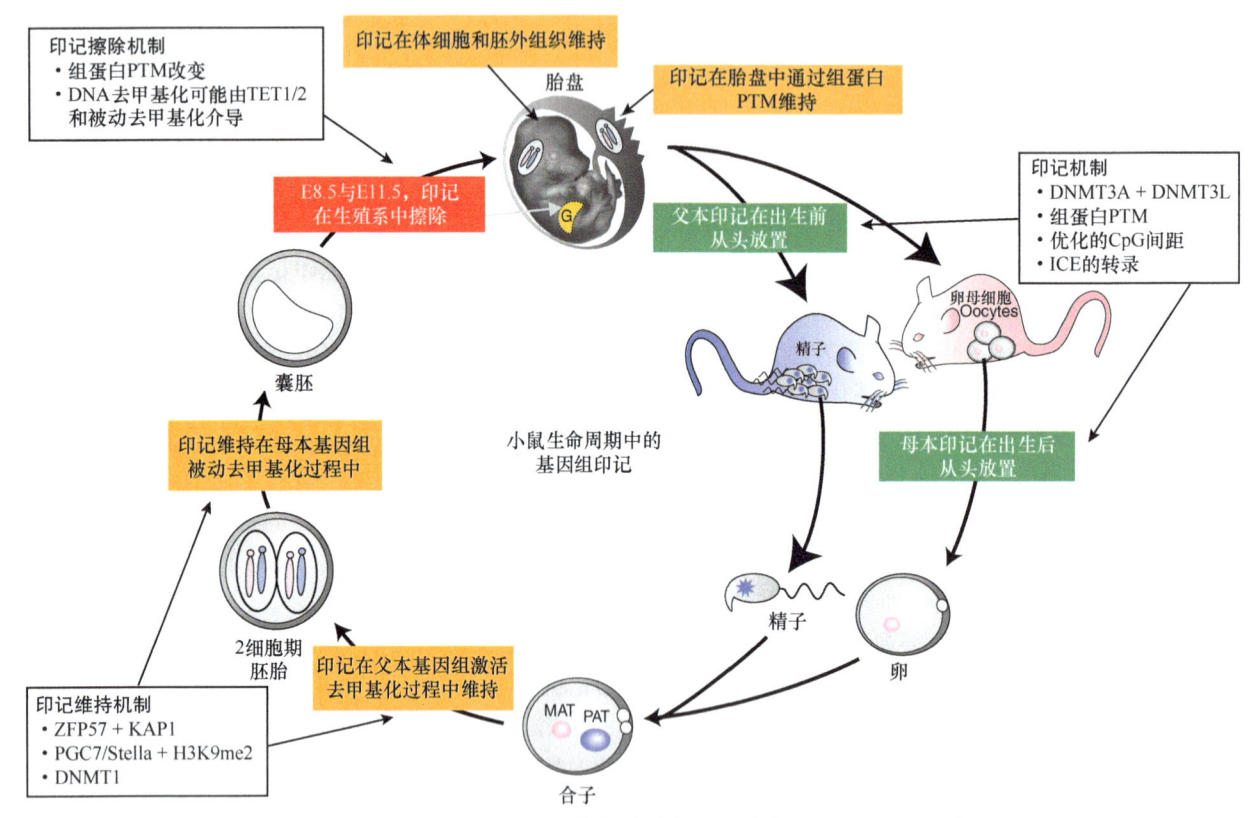

图 26-7　小鼠发育中基因组印记的建立、维护和消除。 在生殖系中，原始生殖细胞（PGC）在进化为生殖器（性腺）期间会发生染色质结构和 DNA 去甲基化的多种变化。印记在生殖系中以性别特异的方式获得（绿色阴影）。DNA 甲基化专门靶标父源和母源 DNA 甲基化的 ICE——胎儿出生前在精细胞中而胎儿出生后在成熟期间的卵母细胞。尽管受精后 DNA 甲基化发生了全局变化（橙色阴影），但仍保留了这些印记：合子中父源基因组的主动去甲基化和着床前母源基因组的被动去甲基化。保护甲基化区域的候选蛋白包括 ZFP57 和 PGC7/STELLA。基因组 DNA 的从头甲基化始于桑葚胚阶段，在此期间必须保护印记基因的未甲基化等位基因。在生物体的整个生命周期中，在体细胞中都保留着印记，而胚外组织中的印记被认为较少依赖于 DNA 甲基化的维持。在生殖系中，印记会被删除并在下一代被重置（红色阴影）。PTM，翻译后修饰；MAT，母源基因组；PAT，父源基因组。

关于如何在雄性生殖系中建立父源特异性 DNA 甲基化印记的信息还相当少，尽管如此，有早期的实验表明，它与雌性生殖系可能有一些相似之处。最近发现，在建立印记时，在原始生殖细胞 H19-DMD 和 IG-DMR 的两个父源配子 DMR 中检测到主要来自一条链的高转录通读性（Henckel et al.，2011），而且似乎那些免受 DNA 甲基化影响的母源配子 DMR 在雄性原始生殖细胞中富含 H3K4me3。

一个在基因组印记中最神秘的问题是，印记基因上的 DNA 甲基化标记如何逃脱受精后发生的全基因组重编程呢？重编程过程包括着床前胚胎中发生的 DNA 去甲基化和随后的大规模 DNA 从头甲基化（图 26-7）[参见 Morgan et al., 2005；第 6 章图 6-3（Li and Zhang, 2014）]。顺式作用序列和反式作用因子的组合很可能介导了对 DNA 甲基化的保护过程。一种母源因子 PGC7/STELLA，似乎通过与 H3K9me2 的相互作用在维持早期小鼠胚胎的 DNA 甲基化中具有普遍性的作用（Nakamura et al., 2012）。但是，另一个可能对印记基因作用更特异的因子是 ZFP57。研究表明，在新生儿短暂性糖尿病患者中鉴定出的 *ZFP57* 基因突变与多个印记位点的 DNA 甲基化缺陷有关（Mackay et al., 2008）。此外，*Zfp57* 无义突变体小鼠在许多（但不是全部）基因座上显示出胚胎致死和基因印记的损失（Li et al., 2008）。最近，还有研究表明 ZFP57 能与辅因子 KAP1 结合，然后招募其他表观遗传调控因子（Quenneville et al., 2011）。因此，依赖于序列和 DNA 甲基化结合的 ZFP57 可以充当特异结合 KAP1 等位基因的锚定蛋白，进而可以招募其他重要的抑制性表观遗传调控因子（如 SETDB1、HP1、DNMT1、DNMT3A 和 DNMT3B）到异染色质上，然后沉默印记基因座上的等位基因。其他也可能参与维持早期胚胎印记基因座上 DNA 甲基化水平的蛋白质还尚待鉴定。

26.3.6 印记基因簇中两种类型的顺式沉默作用

目前，针对于多个基因簇中控制印记的机制，提出了两类顺式沉默的假说：绝缘子模型（适用于 *Igf2* 簇）以及 lncRNA 介导的沉默模型（适用于 *Igf2r* 和 *Kcnq1* 簇）。虽然尚未完全定义，但表 26-1 中的大多数基因簇都与这两个模型之一的某些方面相符。导致 *Igf2* 基因座绝缘子模型定义的突破是配子 DMR（H19-DMD）的缺失，其位于 *H19* 转录起始点上游 2kb 和 *Igf2* 下游 80kb（图 26-8）（Thorvaldsen et al., 1998）。不管删除的区域是从父源还是母系遗传来的，删除后，*H19* 和 *Igf2* 均显示出印记的缺失，这就确定了此 DMR 为一个 ICE。随后发现，这种与 ICE 结合的 CTCF 是一种能在 β-珠蛋白位点调节绝缘子活性的蛋白质，而 ICE 本身起到了绝缘体的作用（Bell and Felsenfeld, 2000；Hark et al., 2000）。在这种情况下，绝缘子的定义为：处于增强子和启动子之间并阻断二者相互作用的元件。因此，在此位点的印记基因表达模型为：在母源等位基因上，CTCF 结合 ICE 并阻止 *Igf2* 和 *Ins2* 接近与 *H19* lncRNA 共有的增强子（处于三者下游）。这样一来，就只有 *H19* 可以接近这个增强子（图 26-8）。父源等位基因上的 ICE 是在雄性生殖系中得到了 DNA 甲基化的，CTCF 就无法结合上去，父源染色体上的 *Igf2* 和 *Ins2* 与增强子作用，于是可以表达。父源 ICE 的 DNA 甲基化使 *H19* 启动子上又发生了次级甲基化修饰而导致 *H19* 沉默。尽管绝缘子模型已被广泛接受，但尚不清楚绝缘子在该基因座如何起作用。最被广泛接受的观点之一是 CTCF 可与 DNA 分子顺式相互作用，通过染色质环的形成来隔离基因 [更多详细信息请参见第 19 章（Dekker and Misteli, 2014）]。此外，有研究发现黏连蛋白也与 CTCF 相互作用形成这些环（Nativio et al., 2009）。继发现 CTCF 在绝缘子模型中的作用后，人们发现了其他印记基因（如 *Rasgrf1*、*Grb10* 和 *Kcnq1ot1*）上的 CTCF 结合位点，说明绝缘子模型也可能在其他印记基因簇中起作用。

然而，印记模型中的 lncRNA 模式可能更普遍一些。发现印记基因簇中也包括功能性 ncRNA 的一项突破是将 108kb 的 *Airn* lncRNA 截短至 3kb 的实验（Sleutels et al., 2002）。被截短的 ncRNA 保持着印记的 DNA 甲基化，然而 *Igf2r* 簇中三条 mRNA 基因的沉默都失去了（图 26-8）。现在发现 lncRNA 介导的沉默机制在 *Kcnq1* 基因簇中也起作用（Mancini-DiNardo et al., 2006），尽管是以组织特异性的方式存在，但这表明该基因簇和 *Gnas* 印记基因簇（Williamson et al., 2011）的沉默可能涉及另一种机制，如使用绝缘子机制（Shin et al., 2008）。目前尚不清楚 lncRNA 如何沉默基因，但许多模型都是可能的。在每个基因簇中 mRNA 和 lncRNA 之间存在的正反义链重叠导致了两种可能的后果。第一种是 mRNA、ncRNA 之间可以形成双链 RNA，引起 RNAi [在第 16 章有详细描述（Martienssen and Moazed, 2014）]。但是，RNAi 机制的缺失不会影响 *Kcnq1* 簇中的印记表达（Redrup et al., 2009）。因此，第二种可能性是正反义链的重叠关系引起两个启动子或增强子之间的转录干扰，而这个干扰只影响 mRNA 启动子的转录（Pauler et al., 2012）。在这种情况下，第一个事件可能是重叠的启动子或增强子的沉默，然后是抑制性染色质的积累，这可以在整

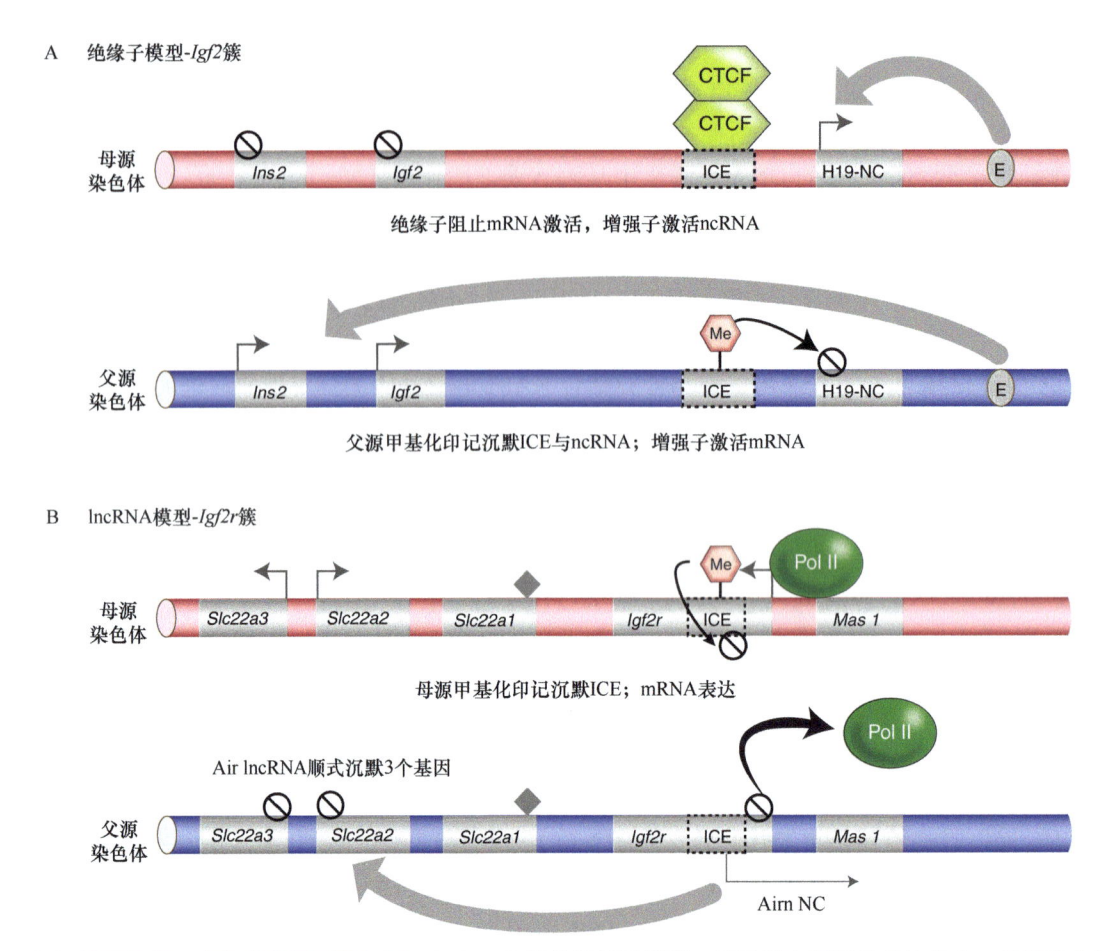

图 26-8 印记基因簇的两个顺式作用沉默机制。（A）*Igf2* 簇的绝缘子模型，显示了内胚层的表达状态。母源染色体上非甲基化的 ICE 结合 CTCF 蛋白形成绝缘子而抑制共同的内胚层增强子（E）并激活 *Igf2* 和 *Ins2*。相反，增强子激活了附近的 *H19* lncRNA 启动子。在父源染色体上甲基化的 ICE 不结合 CTCF，也没有形成绝缘子，所以 *Igf2* 和 *Ins2* mRNA 基因只在此条染色体上表达。*H19* lncRNA 的甲基化很可能是由 2kb 以外甲基化的 ICE 扩散而来，然后被沉默。（B）*Igf2r* 基因簇的 lncRNA 模型。图中所示为胎盘中表达状态。母源染色体上，甲基化的 ICE 包含 *Airn* lncRNA 的启动子，使得 DNA 甲基化印记直接将其沉默。*Igf2r*、*Slc22a2* 和 *Slc22a3* mRNA 基因只在这条染色体上表达。*Mas1* 和 *Slc22a1* 在胎盘中不表达（实心的钻石形状）。父源染色体上，*Airn* lncRNA 启动子处于非甲基化 ICE 中，而且顺式沉默了 *Igf2r*（部分原因是赶走了 RNA 聚合酶Ⅱ）、*Slc22a2* 和 *Slc22a3*。注意在两种模型中，DNA 甲基化印记都使 lncRNA 沉默而 mRNA 得到表达。ICE，印记控制元件；灰色箭头，印记基因中的表达等位基因；终止符号，印记基因的抑制等位基因；粗箭头，顺式长距离效应。

个基因簇中扩散并诱导转录基因沉默。该模型的证据来自在 ES（胚胎干）细胞中 *Igf2r/Airn* 基因座处产生的一系列重组内源染色体（Latos et al., 2012）。胚胎中此基因座等位基因特异性表达的起始可通过 ES 细胞分化来介导，其中 *Igf2r* 为双等位表达基因，但 *Airn* 基因表达的启动会导致 *Igf2r* 印记（Latos et al., 2009）。为了测试 *Igf2r* 的沉默是否需要 *Airn* 的转录或是 lncRNA 本身，将 *Airn* 截短为不同的长度，研究结果是 *Igf2r* 的沉默仅需要 *Igf2r* 的启动子被 *Airn* 的转录物覆盖，因为这会干扰 RNA 聚合酶Ⅱ的募集（Latos et al., 2012）。该模型表明，*Airn* 主要通过其转录而不是作为 lncRNA 发挥作用。

当然，也可能是印记 lncRNA 包裹于染色体局部区域，直接募集染色质抑制蛋白到印记簇，作用方式类似于 X 染色体失活中的 *Xist* lncRNA [见第 25 章（Brockdorff and Turner, 2014）]。lncRNA 在组蛋白翻译后修饰机制的招募中的功能证据来自针对胎盘组织的实验。RNA 荧光原位杂交实验表明，*Airn* 和 *Kcnq1ot1* 在其转录位点形成"RNA 云"（Nagano et al., 2008; Pandey et al., 2008; Terranova et al., 2008; Redrup et al., 2009）。Terranova 及其同事的研究表明，这些长的 ncRNA 与抑制性组蛋白区室以及 Polycomb 组蛋白有关（Lerranova et al., 2008）。该细胞核的区室也没有 RNA 聚合酶Ⅱ，并且以三维浓缩的状态存在。其他针对

Airn lncRNA 的研究进一步表明，lncRNA 可以主动招募抑制性的组蛋白修饰（Nagano et al.，2008），但仅限于胎盘中。在后一种情况下，*Airn* 被证明可以积极招募 EHMT2 H3K9 甲基转移酶，这导致 *Slc22a3* 基因而非 *Igf2r* 基因被父源特异性沉默。这些实验表明，lncRNA 介导的印记基因沉默可能取决于不同的下游机制。

重要的是，印记基因的调控也可能存在其他机制。例如，Wood 及其同事描述了一种新的印记基因座（*H13*），它以等位基因特异性方式采用了可变的多聚腺苷酸化位点（Wood et al.，2008）。*H13* 基因包含一个母源甲基化的内部 CpG 岛，该岛在卵母细胞中获得 DNA 甲基化（尚未经过 ICE 活性测试）。此 CpG 岛的过度甲基化可确保从母源染色体合成全长的、功能性的 *H13* 基因转录本。实验表明，父源等位基因上未甲基化的 CpG 岛允许 *Mcts2* 反转座基因从启动子转录。反过来，*Mcts2* 的表达与 *H13* 的过早多聚腺苷酸化相关，也就是与 *H13* 转录的截短表达有关。一旦解析出完整的印记基因名目，该基因座的发现说明可能存在其他较少使用的基因组印记机制。

26.4 基因组印记——哺乳动物的一种表观遗传调控模型

与其他哺乳动物表观遗传基因调控模型相比，研究基因组印记是有优势的，因为有活性和无活性的亲本等位基因都位于同一核中，并且暴露于相同的转录环境中（Bartolomei，2009；Barlow，2011）。因此，二者之间任何表观遗传的差异都更有可能是与其转录状态相关联的。"先后"表观遗传系统则相反，它的表观遗传变化也可能反映了细胞分化状态的改变。在有活性的和沉默的亲本等位基因存在于同一个细胞核的情况下，基因组印记就成为研究表观遗传基因调控的理想系统，但是要区分亲本等位基因来辨明基因活性、沉默相关的特异性特征也是个难点。小鼠中能够区别父源和母源染色体的模式系统则在很大程度上克服了这个难题（图 26-1）。尽管进化过程中表观遗传基因调控途径是高度保守的，但是每个生物体之间也可能有差异，这与其基因组组织不同有关。哺乳动物基因组有一个不寻常的组织方式，该组织散布着具有高拷贝数重复序列的基因（也称为转座元件），这大大增加了大多数基因的长度以及相邻基因之间的距离。这与酵母、线虫、植物和果蝇等其他模式生物形成鲜明对比，后者的基因组显示出保持无重复序列的状态，或至少是在基因中没有 [对于生物之间的比较，请参见 Rabinowicz et al.，2003；第 3 章图 3-19（Auis et al.）]。基因组印记对于理解哺乳动物的表观遗传学有何帮助？印记基因簇还远没有被了解清楚，但显然它们能为了解某一区域或结构域内基因的调控提供信息。现在已经知道有的印记基因簇含有受 DNA 甲基化调控的顺式作用序列；有的所含基因在哺乳动物基因组中被沉默了，需要表观遗传的激活才能表达；有的含有起绝缘子作用的远程调控元件；还有的含有能顺式沉默大片基因区域的特定的 lncRNA。今后可以证明这些表观遗传调控机制在哺乳动物基因组中是只适用于印记基因簇，还是也可以调控非印记基因。

26.5 展　　望

自 1991 年在哺乳动物中发现第一批印记基因以来，基因组印记就成为人们关注的焦点。早期的实验依靠分子和遗传策略来鉴定印记基因，而多态性的高通量技术可以测定完整的印记基因（Deveale et al.，2012）和含有亲本特异性 DNA 甲基化的区域（Xie et al.，2012）。这些实验结果表明，大多数普遍存在印记表达的基因都已经被识别（http://www.mousebook.org/catalog.php?catalog=imprinting）。但是，仍有一些显示组织特异性印记表达的基因等待发现（Prickett and Oakey，2012）。一些问题仍待解决，尤其是关系到只在脊椎动物中的哺乳动物才有的印记基因调控胚胎、子代生长的问题。这类信息的匮乏与过去 20 年间在阐明调控哺乳动物印记表达的表观遗传机制方面取得的长足进步形成对比。从这些信息中，我们认为已经了解了印记机制在印记基因簇的基本作用原理，尽管并不清楚所有的细节问题。

在这一阶段，我们知道基因组印记通过细胞的一般表观遗传系统来调控亲本特异表达，而这个系统只在配子中起作用。因此，对于一条亲本等位基因来说，所有后续事件都已经被决定了。我们知道不同基因簇的调控机制有着相似之处，但是不知道在哺乳动物基因组中到底有多少这种机制的变种。将来，确定非印记基因在多大程度上受印记基因簇的表观遗传机制调控也将引起人们的兴趣。例如，通过在 Prader-Willi 综合征和 Angelman 综合征患者中诱导沉默的亲本等位基因的重新表达以减轻其症状，将这种知识用于人类治疗将大有裨益［进一步的讨论，请参见 Huang et al., 2011；第 33 章（Zoghbi and Beaudet, 2014）］。了解细胞控制表观遗传信息的途径变得越来越重要，因为在癌症［第 34 章（Baylin and Jones, 2014）］辅助生殖技术及衰老过程中发现有表观遗传调控的紊乱［Rando and Chang, 2012；第 30 章（Berger and Sassone-Corsi, 2014）］。对基因组印记的进一步理解无疑将继续为发现哺乳动物基因组如何利用表观遗传机制调节基因表达提供一个重要的模型。

致　　谢

感谢 Barlow 和 Bartolomei 实验室从前及现在成员对本文提出的观点进行讨论并提出不同意见。由于参考文献数量有限，我们无法提供引用的所有原始数据，在此表示歉意。

网 络 资 源

本章参考文献

http://www.mousebook.org/catalog.php?catalog=imprinting MouseBook, Medical Research Council.

（杨怀昊　王泰云　译，郑丙莲　校）

第27章

生殖细胞系和多能干细胞

沃尔夫·雷克（Wolf Reik[1,2]），M. 阿齐姆·苏拉尼（M. Azim Surani[2]）

[1]The Babraham Institute, Babraham Research Campus, Cambridge CB2 3EG, United Kingdom; [2]Wellcome Trust Cancer Research UK Gurdon Institute & Wellcome Trust-Medical Research Council Cambridge Stem Cell Institute, University of Cambridge, Cambridge CB2 1QN, United Kingdom

通讯地址：a.surani@gurdon.cam.ac.uk

摘 要

表观遗传机制在生殖细胞和印记周期中起着重要的作用。生殖细胞有着广泛的表观遗传编程现象，这不仅为全能性的生成做准备，反过来又导致囊胚中多能干细胞的建立，后者是多能性胚胎干细胞的来源，并在培养中得以维持。在囊胚着床后，上胚层细胞发育。这是形成所有体细胞及原始生殖细胞（primordial germ cell，PGC）的前提，即精子和卵子的前体。培养的多能干细胞可被诱导分化为体细胞和生殖细胞。

因此，了解生殖细胞中可能发生的表观遗传重编程的周期，将有助于产生用于治疗和研究目的的更好、更多功能的干细胞。

本章目录

27.1 哺乳动物生命周期中的遗传和表观遗传统一体
27.2 生殖细胞特化的调节机制
27.3 从卵母细胞到早期胚胎
27.4 从多能干细胞到体细胞再回到生殖细胞
27.5 展望

概　述

卵或卵母细胞是细胞体内最不同寻常的细胞，因为它是唯一具有分化成整个生物体潜能的细胞。在 1651 年，William Harvey 最早认识到这一点，并提出了 "*Ex OvO Omni*" 或 "所有生物体都来源于卵" 的论断。他认识到，受精卵可能会逐渐发育成完整的生物体，这一远见对 "后成论" 和 "渐进式发育" 概念（的形成）有着重要的影响。这一理论的提出最终导致了 "预形成论"，即认为 "生物体发育就是由生殖细胞中预先存在的微小但完整的生物体（所谓侏儒体）简单长大" 的消亡。后来，Conrad Waddington 将这个概念描述为 "表观遗传全景"（epigenetic landscape），形象地表示了生物体从卵开始有序的发育过程 [Waddington，1956；第 2 章中描述了这个概念的变化（Takahashi，2014）]。在某些生物体中，完整的个体可以在不需要任何雄性个体的情况下从一个卵细胞发育而来，这就是所谓的 "孤雌生殖"，但是这个现象在哺乳动物中并不会出现，因为哺乳动物细胞中存在 "基因印记"，即精子对卵子的受精是生物发育成熟所必需的。

在绝大多数生物体中，发育开始于精子与卵子融合形成受精卵，这个过程不仅产生了一个新个体，而且至少在理论上导致了无止境的生命繁衍。通过这种方式，生殖细胞在所有世代之间提供了持续的联系。新受精卵（或合子）是独一无二的，因为没有任何其他的细胞具有这种发育成完整新个体的潜力。这种能力被称为全能性（totipotent）。生殖细胞作为一个特别的 "中转站"，可以将遗传信息和表观遗传信息传递给后代。为了实现这种潜力，生殖细胞表现出了许多（与一般细胞）不同的特性。卵母细胞也拥有一种惊人的潜力，可以赋予从体细胞（如神经细胞）移植而来的细胞核全能性，这一过程被称为克隆或细胞核重编程。

在受精卵发育的过程中，新分裂出的细胞的全能性会不断下降。在哺乳动物中，只有最初几次分裂产生的细胞保持有全能性，这些细胞原则上有能力独立发育成新的生物体。

在胚胎发育的过程中，哺乳动物胚胎发育成为囊胚，囊胚由将要发育成胎盘的滋养外胚层细胞和一群将要发育成胎儿并最终形成新个体的内部细胞群组成（Gardner，1985）。这些内部细胞群将会分化出已知的 200 多种体细胞，这种能力被称为 "多能性"。在某些特定的培养条件下，这些多能干细胞可以从早期胚胎中被 "抢救" 回来，并在体外无限培养，保持其分化成任何胚胎和成熟个体中细胞类型的能力，这些细胞类型甚至包括精子和卵子（Evans and Kaufman，1981；Martin，1981）。这样的细胞已经从人、大鼠、小鼠的胚胎中获得，被称为多能性胚胎干细胞。在着床时，胚胎会很快失去其产生多能性胚胎干（ES）细胞的能力，并开始程序性的胚胎发育。我们最近对于 "多能性如何在表观遗传学层面被转录因子调控" 的理解已经产生 "诱导多能干细胞（iPS）" 这一激动人心的技术。通过这种技术，体细胞可以被重编程为与干细胞类似的 iPS 细胞。

原始生殖细胞（PGC）是精子和卵子的前体，它是胚胎着床、发育过程中出现的最早几种细胞类型之一（McLaren，2003）。这个早期发育事件保证了最终生成后代的细胞的 PGC 与其他生成体细胞的细胞被分开。PGC 是高度分化的细胞，它们最终发育为成体中成熟的精子或卵子，由此重复生命周期，而其他的体细胞最终消亡。由此可见，PGC 细胞是非常特殊的细胞。PGC 细胞也可以被用于获取多能干细胞，也称为胚胎生殖细胞。

干细胞同样存在于成体当中。例如，骨髓中的造血干细胞可以分化出数以亿计的各类造血干细胞。类似地，通过各自的干细胞分化，我们的皮肤细胞和肠道细胞也不断更新。成体干细胞通常只有分化成某些特定组织中的细胞的能力，并不像多能干细胞一样具有分化出不同细胞类型的能力。一个重要的课题就是理解多能胚胎干细胞和成体干细胞的相同点及不同点，包括调控它们特性的潜在表观遗传学机制。有趣的是，我们对于成体细胞分化原理的理解已经促成人们掌握将体细胞重编程为另一个细胞的技术，这种技术通常被称为 "转分化"，例如，将皮肤细胞转化成胰腺细胞或将纤维原细胞转化成神经细胞。理解生殖细胞和多能性胚胎干细胞特有的表观遗传学特性，将会帮助我们在医疗，特别是再生医学领域发展出新的概念。

27.1 哺乳动物生命周期中的遗传和表观遗传统一体

个体基因组编码的遗传信息在受精时就已经被确定，除去基因突变或一些有序的序列改变［如免疫系统中 VDJ 基因元件的重组，在 29.4 节会详细讨论（Busslinger and Tarakhovsky，2014）］，在个体发育中的绝大部分情况下并不会改变。从另一方面来看，表观遗传信息在配子中就已经确定（图 27-1A），储存在染色质模板中的信息在发育和分化过程中经过了很大的变化。DNA 甲基化、组蛋白修饰、组蛋白变体、非组蛋白的染色质蛋白、非编码 RNA 和染色质的高级结构都能够编码这个信息。表观遗传学标志的核心特点是它们通常可以从一个细胞世代遗传到下一个，并且它们能够调控基因表达。因此，表观遗传信息被认为对建立、维持那些发育过程中决定细胞命运的基因表达范式的确定性和稳定性有着重要的作用。在全能性细胞和多能性细胞中，表观遗传标记相对不稳定，它们拥有更高的可塑性，以便让这些细胞分化成其他的细胞类型。在发育的过程中，细胞的这种潜力逐渐受到限制，表观遗传标记变得更加严谨和有约束性。全能性细胞和多能性细胞，如生殖细胞或胚胎干细胞（图 27-1B）有重编程基因组、擦除已经存在的表观遗传标记的能力，这种能力是其发育可塑性的基础。

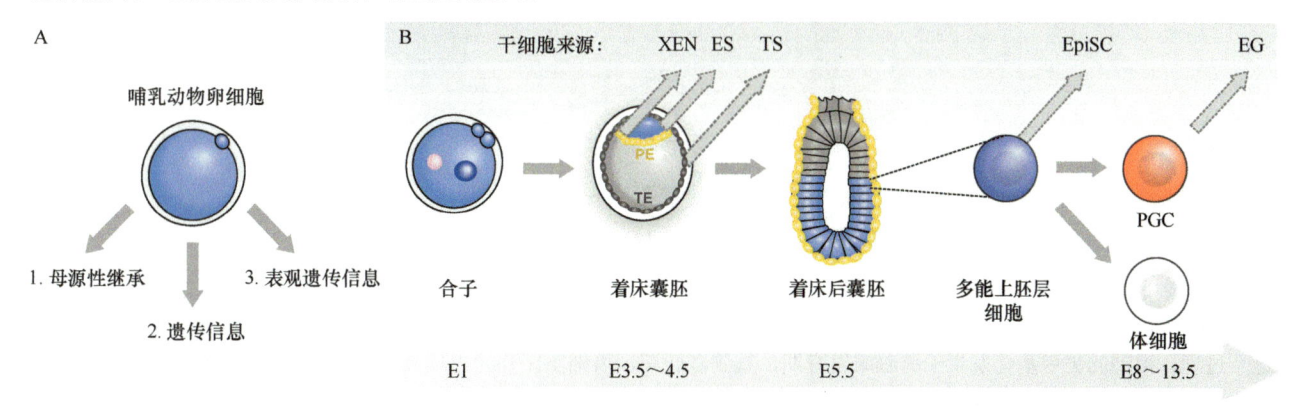

图 27-1 哺乳动物卵母细胞、受精卵和囊胚。 （A）哺乳动物卵母细胞包含母源的 RNA 和蛋白质（母系遗传），它们将决定早期发育事件、基因信息（母源染色体）、表观遗传信息（DNA 甲基化和染色体修饰标记）。（B）受精卵在发育为囊胚的过程中，内细胞团（ICM，蓝色标注）可以生成用于培养的 ES 细胞，也可以发育成所有的体细胞和原始生殖细胞（PGC）。一些多能干细胞（顶部，线性）可以从来自早期和晚期囊胚以及晚期的原条胚胎不同种类的细胞分化而来。干细胞的种类包括 XEN（胚外内胚层）、ES（胚胎干细胞）、TS（滋养层干细胞）、EpiSC（上胚层干细胞）、EG（胚胎生殖细胞）。

发育决定和表观遗传基因调控的相互依赖在哺乳动物中建立起了遗传和表观遗传的统一体。这是因为发育事件，如细胞间的信号传递，会激活一些特殊的基因表达程序，而这种基因表达程序可为表观遗传信息所控制。这些发育事件也可以建立新的表观遗传学事件（例如，生殖细胞中印记基因的甲基化或去甲基化）。相反地，表观遗传标记的建立或擦除也可以决定新的基因表达程序，进而影响每一个细胞对于发育线索的反应。发育和表观遗传在生殖细胞中的联系更加吸引人，因为这不仅与下一代有关，还有可能影响到未来。

生命真的是从受精开始的吗？从遗传学的角度来说，新的个体确实是从精子和卵子结合的那一瞬间开始的。正是此时，来自母本的单倍体和来自父本的单倍体组成了他们后代的二倍体。然而，表观遗传信息也会存在于配子中（图 27-1A）。例如，印记基因的 DNA 甲基化标记在雄性和雌性生殖细胞中是不同的。这些已经存在的标记模式会被子代所继承［见第 26 章（Barlow and Bartolomei，2014）］。这些表观遗传标记早在胎儿或产后早期发育时就被引入到父母的生殖细胞基因组中。越来越多的数据表明，表观遗传标记也可能偶尔从上一代转移到下一代，造成表观遗传标记的跨代遗传［在 14.2.4 节中讨论（Blewitt and Whitelaw，2013）］。

在胚胎着床前，桑葚胚向囊胚转变的过程中，第一次细胞系分配决定发生，并产生了内细胞团（ICM），

582 表观遗传学

内细胞团将会产生整个成体（包括多能性胚胎干细胞）和滋养外胚层（TE）的外层细胞（图 27-2）。这些细胞命运决定事件早于 PGC 细胞特化（囊胚着床之后发生）。滋养外胚层细胞促进了着床，并最终生成了胎盘和原始内胚层细胞；内部细胞团分化成上胚层和原始内胚层（PE）细胞（囊胚后期的着床过程在图 27-1B 中展示）。

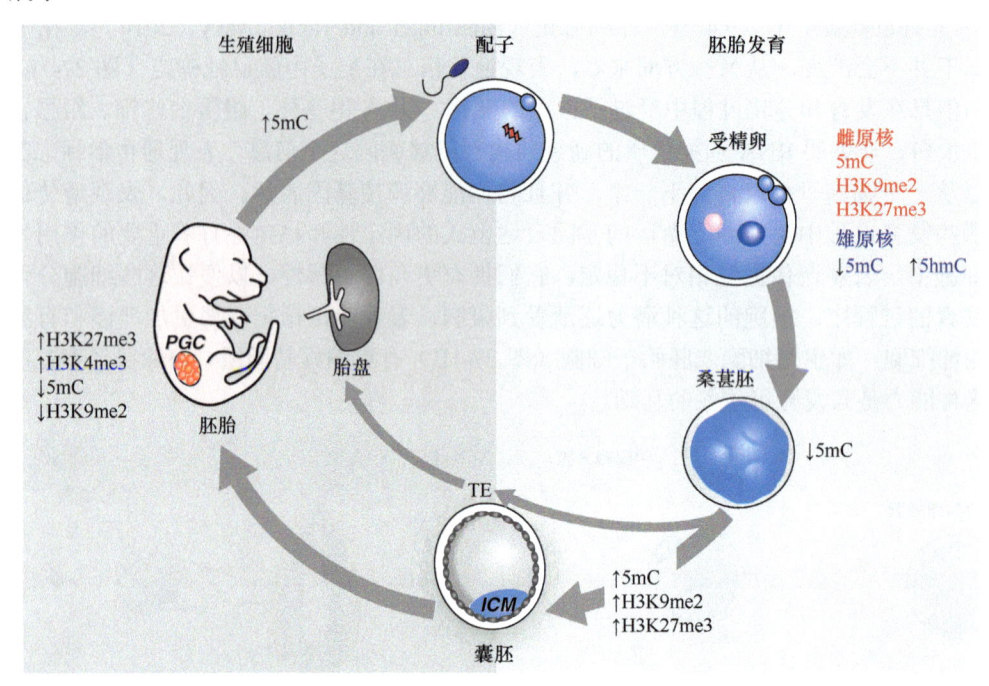

图 27-2 哺乳动物发育的表观遗传重编程循环。 受精后，受精卵的雄原核（PN）就包装上组蛋白，但是其组蛋白缺乏 H3K9me2 和 H3K27me3，而此时雌原核则具有上述标记。雄原核基因组发生快速的去甲基化，而在雌原核中并不会发生这个过程。被动的去甲基化发生于前着床发育期，直到囊胚期，内细胞团开始出现高水平的 5mC、H3K9me2、H3K27me3 修饰。而从滋养外胚层发育而来的胎盘则表现出相对低的甲基化。在进入生殖腺之后，PGC 会逐渐发生 DNA 去甲基化和 H3K9me2 的去甲基化。从头 DNA 甲基化，包括亲本特异性的基因标记，在配子形成过程中也会发生。

人们正在研究表观遗传修饰、卵细胞细胞质因子（在图 27-1A 中以母系遗传展示）和细胞-细胞相互作用在基因层面驱动发育的作用。这是一个补充性的研究，包括阐明新的遗传模式在早期胚胎中首先出现的细节，以及它们是如何出现的。我们知道，发育最初由母系遗传的因子所控制。在母系遗传的因子被破坏及胚胎基因组被激活后，这种控制传递到胚胎自身（通常在 2 细胞到 4 细胞时期），当这些卵裂球细胞获得全能性状态时 ICM 和 TE 谱系出现。我们也知道，表观遗传信息会借助印记基因和其他可能的基因从配子传递到胚胎中。其他动态的表观遗传事件会在受精过程中发生：精细胞基因（也就是雄原核）在受精卵中 DNA 甲基化水平迅速下降，在后续的细胞分裂过程中重新获得 DNA 和组蛋白的修饰（图 27-2）；同时，母本基因组会抵抗合子的 DNA 去甲基化，但随后在早期胚胎的细胞分裂中，其 DNA 甲基化水平缓慢下降［详见第 15 章图 15-3（Li and Zhang, 2014）］。这些重编程事件可能对获得受精卵的全能性和内部细胞团的多能性很重要。虽然这两种结果相反，并且差异较大的表观遗传模式导致胚胎在整体上失去了配子的表观遗传信息，但是似乎正是这些动态的重编程事件与细胞和遗传进程相互作用决定了分配到 ICM 和 TE 细胞谱系的最早过程。

囊胚晚期胚胎外（滋养外胚层）和胚胎内（内细胞团）谱系的表观遗传调控区别显著。例如，在胚外组织中，DNA 甲基化的总体水平较低，并且两种细胞中印记基因和印记的 X 染色体失活的维持也有所不同。与较晚分化的 PGC 细胞类似，内细胞团（ICM）和滋养外胚层的发育最终都为一个由转录因子和多能性基因参与的遗传程序所决定。这些转录因子基因中的一部分似乎在表观遗传层面被调控，这对于细胞命运决定的维持有帮助。

在囊胚着床后，上胚层细胞开始经历染色质和 DNA 的修饰。这些细胞将来既能产生生殖细胞，也能分化成身体的各种细胞类型。生殖细胞的细胞命运开始的最早标志是一个小细胞群的形成，可以在胚胎着床后的 E6.25 观察到，这是为了响应来自胚胎其他部分（主要是相邻的胚外细胞系，包括那些将会分化成胎盘的细胞）的信号。生殖细胞特化需要体细胞基因产物的抑制和生殖细胞特有基因的表达。这个受遗传调控的功能也对在早期生殖细胞中启动表观遗传重编程有作用，导致了印记基因的重新建立、减数分裂期间的染色体重组和配子形成。以上讨论的这些早期发育阶段的不同时期清晰地表明表观遗传修饰的出现是渐进的，并且伴随着遗传程序的变化。

27.2 生殖细胞特化的调节机制

在动物中，生殖细胞特化是胚胎发育过程中最早的事件之一，这使生殖细胞和体细胞得以区分（Surani et al.，2004）。生殖细胞最终会获得细胞全能性。这一节关注小鼠生殖细胞系的特化和它们进入生殖腺体的后续成熟。

在小鼠中，已知的指导生殖细胞系特化的事件和机制出现在着床后上胚层细胞，这些细胞由囊胚时期的内细胞团（只包含三种细胞类型：内细胞团、滋养外胚层和原始内胚层）生成。PGC 在生殖细胞特化后将迁移并最终停留在（正在发育的）雄性或雌性生殖腺体（详见图 27-2 的左侧）。在 27.3 节（可对照图 27-2 右侧生命周期的不同时期）详细讨论了从卵裂到桑葚胚再到早期囊胚期过程中调控早期胚胎生成的事件和机制。

27.2.1 不同动物种类中生殖细胞系发育的原理

生殖细胞的发育起始有两种重要的模式："预形成模式"（这与之前所说的预形成论不是同一概念）和"渐形成模式"（Extavour and Akam，2003）。前者发生于果蝇和线虫中，由某些特殊细胞母源性继承预先形成的生殖细胞决定因子（图 27-3）（Leatherman and Jongens，2003；Blackwell，2004）；与之相对应的，生殖细胞的表观生成模式是一群潜能性相同的多能性细胞根据诱导信号发育成生殖细胞，而其余的细胞发育成体细胞的过程（Lawson and Hage，1994；McLaren，2003）。这一机制控制了小鼠乃至其他一些哺乳动物生殖细胞的特化，可能也在其他一些脊椎动物（如美西螈）中同样适用。

27.2.2 哺乳动物的早期生殖细胞发育

小鼠的原始生殖细胞（PGC）最早可以在 E7.5 被观察到（EB 期），它们由 30~40 个细胞的细胞簇组成了生殖细胞谱系初始建立的群体（Lawson and Hage，1994；McLaren，2003）。这些细胞呈碱性磷酸酶阳性，定位于尿囊基部的胚外中胚层内（图 27-4）。克隆分析表明 E6.0~E6.5（PS 和 ES 期）的近端外胚层细胞发育成 PGC 细胞及胚外中胚层组织（Lawson and Hage，1994）。PGC 细胞特化之前，为了响应包括 Wnt 信号在内的信号，上胚层细胞获得了一种响应信号的能力（Ohinata et al.，2009）。因此，近端的上胚层细胞形成 PGC 细胞以响应胚外外胚层和原始内胚层产生的信号分子。在影响 PGC 细胞特化的诸多信号中，Bmp8b 和 Bmp4 是最重要的信号，在后部的胚外外胚层中高表达，有助于 PGC 细胞特化（图 27-4）（Lawson et al.，1999）。

为了对 PGC 细胞特化的遗传程序有更详细的了解，人们从初始的 PGC 细胞和与之相邻的体细胞中分别制备了单细胞 DNA（Saitou et al.，2002）。一系列的标记被应用于区分 PGC 细胞和体细胞。这个筛选最初鉴定两个基因：*fragilis*，这是干扰素诱导的跨膜蛋白家族的新成员，可能与细胞聚集有关；*stella*（也称为 *PGC7*），一个核质蛋白。进一步的研究发现 *fragilis* 表达于 E6.0 的近端上胚层细胞（图 27-4），此时细胞获

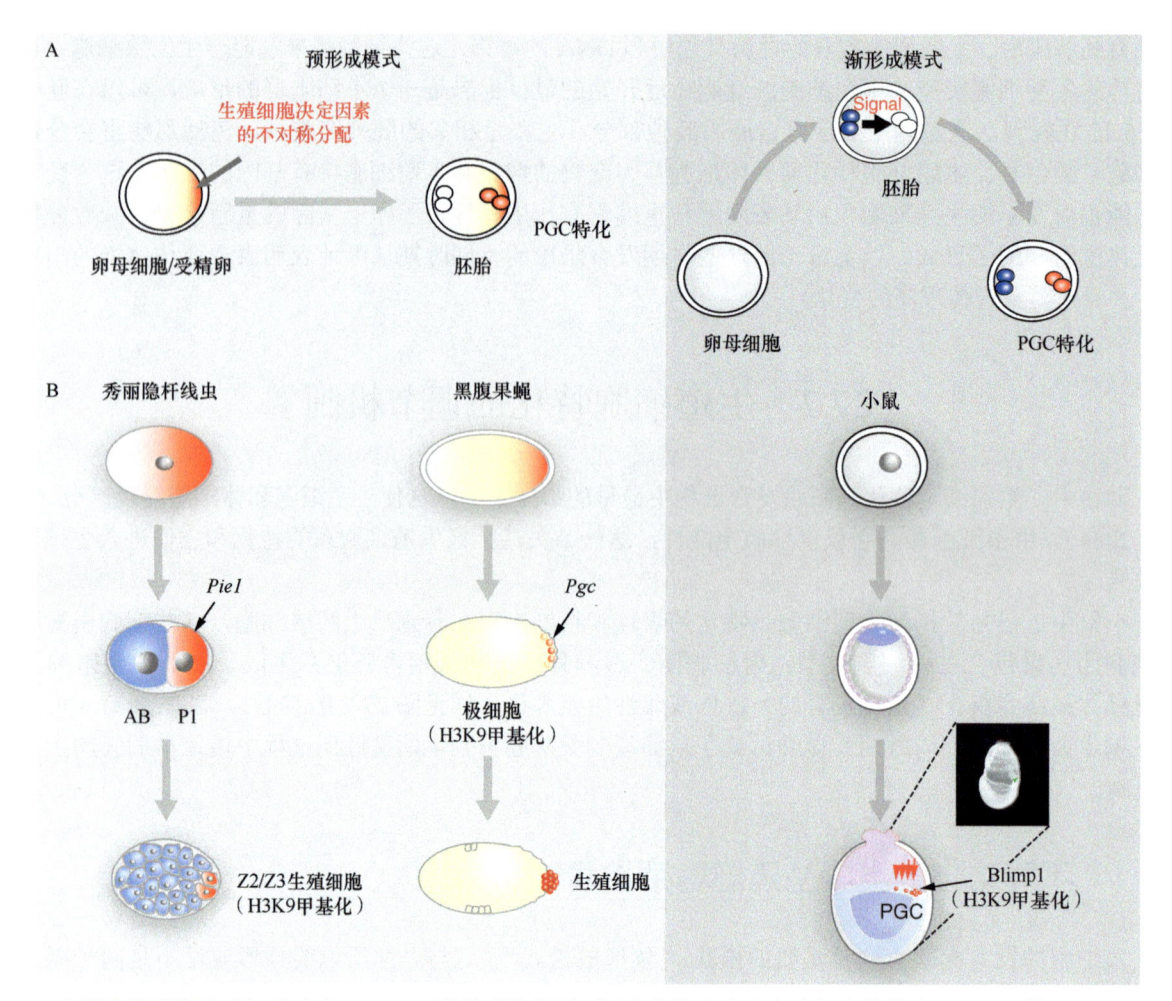

图 27-3 小鼠中的早期生殖细胞决定。(A) 两种模型总结了不同生物体中确定生殖细胞的模式。预形成模式假设卵母细胞或早期胚胎中的一个或多个局部决定因素决定子代细胞成为 PGC。在渐形成模式中，早期胚胎中邻近细胞发出的信号决定了未来的 PGC。(B) 这部分图突出了不同物种中生殖细胞系决定过程中体细胞基因程序抑制的特点。在秀丽隐杆线虫中，生殖系谱系（红）是在受精卵第一次分裂后通过 *Pie1* 的表达确定的，它可赋予转录沉默。另一个细胞（蓝）形成体细胞组织。在黑腹果蝇中，生殖细胞的前体是包含在合胞体一侧的，即所谓的极细胞（多核的）。这些细胞中的转录沉默依赖于 *Pgc* 基因转录产物的定位以及高水平的 H3K9 甲基化。在小鼠中，最早的生殖细胞前体可以通过尿囊底部 Blimp1 的表达可视化。Blimp1 将在这些细胞中启动转录沉默。

得了发育成 PGC 细胞和邻近的胚外中胚层细胞的能力。*Fragilis* 阳性细胞在原肠胚时期会迁移到近端后部，虽然此时 *fragilis* 的具体功能仍然不清楚。最初的 PGC 细胞随后就可以在这些 *fragilis* 阳性细胞中检测出来，它们表达 *stella*。同时，这些最初的 PGC 细胞表达包括 *Sox2*、*Oct4* 和 *Nanog*（详见 27.4.2 节）在内的多能性基因，说明这些细胞表现出潜在的多能性，而邻近的体细胞则失去了这种多能性（图 27-4）。相反地，初始 PGC 细胞表现出对包括 *Brachyury*、*Hoxb1* 和 *Hoxa1* 在内的某些基因的表达，而邻近的体细胞中这些基因在对应时期表达显著上调。在这些 PGC 细胞中，*Hox* 基因表达的抑制是抑制其走向体细胞命运的重要机制的一部分（详见 27.4.2 节；Saitou et al.，2002）。

基于对初始 PGC 开始出现的分析，很显然，与其他生物体一样，在小鼠 PGC 细胞特化的过程中，对体细胞基因程序的抑制是一个重要的特性（Seydoux and Strome，1999；Blackwell，2004；Surani et al.，2004）。在研究 PGC 细胞和邻近体细胞不同的基因表达情况时，人们分析了一种组蛋白修饰酶即"写入器"——蛋白质赖氨酸甲基转移酶家族（KMT）。KMT 通过在组蛋白赖氨酸位点加上 1～3 个甲基基团的方式对组蛋白进行修饰。组蛋白 H3 和 H4 位点的甲基化修饰，H3K9 和 H4K20，一般与染色质区域的抑制相关；然而

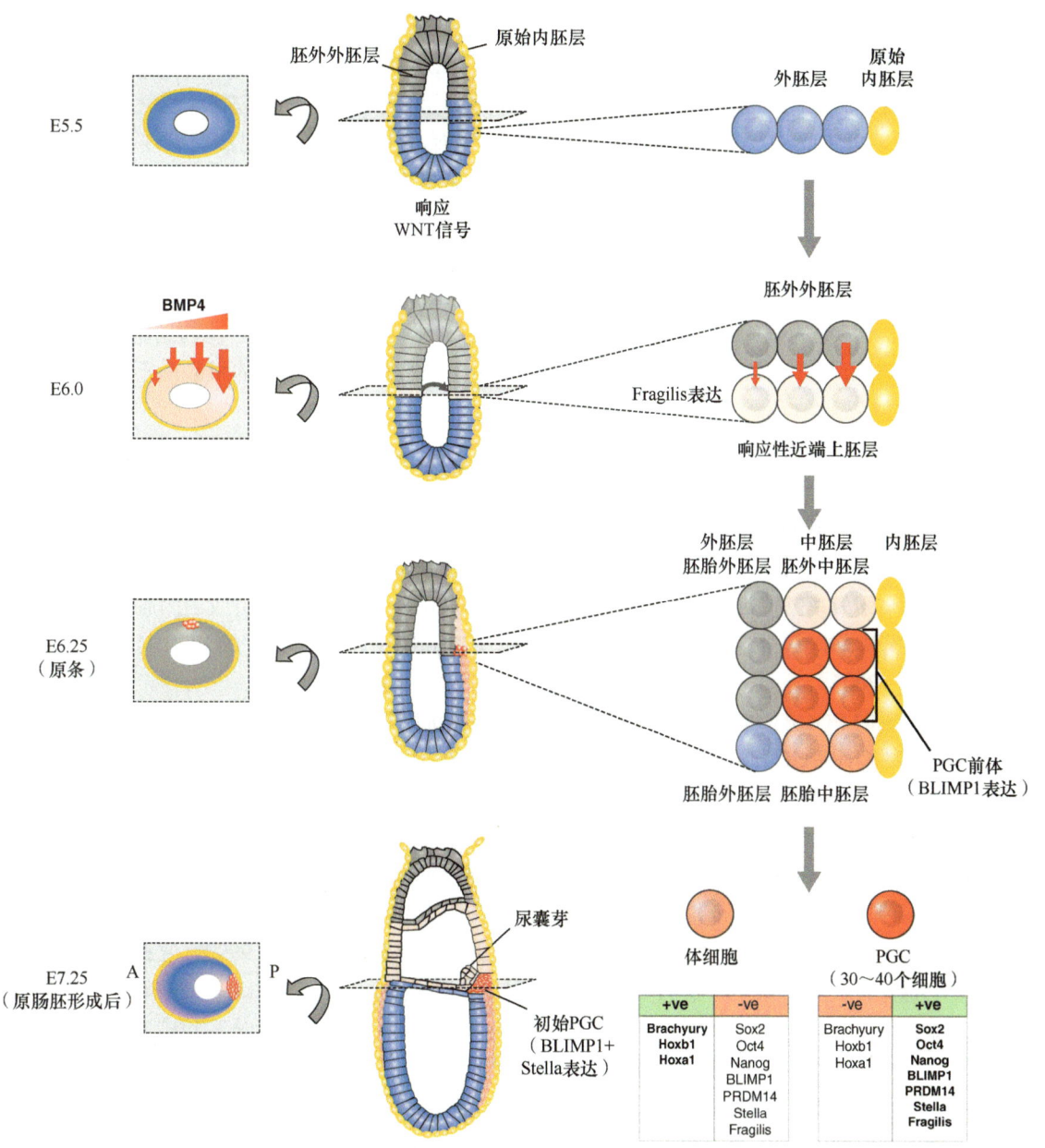

图 27-4 小鼠中的生殖细胞系发育。 E6（粉色）着床后近端上胚层细胞响应胚胎外组织（粉色）BMP4 信号，激活 BLIMP1。BLIMP1 的表达标志着 PGC 细胞命运的开始，其他的细胞则成为体细胞。

H3K4 和 H3K36 的甲基化通常与转录激活相关。某些 KMT 基因的表达，如 *G9a*、*Pfm1*、*Set1* 和 *Ezh2*，在初始 PGC 细胞和体细胞中都能被检测到；然而，其中的 *Blimp1*（B 细胞成熟诱导蛋白 1）基因在胚胎发育 E7.5 阶段，只在初始 PGC 细胞中表达，并不在邻近的体细胞中表达（Ohinata et al.，2005）。Blimp1 蛋白是一个转录抑制因子，带有 SET/PR 结构域（传统上具有甲基转移酶活性的结构域），其中包括一个可以招募 Groucho 和 HDAC2 的富脯氨酸结构域，它包含 5 个 C2H2 锌指（可以与 Prmt5 形成蛋白复合体）和一个酸性末端（Gyory et al.，2004；Sciammas and Davis，2004，Ancelin et al.，2006）。*Blimp1* 首次被鉴定是由于其在浆细胞特化过程中具有在前体细胞内抑制 B 细胞程序的作用（Turner et al.，1994）。事实上，*Blimp1* 在小鼠发育的过程中是广泛表达的。

在小鼠早期胚胎中对 *Blimp1* 更详细的分析得到意外的结果。*Blimp1* 的表达发生于胚胎发育的 E6.25，也就是原肠胚开始形成时的近端上胚层细胞，最初只表达于 4~6 个与胚外外胚层直接接触的细胞

（图 27-4）（Ohinata et al., 2005, 2009）。*Blimp1* 的表达主要集中在前后轴的一个末端——这个区域的细胞最终会发育成后侧近端区域。Blimp1 蛋白阳性的细胞数目在逐渐增加，在原条中期，即胚胎发育 E6.75 时，20 多个这样的细胞会在近侧后部区域形成一个紧密的细胞簇。在胚胎发育的 E7.5（也就是 EB 期），Blimp1 蛋白阳性细胞数目会增加到接近 40 个。这些细胞组成了初始 PGC 细胞，呈现典型碱性磷酸酶 PGC 标记物的表达和 *stella* 的早期表达（图 27-4）。在遗传世系跟踪实验中确认，开始于胚胎发育 E6.25 的 *Blimp1* 阳性上胚层细胞确实是受世系限制的 PGC 前体细胞。这些数据与先前基于克隆实验的假说相反，先前实验表明胚胎发育 E6.0～E6.5 的细胞并不会受世系限制，只发育成 PGC 细胞，因为同一细胞的后代可以发育成体细胞和生殖细胞（Lawson and Hage, 1994; McLaren and Lawson, 2005）。对此差异的一个可能的解释是在克隆分析中，最初标记的细胞是 *Blimp1* 阴性，然后通过细胞分裂产生一个阳性的细胞，它最终发育成了 PGC 细胞，而另一个子细胞则发育为体细胞。调节 *Blimp1* 阳性细胞数目增加的机制尚不清楚。

27.2.3　*Blimp1* 在 PGC 细胞特化过程中的作用

对 *Blimp1* 在 PGC 细胞特化中作用的研究对理解小鼠生殖细胞命运决定机制产生了深远影响。*Blimp1* 基因的功能缺失表明该基因是小鼠 PGC 细胞决定的重要决定因素（Ohinata et al., 2005; Vincent et al., 2005）。在 E7.5，*Blimp1* 突变体胚胎含有一个异常的、由约 20 个 PGC 样细胞组成的团簇；而在正常胚胎中，PGC 细胞会继续扩增并向簇外迁移；并且，在 E8.5 突变体胚胎中，这些异常的 PGC 样细胞的数目没有增加（Ohinata et al., 2005）。

对 *Blmip1* 突变的 PGC 样细胞的单细胞分析揭示了这些细胞缺乏对 *Hox* 基因的持续抑制。因此，*Blimp1* 很可能起到了抑制初始 PGC 细胞中体细胞程序的作用。在 *Blimp1* 突变体中，PGC 特异基因，比如 *stella* 和 *Nanos3* 以及其他一些多能性特异基因（如 *Sox2*）的表达上调也是不一致的。这些发现强调了 *Blimp1* 在 PGC 特化过程中作为转录调节因子并抑制这些细胞走向体细胞命运的关键作用。

对 B 细胞的研究发现 *Blimp1* 在通过抑制 B 细胞特征性的关键分子诱导细胞分化成浆细胞的过程中是必需的［详见 29.3.2 节（Busslinger and Tarakhovsky, 2014）; Turner et al., 1994; Sciammas and Davis, 2004］。Blimp1 通过与 Groucho 和 HDAC2 形成抑制复合物来发挥作用（Ren et al., 1999），它的锌指结构似乎对其与 G9a（H3K9me2 需要的组蛋白甲基转移酶）形成复合物也起到了关键作用。虽然 Blimp1 本身含有 SET/PR 结构域（这个结构域通常具有甲基转移酶活性）（Gyory et al., 2004），但是实验中并没有检测到它作为甲基转移酶的活性，它在 PGC 细胞特化过程中的功能仍不清楚。

在脊椎和无脊椎动物中，*Blimp1* 在进化上保守，并且具有多种功能。例如，在斑马鱼和爪蟾等脊椎动物中，*Blimp1* 在几个谱系的发育中起作用（de Souza et al., 1999; Roy and Ng, 2004; Hernandez-Lagunas et al., 2005），尽管不是特异性地参与生殖细胞的特化。这暗示 *Blimp1* 在小鼠或者所有哺乳动物中获得了新的 PGC 细胞特化的功能。对于这样高度保守的基因，必然需要进化而来的新的控制元件控制其在 PGC 前体细胞和初始细胞的表达。

对 *Blimp1* 突变体和对照组的 PGC 细胞的分析与比较，发现了 PGC 特化的第二个关键调节因子，称为 *Prdm14*。*Prdm14* 和 *Blimp1* 类似，是另一个 PR/SET 结构域蛋白家族的成员（Yamaji et al., 2008）。*Blimp1* 和 *Prdm14* 一起参与体细胞程序的抑制及 PGC 细胞表观遗传重编程的开始，进一步导致全基因组水平的 DNA 去甲基化（将在 27.2.5 节讨论）。

27.2.4　在生殖细胞中对体细胞程序的抑制——一个进化上保守的现象

当比较小鼠与其他两个被充分研究的模式生物——线虫和果蝇时［在 27.2.1 节（Seydoux and Strome, 1999）讨论过］可以明显发现，生殖细胞特化的机制在进化上不是保守的。这些生物中生殖细胞特化机制的不同主要归因于胚胎早期发育模式的不同，以及哺乳动物特有的基因组印记现象导致的复杂性。但重要的是，虽然分子机制有所不同，在生殖细胞特化过程中，"对体细胞基因表达程序的抑制"这一现象在不同生物中是共同存在的（Seydoux and Strome，1999；Leatherman and Jongens，2003；Saitou et al.，2003；Blackwell，2004）。

在线虫中，合子的第一次分裂是不对称的：一个细胞走向体细胞命运（AB），而另一个细胞（P1）走向生殖细胞命运（图27-3B）。实际上，每一个P1、P2、P3细胞分裂时都会产生一个体细胞，后者进行转录和分化；而将成为生殖细胞的P1～P3细胞仍然保持转录静息状态。这种转录静息状态由锌指蛋白PIE-1维持。PIE-1蛋白与RNA聚合酶Ⅱ（Pol Ⅱ）的羧基末端结构域（CTD）竞争磷酸化蛋白CDK9。当CDK9不能磷酸化RNA聚合酶Ⅱ中CTD结构域的Ser-2位点时，RNA聚合酶Ⅱ就不能转变成对转录延伸必要的、具有活性的全酶（详见Seydoux and Strome，1999；Zhang et al.，2003）。但是体细胞和生殖细胞卵裂球都表现出允许转录的染色质状态，其特征为基因组范围的高水平H3K4甲基化。此后，当P4卵裂球分裂成两个生殖细胞系Z2和Z3时，组蛋白H3K4甲基化的减少和抑制型组蛋白H3K9甲基化的获得使染色质表现出抑制型的状态（Schaner et al.，2003）。因此，在线虫生殖细胞系确立的过程中，染色质从转录许可状态转变为转录不活跃状态。

在果蝇中，生殖细胞系的确立又与小鼠和线虫中情况不同。生殖系的前体细胞叫做极细胞，在胚胎发育之前，就在受精合胞体的（多核）卵中被检测到（图27-3B），并且这些细胞由于RNA聚合酶Ⅱ的CTD没有被磷酸化，转录呈现静息状态（就像之前在线虫中观察到的一样）（Seydoux and Dunn，1997；Van Doren et al.，1998；Schaner et al.，2003），尽管这种转录沉默也伴随着抑制性染色质修饰H3K9甲基化，极细胞最终只发育成生殖细胞。因此，这些细胞与线虫中从P4细胞分裂出的、将来只会成为生殖细胞系的Z2、Z3细胞等价。此外，极细胞的转录沉默受到极性颗粒成分（*pgc*）的调节，因为极性颗粒成分（*pgc*）基因的缺失导致抑制作用的消失，尽管极细胞依然能被检测到。这些突变的极细胞具有RNA聚合酶Ⅱ CTD结构域Ser-2位点的磷酸化（暗示RNA聚合酶Ⅱ复合物具有转录延伸的活性）（Deshpande et al.，2004；Martinho et al.，2004）。这表明极性颗粒成分（*pgc*）基因可能限制了RNA聚合酶Ⅱ CTD结构域磷酸化的重要组分，从而阻断转录从预起始复合物向延伸复合物的转变。

正如在27.2.3节中讨论的那样，*Blimp1*不仅是PGC细胞的重要标志，也是抑制体细胞基因程序的关键。对小鼠、果蝇和线虫发育过程中生殖细胞分化的研究清楚地阐明，转录抑制对细胞避免向体细胞分化起着重要作用，虽然实现这一目的的具体机制在这三种模式生物中差异显著。这显然是因为不同物种具有不同的早期发育事件。

27.2.5 小鼠中PGC分化后的表观遗传重编程调节

在PGC细胞特化后，生殖细胞中仍然存在着广泛的表观遗传编程和重编程（Hajkova et al.，2002；Lee et al.，2002；Seki et al.，2005，2007；Hajkova et al.，2008，2010；Popp et al.，2010；Guibert et al.，2012；Hackett et al.，2012，2013；Kobayashi et al.，2012；Seisenberger et al.，2012；Vincent et al.，2013；Yamaguchi et al.，2013）。通过这个时期的发育，生殖细胞中的某些抑制性表观遗传修饰被擦除，从而使生殖细胞获得重要的多能性特质，这可能是随后产生全能性的先决条件（图27-2）。

可观察的重要变化之一是H3K9me2在E8.0被擦除，以及E9.0时HP1α水平在常染色质区和着丝粒周边异染色质区的下降（Seki et al.，2005）。同时，自E8.0起，PGC细胞中DNA甲基化水平下降。DNA甲基化和H3K9me2水平下降的同时，另一个由Polycomb基因Ezh2（图27-5）介导的转录抑制型修饰，H3K27me3的水平则持续上升。DNA甲基化水平的下降是由于从头甲基化酶Dnmt3a和Dnmt3b的转录抑制，以及使Dnmt1靶定至转录叉的Np95蛋白（也称为UHRF1）的减少［在Kurimoto et al.，2008；Seisenberger et al.，2012；Kagiwada et al.，2013；第6章（Cheng，2014）中有讨论］。值得注意的是，组蛋白H3K9me2和DNA甲基化水平的丢失恰巧伴随着多能性相关基因*Nanog*的表达（Yamaguchi et al.，2005）。*Nanog*最初表达于桑葚胚的内细胞和囊胚的内细胞团（ICM）中，但是 *Nanog* 的表达水平在着床之后迅速下降，在 PGC 细胞特化完成之后又在 PGC 细胞（并非邻近的体细胞）中重新表达。包括 *Nanog*、*Oct4*、*Sox2* 和 *Esg1* 在内的多能性基因共同表达表明生殖细胞获得了多能性（图 27-5）。多能性基因在早期 PGC 细胞表达的重要因素之一是 H3K27me3 的去甲基化酶 Utx，它可以拮抗 H3K27me3 水平整体增加带来的抑制效果（Mansour et al.，2012）。PGC 中多能性网络的表达是广泛的，且与 ES 细胞中程度相当（Seisenberger et al.，2012）。

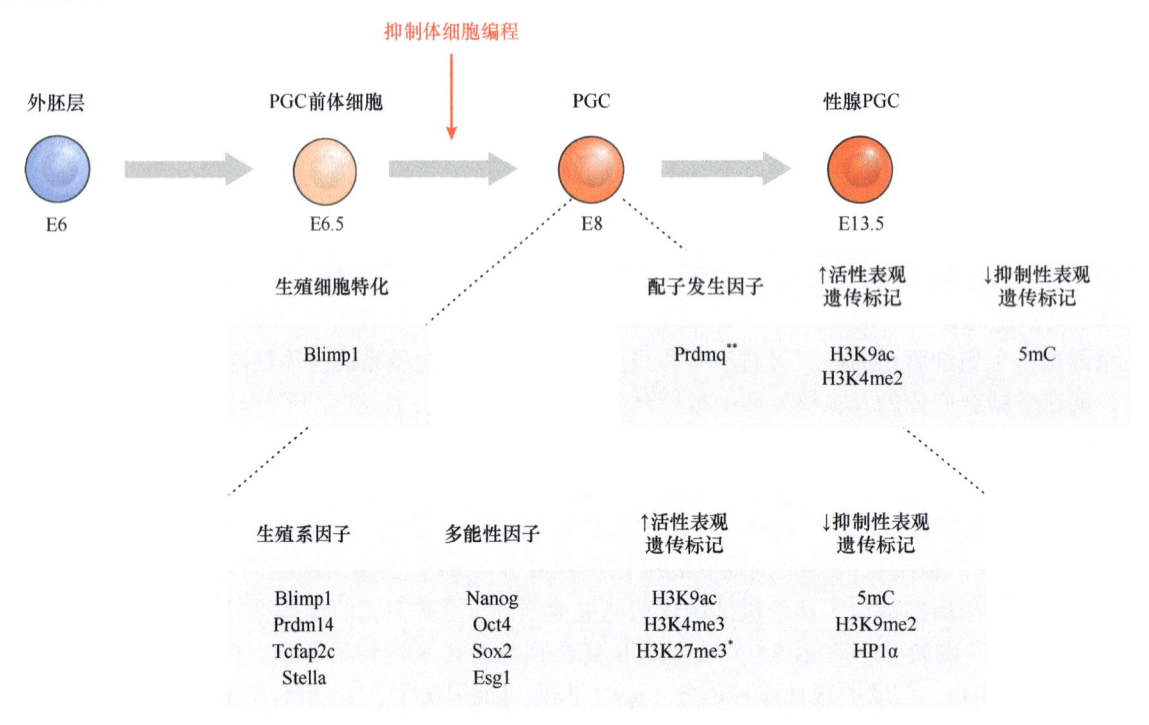

图 27-5　生殖细胞特化过程中的早期表观遗传事件。上胚层细胞后代中 Blimp1、Prdm14 和 Tcfap2c 的表达导致体细胞表达程序的抑制和生殖细胞程序的激活（红）。随后，Stella、Nanog 和 Esg1 表达，H3K4me3 和 H3K9ac 等活性标记水平提高，抑制性 H3K27me3 标记水平也被提高（*），H3K9me2 和 5mC 丢失。原始生殖细胞在迁移进入发育的性腺后表现出 DNA 甲基化的丢失，具体表现为迁移进入性腺后短时间内 DNA 甲基化的整体丢失和印记基因的擦除。PRDM9 在配子形成的后期很重要，标志着 PGC 向配子的转变。这一事件发生在雌性 E13.5 时期起始减数分裂时。** 表示雄性的配子产生在出生后。

当 PGC 细胞进入性腺发育阶段，更多广泛的表观遗传编程事件继续发生（Surani et al.，2004）。首先，H3K4me2 的甲基化水平和 H3K9 的乙酰化水平上升，这是活跃染色质的特质，以排斥 H3K9me。另外，全基因组范围发生 DNA 去甲基化（图 27-5），包括擦除亲本印记和单拷贝基因的甲基化。在雌性胚胎中，失活的 X 染色体会在这个时期重新激活。全基因组范围的去甲基化可能以主动和被动的机制结合出现，包括 Np95［在 Kurimoto et al.，2008；第 6 章（Cheng，2014）中讨论］、激活诱导的脱氨酶（AID）、胸腺嘧啶 DNA 糖基化酶（Popp et al.，2010；Cortellino et al.，2011），以及 TET1 和 TET2（与碱基切除修复通路潜在相关）的表达下调［见第 15 章图 15-6（Li and Zhang，2014）；Feng et al.，2010；Hajkova et al.，2010；Hackett et al.，2012；Saitou et al.，2012；Dawlaty et al.，2013；Hackett and Surani，2013；Vincent et al.，2013；Yamaguchi et al.，2013］。

虽然这样就有一种可以抹去"获得的"表观遗传修饰的有效机制，但并不是所有的表观遗传标记在生殖细胞发育的过程中都会被完全去除。例如，IAP 转座子家族的 DNA 甲基化只是部分重编程（Lane et al.，2003；Popp et al.，2010；Guibert et al.，2012；Seisenberger et al.，2012；Hackett and Surani，2013）。当配子发生过程中某些表观遗传标记不完全被抹去会明显导致生殖系中表观遗传标记的继承，这在哺乳动物中已经有许多例证［例如，见第 14 章图 14-6（Blewitt and Whitelaw，2013）和 Chong and Whitelaw，2004］，这可能可以解释代谢表型的跨代表观遗传（Ferguson-Smith and Patti，2011）。这种现象究竟有多普遍、有多少基因参与其中仍有待确定。

27.2.6 生殖系和干细胞：一种可逆的表型

多能干细胞可以从 ICM 细胞和生殖细胞中分化得来（图 27-1B）。具体来说，在 FGF2 因子存在的条件下培养，可以使 PGC 细胞发生变化，成为多能性胚胎生殖（EG）细胞（Matsui et al.，1992；Resnick et al.，1992）。EG 细胞在许多方面与多能性 ES 细胞类似（在 27.4 节讨论更多），除了 EG 细胞在其衍生过程中可能出现亲代印记的擦除之外（Tada et al.，1998；Leitch et al.，2010）。最近的研究已经表明，EG 细胞也可以从大鼠的 PGC 细胞中分化而来（Leitch et al.，2010）。

PGC 细胞表现出一定多能性特征的同时保留了形成精子或卵子的单能性，因此可能存在某种机制使其保持截然不同的特定谱系特征。这一点如何实现并不清楚，但是有可能是 *Blimp1* 在 PGC 特化后仍然继续发挥作用。在 EG 细胞获得的过程中，这一单能性的限制可能被解除，从而使 PGC 获得整体的多能性，具有分化成不同细胞类型的能力，这在体内生殖细胞中很少发生。值得注意的是，从 E11.5 到 E12.5 的 PGC 中，分化得到 EG 细胞的效率逐渐降低。这进一步说明在 E11.5 时，这些细胞的特征性开始发生改变，从而起始它们向最终的雄性和雌性生殖细胞分化的道路。

27.2.6.1 从多能 ES 细胞发育成生殖细胞

多能 ES 细胞的特点之一是将其引入囊胚后，它们有能力分化出所有类型的体细胞，包括生殖细胞（图 27-6）。科学家们正在努力使 ES 细胞更有效地在体外分化成不同的组织。现在，人们可以从培养的 ES 细胞中获得 PGC 细胞，以及类似精子和卵子的结构（Hubner et al.，2003；Toyooka et al.，2003；Geijsen et al.，2004；Hayashi et al.，2011；Vincent et al.，2011）。这开辟了体外研究生殖细胞特化过程的可能性，人们借助于对调控 PGC 和配子细胞功能的遗传程序这一问题中不断增长的知识，希望明确其中涉及的精确机制。在体外从 ES 细胞中分化 PGC 的能力也可能提供一个模型系统来检测该谱系中表观遗传重编程的调控。这种方法最终可能会推进我们对人类生殖细胞谱系的理解，由于伦理原因，迄今为止一直很难对其进行研究。此外，如果有可能从培养的 ES 细胞中直接分化出人类卵母细胞，就有可能将其用于"治疗性"克隆，从而避免对难以获得的供体卵母细胞的需求。然后，这些卵母细胞可用于体细胞核移植以生成囊胚，并随后从中获得 ES 细胞。这是因为体细胞核在移植到卵母细胞中时会经历重新编程以达到全能性［第 28 章对此进行了详细阐述（Hochedlinger and Jaenisch，2014）］。这一过程可能可以互补当前采用的从体细胞组织直接转化成 iPS 细胞的技术。

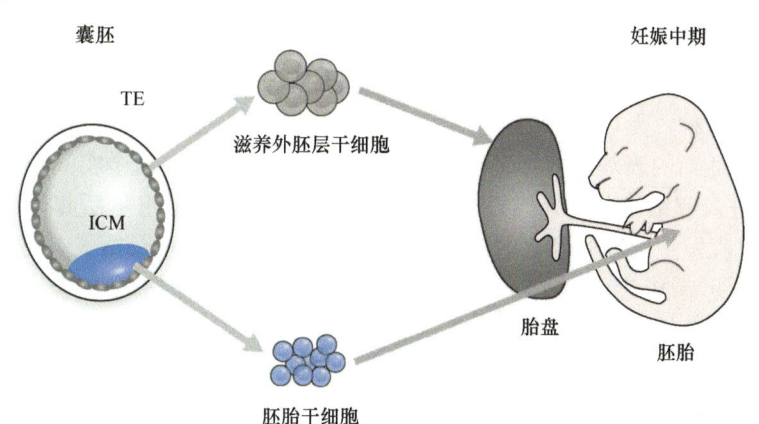

图 27-6 **在体外从 ES 细胞中获得不同的细胞类型**。在稳定的培养条件下，ES 细胞可以在体外被分化为许多不同的细胞类型，如神经细胞、肌肉细胞甚至生殖细胞（卵母细胞）。

人类胚胎和胚胎干细胞在研究及治疗上的应用引发了许多伦理争议。不同的国家存在着各种各样的指导方法和规定以监督这些领域的研究。在这些伦理框架下，如果能够从 ES 细胞中获得有活力的配子，可能会给生殖医学带来进步。

27.2.7 从原始生殖细胞到配子

生殖细胞系发育的下个环节是配子发生的起始和生殖细胞进入减数分裂阶段。性腺中的体细胞环境调节了这一事件的发生时间。在雌性中，生殖细胞停滞于减数分裂前期，而雄性生殖细胞则停滞于有丝分裂。一系列环境信号决定了生殖细胞是否进入减数分裂。最近，一个新的基因——*Prdm9*（也被称为 *Meisetz*），另一个 PR/SET 结构域家族成员，被证明在起始减数分裂中有关键作用（Hayashi et al.，2005）。PR/SET 结构域被证明具有 H3K4me3 的催化活性，也拥有多个锌指结构。*Prdm9* 在生殖细胞中特异性表达，可以在生殖细胞进入减数分裂前期，即 E13.5 期的雌性和出生后的睾丸中被检测到。小鼠和人类生殖细胞的 Prdm9/PRDM9 杂合突变可能会引入表观遗传标记或基因组上减数分裂基因重组的狭窄片段（"热点"）。*Prdm9* 的突变会导致雄性和雌性不育，表明了其在生殖细胞中的关键作用。突变的生殖细胞在 DNA 双链断裂修复途径和减数分裂同源染色体配对中表现出显著的缺陷。这些研究表明生殖细胞减数分裂中表观遗传学机制的重要作用（Baudat et al.，2010；Parvanov et al.，2010）。

在精子发生过程中，大量的表观遗传学修饰继续进行，并最终将体细胞中的连接组蛋白用睾丸特异性的变体取代（Kimmins and Sassone-Corsi，2005），随即，绝大部分组蛋白被鱼精蛋白所取代。研究表明 H3K9 组蛋白甲基转移酶 Suv39 参与了基因表达抑制和染色体配对。两个 SET 结构域蛋白——Suv39h1 和 Suv39h2 在雄性生殖细胞中起作用，后者倾向在睾丸中表达，并且富集于性体的染色质中（也就是 XY 染色体对）。Suv39h1 和 Suv39h2 的双突变造成精原细胞发育停滞，从而导致不育（Peters et al.，2001）。此外，在雄性生殖细胞中有一个云状结构的染色小体，该结构是一个 RNA 加工体，由 Dicer、Argonaute 蛋白和 microRNA 组成，是生殖细胞特有的胞质细胞器。它可以与细胞核相互作用，包含被压缩的 mRNA。

精子发生过程中，非编码 RNA、RNAi、组蛋白赖氨酸甲基转移酶会参与生殖细胞更新。已经有报道称 Piwi/Argonaute（在小鼠中称为 Miwi）家族成员在 RNAi 中起作用。类 Miwi（Mili）蛋白的丢失导致雄性不育（Kuramochi-Miyagawa et al.，2004），并引起转座子转录产物 IAP 和 Line1 的表达升高。类 Miwi 蛋白对上述产物的抑制已经被证明是通过 piRNA 途径实现的（Siomi et al.，2011）。

有趣的是，研究者从成体小鼠的睾丸中的精原干细胞获得了多能干细胞（Kanatsu-Shinohara et al.，2004；Guan et al.，2006）。这些细胞可以在体外无限培养，但是与 ES 细胞不同的是，它们拥有父本的印记。虽然如此，它们可以在体外或体内分化成多种类型的体细胞，并能在体内为生殖系做出贡献。这些细胞可以为研究精子发生的许多方面（包括表观遗传机制在维持其干细胞特性的作用和分化形成精子的能力方面）提供重要的工具。

在早期生殖细胞中，基因印记的擦除导致了哺乳细胞生命中第一次也是唯一一次表观遗传学上等价于亲本染色体的产生。将这种"无印记"的细胞核直接移植入卵细胞会导致胚胎在早期阶段的发育异常和死亡。这可能是因为没有适当的表观遗传标记造成印记基因的错误表达。这个实验也说明基因印记不能由无印记细胞核直接移植进入卵细胞获得。雌性的 DNA 甲基化印记起始于出生后卵母细胞的生长时期；而对于雄性生殖细胞，该过程发生于胚胎发育的后期。从头甲基化转移酶 Dnmt3a 及其辅助因子 Dnmt3L 在这个过程中起关键作用［详见第 26 章（Barlow and Bartolomei，2014）］。印记是哺乳动物孤雌生殖的主要障碍。对雌性配子表观基因组操纵的尝试使哺乳动物孤雌胚胎发育成为可能（Kawahara et al.，2007）。

27.3 从卵母细胞到早期胚胎

在 27.1 节中，我们已经了解到有关生殖细胞系特化的表观遗传机制，以及在配子发生过程中成熟精子和卵子是怎样获得非常特异且不同的表观遗传标记的。其中的一些差异，比如亲本印记，在受精后的胚胎发育过程中始终被忠实地维持［见第 26 章图 26-7（Barlow and Bartolomei, 2014）］；许多其他的标记则在胚胎基因组获得全能性的过程中发生了显著的重编程。配子中继承而来的表观遗传标记在胚胎最早期的分化事件中起着怎样的作用，是一个非常重要的问题（图 27-2 右边关注的内容）。如果生命开始于拥有完整基因组的单个细胞（受精卵），随后进行分裂，那么在后代细胞中基因表达的分化和发育程序究竟如何实现？人们推测转录因子、表观遗传调节因子和外界信号共同影响哺乳动物发育过程中的早期细胞系决定（Hemberger et al., 2009）。

27.3.1 母源性继承和潜在的非对称分布

在具有大的卵细胞的生物中（如果蝇、爪蟾或鸡），一些母源的蛋白质或 RNA 在卵细胞中呈不对称分布（图 27-3）。一些子代细胞会继承它们，并进而发育至特定的命运；而其他没有继承这些决定因子的细胞进行不同的发育（Huynh and St Johnston, 2004）。这种策略在相对较大的卵中是可行的（如果蝇），但是在相对较小的哺乳动物的卵中比较困难。然而，发育程序并非简单地由卵的大小决定，更重要的是，它取决于哺乳动物产生囊胚的必要性，该囊胚必须着床并产生胎盘以维持胚胎。ICM 在发育上可以被认为与果蝇的卵等价，因为它在早期发育中进行了模式变化以响应来自胚外体细胞组织的信号——这和果蝇合胞体细胞响应分布不同的母源效应基因产物类似。虽然近期研究将受精卵的对称性与囊胚甚至着床后胚胎的对称性相联系（Gardner, 1997；Weber et al., 1999），但至今人们尚未在哺乳动物卵中发现非对称性分布的分化决定性因子的明确证据。而且，哺乳动物胚胎还表现出显著的发育"调节"能力，当细胞被移除或受到干扰时，代偿性生长或细胞运动通常能够维持胚胎正常发育（Kelly, 1977）。尽管如此，早在 4 细胞期，单个细胞（卵裂球）沿着 ICM 和 TE 谱系发育的倾向可能略有不同，这可能是由表现遗传因素引起的（Fujimori et al., 2003；Piotrowska-Nitsche et al., 2005）。

27.3.2 受精过程中的表观遗传事件

在发育和分化的过程中，体细胞谱系获得了非常特异和高度特化的 DNA 甲基化及组蛋白修饰模式。当体细胞核被转移到卵母细胞时，这些模式显然很难被去除或逆转［详见 Chan et al., 2012；第 28 章（Hochedlinger and Jaenisch, 2014）］。卵母细胞和精子也具有特化的表观遗传标记，但这些标记在受精时被有效地重编程，以便胚胎基因组能够行使其新功能，即获得全能性（Reik et al., 2001；Surani, 2001）［详见 Chan et al., 2012；第 28 章（Hochedlinger and Jaenisch, 2014）］。配子的表观遗传修饰的一些特征和受精后的表观重编程的细节已经被了解（图 27-2）。例如，精子和卵子的基因组都有相当程度的 DNA 甲基化，以一个特殊的序列家族——逆转座子家族 IAP 为例：它们在小鼠基因组中约有 1000 个拷贝，在卵子和精子基因组中都被高度甲基化（Lane et al., 2003）。相反，一些特定的序列，特别是印记基因的差异性甲基化区域（DMR）则只在卵子或精子中被甲基化［见第 26 章（Barlow and Bartolomei, 2014）］。卵子和精子的 DNA 甲基化谱已经通过 RRBS（reduced representation bisulfite sequencing）或重亚硫酸盐测序技术确定［见第 15 章的信息栏 1（Li and Zhang, 2014），详细介绍了主要的 DNA 甲基化实验技术；Smallwood et al., 2011；Kobayashi et al., 2012；Smith et al., 2012］。

卵子基因组也有高度的组蛋白修饰，既有活化形式（如 H3K9 乙酰化、H3K4 甲基化），也有抑制形式（如 H3K9 甲基化、H3K27 甲基化）。在受精之前，卵子基因组无转录活性，但含有母源性继承而来的转录本和蛋白质，它们对胚胎前几次分裂、重编程事件是必需的（图 27-1A）。相反，精子基因组是高度特化的，其大部分的组蛋白已经在精子发生时被替换成高度碱性的鱼精蛋白，以便将 DNA 组装进入精子致密的头部（McLay and Clarke，2003）。然而，精子染色质的小部分仍然由带有修饰（如 H3K4 或 H3K27 甲基化）的组蛋白组成，它们将会与早期胚胎中基因转录或抑制相联系（Hammoud et al.，2009；Brykczynska et al.，2010）。

受精过后的短暂时期内，重编程事件以高度规律的顺序发生于精子的基因组。鱼精蛋白被很快地去掉并以组蛋白代替。这个可能是 DNA 复制非依赖性的，包括了组蛋白伴侣 HIRA 依赖性的组蛋白变体 H3.3 的置入［见第 20 章图 20-9（Henikoff and Smith，2014），也见 van der Heijden et al.，2005］。同时，在雄原核中发生基因组范围（包括单拷贝和重复序列）的 DNA 去甲基化，但不包括父源性甲基化的印记基因（Olek and Walter，1997；Oswald et al.，2000；Mayer et al.，2000；Dean et al.，2001；Santos et al.，2002；Lane et al.，2003；Smith et al.，2012）。

在 DNA 复制之前，雄原核中的组蛋白是乙酰化的（H3 和 H4）和 H3K4 甲基化的，并且很快获得 H3K9 单甲基化和 H3K27 单甲基化（Arney et al.，2002；Santos et al.，2002；Lepikhov and Walter，2004；Santos et al.，2005）。然而 H3K9、H3K27 的二甲基化和三甲基化则只发生在 DNA 复制之后，似乎与核心组蛋白 H3.1 而非 H3.3 的置入相吻合（Santos et al.，2005）。在第一次有丝分裂时，迄今为止分析过的绝大多数组蛋白标记开始变得在父本和母本染色体上非常相似，至少从低分辨率的免疫荧光染色结果上看是如此（Santos et al.，2005）。随着 ChIP-seq（chromatin immunoprecipitation-sequencing）技术的进步，从更小的实验材料（例如，甚至是单细胞）的基因组范围或单基因位点中获得更高分辨率的结果在不远的未来将成为可能。

这些早期重编程过程中的相关酶活性可能都存在于卵子中，或者以蛋白质的形式，或者以可被快速翻译成蛋白质的 RNA 分子形式存在。我们已经提到了 HIRA，但是在 DNA 复制后，CAF-1 是复制依赖性的组蛋白 H3.1 置入过程所必需的。*Su(var)* 酶甲基化 H3K9、Ezh2 和它的辅助因子 Eed 甲基化 H3K27（Erhardt et al.，2003；Santos et al.，2005）。在父本基因组中发生的显著的 DNA 去甲基化可能是被一个"主动去甲基化"过程引起，这可以部分解释为 TET 羟化酶家族催化的 5-甲基胞嘧啶（5mC）氧化为 5-羟甲基胞嘧啶（5hmC），进一步变成 5-甲酰胞嘧啶（5fC）和 5-羧基胞嘧啶（5caC）的过程［Branco et al.，2011，见第 15 章（Li and Zhang，2014）的图 15-3 和图 15-6］。因此，雄原核会快速丢失 5mC 修饰，获得 5hmC 修饰（以及一些 5fC 和 5caC；Gu et al.，2011；Inoue et al.，2011；Inoue and Zhang，2011；Iqbal et al.，2011；Wossidlo et al.，2011）。事实上，TET3 蛋白在受精卵中表达水平高，在受精后偏向定位于雄原核，并负责一些 DNA 的去甲基化和 5hmC 的获得（Gu et al.，2011；Iqbal et al.，2011；Wossidlo et al.，2011）。碱基切除修复［切除带有甲基化修饰的胞嘧啶，详见第 15 章（Li and Zhang，2014）的图 15-6］、延伸复合体和 DNA 复制也被认为对父本基因组的去甲基化有贡献，虽然它们的生物学功能仍然未知（Hajkova et al.，2010；Okada et al.，2010；Inoue and Zhang，2011；Santos et al.，2013）。为什么母本基因组并没有与父本基因组在同一时间被去甲基化是该领域关键的问题。除了 TET3 蛋白的偏好性定位，母本染色质或原核也拥有其他特殊的保护机制——H3K9me2，它能够被 Stella 识别，防止其被 TET3 去甲基化（Arney et al.，2002；Santos et al.，2002，2005；Nakamura et al.，2007；Nakamura et al.，2012）。一些其他的因子，包括 Trim28、Kap1 和 Zfp57 也参与"保护"这些印记（Messerschmidt，2012）。

虽然以上证据主要说明在这个过程中组蛋白修饰在整体水平上更多地是被获得而非丢失，组蛋白精氨酸甲基化仍可能更具动态性。事实上，通过瓜氨酸化反应去除组蛋白精氨酸甲基化的一个候选因子 Padi4 就存在于卵子中（Sarmento et al.，2004）。

在受精过程中的快速染色质变化的结果，主要导致在 2 细胞阶段父本基因组与母本基因组基本相似。这不包括 DNA 甲基化，由于精子基因组的去甲基化导致的 DNA 甲基化在两个基因组之间有很大的差异。此外，目前的分析结果并没有排除在该阶段建立的组蛋白修饰存在基因特异性的差异。

27.3.3 从受精卵到囊胚

重编程这个总的主题，尤其是基因组范围的 DNA 甲基化模式变化，从 2 细胞时期经过着床前发育的分裂期，一直延续到胚胎发育至囊胚期（Monk et al.，1987；Howlett and Reik，1991；Rougier et al.，1998；Smallwood et al.，2011；Kobayashi et al.，2012；Smith et al.，2012）。组蛋白修饰的精确动态过程尚未在小鼠中被阐明，但 DNA 甲基化随着每一次核分裂逐步递减，直至 16 细胞桑葚胚阶段。其原因是 Dnmt1 这个在 DNA 复制过程中以半保留方式维持 CpG 二核苷酸甲基化的甲基转移酶［参见第 15 章图 15-2（Li and Zhang，2014）］被排除在细胞核之外（Carlson et al.，1992）。因此，在每次分裂中有 50% 的基因组 DNA 甲基化丢失，然而 DMR 等一些序列会由于 Dnmt1 滞留在核中，由锌指蛋白 Zfp57 靶向（Hirasawa et al.，2008；Li et al.，2008），从而保持甲基化。值得注意的是，在 8 细胞阶段，Dnmt1 蛋白似乎进入核中参与一个复制周期。如果将该 Dnmt1 蛋白去除（通过在卵裂期表达大部分蛋白的卵母细胞中进行遗传敲除），DMR 位点的甲基化确实会减少 50%，这与"Dnmt1 是复制过程中 DNA 甲基化维持所必需的"这一结论相一致（Howell et al.，2001）。

在 8～16 细胞阶段，桑葚胚外层的细胞变得扁平并成为上皮（图 27-2）；这个过程被称为压缩。这是哺乳动物胚胎发育中第一个明显的分化标志。在随后的 2～3 个分裂周期中，桑葚胚开始腔化（也就是形成一个空腔）并形成囊胚（通过 ICM 细胞和外部 TE 细胞来分辨）。ICM 细胞继续发育形成胚胎和胎儿的所有细胞，而 TE 细胞则形成绝大多数（而非所有）胎盘的细胞谱系（胚外组织）。在此后阶段的短时间内，另一种上皮层细胞在 ICM 细胞层的表面形成，这些是 PE 细胞，同样向胎盘和卵黄囊方向发育，而非胚胎方向。这些非常早期的分配事件的一些遗传决定因子已经被确定：*Oct4*、*Nanog* 和 *Sox2* 对 ICM 细胞的决定和维持起了非常重要的作用，*Cdx2* 是 TE 细胞命运决定的早期维持所必需的（Nichols et al.，1998；Avilion et al.，2003；Chambers et al.，2003；Mitsui et al.，2003；Niwa et al.，2005），*Gata6* 对 PE 细胞的形成很重要（Lanner and Rossant，2010）。TE 转录因子 *Elf5* 在上胚层中被快速甲基化，这对于胚胎和胚外细胞命运决定的差异有重要意义（Ng et al.，2008）。母源蛋白，或其基因在早期胚胎发育中的表观遗传学调控对早期细胞命运的决定或维持究竟起多大作用，现在仍然未知（Dean and Ferguson-Smith，2001；Torres-Padilla et al.，2010）。

但是，大部分表观遗传重编程事件恰恰发生在这个阶段。至少通过免疫荧光检测可以判断，ICM 细胞开始获得 DNA 甲基化，这个过程是由从头 DNA 甲基转移酶 Dnmt3b 起始的（Santos et al.，2002；Borgel et al.，2010；Smith et al.，2012）。这一现象伴随着分别由 G9a、Eset 及 Ezh2 进行的组蛋白 H3K9 和 H3K27 甲基化（图 27-2）（Erhardt et al.，2003）。虽然 DNA 的从头甲基化对 ICM 细胞的初始建立并不关键，但是由 Ezh2 和 Eset 催化的组蛋白 H3K27 甲基化却非常重要。这两个基因中任意一个被敲除后，ICM 细胞便不能正确发育（O'Carroll et al.，2001；Dodge et al.，2004）。

与 ICM 中表观遗传修饰的逐渐增多相反，滋养外胚层（TE）与晚期胎盘的大部分细胞谱系一样，仍保持整体 DNA 的低甲基化状态（Chapman et al.，1984；Santos et al.，2002）。胎盘细胞被认为需要较低的表观遗传稳定性，因为与可以发育成为成体生物的胚胎相比，它们的生命周期受到更多的限制（也就是仅仅在妊娠期存在）。

除了在桑葚胚/囊胚期阶段基因组水平的表观遗传事件以外，重要的变化和重编程发生在雌性 X 染色体上。在雌性小鼠胚胎中，父源 X 染色体在卵裂阶段失活，并且在胚外组织（如滋养外胚层细胞和胎盘）（Huynh and Lee，2003，Okamoto et al.，2005）中一直保持失活的状态。但是，在 ICM 细胞中，失活的 X 染色体被重新活化，并且在接下来的分化过程中随机失活一条 X 染色体［Mak et al.，2004，详见第 25 章（Brockdorff and Turner，2014）的图 25-4 和图 25-6］。从机理上看，着床前胚胎中印记的 X 染色体失活是由于父源 X 染色体上非编码 RNA *Xist* 的表达，该 RNA 被认为"包被"了染色体从而导致基因沉默，并建立了抑制性的表观遗传修饰（Heard，2004）。在新形成的 ICM 细胞中，*Xist* 的转录下调，抑制性的表观遗传学修饰随后丢失，染色质被活化（Mak et al.，2004；Okamoto et al.，2004）。*Xist* 的下调至少部分由多能性转录因子网络实现（Deuve and Avner，2011）。这个过程在上胚层 X 染色体失活随机激活后的短时间内出现。我们将在 27.4 节讨论 ES 细胞会被"冰冻"在 X 染色体重新激活后的时期，因此雌性 ES 细胞拥有两条活化的染色体。

27.4　从多能干细胞到体细胞再回到生殖细胞

27.4.1　多能干细胞的获得

在 27.3.3 节中，我们了解到在受精卵、分裂期胚胎和囊胚阶段发生了显著的表观遗传重编程事件，从而造成 ICM 细胞和 TE 细胞之间具有不同的表观遗传学模式。我们现在探讨从囊胚和不同胚层中获得并培养的早期干细胞的遗传学和表观遗传学特征（图 27-1B），如 ES 细胞（Smith，2001）、滋养外胚层干细胞（TS）（Rossant，2001）、内胚层干细胞（XEN）（Kunath et al.，2005）和胚胎生殖干细胞（EG）（Matsui et al.，1992）。

这些细胞的共同特点是它们可以从完整的胚胎中被分离，并在特定的培养条件下建系。一旦建系，它们可以一直培养，并不表现出衰老的特征。这些细胞也可以在培养过程中进行遗传学改造，并重新被引入活的胚胎中来参与适当的细胞谱系的发育过程。

20 世纪 80 年代，哺乳动物胚胎学最重要的发现之一是发展出从内细胞团中获得多能胚胎干细胞的方法。从小鼠囊胚中分离的胚胎干细胞，可以维持传代，并且将其移植回囊胚的时候可以分化成为所有种类的细胞（图 27-7），从而形成嵌合体（Evans and Kaufman，1981；Martin，1981）。尤为显著的是，ES 细胞的后代可以分化形成生殖细胞并产生完全从 ES 细胞基因型中获得的后代。这些与通过同源重组技术导致基因敲除、从基因水平操纵 ES 细胞基因组的能力一起，使小鼠遗传学有了革命性的进展，并使小鼠成为哺乳动物的遗传模式生物。相当长的时间后，从人类和大鼠胚胎植入前的胚胎获得 ES 细胞才成为可能（Thomson et al.，1998；Buehr et al.，2008）。

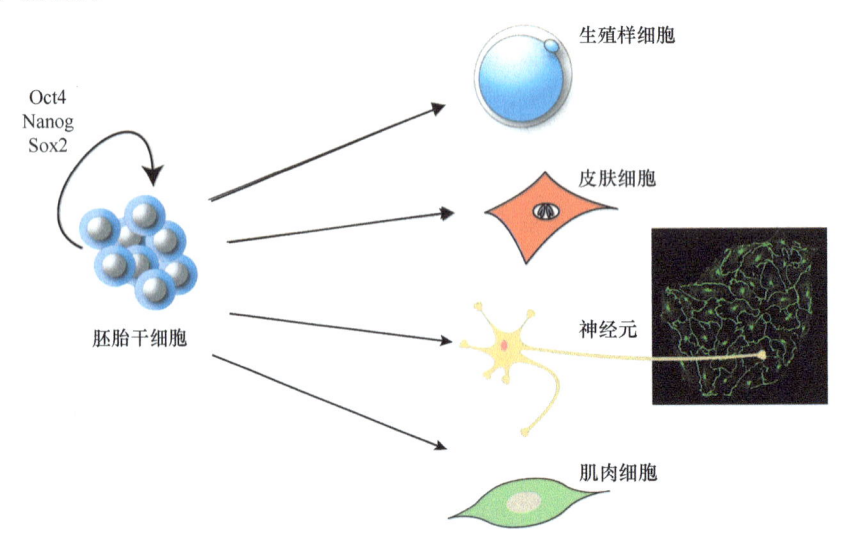

图 27-7　囊胚中的 ES 细胞和 TS 细胞。从 ICM 中可以分离得到胚胎干细胞，并在体外培养维持不分化状态。这些细胞可以在体外进行基因操作。ES 细胞可以重新被导入囊胚中，克隆出胚胎中的任何组织，包括生殖细胞系，但不包括胎盘的滋养外胚层干细胞。滋养外胚层干细胞可以通过类似的方法得到，在重新导入囊胚中后，可以分化为胎盘细胞。

ES 细胞具有和 ICM 细胞或上胚层细胞相似的特征，但仍与上述两种细胞有相当大的差异，从而使 ES

细胞成为一种类似于"合成的"、在正常胚胎中并不存在的细胞类型（这个特点似乎也适用于其他多能性细胞系）（Smith, 2001）。例如，小鼠 ES 细胞的自我更新需要 Lif/gp130/Stat3 信号通路，该信号通路突变的胚胎仍可以发育形成正常的内细胞团（Smith, 2001）。因此，可能发生了对建立并维持从内细胞团获得 ES 细胞所必需的表观遗传学变化。内细胞团在体外培养时很快失去了 Oct4 的表达，只有一种相对容易获得 ES 细胞的小鼠株系（称为 129Sv），可以在体外培养中保留一些 Oct4 表达的细胞。ES 细胞的另一个特点是小鼠和恒河猴中 ES 细胞印记基因的表观遗传变化：在小鼠中，当重新引入嵌合体时，这种变化可能导致细胞的异常发育（Dean et al., 1998; Humpherys et al., 2001）。培养 ES 细胞的重要决定因素之一是它们响应的信号系统。在血清和白血病抑制因子的存在下，培养的 ES 细胞似乎在表观遗传和转录水平上具有异质性；然而在 ERK 抑制剂（FGF4）和 GSK3 抑制剂的存在下，培养的 ES 细胞更具有同质性（Hayashi et al., 2008; Lanner and Rossant, 2010; Leitch et al., 2010; Marks et al., 2012; Ficz et al., 2013）。这可能反映上胚层细胞的天然倾向，即从早期内细胞团多能性的天然状态向决定分化方向并接收分化前 FGF 信号水平增加的状态转变 [上胚层干细胞的细节详见第 28 章（Hochedlinger and Jaenisch, 2014）]。

27.4.2 多能细胞系的表观遗传学特征

ES 细胞可以在体外分化成许多不同的细胞谱系（图 27-6）。表观遗传学机制在何种程度上维持细胞于未分化或分化的状态？明显的是，未分化的 ES 细胞、分化的 ES 细胞和体细胞有着表观基因组的差距，而多能性细胞的特性是其染色质具有高度动态的可塑性，以及 DNA 甲基化和羟甲基化的动态（Meshorer et al., 2006; Branco et al., 2011）。在 ES 细胞中删除参与控制组蛋白标记变化的 Parp（多聚 ADP 核糖酶）会导致 ES 细胞更频繁地向滋养层外细胞进行转分化。这表明表观遗传标记为维持 ES 细胞的特征所必需（Hemberger et al., 2009）。DNA 甲基化也是重要的：在表观遗传上沉默某些基因（如 TE 细胞转录因子 *Elf5*），并维持其他位点不被甲基化，对维持 ES 细胞命运是必需的。

ES 细胞多能性的维持依赖于转录因子 Oct4、Nanog 和 Sox2，以及所谓的"多能性网络"（Young, 2011）。这些转录因子单独或共同结合于 ES 细胞中的许多基因位点，而这些基因的表达或沉默使多能性能够维持（Boyer et al., 2005; Loh et al., 2006）。ES 细胞体外分化的特征是多能性基因的转录沉默，并在所有体细胞中维持抑制状态。表观遗传机制对多能性基因的抑制确实非常重要，例如，分化过程中 *Oct4* 启动子在被沉默之后就不断积累抑制性组蛋白标记和 DNA 甲基化（Feldman et al., 2006）；然而，在 *Dnmt1* 敲除的胚胎中，DNA 甲基化丢失会导致分化后细胞重新表达 *Oct4*（Feldman et al., 2006）。这代表了参与生殖细胞或早期胚胎表观遗传重编程的多能性基因网络和表观遗传修饰者之间的许多新联系（Gifford and Meissner, 2012）。

借助多能性转录因子如 Oct4 或 Nanog 的研究，Yamanaka 和他的同事们设计出了获得 iPS 细胞的策略 [见第 28 章（Hochedlinger and Jaenisch, 2014）]。最初的实验方法使用 Oct4、Sox2、Klf4 和 c-myc 将体细胞重编程为 iPS 细胞，它通常与 ES 细胞难以区分（图 27-8）[详见第 2 章（Takahashi, 2014）; Takahashi and Yamanaka, 2006]。关于 iPS 的实验方法，现在已经有很多新的版本，包括使用 RNA、蛋白质、microRNA 或表观遗传修饰者的小分子抑制剂。虽然如此，重编程过程及其动力学的细节，包括表观遗传重编程，仍然没有被完全理解（Gifford and Meissner, 2012）。iPS 细胞谱系可能会保留某些组织或器官的表观遗传记忆，在检查细胞分化潜能时需要注意这一点，同时也要仔细考量它们的临床应用。

ES 细胞及其分化产物也被用来作为 X 染色体失活的表观遗传调节模型。雌性的 ICM 和 ES 细胞有表达下调的 *Xist* 基因和两条活化的 X 染色体。在体外分化的过程中，一条 X 染色体的 *Xist* 表达逐渐上调，*Xist* RNA 开始顺式包被这条染色体，并且在沉默该 X 染色体上基因的同时聚集抑制性的组蛋白修饰和接踵而来的 DNA 甲基化（Heard, 2004）。

其他的多能性细胞类型也可以通过体外培养建系，但是它们的表观遗传特征不如 ES 细胞明显。然而，

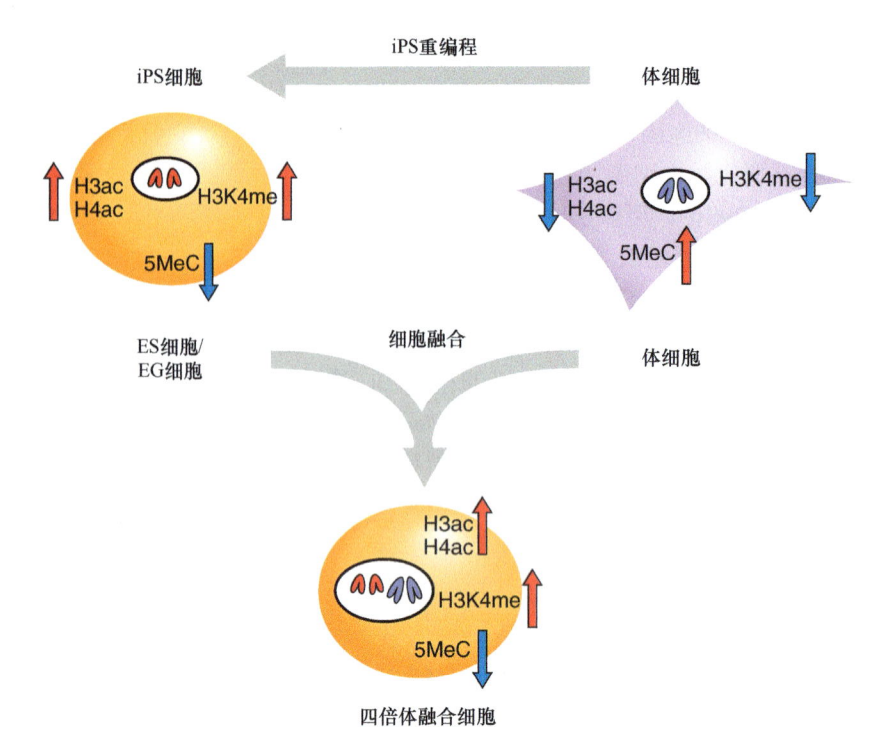

图 27-8 多能性细胞有能力重编程体细胞。 ES 或 EG 细胞可以与体细胞融合形成四倍体细胞。这会导致体细胞表观遗传重编程，如 DNA 甲基化、组蛋白乙酰化和 H3K4 甲基化。在生产 iPSC 时产生的这些重编程的四倍体融合细胞也有一些多能性的表型，它们在注射入囊胚后可以发育成很多细胞类型。

在雌性 TS 细胞中对 X 染色体失活的表观遗传研究显示父源 X 染色体失活并含有抑制性组蛋白标记（Huynh and Lee，2003）。雌性的 XEN 细胞也有一条父源 X 染色体被失活（Kunath et al.，2005）。

原始生殖细胞也可以在其于胚胎中迁移（E8～E10.5）或到达胚胎性腺（E11.5～E13.5）的时期经体外培养建成多能性细胞系（图 27-1B）（Matsui et al.，1992）。在 E8.5～E11.5 发育时期，PGC 经历了包括印记基因及基因组其他序列 DNA 去甲基化在内的广泛的表观遗传重编程过程（Hajkova et al.，2002；Lee et al.，2002）。大多数 EG 细胞确实经历了印记基因和其他序列的 DNA 去甲基化，这个过程改变了它们发育的潜能，当移植进入嵌合体时就会展现出来（Tada et al.，1998）。现在仍不清楚内源的 PGC 细胞和体外培养的 EG 细胞之间是否像 ICM 和 ES 细胞之间一样存在表观遗传差异。

27.4.3　干细胞的重编程能力

干细胞在培养过程中持续保持细胞多能性而不衰老的能力可能十分依赖于其持续的表观遗传重编程。在细胞融合实验中，这种重编程能力已经在与体细胞融合的 EG 和 ES 细胞中得到证实（Tada et al.，1997，2001；Cowan et al.，2005）。在这样的融合四倍体细胞世系中，体细胞的表观遗传模式发生重编程（图 27-8）。在 EG-体细胞的融合细胞中，体细胞的基因组在印记基因和一些其他的基因上发生了 DNA 去甲基化的现象（Tada et al.，1998）。相反，在 ES-体细胞融合细胞中，印记基因的 DNA 甲基化保留，但是（雌性细胞中）失活的 X 染色体被重新激活，并且 Oct4 基因的启动子被去甲基化，导致 Oct4 的重新表达（Tada et al.，2001；Cowan et al.，2005；Surani，2005）。DNA 去甲基化中 AID 催化的去氨基化途径和 Tet 催化的羟基化途径都参与 ES 细胞与体细胞融合细胞的重编程（Piccolo and Fisher，2013）。

27.5 展　　望

在未来几年中，我们将会更好地理解遗传及表观遗传因子在生殖细胞和干细胞全能性、多能性中的重要作用，这些进展是令人激动并且是决定性的。随着计算表观基因组学的发展，高通量、高灵敏度的实验技术将会被用于表观遗传信息的各个层面。调控表现遗传信息的因子，特别是能够重编程体细胞的表观遗传信息并促使其向多能性细胞转变的细胞因子已经被鉴定。多能性转录因子网络、表观遗传修饰因子和信号网络之间的精确时间与细胞特异性之间的联系仍需研究，这可能需要系统生物学类型的方法。除此之外，还开发了更好的方法来选择性地、安全地在体内操纵表观遗传状态，最终达到治疗目的。

多能干细胞为基础研究提供了许多令人兴奋的机会，同时它也是潜在的生物医学的应用技术。在基础研究领域，多能性状态的独特性有望为调节细胞命运决定的机制提供见解。利用多能干细胞可以发育成各种细胞的性质，我们或许可以通过置换细胞的方式修复病原组织。同样，我们可以通过建立疾病模型，研究细胞是如何通过发育早期的突变和表观突变（也就是DNA甲基化状态或染色体模板改变引起的突变，但不包括DNA序列的改变）产生各种疾病。这样的疾病模型可能会反过来用于设计药物，甚至治愈、预防疾病。

转分化技术可以直接将一种分化的细胞转变成另一种细胞（例如，皮肤细胞转变为神经细胞），这种技术最近刚刚被发现，并且有可能为降低细胞移植中多能干细胞移植的潜在肿瘤形成风险提供新的途径［详见第28章（Hochedlinger and Jaenisch，2014）］。通过"表观遗传逆转"，即（不必回到多能性状态）将细胞重编程至更加年轻和健康的状态反转衰老带来的表观遗传效应也是可能的（Rando and Chang，2012）。

致　　谢

人类多能性干细胞的应用伴随着敏感的伦理问题，这已经引起了世界范围的讨论。人们已经开始建立合适的伦理学规则和管理框架，这些规则和框架将随着科学的进步，以及干细胞在科研和生物医学领域的应用进一步完善。

（杨怀昊　王泰云　译，郑丙莲　校）

第28章

诱导多能性和表观遗传重编程

康拉德·霍克德林格（Konrad Hochedlinger[1,2]），鲁道夫·哈尼施（Rudolf Jaenisch[2]）

[1] Howard Hughes Medical Institute at Massachusetts General Hospital, Department of Stem Cell and Regenerative Biology, Harvard University and Harvard Medical School, Boston, Massachusetts 02114; [2] Whitehead Institute and Department of Biology, Massachusetts Institute of Technology Cambridge, Massachusetts 02142

通讯地址：khochedlinger@helix.mgh.harvard.edu

摘 要

诱导多能性定义了体细胞通过一小组转录因子的过表达转化为诱导多能干细胞（iPSC）的过程。在本章中，我们将在历史背景下讨论转录因子诱导的多能性，回顾目前获得诱导多能干细胞的方法，并讨论对重编程过程机制的见解。此外，我们专注于诱导多能性的潜在治疗应用和高效编辑人类多能性细胞的新兴技术，并将它们用于科学和医疗。

本章目录

28.1 细胞重编程的历史
28.2 iPSC 的产生
28.3 iPSC 形成的潜在机制
28.4 疾病研究中 iPSC 技术的应用
28.5 悬而未决的问题：iPSC 是否等效于 ES 细胞？
28.6 总结

概 述

在动物身上进行的体细胞核移植实验表明，分化细胞的基因组仍然与受精卵的基因组相同。因此，导致人体 200 种细胞类型形成的基因表达差异，是发育过程中在基因组上可逆的表观遗传变化的结果。这一重大发现提出了"体细胞基因组以什么样的机制进行表观遗传重编程，以还原到早期胚胎状态"这一基本问题。此外，克隆和胚胎干细胞技术的结合为在潜在治疗环境中产生特定细胞提供了手段。尽管在过去 10 年里，体细胞核移植在伦理、法律和生物学上的障碍限制了实现这一目标的重大进展，但它成为了直接将成年细胞重新编程为多能细胞的动机。事实上，这个概念在 2006 年通过直接从皮肤细胞中分离诱导多能干细胞（iPSC）实现了。iPSC 是通过激活体细胞中的少量胚胎基因而产生的，这些细胞在没有经历发育过程的情况下就能产生类似胚胎干细胞的细胞。对诱导多能性过程的研究，使我们对发育过程中转录因子和表观遗传调控因子协同建立的细胞命运机制有了重要了解。它们进一步揭示了分化细胞状态意想不到的可塑性，并通过激活替代组的基因成功地实现了其他分化细胞类型的相互转化。重要的是，人们已经能够从人类患者中提取诱导多能干细胞，这增加了这些细胞用于研究或者治疗退行性疾病的可能性。

28.1 细胞重编程的历史

诱导多能性的发现代表了过去七十多年中发展起来的科学原理和技术的结晶（图 28-1）（Stadtfeld and Hochedlinger，2010）。这主要表现在：①体细胞核移植（SCNT）证明分化后的细胞保留了与早期胚胎细胞相同的遗传信息；②研究人员获得、培养和研究多能细胞系的技术发展；③观察到转录因子是细胞命运的决定性因素，其强制表达可以将成熟细胞类型转换为另一种。在本节中，我们将简要总结这三个研究领域的研究及其对 iPSC 产生的影响。

28.1.1 核移植与动物的克隆

在哺乳动物发育过程中，细胞在逐渐失去潜能的同时逐渐分化，以履行躯体组织的特殊功能。例如，只有受精卵和桑葚胚早期的卵裂球（Kelly，1977）保留有产生整个胚胎、胚外组织的能力，因此被称为拥有"全能性"；囊胚期的内细胞团（ICM）只能产生胚胎细胞，而不是胚外细胞，因此被称为拥有"多能性"；组织中的干细胞只能在其世系中产生不同类型的细胞，并根据它们产生的细胞类型的数量被称为拥有"多能性"或"单能性"（表 28-1）。在分化的终点，细胞完全丧失了发育潜能。

表 28-1 一些术语的定义

细胞潜能性	一些细胞可能进入的发育选项
全能性	能够形成所有谱系器官的能力；在哺乳动物中，只有合子和第一分裂卵裂球是全能的
多全能性	能够形成身体的所有细胞谱系（如胚胎干细胞）
多能性	成体干细胞形成一种谱系的多种细胞类型的活力（如造血干细胞）
单能性	只能分化形成一种细胞类型（例如，精原干细胞，只能分化产生精子）
重编程	细胞全能性增加和分化；可以通过核转移、细胞融合、遗传操作诱导
转分化，可塑性	体干细胞具有更强的效力并且可以产生其他谱系细胞的观点，这一观点在哺乳动物中引起争议。目前，转分化也可以指转录因子诱导的、在不同分化细胞类型中的谱系转变

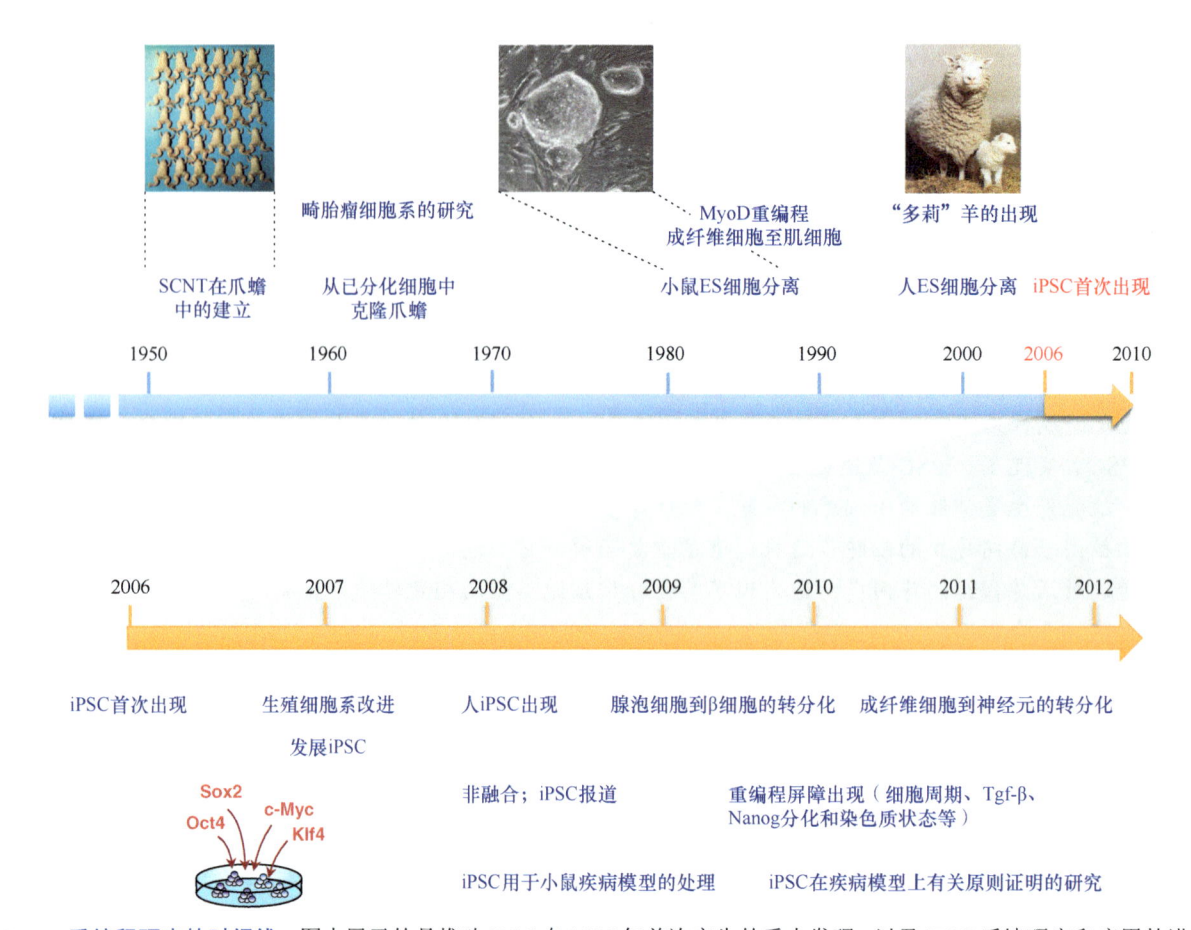

图 28-1 重编程研究的时间线。 图中展示的是推动 iPSC 在 2006 年首次产生的重大发现，以及 iPSC 后续研究和应用的进展。

在 20 世纪 50 年代和 60 年代，Briggs 和 King 建立了 SCNT 或 "克隆" 技术，通过将晚期胚胎和蝌蚪移植到去核的卵母细胞中来研究核的发育潜能（图 28-1）（Briggs and King, 1952, 1957）。这项工作以及约翰·格登（Gurdon, 1962）的实验，表明分化的两栖动物细胞确实保留了产生克隆青蛙所必需的遗传信息。这些实验的主要结论是：在细胞分化过程中，发育对基因组施加的是可逆的表观遗传变化，而不是不可逆的遗传变化。克隆绵羊 "多莉"（Wilmut et al., 1997）和其他哺乳动物的成年细胞（Meissner and Jaenisch, 2006），包括终末分化细胞（Hochedlinger and Jaenisch, 2002；Eggan et al., 2004；Inoue et al., 2005）的研究表明，即使是完全特化的细胞，其基因组在遗传上仍然是全能的（即可以支持整个有机体的发育）。然而，大多数克隆动物都表现出细微到严重的表型和基因表达异常，这表明 SCNT 导致了错误的表观遗传重编程（Hochedlinger and Jaenisch, 2003；详见 Jaenisch and Gurdon, 2007 中关于 SCNT 的详细讨论）。

28.1.2 多能细胞系和杂交的融合

虽然 SCNT 是检测细胞发育潜能的有力工具，但它在技术上具有挑战性，不太适合用于遗传或生化研究。分离多能干细胞的一个重要进展是建立了长生不老的多能细胞系。当它们被重新引入早期胚胎时，这些细胞系可以维持其分化为体内所有细胞类型的能力。多能干细胞系最初来源于畸胎瘤，即生殖细胞来源的肿瘤，产生所谓的胚胎癌（EC）细胞（Kleinsmith and Pierce, 1964）。尽管 EC 细胞系满足一些多能性标准（表 28-2）（Evans and Kaufman, 1981；Martin, 1981；Thomson et al., 1998），如畸胎瘤的形成和嵌合体的贡献，但由于它们的肿瘤起源，它们很少能构成生殖系。这些发现促使人们尝试直接从胚胎中分离多能细胞系，并随后从小鼠和人胚泡的 ICM 中分离出胚胎干细胞（图 28-2）。

表 28-2 评估细胞发育潜能的常用有效标准

实验名称	实验方法	局限性
体外分化	在培养的细胞中诱导分化，并检测细胞中细胞类型特异性标志物的表达	分化标记的表达不测试功能，标志物表达可能是由于细胞应激反应
畸胎瘤形成	诱导肿瘤，显示出产生不同谱系分化细胞类型的潜力	不测试细胞促进正常发育的能力
嵌合体形成	细胞注入宿主囊胚后对正常发育的贡献	嵌合体中宿主来源的细胞可能会补充细胞的非自主性缺陷
生殖系贡献	测试细胞产生功能生殖细胞的能力	排除可能会干扰促进发育的遗传缺陷而非表观遗传缺陷
四倍体互补	将测试细胞注射到四倍体宿主囊胚中。因为四倍体宿主细胞不能促进体细胞谱系，所以胚胎仅由测试细胞组成	最严格的多能性测试；不能测试形成滋养外胚层（胎盘）细胞谱系的能力

小鼠胚胎干细胞不仅对成年组织（包括嵌合小鼠的生殖细胞）有贡献，而且在注射到四倍体囊胚后，还可以支持完全来源于胚胎干细胞的动物的发育（Nagy et al., 1990；Eggan et al., 2001）。四倍体囊胚是由双细胞受精卵电融合产生的，这些胚胎只能发育成胚外组织（即胎盘），而不能产生胎儿。这种"四倍体互补试验"（见表28-2）是在小鼠中用来检测多能性的最严格的发育试验。也可以从克隆的小鼠（Munsie et al., 2000；Wakayama et al., 2001）和人（Tachibana et al., 2013）囊胚中提取胚胎干细胞，这些胚泡通过 SCNT 生成所谓的 NT-ES 细胞（图 28-2）。与在直接克隆动物中看到的异常细胞相比，NT-ES 细胞在分子和功能上与受精衍生的胚胎干细胞更加难以区分，这可能是因为在培养过程中选择了忠实的重编程细胞（Brambrink et al., 2006；Wakayama et al., 2006）。

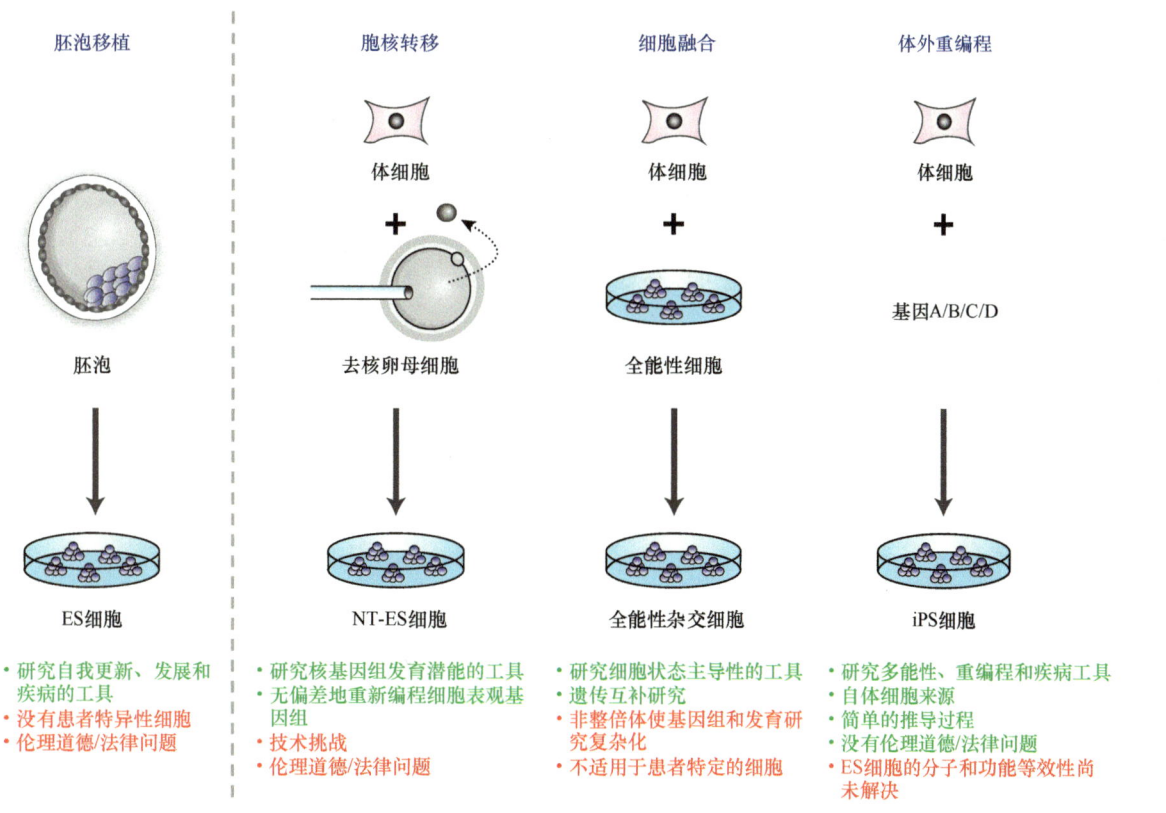

图 28-2 多能干细胞的来源。多能干细胞不同分化策略的比较，它们的优点（绿色）或缺点（红色）都在每一栏的底部进行了总结。

通过不同细胞类型间的细胞融合产生的杂交研究也有助于鉴定诱导体细胞多能性的直接因素（Yamanaka and Blau, 2010）。具体来说，当 EC 或 ES 细胞与体细胞融合时，产生的杂交细胞获得了多能细胞的生化和发育特性，并消除了与其融合的体细胞的特征（图 28-2）（Miller and Ruddle, 1976；Tada et al.,

2003)。这种多能性状态优于体细胞状态的优势表明，可溶性交换因子必须存在于多能性细胞中，它能够赋予体细胞多能性状态，并且这些因子应该是可以被识别的（Yamanaka and Blau，2010）。

28.1.3 转录因子和谱系交换

促进诱导多能性发现的第三个原理是观察到谱系相关的转录因子在某些异种细胞中异位表达时可以改变细胞命运的现象。转录因子在发育过程中通过驱动细胞类型特异性基因的表达，同时抑制谱系不合适的基因，帮助建立和维持细胞特性。这一原理首先在表达骨骼肌转录因子 *MyoD* 的逆转录病毒载体转导的成纤维细胞系形成肌纤维中得到证实（Davis et al.，1987）。紧接着，Graf 和同事们发现，在髓系转录因子 C/EBPα 过表达的情况下，初始 B 细胞和 T 细胞可有效转化为功能性巨噬细胞（Xie et al.，2004；Laiosa et al.，2006）。最近，研究人员发现了一系列转录因子，通过过表达胰腺因子 *MafA*、*Pdxl* 和 *Ngn3* 可以诱导胰腺腺泡细胞转化为为产生胰岛素的 β 细胞（Zhou et al.，2008）。同样，通过激活神经因子 *Ascl1*、*Brn2* 和 *Myt1l*，可以实现成纤维细胞向神经元的转化（Vierbuchen et al.，2010）；成纤维细胞可被心脏因子 *Gata4*、*Mef2c* 和 *Tbx5* 转变为心肌细胞（Ieda et al.，2010）；成纤维细胞可以在过表达 *HNF1α*、*Foxa3* 和 *Gata4* 因子的情况下转化为肝细胞（Huang et al.，2011）。早期肌肉和免疫细胞转分化实验为更系统地寻找能够诱导分化细胞向多能状态转化的转录因子提供了知识框架，接下来将会继续讨论［也可见第 2 章（Takahashi，2014）］。

28.2　iPSC 的产生

28.2.1 筛选重编程因子

为了确定足以将成年细胞重编程为多能细胞的转录调控因子，Yamanaka 和 Takahashi 设计了一种精细的筛选方法，它可以激活整合到 ES 细胞特异性 *Fbxo15* 位点的休眠耐药性等位基因（图 28-3）。选择这种方法是为了确保潜在的罕见重编程细胞可以被检测到，非重编程的菌落和转化的细胞将被消除。研究人员

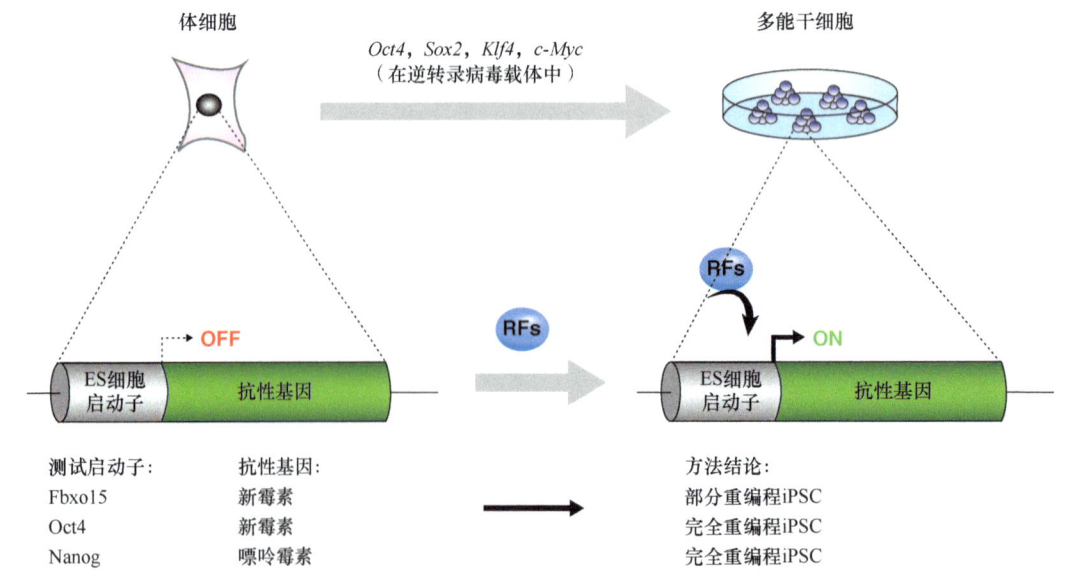

图 28-3　获得 iPSC 的策略。（顶部）Takahashi 和 Yamanaka 首次成功尝试诱导 iPSC 产生的示意图。（底部）用于筛选参与重编程的多能性因子（RF，重编程因子）的遗传分析系统。通过用带有 Oct4、Sox2、Klf4 和 c-Myc 的病毒感染细胞，对表达 *Fbxo15* 的细胞进行药物选择，实现了对 iPSC 的部分重编程。相反，随后对 *Oct4* 或 *Nanog* 表达细胞的检测选择的修改产生了完全重编程的 iPSC。需要注意的是，药物选择并不是产生高质量 iPSC 的必要条件，而是作为鉴定诱导胚胎基因表达的因素的一部分（见正文）。

选择了24个在多能性细胞中特异性表达的基因，或者先前与胚胎干细胞生物学有关的基因。当逆转录病毒载体在小鼠成纤维细胞中共同表达时，所有24个因子的组合确实激活了 *Fbxo15*，并诱导形成具有 ES 细胞特征形态的耐药菌落，尽管效率极低（0.01%～0.1%；图 28-3）（Takahashi and Yamanaka, 2006）。连续几轮从基因组合中剔除单个因素，然后识别出要求最低的四个核心因素，即 Klf4、Sox2、c-Myc 和 Oct4。通过这种选择方法生成的 iPSC 也拥有多能干细胞的特征，如表面抗原 SSEA-1 和 Nanog；皮下注射到免疫缺陷小鼠后产生畸胎瘤；囊胚注射后进入发育中的胚胎的不同组织，从而证明它们达到了一定的多能性标准（表 28-2）。然而，与胚胎干细胞相比，这些诱导多能干细胞其他几个关键的多能性基因表达水平较低，表现出不完全的表观遗传标记重编程，不能产生产后嵌合体或构成生殖系。因此，这些最初衍生的 iPSC 似乎只是被部分地重新编程。

在这份报道发表后不久，包括 Yamanaka 在内的几个实验室已经能够重复和改进这些结果。例如，通过选择必要的多能性基因 *Nanog* 或 *Oct4* 替代 *Fbxo15* 重新激活，生成的多能干细胞在分子和功能上更类似于 ES 细胞（图 28-3）（Maherali et al., 2007; Okita et al., 2007; Wernig et al., 2007）。最近，人们发现将 iPSC 注射到四倍体囊胚后，甚至能够产生 "all-iPSC" 小鼠（表 28-2）（Boland et al., 2009; Kang et al., 2009; Zhao et al., 2009），这表明至少一部分 iPSC 克隆具有与胚胎干细胞相当的发育潜能。

重要的是，高质量的小鼠诱导多能干细胞可以从未经基因修饰的体细胞中提取，无需借助简单的形态学标准进行药物选择（Blelloch et al., 2007; Maherali et al., 2007; Meissner et al., 2007）。这一发现对于将诱导多能性扩展到其他转基因工具不容易获得的物种是至关重要的。例如，通过表达相同的四种 Yamanaka 因子，科学家已经成功地从人类（Takahashi et al., 2007; Yu et al., 2007; Park et al., 2008）、大鼠（Li et al., 2009b）和恒河猴成纤维细胞（Liu et al., 2008）中生成了 iPSC，这表明在进化过程中控制多能性的转录网络的基本特征仍然是保守的。此外，人们也可以从其他体细胞群中获得诱导多能干细胞，如角质形成细胞（Aasen et al., 2008; Maherali et al., 2008）、神经细胞（Eminli et al., 2008; Kim et al., 2008）、胃和肝脏（Aoi et al., 2008），以及遗传标记的胰腺 β 细胞（Stadtfeld et al., 2008a）、黑素细胞（Utikal et al., 2009）和终末分化的 B 淋巴细胞、T 淋巴细胞（Hanna et al., 2008b; Eminli et al., 2009），这说明了不同类型细胞诱导多能性的普遍性。

28.2.2　遗传上未修饰的 iPSC

用于传递重编程因子的逆转录病毒基因通常在重编程末期（Stadtfeld et al., 2008b）被一种涉及 DNA（Lei et al., 1996）和组蛋白甲基化（Matsui et al., 2010）的机制所沉默。然而，这一过程通常是不完整的，导致部分重编程的细胞系无法激活内源性多能性基因，因此继续依赖转基因重编程因子的表达来实现无限生长（Takahashi and Yamanaka, 2006; Mikkelsen et al., 2008; Sridharan et al., 2009）。此外，在 iPSC 来源的体细胞中，病毒转基因的残余活性或重新激活可能会干扰它们的发育潜能，并经常导致嵌合动物中肿瘤的形成（Okita et al., 2007）。这些缺点促使人们努力寻找缺乏病毒载体序列的诱导多能干细胞。第一个非整合诱导多能干细胞是在转染质粒（Stadtfeld et al., 2008c）或 RNA 病毒后，使用非整合腺病毒载体从成年小鼠肝细胞和小鼠胚胎成纤维细胞（MEF）中生成的，这些质粒（Okita et al., 2008）或 RNA 病毒（Fusaki et al., 2009）只在细胞内短暂存在。重要的是，由非病毒载体序列整合的多能干细胞产生的嵌合动物是无肿瘤的。尽管这些方法效率极低，但它们得出了两个重要结论：第一，稳定的细胞重编程不需要病毒整合和插入突变；第二，直接重编程并不一定会产生比胚胎干细胞质量更差或安全性更差的多能细胞。然而，在所有这些方法中，重要的是要完全排除载体片段或 RNA 病毒持续存在于 iPSC 中的可能性。

人们已经开发出各种各样的新方法，用替代技术来生成基因未修改的或 "无编程因子" 的人类多能干细胞。这些方法包括使用 mRNA 代替 DNA 转染、用小分子取代因子、以重组蛋白或提取物的形式传递因子。使用重组蛋白（Zhou et al., 2009）或提取物（Kim et al., 2009a）对细胞进行重编程的效率极低，因此它是一种不切实际的 iPSC 生成策略。另一种方法是使用修饰过的 mRNA 构建来表达体细胞供体细胞的重编程因子，从而产生人类多能干细胞。这种方法是产生无因子 iPSC 的有效方法，因此可能是首选的重编程方法。最后，各种小分子已经被证明可以取代个别重编程因子（Huangfu et al.，2008；Xu et al.，2008；Ichida et al.，2009；Lyssiotis et al.，2009）。值得注意的是，最近有报道称，某些化合物的组合足以诱导体细胞的多能性（Hou et al.，2013）。

综上所述，非转基因无载体 iPSC 的生成在原理上已得到解决。对于某一给定的情况，上述各种策略中的一种可能比另一种更优。

28.2.3 可重编程的小鼠

所谓的"二次重编程系统"和"重编程小鼠"的发展，是研究重编程分子机制的技术进步（图 28-4）。这种方法需要通过人类细胞的体外分化（Hockemeyer et al.，2008；Maherali et al.，2008）或小鼠囊胚注射（Wernig et al.，2008；Woltjen et al.，2009）来分化"初级"iPSC 克隆。初级诱导多能干细胞是通过将携带有强力霉素诱导的慢病毒载体或转座子的 Yamanaka 转录因子复合物导入体细胞而产生的。在含有强力霉素的培养基中培养这些基因同源的分化细胞，从而触发"二次"诱导多能干细胞的形成，其效率（1%～5%）通常比初次感染（0.01%～1%）后获得的效率高出几个数量级。这一观察结果表明，重编程的低效率不仅仅是最初认为的四个病毒载体对体细胞的无效转导，恰恰相反，它与另一种观点相一致，即需要存在其他的障碍，如表观遗传上的限制，以限制获得多能性。

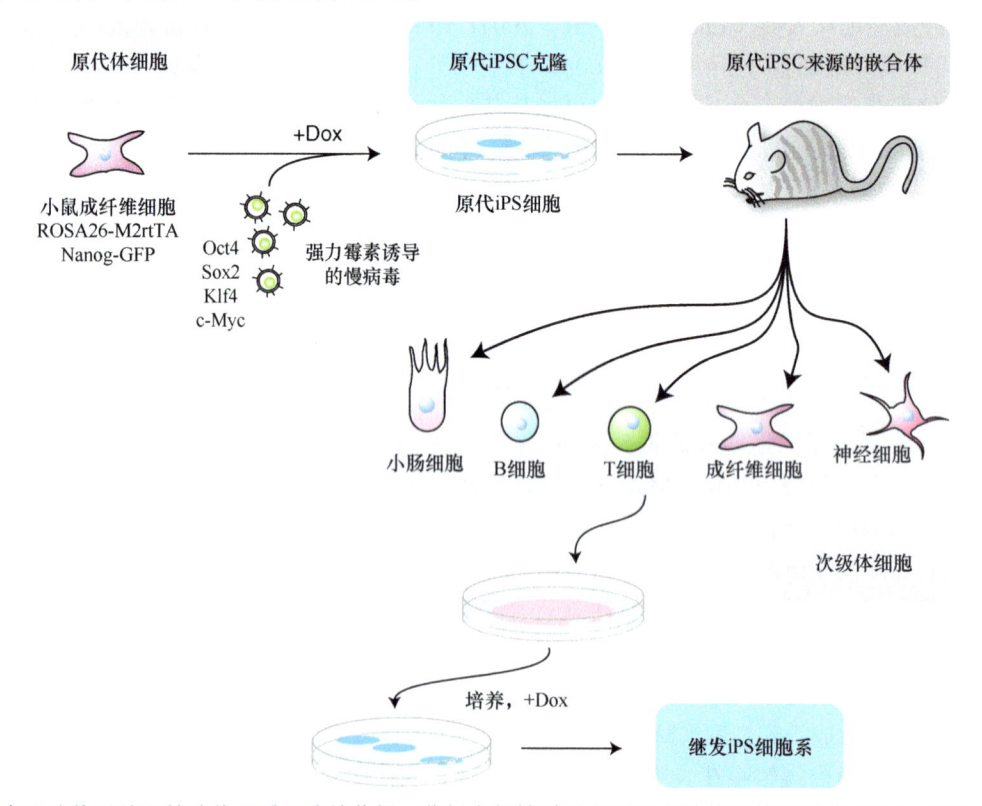

图 28-4 用于表观遗传重编程的遗传同质细胞的获得。获得多能性诱导方面更有效的遗传同质体细胞的方案。将稳定整合 Nanog-GFP（绿色荧光蛋白）标记物和反向四环素反激活因子（M2rtTA）的原代体细胞，用 DOX 诱导的带有四个重编程因子的慢病毒感染。原代诱导多能干细胞是通过在 DOX 中培养细胞来激活这些因子而产生的。停止 DOX 诱导后，将原代诱导多能干细胞注射到小鼠囊胚中，并在 DOX 的存在下培养携带 DOX 诱导载体的次级体细胞以产生继发诱导多能干细胞。该系统的主要优点是可以在不感染新病毒的情况下以更高的效率诱导重编程（修改自 Hanna et al.，2008a）。

在对传统的二次重编程系统的修改中，人们发展了"可重新编程"的小鼠系。它包含一个单一的强力霉素诱导的多顺反子转基因，通过同源重组定位到一个确定的基因组位置。该系统不再依赖于病毒感染，而是通过简单地向培养基中添加强力霉素，可以从几乎任何类型的小鼠细胞中诱导多能干细胞（Carey et al., 2010; Stadtfeld et al., 2010b）。

28.3 iPSC 形成的潜在机制

下面我们将介绍一些用于解释细胞层面重新编程的低效率而开发的模型。然后我们讨论在重编程过程中起障碍作用的关键分子事件，并推测各个重编程因子的作用。

28.3.1 确定性和随机性模型

科学家提出了两种主要的模型来解释重编程过程（图 28-5A）（Yamanaka，2009）。"确定性"模型假设单个体细胞同步转化为 iPSC 具有恒定的潜伏期（或细胞分裂的数量；图 28-5B 中的模型 i 和模型 ii），而"随机性"模型预测体细胞转化为 iPSC 的潜伏期是可变的，或者在经历不同的数量或细胞分裂后产生 iPSC（模型 iii 和模型 iv）。此外，还必须考虑是否所有体细胞或少数"精英"细胞都能产生诱导多能干细胞；体细胞干细胞或祖细胞存在于大多数成体组织中，并可能存在于外植体细胞群中，是最明显的候选"精英"细胞，因为它们很罕见，在发育上更接近于多能细胞而不是分化细胞。

重编程不太可能在所有细胞中遵循一个纯粹确定的过程（模型 i），因为这与 iPSC 形成的低效率不一致。仅基于精英细胞的模型（模型 ii 或 iv）也难以成立，因为 iPSC 可以来自许多不同的体细胞，包括完全分化的 B 和 T 淋巴细胞（Hanna et al., 2008b; Eminli et al., 2009）以及胰腺 B 细胞（Stadtfeld et al., 2008a）。此外，当跟踪表达重编程因子的早期 B 细胞和单核细胞克隆群时，几乎所有的细胞克隆最终都产生形成 iPSC 的子细胞，尽管这一过程需要持续生长数周至数月（Hanna et al., 2009b）。后一种观察表明，持续的细胞增殖使几乎所有克隆细胞种群中的罕见细胞获得分子变化，从而促进其转化为多能状态。这些发现与数学建模相结合，支持了细胞重编程的随机模型（即图 28-5B 中模型 iii）（Hanna et al., 2010b）。

有趣的是，多能性因子 Nanog 与标准 Yamanaka 因子 Oct4、Sox2、Klf4 和 c-Myc 的过表达以独立于细胞分裂的方式增强了细胞重编程（Hanna et al., 2009b）。这一结果表明，细胞重编程是可以通过额外的处理进行加速的。在细胞重编程过程中，一些其他因子的过表达或缺失增加了 iPSC 的生成（图 28-5A）。这些分子包括：转录因子（如 Tbx3、Sall4、Glis1），染色质调控因子（如 UTX、BAF、Dnmt1、Mbd3），microRNA（如 miR-294、miR-302/367）和信号分子（如 Wnt、Tgf-β、Jak/Stat）（Stadtfeld and Hochedlinger, 2010; Maekawa et al., 2011; Orkin and Hochedlinger, 2011; Mansour et al., 2012）。

另一个被证明有助于重编程效率的影响因素是细胞最初的分化状态。例如，克隆培养的造血干细胞和祖细胞产生 iPSC 的效率显著高于成熟淋巴细胞和髓细胞（10%～40% vs. 0.01%～1%；Eminli et al., 2009; Stadtfeld et al., 2010b）。同样，当使用活细胞成像跟踪单个细胞（Smith et al., 2010），或使用表面标记对未成熟细胞进行分类时（Nemajerova et al., 2012），成纤维细胞亚群相比其他大部分细胞更早、更有效地产生多能干细胞。总之，细胞重编程最符合随机模型。然而，其他影响因素，如分化阶段、生长因子和其他转录因子的补充也可以影响这一过程。

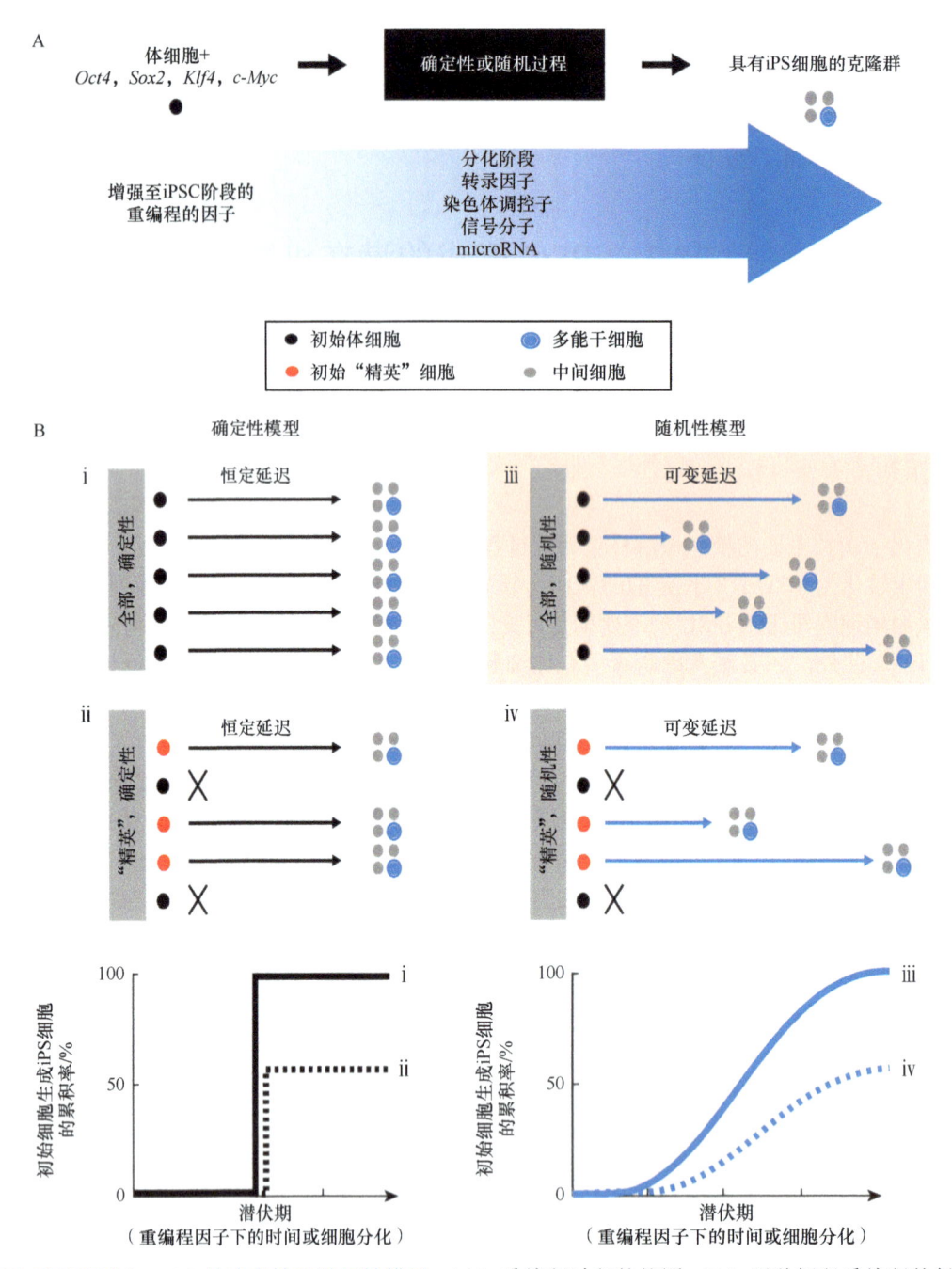

图 28-5　细胞重编程进入 iPSC 的确定性和随机性模型。（A）重编程过程的简图；（B）四种解释重编程的低效率的可能模型。确定性模型假设：所有体细胞（i）或被称为初始"精英"细胞的体细胞（ii）群体产生具有恒定潜伏期的诱导多能干细胞。相反，随机性模型预测所有体细胞（iii）或基细胞（iv）的一个亚群内产生具有可变潜伏期的多能干细胞。潜伏期可以用激活多能性基因所需的时间或细胞分裂次数来衡量。各个模型的预期结果显示在底部。使用克隆 B 细胞和单核细胞种群的实验证据支持模型 iii（高亮标注）。（修改自 Hanna et al., 2009b）

28.3.2　细胞重编程过程中的分子变化

iPSC 产生的低效率和缓慢的动力学与转录因子过表达触发的体细胞谱系转换形成了鲜明对比，例如，C/EBPα 诱导 B 细胞转化为巨噬细胞的效率可以在 48h 内高达 100%。这表明，由确定的因子诱导多能性比谱系转换面临更多的障碍，这可能是因为成熟细胞类型之间拥有更高的转录和表观遗传相似性（相比成熟细胞和多能细胞之间）。那么，体细胞在重编程成为 iPSC 期间面临的主要分子障碍是什么？

28.3.2.1 体细胞基因的沉默和多能性基因的激活

对成纤维细胞的研究表明，重编程遵循一系列有组织的事件，这些事件开始于体细胞标志物的下调（Stadtfeld et al., 2008b），让人联想到间叶细胞-上皮细胞过渡（MET）的形态学变化（图 28-6）（Li et al., 2010；Samavarchi-Tehrani et al., 2010）。与此一致的是，干扰与 MET 相关的基因，如上皮细胞 E-钙黏蛋白分子和骨形态发生蛋白（BMP）受体信号转导会取消重编程过程。这些事件发生后，以及在 *Nanog* 或 *Oct4* 等真正的多能性基因表达之前，早期多能性标记 SSEA-1、碱性磷酸酶和 *Fbxo15* 被激活（图 28-6）（Brambrink et al., 2008；Stadtfeld et al., 2008b）。负责延长体细胞缩短端粒的端粒酶，与内源性 *Nanog* 和 *Oct4* 同时被激活。

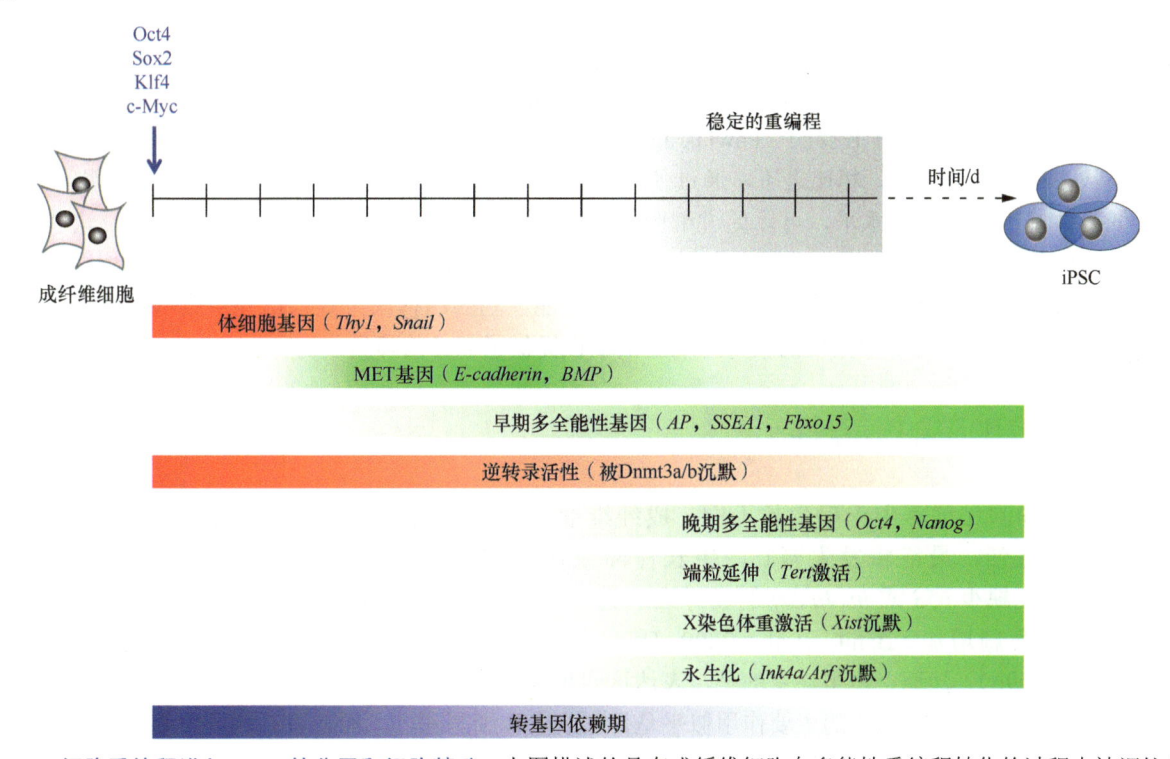

图 28-6 细胞重编程进入 iPSC 的分子和细胞基础。 上图描述的是在成纤维细胞向多能性重编程转化的过程中被调控的关键事件和范例基因。"稳定的重编程"表明细胞激活了内源性多能性基因位点，不依赖于转基因获得多能性的时间窗口。MET，间叶细胞-上皮细胞过渡。（修改自 Stadtfeld et al., 2008b）

基于上述标记的组合分离的重编程中间体形成 iPSC 菌群的可能性更大（Stadtfeld et al., 2008b），表明这些细胞已经克服了一些一般情况下会阻碍多能性诱导的转录和表观遗传障碍。有趣的是，大多数表达重编程因子的成纤维细胞中体细胞标志物表达不会出现下调，也无法激活多能性基因（Wernig et al., 2008；Stadtfeld et al., 2010b），这表明许多细胞对重编程存在耐受。这种"无反应"成纤维细胞即使在长时间培养后也不能产生 iPSC。总的来说，这些结果表明体细胞程序的消失和随后内源性多能性基因的激活是 iPSC 形成过程中的障碍。支持这一结论的是：稳定分化状态的基因（如 *Pax5*、*Pax7*、*Gata6*）的下调（Hanna et al., 2008b；Mikkelsen et al., 2008）或其他多能性因子的异位表达，以及 *Oct4*、*Sox2*、*Klf4* 和 *c-Myc* 已被证明可增强 iPSC 的形成（Stadtfeld and Hochedlinger, 2010）。

28.3.2.2 全基因组范围的组蛋白和 DNA 甲基化重置

体细胞和分化细胞中的基因表达是通过 DNA 甲基化和组蛋白尾部修饰的特征模式来维持的。一般来说，多潜能基因，如 Oct4 和 Nanog 在体细胞中被抑制性组蛋白修饰（如 H3K27me3）和 DNA 甲基化沉默。相反，在多能细胞中，Oct4 启动子缺乏启动子区域的 DNA 甲基化，并携带激活性组蛋白标记 H3K4me3。成功的重编程需要将这两种表观遗传修饰从体细胞重置为全基因组水平上的多能状态。对 iPSC 进行全基因组分析（染色质免疫沉淀，ChIP）和深度测序（ChIP-seq）发现，在大多数可信的 iPSC 谱系中，整体组蛋白修饰和 DNA 甲基化结构被正确地重新编程，而在部分重新编程的 iPSC 中，它们并没有完全恢复（Maherali et al.，2007；Mikkelsen et al.，2008；Sridharan et al.，2009）。最近，研究者们发现许多组蛋白修饰酶参与了这一过程。例如，组蛋白赖氨酸（K）去甲基化酶 UTX 能够从沉默的多能位点去除抑制性 H3K27 甲基化标记，对高效的 iPSC 形成至关重要（Mansour et al.，2012）。同样，调节激活 H3K4 标记的成分，如 WD 重复域 5（Wdr5），能够确保关键多能性基因的正确表达，影响有效的重编程（Ang et al.，2011）。

DNA 甲基化模式在哺乳动物发育过程中由从头甲基转移酶 Dnmt3a 和 Dnmt3b 建立，并通过甲基转移酶 Dnmt1 维持整个成年期（Reik et al.，2001）。DNA 维持甲基化机制的缺失与胚胎发育是矛盾的（Li et al.，1992）。但是令人惊讶的是，在缺乏 Dnmt3a 和 Dnmt3b 的情况下，iPSC 的形成并不受影响，这表明从头甲基化对于细胞重编程是非必要的（Pawlak and Jaenisch，2011）。其他的抑制机制，如组蛋白修饰，很可能互补了从头甲基化的损失。相比之下，通过使用短发夹结构拮抗 Dnmt1，或使用去甲基化药物 5-氮杂胞苷来降低整体基因组甲基化水平，可以促进细胞重编程（Mikkelsen et al.，2008）。具体来说，这些处理手段增强了整体种群形成，并促进部分重编程的 iPSC 转化为完全重编程的 iPSC。虽然潜在的机制尚不清楚，但很可能是 DNA 去甲基化通过解除 Oct4 和 Nanog 等多能性基因的抑制方式来增强重编程。总之，这些结果表明，DNA 去甲基化而非甲基化的获得为细胞重编程提供了额外的障碍。

28.3.3 细胞增殖的重要性

与胚胎干细胞在培养中无限生长不同，成纤维细胞的增殖能力受到限制。由于肿瘤抑制基因 p53 和 Ink4a/Arf 的激活，最终将发生凋亡、生长停滞或应激诱导的衰老（Collado et al.，2007）。事实上，Yamanaka 因子在缺少 p53 或 Ink4a/Arf 的成纤维细胞（这些细胞不会衰老，会无限增殖）中的表达将导致 iPSC 集落数量急剧增加（Banito et al.，2009；Hong et al.，2009；Kawamura et al.，2009；Li et al.，2009a；Utikal et al.，2009b）。然而，值得注意的是，表达这四种因子的不同细胞类型会在 p53 缺失时引发不同的反应。在成纤维细胞中，p53 缺失的主要作用似乎是抑制衰老和细胞死亡，而在表达相同重编程因子的血细胞中，p53 缺失的主要作用是通过加速细胞周期而导致重编程（Hanna et al.，2009b）。这一发现强调了一个事实，即细胞重编程固有的障碍可能与细胞所处的环境有关。

多能性的获得可能不完全获得独立于外源性 Yamanaka 因子的表达；多能性基因的完全激活可能需要几轮的细胞分裂，正如发现早期和晚期诱导多能性干细胞在端粒长度上存在明显差异（Marion et al.，2009）以及转录和 DNA 甲基化模式的全基因组变化（Chin et al.，2009；Polo et al.，2010）。这一发现与新衍生的 iPSC 系表现出"表观记忆"的概念是一致的，其特征是残余的表观标记和基因表达特征会遗传自体细胞（Kim et al.，2010；Polo et al.，2010）。

28.3.4 转录因子维持 ES 细胞的多能性状态

Oct4、Nanog 和 Sox2 构成维持 ES 细胞处于自我更新和未分化状态（即准备分化）的转录因子的核心。因此，在胚胎干细胞中删除这些因子中的任何一个都会停止或严重损害胚胎干细胞的自我更新（Chambers and Smith，2004）。研究分析这些因子在小鼠和人类 ES 细胞整个基因组的位置表明它们有两个主要功能：它们与特定基因组区域的关联控制着与分化相关基因的抑制或胚胎干细胞特异性靶点的激活（图 28-7A）（Jaenisch and Young，2008）。在胚胎干细胞中，多潜能因子对基因的抑制至少部分是通过招募抑制染色质重塑复合体的靶启动子，如含有组蛋白去乙酰化酶的 NuRD 复合体（Kaji et al.，2006）和赖氨酸甲基转移酶多梳复合体 2（Boyer et al.，2006；Lee et al.，2006），分别导致组蛋白去乙酰化和 H3K27me3 标记的生成。

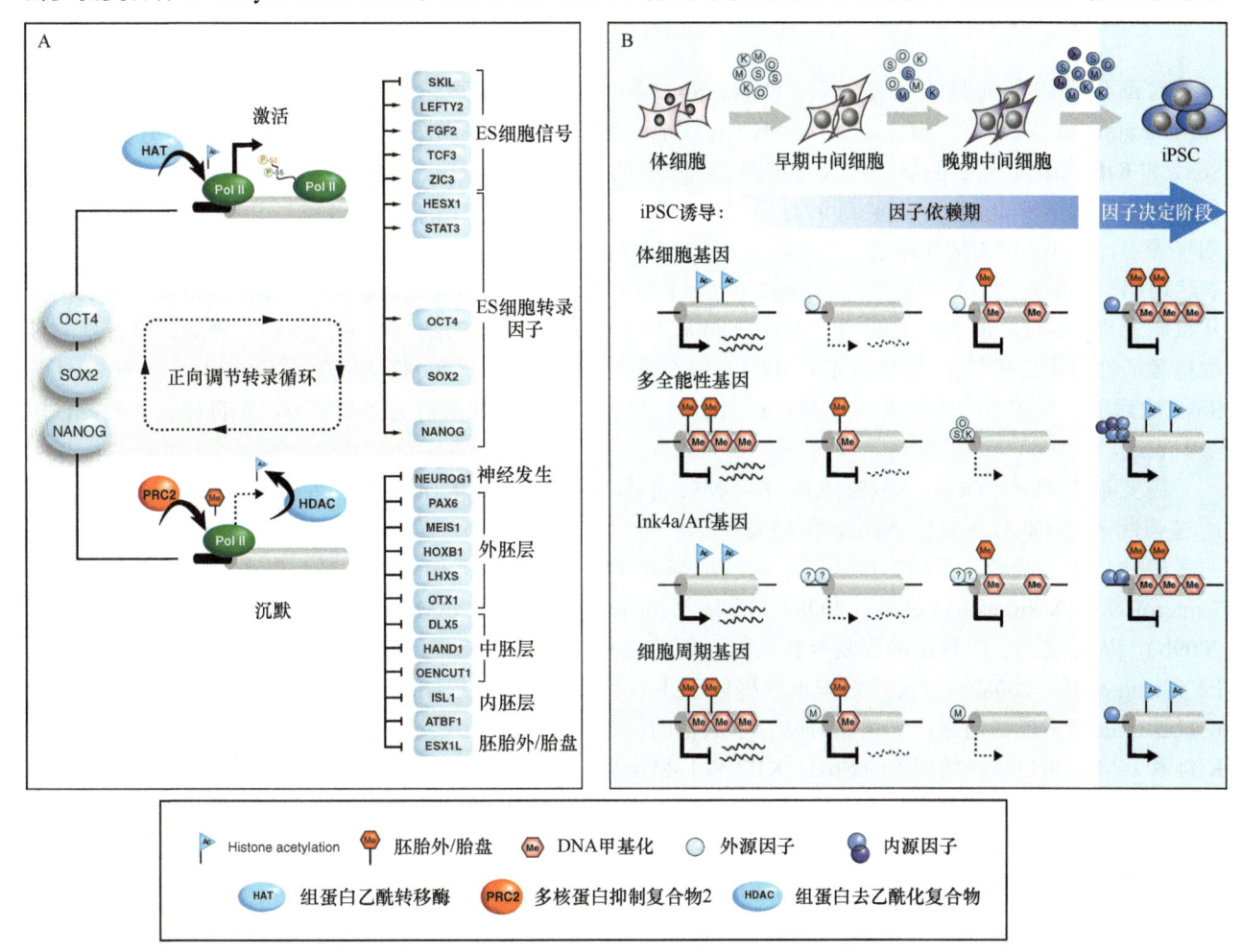

图 28-7　转录因子在诱导和维持多能性中的作用。（A）转录因子 Oct4、Sox2 和 Nanog 通过激活重要的自我更新基因和抑制驱动分化的基因来维持胚胎干细胞的多能性。这些因子或与染色质激活因子，如组蛋白乙酰转移酶 p300（蓝色，HAT）和延伸中的 RNA 聚合酶Ⅱ（绿色，Pol Ⅱ）合作诱导基因表达；或与染色质抑制因子，如 PRC2 和组蛋白去乙酰酶复合物（HDAC）合作，通过抑制组蛋白甲基化，促进组蛋白去乙酰化来抑制基因表达。此外，多能性因子能够正向调控自身的转录，从而建立了胚胎干细胞和多能性干细胞的转录回路。（B）iPSC 诱导过程中重编程因子的工作模型。表达外源性重编程因子的体细胞经历了从"早期中间产物"到"晚期中间产物"，再到 iPSC 的过程（蓝色圆圈：O，Oct4；S，Sox；K，Klf4；M，c-Myc）。为了获得多能性，细胞必须激活内源性多能性基因（深蓝色圆圈）以及必要的辅助因子（蓝色圆圈标记 N 代表 Nanog，X 代表其他因素）在没有外部因素的情况下维持自我更新。（底部）重编程因子作用于不同类型的基因在体细胞中建立多能性的模型。单因子可能在早期抑制体细胞基因，而组合因子在重编程后期将激活多能性基因。抑制性标记分布在体细胞基因上并从原本沉默的多能性位点上移除时，多能性就稳定了。成功的重编程与通过激活增殖基因如细胞周期蛋白（主要由 c-Myc 靶向）和由未知因素抑制细胞周期抑制基因如 *Ink4a/Arf* 获得的无限自我更新特性紧密相关。（A，经许可修改自 Jaenisch and Young，2008；B，经许可修改自 Stadtfeld and Hochedlinger，2010）

这种靶基因的双重调控可能可以解释为什么在 iPSC 形成过程中多能性基因激活时，体细胞基因通常是沉默的。虽然在个别重编程因子与靶位点结合时，抑制性复合体可以立即形成，更复杂的激活复合物如 Nanog 或 Dax1（Wang et al.，2006）的关键成分可能在重编程的早期阶段受到限制或缺失，只有在它们各自的内源性基因组位点被转录激活后才可用（图 28-7B）。核小体重塑因子可能会促进这一过程，如 Chd1（Gaspar-Maia et al.，2009）和 BAF（Singhal et al.，2010）；事实上，这两种分子都被证明在过表达时可以提高重编程效率。一旦大多数核心多能因子被表达，它们可能会参与正反馈循环（Jaenisch and Young，2008），以在缺乏外源性因子表达的情况下维持多能性（图 28-7A）。

28.3.5 个体因素对细胞重编程的贡献

对部分重编程细胞的研究表明，Oct4、Sox2 和 Klf4 无法与其靶点结合是获得多能性的限制因素（Sridharan et al.，2009）。相比之下，c-Myc 有效地占据了与增殖和代谢相关的靶点，表明 c-Myc 与 Oct4、Sox2 和 Klf4 相比起到了明显的作用（见图 28-7B 中的细胞周期基因）。因此，c-Myc 的表达只需要在重编程的最初几天（Sridharan et al.，2009），而 Sox2 的表达只需要在后期（Chen et al.，2011）。在重编程的早期步骤中，c-Myc 的支持作用进一步证实，在所有四种因子激活之前，成纤维细胞中 c-Myc 和 Klf4 的过早表达增加了重编程的效率和速度，而 Sox2 和 Oct4 的早期表达对重编程没有影响（Markoulaki et al.，2009）。从机制上讲，c-Myc 的表达可能通过促进 Oct4 和 Sox2 与同源靶点的结合增强重编程，例如，通过建立或维持激活性组蛋白甲基化（Lin et al.，2009）和乙酰化（Knoepfler，2008）标记（图 28-7B）。一旦 Oct4 和 Sox2 激活了关键的多能性靶点，如 *Nanog*，细胞就进入了一种自我维持的多能状态，不再依赖于外源性因子的表达。

需要指出的是，Oct4、Sox2、Klf4 和 c-Myc 并不是产生 iPSC 的唯一因子组合。例如，人类 iPSC 是通过强制表达 Oct4、Sox2、Nanog 和 Lin28 获得的（Yu et al.，2007）。这表明不同的途径可能导致共同的多能性状态，或者，不同的转录因子通过加强彼此的合成来激活相同的程序。事实上，Lin28 抑制 let-7 microRNA（Viswanathan et al.，2008），而 let-7 microRNA 是调控 c-Myc 翻译的负调控因子（Kim et al.，2009b），从而建立了两种重编程复合物之间可能的联系。同样，Nanog 控制着一组与 Klf 蛋白相似的靶基因（Jiang et al.，2008）。因此，细胞重编程似乎并不严格依赖于一组固定的转录因子，但只要建立了典型的胚胎干细胞多能性通路，它就相对能容忍其他的因子。为了进一步支持这一观点，研究者也发现 Sox2、Klf4 和 c-Myc 可以被密切相关的 Sox1、Klf2 和 L-Myc 蛋白所取代（Nakagawa et al.，2008；Nakagawa et al.，2010）。然而，一些经典的重编程因子可以被看似无关的核孤儿受体家族成员所替代。例如，在小鼠成纤维细胞重编程过程中，Klf4 可被 Esrrb（Feng et al.，2009）取代，Oct4 可被 Nr5a2（Heng et al.，2010）取代。这些替代蛋白质在重编过程中运作的机制仍然不清楚。

28.3.6 X 染色体失活

雌性哺乳动物的 X 染色体失活确保了与雄性相比 X 连锁基因的平衡表达（Augui et al.，2011）。在着床后早期的发育过程中，每个细胞两个雌性 X 染色体中的一个随机失活，并且在整个成年期的所有体细胞的子细胞中稳定地保持失活。X 染色体失活是由表观遗传机制的复杂相互作用完成的，包括非编码 RNA *Xist*，它覆盖在未来的失活 X 染色体上，并招募抑制性染色质调节因子，导致抑制性组蛋白和 DNA 甲基化标记的形成，从而诱导稳定的沉默［在第 25 章图 25-10 中总结（Brockdorff and Turner，2014）］。虽然所有分化的雌性细胞都表现出 X 染色体失活，且 X 染色体（XiXa）分别为一条活跃的和一条不活跃的，但小鼠 ICM 细胞和衍生的 ES 细胞处于预失活状态，因此携带两条活跃的 X 染色体（XaXa）。这个观察结果提出了一个问题，即诱导多能性是否需要对体细胞沉默的 X 染色体进行忠实的重新激活。对来自雌性小鼠成纤维细胞的 iPSC 的分析表明，当细胞被诱导分化时，沉默的 X 染色体确实重新激活并发生随机失活（Maherali et al.，2007）。这一发现让人想起之前的实验结果，即通过 SCNT 从成纤维细胞克隆出的胚胎可重新激活沉默的 X 染色体，并在发育过程中随机失活 X 染色体（Eggan et al.，2000）。

X 染色体在人类胚胎干细胞中的失活状态一直是令人疑惑的（Wutz，2012）。与小鼠胚胎干细胞相比，传统的人类胚胎干细胞经历了 X 染色体失活（XiXa；Shen et al.，2008），这提出了"它是否反映了人类囊胚中 ICM 细胞的 X 染色体失活状态"的问题。两种观察结果支持了人类 ICM 细胞处于 X 染色体前失活状态的观点：①直接观察表明，人类囊胚细胞尚未开始 X 染色体失活（Okamoto et al.，2011）；②在生理氧气条件下（5% O_2）分离和繁殖的人类胚胎干细胞表现出 X 染色体预失活状态，与小鼠胚胎干细胞类似，分化时开始随机失活（Lengner et al., 2010）；后一种观察结果表明，亚理想的培养条件（如氧化应激）可能会干扰体外对人类 ICM 细胞较不成熟的 XaXa 状态的捕获。最近的数据显示，人类胚胎干细胞和多能干细胞可能会失去 Xist 表达，而获得一些 X 染色体连锁基因的双等位基因表达（Mekhoubad et al., 2012），长时间的培养可能会选择生长促进的 X 染色体连锁基因的过表达（Anguera et al., 2012）。这些观察结果与以下可能性是一致的，即 X 染色体在多能细胞中的失活状态可能不如在体细胞中那么稳定，细胞的持续繁殖可能导致培养过程中部分激活 Xi。值得注意的是，如 28.3.7 节所讨论的，胚胎干细胞和多能性干细胞的状态对 X 染色体失活状态有深远的影响。

28.3.7 多能性的可选择阶段："原始"状态与"启动"状态细胞

多能细胞系存在于两种不同的状态，以不同的生长因子需求和发育特性为特征（图 28-8）。与上皮细胞干细胞（EpiSC）相比，在白血病抑制因子（LIF）和激活素存在的情况下，由胚胎植入后囊胚 ICM 建立的小鼠胚胎干细胞（ES）具有更原始的多能性状态。Nichols 和 Smith 已经将类似 ICM 的 ES 细胞定义为"原始（naive）"状态，将外胚层衍生的 EpiSC 定义为"启动（primed）"多能性状态。这个定义暗示"启动"状态的胚胎干细胞倾向于分化，而"原始"状态的胚胎干细胞处于更不成熟的多能性状态。X 染色体的失活状态反映了多能性的不同状态："原始"的雌性胚胎干细胞处于 XaXa 预失活状态，而"启动"的 EpiSC 已经经历了 X 染色体的失活（图 28-8）。与它们的发育状态一致，EpiSC 显示了一些多能性标准，如畸胎瘤

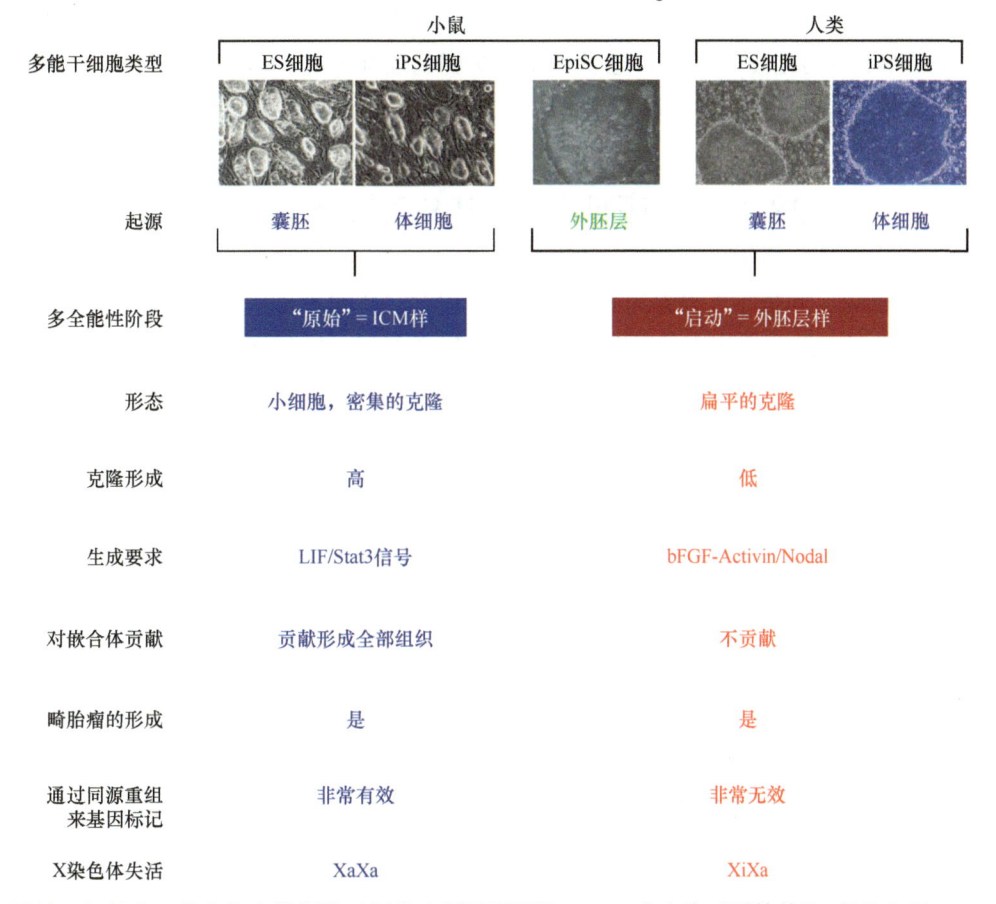

多能干细胞类型	小鼠			人类	
	ES细胞	iPS细胞	EpiSC细胞	ES细胞	iPS细胞
起源	囊胚	体细胞	外胚层	囊胚	体细胞
多全能性阶段	"原始" = ICM样			"启动" = 外胚层样	
形态	小细胞，密集的克隆			扁平的克隆	
克隆形成	高			低	
生成要求	LIF/Stat3信号			bFGF-Activin/Nodal	
对嵌合体贡献	贡献形成全部组织			不贡献	
畸胎瘤的形成	是			是	
通过同源重组来基因标记	非常有效			非常无效	
X染色体失活	XaXa			XiXa	

图 28-8 多能性的不同状态。 经典的小鼠胚胎干细胞来源于囊胚的 ICM，命名为"原始的"。相比之下，EpiSC 来源于植入胚胎的外胚层，并被命名为"启动的"，这意味着这些细胞比"原始"细胞更不成熟，分化更显著。这两种多能性状态的差异体现在形态克隆性（形成离散菌落的能力）、信号转导途径、多能（通过其对嵌合体或畸形瘤组织的贡献能力进行分析）、同源重组的基因靶向和 X 染色体失活状态上。人类胚胎干细胞虽然也来自囊胚，但在许多标准下与"启动"状态相似，与"原始"状态不同。

的形成，但在嵌合小鼠中未能形成任何组织（Brons et al., 2007; Tesar et al., 2007）。令人感兴趣的是，这两种多能性的可选择状态是亚稳定的，它们可以通过培养条件的变化而相互转化：在暴露于 LIF/Stat3 信号后，EpiSC 可恢复为"原始"的 ES 细胞样细胞，这种转换可通过 Klf4、Klf2、Nanog 或 c-Myc 等多能性因子的瞬时表达，或通过在 LIF 和 "2i"［2i：GSK3β 抑制因子和 ERK1/2 抑制因子或 Kenpaullone（CDK 抑制剂）；Guo et al., 2009; Hanna et al., 2009a］条件下培养细胞来促进。相反地，暴露于 bFGF 和激活素可将"原始"的 ES 细胞转化为"启动"的 EpiSC。因此，通过不同的培养条件激活不同的信号通路可以改变和稳定两种不同的多能状态。

与小鼠胚胎干细胞一样，人类胚胎干细胞也可以通过 Thomson 及其同事建立的方法从离体植入前囊胚中分离出来（Thomson et al., 1998）。这些细胞与小鼠 EpiSC（而不是小鼠 ES 细胞）有多个共同的定义特征，包括扁平的形态、对 bFGF/Activin 的信号依赖、X 染色体失活的倾向，以及对单细胞分离耐受性的降低（图 28-8）。因此，这些与小鼠 EpiSC 在分子和生物学上的相似性表明，人类胚胎干细胞对应的是"启动"的多能性状态，而不是小鼠胚胎干细胞的"原始"状态。这就提出了一个科学问题：是否可以设计条件，允许分离具有小鼠"原始"胚胎干细胞生物学和表观遗传特征的人类多能性细胞，以及是否可以将人类胚胎干细胞或类似于小鼠 EpiSC 的多能性细胞转化为"原始"的多能性细胞。事实上，LIF/"2i"条件下的增殖及 Oct4 和 Klf4 或 KLF2/Klf4 的过表达能够诱导传统的人类胚胎干细胞向"原始"多能状态的转化（Hanna et al., 2010a）。"原始"的人类胚胎干细胞与"原始"的小鼠胚胎干细胞在以下几个方面类似：它们已经重新激活不活跃的 X 染色体，导致 XaXa 预失活状态；单细胞克隆效率高；依赖于 LIF/STAT3 而不是 bFGF/Activin 信号通路；可以作为单细胞常规传代，并显示出更接近于原始小鼠胚胎干细胞的基因表达模式。然而，这种"原始"状态无法稳定地维持，它依赖于转基因的连续表达。因此，定义允许维持未经基因修饰的原始细胞和直接从人类胚泡分离小鼠胚胎干细胞样细胞是重要的。

28.4 疾病研究中 iPSC 技术的应用

iPSC 技术在疾病研究中最令人兴奋的应用是获得患者特异性多能细胞的可能性。人们可以区分两种不同患者来源的诱导多能干细胞的应用：①在组织培养中研究疾病（"培养皿中的疾病"方法）；②细胞移植治疗。充分发挥多能干细胞在疾病研究中的潜力的关键是在人类多能细胞中行之有效的基因靶向方法。我们将首先总结人类胚胎干细胞和多能干细胞基因操作的不同方法，并讨论多能干细胞在疾病建模和细胞治疗中的应用。

28.4.1 人类 ES 细胞和 iPSC 的基因修饰

通过同源重组的基因打靶在小鼠胚胎干细胞中是有效的，并促进了成千上万的转基因小鼠模型的产生。相反，在人类胚胎干细胞和诱导多能干细胞中，同源重组是困难的——自从 15 年前第一个人类胚胎干细胞产生以来，只有很少的报道描述了成功的基因打靶。基因操作的困难一直是实现人类胚胎干细胞和多能干细胞在疾病研究中的全部潜力的主要障碍。

通过位点特异性核酸酶引入 DNA 双链断裂（DSB），利用新的工具促进同源重组，已被用于人类细胞中的靶向基因。有两种方法可以引入定点 DSB：①锌指核酸酶（ZFN）（Urnov et al., 2010）；② TALE 蛋白（transcription activator-like effector, Bogdanove and Voytas, 2011）。在这两种策略中都产生具有序列特异性的 DNA 结合域，并与核酸酶融合，可以在特定的核苷酸处引入 DSB。ZFN 是通过将 FokI 核酸酶结构域和一个由锌指结构组成的 DNA 识别结构域融合而产生的，后者将确定基因组的 DNA 结合位点。当两个融合蛋白在相邻基因组位点结合时，核酸酶结构域二聚、活跃，并切断基因组 DNA（图 28-9A）。如果我们提供了一个与 DSB 两侧靶点同源的供体 DNA 时，基因组位点就可以通过同源重组的方式进行修复，即允许在同源区域之间插入外源序列。虽然锌指结构域可识别核苷酸三联体，TALE 的 DNA 结合结构域也可识别单个核苷酸：多个（约 34 个）氨基酸单位（也称为 TALE 重复）串联排列。它们的序列基本相同，除了两个高度可变的氨基酸以建立碱基识别的特异性。每个单独的区域决定了与一个 DNA 碱基对结合的特异性，因此，四个不同的重复单元就足以确定与一个新位点的结合。与 ZFN 的方法一致，核酸酶与 TALE 融合，在两个 DNA 结合域之间引入了一个特定的 DSB。

在 DSB 上插入供体序列是通过共转染 ZFN 或 TALEN，以及一个在识别位点两侧带有大约 500～750bp 同源序列的供体质粒实现的。这样就能够生成在关键转录因子基因中携带 GFP 标记的报告 ES 细胞或 iPSC（Hockemeyer et al., 2009, 2011）。使用 ZFN 或 TALEN 策略进行基因编辑已被用于将疾病相关突变引入正常 ES 细胞或纠正患者来源的 iPSC 突变（Soldner et al., 2011）——这就产生了疾病细胞和对照细胞的"等基因"配对（图 28-9B），如图 28-9 所示，可以在实验细胞和对照细胞之间进行有意义的横向比较。

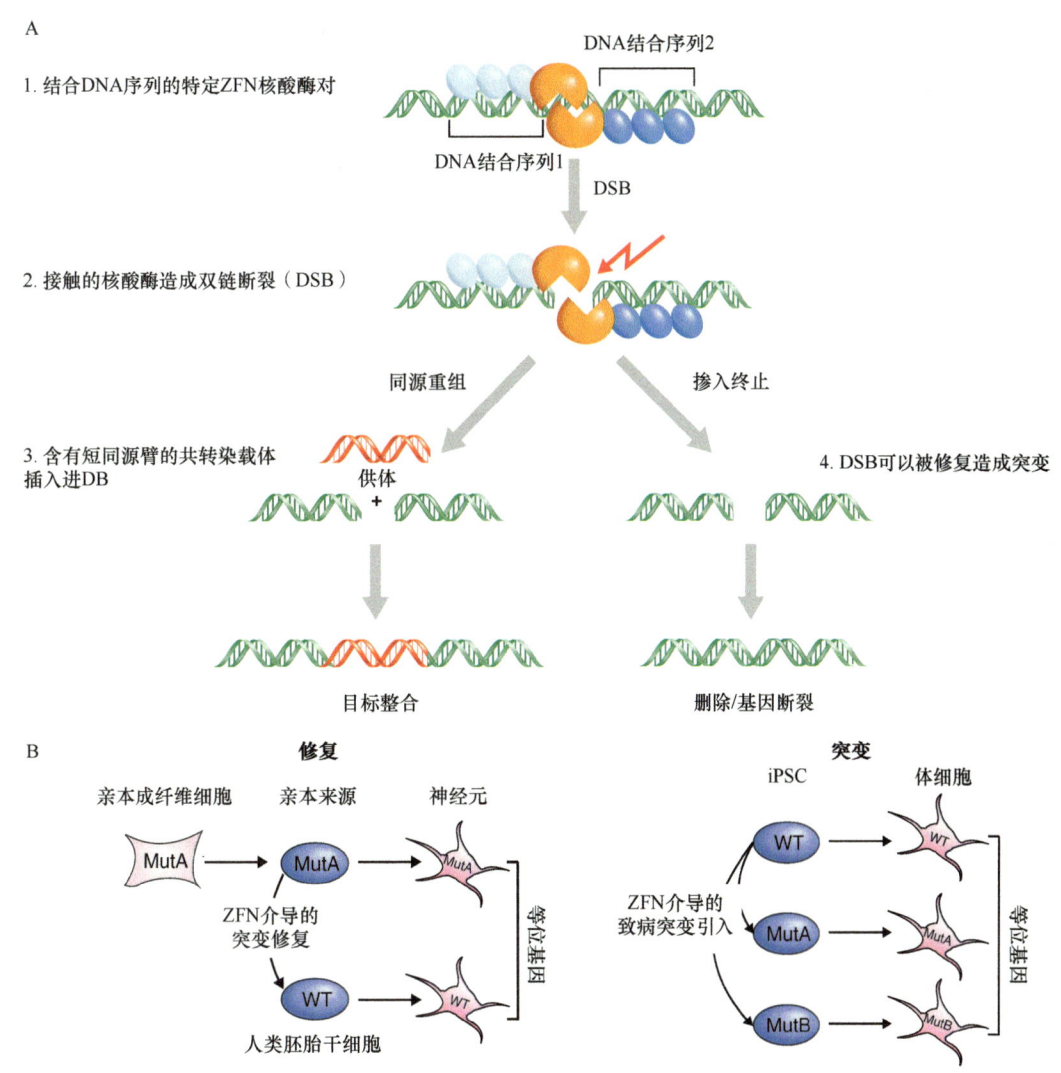

图 28-9　ZFN 和 TALE 核酸酶介导的基因靶向。（A）（1）DNA 结合蛋白——蓝色的锌指蛋白或黄色的 TALE 蛋白与橙色的 FokI 限制性核酸酶融合——被设计用来专门识别两个相邻的具有确定间距的 DNA 结合序列。（2）锌指结合时，FOKI 核酸酶结构域二聚、活跃，并切断 DNA。（3）如果提供一个携带与 DSB 同源 DNA（红色，DNA）的供体质粒给细胞，它将被用于修复 DNA 损伤。可以设计一个供体质粒，使其在同源臂之间携带额外的序列。在与这样的供体共同修复 DSB 时，基因组位点将在 DSB 位点插入这段附加序列。（4）或者，DSB 被修复，引起删除或序列改变，从而破坏基因功能。（B）使用ZFN（或 TALEN）介导的基因靶向，在患者来源的 iPSC 中校正致病突变（左图），或将致病突变引入野生型（WT）ES 细胞（右图）。这两种方法的结果都将产生等基因的多能干细胞，为功能研究提供基因相匹配的对照。（B 修改自 Soldner et al., 2011）

28.4.2 培养皿中的疾病模型（"培养皿中的疾病"）

iPSC技术有助于从患有已知或未知病因疾病的患者中获得基因相同的细胞。由于这些细胞来自患者，它们携带所有可能导致疾病表现的基因改变，在原则上允许对疾病的遗传基础进行研究，即使导致该疾病的基因尚未被确定。

在培养皿中建立疾病模型的基础是诱导多能干细胞分化为患者受感染的细胞类型的能力。例如，诱导多能干细胞需要分化成多巴胺能神经元来模拟帕金森病（PD），它们需要被诱导成运动神经元来研究脊髓运动萎缩（SMA，图28-10），这是一种导致下半身瘫痪的致命疾病。重要的是，与适当的对照细胞相比，疾病特异性诱导多能干细胞分化为功能性体细胞必须表现出可量化分析的表型。在PD中，加工患者来源的多巴胺能神经元与控制组诱导多能干细胞来源的神经元进行比较，就可以分析表型异常。类似地，为了研究SMA，可以检测患者衍生的运动神经元的体外表型，这可能与在患者中看到的神经元缺陷相对应。这类实验的一个重要目标是筛选能够影响体外表型的小分子（图28-11）（Rubin，2008）。如果这些化合物能够被鉴定，它们可能代表着治疗相关疾病的很有希望的候选药物。

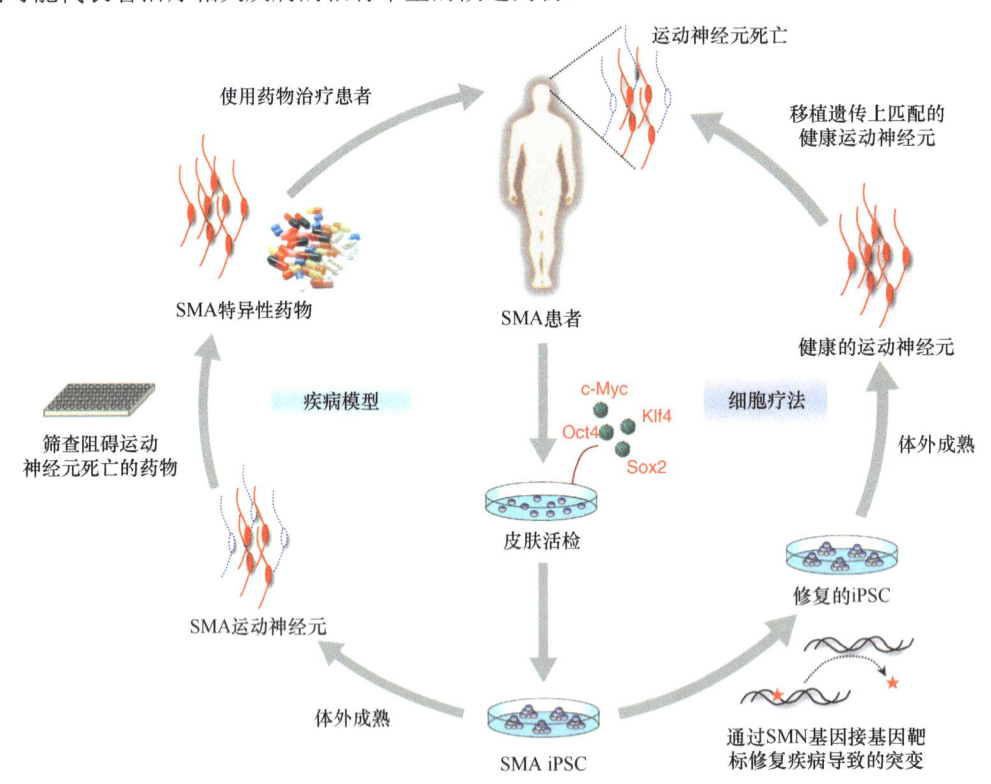

图28-10 iPSC技术的潜在应用。 以SMA为例，展示了iPSC技术在细胞治疗和疾病建模方面的潜在应用。在SMA患者中，运动神经元受到折磨并死亡，导致疾病具有非常严重的症状。SMA特异性的iPSC可在体外诱导成为运动神经元，建立疾病的培养模型，从而可能帮助鉴定预防患者运动神经元异常死亡的新药。另外，导致疾病的突变如果已知（在这种情况下是*SMN*基因），可以在iPSC分化为健康运动神经元之前通过基因靶向修复致病突变，然后移植到患者大脑。（改编自Stadtfeld and Hochedlinger，2010）

那么，我们离使用iPSC鉴定新药还有多远？事实上，一些研究实验室已经从患有亨廷顿病、帕金森病、ALS、青少年糖尿病、肌肉营养不良、范可尼贫血、唐氏综合征和其他疾病的患者中提取了iPSC（Raya et al.，2009；Soldner et al.，2009），这将促进相关研究。此外，三份有希望的报告显示，从患有严重疾病SMA（Ebert et al.，2009）、家族性自主神经功能障碍（Lee et al.，2009）和LEOPARD综合征（Carvajal-Vergara et al.，2010）的患者中提取的诱导多能干细胞可以再现在皮氏培养皿中观察到的细胞异常。值得注意的一点是，当培养的细胞接触到针对这些疾病的实验药物时，"症状"在培养过程中部分缓解。更有意思

图 28-11 在人镰状细胞贫血模型中使用诱导多能干细胞进行细胞治疗的实证。 携带人类 α-珠蛋白基因和导致贫血的 β-珠蛋白变异的转基因小鼠发展出类似人类镰状细胞贫血的疾病。皮肤细胞被四种 Yamanaka 因子重新编程成 iPSC，c-Myc 被 Cre 介导的切除而移除。采用同源重组对缺陷的 β-珠蛋白基因进行突变校正。校正后的诱导多能干细胞分化成造血干细胞并移植到突变小鼠体内，这些细胞可以产生正常的红细胞来治疗贫血。

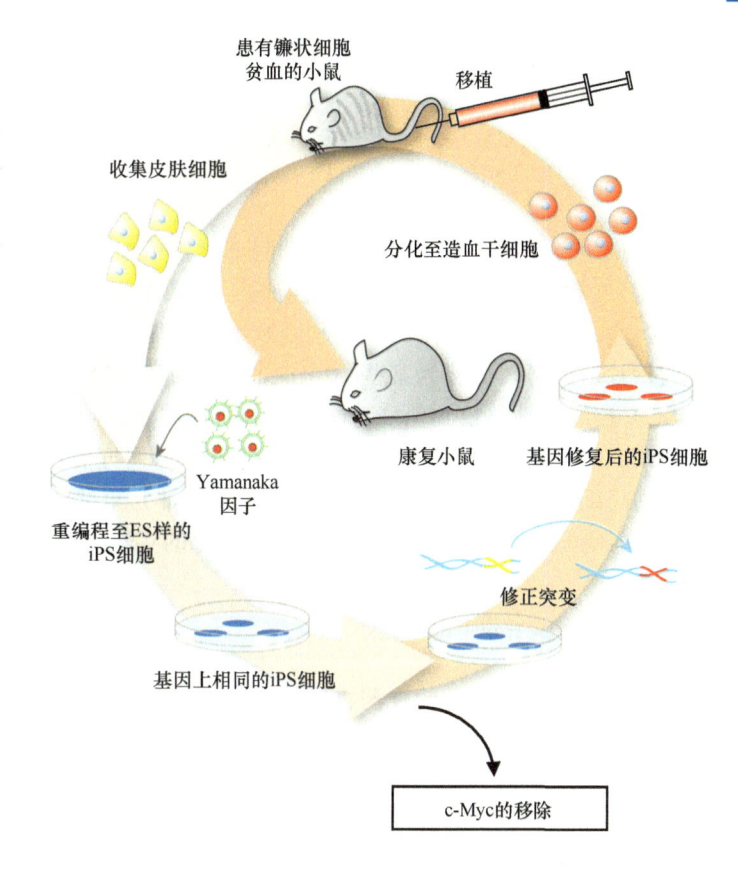

的是，从 Rett 综合征（Marchetto et al., 2010）或精神分裂症（Brennand et al., 2011）患者诱导多能干细胞分化出来的神经元在培养皿中显示出患者特异性表型。这些观察结果表明，iPSC 技术甚至可以在细胞水平上研究诸如自闭症（Rett）或精神分裂症等复杂的精神障碍。我们希望这种实验性的方法可以应用于其他许多我们目前没有治疗方法的疾病和细胞类型，这可能会推动药物开发（如在细胞疗法中），从而使得不仅仅是一个个体，而是数以万计的患者从中受益。

28.4.3 细胞治疗

iPSC 技术经常被用于细胞替代治疗。由于多能干细胞与患者供体在基因上是匹配的，这种方法消除了传统移植中使用不匹配的供体细胞或器官所需要的免疫抑制治疗（图 28-10）。事实上，最近的实验已经使用了人类镰状细胞贫血小鼠模型验证了这一概念（Hanna et al., 2007）。镰状细胞贫血是血红蛋白基因单点突变的结果，它导致红细胞呈新月形，从而使其失去功能。在这个概念验证的研究中，小鼠模型的皮肤细胞（再现了人类的情况）首先被重编程为 iPSC，随后通过基因靶向将致病突变固定在诱导多能干细胞中，然后将修复的细胞诱导成造血祖细胞（图 28-11）。这些健康的祖细胞被移植回贫血小鼠体内，产生了正常的红细胞并治愈了疾病。原则上，这一方法可应用于已知潜在突变并可通过细胞移植治疗的任何人类疾病。

然而，在考虑将基于 iPSC 的细胞疗法用于临床之前，还需要克服一些重大挑战（Daley, 2012）。这包括潜在的肿瘤（畸胎瘤）形成、开发用于移植的细胞的可靠方案，以及如何有效地将细胞输送到患者体内。

28.4.3.1 畸胎瘤的形成

在临床应用中使用 iPSC 需要考虑的重要安全因素是肿瘤形成。未分化的胚胎干细胞或诱导多能干细胞在注射到免疫缺陷动物体内时会诱导畸胎瘤（见表 28-2）。畸胎瘤是一种复杂的肿瘤，包括未分化的胚胎和分化的细胞类型。因此，任何基于 iPSC 的治疗的关键挑战是消除所有可能存在于用于移植的细胞制剂中未分化的细胞。

28.4.3.2 分化为功能细胞

使用诱导多能干细胞或胚胎干细胞进行移植治疗的一个主要问题是从未分化的干细胞衍生出功能性分化细胞。越来越多的证据表明，目前的分化操作产生的大多是未成熟细胞（Wu and Hochedlinger，2011）。例如，来自胚胎干细胞未成熟的胰腺 β 细胞只能产生低水平的胰岛素，这并不足以对 1 型糖尿病患者进行替代治疗。此外，分化为某些类型的细胞，如造血谱系，是非常低效的，到目前为止，还没有造血干细胞（HSC）被成功地移植到免疫功能低下的动物体内。同样，对于神经退行性疾病如 PD 的移植治疗，神经母细胞或成熟神经元哪一个是更好的供体细胞群，研究者们仍然不清楚。因此，从胚胎干细胞/iPSC 中产生成熟的功能细胞以及能够自我更新的干细胞都是非常重要的，因为这些细胞可能是最适合细胞治疗的细胞。因此，当前研究的一个主要挑战是开发一种可靠的实验方法，以产生可用于细胞替代治疗的同质功能细胞群体。

28.4.3.3 细胞的输送

与基因治疗一样，治疗药物的输送是再生医学的关键问题。根据目的组织的不同，细胞输送可以是简单的，也可以是复杂的。例如，造血干细胞在注入循环系统时，通常会在骨髓中定植，这一原则已经在临床中成功应用了几十年。因此，如果人们能成功地从 iPSC 中提取造血干细胞，它们的输送并不是问题。同样，来自尸体的胰腺 β 细胞被证明在移植到 1 型糖尿病患者的肝脏时可以调节葡萄糖水平，尽管细胞的长期生存会受到免疫排斥反应的影响。如果成熟的 β 细胞可以从患者特异性的 iPSC 中分化出来，它们仍然会由于糖尿病固有的自身免疫性疾病而遭到排斥，因此需要反复移植。一些应用，如 PD 患者的细胞替代疗法，面临着额外的挑战，因为移植的细胞需要通过立体定向注射输送到特定的大脑区域。

总之，在考虑将 iPSC 方法应用于临床之前，需要克服许多障碍（Daley，2012）。然而，最近组织工程学方面的进展令人振奋，它们表明其中一些障碍是可以被克服的技术性障碍。例如，在脱细胞材料的支架上植入上皮细胞和内皮细胞，可以产生人工组织，当移植到动物体内时，可以在一定时间内发挥作用（Wu and Hochedlinger，2011）。然而，应该强调，老年痴呆症、肌肉萎缩症、囊性纤维化细胞失调等需要更换包括脑、骨骼肌、肺和肠等器官的疾病对组织再生的细胞移植来说是巨大的挑战。

28.5 悬而未决的问题：iPSC 是否等效于 ES 细胞？

从多能性标志物的表达、体外分化为各种细胞类型、在畸胎瘤试验中的体内分化等标准出发，诱导多能性干细胞和胚胎干细胞是等效的（图 28-8）。然而，关于诱导多能干细胞与胚胎干细胞之间是否存在特定的表观遗传或遗传差异仍存在争议。多项研究发现，多能干细胞显示出更高水平的突变（Gore et al.，2011；Hussein et al.，2011）和不同的整体表达模式（Chin et al.，2009）。研究还发现，iPSC 具有供体细胞的"表观遗传记忆"：来自成纤维细胞、血液或肝细胞的诱导多能干细胞具有类似于各自供体细胞的 DNA 甲基化特征（Kim et al.，2010；Lister et al.，2011；Ohi et al.，2011）。然而，这些问题仍然存在争议，因为在更广泛地比较 ES 细胞和 iPSC 的研究中未能发现显著表达（Guenther et al.，2010；Newman and Cooper，2010）或表观遗传差异（Bock et al.，2011），他们认为以往研究中报道的胚胎干细胞和多能干细胞之间的差异并不比单个胚胎干细胞或多能干细胞之间的差异大。还有研究还发现，iPSC 中发现的突变在供体细胞中已经存在（Cheng et al.，2012；Young et al.，2012），而不是重编程的结果。此外，在连续培养中，早期传代 iPSC 的甲基化倾向于消失（Polo et al.，2010）。这表明 ES 细胞和 iPSC 之间的这种表观遗传差异是不稳定的，可能对功能影响不大。

然而，许多证据表明，在 ES 细胞和 iPSC 之间，以及个体 iPSC 和 ES 细胞之间存在高度变化的生物学特性，如分化为特定功能细胞的倾向（Bock et al.，2011）。这些深远差异的基础是多方面的，包括遗传背景、杂色效应，以及用于诱导重编程的病毒载体的残留转基因表达的差异（Soldner et al.，2009）。进一步的研究表明，与 iPSC 分化过程相关的参数，如重编程因子的化学计量数（Stadtfeld et al.，2010a；Carey et al.，2011）或用于细胞培养的特定培养基成分（Stadtfeld et al.，2012），都会深刻影响合成的 iPSC 的质量。

对于任何基于 iPSC 的疾病研究，个体 iPSC 克隆在增殖或分化能力上的差异构成了潜在的严重限制。例如，如果 PD 衍生的 iPSC 系与对照组的 iPSC 系相比，多巴胺能神经元的存活存在微小的表型差异，那么这种表型到底是否能真正反映疾病特异性异常，而不是与疾病遗传无关的 iPSC 系之间的变异呢？使用基于 ZFN 的基因靶向方法创建仅针对单一疾病相关突变的实验组和等基因对照组 iPSC 为克服这个潜在问题提供了一种方法（图 28-9B）（Soldner et al.，2011）。在患者来源的细胞中看到的任何细胞变化，而不是在等基因对照中看到的任何细胞变化都可以确定各自的表型确实与疾病相关，而不是不同 iPSC 之间变异的结果。因此，对于长潜伏期疾病，如 PD 或阿尔茨海默病，患者特异性表型可能只有微小的变化，此时疾病和对照细胞的等位基因间的对比可能会显得特别重要。然而，应该强调的是，多基因疾病并不能采用这种方法设计对照组。

28.6 总　　结

8 年前，iPSC 的发明为研究人员提供了剖析细胞重编程机制的独特平台。而在过去的 60 年里，细胞重编程在很大程度上仍是难以捉摸的。虽然仍存在诸多问题，但重编程过程中已经有许多有趣的发现，如发现细胞以一种明显的随机方式经历确定的顺序分子事件，这是受转录因子的选择和数量，以及起始细胞类型和环境线索的影响。通过改进的方法可以轻松地生成 iPSC，这促进了化学和小干扰 RNA 筛选体系的发展，以及生物化学研究，这些研究将进一步阐明这一过程的机制。

iPSC 的发现也影响了我们对正常发育的看法：实际上，只需要少数转录因子就可以有效地改变细胞命运。因此，哺乳动物细胞必须发展出表观遗传机制，以便在细胞分化后有效地锁定细胞。这些机制在癌细胞中经常被打破，表现出干细胞的特征和脱分化的迹象［在第 34 章中进一步讨论（Baylin and Jones，2014）］。值得注意的是，癌细胞中许多信号通路的突变最近被证明可以影响多能干细胞的形成，表明肿瘤发生和细胞重编程之间有显著的相似性。

iPSC 的分离也激发了人们对将成熟细胞直接转化为其他细胞的兴趣，这已经促成了胰腺、心脏、肝脏和神经细胞类型的许多显著案例。在不久的将来，人们很可能会实现许多其他细胞类型的直接转化。然而，通过直接转分化和体外诱导多能干细胞分化产生的细胞是否在功能上与它们在体内的对应细胞相同，这仍有待检验。

尽管人们在人类 iPSC 的分离方面取得了许多技术进步，但相对而言，人们对其与 ES 细胞在分子和功能上的对等性仍然知之甚少，这可能最终影响其潜在的临床用途。解决这些问题需要仔细分析人类 iPSC 的基因组和表观基因组完整性，以及开发新的分化方案和可靠的分析方法来评估多能干细胞衍生的特化细胞的功能。

致　　谢

K.H. 和 R.J. 声明，部分文本和图片是从已经引用的文章中摘录的。

本章参考文献

（李宇轩　王润语　译，郑丙莲　校）

第29章

免疫的表观遗传调控

迈因拉德·布斯林格（Meinrad Busslinger[1]），亚历山大·塔拉霍夫斯基（Alexander Tarakhovsky[2]）

[1]Research Institute of Molecular Pathology, Vienna Biocenter, A-1030 Vienna, Austria; [2]Laboratory of Lymphocyte Signaling, The Rockefeller University, New York, New York 10021

通讯地址：busslinger@imp.ac.at; tarakho@mail.rockefeller.edu

摘　要

免疫依赖免疫细胞的基因异质性和它们对不同病原体的响应。在获得性免疫系统中，淋巴细胞具有高度差异的抗原受体库，它们可以匹配数量巨大的病原体。先天性免疫应答系统中，细胞的基因异质性和表型可塑性使它们可以灵活响应感染或损伤带来的组织内稳态变化。免疫应答是由免疫细胞的活性分级校准的，这些免疫细胞的活性可以从酵母样增殖到终身休眠不等。本章描述了在健康和疾病期间对免疫细胞功能有贡献的关键表观遗传过程。

本章目录

29.1　获得性免疫应答简介
29.2　淋巴系统中的谱系决定
29.3　免疫系统中的谱系可塑性
29.4　V(D)J重排的表观遗传调控
29.5　恶性淋巴肿瘤中表观遗传调控的作用
29.6　染色质介导的炎症反应控制
29.7　"组蛋白模拟物"及其对炎症反应调控的暗示
29.8　总结

概 述

免疫系统拥有几乎无限的能力以对环境触发作出反应。免疫系统巨大的适应性潜能是由一种机制控制的，这种机制使免疫细胞能够识别任何"外来"或"自身"的触发物，以及对各种类型和持续时间的信号作出灵活反应。两种类型的免疫应答——先天性和适应性免疫应答，为（个体）应对环境危害提供了全面的防御，也可以消除非功能性或发生恶性转化的细胞。

先天性（免疫）应答包括对非可变环境成分的识别，如病原体衍生的核酸或脂质，以及有毒物质或毒液。获得性免疫应答依赖于 B 系和 T 系细胞中抗原受体基因的随机排列所产生的高度多样化的免疫细胞库。免疫系统的功能也依赖于造血细胞分化的高度活跃且严格的协调过程。在这个过程中，不同类型的细胞以恒定的速度产生，并在机体的整个生命过程中维持体内平衡。

免疫细胞分化相对固定的组合模式和"不固定的"免疫响应模式意味着该机制将在确定谱系的免疫细胞中限制表型变化的范围，但在成熟细胞中将增加这些变化以适应多种多样的环境触发因素。这些过度扩展的模型说明存在潜在的、不重叠的表观遗传过程，它最小化特定谱系细胞内发育选择的变异性，但增加了分化后的免疫细胞对环境适应的随机性。

下面的章节以 B 细胞的发展为例展开讲述，这是一个高度分层并受到严格调控的过程，受复杂的转录网络和表观遗传过程调控。我们还讨论了炎症反应的表观遗传调控，这需要灵活地适应多样的环境挑战。最后，我们将展示表观遗传调控的基本生化原理，包括组蛋白和效应蛋白之间的相互作用，以及它们在健康和疾病期间对选择性干扰免疫反应的作用。

29.1 获得性免疫应答简介

淋巴系统非常适合研究控制世系定型和分化的表观遗传机制；从造血干细胞（HSC）到成熟淋巴细胞的发展路径已经被详细地阐明（图 29-1）。常见淋巴祖细胞（CLP）定型为 B 淋巴世系启动了骨髓中的 B 细胞发育，其特征是 pro-B 细胞中的免疫球蛋白重链（IgH）位点和 pre-B 细胞中的免疫球蛋白轻链（IgL）基因的顺序重排。自体反应性 B 淋巴细胞被清除后，未成熟的 B 细胞迁移到外周血淋巴器官并分化为成熟的 B 细胞，成熟的 B 细胞遇到抗原后，发育成分泌免疫球蛋白的浆细胞（图 29-1）。淋巴祖细胞通过血流进入

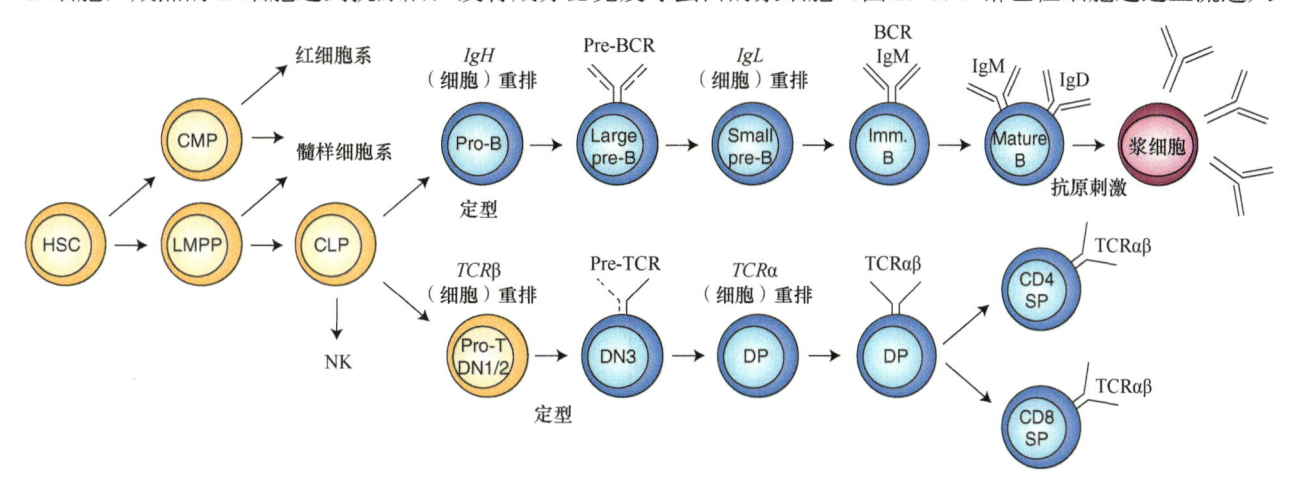

图 29-1 B 细胞和 T 细胞发育的图解。造血干细胞（HSC）通过图示的发育阶段分化为分泌免疫球蛋白的浆细胞，或 CD4[+]辅助性细胞和 CD8[+]细胞毒性 T 细胞。LMPP，淋巴诱导的多能祖细胞；CMP，普通髓系祖细胞；CLP，共同淋巴祖细胞；DN，双阴性；DP，双阳性；SP，单阳性。橙色，未定型的祖细胞；蓝色，定型的淋巴细胞；红色，浆细胞。

胸腺,在那里启动 T 细胞发育,并在早期 T 细胞祖细胞(CD4⁻CD8⁻ 双阴性,DN)的 T 细胞受体(TCR)β、γ 和 δ 位点进行重排。*TCRγ* 和 *TCRδ* 基因的成功重组导致了 γδ T 细胞的发育,框内 TCRβ 的重排激活了前 TCR 信号通路,并随后分化为 CD4⁺和 CD8⁺双阳性(DP)胸腺细胞,并在 TCRα 位点进行重组(图 29-1)。在阳性和阴性选择后,原始 CD4⁺和 CD8⁺单阳性(SP)T 细胞出现,在外周血淋巴器官中进一步分化为不同种类的 CD4⁺T 辅助细胞或 CD8⁺细胞毒性 T 细胞(图 29-1)。此处我们会讨论那些已被证明在控制淋巴生成和免疫中发挥重要作用的表观遗传机制。

29.2 淋巴系统中的谱系决定

29.2.1 淋巴造血祖细胞基因的启动

早期的淋巴生成通过 c-Kit、Flt3 和 IL-7 受体的信号转导以及细胞内的转录因子控制,如锌指转录因子 Ikaros 和 Ets 结构域蛋白 PU.1,它对 CLP 的生成至关重要(图 29-2A)(Nutt and Kee,2007)。特定淋巴样基因的表达上调和自我更新相关基因表达的同时下调是多能祖细胞(MMP)中早期淋巴生成的第一个标识。这种淋巴样基因表达的启动受到螺旋-环-螺旋蛋白 E2A(Dias et al.,2008)和转录因子 Ikaros(Ng et al.,2009)的正调控,Ikaros 通过与 Mi-2β 核小体重塑和组蛋白去乙酰化(NuRD)复合物(Zhang et al.,2012b)相互作用调节其靶基因。淋巴样基因的启动被含有 Bmil 的多梳抑制复合物 1(PRC1)拮抗,它能促进 HSC 的更新和功能(Oguro et al.,2010)。此外,PRC1 和多梳抑制复合物 2(PRC2)通过在 MPP 和

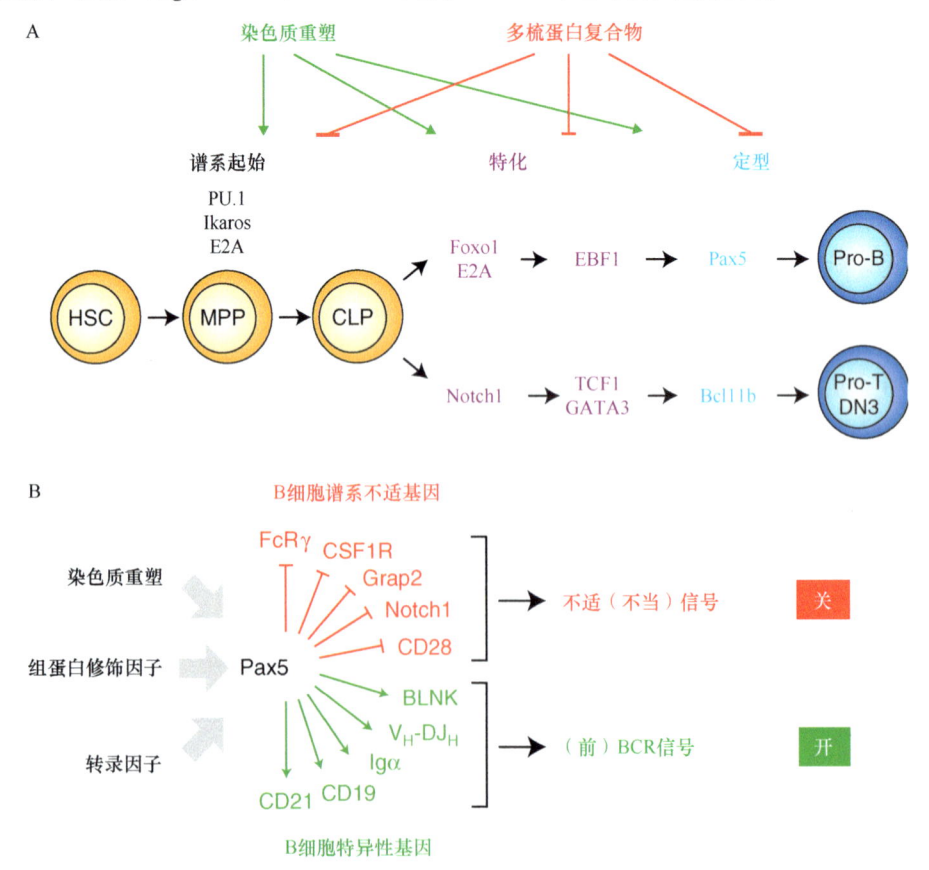

图 29-2 早期淋巴细胞增殖的转录调控。(A)在图中转录因子的调控下,HSC 发育为 B 细胞和 T 细胞谱系的祖细胞。(B)Pax5 激活 B 细胞特异性基因参与(前)B 细胞受体(BCR)信号通路,并抑制髓系(FcRγ,CSF1R)或 T 淋巴样(Notch 1、CD28、Grap2)通路的谱系不适基因,在 Revilla-i-Domingo 等(2012)中可找到受调控的 Pax5 靶基因更加完整的列表。

淋巴祖细胞中建立抑制性组蛋白标记 H2AK119ubl 和 H3K27me3，沉默 B 细胞特异性转录因子基因 *Ebf1* 和 *Pax5*（Decker et al., 2009; Oguro et al., 2010）。值得注意的是，Bmil 缺失的多能祖细胞中，多梳蛋白 Bmil 的缺失足以激活 *Ebf1*、*Pax5* 和其他靶基因。因此，多梳蛋白介导的沉默可以防止 B 细胞基因表达程序在 B 淋巴生成开始之前过早激活。

29.2.2 淋巴谱系决定的调控

B 细胞的谱系决定依赖于 CLP 向前 B 细胞发展过程中诱导转录因子 E2A、EBF1 和 Pax5 的连续活性（图 29-2A）(Nutt and Kee, 2007)。早期 B 细胞因子 EBF1 在 E2A 和 Foxo1 的帮助下，通过激活未定型前 B 细胞中的 B 淋巴样基因表达来决定 B 细胞谱系（Györy et al., 2012）。随后，Pax5 通过限制淋巴祖细胞向 B 细胞谱系的发育潜力来控制 B 细胞谱系决定（Nutt et al., 1999; Medvedovic et al., 2011）。Pax5 通过抑制大量（约 230 个）B 细胞谱系年龄不合适的基因来抑制谱系决定，同时激活许多（约 120 个）B 细胞特异性基因来促进 B 细胞发育，在 B 细胞定型中发挥双重作用（图 29-2B）(Nutt et al., 1999; Revilla-i-Domingo et al., 2012）。数个被激活的 Pax5 靶基因编码了（前）B 细胞受体（BCR）信号的重要成分（Igα、BLNK、CD19、CD21；图 29-2B），表明 Pax5 的反式激活功能促进了 pre-BCR 和 BCR 的信号转导，这是 B 细胞发育的重要检查点。另一方面，被抑制的 Pax5 靶基因编码红细胞、骨髓和（或）T 淋巴细胞中表达的大量分泌蛋白、细胞黏附分子、信号转导器、核蛋白（图 29-2B）(Delogu et al., 2006; Revilla-i-Domingo et al., 2012）。其中的 *Csf1r*（M-CSFR）和 *Notch1* 基因很好地说明 Pax5 依赖性下调导致定型的 B 细胞不再对髓系细胞因子 M-CSF 或 T 细胞诱导的 Notch 配体作出反应的现象（Medvedovic et al., 2011）。因此，Pax5 的抑制功能和激活功能一样重要，它通过关闭不适当的信号系统以帮助 B 细胞的谱系确定。

Pax5 通过在被激活的靶基因上诱导活性增强子和启动子的形成，同时促进被抑制的靶基因上活性 DNase I 高敏感位点的丢失来控制基因表达（McManus et al., 2011; Revilla-i-Domingo et al., 2012）。Pax5 通过在靶基因招募染色质重塑（BAF）、组蛋白修饰（MLL、CBR、NCoR1）和基础转录因子（TFIID）复合物，以产生这些染色质和转录的改变（McManus et al., 2011）。因此，Pax5 作为表观遗传调控者在 B 细胞定型的基因表达重编程中发挥作用。

进入胸腺后，淋巴祖细胞暴露于胸腺上皮细胞上的 Notch 配体——Delta 样 4 中，激活 Notch1 信号和 T 细胞发育流程（图 29-2A）(Radtke et al., 2010）。Notch 1 及其下游转录因子 TCF1（Tcf1）和 GAIA3 对于早期 T 细胞前体的形成和祖 T 细胞（DN）的发展至关重要（Ting et al., 1996; Radtke et al., 2010; Weber et al., 2011）。在向 DN3 细胞阶段过渡时，T 细胞谱系确定进一步受到转录因子 Bcl11b 的控制（图 29-2A）(Li et al., 2010）。然而，对于这些转录因子如何塑造表观遗传图谱和调控转录网络来指导早期 T 细胞的发育，人们知之甚少。

29.3 免疫系统中的谱系可塑性

29.3.1 异位转录因子介导的谱系重编程

Takahashi 和 Yamanaka（2006）的突破性发现表明，大多数体细胞类型可以通过四种转录因子 Oct4、Sox2、Klf4 和 c-Myc 的异位表达而被重新编码为具有类似胚胎干细胞特性的多能干细胞。此前，人们已经知道强行表达髓系转录因子 C/EBPα 可诱导 B 淋巴细胞快速转分化为功能性巨噬细胞（图 29-3）(Xie et al., 2004）。转分化过程的机制分析显示，B 细胞前体细胞通过 C/EBPα 活性在 2～3 天内转化为巨噬细胞样细胞，这是由于 B 细胞表达特征的丧失和巨噬细胞特异性基因表达程序的同时激活所导致的（图 29-3）(Bussmann et al., 2009）。同样地，C/EBPα 的异位表达可以有效地将定型的 DN3 胸腺细胞重编程为功能

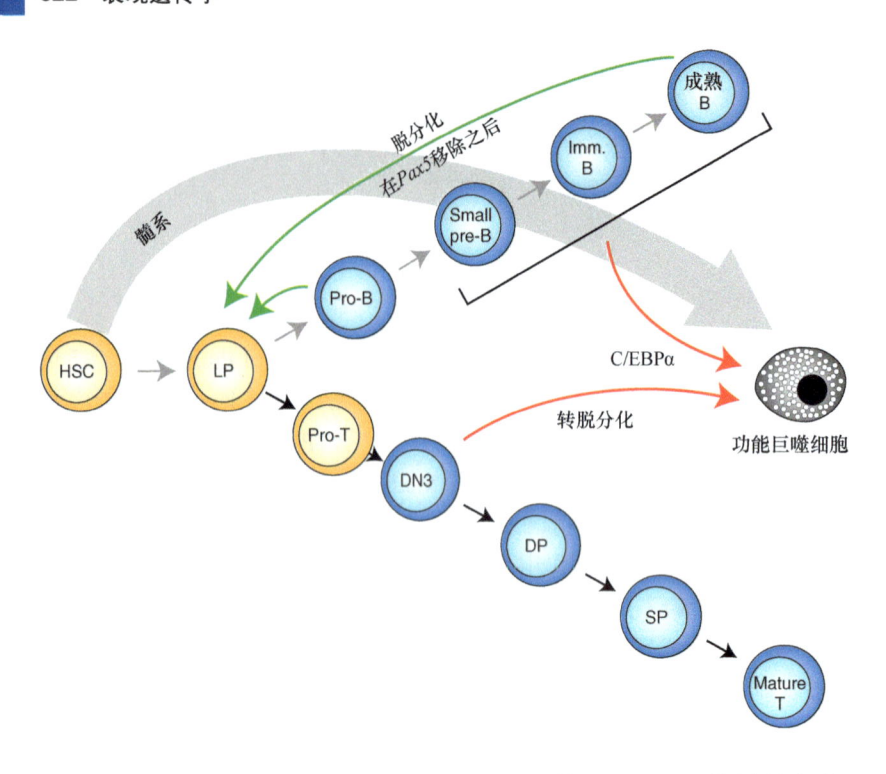

图 29-3 B 淋巴细胞的发育可塑性。 定型的 CD19[+] B 淋巴细胞和定型的 DN3 T 细胞响应 C/EBPα 的强制表达，在体外快速转分化为巨噬细胞（红色箭头）（Xie et al.，2004）。Pax5 的条件性缺失使体内祖 B 细胞和成熟 B 细胞去分化为未定型的祖淋巴细胞（LP，绿色箭头），并随后发育成骨髓中其他造血细胞类型或胸腺中的 T 细胞（黑色箭头）（Cobaleda et al.，2007）。定型的淋巴细胞用蓝色展示。

巨噬细胞（图 29-3）（Laiosa et al.，2006）。然而，Notch 信号的存在可以阻止这种髓系转换（Laiosa et al.，2006），表明淋巴信号和转录因子可以拮抗 C/EBPα 介导的淋巴细胞向巨噬细胞的重编程。

29.3.2 成熟 B 细胞向功能性 T 细胞的转化

B 细胞途径的最后一个分化步骤具有谱系转换的典型特征，因为它导致成熟 B 细胞中 Pax5 依赖的表达程序彻底改变为浆细胞中 Blimp1 主导的转录程序（图 29-1）（Shaffer et al.，2002；Delogu et al.，2006）。因此，成熟 B 细胞的发育潜力可能是可塑的，而不是局限于 B 细胞的命运。与此观点一致的是，成熟的 B 细胞似乎在 Pax5 缺失时失去了它们的 B 细胞身份，因为它们下调了 B 细胞特异性基因并重新激活了谱系不适基因（Delogu et al.，2006；Revilla-i-Domingo et al.，2012）。通过对高纯度的 B 细胞进行条件性 Pax5 删除，后将 Pax5 缺失的 B 细胞静脉注射到 T 细胞缺失的小鼠中，分析 Pax5 缺失的成熟 B 细胞的命运（Cobaleda et al.，2007）。这些实验表明，Pax5 的缺失使外周血淋巴器官的成熟 B 细胞在体内去分化，迁移到骨髓，返回成为早期未定型的祖细胞（图 29-3）（Cobaleda et al.，2007）。这些去分化的祖细胞随后能够发展成巨噬细胞和功能性 T 细胞（图 29-3）（Cobaleda et al.，2007）。因此，B 细胞身份因子 Pax5 的缺失可以诱导成熟的 B 淋巴细胞去分化，显示出这些细胞具有显著的可塑性。

29.4 V(D)J 重排的表观遗传调控

29.4.1 抗原受体基因重排的发育调控

获得性免疫系统的指导原则是，每一个新生成的淋巴细胞识别一种独特的抗原，而淋巴细胞的整体多样性足以应对任何可能的抗原。为此，B 细胞和 T 细胞分别表达谱系特异性抗原受体，介导抗体依赖的体液或细胞免疫。BCR 由免疫球蛋白重链（IgH）和 Igκ 或 Igλ 轻链（IgL）组成。αβ 系的 T 细胞构成了小鼠和人的大部分 T 淋巴细胞，它们表达与 TCRα 相关的 TCRβ 多肽，而功能截然不同，含有 TCRγ 的 γδT 细胞在它们细胞表面与TCRδ配对。在淋巴细胞发育过程中，这些抗原受体蛋白由含有不连续的variable（V）、diversity（D）和joining（J）基因片段的大基因位点编码，这些基因片段经V(D)J重排组装成一个功能基因（图29-4A）。D、J，特别是V基因片段的多样性，加上它们重组的随机性，使得免疫序列具有几乎无限的多样性（Bassing et al., 2002）。

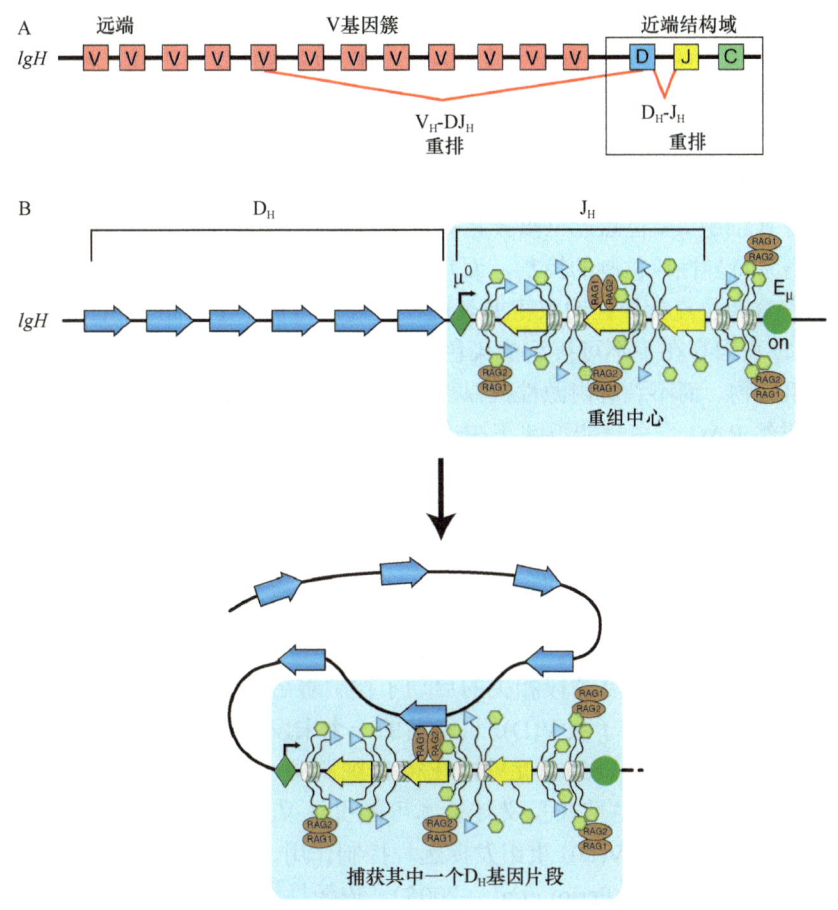

图 29-4　RAG1/2 参与重组中心的形成。（A）IgH 基因座的结构。小鼠 IgH 基因座由 3' 近端 270kb（16 D_H，4 J_H，8C_H）基因片段组成，远端 V_H 基因簇延伸至 2.5Mb（含 200 个 V_H 基因）区域。（B）重组中心模型。在淋巴祖细胞中，IgH 位点的近端 J_H 基因区域在 $μ^0$ 启动子和 $E_μ$ 增强子的控制下被激活为重组中心。RAG2 PHD 手指结构域与活跃 H3K4me3 修饰（绿色六边形）在重组中心的结合招募 RAG1/2 复合物，其结合进一步被 RAG1 和 J_H RSS 元件（箭头）的相互作用所稳定。捆绑的 RAG1/2 复合体捕获 D_H 基因片段中的一个，然后进行 D_H-J_H 重组。蓝色三角形表示组蛋白 H3 酰化赖氨酸残基。

在 DNA 水平上 V(D)J 重组的机制相对简单。所有的 V、D 和 J 基因片段都被重组信号序列（RSS）所包围，这些重组信号序列由相对保守的七聚体和九聚体元件组成，间隔为 12bp 或 23bp。淋巴特异性重组酶蛋白 RAG1 和 RAG2，在高迁移率组蛋白的辅助下，将 12bp 和 23bp 的 RSS 组装成突触复合体，然后在 RSS 和编码段之间产生双链 DNA 断裂。这些 DNA 断裂随后被普遍存在的非同源末端连接机制的修复因子处理和降解，以形成编码和信号接头（Bassing et al., 2002）。

由于 RAG 蛋白在所有未成熟的 B 淋巴细胞和 T 淋巴细胞中都有表达，所以，在 DNA 模板水平上 V(D)J 重组过程的简单性给不同抗原受体的组装带来了组织上的问题。因此，细胞必须进行严格的调控以限制 RAG 蛋白进入所有重组底物的特定亚群（Yancopoulos and Alt，1985；Stanhope-Baker et al., 1996）。V(D)J 重排在谱系和阶段特异性上被严格调控。在 B 淋巴细胞谱系中，重组位点在祖 B 细胞中，先于前 B 细胞中 Igκ 和 Igλ 基因的重组；TCRβ 和 TCRα 基因分别在祖 T 细胞（DN）和 DP 的胸腺细胞中分别重排（图 29-1）。此外，IgH 基因的 V(D)J 重组以确定的时间顺序发生，即 D_H-J_H 重组发生在 V_H-DJ_H 重组之前。祖 T 细胞发育过程中，TCRβ 位点的重排也遵循同样的顺序（Dβ-Jβ 发生在 Vβ-DJβ 之前）。正因为如此，必须存在控制机制以保护所有的 V 基因在 D-J 重组过程中不受 RAG 介导的切割，并在 V-DJ 重组过程中仅促进 100 个 V 基因中的 1 个重组。因此，抗原受体生成的过程完全依赖于对 RAG1/2 重组酶 RSS 可及性的准确调控。

TCRβ 或 IgH 基因成功的 V-DJ 重组反应导致前 BCR 或前 TCR 复合物中 Igµ 或 TCRβ 蛋白的表达。前 BCR 和前 TCR 复合物是抑制 V-DJ 重组中的第二步——DJ 重排等位基因以及促进起始 IgL 或 TCRα 基因重排的前 B 细胞或 DP 胸腺细胞的重要检查点（图 29-1）。在未成熟的 B 细胞或 T 细胞中，信号表达能力强的 BCR 或 TCR 通过转录抑制 Rag1/2 基因，进而抑制 V(D)J 重组（Jankovic et al.，2004）。然而，自身反应性 BCR 的信号通路可以重新启动免疫球蛋白轻链基因重排，从而产生具有新抗原特异性的 BCR（Jankovic et al.，2004）。此外，细胞因子 IL-7 通过转录因子 STAT5 的信号转导对促进前 T 细胞 TCRγ 基因重组（Ye et al.，2001）和抑制前 B 细胞 Igκ 位点过早重排具有重要作用（Malin et al.，2010）。因此，V(D)J 重组不仅在本质上受到发育和谱系特异性核机制的控制，而且受到细胞表面产生的外部信号的控制。

对 V(D)J 重组的发育和位点特异性约束主要表现在表观遗传水平上（Jhunjhunwala et al.，2009）。在非淋巴细胞中，Ig 和 TCR 基因存在于不可接近的染色质中，这是因为在肾脏细胞中外源表达的 RAG 蛋白容易裂解转染的游离重组底物，而不裂解内源性抗原受体基因（Romanow et al.，2000）。此外，加入到分离的淋巴细胞细胞核中的重组 RAG 蛋白只能裂解正在进行 V(D)J 重组的 Ig 或 TCR 基因，这些基因在发育阶段用于细胞核的制备（Stanhope-Baker et al.，1996）。因此，基因重排的谱系特异性和时间顺序是由局部染色质的连续开放引起的，这使得特定的 RSS 可以与 V(D)J 重组酶接触。

29.4.2 重组中心由染色质介导的 RAG 功能

大量与抗原受体基因座 V、D 和 J 片段相关的启动子控制着启动子-近端序列在相对较短的距离内的重排（Bassing et al.，2002）。这些启动子从 V(D)J 重组前的一个未发生重新排列的基因片段中产生正义 RNA 的种系转录（Yancopoulos and Alt，1985）。此外，在祖 B 细胞中，整个 V_H 基因簇的反义基因间转录先于 V_H-DJ_H 在 IgH 位点的重排，这表明这些长反义转录本可能引导 V_H 基因区域的染色质重塑（Bolland et al.，2004）。增强子对抗原受体基因座的 V(D)J 重组发挥远程控制作用，进一步表明转录在控制基因座可达性中发挥重要作用（Bassing et al.，2002；Perlot et al.，2005）。内源性增强子的缺失会严重损害抗原受体基因座的 V(D)J 重组，而附加的谱系特异性增强子的插入会导致新的 V(D)J 重组模式（Bassing et al.，2002；Perlot et al.，2005）。

抗原受体位点活性染色质的发生在 IgH 位点的研究最为广泛。在祖 B 细胞中，内含子 Eµ 增强子和邻近的 J_H 片段中拥有三种大量的活性组蛋白标记：H3K4me2、H3K4me3 和 H3K9ac，在这些位置 IgH 位点将会经历 V(D)J 重组（Chakraborty et al.，2009；Malin et al.，2010）。由此，局部染色质可及性和组蛋白乙酰化被核心 Eµ 增强子本身建立（Chakraborty et al.，2009）。然而，令人惊讶的是，除了远端 V_H 基因簇中携带可检测到的 H3K9ac 和 H3K4me2 水平的 V_H 基因家族的 V_H3609 成员外，这三种活跃的组蛋白修饰在 V_H 基因中基本不存在（Malin et al.，2010）。因此，大多数 V_H 基因没有表现出表达基因的活跃染色质特征，但必须保证在祖 B 细胞的染色质水平上可及，在那里它们进行生殖系转录和 V_H-DJ_H 重组（Yancopoulos and Alt，1985）。

活跃染色质在 IgH 位点和其他抗原受体位点的不对称分布的可能解释是 RAG2 蛋白在其羧基端含有一个植物同源性结构域（PHD）指，可以特异性识别活性组蛋白标记 H3K4me3（Matthews et al.，2007）。值得注意的是，RAG2 蛋白可以通过它的 PHD 指与整个基因组的激活启动子上的 H3K4me3 岛结合（Ji et al.，2010）。更重要的是，在淋巴细胞发育过程中，RAG2 还与不同抗原受体位点的 J 基因片段（IgH、Igκ、TCRβ 和 TCRα/δ）的 H3K4me3 岛结合（图 29-4B）（Ji et al.，2010）。RAG1 蛋白与可及 J 基因片段中 RSS 元件相互作用更为严格，因此进一步帮助 RAG1/2 复合物被集中和稳定地招募到抗原受体位点近端染色质活跃区域，这块区域称为重组中心（图 29-4B）（Ji et al.，2010）。作为 IgH 位点的例子，一旦 RAG1/2 复合物与重组中心的 J_H 片段连接，就可以捕获 D_H 片段的 RSS 元件伴侣进行突触形成，从而导致未承诺的

淋巴祖细胞中 D_H-J_H 重组。因此，重排的 D_H 元件成为活跃的复合中心的一部分，它被 RAG1/2 复合物结合，并能够捕获众多 V_H 基因中的 RSS 元件中的某一种（见 29.4.5 节），由此导致祖 B 细胞中的 V_H-DJ_H 重排。H3K4me3 介导的 RAG1/2 内切酶对近端重组中心的局部靶向可能是祖 B 细胞中活性染色质在近端 J_H 区域（而不是整个 D_H 和 V_H 基因簇）不对称分布的原因。

29.4.3 以同源配对形式进行的免疫球蛋白基因座的单等位基因重组

等位基因排斥保证了两个 *Ig* 等位基因中一个的有效重排，从而导致在 B 细胞表达具有独特抗原特异性的单一抗体分子。等位基因排斥的过程可分为两个不同的步骤。在起始阶段，细胞选择两个 *Ig* 等位基因中的一个先进行重排，由此防止了两个等位基因同时重组。有效重排的等位基因的表达随后通过反馈抑制阻止了第二个等位基因的重组，保持等位基因排斥。与抗原受体基因座的等位基因排斥类似，女性细胞中的 X 染色体失活会通过随机沉默一条 X 染色体，保证 X 连锁基因的单等位基因表达。两条 X 染色体的短暂配对可以通过标记两条染色体中的一条引起随后的表观遗传沉默，从而启动 X 染色体失活（Bacher et al., 2006）。值得注意的是，三维 DNA 荧光原位杂交（3D DNA-FISH）显示，等位基因排斥的起始也依赖于抗原受体位点的同源配对（Hewitt et al., 2009）。在进行 D_H-J_H 和 V_H-DJ_H 重组的 pre-pro-B 和 proB 细胞中，两个 *IgH* 等位基因的短暂配对高，而在 V_κ-J_κ 重组过程中，*Igκ* 等位基因经常在 pre-B 和未成熟 B 细胞中配对（图 29-5A）（Hewitt et al., 2009）。

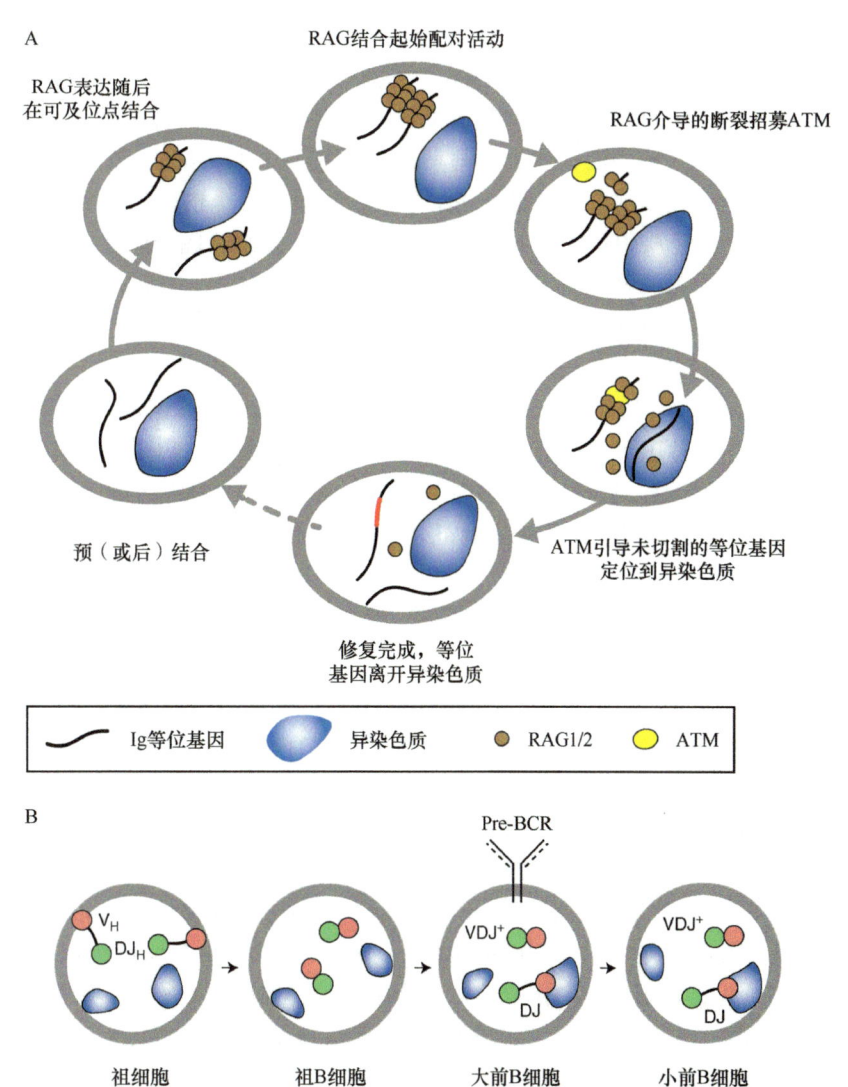

图 29-5　B 细胞发育早期单等位基因 V(D)J 重组的控制和 *IgH* 位点的亚核定位。（A）*IgH* 等位基因配对控制单等位基因 V(D)J 重组。关于 RAG1/2 核酸内切酶（棕色）和修复检查点蛋白质 ATM（黄色）调控 *IgH* 位点（黑线）上 V(D)J 重组的模型，详见 29.4.2 节；（B）在早期 B 细胞发育不同阶段的两个 *IgH* 等位基因的亚核位置。红色代表 *IgH* 的远端 V_H 区，绿色代表 *IgH* 的近端 J_H-C_H 区，它们相对于核外周抑制区（灰色）和中心体附近异染色质（蓝色）的位置也在图中标明。图中还显示了 *IgH* 等位基因的收缩和消除。

结合 RAG1/2 复合物对同源配对至关重要，它会选择两个 *Ig* 等位基因中的一个进行 RAG 介导的切割（图 29-5A）。在重组的 *Ig* 等位基因上引入 DNA 断裂将会激活修复检查点蛋白 ATM，反过来为未切割的 *Ig* 等位基因重新定位到中心体附近异染色质提供反式信号（图 29-5A）（Hewitt et al.，2009）。在第二个等位基因的重排完成并进行功能性测试期间，重新定位的 *Ig* 等位基因在这种异染色质环境中可能不会受到 RAG1/2 的切割。因此，V(D)J 重组在配对的 *Ig* 染色体上启动，以单等位基因的方式，通过同源 *Ig* 等位基因的配对和分离循环进行，直到产生有效的重排或两个 *Ig* 等位基因耗尽——这将分别导致进一步发育或细胞死亡。

29.4.4 发育过程中淋巴细胞抗原受体位点的亚细胞核重定位

核外周和中心体附近的异染色质是细胞核中两个抑制性区间，它们对基因非活性状态的传播很重要（Deniaud and Bickmore，2009）。基因将根据它们的活性状态被重新定位在抑制性区间和核中央之间的位置，以促进基因转录。有趣的是，在所有非 B 细胞（包括未定向的淋巴祖细胞）中，*IgH* 和 *Igκ* 基因位点的默认位置是核外周（Kosak et al.，2002）。因此，IgH 位点通过核外周的远端 V_H 基因锚定，并与近端 IgH 区域一起朝向细胞核中心，促进淋巴祖细胞的 D_H-J_H 重排（图 29-5B）（Fuxa et al.，2004）。*IgH* 基因位点激活的重要步骤之一是在 B 细胞发育开始时 *IgH* 和 *Igκ* 位点从核外周重定位到细胞核更中心的位置（图 29-5B）（Kosak et al.，2002）。这种亚核重定位可能促进染色质开放和生殖细胞系基因的转录，进而导致近端 V_H-DJ_H 重排。

虽然 *IgH* 和 *Igκ* 等位基因位点在祖 B 细胞中都被重定位至核中心（Kosak et al.，2002；Fuxa et al.，2004），它们在前 B 细胞中的下一个发育阶段表现是不同的。在成功的 V_H-DJ_H 重排之后，pre-BCR 信号通路使未完全重排的 *IgH* 等位基因重定位于中心体附近的抑制性异染色质；而功能上（完全）重排的 *IgH* 等位基因保留在核中心位置，这与其在前 B 细胞中的持续表达一致（图 29-5B）（Roldán et al.，2005）。值得注意的是，在重排之前，两个 *Igκ* 等位基因中的一个也被招募到前 B 细胞的中心体附近的异染色质中，这有利于常染色质中第二个 *Igκ* 等位基因的 $V_κ$-$J_κ$ 重组（图 29-5B）（Roldán et al.，2005）。

令人惊讶的是，在 T 细胞发育过程中，*TCRβ* 的两个等位基因位点与核外周和中心体附近的异染色质之间的联系变化很少（Skok et al.，2007；Schlimgen et al.，2008）。在双阴祖 T 细胞中，一个 *TCRβ* 等位基因与两个抑制区中任意一个的频繁、随机的关联将可能抑制 V(D)J 重组，从而可能促进第二个 *TCRβ* 等位基因的 $V_β$-$DJ_β$ 重排（Skok et al.，2007；Schlimgen et al.，2008）。这和之前讨论的以单等位基因的形式将 *Igκ* 招募至中心体附近异染色质的情况类似。与此形成对比的是，在发育的胸腺细胞中，TCRα/δ 位点与核外周或中心体附近异染色质的关系很小，这与双阴、双阳胸腺细胞中该位点的两个等位基因上分别发生 TCRδ、TCRα 重排的事实一致（Skok et al.，2007；Schlimgen et al.，2008）。

29.4.5 抗原受体基因座收缩带来的 V(D)J 重排的空间调控

四个抗原受体基因座大小差别很大，从 0.67Mb（*TCRβ*）、1.6Mb（*TCRα/δ*）到 3Mb（*IgH* 和 *Igκ*），其中 D、J、C 基因片段构成每一个基因座的 3′ 区域，它们的组织结构复杂（图 29-4A）（Jhunjhunwala et al.，2009）。该区域内的增强子和启动子控制局部染色质结构、生殖系基因的转录和基因座 3′ 端片段的重组（Perlot and Alt，2008；Jhunjhunwala et al.，2009）。然而，*Ig* 和 *TCR* 基因座中的绝大部分（>80%）中都存在由 31（*TCRβ*）到 200（*IgH*）个 V 基因组成的基因簇，这些基因簇的染色质可及性、生殖细胞系基因转录不受近端区域调控（Hawwari and Krangel，2005；Jhunjhunwala et al.，2009）。因此，抗原受体基因座可以被看成是由两个不同的实体，即近端区域和 V 基因区组成，它们在线性 DNA 上距离很远。这种距离在空间上限制了 V(D)J 重组，因为根据三维 DNA 荧光原位杂交分析，抗原受体位点在非淋巴细胞和淋巴祖细胞中呈伸展构象（图 29-6A）（Kosak et al.，2002；Fuxa et al.，2004；Roldán et al.，2005；Skok et al.，2007）。在 *IgH* 基因座上显示，这两个等位基因在分化的祖 B 细胞中经历了长距离的收缩，使远端的 V_H 基因与近端的 DJ$_H$ 区域并列，进而促进了 V$_H$-DJ$_H$ 重排（图 29-6A）（Kosak et al.，2002；Fuxa et al.，2004）。V$_H$ 基因簇成环，由此不同的 V$_H$ 基因可以以相似的频率重组，这是产生高度多样化的免疫球蛋白库的必要条件（Roldán et al.，2005；Sayegh et al.，2005；Jhunjhunwala et al.，2008；Medvedovic et al.，2013）。在 V$_H$-DJ$_H$ 重组成功后，pre-BCR 信号会导致下一个发育阶段非功能性 *IgH* 等位基因的去收缩（该发育阶段将远端 V$_H$ 基因与近端 IgH 区域分离），进而阻止前 B 细胞中第二个 *IgH* 等位基因的进一步重排（图 29-6A）（Roldán et al.，2005）。非功能性 *IgH* 等位基因的去收缩发生在中心体附近异染色质，在那里 *IgH* 等位基因通过与定位在中心体附近的 *Igκ* 等位基因之间进行跨染色体的配对方式被招募，而这种方式依赖于 *Igκ* 3′ 端的增强子（图 29-5B）（Hewitt et al.，2008）。所有其他的抗原受体基因座（*Igκ*、*TCRβ*、*TCRα/δ*）在发育阶段也表现出可逆收缩的性质，在此期间它们发生了 V(D)J 重组（Roldán et al.，2005；Skok et al.，2007）。因此，以成环的形式进行的可逆基因座收缩是促进 V 基因与近端区域空间通讯，由此允许 V 基因参与 V(D)J 重组的一般机制。另一方面，去收缩阻止下一个发育阶段的进一步重组，从而有助于维持等位基因的排斥，这保证了两个抗原受体位点只有一个产生有效重排。

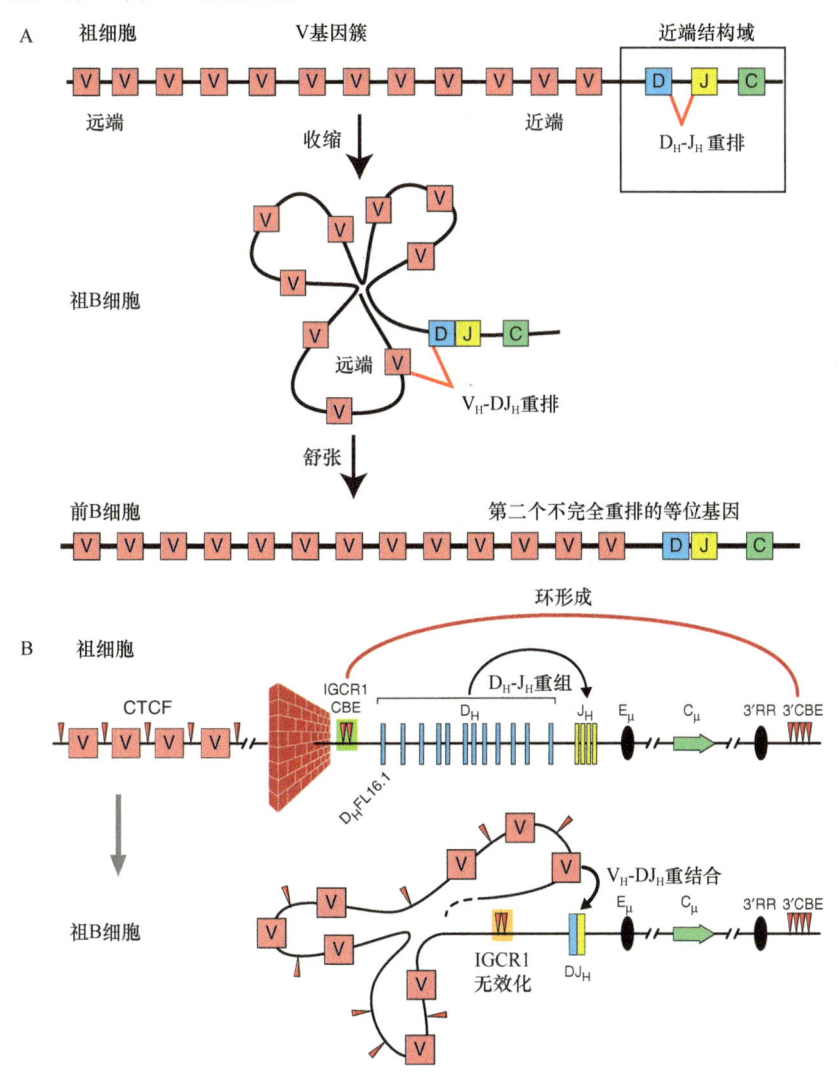

图 29-6 早期 B 淋巴细胞的空间调控和 **IGCR1** 介导的 *IgH* 重组调控。（A）*IgH* 的可逆收缩。*IgH* 基因座在未分化的祖细胞中具有扩展构型，这使得 D$_H$-J$_H$ 重组发生在近端区域。在祖 B 细胞中，由于 *IgH* 基因座以环化的方式收缩，200 个 V$_H$ 基因参与 V$_H$-DJ$_H$ 重排。未完全重组的 *IgH* 等位基因中的 V$_H$ 基因在前 B 细胞中由于去收缩不再参与 V$_H$-DJ$_H$ 重组；（B）IGCR1 绝缘子控制的 *IgH* 重组。关于 IGCR1 区域控制 *IgH* 基因座 V(D)J 重组的顺序，详见（29.4.6 节）。CTCG 结合区域（CBE）用红色箭头标注。砖墙表明 IGCR1 绝缘子在未分化的淋巴祖细胞中抑制环的形成和近端 *IgH* 区域的重组。在祖 B 细胞中，IGCR1 元件被目前未知的机制无效化，基因座收缩促进 V$_H$-DJ$_H$ 重排。

到目前为止，只有一部分反式作用因子和顺式调控元件参与基因座收缩的调控，Pax5是第一个被鉴定为参与祖B细胞特异的 *IgH* 基因座收缩的转录因子（Fuxa et al.，2004）。Pax5缺失后，200个V_H基因中只有最近端的4个才能进行有效的V_H-DJ_H重组，虽然所有V_H基因在Pax5缺失的祖B细胞中都能够产生生殖细胞系转录本（Hesslein et al.，2003；Roldán et al.，2005）。类似的V_H-DJ_H重组表型在缺乏组蛋白甲基转移酶Ezh2的祖B细胞中被观察到——Ezh2是PRC2的一个重要成分，这意味着该Polycomb复合物在调节 *IgH* 位点收缩中发挥关键作用（Su et al.，2003；A Ebert et al.，个人交流）。除了这两个调控因子外，*IgH* 位点的收缩也依赖于普遍存在的转录因子YY1（Liu et al.，2007）。另一个潜在的调控因子是CCCTC结合因子（CTCF），它通过与黏连蛋白的相互作用，在几个复杂位点上参与了长距离染色质成环（Splinter et al.，2006；Hadjur et al.，2009；Nativio et al.，2009）。CTCF和黏连蛋白沿着 *IgH* 位点的V_H基因簇结合到多个位点（Degner et al.，2011；Ebert et al.，2011），shRNA（短发夹RNA）敲低实验认为CTCF/黏连蛋白复合体在祖B细胞 *IgH* 位点环化调控中起作用（Degner et al.，2011）。

最近，科学家在对具有活跃染色质的基因间区域的系统搜索中发现了14个位于 *IgH* 位点远端V_H基因区域的Pax5激活的基因间重复（Pax5-activated inter-genic repeat，PAIR）元件（Ebert et al.，2011）。这些PAIR元件被Pax5、E2A、CTCR和黏连蛋白结合，携带依赖Pax5的活跃染色质，仅在祖B细胞中产生Pax5调控的非编码反义转录本（Ebert et al.，2011）。祖B细胞特异性以及Pax5依赖性暗示PAIR元件可能通过诱导 *IgH* 位点收缩调控远端V_H-DJ_H重组。

29.4.6 CTCF 和黏连蛋白控制的有序 V(D)J 重组

转录因子CTCF不仅与染色体环化有关，而且与染色质边界的形成、转录隔离、激活或抑制有关（Phillips and Corces，2009）。所有抗原受体位点的V基因簇的特点是含有大量规则间隔的CTCF结合位点，而近端区域仅在其5′和3′边界处包含CTCF结合位点（Degner et al.，2011；Ebert et al.，2011；Ribeiro de Almeida et al.，2011）。有一个100kb的区域将 *IgH* 位点D_H和V_H基因分离开，它包含两个CTCF结合元件（CBE），位于近端 *IgH* 区域5′端D_HFL16.1基因片段上游2kb处（图29-6B）。所谓的"基因间控制区1"（IGCR1）中两个CTCF结合位点的特异性突变显示，这两个位点作为绝缘子元件，调控 *IgH* 位点上有序的、种系特异性的V(D)J重组（图29-6B）（Guo et al.，2011）。人们认为，在未分化的淋巴祖细胞中，IGCR1/CBE绝缘子限制了与近端区域相关的强增强子活性和所有其他的远程相互作用，并产生了一个局部染色质结构，以促进两个 *IgH* 等位基因上的D_H-J_H重组（图29-6B）（Guo et al.，2011）。在正常发育过程中，IGCR1/CBE绝缘子仅在分化的祖B细胞中被无效化，这可能是通过Pax5依赖的 *IgH* 位点收缩促进V_H-DJ_H重组实现的（图29-6B）。然而，在IGCR1/CBE突变小鼠中，$E_μ$增强子的活性不再受到抑制，从而能够在淋巴祖细胞和发育的胸腺细胞中，发生过早V_H-DJ_H甚至V_H-D_H重组的最初几个近端V_H基因处，诱导产生活跃染色质和生殖细胞系的活跃转录（Guo et al.，2011）。由于淋巴祖细胞中早熟V_H基因的活性，在下一个发育阶段分化的祖B细胞中，已经发生DJ_H重排的 *IgH* 等位基因中能够发生V_H-DJ_H重组的数量减少，这导致近端V_H基因重排的明显增加和相应的免疫球蛋白库偏差。因此，在淋巴祖细胞或分化的祖B细胞中，CTCF调控的IGCR1活性和Pax5介导的位点收缩通过各自抑制或促进V_H基因的V(D)J重组扮演相反的角色。

与 *IgH* 位点相似，*Igκ* 位点的基因间$V_κ$-$J_κ$区域也包含一个调控元件（Sis），它通过结合转录因子CTCF和Ikaros，起到抑制重组的作用（Liu et al.，2006；Ribeiro de Almeida et al.，2011）。Sis元件的缺失或CTCF的条件失活对前B细胞的$V_κ$-$V_κ$重排产生类似的影响，这个过程是通过增加生殖细胞系转录和近端$V_κ$基因重组（以牺牲远端$V_κ$基因重组为代价）实现的（Ribeiro de Almeida et al.，2011；Xiang et al.，2011）。CTCF的缺失通过强烈增加iEκ和3′Eκ增强子与近端$V_κ$基因的相互作用扭曲$V_κ$-$J_κ$重排的顺序（Ribeiro de Almeida et al.，2011）。这说明Sis元件是一个绝缘子，它通过阻断Igκ增强子的长距离活性负调控近端$V_κ$基因的重组（Ribeiro de Almeida et al.，2011），这与IGCR1元件控制 *IgH* 重排的功能类似（Guo et al.，2011）。CTCF与黏连蛋白一起结合到两个调控区域上（Ebert et al.，2011），这暗示黏连蛋白可能介导CTCF

在这些元件上的增强子封闭功能。为了验证这个猜测，（研究者发现）黏连蛋白亚基 Rad21 的条件性缺失会影响近端 TCRα 区域的组蛋白修饰和转录模式，从而对双阳胸腺细胞的 TCRα 重排造成损害——这是由于 E_α 增强子的远程相互作用发生了改变（Seitan et al., 2011）。

29.5　恶性淋巴肿瘤中表观遗传调控的作用

单核苷酸多态性的高分辨率基因组分析，以及全基因组 DNA 和 RNA 测序为人们对白血病和淋巴瘤发展的遗传基础提供了令人着迷的全新见解。这些分析显示，在淋巴样恶性肿瘤中检测到的大多数突变除了影响细胞因子和抗原受体的信号通路外，还影响造血细胞转录因子和表观遗传调控因子的功能（Mullighan et al., 2007; Morin et al., 2011; Zhang et al., 2012a）。在这些不同种类的表观遗传调控因子中，几种"写入器"（CREBBR、EP300、MLL1、MLL2、PRC2、MMSET 和 SETD2）和一种"擦除者"（UTX）的突变是恶性淋巴肿瘤中常见的（图 29-7），然而影响"阅读器"的基因变化目前没有被报道。众所周知，高度相关的赖氨酸乙酰转移酶 CREBBP（CBP）和 EP300（p300）通过修饰组蛋白和非组蛋白核蛋白，作为大量 DNA 结合转录因子的共激活因子（Ogryzko et al., 1996）。在 41% 的滤泡型淋巴瘤（FL）、39% 的弥漫性大 B 细胞淋巴瘤（DLBCL）和 18% 的复发性 B 细胞急性淋巴细胞白血病（B-ALL）中，单等位基因删除或点突变使 CREBBP 或 EP300 基因失活，提示我们这两种乙酰转移酶在这些恶性肿瘤中起着单倍剂量不足肿瘤抑制因子的作用。值得注意的是，突变的 CREBBP 和 EP300 蛋白并不能乙酰化 p53 和 BCL6（它们在 FL 和 DLBCL 中都有表达），乙酰化激活肿瘤抑制因子 p53（Lill et al., 1997）并使癌蛋白 BCL6 失活（Bereshchenko et al., 2002）的事实说明了后续的 CREBBP 或 EP300 突变的作用机制。

组蛋白甲基转移酶 MMSET（NSD2、WHSCI）在 15%～20% 的浆细胞源性肿瘤多发性骨髓瘤（MM）中过表达，其原因是 t(4;14)(p16.3;q32) 易位，使 *MMSET* 基因处于 *IgH* 位点 E_μ 增强子的控制之下（Keats et al., 2003）。MMSET 催化 H3K36 二甲基化，其在 t(4;14)-阳性骨髓瘤细胞中表达的增加改变了全基因组

图 29-7　淋巴瘤和白血病中组蛋白修饰酶的作用。（A）B 细胞淋巴瘤中，CREBBP（CBP）或 EP300（p300）基因的单等位基因突变引起 BCL6、p53 和 H3 乙酰化程度降低。（B）多发性骨髓瘤中 H3K36 去甲基化酶 MMSET（NSD2、WHSCI）的过表达和早期 T 细胞前体急性淋巴细胞白血病（ETP-ALL）中 H3K36 三甲基化酶 SETD2 的缺失通过调节组蛋白 H3 第 36 位赖氨酸的甲基化状态以促进肿瘤发生。（C）H3K27 去甲基化酶 UTX 的丢失、特异性突变和 H3K27 甲基转移酶 EZH2 的过表达可通过增加抑制性组蛋白标记 H3K27me3 的丰度，与 B 细胞恶性肿瘤的形成相关联，而 EZH2 的丢失与 T-ALL 有关。（D）H3K4 甲基转移酶 MLL2 失活导致 B 细胞淋巴瘤中活性修饰 H3K4me3 水平的下降，而 MLL1 融合蛋白招募甲基转移酶 DOTIL，在 MLL1 重组白血病中局部性增加 H3K79 甲基化水平。颜色代表：原癌基因（蓝色），肿瘤抑制基因（棕色），激活（绿色）、抑制（红色）蛋白修饰。

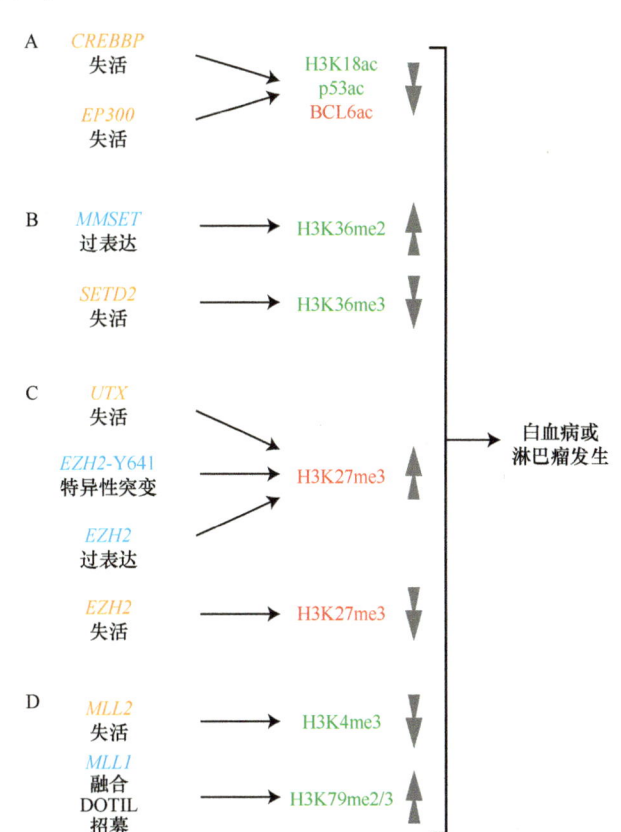

H3K36me2 的模式，导致局部染色质松弛和本应被沉默的、促进浆细胞转化的基因的表达（图 29-7B）（Kuo et al., 2011）。与此一致的是，野生型，而不是无法发挥催化作用的 MMSET 蛋白在 t(4;14)-阴性骨髓瘤细胞中的表达会在小鼠异种移植模型中快速诱导肿瘤发展，这说明 MMSET 蛋白是一个有效的癌蛋白（Kuo et al., 2011）。有趣的是，介导所有 H3K36 三甲基化的非冗余甲基转移酶 SETD2（Edmunds et al., 2008）具有抑制肿瘤的作用，因为其基因在 ETP-ALL 中被双等位基因突变灭活，导致整体 H3K36me3 水平降低（图 29-7B）（Zhang et al., 2012a）。因此，MMSET 和 SETD2 在肿瘤发生发展中似乎具有拮抗作用，这可能说明 H3K36 二甲基化和三甲基化状态在控制基因表达中发挥不同的功能。

PRC2 由核心成分 EED 和 SUZ12 以及甲基转移酶 EZH2 组成，EZH2 通过将组蛋白 H3 第 27 位赖氨酸甲基化介导基因沉默。在 42% 的 ETP-ALL 和 25% 的 T-ALL 中，*EED*、*SUZ12* 或 *EZH2* 因缺失或失活点突变而突变（图 29-7C）（Ntziachristos et al., 2012; Zhang et al., 2012a）。其中一些突变甚至是纯合的，进一步表明 PRC2 在 T-ALL 中具有抑制肿瘤的功能（Ntziachristos et al., 2012）。支持这一发现的实验证据是，在 HSC 中经历 *Ezh2* 条件性失活的小鼠中，T 细胞白血病出现的频率很高（Simon et al., 2012）。值得注意的是，*PRC2* 的基因改变经常与 *NOTCH 1* 突变相关，这表明抑制性 H3K27me3 标记的丢失与组成型活性 NOTCH1 协同，诱导 T-ALL 中原癌基因的表达程序（Ntziachristos et al., 2012）。

科学家也在 22% 的 GCB 型（germinal-center B-cell-like）DLBCL 和 7% 的 FL 中发现 *EZH2* 突变（Morin et al., 2010）。然而，令人惊讶的是，所有杂合突变都会导致 EZH2 的 SET 结构域中催化位点的一个单酪氨酸残基（Y641）被替换（Morin et al., 2010）。详细的生化分析显示，野生型 EZH2 对 H3K27 单甲基化反应表现出最大的催化活性，但对随后的二甲基化和三甲基化反应的活性减弱（Sneeringer et al., 2010）。重要的是，Y641 位点的所有氨基酸替换都会导致突变的 EZH2 蛋白底物特异性的改变，它们进行第一次甲基化反应的能力有限，但对随后的甲基化步骤显示出增强的催化活性（Sneeringer et al., 2010）。这种底物特异性的变化是由于突变的 EZH2 蛋白活性位点扩大，有利于二甲基化和三甲基化，但会干扰第一次甲基转移反应。野生型和突变型 EZH2 蛋白的共表达使它们的酶活介于进行单甲基化的野生型和能够进行二、三甲基化的突变体之间，并导致淋巴瘤细胞中 H3K27me3 水平显著升高（图 29-7C）（Sneeringer et al., 2010; Yap et al., 2010）。因此，EZH2 的 Y641 替换可以增加 H3K27 三甲基化，进而增强基因沉默，是原癌基因的功能获得性突变，这与之前报道的 EZH2 在 B 细胞淋巴瘤中的过表达情况类似（Bracken et al., 2003）。有趣的是，H3K27 去甲基化酶 UTX 的编码基因是 X 连锁基因，它在多发性骨髓瘤和 B-ALL 等人类癌症中经常发生突变，导致 H3K27me3 水平升高和细胞增殖（图 29-7C）（van Haaften et al., 2009; Mar et al., 2012）。综上所述，EZH2 的 Y641 突变和过表达以及 UTX 的缺失可以通过增加肿瘤细胞中的 H3K27 三甲基化和基因抑制，影响相同的表观遗传通路（图 29-7C）。

三胸组蛋白 MLL2 是在转录基因启动子产生活性 H3K4me3 标记的 6 种人类甲基转移酶之一——值得注意的是，MLL2 是 FL（89%）和 DLBCL（32%）中最常见的突变基因之一（Morin et al., 2011）。这些突变大多数是杂合的，并截断了大 MLL2 蛋白，这些实验结果确定了 MLL2 是 B 细胞非霍奇金淋巴瘤的一个显著的肿瘤抑制因子（Morin et al., 2011）。因此，激活 MLL2 蛋白的部分丢失可以通过减少 H3K4me3 标记水平、降低 B 细胞淋巴瘤关键基因的表达，从而促进肿瘤的发展（图 29-7D）。

大约 50% 的婴儿和 10% 的成人白血病以 MLL1 易位的存在为特征，该易位编码具有诱导白血病活性的融合蛋白（Liu et al., 2009）。MLL1 与 MLL2 一样，也是一个在羧基端含有 H3K4 甲基化结构域（SET 结构域）的大型多结构域蛋白。MLL1 易位产生融合蛋白，它由 MLL1 的氨基末端 1/3 处连接到不同伴侣蛋白的羧基末端组成（Liu et al., 2009）。虽然目前人们已经知晓 71 种不同的融合蛋白伴侣，但大多数 MLL1 重排导致的白血病表达的融合蛋白伴侣是 AF4、AF9、AF10、AFF4、ENL 或 ELL1。所有这些蛋白伴侣都是超级延伸复合物的成分，超级延伸复合物调控 RNA 聚合酶Ⅱ负责的转录延伸（Luo et al., 2012）。因此，这些 MLL 融合蛋白通过解除转录延伸的调控参与白血病发生。除此之外，AF4、AF9、AF10 和 ENL 蛋白伴侣也与 DOT1L 相互作用，使组蛋白 H3 球状区域的第 79 位赖氨酸甲基化（Okada et al., 2005; Luo et al., 2012）。这些 MLL 融合蛋白只有在功能 DOT1L 甲基转移酶存在的情况下才能使白血病细胞永生（Okada et al.,

2005），导致 H3K79 甲基化和发育调控因子基因位点编码的转录升高（Guenther et al., 2008）。

29.6 染色质介导的炎症反应控制

29.6.1 炎症反应的转录动力学

炎症是人类或动物对感染或组织损伤的反应。与知觉和代谢相似，炎症对机体适应环境和维持内环境平衡至关重要（Medzhitov, 2008）。炎症反应主要是由髓系细胞介导的，这些细胞或迁移（中性粒细胞和单核细胞），或稳定地驻留在组织中（肝脏中的库普弗细胞或大脑中的小胶质细胞）。与转录调控协同作用，在影响、调节巨噬细胞的炎症反应中发挥重要作用的表观遗传机制（本节将会讨论）可能在各种细胞类型中以共同的机制发挥作用。

炎症的常见特征之一是受影响细胞中的基因表达模式的暂时改变（Zak and Aderem, 2009; Smale, 2010b）。事实上，将细胞暴露于炎症信号中将会调节数百个基因的转录，包括那些能让全身感知局部炎症状态的基因（Gilchrist et al., 2006; Medzhitov and Horng, 2009; Smale, 2010b; Bhatt et al., 2012）。科学家使用革兰氏阴性菌的脂多糖（LPS）或其活性成分脂质 A 处理体外培养的巨噬细胞，对炎症相关的转录反应进行了详细的解析（图 29-8）（Ramirez-Carrozzi et al., 2009; Bhatt et al., 2012）。LPS 激活的基因可以根据它们的表达时间和编码蛋白的生化特性分为数组。在脂质 A 处理的骨髓源性巨噬细胞中分析染色质结合和细胞质 RNA 转录本后发现，刺激后 15min，基因转录（16 个基因）出现上调；刺激后 2h，数百个基因被激活（Bhatt et al., 2012）。基因转录上调的程度在不同基因座之间差异显著：246 个基因表达上调 5～10

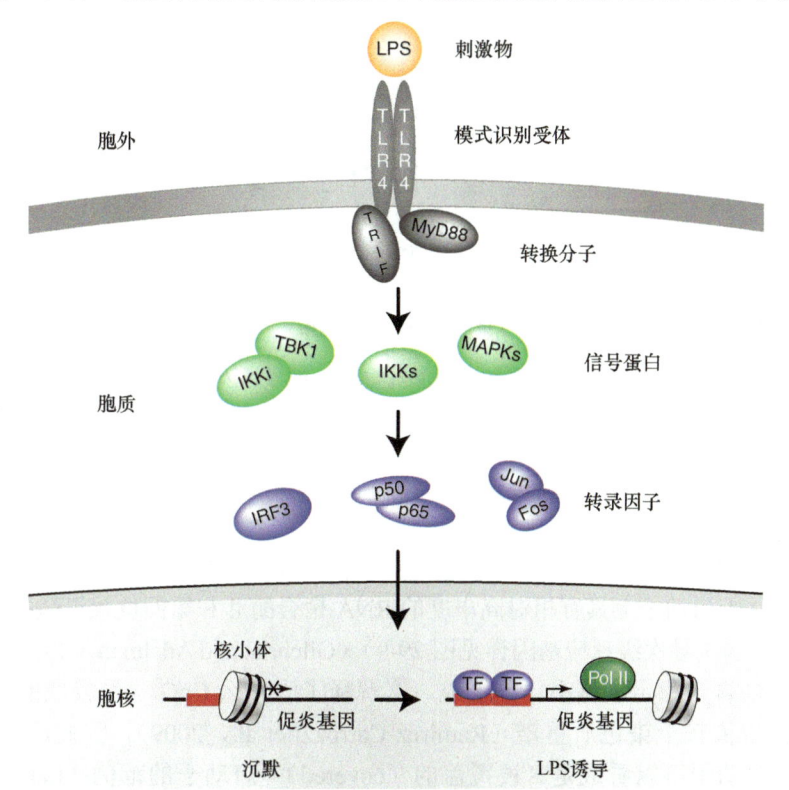

图 29-8 LPS 诱导基因表达的信号通路控制。革兰氏阴性菌来源的 LPS 结合到细胞表面表达的 Toll 样受体 4（TLR4）。与 TLR4 结合导致胞质信号蛋白激活，进而导致各种转录因子的激活，如 NF-κB（p50/p65）和 AP-1（Jun/Fos）。转录因子进入细胞核，结合到促炎基因的启动子上。大多数情况下，转录因子的结合需要先行的染色质重塑，它能够开放原本阻塞的核小体调控区域，为转录因子结合提供空间。

倍，247 个基因表达上调 10～100 倍，67 个上调超过 100 倍。

从 LPS 诱导基因表达的研究中，科学家提出了另一个共同的科学问题，即基因表达的时间和可诱导基因的表观遗传状态之间是否存在联系。特别是在响应 LPS 后随时间改变的基因表达模式，这具体表现在可诱导基因启动子的 CpG 含量［Ramirez-Carrozzi et al.，2009；Smale，2010b；Natoli et al.，2011；Bhatt et al.，有关 CpG 岛详见第 15 章（Li and Zhang，2014）］。在巨噬细胞中，富含 CpG 岛的启动子在所谓的初级和弱诱导的次级反应基因中非常普遍。然而，CpG 含量较低的启动子在较高水平诱导的二级反应基因中是更常见的（图 29-9）（Ramirez-Carrozzi et al.，2009；Bhatt et al.，2012）。在一级和二级反应基因中，CpG 丰度与染色质标记的存在相关，染色质标记通常与正在进行的基因转录（这是活跃转录的基因的典型特征）或那些倾向于响应刺激的快速激活基因有关。

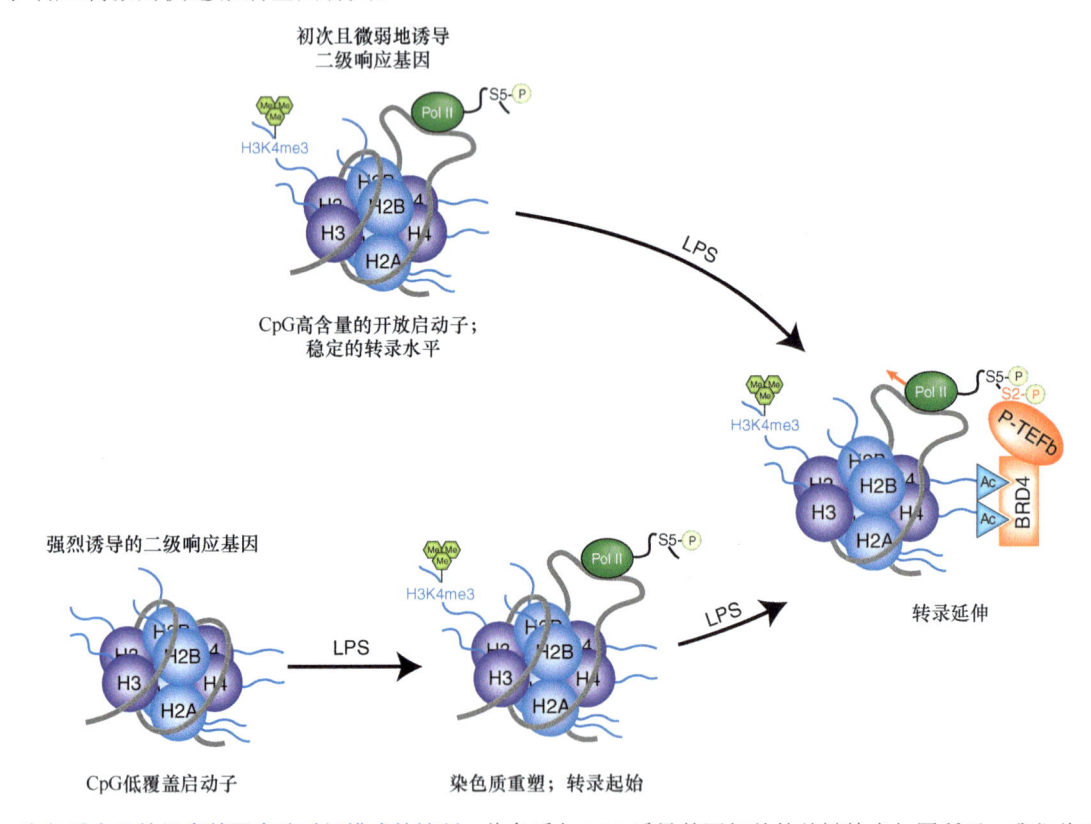

图 29-9 染色质介导的促炎基因表达时间模式的控制。染色质与 LPS 诱导基因相关的关键特点如图所示。我们将重点放在不同诱导基因启动子的 CpG 含量差异上，以及染色质标记 H3K4m3 和 RNA 聚合酶 Ⅱ 中 Ser5 磷酸化上（这是基因表达准备开始的特征）。在初级和二级响应基因中，BRD4 结合乙酰化组蛋白 H4 可以帮助 RNA 延伸。BRD4 结合到组蛋白上后将会招募 P-TEFb，负责调控 RNA 延伸进程的起始阶段。

快速激活基因的 CpG 含量大多很高（被称为 poised），在应激反应基因中常见（Adelman and Lis，2012）。它们的特征是基因启动子上具有相对高丰度的 RNA 聚合酶 Ⅱ 和第四位赖氨酸被甲基化修饰的组蛋白 H3（H3K4me3；初级和弱诱导次级反应基因详见图 29-9）（Gilchrist and Adelman，2012；Kwak et al.，2013）。

启动子上的低 CpG 含量稳定了核小体的形成。这解释了为什么 CpG 含量较低的基因（如强诱导刺激反应基因）的激活强烈依赖于染色质重塑（Ramirez-Carrozzi et al.，2009）。因此，在 LPS 诱导的炎症基因中，CpG 含量低的启动子可以看成是"被覆盖的（covered）"启动子的范例（Lam et al.，2008；Cairns，2009；Bai and Morozov，2010）。当核小体封闭转录起始位点（TSS）、TSS 旁侧的区域和大多数转录激活物结合位点时，它们就是"被覆盖的"（图 29-9）（Lam et al.，2008；Cairns，2009）。在被覆盖启动子中，核小体有效地与转录因子竞争关键的顺式调控结合位点，使得被覆盖启动子更加依赖染色质重塑酶和修饰酶来帮助去除顺式调控位点的"覆盖"，并允许其被激活（Bai et al.，2011）。除了依赖染色质重塑外，被覆盖的启动子控制的基因激活可能还需要与核小体间的连接 DNA 结合或与核小体直接结合的先锋因子，它们将促进染色质重塑（Smale，2010a）。在炎症的背景下，我们可以预测特异性转录调节因子与高亲和、低亲和结合位点的结合，以及核小体在启动子阻塞上的差异（这有助于调节炎症反应基因响应不同类型和强度的信号）。

初级和刺激响应基因之间不同的染色质结构可能在基因动力学上产生差异。原核细胞和真核细胞基因动力学的研究，揭示了基因转录不连续的特性，既存在转录大爆发的活性时期（Gene-On），也存在许多信使 RNA（mRNA）转录被中断的无活性时期（Gene-Off）（图 29-10A）（Cai et al.，2008；Pedraza and Paulsson，2008；Chubb and Liverpool，2010；Larson，2011）。转录爆发的持续时间、大小以及间隔从数分钟到数小时不等（Larson，2011；Yosef and Regev，2011）。单个基因"爆发"的持续时间和不应期依赖于染色质的状态和转录因子的局部聚集（Raj and van Oudenaarden，2009）。在这样一个模型中（称为启动子进程模型），核小体占有率的变化最初速度缓慢（几分钟至几小时），然而一旦启动子开放，转录机器将迅速组装（几秒之内或更少），引起转录"爆发"，只要为 RNA 延伸机器提供 RNA 聚合酶Ⅱ，该转录爆发的活性就会持续下去（Larson，2011）。

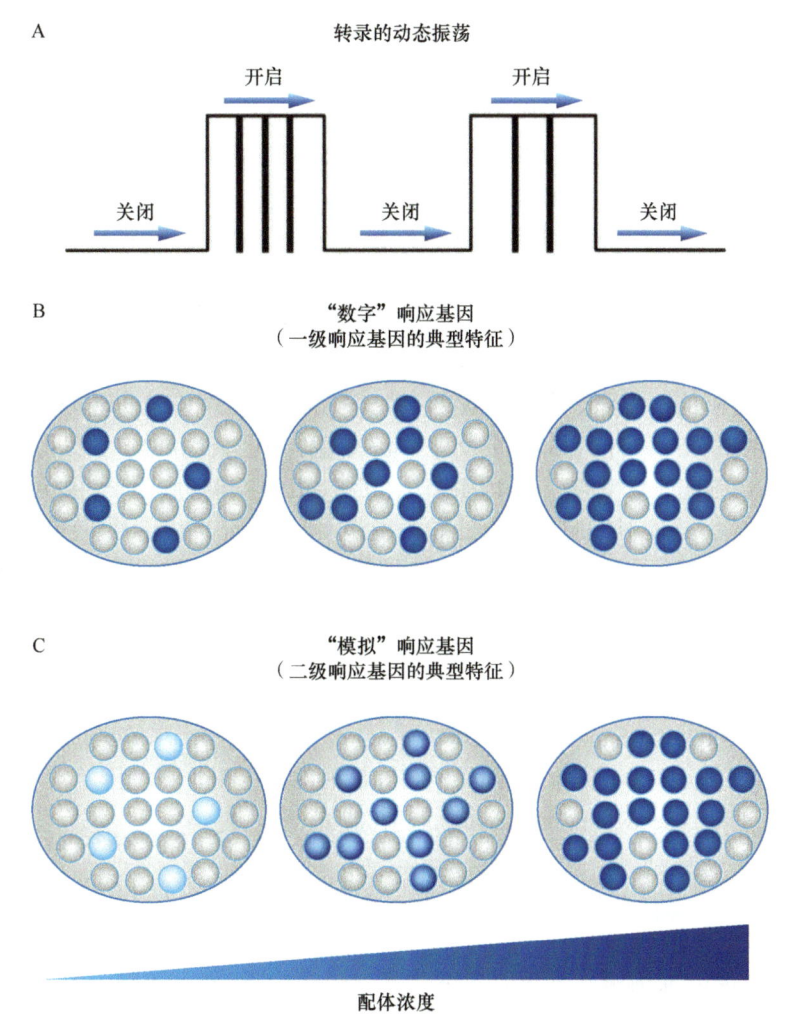

图 29-10 基因表达的动态控制。（A）基因表达的动态振荡。从沉默到激活状态以二维图的方式展示。矩形代表激活基因转录和延伸的状态（转录爆发），其中竖直的线条代表爆发期间产生的转录本数量。转录爆发之后是基因沉默。每次爆发产生的 RNA 转录本数量决定了爆发的规模、单位时间内（从数秒到数小时）爆发的次数即为爆发频率。（B，C）基因可以以"数字"（B）或"模拟"（C）形式被诱导。正在响应或未响应的细胞分别由闭环或开环表示。闭环中颜色的深度反映了基因表达的不同水平。

根据启动子进程模型（Larson，2011），我们可以预见，在炎症反应中，基因激活所需的步骤数与不应期的持续时间之间存在直接关联。二级响应基因激活循环数可能有限，因此限制了没有初始刺激即可推动炎症进程的炎症"触发者"的产生。

基因调控的不连续模式可能不仅与细胞对促炎信号的初始反应中的基因表达时间有关，也与细胞对重复触发的反应有关。一些最初被激活的细胞不能被 LPS 重新激活（称为耐受性），这是通过"耐受"细胞不能表达大量的炎症触发器（包括细胞因子如 IL-6 或 IL-12）来实现的（Foster et al.，2007；Medzhitov and Horng，2009）。然而，某些基因，包括那些编码分泌型抗菌肽的基因，可以逃避耐受性诱导（Foster et al.，2007）。Medzhitov 小组的研究表明，在 LPS 刺激原始巨噬细胞后，耐受基因和不耐受基因的启动子招募 RNA 聚合酶 II 的效果类似（Foster et al.，2007）。在次级 LPS 刺激后，对 LPS 的耐受选择性地影响了耐受基因对 RNA 聚合酶 II 的招募。虽然在巨噬细胞活化后，耐受基因和不耐受基因的启动子均在组蛋白 H4 处发生乙酰化，但在耐受巨噬细胞经 LPS 刺激后，只有不耐受基因启动子的组蛋白发生再乙酰化。耐受基因似乎在可耐受期中保持它们启动子的"被覆盖"状态。

上文描述的不耐受基因和耐受基因染色质的动态变化（它们与在由 LPS 激活的最初细胞刺激中的初级和次级基因表达并不相符）与在转录循环中带有额外"关闭"状态的基因预测行为非常符合。这个周期的持续时间可以由内在因素（如局部基因环境）或外在因素（如信号和代谢变化）决定。巨噬细胞的耐受性与能够抑制 LPS 信号的蛋白表达相关，它们能够减少外部信号的输入（Foster et al.，2007）。这些减少的信号，虽然本质上是通用的，但对主要依赖重复进入转录周期信号的基因会选择性地施加更强的影响。因此，这些基因可能会表现出不应期的延长，在这个阶段细胞被认为是无法响应的或耐受的。

通过提及对表型的理解，我们旨在暗示目前仍然很难区分群体细胞反应和个体细胞反应。可想而知，在 LPS 不耐受的巨噬细胞中稳定生成抗菌肽，以及其他不耐受基因（的表达），可能反映了一种特殊或随机出现的细胞亚群的存在，在该过程中，信号蛋白、代谢酶和转录因子的随机排列构成了不利于 LPS 耐受的条件。炎症反应中种群内部多样性由响应细胞中关于多种促炎细胞因子的随机表达的研究支持。简而言之，在病毒感染期间，只有有限的一部分细胞能够激活 I 型干扰素 IFNβ 的基因表达（Zhao et al.，2012）。I 型干扰素由细菌和病毒感染诱导，在抗病毒宿主反应中起关键作用。表达 IFNβ 的细胞的低频率（出现），以及不同触发条件下的淋巴细胞表达 IL-2、IL-4、IL-10、IL-5、IL-13 等细胞因子（Guo et al.，2004；Murphy，2005；Paixao et al.，2007），说明对细胞因子表达起关键作用的因子在细胞间呈随机分布，但由于其表达水平太低，无法在特定的细胞群体中平均分布。虽然控制基因随机性表达限制因素的性质还没有完全被了解，但基因表达不均匀的潜在机制可能依赖于这些基因的染色质结构。与开放启动子控制的基因相比，"被覆盖的"启动子具有更高水平的转录变异（Bai and Morozov，2010）。此外，抑制性组蛋白标记（如 H3K9me2 和 H3K27me3）的存在可能为炎症基因的激活增加了障碍，并导致了炎症基因表达在人体内和人群间的差异（Saccani and Natoli，2002；De Santa et al.，2007；Fang et al.，2012）。尽管染色质在基因表达中起着重要的作用，但基因表达的变异还有其他来源。例如，细胞核内的基因定位或基因"环状"云结构可能会导致细胞个体间基因表达的差别（de Wit and van Steensel，2009）。

29.6.2 转录噪声、"数字"和"模拟"的基因调控及免疫响应的多样性

参与炎症反应细胞之间基因表达的个体差异与炎症过程中转录多样性（转录噪声）的来源和作用的问题有一定的关系。转录噪声是指在恒定条件下细胞群体中单个等位基因表达的可变性（Blake et al.，2003；Raser and O'Shea，2005；Eldar and Elowitz，2010；Balazsi et al.，2011）。转录噪声可以是内在的，即受细胞内转录因子浓度的调控；也可以是外在的，受环境因素的驱动。细胞产生转录噪声的主要目的是为了适应环境的变化（Balazsi et al.，2011）。在两种表型之间可以以不同的速率随机转换（以响应基因表达的随机波动）的酵母中，环境稳定性对特定菌株的优势有很大影响（Cairns，2009）。当环境条件稳定时，表型转化较慢的菌株在种群中占主导地位，而当环境波动较快时，表型转化快的菌株更有生存优势。同样，

微生物种群也将表型异质性作为一种策略，以应对环境中不可预测的变化（Maheshri and O'Shea，2007；Eldar and Elowitz，2010）。

环境的不可预测性非常好地说明了迁移的炎症细胞，即中性粒细胞、淋巴细胞或单核细胞所要面临的情况。因此，我们可以预测这些细胞中转录噪声的倾向，因为它们将会使种群快速适应不同的环境。然而，运动静态的组织细胞，如肝细胞或肌肉细胞，可能会限制转录噪声，以降低细胞对随机炎症信号的反应。这一机制可以显著增加造血细胞中促炎基因的噪声，而在非造血细胞中对促炎基因进行"去噪"，这为研究提供了基础。在成纤维细胞、心肌细胞和神经元中的结果显示，IFN-α/β-激活基因和 NF-κB 诱导基因的启动子富含抑制性标记 H3K9me2，而同样的基因在巨噬细胞和树突状细胞中大都表现出 H3K9me2 的缺失（Fang et al.，2012）。可能是 H3K9me2 以及炎症基因上的其他抑制性修饰，即 H3K27me3，建立了炎症基因的转录噪声水平，并确定了细胞对促炎信号的反应范围。支持这个猜想的实验证据是，从成纤维细胞中去除 H3K9me2 将会降低细胞激活的阈值，使病毒诱导的 IFN-α/β 和干扰素刺激基因表达达到了"专门"生成 IFN-α/β 的树突状细胞的水平（Fang et al.，2012）。人们可以推测，降低噪声的因素可能在保护非迁移细胞免受由轻微组织损伤或代谢应激引起的错误炎症反应中发挥关键作用。相反地，那些增加迁移细胞内噪声的因素可能会在感染期间增加炎症反应的可能性。

促炎信号的起始转录反应的概率决定了人群参与炎症过程的范围或程度。如 29.6.1 节所讨论，启动过程的动力学是基因特异性的——基因序列、染色质状态、核内基因位置、基因内和基因间的相互作用，以及转录因子（种系特异性的、信号诱导的、通用的）之间的协作决定了基因表达的时机和基因转录动力学特征（也就是转录爆发）。只有当转录起始的所有要求都完成时，基因才会开始转录。因此，在单细胞水平上，一个给定的信号可能不会逐渐增加诱导基因位点的转录，而是使基因表达发生从"关闭"到"开启"的数字过渡（图 29-10B）（Stevense et al.，2010）。例如，用促炎细胞因子 TNFα 触发 3T3 小鼠成纤维细胞，可导致转录因子 NF-κB 的激活和以数字样形式初步"开启"反应基因的启动子（Covert et al.，2005；Tay et al.，2010）。尽管对 TNFα 反应的细胞数量与 TNFα 浓度成正比，但活化的细胞显示出同等水平的 NF-κB 和初级基因的表达（图 29-10B）。然而，在种群水平上，从"关闭"到"开启"的转变不会同时发生，从而给人们一种"基因表达以一种渐进、模拟（analog）的方式增加"的印象。然而，后一种模拟反应似乎描述了 TNFα 诱导的二级响应基因的表达（图 29-10C）。与初级反应基因相反，二级反应基因（即"封闭"启动子）的表达遵循模拟的模式，单个细胞内基因表达水平随着浓度的增加而提高（图 29-10C）（Covert et al.，2005；Tay et al.，2010）。

结合对单个细胞水平基因表达的全面研究，未来对单个细胞表观基因组的研究可能为预测炎症过程中基因表达动态的模型提供统计学基础。

29.6.3　信号诱导的 RNA 延伸对炎症基因表达的调控

初级和二级 TNFα 诱导基因的"数字"模式与"模拟"模式（或许还有其他诱导基因反应）产生的原因可能在于它们基因位点转录起始和延伸之间的协调差异。在这两种类型的基因中，延长需要能够使 RNA 聚合酶Ⅱ发生加工的因子的活性。这些因子可以被安排到几个决定延伸效率的关键调控中心（图 29-11）。其中，第一个调控中心在基因启动子，在那里，RNA 聚合酶Ⅱ受到能使延伸显著减缓或停止的因子的控制（Zhou et al.，2012）。两个延伸负调控因子——DRB（5,6-二氯-1-β-D-呋喃核糖苯并咪唑）敏感性诱导因子（DSIF）和阴性延伸因子（NELF）在转录起始时与 RNA 聚合酶Ⅱ相互作用，导致聚合酶停滞（Adelman and Lis，2012）。启动子近端 RNA 聚合酶Ⅱ的数量决定了延伸可使用的聚合酶的多少。

RNA 聚合酶Ⅱ的释放延伸取决于基因结合-周期蛋白依赖的激酶暂停机制（如 P-TEFb 和相关因子）的活性和（或）数量，这使得 RNA Poll Ⅱ 具有可加工性（Peterlin and Price，2006；Zhou et al.，2012）。可用于 RNA 聚合酶Ⅱ释放和激活的 P-TEFb 的数量依赖于基因活性水平，它通过一种"需求与供给"方式有效调控（由启动子结合的 BRD4 衡量）。BRD4 是基因启动子上组蛋白 H4 乙酰化状态的"阅读器"（图 29-11）

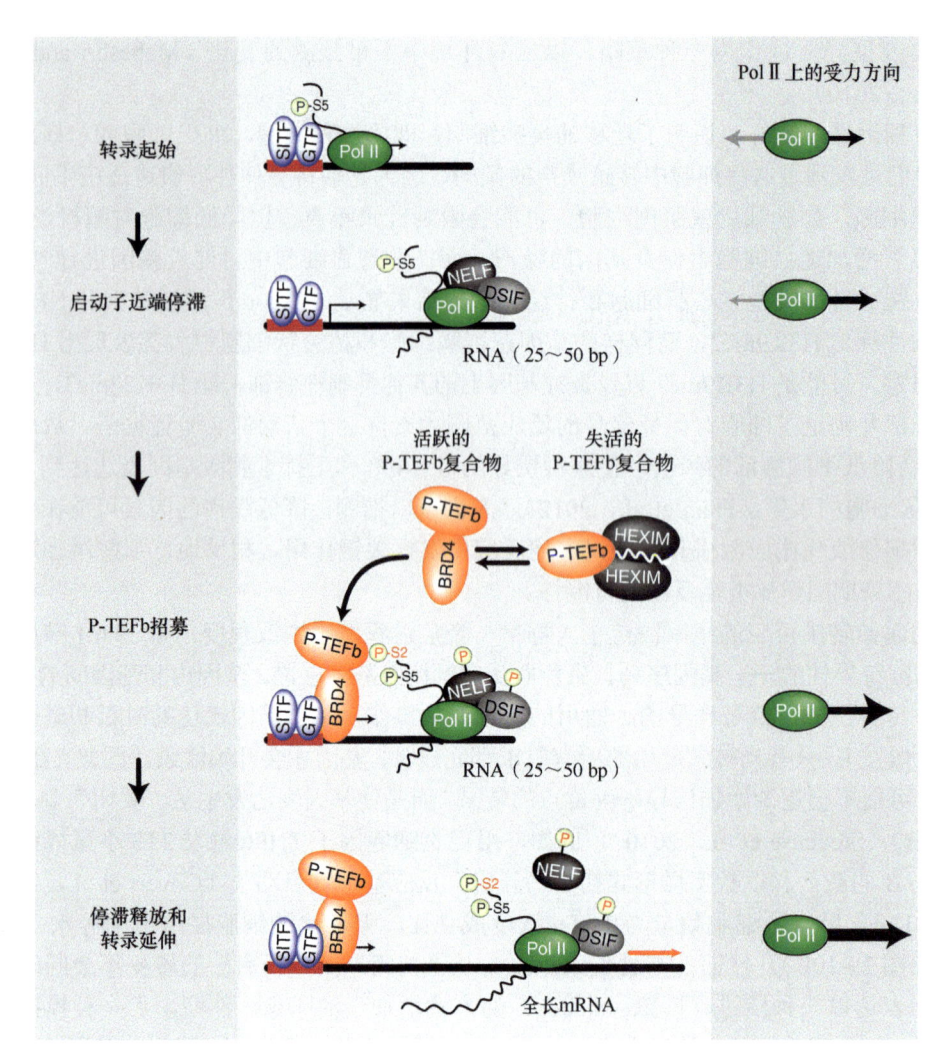

图 29-11 转录起始与延伸的偶联。图中展示了控制转录起始向转录延伸的关键生化事件。右边的箭头表示不同的 RNA 表达时期，由结合导致的 RNA 聚合酶Ⅱ天然的受力方向。SITF，信号诱导转录因子；GTF，通用转录因子；P-S5，Pol Ⅱ 羧基末端结构域（CTD）中第 5 位丝氨酸的磷酸化；NELF，负伸长因子；DSIF，DRB 敏感性诱导因子；P-TEFb，阳性转录延伸因子-b；BRD4，含溴代半乳糖蛋白 4；HEXIM，六亚甲基双乙酰亚胺诱导型 1；P-S2，Pol Ⅱ CTD 中第 2 位丝氨酸的磷酸化。

（Zeng and Zhou，2002；Peterlin and Price，2006；Mujtaba et al.，2007；Filippakopoulos et al.，2012）。事实上，BRD4 与染色质结合的数量是基因从起始到延伸过渡的关键决定因素。BRD4 在这一转变过程中发挥了双重作用，因为它不仅以一种分级的方式介导从抑制大分子复合物中释放 P-TEFb，而且通过与乙酰化组蛋白 H4 结合将其招募到染色质中。抑制复合物包括 7SK snRNP、HEXIM 蛋白和其他可以稳定该复合物的蛋白质（图 29-11）（Zhou et al.，2012）。P-TEFb 的 CDK9 激酶与 HEXIM1 或 HEXIM2 的抑制区域结合使其失活（Zhou et al.，2012）；然而，当 BRD4 的羧基端与 P-TEFb 结合时，该蛋白质就会从复合物中释放出来，随后激活 RNA 延伸（图 29-11）。综上所述，启动子处停滞的 RNA 聚合酶Ⅱ的数量以及负责释放停滞 RNA 聚合酶Ⅱ的 P-TEFb 的数量将决定 RNA 延伸的初始效率。在 RNA 合成的后期，其他延伸因子参与到复合物中，并以稳定的 3.8kb/min 的速率，支持高达 200 万个碱基对的延伸（Luo et al.，2012；Zhou et al.，2012）。

在巨噬细胞中，mRNA 延伸对于控制诱导炎症基因表达程序以响应 Toll 样受体信号是很重要的。在缺乏刺激的情况下，RNA 聚合酶Ⅱ在许多富含 CpG 岛的初级响应基因上产生低水平的全长但未剪接、不可翻译的转录本（Hargreaves et al.，2009）。基因诱导是通过 BRD4 信号依赖性地招募 P-TEFb 完成的，BRD4 可以识别诱导获得的组蛋白 H4 乙酰化的第 5、8、12 位上的赖氨酸（Hargreaves et al., 2009）。这导致 P-TEFb 在第 2 位丝氨酸上产生稳定的 RNA Pol Ⅱ 磷酸化（图 29-11），并产生高水平的、完全剪接的成熟 mRNA 转录本。

BRD4 和乙酰化组蛋白之间的相互作用由进化上保守的、长约 110 aa 的溴结构域介导，它们在 BRD4 表现为两个串联排列的模块。这种构型同样也存在于 BET 家族蛋白相关的 BRD2 和 BRD3 中（Zeng and Zhou, 2002；Mujtaba et al., 2007；Filippakopoulos et al., 2012）。通过高选择性合成阻断剂（即 IQ1 或 I-BET）将干扰溴结构域与乙酰化组蛋白的相互作用，破坏 BET 与染色质的联系，随后改变很多促炎基因的表达，如 IL-12 或 Ⅱ L-6（图 29-12）（Filippakopoulos et al., 2010；Nicodeme et al., 2010）。因此，在 siRNA 介导的 BRD4 或多重 BET 蛋白敲低过程中，初级和二级 LPS 诱导的基因表达降低，表明初级和二级 LPS 诱导的基因依赖于 BRD4 或其他 BET 蛋白（图 29-9）（Hargreaves et al., 2009；Medzhitov and Horng, 2009）。然而，I-BET 处理对二级响应基因有高度选择性的影响，而对 LPS 诱导的初级基因表达影响极小。这可能是因为 I-BET 主要影响尚未与染色质结合的 BET 蛋白，而对已经结合的 BET 蛋白的影响有限。初级基因位点上能与染色质结合的 BET 蛋白数量充足，足以进行转录延长。与此形成对比的是，随着信号诱导染色质重塑和转录起始，BET 蛋白被招募到次级反应基因。此时，相当一部分的 BET 蛋白很可能被 I-BET 捕获，从而限制了 RNA 合成时可使用的 BET 蛋白数量。

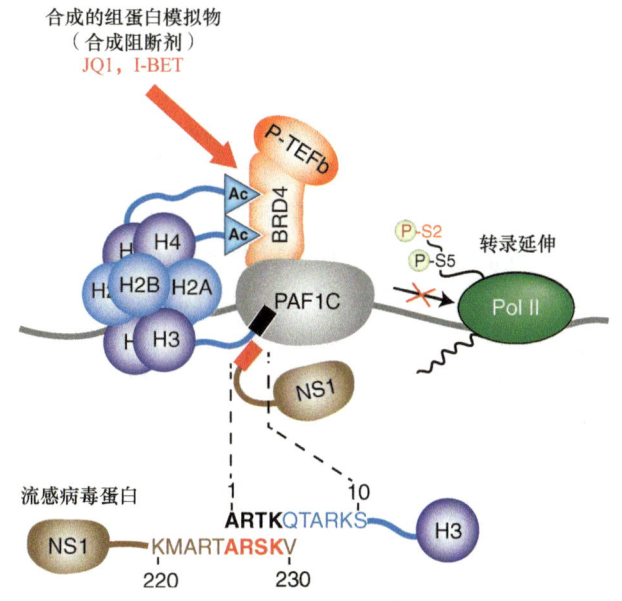

图 29-12 "组蛋白模拟物"控制的基因表达。 核小体通过组蛋白 H4 的乙酰化氨基末端招募 BRD4 以及与其互作的 P-TEFb 复合物，通过组蛋白 H3 的氨基末端 ARTK 基序招募 PAF1 复合物（PAF1C），从而控制信号诱导的转录延伸。小分子 JQ1 和 I-BET（红色箭头）作为合成的组蛋白模拟物，竞争性结合到 BRD4 溴域，以阻止 BRD4 被招募到启动子。流感病毒 NS1 蛋白的羧基端 ARSK 序列（红色矩形）同组蛋白 H3 的氨基端尾部竞争与 PAF1 复合物的结合，起到组蛋白拟态作用。

29.7 "组蛋白模拟物"及其对炎症反应调控的暗示

I-BET 干扰促炎基因表达的能力表明，使用能够模拟组蛋白与效应蛋白相互作用的合成或天然分子，干扰基因表达的可能性更大。哺乳动物细胞表达大量包含着与组蛋白氨基末端部分相似序列的蛋白质，即像 ARTK 或 ARK 这样的短氨基酸序列（图 29-12）（A Tarakhovsky，未发表数据）。某些情况下，类组蛋白序列（"组蛋白模拟物"）可以完全复现组蛋白 H3 中对应部分的蛋白结合能力。例如，甲基化转移酶 G9a 中的模拟基序与组蛋白 H3 具有相似性，这将导致自身结合和自身催化的甲基化（Sampath et al., 2007）。组蛋白模拟物也可以作为识别模块，避免非组蛋白的翻译后修饰与染色质功能直接关联（Lee et al., 2012）。

在所有情况下，携带组蛋白模拟物的蛋白质都可能会与组蛋白争夺组蛋白修饰酶及组蛋白结合蛋白。

组蛋白模拟物存在于许多细菌或病毒蛋白中（A Tarakhovsky，未发表数据）。人们通过流感病毒蛋白NS1 的羧基端组蛋白 H3 模拟区域（序列为 ARSK，而内源性 H3 的氨基端序列是 ARTK）的作用明白了病原体来源的组蛋白模拟物的意义（图 29-12）（Marazzi et al.，2012）。在人类中，大部分 NS1 作用很可能发生在细胞核中，那里 NS1 蛋白的数量可以达到接近核小体数量的水平（分别是 5×10^6 和 3×10^7）（Marazzi et al.，2012）。NS1 的组蛋白模拟物直接与 PAF1 蛋白结合（Marazzi et al.，2012），PAF1 是 PAF1C——多蛋白延伸复合物的关键亚基（图 29-12）（Kim et al., 2009；Jaehning, 2010；Smith and Shilatifard, 2010）。NS1 与 PAF1 的结合抑制了病毒诱导基因的延伸，从而导致宿主抗病毒反应的减弱（Marazzi et aL 2012）。NS1 作用于 PAF1C 介导的延伸模式，可能可以通过 NS1 与组蛋白 H3 竞争 PAF1 反映。竞争的结果是 PAF1在转录基因的基因座丰度下降（图 29-12）（Marazzi et al., 2012）。平行实验表明，siRNA 介导的 PAF1 表达敲低导致诱导的抗病毒基因表达选择性下调，证实了 PAF1 在抗病毒转录应答中的重要作用（Marazzi et al., 2012）。

组蛋白模拟物是一个相对新颖的发现。它不仅是一种重要的病原体适应机制，而且可能为靶向免疫反应的调节提供新的治疗途径。

29.8 总　　结

健康免疫的关键是：免疫细胞能产生出稳定而健康的、功能多样的分化免疫细胞；免疫细胞对环境变化有高度适应性。虽然免疫响应大多以免疫系统的形式进行，但是免疫依赖于个体细胞先天或后天的、适应不断变化环境的能力。免疫细胞的这个特性意味着存在一种特殊的机制，它在增强单个细胞多样性的同时保持了免疫系统的完整性。在这种情况下，表观遗传机制必须在不影响细胞分化的情况下使细胞具有适应能力。如果细胞没有适应能力或者反应过度，就将导致全身免疫系统失灵，进而发展为免疫紊乱。被认为控制环境影响记忆的表观遗传机制也可能导致疾病相关表型——即使在没有初始触发的情况下也是如此。在这个背景下，考虑从药理学上"抹除"病变的表观遗传背景，并恢复健康基因表达模式来治疗慢性炎症状态是很有吸引力的。

越来越多的证据表明，病原体可以通过干扰多种表观遗传过程来影响宿主免疫。病原体来源蛋白的组蛋白模拟物提供了感染对有机体的短期和长期影响的机械学理解。因此，识别与病原体来源的组蛋白模拟物结合的蛋白质可能将引导人们发现用于干预基因表达的治疗新靶点。在这种情况下，合理设计可以模拟组蛋白与各种效应蛋白结合的小分子，可能将导致以高度选择性影响基因表达，以及与单个基因表观遗传状态相关的药物的发展。

（李宇轩　王润语　译，郑丙莲　校）

第30章

染色质的代谢信号

雪莱·L. 伯杰（Shelley L. Berger[1]），保罗·萨松-科西（Paolo Sassone-Corsi[2]）

[1]Department of Cell & Developmental Biology, Department of Biology, and Department of Genetics, Epigenetics Program, University of Pennsylvania, Philadelphia, Pennsylvania 19104-6508; [2]Centerfor Epigenetics and Metabolism, Department of Biological Chemistry, University of California, Irvine, Irvine, California 92697
通讯地址：bergers@mail.med.upenn.edu; psc@uci.edu

摘 要

在代谢过程和基因调控之间有一个动态的相互作用，该相互作用通过重塑染色质发生。大多数染色质修饰酶使用的辅助因子是代谢过程的产物。本章探讨了烟酰胺腺嘌呤二核苷酸（NAD）、乙酰辅酶A（acetyl-CoA）、5-腺苷甲硫氨酸（SAM）、α-酮戊二酸和黄素腺嘌呤二核苷酸（FAD）的生物合成途径及其在染色质代谢调节中的作用。更详细地观察染色质与昼夜节律和衰老的代谢过程之间的相互作用，被描述为这一新兴跨学科领域的范例。

本章目录

30.1 代谢物
30.2 酶
30.3 中间代谢的改变调节表观遗传状态
30.4 生物钟表观基因组
30.5 老化和衰老的表观基因组以及与新陈代谢的联系
30.6 总结

概　　述

近年来出现的表观遗传学研究的一个突出领域与细胞代谢如何调节染色质重塑的各种事件有关。细胞感知环境的变化，并通过各种信号转导成分将其转化为表观基因组的特定调节，其中一些是具有组蛋白和DNA修饰酶活性的蛋白质。已知在DNA和组蛋白尾部有无数的残基，可以在给定的时间进行修饰。引发这些修饰酶的活性主要依赖于磷酸盐、乙酰基和甲基的可用性，这里仅举几例。这构成了细胞代谢和表观遗传控制之间一个有趣的联系，而这在以前大部分都没有得到重视。尽管细胞代谢物水平的特异性和变化程度可能会影响表观基因组，但我们不确定达到何种程度。然而，本章中讨论的一些了不起的研究揭示了对环境的一系列反应。

代谢和表观遗传控制之间密切联系的一个例子可以概括为 *FTO*（脂肪量和肥胖相关）基因的发现。该基因编码 *N6*-甲基腺苷（m6A）去甲基化酶，这是一种控制RNA甲基化水平的酶（Gerken et al., 2007）。与肥胖相关的 *FTO* 基因的单核苷酸多态性从根本上改变了其对食物摄入的反应，从而影响了肥胖的发展。表观遗传联系来自染色体捕获实验［第19章描述（Dekker and Misteli, 2014）］，表明 *FTO* 基因的某些变异特异性也与肥胖有关，并与一个位于距 *FTO* 数百万碱基的地方的同源盒基因 *IRX3* 发生物理循环和相互作用。因此，在一个基因中出现的代谢功能异常，如肥胖，直接影响远处基因的功能，而远处基因也明显参与控制体重（Smemo et al., 2014）。

染色质调节涉及使用修饰DNA或组蛋白反应的辅助因子的酶。这些酶要么附着小的化学单位（如翻译后修饰，PTM），要么改变核小体的位置或组成（如组蛋白变体）。据推测，这种控制部分取决于细胞代谢物作为酶的辅助因子的变化水平。例如，乙酰转移酶使用乙酰辅酶A（acetyl-CoA），甲基转移酶使用S-腺苷甲硫氨酸，激酶分别使用ATPase供体的乙酰基、甲基或磷基团；去乙酰化酶可以使用烟酰胺腺嘌呤二核苷酸（NAD），脱乙酰化酶可以使用黄素腺嘌呤二核苷酸（FAD）或酮戊二酸作为辅酶。此外，如第21章所述，另一个相关的例子与利用ATP移动、逐出或重组核小体的重塑复合体有关（Becker and Workman, 2013）。

在本章中，我们首先提出了几个代谢物的总结，已知它们具有改变其同源酶活性的能力，因此，对它们调节染色质状态的潜力进行了讨论。然后我们给出了一些酶的例子，这些酶可以直接对代谢的变化作出反应，如去乙酰化酶和二磷酸多腺苷（ADP）-核糖聚合酶（PARP）。最后，我们讨论了几个典型的、由于代谢途径的变化进而导致表观遗传调控变化的研究领域，例如：①改变营养可利用性，调节组蛋白和DNA的修饰；②昼夜生物节律；③细胞复制老化和衰老。

30.1　代　谢　物

尽管从概念上可以想象，多种代谢物与表观遗传控制的各个方面有关（Katada et al., 2012; Lu and Thompson, 2012），到目前为止还缺乏确凿的证据。假设代谢物的水平可能改变以响应各种生理刺激，从而影响了涉及染色质重塑的酶。此外，特定代谢物的亚细胞浓度可能直接影响酶活性的局部激活或抑制。因此，假设存在染色质相关代谢物的"小生境"，这可以合理地对其他无法区分的组蛋白和DNA进行位点特异性修饰（Katada et al., 2012）。本节讨论的代谢物可以在功能上与染色质重塑和DNA甲基化相关的酶活性相联系（图30-1）。

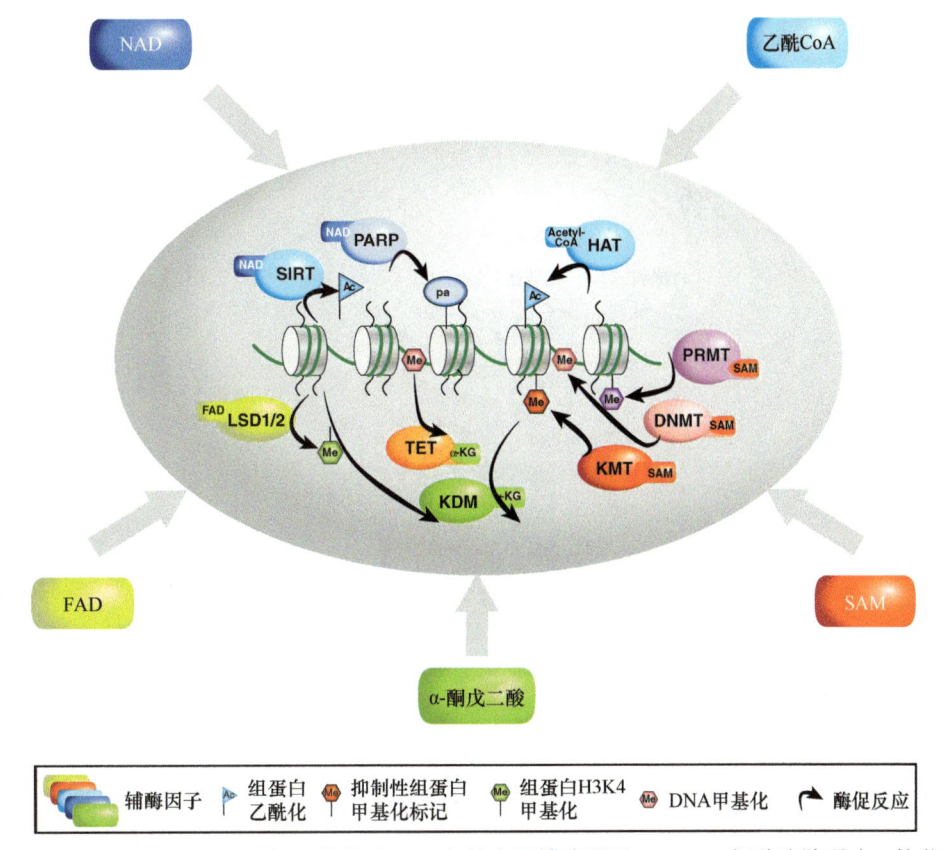

第 30 章 染色质的代谢信号 641

图 30-1 参与酶介导的 DNA 或组蛋白翻译后修饰（PTM）的主要辅酶因子。NAD，烟酰胺腺嘌呤二核苷酸；SAM，S-腺苷甲硫氨酸；FAD，黄素腺嘌呤二核苷酸；PARP，聚 ADP 核糖聚合酶；HAT，组蛋白乙酰转移酶；PRMT，蛋白精氨酸甲基转移酶；DNMT，DNA 甲基转移酶；KMT，赖氨酸（K）甲基转移酶；KDM，赖氨酸去甲基化酶；TET，10-11 易位蛋白；LSD，赖氨酸特异性去甲基化酶。

30.1.1 乙酰辅酶 A

组蛋白和非组蛋白的乙酰化具有重要的生物学意义（Guan and Xiong，2011）。乙酰 CoA 是乙酰化反应中提供乙酰基的代谢物，适当水平的乙酰 CoA 的可用性可以调节反应的有效性和特异性。乙酰 CoA 似乎存在于细胞中两个独立的池中：线粒体池和核/质池。线粒体池主要来源于丙酮酸脱氢酶和脂肪酸氧化的作用（图 30-2）。乙酰辅酶 A 的核/质池负责蛋白质乙酰化和脂肪酸合成，由后生动物中的两种酶产生：乙酰辅酶 A 合成酶 1（AceCS1）和 ATP-柠檬酸裂解酶（ACL）（Albaugh et al.，2011）。ACL 使用柠檬酸（在三羧酸循环中产生）作为生产乙酰辅酶 A 的底物，而 AceCS1 使用乙酸盐。在哺乳动物中，乙酸可以由肠道菌群、酒精代谢、长期禁食及 I 和 II 类组蛋白脱乙酰基酶（HDAC）产生。在酿酒酵母中，AceCS1 的同源物是组蛋白乙酰化的乙酰 CoA 的主要来源（Takahashi et al.，2006）。ACL 和 AceCS1 同时存在于哺乳动物细胞的细胞质和细胞核中，任一 ACL 和 AceCS1 的缺失都会导致整体组蛋白乙酰化的减少（Wellen et al.，2009；Ariyannur et al.，2010）。此外，在细胞中添加乙酸盐可以补偿失去 ACL 时组蛋白乙酰化的减少，提示 AceCS1 在乙酰辅酶 A 生物合成中发挥关键作用，可能是在细胞由葡萄糖驱动的代谢转变为乙酸酯驱动的代谢时。总之，这些研究表明，ACL 和 AceCS1 活性的改变以及细胞内乙酰辅酶 A 水平的改变都可以影响组蛋白乙酰化，进而影响染色质重塑。额外的工作表明 AceCS1 本身是乙酰化的（Hallows et al.，2006；Sahar et al.，2014），这是一个由去乙酰化酶 SIRT1 循环控制的事件（见 30.2.1 节）。

最后，一个有趣的转折将乙酰辅酶 A 与 DNA 甲基化联系起来：脂肪细胞中 DNA 甲基转移酶 1（DNMT1）水平似乎部分由 ACL 控制，ACL 反过来又控制着脂肪细胞的分化（Londoño Gentile et al.，2013）。

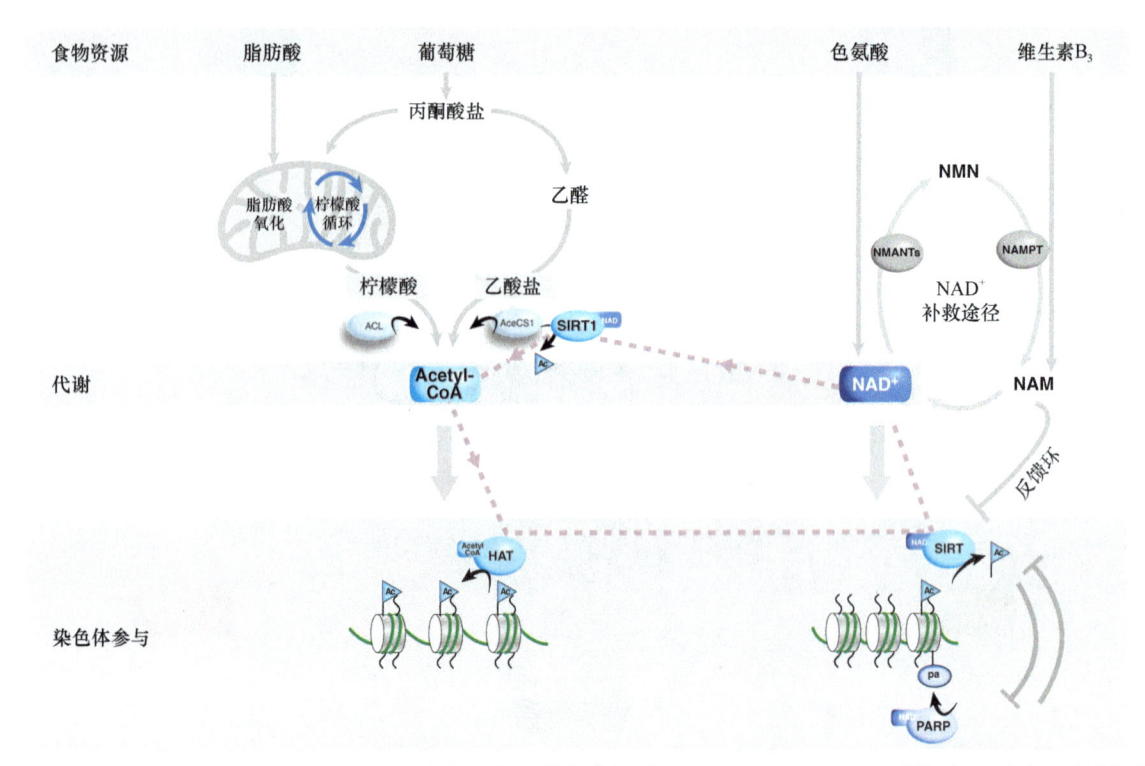

图 30-2 乙酰辅酶 A 和 NAD 辅助因子的生物合成途径及其在染色质相关过程中的作用。 乙酰辅酶 A 通过两种途径代谢丙酮酸，包括 ACL 或 AceCS1 的关键催化作用。乙酰辅酶 A 是 HAT 活性所必需的代谢物，HAT 通过组蛋白的乙酰化产生活跃的染色质构象。NAD 是通过 NAD 补救途径产生的。在其他蛋白质中，它是 PARP 和 SIRT 酶的重要辅助因子。如虚线所示，两条途径之间存在联系，利用 NAD 的酶 SIRT1 通过蛋白去乙酰化激活 AceCS1 酶，进而产生代谢物乙酰辅酶 A。

30.1.2 NAD

烟酰胺腺嘌呤二核苷酸（NAD）是参与大量细胞代谢途径的关键代谢物。它是由色氨酸或两种不同形式的维生素 B_3 合成的：烟酸和烟酰胺（NAM）（图 30-2）。色氨酸途径在所有生命形式的蛋白质营养素中提供了从头 NAD。在进化过程中，从维生素 B_3 合成 NAD 的过程发生了转变，例如，低等真核生物和无脊椎动物（包括酵母、线虫和果蝇）使用烟酸作为 NAD 的主要前体，而哺乳动物使用的是 NAM（Magni et al., 2004）。哺乳动物中 NAD 的合成受酶循环的控制，该酶循环通常称为 NAD 挽救途径。NAD 被 NAD 酶代谢为 NAM。随后，NAM 作为 NAD 依赖酶的有效抑制剂发挥作用，从而构成酶的反馈调节机制（Magni et al., 2004; Nikiforov et al., 2011）。NAM 通过一个单一的限速步骤酶转化为烟酰胺单核苷酸（NMN），即 NAM 转磷酸核糖基酶（NAMPT）（Garten et al., 2009）。NAMPT 的调控特别有趣，我们将在稍后的昼夜节律时钟章节中讨论（30.4.4 节）。最后，一组三单核苷转移酶将 NMN 转化为 NAD。NAD 水平的改变可能会从两个方面影响细胞酶的活性，要么是因为 NAD 被用作辅酶，从而决定酶活性的功效，要么是因为酶消耗 NAD 产生 NAM（Magni et al., 2004; Nikiforov et al., 2011）。

两组涉及表观遗传调控的酶使用 NAD 作为辅酶或是 NAD 消耗者（图 30-2）。第一种是第Ⅲ类 HDAC。这个由 7 种蛋白质组成的复合体，通常被称为长寿蛋白（sirtuins，读作"sir-two-ins"）（Finkel et al., 2009），由哺乳动物的酵母 Sir2（沉默信息调节因子 2）的同源物组成（30.2.1 节详细阐述）。第二组酶包括 PARP，它消耗大量的 NAD，通过附着长链 ADP-核糖修饰蛋白质（Schreiber et al., 2006; Gibson and Kraus, 2012）。这两组酶将在 30.2.2 节中详细讨论。

30.1.3 SAM

DNA 和组蛋白（以及非组蛋白）的甲基化都需要代谢物 S-腺苷甲硫氨酸（SAM）作为甲基的来源。SAM 是参与甲基转移的常见共底物，是通过甲硫氨酸腺苷转移酶（MAT）从 ATP 和甲硫氨酸获得的（图 30-3）（Grillo and Colombatto，2008）。SAM 中的甲基（CH$_3$）具有反应性，并通过反式甲基化作用捐赠给受体底物。此反应后，SAM 变成 S-腺苷高半胱氨酸（SAH），它是所有甲基转移酶的有效抑制剂。目前表征了多种甲基转移酶并参与表观遗传控制（图 30-1），包括 DNA 甲基转移酶（DNMT）、肽基精氨酸甲基转移酶（PRMT）和赖氨酸（K）甲基转移酶（KMT）[详见第 6 章（Cheng，2014）]。由于 ATP 是 SAM 的来源，细胞内 ATP 的浓度和亚定位会影响 SAM 在甲基化反应中的可用性。此外，MAT II 是负责 SAM 合成的 MAT 之一，在氧化应激反应中起转录辅抑制因子的作用。具体而言，MAT II 与组蛋白 H3 的第 9 位赖氨酸（H3K9）甲基转移酶 SETDB1 直接相互作用，从而促进 H3K9 三甲基化并抑制环氧合酶 2 基因（Kera et al., 2013），这是一种参与炎症反应的前列腺素合酶。

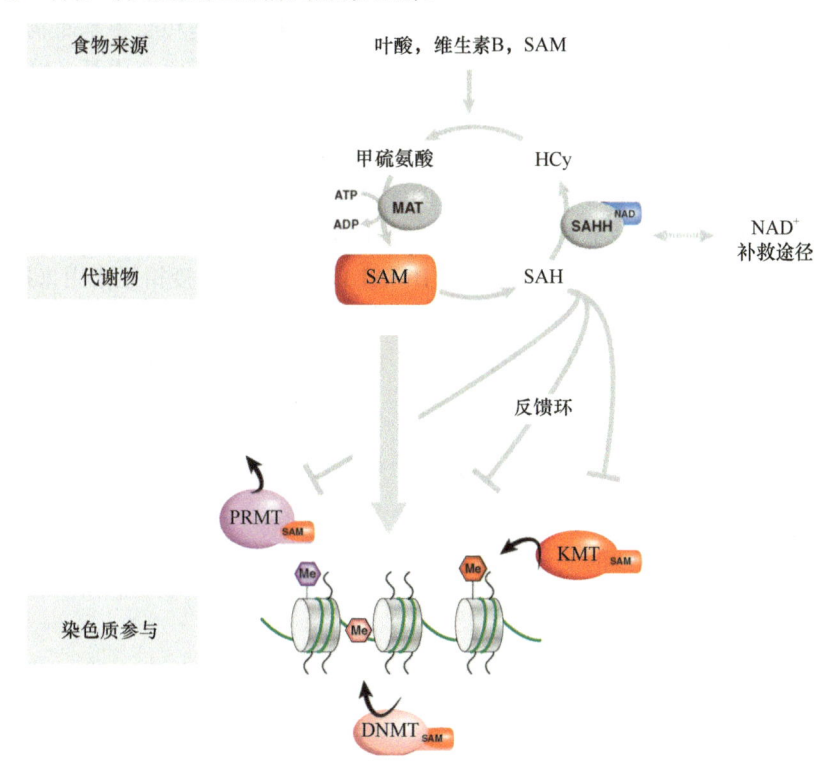

图 30-3 腺苷甲硫氨酸（SAM）的生物合成途径及其在染色质相关过程中的作用。SAM 是 PRMT、DNMT 和 KMT 色素修饰酶的重要辅助因子。由于 SAH 水解酶（SAHH）在其生物合成途径中使用 NAD，该途径在代谢上受到 NAD 补救途径的影响。SAM 代谢的主要产物是 SAH，SAH 对所有 SAM 依赖的色素修饰复合物都有抑制作用。SAH，S-腺苷同型半胱氨酸；HCy，同型半胱氨酸。

各种研究已经将营养方法与 DNA 甲基化模式联系起来，表明含有叶酸、维生素 B 和 SAM 的食物可以改善许多病理生理条件。一个具有启发性的例子是用于制造聚碳酸酯塑料的化学物质双酚 A（BPA），据报道，这种物质会危害人类健康。用双酚 A 喂养怀孕的黄刺豚鼠会产生皮肤更黄、更不健康的后代，这与黄刺豚鼠基因的甲基化不足有关。给怀孕的、双酚 A 处理过的母鼠喂食富含甲基的食物，可以逆转双酚 A 的负面影响，而且幼鼠身体健康，皮肤呈褐色（Dolinoy et al., 2007）。这一发现和其他证据表明，富含高甲基的营养物质（如叶酸、B 族维生素和 SAM-e）的饮食可以改变基因表达，特别是在表观基因组被认为是刚被建立的早期发育阶段。相反，营养挑战，如高脂肪饮食方案，已被证明通过昼夜节律系统的转录和表观遗传重编程，诱发 SAM 和 SAH 水平的新振荡（Eckel-Mahan et al., 2013），这将在 30.4 节中讨论。

30.1.4 FAD

核黄素（维生素 B$_2$）是黄素腺嘌呤二核苷酸（FAD）和黄素单核苷酸酶辅因子的重要组成部分。与其他 B 族维生素一样，核黄素是脂肪、酮体、碳水化合物和蛋白质代谢所必需的（Fischer and Bacher，2008）。核黄素存在于许多蔬菜和肉类中。在消化过程中，食物中的各种黄素蛋白被降解，而核黄素被再吸收。FAD 是一种氧化还原辅助因子，被几种酶用于控制代谢途径（Macheroux et al., 2011）。胺氧化是自然界中广泛存在的反应。黄素依赖型胺氧化酶是一种依赖于 FAD 辅酶的双电子还原并催化 C-N 键氧化裂解的酶，该过程产生亚胺中间体，然后非酶水解。还原后的 FAD 可被分子氧再氧化，生成过氧化氢，从而使酶可用于新的催化循环［见第 2 章图 2-1（Shi and Tsukada，2013）］。

不同类别的去甲基酶利用不同的代谢物（Hou and Yu，2010）。举例来说，JMJC 家族（如 Jumonji C）利用依赖于 Fe（Ⅱ）和 α-酮戊二酸的双加氧酶反应来对单甲基、二甲基和三甲基底物进行脱甲基作用［参见第 2 章图 2-1（Shi and Tsukada，2013）］。相比之下，去甲基化酶——赖氨酸特异性的去甲基化酶 1 和 2（LSD1 和 LSD2），使用 FAD 依赖性的胺氧化反应去甲基化单甲基和二甲基底物（图 30-1）。具体来说，LSD1 通过 FAD 依赖反应从组蛋白 H3 的第 4 位赖氨酸上去除一个或两个甲基（Metzger et al.，2010）。LSD1 在 H3K4me3 上体外失活，这与黄素催化的胺氧化反应一致，该反应需要赖氨酸氨基上的孤对电子。因此，根据代谢产物的不同，对 H3K4 甲基化作用施加不同水平的控制。

LSD1 酶活性依赖于蛋白激酶 Cα（PKCα）依赖的磷酸化。PKCα 对钙和脂质第二信使二酰甘油水平的增加有反应，可能将 LSD1 介导的去甲基化与这些信号通路连接起来（Metzger et al.，2010）。有趣的是，LSD1 的可变磷酸化似乎通过诱导 LSD1 与 CLOCK：BMAL1 复合物的直接相互作用来控制昼夜节律基因的表达（见 30.4.2 节；Nam et al.，2014）。最后，组蛋白甲基化和 DNA 甲基化之间的平衡可能相互依赖于彼此的修饰，LSD1 对维持整体 DNA 甲基化的要求就强调了这一点（Wang et al.，2009）。

30.2 酶

几种酶的活性可由代谢物可用性的变化或利用特定代谢物作为辅酶来控制。在这里，我们讨论的酶的作用在染色质调控的研究中已被更详细地探索。

30.2.1 SIRT1 和其他长寿蛋白

Ⅲ类 HDAC 由一组哺乳动物蛋白组成，最初通过与酵母基因 Sir2 的相似性鉴定。在哺乳动物中，长寿蛋白家族由 7 个成员组成，其中一些是线粒体表达（Sirt3、Sirt4 和 Sirt5），其他主要是细胞核表达（Sirt1、Sirt6 和 Sirt7），个别在多个细胞间室表达（Finkel et al.，2009）。Sir2 最初被鉴定为一种 NAD$^+$依赖性的去乙酰化酶，并与寿命控制相关（Imai et al.，2000；Schwer and Verdin，2008；Chalkiadaki and Guarente，2012），尽管 Sir2 对其他生物寿命的贡献存在争议（Burnett et al.，2011）。

Sir2 的主要哺乳动物同源基因 SIRT1 作为一个关键成分，将组蛋白和非组蛋白去乙酰化与细胞代谢联系起来。SIRT1 作为Ⅲ类 HDAC，与Ⅰ类和Ⅱ类去乙酰化酶的不同之处在于，它需要 NAD$^+$作为其酶活性的辅助因子，类似于酵母 Sir2。SIRT1 在赖氨酸去乙酰化过程中分解 NAD$^+$，产生 O-乙酰-ADP-核糖。在禁食期间，NAD$^+$水平较高，SIRT1 活性升高。然而，当能量过剩时，NAD$^+$被耗尽，因为通过糖酵解循环的大量流通，促进了 NAD$^+$向 NADH 的转化。一般认为，SIRT1 水平不会因不同的生理状态而发生变化（Nakahata et al.，2008），尽管其在某些特定生理环境中的可变表达不能排除这种可能性。但是，显然有证据表明，酶活性在很大程度上受辅酶 NAD$^+$的可用性调节（Finkel et al.，2009）。

SIRT1 HDAC 活性主要指向 H3 尾部的 K9ac 和 K14ac（Chalkiadaki and Guarente，2012）。然而，越来越多的证据表明，SIRT1 对于非组蛋白核蛋白的去乙酰化酶可能比组蛋白更有效。实际上，在禁食状态下，SIRT1 影响许多靶蛋白的活性，包括直接或间接参与代谢稳态的许多蛋白质，如 PGC-1α、FOXO、IRS1/2、LXR、HNF-4α、FXR、RAR、TORC2、BMAL1、eNOS、LKB1、AMPK 和 SREBP1（综述见 Houtkooper et al.，2012）。在大多数情况下，酶促脱乙酰基反应与靶蛋白活性的提高有关。例如，SIRT1 介导的 PGC-1α 脱乙酰基激活了促进肝糖异生基因转录和抑制糖酵解基因转录的蛋白质（Nemoto et al.，2005；Rodgers et al.，2005）。

SIRT1 还可能通过调节 AceCS1 的活性进而乙酰化 CoA 的合成，从而间接地促进组蛋白和非组蛋白的乙酰化（图 30-2）。事实上，AceCS1 在 Lys-661 上的乙酰化形式是无活性的，而 SIRT1 介导的去乙酰化激活了该酶。有趣的是，SIRT1 是唯一能够去乙酰化 AceCS1 的长寿蛋白（Hallows et al.，2006），并且这种乙酰化是周期性的，受生物钟控制（见 30.4.3 节中的更多内容），从而导致乙酰辅酶 A 的振荡水平。因为乙酰辅酶 A 是脂肪酸合成和延长的碳源，所以令人感兴趣的是生物钟和 AceCS 1 有助于将长脂肪酸延长为非常长的脂肪酸（Sahar et al.，2014）。因此，NAD$^+$、SIRT1 的辅酶和乙酰辅酶 A 合成之间存在直接联系，以控制组蛋白和非组蛋白的乙酰化（图 30-2 的虚线）。总之，SIRT1 的基因组功能似乎是由多种聚合分子功能的组合产生的。肝脏特异性敲除 Sirt1 的小鼠的第一个高通量转录组学分析表明，SIRT1 和 SIRT6 有助于昼夜节律转录的基因组分配（Masri et al.，2014）。

另一个可能参与表观遗传调控的长寿蛋白是 SIRT3。这种酶似乎是主要的线粒体去乙酰化酶，它的靶标是局部乙酰辅酶 A 合成酶、卵磷脂-胆固醇乙酰转移酶和 3-羟基-3-甲基戊二酰-CoA 合成酶 2，它控制酮体生产水平（Shimazu et al.，2010）。SIRT3 也可能是昼夜代谢和衰老之间的关键环节（Peek et al.，2013）。这是由以下发现所暗示的：使用昼夜节律性乙酰基团的无偏分析表明，大多数钟控乙酰化与线粒体蛋白有关（Masri et al.，2013）。在肝脏中，SIRT3 似乎在乙酰化、氧化酶活性和呼吸中产生节律。在造血干细胞中，SIRT3 调节线粒体抗氧化应激，这是在氧化应激或衰老过程中维持线粒体稳态所必需的（Peek et al.，2013）。此外，人们已经观察到，在临界氧化应激条件下，细胞通过重置昼夜节律、BMAL1、热激因子 1 和酪蛋白激酶 II 激活抗氧化剂途径来做出反应（Tamaru et al.，2013）。有趣的是，SIRT1 还通过调节核线粒体的通讯来参与线粒体的抗衰老功能。似乎衰老过程中 NAD$^+$ 水平的降低会影响 SIRT1 的活性，从而影响对核编码线粒体基因的控制（在 30.5.3 节中进一步讨论）。因此，降低 NAD$^+$ 的水平可能会降低长寿蛋白的活性，从而不利于线粒体的体内稳态的维持。

另外两个长寿蛋白 SIRT6 和 SIRT7 是细胞核定位的，可以想象它们直接参与染色质重塑。然而，关于它们的去乙酰化酶活性，以及它们是否与 SIRT1 具有同样的亲和力和功效消耗 NAD$^+$，我们知之甚少。有人提出，这三个核长寿蛋白可能会竞争特定的 NAD$^+$ 的核池，从而影响彼此的酶活性。有趣的是，游离脂肪酸是 SIRT6 HDAC 活性的内源性激活剂，而不是 SIRT1 活性的激活剂（Feldman et al.，2013）。因此，内源性脂肪酸可能在激活或致敏 SIRT6 方面发挥作用，考虑到细胞核内游离脂肪酸的浓度和定位可能是动态响应代谢及营养变化，这一概念特别吸引人。

SIRT6 在染色质的结构性定位方面是独一无二的（Mostoslavsky et al.，2006）。它的全基因组占位在活性基因组位点的转录起始位点（TSS）显著富集，与丝氨酸-5-磷酸化 RNA 聚合酶 II 结合位点相吻合（Ram et al.，2011）。SIRT6 与染色质的结合也被报道为动态响应刺激，如肿瘤坏死因子 α，随后导致衰老和应激相关基因的转录景观的改变（Kawahara et al.，2011）。具体而言，SIRT6 以依赖核小体的方式（Gil et al.，2013）使 H3K9（Michishita et al.，2008；Kawahara et al.，2009）和 H3K56（Michishita et al.，2009；Yang et al.，2009；Toiber et al.，2013）去乙酰化，调节基因表达并影响端粒的维持和基因组稳定性。此外，SIRT6 与转录因子（如 NF-κB 和 HIF1α）相互作用（Kawahara et al.，2009；Zhong et al.，2010），并有助于它们靶向基因启动子。肝脏高通量转录组学和代谢组学的全面分析显示，SIRT6 有助于昼夜节律转录的基因组分区，从而导致细胞代谢的分离控制（Masri et al.，2014）。

在生理上，SIRT6 参与了代谢调控。已知 Sirt6$^{-/-}$ 小鼠由于严重的加速衰老表型和低血糖导致其在 2～4

周龄时死亡。致死性是糖酵解、葡萄糖摄取和线粒体呼吸速率改变的结果（Mostoslavsky et al.，2006；Xiao et al.，2010；Zhong et al.，2010）。SIRT6 还以 GRN5 依赖的方式控制 PGC-1α 的乙酰化状态，调节血糖水平（Dominy et al.，2010）。肝脏特异性 *Sirt6−/−* 小鼠由于脂肪酸 β 氧化和甘油三酯合成相关基因表达的改变而导致脂肪肝（Kim et al.，2010）。H3K9 的 SIRT6 靶向去乙酰化是一个与下调细胞衰老和凋亡通路相关的事件，详细描述见 30.5.1 节。

SIRT7 最初被描述为在核仁水平高度集中，参与核糖体 DNA 转录并与 UBF 转录因子相互作用（Grob et al.，2009）。这一明显有限的功能受到了另一项研究的挑战，该研究发现 SIRT7 以依赖于 NADH 的方式控制 H3K18 乙酰化，进而导致致癌转化相关基因的调控（Barber et al.，2012）。另外的发现也证实了 SIRT7 的核外作用。功能蛋白质组学揭示 SIRT7 与染色质重塑复合物和 RNA 聚合酶Ⅰ复合物的组分相互作用（Tsai et al.，2012）。的确，在肝脏中，SIRT7 在染色质上发挥抑制内质网压力的作用，从而保护肝脏免受脂肪肝疾病的伤害。与此一致的是，SIRT7 缺陷小鼠会发生慢性肝骨化病，部分原因是 SIRT7 作为 MYC 介导的转录抑制辅因子（Shin et al.，2013）。

30.2.2　PARP

ADP-核糖基多聚化是一种蛋白质的 PTM，是由 PARP 催化的。ADP-核糖基聚合酶-1（PARP-1）是 PARP 家族的创始成员，现已得到很好的研究。PARP 家族至少由 18 个成员组成，大部分是细胞核成员，它们与各种基因组功能有关，包括 DNA 修复和细胞程序性死亡（Schreiber et al.，2006；Gibson and Kraus，2012）。PARP 水解 NAD$^+$ 并将 ADP-核糖部分转移到受体蛋白上。许多细胞蛋白，包括组蛋白，是 ADP-核糖的受体，可被单或多聚 ADP-核糖基化。在 PARP 酶促反应过程中大量消耗 NAD$^+$，使得其他依赖 NAD$^+$ 的酶促反应极大地被限制。例如，PARP-1 活性耗尽 NAD$^+$ 池，降低 SIRT1 活性，最终导致细胞死亡（Kolthur-Seetharam et al.，2006；Bai et al.，2011）。由于其在 DNA 修复中的作用，PARP 抑制剂已成为对抗 DNA 损伤反应缺陷型肿瘤（如 BRCA 1/2 突变型癌症）的有吸引力的药物，如第 35 章所述（Audia and Campbell，2014）。因此，PARP 酶可能通过调节长寿蛋白在染色质重塑中起间接作用。

与之相反，PARP 可能通过其他机制直接参与表观遗传调控。例如，PARP-1 可能被束缚在由绝缘子蛋白 CTCE 结合的 CpG 区域，所述绝缘子蛋白 CTCE 活化 PARP 自身的 ADP-核糖基化。由此产生的 ADP-核糖聚合物随后与 DNMT1 以非共价方式相互作用，抑制其甲基化活性，确保 CTCF 结合启动子的无甲基状态（Reale et al.，2005；Guastafierro et al.，2008；Zampieri et al.，2012）。这一机制可能确保一个位点、启动子区域（如 Dnmt1 管家基因）（Yu et al.，2004）或印记控制区（如 Igf2 基因簇）（Zampieri et al.，2009）不发生 DNA 甲基化。

也有证据表明，PARP-1 介导几个核心组蛋白的 ADP-核糖基化（位于 H2A 的 K13 位、H2B 的 K30 位、H3 的 K27 和 K37 位、H4 的 K16 位）。有人提出（Beneke，2012），PARP-1 介导的核糖基化与其他组蛋白修饰（如组蛋白乙酰化）相互抑制。特别是，乙酰化的 H4K16 似乎抑制了 PARP-1 介导的 ADP 核糖基化（Messner et al.，2010）。有趣的是，PARP-1 也被发现是染色质的一个结构成分，并调节各种其他调节器的酶活性，如组蛋白去甲基化酶 KDM5B（Krishnakumar and Kraus，2010）。复杂的 ADP-核糖基多聚化和多种酶能够引发这一反应，阻碍了对 PARP 可能通过哪些途径指导特异性和功能相关的染色质重塑事件的充分理解。

30.3　中间代谢的改变调节表观遗传状态

染色质在调节细胞生理和维持体内平衡中所起作用的关键概念是核活性需要与整体细胞代谢状态协调并作出反应。但是，涉及染色质与 DNA 相互交流的核内过程在位置和调控上与基于细胞质的中间代谢酶是分开的。一个逐渐被认可的观点是，代谢的改变可能直接影响核中的乙酰 CoA、SAM、NAD 和 FAD 水平，进而可能改变 DNA 和组蛋白的修饰，从而改变转录（Katada et al., 2012）。如下所述，有大量证据表明，代谢状态会改变组蛋白乙酰化，特别是在正常生长周期和疾病（如癌症）中代谢状态的改变。然而，尽管在疾病中组蛋白和 DNA 甲基化可以通过占据代谢途径的酶的突变而改变，但正常的生长周期是否确实改变了甲基化和去甲基化酶的活性仍然是一个问题。

30.3.1 代谢状态调控组蛋白乙酰化状态

最初的观察结果表明在酵母中有酿酒酵母对组蛋白的乙酰化反应。乙酰辅酶 A 产生的主要途径是通过乙酰辅酶 A 合成酶 Acs1 和 Acs2（或哺乳动物中的 AceCS1），它们是水解 ATP 催化乙酸和 CoA 乙酰辅酶 A 连接的酶（图 30-2）。虽然该酶长期以来被认为只在细胞质存在，但它也定位于细胞核（Takahashi et al., 2006）。此外，Acs2 的整体损伤降低了乙酰化组蛋白 H3 和 H4 尾的水平，并在特定途径上显示了显著且广泛的基因表达下降（Takahashi et al., 2006）。这些发现提供了产生乙酰辅酶 A 的酶与核染色质调节和基因表达之间的直接联系。

同样，在酿酒酵母中，观察发现营养环境/代谢状态会导致整体组蛋白乙酰化的改变，即在静止期延长静止时间会导致组蛋白乙酰化的减少（Sandmeier et al., 2002; Ramaswamy et al., 2003）。当用于刺激生长的葡萄糖水平升高（酵母首选的碳源）伴随着组蛋白乙酰化的直接代谢诱导时，这一直接联系被证明。在组蛋白乙酰转移酶（HAT）、Gcn5 和 Esa2 及其蛋白复合物 SAGA 和 picNuA4 的催化下，这种乙酰化作用广泛发生在整个基因组上，并以非靶向方式发挥作用（Friis et al., 2009）。

对酵母固有代谢循环的相关分析为组蛋白乙酰化通量提供了更多的了解。当细胞在高细胞密度下饥饿，然后不断地用低浓度葡萄糖补充时，酵母就会发生代谢循环。一个同步的循环在种群中建立了，该循环包括一段伴随氧化的生长时期，接着是一段发生还原性合成过程的生长停滞时期。在这些条件下，转录以波浪式的方式发生，在每个时间段内，生长相关基因上调，然后是应激相关基因的诱导（Tu et al., 2005）。有趣的是，在代谢周期的生长阶段，一种关键的代谢物是乙酰辅酶 A。这一短暂的乙酰辅酶 A 脉冲导致 SAGA-Gcn5 复合物活性的增加，以及其在组蛋白 H3 底物位点的短暂乙酰化的整体增加，并且针对生长相关基因的短暂靶向性增加（Cai et al., 2011）。

这些代谢信号直接改变组蛋白乙酰化的观察已扩展到哺乳动物细胞。葡萄糖是哺乳动物细胞的主要碳源，ACL 可以利用葡萄糖产生乙酰辅酶 A（图 30-2）。在培养的几种哺乳动物细胞中，少量 ACL 酶定位于细胞核，少量干扰 RNA 诱导的 ACL 沉默导致整体组蛋白乙酰化的减少。事实上，在脂肪细胞分化中，ACL 对于诱导特定基因的组蛋白乙酰化和激活转录是至关重要的（Wellen et al., 2009）。

HAT 对乙酰辅酶 A 浓度的改变作出反应的机制可能是什么？一种可能的机制是，酶对乙酰辅酶 A 的结合亲和力在体内乙酰辅酶 A 浓度的范围内波动。因此，测定的乙酰辅酶 A 浓度在酵母生长周期振荡（3～30 mmol/L）（Cai et al., 2011），与体外测得的 Gcn5 的 K_d 和 K_m（约 8.5nmol/L 和约 2.5mmol/L）相吻合（Berndsen and Denu, 2008）。进一步的推测是，产生乙酰辅酶 A 的酶的核定位可能在生长期诱导，并可能直接提供乙酰辅酶 A 给乙酰化酶。

未来重要的问题包括确定这些增加活性或驱动产生乙酰辅酶 A 的酶定位于细胞核以直接影响染色质修饰机制的作用范围。该途径仅用于对营养的反应，还是可以用于对细胞分化的反应（Kaochar and Tu, 2012）？在这方面，一项新的研究表明，染色质重塑的转变，特别是在 H3K9/K14 乙酰化中，以高脂饮食的形式对小鼠进行营养挑战会导致昼夜节律基因表达的重编程。值得注意的是，在代谢水平上，很明显，组蛋白修饰的改变与 NAD$^+$ 和乙酰辅酶 A 水平的变化是平行的（Eckel-Mahan et al., 2013）。

30.3.2 代谢与组蛋白甲基化的联系

乙酰辅酶 A 水平、组蛋白乙酰化和转录的深刻变化引发了这样一个问题，即与甲基化相关的代谢产物

(如 SAM)的水平是否也随着营养状态不同而在细胞核中发生了类似的变化,从而改变了 DNA 和组蛋白甲基化(Teperino et al.,2010)。如上文针对组蛋白乙酰化所述,通过组蛋白甲基化的上调对代谢变化的大量反应尚未见报道。但是,下面列举了一些有趣的例子,这些例子是由于代谢调控受到更严格的限制而导致的组蛋白甲基化改变。

高能甲基供体 SAM 是由 MAT 酶在 ATP 消耗反应中由甲硫氨酸产生的。有趣的是,在培养的哺乳动物免疫 T 细胞中,MAT 已被证明与被抑制的基因直接相关,导致 SAM 的染色质定位合成,以及组蛋白甲基化和基因下调的微调(Katoh et al.,2011)。

小鼠干细胞代表响应代谢适应而改变的组蛋白甲基化的有趣例子。通常,组蛋白甲基化似乎在干细胞的转录调控和自我更新中起关键作用(Ang et al.,2011;Liang and Zhang,2013)。小鼠胚胎干细胞(mESC)具有特殊的苏氨酸分解代谢模式,影响 SAM 代谢和 H3K4me3,是维持多能性的关键(Shyh-Chang et al.,2013)。因此,在缺乏苏氨酸的培养基中培养增殖的 mESC 会导致 SAM 和 H3K4me3 水平的降低,而不会导致其他残基的甲基化,从而减缓生长和增加分化。然而,苏氨酸依赖性在 mESC 中特定存在。因此,尚不清楚组蛋白甲基化是否同样受到其他干细胞群体(如人类 ESC 或成年人干细胞)中代谢活动的影响。此外,目前尚不清楚组蛋白甲基化是否类似于组蛋白乙酰化,是一种广泛存在的感应能量状态的修饰,进而使得转录活性与有机体的整体代谢状态相协调。

30.3.3 代谢通路中的致癌突变改变表观遗传甲基化状态

虽然还不清楚组蛋白甲基化是否对生长和营养水平范围的正常波动作出反应,但由于关键代谢途径的突变,甲基转移酶的活性可以显著改变。目前存在的白血病和其他恶性肿瘤是由异柠檬酸脱氢酶 IDH1 和 IDH2 的致癌功能获得突变引起的(Figueroa et al.,2010;Lu et al.,2012;Turcan et al.,2012)。在某些异柠檬酸脱氢酶(IDH)突变酶中,α-酮戊二酸可产生大量 2-羟基戊二酸,α-酮戊二酸是 DNA10-11 易位(TET)酶的辅助因子[将 5meC 转化为进一步的氧化形式,见第 15 章(Li and Zhang,2014)]和组蛋白赖氨酸脱甲基酶(KDM);高水平的 2-羟基戊二酸抑制粉防己碱和 KDM 酶。因此,IDH 1/2 突变导致 DNA 甲基化和组蛋白赖氨酸甲基化水平升高,并改变转录(图 30-4)。一个解释这一生理现象的模型是,促进生长的基

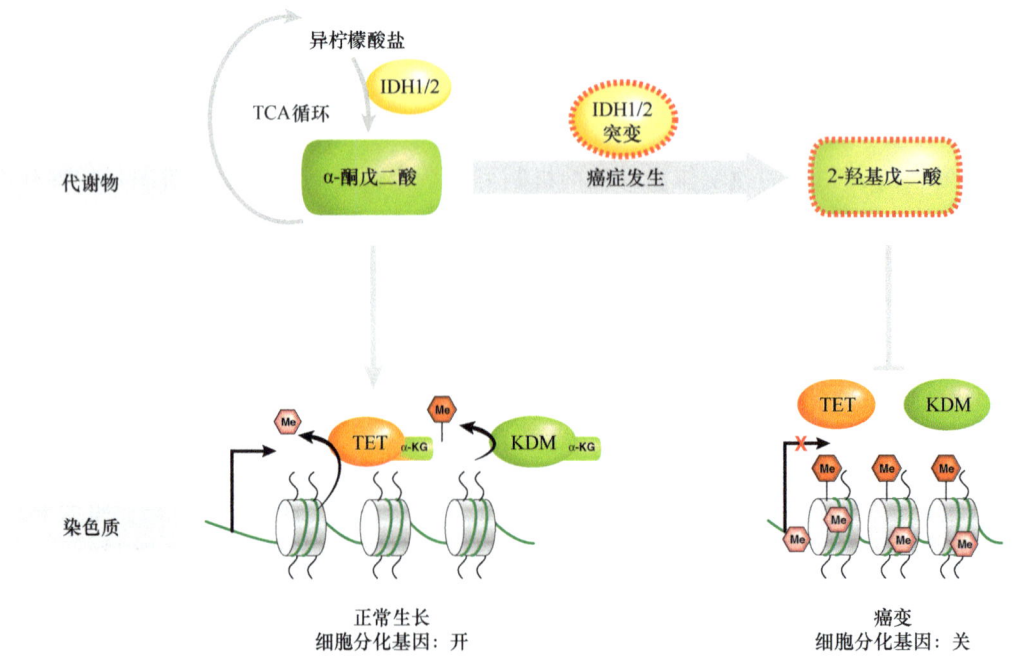

图 30-4 酮戊二酸辅酶的代谢调节 TET 和 KDM 酶在正常细胞和癌细胞中的活性。 酮戊二酸代谢物是由 IDH 蛋白的酶活作用产生的。一些癌症驱动的 IDH 显性抑制突变体导致异常代谢物 2-羟基戊二酸的积累,它阻断了 TET 和 KDM 的活性。

因降低了抑制甲基化的水平，导致转录增加，从而导致致癌状态。基于这些观察结果，可能还有其他癌症是由表观遗传调控的代谢酶的突变或活性的改变引起的。

30.4 生物钟表观基因组

在某些主要的生理学领域，对环境信号的敏感反应可以通过代谢物和其他实体的水平来衡量。昼夜节律是生理学的一个领域，在这个领域内，有机体通过建立内部周期来对包括营养在内的外部周期作出反应。昼夜节律反应主要涉及转录调节和表观遗传机制，在本部分详细讨论。生物体对环境的第二个主要反应是在衰老和衰老的相关领域，在30.5节中讨论。

30.4.1 生物钟

各种各样的生理功能，包括睡眠-觉醒周期、体温、激素分泌、运动活动和进食行为，都依赖于昼夜节律时钟——一种高度保守的系统，使生物体能够适应日常变化，如昼夜周期和食物供应（Reppert and Weaver，2002；Sahar and Sassone-Corsi，2012）。基于几十年来积累的证据，昼夜节律可能是利用系统生物学进行有效研究的最突出的生理学领域。

在哺乳动物的大脑中，支配昼夜节律的解剖结构是一个小区域，它位于下丘脑前部，由大约15 000个神经元组成，称为视交叉上核（SCN）。这个位于SCN中的"中央起搏器"接收来自环境的信号，进而协调几乎分布在所有组织中的外围时钟的振荡活动（Schibler and Sassone-Corsi，2002）。这种高度协调的网络基于一系列信号通路，这些信号通路导致大量涉及基因组转录的程序的激活。转录组研究表明，约10%的转录本振荡属于生物钟控制基因（CCG）的范畴。这个比例实际上要高得多，因为不同的组织表达不同的CCG（Panda et al.，2002；Masri and Sassone-Corsi，2010）。一项覆盖14个小鼠组织的研究发现，在大约25 000个已知的蛋白质编码基因中，大约有10 000个在至少一个组织中显示了昼夜节律振荡。然而，随着比较分析中所包括的组织数量的增加，在多个组织中显示昼夜节律振荡的共同基因的数量急剧减少。也就是说，在14个组织的至少8个组织中，只有41个基因显示了昼夜节律振荡（Yan et al.，2008）。

基因以昼夜节律的方式被调节的能力，似乎在某种程度上取决于给定组织的代谢状态。例如，高脂饮食形式的营养挑战会重编程肝脏中的昼夜节律转录组，因此正常情况下非循环转录和表观遗传调控程序会被循环激活（Eckel-Mahan et al.，2013）。因此，在适当的代谢环境下，部分比预期更大的基因本质上能够以昼夜节律的方式被调节。

昼夜节律表达程序是由连锁转录-翻译反馈回路控制的，这是一个在物种间概念上保守的系统（Reppert and Weaver，2002）。生物钟分子网络的核心是核心转录因子CLOCK和BMAL1。这两种蛋白质通过与启动子内的E-box位点结合，异源二聚并直接转录激活CCG（图30-5A）。在这些CCG中，时钟和BMAL1也直接转录自己的抑制子period（PER）和隐花色素（CRY）家族成员，形成了一个严格的自我调节系统。在白天，PER和CRY的转录水平较高，导致昼夜节律抑制因子的蛋白翻译，并与CLOCK和BMAL1形成抑制复合物，从而破坏CCG的转录（图30-5B）。在夜间，PER和CRY的降低减轻了转录抑制，并允许CLOCK：BMAL1介导的转录再次进行，在昼夜节律基因表达中建立了振荡节律（图30-5C）。通过孤儿核受体RORα和REV-ERBα，还存在一种额外的昼夜节律调节，分别激活和抑制 Bmal1 基因的转录（图30-5D）（Reppert and Weaver，2002；Sahar and Sassone-Corsi，2012）。

为了确保重要基因在下一个周期按照预期时间点表达，这个循环的转录程序需要在CCG位点进行类似的循环转录，并对其染色质结构进行可塑性的重塑。染色质重塑确实与昼夜节律基因表达有关的第一个证据来自SCN神经元的体内研究；昼夜节律基因的转录通过GABA-B途径与受光诱导的H3S10位点的磷酸化相关（Crosio et al.，2000）。随后，发现其他组蛋白修饰在CCG启动子上呈现振荡的特征（Etchegaray

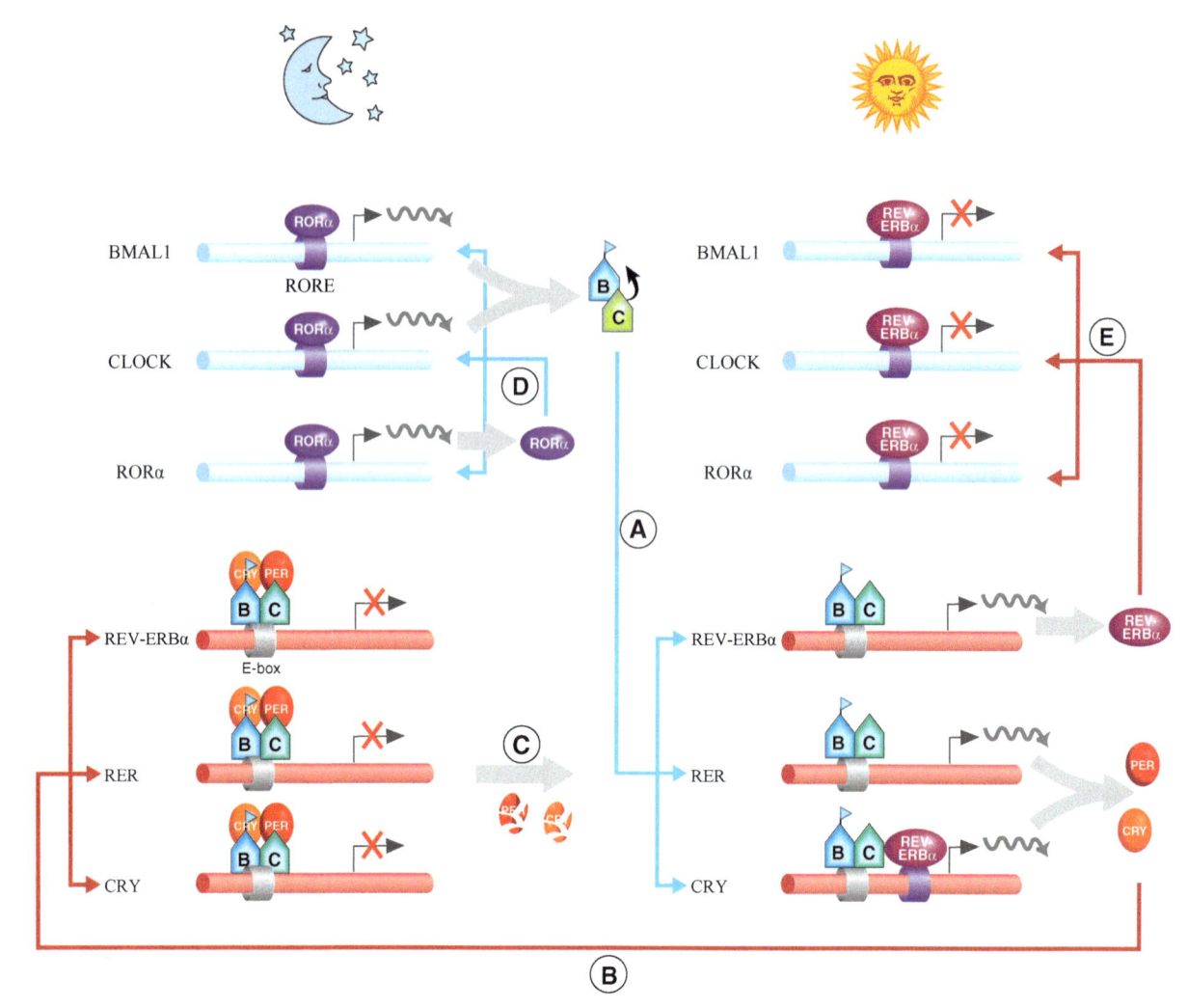

图30-5 关于分子昼夜节律生物钟机器中关键调节子活性的时序性调控的简易模型。(A) CLOCK：BMAL1 异源二聚体的最大积累是在夜间转录和翻译后的黎明时分实现的。CIOCK：BMAL1 与时钟控制基因（CCG）的 E-box 元件结合导致基因的染色质重塑和激活。(B) 白天通过乙酰化 BMAL1 K537 残基表达的抑制因子 PER 和 CRY 导致夜晚 CCG 转录抑制。(C) 夜间对 PER/CRY 抑制的减弱逐渐导致到天亮时对 CCG 的抑制解除。(D) 夜间，RORα 与 RORE（维甲酸相关孤儿受体反应元件）结合的优势有助于 BMAL1、CLOCK 和 RORα 的转录。(E) REV-ERBa 的优势，由于该基因的白天转录，对 BMAL1、CIOCK 和 RORα 具有抑制作用。

et al., 2003；Doi et al., 2006；Ripperger and Schibler, 2006；Masri and Sassone-Corsi, 2010），而全基因组图谱显示了昼夜节律转录与循环组蛋白修饰的协调动力学（Koike et al., 2012；Le Martelot et al., 2012）。染色体构象捕获 4C 技术［在第 19 章（Dekker and Misteli, 2014）中进行了描述］进一步揭示，生物钟基因在核相互作用组中是物理连接的。值得注意的是，给定的相互作用组的形成和分解对应于构成相互作用组的基因的循环转录的波峰和波谷（Aguilar-Arnal et al., 2013）。

30.4.2 CLOCK 是一个 HAT 及其他调节因子

对可能有助于昼夜节律染色质重塑的特定元素的研究揭示了昼夜节律转录的主要调节器 CLOCK 具有内在的 HAT 活性（Doi et al., 2006）。CLOCK 具有 MYST（Moz、Ybf2/Sas3、SAS2、Tip60）型的乙酰辅酶 A 结合结构域，尽管其总体结构类似于 ACTR（乳腺癌扩增的乙酰转移酶）（Chen et al., 1997）。CLOCK 的 HAT 功能与昼夜节律转录激活有关，优先靶向 H3K9 和 K14。此外，它在 537 位的一个独特赖氨酸残基上乙酰化自己的转录伙伴 BMAL1，这是一个对昼夜节律至关重要的事件，详细描述见 30.4.3 节（图 30-5A）（Hirayama et al., 2007）。时钟的另一个非组蛋白目标是糖皮质激素受体，这一发现具有有趣的含义，因为 GR 依赖的转录对细胞代谢有巨大的影响（Nader et al., 2009）。

在昼夜染色质转变过程中，其他几个重构因子也有作用（图 30-6）。cAMP 反应元件结合蛋白（CBP）和 p300 都被认为参与有节律的组蛋白乙酰化，并与 CLOCK：BMAL1 复合物相关联（Curtis et al., 2004）。此外，H3K27 的环甲基化与 KMX、EzH2 有关，尽管这一特定酶对昼夜节律转录的贡献尚未确定（Etchegaray et al., 2006）。此外，对 PER 复合物成分的研究发现了 HP1γ-Suv39h 甲基转移酶，这表明 PER 蛋白的抑制作用与 H3K9 甲基化有关（Duong and Weitz, 2014）。

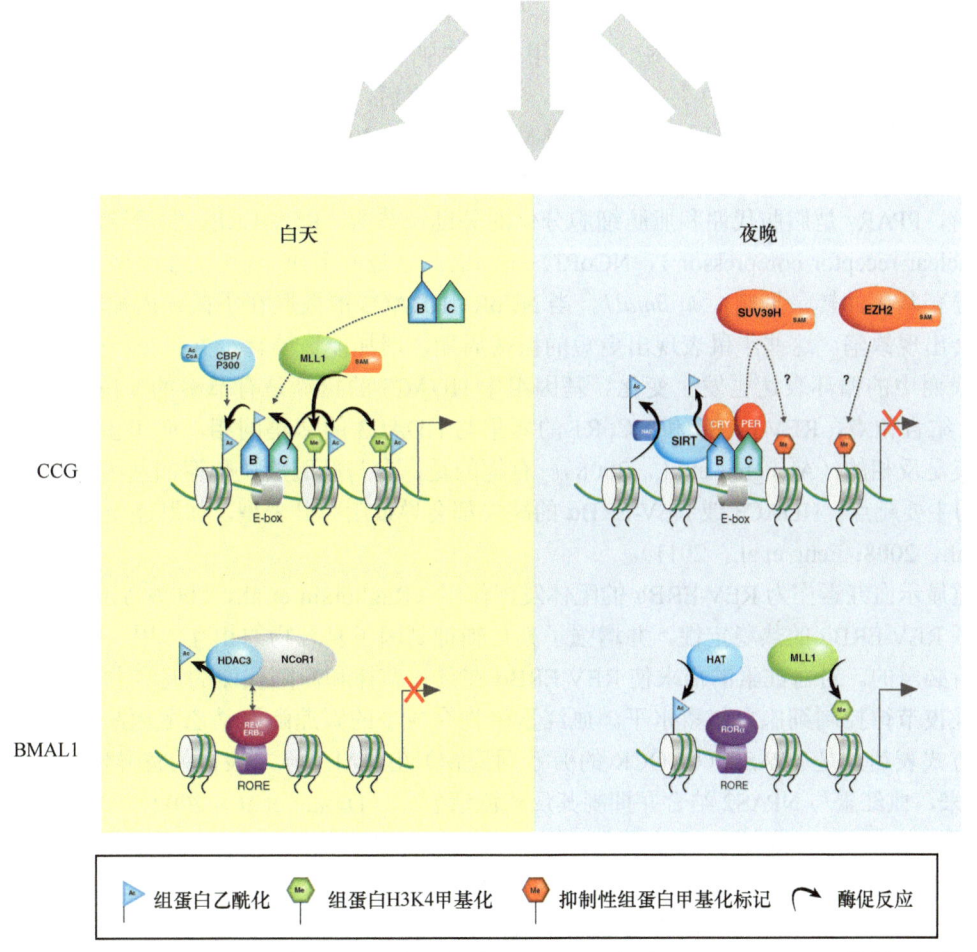

图 30-6　参与 CCG 和 BMAL1 的激活和抑制的关键染色质重塑因子。白天 CLOCK：BMALI 异源二聚体被招募并通过与 E-box 结合和 MLL1 酶促进 CCG 的形成。转录活性染色质构象是通过 MLL1 赖氨酸甲基转移酶介导的 H3K4me3 与 CLOCK、CBP 和 P300（青色阴影蛋白）介导的组蛋白乙酰化活性的共同作用实现的。通过 SIRT1 介导的组蛋白去乙酰化 H3K9、K14 和 H4K16，以及 EZH2 催化的 H3K27me3 和 SUV39H 催化的 H3K9 甲基化作用，CCG 的染色质构象可能会受到抑制。SIRTI 通过去乙酰化 BMAL1 K537-ac 也有抑制作用。白天，含有 RORE 的基因（如 BMAL1）的沉默，部分是通过招募 NCoR1 复合物和相关 HDAC3 去乙酰化酶的 RORE 结合抑制剂 REV-ERBα 来实现的。在夜间，RORα 结合 RORE 的优势促进活跃的染色质结构，典型的是组蛋白乙酰化和 H3K4 甲基化。

H3K4 甲基化在转录激活中的关键作用表明，该位点可能是昼夜节律基因表达的关键。值得注意的是，单甲基化和二甲基化在 CCG 启动子上没有循环，而具有 H3K4 三甲基化循环（Katada and Sassone-Corsi, 2010）。H3K4me3 由 MLL1 介导，有利于 CLOCK：BMAL1 复合物向染色质的募集，从而诱导随后的 K9/K14 乙酰化。缺乏 *mll1* 基因的细胞显示出严重受损的昼夜周期（Katada and Sassone-Corsi，2010）。尽管 MLL1 是昼夜节律系统的中心 KMT，但该过程已经涉及一种以上的去甲基酶。首先，组蛋白 KDM、Jarid1A 参与了昼夜节律控制，尽管不是直接对抗 MLL1，也不是通过使 H3K4 去甲基化（DiTacchio et al.，2011）。确切地说，尽管尚未完全确定 HDAC1 在生物钟功能中的确切作用，但 Jarid1A 被认为阻止 HDAC1 以增强 CLOCK：BMAL1 介导的激活。另一个赖氨酸特异性去甲基化酶——LSD1，与 CLOCK：BMAL1 以磷酸化依赖的方式关联，并参与它们的招募（Nam et al.，2014）。由于 Jarid1A 和 LSD1 都以 H3K4 为靶点，目前尚不清楚它们是协同作用于昼夜节律的表观基因组，还是在不同的基因组子域或在昼夜节律周期的不同时间起作用。

昼夜节律控制和细胞代谢之间的进一步联系同样与组蛋白甲基化有关。MLL1 的酶活性受异源生物和脂质代谢的调节（Austenaa et al.，2012）。此外，SAM/SAH 比值，以及甲基化潜力，严重依赖于 SAH 水解酶（SAHH）的作用。由于 NAD 是 SAHH 作用的必要辅酶，因此 SAHH 对腺苷的亲和力受到 NAD 和 NADH 的相对数量的影响（见图 30-3）（Li et al.，2007）。最后，我们发现 SAM 和 SAH 的水平在营养挑战和随后的生物钟重编程反应中会出现振荡（Eckel-Mahan et al.，2013）。

HDAC3 与新陈代谢有一个有趣的联系。REV-ERBα 是一种核受体，参与生物钟机制，似乎作用于 PPARγ 的下游，PPARγ 是脂肪代谢和脂肪细胞分化的关键调节器。REV-ERBα 的调控功能是由核受体辅抑制因子 1（nuclear receptor corepressor 1，NCoR1）控制的。这是一个辅抑制因子，招募 HDAC3 组蛋白去乙酰化酶来介导靶基因的转录抑制，如 *Bmal1*。当 NCoR1-HDAC3 的关联在小鼠体内被基因破坏时，昼夜节律和代谢就会出现缺陷。这些小鼠表现出更短的振荡周期，增加能量消耗，并且抵抗饮食引起的肥胖。此外，肝脂质代谢中的循环表达也发生变化。基因组中 HDAC3 的招募是有节奏的（白天高，晚上低）。在这些 HDAC3 结合位点，REV-ERBα 和 NCoR1 的募集与 HDAC3 的募集同相，而组蛋白乙酰化和 RNA 聚合酶Ⅱ的募集是反相的（Alenghat et al.，2008）。有趣的是，参与肝脏脂质代谢的基因似乎也是 HDAC3 和 REV-ERBα 的主要靶点。HDAC3 或 REV-ERBα 的缺失都会导致脂肪肝表型，如肝脂质和甘油三酯含量增加（Alenghat et al.，2008；Feng et al.，2011）。

其他报道显示血红素作为 REV-ERBα 的配体发挥作用（Raghuram et al.，2007；Yin et al.，2007）。血红素结合提高了 REV-ERBα 的热稳定性，并增强了其与辅抑制因子复合物的相互作用，因此，这是其抑制因子发挥功能所必需的。对血红素的需求使 REV-ERBα 在昼夜节律和新陈代谢的调节中处于关键位置，因为重要的是，昼夜节律控制细胞血红素水平。血红素生物合成中的限速酶氨基乙酰丙酸合酶 1（ALAS1）以昼夜节律的方式表达，是 NPAS2（CLOCK 的旁系同源物）/BMAL1 异二聚体的特异性靶基因（Yin et al.，2007）。反过来，血红素与 NPAS2 结合并抑制其反式激活能力（Dioum et al.，2002）。ALAS1 的表达也受到 PGC-1α 的调控。血红素的代谢作用是众所周知的；血红素是过氧化氢酶、过氧化物酶、细胞色素 P450 酶等酶的辅助因子，在氧代谢和药物代谢中发挥作用（Ponka，1999）。重要的是，血红素促进脂肪细胞分化（Chen and London，1981），这一功能也与 REV-ERBα 和 BMAL1 有关。因此，血红素似乎在新陈代谢和昼夜节律功能的精确协调中起着关键作用，将转录昼夜节律循环与酶促途径连接起来。

30.4.3　SIRT1（和其他长寿蛋白）作为生物钟的变阻器

SIRT 被认为构成了代谢活性和基因组稳定性（可能还有衰老之间）的功能联系（Schwer and Verdin，2008；Chalkiadaki and Guarente，2012）。SIRT1 增强细胞对氧化或辐射诱导的压力的抵抗力，促进白色脂肪组织中脂肪的动员，并介导代谢活性组织中能量的代谢（Schwer and Verdin，2008）。因此，SIRT1 作为"变阻器"调节时钟介导的乙酰化酶活性和昼夜节律功能的发现建立了一个有趣的分子联系（Asher et al.，2008；Nakahata et al.，2008）。SIRT1 与 CLOCK 相关并被募集到昼夜节律的启动子，而 *Sirt1* 的基因切除或 SIRT1 活性的药理学抑制作用导致昼夜节律的显著紊乱。重要的是，尽管 SIRT1 蛋白水平不振荡，正如在几个组织和各种实验条件下分析的那样（Nakahata et al.，2008；Ramsey et al.，2009），其酶活性以昼夜节律的方式振荡，其峰对应于各种 CCG 的最低 H3 乙酰化水平（Nakahata et al., 2008; Bellet et al., 2013）。这也可能是由于 SIRT1 在控制某些时钟蛋白（如 PER2）稳定性方面的作用引起的（Asher et al., 2008）。因此，SIRT1 可能参与将细胞代谢物产生的信号转导到昼夜节律机制。进一步的证据来自观察到的血清诱导小鼠胚胎成纤维细胞和小鼠肝脏中 NAD$^+$ 水平的昼夜振荡（Nakahata et al., 2009; Ramsey et al., 2009）。

长寿蛋白，尤其是 SIRT1，与细胞代谢和信号转导中涉及的其他蛋白质建立功能性相互作用（Chalkiadaki and Guarente, 2012）。在染色质水平上，SIRT1 酶活性优先以组蛋白 H3K9ac、H3K14ac 和 H4l6ac 为靶点（Nakahata et al., 2008）。此外，许多非组蛋白也受 SIRT1 介导的去乙酰化调控，包括 p53、FOXO3、PGC-la 和 LXR，这说明 SIRT 在细胞控制中具有关键作用。SIRT1 还能去乙酰化 BMAL1，促进其循环乙酰化水平（图 30-6A）（Hirayama et al., 2007）。识别在独特的 Lys-537（K537）处乙酰化的 BMAL1 的抗体已在多种环境下使用（Hirayama et al., 2007; Nakahata et al., 2008; Chang and Guarente, 2013）。BMAL1 K537 抗体显示乙酰化依赖于 CLOCK 和高度的特异性，如 K537R 突变体所示。使用该抗体，我们发现在 SIRT1 和 NAD$^+$ 同时存在的情况下 BMAL1 去乙酰化被 NAM 抑制（Nakahata et al., 2008）。此外，BMAL1 乙酰化是昼夜节律性的，乙酰化控制着 CRY 蛋白对 BMAL1 的有效抑制（Hirayama et al., 2007）。这些发现被荧光极化和等温滴定量热法定量分析 BMAL1-CRY 相互作用所证实（Czarna et al., 2011）。此外，野生型小鼠和脑特异性 *Sirt1* 缺陷小鼠的脑免疫染色比较显示，BMAL1 的 Lys-537 去乙酰化依赖于 SIRT1（Chang and Guarente, 2013）。

有报道称 SIRT1 和营养素反应性腺苷单磷酸活化蛋白激酶（AMPK）之间存在相互依赖性，后者有助于骨骼肌对禁食和运动的代谢适应（Cantó et al., 2010）。重要的是，AMPK 通过周期性磷酸化和诱导性 CRY1 的不稳定性，在控制昼夜节律方面发挥了作用（Lamia et al., 2009）。AMPK 信号的刺激改变了昼夜节律，并且其中 AMPK 途径被遗传破坏的小鼠在外周时钟中显示出变化。因此，AMPK 的磷酸化使 CRY1 能够将营养信号转化为哺乳动物外周器官的生物钟。还不清楚 SIRT1 以及可能的 NAD$^+$ 振荡是如何参与到这个控制系统中的。通过高通量转录组学在这些长寿蛋白的肝脏特异性敲除中对 SIRT1 和 SIRT6 在昼夜节律功能中的作用进行了综合分析，结果表明 SIRT1 和 SIRT6 控制昼夜节律基因组的不同区域（Masri et al., 2014）。代谢组学分析显示，SIRT1 控制与肽和辅助因子相关的代谢物，而 SIRT6 控制脂质和碳水化合物的振荡（Masri et al., 2014）。这与 SIRT6 对长链脂肪酸的反应比 NAD 更有效的发现相一致（Feldman et al., 2013）。

30.4.4 NAD$^+$——一个具有昼夜节律特征的代谢物

SIRT1 参与昼夜节律调节显示了细胞内循环节律与能量代谢之间的直接联系（Sahar and Sassone-Corsi, 2012）。鉴于 SIRT1 基因和蛋白质的表达水平是非循环的（Nakahata et al., 2008），一个主要的问题是：以非振荡方式表达的两个调节因子（CLOCK 和 SIRT1）如何导致组蛋白 H3K9/K14 和 BMAL1K537 的昼夜节律性乙酰化？随后的研究解释了这一明显的差异，结果显示，在所有被分析的细胞类型中，NAD$^+$ 的水平都以昼夜节律的方式振荡，而 SIRT1 HDAC 的活性正是通过其自身辅酶的循环可用性而呈现昼夜节律的（Nakahata et al., 2009; Ramsey et al., 2009）。NAD$^+$ 合成的昼夜节律调节本身在概念上很出色，因为它将昼夜节律时钟的转录反馈环与 NAD$^+$ 补救依赖性酶途径相关联。

SIRT1 和 PARP-1 等酶大量使用 NAD$^+$ 辅酶（图 30-1）有消耗细胞内储存的风险，可导致细胞死亡。因此，需要通过营养途径控制 NAD$^+$ 的水平，即使在没有生物合成的情况下。NAMPT 酶的产生是 NAD$^+$ 补救途径中的限速步骤（Nakahata et al., 2009; Ramsey et al., 2009），因此，NAMPT 活性的变化直接决定了细胞内 NAD$^+$ 的水平（图 30-2）。

与 NAM 的反相振荡平行的 NAD$^+$ 水平的节律性是由生物钟控制的，这一点已被昼夜节律机制突变的细胞中的节律蛋白的代谢所证明（Nakahata et al., 2009）。由于 SIRT1 与 CLOCK：BMAL1 相关并对其进行调节（Nakahata et al., 2008），因此怀疑 SIRT1 活性和 NAD$^+$ 水平通过 NAD 补救途径的振荡是通过酶反馈

654 表观遗传学

回路发生的。事实证明确实如此。首先，*Nampt* 基因的调控区域被发现含有两个结合 CLOCK：BMAL1 的 E-box 启动子元件；其次，它的表达被证明是由 CLOCK：BMAL1 与 SIRT1 复合物控制的（图 30-7）。因此，SIRT1 既存在于 *Nampt* 基因的转录调控环中，也存在于 NAD$^+$ 酶补救途径中。这种双向控制导致 *Nampt* 基因的昼夜表达，使 NAD$^+$ 补救途径具有昼夜功能，从而以昼夜方式调控 NAD$^+$ 的合成。

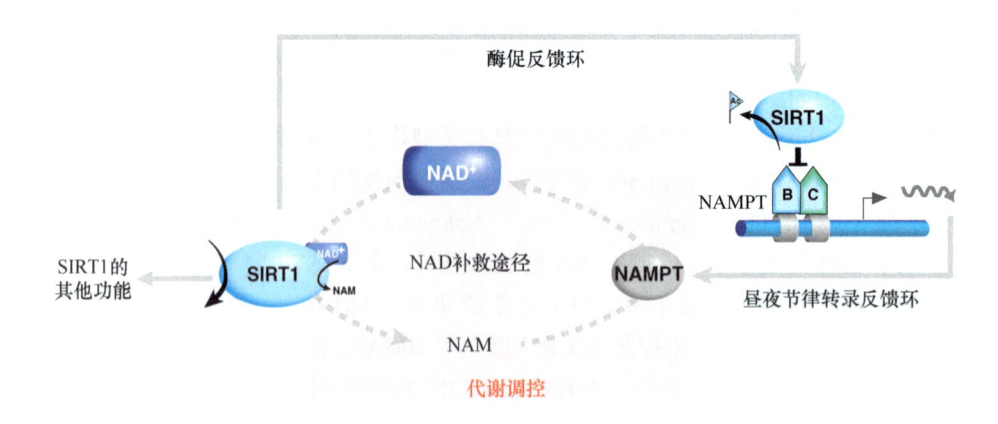

图 30-7 将生物钟与 NAD 补救路径连接起来。 NAMPT 酶是 NAD$^+$ 抢救途径的限制因子；因此，由于 NAMPT 基因受到生物钟的 CLOCK：BMAL1 机制调控，其产物即 NAD$^+$ 代谢产物通过 NAMPT 的转录反馈环振荡。在众多其他功能中，通过影响 BMAL1 蛋白和组蛋白在 CGG 位点处的去乙酰化作用，HDAC 和 SIRT1 充当了生物钟复合体的抑制子行驶功能（也可见图 30-6）。因此，尽管 SIRT1 的酶活具有昼夜节律变化，而昼夜节律又受到 NAD$^+$ 代谢物供应量控制的生物钟的调控，但是 SIRT1 的活性依然能够通过抑制 NAMPT 基因的活性形成一个针对生物钟的酶反馈环。

重要的是，使用高度特异性的 NAMPT 药理抑制剂 FK866 可消除 NAD$^+$ 昼夜节律振荡，从而消除 SIRT1 循环活性（Nakahata et al., 2009）。这一发现令人感兴趣，因为 FK866 被用于控制人类癌症组织中的细胞死亡。因此，除了揭示一个关键的酶生理周期外，这些结果表明，在生理时钟、能量代谢和细胞存活之间存在直接的分子耦合。

生物钟直接参与控制细胞内关键代谢物的水平，从而将转录反馈时钟环与 NAD$^+$ 补救途径的酶反馈环连接起来（图 30-7）。最近的实验结果证实了这一观点，实验使用了缺乏其中一个 NAD$^+$ 水解酶（CD38）的小鼠，发现其在大部分昼夜节律周期中 NAD$^+$ 水平升高。这些昼夜节律和 CCG 表达的改变导致代谢异常（Sahar et al., 2011）。因此，NAD$^+$ 的振荡对细胞生理有着重要的影响，包括染色质重塑和其他下游分子通路的改变，提供了昼夜节律控制和通过 SIRT1 调节代谢之间的直接联系，并控制其自身辅酶的细胞水平（图 30-7）。

30.5 老化和衰老的表观基因组以及与新陈代谢的联系

考虑到生命周期、染色质酶和代谢变化之间的联系，表观遗传改变是否是细胞老化的驱动特征这一问题很重要。特别是，发现酵母 Sir2 是一种 NAD$^+$ 依赖的 HDAC，它是异染色质沉默和促进长寿的关键蛋白，这表明染色质与衰老有关（Imai et al., 2000; Landry et al., 2000; Lin et al., 2000; Schwer and Verdin, 2008; Chalkiadaki and Guarente, 2012）。进一步的观察将长寿蛋白途径与通过限制卡路里/热量来延长寿命联系起来，强调了新陈代谢在调节寿命中的作用。细胞衰老是对环境压力和细胞损伤的一种反应，此时细胞停止复制，但新陈代谢活跃。实际上，该过程与衰老在生理上相关，加速该过程并涉及大量的表观遗传学改变。因此，如下所述，已经取得了建立表观遗传调控与衰老过程关系的许多发现。

30.5.1　组蛋白乙酰化和甲基化在长寿中的作用

　　Sir（沉默信息调节）途径包括酿酒酵母中的 Sir2/Sir3/Sir4 蛋白，其功能是沉默异染色质中的基因表达［详细见第 8 章（Grunstein and Gasser，2013）］。Sir 基因的突变也会缩短酵母的寿命，而 SIR2 基因的重复则会延长寿命（Kaeberlein et al.，1999；Lamming et al.，2005）。Hst2 是酵母中另一种寿命调节因子［见第 5 章表 5-1（Seto and Yoshida，2014）］，也是与催化相关的脱乙酰酶大家庭中的一员，被称为长寿蛋白。哺乳动物长寿蛋白有很多底物，包括细胞核和细胞核外的。例如，Sirtl 使 p53 去乙酰化与细胞衰老有关（Chua et al.，2005）。大量底物的发现使人们提出了疑问：染色质是否实际上是衰老过程中长寿蛋白作用的关键底物，更普遍地说，寿命是否直接受到表观遗传调控的影响。

　　然而，过去几年对染色质结构的研究证实表观遗传学直接参与了衰老的调节。在酵母中，组蛋白 H4K16 乙酰化的整体水平在衰老细胞中增加，特别是在异染色质区域，如端粒和核糖体 DNA。用谷氨酰胺替代组蛋白 H4K16Q 全基因组模拟 H4K16 乙酰化，通过 Sir2 依赖的遗传途径导致提前衰老，这一实验证实了这一点。此外，通过 Sas2（一种异质染色质介导的 HAX）的损失，异染色质附近乙酰化的组成性还原延长了寿命（Dang et al.，2009）。综上所述，这些结果证实染色质是与寿命相关的 Sir2 底物。

　　在基因激活过程中，组蛋白乙酰化通常在启动子处被诱导。这种修饰通常能够打开染色质结构，这直接表明 H4K16 在体外组装的染色质上乙酰化（Shogren-Knaak et al.，2006）。因此，乙酰化作用随着细胞年龄的增长而增加，并且某些乙酰化途径（如 Sas2）的缺失会延长寿命，这表明染色质的疏松和开放可能会对寿命产生负面影响（Dang et al.，2009）。此外，染色质结构的破坏是由整个核组蛋白年龄相关的下降导致的，而这些核组蛋白是持续的 Asfl 伴侣辅助染色质组装过程所必需的（Feser et al.，2010），也加速了衰老。因此，整体组蛋白水平的降低导致转录全基因组范围的增加和转座元件的动员，从而导致基因组不稳定和染色体易位（Hu et al.，2014）。相反，通过直接上调或删除组蛋白转录的 Hir 阻遏物来提高组蛋白表达会延缓衰老（Feser et al.，2010）。这些发现强调了保持染色质结构完整性对基因表达和基因组稳定性的重要性，由此提高寿命。

　　从酿酒酵母的研究中得到的关键假设是：在更复杂的真核生物中，染色质向更宽松状态的调节与寿命有关；在衰老过程中可能有开放染色质的趋势，而这些染色质趋势也可能包括组蛋白甲基化的改变。在秀丽隐杆线虫中，随着三胸 ASH-2 复合物成分的减少，观察到寿命延长，这与后者的假设相符。ASH-2 复合物与 COMPASS 是同源的，该复合物在基因激活过程中通过启动子 TSS 将 H3K4 甲基化。有趣的是，如果 H3K4me3 的反向关键去甲基化酶减少，则 ASH-2 的减少不能延长寿命，这强烈暗示了实际需要减少 H3K4 甲基化来实现寿命的减少。基因功能注释分析结果表明，除了已知的寿命调控相关基因，某些特定的、随着年龄变化而呈现表达变化的基因也许在延长寿命过程中具有一定的作用（Greer et al.，2010）。有趣的是，这一延长寿命的途径需要完整的生殖细胞系，它通过生殖细胞系持续存在，在有限的后代中延长寿命（即提供了表观遗传改变的代际记忆的一个例子，Greer et al.，2011）。

　　而在果蝇中的研究发现，在衰老过程中发生了抑制性染色质的丢失。组蛋白 H3K9me3 是一种与着丝粒旁侧和端粒位置相关的异染色质修饰，其水平在这些位置降低，而在整个常染色质全基因组范围内广泛增加。随着年龄的增长，这种抑制性染色质的不平衡反映在组蛋白 H3K9me3 结合蛋白 HP1 定位上的类似变化，以及整个基因组的转录变化（Wood et al.，2010）。这些在酵母、线虫和果蝇模型系统中的观察结果一致地表明，在衰老过程中异染色质的减少和染色质介导的转录控制的放松，导致寿命缩短。

　　在小鼠的长寿蛋白中，Sirt6 通过维持染色质完整性与衰老有直接关系（见 30.2.1 节）。SIRT6 是核定位的，并且与染色质相关（Masri et al.，2014）。Sirt6 基因缺失导致小鼠寿命缩短，并出现类似衰老的退行性疾病，原因是 DNA 损伤碱基切除修复通路受损（Mostoslavsky et al.，2006）。在培养的人类成纤维细胞中，Sirt6 水平的降低会导致过早衰老（见下文 30.5.3 节），导致细胞复制寿命显著缩短。所有这些与寿命相关的关键问题是，染色质和组蛋白是否是 SIRT6 相关的快速衰老的直接底物；在众多组蛋白乙酰化位点中，

SIRT6 被发现特异靶向 H3K9ac 去乙酰化，在体外和体内端粒上都有。此外，SIRT6 稳定端粒以拮抗复制相关的功能障碍和染色体末端连接（Michishita et al., 2008）。SIRT6 调控小鼠细胞衰老的一个关键途径是通过 NF-κB 调控的基因参与衰老和凋亡；这些基因通常通过依赖于 SIRT6 的去乙酰化维持下调状态，但在 Sirt6 缺失时以依赖于 NF-κB 的方式上调（Kawahara et al., 2009）。因此，哺乳动物的衰老明显受到组蛋白乙酰化的调控。并且，与模式生物的研究一致，低组蛋白乙酰化维持基因组的完整性，导致表观基因组的凝缩，特别是异染色质区，由此延长寿命。

30.5.2　卡路里限制、寿命延长与表观遗传调控

热量限制（CR）是代谢改变的一种极端形式，对真菌和大多数动物模型的寿命有有益的影响；据称，人类也可以从饮食限制中获益。一种通过降低营养素来延长寿命的途径是通过雷帕霉素（TOR）信号通路的靶点，限制了蛋白质的翻译（Kaeberlein et al., 2005）。另一个公认的 CR 途径是通过升高 NAD$^+$ 水平（长寿蛋白的辅助因子）激活长寿蛋白（图 30-2）（Cohen et al., 2004）。考虑到维持 Sir-2 介导的 H4K16 去乙酰化对酵母寿命的有益作用，染色质很可能是 CR 相关的靶点。ATP 依赖的 Isw2 复合物介导另一种 CR 通路来调节寿命。在这种情况下，Isw2 依赖的核小体重塑抑制了应激反应基因，而缺失 Isw2，通过应激反应基因的上调部分模仿了 CR 的作用，延长了寿命。这是一个在酵母和线虫中保守的寿命调控途径，减少同源复合物的同时也延长了寿命（Dang et al., 2014）。

30.5.3　衰老、过早衰老和广泛的表观基因组重构

衰老的哺乳动物细胞中染色质的改变特征包括大规模的细胞学异染色质结构重组和广泛的表观基因组结构域的急剧变化。这些改变涉及核纤层，是一种与核膜内表面相关联的蛋白质结构基质。通常，广泛的异染色质基因缺失的基因组区域与核纤层相关，称为层相关区域（LAD）。它们包含相关的抑制性染色质特征（例如，H3K9me3 以及 HP1 结合），同源酶映射到这些大区域（如 H3K27me3/EZH2）（Kind and van Steensel, 2010）。HGPS（Hutchinson-Guilford 早衰综合征）是由核纤层蛋白 A 显性阴性突变引起的，与 H3K9me3 的异染色质水平降低和 HP1 的降低有关，HP1 是与 H3K9me3 结合的异染色质蛋白（Scaffidi and Misteli, 2005）。同样，老化成纤维细胞显示核纤层蛋白 A 的重构、H3K9me3 标记和 HP1 的减少，以及带有磷酸化 H2AX 变体的聚点增加[表明 DNA 损伤，见第 20 章（Henikoff and Smith, 2014）]，这是 HGPS 的共同特征（Scaffidi and Misteli, 2006）。因此，HGPS 是一种加速老化综合征，由核纤层的剧烈改变和伴随的异染色质减少引起。

如上所述，细胞衰老是一种不可逆的细胞周期阻滞，是由于应激引起的活化癌基因的表达或长期复制，两者都与细胞功能障碍有关，因此，细胞周期阻滞对癌症具有保护作用（Narita et al., 2003）。然而，灵长类动物中衰老也与老化有关（Herbig et al., 2006），并且最重要的是，通过证明衰老细胞的去除改善了与老化相关的组织病理学，小鼠衰老模型中的老化与衰老有因果关系（Baker et al., 2011）。因此，衰老是一种对抗恶性肿瘤的刺激状态，但也与老化相关的细胞损伤有关。异常大型的染色质聚集，称为衰老相关的异染色质簇集（SAHF），已显示出在衰老过程中出现并富含异染色质蛋白和指示 DNA 损伤的染色质变化，例如，HMGA（高迁移率组 AT 结构域蛋白；Narita et al., 2003, 2006）、H2AXph（S139 磷酸化组蛋白变体 H2AX 蛋白；Sedelnikova et al., 2004）和 macroH2A（具有宏结构域的 H2A 变异蛋白；Zhang et al., 2005）。这些获得性 SAHF 抑制细胞增殖所需的某些基因（Narita et al., 2006）。

SAHF 被认为是异染色质增加的表现，但它们与异染色质 H3K9 甲基化或 H3K27me3 的明显变化无关。相反，它们显示了可能的、更高层次的表观遗传变化（Chandra et al., 2012）。LaminB1 的减少被证明会导致过早衰老（Shimi et al., 2011; Shah et al., 2013）。有趣的是，异常大的异染色质区域在衰老细胞中发育，

与增殖细胞中的 LAD 相对应，H3K4me3 明显增加（Shah et al.，2013），DNA 甲基化减少（Cruickshanks et al.，2013）。因此，衰老细胞似乎经历了复杂的表观遗传重组，与 LAD 相比，异染色质（SAHF）的焦点区域增加、宽区域异染色质减少（图 30-8）。

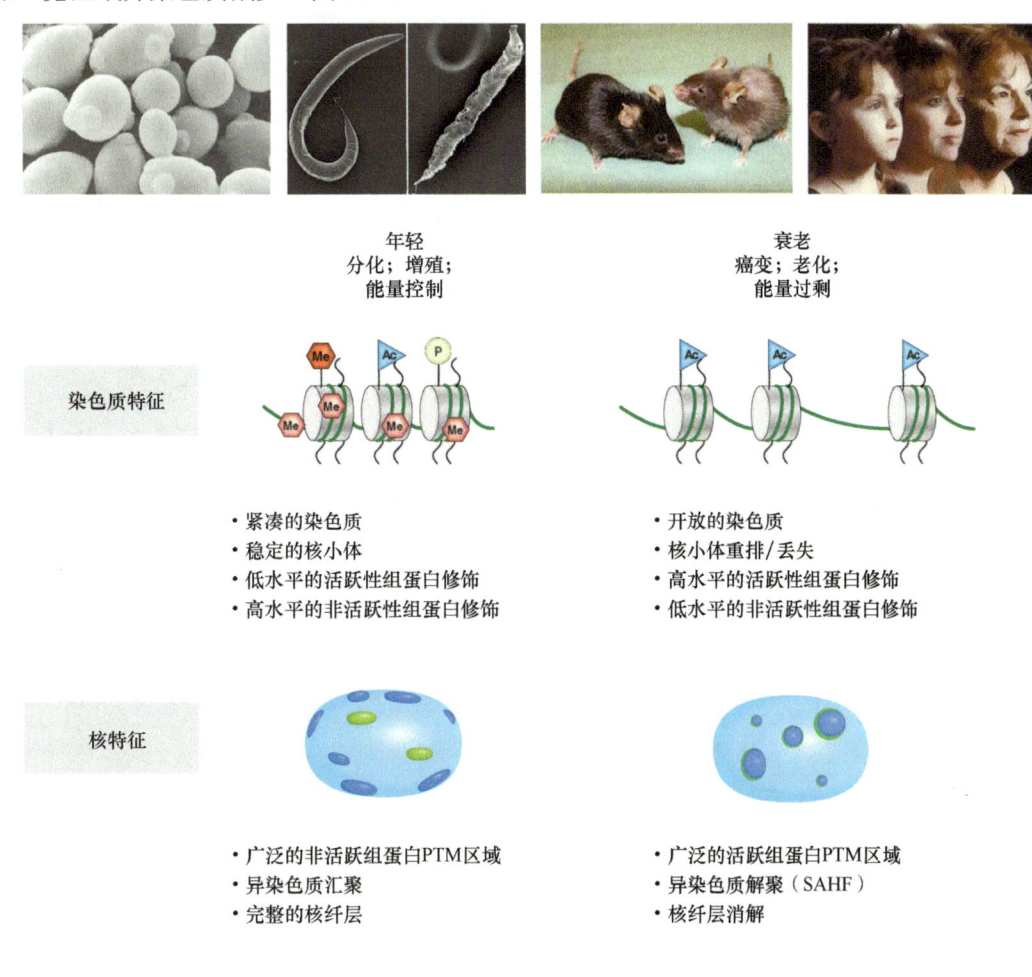

图 30-8 老化和衰老细胞的特征。（顶部）衰老是所有真核生物的生理必然性，从酿酒酵母和秀丽隐杆线虫到小鼠和人类都是如此（如图所示）。在三个水平上比较正常或"年轻"细胞（左）与患病或"年老"细胞（右）的衰老及细胞老化特征：染色质、核组织和基因组的完整性。（顶部图片从左到右来自 chemistryland.com；匹兹堡大学医学院 Hazreet Gill、Francis Ghandi 和 Arjumand Ghazi，http://www.chp.edu/chp/ghazilab；Christopher Fisher；victorymedspa.com）

在老化过程中，围绕着染色质的改变有许多具有挑战性的问题。我们已经知道很多关于衰老过程中某些特定的代谢物（如 NAD/NADK 比值）浓度的改变以及这些变化如何影响衰老，如长寿蛋白。然而，对于这些变化是如何在全基因组范围内驱动染色质改变的，我们几乎一无所知。其他代谢物，如乙酰辅酶 A 和 SAM，是否会在衰老过程中改变染色质，以及它们是如何参与 CR 条件以延长寿命的，还有待观察。此外，大规模核结构变化和染色质全基因组变化之间的精确关系是什么？哪些年龄相关的染色质变化反映了降解过程，哪些反映了保护性过程？

30.6 总　　结

从本章所讨论的主题的广度来看，在新陈代谢和表观遗传学的广泛范围内，有许多机理和生理方面的内容。将代谢信号转化为表观遗传变化的机制包括以乙酰化酶和脱乙酰化酶为代表的酶，这些酶通过使用小分子代谢物作为直接辅因子和改变其酶活性的底物来响应细胞环境的深刻变化。对 HAT 和 HDAC 的研究提出的一个关键建议是，许多其他的表观遗传酶也可能通过它们对代谢物浓度变化的反应而与环境进行灵活的相互作用。"昼夜节律表观基因组"和"衰老表观基因组"代表了染色质状态的变化而导致生理状态显著变化的典型例子。代谢表观遗传学改变了更多的生理状态，如许多类型的癌症；还有许多其他问题有待阐明。

本章参考文献

（李宇轩　王润语　译，郑丙莲　校）

第31章

植物响应环境的表观遗传调控

大卫·C.鲍尔科姆（David C. Baulcombe[1]），卡罗琳·迪恩（Caroline Dean[2]）

[1]Department of Plant Science, University of Cambridge, Cambridge CB2 3EA, United Kingdom; [2]Department of Cell and Developmental Biology, John Innes Centre, Norwich NR4 7UH, United Kingdom

通讯地址：dcb40@cam.ac.uk

摘　要

在本章中，我们通过两个案例来回顾环境介导的植物表观遗传调控。其中一个例子——春化过程的调控，很好地解释了植物对不同环境的适应以及春化过程在植物的每一代如何被重置。另一个例子是，病毒介导的基因沉默在跨代遗传中的表观遗传修饰。可遗传的表观遗传修饰可能会导致可遗传的表型变异，影响适应度，进而影响自然选择。但与基因遗传不同的是，表观遗传修饰表现出不稳定性的同时也会被环境影响。随后我们对这两个例子与植物生物学中其他可能代表响应环境的表观遗传调控进行比较。

本章目录

31.1 环境记忆中的表观遗传调控
31.2 案例1——春化
31.3 案例2——病毒介导的基因沉默与表观遗传
31.4 重置与跨代遗传
31.5 响应胁迫的瞬时表观遗传调控
31.6 响应胁迫的跨代表观遗传调控
31.7 表观遗传对基因组结构的影响
31.8 被诱导的表观遗传改变的后遗症
31.9 展望

概　　述

　　植物基因组的表观遗传修饰与哺乳动物类似，因为其含有与哺乳动物类似的组蛋白标记以及可以进行 DNA 甲基化的胞嘧啶残基。然而，植物的表观基因组比动物的更容易受到环境的影响。在本章中，我们通过两个案例分析回顾了环境介导的植物表观遗传调控。其中的一个例子涉及开花抑制因子 *FLC*。*FLC* 的表达水平是由激活或者抑制的相反过程决定的。激活过程涉及一个转录调控因子——FRIGIDA；抑制过程则包含了所谓的"自主途径"的活动——减少与染色质活跃相关的 H3K4 和 H3K36 甲基化，同时增加沉默染色质的 H3K27 甲基化。长时间暴露在寒冷中后导致 *FLC* 的表观遗传沉默的过程被称为春化。春化的一个早期步骤是寒冷诱导的 *FLC* 基因座上非编码 RNA 的表达。暴露于寒冷也会导致一个植物同源蛋白域——多梳蛋白复合物 [plant homeodomain (PHD) -Polycomb protein Su (z) 12 (PRC2)] 被招募到 *FLC* 基因上特定区域。该复合物随后的扩散导致整个位点的高水平 H3K27 甲基化。春化的定量本质是越来越多的细胞自主性地关闭 *FLC* 表达。这种表观沉默机制的变化支撑了植物对不同冬季气候的适应。在配子发生和胚胎形成的过程中，春化的条件会被重置，所以每一代植物都需要暴露在冷空气中才能开花。

　　第二个案例包括病毒诱导的沉默和与 DNA 甲基化相关的表观遗传修饰。病毒诱导的表观遗传修饰的机制可能涉及一个转座子沉默的通路，在这个通路中，Dicer 产生小干扰 RNA（siRNA），这些 RNA 靶向与 Argonaute 蛋白结合的支架 RNA。随后 DNA 甲基转移酶被招募到染色质位点，在 CG、CHG 和 CHH 的 C 残基上引入甲基基团。如果这些 DNA 甲基化标记位于或靠近启动子序列，则可能导致基因表达沉默；在某些情况下，它们可以跨代遗传。如果由于基因沉默效应而产生了可遗传的表型变异，那么对自然选择的适应性也会受到影响。然而，与基因遗传不同，表观遗传修饰是不稳定的，易于受到环境的影响。

　　这两个案例阐明了植物生物学中各种刺激都能触发比诱导刺激持续更久的反应的可能机制。在某些情况下，这种持久性能延续几代，表明了表观遗传机制在进化中的潜在作用。

31.1　环境记忆中的表观遗传调控

　　植物监测昼夜和季节周期，调整其新陈代谢、生长和发育，从而适应不断变化的环境条件。这种可塑性需要信号的感知与整合，改变响应这些信号的基因表达，然后维持这种反应直到条件再次改变。根据定义，表观遗传机制允许改变的状态在细胞分裂期间持续存在，甚至在没有诱导刺激的情况下也是如此，而且它们提供了一种加强这些反应的维持阶段的分子记忆。和动物的大多数表观遗传标记一样，许多由环境引起的植物表观遗传变化在配子发生时被重置。然而，其中的一部分在配子形成过程中仍然存在，并且可以在许多代中保持稳定。因此，在植物中存在明显的跨代表观遗传变化的可能性，而在动物中，这种可能性则更具争议性。有两种因素可以解释，相对于动物，植物中表观遗传调控为什么具有更大的潜力。首先是生殖细胞系的晚期分化。它不像动物一样在胚胎发生中产生，而是在雄性和雌性生殖器官开花后从体细胞组织中产生 [见第 13 章图 13-1（Pikaard and Mittelsten Scheid, 2014）]。因此，植物生殖细胞是体细胞的后代，它们携带着作为早期环境刺激的持久残留物的表观遗传标记。植物和动物代际遗传的第二个不同与胚胎发生过程中的表观遗传擦除有关，动物的表观遗传擦除比植物更彻底（Gutierrez-Marcos and Dickinson, 2012）。本章的第一节描述了一些植物的案例，在这些案例中，被诱导的表观遗传变化是很容易理解的，并且可以用作进一步分析环境诱导表观遗传变化作用的一般框架。随后，在 31.3～31.4 节中，我们将讨论植物生物学中可能代表表观遗传响应环境刺激的各种例子。

31.2 案例1——春化

植物无法移动，它们必须不断地调整自己的生长和生理机能以适应不断变化的环境条件。这种调整在发展的时机上尤为重要：植物需要根据有利的环境条件调整它们的种子生产周期以尽可能地繁殖成功。因此，环境线索需要被监测，并可以作为调节不同发育时间的开关。植物中涉及表观遗传调控的最早的特征过程之一是春化。这是植物细胞"记住"它们经历过长时间寒冷（以在5℃左右的周数来衡量）或冬天的能力（Purvis and Gregory，1952）。

这种春化记忆甚至可以通过组织培养持续存在。已春化植物的单细胞可以培养和再生成不需要长时间寒冷就能开花的新植物（Burn et al.，1993）。然而，植物的每一个有性生殖世代都需要重新春化，因为春化状态在减数分裂或胚胎形成期间被有效地重置（图31-1）。

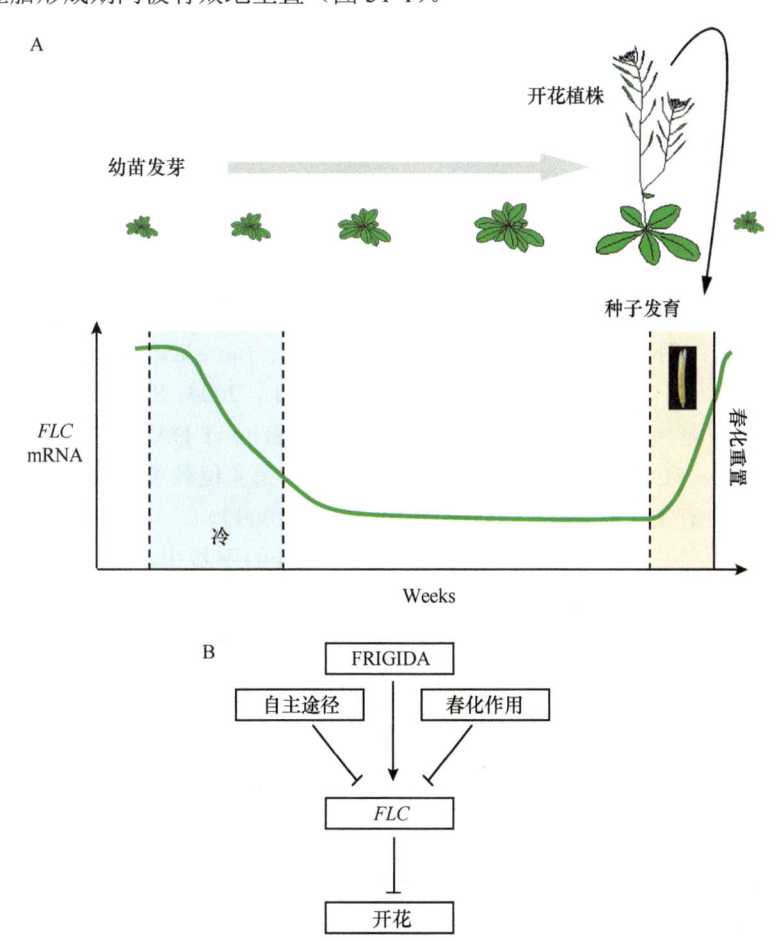

图31-1 *FLC*的表达在冷环境下被表观沉默但在胚胎发育过程中得到重置。（A）开花抑制基因*FLC*在幼苗中高表达。当植物感受到寒冷时，其表达量受到抑制，这取决于所经历的寒冷的长度。当春天气温变暖时，这种抑制会表观遗传地保持下去，直到种子发育时被重置。这确保了每一代幼苗都需要春化。（B）表观遗传和转录途径激活抑制*FLC*表达，从而有助于花期调控。染色质修饰和非编码RNA以不同的方式参与每个通路。

春化的生物学功能是使开花与春天一致，以获得更有利的环境条件。这保证了高效的花形成、授粉和果实形成。春化育种可以在一定程度上增加大多数农作物的产量并扩增种植区域。

31.2.1 冬天的记忆涉及多梳蛋白介导的沉默调控

春化是指开花抑制因子对寒冷时期的反应的表观遗传沉默。在拟南芥中，这个抑制因子被认为是 FLOWERING LOCUS C（*FLC*；Michaels and Amasino，1999；Sheldon et al.，1999）——一个 MADS box 转录调节因子，它能抑制将分生组织转换成花的细胞命运过程所需要的基因。长时间的寒冷会逐渐抑制 *FLC* 的表达，在随后的温暖环境中，这种表达在表观遗传学上得以维持（图 31-1）。春化为区分表观基因沉默的建立和维持阶段提供了一个明确的例子。

在没有寒冷的情况下，*FLC* 对开花起到了刹车的作用。在长时间的寒冷之后，一旦植物检测到诱导光周期和温暖的环境温度，这种限制就被消除，随后启动开花的开关。*FLC* 的抑制在表观遗传学上是稳定的，并在低温暴露后持续数月直到下一代胚胎发生。

许多途径调控 *FLC*，其活性的变化决定了植物的繁殖习性。高 *FLC* 水平导致植物在开花前越冬，从而将开花限制在一年一次。低的 *FLC* 水平使植物不需要寒冷就能开花，开启了每年繁殖一次以上的可能性。在发育初期 *FLC* 的表达水平就已被设定：*FLC* 在早期的多细胞胚胎中为母系来源，在产孢花粉母细胞或单细胞合子中为父系来源（Sheldon et al.，2008；Choi et al.，2009）。许多调节因子决定了其表达水平（见图 31-1B 中总结的通路；Crevillen and Dean，2010），并且受到了广泛的自然变化的影响（Shindo et al.，2005）。

FRIGIDA——*FLC* 表达（Johanson et al.，2000）的主要激活因子，是一个具有卷曲结构域的新奇蛋白质，可直接与核帽结合复合物相互作用（Geraldo et al.，2009）。其功能的发挥需要 Set 1-class（*Arabidopsis* TRITHORAX-RELATED7，ATRX7）和 Trithorax-class（ATX1/2；Tamada et al.，2009）的 H3K4 甲基转移酶保守的 RNA 聚合酶相关因子 1 复合物（He et al.，2004；Oh et al.，2004；Park et al.，2010；Yu and Michaels，2010）和一个 Set2-class 甲基转移酶 EARLY FLOWERING IN SHORT DAYS（也被称为 SET domain group 8；Xu et al.，2008）。因此，FLC 的表达增加与组蛋白 H3 上的第 4 位赖氨酸和第 36 位赖氨酸的三甲基化（H3K4me3 和 H3K36me3）有关（Xu et al.，2008；Jiang et al.，2009）。

拮抗这些激活活性的是自主途径，它减少 H3K4 和 H3K36 的甲基化，增加 H3K27 的甲基化。自主途径由一系列与 *FLC* 反义转录本的 RNA 加工，即由 H3K4 去甲基化酶 FLOWERING LOCUS D 和多梳复合物参与的活性调控组成，包括：VERNALIZATION［VRN2，一个 Su(z)12 同源物］，SWINGER 或 CURIY LEAF［SWN、CLF、E(z)HMTase 同源物］，FERTILIZATION-INDEPENDENT ENDOSPERM（一个额外的性梳同源物），MSI1（一个 p55 同源物；图 31-2）（Wood et al.，2006）。这些拮抗 FRIGIDA 和自主途径的平衡决定了幼苗中 FLC 的表达水平，并确定了它们是否需要春化才能开花（即它们是否需要在越冬之后才能开花）。

随着植物暴露在寒冷环境中时间的延长，春化作用使 *FLC* 表达逐渐沉默。这一表观遗传过程将长时间暴露于寒冷环境中转化为 *FLC* 表达的稳定沉默。这在整个发育过程中一直保持，直到在胚胎中被重置（图 31-1）。早期的分子相关工作研究了春化的有丝分裂记忆是否涉及一个植物中具有良好特征表观遗传标记——DNA 甲基化的变化（Finnegan et al.，2000 的综述）。然而，在 FLC 位点上几乎没有 DNA 甲基化，且在低温下不发生变化（Finnegan et al.，2005）。通过一种经典的诱变策略识别出 H3K27me3 和多梳蛋白 Su（z）12（PRC2）是 FLC 沉默记忆所必需的（Gendall et al.，2001）。拟南芥 PRC2 在沉默之前已经定位在 *FLC* 上，这让人联想到哺乳动物胚胎干细胞中的多梳沉默。这与在果蝇中的情况不同，在果蝇中，PRC2 通常在转录被其他因子抑制后结合到靶点上［详见第 17 章（Grossniklaus and Paro，2014）］。含有 PHD 和 FNⅢ 结构域的两个蛋白质 VRN5 和 VIN3 与 PRC2 结合，随后触发沉默（Mylne et al.，2006；Sung et al.，2006b；Wood et al.，2006；Greb et al.，2007；De Lucia et al.，2008）。

冷诱导的 *FLC* 表观遗传沉默的一个重要部分是冷诱导的一个 PHD 蛋白的表达（VIN3；Sung and Amasino，2004）。VIN3 与组成性表达的 PHD 蛋白（VRN5；Greb et al.，2007）形成异源二聚体，随后与

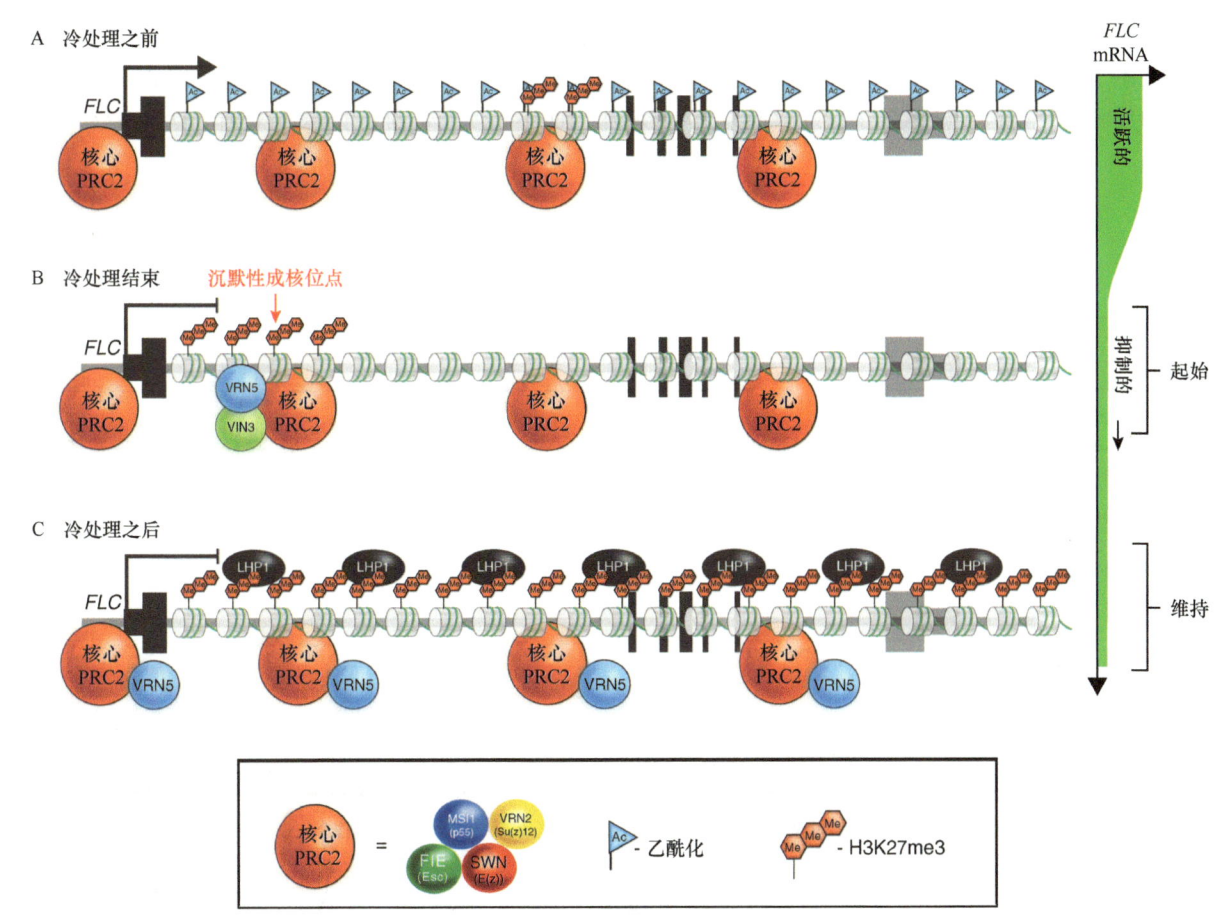

图 31-2 在不同的春化阶段，Polycomb 复合体的组成和定位会在 *FLC* 上发生动态变化。（A）在触发春化的寒冷开始之前，PRC2 核心复合体已经与活跃的 *FLC* 位点的一段长度上的染色质相关联。外显子与内含子的结构显示在染色质纤维下，每个外显子以黑色条形表示。（B）长时间的低温导致含有植物同源域（PHD）蛋白（VIN3、VRN5）的可变 Polycomb 复合物在靠近第一个内含子开始位置的特定基因内位点积累和成核。（C）植物回到温暖环境后，低温诱导的 VIN3 PHD 蛋白质丢失。一个修饰的 PHD-PRC2 复合物与整个基因座相关，诱导高水平的 H3K27me3，覆盖基因座并提供抑制的表观遗传稳定性（维持）。

PRC2 在 *FLC* 第一个内含子内的某个位点结合，导致组蛋白修饰 H3K27me3 的局部积累，这是多梳沉默的典型表现（图 31-2）。当植物被转移回温暖的温度时，一个 PHD-PRC2 复合体沿着 *FLC* 的长度扩散，在整个基因座产生非常高水平的 H3K27me3。这些高水平的 H3K27me3 是表观遗传维持沉默所必需的（De Lucia et al.，2008）。LHP1 是拟南芥中后生动物异染色质蛋白 1（HETEROCHROMATIN PROTEIN 1，HP1）的同源物，它也在维持表观遗传沉默的过程中被需要，并与 H3K27me3 结合，而不是像哺乳动物细胞中那样与 H3K9me3 结合（图 31-2；Mylne et al.，2006；Sung et al.，2006a；Zhang et al.，2007）。

31.2.2 细胞自主性的双稳态开关

在春化期间，表观沉默的一个不同寻常的特点是它的数量性质：沉默的程度取决于植物感知的寒冷程度。这一特性确保植物能够区分秋季的寒流和整个冬季。对整个组织的详细分析显示，冷诱导的 H3K27me3 在 *FLC* 的内含子聚集部位有定量积累（图 31-3A，Angel et al.，2011）。定量的本质也反映在基因转移到温暖环境后体内的 H3K27me3 水平。受限于 H3K27me3 数据的数学模型预测春化的定量性质是由一个细胞自主开关产生的，其中 *FLC* 位点转换到以整个位点高水平的 H3K27me3 为标志的完全表观遗传沉默状态（图 31-3B，Angel et al.，2011）。延长低温的时间会增加发生这种转变的细胞的比例（图 31-3C）。春化的定量性质预测是因为已经证明在携带 *FLC* 融合基因的转基因植物中，细胞翻转的程度可以在细胞水平上可视化；双稳态表达模式确实在部分春化植物中得到了验证（见图 31-3C 的中间部分，Angel et al., 2011）。数量的增加反映了完全表观沉默的 *FLC* 的细胞比例的增加，而不是所有的细胞携带越来越沉默的 *FLC*。

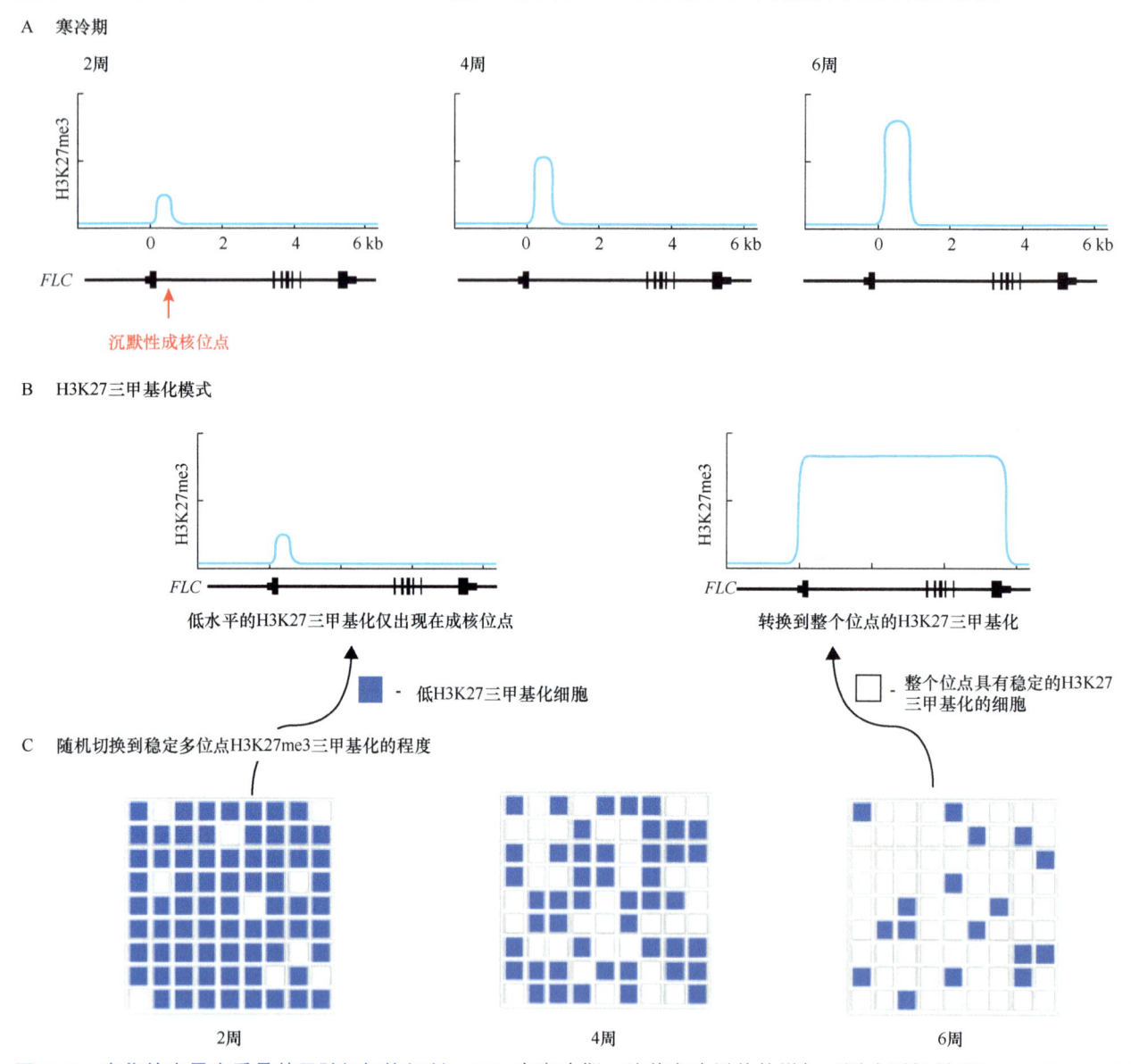

图 31-3 **春化的定量本质是基于随机切换机制。**（A）在寒冷期，随着寒冷周数的增加（图片顶行所示），H3K27me3 在 *FLC* 基因的成核区定量积累，各图如下所示。（B）寒冷期之后，集结的 H3K27me3 使部分细胞进入沉默状态，高水平的 H3K27me3 覆盖该基因。这种表观遗传开关是细胞自主的。（C）春化反应的定量性质是由于在增加冷暴露后，越来越多的细胞切换到沉默状态。每个单元格用一个正方形表示。（图由宋杰博士提供）

在环境诱导过程中，冷诱导 PHD-PRC2 复合物聚集是一个关键的调控步骤。然而在 PHD 蛋白缺陷的植物中依然能够建立起有效的沉默（Swiezewski et al., 2009），因此，*FLC* 的表观遗传沉默必定存在着多个依赖于寒冷的步骤——其中的一些是为了建立沉默，另一些则是诱导表观记忆的积累。这些多而独立的冷诱导步骤表明春化不仅仅是一个"温度计"式调控，而是由多个不同的步骤来感知温度。

对建立沉默所需要的冷诱导步骤的研究显示了一个早期且稳定的 *FLC* 反义转录本（被称为 COOLAIR）的诱导（Swiezewski et al., 2009）。这些反义转录本包围着整个正义转录本，可以选择性聚腺苷化，也可选择性剪接（图 31-4），它们在温暖和寒冷环境中都是 *FLC* 调控的重要组成部分（Hornyik et al., 2010；Liu et al.，2010）。反义转录本中近端poly A位点的增加与 *FLC* 在温暖和寒冷环境中的转录减少有关（Swiezewsk et al.，2009；Liu et al.，2010），其机制独立于PHD蛋白。另外，*FLC* 的第一个内含子中的隐藏启动子也会受到寒冷诱导转录一个 *FLC* 非编码正义链（称为COLDAIR），这是将PRC2靶向到 *FLC* 位点所必需的（Heo and Sung，2010）。

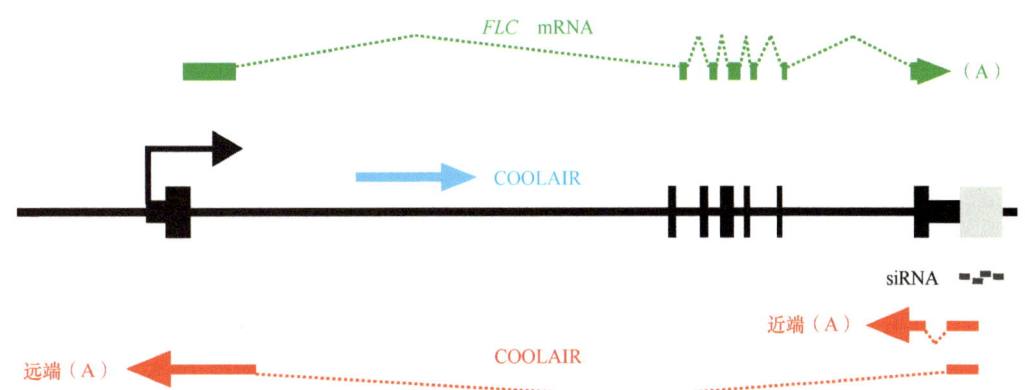

图31-4 *FLC* **位点的非编码转录本**。许多种类的非编码转录本已在 *FLC* 位点上表现出来。一组反义转录本被统称为COOLAIR（红色）。它们有可变的剪接和可变的聚腺苷化位点，包含了转录本的整个长度。无论在温暖还是寒冷的环境，它们都是 *FLC* 调节的组成部分。一个 *FLC* 非编码转录本，称为COLDAIR（蓝色），转录自内含子1的一个隐启动子。在COOLAIR转录起始位点的上游也有同源的24-和30-mer的siRNA（灰色）。

31.2.3 对不同环境的适应

春化机制各阶段的变异在不同生殖策略的进化中起着重要作用。拟南芥不需要春化，一年可以繁殖多次。这种快速循环的习性是由一个 *FLC* 的激活子FRIGIDA的独立突变演变而来的（Johanson et al.，2000；Gazzani et al.，2003；Shindo et al.，2005）。拟南芥 *FLC* 本身的变异几乎无法解释这种快速循环的习性（Werner et al.，2005）。但 *FLC* 的变异是不同拟南芥品种适应不同的冬季长度的一个主要因素（Shindo et al.，2006）。目前我们仍然不清楚冬季长度是如何决定的，但对生长在日本本土栖息地的拟南芥的研究指出了一种温度/时间平均机制，该机制整合了6周时间内的温度（Aikawa et al.，2010）。通过对拟南芥不同品种的分析，人们探讨了拟南芥适应不同冬季的机制基础。那些来自其范围北部极限的物种[如瑞典北部的Lov-1（纬度62.5°N）]最初在相同的时间范围内使 *FLC* 保持沉默，但现在需要更长的寒冷期来保持完全的表观遗传沉默。短暂的寒冷使得 *FLC* 的表达在回到温暖环境后恢复（图31-5）。一个遗传分析表明这种冬季长度变异的主要位点归结于到 *FLC* 自身的顺式元件，而不是介导春化的反式因子（Shindo et al.，2006；Coustham et al.，2012）。自然变异可能提供了关于顺式元件和介导FLC激活或者抑制染色质复合物动态的重要信息。

这些表观遗传沉默的分子变异也适用于解释多年生（如年复一年开花的能力）的分子基础。通过对拟南芥的近缘物种 *Arabis alpina* 的分析发现，*FLC* 同源物（称为PEP1）与 *FLC* 存在有趣的调控差异（Wang et al.，2009）。在长时间的寒冷环境下，*A.alpina* 中PEP1的表达下降，使得下游的开花激活因子能像在拟

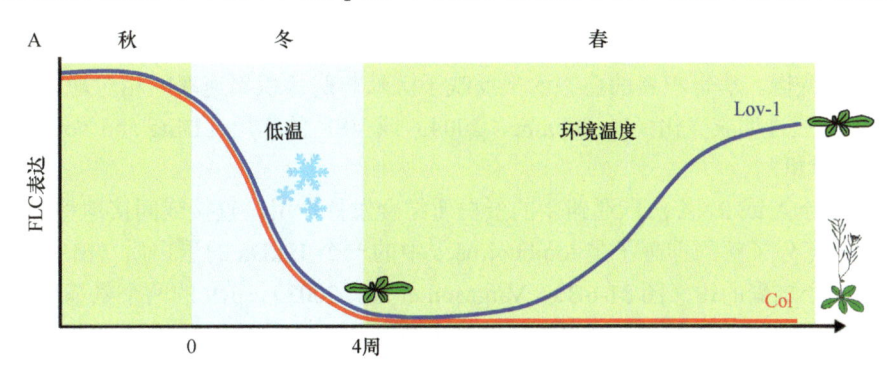

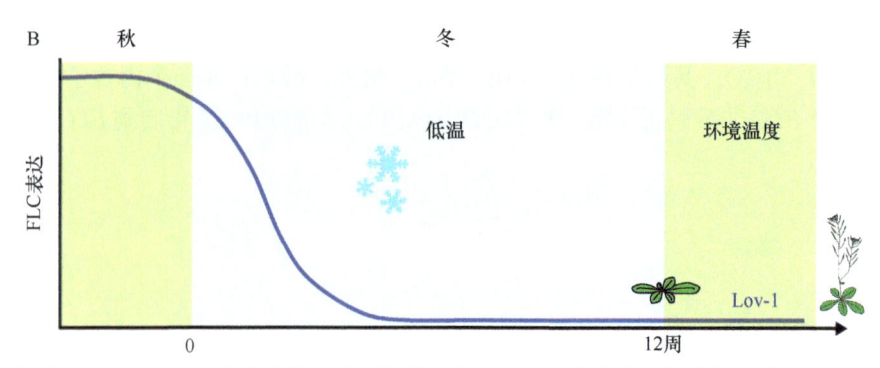

图 31-5 不同气候条件拟南芥中 FLC 表观遗传沉默的数量变化。（A）一个来自德国的拟南芥（Col，红线）只需要 4 周的低温就能使 *FLC* 表观基因沉默。Lov-1 生长在瑞典北部（北纬 62.5°），如果寒冷期很短，它的 *FLC* 基因就会被重新激活，导致它不能春化，因此不能开花。（B）Lov-1 需要更长的冷期（12 周）才能使 FLC 完全表观遗传沉默。分子分析表明，这种差异是由于内含子 1 的 PHD-PRC2 成核区附近存在少量顺式多态性造成的。

南芥中一样表达。但与拟南芥不同的是，这种沉默并不是表观遗传稳定的（Wang et al.，2009）。表观遗传沉默上的差异似乎广泛地影响了陆生植物在繁衍策略上的进化。

31.3 案例 2——病毒介导的基因沉默与表观遗传

在第二个案例中，我们描述了一个病毒作为外部刺激的例子，其维持机制与 RNA 沉默和 DNA 甲基化有关。这种病毒机制说明，如果内源性基因组元件应激或受到其他外部刺激，它们可能启动持续基因沉默。

31.3.1 病毒感染的植物中的 RNA 沉默

我们首先描述植物和无脊椎动物抗病毒防御系统中的 RNA 沉默过程来引入病毒介导的表观遗传修饰的介绍（Baulcombe，2004）。当植物细胞将病毒 RNA 识别为外源 RNA，并通过一个依赖 RNA 的 RNA 聚合酶（RNA-dependent RNA polymerase，RdRP）将其复制成双链（ds）时，就会发生 RNA 沉默。这些双链 RNA（dsRNA）随后会被一个 Dicer 核酸酶切割成 21～24 nt 的 siRNA（Dunoyer and Voinnet，2005）。在植物中，Dicer 蛋白被称为 Dicer-like（DCL），尽管严格地说它们不是 DCL——它们实际上是 Dicer 蛋白。这些小 RNA 最初是双链形式，但最终以单链形式被合并到同样含有 Argonaute（AGO）核酸酶的核糖核蛋白复合物中（图 31-6A）。AGO 含有类似于核糖核酸酶 H 的结构，同时 siRNA 作为一个 AGO 的向导：siRNA 能够与细胞中其他的 RNA 碱基配对从而引导 AGO 到达其降解或翻译抑制的靶标。靶向的规则为 siRNA 和靶标 21～24 个位置的大部分配对。当然，病毒 siRNA 最主要的目标是病毒 RNA 本身（Dunoyer and Voinnet，2005）。

在未被感染的细胞中没有病毒 siRNA，因此 AGO 蛋白无法被导向其靶标。因此，在感染之后，最初的几轮病毒复制不会受到 RNA 沉默的约束。然而一旦病毒 RNA 积累到一定的程度，AGO 就会被启动，病毒 RNA 的积累速率就会变慢。病毒积累的稳态水平反映了沉默与病毒积累速率的相对动力学。这个稳态水平也取决于病毒 RNA 能通过如衣壳化（Baulcombe，2004）或 VSR 的作用（Ding and Voinnet，2007）等方法在多大程度上规避沉默机制。

VSR 能通过与 siRNA 或 RNA 沉默通路中的蛋白质结合发挥作用，直接或间接地将病毒的 RNA 与它们有效地隔离。一个被充分了解的抑制子是 tombuviruses 中的一个 19kDa 的蛋白质（p19），它能在双链形式的 siRNA 周围形成一个二聚的钳（图 31-6B）（Vargason et al.，2003）。p19 的两个氨基端残基精确地定位在 RNA 双链结构的两端，这样双链的两条链就不能分离并释放出活跃的单链形式。其他已被充分了解的 VSR

图 31-6 病毒和转基因诱导的植物 RNA 沉默。（A）核心 RNA 沉默途径：双链 RNA 经 Dicer 加工成 21nt 和 24nt RNA，然后与 Argonaute 剪切蛋白结合，引导复合物特异性靶向 RNA 序列。（B）p19 病毒抑制 RNA 沉默（VSR）：siRNA（棒状结构）与 p19 病毒抑制基因的二聚体结合，并由各自氨基末端形成的螺旋支架固定。（图 B 转载自 Vargason et al., 2003）

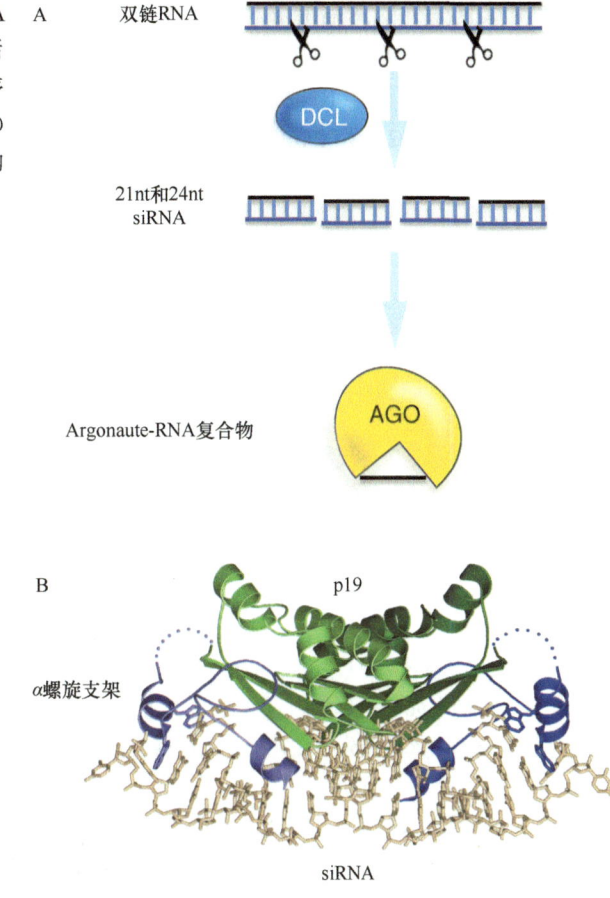

包括 carmoviruses 中的 P38，它能通过一个甘氨酸-色氨酸（GW）钩状基序自身与 AGO 蛋白结合（Azevedo et al., 2010）；还有 poleroviruses 中的 P0，它是一个非典型的 F box 蛋白，能够通过自噬而不是正常的蛋白酶体途径引导 AGO 降解（Derrien et al., 2012）。

尽管可能存在一些细微的偏差，可能只有极少（如果有的话）的植物病毒不会以这样或那样的形式诱发 RNA 沉默。例如，如果病毒 RNA 具有折叠式结构中的碱基配对区域，则 RdRP 步骤可以被绕过；或在具有环状 DNA 基因组的病毒中，dsRNA 是通过对相反 DNA 链转录的互补 RNA 进行退火形成的。如果病毒 RNA 以双链形式存在，Dicer 可以直接作为抗病毒核酸酶发挥作用，AGO 步骤就会被免去（Ding and Vbinnet, 2007）。

RNA 沉默作用于动植物，上述病毒防御系统可能与存在于原始真核细胞中的一种原始 RNA 沉默途径有关。对病毒的防御很可能是这一古老细胞类型的基本功能，它很可能像在现代植物中一样通过 RNA 沉默来发挥防御作用。RNA 沉默被认为甚至可能是在 DNA 获得其在遗传中的核心作用之前就存在的 RNA 世界的遗迹（Salgado et al., 2006）。

由于动物和植物的分化，似乎 RNA 沉默途径在不同的动物、植物、真菌和其他真核生物的谱系变得多样化。最终的结果是不同物种中 RNA 沉默途径中的一系列差异［在第 16 章中也有讨论（Martienssen and Moazed, 2014）］。这些差异包括基因、病毒和转座子等一系列内源的遗传元件（Zamore, 2006）。

31.3.2 多重的 RNA 沉默途径

RNA 沉默机制的多样性在植物中是非常明显的（Eamens et al., 2008）。这些途径中的小 RNA 根据其前体被分为 microRNA（miRNA）或 siRNA（图 31-7）。miRNA 来源于包含反向重复序列结构的 RNA 前体，这些反向重复序列的两端能够相互折叠形成碱基互补配对结构作为 Dicer 的底物。这些 RNA 的一个关键特征是在折叠区域的两条臂之间发生的不匹配，引导 Dicer 核酸酶到达折叠区域结构的一个单一位点。因此，这种类型的每一个前体 RNA 都产生一个单独的 miRNA，并如前所述，与 AGO 结合。绝大部分的 miRNA 是 21nt 的，也有 22nt 和 24nt 的形式。它们普遍涉及转录后沉默——AGO 蛋白或是切割 mRNA，或是以一种目前还未理解的机制干扰其翻译。

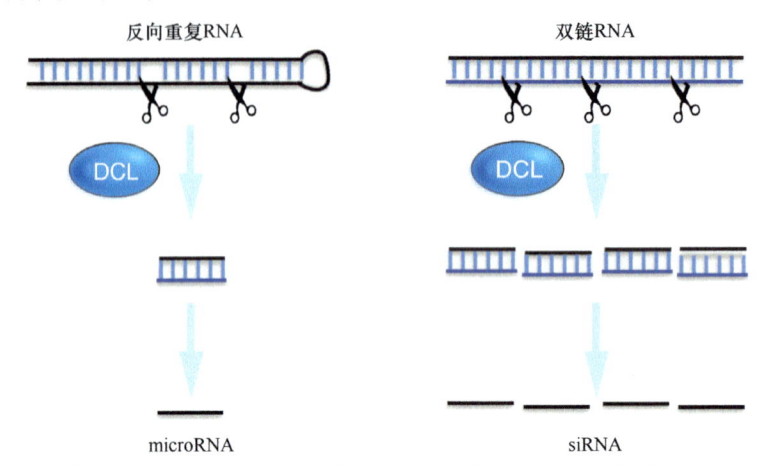

图 31-7　植物内源性 RNA 沉默。 miRNA 和 siRNA 的区别：miRNA 是由一个二级结构的 RNA 分子被 DCL 裂解产生的。碱基配对区域的不匹配引导 DCL 蛋白，使其从长前体中释放出一个单独的 miRNA。相比之下，siRNA 来自一个完美的碱基配对前体分子，该前体分子在几个位点被劈裂释放出多个 siRNA。

与 pre-miRNA 不同，siRNA 通常由 Dicer 切割完全碱基互补配对的前体形成（图 31-7）。错配结构的缺乏意味着 Dicer 没有引导。它或者在碱基互补配对的区域中被随机切割，或者从一端起被连续切割。如果切割从一端开始，则 siRNA 主要在一处位点阶段性地产生（Chen et al.，2007；2010）。然而，不论 siRNA 是否是阶段性地产生（Chen et al.，2010），都可以从一个单一的前体中生成多个 siRNA。从一个前体中形成的是单个还是多个短 RNA，是 miRNA 和 siRNA 之间的根本区别。寄主和病毒的基因组都能产生 siRNA。双链的 siRNA 前体来源于以 RdRP 转录本为一条单链模板退火形成互补的 RNA，或上述病毒感染细胞的反向重复的折叠与碱基配对（图 31-7 和图 31-8）。

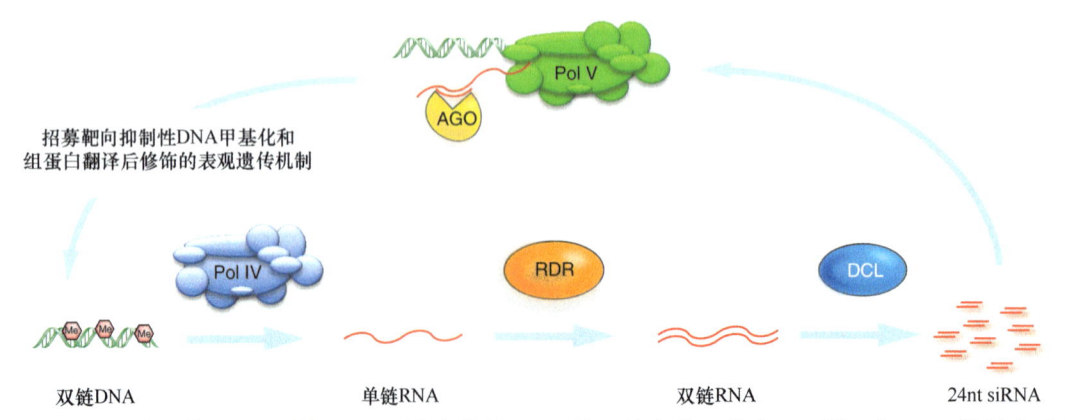

图 31-8　siRNA 生物发生的 Pol IV 途径。 RNA 聚合酶 II（Pol II）的变体，称为 Pol IV，从 DNA 模板生成单链 RNA（ssRNA）。该 ssRNA 经 RdRP 转化为双链形式，然后经 DCL 蛋白加工为 24nt siRNA。siRNA 随后与一个 AGO 蛋白结合，靶向基因组非编码区域被第二种变体 Pol II 即 Pol V 转录的新生转录本。随后 AGO 蛋白招募 DNA 甲基转移酶，在 DNA 模板的胞嘧啶碱基（粉红色的六边形符号）和其他组织修饰酶上引入甲基。

虽然动物中存在这几种小 RNA 通路，但在植物中存在多样性的可能性更大。植物和动物中的不同可能是植物基因组极具可塑性的结果，这种可塑性促进了 Dicer、AGO 及其他 RNA 沉默因子基因的多拷贝和新功能化。在开花植物中，基因组的可塑性造成了不同物种单倍体基因组的大小相差了 1000 倍以上。这种基因组大小的大范围变动是由于重复的全基因组复制及转座因子的活动，但基因组的缺失也减小了基因组的大小。这种基因组通量的最终结果不仅仅是那些 RNA 沉默的蛋白质，现代植物中的许多蛋白质都被编码成多基因家族（Van de Peer et al.，2009）。

植物中的 Dicer 是研究一个基因家族的功能多元化最好的例子之一。这些多基因家族编码了 4 个或更多的成员，根据物种和 DCL 的形式不同，这些成员行使不同的功能（Gasciolli et al.，2005）。一些 Dicer 像上文中 miRNA 部分描述的那样生成参与转录后沉默的 21nt 的分子。它们能产生 miRNA 和 siRNA。其他 Dicers 产生 22nt 的 siRNA 或 miRNA，这些 RNA 或 miRNA 以某种方式影响结合 AGO 的结构，使靶标 RNA 通过 RdRP 转化为双链形式（Chen et al.，2010；Manavella et al.，2012）。这些双链 RNA 随后被 Dicer 加工生成与 AGO 蛋白结合的次级 siRNA，然后通过 RNA 剪切、翻译阻滞和 RdRP 招募参与进一步的靶向[见第 13 章图 13-7（Pikaard and Mittelsten Scheid，2014）]。这些次级 siRNA 通路的结果是放大了 RNA 沉默效应：单个起始的 miRNA 或 siRNA 会产生许多次级 siRNA 和调控的级联反应（Chen et al.，2007）。

第三类 Dicer 生成 24nt 的 siRNA（Xie et al.，2004）。这些 24nt 的 siRNA 和更短的类似物一样结合 AGO。AGO 和 Dicer 一样由多基因家族编码并且行使不同的功能（Havecker et al.，2010）。例如，同 24nt 的 siRNA 结合的 AGO 与其他结合 21nt 或 22nt siRNA 的 AGO 不同；它们在细胞核而不是细胞质中起作用，同时它们影响 DNA 或染色质的表观遗传修饰而非 mRNA[见第 13 章图 13-3（Pikaard and Mittelsten Scheid，2014）]。

这些 24nt 的 RNA 介导的表观遗传沉默机制与转录后沉默相似，因为 AGO 参与其中，同时靶标的特异性源于 siRNA 的 Watson-Crick 碱基互补配对。然而，由于它们靶向与染色质结合的 RNA 而不是 mRNA，24nt 的 siRNA 的作用是独特的（Wierzbicki et al.，2008）。这些染色质 RNA 是由一个 DNA 介导的 RNA 聚合酶Ⅱ的一个非典型形式 Pol Ⅴ转录形成（图 31-8）。结合 24nt 的 siRNA 的 AGO 蛋白与其他结合 21nt 和 22nt 的 siRNA 不同，因为它们引导了 DRM2 DNA 甲基转移酶（Law and Jacobsen，2010）。当 DNA 上的一个区域被 AGO 复合物靶标时，DRM2 将甲基基团引入 DNA 上的 C 残基，因此，24nt 的 siRNA 实际上是决定被 DRM2 甲基化的基因组区域的决定因子。DNA 甲基化的参与使该途径具有表观遗传特性，这在第 13 章 13.3.5.2 节中详细讨论（Pikaard and Mittelsten Scheid，2014），并在图 13-6 中进行了说明。

31.3.3 病毒介导的启动子沉默

本章中描述的不同 RNA 沉默途径与病毒诱导启动子沉默的表观遗传历史案例有关，因为病毒 siRNA 包括上文中描述的参与表观遗传沉默的 24 nt 长的种类（Deleris et al.，2006）。更小的 21nt 或 22nt 的种类也从病毒 RNA 中产生，但它们与转录后基因沉默相关。这些更小的 siRNA 在防御中尤其是抵抗 RNA 病毒中非常重要。通过表达一个叫做 35S 的强植物病毒启动子驱动下的绿色荧光蛋白的转基因植物实验发现，病毒诱导的转录后基因沉默显示得非常清楚（图 31-9）。这些植物在 UV 下发出绿色荧光，如果这些植物被携带一部分绿色荧光蛋白（GFP）编码基因的一部分序列的 RNA 病毒感染（图 31-9B），绿色荧光就会消失，并且 GFP mRNA 会通过上文中描述的基于 siRNA 和 AGO 的机制（图 31-6）降解。该实验中使用的病毒产生了一个微弱的 VSR（Martin-Hernandez and Baulcombe，2008），但是显然它并不能在被感染的植物中完全阻止 GFP 转基因的病毒诱导的沉默。

如果病毒或病毒相关的核酸碰巧与一个宿主 mRNA 序列相似，病毒诱导的转录后沉默会影响宿主。病毒的 siRNA 靶向宿主基因，被感染的植物的症状反映了相关的功能丢失（Shimura et al.，2011）。病毒沉默也是功能基因组学的一个有用的工具（Baulcombe，1999）；基本思想是简单地构建一个带有与不同宿主基因相对应的、插入的病毒克隆库。随后植物被单独的克隆感染监测其症状，希望其能反映基因插入的功能。这个方法非常成功，如用于抗病相关基因的筛选上（Lu et al.，2003）。

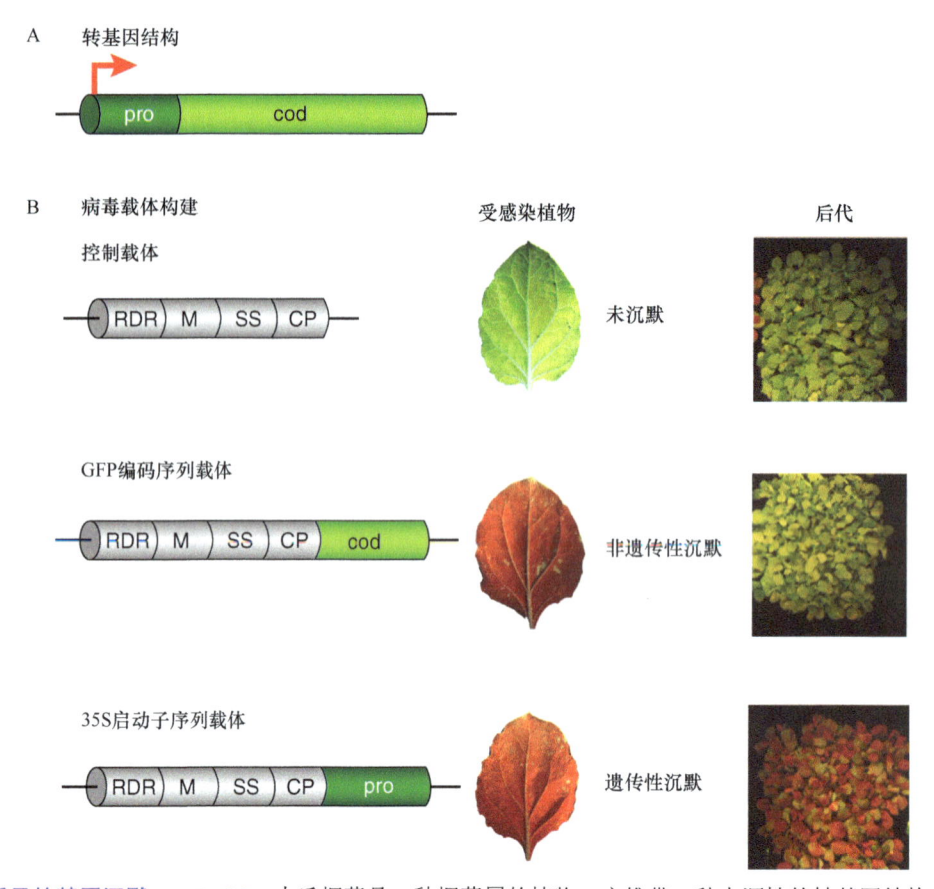

图 31-9 病毒诱导的基因沉默——VIGS。 本氏烟草是一种烟草属的植物，它携带一种内源性的转基因结构（A），内含 35S 启动子（pro）驱动 GFP 编码序列（cod）。（B）烟草摇铃病毒载体正在复制编码几种蛋白质的 RNA 分子。这些蛋白包括病毒 RNA 依赖的 RNA 聚合酶（RDR）、移动蛋白（M）、沉默抑制蛋白（SS）和外壳蛋白（CP）。控制病毒载体（顶部）没有插入。实验结构带有一个对应于"pro"或"cod"的插入物。感染实验构建物的植株中绿色荧光的损失表明，两种构建物都存在基因沉默（中间）；然而，在启动子构建中，子代幼苗（右侧）持续沉默。

表观遗传而不是源于病毒的 24nt 的 siRNA 转录后沉默影响也通过 GFP 转基因植物表现。在表观遗传沉默中，病毒载体中的插入必须与转基因启动子而不是基因编码区相对应。被带有启动子或编码序列插入的病毒载体感染的植物表现出 GFP 的消失（图 31-9B）。然而，可遗传的 GFP 沉默是由相关基因（在这里指转基因整体）的靶向 DNA 甲基化造成的。

如果病毒与植物基因组的序列存在相似性，基因转录沉默（TGS）机制也可以靶向植物的内源基因组元件。这是因为在被感染的植株中，内源性启动子中的 C 残基被甲基化，阻碍了邻近基因的转录。例如，当上述转基因植物被一种以 RNA 形式携带部分 35S 启动子序列的烟草脆裂 RNA 病毒感染时，会出现转录沉默和启动子 DNA 甲基化（图 31-9）（Jones et al., 2001）。

在烟草脆裂病毒实验中基因沉默的机制还没有被探明，但是基于其他植物中的表观遗传系统，其可能涉及 DRM1/2 DNA 甲基转移酶（Dnmt 同源物）与包括组蛋白去乙酰化酶和赖氨酸甲基转移酶在内的组蛋白修饰酶。赖氨酸的乙酰化会减弱组蛋白与 DNA 的结合，由此减弱了 RNA 聚合酶的转位阻碍。赖氨酸的甲基化，尤其是组蛋白 H3 上第 9 位赖氨酸的甲基化，则类似地与染色质沉默相关（图 31-8）。

31.3.4 区分病毒诱导基因沉默的建立与维持

表观遗传机制被经典地定义为，即使起始的刺激是短暂的，它们也会在细胞世代中持续存在。具有启动子插入的病毒感染植物后代的 GFP 持续沉默，清楚地说明了表观遗传调控的这一决定性特征（图 31-9B）（Jones et al.，2001）。该实验中用到的流动病毒载体被改造成无法通过种子传递病毒，所以检测不同世代的 GFP 的沉默表型即可研究基因沉默的建立与维持之间的区别；被感染的植物中 GFP 沉默的建立显著依赖于病毒，而随后的 GFP 沉默状态的维持则与病毒感染无关。使用含有 35S 启动子同源性的病毒观察到的转录沉默确实是表观遗传的，因为它在几代无病毒感染的后代中持续存在。相比之下，GFP 编码序列病毒在下一代中没有沉默（图 31-9B）。因此，转录后沉默的持续依赖于引发病毒的存在，其效果不是表观遗传的。

建立阶段和维持阶段之间的差异之所以出现，是因为 TGS 中的 DNA 甲基化在没有启动病毒感染的情况下可以通过维持 DNA 甲基转移酶的活性来维持，至少是部分维持，这与参与建立的 DNA 从头甲基化酶不同。例如，甲基转移酶 MET1，如果 C 残基在其 3′ 端与 G 相邻，则会导致 C 残基的甲基化复制（图 31-10）。子链在与 G 相对的 C 残基上被甲基化，在第二轮复制中，甲基化以同样的模式被添加到 C 的原始位置。当然，这样的机制不能在不毗邻 G 的 C 残基上保持甲基化，因此表观遗传机制维持阶段的 DNA 甲基化程度不如起始时存在广泛。这种起始和维持阶段的区别是许多表观遗传现象的核心，包括那些机制不涉及 DNA 甲基化的现象。例如，在上述的春化案例中，起始阶段是 PHD-PRC 在 *FLC* 的内含子位点集结，维持则与复合物的传递和 LHP1 功能有关。

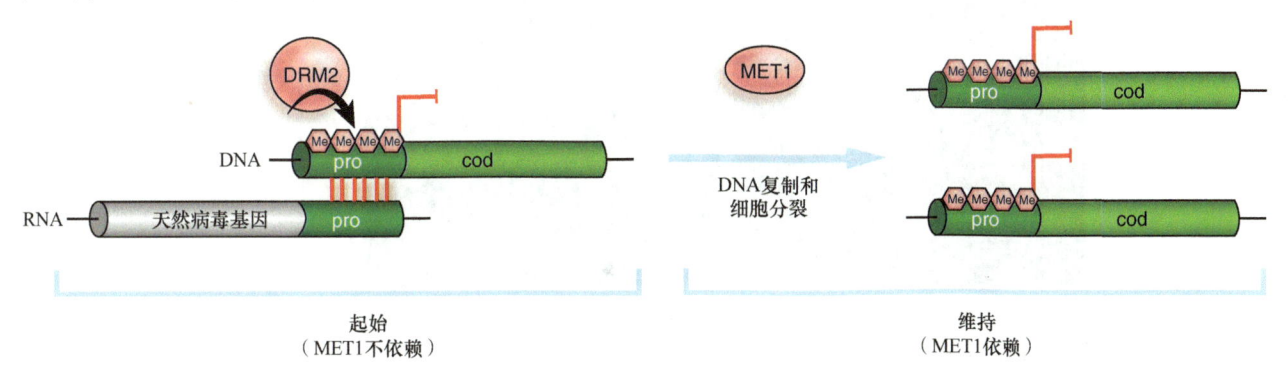

图 31-10 病毒诱导的转录沉默的建立和维持。红色的竖线表示含有启动子序列插入物（pro）的病毒 RNA 与同源 DNA 的相互作用。启动子 DNA 被认为是 RNA 沉默途径的靶点，甲基被引入（图 31-8），TGS 最初通过启动子序列的从头 DNA 甲基化（粉红色的六边形符号）发生，由 DRM2 催化。沉默的维持依赖于 DNA 甲基转移酶的维持，MET1 通过 DNA 复制和细胞分裂传播甲基化模式。

31.3.5 可移动的沉默

如果起始刺激应用于分生组织，则在植物中维持表观遗传效应是有效的。当新的细胞、组织和器官出现时，这种沉默状态就会传递给它们。例如，在春化过程中，分生组织可以感受到冷刺激，随着细胞分裂和染色质的复制，FLC 的沉默状态得以传播。然而，也有一些情况下，起始和维持是在相互隔离的细胞中，并且有移动信号在细胞之间移动［第 2 章的主要内容（Dunoyer et al.，2013）］。

在表观遗传 RNA 沉默的例子中，移动信号可以通过嫁接实验来说明，在实验中，一种基因型植物的芽被嫁接到另一种基因型植物的根上（图 31-11）（Melnyk et al.，2011）。例如，在一个分生组织特异性的启动子和增强子控制下表达 GFP 的转基因植物，并设计一个沉默子转基因来产生针对必要的增强子成分的 siRNA。如果嫁接到携带沉默子的根分生组织中，靶标转基因在 C 残基处被甲基化并在根分生组织中被沉默。然而如果负责沉默子芽中的 siRNA 产生的 Dicer 存在缺陷，启动子 DNA 甲基化和沉默就不会发生。相应的，如果枝条来自野生型而非 Dicer 突变体，则嫁接根中会存在 24nt 的 siRNA。这些实验清晰地证明了 24nt 的 siRNA 是植物中能够在易感的分生组织中引发表观遗传效应的移动信号［Molnar et al.，2010；Melnyk et al.，2011；在第 2 章中描述（Dunoyer et al.，2013）］。

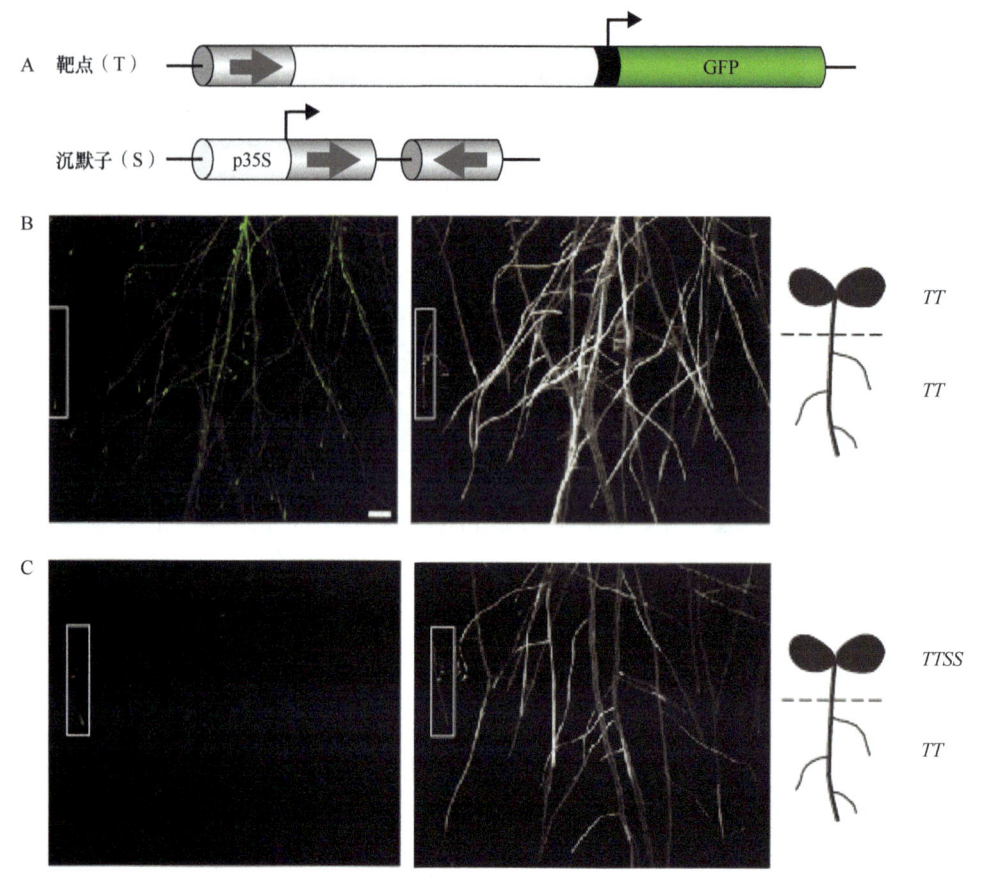

图 31-11　一个展示可移动的沉默实验体系。(A) 将带有分生组织特异性增强子区域启动子（箭头）的目标 GFP 转基因植株命名为 TT，并将其与带有 35S 启动子的沉默结构的 SS 植株杂交，该沉默结构可定向增强增强子的反向重复转录（箭头）。将 TT（B）和 TTSS 植株（B）作为接穗嫁接到 TT 根上，观察 GFP 的表达。通过 GFP 荧光和 RNA 凝胶印迹法监测沉默从茎向根的传播。在这个分析中，B 图和 C 图中显示在紫外线（左）或白光（右）下的根。TTSS 嫁接引起根系 GFP 沉默，说明沉默信号具有可移动性。（改编自 Melnyk et al., 2011）

31.4　重置与跨代遗传

这两个案例说明了环境诱发的完全不同的表观遗传变化的例子。春化涉及多梳家族蛋白，与 DNA 甲基化无关，在每一代中都被重置。这种重置作为一种环境响应非常重要：有春化需求的植物每一代都需要在开花之前经历一段合适的寒冷阶段（冬季）。而病毒介导的基因转录沉默则相反，依赖于 DNA 甲基化，通过 siRNA 靶向，并且在不同的世代中依然存在。

目前，我们没有理解在减数分裂、配子体发生和早期胚胎发生的过程中确保 DNA 启动子上的 DNA 甲基化的机制。事实上，我们还不明白为什么一些表观遗传标记是可遗传的，而另一些则不是。在某种程度上，这种差异可能与不同类型的表观遗传标记有关：多梳复合物标记可能更容易重置，而 DNA 甲基化更可能在两代之间传递。然而，这并不是绝对的，因为许多 DNA 甲基化标记，包括那些由病毒设置的标记，有时会在下一代中丢失（Kanazawa et al., 2011；Otagaki et al., 2011）。持续性的标记可能有更多或特定类型的 C 残基甲基化，比那些被重置的标记更难清除。另一种可能是，可遗传的表观遗传标记产生了一种信号，从母体植株传递给后代，从而引导下一代早期受精卵或分生组织细胞的重建。支持后一种模式的证据来自对拟南芥花粉转座子沉默的分析。转座子标记在花粉的体细胞中丢失，因此转座子被激活。来自活跃转座子的 RNA 作为产生 siRNA 的前体被运输到花粉粒的生殖细胞中。随后这些细胞使卵细胞受精，产生下一代。此外，它们还将可移动的 siRNA 携带到受精卵中，以加强受精卵中表观遗传标记的建立［Slotkin et al.，2009；在第 2 章进一步讨论（Dunoyer et al.，2013）］。

31.5 响应胁迫的瞬时表观遗传调控

这两个环境诱导表观遗传调控案例在分子水平上已被很好地理解。但是在植物中还可能有表观遗传基础（包括由胁迫引发在内）影响的其他例子。

这些候选的表观遗传现象之一对园丁来说是很熟悉的，他们把植物温和地暴露在低温下，使其"变硬"，这样就可以保护它们抵御以后的冰冻温度。当然，这个过程在每代都需要重复。亏缺灌溉的概念，即长期耐旱性可由暂时或部分干燥引起，同样可以用每一代重置的表观遗传机制来解释（Davies et al.，2010）。在这两个例子中引入表观遗传学是因为反应在初始诱导后持续了很长一段时间；也就是说，有一种分子记忆不太可能涉及突变或其他类型的基因组改变。在诱导表观遗传变化方面，其他胁迫似乎不如温度或干旱有效，尽管将拟南芥暴露于紫外线照射下可能导致体细胞重组的持续性上升（Molinier et al.，2006）。

这些现象背后的机制仍在被阐明。原则上，自我强化机制如自身调节转录因子（Ptashne，2007）可能发挥作用。然而，有充分的证据表明，如上所述，基于染色质和 RNA 的机制参与其中。早期的工作表明了温度在 siRNA 产生过程中的作用，暗示 RNA 在这种环境记忆中的作用（Szittya et al.，2003）。其他的研究表明，在暴露于不同的高温环境之后，核小体的间距会发生变化，染色质会发生短暂的去浓缩（Pecinka et al.，2010）。有证据表明，随着温度的升高，H2A.Z 可能作为热传感器发挥作用（Kumar and Wigge，2010）。这个组蛋白 H2A 变体通常与转录起始位点关联。

大多数这种温度敏感的染色质变化与相关基因表达的上调或下调都是短暂的。然而，一个 COPIA78 逆转录转座子家族的转录本能在受到胁迫的 7 天后依然保持增强。这个影响独立于 DNA 去甲基化或组蛋白 H3K9 的甲基化，但受到 siRNA 通路的影响。对这些结果的一种解释是，作为 siRNA 作用的结果，表观遗传标记可能构成了核小体装载的方式，而不是直接对 DNA 或染色质进行化学修饰（Ito et al.，2011）。

当植物接触各种病原体时，会产生更长的表观遗传"记忆"。最初与病原体的接触可能会激活包括水杨酸在内的激素和干扰病原体生长的基因的防御系统。然而，最初的反应是短暂的，但如果植物随后暴露于第二种病原体，基因被激活的速度比第一次接种后更快。对 β-氨基丁酸也有类似的防御启动效应。

这种防御起始记忆可以存在 28 天甚至更久。感染病毒或被植物激素水杨酸处理的拟南芥基因组呈现广泛而动态的 DNA 甲基化变化的事实，进一步证实了病原体诱导的变化是表观遗传的可能性（Dowen et al.，2012）。其中的关键变化可能涉及防御基因位点的 DNA 甲基化丢失，使其更容易在转录水平上被激活（Yu et al.，2013）。

31.6 响应胁迫的跨代表观遗传调控

前文中由胁迫影响的例子多为瞬时的。然而，病毒诱导的基因沉默案例阐述了如果胁迫诱导了 siRNA 或染色质的变化，植物中发生转录的表观遗传影响的可能性。有几个有趣的观察结果与这个预测一致。例如，在沟酸浆属中，人工植食诱导了控制毛状体产生的基因表达的遗传改变，相应地，也诱导了毛状体密度的代际变化（Holeski et al.，2010）。在蒲公英中，如果亲本植株暴露于环境胁迫下，DNA 甲基化的全基因组模式会发生改变，与对照相比，后代的根/枝生物量比、磷含量、叶片形态和抗逆性都发生了改变。因为化学抑制 DNA 甲基转移酶阻断代际效应，DNA 甲基化也牵涉其中（Verhoeven and Van Gurp，2012）。

第三个例子涉及受到组织培养再生胁迫的水稻植株。再生植株的 DNA 甲基化的全基因组模式发生了变化，包括基因启动子上的一些变化。这些变化主要是 DNA 甲基化的丢失而不是增加，并且在再生植物和后代中持续存在（Pellegrini et al.，2013）。这些各种各样的例子应该被当作指标而不是证据来证明影响适应性表型的跨代表观遗传变化。这些例子没有提供明确的证据表明基因表达和（或）表观基因组的变化是表型变化的原因；要么没有显型，要么没有相关证据。此外，在铁皮石斛中，种子是通过无配子方式（如无性繁殖、无减数分裂），其机制可能不能代表那些适用于有性繁殖的机制。

然而，有一个与防御启动有关的例子，其中有很好的证据表明，跨代表观遗传效应可能具有适应性（Luna et al.，2012）。拟南芥感染细菌的后代比未启动的对照后代更能抵抗卵菌纲（真菌样单细胞生物）的二次感染。这一效应在第一代后代中很明显，正如前面一段所描述的现象一样。然而，卵菌抗性也存在于第二代子代中，这些子代产生于本身没有被感染的植物上。这一观察结果是至关重要的，因为它排除了遗传抗性是由于生理或生化因素从亲本转移到种子——因此最可能的解释是表观遗传。

防御基因的染色质分析加强了遗传启动是由于表观遗传机制的概念。在启动抗性后被上调的防御基因与乙酰化组蛋白的富集有关——一种已知的启动子上的激活性的表观遗传标记。与之相反，在抗性起始时下调的基因则带有高水平的抑制性标记 H3K27me3。然而这并不是一个简单的机制，因为 CpHpG 位点的 DNA 甲基化缺陷的植物也有代际启动类似的表型（Luna and Ton，2012）。因此，跨代启动可能是由这些 CpHpG 位点的 DNA 低甲基化介导的；可能存在一系列的表观遗传调控，其中压力导致抑制标记的丢失，反过来，触发激活的表观遗传标记。

31.7　表观遗传对基因组结构的影响

表观遗传机制以各种方式与基因组结构相联系，有几个迹象表明环境刺激诱发了具有遗传后果的表观遗传机制。例如，有证据表明，植物中的 RNA 沉默会影响 DNA 修复（Wei et al.，2012）。因此可以预期，由于 siRNA 的 DNA 修复机制的靶向作用，胁迫植物的后代突变增加。然而，这种可能性尚未经过实验验证，目前还只是一种假设。同样，基于哺乳动物癌症的一个先例，有一种假设的可能性，即 C 碱基的甲基化加速了对应激反应中高甲基化的 Tat 基因组位点的转变（Laird and Jaenisch，1994）。

其他的遗传效应可能与转座子的表观遗传调控有关。例如，copia 逆转录转座子中的 Onsen 家族的转录在极端温度变化（4～37℃）后会增加，与表观遗传学的参与一致，这种影响会持续多达 7 天。Onsen 的活跃导致 siRNA 产生通路缺陷的植物在受到胁迫后的子代中发生频繁的逆转录转座（Ito et al.，2011），并且新的插入可能破坏基因或直接建立表观遗传标记。在任何一种情况下，诱导的表观遗传效应都会导致基因重排，从而改变基因表达的模式。

一项对亚麻营养胁迫诱导遗传变化的研究也可能说明环境诱导影响基因表达的 DNA 重排的潜力。亚麻"可塑"基因型在高营养条件下植株较大，在低营养条件下植株较小。许多诱导的差异在标准营养条件下生长的子代中持续存在。遗传差异包括身高和重量的变化、核 DNA 含量和甲基化、核糖体基因数量和种子的种皮性状。这些表型不具有植物遗传性，但在后代中是稳定的（Cullis，1986）。在营养胁迫后，一个插入元件（LIS-1）在不同亚麻系中可重复地独立重组（Chen et al.，2005），这可能是与这种遗传适应相关的许多基因组变化之一。不幸的是，这种对营养胁迫的现象还没有完全被先进的基因组技术或下一代测序所表征。然而，它们与由基本的 RNA 介导的表观遗传修饰机制的变异原生动物的基因组重排有惊人的相似之处［Mochizuki et al.，2002；详见第 11 章（Chalker et al.，2013）］。探究亚麻系统是否是表观遗传学和 RNA 介导的基因组重排之间联系的一个植物例子将非常有趣。

31.8　被诱导的表观遗传改变的后遗症

拟南芥的一个 30 代系谱分析表明表观遗传标记有自发获得或丢失的趋势（Becker et al.，2011；Schmitz et al., 2011)。虽然重叠和分散的转录本的存在可能会有影响，但一些基因座为什么会倾向于自发的表观遗传变化还不清楚（Havecker et al., 2012）。也许这样的配置影响染色质结构，使表观遗传标记比基因组的其他区域更容易获得和丢失。其他的变化可能是现代变种的杂交祖先基因组相互作用的结果。例如，在拟南芥的异源四倍体中，CCA1 和 LHY 生物钟调节子的抑制性组蛋白标记丢失，进而导致由这些因子调控的 130 个下游基因上调（Ni et al., 2009）。

在栽培番茄和野生番茄的杂交品种中，也有证据表明 siRNA 的产生发生了改变，至少在一个位点上的相关 DNA 的甲基化状态发生了变化。在此情况下，可能表观遗传的变化确实是杂交植物中基因组相互冲击的结果。然而，表观遗传变化直到 F_2 或其后代才开始。这可能是有一个延迟发生的表观遗传变化，或它在 F_1 开始并且它的效应在随后的几代中逐渐增加（Shivaprasad et al., 2012）。未来研究的重点将是找出不同机制对野生植物和栽培植物表观基因组的相对贡献。

31.9 展　　望

表观遗传调控可以看成是受环境影响的复杂系统的遗传调控中的一个额外层面。然而，与其他许多调控机制不同的是，表观遗传系统具有随时间存储信息的潜力——它们是一种分子记忆。这个内存可以看成是"软遗传"系统的一部分（Richards，2006）。"软"是指环境影响的潜力和遗传表型效应的快速引入；相比之下，基因的"硬"遗传对这些外部影响相对不敏感。

软遗传的一个显著例子是基因型完全相同（加倍单倍体）的油菜系，它们被选择是基于其高或低呼吸率（Hauben et al., 2009）。四轮的选择产生了在能源利用效率和产量潜力方面具有可遗传差异的株系。这种差异不太可能在如此短的时间内通过基因变化而出现，因此，表观遗传是最有可能的解释。

环境介导的表观遗传变化极有可能产生变异，从而影响植物的进化。植物中环境与表观遗传调控之间存在显而易见的关系，这一点可能有利于动植物领域在这方面的相互渗透。

本章参考文献

（李宇轩　王润语　译，郑丙莲　校）

第 32 章

组蛋白和 DNA 修饰是神经元发育和功能的调节因子

斯塔夫罗斯·隆瓦尔达斯（Stavros Lomvardas），汤姆·马尼亚蒂斯（Tom Maniatis）

Department of Biochemistry and Molecular Biophysics, Columbia University Medical Center, New York, New York 10032

通讯地址：sl682@columbia.edu; tm2472@columbia.edu

摘　要

DNA 和组蛋白的修饰，加上核结构的约束，均促使了神经系统的转录调节网络的形成。在这里，我们提供了一些例子来说明这些通常被称为表观遗传的调控层次是如何促进神经元的分化和功能的。我们描述了神经元分化过程中 DNA 甲基化和 Polycomb 介导的抑制之间的相互作用、DNA 甲基化和长距离增强子-启动子相互作用在原钙黏蛋白启动子选择中的作用，以及异染色质沉默和核组织在单一嗅觉受体表达中的作用。最后，我们解释了一个活性依赖的组蛋白变体的表达如何决定嗅觉感觉神经元的寿命。

本 章 目 录

32.1　神经元发生的表观遗传调控
32.2　Pcdh 启动子选择的表观遗传调控
32.3　OR 选择的表观遗传调控
32.4　嗅觉神经元生命跨度的表观遗传调控
32.5　总结与展望

概 述

高等生物的神经系统的特点是具有多种多样的细胞类型，它们之间协同合作，以履行神经元无数的功能发挥。在哺乳动物中，大约有 10^{11} 个神经元形成 10^{15} 个突触。连接的差异，以及连接的神经元随后的生理变化，是转录程序差异的结果。异常复杂的神经系统需要一个复杂的调节系统。在发育过程中，神经元必须解析时空线索的微妙波动，以便进行特定的分化程序，同时，它们必须保持一定水平的突触和转录可塑性。众所周知，转录因子的组合和顺式调控序列的组织控制着进入分化程序，并保持神经元功能所需要的核可塑性。在神经元分化过程中，表观遗传调节机制允许随机的、互斥的转录选择，从而提供了额外的调控水平。这提供了长期的转录变化，以响应内部刺激和外部经验。事实上，调控神经系统的表观遗传机制的进化可能是大量染色质和 DNA 修饰酶的扩展及进化的驱动力，这些酶能够在高等真核生物中产生高度复杂但可塑的神经系统。

本章主要关注神经发生的表观遗传机制、神经元命运的规范，以及大脑中神经回路的发展。我们不讨论神经可塑性、神经退化和精神疾病（如吸毒成瘾）的表观遗传学研究（Fass et al., 2014; Nestler, 2014; Rudenko and Tsai, 2014）。染色质和 DNA 修饰的变化发生在神经元发育的最初阶段（即神经发生期间）。它们涉及 DNA 甲基化与多梳和三胸复合体之间的相互作用。这些变化与基因表达模式相一致，基因表达模式决定了神经细胞或非神经细胞的发育。对于神经元的命运，发育中的神经元必须在相似但功能上不同的转录程序之间做出选择。因为这些神经元是有丝分裂后的，组蛋白的遗传和 DNA 翻译后修饰无法测试。因此，我们在神经过程中使用"表观遗传"一词来描述与基因表达变化相关的 DNA 翻译后修饰。我们描述了这一调节的两个例子，这两个例子都是神经回路发育过程中神经元细胞属性发生特化的典型。第一个例子是关于在神经元的属性确立过程中，通过随机表达成簇的原钙黏蛋白（Pcdh）基因，进而产生大量的细胞表面多样性。第二个例子是控制嗅觉神经元中的嗅觉感受器（OR）基因表达，它控制着嗅觉。这两个例子都证明了在复杂神经元结构建成以及功能性单细胞多样化的过程中，特定介导单等位基因表达差异的机制发挥了重要作用。

单等位基因表达是一种罕见的基因调控形式，只有两个等位基因中的一个基因表达。这对调控系统的挑战是辨别和差异表达在同一核中的两个等位基因。最近的研究揭示了染色质修饰在这一过程中的重要作用，在免疫系统中也发现了类似的机制，免疫球蛋白和 T 细胞受体在免疫系统中产生大量的单细胞多样性［见第 29 章（Busslingerand Tarakhovsky, 2014）］。在神经系统中，类似的表观遗传机制已经进化产生细胞多样性，这并不令人惊讶。产生中央和外周神经系统的泛神经元单细胞多样性的机制，确保钙黏蛋白样 Pcdh 蛋白从一个基因库随机组合表达。在 OR 基因的例子中，超过 1000 种可能的受体异构体中，除了一种以外，其余的都是随机沉默的。这一随机过程与基因组印记形成对比，基因组印记是一种表观遗传过程，确保起源的亲本决定某些基因的单等位基因表达。然而，这些单等位基因表达的"经典"例子确实与基因组印记有一些相似之处，即只有两个相同的基因拷贝或基因组区域中的一个在单细胞细胞核中是沉默的。我们还描述了嗅觉神经元中另一种"表观遗传特性"，涉及名为 H2be 的组蛋白 H2b 亚型（或变体）的表达。这个组蛋白变体与标准的 H2b 蛋白只有 5 个氨基酸的不同，似乎是外部嗅觉感觉环境的一种计量器。其仅由受刺激不足的嗅觉神经元表达，发出信号缩短它们的寿命。

32.1 神经元发生的表观遗传调控

多能神经干细胞和祖细胞产生神经系统的神经元和非神经元谱系（图 32-1A）（Olynik and Rastegar, 2012）。在神经发生过程中，从非神经元多能前体细胞生成神经元细胞涉及表观遗传过程，本节将描述其中的一部分。成人神经发生主要有两个部位：前脑的室下区（SVZ）和海马齿状回（Alvarez-Buylla and Garcia-Verdugo，2002；Alvarez-Buylla and Lim，2004）。这些区域包含神经干细胞（NSC），产生了小鼠和人类一生中存在的大部分神经元（Doetsch et al.，1999）。神经干细胞可以在体外分离、培养和分化为各种类型的神经元，从而为研究体外和体内神经发生过程中的表观遗传调控提供了可能。迄今为止的研究表明，DNA 和染色质修饰酶（特别是 DNA 甲基转移酶、三胸类和 Polycomb 家族抑制酶）在这一分化过程中发挥了关键作用（图 32-1B）（Hirabayashi and Gotoh，2010）。

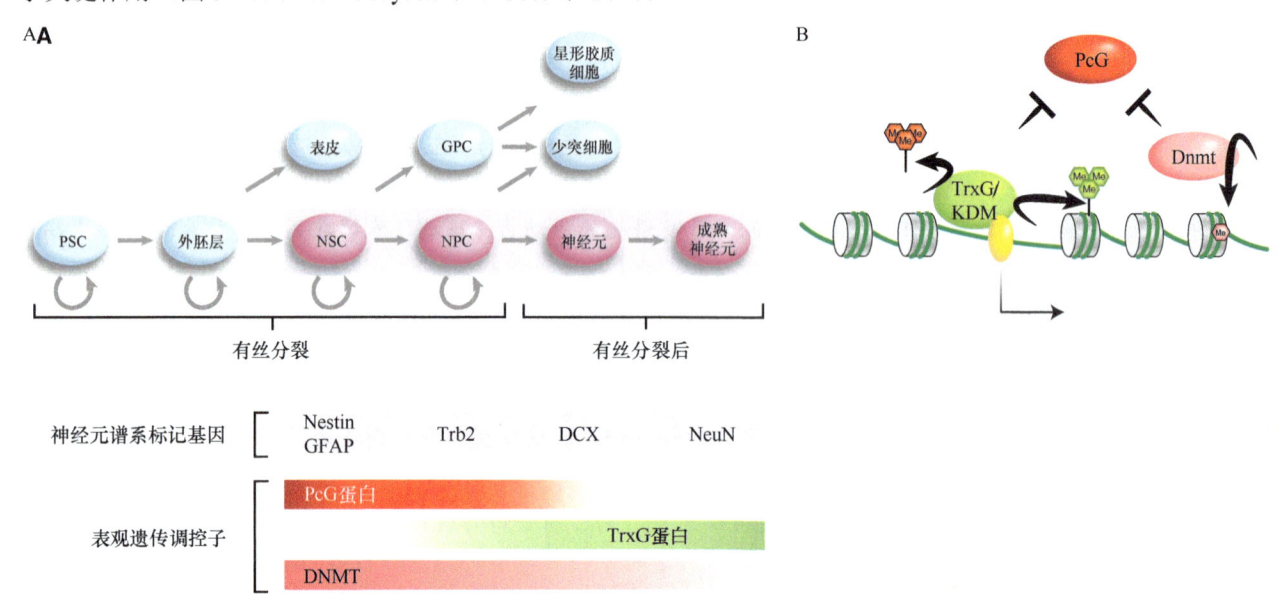

图 32-1 神经发生的表观遗传调控。（A）各种主要的表观遗传调控分子，即作用于关键命运决定的基因，如 Dlx2，在神经组织分化过程中的表达时空顺序均已显示（即粉红色阴影的细胞）。PcG，Polycomb 组；TrxG，三胸组；Dnmt，DNA 甲基转移酶；PSC，多潜能干细胞；NSC，神经干细胞；NPC，神经前体细胞；GPC，胶质祖细胞。（B）说明了参与神经元分化过程的三种表观遗传学调节分子的相互作用和作用模式。Dnmt3a 使神经源性基因的基因体和上游调控序列甲基化，如 Dlx2。这种非启动子甲基化保护这些基因免受多梳复合物介导的沉默。MLL1 通过 H3K4 的三甲基化和 H3K27me3 的去甲基化（通过 KDM6 的关联），也拮抗多聚体介导的 Dlx2 沉默，从而促进神经发生。

  DNA 甲基化与 NSC 分化密切相关，因为 DNA 从头甲基转移酶 Dnmt3a 的缺失显示，表达神经元标记的有丝分裂后细胞的分化率降低了约 10 倍（Wu et al.，2010）。神经发生过程中 DNA 甲基化作用的研究表明[传统上与抑制有关的表观遗传标记；在第 15 章中讨论（Li and Zhang，2014）]，这种类型的 DNA 修饰有助于转录激活及抑制神经源性基因（Wu et al.，2010）。对 Dnmt3a 全基因组结合的进一步观察发现其结合位点在整个基因组中广泛分布，在基因和基因间区域中显著富集（图 32-2）。许多这些富含 Dnmt3a 的区域定位于 NSC 中的转录活性基因，在这些 NSC 中，染色质在启动子上以高水平的 H3k4me3 为标志（Wu et al.，2010）。这些 Dnmt3a 靶基因（如 Dlx2 和 Sp8）中，有相当数量的靶基因参与神经发生或神经功能。相反，在转录不活跃的基因中，Dnmt3a 依赖的甲基化图谱映射到转录起始位点（TSS）。因此，似乎 DNA 甲基化在转录活性中的作用可能取决于基因组的环境。

  这一发现的解释可能是 5-羟甲基胞嘧啶（5hmC）存在于哺乳动物基因组中，并且在神经元中大约比在外周组织或胚胎干细胞（ES）中丰富 10 倍（Kriaucionis and Heintz，2009；Munzel et al.，2010；Szulwach et al.，2011）。直到最近，人们还无法区分 5mC 和 5hmC。现在我们知道 5hmC 的分布在大脑的不同区域以及大脑和胚胎干细胞之间是不同的（Szulwach et al.，2011）。例如，在神经元中，5hmC 在基因体上富集，在 TSS 下降，而在 ES 细胞中则相反。最近的研究表明，5hmC、5mC 的分布与基因表达之间的关系是脑细胞特异性的，并且在大脑中甲基-CpG 结合蛋白 2（MeCP2）与 5hmC 结合（Mellen et al.，2012）。其他研究提出，当 MeCP2 与 5hmC 结合时，它在神经细胞类型中促进转录，但当与含有 5mC 的 DNA 结合时，它可

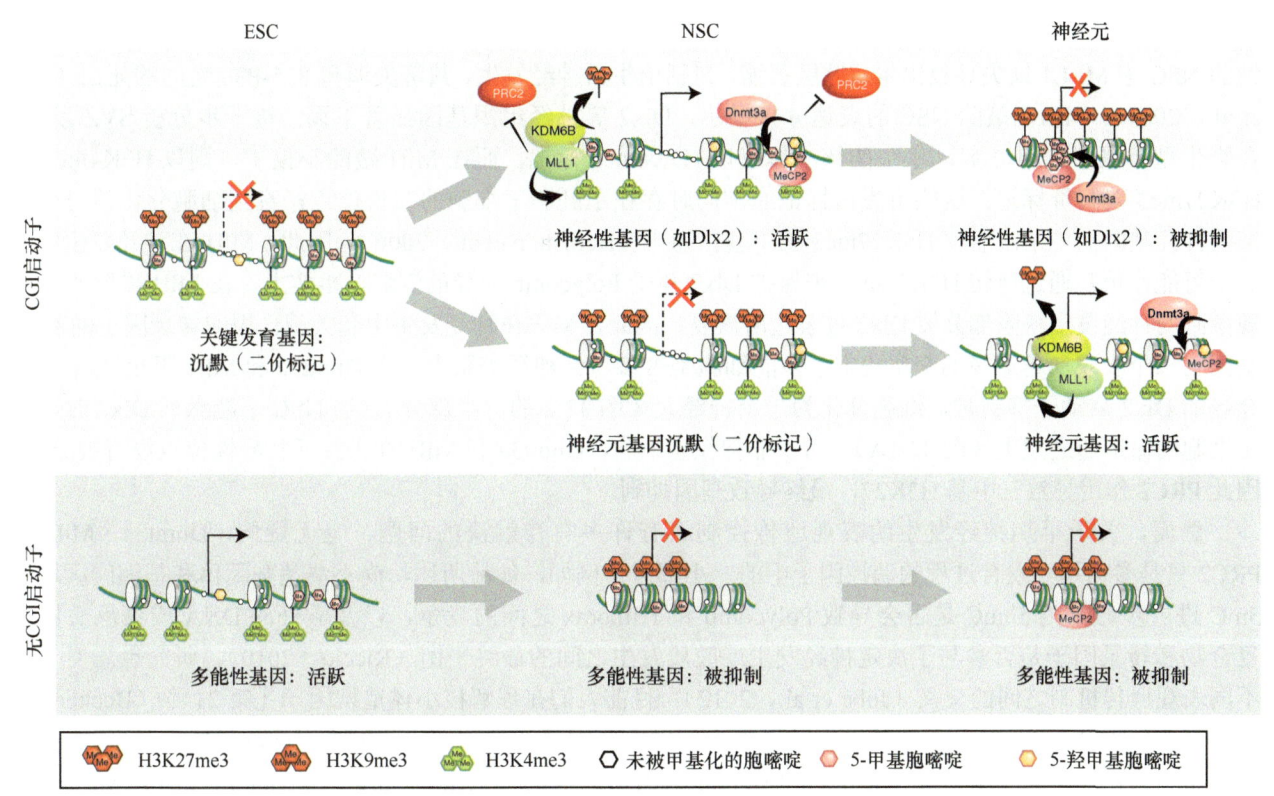

图 32-2 在神经发生过程中参与基因表达调控的表观遗传机制。 通常，CpG 岛包含大多数管家基因，因此，它们在很多地方都活跃表达。在发育的早期，也就是着床后期，这些基因可能还不活跃，但被包括 H3K4me3 和 H3K27me3 在内的二价染色质标记。这些基因大部分在发育过程中通过 H3K27 去甲基化被激活（图的上半部分）。这些组织特异性神经性基因的一部分随后可能在非神经元细胞或完全分化的神经元细胞中，通过 H3K9 甲基化异染色质形成（右上角）而被沉默。其他神经元特异性基因可能延迟激活，但仍保持双价启动表达，直到神经元分化发生（中间图，线条表示）。多能性基因在其启动子中基本上不包含 CpG 岛。它们在早期发育时活跃，在分化后被传统的 H3K9 甲基化和 DNA 甲基化机制所抑制。ESC，胚胎干细胞；NSC，神经干细胞；CGI，CpG 岛。

以作为抑制因子（图 32-2）。这个提议是基于观察 5hmC 在常染色质中富集，而 5mC 在异染色质中富集而提出（Mellen et al., 2012）。值得注意的是，带有 Rett 综合征突变 R133C 的 MeCP2 蛋白与 5hmC DNA 的结合发生了改变，这表明 MeCP2 突变改变了蛋白质的染色质分布。这项工作的研究者推测，神经元细胞特异性的动态基因调控是由 5mC、5hmC 和 MeCP2 水平决定的三维（3D）染色质结构的结果（Mellen et al., 2012）。

Dnmt3a 依赖的从头甲基化 DNA 已被证明可以抑制多梳抑制复合物 PRC2 的结合（Wu et al., 2010）。需要 Dnmt3a 的神经源性基因是 PRC2 在非神经元谱系中已知的靶点（Hirabayashi et al., 2009）。因此，人们认为 Dnmt3a 依赖的 DNA 甲基化阻止了抑制子 PRC2 的结合（图 32-2；见活跃的 NSC 位点）。事实上，Dnmt3a 的缺失导致 PRC2 与 NSC 中这些神经源性基因结合的增加，从而导致 H3K27me3 在其启动子上的富集。相反，在这些 Dnmt3a 敲除的 NSC 中，敲降 PRC2 组分后，神经组织中 Dnmt3a 功能缺失的表型被部分恢复，并且神经元的标记基因重新得以表达。

Dnmt3a 依赖的 DNA 甲基化并不是控制 Polycomb 介导的神经发生沉默的唯一因素。三胸（trxG）蛋白复合物是 Polycomb 组的真正抑制剂，这一点首先被果蝇中进行的互补遗传和生化研究证明，随后扩展到其他模式生物 [第 17 章（Grossniklaus and Paro, 2014）；第 18 章（Kingston and Tamkun, 2014）]。需要注意的是，受 PcG 调控的基因通常在其启动子上包含 CpG 岛，并且在多能干细胞中最初由 H3K4me3 和 H3K27me3 进行双共价标记（图 32-2）。三胸类的成员 Mll1（混合血统白血病 1）和 Dnmt3a（图 32-1）是产后大脑神经发生所必需的（Lim et al., 2009）。Mll1 的 H3K4me3 是一个与转录能力相关的表观遗传标记。Mll1 还通过招募组蛋白去甲基酶 KDM6 介导 H3K27 去甲基化（图 32-1B）（Burgold et al.，2008）。单纯的 NSC 中 MLL1 缺失导致出生后脑区萎缩，包括出生后神经发生、共济失调和 P25-P30 之间的死亡（Lim et al.，2009）。MLL1 敲除 NSC 的表达分析显示，Dlx2 等神经组织基因显著下调。进一步分析 SVZ 发现，在野生型小鼠中，Dlx2 启动子中的核小体仅以 H3K4me3 标记，而在 Mll1 敲除小鼠中，则以 H3K4me3 和 H3K27me3 双共价标记。这些组蛋白标记通常同时存在于胚胎干细胞的二价位点，直到细胞分化信号引起某些神经基因的转录激活和 H3K27me3 去甲基化为止（Bernstein et al.，2006）。因此，Mll1 在神经发生中的一个可能作用是通过逆转 H3K27me3 来保护 Dlx2 免受 Polycomb 介导的沉默。事实上，在 Mll1 敲除小鼠中观察到的神经发生缺陷部分被 Dlx2 过表达所恢复。因此，编码在神经发生中起关键作用的转录因子的 Dlx2 基因上三个表观遗传途径的交集决定了多能细胞是否参与到神经谱系中。当 Dnmt3a 和 Mll1 阻止 Polycomb 介导的 Dlx2 启动子抑制时，细胞分化为一个神经元（图 32-2 的上半部分）。当 NSC 不能激活 Dlx2 时，胶质细胞的命运随之发生（图 32-1A）。对于非神经元细胞，Dnmt3a 和 Mll1 在神经元特异性位点没有被激活，因此 PRC2 作用导致三甲基 H3K27，最终导致基因抑制。

然而，关于早期神经发生的表观遗传控制还有许多有待解决的问题，毫无疑问，Dnmt3a、Mll1 和 PRC2 只是参与这一发育过程的调控因子中的一小部分。例如，如前所述，尚不清楚基因体和基因间区域的 5mC 进一步修饰为 5hmC 是否会导致 Polycomb 和 Trithorax 之间的竞争，以及额外的 DNA 或染色质修饰复合物和转录因子是否参与了决定神经发生或胶质发生之间的最终平衡（Riccio，2010）。研究也需要了解不同表观遗传机制之间的交叉（Jobe et al.，2012）。目前人们在理解核小体重构因子 [第 21 章（Becker and Workman，2013 中阐述）] 在神经发生过程中的作用方面取得了重大进展，例如，microRNA、组蛋白变体和组蛋白去乙酰化酶 [第 5 章（Seto and Yoshida，2014）]（综述见 Hirabayashi and Gotoh，2010；Ma et al.，2010；Tyssowski et al.，2014）。

32.2　Pcdh 启动子选择的表观遗传调控

涉及 DNA 和染色质修饰的基因调节使神经系统的微调成为可能。下面讨论的两个例子说明了这一点：① 本节中聚集的 Pcdh 基因表达的控制；② 32.3 节所述的 OR 基因选择。这两个基因家族的一个共同特征是，它们的调控在神经元中产生了巨大的多样性，这使得它们能够采用特殊的功能身份。然而，这是通过不同的机制完成的。在 Pcdh 基因的例子中，启动子的随机选择是通过两个染色体上的三个基因簇的多个独立的随机选择事件发生的。这通常导致单等位基因的表达作为一个简单的概率的结果，但没有一种机制来强制单等位基因。OR 系统中的启动子选择是真正的"单等位基因"，因为它依赖于单个 OR 基因的随机激活和严格的单等位基因表达（Chess，2013）。

32.2.1　成簇的 Pcdh 基因

单个神经元通过由树突和轴突组成的精细网络与其他神经元进行多次精确的突触连接，这些突触共同形成神经细胞（图 32-3A）。在发育过程中，一个正在生长的神经突（即轴突和树突）必须在数百个（如果不是数百万个的话）正在发育的神经突的海洋中精确地导航，并找到合适的目标进行连接，同时保持与自身细胞中出现的神经突区分和最小化相互作用的能力（如姐妹神经元；见图 32-3B）。因此，防止姐妹神经突之间的突触相互作用对于正确的神经连接、信号传输和神经元信号的计算至关重要。在脊椎动物和高级无脊椎动物中，解决这个问题的方法是为每个神经元提供一个独特的细胞外身份标签，类似于"条形码"，其中包含相同条形码的神经突互相识别和排斥（Cameron and Rao，2010；Grueber and Sagasti，2010）。这种机制被称为"自我回避"，这一过程确保来自同一发生进程的神经元在树枝化和轴突分叉时相互排斥，以避免聚集。自我回避还可以防止分枝模式的广泛重叠，并有助于神经元在发育过程中覆盖神经系统的不同区域。

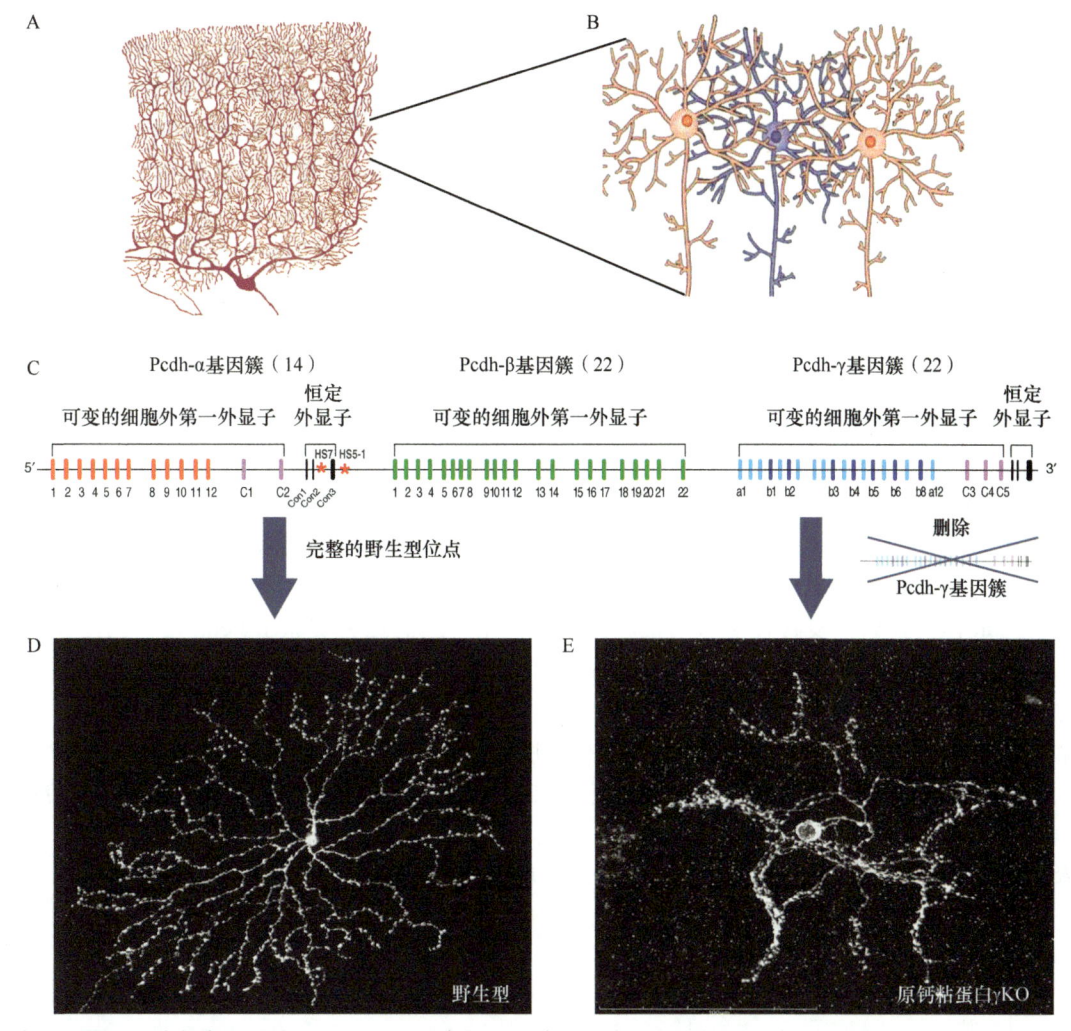

图 32-3　神经元需要一种自我识别的机制。（A）浦肯野小脑神经元的示意图强调了精细的树突分枝。（B）蓝色神经元的树突必须与邻近的橙色神经元连接，同时避免与其他蓝色树突连接。这幅示意图强调了自我回避的"条形码"机制的必要性。（C）成簇的 Pcdh 基因的基因组结构 Pcdh-α、-β 和-γ 聚类分布在约 1Mb 的基因组区域，其中 α 聚类包含 12 个单等位基因可变外显子和 2 个双等位基因可变外显子（C1 和 C2）。所有可变外显子都与编码细胞内区域的三个恒定外显子剪接。类似地，Pcdh-γ 基因簇有 19 个单等位基因表达的可变外显子和 3 个双等位基因表达的可变外显子（C3、C4 和 C5）。除了 β 基因簇外，所有的可变外显子都与常量外显子相接合。（D）野生型视网膜星形无长突细胞。（E）Pcdh-γ 基因簇的 22 个可变外显子的缺失消除视网膜星突细胞的自我回避，导致树突塌陷和缺乏分支。

在脊椎动物和果蝇中产生高度不同的条形码的机制是不同的。果蝇神经元的多样性是由已知最复杂的 pre-mRNA 的选择性剪接产生的，然而在哺乳动物中，多样性是通过结合高阶染色质组织、随机启动子选择和选择性剪接来实现的。果蝇神经元表达 Dscaml 基因，该基因编码一种具有细胞外免疫球蛋白样结构域的跨膜蛋白。通过大量可变外显子的选择性剪接，果蝇单个神经元在大约 38 000 个可用组合中表达大约 10～15 个异构体，其中 19 008 个具有不同的细胞外结构域（Schmucker et al., 2000）。一个树突细胞表面的 Dscaml 免疫球蛋白结构域相互作用（即和相对应的树突"同抗原"）。这些同嗜性相互作用最终通过一个需要 Dscaml 蛋白的胞内结构域的过程导致对树突的排斥。

哺乳动物神经元的单细胞识别被认为是由聚集的 Pcdh 而不是哺乳动物的 Dscam 同源物提供的，因为后者与果蝇相比组织简单，因此不能产生高水平的细胞表面多样性（Schmucker and Chen, 2009）。Pcdh 基因家族在小鼠中大约有 70 个家族成员，在人类中有 58 个家族成员（Wu and Maniatis, 1999；Wu et al.,

2001)。产生 Pcdh 多样性的机制与产生 Dscam 多样性的机制不同。然而，Pcdh 基因簇的组织结构与第 29 章（Busslinger and Tarakhovsky, 2014；Wu and Maniatis, 1999）中讨论的免疫球蛋白和 T 细胞受体基因簇非常相似。Pcdh 的胞外区域由"可变"外显子编码，而胞内区域由三个"恒定"外显子编码（见图 32-3C）。Pcdh 蛋白可变的胞外结构域通过同抗原相互作用发挥自我识别的功能（Schreiner and Weiner, 2010；Chen and Maniatis, 2013；Zipursky and Grueber, 2013；Thu et al., 2014），而恒定的细胞内区域似乎参与了细胞信号转导（Wu and Maniatis, 2000；Han et al., 2010；Schalm et al., 2010；Suo et al., 2012）。在需要内吞作用的过程中，通过金属蛋白酶和 γ 分泌酶的联合作用，细胞内区域可以从膜中释放出来（Haas et al., 2005；Hambsch et al., 2005；Reiss et al., 2006；Bonn et al., 2007；Buchanan et al., 2010）。然后细胞内区域被认为移位到细胞核，但我们既不了解这一过程的调控，也不了解胞内区域的细胞质或核功能。

Pcdh 蛋白的胞外结构域，如 Dscam，似乎介导了同型排斥（Schreiner and Weiner, 2010；Zipursky and Sanes, 2010；Lefebvre et al., 2012；Yagi, 2012, 2013；Chen and Maniatis, 2013；Zipursky and Grueber, 2013；Thu et al., 2014）。Pcdh 基因簇的基因工程实验表明了这一点；22 个 Pcdh-γ 基因的缺失（图 32-3C）导致视网膜星形细胞（视网膜间神经元的一种）和小脑浦肯野细胞（参与运动协调的抑制神经元）的树突状自我回避被破坏（Lefebvre et al., 2012）。考虑到不同的 Dscam 和 Pcdh 蛋白亚型在数量上的巨大差异（19 000 与 58），令人惊讶的是，Pcdh 能够产生足以实现单细胞识别的细胞表面多样性。然而，细胞聚集研究表明，Pcdh 作为多聚体复合物参与同抗原性相互作用，从而显著增加了 Pcdh 提供的潜在单细胞多样性（Schreiner and Weiner, 2010；Thu et al., 2014）。事实上，理论计算表明，无脊椎动物的 Dscam 基因和脊椎动物聚集的 Pcdh 基因可以产生类似水平的单细胞多样性（Yagi, 2012；Thu et al., 2014）。最近的研究表明，除了 Pcdh-α、-β 和-γ 基因簇的一个成员之外，所有的成员都能够作为单体单独参与同一性相互作用，而多聚体则表现出高度特异性的相互作用。对多个 Pcdh 异构体特异性组合之间的亲水相互作用的研究表明，Pcdh 组合识别特异性依赖于所有表达的异构构象的同一性。然而，细胞表面多聚体（二聚体、三聚体或高阶多聚体）和配合物的性质尚未确定（Thu et al., 2014）。

32.2.2　Pcdh 基因调控

本节描述了三个 Pcdh 基因簇的基因组组织，32.2.3 节描述了染色质和表观遗传机制，这是它们在单个神经元中随机表达的基础。值得注意的是，Pcdh 在小鼠和人细胞系中的表达模式在多次细胞分裂过程中得到了无限期的维持。体内神经元分化时启动子选择的时间和体内细胞分裂时启动子的稳定性（如果发生）仍有待证实。然而，神经母细胞瘤细胞系启动子选择的稳定性表明，存在着在 DNA 复制过程中忠实维持表达模式的机制。这样的机制可以使 Pcdh 在单个神经元的整个生命周期中保持稳定的表达模式，从而维持神经元的自我身份。继续研究发育过程中 Pcdh 启动子选择的机制，以及决定是否维持和如何维持选择的表观遗传机制，将为了解 Pcdh 多样性在神经回路组装中的作用提供重要见解。

为了了解这个基因簇的表观遗传调控，有必要描述它的基因组组织和表达。小鼠 Pcdh-α～和-γ 基因的胞外结构域分别由 14 个和 22 个可变外显子编码（图 32-3C）。每一个可变外显子都从其自身的启动子转录而来。由这些启动子启动的转录本通过下游的可变外显子读取（图 32-4A 中的 C1 和 C2）。然后，最接近转录起始位点的 5′ 剪接位点被顺式剪接到第一个恒定外显子（图 32-4B 中的 Con1）上。两种类型的可变外显子已被确定：交替表达的外显子（如 Pcdh-α1-12 和 Pcdh-γ1-22）和双等位基因泛在表达的外显子（Pcdh-α C1 和 C2，Pcdh-γ C3、C4、C5）（Esumi et al., 2005）。

交替表达的外显子的表达是由随机选择启动子决定的。例如，基于对来自 F_1 小鼠杂交体的浦肯野细胞的单细胞分析，在 Pcdh-α 簇的情况下，启动子的选择是随机的，并且独立发生在单个神经元的每条染色体上（Esumi et al., 2005）。因此，在每个神经元中，不同的母本和父本可变启动子被随机激活。这种选择并不严格局限于单个可变启动子；有时候，来自同一个基因簇上的 Pcdh 可以在每一个染色体上表达两种或更

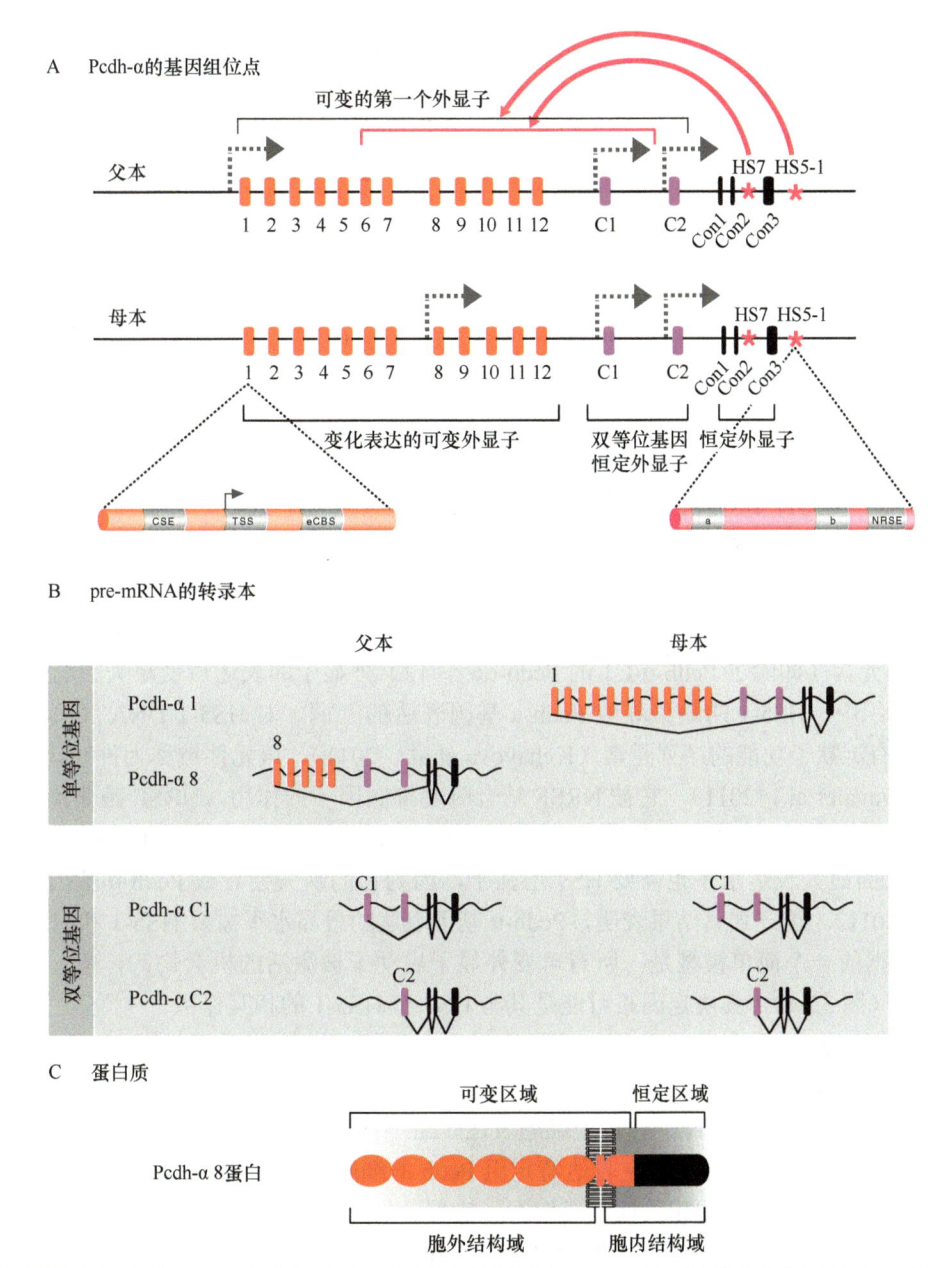

图 32-4 不同的剪接产生不同的 Pcdh 亚型。（A）显示单个神经元中 Pcdh-α 簇表达模式的假设示例，其中每条染色体上的一个替代启动子以一种看似随机的方式被激活。外显子 1 启动子区域的放大显示 CCCTC-结合因子（CTCF）的两个结合位点［保守序列元件（CSE）和外显子 CTCF 结合位点（eCBS）］。HS5-1 增强子的放大显示了两个 CTCF 结合位点（a 和 b）和神经元限制性沉默子（NRSF）结合序列——神经元限制性沉默子元件（NRSE）。（B）pre-mRNA 产生了父系和母系等位基因，可变外显子 α1 和 α8 单等位基因表达，C 型外显子双等位基因表达。可变的 pre-mRNA 包含了所有位于所选启动子下游的可变外显子，这些外显子随后被剪接到 Con1-3 外显子上。只有直接位于所选启动子下游的外显子才会被拼接到编码细胞内恒定区域的外显子上。（C）每个可变外显子编码 6 个涉及自我识别的外部钙黏素域，很可能是通过同型排斥。

多的可变亚型。这一机制最终导致单等位基因启动子的选择（即每条染色体表达一个或多个独特的异构体）（图 32-4B）。这与雌性 X 连锁基因的单等位基因表达［第 25 章（Brockdorff and Turner，2014）］或免疫球蛋白受体［第 29 章（Busslinger and Tarakhovsky，2014）］不同；在这些情况下，从每个细胞的一个染色体中随机选择一个拷贝进行表达（关于不同单等位基因表达机制的比较，参见 Chess，2013）。与单等位免疫球蛋白基因的另一个区别是，除了可变表达外显子，5 个"C"型外显子无所不在的双等位表达（C1～C5，其中 2 个来自 α 簇，3 个来自 γ 簇）（Esumi et al.，2005；Kaneko et al.，2009）。这 C1～C5 型外显子

（图 32-3B）也被拼接到恒定外显子（Con1～3）上（图 32-4B）。Pcdh-3 簇的不同之处在于，可变外显子编码的完整蛋白只有较短的细胞质结构域，因此不太可能有信号传导潜力（至少它们自己）。综合起来，这三个 Pcdh 基因簇的随机、组合（即 1～2 Pcdh-α、1～2 Pcdh-β 和 1～2 Pcdh-γ 异构体在单细胞内的组合）和部分单等位基因表达模式可能产生非凡的细胞表面多样性（见 Yagi，2012 讨论）。

32.2.3　Pcdh 表达的表观遗传调控

在本节中，我们将以 Pcdh-α 基因簇中调控启动子选择的遗传和表观遗传机制为范例，重点研究已知的调控启动子选择的遗传和表观遗传机制，但几乎可以肯定的是，Pcdh-β 和-γ 基因簇中也使用了类似的机制。

每个可变表达的外显子的启动子和双等位外显子的一个等位基因共享一个转录激活所需的保守序列元素（CSE）（Wu et al.，2001；Tasic et al.，2002）。Pcdh-α 簇包括两个顺式调节序列——高敏感位点 HS7 和 HS5-1，在体内 DNase I 敏感性检测中被鉴定，它们在转基因报告基因检测中作为神经系统特异性增强子发挥作用（Ribich et al.，2006）。

小鼠 HS5-l 的缺失导致整个大脑中 Pcdh-α 基因表达的下降（Kehayova et al.，2011）。特别是 HS5-1 附近的包含一个 CSE 元素（即除了 Pcdh-α-C1 的 Pcdh-α6～12）外显子的表达最受缺失影响（图 32-5A）。然而，在非神经元组织中，HS5-1 的缺失导致 Pcdh-α 基因表达的上调。对 HS5-1 DNA 序列的检测显示，该增强子含有一种具有沉默子功能的序列元素（Kehayova et al.，2011）。该元件被称为神经元抑制沉默子元件（图 32-4A）（Kehayova et al.，2011），它被 NRSF 结合时起抑制因子的作用，NRSF 是非神经元组织中表达的抑制因子，通过抑制蛋白复合物的招募抑制神经原性转录（Lunyak and Rosenfeld，2005）。

大脑中 Pcdh-α 的最大表达水平也需要 HS7 增强子，因为它的缺失会导致 Pcdh-α 基因表达的适度下调（Kehayova et al.，2011）。这一观察结果表明，Pcdh-α 基因表达的最高水平需要 HS5-1 和 HS7 增强子的联合活性。解释这一数据的一个简单模型是，所有可变外显子启动子被激活的机会均等，但一个随机过程选择其中一个进行激活（图 32-4），其决定因素可能是其与 HS7 和 HS5-1 的相互作用。

除了 Pcdh 基因簇的 DNA 序列元素外，最近的研究还揭示了随机启动子的选择与 DNA（如 DNA 甲基化）和组蛋白（如 H3K4me3）上的表观遗传标记的组合，以及影响高阶染色质结构的 DNA 结合因子有关。由于神经系统中存在混合细胞群，且每个细胞表达一组不同的 Pcdh 亚型，因此很难从机制上了解体内 Pcdh 启动子选择的调控。然而，通过稳定表达特定组 Pcdh 的细胞系来研究 DNA 甲基化、蛋白质结合、染色质修饰和 Pcdh 异构体表达之间的相关性已经取得了进展。例如，研究表明绝缘子结合蛋白 CTCE 和内聚蛋白复合物亚基 Rad21 结合到激活性的 Pcdh 启动子上的两个位点——位于 TSS 上游的 CSE 和位于 TSS 下游的外显子上的 CTCF 结合位点（eCBS），同时也结合到 HS5-1 增强子序列上的两个位点（Golan-Mashiach et al.，2012；Monahan et al.，2012）。对人神经母细胞瘤二倍体细胞株 SK-N-SH 的研究证实了这一观察，该细胞株稳定表达了一小部分 Pcdh-α 亚型（图 32-5）（Guo et al.，2012）。除其他功能外，CTCF 蛋白被认为可以促进顺式和反式基因组的长距离相互作用（Phillips and Corces，2009），而 Rad21（一个内聚蛋白亚基）最近被证明可以稳定这种相互作用，其方式类似于有丝分裂期间姐妹染色单体内聚的稳定（Kagey et al.，2010）。因此，这两个分子同时存在于活跃的可变启动子和远处的增强子上，表明 CTCF 和内聚蛋白可能介导增强子/启动子的相互作用［详见第 2 章（Kim et al.，2014）进一步讨论］。然而，这并不能解释为什么 13 个可变的 Pcdh-α 启动子中只有一个或两个被选择在单个细胞中被激活。所有未转录的可变启动子在 CpG 二核苷酸上都被严重甲基化也支持了这一观点（Tasic et al.，2002；Kawaguchi et al.，2008）。众所周知，CTCF 结合位点处 CpG 的甲基化会破坏其结合能力，尤其是在体外与 CSE 的结合，这充分说明了启动子的选择受到表观遗传机制的调控。当然，在这种情况下，这个问题只是退了一步，由启动子的选择变成了除了一个可变启动子之外的所有启动子是如何甲基化的问题。然而，当启动子选择完成后，在只表达可变外显子子集的细胞系中，通过药理学抑制 DNA 甲基化，导致这些细胞中通常不表达的所有可变启动子都被重

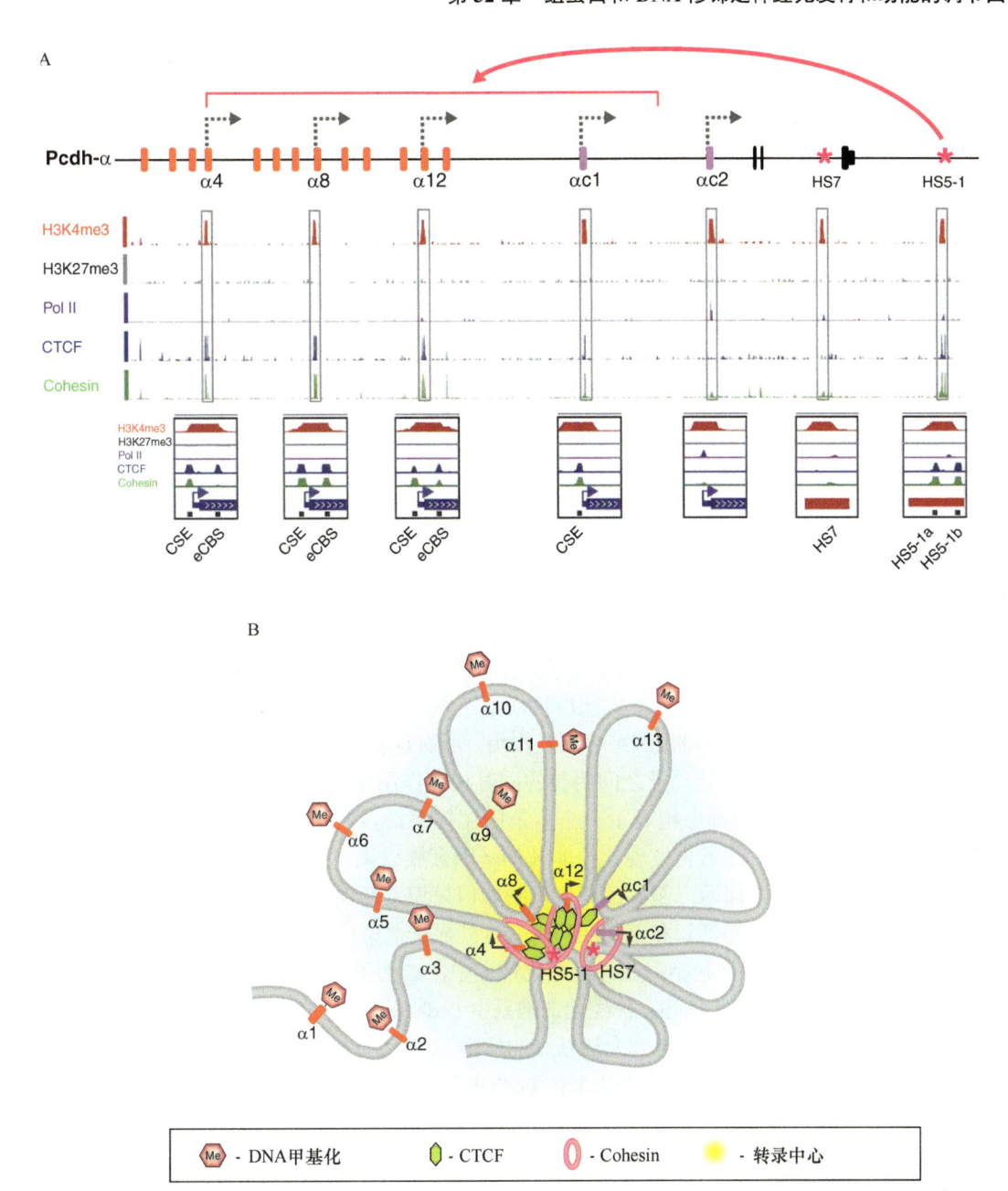

图 32-5 Pcdh-α 簇的表观遗传特性的总结。（A）ChIP-seq 分析人类二倍体成神经细胞系（SK-N-SH），该细胞系仅表达三个可变 Pcdh-α 外显子。在每个活性可变外显子上有两个 CTCF 结合位点（CSE 和 eCBS 序列），在 HS5-1 增强子上有两个 CTCF 结合位点（HS5-la 和 HS5-lb）。（B）基于染色体构象捕获（3C）数据，总结活性和沉默的 Pcdh-α 外显子在形成 3D 转录中心方面的表观遗传学特性。在中心转录中心外的区域被认为包装在一个抑制染色质构象中（蓝色阴影区域），这是由无活性的 Pcdh-α 启动子区域的 DNA 甲基化提示的。通过可变外显子与 HS5-1 增强子和内聚蛋白之间的 CTCF 双钳结合，活化基因被认为集中在转录中心。

新激活（Kawaguchi et al., 2008）。然而，这些结果与另一种机制同样一致，即最初所有可变启动子都未甲基化并且有 CTCF/Rad21 的结合，但只有与 HS5-1 相互作用才能使该复合物稳定在所选择的启动子上。其他的可变启动子最终会失去 CTCF/Rad21 的结合，它们会被甲基化，"锁定"到一个永久沉默的状态，没有基本的转录活性。异染色质化可以加强未选择的可变启动子的沉默，在嗅觉感觉神经元（OSN）中可以看到，沉默的可变外显子上的 H3K9me3 和 H4K20me3 标记被富集（Magklara et al., 2011）。最近，CTCF 基因的条件性敲除表明，可变表达的启动子需要 CTCF 来维持皮层和海马区的正常转录水平，而双等位基因启动子 ac2 和 gc4 则不需要（Hirayama et al.，2012）。这一观察结果与 CTCF/内聚蛋白组织增强子/启动子相互作用的观点一致，即与双等位基因外显子相比，可变表达的启动子是随机选择的。

启动子/外显子中的两个 CTCF/内聚蛋白结合位点与 HS5-1 增强子之间的对称关系提示了一个有趣的可能性：如果 HS5-1 增强子和启动子通过 DNA 环相互作用，CTCF/内聚蛋白复合物同时与增强子和启动子结合，形成"双钳"（即每个 DNA 元件与 CTCF/内聚蛋白复合物之间的两个结合点），可能在启动子选择的表观遗传稳定中发挥作用（图 32-5B）（Guo et al.，2012；Monahan et al.，2012）。

SK-N-SH 细胞中 Pcdh-α 簇增强子和启动子之间的远程 DNA 环状相互作用通过定量 3C 检测［见第 19 章的正文和图 19-5（Dekker and Misteli，2014）］。HS7 和 HS5-1 增强子与转录活性启动子之间存在不同强度的相互作用。在 CTCF 或内聚蛋白亚基 Rad21 小发夹 RNA 敲除后进行的相同实验显著降低了所有增强子/启动子 DNA 环的相互作用。这些结果与数据相结合表明，两种增强子都需要最大限度地表达 Pcdh-α 的可变外显子，进而表明启动子选择的复杂调控机制。Guo 等（2012）提出，Pcdh-α 基因簇中的 DNA 环状相互作用将 CTCF 结合启动子招募到一个活跃的"转录中心"中的增强子（图 32-5B）。该模型基于启动子和增强子之间广泛且高度特异性的功能和物理相互作用，以及 ChIP-seq 和 3C 研究中使用的甲醛交联有望交联一个包含多个增强子和增强子的大型复合物。在本模型中，HS5-1 与 α8 和 α12 启动子之间的 DNA 环状相互作用是通过增强子 HS5-la/HS5-lb 位点与交替启动子 CSE/eCBS 位点之间的双钳位机制形成的（图 32-5A）。同时，HS5-1 必须与 acl 相互作用，因为 HS5-1 是其表达所必需的（Ribich et al.，2006；Kehayova et al.，2011）。此外，HS7 必须直接与 ac2 相互作用，以及与激活的替代启动子和普遍存在的启动子相互作用，因为该增强子与这些启动子相互作用，并为最大限度地激活这些启动子所必需（Kehayova et al.，2011）。最后，增强子和激活启动子之间形成大范围的 DNA 环相互作用。所有这些观察结果都与图 32-5B 所示的模型一致，在图 32-5B 中，两个增强子和多个启动子之间明显的同时相互作用导致了一个大型"转录中心"的形成。

综上所述，Pcdh 基因表达的调控构成了一个复杂的调控系统，其中包括对神经系统的发育和连接至关重要的异常转录和转录后事件。尽管自发现这个非凡的基因家族以来，我们已经了解了很多，但仍然存在可能涉及表观遗传过程的重大未决问题。例如，剪接机制如何只识别活性启动子附近的 5′剪接位点，而忽略所有下游的 5′剪接位点？这很可能是活跃和不活跃的可变区外显子上染色质组织的结果（Magklara et al.，2011；Monahan et al.，2012）。其他的问题包括：在神经分化过程中，启动子的选择是在什么时候发生的，以及一旦做出选择，这个选择有多稳定？如上所述，神经元细胞系中 Pcdh 亚型表达的特定模式在许多代中都是稳定的，因此可能涉及表观遗传机制。然而，考虑到上述精细的增强子/启动子相互作用，表观遗传稳定性的机制必然是复杂的。另一个问题是：随机启动子选择和个体 Pcdh 基因簇选择性表达如何同时发生？例如，在背侧缝核和血清素能系统中表达的 Pcdh-α，而不是-β 或-γ，但我们可以假定，在 Pcdh-α 基因簇中仍然存在随机选择（Katori et al.，2009）。最后，了解 Pcdh 转录中心在单个神经元中的组织结构将是非常有意义的。

32.3　OR 选择的表观遗传调控

直到最近，H3K9me3 和 H4K20me3 组蛋白标记被认为是组成型异染色质的特征，被描述为只发生在哺乳动物基因组的近着丝粒和端粒下区域。这些主要是基因组的重复区域，几乎没有丰富的基因区域。然而，对初级嗅觉神经元的表观基因组分析显示，H3K9me3 和 H4K20me3 在小鼠约 5% 的基因，即 OR 基因上出现了意想不到的富集（Magklara et al.，2011）。因此，这种类型的异染色质实际上可能是动态的，直接参与基因调控，而不仅仅是为了保持基因组的完整性、抑制逆转录转座子和其他重复元件。

32.3.1　嗅觉系统的解剖学和遗传学

嗅觉上皮细胞和嗅球的解剖描述有助于理解该器官在遗传和表观遗传水平上的功能调节。在高等生物中，挥发性气味通过 G 蛋白偶联 OR 蛋白被 OSN 检测到，在 OSN 的表面发现了 7 个跨膜域（图 32-6D）（Buck and Axel，1991）。在哺乳动物中，这些神经元存在于一种特殊的感觉器官——主嗅上皮（MOE）中，它覆盖着鼻腔的腔体（图 32-6A，B）（Axel，1995）。嗅觉上皮在整个生命过程中不断再生，交错层中的组织由三种主要的细胞类型组成：基底细胞，这是一种多能干细胞，它产生了这个感觉器官的所有其他细胞类型；OSN，是有丝分裂后具有气味检测电位的神经元；支撑细胞（支持细胞），它们是排列在上皮顶层的非神经元细胞。嗅觉神经元的树突终止于纤毛，纤毛伸出于 MOE 的顶层之外，包含了 OR，并与鼻腔内的挥发性气味相接触（图 32-6C）。

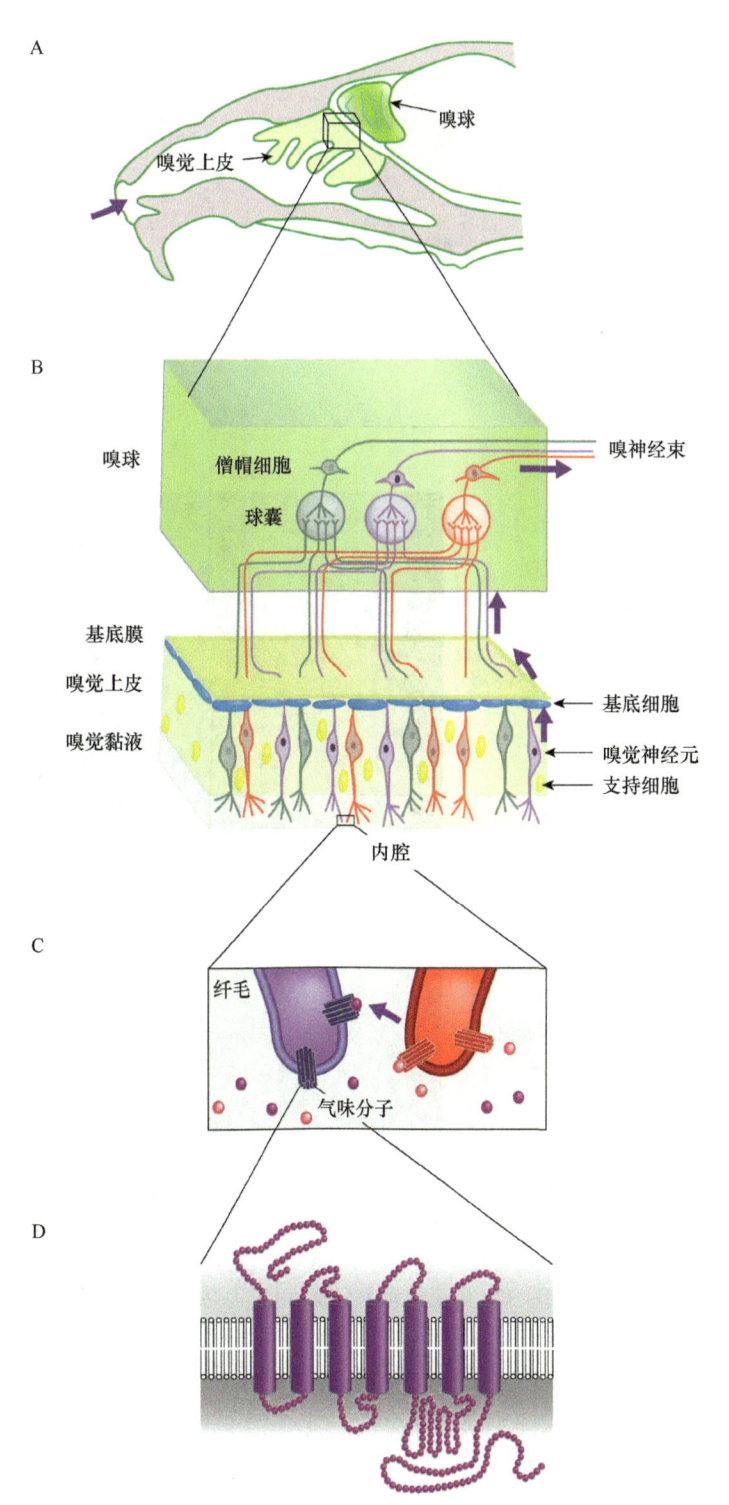

图 32-6　嗅觉感受器（OR）的介绍。 嗅觉系统的解剖学从图 A 到图 D 所示依次放大，直至 OR 的描述，OR 是带有 7 个跨膜 α 螺旋的 G 蛋白偶联受体（D）。紫色箭头表明嗅觉系统将入口有气味的分子转导进入鼻腔的通路（A），它们与 OR 结合（C），并通过嗅觉系统转导信号（B）。（A）小鼠的头横截面，暗示嗅觉组织含有 OSN。MOE 是嗅觉感觉器官，包括 OSN、基底多能细胞（蓝色）和支持细胞（黄色核）。每个 OSN 表达一种 OR（三种类型分别被简单标注为绿色、红色、紫色），表达同一种 OR 的 OSN 的轴突往往指向嗅球中相同的球囊，在这里它们与中间神经元/僧帽细胞以突触相连接并将信号传递给大脑。球囊根据 OR 特征的相似性在空间上进行映射。（C）OSN 纤毛的放大，表现为单一类型的 OR（红色或紫色），它结合了一种特殊的气味分子。（D）OR 的 7 个跨膜结构。

688 表观遗传学

大多数哺乳动物有超过 1000 个嗅觉或气味受体基因，组成大小不等的基因组簇（从 2 个到大约 200 个基因），分布在大多数染色体上（Glusman et al.，2000；Zhang and Firestein，2002；Nei et al.，2008）。用于气味检测的基因数量惊人，说明了这种化学感觉系统在大多数动物物种的生存和繁殖中的重要性。这无数的基因是如何在 OSN 中被调节的，这个问题已经困扰了研究人员很多年。OR 基因的一个显著特征是它们以一种相互排斥的、单基因的和单等位的方式表达；也就是说，每个 OSN 从每个亲本的 1000 个以上的等位基因中只表达其中一个 OR 基因（图 32-7A）（Chess et al.，1994；Shykind，2005）。重要的是，不像亲本的基因印记，这在本书的其他地方进行了详细描述［见第 26 章（Barlow and Bartolomei，2014）］，在嗅觉上皮细胞中，母系和父系 OR 等位基因的表达频率是相同的，因此，这种表达被称为"单等位基因"，因为

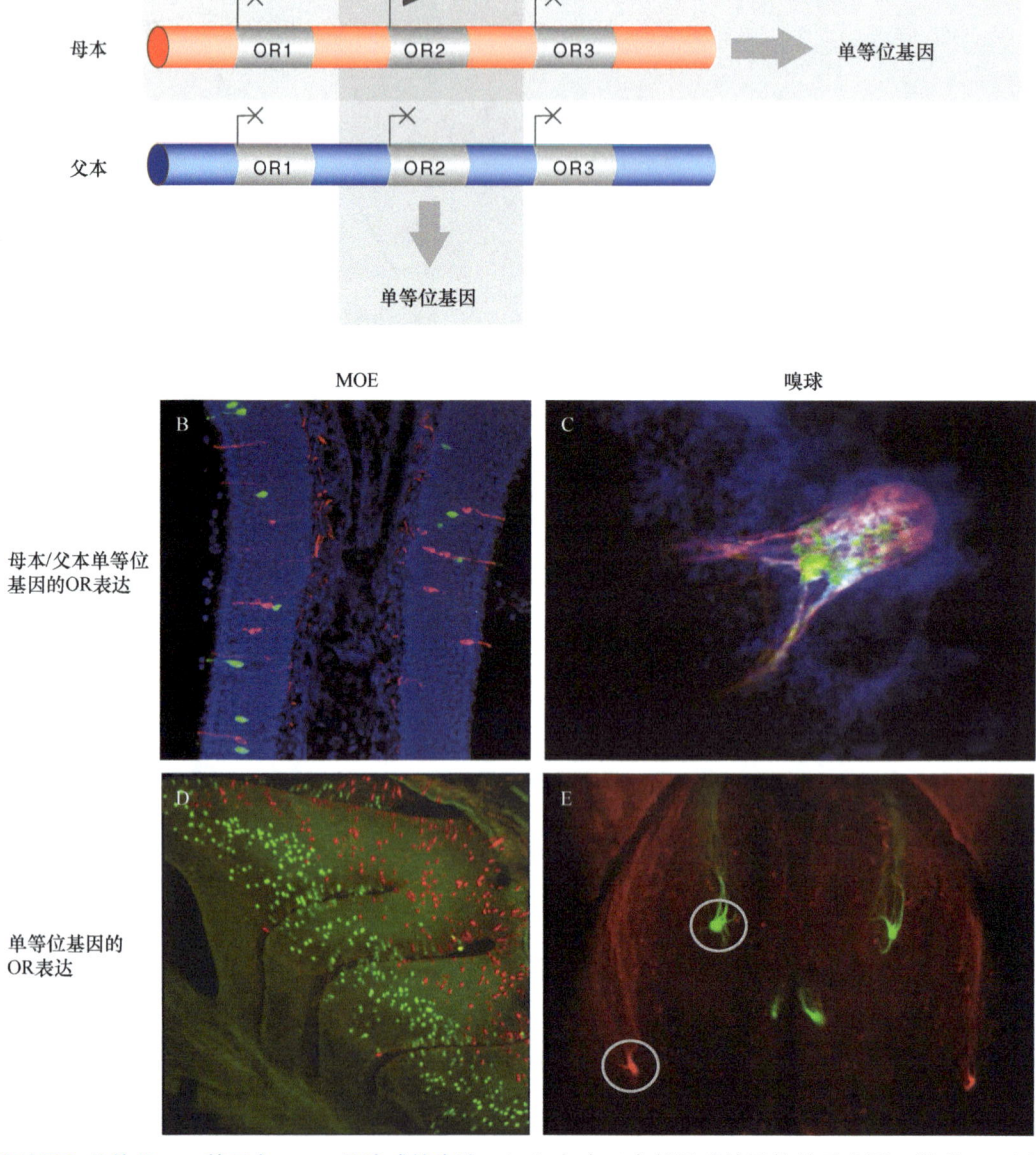

图 32-7　单基因和单等位 OR 基因在 MOE 及嗅球的表达。（A）包含三个基因或基因簇的示意图，说明 OR 表达的单基因和单等位性。（B，C）免疫荧光杂交显示 OR 基因表达的单等位性。通过插入两个报告基因，分别用 lacZ（红色）和绿色荧光蛋白（GFP，绿色）标记一个 OR 基因的母系和父系等位基因。（B）MOE 的切片显示，亲本等位基因在单个 OSN 核中缺乏共表达。（C）嗅球切片显示，来自父系或母系的等位基因表达一个 OR 的神经元合并在同一个肾小球中。（D，E）OR 表达是单基因的，以区域方式表达。分别用红色荧光蛋白（红色）和绿色荧光蛋白（绿色）标记两个不同的 OR 基因。（D）MOE 的原位成像显示了两个基因表达的分区分布。表达不同 OR 基因的神经元的轴突在嗅球中不同的、空间分开的肾小球中结合。（图片由 Thomas Bozza 博士馈赠）

这两个等位基因不在同一个神经元中共同表达（图 32-7B，C）。这个表达式模式是不同于基因印记的，因为父母不决定哪些基因被使用，它不同于 Pcdh 启动子的选择，因为在一个单独的神经元只有一个 OR 等位基因表达，而不是一个、两个或多个亚型可以从 Pcdh 聚集基因的每个亲本拷贝独立表达。这个表达模式，称为"每个神经元一个受体"规则，这对嗅觉系统的正常运转至关重要，因为 OR 蛋白的身份不仅提供了特异性气味的检测，而且在它的轴突向嗅球内的特定球囊的引导中起着指导作用（图 32-7D，E）（Mombaerts et al.，1996；Wang et al.，1998；Barnea et al.，2004；Serizawa et al.，2006）。

球囊是位于嗅球表面附近的一个球形结构，它包含位于传入型 OSN 轴突和二尖瓣树突之间的突触、簇状细胞以及球囊周围细胞的突触。如果一个神经元表达不止一个或多个等位基因，它就会对不同的气味做出不恰当的反应，并将信号发送到错误的大脑区域，从而导致感觉混乱和嗅觉系统的区分能力受损。因此，巨大的进化压力使得这一独特的嗅觉系统得以完善，并进化出了保护 OR 表达的如上所述的表观遗传机制（图 32-4B）。简单地说，在 Pcdh 的情况下，两条染色体作出独立的随机选择，而在 OR 调控中，只有一个 OR 等位基因从一个簇和一个染色体表达。

OR 基因调控的一些时空特异性可以归因于启动子序列特征，通过结合高度丰富的转录因子组合，如 Emx2、Lhx2 和 Olf/Ebf（O/E）家族成员，确保了嗅觉限制基因的表达（Wang et al.，1997；Hirota and Mombaerts，2004；Rothman et al.，2005；McIntyre et al.，2008）。OR 基因的 TSS 图谱显示，它们具有极其丰富的 AT 序列，在其 TSS 上游约 1kb、下游约 1kb 有相似的转录因子结合位点（Clowney et al.，2011；Plessy et al.，2011）。启动子特征的变化确保了每个 OR 基因受到时空限制，在 MOE 中可见至少四个广泛的表达"区域"，其中两个在图 32-7D 中可见（Ressler et al.，1993；Vassar et al.，1993）。然而，这种转录因子介导的控制并不足以限制或激活每个神经元只有一个启动子。因此，为何在每个 OSN 中数千个等效启动子中只有一个具有转录活性的根本问题仍然没有答案。在小鼠中，大约有 1400 个 OR 基因，其中 1100 个在 MOE 中具有可检测的转录本（Clowney et al.，2011）。相同的父系和母系 OR 等位基因永远不会共同表达（例如，它的单等位基因特性）。这种互斥的表达模式的一个关键机制是存在一个反馈信号，该反馈信号由 OR 蛋白的表达产生，以防止转录激活额外的 OR（Serizawa et al.，2003；Lewcock and Reed，2004；Shykind et al.，2004；Nguyen et al.，2007）。谱系追踪实验表明，如果一个神经元在一个"非遗传性"的 OR 基因中做出选择（因为小鼠约 20% 的 OR 基因为假基因），那么这个选择会被重置，并且错误的 OE 等位基因会被一个功能性等位基因取代。

32.3.2　单等位基因 OR 表达的表观遗传调控

另一个导致启动子水平特异性缺失的机制是远端增强子元件的作用，通常通过染色质标记和空间组织暗示表观遗传调控水平（在第 2 章进一步描述 Kim et al.，2014）。一些远端 OR 基因增强子被描述为某些 OR 基因的适当表达所必需的（Serizawa et al.，2003；Khan et al.，2011）。例如，H 增强子元件对三个位于其基因组位置下游 75kb 的 OR 转录是必要的。该元件也可以驱动插入到其启动子近端的转基因 OR 的广泛表达（Serizawa et al.，2003）。此外，染色体构象捕获（3C 和 4C）和双色 DNA 荧光原位杂交（FISH）实验表明，H 元件在顺式和反式中（在相同和不同的染色体上）都与活跃转录的 OR 有相互作用（Lomvardas et al.，2006）。然而，H 与 OR 等位基因的反式相互作用并不是表达它们的必要条件（Fuss et al.，2007），根据下面的结果，这种反式相互作用很可能是活性的与沉默的 OR 等位基因空间分离的结果。然而，少数的 OR 可以在没有远端调控元件的情况下表达为 TSS 上游 500bp DNA 序列的迷你转基因（迷你基因）（Vassalli et al.，2002；Rothman et al.，2005；Vassalli et al.，2011）。

以迷你基因或以大酵母人工染色体（YAC）为基础的转基因形式的转基因 OR 从未与具有相同调控序列的内源性 OR 共同表达。此外，相同的父系、母系 OR 等位基因从未共同表达。转基因和内源性 OR 具有相同的调控序列（Ebrahimi et al.，2000；Serizawa et al.，2000；Vassalli et al.，2002），或相同的父系和母系 OR 等位基因从未在同一神经元中共同表达（Chess et al.，1994；Feinstein and Mombaerts，2004）论证了基因沉默实现单等位基因表达的机制。利用转基因或迷你基因进行的实验表明，OR 的编码序列，特别是这些基因的第二外显子，似乎包含了抑制转基因所必需的序列信息（Nguyen et al.，2007）。因此，维持单基因和单等位基因表达的一个简单的解决方案是表观遗传沉默。

32.3.3　OSN 发育中的 OR 基因簇的染色体结构和核组织

根据大量 ChIP-on-chip 或 ChIP-seq 实验，在许多细胞系中发现的 OR 基因导致这些区域被视为"表观遗传沙漠"（Larson and Yuan，2010）。这种描述归因于缺乏任何已知的染色质修饰富集（Mikkelsen et al.，2007）。然而，利用表达 OR 基因 MOE 组织进行 ChIP-on-chip 分析发现，在 OR 上出人意料地富集了 H3K9me3 和 H4K20me3（Magklara et al.，2011）。这些异染色质标记在 OR 位点特异性存在（只有少数其他单等位基因表达的基因家族，如犁鼻器受体），因此，可以通过 H3K9me3 和 H4K20me3 的存在识别基因组上 OR 基因簇（图 32-8A）。进一步分析表明，OR 染色质的 H3K9 和 H4K20 三甲基化是以分化依赖和细胞类型特异性的方式发生的。具体来说，在支持该组织不断再生的多能基细胞中，因为嗅觉神经元的寿命是有限的，或者在受伤的情况下，OR 只有 H3K9me2 标记。在神经元谱系的分化和保持过程中，三甲基标记沉积在 OR 上（图 32-8B）。重要的是，这些标记并不局限于启动子，就像 Polycomb 介导的抑制一样，而是遍布整个基因到相邻 OR 之间的基因间区域，产生通常大于 1Mb 长度的、连续的异染色质基因组块。每个成熟 OSN 中的活性等位基因似乎都从这种表观遗传沉默中解放出来，通过高富集激活型组蛋白标记，如 H3K4me3，耗尽 H3K9me3 和 H4K20me3（Magklara et al.，2011）。这种从抑制到激活组蛋白修饰的表观遗传转换仅局限于转录活性的等位基因；表达一个 GFP 标记的特定的 OR 等位基因的流式细胞分选的神经元的 ChIP-qPCR 实验表明，同一基因簇中的其他 OR 或从另一个父母遗传的相同等位基因就像其他的 OR 一样在表观遗传学上是沉默的。

OR 染色质上的 H3K9me3 和 H4K20me3 标记与异染色质化的分子和生化表现相一致，如 HP1β 的招募、DNase I 敏感性降低、沉淀性质改变。因此，OR 位点的表观遗传沉默可能导致 OR 启动子无法接近大量预测与之结合的转录因子，这可能解释了为什么在每个 OSN 中，未选择的 OR 基因和其他亲本等位基因在转录水平上完全沉默。与这一假设相一致的是，在 OR 位点的异染色质边界内插入一个报告基因会导致它们被 H3K9me3 和 H4K20me 标记，并导致其以一种呈带状的、零星的和单等位基因的模式表达，与邻近 OR 基因重合（Pyrski et al.，2001；Magklara et al.，2011）。在罕见的真实表观遗传调控中，这个报告基因通常独立于 Emx2 表达，Emx2 是一个激活 OR 转录的转录因子，当这个报告基因插入到 OR 异染色质中时，它变成依赖于 Emx2（Magklara et al.，2011）。插入相同的转基因到基因组的其他部分导致其在大多数 MOE 神经元的表达（Pyrski et al.，2001），表明邻近 OR 的表观遗传状态会以一种在第 12 章中描述的经典的位置效应斑驳模式影响转基因的表达（Elgin and Reuter，2013）。

OR 沉默发生在 OR 基因激活之前，联合激活的 OR 等位基因没有 H3K9 甲基化标记的事实，表明 OR 基因激活需要 H3K9 的去甲基化。事实上，遗传实验表明，H3K9 去甲基化酶 Lsd1 是起始，而不是维持 OR 转录所必需的（图 32-8B）（Lyons et al.，2013）。此外，通过 OR 表达引发的信号通路及时下调 Lsd1（Dalton et al.，2013；Lyons et al.，2013）是 OR 选择稳定的必要条件，这为染色质介导的沉默和去沉默在 OR 基因调控中发挥重要作用提供了证据（Rodriguez，2013；Tan et al.，2013；Ferreira et al.，2014）。

32.3.4　OR 基因的空间结构

在三维水平上，未表达的 OR 基因在细胞核内聚合到靠近细胞核中心的位点。最近的实验表明，MOE 神经元分化过程中 OR 基因的表观遗传沉默与广泛的核重组相吻合，最终导致几个（大约 5 个）OR 选择性异染色质内的数百个 OR 等位基因在染色体内和染色体间缔合（图 32-9A）（Clowney et al.，2012）。这些聚集物在大小上与核仁相似，经常排列在嗅核的异染色质中心的外围，其中主要包括着丝粒周围区域和着

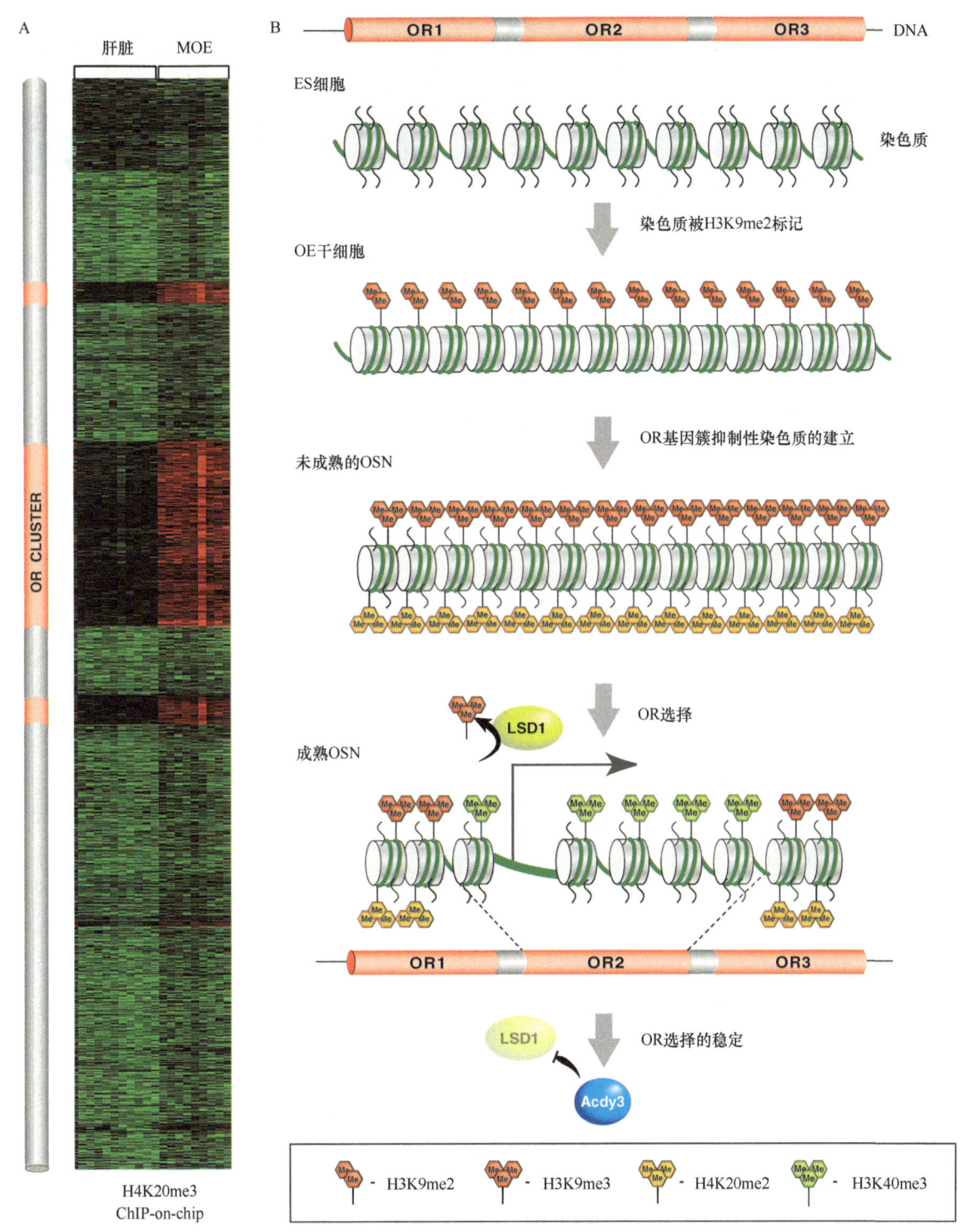

第 32 章 组蛋白和 DNA 修饰是神经元发育和功能的调节因子 691

图 32-8 OSN 发育过程中 OR 基因选择的 MOE 特异性的表观遗传调控。(A) 从 MOE 或肝脏的 ChIP-on-chip 分析得到的描述 H4K20me3 在小鼠 2 号染色体上所有基因的不同富集水平的热图。红色表示高富集水平，绿色表示无富集。H4K20me3 水平较高的三个"红色团块"与 OR 团块的基因组坐标一致，如图中该染色体左侧橙色部分所示。(B) OR 簇开始于发育早期（ES 细胞），没有大多数组蛋白标记。在嗅觉神经发生开始时，OR 簇以 H3K9me2 标记。在从基底多能细胞向 OSN 的转化过程中，大部分 OR 基因被标记为 H3K9me3 和 H4K20me3。在 H3K9 去甲基化酶 LSD1 的作用下，选择表达的 OR 等位基因（即 OR2）从其抑制的染色质标记中解放出来，并重新塑造成一个活跃的染色质配置，并对 H3K4me3 产生阳性反应。在 OSN 分化途径的末端，OR 蛋白诱导的腺苷环化酶Ⅲ（Adcy3）的表达促进了单个活性 OR 基因的锁定，该蛋白质进一步抑制 LSD1 组蛋白去甲基化。

692 表观遗传学

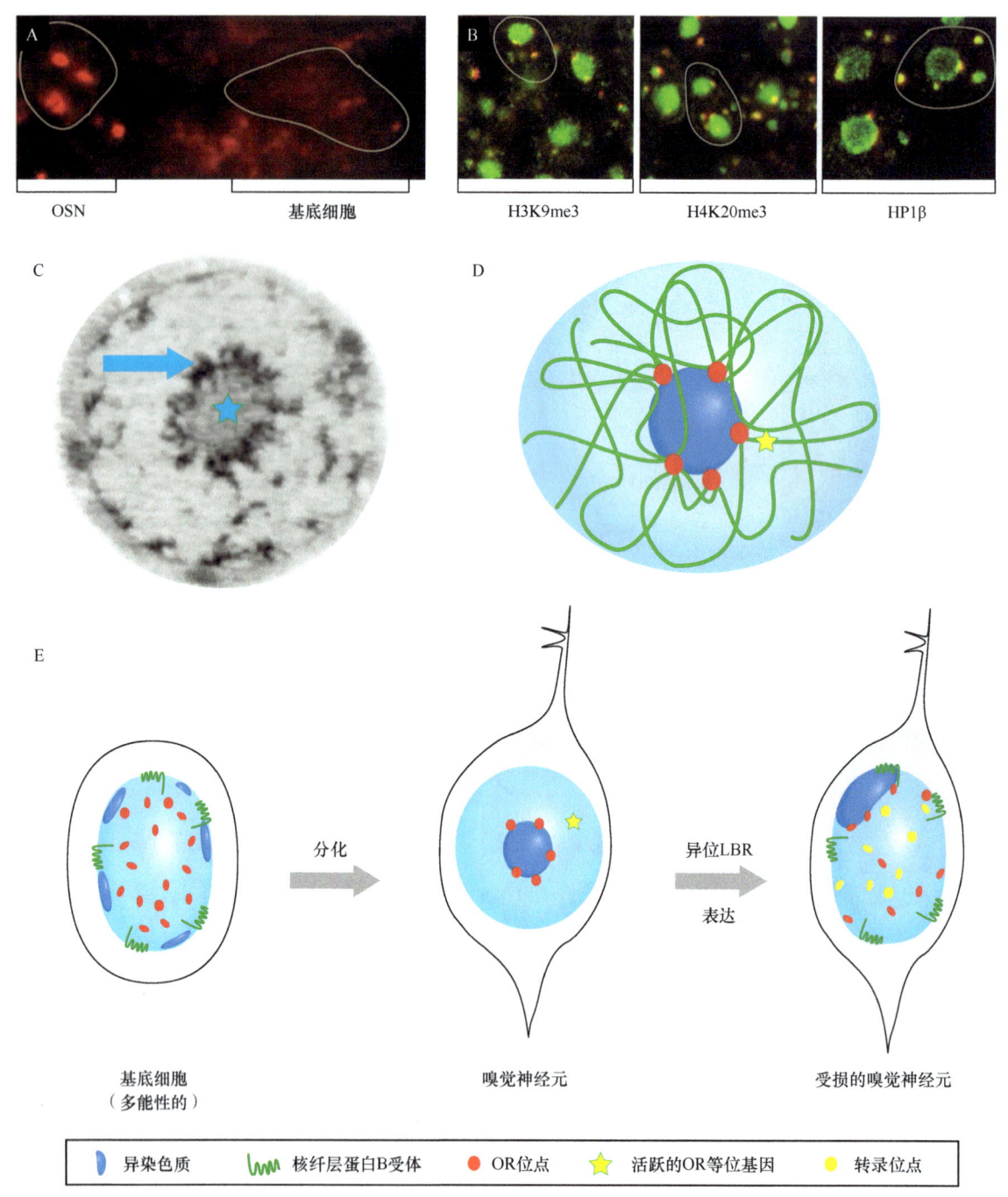

图 32-9 OSN 分化过程中 OR 基因簇的空间组织。（A）在 MOE 切片上使用 panOR 探针（红色）显示 DNA 原位荧光杂交 OR 基因簇分布。信号在基底多能细胞中弥散，但在神经元核中聚集（核边界突出）。（B）panOR 位点（红色）在 H3K9me3、H4K20me3 和 HP1β（绿色）标记的区域富集，表明它们是沉默等位基因或等位基因的异质聚集物。（C）嗅核的温和 X 射线断层扫描（SXT）显示，致密的染色质（蓝色的星星突出显示）聚集在嗅核的中心。在这个异色核的外围，STX 显示了甚至比 OSN 特异性更紧密的结构（由蓝色箭头指向）。（D）三维核图显示所有的异质 OR 簇以顺式和反式聚合，形成与转录不相容的沉默焦点。活跃的 OR 等位基因与非活性 OR 聚集体在物理上是分开的。这是基于从 chip 芯片实验中获得的表观遗传数据，这些数据用热图展示。（E）在 OSN 分化之前，前体基础干细胞具有典型的异染色质核结构以及外围聚集。OR 基因簇在核空间中随机分布。分化后，除了一个 OR 等位基因外，其他所有等位基因都聚集在 OSN 核中着丝粒周围的异染色质中。这有助于这些基因的单基因和单等位基因表达，并依赖于下调的核纤层蛋白 B 受体（LBR）。在 OSN 中异位表达 LBR 导致 OR 小体解聚，核的形态被逆转，并导致数百个 OR 位点的同时表达，这显然打破了每个神经元只有一个受体的规则。

丝粒重复区域。因此，OR 位点代表了异染色质标记高富集的核区域，如 H3K9me3、H4K20me3 和 HP1β（图 32-9B），并且缺乏常染色质标记，如 Pol Ⅱ、H3K4me3 和 H3K27ac。每个 OSN 中活跃的 OR 等位基因逃脱了这些异染色质 OR 小体，并在具有典型常染色质表观修饰特征的、具有活跃转录能力的核区域中被发现（Clowney et al.，2012），这些区域往往也含有 H 增强子（Lomvardas et al.，2006）。

新的成像技术 SXT 的测量结果也表明 OR 位点与转录或其他核过程不相容。SXT 是一种高分辨率成像方法，与医用 X 射线成像的原理相同（Le Gros et al.，2009）；当 X 射线穿透一个生物标本（例如，一个嗅觉核或你受伤的手）时，它们会更有效地被集中的有机物质吸收（例如，细胞核中致密的异染色质、手中的骨骼组织）。在核的不同部分吸收的 X 射线的比例可以被量化，并且在异色区域比在全色区域吸收的 X 射线要高。嗅核的 SXT 显示了一个独特的核结构，在核的中心有高吸收的异染色质，在这个异染色质核的外围有更密集的染色质颗粒（图 32-9C）。由于这些密集聚集物具有 OSN 特异性，其核排列和数量与 OR 位点相似，我们假设它与之前描述的全体 OR 免疫荧光定位所揭示的聚集物相对应。值得注意的是，这些聚集物的 X 射线吸收特性高于着丝粒周围的异染色质（Clowney et al.，2012）。只有鱼精蛋白取代组蛋白的精子核中，在 SXT 下有比这些 OSN 特异性的位点更紧实的染色质。

这些 OSN 特异性的 OR 的空间集聚是否有助于 OR 的沉默以及该基因的单等位基因的表达？OSN 核的一个不同寻常的特征是，它们具有"由内而外"的核形态，即异染色质聚集在核的中心，而常染色质是外围的，这与教科书上关于异染色质局限于核膜的核组织观点形成了鲜明的对比。这些相反的核组织在其他类型的感觉神经元中也被发现，如视网膜上皮中的感光神经元（Solovei et al.，2009）。在嗅觉神经元中，核异染色质"塌缩"的原因是核膜蛋白 LBR 的缺乏。在大多数细胞中，LBR 的氨基酸残基与 HP1 蛋白相互作用，并被证明可将异染色质招募到核周围（如图 32-9E 中的基底细胞）（Worman et al.，1988；Pyrpasopoulou et al.，1996；Hoffmann et al.，2002）。一个 MOE 中的无 OSN 细胞的 LBR 基因功能缺失突变（Shultz et al.，2003）会导致着丝粒周围的异染色质被定位到核中心并造成 OR 基因的异位聚合。相反，在 OSN 中的异位 LBR 表达通过将异染色质招募回核包膜并允许常染色质回到核的内部区域，从而逆转了核的内外形态，就像在大多数哺乳动物细胞类型中一样。这种戏剧性重组的一个后果是 OR 的聚集被扰乱，或 OR 小体的解聚。从生物化学的角度来看，可以通过增加 DNase Ⅰ 的敏感性和使用 SXT 成像降低 X 射线吸收来检测 OR 异染色质的解聚结果。尽管这些基因仍然以 H3K9me3 和 H4K20me3 标记，但这些变化还是发生了，表明这种表观遗传特征仅在适当的次级（染色体内）和三级（染色体间）折叠上转化为不可接近的染色质结构（图 32-9D）。从功能上讲（如从转录的角度），LBR 诱导的 OR 小体的破坏导致每个嗅觉神经元中有数百个 OR 等位基因的共同表达，从而戏剧性地违反了描述 OR 基因单基因和单等位基因表达的每个神经元有一个受体的规则（图示 OSN 细胞缺陷，图 32-9E）（Clowney et al.，2012）。

总之，OR 选择是一个复杂的过程，它依赖于染色质介导的沉默和选择性地去沉默成千上万个等位基因中的一个。尽管上述数据为 OR 表达的调节原则提供了一个概念框架，但要全面理解这一独特的过程，必须回答主要问题。例如，没有关于"奇点"的来源、在一个时间只激活一个 OR 等位基因、OR 信号通路，以及由 OR 表达引起的反馈信号分子目标的信息。而且，尚不清楚负责 OR 基因的沉默和激活的组蛋白甲基转移酶和去甲基化酶的身份，也不清楚在 OR 基因座上这种特异性招募它们的机制。最后，沉默 OR 等位基因的具体聚集和活跃 OR 等位基因的放置在抑制性 OR 小体之外的机制仍不清楚。人们更感兴趣的是确定着丝粒旁侧的异染色质聚集有关的甲基转移酶（Pinheiro et al.，2012）是否也与 OR 基因的局部分布有关。

32.4 嗅觉神经元生命跨度的表观遗传调控

与大多数神经元不同的是，嗅觉神经元的寿命是有限的，只有 90 天，并且在整个成年期不断被新生神经元所取代。然而，并不是所有的 OSN 都有相同的寿命；它们的寿命取决于环境中它们所表达的气味的类型和丰富程度（Santoro and Dulac，2012）。令人惊讶的是，这一过程的一个关键调节因子是一种以前未鉴定的组蛋白变体 H2be。这种组蛋白变体与常见的 H2b 只有 5 个氨基酸的不同，并且仅在成熟的嗅觉和犁鼻器中表达（Santoro and Dulac，2012）。虽然 H2be 影响寿命的分子机制尚不清楚，但令人惊讶的是，这个组蛋白变体不能在第 5 位赖氨酸上发生乙酰化或甲基化修饰，这是两种与转录延长相关的翻译后修饰。因此，H2be 含量高的嗅觉神经元（在基因组的常染色质部分特别富集）中 H2b 的第 5 位赖氨酸甲基化和乙酰化水平较低。这表明 H2b 被 H2be 取代的过程存在某种不依赖复制的模式。

    H2be 在嗅觉上皮中呈散发型表达；根据免疫荧光实验，一些神经元的组蛋白水平检测不到，而其他神经元的组蛋白水平很高。令人惊讶的是，受体的身份似乎决定了 H2be 的表达概率，因为在表达相同 OR 基因的神经元中，H2be 的水平是相同的。事实上，在特定的环境中经常被激活的具有 OR 的嗅觉神经元在其核中保留了低水平的 H2be（图 32-10 中的红色 OSN）。用敲除和插入小鼠进行的功能丧失和获得实验显示，H2be 可促进受刺激不足的嗅觉神经元的凋亡，并缩短它们的寿命。因此，H2be 作为神经元刺激的传感器，决定神经元的寿命；如果一个神经元经常被激活，那么 H2be 水平就会很低，而这个神经元的寿命就会延长。如果神经元处于休眠状态，那么它会死得更快。这种机制的好处是显而易见的：因为 OR 是随机选择的，许多神经元可能表达在特定环境中无用的受体。如果这些神经元的寿命较短，经过几轮神经发生或选择后，嗅觉上皮细胞将拥有更高比例的"有用"嗅觉神经元，从而作为一个感觉器官更好地"调节"特定的气味环境（Monahan and Lomvardas，2012；Santoro and Dulac，2012）。

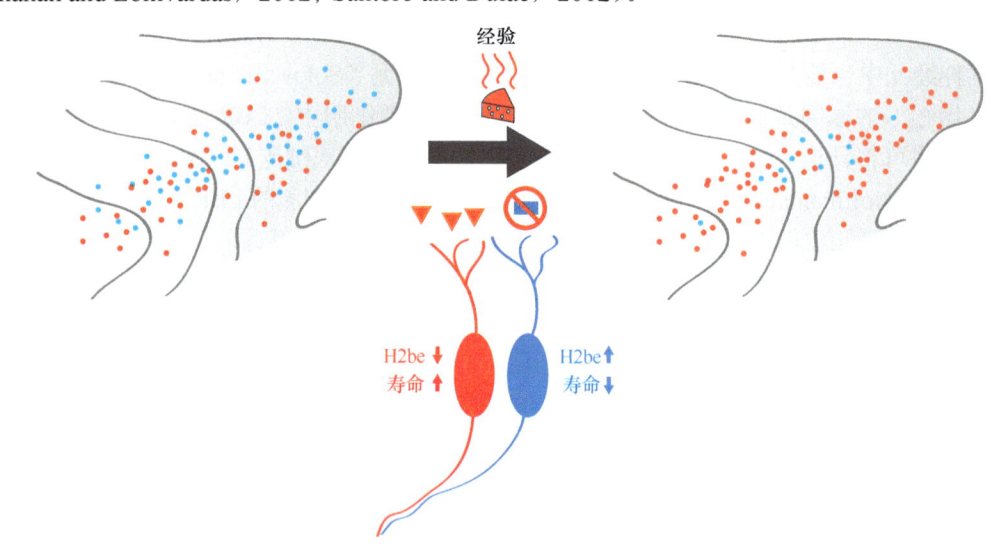

图 32-10　OSN 中的 H2be 组蛋白变体。图中总结了实验操作的结果，显示嗅觉体验调节 H2be 的表达水平，并决定了嗅觉神经元的寿命。经常被激活的神经元（红色部分）不会在染色质 OR 簇内积累 H2be，因而寿命更长，最终支配 MOE。

    组蛋白变异具有高度的组织特异性，它以一种活性依赖的方式决定了嗅觉神经元的寿命，这一意外发现为表观遗传过程的多样性提供了一个完美的例子，而表观遗传过程有助于神经系统的发展和功能。除了调节 H2be 的表达，神经元活性可能直接影响 OR 的稳定性，因为 Lsd1 的下调需要 OR 诱导 Adcy3 的表达（Lyons et al.，2013），而 Adcy3 是 cAMP 响应或被气味激活的主要贡献者。因此，嗅觉系统具有极高的调节要求，为研究神经元活动和表观遗传过程（控制核可塑性和调节神经元寿命）之间的相互作用提供了一个极好的模型系统。

32.5　总结与展望

    在本章中，我们提供了四个与神经系统的发育和连接有关的表观遗传过程的具体例子。当然，在脊椎动物和无脊椎动物的神经系统中，还有其他的表观遗传过程。为此，我们向你指出其中一些优秀的评论和论文（Dulac，2010；Zocchi and Sassone-Corsi，2010；Qureshi and Mehler，2012；Russo and Nestler，2013）。在本章涉及的三个案例中，被研究的细胞必须"做出"决定，这将决定其发育命运和功能：在神经细胞形成或胶质细胞形成之间的选择；在 Pcdh 亚型的组合之间的选择；在单个 OR 等位基因之间的选择。在这三种情况下，选择取决于表观遗传沉默和激活之间的平衡，但机制的细节因具体的调控需要而不同。在神经前体细胞的情况下，这种选择是由外部信号决定的，因此在发育过程中受到高度调控，由 Dnmt3a 活性调节的 Polycomb 和三胸复合体之间存在一种平衡。然而，在 Pcdh 和嗅觉基因选择的情况下，它们看起来是随机的，目标是实现表达程序的最大多样性，而不是特定的转录结果，不同的、未知的表观遗传调控因子参与其中，这就保证了多个启动子中只有一个能进入转录过程。另一方面，在组蛋白质变体 H2be 的情况下，该蛋白质的作用不是决定发育决定或做出转录选择，而是通过尚不清楚的机制影响神经元的寿命。可以肯定的是，新的表观遗传机制将从其他神经过程的研究中产生，如学习和记忆神经可塑性、关键时期、神经退化和在成人神经发生过程中的神经元替换。在所有这些情况下，一个需要回答的共同问题是，不同神经元群体接收到的外部输入如何转化为特定的表观遗传变化，从而导致转录和生理输出。

（蒋　婷　译，郑丙莲　校）

第33章

表观遗传学与人类疾病

胡达·Y. 佐格比（Huda Y. Zoghbi[1,2]），亚瑟·L. 博德特（Arthur L. Beaudet[2]）

[1]Howard Hughes Medical Institute, Baylor College of Medicine, and Jan and Dan Duncan Neurological Research Institute at Texas Children's Hospital, Houston, Texas 77030; [2]Department of Molecular and Human Genetics, Baylor College of Medicine, Houston, Texas 77030

通讯地址：hzoghbi@bcm.edu

摘 要

人类疾病的遗传原因正以前所未有的速度被发现。越来越多的致病突变涉及表观基因组或调控染色质结构的蛋白质的丰度和活性的变化。本章的重点是揭示了源于这种表观遗传的反常人类疾病的研究。疾病可能是由表观遗传标记的直接变化引起的，如DNA甲基化通常被发现影响印记基因调控。此外，本章还描述了致病基因突变的表观遗传修饰通过顺式或反式作用影响染色质。

本章目录

33.1 引言
33.2 人类病例研究揭示表观遗传的生物学作用
33.3 人类疾病
33.4 展望

概 述

在过去的二十年里，我们见证了在确定数百种人类疾病的遗传基础方面无与伦比的成功，最近，通过测序，我们又发现了整个外显子组或基因组。然而，基因型-表现型关系的研究对临床医生和研究人员提出了挑战，因为一些观察结果不易解释。例如，携带相同致病突变的同卵双胞胎可以有相当不同的临床表现。一个相同的突变由于其来自父本或母本的不同，可以在同一个家族子代中产生疾病上的巨大差异。对这些不寻常病例的研究揭示了表观基因组（在不改变DNA序列的情况下改变了遗传信息）在健康和疾病中的作用。这些研究揭示了在哺乳动物某些基因组区域，父本和母本的等位基因的功能并非相同。有的患者的两条同源染色体（或片段）均来自同一亲本——单亲二体（UPD）——他们失去了母源性特异表达基因（对于父源性UPD来说）的表达能力。因此，在父源性UPD的例子中，母系等位基因的表达缺失而父系表达基因增加。在UPD区域的可变的DNA修饰模式（被称为表观遗传变异）很快就被人们认识到是许多发育与神经疾病的分子基础。有趣的是，对于许多这类疾病，表观遗传与遗传突变都可以导致相同的表型。这通常是由于遗传突变发生于常被表观遗传缺陷所影响的基因座。

另一类疾病中遗传突变导致一些参与DNA甲基化和染色质重塑或组蛋白质翻译后修饰的蛋白质失去功能，其表型由一个或多个基因座的表观遗传状态改变引起。基因组与表观基因组之间的关系拓展了致病性分子事件的类型。它们可以是获得性的或是继承性的、遗传的或是表观遗传的，最有趣的是，其中有些会受到环境因素的影响。研究发现环境因素如食物、经历会改变表观基因组（目前主要通过DNA甲基化模式来衡量）。这一发现可能为高度受环境影响的遗传倾向的疾病提供了机制性的见解。这些疾病包括神经管缺损（NTD）和精神疾病。识别可以影响表观基因组的环境因素为开发干预措施提供了希望，这些干预措施可能会降低发育异常、癌症和神经精神疾病等目前已知有表观遗传病因的疾病的风险或负担。

33.1 引　　言

两个遗传上相同的雄性同卵双生双胞胎，生长于相同的环境，却表现出非常不同的神经生物学表型。双胞胎在X连锁的肾上腺脑白质营养不良（ALD）基因上有相同的突变，然而其中一个失明、不能平衡、大脑中缺乏髓磷脂，是典型的致死神经发育疾病特点；而另一个则非常健康。对于这种非正常现象，研究人员的结论是"可能有一些非遗传性的因素对不同的肾上腺脑白质营养不良表型起到了非常重要的作用"（Korenke et al.，1996）。考虑到当时医学遗传学的焦点是DNA序列，在1996年就能得出这一准确结论是非常难得的。如果DNA序列不能解释表型差异，那么环境因素应该可以。与肾上腺脑白质营养不良的双胞胎类似，有些同卵双胞胎尽管在相似的环境下长大，却有着不同的精神分裂症表型（Petronis，2004）。最近，注意力被集中于表观遗传变化，即不改变DNA序列的条件下进行遗传信息修饰。这对拥有相同DNA序列却呈现不同表型的同卵双胞胎提供了一种可能的解释（Dennis，2003；Fraga et al.，2005）。

表观遗传修饰控制基因在细胞中的表达模式。这些修饰稳定并可继承，所以一个肝脏细胞在分裂后产生的是更多的子代肝脏细胞，对于那些不分裂的细胞（如神经细胞），染色体特定区域上的染色质修饰为维持表观遗传信息提供了一种机制，还可能介导了神经细胞对特定刺激反应的可重复性［详见第32章（Lomvardas and Maniatis，2014）］。表观遗传基因型（基因座的表观遗传状态）由DNA甲基化状态、染色质修饰，以及尚有待明晰的非编码RNA的一系列活性所建立。

在哺乳动物中，迄今研究最透彻的表观遗传信号——DNA甲基化主要发生在对称的CpG（胞嘧啶和鸟嘌呤被磷酸盐分开）双核苷酸上胞嘧啶的第五位碳上（5mC）［见第15章（Li and Zhang，2014）］。细胞分裂后，DNA甲基化状态的维持依赖于DNA甲基转移酶1（DNMT1），其甲基化子代细胞中半甲基化的CpG双核苷酸。DNA甲基化在印记基因表达的调控中尤为重要，其调节已被发现是这种基因组区域的致病原因，如稍后33.3.1节所述。自本书的上一版以来，作为5mC氧化产物的5-羟甲基胞嘧啶（5hmc）和催化酶家族TET1-3的发现，为DNA甲基化研究增加了一个新的维度［第2章（Kriaucionis and Tahiliani，2014）］。然而，这种修饰的胞嘧啶碱基的作用在临床环境中很大程度上是未被探索的。由于在大脑中发现了丰富的5hmC，它似乎对发育、分化和衰老过程很重要；因此，改变可能与神经系统疾病有关，如33.3.2

节所述的阿尔茨海默病和雷特综合征（RTT）。

组蛋白修饰包括组蛋白 N 端尾巴的乙酰化、甲基化、磷酸化、泛素化或其他基团［第 3 章图 3-6 或附录 2（Zhao and Garcia, 2014）的完整列表］等共价转录后修饰（PTM）。甲基化修饰可以分为单甲基化、双甲基化和三甲基化。这些修饰通过对染色质结构的直接影响，或对效应体结合蛋白的吸引或排斥，促进了基因表达的调控功能，这些修饰被称为 PTM 的 writers、readers 和 erasers。因为染色质是由紧密包裹在组蛋白八聚体周围的 DNA 链组成，DNA 进入染色质的折叠模式显然是基因活性变化的根本原因。尽管组蛋白 PTM 和染色质结构可以从亲本细胞稳定地传递到子细胞，但这些结构复制的潜在机制尚未完全了解［更多细节见第 22 章（Almouzni and Cedar, 2014）］。表观遗传调控在发育和出生后表现出可塑性，这取决于环境因素和经验（见 33.3.4 节）；因此，不难理解表观遗传型不仅能影响人类的发育疾病，还可以影响出生后甚至成年人的疾病。最新发现的一类对表观遗传信号有影响的分子是非编码 RNA（ncRNA）。长期以来，非蛋白质编码 RNA 包括 tRNA、rRNA、spliceosomal RNA。最近，由于获得了许多生物的基因组序列，再通过物种间（从大肠杆菌到人类）分子遗传学研究，非编码 RNA 的种类得到了很大的扩充，发现了核仁小 RNA（snoRNA）、微 RNA（mircoRNA，miRNA）、小干扰 RNA（small interfere RNA，siRNA）和双链小 RNA（small double-stranded RNA），还有一些更长的调控 ncRNA［见第 3 章图 3-26（Allis et al., 2014）］。这类小 RNA 中的一些可以调控染色质修饰、基因组印记、DNA 甲基化和转录沉默［见第 3 章讨论；第 26 章（Barlow and Bartolomei, 2014）；第 25 章（Brockdorff and Turner, 2014）；第 2 章（Kim et al., 2014）；第 2 章（Rinn, 2014）］。

第一个证明表观遗传在人类疾病中起作用的明确证据来源于人们对基因组印记的理解和发现若干基因受到基因组印记的调节（Reik, 1989）。基因组印记是一种表观遗传形式，它依据基因来自父本或母本的不同从而调节基因的表达。这样，对二倍体的一个印记位点，来源于父本或母本的等位基因的表达是不一样的。在每一代中，亲本来源的基因组印记都必须被擦除、重置并保持。这使得印记的基因座易受以上过程中引入的错误所影响。这些错误，加上 DNA 甲基化酶、甲基化 DNA 结合蛋白、组蛋白修饰相关蛋白的基因突变，都与日益增长的人类表观基因组疾病密切相关（图 33-1）。

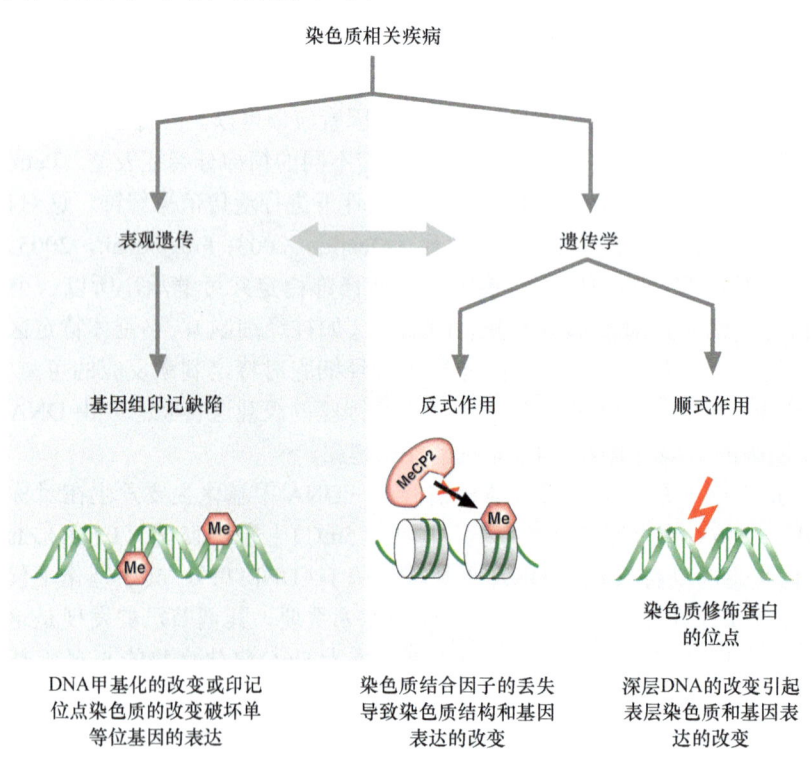

图 33-1　染色质相关疾病的遗传和表观遗传机制。

33.2 人类病例研究揭示表观遗传的生物学作用

毫无疑问，模式生物的研究有助于许多生物学原理的理解，尤其是在遗传学、发育生物学和神经生物学领域。然而我们经常忘记，对于生物学的各种方面，人类本身是最重要的模式生物。对人类数以千计疾病的研究，代表所有物种中最大规模的突变筛选。如果详尽而系统地进行研究，这些表型在其医学意义以外，还可能会揭示一些生物学原理。所以不必奇怪非孟德尔遗传的"动态突变"（用来描述不稳定重复扩张的术语）是在对脆性 X 染色体综合征（FXS）患者的研究中得到揭示的（Pieretti et al., 1991）。

那些拥有特殊表型的患者和研究治疗他们的医生常常会开创新的生物学领域并揭示新的遗传分子机制。表观遗传学对人类发育和疾病影响的揭示正是如此。一位女性患者被她的医生在十年中报道过两次。她因患有膀胱纤维症（CF）、生长激素缺陷所导致的矮小在 7 岁时被报道于医学文献。在寻找 CF 基因的过程中，Beaudet 等人寻找具有额外表型的 CF 患者，以期发现基因组上小的缺失或染色体重排，加快 CF 基因的定位及鉴定。因此，他们注意到了这个患者。这个女患者当时 16 岁，身高 130 cm，拥有正常的智力，但是具有一些明显的身体不对称性。DNA 分析表明她的多个 7 号染色体多态性 DNA 标记，包括着丝粒重复序列为纯合状态（Spence et al., 1988）。排除了非生父和半合子可能性，同时分析了患者外祖母（母亲已去世）的 DNA 序列后，Spencer 及其同事发现患者从外祖母身上继承了两个相同的 7 号染色体的着丝粒区域，这可能是缺失的结果（Spence et al., 1988）。考虑到 Engel 理论提出人类中可能存在单亲二体（UPD）的现象（Engel, 1980），Beaudet 和他的同事们立刻认识到母本 7 号染色体单亲二体携带有 CF 基因隐性突变，并导致了其他的表型。患者的症状及实验室评估，不仅导致了人类单亲二体现象的首次发现，同时也证明父本和母本的基因组是不同的，至少对 7 号染色体的某些区域是如此。这为我们提供了一种新的非孟德尔遗传原理以解释疾病与发育异常（图 33-2）；1991 年报道了小鼠中第一例基因组印记基因的研究［详见第 26 章（Barlow and Bartolomei, 2014）］。尽管在 1988 年，单亲二体现象还被某些人认为是罕见现象，但现在我们知道 UPD 迄今为止已经在几乎所有的人类染色体上被报道。

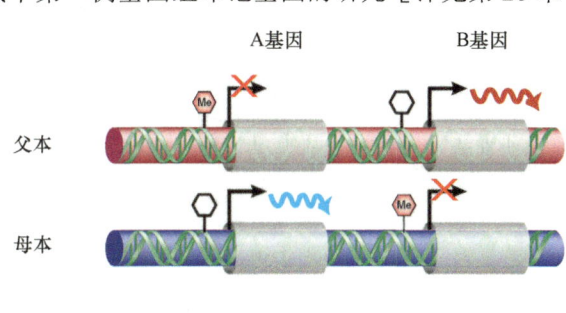

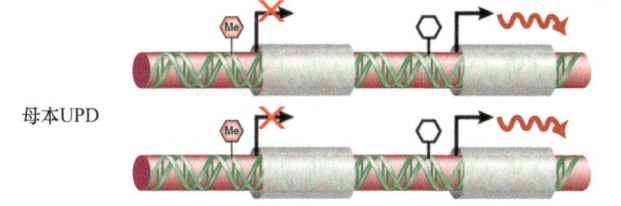

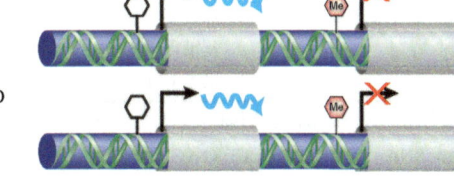

图 33-2 单亲二体（UPD）的结果。在母系 UPD 中，来自母系遗传等位基因的转录量增加了一倍，而来自父系遗传等位基因的转录量则减少了。相反的情况发生在父系的 UPD 中。

对特殊病例的研究不仅揭示了更多染色体上的单亲二体现象,还在1989年提出了单亲二体因改变表观基因型及破坏基因印记而导致疾病的理论(Nicholls et al., 1989)。Nicholls等(1989)研究了一位Prader-Willi综合征(PWS)的患者,患者带有t(13;15)平衡罗伯逊易位,该易位也存在于其无症状的母亲和其他母系亲属。患者是从母亲处遗传得到第二条15号染色体,而所有无症状的后代则从父亲处得到,这使研究者们认为母本单亲二体导致了Prader-Willi综合征。在确认了第二例具有正常核型的患者也带有UPD15后,研究者们提出基因组印记是Prader-Willi综合征的病因。进一步,他们推断15q11-13的父本缺失或母本单亲二体都会导致Prader-Willi综合征,他们也预测15号染色体父本单亲二体会导致Angelman综合征,正如该区域的母本缺失一样。所有这些推断都已被证实。

33.3 人类疾病

33.3.1 基因组印记紊乱

单亲二体的发现开始了人类基因组印记紊乱的临床研究。PWS和AS是最先被研究的基因组印记紊乱。Beckwith-Wiedemann综合征(BWS)、假性甲状旁腺功能减退症(PHP)及Silver-Russell综合征(SRS)随后拓展了这一类疾病的名单,对这些疾病的研究引发了许多耐人寻味的问题,如表观遗传缺陷如何导致疾病表型。在下文中,我们将简要介绍以上每一种疾病的临床特征(表33-1)和研究这些疾病时所发现的缺陷表型的表观遗传机理。

表33-1 部分基因印记疾病

疾病	突变类型(已知的频率)	基因区域(基因簇名称)	涉及的基因
Prader-Willi综合征	缺失(70%) 母本UPD(25%) 基因印记缺陷(2%~5%)	15q11-q13 (Pws簇)	snoRNA和其他(?)
Angleman综合征	缺失(70%) 父本UPD(2%~5%) 表观遗传突变(2%~5%) 点突变 倍增 [a]	15q11-q13 (Pws簇)	UBE3A
Beckwith-Wiedemann综合征	表观遗传突变 母本ICR2/Kcnq1甲基化丢失 H19甲基化的获得(5%) Igf2簇的父本UPD 11p15.5(包括Igf2)的倍增 KCNQ母本的易位 点突变(CDKN1C)	11p15.5 (Kcnq1和Igf2簇)	IGF2,CDKN1C
Silver-Russell综合征	母本UPD(10%) 倍增 易位,倒转	7p11.2 (Grb10簇)	区域内若干候选基因
	表观遗传突变,父本ICR1甲基化丢失(40%)	11p15.5 (Kcnq1簇)	H19双等位基因表达以及IGF2表达下调
假性甲状旁腺功能减退	点突变 基因印记缺陷 父本UPD	20q13.2 (Gnas簇)	GNAS1

a 母本该区域倍增,三倍体和四倍体造成自闭症或其他发育异常。
snoRNA,核仁小RNA;CDKN1C,周期蛋白依赖性激酶抑制因子;UBE3A,E3泛素连接酶。

33.3.1.1 基因突变与表观遗传突变造成相同的结果

就本章而言，我们将表观遗传突变或表观修饰定义为表观基因组中与公认表观基因组不同的变化。与基因突变一样，表观遗传突变可能在表型上显示为良性或疾病病因，它们可能是常见的，也可能是罕见的。大多数已知的临床病例涉及 DNA 甲基化的改变和（或）组蛋白修饰的差异。受基因印记影响的基因组区域特别容易引起临床疾病，主要是因为该区域的基因在正常状态下已经在功能上是半合子的，因此单个表达等位基因的功能缺失会导致一个基因功能的完全缺失。这类似于男性 X 染色体上某一基因功能的丧失。一个基本印记基因的功能丧失可能是由遗传机制引起的，如基因缺失或点突变，或表观遗传突变，通常称为印记缺陷。

33.3.1.2 姐妹综合征：Prader-Willi 和 Angelman

大多数 Prader-Willi 综合征（PWS；OMIM 176270）和 Angelman 综合征（AS；OMIM 105830）病因为 15q11-q13 的一个约 5～6Mb 区域的缺失，但他们的表型却完全不同。这个区域的基因组印记导致了他们的表型不同，因为 PWS 缺失了父本来源的该区域，而 AS 则缺失了母本来源的这一区域（图 33-3A）（Ledbetter et al.，1981；Magenis et al.，1987；Nicholls et al.，1989）。

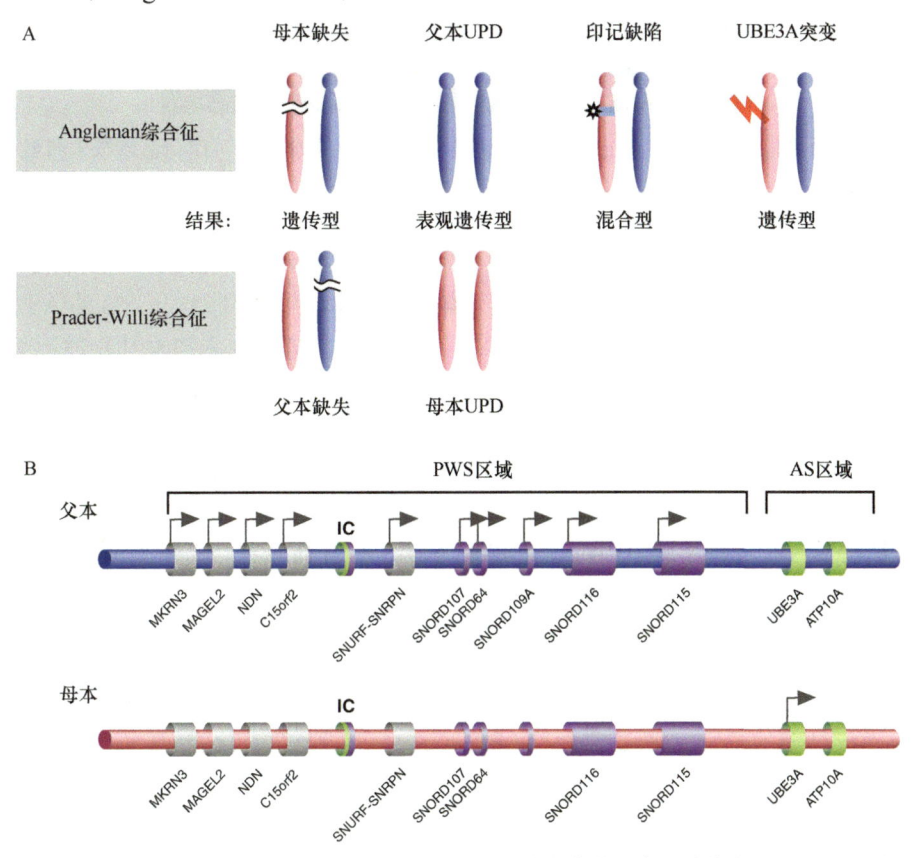

图 33-3 Prader-Willi 综合征（PWS）和 Angleman 综合征（AS）的遗传学及表观遗传学。（A）PWS 和 AS 可由遗传、表观遗传或混合缺陷引起。（B）与 PWS 和 AS 相关的印记基因簇，表明基因通常是由母系或父系表达的。图中展示了两者调控印记控制（IC）区域，显示了印记关键区域为 AS 控制（绿色）和 PWS 基因聚类控制（紫色）。

PWS 的发生率约为万分之一，在 50 年前就已经被报道，其特征为婴儿期张力减退、发育迟缓，因饮食不佳而营养不良以及呆滞，随后则出现饮食过量、重度肥胖、矮小、第二性征及生殖器发育不全和轻度的认知障碍。PWS 患者还有特殊的身体特征，如手脚小、杏仁形眼、上嘴唇薄。绝大多数 PWS 患者有轻微或重度的智力障碍，大部分患者表现出强迫症、易焦虑，有的情绪沮丧孤僻（图 33-4A）。与 PWS 患者相反，AS 患者具有乐观的情绪，爱笑，有时候会有一阵莫名的大笑。AS 患者具有重度发育迟缓、语言能力极差（或完全不具备）、平衡问题（运动失调）、双手不正常的摆动、头小畸形、癫痫，以及一些异常的外形如突出的上颚和宽大的嘴。张力减退、皮肤和虹膜着色不足、斜视在这两种患者中均有发现。色素减退是由一个非印记白化病基因（*OCA2*）杂合缺失引起的，因此表现为缺失基因型。

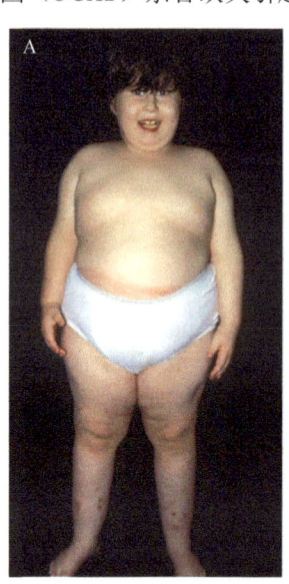

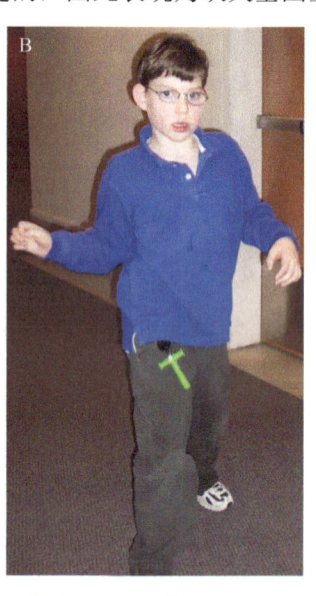

图 33-4　Prader-Willi 综合征患者（A）和 Angleman 综合征患者（B）的图像说明了印记区域缺陷导致的疾病的临床特征的巨大差异。（图片由 Daniel J. Driscoll 博士和 Carlos A. Bacino 博士分别提供）

　　大多数的（约 70%）的 PWS 和 AS 患者的病因分别是父源和母源的 15q11-q13 缺失。约 25% 的 PWS 患者是由于 15q11-q13 的母本单亲二体，这一区域的父本单亲二体导致了约 2%～5% 的 AS 病例（图 33-3）。UPD 在 PWS 和 AS 患者中出现的频率不同通常归因于母源性不分离，因为随女性年龄影响会导致 15 号染色体三体或单体。随后这些染色体被"补救"措施导致父亲的 15 号染色体丢失，使母体从最初的三体胚胎中产生 UPD 和 PWS，或者父系 15 号染色体复制（如 UPD 和 AS）来补救。这两种 UPD 出现频率的不同可能是因为这两种异常卵子的出现频率和它们被"补救"的频率不同。PWS/AS 重要区域出现易位导致了少于 10% 的病例，且这种易位因其亲本来源的性别具有很高的的家族重现性（近 50%）。事实上，因 15q11-q13 易位或其他异常结构导致在某些家族中同时存在 PWS 和 AS 综合征患者，而表型则由突变的父源或母源性所决定（Hasegawa et al.，1984；Smeets et al.，1992）。

　　基因印记缺陷代表另一类导致 PWS 和 AS 综合征的突变。这些缺陷导致一个亲本来源的染色体有一个改变的表观基因型，通常变为和相对亲本染色体相同。在 PWS 和 AS 印记区域的定位及功能研究中，我们在 15q11-q13 中发现了一个基因印记中心（IC），这对于在整个印记簇中重置合适的亲本印记是必要的（图 33-3B）（Ohta et al.，1999）。顺便说一句，在小鼠研究中，IC 通常被称为印记控制元件，正如第 26 章所阐述的那样（Barlow and Bartolomei，2014）。印记缺陷通常涉及 IC 的缺失，但也有一些例子表明，印记缺陷似乎是由不涉及 DNA 序列的表观遗传突变引起的。印记缺损（例如，IC 缺损或该区域表观遗传表型的改变）的表型通常是一样的，包括横跨印记区域或 UPD 的更广泛地删除，在染色体水平上包括 DNA 甲基化的改变、组蛋白 PTM、染色体结构和最终基因表达模式的改变。约 2%～5% 的 PWS 和 AS 综合征患者是由于基因印记缺陷造成的，根据缺陷的亲本来源不同，IC 趋势通常有 50% 的家族重现性。而无基因印记中心缺失的家族则重现性风险较低。

　　研究发现一些接受过细胞质内精子注射（ICSI）的 AS 患者具有基因印记缺陷，这引出了体外受精易引起基因印记缺陷的可能性。未进行 ICSI 而进行了激素治疗的难孕夫妇产出的 AS 综合征患者也有基因印记缺陷，这提出了新的问题，即是否不孕和基因印记缺陷之间存在相同的机制，或辅助生殖技术（激素或 ISCI）具有表观遗传影响（Ludwig et al.，2005）。最近有一份关于辅助生殖技术相关的表观遗传异常的综述探讨了这个问题（Dupont and Sifer，2012）。

AS 综合征中 15q11-q13 受到印记影响的具体基因已经知道。约 10%～15% 的 AS 综合征患者是由泛素连接酶 E3（UBE2A）（图 33-3A）基因突变引起的，该基因编码 E6 结合蛋白（Kishino et al.，1997；Matsuura et al.，1997）。通过表达图谱研究，人们发现 Ube3a 在小脑浦肯野细胞核海马体神经元细胞中表达，且只从母源染色体表达。进一步的，缺失母源 Ube3a 的杂合体小鼠（$Ube3a^{+/-}$）重现了 AS 综合征的特征（Jiang et al.，1998）。这些结果结合人类疾病研究的数据，指出 UBE3A 基因是 AS 综合征的致病基因。15q11-q13 父本单亲二体或母源性缺失都会导致浦肯野细胞不表达 UBE3A。基因印记中心（IC）缺失的病例似乎失去了抑制性反义转录本的沉默，导致 UBE3A 不表达（Rougeulle et al.，1998；Meng et al.，2012）。在小鼠模型中，这种反义转录的缺失导致母体 UBE3A 的激活，显示 AS 的一些表型效应得到改善（Meng et al.，2013）。令人费解的是，仍有 10% 的 AS 综合征病例的分子机制尚不明了。其中一部分患者的染色质重塑蛋白甲基化 CpG 结合蛋白 2（MeCP2）发生了突变，这在 RTT 个体中更加常见，但是可以想象，Rett 和 AS 在临床上会被混淆。

在 PWS 综合征的患者中，有若干候选基因只表达于父源的等位基因；然而，对罕见易位和缺失家族的仔细研究认为 PWCR1/HBII-85 snoRNA 缺失导致 PWS（Schule et al.，2005）。最近的证据表明，从 SNORD116 位点转录的 HBII-85 snoRNA 的缺失可导致 PWS 的大部分表型表达（Sahoo et al.，2008 和之后的引用）。最近，在具有 PWS 和自闭症特征的患者中发现了 MAGEL2 的截断突变，这突出了这种疾病的遗传基础的复杂性（Schaaf et al.，2013）。SNURF-SNRPN 和（或）Necdin 的表达缺失仍有可能独立地或作为连续基因效应的一部分与 SNORD116 一起参与表型的形成。SNURF-SNRPN 的主要转录起始位点在 IC 上，编码一个小的核核糖核蛋白（SNRPN），其作用是调节剪接。另一个基因"SNRPN 上游阅读框（SNURF）"与上游非编码外显子一起被认为是印记缺陷的主要位点，因为该基因的破坏导致 SNRPN 和其他 15q11-q13 印记基因的印记改变。有趣的是，缺少 Snrpn 的小鼠表现正常，但缺失 Snrpn 和与 15q11-q13 基因同源的其他基因的小鼠则处于低营养状态，发育迟缓，并在断奶前死亡（Tsai et al.，1999）。

33.3.1.3　Beckwith-Wiedemann 综合征

关于 Beckwith-Wiedemann 综合征的故事很好地展示了人类疾病是怎样揭示表观遗传学在正常发育、细胞生长调节以及肿瘤发生中的重要作用。BWS 综合征的主要特征是体细胞过度增长，先天异常，易患小儿胚胎性恶性肿瘤（Weksberg et al.，2003）。BWS 综合征的患者一般身材巨大，舌头肥大，同时伴有偏身肥大、不同程度的耳和其他器官异常、脐突出等特征。此外，很多患者具有肥大的内脏器官，患有胚胎瘤如 Wilm 氏肿瘤、肝母细胞瘤、横纹肌肉瘤等，也会有胰腺增生，经常导致新生儿低血糖。

大多数 BWS 综合征患者是偶发性的，但少数患病家族具有的常染色体显性遗传模式，揭示了其病因可能与 11p15 有关（Ping et al.，1989）。BWS 综合征相关肿瘤中母源等位基因选择性缺失，女性患者对后代的显性遗传，以及某些 BWS 综合征患者具有 11p15.5 父源性单亲二体，都表明表观遗传和基因印记必然在 BWS 综合征中起着重要作用，而且 BWS 综合征源于新的或继承而来的一系列遗传以及表观遗传的异常。BWS 中涉及的印记基因簇实际上包含在第 26 章（Barlow and Bartolomei，2014）小鼠中 Igf2 和 Kcnql 簇的讨论，定位在 11p15.5 中一个约 1Mb 的区域，包括至少 12 个印记基因（图 33-5A）（Weksberg et al.，2003）。第一个印记簇包含具有相反印记的 H19 和胰岛素样生长因子（IGF2）基因，散布在被认为代表一个印记控制区（ICR1）的差异甲基化区域（Joyce et al.，1997；Weksberg et al.，2003）。H19 编码一个母系表达的 ncRNA，IGF2 编码一个父系表达的生长因子。这两个基因拥有一组共同的增强子，对该增强子的接近受到 ICR1 甲基化状态和 CTCF 锌指蛋白结合的影响（Hark et al.，2000）。第二个基因印记调控区（ICR2）含有很多母源性表达的基因，包括周期蛋白依赖性激酶抑制因子（CDKN1C，编码 p57kpi2）、一个钾离子通道蛋白（KCNQ1）和一个可能的阳离子转运蛋白（SLC22A1L）。ICR2 的差异性甲基化区域位于 KCNQ1 的一个内含子上，该区域在父源等位基因上不被甲基化，导致 KCNQ1 反义方向上出现了 KCNQ1OT1 的表达。而母源性等位基因 ICR2 的甲基化，则被认为抑制了母源性 KCNQ1OT1 的表达，从而使母源基因 KCNQ1 和 CDKN1C 得以表达（Lee et al.，1999；Smilinich et al.，1999）。

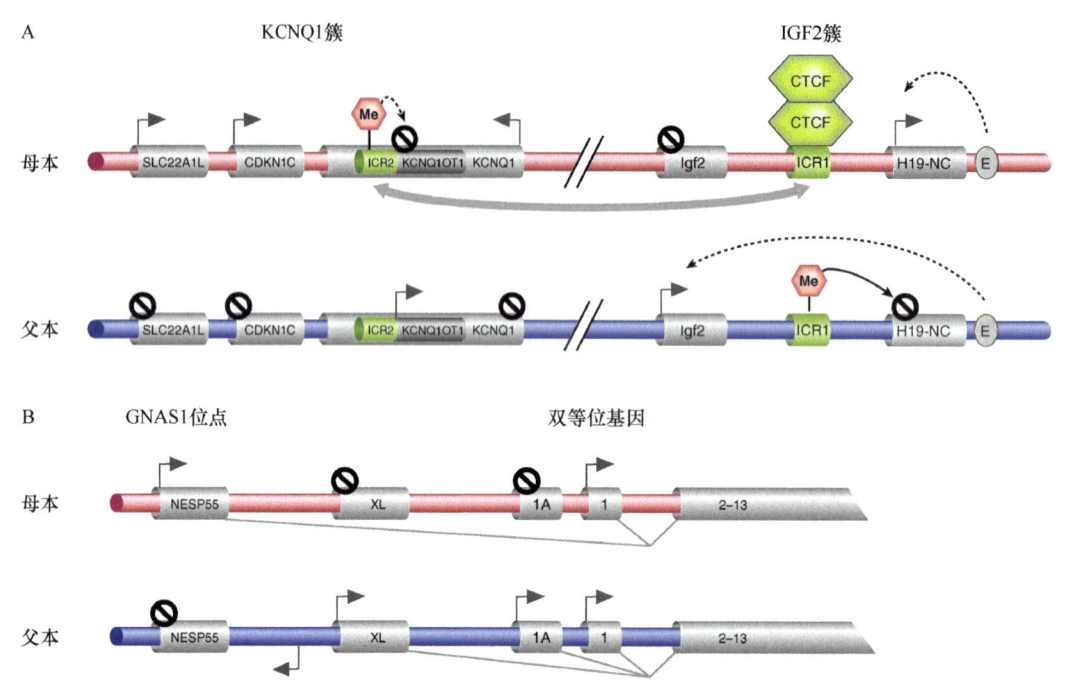

图 33-5　与人类 Beckwith-Wiedemann 和假性甲状旁腺机能印记障碍相关的印记群。（A）显示与 BWS 相关的邻近 KCNQ1 和 IGF2 印记簇的印记基因表达。对照个体中亲本染色体的表达模式如图。ICR 标记为绿色，印记显示为脱氧核糖核酸甲基化（粉红色六边形）ICR2，反义 KCNO1OT1 位于 KCNQI 位点内。连接 ICRl 和 ICR2 的灰色箭头表明了某种已被假设的调控相互作用。E，增强子。（B）图示了 GNAS1 位点的 5′ 区域，这是一个 PHP 中涉及的基因，表明了由可选 5′ 外显子（NESP55、XL 和 1A）产生的不同转录本在某些组织中的亲本表达。反向箭头表示 NESP55 反义转录本。

众多表观遗传学和遗传学分子机制缺陷提供了确认 BWS 综合征致病基因的某些线索。在非甲基化的母源等位基因上，CTCF 结合 ICR1，形成染色质边界，从而将 IGF2 启动子与其增强子相互隔绝。于是这些增强子可以接触到邻近染色质边界的 *H19* 启动子，使得 *H19* 基因得以转录。父源等位基因 ICR1 的甲基化则抑制了 CTCF 的结合，*IGF2* 基因得以表达并抑制 *H19* 基因的表达。包含 IGF2 基因座的 11p15.5 的倍增，或者该区域的父源性单亲二体的发现（均意味着 *IGF2* 基因的过表达），以及过表达 *IGF2* 基因的转基因小鼠表现出过度生长和舌肥大的表型，共同揭示了 *IGF2* 基因过表达是导致 BWS 综合征表型的潜在因素之一（Henry et al.，1991；Weksberg et al.，1993；Sun et al.，1997）。有趣的是，与过表达的 *IGF2* 类似，*CDKN1C* 基因功能缺失突变体也会导致 BWS 综合征的发生。缺失 *Cdkn1c* 基因的小鼠具有脐突出现象，但不导致过度生长。然而，在 *Cdkn1c* 基因缺失的同时引入 *IGF2* 基因的过表达，小鼠则会出现多种 BWS 综合征表型（Caspary et al.，1999）。导致 BWS 的分子病变类型见表 33-1。值得注意的是，母源染色体 *KCNQ1* 的易位干扰了 *IGF2* 的印记，但奇怪的是，却没有影响 ICR2。此外，最常见的机制是 ICR2/KCNQ1OT1 的印记丢失，再次改变了 IGF2 的印记，表明 ICR1 和 ICR2 之间存在某种调控关系（Cooper et al.，2005）。某些 BWS 综合征患者具有的表观遗传改变，如 *H19* ICR1 甲基化缺陷，也被发现存在于患有 Wilm 肿瘤却无 BWS 综合征的患者中。这表明表观遗传缺陷发生的时间可能决定了该缺陷是对整个个体还是部分器官发生影响。ICR1 甲基化异常经常会导致 Wilm 肿瘤，而 ICR2 甲基化异常则易导致 BWS 综合征中的横纹肌肉瘤和肝母细胞瘤。这表明在 11p15.5 中存在多个易诱发肿瘤的基因（Weksberg et al.，2001；DeBaun et al.，2003；Prawitt et al.，2005）。

33.3.1.4 Silver-Russell 综合征

Silver-Russell 综合征（SRS；OMIM 180860）是一种发育紊乱疾病，主要表现为发育迟缓，身材矮小且不对称，部分具头面部、头盖骨以及手指和脚趾畸形。最主要的特征是身体生长不正常，其他特征变化也很大。SRS 有多种遗传病因，但约 10% 的患者是由 7 号染色体的母源性单亲二体所造成的（Eggermann et al., 1997）。可能是某父源性表达的、促进生长的基因的功能缺失导致了 SRS，但也不能排除是因为某母源性表达的抑制生长的基因出现了过表达。有趣的是，在几例 SRS 患者中发现了由表观遗传突变引起的染色体 11p15 上 ICR1 的去甲基化（图 33-5A）。这种表观遗传缺陷导致 H19 的双等位基因表达和 IGF2 的表达下降（Gicquel et al., 2005），并发生在约 40% 的患者中（Eggermann et al., 2012）。

33.3.1.5 假性甲状旁腺功能减退

在正常副甲状腺激素（PTH）水平下，仍出现甲状旁腺功能减退的各种表型，被称为假性甲状旁腺功能减退（PHP）。这些患者对 PTH 具有抗性。他们分属多个临床亚型：Ia，Ib，Ic，II 和 Albright 遗传性骨质营养不良（OMIM 103580）。除了甲状旁腺功能减退和骨质营养不良，这些患者同时还可能具有一系列发育和体征缺陷。这些临床上不同的表型源于 GNAS1 基因的突变，该基因编码促 α 活性多肽（GSα），一种鸟嘌呤核苷结合蛋白。GNAS1 定位在染色体 20q13.2，有三个可变的第一外显子（外显子 1A、XL 和 NESP55），它们和第 2～13 外显子剪接形成不同的转录产物（图 33-5B）。在这些外显子的周围有着差异性甲基化区域，导致 NESP55 只表达于母源等位基因，而 XL、1A 和 NESP55 的一个翻译转录物则只表达于父源等位基因。尽管父源和母源的 GSα 蛋白编码转录物均表达，但母源等位基因在某些组织（如近端肾小管）优先表达。即便对于具有明显常染色体显性遗传模式突变，基因组印记和组织特异性印记的组合导致了表型和亲源性影响的多样性（Hayward et al., 1998）。值得一提的是，一个 GNAS1 区域呈现父源性单亲二体的患者发展成了 PHP Ib 型疾病（Bastepe et al., 2003）。

33.3.1.6 其他印记区域的紊乱

还有一些关于印记基因紊乱导致疾病的报道。例如，母源和父源的单亲二体，基于父方起源的不同表型缺失以及表观遗传突变，导致 14q32 染色体上一组印记基因的紊乱。该区域的印记基因包括父系表达的 DLK1 和母系表达的 MEG3。孕产妇 UPD14 的特征是发育不良，随后出现肥胖、学习困难和性早熟，可能与 PWS 混淆。父亲的 UPD14 表现为胸部发育不良和智力障碍。14q32 的缺失和表观遗传突变可导致 UPD14 的母系和父系表型重叠（Kagami et al., 2008）。

父源性 UPD6 与短暂性新生儿糖尿病有关，糖尿病会自行消退，但可能在以后的生活中复发。6q24 位点的父源重复或母源甲基化缺失也可能与短暂性新生儿糖尿病有关（Temple and Shield, 2002）。

本节中描述的临床疾病的基因型-表现型研究表明，几乎所有的基因组印记疾病都可以由遗传或表观遗传异常的混合引起，无论该异常是新生的还是继承的。很难相信这种疾病的混合遗传模型只会存在于非常有限的疾病种类中。十多年前，UPD 只是一种理论上的可能性，但现在已经确定它发生在许多染色体区域，并导致多种疾病和发育表型。人类遗传学研究的一个挑战是发现哪些基因导致了 UPD 相关的表型，以确定哪些疾病可能是由遗传和表观遗传混合机制所导致。

33.3.1.7 印记区域以外的表观遗传突变

正如本书中的很多章所讨论的那样，癌症中体细胞表观遗传突变的情况已经被很好地报道，尤其是在第 34 章（Baylin and Jones, 2014）和第 35 章（Audia and Campbell, 2014）中。这里的聚焦点是原发性的表观遗传突变影响了个体中大部分还是全部的细胞。奇怪的是，到目前为止报道的大多数原发性表观遗传突变都影响了癌症相关基因。这是一种真正的生物学偏差还是一种确定偏差目前还不清楚。例如，影响 *MLH1* 的表观遗传突变是最早被描述的，并且仍然是最频繁报道的（Suter et al.，2004；Pineda et al.，2012）。在 *MLH1* 的表观遗传突变中，有报道称有垂直遗传或代际遗传的现象（Crepin et al.，2012）。涉及 *BRCA1* 和 *BRCA2* 的原发性表观遗传突变也被报道过（Hansmann et al.，2012）。原发性表观遗传突变有时与启动子上或启动子附近的序列可变性有关（Ward et al.，2012）。表观遗传突变在人类疾病中的作用只有当研究者开始系统地寻找这样的突变时才会变得明显。对于任何杂合缺失功能突变导致表型的基因，启动子的外显突变沉默应该会导致相同的表型。

33.3.2　反式作用于染色质结构的紊乱

越来越多的疾病被发现起源于染色质结构和重塑相关蛋白的突变，这凸显了精密协调的染色质结构对于人类健康的重要性。这些疾病本身没有表观遗传突变，却改变了表观基因型的决定性组分——染色质状态。这些巨大的表型差异，以及蛋白质水平上细微的改变乃至保守性氨基酸的替换都可能导致人类疾病的现象，正开始为染色质重塑蛋白的严格调控和相互作用研究提供线索。反式影响染色质的疾病是由直接参与翻译后修饰组蛋白的蛋白质功能破坏造成的，例如，组蛋白乙酰化受体元件结合蛋白（CREB）的结合蛋白（CBP）或者 EP300 酶或者 DNA 胞嘧啶的修饰者（如 DNMT），组蛋白或胞嘧啶的阅读器 PTMS 如 MeCP2 或组蛋白重塑者［见表 33-2；以及第 34 章图 34-1（Baylin and Jones，2014）］。以上基因中任一基因的功能丧失都导致复杂的多系统表型或肿瘤发生，因为它错误地调控大量下游基因的表达。尽管尚未经证实，但是很有可能某些疾病归因于反式作用的非编码 RNA 的突变。

表 33-2　反式影响染色质结构的遗传疾病选列

疾病	基因	备注
Coffin-Siris 综合征，智力障碍	*ARID1A*	BRG1 相关因子复合物的成员
	ARID1B	SWI/SNF 复合物成员
α-地中海贫血症/智力障碍综合征	*ATRX*	解旋酶，SNF-like 家族
CHARGE 综合征	*CHD7*	转录调控因子
自闭症谱系障碍	*CHD8/Duplin*	
Rubinstein-Taybi 综合征	*CREBBP*	组蛋白乙酰转移酶
	EP300	组蛋白乙酰转移酶
神经病，遗传感知，IE 类型	*DNMT1*	维持型 DNA 甲基转移酶
免疫缺陷中心体不稳定性面部异常综合征 1（ICF1）	*DNMT3B*	DNA 甲基转移酶 3B
免疫缺陷中心体不稳定性面部异常综合征 2（ICF2）和智力障碍	*ZBTB24*	DNA 甲基化
智力障碍，癫痫，先天性畸形；Kleefstra 综合征	*EHMT1/KMT1D*	组蛋白甲基转移酶
智力障碍，癫痫，综合征，Claes-Jensen 型	*KDM5D/JARID1C*	组蛋白 H3K4me3 和 K4me2 去甲基化酶
歌舞伎综合征 1	*MLL2*	组蛋白赖氨酸甲基转移酶
歌舞伎综合征 2	*KDM6A*	组蛋白 H3K27 去甲基化酶
Rett 综合征	*MECP2*	转录调制器
Sotos 综合征；肢端肥大症，智力障碍	*NSD1/KMT3B*	核受体结合 Su-var；转录辅因子
复发性葡萄胎	*NLRP7*	
	KHDC3L/C6orf221	
智力障碍，唇腭裂窦派生综合征	*PHF8*	组蛋白 H4K201me1 去甲基化酶

续表

疾病	基因	备注
骨骼畸形，智力障碍，听力障碍，Coffin-Lowry 综合征	RPS6KA3/RSK2	EGF 激发的 H3 磷酸化
智力缺陷，癫痫发作，身材矮小，头发稀疏，Nicolaides-Baraitser 综合征	SMARCA2	染色质调控子
Schimke 免疫缺陷，肾炎，骨骼异常，无骨性骨病	SMARCAL1	SNF2-like 家族，DNA 介导的 ATP 酶活性

SWI/SNF，开关/蔗糖不耐受；KMT，赖氨酸甲基转移酶；CREBBP，CREB 结合蛋白；MLL2，混合白血病谱系 2。

33.3.2.1 复发性葡萄胎

完全葡萄胎（CHM）或复发性葡萄胎 1（OMIM 231090）是一种异常妊娠，其中有囊状增生的滋养细胞（如胚胎外组织），但没有胚胎发育。CHM 具有侵袭性和恶性的潜力，患者还可能出现其他症状，如早发性子痫前期，这与磨牙组织分泌大量的人绒毛膜促性腺激素有关。大多数 CHM 是散发性的，但有罕见的家族性和复发性病例。大多数 CHM 是雄性遗传的（完全由父性 DNA 组成），被认为起源于缺乏功能细胞核的卵母细胞的受精（Kajii and Ohama，1977）。这一过程可以通过单个精子受精并复制父性原核 DNA，也可以通过双精子受精产生二倍体基因组，其中只包含父性遗传的 DNA。因此，印记基因的调控和表达的中断可能是导致这些妊娠中出现异常滋养细胞表型的原因。

与更常见的雄激素性 CHM 相比，有更罕见的复发性和通常家族性的葡萄胎，他们有正常的双亲遗传的基因组，被称为"双亲葡萄胎"或"BiHM（biparental hydatidiform mole）"。根据 CHM，人们提出了 BiHM 中异常滋养细胞的发育是由印记基因表达中断引起的假设。这个假设随后被一些研究所证实，研究表明在大多数父系印记而母系表达的基因的不同甲基化区域中，甲基化丢失，类似于雄激素遗传性色素痣（Fisher et al.，2002），虽然有些母系的印记也被正确地指明。

2006 年，Murdoch 等人以及随后的几项研究表明，大多数复发性 BiHM 的女性都有 NLRP7 基因纯合突变，该基因编码了 CATERPILLER 蛋白 NLRP 家族的一员，已知其在先天免疫和细胞凋亡方面具有功能（Murdoch et al.，2006）。NLRP7 是一种细胞质蛋白，属于核苷酸寡聚结构域类家族成员，其特征为氨基末端的 Pyrin 结构域、在凋亡蛋白中发现的 NACHT 结构域和羧基末端富含亮氨酸的重复区域。2011 年，帕里和同事在 BiHM 的三个家族中发现了 C6orf221 的基因突变，现在被称为 HYDM2（OMIM 614293）（Parry et al.，2011），暗示该基因作为卵母细胞基因组印记的调节因子。对葡萄胎的研究清楚地强化了这样一种观念，即印记基因表达的正确调控对人类健康至关重要。

33.3.2.2 Rubinstein-Taybi 综合征

Rubinstein-Taybi 综合征（RSTS，OMIM 180849）的特征包括智力迟钝、拇指和脚趾肥大、面部畸形、先天性心脏病以及高肿瘤发生率。同卵双胞胎发病的统一性以及少量的母源性遗传病例，都暗示了 RSTS 具有遗传性基础并很可能是常染色体显性遗传。在若干 RSTS 患者中发现了 16p13.3 的细胞学异常（Tommerup et al.，1992）并被定位到含有 CBP（或 CREBBP）基因的区域。CREBBP 杂合突变体表明 CBP 的单倍体不足以导致 RSTS（Petrij et al.，1995）。CBP 最初报道为 cAMP-应激性结合蛋白 CREB 的一个共激活因子。一旦结合，CBR 反过来通过邻近核小体中所有四个核心组蛋白的乙酰化，激活一个含有 cAMP 反应元素的启动子的转录（Ogryzko et al.，1996）。CBP 还通过其 C 端的某个区域与基本转录因子 TFIIIB 直接相互作用。体外分析一个引起 RSTS 的 CBP 错义突变体（精氨酸 1378 位突变为脯氨酸），发现这一突变体失去了 CBP 的组蛋白乙酰转移酶（HAT）活性（Murata et al.，2001）。以上数据和小鼠中发现 CBP 单倍体不足以导致小鼠的学习和记忆能力下降、神经细胞突触可塑性改变以及组蛋白乙酰化异常，都支持 CBP 乙酰转移酶活性的降低是导致 RSTS 的表型的重要原因（Alarcon et al.，2004）。与乙酰转移酶活性降低的疾病中所起作用一致的是，最近的研究发现第二个基因 p300 编码一个高效的乙酰转移酶/转录共激活因子，其突变也会导致 RSTS（Roelfsema et al., 2005）。CPB$^{+/-}$小鼠中某些神经细胞突触缺陷以及学习和记忆缺陷，可被组蛋白去乙酰化抑制剂恢复（Alarcon et al., 2004），这提出了使用这类药物对 RSTS 综合征患者的智力缺陷进行治疗的可能性。

33.3.2.3　Rett 综合征

33.3.2.3.1　临床特征和遗传病因的发现

RTT（OMIM 312750）是显性的 X 染色体连锁的出生后神经发育紊乱，其主要特征是行动不正常、不协调、癫痫、无意识的双手缠绕以及语言能力下降（Hagberg et al., 1983）。RTT 综合征被划分为 DSMIV 中类似自闭综合征（ASD）的一类，它与 ASD 有三个主要的共同特征：第一，两者都发生于出生后，通常出现于一段看似正常的发育阶段之后；第二，社交及语言能力的发展被打断；第三，它们均伴有手和手臂的异常特征性移动方式（图 33-6A）。尽管大多数情况下（＞99%）RTT 综合征为偶发性，但对少数患病家庭的研究发现 RTT 综合征通过母系遗传，表明 RTT 综合征具有遗传学基础。对这些家庭的研究，结合已有的发现，表明 RTT 综合征主要发生于女性且某些女性携带者没有表型，提出了 RTT 综合征是 X 染色体连锁的显性遗传疾病的假说。通过排除法定位的策略，发现 RTT 基因位于 Xq27-qter，对候选基因的分析表明编码甲基化 CpG 结合蛋白 2（MeCP2）的基因是致病基因（Amir et al., 1999）。

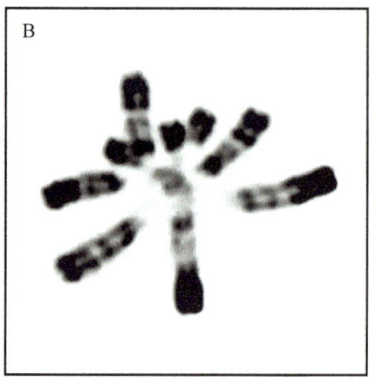

图 33-6　受染色质顺式调控的遗传疾病。（A）这张 Rett 综合征患者的照片显示了异常且固定的手部运动、磨牙和异常姿势。图片由 Daniel.G.Glaze 博士提供。（B）来自 ICF 患者的染色体显微照片。照片由 Timothy H. Besttor、Robert A. Rollins 和 Deborach Bourc'his 博士提供。

33.3.2.3.2　RTT 中 MECP2 表达的遗传学

MECP2 基因突变是导致 RTT 综合征主要原因的发现，为 RTT 综合征和自闭综合征间的联系提供了分子水平证据。目前已知 *MECP2* 突变在女性中可以引发多种表型，包括学习障碍、孤僻型智力发育迟缓、类 Angelman 综合征以及 ASD 综合征。X 染色体失活（XCI）模式是导致临床表型多样性的决定性分子因素。除少量下效等位基因外，携带 *MECP2* 突变及平衡性 XCI 模式的女性通常具有典型的 RTT 综合征。而具有偏向性野生型等位基因的不平衡 XCI 模式的女性通常表型较轻（Wan et al., 1999；Carney et al., 2003）。携带 *MECP2* 突变的男性比女性具有更加广泛的表型，因为男性中该基因座处于半合子状态（他们只有一条 X 染色体，因此只有一个突变等位基因）。导致 RTT 综合征的突变体通常引起新生儿死亡，除非该男性只是这种突变体的嵌合体或者具有 XXY 的核型，对于后者，女性患者具有的所有表型也均有发现（Zeev et al., 2002）。此外，在女性中基本不导致表型的下效等位基因，在男性中可以导致多重表型，包括智力迟缓、癫痫、颤抖、睾丸增大、双极病或精神分裂症（Meloni et al., 2000；Convert et al., 2001）。有趣的是，在小鼠和人类中加倍的 MeCP2 剂量会导致严重的进行性产后表型，并与一些功能缺失表型重叠（Collins et al., 2004；Meins et al., 2005；Van Esch et al., 2005；Ramocki et al., 2009），说明 MeCP2 表达的平衡至关重要。

33.3.2.3.3　MECP2 在 RTT 中的作用

MeCP2 因其结合对称性甲基化 CpG 双核核苷酸的能力而被发现（Lewis et al., 1992）。它通过其甲基化 CpG 结合结构域（MBD）与甲基化 DNA 相结合，并通过其转录抑制结构域与共抑制因子 Sin3A 和 HDAC 相结合 [Nan et al., 1997；见第 15 章图 15-9（Li and Zhang, 2014）]。MeCP2 定位于异染色质区域并被认为是一个转录抑制子（Jones et al., 1998；Nan et al., 1998），但动物研究数据显示，许多基因在其缺失时表达降低，而当 MeCP2 水平增加一倍或三倍时，这些基因表达增强（Yasui et al., 2007；Chahrour et al., 2008），由此人们提出了 MeCP2 影响基因表达的确切机制的问题。

最近的数据显示，MeCP2 在神经元中含量很高，并广泛地结合在整个基因组中——其含量可能相当于每两个核小体中有一个分子（Skene et al., 2010）。这一发现促使研究者提出，鉴于 H1 和 MeCP2 与染色质结合的竞争性性质，MeCP2 可能作为连接组蛋白的替代品发挥作用。其他解释 MeCP2 基因表达损失和获得相反影响的可能性包括：通过与激活因子（如 CREB）的相互作用产生直接影响（Chahrour et al., 2008），或者通过上述 Sin3A/HDAC 复合物的沉默。它也可能有一个间接的次级效应，导致其损失或获得引起神经元活动的改变。MeCP2 可能结合 5hmC 和 5mC 以及一个特别的减少特异性结合 5hmC 的 MECP2 突变产生 RTT 表型的发现，提示基因体 5-羟甲基化与神经元系活性区域 MeCP2 结合富集可能对神经元功能有重要影响（Mellen et al., 2012）。最近的一项研究表明，基因体 5-羟甲基化在神经元分化中发挥重要作用，可能是其可以抑制多梳抑制复合物 2（PRC2）介导的 H3K27 甲基化（Hahn et al., 2013）。尚不清楚 MeCP2 或其他 MBD 蛋白是否能解释活性基因上的 5hmC 信号。显然，我们需要更好地了解 MeCP2 在体内的确切分子和生化功能。

RTT 综合征的一个耐人寻味的特征是其表型在出生后逐渐出现，却没有神经退行性病变的迹象。通过对 MeCP2 分布及含量的研究，发现其存在于成熟后的神经元中，并可能出现于突触形成后（Shahbazian et al., 2002；Kishi and Macklis, 2004；Mullaney et al., 2004）。这样的分布暗示 MeCP2 在神经成熟并建立起活性后，对神经元功能至关重要，起着调节神经元活性的作用。它也在星形胶质细胞和其他类型的神经胶质细胞中表达，但表达水平低于神经元（Ballas et al., 2009；Tsujimura et al., 2009）。通过对小鼠的研究，神经元特异性缺失显示 MeCP2 的缺失会损害所有被测神经元的功能，并导致酶、神经递质和调节其功能的神经肽的减少（Gemelli et al., 2006；Fyffe et al., 2008；Samaco et al., 2009；Chao et al., 2010；Ward et al., 2011）。这些动物表现出不同程度的病理，并概括了 RTT 表型的一个或多个方面。有趣的是，成年动物中 Mecp2 的缺失仍然表现出症状出现的延迟，这最终导致 RTT 的典型结构性缺失。这表明 MeCP2 一生都需要维持正常大脑功能所需要的表观遗传程序（McGraw et al., 2011）。重要的是，这些数据表明，RTT 表型的延迟发作不是由于功能冗余和（或）出生后早期缺乏需求，而是由于蛋白质丢失而导致脑细胞功能丧失所需要的一段时间。在缺乏功能 MeCP2 等位基因的成年动物中，MeCP2 的重新表达可以挽救几种 RTT 表型（Giacometti et al., 2007；Guy et al., 2007；Robinson et al., 2012）。这非常令人兴奋，并为这种疾病的症状在人类身上可能是可逆的提供了希望。此外，MeCP2 在星形胶质细胞或小胶质细胞中的表达可以改善呼吸、运动功能和生存（Lioy et al., 2011；Derecki et al., 2012）。事实上，Garg 等（2013）提供了原理证明，基因疗法可以利用小鼠模型逆转 RTT 症状。总之，这些数据表明，当采取适当的干预措施时，RTT 的一些特征可能会被逆转或减弱。

33.3.2.4　α 地中海贫血症 X 连锁的智力迟钝

α 地中海贫血症 X 连锁的智力迟钝（ATRX）（OMIM 301040）的男性患者表现为 α 地中海贫血症、中度至严重的智力迟钝、面部特征异常、畸形小头、骨骼及生殖器异常，通常不能行走。杂合子女性通常没有表型。定位于 Xq13 的 ATRX 基因的突变导致该综合征，常伴有许多其他表型，包括各种不同程度的 X 连锁的智力迟钝，以及由于体细胞突变引起的获得性 α 地中海贫血骨髓增生异常综合征（Gibbons et al.,

1995; Villard et al., 1996; Yntema et al., 2002; Gibbons et al., 2003)。ATRX 蛋白含有一个 PHD 锌指结构域以及一个 SNF2（蔗糖不可发酵）家族 DNA 依赖的 ATP 酶基序。由此，综合考虑到 ARXT 一般位于着丝粒周边异染色质区域并与异染色质蛋白 1α（HP1α）相结合（McDowell et al., 1999），暗示其很可能是一个染色质重塑蛋白。*ATRX* 基因突变引起 α 球蛋白表达量下调、母系 H19 基因印记控制区沉默（图 33-5A 中的 ICR1），以及一些高重复序列的异常甲基化，包括亚端粒重复序列、Y 特异性卫星序列和核糖体 DNA 阵列。ATRX 通过与其他关键的表观遗传调控蛋白相互作用发挥作用，包括甲基-CpG-结合蛋白、MeCP2 和黏连蛋白（cohesin）。一项研究表明，ATRX 对皮质神经元的存活至关重要，这暗示了神经元丢失的增加可能导致 ATRX 突变患者出现严重的智力障碍和痉挛（Berube et al., 2005）。

有趣的是，ATRX 的水平受到严格调控并且无论增加还是减少 ATRX 都会引起重要的神经发育问题。例如，有的患者表达正常水平 10%～30% 的 ATRX，但仍然具有完全的 ATRX 表型，尽管其具有相当多的 ATRX（Picketts et al., 1996）。过多的 ATRX 似乎同样糟糕。过量表达 ATRX 的转基因小鼠具神经发育缺陷，发育迟缓并死于胚胎期。存活下来的小鼠则具颅面发育异常、强迫性抓挠面部及癫痫。其特征类似于 ATRX 功能缺失患者的临床特征，这意味着 ATRX 的水平很可能受到严格调控，以使含有 ATRX 的蛋白复合物具有正常的功能。ATRX 显然在染色质相关过程中起着各种关键作用，相关研究正在积极进行中（Clynes et al., 2013）。

33.3.2.5 免疫缺陷、着丝粒区域不稳定以及面部异常综合征

免疫缺陷、着丝粒区域不稳定以及面部异常综合征（ICF，OMIM 242860）是一种罕见的常染色体隐性染色体断裂疾病。ICF 患者具有两种固定的表型——免疫缺陷和细胞学异常。易变及相对不明显的表型包括颅面骨缺陷，如扁平的鼻梁、内眦赘皮、高额头低耳位、精神运动迟缓以及肠道官能障碍（Smeets et al., 1994）。免疫缺陷症状通常很严重，并经常因呼吸道及胃肠道感染导致幼年期夭折。血清中 IgG 的含量下降是最常见的免疫症状，B 细胞或 T 细胞的减少也在某些病例中被报道（Ehrlich, 2003）。细胞遗传学异常主要影响 1 号和 16 号染色体，在较小程度上影响 9 号染色体，在 ICF 患者的血液和培养细胞的常规核型分析中可见（图 33-6B）（Tuck-Muller et al., 2000）。

远在 ICF 综合征被发现之前，就已经发现了 1 号、9 号以及 16 号染色体着丝粒周边重复序列的低甲基化现象（Jeanpierre et al., 1993）。这些染色体在着丝粒附近包含经典卫星重复序列（卫星 2 和卫星 3）的最大区段。DNA 甲基转移酶基因（*DNMT3B*）的功能缺失突变导致 ICF 综合征的发现，为着丝粒周边卫星序列 2 和 3 的低甲基化提供了线索（Hansen et al., 1999; Okano et al., 1999; Xu et al., 1999）。然而，仍不清楚为什么缺失一个广泛表达的 DNA 甲基转移酶的功能会选择性地影响特定的重复序列。一个可能的解释是 DNMT3B 和（或）其结合蛋白有着特定的亚细胞分布（Bachman et al., 2001）。另一种可能性是 DNMT3B 的催化活性对于在大基因组区域中具有高密度 CpG 的甲基化序列更为重要，如卫星序列 2（Gowher and Jeltsch, 2002）或与面部肩胛肱骨肌营养不良有关的 D4Z4 重复序列（Kondo et al., 2000；后面将在 33.3.3 节讨论）。对正常和 ICF 患者的淋巴母细胞样细胞株进行基因表达研究，发现参与淋巴细胞成熟、迁移、激活和归巢的基因表达发生了改变（Ehrlich et al., 2001）。然而，不清楚的是为什么 DNMT3B 的缺失可以引起这些基因的失控，因为这些基因的启动子的甲基化模式并没有改变。然而，Jin 和他的同事最近的一项研究显示，ICF 患者细胞中特定基因的启动子处的甲基化模式降低了。这些甲基化变化伴随着组蛋白修饰的改变（抑制型 H3K27 三甲基化减少，活化型 H4K9 乙酰化和 H3K4 三甲基化标记增加），导致基因表达增加（Jin et al., 2008）。基于这些研究，DNMT3B 在异染色质区域外，对于调控发育和免疫功能相关的基因的特定位点的甲基化方面显然也很重要。一个相关的进展是发现 DNMT3B 的缺失导致在浦肯野单个细胞中表达的原钙黏蛋白（PCDH）数量的增加。这将导致异常的树突分枝形成，类似于神经回路，这对建立功能完整的神经回路是有害的（Tobyoda et al., 2014）。正常情况下，每个神经元只表达一个或几个 Pcdh 基

因，这是一种独特的细胞识别机制。这种伪单等位基因表达模式是通过第 32 章（Lomvardas and Maniatis, 2014）中描述的表观遗传过程建立的，显然涉及 DNMT3B。

通过纯合性定位和外显子测序，de Greef 和他的同事发现 ZBTB24 纯合缺失功能突变是一种称为 ICF2 的 ICE 变体的遗传基础（OMIM 614069）。ZBTB24 是一个参与调节造血发育的转录抑制因子。ICF2 患者表现为丙种球蛋白缺乏症、面部异常和智力障碍，其细胞显示 9 号染色体 α 卫星重复的低甲基化（de Greef et al., 2011）。

33.3.2.6 Schimke Immuno-Osseous 综合征

Schimke Immuno-Osseous 综合征（SIOD）（OMIM 242900）是一种常染色体隐性多系统的综合征，特征为脊柱和长骨末端发育异常、生长发育缺陷、点状或块状肾小球硬化导致的肾脏功能异常，以及 T 细胞介导的免疫缺陷（Schimke et al., 1971；Spranger et al., 1991）。SIOD 综合征是由于 *SMARCAL1*（SWI/SNF2-related, matrix-associated, actin-dependent regulator of chromatin, subfamily alikel）基因突变引起的，其编码一个被认为通过染色质重塑调节转录活性的蛋白质（Boerkoel et al., 2002）。无义和移码突变会引起严重的表型，而某些错义突变只导致轻微的或部分表型（Boerkoel et al., 2002）。一个患有 B 细胞淋巴瘤和 SIOD 综合征的患者被发现在 *SMARCAL1* 基因上有突变，这暗示失去该蛋白质的功能可能导致致命的淋巴细胞瘤综合征（Taha et al., 2004）。尽管我们知道它是 DNA 损伤反应途径中需要的一个因素，丢失 SMARCAL1 导致 SIOD 表型的确切机制仍有待阐明（Bansbach et al., 2010）。

33.3.2.7 歌舞伎综合征

歌舞伎综合征（KABUKI, OMIM 147920）是一种先天性智力障碍，通常伴有侏儒症、高眉弓、睑裂长、下眼睑外翻、大耳突出、鼻尖凹陷以及各种骨骼异常。此外，一些歌舞伎患者的自闭症特征很突出，一些患者还有其他精神病学特征，包括攻击性/对立性行为、多动/冲动行为、焦虑和强迫。Ng 等（2010）发现，56%~76% 的病例是由混合白血病谱系 2（MLL2）基因突变引起的。另外的研究在 74% 的歌舞伎患者中发现了突变（Hannibal et al., 2011）。MLL2 编码一个三空腔结构蛋白质组组蛋白赖氨酸（K）甲基转移酶（KMT），优先介导组蛋白 H3 赖氨酸 4 的三甲基化（H3K4me3）。对 *MLL2* 缺乏突变的歌舞伎表型患者的研究发现，编码 *MLL2* 相互作用蛋白的 *KDM6A*（通常称为 UTX）基因的突变导致了一些歌舞伎综合征（Lederer et al., 2012），现在称为 KABUK2（OMIM 300867）。有趣的是，KDM6A 是一种组蛋白去甲基化酶，可以从 H3K27 残基中去除单甲基、二甲基和三甲基标记。KDM6A 蛋白还与包含转录激活因子 Brgl 的开关/SWI/SNF 重塑复合体相互作用，从而将其与高级染色质结构的控制联系起来（Lederer et al., 2012）。因此，MLL2 和 KDM6A 都是基因激活机制的一部分，通过 MLL2 添加活性组蛋白标记和 KDM6A 去除抑制组蛋白标记，依赖含 Brgl 的 SWI/SNF 复合物重塑能力进入染色质。这些关键的染色质功能的作用在第 36 章（Pirrotta, 2014）中得到了进一步的讨论，并在图 36-2 中进行了说明。

33.3.2.8 其他疾病

自本书第一版以来，已经描述了许多额外的染色质修饰障碍，其中一些列在表 33-3 中，包括 *KDM5C*（JARID1C）、*EHMT1*（KMT1D）、*ARID1D* 和 *NSD1*（KMT3B）的突变。所有这些都会导致复杂的表型，包括智力残疾。而引起遗传性感觉神经病变的 *DNMT1* 突变（IE 型）则完全不同。此外，许多其他疾病也被报道影响解旋酶、连接酶、DNA 修复机制和黏连蛋白复合体；它们的基因产物都以这样或那样的方式与反式染色质相互作用。

33.3.3 顺式作用于染色质结构引起的遗传紊乱

大多数孟德尔遗传病的基因通常是通过发现外显子或剪接位点的突变来确定的，因此，这种突变往往导致其基因产物（RNA 或蛋白质）发生改变或不能产生。然而对于某些疾病，总有一些患者，尽管该致病基因位点连锁，但对其基因编码区及非编码区测序后发现没有任何突变。顺式影响基因表达的表观遗传或遗传异常，日渐清晰地被认为是某些无外显子突变的孟德尔疾病病例的病因。以下是染色质顺式结构改变可以导致人类疾病的三个例证（见图 33-1 和表 33-3）。

表 33-3　受染色质结构顺式调控的遗传疾病选列

疾病	基因	备注
γδβ- 和 δβ- 地中海贫血症	LCR 缺失引起珠蛋白表达下降	
脆性 X 染色体	综合征 CCG 重复序列的扩增导致甲基化异常以及 *FMR1* 基因沉默	前突变等位基因（60～200）引起神经退行性疾病
FSH 营养不良	D4Z4 重复序列变短导致抑制态染色质减少	
多发癌	*MLH1* 在生殖干细胞中的表观突变	

FSH，面肩胛肱型。

33.3.3.1　γδβ- 和 δβ- 地中海贫血症

地中海贫血症是世界上最普遍的单基因疾病。其病因各不相同，但均因一条或多条珠蛋白链表达下降，导致血红蛋白合成紊乱。各珠蛋白链合成的不平衡导致红细胞生成异常及重度贫血（Weatherall et al.，2001）。数以百计的编码和剪切突变体已被发现，但调节序列缺失的发现指出了染色质结构的改变是如何引起某些地中海贫血症亚型的。缺失 β 珠蛋白基因上游约 100kb 的序列（但该基因依然保持完整）可以导致 γδβ- 地中海贫血症，由此发现了调控 β 珠蛋白表达的基因座控制区域（LCR）（Kioussis et al.，1983；Forrester et al.，1990）。小一些的 LCR 区域序列缺失可以导致 δβ- 地中海贫血症（Curtin et al.，1985；Driscoll et al.，1989）。这开启了一个新的研究分支，研究基因调控元件，如增强子，在染色质环境中参与更远距离的基因控制。尽管这些缺失序列在 β 珠蛋白基因编码区上游几十 kb 处，这些初始的缺失导致了 β 珠蛋白位点染色质状态的改变（Grosveld，1999）。特别是，持续的研究从染色质拓扑和核组织的观点带来了对表观遗传基因控制的理解，显示了染色质环状如何将远端区域结合在一起，以确保正确的基因调控，如第 19 章中广泛讨论的那样（Dekker and Misteli，2014）。

33.3.3.2　脆性 X 染色体综合征（FXS）

脆性 X 染色体智力迟缓（OMIM 309550）是最常见的遗传性智力迟缓病之一。60 多年前，Martin 和 Bell（1943）报道了一个 X 染色体连锁的智力迟缓家系。1969 年，Lubs 在若干智力迟缓男性患者和一个没有症状的女性上发现 X 染色体的长臂缩短了（Lubs，1969）。细胞遗传学研究，特别是那些使用缺乏叶酸和胸腺嘧啶的培养基的研究，揭示了 X 染色体相关智障家族的脆弱位点，然后他们被诊断为 FXS（Sutherland，1977；Richards et al.，1981）。该染色体变异被定位到 Xq27.3，并被称为脆性 X 染色体（Harrison et al.，1983）。患病的男性具有中度至重度的智力迟缓，不正常的组织肥大，结缔组织异常如关节过度延伸，大耳朵（图 33-7）（Hagerman et al.，1984）。导致脆性染色体综合征的基因是 *FMR1*，该基因编码 FMRP。导致突变最常见的机制是不稳定的非编码 CGG 重复序列的扩增（Warren and Sherman，2001）。正常等位基因含有 6～60 个重复序列，前突变等位基因含有 60～200 个重复序列，而完全突变的等位基因具有 200 个以上的重复序列（图 33-8A）。重复序列在 *FMR1* 基因 5′ 非编码区的扩增为染色质顺式结构改变导致基因紊乱

图 33-7　一个受染色质反式调控的遗传疾病例子。这是一个脆性 X 染色体综合征患者的照片，除了智力低下外，典型特征为突出的前额和大耳朵。（图片由 Stephen T. Warren 博士提供）。

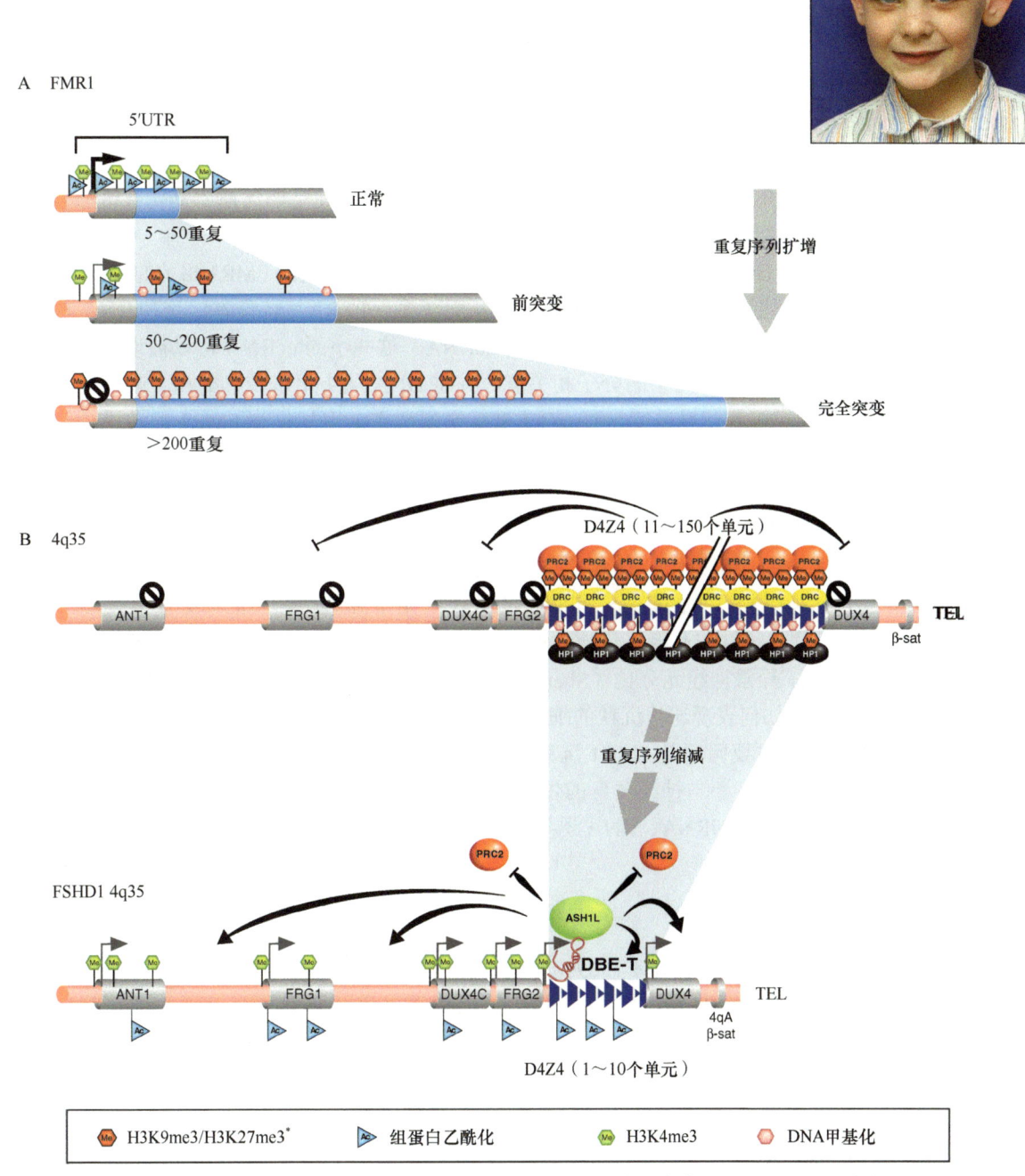

图 33-8　显示三联体重复区域的遗传改变的人类疾病，以重复扩张或收缩的形式出现，并导致顺式染色质结构改变。（A）FMR1 基因的 5′ 区域与 CGG 三联重复序列（蓝色阴影）显示在正常和脆性 X 染色体个体中。每个病例的 5′ FMRI 区域的染色质相关特征都被显示出来。正常的重复数范围（5～50）在图像上显示活跃的染色质特征，而完全扩展的重复等位基因（超过 200 个）具有异染色质特征。（B）4q35 区域与正常和面肩胛臂营养不良个体（FSHD1）的描述。在正常的重复数范围内（11～150 个单元），异染色质化被认为从 D474 重复开始（蓝色三角形），并扩散到 4q35 区域（染色质标记没有显示出来），使所有的基因沉默。FSHD1 个体的 4q35 区域有数量减少的 D4Z4 重复，它允许 DBE-T lncRNA 的转录（红色表示），招募 ASH1L 和相关因子进行重构，生成常染色质，并允许具有肌源性疾病潜能的 4q35 基因表达。PRC2，多梳抑制复合物 2；DRC，D4Z4 抑制复合物；HP1，异染色质蛋白 1；ASHIL，缺失小的、同形盘蛋白 1；DBE-T，D4Z4 结合元件转录本。

提供了非常好的证据。在完全突变的病例中，由于重复序列的扩增导致位于 FMR1 基因 5′ 调控区域的 CpG 岛的异常甲基化（Verkerk et al.，1991）。有报道表明脆性 X 染色体综合征患者中该基因 5′ 端的组蛋白乙酰化水平较正常人低（Coffee et al.，2002）。相应的，DNA 甲基化和组蛋白乙酰化的模式导致了 FMR1 基因失去表达，即 FMRP 在脆性 X 染色体综合征患者中失去功能。因此，这些患者存在原发性基因突变（非编码重复扩增）和继发性表观遗传突变（DNA 甲基化和组蛋白 PTM），导致 FMR1 基因沉默。携带脆性 X 突变体（60～200 次重复）的人出现明显的神经退行性综合征，特征是震颤和共济失调（Hagerman and Hagerman，2004）。有趣的是，这些突变可能在 RNA 水平上引发这种独特的发病机制，因为 FMR1 RNA 和蛋白质存在。动物模型研究表明，CGG 重复序列编码的 RNA 可能与一些细胞蛋白结合并改变其功能，导致其积累（Jin et al.，2003；Willemsen et al.，2003）。

一个有趣的表观遗传机制被用于解释 FMR1 基因的 CGG 重复序列是如何被甲基化并进而被沉默的，这涉及 RNA 干扰（RNAi）。事实上，一个预先突变的 CGG 重复序列可以形成一个单一且稳定的发夹结构（Handa et al.，2003），而 rCGG 重复序列可以被 Dicer 切割，这增加了扩大的 FMR1 相关的 CGG 重复序列（在早期发育过程中未被甲基化）可以被转录的可能性，从而产生一种 RNA 转录本，这种 RNA 转录本可以形成一种可以被 Dicer 切割的发夹结构，进而产生小的 ncRNA。这些小的 ncRNA 可以被设想与哺乳动物中相当于 RNA 诱导的转录基因沉默启动子的分子相关联，并将 DNA 从头甲基转移酶和（或）组蛋白甲基转移酶引入 FMR1 的 5′-UTR，随着发展进度导致 CGG 重复序列被完全甲基化和 FMR1 的转录抑制（Jin et al.，2004）。

导致 FMRI 沉默的 RNAi 模型还有待验证，这就留下了一个悬而未决的问题：在 FXS 个体的发育过程中，一个表观遗传控制的开关是如何在存在显著重复扩增的情况下转录沉默 FMR1 基因的。在人类生殖模型中这种发育调节开关方面的研究已经取得了一些进展。Eiges 等（2007）研究表明，被诊断为具有完整的 FMR1 扩展突变通过体外受精产生的胚胎，可以产生人类胚胎干细胞。随后的体外实验表明，组蛋白去乙酰化和 H3K9 甲基化可能先于 DNA 甲基化建立 FMR1 位点的沉默。最近，从 FXS 患者中产生了诱导多能干细胞，并在体外再现了异常神经元分化（Sheridan et al.，2011）。希望这些细胞模型能够阐明 FMRl 扩增重复突变体在发育过程中如何表观遗传沉默的细节。

FXS 研究中的另一个主要问题是 FMR1 沉默是如何产生 FXS 表型的。FMRP 基因产物是一种 RNA 结合蛋白，被认为可以抑制许多参与神经发育的蛋白质的翻译，特别是突触刺激后的功能蛋白。这被认为是通过 RNAi 途径实现的，包括 miRNA、RNA 诱导沉默复合物和 Argonaute 2 蛋白（Jin et al.，2004）。

33.3.3.3 面肩胛臂营养不良

面肩胛臂营养不良（FSHD；OMIM 158900）是一种常染色体显性肌肉失调，其特征为面部、上臂以及肩膀的肌肉逐渐萎缩，严重的患者会失聪，极少部分的重度患儿智力发育迟缓并具有癫痫（Mathews，2003）。FSDH（FSDH1）基因的主要基因座在 4q35 的亚端粒区域内，靠近生殖细胞的 DUX4 基因。该区域包含排列成串联阵列的 D4Z4 大卫星重复序列，每个单元由富含 CG 的 3.3kb 组成（图 33-8B）。这些重复序列具有多态性，且在正常染色体上有 11～150 个单位，而在 FSHD 染色体上为 1～10 个单位（Wijmenga et al.，1992；van Deutekom et al.，1993）。有趣的是，与上节讨论的 FXS 中同 FMR1 位点相关的重复拷贝数的增加形成对比的是，D4Z4 远端的第二个可变卫星重复序列（β-68bp Sau 3A）似乎也在 FSHD 的发生中起作用。β 卫星重复序列的 4qA 突变，以及减少的 D4Z4 重复是 FSDH 发病所必需的（图 33-8B）（Lemmers et al.，2002）。

我们开始揭示 4q35 区域的表观遗传过程是如何通过感染 D4Z4 重复和 4qA β 卫星重复序列变异出现而导致疾病的。4q35 区域通常表现为典型的异染色质特征，如 DNA 甲基化、组蛋白过乙酰化、H3K9 甲基化、HP 1γ 和内聚蛋白结合，也有在发育过程的基因调控中更典型的 H3K27 的甲基化（Casa and Gabellini，2012 中综述）。我们推测在重复范围为 11～150 时，D4Z4 重复是异染色质形成的触发器。当 D4Z4 重复数减少到 11 以下时，位点和侧边区域与常染色质结构相关，富含组蛋白乙酰化、H3K4me3 和 H3K36me2，与 CTCF 结合，并失去抑制性标记（Cabianca et al.，2012）。

4q35 区域包含许多在肌肉细胞中正常沉默的基因，但在 FSHD1 肌肉中显著表达，包括 FRG1 和 2（FSHD 区域基因 1 和 2）、DUX4C、腺嘌呤核苷酸转运体 1（ANTI）、DUX4（图 33-8B）。通过缺失突变体分析，在 4q35 编码的肌病电位蛋白中，FRG1 和 DUX4 被认为是引起 FSHD 的主要蛋白质；然而，可以想象，4q35 中所有被去抑制的基因都与疾病的外显率和严重程度有关（Cabianca and Gabellini，2010 中综述）。

Bickmore 和 van der Maarel，以及 Gabellini 和同事提出重复的收缩导致染色质状态抑制程度降低，导致 4q35-qter 基因的转录增加（Bickmore and van der Maarel，2003；Tupler and Gabellini，2004）。然而，仅抑制 H3K9 和 DNA 甲基化标记的丢失对于肌源性疾病基因的去抑制和 FSHD 的发病是不够的，因此它们可能是下游的表观遗传机制，锁定在抑制性染色质状态（Cabianca et al.，2012）。染色质实际上需要被重塑才能激活转录。因此，后续的研究努力确定是什么提供了表观遗传开关，允许在存在收缩的 D4Z4 重复和 4qA 变异的情况下解除 4q35 基因的抑制。体外和体内研究发现了 D4Z4 中 27bp 的序列，称为 D4Z4 结合元件（DRE），它与已知结合 PRC 的果蝇 Polycomb 反应元件有相似之处（Gabellini et al.，2002；Bodega et al.，2009）。该 DRE 元素与称为 D4Z4 抑制复合物（DRC）的复合物结合，该复合物包括转录抑制因子 Ying Yang1、高迁移率基团 box 2 和核蛋白（Gabellini et al.，2002），以及 PRC2 复合物的 EZH2 组分（图 33-8B）。因此，染色质也被 PRC1/2 催化的 H3K27me3 和 H2AK119 泛素化标记，并富集于 macroH2A 组蛋白变体（Casa and Gabellini，2012）。最近的研究表明，尽管在 D4Z4 重复数足够高的正常个体中，DRC 的浓度为稳定的 Polycomb 结合和抑制染色质的建立提供了平台，抑制染色质主要是通过 H3K27 的甲基化产生的；当 D4Z4 重复数小于 10 时，这一阈值结合能力被削弱，导致染色质的解压缩。然而，关键的发现是一个名为 DBE-X 的长非编码 RNA 的转录，它通过顺式作用招募三空腔结构蛋白质、白细胞介素和其他染色质重塑因子（Cabianca et al.，2012）。DBE-T-ASH1L 相互作用在一个自我强化的反馈回路中重塑染色质，并锁定向活性染色质构象的转变，其标志是 H3K4me3、H3K36me2 和组蛋白乙酰化（Cabianca et al.，2012）。这种重构的染色质有效地抑制了抑制型 PRC 蛋白机器的结合。DBE-T 长链非编码 RNA（lncRNA）的发现和功能特征是第一个有文献记载的激活与人类疾病相关的 ncRNA，是目前治疗 FSHD 的最佳药物治疗靶点。初步的 DBE-T RNA 抑制实验显示了实现这一目标的希望（Cabianca et al.，2012）。

在试图理解为什么 4q35 区域染色质的变化使其变得易受 FSHD 的影响的另一个想法是在 3D 核空间中观察其染色质结构。已经开展了关于 4q35 在正常细胞和 FSHD 细胞中的定位与核亚室的关系（如靠近核外周或与核层直接联系）的相关研究，或者使用染色体构象捕获（3C）来确定高阶染色质组织和特定的染色体内相互作用，其中的原则已在第 19 章（Dekker and Misteli，2014）中讨论。有趣的是，研究表明 4q35 在正常和 FSHD1 个体中都定位在核外周，但使用不同的序列。目前尚不清楚它们是否与不同的核外周子区域相关，以及这是否具有功能上的影响。此外，根据 3C 确定的不同区域染色体间相互作用、染色质拓扑结构域推断，在正常的 4q35 等位基因上成环可以使异染色质扩散到邻近的基因中（Cabianca and Gabellini，2010 的综述）。证明核分隔或染色质拓扑结构的功能作用的困难是众所周知的，我们等待以 FSHD 为例进一步的研究结果来回答这些问题。

33.3.4 表观遗传与环境的相互作用

来自人类和动物模型的研究数据表明，环境可以影响表观遗传标记从而影响基因功能。同卵双胞胎在出生早期具有相似的表观遗传型，但随后却在 5-甲基胞嘧啶和组蛋白乙酰化的分布与密度上产生了明显的不同。这有力地证明了表观基因型是亚稳态的，并表现出时间变异性（Fraga et al.，2005）。很可能多种环境因素和随机时间的参与导致了表观基因组的多样性（图 33-9）（Anway et al.，2005），但食物和早期经历似乎是决定性的因素。

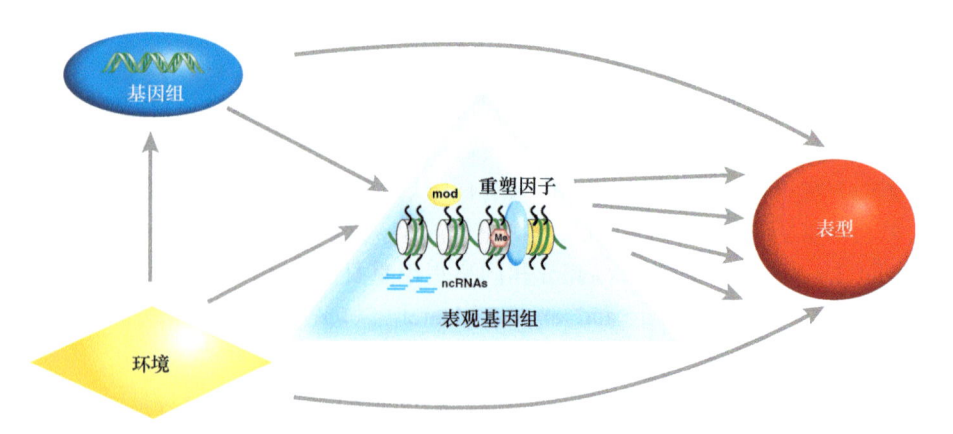

图 33-9　表观遗传型在与基因型及环境因素一起共同决定表型时起到了至关重要的作用。已知影响基因表达和基因组稳定性的表观遗传因素包括 DNA 甲基化、染色质重塑复合物、组蛋白共价修饰、组蛋白变体和非编码调节 RNA（ncRNA）。

33.3.4.1　食物和表观遗传型在衰老与疾病中的作用

许多报道都表明随着年龄的增加，整体的 DNA 甲基化水平会下降，与此同时有些特殊的位点可能会高甲基化（Hoal-van Helden and van Helden，1989；Cooney，1993；Rampersaud et al.，2000）。考虑到大量的数据将 DNA 甲基化的改变与癌症的风险或者进程相关，表观遗传变化可能会随着年龄的增长而提高患癌的风险。在患有尿毒症并且接受了血液透析成年男性患者中，食物对于控制整体甲基化水平的作用已经被很好地证明了。这些患者血液中的高同型半胱氨酸暗示了低甲硫氨酸可能是缺乏叶酸导致［见第 30 章（Berger and Sassone-Corsi，2014）］。这些男性的整体和位点特异性 DNA 甲基化降低，这被认为是由于缺少 DNMT 和组蛋白 KMT 甲基化反应所需的 S-腺苷-甲硫氨酸（SAM）共底物。它们的甲基化模式在给予高剂量叶酸后被逆转（Ingrosso et al.，2003）。

由缺乏叶酸及维生素 B_{12} 导致的许多神经心理特征和一些散发性神经心理疾病的特征相同，由此推测后者可能是由于中央神经系统甲基化模式的改变引起的（Reynolds et al.，1984）。在叶酸治疗有效的忧郁症患者中发现低水平的 SAM；进一步研究表明，添加 SAM 对于某些忧郁症患者作为辅助治疗是有效的（Bottiglieri et al.，1994）。说到早期发育，我们知道生育妇女增加的叶酸摄入量可以降低神经管缺陷的风险，我们很容易猜测一些表观遗传介导的对 DNA 或组蛋白甲基化的影响是其原因。在食物中添加叶酸、维生素 B_{12} 以及甜菜碱会改变 agouti viable yellow 小鼠子代的表观遗传性和表型，这可能是在人类和其他哺乳动物中第一个支持饮食和表观遗传过程之间的机制联系的例子（Wolff et al.，1998；Waterland and Jirtle，2003）。

另一个进入饮食和表观遗传学领域的新发现是，在着床时，维生素 C 影响早期胚胎中 5mC 向 5hmC 转化的效率（Blaschke et al.，2013）。毫无疑问，研究人员将继续揭示饮食成分是如何影响表观基因组的，在缺乏或过量摄入的情况下，特别是在发育早期，表观基因组可能导致疾病的发生。

33.3.4.2　胎儿的早期经历与表观遗传型

已经演变成成人疾病的胎儿起源假说的 Barker 或饥饿表型假说认为胎儿营养减少与成人疾病包括冠心病、中风、糖尿病和高血压的风险增加有关（Guilloteau et al.，2009；Calkins and Devaskar，2011；Dyer and Rosenfeld，2011）。虽然这些假说已被一些科学界广泛接受和研究，但其有效性仍存在争议，其分子基础尚不清楚。人们广泛猜测表观遗传变化可能会介导这种现象，并且已经使用了"饥饿表观类型"这个术语（Sebert et al.，2011）。然而，目前缺乏在动物模型中对这一现象的有力证明。此外，从胎儿和相应的成人来源获得人体组织的限制妨碍了人类研究。这个话题很可能会在科学和公共卫生政策中继续辩论，直到能够产生更多的数据来证实这个假设。

孕妇遭受饥饿的影响是一个相关的话题。有充分的证据表明，营养不良会增加 NTD 的风险，而补充叶酸可以降低 NTD 的发生率。同样，这被认为是由于没有足够的 SAM 底物提供给 DNMT 和 KMT，通过 DNA 和组蛋白甲基化来建立和维持适当的基因表达模式。

迄今为止，关于早期经历和母性行为如何改变哺乳动物表观遗传类型的最好例子仅在小鼠身上得到描述。母鼠频繁的舔食和梳理改变了幼鼠海马区糖皮质激素受体（GR）基因启动子区域的 DNA 甲基化状态。与舔毛次数少、梳理次数少的母鼠相比，被舔毛次数多、梳理次数多的母鼠 GR 启动子处的 DNA 甲基化降低，组蛋白乙酰化增加（Weaver et al., 2004）。GR 水平的升高是次生的表观基因型变化，影响应激激素水平的调节和小鼠对应激的终生反应（Liu et al., 1997; Weaver et al., 2004）。这一研究和后续对人类的研究回答并提出了新的问题，推动了对早期经验在调节表观基因类型和精神疾病风险中的作用的理解。

33.4 展 望

在未来十年，我们预计表观基因型突变的改变将逐渐地被认识，它们是引起各种人类疾病的突变机制。传统上，鉴定致病基因的主要手段是研究携带染色体异常的家系，进行基因的定位克隆。当前，当我们试图去发现某些更常见更具有破坏性的疾病（如精神分裂症、自闭症以及情绪紊乱）的病因时，我们面临严峻的挑战。因为这些疾病的家系并不常见，遗传的异质性可能很高。而遗传学数据尤其是同卵双胞胎不一致的比例并不总支持简单明了孟德尔遗传模型。这些发现，再结合环境因素对于某些疾病的深远影响，都强调了在这些疾病中研究表观遗传型的重要性。甚至单基因疾病，如 AS、BWS 和 SRS 都可以因基因组突变或表观遗传型突变引起，这些突变既可以是遗传的也可以是新形成的。这类分子水平的变化毫无疑问也将在其他人类疾病中出现。更进一步来说，研究数据表明许多涉及表观遗传调控的蛋白质都受到严格调控，因此缺失突变或者基因倍增都会引起人类疾病，同时还暗示着影响转录、RNA 剪接以及蛋白质修饰都会引起人类疾病。

致 谢

我们感谢 Timothy H. Bestor 博士、Robert A. Rollinsyi 博士以及 Deborah Bourc'his 博士为我们提供来源于 ICF 综合征患者的染色体图片；Daniel J. Driscoll 博士为我们提供 Prader-Willi 综合征患者的图片，Carlos A. Bacino 博士和 Daniel G. Glaze 博士提供 Rett 综合征患者的图片，以及 Stephen T. Warren 博士的脆性 X 染色体综合征患者的图片。我们非常感谢 Zoghbi 实验室的同事阅读本章并提出了很好的建议。我们也要感谢过去和现在致力于 Rett 综合征、Prader-Willi 综合征以及 Angelman 综合征研究的实验室成员们。最后，同样重要的，我们感谢那些患有 Rett 综合征、7 号染色体单亲二体病、Prader-Willi 综合征、Angelman 综合征，还有孤独症的患者以及他们的家人，是他们启发了我们，让我们明白表观遗传在人类疾病中的作用。我们的资金来源于以下机构：美国国立健康研究所（5 P01 HD040301-05；5 P30 HD024064-17；5 P01 HD37283；5 P01 HD37283；5 R01 NS057819-08）国际 Rett 综合征协会；Rett 综合征研究基金会；立即治愈孤独症基金会；Simons 基金会；March of Dimes 基金会（12-FY03-43）；Blue Bird 诊所 Rett 中心。H. Y. Z 是 Howard Hughes 医学院的研究员。由于篇幅原因，很多重要的相关文献未被列出，我们深表遗憾。

（蒋 婷 译，郑丙莲 校）

第34章

癌症的表观遗传决定因素

斯蒂芬·B. 贝林（Stephen B. Baylin[1]），彼得·A. 琼斯（Peter A. Jones[2]）

[1] Cancer Biology Program, Johns Hopkins University, School of Medicine, Baltimore, Maryland 21287; [2] Van Andel Research Institute, Grand Rapids, Michigan 49503

通讯地址：sbaylin@jhmi.edu

摘　　要

表观遗传变化在所有人类癌症中都存在，现在已知的是，表观遗传变化与基因改变协同作用来驱动癌症表型。这些变化包括DNA甲基化、组蛋白修饰者和阅读器、染色质重塑、小RNA和染色质的其他成分。癌症遗传学和表观遗传学在恶性表型的产生中有着不可分割的联系；表观遗传的变化会导致基因突变；相反，基因突变经常发生在改变表观基因组的基因中。以逆转这些变化为目标的表观遗传疗法，现在已成为一种可行的治疗途径。

本章目录

34.1　癌症的生物学基础
34.2　染色质对于癌症的重要意义
34.3　DNA甲基化在癌症中的作用
34.4　癌症中高甲基化的基因启动子
34.5　早期癌症发生中表观基因沉默的重要性
34.6　表观遗传沉默的癌症基因的分子结构
34.7　癌症中表观基因沉默的主要研究问题的总结
34.8　DNA甲基化异常作为癌症检测和监测癌症预后的生物标志物
34.9　表观遗传疗法

概　述

癌症由可继承的基因调控错误引起，这些基因控制细胞在何时分裂、死亡以及迁移。在癌症发生的过程中，有些基因可以被激活以促进细胞分裂或阻止细胞死亡，有些则被沉默从而不再能阻止以上进程的发生（抑癌基因）。这两类基因之间的相互作用导致了癌症的形成。

有至少三种方式可以使肿瘤抑制基因（TSG）沉默：①基因发生突变从而失去功能；②基因被完全缺失，无法进行正常工作（杂合性丢失）；③既没有突变也没有缺失的基因，由于表观遗传的改变导致遗传的沉默。表观遗传沉默可以通过在几个不同水平上减弱对表观遗传机制的限制而实现；它可能涉及位于控制基因表达的控制区域内的CpG序列基序中的胞嘧啶（C）残基的不适当甲基化。此外，组蛋白翻译后修饰（PTM）的改变或组蛋白修饰酶功能的异常也可能发生。蛋白质通过改变读取组蛋白修饰标记的能力，并进而改变与染色质结合的能力，或者引起核小体重塑或组蛋白交换复合物功能的改变。最后，调控microRNA（miRNA）表达模式的变化也被注意到。

本章主要关注第三种途径。正如本书所描述的，维持基因沉默的分子机制已经了解得非常透彻了。不仅如此，我们还知道表观遗传沉默对于癌症的预防、检测和治疗都有着深远的影响。我们已经有一些经过美国FDA批准的、可以在癌细胞中逆转表观遗传变化且恢复基因表达的药物。由于DNA甲基化的改变可以被灵敏地检测到，许多检测早期癌症病变的策略依赖于对DNA甲基化变化的寻找。在人类癌症的研究、检测、预防及治疗中，表观遗传都有着非常重要的应用前景。

34.1　癌症的生物学基础

癌症从根本上来说是基因表达的紊乱，使多细胞生物受到复杂网络调节的基因被扰乱，导致细胞生长不受控制而不顾及生物个体的总体需求。在癌症中，相关细胞调控途径被扰乱的概况已经取得了重大进展（表34-1）。几乎在所有的癌症中，都是因为这些有限的细胞调控通路受到了影响并被可继承性地失活，这是推进了本领域发展的核心概念（Hanahan and Weinberg, 2011）。直到最近几年，焦点仍然集中在癌症的遗传学基础，特别是因突变导致的癌基因激活或抑癌基因（TSG）的沉默如何支撑上述途径的改变。然而，从20世纪90年代开始，越来越多的数据表明由表观遗传改变调控的可遗传的变化也可能对人类所有癌症的演变起到了至关重要的作用（Baylin and Jones, 2011）。

表 34-1　在人类癌症中被遗传和表观遗传机制破坏的关键细胞途径的例子

通路	遗传改变的例子	表观遗传改变的例子
生长自足信号	RAS 基因突变	RASSFIA 基因甲基化
抗生长信号的耐受	TGF-β 受体基因突变	TGF-β 受体下调
组织侵染和肿瘤转移	E-Cadherin 基因突变	E-cadherin 基因启动子甲基化
无限复制潜能	p16 和 Rb 基因突变	通过基因启动子甲基化沉默 p16 和 Rb 基因持续的血管生成 thrombospondin-1 沉默
规避凋亡	p53 基因突变	DAP 激酶、ASC/TMS1 及 HIC1 甲基化
DNA 修复能力	MLH1 和 MSH2 基因突变	GST Pi、O6-MGMT、MLH1 甲基化
基因组稳定性的监测	Chfr 基因突变	Chfr 基因甲基化
蛋白质泛素化功能	Chfr 基因突变	Chfr 基因甲基化

TGF-β，突变生长因子 β；DAPK，死亡相关蛋白激酶。

表观遗传改变可以观察到 DNA 甲基化的异常模式、组蛋白翻译后修饰（PTM）的中断模式，以及染色质组成和（或）组织的改变。表观基因组的变化主要是通过破坏表观遗传机制而发生的，图 34-1 说明了表观遗传机制的不同元件，这些元件现在已知在癌症中被扰乱。这些表观基因组的变化不仅与野生型基因表达模式的改变有关，而且在某些情况下，也可能与它们表达状态的改变有关。对肿瘤发生中表观遗传成分的认识，或癌症表观基因组的存在，为理解、检测、治疗和预防癌症带来了新的机会。

图 34-1　癌症中表观遗传修饰因子的基因突变。 这幅图显示了在指定基因表达模式时表观遗传过程的输入。最近的全外显子组测序研究表明，在许多类型的癌症中经常观察到不同类别表观遗传修饰因子的突变，进一步强调了遗传学和表观遗传学之间的交叉。表 34-2 列出了其中一些突变的示例，但并非全部示例。表观遗传修饰子的突变可能会导致癌症中的全基因组表观遗传学改变，但是除了文中讨论的异柠檬酸脱氢酶（IDH）突变外，其余尚未在全基因组范围内显示。了解癌症的遗传和表观遗传学变化之间的关系将为癌症治疗提供新的见解。MBD，甲基胞嘧啶结合蛋白；PTM，翻译后修饰。（改编自 You and Jones，2012）

在许多人类癌症中，信号基因（致癌基因）突变往往是主导和驱动癌症的形成。ras 就是一个例子，当发生突变时，它会增强基因产物的活性以刺激生长。另一方面，TSG 的基因突变或表观遗传沉默通常是隐性的，需要在一个基因的两个等位基因都被破坏，才能完全表达转化的表型。在恶性细胞系中一个 TSG 的两个拷贝都必须丧失功能的观点是由 Knudson（2001）在他的"两次或多次命中"假说中提出的，并得到了广泛的接受。现在人们认识到，三类"打击"可以参与不同的组合引起抑癌基因活性的完全消失。编码序列可能发生直接突变、基因的部分或全部拷贝丢失，或表观遗传沉默，这些都可能相互配合导致关键控制基因的失效。在本章中讨论的另一个日益完善的概念是，在基因和表观遗传异常之间有一种密切的合作，从而驱动癌症的发生和发展（图 34-1）（Baylin and Jones，2011；You and Jones，2012；Garraway and Lander，2013；Shen and Laird，2013）。最近，人们兴奋地发现，大多数癌症实际上隐藏着编码表观遗传机制组件的基因频繁突变，这可能导致表观基因组异常，从而影响基因表达模式和基因组稳定性（Baylin and Jones，2011；You and Jones，2012；Garraway and Lander，2013；Shen and Laird，2013）。一些在癌症中经常突变的基因，编码对建立正常控制染色质和 DNA 甲基化模式至关重要的蛋白质，这些不断增长的基因列表如图 34-1 所示，更详尽的列表见表 34-2 或第 35 章的附录（Audia and Campbell，2014）（Baylin and Jones，

2011；You and Jones，2012；Garraway and Lander，2013；Shen and Laird，2013）。尽管这些突变的大部分后果仍有待阐明，但这一概念不仅对理解癌症生物学至关重要，而且对癌症治疗也具有重要意义。相反，基因的表观沉默或激活可能使细胞更易发生进一步的突变（例如，由于缺乏有效的 DNA 修复，关键的 MLH1 DNA 修复蛋白的表观沉默导致新的突变）。在本书的其他章节提供了关于我们理解各种表观遗传过程如何有助于调节基因组和在癌症中变得不可控的细节。

34.2　染色质对于癌症的重要意义

尽管导致癌症的细胞调控通路中的核心分子的损伤研究已经取得了重大进展，但是病理学家对于样品的核结构进行镜检仍然是癌症诊断的金标准。肉眼可以在单个细胞中准确地分辨核结构（或者主要来说是染色质状态）的变化，这是癌症诊断的最终标准。病理学家最初使用的标准包括：核的大小、核的形状、核膜是否皱缩、核仁是否显著，密集的、着色过深的染色质，高核质比。在显微镜下清晰可见的这些结构特征（图 34-2）可能与染色质功能的深远改变有关，并且导致了基因表达状态以及染色质稳定性的改变。将这些在显微镜下可观察到的改变与本书所讨论的分子标记之间联系起来仍是癌症研究领域的一个重大挑战。本章我们将回顾表观遗传标记，如 DNA CpG 岛中胞嘧啶甲基化，以及组蛋白修饰的变化、核小体组成（如组蛋白变体的集合）和核小体定位。

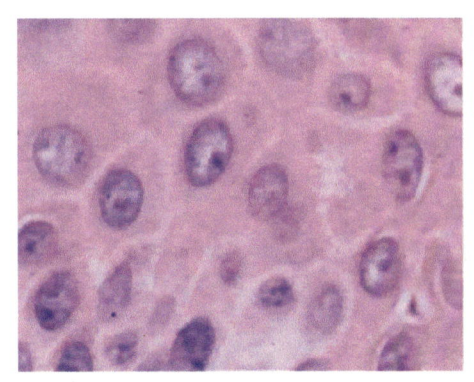

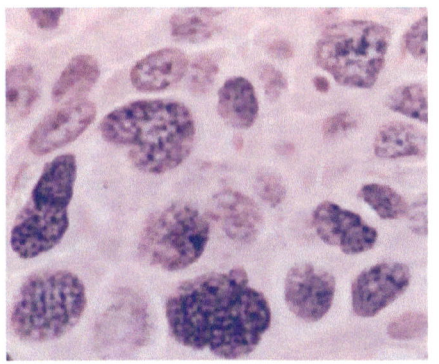

图 34-2　**癌细胞中染色质结构的改变**。这两张显微照片取自一位皮肤鳞状细胞癌患者。左侧显示的是正常的表皮细胞，位于相邻肿瘤 1mm 范围内；右侧显示相同的放大倍数。由于与苏木精的亲和力，染色质被染成紫色，在癌细胞中染色质比在正常表皮细胞中显得更粗且颗粒状。这种染色质染色特征的改变被病理学家用作癌症的诊断标准。

要理解病理学家的可见细胞表型意味着什么，就需要研究人员将其与核组织、染色质结构、分子标记和基因组功能之间的关系联系起来。本章中只讲述这一个令人兴奋的新领域的研究的表面，但它可能对我们了解癌症的起始和进展会产生重要贡献，这得益于技术的持续进步，如染色体构象捕获［见第 19 章（Dekker and Misteli，2014）］、表观基因组定位研究、大规模并行测序基因组数据共享技术和先进的荧光显微法建模（Bernstein et al.，2010；Cancer Genome Atlas Research Network，2013b；Garraway and Lander，2013；Reddy and Feinberg，2013）。

在对正常和癌症表观基因组的理解中，最近一个令人兴奋的进展来自全外显子测序、全基因组测序、全基因组 DNA 甲基化和染色质分析以及 RNA 表达方法的结果，这些都取代了以前的全基因组分析（Bernstein et al.，2010；Jones，2012；Cancer Genome Atlas Research Network，2013b；Garraway and Lander，2013；Reddy and Feinberg，2013）。因此，我们现在认识到表观遗传控制不仅包括典型的编码基因，还包括非编码 RNA（ncRNA）、microRNA（miRNA）和其他提供重要基因组调控功能的区域（Bernstein et al.，2010；Jones，2012；Cancer Genome Atlas Research Network，2013b；Garraway and Lander，2013；Reddy and Feinberg，2013）。对成千上万的固体和液体肿瘤进行了分析，正如前面介绍的那样，显示出控制表观基因组功能的基因中存在着大量出人意料的突变（图 34-1；表 34-2）[Baylin and Jones，2011；Dawson et al.，2011；You and Jones，2012；Garraway and Lander，2013；Shen and Laird，2013；Timp and Feinberg，2013；第 35 章（Audia and Campbell，2014）]。重要的是，这些突变中有许多发生的频率足够高，足以证明它们在癌症中充当"驱动"突变的角色——也就是说，结果清楚地表明，突变对表观基因组的破坏可能导致癌症的开始和（或）进展。然而，一个主要的挑战是了解它们对癌症特异性的染色质改变和 DNA 甲基化的精确贡献，以及这些突变在肿瘤发生的关键步骤的确切后果。重要的是要记住，癌症的表观遗传变化可能独立于染色质修饰因子的突变；表观基因组也容易受到环境或癌症风险状态、癌症进展过程中所固有的生理事件所引起的损害和遗传改变（O'Hagan et al.，2008，2011；Zheng et al.，2012），我们接下来将会讨论。

表 34-2　人类癌症中特定表观遗传修饰子的突变

过程	基因	功能	癌症类型	变化
DNA 甲基化	DNMT1	DNA 甲基转移酶	结肠癌，非小细胞肺癌，胰腺癌，胃癌，乳腺癌	突变（Kanai et al.，2003）过表达（Wu et al.，2007）
	DNMT3A	DNA 甲基转移酶	MDS；AML	突变（Ley et al.，2010；Yamashita et al.，2010；Yan et al.，2011）
	DNMT3B	DNA 甲基转移酶	ICF 综合征，乳腺和胸腺瘤的 SNP	突变（Wijmenga et al.，2000）突变（Shen et al.，2002）
	MBD1/2	甲基结合蛋白	肺癌和乳腺癌	突变（Sansom et al.，2007）
	TET1	5′ 甲基胞嘧啶羟化酶	AML	染色体转位（De Carvalho et al.，2010；Wu and Zhang，2010）
	TET2	5′ 甲基胞嘧啶羟化酶	MDS，骨髓恶性肿瘤，胶质瘤	突变/沉默（Araki et al.，2009）
	IDH1/2	异柠檬酸脱氢酶	神经胶质瘤，AML	突变（Figueroa et al.，2010；Lu et al.，2012；Turcan et al.，2012）
	AID	5′ 胞嘧啶核苷脱氨酶	CML	异常表达（De Cavalho et al.，2010）
组蛋白修饰酶	MLL1/2/3	组蛋白 H3K4 甲基转移酶	膀胱 TCC，造血干细胞瘤，非霍奇金淋巴瘤，前列腺癌（初级）	转位，突变，异常表达（Gui et al.，2011；Morin et al.，2011）
	EZH2	组蛋白 H3K27 甲基转移酶	乳腺、前列腺、膀胱、结肠、胰腺、肝脏、胃、子宫肿瘤、黑色素瘤、淋巴瘤、骨髓瘤和尤文氏肉瘤	突变，异常表达（Chase and Cross，2011；Tsang and Cheng，2011）
	BMI-1	PRC1 亚基	卵巢，套细胞淋巴瘤，以及默克尔细胞癌	过表达（Jiang and Song，2009；Lukacs et al.，2010）
	G9a	组蛋白 H3K9 甲基转移酶	肝细胞癌、宫颈、子宫、卵巢和乳腺癌	异常表达（Varier and Timmers，2011）
	PRMT1/5	蛋白质精氨酸甲基转移酶	乳腺癌/胃癌	异常表达（Miremadi et al.，2007）
	LSD1	组蛋白 H3K4/H3K9 去甲基化酶	前列腺癌	突变（Rotili and Mai，2011）
	UTX(KDM6A)	组蛋白 H3K27 去甲基化酶	膀胱，乳房，肾脏，肺，胰腺，食道，结肠，子宫，脑，血液恶性肿瘤	突变（Rotili and Mai，2011）
	JARID1B/C (KDM5C)	组蛋白 H3K4/H3K9 去甲基化酶	睾丸和乳腺癌，RCCC	过表达（Rotili and Mai，2011）
	EP300(P300/KAT3B)	组蛋白乙酰转移酶	乳腺癌，结肠直肠癌，胰腺癌	突变（Miremadi et al.，2007）
	CREBBP(CBP/KAT3A)	组蛋白乙酰转移酶	胃癌、结肠直肠癌、上皮癌、卵巢癌、肺癌、食道癌	突变，过表达（Miremadi et al.，2007）
	PCAF	组蛋白乙酰转移酶	上皮细胞癌	突变（Miremadi et al.，2007）
	HDAC2	组蛋白去乙酰化酶	结肠癌，胃癌，子宫内膜癌	突变（Ropero et al.，2006）
	SIRT1，HADC5/7A	组蛋白去乙酰化酶	乳腺癌，结直肠癌，前列腺癌	突变，过表达（Miremadi et al.，2007）

续表

过程	基因	功能	癌症类型	变化
染色质重塑酶	SNF5(SMARCB1, INI1)	BAF 亚基	肾恶性横纹肌样肿瘤，非典型性横纹肌样/畸型肿瘤（肾外），上皮样肉瘤，小细胞肝母细胞瘤，骨骼外黏液样软骨肉瘤，未分化肉瘤	突变，沉默，表达丢失（Wilson and Roberts, 2011）
	BRG1(SMARCA4)	BAF 的 ATP 酶	肺，横纹肌，成神经管细胞瘤	突变，低表达（Wilson and Roberts, 2011）
	BRM(SMARCA2)	BAF 的 ATP 酶	前列腺癌，基底细胞癌	突变，低表达（Sun et al., 2007；de Zwaan and Haass, 2010）
	ARID1A(BAF250A)	BAF 亚基	卵巢透明细胞癌，30% 子宫内膜样癌，子宫内膜癌	突变，基因组重排，低表达（Jones et al., 2010；Guan et al., 2011）
	ARID2(BAF200)	PBAF 亚基	原发性胰腺腺癌	突变（Li et al., 2011）
	BRD7	PBAF 亚基	膀胱 TCC	突变（Drost et al., 2010）
	PBRM1(BAF180)	PBAF 亚基	乳腺癌	突变（Varela et al., 2011）
	SRCAP	SWR1 的 ATP 酶	前列腺癌	异常表达（Balakrishnan et al., 2007）
	P400/Tip60	SWR1 的 ATP 酶，SWR1 的乙酰酶	结肠，淋巴瘤，头颈，乳腺癌	突变，异常表达（Mattera et al., 2009）
	CHD4/5	NuRD 的 ATP 酶	伊塔结直肠癌、胃癌、卵巢癌、前列腺癌、神经母细胞瘤、造血干细胞瘤	突变（Bagchi et al., 2007；Kim et al., 2011；Wang et al., 2011）
	CHD7	ATP 依赖的解旋酶	胃和结肠直肠癌	突变（Wessels et al., 2011）

改编自 You and Jones（2012）。

MDS，骨髓增生异常综合征；AML，急性髓系白血病；ICF，免疫缺陷、着丝粒不稳定和面部异常；SNP，单核苷酸多态性；TCC，移行细胞癌；HCC，肝细胞癌；RCCC，肾透明细胞癌；TET，10-11 转位酶；NuRD，核小体重构和去乙酰化。

34.3 DNA 甲基化在癌症中的作用

最初发现 DNA 中的胞嘧啶碱基可以被甲基化成为 5-甲基胞嘧啶（5mC），有时也被称为第 5 碱基，很快就提出了 DNA 甲基化的改变可能导致肿瘤发生的观点（表 34-3）。在过去的 40 年里，有许多研究表明 5mC 分布模式的改变可以区分癌细胞和正常细胞。至少有三个主要途径已确定 CpG 甲基化可促进致癌表型。第一，癌症基因组的一般低甲基化；第二，可能会发生 TSG 启动子的局部高甲基化；第三，可能通过脱氨基、紫外线照射或暴露于其他致癌物直接诱变含有 5mC 的序列（图 34-3）（Jones and Laird, 1999；Jones and Baylin, 2002；Herman and Baylin, 2003；Baylin and Jones, 2011）。值得注意的是，这三种改变通常同时发生，从而导致癌症，这表明表观遗传机制的稳态改变是人类癌症进化的核心。

表 34-3 阐明 DNA 甲基化在癌症中作用的时间线

发现	参考文献
"甲基化酶致癌性"假说	Srinvasan and Borek, 1964
动物肿瘤中 5-甲基胞嘧啶水平下降	Lapeyre and Becker, 1979
5-氮杂胞苷和 5-氮杂脱氧胞苷抑制甲基化并激活基因	Jones and Taylor, 1980
人类肿瘤中基因组水平和特殊基因上甲基化程度的降低	Ehrlich et al., 1982；Feinberg and Vogelstein, 1983；Flatau et al., 1984
DNA 甲基化抑制剂可以改变恶性表型	Frost et al., 1984
癌症中 CpG 岛的甲基化	Baylin et al., 1987

续表

发现	参考文献
p53 的突变热点是甲基化 CpG 位点	Rideout et al., 1990
视网膜母细胞瘤抑制基因（Rb）的等位基因专一性甲基化	Sakai et al., 1991
癌症中基因印记的缺失	Rainier et al., 1993
随年龄增长的 CpG 岛高甲基化	Issa et al., 1994
低水平甲基化的小鼠较少发生肿瘤	Laird et al., 1995
DNA 甲基化抑制剂以及 HDAC 抑制剂联合使用导致快速鉴定抑癌基因	Suzuki et al., 2002；Yamashita et al., 2002
体细胞内 DNA 修复基因（MLH1）被甲基化	Gazzoli et al., 2002
低甲基化导致癌症	Gaudet et al., 2003
5-氮杂胞苷被 FDA 许可用于脊髓发育不良综合征的治疗	Kaminskas et al., 2005
发现 5-羟甲基胞嘧啶碱基和催化这种转化的 TET1/2/3 酶	Kriaucionis and Heintz, 2009；Tahiliani et al., 2009

改编自 You and Jones（2012）。

HDAC, 组蛋白去乙酰化酶；FDA, 美国食品药品监督管理局；TSG, 抑癌基因；TET, 10-11 转位酶。

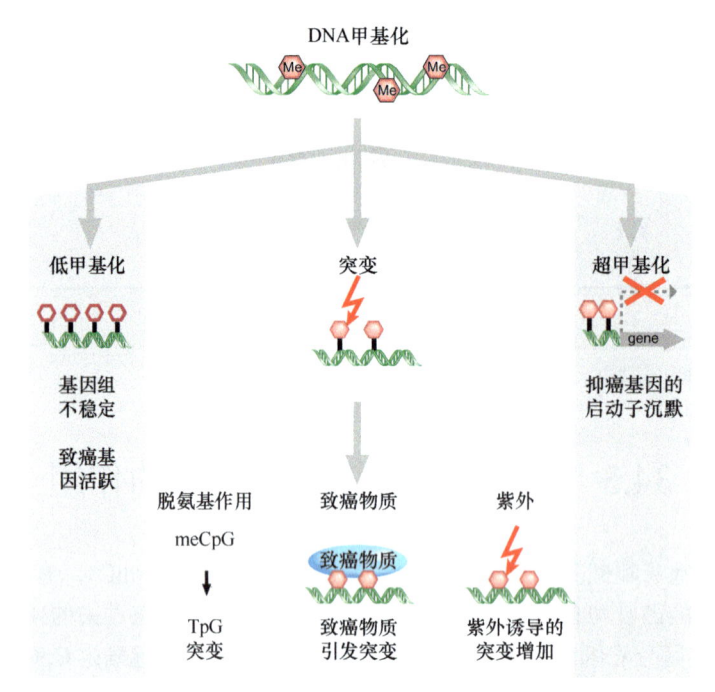

图 34-3　涉及 DNA 甲基化的表观遗传改变可通过多种机制导致癌症。低甲基化（Hypo）栏中显示的 DNA 胞嘧啶甲基化的丢失（白色六边形）导致基因组不稳定。超甲基化中显示的基因启动子处的局部过度甲基化（粉色六边形）导致可遗传的沉默，因此使肿瘤抑制因子和其他基因失活。另外，甲基化的 CpG 位点（粉红色的六角形）易于突变：它们是由自然水解脱氨引起的 C 到 T 突变的热点；CpG 位点的甲基化会增加某些化学致癌物与 DNA 的结合，并增加了紫外线诱发的突变率。

34.3.1　癌症中的 DNA 低甲基化

癌细胞中最显著和最早发现的 DNA 甲基化模式变化是该修饰的局部减少（Feinberg and Vbgelstein, 1983；Ehrlich and Lacey, 2013），现在被认为是全基因组分析的一个全局 DNA 低甲基化（Hansen et al., 2011；Berman et al., 2012；Bert et al., 2013）。尽管所有这些损失的后果仍然需要定义，DNA 去甲基化可能会导致基因组不稳定和非整倍体增加（Ehrlich and Lacey, 2013），这些都是癌症的典型特征。事实上，维持型 DNA 甲基转移酶 Dnmt1 的缺失或减少会导致突变率增加，非整倍体和肿瘤诱导实验数据清楚地表明 DNA 低甲基化在增加染色体脆性中起促进作用（Chen et al., 1998；Narayan et al., 1998；Gaudet et al.,

2003；Ehrlich and Lacey，2013）。DNA 甲基化的丢失可能伴随着转录的激活，允许重复、转座元件（TE）和原癌基因的转录（Jones and Baylin，2007；Ehrlich and Lacey，2013；Hur et al.，2014）。重复序列的激活可能使细胞的基因组倾向于重组，在某些基因组区域（热点）染色体重组频率的增加以及附近的原癌基因的表达证实了这一点（Wblffe，2001；Jones and Baylin，2007；Ehrlich and Lacey，2013；Hur et al.，2014）。确实，转座子在转座过程中的激活是另一个突变产生的潜在来源。

我们知道，基因组中的大多数 CpG，除了 CpG 富集区，都有 80% 的甲基化。在癌症中，CpG 的平均甲基化水平为 40%～60%。定位技术的进步使研究人员能够更精确地定位甲基化模式。这些研究表明，DNA 的低甲基化可以集中在 28kb 至 10Mb 的区块中，覆盖大约 1/3 的基因组（Hansen et al.，2011；Berman et al.，2012；Hon et al.，2012；Bert et al.，2013）。癌症表观基因组中 DNA 甲基化丢失的确切机制以及功能后果是如何发生的还没有完全弄清楚；然而，我们开始能够剖析这些机制。例如，一个主要的可能性是 DNA 低甲基化的许多区域可能与染色质组织的广泛转移结合在一起，这在癌症中是典型的（在 34.6 节进一步讨论）。反过来，在某些情况下广泛的表观基因组变化可能是由染色质调节因子的突变导致的，影响 DNA 甲基化的稳态，从而促进主动或被动的脱氧核糖核酸甲基化去除过程。例如，正如下面和其他章节所讨论的，10-11 易位（TET）家族成员的激活解除管制，或 DNA 甲基转移酶（DNMT）蛋白质功能的部分丧失，都可能导致这种情况的发生。

34.3.2　癌症中的 DNA 超甲基化

癌症中 DNA 甲基化变化的一个很好的记录是癌相关基因 5′ 区域的 CpG 岛异常的高甲基化（即图 34-3 中的高甲基化）。这种变化可能与转录沉默的完整性相关，为具有肿瘤抑制功能的基因失活提供了一种替代突变的机制（Jones and Baylin，2007；Baylin and Jones，2011；Shen and Laird，2013）。在这方面，60% 的基因启动子具有 CpG 岛，其中大多数在正常发育或成年细胞更新系统中都没有发生 DNA 甲基化（Jones and Baylin，2007；Baylin and Jones，2011；Shen and Laird，2013）。这种甲基化的缺乏是染色质更开放状态，以及这些基因的活跃或准备被激活的表达状态的基础（Jones and Baylin，2007；Baylin and Jones，2011；Shen and Laird，2013）。甲基化 CpG 岛启动子在癌症中是如此普遍（约占 CGI 基因的 5%～10%）并直接导致癌症发生的事实，为表观遗传治疗领域带来了新的可能性——也就是说，表观遗传改变是治疗逆转的目标，将在 34.9 节中进一步讨论（Egger et al.，2004；Spannhoff et al.，2009；Kelly et al.，2010；Bernt et al.，2011；Daigle et al.，2011；Dawson et al.，2012；Azad et al.，2013）。

值得注意的是，5mC 通常发生在活性基因的基因体中，该区域的功能分支可能与该修饰在启动子中的存在相反（Jones，2012；Kulis et al.，2012；Shen and Laird，2013）。因此，基因体 DNA 甲基化与转录抑制无关，而可能促进转录延长，增强基因表达（图 34-4）（Jones，2012；Kulis et al.，2012；Shen and Laird，2013）。有趣的是，在某些急性髓系白血病（AML）患者中发生的 *DNMT3A* 体细胞突变可能使其易于丢失基因体 DNA 甲基化（Cancer Genome Atlas Research Network，2013a），其因果关系目前尚不清楚。

通过挑战表观遗传学和癌症两个关键假设的发现，我们对癌症中 DNA 甲基化稳态如何被扰乱的机制理解不断丰富：所有哺乳动物的 DNA 甲基化都局限于 CpG 序列，是一个非常稳定的标记。当 CpHpG 序列的 DNA 甲基化被记录在人类胚胎干（ES）细胞中时，第一个假设受到了挑战（Lister et al.，2009）。它的重要性还有待确定，在癌症中也没有很好的记录。第二个假设受到挑战是因为有证据表明甲基化胞嘧啶可以主动去甲基化；这在表观遗传学和癌症领域都非常重要［第 2 章（Kriaucionis and Tahiliani，2014）所述；第 15 章第 3 节（Li and Zhang，2014）］。DNA 去甲基化首先是通过鉴定 5mC 的氧化衍生物，包括 5-羟甲基胞嘧啶（Kriaucionis and Heintz，2009；Tahiliani et al.，2009）、5-肌胞嘧啶和 5-羧胞嘧啶发现的。同时，TET1、2 和 3 蛋白（10-11 易位）被证明可以催化这些氧化步骤（Wu and Zhang，2011a，b），提示这些是主动和（或）被动 DNA 去甲基化途径的一些效应物［第 15 章图 15-6（Li and Zhang，2014）］。

TET 酶的突变可能与癌症中的 DNA 高甲基化表型有关（Figueroa et al.，2010），这一观点仍在争论中

726　表观遗传学

A　正常表观基因组

B　癌症表观基因组

超甲基化结构域（28kb至10Mb）

低甲基化区域　　超甲基化区域　　低甲基化区域

基因组不稳定
致癌基因激活?　　抑癌基因沉默　　基因组不稳定
致癌基因激活?

H3K9me3　　组蛋白乙酰化　　H3K4me3　　未甲基化的CpG岛　　DNA甲基化

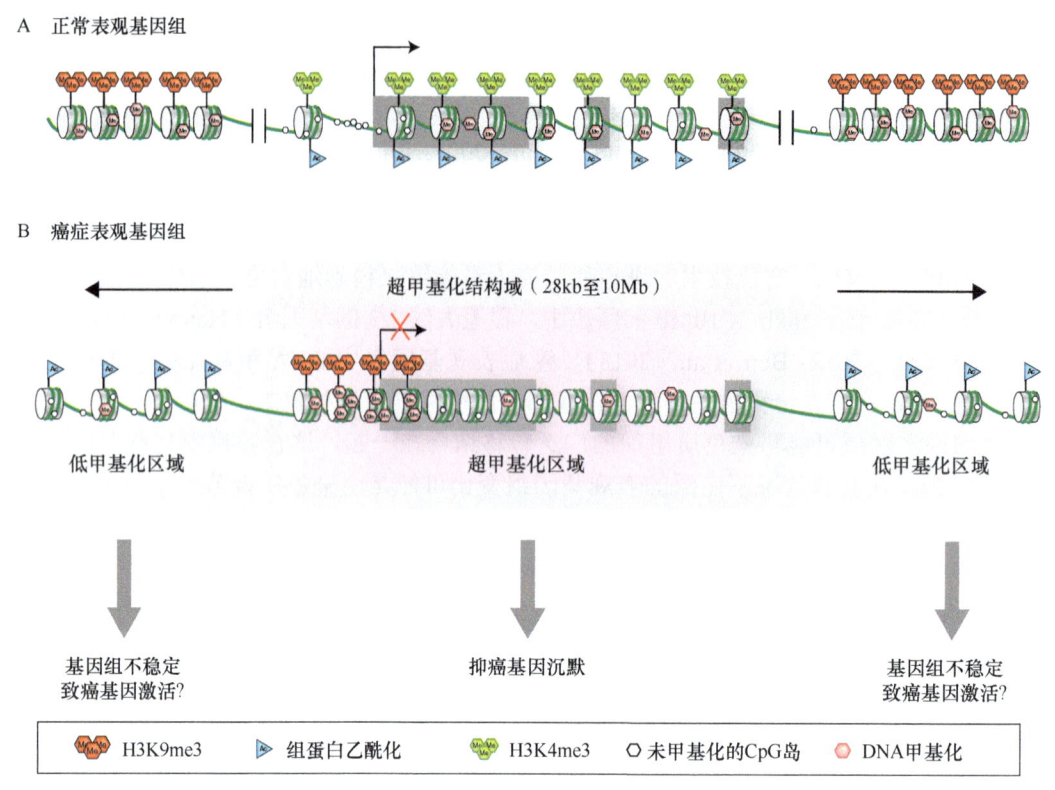

图 34-4　**癌细胞中染色质结构的改变。**（A）在一个典型的细胞中，一个含有 CpG 岛的活性基因可以通过一个核小体缺失的启动子、启动子 DNA 甲基化的缺失而被识别，但是启动子周围有 H3K4me3 标记和沿着位点的组蛋白乙酰化而被识别。基因体 CpG 甲基化现象普遍存在。激活基因的非基因区域通常以抑制表观遗传标记为特征，如 H3K9me3 和 5mC。（B）癌症的表观基因组的特点就是发生 DNA 甲基化（灰色阴影）的全局性丢失，同时个别分散的基因会由于在它们的 CpG 岛启动子区域异常获得 DNA 甲基化和抑制型组蛋白修饰受到沉默。这些沉默的基因可能在它们的基因体低甲基化，类似于周围的染色质。低甲基化区域可以有异常开放的核小体构型和乙酰化的组蛋白赖氨酸。相反，沉默基因启动子 CpG 岛的异常 DNA 高甲基化与位于转录起始位点的核小体有关。

（Cancer Genome Atlas Research Network，2013a）。然而，TET 介导的 DNA 去甲基化通过上游异柠檬酸脱氢酶 IDH1 和 IDH2 的突变与细胞代谢改变和癌症有关。这些酶通常产生 α-酮戊二酸盐，这是 TET 羟化酶的一种必需的辅助因子（见 34.5.2 节）（Lu et al.，2012，2013；Shen and Laird，2013；Venneti et al.，2013）。然而，IDH1/2 的突变导致由 α-酮戊二酸形成的异常代谢物 2-羟基戊二酸的含量显著增加［见第 30 章图 30-6（Berger and Sassone-Corsi，2014）］。在这种情况下，可以观察到 DNA 高甲基化频率的增加，如白血病和脑瘤（Noushmehr et al.，2010；Turcan et al.，2012；Shen and Laird，2013）。在癌症中 TET 和 IDH 突变是相互排斥的，这一事实强调了在确保细胞 5mC 的正确水平上需要持续的去甲基化（Williams et al.，2011）。重要的是，造血系统中的 IDH 突变（Sasaki et al.，2012a）似乎推动了肿瘤的发生，因为它阻断了细胞对分化线索的反应，因此扭曲了谱系选择（Borodovsky et al.，2013；Turcan et al.，2013）。重要的是，与 IDH 突变相关的异常 DNA 甲基化模式的实验药物逆转似乎恢复了细胞分化反应的一个元素，显示了这类癌症的治疗前景（Borodovsky et al.，2013；Turcan et al.，2013）。

34.3.3　5mC 的突变

我们已经了解了一段时间的第三种机制，即胞嘧啶残基（5mC）的甲基化对癌症具有不成比例的作用，这是其胞嘧啶在该序列背景下发生突变的倾向（图 34-3）。因此，当观察人类生殖细胞系时，体细胞中典型甲基化的 CpG 位点构成了超过 1/3 的转移突变。这种突变的早期例子被记录在致癌的 p53 基因中（Rideout et al.，1990）。更令人惊讶的是，观察到这一机制也在体细胞组织中起作用，显著促进了许多 TSG 失活突变的形成。这是因为胞嘧啶环 5 位的甲基化增加了双链 DNA 碱基水解脱氨的速率。然而，5mC 的脱氨产物是胸腺嘧啶而不是尿嘧啶，就像胞嘧啶一样（图 34-3）。DNA 修复机制在修复脱氨诱导的 DNA 错配时效率较低。例如，在散发性结直肠癌中，50% 的 p53 突变发生在胞嘧啶甲基化位点（Greenblatt et al.，1994）。因此，DNMT 对 DNA 的修饰通过这种内源性机制大大增加了患癌症的风险。

胞嘧啶残基的甲基化也被证明有利于 DNA 和致癌物之间的致癌加合物的形成，如香烟烟雾中的苯并（a）芘（图 34-3）。在这种情况下，胞嘧啶残基的甲基化增加了邻近鸟嘌呤残基和苯并（a）芘二醇环氧化物之间的致癌加合物的形成，导致吸烟者肺部 CpG 位点突变增加（Greenblatt et al.，1994；Pfeifer et al.，2000）。

有趣的是，DNA 甲基化也可以改变暴露在阳光下的皮肤中 p53 基因的突变率（Greenblatt et al.，1994；Pfeifer et al.，2000）。这是因为甲基将胞嘧啶的吸收光谱改变为入射阳光的范围，增加暴露在阳光下的皮肤细胞 DNA 中嘧啶二聚体的形成。总之，DNA 的 5mC 修饰不仅增加了自发突变，而且影响了 DNA 与致癌物和紫外线相互作用的方式（Pfeifer et al.，2000）。

34.4　癌症中高甲基化的基因启动子

本章主要关注的是 DNA 甲基化在癌症中的特性和作用，特别是它对 TSG 的影响。我们开始去理解这是如何与其他模式的表观遗传调控交叉，在 34.6 节中进一步讨论。

34.4.1　参与的基因

DNA 甲基化参与癌症的最广为人知的机制与 TSG 启动子的局部高甲基化有关。这显然是一个重要的途径，抑制癌症发展的基因通常会通过它被遗传沉默（Jones and Baylin，2002，2007；Herman and Baylin，2003；Baylin and Jones，2011；Shen and Laird，2013）。通常，DNA 高甲基化发生在肿瘤异常沉默基因的转录起始位点及其周围的 CpG 富集区或 CpG 岛（图 33-4）。通常，癌症中 5%～10% 的 CpG 岛启动子是 DNA 甲基化的（Baylin and Jones，2011）。认识到 CpG 岛胞嘧啶甲基化通常局限于基因起始位点附近，通常跨越转录起始位点是非常重要的，但其也发生在靠近上游或下游的 CpG 岛上；这种发生在基因体内的相同的 DNA 修饰通常与转录状态无关，或者正如前面所讨论的，实际上可以伴随着可能通过促进转录延伸过程的基因表达的增加（Jones，2012；Kulis et al.，2012；Shen and Laird，2013）。

受 DNA 高甲基化转录中断影响的癌症相关基因的列表继续增长，并涉及在所有染色体位置发现的基因。在单个肿瘤中，启动子高甲基化可以破坏数百个基因，这一机制几乎适用于所有类型的癌症（Jones and Baylin，2002，2007；Baylin and Jones，2011；Hammerman et al.，2012；Cancer Genome Atlas Research Network，2013a；Shen and Laird，2013）。事实上，随着对多种肿瘤类型进行更深入的 DNA 甲基化分析，这种表观遗传变化的频率似乎超过了人类肿瘤中的基因突变（Jones and Baylin，2002，2007；Baylin and Jones，2011；Hammerman et al.，2012；Cancer Genome Atlas Research Network，2013a；Shen and Laird，2013），启动子区域发生在肿瘤发生过程中几乎所有改变的信号通路的基因中。这么多基因的参与给癌症表观遗传学领域带来了一个最重要的难题：为什么会有这么多基因参与癌症，哪些沉默事件对肿瘤发生过程真正重要？显然，从实验上来说，很难通过功能缺失分析来测试每个基因是否对肿瘤的发生和发展至关重要。然而，正如下面所提到的，一些相关基因显然是 TSG 的驱动因素（Esteller，2007；Jones and Baylin，2007；Baylin and Jones，2011；Shen and Laird，2013）。此外，正如分析信号通路参与对理解癌症中大量的基因改变很重要一样，用这种方式对 DNA 高甲基化基因进行分类，对我们理解它们在肿瘤发生过程中的重要性有很大的潜力（Jones and Baylin，2007；Baylin and Jones，2011；Shen and Laird，2013）。

在癌症中发现的第一组 DNA 高甲基化基因中，功能缺失明显对癌症进化的所有阶段具有"驱动功能"（Jones and Baylin，2007；Baylin and Jones，2011；Shen and Laird，2013）。通常，真正的癌症驱动突变涉及相对有限的一组基因。第一批被表征的表观遗传沉默基因的例子有助于确定启动子高甲基化导致的基因沉默是癌症 TSG 功能丧失的一个重要机制（表 34-4）。这些基因很容易被识别为经典的 TSG，当家族的生殖细胞系发生突变时，会导致遗传性癌症（Jones and Laird，1999；Jones and Baylin，2002；Herman and Baylin，2003）。而且，对这些基因来说，值得注意的是，Knudson's 假说认为它们的启动子上的高甲基化经常构成了第二次"冲击"，即第一次"冲击"只是构成家族性肿瘤中的生殖细胞的突变，但第二次"冲击"则通过在另一拷贝上发生 DNA 甲基化导致功能缺失（Grady et al.，2000；Esteller et al.，2001a）。在某些情况下，5-aza-胞嘧啶核苷（5-aza-CR）在培养的肿瘤细胞中诱导这些基因的重新激活，恢复了在肿瘤进展中丢失的关键 TSG 功能。在结肠癌细胞中通常是沉默的错配修复基因 MLH1 显示了这一点（Herman et al.，1998）。

表 34-4 各类高甲基化基因的发现

高甲基化基因种类	示例
已知的 TSG[a]	VHL
	E-cadiherin
	P16Ink4a
	MLH1
	APC
	Stk4
	Rb
候选的 TSG	FHIT
	Rassf1a
	O6-MGMT
	Gst-Pi
	GATA4/5
	DAP-kinase
通过高甲基化随机筛选出的基因	HIC-1
	SFRP1,-2,-4,-5
	BMP-3
	SLC5A8
	SSI1

a 一个经典的肿瘤抑制基因（TSG）已被发现在遗传性癌症综合征家族的生殖系中发生突变。

第二组表观遗传沉默基因是那些先前根据其功能确定为候选 TSG 的基因，但未发现有可观的突变失活频率，这表明它们是真正的驱动突变（表 34-4）。尽管这类基因中已知的与癌症相关的突变很少，但它们通常存在于癌症中经常缺失的染色体区域。例如，RasFF1a 和 FHIT，位于 3p 染色体臂上，经常在肺和其他类型的肿瘤中缺失（Dam mann et al.，2000；Burbee et al.，2001）。其他候选 TSG 也属于这一类别，因为已知它们编码对预防肿瘤进展至关重要的蛋白质，如凋亡前基因、DAP 激酶（Katzenellenbogen et al.，1999），这是拮抗 WNT 信号的基因家族（Suzuki et al.，2004；Jones and Baylin，2007；Zhang et al.，2008；Baylin and Jones，2011；Shen and Laird，2013）。然而，其他基因也参与其中，因为现在已经认识到启动子 CpG 岛超甲基化可以沉默非编码 miRNA 基因，这对于调节信号网络是必需的（Saito and Jones，2006；Saito et al.，2006；Chaffer et al.，2013；Tam and Weinberg，2013；Nickel and Stadler，2014；Sun et al.，2014）。这些基因对癌症表观遗传学领域提出了一个重要的挑战，因为尽管它们经常在肿瘤中高甲基化，但它们中的许多并不经常发生突变，这使得很难确定它们是否真的促成了肿瘤的发生。34.4.3 节描述了用于确定这些是否是真正 TSG 的策略。

随着越来越多的全基因组筛选随机识别出异常的 DNA 高甲基化，涉及编码区和非编码区，第三组也是最大的一组基因（表 34-4）继续被补充（Baylin and Jones，2011；Shen and Laird，2013；Taberlay et al.，2014）。与前两组基因相比，将这些基因置于癌症进展的功能环境中是一个挑战，因为它们的确切作用尚不明显。肿瘤中大量基因的高甲基化与其随着年龄增长而发生启动子 CpG 岛甲基化的趋势之间存在着非常重要的关系（Issa，2014；Maegawa et al.，2014）。这已经很好地证明了结肠癌基因中 DNA 甲基化的增加实际上与年龄相关的结肠癌风险是平行的（Issa et al.，1994；Toyota et al.，1999；Issa，2014；Maegawa et al.，2014）。这种关系在其他癌症中也有很好的证明，而且似乎不仅在人类中，而且在哺乳动物中也会发生这种随年龄增长的情况（Maegawa et al.，2014）。这些变化的机制需要进一步的剖析，但显然，这种表观遗传变化与人类癌症的风险密切相关。

34.4.2 用于识别 DNA 甲基化模式的技术

第二类超甲基化基因，如表 34-4 所示，基于异常的 DNA 甲基化是 TSG 功能丧失的潜在因果机制的假设来分类的，特别是当缺乏基因突变时，与正常组织相比，该基因在肿瘤中的表达很低或缺失。这些特征为候选基因筛选方法提供了基础。全基因组 DNA 甲基化模式的全局图谱分析的广泛应用，使其现在已成为鉴定与癌症有关的新高甲基化基因的强制性方法（如表 34-4 中的第三类基因）。重要的是，与肿瘤发生中存在 DNA 甲基化变化的其他区域相比，这些技术现在还可以将此处讨论的启动子变化纳入重要考虑的因素（Bernstein et al.，2010；Cancer Genome Atlas Research Network，2012a；Taberlay et al.，2014）。这些较新的全基因组杂交和（或）下一代测序平台可实现 DNA 甲基化景观的全面基因组覆盖。这些分析被用于绘制正常细胞和疾病细胞的 DNA 甲基化图，并说明其快速识别大量高甲基化基因和其他癌症 DNA 甲基化异常的能力（Cancer Genome Atlas Research Network，2012b，2013a；ENCODE，2012；Shen and Laird，2013）。

到目前为止，当需要在许多人类样本中广泛筛选 DNA 甲基化时，许多图谱研究使用了高通量的方法，这是非常划算的。在 Illumina Infinium 450K 微阵列平台，该实验涉及亚硫酸氢盐处理基因组 DNA 和随后杂交遍及整个基因组的大约 45 万个候选 CpG 位点。亚硫酸氢盐处理区分甲基化和未甲基化胞嘧啶的原因是胞嘧啶被转化为尿嘧啶，而 5mC 对这种修饰具有抗性。Infinium 450K 平台不仅可以查询基因启动子，还可以查询其他候选序列，包括增强子和 ncRNA 启动子区域。然而，虽然覆盖范围很广，但在给定的序列区域往往深度不够，作为第一筛选工具是有价值的，但随后需要从正在研究的样本中对选定的样本进行更深入的检测（Dedeurwaerder et al.，2011）。该平台目前被癌症基因组图谱项目用于将 DNA 甲基化异常与基因突变、拷贝数改变、易位、表达改变及其整合的全基因组筛选相匹配，以描述癌症信号通路异常（Cancer Genome Atlas Research Network，2012b，2013a；ENCODE，2012；Shen and Laird，2013）。一个主要的目标是概述癌症特异性的异常，提示新的治疗目标的发展和生物标记策略的癌症检测及预后预测。这些研究已经产生了大量新定义的脑、结肠、肺、乳房和其他方面的表观遗传异常基因（Cancer Genome Atlas Research Network，2012b，2013a；ENCODE，2012；Shen and Laird，2013）。

其他综合研究，如 ENCODE 项目和 Epigenome Roadmap 项目（Cancer Genome Atlas Research Network，2012b，2013a；ENCODE，2012），也增加了我们对 DNA 甲基化和染色质异常在癌症中的作用的理解，特别是对正在讨论的高甲基化基因。更昂贵的方法包括用甲基胞嘧啶抗体捕获不同的 DNA 甲基化序列，抗体识别甲基胞嘧啶结合蛋白或它们的结合域或由甲基化敏感限制性内切酶产生的序列，然后通过下一代测序来识别这些序列（Harris et al.，2010；Aryee et al.，2013）。甚至更广泛的信息也被汇编通过在亚硫酸氢盐处理 DNA 后直接测序几乎所有候选的 CpG 位点（Lister et al.，2009；Lister et al.，2011；Berman et al.，2012）。所有这些方法都提供了正常成熟组织和原代培养肿瘤样本中 DNA 甲基化固有模式的详细视图。

高通量 DNA 甲基化检测方法可以与去甲基化试剂如 5-aza-CR 或 5-aza-2'-脱氧胞苷（5-aza-CdR）处理培养细胞获得的数据相结合。将药物治疗前后的 RNA 杂交到基因微阵列，或进行 RNA 测序（RNA-seq）分析，以检测药物诱导的上调基因（Suzuki et al.，2002；Yamashita et al.，2002；Schuebel et al.，2007）。然而，我们必须认识到，许多诱导基因在药物治疗前后表达水平非常低，这挑战了基因表达平台的敏感性，降低了这些方法的效率（Suzuki et al., 2002; Schuebel et al., 2007）。使用定量 RNA-seq 分析可能提供一个更动态范围的基因表达变化，这提高了结合诱导基因表达与全基因组 DNA 甲基化分析的效用。

34.4.3　确定高甲基化的基因在癌症中的功能重要性

　　大量的高 DNA 甲基化基因在癌症的启动子上，为理解这些变化的功能范围提出了一个巨大的研究挑战。一个特定基因的启动子频繁高甲基化本身并不能保证该沉默基因在癌症中具有功能意义，而基因突变往往是这样的。当高甲基化基因不是一个已知的肿瘤抑制基因，并且没有证据表明该基因在癌症中经常发生突变时，情况尤其如此。因此，就编码蛋白控制的过程和对肿瘤进展的影响而言，研究相关基因以确定功能缺失的重要性是必需的。事实上，区分这类基因的"驾驶员"和"乘客"角色是癌症表观遗传学研究中最大的挑战之一。

　　最初的几个步骤是有用的，但不能完全证实某一特定基因在癌症中的重要性（总结在表 34-5 中）。当然，首先是对其癌症特异性高甲基化的精确记录，包括其在基因启动子中的位置和对基因表达状态的影响。这可能包括评估该基因在药物诱导启动子去甲基化后重新表达的能力。第二，高甲基化和基因沉默的发生率必须在原代和培养的肿瘤样本中得到很好的确定。第三，了解肿瘤进展中基因的沉默发生在什么时候通常是有用的，如图 34-5 所示的结肠癌。

表 34-5　鉴别对肿瘤发生重要的高甲基化基因的步骤

1. 解析启动子 CpG 岛甲基化水平与转录沉默效率和培养细胞中沉默效应被去甲基化酶药物逆转效率的相关性。
2. 解析肿瘤细胞（培养的细胞或初代肿瘤）中特异性发生启动子高甲基化和正常细胞中不发生以及初代肿瘤细胞中有明显的高甲基化改变之间的相关性。
3. 检测特定癌症肿瘤发生过程中高甲基化改变的位点。
4. 检测基因重插入对培养的细胞产生的肿瘤发生相关基因沉默的潜能，以及在琼脂克隆细胞或裸鼠中肿瘤细胞生长等的影响。
5. 建立这个沉默基因的蛋白产物并通过其活性的检测或其特征结构域确认。
6. 通过小鼠敲除实验确定肿瘤抑制基因在细胞自我更新等方面的活性与功能，特别是那些完全未知的基因。

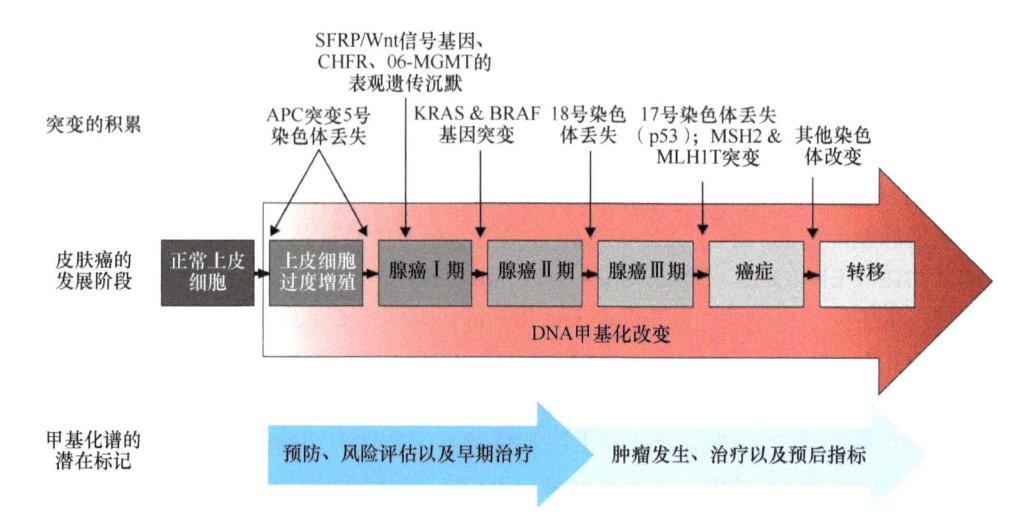

图 34-5　异常 DNA 甲基化在肿瘤进展中的功能。 Kinzler 和 Vogelstein 在 1997 年的经典模型描述了结肠癌进化过程中的基因改变。DNA 甲基化改变显示在肿瘤发生的早期就发生了（红色箭头），正如文中所讨论的，在肿瘤发生的早期（红色箭头），在正常上皮细胞向增生性上皮细胞转化的过程中，DNA 甲基化发生改变，并在肿瘤从非侵袭到侵袭，最终转移的过程中发生。这使得它与关键的基因改变合作，处于引导干细胞进入异常克隆扩增的战略位置（如图 34-6 所示）。这些表观遗传异常对癌症治疗和预后指标也有意义。

确认一个基因是真正的 TSG 需要研究评估其在功能丧失后对肿瘤发生的贡献。编码蛋白的功能很重要，可以通过了解蛋白质的类型、蛋白质结构的各个方面，以及（或）与基因家族和信号通路的关系来确定。在一个许多已知基因已经被基因敲除研究的时代，产生的表型和伴随的生物学可以提供信息，指出基因沉默在肿瘤发生中的潜在贡献。候选 TSG 可以通过基因敲除后在培养细胞中评估其丢失对肿瘤的影响来检测其致瘤潜能：①软琼脂克隆（检测任何恶性转化的能力）；②免疫缺陷小鼠异种移植生长时细胞的致瘤性；③评估细胞属性，如诱导细胞凋亡基因重新插入。然而，最终可能需要额外的转基因敲除方法来确定一个基因作为肿瘤抑制因子的作用，并了解所编码的蛋白质在发育、成体细胞更新等方面的功能。记录转录因子和发育基因 HIC-1 功能的小鼠敲除研究，提供了一个如何通过实验验证该基因为 TSG 的例子（Chen et al.，2003，2004）。它最初是通过筛选癌细胞中杂合性缺失的基因组区域确定的（Wales et al.，1995）。很明显，发现在癌症中被表观基因沉默的基因是很有价值的，然而，未来的主要工作是明确地表明基因功能的丧失在癌症中是重要的。

34.5 早期癌症发生中表观基因沉默的重要性

Vbgelstein 及其同事（Kinzler and Vogelstein，1997；Vogelstein et al.，2013）总结认为，从癌症进化的经典观点来看，一系列的基因改变驱动了从早期癌前阶段到出现侵袭性癌症到发生转移性疾病的进展（图 34-5），尽管这种进展从肿瘤到肿瘤不一定以完全相同的线性顺序发生。我们现在知道表观遗传变化是在整个过程中发生的，这包括早期出现的普遍的正常 DNA 甲基化丢失和更多的基因启动子的集中获得，在 34.4 节讨论（图 34-4）。表观基因组的其他特征也可以解除管制，包括组蛋白标记发生和分布的改变，这可能是由表观遗传机制的组成部分的突变引起的。因此，在整个肿瘤进展过程中，表观遗传和遗传事件之间存在相互作用，可能导致逐步的细胞异常（图 34-1）。两个表观遗传学过程，即基因印记丢失或 LOI［见第 33 章（Zoghbi and Beaudet，2014）］和表观遗传学基因沉默，是导致癌症早期发展的极其重要的机制。

34.5.1 印记丢失

印记丢失（LOI）和表观基因沉默是被研究得最为透彻的影响肿瘤进化的表观基因畸变的过程。LOI 是在肿瘤发生过程中，印记基因的沉默等位基因被激活的过程。这导致基因的双等位基因表达，产生过量的基因产物（Rainier et al.，1993）。研究最多的 LOI 发生在肿瘤的 IGF2 基因上，如结肠癌（Kaneda and Feinberg，2005）。这是因为邻近的印记 H19 基因上游调控元件的高甲基化去除了其绝缘子功能［见第 26 章图 26-8（Barlow and Bartolomei，2014）］。这种绝缘子通常通过与远端增强子的相互作用来阻止 IGF2 基因被激活，但在某些癌症中，它允许 IGF2 在母染色体 11p 上表达（Kaneda and Feinberg，2005）。由此产生的双等位基因 IGF2 表达导致了促进生长的 IGF2 蛋白的过量产生。实验证据表明，这可能在结肠癌的早期进展阶段发挥作用（Kaneda and Feinberg，2005；Sakatani et al.，2005）。事实上，在小鼠模型上的研究表明，单是 LOI 事件就足以启动肿瘤发生过程（Holm et al.，2005）。

34.5.2 IDH 突变导致肿瘤发生的表观遗传异常

另一个很有说服力的例子就是脑癌、结肠癌和血液癌中 IDH1 和 IDH2 的致癌突变的故事，说明了表观遗传调控是如何在癌症的起始和进展中发挥核心作用的（Figueroa et al.，2010；Noushmehr et al.，2010；Prensner and Chinnaiyan，2011；Turcan et al.，2012；Cancer Genome Atlas Research Network，2013b；Losman and Kaelin，2013）。IDH 1/2 的改变似乎改变了 DNA 和组蛋白去甲基化途径，导致组蛋白甲基化水平失衡，如 H3K36、H3K9 甲基化增加（Lu et al.，2012；Lu et al.，2013；Venneti et al.，2013）。启动子区 CpG 岛

DNA 高甲基化的频率也相应增加，这与结肠和其他癌症中具有良好特征的 CpG 岛甲基化表型（CIMP）相似（Figueroa et al., 2010; Noushmehr et al., 2010; Turcan et al., 2012）。与这些调控密切相关的往往是那些曾经处于胚胎状态染色质模式，并且经常参与发育调控的基因（在 34.6.3 节中进一步讨论）。

以上描述导致染色质 DNA 甲基化变化的确切原因是一个正在调查的研究领域。主要的数据驱动的假设是，这些变化是由癌症细胞中酮戊二酸的 2-羟基戊二酸积累造成的。这个在 IDH 突变的细胞中增加到 mmol/L 级水平的异常的 2-羟基戊二酸代谢物本身作为生物标志物，与粉防己碱（TET）和赖氨酸去甲基化酶（KDM）所必需的 α-酮戊二酸代谢产物竞争，调节染色质去甲基化酶的功能或 DNA 甲基化的水平。有趣的是，其他柠檬酸循环控制基因在某些类型的肿瘤中发生突变时，也会导致酮戊二酸水平下降，以及类似的染色质和 DNA 甲基化异常（Xiao et al., 2012; Mason and Hornick, 2013）。实验明确表明，这导致了抑制组蛋白标记在基因启动子区域的积累，随后，可能构成分子水平的 DNA 高甲基化（Lu et al., 2012, 2013; Venneti et al., 2013）。IDH1 或 IDH2 诱变的小鼠模型表明，这些突变与早期肿瘤进展事件有关（Sasaki et al., 2012b）。在体外，将突变通过基因工程导入到小鼠或细胞中，似乎会使干细胞/祖细胞处于异常自我更新状态并（或）降低其谱系承继和分化的能力，如图 34-6 所示（Lu et al., 2012; Turcan et al., 2012; Borodovsky et al., 2013）。然后，诱导 DNA 去甲基化可以部分恢复突变细胞对分化线索作出反应的能力（Borodovsky et al., 2013; Turcan et al., 2013）。

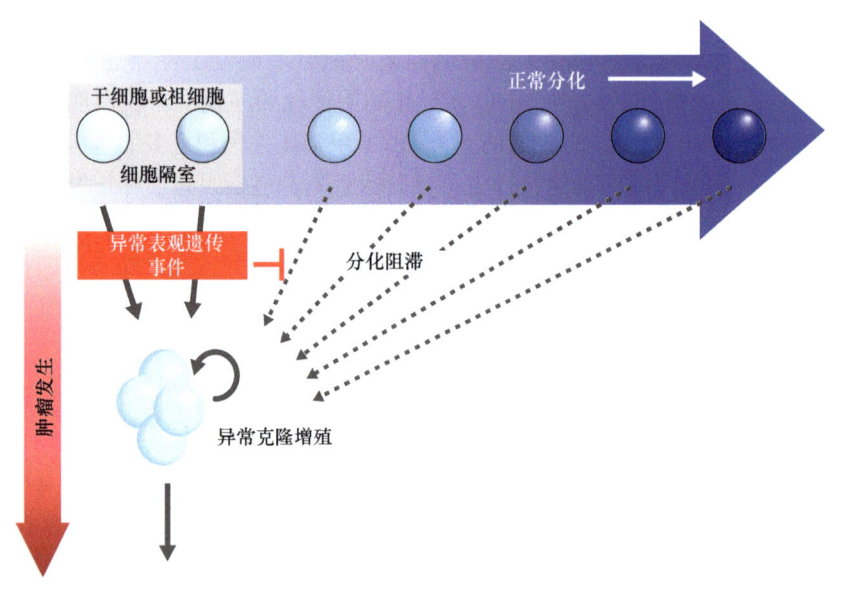

图 34-6　表观基因沉默事件和肿瘤发生。肿瘤发生的最初阶段被描述为异常的克隆扩张，这缘于细胞自我更新的胁迫。这可以由多种因素引起，如衰老和炎症等引起的慢性损伤。这些细胞克隆随后发生驱动肿瘤进程的遗传以及表观遗传事件的风险较高。对于从成体细胞自我更新系统中诱导干细胞或前体细胞形成异常的克隆扩增，在许多情况下，其最早期的可继承因素可能是遗传的表观遗传事件，如本章关注的异常基因沉默。基因沉默是由抑制转录的组蛋白修饰引起，本文中所讨论的染色质的 DNA 高甲基化作为一个极为严密的开关，使这种沉默可以被稳定地继承。反过来，基因沉默会破坏正常的稳态，阻止干细胞和祖细胞沿着既定上皮细胞系统的分化途径（蓝色箭头）正常移动，并引导它们进入异常的克隆扩张（红色箭头）。

34.5.3　早期事件 IDH 或 H3 突变驱动肿瘤发生

如前所述，除了癌症中的 IDH1/2 例子外，在编码蛋白质的基因中发现了越来越多的常见突变，这些蛋白质可以建立并维持适当的染色质结构［即正常的表观基因组（图 34-1 和图 34-4）］。事实上，最近对典型早期癌细胞损伤中被激活的途径的研究暗示了表观遗传机制，这开始解释为什么表观遗传改变是癌症早期阶段的常见事件，甚至是在恶性肿瘤发生之前的癌前病变中。有趣的是，关键突变的时机和细胞间的发生可能会决定和（或）伴随肿瘤亚型的进化。这可能涉及 DNA 甲基化异常或染色质改变的显著存在，两者都可以发挥主要的驱动作用。

当比较一种儿童脑瘤亚型的 IDH 突变与另一种脑瘤亚型的关键 PTM 位点发生的组蛋白突变时，癌症中表观遗传模式有戏剧性的差别。IDH 突变与 CIMP 相关，局限于发生在原神经祖细胞的低级别胶质瘤，年轻患者的生存率比晚期胶质瘤高。这些肿瘤出现在胶质细胞祖细胞中（Parsons et al., 2008; Noushmehr et al., 2010）。相反，在其他亚型中，最近在没有 CIMP 的肿瘤中 H3K37 的突变也被报道。尽管这些 H3K27 突变只存在于众多 H3 等位基因中的一个，但它们明显发挥了主要的负面作用，钝化了催化 H3K27 甲基化的 EZH2 酶的所有活性。其结果是 H3K27me3 的巨大损失（Chan et al., 2013; Lewis et al., 2013; Shen and Laird, 2013），这可能导致许多基因的激活，可以驱动肿瘤发生在细胞区室中的一个特定的祖细胞。

34.5.4　癌发生中 TSC 表观遗传沉默的已知例子

特定基因参与癌症进展的证据在不断积累。例如，p16 是一种典型的 TSG，在人类癌症中可以突变或表观基因沉默。在肺癌中，$p16^{ink4a}$ 的表观遗传沉默（见表 34-1）在肿瘤形成前的癌前细胞群中发生得非常早（Swafford et al., 1997）。在乳腺癌中，一小群增生性上皮细胞也容易发生 $p16^{ink4a}$ 表观遗传沉默（Holst et al., 2003）。事实上，在细胞培养中（在平板上），正常的人类乳腺上皮细胞需要这种类型的 p16 沉默作为细胞转化的早期步骤的先决条件（Kiyono et al., 1998; Romanov et al., 2001）。这种基因功能的缺失伴随着乳腺细胞的亚群无法达到死亡检查点，使得这些细胞在继续增殖的过程中出现进行性的染色体异常和端粒酶的重新表达。此外，正如在 p16 小鼠敲除模型中观察到的，它还涉及干细胞的扩增（Janzen et al., 2006）。

第二个例子涉及错配修复基因 MLH1。该基因在易患一种结肠癌的家族种系中发生典型的突变；这种形式显示了多重遗传改变和"微卫星"不稳定表型（Fishel et al., 1993; Liu et al., 1995）。然而，10% ~ 15% 具有这种肿瘤表型的患者患有非家族性结肠癌，其中 MLH1 基因是表观沉默而不是基因突变（Herman et al., 1998; Veigl et al., 1998）。因此，它在 DNA 修复能力中的功能缺失可能导致多种遗传改变和微卫星不稳定。事实上，在细胞培养中，表观沉默的 MLH1 的重新表达产生了一种功能蛋白，它恢复了相当一部分 DNA 损伤错配修复功能（Herman et al., 1998）。这说明了遗传学和表观遗传学之间的明确联系，在这些类型的结肠癌 MLH1 是表观沉默。然而，我们还没有完全了解所有涉及的机制；例如，有趣的是，几乎所有这些结肠肿瘤都具有 CpG 岛高甲基化表型（Tbyota et al., 1999; Weisen berger et al., 2006; Hinoue et al., 2012）以及 B-RAF 致癌基因的突变（Weisenberger et al., 2006; Shen and Laird, 2013）。Hitchins 等（2011）最近的研究有趣地表明，MLH1 基因启动子区域的单核苷酸变异导致等位基因表达减少，使其易于甲基化。这种转录减少可能会使这些等位基因偏向于在启动子处进化 DNA 甲基化，从而加强沉默，使基因更难转录。然而，最重要的是探讨导致这些结果的基本机制。

另一个受早期重要的表观遗传变化影响的基因是 Chfr，它是一种检查点调节基因，也控制基因组完整性、染色体稳定性和倍性（表 34-1）（Sanbhnani and Yeong, 2012）。尽管它在肺癌和其他癌症中经常表现出表观遗传沉默，该基因在肿瘤中很少发生突变，重要的是，在结肠癌进展的早期沉默（图 34-5）（Mizuno et al., 2002）。小鼠敲除研究揭示了该基因的肿瘤抑制作用，其作为一种 E3 泛素连接酶行使功能，调节有丝分裂的控制基因 Aurora A（Yu et al., 2005）。因此，小鼠的胚胎细胞表现出染色体不稳定和易于转化。

34.5.5　将 TSG 的表观遗传沉默定义为肿瘤发生的"驾驶员"或"乘客"

许多癌症中的高甲基化基因只能被定义为候选 TSG，通常只有表观遗传学改变的历史，但没有基因突变。34.4.3 节中提到的研究，被用于确定这些基因的早期沉默，这将代表早期肿瘤恶化的关键事件。例如，DNA 修复基因 O6-MGMX 在结肠癌进展的前恶性阶段被沉默（图 34-5）（Esteller et al., 2001b），这种功能的丧失可以使细胞在鸟苷上发生持续的烷基化损伤，导致一个 G 到 A 的点突变。事实上，在晚期结肠肿瘤进展阶段 p53 和 RAS 基因高比率突变出现之前，该基因的沉默就发生在恶性前结肠息肉中（Esteller et al.，2001b；Wolf et al.，2001）。同样，几乎在所有易诱发前列腺癌的癌前病变中，GST-Pi 基因通过启动子高甲基化被表观遗传沉默，使腺嘌呤的细胞处于氧化损伤的风险中（Lee et al.，1994）。

    用于识别癌症中 DNA 高甲基化基因的随机筛选方法揭示了结肠癌进展中一个特别有趣的场景：通过微阵列方法发现，表观遗传功能的丧失似乎发生在许多 Wnt 信号家族的基因成分中（Suzuki et al.，2002）。因此，调控信号转导所需的基因沉默可能会导致WNT发育通路的异常激活，从而推动癌症的早期进展（Suzuki et al.，2004；Jones and Baylin，2007；Zhang et al.，2008；Baylin and Jones，2011）。例如，Wnt 通路的另一个成员 APC 抑癌基因的频繁突变（遗传和表观遗传）也普遍参与了该疾病的发生和发展，因此，可以认为是该类型癌症的驱动突变。随后，Wnt 信号通路的其他成分参与了结肠肿瘤的发生和基因沉默，如分泌卷曲蛋白相关蛋白（SFRP）基因家族（Suzuki et al.，2004）和转录因子 SOX 17（Zhang et al.，2008）。SFRP 的沉默缓解了该通路在膜和细胞质层面上的抑制。SOX17 正常情况下与 β-catenin 转录因子拮抗，其丢失解除了这一通常阻断 Wnt 配体信号转导的核步骤的抑制（Finch et al.，1997；Zoen et al.，1999；Zhang et al.，2008），导致下游细胞 β-catenin 转录因子水平的上调。这些沉默事件发生在结肠癌的早期病变中，有时发生在下游 Wnt 通路蛋白的常见突变之前（Suzuki et al.，2004；Zhang et al.，2008）。因此，表观遗传事件对 Wnt 通路的早期激活促进了细胞的早期扩张。表观遗传和遗传改变的持续存在似乎在进一步推动疾病的进展中互为补充（Suzuki et al.，2004）。

    编码锌指转录抑制因子的 HIC-1（癌症中高甲基化 1）基因，提供了一个最终的例子，说明当一个假定的 TSG 的表达被表观遗传改变时，它是如何驱动癌症的。HIC-1 是通过随机筛选在肿瘤细胞染色体丢失的热点区域寻找高甲基化 CpG 岛而发现的（Wales et al.，1995）。虽然 HIC-1 未发生突变，但在癌症进展的早期表观遗传沉默，并通过小鼠敲除模型被证明是一种肿瘤抑制因子（Chen et al.，2003）。它回补 p53 突变导致 SIRT1 上调（Chen et al.，2005），这有助于促进干细胞/祖细胞的生长（Howitz et al.，2003；Nemoto et al.，2004；Kuzmichev et al.，2005）。在小儿髓母细胞瘤肿瘤中，Hic1 沉默被证明通过抑制神经细胞生长所需的 Atoh1 转录因子而具有癌症驱动功能（Briggs et al.，2008）。

    在肿瘤发生早期，理解导致 DNA 甲基化和染色质模式改变的过程的一个关键问题是阐明可能触发它们的病因因素。在这方面，诱导细胞应激反应的一些环境因素显得至关重要，如第 3 章图 3-37 所示。这些暴露情景与多种疾病状态有关，包括癌症。例如，最近的研究已经将暴露于细胞应激和关键细胞群恢复到干/祖状态后存活直接联系在一起，结果发现该过程伴随着蛋白沉默复合物包括 PcG、组蛋白去乙酰化酶（HDAC）和 DNMT 被招募到富含 CpG 岛的基因的启动子区域，进而导致基因沉默。DNA 甲基化的分子进程通常在脆弱的低表达基因上被触发（O'Hagan et al.，2011）。应激刺激的例子，经常在癌症风险状态的慢性炎症和损伤中被观察到，在活性氧（ROS）或 DNA 双链断裂的情况下增加（O'Hagan et al.，2008，2011）。在这类损伤后，启动子上发生永久性染色质和 DNA 甲基化变化的基因可能是那些功能丧失为细胞存活奠定了条件的基因（Hahn et al.，2008；O'Hagan et al.，2011）。这样的细胞会以干细胞/祖细胞的形式准备好进行克隆扩张，并且会倾向于以后驱动肿瘤进展的遗传和表观遗传事件（图 34-6）（Easwaran et al.，2014）。

    所有上述讨论的数据都支持图 34-5 中提出的假设，认为肿瘤演化过程中早期发生的可遗传的变化，尤其是依赖于启动子上 DNA 甲基化维持的转录沉默，都是表观遗传调控的。尽管癌症细胞的表观基因组和导致细胞学表型变化的表观遗传调控因子突变的确切效应仍然未知，但它们在肿瘤起始和发生过程中的重要作用不言而喻。表 34-6 中列出了当前的重点是解析这种表观组学变化的动力学特征和癌症发生发展的关系，这一点在 34.7 节已经充分讨论。当然，这些研究结果将反过来为阻断癌症发生或者癌症的早期干预治疗提供分子层面的策略，而且为癌症的分子诊断提供更多的分子标记。

表 34-6　研究癌症表观遗传基因沉默分子机制的主要问题

待探究的问题	需要的研究
癌症甲基化组	阐明在同一肿瘤细胞中 DNA 甲基化的同时发生丢失和获得之间的联系
染色质边界	确定边界的分子性质，以及它们在肿瘤发生过程中是如何变化的，从而将包含基因启动子的转录活性区与包围它们的转录抑制区分开，以便阻止抑制染色质通过活性区扩散。候选机制包括关键组蛋白修饰、绝缘子蛋白、染色质重塑蛋白等可能发挥的作用
导致基因沉默的表观遗传事件的层次	在组蛋白修饰、DNA 甲基化等方面，癌症基因沉默进化的事件顺序是什么？哪一个是先出现的？哪些关键的蛋白复合物会针对决定事件的过程（DNA 甲基化酶、组蛋白去乙酰化和甲基化酶、胞嘧啶甲基结合蛋白、多梳沉默复合物等）
DNA 甲基化机制的靶向和组成	哪些特定的 DNA 甲基化酶需要启动和（或）维持最稳定的基因沉默，哪些蛋白复合物包含它们，包括它们与关键组蛋白翻译后修饰的相互作用
在保持沉默中表观遗传机制的组成	一旦确定，染色质和 DNA 甲基化机制所有的组成成分是什么？它们参与的基因沉默维持所需要的层次结构是什么？它们如何可逆？

34.6　表观遗传沉默的癌症基因的分子结构

了解肿瘤细胞中哪些基因被沉默，对于理解是什么导致了癌症的发生和维持是很重要的。沉默的基因座也是理解基因沉默如何启动和维持，以及哺乳动物基因组如何包装以促进转录和抑制区域的极好模型。对染色质功能的理解，是本集合中许多章节的主要重点，有助于我们理解什么可能触发癌症中的异常基因沉默，以及这种沉默的组成部分如何维持伴随的转录抑制。此外，他们还揭示了（肿瘤的）基因和区域是如何被转录抑制的，以及它们对癌症的发展有什么影响。

34.6.1　活跃和抑制的基因组区域的染色质特征

这一章集中讨论了癌症中的 DNA 甲基化，以及相关的染色质变化，这可能与 DNA 甲基化的改变有关，也可能与没有改变的 DNA 甲基化有关。特别是，我们已经描述了在 TSG 上的基因沉默中的异常 DNA 甲基化作用和我们理解的参与 DNA 甲基化内稳态的因素（即 DNMT、TET 酶、IDH1/2）。癌症中与这些异常有关的基本缺陷，特别是在近端基因启动子中的异常，似乎是染色质边界被破坏所导致的，因为染色质边界通常用于区分活跃转录区与转录抑制区域。在这方面，一些实验室已经强调，癌细胞中，在异常沉默基因启动子附近的高甲基化 CpG 岛上发现的染色质配置与这些基因在正常环境下的基本表达是不同的（Kelly et al.，2012；Yang et al.，2012）。正常（或癌症）细胞中激活基因的启动子 CpG 岛的特征是一个开放的染色质区，缺少 DNA 甲基化、核小体沉积（被超敏感位点检测）以及组蛋白 PTM，这些是活跃基因的典型特征（图 34-4A）（Kelly et al.，2012；Yang et al.，2012）。在癌症中，基因启动子上的活性共价组蛋白标记通常会随着异常的 DNA 甲基化而改变，包括 H3 上第 9 和 14 位赖氨酸上的乙酰化（H3K9ac 和 H3K14ac），以及 H3K4 的甲基化（Nguyen et al.，2001；Fahrner et al.，2002；McGarvey et al.，2008；Baylin and Jones，2011；Shen and Laird，2013）。另外，组蛋白变体 H2A.Z 在起始位点侧面的核小体中出现，其存在与 DNA 甲基化有很强的负相关（Zilberman et al.，2008；Yang et al.，2012）。

活性基因的 5' 和 3' 边界之外，在染色质转录抑制基因区域的结构与特点似乎有一个明显的转变（图 34-4A）。在历史上，染色质表征一直局限于分析相对较短的 DNA 片段，这是生物学相关的。这些使用正常细胞的研究显示，在启动子 CpG 岛的上游，较不频繁的 CpG 位点大部分被甲基化（Berman et al.，2005；Hansen et al.，2011）。这些位点被发现可以招募甲基胞嘧啶结合蛋白（MBD）及其伴侣（如 HDAC）[第 15 章图 15-9（Li and Zhang，2014）]，并且可以接触到催化抑制组蛋白甲基化标记的酶，特别是

H3K9me2，并伴有关键组蛋白残基的去乙酰化（Nguyen et al.，2001；Fahrner et al.，2002；Kondo et al.，2003；McGarvey et al.，2008；Baylin and Jones，2011；Shen and Laird，2013）。

34.6.2 由致癌易位产物引起的表观遗传机制的错误靶向

一些表明染色质修饰活性在人类癌症中发挥作用的例子已经被知晓一段时间（Wolffe，2001）。例如，在 AML 和急性早幼粒细胞白血病（PML）中，HDAC 的使用会因染色体易位而改变（Di Croce et al.，2002）。组蛋白乙酰化与开放的转录活性染色质区域有关［见第 4 章（Marmorstein and Zhou，2014）；第 36 章（Pirrotta，2014）；第 5 章（Seto and Yoshida，2014）］。在 PML 中，PML 基因与视黄酸受体（RAR）融合。融合受体的 PML 部分招募 HDAC 和 DNA 甲基化活性，并导致 RAR 靶位点的转录沉默状态（Di Croce et al.，2002）。这最终参与了细胞分化阻滞（Di Croce et al.，2002）。在 AML 中，转录因子 AML-1 的 DNA 结合区域融合到一种称为 ETO 的蛋白质上，ETO 与 PML 类似，与 HDAC 相互作用。错误靶向的 HDAC 导致了异常基因抑制，阻断细胞分化，最终导致白血病（Amann et al.，2001）。

另一种发生在高侵袭性急性白血病婴儿中的易位涉及混合血统白血病基因（*MLL*），该基因编码组蛋白 K 甲基转移酶（KMT）。*MLL* 基因产物通常催化组蛋白 H3K4me3 活性标记的形成，有助于抵制 DNA 从头甲基化机制（Popovic and Licht，2012）。然而，*MLL* 易位使酶失活，从而失去产生活性组蛋白标记的能力。这种融合基因产物可能与一些启动子上的 DNA 高甲基化有关，这可能是导致疾病表型的原因之一（Stumpel et al.，2009）。这是染色质修饰因子直接参与癌症表型的三个例子。

34.6.3 癌症中典型表观基因组改变的组成和分布

最近，对跨基因组的 CpG 甲基化的深入分析，为我们提供了一个令人兴奋和丰富的视角，即包含 CpG 岛启动子的染色质转变，而这些启动子在癌症中容易导致异常的 DNA 甲基化。这些研究表明，对于正常细胞和癌细胞来说，在大多数染色体（约 100kb 至 10Mb）百万碱基区域中都有重要的配置。在正常的 ES 细胞和分化细胞类型，大多数这些巨碱基域并不是 CpG 丰富的区域，尽管它们会出现在那里，这些 CpG 在不同的组织类型中呈马赛克状，被称为部分甲基化区域，也就是大约 80% 的甲基化（图 34-7A）（Hansen et al.，2011；Berman et al.，2012；Bert et al.，2013；Shen and Laird，2013）。在癌症中，正常 DNA 甲基化的大量丢失贯穿于这些区域，形成低甲基化区域，只有 40%～60% 的 CpG 甲基化，如在结肠癌和其他癌症中所记录的那样（Hansen et al.，2011；Berman et al.，2012；Bert et al.，2013；Shen and Laird，2013）。这就产生了大量减少的"岛"，通常分布在整个基因组中，称为"低甲基块"或"域"。其他的表观基因组定位方法将癌症中广泛相似的区域称为"大组织染色质 K"区域，与富含组蛋白赖氨酸甲基化的区域相对应，如 H3K9（Wen et al.，2009；Hansen et al.，2011；Hon et al.，2012）。一个需要解释的关键问题是，这些广泛定义的区域是在染色质压抑的环境（如 H3K9me3）中配置的，还是在染色质更开放的环境中配置的，如图 34-4B 所示。数据表明，两者都存在于癌症中，其意义和后果正在积极研究中（Berman et al.，2012；Hon et al.，2012；Brennan et al.，2013；Reddy and Feinberg，2013；Timp and Feinberg，2013）。

本章最让人感兴趣的是，低甲基化阻滞在癌症中最重要的功能是启动子 CpG 岛区域病灶的发生，或嵌入这些区域的基因的 DNA 甲基化的发生（Berman et al.，2012）。尽管对于这种甲基化的确切位置存在一些分歧，但它似乎位于低甲基化区域的基因启动子的 CpG 岛内。在正常细胞中，这些启动子岛几乎总是受到保护，不受甲基化的影响，即使它们位于分化细胞中最具特征的部分甲基化区域（Berman et al.，2012）。因此，这些大的区域可能含有比预期高得多的易受异常 CpG 岛 DNA 高甲基化影响的基因（Ohm et al.，2007；Schlesinger et al.，2007；Widschwendter et al.，2007；Berman et al.，2012）。因此，在癌症中，低甲基化阻滞包括并列的 DNA 甲基化损失区域和更集中的 CpG 岛区域（图 34-7A）。

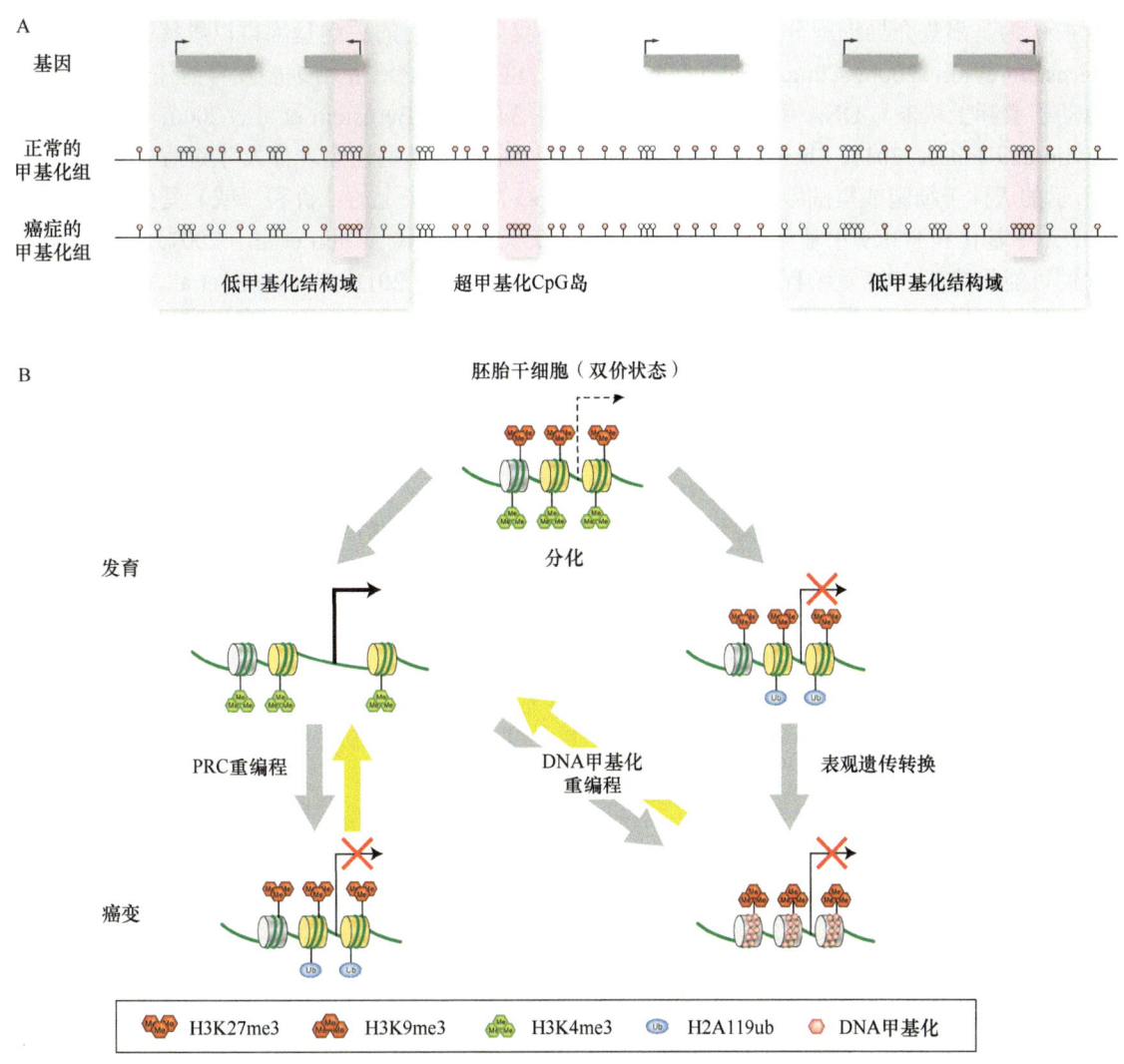

图 34-7 癌症中 DNA 甲基化模式和基因沉默异常模式的重编程。（A）阐明了与正常体细胞相比在癌症中可观察到的常见 DNA 甲基化组变化。在癌症中看到的基因组较大的亚甲基化大块（灰色阴影）的背景下，散布着含有启动子区域 CpG 岛的基因的局部甲基化（粉红色阴影）。（B）显示了目前建议在癌症中异常沉默的包含 CpG 岛的基因的途径。在整个发育和成年细胞更新过程中，在细胞中活跃的基因最初具有活跃的启动子染色质，其特征是存在由 H3K4me、抑制性 H3K27me3 标记组成的二价组蛋白修饰模式和 DNA 甲基化的缺乏。具有转录活性的基因会丧失其 Polycomb 介导的阻抑性 H3K27 甲基化的大部分功能，而那些沉默的基因（由红色 X 指示）可以通过丧失 H3K4 甲基化以及获得 Polycomb 介导的阻抑性染色质（PRC）标记和 H2A119 泛素化（或增加）来实现。在肿瘤进展过程中，活性基因可能通过异常的 PRC 介导的重编程（左下）或 DNA 甲基化和 H3K9me 标记（右下）而沉默。一些通常沉默的基因可能会将其转录抑制的方式从 H3K27 甲基化类型抑制变为基于 H3K9 甲基化的沉默和（或）DNA 超甲基化（表观遗传转换）。黄色反向箭头指示通过表观遗传疗法可以纠正癌症中表观遗传异常的可能性。如本章及其他章节所述，此类疗法的代表是 DNMT 抑制剂、HDAC 抑制剂、KMT 抑制剂等。这些抑制剂都可能通过产生 DNA 甲基化损失，使赖氨酸脱乙酰基或减轻组蛋白甲基化 PTM（如 H3K27 甲基化）介导的沉默而潜在地促进基因激活。（A，改编自 Reddington et al.，2014；B，改编自 Sharma et al.，2010）

一些实验室已经发现，在 ES 和成体干细胞中，高甲基化基因严重偏向于多梳抑制复合物 2（PRC2）调控的 H3K27me3 标记基因（图 34-7B）（Ohm et al.，2007；Schlesinger et al.，2007；Widschwendter et al.，2007）。有趣的是，上述这些基因所处的部分 DNA 甲基化或低甲基化区域与核外周的晚期复制和核纤层蛋白相关区域广泛对应，通常与 ES 细胞中的抑制染色质区域和 PcG 标记（通常为二价）基因相关（Peric-Hupkes and van Steensel，2010；Peric-Hupkes et al.，2010；Berman et al.，2012）。在二价染色质（即 H3K27me3 和 H3K4me3 双重标记）的环境中，这种 PcG 介导的转录抑制在干细胞设置中是最常见的，这种调节机制被认为是那些介导细胞分化或者维持干细胞自我更新能力的关键基因得以维持平衡的转录状态的方式（Bernstein et al.，2006；Chi and Bernstein，2009）。重要的是，在正常细胞发育的任何阶段，这些双价标记的启动子实际上从未与 DNA 甲基化的存在相关（图 34-7B）（Bernstein et al.，2006；Chi and Bernstein，2009；Baylin and Jones，2011；Shen and Laird，2013）。一个工作模型设想肿瘤发生过程中的分子进展，在图 34-6 所示的成体干细胞或祖细胞间室异常扩张中，CpG 岛启动子上的二价和（或）受到 PcG 抑制的染色质被与 DNA 甲基化和 H3K9 甲基化相关的更稳定的沉默状态所取代（Ohm et al.，2007），或者，对于某些基因，它们可能保持在 PRC 重编程的异常状态（Baylin and Jones，2011；Easwaran et al.，2012）。此外，在这些大范围染色质域所观察到的是基因可能被异常激活的实例（Bert et al.，2013）。其机制似乎涉及低密度 CpG 岛基因中 DNA 甲基化的局部损失，或转录起始位点的转换，因为典型位点在 CpG 岛甲基化中是病灶发生的重点区域（Bert et al.，2013）。

在肿瘤发生过程中，扩展双价标记基因染色质转变概念的关键是解开这一进展背后的分子机制。可以假设最初可能发生 PcG 复合体的异常保留，DNA 甲基化随后发生（即表观遗传转换，图 34-7B）。一旦 DNA 甲基化发生，PcG 复合物及其伴随的 H3K27me3 组蛋白可能被完全或定量取代（Gal-Yam et al.，2008；McGarvey et al.，2008；Bartke et al.，2010）。实验数据证实了这一点，表明甲基化 DNA 在核小体环境中，对 PcG 复合物的存在具有抗性，因此对沉默 H3K27me 标记的施加具有抗性（Schlesinger et al.，2007；Widschwendter et al.，2007；Gal-Yam et al.，2008；Bartke et al.，2010）。活性二价基因被 PRC 重编程（图 34-7B）的情况可以解释为，周围的低甲基化允许 PRC2 进入，然后将抑制扩展到邻近的活性基因（Reddington et al.，2014）。人们需要继续进行研究，以了解不同抑制机制之间的相互作用。

34.6.4　染色质的边界

我们还需要了解的是，在正常细胞中，尽管停留基因启动子处的 CpG 岛对周围的 DNA 甲基化有狭窄的保护带（O'Hagan et al.，2011；Berman et al.，2012），为什么在肿瘤进展过程中染色质和 DNA 甲基化边界的分子维持会"中断"（图 34-4B）？一种观点认为，分离转录抑制和活性染色质状态的绝缘体蛋白（如 CTCF）等因素可能被改变（Taberlay et al.，2014）。此外，染色质修饰机制可能被改变，并导致染色质边界和配置的改变（O'Hagan et al.，2011）。癌症风险状态，如慢性炎症和 DNA 损伤，可以参与诱导这种转变（Hahn et al.，2008；O'Hagan et al.，2011）。在这些低甲基化区域中，最近鉴定的 TET 蛋白的功能和（或）靶点也可能发生改变，这通常有助于维持启动子 CpG 岛不受 DNA 甲基化的影响（Williams et al.，2011）。所有这些可能性为下一个定义正常和癌症表观基因组的时代奠定了重要的基础。

34.6.5　肿瘤发生中 DNA 甲基化机制的参与

如何靶向 DNMT 并在癌细胞中建立和维持异常的 DNA 甲基化模式，这一问题需要继续研究，尤其是这些酶协同作用于靶向基因启动子并修改 DNA 甲基化模式的复合物。对于 DNMT1，蛋白质 UHFR1 和与其相关的蛋白质似乎有助于该蛋白质靶向 DNA 复制和其他位点（Bostick et al.，2007；Nishiyama et al.，2013）。虽然对靶向性 DNMT3A 和 B 的了解较少，但特定类型的 DNA 构型（如 DNA-RNA 三联体结构）可能对 DNMT3B 发挥靶向作用（Schmitz et al.，2010）。非常重要的是，过去和现在的研究表明，转录抑制复合物［包括组织改变酶，如甲基转移酶（KMT）和去甲基化酶（KDMs）］是 DNMT 招募或被 DNMT 招募的关键，如图 34-7 和第 22 章 22.2.2.2 节所述（Almouzni and Cedar，2014）（Di Croce et al.，2002；Fuks et al.，2003；Brenner et al.，2005；O'Hagan et al.，2011）。事实上，一些研究表明，染色质机制的放松先于 DNA 甲基化的变化（Bachman et al.，2003；O'Hagan et al.，2011；Sproul et al.，2011，2012）。如上所述，在关键的癌症风险状态中讨论的变化，如慢性炎症和 ROS 的积累，似乎能够快速触发 DNMT 与 HDAC 和 MBD 蛋白伴侣的组装，并将其招募到启动子 CpG 岛（O'Hagan et al.，2011）。在这些事件中，染色质的

DNMT1 和 SIRT1（一个 HDAC）会迅速收紧。DNMT1 步骤似乎在这一过程中处于上游，突出了该蛋白质除催化 DNA 甲基化外，还具有多任务处理的潜力（O'Hagan et al.，2011）。

对培养结肠癌细胞中 DNMT 的遗传干扰研究表明，大多数 DNA 甲基化的维持，包括高甲基化启动子及其伴随的基因沉默，都需要 DNMT1 和 DNMT3b（Rhee et al.，2000，2002）。对其他类型癌细胞的研究产生了更多不同的结果（Leu et al.，2003；Jones and Liang，2009）。无论癌症中高甲基化二价基因的分子进展机制如何，需要注意的是，哺乳动物的 DNMT 似乎具有复杂的功能，不仅包括在羧基末端的催化活性，还包括在氨基末端区域的直接转录抑制活性（Robertson et al.，2000；Rountree et al.，2000；Fuks et al.，2001；Clements et al.，2012）。因此，DNMT 在转录沉默中的作用可能涉及从起始到维持的许多方面，而不一定局限于涉及 DNA 甲基化的步骤 [见第 6 章（Cheng，2014）；第 7 章（Patel，2014）]。

34.7　癌症中表观基因沉默的主要研究问题的总结

人们在理解能够驱动表现为癌症表观基因组异常的分子事件方面取得了进展，表 34-6 总结了一些有待未来研究解决的最重要的问题。首先，确定同时出现的整体 DNA 低甲基化和更多局部启动子 DNA 高甲基化的分子事件必须继续被阐明。这些并列的状态暗示了癌细胞中染色质状态出现大量的靶向错误。我们特别需要将癌症中的 DNA 甲基化模式与其他染色质标记联系起来，如 H3K9 甲基化、组蛋白乙酰化和 H3K27 甲基化。我们还需要进行更多的研究，以了解正常细胞和癌细胞中所有这些表观遗传特征是如何以三维方式组织起来的，以及核结构是否是细胞转化过程中发生的反常的调节因素。我们对不断变化的癌症表观基因组如何影响癌症病因学的了解，应该证明同样具有启发性，有助于理解哺乳动物细胞如何正常包装它们的基因组，以实现适当的基因表达模式和染色体完整性的维护。

第二个重要的问题是确定染色质边界的决定因素和功能。这显然需要在个体基因启动子周围的 DNA 甲基化模式如何与其他周围区域的一般染色质配置（如基因增强子、基因内部区域和绝缘子）相关的背景下进行；这需要在正常和异常的转录状态下被解决。第三个考虑是解决在肿瘤发生过程中癌症相关基因座的各个调控区中染色质状态的演变，并将其与正常发育情况进行比较。第四，必须剖析其关键组成部分，尤其是在肿瘤起始和进展的特定阶段。这应该包括评估分子相互作用，以确定 DNMT 和其他沉默复合物（如 Polycomb 抑制复合物）的组成和靶向 [如第 17 章所述（Grossniklaus and Paro，2014）]，以及其与基因表达、PTM 特征和 ncRNA 的关系。另外，必须解决确定导致 TSG 沉默的真正的表观调控机制。最后，一旦在癌症中建立了异常的可遗传基因沉默，维持这种沉默的分子步骤的精确层次是什么？后一个问题不仅是一个关键的基本问题，也是 34.8 节中讨论的将表观遗传异常作为癌症生物标记的转化意义的核心，在 34.9 节，将逆转异常基因沉默作为癌症预防或治疗策略。

34.8　DNA 甲基化异常作为癌症检测和监测癌症预后的生物标志物

在癌症发展的所有阶段，普遍存在的表观遗传异常构成了一个不断增长的潜在生物标志物池，这些标志物可用于预测癌症风险状态，早期发现癌症并用作预后指标。能够敏感地检测 DNA 甲基化和染色质变化的方法已经被开发出来，而且更多的方法正在被开发，不仅用于肿瘤和其他组织活检，而且也用于那些可以应用于体液的非侵入性检测方法。

CpG 岛的局灶性、启动子区 DNA 高甲基化在癌症中非常常见，是目前研究和开发最充分的生物标志物。许多基于 PCR 的检测方法已经被开发出来，用于与亚硫酸氢钠预处理的 DNA 联合检测 DNA 甲基化水平（Herman et al.，1996；Laird，2003）。PCR 方法，例如，现在被定量使用的甲基化特异性 PCR，以及新的纳米检测方法，其中引物被设计用来扩增甲基化区域，是非常灵敏的方法（Bailey et al.，2010）。其他检测甲基化 DNA 的方法包括基于实时 PCR 的技术，如"MethyLight"（Campan et al., 2009），该方法中荧光探针只能与甲基化的 DNA 结合。这些技术可以在 1000～50 000 个等位基因的背景中检测一个甲基化等位基因，这取决于特定的分析设计和应用的具体需要。因此，这些方法适用于细胞混合物，甚至各种生物液体，如血浆、尿液或痰液（Laird，2003）。

通过鉴定改变的胞嘧啶甲基化来检测癌症是相当稳健的，因为 DNA 与 RNA 或蛋白质相比具有固有的稳定性。此外，由于甲基化模式的改变通常是癌症特有的，这些方法可能能够区分不同种类型的癌症。目前已有大量研究为启动子 DNA 高甲基化序列作为预测和（或）检测癌症风险的一种极其敏感的策略提供了"原理证明"。例如，肿瘤和胸部淋巴结的异常启动子 DNA 甲基化的同步检测手段，是一种不依赖于显微镜的方法，它在预测早期肺癌快速复发方面展示出了很大的应用前景（Brock et al., 2008）。同样，对粪便中 DNA 异常的敏感检测，可能为预测结肠肿瘤的存在提供一种方法（Hong and Ahuja，2013；Imperiale et al., 2014）。CpG 岛 DNA 甲基化和特异性突变的检测在通过粪便血 DNA 检测结肠息肉和（或）癌症方面更有前景（Hong and Ahuja，2013；Imperiale et al., 2014），这种方法正在走向临床实践。这种方法的临床价值正在更大规模的研究中得到验证，目前的假设可以在未来几年得到充分的验证。同样地，在前列腺穿刺活检中检测 DNA 高甲基化基因，现在正被临床用于前列腺癌的组织学检测（Van Neste et al., 2012）。

几种利用 CpG 岛高甲基化预测癌症患者对治疗的反应的方法是很有前途的。例如，检测 O^6MGMT 基因启动子的这种变化以预测对烷化剂的反应，这是神经胶质瘤的主要治疗方法（Esteller et al., 2000; Hegi et al., 2005）。甲基化标记的使用现在已成为胶质瘤患者管理的标准做法。在与 DNA 甲基化变化相关的 O^6MGMT 沉默的肿瘤中，对烷基化治疗更敏感，因为修复基因无法从基因组中移除鸟苷加合物（Esteller et al., 2000; Hegi et al., 2005）。最近另一个有希望的例子包括 *SMAD1* 的启动子甲基化，以预测弥漫性大 B 细胞淋巴瘤（DBCL）患者对化疗药物阿霉素的耐药性（Clozel et al., 2013）。该基因的沉默，当被低剂量的 DNMT 抑制剂逆转时，似乎是介导逆转这种化学耐药性的关键（Clozel et al., 2013）。一项针对 DBCL 患者的 I 期临床研究的早期发现表明，低剂量的氮唑替丁可以促进化疗反应的增加（Clozel et al., 2013）。

34.9 表观遗传疗法

通过改变 DNA 甲基化和染色质修饰，癌相关基因的遗传性失活使人们认识到，沉默染色质可能是癌症治疗的一个可行靶点。因此，一种被称为"表观遗传疗法"的新治疗方法已经被开发出来，在这种疗法中，可以改变染色质或 DNA 甲基化模式的药物单独使用或联合使用来影响治疗结果（Egger et al., 2004; Kelly et al., 2010; Dawson and Kouzarides, 2012; Azad et al., 2013; Ahuja et al., 2014）。

34.9.1 DNMT 抑制剂

基于功能强大的机制的 DNA 胞嘧啶甲基化抑制剂代表了目前可用于癌症治疗的最先进的表观遗传疗法。核苷类似物 5-aza-CR（Vidaza）和 5-aza-CdR（Dacogen 或 Decitibine）已经进行了多年的临床试验。最近，一种新型的叫做 SGI-110 的 5-aza-CdR 类的药物制剂出现在了人们的视野中（图 34-8）（Chuang et al., 2005; Yoo et al., 2007）。在使用 SGI-110 的情况下，这些药物或前药衍生物已被代谢成适当的脱氧核苷三磷酸，或被磷酸二酯酶裂解后掺入复制细胞的 DNA 中（Chuang et al., 2005; Yoo et al., 2007）。一旦进入 DNA，它们与所有三个已知的 DNMT 相互作用，形成共价中间体，最终在随后的 DNA 合成中抑制 DNA 甲基化。这些化合物阻断 DNMT 的催化位点的作用机制是很清楚的，它们已经被用于重新激活组织培养或异种移植模型中的沉默基因一段时间了（Santi et al., 1984; Ghoshal et al., 2005; Kelly et al., 2010; Tsai and Baylin, 2011; Azad et al., 2013）。然而，人们往往忽视了上述脱氧核糖核酸去甲基化剂在诱导上述催化阻滞的同时，也会导致 DNMT 的降解（Ahuja et al.，2014）。当在体内使用时，即使是小剂量的药物，也会迅速触发后一种作用（Tsai and Baylin，2011）。这种蛋白损失可能对 DNMT 抑制剂实现关键癌症基因的重新表达非常重要，因为从实验上看，所有三种具有生物活性的 DNMT 都能独立于催化 DNA 甲基化而发挥转录抑制作用（Fuks et al.，2000；Robertson et al.，2000；Rountree et al.，2000；Bachman et al.，2001；Clements et al.，2012）。后者的情况与那些介导基因沉默的关键组分（如 HDAC1 和 HDAC2）的支架作用有关（Fuks et al.，2000；Robertson et al.，2000；Rountree et al.，2000；Bachman et al.，2001；Clements et al.，2012）。因此，作为蛋白质的 DNMT 的丢失是与上述药物疗效相关的关键事件，不能被忽视。

成分	结构	癌症类型	临床期
DNA甲基化抑制剂			
5-氮杂胞苷 5-Aza-CR （维达扎）	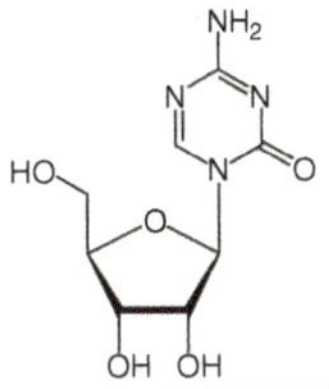	骨髓增生异常综合征；AML	FDA 2004 年批准用于MDS
5-氮杂-2′-脱氧胞苷 5-Aza-CdR 地西他滨（达克金）	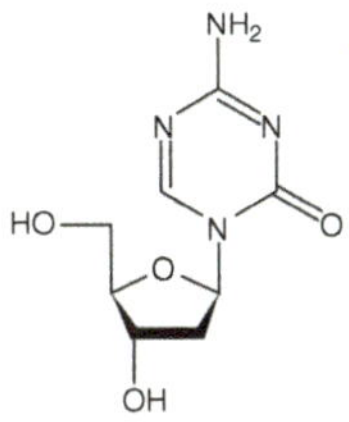	骨髓增生异常综合征；AML	FDA 2006 年批准用于MDS
SGI-110	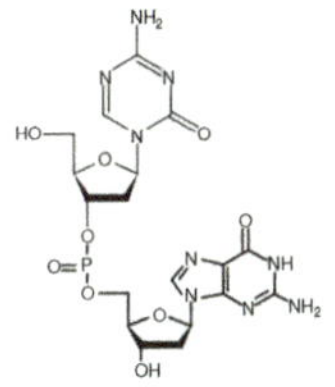	急性白血病；AML	阶段2
组蛋白去乙酰化抑制剂			
辛二酰苯胺异羟肟酸（SAHA）伏立诺他（Zolinza）	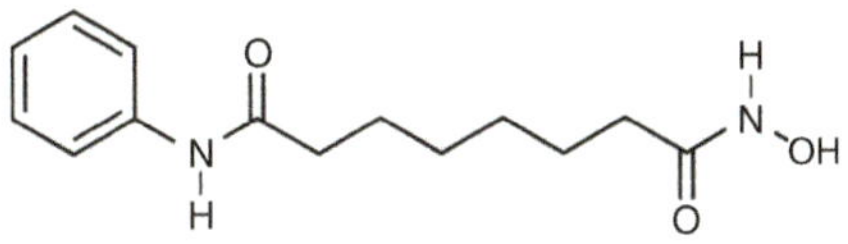	T细胞淋巴瘤	FDA 2006 年批准
缩酚酸肽 FK-229 FR901228 罗米地辛（Istodasx）	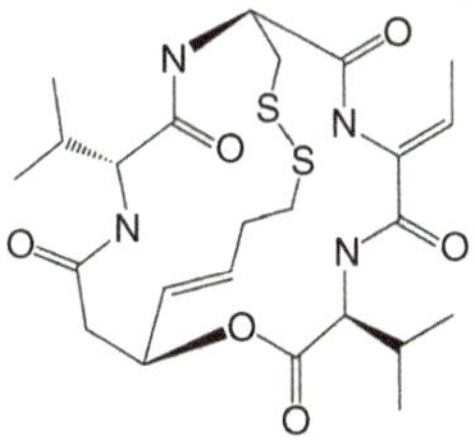	T细胞淋巴瘤	FDA 2009 年批准

图 34-8　特定表观遗传药物的结构。三种已知的能在整入基因组后抑制 DNA 甲基化的核苷类似物。5-aza-CR（维达扎）和 5-aza-CdR（地西他滨）已被 FDA 批准用于白血病的治疗。两种 HDAC 抑制剂也被 FDA 批准用于临床上皮肤 T 细胞淋巴瘤和一些其他疾病。靶向其他表观遗传过程的药物正在早期的临床试验中。[也可见第 35 章图 35-5 和图 35-6（Audia and Campbell，2014）]

现在回想起来,我们知道最初使用的剂量非常大,DNMT 抑制剂对患者毒性太大,无法对癌症治疗产生任何影响。然而,由于后来剂量大大降低,这些药物现在已经被用于治疗某些血液恶性肿瘤,特别是骨髓增生异常综合征,这是一种主要发生在老年患者的白血病前状况(Lubbert,2000;Wijer mans et al.,2000;Silverman et al.,2002;Issa et al.,2004)。对于患有这种疾病的患者和可能已经从白血病前阶段进展的白血病患者的临床反应正变得越来越戏剧化。因此,被命名为维达扎(Vidaza)和地西他滨(Dacogen)的 5-aza-CR 和 5-aza-CdR 已经分别被美国 FDA 批准作为治疗这些疾病的患者的临床药物(图 34-8)。尽管已显示 Vidaza 和 Dacogen 在临床上是有效的,但要更清楚地确定药物作用的靶点是否为甲基化基因启动子更加困难。初步实验表明,地西他滨治疗后,p15 TSG 开始去甲基化(Daskalakis et al.,2002);然而,这些药物是否通过诱导基因表达或其他机制起作用,如触发对肿瘤的免疫反应,仍有待研究。根据对上述反应的临床前研究,并将这些方法应用于实体瘤模型,似乎很低的纳摩尔剂量,Vidaza 和 Dacogen 都可以"重编程"癌细胞并引起抗肿瘤反应,这很可能是由 DNMT 的特异性靶向引起,而不是产生其他较小的脱靶效应(Tsai et al.,2012)。使用这些概念,新的治疗中准备应用的 DNA 脱甲基剂可能在癌症治疗中起主要作用。新版本的脱氧核糖核酸去甲基化药物正在开发中。例如,如前所述,SGI-110 是 5-aza-CdR 的二核苷酸前药,也是磷酸二酯酶裂解后 DNMT 的抑制剂。此外,它在患者中的半衰期较长,因为它没有被血浆胞苷脱氨酶脱氨,从而导致 5-氮核苷的快速失活(Chabot et al.,1983;Qin et al.,2011)。到目前为止,还没有开发出不需要与 DNA 结合的有效抑制剂,但这些可能在临床上更受欢迎,因为它们可能有较小的副作用。许多合成和(或)发现这类药物的方法正在进行中。

34.9.2 HDAC 抑制剂

另一组癌症治疗靶向的关键蛋白是 HDAC(Dawson and Kouzarides,2012;Bose et al.,2014;West and Johnstone,2014)。这一大家族的酶除去组蛋白尾部的乙酰化标记(以及其他非组蛋白),通常在更大的蛋白复合物中起作用,有时与 DNA 甲基化一起建立抑制性的染色质环境 [第 5 章的主题(Seto and Yoshida,2014)]。HDAC(HDACi)抑制剂具有一般的转录激活作用,其在癌症治疗中的应用被认为主要是通过激活异常沉默的 TSG,尽管这一点还有待证实。这些抑制剂中的两种是辛二酰氨基苯胺异羟肟酸(SAHA 或 Vbrinostat)和缩酚酸肽(Romidepsin),它们是 HDAC 更特异的抑制剂(图 34-8B),目前已获 FDA 批准用于治疗皮肤 T 细胞淋巴瘤。然而,这种肿瘤对这些药物异常敏感的分子机制仍不清楚。已知有大量的药物可以显著抑制 HDAC [见图 34-8 和第 5 章 5.7 节(Seto and Yoshida,2014)]。其中一些,比如 4-苯基丁酸或丙戊酸(VPA),已在临床用于治疗其他疾病(Marks et al.,2001;Richon and O'Brien,2002),而新药物正在临床试验中。然而,单独使用 HDACi,收效甚微,尤其是在实体肿瘤上(Azad et al.,2013;Ahuja et al.,2014)。有趣的是,最近的临床前研究表明,这些药物可能能够以逆转治疗耐药性或使癌症对常规化疗和新的靶向疗法敏感的方式重新编程癌细胞(Sharma et al.,2010)。根据这些概念,晚期非小细胞肺癌(NSCLC)和乳腺癌患者的临床数据越来越多地证实了这一假设。例如,一种名为恩替他的新型 HDACi,联合表皮生长因子受体抑制剂埃罗替尼,对复发的晚期非小细胞肺癌患者显示了显著的总体生存益处(Witta et al.,2012)。此外,伏立诺他联合卡铂和紫杉醇作为转移性 NSCLC 的一线治疗药物显著提高了应答率,并可能延长总生存率(Ramalingam et al.,2010)。此外,恩替他联合芳香化酶抑制剂显著提高了晚期乳腺癌患者的生存率(Yardley et al.,2013)。

34.9.3 表观遗传药物发展

目前表观遗传药物的临床成功极大地增加了制药业对开发针对癌症表观遗传异常的化合物的兴趣(Kelly et al.,2010;Dawson et al.,2011;Arrowsmith et al.,2012)。第 35 章 35.3 节讨论了研究和工业部门所面临的挑战及采取的战略(Audia and Campbell,2014)。正在开发的表观遗传药物包括一种有效的小分子 DOT1L 抑制剂，它可以选择性地杀死 MLL 细胞（Daigle et al.，2011）。BRD4 的抑制剂代表了另一类小分子表观遗传学治疗，已经被开发来干扰它们阅读组蛋白乙酰赖氨酸标记的能力 [Fili ppakopoulos et al.，2010；Nicodeme et al.，2010；也在第 2 章中被综述（Qi，2014；Schaefer，2014）]。BRD4 蛋白是激活转录机制的一部分，尤其可能是普遍癌基因 c-MYC 控制的多种基因激活事件的关键 [第 2 章的图 2-1（Qi，2014）]（Filippakopoulos et al.，2010；Delmore et al.，2011；Zuber et al.，2011；Dawson and Kouzarides，2012）。BRD4 抑制剂在临床前研究中似乎对治疗 MLL 融合性白血病非常有效（Dawson et al.，2011），可能是对抗 c-MYC 过度活跃的治疗策略（Delmore et al.，2011）。

34.9.4 联合表观遗传治疗

从上述临床试验和药物开发活动中产生的一个主要概念是联合表观遗传疗法。目前正在临床中针对较旧的药物进行测试，这些药物靶向 DNA 脱甲基并抑制 HDAC。这肯定会出现在上述药物或与其他新的组合策略结合的新药。就旧药物而言，该方法是利用临床前数据显示，在抑制 DNA 甲基化之后阻断 HDAC 活性可额外导致 DNA 高甲基化基因的重新表达（Cameron et al.，1999；Suzuki et al.，2002；Cai et al.，2014）。这一概念利用了 HDAC 介导的组蛋白去乙酰化（特别是通过 HDAC1 和 2）与 DNA 甲基化的相互作用来沉默这些基因（Cameron et al.，1999；Suzuki et al.，2002；Cai et al.，2014），如 34.6 节所述。这种治疗模式已应用于血液恶性肿瘤的临床治疗。第一项研究使用阿扎胞苷和旧的 HDACi、苯基丁酸钠来治疗骨髓增生异常综合征和急性髓系白血病（Gore et al.，2006），结果表明该药耐受性良好，临床反应频繁，在 14 位患者中有 5 位达到完全或部分缓解。另一项先导研究导致 10 名患者中 3 名的骨髓增生异常综合征或 AML 患者出现部分缓解（Maslak et al.，2006）。M.D. Anderson 癌症中心的研究人员使用地西他滨和 VPA，54 例患者中有 12 例完全缓解（Garcia-Manero，2008）。随后，一项关于 Vidaza 和 VPA 的研究也表明它们对高危骨髓增生异常综合征的疗效有所提高（Voso et al.，2009）。

DNA 脱甲基剂与 HDAC 结合使用的疗效在骨髓增生异常综合征/AML 中引起争议。因此，美国白血病组间采用恩替他（HDACi）联合 Vidaza（DNMTi）进行了一项随机研究。联合使用未显示出增加的功效，提示功效更低（Prebet et al.，2014）。导致这些混杂结果的原因尚不清楚，但该方法在治疗骨髓增生异常综合征/AML 方面仍有希望。然而，联合疗法是否比单剂去甲基化疗法更有效、如何最好地同时使用这些药物，以及观察到的任何疗效的分子机制是什么，这些还有待确定。在实体肿瘤中，很少进行联合治疗的疗效测试。最近一项对小鼠肺癌模型的研究显示，DNA 甲基化抑制剂（如 azacytidine）和 HDAC 抑制剂（如 entinostat）可能具有很强的协同抗肿瘤作用（Belinsky et al.，2011）。与此密切相关的是，最近在 65 名晚期肺癌患者中完成的临床试验显示，这些方法有望在一小部分患者中诱导出强劲持久的反应。晚期肺癌是人类最致命的癌症（Juergens et al.，2011）。此外，在这些相同的试验中，有早期迹象表明，表观遗传疗法可能导致对更多后续疗法的敏感性（Juergens et al.，2011）。后者不仅包括标准的化疗，而且有趣的是，还有一种令人兴奋的新的免疫疗法（Brahmer et al.，2012；Topalian et al.，2012），其目标是破坏淋巴细胞的免疫耐受，使这些细胞具有免疫能力（Wrangle et al.，2013）。最后一种可能性得到了实验室的支持，研究表明，在肺癌细胞和其他实体肿瘤类型中，DNA 去甲基化试剂上调了一种非常复杂的免疫吸附效应，其途径包含数百个基因（Wrangle et al.，2013；Li et al.，2014）。使晚期肺癌患者对化疗和免疫疗法敏感的可能性目前正在进行更大规模的试验。值得注意的是，其他报道称 DNA 去甲基化试剂可使晚期卵巢癌患者对后续化疗敏感（Matei et al.，2012），以及上述 HDACi 对化疗敏感患者方面的有益作用。

针对染色质组装的额外步骤的新药物组合在癌症治疗的临床前水平刚刚开始探索。例如，使用 BRD4 抑制剂和 HDACi，以及使用 LSD1 抑制剂和 HDACi 治疗人类 AML 细胞时发现协同抗肿瘤活性（Fiskus et al.，2014a，2014b）。第一种治疗策略的基础概念是通过 HDAC 联合激活组蛋白乙酰化通路，重新表达异常抑制的 TSG，而 BET（双布罗莫结构域蛋白）抑制剂会干扰 myc 癌基因激活的基因。第二种策略也激活组蛋白乙酰化，同时增强 H3K4me3 激活标记的组合靶点并激活异常抑制基因。

总而言之，癌症的表观遗传疗法的概念在理论上有合理且广泛的研究基础，临床疗效正在显现，这预示着巨大的前景。然而，要实现这一前景，尤其对于常见的人类癌症，还需要在机理和临床层面上进行大量研究。一个被广泛讨论的问题是，使用的一些老药物缺乏特异性，比如 DNA 去甲基化药物。然而，在正常细胞和癌细胞中，表观遗传调控的大部分步骤控制着许多基因和途径（Jones and Baylin，2007；Baylin and Jones，2011；Jones，2012）。这就是细胞程序的表观遗传控制的本质。在癌症中，表观基因组被广泛地改变，能够广泛地"重新编程"这些细胞和钝化许多肿瘤通路的药物可能是最有价值的（Jones and Baylin，2007；Baylin and Jones，2011；Dawson et al.，2012；Azad et al.，2013；Ahuja et al.，2014）。这些争论并不是说，针对癌症中异常调节的单个基因不是一个非常理想的个性化癌症治疗的目标。第二个问题是，在治疗过程中，正常基因有可能被无意中重新激活。然而，就治疗有关的毒性而言，这还没有文献记载。在诸如 MD/AML 之类的场景中，也没有注意到与这种可能性相关的增加的肿瘤特异性，在这种情况下，使用较老的表观遗传治疗药物的时间最长。因此，癌症表观基因组作为癌症治疗的目标仍然可能至关重要，并在未来几年有望取得令人兴奋的进展。

（蒋　婷　译，郑丙莲　校）

第35章

组蛋白修饰与癌症

詹姆斯·E. 奥迪亚（James E. Audia[1]），罗伯特·M. 坎贝尔（Robert M. Campbell[2]）

[1]Constellation Pharmaceuticals, Cambridge, Massachusetts 02142; [2]Eli Lilly and Company, Lilly Corporate Center, Indianapolis, Indiana 46285

通讯地址：jim.audia@constellationpharma.com

摘 要

组蛋白翻译后修饰代表了一套多样的表观遗传标记，不仅参与了动态细胞过程，如转录和DNA修复，而且还参与了抑制性染色质的稳定维持。在这一章中，我们回顾了许多已知在癌症中失调的关键的和新发现的组蛋白修饰，以及这是如何影响功能的。本章的后半部分阐述了适用于癌症治疗的表观遗传药物开发过程的挑战和现状。

本章目录

35.1 简介
35.2 组蛋白修饰
35.3 靶向组蛋白修饰的药物发现中的挑战

概 述

癌症是一种以控制正常细胞稳态的重要通路失调为特征的多种疾病混合起来的疾病。这种逃避正常控制的机制导致了癌症的6个特征，包括：持续的增殖信号，回避生长抑制因子，抵抗细胞死亡，无限复制，诱导血管生成，激活侵袭和转移（Hanahan and Weinberg, 2011）。对体细胞基因组中获得性和遗传性的分子改变的系统研究揭示了大量关于癌症起始、进展和维持的遗传基础。这一进展为治疗干预提供了许多希望和机会。虽然最初癌症中控制转录调控和相应的失调的表观遗传机制的研究较少，但其已日益成为癌症研究者的关注焦点，尽管代际效应在很大程度上仍未被探索。"表观遗传"转录调控可以通过DNA甲基化、组蛋白共价修饰、读取这些修饰的蛋白质识别组件、组蛋白交换、ATP依赖的染色质重塑的改变和非编码RNA的影响来实现。因为在癌症中的DNA甲基化在其他地方被提到，这一章集中于研究共价组蛋白修饰在癌症中被改变，特别是研究充分的乙酰化和甲基化修饰。总的来说，在染色质的局部区域中发现的组蛋白标记的组合通过多种机制作为"基于染色质的信号传递"系统的一部分起作用（Jenuwein and Allis，2001；Schreiber and Bradley，2002）。影响基于染色质过程的已知组蛋白和非组蛋白修饰的领域在不断扩大。观察到的组蛋白修饰包括磷酸化、瓜氨酸化、SUMO化、二磷酸腺苷（ADP）核糖体化、去亚胺化和克鲁酮化。各种已知的表观遗传机制以一种协调和相互依赖的方式来调节基因表达。在癌症中，它们的错误调节可能导致癌基因的不恰当激活，或者相反，导致肿瘤抑制子的不恰当失活。人们对癌症中观察到的表观遗传变化的遗传基础也有了越来越多的了解和理解。这增加了癌症病因学的复杂性，或许还为人类疾病的表观遗传学基础提供了重要的一般性见解。

本章讲述表观遗传药物发现过程所面临的一些挑战，寻找靶向表观遗传调节剂的分子，并支持化学疗法中发生的表观遗传改变的新兴作用，这些作用被认为导致耐药性。最后，它强调了在这个有前景的靶点领域开发治疗药物的一些最新进展。

35.1 简　　介

细胞内的DNA被包装成染色质，这是一种由核小体构成的动态结构，是基本的构建单元。组蛋白是核小体亚基的中心成分，形成包含4个核心组蛋白（H3、H4、H2A、H2B）的八聚体，其周围包裹着一个147碱基对的DNA片段。每个大球状组蛋白都有一个特征性的侧链或尾巴，其中密集地充满碱性赖氨酸和精氨酸残基。组蛋白尾受制于广泛的共价翻译后修饰（PTM），这些修饰协同控制染色质状态。一些PTM可以改变组蛋白和DNA之间的电荷密度，影响染色质组织和潜在的转录过程，但它们也可以作为特定结合蛋白的识别模块，当结合时，可能会发出染色质结构或功能改变的信号。

组蛋白PTM模式的改变已经被广泛地与癌症联系在一起，通过ChIP-chip（染色质免疫沉淀与DNA微阵列分析）和ChIP-测序（平行测序技术结合染色质免疫沉淀）技术发现其在整个基因组的全局性水平和特定位点上都是如此（Seligson et al., 2005；Bannister and Kouzarides, 2011）。这些发现是在更早、更确定的发现的基础上得出的，更加确切的发现是20世纪80年代早期发现的异常DNA甲基化与癌症有关［见第34章（Baylin and Jones, 2014）］。除了最近的PTM图谱项目之外，测序工作也发现了许多负责放置（写入器）和去除（擦除器）这些表观遗传标记的酶（图35-1）。这种酶的突变是癌症中最常见的突变靶点之一（Shen and Laird, 2013）。总的来说，这些发现显示了癌症遗传学和表观遗传学之间的相互作用，增加了我们对致癌过程的复杂性的理解。对患者肿瘤的全基因组/外显子组测序的进展，已允许我们识别癌症可能的关键表观遗传驱动因素。这些表观遗传驱动可能会沉默一个或多个肿瘤抑制基因和（或）激活致癌基因，从而提供了一种可能发生基因组致癌重编程的替代机制（Shen and Laird, 2013）。基因组研究明确指出，染色质修饰因子的异常调控是许多类型癌症的驱动因素（Garraway and Lander, 2013），编码酶的基因中经常发生突变，这些酶添加、移除并解释共价组蛋白修饰。有趣的是，已在癌症中鉴定出某些染色质修饰因子，其功能在癌症中水平增高和降低，表明它们既可作为肿瘤抑制基因，又可作为致癌基因。受影响肿瘤的功能缺失突变通常是杂合的，这表明这些染色质修饰酶的单倍性驱动了癌症，而完全功能缺失则是致命的。因此，这类酶具有广泛的吸引力，可以作为潜在的治疗靶点，包括与致癌行为相关的功能获得畸变和使肿瘤细胞特别容易受到进一步抑制的单等位基因功能缺失改变。

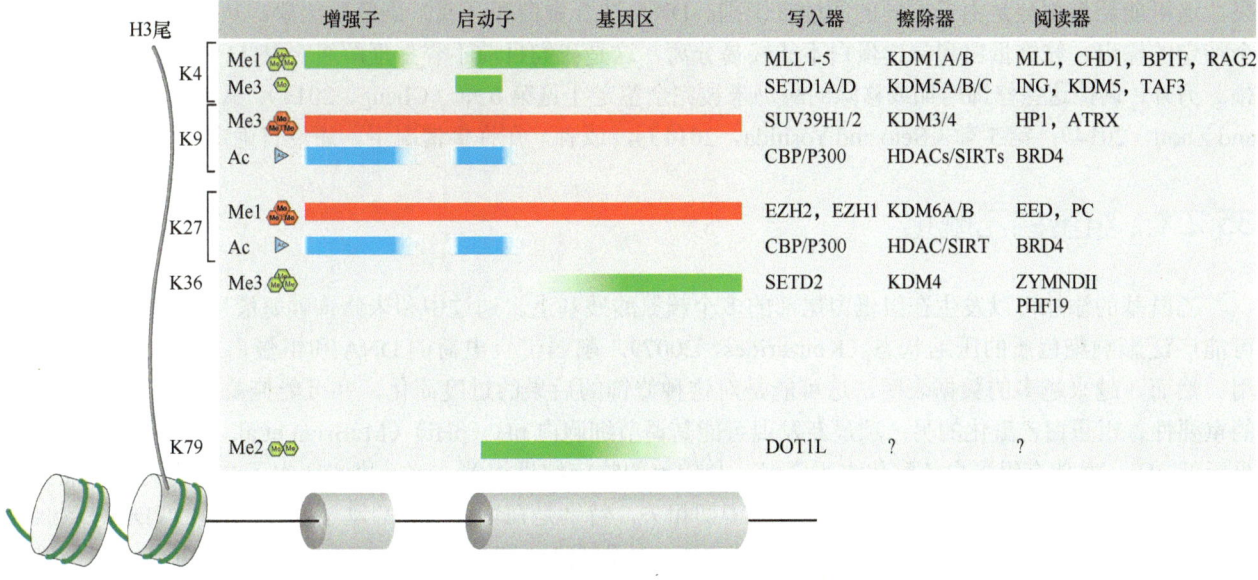

	增强子	启动子	基因区	写入器	擦除器	阅读器
H3尾 K4 Me1				MLL1-5	KDM1A/B	MLL, CHD1, BPTF, RAG2
K4 Me3				SETD1A/D	KDM5A/B/C	ING, KDM5, TAF3
K9 Me3				SUV39H1/2	KDM3/4	HP1, ATRX
K9 Ac				CBP/P300	HDACs/SIRTs	BRD4
K27 Me1				EZH2, EZH1	KDM6A/B	EED, PC
K27 Ac				CBP/P300	HDAC/SIRT	BRD4
K36 Me3				SETD2	KDM4	ZYMNDII PHF19
K79 Me2				DOT1L	?	?

图 35-1　与癌症有关的组蛋白修饰写入器、擦除器和阅读器。左侧显示组蛋白 H3 尾赖氨酸残基，经常受到翻译后修饰（PTM）。这些 H3 PTM 的典型分布也沿着基因座的长度（包括远端增强子）显示为阴影块。绿色（甲基化）或青色（乙酰化）表示与活性基因相关的组蛋白标记，而红色阴影表示沉默基因。一些可能传播标记或作为效应蛋白的写入器、擦除器和阅读器的例子列在图的右边。有关这些蛋白质更完整的列表，请参阅本章附录 A～D。

在染色质水平上通过"阅读"组蛋白甚至 DNA PTM 发挥作用的各种各样的蛋白质，给我们认识表观遗传调控机制特定的结构域来的复杂性增加了新的理解。最近的研究表明，在某些情况下，阅读器蛋白的直接畸变会驱动致癌转化（French et al.，2001，2008）。针对识别赖氨酸乙酰化修饰的布罗莫结构域家族阅读器蛋白的特异性小分子抑制剂的发现，提示筛选更多这类小分子可能是治疗干预其他遗传和表观遗传驱动的癌症的很有前景的药物研发方向［在第 2 章中阐述（Qi，2014；Schaefer，2014）；也可见Filippakopoulos et al.，2010；Gallenkamp et al.，2014］。总之，染色质调控子和衔接子的集合具有一组多样化的专门结构域，这些结构域可以单独或以特定组合结合和识别组蛋白修饰。这些蛋白结合模块在引导适当的转录机制到染色质上的位置方面发挥重要作用。

本章重点强调了在癌症中经过充分研究的 PTM 的已知情况。最近对一些新型 PTM 的发现也说明了该领域的进展迅速，并强调了表观基因组的复杂性、表观基因组的调控及其在癌症中的失调，以及表观遗传调控因子和它们相互作用蛋白的本质。本章的第二部分向读者介绍药物发现的过程，因为它适用于寻找有效的治疗方法，干扰表观靶标或逆转表观适应，有助于应对在癌症治疗期间的耐药性。

35.2　组蛋白修饰

众所周知，组蛋白的 PTM 通常通过染色质修饰来介导多种关键的生物学过程，这些染色质修饰有利于靶基因的表达或抑制。大量的文献集中在乙酰化、甲基化和磷酸化上。然而，除了这些广为人知的修饰之外，组蛋白也可以通过其他途径被修饰，其中的一些在第 3 章图 3-6 中被描绘、在附录 2（Zhao and Garcia，2014）中被收录。这些修饰包括瓜氨酸化、泛素化、ADP-核糖体化、脱氨基化、甲酰化、糖基化修饰、丙酰化、丁基化、克鲁酮化和脯氨酸异构化（Chen et al.，2007；Martin and Zhang，2007；Ruthenburg et al.，2007；Tan et al.，2011；Herranz et al.，2012；Tweedie-Cullen et al.，2012）。人们普遍认为，所有这些PTM 的总和在很大程度上决定了染色质的结构，从而决定了生物学的结果。组蛋白修饰集合的上下文阅读和解释是至关重要的，因为相同的标记组合可能在相同（或不同）细胞内的不同基因上导致不同的生物结果。这可能至少部分是由于不同的阅读者识别、DNA 结合蛋白和（或）染色质构象。从实验上看，对于一个特定的输出，修饰蛋白和阅读蛋白不能轻易分离，这是我们目前不容易理解组合 PTM 效果的一个重要瓶颈。另外，调控这些修饰增加或移除的酶仍未被完全鉴定［见第 6 章（Cheng，2014）；第 4 章（Marmorstein and Zhou，2014）；第 5 章（Seto and Yoshida，2014）］，或者，在许多情况下，还没有确定。

35.2.1 组蛋白乙酰化

乙酰基的添加可以发生在组蛋白尾部的多个赖氨酸残基上。通过中和未修饰赖氨酸残基上的基本电荷，可能广泛影响染色质的压缩状态（Kouzarides，2007），削弱带负电荷的 DNA 和组蛋白之间的静电相互作用。然而，越来越多的数据表明，这可能是对这种修饰的后果的过度简化，并可能掩盖了特定乙酰化事件的重要性。组蛋白乙酰化的另一项最新发现可能是调节细胞内 pH（pHi）（McBrian et al.，2013）；许多肿瘤显示低 pHi，并伴有组蛋白乙酰化水平降低，与较差的临床结果相关，这一事实证实了这一点。从功能的角度来看，我们知道组蛋白乙酰化与活性转录密切相关，特别是在增强子、启动子和基因体上（Di Cerbo and Schneider，2013）。组蛋白乙酰化的整体水平改变，特别是 H4 在赖氨酸（K）16 位点的乙酰化，已被发现与多种癌症的癌症表型相关（Fraga et al.，2005），甚至被发现具有潜在的预后价值（Seligson et al.，2009）。当发生超乙酰化时，特别是涉及原癌基因时，基因表达可能被激活，而肿瘤抑制因子的低乙酰化通常定位于启动子，与 DNA 甲基化同时发生，导致基因沉默［见第 34 章（Baylin and Jones，2014）］。

催化在组蛋白赖氨酸残基上添加乙酰基的酶是赖氨酸（K）乙酰转移酶（KAT），通常称为组蛋白乙酰转移酶（HAT）。这些酶还可以乙酰化广泛的非组蛋白，包括 p53、Rb 和 MYC。相反，组蛋白去乙酰化酶（HDAC）负责它们的去除。虽然 HAT 通常与转录活性有关，但适当调控基因表达需要 HAT 和 HDAC 活性共同发挥作用（Struhl，1998）。这部分与它们的活性通常是多亚基染色质修饰复合物的组成部分有关。因此，影响 HAT 和 HDAC 表达、翻译、蛋白质稳定性或结构域功能的遗传或表观遗传畸变除了会改变组蛋白乙酰化状态外，还会对染色质调控产生影响。除了对染色质的结构作用，乙酰化还可以作为一个信号在染色质中发挥作用，被一个特定的蛋白质模块（如"阅读器"）识别，比如布罗莫结构域。因此，以乙酰受体为靶点的表观基因药物在癌症治疗中可能具有临床意义。鉴于乙酰化修饰是可逆的，在 HDAC 的情况下，HAT、HDAC 和乙酰化赖氨酸阅读器的药理干预是已知的，或是在癌症治疗中可行的、有价值的治疗策略。

35.2.1.1 组蛋白乙酰化的写入器

在人类中，HAT 主要有三个家族：与 Gcn5 相关的 N-乙酰转移酶家族（GNAT）、MYST 家族（MOZ、Ybf2、Sas2、TIP60）和孤儿家族（CBP/EP300 和核受体），其结构和作用机制在第 4 章中详细阐述（Marmorstein and Zhou，2014）。各种各样的研究涉及 HAT 作为致癌基因和抑癌基因，表明乙酰化作用的平衡是至关重要的。在本章附录 A 中，有许多在各种癌症中经常检测到的 HAT 突变（Di Cerbo and Schneider，2013）。有趣的是，HAT 水平的改变都是上调（Chen et al.，2012b；Hou et al.，2012）和下调的（Seligson et al.，2009），通常在癌症中不发生 DNA 突变，且与不良预后相关。

p300 和 CBP 基因的单个等位基因体细胞突变已在多种癌症中被确认。由此产生的杂合性丢失表明它们是抑癌基因［Muraoka et al.，1996；Gayther et al.，2000；见第 34 章中对肿瘤抑制基因的更多描述（Baylin and Jones，2014）］。越来越明显的是，CBP 和（或）EP300 在癌症中起重要作用［例如，CBP 或 EP300 缺失的转基因小鼠可发展为恶性血液病（Iyer et al.，2004）］。CBP 和 EP300 的许多突变揭示了 HAT 功能的另一个方面，即该蛋白质能够乙酰化非组蛋白转录因子 p53 和 BCL6；P53 和 BCL6 乙酰化的缺失使它们的转录激活因子和抑制因子功能丧失［第 29 章图 29-7A（Busslinger and Tarakhovsky，2014）］，其通过改变可耐受 DNA 损伤的途径，使合成的细胞更具致癌性，从而避免细胞凋亡和细胞周期阻滞（Pasqualucci et al.，2011）。相反，增强的 HAT 活性在癌症中具有整体的致癌作用，通常是由于不同融合伙伴的染色体易位，如混合血统白血病（MLL）-CBR、MLL-EP300、MOZ-EP300或MOZ-CBP在血液恶性肿瘤中发生（Krivtsov and Armstrong，2007）。当易位产生嵌合癌蛋白时，就会产生致癌效应。这可能使HAT异常乙酰化其融合伙伴的基因组目标。另一种导致HAT（如EP300/CBR）致癌的机制是当它们被更常见的融合蛋白[如急性髓样白血病（AML）l-ETO]招募作为转录共激活因子（Wang et al.，2011）。总的来说，HAT在癌症中的致癌或抑癌作用取决于它的剂量；过度表达与致癌潜能相关，而表达缺失则导致乙酰化能力的丧失。因此，这表明HAT可能是一个很好的药物靶点，尽管到目前为止，生产可行的HAT抑制剂的进展落后于它的对应酶HDAC抑制剂的发展，后文将会对其进行介绍。

35.2.1.2 组蛋白乙酰化擦除器

HDAC（从组蛋白赖氨酸残基中去除乙酰基的酶）的变化已经在癌症中被观察到。HDAC有四个主要家族，称为Ⅰ、Ⅱ、Ⅲ和Ⅳ类，Ⅰ、Ⅱ和Ⅳ类是锌离子依赖性的，而Ⅲ类是烟酰胺腺嘌呤二核苷酸（NAD）依赖性的[见第5章图5-1（Seto and Yoshida，2014）]。具体的HDAC亚型对个别癌症的作用目前尚未完全了解（见本章附录B）（Barneda-Zahonero and Parra，2012）。这可能部分是因为HDAC自身表现出的相对较低的底物特异性；每一种酶都能去乙酰化多个不同的组蛋白位点。有趣的是，HDAC的突变很少，但HDAC的过表达经常在癌症患者中观察到（Dell'Aversana et al.，2012）。

Ⅰ类HDAC被错误调控，通常是通过过度表达或错误开始，已在多种人类癌症中被发现。它们在癌症中被解除管制的频率也许反映了它们在如此广泛的组织中正常的功能，但在癌症中，这通常与不良预后有关（Nakagawa et al.，2007）。HDAC在癌症中的作用，就像HAT一样，可能并不局限于组蛋白。越来越多已报道的、被脱乙酰化的HDAC目标包括α-微管蛋白、HSP90和coractactin（HDAC6）、p53（HDAC5）和ERRα（HDAC8）。HDAC还直接作用于涉及肿瘤迁移、转移和生长的蛋白质（见本章附录B）。HDAC2在肺癌中的作用就是一个恰当的例子。HDAC2直接使p53和CDKN1B/1C/2A蛋白脱乙酰化，从而削弱细胞激活凋亡机制或调节细胞周期的能力（Jung et al.，2012；Reichert et al.，2012）。因此，这使得很难剖析HDAC放松调控的确切表观遗传学作用是什么，以及HDAC抑制剂如何干扰其活性。

HDAC与癌症有关的另一种模式是在白血病中观察到的，由于染色体易位的结果，HDAC复合物异常聚集到启动子上（Mercurio et al.，2010）。例如，早幼粒细胞白血病（PML）-视黄酸受体α（RARα）易位是许多急性早幼粒细胞白血病的驱动因素，其通过N-CoR/HDAC抑制因子复合物的异常募集抑制了许多RAR靶基因（Minucci and Pelicci，2006）。

Ⅲ类HDAC的Sirtuins（SIRT1-7）也能使组蛋白（SIRT1-3,6,7）和非组蛋白（SIRT1-1,5,7）去乙酰化，以及ADP-核糖化（SIRT4）和去琥珀酰化（SIRT5）各种蛋白（见本章附录B）。它们通过独特的催化机制区别于其他的HDAC种类[第5章（Seto and Yoshida，2014）]。大部分的研究工作都集中在SIRT1的研究上，但到目前为止，还没有明确SIRT1是肿瘤抑制基因还是癌基因，这表明这些活动可能与背景有关（Stunkel and Campbell，2011）。SIRT1在许多肿瘤（白血病、淋巴瘤、前列腺癌、肝癌、乳腺癌、卵巢癌、胃癌、结直肠癌和黑色素瘤）中过表达，但在其他肿瘤（膀胱癌、结肠癌、胶质瘤）中显著降低。SIRT1可能通过灭活其他抑癌基因（如HIC1）和（或）激活肿瘤促进基因（如N-Myc稳定化或p53）或其他蛋白（cortactin）而发挥致癌作用。

在耐药性SK-N-SH神经母细胞瘤细胞中SIRT1水平升高，这一结果促使在神经母细胞瘤动物模型中评估Ⅰ/Ⅱ类（Vbrinostat）和Ⅲ类（Cambinol）HDAC抑制剂（Lautz et al.，2012）。在神经母细胞瘤中，N-Myc诱导SIRT1转录，进而在前馈循环中增强N-Myc的稳定性。我们认为SIRT1抑制MKP3磷酸酶，导致ERK磷酸化/活化升高，进而导致N-Myc磷酸化，N-Myc磷酸化形式是N-Myc更稳定的形式。SIRT1/2抑制剂卡宾醇在野生型和阿霉素抗性神经母细胞瘤中的抗肿瘤功效与SIRT1和（或）SIRT2的肿瘤促进作用一致。MCF7乳腺肿瘤细胞的基因沉默和药物抑制剂的使用表明，可能需要同时阻断SIRT1和SIRT2才能诱导细胞凋亡。其他的双SIRT1/2抑制剂在异种移植模型中也显示出效果（黑色素瘤、伯基特淋巴瘤）。在基因工程小鼠模型中，SIRT1/PTEN 缺失转基因小鼠会自发地发展为侵袭性前列腺癌和甲状腺癌。相比之下，SIRT$^{+/-}$/p53$^{+/-}$ 小鼠会在多个器官中产生肿瘤，而 SIRT 缺失的小鼠会形成前列腺上皮内瘤。

SIRT3-5 主要定位于线粒体（尽管已有报道称 SIRT3 可去乙酰化组蛋白），并可通过去乙酰化、ADP-核糖体化或去琥珀酰化来修饰许多参与能量代谢的底物（见本章附录 B）。人们认为，这些去乙酰化酶作为代谢传感器，在胁迫或饥饿条件时调节线粒体能量的产生（Haigis and Sinclair，2010）。SIRT3，可能还有 SIRT6，已经被确认为肿瘤抑制因子，调节肿瘤细胞的糖酵解（Haigis et al.，2012；Sebastian et al.，2012），在人类乳腺癌组织中的表达较正常水平降低。其丢失与缺氧诱导因子（HIF）α 稳定、HIF1α 靶基因上调、糖酵解作用增加、肿瘤细胞增殖和成纤维细胞转化有关（Bell et al.，2011），而过度表达则会产生相反的效果（Finley et al.，2011；Sebastian et al.，2012）。同样，SIRT6 缺失会导致肿瘤的发生，转化的 SIRT6 缺失 MEF 表现出糖酵解作用的增加和肿瘤的生长。体内有条件的 SIRT6 敲除可以增加肿瘤的数量、大小和侵袭性。这些数据表明 SIRT6 在癌症的建立和维持中都发挥作用（Sebastian et al.，2012）。

SIRT7 能使 H3K18 去乙酰化，并在许多癌症中高表达（见本章附录 A）（Van Damme et al.，2012；Paredes et al.，2014），提示 SIRT7 高活性的 H3K18 的乙酰化引起肿瘤抑制基因的抑制，并与癌症进展和不良预后相关（Seligson et al.，2005；Barber et al.，2012；Paredes et al.，2014）。

广谱（I/II 类）HDAC（如伏立诺他、罗米地辛）和 DNA 甲基化抑制剂（Dacogen、Vidaza）是 FDA 批准的用于治疗血液恶性肿瘤的表观遗传学靶向疗法中的第一类［在第 34 章中详细讨论（Baylin and Jones，2014）］。不断发展的数据表明，这些疗法与标准护理相结合（如 HDACi+DNA 甲基化抑制剂）可能更有效，可能用于改善化疗耐药性（见 35.3.1 节）。然而，很明显，每个特定的 HDAC 亚型的功能比预期的要复杂和不同。这在一定程度上是由于它们在各种蛋白质复合物中的上下文功能，以及修饰组蛋白和非组蛋白的能力。在不久的将来，更多 HDAC 亚型的小分子（尤其是抑制剂）将会出现，从而更清楚地了解每个 HDAC 在肿瘤发生中的作用和更先进的 HDAC 调节剂的治疗价值。

35.2.1.3 组蛋白乙酰化的阅读器

读取组蛋白赖氨酸乙酰化的蛋白质可以通过其布罗莫结构域来实现。一共有 40 多个包含布罗莫结构域的蛋白质，它们在结构域内具有高度的序列同源性和结构相似性。布罗莫结构域是第一个组蛋白结合模块，因此是最突出和研究最彻底的组蛋白识别区域。它是许多组蛋白修饰书写者（如 p300 和 MLL）和重塑者（如 SMARCA2），以及其他与染色质功能和转录控制相关的蛋白质所固有的。它出现在如此众多的染色质关联蛋白中，使其成为寻找新的表观遗传药物的一个明显的可给药基序。布罗莫结构域的主要结构特征是一个疏水乙酰氨酸结合袋，最典型的是一个天冬酰胺残基，它与修饰的组蛋白底物进行氢键作用［更多细节可见第 4 章图 4-6（Marmorstein and Zhou，2014）］。

BET（布罗莫结构域和外域）的布罗莫结构域蛋白质子集由四个家族成员组成，即 BRD2、BRD3、BRD4 和 BRDX，具有共同的架构和结构设计。BRD4 是一种与乙酰化组蛋白结合时可以激活转录的蛋白质［见第 29 章 29.6 节（Busslinger and Tarakhovsky，2014）］。癌细胞表型的逆转［即使用布罗莫结构域特异性抑制剂（如 JQ1 和 I-BET）促进分化和生长损伤］提供了第一个概念证据，表明该组蛋白标记阅读器可以作为潜在的治疗靶点治疗癌症，如白血病［第 2 章中所述（Qi，2014；Schaefer，2014）］。该抑制剂在拟表型 BRD4 小发夹 RNA 敲除实验中被有效证明。这些方法被应用于小鼠 MLL-AF9/NRas^{G12D} 白血病模型、MLL 融合癌细胞系和患者来源细胞，导致分化和生长障碍（图 35-2A）（Dawson et al.，2011；Zuber et al.，2011）。对选择性 BET 抑制剂在其他癌症模型中的作用的进一步测试继续强化了 BET 蛋白是其他癌症的潜在治疗靶点的观点，包括睾丸（NUT）中线癌、多发性骨髓瘤、淋巴瘤、肺癌和神经母细胞瘤中的核蛋白（Delmore et al.，2011；Mertz et al.，2011；Lockwood et al.，2012；Wyce et al.，2013）。例如，NUT 中线癌有一个易位，它将 BRD3 或 4 蛋白融合到 NUT 转录调节因子。这种融合产生一种癌蛋白，通过与乙酰化组蛋白结合，被认为促进增殖基因的转录（如 MYC）。尽管对 BET 抑制剂的研究仍是研究的主要焦点，但有

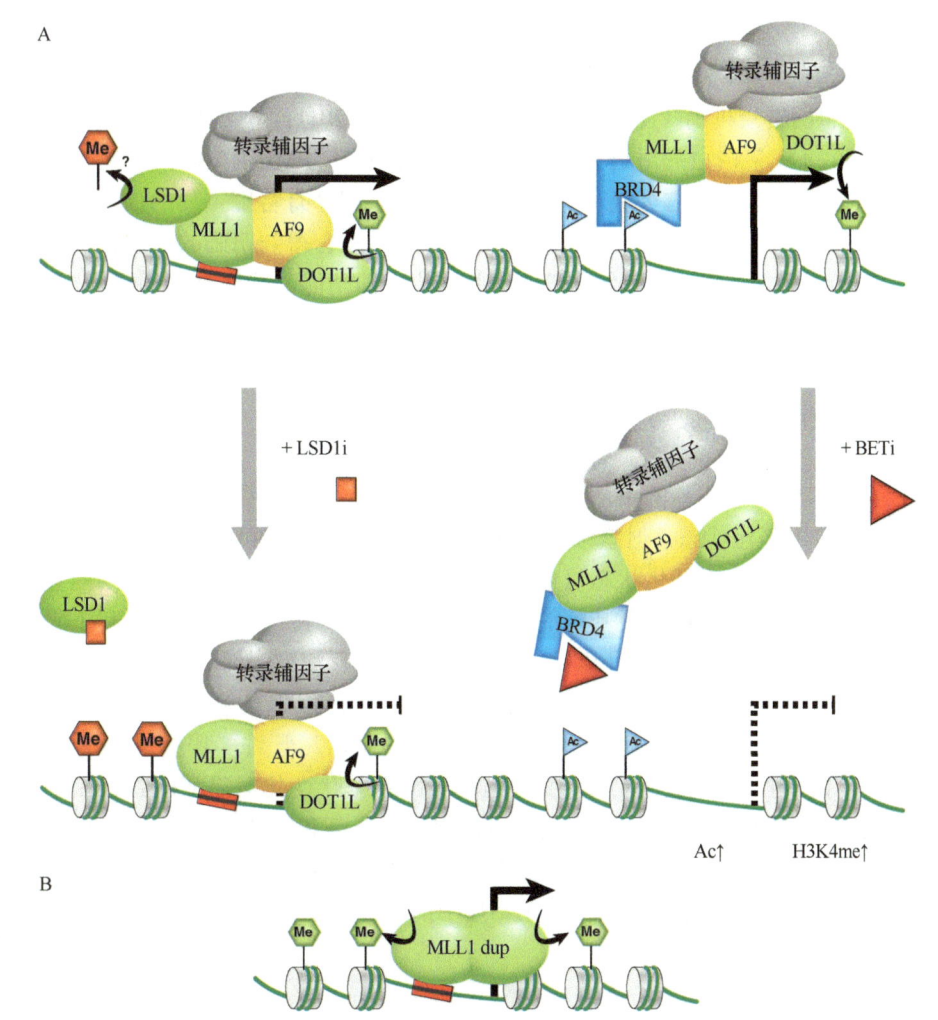

图 35-2 MLL 为癌基因。（A）MLLI-AF9（或 ENL）融合癌蛋白通过两种可能的机制激活转录；左侧机制是 MLLI-AF9 通过 MLLI 部分被招募到染色质，转录通过与辅助因子的关联被激活，包括 DOTI 甲基转移酶、甲基化 H3K79（绿色六边形）和 pTEFb 复合物，它将 RNA 聚合酶 Ⅱ 修饰成活跃的延伸形式。（B）MLL 基因的部分重复会导致内部区域的重复，包括染色质结合功能和蛋白质交互领域，为致癌甲基转移酶 H3K4me3 活动和增加的转录激活做准备。LSD1 可能通过 MLL 超级复合体或转录延伸复合体参与致癌活动，这种致癌活动是通过 H4K4me2 或 H3K9me2 去甲基化酶活动发生的。LSD1 抑制以某种方式减少致癌程序，促进分化。在右边的机制中，MLLI-AF9 在染色质上的招募归因于其通过乙酰化染色质与 BRD-2、-3 或-4 的关联。这种基因激活机制可以通过 BET 抑制剂靶向治疗。

趣的是，HDAC 抑制剂与 JQ1 BET 抑制剂相结合的双药策略在 AML 治疗中显示出了积极的结果（Fiskus et al.，2014）。

BRD7 和最近的 BRD9 布罗莫结构域蛋白被鉴定为色素重塑开关/蔗糖非发酵（SWI/SNF）复合物的组成部分，在各种人类癌症中发现越来越多的突变（Kaeser et al.，2008；Kadoch et al.，2013）。BRD7 特异性与 p53 和 BRCA1 转录通路的调控相关（Drost et al.，2010；Harte et al.，2010）。在 p53 的情况下，BRD7 被认为有助于将 P300 HAT 招募到 p53 靶基因，激活衰老基因的转录（Drost et al.，2010）。在雌激素受体（ER）反应基因的情况下，BRD7 被认为在 BRCA1 转录激活因子的招募中发挥作用（Harte et al.，2010）。

CBP 和 EP300，之前描述过其 HAT 活性，也拥有布罗莫结构域和转录因子结合域。这些多功能蛋白作为转录增强子组蛋白标记的调解者是至关重要的（图 35-1）[第 36 章（Pirrotta，2014）]，并且被转录激活所需。这表现为 MYB 控制造血干祖细胞的增殖和分化的靶基因失去表达，这是由于 MYB 在其 P300 相互作用域发生突变，不再能够激活基因表达（Sandberg et al.，2005）。值得注意的是，转录激活是在三维环境中发生的，在这种环境中，增强子和启动子区域的循环被认为可以确保适当的表达。这依赖于 HAT 和赖氨酸甲基转移酶（KMT）书写的正确的局部组蛋白修饰来促进开放的染色质结构，以及通常通过组蛋白 PTM 阅读者蛋白如 BRD4 招募完整的转录机制（图 35-1）[Ong and Corces，2011；如第 2 章图 2-1 所示（Qi，2014）]。

研究还发现，P300 可标记白血病融合蛋白（如 AML1-ETO 和 PML-RARα）的结合位点，并可直接乙酰化 AML1-ETO 融合蛋白，这表明它可能对白血病的致癌转录程序有特别重要的作用（Wang et al.，2011；Saeed et al.，2012）。布罗莫结构域在这一背景下的具体功能还没有得到明确的显示，但最近对强选择性化学探针分子的鉴定应该可以提供类似的机会来研究这些结构域的功能，就像 BET 蛋白一样（Jennings et al.，2014）。人们可以预期，由于 BRD 蛋白参与多种复合物，它们的突变必然具有深远的致癌作用。

35.2.2 组蛋白甲基化

组蛋白尾部赖氨酸和精氨酸残基的甲基化与乙酰化相比是一种复杂和更微妙的染色质修饰。赖氨酸残基和精氨酸残基都存在多甲基化状态，但修饰后仍保留其基本性质（Bannister and Kouzarides，2011）。每个组蛋白、赖氨酸或精氨酸的个体甲基化状态可以被有意义地识别，这暗示了巨大的功能复杂性的产生。这种修饰受到许多甲基转移酶书写者和去甲基酶的严格调控，这些酶协同作用来放置和去除对基因表达、细胞命运和基因组稳定性至关重要的特定甲基标记。单个甲基转移酶对其作用的赖氨酸残基和甲基化程度都具有高度的特异性。本章附录 C 介绍了赖氨酸和精氨酸甲基转移酶在癌症中的一些重要信息。本章附录 D 总结了一些与癌症有关的重要去甲基化酶。值得注意的是，尽管许多甲基转移酶和去甲基化酶被放大、过表达、删除、错误调控、重新排列或突变，但赖氨酸甲基化变化对癌症的直接因果关系尚未得到广泛的证明（Black et al.，2012）。此外，还观察到组蛋白甲基化升高和降低与癌症的关系［见第 29 章图 29-7（Busslinger and Tarakhovsky，2014）]。文献中有更多关于组蛋白 KMT，如本节所阐述的，部分是因为他们的早期发现。关于精氨酸甲基转移酶（PRMT）在癌症中的研究将在 PTM 部分的 35.1.4 节和第 6 章中进一步讨论（Cheng，2014）。

35.2.2.1 组蛋白 H3K4 写入器

KMT 的 MLL 家族与多种形式的癌症有关，要么是由于功能丧失，要么在 MLL1 的情况下通过易位或重排后的调节失调（见本章附录 C）。MLL（KMT2）甲基转移酶的成员特异性地在赖氨酸 4 上甲基化组蛋白 H3。MLL1 常在髓系和淋巴系白血病中易位，这种易位在婴儿白血病中占 80% 左右，在成人白血病中占 5%～10%（Smith et al.，2011；Zhang et al.，2012a；Li et al.，2013a）。MLL1 融合蛋白通常不保留催化甲基转移酶的结构域，但保留了其靶向 Hox 基因的 DNA 结合基序。嵌合蛋白不恰当地将表观遗传因子引入 MLL 靶点，改变了关键基因的转录控制，如 *HOXA9*。组成性 HOXA9 表达可防止髓系分化，因此有助于维持一个多能表型。融合伙伴也经常在靶基因的转录延伸中发挥作用。MLL 的部分重复被设置为 KMT 结构域，进一步证实了 MLL1 在癌症中的作用，在本例中显示，尽管机制未知，HoxA 基因表达增加与启动子处 H3K4me3 标记增加相关（图 35-2B）（Dorrance et al.，2006）。MLL2/3 功能缺失突变的分子后果目前尚不清楚，尽管越来越多的证据表明，癌症可能改变 H3K4 甲基化状态，作为获得生长优势的一种常用方法。

35.2.2.2 组蛋白赖氨酸擦除器

LSD1（KDM1A）是最早被报道的针对 H3K4 和 H3K9 残基的赖氨酸去甲基化酶（KDM）[第 2 章（Shi and Tsukada，2013）]。它是一种经典的致癌基因，基于其在多种癌症中过表达的大量报道（见本章附录 D）。这种过表达，加上 LSD 1 是 MLL 超级复合物的一部分，在 AML 的 MLL 融合实例中的 MLL 靶基因中发现，暗示了它在这些白血病干细胞的致癌基因表达程序中发挥功能。使用 LSD-1 小分子抑制剂在人和小鼠具有 MLL-AF9 易位的 AML 细胞系中均获得了有希望的结果，观察到在该细胞系中对增殖未分化的肿瘤细胞的分化诱导作用（图 35-2A）(Harris et al., 2012)。在 PML-RARα 易位 AML 中使用 LSD1 抑制剂，但这次与全曲胺维甲酸（ATRA）联合使用，产生了比单种药方法更好的抗白血病效果（Schenk et al., 2012）。单 ATRA 可通过分离 RARα 靶基因上的 RARα 募集抑制因子复合物来增强肿瘤细胞的分化。LSD1 抑制剂与 ATRA 的联合治疗导致 ATRA 不敏感的癌细胞（即耐药人群）分化。虽然这两项结果显示了很大的治疗前景，但 LSD1 调节表达的机制目前尚不清楚。

除了 KDM1（即 LSD1 和 2）之外，所有其他已知的 KDM 都是更大的 JmjC 域家族去甲基化酶的成员。通过功能研究和针对这些蛋白质的小分子抑制剂的开发，许多这些蛋白质的特性正在被研究中，这对于我们了解和治疗癌症是非常宝贵的。Sharma 等（2010）的一个有趣发现是，他们发现了在使用癌症药物治疗过程中，某些癌细胞群体产生短暂和可逆耐药性的潜在表观遗传学基础。H3K4 特异性 JmjC 域去甲基酶，特别是 KDM5A，与耐药性的发展有关。进一步的研究应该能够证实表观遗传机制，如组蛋白去甲基化，是否真正代表了一种广泛的适应性机制，使癌细胞在化疗过程中避免被根除（Sharma et al., 2010）。相关的 KDM5B 在癌症中也有不同的作用：在转移性黑素瘤中，它被认为具有肿瘤抑制功能（Roesch et al., 2006; Roesch et al., 2008）；在乳腺癌中，具有促进增殖的作用（Mitra et al., 2011）；在前列腺癌中，也观察到其过表达。

H3K9 是另一个在多种癌症中甲基化异常调控的组蛋白残基。这可以通过改变 H3K9 特异性 KMT 或相反的 KDM 酶来解释（见附录 C 和 D）。在癌症中观察到了 G9a KMT 的缺失低表达或高表达（见本章附录 C）。对于 H3K9 特异性去甲基化酶，KDM3A 和 KDM4 经常扩增或高表达，而 KDM4A 在癌症中表达减弱（见本章附录 D）。KDM3 和 KDM4 过表达的一个机制是通过靶向基因激活 HIF 的作用，而 HIE 本身是由肿瘤形成的缺氧条件诱导的。

35.2.2.3　组蛋白 H3K27 写入器和擦除器

EZH2 是多梳蛋白抑制复合物 2（PRC2）的催化成分，负责 H3K27 的二甲基化和三甲基化（H3K27me2 和 me3）。EZH2 是最早具有致癌能力的甲基转移酶之一，因为它被证明在多种癌症中过表达或扩增，包括乳腺癌、前列腺癌和膀胱癌（Bracken et al., 2003）。最近，EZH2 功能改变被报道为致癌。有趣的是，它还被认为在一些癌症中起到抑癌作用，这表明由此产生的 H3K27 甲基化的平衡是关键。

EZH2 中的 SET 结构域的功能改变突变具有致癌作用，可引起 H3K27me3 的积累。这些突变改变了 EZH2 对 H3K27 底物的偏好，增加了对 H3K27me2 底物的催化活性（与野生型相比，对 H3K27me1 底物的催化活性没有增加）（见本章附录 C）。这些杂合的致癌功能获得突变强烈暗示了恶性转化过程中的催化活性，并支持随后的基因沉默作为肿瘤细胞发生或维持的驱动因素。此外，具有这种 EZH2 突变的弥漫性大 B 细胞淋巴瘤对小分子抑制剂的 EZH2 抑制极为敏感，为临床转译提供了希望，并为根据突变状态对患者进行分子分层提供了途径。更令人信服的证据表明，H3K27me3 的积累对 EZH2 在成神经管细胞瘤中的致癌作用至关重要，因为研究发现 EZH2 过表达或扩增与逆转 H3K27 去甲基酶 UTX（KDM6A）的失活突变相互排斥（Robinson et al., 2012）。

EZH2 或 PRC2 的潜在抑癌作用已通过髓系恶性肿瘤功能缺失突变得到证实（Khan et al., 2013）。儿童胶质母细胞瘤组蛋白 H3 基因（H3F3A）K27M 点突变导致 H3K27me3 降低或缺失，这进一步支持了这一观点（Venneti et al., 2013）。这表明 H3 的 27 位赖氨酸残基的缺失使染色质丧失了适当抑制 PRC2 介导的基因表达的能力。EZH2 的抑制作用不仅受到相反的 UTX 去甲基化酶的调节，也受到 SWI/SNF 染色质重塑复合体的活性的调节。事实上，SWI/SNE 严重依赖于 EZH2 的活性，正如在细胞系和小鼠模型中显示的那样，EZH2 的失活抑制了 SNF5 丢失导致的肿瘤形成（Wilson et al., 2010）。总的来说，这些结果表明正确的基因组和发育基因抑制程序在很大程度上是由 H3K27 甲基化保证的。该修饰的写入器和擦除器，以及其他表观遗传调节剂，是维持 H3K27 甲基化平衡的核心，也是癌症中可行的药物发现靶点。值得注意的是，表观遗传学绘制癌症图谱的持续努力表明，H3K27 甲基化的正确平衡可能会受到其他染色质 PTM（即癌症中的 DNA 甲基化）的影响，但也会受到其他组蛋白 PTM（如乙酰化）的影响［见第 36 章（Pirrotta，2014）］。

35.2.2.4 其他组蛋白赖氨酸的写入器和擦除器

H3K36 特异性甲基转移酶书写者涉及多种癌症（见本章附录 C）。这些酶是 NSD（核受体结合集域）家族的成员（即 KMT3B/3F/3G）。在 AML 中，NSD1（KMT3B）与核孔蛋白 98（NUP98）融合，导致 HOXA 关键基因位点的 H3K36me3 增强，并伴有转录升高（Wang et al.，2007）。基因抑制缺失的部分原因可能是 NSDl/H3K36me3 阻止了 PRC2 复合物的进入。同样，NSD2（WHSCI，KMT3G）在 20% 的多发性骨髓瘤中易位，并被报道作为在癌症进展中起着重要作用的 NF-κβ 的一种有效的共激活因子。研究者认为 NSD2 在通路诱导中被招募到 NF-κβ 靶基因启动子中，导致其启动子上组蛋白 H3K36me2 和 H3K36me3 标记的升高，直接导致 NSD2 甲基转移酶活性在基因缺失中发挥作用（Yang et al.，2012）。

组蛋白赖氨酸甲基化的另一个常见位点是 H4K20，单甲基化（H4K20me1）与转录抑制相关，二甲基化（H4K20me2）与 DNA 修复通路相关。H4K20me3 的存在，伴随着 H4K16 乙酰化的缺失，构成了一种常见的 H4 癌症"表观遗传特征"，主要表现在 DNA 重复序列上（Fraga et al.，2005）。这表明一个或多个已知的组蛋白 H4K20 甲基转移酶，即 SUV420H1 和 SUV420H2（H4K20me2 和 H4K20me3）或 SETD8（HK20me1）（KMT5A），可能是癌细胞被破坏的目标。

35.2.3 "非典型"组蛋白修饰

人们对这些新型的 PTM 的了解越来越多，即组蛋白脱氨/瓜氨酸化、泛素化、ADP-核糖基化、脱氨基化、N6-甲酰化及糖基化修饰，将在下面进行讨论。

35.2.3.1 组蛋白精氨酸瓜氨酸化

组蛋白精氨酸残基可能像赖氨酸一样被甲基化，这种修饰是由 PRMT 酶家族催化的。未修饰或单甲基化的组蛋白精氨酸残基，也可以通过水解为瓜氨酸而被修饰，这一过程称为瓜氨酸化或去亚胺化。这就像组蛋白乙酰化一样，正电荷的去除是由分区结构域和锚定结构域（PAD 或 PADI）所催化的。在 PAD 家族中，只有 PAD4 具有核定位信号，并被清楚显示与去亚胺酸/瓜氨酸组蛋白 H3（Arg 残基 2，8，17，26）、H2A、H4（Arg3）和 H1R54 有关（Wang et al.，2004；Tanikawa et al.，2012；Christophorou et al.，2014），尽管最近的一份报告显示 PAD2 导致 H3R26 发生脱亚氨化作用（Zhang et al.，2012b）。组蛋白尾部的瓜氨酸化与染色质去致密化有关，但该过程被严格调控，所以只会发生在原始多能干细胞（即胚胎干细胞或内细胞团细胞）中，有利于关键干细胞基因的转录激活，或者在髓细胞中作为炎症刺激免疫反应的一部分。干细胞位点的 H1 特异性去亚胺化似乎是 PAD4 通过基态多能细胞中 H1 在染色质上的减弱和最终位移而影响染色质去核化的一种机制（Christophorou et al.，2014）。在某些情况下，H3R8 的瓜氨酸化也可能有助于染色质的去浓缩，可能是通过干扰 HP1a 与 H3K9me3 的结合（Sharma et al.，2012）。鉴于 PAD4 在许多肿瘤组织和细胞系［如非小细胞肺癌（NSCLC）、卵巢癌、乳腺癌和肝癌］中的表达较正常组织或良性增生组织中更高（Chang et al.，2009），观察 PAD4 是否有助于肿瘤的发生将是很有趣的。可以想象，这可能通过促进染色质去浓缩，导致多能干细胞基因的激活，或干扰 HP1b 异染色质，或通过参与下面描述的 p53 通路的基因抑制作用而发生。

瓜氨酸化可能具有抑制基因表达的作用，其首次报道与 HDAC1 结合，并介导雌激素调控基因的组蛋白去乙酰化（Cuthbert et al.，2004；Wang et al.，2004；Denis et al.，2009）。在结直肠肿瘤细胞中，PAD4 缺失具有抗肿瘤作用，可增加 p53 靶基因（p21、GADD45、PUMA）的表达，并诱导细胞周期阻滞和凋亡（Li et al., 2008)。由于 p53 和 PAD4 直接相互作用，因此不确定 PAD4 是否通过支架效应、脱氨酶活性或两者的组合在这些细胞中发挥作用。

越来越多的证据表明，人们对开发用于治疗癌症以及可能炎症性疾病的 PAD 抑制剂（尤其是 PAD2 和 PAD4）非常感兴趣。目前，PAD 抑制剂正处于临床前的早期开发阶段，因此需要更多的时间来了解这些靶向表观遗传疗法的治疗潜力。

35.2.3.2 组蛋白赖氨酸 ADP-核糖基化

在细胞周期中，DNA 被一系列精心设计的机制破坏和修复，这些机制已经进化为保存基因组完整性。尽管癌症可能是由于 DNA 修复不正确/不完全导致的，但也可以利用 DNA 修复机制的靶向抑制来杀死癌细胞。一种临床范例是在细胞毒性化学疗法治疗后干扰肿瘤修复其 DNA 的能力（如化疗增敏）。

赖氨酸残基 ADP-核糖基化是一种相对罕见的组蛋白修饰，发生在小于 1% 的组蛋白中，特别是在单 DNA 链断裂的情况下观察到（Boulikas，1989）。一些 NAD^+ 依赖的聚（ADP-核糖）聚合酶（PARP），最近更多的是指 ADP-核糖转移酶（ART）、它们 ADP-核糖基化组蛋白和非组蛋白，就像一些去乙酰化酶（Stunkel and Campbell，2011）。PARP1（ARTD1）是最典型的组蛋白 ADP-核糖基化酶，可被环境应力（如 DNA 损伤）激活，据报道，它可对所有核心组蛋白的氨基末端尾巴进行 ADP 核糖化，特别是在 H2AK13、H2BK30、H3K27、H3K37 和 H4K16（Messner et al.，2010）。这种 PTM 被认为会引起染色质的不平衡，并招募 DNA 修复机制。有趣的是，H4K16 的乙酰化抑制了 PARP1 的 ADP-核糖基化（Messner et al.，2010）。这是第一个直接证据表明赖氨酸 ADP-核糖基和乙酰化标记之间存在 PTM 串扰。有趣的是，一组含有超大域结构域的蛋白质已显示为单 ADP-核糖基水解酶，并定义了一类使单 ADP-核糖基化成为可逆修饰的酶（Rosenthal et al.，2013）。

响应 DNA 损伤修复对于维持基因组稳定性是至关重要的，并且在癌细胞中典型地缺少 DNA 修复通路。对于组蛋白 ADP-核糖基化和单个 PARP 酶在染色质功能中的生物学作用的功能性理解仍处于早期。尽管如此，在 DNA 修复过程中观察到的组蛋白 ADP-核糖基化和 PARP1 已经促使在乳腺癌和卵巢癌的治疗中使用 PARP1 抑制剂。PARP1 抑制剂（olaparib）在已经发生 BRCA1 或 2 基因突变的癌细胞中诱导合成致死（即当两个或多个突变共同导致细胞致死时）。BRCA 蛋白是通过同源重组（在 35.1.4.3 节中讨论）的双链断裂（DSB）修复途径的重要组成部分，并且在其不存在的情况下，癌细胞会依赖于 PARP1 依赖性 DNA 修复途径。因此，在 BRCA 突变型癌症中使用 PARP1 抑制剂会导致肿瘤细胞死亡，而正常细胞由于其仍然完整地依赖 BRCA1 的 DNA 损伤修复途径而得以存活。通过临床试验（乳腺癌、结肠直肠癌和卵巢癌）的几种 PARP 抑制剂尽管尚未获得批准，但也证明了与组蛋白 ADP-核糖基化抑制剂平行的临床方法。

35.2.3.3 其他与癌症有关的组蛋白 PTM

组蛋白 PTM 的一个相对较新的进展是组蛋白赖氨酸脱氨化修饰。通过对其写入器赖氨酰氧化酶类 2（LOXL2）的遗传研究，该 PTM 似乎已在癌症进展和转移中发挥了已知作用。组蛋白 H3K4me3 可以被 LOXL2 脱氨基，这种酶活性需要使肿瘤抑制基因 CDH1 沉默，并诱导上皮到间质的转变，通常与乳腺癌细胞中的转移相关（Herranz et al.，2012）。

组蛋白赖氨酸残基的 N6-纤维蛋白化是最罕见的组蛋白 PTM 之一，其丰度非常低（酸溶性染色质蛋白中所有赖氨酸的 0.04%～0.1%）（Jiang et al.，2007）。连接组蛋白 H1 最常被 N-甲酰化（13 个残基），但核心组蛋白也包含 Lys 纤维蛋白化的多个位点（H2A、H2B、H3 和 H4 总共 19 个位点）（Jiang et al.，2007；Wisniewski et al.，2008）。赖氨酸的纤维化在氧化应激期间增加（Jiang et al.，2007），这与包括癌症在内的多种疾病有关。N6-赖氨酸组蛋白甲酰化的生物学相关性可能在于其破坏其他组蛋白赖氨酸标记介导的基因表达的潜力。例如，在 H3K79 处观察到 N-纤维化，这可能会干扰由 DOT1L 催化的该部位的甲基化，而

DOT1L 是与 MLL 重排的白血病相关的靶标。赖氨酸 N-纤维蛋白化与乙酰化或甲基化之间的特异性交叉作用尚未得到证实，与组蛋白纤维蛋白化也没有明确的疾病关联。

组蛋白 PTM 不限于 Arg 和 Lys 残基。长期以来，组蛋白 Ser 或 Thr 磷酸化是参与细胞对 DNA 损伤反应的重要 PTM（Rossetto et al.，2012）。例如，在 DNA 损伤后不久，H2A.X 在第 139 位色氨酸磷酸化，划定了 DNA 损伤周围的染色质区域。

最近，核心组蛋白的 H2A 的 Thr101、H2B 的 Ser36 和 H4 的 Ser47 的 Ser 和 Thr 残基的 O-GlcNAc 糖基化（β-N-乙酰氨基葡糖胺的加成）被报道，尽管更多的残基被认为可能受到这种修饰（Sakabe et al.，2010）。PTM 在热休克和细胞周期有丝分裂阶段增加。已知的 O-GlcNAc 糖基化位点也被磷酸化修饰，后者对 H2A-H2B 二聚化可能是重要的。这表明 O-GlcNAc 糖基化可能会干扰被磷酸化的残基，因此，解释了在热休克后 O-GlcNAc 糖基转移酶（OGT）过表达或 O-GlcNAc 糖基化被触发时观察到的染色质凝缩增加的现象（Hanover，2010）。因此，热休克期间组蛋白 O-GlcNAc 糖基化的增加，同时伴有 DNA 凝缩，提示可能在 DNA 损伤中起作用。

最近发现，OGT 在转录起始位点表现为 10-11 易位（TET）2 依赖性，这提示 DNA 5-羟甲基化和 O-GlcNAc 糖基化调控基因表达的组合效应（Chen et al.，2013）。总的来说，这些发现表明，OGT 可能在转录调控、DNA 损伤以及癌症中发挥作用，特别是考虑到 OGT 伴侣 TET2 是一种已知的肿瘤抑制因子，参与骨髓增生性疾病［见第 34 章（Baylin and Jones，2014）］。

35.2.4 组蛋白修饰之间的串扰

如上所述，组蛋白可以用多种 PTM 修饰，呈现出多种组合样式（Jenuwein and Allis，2001）。这些可以发生在组蛋白八聚体中的四个核心组蛋白中的任何一个（组蛋白 H2A、H2B、H3 和 H4 各有两个拷贝），甚至可能在核小体中相同组蛋白的尾部或核小体之间存在差异（图 35-3）（Ruthenburg et al.，2007）。毫无疑

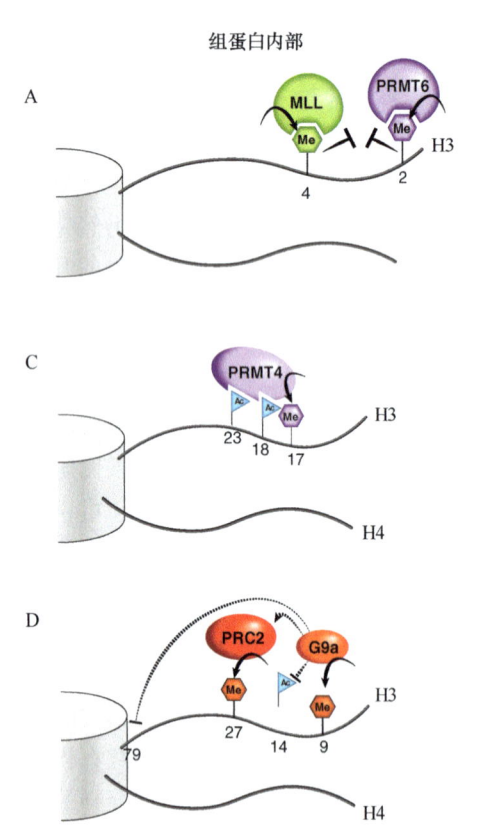

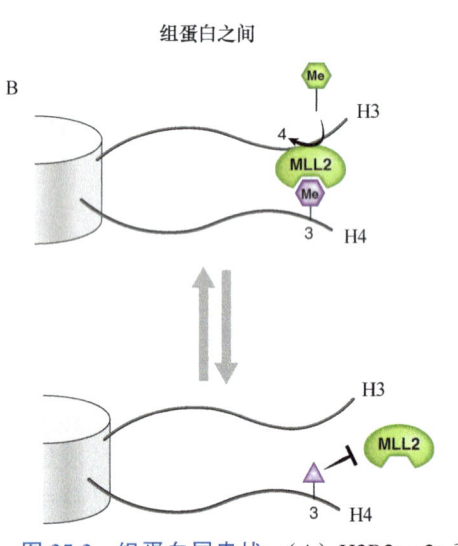

图 35-3 组蛋白尾串扰。（A）H3R2me2a 和 H3K4 甲基化是组蛋白内 H3 PTM 相互排斥的例子。（B）组蛋白间串扰的一个例子是，H4R3me0 或 H4R3me2a 标记（紫色六边形）转化为 H4R3me2（紫色三角形），认为 H4R3me2 通过其 PHD4-6 结构域阻断了 MLL2 的结合，从而抑制了 MLL2 在 H3K4 位点的甲基转移酶活性。（C）PRMT4，一种组蛋白精氨酸甲基转移酶，被认为部分依赖于 K18 和 K23 处的 H3 乙酰化来招募至 H3 并随后导致邻近 R17 残基二甲基化。（D）组蛋白 H3 尾部串扰越来越复杂的图像，涉及 H3K9、H3K27、H3K79 甲基化和 H3K14 乙酰化。有关更详细的解释，请参阅正文。

问，PTM 与癌症有关。虽然单一标记已被概括为激活型（如 H3K9ac、H3K4me3）或抑制型（H3K9me3、H3K27me3）（Ruthenburg et al., 2007; Zhu et al., 2013），但很明显，某些 PTM 会影响其他标记的书写或阅读能力（Ruthenburg et al., 2007; Suganuma and Workman, 2008）。提取哪些是驱动肿瘤发生的重要修饰，而哪些是乘客，这是该领域的主要努力方向。由于 PTM 之间会发生多次交互（通常称为串扰），因此使情况变得复杂。本节介绍了一些与我们对表观遗传学作用在癌症中的理解有关的例子。

35.2.4.1 组蛋白赖氨酸和精氨酸甲基化的串扰

在某些情况下，组蛋白 PTM 可以用作排除标记，从而防止其他标记的出现和（或）染色质阅读器的结合（Migliori et al., 2010）。例如，H3K4me3 的存在似乎抑制了 PRMT6 沉积 H3R2me2a 标记（Guccione et al., 2007; Hyllus et al., 2007）；相反，H3R2me2a 标记可防止 MLL 络合物使 H3K4 甲基化，从而使这些标记的共存互斥（图 35-3A）。排除标记的另一个例子是 PRMT7 促进 H4R3（H4R3me2s）的对称二甲基化，抑制 MLL2 依赖的靶基因的表达（Dhar et al., 2012）。PRMT7 敲低导致 MLL2 催化的 H3K4 甲基化增加，表明这些甲基化位点之间存在负相关关系。已有的假说认为 H4R3me2 标记可能会阻止 MLL2 内的串联 PHD4-6 阅读器结构域结合，该结构域通常识别 H4R3meO 或 H4R3me2a，并且是其甲基转移酶活性所必需的（图 35-3B）（Dhar et al., 2012）。这样，两个组蛋白 H3 和 H4 的尾部可以通过上下文相互作用来决定靶基因的表达。

35.2.4.2 顺式组蛋白串扰

组蛋白赖氨酸乙酰化和精氨酸甲基化也可以协同作用定位和激活其他甲基转移酶。已经提出了一种顺序过程，其中雌激素刺激 CBP/EP300 首先使 H3K18 乙酰化，然后使 H3K23 乙酰化，最后将 PRMT4 吸引到组蛋白尾巴上，在这里它二甲基化 H3R17（Daujat et al., 2002）。已显示体外组蛋白 H3K18/K23 乙酰化将重组 PRMT4 束缚在 H3 尾部，以有效催化精氨酸二甲基化（图 35-3C）并激活雌激素依赖性基因。

组蛋白甲基化和磷酸化可以通过相互调控的方式相互作用。一个关键的例子是甲基化赖氨酸的克罗莫结构域识别可以被相邻的磷酸化事件破坏。H3K9me3 对于将异染色质蛋白 1（HP1）招募到不同的染色体区域非常重要，这是异染色质形成所必需的，从而最终调节基因表达（Stewart et al., 2005）。与三甲基化 H3（H3K9me3S10ph）相邻的 H3 丝氨酸 10 磷酸化（由 Aurora B 催化）导致 HP1 在 M 期从异染色质解离并允许有丝分裂进程（Fischle et al., 2005; Hirota et al., 2005）。这显然是由于 HP1 与 H3K9me3 的染色体结构域结合被破坏而发生的（第 3 章图 3-12）。

随着现代质谱法和相应分析工具的出现，可以从细胞提取物中同时查询全基因组上的组蛋白标记。当敲低 G9a/GLP-1（EHMT1/EHMT2）时，HEK293 细胞的质谱分析提供了一个示例，不仅揭示了预期的甲基转移酶产物 H3K9me1 和 H3K9me2（主要是 H3K9me2）的减少，DOT1L 的添加也增加了与基因表达相关的标记 H3K79me2 水平（Plazas-Mayorca et al., 2010）。另外，在含有 H3K14 乙酰化的肽上观察到 H3K9me2 的最大减少。这些标记变化的生物学意义尚不清楚，但可以推断出 G9a/GLP-1、H3K9me2、H3K79me2 和 H3K14ac 之间的串扰（图 35-3D）。可以想到，H3K9me2 和 H3K14ac 是表示条件表观遗传开关形式的互斥标记。由于 PRC2 的募集显示依赖于 G9a 和 GLP-1 的关联，使情况进一步复杂化，因此影响了介导基因沉默的靶基因上 H3K27me3 的程度（Mozzetta et al., 2014）。这表明 H3K27me3 和 H3K9 甲基化之间有额外的相互作用，这两者都是典型的抑制标记。最终，将原发染色质的变化与癌症联系起来，然后确定串扰如何对癌症做出贡献的挑战是该领域的关键问题。对这些标记的清晰理解受到了两方面的限制：一是缺少用于查询这些标记的检测；二是我们解释阅读者自身在染色质修饰的功能输出中所扮演角色的能力。

35.2.4.3 基因损伤修复：泛素化与其他串扰 PTM

DNA 损伤的修复是一项重要的细胞功能，需要一个快速的动态反应。重要的是要注意，修复必须发生在染色质的背景下，并涉及广泛的染色质重塑。完全修复功能的丧失对细胞是致命的；然而，在癌症中，通常会有部分功能的丧失，伴随着基因组不稳定性和突变率的增加。DNA 损伤位点周围组蛋白的 PTM 和招募的修复蛋白是调控这一过程的核心手段。事实上，我们目前对在染色质层面研究哺乳动物 DNA 修复的结果表明，组蛋白 PTM 经常作为招募或者结合 DNA 修复蛋白的信号，包括广泛的串扰，进而发挥核心作用。特别是泛素化，是激活修复途径的第一个关键修饰之一。泛素化发生在组蛋白赖氨酸残基，正如已经讨论的乙酰化和甲基化修饰。

DNA 损伤反应的最早阶段之一是 H2AX 在 RNF2-BMI1 复合物（PRC1 复合物的组成部分）介导的 Lys119/Lys120 位点发生单核苷酸双核苷酸化。这对于招募早期 DNA 损伤传感器是必要的。它们包括 ATM 蛋白，可以磷酸化组蛋白变体 H2AX 形成 γ-H2AX，在 DNA 断裂端形成 MRN 复合物及 MDC1（图 35-4B）(Ginjala et al., 2011; Pan et al., 2011; Panier and Durocher, 2013)。由于 RNF2-BMI1 复合物耗尽，细胞的 DNA 修复能力受损，对电离辐射的敏感性增加（Pan et al., 2011），人们试图推测 H2AX 单泛素化的药理抑制剂可能在癌症中充当放射增敏剂。顺便说一下，H2A 在 Lys119 位点的单核苷酸化也参与了通过 PRC 蛋白的转录抑制，如 RING1A 和 1B 泛素连接酶（de Napoles et al., 2004; Fang et al., 2004; Endoh et al., 2008; Trojer et al., 2011）。在成神经管细胞瘤和其他恶性肿瘤中，BMI-1 作为癌基因发挥作用，尽管其不正常似乎主要影响其作为干细胞因子的功能［见第 17 章（Grossniklaus and Paro, 2014）］。考虑到 BMI-1 的双重作用，将其作为药物靶点时很难区分其作用，必须兼顾两者的功能。RING1B 被认为是控制早期骨髓祖细胞和成熟骨髓细胞之间的平衡（Cales et al., 2008）；潜在的功能障碍可能导致骨髓功能障碍和（或）恶性肿瘤。事实上，在缺乏肿瘤抑制因子 *Ink4a* 的情况下，RING1B 缺乏会导致造血肿瘤的加速发生（Cales et al., 2008）。

H2B 在 Lys120 位点的单泛素化也被诱导到 DNA 损伤部位，这是 DNA DSB 修复所必需的（Prinder et al., 2013）。泛素连接酶 RNF20（非常有趣的新基因 RING-finger）在被 ATM 磷酸化时可能介导 H2B 泛素化。组蛋白 H2B 的泛素化反过来促进 H3K4 和 H3K79 的甲基化，这对于重塑染色质，使其进入 DNA 修复机制至关重要。重构部分是由 ISWI 复合物的 SNF2h 亚基促进的，可能是通过与甲基化的 H3K4 相互作用，因为 SNF2h 消耗减少了修复，至少是通过同源修复（HR）途径（图 35-4B）。DNA 修复通路的 H2B 泛素化分支是 DSB NHEJ 或 HR 机制的必要组成部分（Pinder et al., 2013）。

HR 通路涉及 DNA DSB 位点的 RNF8 和 RNF168 泛素连接酶在 Lys63 位点的 H2A 或 H2AX 多聚泛素化，作用是招募 DNA 修复因子，如 BRCA1（Doil et al., 2009; Campbell et al., 2012）。NHEJ 的修复涉及组蛋白赖氨酸 PTM 串扰来决定 53BP1 蛋白的招募，它以一种寡价反式组蛋白方式与核小体相互作用（图 35-4D）。53BP1 在 DSB 位点的集中积累取决于其串联 Tudor 结构域与二甲基化 H4K20（H4K20me2）和泛素化 H2AK15 的特异性相互作用。DSB 后快速诱导 H4K16 脱乙酰，有利于 53BP1 诱导的 DNA 损伤信号传递和 DSB 修复（Hsiao and Mizzen, 2013）。在没有 DNA 损伤的情况下，TIP60 乙酰转移酶介导的 H4K16 乙酰化抑制了 53BP1 与 H4K20me2 的相互作用（Tang et al., 2013）。在 DSB 修复启动后，组蛋白 H4K16 的乙酰化状态，实际上可能通过影响 H4K20me2 53BP1 Tudor 结构域的结合亲和力，在 BRCA1 和 53BP1 对 DSB 染色质的定位之间起到切换作用（Tang et al., 2013）。与 BRCA1 DSB 定位和 HRR 相比，这些组蛋白修饰（H4K16ac、H4K20me2）可以平衡 NHEJ 的 53BP1 DSB 染色质占用（图 35-4）。

综上所述，DSB 修复是一个涉及多种蛋白质和 PTM 的复杂过程。当突变时，这些因素中的许多都会导致癌症，其中 TIP60、BRCA1、53BP1 被证实具有抑癌功能，从而使这些蛋白质以及其他参与 DNA 修复通路的表观遗传修饰蛋白成为潜在的肿瘤药物靶点。相反，如果肿瘤的 DNA 损伤修复途径被靶向药物（如表观遗传疗法）干扰，则肿瘤可能更容易受到标准的细胞毒性疗法的影响。

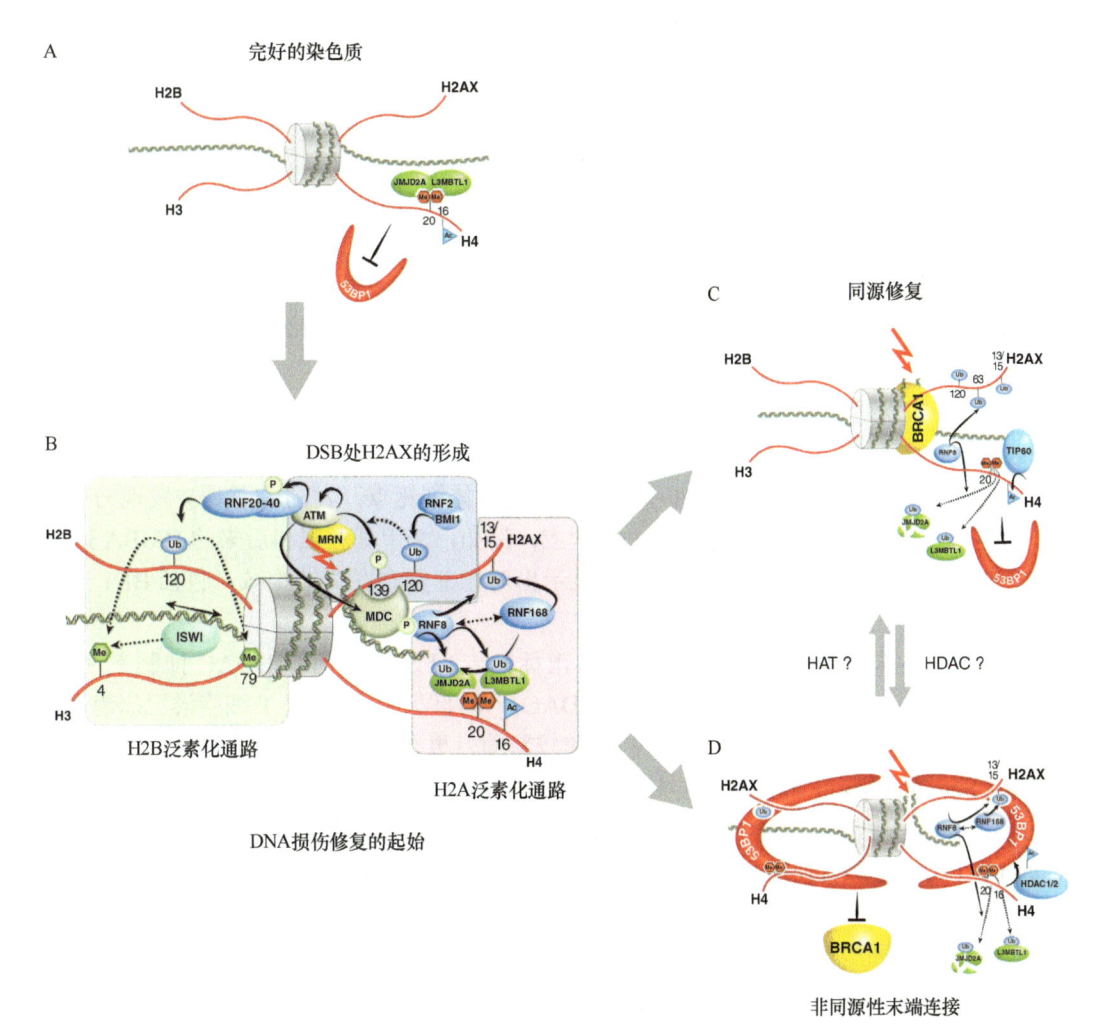

图 35-4 组蛋白 PTM 在 DNA 损伤修复中的作用。（A）在 DNA 损伤之前，L3MBTLI 和 JMID2A（也可能是 JMID2B）通过 Tudor 结构域与 H4K20me2（红色六边形）结合，阻碍了 DNA 修复蛋白如 53BPI 的进入。（B）当双链 DNA 断裂发生时（红色箭头），DNA 损伤感知蛋白，如 MRN，启动蛋白级联和组蛋白尾 PTM（蓝色阴影区）而起作用。特别是，H2A 在 S139 位点的磷酸化表示 H2A 转化为 H2A.X。随后的染色质去除事件是 H2B 泛素化的结果（绿阴影区），而 H2A 的进一步泛素化改变了局部的染色质结构（粉红色阴影区域）。后一种 RNF8/RNF168-过氧化氢的 H2A 泛素化途径也多聚泛素化 JMJD2A/B，而 L3MBTL1 被 RNF8 介导的泛素化去除。这使得 DNA 中的 DSB 通过同源重组修复（HRR）进行修复，即连接发生在两条相似或相同的 DNA 链（C）之间；或通过非同源端连接（NHEJ），即两个 DNA 端直接连接，通常没有序列同源，尽管在某些情况下使用了微同源区域（D）。（C）在 HRR 过程中，TIP60 乙酰化 H4K16，RNF8 泛素化 H2AK63，选择性地允许 BRCA1 结合，但不允许 53BP1 结合。（D）如果需要 NHEJ，H4K16 被去乙酰化（可能是 HDAC1，2），H2AK15 被泛素化。53BP1 同时与 H4K20me2 和 H2AK15ub 结合，而 BRCAl 被排除在外。为了说明 53BP1 寡聚体的形成，在这个图片中只显示了组蛋白 H4 和 H2AX 尾部。

35.3 靶向组蛋白修饰的药物发现中的挑战

表观药物治疗能够停止，甚至阻止致癌过程的两种可能模式是：①抑制致癌基因和（或）激活由表观遗传过程解除抑制的肿瘤抑制基因（Baylin and Ohm，2006；Jones and Baylin，2007）；②克服化疗耐药性。目前正在开发的"表观遗传"药物主要针对组蛋白修饰酶、组蛋白阅读者或其他染色质相关蛋白。

35.3.1 表观遗传学和耐药性

有证据表明，癌症化疗耐药性存在表观遗传学基础。由于几乎所有形式的癌症治疗都会产生耐药性，克服耐药性仍然是癌症治疗改善取得积极和持久结果的最大障碍。归因于耐药性的表观遗传学改变的例子包括：35.2.2.2 节中提到的 KDM5A 和在顺铂化疗期间观察到的 EZH2 过表达；EZH2 过表达导致基因阻抑和细胞增殖增强（Hu et al., 2010; Crea et al., 2011）。显然，需要进行更多的研究来了解表观遗传改变导致耐药性的机制，以及如何根据个体的药物和/或（表观）基因组特征恰当地将表观药物治疗应用于患者。

35.3.2 被批准的表观遗传药物

表观遗传药物最早的临床应用实际上并不是针对组蛋白修饰靶点开发的，而是被发现与染色质修饰因子相互作用，并在事后通过这些靶点表达其生物学效应。例如，二甲基亚砜和后来的 HMBA 试剂尽管自 20 世纪 50 年代就进行了治疗性探索，但直到最近才显示出对一部分布罗莫结构域（包括 BET 家族）的抑制作用。

迄今为止，已被临床批准的针对组蛋白修饰靶标的专门设计试剂是 HDAC 抑制剂（见图 35-5 和图 35-6）。这些药物（Zolinza、Istodax）广泛抑制 HDAC，并且仅在少数皮肤 T 细胞淋巴瘤患者中显示单药活性。目前正在进行大量的临床试验，将这些药物和较新的、更有亚型选择性的 HDAC 抑制剂［一些例子见第 5 章图 5-8（Seto and Yoshida, 2014）］与标准治疗药物结合使用，希望扩大这些治疗的效用。鉴于表观遗传疗法的早期成功，尤其是与骨髓增生异常综合征和 AML 联合使用时（尤其是与 HDAC 和 DNA 甲基化抑制剂 Vidaza 和 Dacogen 联合使用），人们对生产针对其他组蛋白修饰蛋白质的选择性药物产生了浓厚兴趣。

35.3.3 表观遗传药物的发现过程

开发新的表观遗传疗法的热情被表观遗传学靶向药物发现过程中面临的挑战削弱了（表 35-1）。尽管有一些变化，当代药物发现通常包括三个阶段：目标识别/验证，先导物生成，先导物优化。然后，经过优化

图 35-5 表观遗传药物的发展现状。 KDMi，赖氨酸去甲基化酶抑制剂；KMTi，赖氨酸甲基转移酶抑制剂；HATi，组蛋白乙酰转移酶抑制剂；HDACi，组蛋白去乙酰化酶抑制剂；BETi，布罗莫结构域和外羧基末端域抑制剂；DNMTi，DNA 甲基转移酶抑制剂。

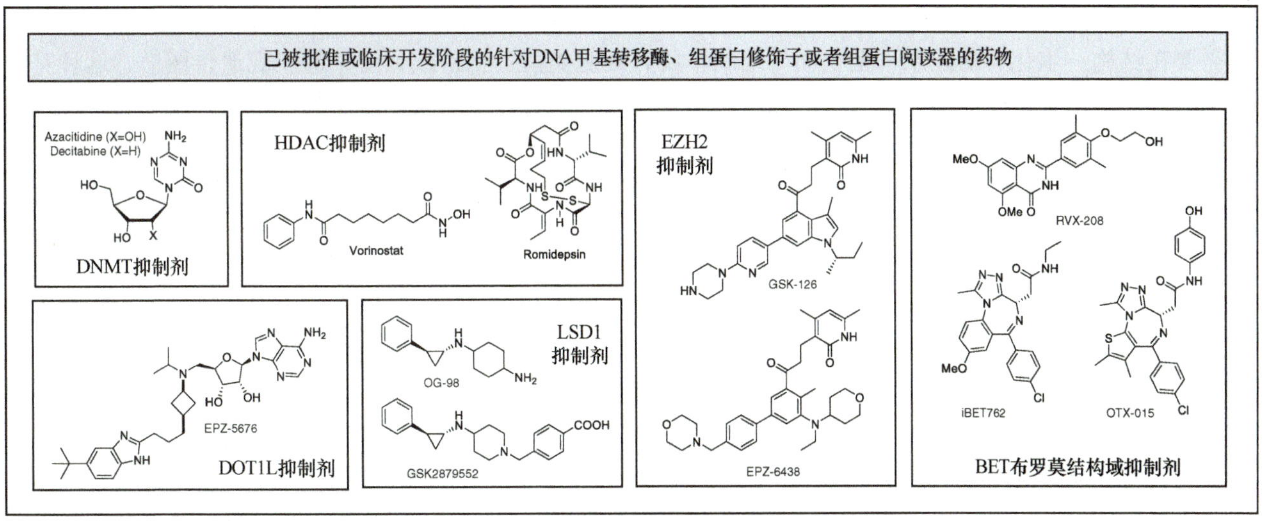

图 35-6 肿瘤学中靶向 DNA 甲基化、组蛋白修饰和组蛋白阅读器的代表性药物结构。

的先导化合物进入一个同样由多个阶段组成的流水线。这些阶段可分为临床前（或早期开发）阶段、临床阶段（通常进一步细分为阶段 1、2 和 3）和注册/批准阶段。尽管学术界、工业界和监管机构做出了无数努力来简化这一过程，但从开始到结束，这一发现/开发过程可能需要十多年的时间。

表 35-1　表观遗传药物研发的挑战

	面临的问题
靶标选择	活跃突变位点少、发生易位事件或已知其合成与致死相关的。
	难于理解那些易发生表观突变的超大型复合物中的功能性突变的变化。
	针对表观蛋白和组蛋白特异性修饰的质量高、特异性好的抗体很少（例如，确认靶标表达，靶标与标记的连接）。
	生物学驱动的癌症表型未知或了解甚少。
	组蛋白与非组蛋白底物在表观靶点上的作用尚不清楚。
化学筛选	现有的化学药物文库多样性可能不足，难以提供好的研发起点。
	很少有蛋白质的晶体结构被解析。如果没有复合物的结构，是否能反映完整复合物的功能？不同的复合物可能具有不同功能。
	不同的酶/伴侣/底物组合可能产生不同的 SAR。
实验发展	用于信号临界值、灵敏度、重复性检测体系的参考化合物溃泛。
	用于检测的条件可能不当，不能达到最佳的灵敏度（例如，酶只有在合适的复合物中才与相关底物结合，并实现其足够的效率）。
	很难产生有活性的酶，可能需要多聚复合体和特异性底物（核小体、组蛋白、非组蛋白）的共表达。
	针对表观蛋白和组蛋白特异性修饰（量化标记或靶基因产物）的好抗体缺乏。
	染色质连接蛋白和重塑因子在细胞内的确切功能难以解读。
体内生物学	组蛋白修饰和靶基因变化缓慢，需要更长时间的研究结果来评估其靶向效果［药效学（PD）生物标志物］。
	开展研究可能需要质量更高的化合物，PK 性质的优化甚至比传统范式要求更早。
	可能需要有突变、易位的肿瘤新模型。
毒理学	特异性靶向异构体的表观治疗的急性和（或）慢性效应有待了解。
	用基因敲除动物研究的数据很少；但诱导性敲除株系，尤其是显性负突变的材料更溃泛，技术上也具有很大的挑战性。
临床	如果不是激活型突变（过表达，基因图谱？），选择合适的病人进行治疗则更具挑战性。
	确定和实施合适的 PD 标记（PTM、靶基因、替代组织或肿瘤？）
	转移部位的表观变化与原发肿瘤不同，临床上这些部位会被靶向吗？

注：改编自 Campbell and Tummino，2014，获得了美国临床研究协会的许可。

表观遗传药物在发现和开发的每个阶段都面临一些独特的挑战。例如，在目标识别/验证阶段，我们仍然需要在结构、生化和功能水平上全面"绘制"所有细胞类型（正常或致瘤）的表观遗传图谱。这种基本知识的缺乏引出了许多实际的和科学的问题，这些问题必须在药物发现过程中加以考虑。挑战包括：确定与疾病最相关的靶点，理解相关的生物学，用有限的工具（如蛋白质、抗体等）发展生物学相关的化验，以及用很少的化学起始点找到合适的小分子激活剂或抑制剂。特定靶点（如 MLL2，一个特别的 KMT）的癌症相关性通常通过对患者肿瘤的基因组分析来确定；这可能揭示突变、易位、重排、融合、扩增或拷贝数变化。额外的实验数据也被用来证实它们在癌症中的作用，如检测合成致死率或基因沉默。尽管对这些分析有益，但使用 RNA 沉默获得的实验数据必须谨慎解释，尤其是对于表观遗传酶，因为敲除会破坏蛋白质复合物，不一定与催化活性直接相关。使用不具有催化活性的"显性抑制"突变体配合选择性小分子激活剂/抑制剂可以提供更多信息。一个靶点在肿瘤学中的临床相关性，特别是在没有修饰它的工具化合物的情况下，可以通过将靶点的表达与死亡率、无病生存和（或）化疗耐药性的发展相关联来推断。

现代靶向化疗的最终目标是为最有可能产生反应的患者量身定制药物。这一努力的成功需要对患者、他们的肿瘤，以及驱动肿瘤生长和转移的潜在生物学有彻底了解。表观遗传学靶点，以及药物开发的良好焦点，越来越被证明是癌症病因学和化疗反应的良好生物标志物。这可以通过跟踪各种组蛋白标记变化、靶基因和（或）下游基因表达模式来确定（例如，寻找过度表达、野生型表达、突变、易位或作为融合蛋白的伴侣，如图 35-2 所示）。因此，突变或融合蛋白的存在或缺失可以提供一个双重的患者定制标记。例如，在淋巴瘤亚群中观察到 EZH2 激活突变，为这类淋巴瘤提供了生物标记（Yap et al.，2011；Majer et al.，2012；McCabe et al.，2012），而重组白血病中的 MLL 融合蛋白改变了 DOT1L 依赖性 H3K79 甲基化谱，这也是 MLL-重组癌症的生物标志物（Bernt and Armstrong，2011）。然而，除了 EZH2，在人类肿瘤中发现的表观激活突变或易位很少；许多表观基因的改变被预测会导致功能的丧失［即肿瘤抑制功能的丧失，在第 34 章（Baylin and Jones，2014）中对此进行了广泛讨论］或功能的改变，后者并不构成直接的过度表达的结果。这使得表观遗传靶向和患者定制相当具有挑战性——也就是说，当目标被删除、被截断或发生不利变化时，如何"重新激活"目标？

一旦一个引人注目的靶点被确定和选择，一系列的分析方法被构建来筛选化合物并最终优化此类药物的性质。最初的高通量筛选试验通常是生化和分析性质的，研究蛋白质-蛋白质相互作用和催化活性的破坏或增强。至关重要的是，这些生化分析反映（或至少通常是预测）人们希望调节活跃过程的细胞环境。例如，染色质修饰蛋白可以存在于异源多聚体复合物（例如，PRC1、PRC2、COMPASS）中，从而可以募集或交换伴侣和酶底物以引发特定的生物学反应。因此可以想象，用多种蛋白质形式（例如，缺乏其非多肽部分的载脂蛋白与复合形式）或使用多种底物形式［即肽（V.S）蛋白质/组蛋白、核心组蛋白或核小体，如第 7 章 7.16.2 节中所述（Patel，2014）］进行筛选时，可以获得不同的结果。由于许多表观遗传酶可以翻译后修饰非组蛋白靶标，因此酶底物的选择更加复杂。已知的例子有 HDAC6、SIRT1、SIRT2、SET7/9、SETD8、SMYD2、PRMT5 和 EHMT2/G9a（Hubbert et al.，2002；Huang et al.，2006；Shi et al.，2007；Pradhan et al.，2009；Karkhanis et al.，2011；Stunkel and Campbell，2011）。

"工具化合物"或化学探针的存在可以理解从生化法到细胞法的转化，使我们更接近于阐明体内生物学功能。这种特定的表观遗传探针的收集目前相当有限；不过，扩大这类工具收集的努力继续取得进展。一种工具化合物，例如，S-腺苷甲硫氨酸（SAM）类似物——Sinefungin，可以用于赖氨酸和精氨酸组蛋白甲基转移酶的 SAM 依赖性酶测定，但细胞渗透性差。其他可使用的工具是最近描述的选择性细胞活性抑制剂 EZH2、DOT1L、SMYD2、G9a/GLP1、PRMT3、JMJD3、LSD1、BET（BRD2-4）、L3MBTL1、L3MBTL3、CBP/EP300、PCAF 和 BAZ 布罗莫结构域（Arrowsmith et al.，2012；Muller and Brown，2012；James et al.，2013；Gallenkamp et al.，2014）。预计这些和未来的化学工具将大大促进分析的发展及我们对目标生物学的理解。但是，有必要注意的是，尽管探针在揭示抑制型染色质修饰因子及其阅读蛋白的特定区域的机制和表型方面可能是强大的，但这些数据显然取决于探针的质量、实验的精心设计和旨在监测其识别效率的分析，这样获得的结果才能最直接地联系到具体的目标。随着越来越多的数据被产生以及更多的靶标被鉴定，必须继续研究探针的特异性和细胞靶标结合的能力［即特异性调节下游靶标依赖性生物学（如组蛋白修饰变化）的能力］，以确保正确解释观察到的生物学现象。

鉴定具有足够效力、选择性和细胞通透性的化学探针分子的挑战表明，传统化学文库可能缺乏最相关的化学型，并且筛选方法也不是最佳的。因此，人们正在探索新的化学多样性，特别是使用小分子质量片段方法，并产生底物或辅因子类似物，例如，与组蛋白甲基转移酶靶标一起使用的 SAM 和 Lys/Arg 肽模拟物。越来越多的晶体结构问题被解决以方便药物设计，其中一些问题在本书的结构章节中进行了介绍［见第 6 章（Cheng，2014）；第 4 章（Marmorstein and Zhou，2014）；第 7 章（Patel，2014）；第 5 章（Seto and Yoshida，2014）］。然而，代表蛋白复合物或小分子调制器结合的结构仍然太少，这个问题在第 7 章 7.16.2 节中讨论（Patel，2014）。

以表观遗传学为目标的药物发现尚处于起步阶段，但正在稳步发展，以克服监控其目标的独特挑战。理想情况下，要想获得成功，必须组装一个全面的"表观遗传学工具箱"，以测试和更好地理解显性生物学、相关组蛋白标记（或非组蛋白 PTM）、结构生物学、适当的体外测定、先导药物和靶标相互作用的药效学，以及对患者进行个性化的生物标记（也许，这是当今具有药物优势的遗传特征所面临的主要挑战，以反映敏感性的真正表观遗传基础）。还必须确定"抗靶标"作用的可能性（即与另一个靶标的作用），这可能会导致临床上难以控制的毒性。

为了加快表观药物开发工具的生产，出现了一种新的范式，通过这种范式，公私伙伴关系（如结构基因组学联盟）联合起来生产开发市场急需的表观遗传化学探针、检测体系、抗体和 X 射线晶体结构。其他大型团队的工作包括对患者肿瘤进行测序（外显子组和下一代），以及对基因组特征的肿瘤细胞系进行合成致死筛选。这有助于确定表观遗传目标机会，并确定对治疗干预敏感的患者群体。预计在今后几年内，由于这些通力合作和资源共享将取得重大进展。这种进展正以越来越快的速度发生，如图 35-5 所示，针对组蛋白修饰和修饰剂的早期药物现在正进展到临床开发阶段。除了最初的 DNA 甲基转移酶和 HDAC 药物已获批准外，针对 BET 布罗莫结构域的新化学实体已被多个赞助商纳入多种癌症的临床研究（图 35-5 和图 35-6）。同样，组蛋白甲基转移酶 DOT1L 和 EZH2 的小分子抑制剂，以及组蛋白去甲基化酶 LSD1 的抑制剂，也已经进入临床阶段。来自这些和后续研究的数据对于我们进一步理解组蛋白修饰和组蛋白修饰酶（以及它们的阅读器）在癌症起始、进展，以及最终转化为新的和改进的癌症治疗中的作用至关重要。

附　录

附录 A　癌症中的 HAT 突变

基因	常用名	癌症类型	细胞类型	组织类型	突变类型	融合蛋白
MYST 家族						
KAT5	TIP60	结直肠癌，头颈癌，胃癌	体细胞	上皮	错义，移码，无义	
KAT7	HBO1	肺癌，结直肠癌，乳腺癌，前列腺癌，卵巢癌，肉瘤	体细胞	上皮	扩增，误读，拼接	
KAT6A/MYST3	MOZ	结直肠癌，肺癌，乳腺癌，急性骨髓性白血病	体细胞	上皮，白血病/淋巴瘤	无义，错义，扩增，删除，易位	MOZ-CBP，MOZ-FP300，MOZ-TIF2，MOZ-NCOA3，MOZ-ASXL2
KAT6B/MYST4	MORF	结直肠癌，胶质母细胞瘤，肺癌，卵巢癌，急性骨髓性白血病	体细胞	上皮，白血病/淋巴瘤	无义，错义，扩增，删除，易位	MORF-CBP
MYST1	MOF	结直肠癌，胶质母细胞瘤，肺癌，卵巢癌，急性骨髓性白血病	体细胞	上皮	错义，无义，删除	

续表

基因	常用名	癌症类型	细胞类型	组织类型	突变类型	融合蛋白
GNAT 家族						
KAT2A	GCN5	乳腺癌，结直肠癌，卵巢癌，肺癌，肾癌，肉瘤	体细胞	上皮	删除，扩增	
KAT2B	PCAF	肺癌，肾癌，肉瘤，结直肠癌	体细胞	上皮	易位，无义，移码，扩增	
Orphan 家族						
EP300	p300	结直肠癌，乳腺癌，胰腺癌，AML，ALL，DLBCL（10%），NHL（7%），FL（8.7%）	体细胞	上皮，白血病，淋巴瘤	易位，无义，移码，错义以及其他	p300-MOZ，MOZ-p300
CREBBP	CBP	ALL（18.3%），AML，DLBCL（29%），NHL（21%）	体细胞	白血病，淋巴瘤	易位，无义，移码，错义，其他	CBP-MOZ，CBP-MORF，MLL-PCB
CREBBP	CBP	血液病（Rubstein-Taybe 综合征）	生殖细胞	白血病/淋巴瘤	删除	
NCOAI/KATI3A	SRCI	肺癌，结直肠癌	体细胞	上皮	错义，删除	PAX3-NCOAI
NCOA3/KATI3B	CRC-3/ACTR	结直肠癌，卵巢癌，肺癌	体细胞	上皮	无义，错义，扩增，非移码插入	NCOA3-MOZ
KATI3D	CLOCK	结直肠癌，胶质母细胞瘤，肺癌	体细胞	上皮	错义，无义，扩增，其他	
KAT4	TAFI	肺癌，结直肠癌，乳腺癌，胶质母细胞瘤，卵巢癌，肾癌	体细胞	上皮	错义，无义，剪接	

改编自 Di Cerbo and Schneider, 2013, 经牛津大学出版社许可。
NHL, B 细胞非霍奇金淋巴瘤；AML, 急性粒细胞白血病；ALL, 急性淋巴细胞性白血病；DLBCL, 弥漫大 B 细胞淋巴瘤。

附录 B 癌症中的组蛋白去乙酰化

名称	HDAC 种类	底物	与癌症的联系
HDAC1	I	H4K16，H3K56	在 ALL、CLL、霍奇金淋巴瘤、肾癌、乳腺癌、胃癌、胰腺癌和结直肠癌（与不良预后相关）、前列腺癌（高级别、激素抑制）、肺和肝细胞癌（晚期）中过表达
HDAC2	I	H4K16，H3K56	在霍奇金淋巴瘤、肾癌、肺癌、结直肠癌（息肉发生率较高）、宫颈癌、胃癌和前列腺癌过表达［与晚期和（或）预后不良相关］；MSI$^+$结肠癌、胃癌和子宫内膜肿瘤中 HDAC2 失活突变
HDAC3	I	H3K9，K14 H4K5 H4K12	在 CLL、霍奇金淋巴瘤、肾癌、胃癌、结直肠癌、前列腺癌中过表达与预后不良相关（与 HDACl、2 过表达一致）；高表达与较差的 5 年无事件生存相关
HDAC8	I	ERRα	儿童神经母细胞瘤（与晚期疾病相关；生存状况差）
HDAC4	ⅡA	不明	在乳腺癌中高表达（与肾癌、膀胱癌和结直肠肿瘤相关）；与强的松反应不良相关
HDAC5	ⅡA	p53（Sen et al., 2013）	在结直肠癌（与膀胱癌、肾癌、乳腺癌相关）和成神经管细胞瘤中高表达（与较差的总生存率相关）；在 AML 细胞中低表达
HDAC7	ⅡA	不明	在 CLL、结直肠癌（相对于膀胱癌、肾癌、乳腺癌）、胰腺癌和儿童中均有高表达（与生存状况差相关）
HDAC9	ⅡA	不明	在高级别星形细胞瘤和胶质母细胞瘤（相对于低级别星形细胞瘤和正常大脑）、肺肿瘤（相对于非肿瘤上皮细胞，尽管与无病生存没有相关性）中观察到较低的表达（Okudela et al., 2013）；而在髓母细胞瘤、CLL、费城阴性慢性骨髓增生肿瘤中观察到较高的表达，且与具有较差总体生存率的儿童期 ALL 有关

续表

名称	HDAC 种类	底物	与癌症的联系
HDAC6	ⅡB	α-微管，HSP90，皮层肌动蛋白	在 CLL、口腔鳞状细胞癌（晚期高表达）、乳腺癌（但与更好的生存率相关；对内分泌治疗的敏感性）、DLBCL 和 AML 中过表达；表达随着费城阴性慢性骨髓增生性肿瘤的进展而逐渐增加
HDAC10	ⅡB	不明	铂表达降低与肺癌预后不良相关；在慢性淋巴细胞白血病、晚期原发性神经母细胞瘤的低表达与较好的生存率相关（Oehme et al.，2013）
HDAC11	Ⅳ	不明	在混合小叶和导管乳腺癌中过表达（与正常乳腺细胞相比）（Deubzer et al.，2013）；在套膜细胞淋巴瘤（Shah et al.，2012）和 Philadepia 阴性的慢性骨髓增生性肿瘤中升高
SIRT1	Ⅲ	H4K16，H3K9，p53，p73，PTEN，FOX01，FOX03a，FOX04，NICD，MEF2，HIF-1α，HIF-2α，TAF(I)68，SREBP-1c，β-联蛋白，RelA/p65，PGC1α，BMAL1，Per2，Ku70，XPA，SMAD7，皮层蛋白，IRS-2，APE1，PCAF，TIP60，p300，SVV39H1，AceCS1，PPARγ，ER-α，ERRα，AR，LXR	在 AML、CLL、结肠癌、前列腺癌、卵巢癌、胃癌、黑色素瘤和 HCC 亚群中过表达（Chen et al.，2012a）；在膀胱癌、结肠癌、神经胶质瘤、前列腺癌（？）、卵巢肿瘤（？）中表达过低
SIRT2	Ⅲ	H4K16，H3K56，α-微管蛋白，ATP-柠檬酸化（Lin et al.，2013），SETD8（Serrano et al.，2013），CDK9（Zhang et al.，2013）	胶质母细胞瘤（与星形细胞瘤或免疫组化正常）（Imaoka et al.，2012）和 3 级 ER⁺乳腺癌（与无病生存期降低和复发频率增加相关，尽管在 2 级肿瘤中观察到相反趋势）的核表达较高（McGlynn et al.，2014）；然而，与正常组织相比，NSCLC（Li et al.，2013b）、乳腺、GBM、HCC 中总 SIRT2 的表达下降（Park et al.，2012）
SIRT3	Ⅲ	H4K16，H3K56，H3K9，GDH，IDH2，HMGCS2，SOD2，AceCS2，Ku70，LCAD，SdhA，PDHA1 和 PDP（Fan et al.，2014）	CLL 过表达（Van Damme et al.，2012）；高水平与淋巴结阳性乳腺癌相关
SIRT4	Ⅲ	GDH（ADP-核糖基化）	在 AML 细胞中低表达
SIRT5	Ⅲ	细胞色素 c，CPS1 HMGCS2 和 SOD1（去琥珀酰化）（Rardin et al.，2013）	SIRT5 被认为在体外去琥珀酰化并激活 SOD1，抑制肺肿瘤生长（Lin et al.，2013）
SIRT6	Ⅲ	H3K9，H3K56	CLL 中过表达（Van Damme et al.，2012）
SIRT7	Ⅲ	H3K18，p53	低水平的 H3K18ac 预测胰腺癌的前列腺癌风险高，预后差；在 CLL（Van Damme et al.，2012）和肝细胞癌中过表达；高水平与淋巴结阳性乳腺癌相关

HDAC，组蛋白脱乙酰酶；ALL，急性淋巴细胞白血病；CLL，慢性淋巴细胞性白血病；AML，急性粒细胞白血病；HCC，肝细胞癌；ER-α，雌激素受体 α；GBM，多形性成胶质细胞瘤；GDH，谷氨酸脱氢酶；IHC，免疫组织化学；NSCLC，非小细胞肺癌。

改编自 Witt et al.，2009；Bosch-Presegue and Vaquero，2011；Stunkel and Campbell，2011；Barenda-Zahonero and Parra，2012；Houtkooper et al.，2012；Bernt，2013；Gong and Miller，2013；Pareders et al.，2014。

附录 C　癌症中的部分组蛋白甲基转移酶

名称	别名	组蛋白靶标	与癌症的联系
KMT1A	SV39H1	H3K9	在结直肠癌中过表达（Kang et al.，2007），与转录抑制相关
KMT1C	G9a，EHMT2	H3K9	在肺癌中过表达（Watanabe et al.，2008；Chen et al.，2010，在晚期肺癌中），在染色质结构中调控中心体复制（Falandry et al.，2010）
KMT1F	SETDB2	H3K9	白血病中的重排和易位（Zhang et al.，2012a）
KMT2A	MLL	H3K4	常在非霍奇金淋巴瘤中突变（Morin et al.，2011），在淋巴发育中发挥关键作用（Chung et al.，2012），在多发性骨髓瘤和歌舞伎综合征中发挥作用

续表

名称	别名	组蛋白靶标	与癌症的联系
KMT2B	MLL2	H3K4	常在非霍奇金淋巴瘤中突变（Morin et al.，2011），在淋巴发育中发挥关键作用（Chung et al.，2012），在多发性骨髓瘤和歌舞伎综合征中发挥作用
KMT2C	MLL3	H3K4	在结直肠癌和 AML 的生殖细胞系中突变（Li et al.，2013a）；在胶质母细胞瘤、黑素瘤、胰腺癌和结直肠癌中突变
KMT2D	MLL4	H3K4	调节结肠癌细胞周期进展和生存能力（Ansari et al.，2012）
KMT2E	MLL5	H3K4	作为肿瘤抑制因子，MLL5 在 AML 中表达阳性预后（Damm et al.，2011）
KMT3A	SETD2	H3K36	高级别胶质瘤（Fontebasso et al.，2013）、乳腺癌和肾细胞癌的抑癌基因突变（Hakimi et al.，2012）
KMT3B	NSD1	H3K36	在 AML、骨髓瘤和肺癌中突变，NUP98-NSDI 易位与 AML 肿瘤发生相关（Wang et al.，2007）
KMT3C	SMYD2	H3K36	食管鳞状细胞癌的过表达与生存差相关（Komatsu et al.，2009）
KMT3E	SMYD3	H3K4，H4K5	在肝脏、乳腺和直肠癌中过表达（Van Aller et al.，2012）。
KMT3F	WHSC1L1/NSD3	H3K36	在 CML、膀胱癌、肺癌和肝癌中过表达（Kang et al.，2013）；人类乳腺癌细胞系扩增（Angrand et al.，2001）
KMT3G	WHSC1/NSD2	H3K36	与癌细胞增殖、生存，以及肿瘤生长中的组成性 NF-κB 信号有关（Yang et al.，2012），在骨髓瘤汇总由于 t(4;14) 的染色体易位过表达，在骨髓瘤中调控 cMYC（Min et al.，2012）
KMT4	DOT1L	H3K79	与 MLL-重组白血病有关（Krivtsov et al.，2008；Bernt and Armstrong，2011）
KMT5A	SETD8/PRSET7	H4K20	在膀胱癌、NSCLC、小细胞肺癌、胰腺癌、肝癌、慢性粒细胞性白血病中过表达（Takawa et al.，2012）
KMT6	EZH2	H3K27	PRC2 复合物的催化成分（Kuzmichev et al.，2002）过表达，是晚期和转移性乳腺癌和前列腺癌的标记物（Chase and Cross，2011），对于胶质母细胞瘤癌症干细胞维持（Suva et al.，2009）、滤泡性和弥漫性大 B 细胞淋巴瘤的体细胞突变至关重要（Morin et al.，2010）
KMT7	SET7/SET9/SET7D	H3K4	雌激素受体的调控（Subramanian et al.，2008）
PRMT14		不明	乳腺癌中扩增和过表达（Nishikawa et al.，2007；Moelans et al.，2010），在淋巴样肿瘤中过表达，并与淋巴母细胞白血病的启动有关（Dettman et al.，2011）
PRMT4	CARM1	H3R17，H3R26	在黑色素瘤中，甲基化 CBP/P300 是雌激素诱导靶向染色质所必需的（Ceschin et al.，2011）
PRMT5		H4R3，H3R8	HIF-1 信号的基本成分（Lim et al.，2012）；抑制肿瘤基因 ST7 的表达，并在 GBM（Yan et al.，2014）、非霍奇金淋巴瘤（Chung et al.，2013）中过表达黑色素瘤（Nicholas et al.，2013）
PRMT6		H3R2，H3R42	前列腺癌中过表达（Vieira et al.，2014）；PRMT6 沉默降低了 PELP1 介导的内质网激活、增殖和乳腺肿瘤细胞的集落形成（Mann et al.，2014）

AML，急性髓细胞性白血病；CML，慢性粒细胞性白血病；MLL，混合血统白血病；NSCLC，非小细胞肺癌；PRC2, Polycomb 抑制复合体 2；HIF-1，缺氧诱导因子 1；GBM，多形性成胶质细胞瘤；ER，雌激素受体。

附录 D　癌症中的组蛋白去甲基化

名称	别名	组蛋白靶标	与癌症的联系
KDM1A	LSD1，AOF2	H3K4me2/me1，H3K9me2/me1	在前列腺癌、膀胱癌中（Kauffiman et al.，2011）、ER 阴性乳腺癌（Lim et al.，2010）、神经母细胞瘤（Schulte et al.，2009）过表达；在移植 AML 动物模型中有抑制作用（Schenk et al.，2012）
KDM1B	LSD2，AOF1	H3K4me2/me1	
KDM2A	FBXL11A，JHDM1A	H3K36me2/me1	在 NSCIC 过表达；KDM2A 敲除可抑制异种移植小鼠 NSCIC 肿瘤生长（Wagner et al.，2013）
KDM2B	FBXL10B，JHDM1B	H3K36me2/me1，H3K4me3	为 AML 的发生与维持所必需（He et al.，2011）

续表

名称	别名	组蛋白靶标	与癌症的联系
KDM3A	JMJD1A, JHDM2A	H3K9me2/me1	在结直肠癌中高表达与不良预后相关（Uemura et al., 2010），在肾细胞癌中过表达（Guo et al., 2011）
KDM3B	JMJD1B, JHDM2B	H3K9me2/me1	
KDM4A	JMJD2A, JMJD3A	H3K9me3/me2, H3K36me3/me2	促进乳腺癌细胞增殖（Lohse et al., 2011），在膀胱癌表达降低（Kauffman et al., 2011），促进引起癌症的病毒的潜伏和复制（Chang et al., 2011）
KDM4B	JMJD2B	H3K9me3/me2, H3K36me3/me2	胃癌中过表达（Li et al., 2011），是乳腺癌细胞增殖和转移形成所必需的（Kawazu et al., 2011）
KDM4C	JMJD2C, GASC1	H3K9me3/me2, H3K36me3/me2	在乳腺癌（Liu et al., 2009）、食管癌（Yang et al., 2000）、MAIT淋巴瘤（Vinatzer et al., 2008）、AML（Helias et al., 2008）和肺肉瘤样癌（Italiano et al., 2006）中过表达
KDM4D	JMJD2D	H3K9me3/me2/me1, H3K36me3/me2/me1	是结肠癌细胞增殖和存活所必需（Kim et al., 2012a; Kim et al., 2012b）
KDM4E	JMJD2E	H3K9me3/me2	
KDM5A	Jarid1A, RBP2	H3K4me3/me2	参与耐药性（Sharma et al., 2010）
KDM5B	Jarid1B, PLU1	H3K4me3/me2	转移性黑素瘤细胞的肿瘤抑制功能（Roesch et al., 2006, 2008），乳腺癌的促增殖作用（Mitra et al., 2011），在前列腺癌中过表达
KDM5C	Jarid1C, SMCY	H3K4me3/me2	在透明细胞肾癌中发现失活突变（Dalgliesh et al., 2010）
KDM5D	UTX, MGC141941	H3K27me3/me2	抑癌功能（Tsai et al., 2010）
KDM6B	JMJD3, KIAA0346, PHF8, KIAA1111, ZNF422	H3K27me3/me2, H3K9me2/me1, H4K20me1	在霍奇金淋巴瘤中过表达（Anderton et al., 2011）
KDM7	KIAA1718, JHDM1D（KDM7A）	H3K9me2/me1, H3K27me2/me1	KDM7A的表达增加抑制了HeLa和B16异种移植瘤模型中的肿瘤生长（Osawa et al., 2011）
KDM8	JMJD5, FLJ13798	H3K36me2	乳腺肿瘤中过表达；通过H3K36me2去甲基化激活细胞周期蛋白A1位点，可能在细胞周期调控中发挥关键作用（Hsia et al., 2010）

ER，雌激素受体；AML，急性髓细胞性白血病；NSCLC，非小细胞肺癌；KDM2A，赖氨酸去甲基化酶2A；MALT，黏膜相关淋巴瘤组织。

经许可，改编自Hoffimann et al., 2012, Elsevier。

本章参考文献

（蒋 婷 译，郑丙莲 校）

第36章

染色质的必要性：展望

文森佐·皮罗塔（Vincenzo Pirrotta）

Department of Molecular Biology and Biochemistry, Rutgers University, Piscataway, New Jersey 08854, Genetics, Baylor College of Medicine, Houston, Texas 77030
通讯地址：pirrotta@biology.rutgers.edu

摘 要

表观基因组学的研究已经呈指数级增长，为最初通过遗传学描述的新和旧现象提供了一个更好的理解机制，以及为染色质调节基因组信息提供了意想不到的见解。在这篇概述中，我们选择一些关于以下 6 个主题最新的讨论和评论：①组蛋白修饰；②弱相互作用；③相互作用与外部输入；④RNA 分子的作用；⑤染色质折叠和架构；⑥综述了关于染色质互作在调控基因组 DNA 可及性方面的重要作用。

本章目录

36.1 一些进展的归纳
36.2 建立全局染色质可及性的假设

概 述

本书的大小和范围给人一种全新的感觉——包括了自第一版以来的 7 年该领域所取得的巨大进展。在严格意义上，并非所有的基因都属于表观遗传，表观遗传即在基因表达机制中涉及持久的、可遗传的反应。表观基因组学揭示了染色质不仅仅是一种包装基因组 DNA 的方法——它是一种为基因组提供了大量变量的结构，可以用来调节和阐明潜在 DNA 的功能。因此，在染色质中，遗传物质和转录读出之间有一系列复杂的相互作用。

由于全基因组分析技术的出现，首先是基因组拼接微阵列的广泛可用性，然后是下一代平行测序技术的出现，这种技术的扩展既有定性的，也有定量的。我们现在可以看到染色质蛋白、核小体、组蛋白修饰和转录活性的分布，不只是在单个位点，而是在整个基因组。的确，这些结果通常是在大量细胞上的平均结果，但是，在某些情况下，分析单个细胞中的染色质活动已经成为可能。大规模平行测序也使得以前无法想象的分析模式成为可能。利用目前可用的染色质构象捕获（3C）方法，我们可以评估一个给定序列在基因组的转录输出中出现的频率，并可以确定一个给定基因组序列在任何其他序列附近花费的时间。

应用于基因组结构分析及其交易的高通量技术的广泛可用性使大量数据涌入计算机存储器。存储在欧洲生物信息学研究所的 DNA 序列数据从 2008 年的几个兆碱基增长到 2012 年的 200 兆碱基。基因组数据现在超过了 2PB，并且在一年的时间内会翻倍（Marx，2013）。这海量的信息产生了什么？首先要提醒一句：大量与色谱仪相关的数据在格式、结构、文档程度、易访问性以及（我怀疑）最重要的质量方面都是高度异构的。鉴于研究和出版的速度令人眩晕，由于未经检验的假设、不适当的应用、不充分的控制和仓促的结论，可能有许多不正确的结果分散在文献中。抗体是一种不可缺少的资源，既是非凡的促成因素，也是危险的工具。大多数研究人员都意识到对特异性进行严格测试的必要性。但是对于一个应用程序足够的标准，对于另一个应用程序不一定足够。当抗体用于染色质免疫沉淀时尤其如此。大量的数据意味着，由此产生的不一致可能会在很长一段时间内被忽视，因为研究人员主要是根据促使他们进行实验的具体问题来分析他们的结果。虽然在某些情况下已应用复杂的生物信息学分析从数据中提取特征和模式，但大多数信息还远未得到充分利用，而且很可能仍将如此。在未来的数据库中，新的技术进步可能意味着新的数据集将取代现今的数据集。

为了评估这些海量数据所带来的进步，我强调了一些值得思考的发展，并以综合全球染色质可及性假说作为结束。讨论的主题包括以下内容。

（1）组蛋白修饰，写入、读取和擦除它们的染色质复合物，以及核内和核间相互作用可以产生持久的染色质状态。

（2）沿表观基因组的弱相互作用提供了一个通过染色质关联可以发生的机会或搜索模式。

（3）提供了染色质调控的环境——外部输入的相互作用。

（4）讨论了 RNA 分子的普遍作用：核的暗能量开始变得不那么暗。

（5）讨论了染色质折叠和核定位的重要性。

（6）最后，我将用几页的篇幅来讨论在我看来是存在于染色质相互作用的许多方面的对立面的东西：需要避免接近 DNA 的和必须接近 DNA 的之间的冲突。

无论如何，这些主题并没有穷尽染色质研究和表观基因组学的进展。为此，需要一个完整的合集。的确，你手里就有一整个合集。

36.1　一些进展的归纳

36.1.1　染色质

36.1.1.1　组蛋白翻译后修饰：指导者还是旁观者？

对组蛋白修饰、染色质复合物和染色质被高度包覆的个体因素进行编目、分类和解释的努力吸引了大量研究人员，并导致了分子遗传学的一个新时代。现在的任务是了解它们在调节基因组物质参与的多种活动中的作用。

关于操纵染色质的分子机制，以及与各种染色质相关的组蛋白修饰之间的关系人们已经提出了许多问题。这些修饰是否携带了扩展基因编码信息的信息？它们是指导活动，还是仅仅伴随或促进这些活动？它们是自我维持，还是在与它们相关的事件发生后或多或少地迅速消退？本质上，它们是作用于潜在DNA的机制的原因还是结果（Henikoff and Shilatifard, 2011）？可能没有单一的答案；根据事件的不同，每个修饰可能扮演不同的角色。

如果组蛋白修饰携带信息，它显然不是和遗传信息同类型的信息。与基于序列的信息不同，这种"表观遗传"信息并不意味着长期稳定。染色质标记，如组蛋白或DNA甲基化是在染色质上活动的产物。它们携带有关导致甲基化标记位置的活性的信息，但也会影响随后的活性。许多典型的表观遗传状态，如那些发现在异色区域、多梳抑制区域或基因沉默的DNA甲基化在分化过程中被重置。然而，令许多研究人员震惊的是，存在一种去甲基化酶，它甚至可以消除最重要的抑制型表观遗传修饰，即与异染色质形成相关的组蛋白H3K9甲基化，以及与Polycomb沉默相关组蛋白H3K27甲基化。在本书第一版时，这刚被发现。现在，即使是DNA上的胞嘧啶甲基化，也可以通过Tet酶被清除（Kohli and Zhang, 2013）。由此得出的结论是，表观沉默不是永远的；它可以在组蛋白标记、书写和阅读它们的复合物的水平上不断地被修补。这并不意味着表观遗传状态不能通过多次细胞分裂和某些情况下的跨代而长期维持。然而，这意味着表观遗传状态不能简单地等同于一个特定标记的存在。使染色质标记就位、维持它们并对其作出反应的机制比之前所认为的更加复杂和动态化。

组蛋白修饰可以经历多个细胞周期的事实意味着它们可以充当产生它们的先前事件的标记，因此，可以根据染色质区域的历史影响其活动。我们现在知道，各种与染色质相互作用的复合物（染色质复合物）包括识别特定组蛋白标记的结构域（通常称为阅读者），这些相互作用控制着许多在染色质上操作的分子机器的功能。在某些情况下，组蛋白标记的存在被相同的染色质复合体所识别，而这可以刺激相同的标记进一步沉积在邻近的核小体上。这种前馈效应意味着组蛋白标记如H3K9和H3K27的甲基化能够促进并帮助维持其自身的存在，从而解释了它们在细胞周期中的"表观遗传"持久性。

作为H3K9me3的结合蛋白HP1，其与H3K9甲基转移酶一起共同介导组蛋白修饰和维持异染色质状态。HP1-H3K9甲基转移酶复合物不仅能识别周围染色质区域的H3K9甲基化，而且H3K9甲基化修饰反过来也能促进HP1-H3K9甲基转移酶复合物的形成（Al-Sadyet et al., 2013）。有趣的是，异染色质相关的H3K9三甲基化一旦重新生成，在某些情况下能够维持自身。例如，一旦在GAL4结合位点产生了一个H3K9三甲基化结构域，通过表达一个与GAL4 DNA结合结构域（GAL4-HP1）融合的转基因HP1，即使在GAL4-HP1不再产生后，甲基化和抑制状态仍然保持（Hathaway et al., 2012）。这意味着，GAL4-HP1设置的H3K9甲基化足以招募内源性HP1并确保进一步的甲基化，这是表观遗传学的一个关键特征。因此，在异染色质形成过程中，HP1结合与甲基化活性的联系比其与Polycomb复合物PRC1和PRC2的相应活性联系更紧密；当多梳响应元件（PRE）被删除时，至少在果蝇中，多梳响应域不能维持自身（Busturia et al., 1997）。广泛的H3K27三甲基化和与之相关的H2A泛素化是重要的贡献者，但不足以继续招募Polycomb复合物。Polycomb抑制状态的长期持续需要招募元件，除了组蛋白修饰外，不能有相拮抗活性的修饰存在，以及强烈拮抗活性的缺失（见36.1.2节和36.2.5节）。

过去几年的一个令人惊讶的发现是许多非组蛋白染色质是翻译后修饰的目标——在某些情况下，是由修饰组蛋白的染色质因子修饰。例如，p53被CBP乙酰化；它还在K370位点被SMYD甲基化以防止其与DNA结合，或者在K372位点被甲基转移酶SET7/9甲基化，从而防止当DNA损伤时在K370位点发生甲基化（Ivanov et al., 2007）。这些修改是否传达了信息？当然是，它们改变了目标蛋白的功能。另一个令人惊讶的例子是视黄酸受体α，它可以被EZH2甲基化，并被蛋白酶体靶向降解。在这种情况下，EZH2发挥作用时，没有PRC2复合物的其他成分参与，而这些成分通常是甲基转移酶活性所必需的（Lee et al., 2012）。这些效应提醒我们，一些著名的染色质因子可以有额外的影响，完全独立于染色质，包括在细胞核外的作用（Su et al., 2005）。

36.1.1.2 核小体标记和染色质分化

核小体可以同时携带令人眼花缭乱的组蛋白修饰。不幸的是，没有证据表明组蛋白标记具有简单的、有指导意义的组合特性。一般来说，染色质复合体通过一个特定的组蛋白标记的存在或缺失来区分核小体，而每个标记都有其适当的相互作用的蛋白质或"阅读者"。也有一些非常有趣的例外。例如，H3S10 或 H3S28 的磷酸化分别阻止了染色质域与邻近的甲基化 H3K9 或 H3K27 的结合，并可能构成一个开关或二元开关来快速中和这些甲基化的作用。组蛋白标记组合作用的另一个例子是，某些"阅读者"蛋白质需要具有正确间隔和位置标记的特定组合。含有两个布罗莫结构域的蛋白质识别的双乙酰化标记就提供了这样一个例子。另一个有趣的例子是 DNA 修复蛋白 53BP 读取多个组蛋白标记，53BP 通过其 Tudor 结构域和 C 端泛素依赖招募结构域结合到含有 H4K20me1/2 和 H2AK15ub 标记的核小体上（Fradet-Turcotte et al.，2013）。这些例子提出的问题是，它们是否代表了在核小体上扩展"有意义"标记的方法？或者它们是整合了多个控制染色质活性的方法？

我们倾向于关注核小体和相互作用的阅读者蛋白可能具有的功能后果。然而，最终，一个给定长度的染色质的功能还取决于它如何在局部折叠，以允许核小体和与核小体结合的蛋白质，以及反式肌动蛋白和 DNA 之间的相互作用。这似乎是 HMG（高迁移率组）蛋白的作用，这是一种带有高度负电荷的羧端尾部的小蛋白。HMG 蛋白是丰富的染色质成分，通常被认为具有附属的"结构"作用，与 DNA 结合并帮助它折叠对染色质调节器的功能非常重要。但是，HMG 蛋白也是翻译后修饰的靶点，包括乙酰化、甲基化、磷酸化，可能还有其他。那里会隐藏着一个全新的染色质标记世界吗？例如，在 HMGA1 的情况下，据说 CBP 在 K64 上的乙酰化会使干扰素-乙酰化增强体失稳，导致转录中断，而 PCAF/GCN5（CBP 相关因子）对 K70 的乙酰化则有相反的效果（Zhang and Wang，2010）。此外，无论是否有翻译后修饰，HMG 蛋白都可能在组蛋白的修饰中发挥重要作用。如果是这样的话，染色质通过翻译后修饰的复杂性就大大增加了。到目前为止，HMG 蛋白及其修饰在基因组中的差异分布，以及参与 HMG 关联的组蛋白修饰与相应基因活性之间的关系尚未得到系统的研究。

36.1.2 弱相互作用的能力及其在染色质扫描中的作用

经典的 DNA 结合蛋白和它们的同源 DNA 之间的强相互作用被认为是在给予它们足够的核浓度的情况下，靶向和调控特定基因组位点的有效方法。然而，对基因组调控的特异性的有效利用需要一种依赖于弱相互作用的策略。弱相互作用并不意味着缺乏相互作用；相反，潜在的结合位点被频繁访问（或者用"抽样"这个词更好）。但是，在没有其他可能稳定交互的事件的情况下，这种结合是脆弱和短暂的。这种相互作用是典型的特定 DNA 结合蛋白与非特定 DNA 序列的相互作用，实际上，它构成了寻找阶段，在这一阶段，蛋白质与非特定序列的结合很弱。当蛋白质找到一致序列或接近一致序列时，这种相互作用就会变得更强，需要更长的时间才能分离。很久以前，Peter von Hippel 就认识到了这种动力学（von Hippel et al.，1974），他的研究表明，弱的相互作用减少了蛋白质探索和找到其特定结合位点所需的三维空间。

通常，染色质复合物与染色质的结合是弱的、短暂的变化，因为与组蛋白或组蛋白修饰的相互作用最多只能在微摩尔范围内。然而，在细胞核中，除了那些在高度浓缩区域的核小体，原则上，其他核小体是可以相互作用的。在大多数情况下，这种短暂的相互作用并不一定会留下由染色质免疫沉淀（ChIP）或类似方法可检测到的痕迹，除非复合物具有酶活性，如甲基转移酶或去乙酰化酶活性，这些酶活性可以标记基因组组蛋白修饰的变化。但当一个因子或复合物到达一个可能有额外相互作用的环境，如结合到其他组蛋白标记、与特定的 DNA 结合蛋白的相互作用，或与其他因子的合作相互作用，这些相互作用稳定在一个较长的停留时间，我们称之为结合到一个特定的位置。

弱结合对所有的调节过程都至关重要，并被载入质量作用平衡的概念中。细胞核中的任何分子都可能与其他分子相互作用。例如，当我们认为 RNA 聚合酶只结合在启动子上时，我们往往会忘记这个事实。它还能以或大或小的亲和力与任何其他可接近的位点结合。如果它结合的时间足够长或频率足够频繁，它就会产生某种转录产物（见 36.2 节的论述）。因此，当一个染色质区域变得容易接近时，就会产生不需要的转录本。有多种机制可以控制这一过程，从外切体对转录本的监控，到 H3K36 甲基化和抑制复合物在区域的招募，这些区域由于转录活跃而变得过于容易接近（Li et al., 2007）。

除了强蛋白结合、协同结合或通过组蛋白标记的"阅读者"结合外，一个重要的新问题是，相对弱或短暂的相互作用产生了一种机会性监控策略，以靶向染色质复合物。一个 PRC 复合物变体说明了这一点：我们知道它通过 KDM2B 组分的 CXXC 锌指基序特异性结合，介导未甲基化 CpG（由磷酸分离的胞嘧啶和鸟嘌呤）岛靶基因的一个亚群的抑制，而不是通过更传统的 PRC1 成分 chromobox 同源蛋白（CBX）读取 H3K27me3 标记。但是，有趣的是，Farcas 等（2012）也在大多数 CpG 岛上发现了一个更弱的复合体存在。Klose 等（2013）认为，这是所有此类位点通过弱互动进行招募的机会主义策略的一部分，而不是针对特定的位点。在任何给定的地点，如果存在任何合作因素，它们可以稳定接触，而弱的相互作用创造了机会。我将在本文的后半部分论证，这种全基因组扫描活动可能是许多基本染色质功能的基本前提。

36.1.3 表观遗传机制和环境的相互作用

我们已经看到，仅依靠组蛋白修饰不能保持长时间的表观遗传状态。这些修饰可以反反复复，在许多情况下，它们正是能去除这些修饰的活动的靶标。更确切地说，与它们相关联的整个机制能够保持长久的状态。我们开始了解到，表观遗传机制要复杂得多，可能涉及基因组、生物体的生理状态、神经系统和其他环境输入的相互作用。

过去十年中出现的最引人注目的事情之一是，染色质修饰通过下丘脑的表观遗传编程，将大鼠早期新生经历的影响延伸到成年后的功能中发挥的作用。具体来说，Weaver、Szyf 和合作者（Weaver et al., 2004, 2005; McGowan et al., 2009）发现，母性舔食行为对降低幼鼠的警惕性很重要。母性舔食不足会导致大鼠压力大、不安全，这些大鼠长大后会变得压力大、不安全、有攻击性。这可以追溯到与糖皮质激素反应相关的基因中的染色质改变，糖皮质激素反应是大鼠和人类主要的应激反应途径。因此，早期的经历导致了长期的表型（表观遗传变化），影响了应激行为的一个重要途径的表达。在一个人的一生中，由早期压力引起的染色质变化是如何维持多年的，还不完全清楚。这一途径还具有显著的代际效应：成年雌性的应激性和攻击性行为，由出生后由于疏忽母性哺育而产生的表观基因组编程所导致，通过母性舔舐行为的不足，传播到下一代。因此，这种压力综合征通过表观记忆、行为和所谓的文化遗传的结合在几代人之间传播。不难看出这种相互作用是如何与多种行为模式相关的，比如自闭症谱系障碍（例如，LaSalle, 2013）。这只是对中枢神经系统中行为和染色质改变之间相互作用的研究的一个初步尝试，这些研究可能会揭示行为的许多其他方面。而且，原则上，在染色质修饰和其他输入（如代谢、营养、生理状态、环境条件、化学或免疫挑战）之间可以预期类似的相互作用。

36.1.4 核 RNA 分子的普遍作用

过去十年研究的另一个主要主题是新发现的 RNA 分子的优势。RNA 远非 Francis Crick 的中心法则所设想的是基因组 DNA 和蛋白质之间的附属中介。转录组的深度测序揭示了几乎无处不在的转录。许多基因间区域绝不仅仅是基因组荒漠，它们被积极转录以产生 RNA 分子，这些 RNA 分子缺乏明显的蛋白质编码潜力（非编码 RNA 或 ncRNA），而且它们的功能在很大程度上仍是未知的。事实上，该领域的扩展导致了各种新的名称的出现，用于指代具有不同功能的不同类型 ncRNA（见第 3 章图 3-26）。

我不会试图总结小 RNA 在引导 RNA 分子裂解、调节翻译、异染色质形成和转录沉默中众所周知的作用。相反，我将集中讨论在表观遗传学领域产生的许多令人兴奋的长非编码 RNA（lncRNA）的作用。一些

lncRNA 被发现是染色质复合体的关键成分，可以调节染色质状态，因此可调控转录本身。这些发现导致了推测现在许多 lncRNA（如果不是全部）有类似的作用。目前，我们已经知道足够多的 lncRNA［如 Xist、Tsix、HOTAIR、Air 和本书中描述的增强子 RNA（eRNA）］的作用是多种多样的。有些通过顺式作用起作用，可能是在转录时被捕获，并且在 X 染色体失活、等位基因特异性调控和印记中起重要作用，其他则为反式作用。它们可能以某种方式识别 DNA 序列基序，可能通过形成 DNA-RNA 杂交体，并对 RNA 结合蛋白起靶向作用；或者它们可以作为支架来组装多个染色质修饰复合物从而激活或沉默靶基因。总的来说，尽管它们本身是转录的直接产物，但它们似乎是调控转录活性的"核武器库"中功能丰富而强大的组成部分。

因此，所有的基因组序列在某种程度上都是"功能性的"吗？虽然有些 ncRNA 确实可能参与重要的染色质过程，但这并没有在绝大多数情况下得到证实。无所不在的 ncRNA 功能并不被事实所支持，许多序列不是进化保守的。然而，序列保守并不是必需的——通常重要的是转录活性本身。在其他情况下，ncRNA 的功能特性依赖于非常短的基序和二级结构，而不是广泛的序列保守。最近的研究表明，PRC2 复合物与 lncRNA（如 HOTAIR）的结合并不涉及序列特异性（Davidovich et al., 2013; Kaneko et al., 2013）。相反，PRC2 对包括新生转录本在内的所有 RNA 具有高度的非特异性，但有大小依赖的亲和力。反过来，这意味着我们需要以不同的方式来思考这些 lncRNA 的作用，并表明 RNA 分子的局部浓度在控制 PRC2 等复合物的可用性方面很重要。

RNA 分子的一个特别令人惊讶的作用，以及小 RNA 作为序列特异性靶向染色质复合物的指导概念的应用是最近在细菌中发现的有规律的簇性间隔短回文重复（CRISPR）介导机制（Brouns, 2012），现在越来越多地应用于真核基因组工程。CRISPR 系统将以前入侵的 DNA 片段存储在可以产生相应的短 CRISPR RNA（scRNA）的环境中。这些蛋白质作为 CRISPR 相关（Cas）蛋白的向导，以靶向和裂解同源 DNA。虽然 CRISPR 在细菌中广泛存在，主要用于宿主防御，但在哺乳动物中尚未发现类似 CRISPR 的机制。然而，CRISPR 靶向机制的易用性和多功能性吸引了许多研究人员寻找将各种序列特异性活性导向所需基因组靶点的方法。Cas 蛋白的修饰或嵌合不仅可以用来指导核酸裂解，还可以指导转录激活、抑制、染色质修饰、荧光标记或任何其他所需的活性，包括使用适当的短 scRNA 直接结合到特定的基因组序列上。尽管 CRISPR/Cas 技术目前的主要应用是编辑（插入或删除）序列到基因组中，但它的多功能性才刚刚开始被开发。如果这一强大的技术与丰富的微 RNA 和 RNA 干扰（RNAi）相关机制相结合，将发现各种额外的用途，那就不足为奇了。考虑到早期存储 DNA 信息的真实可靠性，更有潜力甚至可能更强大的一种机制是从外源 DNA 中获得新的 CRISPR 间隔序列的方式。我们对这一过程的分子细节知之甚少，但它能被用来"训练"一个基因组吗？

36.1.5 在细胞核中游走

过去 10 年的另一个重要进展是人们越来越认识到更大规模的染色质区域和核定位在基因组的调控中起着至关重要的作用。细胞核不仅仅是一个无定形的储存染色质的口袋，还有染色体、着丝粒和端粒；核糖体 RNA 基因组装核仁；而某些染色质区域更有可能与核膜接触。

通过大量全基因组和位点特异性研究，主要使用 3C 方法［Gibcus and Dekker, 2013 中解释；第 19 章（Dekker and Misteli, 2014）］，我们现在已经看到，基因组的不同部分倾向于在沿着染色质纤维的不同距离尺度上相互关联的长程相互作用。存在着能形成局部环的相互作用，使增强子之间和它们的同源启动子在几十个碱基的范围内相互接触。这些相互作用的功能似乎很明显：使控制一个或几个基因的不同调控区域与相应的启动子接触。较大的染色质区域，含有几兆的碱基，包含许多基因，其中有许多内部环。这种相互作用的功能在大多数情况下是不清楚的，除了特殊的区域，如哺乳动物 X 染色体失活中心或免疫球蛋白基因。在更大的范围内，来自给定染色体的染色质往往占据一个独特的染色体区域，但个别区域明显地脱离该区域并进入一个公共空间，经常与相同或不同染色体上具有相似属性的其他区域相联系。这些结构类似于转录工厂，被认为与活性基因一起在同一时间内进行几轮的转录，尽管它们存在的真实性仍有争议

(Zhang et al., 2013；Zhao et al., 2014)，或者类似于那些染色质结构域通常被多梳机制抑制的多梳小体。染色质区域（如早幼粒细胞白血病体）与核层相关的区域和某些异染色质区域可能可以作为其他例子。

令人惊讶的是，有两种类型的因素被证实参与了许多（也许是全部）的这种相互作用：绝缘子蛋白和内聚蛋白复合物。虽然绝缘子蛋白现在很可能不可逆转地附着在上面，但这些蛋白质实际上是染色质结构的组织者，在某些情况下，阻止增强子或沉默子作用于邻近区域，但更经常的功能是并置增强子和启动子。在某些情况下，内聚蛋白复合物的作用可能与绝缘体蛋白的作用有关，尽管仍有令人惊讶的联系被报道，但这方面的研究还不够深入。转录工厂或多梳体是如何装配的仍不清楚，但很可能是绝缘子蛋白和内聚蛋白在其中发挥了作用。令人惊讶的是，在这方面，哺乳动物基因组只包含一种绝缘体蛋白 CTCE，而果蝇包含数种。而且，尽管哺乳动物的 CTCF 和内聚蛋白之间有明显的密切联系，但这种联系如果存在的话，在果蝇中就不是那么直接了。机制上，我们将需要更多的工作，以了解绝缘子蛋白质的功能，以及是什么控制它们的活动。特别是，目前尚不清楚一个给定的绝缘子结合位点如何区分哪些其他位点可以相互作用，哪些不能。特别是，如果真的只有一种 DNA 结合绝缘体蛋白，就像哺乳动物的情况一样：CTCE 对绝缘子蛋白进行修饰，如小泛素相关修饰体（SUMO）的修饰（MacPherson et al., 2009），或者正如报道的那样，可能是 Argonaute 蛋白参与的 ncRNA 的相互作用（Moshkovich et al., 2011），根据特定的功能需要来"定制"CTCF？

36.2　建立全局染色质可及性的假设

36.2.1　可及性问题：阅读基因组 DNA 的困难

最终，不同染色质之间的区别取决于局部的 DNA 序列。将 DNA 包裹在核小体中使 DNA 序列难以获取，如果无法获取，一个核小体就无法与另一个核小体区分开来。组蛋白修饰有助于恢复功能分化。核小体的存在和它们携带的组蛋白修饰的性质产生染色质状态，决定 DNA 结合蛋白是否、何时或如何读取序列。除非 DNA 结合蛋白能够获得 DNA 序列，否则与染色质结合并对其起作用的装置就不知道往哪里走，最重要的是，基因和其他序列信息就无法被读取。

在本节的第二部分，除了考虑到协同结合或者通过结合先驱因子进而启动染色质重塑的事实之外（详见 36.2.3 论述），我更想考虑的是基因组 DNA 的可及性问题。这个问题实际上涉及组蛋白修饰的多个层面，即组蛋白修饰的多样性和动态调控的特点。从 DNA 可及性的角度来研究组蛋白修饰的调控机制已经获得了大量的信息，我推测关于如何整合这些信息的争论只是刚刚开始。

教科书解释了将 DNA 包裹到核小体作为被真核生物基因组包装到细胞核的一种方式。将 147bp 的 DNA 包裹成核小体显然减少了所占的体积，尽管这更多是通过减少自由度而不是实际上减少双螺旋所占的空间。DNA 在真核生物细胞核中比一般情况下更紧密，噬菌体基因组被包裹在衣壳中或人类基因组被包裹在精子细胞核中就表明了这一点。不同之处在于，噬菌体 DNA 只能通过释放整个衣壳来获得，而精子基因组的大部分或全部都不能。相反，真核生物体细胞的基因组是可及的或者可被特异性追踪（即常染色质），而互补的异染色质区域也至少在某些特定的时间是可及的。当然，区别在于真核生物的基因组被分割成无数的小包（即核小体）。这些可以进一步分层包装成高阶结构，这些结构可能可以局部折叠或展开。换句话说，从基因组的任意部分到单个核小体，原则上都可以单独打开，允许访问其 DNA。然而，要做到这一点，核小体必须与它相邻的核小体区分开来，或者至少它的 DNA 必须被间隔起来。

36.2.2　染色质是对细胞核中 DNA 浓度的反映

虽然细胞核的空间有限，至少部分基因组 DNA 的压缩是有限的，但存在一个迫切的、更为重要的张力：

控制基因组转录可及性的需要与减少大部分基因组 DNA 可及性的需要之间的张力。将一个巨大的基因组包装在细胞核中是必要的，但可能更重要的是必须隐藏大部分 DNA，这样就不容易被蛋白质机器获取，而蛋白质机器需要对其起作用。除了那些基于大量物理或拓扑特性的机制外，所有能区分不同基因组位点的机制都必须能够识别出特定的核苷酸序列基序，这些基序必须短到足以被单个蛋白质可读以及可结合，并具有足够的识别力以将不适当结合所产生的噪声降至最低。信号和噪声之间的比率（即特异性与非特异性结合）对于执行任何类型的基因调控都是至关重要的。如果非特异性 DNA 的浓度如此之大，以至于任何 DNA 结合蛋白都会花时间不恰当地结合到错误的序列上，这种区别就会丧失。因此，细胞核特异性本质上与掩盖大部分基因组 DNA 的需要有关，以使其无法与调控和转录机制结合。然而，染色质的分化和特定的遗传信息的活动最终取决于局部的 DNA 序列。包装成核小体不仅阻止访问 DNA 序列，而且，它本身会减少基因组到一个未分化的集合或多或少结构相同的核小体。从这个角度来看，很明显，大部分真核生物的基因调控必须：①移除或重塑核小体，以使底层的 DNA 可用于 DNA 结合蛋白；②以特定序列的方式进行，或者至少产生特定序列的结果；③开发一种标记核小体或核小体结构域的方法，以恢复调控蛋白作用的某些特异性（例如，乙酰化组蛋白尾部使某些核小体更容易置换或改造）。

36.2.3 核小体密度

众所周知，核小体的密度对保持调控特异性是重要的。如果产生的组蛋白不足，核小体密度会降低。在果蝇中，这导致了异染色质沉默的丧失和位置效应的抑制（Moore et al., 1983）。在酵母和哺乳动物细胞中，组蛋白不足会导致许多条件表达基因的去抑制（Han and Grunstein, 1988; Lenfant et al., 1996; Wyrick et al., 1999; Celona et al., 2011; Gossett and Lieb, 2012）。有趣的是，核小体密度的降低改变的是占有率（一个位置被占据的频率），而不是核小体的分布。这是因为某些 DNA 序列比其他序列更容易包裹组蛋白核心，从而有利于核小体的形成。此外，越接近 DNA，越多的 DNA 结合蛋白越能与它们的首选序列结合并与核小体形成竞争。

早前通过果蝇组蛋白基因缺失实验发现，核小体密度是异染色质沉默的必要前提。如果核小体密度过低，DNA 就会过于接近 DNA 结合蛋白，特别是 RNA 聚合酶，越来越多的证据表明，不加选择地接近会导致不加选择地转录。转录活性与许多其他核小体修饰活性相关，特别是组蛋白乙酰化，它可以阻止异染色质状态的建立并促进进一步的可及性。在正常组蛋白基因补体存在的情况下，如果基因激活子的浓度增加，也会产生类似的效果（Ahmad and Henikoff, 2001）。这些效应表明，如果没有核小体，抑制转录的能力就丧失了，核小体阻止转录通路的能力与转录机制的浓度依赖性结合竞争。失去的不仅是抑制的能力，而且是转录激活的控制，因为如果 RNA 聚合酶不再需要各种重塑活性的帮助来访问 DNA 序列，至少部分免除了激活子产生转录的要求。而且，尽管可及性的控制是异染色质抑制活性的主要方式，但在正常细胞中，异染色质区域的 DNA 序列偶尔也是可及的，例如，当足够高浓度的激活型 DNA 结合蛋白结合到这些异染色质的 DNA 上时就可以导致该区域的局部激活。在许多情况下，控制转录的一个主要限制因素是 RNA 聚合酶进入 DNA。许多基因，特别是在高等真核生物中，已经开发了确保 RNA 聚合酶预先加载的方法，通常是转录启动，但遏制（暂停聚合酶）和准备响应转录信号，允许其延长。在大多数情况下，这需要 DNA 结合蛋白的进入来配置核小体周围的启动子位点。然而，在这里，暂停也依赖于其他因子来克服核小体的障碍以延长转录。

当 DNA 被核小体完全占据时，或者至少当组蛋白水平不限制核小体密度时，大部分 DNA 序列不能直接接触到 DNA 结合蛋白。研究表明，一些转录因子比其他转录因子更能与核小体的 DNA 序列结合，至少当结合位点接近核小体的一个边缘时是这样（Zaret and Carroll, 2011）。即使在一个紧密的染色质结构中，这些"先锋"因子可以通过结合进入核小体的 DNA 获得一个立足点，甚至在一个致密的染色质结构中，驱逐连接组蛋白 H1，并调用核小体重塑机制解开 DNA，从而暴露 DNA，以便在一个多阶段的过程中被其他增强子结合因子结合（Li et al., 2010）。

36.2.4 漫游活动

特殊的特征可能允许某些特定序列的结合蛋白找到它们的结合位点，可能是利用染色质结构的短暂开放的机会。然而，一般来说，获取 DNA 需要重塑机器的帮助。因此，为了能够在没有先导序列信息的情况下获取核染色体 DNA，我们需要假设存在一种漫游活动来调查基因组染色质并周期性地将其翻转，也就是说，暂时打开对潜在序列的访问。与此同时，为了防止这种进入并确保有监管的开放，我们可能会期待一种相反的活动。有没有已知的染色质标记或染色质活动可以支持这一假设？

已鉴定出 DNA 必须保持可接近状态的位点的两个特征：一个是与 CBP 组蛋白乙酰化酶或其近亲 p300 的结合，是否伴有组蛋白 H3K27 乙酰化的稳态富集；另一个是染色质标记 H3K4me1，它在可及性中的作用尚不清楚。这些特征在增强子位点被发现，认为 CBP 被大多数增强子结合因子吸收（Heintzman et al., 2007; Xi et al., 2007; Visel et al., 2009）。它们也在启动子和任何 DNA 结合蛋白进入基因组 DNA 的地方被发现。这些位点也被发现是核小体活化的热点，可通过含有组蛋白变体 H3.3 的核小体的沉积检测到，通常与组蛋白变体 H2A.Z 一起。这种变体的组合比正常情况下更不稳定，而且更容易改造或扭转（Jin et al., 2009）。尽管存在 CBR，但增强子位点并不总是检测到乙酰化，这一事实表明乙酰化的核小体是那些被取代产生无核小体区域的核小体，该区域被 DNA 结合蛋白占据。CBP 通常与组织重塑活性（例如，果蝇、人类 SNF2L2 的同源基因）和 UTX（已知的两种组蛋白 H3K27 去甲基化酶之一）有关，但这是在果蝇中唯一发现的一种（Tie et al., 2012）。UTX 是三胸相关（TRR）H3K4 甲基转移酶（哺乳动物中为 MLL3 和 MLL4）的重要组成部分，是 H3K4me1 的来源，有时是 H3K4me2 的来源，位于增强子、启动子和其他蛋白结合 DNA 的位点（Herz et al., 2012）。我们可能想知道 H3K27 去甲基化酶在这些位点上做了什么，两者之间是否有很强的联系；CBP 负责 H3K27 乙酰化，这种活性被预先存在的 H3K27 甲基化的简单存在所阻断，不需要招募任何类型的抑制复合物。

36.2.5 无处不在的 H3K27 甲基化

事实上，H3K27 甲基化在基因组中无处不在。它是由多梳抑制复合物 2（PRC2）产生的，其在果蝇中的甲基转移酶亚基为 E(z)（哺乳动物 Ezh1 和 Ezh2 的同源基因）。PRC2 负责 H3K27 的单、二、三甲基化，其中 H3K27 三甲基化状态是最受关注的，因为它与多梳抑制基因有关。然而，其最丰富的产物不是 H3K27me3（它在体细胞中约占组蛋白 H3 总量的 5%～10%），而是 H3K27me2，其含量高达 H3 总量的 50%～60%（Peters et al., 2003; Ebert et al., 2004; Jung et al., 2010; Vbigt et al., 2012）。因此，二甲基化是 PRC2 在果蝇和人体内的主要活性。事实上，动力学研究（McCabe et al., 2012）表明，尽管 PRC2 单甲基化和二甲基化反应迅速，但三甲基化从酶活的角度上来说更困难，因为它可能主要在体内发生，而此时 PRC2 结合更稳定。H3K27me2 也是最丰富、分布最广的组蛋白修饰类型，除了在 H3K27me3 富集或有转录活性的区域外，其他区域均可发现 H3K27me2 组蛋白修饰。前者的原因很明显。后者的原因（即转录区缺失）很可能有两个方面：①因为不稳定性和周转率增加核小体在这些区域的分布密度较低；②转录活性区域是 UTX H3K27 去甲基化酶的靶点，产生 H3K27me1 和 H3K27me0。最近报道了小鼠胚胎干细胞的类似结果（Ferrari et al., 2014）。在这些细胞中，H3K27me3、me2 和 me1 分别占总 H3 的 7%、70% 和 4%，而 H3K27ac 占 2%，未修饰的 H3K27 占 16%。H3K27me2 除了稳定结合 PRC2 的区域外，均局限于转录无活性区域，而 H3K27me1 仅存在于转录有活性区域。最有可能的是，H3K27me2 被主动去甲基化除去，以 H3K27me1 作为中间物完成去甲基化。不出所料，UTX 是果蝇中唯一已知的 H3K27 去甲基化酶，其在转录活性区域也富集。H3K27 乙酰化需要在活性区域去除 H3K27 的甲基化，通常在活性转录单元和增强子的 5′ 区域发现。为什么特别需要 H3K27 乙酰化？

与 H3K27me3 不同的是，H3K27me2 的活性必须以整个基因组为靶点，H3K27me3 主要存在于能够稳定招募 PRC2 复合体的基因组位点。尽管它可能与复制叉有关，但最可能的解释是 PRC2 与核小体之间的瞬时相互作用是一种"打了就跑"的机制。然而，这并不是一个完全随机的机制。PRC2 的甲基化活性是由周围染色质的多个输入信号调控的。其中一种依赖于 PRC2 亚基额外性梳子（ESC）/Eed 中的疏水袋，它结合甲基化的 H3K27（Margueron et al., 2009）。当这种结合发生时，它会影响催化亚基 E(z) 的构象变化，从而极大地刺激其甲基化活性。虽然 H3K27me3 结合更强，但 H3K27me2 也结合芳香族口袋。因此，周围核小体中 H3K27me2 或 H3K27me3 的存在促进了新沉积核小体的甲基化。ESC 疏水口袋的突变极大地降低了 H3K27me3 和 H3K27me2 的全局水平。其他调节 PRC2 活性的机制可能对此有贡献，尽管它们尚未在体内进行测试。因此，靶核小体周围的核小体密度似乎也能刺激甲基化活性（Yuan et al., 2012），而靶核小体上的 H3K4me3 或 H3K36me2/me3 的存在降低了 PRC2 的甲基化活性（Schmitges et al., 2011; Yuan et al., 2011）。因此，已经含有 H3K27 甲基化的区域是 PRC2 更好的靶标，而核小体密度较低的区域或核小体具有 H3K4me3 或 H3K36me2/me3（这些都是转录活性的标记）的区域则是较差的靶标。PRC2 和其他甲基转移酶中这几种装置的发现清楚地表明，在染色质修饰机制中可以加入反馈和前导机制，既可以自我更新染色质标记，又可以避免标记有其他组蛋白修饰的区域。值得指出的是，这些机制不仅通过维持 H3K27me3 帮助从一个细胞周期到下一个细胞周期中维持 Polycomb 的抑制活性，而且通过调节 H3K27me2 的沉积，这些机制还提供了转录活性的记忆。最近转录的区域有较低的核小体密度，并且富含 H3K4me3 和 H3K36me2/me3 标记，这些标记有利于更新转录活性，同时抑制 H3K27 甲基化。换句话说，对于像 H3K27me2 这样分布在全球的组蛋白标记，缺乏标记本身就是一个携带了之前转录活性信息的标记（图36-1）。

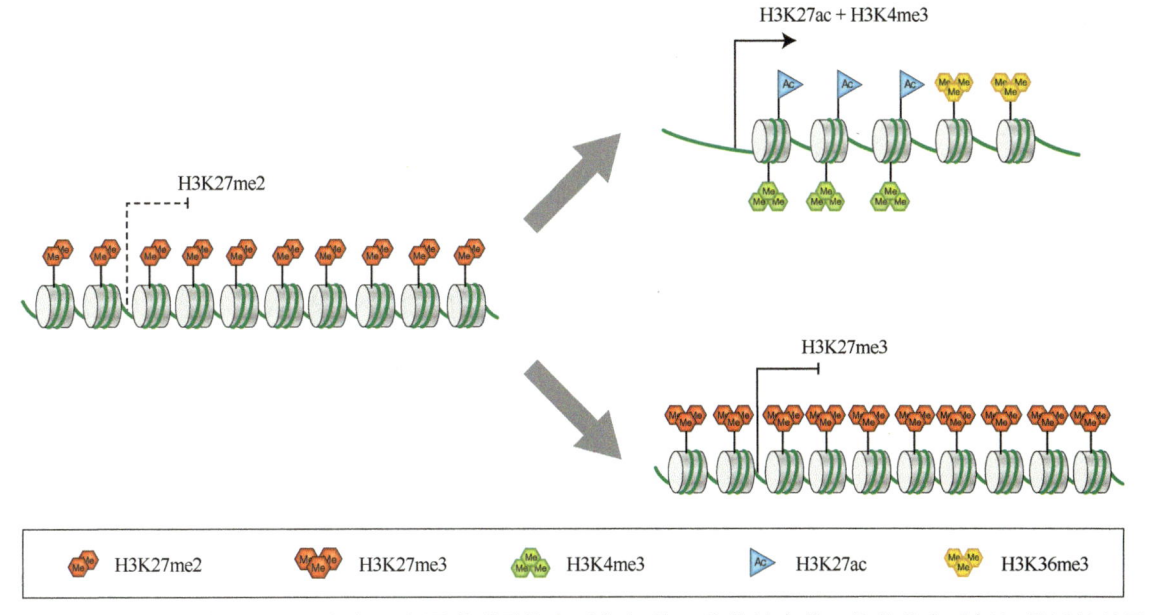

图 36-1 染色质状态的转录记忆。 这张示意图说明了染色质标记的一些关键变化，这些染色质标记最近被转录或被 Polycomb 机制稳定地抑制。一个最近没有转录的区域被标记为重 H3K27me2。最近转录的一个区域失去了 H3K27me2，但在启动子近端获得了 H3K27ac 和 H3K4me3 标记，而 H3K36me3（反过来，招募去乙酰化复合物）控制了由于 H3K27me2 缺失导致的可及性的过度增加。能够稳定结合 Polycomb 复合物 PRC1 和 PRC2 的区域获得 H3K27me3 标记。为简单起见，不显示其他组蛋白标记。

因此，PRC2 根据其最近的用法提供了一种全局机制来标记染色质。但是 H3K27me2 标记是干什么的？它是如何被理解的？我们已经习惯于认为组蛋白修饰是染色质蛋白质"读"的标记，这些染色质蛋白质具有适当的结合域。这是可能的，但对 H3K27me2 来说不太可能。"阅读器"方法适用于标记，将一个区域与染色质的其余部分区分开来。像 H3K27me2 这样的全局标记几乎可以在任何地方结合"阅读器"。更有效的解释是，与"阅读"不同，标记的存在同时提供了阅读和回应；H3K27 甲基化抢占赖氨酸，使其不能被乙

778　表观遗传学

酰化。H3K27ac 是与活性基因 5′ 区相关的标记。正如我们所看到的，它也可能存在于所有含有 CBP 的位点上，即包括 DNA 结合蛋白进入 DNA 的增强子位点。原则上，H3K27 的单甲基化也能起到同样的作用。H3K27me1 通常被认为与转录活性有关，而不是与抑制有关。H3K27me1 最可能出现在转录活性基因中，因为这些位点是 H3K27me2 被 UTX 去甲基化的位点。单甲基化状态很可能是去甲基化或再甲基化的一个阶段。

36.2.6　可及性假说

将这些不同的发现整合在一起的假设是，获取核小体的 DNA 含量是控制基因组中所有序列特异性活性的一个主要限制因素。因此，对 DNA 获取的控制是一项关键的调节原则。根据假设（图 36-2），漫游的核

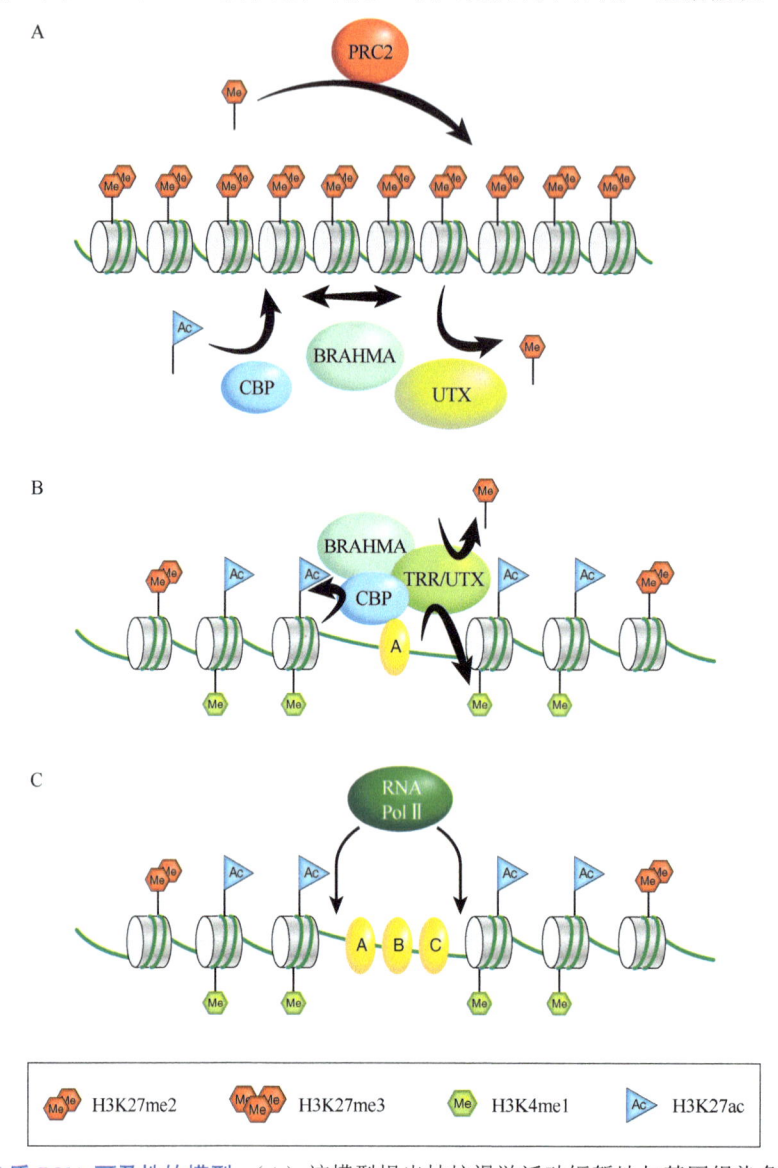

图 36-2　一个控制染色质 DNA 可及性的模型。（A）该模型提出拮抗漫游活动短暂地与基因组染色质相互作用：一种是由 PRC2 引起的、沉积 H3K27me2 标记。另一种方法是去除甲基化标记并重新塑造核小体，使其能够短暂地进入 DNA 序列。这些活性归因于 UTX、CBR 和 BRAHMA。（B）DNA 结合因子 A 与其在 DNA 中的同源结合基序结合，瞬时可相互接近，并吸收具有重塑活性（BRAHMA）的 CBP 和含有 UTX 的 TRR/ MLL3,4 复合物，使它们稳定结合。这些活性去除 H3K27 甲基化，取而代之沉积 H3K27ac 和 H3K4me1 标记。（C）重塑活性提供了稳定的 DNA 通路，导致附加因子 B 和 C 结合到一个增强子区域（或 DNA 上的其他调节元件）。可接近的 DNA 区域也可能被 RNA 聚合酶锁定，RNA 聚合酶可能会从两条 DNA 链中产生短的转录本。

小体重构活性间歇地提供通路，"翻转"核小体，暂时使其 DNA 可接近。由于某些现阶段尚不清楚的原因，这一活动包括 H3K27 乙酰化，可能是短暂的，并被阻止 H3K27 乙酰化所阻断。一般来说，这种乙酰化作用会被游离的组蛋白去乙酰化酶不断去除，就像酵母中显示的那样（Vogelauer et al., 2000）。提供可及性的重构被漫游的 PRC2 活动抵消，该活动使 H3K27 全基因组甲基化；PRC2 介导的 H3K27 二甲基化从而抢占该位置并阻断其乙酰化。UTX 去甲基酶可以去除 H3K27 二甲基化，其主要活性是去除乙酰化的阻断物，使其更稳定地进入 DNA。这需要在增强子、启动子、PRE 和其他需要多种 DNA 结合蛋白看到核苷酸序列的位点。这些因子的结合招募稳定的 CBP，并与重塑活性相关，其长期存在取代核小体，产生一个核小体耗尽区域。这些区域对 DNaseⅠ处理特别敏感，并与增强子、启动子、PRE 等位点相关，这些位点的边缘相对于周围环境也富集了组蛋白 H3.3。根据 Mito 等（2007）的分析，这是由核小体替代引起的，这意味着在那里发现的核小体并不是在复制过程中形成的，而是由于持续的周转。

36.2.7 无核小体区域的转录和 RNAi 反应

可及性假说要求核小体缺失或重构的位点，或核小体密度不高的任何区域，都有很高的机会结合 RNA 聚合酶并产生一些转录产物。这些转录本的数量和长度可能是高度可变的，并依赖于序列、邻近的一些增强子类似物活性，可能还有许多其他因素。这些转录启动的链的特异性应该很小，因此，这可能导致从两条链产生 RNA，从而成为 RNAi 机制的目标。

启动子有一个短的核小体衰竭区域，众所周知，它可以在转录起始处周围的几百个核苷酸区域产生短的转录本，称为 TSSa-RNA（Seila et al., 2008; Affymetrix/Cold Spring Harbor Laboratory ENCODE Transcriptome Project, 2009; Taft et al., 2009）。启动子区域通过选择高频率的多聚腺苷酸化信号，使延伸过程主要发生在基因 TSS 的下游方向，从而减少从双链 RNA 分子的产生（Almada et al., 2013; Ntini et al., 2013）。增强子也是转录本的来源，即所谓的增强子 RNA 或 eRNA，从两条链上被转录出来（De Santa et al., 2010; Kim et al., 2010; Ørom and Shiekhattar, 2013）。在双链断裂周围的 DNA 损伤位点，核小体会被切除相当长的时间，这时也会产生两条链的转录本。现在已知这些 RNA 被 Dicer 和 Drosha 处理，并且是 ATM 的结合所必需，ATM 是一种磷酸化组蛋白变体 H2AX 以启动 DNA 损伤修复位点形成的激酶（Francia et al., 2012）。所有这些核小体衰竭区域产生的 RNA 是在这些位点发生的核小体重塑过程的副产物。它们不需要有特定的功能，但如果发现它们在某些地方具有某种功能也并不令人惊讶。

核小体部分缺失或 RNA 聚合酶容易进入的区域更容易启动转录的现象并不是链特异性的。因此，一般情况下，大多数这样的可进入区域会从两条链中产生 RNA 转录本。双向转录的一个可能后果是 RNAi 机制的招募。从 DNA 损伤位点产生的双向转录产物显然招募了 RNAi 机制的成分（Francia et al., 2012）。像 Dicer2 和 AGO2 之类的 RNAi 蛋白与活跃的启动子结合进而产生小双向 RNA（Cernilogar et al., 2011）。有人声称，RNAi 蛋白 AGO2 与许多核小体可能被耗尽的位点有关，包括 CTCF 结合位点、启动子和 PRE（Moshkovich et al., 2011）。目前尚不清楚 AGO2 在这些情况下的功能，但其消除会导致绝缘子活性或 Polycomb 抑制的降低（Grimaud et al., 2006; Lei and Corces, 2006）。

RNAi 机制通常被认为是基因组完整性的保护器，以抵御病毒或增殖转座子的攻击。在细胞核，它们导致组蛋白 H3K9 甲基化的招募、异染色质蛋白如 HP1 和组蛋白去乙酰酶抑制剂的结合、核小体的稳定，在本质上，相反的过程产生染色质开放和在增强子、启动子等的双向转录。一般认为，DNA 可及性和 RNAi 反应之间的联系不是偶然的。核小体部分衰竭或 RNA 聚合酶太容易到达的区域容易启动转录，这不是某条链特异的。因此，一般情况下，大多数这样的可进入区域会从两条链中产生 RNA 转录本。如果这些 RNA 招募了 RNAi 反应，这种反应是地方性的，并且与获得基因组 DNA 的基本需要不可分割。因此，可以认为，RNAi 反应在其基本形式中可能是一种招募稳定核小体（HP1、连接组蛋白、组蛋白去乙酰化酶）蛋白质的方式，在无论出于什么原因可能暂时变得开放的位点恢复核小体的占领，或恢复核小体的稳定性。

事实上，RNAi 反应已成为一种宝贵的保护措施，以抵御遗传元素的入侵，但这并不与更基本的功能不相容，即保持基因组 DNA 的覆盖，并确保短暂开放的区域不会失控。

36.2.8　PRC2 与异染色质

RNAi 机制被认为对异染色质的建立很重要。这已经在粟酒裂殖酵母上得到了详细的研究，但这种关系的许多方面也适用于果蝇和哺乳动物异染色质的形成。上述论点有助于理解为什么 E（z）被发现在高效建立异染色质中发挥作用，实际上被认为是果蝇位置-效应变异的抑制因子（Laible et al.，1997）。这个角色多年来一直是个谜，因为异染色质中没有特定的 E（z）或 H3K27me3 存在。从可及性方面能更好地理解此角色。在果蝇的早期胚胎阶段是核分裂极其迅速和同步的时期。这些在第 14 个周期（受精后 3h）会减慢，但是产生的染色质现在必须成为大量 H3K27 甲基化影响的靶标。这要归功于卵细胞形成过程中，相应大量的 PRC2 成分沉积在卵细胞中。当核扩散减缓和异染色质首先被检测到时，H3K27 的全局二甲基化必须到位。在这个阶段，重要的是抑制 H3K27 乙酰化、重构和偶然转录活性，使 RNAi 等机制启动和维持异染色质。DNA 的可及性即使在异染色质也从来没有完全阻止，事实上，强有力的激活子可以防止异染色质的报告基因的沉默（Ahmad and Henikoff，2001），但缺乏 H3K27me2 肯定会导致一定程度的激活子和 RNA 聚合酶干扰异染色质沉默的建立。

36.2.9　PRC2 丧失的影响

如果 H3K27 甲基化在整个基因组中发挥这样的作用，那么 PRC2 功能的丧失肯定会带来主要的后果——普遍转录的增加等。不幸的是，目前还不可能将全局 H3K27 二甲基化功能与 Polycomb 相关且更具体的 H3K27 三甲基化功能分离开来。在哺乳动物和果蝇中，PRC2 的丢失会导致早期胚胎致死，它产生具有典型同源异形去抑制表型的胚胎（Struhl and Brower，1982）。Hox 基因和许多其他发育中重要的基因的 Polycomb 抑制缺失肯定足以解释致死率。此外，这将使我们很难确定是否有任何其他影响应归因于去抑制或失去 H3K27 二甲基化的间接后果。然而，PRC2 活性的丧失并不是细胞致死的。Ezh2 或 Eed 敲除的哺乳动物胚胎干细胞是可存活的，但不能分化。在缺乏 PRC2 功能的小鼠胚胎干细胞中，H3K27 乙酰化与 H3K4mel 一起出现在新的位点，形成了典型的平衡增强子区域（Ferrari et al.，2014）。这暗示着许多平时沉默的区域变得可及和转录活跃。也观察到 H3K27me3 正常情况下不相关的新转录位点的激活。在缺少母本和合子 ESCPRC2 的重要组成部分的果蝇胚胎中，也观察到染色质对 RNA 聚合酶的可及性增加（Chopra et al.，2011）。数千个基因的启动子被 RNA 聚合酶Ⅱ占据，无论它们是否被转录激活。

影响 EZH2 和 PRC2 活性的突变与多种侵袭性癌症有关，但奇怪的是，活性亢进和活性丧失似乎都是致癌的。一般的解释是，这些效应是由多梳靶基因的超抑制或解抑制介导的，这无疑是正确的，至少部分是正确的。例如，阻断细胞周期进程的基因，如 INK4A/B，是由 Polycomb 机制调控的，而超抑制将消除细胞增殖的刹车。因为有很多证据支持 PRC2 活性的癌促进作用，如一直令人费解的骨髓性白血病（Hock，2012；Simon et al.，2012；Tamagawa et al.，2013）。

一个特别有趣的案例是，最近发现组蛋白 H3 或 H3.3 基因中 K27 转化为甲硫氨酸的突变。这种突变被发现与一种特别恶性的胶质母细胞瘤相关。在这类肿瘤中，H3 或者 H3.3 上的 K27 被突变为甲硫氨酸的突变具有完全的显性效应，而且不同于在总的组蛋白 H3 中占比很小的组蛋白 H3 基因拷贝的突变，这类突变所占的比例超乎寻常（Chan et al.，2013；Lewis et al.，2013）。位于 27 位的甲硫氨酸部分地模仿 K27 甲基化，但不能中和在缺乏氨基氮（即在三甲基化时保留）的正电荷。因此，EZH2 催化结构域结合了 H3K27M 肽，但不容易释放。虽然这没有直接显示，一个后果可能是 PRC2 复合物变得有效隔离和不可用，导致全基因组 H3K27 低甲基化。目前的研究重点是 H3K27me3 的部分缺失和 Polycomb 靶基因的去抑制。我建议一个稍微不同的解释：全基因组 H3K27 二甲基化受到的影响甚至更大，因为它强烈依赖于"打了就跑"机制，因此也依赖于自由的 PRC2 库。H3K27 甲基化的缺失预计会导致大量基因去抑制，这些基因的沉默依赖于激活物和 RNA 聚合酶 Ⅱ 无法进入启动子。或许更重要的是，转录可以从任何地方开始，包括在基因体内，产生部分具有意想不到的新型效应的蛋白质。这些观察结果至少部分地支持了全局可及性假说，但离提供实质性证据还有很长的路要走。他们认为，尽管如此，丰富且无处不在的 H3K27 二甲基化并非没有意义，可以帮助理解不同染色质修饰之间相互竞争的方式，这种相互作用提供了进化形成染色质全景及其功能的原材料。

（蒋　婷　译，郑丙莲　校）

附录1 网络资源

资源	描述	链接
表观遗传学的教学资源、新闻或视频		
一个介绍表观遗传学的视频	关于染色质和组蛋白修饰的细胞信号技术的介绍性教学动画	http://www.cellsignal.com/common/content/content.jsp?id=resources-tutorials-epigenetics
Epigenie	一个关注表观遗传学的"新闻"网站	http://epigenie.com
Learn.Genetics 表观遗传学页面	基因科学学习中心的表观遗传学教学模型	http://learn.genetics.utah.edu/content/epigenetics/
Nature 视频的 RNAi 视频	RNAi 的学习视频	http://www.youtube.com/watch?v=cKOGBl_ELE&feature=relmfu
Scitable 的表观遗传学页面	Nature Education 的介绍性资源	http://www.nature.com/scitable/spotlight/epigenetics-26097411
SciShow 的表观遗传学视频	SciShow 解释表观遗传学	http://www.youtube.com/watch?v=kp 1 bZEUgqVI
染色质以及表观遗传学相关网站		
NIH 表观遗传学路线图计划	一个表观遗传学图谱联盟	http://www.roadmapepigenomics.org
ENCODE	DNA 元件百科全书：鉴定人类功能元件	http://www.genome.gov/12513456
ChromDB	植物染色质数据库	http://www.chromdb.org/
modENCODE	关于秀丽隐杆线虫和黑腹果蝇的基因组功能元件的全面百科全书	http://www.modencode.org
Blueprint	欧盟资助的 FP7 项目：造血表观基因组蓝图	http://www.blueprint-epigenome.eu
EpiGeneSys	欧盟资助的朝系统生物学发展的关于表观遗传学的研究计划	http://www.epigenesys.eu/en/homepage
国际人类表观基因组联盟	一项旨在绘制 1000 个表观基因组的国际研究计划	http://ihec-epigenomes.org
组蛋白资源		
抗体批准数据库	在公共研究领域提供有关抗体性能的信息	http://compbio.med.harvard.edu/antibodies
NHGRI 组蛋白数据库	包含组蛋白序列信息	http://research.nhgri.nih.gov/histones/
Abcam 组蛋白页面	包含组蛋白修饰图谱的下载	http://www.abcam.com/chromatin
Millipore	Millipore 生成的组蛋白修饰应用程序	http://www.millipore.com/antibodies/flx4/histone_mobile_app
印迹		
Geneimprint	一个编目最近的出版物和列出基因组印迹基因的网站	http://www.geneimprint.com/site/home
RNA		
LNCipedia	长非编码 RNA 的综合纲要	http://www.lncipedia.org
miRBase	microRNA 数据资源	http://microrna.sanger.ac.uk/

续表

资源	描述	链接
Modomics	一个 RNA 修饰通路的数据库	http://modomics.genesilico.pl
NONCODE	tRNA 和 rRNA 除外的非编码 RNA 的数据库以及相关网站	http://www.noncode.org/index7.htm
ncRNA 数据库资源	可访问 100 多个 ncRNA 数据库的数据资源	http://www.ime.usp.br/~durham/nernadatabases/index.php
商业表观遗传资源站点		
Abcam	组蛋白抗体的供应商	http://www.abcam.com/
Active Motif	组蛋白抗体和染色质相关分子生物学试剂的供应商	http://www.activemotif.com
Upstate	组蛋白抗体的供应商	http://www.millipore.com/antibodies/flx4/epigenetics
Epigenomics	DNA 甲基化诊断筛查	http://www.epigenomics.com/
生物基因组资源和数据库		
所有真核生物		
NCBI	多种基因组分析和参考文献的门户网站	http://www.ncbi.nlm.nih.gov
Ensembl	真核基因组浏览器	http://www.ensembl.org
UCSC 基因组生物信息学	基因组序列及资源门户网站	http://genome.ucsc.edu
EBI	各种基因组及蛋白质组计算分析资源门户网站	http://www.ebi.ac.uk/services
Sanger 研究所	序列、生物信息和蛋白质组资源门户网站	http://www.sanger.ac.uk/
zPicture	序列分析工具	http://zpicture.dcode.org
iHOP	蛋白之间信息资源的超级链接	http://www.ihop-net.org/UniPub/iHOP/
RepeatMasker	重复序列运算法则用以鉴定重复 DNA 序列	http://repeatmasker.org
特定生物		
酿酒酵母	SGD：酵母基因组数据库	http://www.yeastgenome.org
	ENSEMBL：酿酒酵母基因组分析门户网站	http://www.ensembl.org/Saccharomyces_cerevisiae/index.html
粟酒裂殖酵母	粟酒裂殖酵母相关基因组序列和分析网站门户网站	http://www.sanger.ac.uk/Projects/S_pombe/
粉色面包霉菌	粉色面包霉菌数据库	http://www.broadinstitute.org/annotation/genome/neurospora/MultiHome.html
嗜热四膜虫	TGD（四膜虫基因组数据库）	http://www.ciliate.org/
	四膜虫基因组测序计划	http://www.genome.gov/12512294
植物	TAIR（拟南芥信息资源）	http://www.arabidopsis.org
	GRAMENE：植物基因组比较	http://www.gramene.org/
秀丽隐杆线虫	线虫相关资源门户网站	http://www.wormbase.org/
	ENSEMBL：线虫基因组分析门户网站	http://www.ensembl.org/Caenorhabditis_elegans/index.html
	线虫相关基因组序列和分析网站门户网站	http://www.sanger.ac.uk/Projects/C_elegans/
果蝇	果蝇基因组数据库	http://www.flybase.net
	ENSEMBL：黑腹果蝇基因组分析门户网站	http://www.ensembl.org/Drosophila_melanogaster/index.html
非洲爪蟾	信息数据库	http://www.xenbase.org/
小鼠	小鼠基因组信息库	http://www.infbrmatics.jax.org
	鼠标品系资源	http://jaxmice.jax.org/index.html
	小鼠 Ensembl 资源	http://www.ensembl.org/Mus_musculus/index.html

续表

资源	描述	链接
人类	人类基因组资源门户	http://www.ncbi.nlm.nih.gov/genome/guide/human/
	Ensembl 人类基因组分析门户	http://www.ensembl.org/Homo_sapiens/index.html
	人类基因突变数据库	http://www.hgmd.org/
	1000 个基因组——人类遗传变异的深度目录	http://www.1000genomes.org/home
	国际人类基因组单体型图计划	http://hapmap.ncbi.nlm.nih.gov
	癌症基因组图谱 (TCGA)——了解基因组学以改善癌症治疗	http://cancergenome.nih.gov

NIH, 美国国立卫生研究院; EU, 欧盟; NHGRI, 国家人类基因组研究所; tRNA, 转移核糖核酸; rRNA, 核糖体 RNA; ncRNA, 非编码 RNA; NCBI, 国家生物技术信息中心; UCSC, 加州大学圣克鲁兹分校; EBI, 欧洲生物信息研究所; iHOR, 在蛋白质上超链接的信息。

附录2　目前记录的组蛋白修饰的详细目录

赵英明（Yingming Zhao[1]），本杰明·A. 加西亚（Benjamin A. Garcia[2]）

[1]Ben May Department for Cancer Research, The University of Chicago, Chicago, Illinois 60637; [2]Epigenetics Program, Department of Biochemistry and Biophysics, Perelman School of Medicine, University of Pennsylvania, Philadelphia, Pennsylvania 19104

通讯地址：yingming.zhao@uchicago.edu; bgarci@mail.med.upenn.edu

总　结

分子生物学、基因组学和基于质谱的蛋白质组学中的现代技术已经鉴定出大量新颖的组蛋白翻译后修饰（PTM），其中许多功能仍在深入研究中。在这里，我们将组蛋白PTM分为两类：第一类，其功能已被充分研究；第二类，是最近被发现但功能仍不清楚的PTM。我们希望这将对来自所有生物学或技术背景的研究人员提供有用的资源，有助于染色质和表观遗传学研究。

目　录

1　被深入研究的组蛋白翻译后修饰
2　研究较少的组蛋白翻译后修饰

组蛋白翻译后修饰（PTM）已与多种过程相关，包括转录、DNA复制和DNA损伤（Kouzarides，2007；Murr，2010；关于综述列表，请参见建议的综述）。由于可用抗体试剂、肽和蛋白阵列技术，以及基于质谱的蛋白质组学的显著进展，组蛋白PTM的列表在过去几年中呈爆炸式增长（Karch et al.，2013）。这些方法允许从全局或更多局部染色质状态识别和定量组蛋白PTM，特别是当与染色质免疫沉淀实验结合时（Han and Garcia，2013）。在这里，我们试图对在过去几年中被研究的组蛋白PTM不断增长的数量进行分类。本附录分为两节：第1节（表1～表8）列出了研究较多的组蛋白PTM，这样对标记的一些功能方面有所了解；第2节（表9～表16）列出了已经检测到的组蛋白PTM，但是其功能相当有限。后一类的组蛋白标记尚处于初期，非常有趣，并为染色质生物学和表观遗传学界在未来几年中破译其生物学成果提供了一个巨大的机会。组蛋白乙酰化和甲基化在大约50年前被首次发现（Allfrey et al.，1964），然而，它的生理功能直到近十年才被发现。我们期望这将为已经在该领域工作的人们提供有用的资源，同时也可以激励那些新的科学家开始在这一领域的研究工作，以继续推动知识的发展。

模式生物关键词

An		构巢曲霉
At		拟南芥
Bt		野牛
Ce		秀丽隐杆线虫
Dm		黑腹果蝇
Hs		智人
Mm		小鼠
Nc		粗糙脉孢菌
Rn		大鼠
Sc		酿酒酵母
Sp		粟酒裂殖酵母
Tt		嗜热四膜虫
Xl		非洲爪蟾

修饰关键词

ac	乙酰化		mal	丙二酰化
arl	单 ADP 核糖基化		mel	单甲基化
bio	生物素化		me2	二甲基化
but	丁酰化		me3	三甲基化
cit	瓜氨酸化		og	O-葡糖基化
cr	巴豆酰化		oh*	羟基化
for	甲酰化		ox*	氧化
gt*	谷胱甘肽化		Ph	磷酸化
hib	2-羟基异丁酰化		su	SUMO 化
iso	异构化		ub	泛素化

* 已知的 XYZ 修饰发生在组蛋白上，但没有包括在这些表中个别氨基酸残基。

表头关键词

位点	根据 Brno 命名法（Turner，2005），一个已知的组蛋白 PTM 是通过其编号的氨基酸残基来表示的（见修饰关键词）。
模型	指具有 PTM 特征的模式生物体。
酶	在已知的情况下，表明有组织修饰酶（书写者）转导 PTM。斜体字指明酶能催化的修饰价。
功能	组蛋白 PTM 的相关生物学功能是已知的。
参考文献	列出了描述 PTM 和/或其功能的主要引用。

1　被深入研究的组蛋白翻译后修饰

本节中的表格列出了具有已知功能和修饰酶的组蛋白修饰，并在可能的情况下（直到 2014 年）列出了主要参考文献。不同的修饰状态在"酶"列中以斜体表示。

第 2 节列出了当前功能未知的其他修饰。这些修饰是从多种来源获得的。

Ben Garcia 和 Yingming Zhao 在 Allis 等（2007 年）的附录 2 中扩展了构成第 1 节的表格，并从 Le Hehuang、Monika Lachner 和 Marie-Laure Caparros 获得了帮助。该表基于 Lachner 等（2003）的原始设置，并由 Roopsha Sengupta、Mario Richter 和 Marie-Laure Caparros 进行了显著扩展，并由 Patrick Trojer 进行了验证。

组蛋白修饰遵循 Turner（2005）提出的命名法。

表 1　组蛋白 H2A

位点	模式生物	酶	功能	参考文献
K5ac	Hs, Sc	Tip60, p300/CBR Hat1	转录激活	Yamamoto and Horikoshi 1997; Kimura and Horikoshi 1998; Verreault et al. 1998
K9bio		HCS Biotinidase	依赖乙酰化和甲基化参与细胞增殖、基因沉默和细胞对 DNA 损伤的反应	Stanley et al. 2001; Kothapalli et al. 2005a; Chew et al. 2006
K7ac	Sc	Hat1, Esa1	转录激活	Suka et al. 2001
K13bio		HCS Biotinidase	依赖乙酰化和甲基化参与细胞增殖、基因沉默和细胞对 DNA 损伤的反应	Stanley et al. 2001; Kothapalli et al. 2005a; Chew et al. 2006
K13ub	Mm	Rnf168	对双链 DNA 断裂的 DNA 损伤反应的一部分	Mattiroli et al. 2012; Gatti et al. 2012
K15ub	Mm	Rnf168	对双链 DNA 断裂的 DNA 损伤反应的一部分	Mattiroli et al. 2012; Gatti et al. 2012
K63ub	Mm	Rnf8	对双链 DNA 断裂的 DNA 损伤反应的一部分	Huen et al. 2007; Mailand et al. 2007
Q105me	Sc, Hs	Nop1, fibrillarin: *me1*	核糖体基因表达	Tessarz et al. 2014
K119ub	Dm, Hs	dRing, RING IB	多数沉默紫外线损伤反应	Mng et al. 2004; Kapetanaki et al. 2006
S121ph	Sc	Mec1	DNA 损伤响应	Wyatt et al. 2003; Harvey et al. 2005
(S122ph)	sp	PIKK Bub1	端粒沉默 染色体稳定	Kawashima et al. 2010
T125ph	Sc	Mec1 PIKK	DNA 损伤响应 端粒沉默	Wyatt et al. 2003
K126bio	Hs	HCS Biotinidase	依赖乙酰化和甲基化参与细胞增殖、基因沉默和细胞对 DNA 损伤的反应	Stanley et al. 2001; Kothapalli et al. 2005a; Chew et al. 2006
K126su	Sc		转录抑制	Nathan et al. 2006
K127bio	Hs	HCS Biotinidase	依赖乙酰化和甲基化参与细胞增殖、基因沉默和细胞对 DNA 损伤的反应	Stanley et al. 2001; Kothapalli et al. 2005a; Chew et al. 2006
S128ph	Sc	Mec1	DNA 损伤响应	Downs et al. 2000; Redon et al. 2003;
(S129ph)		PIKK	端粒沉默	Wyatt et al. 2003; Downs et al. 2004
K130bio	Hs	HCS Biotinidase	依赖乙酰化和甲基化参与细胞增殖、基因沉默和细胞对 DNA 损伤的反应	Stanley et al. 2001; Kothapalli et al. 2005a; Chew et al. 2006

额外的 H2A 修饰：K4ac、K21ac、K74me（Pantazis and Bonner，1981；Song et al.，2003；Aihara et al.，2004）。HSC，羧化全酶合成酶；PIKK，磷脂酰肌醇 3 激酶相关激酶。

表 2　组蛋白 H2AZ

位点	模式生物	酶	功能	参考文献
K13ub	Mm	Rnf168	对双链 DNA 断裂的 DNA 损伤反应的一部分	Mattiroli et al. 2012; Gatti et al. 2012; Panier and Durocher 2013
K15ub	Mm	Rnf168	对双链 DNA 断裂的 DNA 损伤反应的一部分	Mattiroli et al. 2012; Gatti et al. 2012; Panier and Durocher 2013
K63ub	Mm	Rnf8	对双链 DNA 断裂的 DNA 损伤反应的一部分	Huen et al. 2007; Mailand et al. 2007; Panier and Durocher 2013
S139ph	Hs, Sc, Dm, Xl	ATM DNA-PK ATR	DNA 修复 M 期相关 也被认为是 γH2AZ	Rogakou et al. 1998; Rogakou et al. 1999; Burma et al. 2001; Stiff et al. 2004; Ichijima et al. 2005; Mukherjee et al. 2006; Ward and Chen 2001
Y142ph	Hs, Mm	WSTF	DNA 损伤	Xiao et al. 2009

ATM，共济失调毛细血管扩张突变；PK，蛋白激酶；ATR，共济失调毛细血管扩张与 Rad3 相关；WSTE，Williams-Beuren 综合征转录因子。

表 3　组蛋白 H2B

位点	模式生物	酶	功能	参考文献
K5ac	Hs		转录激活	Puerta et al. 1995; Galasinski et al. 2002
S10ph	Sc	Ste20	细胞凋亡	Ahn et al. 2005
S14ph	Hs, Mm	Mstl/krs2 kinase	细胞凋亡	Ajiro 2000; Cheung et al. 2003; Odegard et al. 2005
K16su	Sc		体细胞超突变和类别开关重组	Nathan et al. 2006
K17su	Sc		基因抑制	Nathan et al. 2006
S33ph	Dm	CTK TA.F1	基因抑制	Maile et al. 2004
K34ub	Sc	MSL2	转录激活	Wu et al. 2011
K120ub	Hs	RNF20/40	通过 H3 甲基化，DNA 损伤反应，减数分裂，与 SAGA 的转录激活的细胞周期进展	Robzyk et al. 2000; Sun and Allis 2002; Kao et al. 2004; Zhu et al. 2005
K123ub	Sc	Rad6(E2) Bre1(E3); ub1	通过降低 H3K4 和 H3K79 的组蛋白甲基化来沉默端粒	Emre et al. 2005

表 4　组蛋白 H3

位点	模式生物	酶	功能	参考文献
R2me	Hs Mm	CARMI; me1, me2a PRMT5; me1, me2s PRMT6; me1, me2a PRMT7; me1, me2s	基因表达	Chen et al. 1999; Schurter et al. 2001; Greer and Shi 2012
T3ph	Hs At	Haspin	着丝粒有丝分裂纺锤体功能	Polioudaki et al. 2004; Dai et al. 2005
K4ac	Sc	GCN5, RTT109, Sir2, Hstl	一些启动子的转录激活	Guillemette et al. 2011
K4me	Sc Ce Ds Hs Tt Ds Hs Ds Hs	Set1; me3 Set-2; me1-3 Set1; me2/3 SETD1A; me1-3 SETD1B Trx MLL; me1-3 MLL2 Irr MLL3; me1-3 MLL4	rRNA/ 端粒沉默（Sc） 生殖细胞维持 转录激活（所有） 转录激活 三胸复合物激活 基因激活 增强子功能	Briggs et al. 2001; Roguev et al. 2001; Nagy et al. 2002; Bryk et al. 2002; Bernstein et al. 2002; Santos-Rosa et al. 2002; Lee and Skalnik 2005; Lee et al. 2007; Xiao et al. 2011 Strahl et al. 1999 Milne et al. 2002; Nakamura et al. 2002; Greer and Shi 2012 Herz et al. 2013

续表

位点	模式生物	酶	功能	参考文献
	Ce	Ash-2; me1-3	生殖细胞特化	Beisel et al. 2002; Xiao et al. 2011
	Ds	Ashl; me3	Trithorax 激活	
	Hs	ASH IL; me1/3	基因激活	
	Hs	SETD7; me1	转录激活	Wang et al. 2001a; Nishioka et al. 2002a; Wilson et al. 2002; Zegerman et al. 2002
	Hs	SMYD3-me2/3	转录激活	Hamamoto et al. 2004
	Mm	Meisetz-me3	减数分裂阶段进程	Hayashi et al. 2005
T6ph	Hs	PKCβ	抑制 AR 依赖的转录	Metzger et al. 2010
R8me	Hs	PRMT5; me1, me2s	转录抑制	Pal et al. 2004
K9ac	Sc	SAGA GCN5	转录激活	Grant et al. 1999
	Hs	SRC1	核受体共激活因子	Spencer et al. 1997; Schubeler et al. 2000; Vaquero et al. 2004
	Dm		转录激活	Nowak and Corces 2000
K9me	Sp	Clr4; me1 me2	着丝粒和配对型沉默	Bannister et al. 2001; Nakayama et al. 2001
	Nc	Dim5; me3	DNA 甲基化	Lamaru and Selker 2001
	Ce	Met-2; me3 Mes-2; me3	生殖细胞	Bessler et al. 2010
	Dm	Su(var)3-9; me2/3	显性 PEV 修饰子	Czermin et al. 2001; Schotta et al. 2002; Ebert et al. 2004
	At	KRYPTONITE; me2	DNA 甲基化	Jackson et al. 2002; Jackson et al. 2004
	Mm	Suv39hl; me2/3 Suv39h2; me2/3	臂间异染色质	O'Carroll et al. 2000; Rea et al. 2000; Lachner et al. 2001; Peters et al. 2001
	Hs	SUV39H1; me3	Rb 介导的沉默	Nielsen et al. 2001; Vandel et al. 2001
	Hs, Mm	ESET; me2/me3 (SETDB1)	转录抑制	Schultz et al. 2002; Yang et al. 2002; Dodge et al. 2004; Wang et al. 2004
	Mm, Hs	G9a; me1/me2	转录抑制印迹	Tachibana et al. 2001, 2002; Ogawa et al. 2002; Xin et al. 2003
	Hs	EHMT1/GLP; me1/me2	转录抑制	Ogawa et al. 2002; Tachibana et al. 2005
	Hs	PRDM2/RIZ1; me2	肿瘤的抑制和对雌性性激素的反应	Kim et al. 2003; Carling et al. 2004
Sl0ph	Sc	Snfl	转录激活	Lo et al. 2001
	Dm	Jil-1	雄性 X 染色体的转录上调	Jin et al. 1999; Wang et al. 2001c
	Hs	Rsk2 Mskl Msk2	立即早期基因的转录激活（与 H3-K14 乙酰化协同）	Sassone-Corsi et al. 1999; Thomson et al. 1999; Cheung et al. 2000; Clayton et al. 2000
	Hs	IKKa	转录上调	Anest et al. 2003; Yamamoto et al. 2003
	Sc, Ce	Ipll/AuroraB	有丝分裂染质凝缩	Hendzel et al. 1997; Wei et al. 1999; Hsu et al. 2000
	An	NIMA	有丝分裂染质凝缩	De Souza et al. 2000
	Hs,Ce	Fyn kinase	UVB 介导的 MAP 激酶通路	He et al. 2005
T11ph	Hs	Dlk/ZIP	有丝分裂特异的磷酸化	Preuss et al. 2003
K14ac	Sc, Tt, Mm	Gcn5	转录激活	Brownell et al. 1996; Kuo et al. 1996

续表

续表

位点	模式生物	酶	功能	参考文献
	Hs, Dm	IAF$_n$230 TAF$_n$250	转录激活	Mizzen et al. 1996
	Hs	p300	转录激活	Schiltz et al, 1999
	Hs	PCAF	转录激活	Schiltz et al. 1999
	Mm	SRC1	核受体共激活因子	Spencer et al. 1997
R17me	Hs, Mm	CARMI; *me1, me2a*	转录激活（与 H3-K18/23 乙酰化作用）	Chen et al. 1999; Schurter et al. 2001: Bauer et al. 2002; Daujat et al. 2002
K18ac	Sc	SAGA Ada GCN5	转录激活	Grant et al. 1999
	Hs	p300	转录激活	Schiltz et al. 1999
	Hs	CBP	转录激活（与H3-R17甲基化协同）	Daujat et al. 2002
K23ac	Sc	SAGA	转录激活	Grant et al. 1999
	Hs	CBP	转录激活（与H3-R17甲基化协同）	Daujat et al. 2002
R26me	Hs	CARMI; *me1, me2a*	体外甲基化位点	Chen et al. 1999; Schurter et al. 2001
K27ac	Sc, Dm	CBR P300, GCN5	增强子功能；基因表达	Tie et al. 2009; Suka et al. 2001; Creyghton et al. 2010
K27me	Hs, Dm	E(z)/EZH2; *me3*	多梳蛋白抑制早期b细胞发育，X染色体失活	Cao et al. 2002; Czermin et al. 2002; Kuzmichev et al. 2002; Muller et al. 2002; Su et al. 2003
S28ph	Hs	Aurora-B	有丝分裂染色质凝缩	Goto et al. 1999; Goto et al. 2002
	Hs	MSK1	UVB 介导的磷酸化	Zhong et al. 2001
K36me	Sc	Set2; *me2*	基因抑制	Strahl et al. 2002; Kizer et al. 2005; Sun et al. 2005
	Nc	Set2; *me2*	转录激活	Adhvaryu et al. 2005
	Sp	Set2; *me2*	转录延伸	Morris et al. 2005
	Ce	MES-4; *me2* MET-1; *me3*	生殖细胞系减数分裂中的剂量补偿	Bender et al. 2006; Andersen and Horvitz 2007
	Dm	MES4; *me3* SET2; *me3*	转录延伸	Bell et al. 2007
	Hs, Mm	SETD2; *me1-3* NSD1-3; *me1, me2*	转录激活	Edmunds et al. 2008 Wang et al. 2007
K36ac	Sc, Mm, Hs	GCN5	活跃基因的启动子标记	Morris et al. 2007
P38iso	Sc	Fpr4	基因表达	Nelson et al. 2006
Y41ph	Hs	JAK2	基因表达	Dawson et al. 2009
R43me	Hs	CARMI, PRMT6; *me2a*	转录激活	Casadio et al. 2013
T45ph	Sc, Hs	Cdc7, PKC	DNA 复制；细胞凋亡	Baker et al. 2010; Hurd et al. 2009
K56ac	Sc	SPT10	转录激活；DNA 损伤	Xu et al. 2005; Ozdemir et al. 2005; Masumoto et al. 2005
K56me	Hs	G9a; *me1*	DNA 复制	Yu et al. 2012
	Hs	Suv39h; *me3*	异染色质	Jack et al. 2013
K64ac	Hs/Mm	p300	核小体动态和转录	Di Cerbo et al. 2014
K64me	Mm	*me3*	臂间异染色质	Daujat et al. 2009

续表

位点	模式生物	酶	功能	参考文献
K79me	Sc, Hs	Dotl/DOTIL; me1-3	端粒沉默，粗线检查点 DNA 损伤反应	Feng et al. 2002; Lacoste et al. 2002; Ng et al. 2002; van Leeuwen et al. 2002; Greer and Shi 2012
T80ph	Hs		有丝分裂	Hammond et al. 2014

表 5 组蛋白 H3.3

位点	模式生物	酶	功能	参考文献
K4me	Dm	me1, me2, me3	转录激活	McKittrick et al. 2004
K9me	Dm	me1, me2	转录抑制	McKittrick et al. 2004
K9ac	Dm, Hs		转录激活	McKittrick et al. 2004; Hake et al. 2006
K14me	Dm	me1, me2		McKittrick et al. 2004
K14ac	Dm, Hs		转录激活	McKittrick et al. 2004; Hake et al. 2006
K18ac	Hs		转录激活	Hake et al. 2006
K23ac	Hs		转录激活	Hake et al. 2006
K27me	Dm	me1, me2, me3	转录抑制	McKittrick et al. 2004
S31ph	哺乳动物		有丝分裂特异性磷酸化	Hake et al. 2005
K36me	Dm, Hs	me1, me2, me3	转录激活	McKittrick et al. 2004; Hake et al. 2006
K37me	Dm	me1, me2		McKittrick et al. 2004
K79me	Dm, Hs	me1, me2	转录激活	McKittrick et al. 2004; Hake et al. 2006

表 6 CEN-H3/CENP-A

位点	模式生物	酶	功能	参考文献
Glme3	Hs	RCC1	有丝分裂	Bailey et al. 2013
S7ph	Hs		有丝分裂	Zeitlin et al. 2001
S16ph	Hs		有丝分裂中的染色体分离	Bailey et al. 2013
S18ph	Hs		有丝分裂中的染色体分离	Bailey et al. 2013

表 7 组蛋白 H4

位点	模式生物	酶	功能	参考文献
S1ph	Hs, Sc	Casein kinase II	DNA 损伤响应	Ruiz-Carrillo et al. 1975; Cheung et al. 2005; van Attikum and Gasser 2005
R3me	Hs, Sc	PRMT1; me1, me2a PRMT5; me1, me2s PRMT6; me1, me2a PRMT7; me1, me2s	转录激活	Wang et al. 2001b; Strahl et al. 2001; Greer and Shi 2012
K5ac	Tt, Dm, Hs	Hatl	组蛋白沉积	Sobel et al. 1995; Parthun et al. 1996; Taplick et al. 1998; Kruhlak et al. 2001
	Sc	Esal/NuA4	细胞周期进程	Smith et al. 1998; Allard et al. 1999; Clarke et al. 1999; Miranda et al. 2006; Bird et al. 2002
	Hs, Mm	ATF2	序列特异性转录因子	Kawasaki et al. 2000a
	Hs	p300	转录激活	Schiltz et al. 1999; Turner and Fellows 1989
K5me	Hs	Smyd3-me1	导致癌症表型	Van Aller et al. 2012
K8ac	Hs, Mm	Y-ATF2	Xi 排斥 序列特异性转录因子	Jeppesen and Turner 1993; Choy et al. 2001; Kruhlak et al. 2001; Kawasaki et al. 2000b

续表

位点	模式生物	酶	功能	参考文献
	Hs	PCAF/p300	转录激活	Schiltz et al. 1999; Turner and Fellows 1989
K8me	Sc	SET5; me1	胁迫响应	Green et al. 2012
K12ac	Sc, Hs	Hat1	Xi 排斥 组蛋白沉积	Jeppesen and Turner 1993; Kleff et al. 1995; Sobel et al. 1995; Parthun et al. 1996; Chang et al. 1997; Kruhlak et al. 2001; Turner and Fellows 1989
	Sc	NuA4	有丝分裂与减数分裂进程	Choy et al. 2001
K12me	Sc	SET5; me1	胁迫响应	Green et al. 2012
K12bio	Hs	HCS Biotinidase	DNA 双链断裂响应中减少 影响细胞增殖	Stanley et al. 2001; Kothapalli et al. 2005a,b
K16ac	Mm		Xi 排斥 细胞周期依赖的乙酰化	Jeppesen and Turner 1993; Taplick et al. 1998
	Dm	MOF	上调雄性 X 染色体的转录	Akhtar and Becker 2000; Hsu et al. 2000
	Hs, Mm	ATF2	序列特异性转录因子	Kawasaki et al. 2000a; Turner 2000; Kruhlak et al. 2001; Turner and Fellows 1989; Vaquero et al. 2004
K20me	Mm, Dm	Suv4-20hl; me2, me3 Suv4-20h2; me2, me3	基因沉默	Schotta et al. 2004
	Hs, Dm	SETD8/Pr-SET7; me1	有丝分裂浓缩的转录沉默	Fang et al. 2002; Nishioka et al. 2002b; Rice et al. 2002
	Dm	Ash1; me2	Trithorax 的活化与 H3K4 和 H3K9 的甲基化作用一致	Beisel et al. 2002
K59me	Sc		沉默染色质形成	Zhang et al. 2003
K59su	Hs	SUMO-1 SUMO-3	转录抑制	Shiio and Eisenman 2003

表 8　组蛋白 H1

位点	模式生物	酶	功能	参考文献
E2arn	Rn	PARP-1; ar1	参与神经营养活动	Ogata et al. 1980b; Visochek et al. 2005
T10ph	Hs		有丝分裂特异 H1b 转录激活	Chadee et al, 1995; Garcia et al. 2004; Sarg et al. 2006
E14arn	Rn	PARP-1; ar1	参与神经营养活动	Ogata et al. 1980b; Visochek et al. 2005
S17ph	Hs		分裂间期特异 H1b 转录激活	Chadee et al. 1995; Garcia et al. 2004; Sarg et al. 2006
K26me	Hs	EZH2; me2	介导 HP1 的结合	Kuzmichev et al. 2004; Daujat et al. 2005
S27ph	Hs	EZH2; me2	阻碍 HP1 的结合	Garcia et al. 2004; Daujat et al. 2005
R54cit	Mm	PADI4	细胞重编程/核小体结合	Christophorou et al. 2014
T137ph	Hs		有丝分裂特异 H1b 转录激活	Chadee et al. 1995; Garcia et al. 2004; Sarg et al. 2006
T154ph	Hs		有丝分裂特异 H1b 转录激活	Chadee et al. 1995; Garcia et al. 2004; Sarg et al. 2006
S172ph	Hs		分裂间期特异 H1b 转录激活	Chadee et aL 1995; Garcia et al. 2004; Sarg et al. 2006
S188ph	Hs		分裂间期特异 H1b 转录激活	Chadee et al. 1995; Garcia et al, 2004; Sarg et al. 2006
K213ar	Rn	PARP-1; ar1	参与神经营养活动	Ogata et al. 1980b; Visochek et al. 2005

2 研究较少的组蛋白翻译后修饰

方法关键词

识别新的组蛋白修饰的方法用以下缩写表示：

Ab	抗体
Au	放射自显影
MS	质谱分析

这些表反映了已经检测到但功能未知的修饰位点。

表 9 组蛋白 H2A[a,b]

位点	模式生物	方法	参考文献
Slph	Mm	Au	Pantazis and Bonner 1981
R3me3	Mm	MS	Tweedie-Cullen et al. 2012
K5hib	Mm	MS	Dai et al. 2014
K9me1; me2; sue; hib	Hs; Mm; Hs; Hs	MS	Tan et al. 2011; Tweedie-Cullen et al. 2012; Xie et al. 2012; Dai et al. 2014
R11me1, me2	Hs	MS	Waldmann et al. 2011
K13me1, ac; sue	Bt; Sc	MS	Zhang et al. 2003; Xie et al. 2012
K15ac	Bt	MS	Zhang et al, 2003
K21suc	Sc	MS	Xie et al. 2012
R29me1, me2	Hs	MS/Ab	Waldmann et al. 2011
K36ac, sue; for; hib; cr	Hs/Dm; Hs/Mm; Mm; Hs/Mm	MS	Xie et al. 2012; Wisniewski et al. 2008; Dai et al. 2014; Tan et al. 2011
Y39oh	Hs	MS	Ian et al. 2011
R42me1	Hs; Hs	MS/Ab	Tan et al. 2011
R71me1	Mm	MS	Tweedie-Cullen et al. 2012
K74ac, me1; hib	Mm; Mm	MS	Tweedie-Cullen et al. 2012; Dai et al. 2014
K75me1; hib	Bt; Mm	MS	Zhang et al. 2003; Dai et al. 2014
R77me1	Bt	MS	Zhang et al. 2003
T79ac	Mm	MS	Tweedie-Cullen et al. 2012
R88me1	Hs	MS	Tan et al. 2011
K95cr, but, pr, me1, me2; for; ub; sue; hib	Mm; Hs/Mm; Mm; Hs; Hs/Mm	MS	Tweedie-Cullen et al. 2012; Wisniewski et al. 2008; Tweedie-Cullen et al. 2009; Xie et al. 2012; Dai et al. 2014
K99me1; me2	Mm; Mm	MS	Tweedie-Cullen et al. 2012; Tweedie-Cullen et al. 2009
T101og	Hs	MS/Ab	Sakabe et al. 2010
K118for, me1, cr; for; ub; me2; hib	Hs/Mm; Hs/Mm; Mm; Mm	MS	Tan et al. 2011; Wisniewski et al. 2008; Tweedie-Cullen et al. 2009; Dai et al. 2014
K119cr; mal	Hs; Sc	MS	Ian et al. 2011; Xie et al. 2012
T120ph	Dm	Ab	Aihara et al. 2004
K125me1, cr; me2, pr; ub	Hs; Mm; Mm	MS	Tan et al. 2011; Tweedie-Cullen et al. 2012; Tweedie-Cullen et al. 2009
K127ac	Mm	MS	Tweedie-Cullen et al. 2012
K129ac	Mm	MS	Tweedie-Cullen et al. 2012

a. Sharma 等（2006）在 Rn 中间接检测到 H2A 的无碳基化。
b. Unoki 等（2013）报道了典型组蛋白（H2A、H2B、H3 和 H4）赖氨酸残基 b5 羟基化。

表 10　组蛋白 H2AX

位点	模式生物	方法	参考文献
K118ub	Mm	MS	Tweedie-Cullen et al. 2009
K119ub	Mm	MS	Tweedie-Cullen et al. 2009

表 11　组蛋白 H2A.Z

位点	模式生物	方法	参考文献
K4ac; mel	Hs; Hs/Mm	MS; MS/Ab	Tweedie-Cullen et al. 2009; Binda et al. 2013
K7ac; mel	Hs; Hs/Mm	MS; MS/Ab	Bonenfant et al. 2006; Binda et al. 2013
K11ac	Hs	MS	Bonenfant et al. 2006
K13ac	Mm	MS	Tweedie-Cullen et al. 2009
K120ub	Mm	MS	Ku et al. 2012
K121ub	Mm	MS	Ku et al. 2012
K125ub	Mm	MS	Ku et al. 2012

表 12　组蛋白 macroH2A

位点	模式生物	方法	参考文献
K17me1	Hs	MS	Chu et al. 2006
K115ub	Hs	MS	Ogawa et al. 2005; Chu et al. 2006
K112me2	Hs	MS	Chu et al. 2006
T128ph	Hs	MS/Ab	Chu et al. 2006; Bernstein et al. 2008
K238me1	Hs	MS	Chu et al. 2006
K238me2	Hs	MS	Chu et al. 2006

表 13　组蛋白 H2B

位点	模式生物	方法	参考文献
E2arn	Rn	Au	Ogata et al. 1980a
K5me1; cr; for; hib; sue	Bt; Hs; Hs/Mm; Hs/Mm; Hs	MS	Zhang et al. 2003; Tan et al. 2011; Wisniewski et al. 2008; Dai et al. 2014; Weinert et al. 2013
S6ph	Mm	MS	Iweedie-Cullen et al. 2009
K11ac; cr	Sc; Hs/Mm	MS	Jiang et al. 2007; Tan et al. 2011
K12me1, cr; me3; hib	Hs; Mm; Mm	MS	Tan et al. 2011; Tweedie-Cullen et al. 2012; Dai et al. 2014
K15ac; me1, cr	Hs	MS	Tan et al. 2011
K16ac; cr	Sc; Hs	MS	Jiang et al. 2007; Tan et al. 2011
T19ac	Mm	MS	Tweedie-Cullen et al. 2012
K20me1, cr; hib	Hs; Mm	MS	Tan et al. 2011; Dai et al. 2014
K21but	Sc	MS	Zhang et al. 2009
K23me1, cr; me2; hib	Hs; Bt; Mm	MS	Tan et al. 2011; Zhang et al. 2003; Dai et al. 2014
K24hib	Mm	MS	Dai et al. 2014
K34for; cr; sue; me1; hib	Hs/Mm; Hs/Mm; Sc/ Hs; Mm; Mm	MS	Wisniewski et al. 2008; Tan et al. 2011; Xie et al. 2012; Tweedie-Cullen et al, 2012; Dai et al. 2014
S36og	Hs	MS/Ab	Sakabe et al. 2010
K37me1	Sc	MS	Zhang et al. 2009

位点	模式生物	方法	参考文献
E38me2	Sc	MS	Zhang et al. 2009
Y37oh	Hs	MS	Ian et al. 2011
K43me1; for; hib; sue	Bt; Hs/Mm; Mm; Hs	MS	Zhang et al. 2003; Wisniewski et al. 2008; Dai et al. 2014; Weinert et al. 2013
K46for; sue; hib	Hs/Mm; Sc/Dm; Hs/Mm	MS	Wisniewski et al. 2008; Xie et al. 2012; Dai et al. 2014
K57me1; ac; hib	Hs; Mm; Mm	MS	Tan et al. 2011; Tweedie-Cullen et al. 2012; Dai et al. 2014
E64me2	Sc	MS	Zhang et al. 2009
S76ph	Mm	MS	Tweedie-Cullen et al. 2009
K79me1	Hs	MS	Tan et al. 2011
K85ac; me1; sue; hib	Bt; Hs; Hs; Hs/Mm	MS	Zhang et al. 2003; Tan et al. 2011; Weinert et al. 2013; Dai et al. 2014
S88ph	Mm	MS	Tweedie-Cullen et al. 2009
T89ph	Mm	MS	Iweedie-Cullen et al. 2009
S92ph	Mm	MS	Tweedie-Cullen et al. 2009
K99me1	Hs	MS	Tan et al. 2011
K108for; cr; ub, ac; hib; sue	Hs/Mm; Mm; Mm; Hs/Mm; Mm	MS	Wisniewski et al. 2008; Iweedie-Cullen et al. 2012; Iweedie-Cullen et al. 2009; Dai et al. 2014; Park et al. 2013
S113ph	Mm	MS	Tweedie-Cullen et al. 2009
K116for, me1; sue, mal; ac; hib; cr	Hs; Hs/Dm; Mm; Hs/Mm; Mm	MS	Tan et al. 2011; Xie et al. 2012; Tweedie-Cullen et al. 2012; Dai et al. 2014; Montellier et al. 2013
K120for; sue; ac, ub; hib	Hs; Hs/Dm/Mm; Mm; Hs/Mm	MS	Tan et al. 2011; Xie et al. 2012; Iweedie-Cullen et al. 2009; Dai et al. 2014
K125ac	Mm	MS	Tweedie-Cullen et al. 2012

赖氨酸残基的5-羟基化也有报道（Unoki et al., 2013）。

表14 组蛋白 H3

位点	模式生物	方法	参考文献
K4cr; hib; ac	Hs/Mm; Mm; Hs	MS	Tan et al. 2011; Dai et al. 2014; Garcia et al. 2007
T6ac	Tt	MS	Britton et al. 2013
K9cr; hib	Hs/Mm; Mm	MS	Tan et al. 2011; Dai et al. 2014
Sl0ac; og	Sc/Mm/Hs	MS; Ab; Ab	Britton et al. 2013; Zhang et al. 2011
K14suc; but; hib	Hs; Sc; Mm	MS	Xie et al. 2012; Zhang et al. 2009; Dai et al. 2014
K18cr; for; mel; hib	Hs/Mm; Hs/Mm; Mm; Mm	MS	Tan et al. 2011; Wisniewski et al. 2008; Garcia et al. 2005; Dai et al. 2014
T22ac	Sc/Dm/Hs	MS	Britton et al. 2013
K23cr; for; pr; hib; sue	Hs/Mm; Hs/Mm; Sc; Hs/Mm; Mm	MS	Tan et al. 2011; Wisniewski et al. 2008; Zhang et al. 2009; Dai et al. 2014; Park et al. 2013
K27cr; but; hib; sue	Hs/Mm; Sc; Mm; Mm	MS	Tan et al. 2011; Zhang et al. 2009; Dai et al. 2014; Park et al. 2013
S28ac	Mm	MS	Britton et al. 2013
T32og	Hs	MS	Fong et al. 2012
K36hib	Mm	MS	Dai et al. 2014
R52me1	Sc/Bt	MS	Hyland et al. 2005

位点	模式生物	方法	参考文献
R53me1	Sc/Bt	MS	Hyland et al. 2005
Y54ac	let	MS	Britton et al. 2013
K56cr, for; sue, mal; pr; ub; hib	Hs/Mm; Dm/Mm/Hs; Sc; Mm; Hs/Mm	MS	Tan et al. 2011; Xie et al. 2012; Zhang et al. 2009; Tweedie-Cullen et al. 2009; Dai et al. 2014
E59me2	Sc	MS	Zhang et al. 2009
R63me1	Hs/Mm	MS	Tan et al. 2011
K64for; hib; ac, mel	Hs/Mm; Mm; Sc, Hs	MS	Wisniewski et al. 2008; Dai et al. 2014; Garcia et al. 2007
K79suc; for; cr; ub; hib; ac	Sc/Dm/Mm/Hs; Hs/ Mm; Mm; Mm; Hs/ Mm; Hs	MS	Xie et al. 2012; Wisniewski et al. 2008; Tweedie-Cullen et al. 2012; Tweedie-Cullen et al. 2009; Dai et al. 2014; Garcia et al. 2007
T80ac	Mm	MS	Tweedie-Cullen et al. 2012
R83me1, me2	Mm	MS	Tweedie-Cullen et al. 2012
S86ph	Mm	MS	Tweedie-Cullen et al. 2012
T107ph	Mm	MS	Tweedie-Cullen et al. 2012
Cl1Ogt	Hs/Mm	Indirect chemical labeling	Garcia-Gimenez et al. 2013
K115ac; but	Sc/Bt; Mm	MS	Hyland et al. 2005; Tweedie-Cullen et al. 2012
T118ph	Sc/Bt	MS	Hyland et al. 2005
R128me1	Hs/Mm	MS	Tan et al. 2011
K122suc; for; me2; hib; cr	Hs; Hs/Mm; Mm; Hs/ Mm; Mm	MS	Tan et al. 2011; Wisniewski et al. 2008; Tweedie-Cullen et al. 2009; Dai et al. 2014; Montellier et al. 2013
K134me1	Mm	MS	Tweedie-Cullen et al. 2012

赖氨酸残基的 5-羟基化也有报道（Unoki et al., 2013）。

表 15　组蛋白 H4

位点	模式生物	方法	参考文献
R3me3	Mm	MS	Tweedie-Cullen et al. 2012
K5cr; me3; pr, but; hib	Mm/Hs; Mm; Hs; Mm	MS	Tan et al. 2011; Tweedie-Cullen et al. 2012; Chen et al. 2007; Dai et al. 2014
K8cr; pr, but; hib	Mm/Hs; Hs; Mm	MS; MS; MS/Ab	Tan et al. 2011; Chen et al. 2007; Dai et al. 2014
K12cr; for; sue; pr; but; hib	Mm/Hs; Hs; Hs; Mm	MS	Tan et al, 2011; Wisniewski et al, 2008; Xie et al. 2012; Chen et al. 2007; Dai et al. 2014
K16cr, mel; pr; pr, but; hib	Mm/Hs; Mm; Hs; Mm	MS	Tan et al. 2011; Tweedie-Cullen et al. 2012; Chen et al. 2007; Dai et al. 2014
R17mel, me2	Mm	MS	Tweedie-Cullen et al. 2012
R17mel, me2, me3	Mm	MS	Iweedie-Cullen et al. 2012
K20ac	Sc	MS	Garcia et al. 2007
K31for; sue; hib; mel; pr	Hs; Sc/Dm/Mm/Hs; Hs/Mm; Hs/Mm/Sc; Hs	MS	Tan et al. 2011; Xie et al. 2012; Dai et al. 2014; Garcia et al. 2007; Chen et al. 2007
R23me3	Mm	MS	Tweedie-Cullen et al. 2012
R35mel	Hs	MS	Tan et al. 2011
K44pr; hib	Hs; Mm	MS	Chen et al. 2007; Dai et al. 2014
S47og; ph	Hs; Sc/Bt	MS/Ab; MS	Sakabe et al. 2010; Hyland et al. 2005
Y51oh	Hs	MS	Tan et al. 2011

续表

位点	模式生物	方法	参考文献
R55me1	Hs	MS	Tan et al. 2011
K59me1, for; hib	Hs; Mm/Hs; Mm	MS	Tan et al. 2011; Wisniewski et aL 2008; Dai et al. 2014
R67me1	Hs	MS	Tan et al. 2011
K77me1; sue; for; hib; ac; pr; cr	Hs; Sc/Dm/Mm/Hs; Mm/Hs; Hs/Mm; Sc/Bt; Hs; Mm	MS	Tan et al. 2011; Xie et al. 2012; Wisniewski et al. 2008; Dai et al. 2014; Hyland et al. 2005; Chen et al. 2007; Montellier et al. 2013
K79for; sue, ac; hib; pr	Hs; Dm/Mm; Mm; Hs/Mm; Hs	MS	Wisniewski et al. 2008; Xie et al. 2012; Tweedie-Cullen et al. 2012; Dai et al. 2014; Chen et al. 2007
Y88ox; ph	Hs; Mm	MS	Tan et al. 2011; Tweedie-Cullen et al. 2009
K91ac; for; sue; cr; hib; pr	Hs; Hs; Dm/Mm/Hs; Mm; Hs/Mm; Hs	MS	Tan et al. 2011; Wisniewski et aL 2008; Xie et al. 2012; Tweedie-Cullen et al. 2012; Dai et al. 2014; Chen et al. 2007
R92me1	Sc/Bt	MS	Hyland et al. 2005

赖氨酸残基的 5-羟基化也有报道（Unoki et al.，2013）。

表 16 组蛋白 H1

位点	模式生物	方法	参考文献
S1ph	Hs	MS	Garcia et al. 2004
E2am	Rn	Au	Ogata et al. 1980b
T3ph	Hs	MS	Garcia et al. 2004
K12me1	Hs	MS	Lu et al. 2009
E14am	Rn	Au	Ogata et al. 1980b
K16ac; me1, me2; for	Hs/Mm; Hs/Mm	MS	Wisniewski et al. 2007 Wisniewski et al. 2008
T17ph	Hs	MS	Garcia et al. 2004
K21ac; me1	Hs; Mm	MS	Wisniewski et al. 2007; Tweedie-Cullen et al. 2012
K22hib	Mm	MS	Dai et al. 2014
K25hib	Mm	MS	Dai et al. 2014
K26hib	Mm	MS	Dai et al. 2014
S30ph	Hs	MS	Garcia et al. 2004
K33ac; me2, for; cr; ub; Hib	Hs; Mm; Hs/Mm; Mm; Mm	MS	Wisniewski et al. 2007; Tweedie-Cullen et al. 2012; Tan et al. 2011; Tweedie-Cullen et al. 2009
S35ph; ac	Hs; Mm	MS	Garcia et al. 2004; Tweedie-Cullen et al. 2012
K45ac; ub; hib; for; sue	Hs; Hs; Hs/Mm; Mm	MS	Wisniewski et al. 2007; Dai et al. 2014; Wisniewski et al. 2008; Park et al. 2013
K48ac	Hs	MS	Wisniewski et al. 2007
S50ac	Mm	MS	Tweedie-Cullen et al. 2012
K51ac; me1; hib	Hs; Mm; Hs/Mm	MS	Wisniewski et al. 2007; Tweedie-Cullen et al. 2012; Dai et al. 2014
K54me1	Hs	MS	Tan et al. 2011
K62ac; for; hib; sue	Hs; Hs/Mm; Hs/Mm; Hs	MS	Garcia et al. 2004; Wisniewski et al. 2008; Dai et al. 2014; Weinert et al. 2013
K63ac; me1; for; cr; hib	Hs; Hs; Hs/Mm; Hs/Mm; Hs	MS	Wisniewski et al. 2007; Lu et al. 2009; Wisniewski et al. 2008; Tan et al. 2011; Dai et al. 2014
K64ac	Hs	MS	Tan et al. 2011
K66for	Hs/Mm	MS	Wisniewski et al. 2008

续表

位点	模式生物	方法	参考文献
S72ph	Hs	MS	Garcia et al. 2004
Y73oh	Hs	MS	Tan et al. 2011
K74for; hib	Hs/Mm; Mm	MS	Wisniewski et aL 2008; Dai et al. 2014
K80hib	Mm	MS	Dai et al. 2014
K81me1	Hs	MS	Lu et al. 2009
K83for	Hs	MS	Ian et al. 2011
K84for; cr; hib	Hs/Mm; Hs/Mm; Hs/Mm	MS	Wisniewski et al. 2008; Tan et al. 2011; Dai et al. 2014
K85ac	Hs	MS	Wisniewski et al. 2007
S87ph[a]	Hs	MS	Garcia et al. 2004
K87for[a]	Hs	MS	Wisniewski et al. 2007
K89ac, for; cr; sue; hib	Hs; Hs; Mm; Hs	MS	Wisniewski et al. 2007; Tan et al. 2011; Park et al. 2013; Dai et al. 2014
K92me1	Hs	MS	Tan et al. 2011
K96ac; me1; me2; for; cr; hib; sue	Hs; Hs; Mm; Hs/Mm; Hs; Hs/Mm; Mm	MS	Wisniewski et al. 2007; Lu et al. 2009; Tweedie-Cullen et al. 2012; Wisniewski et al. 2008; Tan et al. 2011; Dai et al. 2014; Park et al. 2013
K101me1	Hs	MS	Lu et al. 2009
K105me1; sue	Hs; Mm	MS	Lu et al. 2009; Park et al. 2013
K107me1	Hs	MS	Lu et al. 2009
K109me2; for; hib	Mm; Hs/Mm; Mm	MS	Tweedie-Cullen et al. 2012; Wisniewski et al. 2008; Dai et al. 2014
S112ac	Mm	MS	Tweedie-Cullen et al. 2012
K118me1	Hs	MS	Lu et al. 2009
K120hib; sue	Mm; Mm	MS	Dai et al. 2014; Park et al. 2013
K128hib	Mm	MS	Dai et al. 2014
K131me1	Hs	MS	Tan et al. 2011
K135hib	Mm	MS	Dai et al. 2014
K140for	Hs/Mm	MS	Wisniewski et al. 2008
T145ph	Hs	MS	Garcia et al. 2004
T146ph	Hs	MS	Garcia et al. 2004
K147me1; hib	Hs; Mm	MS	Lu et al. 2009; Dai et al. 2014
K150me1	Hs	MS	Tan et al. 2011
K158cr; hib	Hs/Mm; Mm	MS	Tan et al. 2011; Dai et al. 2014
K159for	Hs/Mm	MS	Wisniewski et aL. 2008
T164ph	Hs	MS	Wisniewski et al. 2007
K167cr; hib	Hs; Mm	MS	Tan et al. 2011; Dai et al. 2014
T179ph	Hs	MS	Garcia et al. 2004
K187me1	Hs	MS/Ab	Weiss et al. 2010
K201me1	Hs	MS	Ian et al. 2011
K212hib	Mm	MS	Dai et al. 2014
K226me1	Hs	MS	Tan et al. 2011

Pham（2000）发现了一种能泛素化组蛋白 Hl aHlS87 和 H1K87 的酶，它们代表不同的组蛋白 H1 变体。

附录 2 参考文献

索 引

A

阿尔茨海默病　132
氨基乙酰丙酸合酶 1　652
Abf1　204
ADD 结构域　149
AGAMOUS（*AG*）　395
Agouti viable yellow 等位基因　338
AGO 蛋白　319
AMP 激酶　85
am 基因　249
Angelman 综合征　701
ANRIL　196，404
APC 抑癌基因　734
Arc 增强子　18
ATP-柠檬酸裂解酶　641
ATP 依赖的核小体组装和重塑因子　471
ATP 依赖的染色质重塑　368
ATR-X 综合症　171

B

巴氏小体　544
白血病　81
白血病抑制因子　611
半胱氨酸水解酶　314
表观遗传记忆　281
表观遗传疗法　740
表观遗传信息的维持　486
病毒介导的基因沉默　666
病毒诱导的基因沉默　670
布罗莫结构域　106
BAH 结构域　161
Beckwith-Wiedemann 综合症　161，700
brahma 相关蛋白　477
BRG/BRM 相关因子　478
B 细胞受体　621

C

草履虫　3
差异性甲基化区域　591
长非编码 RNA　69
长基因间非编码 RNA　196
常见淋巴祖细胞　619
常染色质　62
常染色体信号元件　509
长寿蛋白　642
沉默标记　393
沉默信息调节蛋白　205
沉默抑制因子 1　313
成簇基因　573
重编程小鼠　604
重复 DNA　65
重复诱导的基因沉默　350
重塑和间隔因子　537
触角足复合物　412
雌雄同体　507
粗糙脉孢菌　245
脆性 X 染色体综合征　699，712
cen RNA　378
CENP-A　224
CFP1　24
CHARGE 综合征　419
CpG 岛甲基化表型　732

D

大核　263
大核目标序列　267
单亲源二体　563
蛋白激酶 Cα　644
蛋白质精氨酸甲基转移酶　159
端粒承载元件　269
端粒的可变延长　466

端粒酶 5
端粒位置效应 289
多发性骨髓瘤 28
多能祖细胞 620
多梳蛋白 389
多线染色体 282
D4Z4 结合元件 715
DamID 242
DNA 甲基化调节因子 253
DNA 甲基转移酶 58
DNA 修饰酶 42

E

E3 SUMO 连接酶 182

F

反式作用 siRNA 319
非细胞自主性沉默 329
分泌型卷曲相关蛋白 734
分生组织 304
复发性葡萄胎 707
复制叉 58
复制蛋白 A2 316
复制起始复合物 153
复制因子 C1 316

G

歌舞伎综合征 711
孤雌生殖 564
古细菌组蛋白 449
瓜氨酸化 754

H

合子 349
核多胺氧化酶 10
核仁组成区 431
核纤层蛋白 B 受体 692
核小体重塑 468
核小体重塑因子 55
核小体组织蛋白 317
核移植实验 547
核自身抗原性精子蛋白 494
花斑 286
花斑型位置效应 281
Hi-C 34
HS7 增强子 684

J

饥饿表型假说 716
基因簇 239
基因组的染色质注释 296

基因组防御系统 249
基因组印迹 782
畸胎瘤 600
激活素 611
激活诱导的脱氨酶 588
急性淋巴细胞白血病 629
脊髓运动萎缩 614
剂量补偿复合物 506
剂量补偿效应 523
甲基化 CpG 150
甲基化 DNA 免疫沉淀法 360
甲基转移酶 86
甲硫氨酸腺苷转移酶 643
假性甲状旁腺功能减退症 700
减数分裂沉默 255
焦磷酸测序 360
接合型转换 40
进化保守性 206, 207
精氨酸瓜氨酸化 754
精氨酸甲基化 757

K

可变表达 332
可变剪接 460
克罗莫结构域 165
跨代表观遗传 331 347

L

赖氨酸去甲基化 10
类 Miwi 蛋白 590
类病毒 305
类副突变效应 349
卵母细胞 78

M

马铃薯纺锤块茎类病毒 377
锚蛋白重复序列 96
弥漫性大 B 细胞淋巴瘤 629
免疫球蛋白 57
面肩肱型营养不良 714
母系遗传 582
MAT 位点 2
Mcm2-7 复合体 222
MES 组蛋白修饰酶 518

N

囊胚 297
内部细胞团 582
酿酒酵母 41
neo 基因 272

O

ODR-1 基因　86

P

帕金森病　614
配子体　305
p300　62
PAD 家族　754
Polycomb 抑制复合体　69
Prader-Will 综合症　161
PRG-1　377
PWWP 结构域　149

Q

亲源效应　371
曲古抑菌素　132
全基因组重排　266

R

染色体构象捕获　435
染色体易位　425
染色质沉默标记　327
染色质介导的炎症反应控制　631
染色质可及性复合体　537
染色质免疫沉淀　25
染色质修饰活性　185
染色质重塑复合物　527
染色质组装因子　318
热量限制　656
人类基因组计划　37
RNAi　373
RNA-RNA 互作模型　383
RNA 解旋酶 A　528
RNA 介导的 DNA 甲基化　305
RNA 聚合酶 Ⅰ　456
RNA 聚合酶 Ⅱ　209
RNA 聚合酶 Ⅲ　325
RNA 聚合酶 Ⅳ　169
RNA 聚合酶 Ⅴ　325
RNA 依赖的 RNA 聚合酶　670
RNA 诱导沉默复合物　518
RNA 诱导的转录沉默复合物　228
rolled 基因　297
Royal 家族　165
Rubinstein-Taybi 综合征　707

S

三核苷酸重复　371
三空腔结构蛋白质组　711
三胸组蛋白　678

上皮细胞转化　730
　神经元　676
肾上腺脑白质营养不良　697
生物钟　649
视交叉上核　649
视网膜母细胞瘤蛋白　408
衰老相关的异染色质簇集　656
双酚 A　643
双链断裂修复　459
双亲葡萄胎　707
四倍体互补试验　601
四膜虫　5
粟酒裂殖酵母　223
Silver-Russell 综合症　700
Su(var)　41
SUMO　45

T

拓扑相关结构域　442
体细胞核移植　488
体细胞重编程　78
TET 蛋白　19
tRNA 基因簇　227
Tudor 结构域　49
T 细胞受体　503

W

微核　263
位置效应　282
WD40 基序　177
Wnt 信号　173

X

细胞核定位　57
细胞疗法　615
细胞命运　77
纤毛虫　260
小核糖核蛋白复合体　173
锌指 DNA 3′-磷酸酯酶　308
锌指核酸酶　612
性别致死基因　526
性染色体失衡　540
腺苷甲硫氨酸　86
胸腺嘧啶 DNA 糖基化酶　363
雄性特异致死复合体　167
秀丽隐杆线虫　505
嗅觉感觉神经元　685
X 染色体控制元件　551
X 射线断层扫描　692

X∶A 比值 508
X 染色体失活 544
X 染色体失活中心 76

Y

亚硫酸氢盐测序 360
烟酰胺腺嘌呤二核苷酸 119
胰腺神经内分泌肿瘤 466
移动沉默 23
遗传鉴定 289
乙酰辅酶 A 85
乙酰辅酶 A 合成酶 1 641
乙酰赖氨酸 94
异常转录激活 407
异染色质边界功能 212
异染色质相关蛋白 1 53
异染色质抑制 208
异染色质组装 60
印记调控元件 561
印记控制元件 570
诱导多能干细胞 55
诱导多能性 598
原钙黏蛋白 677
原生殖细胞 544
运动神经元存活蛋白 173
Y 染色体 282

Z

增强子 RNA 16
增殖细胞核抗原 493
着丝粒特异组蛋白 H3 变体 264
脂多糖 631
脂质 A 631
治疗性克隆 92
中心法则 38

肿瘤抑制基因沉默 79
转录工厂 432
转录后基因沉默 60
转录后修饰 698
转录基因沉默 229
转录记忆 412
转录因子 6
自花授粉 307
阻遏激活蛋白 1 205
组蛋白变体 49
组蛋白调节子 A 50
组蛋白调控因子 A 50
组蛋白激酶 46
组蛋白甲基化 10
组蛋白甲基转移酶 275
组蛋白赖氨酸甲基化位点 11
组蛋白模拟 47
组蛋白去甲基化 10
组蛋白去乙酰化 137
组蛋白去乙酰化酶 116
组蛋白去乙酰化酶复合体 381
组蛋白去乙酰化酶样蛋白 120
组蛋白修饰 745
组蛋白乙酰化 5
组蛋白乙酰化受体元件结合蛋白 706
组蛋白乙酰转移酶 96
Zeste 的增强子 417
ZF-CxxC 蛋白 25

其 他

5-甲基胞嘧啶 18
β-珠蛋白基因位点 439
γδβ-地中海贫血 712
δβ-地中海贫血 712